Sylvia S. Mader • Michael Windelspecht

필수생명과학

제4판

(주)바이오사이언스출판
BIOSCIENCE

이 도서의 국립중앙도서관 출판예정도서목록(CIP)은 서지정보유통지원시스템 홈페이지(http://seoji.nl.go.kr)와 국가자료공동목록시스템(http://www.nl.go.kr/kolisnet)에서 이용하실 수 있습니다.
(CIP제어번호: CIP2017002665)

필수생명과학 **제4판**

초판 인쇄: 2017년 2월 20일
초판 발행: 2017년 3월 2일

저 자: Sylvia S. Mader, Michael Windelspecht
역 자: 한규웅 · 김명희 · 김상호 · 김순영 · 김시욱
김옥용 · 김재진 · 윤혜섭 · 이영원 · 조은희
발 행 인: 문정구
발 행 처: (주)바이오사이언스출판
주 소: 14040 경기도 안양시 동안구 전파로 107(호계동)
전 화: (02)581-4057~8 팩스: (02)581-4059
이 메 일: inquiry@biosciencepub.com
홈페이지: http://www.biobooks.co.kr
I S B N: 978-89-6824-063-8
등록번호: 제22-3079호
값 33,000원

필수생명과학

제4판

Essentials of Biology

대표역자 한규웅

김명희 · 김상호 · 김순영 · 김시욱 · 김옥용
김재진 · 윤혜섭 · 이영원 · 조은희 공 역

Sylvia S. Mader
Michael Windelspecht

요약 차례

저자 소개

Sylvia S. Mader 박사는 McGraw-Hill 출판사에서 널리 알려진 생명과학 책을 여러 권 출간하였다. Harvard 대학교 Bryn Mawr 대학, Tufts 대학교, Nova Southeastern 대학교에서 생명과학 학위와 교육학 학위를 받았다. 여러 해 동안 Massachusetts 대학교 Lowell 캠퍼스, Massachusetts Bay Community 대학, Suffolk 대학교, Nathan Mathew Seminar 등에서 강의하였다. Mader 박사가 과학을 낯설어 하는 학생들을 위해 집필한 첫 번째 저서인 *Inquiry into Life*(생명의 탐구)는 현재 14판까지 나왔다. 명쾌하고 재미있는 서술방식으로 인해 Mader 박사의 저서는 생명과학 분야에서 좋은 본보기로 인정받고 있다.

Mader 박사는 늘 저술 일정에 쫓기지만, 생물권의 다양한 생태계를 방문하여 탐구하는 시간을 즐긴다. 플로리다의 Everglades와 카리브해의 산호초를 여러 번 여행한 경험을 바탕으로 다양한 청중들에게 강연하였으며, 알래스카의 툰드라, 캐나다 로키산맥의 타이가, 애리조나의 소노란사막, 남미와 호주의 열대우림도 방문하였다. 케냐의 세렝게티 사파리 여행에서 촬영한 많은 사진은 책에서도 사용하였다. 생명과학 교직자들과 함께 갈라파고스제도에서 Darwin의 발자취를 되새겨보기도 하였다. 또한 중국을 여행하며 중국의 교육자들과 현대 생명과학의 교육에 관한 의견을 나누기도 하였다.

Michael Windelspecht 박사는 일반생물학, 유전학, 인체유전학, 환경학 등을 여러 기관에서 가르치고 있다. 지난 10여 년 동안 Windelspecht 박사는 Appalachia 주립대학교에서 일반생물학 책임자로 근무하며 매년 4,500명에 이르는 학생이 참여하는 프로그램을 이끌었다. 그는 현재 Appalachia 주립대학교에서 겸임교수로 일하며 비전공 학생들에게 생명과학과 인체유전학을 다양한 방식으로 강의하고 있다. Windelspecht 박사는 Michigan 주립대학교와 South Florida 대학교에서 수학하였다. 또한 중등교원의 과학적 교양을 높이기 위해 다양한 활동을 하고 있다. 수질에 관한 연구를 과학수업에 연결하는 연수 과정을 여러 차례 열었으며, 몇 년 동안 파키스탄의 중학교 교사를 지도하기도 하였다.

Windelspecht 박사는 5권의 교과서를 비롯하여 다양한 인터넷 출간물과 실험서를 출간하였다. 또한 10권으로 이루어진 인체에 관한 시리즈의 편집인으로 활동하였다. 여러 해 동안 Windelspecht 박사는 온라인 및 오프라인 과학교실을 운영하기 위한 멀티미디어 교재를 개발하고 있다. 부인인 Sandra와 함께 멀티미디어 제작사인 Ricochet Creative Production을 운영하며 과학강좌의 새로운 기법을 개발하고 있다.

서문

필수생명과학 4판은 과학 비전공자가 생명과학의 기초개념을 쉽게 이해하도록 기획하였다. 전체적으로 요즘 학생들의 학습방식에 맞추고, 진도에 따라 삶 속에서 과학의 중요성에 대한 이해가 깊어지도록 하였다.

4판을 준비하면서 목표로 한 내용은 다음과 같다.

- **학습 구성**—교육실습에 맞추어 새로운 특성을 통합하고 학습내용을 재편하였다.
- **연관성**—학생들이 흥미를 보일 수 있는 새로운 여는 글, 연계된 읽을거리를 제공하였다.
- **적응형 학습**—필수생명과학은 차세대 적응형 학습을 위한 최적의 교재이다. 이 교재에서는 이전 판의 내용과 형식에 대해 학생들이 제시한 의견을 충실하게 반영하였다.

학습 구성

- 연관 항목을 새롭게 디자인함으로써 학생들이 해당 내용이 그 장에 연계되어 있음은 물론, 교재의 다른 영역과 어떻게 연관되어 있는지를 쉽게 인식하도록 하였다.
- 유전학 분야를 재구성하여 유사한 내용을 하나의 장으로 묶었다.
  - 10장: Mendel부터 성-연관 유전에 이르는 유전에 관한 모든 내용을 포함시켰으며, 또한 Mendel 법칙을 사람에게 적용하는 방법을 기술하였다.
  - 11장: DNA 구조에서 시작하여 유전자 조절로 이어지도록 구성하였다.
  - 12장: 생명공학의 기초지식과 줄기세포, 그리고 유전체학과 생물정보학의 중요함에 대해 설명하였다.
  - 13장: 유전자와 돌연변이에 대해 설명하고 염색체 돌연변이로 이어지며, 유전상담과 유전자치료로 마무리하였다.
- 굵은 글자체로 강조한 용어의 수효를 줄임으로써 학생이 생명과학에 대한 폭넓은 관점을 이해하는 데 필요한 용어에만 집중할 수 있도록 하였다. 해당 장에서 중요한 개념인 용어는 고딕체(이탤릭체) 형식으로 표시하였다.

연관성

- 각 장의 도입부는 해당 장에 적절성을 부여하기 위해 다시 고쳐 썼다. 주제는 과학 비전공자에게도 흥미로우며 해당 전문 분야에서 전형적인 내용인 것으로 골랐다.
- 연관 항목을 통해 해당 내용이 일상생활과 어떻게 연관되는지에 대해 흥미로운 통찰력을 얻도록 하였다.

연관

전체적으로 새로운 읽을거리를 제공하였으며, 학생들이 생명과학 개념이 일상생활과 관련성을 지니고 있음을 이해할 수 있도록 디자인하였다. 연관 항목은 건강, 과학적 탐구, 그리고 진화로 구성하였다.

연관: 과학적 탐구

"마법의" 식물이 정말 존재할까?

괴상하고 독성을 지닌 식물들이 해리포터나 헝거게임 등의 인기 시리즈로 인하여 유명해졌다. 그렇지만 이러한 식물이 정말 존재하는 것일까? 그렇다! 가지과식물인 Mandrake의 뿌리는 사람처럼 생겼으며, 미나리과식물인 giant hogweed 잎은 피부에 통증이 심한 물집을 만든다. 토란과식물인 cuckoopint는 혀를 부풀게 하고, 가지과식물인 벨라도나(deadly nightshade)의 검은 열매는 치명적이다.

연관: 과학적 탐구

***Homo sapiens*는 네안데르탈인과 얼마나 가까운가?**

유전학자들은 2010년에 처음으로 네안데르탈인의 유전체 염기서열 분석을 완료하였다. 이 연구 결과, 네안데르탈인과 *Homo sapiens*에 대한 몇 가지 매우 흥미로운 사실이 밝혀졌다. 첫째, 이들 두 종이 예상보다 유전적으로 훨씬 유사하였다. 초기 분석 결과에 따르면 네안데르탈인과 *sapiens*가 분리된 이후에 *Homo sapiens*에서 100개 남짓한 유전자에서만 진화의 증거가 나타났고, 따라서 네안데르탈인은 우리의 가장 가까운 사촌 중 하나이다. 둘째, 일부 연구에 따르면 네안데르탈인과 *H. sapiens*가 서로 교배하였을 것이라는 증거가 있다. 이러한 사실은 아직도 연구 중이지만, 거의 14,000년 동안 이 두 종이 중동과 유럽에서 살았던 지역이 겹친다는 것이 알려져 있다. 네안데르탈인과 *H. sapiens* 사이의 유사성을 밝히기 위한 연구가 계속되고 있지만, 이러한 유전적 유사성 때문에 많은 학자는 이들이 종간교배가 가능했을 것이라고 믿고 있다.

이 교재를 사용하는 법

1부 세포

2

생명의 화학적 기초

탄소와 물의 탐색

2012년 8월 6일, NASA의 *Curiosity*호가 화성 표면에 무사히 내려앉았다. *Curiosity*호는 차세대 우주탐사 로봇이다. 수명이 긴 탐사 로봇 *Spirit*호와 *Opportunity*호를 포함한 앞선 임무에서는 행성을 탐사하고 화성에 한때 물이 존재하였는지 여부를 탐지하는 데에 집중하였다. *Curiosity*호는 지구상 생명체와 밀접한 관계를 이룬 것으로 알려진 원소들을 찾아냄으로써 화성에서도 한때 생명체가 살 수 있는 환경이 존재하였는지 여부를 탐사하도록 설계되었다.

*Curiosity*호는 화성의 토양과 암석에서 특수한 원소와 미네랄을 미세한 양도 탐지해낼 수 있는 매우 정교한 장비를 다수 장착하고 있다. 예를 들어, ChemCam은 작은 레이저를 쏘아 암석의 일부를 분쇄한다. 암석이 기화되면 다른 장비를 이용하여 방출돼 나오는 원소와 분자의 유형을 기록한다. ChemCam은 암석이 물이 존재할 때에 형성된 것인지 여부를 판단할 수 있는데, 물은 알다시피 생명에 필수적인 분자이다. 또 다른 실험 세트는 SAM(Sample Analysis at Mars; 화성의 시료 분석)이라고 부른다. SAM에는 분광분석기가 포함돼 있어서 화성 토양에 탄소, 수소, 질소, 산소가 존재하는지 여부를 탐지해낼 수 있다. *Curiosity*호에는 또 다른 유형의 분광분석기가 실려 있어서 생명과 연계된 원소와 화합물의 존재 여부를 탐지할 수 있다. 과학자들은 이러한 장비로 얻은 자료를 분석함으로써 화성이 과거에는 생명체가 살 수 있는 조건을 갖춘 적이 있는지 여부에 대해 잘 이해할 수 있을 것이며, 나아가 지구에서 생명이 어떻게 진화하였는지에 대해 더욱 잘 이해할 수 있을 것으로 기대하고 있다.

이 장을 공부하는 동안 다음 질문에 대해 생각해보자.

1. 왜 과학자들은 화성에서 탄소, 수소, 산소, 그리고 질소를 찾는 것일까?
2. 동위원소는 무엇이며, 과학 장비는 어떻게 하여 동위원소의 존재를 탐지할 수 있을까?
3. 물을 생명에게 매우 중요한 요소로 간주하는 까닭은 무엇일까?

개 요

시작하기 전에

이 장을 시작하기 전에 다음 내용을 다시 살펴보자.

1.1절 모든 살아있는 생명체의 기본 특성은 무엇인가?

그림 1.2 생물학적 구성 수준에서 분자는 어떻게 세포와 연계되어 있는가?

21

개요

해당 장에서 설명할 주요 내용의 목록을 제시한다.

시작하기 전에

해당 장의 내용과 관련이 있는 교재의 내용을 소개한다. 해당 장을 공부하기 전에 이해하고 있어야 할 중요한 주제를 안내한다.

학습목표

공부할 내용에 대해 개요를 제시한다. 이러한 결과를 얻도록 과제를 부여할 수도 있다.

2.1 원자와 원자결합

학습 목표

이 절을 학습한 후에는 다음 과제를 수행할 수 있어야 한다.

1. 아원자 입자의 종류, 위치, 전하 등을 구별하기.
2. 전자의 배열이 어떻게 원소의 반응성을 결정하는지 설명하기.
3. 동위원소가 생물학 연구에 어떻게 유용한지 설명하기.
4. 이온결합과 공유결합을 비교하기.
5. 화학반응에서 반응물과 생성물을 확인하기.

개념 연결하기

해당 장의 내용이 어떻게 연관되어 있는지는 물론, 교재의 다른 내용과도 연계할 수 있도록 고안하였다. 단순한 사실과 과정에 대한 지식을 습득하는 것을 넘어 생명과학을 학문으로서 이해하도록 하는 것을 목표로 한다.

진도 점검하기

각 절의 끝에서 질문을 통해 해당 절의 내용에 대한 이해 정도를 확인하도록 하였다. 질문 내용의 어려운 정도는 색채(빨강, 노랑, 초록)로 구분하였다.

자)은 화살표의 왼쪽에, **생산물(product**; 반응을 통해 생성된 분자)은 오른쪽에 적는다. 반응식은 "균형"을 이룬다. 즉, 화살표 좌우에 있는 원자의 수효는 종류마다 동일하다.

2.1 개념 연결하기

아원자 입자에 의해 원소가 결합하여 분자와 화합물을 형성하는 방식이 결정된다.

진도 점검하기 2.1

1. 아원자 입자 각각의 전하를 포함하여 원자의 구조를 설명하시오.
2. 동위원소를 정의하고, 방사성 동위원소의 유용한 사용 사례를 몇 가지 제시하시오.
3. 공유결합과 이온결합을 비교하여 설명하시오.
4. 8전자 규칙을 요약하고, 이 규칙이 어떻게 원소의 반응성에 영향을 주는지 설명하시오.
5. 화학반응에서 반응물과 생성물을 구별하여 설명하시오.

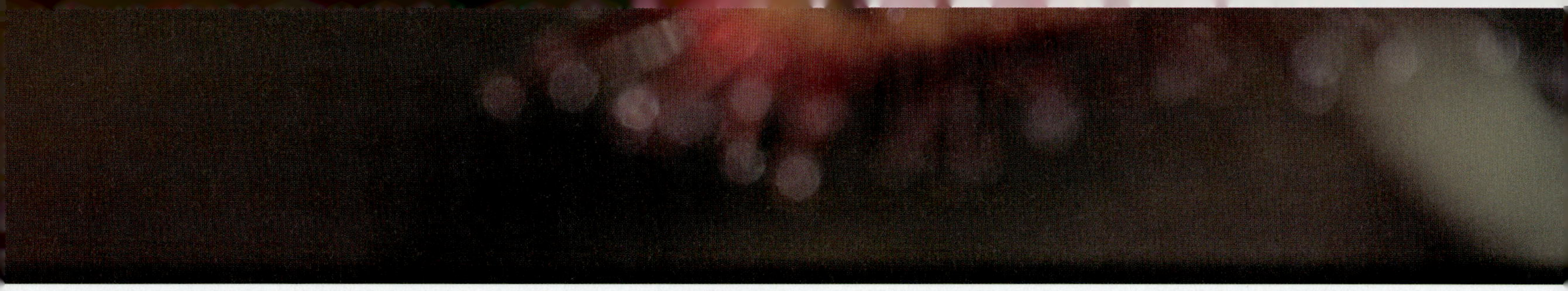

요약

간결한 요약과 표, 핵심 도표를 이용하여 해당 장의 개념에 대한 훌륭한 개관을 제공한다.

핵심용어 되돌아보기

굵은 글씨체로 강조한 용어를 해당 장의 말미에 있는 요약에 통합하였다. 해당 장의 내용 속에서 용어의 중요성을 인식하는 데 도움이 될 것이다.

과학적으로 생각하기

과학자의 시각에서 이유를 찾아볼 수 있는 질문을 제시하였다(정답은 부록 A 참조). 이들 질문을 통해 생명윤리와 연관되거나 실생활과 관련된 주제를 탐구하면서 과학적 사고방식의 과정을 이해하는 데 도움이 될 것이다.

혼자 풀어보기

해당 내용을 다시 살펴보고 시험에 대비하도록 돕는다(정답은 부록 A 참조). 쉽게 살펴볼 수 있도록 절마다 구분하였다.

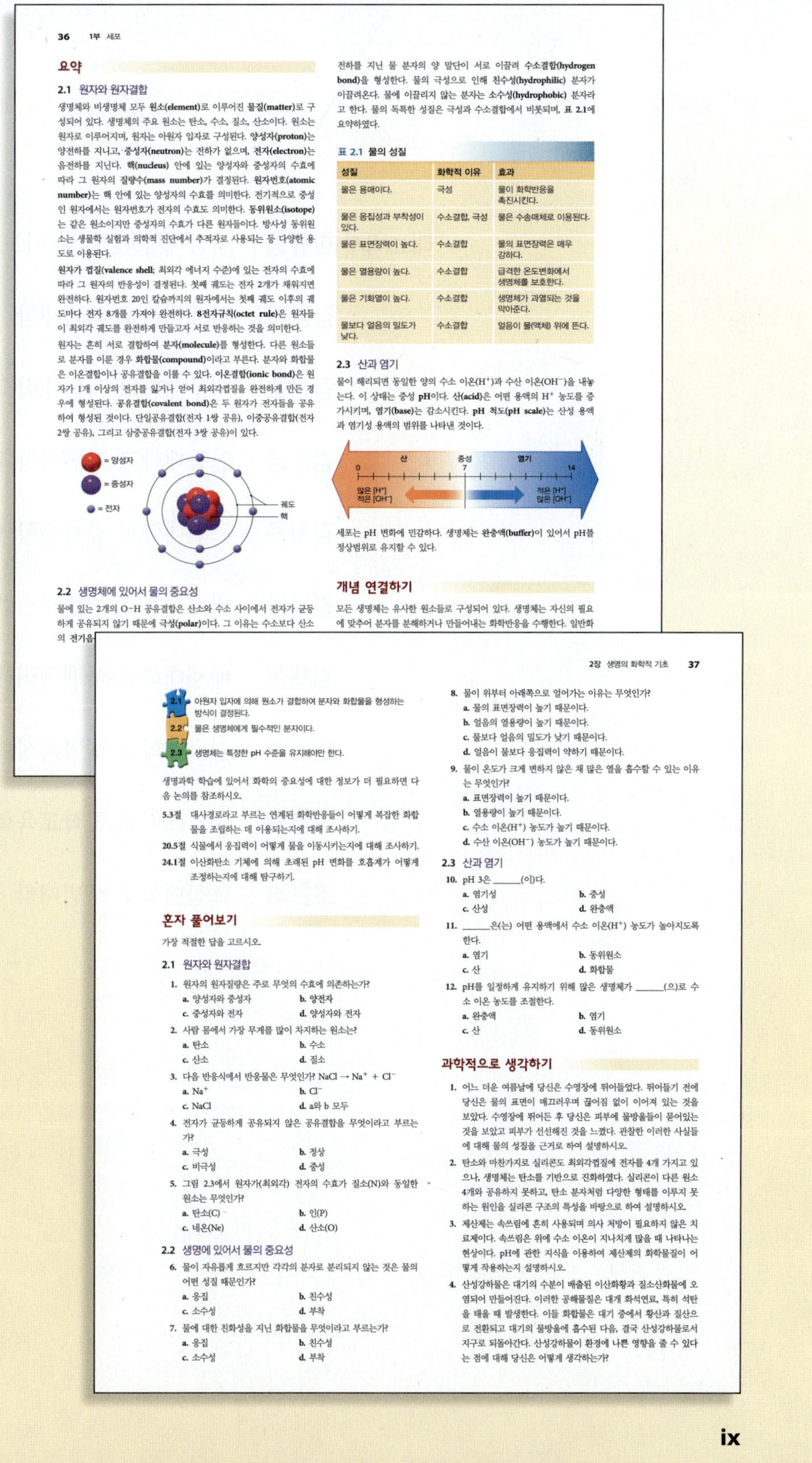
36 1부 세포

요약

2.1 원자와 원자결합

생명체와 비생명체 모두 원소(element)로 이루어진 물질(matter)로 구성되어 있다. 생명체의 주요 원소는 탄소, 수소, 질소, 산소이다. 원소는 원자로 이루어지며, 원자는 아원자 입자로 구성된다. 양성자(proton)는 양전하를 지니고, 중성자(neutron)는 전하가 없으며, 전자(electron)는 음전하를 지닌다. 핵(nucleus) 안에 있는 양성자와 중성자의 수효에 따라 그 원자의 질량수(mass number)가 결정된다. 원자번호(atomic number)는 핵 안에 있는 양성자의 수효를 의미한다. 전기적으로 중성인 원자에서는 원자번호가 전자의 수효도 의미한다. 동위원소(isotope)는 같은 원소이지만 중성자의 수효가 다른 원자들이다. 방사성 동위원소는 생물학 실험과 의학적 진단에서 추적자로 사용되는 등 다양한 용도로 이용된다.

원자가 껍질(valence shell; 최외각 에너지 수준)에 있는 전자의 수효에 따라 그 원자의 반응성이 결정된다. 첫째 궤도는 전자 2개가 채워지면 완전하다. 원자번호 20인 칼슘까지의 원자에서는 첫째 궤도 이후의 궤도마다 전자 8개를 가져야 완전하다. 8전자규칙(octet rule)은 원자들이 최외각 궤도를 완전하게 만들고자 서로 반응하는 것을 의미한다.

원자는 흔히 서로 결합하여 분자(molecule)를 형성한다. 다른 원소들로 분자를 이룬 경우 화합물(compound)이라고 부른다. 분자와 화합물은 이온결합이나 공유결합을 이룰 수 있다. 이온결합(ionic bond)은 원자가 1개 이상의 전자를 잃거나 얻어 최외각껍질을 완전하게 만든 경우에 형성된다. 공유결합(covalent bond)은 두 원자가 전자들을 공유하여 형성된 것이다. 단일공유결합(전자 1쌍 공유), 이중공유결합(전자 2쌍 공유), 그리고 삼중공유결합(전자 3쌍 공유)이 있다.

= 양성자
= 중성자
= 전자
궤도
핵

2.2 생명체에 있어서 물의 중요성

물에 있는 2개의 O–H 공유결합은 산소와 수소 사이에서 전자가 균등하게 공유되지 않기 때문에 극성(polar)이다. 그 이유는 수소보다 산소의 전기음...

전하를 지닌 물 분자의 양 말단이 서로 이끌려 수소결합(hydrogen bond)을 형성한다. 물의 극성으로 인해 친수성(hydrophilic) 분자가 이끌려온다. 물에 이끌리지 않는 분자는 소수성(hydrophobic) 분자라고 한다. 물의 독특한 성질은 극성과 수소결합에서 비롯되며, 표 2.1에 요약하였다.

표 2.1 물의 성질

성질	화학적 이유	효과
물은 용매이다.	극성	물이 화학반응을 촉진시킨다.
물은 응집성과 부착성이 있다.	수소결합, 극성	물은 수송매체로 이용된다.
물은 표면장력이 높다.	수소결합	물의 표면장력은 매우 강하다.
물은 열용량이 높다.	수소결합	급격한 온도변화에서 생명체를 보호한다.
물은 기화열이 높다.	수소결합	생명체가 과열되는 것을 막아준다.
물보다 얼음의 밀도가 낮다.	수소결합	얼음이 물(액체) 위에 뜬다.

2.3 산과 염기

물이 해리되면 동일한 양의 수소 이온(H^+)과 수산 이온(OH^-)을 내놓는다. 이 상태는 중성 pH이다. 산(acid)은 어떤 용액의 H^+ 농도를 증가시키며, 염기(base)는 감소시킨다. pH 척도(pH scale)는 산성 용액과 염기성 용액의 범위를 나타낸 것이다.

산 중성 염기
0 7 14
많은 $[H^+]$ 적은 $[OH^-]$
적은 $[H^+]$ 많은 $[OH^-]$

세포는 pH 변화에 민감하다. 생명체는 완충액(buffer)이 있어서 pH를 정상범위로 유지할 수 있다.

개념 연결하기

모든 생명체는 유사한 원소들로 구성되어 있다. 생명체는 자신의 필요에 맞추어 분자를 분해하거나 만들어내는 화학반응을 수행한다. 일반화...

2장 생명의 화학적 기초 37

2.1 아원자 입자에 의해 원소가 결합하여 분자와 화합물을 형성하는 방식이 결정된다.

2.2 물은 생명체에게 필수적인 분자이다.

2.3 생명체는 특정한 pH 수준을 유지해야만 한다.

생명과학 학습에 있어서 화학의 중요성에 대한 정보가 더 필요하면 다음 논의를 참조하시오.

5.3절 대사경로라고 부르는 연계된 화학반응들이 어떻게 복잡한 화합물을 조립하는 데 이용되는지에 대해 조사하기.

20.5절 식물에서 응집력이 어떻게 물을 이동시키는지에 대해 조사하기.

24.1절 이산화탄소 기체에 의해 초래된 pH 변화를 호흡계가 어떻게 조정하는지에 대해 탐구하기.

혼자 풀어보기

가장 적절한 답을 고르시오.

2.1 원자와 원자결합

1. 원자의 원자질량은 주로 무엇의 수효에 의존하는가?
 a. 양성자와 중성자 b. 양전자
 c. 중성자와 전자 d. 양성자와 전자
2. 사람 몸에서 가장 무게를 많이 차지하는 원소는?
 a. 탄소 b. 수소
 c. 산소 d. 질소
3. 다음 반응식에서 반응물은 무엇인가? $NaCl \rightarrow Na^+ + Cl^-$
 a. Na^+ b. Cl^-
 c. NaCl d. a와 b 모두
4. 전자가 균등하게 공유되지 않은 공유결합을 무엇이라고 부르는가?
 a. 극성 b. 정상
 c. 비극성 d. 중성
5. 그림 2.3에서 원자가(최외각) 전자의 수효가 질소(N)와 동일한 원소는 무엇인가?
 a. 탄소(C) b. 인(P)
 c. 네온(Ne) d. 산소(O)

2.2 생명에 있어서 물의 중요성

6. 물이 자유롭게 흐르지만 각각의 분자로 분리되지 않는 것은 물의 어떤 성질 때문인가?
 a. 응집 b. 친수성
 c. 소수성 d. 부착
7. 물에 대한 친화성을 지닌 화합물을 무엇이라고 부르는가?
 a. 응집 b. 친수성
 c. 소수성 d. 부착
8. 물이 위부터 아래쪽으로 얼어가는 이유는 무엇인가?
 a. 물의 표면장력이 높기 때문이다.
 b. 얼음의 열용량이 높기 때문이다.
 c. 물보다 얼음의 밀도가 낮기 때문이다.
 d. 얼음이 물보다 응집력이 약하기 때문이다.
9. 물이 온도가 크게 변하지 않은 채 많은 열을 흡수할 수 있는 이유는 무엇인가?
 a. 표면장력이 높기 때문이다.
 b. 열용량이 높기 때문이다.
 c. 수소 이온(H^+) 농도가 높기 때문이다.
 d. 수산 이온(OH^-) 농도가 높기 때문이다.

2.3 산과 염기

10. pH 3은 ______(이)다.
 a. 염기성 b. 중성
 c. 산성 d. 완충액
11. ______은(는) 어떤 용액에서 수소 이온(H^+) 농도가 높아지도록 한다.
 a. 염기 b. 동위원소
 c. 산 d. 화합물
12. pH를 일정하게 유지하기 위해 많은 생명체가 ______(으)로 수소 이온 농도를 조절한다.
 a. 완충액 b. 염기
 c. 산 d. 동위원소

과학적으로 생각하기

1. 어느 더운 여름날에 당신은 수영장에 뛰어들었다. 뛰어들기 전에 당신은 물의 표면이 매끄러우며 끊어짐 없이 이어져 있는 것을 보았다. 수영장에 뛰어든 후 당신은 피부에 물방울들이 묻어있는 것을 보았고 피부가 선선해진 것을 느꼈다. 관찰한 이러한 사실들에 대해 물의 성질을 근거로 하여 설명하시오.
2. 탄소와 마찬가지로 실리콘도 최외각껍질에 전자를 4개 가지고 있으나, 생명체는 탄소를 기반으로 진화하였다. 실리콘이 다른 원소 4개와 공유하지 못하고, 탄소 분자처럼 다양한 형태를 이루지 못하는 원인을 실리콘 구조의 특성을 바탕으로 하여 설명하시오.
3. 제산제는 속쓰림에 흔히 사용되며 의사 처방이 필요하지 않은 치료제이다. 속쓰림은 위에 수소 이온이 지나치게 많을 때 나타나는 현상이다. pH에 관한 지식을 이용하여 제산제의 화학물질이 어떻게 작용하는지 설명하시오.
4. 산성강하물은 대기의 수분이 배출된 이산화황과 질소산화물에 오염되어 만들어진다. 이러한 공해물질은 대개 화석연료, 특히 석탄을 태울 때 발생한다. 이들 화합물은 대기 중에서 황산과 질산으로 전환되고 대기의 물방울에 흡수된 다음, 결국 산성강하물로서 지구로 되돌아간다. 산성강하물이 환경에 나쁜 영향을 줄 수 있다는 점에 대해 당신은 어떻게 생각하는가?

역자 소개

대표역자 **한규웅** 한남대학교 생명·나노과학대학 생명시스템과학과

김명희 연세대학교 의과대학 해부학교실

김상호 대구대학교 사범대학 과학교육학부(생물교육전공)

김순영 안동대학교 자연과학대학 생명과학과

김시욱 조선대학교 공과대학 환경공학과

김옥용 연세대학교 생명시스템대학 시스템생물학과

김재진 배재대학교 아펜젤러대학 생물의약학과

윤혜섭 건국대학교 생명특성화대학 생명과학특성학과

이영원 충남대학교 공학교육혁신센터

조은희 조선대학교 사범대학 생물교육과

역자 서문

Sylva S. Mader가 “필수생명과학(Essentials of Biology)”를 처음 펴낸 이후 거의 10년이 지났습니다. 그는 교육학자인 Michael Windelspecht을 영입하여 내용을 다듬어 더욱 멋진 4판을 펴냈습니다. 초판부터 4판에 이르기까지 원저자의 목표는 한결같고 뚜렷합니다. 생명과학의 원리를 명확하게 소개하되, 이해하기 쉽도록 풀어나가는 것입니다. 저자들은 세포, 유전자, 진화, 생태계 등 전통적인 생명과학의 주요 개념을 멋진 시각적 효과와 함께 알기 쉽게 서술하였습니다.

7단원 32장으로 이루어진 이 책은 첫 장에서 생명과학의 기초지식과 과학적 사고방식에 대한 설명으로 시작합니다. 생명과학을 전공하지 않는 이라도 생명과학은 물론 과학에 대한 기본적인 개념을 얻을 수 있으며, 따라서 이후의 내용을 쉽게 이해할 수 있을 것입니다.

첫 번째 단원에서는 세포에 대해 설명합니다. 생명의 기본단위인 세포의 구성, 그리고 생명활동을 수행하는 데 필요한 에너지 전환과정에 대한 설명을 통해 생명현상의 기초를 이해할 수 있도록 합니다.

두 번째 단원에서는 유전에 대해 설명합니다. 생명체가 후대를 잇는 방식을 세포 수준에서 살펴보고, 유성생식이 이루어지는 과정과 그 의미를 살펴봅니다. 이 과정에서 선친의 형질이 자손에게 전달되어 발현되는 과정인 유전현상을 이해할 수 있습니다. 나아가 이러한 유전현상의 바탕을 이루는 DNA와 RNA의 특성과 유전자를 발현하고 조절하는 방법을 탐구합니다. 또한 이러한 지식을 인류의 건강에 적용할 수 있는 방법인 생명공학과 유전자상담에 대해서도 설명합니다.

세 번째 단원에서는 진화, 네 번째 단원에서는 다양성에 대해 설명합니다. 오랜 세월에 걸친 환경의 변화는 시대에 따라 생명체의 생존에 매우 큰 영향을 줍니다. 예측할 수 없는 변화에 적응하여 수많은 세대에 걸쳐 생명력을 이어나가는 과정이 진화입니다. 진화과정에서 저마다 다른 방식으로 자신의 서식환경에 적응한 결과로 오늘날 우리가 마주하는 생명체의 다양성이 나타나게 되었습니다.

다섯 번째와 여섯 번째 단원에서는 각각 식물과 동물에 대해 설명합니다. 식물과 동물의 구조와 다양한 기능에 대해 자세하게 알 수 있습니다.

마지막 일곱 번째 단원에서는 생태에 대해 설명합니다. 우리는 저마다 고유한 개체로서 살고 있지만, 사회라는 군집을 이루고 그 안에서 서로 관계를 맺고 살아갑니다. 주위 환경조건과 잘 어울리는 지속가능한 생활태도가 우리의 삶에 주는 의미를 깨달을 수 있을 것입니다. 생태계에 대한 이해는 생명활동은 물론, 사회생활에서 갖추어야 할 기본적인 소양으로도 이어질 것입니다.

이 책은 간결하지만 명확한 서술, 잘 정리된 시각자료는 물론이고, 교육학 체계에 바탕을 둔 논리적 구성으로 이루어져 있습니다. 생명과학을 처음 배우는 대학생이 핵심 내용을 이해하는 데 크게 도움이 될 것이며, 일반인에게도 좋은 교양서적이 될 것으로 믿습니다.

이 책을 출간하기까지 많은 분께서 함께 수고해 주셨습니다. 역자들은 전공 분야에 따라 성심껏 번역해주셨습니다. 어느덧 네 번째 개정판인 만큼 많은 변화를 담고 있어서, 마치 초판을 번역하듯 하나하나 꼼꼼하게 옮겨주셨습니다. 이 원고를 이중 삼중으로 교차 검토하여 그동안 국내에 소개된 번역서가 안고 있는 문제점인 오역을 줄이고 어색한 영어식 표현을 우리말로 쉽게 표현하기 위해 많은 노력을 기울였습니다.

(주)바이오사이언스출판의 여러분께서도 모든 출판과정에서 헌신적으로 도와주셨습니다. 모든 이들이 한 마음으로 애써주신 덕에 좋은 책을 출간하게 되어 매우 기쁘고 감사하게 생각합니다. 모쪼록 현대인의 필수교양 성격을 지닌 생명과학의 멋진 매력을 이 책과 함께 한껏 즐기실 수 있기를 기대합니다.

역자 대표 한규웅

차례

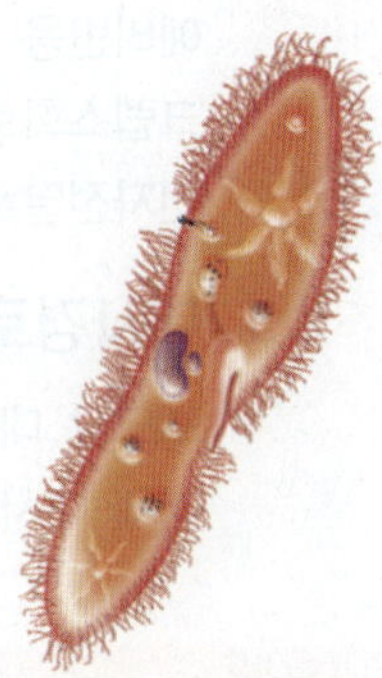

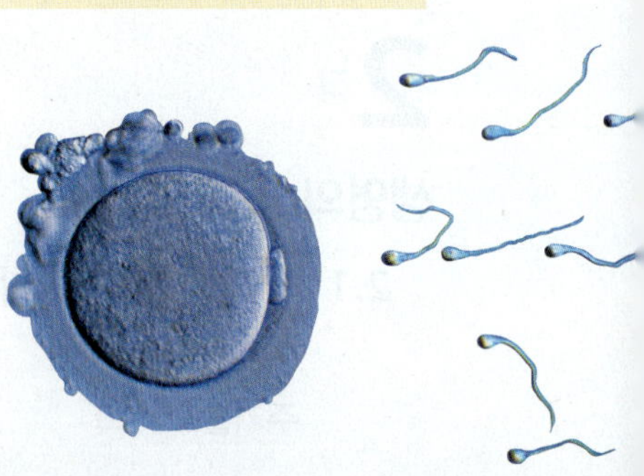

12장

13장

3부 진화

14장

15장

16장

4부 생명의 다양성

17장

18장

19장

5부 식물의 구조와 기능

20장

21장

6부 동물의 구조와 기능

22장

23장

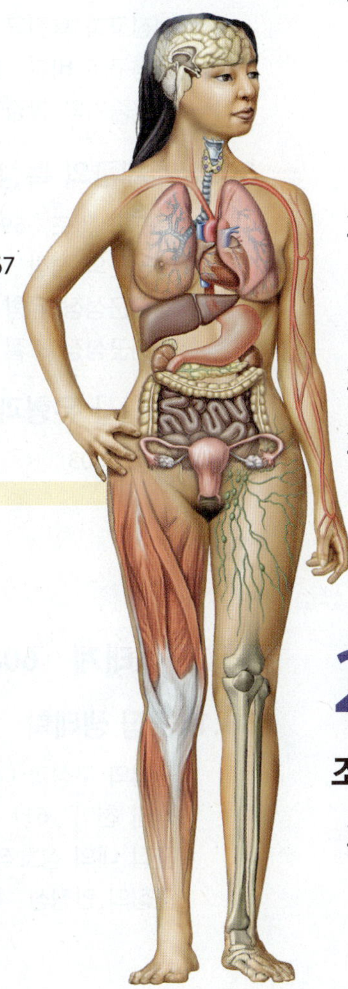

1

생명과학: 생명의 과학

생명의 다양성

지구의 생명체는 매우 다양한 형태를 지니고 있으며, 흔히 사람이 보기에 이상하게 여겨질 수 있는 외형을 지니거나 행동을 한다. 이 장에서 살펴보는 바와 같이, 생명과학자가 생명체를 분류하는 방식의 하나는 종에 따른 구분이다. 그렇다면 지구에는 얼마나 많은 종이 존재하는 것일까? 진실은, 우리는 알지 못한다. 대부분의 과학자는 약 1,500만 종으로 추정하고 있지만, 1억 종이 넘을 것이라는 주장도 있다. 지금까지 약 200만 종이 확인되었으며, 이들의 대부분은 곤충이다.

그렇지만 지금도 새로운 종이 꾸준히 발견되고 있다. 최근에는 다음과 같은 종이 확인된 바 있다. Madagascar에서 발견된 *Brookesia micra*는 세계에서 가장 작은 파충류이며, 길이는 2.5 cm이다. 재채기하는 원숭이인 *Rhinopithecus strykeri*는 미얀마 북동부에서 발견되었다. 이 원숭이는 매우 드물지만 비가 오면 재채기를 하므로 숲에서 쉽게 그 위치를 알 수 있다. 모든 새로운 종이 희귀한 것은 아니다. 단순히 사람과 접촉하기 어려운 곳에서 서식하기 때문에 쉽게 발견되지 않는 종도 있다. 예를 들면 네팔가을양귀비(*Meconopsis autumnalis*)는 히말라야의 3,000 m 이상 고산지대에서만 서식한다. 생명은 다양성을 보이더라도 몇 가지 중요한 특성을 공유하고 있다. 이 장에서는 이에 대해 공부할 것이다.

이 장을 공부하는 동안 다음 질문에 대해 생각해보자.

1. 생명체와 비생명체를 구분하는 일반적인 특성은 무엇일까?
2. 종은 어떻게 하여 생물학적 조직화 수준에 적합하게 된 것일까?
3. 오늘날 과학의 당면과제로는 무엇이 있을까?

개 요

세균 사람 식물 균류(진균)

그림 1.1 생명의 다양성.

생명과학은 다양한 형태를 지닌 모든 생명체를 연구한다.

1.1 생명의 특성

학습 목표

이 절을 학습한 후에는 다음 과제를 수행할 수 있어야 한다.

1. 모든 생명체에서 공통으로 나타나는 기본 특성에 대해 설명하기.
2. 생물학적 조직화 수준을 구분하여 설명하기.
3. 항상성, 대사, 적응이라는 용어가 생명체와 어떻게 연관되어 있는지 요약하기.
4. 생태계 안에서 화학물질의 순환과 에너지 흐름을 대조하기.

이 장의 서문에서 살펴보았듯이 생명은 다양성을 지닌다(**그림 1.1**). 생명은 심해의 열수구에서 남극의 몹시 추운 지역에 이르기까지 지구의 어느 곳에서든 찾아볼 수 있다. **생명과학(biology)**은 생명을 과학적으로 연구하는 학문이다. 생명과학자는 생명의 다양성은 물론 모든 생명체가 공유하는 특성에 대해서도 연구한다. 이러한 특성으로는 조직화 수준, 물질과 에너지 획득 능력, 내부 환경 유지 능력, 자극에 대한 반응 능력, 생식과 발생 능력, 그리고 변화하는 조건에 대한 적응과 진화 능력 등이 있다. 이러한 특성을 연구하여 생명의 복잡한 성질에 대한 통찰력을 얻을 수 있으며, 이러한 통찰력에 의해 생명체와 비생명체를 분간할 수 있게 된다. 다음 절에서는 이러한 특성을 자세하게 살펴볼 것이다.

생명은 조직화되어 있다

생명의 복잡한 조직화는 물질의 기본 단위인 원자에서 시작한다. 원자가 결합하여 작은 분자를 만들어내며, 이들이 결합하여 세포 내의 큰 분자를 형성한다. **세포(cell)**는 가장 작고 가장 기본적인 생명의 단위이다. 세포는 살아 있지만, 비생명 분자로 만들어진 것이다(**그림 1.2**).

지구 생명체는 대부분 단세포이다. 식물, 균류(진균), 동물은 **다세포성(multicellular)**이며, 많은 종류의 세포로 구성된다. 다세포성 생명체에서는 유사한 세포가 모여 **조직(tissue)**을 이룬다. 다양한 조직이 모여 심장이나 잎 등의 **기관(organ)**이 된다. 기관은 **기관계(organ system)**를 이루어 함께 작동하는데, 예를 들어 심장과 혈관이 심혈관계를 구성한다. 복합적인 생명체 내에서 다양한 기관계가 함께 작동한다.

생명의 조직화는 개체 수준을 넘어 확장된다. 특정 지역에서 서식하는 한 종의 모든 구성원(구조가 유사하며 서로 교배할 수 있는 생명체의 집단)은 같은 **개체군(population)**에 속한다. 그림 1.2의 예와 같이 사람, 얼룩말, 나무 개체군이 상호작용하는 경우, **군집(community)**이라고 한다. **생태계(ecosystem)** 수준에서는 군집이 물리적 환경(토양, 대기 등)과 상호작용한다. 지구의 생태계를 종합하여 **생물권(biosphere)**이라고 부르며, 생명체를 찾아볼 수 있는 대기, 육지, 물이 있는 지역이다.

그림 1.2 생물학적 조직화 수준.

세포는 생명의 가장 작은 단위이다. 생물권은 지구의 모든 생명을 아우른다.

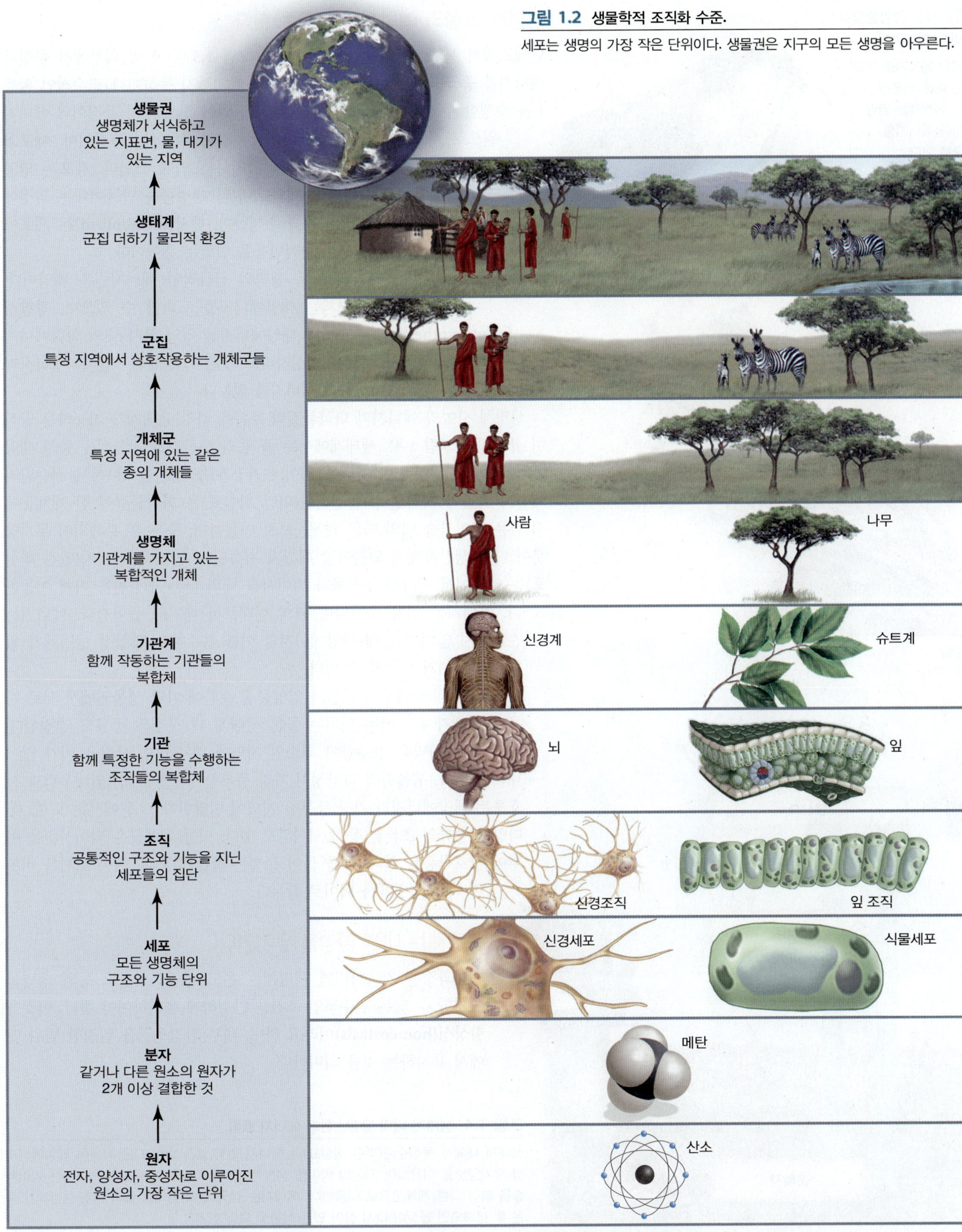

그림 1.3 영양물질과 에너지 획득하기.

사냥한 물고기를 먹고 있는 매를 비롯한 모든 생명체는 영양물질과 에너지를 필요로 한다.

생명은 물질과 에너지를 필요로 한다

단세포에서 복합 생명체에 이르는 생명(**그림 1.3**)은 신체 외부에서 물질과 에너지를 공급받지 못하면 조직화 수준을 유지하지 못하거나 필수적인 활동을 수행할 수 없다. 먹이에서 영양 분자를 얻어 신체 구성 물질이나 에너지원으로 사용한다. **에너지(energy)**는 일할 수 있는 능력이며, 세포와 생명체의 조직화 수준을 유지하는 일에 쓰인다. 세포는 영양 분자를 이용하여 신체의 부위와 생성물을 만들어내는 과정에서 일련의 화학반응을 수행한다. **대사(metabolism)**는 세포에서 일어나는 모든 화학반응을 일컫는 용어이다.

지구의 거의 모든 생명의 궁극적인 에너지원은 태양이다. 식물과 일부 생명체는 태양에너지를 포획할 수 있으며, **광합성(photosynthesis)**을 수행하여 태양에너지를 영양 분자 내의 화학에너지로 전환시킨다. 따라서 이들을 생산자라고 부른다. 동물과 식물은 생산자가 만들어낸 영양 분자를 대사하여 에너지를 얻는다.

생명체 사이의 에너지와 화학물질의 흐름에 따라 생태계가 기능하는 방식이 규정된다(**그림 1.4**). 생태계에서는 풀 등의 생산자가 광합성을 통해 태양에너지와 무기양분을 받아들여 먹이(유기양분)를 생산함으로써 물질순환과 에너지 흐름이 시작된다. 물질순환(파란 화살표)은 화학물질이 한 개체군에서 같은 먹이사슬 내의 다른 개체군으로 이동하며, 죽은 후 분해되어 무기양분이 다시 생산자에게 되돌아갈 때까지 지속된다. 반면에, 에너지(빨간 화살표)는 태양에서 시작하여 식물과 먹이사슬 내의 다른 구성원을 거쳐 이동한다. 에너지는 점차 소실되며 열의 형태로서 대기로 돌아간다. 에너지는 순환하지 않기 때문에 태양에너지와 이를 흡수하는 광합성 생명체가 없다면 생태계가 지속될 수 없다.

생태계 내의 에너지 흐름과 영양물질 순환에 따라 생물권에서 서로 다른 생태계가 분포하는 위치는 물론 생태계 내 군집의 종류도 결정된다. 예를 들어 사막은 강수량이 최소인 지역에 존재하며, 삼림은 비가 많이 내려야 한다. 생물학적 다양성이 가장 풍부한 두 생태계인 열대우림과 산호초는 태양에너지가 가장 풍부한 지역에 발달한다. 초원에서는 토끼, 매, 다양한 종류의 초본류 등이 서식하고 있다. 이들 개체군은 먹이사슬을 이루어 상호작용을 한다. 예를 들어 토끼는 풀을 먹으며, 매는 토끼를 비롯한 다른 생명체를 먹이로 삼는다.

생명체는 내부 환경을 유지한다

대사과정을 지속하려면 생명체는 온도, 습도, 산성도 등의 생명을 유지할 수 있는 필수적인 조건을 안정하게 유지하여야 한다. 이것을 **항상성(homeostasis)**이라고 하며, 내부 환경조건을 일정한 범위 안에서 유지하는 것을 의미한다.

그림 1.4 생태계 내의 물질순환과 에너지 흐름.

생태계 내에서 물질순환(파란 화살표)과 에너지 흐름(빨간 화살표)은 식물이 태양에너지와 무기양분을 이용하여 자신의 먹이를 생산함으로써 시작된다: 물질과 에너지는 먹이사슬을 따라 다른 개체군으로 이동한다. 에너지는 결국 열의 형태로 흩어진다. 생명체가 죽은 후 분해되면 물질이 다시 살아 있는 식물로 되돌아간다.

많은 생명체가 자신의 내부 환경을 조절하는 행동에 의존하여 살아간다. 도마뱀은 내부 온도를 높이기 위해 따뜻한 바위에서 햇볕을 쬐다가, 온도가 너무 올라가면 서늘한 그늘을 찾아 서둘러 이동한다. 그렇지만 조절기작을 가지고 있는 생명체는 이처럼 의식적으로 행동할 필요가 없다. 당신이 공부에 집중하느라 식사를 잊는다면, 간에 저장된 당이 방출되어 혈당 수준이 정상 범위로 유지된다. 신체의 많은 기관계가 항상성을 유지하는 데 관여하고 있다.

생명체는 반응한다

생명체는 주변 환경과 상호작용을 하여 에너지와 양분을 찾아낸다. 단세포 생명체조차도 주변 환경에 대응할 수 있다. 이들은 미세한 섬모나 채찍처럼 생긴 꼬리를 빠르게 움직여 빛이나 화학물질을 향하거나 피해서 이동한다. 다세포 생명체는 더욱 복합적으로 반응할 수 있다. 황제나비는 가을이 다가오는 것을 감지할 수 있어서 여전히 먹이를 얻을 수 있는 남쪽을 향해 날아간다. 독수리는 1.5 km나 떨어져 있는 고기 냄새를 맡고 사냥하기 위해 날아오른다.

반응하는 능력으로 인해 흔히 움직임이 이루어진다. 식물의 잎은 태양을 향해 방향을 바꾸며, 동물은 안전한 장소로 쏜살같이 달려간다. 적절하게 반응하여야 생존할 수 있으며, 일상 활동을 수행할 수 있다. 이러한 모든 활동을 통틀어 행동(*behavior*)이라고 한다.

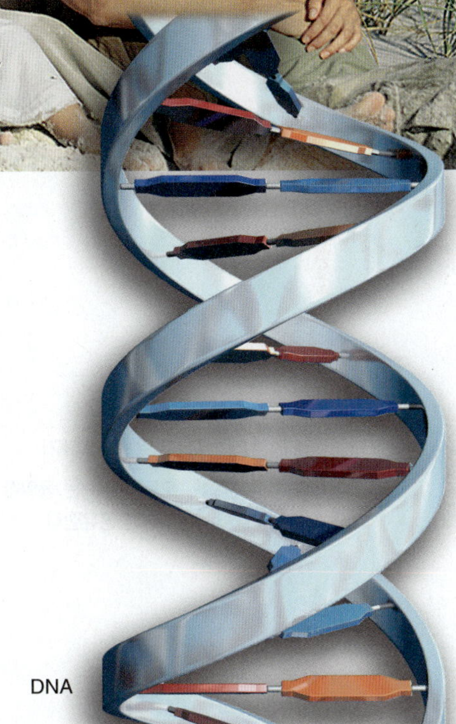

그림 1.5 사람 가족.

단세포이든 다세포이든 생명체는 모두 생식한다. 자손은 부모에게서 DNA에 담겨 있는 유전자를 물려받는다.

생명체는 생식하며 발생한다

생명은 오직 생명에게서만 태어난다. 모든 생명체는 **생식(reproduce)**을 통해 자신과 닮은 다른 생명체를 만들어낼 수 있다. 세균을 비롯한 단세포 생명체는 단순하게 둘로 나누어진다. 다세포 생명체는 대개 한 개체의 정자가 다른 개체의 난자와 짝을 이룸으로써 생식과정이 시작된다. 정자와 난자가 융합한 뒤 수많은 세포분열을 거쳐 미성숙 개체가 만들어지고, 이후 다양한 성장과 발생 단계를 거쳐 성체가 된다.

배(*embryo*)가 고래나 수선화, 또는 사람으로 발달하는 것은 각각 자신의 부모에게서 특정한 **유전자(genes)**를 물려받았기 때문이다(**그림 1.5**). 모든 생명체의 유전자는 긴 DNA(*de*oxyribo*n*ucleic *a*cid)로 이루어져 있다. 그렇지만 종과 개체마다 유전자의 구성이 다르다. 이러한 차이는 **돌연변이(mutation)**에 따른 것이다. 돌연변이는 유전정보를 다양하게 변화시키는 중요한 원인이다. 모든 돌연변이가 나쁜 것만은 아니다. 눈과 머리카락의 빛깔이 달라 보이는 것은 돌연변이의 예이다. DNA 기술의 발전으로 인해 유전자의 변이 정도를 빠르게 살펴볼 수 있게 되었다. 이러한 유전자 비교는 친자확인 검사의 기초가 된다. 한 개체의 전체 유전자 구성은 고유한 것이기는 하지만, 부모에게서 물려받은 DNA로 구성된 것이다. 따라서 한 어린이의 DNA 정보는 생물학적 부모의 것과 거의 유사하다.

DNA는 특정 생명체의 조직화와 대사에 관한 청사진 역할을 한다. 다세포 생명체를 구성한 모든 세포가 동일한 유전자들을 가지고 있지만, 특화된 세포의 종류에 따라 일부 특정 유전자군만 작동된다. 유전검사를 통해 특정 돌연변이의 존재 여부를 확인할 수 있고, 이를 통해 어떤 유형의 질병에 걸릴 가능성이 있는지를 예측할 수 있다. 의사는 이러한 정보를 이용하여 치료제를 처방하거나 미리 예방할 수 있는 방법을 알려줄 수 있다.

생명체는 적응력을 지니고 있다

적응(adaptation)은 생명체가 자신의 삶의 방식에 적합하도록 변화하는 것을 의미한다. 맹금류인 매는 물고기를 잡는 능력을 갖추고 있으며(그림 1.3 참조), 맹수는 토끼를 사냥하는 일에 최적화되어 있다. 매는 속이 빈 뼈를 가지고 있어 체중이 가볍고 비행근육을 이용하여 날개를 위아래로 움직일 수 있기 때문에 비행할 수 있다. 매는 급강하하면서 튼튼한 발로 착륙 충격을 흡수하고 길고 날카로운 발톱을 뻗어 사냥감을 움켜쥔다. 매는 뛰어난 시력을 가지고 있어서 높은 곳에서도 먹잇감을 정확하게 인식할 뿐만 아니라 거리와 속도도 가늠할 수 있다.

펭귄 역시 조류이지만, 매와는 매우 다른 모습을 지니고 있다. 펭귄은 남극의 수중생활에 적응되어 있다. 매와 같은 새의 앞발이 비행에 적합한 형태라면, 펭귄의 것은 수영에 적합한 짧고 억세며 납작한 날개로 변형되어 있다. 이들의 발과 꼬리는 물속에서 방향타 역할을 한다. 그러나 평평한 발로 육지에서 걸을 수도 있다. 펭귄은 추운 지역에서 서식하므로 솜털 위에 짧고 두꺼운 깃털로 덮어 물이 스며들지 못하도록 한다. 또한 피하지방층이 발달해 추위를 막는다.

다음 절에서는 종마다 자신의 환경에 적응한 방식인 진화(*evolution*)에 대해 논의한다.

개념 연결하기 1.1
모든 생명체는 동일한 기본적 특성을 공유한다.

진도 점검하기 1.1

1. 모든 생명에 공통적인 기본 특성을 열거하시오.
2. 생물학적 조직화 수준을 가장 낮은 것부터 열거하시오.
3. 물질순환과 에너지 흐름을 생명체 수준과 생태계의 조직화 수준에서 설명하시오.

1.2 진화: 생명과학의 핵심 개념

학습 목표

이 절을 학습한 후에는 다음 과제를 수행할 수 있어야 한다.

1. 진화(*evolution*)라는 용어를 정의하기.
2. 자연선택의 과정, 그리고 이 과정과 진화과정의 연관성을 설명하기.
3. 분류체계의 영역(domain)과 주요 문(kingdom)의 일반적 특성을 요약하기.

형태와 기능, 삶의 방식이 다양함에도 불구하고 생명체는 모두 동일한 기본 특성을 공유한다. 이들은 모두 유사한 방식으로 조직화된 세포들로 이루어져 있다. 유전자는 DNA로 구성되며, 에너지를 얻고 조직화 수준을 유지하는 대사과정도 동일하다. 생명체의 통일성으로 미루어 모든 생명체가 단일 공통조상에서 기원하였다고 추정할 수 있다.

진화계통수는 가계도와 유사하다(**그림 1.6**). 가계도를 보고 어떤 부부로부터 후손들이 어떻게 갈라져 나왔는지를 알 수 있는 것과 마찬가지로, 진화계통수는 지구 생명의 계통을 따라 공통조상을 추적한다. 한 부부가 다양한 자손을 가질 수 있고, 마찬가지로 한 개체군이 여러 집단의 공통조상이 될 수 있다. 각각의 집단은 특정 환경조건에 맞춰 적응한 것이다. **진화(evolution)**는 개체군이 시간이 흐르는 동안 적응을 축적하여 자신의 환경에 더욱 적합하게 변화하는 과정이다. 진화는 생명과학을 통합하는 개념이라고 할 수 있다. 그 이유는 진화는 생명체가 단일 조상에서 어떻게 분화하여 엄청난 다양성을 이루게 되었는지 등, 생명과학의 수많은 질문에 대해 설명하기 때문이다.

자연선택과 진화과정

19세기에 Charles Darwin과 Alfred Russell Wallace는 독자적으로 **자연선택(natural selection)**이라는 과정을 통해 진화가 일어난다는 결론에 이르렀다. 두 사람 가운데 Darwin은 종의 기원에 대하여(*On the Origin of Species*)라는 책을 저술하였기 때문에 더 유명하다. 그는 이 책에서 자연선택에 의해 진화가 일어난다는 사실을 뒷받침하는 풍부한 자료를 제시하였다. 이후 진화는 생명과학의 핵심 개념이 되었다. 이 이론으로 생명과학의 모든 분야에서 관찰한 수많은 현상을 설명할 수 있기 때문이다.

자연선택 과정은 개체군이 환경에 대응하여 어떻게 변화하는가에 기초하고 있다. 환경은 (새로운 포식자 등의) 생명체 요인에 의해 달라질 수 있다. 시간이 지나면서 환경이 달라지면 종 내의 일부 개체는 새로운 환경에 더욱 적합하도록 하는 특정 적응력을 지닐 수 있다. 자신의 환경에 잘 적응한 개체는 더 오래 생존하며 더 많은 자손을 얻을 수 있다. 이러한 차등 생식 성공을 자연선택이라고 부르며, 이로 인해 시간이 흐르면서 개체군의 특성이 변화하게 된다. 다시 말해, 세대를 거치면서 더 높은 생식 성공으로 이끄는 적응이 개체군 내에 많아지게 된다. 이처럼 개체군 내에서 형질의 빈도가 변화하는 것을 진화라고 한다.

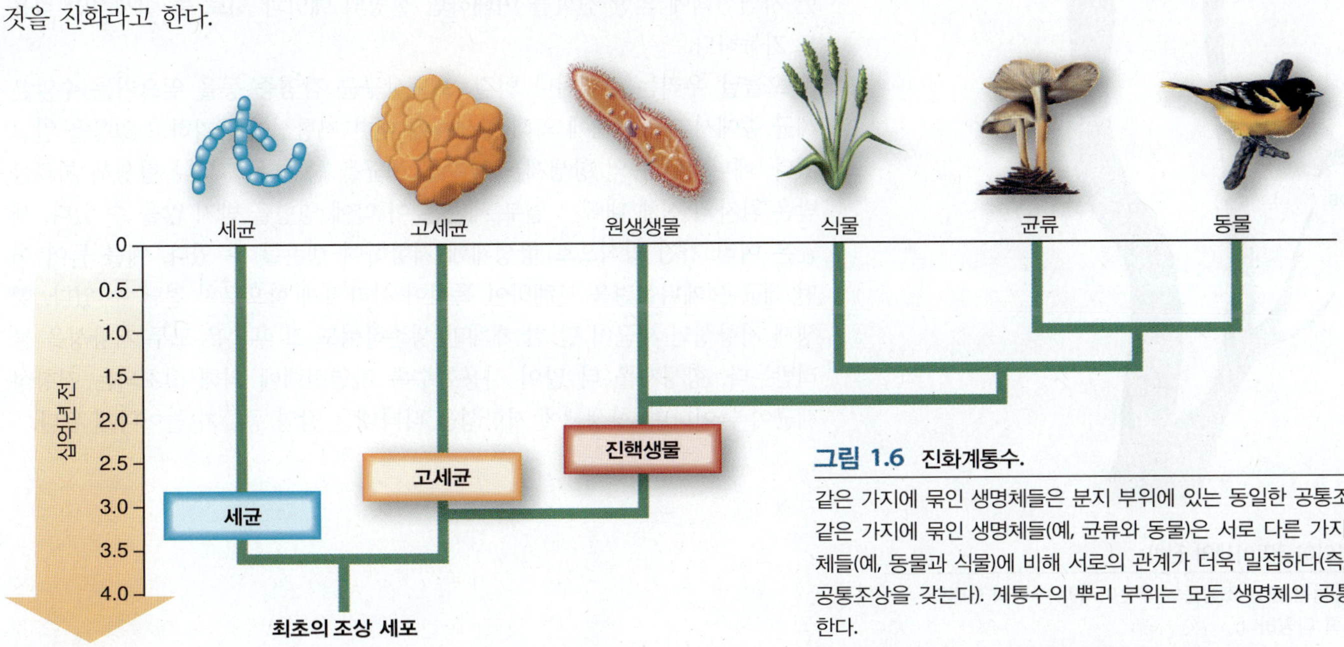

그림 1.6 진화계통수.

같은 가지에 묶인 생명체들은 분지 부위에 있는 동일한 공통조상을 갖는다. 같은 가지에 묶인 생명체들(예, 균류와 동물)은 서로 다른 가지에 있는 생명체들(예, 동물과 식물)에 비해 서로의 관계가 더욱 밀접하다(즉, 더욱 최근의 공통조상을 갖는다). 계통수의 뿌리 부위는 모든 생명체의 공통조상을 의미한다.

진화과정은 "변화되며 이어지는 혈통"이라는 문구로 요약할 수 있다. 그 이유는 공통조상으로부터 혈통이 이어지는 동안 후손에게 변화가 생겨 환경에 적응하게 되기 때문이다. 그 결과로 한 종이 여러 종의 공통조상이 될 수 있는데, 후손 종들은 각각 특정 환경에 적응하여 달라진 것이다. 특별한 적응으로 인해 종마다 자신의 환경에서 특정한 역할을 수행하게 된다. 하와이꿀먹이새는 이러한 과정의 주목할 만한 사례이다(**그림 1.7**). 꿀먹이새는 50종이 넘지만 모두 한 종의 피리새에서 진화한 것이다. 피리새는 남미가 원산이며, 300만~500만 년 전에 하와이에 도착한 것으로 보인다. 현대의 꿀먹이새들은 먹이의 종류에 따라 부리 형태가 다르다. 꿀먹이새의 어떤 종은 부리가 길고 휘어져 있어서 꿀을 빠는 데 사용한다. 어떤 종의 부리는 튼튼하고 갈고리처럼 생겨서 나무둥치를 파고 그 속에 있는 애벌레를 잡는 데 적합하며, 짧고 직선형이어서 작은 씨앗과 열매를 먹는 데 적합한 부리를 가진 종도 있다. 이처럼 섭식환경과 부리 형태에 현저한 차이가 나타나기는 하지만, 모든 꿀먹이새는 여전히 공통조상에서 유래한 특정 특성을 공유한다. 이들은 모두 신체의 형태와 크기는 물론, 짝짓기나 둥지를 짓는 행동도 비슷하다.

진화는 생물학적 조직화의 모든 수준을 포괄하여 연구한다. 실제로 오늘날 진화 연구는 대개 분자 수준에서 이루어진다. 서로 다른 개체군의 DNA를 비교하여 이들이 서로 어떻게 연관되어 있는지 분석한다. 생명이 시간의 흐름에 따라 어떻게 변화되어 왔는지를 살펴보면 수많은 종류의 생명체가 존재하는 이유와 각각의 종이 고유한 특성을 지닌 이유를 이해하는 데 도움이 된다. 또한 자연선택에 의한 진화를 이해하면 질병의 예방과 치료 등 실제적인 적용도 가능하다.

오늘날 우리는 결핵이나 임질, 포도상구균 감염증 등을 일으키는 수많은 세균 종에서 자연선택에 의해 항생제에 대한 저항성이 증가하고 있음을 알고 있다. 페니실린 등의 항생제는 감수성 세균을 죽인다. 그러나 항생제 치료를 받은 환자의 신체 내에서 일부 세균은 이 약에 영향을 받지 않을 수 있다. 세균은 여러 가지 방식으로 항생제에 저항하여 생존할 수 있다. 예를 들어 어떤 세균은 페니실린을 분해하여 독성이 사라지게 함으로써 견딜 수 있다. 항생제 저항성인 세균이 단 한 개체만 생존하여도 그 후손은 모두 저항성을 물려받는다. 항생제를 더 많이 사용할수록 자연선택에 의해 선호되는 저항성 세균이 늘어나며, 항생제에 저항성을 나타내는 감염 종류가 늘어나게 된다.

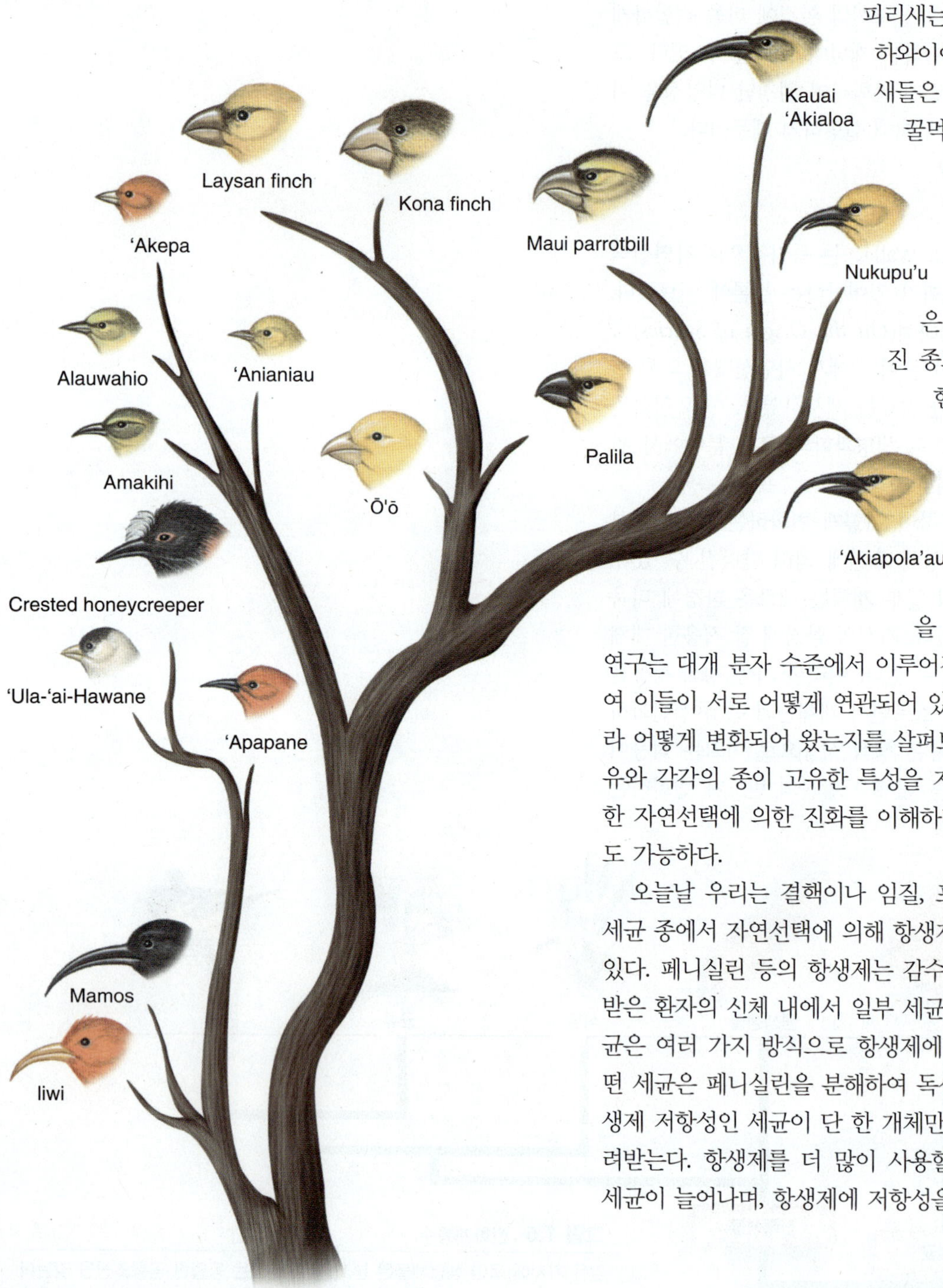

그림 1.7 **하와이꿀먹이새의 진화.**

하와이꿀먹이새들은 단일 조상종의 후손이지만, 부리의 형태와 크기가 놀랍도록 다양하다.

연관: 과학적 탐구

어떻게 진화가 나에게 개인적으로 영향을 줄 수 있을까?

항생제가 있는 조건에서는 저항성 세균이 반복되는 증식을 통해 선별되어 결국 세균 개체군 전체가 항생제에 저항성을 지니게 된다. 1959년에 메티실린이라는 새로운 항생제가 개발되어 페니실린에 저항성을 보이는 포도상구균 감염증을 치료하는 데 사용되었다. 1974년에는 포도상구균 감염사례 중 단 2%만 MRSA(methicillin-resistant *Staphylococcus aureus*; 메티실린 저항성 포도상구균)로 분류되었으나, 2004년에는 그 비율이 63%로 늘어났다. 이에 대응하여 미국질병관리예방국(CDCP)은 의료종사자에게 MRSA 예방 교육을 적극적으로 시행하였다. 이 계획은 매우 성공적이어서 2005년부터 2008년 사이에 병원 내의 MRSA 감염이 28%로 감소하였다. 그러나 MRSA는 여전히 의료계의 중요한 당면과제이다.

생물다양성의 구성

수많은 상품을 판매하는 거대한 백화점의 경우, 다양한 상품을 전자, 의류, 가구 등으로 나누어 진열함으로써 고객이 쉽게 찾을 수 있도록 한다. 생명은 매우 다양하기 때문에 생명체를 범주로 구분하는 체계가 있다면 도움이 될 것이다. 생명체를 범주로 나누는 생명과학의 학문 영역은 두 가지이다. **분류학(taxonomy)**은 일정한 규칙에 따라 생명체를 식별하고 명명하는 학문분야이고, **계통학(systematics)**은 생명체 사이의 진화적 상관관계를 추정하여 분류함으로써 지구에 사는 생명체의 복잡한 다양성을 이해하는 학문분야이다. 계통학자가 종 사이의 진화적 상관관계에 대해 더 많이 밝혀내면 특정 종의 분류가 달라질 수도 있다. 계통학자는 지금도 관찰과 실험을 수행하고 있으므로, 이 책에서 적용한 분류체계도 언젠가는 달라질 수 있다.

분류의 범주

분류 범주는 포괄도가 높아지는 순서로 **종(species)**, **속(genus)**, **과(family)**, **목(order)**, **강(class)**, **문(phylum)**, **계(kingdom)**, 그리고 **영역(domain)**이다(**표 1.1**). 종 이후에 이어지는 범주는 앞선 범주보다 많은 종류의 생명체를 포함한다. 동일한 속에 속한 종들은 많은 특별한 특성을 공유하며 가장 밀접하게 연관되어 있지만, 동일한 영역에 속한 종들은 일반적인 특성만을 공유한다. 예를 들어 *Pisum*속의 종들은 모두 거의 비슷한 (콩과식물의) 외형을 지닌다. 그러나 식물계에 속한 종들은 매우 다양한 형태를 지닐 수 있으며, 이러한 사실은 초본류와 목본류의 차이에서 분명해진다. 같은 개념에 따르면, *Homo*속에는 오직 현대 인류만 속해 있을 뿐이지만, 동물계에는 작은 히드라에서 거대한 고래에 이르는 다양한 종류의 종이 속한다. 서로 다른 영역에 속한 종끼리는 그 연관된 정도가 멀다. 이제부터 영역과 계의 일반적인 특성에 대해 살펴본다.

표 1.1 생물학적 조직화의 단계

범주	사람	옥수수
영역	진핵생물영역(Eukarya)	진핵생물영역(Eukarya)
계	동물계(Animalia)	식물계(Plantae)
문	척삭동물문(Chordata)	속씨식물문 (Anthophyta)
강	포유강(Mammalia)	외떡잎식물강 (Liliopsida)
목	영장목(Primates)	닭의장풀목 (Commelinales)
과	사람과(Hominidae)	벼과(Poaceae)
속	*Homo*	*Zea*
종*	*H. sapiens*	*Z. mays*

* 한 개체를 특정하려면 반드시 이명법에 따라 *Homo sapiens*처럼 써야 한다.

표 1.2 생명의 영역과 계

영역	계	예	
고세균		 ×20,000	극한환경에서 살 수 있다. 메탄-생성 원핵생물인 *Methanosarcina mazei.*
세균		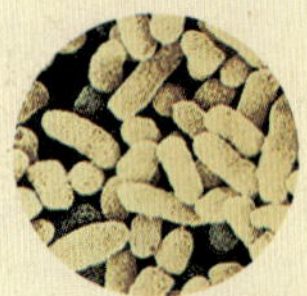 ×6,600	구조는 단순하지만 대사과정은 다양하다. 사람의 장관에 있는 원핵생물인 *Escherichia coli.*
진핵 생물	원생 생물*	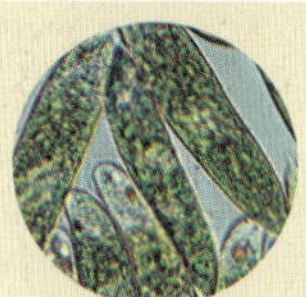 ×150	진핵생물의 다양한 집단으로 상당수는 단세포이다. 식물과 동물의 특성을 모두 지닌 *Euglena.*
	식물		다세포 광합성 생산자. 지구에서 가장 나이가 많은 식물의 하나인 브리슬콘소나무(*Pinus longaeva*).
	동물		섭식활동을 하는 다세포 생명체. 사람(*Homo sapiens*).
	균류		다세포 분해자. 버섯의 한 종류인 *Amanita.*

* 많은 계통학자는 원생생물계를 하위 군으로 더욱 나누어야 이들의 진화적 상관관계를 잘 드러낼 수 있다고 주장한다.

영역

가장 포괄도가 높고 일반적인 분류 단계는 영역이다(**표 1.2**). (DNA와 단백질을 연구하여 얻은) 생화학적 증거에 따르면 **세균영역(domain Bacteria)**, **고세균영역(domain Archaea)**, **진핵생물영역(domain Eukarya)**의 단 세 영역으로 나눌 수 있다. 세균영역과 고세균영역에는 원핵생물이 속한다. 원핵생물은 단세포이며, 진핵생물영역의 진핵생물에서 볼 수 있는 막으로 감싸인 핵이 없다.

원핵생물은 구조가 단순하지만 대사는 복합적이다. 고세균은 산소가 없거나, 염도가 매우 높거나, 너무 뜨겁거나, 또는 너무 산도가 높아 다른 생명체가 살지 못하는 수생환경에서 서식한다. 이런 환경조건은 원시지구의 환경과 유사한 것이며, 아마도 고세균은 초기 세포와 유사할 것이다. 세균은 물, 토양, 대기는 물론 피부와 구강, 대장 등 거의 모든 곳에서 서식한다. 일부 세균이 질병을 유발하기는 하지만, 대개 환경과 상업 측면에서 많은 혜택을 주고 있다. 예를 들어 세균을 이용하여 유전 연구를 수행할 수 있으며(예, 표 1.2의 *E. coli*), 수많은 상품을 생산하고, 하수처리장에서 물을 정화할 수도 있다.

계

계통학자들은 고세균영역과 세균영역을 어떻게 계의 범주로 나눌 것인가에 대해 이제야 의견을 모으기 시작했다. 현재는 진핵생물영역을 네 가지 계로 나눈다. **원생생물(protists**; 원생생물계, kingdom Protista)은 진핵생물의 매우 다양한 집단이며, 단세포이거나 다세포이다. 일부 원생생물은 광합성을 수행하고, 일부는 분해자이며, 일부는 섭식활동을 한다. 계통학자들은 원생생물계의 구성원 사이에 현저한 차이가 있음을 인식하고, 이 계를 세분할 새로운 분류기준을 만들고자 노력하고 있다(17장 참조). **균류(fungi**; 균계, kingdom Fungi)에는 곰팡이와 버섯이 속하며, 이들은 많은 종류의 세균과 함께 죽은 생명체를 분해하는 일을 한다. **식물(plants**; 식물계, kingdom Plantae)은 잘 알려진 다세포성 광합성 생산자이다. **동물(animals**; 동물계, kingdom Animalia)은 다세포성 생명체이며 먹이를 먹고 산다.

세 영역과 진핵생물영역의 네 계를 그림 1.6의 계통수에 표시하였다. 이 계통수는 주로 DNA 자료에 기초한 것이다. 이를 통해 생명의 역사에서 세균영역이 최초로 나타났고, 고세균영역이 그 뒤를 이었으며 마지막으로 진핵생물영역이 나타났다는 사실을 알 수 있다. 고세균영역이 세균영역보다 진핵생물영역과 더욱 밀접한 연관성을 지닌다. 진핵생물영역에서는 원생생물이 식물계와 균계, 동물계로 발전하였다. 나중에 이 진화계통수로 다시 돌아와 각 계의 진화에 대해 논의할 것이다.

과학적 명명법

생명과학자는 각 생명체에게 두 부분으로 이루어진 과학적 이름을 붙인다. 이것을 **2명(binomial name)**이라고 하며, 이런 방식을 2명법이라고 한다. 예를 들어 완두의 과학적 명칭은 *Pisum sativum*이며, 사람은 *Homo sapiens*이다. 앞의 단어는 속이며, 두 번째 단어는 그 속 내의 종에 대한 특별한 별칭이다. 속의 이름은 *P. sativum*이나 *H. sapiens*처럼 줄여서 쓸 수 있다. 생명과학자는 혼란을 피하기 위해 과학적 명칭을 보편적으로 사용한다. 일반 명칭은 중복될 수 있으며, 흔히 그 명칭을 사용하는 나라의 언어로 이루어진다. 그러나 과학적 명칭은 그리 오래되지 않은 보편적 언어인 라틴어에 기반을 두고 부여된다. 표 1.2에서 2명법의 예를 볼 수 있다. 이제 우리는 생명체를 분류하는 일반적인 범주와 과학적 명칭을 부여하는 방식에 대해 알게 되었다. 다시 진화와 다양성이 나타나게 된 과정에 대해 논의하자.

개념 연결하기 1.2

진화과정으로 인해 오늘날 지구에 사는 생명체가 다양해졌다.

진도 점검하기 1.2

1. 여덟 가지의 분류 범주를 포괄도가 높아지는 순서로 나열하시오.
2. 자연선택 과정을 설명하고, 이 과정과 진화적 변화 사이의 상관관계를 설명하시오.
3. '변화되며 이어지는 혈통'이라는 개념이 진화과정을 이해하는 데 중요한 이유를 설명하시오.

1.3 과학: 지식을 얻는 방법

학습 목표

이 절을 학습한 후에는 다음 과제를 수행할 수 있어야 한다.

1. 과학적 방법의 단계를 인식하기.
2. 통제된 실험이 갖추어야 할 기본 조건을 설명하기.
3. 이론과 가설을 구별하기.

생명과학(biology)은 생명에 관해 과학적으로 연구하는 학문이다. 종교, 미학, 윤리, 그리고 과학은 모두 사람이 자연 세계의 질서를 찾는 방법이다. 과학이 다른 분야와 다른 점은 그 과정이며, 과학의 과정은 흔히 과학적 방법을 사용한다(**그림 1.8**).

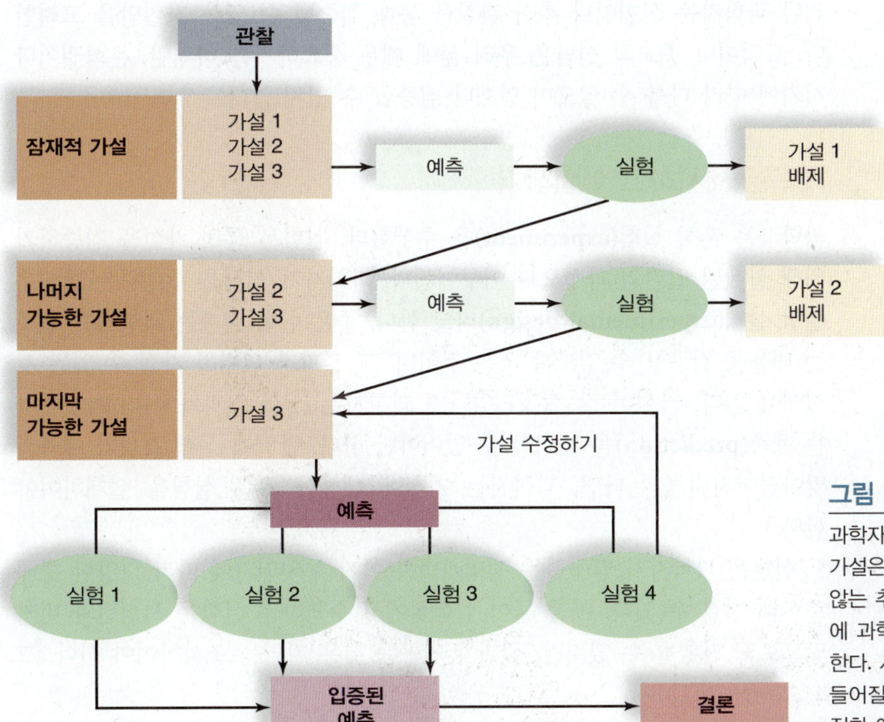

그림 1.8 **과학적 방법의 흐름도.**

과학자는 새로운 관찰 또는 기존의 관찰에 바탕을 두고 가설을 설정한다. 가설은 결과에 대한 예측을 제시한 것이며, 이 가설에 부합하거나 부합하지 않는 추가 실험이나 관찰, 그리고 새로운 자료를 통해 검증된다. 실험한 뒤에 과학자는 흔히 동일한 가설을 재검증하거나 관련된 새로운 가설을 검증한다. 서로 연관된 다수의 실험을 통해 얻은 결론에 의해 과학적 이론이 만들어질 수 있다. 예를 들어 발생, 해부학, 화석자료 등에 관한 연구는 모두 진화 이론을 뒷받침한다.

시작—관찰하기

과학적 방법은 **관찰(observation)**로 시작된다. 우리는 코를 이용하여 식사준비 상황을 관찰할 수 있으며, 손가락을 이용하여 물체의 표면이 부드럽고 차가운지 여부를 관찰하고, 귀를 이용하여 악기를 조율해야 할 것인지를 관찰한다. 과학자는 기구를 이용하여 관찰능력을 높이기도 한다. 예를 들어 현미경을 이용하면 맨눈으로는 볼 수 없던 물체를 볼 수 있다. 나아가 다른 과학자의 지식과 경험을 통해 자신의 이해 범위를 확장시킬 수도 있다. 즉, 과거의 연구내용을 도서관이나 인터넷을 통해 살펴보거나 비슷한 주제를 연구하는 다른 과학자들과 편지나 대화를 나누기도 한다.

가설 설정하기

관찰을 통해 어떤 현상에 대한 지식을 얻은 후에는 과학자는 귀납추리 방법을 사용한다. **귀납추리(inductive reasoning)**는 독립적인 사실을 합쳐 전체에 대해 창조적 사고를 하는 것이다. 우연만으로도 과학자는 착상을 얻을 수 있다. 가장 유명한 사례는 1928년에 항생제인 페니실린을 발견한 것이다. 사상균인 *Penicillium*에 우연히 감염된 세균 배양접시를 조사하던 Alexander Fleming은 사상균이 있는 곳에는 세균이 없다는 사실을 관찰하였다. 오랫동안 세균으로 인한 사람 질병의 치료제를 탐색하던 Fleming은 항세균 물질에 대해 깨달음을 얻었다. 세균에 대한 *Penicillium*의 놀라운 효과를 본 Fleming은 이 사상균이 항세균 물질을 만들어낼 것이라고 추론하였다. 자연 현상에 대한 이러한 가능한 설명을 **가설(hypothesis)**이라고 부른다. 가설은 기존의 지식에 바탕을 두고 있으며, 단순한 추측보다 훨씬 많은 정보를 지닌다. Fleming의 가설은 추후 연구를 통해 확인되었다. 때로 가설이 부정되는 경우에는 수정하거나 추가 연구를 수행해야 하며, 또는 배제되기도 한다.

과학자의 모든 과거 경험은 그것이 무엇이든 가설 형성에 영향을 준다. 그러나 과학자는 실험이나 추가 관찰을 통해 검증될 수 있는 가설만을 고려한다. 도덕이나 종교적 신념은 우리 삶에 매우 중요하기는 하지만, 문화권이나 시기에 따라 다를 수 있으며 언제나 검증할 수 있지 않다.

예측을 제시하고 실험하기

과학자는 흔히 **실험(experiment)**을 수행한다. 실험은 특정 가설을 검증하기 위해 설계된 일련의 과정으로 이루어진다. 과학자가 실험을 수행하는 방식을 **실험 설계(experimental design)**라고 한다. 좋은 실험 설계는 과학자가 원하는 내용을 검증할 수 있도록 하는 것이며, 그 결과가 의미를 가질 수 있는 것이어야 한다. 가설이 잘 설정되었다면 과학자는 실험 결과가 어떠할 것이라는 **예측(prediction)**을 제시할 수 있어야만 한다. 만약에 실험 결과가 예측과 맞아떨어지지 않는다면, 과학자는 가설에 대해 새로운 실험을 설계하여야 한다.

실험은 과학자가 탐구하는 생명과학 분야가 무엇인가에 따라 다양한 형태로 이루어질 수 있다. 예를 들어 실험실에서 수행하는 실험은 시험관과 비커만으로도 진행될 수 있지만, 생태학 연구는 넓은 지역을 조사하여야 한다. 그렇지만 모든 실험 설계에 있어서 연구자는 **실험변인(experimental variable)**을 제외한 모든 조건을 일정하게 유지하여야 한다. 실험변인은 신중하게 설정한 변화이다. 하나 이상의 **실험군(test group)**은 실험변인에 노출시키고, **대조군(control group)**은 실험변인에 노출시키지 않는다. 대조군의 결과가 실험군의 결과와 동일하게 나타난다면 이 실험 결과는 가설을 지지하지 않는 것으로 간주된다.

과학자들은 흔히 **모델(model)** 생명체와 모델 시스템을 이용하여 가설을 검증한다. 일반적인 모델 생명체의 일부를 **그림 1.9**에 제시하였다. 이들이 모델 생명체로 선정된 이유는 연령이나 유전자 구성 등의 실험 내용을 과학자가 통제할 수 있기 때문이다. 세포생물학자는 생쥐를 이용하여 새로운 약물의 효과를 시험하는 모델 시스템을 구축할 수 있다. 모델 생명체와 마찬가지로 모델 시스템을 이용하면 자연 환경에서는 가능해 보이지 않는 상황을 만드는 방식으로 특정 변인과 환경조건을 통제할 수 있다. 예를 들어 생태학자는 컴퓨터 프로그램을 이용하여 인간 활동에 의해 특정 생태계의 기후가 받을 영향을 예측하는 모델을 만들 수 있다. 다양한 모델을 이용하여 유용한 정보를 얻을 수는 있지만, 이것이 언제나 완벽한 답이 되는 것은 아니다. 예를 들어 생쥐에서 효능을 보인 약물이라도 인체에서 검증을 하는 것이 바람직하며, 컴퓨터 모의실험을 통한 생태학 연구도 실제 야외 실험을 통해 검증할 필요가 있다. 생명과학자를 비롯한 모든 과학자는 다양한 변인이 원래 관찰한 내용에 어떠한 영향을 주는지에 대해 더욱 잘 이해하기 위해 끊임없이 실험을 설계하고 개선하고 있다.

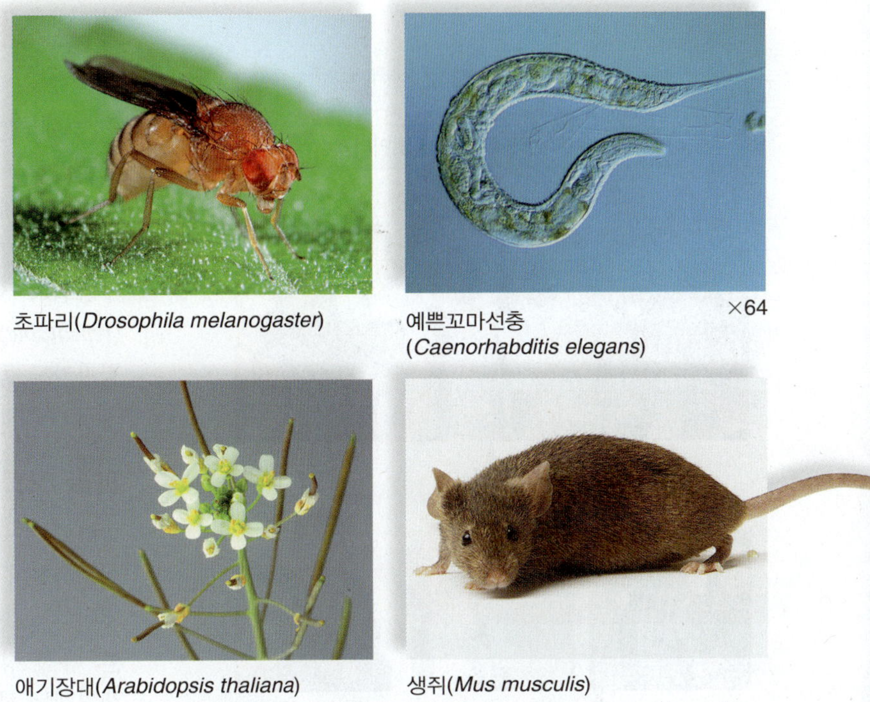

그림 1.9 과학 연구에 이용되는 모델 생명체.

초파리(*Drosophila melanogaster*)는 유전학 연구에서, 예쁜꼬마선충(*Caenorhabditis elegans*)은 발생학 연구에서 모델 생명체로 이용된다. 애기장대(*Arabidopsis thaliana*)는 식물의 유전학 연구에서, 생쥐(*Mus musculis*)는 의학 연구에서 이용된다.

자료를 수집하고 분석하기

실험에서 얻은 결과를 **자료(data)**라고 한다. 수학적 자료는 흔히 그래프나 표의 형식으로 표시한다. 통계 분석을 이용하면 자료에서 명백하게 드러나지 않은 상관관계를 찾아낼 수 있다. 어떤 연구자가 양파를 먹은 여자는 골다공증에 걸리지 않게 될 것인지에 대해 알고자 한다고 가정하자. 이 과학자는 여자들에게 양파를 먹는 식습관에 대한 설문조사를 한 후, 이 자료를 이들의 뼈 상태와 비교한다. 이 연구에 대해 다른 과학자들은 다음과 같은 비평을 할 것이다. 조사 대상자의 수는 얼마나 많은가? 대상자의 연령대는 어떠한가? 이들의 운동 습관은 어떠한가? 뼈의 상태를 판정한 기준은 무엇인가? 이 자료가 오류일 가능성은 얼마나 되는가?

자료 값의 변이가 클수록 오류일 가능성이 높아진다. 많은 경우에 있어서, 심지어 자료를 분석한 결과 뚜렷한 상관성이 나타난 경우에도, 과학자들은 뼈의 상태에 직접적인 생화학적이거나 생리학적 효과를 나타내는 양파의 성분이 무엇인지 궁금해 할 것이다. 결국 상관성이 인과관계를 의미할 필요는 없다. 양파를 먹는 여자는 다른 야채도 많이 먹을 것이고, 따라서 양파를 먹지 않은 여자보다 건강한 식단을 유지할 수 있을 것이다. 따라서 과학자는 늘 서로를 압박하여 연구 조사를 수행하도록 하는 회의론자라 할 수 있다.

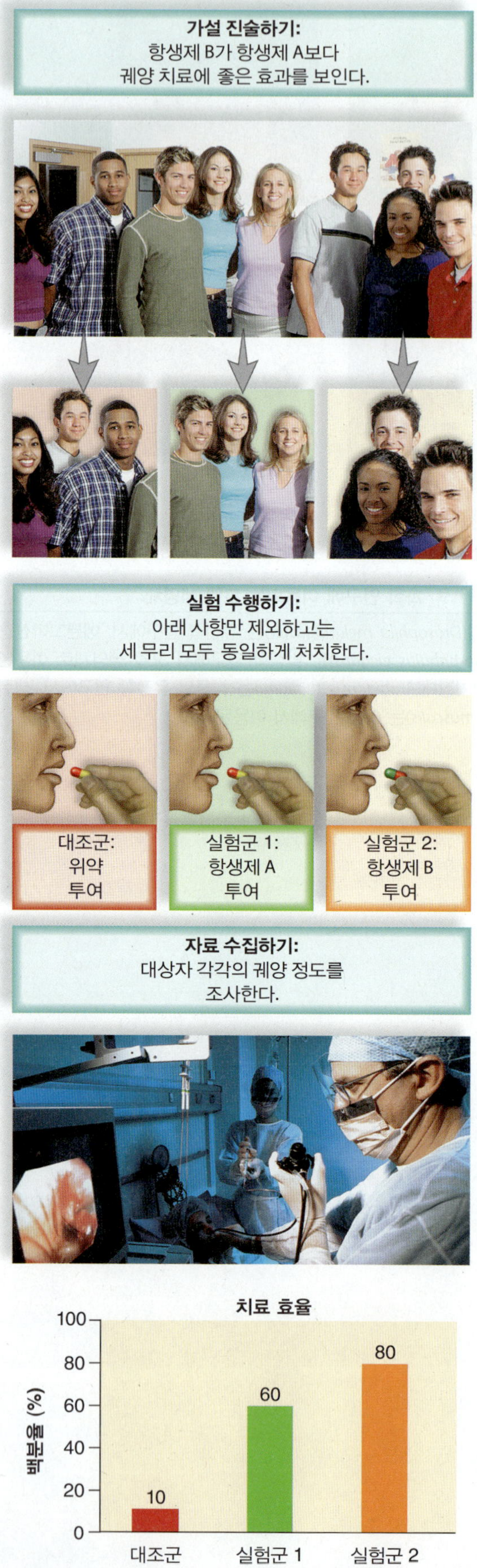

결론 이끌어내기

과학자들은 어떤 가설이 지지되는지 여부에 대한 **결론(conclusion)**에 이르기 위해 자료를 분석해야만 한다. 과학은 진행되는 것이므로 한 실험의 결론은 또 다른 실험의 가설을 이끌어낼 수 있다(그림 1.8 참조). 다시 말해, 흔히 어떤 가설에 부합하지 않은 결과를 바탕으로 검증할 새로운 가설을 구상하게 된다. 과학자는 자신이 밝혀낸 사실을 과학전문지에 발표함으로써 자신의 연구방법과 자료를 다른 과학자들과 공유한다. 실험과 관찰내용은 **반복될 수**(*repeatable*) 있어야 한다. 즉, 보고한 과학자와 그 실험을 반복한 그 어떤 과학자라도 동일한 결과를 얻을 수 있어야 하며, 그렇지 않다면 그 자료는 신뢰받지 못하게 된다.

과학 이론

과학의 궁극적 목표는 **과학 이론(scientific theory)**을 정립하여 자연세계를 이해하고자 하는 것이다. 이론은 이 세계의 작동 원리를 합리적으로 설명한 것이다. 생명과학의 기본 이론으로는 모든 생명체는 세포로 구성된다는 **세포론**, 유전 정보에 의해 형태와 기능, 행동이 결정된다는 **유전론**, 그리고 모든 생명체는 하나의 공통조상에서 유래한 것이며 각 개체는 특정 방식으로 적응한 생명의 형태라는 **진화론** 등이 있다.

진화론은 생명과학의 통합개념으로 간주한다. 그 이유는 생명체의 다양한 특성을 아우르기 때문이다. 예를 들어 진화론을 통해 과학자는 생명의 역사, 생명체의 다양성, 그리고 생명체의 해부와 생리, 발생을 이해할 수 있다. 진화론은 생산성이 매우 높은 과학 이론이어서 새로운 가설들을 이끌어내는데 도움이 되었다. 이 이론은 100년이 넘는 동안 수많은 관찰과 실험을 통해 지지되었기 때문에 일부 생명과학자는 진화론을 진화 원리라고 부르기도 한다. **원리(principle)**는 거의 모든 과학자가 일반적으로 받아들이는 이론을 지칭하는 용어이다. 원리(*principle*) 대신에 **법칙(law)**이라는 용어를 선호하는 이들도 있다.

통제된 연구의 사례

대부분의 위궤양과 장궤양은 *Helicobacter pylori*라는 세균이 원인이라는 사실이 알려져 있다. 어떤 연구자가 두 종류의 항생제 중 어느 것의 궤양 치료 효과가 더 좋은지 확인하려 한다고 가정하자. 실험을 수행할 때에는 단지 실험변인만 달라지도록 해야 한다. 이 경우에는 조사하려는 약물이 실험변인이 된다. 대조군에게는 약물을 투여하지 않으며, 실험군에게만 약물을 투여한다. 무작위 조건에서 대조군과 실험군의 결과가 동일하다면, 연구자는 약물이 아무런 효능을 보이지 못했기 때문에 이 연구의 가치가 없다는 사실을 즉시 알게 된다. **그림 1.10**은 이 가설에 대해 어떻게 연구해야 할 것인지를 제시한 하나의 예이다.

가설: 새롭게 발견된 항생제 B는 현재 사용 중인 항생제 A보다 궤양 치료에 더 효과적이다.

그림 1.10 인체에 대한 약물의 효과를 조사하는 통제된 실험.

이 연구에서는 많은 수의 사람을 세 무리로 나누었다. 대조군에는 약물 대신 위약을 투여하였으며, 두 실험군에는 각각 약물 A 또는 B를 투여하였다. 그래프로 표시한 결과에서 B가 A보다 궤양 치료에 좋은 효과를 보였음을 알 수 있다.

이 연구에서는 연구 대상자를 대조군과 두 실험군 등 세 무리로 나누었다. 이 때 무리 사이에서 나타날 수 있는 성별, 체중, 다른 질환 등의 변인(차이)을 줄이는 것이 중요하다. 그러므로 연구자는 자원자를 무작위로 균등하게 나누어야 한다. 자원자 사이의 차이가 세 무리 모두에 균일하게 분포하도록 하는 것이 바람직하다. 그러기 위해서는 자원자의 규모가 커야 한다.

세 무리에 대해 각각 다음과 같이 처치한다.

대조군: 항생제를 아무것도 처리하지 않음.

실험군 1: 항생제 A를 처리함.

실험군 2: 항생제 B를 처리함.

연구자는 자원자 모두 궤양이 있음을 확인한 후, 자원자가 모두 동일한 처치를 받는 것으로 생각하도록 한다. 이렇게 하면 약물을 제외하고는 그 어떤 것도 결과에 영향을 주지 않도록 할 수 있다. 이를 위해 대조군에게는 **위약(placebo)**을 처치한다. 위약은 처치한 약물과 동일해 보이지만, 실제로는 약물이 포함되지 않은 것이다. 위약을 사용함으로써 연구에 참여한 모든 대상자가 동등하게 기여할 수 있게 된다.

결과

동일한 용량의 약물(또는 위약)을 동일한 방법으로 2주 동안 투여한 후, 대상자의 위궤양과 장궤양 상태를 조사한다. 그림 1.10에서는 내시경을 이용하였다. 이 방법은 대상자를 진정시킨 후 작은 카메라가 달린 유연한 관을 목구멍을 통해 집어넣어 위와 상부 장관의 상태를 관찰하는 것이다. 내시경을 통해 *Helicobacter pylori*의 존재 여부도 확인할 수 있다.

내시경 방법은 다소 주관적일 수 있기 때문에 대상자가 받은 처치 내용을 검사자가 모르는 것이 좋다. 그렇지 않다면 검사자의 선입견에 의해 조사가 왜곡될 수 있다. 대상자와 검사자가 모두 처치 내용을 모르도록 하는 경우를 이중-눈가림(*double-blind*) 연구라고 한다.

이 연구에서 연구자는 궤양이 치료된 사람의 비율로 약물의 효과를 판단하였다. 따라서 대상자 100명 가운데 20명에서 여전히 궤양이 발견된다면, 이 약물의 효능은 80%가 된다. 두 약물의 효능 차이는 그림 1.10의 그래프에서 쉽게 알아볼 수 있다.

결론: 연구 자료를 근거로 하여, 이 연구자는 자신의 가설이 옳다고 결론지었다.

결과의 출판

과학 연구는 관례상 과학전문지에 출판하며(**그림 1.11**), 따라서 연구의 모든 내용을 과학자들과 공유한다. 과학전문지에 출판하기에 앞서, 대개 전문가들이 그 연구 내용에 대해 신뢰할 수 있는지, 정확한지, 편향되지 않았는지, 계획대로 잘 실행되었는지 등을 검토한다. 또 다른 과학자들은 전문지에 실린 연구 내용을 읽고 반복 수행하여 같거나 매우 유사한 결과를 얻는다. 검토자가 연구의 실험 설계나 수행한 실험 방법 등에 의문이 있다고 판단한 경우에는 출판이 거부된다. 이러한 거부과정은 과학에서는 중요한 일이다. 이로 인해 거부당한 과학자가 자신의 가설과 예측, 실험 설계 등을 정밀하게 다시 검

그림 1.11 과학적 출판.

Science 등의 과학전문지는 연구자들이 자신의 결과를 다른 과학자와 공유하는 학술전문지이다. *Scientific American, New Scientist, Science News* 등의 과학잡지는 대개 일반 대중에게 알리기 위한 과학 기사를 싣는다.

토하게 되어, 다음 시도에서는 자신의 가설에 올바르게 접근할 수 있게 되기 때문이다. 과학전문지에 출판이 허락되기까지 검토하고 수정하는 과정은 흔히 여러 차례 반복된다.

Scientific American 등의 과학잡지(그림 1.11)는 과학적 발견을 일반 대중에게 알린다는 점에서 과학전문지와 다르다. 이러한 잡지에 실린 정보는 대개 과학전문지에 출판된 논문에서 얻는다.

앞서 언급한 바와 같이, 한 실험의 결론은 흔히 또 다른 실험으로 이어진다. 이처럼 과학자가 새로운 발견을 확장해 나가기 때문에 과학적 사실이 달라질 수 있으며 어제의 결과가 내일날 개정될 수 있는 것이다.

1.3 개념 연결하기

과학적 방법은 우리가 살고 있는 세상을 이해하는 데 도움이 된다.

진도 점검하기 1.3

1. 과학적 방법의 단계별로 목적을 요약하시오.
2. 연구할 때에 통제된 연구가 중요한 이유를 설명하시오.
3. 과학 연구 결과를 출판하는 것이 중요한 이유를 설명하시오.

1.4 과학의 당면과제

학습 목표

이 절을 학습한 후에는 다음 과제를 수행할 수 있어야 한다.

1. 과학과 기술을 구별하기.
2. 현재 과학의 주요 당면과제에 대해 요약하기.

이 장에서 학습한 바와 같이, 과학은 자연세계에 대한 지식을 얻는 체계적 방법이다. 과학은 기술과는 조금 다른 시도이다. **기술(technology)**은 과학적 지식을 사람에게 편리하도록 적용하는 것이다. 과학적 연구는 기술 진보를 이끄는 주요 기반이다. 대부분의 경우, 휴대전화나 신약 등의 새로운 기술은 여러 해에 걸친 과학적 연구에 그 바탕을 두고 있다. 이 절에서는 과학, 기술, 그리고 현대사회가 당면하고 있는 몇 가지 과제에 대해 살펴보도록 한다.

생명윤리

과학적 사고는 과학적 방법에 기초를 두고 있다. 과학적 방법은 실험과 관찰에 의해서만 검증될 수 있는 가설과 연구 결과에 대한 전문가의 검토와 비평으로 이루어진다. 검토과정이 포함되어 있다는 것은 과학이 스스로 안전장치를 마련해 두고 있음을 의미한다. 그러나 이 과정은 아직 완벽하지 않다. 하나의 목적을 위해 개발된 기술이 나중에 초기 연구자가 예상하지 않은 방식으로 적용될 수 있다. **생명윤리(bioethics)**는 생명과학 기술의 발달과 결과와 관련된 윤리학의 한 갈래이다.

유전공학은 하나의 예이다. 현재 세포 구조와 유전자에 대한 연구가 생명공학 혁신을 선도하고 있다. 우리는 유전자를 조작하는 방법을 알고 있다. 당뇨병 환자가 사용하는 인슐린 제제는 유전자 변형(genetically modified, GM) 세균에서 생산된 것이다. 이 기술은 혜택도 있지만, 위험성도 함께 한다. 생태학자는 GM 작물이 생물권을 위험에 빠뜨릴 수 있다고 주장한다. 예를 들어 현재 많은 농부가 살충 독소를 만들어내는 GM 면화를 재배하고 있다. 이 살충 독소의 주요 표적은 특정 해충이었지만, 이 해충의 포식자 또한 죽음을 맞을 수 있다. 익충마저도 살상하는 것은 현명한 일이 아닐 것이다. 또한 GM 식품이거나 GM 생산물을 가공한 식품이 소비되고 있다. 이러한 식품이 사람의 건강에 영향을 줄 가능성이 있다는 주장이 제기되어 있다.

생물다양성(biodiversity)은 아마도 오늘날 직면하고 있는 가장 의미심장한 생명윤리 문제일 것이다. 생물다양성은 지구에서 살고 있는 생명의 변이라고 정의할 수 있으며, 대개 서로 다른 종의 수효로 나타낸다. 인류 개체군이 커짐에 따라 식품과 주택 등의 필요성이 늘어나고, 이에 따라 점점 더 많은 생물권이 개발에 의해 황폐화되고 있다.

생태계에 대한 인류의 영향

인류 개체군은 자신을 위해 생태계를 바꾸는 경향을 지닌다. 농업을 위해 숲과 초지를 개간하며, 그곳에 건물을 짓고 마침내는 도시를 건설한다. 해안가를 개발함에 따라 퇴적물과 하수 등 공해물질이 바다로 흘러간다. 이러한 과정에서 생태계의 에너지와 물질 흐름이 비정상 상태로 된다. 인류 개체군의 크기가 커짐에 따라 열대우림, 산호초를 비롯한 대부분의 생태계가 위협받고 있다. 산호초 중에는 5,000만 년 이상 된 것도 있다. 그렇지만 인류 활동에 의해 불과 수십 년 만에 전체 산호초의 10%가 파괴되고 30%는 심하게 훼손되었다. 이러한 속도라면 50년 안에 거의 75%에 이르는 산호초가 파괴될 것이다. 이러한 상황은 열대우림에서도 마찬가지이다.

생태계의 건강이 나빠지면 그 생태계 내의 생물다양성 수준 또한 낮아진다. 현존하는 종의 수는 1,500만 종으로 추산되며, 그 가운데 200만 종 가량이 확인되어 명명되고 분류되었다. 지구의 생물다양성은 약 35억 년에 걸쳐 진행된 진화의 결과이다. 불행한 일이지만, 기술의 도움을 받는 인류의 활동은 생물다양성에 대해 가장 큰 위협이 된다. 생물다양성 감소에 대해 논의할 때에는 흔히 멸종을 거론한다. **멸종(extinction)**은 어떤 종 또는 분류군이 사라지는 것을 의미한다. 시간이 지나면서 종이 멸종하는 것은 자연스러운 일이기는 하지만, 인류 활동으로 인해 멸종속도가 100~1,000배나 빨라졌다. 인류 활동에 의해 매일 400종 가량이 사라지는 것으로 추정된다(**그림 1.12**). 많은 생명과학자가 현재의 멸종속도와 그에 따른 생물다양성 감소에 대해 경고하고 있다.

그림 1.12 생물다양성 보존하기.
'외로운 George'는 핀타섬거북(*Geochelone nigra abingdoni*)의 마지막 개체이다. 2012년에 George가 죽음으로써 이 종은 공식적으로 멸종되었다.

생물다양성 감소가 꾸준히 이어진다면 인류 역시 위험하게 된다. 아직 완전히 이해하지 못한 방식에 의해 인류가 지구의 모든 생명과 연계되어 있기 때문이다. 인류는 필요한 식량, 의복, 의약품 등의 소비재를 다른 생명체에게 의존하고 있다. 또한 우리가 만들어낸 공해물질을 제거하고 토양을 비옥하게 유지하며 대기의 기체 균형을 맞추는 일을 다른 종들이 해 주어야 한다. 생태계를 보존함으로써 생물다양성을 보호할 수 있다. 어부가 산호초에서 물고기를 남획한다면 결국에는 자신의 식량원이 사라지게 되는 것과 마찬가지로, 인류가 생태계를 파괴하는 행위는 우리 삶의 터전인 생물권을 훼손하는 것이다. 그 대신에 생태계를 보전하는 보존윤리를 채택한다면 우리를 포함한 모든 종이 지속적으로 존재할 수 있도록 돕는 일이 된다.

새로운 질병

지난 몇 년 사이에 조류독감(H5N1), 돼지독감(H1N1), 중증급성호흡기증후군(severe acute respiratory syndrome, SARS) 등에 관한 언론 기사가 많이 등장하였다. 이들은 새롭게 나타난 질병이다. 이들은 어디에서 유래한 것일까? 이들 질병의 일부는 질병매개자인 곤충 등의 동물 개체군과 접촉하는 빈도가 늘어난 결과이다. 인류의 행동 변화와 기술의 이용 역시 새로운 질병을 유발할 수 있다. SARS는 중국 광둥성에서 기르는 우아한 이국풍의 사향고양이(civet)에서 비롯된 것으로 추정된다. 사향고양이는 재래시장에서 판매하는 관박쥐에게서 감염되었을 가능성이 높다. 1976년에 발생한 재향군인병(Legionnaires' disease)은 호텔의 거대한 공조시설이 세균에 오염되어 유발되었다. 이 병의 원인세균(*Legionella pneumophila*)은 공조시설에 냉각수를 공급하는 냉각탑에서 서식한다. 나아가 세계화로 인해 과거에는 격리되어 있던 나라에게도 질병이 확산될 수 있다. SARS의 첫 사례는 2002년 11월 16일에 중국 남부에서 보고되었으나, 2003년 2월 말이 되자 항공편을 통해 9개에 이르는 국가와 지역으로 확산되었다. 어떤 병원체는 돌연변이에 의해 숙주가 조류에서 사람으로 바뀌기도 한다. 1997년까지는 조류독감이 오직 새에게만 감염되는 것으로 알려져 있었다. 그러나 사람에게 감염되는 돌연변이 변종이 나타나 1997년에 창궐하였다. 이 질병의 유행을 막기 위해 당국은 닭을 150만 마리나 도살 처분하여 바이러스 공급원을 제거하였다.

기후 변화

기후 변화(*climate change*)라는 용어는 인류 활동에 영향을 주는 지구 기후의 정상적 주기가 달라진 것을 의미한다. 기후 변화는 주로 탄소 원소의 화학순환 균형이 맞지 않아 나타난다. 정상적으로는 탄소는 생태계 내에서 순환한다(그림 1.4 참조). 그러나 인류 활동에 의해 대기에 추가되는 이산화탄소의 양이 제거되는 양보다 많아지고 있다. 1850년에 대기의 CO_2는 약 280 ppm이었지만, 오늘날에는 400 ppm이 넘는다. 이렇게 증가된 것은 대개 화석연료를 연소하고, 농장과 목장을 짓기 위해 숲을 파괴하였기 때문이다. 현재 대기로 방출되는 이산화탄소의 양은 대기에 남아 있는 양의 약 2배에 이른다. 넘치는 양의 대부분은 바다에 용해되는 것으로 보인다. 대기에 이산화탄소 등의 기체가 축적되면 기온이 상승하는 **지구온난화(global warming)** 현상이 나타난다. 이들 기체는 태양 광선은 투과시키지만, 지구에서 나가는 복사열을 흡수하여 되돌려준다. 이 현상을 온실효과라고 한다. 지구온난화는 기후를 변화시켜 많은 생태계에서 심각한 변화를 일으킨다. 기후 변화에 대해서는 32장에서 자세하게 논의한다.

개념 연결하기

1.4 과학은 정보를 제공하여 현명하게 판단하도록 한다.

진도 점검하기 1.4

1. 과학과 기술의 상관관계를 설명하시오.
2. 과학과 기술에 있어서 생명윤리가 중요한 이유를 설명하시오.
3. 생태계 훼손, 새로운 질병, 기후 변화가 과학의 당면과제인 이유를 요약하시오.

요약

1.1 생명의 특성

모든 생명체가 공유하는 생명의 특성은 다음과 같다.

- 조직화: 생물학적 조직화의 수준은 다음과 같이 확장된다. 원자와 분자 → 세포(cell) → 조직(tissue) → **기관(organ)** → **기관계(organ system)** → 생명체(organism) → **개체군(population)** → **군집(community)** → **생태계(ecosystem)** → **생물권(biosphere)**. 생태계 내에서 개체군들은 서로, 그리고 주변 환경과 상호작용한다.
- 환경에서 물질과 에너지 획득: 생명체는 **대사(metabolism)**에 필요한 영양물질과 에너지를 외부에서 얻어야 한다. 화학물질은 생태계 내에서 순환하며, 생태계에서 사용할 에너지를 획득하려면 **광합성(photosynthesis)**이 필요하다.
- 내부 환경 유지: **항상성(homeostasis)**은 생명체가 외부 환경의 변화에도 불구하고 거의 같은 상태를 유지하는 것을 의미한다.
- 자극에 대한 반응: 생명체는 내부와 외부의 상황에 대응한다.
- **생식(reproduce)**과 발생: 생명체는 자신을 닮은 자손을 생산한다. **유전자(gene)**에 담긴 유전정보가 생명체의 발달과정을 지정한다.
- **적응(adaptation)**을 통해 자신의 환경조건에 적합하게 된다.

1.2 진화: 생명과학의 핵심 개념

시간에 따라 종이 변화한다는 **진화(evolution)** 이론으로 생명의 통일성과 다양성을 설명한다. **자연선택(natural selection)**에 의해 진화가 이루어진다. 하나의 공통조상에서 비롯된 혈통이기 때문에 생명체들이 일부 비슷한 특성을 공유하며, 다양한 방식의 적응으로 인해 생명체 외형의 다양성이 나타난다. 진화계통수를 이용하여 생명체 집단 사이의 연관성을 설명할 수 있다.

생명체는 영역과 계라고 부르는 큰 집단으로 분류할 수 있다. 영역은 세 종류이다.

- **고세균영역(Domain Archaea)**: 극한환경에서 서식하는 **원핵생물(prokaryotes)**
- **세균영역(Domain Bacteria)**: 원핵생물
- **진핵생물영역(Domain Eukarya)**: **진핵생물(eukaryotes)**

진핵생물영역은 **원생생물**(Protista), **균류**(Fungi), **식물**(Plantae), **동물**(Animalia)의 네 가지 계로 나누어진다.

계통학(systematics)은 진화 유연관계에 따라 생명체를 분류한다. 분류 단위는 **종(species)**, **속(genus)**, **과(family)**, **목(order)**, **강(class)**, **문(phylum)**, **계(kingdom)**, 그리고 **영역(domain)**이다. **분류학(taxonomy)**에서는 종을 명명한다. **이명(binomial name**; 예: *Homo sapiens*)은 속(*Homo*)과 종소명(*sapiens*)으로 이루어진다.

1.3 과학: 지식을 얻는 방법

과학적 과정은 **귀납추리(inductive reasoning)**를 이용하며, 과학적 방법이라고 부르는 일련의 체계적 단계를 포함한다.

- 감각을 이용하는 **관찰(observation)**. 다른 사람의 연구를 포함할 수도 있다.
- **가설(hypothesis)**. **예측(prediction)**을 유도한다.
- 실험. 가설이 지지되는지 또는 부정되는지 여부를 검증한다.
- **결론(conclusion)**. **자료(data)**를 분석하여 실험 결과가 가설을 지지하는지 또는 부정하는지 여부에 대해 판단한다.

서로 다른 많은 연구에 의해 확인된 가설은 **과학 이론(scienctific theory)**으로 된다. 과학 이론은 **법칙(law)** 또는 **원리(principle)**라고도 한다.

실험 설계(experimental design)는 과학적 방법에 있어서 중요하다. 실험내용은 하나의 실험변인만 검증하여야 하며, **실험군(test group)**과 **대조군(control group)**을 모두 갖추어야 한다. 대조군에게는 실험내용을 확인하기 위해 **위약(placebo)**을 사용할 수도 있다. 과학자는 실험을 설계할 때에 흔히 모델 동물과 **모델 시스템(model system)**을 이용한다.

1.4 과학의 당면과제

과학적 발견은 흔히 **기술(technology)**의 발전으로 이어져 인류에게 유용하게 쓰일 수 있다. 기술에는 혜택과 결점이 공존한다. **생명윤리(bioethics)**는 생명기술의 결과에 대해 우려하고 있다.

오늘날 과학이 당면한 중요한 화두로는 새로운 질병, 생태계에 대한 인류의 영향에 따른 **생물다양성(biodiversity)** 감소와 **멸종(extinction)**, 기후 변화를 유도하는 **지구온난화(global warming)** 등이 있다.

개념 연결하기

지구의 생물다양성을 이해하는 것은 인류의 건강한 삶에 필수적이다. 과학적 방법을 이용하면 자연세계에 대한 지식을 늘리는 데 도움이 된다.

1.1 모든 생명체는 동일한 기본적 특성을 공유한다.

1.2 진화과정으로 인해 오늘날 지구에 사는 생명체가 다양해졌다.

1.3 과학적 방법은 우리가 살고 있는 세상을 이해하는 데 도움이 된다.

1.4 과학은 정보를 제공하여 현명하게 판단하도록 한다.

진화, 생태계, 과학의 당면과제에 대한 정보가 더 필요하면 다음 논의를 참조하시오.

16.1절 진화과정이 어떤 방식으로 오랜 시간에 걸쳐 종에게 영향을 주는지 탐구하기.

31.2절 한 생태계 내에서 에너지와 영양물질의 이동을 자세하게 살펴보기.

32.2절 인류의 활동과 인구 증가로 인해 생물다양성 수준이 어떠한 영향을 받는지 조사하기.

혼자 풀어보기

가장 적절한 답을 고르시오.

1.1 생명의 특성

1. 생명체가 삶의 방식에 맞출 수 있도록 변형되는 것은?
   a. 항상성　　b. 자연선택
   c. 적응　　d. 멸종
2. 세포에서 수행하는 모든 화학반응을 무엇이라고 하는가?
   a. 항상성　　b. 대사
   c. 정체이형성　　d. 세포질
3. 살아 있는 것으로 간주되는 생물학적 조직화의 가장 낮은 수준은?
   a. 조직　　b. 분자
   c. 세포　　d. 개체군
4. 모든 생명체가 발견되는 지구의 표면 지역을 무엇이라고 하는가?
   a. 생태계　　b. 개체군
   c. 군집　　d. 생물권

1.2 진화: 생명과학의 핵심 개념

5. 서로 교배 가능한 개체들의 집단은?
   a. 생태계　　b. 종
   c. 군집　　d. 문(phylum)
6. 영역이 아닌 것은?
   a. 고세균　　b. 진핵생물
   c. 식물　　d. 세균
7. 이명이 표시하는 것은?
   a. 개체가 속한 영역　　b. 속과 종소명
   c. 계(kingdom)　　d. 개체의 나이

1.3 과학: 지식을 얻는 방법

8. 가설을 구성할 때 반드시 있어야 하는 것은?
   a. 실험　　b. 관찰
   c. 자료　　d. 이론
9. 과학적 실험을 통해 얻은 정보를 무엇이라고 하는가?
   a. 과학 이론　　b. 가설
   c. 자료　　d. 결론
10. 위약을 사용하는 대상은 무엇인가?
   a. 자료 분석　　b. 대조군
   c. 실험군　　d. 모델 동물

1.4 과학의 당면과제

11. 인류의 이익을 위해 과학 연구를 적용하는 것을 무엇이라고 하는가?
   a. 생명윤리　　b. 진화
   c. 적응　　d. 기술
12. 과학의 과제 가운데 인류의 영향과 관련되어 있는 것은?
   a. 생물다양성 감소　　b. 기후 변화
   c. 새롭게 나타난 질병　　d. 모두 해당됨

과학적으로 생각하기

1. 다음 진화계통수에서 진핵생물영역은 두 원핵생물성 영역 중 어떤 것에서 갈라져 나왔는가? 식물, 동물, 균류는 진핵생물영역 중 어떤 계에서 갈라져 나왔는가?

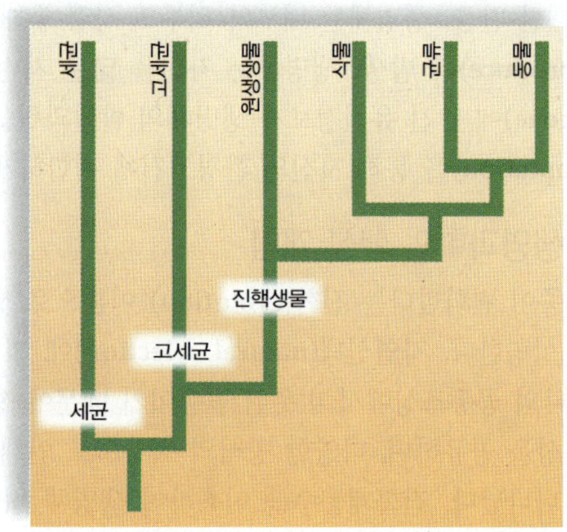

2. Alexander Fleming은 페니실린을 발견하기 몇 년 전에 또 다른 멋진 발견을 하였다. Fleming은 심한 감기에 걸렸으나 실험실에서 일을 하고 있었다. 그는 자신의 콧물을 세균 배양접시에 넣고 무슨 일이 일어나는지 알아보고자 하였다. Fleming은 시간이 지나자 콧물이 있는 곳에서는 세균이 사라지는 사실을 관찰하였다. 자신의 콧물이 세균에 영향을 주는 사실을 보고 그는 어떤 가설을 세울 수 있었을까? 이후에 Fleming은 사람의 눈에 레몬즙을 짜 넣어 눈물을 흘리도록 강요하여 평판이 나빠졌다. 그는 그 눈물을 세균 배양접시에 넣으려 하였다. 그가 검증하고자 한 가설은 무엇이었을 것이라고 생각하는가?
3. 과학 연구에서는 흔히 위약을 투여한 대조군에서도 실험군과 비슷한 변화가 나타난다. 이러한 사실을 과학적으로 어떻게 설명할 수 있는가? 당신의 가설을 검증할 실험을 고안해 보시오.

탄소와 물의 탐색

2012년 8월 6일, NASA의 *Curiosity*호가 화성 표면에 무사히 내려앉았다. *Curiosity*호는 차세대 우주탐사 로봇이다. 수명이 긴 탐사 로봇 *Spirit*호와 *Opportunity*호를 포함한 앞선 임무에서는 행성을 탐사하고 화성에 한때 물이 존재하였는지 여부를 탐지하는 데에 집중하였다. *Curiosity*호는 지구상 생명체와 밀접한 관계를 이룬 것으로 알려진 원소들을 찾아냄으로써 화성에서도 한때 생명체가 살 수 있는 환경이 존재하였는지 여부를 탐사하도록 설계되었다.

*Curiosity*호는 화성의 토양과 암석에서 특수한 원소와 미네랄을 미세한 양도 탐지해낼 수 있는 매우 정교한 장비를 다수 장착하고 있다. 예를 들어, ChemCam은 작은 레이저를 쏘아 암석의 일부를 분쇄한다. 암석이 기화되면 다른 장비를 이용하여 방출돼 나오는 원소와 분자의 유형을 기록한다. ChemCam은 암석이 물이 존재할 때에 형성된 것인지 여부를 판단할 수 있는데, 물은 알다시피 생명에 필수적인 분자이다. 또 다른 실험 세트는 SAM(Sample Analysis at Mars; 화성의 시료 분석)이라고 부른다. SAM에는 분광분석기가 포함돼 있어서 화성 토양에 탄소, 수소, 질소, 산소가 존재하는지 여부를 탐지해낼 수 있다. *Curiosity*호에는 또 다른 유형의 분광분석기가 실려 있어서 생명과 연계된 원소와 화합물의 존재 여부를 탐지할 수 있다. 과학자들은 이러한 장비로 얻은 자료를 분석함으로써 화성이 과거에는 생명체가 살 수 있는 조건을 갖춘 적이 있는지 여부에 대해 잘 이해할 수 있을 것이며, 나아가 지구에서 생명이 어떻게 진화하였는지에 대해 더욱 잘 이해할 수 있을 것으로 기대하고 있다.

이 장을 공부하는 동안 다음 질문에 대해 생각해보자.

1. 왜 과학자들은 화성에서 탄소, 수소, 산소, 그리고 질소를 찾는 것일까?
2. 동위원소는 무엇이며, 과학 장비는 어떻게 하여 동위원소의 존재를 탐지할 수 있을까?
3. 물을 생명에게 매우 중요한 요소로 간주하는 까닭은 무엇일까?

2

생명의 화학적 기초

개 요

시작하기 전에

이 장을 시작하기 전에 다음 내용을 다시 살펴보자.

1.1절 모든 살아 있는 생명체의 기본 특성은 무엇인가?

그림 1.2 생물학적 구성 수준에서 분자는 어떻게 세포와 연계되어 있는가?

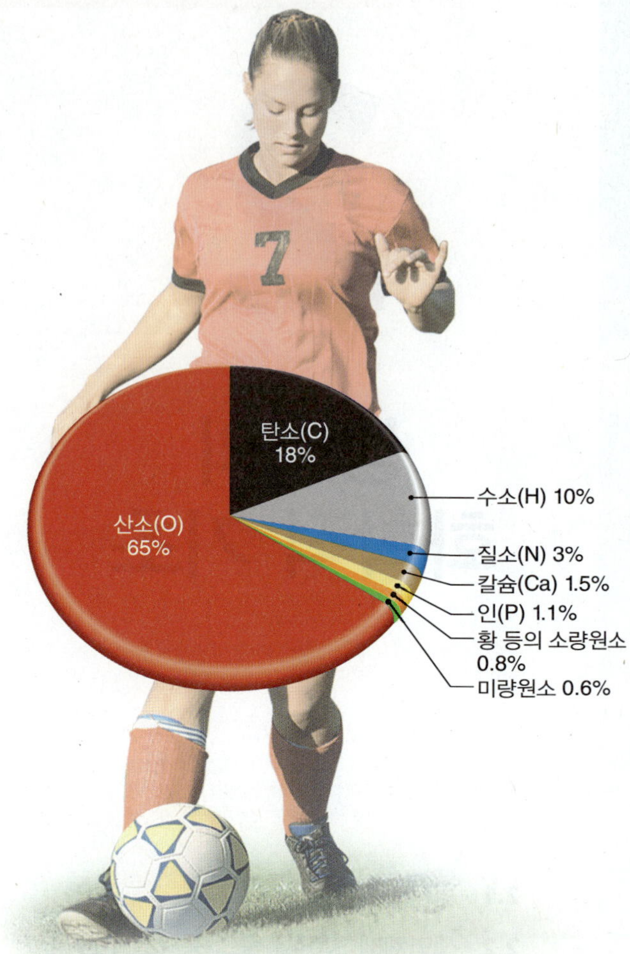

그림 2.1 생명체에 있는 원소.

원자 수준에서 분석하면, 사람을 비롯한 모든 생명체는 대부분 산소, 탄소, 수소, 질소, 칼슘, 그리고 인으로 이루어진다.

2.1 원자와 원자결합

학습 목표

이 절을 학습한 후에는 다음 과제를 수행할 수 있어야 한다.

1. 아원자 입자의 종류, 위치, 전하 등을 구별하기.
2. 전자의 배열이 어떻게 원소의 반응성을 결정하는지 설명하기.
3. 동위원소가 생물학 연구에 어떻게 유용한지 설명하기.
4. 이온결합과 공유결합을 비교하기.
5. 화학반응에서 반응물과 생성물을 확인하기.

지금 당신 주변에 있는 모든 것들, 책상과 컴퓨터 등은 물질로 이루어진 것이다. **물질(matter)**은 공간을 차지하며 질량을 가진 모든 것이라고 정의할 수 있다. 물질은 고체나 액체, 또는 기체로서 존재할 수 있다. 살아 있는 생명체는 물론, 공기 등의 비생명체 역시 모두 물질로 만들어진 것이다.

모든 물질은 원소로 이루어져 있다. **원소(element)**는 통상적인 화학적 방법으로는 다른 물질로 더 이상 쪼갤 수 없는 물질이다. 자연 상태로는 92종류의 원소가 존재하며, 이들은 서로 밀도, 용해도, 녹는점, 반응성 등의 물리학적, 화학적 특성이 다르다.

모든 원소가 지구에 존재하지만, 각 원소의 비율은 생명체와 비생명체에서 다르게 나타난다. 이들 원소 가운데 탄소, 수소, 질소, 산소의 네 종류가 단순한 단세포성 생명체에서 복잡한 다세포성 식물과 동물에 이르는 생명체 대부분에서 체중의 약 96%를 차지한다(**그림 2.1**). 그 밖에도 인, 칼슘, 황 등의 원소 역시 많이 발견된다. 그러나 아연과 크롬 등의 미네랄을 포함한 많은 원소는 생명체에서 매우 적은 수준(미량, *trace*)으로 검출된다. 생명체에서 양이 많든 적든, 또는 그 기능이 무엇이든 상관없이, 각 원소를 구성하는 기본적인 요소는 일부 공통적인 성질을 공유한다.

원자의 구조

원자론(*atomic theory*)은 원소가 작은 입자인 **원자(atom)**로 이루어져 있다고 주장하는 이론이다. 각 원소는 오직 한 종류의 원자로만 이루어지기 때문에 원소와 자신의 원자는 같은 이름을 가지며, **원자기호(atomic symbol)**라는 1~2개의 글자로 표시한다. 예를 들어 기호 H는 수소(hydrogen) 원자를, 기호 Na(라틴어의 *natrium*에서 유래)는 소듐(sodium) 원자를 의미한다.

단일 원자는 대개 세 종류의 아원자 입자로 이루어져 있다. **중성자(neutron)**는 전하가 없다. **양성자(proton)**는 양전하를 지니고 **전자(electron)**는 음전하를 지닌다. 양성자와 중성자는 원자의 중심인 **핵(nucleus)**에 위치하며, 전자는 핵 주위를 이동한다.

연관: 과학적 탐구

원소는 어디에서 온 것일까?

우리는 원소와 친숙하다. 철(Fe), 소듐(Na), 산소(O), 탄소(C)는 모두 우리 생활에서 일상적으로 볼 수 있다. 그런데 이들은 어디에서 기원한 것일까?

정상적인 화학반응으로는 원소를 만들어내지 못한다. 철 등의 무거운 원소 대부분은 별 내부에서 일어나는 맹렬한 화학적, 물리적 반응에 의해서만 생성된다. 이들 별이 일생을 마칠 때에 이르면 폭발하여 초신성이 된다. 초신성은 무거운 원소들을 우주에 흩뿌리며, 이로부터 마침내 새로운 행성이 형성된다.

천문학자이며 철학자인 Carl Sagan(1934~1996)은 자주 사람을 "별 물질(star stuff)"이라고 비유하였다. 우리를 비롯한 모든 생명체는 별에서 기원한 원소들로 만들어진 것이다.

그림 2.2는 전자가 2개만 있는 헬륨 원자 내의 아원자 입자 배열이다. 그림 2.2*b*의 원은 전자의 에너지 수준에 따른 위치의 근사치를 나타낸다. 그러나 전자는 끊임없이 움직이고 있기 때문에 흔히 전자의 추정 위치를 구름으로 나타낸다(그림 2.2*a*). 전체적으로 원자의 대부분은 빈 공간이다. 원자의 크기를 야구 경기장으로 가정하면, 핵은 경기장 중앙부에 놓인 껌이고 전자는 최상층의 관중석에서 환호하는 관중 개개인의 점에 해당된다. 일반적으로는 전자가 있을 것으로 기대되는 지역을 표시할 수 있을 뿐이다. 앞의 비유에서 전자는 때때로 경기장 밖으로 벗어날 수도 있다.

각 원자는 일정한 질량을 가진다. 사실상 한 원자의 **질량수(mass number)**는 양성자 수효와 중성자 수효를 더한 값과 같다. 양성자와 중성자는 각각 1 원자량 단위를 가진다. 전자는 아주 작아서(양성자의 약 1/2,000) 대개 무시한다. 무게 대신 질량이라는 개념을 사용하는 까닭은, 질량은 늘 일정하지만 무게는 중력과 연관되어 있어서 우주 내의 위치에 따라 달라지기 때문이다.

한 원소에 속하는 모든 원자는 같은 수효의 양성자를 가지며, 그 수를 그 원자의 **원자번호(atomic number)**라고 한다. 양성자의 수에 따라 원자의 고유한 성질이 결정되며, 어떤 원소에 속하는지 알 수 있다. 같은 원소라도 원자마다 중성자의 수효는 다를 수 있다. 이들 원자의 질량수를 평균한 값을 **원자질량(atomic mass)**이라고 한다.

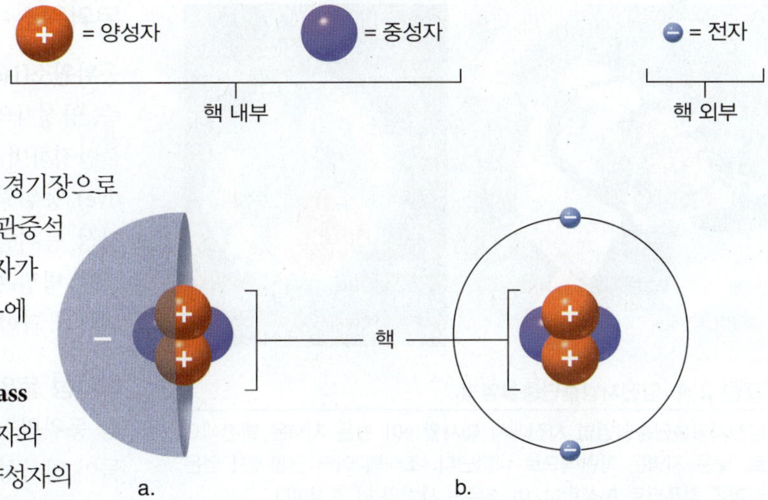

그림 2.2 **헬륨(He)의 두 가지 모델.**

원자는 아원자 입자로 구성되며, 그 위치를 헬륨의 두 가지 단순화한 모델로 표시하였다. 양성자는 양전하를 지니고, 중성자는 전하를 지니지 않으며, 전자는 음전하를 지닌다. 양성자와 중성자는 핵 내부에 있으며, 전자는 핵 외부에 있다. **a.** 이 모델은 핵 주위의 음전하를 지닌 구름으로써 전자를 표시한 것이다. **b.** 이 모델은 전자의 평균 위치를 원으로 표시한 것이다.

주기율표

많은 원소를 발견한 후, 화학자들은 예측대로 회귀하는 원소의 화학적, 물리학적 특성을 알게 되었다. 주기율표(**그림 2.3**)는 원소(그리고 원자)를 이러한 특성에 맞추어 표시한 것이다. 주기율표에서 원자번호는 원자기호의 위에 적고, 원자질량은 아래에 적는다. 예를 들어, 탄소 원자는 아래와 같이 표시한다.

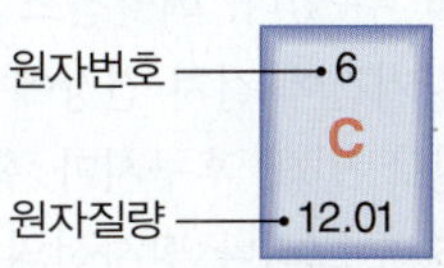

각 원자는 특정 주기(period, 수평 열)와 특정 족(group, 수직 행)에 위치한다. 헬륨(He)과 네온(Ne) 등의 8족 원자를 비활성기체(*noble gas*)라고 부른다. 이들은 다른 원자와 거의 반응하지 않기 때문인데, 그 이유는 뒤에 논의한다.

원자번호는 양전하를 지닌 양성자의 수효와 같다. 어떤 원자가 전기적으로 중성일 경우에는 원자번호가 음전하를 지닌 전자의 수효를 나타내기도 한다. 중성자의 수효를 알려면 원자기호 아래에 있는 원자질량에서 양성자의 수를 뺀 후 가장 가까운 정수 값을 취하면 된다.

주기 \ 족	1	2	3	4	5	6	7	8
1	1 H 1.008							2 He 4.003
2	3 Li 6.941	4 Be 9.012	5 B 10.81	6 C 12.01	7 N 14.01	8 O 16.00	9 F 19.00	10 Ne 20.18
3	11 Na 22.99	12 Mg 24.31	13 Al 26.98	14 Si 28.09	15 P 30.97	16 S 32.07	17 Cl 35.45	18 Ar 39.95
4	19 K 39.10	20 Ca 40.08	31 Ga 69.72	32 Ge 72.59	33 As 74.92	34 Se 78.96	35 Br 79.90	36 Kr 83.60

그림 2.3 **주기율표의 일부.**

주기율표에서 원소(그리고 원소를 구성하는 원자)는 원자번호 순서에 따르지만, 주기(수평 열)와 족(수직 행)에 맞추어 배열되어 있다. 특정 족에 속하는 모든 원자는 공통적인 화학적 성질을 가진다. 빨간색으로 강조한 원소들이 생명체 질량의 대부분을 이룬다. 완전한 주기율표는 부록 B를 참조하시오.

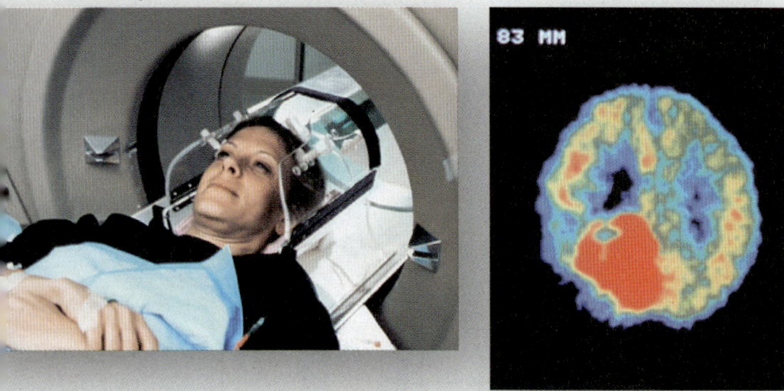

그림 2.4 양전자방출단층촬영법.

양전자방출단층촬영법 사진에서 대사활성이 높은 지역은 빨간색으로, 낮은 지역은 파란색으로 나타난다. 조직의 여러 단편에서 얻은 결과를 컴퓨터로 분석한다. 이 경우는 사람의 뇌 조직이다.

a.

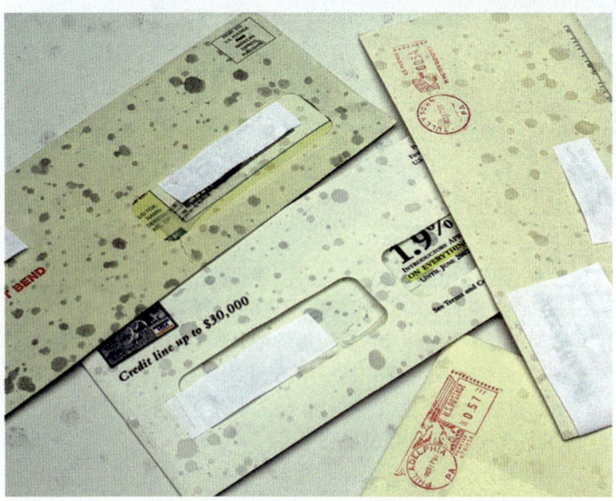

b.

그림 2.5 고준위 방사선.

a. 후쿠시마 핵발전소. 지진해일의 영향으로 이 발전소에서 일어난 사고로 인해 방사성 동위원소가 환경으로 방출되었다. **b.** 방사선은 우편물 등을 소독하여 탄저균 등의 병원체를 이용한 공격을 방어하는 용도로도 사용할 수 있다.

동위원소

동위원소(isotope)는 같은 원소에 속하지만 중성자의 수효가 다른 원자이다. 즉, 양성자의 수효는 같지만 질량수가 다르다. 여분의 중성자를 더 가진 핵은 불안정하며 붕괴하여 방사선을 방사하기도 한다. 이런 경우 방사성(radioactive) 동위원소라고 한다. 그러나 모든 동위원소가 방사성인 것은 아니다. 방사성 동위원소에서 방출되는 방사선은 여러 방법으로 탐지할 수 있다. 가장 흔한 방법은 Geiger 계수기를 사용하는 것이며, 그밖에도 여러 탐지방법이 의학과 과학에서 활용되고 있다.

방사성 동위원소의 이용 생명과학과 의학 분야에서 화학의 중요성은 방사성 동위원소를 다양하게 이용하는 사례에서 가장 두드러지게 드러난다. 예를 들어 방사성 동위원소를 추적자(tracer)로 삼아 분자 수준의 변화를 탐지하거나 또는 비정상세포나 전염성 세포를 파괴할 수 있다. 방사성 동위원소와 안정한 동위원소 모두 같은 수효의 전자와 양성자를 가지고 있기 때문에 이들은 본질적으로 화학반응에서 동일하게 행동한다. 따라서 방사성 동위원소를 시료에 소량 넣은 후, 어떤 세포군이나 기관이 특정 원소나 분자를 어떻게 대사하는지 추적할 수 있다. 예를 들어 어떤 사람에게 방사성 요오드(I-131)를 소량 투여하면, 갑상샘 기능이 정상적인지 여부를 판별할 수 있다. 다른 예로는 양전자방출단층촬영법(positron-emission tomography, PET)이 있다. 이 기술은 추적자를 이용하여 조직의 비교활성을 측정하는 것이다. 방사능으로 표지되어 양전자(전자와 반대인 아원자 입자)를 방출하는 포도당을 신체에 주입한 후, 양전자에서 방출되는 소량의 방사선을 감지기로 측정하여 컴퓨터로 분석한다. 그 결과로 나타나는 색채영상을 통하여 포도당을 흡수하여 대사적으로 활성상태인 조직이 어떤 것인지 알 수 있다(**그림 2.4**). PET 기술을 이용하면 종양, 알츠하이머병, 간질, 또는 뇌졸중 등을 진단할 수 있다.

환경에 있는 방사성 물질은 세포에 해로운 화학적 변화를 일으키고, DNA에 손상을 주며, 암을 유발할 수 있다. 핵발전소 사고로 인해 유출된 방사성 물질은 광범위한 지역에서 장기간에 걸쳐 건강에 영향을 줄 수 있다. 예를 들어 2011년 태평양 지진해일로 인해 후쿠시마 핵발전소에서 세슘(caesium-137)이 유출되었다(**그림 2.5*a***). 그러나 방사선의 효과는 유용하게 이용되기도 한다. 방사성 동위원소 제제를 신체에 투여하여 방출되는 아원자 입자가 신체의 다른 부위에는 거의 영향을 주지 않으면서 오직 암세포만을 파괴하도록 할 수 있다.

방사성 동위원소의 방사선은 오랫동안 의료용 또는 치과용 기기 소독에 이용해 오고 있다. 2001년 테러가 시도된 후부터는 정부나 의회 등으로 가는 우편물에 들어 있을지 모르는 탄저균 등의 병원체를 소독하는 목적으로도 이용된다(그림 2.5*b*).

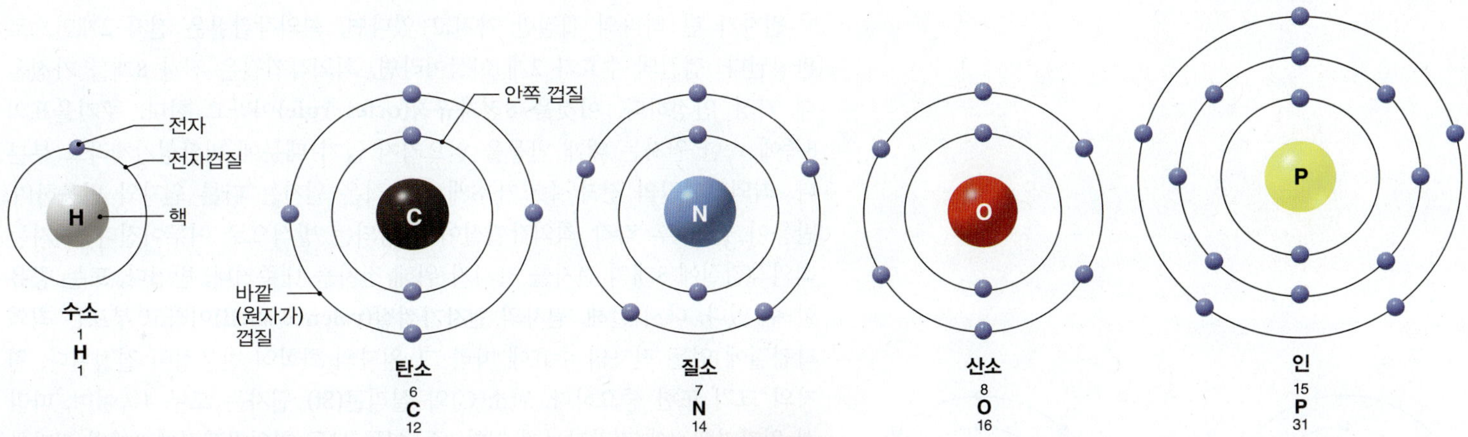

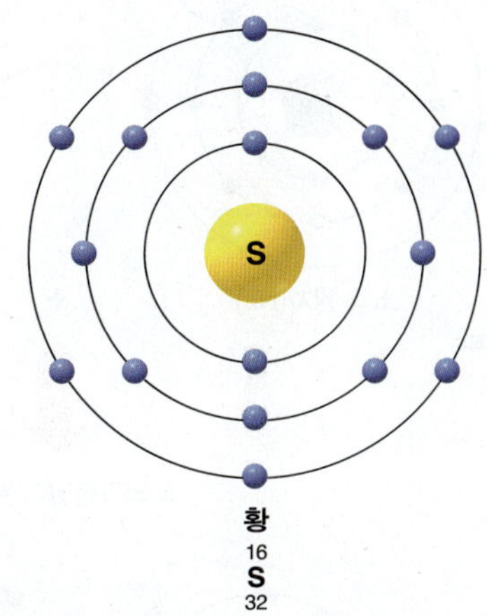

그림 2.6 중요한 여섯 원소의 원자.

전자는 특정한 에너지 수준(전자껍질)에 맞추어 핵 주위의 궤도를 돌고 있다. 첫번째 껍질은 전자가 2개까지 들어가며, 그 다음부터는 껍질마다 8개까지 들어간다(원자번호 20까지 해당). 안쪽의 껍질이 채워져야 그 다음 껍질에 전자가 들어갈 수 있다.

연관: 건강

방사선을 쪼여주면 방사성 입자가 식품에 첨가될까?

그렇지 않다. 식품에 방사선을 쪼이는 과정은 어떤 유형의 식품을 방사선의 한 종류인 이온화 방사선에 노출시키는 것이다. 이온화 방사선은 식품을 멸균하는 데 매우 유용하지만, 식품에 축적되지는 않는다. 벽에 빛을 비춰주더라도 빛이 벽에 축적되지 않으며, 불을 끈 후 벽에서 빛이 방출되지도 않는다. 식품에 이온화 방사선을 쪼여주는 과정도 이와 같다. 오히려 식품에 방사선을 쪼여주면 *Salmonella*나 *Escherichia coli* O157:H7 등의 병원성 세균이 감염되는 것을 방지할 수 있다.

원자 내 전자의 배열

원자에 있는 전자는 마치 선풍기의 날개와 같다. 선풍기가 작동하면 각각의 날개는 잘 보이지 않으며, 다만 선회하는 불분명한 형체만 볼 수 있을 따름이다. 선풍기가 멈추면 각 날개가 특정 위치에 있으므로 볼 수 있게 된다. 이와 마찬가지로 원자의 전자는 끊임없이 이동한다. 주어진 특정 시각에 전자의 정확한 위치를 결정하는 것은 불가능하지만, 핵 주위의 불연속적인 에너지 수준에 분포하는 전자를 나타내는 원자 모델을 만들면 도움이 된다(**그림 2.6**). 음전하를 지닌 전자가 양전하를 지닌 핵에 끌리므로, 전자를 핵으로부터 더 멀리 밀어내려면 더 많은 에너지가 사용될 것이다. 따라서 바깥쪽 에너지 수준에 있는 전자는 안쪽 에너지 수준에 있는 전자보다 더 많은 에너지를 간직한다.

각각의 에너지 수준에는 정해진 수효의 전자가 들어갈 수 있다. 그림 2.6의 모델에서는 에너지 수준(전자껍질이라고도 함)을 핵 주위의 동심원으로 나타내었다. 이들 껍질은 전자의 에너지를 나타낸 것이며, 전자의 물리적 위치를 표시한 것은 아니다. 핵에 가장 가까운 첫번째 껍질에는 전자가 2개 들어갈 수 있으며, 그 후부터는 추가되는 껍질마다 8개씩 들어갈 수 있다. 전자껍질이 2개 이상인 경우, 일반적으로 낮은 수준의 껍질이 전자로 채워진 다음에야 비로소 다음 수준의 껍질에 전자가 추가될 수 있다.

원자번호 16인 황 원자는 첫번째 껍질에 2개, 두번째 껍질에 8개, 그리고 세번째인 최외각껍질에 6개의 전자를 가진다. 주기율표(그림 2.3 참조)에서 황이 세번째 주기에 속한 것을 볼 수 있다. 주기는 어떤 원자가 가지고 있는 껍질의 수효를 뜻한다. 또한 황이 6족에 속해 있음을 볼 수 있다. 족은 최외각껍질에 있는 전자의 수효를 뜻한다.

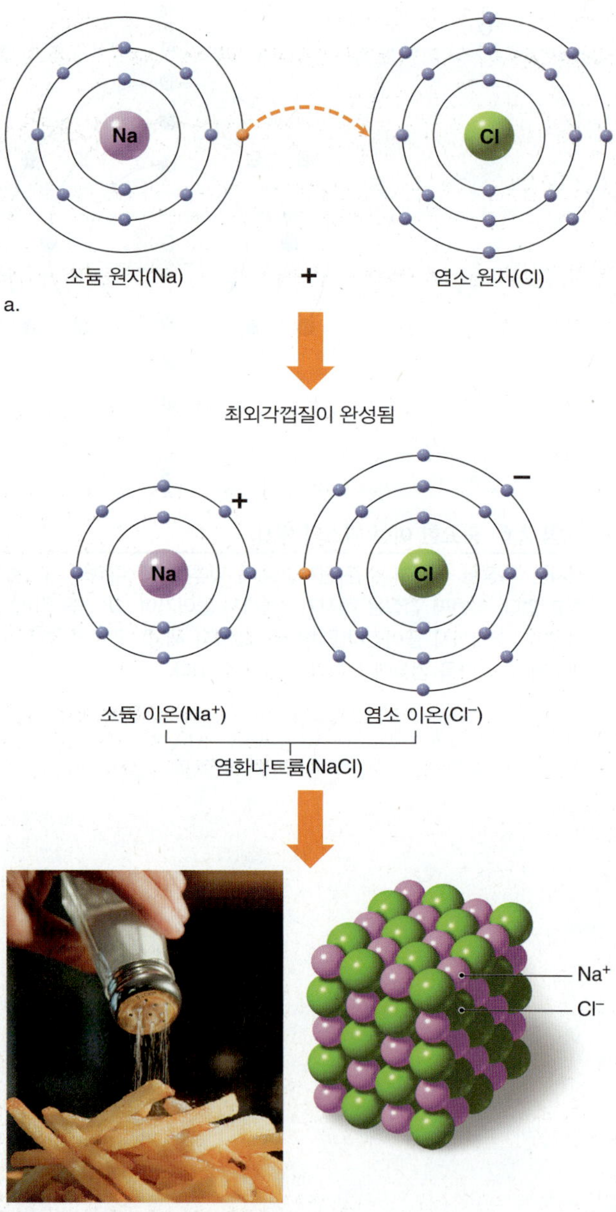

그림 2.7 염화나트륨의 형성.

a. 염화나트륨을 형성하는 과정에서 전자 1개가 소듐 원자에서 염소 원자로 전이된다. 반응이 완결되면 원자마다 최외각껍질에 전자를 8개씩 가지게 되지만, 표시한 것처럼 전하를 지니게 된다. **b.** 염화나트륨 결정(보통 소금이라고 함)에서는 Na^+와 Cl^- 사이의 인력으로 인해 원자들이 3차원 격자 형태를 이룬다.

원자가 단 하나의 껍질만 가지고 있다면, 최외각껍질은 전자 2개만으로 완성된다. 껍질의 수효가 2개 이상이라면, 최외각껍질은 전자 8개를 가졌을 때 가장 안정하다. 이것을 **8전자규칙(octet rule)**이라고 한다. 주기율표의 8족에 속한 원자는 대개 반응을 일으키지 않기 때문에 비활성기체라고 부른다. 최외각껍질의 전자 수효가 8개보다 적은 원자는 다른 원자와 반응하며, 반응이 끝난 후 각각 최외각껍질이 완성되는 방식으로 이루어진다. 원자는 최외각껍질에 8개의 전자를 가지기 위해 전자를 내주거나, 받거나, 또는 공유할 수 있다. 다시 말해, 원자의 **원자가껍질(valence shell)**이라고 부르는 최외각껍질에 있는 전자의 수효에 따라 그 원자의 화학적 반응성이 결정된다. 원자의 크기 또한 중요하다. 탄소(C)와 실리콘(Si) 원자는 모두 4족이며, 따라서 원자가껍질에 전자가 4개 있다. 즉, 이들 모두 최외각껍질에 8개의 전자를 채우기 위해 최대 4개의 다른 원자와 결합할 수 있다. 그러나 2주기인 탄소는 껍질이 2개이며, 3주기인 실리콘은 3개이다. 크기가 작은 원자인 탄소는 다른 탄소 원자와 결합하여 긴-사슬 분자를 만들 수 있지만, 큰 실리콘 원자는 다른 실리콘 원자와 결합하지 못한다. 이러한 사실로 탄소는 생명체의 분자를 구성하는 데 있어서 중요한 역할을 수행하지만 실리콘은 그렇지 못한 이유를 부분적으로 설명할 수 있다. 전체적으로 보아 원자의 화학적 성질—즉, 반응하는 방식—은 전자의 배열 상태에 따라 크게 좌우된다.

화학결합의 종류

서로 결합한 원자 집단을 **분자(molecule)**라고 한다. 분자가 두 가지 이상의 원소로 이루어진 경우는 **화합물(compound)**이라고 부른다. 화합물과 분자는 공유결합과 이온결합이라는 두 종류의 화학결합으로 형성된다. 형성되는 결합의 종류는 결합한 두 원자가 전자를 공유하는지 또는 한 원자가 다른 원자에게 전자를 넘겨주는지 여부에 따라 결정된다. 예를 들어 수소기체(H_2)에서는 두 수소 원자(H)가 전자를 공유하여 두 원자 모두의 원자가껍질을 채운다. 그러나 염화나트륨(NaCl)의 경우에는 소듐 원자(Na)가 염소 원자(Cl)에게 전자를 넘겨주어 두 원자 모두 최외각껍질에 8개씩의 전자를 가지게 되는 방식으로 형성된다.

이온결합

이온결합(ionic bond)은 상반되는 전하 사이의 인력에 의해 두 원자가 결합하여 형성된다. 소듐 원자와 염소 원자 사이의 반응은 이온결합이 형성되는 과정의 한 예이다. 소듐(Na)은 세번째 껍질에 전자가 오직 1개만 있어서 통상적으로 전자를 1개 내놓는다(**그림 2.7*a***). 전자를 1개 내놓으면, 전자 8개가 있는 두번째 껍질이 최외각껍질로 된다. 염소(Cl)는 반대로 최외각껍질에 전자 7개가 있기 때문에 전자 1개를 받으려는 경향을 가진다. 염소는 전자를 1개 더 받으면 최외각껍질이 완성된다. 따라서 소듐 원자와 염소 원자가 반응하면 전자 1개가 소듐에서 염소로 전이된다. 이제 두 원자는 모두 최외각껍질에 전자를 8개씩 가지게 되었다.

이러한 전자의 전이로 말미암아 두 원자는 전하를 지닌 원자인 **이온(ion)**으로 된다. 소듐 이온은 양성자의 수효보다 전자의 수효가 1개 적으므로, 순전하는 +1이다(Na^+로 표시). 염소 이온은 양성자의 수효보다 전자의 수효가 1개 많으므로, 순전하는 −1이다(Cl^-로 표시). 주기율표(그림 2.3 참조)의

1족과 2족, 그리고 6족과 7족에 속한 원자는 다른 원자와 반응하면 이온이 된다. 2족과 6족의 원자는 항상 전자 2개를 전이한다. 예를 들어 칼슘은 Ca^{2+}로, 산소는 O^{2-}로 된다.

이온화합물은 흔히 **염(salt)** 형태로 존재한다. 염은 고체이지만 대개 물속에서는 해리된 이온 형태로 된다. 대표적 예로서 소금인 염화나트륨(NaCl) 결정에서 염의 고체 형태를 볼 수 있다(그림 2.7*b*). 물속에서는 NaCl의 이온결합이 해리되어 Na^+과 Cl^-을 내놓는다. 생명체는 70~90%가 물로 이루어져 있기 때문에 이온화합물은 생명체 내에서 거의 해리된 (이온화) 형태로 존재한다.

공유결합

공유결합(covalent bond)은 두 원자가 전자를 공유하여 최외각껍질을 완성할 때 형성된다. 수소 원자의 최외각껍질은 전자 2개가 있으면 완성된다. 수소는 주변에 강력한 전자수용체가 있으면 전자를 내놓고 수소 이온(H^+)으로 된다. 그렇지 않은 경우에는 다른 원자와 공유하여 최외각껍질을 완성시킨다. 예를 들어 수소 원자는 다른 수소 원자와 전자를 공유할 수 있다. 이 경우에 두 전자궤도가 겹쳐지고 전자가 공유된다. 즉, 공유된 전자는 두 원자 모두에게 속한 것으로 간주된다.

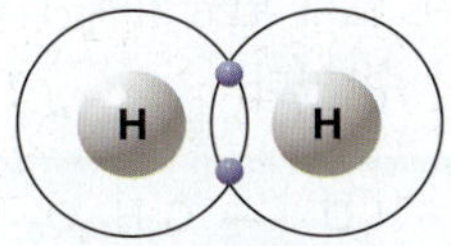

수소기체(H_2)

과학자들은 흔히 위와 같은 궤도 모델보다 더 간단한 방식으로 분자를 표시한다. 구조식은 H—H처럼 직선을 사용한다. 직선은 공유전자 쌍을 표시한 것이다. 분자식은 결합을 나타내는 선을 생략하고, H_2처럼 단순히 원자의 수효만 표시한다.

때로는 원자들이 8전자 규칙을 완성하기 위해 2쌍 이상의 전자를 공유하기도 한다. 이중공유결합은 두 원자가 2쌍의 전자를 공유하는 것이며, 예로는 산소기체 분자가 있다.

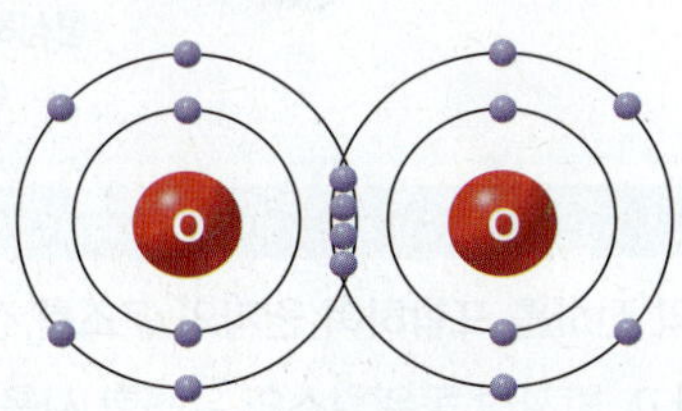

산소기체(O_2)

산소기체(O_2)가 이중결합을 가지고 있음을 표시하기 위해 구조식을 O=O로 쓰며, 산소 원자 사이에 2쌍의 전자가 공유되었음을 나타낸다.

원자는 삼중공유결합을 이루기도 한다. 질소기체(N_2)는 N≡N으로 쓴다. 원자 사이의 단일 공유결합도 상당히 강하지만, 이중결합과 삼중결합은 더욱 강력하다.

원자는 2개 이상의 다른 원자와 결합을 이룰 수도 있다. 예를 들어 메탄 분자는 탄소가 수소 원자 4개와 결합한 것이다(**그림 2.8*a***). 메탄 분자의 결합은 사면체의 각 꼭짓점을 향한다(그림 2.8*b*). 이러한 배열은 공-막대 모델(그

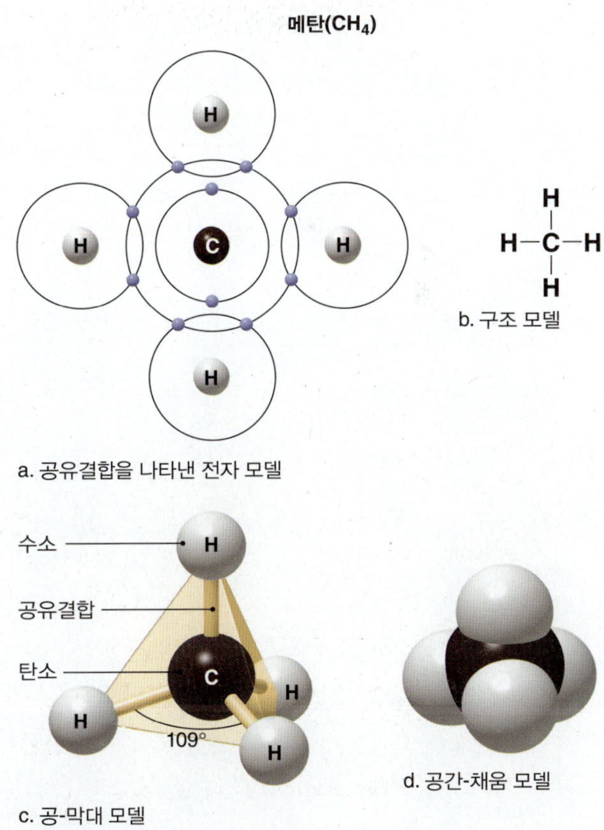

그림 2.8 공유결합 분자의 형태.

메탄(CH_4)이 수소 원자 4개와 결합한 탄소 원자 1개로 구성되어 있음을 나타낸 전자 모델(**a**)과 구조 모델(**b**). **c.** 메탄의 경우처럼, 탄소가 4개의 다른 원자와 결합할 때 각각의 결합이 사면체의 모서리를 향하는 것을 나타낸 공-막대 모델. **d.** 분자의 3차원 형태를 나타낸 공간-채움 모델.

림 2.8*c*)에서 가장 잘 드러난다. 공간-채움 모델(그림 2.8*d*)은 분자의 실제 모습과 가장 가깝다. 분자의 형태를 보면 생명체 안에서 그 분자의 역할을 짐작할 수 있다.

화학식과 반응

생명체에게 화학반응은 매우 중요하다. 화학반응에서는 흔히 분자를 화학식으로 표현한다. 다음 예는 에너지 분자인 포도당의 화학식이다.

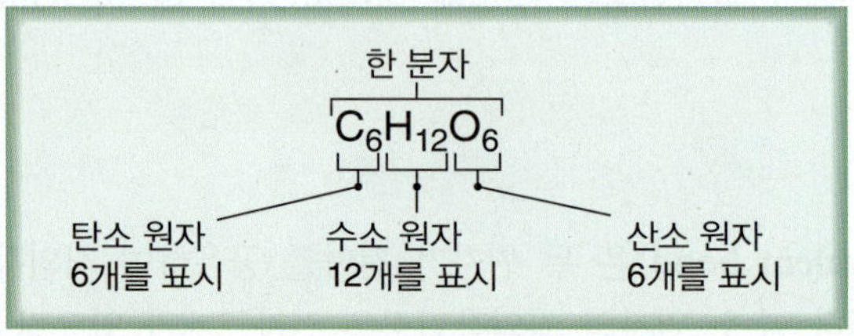

포도당의 화학식에서 이 분자에 있는 각 원소의 종류와 양을 표시하는 방식에 주목하자. 화학식은 이들 원소의 배열을 나타내지는 않는다. 나중에 살펴보겠지만, 동일한 화학식으로 이루어진 분자라 하더라도 몇 가지 다른 구조를 이룰 수 있다.

식물은 광합성 과정을 통해 자신을 비롯한 모든 생명체가 사용할 분자 에너지를 만들어낸다. 광합성의 전체 반응식에서 어떤 결합은 끊어지고 어떤 결합은 형성된다는 사실을 알 수 있다.

$$6\,CO_2 + 6\,H_2O \longrightarrow C_6H_{12}O_6 + 6\,O_2$$

이산화탄소	물	포도당	산소

이 반응식에서 이산화탄소 6분자가 물 6분자와 반응하여 포도당 1분자와 산소 6분자가 생성되는 것을 알 수 있다. **반응물(reactant**; 반응에 참여하는 분자)은 화살표의 왼쪽에, **생산물(product**; 반응을 통해 생성된 분자)은 오른쪽에 적는다. 반응식은 "균형"을 이룬다. 즉, 화살표 좌우에 있는 원자의 수효는 종류마다 동일하다.

2.1 개념 연결하기

아원자 입자에 의해 원소가 결합하여 분자와 화합물을 형성하는 방식이 결정된다.

진도 점검하기 2.1

1. 아원자 입자 각각의 전하를 포함하여 원자의 구조를 설명하시오.
2. 동위원소를 정의하고, 방사성 동위원소의 유용한 사용 사례를 몇 가지 제시하시오.
3. 공유결합과 이온결합을 비교하여 설명하시오.
4. 8전자 규칙을 요약하고, 이 규칙이 어떻게 원소의 반응성에 영향을 주는지 설명하시오.
5. 화학반응에서 반응물과 생성물을 구별하여 설명하시오.

2.2 생명체에 있어서 물의 중요성

학습 목표

이 절을 학습한 후에는 다음 과제를 수행할 수 있어야 한다.

1. 물 분자의 일반적인 구조를 설명하기.
2. 생명활동에 중요한 물의 특성을 제시하기.
3. 물의 특성에 있어 수소결합의 중요성을 이해하기.

생명은 물속에서 시작되었으며, 물은 지구에서 가장 중요한 분자이다. 생명체는 70~90%가 물로 이루어져 있으며, 세포는 막으로 수용액을 에워싼 구획을 가지고 있다. 물의 독특한 성질은 물 분자의 구조(**그림 2.9**)에서 비롯되며, 이러한 성질이 생명활동의 기능에 중요한 역할을 한다.

a.

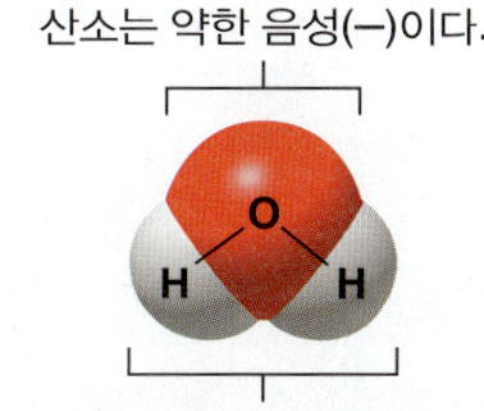

물의 구조

공유결합을 이룬 두 원자 사이에서 공유된 전자는 언제나 동등하게 공유되지는 않는다. 원자마다 공유결합 내의 전자에 대한 친화도를 뜻하는 **전기음성도(electronegativity)**가 다르다. 원자의 전기음성도는 그 원자의 양성자 수효와 관련되어 있다. 양성자가 많을수록 전자에 대한 친화도가 높아 전기음성도가 높아진다. 나아가 전기음성도가 높을수록 공유전자와 더욱 단단하게 결합하는 경향을 가지며, 이로 인해 **극성(polar)** 분자가 된다. 즉, 분자 전체로는 전하를 지니지 않은 경우에도 공유결합을 이룬 양쪽의 원자가 부분적인 전하를 지닌다. 예를 들어 물 분자는 산소와 2개의 수소 원자가 전자를 공유한다. 산소가 수소보다 전기음성도가 높으며, 따라서 두 공유결합 모두 극성이다. 공유전자는 수소의 핵보다 산소의 핵 주위에서 더 많은 시간을 보내며, 이러한 불균등한 전자 공유로 인해 물이 극성 분자로 된다. 이 분자의 공유결합들은 각을 이루어 거의 ∧ 형태로 보인다. ∧의 꼭짓점(산소)은 음성(−) 말단을, 두 수소는 양성(+) 말단을 이룬다(그림 2.9*a*).

극성으로 인해 물 분자는 서로 이끌린다. 한 분자에 있는 양성 수소 원자가 다른 물 분자에 있는 음성 산소 원자에 이끌린다. 이러한 인력을 **수소결합(hydrogen bond)**이라고 부르며, 물 분자마다 최대 4개의 수소결합을 이룰 수 있다(그림 2.9*b*). 공유결합이 수소결합보다 훨씬 강력하다. 그러나 물에는 수소결합의 수효가 매우 많기 때문에 강한 인력이 만들어진다. 물의 독특한 성질은 극성과 수소결합을 형성하는 능력에서 비롯된다.

b.

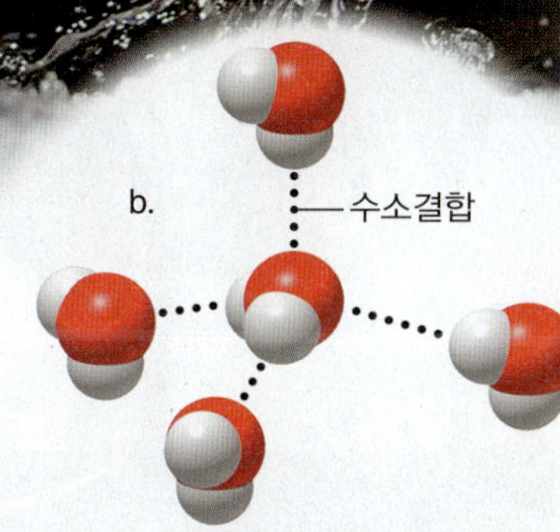

그림 2.9 물의 구조.

호반새를 비롯한 모든 생명체에서 물의 성질은 중요한 역할을 수행한다. **a.** 물 분자의 공간-채움 모델. ∧ 형태가 보인다. 산소가 수소보다 공유전자를 강하게 끌어당기고, 따라서 물 분자가 극성으로 된다. 산소는 약한 음전하를, 수소는 약한 양전하를 지닌다. **b.** 양성인 수소는 가까이 있는 분자의 음성인 산소와 수소결합을 이룬다.

물의 성질

우리는 흔히 물에 대해 당연한 것으로 여긴다. 그렇지만 물이 없다면 우리가 아는 형태의 생명체는 살 수 없을 것이다. 생명활동을 뒷받침하는 물의 성질로는 용해성, 응집성과 부착성, 높은 표면장력, 높은 열용량, 높은 기화열, 변화되는 밀도 등이 있다.

물은 용매이다 극성과 수소결합을 이루는 성질로 인해 물은 아주 많은 물질을 녹일 수 있다. 물에 이끌리는 분자를 **친수성(hydrophilic**; *hydro*, water; *phil*, love)이라고 한다. 극성이거나 이온화된 분자는 대개 친수성이다. 이온화되지 않거나 비극성인 분자는 **소수성(hydrophobic**; *hydro*, water; *phob*, fear)이라고 하며, 물에 이끌리지 않는다.

소금(NaCl)을 물속에 넣으면 물 분자의 음성 말단이 소듐 이온(Na^+)에 이끌리고, 양성 말단은 염소 이온(Cl^-)에 이끌린다. 이러한 인력으로 인해 Na^+과 Cl^-이 물속에서 해리된다.

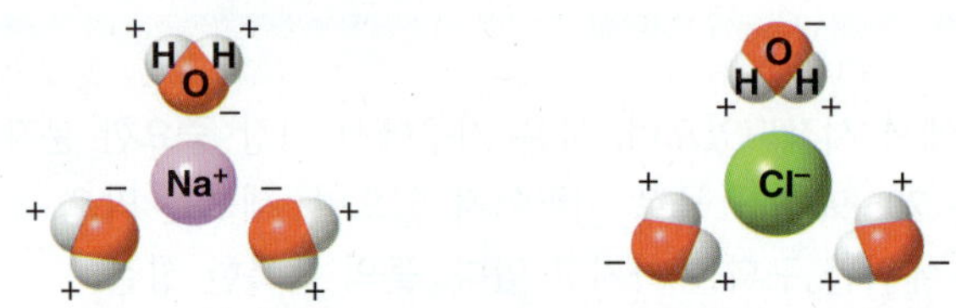

염인 NaCl은 물속에서 해리된다.

물은 수소결합을 형성함으로써 포도당의 긴 사슬 같은 많은 극성 비이온 물질을 녹인다. 물속에 분산된 이온과 분자는 무작위로 돌아다니다가 충돌하면 반응하게 된다. 세포질은 다양한 물질이 녹아 있는 수용액이며, 바다 또한 그러하다. 물이 물질을 녹이는 힘을 가지고 있지 않았다면 수생생물은 필요한 물질을 물에서 얻을 수 없었을 것이다.

물은 응집과 부착 성질을 가진다 응집(*cohesion*)은 수소결합으로 인해 물 분자가 서로 들러붙는 성질을 이른다. 응집으로 인해 물은 통상적인 온도와 압력 조건에서 액체 상태로 존재한다. 물이 자유롭게 흘러가도 분자들이 서로 헤어지지 않는다는 점에서 물 분자의 강한 응집력이 분명하게 드러난다. 부착(*adhesion*)은 물 분자가 다른 극성 표면에 들러붙는 성질이며, 물의 극성에서

그림 2.10 물 분자의 응집과 부착.

물은 응집과 부착이라는 성질이 있어서 나무와 사람 모두에서 훌륭한 수송매체가 된다.

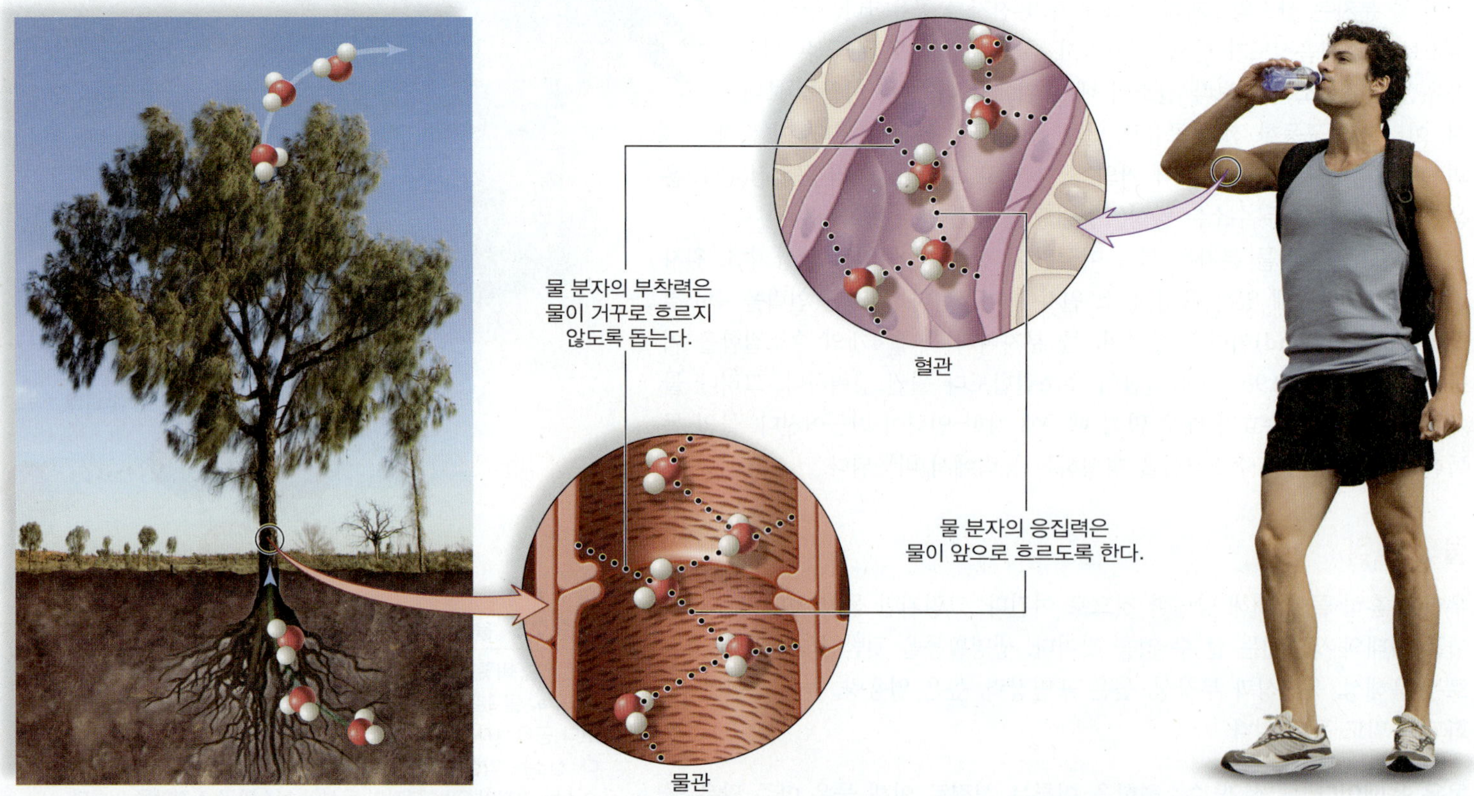

비롯된다. 물 분자의 양극과 음극으로 인해 물이 극성 표면에 부착하게 된다.

응집과 부착으로 인해 액체인 물은 훌륭한 수송계를 이룬다(**그림 2.10**). 세포의 내부와 외부 모두에서 물은 양분과 노폐물의 수송을 돕는다. 많은 다세포생물은 내부 수송관이 있어서 물이 물질 운반을 돕는다. 신체에서 용해되거나 부유하는 물질을 수송하는 혈액의 액체 부분은 90%가 물이다. 물의 응집과 부착으로 인해 혈액을 심장혈관계의 혈관에 채울 수 있으며, 수송이 가능해진다. 이러한 성질은 식물에서도 물의 수송에 기여한다. 식물은 토양에 뿌리를 내리고 물을 흡수하지만, 잎은 높은 곳에 있으며 태양에너지를 받는다. 잎에서 증발하는 물은 즉시 뿌리에서 잎으로 이어진 수송관을 따라 이동한 물로 대체된다. 물 분자는 응집력이 있기 때문에 뿌리로부터 물기둥을 끌어올리는 장력이 만들어진다. 물관 벽에 대한 물의 부착력 역시 물기둥이 끊어지지 않도록 한다.

물은 표면장력이 높다 물 표면에 있는 물 분자는 위에 있는 공기보다 서로에게 더 강하게 이끌리기 때문에 표면의 물 분자끼리 단단하게 응집된다. 따라서 표면장력이 나타난다. 액체 상태에서는 분자 사이의 힘이 클수록 표면장력이 커진다. 물의 높은 표면장력을 만드는 주요 힘은 수소결합이다. 유리컵에 물을 천천히 채우면 컵 꼭대기 위로 작은 돔이 형성된다. 이러한 현상은 물의 표면장력 때문에 나타난다.

연관: 과학적 탐구

일부 곤충은 어떻게 물 위를 걸을 수 있을까?

연못이나 냇가에서 곤충이 수면 위를 걷는 것을 본 적이 있을 것이다. 소금쟁이라고 부르는 이 곤충은 물의 두 가지 성질—표면장력과 극성—에 적응함으로써 이러한 능력이 진화하였다. 다리에 난 털에 작은 공기방울을 가둠으로써 소금쟁이는 물 분자의 표면장력을 깨뜨리지 않은 채 부력을 얻을 수 있다. 소금쟁이는 또한 비극성인 왁스를 분비하며, 이것이 물 분자를 더욱 밀어내어 곤충이 떠 있도록 한다.

물은 열용량이 높다 물 분자를 연결한 수많은 수소결합으로 인해 물은 온도가 크게 변화하지 않은 채 열을 흡수할 수 있다. 물의 높은 열용량은 수생생물뿐만 아니라 모든 생명체에게 중요한 성질이다. 물의 온도가 천천히 오르고 내리기 때문에 육상생물이 정상적인 내부 온도를 잘 유지할 수 있으며 급격한 온도 변화로부터 보호될 수 있다.

물은 또한 기화열도 높다. 물의 수소결합이 끊어져 기체 상태로 되어 기화하려면 엄청난 열이 필요하다. 대사활동에서 발생하는 열이 모두 체온을 올리는 데 사용된다면 아마도 죽게 될 것이다. 그렇지만 상당량의 체열은 땀이 증발할 때에 기화열 형태로 흩어진다(**그림 2.11**).

a.

b.

그림 2.11 기화열.

실온에서 물은 액체이다. **a.** 물은 많은 양의 열을 흡수하여 100°C에서 기화한다. **b.** 대부분 물인 땀이 증발할 때 체열이 대량으로 흡수된다. 따라서 온도가 높아지면 몸을 식힐 수 있다.

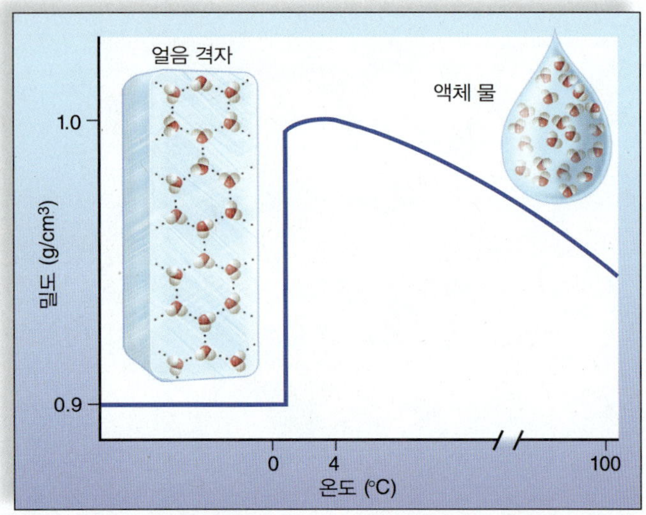

그림 2.12 얼음의 성질.

물 분자가 수소결합을 이루는 기하학적 조건으로 인해 얼음의 밀도가 액체 물의 밀도보다 낮다.

2.2 개념 연결하기

물은 생명체에게 필수적인 분자이다.

물의 높은 열용량과 높은 기화열로 인해 해안가의 기온은 온화하다. 바다가 여름에는 태양열을 흡수하여 저장하고 겨울에는 천천히 내놓는다. 그러나 내륙지역에서는 기온의 변화가 심하게 나타난다.

물보다 얼음의 밀도가 낮다 다른 물질과 달리 물은 얼면서 팽창된다. 따라서 냉동실에 넣어둔 탄산음료 깡통이 얼어서 터지고, 겨울에는 도로가 부풀어 울퉁불퉁하게 된다. 물은 얼면 팽창하기 때문에 액체 물보다 밀도가 낮고, 따라서 얼음이 액체 물 위에 뜬다(**그림 2.12**).

연관: 생태학

물보다 얼음의 밀도가 낮은 것이 왜 중요할까?

만약 얼음이 물보다 밀도가 높으면 가라앉을 것이고, 연못과 호수, 나아가 바다도 얼어서 단단한 고체로 되어 생명체가 살 수 없게 될 것이다. 그렇지만 물은 언제나 위부터 아래쪽으로 얼어간다. 물의 표면에서 언 얼음은 아래에 있는 물이 얼지 않도록 절연체 역할을 한다. 따라서 수생생물이 겨울에도 살 수 있게 된다. 또한 봄에 얼음이 녹을 때에는 주변 환경의 열을 흡수하여 갑작스러운 온도 변화가 일어나지 않도록 하여 생명체를 보호한다.

진도 점검하기 2.2

1. 물의 독특한 성질이 나타나게 되는 이유를 물의 구조에 근거하여 설명하시오.
2. 물이 생명체에게 중요한 분자가 된 이유를 물의 성질에 근거하여 설명하시오.
3. 물의 성질에 수소결합이 어떻게 연관되어 있는지 설명하시오.

2.3 산과 염기

학습 목표

이 절을 학습한 후에는 다음 과제를 수행할 수 있어야 한다.

1. 산과 염기를 구별하기.
2. pH 척도를 설명하기.
3. 완충액을 사용하는 목적에 대해 설명하기.

물이 해리되면 아래 반응과 같이 동일한 수효의 수소 이온(H^+)과 수산 이온(OH^-)이 방출된다.

$$\underset{\text{물}}{H-O-H} \rightleftharpoons \underset{\text{수소 이온}}{H^+} + \underset{\text{수산 이온}}{OH^-}$$

어떤 용액이 산성인지 염기성인지 여부는 그 용액 속에 있는 수소 이온과 수산 이온의 비율에 따라 결정된다.

산성 용액(높은 H^+ 농도)

레몬주스, 식초, 토마토주스, 커피는 모두 산성 용액이다. 산성 용액은 신맛을 내기 때문에 흔히 소화불량과 연관시켜 생각하기도 한다. 이들의 공통점은 무엇일까? 화학자에게 있어서 **산(acid)**은 물에 녹아서 H^+을 내놓는 물질이다. 염산(HCl)은 다음과 같이 해리된다.

$$\underset{\text{염산}}{HCl} \longrightarrow \underset{\text{수소 이온}}{H^+} + \underset{\text{염소 이온}}{Cl^-}$$

산성 용액에서는 OH^-보다 H^+의 농도가 더 높다. 어떤 물질의 산성도는 그 물질이 물속에서 얼마나 완전하게 용해되는가에 달려 있다. HCl은 거의 완전히 해리되며, 따라서 강산이다. 물이 담긴 비커에 염산을 넣으면 H^+의 양이 크게 증가한다.

연관: 과학적 탐구

당신의 위액에 있는 산은 얼마나 강력할까?

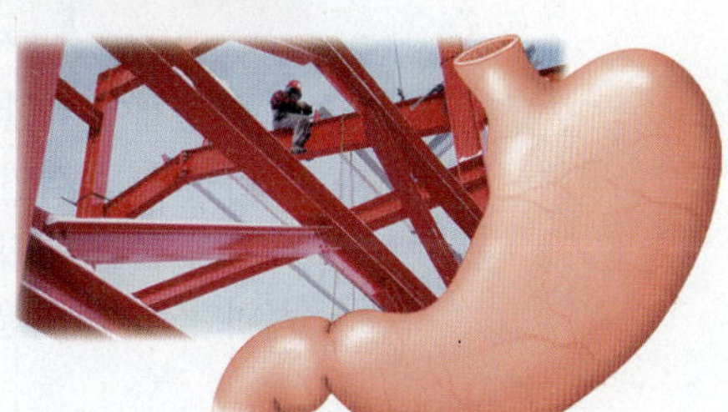

위액에 있는 염산(HCl)의 pH 값은 1.0에서 2.0 사이이다. 이로 인해 위 내용물은 물보다 약 100만배, 식초보다는 약 100배나 산성도가 높다. 이론적으로 위액은 철과 같은 금속도 녹일 수 있다. 그러나 실제에 있어서는 장관으로 이동하기 전에 짧은 기간 동안만 위 내용물이 이러한 극단적인 pH 값에 노출되며, 장관에 도달한 후 빠르게 중화된다.

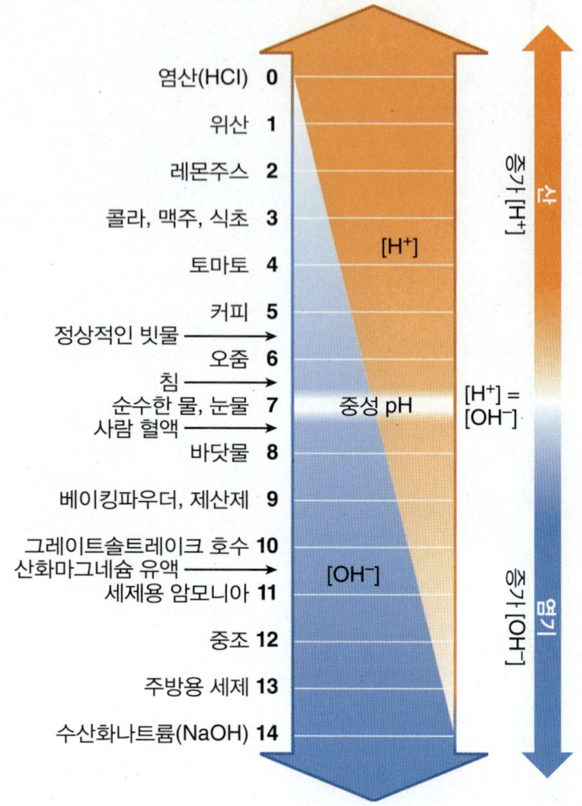

그림 2.13 pH 척도.

수산 이온에 대한 수소 이온의 비례적인 양을 대각선으로 표시하였다. pH 7보다 높은 용액은 염기성이고, pH 7보다 낮은 용액은 산성이다.

염기성 용액(낮은 H^+ 농도)

산화마그네슘유액과 암모니아는 가장 일반적인 염기성(알칼리성) 용액이다. 염기성 용액은 쓴맛을 내며 물속에서 미끄러운 느낌을 준다. 화학자에게 있어서 **염기(base)**는 H^+을 받거나 OH^-을 내놓는 물질이다. 수산화나트륨(NaOH)은 다음과 같이 해리된다.

NaOH ⟶	Na^+	+	OH^-
수산화 나트륨	소듐 이온		수산 이온

염기성 용액에서는 H^+보다 OH^-의 농도가 더 높다. 산과 마찬가지로, 염기성도는 그 물질이 물에 얼마나 완전하게 용해되는가에 달려 있다. 수산화나트륨은 거의 완전하게 해리되기 때문에 강염기이다. 물이 담긴 비커에 수산화나트륨을 넣으면 OH^-의 양이 증가한다.

암모니아 등의 강염기는 청소용 세제로 유용하게 쓰인다. 암모니아 용기에는 독극물 표시와 먹지 말라는 강력한 경고가 붙어 있다. 산과 염기 모두 세포에 매우 해로우므로 먹지 말아야 한다.

pH와 pH 척도

pH[1]는 용액에 있는 수소 이온의 양을 나타내는 수학적 표시 방법이다. 용액의 산성도 또는 염기성도를 나타내기 위해서는 **pH 척도(pH scale)**를 사용한다. pH 척도의 범위는 0~14이다(**그림 2.13**). pH 7은 순수한 물처럼 수소 이온과 수산 이온의 농도가 동일한 중성 상태를 의미한다. pH 7보다 낮으면 산성이며, 수소 이온 농도($[H^+]$로 표기)가 수산 이온 농도($[OH^-]$로 표기)보다 높다. pH 7보다 높으면 $[OH^-]$가 $[H^+]$보다 높기 때문에 염기성이다. pH 척도 7에서 0쪽으로 내려가면 단위마다 산도 $[H^+]$가 10배씩 증가하며, 7에서 14쪽으로 올라가면 단위마다 염기도 $[OH^-]$가 10배씩 증가한다.

pH 척도는 번거로운 숫자를 제외하고 사용한다. 예를 들어 용액별로 $[H^+]$와 pH를 다음과 같이 표시한다.

		$[H^+]$ (moles/L)	pH
0.000001	=	1×10^{-6}	6 (산성)
0.0000001	=	1×10^{-7}	7 (중성)
0.00000001	=	1×10^{-8}	8 (염기성)

생명체에 대한 pH의 영향은 산성강하물이라고 알려진 현상에서 극적으로 드러난다. 화석연료를 태우면 이산화황과 질소산화물이 만들어지고, 이들이 대기의 물과 결합하면 산이 형성된다. 이들 산이 생명체나 사물에 손상을 입히며, 심하면 죽음에 이르게도 한다(**그림 2.14**).

[1] $pH = -\log[H^+]$. 즉, pH는 수소 이온 농도 $[H^+]$의 로그 값을 구한 후 음수를 택한 것이다. 로그(log)는 주어진 수를 얻기 위한 10의 지수 값이다.

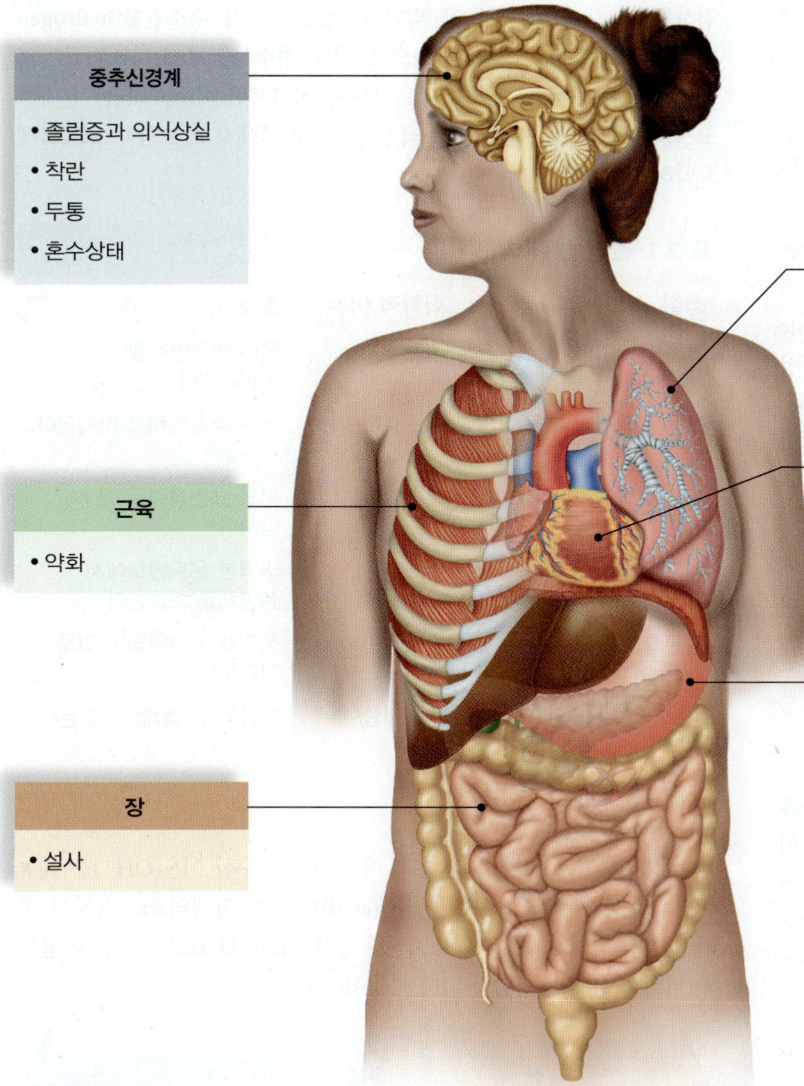

그림 2.14 산성혈증(acidosis).

신체가 혈액 내의 높은 H^+ 농도를 완충해내지 못하면 산성혈증이 나타난다. 그림은 산성혈증의 여러 가지 증상이다.

완충액과 pH

완충액(buffer)은 pH를 정상적인 범위 내로 유지하는 화학물질, 또는 화학물질의 혼합액이다. 완충액은 과도한 H^+이나 OH^-을 흡수하여 pH 변화를 완화시킨다. 신체가 항상성을 유지하려면 pH를 좁은 범위 내로 유지하여야 한다. 당뇨병과 출혈성 심장마비 등의 질병이 산성혈증(acidosis)에 의해 발생할 수 있다. 산성혈증은 신체가 지나치게 생산되는 H^+을 완충시키지 못하기 때문에 나타난다. 제대로 처치하지 않으면 건강에 다양한 문제가 발생할 수 있으며(**그림 2.14**), 혼수상태나 죽음에 이를 수도 있다.

개념 연결하기 2.3
생명체는 특정한 pH 수준을 유지해야만 한다.

진도 점검하기 2.3

1. 산성 용액과 염기성 용액을 구별하시오.
2. 어떤 용액의 pH로 알 수 있는 정보는 무엇인지 일반화하여 설명하시오.
3. 완충액이 사람 신체의 pH를 조절할 수 있는 원리를 요약하시오.

요약

2.1 원자와 원자결합

생명체와 비생명체 모두 **원소(element)**로 이루어진 **물질(matter)**로 구성되어 있다. 생명체의 주요 원소는 탄소, 수소, 질소, 산소이다. 원소는 원자로 이루어지며, 원자는 아원자 입자로 구성된다. **양성자(proton)**는 양전하를 지니고, **중성자(neutron)**는 전하가 없으며, **전자(electron)**는 음전하를 지닌다. **핵(nucleus)** 안에 있는 양성자와 중성자의 수효에 따라 그 원자의 **질량수(mass number)**가 결정된다. **원자번호(atomic number)**는 핵 안에 있는 양성자의 수효를 의미한다. 전기적으로 중성인 원자에서는 원자번호가 전자의 수효도 의미한다. **동위원소(isotope)**는 같은 원소이지만 중성자의 수효가 다른 원자들이다. 방사성 동위원소는 생물학 실험과 의학적 진단에서 추적자로 사용되는 등 다양한 용도로 이용된다.

원자가 껍질(valence shell; 최외각 에너지 수준)에 있는 전자의 수효에 따라 그 원자의 반응성이 결정된다. 첫째 궤도는 전자 2개가 채워지면 완전하다. 원자번호 20인 칼슘까지의 원자에서는 첫째 궤도 이후의 궤도마다 전자 8개를 가져야 완전하다. **8전자규칙(octet rule)**은 원자들이 최외각 궤도를 완전하게 만들고자 서로 반응하는 것을 의미한다.

원자는 흔히 서로 결합하여 **분자(molecule)**를 형성한다. 다른 원소들로 분자를 이룬 경우 **화합물(compound)**이라고 부른다. 분자와 화합물은 이온결합이나 공유결합을 이룰 수 있다. **이온결합(ionic bond)**은 원자가 1개 이상의 전자를 잃거나 얻어 최외각껍질을 완전하게 만든 경우에 형성된다. **공유결합(covalent bond)**은 두 원자가 전자들을 공유하여 형성된 것이다. 단일공유결합(전자 1쌍 공유), 이중공유결합(전자 2쌍 공유), 그리고 삼중공유결합(전자 3쌍 공유)이 있다.

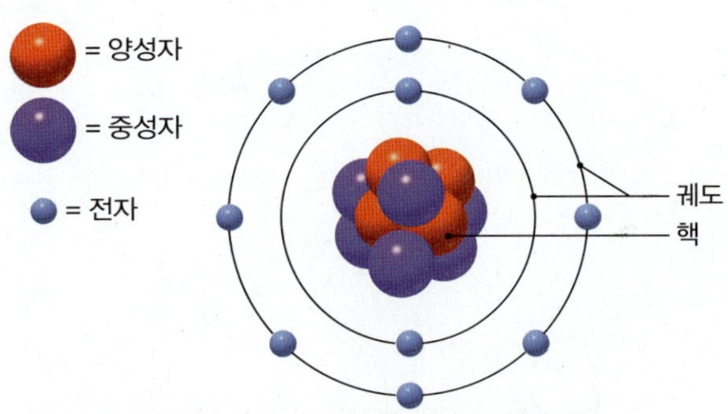

2.2 생명체에 있어서 물의 중요성

물에 있는 2개의 O–H 공유결합은 산소와 수소 사이에서 전자가 균등하게 공유되지 않기 때문에 **극성(polar)**이다. 그 이유는 수소보다 산소의 **전기음성도(electronegativity)**가 높기 때문이다. 양성 전하와 음성 전하를 지닌 물 분자의 양 말단이 서로 이끌려 **수소결합(hydrogen bond)**을 형성한다. 물의 극성으로 인해 **친수성(hydrophilic)** 분자가 이끌려온다. 물에 이끌리지 않는 분자는 **소수성(hydrophobic)** 분자라고 한다. 물의 독특한 성질은 극성과 수소결합에서 비롯되며, **표 2.1**에 요약하였다.

표 2.1 물의 성질

성질	화학적 이유	효과
물은 용매이다.	극성	물이 화학반응을 촉진시킨다.
물은 응집성과 부착성이 있다.	수소결합, 극성	물은 수송매체로 이용된다.
물은 표면장력이 높다.	수소결합	물의 표면장력은 매우 강하다.
물은 열용량이 높다.	수소결합	급격한 온도변화에서 생명체를 보호한다.
물은 기화열이 높다.	수소결합	생명체가 과열되는 것을 막아준다.
물보다 얼음의 밀도가 낮다.	수소결합	얼음이 물(액체) 위에 뜬다.

2.3 산과 염기

물이 해리되면 동일한 양의 수소 이온(H^+)과 수산 이온(OH^-)을 내놓는다. 이 상태는 중성 **pH**이다. **산(acid)**은 어떤 용액의 H^+ 농도를 증가시키며, **염기(base)**는 감소시킨다. **pH 척도(pH scale)**는 산성 용액과 염기성 용액의 범위를 나타낸 것이다.

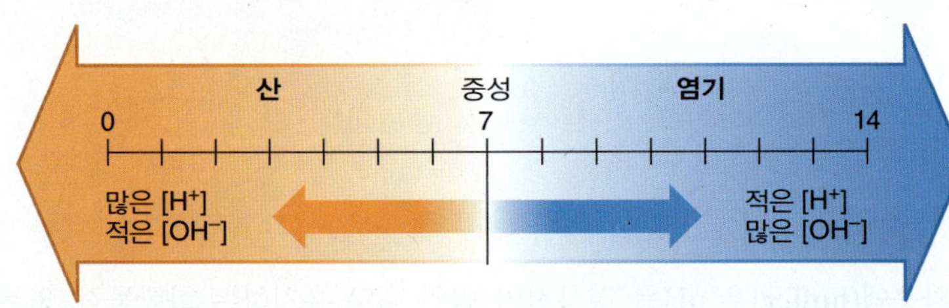

세포는 pH 변화에 민감하다. 생명체는 **완충액(buffer)**이 있어서 pH를 정상범위로 유지할 수 있다.

개념 연결하기

모든 생명체는 유사한 원소들로 구성되어 있다. 생명체는 자신의 필요에 맞추어 분자를 분해하거나 만들어내는 화학반응을 수행한다. 일반화학에 관한 지식은 생명과학을 이해하는 기초가 된다.

2.1 아원자 입자에 의해 원소가 결합하여 분자와 화합물을 형성하는 방식이 결정된다.

2.2 물은 생명체에게 필수적인 분자이다.

2.3 생명체는 특정한 pH 수준을 유지해야만 한다.

생명과학 학습에 있어서 화학의 중요성에 대한 정보가 더 필요하면 다음 논의를 참조하시오.

5.3절 대사경로라고 부르는 연계된 화학반응들이 어떻게 복잡한 화합물을 조립하는 데 이용되는지에 대해 조사하기.

20.5절 식물에서 응집력이 어떻게 물을 이동시키는지에 대해 조사하기.

24.1절 이산화탄소 기체에 의해 초래된 pH 변화를 호흡계가 어떻게 조정하는지에 대해 탐구하기.

혼자 풀어보기

가장 적절한 답을 고르시오.

2.1 원자와 원자결합

1. 원자의 원자질량은 주로 무엇의 수효에 의존하는가?
a. 양성자와 중성자 **b.** 양전자
c. 중성자와 전자 **d.** 양성자와 전자

2. 사람 몸에서 가장 무게를 많이 차지하는 원소는?
a. 탄소 **b.** 수소
c. 산소 **d.** 질소

3. 다음 반응식에서 반응물은 무엇인가? $NaCl \rightarrow Na^+ + Cl^-$
a. Na^+ **b.** Cl^-
c. NaCl **d.** a와 b 모두

4. 전자가 균등하게 공유되지 않은 공유결합을 무엇이라고 부르는가?
a. 극성 **b.** 정상
c. 비극성 **d.** 중성

5. 그림 2.3에서 원자가(최외각) 전자의 수효가 질소(N)와 동일한 원소는 무엇인가?
a. 탄소(C) **b.** 인(P)
c. 네온(Ne) **d.** 산소(O)

2.2 생명에 있어서 물의 중요성

6. 물이 자유롭게 흐르지만 각각의 분자로 분리되지 않는 것은 물의 어떤 성질 때문인가?
a. 응집 **b.** 친수성
c. 소수성 **d.** 부착

7. 물에 대한 친화성을 지닌 화합물을 무엇이라고 부르는가?
a. 응집 **b.** 친수성
c. 소수성 **d.** 부착

8. 물이 위부터 아래쪽으로 얼어가는 이유는 무엇인가?
a. 물의 표면장력이 높기 때문이다.
b. 얼음의 열용량이 높기 때문이다.
c. 물보다 얼음의 밀도가 낮기 때문이다.
d. 얼음이 물보다 응집력이 약하기 때문이다.

9. 물이 온도가 크게 변하지 않은 채 많은 열을 흡수할 수 있는 이유는 무엇인가?
a. 표면장력이 높기 때문이다.
b. 열용량이 높기 때문이다.
c. 수소 이온(H^+) 농도가 높기 때문이다.
d. 수산 이온(OH^-) 농도가 높기 때문이다.

2.3 산과 염기

10. pH 3은 ______(이)다.
a. 염기성 **b.** 중성
c. 산성 **d.** 완충액

11. ______은(는) 어떤 용액에서 수소 이온(H^+) 농도가 높아지도록 한다.
a. 염기 **b.** 동위원소
c. 산 **d.** 화합물

12. pH를 일정하게 유지하기 위해 많은 생명체가 ______(으)로 수소 이온 농도를 조절한다.
a. 완충액 **b.** 염기
c. 산 **d.** 동위원소

과학적으로 생각하기

1. 어느 더운 여름날에 당신은 수영장에 뛰어들었다. 뛰어들기 전에 당신은 물의 표면이 매끄러우며 끊어짐 없이 이어져 있는 것을 보았다. 수영장에 뛰어든 후 당신은 피부에 물방울들이 묻어 있는 것을 보았고 피부가 선선해진 것을 느꼈다. 관찰한 이러한 사실들에 대해 물의 성질을 근거로 하여 설명하시오.

2. 탄소와 마찬가지로 실리콘도 최외각껍질에 전자를 4개 가지고 있으나, 생명체는 탄소를 기반으로 진화하였다. 실리콘이 다른 원소 4개와 공유하지 못하고, 탄소 분자처럼 다양한 형태를 이루지 못하는 원인을 실리콘 구조의 특성을 바탕으로 하여 설명하시오.

3. 제산제는 속쓰림에 흔히 사용되며 의사 처방이 필요하지 않은 치료제이다. 속쓰림은 위에 수소 이온이 지나치게 많을 때 나타나는 현상이다. pH에 관한 지식을 이용하여 제산제의 화학물질이 어떻게 작용하는지 설명하시오.

4. 산성강하물은 대기의 수분이 배출된 이산화황과 질소산화물에 오염되어 만들어진다. 이러한 공해물질은 대개 화석연료, 특히 석탄을 태울 때 발생한다. 이들 화합물은 대기 중에서 황산과 질산으로 전환되고 대기의 물방울에 흡수된 다음, 결국 산성강하물로서 지구로 되돌아간다. 산성강하물이 환경에 나쁜 영향을 줄 수 있다는 점에 대해 당신은 어떻게 생각하는가?

3

생명체의 유기분자

개 요

시작하기 전에

이 장을 시작하기 전에 다음 내용을 다시 살펴보자.

2.1절 공유결합은 무엇인가?

2.2절 소수성 분자와 친수성 분자의 차이는 무엇인가?

그림 2.8 분자를 도식으로 나타내는 방법으로는 무엇이 있는가?

모든 콜레스테롤이 나쁜 것은 아니다

콜레스테롤이 없다면 우리 몸은 제대로 기능하지 못할 것이다. 콜레스테롤이 어떻게 우리 몸에 문제를 일으킬 수 있을까? 혈액검사를 통해 "좋은" 콜레스테롤과 "나쁜" 콜레스테롤을 구별하기는 하지만, 실제에 있어서 콜레스테롤이라는 분자는 오직 한 가지이다. 콜레스테롤은 세포가 정상적으로 기능을 수행하는 데 필수적이다. 세포 외막의 일부를 이루며, 또한 성호르몬인 테스토스테론과 에스트로겐 등 호르몬의 전구체이기도 하다. 콜레스테롤이 없다면 세포는 큰 장애를 겪게 될 것이다.

그렇다면 "나쁜" 콜레스테롤은 무엇일까? 우리 몸은 유전 요인이나 식습관, 대사활성 수준, 흡연 여부 등의 조건에 따라 콜레스테롤을 고밀도 지질단백질(high-density lipoprotein; HDL) 또는 저밀도 지질단백질(low-density lipoprotein; LDL) 형태로 포장한다. HDL 형태로 포장된 콜레스테롤은 주로 조직에서 간으로 이동하여 재활용된다. 따라서 동맥 안에 혈전이라는 침전물을 형성할 가능성이 줄어들기 때문에 HDL-콜레스테롤은 "좋은" 콜레스테롤이다. LDL은 콜레스테롤을 조직으로 운반한다. LDL-콜레스테롤의 농도가 높으면 혈전이 생겨 심장질환을 일으킬 수 있기 때문에 LDL은 "나쁜" 형태이다. 콜레스테롤 수준을 검사할 때, HDL에 대한 LDL의 비율을 측정한다. 운동, 개선된 식단, 금연 등으로 LDL 수준을 낮출 수 있다. 나아가 다양한 의약품을 처방하여 LDL 수준을 낮추고 HDL 수준을 높일 수 있다. 이들 지질단백질은 우리 몸이 기능을 제대로 발휘하기 위해 필요로 하는 유기분자의 한 가지 예일 뿐이다.

이 장에서는 탄수화물, 지질, 단백질, 핵산 등 주요 유기분자의 구조와 기능에 대해 공부한다.

이 장을 공부하는 동안 다음 질문에 대해 생각해보자.

1. 콜레스테롤은 생물학적 분자의 어떤 종류에 속하는가?
2. 콜레스테롤은 소수성 분자인가, 아니면 친수성 분자인가?
3. 콜레스테롤은 다른 생물학적 분자들과 어떤 점에서 다른가?

3.1 유기분자

학습 목표

이 절을 학습한 후에는 다음 과제를 수행할 수 있어야 한다.

1. 유기분자와 무기분자를 구별하기.
2. 유기분자의 화학적 성질의 결정에 있어서 기능기의 중요성을 인식하기.

화학은 크게 유기화학과 무기화학으로 구분할 수 있다. 이들의 차이는 단순하다. 유기화학은 유기분자에 대한 학문이다. **유기(organic)**분자는 탄소 원자와 수소 원자를 가지고 있는 분자이며, 세포, 조직, 기관을 이룬다(**그림 3.1**). 무기분자는 탄소와 수소를 가지고 있지 않으며, 물(H_2O)과 소금(NaCl) 등이 예이다. 이 장에서는 **생물학적 분자(biological molecule)**라고 부르는 세포 내 유기분자의 다양성과 기능에 초점을 맞춘다.

탄소 원자

세균세포가 가질 수 있는 유기분자는 5,000종류가 넘으며, 식물이나 동물세포는 그 수가 2배에 이른다. 어떻게 해서 탄소가 이처럼 다양하고 복잡한 유기분자를 만들어낼 수 있는 것일까? 탄소는 총 6개의 전자를 가지며, 최외각껍질에 전자 4개가 있다(그림 2.8 참조). 전자 4개를 얻어 최외각껍질을 완성

그림 3.1 구조를 이루는 물질인 유기분자.

일부 유기분자는 자연 상태에서 순수하게 구조 역할을 한다. 이들은 (**a**) 식물 줄기가 서 있도록 하며, (**b**) 게 껍질을 단단하게 하고, (**c**) 세균의 세포벽을 지탱한다.

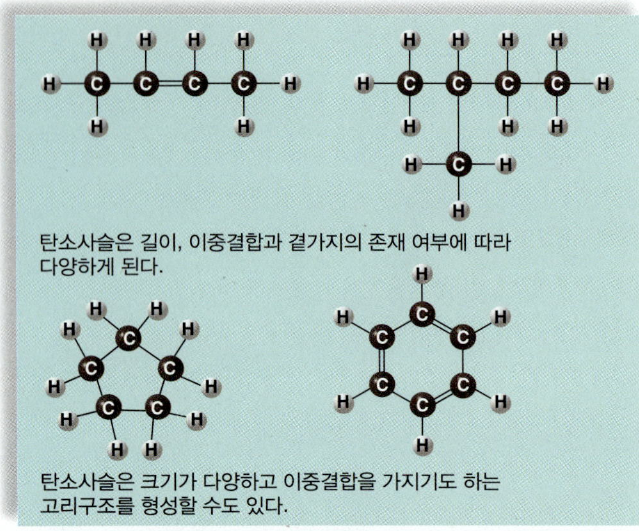

그림 3.2 탄화수소는 융통성이 높다.

탄화수소는 오직 수소와 탄소로만 이루어진다. 그렇더라도 탄화수소는 탄소의 수효, 이중결합의 위치, 곁가지 치기, 고리구조 형성 등에 의해 매우 다양한 형태를 이룰 수 있다.

하기 위해 탄소 원자는 거의 언제나 수소, 질소, 산소 등의 원소와 전자를 공유한다. 이들 원소가 생명체 체중의 대부분을 차지한다(2.1절 참조).

탄소는 크기가 작고 전자 4개를 얻어야 하므로 최대 네 종류의 다른 원소와 결합할 수 있다. 탄소 원자가 다른 탄소 원자와 전자를 공유하는 경우가 가장 흔하다. C—C 결합은 안정하며 이로 인해 탄소사슬이 매우 길게 이어질 수 있다. 탄화수소는 오직 수소 원자하고만 결합한 탄소 원자가 사슬을 이룬 것이다. 탄화수소 사슬을 이룬 그 어떤 탄소 원자에서도 곁가지를 칠 수 있으며, 고리구조를 이룰 수도 있다(**그림 3.2**). 또한 탄소는 탄소 또는 다른 원자와 이중결합을 이룰 수도 있다.

탄소의 융통성이 높다는 것은 탄소가 화학식(원자의 유형)은 같지만 구조는 다른 다양한 분자를 형성할 수 있다는 것을 의미한다. 구조는 다르지만 원자 조성이 동일한 분자를 **이성질체(isomer)**라고 부른다. 이러한 탄소의 화학적 성질로 인해 유기분자의 구조가 엄청나게 다양하게 된다. 또한 구조에 따라 기능이 달라진다는 점에서 이들 분자는 광범위하게 다양한 기능을 보인다.

탄소골격과 기능기

유기분자의 탄소사슬을 그 분자의 골격이라고 한다. 이 용어는 사람도 골격이 몸의 형태를 이루는 것처럼 유기분자에서도 탄소골격이 형태를 이룬다는 점에서 적절하다. 유기분자의 반응성은 골격에 붙어 있는 기능기에 크게 의존한다(**그림 3.3**). **기능기(functional group)**는 특수한 조합으로 결합된 원자들이다. 이들은 결합하고 있는 탄소골격과 상관없이 언제나 같은 화학적 성질을 가지며, 따라서 언제나 같은 방식으로 반응한다. 오직 기능기만 반응에 참여하기 때문에 흔히 그림 3.3처럼 분자의 나머지 부분은 *R*로 표시하여 공간을 절약한다.

따라서 기능기는 그 유기분자의 화학적 성질을 판단하는 데 도움이 된다. 예를 들어 지방과 단백질 등의 카르복실기(—COOH)를 지닌 유기분자는 극성(친수성)이며 약한 산성이다. 인산기는 DNA와 같은 핵산의 구조 형성에 기여한다. 당은 극성 —OH기가 많이 부착된 탄소골격을 1개 가진다. 따라서 탄화수소는 비극성이고 **소수성(hydrophobic**; 물에 녹지 않음)이지만, —OH기가 여러 개 있는 포도당은 실제로는 **친수성(hydrophilic**; 물에 녹음, 2장 참조)이다. 세포가 주로 물로 이루어져 있기 때문에, 물과 반응하고 물에 녹는 성질은 세포 내에서 유기분자의 기능에 매우 큰 영향을 준다. 또한 기능기를 보면 그 분자가 어떤 유형의 반응을 수행할 것인지를 알 수 있다. 예를 들어 지방은 알코올과 카르복실기를 가진 분자의 상호작용에 의해 형성되며, 단백질은 인접한 아미노산 사이의 아미노기와 카르복실기가 연결되어 형성된다.

개념 연결하기 3.1
탄소와 수소가 생명체 유기분자의 기초를 이룬다.

기능기		
원자단	구조	있는 곳
수산기	*R*—O—H	알코올, 당
카르복실기	*R*—C(=O)—O—H	아미노산, 지방산
아미노기	*R*—N(—H)—H	아미노산, 단백질
설프히드릴기	*R*—S—H	시스테인, 단백질
인산기	*R*—O—P(=O)(—O—H)—O—H	ATP, 핵산
R = 분자의 나머지 부분		

그림 3.3 기능기.

동일한 탄소골격을 가지는 분자라도 결합한 기능기에 따라 달라질 수 있다. 이들 기능기에 따라 그 분자의 화학적 반응성이 결정된다. 분자의 나머지 부분인 탄화수소 사슬은 *R*로 표시하였다.

진도 점검하기 3.1

1. 유기분자일 조건은 무엇이며, 이러한 구별이 왜 중요한지 설명하시오.
2. 탄소 원자가 다양한 분자를 형성할 수 있는 특성을 설명하시오.
3. 기능기가 왜 중요한지 설명하시오.

연관: 건강

유기분자와 유기농산물 사이에는 어떤 연관성이 있을까?

유기분자는 탄소와 수소를 가진 분자이다. 채소와 과일 모두 이들 원소를 함유한 유기물이다. 농업에서 사용하는 유기(*organic*)라는 용어는 재배할 때에 어떤 생산표준이 있음을 의미한다. 보통은 독성물질이 든 살충제나 제초제를 사용하지 않고 최대한 자연 상태에서 재배한 것을 의미한다. 따라서 유기(*organic*)라는 용어는 두 가지 다른 방식으로 사용될 수 있다.

3.2 세포의 생물학적 분자

학습 목표

이 절을 학습한 후에는 다음 과제를 수행할 수 있어야 한다.

1. 탄수화물의 종류를 요약하고, 이들의 다양한 생물학적 기능을 예를 들어 설명하기.
2. 지질의 종류를 요약하고, 이들의 다양한 생물학적 기능을 예를 들어 설명하기.
3. 단백질의 유형을 요약하고, 이들의 다양한 생물학적 기능을 예를 들어 설명하기.
4. 핵산의 두 종류를 요약하고 각각의 생물학적 기능을 설명하기.

유기분자는 매우 다양하지만, 생물학적 분자(biological molecule)는 탄수화물, 지질, 단백질, 핵산의 네 종류로 구분된다. 이들 분자는 탄수화물(**그림 3.4**), 지질(**그림 3.5**), 단백질(**그림 3.6**)이 풍부한 식품을 통해 매우 친숙하다.

그림 3.4 탄수화물 식품.

이들 식품에는 친숙한 탄수화물인 당과 녹말이 들어 있다. 이들 탄수화물이 들어 있는 식품을 많이 섭취하면 2형 당뇨를 비롯한 질병에 걸리기 쉽게 된다. 잡곡이 섞인 식품을 적당히 섭취하면 건강에 유익하며, 규칙적인 배변에 도움이 되는 섬유질을 얻을 수 있다.

그림 3.5 지질 식품.

지방이 풍부한 식품은 비만을 초래할 수 있다. 그러나 일부 지방은 식품을 통해 반드시 섭취해야만 한다. 비계기름, 버터, 낙농제품 등의 동물성 지방 대신 식물성 기름을 섭취하는 것이 좋다. 식물성 기름은 수소를 첨가한 가공식품이 아니라면, 심혈관계 질병에 걸릴 위험을 낮춰준다.

그림 3.6 단백질 식품.

식품에서 섭취해야만 하는 단백질 양이 매우 적다는 것은 놀라운 일이다. 하루에 겨우 170 g만 섭취하여도 필요한 아미노산을 모두 얻을 수 있다. 소고기에는 지방이 많이 들어 있다. 그러나 생선에는 심혈관계 질병의 발병을 낮춰주는 좋은 기름이 들어 있으며, 하루에 달걀을 1개 포함한 식단은 대개 나쁜 영향을 주지 않는다.

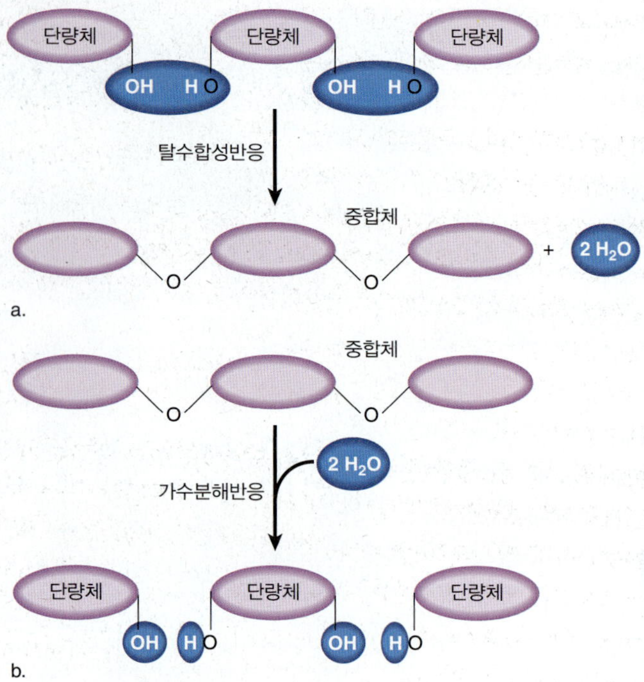

그림 3.7 중합체의 합성과 분해.

a. 세포 안에서 합성과정은 단량체의 탈수합성반응(H_2O 제거)을 통해 수행된다. **b.** 분해과정에서는 중합체의 단량체가 가수분해반응(H_2O 첨가)에 의해 분리된다.

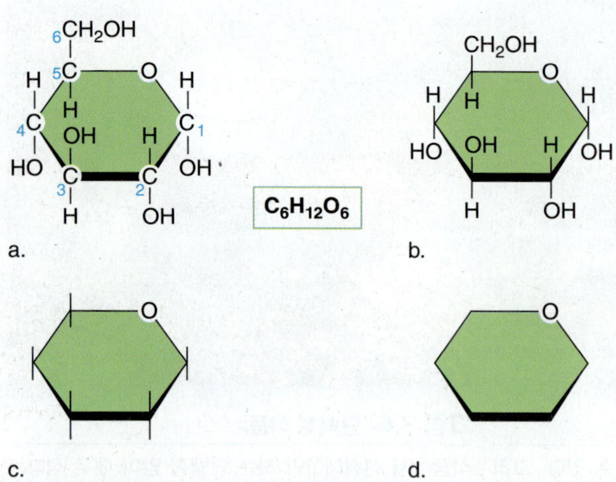

그림 3.8 포도당.

그림의 구조식은 모두 포도당이다. **a.** 탄소골격(탄소원자에 숫자를 표시), 그리고 결합한 모든 원자단을 표시한 것. **b.** 탄소골격을 생략한 것. **c.** 탄소골격과 결합해 있는 원자단을 생략한 것. **d.** 분자의 고리구조만 나타낸 것.

이들 식품이 소화되면 소단위 분자로 쪼개져 흡수된 후 세포를 구성하는 거대분자를 만드는 데 이용된다. 유전자를 구성하는 분자인 핵산이 풍부한 식품도 있다.

세포에 있는 생물학적 분자는 **단량체(monomer)**라고 부르는 같은 종류의 소단위가 많이 모여 구성된다. 많은 단량체가 결합하면 **중합체(polymer)**가 된다. 단백질은 수백 개의 아미노산 단량체로 이루어지며, 핵산은 수백 개의 뉴클레오티드 단량체로 이루어진다. 중합체는 어떻게 하여 그렇게 커질 수 있을까? 열차가 차량을 하나씩 연결하여 길어지는 것과 마찬가지로, 중합체도 단량체가 하나씩 연결되어 길어진다.

세포는 동일한 방식의 반응을 통해 모든 종류의 생물학적 분자를 합성한다. 이 반응은 **탈수합성반응(dehydration synthesis reaction)**이라고 하는데, 반응이 일어날 때에 물 1 분자에 해당하는 —OH(수산기)와 —H(수소원자)가 제거되기 때문이다(**그림 3.7*a***). 생물학적 분자의 분해는 반대 반응을 통해 일어난다. **가수분해(hydrolysis**, *hydro*, water; *lysis*, break)에서는 물 분자에서 온 —OH기가 한 단량체에 결합하고, 역시 물 분자에서 온 —H가 다른 단량체와 결합한다(그림 3.7*b*). 다시 말해, 물이 단량체 사이의 결합을 끊는 데 사용된다.

탄수화물

탄수화물(carbohydrate)은 생명체에서 거의 보편적인 즉시 에너지원으로 쓰인다. 그러나 식물과 균류 등에서는 구조적 역할도 수행한다. 탄수화물은 당(saccharide; sugar)의 단량체이거나 또는 중합체 상태로 존재한다. 탄수화물 중합체를 이루는 전형적인 단량체는 포도당이다. 탄수화물이라는 용어는 단일 당 분자(단당류), 당 분자 2개의 결합체(이당류), 또는 많은 당 분자의 결합체(다당류)를 의미한다.

단당류: 준비된 에너지

단당류(monosaccharide)는 단 1개의 당 분자이기 때문에 단순당(simple sugar)이라고도 한다. 단순당의 탄소골격은 3~7개의 탄소로 이루어진다. 세포와 같은 물속 환경에서 탄수화물은 흔히 고리구조를 형성하며, 이것은 포도당의 구조식을 살펴보면 쉽게 알 수 있다(**그림 3.8**). 단당류, 그리고 일반적인 탄수화물은 극성인 —OH기가 많이 있기 때문에 물에 잘 녹는다.

탄소 원자 6개를 가진 **포도당(glucose)**의 분자식은 $C_6H_{12}O_6$이다. 포도당의 중요한 이성질체인 과당과 갈락토오스도 있지만, 일반적으로 $C_6H_{12}O_6$는 포도당으로 간주된다. 그 이유는 포도당이 생명체의 화학에서 특별한 지위를 차지하고 있기 때문이다. 식물과 세균 등의 광합성 생명체가 햇빛에너지를 이용하여 포도당을 만든다. 포도당은 거의 모든 종류의 생명체가 즉시 이용할 수 있는 에너지원이다. 다시 말해, 포도당은 세포의 에너지-반응에서 중심 역할을 한다.

탄소 원자 5개로 이루어진 **리보오스(ribose)**와 **디옥시리보오스(deoxyribose)**는 각각 핵산인 RNA와 DNA의 구성성분으로서 중요한 의미를 가진다. RNA와 DNA는 뒤에서 논의할 것이다.

이당류: 다양한 사용처

이당류(disaccharide)는 탈수합성반응에 의해 서로 결합한 단당류 2개로 구성된다. 일반적인 이당류로는 맥아당(maltose), 설탕(sucrose), 젖당(lactose) 등이 있다. 맥주는 대개 보리에서 추출한 이당류인 맥아당으로 빚는다. 맥주를 양조하는 과정에서 효모가 맥아당을 포도당 단위체 2개로 분해하여, 발효(*fermentation*) 과정의 에너지원으로 이용한다. 이 때 에틸알코올이 부산물로서 만들어진다(**그림 3.9**). 설탕은 사탕수수와 사탕무에서 얻는 이당류이며, 단맛을 내므로 특히 흥미로운 물질이다. 설탕이 소화되면 단위체인 포도당과 과당으로 분해된다. 과당은 나중에 통상적인 에너지원으로 사용되는 포도당으로 전환된다. 몸이 더 이상의 에너지를 필요로 하지 않을 때에는 포도당이 지방으로 대사될 수 있다. 포도당이 동물세포의 에너지원으로 선택된 반면에, 지방은 에너지를 저장하는 주요 형태이다. 따라서 설탕을 지나치게 섭취하면 체중이 늘게 된다.

젖당은 대개 우유에 있는 이당류이며, 포도당 분자와 갈락토오스 분자가 결합한 것이다. 젖당비내성(lactose intolerance)인 사람은 젖당을 분해하지 못한다. 따라서 젖당이 소화되지 않은 채 장관을 통과하게 되며, 장에서 정상적으로 살고 있는 장내 세균이 이것을 에너지원으로 이용한다. 젖당비내성의 증상으로는 하복부 통증, 복부가스 팽창, 설사 등이 나타난다.

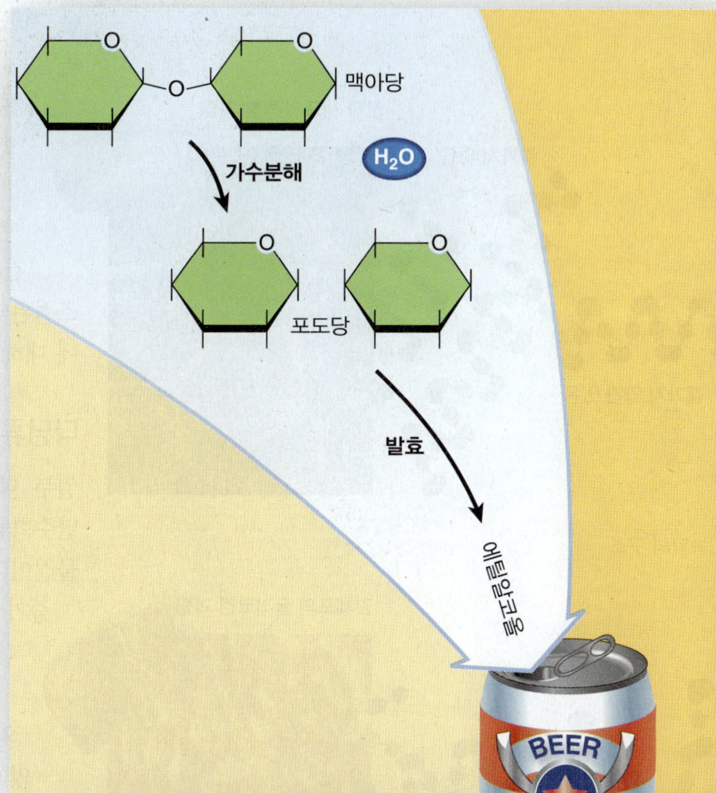

그림 3.9 이당류인 맥아당의 분해.

맥아당은 맥주를 양조할 때 효모의 에너지원으로 사용된다. 효모의 종류에 따라 맥아당이 알코올로 전환되는 양이 달라지기 때문에 효모 균주의 선택이 중요하다.

연관: 건강

고-과당 옥수수시럽은 무엇일까?

콜라 등의 음료수는 고-과당 옥수수시럽을 함유하고 있다. 1980년대에 옥수수시럽 내의 포도당을 단맛이 더 강한 과당으로 전환시키는 상업적 기술이 개발되었다. 영양학자들은 설탕이나 고-과당 옥수수시럽이 많이 들어있는 고도로 가공된 식품을 좋아하지 않으며, 이러한 식품은 "헛(empty)" 칼로리를 제공할 뿐이라고 말한다. 즉, 에너지는 공급하지만 필요한 비타민, 미네랄, 식이섬유 등은 제공하지 않는다는 것이다. 이에 비해 최소한으로 가공한 식품은 포도당, 녹말을 비롯한 많은 종류의 영양 분자를 제공한다.

다당류: 에너지 저장 분자

다당류(polysaccharide)는 단당류의 중합체이다. 일부 다당류는 단기 에너지 저장 분자로 기능하는데, 당보다 훨씬 크고 물에 잘 녹지 않기 때문이다. 다당류는 원형질막을 쉽게 통과하지 못하며 세포 안에 저장된다.

식물은 포도당을 **녹말(starch)** 형태로 저장한다. 감자의 세포에 있는 과립

그림 3.10 녹말과 글리코겐의 구조와 기능.

a. 식물은 녹말 형태로 포도당을 저장한다. 전자현미경 사진은 녹말이 축적된 식물세포이다. 녹말은 포도당의 사슬이며, 곁가지가 있을 수도 있고 없을 수도 있다. **b.** 동물은 글리코겐 형태로 포도당을 저장한다. 전자현미경 사진은 글리코겐이 축적된 간세포의 일부이다. 글리코겐은 포도당의 중합체이며 곁가지가 많이 있다. **c.** 식물 세포벽에 있는 셀룰로오스 섬유는 여러 개의 미세섬유를 가지고 있다. 각각의 미세섬유는 수소결합으로 연결된 많은 포도당 중합체를 가지고 있다.

은 겨울 동안 녹말을 저장하고 봄에 생장 에너지가 필요해질 때 내놓는다. 녹말은 곁가지가 없는 것과 약간 있는 것의 두 종류가 있다(**그림 3.10*a***). 동물은 포도당을 **글리코겐(glycogen)** 형태로 저장하며, 이 분자는 곁가지가 많이 나 있다(그림 3.10*b*). 곁가지를 친 곳은 효소에 의해 쉽게 가수분해될 수 있다. 따라서 곁가지는 다당류가 쉽게 끊어질 수 있도록 한다. 이들 다당류는 나선 형태를 하고 있어서 더욱 밀집될 수 있다.

간세포에 포도당을 저장하고 방출하는 것은 인슐린 등의 호르몬에 의해 조절된다. 이들 호르몬의 종류, 그리고 신체가 포도당 수준을 조절하는 방법에 대해서는 27장에서 자세히 살펴본다.

다당류: 구조 분자

일부 다당류는 세포의 구조 성분으로서 기능한다. **셀룰로오스(cellulose)**는 탄수화물 중 가장 흔하며, 지구상 모든 유기분자 가운데 가장 많이 존재하는 물질이다. 식물 세포벽에는 셀룰로오스가 있으며, 따라서 셀룰로오스는 나무 줄기의 목질부에 풍부하다. 목화의 씨앗은 대부분 셀룰로오스로 이루어진 긴 섬유를 가지고 있다.

셀룰로오스의 포도당 단위체 결합방식은 녹말이나 글리코겐의 경우와 다르다(그림 3.10*c*). 따라서 셀룰로오스 분자는 나선 구조를 이루지 않으며 곁가지도 없다. 긴 포도당 사슬이 수소결합에 의해 평행하게 이어진 구조를 이루어 강력한 미세섬유, 나아가 섬유를 만든다. 섬유들이 그물처럼 얽혀 식물 세포벽이 더욱 강하게 된다.

동물의 소화액은 셀룰로오스를 가수분해하지 못하지만, 일부 미생물은 분해할 수 있다. 소를 비롯한 반추동물은 내부 주머니를 가지고 있으며, 이곳에서 미생물이 셀룰로오스를 포도당으로 분해한다. 사람의 경우 셀룰로오스는 규칙적인 배변을 돕는 식이섬유로서 작용하여 소화계를 건강하게 유지한다.

키틴(chitin)은 포도당의 중합체이지만, 포도당 단위체마다 아미노기(—NH_2)가 결합해 있다. 유기분자에 결합된 기능기에 의해 그 분자의 성질이 결정되기 때문에, 포도당 분자의 결합방식이 매우 비슷하더라도 키틴은 셀룰로오스 등의 다른 포도당 중합체와 화학적으로 다른 성질을 가진다. 키틴은 동물과 균류를 포함한 다양한 생명체에서 볼 수

연관: 건강

수용성 식이섬유와 불용성 식이섬유의 차이는 무엇일까?

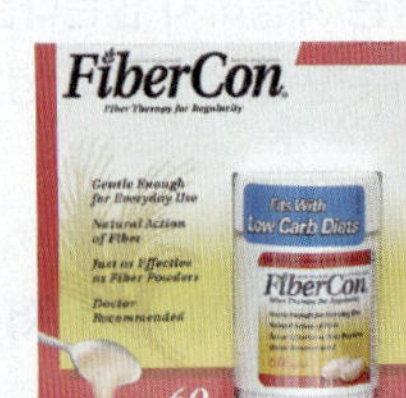

식이섬유는 주로 소화되지 않은 채 소화관을 통과하는 탄수화물로 이루어져 있다. 대부분의 식이섬유는 식물의 구조 탄수화물에서 유래하며, 셀룰로오스, 펙틴, 리그닌 등이 있다. 식이섬유는 에너지를 얻거나 세포성분을 만드는 데 직접 이용되지 않으므로 영양물질은 아니지만, 식품의 매우 중요한 구성성분이다. 식이섬유는 장 내에 있는 물질 양을 부풀려 결장의 기능을 정상으로 유지할 뿐만 아니라 식품에 있는 콜레스테롤 등의 다양한 해로운 물질을 흡착하여 배출되도록 한다. 수용성 식이섬유는 콜레스테롤을 흡착하며 과일과 낟알에 풍부하다. 불용성 식이섬유는 변의 양을 풍부하게 해주며, 겨, 견과류, 씨앗, 통밀 식품에 풍부하다.

있으며, 곤충과 게, 가재 등의 외골격을 이룬다. 키틴은 셀룰로오스와 마찬가지로 사람이 소화시킬 수 없지만, 여러 모로 유용하다. 씨앗은 키틴으로 덮여 있어서 토양 균류로부터 보호된다. 또한 키틴은 항균과 항바이러스 성질을 가지므로 상처의 드레싱과 봉합재료 등의 의약품으로 이용되며, 그 밖에도 화장품과 식품에 널리 이용된다.

지질

지질(lipid)로 분류되는 분자는 매우 다양하지만, 모두 물에 녹지 않는다는 한 가지 특성을 공통으로 가진다. 기름과 물은 섞이지 않는다. 예를 들어 샐러드드레싱에는 식물성 기름이 풍부하다. 흔들어 섞은 뒤에도 식물성 기름은 물과 분리된다. 이러한 현상은 지질이 긴 비극성 탄화수소 사슬을 가지며 친수성 기능기가 거의 없기 때문에 나타난다.

지질은 매우 다양하며 구조와 기능도 다양하다. **지방(fat**; 베이컨의 지방, 비계기름, 버터 등)과 **기름(oil**; 옥수수기름, 올리브기름, 코코넛기름 등)은 잘 알려진 지질이다. 일반적으로 지방은 실온에서 고형이며, 기름은 액상이다. 동물에 있어서 지방은 단열과 장기-에너지 저장에 이용된다. 해양 포유동물은 극 지역 바닷물의 차가움을 단열하고, 우리는 내부 장기를 보호하는 용도로 지질을 사용한다. 식물은 장기-에너지 저장 용도로 지방 대신에 기름을 이용한다. 동물의 기름샘에서 분비되는 지방은 피부와 털, 깃털 등의 방수 역할을 한다.

지방과 기름: 장기-에너지 저장

지방과 기름은 두 종류의 소단위 분자(글리세롤과 지방산)로 구성된다(그림 3.11). **글리세롤(glycerol)**은 —OH기가 3개 있는 화합물이다. —OH기는 극성이며, 따라서 글리세롤은 물에 녹는다. **지방산(fatty acid)**은 오직 수소하고만 결합한 긴 탄소 사슬이며, 한쪽 끝에는 카르복실기(—COOH)가 붙어 있다. 글리세롤의 —OH기 각각에 지방산의 카르복실기가 결합하여 지방이나

연관: 건강

오메가-3 지방산은 무엇인가?

모든 지방이 나쁜 것은 아니다. 실제에 있어서 일부 지방은 우리 건강에 필수적이다. 불포화지방산의 특별한 종류인 오메가-3 지방산은 발달과정에 중요한 필수 영양성분이다. 오메가-3(n-3 지방산이라고도 함)이라는 명칭은 탄소사슬에 있는 이중결합의 위치에서 비롯된 것이다. 세 종류의 중요한 오메가-3 지방산은 linolenic acid(ALA), docosahexaenoic acid(DHA), eicosapentaenoic acid(EPA)이다. 오메가-3 지방산은 뇌에 있는 지방산의 주요 성분이며, 청소년기 발달과정에 중요하다고 알려져 있다. 이들 지방산이 풍부한 식품은 심혈관계 질환을 방지해주며, 그 밖의 효능에 대한 연구가 진행되고 있다. DHA는 알츠하이머병의 발병 위험을 감소시킬 수 있다. DHA와 EPA는 체내에서 ALA로부터 소량 만들어질 수 있다. 오메가-3 지방산은 연어나 정어리 등의 한류성 물고기에 가장 풍부하다. 식물에서는 아마씨기름에 오메가-3 지방산이 가장 풍부하다.

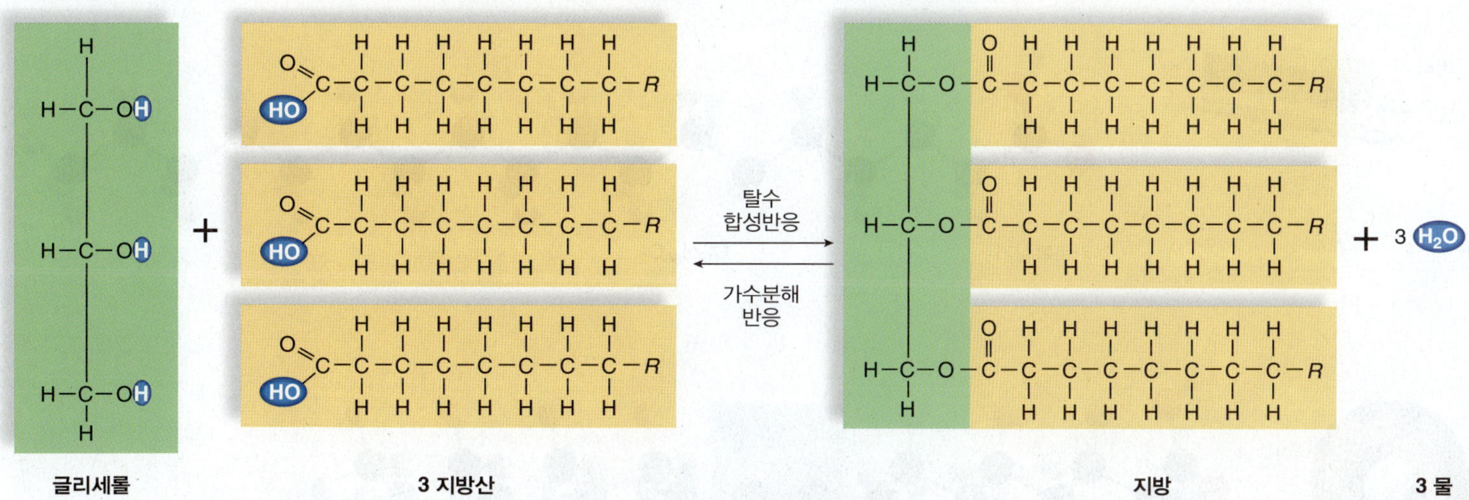

그림 3.11 지방의 합성과 분해.

탈수합성반응에 의해 글리세롤이 지방산 3 분자와 결합하며, 물이 빠져나온다. 가수분해반응에서 물이 추가되면 이 결합이 끊어진다. *R*은 분자의 나머지 부분을 의미하며, 이 경우는 탄소 16개 또는 18개로 이루어진 탄화수소 사슬의 표시되지 않은 나머지 부위이다.

거름이 만들어진다. 지방 1분자가 형성될 때 3분자의 물이 빠져나오므로, 이 반응은 탈수합성반응이다. 지방과 기름은 가수분해반응에 의해 분해된다(**그림 3.12**). 글리세롤 1분자에 긴 지방산 3개가 결합하므로 지방과 기름을 **트리글리세리드(triglyceride)**라고 부른다. 이 구조는 한 분자에 에너지를 많이 저장할 수 있다. 따라서 지방과 기름이 주요 장기-에너지 저장 분자인 것은 이치에 맞는다.

지방산은 지방과 기름의 주요 구성성분이다. 지방산은 대개 분자마다 16 또는 18개의 탄소 원자를 가지며, 이보다 적거나 많은 것도 있다. 지방산은 포화되어 있거나 불포화되어 있다(그림 3.12). **불포화지방산(unsaturated fatty acid)**은 2개 미만의 수소와 결합한 탄소 원자들 사이에서 형성된 이중결합을 가진다(그림 3.12*a*). **포화지방산(fatty acid)**은 탄소 원자 사이에 이중결합이 없다(그림 3.12*b*). 즉, 탄소사슬에 결합할 수 있는 최대한의 수소가 결합하고 있어서 포화된 것이다. 지방산은 포화 여부에 따라 화학적, 물리적 성질이 달라진다.

일반적으로 기름은 불포화지방산을 가지므로 실온에서 액체 상태이다. 그림 3.12*a*에서 이중결합으로 인하여 지방산 사슬이 구부러진 것을 볼 수 있다. 이로 인해서 탄화수소 사슬이 촘촘하게 밀집되지 않고, 따라서 기름의 유동성이 높아진다. 이에 비해 포화지방산이 대부분인 버터는 실온에서 고체 상태이다. 포화지방산은 구부러진 부위가 없으므로 밀집될 수 있다(그림 3.12*b*).

트랜스지방(trans fat)은 지방산에 부분적으로 수소를 첨가함으로써 더욱 포화시켜 고형화한 것이다(그림 3.12*c*). 트랜스지방은 특히 마가린, 굽거나 튀긴 음식 등의 가공식품에 많이 포함되어 있다. 포화지방과 트랜스지방은 혈액 내에서 엉겨 붙어 플라크를 형성한다. 혈관에 플라크가 쌓이면 죽상동맥경화증이 초래되며, 이로 인해 고혈압과 심장마비가 나타난다. 불포화기름은 단일불포화(1개의 이중결합)든 다중불포화(여러 개의 이중결합)든 혈액 내에서 잘 엉기지 않으므로 죽상동맥경화증을 예방한다고 알려져 있다. 이러한 건강에 좋은 기름은 올리브기름, 카놀라기름, 등푸른생선 등에 풍부하다.

그림 3.12 지방산.

지방산은 긴 탄화수소 사슬에 카르복실기가 1개 붙어 있다. **a.** 사슬에 있는 이웃한 탄소 원자 사이에 이중결합이 1개 있다면 단일불포화지방산이다. **b.** 이중결합이 없다면 포화지방산이다. 포화지방산이 많은 식품은 심장과 혈관에 질병을 일으킬 수 있다. **c.** 기름에 수소를 첨가하는 공정은 늘 완전하게 이루어지지 않는다. 더욱이 일부 이중결합에 결합한 수소들이 트랜스 입체구조를 이루기도 한다. 이 경우 트랜스지방이라고 하며, 심혈관질환을 일으킬 수 있다.

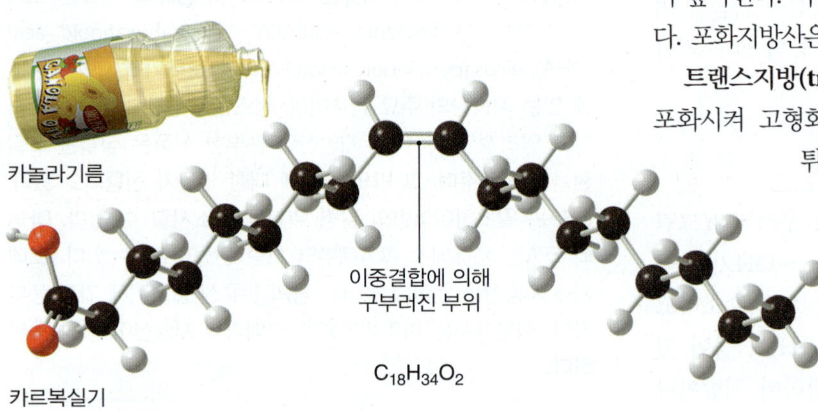

a.

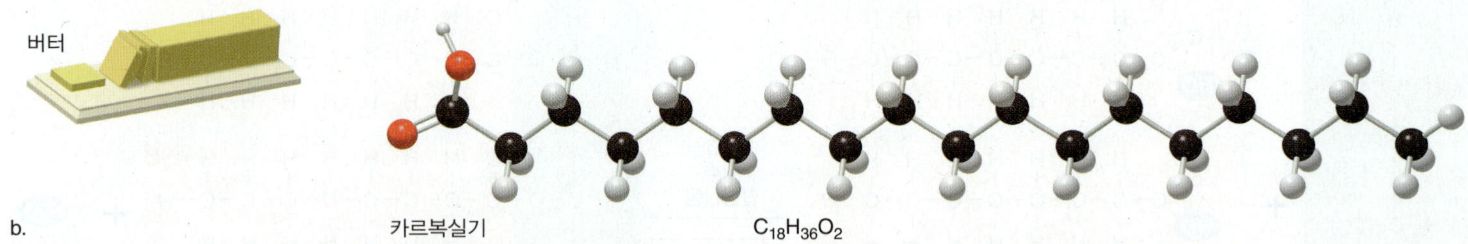

b.

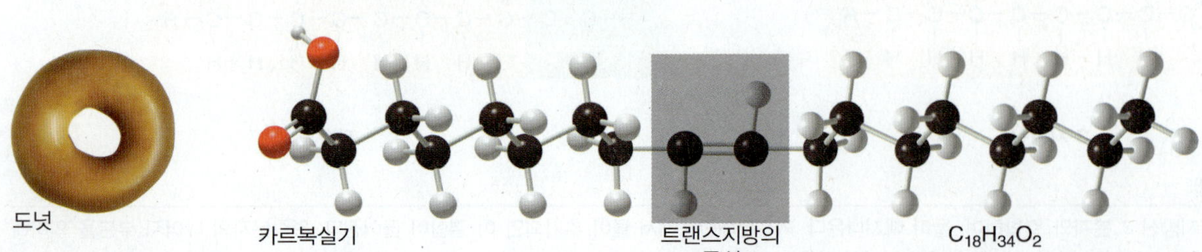

c.

인지질: 막의 구성성분

인지질(phospholipid)은 인산기를 가지고 있다. 인지질은 글리세롤과 결합하는 세번째 지방산 위치에 전하를 지닌 인산기가 결합한 것만 제외하고는 본질적으로 트리글리세리드와 같다. 인산기는 대개 **그림 3.13*a***에서 *R*로 표시한 다른 극성 기능기와 결합하고 있다. 따라서 분자의 한쪽 말단은 친수성이 되어 물에 녹는다. 이 부위를 극성 머리라고 한다. 지방산의 탄화수소 사슬은 비극성 꼬리라고 하며, 소수성이므로 물에 녹지 않는다.

인지질은 친수성(극성) 머리와 소수성(비극성) 꼬리를 모두 가지고 있기 때문에, 오직 극성 머리 부분만 물과 접하고 비극성 꼬리는 물에서 떨어져 안쪽으로 모여 있는 배열을 이루게 된다. 세포 내외에 있는 물의 두 구획 사이에서 인지질이 이중층을 이루는데, 친수성 머리는 외부를 향하고 소수성 꼬리는 내부를 향한다. 세포를 감싸고 있는 인지질 이중층은 상당한 유동성을 나타내며, 이것은 세포의 다른 모든 막도 마찬가지이다(그림 3.13*b*). 원형질막은 세포의 구조와 기능에 필수적이며, 따라서 인지질은 생명체에게 매우 중요하다.

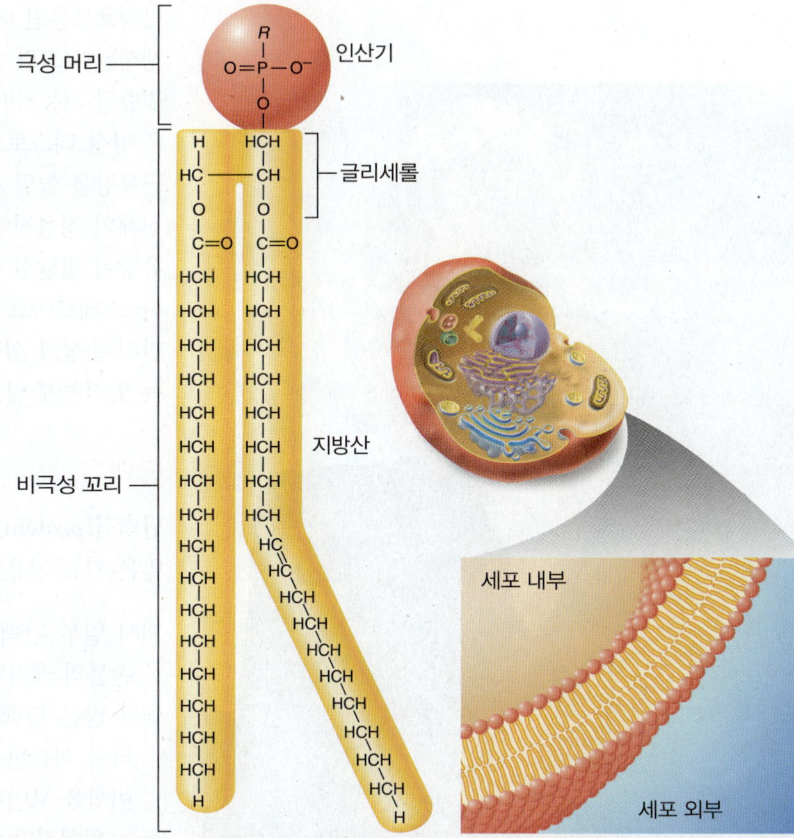

a. 인지질의 구조 b. 세포의 원형질막

그림 3.13 막에 있는 인지질.

a. 인지질은 지방과 구조가 동일하지만, 세번째 지방산 위치에 전하를 지닌 인산기가 결합한 것만 다르다. 친수성(극성) 머리 부위는 물에 녹지만, 2개의 소수성(비극성) 꼬리 부위는 녹지 않는다. **b.** 이로 인해 인지질 분자는 원형질막에서 이중층으로 배열된다.

스테로이드: 융합된 4개의 고리

스테로이드(steroid)는 융합된 4개의 고리로 이루어진 독특한 탄소골격을 가지고 있다(**그림 3.14**). 다른 지질과는 달리 스테로이드에는 지방산이 없지만, 물에 녹지 않는다는 점에서 유사하다. 스테로이드도 매우 다양하며, 주로 탄소골격에 결합된 기능기의 종류에 따라 구분한다.

콜레스테롤(cholesterol, 그림 3.14*a*)은 동물세포 원형질막의 한 성분이며, 성호르몬인 테스토스테론과 에스트로겐 등 다른 스테로이드의 전구물질이다.

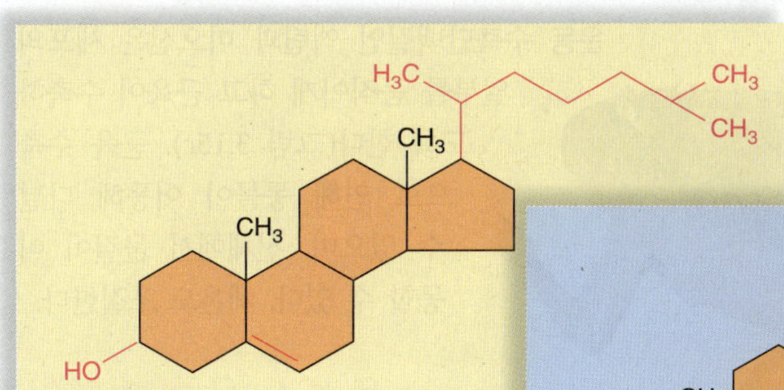
a. 콜레스테롤

b. 테스토스테론

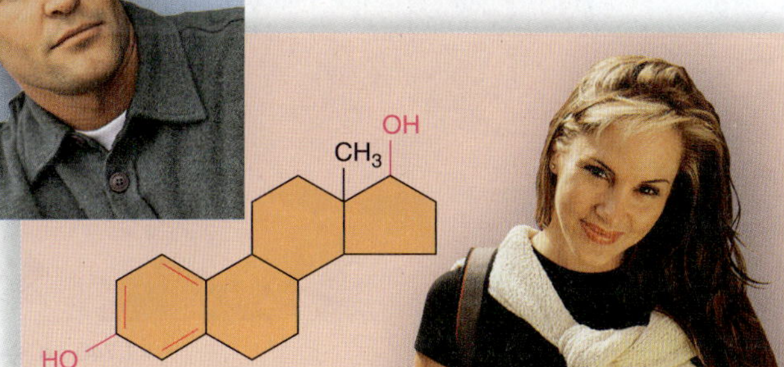
c. 에스트로겐

그림 3.14 스테로이드의 다양성.

a. 모든 스테로이드는 원형질막의 중요한 구성성분인 콜레스테롤에서 유래된다. 콜레스테롤과 스테로이드는 모두 이어진 4개의 고리를 가지고 있지만, 신체에 대한 영향력은 대개 빨간색으로 표시한 기능기에 따라 달라진다. 테스토스테론(**b**)과 에스트로겐(**c**)은 탄소골격이 동일하지만 기능기가 다르기 때문에 신체에 대한 영향력이 다르게 나타난다.

남성호르몬인 테스토스테론은 정소에서, 여성호르몬인 에스트로겐은 난소에서 생성된다(그림 3.14*b*,*c*). 테스토스테론과 에스트로겐은 탄소골격은 동일하고 결합된 기능기만 다를 뿐이지만, 성별을 비롯하여 신체에 큰 영향을 끼친다.

합성 테스토스테론인 단백질동화스테로이드(anabolic steroid)를 이용하면 근육량을 늘릴 수 있다. 그러나 그 결과는 대개 불행하다. 스테로이드로 인해 신체의 정상적인 호르몬 균형이 무너진다. 즉, 남성의 경우 정소가 위축되고 유방이 발달할 수 있다. 여성의 경우는 수염이 나거나 머리털이 빠질 수 있다. 스테로이드 복용이 운동선수에게 부정한 이득을 주고, 나아가 심장, 신장, 간의 손상과 심리적 혼란 등을 초래하여 건강을 해치기 때문에 프로경기단체는 엄격하게 금지하고 있다.

단백질

단백질(protein)은 세포의 구조와 기능에 있어서 매우 중요하다. 단백질의 많은 기능 가운데 일부는 다음과 같다.

지지 일부 단백질은 구조 단백질이다. 예로는 거미줄의 단백질, 머리카락과 손톱의 케라틴, 피부와 인대, 건을 지지하는 콜라겐 등이 있다(**그림 3.15*a***).

대사 많은 단백질은 **효소(enzyme)**이다. 반응물을 한데 모아 촉매로서 작용하여 화학반응 속도가 빨라지도록 한다. 효소는 특정한 유형의 반응에 특이성을 보이며, 체온 조건에서 기능을 나타낸다.

수송 원형질막에 있는 통로단백질과 수송단백질은 물질이 세포를 드나들도록 한다. 혈액에서 분자를 수송하는 단백질도 있다. 적혈구의 **헤모글로빈(hemoglobin)**은 산소를 수송하는 복합 단백질이다(그림 3.15*b*).

방어 항체라고 부르는 일부 단백질은 병원체와 결합함으로써 세포가 파괴되어 질병이나 장애가 나타나지 않도록 방어한다.

조절 호르몬은 조절단백질이다. 세포의 대사과정에 영향을 주는 세포 사이 전령 역할을 한다. 인슐린은 혈액의 포도당 농도를 조절하며, 사람 성장호르몬은 키에 영향을 준다.

운동 수축단백질인 액틴과 미오신은 세포의 일부를 움직이게 하고 근육이 수축하도록 한다(그림 3.15*c*). 근육 수축으로 인해 동물이 이동해 다닐 수 있으며, 신체에서 물질이 이동할 수 있다. 체온도 조절한다.

a. 구조단백질

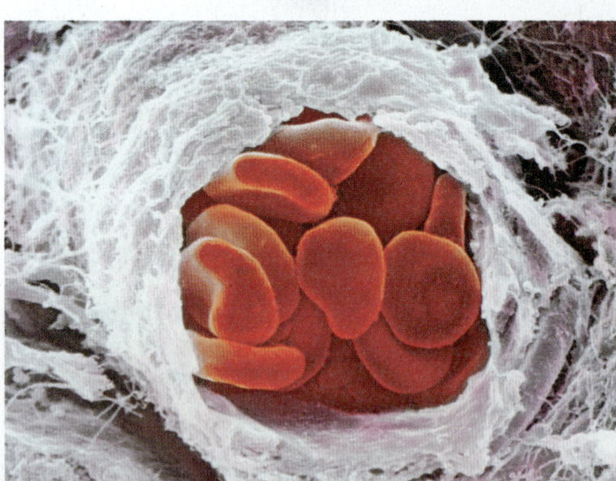

b. 수송단백질 ×1,740

c. 수축단백질

그림 3.15 단백질의 종류.

a. 머리카락과 손톱, 거미집의 단백질(케라틴)은 콜라겐과 마찬가지로 구조단백질이다. **b.** 적혈구의 주요 단백질인 헤모글로빈은 산소를 운반한다. **c.** 수축단백질인 액틴과 미오신은 근육이 움직이도록 한다.

세포의 구조와 기능은 세포 내 단백질의 종류에 따라 달라진다. 근육세포에는 액틴과 미오신이 있고, 적혈구에는 헤모글로빈이 있으며, 지지세포는 콜라겐을 만들어 분비한다. 단백질을 에너지 분자로 보기도 하지만, 7장에서 세포의 에너지원으로는 잘 쓰이지 않는다는 사실을 살펴볼 것이다.

아미노산: 단백질의 소단위

단백질은 중합체이며, 그 단량체는 **아미노산(amino acid)**이라고 한다. 아미노산은 중앙 탄소 원자가 수소 원자 1개, 두 종류의 기능기, 그리고 1개의 곁사슬(*R*로 표시함)과 결합한 독특한 탄소골격을 가진다(**그림 3.16***a*). 두 기능기 가운데 하나는 $—NH_2$(아미노기)이고 다른 하나는 —COOH(산성기, 40쪽 참조)이기 때문에 아미노산이라고 부른다.

아미노산은 20종류가 있으며, *R* 원자단에 따라 달라진다. *R* 원자단은 수소 원자 1개부터 복잡한 고리구조까지 다양하다. 아미노산의 고유한 화학적 성질은 *R* 원자단의 성질에 의존한다. 예를 들어 *R* 원자단의 일부는 극성이며, 일부는 전하를 지니고, 일부는 소수성이다. 또한 시스테인은 말단에 설프히드릴기(—SH)가 있는 *R* 원자단이 있어서, 이황화결합(—S—S—)을 통해 다른 아미노산 사슬과 연결될 수도 있다. 그림 3.16*b*는 대부분의 세포에 존재하는 아미노산 네 종류의 구조이다.

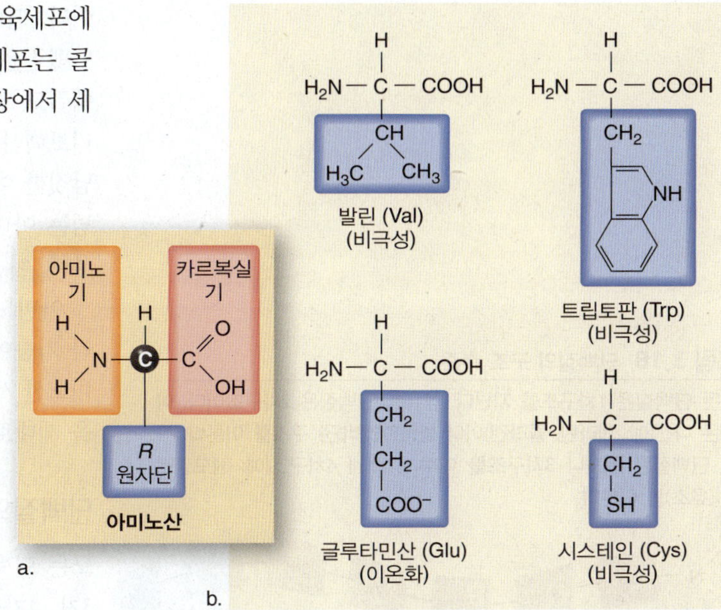

그림 3.16 아미노산.

a. 아미노산의 구조. **b.** 단백질은 20종류의 아미노산이 배열된 것이다. 그 가운데 네 가지의 구조를 보였다. 아미노산은 중앙 탄소와 결합한 *R* 원자단(파란색)에 따라 달라진다. 일부 *R* 원자단은 비극성이며 소수성이고, 일부는 극성이며 친수성이고, 일부는 이온화되고 친수성이다.

펩티드

그림 3.17은 아미노산 2개가 카르복실기와 아미노기 사이의 탈수합성반응에 의해 연결되는 방법이다. 그 결과로 만들어진 두 아미노산 사이의 공유결합을 **펩티드결합(peptide bond)**이라고 한다. 펩티드결합을 이룬 원자들은 전자를 불균등하게 공유하는데, 질소보다 산소의 전기음성도가 높기 때문이다.

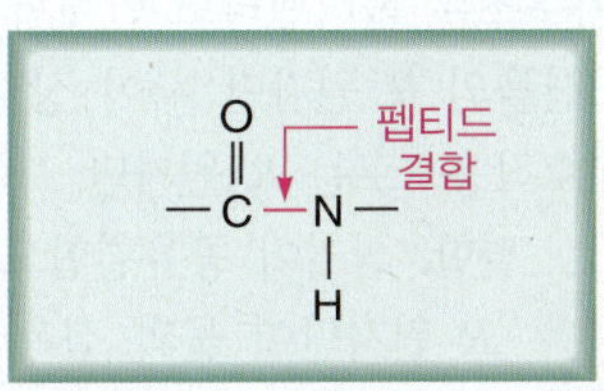

따라서 펩티드결합은 극성이며, 폴리펩티드에 있는 한 아미노산의 C=O와 다른 아미노산의 N—H 사이에서 수소결합이 형성될 수 있다.

펩티드(peptide)는 2개 이상의 아미노산이 공유결합을 이룬 것이며, **폴리펩티드(polypeptide)**는 수많은 아미노산이 펩티드결합을 통해 연결된 사슬

연관: 과학적 탐구

파마(perm)와 릴랙서(relaxer)는 어떤 방식으로 머리카락에 작용하는 것일까?

(역주: perm은 머리카락을 말아 곱슬거리게 하고, relaxer는 이것을 풀어내는 약품이다.)

단백질로 이루어진 머리카락은 화학적으로 곱슬거리게 하거나 곧게 펴지도록 할 수 있다. 파마는 아미노산 사이에서 이황화결합을 이루는 기능기 사이의 결합을 끊은 후 다시 형성하도록 하는 물질을 함유하고 있어서 나선형으로 말리게 한다. 릴랙서는 이황화결합 부위를 끊어서 단백질이 펼쳐지게 한다. 이들의 효과는 모두 영구적이지 않다. 그 이유는 머리카락을 만드는 단백질의 원래 형태를 조절하는 유전자 자체는 변형되지 않기 때문이다.

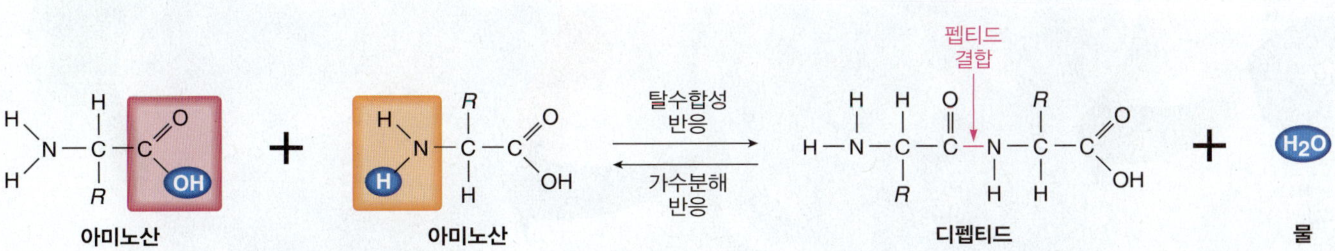

그림 3.17 펩티드의 합성과 분해.

탈수합성반응에 의해 두 아미노산이 펩티드결합으로 연결되며, 이때 물이 빠져나온다. 이 결합은 가수분해반응에 의해 끊어진다.

이다. 단백질은 복잡한 형태로 접혀진 폴리펩티드 사슬이다(다음 절 참조). 단백질은 하나 또는 그 이상의 폴리펩티드로 이루어질 수 있다. 일부 작은 단백질도 있지만, 매우 많은 아미노산으로 구성된 큰 단백질도 있다. 예를 들어 리보핵산분해효소(ribonuclease)는 RNA를 분해하는 작은 단백질이며, 100개 남짓한 아미노산으로 이루어진다. 그렇지만 티틴(titin) 단백질은 33,000개가 넘는 아미노산으로 이루어진 큰 단백질이다. 티틴은 근육 구조의 내부를 이루며, 이것이 없으면 근육이 정상적으로 기능하지 못한다.

아미노산 서열에 의해 단백질의 최종 3차원적 형태가 결정되며, 이에 따라 기능이 결정된다. 각 폴리펩티드는 자신만의 정상적인 서열을 가진다. 아미노산 서열이 비정상적인 단백질은 흔히 잘못된 형태를 이루기 때문에 기능을 제대로 수행하지 못한다.

그림 3.18 단백질의 구조 수준.

모든 단백질은 1차구조를 지닌다. 섬유성 단백질은 2차구조이다. 이들은 나선(예: 케라틴, 콜라겐)이나 병풍(예: 비단) 구조를 이룬다. 구형 단백질은 언제나 3차구조를 이루며, 대개 4차구조(예: 헤모글로빈, 효소)를 이룬다.

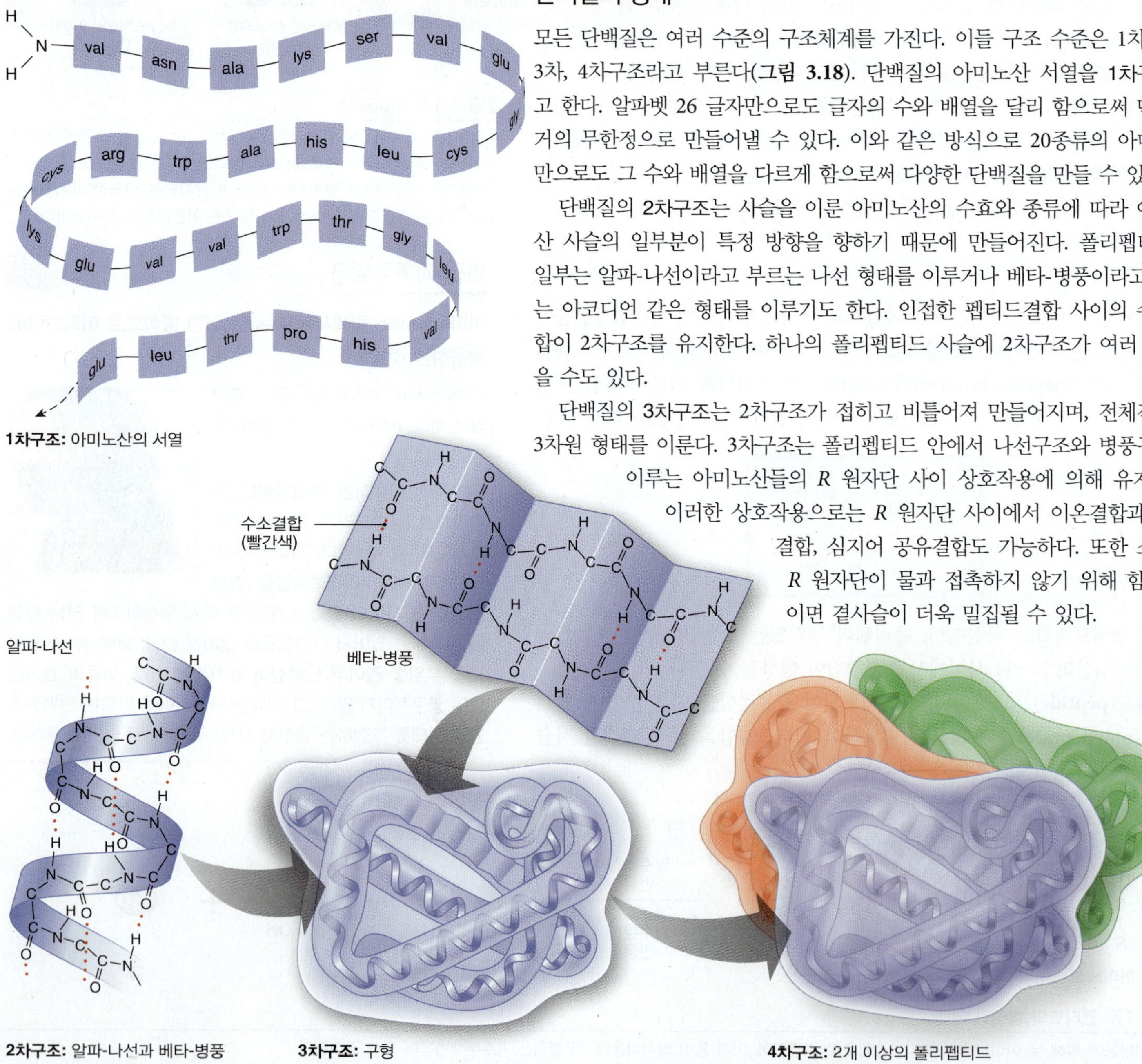

단백질의 형태

모든 단백질은 여러 수준의 구조체계를 가진다. 이들 구조 수준은 1차, 2차, 3차, 4차구조라고 부른다(**그림 3.18**). 단백질의 아미노산 서열을 **1차구조**라고 한다. 알파벳 26 글자만으로도 글자의 수와 배열을 달리 함으로써 단어를 거의 무한정으로 만들어낼 수 있다. 이와 같은 방식으로 20종류의 아미노산만으로도 그 수와 배열을 다르게 함으로써 다양한 단백질을 만들 수 있다.

단백질의 **2차구조**는 사슬을 이룬 아미노산의 수효와 종류에 따라 아미노산 사슬의 일부분이 특정 방향을 향하기 때문에 만들어진다. 폴리펩티드의 일부는 알파-나선이라고 부르는 나선 형태를 이루거나 베타-병풍이라고 부르는 아코디언 같은 형태를 이루기도 한다. 인접한 펩티드결합 사이의 수소결합이 2차구조를 유지한다. 하나의 폴리펩티드 사슬에 2차구조가 여러 개 있을 수도 있다.

단백질의 **3차구조**는 2차구조가 접히고 비틀어져 만들어지며, 전체적으로 3차원 형태를 이룬다. 3차구조는 폴리펩티드 안에서 나선구조와 병풍구조를 이루는 아미노산들의 *R* 원자단 사이 상호작용에 의해 유지된다. 이러한 상호작용으로는 *R* 원자단 사이에서 이온결합과 수소결합, 심지어 공유결합도 가능하다. 또한 소수성 *R* 원자단이 물과 접촉하지 않기 위해 함께 모이면 곁사슬이 더욱 밀집될 수 있다.

단백질의 기능은 3차구조에 의해 결정되며, 이러한 구조는 pH와 온도 등의 환경조건에 의해 영향을 받는다. 산과 염기는 *R* 원자단 사이의 상호작용을 교란하여 단백질 구조에 영향을 준다. 마찬가지로 온도가 높아지면 효소가 형태를 잃게 된다. 예를 들어 달걀을 프라이하면 3차구조가 변형되어 알부민 단백질이 고형으로 되고 색이 변한다. 즉, 단백질이 **변성(denatured)**되어 그 기능을 잃는다.

헤모글로빈과 인슐린 등의 일부 단백질은 2개 이상의 폴리펩티드 사슬로 구성되어 4차구조를 이룬다. 이들 단백질을 이루는 폴리펩티드 사슬 각각은 자신의 1차, 2차, 3차구조를 가진다. 각 폴리펩티드 사슬이 어떻게 상호작용을 하는가에 따라 4차구조가 결정된다. 4차구조 역시 단백질의 기능에 영향을 준다. 헤모글로빈은 4차구조가 무너지면 더 이상 산소를 운반하지 못한다.

단백질의 전체 형태는 섬유성 또는 구형으로 분류할 수 있다. 섬유성 단백질(fibrous protein)은 막대 모양의 구조이다. 머리카락, 손톱, 뿔, 파충류의 비늘, 깃털에 있는 섬유성 단백질인 케라틴(*keratin*)에는 나선 부위가 많이 존재한다. 피부, 건, 인대, 연골, 뼈의 형태를 이루는 단백질인 콜라겐(*collagen*) 역시 나선 부위가 많으며 막대 모양이다. 이처럼 섬유성 단백질은 대개 구조적 역할을 수행한다. 구형 단백질(globular protein)은 둥글거나 불규칙한 3차원의 3차구조 형태를 보인다. 헤모글로빈과 마찬가지로 효소도 구형 단백질이다.

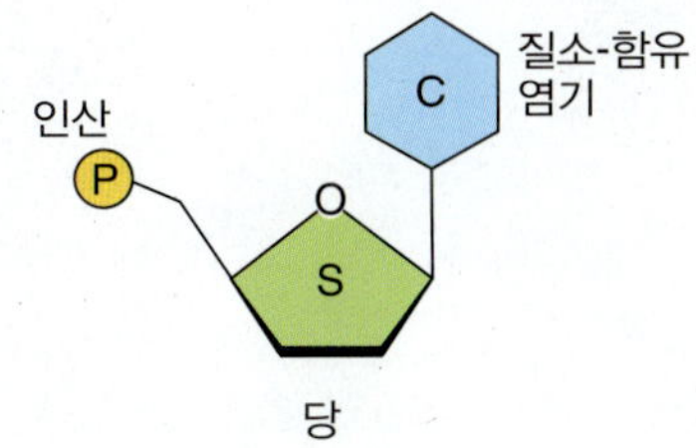

a. 뉴클레오티드

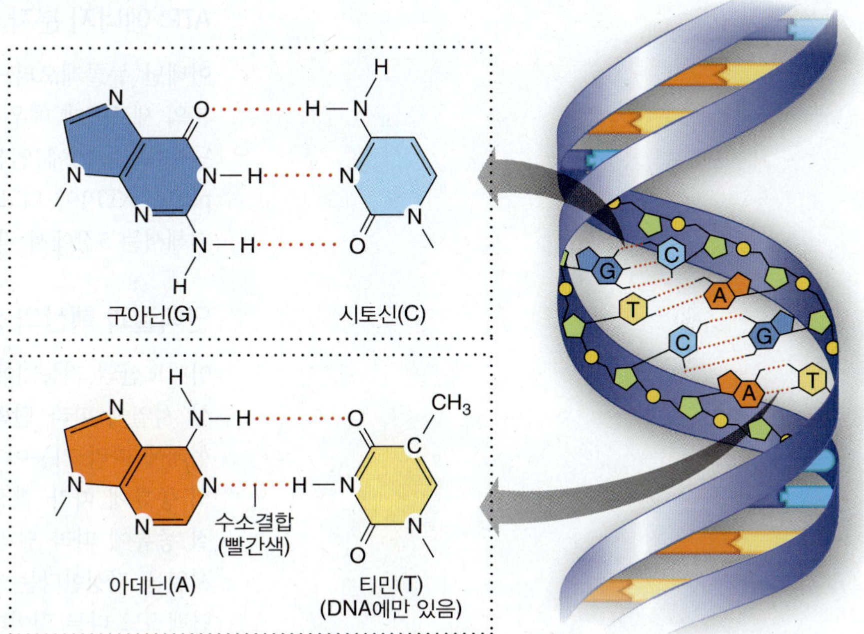

b. DNA의 구조: G와 C, A와 T 사이에서 염기쌍을 이룬다.

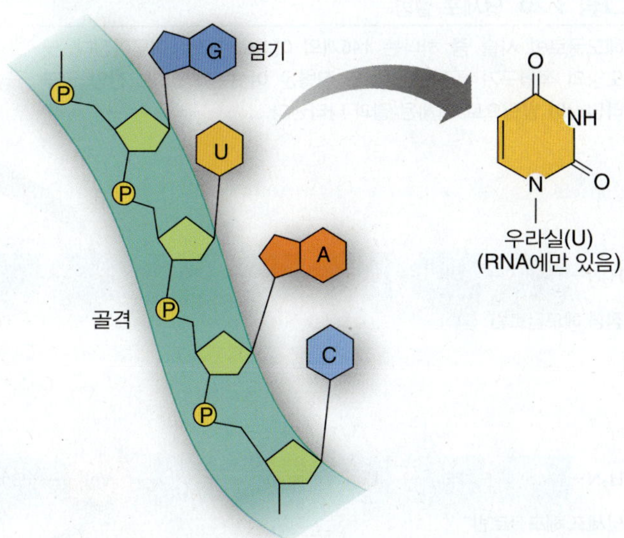

c. RNA의 구조: G, U, A, C 염기를 가진다.

그림 3.19 DNA와 RNA의 구조.

a. 뉴클레오티드의 구조. **b.** DNA의 구조와 염기. **c.** RNA의 구조. 티민 대신 우라실을 이용한다.

핵산

DNA(*deoxyribonucleic acid*)와 **RNA(*ribonucleic acid*)**는 세포의 **핵산(nucleic acid)**이다. 초기 연구자들이 핵산이라고 명명한 것은 이들이 핵 안에서 최초로 발견되었기 때문이다. DNA는 유전정보를 담고 있다. DNA 분자에는 많은 유전자가 있으며, 이들 유전자가 단백질의 아미노산 서열을 지정한다. RNA는 DNA를 전사하고 번역하는 단백질 합성과정을 돕는 분자이다.

핵산은 **뉴클레오티드(nucleotide)**라고 부르는 단량체로 이루어진 중합체이다. DNA와 RNA 모두에서 뉴클레오티드는 인산, 5-탄소 당, 질소-함유 염기의 세 부분으로 이루어진다(**그림 3.19*a***). 인산은 $—PO_4^-$ 기능기이다. 당은 DNA에서는 디옥시리보오스이고 RNA에서는 리보오스이며, 여기에서 두 분자의 명칭이 유래하였다. 각 뉴클레오티드의 염기는 아데닌(adenine, A), 구아닌(guanine, G), 시토신(cytosine, C), 티민(thymin, T) 중의 하나이다.

DNA는 두 가닥이 서로 나선형으로 감긴 이중나선이다(그림 3.19*b*). 각 가닥의 골격은 당과 인산의 결합으로 이루어지며, 염기가 안쪽으로 튀어나와 있다. 흥미로운 점은 구아닌(G)은 언제나 시토신(C)과, 아데닌(A)은 언제나 티민(T)과 짝을 이룬다는 것이다. 이러한 짝짓기를 상보적 염기쌍(*complementary base pairing*)이라고 한다. 상보적 염기쌍은 두 가닥을 결합시키며, 복제 과정에서 DNA가 자신의 복제물을 만들 때 매우 중요하다.

RNA는 5-탄당의 종류도 다르고, 티민(T) 대신 우라실(uracil, U)을 이용한다는 점에서 DNA와 차이를 보인다. 또한 DNA는 이중가닥이지만, RNA

는 단일가닥이다(그림 3.19*c*). DNA의 유전정보는 상보적 염기쌍에 의해 RNA로 전달될 수 있다. 정보는 염기서열에 저장된다. DNA는 코돈(codon)이라고 부르는 3자암호를 가지며, 염기 3개마다 20종의 아미노산 가운데 하나를 지정한다. 유전자의 염기서열을 안다면, 폴리펩티드 내의 아미노산 서열도 알 수 있다. 인간게놈프로젝트가 마무리됨에 따라 이제 34억 개의 뉴클레오티드로 이루어진 약 25,000개의 사람 유전자가 모두 밝혀졌다. 이 정보를 이용하여 진화과정 탐구나 많은 질병 치료법 개발에 필요한 중요한 통찰력을 얻을 수 있다.

ATP: 에너지 분자

아데닌 뉴클레오티드에서 파생된 분자는 핵산의 소단위이기도 하지만 대부분의 세포에게 매우 중요한 대사기능을 수행한다. 아데노신(adenosine, 아데닌+리보오스)에 인산기 3개가 추가되면 아데노신3인산(adenosine triphosphate, ATP)이 되고, 세포에서 에너지를 운반하는 역할을 수행한다. ATP에 대해서는 5장에서 자세하게 논의한다.

단백질과 핵산의 상관관계

아미노산의 기능기에 따라 단백질의 행동이 결정되고, 폴리펩티드의 아미노산 서열에 따라 단백질의 형태가 결정된다는 사실을 공부하였다. 단백질의 형태에 따라 기능이 결정된다. 세포의 구조와 기능은 그 세포에 있는 단백질의 종류에 따라 결정된다. 생명체도 마찬가지여서, 생명체마다 자신의 단백질 종류에 따라 달라진다. 또한 유전물질인 DNA가 폴리펩티드의 아미노산 서열을 지정한다는 사실을 공부하였다. 생명체마다 유전자가 다르기 때문에 단백질도 다른 것이다.

때로는 한 유전자의 아주 작은 변화에 의해 그 유전자가 지정하는 단백질에 큰 변화가 일어나고, 질병으로 이어지게 된다. 예를 들어 낫세포 질병에

그림 3.20 낫세포 질병.

헤모글로빈 사슬 중 하나는 146개의 아미노산으로 이루어진다. 낫 모양의 적혈구가 특징인 낫세포 질병은 여섯번째 아미노산인 글루타민산이 발린으로 대체된 결과 나타난다.

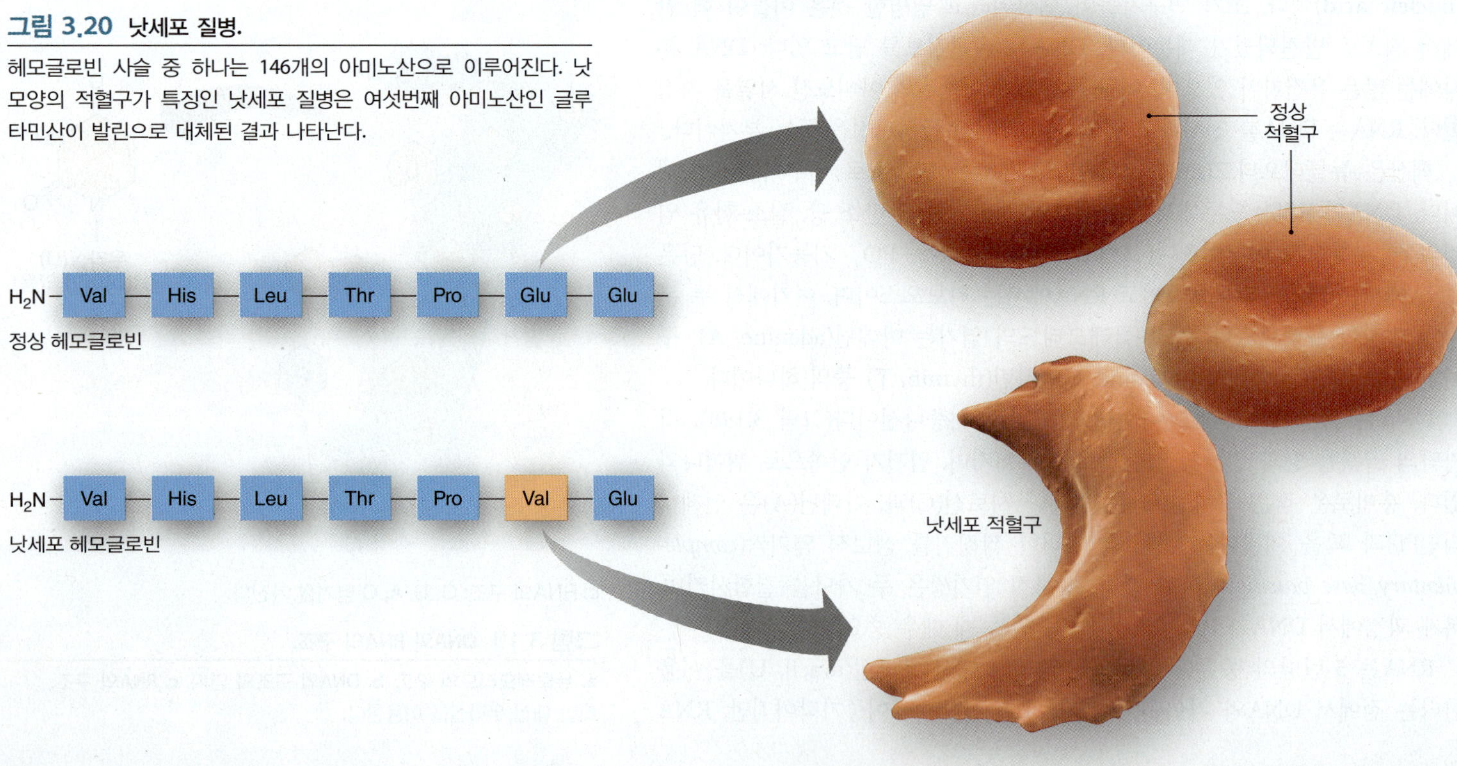

걸린 사람의 적혈구 세포는 낫 모양인데, 단백질에서 글루타민산(Glu)이 있어야 할 곳에 발린(Val)이 있기 때문이다(**그림 3.20**). 이렇게 아미노산 1개가 대체됨으로써 적혈구 세포가 정상적인 둥글고 탄력적인 형태를 잃고 단단하고 딱딱해진다. 이러한 비정상적인 적혈구 세포가 작은 혈관을 통과할 때에 혈관을 막아 혈액의 흐름이 끊기게 된다. 따라서 통증과 기관 손상, 빈혈이 나타나며, 치료하지 않으면 죽음에 이를 수도 있다. 이 질병의 근본 원인은 무엇일까? 이 질병은 헤모글로빈 폴리펩티드 중 단 1개의 아미노산이 잘못 지정된 유전정보를 물려받아 나타난 것이다.

3.2 개념 연결하기

유기분자는 광범위한 생물학적 기능을 가지고 있다.

진도 점검하기 3.2

1. 탄수화물의 종류를 구분하고, 구조 탄수화물과 에너지 탄수화물의 예를 제시하시오.
2. 지방의 종류를 나열하고 각각의 기능을 설명하시오.
3. 체내에서 단백질의 역할을 요약하시오.
4. 단백질의 구조 수준에 대해 설명하시오.
5. 핵산의 구조가 다른 생물학적 분자와 비교하여 어떻게 다른지 설명하시오.
6. 핵산과 단백질 사이의 상관관계에 대해 설명하시오.

요약

3.1 유기분자

탄소와 수소를 반드시 가지고 있어야 **유기(organic)** 분자가 된다. 탄소의 화학적 성질로 인해 유기분자의 다양성이 나타난다. 기능기의 종류에 따라서 유기분자의 화학적 성질이 결정된다. 일부 기능기는 비극성(**소수성, hydrophobic**)이며, 일부는 극성(**친수성, hydrophilic**)이다. 원자 조성은 비슷하지만 구조가 다른 분자를 **이성질체(isomer)**라고 한다.

3.2 세포의 생물학적 분자

생물학적 분자(biological molecules)는 **탈수합성반응(dehydration synthesis)**에 의해 합성되고 **가수분해반응(hydrolysis)**에 의해 분해된다. 생명체는 탄수화물, 지질, 단백질, 핵산 등 네 종류의 분자로 이루어진다. 다당류, 단백질, 핵산은 특정한 **단량체(monomer)**가 긴 사슬을 이룬 **중합체(polymer)**이다. 지질은 다양하며 특정한 단량체가 없다. 이들 분자의 특성을 **표 3.1**에 요약하였다.

탄수화물

탄수화물(carbohydrate)은 주로 에너지 분자로 이용되며, 일부 구조적 특성을 가진 것도 있다. **포도당(glucose)**은 혈당으로 작용하거나 녹말, 글리코겐, 셀룰로오스의 단량체인 **단당류(monosaccharides)**이다. 이성질체로 과당과 갈락토오스가 있다. **리보오스(ribose)**와 **디옥시리보오스(deoxyribose)**는 핵산에 있는 단당류이다.

수크로오스는 **이당류(disaccharides)**이며, 설탕(포도당+과당)이라고도 한다. 말토오스와 젖당도 이당류이다.

표 3.1 생물학적 분자

유기분자	예	단량체	기능
탄수화물	단당류, 이당류, 다당류	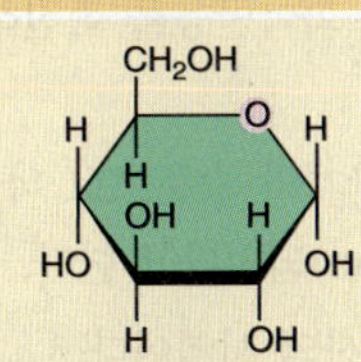 포도당	즉시에너지 또는 저장에너지; 구조 분자
지질	지방, 기름, 인지질, 스테로이드	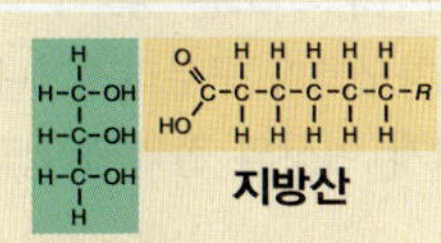 글리세롤 지방산	장기 에너지 저장; 막 성분
단백질	구조, 효소, 운반, 호르몬, 수축	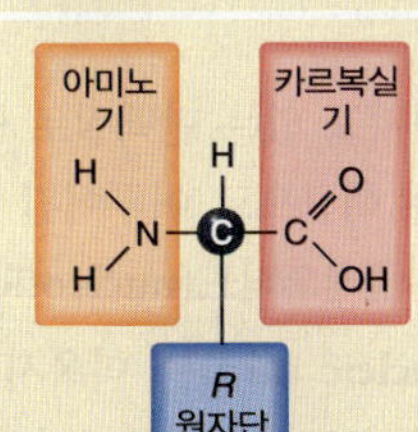 아미노산	지지, 대사, 수송, 조절, 운동
핵산	DNA, RNA	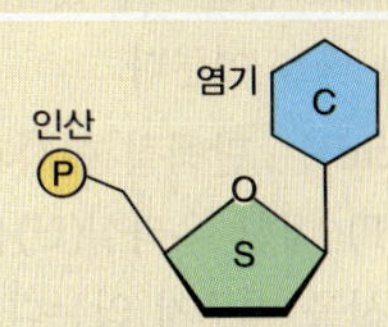 뉴클레오티드	유전정보 저장

다당류(polysaccharides)는 모두 포도당 중합체이며, 식물에서 에너지를 저장하는 **녹말(starch)**, 동물에서 에너지를 저장하는 **글리코겐(glycogen)**, 그리고 식물의 세포벽 구조를 이루는 **셀룰로오스(cellulose)**가 있다. **키틴(chitin)**은 아미노기를 지닌 다당류이다.

지질

지질(lipid)은 흔히 장기 에너지 저장 분자로 이용되는 소수성 분자이다. **지방(fat)**과 **기름(oil)**은 **글리세롤(glycerol)**과 **지방산(fatty acid)**으로 이루어지며, **트리글리세리드(triglyceride)**라고 부른다. 이중결합이 없는 **포화지방산(satuated fatty acid)**으로 구성된 트리글리세리드는 고체이며, 지방이라고 한다. 이중결합이 있는 **불포화지방산(saturated fatty acid)**으로 구성된 트리글리세리드는 액체이며, 기름이라고 한다. **트랜스지방(trans fat)**은 가공식품에 있는 불포화지방이다.

인지질(phospholipid)은 트리글리세리드와 같은 구조를 가지고 있지만, 지방산 하나가 인산기를 포함한 원자단으로 바뀌어 있다. 인지질은 원형질막을 비롯한 세포의 막을 이룬다.

스테로이드(steroid)는 융합된 탄화수소 고리 4개로 이루어진 독특한 구조를 지닌 지질이다. **콜레스테롤(cholesterol)**은 스테로이드의 하나이며, 원형질막의 구성성분이다. 성호르몬인 테스토스테론과 에스트로겐도 스테로이드이다.

단백질

단백질(protein)은 **아미노산(amino acid)** 중합체이다. **펩티드(peptide)**는 2개의 아미노산이 **펩티드결합(peptide bond)**을 통해 연결되어 형성된 것이다. **폴리펩티드(polypeptide)**는 많은 아미노산으로 이루어진다. 단백질의 기능은 화학반응을 촉진하는 **효소(enzyme)** 작용 등 매우 다양하다.

단백질의 구조는 몇 단계의 수준으로 나눌 수 있다. 이러한 구조를 잃으면 **변성(denaturation)**되었다고 한다. 구조의 수준은 다음과 같다.

- 1차구조는 아미노산의 서열이다.
- 2차구조는 나선구조 또는 병풍구조이다.
- 3차구조는 2차구조가 구부러지거나 비틀어져서 형성된다.
- 4차구조는 2개 이상의 폴리펩티드가 하나의 단백질을 구성한 것이다.

핵산

세포와 생명체는 가지고 있는 단백질로 인해 서로 달라지는데, 이들 단백질에 대한 정보는 핵산으로 이루어진 유전자에 저장되어 있다. **핵산(nucleic acid)**은 **뉴클레오티드(nucleotide)** 중합체이다.

DNA(deoxyribonucleic acid)는 디옥시리보오스 당을 가지며, 유전자를 이루는 핵산이다. DNA는 이중가닥이며, 이중나선 형태이다. 두 가닥이 상보적 염기쌍으로 연결되어 있다. 아데닌(A)은 티민(T)과, 구아닌(G)은 시토신(C)과 짝을 이룬다.

RNA(ribonucleic acid)는 단백질 합성과정에서 DNA를 돕는다. 당은 리보오스이며, 티민(T) 대신 우라실(U)을 이용한다. RNA는 단일가닥이며, 따라서 이중나선을 이루지 않는다. **표 3.2**는 DNA와 RNA의 구조를 비교한 것이다. 뉴클레오티드의 하나인 ATP는 대부분의 세포에서 에너지 운반자로도 쓰인다.

표 3.2 DNA와 RNA의 구조 비교

	DNA	RNA
당	디옥시리보오스	리보오스
염기	아데닌, 구아닌, 시토신, 티민	아데닌, 구아닌, 시토신, 우라실
가닥	염기쌍을 이룬 이중가닥	단일가닥
나선구조	있음	없음

개념 연결하기

탄수화물, 지질, 단백질, 핵산 등의 주요 유기분자는 생명체에게 필수적인 분자이다.

3.1 탄소와 수소가 생명체 유기분자의 기초를 이룬다.

3.2 유기분자는 광범위한 생물학적 기능을 가지고 있다.

유기분자의 중요성에 관한 정보가 더 필요하면 다음 논의를 참조하시오.

4.2절 인지질의 기능기가 어떻게 원형질막 형성과정을 돕는지 설명하기

6.1절 식물이 어떻게 햇빛에너지를 이용하여 이산화탄소와 물로부터 당 분자를 만들어내는지 탐구하기

11.2절 DNA의 정보가 어떻게 기능을 갖춘 단백질 생성에 이용되는지 조사하기

혼자 풀어보기

가장 적절한 답을 고르시오.

3.1 유기분자

1. 다음 중 유기분자인 것은?
   a. CO_2 **b.** H_2O
   c. $C_6H_{12}O_6$ **d.** O_2
   e. 옳은 답이 2개 이상 있다.
2. 탄소 사슬에서 달라질 수 있는 것은?
   a. 길이 **b.** 이중결합의 수효
   c. 가지를 치는 형태 **d.** 모두 옳음.
3. 카르복실기를 가진 유기분자는
   a. 비극성이다. **b.** 산성이다.
   c. 염기성이다. **d.** 옳은 답이 2개 이상 있다.
4. 생물학적 분자의 화학반응성을 결정하는 것은?
   a. 이성질체 **b.** 기능기
   c. 탄소원자의 수효 **d.** 탄화수소 사슬의 길이

3.2 세포의 생물학적 분자

5. 단백질에 대한 아미노산의 관계는 핵산에 대한 ________의 관계와 같다.

a. 뉴클레오티드 **b.** 지방산
c. 단당류 **d.** 트리글리세리드

6. 생물학적 거대분자는 __________가/이 __________반응에 의해 연결되어 형성된 중합체이다.

a. 단량체, 탈수합성 **b.** 다량체, 탈수합성
c. 단위체, 환원 **d.** 단량체, 가수분해

7. 다음 중 단당류인 것은?

a. 포도당 **b.** 셀룰로오스
c. 젖당 **d.** 수크로오스

[8~15] 보기에서 옳은 것을 고르시오.

보기:

a. 탄수화물
b. 지질
c. 단백질
d. 핵산

8. 식물 세포벽의 주성분인 셀룰로오스
9. 머리카락과 손톱, 뿔, 깃털에 있는 케라틴
10. 콜레스테롤과 성호르몬 등의 스테로이드
11. 뉴클레오티드로 구성됨
12. 탄화수소 사슬로 인해 물에 녹지 않음
13. 때로는 상보적 염기쌍을 이루기도 함
14. 병풍구조와 나선구조를 형성하기도 함
15. 탄소원자 6개로 이루어진 고리에 수산기가 결합해 있는 형태일 수도 있음

16. 트리글리세리드의 구성으로 옳은 것은?

a. 글리세롤과 지방산 3개
b. 글리세롤과 지방산 2개
c. 단백질과 지방산 3개
d. 지방산 1개와 당 3개

17. 단백질의 3차원 구조는 ______ 사이의 결합으로 인하여 다양하게 된다.

a. 아미노기 **b.** 이온 원자단
c. R 원자단 **d.** 수소원자

18. 식물 세포벽에 있는 다당류는?

a. 포도당 **b.** 녹말
c. 말토오스 **d.** 셀룰로오스

과학적으로 생각하기

1. 영양학자들은 열대성 식물 기름을 섭취하지 않을 것을 권장하는데, 그 까닭은 온대성 식물 기름보다 포화지방산 수준이 높기 때문이다. 이들 식물의 지방산 조성이 서로 다른 생리학적 이유를 조사해보자.

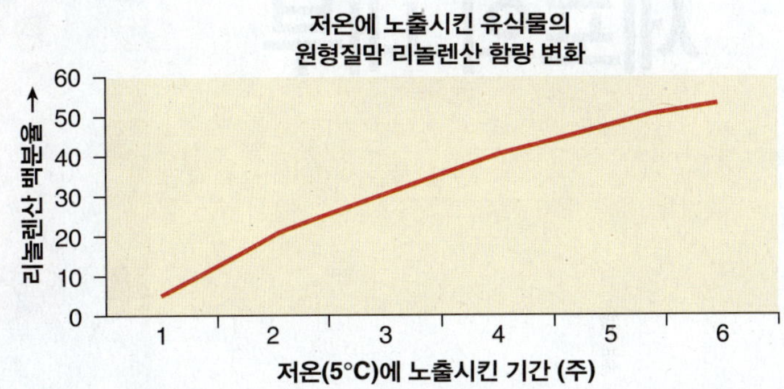

a. 리놀렌산은 불포화지방산이다. 불포화지방산은 어떤 구조를 하고 있는가? 식물을 저온에 노출시키면 리놀렌산의 수준이 어떻게 변화되는가?

b. 불포화지방 함량이 높은 제품(예: 카놀라기름)과 포화지방산 함량이 높은 제품(예: 버터)을 냉장고(저온)에 넣었다면, 두 제품의 굳기는 서로 어떻게 달라질까? 그 이유는?

c. 지방산의 조성과 식물이 저온에 견디는 능력은 어떻게 연관될 수 있을까?

2. 효소의 구조와 기능 사이의 연관성을 이해하고자 흔히 아미노산 1개를 다른 아미노산으로 바꾸는 실험을 수행한다. 어떤 효소를 대상으로 실험한 결과, 특정 아미노산을 비극성 R 원자단을 가진 아미노산으로 대체한 경우에는 기능을 유지하였으나, 극성 R 원자단을 가진 아미노산으로 대체한 경우에는 기능을 잃었다. 그 이유는 무엇일까?

3. 과학자들은 두 종이 동일한 단백질을 가질 수는 있지만, 종 사이의 유연관계가 멀수록 아미노산 서열이 달라진다는 사실을 확인하였다. 그 이유는 무엇일까? 이 연구가 중요한 이유는 무엇일까?

4

세포의 내부

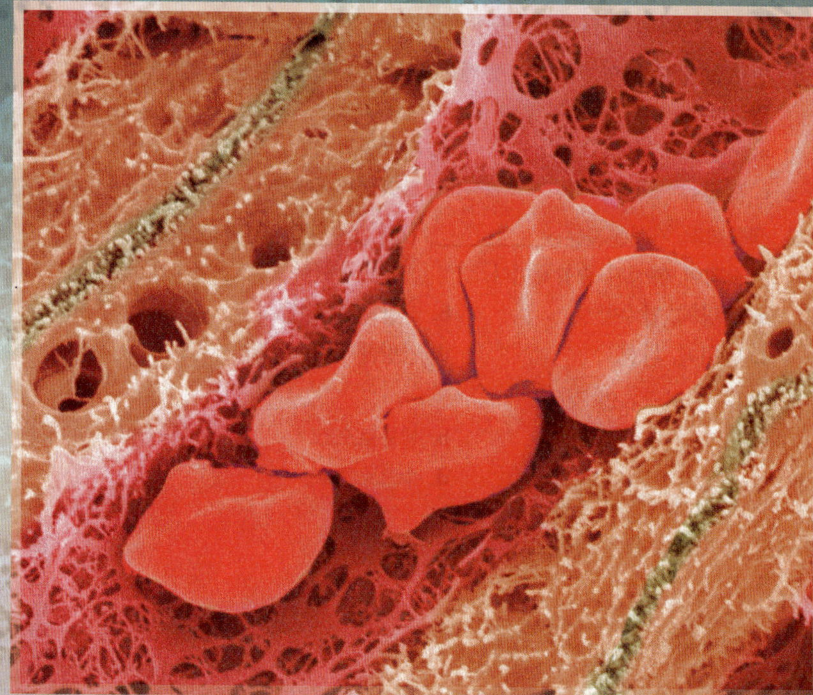

개 요

시작하기 전에

이 장을 시작하기 전에 다음 내용을 다시 살펴보자.

1.1절 생명의 기본 특성은 무엇인가?

2.2절 생명현상을 뒷받침하는 물의 성질은 무엇인가?

3.2절 생명체에서 탄수화물, 지질, 단백질, 핵산의 기본적인 역할은 무엇인가?

세포의 다양성과 통일성

적혈구는 우리 몸에서 가장 풍부한 세포이며, 우리 몸 전체에 산소를 전달하고 이산화탄소 노폐물을 회수하는 중요한 일을 한다. 다른 혈구 세포와 함께 적혈구는 골수에 있는 줄기세포(stem cell)라는 전구체 세포로부터 끊임없이 생산된다. 적혈구는 헤모글로빈이 가득 차 있기 때문에 전형적인 동물세포와 그 구조가 다르다. 이 색소로 인해 적혈구가 빨간 빛을 띠며 산소를 운반할 수 있게 된다. 사람 적혈구는 핵과 DNA를 가지고 있지 않다. 이로 인해 수명이 120일 정도에 그치며, 간과 비장에서 파괴된다. 이처럼 우리 몸은 매일 잃는 적혈구를 대체하는 힘겨운 일을 끊임없이 수행하여야 한다. 재생불량성 빈혈 환자와 같이 적혈구를 대체하는 과정에 결함이 있다면 일찍 죽을 수도 있다.

세포는 생명의 기본 단위이다. 생명체는 놀랍도록 다양하지만, 이들의 세포는 많은 유사성을 보인다. 실제로, 대부분 세포 유형 사이의 구조적 상이성은 단 몇 가지에 지나지 않는다. 이 장에서는 진화상 중요한 두 가지의 세포 유형을 살펴보고, 이들의 유사한 점과 다른 점에 대해 공부할 것이다. 세포의 구조를 공부하면 세포의 복잡한 기능과 상호작용을 이해하는 데 도움이 될 것이다.

이 장을 공부하는 동안 다음 질문에 대해 생각해보자.

1. 적혈구 등의 사람 세포와 세균 세포 사이에는 어떤 차이점이 있을까?
2. 진핵세포에서 구획이 나누어진 이유는 무엇일까?

4.1 현미경으로 관찰한 세포

학습 목표

이 절을 학습한 후에는 다음 과제를 수행할 수 있어야 한다.

1. 대부분의 세포를 관찰할 때에 현미경이 필요한 이유를 설명하기.
2. 세포의 표면적/부피 비율과 세포 크기 사이의 상관성을 요약하기.

세포는 생명의 기본 단위이다. 실제로 모든 생명체는 세포로 이루어져 있다. 그러나 세포는 그 형태와 기능이 매우 다양하다. 우리 몸은 수백 가지 유형의 세포로 이루어져 있으며, 세포 유형마다 수십억 개에 이르는 세포가 존재한다. 예를 들어 정보를 전달하는 신경세포, 움직이도록 하는 근육세포, 호르몬을 분비하는 샘세포, 형태를 유지하는 뼈세포 등이 있다. 이들 세포 유형은 각각 특정한 기능을 수행하도록 특수화되어 있다.

세포는 복잡하지만 매우 작아서 대개 현미경이 있어야 관찰할 수 있다(**그림 4.1**). 17세기에 개발된 광학현미경으로도 세포를 관찰할 수 있지만, 복잡한 구조는 대부분 볼 수 없다. 빛의 성질로 인해 광학현미경의 해상도가 제한되기 때문이다. 1930년대에 개발된 전자현미경은 빛 대신 전자 빔을 광원으

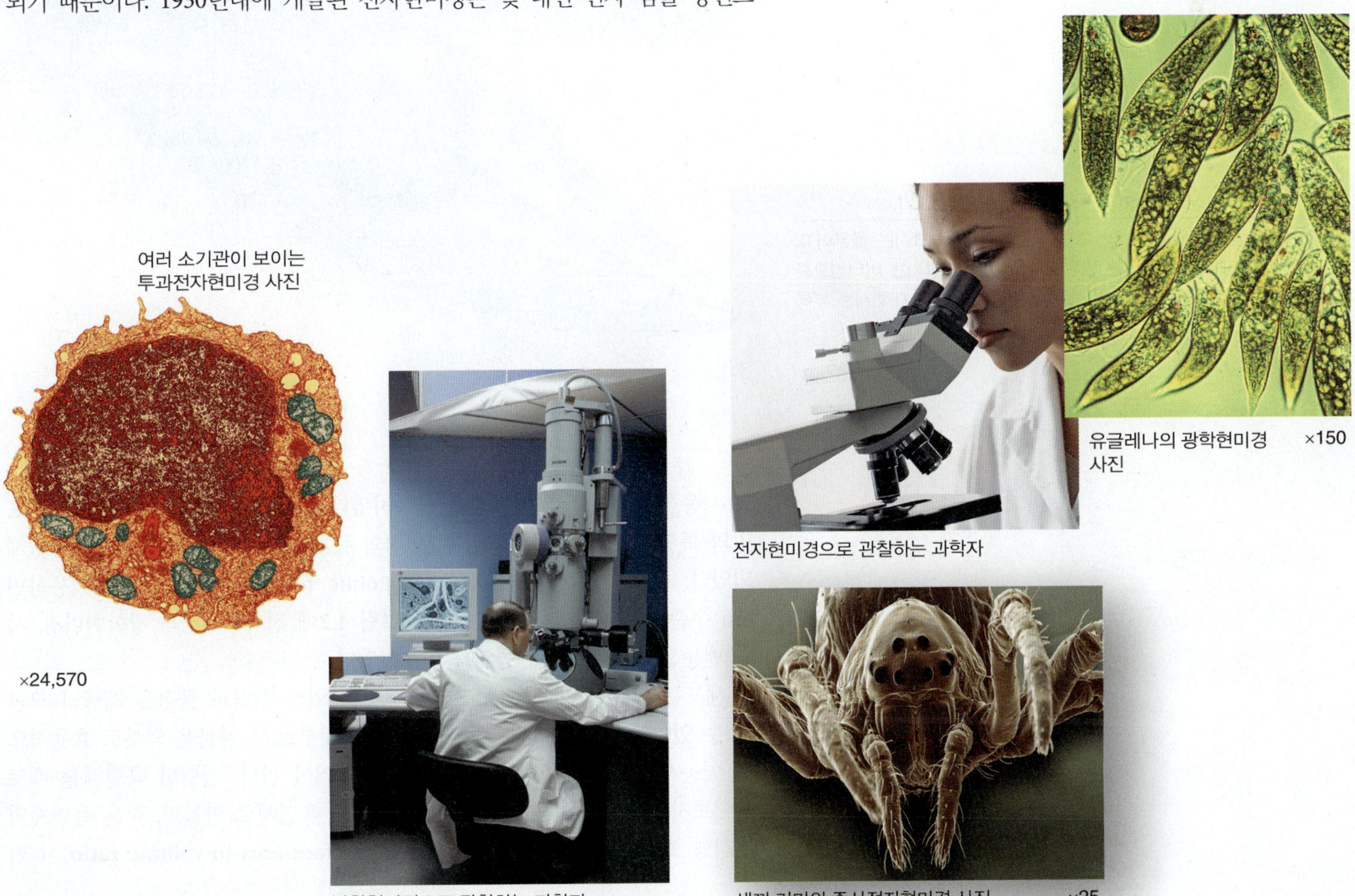

그림 4.1 현미경을 이용한 세포 관찰.
과학자들은 광학현미경, 투과전자현미경, 주사전자현미경 등 여러 가지의 현미경을 이용하여 세포를 관찰한다. 광학현미경과 투과전자현미경으로는 세포 내부를, 주사전자현미경으로는 표면의 3차원적 특성을 관찰할 수 있다.

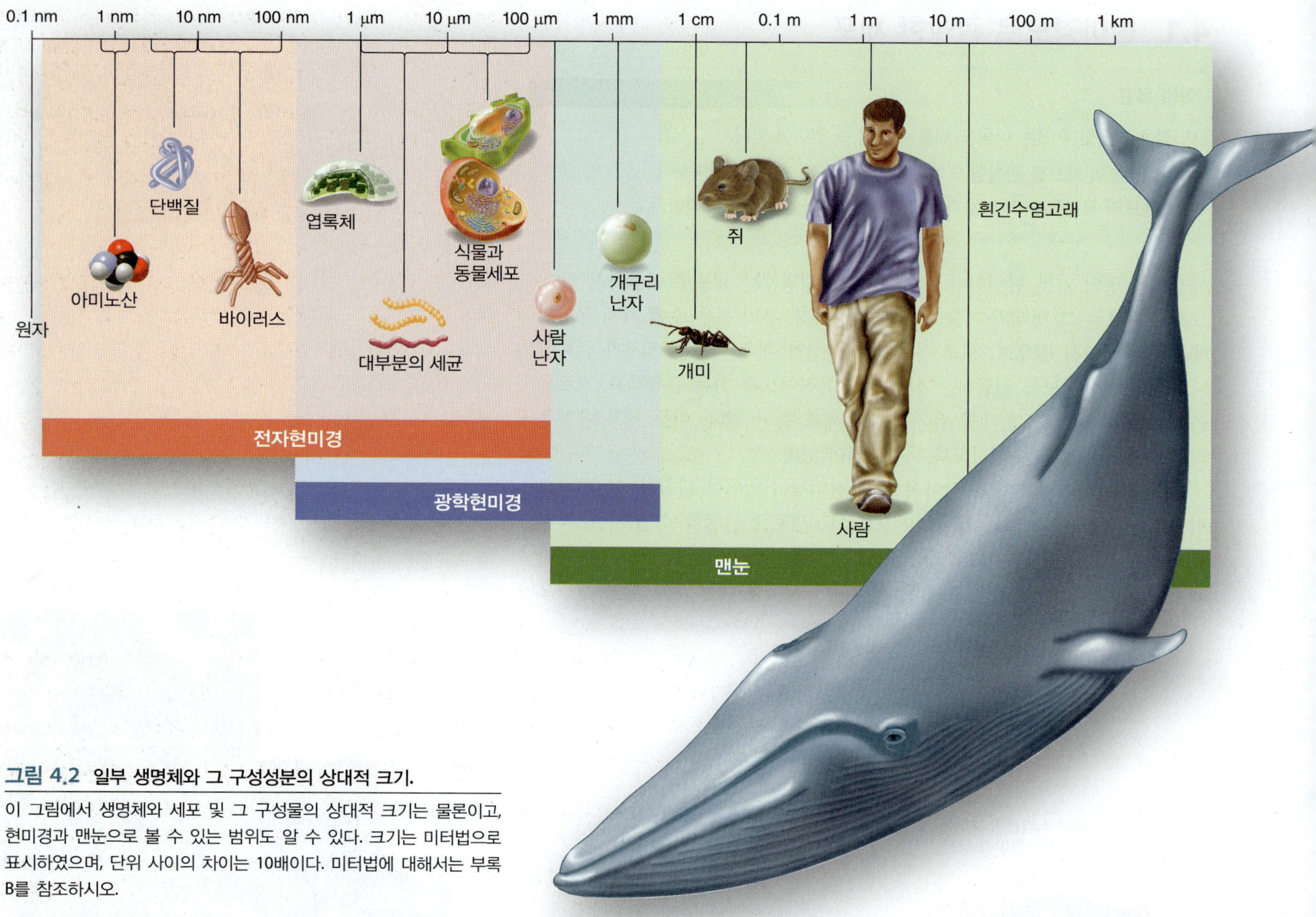

그림 4.2 일부 생명체와 그 구성성분의 상대적 크기.

이 그림에서 생명체와 세포 및 그 구성물의 상대적 크기는 물론이고, 현미경과 맨눈으로 볼 수 있는 범위도 알 수 있다. 크기는 미터법으로 표시하였으며, 단위 사이의 차이는 10배이다. 미터법에 대해서는 부록 B를 참조하시오.

로 사용함으로써 이러한 제한을 극복하였다. 전자현미경을 이용하여 세포 표면의 특성과 미세구조는 물론 세포 내의 큰 분자까지도 일부 관찰할 수 있게 되었다. 새로 개발된 원자힘현미경(atomic force microscope)을 이용하면 nm 수준의 크기도 식별할 수 있다. **그림 4.2**에 전자현미경과 광학현미경, 사람 맨눈으로 볼 수 있는 범위를 비교하였다.

세포는 왜 이렇게 작은 것일까? 세포는 외부 환경과 물질을 재빨리 교환할 수 있어야 한다. 따라서 영양분은 세포 내부로, 노폐물은 외부로 효율적으로 이동시키려면 세포의 표면적이 충분히 커야 한다. 간단한 육면체를 예로 들어보자(**그림 4.3**). 큰 육면체를 잘라 작은 육면체로 만들면, 작은 육면체의 부피당 표면적 비율(**표면적/부피 비율, surface-area-to-volume ratio**)이 커진다. 내부 부피에 대한 표면적 비율이 높을수록 환경과 물질을 교환하는 속도가 빨라진다. 그러므로 작은 세포가 (큰 세포에 비해) 노폐물과 영양분을 교환하기에 적절한 표면적을 가지게 된다.

세포들은 또한 표면적/부피 비율이 증가되도록 적응하여 왔다. 예를 들어 작은창자에는 작은 손가락 모양의 돌기(미세융모)가 있어서 영양분을 흡수하는 표면적이 늘어난다. 이렇게 적응하지 않았다면 작은창자의 길이는 수백 m나 되어야 할 것이다.

그림 4.3 표면적과 부피의 상관관계.

세 무리의 입방체들은 모두 부피가 같지만, 오른쪽의 입방체들은 표면적이 64배나 크다.

연관: 과학적 탐구

알려진 세포 중 가장 큰 것은 무엇일까?

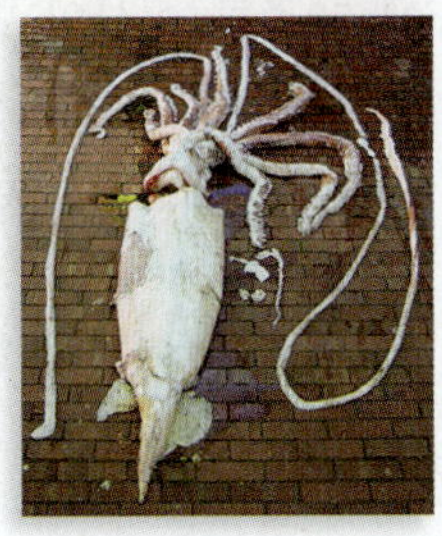

가장 큰 단일 세포의 예로 타조 알이 자주 거론되지만, 실제에 있어서 기록은 놀라운 동물인 대왕오징어(*Architeuthis dux*)와 거대오징어(*Mesonychoteuthis hamiltoni*)가 가지고 있다. 이들은 심해에 서식하는 문어의 친척이며 길이 14 m 이상, 무게 1톤 이상 자랄 수 있다. 이들의 신경세포는 몸 전체에 걸쳐 있으며, 현재까지 확인된 가장 길고 큰 세포이다. 과학자들은 흔히 이 신경세포를 모델로 이용하여 신경계를 통해 정보가 먼 거리를 이동하는 방식을 연구하고 있다.

개념 연결하기 4.1
세포는 부피당 표면적 비율에 따라 적정 크기를 가진다.

진도 점검하기 4.1

1. 대부분의 세포 관찰에 현미경이 필요한 이유를 설명하시오.
2. 개구리 난자, 동물세포, 아미노산, 엽록체, 식물세포를 관찰하는 데 필요한 현미경의 종류를 각각 쓰시오.
3. 세포가 적절한 기능을 수행하기 위해서는 큰 표면적/부피 비율이 필요한 이유를 설명하시오.

4.2 원형질막

학습 목표

이 절을 학습한 후에는 다음 과제를 수행할 수 있어야 한다.

1. 원형질막의 핵심 구성성분에 대해 설명하기.
2. 원형질막이 세포의 분자 출입을 어떻게 조절하는지 설명하기.
3. 원형질막에 묻혀 있는 단백질의 다양한 기능을 설명하기.

모든 세포는 **원형질막(plasma membrane)**으로 세포의 내부와 외부 사이의 경계를 이룬다. 원형질막은 분자와 이온의 출입을 조절하는 문지기 역할을 하므로 생명을 유지하는 데 있어 매우 중요한 역할을 수행한다.

세포의 원형질막은 모두 단백질이 묻혀 있는 인지질 이중층이다(그림 3.13 *b* 참조). 이중층 안에서 인지질의 극성(친수성) 머리 부분은 두 방향으로 배열된다(**그림 4.4**). 막의 외층에서는 외부 환경을 향하며, 내층에서는 내부의 원형질을 향한다. 비극성(소수성) 꼬리 부분은 이중층 내부의 물이 없는 곳을 향해 마주보고 있다. 일부 세포의 원형질막에 있는 콜레스테롤 분자는 막을 지지하여 올리브기름 정도의 견고함을 지니도록 한다.

원형질막의 구조는 흔히 유동-모자이크 모델(*fluid-mosaic model*, 그림 4.4 참조)이라고 부르는데, 막에 묻혀 있는 단백질 분자가 유동성인 인지질 이중층 안에서 일정한 패턴(모자이크)을 이루기 때문이다. 이러한 패턴은 막의 유형에 따라 다르며, 동일한 막에서도 때에 따라 달라질 수 있다. 적혈구의 막에 50종류 이상의 단백질이 있다는 것을 생각해보면, 모자이크라고 부르는 까닭을 알 수 있을 것이다. 이들 단백질 일부의 바깥 표면에 짧은 당 사슬이 결합하여 당단백질(*glycoprotein*)을 형성한다. 당 사슬로 인해 단백질이 특별한 기능을 나타낸다. 많은 당단백질이 세포의 정체성 확립에 관여하며, 흔히 병원체를 방어하는 면역반응에서 중요한 역할을 한다.

그림 4.4 원형질막의 모델.

원형질막은 인지질 이중층으로 이루어진다. 인지질의 극성 머리는 막의 표면에 있으며, 비극성 꼬리는 막의 내부를 이룬다. 막에 묻혀 있는 단백질은 기능이 다양하다(그림 4.5 참조).

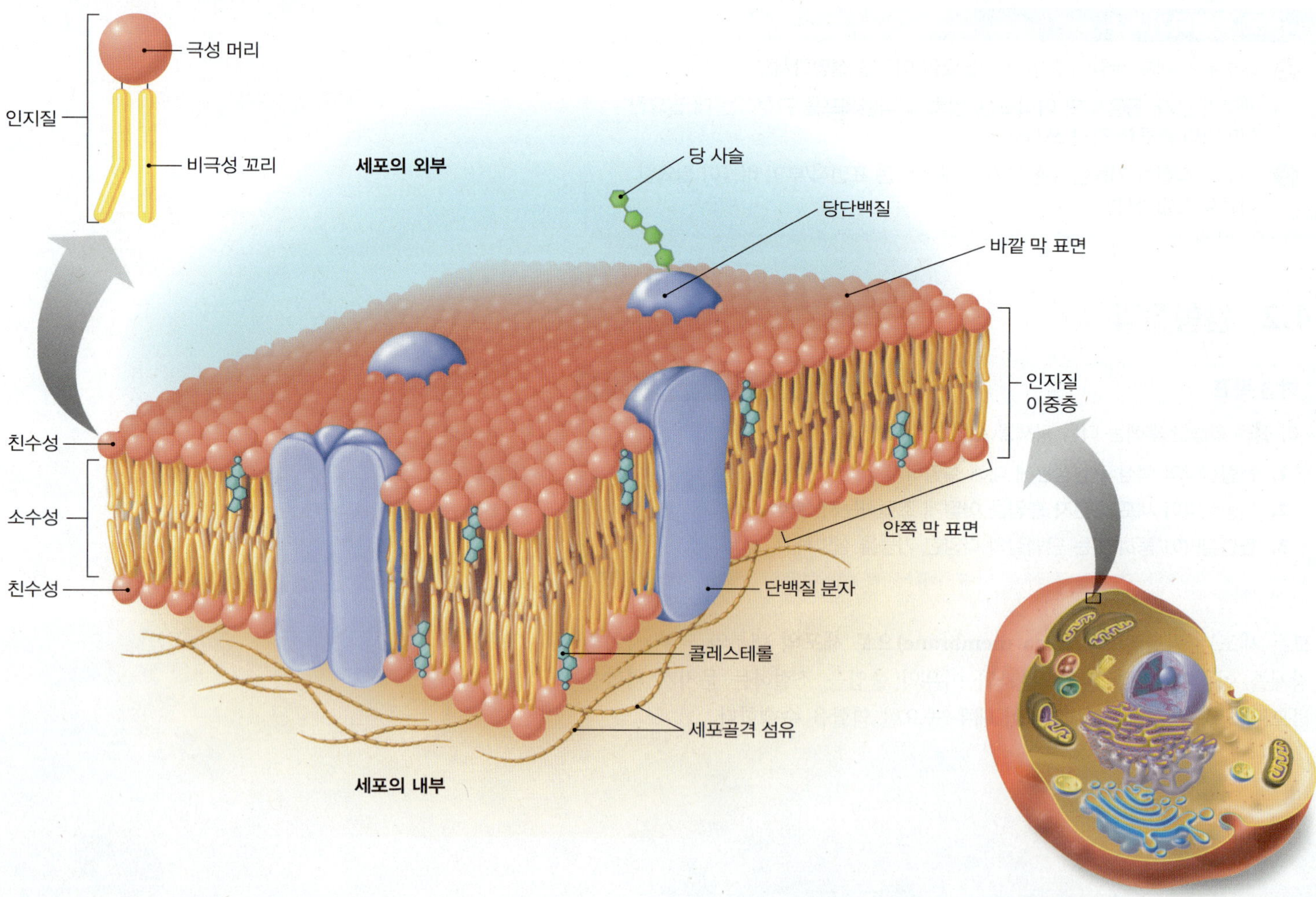

막단백질의 기능

원형질막에 있는 단백질은 다양한 기능을 수행한다.

통로단백질

통로단백질은 막 전체를 통과하는 통로를 형성하여 하나 또는 몇 종류의 특정 분자만 막을 단순하게 통과하도록 한다(**그림 4.5*a***). 예를 들어 아쿠아포린(aquaporin)은 물이 세포를 드나들도록 하는 통로단백질이다. 콩팥에 아쿠아포린이 없다면 몸이 곧 탈수상태로 될 것이다.

수송단백질

수송단백질도 분자와 이온의 막 통과에 관여한다. 이들은 흔히 물질과 결합한 후 에너지를 투입하여 막을 통과하도록 한다(그림 4.5*b*). 예를 들어 소듐 이온과 포타슘 이온이 신경세포 막을 통과하도록 한다. 이러한 수송단백질이 없다면 신경 전도가 불가능할 것이다.

세포인식단백질

세포인식단백질은 당단백질이다(그림 4.5*c*). 이 단백질은 자신의 세포와 다른 개체의 세포를 구별할 수 있도록 한다. 이러한 인식작용이 이루어지지 않는다면 병원체가 자유롭게 침입할 것이다.

수용체단백질

수용체단백질은 신호분자라고 부르는 특정 분자와 결합할 수 있다(그림 4.5*d*). 신호분자와 결합하면 수용체단백질의 형태가 변형되어 세포반응이 일어나게 된다. 예를 들어 간세포에 있는 수용체단백질에 인슐린이 결합하면, 이 세포는 포도당을 저장한다.

효소단백질

일부 원형질막 단백질은 대사반응에 직접 참여하는 효소단백질이다(그림 4.5*e*). 효소의 일부는 세포의 다양한 막에 결합되어 있다. 효소가 없다면 세포는 분해반응이나 합성반응을 결코 수행하지 못하게 될 것이다.

연접단백질

단백질은 세포 사이에서 다양한 형태의 연접(그림 4.5*f*)을 이루기도 한다(75쪽 참조). 연접은 세포와 세포 사이의 부착과 소통을 돕는다. 방광에 오줌이 차서 부풀어도 부착연접으로 인해 세포들이 결합된 상태를 유지할 수 있다.

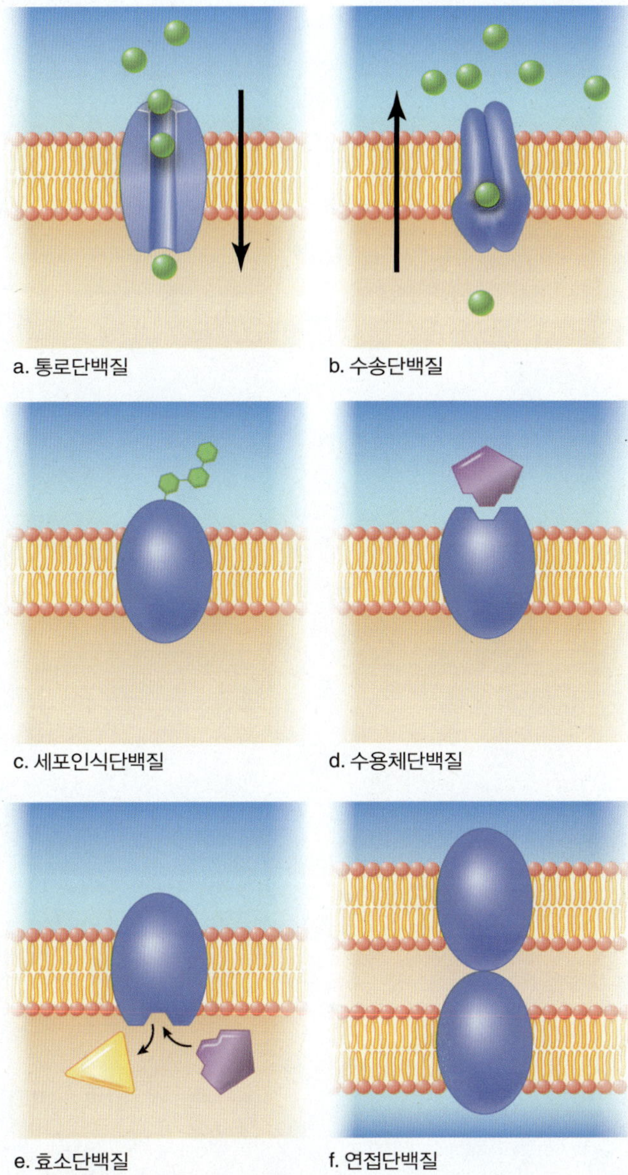

그림 4.5 막단백질의 다양성.
원형질막에 묻혀 있는 단백질 유형의 일부.

4.2 개념 연결하기
모든 세포에는 공통적으로 원형질막이 있다.

진도 점검하기 4.2

1. 원형질막의 구조를 이루는 기본 구성성분은 무엇인가?
2. 원형질막을 유동-모자이크 모델로 설명하는 이유는 무엇인가?
3. 막단백질의 유형을 기능에 따라 구분하시오.

4.3 세포의 주요한 두 가지 유형

학습 목표

이 절을 학습한 후에는 다음 과제를 수행할 수 있어야 한다.

1. 모든 세포에 공통적인 특성 확인하기.
2. 원핵세포와 진핵세포 구별하기.
3. 원핵세포의 구조 확인하기.

모든 생명체가 세포로 이루어져 있으며, 세포는 이미 존재하는 세포로부터만 만들어질 수 있다는 개념은 **세포설(cell theory)**의 두 가지 핵심 주장이다. 모든 세포에 공통인 특성 중 일부는 다음과 같다.

- 원형질막은 인지질로 이루어져 있으며, 세포의 물질 출입을 조절한다.
- 원형질이라고 부르는 반유동성 물질에서 화학반응을 수행한다.
- 유전물질(DNA)은 성장과 생식 등의 세포 활성에 필요한 정보를 제공한다.

세포는 유전물질을 조직한 방식에 따라 두 가지 주요 유형으로 구분한다. **원핵세포(prokaryotic cell**, Greek; *pro*, before; *karyon*, kernel or nucleus)에는 막으로 감싸인 핵이 없다. 이들의 DNA는 원형질의 핵양체(nucleoid)에 있다. 다른 유형인 **진핵세포(eukaryotic cell**, Greek; *eu*, true)는 핵이 있으며, 이곳에 DNA를 수용한다. 진핵세포의 구조는 4.4절에서 논의한다.

원핵세포

고세균영역과 세균영역에 속한 생명체는 원핵세포이며(표 1.2 참조), 이들의 기원은 지구 최초의 세포(약 35억 년 전)로 거슬러 올라간다. 원핵세포는 진핵세포보다 훨씬 작고 구조도 단순하다. 크기가 작고 구조가 단순하기 때문에 매우 빠르고 효율적으로 증식할 수 있다. 이들은 공기나 물, 토양, 심지어 사람 몸에도 엄청나게 많이 존재한다. 원핵생물은 극도로 성공한 생명체 집단이다.

세균은 결핵이나 인후감염증, 임질 등의 질병을 일으키기 때문에 잘 알려져 있다. 그렇더라도 세균이 없다면 생물권은 오래 지속되지 않을 것이다. 많은 세균이 죽은 사체를 분해하여 생태계에서 순환하도록 한다. 세균은 또한 다른 방식으로도 사람에게 유용하다. 사람은 세균을 이용하여 산업용 화학물질, 식품, 약품 등의 물질을 생산해낸다. 요구르트에 있는 활성 세균은 우리에게 이로운 것이다. 사람의 장에는 수십억 개체에 이르는 세균이 함께 살고 있다. 우리는 이들 장내 세균에게서 우리 스스로 만들어내지 못하는 일부 비타민 합성을 비롯하여 많은 도움을 받는다.

DNA가 단백질의 아미노산 서열을 지정하는 방법에 대한 지식 대부분은 사람의 대장에서 살고 있는 대장균(*E. coli*)을 이용한 실험을 통해 밝혀낸 것이다. 이러한 지식을 모든 원핵세포와 진핵세포, 나아가 사람에게도 적용할 수 있다는 사실은 생명체의 놀라운 통일성을 보여주며, 모든 생명체가 하나의 공통조상에서 비롯되었다는 증거이다.

연관: 건강

대장균은 장내 문제를 일으키지 않을까?

대장균은 대부분 질병을 일으키지 않을 뿐만 아니라 소량의 비타민 K와 일부 비타민 B군을 제공하기 때문에 유용하다. 나아가 소화관이 다른 세균이 감염되지 않도록 보호하기도 한다. 그러나 대장균의 한 종류(O157:H7)는 독소(Shiga toxin)를 생산하기 때문에 장에 염증을 유발하고 설사를 초래한다. 이 세균은 주로 덜 익힌 육류를 먹을 때 감염된다. 또한 유용한 대장균이라 하더라도 비뇨생식기계로 들어가면 문제를 일으킬 수 있다.

그림 4.6 원핵세포.

대부분 원핵세포의 특징적인 구조.

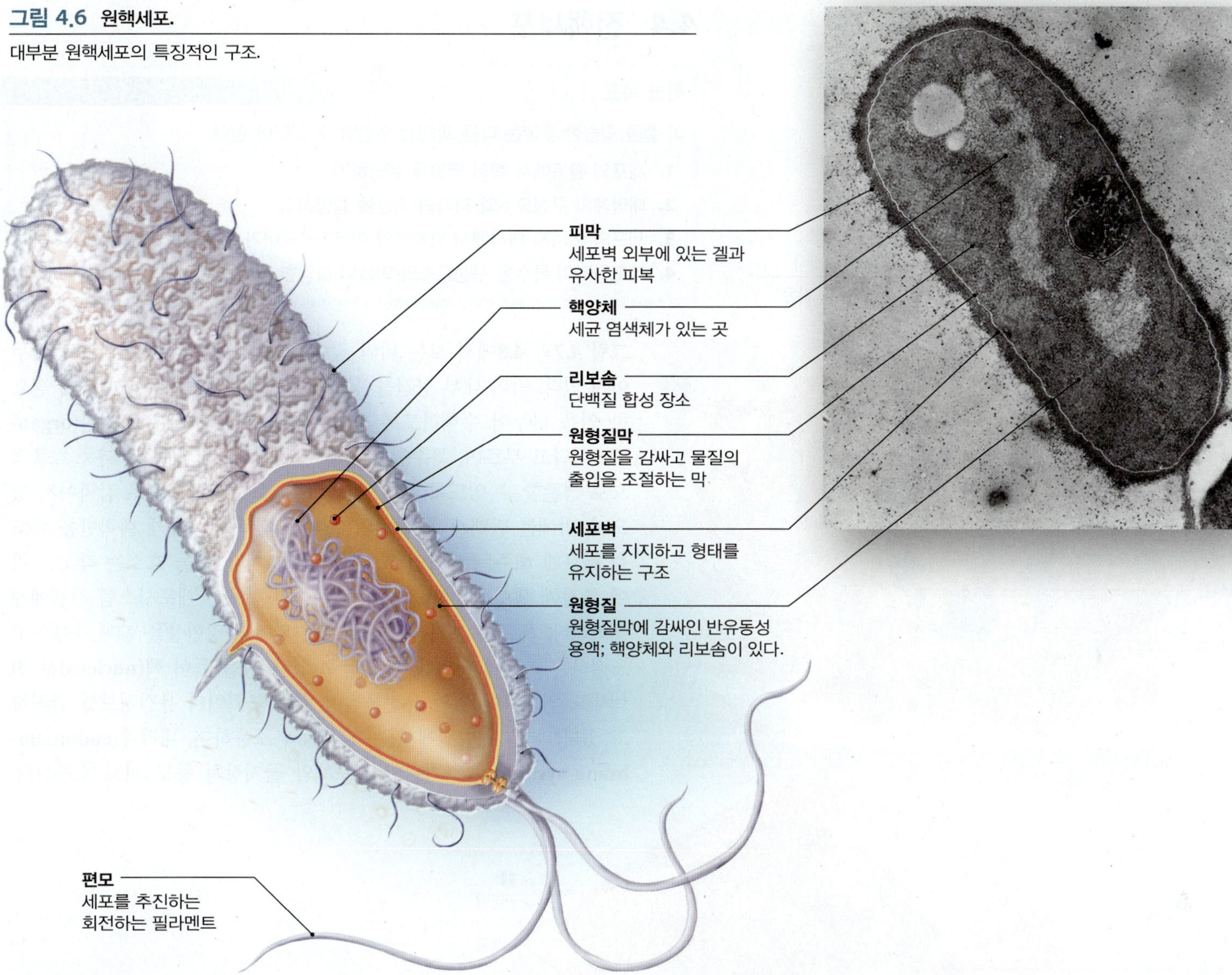

세균의 구조

세균의 원형질은 원형질막으로 감싸여져 있다. 대부분의 세균은 세포벽이 있으며, 때로는 피막을 가지기도 한다(**그림 4.6**). 원형질에는 다양한 효소가 있어서 살아가는 데 필요한 많은 종류의 화학반응 속도를 높여준다. 앞서 살펴본 바와 같이 원핵세포와 진핵세포의 원형질막은 그 구조가 유사하다(4.2절 참조). **세포벽(cell wall)**은 세포의 형태를 유지하며, 다량의 물을 흡수해도 그 형태를 잃지 않도록 한다. **피막(capsule)**은 세포벽 바깥에서 보호하는 다당류로 이루어진 층이다.

세균의 DNA는 꼬여 있는 하나의 고리형 염색체이며, **핵양체(nucleoid)**라고 부른다. DNA에서 지정하는 단백질은 **리보솜(ribosome)**에서 합성된다. 세균 세포에는 수천 개의 리보솜이 있다.

일부 세균은 꼬리처럼 생긴 부속지인 **편모(flagella)**가 있어서 이동할 수 있다. 세균의 편모는 채찍처럼 앞뒤로 움직이지 않으며, 그 대신에 회전 운동을 한다. 편모는 세포의 양끝에만 존재하거나, 또는 세균 표면에 임의로 퍼져 있다. 원핵세포의 구조와 증식 방법에 대해서는 17장에서 자세하게 살펴볼 것이다.

개념 연결하기

4.3 원핵세포는 독특한 구조를 가지며, 진핵세포보다 작다.

진도 점검하기 4.3

1. 모든 세포의 기본 특성을 열거하시오.
2. 원핵세포와 진핵세포의 주요 차이점은 무엇인가?
3. 원핵세포에서 핵양체, 세포벽, 리보솜, 편모의 역할을 설명하시오.

4.4 진핵세포

학습 목표

이 절을 학습한 후에는 다음 과제를 수행할 수 있어야 한다.

1. 세포의 활동에서 핵의 역할을 설명하기.
2. 내막계의 구성요소와 각각의 기능을 설명하기.
3. 세포의 에너지 대사에서 엽록체와 미토콘드리아가 수행하는 역할을 비교하기.
4. 세포골격의 특수한 구성요소와 이들의 다양한 역할을 설명하기.

그림 4.7과 **4.8**에서 보는 바와 같이, 진핵세포는 많은 구획으로 나누어져 있다. 막이 내부 공간을 형성하여 생명 기능을 수행하는 데 필요한 일을 나누어 수행하도록 한다. 진핵세포의 구획은 **소기관(organelle)**이라고 부르며, 특수한 기능을 수행함으로써 세포가 더욱 효율적으로 생존할 수 있도록 한다. 거의 모든 소기관은 막으로 감싸여져 있으며, 막에는 단백질이 묻혀 있다. 이들 단백질은 대개 화학반응 속도를 빠르게 해주는 분자인 **효소(enzymes)**이다. 이들 효소는 각 소기관에 특정한 생성물을 만들어내며, 이들의 작용은 세포시스템 전체에게 유익하다. 세포는 소기관이 서로 연결되어 생명현상을 함께 수행하고 조절하는 하나의 시스템이라 할 수 있다. 예를 들어 **핵(nucleus)**은 진핵세포 염색체에 있는 유전물질이 있는 구획이며 유전정보를 간직하고 있다. 핵은 원형질에 있는 리보솜과 소통하며, **내막계(endomembrane system)**의 소기관인 소포체와 골지장치 등도 서로 소통한다.

그림 4.7 전형적인 동물세포의 구조.

a. 인위적으로 채색한 동물세포의 투과전자현미경 사진. **b.** 같은 세포를 일반화한 모식도.

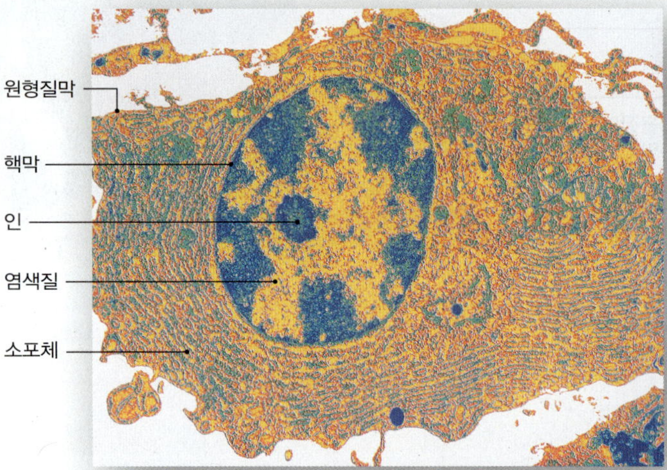

a.

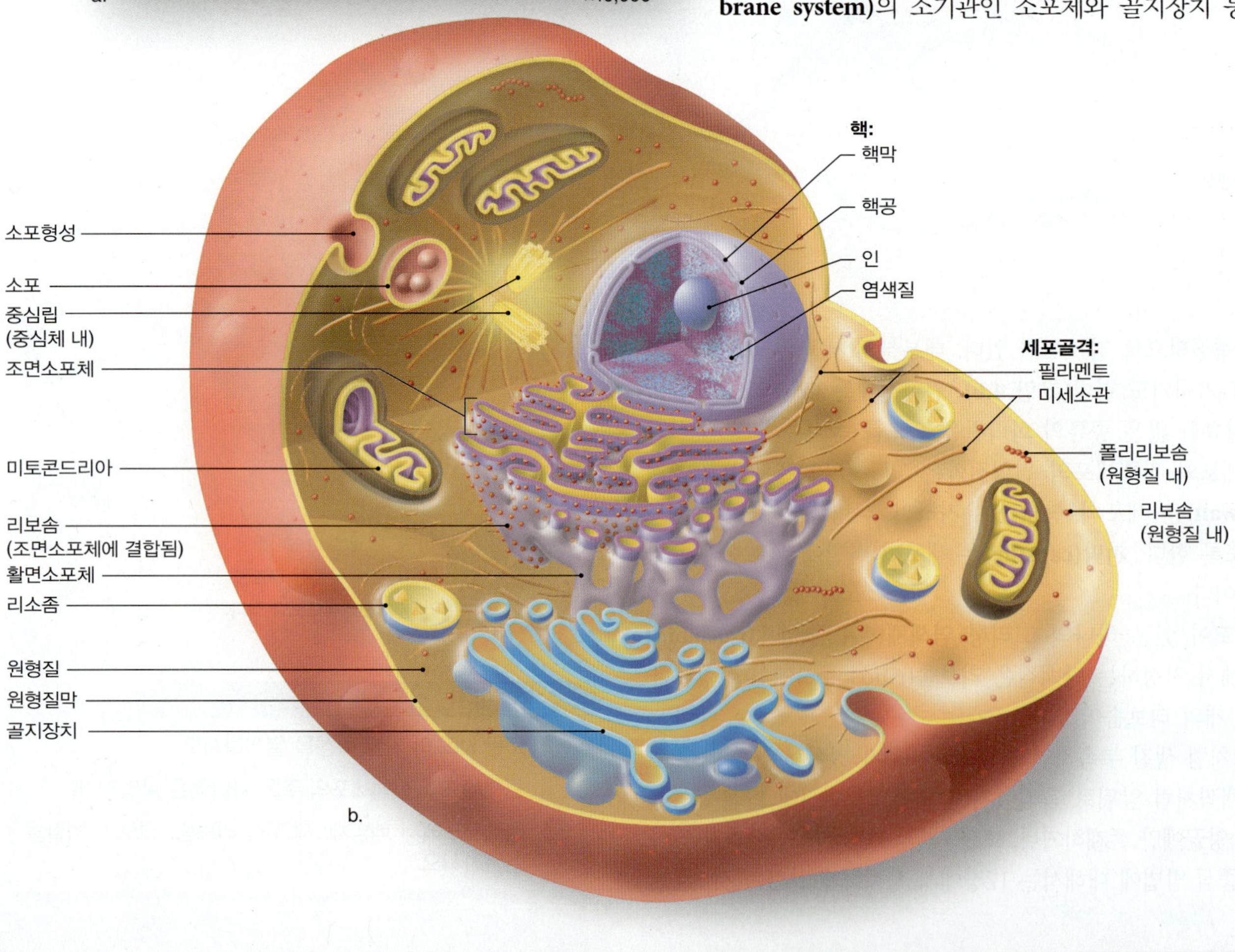

b.

특정 분자가 소기관의 내부 또는 표면에서 생산된 후, 수송 **소포(vesicle)**에 의해 운반된다. 소포는 막으로 이루어진 주머니이며, 분자를 감싸서 원형질과 격리되도록 한다. 예를 들어 소포체는 수송 소포에 의해 골지장치와 소통한다.

소포는 **세포골격(cytoskeleton)**이라는 단백질 필라멘트로 이루어진 광범위한 그물조직에 의해 이동한다. 세포골격은 또한 세포의 형태를 유지하고 이동을 돕는다. 이들 단백질 섬유로 인해 소포가 하나의 소기관에서 다른 소기관으로 이동하게 된다. 소기관 역시 이 수송계를 통해 세포 내에서 이동할 수 있다. 세포골격은 중요한 화물을 여러 곳으로 수송하는 세포 내부의 3차원 도로라고 생각하면 좋을 것이다.

식물세포의 엽록체, 식물과 동물세포의 미토콘드리아는 에너지와 관련된 소기관이며, 세포가 필요로 하는 에너지 대부분을 생산해낸다. 그림 4.7과 4.8에서 이들 소기관이 생명현상의 구성요소로서 특별한 기능을 수행하는 방식을 이해할 수 있을 것이다.

그림 4.8 전형적인 식물세포의 구조.

a. 인위적으로 채색한 식물세포의 투과전자현미경 사진. **b.** 같은 세포를 일반화한 모식도.

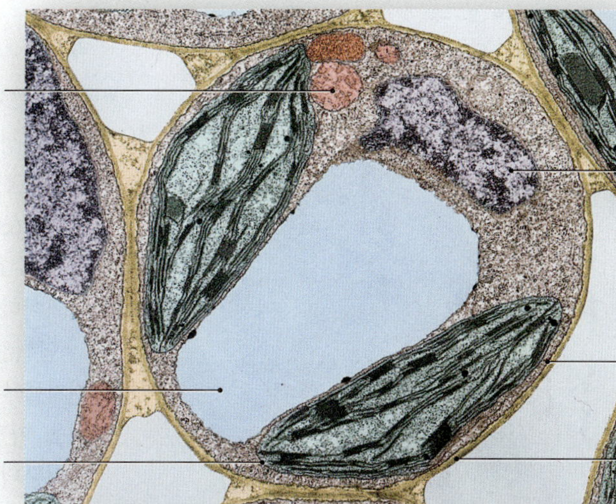

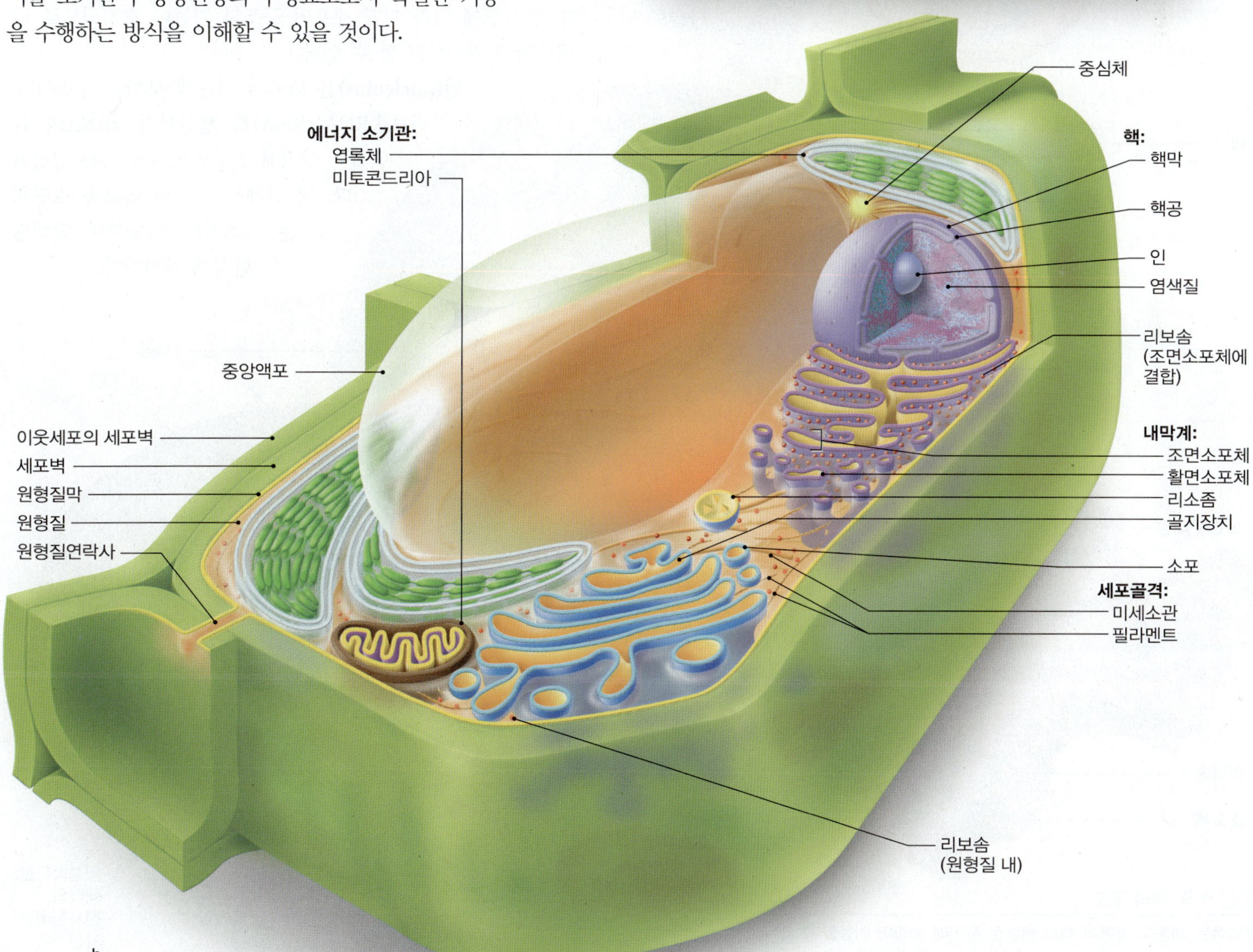

핵과 리보솜

핵은 유전정보를 간직하며, 원형질에 있는 리보솜이 이 정보를 이용하여 단백질을 합성한다.

핵

핵은 크기 때문에 진핵세포에서 가장 두드러지는 구조이다(**그림 4.9**). 핵의 반유동성 핵질 안에 **염색질(chromatin)**이 있다. 염색질은 DNA와 단백질이 그물구조를 이룬 것이다. 세포가 분열하기 직전에 염색질이 응축되고 꼬여 **염색체(chromosome)**라는 막대 모양 구조로 된다. 한 개체의 모든 세포는 같은 수효의 염색체를 가지며, 염색체를 절반만 가지고 있는 난자와 정자만 예외이다.

염색질(염색체)은 DNA와 단백질, 약간의 RNA로 구성된다. DNA가 유전자를 이루며, 유전자는 특정 폴리펩티드를 지정하는 특정 뉴클레오티드 서열을 가진다. 이 정보가 어떻게 가공되는지에 대해서는 11장에서 자세하게 살펴본다. 지금은 다만 이 정보가 전령RNA(mRNA)에 의해 핵에서 리보솜으로 전달된다는 사실이 중요하다. 리보솜에서 mRNA의 정보가 폴리펩티드 사슬로 번역된다. 단백질에 따라 어떤 세포의 구조와 기능이 결정되므로 핵을 세포의 지휘소라고 할 수 있다.

인(nucleolus)은 핵에서 어둡게 보이는 구조이며, 리보솜RNA(rRNA)를 생산한다. rRNA와 단백질이 합쳐져 리보솜의 소단위를 형성한다. 핵 안에서 조립된 리보솜 소단위는 세포질로 이동하여 단백질 합성에 참여한다.

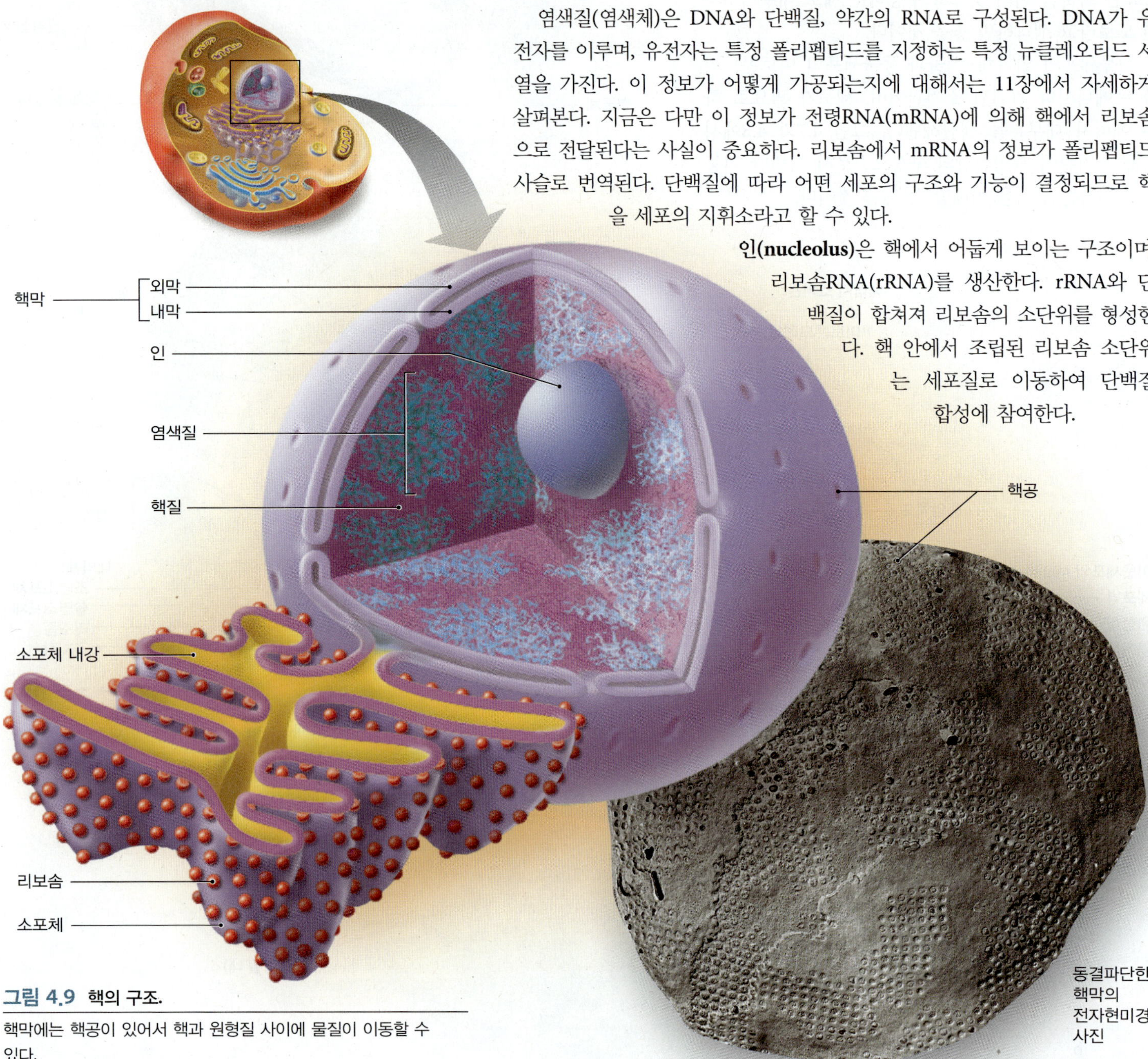

그림 4.9 핵의 구조.

핵막에는 핵공이 있어서 핵과 원형질 사이에 물질이 이동할 수 있다.

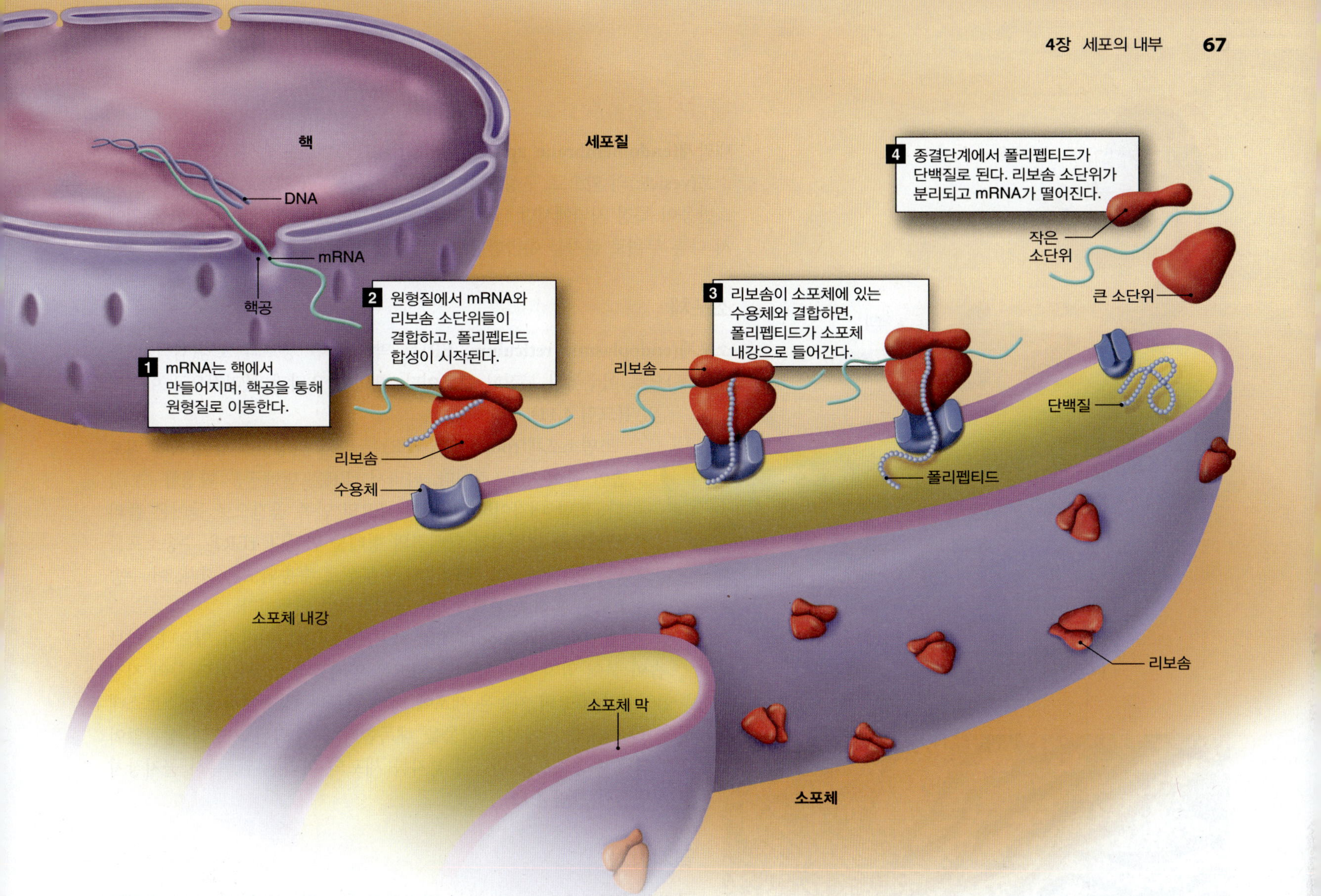

그림 4.10 핵, 리보솜, 소포체.

mRNA가 핵에서 원형질로 이동한 후 리보솜과 결합하면 폴리펩티드 합성이 시작된다. 리보솜이 소포체에 있는 수용체와 결합하면 폴리펩티드가 수용체 안의 통로를 통해 소포체 내강으로 들어간다. 이후에 소포체의 표면에서 리보솜이 분리되어 mRNA가 떨어져 나오며, 소포체 내강에서는 단백질이 형태를 이룬다.

핵은 **핵막(nuclear envelope)**이라는 인지질 이중막에 의해 원형질과 격리되어 있다. 핵막 전체에 핵공(*nuclear pore*)이 분포하여 핵이 세포질에서 수행되는 여러 활동과 소통할 수 있다. 핵공의 크기(100 nm)는 충분히 커서 리보솜 소단위와 mRNA가 핵에서 원형질로, 단백질이 원형질에서 핵으로 이동할 수 있다.

리보솜

리보솜은 원핵세포와 진핵세포 모두에서 볼 수 있다. 리보솜은 크고 작은 2개의 소단위로 구성된다. 두 소단위는 단백질과 rRNA가 섞인 비율이 다르다. 리보솜을 작업대로 삼아 mRNA에 있는 정보를 이용해 폴리펩티드 사슬을 합성한다(11장 참조). 단백질에는 하나 이상의 폴리펩티드 사슬이 포함될 수 있다.

진핵세포에서 리보솜은 원형질 안에 자유롭게 있거나, 내막계의 소기관인 소포체에 부착되어 있다. 리보솜이 소포체에 있는 수용체와 결합하면 합성 중인 폴리펩티드가 소포체 내강으로 들어가며, 그곳에서 더욱 변형되어(**그림 4.10**) 최종 형태를 이룬다.

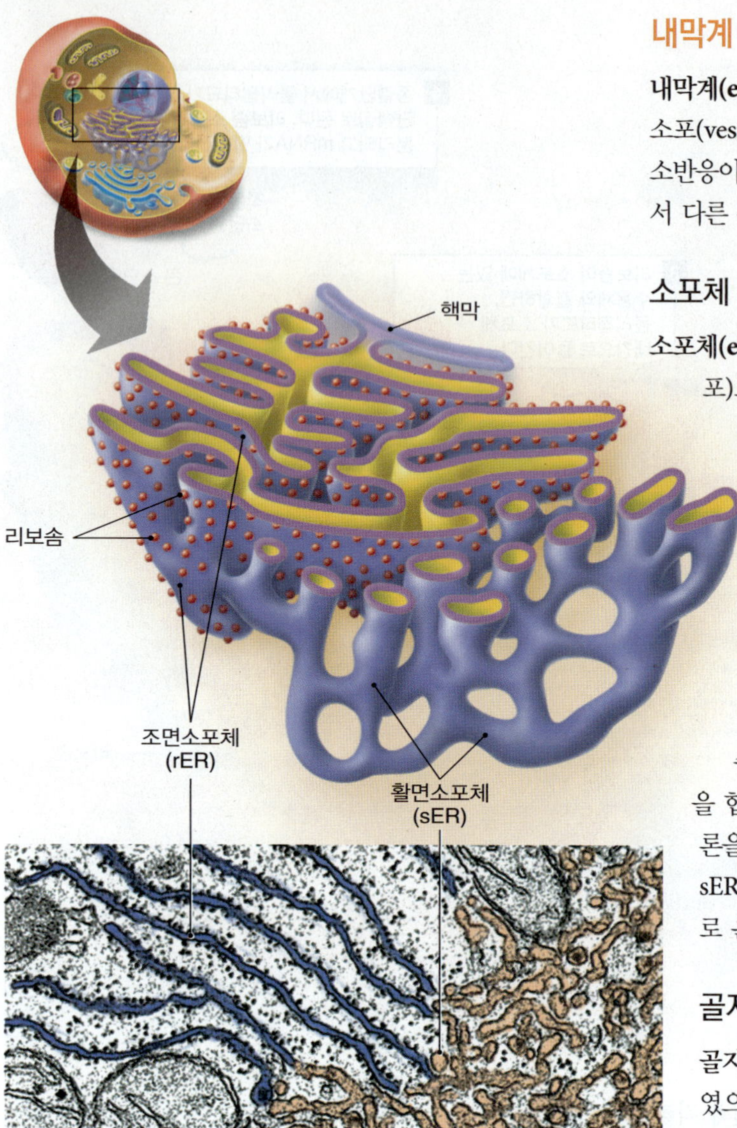

그림 4.11 소포체(ER).

조면소포체(rER)는 납작한 소낭으로 이루어져 있으며, 표면에 리보솜이 존재한다. 리보솜에서 합성된 폴리펩티드는 rER 내강으로 들어가 변형된다. 활면소포체(sER)는 리보솜이 없으며, 더 많은 관으로 이루어진다. sER은 지질을 합성하는 등 몇 가지 기능을 가진다.

내막계

내막계(endomembrane system)는 핵막, 그리고 소포체, 골지장치, 수많은 소포(vesicle)의 막으로 구성된다. 내막계는 세포를 구획으로 나누어 특정 효소반응이 특정 지역에서만 일어나도록 한다. 수송소포가 내막계의 한 부위에서 다른 부위로 분자를 운반한다.

소포체

소포체(endoplasmic reticulum, ER)는 막으로 된 통로와 소낭(납작한 소포)으로 이루어진 복잡한 구조이다. 핵막의 외막과 물리적으로 이어져 있다(**그림 4.11**).

조면소포체(rough ER, rER)는 막의 원형질을 향한 쪽에 리보솜이 붙어 있는 것이다. 따라서 rER은 단백질을 합성할 수 있다. 또한 내강이라고 부르는 ER의 안쪽 공간으로 들어온 폴리펩티드를 변형시켜 단백질의 형태를 만든다. rER은 수송소포를 만들어 단백질이 세포의 다른 부위로 수송되도록 한다. 이 수송소포는 흔히 원형질막이나 골지장치로 이동한다.

활면소포체(smooth ER, sER)는 rER과 이어져 있으나, 리보솜이 붙어 있지 않은 것이다. sER은 인지질과 스테로이드 등의 지질을 합성한다. sER의 기능은 세포에 따라 다르다. 정소에서는 테스토스테론을 합성하며, 간에서는 약물을 해독한다. 특수화된 기능과 상관없이 sER 역시 수송소포를 만들어 분자를 세포의 여러 부위, 특히 골지장치로 운반한다(**그림 4.12**).

골지장치

골지장치(Golgi apparatus)는 발견자인 Camillo Golgi를 기려 명명하였으며, 팬케이크를 연상시키는 살짝 휘어진 납작한 소낭이 쌓인 구조이다. 골지장치는 물류센터에 비유할 수 있다. 먼저, rER과 sER에서 운반되어 온 수송소포를 받는다. 소포 내의 분자는 소낭 사이를 이동하면서 변형된다. 예를 들어 골지장치의 소낭 안에서 단백질에 당이 덧붙거나 제거될 수 있다. 마지막으로, 변형된 분자를 분류하고 배달할 특정 위치 별로 새로운 수송소포 안에 포장한다. 배달되는 수송소포는 ER로 되돌아가거나, 또는 원형질막으로 가서 분비과정을 통해 내용물을 배출한다. 동물세포에서는 골지장치에서 만들어진 소포 중 일부가 리소좀으로 된다.

리소좀

리소좀(lysosome)은 골지장치에서 만들어진 소포이며, 분자와 심지어 세포 자신의 일부도 소화시킨다. 때로는 세포 외부에 있는 분자를 삼킨 후 원형질막에 형성된 소포가 리소좀과 융합되며, 리소좀의 효소가 소포 내의 내용물을 소화한다. 유전병의 하나인 Tay-Sachs 질환은 신경세포 내의 리소좀에 특정 지질 분자에 대한 효소가 없어서 나타난다. 환자의 세포는 이 지질이 가득 차게 되어 기능을 잃게 된다. 환자는 대개 어린 시절에 사망에 이른다. 현재 유전자치료 등을 이용하여 이 질환을 앓고 있는 어린아이에게 결여된 효소를 제공하려는 연구가 진행되고 있다.

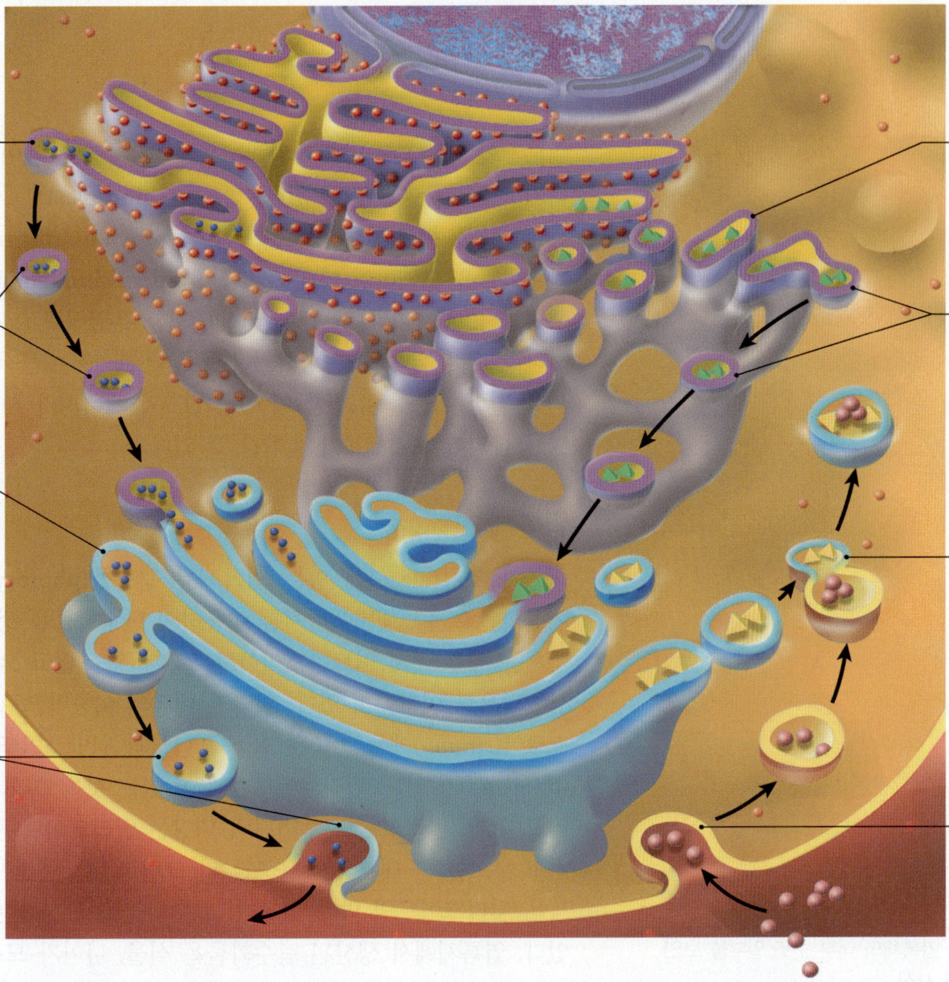

그림 4.12 **내막계.**

내막계의 소기관은 협력하여 기능을 수행한다. 식물세포에는 리소좀이 없다.

액포

액포(vacuole)는 소포와 마찬가지로 막으로 이루어진 주머니이지만, 소포보다 크다. 일부 원생생물의 액포는 아주 특수하게 분화되어 있다. 수축포는 세포 안의 과도한 수분을 제거하며, 소화포는 영양물질을 분해한다(**그림 4.13*a***). 액포에는 대개 영양물질이나 이온 등의 물질이 저장된다. 식물의 액포에는 물, 당, 염류뿐 아니라 색소와 독성 분자도 저장된다(그림 4.13*b*). 색소는 꽃과 일부 잎에서 빨강, 파랑, 또는 보랏빛 색채를 나타낸다. 독성물질은 초식동물로부터 식물을 보호하는 역할을 한다. 동물세포에는 거의 액포가 없다. 예외로서 지방세포(adipocyte)에는 지질이 가득 찬 매우 큰 액포가 있는데, 세포 부피의 거의 2/3나 차지한다(그림 4.13*c*)!

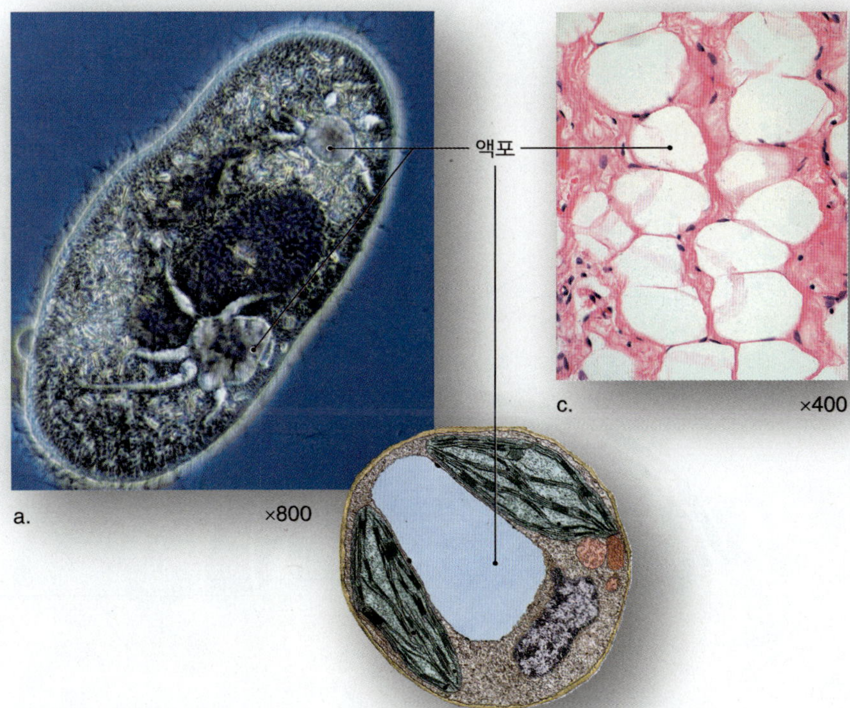

그림 4.13 **액포.**

a. 원생생물의 수축포. **b.** 식물의 액포. **c.** 지방세포의 액포.

에너지-연관 소기관

엽록체와 미토콘드리아는 진핵세포에 있는 막으로 이루어진 소기관이며, 에너지 전환에 특수화되어 있다. **엽록체(chloroplast)**는 햇빛에너지를 이용하여 탄수화물을 합성한다. **미토콘드리아(mitochondria,** *sing.* mitochondrion)는 탄수화물을 분해하여 **아데노신3인산(adenosine triphosphate, ATP)** 분자를 생성한다. ATP가 세포 내에서 에너지를 운반하므로 ATP 합성은 매우 중요하다. 세포가 분자를 합성하거나 수송할 때, 또는 근육수축이나 신경전도 등의 특별한 기능을 수행할 때마다 ATP의 에너지가 사용된다. ATP가 끊임없이 공급되어야만 세포가 살아갈 수 있다.

엽록체

식물과 조류(algae)에 있는 엽록체는 **광합성(photosynthesis)** 과정을 통해 이산화탄소, 물, 햇빛에너지를 이용하여 탄수화물을 생성하는 소기관이다. 엽록체는 매우 커서 미토콘드리아보다 2배 정도 넓고 5배 정도 길다. 엽록체는 삼중막으로 이루어져 있다. 외막과 내막의 이중막으로 감싸인 내부공간인 스트로마(*stroma*)에는 농축된 효소 혼합물과 원반 모양의 주머니인 틸라코이드(*thylakoid*)가 있다. 틸라코이드가 쌓여 있는 것을 그라나(*grana, sing.* granum)라고 한다. 틸라코이드 주머니의 내강은 틸라코이드 공간(*thylakoid space*)이라고 부르는 큰 내부 분획을 이룬다(**그림 4.14**). 햇빛에너지를 포획하는 색소들은 틸라코이드의 막에 있으며, 탄수화물을 합성하는 효소들은 스트로마에 있다. 엽록체에서 생산된 탄수화물은 식물, 나아가 모든 생명체의 유기 영양분자로 이용된다. 광합성에 대해서는 6장에서 자세하게 논의한다.

엽록체가 자신의 고유한 DNA와 리보솜을 가지고 있다는 사실은 엽록체가 먼 옛날에 진핵세포 내부로 들어간 광합성 세균에서 유래하였을 것이라는 이론을 뒷받침한다.

미토콘드리아

미토콘드리아는 엽록체보다 훨씬 작으며, 대개 전자현미경을 사용해야 관찰할 수 있다. 미토콘드리아는 **그림 4.15**와 같은 형태일 것으로 생각하지만, 실제로는 길고 가늘거나 짧고 뚱뚱한 형태로 흔히 바뀐다. 미토콘드리아는 (열차의 차량처럼) 이동하는 긴 사슬을 이룰 수도 있고, 또는 (에너지를 가장 많이 필요로 하는) 한 곳에 고정되어 있을 수도 있다. 예를 들어 심장근육에서는 수축요소 사이에 밀집되어 있으며, 정자에서는 편모 내부를 감아서 둘러싸고 있다.

그림 4.14 엽록체의 구조.

a. 광합성을 수행하는 소기관인 엽록체의 내부 구조 일부를 보인 모식도. **b.** 엽록체의 전자현미경 사진.

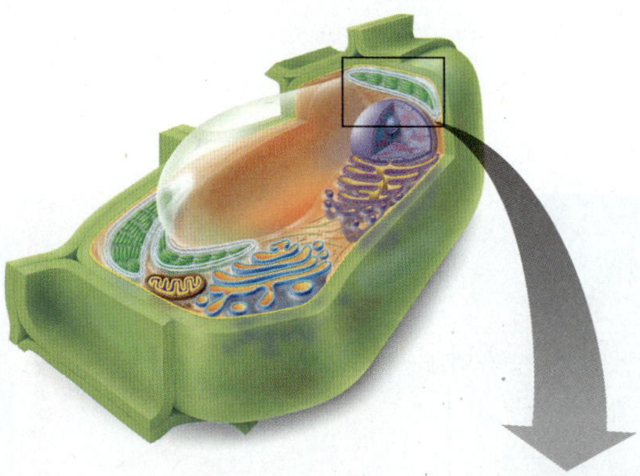

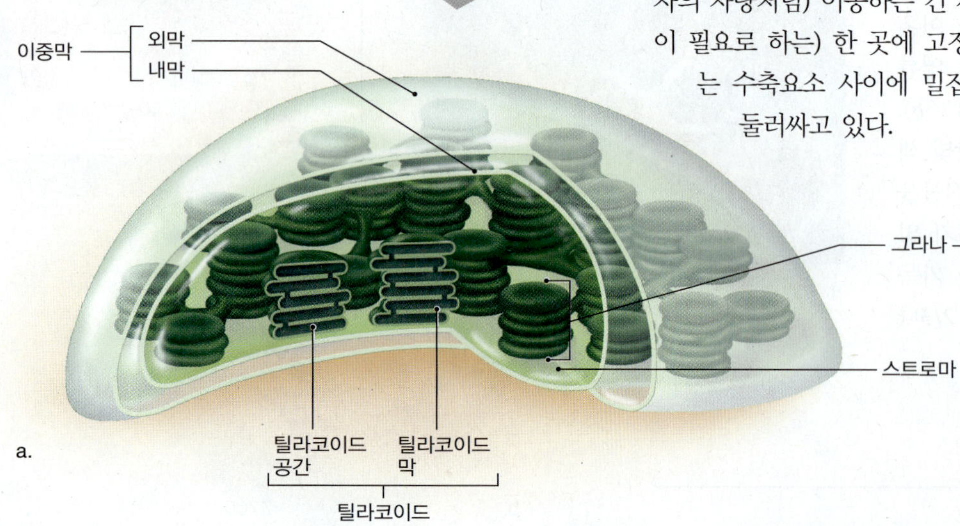

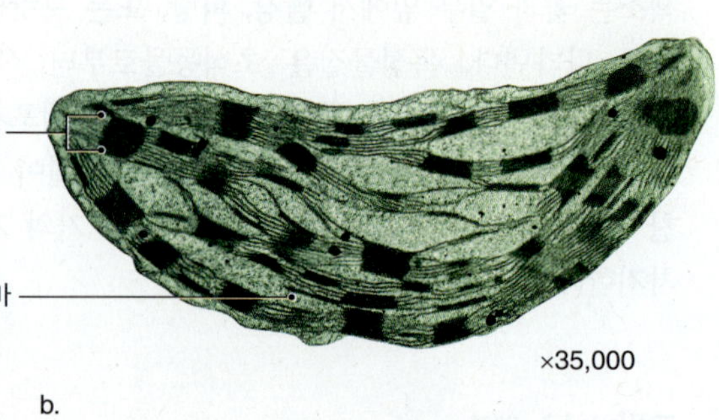

엽록체와 마찬가지로 미토콘드리아도 이중막으로 경계를 이룬다. 내막은 둘둘 말려서 기질 쪽으로 튀어나온 접힌 구조인 크리스타(*crista, pl.* cristae)를 형성한다. 크리스타로 인해 내막의 표면적이 증대되며, 간세포에서는 세포에 있는 막 전체의 약 1/3을 차지하기도 한다.

미토콘드리아는 세포가 사용하는 ATP 대부분을 생산하기 때문에 흔히 세포의 발전소라고 부른다. 내막에 감싸여 있는 공간은 기질(*matrix*)이라고 하며, 탄수화물을 비롯한 영양분자를 분해하는 효소의 혼합물이 농축되어 있다. 이들의 반응에서 공급되는 화학에너지를 이용하여 크리스타에서 ATP를 합성한다. 탄수화물이 완전히 분해되는 과정은 산소를 필요로 하고 이산화탄소를 방출하기 때문에 **세포호흡(cellular respiration)**이라고 부른다. 이 과정에는 원형질도 함께 참여한다. 세포호흡에 대해서는 7장에서 자세하게 논의한다.

기질에는 미토콘드리아 자신의 DNA와 리보솜도 있다. 이러한 사실은 미토콘드리아와 엽록체의 기원이 유사하고 모두 초기 진핵세포에 정주한 세균에서 유래하였다는 증거가 된다. 예외가 드물게 있지만, 모든 진핵세포가 미토콘드리아를 가지고 있다. 그러나 엽록체는 오직 광합성을 수행하는 생명체(식물과 조류)만 가지고 있다.

연관: 과학적 탐구

미토콘드리아와 엽록체가 한때 세균이었다는 사실을 어떻게 알 수 있을까?

이들 소기관에 있는 DNA는 핵에 있는 DNA와 그 구조가 다르다. 미토콘드리아와 엽록체 모두 고리형인 단일 염색체를 가지는데, 원핵세포의 것과 유사하다. 이 염색체에 있는 유전자는 구조와 기능 모두에서 원핵세포의 유전자와 매우 밀접하게 연관되어 있다. 더욱이 미토콘드리아와 엽록체 모두 세균의 이분법과 매우 비슷한 방식으로 증식한다. 이러한 사실과 두 소기관의 DNA를 자세하게 분석한 결과를 종합하면, 진핵생물의 진화에서 중요한 역할을 한 먼 옛날의 세포내공생(endosymbiosis) 사건에 의해 이 두 소기관이 비롯되었다고 추정할 수 있다.

세포골격과 운동단백질

세포골격(cytoskeleton)은 단백질 필라멘트와 세관(tubule)이 서로 이어진 그물조직이며, 진핵세포의 핵부터 원형질막까지 펼쳐져 있다. 뼈와 근육이 동물의 구조를 이루고 움직일 수 있도록 하듯이, 세포골격도 세포의 형태를 유지하고 운동단백질(*motor protein*)을 따라 세포와 소기관이 이동하도록 한다. 그러나 동물의 골격과는 다르게 세포골격은 매우 역동적이다. 즉, 세포골격을 이루는 구성요소는 빠르게 조립되거나 분해되어 적절한 형태를 이룰 수 있다. 세포골격에는 미세소관과 중간섬유, 액틴 필라멘트가 포함된다.

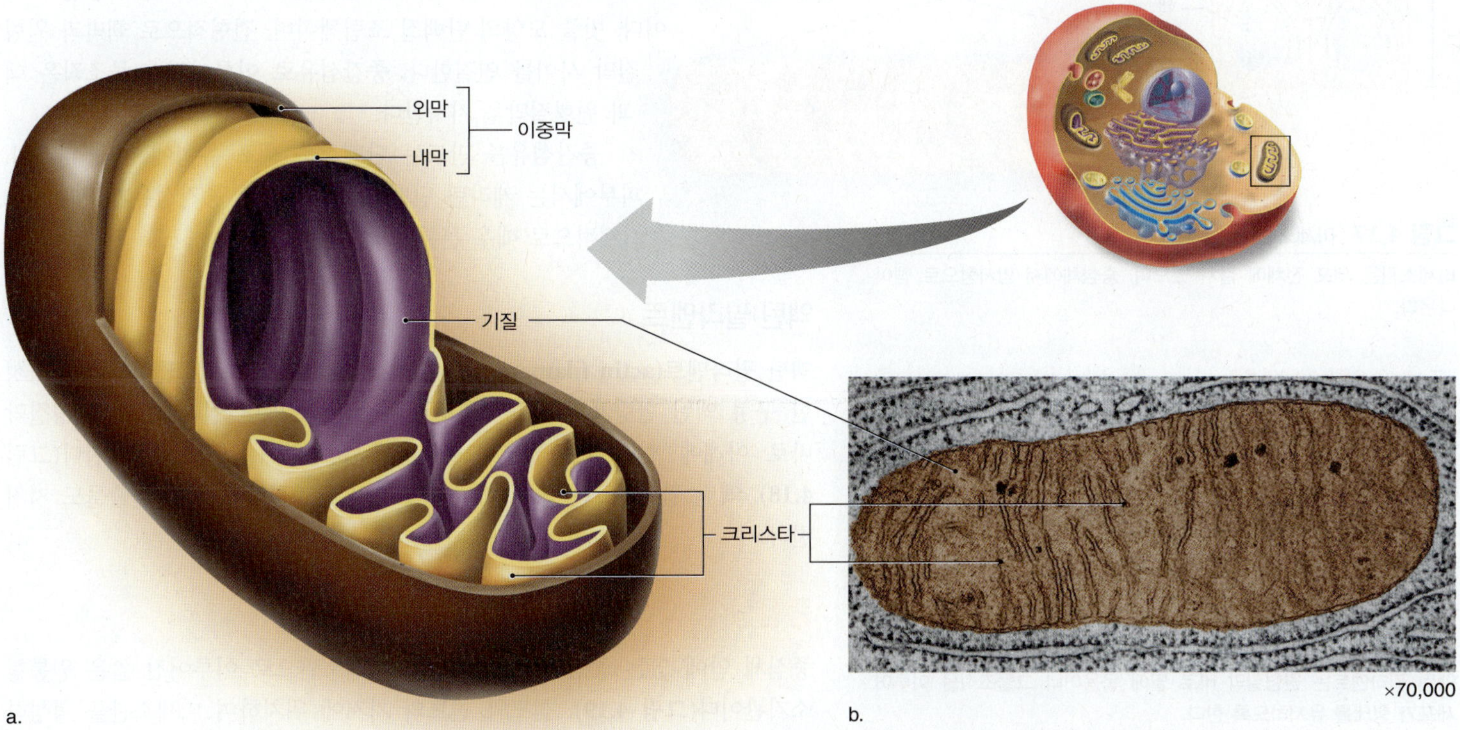

그림 4.15 미토콘드리아의 구조.
a. 세포호흡을 수행하는 소기관인 미토콘드리아의 내부 구조를 나타낸 모식도. **b.** 미토콘드리아의 전자현미경 사진.

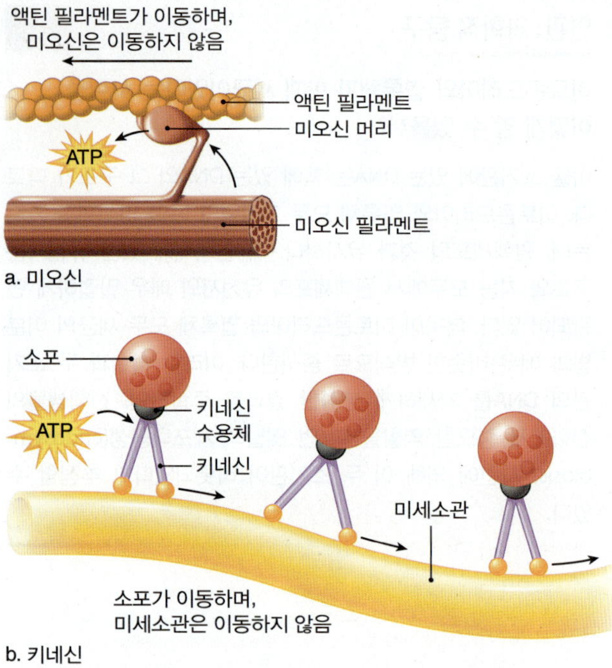

그림 4.16 운동 단백질.

a. 미오신은 액틴과 분리하고 재결합하면서 액틴 필라멘트가 미오신 필라멘트를 따라 끌려오게 함으로써 움직임을 만들어낸다. **b.** 운동 분자인 키네신은 미세소관 도로를 따라 소기관을 운반한다. 한쪽 끝은 소기관과 결합하고, 반대쪽은 미세소관과 결합, 분리, 재결합한다. 미오신과 키네신 모두 ATP에서 에너지를 공급받는다.

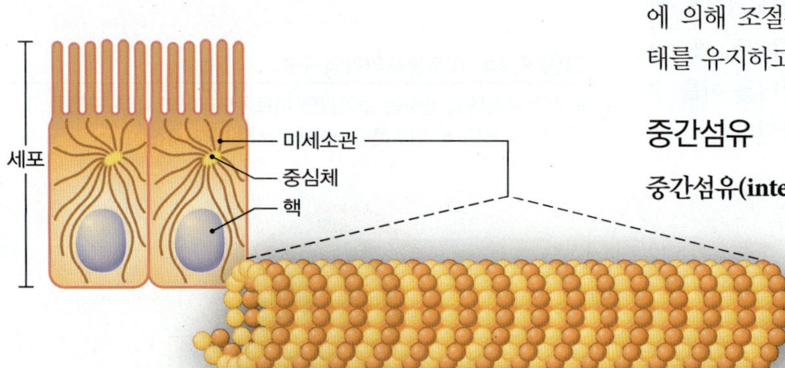

그림 4.17 미세소관.

미세소관은 세포 전체에 걸쳐 있으며, 중심체에서 방사형으로 뻗어 나온다.

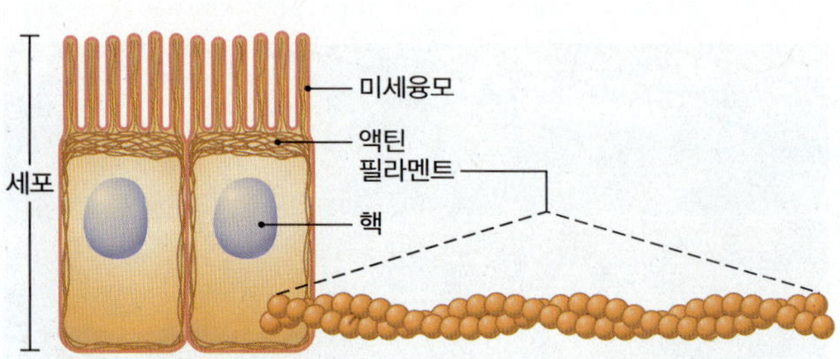

그림 4.18 액틴 필라멘트.

액틴 필라멘트는 원형질막 바로 밑에 묶음이나 그물조직을 이루어 세포가 형태를 유지하도록 한다.

운동단백질

세포골격과 연계된 운동단백질은 세포가 이동할 수 있도록 하는 기계장치이다. 주요 운동단백질로는 미오신, 키네신, 디네인이 있다.

미오신(myosin)은 흔히 액틴 필라멘트와 상호작용을 하여 이동하도록 한다. 예를 들어 세포가 아메바운동을 하거나 큰 입자를 삼킬 때에 미오신이 액틴 필라멘트와 상호작용을 한다. 동물세포가 분열할 때에는 액틴이 미오신과 협력하여 원래의 세포를 분리시켜 두 개의 새로운 세포로 만든다. 근육세포가 수축할 때에는 미오신이 액틴 필라멘트를 세포의 가운데 쪽으로 끌어당긴다(**그림 4.16***a*).

키네신(kinesin)과 디네인(dynein)은 마치 자동차가 고속도로를 따라 달리는 것처럼 미세소관을 따라 이동한다. 먼저 소포 등의 소기관이 운동 분자와 연결된 후, 이 운동 분자가 미세소관을 따라 결합, 분리, 재결합 과정을 반복한다. 이에 따라 소기관이 세포 내의 다른 곳으로 이동하게 된다(그림 4.16*b*). 키네신과 디네인은 수송소포가 골지장치로부터 최종 목적지로 물질을 수송할 때에도 유사하게 작용한다.

미세소관

미세소관(microtubule)은 속이 비어 있는 작은 원통이며, 튜불린 이량체(튜불린 분자 2개)의 긴 사슬 13개로 구성된다(**그림 4.17**). 미세소관은 동적 구조이므로 튜불린 이량체를 제거함으로써 길이를 쉽게 변화시킬 수 있다. 이 과정은 핵 근처에 있는 **중심체(centrosome)**라고 부르는 미세소관 조립센터에 의해 조절된다. 중심체에서 방사형으로 뻗어 나온 미세소관은 세포의 형태를 유지하고 소기관을 비롯한 물질이 이동하는 선로 역할을 한다.

중간섬유

중간섬유(intermediate filament)는 액틴 필라멘트와 미세소관의 중간 크기이다. 밧줄 모양의 단백질 조립체이며, 전형적으로 핵막과 원형질막 사이를 연결한다. 중간섬유로 이루어진 그물조직은 핵과 원형질막을 지지한다.

중간섬유를 만드는 단백질은 세포 유형에 따라 다르다. 피부에서는 케라틴 단백질로 이루어진 중간섬유가 피부세포를 기계적으로 매우 튼튼하게 만든다.

액틴 필라멘트

액틴 필라멘트(actin filament)는 서로 나선형으로 꼬여 긴 필라멘트를 형성한 구형 액틴 단량체의 사슬 2개로 이루어진다. 액틴 필라멘트는 원형질막 바로 아래에 밀집된 복잡한 그물구조를 형성하여 세포를 지지한다(**그림 4.18**). 액틴 필라멘트는 또한 미세융모 등의 원형질막에 있는 돌출물도 지지한다.

중심립

중심체 안에 있는 **중심립(centriole)**은 미세소관으로 이루어진 짧은 원통형 소기관이다(**그림 4.19**). 섬모와 편모의 기저에 위치하며 미세소관을 형성하

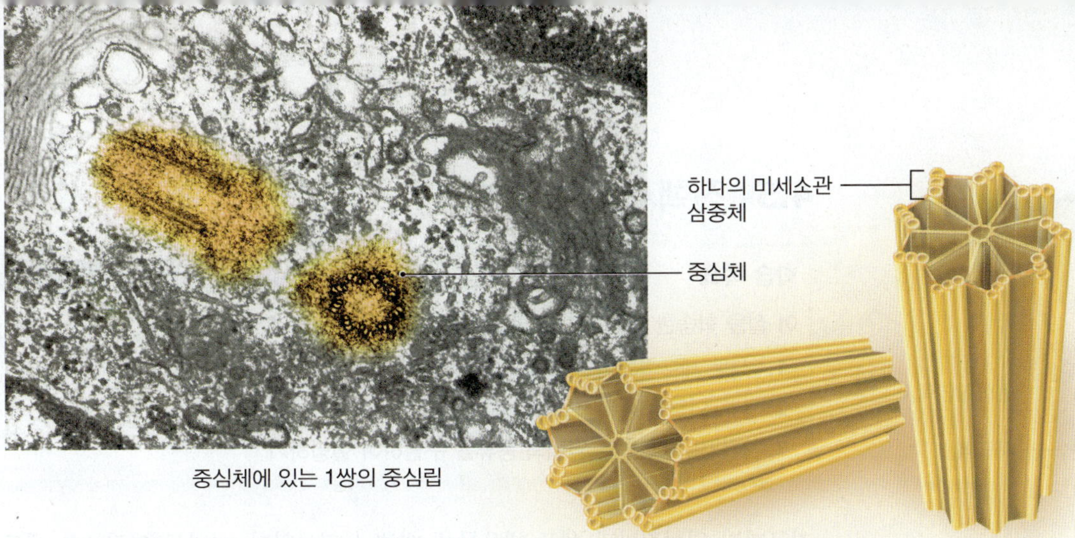

그림 4.19 중심립.

동물세포 핵의 한 쪽에 있는 1쌍의 중심립.

는 것으로 추정되는 기저체가 중심립에서 만들어질 가능성이 있다. 또한 중심립이 세포분열에 필수적인 방추사 형성에 도움을 줄 가능성도 있다. 그러나 식물과 균류 등의 일부 진핵생물에는 (중심체는 있지만) 중심립이 없으므로, 중심립은 원형질 미세소관 조립에 필수적이지는 않은 것으로 보인다.

섬모와 편모

진핵세포에서 섬모와 편모는 채찍처럼 생긴 돌기이다(**그림 4.20**). **섬모(cilia)**는 노처럼 뻣뻣하게 움직이며, **편모(flagella)**는 뱀처럼 물결치며 움직일 수 있다. 섬모(2~10 μm)는 짧고, 편모(대개 200 μm 이하)는 길다. 일부 단세포 원생생물은 섬모나 편모를 이용하여 이동한다. 섬모가 있는 세포는 우리 몸의 호흡기 건강과 생식능력에 중요한 역할을 한다. 호흡기도에 덧대어 있는 섬모세포는 점액에 붙잡힌 먼지 찌꺼기를 목구멍 쪽으로 청소하여 허파를 깨끗하게 유지한다. 이와 유사하게 섬모세포가 난관을 따라 난자를 이동시켜 편모가 있는 정자세포와 수정할 수 있도록 한다.

a. 기관지 벽의 섬모

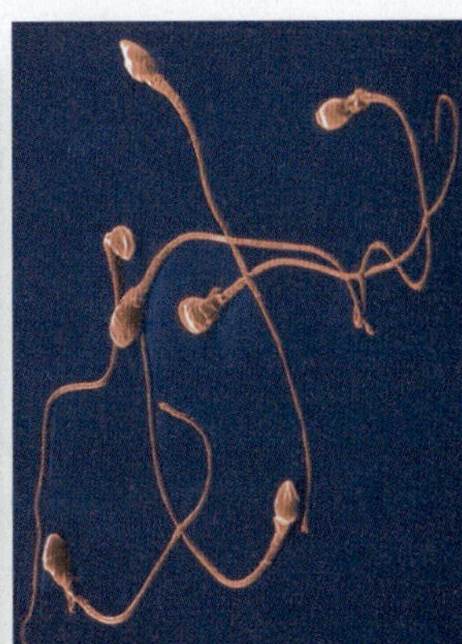

정자의 편모

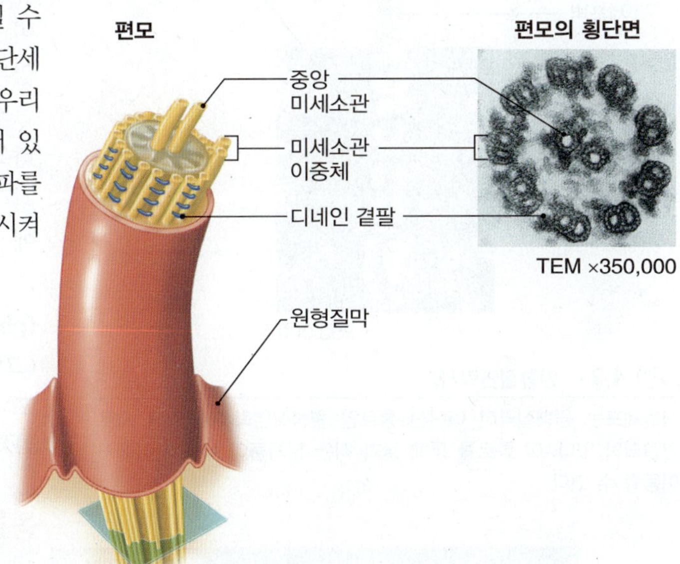

b.

그림 4.20 섬모와 편모.

a. 기관지의 벽에 있는 섬모와 정자의 편모는 운동능력이 있는 소기관이다. 허파의 기관지에 있는 섬모는 점액과 먼지 찌꺼기를 목구멍 쪽으로 청소하여 삼키거나 내뱉을 수 있도록 한다. 정자는 편모를 이용하여 난자에게 헤엄쳐 갈 수 있다. **b.** 섬모와 편모는 원형질막과 경계를 접하고 있는 뚜렷한 미세소관 패턴을 가지고 있다.

진도 점검하기 4.4

1. 핵과 리보솜의 구성성분과 각각의 기능을 설명하시오.
2. 내막계의 구성원과 각각의 기능을 설명하시오.
3. 액포의 특수한 기능을 요약하고, 세포에 액포가 없다면 어떻게 될 것인지 가설을 세우시오.
4. 진핵세포의 에너지-연관 소기관 두 가지의 구조와 기능을 비교하시오.
5. 진핵세포의 세포골격 단백질과 운동단백질의 기능을 설명하시오.

개념 연결하기

4.4 진핵세포는 핵을 가지고 있다.

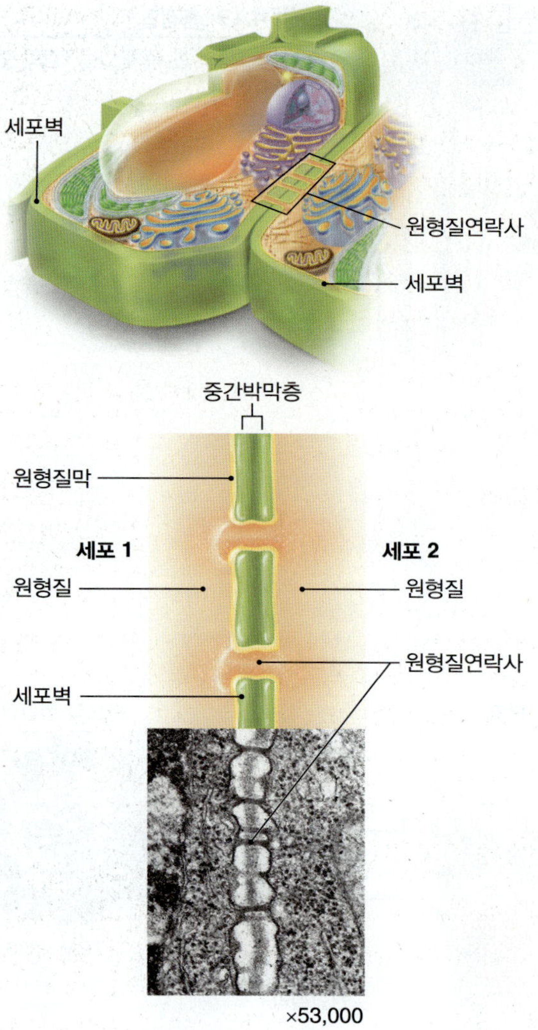

그림 4.21 원형질연락사.

식물세포는 원형질막이 이어진 통로인 원형질연락사에 의해 서로 연결되어 있다. 이 통로를 통해 물과 작은 분자들이 세포 사이에서 이동할 수 있다.

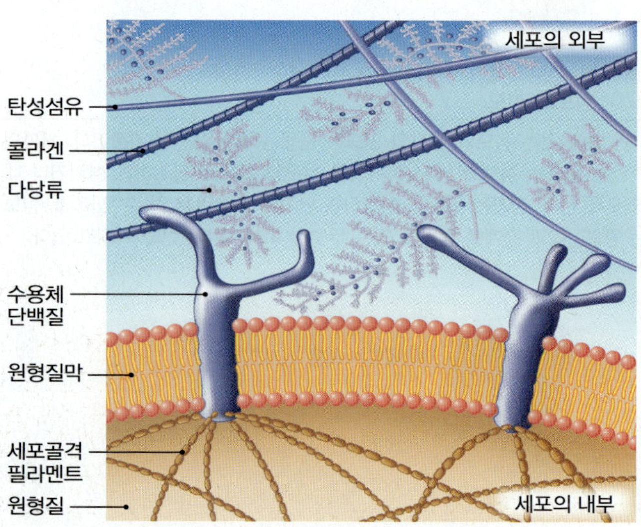

그림 4.22 동물세포의 세포외기질.

세포외기질은 동물세포를 지지하고 행동에 영향을 준다.

4.5 진핵세포의 외부

학습 목표

이 절을 학습한 후에는 다음 과제를 수행할 수 있어야 한다.

1. 식물 세포벽의 구조를 설명하기.
2. 세포외물질의 목적을 설명하기.
3. 진핵세포에 있는 연접의 종류를 구별하여 설명하기.

지금까지 원형질막과 세포 내용물에 대해 살펴보았다. 아마도 이것으로 세포에 관한 여행을 마쳤다고 생각할지 모른다. 그러나 이밖에도 대부분의 세포는 세포가 생산하여 원형질막을 통과해 수송한 물질로 이루어진 세포외부 구조도 가지고 있다.

식물 세포벽

식물세포는 모두 **세포벽(cell wall)**을 가지고 있다. 1차세포벽은 셀룰로오스 섬유와 비-셀룰로오스 물질로 이루어져 있으며, 이로 인해 세포가 생장할 때 벽이 늘어날 수 있다. 식물세포 2개를 결합시키는 중간박막층(middle lamella)에 있는 세포벽의 외부에는 부착성 물질이 풍부하게 있다.

일부 식물세포는 1차세포벽 안쪽에 형성되는 **2차세포벽**을 가지고 있어서 더욱 단단해진다. 2차세포벽에는 셀룰로오스 섬유가 대량 들어 있으며, 서로 직각 방향으로 교차되어 있다. 강도를 높여주는 물질인 리그닌은 2차세포벽에 공통적으로 함유되어 있다.

식물은 원형질막이 이어져 세포벽을 통과하는 좁은 통로인 **원형질연락사(plasmodesmata**, *sing.* plasmodesma)에 의해 세포질이 서로 연결되어 있다(**그림 4.21**). 이 통로를 통해 인접한 식물세포 사이, 나아가 식물의 모든 세포 사이에서 일부 물질이 직접 교환된다. 오직 물과 작은 용질만이 원형질연락사를 통해 세포 사이를 자유롭게 이동할 수 있다.

동물세포의 외부표면

동물세포는 세포벽이 없지만, (1) 세포 외부에 있는 세포외기질과 (2) 일부 유형의 세포 사이에서 나타나는 다양한 연접이라는 흥미로운 외부표면 특징을 가지고 있다.

세포외기질

세포외기질(extracellular matrix, ECM)은 다당류와 단백질의 그물조직이며, 이들 물질을 생산한 세포와 밀접하게 연관되어 있다(**그림 4.22**). 콜라겐(collagen)과 탄성섬유(elastin)는 세포외기질에 있는 잘 알려진 단백질이다. 콜라겐은 늘어나지 않도록 하고, 탄성섬유는 탄력을 가지도록 한다. 다당류는 발생과정에서 콜라겐 섬유를 따라 세포가 이동하도록 하는 역동적인 역할을 수행한다. 그 밖의 세포외기질 단백질은 세포의 원형질막에 있는 수용체와 결합하여 세포외기질과 원형질에 있는 세포골격 사이에 통신이 이루어지도록 한다.

조직의 세포외기질은 매우 다양하다. 연골의 경우처럼 매우 유연하거나 뼈의 경우처럼 단단한 것도 있다. 세포외기질의 단단한 성질은 존재하는 단백질 섬유의 종류와 양, 그리고 이들의 배열방식에 의해 주로 영향을 받는다. 뼈의 세포외기질이 매우 단단한 까닭은, 단백질 섬유 외에도 광물성 염류(주로 칼슘염)가 세포 외부에 침적되기 때문이다.

세포 사이의 연접

특정 세포 사이의 연접으로는 부착연접, 밀착연접, 간극연접 등 세 가지가 알려져 있다. 두 세포 사이의 연접 유형은 세포가 물질을 교환할 수 있어야 하는지 여부와 두 세포가 서로 매우 단단히 결합하여야 하는지 여부에 따라 달라진다.

부착연접(adhesion junction)에서는 세포 각각의 세포골격에 단단히 부착되어 있는 내부 원형질 판들이 세포간 섬유에 의해 연결되어 있다(**그림 4.23*a***). 그 결과 단단하지만 유연한 세포의 얇은 판이 형성된다. 심장과 위, 방광처럼 조직이 확장되어야 하는 기관에서는 부착연접에 의해 세포들이 연결되어 있다.

잇대어 있는 세포들은 **밀착연접(tight junction)**에 의해 더욱 밀접하게 결합되는데, 원형질막 단백질들이 서로 결합하여 지퍼와 같은 잠금장치를 형성한다(그림 4.23*b*). 장벽 역할을 하는 조직의 세포들이 밀착연접에 의해 결합된다. 예를 들어 신장 관의 세포들은 밀착연접으로 연결되어 있기 때문에 오줌이 신장 관에서 새어나오지 않는다.

간극연접(gap junction)은 세포가 교류할 수 있도록 하며, 2개의 같은 원형질막 통로가 연결되어 형성된다(그림 4.23*c*). 각 세포의 통로에는 6개의 원형질막 단백질이 덧대어 있어서 연접이 열리거나 닫힐 수 있도록 한다. 간극연접은 세포의 강도를 높여주기도 하지만, 작은 분자나 이온이 통과할 수도 있다. 간극연접이 심장근육과 민무늬근에서 중요한 이유는, 세포들이 한 단위로서 함께 수축하도록 하는 데 필요한 이온의 흐름이 일어날 수 있기 때문이다.

개념 연결하기 4.5
세포는 특수화된 연접에 의해 연결되어 있다.

진도 점검하기 4.5

1. 일부 진핵세포가 세포벽을 가지고 있는 이유를 설명하시오.
2. 동물세포의 세포외기질 조성에 대해 설명하시오.
3. 부착연접, 밀착연접, 간극연접의 구조와 기능을 비교하시오.

연관: 건강

콜라겐 크림을 바르면 주름이 펴질까?

그렇지 않다. 콜라겐은 진피라고 부르는 피부의 중간층에서 활성을 가지는 단백질이다. 피부 표면에 있는 콜라겐은 단단한 바깥층을 통과하지 못한다. 그러나 크림에 있는 보습제가 수분 손실을 막아주므로 피부가 탄력을 얻을 수는 있다.

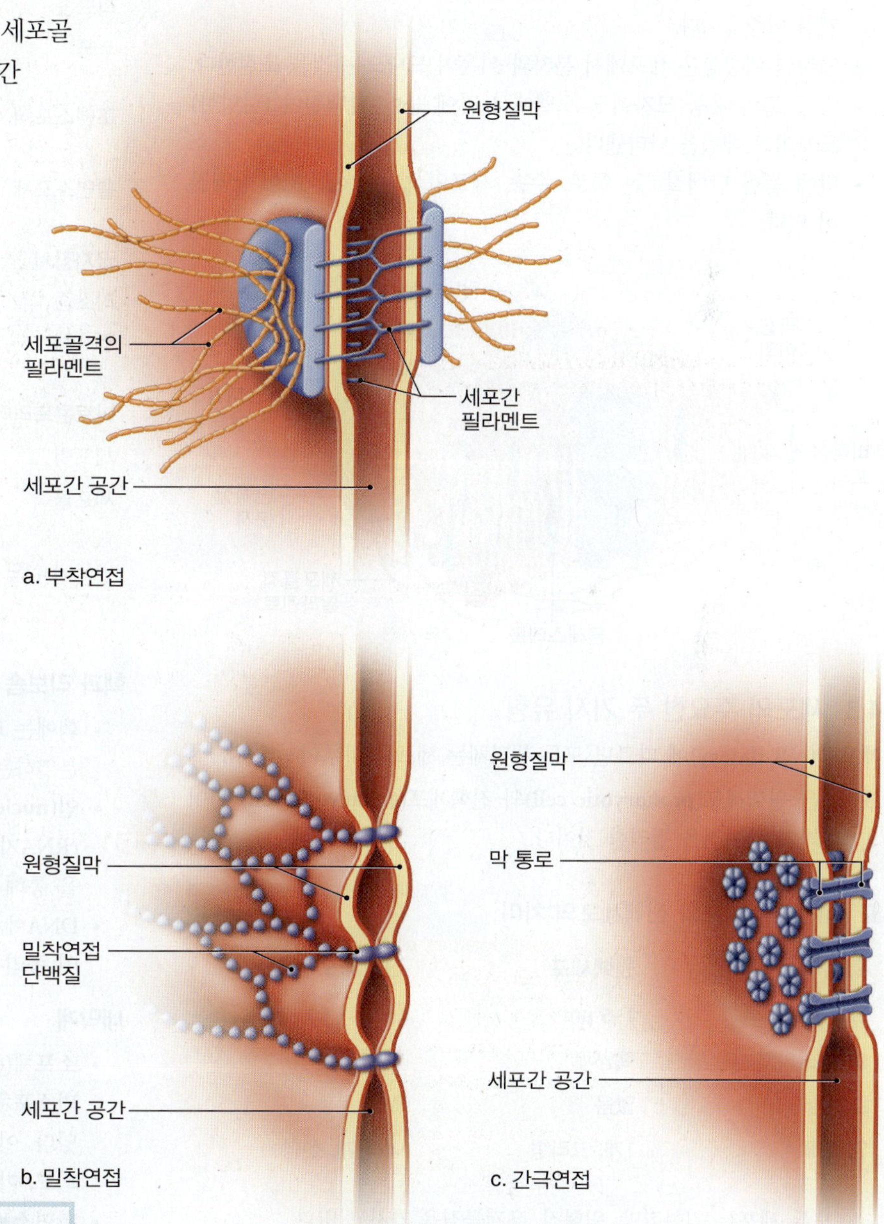

그림 4.23 창자 벽의 세포 사이 연접.
a. 부착연접에서는 세포간 필라멘트가 두 세포를 연결한다. **b.** 세포 사이의 밀착연접에서는 이웃한 원형질막이 결합되기 때문에 불투과성 장벽이 형성된다. **c.** 간극연접에서는 이웃한 원형질막 통로가 연결되기 때문에 두 세포 사이에 교류가 가능하다.

요약

4.1 현미경으로 관찰한 세포

- **세포(cell)**는 현미경을 사용하여야 볼 수 있는 크기이다. 광학현미경으로도 세포를 관찰할 수는 있지만, 전자현미경으로 볼 수 있는 자세한 구조까지는 볼 수 없다.
- 세포의 전체 크기는 **부피당 표면적 비율(volume-to-surface ratio)**에 의해 조절된다.

4.2 원형질막

- 원핵생물과 진핵생물의 **원형질막(plasma membrane)**은 모두 인지질 이중층이다.
- 인지질 이중층은 세포에서 분자와 이온이 드나드는 것을 조절한다.
- 막 구조의 유동-모자이크 모델에서 막에 묻힌 단백질이 (다양한) 모자이크 패턴을 나타낸다.
- 막에 묻힌 단백질로는 통로, 수송, 세포인식, 수용체, 효소 단백질이 있다.

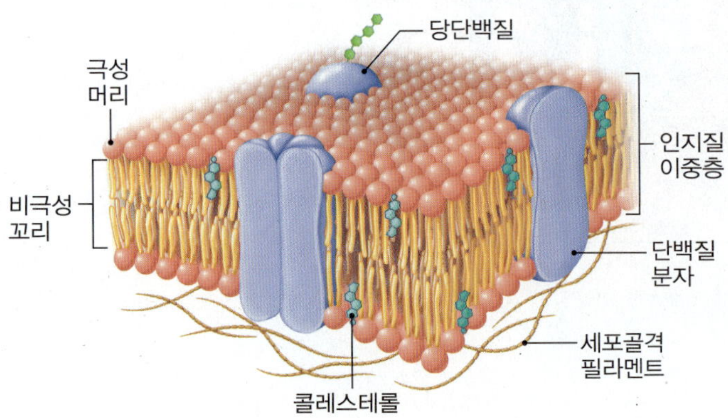

4.3 세포의 주요한 두 가지 유형

세포설(cell theory)에 따르면 모든 생명체는 세포로 이루어져 있다. **표 4.1**은 **원핵세포(prokaryotic cell)**와 **진핵세포(eukaryotic cell)** 사이의 몇 가지 차이점을 정리한 것이다.

표 4.1 원핵세포와 진핵세포의 차이

특성	원핵세포	진핵세포
크기	1~5 μm	대개 > 50 μm
DNA의 위치	핵양체	핵
소기관	없음	있음
염색체	1개, 고리형	여러 개, 선형

- 모든 세포는 원형질막, 원형질, 유전물질을 가지고 있다.
- 원핵세포는 핵이 없고, 대신 **핵양체(nucleoid)**가 있다. 원핵세포는 **세포벽**과 **피막(capsule)**으로 감싸여져 있으며, 흔히 편모를 이용하여 이동한다. 원형질에는 단백질을 합성하는 **리보솜(ribosome)**이 있다.

4.4 진핵세포

진핵세포는 원핵세포보다 훨씬 크며, 특수한 기능을 수행하는 효소를 가지고 있는 구획인 **세포소기관(organelle)**을 가지고 있다. **표 4.2**는 세포소기관을 비롯한 구조를 요약한 것이다.

표 4.2 진핵세포 소기관의 요약

소기관	설명
원형질막	원형질을 감싸고 있음. 외부 환경과 상호작용하는 것을 조절
핵	유전물질(DNA)이 있음. 인은 리보솜 형성 장소
리보솜	폴리펩티드와 단백질이 형성되는 장소
소포	내막계에서 소기관 사이에 물질을 이동시키는 작은 주머니
조면소포체	내막계의 구성성분이며 리보솜이 부착되어 있음. 단백질 합성
활면소포체	지질과 일부 탄수화물을 합성하는 내막계 소기관. 일부 해독작용
골지장치	가공하고 포장하는 장소
리소좀	분자와 세포 구성성분을 분해하는 효소가 있는 소포
엽록체	광합성을 하여 탄수화물을 만들어내는 장소(동물에는 없음)
미토콘드리아	세포호흡을 하여 ATP를 합성하는 장소
세포벽	세포를 지지하는 셀룰로오스 층(동물에는 없음)
세포골격	단백질 섬유의 내부 골조구조. 소기관을 이동시키고 세포 형태를 형성
편모와 섬모	세포의 이동 또는 세포 표면에서 물질의 이동에 관여함

핵과 리보솜

- 핵에는 DNA가 들어 있는 유전물질인 **염색질(chromatin)**이 있다. 분열하는 동안에 염색질이 응축되어 **염색체(chromosome)**로 된다.
- **인(nucleolus)**은 rRNA를 만들어내는 핵의 한 부위이다. 단백질과 rRNA가 결합하여 리보솜의 소단위를 형성한다. 이 소단위는 핵공을 통해 **핵막(nuclear envelope)**을 빠져나간다.
- DNA에서 mRNA로 전달된 정보를 이용하여 원형질에서 리보솜이 폴리펩티드를 합성한다.

내막계

- **소포체(endoplasmic reticulum, ER)**는 내막계의 한 부분이다. **조면소포체(rER)** 표면에는 폴리펩티드를 생성하는 리보솜이 붙어 있다. 이들 폴리펩티드는 ER 안으로 들어간 후 변형되어 단백질로 되고, 이후 수송소포 내에 포장된다.
- **활면소포체(sER)**는 지질을 합성하며, 세포 유형에 따라 다양한 대사기능도 수행한다. 또한 수송소포를 형성할 수도 있다.
- **골지장치(Golgi apparatus)**는 수송 정거장으로서, 수송소포를 받아 내용물을 변형시키고 분류한 후 단백질을 수송소포 내에 재포장한다. 이 수송소포는 원형질막과 융합된 후 분비된다.

- **리소좀(lysosome)**은 골지장치에서 만들어지며, 세포내 소화를 수행하는 효소들을 가진다.

액포와 소포

- **액포(vacuole)**는 막으로 이루어진 큰 주머니이며, 저장, 수축, 소화 등의 기능에 적합하도록 특수화되어 있다.
- 소포는 막으로 이루어진 작은 주머니이다.

에너지-연관 소기관

- **엽록체(chloroplast)**는 태양에너지를 포획하여 **광합성(photosynthesis)**을 통해 탄수화물을 생성한다.
- **미토콘드리아(mitochondria)**는 **세포호흡(cellular respiration)**을 통해 탄수화물-유래 생성물을 분해하여 **ATP**를 생성한다.

세포골격과 운동단백질

- **세포골격(cytoskeleton)**은 세포의 형태를 유지하고 세포와 소기관이 이동하도록 한다.
- **미세소관(microtubule)**은 **중심체(centrosome)**에서 방사형으로 뻗어 나오며 원형질에 있다. 또한 중심립과 섬모, 편모에도 있다.
- 중간필라멘트는 핵막과 원형질막을 지지한다. 예를 들어 피부세포를 기계적으로 강화한다.
- **액틴필라멘트(actin filament)**는 길고 얇은 나선형 필라멘트이며, 원형질막과 세포의 돌출물을 지지한다.
- 운동단백질은 세포가 이동하도록 하며, 소포와 소기관이 세포 내에서 이동하도록 한다. 운동단백질인 미오신은 흔히 액틴과 상호작용하여 이동하도록 하며, 키네신은 미세소관과 상호작용하여 소포와 소기관이 움직여갈 수 있도록 한다.

중심립

- **중심립(centriole)**은 동물세포에 있으며, 식물세포에는 존재하지 않는다. 미세소관 형성에 관여하는 것으로 보인다.

섬모와 편모

- **섬모(cilia)**와 **편모(flagella)**는 머리카락 같은 돌출물이며, 일부 세포가 이동할 수 있도록 한다.

4.5 진핵세포의 외부

- 식물세포는 자유롭게 투과할 수 있는 **세포벽(cell wall)**을 가진다. 세포벽의 주성분은 셀룰로오스이다.
- 일부 식물세포는 리그닌과 셀룰로오스를 지닌 2차세포벽이 있으며, 이로 인해 단단하다.
- 막으로 덮인 작은 통로인 **원형질연락사(plasmodesmata)**는 세포벽 사이에 걸쳐 있으며, 원형질 가닥이 이어져 있어서 세포 사이에서 물질이 통과할 수 있다.
- 세포가 만들어낸 단백질과 다당류를 지닌 **세포외기질(extracellular matrix)**은 세포를 지지하고 세포가 서로 교류하도록 한다.
- **부착연접(adhesion junction)**과 **밀착연접(tight junction)**은 세포를 함께 묶어준다.
- **간극연접(gap junction)**은 세포 사이에서 작은 분자가 통과하도록 한다.

개념 연결하기

세포는 모든 살아 있는 생명체의 기본 단위이다. 세포 구조가 바르게 기능하지 않는다면 건강에 문제가 생길 수 있다.

4.1 세포는 부피당 표면적 비율에 따라 적정 크기를 가진다.

4.2 모든 세포에는 공통적으로 원형질막이 있다.

4.3 원핵세포는 독특한 구조를 가지며, 진핵세포보다 작다.

4.4 진핵세포는 핵을 가지고 있다.

4.5 세포는 특수화된 연접에 의해 연결되어 있다.

세포의 특성에 관한 정보가 더 필요하면 다음 논의를 참조하시오.

8.2절 진핵세포의 세포분열에서 중심체와 미세소관이 어떠한 역할을 수행하는가.

17.3절 원핵생물의 진화사, 원핵생물과 진핵생물의 상관성 탐구하기.

22.1절 동물 조직의 네 가지 유형에서 나타나는 세포의 전자현미경 사진 관찰하기.

혼자 풀어보기

가장 적절한 답을 고르시오.

4.1 현미경으로 관찰한 세포

1. 전자현미경으로만 관찰할 수 있는 것은?

a. 바이러스 **b.** 엽록체
c. 세균 **d.** 사람 난자

2. 어떤 세포의 크기가 커지면, 그 세포의 부피당 표면적 비율은

a. 증가한다. **b.** 감소한다.
c. 변함이 없다.

4.2 원형질막

3. 원형질막을 유동 모자이크라고 부르는 이유는

a. 인지질 이중층의 모자이크 내부에 왁스가 분산되어 있기 때문이다.
b. 인지질 이중층에 단백질이 모자이크처럼 분산되어 있기 때문이다.
c. 단백질 이중층에 다당류가 모자이크처럼 분산되어 있기 때문이다.
d. 단백질 이중층에 인지질이 모자이크처럼 분산되어 있기 때문이다.

4. 물질이 세포에서 드나들도록 하는 단백질의 유형은 어느 것인가?
   a. 수용체 단백질 b. 연접 단백질
   c. 효소 단백질 d. 통로 단백질

4.3 세포의 주요한 두 가지 유형

5. 원핵세포에서 발견되지 않는 것은?
   a. 원형질 b. 리보솜
   c. 원형질막 d. 미토콘드리아
   e. 핵양체
6. 원핵세포에서 세포벽 외부에 있는 것은?
   a. 핵양체 b. 핵
   c. 피막 d. 리보솜

4.4 진핵세포

7. 단백질 합성에 관여하는 구조는?
   a. 리보솜 b. 원형질막
   c. 미토콘드리아 d. 미세소관
8. 그림의 구조에 해당하는 명칭을 쓰시오.

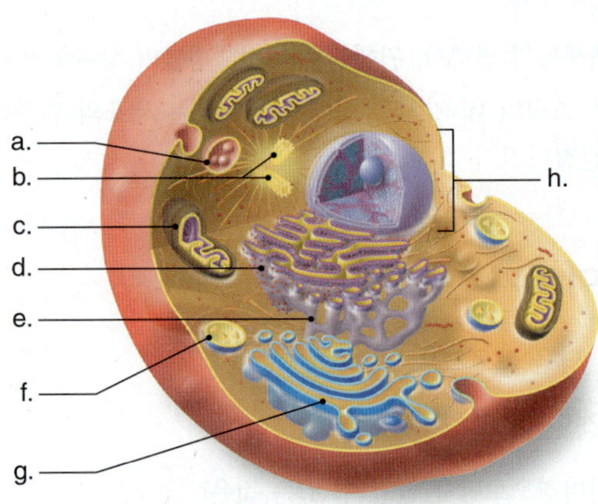

9. 식물세포에는 있지만, 동물세포에는 없는 것은?
   a. 엽록체 b. 골지장치
   c. 미토콘드리아 d. 리보솜
   e. 원형질막
10. 내막계에 포함되지 않는 것은?
    a. 리소좀 b. 골지장치
    c. 미토콘드리아 d. 소포체
11. 세포가 필요로 하는 ATP의 대부분이 생산되는 곳은?
    a. 핵 b. 엽록체
    c. 미토콘드리아 d. 리보솜
12. 내막계의 소기관 사이에서 물질을 이동시키는 것은?
    a. 소포 b. RNA
    c. 리보솜 d. 핵공

4.5 진핵세포의 외부

13. 중심립의 구성성분은?
    a. 중간섬유 b. 액틴 필라멘트
    c. 미세소관
14. 세포골격에 해당되지 않는 것은?
    a. 중간섬유 b. 액틴 필라멘트
    c. 미세소관 d. 중심립
15. 세포의 이동에 관여하는 것은?
    a. 섬모 b. 편모
    c. 중심립 d. 중간섬유
    e. a와 b 모두

과학적으로 생각하기

1. 1992년에 발표된 *Lorenzo's Oil*이라는 영화는 부신백질이영양증(adrenoleukodystrophy, ALD) 환자인 6살 소년 Lorenzo Odone가 투병하는 내용인데, ALD는 퍼옥시솜에 이상이 생겨 나타나는 병이다. 퍼옥시솜은 긴 지방산 사슬을 자르는 효소를 가지고 있는 소기관이다. ALD 환자는 이 효소가 결핍되어 긴 지방산 사슬이 축적되면 근육이 약화되고 조절 기능을 잃게 된다.
   a. 영양학자는 ALD 환자를 어떻게 도울 수 있을까?
   b. 이 장(4장)에서 논의한 소기관 가운데 퍼옥시솜과 그 구조와 기능이 가장 유사한 것은 무엇인가?
2. *Giardia lamblia*는 식수를 통해 설사를 유발한다고 알려져 있는 원생생물이다. *Giardia*는 진핵생물이지만, 미토콘드리아가 결여되어 있다. 미토콘드리아가 없는 진핵세포에서는 전체적으로 어떤 효과가 나타날까? *Giardia*는 이러한 난관을 어떻게 극복하여 적응할 수 있을까?
3. 과학자들은 외부 원형질막을 가지기 전까지는 세포가 진화할 수 없었을 것이라고 주장한다. 이 주장이 논리적으로 보이는 이유는 무엇인가?

5

역동적인 세포

개요

시작하기 전에

이 장을 시작하기 전에 다음 내용을 다시 살펴보자.

1.1절 모든 생명활동에 대사과정이 중요한 이유

3.2절 단백질의 3차원 형태와 연계된 4단계의 구조 수준

4.2절 세포의 원형질막에서 단백질의 역할

매운 고추

매운 고추를 먹고 입안이 불타는 듯한 느낌을 받은 적이 있는가? 이러한 느낌은 고추 식물이 생산한 캡사이신(capsaicin)이라는 화학물질이 입에 있는 통증 수용체의 원형질막에 있는 단백질과 결합하였기 때문에 나타난다. 원형질막의 중요한 기능 한 가지는 세포를 드나드는 분자를 통제하는 것이다. 막에는 칼슘 이온이 막을 통과하도록 하는 통로 단백질이 있다. 이들 통로가 열리면 칼슘 이온이 세포 내부로 이동하며, 이에 따라 통증 수용체가 신호를 뇌로 보낸다. 뇌는 이 신호를 받아 통증이나 타는 듯한 불쾌한 느낌으로 해석한다. 온도나 산성 pH, 열, 캡사이신 등의 화학물질을 비롯한 많은 요인에 의해 이러한 통로가 열리게 된다.

캡사이신이 존재하는 한은 경로가 활성화되어 있으므로 신호가 뇌로 전달될 것이다. 따라서 통증을 완화시키는 가장 빠른 방법은 캡사이신을 제거하여 통로 단백질을 닫는 것이다. 안타깝게도 캡사이신은 지용성이므로 차가운 물을 마셔도 통증이 거의 완화되지 않는다. 그러나 우유를 마시거나, 또는 빵이나 밥을 먹으면 캡사이신 제거에 도움이 된다. 흔히 첫입이 가장 나쁘다. 그 이유는 캡사이신이 모든 통로의 초기 개방을 동시에 유발하기 때문이다. 수용체는 캡사이신에 대해 무감각하게 될 수 있으며, 따라서 같은 고추를 먹더라도 나중에는 처음처럼 맵게 느끼지 못하게 되는 것이다. 흥미롭게도, 캡사이신은 식물이 균류에 대응하기 위한 오랜 기간의 진화적 전투에서 무기로 삼기 위해 생산한 것이다(18장 참조).

이 장에서는 세포가 어떻게 물질을 드나들게 하는지 뿐만 아니라 에너지의 기본적 특성, 그리고 세포가 생명을 유지하는 데 필요한 복잡한 반응을 수행하기 위해 대사경로와 효소를 어떻게 이용하는지에 대해 탐구할 것이다.

이 장을 공부하는 동안 다음 질문에 대해 생각해보자.

1. 원형질막에 있는 수송 단백질과 통로 단백질이 어떻게 기능을 수행하는가?
2. 칼슘 통로가 수행하는 수송은 어떤 유형에 해당하는가?

그림 5.1 **퍼텐셜에너지와 운동에너지.**

식품에는 퍼텐셜에너지가 들어 있어서, 다이빙 선수는 계단을 오를 때 이를 운동에너지로 전환시킬 수 있다. 높이는 위치에 따른 퍼텐셜에너지이며, 다이빙 선수가 뛰어내릴 때 운동에너지로 전환된다. 운동에너지로 전환될 때마다 퍼텐셜에너지의 일부는 열로써 소실된다.

5.1 에너지란 무엇인가?

학습 목표

이 절을 학습한 후에는 다음 과제를 수행할 수 있어야 한다.

1. 퍼텐셜에너지와 운동에너지를 구별하기.
2. 열역학 법칙 두 가지를 정의하기.
3. 열역학 법칙과 엔트로피 개념이 살아 있는 생명체와 어떻게 연관되어 있는지 요약하기.

1장에서 생명체는 에너지를 얻고 이용하여야만 한다는 사실을 논의한 바 있다. 그러면 에너지란 무엇인가? **에너지(energy)**는 일을 할 수 있는 능력으로 정의한다. 즉, 어떤 일이 일어나게 하는 능력을 의미한다. 에너지원이 없다면, 사람은 물론 그 어느 생명체도 지구에서 살 수 없을 것이다. 우리가 살고 있는 생물권은 태양에게서 에너지를 얻으며, 생명현상을 수행함에 따라 에너지의 형태가 다른 형태로 전환된다. 에너지의 기본적인 형태는 퍼텐셜에너지와 운동에너지이다. **퍼텐셜에너지(potential energy)**는 저장된 에너지이며, **운동에너지(kinetic energy)**는 활동 에너지이다. 퍼텐셜에너지는 끊임없이 운동에너지로 전환되며, 운동에너지는 퍼텐셜에너지로 전환된다. **그림 5.1**의 예를 살펴보자. 다이빙 선수가 먹은 식품에는 화학에너지가 들어 있는데, 이것은 퍼텐셜에너지 형태이다. 다이빙 선수가 다이빙을 하려고 도약대로 이어진 계단을 올라가는 동안에 음식의 퍼텐셜에너지가 활동을 위한 운동에너지로 전환되는데, 이것은 기계적 에너지이다. 도약대에 도달하면 운동에너지가 위치에 따른 퍼텐셜에너지로 전환된다. 다이빙을 시작하면 이 퍼텐셜에너지가 다시 활동을 위한 운동에너지로 전환된다. 그러나 전환이 일어날 때마다 에너지 일부가 열을 비롯한 이용할 수 없는 형태로 소실된다.

에너지의 측정

화학자들은 주울(joule)이라는 측정단위를 사용하지만, 일반적으로 식품 에너지는 칼로리라는 용어를 이용하여 측정한다. **칼로리(calorie)**는 물 1 g의 온도를 1°C 높이는 데 필요한 열의 양이다. 1칼로리의 에너지 양이 많지 않아서 식품의 열량은 대개 **킬로칼로리(kilocalorie**, 1,000칼로리)로 표시하며, 큰칼로리(*Calorie*)로 표시하기도 한다.

에너지 법칙

에너지 흐름에 관한 두 가지의 **에너지 법칙(energy law)**은 에너지 전환의 원리를 이해하는 데 도움이 된다. 이들을 통칭하여 열역학 법칙(law of thermodynamics)이라고 부른다.

에너지의 보존

열역학 제1법칙은 에너지 보존의 법칙이라고도 하며, 그 내용은 다음과 같다. 에너지는 생성되거나 파괴될 수 없지만, 한 가지 형태에서 다른 형태로 전환될 수 있다. 앞서의 예를 다시 살펴보면, 다이빙 선수가 다이빙 도약대로 오르기 전에 식품에서 에너지를 얻어야 했다는 사실과, 이 선수가 다이빙을 마치기 전

연관: 건강

삶을 유지하려면 하루에 얼마나 많은 에너지가 필요할까?

삶을 유지하는 데 필요한 최소 에너지 요구량은 기초대사율(basal metabolic rate)이라고 한다. 기초대사율은 체온, 심장박동, 기초 신경기능을 유지하는 등의 활동에 필요하다. 기초대사율은 개인의 나이와 성별은 물론 체질량, 유전적 성향, 활동수준에 따라 하루에 최소 1,200에서 최대 2,000 kcal 정도로 다양하게 나타난다. 인터넷에서 개인별로 기초대사율 값을 추정할 수 있는 계산 방법을 쉽게 찾아볼 수 있다.

에 에너지가 전환되었다는 사실을 알 수 있다. 세포 수준에서 에너지는 흔히 다른 형태로 변형된다. 예를 들어 근육은 에너지를 복합 탄수화물인 글리코겐으로 저장하는데, 이것은 근육을 수축하는 운동에너지로 전환될 수 있다.

엔트로피

열역학 제2법칙의 내용은 다음과 같다. 에너지는 사용가능한 에너지의 손실 없이 한 형태에서 다른 형태로 전환될 수 없다. 햇빛과 식품, ATP의 에너지 등 많은 형태의 에너지가 사용가능하다. **열(heat)**은 확산되는 에너지이며, 사용가능성이 가장 적은 에너지이다. 에너지가 전환될 때마다 사용가능한 에너지 일부를 열의 형태로 잃게 된다. 앞의 예에서 식품에 저장된 퍼텐셜에너지 대부분은 다이빙 선수가 활동하기 위한 운동에너지로 전환될 때 열로써 소실된다. 이러한 열의 발생으로 일정한 체온을 유지할 수 있지만, 결국 열은 환경으로 빠져나가 소실된다.

에너지가 전환될 때마다 무질서한 정도가 증가된다. **엔트로피(entropy)**라는 용어는 무질서도의 상대적인 양을 의미한다. 질서의 정도를 유지하거나 증가시키는 유일한 방법은 계에 에너지를 추가해주는 것이다. 예를 들어 정돈된 방은 질서가 있으나 덜 안정하며, 어질러진 방은 무질서하지만 더 안정되어 있다(**그림 5.2***a*). 다시 말해, 방은 정돈된 상태보다는 어질러진 상태로 있을 가능성이 높다. 왜 그럴까? 에너지를 꾸준히 투입하여 방을 정돈된 상태로 유지하지 않는다면 시간이 지남에 따라 방은 점점 무질서하게 될 것이다.

세포에서 일어나는 에너지 전환을 포함한 모든 에너지 전환은 엔트로피를 증가시킨다. 그림 5.2*b*는 정돈 상태에서 무질서 상태로 진행되기 때문에 세포에서 일어나는 과정이다. 정돈된 방이 무질서하게 되는 경향을 가지는 것과 같이, 막의 한 쪽에 축적되어 있는 수소 이온(H^+)은 에너지 투입에 의해 방해받지 않는다면 반대편으로 이동하려는 경향을 가진다. 왜냐하면 H^+이 막의 양쪽에 균등하게 분포할 때에는 그 상태를 유지하기 위한 추가 에너지가 필요하지 않으며, 엔트로피(무질서도)가 증가하였기 때문이다. 그 결과 세포에서 더욱 안정한 수소 이온의 배열이 이루어진다.

무질서에서 정돈 상태로 진행하는 세포내 반응의 경우는 어떨까? 예를 들어 식물세포는 이산화탄소와 물로써 포도당을 만들어낼 수 있다. 어떻게 이런 일을 할 수 있을까? 무질서를 향하는 자연적인 경향을 극복하려면, 어질러진 방을 정돈하려면 에너지가 필요하듯, 에너지를 투입하여야 한다. 식물은 햇빛에너지를 이용하여 무질서도가 높은 물과 이산화탄소로부터 고도로 정돈된 분자인 포도당을 만들 수 있다. 그러나 이러한 과정에서조차 퍼텐셜에너지 일부가 소실된다. 햇빛에너지가 식물세포에서 화학에너지로 전환될 때, 햇빛에너지의 일부는 언제나 열로써 소실된다. 다시 말해, 세포의 정돈된 구성은 끊임없는 에너지 사용으로 이루어지며, 그 결과 우주의 엔트로피가 증가된다.

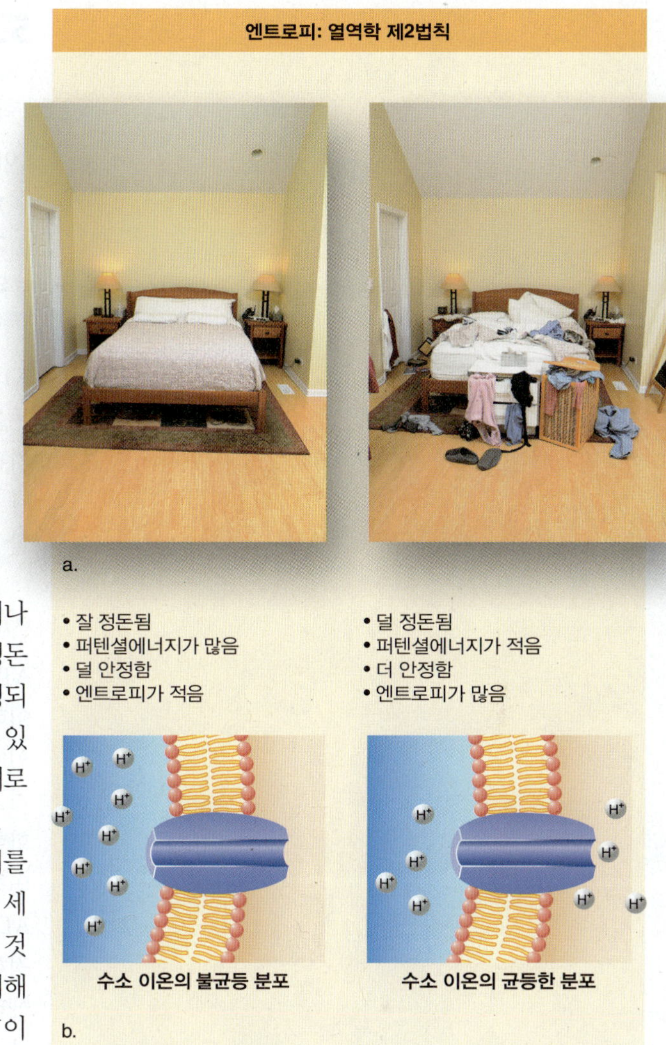

그림 5.2 세포와 엔트로피.

열역학 제2법칙에 따르면 엔트로피(무질서도)는 언제나 증가한다. 따라서 (**a**) 정돈된 방은 어질러지고 무질서하게 되려는 경향을 가지며, (**b**) 막의 한 쪽에 있는 수소 이온(H^+)은 반대쪽으로 이동하려는 경향을 가져, 그 결과 균등하게 분포된다. 두 경우 모두에서 퍼텐셜에너지가 소실되며 엔트로피가 증가된다.

진도 점검하기 5.1

1. 퍼텐셜에너지와 운동에너지를 비교하고, 퍼텐셜에너지가 운동에너지로 전환되는 예를 제시하시오.
2. 열역학법칙 두 가지를 설명하시오.
3. 세포가 어떻게 엔트로피(무질서도)를 낮추고, 자신의 정돈된 상태를 유지하는지 설명하시오.

5.1 개념 연결하기

생명체가 에너지를 이용하는 방식은 열역학법칙을 따른다.

5.2 ATP: 세포의 에너지

학습 목표

이 절을 학습한 후에는 다음 과제를 수행할 수 있어야 한다.

1. 세포에서 아데노신3인산(ATP)의 역할에 대해 요약하기.
2. ATP 순환 단계에 대해 설명하기.
3. 광합성과 세포호흡 사이의 에너지 흐름에 대해 설명하기.

ATP(*a*denosine *t*ri*p*hosphate)는 세포의 에너지 화폐이다. 물건을 살 때에 돈을 지불하듯이, 세포는 단백질 합성, 원형질막을 통과하는 이온의 수송, 소기관과 섬모의 운동 등 거의 모든 세포 활동을 수행할 때에 ATP를 이용한다. 세포는 에너지를 필요로 하는 곳이면 어디든 ATP가 제공하는 쉽게 이용할 수 있는 에너지를 공급한다.

ATP의 구조

ATP는 뉴클레오티드이며, DNA와 RNA를 구성하는 단량체로 쓰이는 분자이다. ATP의 명칭인 아데노신3인산은 이 분자가 리보오스, 질소-함유 염기인 아데닌, 그리고 3개의 인산기를 가지고 있음을 의미한다(**그림 5.3**). 인산기 3개는 음전하를 지니고 있어 서로 반발한다. 이러한 반발력을 극복하고 화학결합으로 연결하려면 에너지가 필요하다. 그러나 ATP 분자는 인산기로 인해 불안정하게 된다. ATP는 마지막 인산기를 쉽게 잃는데, 분해산물인 ADP(*a*denosine *d*i*p*hosphate)와 분리된 인산기(Ⓟ로 표기)가 ATP보다 안정하기 때문이다. 이 반응은 ATP → ADP + Ⓟ로 쓰며, ATP가 분해되면 에너지가 방출된다. ADP 역시 인산기 1개를 잃고 AMP(*a*denine *m*ono*p*hosphate)로 될 수 있다.

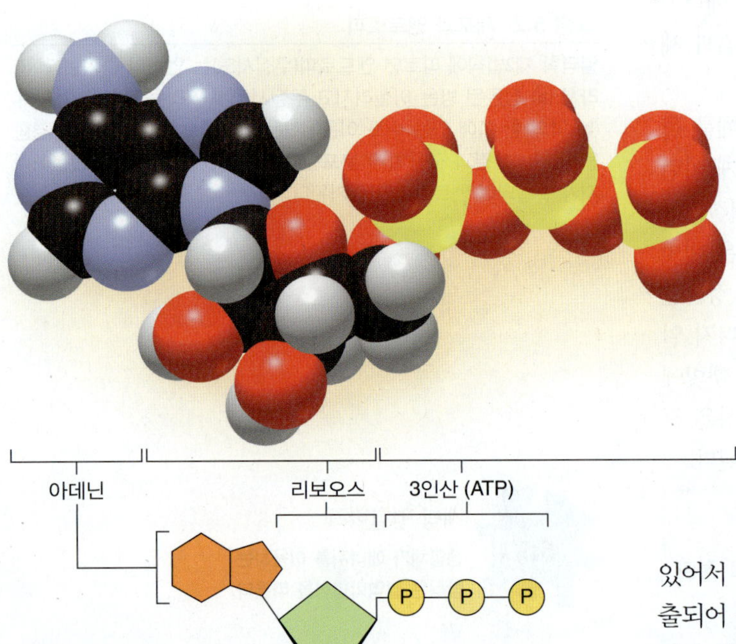

그림 5.3 ATP.

세포의 보편적인 에너지 화폐인 ATP는 아데닌, 리보오스, 3개의 인산기(3인산)로 구성된다.

ATP의 이용과 생산

ATP가 끊임없이 분해되고 재생산되는 것을 ATP 순환(ATP cycle)이라고 한다(**그림 5.4**). ATP는 에너지를 요구하는 반응에서 사용되기 전까지 짧은 기간만 에너지를 저장한다. 에너지를 소비하고 나면 ADP + Ⓟ로부터 ATP가 다시 생성된다. 각 ATP 분자는 매일 약 10,000번이나 분해되고 합성된다. 사람의 몸은 최소 활동을 가정하면 매일 약 45 kg의 ATP를 소비하며, 어떤 시점에 사용할 수 있는 ATP 양은 당시에 수행되는 대사과정에서 약 1분 동안 필요로 하는 양을 충족할 정도일 뿐이다.

ATP는 불안정한 특성으로 인해 효율적인 에너지 운반자가 되었지만, 바로 그 특성 때문에 에너지 저장분자로는 이용할 수 없다. 그 대신에 탄수화물과 지질이 많은 H—C 결합을 가지고 있어서 에너지 저장분자로 사용된다. 이들의 에너지는 세포호흡 과정에서 추출되어 주로 미토콘드리아에서 ATP 재생성에 이용된다. 7장에서 포도당 1분자가 분해되면 38분자에 이르는 ATP가 생성될 수 있음을 공부할 것이다. 세포호흡을 통해 포도당 분자의 퍼텐셜에너지 중 39%만 ATP의 퍼텐셜에너지로 전환되고, 나머지는 열로써 소실된다.

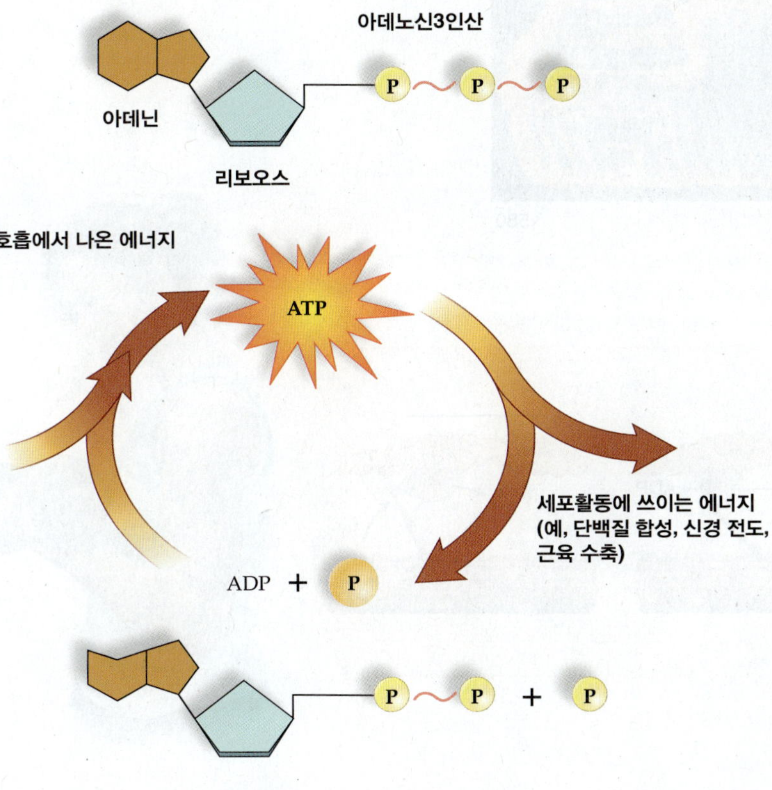

그림 5.4 **ATP 순환.**

ATP가 에너지원으로 사용될 때에 인산기 1개가 가수분해되어 제거된다. ATP는 주로 미토콘드리아에서 세포호흡 과정에 의해 재생성된다.

ATP 생산은 다음과 같은 이유에서 세포에게 유용하다.

1. ATP는 에너지를 빠르게 방출하여 효소반응의 속도를 높여준다.
2. ATP가 ADP + Ⓟ로 될 때 생물학적 목적에 충분한 만큼의 에너지가 방출된다. 탄수화물이나 지질 분자 전체가 분해되면 필요한 양보다 훨씬 많은 에너지를 내놓으므로 낭비될 수 있다.
3. ATP의 구조로 인하여 ATP 분해와 에너지-요구 반응이 쉽게 짝을 이룬다(다음 절 참조).

짝반응

많은 대사반응이 에너지를 요구한다. 에너지-요구 반응(예: 단백질 합성)이 에너지-방출 반응(예: ATP 분해) 가까운 곳에서 일어난다면 에너지를 공급받을 수 있다. 짝반응(coupled reaction)은 에너지-방출 반응에 의해 에너지-요구 반응이 일어나도록 하는 방식으로 두 반응을 하나로 묶는다. 대개 에너지-방출 반응은 ATP 분해 반응이며, 일반적으로 에너지-요구 반응이 소비하는 양보다 많은 에너지를 방출한다. 이로 인해 엔트로피가 증가하지만, 두 반응은 모두 진행될 것이다. 짝반응을 가장 단순하게 도식화하면 다음과 같다.

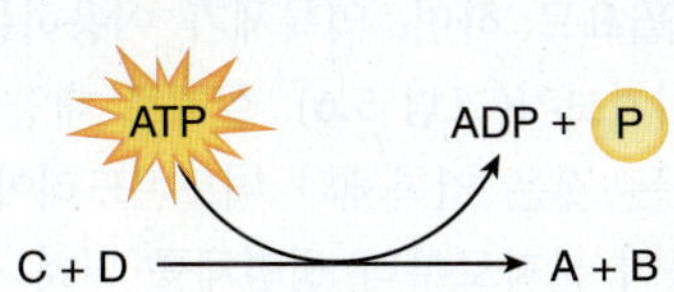

이 반응으로는 짝지움이 일어난다는 사실은 알 수 있지만, 어떻게 이루어지는지는 알 수 없다. 세포가 ATP 분해와 에너지-요구 반응을 짝짓는 주요한

연관: 건강

크레아틴은 무엇이며, 안전한가?

크레아틴은 사람의 근육세포에 크레아틴인산(creatine phosphate, 또는 phosphocreatine) 형태로 존재하며, 근육세포에 있는 ATP 분자를 짧고 빠르게 재충전해준다. 지난 몇 년 동안 크레아틴 보충제는 보디빌딩 선수들에게서 인기를 얻었다. 크레아틴 보충제가 일부 개인에게 운동효과를 높여준다는 약간의 증거가 있지만, 미국식품의약국(FDA)은 오줌에 과량으로 있는 크레아틴을 배설하는 신장 등의 기관에 대한 크레아틴의 잠재적인 나쁜 영향에 대해 장기간의 연구를 수행한 바 없다. 더욱이 크레아틴 보충제는 아세트아미노펜이나 심지어 카페인 등 의사처방 없이 구매할 수 있는 일반의약품과 함께 복용하면 위험한 상호작용을 일으킬 수도 있다. 크레아틴 보충제가 안전한지를 판단하려면 추가연구가 필요하다.

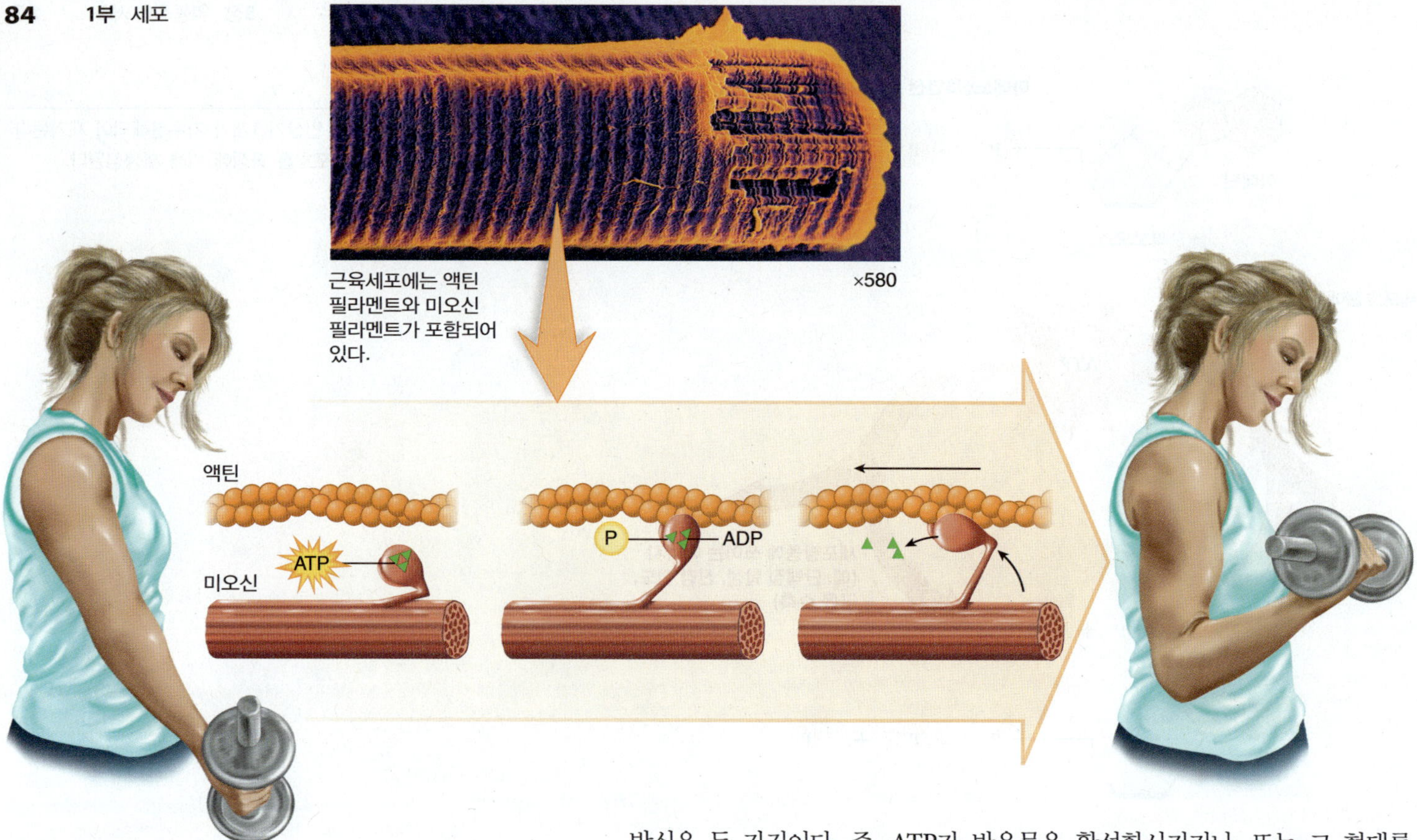

그림 5.5 짝반응.

근육은 ATP 분해반응과 짝을 이루어야만 수축된다. 미오신은 분해되기 전의 ATP와 결합한다. ATP가 분해된 후 ADP + ⓟ가 떨어져 나오면 미오신의 위치가 변하여 액틴 필라멘트를 끌어당기게 된다.

방식은 두 가지이다. 즉, ATP가 반응물을 활성화시키거나, 또는 그 형태를 변화시키는 데 사용된다. 두 가지 방식 모두 반응물에 인산기 1개를 전달함으로써 이루어진다. 예를 들어 리보솜에서 폴리펩티드가 합성될 때 효소가 ATP의 인산기 1개를 각각의 아미노산에 차례로 전달하는데, 인산기를 전달받은 아미노산이 활성화되어 다른 아미노산과 결합을 이루게 된다.

그림 5.5에서 근육 수축에 필요한 에너지를 ATP 분해가 어떻게 제공하는지 볼 수 있다. 근육이 수축하는 동안, 미오신 필라멘트가 액틴 필라멘트를 세포의 중앙으로 잡아당겨서 근육이 짧아진다. 먼저 미오신이 ATP와 결합하고, 그 후라야만 ATP가 ADP + ⓟ로 분해된다. ADP + ⓟ가 분자에서 떨어져 나오면 미오신의 형태가 변형되어 액틴 필라멘트를 끌어당기게 된다.

에너지의 흐름

엽록체와 미토콘드리아의 활성으로 인해 태양에서 모든 생명체로 가는 생물권 내의 에너지 흐름이 가능해진다. 식물의 엽록체는 광합성을 통해 포획한 햇빛에너지를 이용하여 물과 이산화탄소를 탄수화물로 전환시키며, 이 탄수화물은 식물은 물론 다른 생명체의 먹이로 사용된다. 미토콘드리아에서는 세포호흡을 통해 탄수화물의 분해가 완결되며, 이때 방출되는 에너지로 ATP 분자를 합성한다.

세포호흡이 산소를 필요로 하며, 엽록체가 이용하는 이산화탄소와 물을 만들어내는 사실을 눈여겨보자(**그림 5.6**). 실제로 태양에서 생명체로 에너지의 흐름을 가능하게 하는 것은 엽록체와 미토콘드리아 사이의 분자 순환이다. 이러한 에너지 흐름이 분자로부터 생명체를 거쳐 생태계에 이르는 생물학적 조직 수준을 유지한다. 에너지 법칙에 따라 유용한 에너지는 화학적 전환이 일어날 때마다 소실되며, 결국 식물이 포획한 햇빛에너지는 열의 형태로 소실된다. 이런 방식으로 생명체는 햇빛에너지 유입에 의존한다.

그림 5.6 에너지의 흐름.

엽록체는 햇빛에너지를 화학에너지로 전환시켜 영양 분자에 저장한다. 미토콘드리아가 이 화학에너지를 ATP 분자로 전환시키며, ATP 분자는 세포가 화학적 일이나 수송, 기계적 일을 하는 데 이용된다.

사람 역시 식물과 동물 사이의 분자 순환과 태양에서 오는 에너지 흐름에 동참하고 있다. 우리는 산소를 들이마시고 식물과 식물의 저장 탄수화물, 또는 식물을 먹은 동물을 먹는다. 산소와 영양분자는 미토콘드리아로 들어가서 ATP를 생성하고 이산화탄소와 물을 내놓는다. 에너지가 풍부한 음식을 먹지 않는다면 우리의 몸을 유지하고 대사활동을 수행하는 데 필요한 ATP 분자를 만들어내지 못할 것이다.

> **5.2 개념 연결하기**
> ATP는 모든 생명체가 이용하는 에너지 화폐이다.

진도 점검하기 5.2

1. ATP가 생성되는 과정, 그리고 ATP를 에너지 저장분자로 이용할 수 없는 이유를 설명하시오.
2. 짝반응은 무엇이며, 이 반응에서 ATP의 역할은 무엇인지 설명하시오.
3. 생물권에서 에너지의 흐름을 설명하시오.

5.3 대사경로와 효소

학습 목표

이 절을 학습한 후에는 다음 과제를 수행할 수 있어야 한다.

1. 대사반응이 어떻게 특정 효소에 의해 촉매되는지 설명하기.
2. 대사경로에서 효소의 역할을 설명하기.
3. 효소작용의 유도적합 모델을 설명하기.
4. 효소작용을 억제하는 과정을 설명하기.
5. 반응에 필요한 활성화에너지를 효소가 어떻게 낮춰주는지 설명하기.

세포에서 반응은 아무렇게나 일어나지 않는다. 일련의 정해진 단계에 따라 집을 짓듯이 세포의 화학반응도 대개 특정한 순서에 따라 일어나며, 대사경로(또는 생화학경로)라고 부르는 일련의 연계된 화학반응의 일부를 이룬다. 대사경로는 특정 반응물에서 시작되고 최종산물로 종결된다. 예를 들어 포도당은 일련의 연속반응을 통해 최종산물인 CO_2와 H_2O에 이를 때까지 분해된다. 대사경로에서는 한 반응이 다음 반응을 유도하고, 이 반응이 또 다음 반응을 유도하며, 이렇게 잘 조직된 방식으로 잇달아 반응이 일어난다.

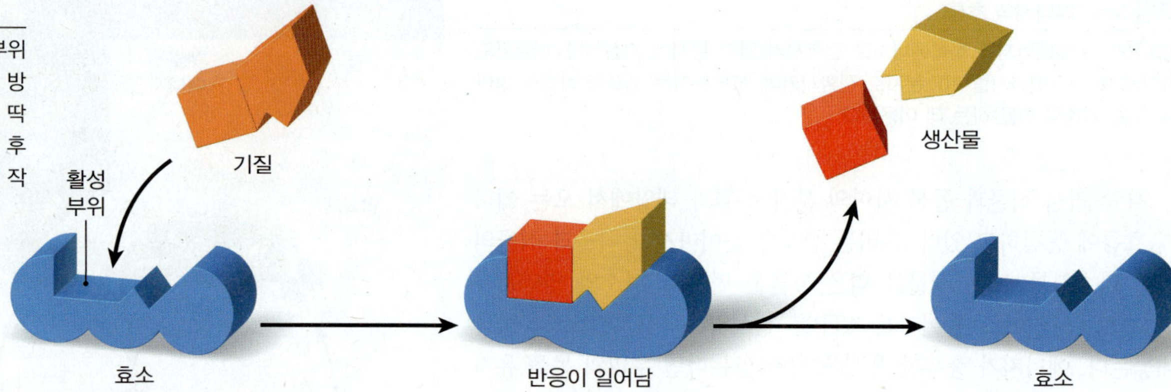

그림 5.7 효소의 작용.

효소에는 활성부위가 있다. 이 부위에서 기질이 반응하기에 적당한 방향으로 놓이는 방식으로 효소와 딱 맞게 결합한다. 반응이 이루어진 후 생산물이 떨어지면, 효소는 다시 작용할 수 있다.

아래 내용은 대사경로의 한 예이다. 이 그림에서 A~F는 반응물이고, B~G는 생산물이다. 즉, 앞선 반응의 생산물이 다음 반응의 반응물로 된다. 첫 반응에서는 A가 반응물이고 B가 생산물이다. 이제 B가 경로의 다음 반응에서 반응물이 되고 C가 생산물이다. 이 과정은 최종산물인 G가 만들어질 때까지 이어진다.

$$A \xrightarrow{e_1} B \xrightarrow{e_2} C \xrightarrow{e_3} D \xrightarrow{e_4} E \xrightarrow{e_5} F \xrightarrow{e_6} G$$

이 그림에서 e_1~e_6는 **효소(enzyme)**이며, 화학반응 속도를 높여주는 유기촉매 기능을 하는 단백질 분자이다. 효소는 자신이 시작할 수 있는 특정 반응의 속도만 높여줄 수 있다. 효소는 서로 모르는 자신의 두 친구를 만나게 하여 사귀도록 해주는 사람과 같다. 왜냐하면 효소는 특정 분자들을 함께 모아 서로 반응하도록 해주기 때문이다.

효소와 반응하는 분자를 그 효소의 **기질(substrate)**이라고 한다. 효소는 기질을 생산물로 전환시킨다. 효소반응의 기질과 생산물은 매우 다양하다(**그림 5.7**). 많은 효소가 하나의 기질이 여러 생산물로 분해되는 과정을 촉진하며, 한 효소가 하나의 기질을 하나의 생산물로 전환시키는 경우도 있다. 또한 2개 이상의 기질을 합하여 하나의 생산물로 전환시키는 효소도 있다.

효소의 활성부위

대부분의 경우에 **활성부위(active site)**라고 부르는 효소의 작은 한 부분만 기질과 결합할 수 있다. 활성부위에서 기질은 마치 자물쇠에 맞는 열쇠처럼 효소에 딱 맞게 결합한다. 따라서 대부분의 효소는 단 하나의 기질하고만 딱 맞을 수 있다. 그러나 기질과 잘 맞추기 위하여 활성부위에 약간의 형태 변화가 일어나게 된다. 이것을 **유도적합 모델(induced fit model)**이라고 부르는데, 가장 적합한 결합을 이루기 위하여 효소에 약간의 변화가 유도되기 때문이다(그림 5.7 참조).

활성부위의 형태가 변화되면 다음에 일어나는 반응이 촉진된다. 반응이 종료되면 생산물이 떨어져 나오고, 활성부위는 원래의 형태로 돌아가 다른 기질 분자와 결합할 수 있게 된다. 효소는 반응에서 소모되지 않기 때문에 각각의 효소는 세포 내에 아주 적은 양만 있어도 된다.

효소 억제

활성 효소와 기질의 결합이 방해받으면 **효소 억제(enzyme inhibition)**가 일어난다. 효소 억제제는 종종 일부 생명체에게 독성을 나타낸다. 예를 들어 시안화물은 시토크롬 *c* 산화효소의 억제제인데, 이 효소는 ATP 생산에 관여하기 때문에 세포에서 매우 중요한 역할을 한다. 시안화물이 효소와 결합하면 활성이 억제되므로 독성이 나타난다. 그러나 일부 효소 억제제는 유용한 약품으로 이용된다. 예를 들어 페니실린은 세균에게는 독성을 나타내지만 사람에게는 그렇지 않은데, 세균에만 있는 효소의 활성부위를 방해하기 때문이다. 다른 항생제들도 효소 억제제로서 작용한다.

세포내 거의 모든 효소는 **되먹임 억제(feedback inhibition)**에 의해 활성이 조절된다. 가장 단순한 경우는 생산물이 풍부할 때에 이 생산물이 효소의 활성부위에 대해 기질과 경쟁하는 것이다. 생산물이 소비되어 줄어들면 억제가 감소하고, 따라서 더 많은 생산물이 생산될 수 있다. 이런 방식으로 생산물의 농도는 언제나 적정한 범위로 조절된다.

대부분의 대사경로는 복합적인 유형의 되먹임 억제에 의해 조절된다(**그림 5.8**). 이 경우, 최종산물이 풍부하면 이 최종산물이 대사경로에서 첫째 효소의 활성부위가 아닌 다른 부위에 결합한다. 이로 인해 활성부위의 형태가 변형되어 효소가 기질과 결합하지 못하게 된다. 첫째 효소가 활성을 잃으면 전체 경로가 멈추게 된다.

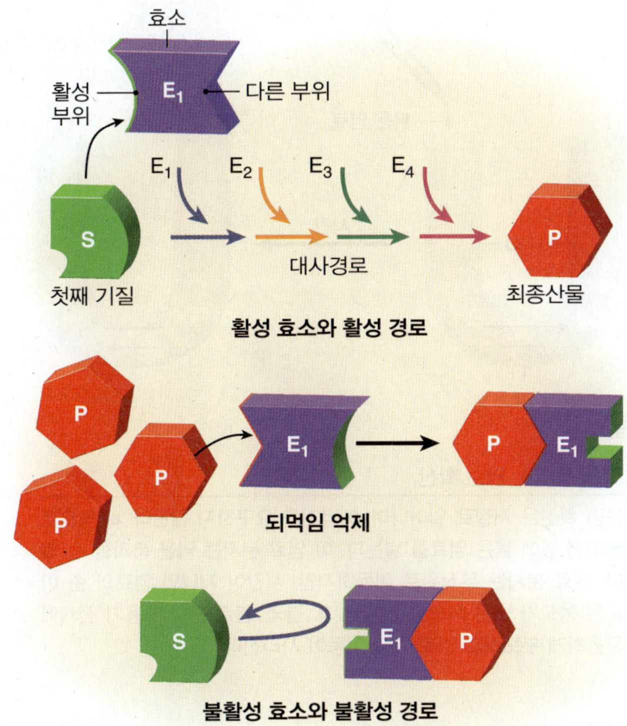

그림 5.8 되먹임 억제.

이런 유형의 되먹임 억제는 활성 효소 경로의 최종산물(P)이 풍부하여 첫째 효소(E_1)의 활성부위가 아닌 다른 부위에 결합할 때 일어난다. 활성부위의 형태가 변형되기 때문에 기질(S)이 더 이상 효소와 결합할 수 없게 된다. 따라서 전체 경로가 활성을 잃게 된다.

활성화 에너지

분자는 종종 몇 가지 방식으로 활성화되기 전에는 서로 반응하지 않는다. 실험실에서는 대개 혼합물을 가열하여 분자들의 충돌횟수를 증가시킴으로써 활성화시킨다. 가열함으로써 분자들이 더 빨리 움직이도록 하여 서로 효과적으로 충돌할 가능성을 높여주는 것이다. 분자가 서로 반응하도록 하는 데 필요한 에너지를 **활성화에너지(energy of activation, E_a)**라고 한다. 활성화에너지는 대사의 과속방지턱으로 작용한다. 즉, 반응물에서 생산물로 진행하는 반응이 얼마나 빠르게 일어날 것인지를 제한한다. 효소는 반응에 필요한 활성화에너지 양을 낮추어준다(**그림 5.9**). 이런 방식으로 반응의 전체적인 속도를 빠르게 하는 촉매로서 작용하는 것이다. 효소는 생성물이나 반응물의 에너지 양을 변화시키지 않으며, 단지 반응속도만 변화시킨다.

5.3 개념 연결하기

대사경로가 효율적으로 이루어지기 위해서는 효소가 필수적이다.

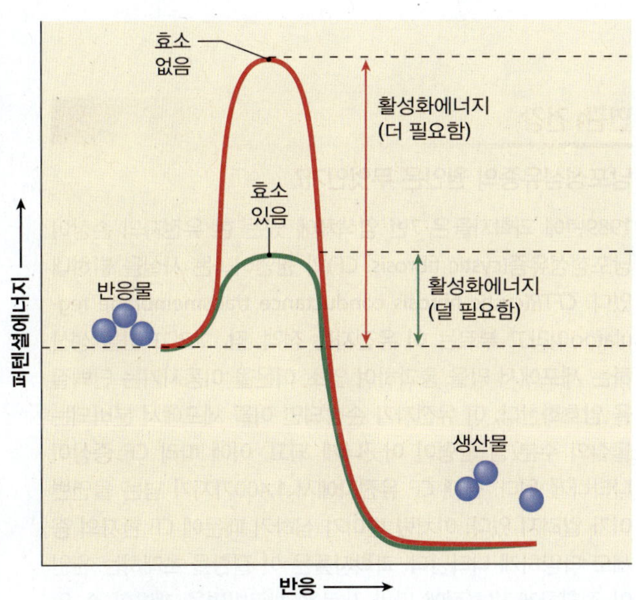

그림 5.9 활성화에너지(E_a).

효소는 반응물이 반응하도록 하는 데 필요한 에너지의 양을 낮추어 반응속도를 높인다. 그림의 예처럼 생산물의 에너지가 반응물의 에너지보다 적은 경우라 하더라도 효소가 존재하면 속도가 빨라진다.

진도 점검하기 5.3

1. 세포에서 대사경로가 지닌 이로운 점을 설명하시오.
2. 유도적합 모델에서 기질이 효소의 활성부위에 결합하는 방식을 설명하시오.
3. 대사경로를 조절하기 위해 되먹임 억제를 사용하는 것이 이로운 점을 요약하시오.

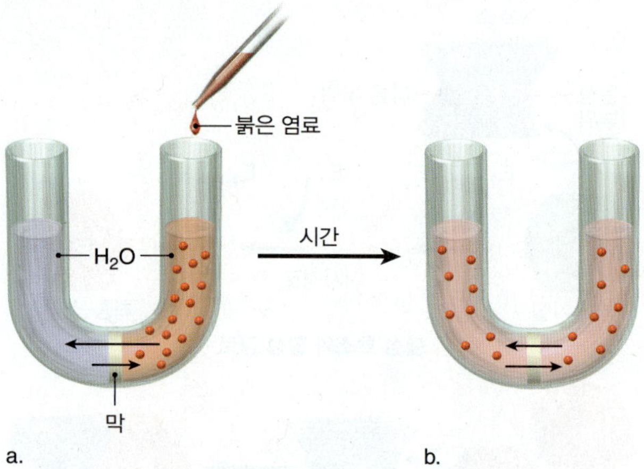

그림 5.10 단순 확산.

단순 확산은 저절로 일어나며, 에너지를 요구하지 않는다. **a.** 막으로 분리된 물에 붉은 염료를 넣는다. 이 염료 분자는 막을 통과할 수 있다. 염료 분자는 무작위로 이동하지만, 시간이 지나면 염료의 순 이동은 농도가 낮은 쪽으로 향한다. **b.** 결국, 염료 분자가 용기 전체에 균등하게 분포하고 염료의 순 이동이 사라진다.

5.4 세포 수송

학습 목표

이 절을 학습한 후에는 다음 과제를 수행할 수 있어야 한다.

1. 물질이 원형질막을 통과하는 다양한 경로를 분류하기.
2. 세포가 이용할 수 있는 수동수송의 종류를 나열하기.
3. 삼투현상, 그리고 다양한 긴장성 환경의 세포에서 삼투현상의 효과를 설명하기.
4. 능동수송이 어떻게 이루어지는지 설명하기.
5. 물질이 세포를 드나들게 하는 다양한 유형의 대량수송에 대해 설명하기.

원형질막은 분자의 세포 출입을 조절한다. 세포는 정상적인 조성을 유지하여야 살아갈 수 있기 때문에 이 기능은 매우 중요하다. 원형질막이 분자의 출입을 조절할 수 있는 것은 차별적인 투과성 때문으로, 어떤 물질은 자유롭게 막을 통과할 수 있고 어떤 물질은 막을 통과하여 수송되며 어떤 물질은 들어오거나 나갈 수 없다. 기본적으로 물질은 수동수송, 능동수송, 그리고 대량수송 가운데 한 가지 방법에 의해 세포로 들어간다. 수동수송은 몇 가지 다른 방식이 있지만, 모든 경우에 물질은 농도가 높은 곳에서 낮은 곳으로 이동하며 에너지를 요구하지 않는다. 능동수송은 농도기울기를 거슬러(농도가 낮은 쪽에서 높은 쪽으로) 물질을 수송하며 수송단백질과 많은 ATP를 필요로 한다. 대량수송은 에너지를 요구하지만 농도기울기와 무관하게 큰 물질이 이동한다.

수동수송: 에너지 필요 없음

수동수송의 한 가지 유형은 확산이다. **확산(diffusion)**에서는 분자가 농도기울기를 따라 평형이 이루어지고 균등하게 분포될 때까지 이동한다. 확산은 막을 통과해야 할 필요가 없다. 확산은 분자 자체의 운동으로 인해 일어나며, 에너지를 소비하지 않기 때문에 수동수송 형태이다. 세포에서는 확산이 원형질막을 통과하여 일어날 수도 있다. 산소와 이산화탄소 등의 작은 비전하 분자는 원형질막을 이루고 있는 인지질 분자 사이를 비집고 들어갈 수 있다.

그림 5.10은 막을 통과하여 확산이 일어나는 방식에 대해 설명한다. 물은 막의 양쪽 모두에 있으며, 염료는 한쪽에만 첨가하였다. 염료 입자는 다양한 방향으로 이동하지만 막의 오른쪽에 더 많이 있기 때문에 순 이동은 막의 왼쪽으로 향하게 된다. 결국 염료가 분산되어 막의 양쪽에 있는 염료 입자의 수가 같아지면 어느 방향으로든 순 이동이 일어나지 않는다. **용액(solution)**은 용질과 용매를 모두 가지고 있다. 이 경우에, 염료는 **용질(solute)**이고 물은 **용매(solvent)**이다. 용질은 대개 고체나 기체이고, 용매는 대개 액체이다.

촉진확산(facilitated diffusion)은 이온이나 분자가 특수한 통로단백질이나 운반단백질의 도움을 받아 예측보다 빠르게 막을 통과하여 확산되는 현상이다(**그림 5.11**). 극성분자인 물은 아쿠아포린(*aquaporin*)이라는 통로를 통해 막을 통과한다. 이로 인해 물이 예상보다 훨씬 빠르게 막을 통과할 수 있다. 포도당과 아미노산은 통과할 때에 형태가 변형되는 운반단백질의 도움을 받아 막을 통과한다. 통로단백질과 운반단백질은 통과시키는 분자에 대해 매우 높은 특이성을 나타낸다.

연관: 건강

낭포성섬유증의 원인은 무엇인가?

1989년에 과학자들은 7번 염색체에 있는 한 유전자의 손상이 낭포성섬유증(cystic fibrosis, CF)의 원인이라는 사실을 밝혀내었다. *CFTR*(cystic fibrosis conductance transmembrane regulator)이라고 부르는 이 유전자는 점액, 땀, 그리고 침을 생산하는 세포에서 막을 통과하여 염소 이온을 이동시키는 단백질을 암호화한다. 이 유전자가 손상되면 이들 세포에서 분비되는 물질의 수분/염 균형이 어긋나게 되고, 이에 따라 CF 증상이 나타나게 된다. 현재 CF 유전자에서 1,400가지가 넘는 돌연변이가 알려져 있다. 이처럼 변이가 심하기 때문에 CF 환자의 증세도 다양하게 나타난다. 과학자들은 이 질환을 초래하는 원인이 정확하게 밝혀짐에 따라 새로운 치료방법을 개발할 수 있게 되었다. 과거에는 CF 환자가 거의 20세를 넘기지 못하였지만, 지금은 30~40세까지 살 수 있다. 현재 CF에 대한 유전자 치료 등의 새로운 치료방법이 꾸준히 개발되고 있다.

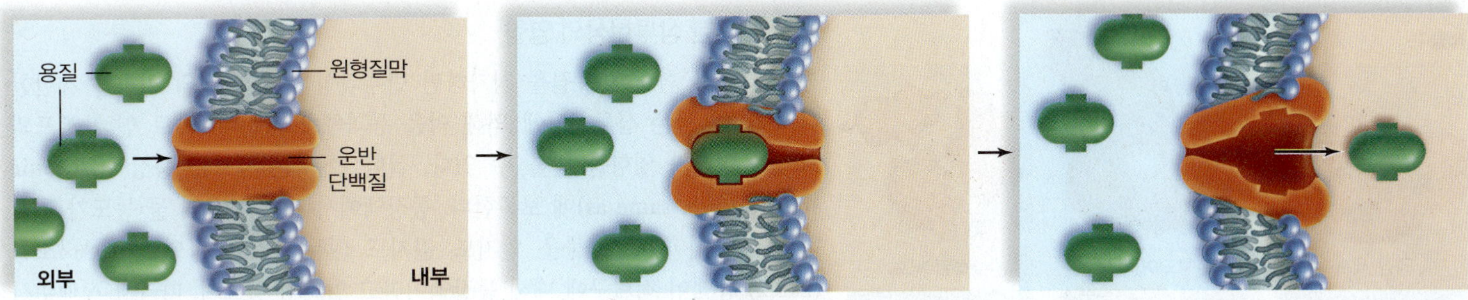

그림 5.11 촉진확산.

촉진확산에서는 원형질막에 있는 운반단백질이 분자를 높은 농도 지역에서 낮은 농도 지역으로 이동시킨다.

삼투현상

삼투현상(osmosis)은 물이 반투과성 막을 통과하여 농도가 높은 지역에서 낮은 지역으로 확산하는 현상이다. 삼투현상은 아쿠아포린(aquaporin)이라는 통로단백질을 통해 이루어진다. 삼투현상을 설명하기 위해 10% 염 용액을 넣은 튜브의 한쪽 끝을 막으로 씌운 후 5% 염 용액이 들어 있는 비커에 넣는다(**그림 5.12*a***). 물은 막을 통과할 수 있으나 용질(용해된 염)은 통과하지 못한다. 따라서 막을 통과하여 비커에서 튜브 안으로 향하는 물의 순 이동이 나타날 것이다. 이론적으로는 튜브 안의 용액이 막 양쪽의 물 농도가 같아질 때까지 올라갈 것이다(그림 5.12*b*,*c*). 비커에 7% 염 용액이 들어 있다면 어떻게 될까? 역시 물이 튜브 안으로 확산될 것이다. 비커의 7% 용액보다 튜브의 10% 용액에서 물의 농도가 낮기 때문이다.

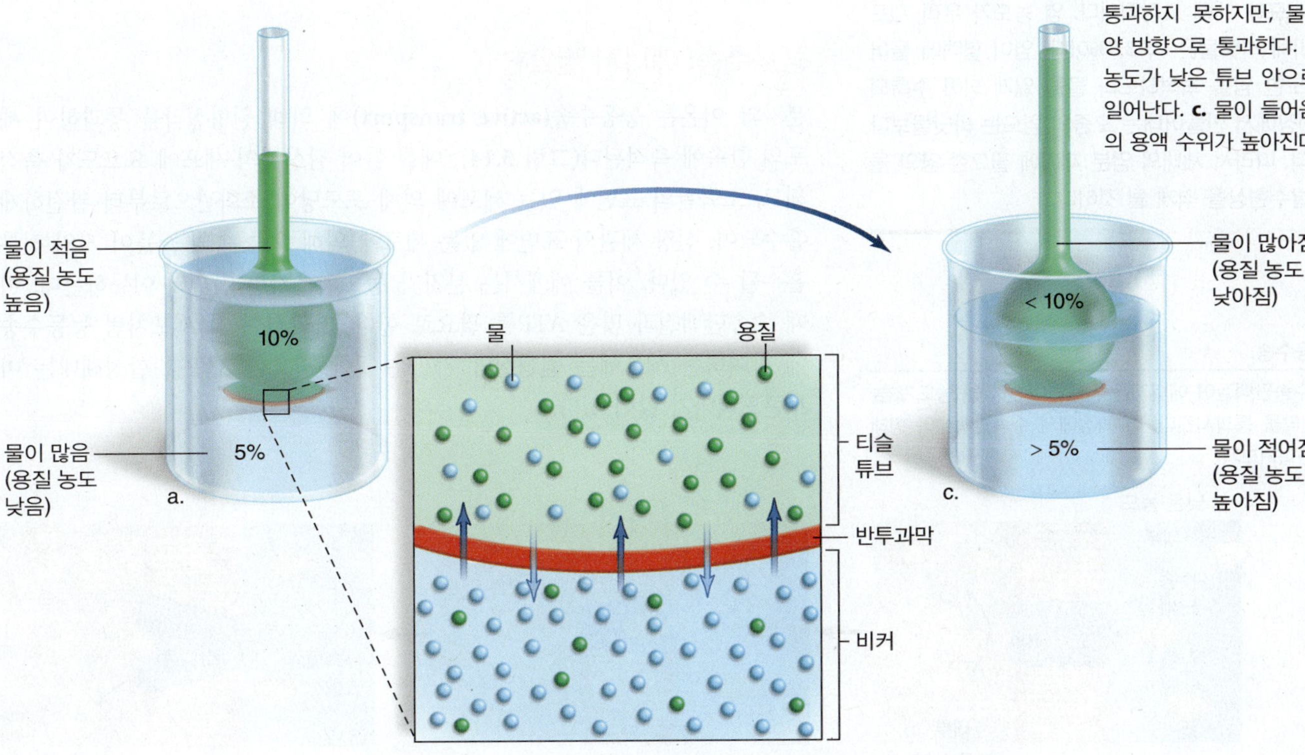

그림 5.12 삼투현상.

a. 티슬튜브의 넓은 주둥이를 반투과성 막으로 막은 후 10% 염 용액을 넣는다. 비커에는 5% 용액을 넣는다. **b.** 용질(녹색 원)은 막을 통과하지 못하지만, 물 분자(파란 원)는 양 방향으로 통과한다. 따라서 물 분자의 농도가 낮은 튜브 안으로 물의 순 이동이 일어난다. **c.** 물이 들어옴에 따라 튜브 안의 용액 수위가 높아진다.

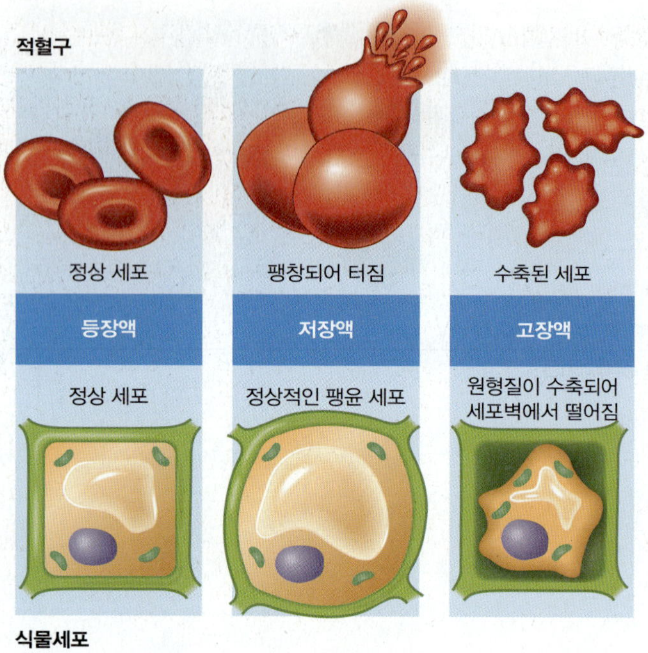

그림 5.13 동물세포와 식물세포의 삼투현상.

등장액에서는 세포가 물을 얻지도 잃지도 않는다. 저장액에서는 세포가 물을 얻는다. 적혈구는 팽창하여 터지며, 식물세포는 팽윤된다. 고장액에서는 세포가 물을 잃는다. 적혈구는 수축되며, 식물세포의 원형질은 수축되어 세포벽에서 떨어진다.

세포에 대한 삼투현상의 영향

세포의 외부 환경에 용질을 첨가하면 반투과성 막이 용질의 이동을 제한한다. 그러나 물은 삼투현상에 의해 막을 통과해 드나든다. 이로 인해 세포의 크기와 형태가 영향을 받을 수 있다. 실험실에서는 세포를 **등장액(isotonic solution**, *iso*, same as)에 보존한다. 등장액에서는 막 양쪽의 물 농도가 동일하기 때문에 세포가 물을 얻지도 잃지도 않는다. 의학적으로 0.9% 소금(NaCl) 용액이 적혈구에 대해 등장액이라고 알려져 있으며, 따라서 정맥주사용 용액은 대개 이 농도이다.

저장액(hypotonic solution, *hypo*, less than)에서는 세포가 물을 얻는다(**그림 5.13**). 세포 외부가 세포 내부보다 용질 농도는 낮고 물 농도는 높다. 저장액에 동물세포를 넣으면 팽창되고 터지기도 한다. 용해(*lysis*)는 파괴된 세포를, 용혈(*hemolysis*)은 파괴된 적혈구를 의미하는 용어이다.

저장액에 식물세포를 넣으면 커다란 중앙액포가 물을 흡수하고, 식물세포가 팽윤(*turgid*)됨에 따라 원형질막이 단단한 세포벽을 밀어낸다. 식물세포는 세포벽으로 인하여 터지지 않는다. 식물세포에서 팽압은 직립 형태를 유지하는 데 있어서 매우 중요한 요소이다.

고장액(hypertonic solution, *hyper*, more than)에서는 세포가 물을 잃는다. 세포 외부가 내부보다 용질 농도는 높고 물 농도는 낮다. 고장액에 동물세포를 넣으면 수축된다. 예를 들어 육류를 소금에 절여 저장하는데, 이때 세균은 소금 때문이 아니라 육류에 물이 없기 때문에 죽는다.

고장액에 식물세포를 넣으면 중앙액포가 물을 잃게 됨에 따라 원형질막이 세포벽에서 떨어진다. 이 현상은 삼투현상으로 인해 원형질이 수축되는 원형질분리(*plasmolysis*)의 한 예이다. 자른 꽃을 염 농도가 높은 물에 넣으면 원형질분리로 인해 시든다. 길가에서 볼 수 있는 나무들은 겨울철에 도로에 뿌린 제설용 염으로 인한 고장액에 노출되면 죽을 수 있다.

연관: 건강

어째서 바닷물은 마실 수 없을까?

바닷물은 우리 세포에 대해 고장액이다. 염 농도가 우리 세포는 0.9%인 데 비해 바닷물은 약 3.5%이다. 염이 혈액에 들어오면 세포가 과도한 염을 희석하느라 물을 잃게 되어 수축되고 죽게 된다. 신장에서 만들어내는 오줌의 염도는 바닷물보다 약간 낮을 뿐이다. 따라서 체내의 염분 제거에 필요한 양의 물을 제공하느라 탈수현상을 겪게 될 것이다.

능동수송: 에너지 필요함

분자와 이온은 **능동수송(active transport)**에 의해 원형질막을 통과하여 세포의 한쪽에 축적된다(**그림 5.14**). 예를 들어 갑상샘의 세포에 요오드가 축적되고, 소화관의 표면에 있는 세포에 의해 포도당이 소화관으로부터 완전하게 흡수되며, 신장 세관의 표면에 있는 세포에 의해 오줌 속의 소듐이 거의 전부 흡수될 수 있다. 이들 예에서는 분자가 농도기울기를 거슬러 이동하는데, 이때 수송단백질과 많은 ATP를 필요로 한다. 따라서 신장 세포처럼 능동수송에 참여하는 세포에는 원형질막 가까운 곳에 필요한 ATP를 합성해내는 미토콘드리아가 많이 있다.

그림 5.14 능동수송.

능동수송에서는 수송단백질이 에너지를 사용하여 용질을 농도가 높은 쪽으로 원형질막을 통과시킨다. 이 과정에서 수송단백질의 형태가 바뀌는 것을 눈여겨보자.

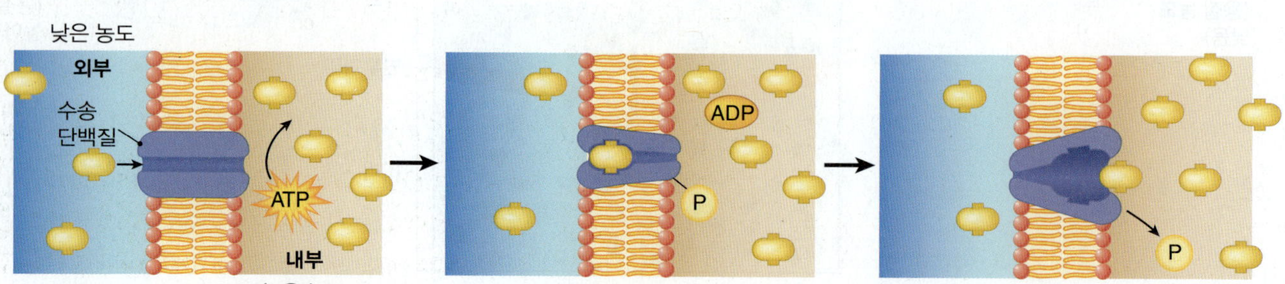

소금(NaCl)은 물이 자신이 있는 쪽으로 이동하도록 한다. 따라서 소금이 원형질막을 통과하는 것은 매우 중요하다. 먼저 소듐 이온(Na^+)이 능동수송을 통해 막을 통과한 후, 염소 이온(Cl^-)이 통로를 통해 단순히 확산된다. 유전병인 낭포성섬유증(cystic fibrosis) 환자는 Cl^- 통로의 기능 장애로 인해 증상이 나타난다. 능동수송에 참여하는 단백질을 흔히 펌프(*pump*)라고 부른다. **소듐-포타슘 펌프(sodium-potassium pump)**는 신경 전도에 있어서 매우 중요하며, 소듐 이온(Na^+)과 포타슘 이온(K^+)이 번갈아 결합할 수 있도록 형태가 변화된다.

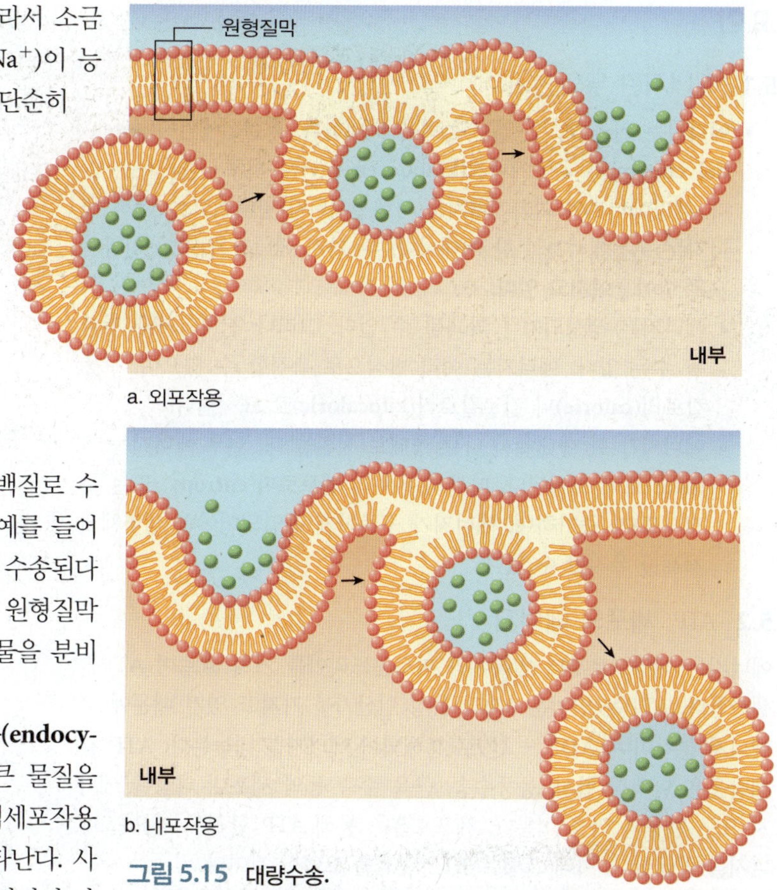

그림 5.15 **대량수송.**

외포작용(**a**)과 내포작용(**b**)에서는 소포를 형성하여 물질을 각각 세포 밖이나 안으로 수송한다.

대량수송

폴리펩티드, 다당류, 폴리뉴클레오티드 등의 거대분자는 수송단백질로 수송하기에는 너무 커서, 흔히 소포를 형성하여 세포를 출입한다. 예를 들어 소화효소와 호르몬은 **외포작용(exocytosis)**에 의해 세포 밖으로 수송된다(**그림 5.15***a*). 이러한 물질을 합성하는 세포에서는 분비소포가 원형질막 부근에 축적되어 있다. 이 소포들은 세포가 자극을 받으면 내용물을 분비한다.

세포가 소포를 형성하여 물질을 받아들이는 과정을 **내포작용(endocytosis)**이라고 한다(그림 5.15*b*). 음식물 입자나 다른 세포처럼 큰 물질을 받아들이는 경우에는 식세포작용(*phagocytosis*)이라고 부른다. 식세포작용은 아메바와 같은 단세포생물에게서 일반적이며, 사람에서도 나타난다. 사람 백혈구의 어떤 종류는 아메바와 유사하다. 즉, 아메바처럼 움직이며 낡은 적혈구나 세균 등을 삼킬 수 있다. 내포작용 소포가 리소좀과 융합하면 소화가 일어난다. 26장에서 이러한 과정이 세균성 질병에 대한 면역의 발달에 필수적인 준비 단계임을 공부할 것이다.

음세포작용(*pinocytosis*)에서는 액체나 아주 작은 입자를 둘러싸는 소포를 형성한다. 백혈구, 신장 세관과 장 벽의 표면에 있는 세포, 식물의 뿌리세포는 모두 음세포작용을 이용하여 물질을 흡입한다.

수용체-매개 내포작용(receptor-mediated endocytosis)에서는 특정 물질에 대한 수용체가 원형질막의 한 부위에서 발견된다. 이 부위는 막의 세포 내부를 향한 쪽에 단백질 층이 존재하기 때문에 피막소와(coated pit)라고 부른다(**그림 5.16**). 수용체-매개 내포작용은 선택적이며, 일반적인 음세포작용에 비해 훨씬 효율적이다. 이 작용은 혈액의 콜레스테롤을 신체의 세포로 이동시키는 과정에 관여한다. 이 과정에 문제가 생기면 혈중 콜레스테롤 수준이 높아지는 가족성 고콜레스테롤혈증이라는 질병이 나타난다.

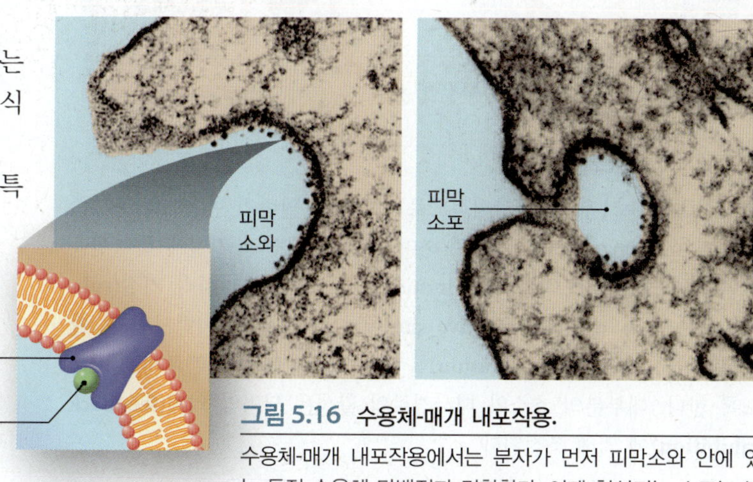

그림 5.16 **수용체-매개 내포작용.**

수용체-매개 내포작용에서는 분자가 먼저 피막소와 안에 있는 특정 수용체 단백질과 결합한다. 이때 형성되는 소포는 분자와 이 분자의 수용체를 함유한다.

진도 점검하기 5.4

1. 모든 종류의 수동수송에 필요한 조건에 대해 설명하시오.
2. 세포에 대한 삼투현상의 효과를 설명하시오.
3. 세포가 능동수송을 하는 이유를 설명하시오.
4. 대량수송의 종류를 구분하여 설명하시오.

5.4 개념 연결하기

다양한 방법에 의해 분자들이 원형질막을 통과하여 이동한다.

요약

5.1 에너지란 무엇인가?

- **에너지**는 일을 할 수 있는 능력을 의미한다. **퍼텐셜에너지(potential energy)**와 **운동에너지(kinetic energy)**는 서로 전환될 수 있다. 태양에너지와 화학에너지는 퍼텐셜에너지 형태이고, 기계적 에너지는 운동에너지의 한 형태이다. 두 가지 에너지 법칙이 일반적으로 받아들여지고 있다.
  - 에너지는 생성되거나 파괴될 수 없다. 그러나 전이되거나 전환될 수는 있다. 에너지는 여러 방식으로 측정할 수 있으며, 보통 **칼로리(calorie)**나 **킬로칼로리(kilocalorie)**로 표시한다.
  - 에너지가 한 형태에서 다른 형태로 전환될 때, 일부 에너지는 **열(heat)**로써 소실된다. 따라서 우주의 **엔트로피(entropy**, 또는 무질서도)가 증가하며, 에너지가 꾸준하게 유입되어야만 생명체의 체제를 유지할 수 있다.

5.2 ATP: 세포의 에너지

에너지는 태양으로부터 엽록체와 미토콘드리아를 거쳐 흐르며 ATP를 생산한다. ATP는 연이은 3개의 음성 인산기를 가지고 있기 때문에 고에너지 분자이며, ADP + Ⓟ로 분해되어 에너지를 내놓는다. ATP 분해반응은 단백질 합성, 능동수송, 근육 수축 등의 세포내 다양한 에너지-요구 반응과 짝을 이룬다. 세포호흡을 통해 ATP 합성에 필요한 에너지를 공급한다. 아래 그림은 ATP 순환을 요약한 것이다.

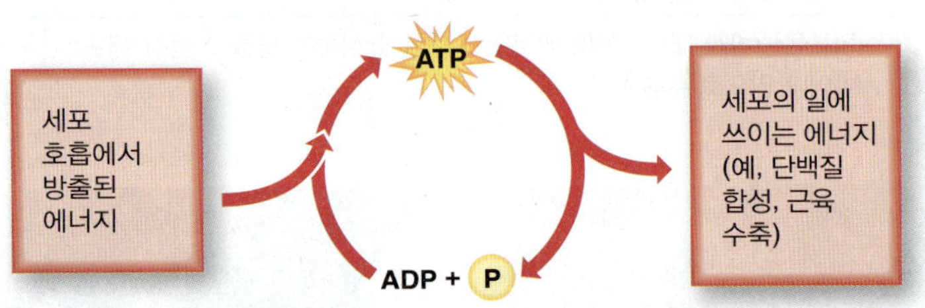

5.3 대사경로와 효소

대사경로는 순서에 따라 단계적으로 진행되는 일련의 반응이다. 각 반응마다 **효소(enzyme)**를 필요로 하며, 효소는 자신의 기질에 특이성을 보인다. 효소는 **유도적합 모델(induced fit model)**에 따라 **기질(substrate)**을 효소의 **활성부위(active site)**에 한데 모은다. 이렇게 하여 **활성화에너지(energy of activation)**를 낮춤으로써 반응이 빠르게 일어나도록 한다. 대부분의 효소와 대사경로의 활성은 **되먹임 억제(feedback inhibition)**에 의해 조절된다.

5.4 세포 수송

- 원형질막은 반투과 성질을 가지고 있다. 어떤 물질은 자유롭게 막을 통과하지만, 어떤 것은 세포 내부로 들어가려면 반드시 도움을 받아야 한다.

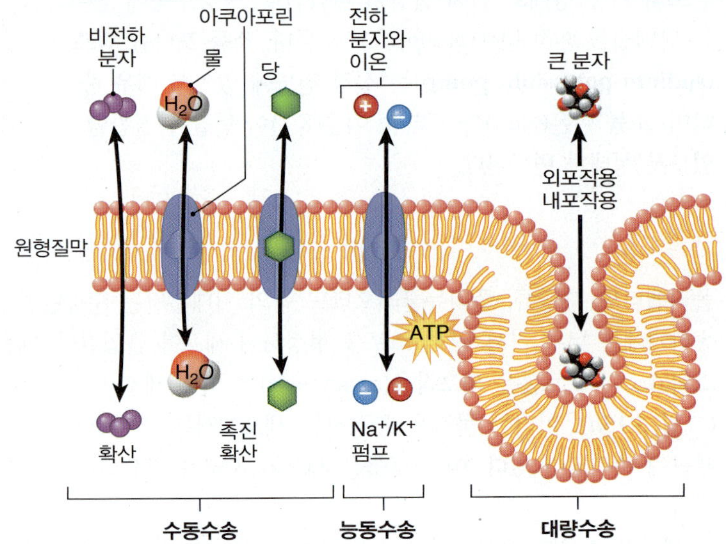

수동수송(*passive transport*)은 대사 에너지를 요구하지 않으며, 고농도에서 저농도 쪽으로 물질을 이동시킨다.

확산(diffusion)에서는 양쪽의 농도가 같아질 때까지 고농도 지역에서 저농도 지역으로 분자가 이동한다. 용해된 기체 등의 일부 분자는 확산에 의해 원형질막을 통과한다. **용액(solution)**은 **용질(solute)**이 **용매(solvent)**에 용해되어 있는 것이다.

- **촉진확산(facilitated diffusion)**에서는 통로단백질(예: 물의 통로단백질인 아쿠아포린)을 통하거나 운반단백질의 도움을 받아서 분자가 원형질막을 통과해 확산한다.
- **삼투현상(osmosis)**은 물이 (아쿠아포린을 통해) 물 농도가 낮은 (용질 농도가 높은) 쪽으로 막을 통과하여 확산하는 것이다. 용액은 두 용액(세포의 안과 밖 등)의 용질 농도를 비교하여 **등장액(isotonic)**, **고장액(hypertonic)**, **저장액(hypotonic)**으로 구분할 수 있다.
- 능동수송(*active transport*)은 대사에너지(ATP)를 요구하며, 농도가 낮은 곳에서 높은 곳으로 막을 통과하여 물질을 이동시킨다.

능동수송(active transport)에서 수송단백질은 펌프 역할을 수행하여 물질이 농도기울기를 거슬러 이동하도록 한다. 예를 들어 **소듐-포타슘 펌프(sodium-potassium pump)**는 Na^+를 세포 밖으로 내보내고, K^+

는 세포 안으로 이동시킨다.

- **대량수송**은 소포 형성과 대사에너지를 요구한다. 농도기울기와는 무관하다.
- **외포작용(exocytosis)**은 소포를 형성하여 거대분자를 밖으로 내보내며, 흔히 분비가 이루어진다.
- **내포작용(endocytosis)**은 소포를 형성하여 거대분자를 세포 내부로 수송한다.
- **수용체-매개 내포작용(receptor-mediated endocytosis)**은 원형질막에 있는 수용체 단백질을 이용한다.

개념 연결하기

모든 생명체는 에너지를 필요로 한다. 삶에 필요한 에너지를 생산하려면 물질이 세포에 들어오고 나가야 한다.

5.1 생명체가 에너지를 이용하는 방식은 열역학법칙을 따른다.

5.2 ATP는 모든 생명체가 이용하는 에너지 화폐이다.

5.3 대사경로가 효율적으로 이루어지기 위해서는 효소가 필수적이다.

5.4 다양한 방법에 의해 분자들이 원형질막을 통과하여 이동한다.

생명체에게 있어 에너지의 중요성에 관한 정보가 더 필요하면 다음 논의를 참조하시오.

7.1절 생명체가 퍼텐셜에너지를 운동에너지로 전환시키는 방법의 개요
20.5절 식물이 영양분을 이동시키는데 삼투압을 이용하는 방법
24.3절 사람 소화계에서 활성을 나타내는 몇 가지 효소

혼자 풀어보기

가장 적절한 답을 고르시오.

5.1 에너지란 무엇인가?

1. 에너지에 관한 기본법칙이 아닌 것은?
a. 에너지는 생성되거나 파괴될 수 없다.
b. 에너지는 한 형태에서 다른 형태로 변화될 수 있다.
c. 에너지는 한 형태에서 다른 형태로 전환될 때 소실된다.
d. 퍼텐셜에너지는 운동에너지로 전환될 수 없다.

2. 엔트로피는 무엇의 상대적 양을 나타내는 용어인가?
a. 조직화 정도
b. 비조직화 정도
c. 효소 활성
d. 옳은 답이 없음

3. 분자에 저장된 에너지의 양을 무엇이라고 하는가?
a. 열 **b.** 칼로리
c. 엔트로피 **d.** ATP

5.2 ATP: 세포의 에너지

4. ATP에 대한 진술 가운데 올바르지 않은 것은?
a. ATP가 ADP + Ⓟ로 분해될 때 생물학적 목적에 충분한 양의 에너지가 방출된다.
b ATP는 ATP 분해가 쉽게 짝을 이룰 수 있는 구조를 이루고 있다.
c. ATP는 쉽게 재활용될 수 있다.
d. ATP는 아데닌, 당, 그리고 2개의 인산기로 이루어진다.

5. ATP가 세포의 좋은 에너지원으로 이용되는 이유는
a. ATP는 융통성이 있어서 많은 유형의 반응에서 사용될 수 있다.
b. ATP의 분해와 에너지-요구 반응이 쉽게 짝을 이룬다.
c. ATP는 세포 반응에 필요한 만큼의 에너지를 공급한다.
d. 모두 옳음

5.3 대사경로와 효소

6. 효소 촉매의 유도적합 모델에 따르면
a. 기질은 여러 효소와 정확하게 들어맞는다.
b. 많은 기질이 모든 효소와 들어맞는다.
c. 효소의 형태가 약간 변형되어 기질과 들어맞게 된다.
d. 효소는 다른 기질에 의해 유도되기 전에는 기질과 들어맞지 않는다.

7. 효소가 반응을 촉매하는 방식은
a. 반응물들을 한데 모아 결합할 수 있도록 한다.
b. 활성화에너지를 낮추어준다.
c. a와 b 모두 옳음
d. a와 b 모두 옳지 않음

8. 효소의 활성부위는
   a. 모든 효소에서 동일한 구조이다.
   b. 기질이 적합하게 결합할 수 있는 효소의 한 부위이다.
   c. 단 한 번만 사용할 수 있다.
   d. pH와 온도 등의 환경요인에 의해 영향을 받지 않는다.

5.4 세포 수송

[9~12] 보기에서 적절한 답을 고르시오. 답은 여러 번 사용될 수 있음.

보기:

a. 확산　　b. 촉진확산
c. 삼투현상　　d. 능동수송

9. 농도가 높은 곳에서 농도가 낮은 곳으로 가는 분자의 이동
10. 에너지를 필요로 함
11. 막을 통과하는 물의 이동
12. 막 단백질을 이용함
13. 세포의 원형질막을 통과하는 물의 이동을 촉진하는 것은?
    a. 아쿠아포린　　b. 기질-매개 내포작용
    c. 수용체-매개 확산　　d. 통로단백질
    e. a와 d 모두 옳음
14. 바닷물은 혈액에 대해 _______이다. 그 이유는 바닷물의 용질 농도가 ____ 때문이다.
    a. 등장액, 높기　　b. 저장액, 높기
    c. 등장액, 같기　　d. 고장액, 높기
15. 피막소와와 관련이 있는 것은?
    a. 단순 확산　　b. 삼투현상
    c. 수용체-매개 내포작용　　d. 음세포작용

과학적으로 생각하기

1. 단백질 합성에 관여하는 많은 반응 등의 세포내 짝반응 일부는 ATP 대신 GTP를 에너지원으로 이용한다. 이들 세포반응에 대한 에너지원으로서 ATP 대신 GTP를 이용하는 것이 어떠한 점에서 이로울까?
2. 낭포성섬유증은 막의 수송단백질 결함에서 비롯되는 유전질환이다. 단백질의 결함으로 인해 막의 염소 이온 통로가 닫혀서 염소 이온이 세포 밖으로 나가지 못하게 된다. 이로 인해 세포의 바깥 표면에 두꺼운 점막이 발달한다. 이 점막이 췌장에서 소장으로 가는 소화효소의 수송관을 막고, 허파의 기도를 막고, 허파의 감염을 촉진한다. 이 단백질에 결함이 있으면 어째서 세포의 바깥이 연한 액체로 덮이는 대신에 진하고 끈적거리는 점막이 형성된다고 생각하는가?
3. 일부 원핵생물, 특히 고세균은 수온이 80°C에 이르는 심해열수구와 같은 극한환경에서 살 수 있다. 이러한 온도에서는 생명체가 거의 살지 못한다. 고세균은 어떠한 적응력을 가지고 있어서 이처럼 극도로 높은 열에서 살아갈 수 있는 것일까?

6 생명의 에너지

가을의 단풍

가을철에는 나뭇잎이 단풍으로 물들기 시작하여, 숲속을 거닐면 즐기면서 마음의 피로를 푸는 운동이 될 수 있다. 그런데 나뭇잎의 색채는 왜 변하는 것일까? 잎에는 녹색의 엽록소, 황색과 적색의 카로티노이드를 비롯한 몇 가지 종류의 색소가 있다. 이들 색소는 광합성에 사용될 햇빛에너지를 흡수하는 중요한 역할을 수행한다. 가을에는 낮은 기온이 계절의 변화를 알리는 신호가 되어 잎에 대한 물과 양분의 공급이 감소하며, 엽록소가 파괴되기 시작한다. 이제 늘 존재하였지만 엽록소에 가려 있던 카로티노이드의 색채가 드러나게 되어 잎의 색채가 변화하게 된다.

흥미로운 사실은 이 카로티노이드가 식품에서 항산화물질로 작용한다는 것이다. 항산화물질은 DNA와 단백질에 손상을 주는 위험한 분자인 자유라디칼로부터 우리 몸을 보호한다. 베타-카로틴 등의 항산화물질은 적색과 황색 채소에 흔하다.

이 장에서는 이들 색소가 광합성 과정에 관여하는 방식과 식물이 햇빛에너지를 포획하여 당을 만들어내는 방법에 대해 살펴본다.

이 장을 공부하는 동안 다음 질문에 대해 생각해보자.

1. 광합성에서 광합성 색소의 역할은 무엇인가?
2. 식물이 햇빛에너지를 화학에너지로 전환시키는 방법은 무엇인가?
3. 이들 과정에서 물의 역할은 무엇인가?

개 요

시작하기 전에

이 장을 시작하기 전에 다음 내용을 다시 살펴보자.

1.3절 생태계에서 생산자의 역할은 무엇인가?

4.4절 엽록체의 구조는 어떠한가?

5.2절 ADP는 어떻게 에너지를 얻어 ATP를 형성하는가?

6.1 광합성의 개요

학습 목표

이 절을 학습한 후에는 다음 과제를 수행할 수 있어야 한다.

1. 광합성을 수행하는 세포의 구조와 그 기능에 대해 설명하기.
2. 광합성의 전체 화학반응식을 설명하기.
3. 환원과 산화가 의미하는 바를 설명하기.

광합성(photosynthesis)은 햇빛에너지를 탄수화물의 화학에너지로 전환한다. 식물과 조류, 남세균 등의 광합성 생명체는 어마어마한 양의 탄수화물을 생산한다(**그림 6.1**). 이 탄수화물을 한꺼번에 석탄으로 전환하여 적재용량 50톤의 화차에 싣는다고 가정하면, 생물권의 광합성 생산자들은 1초당 100대 이상의 화차를 채울 수 있을 것이다.

광합성 생명체는 자신은 물론, 약간의 예외[1]를 제외한다면 지구상 모든 생명체를 먹여 살릴 수 있다. 대부분의 먹이사슬이 식물로 귀결되는 사실을 생각해보자. 즉, 탄수화물을 합성하는 능력이 있는 생산자는 자신은 물론 만들어진 유기분자를 섭취해야 하는 소비자까지도 먹여 살린다.

[1]몇 종류의 세균은 화학합성 생명체이며, 무기 화합물을 산화시켜 얻은 에너지를 유기 영양물질 생산에 사용한다.

그림 6.1 광합성 생명체.

광합성 생명체는 현화식물과 이끼류 등의 육상에서 사는 식물, 유글레나와 규조류, 켈프(갈조류) 등의 물속에서 사는 광합성 원생생물, 그리고 어디에서나 사는 세균인 남세균 등이다.

앞서 광합성 산물이 석탄으로 전환된다고 가정한 비유는 오늘날 우리가 태우는 석탄이 식물체에서 만들어진 것이라는 점에서 적절하다. 석탄으로 전환되는 과정은 수백만 년 전에 일어났으며, 그래서 석탄을 화석연료라고 부르는 것이다. 나무의 목재 역시 연료로 사용된다. 나아가 식물의 물질을 발효시켜 얻은 알코올을 자동차 연료로 직접 사용하거나 휘발유에 첨가하여 이용할 수도 있다.

연관: 과학적 탐구

대기의 산소는 어디에서 유래한 것일까?

초기 지구의 대기에는 산소가 없고, 이산화탄소 등의 다른 기체가 풍부하게 존재하였다. 최초의 광합성 생명체는 약 35억 년 전에 나타난 것으로 보이며, 남세균(그림 6.1 참조)으로 추정된다. 이들은 거의 10억 년 동안 광합성 부산물로서 산소를 대량으로 만들어내었으며, 약 15억 년 전부터는 조류와 규조류 등의 단세포 광합성 진핵생물도 이에 동참하였다. 육상식물은 4억~4억 5천만 년 전에 이르러서야 비로소 산소를 만들어내기 시작하였다.

광합성 생산자인 식물

광합성은 식물의 녹색 부위(특히 잎)에서 수행된다. 대기의 이산화탄소가 기공(stomata, *sing.* stoma)이라는 작은 구멍을 통해 엽육조직의 공간들로 들어간다. 이 공간으로 인해 광합성의 원재료인 이산화탄소가 엽육세포에 효율적으로 공급될 수 있다. 식물의 뿌리에서 흡수된 물은 유관속조직을 통해 줄기를 따라 올라가 잎으로 수송되고, 잎맥에서 빠져나온다. 이산화탄소와 물은 엽육세포로 확산해 들어간 후, 광합성을 수행하는 소기관인 **엽록체(chloroplast)**로 들어간다(**그림 6.2**).

이중막이 감싸고 있는 엽록체의 내부 공간은 **스트로마(stroma)**라고 부르며, 액체가 가득 차 있다. 스트로마 안에서 세번째 막이 **틸라코이드(thylakoid)**라고 부르는 납작한 주머니를 형성한다. 이들이 어떤 곳에서는 겹쳐 쌓여서 **그라나(grana,** *sing.* granum)를 형성하는데, 이 명칭은 초기 현미경학자들이 쌓아올린 씨앗더미를 연상하여 명명한 것이다. 틸라코이드 내부 공간은 다른 모든 틸라코이드의 내부 공간과 연결되어 엽록체 안에서 틸라코이드 공간이라는 내부 구획을 이룬다.

틸라코이드 막에는 **엽록소(chlorophyll)**를 비롯한 색소가 있다. 이들 색소는 광합성을 수행하는 에너지인 햇빛에너지를 흡수할 수 있다. 또한 틸라코이드 막에는 복합체가 있어서 햇빛에너지를 스트로마에 있는 효소가 이용할 수 있는 화학에너지로 전환시킨다. 스트로마는 효소가 풍부한 지역이며, 이곳에서 틸라코이드 막에서 받은 화학에너지를 이용하여 이산화탄소가 최초로 유기분자와 결합하고 이어서 탄수화물로 환원된다.

이 탄수화물이 지구상 거의 모든 생명체의 유일한 에너지원이다. 생명체가 엽록체에서 생성된 탄수화물을 대사하면 이산화탄소가 대기로 방출된다. 이 이산화탄소가 잎으로 들어가고 탄수화물로 전환된다. 이러한 생산자(예: 식물)와 소비자(예: 동물) 사이의 상관관계가 생명체들이 서로 얽혀 있는 그물관계의 기본을 이룬다.

그림 6.2 잎과 광합성.
광합성의 원재료는 이산화탄소와 물이다. 물은 잎맥을 따라서, 이산화탄소는 기공을 통해서 잎으로 들어간다. 엽록체는 두 부분으로 이루어져 있다. 그라나는 엽록소 등의 광합성 색소를 지닌 막으로 된 주머니인 틸라코이드로 구성된다. 이들 색소가 햇빛에너지를 흡수한다. 스트로마는 액체로 채워진 공간이다. 여기에서 이산화탄소가 효소에 의해 포도당 등의 탄수화물로 가공된다.

광합성 과정

광합성 산물인 탄수화물(CH_2O)은 반응물인 이산화탄소(CO_2)와 물(H_2O)에 비해 훨씬 많은 에너지를 지닌다. 왜 그럴까? H_2O에서 나온 전자가 햇빛에서 에너지를 얻은 후 $NADP^+$라는 효소 도우미에 의해 CO_2로 전이된다. 이들 전자는 수소 이온(H^+)을 동반하며, 이것이 광합성 동안에 수소 원자가 이동하는 이유이다.

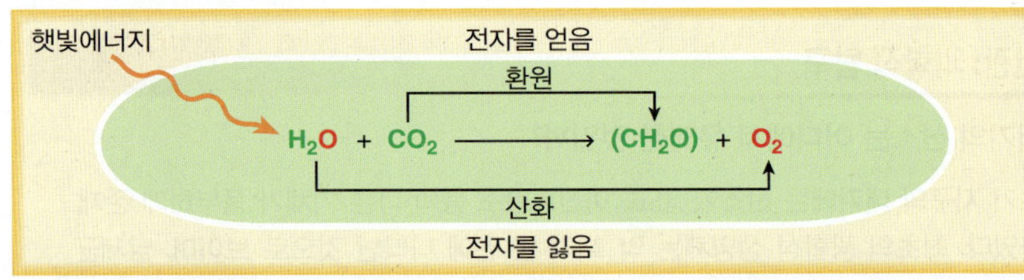

어떤 분자가 전자(e^-)와 수소 이온(H^+)을 얻으면 **환원(reduction)**되며, 이 분자는 환원되었다고 한다. 위의 반응식에서 이산화탄소가 CH_2O로 되면 환원된 것이다. 어떤 분자가 전자(e^-)와 수소 이온(H^+)을 잃으면 **산화(oxidation)**되며, 이 분자는 산화되었다고 한다. 위 반응식에서는 물이 산화되어 O_2가 형성되었다. 세포에서는 환원반응은 흔히 산화반응과 짝을 이룬다. 이들 짝반응을 **산화환원반응(redox reaction)**이라고 한다.

CH_2O에 6을 곱한 결과가 포도당의 화학식인 $C_6H_{12}O_6$인 것을 눈여겨보자. 흔히 포도당을 광합성의 최종산물로 간주하지만, 실제로는 CO_2가 환원되면 G3P(glyceraldehyde-3-phosphate, 글리세르알데히드-3-인산)라는 분자가 만들어진다. G3P 분자는 흔히 광합성 반응이 끝난 직후 합쳐져서 포도당을 형성한다.

두 가지의 반응

광합성의 전체 반응식에서 이 경로의 시작 반응물과 최종산물을 알 수 있다. 그러나 그 사이에서 많은 일이 일어난다. 광합성(*photosynthesis*)이라는 단어는 이 과정이 두 가지의 반응으로 이루어진다는 것을 암시한다. 광(*photo*, light)은 햇빛에너지를 포획하는 반응을, 합성(*synthesis*)은 탄수화물을 생성하는 반응을 의미한다. 이들 두 가지의 반응을 각각 **명반응(light reaction)**과 **캘빈회로반응(Calvin cycle reactions)**이라고 한다(**그림 6.3**).

명반응 명반응 동안 틸라코이드 막에서 다음과 같은 일이 일어난다.

- 틸라코이드 막에 있는 엽록소가 햇빛에너지를 흡수하여 전자를 활성화한다.
- 물이 산화되어 전자, 수소 이온(H^+), 산소가 방출된다.
- 전자전달사슬의 도움을 받아 ADP + Ⓟ로부터 ATP가 합성된다.
- 효소 도우미인 $NADP^+$(nicotinamide adenine dinucleotide phosphate)가 전자를 받아서 NADPH로 환원된다.

캘빈회로반응 캘빈회로반응 동안 스트로마에서 다음과 같은 일이 일어난다.

- 회로의 분자 중 하나가 CO_2를 받아들인다.
- 명반응에서 온 ATP와 NADPH로 CO_2를 환원시켜 탄수화물(G3P)을

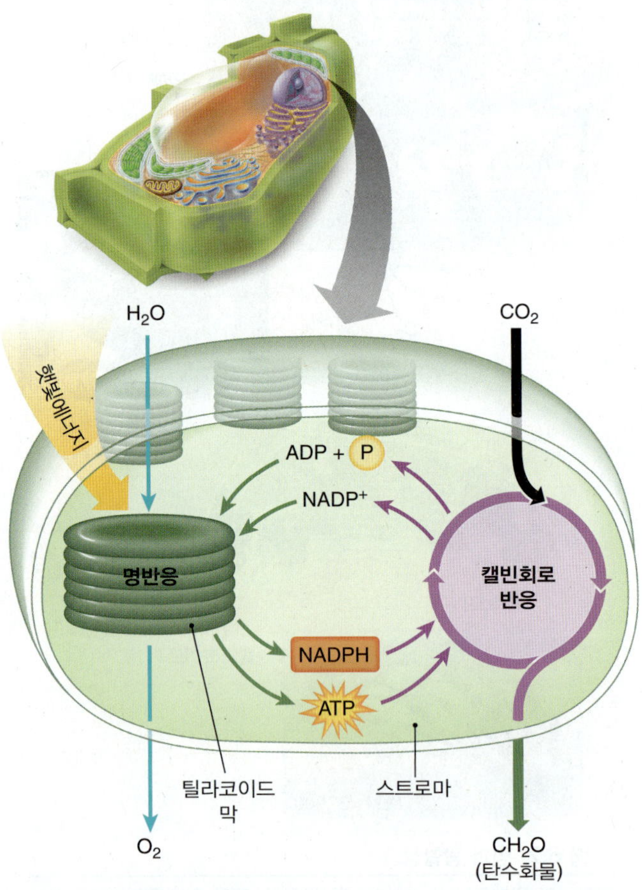

그림 6.3 광합성 과정.
광합성 과정은 명반응과 캘빈회로반응으로 이루어진다. 명반응은 틸라코이드 막에서 수행되며, ATP와 NADPH를 생성한다. 이 분자들은 스트로마에서 수행되는 캘빈회로에서 이산화탄소를 탄수화물로 환원시키는 데 이용된다.

만든다.

다음 두 절에서 이들 두 가지 반응에 대해 각각 상세하게 논의한다.

진도 점검하기 6.1

1. 엽록체의 스트로마, 그라나, 틸라코이드를 구별하여 설명하시오.
2. 화학식으로 표현한 광합성의 반응을 요약하시오.
3. 환원반응과 산화반응을 구별하여 설명하시오.

개념 연결하기 6.1 광합성은 식물과 일부 원생생물의 엽록체에서 수행된다.

6.2 명반응—에너지 수확하기

학습 목표

이 절을 학습한 후에는 다음 과제를 수행할 수 있어야 한다.

1. 광합성 색소의 기능을 설명하기.
2. 명반응의 전자경로를 설명하기.
3. 광합성 명반응에서 ATP와 NADPH가 생산되는 방식을 설명하기.

명반응이 수행되는 동안 틸라코이드 막에 있는 색소가 햇빛의 방사에너지를 흡수한다. 방사에너지는 햇빛에너지라고도 부르며, 파장과 에너지량의 개념으로 설명할 수 있다. **그림 6.4**는 파장이 가장 짧은 감마선부터 가장 긴 라디오파에 이르는 방사에너지 유형이다. 이 스펙트럼에서 가시광선(*visible light*)이 차지하는 부분이 얼마나 좁은지 눈여겨보자.

가시광선은 다양한 파장의 빛으로 이루어져 있으며, 프리즘을 통과시키면 보라(가장 짧은 파장)부터 파랑, 초록, 노랑, 주황, 그리고 빨강(가장 긴 파장)의 빛으로 나뉘어 무지개 빛깔로 나타난다. 에너지량은 보라색이 가장 많고 빨간색이 가장 적다.

지구의 대기권에 도달한 햇빛 방사 가운데 약 42%만이 지표면에 도달하는데, 대부분 가시광선 영역에 속한다. 고에너지 파장은 대기권의 오존층에서 걸러지며, 저에너지 파장은 수증기와 CO_2에 의해 걸러진다. 생명체 내의 유기분자들, 그리고 보는 일과 광합성 등의 생명현상은 모두 환경에 가장 풍부한 빛(가시광선)을 이용하도록 적응되어 있다.

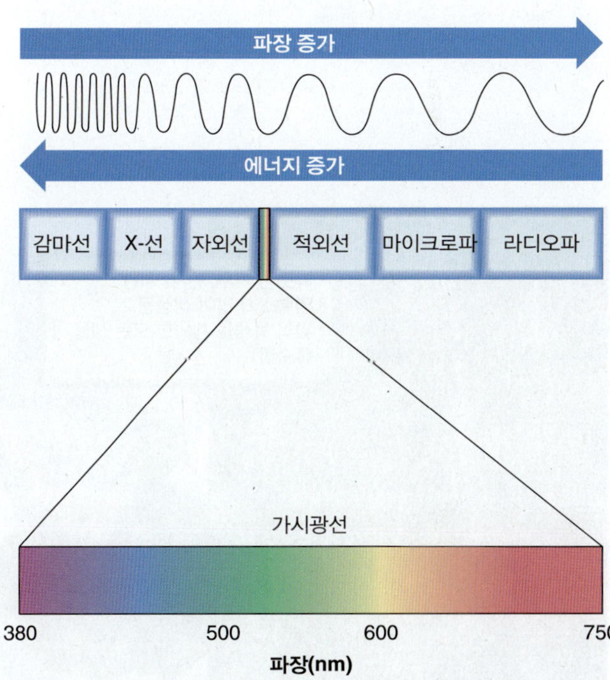

그림 6.4 방사에너지.

방사에너지는 아주 짧은 파장인 감마선부터 아주 긴 파장인 라디오파에 이르는 범위의 파장으로 존재한다. 광합성에 이용되는 가시광선 영역을 확장하여 포함된 빛깔을 표시하였다. 파장과 에너지량에 따라 색이 다르다.

광합성 색소

광합성 세포에 있는 색소는 주로 **엽록소(chlorophylls)**와 **카로티노이드(carotenoids)**이다. 이 색소들은 가시광선의 일부를 흡수할 수 있다. 엽록소 *a*와 엽록소 *b*는 모두 보라, 파랑, 빨강 파장을 다른 파장보다 잘 흡수한다. 녹색 빛은 거의 흡수되지 않고 반사되기 때문에 잎이 초록빛으로 보인다. 카로티노이드 등의 보조색소는 보라-파랑-초록 영역을 흡수하고 노랑-주황 영역은 흡수하지 않기 때문에 노란색이나 주황색으로 보인다. 이들 색소의 색채는 여름에는 엽록소에 가려 드러나지 않지만, 가을에 엽록소가 분해되고 나면 뚜렷하게 드러난다(**그림 6.5**).

연관: 과학적 탐구

온실에서 사용하는 식물재배조명등은 어떻게 작용하는 것일까?

상업적인 온실에서 사용하는 식물재배조명등은 가시광선의 모든 파장을 방사하지 않는다. 이 조명등은 파란색과 빨간색을 더 강하게 방사하도록 설계된 것이다. 엽록소 분자가 이 두 가지 색의 파장을 선호하기 때문에 식물의 생장에 적합하다. 이 조명등 아래에서는 옷의 색이 약간 달라 보일 수 있다. 그 이유는 불빛에 파장 영역이 모두 포함되어 있지 않아서 옷의 색소가 모두 반사되지 않기 때문이다.

명반응의 전자전달경로

태양전지판으로 햇빛에너지를 포획하여 축전지에 저장하는 것과 마찬가지로, 명반응도 햇빛에너지를 포획하여 수소 이온(H^+) 기울기 형태로 저장한다. 이 수소 이온 기울기는 ATP 분자를 생성하는 일에 사용된다. 명반응에서는 NADPH도 만들어진다(**그림 6.6**).

명반응은 광계 I(PS I)과 광계 II(PS II)라고 부르는 두 가지의 **광계(photosystem)**를 이용한다. 광계의 명칭은 발견된 순서에 따라 붙인 것이며, 광합성 과정에 참여하는 순서에 따른 것이 아니다. 이 경로에서 수행되는 일을 요약하면 다음과 같다.

- 두 광계 모두 광자를 수용한다. 광계 II와 광계 I은 색소복합체(엽록소와 카로티노이드 포함)와 전자수용체로 이루어져 있다. 색소복합체는 햇빛에너지를 수집하는 "안테나" 역할을 한다. 에너지는 한 색소에서 다른 색소로 에너지를 전달되어 반응중심이라고 부르는 1쌍의 특정 엽록소 *a* 분자에 축적된다.
- 광계 II에서 물이 분해된다. 햇빛에너지를 흡수하면 광계 II의 반응중심

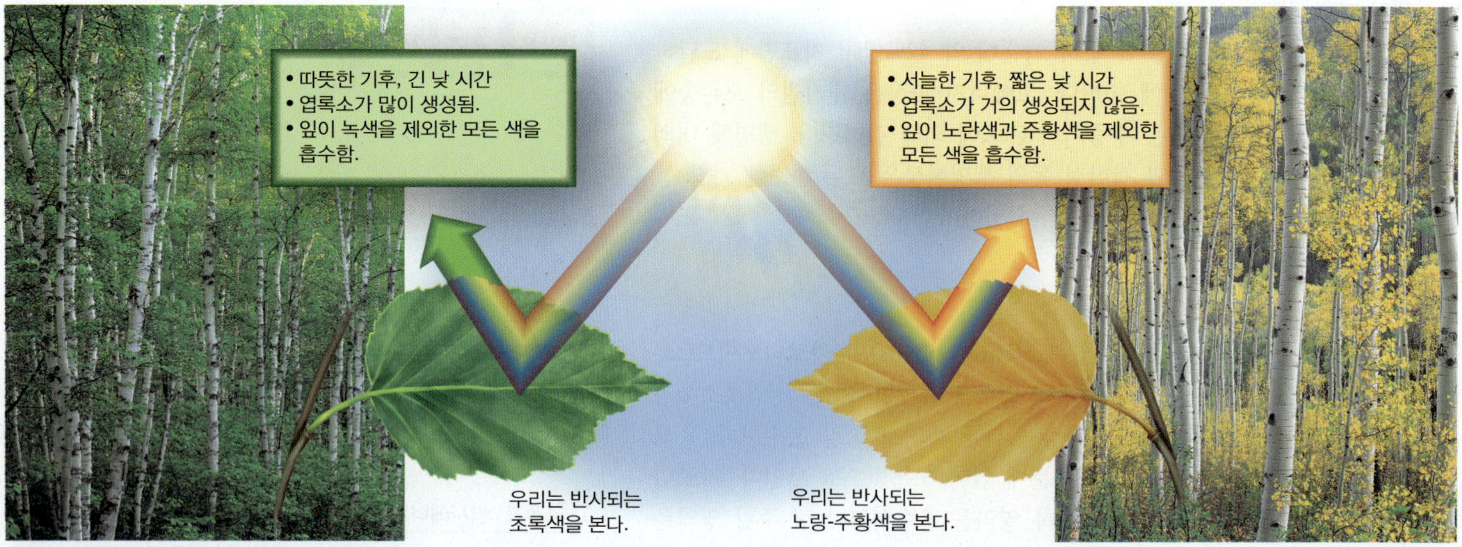

그림 6.5 **잎의 색채.**

여름에는 잎이 초록색으로 보인다. 엽록소가 가시광선 스펙트럼 중 녹색보다 다른 영역을 잘 흡수하기 때문이다. 가을에는 엽록소가 분해되고 카로티노이드만 남게 되어 카로티노이드가 흡수하지 않는 노랑-주황색을 나타내게 된다.

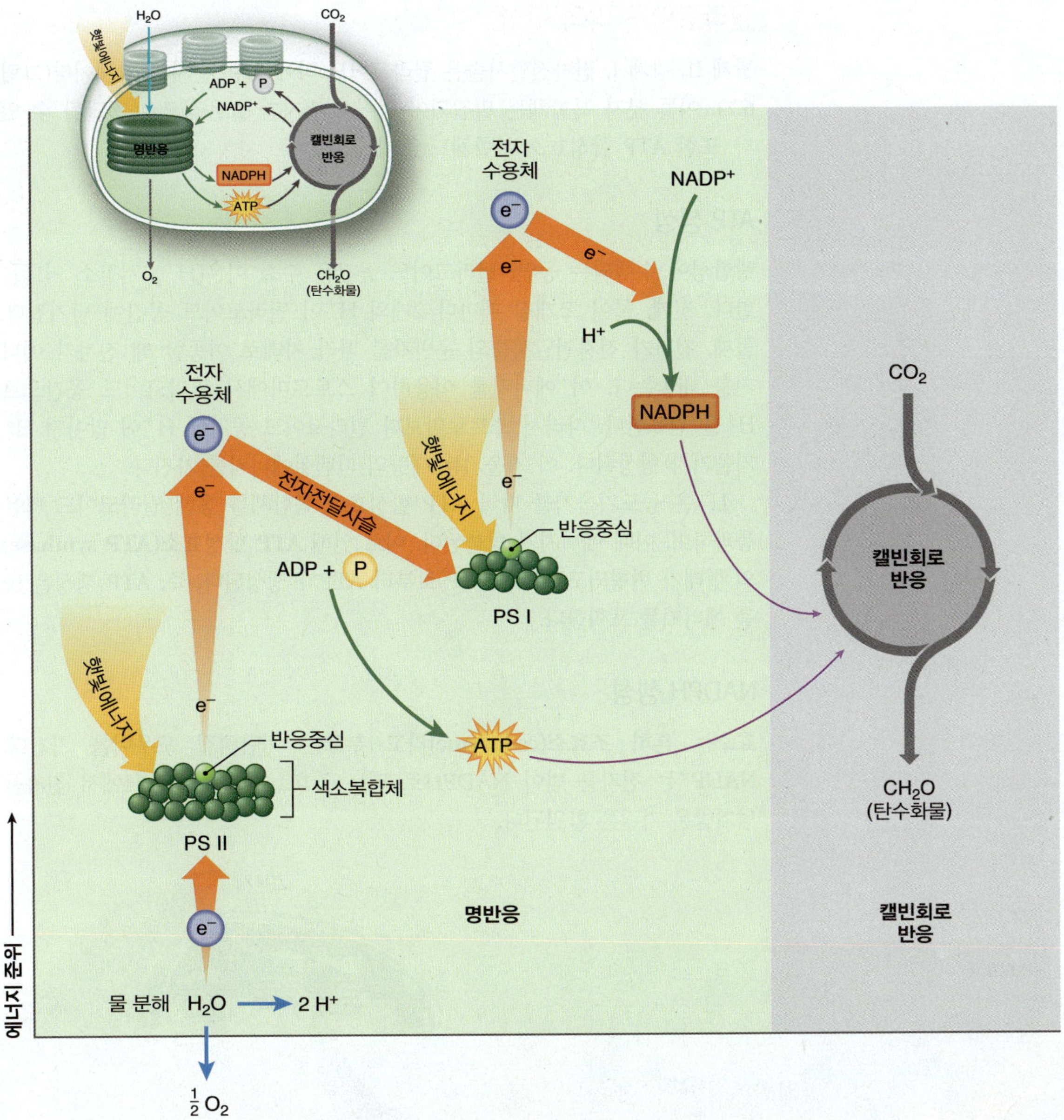

그림 6.6 명반응의 전자 경로.

광계 II에서 활성화된 전자는 전자전달사슬을 따라 이동하며, ATP 생성으로 이어진다. 광계 I에서 활성화된 전자(광계 II에서 대체됨)는 $NADP^+$로 전달되며, H^+와 함께 결합하여 NADPH로 된다. 광계 II에서 나온 전자는 물이 쪼개져 산소를 방출할 때 나온 전자로 대체된다.

에 있는 전자(e^-)가 에너지를 얻어 빠져나와 가까이에 있는 전자수용체 분자로 이동한다. 이 전자는 물이 분해되어 나온 전자로 대체되며, 이때 산소와 2개의 수소 이온(H^+)이 방출된다. 전자수용체는 반응중심에게서 받은 활성화된 전자를 전자전달사슬을 따라 이동시킨다.

- 전자전달사슬에서 에너지 기울기가 형성된다. **전자전달사슬(electron transport chain)**에서 일련의 운반자가 전자를 차례로 넘겨주며, 이때 방출되는 에너지는 수소 이온 기울기의 형태로 저장된다. 이 힘에 의해 나중에 ATP가 생성된다(102쪽 참조).
- 광계 I에서 NADPH가 생성된다. 광계 I의 색소복합체가 햇빛에너지를 흡수하면 활성화된 전자가 반응중심에서 방출되어 다른 종류의 전자수용체에 포획된다. 광계 I에서 잃은 전자는 광계 II로부터 전자전달사슬을 통해 전달된 저에너지 전자가 대체한다. 광계 I의 전자수용체는 전자를 $NADP^+$ 분자로 전달한다. $NADP^+$가 전자와 수소 이온을 받아 NADPH로 환원된다.

틸라코이드 막의 구성

광계 II, 광계 I, 전자전달사슬은 틸라코이드 막에 있는 분자 복합체이다(**그림 6.7**). 이들 분자 복합체는 밀집되어 있어서 전자가 효율적으로 전달될 수 있다. 또한 ATP 합성효소 복합체도 존재한다.

ATP 생성

광합성이 수행되는 동안, 틸라코이드 공간은 수소 이온(H^+) 저장소 역할을 한다. 첫째, 물이 쪼개질 때마다 2개의 H^+이 틸라코이드 공간에 남겨진다. 둘째, 전자가 전자전달사슬의 운반자를 따라 차례로 이동할 때 전자가 에너지를 내놓는다. 이 에너지를 이용하여 스트로마에서 틸라코이드 공간으로 H^+을 펌프한다. 따라서 스트로마보다 틸라코이드 공간에 H^+이 많아져 H^+ 기울기가 형성된다. 이 기울기는 대량의 퍼텐셜에너지를 가진다.

H^+은 농도기울기를 따라 ATP 합성효소 복합체를 통해 틸라코이드 막을 통과하며, 이때 에너지가 방출된다. 이로 인해 **ATP 합성효소(ATP synthase)**의 형태가 변형되고 ADP + Ⓟ로부터 ATP가 생성된다. 즉, ATP 생성은 방출 에너지를 포획한다.

NADPH 생성

효소는 흔히 **조효소(coenzyme)**라고 부르는 비단백질 도우미를 가진다. $NADP^+$는 전자를 받아 NADPH로 되는 조효소이다. NADPH에서 전자를 넘겨받은 기질은 환원된다.

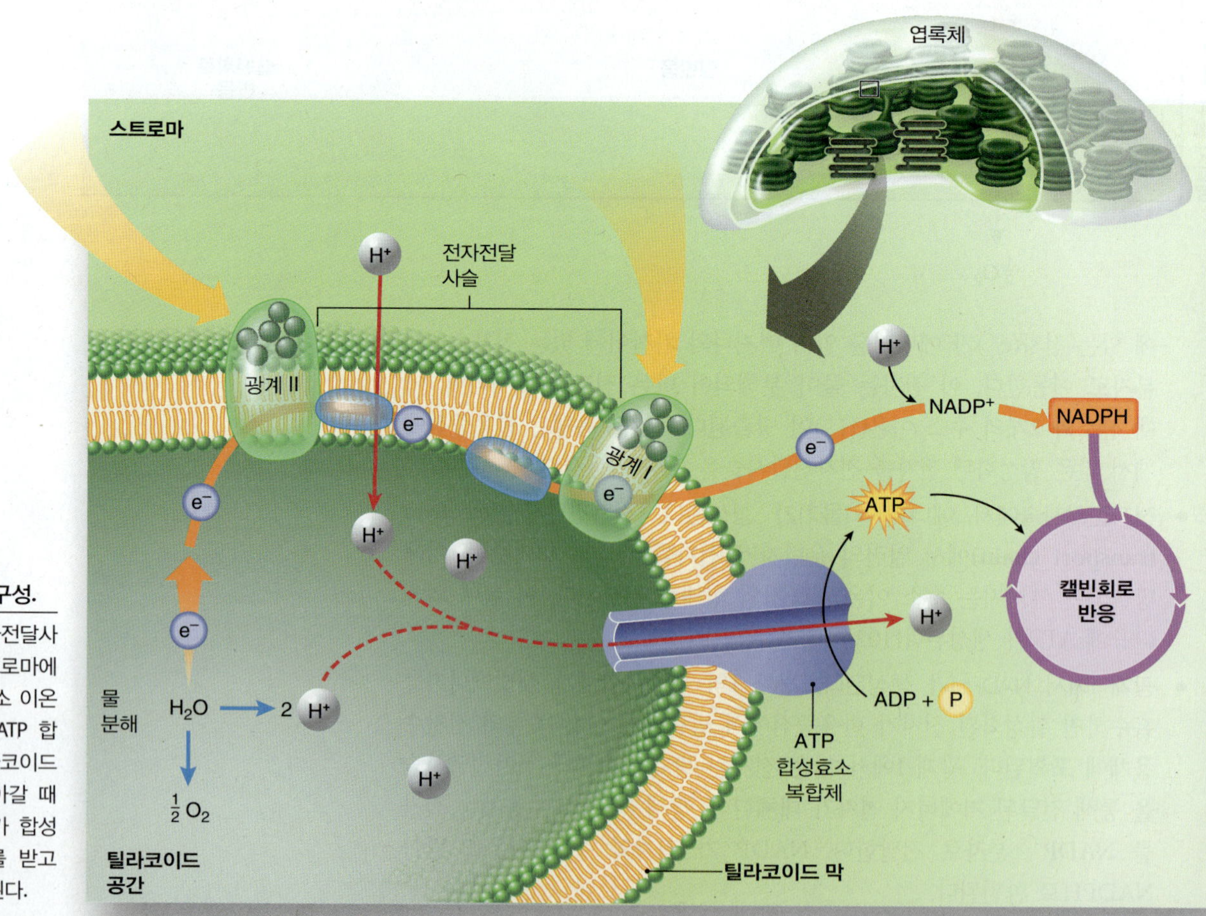

그림 6.7 틸라코이드의 구성.
틸라코이드 막에 있는 전자전달사슬의 분자 복합체들은 스트로마에서 틸라코이드 공간으로 수소 이온을 펌프한다. 수소 이온이 ATP 합성효소 복합체를 통해 틸라코이드 공간에서 스트로마로 되돌아갈 때에 ADP + Ⓟ로부터 ATP가 합성된다. $NADP^+$는 전자 2개를 받고 H^+와 결합하여 NADPH로 된다.

명반응 과정 동안에, $NADP^+$가 틸라코이드 막의 전자 경로가 끝나는 곳에서 전자를 받아들인 후 H^+을 받아 NADPH로 되는 과정은 앞에서 살펴본 바 있다(101쪽 참조).

진도 점검하기 6.2

1. 식물에 여러 종류의 광합성 색소가 존재하는 이유를 설명하시오.
2. 물에서 NADPH로 이동하는 전자의 경로에 대해 설명하시오.
3. 환원반응과 산화반응이 흔히 짝반응을 이루는 이유를 설명하시오.

개념 연결하기 6.2
광합성의 명반응 동안에 햇빛 에너지를 흡수하는 색소가 여러 가지 필요하다.

6.3 캘빈회로반응—당 만들기

학습 목표

이 절을 학습한 후에는 다음 과제를 수행할 수 있어야 한다.

1. 캘빈회로의 세 단계를 요약하고, 각 단계에서 일어나는 주요 사건을 설명하기.
2. ATP와 NADPH가 CO_2 환원에 어떻게 사용되는지에 대해 설명하기.
3. 캘빈회로의 생성물이 어떻게 다른 탄수화물을 만드는 데 사용되는지에 대해 요약하기.

명반응에서 만들어진 ATP와 NADPH가 캘빈회로반응의 동력원이다. 흔히 캘빈회로를 햇빛에너지 투입이 필요하지 않은 빛-독립 반응으로 간주하기도 한다. 그러나 실제로는 명반응의 산물에 의존하기 때문에 역시 빛-의존 반응이다. 이 회로의 명칭은 방사성 동위원소인 ^{14}C를 추적자로 삼아 회로를 구성하는 반응을 밝혀낸 Melvin Calvin을 기려 명명한 것이다.

캘빈회로반응은 엽록체의 스트로마에서 일어난다(그림 6.2 참조). 이 일련의 반응(**그림 6.8**)은 대기의 이산화탄소를 이용하며, (1) 이산화탄소 고정, (2) 이산화탄소 환원, 그리고 (3) 첫번째 기질인 RuBP(리불로스 1,5-이인산) 재생성의 세 단계로 이루어진다. 이들 반응에서 G3P(글리세르알데히드-3-인산)가 생성되며, 이것을 이용하여 포도당을 비롯한 유기분자를 생산한다. 캘빈회로는 많은 에너지를 필요로 하며, 이 에너지는 명반응에서 만들어진 ATP와 NADPH에 의해 공급된다.

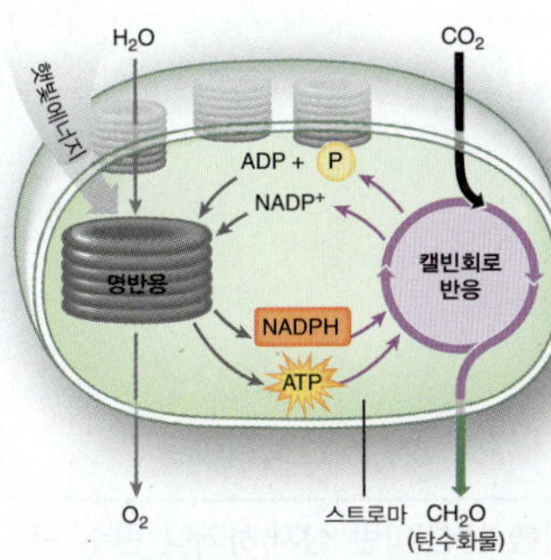

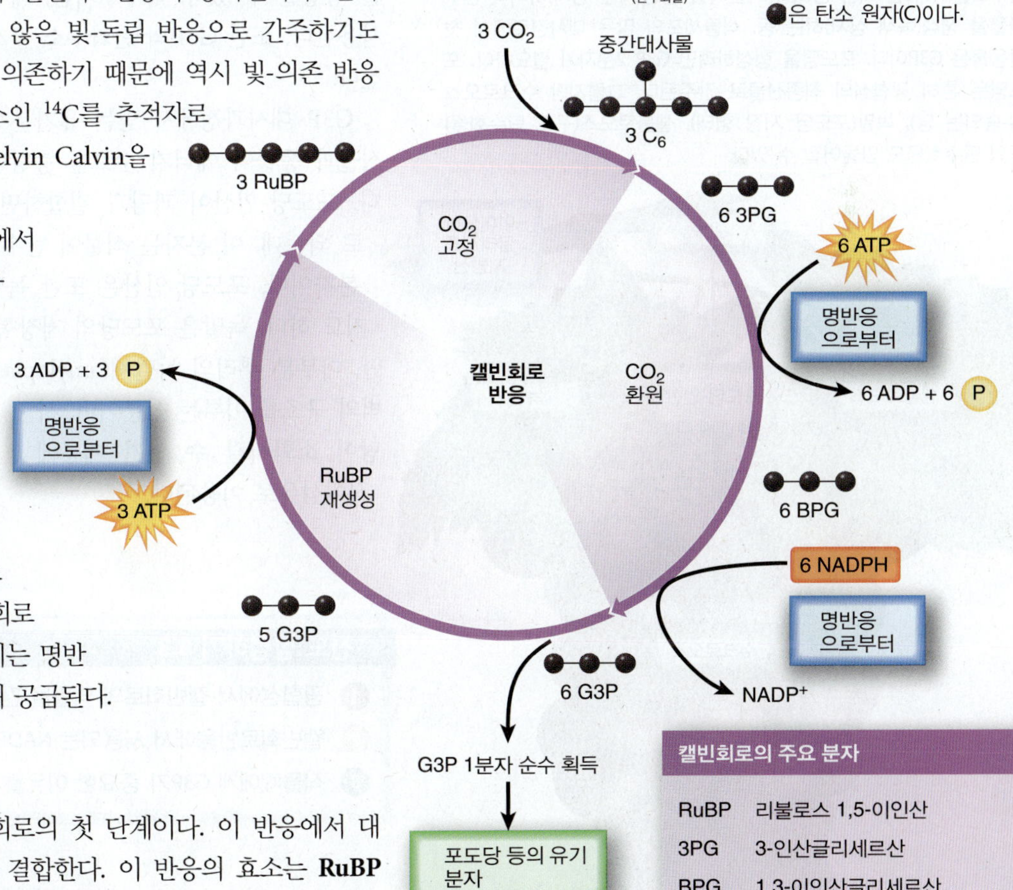

그림 6.8 캘빈회로반응. 캘빈회로는 CO_2 고정, CO_2 환원, RuBP 재생성의 세 부분으로 나눌 수 있다. RuBP 3분자를 재생성하려면 G3P 5분자가 필요하므로, G3P 1분자를 순수 획득하려면 회로가 3번 회전하여야 한다. 포도당 1분자를 만들려면 G3P 2분자가 필요하다. ●은 탄소 원자(C)이다.

캘빈회로의 주요 분자

RuBP	리불로스 1,5-이인산
3PG	3-인산글리세르산
BPG	1,3-이인산글리세르산
G3P	글리세르알데히드-3-인산

이산화탄소 고정

이산화탄소 고정(CO_2 fixation)은 캘빈회로의 첫 단계이다. 이 반응에서 대기 중의 CO_2가 5-탄소 분자인 RuBP와 결합한다. 이 반응의 효소는 **RuBP 카르복실화효소(RuBP carboxylase, rubisco)**이며, 이 반응 결과로 6-탄소 분자가 만들어진 후, 곧 2개의 3-탄소 분자로 쪼개진다.

연관: 생태학

숲이 기후변화를 상쇄하기에 충분한 양의 이산화탄소를 흡수할 수 있을까?

숲이 이산화탄소를 흡수한다는 것은 실제로는 캘빈회로에 의한 이산화탄소 고정과정을 의미한다. 미국농무성의 추정에 따르면 숲은 매년 7억 5천만 톤 이상의 CO_2를 흡수한다. 안타깝게도 이것은 미국에서 방출되는 이산화탄소 양의 10% 정도에 지나지 않는다. 탄소 순환에는 다른 요인들도 있지만(31장 참조), 숲만으로는 방출되는 양과 균형을 이룰 만큼 탄소를 충분히 흡수할 수 없는 것으로 보인다.

그림 6.9 G3P의 쓰임새.

탄수화물이 아닌 기름 등의 유기분자를 생성(파란 상자)하거나 탄수화물을 생성(녹색 상자)하는 등, 식물세포의 많은 대사경로에서 첫 반응물은 G3P이다. 포도당을 형성하려면 G3P 2분자가 필요하다. 포도당은 흔히 광합성의 최종산물로 간주된다. 그렇지만 수크로오스(수송되는 당), 녹말(포도당 저장 형태), 셀룰로오스(구조 탄수화물) 등의 탄수화물도 만들어질 수 있다.

이산화탄소 환원

이산화탄소 환원은 명반응에서 생성된 NADPH와 일부 ATP를 이용하는 연속된 반응이다. CO_2 환원에 필요한 전자와 에너지를 NADPH와 ATP가 각각 공급한다. NADPH의 전자를 받고 일련의 반응을 거쳐 이산화탄소가 탄수화물인 G3P로 환원된다.

RuBP 재생성

캘빈회로반응은 순환하며, 이것은 생성물의 일부가 반응의 시작점으로 되돌아온다는 것을 의미한다. 그림 6.8에서 캘빈회로반응을 3배수로 표시한 것을 눈여겨보자. 그 이유는 3번 회전하여야 포도당을 비롯한 탄수화물을 만드는데 쓰일 G3P를 1분자 내놓을 수 있기 때문이다. 왜 그럴까? 캘빈회로가 3번 회전할 때마다 G3P 5분자를 사용하여 RuBP 3분자를 재생성할 수 있다. RuBP는 다음 회전을 시작하는데 필요한 분자이다. 이 때 명반응에서 생성된 ATP의 일부가 사용된다.

G3P의 쓰임새

동물세포에 비하여 조류와 식물은 막대한 생화학적 능력을 가지고 있다. 이들은 G3P 분자로부터 필요한 모든 분자를 만들어낼 수 있다(**그림 6.9**). 식물은 G3P의 탄화수소 골격으로 식물성 기름의 구성성분인 지방산과 글리세롤을 생성할 수 있다. 옥수수기름, 해바라기기름, 올리브기름 등은 요리용으로 사용한다. 또한 G3P의 탄화수소 골격에 질소가 추가되면 아미노산이 만들어진다.

G3P 대사과정에서 얻는 유기분자 중에는 포도당-인산도 있다. 포도당은 식물과 동물이 에너지 수요를 충당할 ATP를 생산하는 데 사용하는 분자이다. 포도당-인산이 과당과 결합하면 (인산기가 제거되고) 수크로오스(설탕)로 되는데, 이 분자는 식물이 탄수화물을 다른 부위로 수송할 때 이용하는 분자이다. 포도당-인산은 또한 녹말과 셀룰로오스를 합성하는 개시분자이기도 하다. 녹말은 포도당의 저장형태이다. 일부 녹말은 엽록체에 저장되지만, 대부분 뿌리의 녹말체(amyloplast)에 저장된다. 셀룰로오스는 식물 세포벽의 구조를 이루는 성분이며, 사람이 소화시킬 수 없기 때문에 식이섬유로 이용된다.

개념 연결하기 6.3 캘빈회로는 광합성 중 탄수화물을 생성하는 단계이다.

진도 점검하기 6.3

1. 광합성에서 캘빈회로의 역할을 간략하게 요약하시오.
2. 캘빈회로반응에서 사용되는 NADPH와 ATP의 공급원에 대해 설명하시오.
3. 식물체에게 G3P가 중요한 이유를 설명하시오. .

6.4 여러 유형의 광합성

학습 목표

이 절을 학습한 후에는 다음 과제를 수행할 수 있어야 한다.

1. C_4 광합성을 정의하고, 일부 식물이 이 유형의 광합성을 하여야만 하는 이유를 설명하기.
2. C_4 광합성이 C_3 광합성에 대해 유리한 점과 불리한 점을 설명하기.
3. C_3 식물과 C_4 식물의 잎 구조를 비교하여 설명하기.
4. CAM 광합성을 설명하고, 이 유형의 광합성이 나타날 수 있는 조건을 설명하기.

식물은 물리적으로 자신의 환경에 적응하였다. 춥고 바람이 많이 부는 북부 지역에서 서식하는 상록수는 바늘처럼 가늘고 작은 잎을 가진다. 따뜻하고 수분이 많은 남부지역에서 서식하는 상록수는 햇빛을 잘 받을 수 있는 크고 넓적한 잎을 가진다.

또한 식물은 대사적으로도 자신의 환경에 적응하였다. 기온과 강수량이 온건한 지역에서 서식하는 식물은 **C_3 광합성(C_3 photosynthesis)**을 수행하며, 따라서 C_3 식물(C_3 plant)이라고 부른다. C_3 식물(**그림 6.10**)에서 CO_2 고정(그림 6.8 참조) 이후 최초로 나타나는 분자는 탄소 원자 3개로 이루어진 분자이며, 따라서 C_3라고 부른다. C_3 식물의 잎에서는 열을 지어 배열된 **엽육세포(mesophyll cell)** 내에 엽록체가 잘 발달되어 있다. CO_2 고정을 포함한 캘빈회로는 엽육세포의 엽록체에서 이루어진다. 대부분의 식물종이 C_3 광합성을 수행한다.

날씨가 덥고 건조하면 물 손실로 인하여 식물이 시들어 죽을 수 있으므로 기공이 닫혀서 물 손실을 막는다. 그러나 기공이 닫히면 CO_2가 잎 안으로 들어가지 못하고, 광합성 부산물인 O_2가 잎 공간에 갇혀서 엽육세포 안으로 재확산될 수 있다. C_3 식물에서는 이 O_2가 캘빈회로의 첫 효소인 *rubisco*[2]의 활성부위에 대해 CO_2와 경쟁하고, C_3 생산이 감소한다. 이것을 광호흡(*photorespiration*)이라고 부른다. 많은 농작물이 C_3 식물이기 때문에 이러한 수확량 감소는 문제가 된다.

그림 6.10 C_3 식물의 이산화탄소 고정.
이들 야생화와 같은 C_3 식물에서는 CO_2를 엽육세포에서 캘빈회로가 직접 받아들이며, 최초의 생성물은 C_3 분자(빨간색)이다.

C_4 광합성

일부 식물은 덥고 건조한 조건에서 성공적으로 서식할 수 있도록 적응하였다. 이들은 C_3 광합성 대신 **C_4 광합성(C_4 photosynthesis)**을 수행한다. C_4 식물(C_4 plant)에서 CO_2 고정 이후 최초로 나타나는 분자는 탄소 원자 4개로 이루어진 분자이며, 따라서 C_4라고 부른다. C_4 식물은 rubisco가 O_2와 결합하는 것을 피할 수 있다. C_4 식물이 어떻게 이러한 일을 하는지 살펴보자. C_4 식물의 해부 구조는 C_3 식물과 다르다(**그림 6.11**). C_4 식물의 잎에서는 엽록체가 엽육세포에도 있지만, 잎맥을 둘러싼 유관속초세포(bundle sheath cell)에도 있다. 나아가 엽육세포가 유관속초세포 주위에 동심원으로 배열되어 잎 공간에 있는 O_2로부터 유관속초세포를 차단한다.

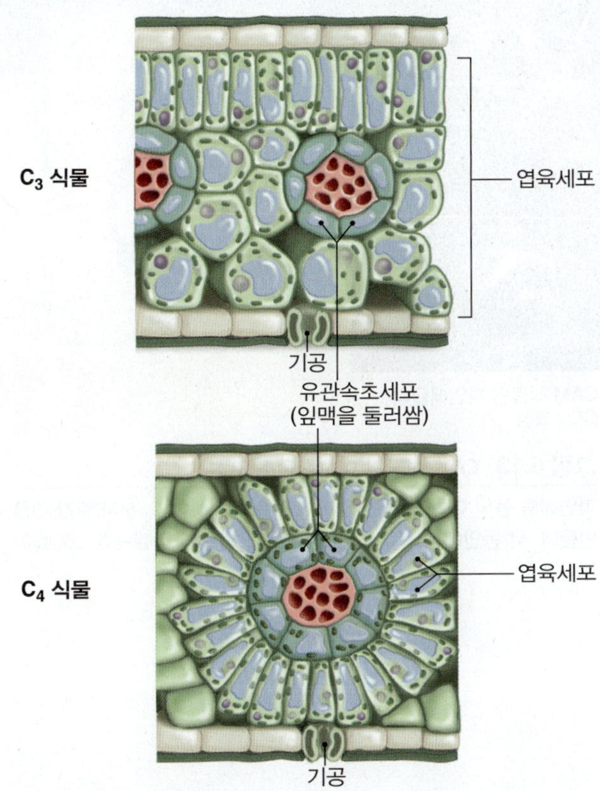

그림 6.11 C_3 식물과 C_4 식물의 해부 구조 비교.
C_3 식물에서는 엽육세포가 열을 지어 배열되어 있으며, 엽록체를 가지고 있다. CO_2 고정을 포함한 캘빈회로가 엽육세포에서 수행된다. C_4 식물에서는 엽육세포가 유관속초세포를 고리처럼 둘러싸고 있으며, 두 유형의 세포 모두 엽록체를 가지고 있다. CO_2 고정은 엽육세포에서, 캘빈회로반응은 유관속초세포에서 수행된다.

[2]rubisco는 RuBP carboxylase/oxygenase를 줄여 쓴 것이다. 이 효소는 캘빈회로반응에서 RuBP 분자와 CO_2를 결합시키는 카르복실화효소(carboxylase)로 작용하지만, O_2 농도가 높을 때에는 RuBP와 O_2를 결합시키는 산소화효소(oxygenase)로 작용하여 광호흡을 유도할 수도 있다.

그림 6.12 C_4 식물의 이산화탄소 고정.

옥수수 등의 C_4 식물은 엽육세포에서 CO_2가 고정되어 C_4 분자(빨간색)가 만들어진다. 이 C_4 분자는 유관속초세포의 캘빈회로에게 CO_2를 넘겨준다.

그림 6.13 CAM 식물의 이산화탄소 고정.

파인애플 등의 CAM 식물은 밤에 CO_2를 고정하여 C_4 분자(빨간색)를 만든다. 낮 동안에 이 C_4 분자에서 CO_2가 방출되어 캘빈회로로 들어간다.

C_4 식물에서는 캘빈회로반응이 오직 유관속초세포에서만 일어나며, 엽육세포에서는 수행되지 않는다. 유관속초세포는 엽육세포에 의해 잎 공간과 격리되어 있기 때문에 캘빈회로에 필요한 CO_2를 대기에서 직접 얻을 수 없다. 그 대신에 엽육세포에서 CO_2가 C_3 분자에 의해 고정되어 C_4 분자가 형성된다. 이 C_4 분자는 변형된 후 유관속초세포로 수송된다(**그림 6.12**). 이제 CO_2가 캘빈회로로 들어간다. 즉, CO_2 고정과 캘빈회로를 수행하는 공간이 나누어져 있다.

분자를 수송할 때에 에너지를 소비하므로 C_4 경로가 불리해 보인다. 그러나 덥고 건조한 기후에서는 사탕수수, 옥수수 등 C_4 식물의 순 광합성률이 밀, 쌀, 귀리 등의 C_3 식물보다 2~3배 높다. 어째서 C_4 식물이 이로운 것일까? 덥고 건조하여 기공을 닫아도 rubisco가 O_2에 노출되지 않아 수확량을 유지할 수 있기 때문이다.

온화한 기후에서는 C_3 식물이 일반적으로 더 유리하다. 그렇지만 덥고 건조한 기후에서는 C_4 식물이 더 유리하고, 따라서 이들이 우점을 이룰 것이다. 선선한 지역의 잔디밭에서 초여름에는 덩굴성겨이삭초 등의 C_3 식물이 우점을 이루지만, 한여름에는 바랭이 등의 C_4 식물이 우점을 이룬다.

CAM 광합성

또 다른 유형의 광합성은 **CAM**이라고 하며, 다육식물유기산대사(Crassulacean *Acid Metabolism*)를 의미한다. 이 명칭은 따뜻하고 건조한 지역에서 서식하는 다육(즙이 많은)성 현화식물인 돌나물과(Crassulaceae)에서 비롯된 것이다. CAM은 돌나물과 식물에서 처음 발견되었지만, 선인장 등 사막 환경에서 자라는 대부분의 다육식물에 널리 퍼져 있다.

C_4 식물은 공간을 나누어 사용하지만(즉, CO_2 고정은 엽육세포에서, 캘빈회로반응은 유관속초세포에서 수행), CAM 식물은 시간을 나누어 사용한다. 즉, 밤 동안에 C_3 분자를 이용하여 CO_2를 고정하여 C_4 분자로 만든 후, 엽육세포의 액포에 저장한다. 낮에 명반응을 통해 NADPH와 ATP가 충분하게 공급되면 저장된 C_4 분자에서 CO_2가 빠져나와 캘빈회로로 들어간다(**그림 6.13**).

이렇게 구획을 나누어 얻는 이점은 주로 물 보존과 관련된다. CAM 식물은 기공을 밤에만 열기 때문에 대기의 CO_2를 밤에만 얻을 수 있다. 낮 동안에는 기공을 닫아 물은 보존할 수 있지만, CO_2가 식물 안으로 들어갈 수 없다.

CAM 식물은 밤에 고정되는 CO_2의 양이 한정되어 있기 때문에 광합성을 최소한으로 수행하지만, 좋지 않은 조건에서도 살아갈 수 있다.

연관: 과학적 탐구

C_4 식물의 진화에 관해 알려진 사실은?

과학자들은 C_4 식물이 나타나게 된 진화의 시발점을 이해하고자 노력하고 있다. C_4 식물의 첫 증거가 약 2,500만 년 전에 나타났기 때문에 이들이 비교적 어린 그룹이라는 사실이 알려져 있다. 이들이 처음 나타난 정확한 장소는 아직 분명하지 않지만, 대부분의 과학자는 덥고 건조한 환경이었을 것이라는 데 동의한다. 진화의 장면에 새로 등장한 신입이기는 하지만, C_4 식물은 큰 성공을 거두고 있다. C_4 식물은 식물종의 단 4%에 지나지 않지만, 총 연간식물생장의 20% 이상을 담당한다. 가장 골칫거리인 잡초 18종 가운데 14종이 C_4 식물이다.

진화의 경향

C_4 식물은 빛의 세기가 강하고 기온이 높으며 강수량이 적은 지역에서 진화하여 적응한 것으로 보인다. 그러나 C_4 식물은 추위에 민감하며, 25°C 이하에서는 C_3 식물이 C_4 식물보다 잘 적응한다.

반면, CAM 식물은 극도로 건조한 환경에서 다른 유형의 식물보다 잘 적응한다. 놀랍게도 CAM 식물은 지구상에 널리 분포하며, 선인장, 꿩의비름(돌나물과), 난초, 브로멜리아드(파인애플과) 등 30여 개 과의 현화식물에서 진화하였다. 또한 일부 양치류와 솔방울이 달리는 구과식물 등의 은화식물에서도 찾아볼 수 있다.

개념 연결하기 6.4 생산자들은 광합성 경로를 변형시켜 다양한 환경에 적응하였다.

진도 점검하기 6.4

1. C_3 식물과 C_4 식물의 차이를 비교하고 각 유형의 예를 제시하시오.
2. C_4 식물이 엽육세포에서 CO_2를 고정해야 하는 이유를 설명하시오.
3. CAM 식물이 C_4 식물에 비해 유리한 점은 무엇인지 설명하시오.

요약

6.1 광합성의 개요

남세균, 조류, 식물은 **광합성(photosynthesis)**을 수행하며, 이 과정에서 햇빛에너지를 이용하여 물이 산화되고 이산화탄소가 환원된다. **환원(reduction)**반응과 **산화(oxidation)**반응을 합하여 **산화환원반응(redox reaction)**이라고 한다. 광합성의 최종산물은 탄수화물과 산소이다.

$$\text{햇빛에너지} + CO_2 + H_2O \longrightarrow (CH_2O) + O_2$$

식물의 광합성은 **엽록체(chlorophyll)**에서 수행된다. 엽록체는 이중막을 가지며, (1) 액체인 **스트로마(stroma)**, (2) **틸라코이드(thylakoid)**로 이루어진 막 성분인 **그라나(grana)**의 두 구성요소로 이루어진다. **명반응(light reaction)**은 엽록소를 이용하여 틸라코이드 막에서 수행되고, **캘빈회로(Calvin cycle)** 반응은 스트로마에서 수행된다.

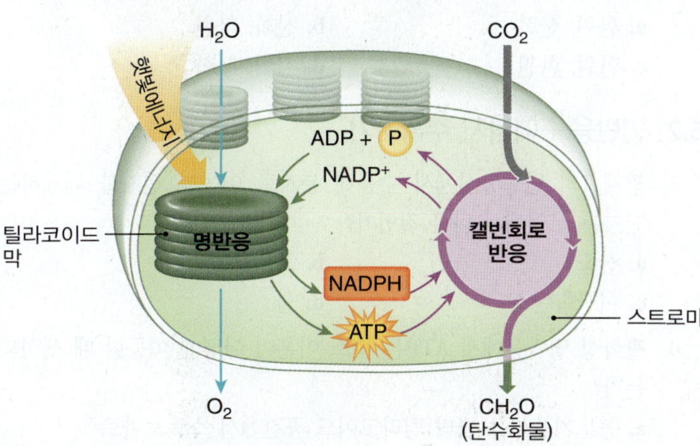

6.2 명반응—에너지 수확하기

- 명반응은 가시광선 영역의 햇빛에너지를 이용한다. 두 **광계(photosystem**, 광계 I과 광계 II)에 있는 **엽록소(chlorophyll)**와 **카로티노이드(carotenoid)** 등의 색소 복합체가 빛의 다양한 파장을 흡수한다. 그 결과로 광계의 반응중심에서 고에너지 전자가 만들어진다.

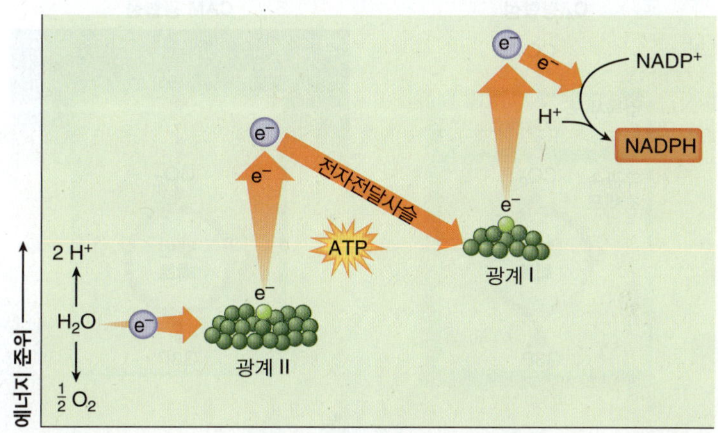

- 햇빛에너지가 광계 II에 흡수되면 활성화된 전자가 전자수용체로 이동한다. 물이 산화되어 반응중심이 잃은 전자를 대체한다. 산소(O_2)는 대기로 빠져나가고, 수소 이온(H^+)은 틸라코이드 공간에 남는다.
- 전자가 **전자전달사슬(electron transport chain)**을 따라 차례로 이동할 때 방출되는 에너지를 이용하여 운반자가 H^+을 틸라코이드 공간으로 펌프한다. 이에 따라 H^+에 의한 전기화학 기울기가 형성된다.
- 햇빛에너지가 광계 I에 흡수되면 활성화된 전자가 마침내 **조효소(coenzyme)**인 $NADP^+$로 전달되며, 스트로마에서 온 H^+과 합쳐져 NADPH로 된다. 광계 I이 잃은 전자는 광계 II에서 전달된 전자로 대체된다.
- H^+이 농도기울기를 따라 **ATP 합성효소(ATP synthase)** 복합체에 있는 통로를 통과하면, ATP 합성효소에 의해 ADP와 Ⓟ로부터 ATP가 합성된다.

6.3 캘빈회로반응—당 만들기

캘빈회로는 다음과 같은 단계로 이루어진다.

- CO_2 고정. **RuBP 카르복실화효소(rubisco)**가 CO_2를 RuBP에 고정하여 6-탄소 분자를 만든다. 이 분자는 즉시 2개의 C_3 분자로 쪼개진다.
- CO_2 환원. (유기분자에 통합된) CO_2가 탄수화물(CH_2O)로 환원된다. 이 단계에서는 명반응에서 생성한 NADPH와 일부 ATP를 필요로 한다.
- RuBP 재생성. 캘빈회로가 3회전할 때마다 G3P 1분자를 순수하게 얻는다. 나머지 G3P 5분자는 RuBP 재생성에 쓰인다. 이 단계에서도 ATP를 사용한다. 순수 획득한 G3P는 식물에 필요한 모든 유기분자로 전환된다. 포도당 1분자를 만들려면 G3P 2분자가 필요하다.

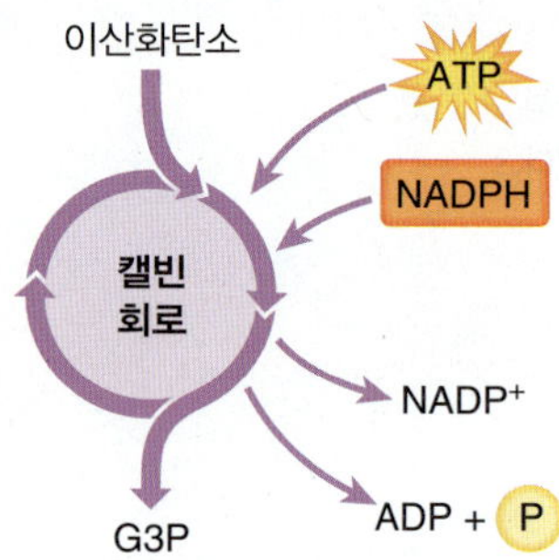

6.4 여러 유형의 광합성

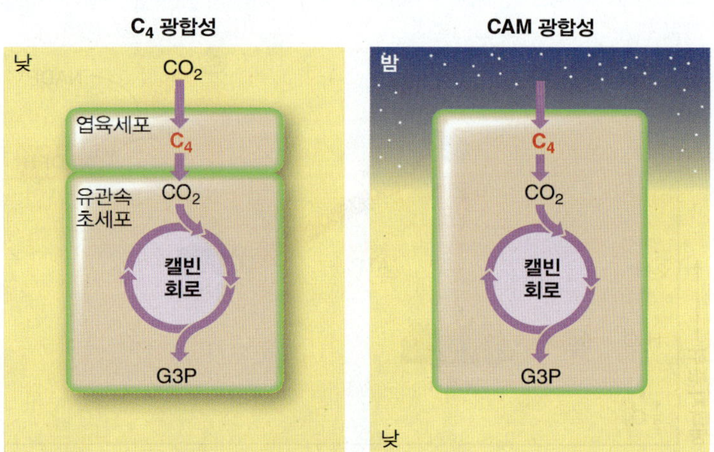

C_4 광합성

C_3 광합성(C_3 photosynthesis)을 이용하는 식물은 덥고 건조한 날씨일 때에는 불리하다. 기공이 닫혀 광합성에서 생성된 O_2가 rubisco의 활성 부위에서 CO_2와 경쟁하게 되기 때문이다. C_4 식물은 이러한 결점을 피한다. **C_4 광합성(C_4 photosynthesis)**에서는 CO_2 고정은 **엽육세포(mesophyll cell)**에서, 캘빈회로반응은 **유관속초세포(bundle sheath cell)**에서 수행된다. 엽육세포에서 C_3 분자가 CO_2를 고정하여 C_4 분자로 되며, 따라서 이러한 광합성을 C_4 광합성이라고 부른다. 이 C_4 분자는 변형된 후에 유관속초세포로 펌프되고, 여기에서 CO_2가 빠져나와 캘빈회로로 들어간다. 즉, CO_2 고정과 캘빈회로를 수행하는 공간이 나누어져 있다.

CAM 광합성

CAM 광합성(CAM photosynthesis)을 이용하는 식물은 덥고 건조한 환경에서 서식한다. 밤에 기공이 열려 있을 때 C_3 분자가 CO_2를 고정하여 C_4 분자를 만든다. 낮이 되면 CO_2가 빠져나와 동일한 세포의 캘빈회로로 들어간다. 즉, CO_2 고정과 캘빈회로를 수행하는 시간이 나누어져 있다. CO_2 고정은 밤에, 캘빈회로는 낮에 수행한다.

개념 연결하기

광합성을 통해 지구 생명체 대부분이 에너지원으로 이용하는 탄수화물이 만들어진다.

6.1 광합성은 식물과 일부 원생생물의 엽록체에서 수행된다.
6.2 광합성의 명반응 동안에 햇빛에너지를 흡수하는 색소가 여러 가지 필요하다.
6.3 캘빈회로는 광합성 중 탄수화물을 생성하는 단계이다.
6.4 생산자들은 광합성 경로를 변형시켜 다양한 환경에 적응하였다.

광합성 경로의 중요성에 관한 정보가 더 필요하면 다음 논의를 참조하시오.

그림 4.8 전형적인 식물세포의 구조
20.5절 식물에서 탄수화물을 비롯한 영양물질의 이동
31.2절 생태계에서 생산자로서 광합성 생명체의 역할

혼자 풀어보기

가장 적절한 답을 고르시오.

6.1 광합성의 개요

1. 광합성의 원재료는 무엇인가?
   a. 산소와 물 **b.** 산소와 이산화탄소
   c. 이산화탄소와 물 **d.** 탄수화물과 물
   e. 탄수화물과 이산화탄소
2. 광합성 과정에서 이산화탄소는 ______되고, 물은 ______된다.
   a. 환원, 산화 **b.** 산화, 환원
   c. 환원, 환원 **d.** 산화, 산화

6.2 명반응—에너지 수확하기

3. 광계 I의 반응중심에서 수용체 분자로 이동한 전자를 대체하는 전자는 무엇에서 나온 것인가?
   a. 산소 **b.** 포도당
   c. 이산화탄소 **d.** 물
4. 광합성 명반응에서 ATP는 수소 이온이 어떻게 이동할 때 생성되는가?
   a. 농도기울기를 따라 틸라코이드 공간에서 스트로마로
   b. 농도기울기를 거슬러 틸라코이드 공간에서 스트로마로
   c. 농도기울기를 따라 스트로마에서 틸라코이드 공간으로
   d. 농도기울기를 거슬러 스트로마에서 틸라코이드 공간으로

5. 산소는 무엇에 의해 생성되는가?
   a. 명반응
   b. 캘빈회로
   c. 명반응과 캘빈회로반응
   d. 기공 닫힘

6. 틸라코이드에서 ADP와 Ⓟ로부터 ATP를 생성하는 효소는?
   a. RuBP 카르복실화효소
   b. G3P
   c. ATP 분해효소
   d. ATP 합성효소
   e. 조효소 A

6.3 캘빈회로반응—당 만들기

7. 캘빈회로반응에서 쓰이는 에너지는 명반응에서 유래한 ____________이 공급한다.
   a. 이산화탄소와 물
   b. ATP와 NADPH
   c. 이산화탄소와 ATP
   d. ATP와 물
   e. 전자와 수소 이온

8. 이산화탄소가 고정되려면 CO_2가 무엇과 결합해야 하는가?
   a. ATP
   b. NADHP
   c. G3P
   d. RuBP

9. 캘빈회로반응의 생성물 중 탄수화물 생성에 쓰이는 것은?
   a. NADHP
   b. CO_2
   c. G3P
   d. RuBP

6.4 다른 유형의 광합성

10. C_4 식물에서 CO_2가 고정되는 방법은?
    a. 유관속초세포에서 물이 쪼개질 때 전자와 수소 이온을 추가함
    b. CO_2를 C_3 분자에 결합시킨 후 유관속초세포로 펌핑함
    c. 오직 유관속초세포에서만 물이 쪼개짐
    d. C_4 분자를 유관속초세포에서 유래한 O_2로 산화시킴

11. C_4 식물의 잎이 C_3 식물의 잎과 다른 이유는?
    a. 기공을 닫을 수 없기 때문이다.
    b. 엽육세포에 잎 공간이 없기 때문이다.
    c. 둘러싼 엽육세포에 의해 유관속초세포가 잎 공간에서 차단되기 때문이다.
    d. C_4 식물은 더 많은 O_2가 확산될 수 있도록 잎이 좁기 때문이다.

과학적으로 생각하기

1. 1882년에 T.W. Engelman은 엽록소가 스펙트럼의 청색과 적색 부분을 흡수한다는 사실을 밝히기 위한 실험을 수행하였다. 그는 현미경 슬라이드 위에 물을 한 방울 떨어뜨리고 녹조의 사상체를 하나 놓았다. 그 후에 프리즘을 통과한 빛을 녹조 세포에 쪼여주었다. 슬라이드에는 호기성 세균도 함께 있었다. 일정 시간이 지난 후 현미경으로 관찰한 결과, 다음 그림처럼 청색과 적색을 받은 녹조 사상체 부위에 세균이 모여 있었다. 세균이 이런 방식으로 모여 있는 까닭은 무엇일까?

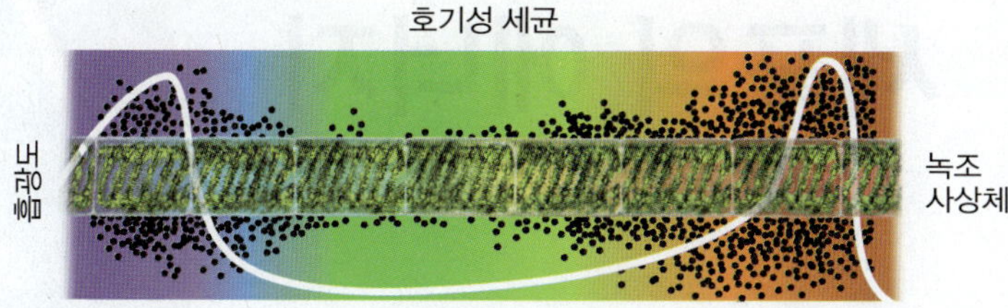

2. 광합성은 가시광선 영역의 빛을 사용하며, 이 영역은 우리가 보는 일에도 적합하다. 이러한 사실을 어떻게 설명할 수 있을까?

3. 넓고 얇은 잎이 광합성에 유리한 까닭은 무엇일까?

4. 기후 변화가 북미 지역에서 C_3식물과 C_4 식물의 분포에 어떤 영향을 줄 수 있을까?

5. 광합성 산물로 탄수화물을 만들고, 이를 다시 에탄올로 바꾸어 생물연료로 사용하는 사례가 늘고 있다. 옥수수 등의 식용 작물을 에탄올로 전환하는 것은 세계의 식량사정과 관련하여 문제가 되고 있다. 광합성에 대한 이해를 바탕으로 할 때, 점차 더워지는 지구에서 에탄올 생산용으로는 어떤 유형의 식물이 좋은 선택이 될 수 있을까?

7

세포의 에너지

개 요

시작하기 전에

이 장을 시작하기 전에 다음 내용을 다시 살펴보자.

3.2절 생명체에서 탄수화물의 역할은 무엇인가?

4.4절 세포에서 미토콘드리아의 기능은 무엇인가?

5.2절 ATP 순환이 배터리 재충전과 유사한 까닭은 무엇인가?

운동선수의 대사적 요구

프로농구 선수는 경기를 치르는 40분 동안 평균 4～5 km를 달린다. 그러나 꾸준하게 달리는 마라톤 선수와 달리, 농구 선수는 격렬한 운동과 짧은 휴식이 반복되는 경험을 하게 된다. 이러한 가다-서다 방식의 경기 특성은 선수의 근육이 끊임없이 유산소 대사와 무산소 대사를 넘나들어야 한다는 것을 의미한다.

유산소 대사 동안에는 근육세포가 산소를 이용하여 포도당을 완전히 분해하고 세포의 에너지 "배터리"인 ATP를 생산한다. 이 과정은 탄수화물이 소비되고 노폐물로서 이산화탄소를 생성하며, 원형질과 미토콘드리아에서 일어난다. 그러나 짧은 구간을 빠르게 전력으로 달리면 혈액의 산소가 빠르게 소진되어 근육이 무산소 대사로 전환되게 된다. 산소가 없으면 포도당은 완전하게 분해될 수 없으며, 젖산염으로 전환되어 격렬한 운동 후에 느끼는 "화끈함"의 원인이 된다. 짧은 휴식 이후 산소가 다시 회복되면 신체는 다시 유산소 대사로 되돌아갈 수 있다. 프로선수는 무산소 대사 상태에 해당하는 시간을 줄이고 유산소 대사 상태를 극대화할 수 있도록 적응되어 있다.

이 장에서는 이러한 대사경로를 살펴보고, 또한 지방과 단백질 등의 영양물질이 어떻게 세포활동에 쓰이는 ATP로 이용될 수 있는지에 대해 탐구한다.

이 장을 공부하는 동안 다음 질문에 대해 생각해보자.

1. 유산소 대사경로와 무산소 대사경로의 차이점은 무엇일까?
2. 이들 경로에서 산소의 역할은 무엇일까?
3. 지방이나 단백질 등의 다른 유기 영양물질이 어떻게 에너지로 사용될 수 있을까?

7.1 세포호흡

학습 목표

이 절을 학습한 후에는 다음 과제를 수행할 수 있어야 한다.

1. 세포호흡을 정의하기.
2. 포도당 분해의 전체 반응을 설명하기.
3. 세포호흡의 네 단계를 구별하고, 각 단계별로 수행되는 세포의 위치를 설명하기.

야구든 공부든, 무슨 일을 하더라도 ATP 분자가 이들 활동에 필요한 에너지를 세포 수준에서 공급한다. ATP 분자는 **세포호흡(cellular respiration)** 과정에서 생성되며, 이 과정에는 미토콘드리아가 참여한다. 세포호흡이라고 부르는 이유는, 우리가 숨 쉬는 동안 산소(O_2)를 들이마시고 이산화탄소(CO_2)를 내놓는 것처럼 미토콘드리아도 세포에서 같은 일을 하기 때문이다(**그림 7.1**). 세포호흡은 우리 몸의 모든 세포에서 일어나며, 실제로 우리가 숨을 쉬는 이유이다.

세포호흡의 기본은 기질의 산화이다. 6장에서 산화는 어떤 분자에서 전자와 수소 이온이 제거되는 과정이며, 이들 전자와 수소 이온으로 다른 분자를 환원시켜 산화환원반응을 이룬다는 사실을 공부한 바 있다. 세포호흡은 일종의 산화환원반응이다. 세포호흡 과정에서 포도당이 산화되어 CO_2가 생성되며, O_2가 환원되어 물(H_2O)이 생성된다. 이러한 산화환원반응에서 에너지가 방출되며, 이것을 세포가 이용한다.

산화 ($C_6H_{12}O_6$ → $6\ CO_2$)

$$C_6H_{12}O_6 + 6\ O_2 \longrightarrow 6\ CO_2 + 6\ H_2O + \text{에너지}$$

포도당

환원 ($6\ O_2$ → $6\ H_2O$)

이 화학식의 화살표를 반대로 하면, 세포호흡이 본질적으로 광합성의 역반응이라는 사실을 깨달을 수 있을 것이다. 세포호흡에서는 탄수화물을 산화시켜 에너지와 이산화탄소를 내놓는다. 광합성에서는 이산화탄소를 환원시켜 탄수화물을 만들어내며, 이때 햇빛에너지를 이용한다.

그림 7.1 세포호흡.

식품에서 얻은 포도당과 들숨으로 얻은 산소는 세포호흡에 필요한 요소이다. 이산화탄소와 물이 부산물로서 방출된다. 이 과정은 원형질에서 시작되며, 미토콘드리아에서 완결된다.

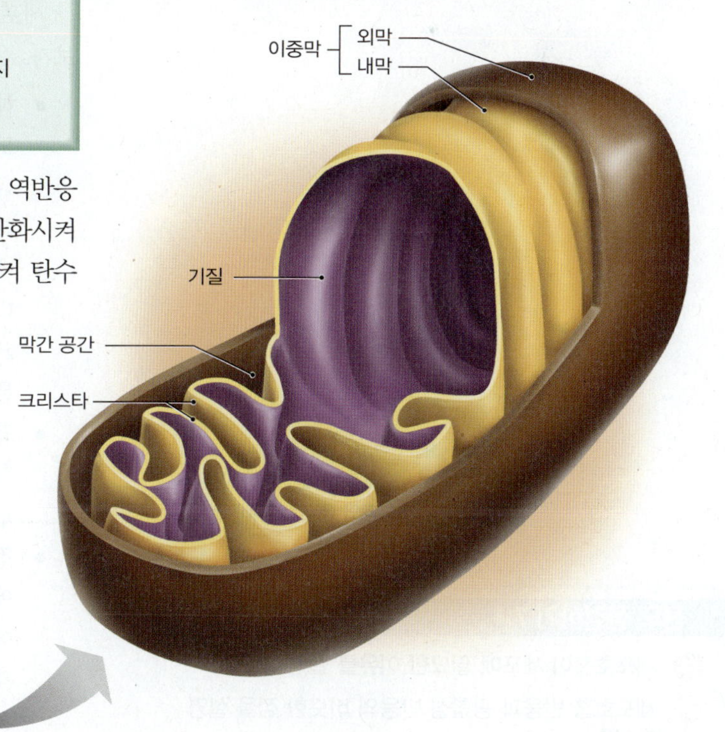

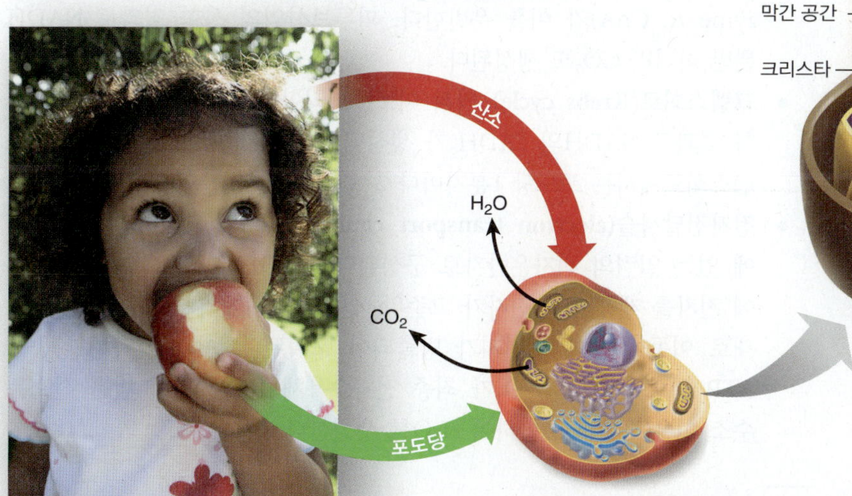

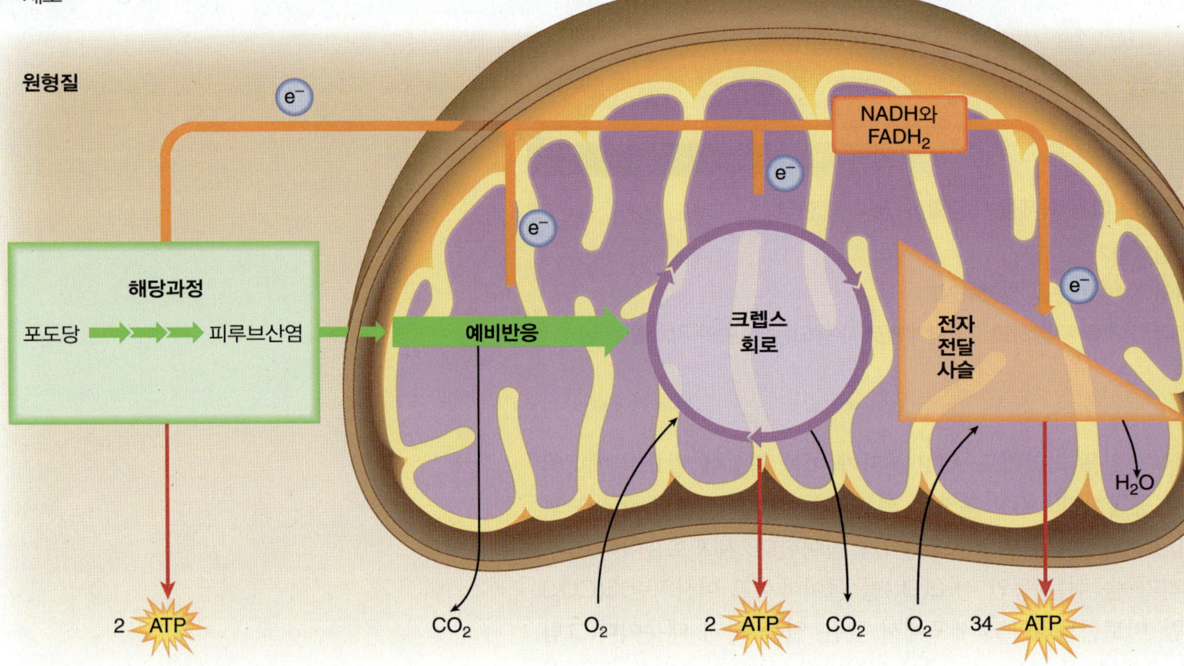

그림 7.2 네 단계로 이루어진 포도당의 완전한 분해.

해당과정의 효소반응은 원형질에서 수행된다. 예비반응, 크렙스회로, 전자전달사슬은 미토콘드리아에서 수행된다.

포도당을 완전히 분해하는 네 단계

포도당을 분해하면 많은 에너지를 내놓는다. 설탕을 태우면 대부분의 에너지가 열의 형태로 방출되지만, 세포는 포도당이 천천히 분해되도록 반응을 통제한다. 이로 인해 포도당 분자의 결합에너지를 효율적으로 포획하고, ATP 분자 합성에 이용할 수 있다.

세포호흡 과정에서 산화를 수행하는 효소는 비단백질 도우미인 **조효소(coenzyme)**의 도움을 받는다. 포도당이 산화되면 조효소인 NAD^+와 FAD가 수소 원자($H^+ + e^-$)를 받아서 각각 NADH와 $FADH_2$로 된다(**그림 7.2**).[1]

세포호흡은 네 단계로 이루어진다. CO_2와 H_2O가 생성되는 곳을 눈여겨 보자.

- **해당과정(glycolysis)**은 미토콘드리아 외부인 원형질에서 수행되며, 포도당이 피루브산염 2분자로 분해된다. 포도당을 활성화시키기 위해 에너지를 투자하고 ATP 2분자를 얻으며, 산화 결과로 NADH가 생성된다. NADH는 나중에 ATP의 추가 합성에 이용된다.
- **예비과정(preparatory reaction)**은 미토콘드리아의 기질에서 수행된다. 피루브산염이 분해되어 2-탄소 아세틸기로 되고, 조효소 A(coenzyme A, CoA)가 이를 운반한다. 피루브산염의 산화 결과로 NADH뿐만 아니라 CO_2도 생성된다.
- **크렙스회로(Krebs cycle)** 역시 미토콘드리아의 기질에서 수행된다. 산화 결과로 NADH와 $FADH_2$가 생성되며, CO_2가 추가로 방출된다. 크렙스회로에서는 포도당 1분자마다 2 ATP를 생성할 수 있다.
- **전자전달사슬(electron transport chain)**은 미토콘드리아의 크리스타에 있는 일련의 전자운반자로 구성된다. NADH와 $FADH_2$가 이 사슬에 전자를 제공한다. 전자가 고준위 에너지 상태에서 저준위 에너지 상태로 이동할 때에 에너지가 방출되어 포획된다. 이 에너지는 나중에 ATP 생성에 쓰인다. O_2가 최종 전자수용체이다. 전자를 받은 산소는 수소 이온(H^+)과 결합하여 H_2O를 생성한다.

개념 연결하기 7.1

세포호흡은 네 단계를 거쳐 포도당의 에너지를 ATP로 전환시킨다.

진도 점검하기 7.1

1. 세포호흡이 세포에 필요한 이유를 설명하시오.
2. 세포호흡 반응과 광합성 반응의 비슷한 점을 설명하시오.
3. 세포호흡의 네 단계를 요약하고 각각 세포내 어느 곳에서 수행되는지 쓰시오.

[1] NAD = nicotinamide adenine dinucleotide; FAD = flavin adenine dinucleotide

7.2 미토콘드리아 외부: 해당과정

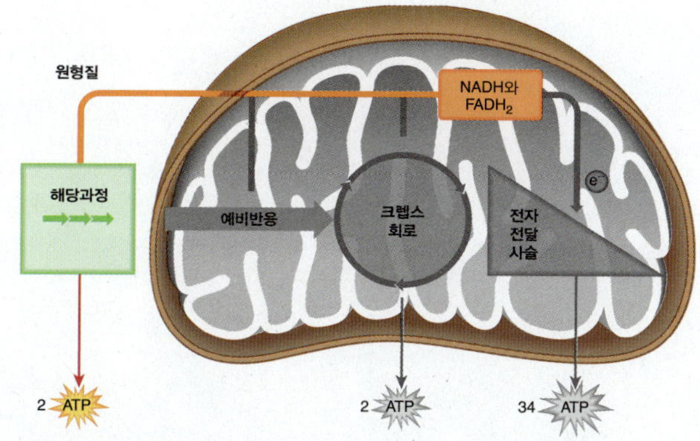

학습 목표

이 절을 학습한 후에는 다음 과제를 수행할 수 있어야 한다.

1. 세포에서 해당과정의 역할을 설명하기.
2. 해당과정의 에너지-투자 단계와 에너지-수확 단계를 구분하여 설명하기.
3. 해당과정의 대사경로에서 포도당이 부분적으로 분해되는 방식을 설명하기.

식물과 동물 등의 진핵생물에서는 해당과정이 미토콘드리아 바깥의 원형질에서 수행된다. 해당과정을 통해 6-탄소 분자인 포도당이 3-탄소 분자인 피루브산염 2분자로 분해된다. 해당과정은 (1) ATP를 이용하여 반응을 개시하는 에너지-투자 단계와 (2) NADH와 ATP가 생성되는 에너지-수확 단계로 나눌 수 있다. **그림 7.3**은 일부 중요한 중간대사 분자를 포함한 해당과정의 기본 단계를 간단히 도해한 것이다. 초기의 ATP 투자단계와 뒤이은 ATP 수확단계를 눈여겨보자.

에너지-투자 단계

에너지-투자 단계에서는 2 ATP가 인산기를 기질에 전달하고 2 ADP + Ⓟ로 된다. 이런 일이 일어나는 이유는 무엇일까? 자동차 배터리로 엔진을 시동하는 것과 마찬가지로 인산기가 전달되면 기질이 활성화되고, 따라서 에너지-수확 반응을 수행할 수 있게 된다.

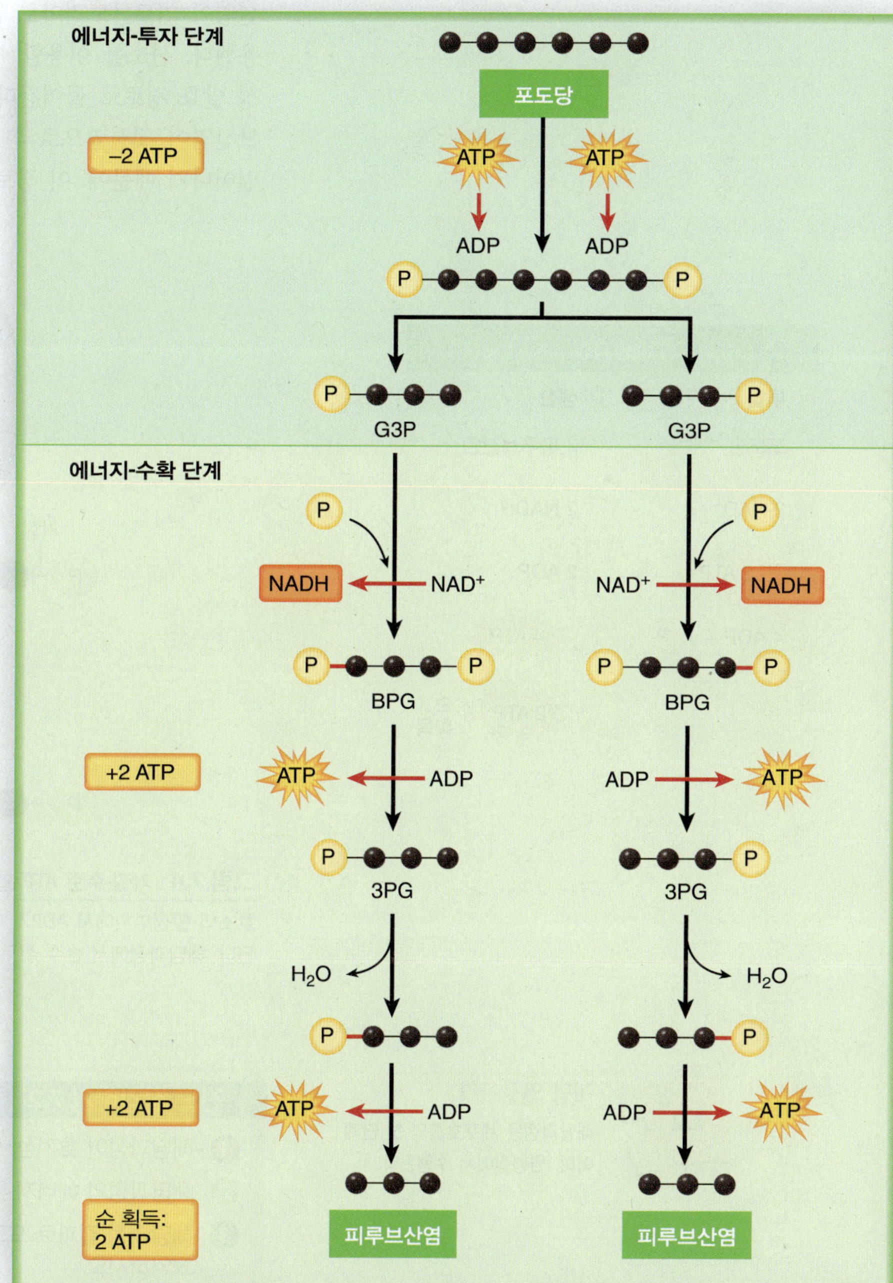

3PG	3-인산글리세르산염
BPG	1,3-이인산글리세르산염
G3P	글리세르알데히드-3-인산염

그림 7.3 해당과정.

이 대사경로는 6-탄소 포도당에서 시작되어 3-탄소 피루브산염에서 끝난다. 에너지-수확 단계에서 생산한 ATP 수효에서 에너지-투자 단계에서 소비한 수효를 빼면 순수하게 2 ATP를 얻을 수 있다. ●은 탄소 원자(C)이다.

에너지-수확 단계

에너지-수확 단계에서는 기질에서 전자와 수소 원자가 제거되고, NAD^+를 환원시켜 2 NADH가 생성된다.

반응이 진행되면 중간대사물의 활성화된 인산기를 이용하여 4 ATP를 생성할 수 있다. 이 과정을 기질-수준 *ATP* 합성(*substrate-level ATP synthesis*)이라고 하며(**그림 7.4**), 이때 기본적으로 중간대사 분자(예: 1,3-이인산글리세르산염)에서 나온 인산기가 ADP로 전달되어 ATP가 형성된다.

해당과정에서는 ATP를 얼마나 순수하게 얻을 수 있을까? 시작할 때에 2 ATP가 소비되고 4 ATP가 생성되는 사실에 주목하자(그림 7.3 참조). 따라서 해당과정에서는 2 ATP를 순수하게 얻을 수 있다.

어떻게 이 반응의 진행이 산소의 존재 여부에 따라 달라질 수 있을까? 산소를 이용할 수 있는 조건(7.4절 참조)이라면, 해당과정의 최종산물인 피루브산염이 미토콘드리아로 들어가 호기성 반응을 통해 더 많은 ATP 생산에 사용된다. 산소를 이용할 수 없는 조건(7.3절 참조)이라면, 피루브산염이 혐기성 발효 경로로 들어간다. 사람의 경우, 산소를 이용할 수 없을 때에는 피루브산염이 젖산염으로 환원된다(여는글 참조). 혐기성 경로 역시 원형질에서 일어나기 때문에, 이 경로부터 살펴보자.

해당과정	
투입	**생산**
포도당	2 피루브산염
2 NAD^+	2 NADH
2 ATP	2 ADP
4 ADP + 4 P	4 ATP
	2 ATP **순 획득**

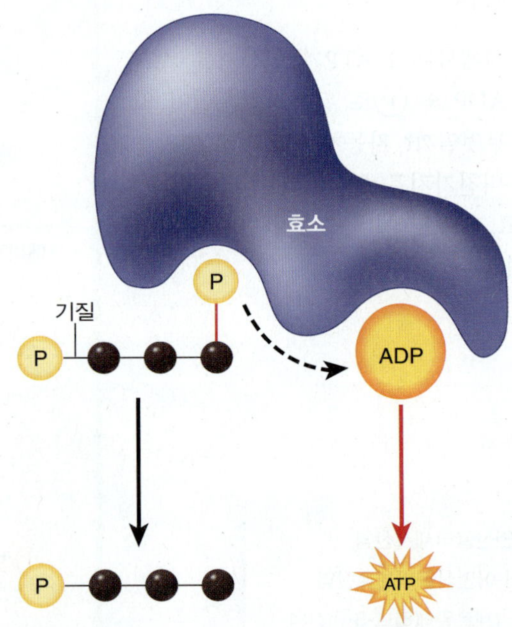

그림 7.4 기질-수준 ATP 합성.

효소의 활성부위에서 ADP가 대사경로의 기질로부터 활성 인산기를 얻고, 그 결과 ATP가 생성된다. 해당과정에서 순수 획득한 2 ATP는 기질-수준 ATP 합성으로 얻은 것이다.

7.2 개념 연결하기

해당과정은 세포호흡의 첫 단계이며, 원형질에서 수행된다.

진도 점검하기 7.2

1. 해당과정이 호기성, 또는 혐기성 세포호흡과 어떻게 연관되는지 설명하시오.
2. 해당과정의 에너지-투자 단계와 에너지-수확 단계를 비교하시오.
3. 해당과정 결과로 포도당 1분자마다 순수하게 얻을 수 있는 ATP의 양에 대해 요약하시오.

7.3 미토콘드리아 외부: 발효

학습 목표

이 절을 학습한 후에는 다음 과제를 수행할 수 있어야 한다.

1. 산소를 이용할 수 없을 때 발효 경로가 유용한 이유를 설명하기.
2. 발효를 수행하는 효모와 세균이 만들어내는 생성물의 예를 제시하기.

포도당이 완전하게 분해되려면 산소가 필요하다. 그러나 산소를 이용할 수 없어서 포도당을 완전히 분해할 수 없다면 어떻게 될까? **발효(fermentation)**는 혐기성 포도당 분해과정이며, 포도당 1분자마다 2 ATP를 만들어내 세포 대사과정에서 사용할 수 있도록 한다(**그림 7.5**).

동물세포의 발효과정에서는 해당과정에서 만들어진 피루브산염이 수소 원자 2개를 받아들여 젖산염으로 환원된다. 그림 7.5에서 피루브산염이 2 NADH에게서 수소 원자를 넘겨받고 환원되는 것을 볼 수 있다. 산소를 이용할 수 없을 때 피루브산염을 젖산염으로 환원하는 것이 왜 유용할까? 이 반응을 통해 NAD^+가 재생성되고, 해당과정의 반응으로 돌아가 다시 전자를 받아올 수 있기 때문이다. 이로써 해당과정이 계속 진행되어 기질-수준 ATP 합성에 의해 ATP가 합성될 수 있게 된다. 발효과정의 투입물과 생산물은 다음과 같다.

발효	
투입	**생산**
포도당	2 젖산염 또는 2 알코올과 2 CO_2
2 ATP	2 ADP
4 ADP + 4 P	4 ATP
	2 ATP **순 획득**

발효과정에서 생성된 2 ATP는 포도당 분자에 저장된 전체 퍼텐셜에너지 중의 아주 적은 양일 뿐이며, 발효가 끝난 후에도 여전히 대부분의 퍼텐셜에너지가 남아 있다. 겨우 2 ATP에 불과한 낮은 수율에도 불구하고 발효는 필수적인 과정이다. 이 과정을 통하여 ATP를 아주 빠르게 얻을 수 있다. 근육세포는 다른 세포에 비해 발효를 잘 수행한다. 달릴 때처럼 짧은 기간 동안 근육이 격렬하게 일할 때에는, 심지어 산소공급이 일시적으로 제한되더라도 발효를 통해 ATP를 생산해낸다.

달리기를 멈추면 우리 몸은 산소결핍(*oxygen deficit*) 상태에 놓여 한동안 숨을 격렬하게 몰아쉬게 된다. 포도당의 완전분해에 필요한 산소가 충분히 공급되어야 회복이 이루어진다. 근육에 축적된 젖산염은 혈액을 통해 간으로 수송되어 피루브산염으로 전환된다. 피루브산염의 일부는 완전하게 산화되고, 나머지는 다시 포도당으로 전환된다.

연관: 건강

젖산염이 운동 후에 나타나는 근육 통증의 원인일까?

근육에 축적된 젖산염이 지속된 운동 뒤에 느낄 수 있는 "화끈함"을 유발하지만, 대개 장기간에 걸친 근육 통증을 유발하지는 않는다. 격렬하게 운동한 후 하루나 이틀 뒤에 나타나는 통증은 아마도 손상된 근육조직에 대응하는 면역계의 항염증반응에 의한 것으로 보인다.

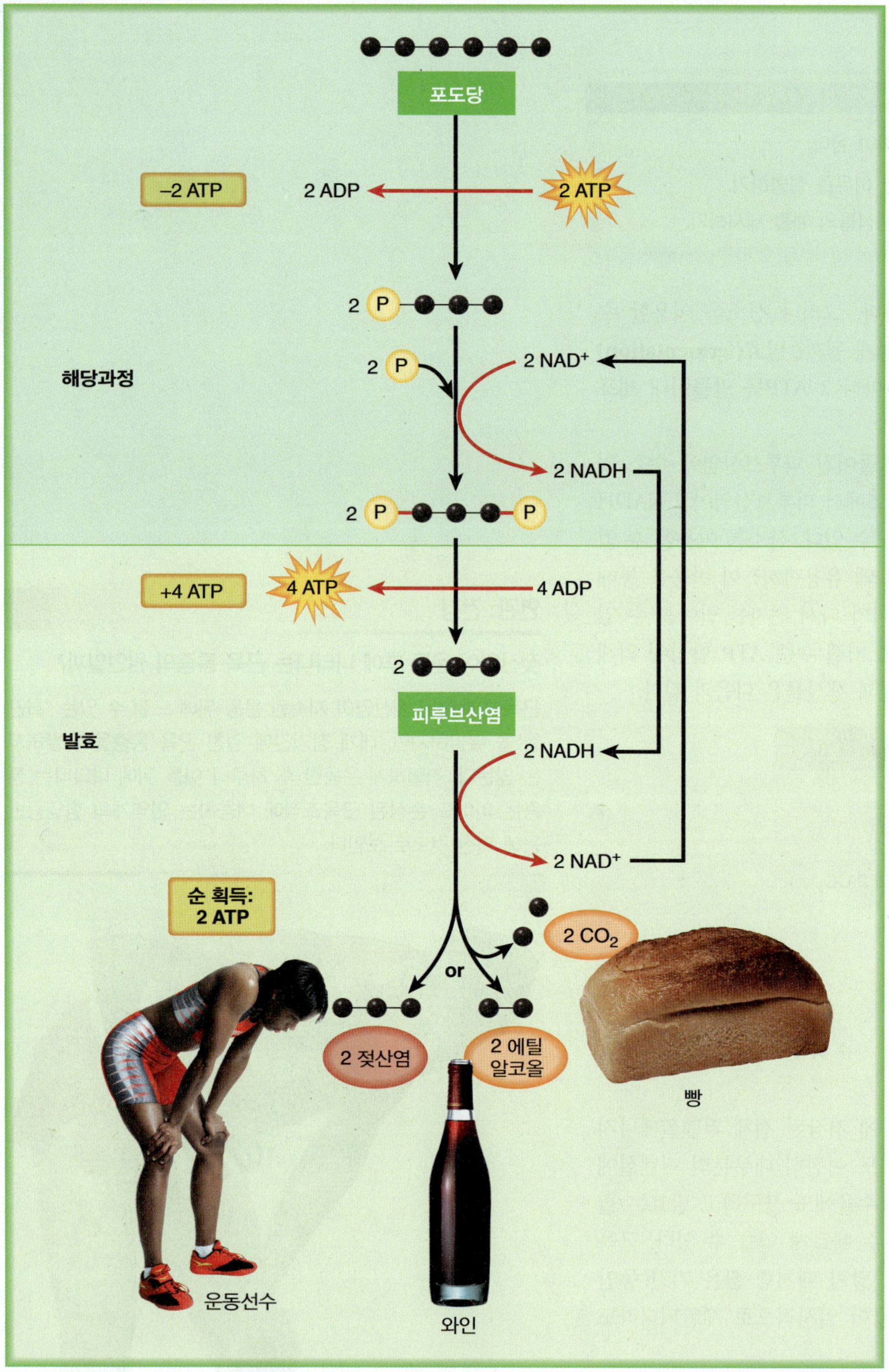

미생물과 발효

세균은 발효를 이용하여 세균 종류에 따라 젖산염 등의 유기산, 또는 알코올과 CO_2를 생산한다(그림 7.5).

효모(균류의 1종)는 발효를 통하여 에틸알코올과 CO_2를 생산하는 미생물의 좋은 예이다. 효모를 넣어 빵을 구우면 CO_2에 의해 빵이 부풀어 오른다. 에틸알코올은 효모를 이용하여 포도를 발효시켜 와인을 만들거나 맥아즙을 발효시켜 맥주를 만들 때 우리가 원하는 산물인 것이다. 그러나 효모는 자신이 만들어낸 생산물(알코올)에 의해 죽는다.

그림 7.5 발효.

발효는 해당과정, 그리고 뒤이은 NADH에 의한 피루브산염의 환원과정으로 이루어진다. 이 과정에서 재생성된 NAD^+가 해당과정으로 돌아가 전자를 다시 받아온다.

개념 연결하기 7.3

산소가 없을 때, 세포는 발효를 통해 NAD^+를 재생성한다.

진도 점검하기 7.3

1. 세포호흡과정과 발효과정의 차이를 설명하시오.
2. 산소가 존재하지 않을 때 발효과정이 필요한 이유를 설명하시오.
3. 사람과 효모의 경우 발효에 의해 생산하는 산물을 각각 쓰시오.

7.4 미토콘드리아 내부

학습 목표

이 절을 학습한 후에는 다음 과제를 수행할 수 있어야 한다.

1. 포도당 분해과정에서 예비반응과 크렙스회로의 역할을 설명하기.
2. 세포호흡 동안 어떻게 대부분의 ATP가 전자전달사슬에서 생성되는지 설명하기.
3. 호기성 세포호흡의 경로마다 투입물과 생산물을 설명하기.
4. 세포호흡에 있어서 산소의 역할을 설명하기.

산소가 존재하면 세포는 해당과정에 이어 세포호흡의 호기성 단계를 수행한다. 이들 단계는 모두 미토콘드리아의 내부에서 수행된다(**그림 7.6**).

예비반응

예비반응(*preparatory reaction*)은 미토콘드리아의 기질에서 수행되며, 크렙스회로로 들어갈 수 있는 기질을 생성하는 과정이다. 해당과정을 통해 포도당 1분자에서 피루브산 2분자가 생성된다(그림 7.3 참조). 따라서 예비반응은 포도당 1분자마다 2회 수행된다. 예비반응에서는,

- 피루브산염이 산화되고 CO_2 1분자가 방출된다. 이 CO_2는 날숨으로 내보낸다.
- NAD^+가 전자와 수소 이온을 받아 NADH로 된다.
- 생성물인 2-탄소 아세틸기가 조효소 A(CoA)와 결합하여 **아세틸-CoA (acetyl-CoA)**로 된다.

따라서

- 포도당 1분자마다 2 CO_2, 2 NADH, 2 아세틸-CoA가 만들어진다.

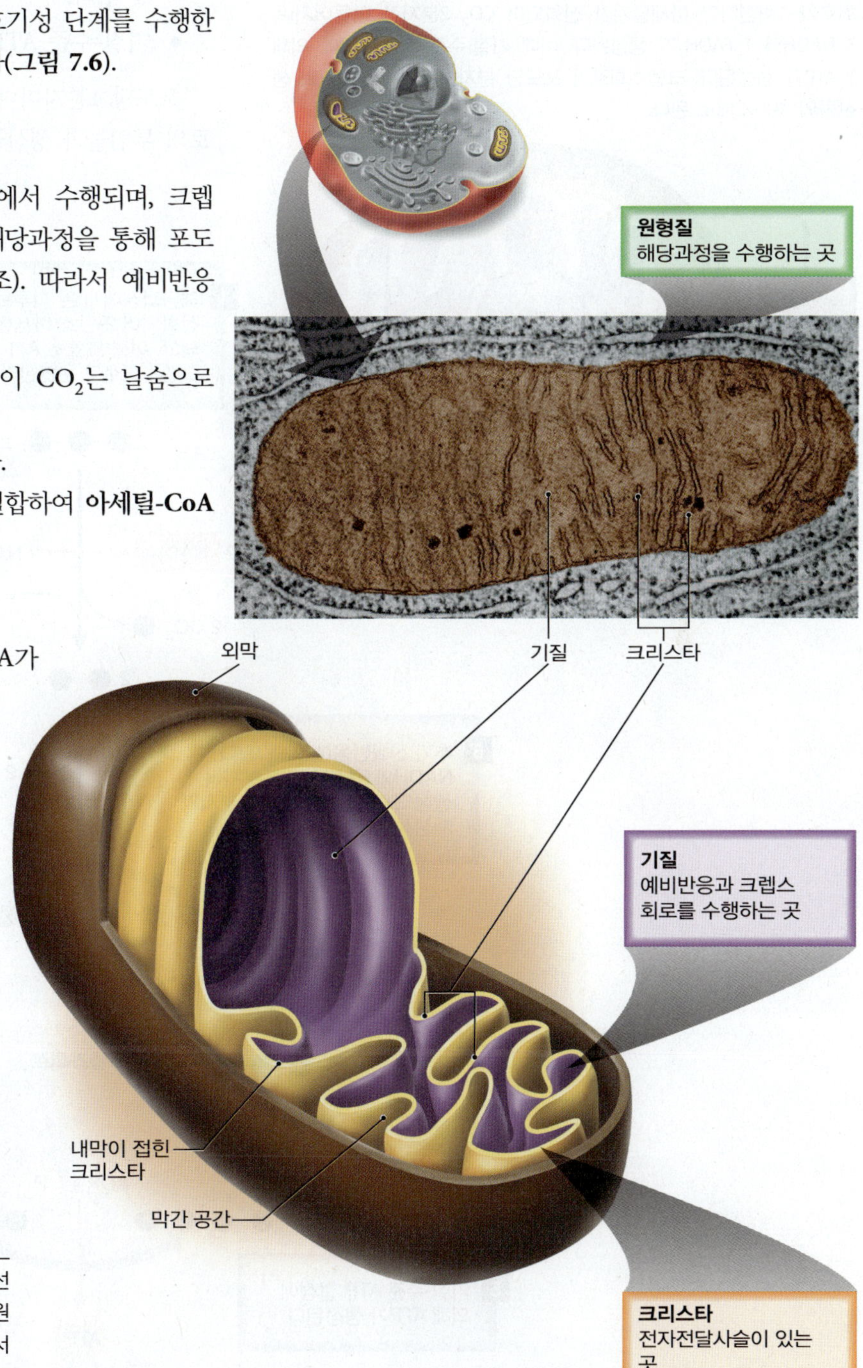

그림 7.6 미토콘드리아의 구조와 기능.

미토콘드리아는 이중막에 감싸여져 있다. 내막은 안쪽으로 접혀서 선반 모양의 크리스타를 형성한다. 해당과정은 미토콘드리아 외부인 원형질에서 수행된다. 예비반응과 크렙스회로는 미토콘드리아 기질에서 수행된다. 전자전달사슬은 미토콘드리아의 크리스타에 있다.

크렙스회로

크렙스회로(*Krebs cycle*)는 이 경로를 최초로 연구한 과학자를 기려 부르는 명칭이며, 구연산회로(*citric acid cycle*)라고 부르기도 한다. 이 회로는 미토콘드리아 기질에 있는 순환성 대사경로이다(**그림 7.7**). 크렙스회로의 시작 단계에서 조효소 A가 운반해 온 2-탄소 아세틸기가 4-탄소 분자와 결합하여 6-탄소 구연산 분자를 만든다. 조효소 A는 예비반응으로 돌아가 재사용된다.

크렙스회로에서는,

- 아세틸기가 산화되고, 이때 생성된 CO_2는 날숨으로 내보낸다.
- NAD^+와 FAD 모두 전자와 수소 원자를 받아서 각각 NADH와 $FADH_2$로 된다.
- 기질-수준 ATP 합성(그림 7.4 참조)에 의해 ATP가 생성된다.

포도당 1분자마다 크렙스회로가 2회전하므로, 포도당 1분자마다 크렙스회로의 투입물과 생산물은 다음과 같다:

크렙스회로	
투입물	**생산물**
2 아세틸-CoA	4 CO_2
6 NAD^+	6 NADH
2 FAD	2 $FADH_2$
2 ADP + 2 P	2 ATP

그림 7.7 예비반응과 크렙스회로.
예비반응에서 만들어진 아세틸-CoA가 크렙스회로로 들어간다. 이 회로가 1회전하면 아세틸기가 산화되어 CO_2 2분자가 만들어지며, 3 NADH와 1 $FADH_2$가 생성된다. 이때 기질-수준 ATP 합성에 의해 1 ATP가 생성된다. 크렙스회로가 포도당 분자마다 2회전하므로, 생산물의 수는 2배로 된다.

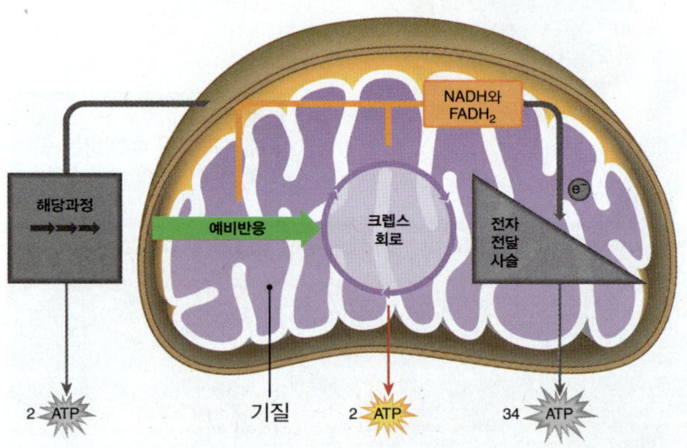

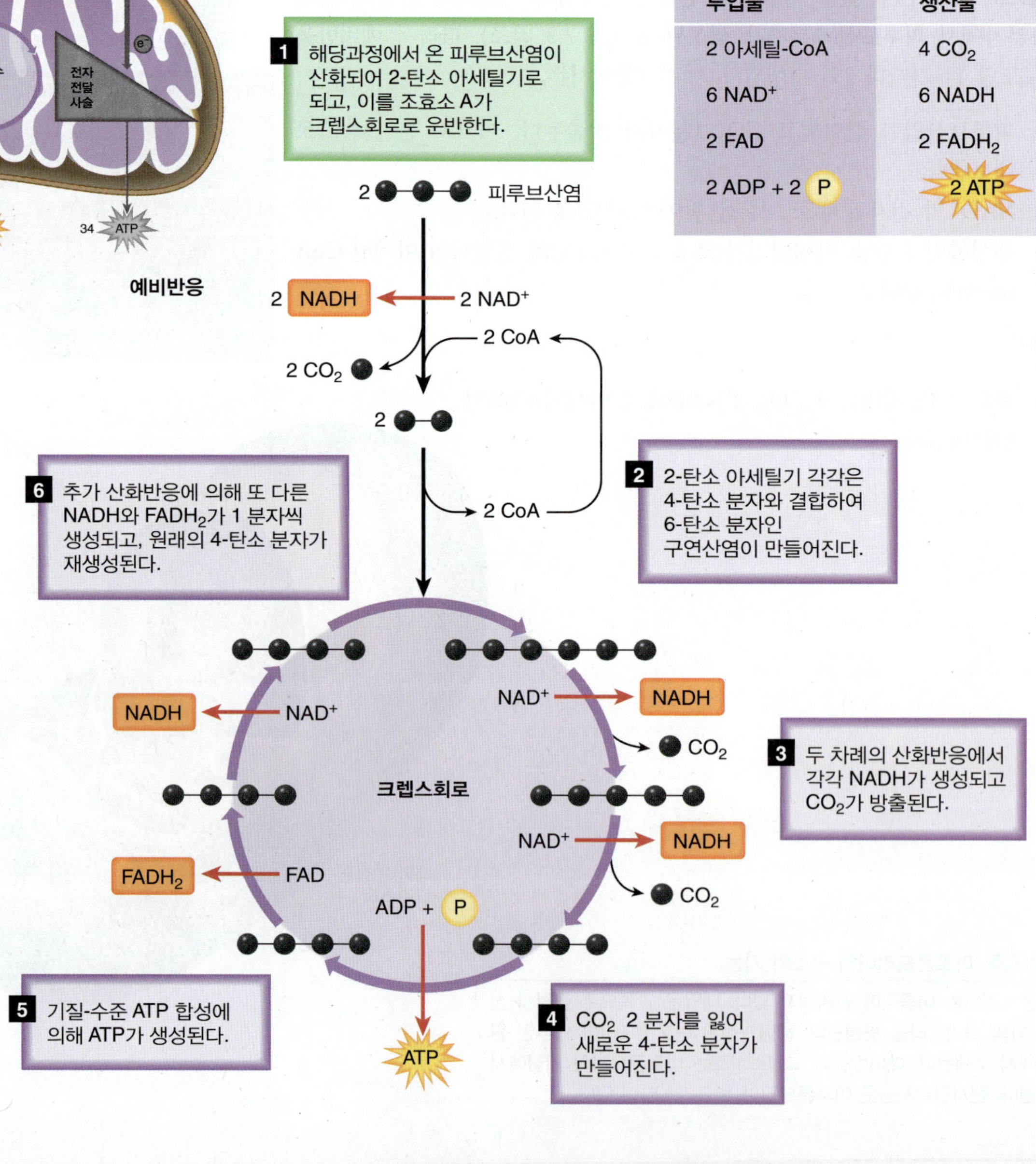

전자전달사슬

미토콘드리아의 크리스타에 있는 전자전달사슬은 전자를 차례로 전달하는 일련의 전자운반자로 구성된다. NADH와 $FADH_2$가 사슬에 전자를 배달한다. NADH와 $FADH_2$에 결합한 수소 원자는 전자(e^-)와 수소 이온(H^+)으로 이루어져 있지만, 전자전달사슬의 전자운반자는 e^-만 받아들이고 H^+은 받지 않는다.

그림 7.8에서 해당과정, 예비반응, 크렙스회로에서 나온 고에너지 전자가 NADH와 $FADH_2$에 의해 운반되는 것을 볼 수 있다. 전자전달사슬은 일련의 산화환원 반응이며, NADH와 $FADH_2$에서 고에너지 전자를 제거한다. 이들 반응에 따라 에너지가 방출되고 포획되어 ATP 생산에 쓰인다. 전자의 최종 수용체는 산소(O_2)이며. 들숨을 통해 얻는다. 전체적으로 세포호흡에서 산소는 전자전달사슬에서 전자의 최종수용체 역할을 수행한다. 어떻게 O_2가 이러한 역할을 할 수 있을까? 그 이유는 사슬에 있는 운반자에 비해 O_2의 전자에 대한 인력이 매우 크기 때문이다. O_2가 전자를 받아들이면, H^+과 결합하여 물이 생성된다. 물도 세포호흡의 최종산물 중 하나이다(111쪽의 반응식 참조).

NADH가 전자전달사슬의 첫 운반자에게 넘겨준 전자가 O_2에 이르면, 충분한 에너지가 포획되어 ATP 3분자를 생성할 수 있게 된다. $FADH_2$가 전자를 전달한 경우에는 2 ATP만 생성될 수 있다.

NADH는 전자전달사슬에 전자를 넘겨준 후 NAD^+로 전환되어 다시 사용될 수 있다. 마찬가지로 FAD도 재생성되어 재사용될 수 있다. 조효소들과 ADP를 재활용할 수 있기 때문에 NAD^+와 FAD, ADP를 새롭게 합성하지 않아도 되므로 세포의 효율성이 높아진다.

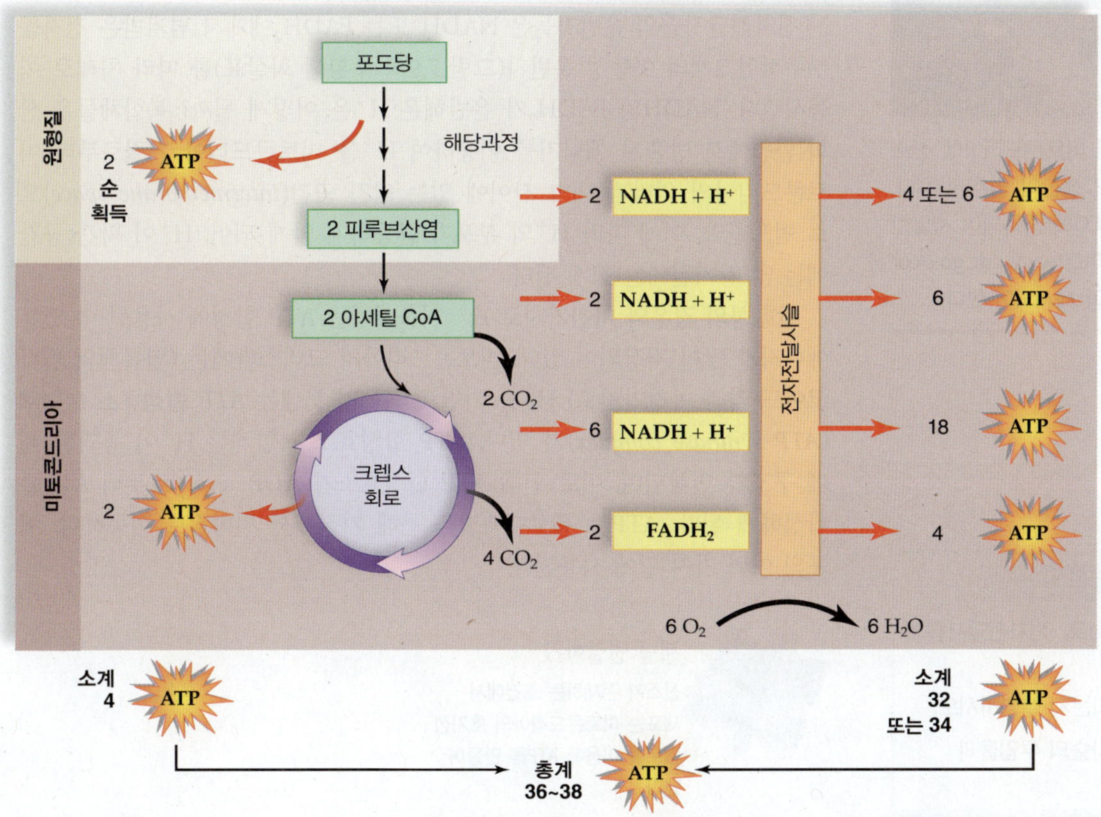

그림 7.8 전자전달사슬.

전자전달사슬은 NADH와 $FADH_2$를 통해 해당과정, 예비반응, 크렙스회로에서 나온 고에너지 전자를 넘겨받는다. 대부분의 ATP는 전자전달사슬에서 생성된다.

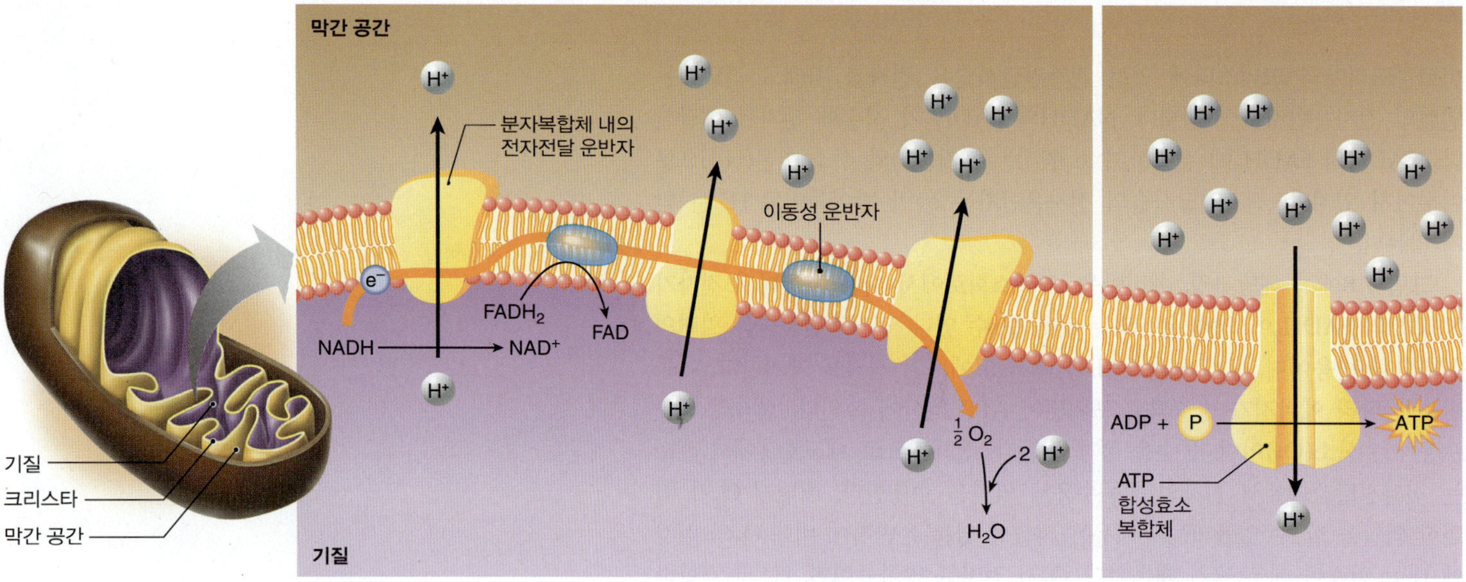

a. 전자전달사슬 b. ATP 합성

그림 7.9 크리스타의 구성.

전자전달 운반자가 포함된 분자 복합체는 ATP 합성효소 복합체와 마찬가지로 크리스타에 있다. **a.** 전자가 운반자를 따라 차례로 이동함에 따라 H^+이 기질에서 막간 공간으로 펌프된다. **b.** H^+이 농도기울기를 따라 ATP 합성효소 복합체를 통해 되돌아올 때, ATP 합성효소에 의해 ATP가 합성된다.

ATP 생성

전자전달사슬은 미토콘드리아 내막에 있는 일련의 전자운반자(대개 단백질)로 구성된다. ATP를 합성하는 ATP 합성효소 복합체 역시 내막에 있다(**그림 7.9**).

전자전달사슬의 운반자들은 NADH 또는 $FADH_2$에게서 넘겨받은 전자를 부수적인 2개의 이동성 운반자(그림 7.9의 주황색 화살표)를 따라 차례로 이동시킨다. NADH와 $FADH_2$가 운반해온 H^+은 어떻게 될까? 복합체들은 산화-환원에서 방출된 에너지를 이용하여 H^+을 미토콘드리아 기질로부터 미토콘드리아의 외막과 내막 사이에 있는 막간 공간(*intermembrane space*)으로 펌프한다. 이에 따라 H^+의 분포가 균등하지 않게 되어, H^+이 막간 공간에는 많고 기질에는 적게 된다.

광합성의 경우와 마찬가지로 H^+ 기울기에는 ATP 합성에 사용될 수 있는 에너지가 많이 저장되어 있다. 미토콘드리아의 크리스타에는 (엽록체의 틸라코이드 막과 마찬가지로) H^+을 기질로 되돌려 보내는 *ATP 합성효소 복합체*(*ATP synthase complex*)가 있다. ATP 합성효소 복합체는 H^+이 통과할 때에 구조가 변형되며, 이로 인해 ATP 합성효소가 ADP + Ⓟ로부터 ATP를 합성하게 된다. ATP는 통로단백질을 통해 기질에서 원형질로 이동하며, 세포의 여러 가지 일에 사용된다.

연관: 건강

일산화탄소는 왜 그토록 위험한 것일까?

일산화탄소(CO)는 무색무취한 기체이며, 화석연료나 목재 등이 불완전하게 연소될 때 만들어진다. CO는 산소보다 더욱 강력하게 적혈구에 있는 헤모글로빈과 결합한다. 이렇게 되면 적혈구가 세포의 미토콘드리아에 산소를 적절하게 운반할 수 없게 되며, ATP 생산이 멈추게 된다. 미국에서만 매년 400명이 넘는 사람이 CO에 중독되어 사망한다. 미국질병통제예방센터(CDC)의 웹사이트(www.cdc.gov/co/default.htm)에 CO 중독을 피하는 방법이 제시되어 있다.

진도 점검하기 7.4

1. 세포호흡에서 예비반응, 크렙스회로, 전자전달사슬의 역할을 요약하시오.
2. 산소가 세포호흡에 어떻게 이용되는지 설명하시오.
3. 예비반응, 크렙스회로, 전자전달사슬의 투입물과 생산물을 각각 쓰시오.

7.4 개념 연결하기

산소가 존재하는 조건에서 세포는 미토콘드리아의 호기성 경로를 이용해 ATP를 만들어 낸다.

7.5 대사경로에서 식품의 쓰임새

학습 목표

이 절을 학습한 후에는 다음 과제를 수행할 수 있어야 한다.

1. 세포호흡에서 포도당 분자마다 생성해내는 ATP의 양을 계산하기.
2. 대체 대사경로를 이용하여 단백질과 지방에서 ATP를 생성하는 방법을 설명하기.

포도당 대사의 에너지 수율

포도당 1분자마다 실제로 생성되는 ATP의 양은 얼마나 될까? **그림 7.10**은 포도당이 CO_2와 H_2O로 완전하게 분해되었을 때 가능한 ATP 수율을 계산한 것이다. 원형질에서 수행되는 해당과정에서 포도당 1분자마다 2 ATP를 순 획득한다. 미토콘드리아의 기질에서 수행되는 크렙스회로에서는 포도당 1분자마다 2 ATP를 얻는다. 즉, 전자전달사슬을 제외한 기질-수준 ATP 합성을 통해 총 4 ATP를 얻는다.

대부분의 ATP는 전자전달사슬과 ATP 합성효소 복합체에서 만들어진다. 포도당 1분자마다 10 NADH와 2 $FADH_2$가 해당과정과 크렙스회로에서 전자를 얻어 전자전달사슬로 보낸다. 따라서 전자전달사슬에서는 최대 34 ATP를 얻을 수 있으며, 기질-수준 ATP 합성과 합하면 최대 38 ATP가 된다. 그러나 모든 세포가 최대 수율로 생산하지는 않는다. 대사과정의 차이로 인해 일부 세포는 36 ATP 또는 그 이하만 생산한다. 36~38 ATP는 아직도 포도당 분자에 있던 사용가능한 에너지 전체의 약 40%에 지나지 않는다. 나머지 에너지는 열 형태로 잃는다.

대체 대사경로

우리는 탄수화물 이외의 식품에서도 에너지를 얻을 수 있다. 예를 들어 탄수화물로만 이루어지지 않은 페페로니(역주: 주로 돼지고기나 소고기로 만든 이탈리아식 소시지) 피자도 한 끼 식사로 활용할 수 있는 수단을 가지고 있다(**그림 7.11**). 먼저 치즈와 고기에 있는 지방에 대해 생각해보자. 지방을 에너지원으로 이용할 때에는 글리세롤과 3개의 지방산 사슬로 분해한다(그림 3.11 참조). 글리세롤은 탄수화물이기 때문에 해당과정을 거쳐 세포호흡 과정으로 들어간다. 지방산은 아세틸기로 대사된 후 크렙스회로로 들어갈 수 있다. 18-탄소 지방산은 포도당보다 아세틸기를 3배나 더 많이 만들어낼 수 있다. 이러한 이유로 지방은 효율적인 저장 에너지 형태이다. 글리세롤과 지방산이 이산화탄소와 물로 완전히 분해되면 포도당 분해에 비해 훨씬 더 많은 ATP가 생성된다.

페퍼로니에 있는 단백질은 어떨까? 아미노산의 탄화수소 골격만 세포호흡 경로에서 이용할 수 있다. 아미노기는 암모니아(NH_3)로 된 후 요소(urea)로 전환된다. 요소는 사람의 주 배설물이다. ATP를 생성하기 위해 분해되기 시작하는 아미노산 탄화수소 골격의 위치는 그 길이에 따라 달라진다. 그림 7.11에서 아미노산의 탄화수소 골격이 피루브산염, 아세틸-CoA, 또는 크렙스회로를 통해 세포호흡 경로로 들어갈 수 있음을 알 수 있다.

단계	NADH	$FADH_2$	ATP 획득
해당과정	2	–	2
예비반응	2	–	–
크렙스회로	6	2	2
전자전달사슬	10 →		30
		2 →	4
총 ATP			38

그림 7.10 포도당 1분자당 ATP 에너지 수율 계산하기.

해당과정과 크렙스회로에서 기질-수준 ATP 합성에 의해 4 ATP를 만든다. 전자전달사슬에서는 최대 34 ATP를 생산하며, 따라서 최대 총량은 38 ATP이다. 그러나 일부 세포에서는 36 ATP, 또는 그보다 적은 ATP만 생산한다.

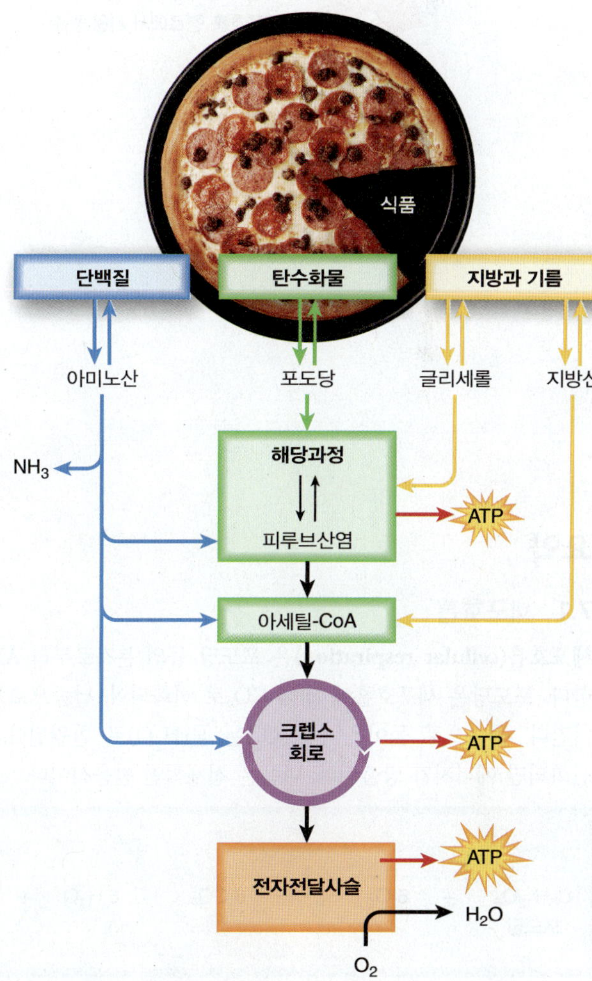

그림 7.11 대체 대사경로.

피자에 있는 탄수화물, 단백질, 지방은 모두 ATP 생성에 사용될 수 있다.

그림 7.11의 작은 분자들은 큰 분자의 합성에 이용될 수도 있다. 이러한 경우에는 ATP가 생성되는 것이 아니라 소비된다. 예를 들어 크렙스회로의 기질 중 일부는 아미노기와 결합하여 아미노산으로 되며, 단백질 합성에 사용될 수 있다. 이와 유사하게 해당과정의 기질들은 글리세롤로 전환될 수 있고, 아세틸기는 지방산 생성에 쓰일 수 있다. 글리세롤과 지방산 3개가 결합하면 지방 분자(트리글리세리드)가 만들어진다. 이러한 사실로 탄수화물이 풍부한 음식을 먹으면 체중이 늘어나는 이유를 설명할 수 있다.

개념 연결하기 7.5

지방과 단백질 등의 영양분도 세포호흡 경로에서 사용될 수 있다.

연관: 건강

크롬은 무엇인가?

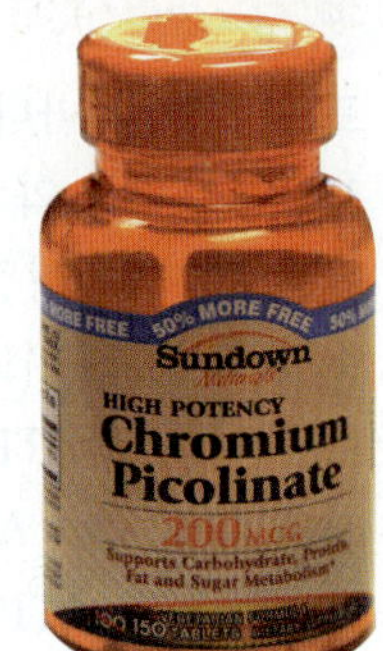

크롬(chromium)은 채소에 들어 있는 천연 미량 무기물이다. 크롬은 처방전 없이 살 수 있는 "지방-연소" 약물의 성분으로 널리 알려져 있다. 크롬은 인슐린의 활성에 영향을 주어 신체가 탄수화물과 지방을 더욱 효율적으로 에너지원으로 사용하도록 한다고 알려져 있다. 그러나 대부분의 사람은 크롬이 부족하지 않으며, 과학적 연구에서도 크롬 농도 증가와 체중 감소 사이에 뚜렷한 연관성이 보이지 않는다. 크롬 보충제가 때때로 2형 당뇨병 등의 의학적 소견에 처방되기는 하지만, 중요한 점은 미국식품의약국(FDA)이 식이보충제는 통제하지 않는다는 것이다.

진도 점검하기 7.5

1. 산소가 존재하는 조건에서 세포호흡에 의해 생성되는 ATP의 양에 대해 요약하시오.
2. 포도당 분자보다 지방에서 더 많은 ATP를 생성할 수 있는 이유를 설명하시오.
3. 세포가 단백질을 에너지원으로 이용하는 방법을 설명하시오.

요약

7.1 세포호흡

세포호흡(cellular respiration)은 포도당 등의 분자로부터 ATP를 생산한다. 포도당은 세포호흡에 의해 CO_2로 산화되어, 날숨으로 몸 밖으로 나간다. 들숨으로 들어온 산소(O_2)는 물(H_2O)로 환원된다. 포도당이 산화되면 에너지가 방출된다. 다음은 전체적인 반응식이다.

$$\underset{\text{포도당}}{C_6H_{12}O_6} + 6\,O_2 \longrightarrow 6\,CO_2 + 6\,H_2O + \text{ATP}$$

NAD^+와 FAD 등의 조효소가 이 과정을 도와준다. 세포호흡은 일련의 반응(해당과정, 예비반응, 크렙스회로, 전자전달사슬)으로 이루어지며, 산화 에너지를 포획하여 ATP 분자를 생산한다.

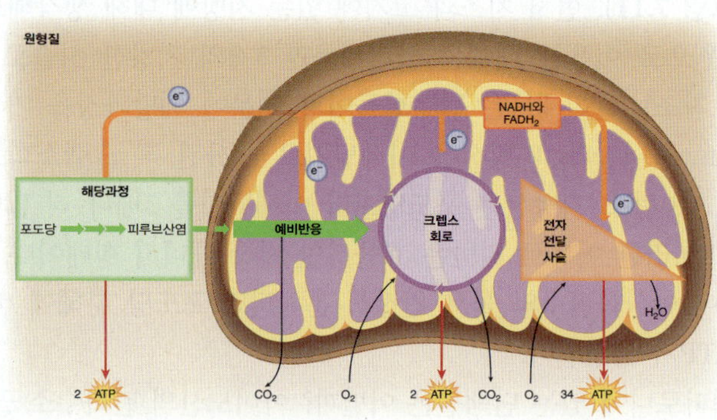

7.2 미토콘드리아 외부: 해당과정

해당과정(glycolysis)은 원형질에서 수행되는 일련의 효소 반응이며, 포도당이 2 분자의 피루브산염으로 분해된다. 해당과정에서는

- 포도당이 수소 원자($H^+ + e^-$)가 제거됨에 따라 산화된다.

- NAD^+가 전자를 받아 NADH로 된다.

이때 충분한 에너지가 방출되어 기질-수준 ATP 합성에 의해 2 ATP를 순수하게 얻을 수 있다. 해당과정의 산물인 피루브산염은 산소를 이용할 수 있는 조건에서는 미토콘드리아로 들어가며, 산소가 없는 조건에서는 발효경로로 들어간다.

7.3 미토콘드리아 외부: 발효

발효(fermentation)는 해당과정과 뒤이은 피루브산염이 NADH에 의해 젖산염, 또는 알코올과 CO_2로 환원되는 과정이다. 피루브산염의 환원에 의해 NAD^+가 재생성되어, 해당과정에서 수소 원자를 더 받을 수 있게 된다.

- 발효과정에서는 단지 2 ATP만 생성할 뿐이지만, 단기간의 격렬한 근육 운동에 필요한 ATP 에너지를 짧은 시간 내에 폭발적으로 공급한다.
- 젖산염이 축적되면 산소결핍 상태에 놓이게 되며, 젖산염이 CO_2와 H_2O로 완전하게 대사되려면 많은 양의 산소가 필요하다.

7.4 미토콘드리아 내부

산소가 존재하는 조건에서는 세포호흡의 호기성 반응이 수행된다.

예비반응

예비반응(preparatory reaction)은 기질에서 일어나며, 피루브산염이 산화되어 CO_2가 방출된다.

- NAD^+가 수소 원자와 전자를 받아 NADH로 된다.
- 최종산물인 아세틸기가 CoA와 결합하여 **아세틸-CoA**로 된다.
- 이 반응은 포도당 분자마다 2번 수행된다.

크렙스회로

아세틸기가 **크렙스회로(Krebs cycle)**로 들어간다. 크렙스회로는 미토콘드리아 기질에서 수행되는 일련의 반응이다. 이 회로가 1회 회전하면 산화반응에 의해 2 CO_2, 3 NADH, 1 $FADH_2$가 만들어지며, 1 ATP도 생성된다. 포도당 분자마다 2번 회전한다.

전자전달사슬

세포호흡의 최종단계는 미토콘드리아 크리스타에 있는 **전자전달사슬(electron transport chain)**에서 수행된다. 이 사슬은 NADH와 $FADH_2$로부터 고에너지 전자(e^-)를 받는 일련의 전자운반자이다. 전자는 전자운반자를 따라 이동하며 저에너지 전자로 되어 마침내 산소에 수용되고, H^+와 합쳐져 물을 생성한다.

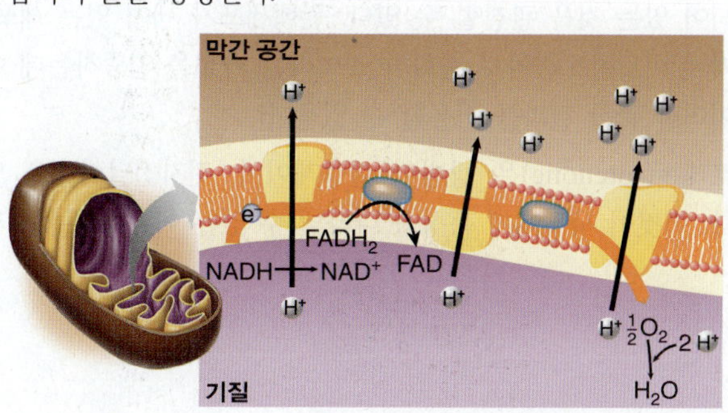

전자운반사슬의 운반자는 미토콘드리아 크리스타의 분자 복합체에 있다. 이들은 이동해가는 전자의 에너지를 이용하여 H^+을 미토콘드리아의 막간 공간으로 펌프한다. H^+이 농도기울기를 따라 ATP 합성효소 복합체를 통해 기질로 되돌아올 때 에너지가 방출되어 ADP와 Ⓟ로부터 ATP를 합성하는 데 이용된다.

7.5 대사경로에서 식품의 쓰임새

포도당 대사의 에너지 수율

포도당이 완전하게 분해되면 최대 38 ATP를 생성할 수 있다. 이 가운데 4 ATP는 기질-수준 ATP 합성에 의해, 나머지는 전자전달사슬과 ATP 합성효소에 의해 생성된 것이다.

대체 대사경로

탄수화물 외에도 지질에서 유래된 글리세롤과 지방산, 그리고 단백질에서 유래된 아미노산도 해당과정과 크렙스회로로 들어가 세포호흡에 이용될 수 있다. 이러한 대사경로는 또한 지방과 단백질 합성에 필요한 기질을 제공하기도 한다.

개념 연결하기

세포호흡은 식품을 ATP로 전환시킨다. ATP는 모든 생명체가 필요로 하는 보편적 에너지이다. ATP에 대한 이해는 체중을 비롯한 여러 건강 문제를 해결하는 데 있어 중요하다.

- 7.1 세포호흡은 네 단계를 거쳐 포도당의 에너지를 ATP로 전환시킨다.
- 7.2 해당과정은 세포호흡의 첫 단계이며, 원형질에서 수행된다.
- 7.3 산소가 없을 때, 세포는 발효를 통해 NAD^+를 재생성한다.
- 7.4 산소가 존재하는 조건에서 세포는 미토콘드리아의 호기성 경로를 이용해 ATP를 만들어낸다.
- 7.5 지방과 단백질 등의 영양분도 세포호흡 경로에서 사용될 수 있다.

세포호흡의 중요성에 관한 정보가 더 필요하면 다음 논의를 참조하시오.

3.2절 에너지원으로서 탄수화물의 역할을 조사하기.
4.4절 미토콘드리아의 구조를 알아보기.
18.3절 효모를 비롯한 균류에 대해 조사하기.

혼자 풀어보기

가장 적절한 답을 고르시오.

7.1 세포호흡

1. 세포호흡에서 ________은/는 산화되고, ________은/는 환원된다.

a. 포도당, 산소 **b.** 포도당, 물
c. 산소, 물 **d.** 물, 산소
e. 산소, 이산화탄소

2. 세포호흡은 __________을/를 필요로 하며, _________을/를 생성한다.
   a. 물과 이산화탄소, 산소와 포도당
   b. 산소와 이산화탄소, 포도당과 물
   c. 산소와 포도당, 이산화탄소와 물
   d. 물과 포도당, 산소와 이산화탄소
   e. ATP와 포도당, 산소와 물

7.2 미토콘드리아 외부: 해당과정

3. 해당과정의 에너지-투자 단계에서 소비되는 것은?
   a. ATP b. NADH
   c. ADP + Ⓟ d. NAD^+
4. 다음 중 올바르지 않은 진술은?
   a. 해당과정은 무산소 조건에서 일어날 수 있다.
   b. 해당과정 결과로 피루브산염이 생성된다.
   c. 해당과정은 원형질 또는 미토콘드리아에서 일어날 수 있다.
   d. 해당과정에서는 2 ATP를 순수하게 만들어낸다.

7.3 미토콘드리아 외부: 발효

5. 발효를 통해 동물은 _____을/를 만들어내며, 효모는 _____을/를 만든다.
   a. 젖산염, NADH
   b. 젖산염, 에틸알코올과 CO_2
   c. NADH, 에틸알코올과 CO_2
   d. $FADH_2$, 젖산염
   e. 에틸알코올과 CO_2, 젖산염
6. 발효를 통해 세포호흡만큼의 ATP를 생성하지 못하는 까닭은?
   a. 발효는 대부분 열로 발산한다.
   b. 발효는 포도당의 퍼텐셜에너지 중 아주 적은 양만 이용한다.
   c. 발효에서 만드는 부산물을 분해하려면 대량의 ATP가 필요하다.
   d. 발효에서 만든 ATP 분자는 원형질로 새어나가 분해된다.

7.4 미토콘드리아 내부

7. 크렙스회로의 결과 방출되는 것은?
   a. 이산화탄소 b. 피루브산염
   c. 산소 d. 물
8. 미토콘드리아 기질에서 수행되는 반응은?
   a. 해당과정과 예비반응
   b. 예비반응과 크렙스회로
   c. 크렙스회로와 전자전달사슬
   d. 전자전달사슬과 해당과정
9. 전자전달사슬의 최종 전자수용체는?
   a. NADH b. $FADH_2$
   c. 산소 d. 물
10. 포도당 1분자마다 크렙스회로에서 생산하는 ATP 분자의 수는?
   a. 1 b. 2
   c. 4 d. 16
11. NAD^+와 FAD가 세포호흡에서 수행하는 역할은?
   a. 산소 수용체 b. 이산화탄소 수용체
   c. 전자 수용체 d. 탄소 수용체
12. 예비반응은 ___________을/를 __________(으)로 바꾸어 크렙스회로에서 이용하도록 한다.
   a. 포도당, ATP b. ATP. 이산화탄소
   c. 피루브산염, 아세틸-CoA d. NADH, NAD^+

7.5 대사경로에서 식품의 쓰임새

13. 다음 중 세포호흡 경로로 들어가지 않는 것은?
   a. 지방 b. 아미노산
   c. 핵산 d. 탄수화물
14. 대부분의 ATP를 합성하는 대사과정은?
   a. 해당과정 b. 크렙스회로
   c. 전자전달사슬 d. 발효
15. 최적 조건에서 포도당 1분자마다 생성할 수 있는 ATP 분자의 수는?
   a. 2 b. 32
   c. 20 d. 38

과학적으로 생각하기

1. 크렙스회로의 기질 중 하나인 말론산염(malonate)은 고농도일 때에는 세포호흡을 차단하여 독성을 나타낼 수 있다. 크렙스회로의 기질 중 하나가 지나치게 많으면 어떻게 하여 세포호흡이 차단될 수 있을까?
2. 인슐린 저항성은 당뇨를 유발할 수 있다. 인슐린은 정상적으로는 세포가 혈액에서 포도당을 흡수하도록 한다. 그러나 인슐린 저항성은 이러한 신호에 적절하게 반응하지 못하며, 따라서 췌장에서 인슐린을 더 많이 분비하여 보상하려 한다. 연구자들은 일부 고령인 환자에서 고지방 식품, 저하된 미토콘드리아 기능, 인슐린 저항성 사이의 연관성을 밝혀냈다. 이 연관성은 어떤 것일까?
3. 원핵세포에서 대사경로가 수행되는 원형질막 부위가 때로는 함입되어 있는 것을 관찰할 수 있다. 원핵세포가 핵이 있는 세포에 삼켜져 미토콘드리아로 진화한 것이라는 가설을 입증하는데 어떻게 이러한 관찰 결과를 이용할 수 있을까?
4. 로테논(rotenone)은 광범위 살충제이며, 전자전달사슬을 억제한다. 이것이 사람에게 독성을 나타낼 수 있는 이유는 무엇일까?

8

세포의 증식

유방암의 유전학적 이해

2008년 여름, 당시 36세였던 여배우 Christina Applegate는 유방암 진단을 받았다는 충격적인 사실을 공개했다. 해마다 23만 명 이상의 미국 여성이 유방암 진단을 받는다. Christina의 어머니는 유방암과 자궁경부암을 앓았다. 유전자 검사 결과 Christina는 *BRCA1*(*br*east *ca*ncer susceptibility gene *1*) 유전자 돌연변이를 지닌다는 사실을 알았다. 암은 세포가 분열된 후 그 다음 세포분열에 이르기까지를 말하는 세포주기가 제대로 조절되지 않아 발생한다. *BRCA1*은 세포주기를 조절하는 유전자다. *BRCA1*과 이와 비슷한 *BRCA2* 유전자는 둘 다 종양억제 유전자로 작용한다. 세포주기의 특정 시기에 이들 유전자가 만들어내는 단백질은 DNA가 손상을 입었는지를 확인한다. Christina의 경우, 부모에게서 물려받은 *BRCA1* 유전자가 세포주기를 점검하는 역할을 제대로 하지 못하여 세포가 계속 증식했다. 그 결과 유방에서 종양이 자라나게 된 것이다.

833명 가운데 1명꼴로 유방암과 연관된 *BRCA1* 돌연변이를 지니는 것으로 추정된다. 이 유전자가 유방암과 난소암을 일으키는 유일한 유전자 변이는 아니지만 중요한 역할을 하는 것임에는 틀림없다. 유전자 검사를 해서 암이 발생할 확률을 예측함으로써 의사의 조언에 따라 적절한 행동을 취할 수 있다. 이 장에서 우리는 세포분열이 어떻게 조절되며 *BRCA1*과 같은 유전자가 어떻게 세포주기를 조절하는지 살펴볼 것이다.

이 장을 공부하는 동안 다음 질문에 대해 생각해보자.

1. 세포주기에서 검문지점의 기능은 무엇인가?
2. *BRCA1* 유전자가 정상인 경우 어느 검문지점에서 작용을 하게 될 것인가?
3. 이들 검문지점이 작동하지 않을 때 암이 발생하는 까닭은 무엇일까?

개 요

시작하기 전에

이 장을 시작하기 전에 다음 내용을 다시 살펴보자.

3.2절 DNA의 구조는 무엇인가?

4.4절 진핵세포에서 미세소관과 핵이 하는 역할은 무엇인가?

4.5절 세포벽이란 무엇이며 어떤 종류의 세포가 세포벽을 지니는가?

a. 어린이의 성장

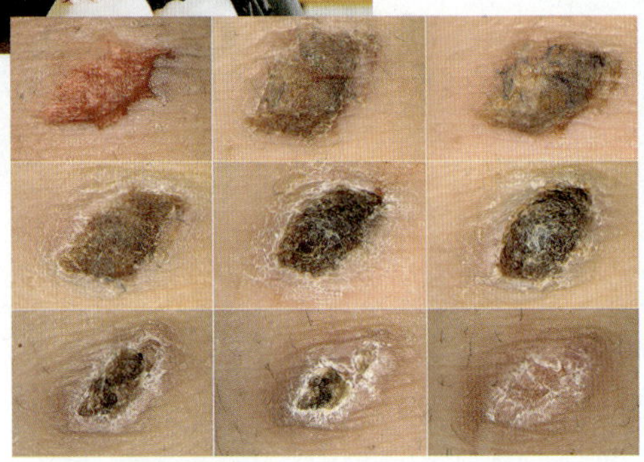

b. 조직의 재생

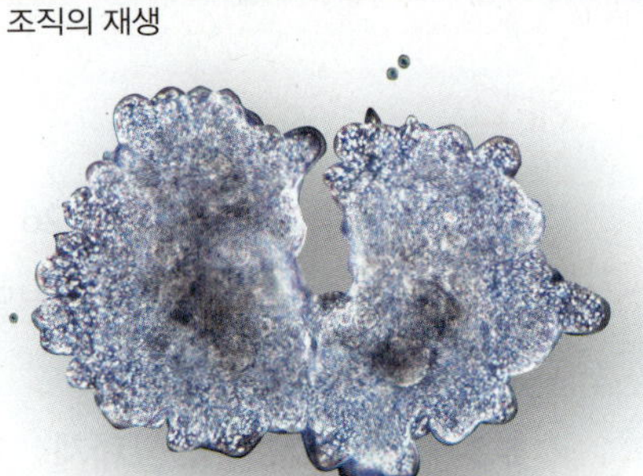

c. 아메바의 번식

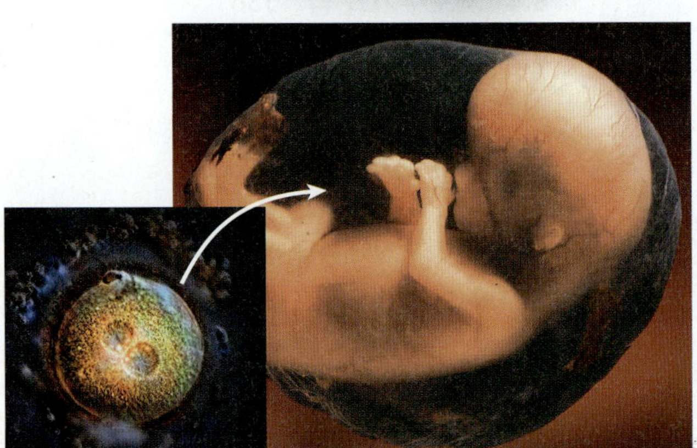

d. 접합자의 발생

그림 8.1 세포의 증식.

(a) 어린이가 자라서 성인이 될 때, **(b)** 성숙한 개체가 손상된 조직을 재생할 때, **(c)** 단세포 개체가 번식할 때, **(d)** 난자와 정자가 융합한 접합자가 다세포 생명체로 발생하여 독립적인 생존을 할 때, 세포가 증식한다.

8.1 세포증식의 기초

학습 목표

이 절을 학습한 후에는 다음 과제를 수행할 수 있어야 한다.

1. 세포가 증식하는 이유를 요약하기.
2. 자매염색분체와 염색체의 관계를 이해하기.
3. 염색질의 응축 과정에 히스톤과 뉴클레오솜이 하는 역할을 설명하기.

다른 다세포 생물과 마찬가지로 사람의 생명도 하나의 세포에서 시작된다. 그러나 10개월이 채 못 되는 기간 동안 세포분열이 거듭되면서 세포의 수가 엄청나게 늘어난다. 태어난 다음에도 세포는 증식을 멈추지 않고 계속 분열하며 신체가 성장한다(**그림 8.1*a***). 성인이 되고 나면 세포증식은 낡고 손상된 조직을 재생하는 역할을 한다(그림 8.1*b*). 지금 이 순간에도 여러분의 몸에서는 수천 개의 새로운 적혈구세포, 피부세포, 호흡기관이나 소화관의 점막세포 등이 새롭게 만들어지고 있다. 칼에 베인 경우도 세포가 증식해서 손상된 조직을 재생한다.

특정한 개체에서는 세포의 증식이 곧 번식의 수단이다. 예를 들어 아메바가 둘로 나뉘면 새로운 아메바 두 개체로 된다(그림 8.1*c*). 세균은 이와 같이 하나의 세균이 두 개로 나뉘는 **이분법(binary fission)**을 통해 번식한다(17장 참조). 이러한 번식 과정을 무성생식(*asexual reproduction*)이라 하며, 무성생식을 통해서 생성되는 새로운 세포는 원래의 세포와 동일하다. 정자나 난자가 수정되어야 하는 유성생식 과정에서는 자손들이 다양한 변이를 지니게 된다. 이 과정은 9장에서 살펴본다.

세포설(4장 참조)은 "모든 세포는 세포에서 유래된다"는 내용으로, 세포의 증식이 매우 중요하다는 점을 강조한다. 따라서 기존에 존재하는 세포가 없이는 새로운 세포가 생기지 않으며, 또한 기존에 존재하는 생명체가 없다면 새로운 생명체는 발생하지 않는다(그림 8.1*d*). 세포가 증식되는 과정은 새로운 세포는 물론 새로운 생명체가 생성되는 필수 요건이다.

세포의 증식은 성장과 세포분열의 두 단계로 크게 구분할 수 있다. 성장하는 동안 세포는 세포질의 구성성분과 DNA를 복제한다. 그 다음 분열하는 동안 어버이세포의 세포질과 DNA는 딸세포에 균등하게 나뉜다. 이들 용어는 성별과 관계없으며, 단지 원래 존재하던 세포와 새로 형성된 세포라는 의미에서 어버이세포와 딸세포로 지칭하는 것이다. 두 과정 모두 세포 증식이 잘못되지 않도록 세밀하게 조절된다. 이 과정이 제대로 조절되지 않으면 심각한 결과를 초래할 수 있다.

염색체

세포분열 준비에 있어 **DNA 복제(DNA replication)**는 매우 중요한 단계다. 세포가 자신이 지니는 DNA를 복제해야 모든 DNA의 완전한 사본이 두 딸세포로 전해질 수 있는 것이다. 세포는 유전물질 없이 생존할 수 없기 때문에 딸세포로 DNA가 전달되는 이 단계는 매우 중요하다. 그러나 사람 세포 하나에는 놀랍게도 2 m에 달하는 DNA가 들어 있으며 이처럼 많은 양의 DNA를 전달하는 것은 쉬운 일이 아니다. 그러나 DNA는 단백질과 연합하여 **염색체(chromosome)**의 형태로 응축되어 있어 딸세포에 쉽게 분배될 수 있다. 염색체로 응축되는 과정에는 여러 단백질이 관여하며, 이들 단백질은 또한 DNA 복제와 기능을 담당하는 단백질과도 연관되어 있다는 사실에 대해 살펴보게 될 것이다.

염색질에서 염색체로

진핵세포가 세포분열을 하지 않을 때, DNA와 DNA에 결합한 단백질은 긴 실모양의 **염색질(chromatin)** 구조를 이룬다. 이 구조를 자세히 살펴보면 염색질은 8분자의 단백질 중심을 DNA가 주기적으로 휘감아 염주 모양을 형성한다. 이때 중심이 되는 단백질을 **히스톤(histone)**이라 하며 히스톤과 DNA가 형성하는 염주 모양을 **뉴클레오솜(nucleosome)**이라 한다(**그림 8.2**). 염색질은 일반적으로 지그재그 형태를 이루며, 이 구조는 또다시 고리 형태로 접히면서 더욱 단단하게 응축된다. 고리 형태로 접힌 염색질은 핵 안에 쉽게 들어갈 만한 크기가 된다.

세포가 분열되기 직전에 염색질은 다시 여러 번 겹쳐진 고리 형태로 감기면서 최고로 응축된 염색체 형태를 이룬다. 각 생물종은 고유한 염색체 수를 지닌다. 사람의 세포에는 46개의 염색체가 들어 있다. 염색체는 세포분열 직전에 염색질의 상태보다 1만 배 이상 응축되므로 광학현미경으로도 쉽게 관찰된다.

세포가 분열되기 전에 염색체는 두 배로 복제된다. 복제된 염색체는 2개의 동일한 **자매염색분체(sister chromatid)**를 이룬다. 자매염색분체는 염색체의 잘록한 부분인 **동원체(centromere)** 부위에서 서로 붙어 있다. 각 자매염색분체는 동일한 DNA 이중나선 분자를 포함한다.

8.1 개념 연결하기

대부분의 경우 세포 증식의 최종 결과로 두 개의 동일한 세포가 생성된다.

진도 점검하기 8.1

1. 생명활동을 영위하기 위해서는 계속해서 세포증식이 일어나야 하는 까닭을 설명하시오.
2. 자매염색분체와 염색체를 구별하시오.
3. 세포가 히스톤과 뉴클레오솜을 필요로 하는 까닭을 요약하시오.

연관: 과학적 탐구

염색체의 수는 개체의 복잡성과 관련이 있을까?

사람을 비롯한 진핵생물의 염색체 수는 상당히 다양하다. 초파리는 8개, 사람은 46개의 염색체를 지닌다. 따라서 얼핏 보기에 염색체의 수와 생명체의 복잡성 사이에 무슨 연관이 있는 것처럼 생각된다. 그러나 효모(단세포 진핵생물)는 32개의 염색체를, 말은 64개의 염색체를 지닌다. 양치류에 속하는 한 종은 1,252개의 염색체를 가진다. 염색체 수와 개체의 복잡성 사이에 명확한 연관성은 없다.

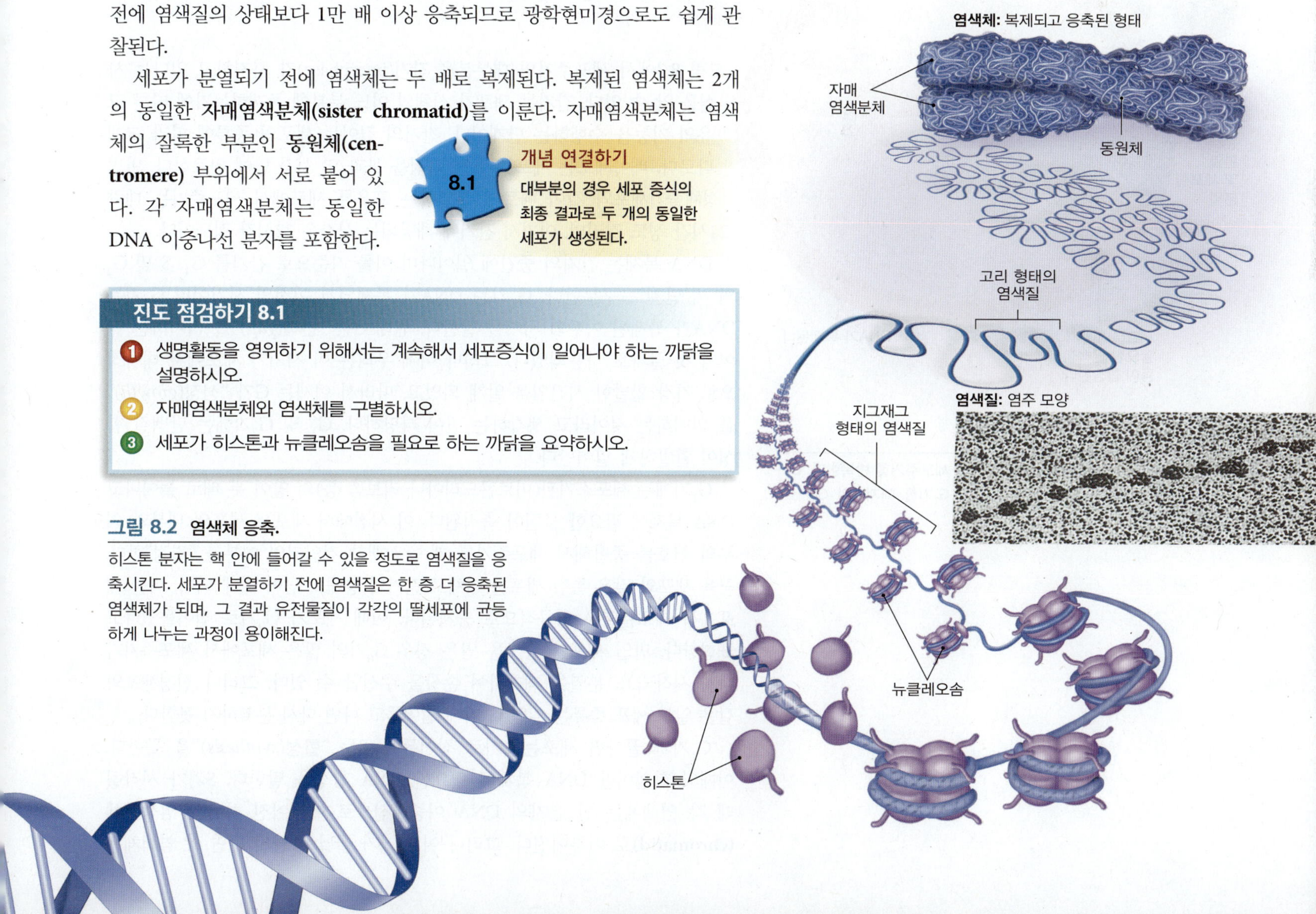

그림 8.2 염색체 응축.

히스톤 분자는 핵 안에 들어갈 수 있을 정도로 염색질을 응축시킨다. 세포가 분열하기 전에 염색질은 한 층 더 응축된 염색체가 되며, 그 결과 유전물질이 각각의 딸세포에 균등하게 나누는 과정이 용이해진다.

8.2 세포주기: 간기, 유사분열, 세포질분열

학습 목표

이 절을 학습한 후에는 다음 과제를 수행할 수 있어야 한다.

1. 간기, 유사분열, 세포질분열에서 일어나는 세포의 활동을 요약하기.
2. 세포주기에서 S기와 G_0기의 의미를 설명하기.
3. 유사분열 각 시기의 과정을 요약하기.
4. 식물세포와 동물세포의 세포질분열 과정을 비교하기.

앞에서 세포의 증식은 세포 구성성분의 복제와 세포분열의 과정을 포함한다는 사실을 살펴보았다. 세포의 증식이 순서대로 일어나려면 첫 번째 단계가 두 번째 단계 이전에 진행되어야 할 것이며 이러한 과정을 세포주기라 한다. **세포주기(cell cycle)**는 어버이세포가 분열하여 두 개의 딸세포가 형성되기까지의 순차적인 과정을 말한다. 세포주기는 세포가 정상적인 기능을 수행하는 시기인 **간기(interphase)**, 핵이 분열하는 시기인 **유사분열(mitosis)**, 세포질이 나뉘는 시기인 **세포질분열(cytokinesis)**로 이루어진다.

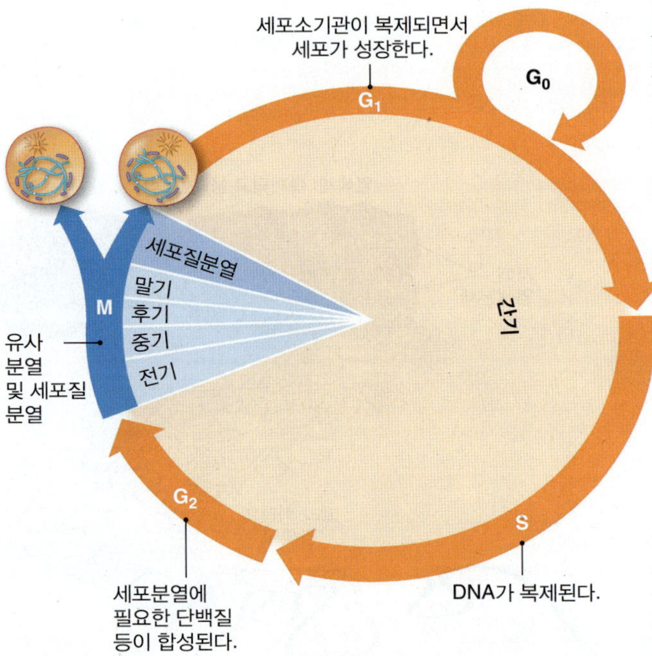

그림 8.3 세포주기.

세포는 G_1, S, G_2, M의 네 단계로 이루어진 세포주기를 반복한다. G_1, S, G_2기는 간기에 포함된다. 일부 세포는 G_1기를 빠져나와 G_0기로 접어들기도 한다.

간기

그림 8.3에서 세포주기의 대부분을 간기(interphase)가 차지하고 있다는 사실을 알 수 있다. 간기는 세포가 신체의 어느 부분에 존재하는가에 따라 고유의 기능을 수행하는 단계이다. 간기의 길이는 세포의 종류에 따라 크게 다르다. 배아세포는 세포주기 전 과정을 불과 몇 시간 만에 완료한다. 반면 성체줄기세포와 같이 빠르게 분열하는 포유류 세포에서 세포주기는 대략 24시간 정도 걸리며, 여기서 간기에 해당되는 시간은 22시간 정도이다.

DNA 복제는 간기의 중간에 일어나며 이를 기준으로 간기를 G_1, S 및 G_2의 세 단계로 구분한다. G_1기는 DNA가 복제되기 이전의 시기이며 G_2기는 DNA가 복제된 이후의 시기를 말한다. 원래 G는 "간격(*gap*)"을 의미하는 단어의 첫 글자로 사용되었다. 그러나 이제 우리는 이 시기가 세포에서 대사적으로 가장 활발한 시간임을 알게 되었고, 따라서 이제는 G가 "성장(*growth*)"을 의미하는 것이라고 생각하는 편이 타당하다. G_1 및 G_2기에는 단백질 합성이 활발하게 일어난다.

G_1기에는 세포소기관(미토콘드리아나 리보솜 등)의 양이 두 배로 늘어나고 DNA 복제에 필요한 물질이 축적된다. 이 시점에서 세포는 세포의 내부와 외부의 신호를 종합해서 세포주기를 계속 진행할 것인지의 여부를 "결정"한다. 근육 세포와 같은 특정 세포는 대체로 간기의 상태로 남아 있게 되며, 이들 세포에서 세포분열은 영구적으로 중지된다. 이때 세포가 G_0기로 접어들었다고 표현한다. 만일 세포가 손상을 입은 경우 G_0기의 많은 세포에서 세포주기가 다시 시작되고, 분열을 재개하여 손상을 수선할 수 있다. 그러나 신경세포와 같은 일부 세포 종류는 일단 G_0기에 접어들고 나면 다시 분열하지 못한다.

G_1기가 끝나면 세포는 S기로 접어든다. S는 "합성(*synthesis*)"을 뜻한다. 이때의 합성이란 DNA 복제에 필요한 DNA 합성을 말한다. S기가 시작될 때 각 염색체는 한 분자의 DNA 이중나선으로 이루어진 하나의 **염색분체(chromatid)**로 이루어진다. 그러나 이 시기가 끝날 무렵이 되면 각 염색체는

두 개의 **자매염색분체**(*sister chromatid*)로 구성된다. 각각의 자매염색분체는 한 분자의 DNA 이중나선으로 이루어져 있다. 하나의 염색체를 이루는 두 개의 염색분체는 동원체 위치에서 부착된 채로 존재한다. DNA가 복제되면서 염색체가 두 배로 늘어나는 것이다.

G_2기는 DNA 복제가 끝난 후부터 유사분열이 시작되기 전까지이다. 이 시기에 세포는 세포분열에 사용될 단백질을 합성한다. 미세소관을 이루는 단백질 등이 이에 속한다. 세포분열 과정에서 미세소관이 하는 역할에 대해서는 뒤에서 살펴본다.

분열기

세포분열은 "**분열기**(*mitotic stage*, M phase)"에 진행된다. 이 시기는 핵분열과 세포질분열로 이루어진다. 세포주기와 연계된 핵분열을 유사분열(mitosis)이라고 부르며, 따라서 이 단계를 **M기**라고 부르는 것이다.

유사분열이 일어나는 동안 모세포에서 복제된 핵물질은 각각의 딸세포에 균등하게 배분된다. 유사분열의 결과 두 개의 딸핵은 어버이세포와 같을 뿐만 아니라 서로 완전히 동일하다. 딸핵은 모두 어버이와 같은 수와 같은 종류의 염색체를 지닌다.

S기에서 각각의 염색체 DNA가 복제되어 두 개의 동일한 자매염색분체로 이루어진 복제된 염색체를 만들어내며, 각 자매염색분체는 동원체 위치에서 서로 붙어 있다(**그림 8.4**). 각각의 염색분체는 원래의 염색체와 똑같은 염기서열을 지니는 한 분자의 DNA 이중나선으로 이루어져 있다. 유사분열 과정 중에 각 염색체의 자매염색분체가 분리되면서 **딸염색체**(*daughter chromosome*)가 된다. 원래의 염색체는 모두 DNA가 복제되어 자매염색분체가 형성되고 이들이 분리되는 동일한 과정을 거치게 되므로 유사분열 결과 형성되는 딸핵에는 각기 어버이세포와 유전적으로 동일한 정보가 들어 있게 된다. 따라서 어버이세포의 핵에 4개의 염색체가 있었다면 각각의 딸핵에도 4개의 동일한 종류의 염색체가 포함된다. 그림에서 염색체의 수를 확인하고자 할 때에는 동원체의 수를 세는 것도 좋은 방법이다. 염색체마다 하나씩의 동원체를 지니기 때문이다.

대부분의 동물세포에는 짝수 개의 염색체가 들어 있다. 양친이 새로운 개체에게 염색체를 절반씩 전해주기 때문이다.

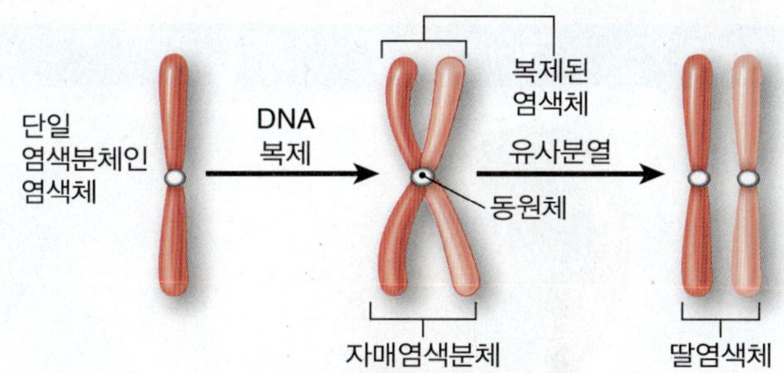

그림 8.4 **유사분열의 개요.**

DNA가 복제되어 자매염색분체를 형성한다. 이들은 유사분열에 의해 분리되어 딸염색체로 된다.

방추체

복제된 염색체가 단 4개일 때에는 염색분체를 쉽게 분리할 수 있을 것이다. 그렇지만 염색체 수가 46개인 사람이나 78개인 개의 경우를 생각해보자. 이 경우 분리하기 전에 염색체가 단단히 응축되어 있다면 분명히 도움이 되겠지만, 조직적으로 완벽하게 분리하려면 무언가 다른 기작이 있어야 할 것이다. 대부분의 진핵세포는 **방추체(spindle)**라는 세포골격 구조를 이용하여 염색분체를 양쪽으로 끌어당긴다. 방추체에는 조립되었다가 해체될 수 있는 미세소관으로 이루어진 방추사가 들어 있다. 먼저 미세소관이 방추체를 형성하면서 세포의 중심부까지 뻗어나가 염색분체의 동원체 부위에 결합한다. 그 다음에 미세소관이 분해(해체)되면서 짧아지면 염색분체가 양극 부분으로 분리된다.

중심체(centrosome)는 세포에서 미세소관을 형성하는 중심부이다. 동물세포에서 중심체는 가운데가 불룩한 나무통과 같은 구조를 한 **중심립(cen-**

triole) 2개로 이루어져 있으며, 여기서 방사상으로 뻗은 미세소관을 **성상체**(*aster*)라고 한다. 식물세포에도 중심체가 있으나 중심립이 없기 때문에 뚜렷하게 눈에 띄지는 않는다. 중심체가 복제되는 과정은 세포주기의 S기에서 시작되어 G_2기에 완성된다. M기의 초반부에 중심체는 분리하여 핵의 양쪽 반대편으로 이동하고 거기서 방추극을 형성한다. 핵막이 소실되면서 방추사는 세포의 중심부를 차지하게 된다. 방추사 일부는 두 방추극의 중간 부분인 방추사 적도면(*spindle equator*)을 지나면서 서로 겹쳐진다. 나머지 방추사는 복제된 염색체에 부착하여 각 자매염색분체가 딸세포에 적절하게 분배되도록 분리한다. 염색체는 새로 형성된 딸핵의 내부에 위치하지만, 중심체는 딸핵의 바로 바깥부분에 존재하게 된다.

동물과 식물세포의 유사분열 단계

유사분열은 연속적인 과정이긴 하지만 전통적으로 진행 순서에 따라 **전기(prophase)**, **중기(metaphase)**, **후기(anaphase)**, **말기(telophase)**의 네 단계로 구분한다. 중심립의 이동 과정을 제외하면, 동물세포(**그림 8.5**)의 유사분열과정은 대체로 식물세포(**그림 8.6**)에도 적용할 수 있다.

그림 8.5 동물세포에서 유사분열의 단계.

윗줄의 그림은 세포분열을 하는 동물세포의 현미경 사진이다. 아랫줄의 모식도에서 빨간 염색체는 어머니에게서, 파란 염색체는 아버지에게서 물려받은 염색체를 나타낸다.

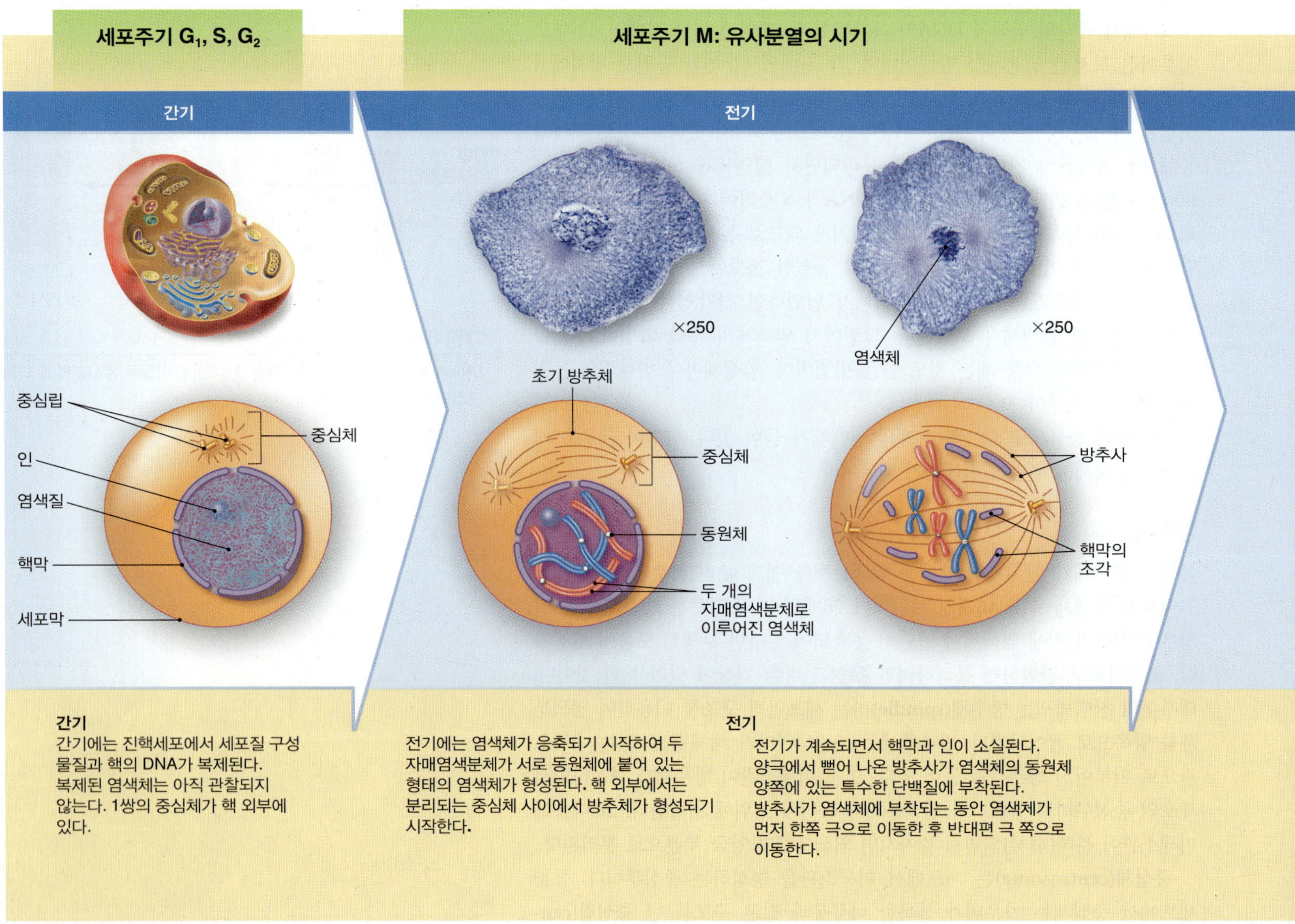

간기
간기에는 진핵세포에서 세포질 구성 물질과 핵의 DNA가 복제된다. 복제된 염색체는 아직 관찰되지 않는다. 1쌍의 중심체가 핵 외부에 있다.

전기
전기에는 염색체가 응축되기 시작하여 두 자매염색분체가 서로 동원체에 붙어 있는 형태의 염색체가 형성된다. 핵 외부에서는 분리되는 중심체 사이에서 방추체가 형성되기 시작한다.

전기가 계속되면서 핵막과 인이 소실된다. 양극에서 뻗어 나온 방추사가 염색체의 동원체 양쪽에 있는 특수한 단백질에 부착된다. 방추사가 염색체에 부착되는 동안 염색체가 먼저 한쪽 극으로 이동한 후 반대편 극 쪽으로 이동한다.

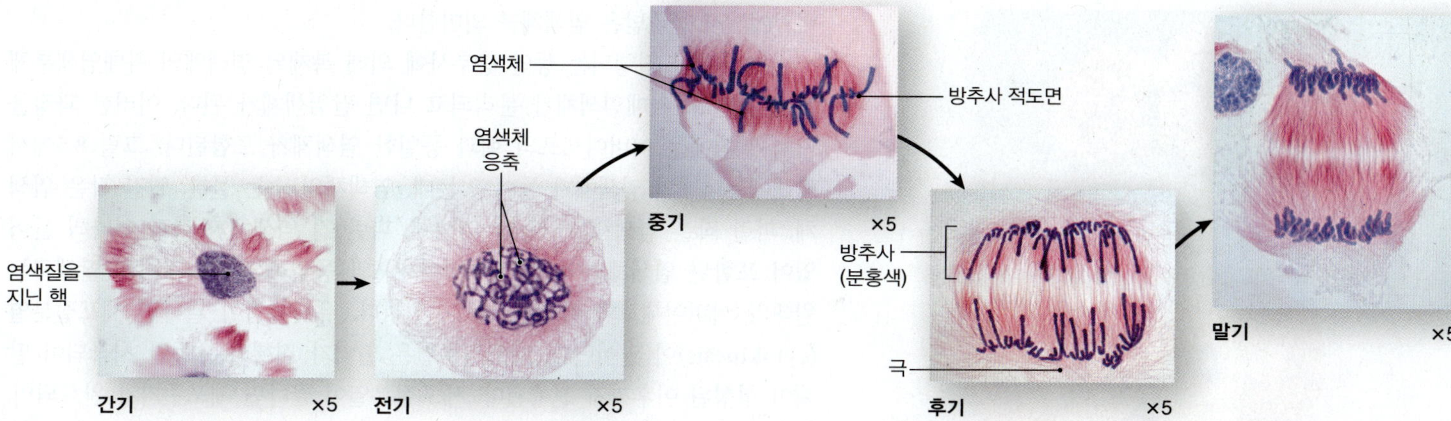

그림 8.6 식물세포의 유사분열.

백합의 일종인 식물의 분열 중인 세포. 염색체는 파란색으로, 방추사의 미세소관은 분홍색으로 염색하였다. 각 시기에 대한 설명은 그림 8.5를 참조하시오.

그림 8.5는 동물세포에서 유사분열이 진행되는 단계이다. 유사분열이 시작되기 이전에 DNA 복제가 끝났다는 사실을 기억하자. 각 염색분체는 단일한 DNA 이중나선 분자를 포함하고 있다. 따라서 유사분열이 시작될 무렵 염색체는 복제되어 자매염색분체가 동원체에서 서로 부착되어 있는 형태로 존재한다. 그림 8.5에서 빨간색 염색체는 어머니에게서, 파란색 염색체는 아

유사분열의 시기

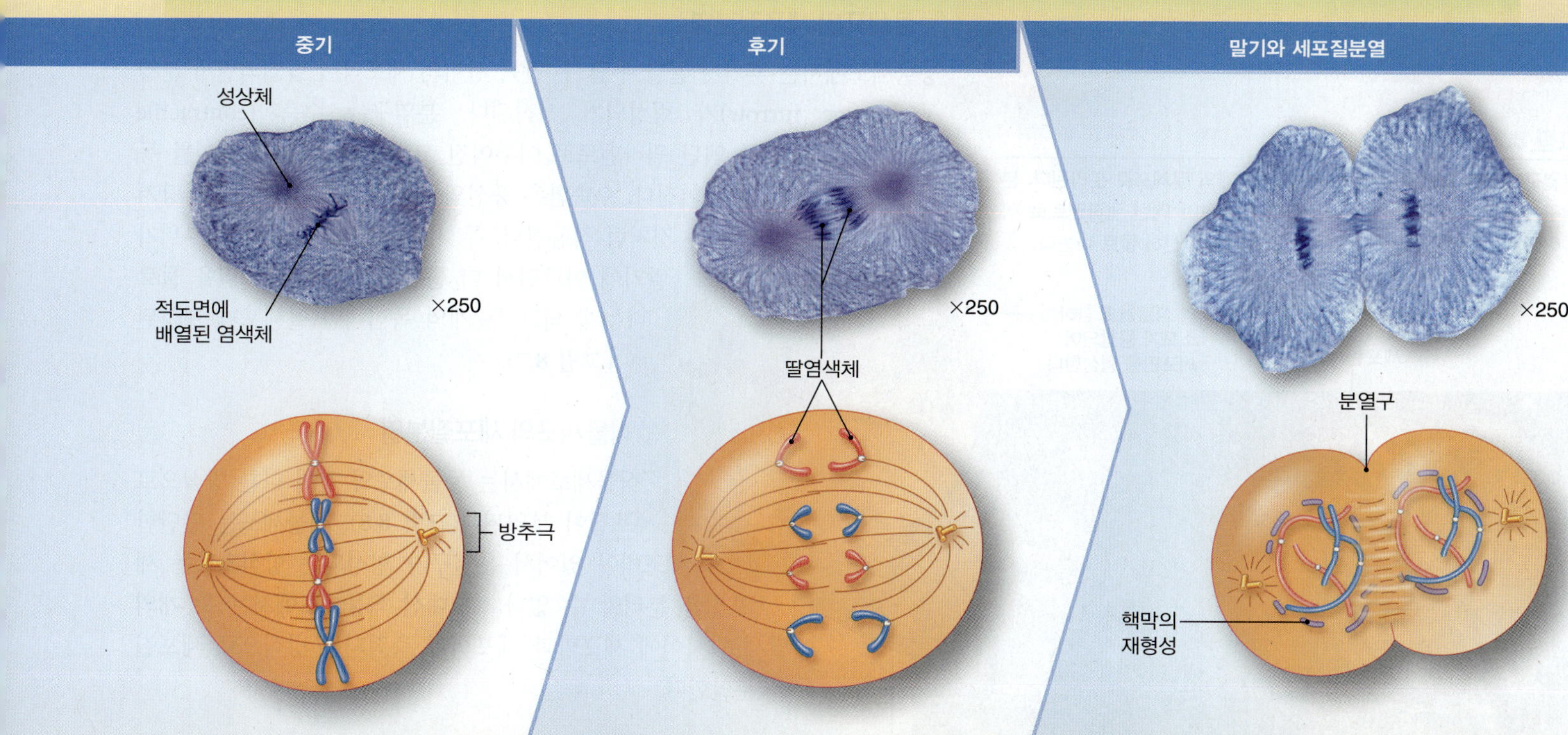

중기
중기에는 염색체가 양쪽 방추극의 중간 부분인 적도면에 배열된다. 염색체의 양쪽 측면에 부착된 방추사가 서로 반대편 방향으로 염색체를 밀어내어 염색체가 적도면에 위치하게 된다. 염색체에 부착되지 않은 방추사는 적도면을 지나 서로 겹쳐지게 된다.

후기
후기에는 자매염색분체가 서로 분리되어 딸염색체를 형성한다. 염색체에 부착된 방추사가 해체되면서 양극에 각각 한 벌의 염색체가 모이게 된다. 방추극은 염색체에 부착되지 않은 방추사가 서로 밀어내기 때문에 점점 멀어진다. 이러한 방추사의 작용으로 염색분체가 분리된다.

말기와 세포질분열
말기에는 방추체가 사라지고 새로운 핵막이 딸염색체를 둘러싼다. 각각의 핵에는 모세포와 동일한 수와 종류의 염색체가 들어 있다. 방추사의 일부가 여전히 두 핵 사이에서 관찰되기도 한다. 세포질분열이 시작된다.

버지에게서 물려받은 염색체를 의미한다.

유사분열이 진행되는 동안 방추사에 의해 복제된 염색체의 자매염색분체가 분리된다. 자매염색체가 분리되고 나면 딸염색체가 된다. 이러한 과정을 거쳐 딸핵에는 어버이세포의 핵과 동일한 염색체가 포함된다. 그림 8.5에서 딸핵에는 4개의 염색체가 들어 있는데, 염색체의 수는 물론, 빨간 작은 염색체, 파란 작은 염색체, 빨간 긴 염색체, 파란 긴 염색체가 각각 하나씩 들어 있어 포함된 염색체의 종류도 어버이세포와 동일하다. 즉, 각각의 딸세포는 원래의 어버이세포와 유전적으로 동일하다. 유사분열이 끝나면 **세포질분열(cytokinesis)**이 일어난다. 세포질분열은 말기가 진행되는 동안 시작되어 딸핵이 형성된 이후까지 진행된다. 세포질분열이 끝나면 세포주기가 완료되며, 형성된 두 딸세포는 간기로 접어든다. 간기의 세포는 성장하고 다시 DNA를 복제할 것이다.

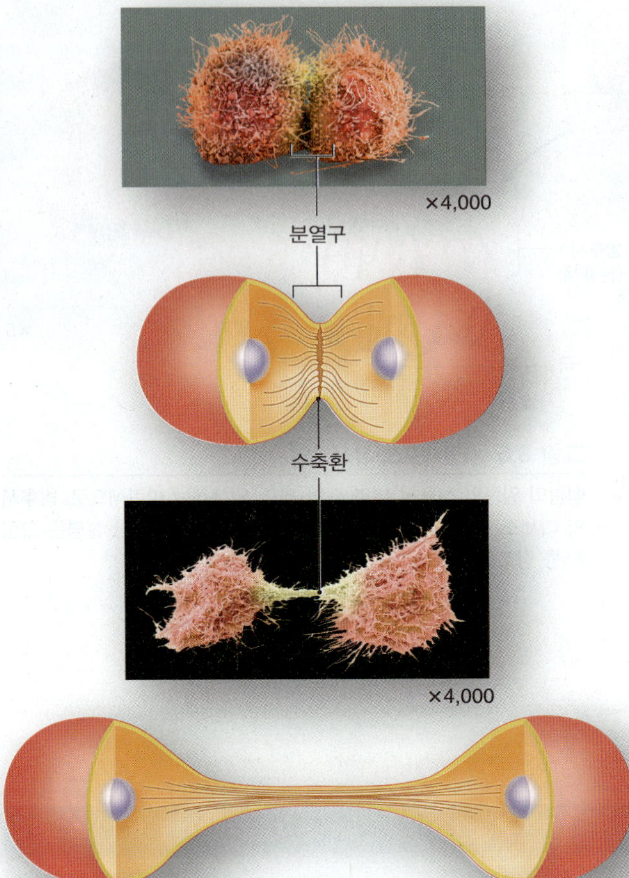

그림 8.7 **동물세포의 세포질분열.**

분열구가 형성되면서 하나의 세포가 두 개의 딸세포로 분리된다. 분열구는 후기가 시작되면서 나타나기 시작하여 액틴 필라멘트로 이루어진 수축환이 점점 작아지면서 세포질을 완전히 둘로 나눈다.

동물과 식물 세포의 세포질분열

대부분의 세포에서는 유사분열이 끝난 후 이어서 세포질분열이 일어난다. 유사분열 이후에 세포질분열이 일어나지 않으면 다핵세포가 만들어진다. 예를 들어 진균, 점액균, 배낭(embryo sac)과 같은 식물의 특정한 구조 등은 다핵성이다.

동물세포의 세포질분열

동물세포에서는 후기가 끝날 무렵 두 딸핵 사이의 세포막이 함입되면서 분열구(cleavage furrow)가 형성되기 시작된다. 분열구는 수축환(contractile ring)이라고 부르는 액틴 필라멘트로 이루어진 고리가 두 딸세포 사이를 동그랗게 조이면서 더 깊어진다. 수축환은 풍선의 중간부분을 비틀어 잡아당기는 것처럼 작용한다. 두 세포 사이의 좁은 연결부위가 말기에 이르면서 더 좁아져서 결국 세포질을 둘로 나누게 되고 두 개의 독립적인 딸세포가 형성된다(**그림 8.7**).

식물세포의 세포질분열

식물세포에서는 동물세포와 전혀 다른 방식으로 세포질이 분열된다(**그림 8.8**). 식물세포는 단단한 세포벽이 있어서 분열구가 형성되는 방식으로는 세포질을 분리할 수 없다. 그 대신 식물세포에서는 두 개의 딸세포 사이에 세포막과 세포벽이 축적되는 방식으로 세포질을 분할한다.

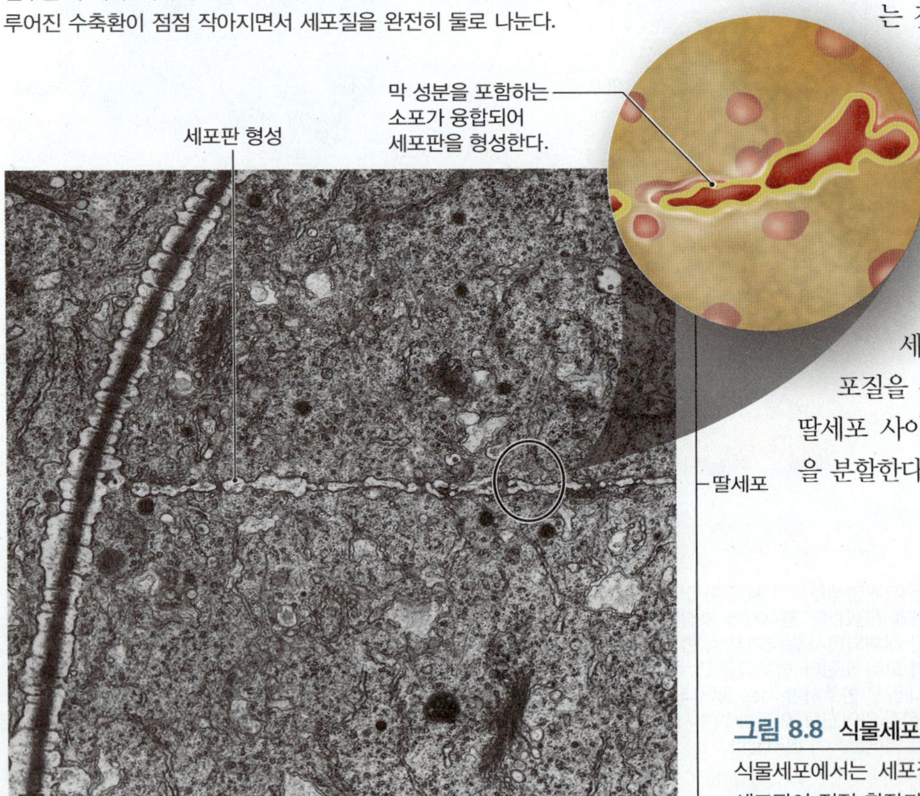

그림 8.8 **식물세포의 세포질분열.**

식물세포에서는 세포질이 분열되는 동안 두 개의 딸핵 사이에서 형성되기 시작한 세포판이 점점 확장되면서 원래의 세포막과 융합한다.

두 개의 딸세포 사이에 작고 납작한 원반형 구조가 형성되기 시작하면서 세포질분열이 진행된다. 전자현미경으로 관찰하면 이러한 원반형 구조가 소포로 이루어져 있음을 알 수 있다. 이러한 소포는 골지체에서 생성되는데, 소포가 형성되면 미세소관과 함께 원반형 구조로 이동한다. 계속해서 많은 소포가 만들어진 후 융합되어 세포판을 이룬다. **세포판(cell plate)**은 새로 형성된 세포막이며, 중심부에서 만들어지기 시작하여 바깥쪽으로 확장되어 원래의 세포막과 융합된다. 새로 만들어진 막에서는 새로운 세포벽 구성성분을 방출한다. 이렇게 만들어진 세포벽은 후에 섬유소가 더해져 더욱 견고해진다.

개념 연결하기 8.2
간기, 유사분열, 세포질분열은 모두 세포주기의 일부이다.

진도 점검하기 8.2

1. 세포주기의 중요성을 요약하시오.
2. 간기의 각 단계인 G_1, S, G_2기에 일어나는 일을 비교하시오.
3. 유사분열의 단계를 제시하고 각 단계별로 염색체가 어떻게 변하는지 설명하시오.
4. 물질순환과 에너지 흐름을 생명체 수준과 생태계의 조직화 수준에서 설명하시오.

8.3 세포주기의 조절체계

학습 목표

이 절을 학습한 후에는 다음 과제를 수행할 수 있어야 한다.

1. 세포주기에서 검문지점의 기능을 종합하기.
2. 검문지점이 세포의 내부와 외부의 신호에 따라 조절되는 방식을 설명하기.
3. 세포자살의 과정을 설명하기.

세포가 성공적으로 증식하려면 세포주기가 정교하게 조절되어야 한다. 세포주기 조절의 중요성은 자동세탁기가 작동하는 과정을 통해 알아볼 수 있다. 자동세탁기는 먼저 세탁조에 물이 가득 차야만 세탁을 시작하며, 세탁조에서 물이 완전히 빠지기 전까지는 탈수를 시작하지 않는다. 이와 비슷하게 세포주기도 G1, S, G2 및 M기가 각각 순서대로 진행되고 또한 앞의 단계가 완전히 종료되어야 그 다음 단계가 시작될 수 있도록 정교하게 조절된다.

세포주기 검문지점

자동세탁기가 세탁조에 물이 가득 차기 전에는 세탁을 시작하지 않는 것처럼, 세포주기에도 **검문지점(checkpoint)**이 있어서 세포의 상태가 적절하지 않으면 세포주기를 진행하지 않는다. 세포주기의 전 과정에 여러 개의 검문지점이 존재하지만, 여기에서는 G_1, G_2 및 M 검문지점만을 살펴보기로 한다(그림 8.9).

G_1 검문지점(G_1 *checkpoint*)은 이 지점을 통과하지 못하면 세포주기가 시작되지 않는다는 점에서 특히 중요하다. 세포가 이 검문지점을 통과하지 못하면 세포는 G_0기로 진입하는데, 이 시기의 세포는 분열하지 않고 세포 종류

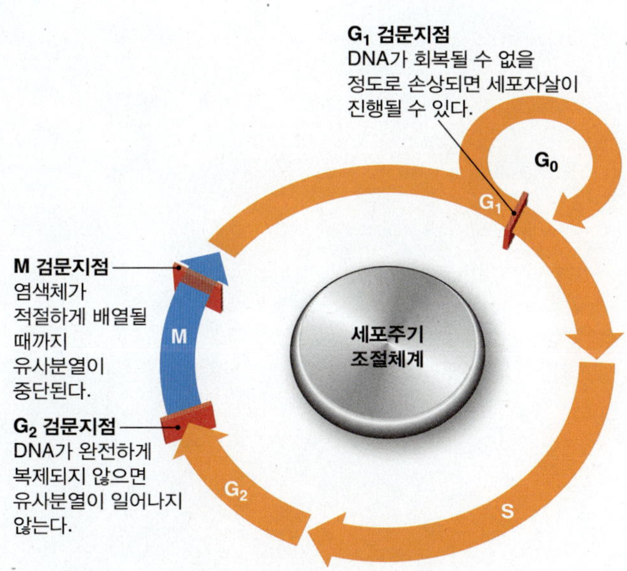

그림 8.9 세포주기 검문지점.

세 개의 주요 검문지점이 그림에 나타나 있다. 내부 및 외부 신호에 의해 세포가 다음 세포주기 검문지점을 통과할 것인지가 결정된다.

연관: 건강

세포자살이 세포사멸의 유일한 원인일까?

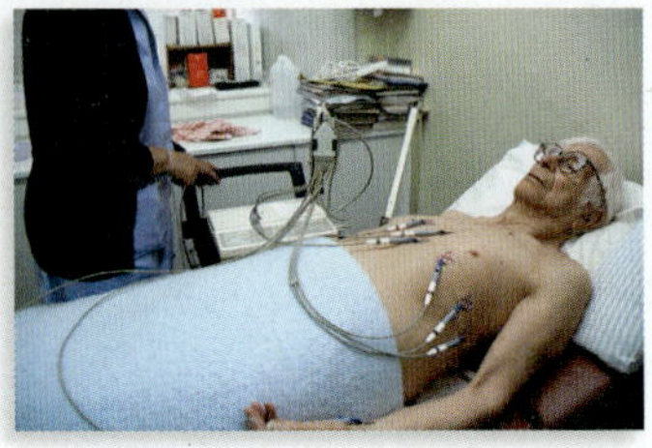

세포자살을 통해 생명체는 세포의 사멸을 조절할 수 있다. 이는 배발생 과정의 중요한 특징이다. 세포자살과 대립되는 개념인 세포괴사는 프로그램화되지 않은 세포의 사멸이며, 세포가 질병이나 손상을 입어 사멸하는 것을 의미한다. 예를 들어 심장마비가 오면 심장 세포는 산소와 영양물질을 공급받지 못한다. 그 결과 세포는 부풀어 오르고 사멸하게 되며, 이로 인해 주변 조직에서 염증반응이 일어난다. 이와 같은 증상은 주변세포의 사멸을 초래할 수 있다. 반면 세포자살은 염증반응을 일으키지 않고 주변 세포에 퍼지지도 않는다.

에 따라 고유의 기능을 수행한다. 특정 성장인자의 분비와 같은 적절한 성장 신호가 있어야만 세포가 G_1 검문지점을 통과한다. 이와 함께 세포 내 DNA에 문제가 없는지 또한 확인한다. DNA가 손상되면 세포 단백질 p53은 이 지점에서 세포주기를 중단시키고 DNA 수선을 시작한다. 만일 손상된 DNA가 충분히 수선되지 않으면 **세포자살(apoptosis)**의 과정을 따라 세포를 스스로 사멸시킨다.

세포주기는 G_2 검문지점(G_2 *checkpoint*)에서 잠시 멈춰 DNA 복제가 정상적으로 완료되었는지를 확인한다. 이로써 염색체가 복제되지 않은 채 분열기로 접어드는 것을 막는다. 또한 X-선 노출 등으로 DNA가 손상되면 이 지점에서 세포주기가 멈추어 손상된 DNA를 수선할 수 있도록 함으로써 딸세포에 DNA 손상이 전해지는 것을 방지한다.

분열기가 진행되는 도중에 또 하나의 세포주기를 검문하는 지점이 있다. 세포주기는 분열기의 중기와 후기 사이에 잠시 멈추어 딸세포에 정확하게 배분될 수 있는 형태로 염색체가 배열되었는지 확인한다. 모든 염색체가 핵분열을 진행할 수 있는 상태로 준비되어야 세포주기가 다시 진행된다.

세포주기를 조절하는 내부 및 외부 신호

세포주기의 검문지점은 세포 내부 및 외부에서 오는 여러 가지 신호에 의해 조절된다. 이때 신호는 특정한 과정을 촉진하거나 억제하는 분자에 의해 매개되며, 신호가 세포 외부에서 오면 외부 신호, 세포의 내부에서 발생하면 내부 신호라고 한다. 과학자들은 **사이클린(cyclin)**이라는 단백질이 일련의 내부 신호로 작용한다는 사실을 확인하였다. 사이클린의 양은 세포주기에 따라 주기적으로 증감한다. 세포가 G_1기에서 S기로 진행되거나 G_2기에서 M기로 진행하려면 적정량의 사이클린이 존재해야 한다. 이와 더불어 **인산화효소(kinases)**라고 부르는 효소가 ATP에서 인산기를 떼어내어 다른 분자에 이를 붙여준다. ATP로부터 고에너지 인산기를 전달받은 분자는 세포 활성을 갖거나 잃는다. 인산화효소는 핵막의 제거나 염색체가 전기의 초반부에 응축되는 과정에 작용한다.

외부 신호로는 세포주기의 진행을 촉진하는 성장인자나 호르몬이 있다. 성장인자는 조직의 수선을 촉진하기도 한다. G_0기 상태로 고정된 세포도 성장인자의 자극을 받으면 세포주기가 다시 시작된다. 예를 들어 상피세포성장인자(epidermal growth factor, EGF)가 상처 주변의 피부세포를 자극하면 세포주기가 다시 진행되어 손상된 부분을 재생한다. 호르몬은 멀리 떨어져 있는 조직에도 작용하여 표적세포의 분열을 촉진한다. 예를 들어 여성의 생리주기에서 특정 시점에 에스트로겐은 자궁 내벽의 세포를 자극하여 분열시킴으로써 수정란이 착상할 수 있는 환경을 제공한다.

세포가 자라면서 다른 세포에 닿으면 세포주기가 억제된다. 따라서 실험실에서 세포를 배양하면 세포는 한 층으로만 자라서 배양기의 표면을 덮을 정도로만 증식한다. 이처럼 세포가 다른 세포와 서로 접촉하게 되면 분열이 억제되는 현상을 **접촉억제(contact inhibition)**라고 한다. 이와 같은 억제현상은 신체 내부에서 세포가 지나치게 증식하는 것을 막아주는 것으로 생각된다. 조직이 손상되면 세포는 분열하여 손상을 수선한다. 조직이 모두 수선되면 접촉억제현상에 의해 세포주기가 중단됨으로써 적절한 수준까지만 증식할 수 있는 것이다.

여러 해 전에 포유류의 세포를 배양하면 대략 70회 정도만 분열하고는 사멸한다는 사실이 밝혀졌다. 세포는 자신이 그 전까지 몇 번을 분열했는지 "기억"해서 일정 횟수만큼만 분열하는 것처럼 보인다. 마치 세포가 나이를 먹으면서 노화(*senescnence*)가 일어나는 것처럼 보이는 이러한 현상은 세포 내부에 일종의 충전지가 존재하여 이것이 다 닳으면 멈추는 것과 비슷해 보인다. 이제는 이와 같은 세포의 노화가 말단소체가 짧아지면서 나타나는 현상이라는 것을 알게 되었다. **말단소체(telomere)**는 염색체의 말단에 존재하며, 특정한 DNA 염기서열(예를 들면 TTAGGG)이 계속 반복되어 거의 15,000 염기쌍에 이르기도 한다. 말단소체는 염색체의 안전성을 확보해 주기 때문에 흔히 신발 끈 양쪽 끝부분이 닳는 것을 막아주는 보호마개에 비유된다. 세포가 분열할 때마다 말단소체의 길이가 조금씩 짧아지게 된다. 말단소체가 너무 짧아지면 세포는 "늙어" 세포자살을 통해 사멸하게 되는 것이다.

세포자살

세포자살(*apoptosis*)은 세포가 미리 예정된 특정한 단계를 거치면서 사멸하는 과정을 일컫는다(**그림 8.10**). 먼저 세포가 둥글게 변하여 주변의 세포에서 떨어져 나온다. 핵이 잘게 부서지고 세포막에 돌기가 형성된다. 마지막으로 세포는 잘게 부서지고 그 조각이 백혈구나 주변의 세포에 의해 함입되면서 제거된다. 이상한 일이지만 건강한 세포에도 세포자살을 초래하는 효소인 카스파제(caspase)가 존재한다. 카스파제는 보통 때에는 억제자에 의해 활성이 없는 상태로 존재하지만 내부 또는 외부의 신호에 의해 활성을 띠게 된다.

세포분열과 세포자살은 서로 반대되는 과정으로 이 과정에 의해 개체를 이루는 세포의 수가 적정 수준으로 유지된다. 달리 말하면 세포분열은 **체세포(somatic cell)**의 수를 증가시키고 세포자살은 이를 감소시킨다. 세포분열과 세포자살은 모두 정상적인 성장과 발생의 한 부분이다. 단일 세포가 세포주기를 거듭하면서 수많은 세포로 이루어진 개체로 자라나지만, 이 과정에서 일부 세포는 개체가 특정한 형태를 이루는 과정에서 사멸해야 한다. 예를 들어, 올챙이가 개구리가 될 때 올챙이의 꼬리는 세포자살에 의해 사라진다. 사람도 손가락이나 발가락이 처음 생길 때 이들 사이에 물갈퀴와 같은 부분이 만들어지는데, 후에 이 부분의 세포가 세포자살에 의해 사멸됨으로써 손가락과 발가락이 분리된다.

세포자살은 이후에도 지속적으로 일어난다. 특히 암세포로 발전할 수 있는 비정상적인 세포가 생성되면 내부 신호에 의해 세포자살이 진행된다. 세포자살을 통한 세포의 사멸은 종양의 발생을 억제한다.

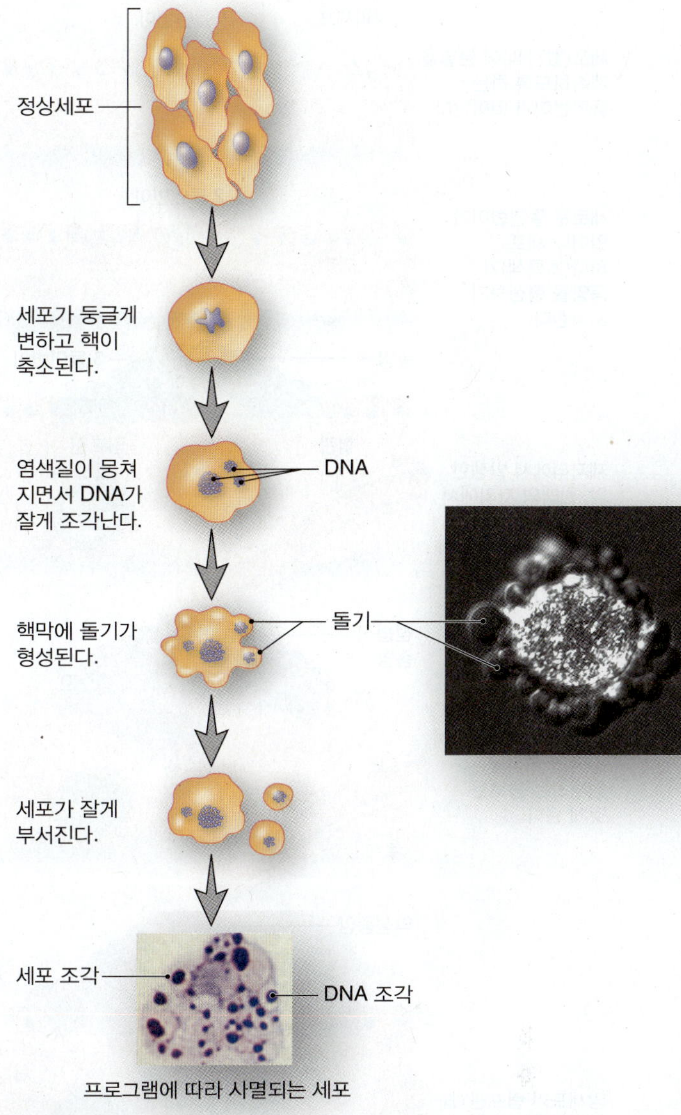

그림 8.10 세포자살.
세포자살이 시작되면 정교하게 조절되는 일련의 반응에 의해 세포가 잘게 부서진다. 세포의 잔해는 백혈구나 인접한 조직 세포가 식세포작용으로 제거한다.

진도 점검하기 8.3

1. 세포주기에서의 검문지점이 중요한 까닭을 설명하시오.
2. 세포주기를 조절하는데 어떤 신호가 작용하는지 적시하고 세포주기를 조절하는 두 가지의 일반적인 신호를 열거하시오.
3. 세포자살이 조절되지 않으면 개체에 어떤 일이 벌어질 것인지 예측해 보시오.

8.3 개념 연결하기
세포가 성공적으로 증식하려면 세포주기가 조절되어야 한다.

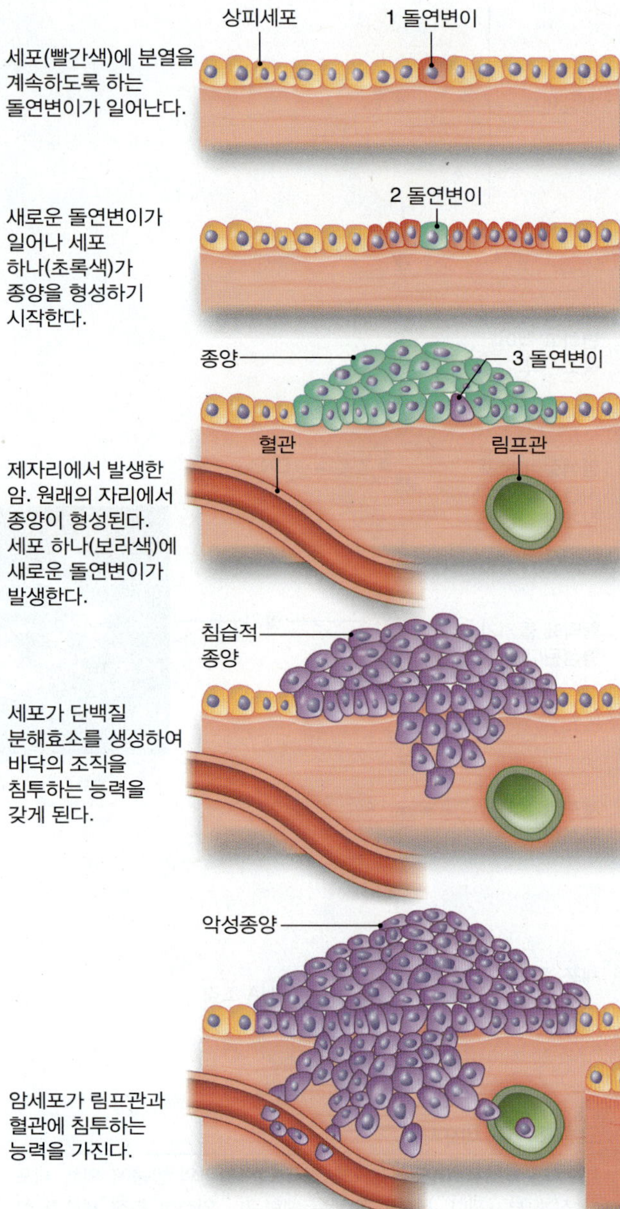

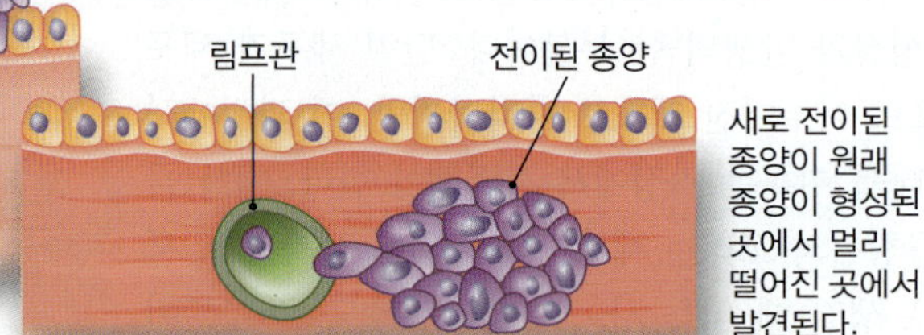

그림 8.11 암의 발생.

암이 발생하려면 돌연변이가 여러 번 일어나야 하며, 각각의 돌연변이는 종양이 형성되는 과정에 부분적으로 기여한다. 정상적인 세포는 접촉억제 현상에 따라 성장이 조절된다. 이웃하는 세포와 맞닿으면 더 이상 증식하지 않는다. 그러나 종양세포는 접촉억제를 나타내지 않아서 계속해서 쌓일 수 있고, 그 결과 종양이 형성된다. 암세포는 분화된 조직의 기능을 수행하지 못하며 비정상적인 염색체를 지니는 경우가 많다. 더 많은 돌연변이가 축적되면서 암세포가 몸 전체로 퍼지면서 다른 부위에서 새로운 종양을 형성한다.

8.4 세포주기와 암

학습 목표

이 절을 학습한 후에는 다음 과제를 수행할 수 있어야 한다.

1. 원발암유전자와 종양억제유전자를 암과 관련지어 구분하기.
2. 줄기세포와 암세포에서 말단소체의 기능을 설명하기.
3. 염색체 재배열이 특정한 종류의 암을 일으키는 과정을 요약하기.
4. 특정 유전자와 암의 연관성을 확인하기.

암(cancer)이란 세포주기가 조절되지 못해 발생하는 유전질환이다(그림 8.9 참조). 암은 돌연변이가 여러 차례 일어나야 발병하며, 각각의 변이는 종양이 형성되는 방향으로 유도하게 된다. 정상적인 세포에는 암세포의 특성이 나타나지 못하도록 막아주는 조절 경로가 중복되어 여러 겹으로 존재하는데(8.5절 참조), 이들 돌연변이는 이와 같은 조절 경로가 제대로 작동되지 않도록 망가뜨린다. 이런 종류의 돌연변이가 축적되면서 암이 발생하기 때문에 암에 걸리기까지 여러 해가 걸리는 경우가 많고, 또한 나이를 먹을수록 암에 걸릴 확률이 높아진다.

암이 발생하는 과정을 **암발생과정(carcinogenesis)**이라고 한다. **그림 8.11**은 비교적 상세하게 연구된 암 종류의 하나인 대장암이 발생하는 과정이다. 이 그림에서 비정상적인 세포 하나가 종양을 형성하는 과정을 볼 수 있다. 그 과정에서 가장 공격적인 세포가 종양을 이루는 세포의 대부분을 이루게 된다. 새로운 돌연변이가 더 일어나면서 종양 세포에서 성장인자를 방출하고, 이들은 근처에 있는 혈관이 암조직 안으로 뻗어 들어가게 하는 **혈관신생**(*angiogenesis*) 과정을 초래한다. 또 다른 돌연변이는 기저막을 분해하는 효소를 생성하여 인접한 조직으로 암세포가 침투해 들어갈 수 있도록 한다. 암세포는 또한 혈관이나 림프관을 통해 몸의 다른 부분으로 이동할 수 있어서 종양이 형성된 곳과는 멀리 떨어진 장소에서 새로운 종양이 형성되도록 한다. 이 과정을 **전이**(*metastasis*)라고 한다.

이미 신경세포나 근육세포 등의 형태로 고도로 분화되어 있는 세포는 거의 분열하지 않기 때문에 여간해서는 암세포로 변하지 않는다. 암발생과정은 주로 세포주기에 접어드는 세포에서 시작된다. 섬유아세포나 허파 안쪽 내막세포, 간세포, 자궁세포, 콩팥세포 등은 자극을 받으면 분열할 수 있다. 성체 줄기세포는 일생동안 분열을 계속한다. 골수에서 형성되는 조혈세포나 피부와 소화관의 기저세포(basal cell) 또한 계속 분열하는 세포에 속한다. 혈액세포는 수명이 짧고 피부의 바깥층이나 소화관의 내층 상피세포는 계속해서 떨어져 나가기 때문에 이들 세포는 계속해서 분열해야만 한다.

원발암유전자와 종양억제유전자

세포주기(그림 8.9 참조)는 분열기와 간기로 이루어져 있다. 검문지점에서는 특수한 단백질이 세포주기를 조절한다. 암이 발생하면 세포주기가 반복되는데, 이것은 대개 두 종류의 유전자(**그림 8.12**)에 일어난 돌연변이에 기인한다.

1. **원발암유전자(proto-oncogene)**는 세포주기를 촉진하는 단백질을 암호화하며 세포자살을 억제한다. 원발암유전자는 세포주기를 촉진시킨다는 점에서 가속페달에 비유되기도 한다.
2. **종양억제유전자(tumor suppressor gene)**는 세포주기를 억제하는 단백질을 암호화하고 세포자살을 촉진한다. 이들은 세포주기가 진행되는 것을 막고 비정상적인 세포분열을 억제한다는 점에서 브레이크 페달에 비유된다. 이들 유전자에 돌연변이가 일어나 정상적인 기능을 하지 못하면 종양이 생성되기 때문에 종양억제유전자라고 부른다.

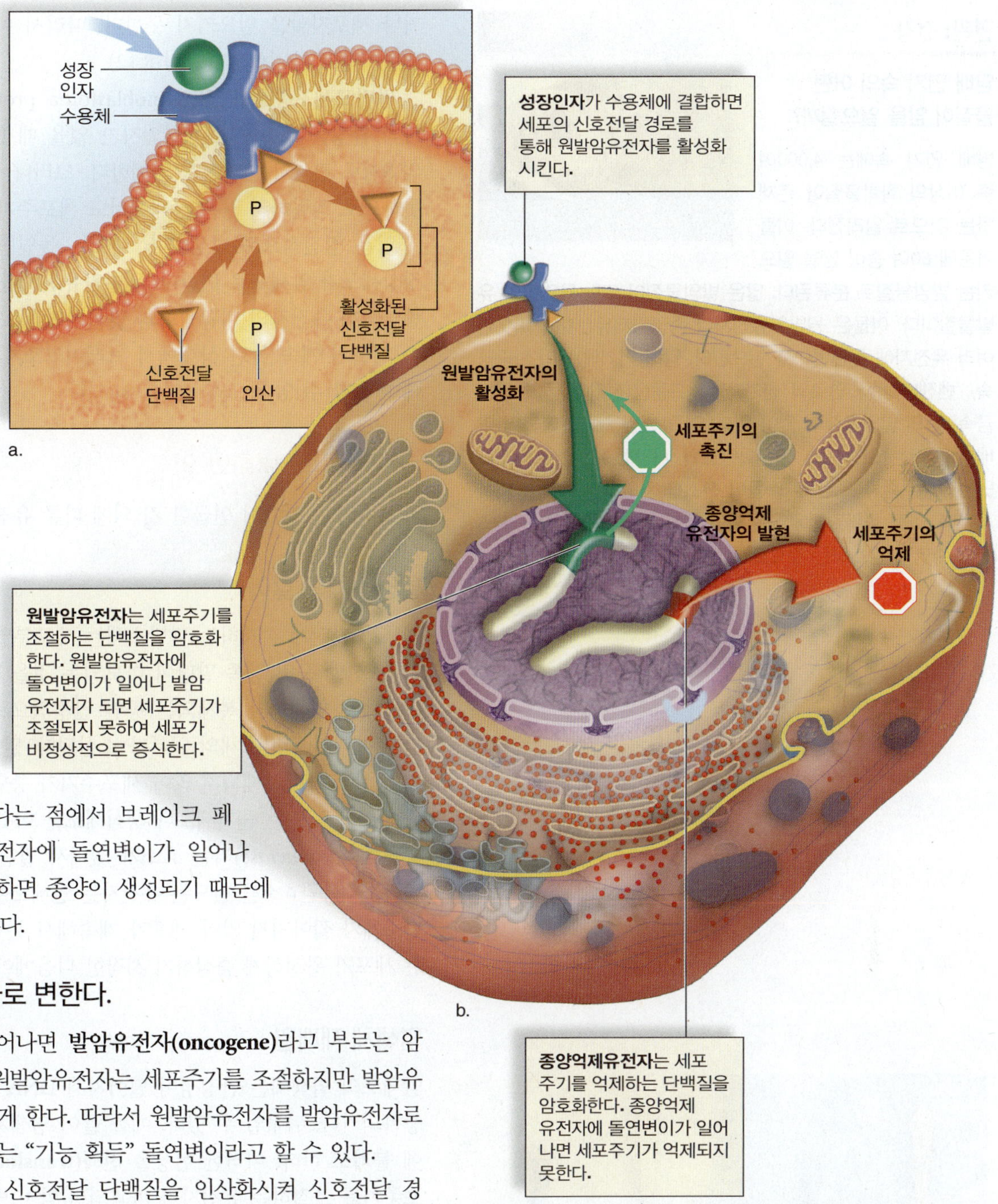

그림 8.12 유전자 발현의 조절을 통한 세포주기의 조절.
a. 성장인자가 수용체에 결합하여 특정 유전자가 발현이 되도록 신호를 전달한다(초록색 화살표). **b.** 신호전달경로가 세포주기를 촉진하는 원발암유전자의 발현을 활성화시킨다. 종양억제유전자는 세포주기를 억제함으로써 세포 분열을 제한한다(빨간색 화살표).

원발암유전자가 발암유전자로 변한다.

원발암유전자에 돌연변이가 일어나면 **발암유전자(oncogene)**라고 부르는 암을 유발하는 유전자로 변한다. 원발암유전자는 세포주기를 조절하지만 발암유전자는 세포주기가 계속 일어나게 한다. 따라서 원발암유전자를 발암유전자로 변화시키는 이와 같은 돌연변이는 "기능 획득" 돌연변이라고 할 수 있다.

성장인자(growth factor)는 신호전달 단백질을 인산화시켜 신호전달 경로를 촉진한다(그림 8.12*a*). 세포의 신호전달 경로는 여러 종류의 단백질을 활성화시키며 이들은 대부분 세포주기가 정상적으로 이루어지도록 조절한다(그림 8.12*b*). 어떤 원발암유전자는 성장인자나 성장인자의 신호를 받는 수용체를 암호화한다. 이들 원발암유전자가 발암유전자로 변하면 수용체 단백질이 쉽게 활성화되거나 신호를 받는 세포에서 만들어지는 성장인자에 의해 활성화되는 수도 있다. 예를 들어 *RAS* 원발암유전자가 발암유전자가 되면 성장인자가 존재하지 않는 경우에도 핵분열이 일어나도록 한다. *RAS* 발암유전자는 사람 암세포의 20~30%에서 발견된다.

종양억제유전자가 비활성화된다

종양억제유전자에 돌연변이가 일어나면 이들은 더 이상 세포주기를 억제하

연관: 건강

담배 연기 속의 어떤 물질이 암을 일으킬까?

담배 연기 속에는 4,000여 종 이상의 화학물질이 존재하는 것으로 알려졌다. 이들 가운데 60여 종이 암을 일으키는 발암물질로 분류된다. 많은 발암물질이 또한 돌연변이 유발물질이다. 이들은 원발암유전자나 종양억제유전자를 비롯한 여러 유전자에 돌연변이를 일으킨다. 담배 연기에는 비소(중금속), 벤젠(자동차 연료의 첨가제), 카드뮴(건전지에 들어 있는 금속) 등의 발암물질이 들어 있다. 이들 발암물질과 더불어 담배 연기에는 고농도의 일산화탄소와 시안화수소가 포함되어 있는데, 두 종류 모두 우리 몸이 산소를 처리하는 능력을 저하시킨다. 이들 화학물질에 노출되면 남자는 13.2년, 여자는 14.5년씩 수명이 감소하는 것으로 추정된다.

거나 세포자살을 일으키지 못한다. 따라서 이들 돌연변이는 "기능 상실" 돌연변이라고 할 수 있다(그림 8.12).

망막모세포종 단백질(retinoblastoma protein, RB)은 E2F라는 전사촉진자의 활성을 조절한다. 성장인자가 없을 때 RB는 E2F와 결합하여 세포주기의 S기로 진입하는 과정을 억제한다. 그러나 돌연변이 RB는 E2F와 결합하지 못하므로 적절하지 않은 상태에서도 세포주기가 진행될 수 있다.

암은 점진적으로 발생한다. 대개는 돌연변이가 여러 번 일어난 다음에야 정상세포가 암세포로 변한다. 원발암유전자가 발암유전자로 전환되고 이것이 종양억제 유전자의 비활성화와 맞물리면 세포주기가 계속 진행된다. 마치 가속 페달이 계속 눌린 상태에서 브레이크조차 고장난 차가 마구 내달리는 것에 비유할 수 있다.

기타 유전적 변화와 암

암 발생에는 앞에서 언급한 것 외에 다른 유전적 변화도 영향을 미친다.

말단소체의 길이

염색체 말단에 존재하는 말단소체는 세포분열을 조절하는 데 중요한 기능을 한다. 신발 끈의 양쪽 말단이 마모되는 것을 막아주는 플라스틱 마개처럼 말단소체는 염색체가 복제되는 동안 안정적으로 존재하게 해 준다. 세포가 분열할 때마다 말단소체의 일부가 소실된다. 말단소체가 너무 짧아지면 염색체가 정상적으로 복제되지 않아 세포주기가 중단된다.

배아세포 또는 줄기세포나 생식세포를 비롯한 일부 성체세포에는 말단소체복원효소(*telomerase*)라는 효소가 있어서 말단소체를 새로 만들어낼 수 있다. 말단소체복원효소를 만드는 유전자는 암세포에서도 발현된다. 이렇게 되면 말단소체가 짧아지지 않아 세포가 계속해서 분열할 수 있다. 말단소체복원효소는 세포가 왕성하게 증식하기 시작한 다음에야 활성화되는 것으로 보인다.

염색체 재배열

암세포의 염색체는 안정성이 떨어져서 DNA 이중나선의 일부가 소실되거나, 중복되거나, 뒤섞일 수 있다. 예를 들어 염색체의 일부가 떨어져 다른 염색체에 붙기도 한다. 이러한 현상을 **전좌(translocation)**라고 하며, 이로 인해 세포주기를 조절하는 유전자가 파괴되면 암이 발생할 수 있다.

필라델피아 염색체(*Philadelphia chromosome*)는 염색체 9번과 22번 사이에 전좌가 일어나 형성된다(**그림 8.13**). *BCR*(breakpoint cluster region)과 *ABL* 유전자가 서로 융합되어 *BCR-ABL*이라는 발암유전자가 만들어지며, 이 유전자는 세포분열을 촉진한다. 골수암의 일종인 만성골수성백혈병(chronic myelogenous leukemia, CML)의 거의 95%는 전좌에 의해 나타난다. 최근에 CML을 효과적으로 치료할 수 있는 글리벡(Gleevec)이라는 치료약이 개발되었다. 글리벡은 *BCR-ABL* 유전자가 만들어내는 단백질의 활성을 억제한다. 글리벡의 성공에 힘입어 과학자들은 다른 발암유전자 산물의 작용을 억제할 수 있는 약제를 찾아내려 애쓰고 있다. 암은 체세포의 변이에 의해서 발병하는 체세포성 질환이지만, 특정한 종류의 암에 쉽게 걸리는 경향을 물려받는 경우도 있다.

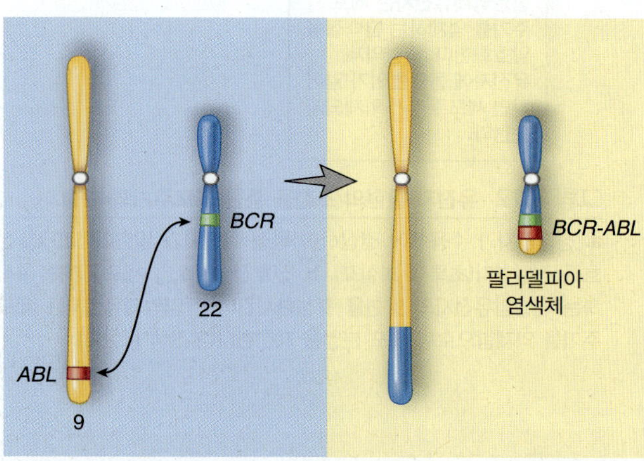

그림 8.13 전좌가 일어나면서 필라델피아 염색체가 형성된다.

9번 염색체의 일부가 22번 염색체의 일부가 맞교환되면서 필라델피아 염색체가 만들어진다. 이 결과 22번 염색체 상에 *BCR-ABL* 발암유전자가 생성된다. 필라델피아 염색체가 만성골수성백혈병의 95%를 차지한다.

암과 관련된 그 밖의 세포주기 유전자

BRCA1*과 *BRCA2 1990년 유방암 병력이 있는 가계에 대한 대규모 연구를 통해 유방암과 연관된 첫 번째 유전자가 확인되면서 *BRCA1*(*breast cancer 1*)이라고 명명되었다. 이후 유방암 발병과 연관된 *BRCA2*라는 유전자가 발견되었다. 두 대립유전자 모두 상염색체성 열성으로 유전되는 돌연변이 종양억제유전자다. 만일 돌연변이 대립유전자 하나를 부모 중의 한 사람에게서 물려받았다면, 또 다른 대립유전자에 돌연변이가 일어날 경우 암이 발생할 가능성이 높아진다. 이미 첫 번째 돌연변이가 모든 신체 세포에 존재하기 때문에 유방이나 난소 등의 세포에서 두 번째 돌연변이가 발생하기만 하면 암에 걸릴 수 있는 상황이 된다.

***RB* 유전자** *RB* 유전자는 종양억제유전자다. 이 유전자 변이는 망막에 흰색 덩어리가 생기면서 병이 진행되는 망막모세포종(*r*etino*b*lastoma)이라는 눈의 종양과 연관되어 *RB* 유전자라 명명되었다. 망막모세포종은 한 쪽 눈에서만 발생하는 것이 보통이다. 암이 발생하려면 두 개의 대립유전자에 모두 변이가 일어나야 하기 때문이다. 두 눈 모두에서 암이 발생한 사람들의 유전자를 검사하면, 적어도 하나의 돌연변이 유전자를 부모에게서 물려받은 경우가 많다.

***RET* 유전자** *RET* 유전자의 비정상 대립유전자는 갑상샘암을 잘 일으키며 부모에게서 아이에게로 대물림될 수 있다. *RET*는 원발암유전자이며 상염색체성 우성으로 유전되기 때문에, 하나의 돌연변이 대립유전자만 있어도 암이 일어날 가능성이 높아진다. 그러나 갑상샘암이 발병하려면 다른 돌연변이가 필요하며, 이들은 대개 태어난 이후 체세포에서 발생한다(유전되지 않음).

유전자 검사

유전자 검사를 통해 *BRCA*, *RET*, *RB* 유전자의 특정한 대립유전자의 존재 여부를 확인할 수 있다. 이들 대립유전자를 물려받은 사람은 꼭 해야 하는 것은 아니지만 자신의 선택에 따라 예방적 처치를 받거나 암 검사를 더욱 자주 받는 등의 조치를 취할 수 있다.

의사가 암을 진단하는 데 도움을 주는 다른 종류의 돌연변이 유전자 검사도 있다. 예를 들어 *RAS* 발암유전자는 대변이나 소변 검사를 통해 확인할 수 있다. 대변검사에서 *RAS* 발암유전자가 양성으로 나오면 대장암의 가능성을, 소변검사에서 양성으로 판정되면 소장암의 가능성을 의심해볼 수 있다. 현재 타액 검사만으로도 발암 가능성을 진단하는 검사도구 또한 개발 중이다.

진도 점검하기 8.4

1. 원발암유전자와 종양억제유전자의 활성을 비교하시오.
2. 말단소체나 전좌 등 염색체의 영향이 어떻게 암을 초래할 수 있는지 요약하시오.
3. *RB* 유전자와 *RET* 유전자가 암을 일으키는 과정에서 나타나는 차이점을 설명하시오.

연관: 건강

전위인자가 암을 일으킬 수 있을까?

전위인자(transposon)는 작은 이동성 DNA 서열로 유전체의 여기저기를 이동할 수 있다. "뛰어다니는 유전자(jumping gene)"라고도 부르는 이들 전위인자는 유전체에서 그 위치를 바꿀 때 돌연변이를 일으킨다(13.1절 참조). 전위인자가 이동하면서 특정한 세포에서 원발암유전자나 종양억제유전자의 활성을 망가뜨릴 확률은 매우 적지만(우리 유전체는 34억 뉴클레오티드로 이루어져 있음), 전위인자로 인해 세포주기가 조절되지 않아 암 발생의 요인으로 작용한 사례가 알려져 있다. 전위인자의 활성은 특정한 유형의 혈우병이나 근육퇴행위축증 등 다른 질병의 발생과도 관련이 있다.

개념 연결하기

8.4 세포주기가 정상적으로 조절되지 않으면 암이 발생할 수 있다.

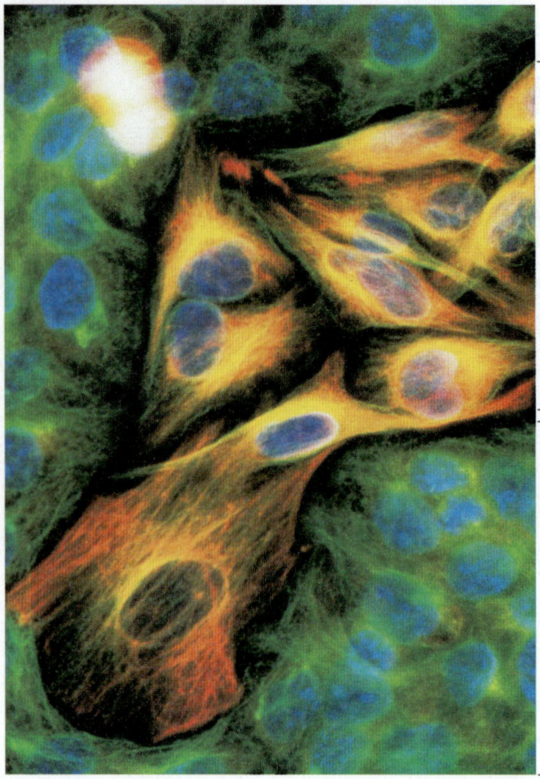

그림 8.14 암세포.

인위적으로 채색한 영상에서, 암세포(노란색과 빨간색)는 정상 세포(파란색과 초록색)에 비해 비정상적인 형태를 보인다.

8.5 암의 특징

학습 목표

이 절을 학습한 후에는 다음 과제를 수행할 수 있어야 한다.

1. 암 세포의 특징을 기술하기.
2. 암 치료의 유형을 종합하기.
3. 암의 위험을 줄이는 인자를 설명하기.

암의 종류는 발생하는 위치에 따라 구분한다. 암종(*carcinoma*)은 기관을 덮고 있는 상피조직에서 생기는 암이고, 육종(*sarcoma*)은 근육이나 결합조직(특히 뼈나 연골)에서 발생한 암이며, 백혈병(*leukemia*)은 혈액 암이다. 이 절에서는 암세포의 일반적인 특성을 살펴보기로 한다.

암세포의 특징

암발생과정(carcinogenesis)은 시간이 지나면서 여러 유전자에 돌연변이가 축적되어 나타나는 점진적인 과정이다. 암발생과정이 시작된 이후 종양이 관찰되기까지 수십 년이 걸릴 수도 있다. 암세포의 일반적인 특징은 다음과 같다.

암세포는 분화하지 않는다. 암세포는 분화하는 능력을 잃어버려서 신체 기능을 수행하지 못한다. 암세포는 상피세포, 근육세포, 신경세포나 결합조직 세포와 같은 모양을 이루지 못한 채, 뚜렷한 비정상적인 형태를 보인다(**그림 8.14**). 정상 세포는 세포주기를 대략 70회 정도만 반복하고는 사멸한다. 암세포는 계속해서 세포주기를 반복할 수 있으며, 이런 의미에서 암세포는 죽지 않는 불멸의 세포라 할 수 있다.

암세포는 비정상적인 핵을 지닌다. 암세포의 핵은 확대되어 있으며 염색체 수도 비정상인 경우가 많다. 염색체 또한 비정상적이어서, 일부가 중복되어 있거나 결실된 상태로 있기도 하다. 또한 특정 유전자가 여러 개 추가되는 유전자 증폭 현상도 정상세포보다 흔하게 나타난다.

암세포에서는 세포자살이 일어나지 않는다. 정상적이라면 DNA에 손상을 입은 세포에서는 세포자살이 일어나서 종양이 형성되지 않도록 한다. 그러나 암세포는 세포자살을 초래하는 신호에 정상적으로 반응하지 않아 세포의 상태에 관계없이 계속 분열한다.

암세포는 종양을 형성한다. 정상적인 세포는 자라면서 기질이나 주변의 세포에 부착되며, 이후 접촉억제 현상에 의해 분열을 멈춘다. 반면 암세포는 이러한 제약이 없이 다른 세포 위에 쌓여서 여러 층으로 자랄 수 있고, 그 결과 **종양(tumor)**을 형성한다. 암세포는 성장인자를 그다지 필요로 하지 않고 성장 억제 신호에도 더 이상 반응하지 않는다. 암 발생 중에 가장 공격적으로 분열하는 세포가 종양을 주도적으로 형성한다.

암세포는 전이되며 혈관형성을 촉진한다. **양성 종양(benign tumor)**은 대개 캡슐로 싸여 있으며 따라서 인접하는 조직을 침범할 수 없다. 이때 또 다른 변이가 일어나면 종양 세포가 캡슐을 빠져나와 인접한 조직을 침범하도록 하는 효소를 만들어내게 될 수 있다. 이 종양은 이제 **악성 종양(malignant tumor)**으로 되어 다른 조직을 침범하여 퍼져나갈 수 있다. 악성 종양에서 유래된 세포는 혈관이나 림프관을 타고 퍼져나가 원래의 종양에서 먼 곳에 새로운 종양을 형성한다. 이 과정을 **전이(metastasis)**라고 한다(**그림 8.15**).

왕성하게 자라는 종양은 더 이상 성장에 필요한 영양물질을 충분히 공급받지 못할 때까지 계속 자란다. 암세포에 돌연변이가 추가로 일어나면 이들 세포가 **혈관신생(angiogenesis)**을 촉진하는 인자를 분비하게 된다. 혈관신생이란 새로운 혈관이 형성되는 과정이다. 암 조직이 더 커지기 위해서는 종양 조직 내에 혈관이 새로 형성되어 영양물질과 산소의 공급이 원활해야 한다. 따라서 혈관신생을 억제함으로써 암을 치료하는 방법이 개발되었다. 환자의 예후는 (1) 종양이 주변 조직으로 침투했는지의 여부와 (2) 신체의 다른 부위로 전이되었는지의 여부에 따라 다르다.

암 치료

종양을 제거하거나 암세포가 증식하지 못하게 막는 방법을 사용하여 암을 치료할 수 있다. 여러 종류의 고형암은 먼저 수술을 통해 제거하는 것이 일반적인 처치 방법이다. 암을 초기에 발견하면 수술만으로도 모든 암세포를 제거할 수 있다.

암세포는 빠르게 분열하므로 방사능이나 화학요법에 취약하다. 방사능요법의 목적은 종양부위에 고에너지 빔을 조사함으로써 특정한 종양 내에 있는 암세포를 죽이는 것이다. 방사능으로 DNA가 복제되지 못할 만큼 손상을 입으면 세포분열이 억제되어 사멸된다. 화학요법은 몸 전체로 확산되는 암세포를 죽이는 방법이다. 방사능과 마찬가지로 대부분의 항암제는 DNA에 손상을 입히거나 DNA 합성을 억제함으로써 세포를 사멸시킨다. 일부 약제는 유사분열에 필요한 방추체의 기능을 억제한다. 빈블라스틴(vinblastine)이라는 약제는 처음 협죽도과의 식물에서 추출하였는데 방추체가 형성되는 것을 억제한다. 주목의 껍질에서 추출한 택솔(taxol)은 방추체가 정상적으로 작용하는 것을 억제한다. 불행히도 방사능 치료나 화학치료 모두 암세포 이외의 다른 세포의 작용도 억제할 수 있기 때문에 어지럼증이나 탈모 등의 부작용을 보인다.

호르몬요법 또한 세포분열을 억제하지만 억제 방법이 다르다. 이들 약제는 암세포가 계속해서 성장하고 분열하는 데 필요한 신호를 제거함으로써 암세포의 성장을 억제한다. 예를 들어, 타목시펜(tamoxifen)은 에스트로겐 수용체를 변형시켜 에스트로겐이 더 이상 세포주기의 진행을 촉진하지 못하게 한다. 비슷한 방법으로 암세포의 성장을 억제하는 다른 종류의 약제가 개발되고 있다. 현재 활발한 연구가 진행되는 약제로는 혈관생성억제물질로 종양 근처에 모세혈관 망이 생성되는 것을 막아 암세포의 성장을 억제하는 방법이 시도되고 있다. 혈관 공급이 감소되면 종양 세포의 성장과 확산이 저해된다.

암 예방

좋은 생활 습관과 권장 식단을 따르면 특정한 종류의 암에 걸릴 위험을 확실히 줄일 수 있다.

암을 예방하는 생활 습관

암 발생을 억제하려면 흡연, 일광욕, 지나친 음주를 피한다.

흡연은 암에 의한 사망의 30% 정도를 차지한다. 남자 폐암의 90%, 여자 폐암의 80% 가량이 흡연에 의해 발생한다. 하루에 2갑 이상의 담배를 피우

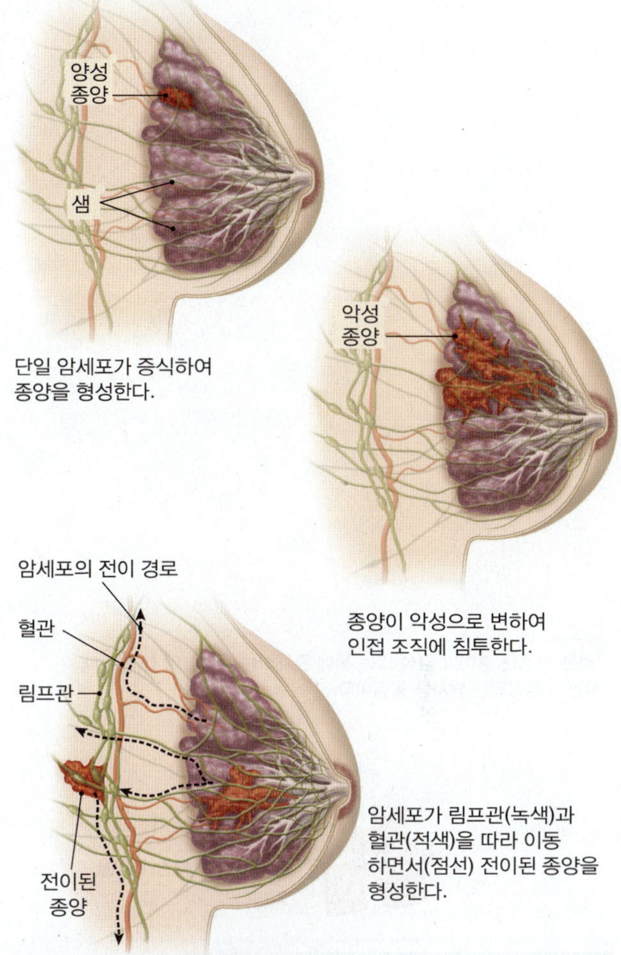

a. 유방암의 발달과 악성 종양

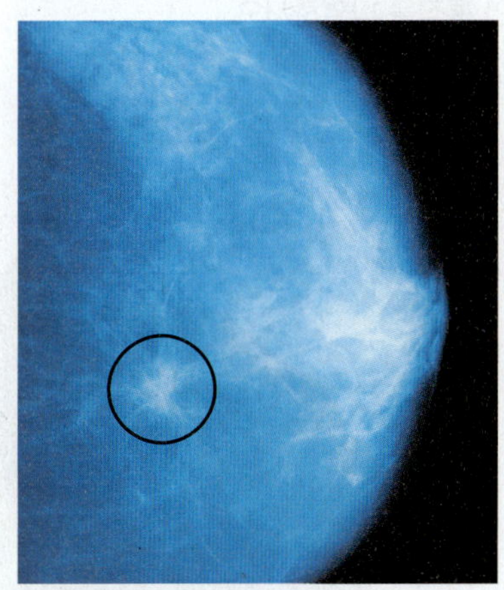

b. 종양을 보여주는 유방조영술 사진

그림 8.15 유방암의 발달.

a. 유방암은 하나의 비정상 세포가 증식하여 양성 종양을 형성하면서 시작된다. 여기에 변이가 추가됨으로써 종양은 침습적인 악성으로 되어 인접 조직에 침투한다. 전이가 일어나면 원래 암이 발생한 조직과 멀리 떨어진 다른 조직에서 새로운 종양이 발생한다. **b.** 유방조영술(mammogram, 유방의 X-선 영상)을 통해 만져지지 않는 작은 종양(동그라미 내부)을 찾아낼 수 있다.

는 사람은 비흡연자보다 15~25배 정도 폐암 사망률이 높다. 씹는담배나 코담배와 같은 비흡연 담배 또한 구강, 후두, 인후, 식도암의 위험을 높인다.

피부암은 햇빛과 관련이 깊다. 햇빛에 노출되면 피부암 가운데 가장 위험한 종류인 흑색종(melanoma)의 위험을 높여서 흑색종은 적도 부근에 사는 사람에게서 많이 발생한다. 이와 비슷하게 집안에서 라돈 가스[1]에 과다하게 노출되어도 폐암의 위험이 높아지며, 특히 흡연자의 경우에는 더욱 더 높아진다. 가정의 라돈 가스 농도를 측정하는 것이 가장 좋으며 필요한 경우 가정에서 적절한 조치를 취해야 한다.

구강암, 인두암, 식도암, 후두암 및 간암은 술을 많이 마시는 사람에게서 자주 발생하며, 특히 흡연(담배, 시가, 씹는담배 등)을 함께 하는 사람에게서 발생률이 높다.

암을 예방하는 식단

암 발생 위험(특히 대장암, 유방암, 자궁암)은 정상 체중인 사람보다 과체중인 사람에게서 40% 정도 더 높게 나타난다. 따라서 뚱뚱한 사람들은 체중을 줄임으로써 암 발생 위험을 낮출 수 있다. 이와 더불어 암 발생을 줄이기 위해 다음과 같은 식단을 권한다.

- 비타민 A와 C가 풍부한 식품 섭취량을 늘린다(**그림 8.16**). 비타민 A의 전구체인 베타카로틴은 짙은 녹색 잎채소, 당근, 여러 가지 과일에 풍부하다. 이들 비타민은 DNA에 손상을 입히는 자유라디칼(비공유 전자를 지니는 유기이온)의 형성을 억제하므로 항산화제라고 부른다. 비타민 C는 또한 질산염이나 아질산염이 소화관에서 암을 일으키는 질산아민계로 전환되는 과정을 억제한다.
- 염장식품이나 피클류의 섭취를 제한한다. 이들 음식은 위암 및 식도암 위험을 높일 수 있다. 햄, 소시지와 같은 훈제식품에는 담배연기에 들어있는 물질과 유사한 화학 발암물질이 들어 있다. 핫도그 등의 가공육류 등에는 방부제로 아질산염이 들어 있는데, 앞에서 언급한 것처럼 아질산염은 소화관에서 발암성 질산아민계로 전환될 수 있다.
- 양배추, 브로콜리, 애양배추, 콜라비, 콜리플라워 등의 배추류 채소를 많이 섭취한다. 이들 채소를 섭취하면 위소장암 및 호흡기암의 발생 위험을 줄일 수 있다.

[1]라돈 가스는 흙이나 암석 또는 물에 존재하는 우라늄이 붕괴될 때 자연히 생성되는 방사능 물질이다.

개념 연결하기 8.5
암세포는 독특한 특징을 지닌다.

진도 점검하기 8.5

1. 암세포의 일반적인 특징을 나열하시오.
2. 암을 치료할 수 있는 방법을 요약하시오.
3. 일상생활에서 암 발생 위험을 줄일 수 있는 방법을 제시하시오.

그림 8.16 건전한 식생활 습관으로 암을 예방할 수 있다.
암을 예방하는 식품으로는 과일과 비타민 A와 C가 풍부한 짙은 녹색의 잎채소, 브로콜리를 비롯한 배추류 채소 등이 있다.

요약

8.1 세포증식의 기초

세포증식은 단세포 접합자가 다세포 개체로 성장하는 과정에도 필요하지만 단세포 생물이 **이분법(binary fission)**으로 분열할 때도 필요하다. 개체가 성장하고 조직이 재생되려면 세포가 증식해야 한다. 세포증식은 성장과 세포분열의 두 단계로 진행된다. 성장은 세포가 자라서 그 내용물이 두 배로 증가하는 기간을 말하고 세포분열은 어버이세포의 내용물이 두 개의 딸세포로 나뉘는 과정이다. 세포가 분열하면서 세포질과 세포의 DNA 사본의 절반이 각각의 딸세포로 전달된다.

세포가 분열하기 전에 **DNA 복제(DNA replication)**가 일어난다. 세포가 분열하는 동안 세포질의 절반 및 **염색체(chromosome)** 형태로 응축된 복제된 DNA 사본 1개가 각각의 딸세포로 전해진다. 세포가 분열하지 않을 때 DNA는 **히스톤(histone)** 분자 주위를 둘러싼 **뉴클레오솜(nucleosome)**을 이루며, 이것이 서로 엇갈린 배열로 연결되어 **염색질(chromatin)**을 형성한다. 세포가 분열하기 직전에 복제된 염색질은 커다란 고리 형태로 더욱 응축되어 두 개의 **자매염색분체(sister chromatids)**가 **동원체(centromere)**에서 서로 결합한 복제된 형태의 염색체를 이룬다.

8.2 세포주기: 간기, 유사분열, 세포질분열

세포주기(cell cycle)는 간기와 분열기로 나뉜다. 분열기에 유사분열과 세포질분열이 일어난다.

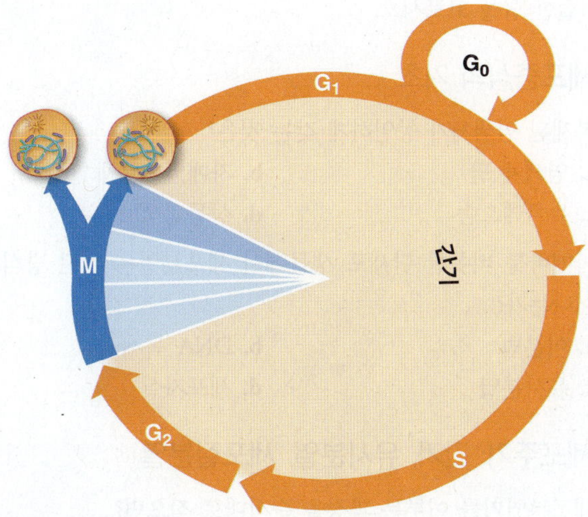

간기(interphase)는 다음의 시기를 포함한다.

- G_1기: 세포소기관의 수가 두 배로 되고, DNA 복제에 필요한 세포 물질을 축적한다.
- *S*기: DNA를 복제한다.
- G_2기: 세포분열에 필요한 단백질들을 합성한다.

세포분열은 유사분열과 세포질분열로 이루어진다.

유사분열(mitosis)은 네 단계로 진행된다.

- **전기(prophase)**에 염색체가 응축된다. 핵의 바깥에서는 나뉘어져 있는 **중심체(centrosome)** 사이에서 **방추체(spindle)**가 형성된다. 동물의 경우 중심체에는 **중심립(centriole)**이 들어 있다. 전기가 진행되면서 핵막과 인이 사라진다. 양극에서 형성된 방추사가 염색체의 동원체 위치에 결합한다.
- **중기(metaphase)**에 염색체는 두 방추극 사이의 적도판에 배열된다.
- **후기(anaphase)**에는 자매염색분체가 분리되어 딸염색체가 형성된다. 염색체에 부착된 방추사 미세소관이 해체되면서 딸염색체들은 양극으로 이끌린다.
- **말기(telophase)**에 방추사가 사라지고 새로운 핵막이 딸염색체 주위를 둘러싼다. 각 핵에는 어버이세포의 핵과 동일한 수와 종류의 염색체가 들어 있다. 세포질분열이 시작된다.

세포질분열(cytokinesis)은 동물과 식물에서 서로 다른 방식으로 진행된다.

- 동물세포에서는 액틴 필라멘트의 작용으로 원형질 함입이 일어나서 분열구를 형성하면서 세포질을 둘로 나눈다.
- 식물세포에서는 세포막과 세포벽 성분으로 이루어진 **세포판(cell plate)**이 딸핵 사이에 형성되면서 세포질을 둘로 나눈다.

8.3 세포주기의 조절체계

검문지점(check point)에서 세포주기의 진행을 촉진하거나 억제하는 신호가 서로 상호작용을 하면서 세포주기를 조절한다. 다음 세 곳이 주요 검문지점이다.

- G_1기에 DNA가 수선되지 못할 정도로 손상을 입으면 세포는 G_0기로 진입하거나 세포자살로 진행한다. 세포주기가 G_1 검문지점을 통과하면 세포는 완전한 세포주기를 시작할 수 있다.
- G_2기에 세포는 DNA가 적절하게 복제를 완료하였는지 확인한다.
- 분열기의 M 검문지점에서 세포는 염색체가 딸세포에 정상적으로 배분될 수 있는 형태로 배열되어 있는지 확인한다.

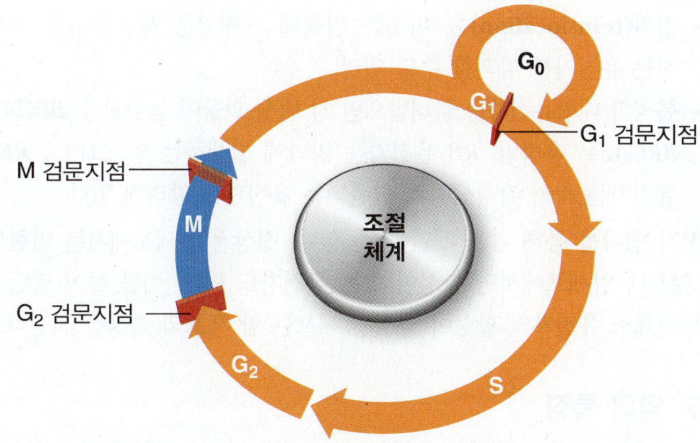

세포주기를 조절하는 내부 신호와 외부 신호는 세포주기 검문지점에서 작용한다. **사이클린(cyclin)**과 **인산화효소(kinase)**는 DNA 복제와 유사분열을 촉진하는 내부 신호로 작용한다. 성장인자와 호르몬은 성장과 관련하여 세포주기를 촉진시키는 외부 신호다. 억제적 외부 신호는 세포가 다른 세포에 닿았을 때 성장이 억제되는 **접촉억제(contact inhibition)**를 유도한다. 내부적으로는 **말단소체(telomere)**의 길이가 어느 정도 이하로 짧아지면 염색체의 안정성이 떨어져서 세포주기가 중단된다. DNA 손상이 수선되지 못할 정도에 이르면 효소가 활성화되어 핵과 세포 구성성분을 분해하는 **세포자살(apoptosis)**이 진행된다. 세포자살은 우리 몸을 이루는 **체세포(somatic cell)**의 수를 일정하게 유지하는 데 기여한다.

8.4 세포주기와 암

암(cancer)은 세포주기가 적절하기 진행되지 못해 발병하는 유전질환이다. 세포주기를 통해 세포가 얼마나 빨리 증식하는가는 몇몇 유전적 기작에 의해 조절된다.

원발암유전자와 종양억제유전자

- **원발암유전자(proto-oncogenes)**는 세포주기가 정상적으로 진행되도록 조절하고 세포자살을 억제한다. 많은 원발암유전자의 작용이 성장인자와 관련이 있다. 이들 유전자에 돌연변이가 발생하면 암세포의 증식에 기여하는 활성을 새로 얻게 된다.
- **종양억제유전자(tumor suppressor genes)**는 정상적으로 세포주기의 진행을 억제하고 세포자살을 촉진한다. 종양억제유전자에 돌연변이가 생기면 이러한 활성을 잃게 되어 세포가 비정상적으로 증식한다.

암의 발생은 점진적으로 일어난다. 유전자 발현의 조절이 정상적으로 일어나지 않으면 암세포는 혈관신생합성이나 전이를 유도하는 등의 새로운 특징을 얻게 된다.

기타 유전적 변화와 암

암 발생에 기여하는 그 밖의 유전적 영향은 다음과 같다.

- **말단소체복원효소(telomerase)**가 존재하면 말단소체가 더 이상 짧아지지 않아 세포가 계속 분열해도 염색체의 안정성을 유지할 수 있다.
- **전좌(translocation)**를 비롯한 염색체 재배열은 세포주기를 조절하는 유전자를 파괴할 수도 있다.
- 특정한 대립유전자를 물려받으면 암 발생 확률이 높아진다. *BRCA1*, *BRCA2*는 유방암, *RB* 유전자는 망막에 발생하는 암, 그리고 *RET* 유전자는 각기 감상샘암과 연관되는 유전자로 알려져 있다.

유전자 검사를 통해 암을 진단할 수 있다. 정상적인 세포에서는 발현되지 않으나 암세포에서만 활성이 있는 유전자도 있다. 예를 들어 말단소체복원효소 유전자의 활성이 양성인 세포는 암 세포의 특성을 지닌다.

8.5 암의 특징

암발생과정(carcinogenesis)은 암이 증상이 나타나는 과정을 말한다. 암은 세포주기가 조절되지 않아서 세포가 통제되지 않은 채 계속 분열함으로써 발생한다. 암세포는 분화하지 않고, 계속 분열하며, 비정상적인 핵을 지니고, 세포자살이 일어나지 않으며, **양성(benign)** 또는 **악성(malignant)** 종양을 형성한다. 종양은 **혈관신생(angiogenesis)**을 촉진하여 더 많은 영양물질을 얻어 더 크게 자랄 수 있다. 종양을 형성한 다음 암세포는 **전이(metastasis)**되어 신체의 다른 부분에 종양을 일으킬 수 있다. 담배나 일광욕을 피하거나 과일과 야채를 많이 섭취하는 등 생활 습관을 바꾸는 것만으로도 어느 정도 암을 예방할 수 있다.

개념 연결하기

우리 몸을 이루는 세포는 성장과 정상적인 신체 기능의 유지를 위해 계속 증식해야 한다. 세포주기가 정상적으로 진행되지 않을 때 암과 같은 질병이 발생한다.

- **8.1** 대부분의 경우 세포증식의 최종 결과 두 개의 동일한 세포가 생성된다.
- **8.2** 간기, 유사분열, 세포질분열은 모두 세포주기의 일부이다.
- **8.3** 세포가 성공적으로 증식하려면 세포주기가 조절되어야 한다.
- **8.4** 세포주기가 정상적으로 조절되지 않으면 암이 발생할 수 있다.
- **8.5** 암세포는 독특한 특징을 지닌다.

세포증식에 관한 정보가 더 필요하면 다음 논의를 참조하시오.

4.4절 전형적인 진핵세포의 구조와 기능에 대한 설명

9.1절 자매염색분체 사이의 정보교환 방식과 유전적 다양성의 발현에 대한 탐구

26.3절 면역계에서 세포자살을 통해 감염된 세포를 제거하는 방식에 대한 설명

혼자 풀어보기

가장 적절한 답을 고르시오.

8.1 세포증식의 기초

1. 복제된 염색체가 동일하게 갖는 것은?.

a. 염색체 팔 **b.** 자매염색분체
c. 뉴클레오솜 **d.** 상동염색체

2. 아메바를 비롯한 단세포 생물에서 세포분열은 어떤 방식으로 일어나는가?

a. 이분법 **b.** DNA 복제
c. 유사분열 **d.** 세포자살

8.2 세포주기: 간기, 유사분열, 세포질분열

3. 세포분열기를 이루는 과정을 순서대로 적으면?

a. 세포질분열, 유사분열 **b.** 세포예정사, 유사분열
c. 유사분열, 세포예정사 **d.** 유사분열, 세포질분열

[4~7] 보기에서 적당한 시기를 고르시오. 보기는 여러 번 사용될 수 있다.

보기:

a. 간기의 G_1기
b. 간기의 G_2기
c. 간기의 S기

4. 유사분열 다음 시기다.

5. 이때 DNA가 복제된다.

6. 이 시기에 세포는 세포분열에 필요한 단백질을 합성한다.

7. 다음 모식도에 후기, 세포질분열, G_1기, G_2기, 중기, 전기, S기, 말기 등 세포주기의 각 시기를 표기하시오.

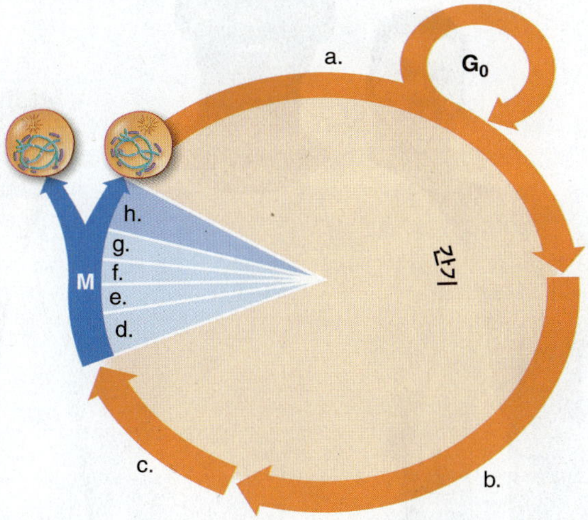

[8~11] 보기에서 적당한 시기를 고르시오. 보기의 항목은 여러 번 사용될 수 있고, 각 문항에 대한 답이 여럿일 수도 있다.

보기:

a. 전기 **b.** 중기
c. 후기 **d.** 말기

8. 인이 사라지고 핵막이 분해된다.

9. 방추체가 사라지고 핵막이 형성된다.

10. 자매염색분체가 분리된다.

11. 염색체가 적도면에 배열된다.

8.3 세포주기의 조절체계

12. 손상된 DNA가 복제되어 딸세포로 DNA 손상이 전해지지 않도록 점검하는 시기는?
   a. G_1 **b.** G_2
   c. S **d.** M

13. 인산화효소와 사이클린은?
   a. 미세소관을 형성한다.
   b. 세포분열을 조절하는 내부 신호이다.
   c. 세포분열을 조절하는 외부 신호이다.
   d. 암을 예방하는 데 사용되는 약제다.

8.4 세포주기와 암

14. 다음 중 옳은 진술은?
   a. 원발암유전자의 산물은 세포주기를 억제한다.
   b. 원발암유전자는 암을 일으키는 발암유전자에 돌연변이가 일어난 형태이다.
   c. 돌연변이 종양억제 유전자가 기능을 상실하면 암이 발생할 수 있다.
   d. 종양억제유전자에 돌연변이가 일어나면 발암유전자가 된다.
   e. 모두 옳음

15. 다음 중 종양억제 유전자가 아닌 것은?
   a. *RET* **b.** *RB*
   c. *BRCA1* **d.** *BRCA2*

8.5 암의 특징

16. 다음 중 암세포의 특징에 해당되지 않는 것은?
   a. 접촉억제 현상을 보인다.
   b. 핵이 크게 부풀어 있다.
   c. 새로운 혈관 형성을 촉진한다.
   d. 혈관이나 림프관을 따라 이동할 수 있다.

17. 암을 예방할 수 있는 생활습관에 해당되지 않는 것은?
   a. 건강한 체중을 유지한다.
   b. 짙은 녹색 잎채소, 당근 및 여러 가지 과일을 더 많이 먹는다.
   c. 담배를 끊는다.
   d. 호르몬 대체요법으로 에스트로겐 수준을 유지한다.
   e. 술은 적당량만 마신다.

과학적으로 생각하기

1. 히로시마와 나가사키에 원자폭탄이 떨어진 이후 생존자들을 대상으로 전리방사선이 암 발생에 미치는 영향에 대한 장기 연구가 수행되었다. 이들에게서 발생하는 암의 종류와 빈도는 시기에 따라 달라지는 양상을 보인다. 1950년대에는 백혈병과 폐암 및 갑상샘암의 발생빈도가 높게 나타났다. 1960년대 및 1970년대에는 유방암과 침샘암의 발생이 높았다. 1980년대에는 대장암이 특히 많이 나타났다.
   a. 시기에 따라 흔히 나타나는 암의 종류가 다른 까닭은 무엇일까?
   b. 2011년 일본의 후쿠시마 핵발전소 사고와 관련하여 위의 가설을 검증할 수 있는 연구를 제안해 보시오.

2. 유사분열 전기가 되면 핵막이 사라진다. 이 과정은 의심할 나위 없이 복잡하고 에너지 소모가 많은 과정으로 유사분열이 끝날 무렵에는 이 과정의 역반응이 그대로 재현되어야 한다. 유사분열이 시작될 때 핵막이 사라져야 하는 이유는 무엇이라 생각하는가? 유사분열 과정에서 핵막은 어떻게 없어질까?

3. 세포주기가 진행되는 과정에서 검문지점이 진화한 이점은 무엇일까?

4. BPA(bisphenol A)는 플라스틱 제품을 만드는 데 사용되는 화학물질이다. 그러나 세포는 BPA를 세포주기를 촉진하는 호르몬으로 착각한다. 이 때문에 BPA는 특정한 암 발생 위험을 높이는 물질로 지목된다.
   a. BPA가 세포주기와 검문지점에 어떻게 작용할까?
   b. BPA 농도가 매우 낮아도 세포에 큰 영향을 미칠 수 있는 까닭은 무엇일까?

9

유성생식

개 요

시작하기 전에

이 장을 시작하기 전에 다음 내용을 다시 살펴보자.

4.4절 진핵세포에서 세포골격은 어떤 기능을 하는가?

8.2절 세포주기의 어느 단계에서 DNA가 복제되는가?

8.2절 유사분열의 전기, 중기, 후기, 말기에 어떤 일이 진행되는가?

감수분열과 생물종의 유전적 다양성

자기 자신과 동일한 사람이 지구상에 존재할 확률은 얼마나 될까? 결혼한 두 사람은 감수분열을 통해 자신들과도 그리고 자녀들끼리도 유전적으로 서로 다른 수많은 자녀를 낳을 수 있다. 이 과정에서 실로 어마어마한 수준의 다양성이 나타난다. 단 한 쌍의 부부에게서 유전적 조성이 서로 다른 70조 명 이상의 자녀가 태어날 수 있다! 즉, 감수분열을 통해 한 사람의 고유성이 확보될 수 있는 것이다. 통계적으로 어떤 한 사람과 동일한 유전적 조성을 가진 사람이 태어나기란 거의 불가능하다. 사람의 남성 배우자는 정자이고 여성 배우자는 난자이다. 정자를 생성하는 감수분열 과정을 정자형성과정, 난자를 만드는 감수분열 과정을 난자형성과정이라고 한다.

남성과 여성에서 배우자가 형성되는 과정은 여러 가지 면에서 다르다. 양성의 감수분열 과정은 거의 비슷하지만 정자형성과정과 난자형성과정은 상당히 다르다. 가장 큰 차이는 정자와 난자가 만들어지기 시작하는 시기와 끝나는 시기다. 남자에게서 정자형성은 사춘기 이후에 시작되며 이후 평생 계속된다. 여성에게서 난자형성과정은 태어나기 전에 시작되어 50세 전후 폐경기까지만 계속된다.

또한 만들어지는 배우자의 수에서도 차이가 난다. 한 사람의 남성이 만들어낼 수 있는 정자의 수는 무한한 반면, 여성은 한 달에 하나의 난자만을 생성한다. 많은 난자는 형성되는 과정을 완료하지 못하고 생성이 중단되며, 극히 일부의 세포만 감수분열 전 과정을 끝마친다.

이 장에서는 배우자를 형성하는 과정을 중심으로 감수분열이 어떻게 일어나는지 살펴볼 것이다. 여기서는 동물의 감수분열에 초점을 맞추고, 식물의 감수분열에 대해서는 20장에서 살펴본다.

이 장을 공부하는 동안 다음 질문에 대해 생각해보자.

1. 감수분열이라는 용어는 무엇을 뜻하는가?
2. 감수분열은 새로운 변이가 도입되는 데 어떻게 기여하는가?
3. 생물종의 성공적인 삶에 유전적 변이가 필요한 까닭은 무엇인가?

9.1 감수분열의 기초

학습 목표

이 절을 학습한 후에는 다음 과제를 수행할 수 있어야 한다.

1. 감수분열의 역할을 설명하기.
2. 사람의 생활사를 설명하기.
3. 이배체, 반수체, 자매 염색분체, 상동염색체의 용어를 정의하기.
4. 시냅시스와 교차를 설명하고 감수분열 과정에서 이러한 현상이 나타나는 시기를 설명하기.

대부분의 동물과 마찬가지로 사람은 두 명의 어버이가 유성생식을 통하여 자녀에게 염색체를 전해준다. 그럼에도 불구하고 자녀들의 유전적, 신체적 특징이 서로 다르고, 또한 부모와도 다른 까닭은 무엇일까? 그 답은 **감수분열(meiosis)**에 있다. 감수분열은 유성생식 과정에서 중요하게 작용하는 핵분열의 일종이다.

감수분열은 기능은 두 가지이다. (1) 염색체의 수를 절반으로 줄이고 (2) 염색체와 유전자를 뒤섞어 유전적으로 서로 다른 정자(남성)와 난자(여성)라고 부르는 배우자를 만들어낸다. 어떤 정자가 특정 난자와 수정될 것인지 알 수 없으므로, 정자와 난자가 무작위로 수정되는 과정에 의해 변이의 수준이 한 층 더 높아진다. 최종적으로 각 개체는 고유하며, 부모 각각과도 서로 다른 염색체와 유전자의 조합을 갖게 된다. 그러나 감수분열 과정에서 염색체가 자손에게 배분될 때, 어떻게 염색체의 수를 정확하게 유지하면서 염색체와 유전자의 고유하고 독특한 조합을 만들어낼 수 있는 것일까? 이에 대한 답을 찾기 위해 먼저 염색체에 대해 자세히 알아보자.

상동염색체

유전학자나 유전상담사는 **핵형(karyotype)**이라고 부르는 염색체의 사진을 보여주곤 한다(**그림 9.1**). 핵형 사진에서는 크기와 모양이 같은 염색체가 두 개씩 쌍으로 있는 것을 볼 수 있다. 이는 어버이 각각에게서 염색체를 하나씩 물려받았기 때문이다. 따라서 남성과 여성 모두 정상적으로 23쌍의 염색체를 지닌다. 이 가운데 22쌍은 **상염색체(autosome)**라고 부르며, 남녀 모두에서 동일하다. 나머지 1쌍은 **성염색체(sex chromosome)**이며, 여기에 성별을 결정하는 유전자가 존재한다. 성염색체 가운데 큰 염색체가 X 염색체이고 작은 염색체가 Y 염색체다. 여성은 두 개의 X 염색체를, 남성은 X 염색체와 Y 염색체를 하나씩 갖는다. 사람의 경우 23쌍(즉, 46개)의 염색체 모두를 **이배체(diploid, 2n)**라고 한다. 이것의 절반은 **반수체(haploid, n)**다. 염색체

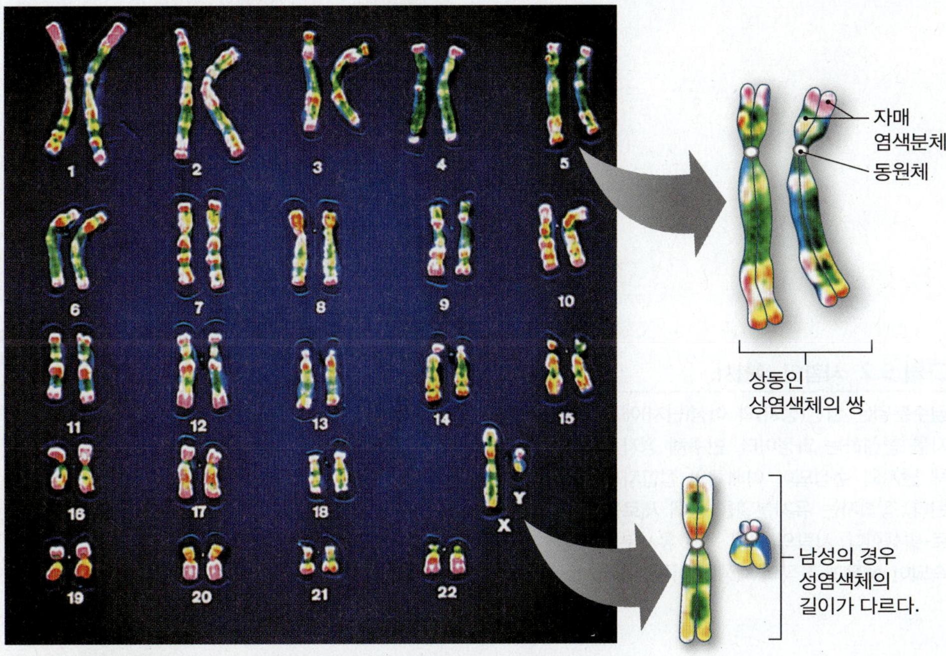

그림 9.1 상동염색체.

체세포에서는 염색체가 상동염색체 쌍을 이루어 존재한다. 사람의 핵형을 나타낸 이 사진은 사람의 세포에서 추출한 염색체를 상동염색체 쌍으로 배열한 다음 숫자를 붙인 것이다. 이들 염색체는 복제된 상태이며, 각 염색체는 두 개의 자매염색분체로 이루어져 있다.

의 반수체(n)는 하나의 세포에 들어 있는 서로 다른 염색체로 구성되며, 이배체가 되는 까닭은 부모 각각에게서 23개씩의 염색체를 물려받기 때문이다.

서로 짝을 이루는 염색체를 **상동염색체(homologous chromosome)**라고 부른다. 상동염색체는 크기와 모양 그리고 동원체의 위치가 서로 같다(그림 9.1). 상동염색체는 염색하였을 때 나타나는 줄무늬의 패턴 또한 동일하다. 상동염색체 쌍 가운데 하나는 부계에서 다른 하나는 모계에서 물려받은 것이다. 상동염색체 쌍은 같은 형질을 나타내는 유전자를 같은 위치에 포함하고 있다. 유전자는 예를 들어 귓불이 붙어 있거나 떨어져 있는 등의 특정한 형질을 나타내는 데 필요한 정보를 담고 있다. 어머니의 귓불은 떨어져 있고 아버지의 귓불이 붙어 있다면 각각의 상동염색체에서 해당 유전자의 서로 다른 형태, 즉 서로 다른 **대립유전자(allele)**가 들어 있을 수 있다. 특정한 형질(예를 들면 손가락 길이 등)에 대한 유전자의 서로 다른 형태를 대립유전자라고 부른다. 대립유전자는 각 상동염색체의 같은 자리에 위치한다. 예를 들어 상동염색체 하나에는 어머니의 분리된 귓불 대립유전자가, 또 다른 상동염색체에는 아버지의 붙어 있는 귓불 대립유전자가 같은 위치에 존재하는 식이다. 대립유전자들이 어떻게 유전되는지는 10장에서 자세히 살펴보기로 한다.

사람의 생활사

유성생식을 하는 생명체의 **생활사(life cycle)**란 한 세대에서 다음 세대로 이어지는 과정에서 일어나는 모든 생식과정을 말한다. 사람의 생활사는 유사분열(mitosis)과 감수분열(meiosis)의 두 가지 핵분열 과정을 포함한다(**그림 9.2**).

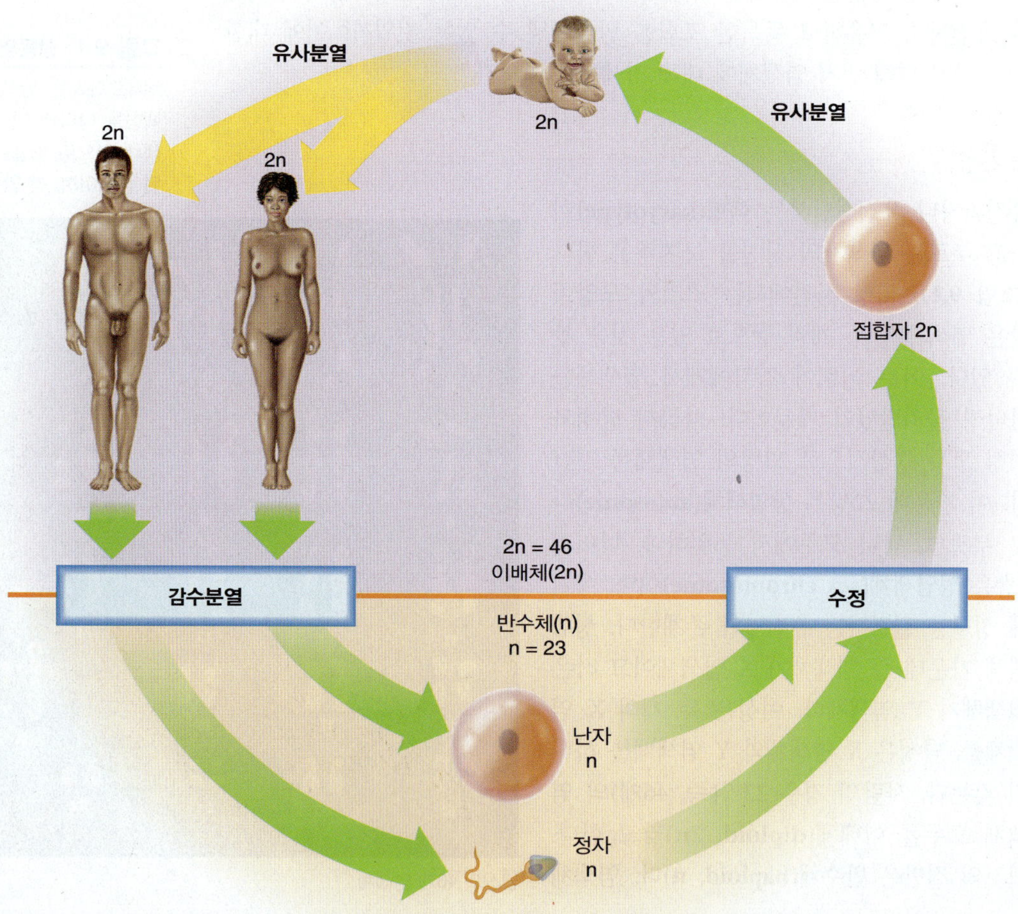

그림 9.2 사람의 생활사.

감수분열은 남성(정자)과 여성(난자)에서 배우자를 형성하는 과정이다. 반수체 정자가 반수체 난자와 수정되어 이배체의 접합자가 형성된다. 접합자는 유사분열을 통해 새로운 개체로 발생한다. 사람의 일생 동안 유사분열이 계속되어 성장과 조직의 재생이 이루어진다.

태아의 발생기간과 어린이의 성장기 동안 유사분열을 통해 성장과 조직의 재생이 이루어진다. 유사분열을 통해 각 체세포는 염색체의 이배체 수를 유지한다.

유성생식 과정에서 감수분열이 일어나면 염색체 수가 이배체 수에서 반수체 수로 줄어든다. 따라서 배우자(정자와 난자)는 상동염색체 쌍 중에서 하나의 염색체만 가지게 된다. 남성의 감수분열은 정소에서 진행되어 정자를 형성하는 **정자형성과정(spermatogenesis)**의 일부이다. 여성의 감수분열은 난소에서 진행되는 **난자형성과정(oogenesis)**의 일부이며, 이 결과 난자가 형성된다. 정자와 난자가 수정되어 형성된 **접합자(zygote)**는 다시 상동염색체의 이배체 수를 가진다. 접합자는 다시 유사분열과 분화의 과정을 겪으면서 태아의 시기를 지나 성인으로 자라게 된다.

감수분열은 염색체 수를 유지하는 데 매우 중요한 기능을 한다. 감수분열에서 염색체 수가 반으로 줄지 않으면 배우자 세포에도 일반 체세포와 동일한 수의 염색체가 포함될 것이다. 이런 상태로 배우자가 서로 수정되면 다음 세대의 접합자는 이전 세대보다 2배나 되는 염색체를 가지게 된다. 이렇게 되면 몇 세대 지나지 않아 유성생식으로 번식하는 생명체의 세포가 염색체로 가득 차 버릴 것이다. 그러나 감수분열에 의해 배우자의 염색체 수가 반감되기 때문에 세대를 거듭하더라도 염색체 수가 일정하게 유지된다.

감수분열의 개요

감수분열 과정에는 각각 **제1감수분열(meiosis I)**과 **제2감수분열(meiosis II)**이라고 부르는 두 번의 핵분열이 일어나 4개의 반수체 딸세포가 형성된다(**그림 9.3**). 제1감수분열이 시작되기 전에 각 염색체는 복제되어 두 개의 자매염색분체로 구성된다. 제1감수분열이 진행되는 동안 각 상동염색체 쌍은 짝을 지어 나란히 배열시키는 **시냅시스(synapsis)** 과정이 일어난다(**그림 9.4**). 시냅스가 형성되어 상동염색체의 쌍이 나란히 배열된 모습을 **4분염색체(tetrad)**라고 한다(각각 두 개의 자매염색분체로 이루어진 두 개의 상동염색체 쌍). 4분염색체는 따로 분리되기 전까지 가까이 붙어 있다가, 제1감수분열 후

연관: 과학적 탐구

감수분열이 끝나면 언제나 배우자가 만들어질까?

감수분열이 동물에서 배우자를 형성하는 첫 단계이긴 하지만, 식물과 같은 생명체의 생활사는 약간 다르다. 식물에서도 감수분열은 염색체의 수를 절반으로 감소시키지만 이 과정에서 배우자 대신에 다른 생식구조인 포자가 만들어진다. 포자는 식물 생활사에서 중요한 역할을 담당한다(그림 21.10 참조). 식물도 유성생식에서 꽃가루와 같은 배우자를 이용하긴 하지만, 꽃가루는 감수분열이 아니라 유사분열을 통해 만들어진다.

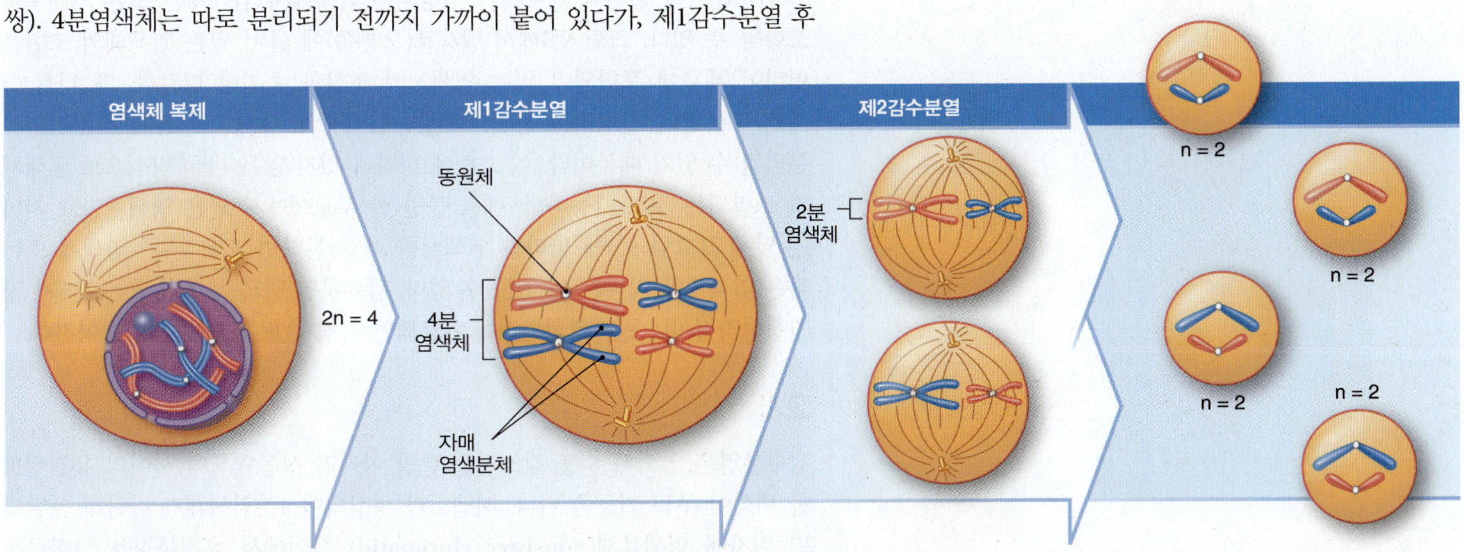

그림 9.3 감수분열의 개요.

염색체가 복제된 다음 이배체인 어버이 세포는 두 번 분열하며, 각각 제1감수분열 및 제2감수분열이라고 부른다. 제1감수분열이 일어나면서 상동염색체의 쌍은 따로 분리되고, 제2감수분열 동안 복제된 자매염색분체가 서로 나뉜다. 최종 딸세포는 반수체이다. (파란 염색체는 이전 세대의 한 쪽 어버이에서, 빨간 염색체는 이전 세대의 또 다른 어버이에게서 물려받은 염색체를 의미한다.)

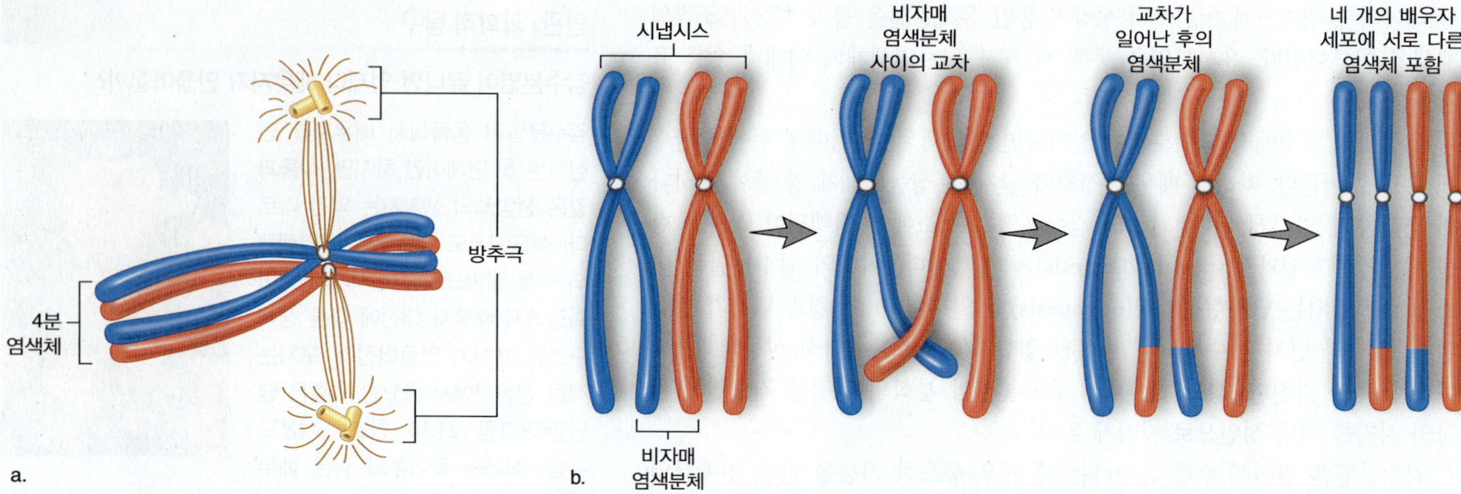

그림 9.4 시냅시스와 교차.

a. 제1감수분열 전기에 상동염색체는 나란히 배열하여 4분염색체를 이룬다. 각각 두 개의 자매염색분체로 이루어진 상동 염색체 한 쌍이 모여 모두 4개의 자매염색분체가 나란히 배열된 형태가 된다. **b.** 상동염색체 쌍이 시냅스를 형성하면 비자매염색분체 사이에 유전물질의 교환, 즉 교차가 일어난다. 이 그림에는 한 쌍의 염색체에 한 번의 교차가 일어난 것만 나타나 있지만 사람의 상동염색체 쌍 사이에는 평균적으로 2번 이상의 교차가 일어난다. 교차가 일어나고 나면 2분염색체의 두 자매염색분체는 더 이상 동일하지 않으며 서로 다른 조합의 대립유전자를 지니게 된다.

기에 이르러 상동염색체의 쌍이 따로 나뉜다. 어느 딸핵에 어떤 염색체가 들어가야 한다는 규칙은 없다. 따라서 배우자가 형성될 때마다 염색체는 서로 다른 조합을 이룰 수 있고 이에 따라 배우자가 형성될 때 모든 염색체의 조합이 가능하게 된다.

제1감수분열과 제2감수분열 사이에는 간기가 존재하지 않으며 염색체가 복제될 필요도 없다. 감수분열의 기능 가운데 하나는 염색체 수를 반으로 줄이는 것이다. 따라서 제1감수분열이 끝나면 딸핵은 반수체가 되지만, 이때 각 염색체는 여전히 복제 시 형성되었던 자매염색분체가 붙어 있는 상태로 존재한다. 자매염색체가 서로 붙어 있는 이 상태의 염색체를 **2분염색체(dyad)**라고 부른다. 제2감수분열이 진행되면서 각 2분염색체를 이루는 자매염색분체가 분리되어 최종적으로 형성되는 4개의 딸세포에는 반수체의 염색체가 들어 있게 된다. 만일 어버이세포에 4개의 염색체가 들어 있었다면 각각의 딸세포에는 2개의 염색체가 들어 있게 된다. (동원체의 개수를 세면 염색체의 수를 알 수 있다.)

감수분열이 일어나 배우자가 형성되는 과정에서 염색체는 모든 가짓수로 조합될 수 있다. 그림 9.3에서 딸세포(오른쪽)에 들어 있는 염색체의 조합은 어버이 세포에 포함되어 있는 염색체의 조합과는 전혀 다르다. 왜 다를까? 제1감수분열이 진행되는 동안 각 상동염색체의 쌍이 아무렇게나 무작위로 분리될 수 있기 때문이다. 이 그림에 나타나 있지 않은 다른 방식으로 염색체가 조합되는 것도 가능하다. 예를 들면 한 부모에게서 얻은 염색체만을 지니는 딸세포(그림 9.3에 나타난 염색체를 예로 든다면 모두 푸른 염색체 또는 붉은 염색체만 지니는)도 있을 수 있다. 감수분열 결과 생성된 딸세포에서 정자형성과정이나 난자형성과정이 완료되면서 정자 또는 난자가 만들어진다.

교차

감수분열은 염색체 수를 감소시킬 뿐만 아니라 상동염색체 사이의 유전정보를 뒤섞어 주는 기능을 한다. 시냅스가 형성되어 4분염색체가 나란히 배열되면 **비자매 염색분체(nonsister chromatid)** 사이에서 유전물질을 교환하는 **교차(crossing-over)**가 일어날 수 있다(그림 9.4*a*) 교차는 4분염색체를 이루는 상동염색체들 사이의 비자매 염색분체 사이에서 일어난다. 그림 9.4*b*에서 하나의 푸른 자매 염색분체가 어떻게 정보를 4분염색체의 붉은 비자매 염색분체와 교환하는지 나타나 있다. 비자매 염색분체 사이의 교차는 대립유전자들을 서로 뒤섞어 줌으로써 배우자에서 유전자가 재조합되도록 한다.

상동염색체의 특정한 위치에는 귓불의 모양과 같은 특정 형질을 나타내는 유전자가 들어 있다. 그러나 상동염색체의 쌍 가운데 하나에는 부착된 귓불 대립유전자가, 또 다른 하나에는 분리된 귓불 대립유전자가 들어 있을 수 있다. 그러므로 비자매 염색분체 사이에 교차가 일어나면 자매염색분체의 유전적 조성이 달라지고, 그 결과 생성되는 4개의 배우자는 모두 유전적으로 서로 다른 형태가 된다. 따라서 그림 9.4*b*에서 두 개의 배우자가 동일한 염색체를 지닌다 하더라도 이들 염색체에 포함되어 있는 대립유전자의 조성은 교차 현상으로 인해 서로 다른 형태가 되는 것이다. 교차는 배우자의 유전적 다양성을 증가시키고 그 결과 자손의 유전적 다양성 또한 높아지게 된다.

연관: 과학적 탐구

새로운 대립유전자는 어디에서 생기는가?

감수분열이 어버이세포에 들어 있는 유전정보를 뒤섞어주는 역할을 하여 유전적으로 서로 다른 다양한 딸세포를 만들어낼 수 있다. 그러나 이 과정에서 새로운 대립유전자가 생성되지는 않는다. 특정한 유전자의 새로운 대립유전자 형태는 돌연변이에 의해서만 생성된다. 이들 돌연변이는 DNA의 뉴클레오티드 서열을 변화시킨다. 이들 변화로 인해 DNA에서 암호화하는 단백질의 구조가 달라지고 그 결과 형질의 차이가 나타나는 것이다(예, 분리된 귓불이나 부착된 귓불). 다른 인자들도 작용을 하는데, 이에 대해서는 11장에서 살펴보기로 한다.

감수분열의 중요성

감수분열은 다음과 같은 이유에서 중요하다.

- 유성생식 과정에서 염색체의 수를 일정하게 유지한다. 감수분열을 통해 반수체 딸세포가 만들어지고 이것이 배우자가 된다. 반수체 정자가 반수체 난자와 수정하여 접합자가 되고 새로운 개체는 이 접합자에서 형성되므로, 유성생식하는 개체는 여전히 이배체의 염색체 수를 유지할 수 있다.
- 유전적 변이를 증가시킨다. (1) 교차가 일어나서 상동염색체 각각의 자매염색분체가 서로 다른 대립유전자를 지닐 수 있으며, (2) 감수분열에서 반수체를 형성할 때 매우 다양한 가짓수로 염색체가 조합될 수 있다.

수정 단계에서 또 한 번 새로운 염색체 조합이 다양하게 형성된다. 사람의 접합자 하나에 들어갈 수 있는 염색체 조합의 가짓수는 교차를 고려하지 않더라도 $(2^{23})^2$인 70,368,744,000,000가지나 된다.

진도 점검하기 9.1

1. 생명체가 유사분열이 아니라 감수분열을 하는 이유를 설명하시오.
2. 사람의 생활사에서 유사분열과 감수분열의 기능이 무엇인지 설명하시오.
3. 자매 염색분체와 상동염색체 사이의 관계를 설명하시오.
4. 감수분열 과정에서 유전적으로 서로 다른 배우자를 만드는 두 가지 방법을 들고 이것이 중요한 이유를 설명하시오.

개념 연결하기 9.1

감수분열은 개체가 지니는 염색체의 수를 줄이고 또한 서로 뒤섞어준다.

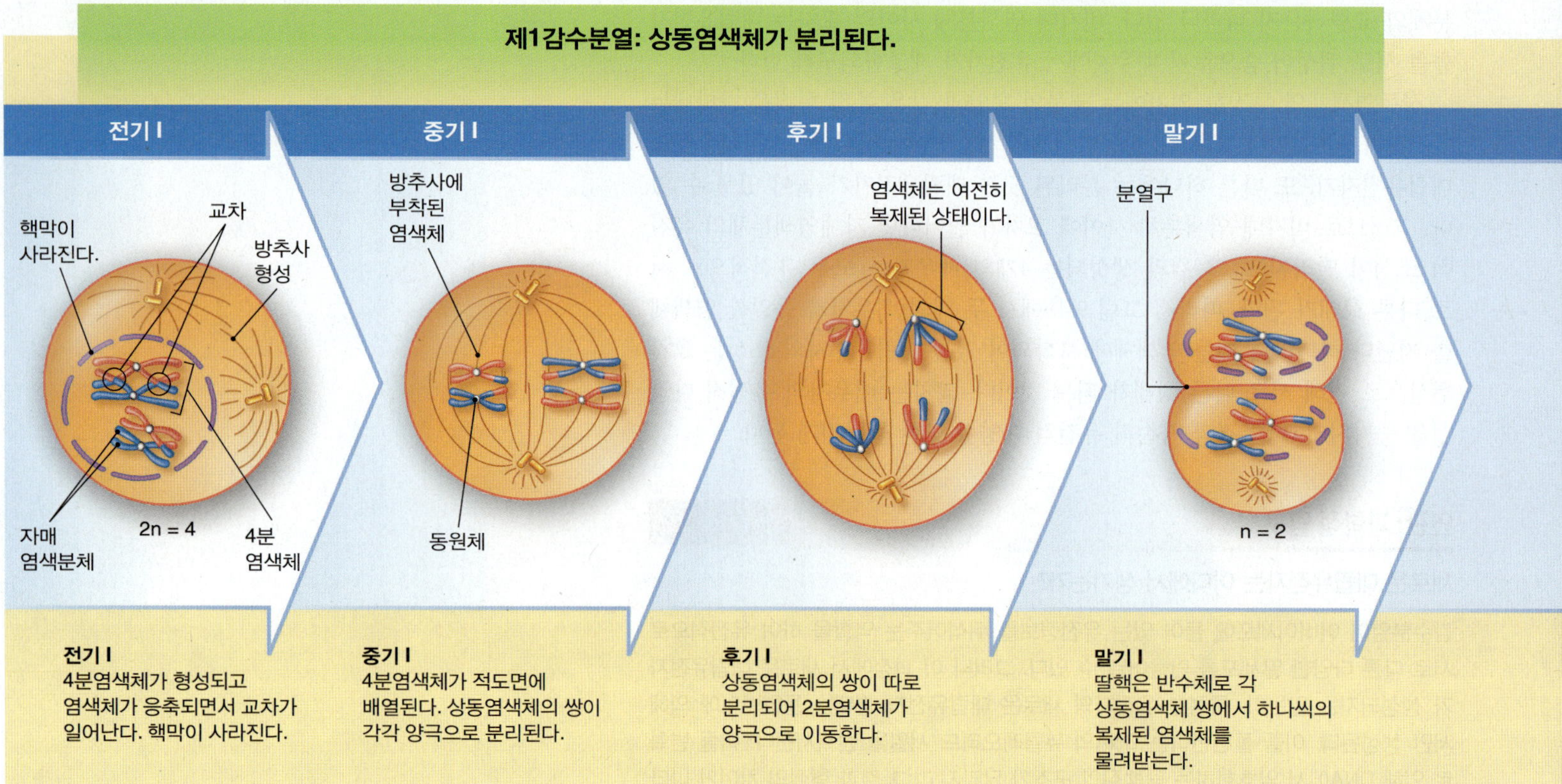

그림 9.5 감수분열.

제1감수분열과 제2감수분열은 모두 전기, 중기, 후기, 말기를 거치며 진행된다. 제1감수분열 과정에서 교차가 일어나서(제1감수분열 전기) 유전자의 조합이 뒤섞이고 상동염색체들이 나란히 배열한다(제1감수분열 중기). 제2감수분열이 끝나면 모두 4개의 반수체 세포가 형성된다.

9.2 감수분열의 단계

학습 목표

이 절을 학습한 후에는 다음 과제를 수행할 수 있어야 한다.

1. 감수분열의 단계를 나열하고 각 단계에서 일어나는 과정을 간략하게 설명하기.
2. 제1감수분열과 제2감수분열에서 염색체가 배열되는 방식을 비교하기.

유사분열에서의 전기, 중기, 후기, 말기와 같은 단계가 제1감수분열 및 제2감수분열에서도 나타난다. 그러나 제1감수분열과 제2감수분열 과정에서 염색체가 배열되는 과정은 서로 다를 뿐만 아니라 유사분열과도 차이를 보인다(그림 9.5).

제1감수분열

감수분열을 통해 염색체 수를 절반으로 줄이고 어버이 세포와는 유전적으로 서로 다른 배우자를 형성할 수 있다는 사실을 염두에 두고 감수분열의 과정을 살펴보기로 한다. 제1감수분열 전기에 핵막과 인이 사라지고 방추체가 형성된다. 동시에 염색체가 응축되어 시냅스를 형성하여 4분염색체를 형성한다. 비자매 염색체 사이에서 교차가 일어나 염색체상의 대립유전자가 서로 뒤섞인다.

제1감수분열의 중기에 4분염색체는 방추사에 부착되어 적도면에 배열되며, 이때 상동염색체의 쌍은 서로 다른 방추극을 향하게 된다. 상동염색체의 어느 쪽이 어디를 향하는 지는 정해지지 않아 무작위로 배열된다. 따라서 배

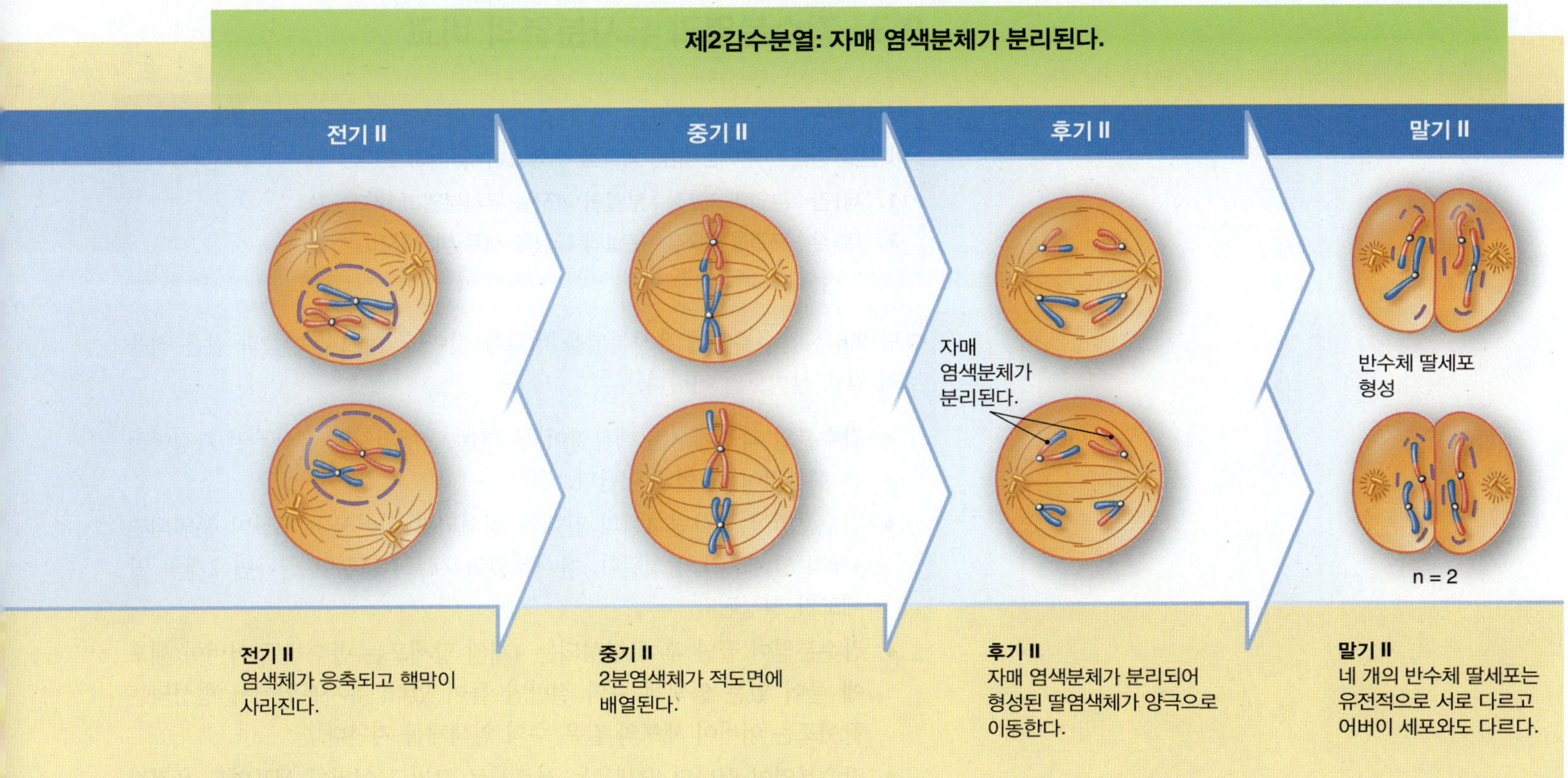

우자 안에 모든 가짓수의 상동염색체의 조합이 들어갈 수 있다. 실제로 제1감수분열 중기에 염색체는 다양한 조합으로 뒤섞일 수 있다. 제1감수분열 후기에 상동염색체가 분리되고 말기에 다시 핵막이 형성되고 세포질분열이 일어나면 딸세포 핵에는 반수체의 염색체가 들어 있게 된다. 각각의 딸세포에는 각 상동염색체 쌍 가운데 하나의 염색체만이 들어 있게 된다. 이때 염색체는 2분염색체로 각각의 염색체가 복제되어 형성된 자매염색분체가 서로 부착되어 있는 형태이다. 제1감수분열과 제2감수분열 사이를 **분열간기(interkinesis)**라고 하는데, 이때 DNA는 복제되지 않는다.

제2감수분열

제2감수분열은 세포가 반수체라는 점을 제외하면 모든 과정이 유사분열과 동일하다. 제2감수분열 전기가 시작되면서 핵막과 인이 사라지고 방추체가 형성된다. 2분염색체가 각각 방추사에 부착된다. 제2감수분열 중기에는 이들 2분염색체가 적도면에 배열된다. 제2감수분열 후기에 각 2분염색체의 자매염색분체가 양극으로 이끌려간다. 양극에는 각각 염색체가 종류별로 하나씩 위치한다. 제2감수분열 말기가 되면 방추체가 사라지고 다시 핵막이 형성된다.

세포질분열이 일어나면서 세포질이 둘로 나뉘고 두 개의 완전한 반수체 세포가 형성된다. 감수분열 과정에서 상동염색체가 서로 다른 형태로 조합되고 또한 교차가 일어나 염색체 상의 대립유전자 조성이 바뀌어 배우자는 각각 유전적으로 서로 다양하다. 제1감수분열 결과 형성된 각각의 세포가 다시 제2감수분열을 하게 되므로 하나의 이배체 어버이세포에서 감수분열을 통해 4개의 반수체 딸세포를 만들게 된다. 감수분열 결과 생성된 각각의 딸세포는 각기 독특한 유전자 조합을 지닌다.

9.2 개념 연결하기

감수분열은 각각 네 개의 단계로 이루어진 분열과정을 두 차례 거친다.

진도 점검하기 9.2

1. 제1감수분열 전기와 중기의 중요성을 설명하시오.
2. 제1감수분열 및 제2감수분열의 중기에 나타나는 염색체의 수와 종류를 비교하시오.
3. 제1감수분열과 제2감수분열의 차이를 요약하시오.

9.3 감수분열과 유사분열의 비교

학습 목표

이 절을 학습한 후에는 다음 과제를 수행할 수 있어야 한다.

1. 제1감수분열과 제2감수분열의 과정을 유사분열과 비교하기.
2. 제1감수분열을 제2감수분열의 과정을 서로 비교하기.

그림 9.6은 감수분열과 유사분열을 비교한 것이다. 여기서 다음과 같은 점을 주의 깊게 살펴보길 바란다.

- 감수분열 과정에서는 핵분열이 두 차례 진행되지만 유사분열 과정에서는 핵분열이 한 번 일어난다.
- 감수분열이 끝나면 4개의 딸핵이 형성되고 이어서 세포질이 분열되면 4개의 딸세포가 형성된다. 유사분열과 세포질분열이 끝나면 2개의 딸세포가 형성된다.
- 감수분열이 끝난 후에 형성되는 4개의 딸세포는 반수체로 어버이 세포에 들어 있는 염색체 수의 절반만 들어 있다. 유사분열에서 형성되는 딸세포는 어버이 세포와 같은 수의 염색체를 지닌다.
- 감수분열이 끝나면 딸세포는 서로서로 그리고 어버이 세포와도 유전적인 조성이 다르다. 유사분열을 마친 딸세포는 서로 그리고 어버이 세포와 동일한 유전적 조성을 지닌다.

제1감수분열과 유사분열의 비교

제1감수분열과 유사분열은 다음과 같은 점에서 서로 다르다.

- 제1감수분열에서는 시냅스가 형성된다. 시냅시스에 의해 4분염색체가 배열되고 교차가 일어난다. 유사분열 과정에는 이러한 현상이 나타나지 않는다.
- 제1감수분열 중기에 4분염색체가 적도면에 배열된다. 상동의 쌍으로 배열된 염색체는 각각 네 개의 염색분체로 이루어져 있다. 유사분열의 중기에는 2분염색체가 적도면에 배열된다.
- 제1감수분열 후기에는 각 4분염색체에서 상동의 쌍이 분리되어 2분염색체(동원체가 서로 붙어있는 채로)가 양극으로 이동한다. 자매 염색분체는 제1감수분열 후기에도 분리되지 않는다. 유사분열의 후기에는 자매 염색분체가 분리되어 형성된 딸염색체가 양극으로 이동한다.

제2감수분열과 유사분열의 비교

세포가 반수체인 상태로 제2감수분열이 진행된다는 점을 제외하면 제2감수분열과 유사분열의 과정은 동일하다.

유사분열과 감수분열이 일어나는 시기

감수분열은 유성 생식하는 생물의 생활사에서 특정한 시기에 특정한 조직에서만 일어난다. 사람에게서 감수분열은 배우자를 형성하는 생식기관인 정소

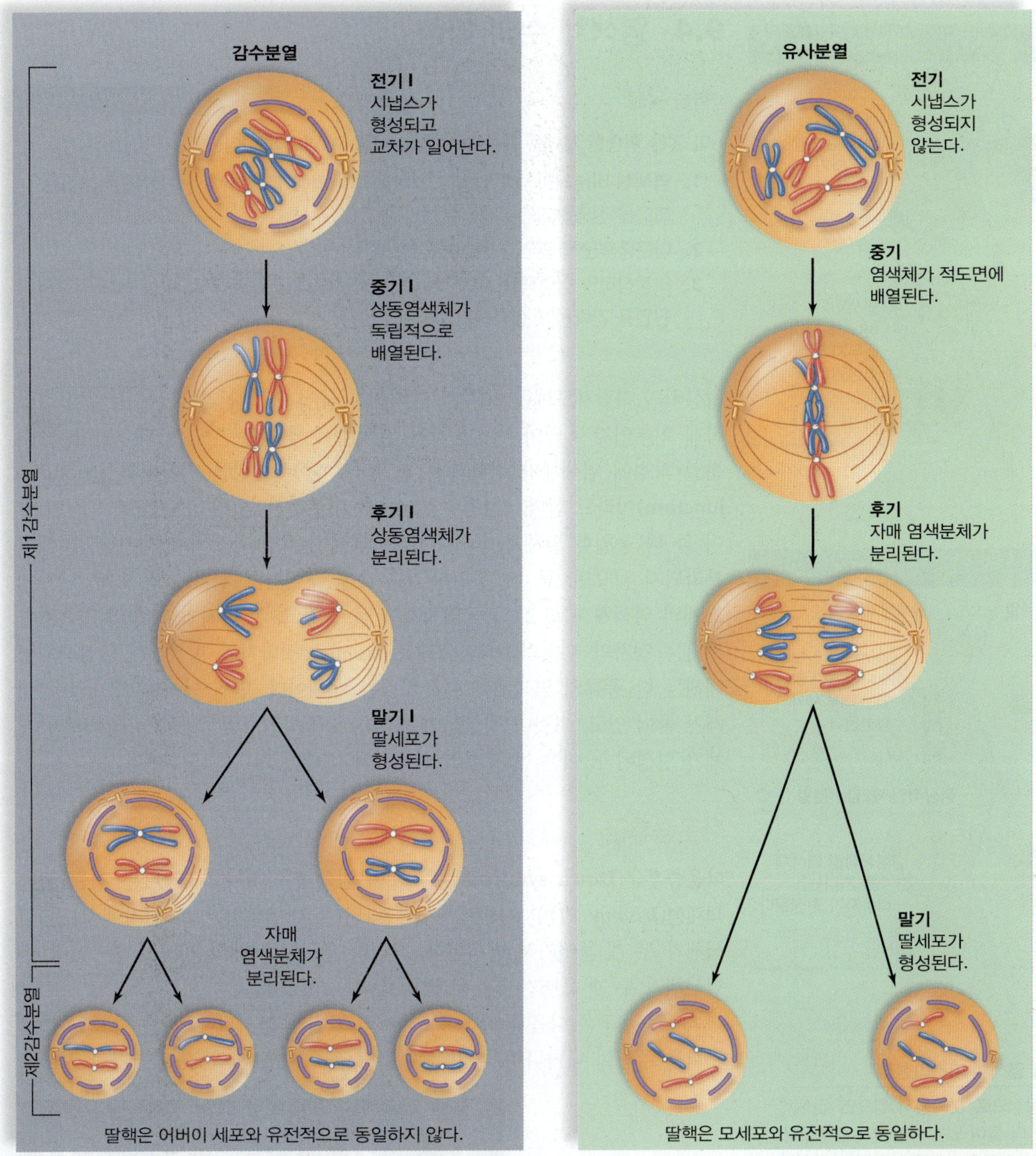

그림 9.6 감수분열과 유사분열의 비교.

감수분열이 끝나면 네 개의 반수체 세포가 만들어지는 반면, 유사분열에서는 두 개의 이배체 세포가 생성된다.

와 난소에서만 일어난다. 감수분열은 유전적으로 다양한 배우자를 형성하고 세대를 거듭하더라도 염색체 수가 일정하게 유지하는 역할을 한다. 수정이 되면 완전한 염색체 수가 회복된다. 서로 다른 배우자가 무작위로 융합되므로 수정과정 또한 자손의 유전적 다양성을 제공한다.

유사분열은 배 발생 및 이후의 성장과 회복하는 과정에서 항상 일어나므로 감수분열보다는 더 일반적인 분열형태라 할 수 있다. 유사분열은 신체를 이루는 모든 세포에서 염색체 수를 일정하게 유지하는 역할을 하며 그 결과 모든 세포가 유전적으로 동등한 상태를 유지할 수 있게 된다. 생식적 복제, 즉 개체복제를 하는 경우는 단일한 이배체 핵에서 새로운 개체가 유래되므로 어버이와 유전적으로 동일한 개체가 태어날 수 있다(그림 12.4 참조).

개념 연결하기 9.3

감수분열은 유전적으로 고유한 네 개의 세포를 만들어낸다는 점에서 유사분열과 다르다.

진도 점검하기 9.3

1. 유사분열과 감수분열의 결과 생성되는 세포의 수를 비교하시오.
2. 유사분열과 감수분열을 통해 만들어지는 딸세포에 들어 있는 염색체의 수는 어떻게 다른가?
3. 제1감수분열, 제2감수분열 및 유사분열 각 단계의 주요 특징을 요약하시오.

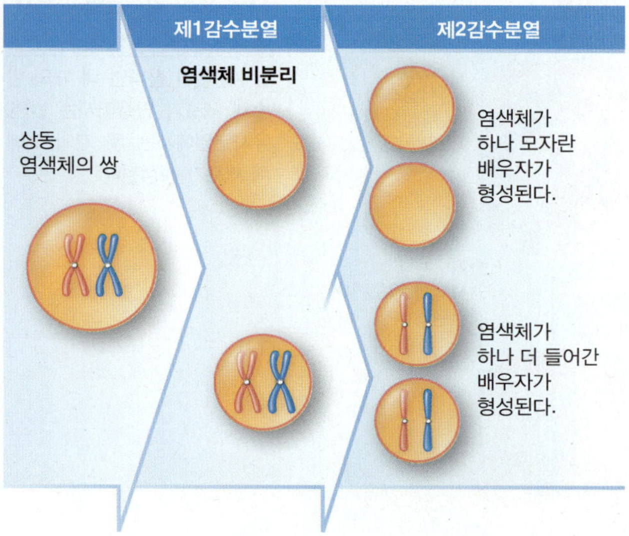

a. 제1감수분열에서의 비분리현상

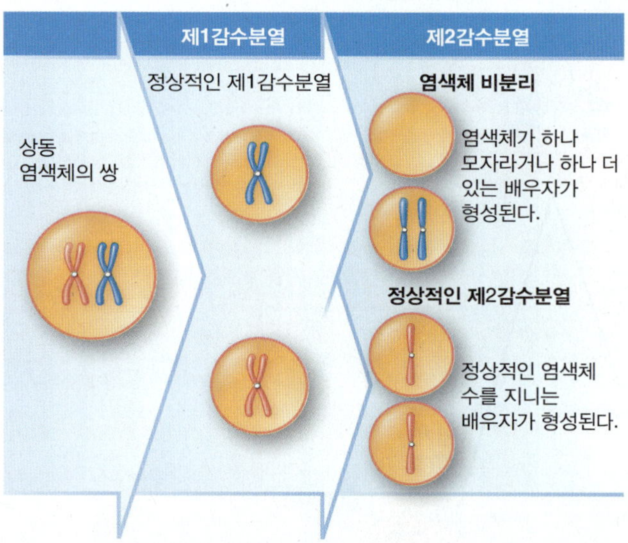

b. 제2감수분열에서의 비분리현상

그림 9.7 감수분열 과정에서의 염색체 비분리현상.

감수분열 과정에서 염색체가 정상적으로 분리되지 않으면 염색체 하나가 부족하거나 염색체가 하나 더 들어 있는 배우자가 형성된다. 비분리현상은 (**a**) 제1감수분열에서 상동염색체가 분리되지 않거나 (**b**) 제2감수분열에서 자매염색분체가 완전히 분리되지 않는 경우 나타난다.

9.4 염색체 수의 이상

학습 목표

이 절을 학습한 후에는 다음 과제를 수행할 수 있어야 한다.

1. 염색체 비분리현상을 정의하고 비분리에 의해 염색체 수의 이상이 초래되는 과정을 설명하기.
2. 다운증후군의 원인과 증상을 나열하기.
3. 비정상적인 성염색체 수에 의해 나타나는 증후군을 두 가지 이상 들고 각각의 원인을 간략하게 설명하기.

정상적인 사람세포에는 46개의 염색체가 들어 있으나 가끔 감수분열이 적절하게 이루어지지 않아 비정상적인 염색체 수를 갖는 사람이 태어난다. 감수분열 과정에 염색체가 정확하게 분리되지 않는 현상을 **비분리현상(nondisjunction)**이라고 한다. 제1감수분열에서 비분리가 일어나면 상동염색체의 쌍이 둘 다 동일한 딸세포에 들어간다. 제2감수분열 과정에서 자매염색분체가 분리되지 않으면, 둘 다 동일한 배우자에 들어가게 된다(**그림 9.7**). 난자에 23개의 염색체 대신 24개의 염색체가 들어 있고, 이 난자가 23개의 염색체를 지니는 정자와 수정되면 3염색체성(*trisomy*) 접합자가 형성된다. 3염색체성 개체는 한 종류의 염색체를 3개 지니는 개체이다. 만일 난자에 22개의 염색체가 들어 있고, 이것이 정상적인 정자와 수정하면 1염색체성(*monosomy*) 개체가 형성된다. 이는 한 종류의 염색체를 하나만 지니는 경우이다.

다운증후군

다운증후군(Down syndrome)은 21번 염색체를 하나 더 지니는 21번 삼염색체성(*trisomy 21*)인 사람에게서 나타난다. 대부분의 경우 난자에 21번 염색체가 두 개 들어가서 발생한다. 그러나 연구된 사례의 20%는 정자에 21번 염색체가 두 개 들어간 경우로 밝혀졌다.

다운증후군은 다음과 같은 특징에 의해 쉽게 인지된다. 키가 작고, 독특한 눈꺼풀 주름이 나타나며, 손가락이 굵고 짧으며, 엄지와 검지 발가락 사이가

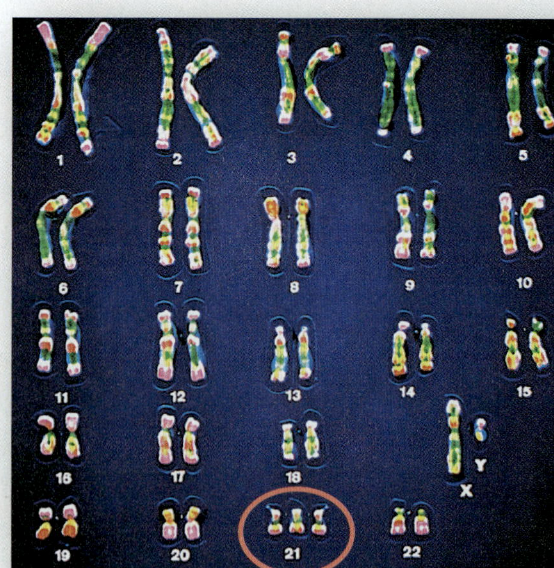

그림 9.8 다운증후군.

다운증후군은 제1감수분열이나 제2감수분열에서의 염색체 비분리현상에 의해 난자나 정자에 21번 염색체가 하나 더 들어가서 나타난다. 수정되면 그 결과 만들어진 세포는 21번 염색체를 세 개 갖게 된다(3염색체성, 붉은 원).

넓고, 혀가 갈라지고, 이마가 둥글며, 독특한 손금모양, 경우에 따라서는 상당히 심하게 나타나는 정신지체 등의 특징이 나타난다.

다운증후군을 지니는 아이를 낳을 확률은 40세 이후부터 산모의 나이가 많아질수록 가파르게 상승한다. 40세 이전의 산모에게는 800명의 신생아 가운데 1명꼴로, 40세 이후의 산모에게서는 80명 가운데 1명꼴로 다운증후군을 나타낸다. 그러나 대부분의 다운증후군 아이는 40세 이전의 산모에게서 태어나는데 이들이 가장 많이 아이를 낳기 때문이다.

성염색체 수의 이상

정자나 난자 형성과정에서 염색체가 비분리되어 X 또는 Y 염색체의 수가 비정상적인 배우자가 생성될 수 있다. **그림 9.9**에 있는 염색체를 X 염색체라 가정하면 난자형성과정에서 발생하는 염색체 비분리현상을 이해하는 데 도움이 될 것이다.

21번 염색체가 하나 더 있을 때 다운증후군과 같은 증상이 나타나는 것처럼, X 또는 Y 염색체가 없거나 하나 더 있는 경우에도 특정한 증상을 보인다. 상염색체에 비해 성염색체가 부족하거나 하나 더 있는 신생아의 생존율이 높다. 그 이유는 정상적인 남성에서와 마찬가지로 정상적인 여성 또한 하나의 X 염색체만 기능을 갖기 때문이다. 2개의 X 염색체를 갖는 경우 둘 가운데 하나는 활성이 없는 **바소체(Barr body**, 발견자의 이름을 붙임)의 형태로 지닌다.

사람에게서는 Y 염색체의 보유 여부에 따라 성별이 결정된다. Y 염색체의 짧은 팔에 있는 *SRY*(*s*ex-determining *r*egion *Y*) 유전자는 정소결정인자(testis-determining factor)라고 부르는 호르몬을 생성하는데, 이 호르몬은 남성의 생식기 발생에 핵심적인 역할을 한다. 따라서 X 염색체를 여러 개 갖더라도 *SRY* 유전자가 존재하는 한, Y 염색체를 하나라도 지니는 사람은 남성이 된다. Y 염색체를 갖더라도 이 염색체 상에 기능을 가진 *SRY* 유전자가 없는 사람은 Swyer 증후군을 나타내며, 이들은 "XY 여성"이라고 부른다.

터너 증후군(Turner syndrome, XO)을 보이는 사람은 여성이다. 여기서 O는 두 번째 성염색체가 없음을 나타낸다. 터너 증후군을 나타내는 여성은 키가 작고 가슴이 넓으며 목에 그물무늬가 나타난다. 난소, 수란관, 자궁은 매우 작고 잘 발달되지 않는다. 터너 증후군 여성에게는 사춘기가 나타나지 않거나 월경을 하지 않으며 유방이 발달하지 않는다(그림 9.9*a*). 그러나 기증된 난자를 이용하여 체외수정을 하는 방식으로 아이를 낳은 사례는 있다. 터너 증후군을 보이는 여성의 지능은 정상이며 호르몬 보충요법을 실시하면 정상적인 생활이 가능하다.

클라인펠터 증후군(Klinefelter syndrome, XXY)을 지니는 사람은 남성이다. 클라인펠터 남성는 정상적인 남성의 성

연관: 건강

다운 증후군에서 왜 여성의 나이가 문제가 되는 것일까?

남성과 여성은 감수분열이 일어나는 시기가 서로 다르다. 남성은 사춘기 이후부터 일생에 걸쳐 지속적으로 정자를 만든다. 반면 여성에게서는 태아 시절 임신 5개월 정도가 되어 감수분열이 시작된다. 이 과정은 제1감수분열 전기에서 멈춘다. 사춘기가 지나서야 이들 중 일부가 월경주기에 따라 감수분열을 계속하게 된다. 감수분열의 시작부터 끝날 때까지 오랜 시간이 걸리기 때문에 난자 형성과정에서 염색체 비분리 현상이 나타날 가능성이 더 높아진다. 따라서 여성의 연령이 높아질수록 다운 증후군을 지니는 아이의 출산 확률도 늘어나는 것이다.

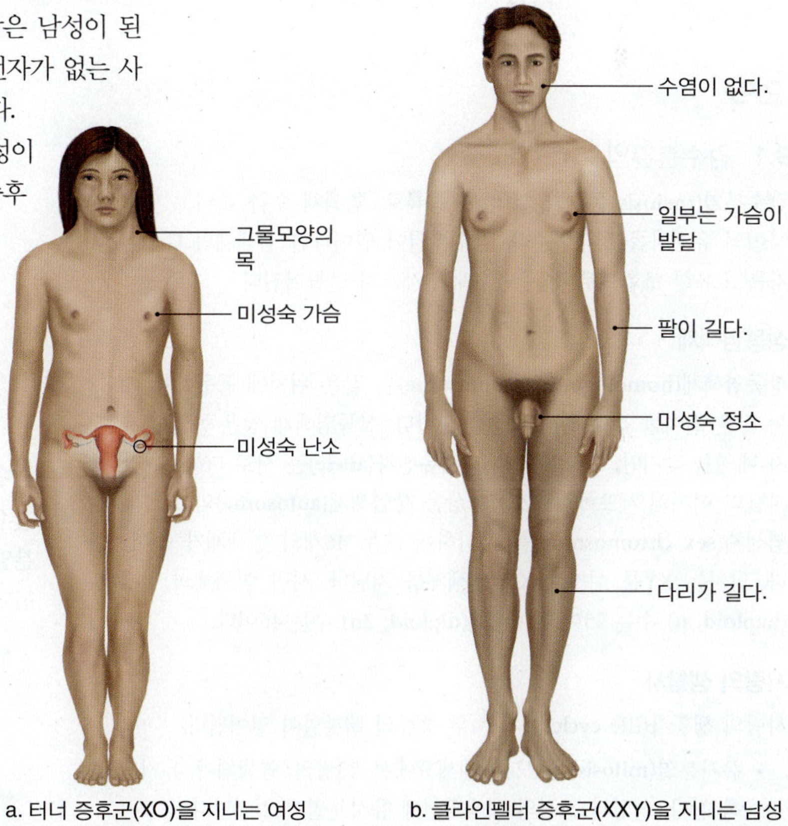

그림 9.9 성염색체 수의 이상.

a. 터너 증후군(XO)을 보이는 여성은 목이 짧고, 키가 작으며 유방이 발달되지 않는다. **b.** 클라인펠터 증후군(XXY)을 지니는 남성은 생식기가 잘 발달하지 않고 일부는 유방이 발달된다.

염색체에 X 염색체를 하나 더 지닌다. 하나 더 있는 X 염색체는 바소체를 형성한다. 클라인펠터 증후군을 보이는 남성은 정소와 전립선이 잘 발달되지 않는다. 수염이 없고 유방이 발달하는 경우도 있다(그림 9.9*b*). 대개 손과 발이 크고 팔다리가 길다. 학습장애를 보이는 경우가 많지만 두 개 이상의 X 염색체를 더 갖는 경우가 아니라면 정신지체를 나타내지는 않는다. 터너 증후군과 클라인펠터 증후군은 일찍 발견하는 것이 중요하다. 이들이 정상적인 생활을 할 수 있도록 도울 수 있는 방법이 많이 있기 때문이다.

9.4 개념 연결하기

감수분열 과정에 실수가 일어나면 염색체 수가 정상이 아닌 아이가 태어날 수 있다.

진도 점검하기 9.4

1. 접합자에 비정상적인 수의 염색체가 접합자에 들어가게 되는 과정을 설명하시오.
2. 1염색체성과 3염색체성을 비교하여 설명하시오.
3. 성염색체의 염색체 수 이상과 상염색체의 염색체 수 이상을 구별하시오.

연관: 과학적 탐구

XYY 핵형을 지닌 사람들은 더 공격적일까?

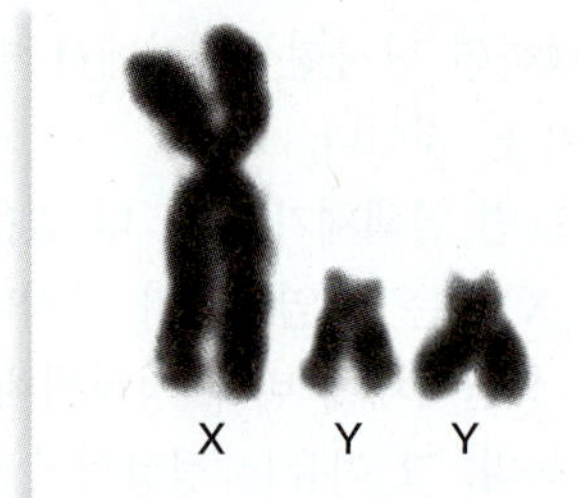

Y 염색체가 남성의 성징을 발달시키는 데 결정적인 요인이긴 하지만, 두 개의 Y 염색체를 갖는다고 해서 더욱 공격적인 성향을 나타내는 것은 아니다. Y 염색체가 두 개 있는 경우를 제이콥스증후군(XYY, Jacobs syndrome)이라고 부른다. 1960년대에 이루어진 초기 연구에서 XYY 남성이 폭력적인 범죄를 더 많이 범하는 경향이 있음이 시사되었다. 그러나 이것은 표본 집단의 크기가 매우 작은 연구였고 후속 연구를 통해서 곧바로 폭력성향과 XYY 핵형 사이에는 아무런 연관이 없음이 밝혀졌다. XYY 남성이 대체로 키가 매우 크고 때로 학습 장애를 나타내기는 하지만 공격적인 행동을 증가시킨다는 증거는 거의 없다. 남성 1,000명 가운데 1명은 실제로 XYY 핵형을 지니는 것으로 추정되고 있다.

요약

9.1 감수분열의 기초

감수분열(meiosis)은 핵분열의 한 종류로, 염색체 수를 줄이고 염색체 사이의 유전자를 뒤섞어준다. 감수분열이 일어나면 염색체와 대립유전자를 고유한 조합으로 갖는 반수체 딸세포가 만들어진다.

상동염색체

상동염색체(homologous chromosome)는 같은 위치에 동원체를 지니는 같은 길이를 갖는 염색체 쌍을 말한다. 상동염색체 쌍은 동일한 유전자 배열을 갖지만, 각 유전자의 **대립유전자(allele)**는 서로 다를 수 있다. 사람의 이배체 세포에는 22쌍의 상동 **상염색체(autosome)**와 1쌍의 **성염색체(sex chromosome)**를 포함하여 모두 46개의 염색체가 들어 있다. 남자는 XY를 여자는 XX 염색체를 지닌다. 사람 염색체의 **반수체(haploid, n)** 수는 23이고 **이배체(diploid, 2n)** 수는 46이다.

사람의 생활사

사람의 **생활사(life cycle)**에서는 두 종류의 핵분열이 일어난다.

- **유사분열(mitosis)**은 모든 체세포에서 23쌍의 염색체가 유지되도록 한다. 성장과 조직의 재생과정에 유사분열이 일어난다.
- **감수분열(meiosis)**은 정자형성과정이나 난자형성과정에서 배우자가 형성될 때 일어난다. 감수분열은 배우자를 반수체로 만든다. 그 결과 사람의 배우자에는 각 상동염색체 쌍에서 하나씩 모두 23개의 염색체가 들어 있다.

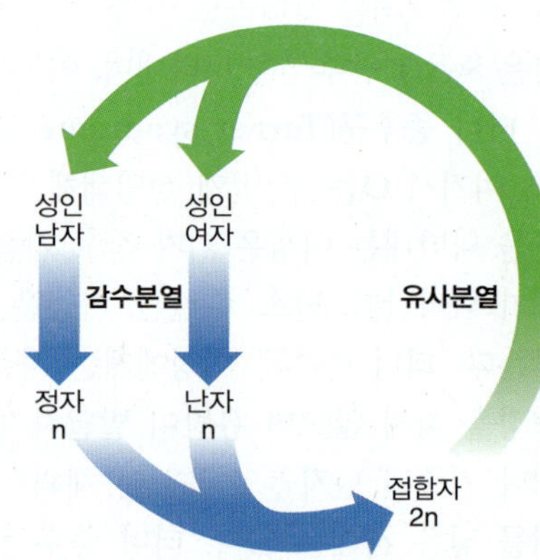

감수분열의 개요

감수분열은 두 번의 핵분열로 이루어지며 각각 **제1감수분열**과 **제2감수분열**이라 부른다. 감수분열이 완료되면 4개의 반수체(n) 딸세포가 생성된다.

- **제1감수분열:** 상동염색체가 나란히 **시냅시스(synapsis)**를 형성하여 **4분염색체(tetrad)**를 이루고 이후 상동염색체가 각기 따로 분리된다. 각 염색체는 양극 어느 쪽으로든 이동할 수 있으므로, 배우자에 포함된 염색체는 가능한 모든 가짓수로 조합되는 것이 가능하다.

- **제2감수분열:** 제2감수분열이 시작하는 시점에 염색체는 여전히 복제된 상태로 존재하며 이 상태를 **2분염색체(dyad)**라 한다. 자매염색분체는 후에 분리되어 딸염색체가 만들어진다. 딸세포는 반수체다. 어버이 세포에 4개의 염색체가 포함되었다면 각각의 딸세포에는 염색체가 2개씩 들어가게 된다. 딸세포에는 모든 종류의 염색체 조합이 포함될 수 있다.
- **교차:** 제1감수분열 전기에 일어나는 **비자매 염색분체(nonsister chromatid)** 사이의 **교차(crossing-over)**로 인해 염색체 상에 존재하는 대립유전자의 배열이 뒤섞일 수 있다. 교차가 일어나면 한 염색체의 자매염색분체 사이에도 대립유전자의 조성이 서로 달라진다.
- **감수분열의 중요성:** 감수분열은 세대를 거듭하더라도 염색체의 수가 일정하게 유지되도록 하며 유전적으로 다양한 딸세포, 즉 배우자를 형성한다는 점에서 중요한 의미를 지닌다. 그 결과 배우자들은 유전적으로 서로 다를 수 있다. 두 개의 배우자가 수정되어 나타나는 자손은 고유한 유전적 조성을 갖게 된다.

9.2 감수분열의 단계

제1감수분열

- **전기 I:** 4분염색체가 형성되고 염색체가 응축되면서 교차가 일어난다. 핵막이 사라진다.
- **중기 I:** 4분염색체가 적도면에 배열한다. 상동염색체 쌍이 무작위로 분리되어 양극으로 이동한다.
- **후기 I:** 각 4분염색체의 상동염색체가 분리되어 형성된 2분염색체가 양극으로 이동한다.
- **말기 I:** 각 상동염색체 쌍에서 하나씩의 복제된 염색체를 물려받아 반수체 딸핵이 형성된다.
- 제1감수분열 말기가 완료되면 딸세포는 **분열간기(interkinesis)**로 접어든다. 분열간기에 DNA는 복제되지 않는다.

제2감수분열

- **전기 II:** 염색체가 응축되고 핵막이 사라진다.
- **중기 II:** 반수체 염색체 수의 2분염색체가 적도면에 배열한다.
- **후기 II:** 자매 염색분체가 분리되어 형성된 딸염색체가 양극으로 이동한다.
- **말기 II:** 서로 유전적으로 상이한 4개의 반수체 딸핵이 형성된다.

9.3 감수분열과 유사분열의 비교

표 9.1에 감수분열과 유사분열의 유사점과 차이점을 요약하였다.

표 9.1 감수분열과 유사분열의 비교

제1감수분열	유사분열
전기 I	**전기**
상동염색체가 짝을 지어 배열한다. 교차가 일어난다.	상동염색체가 짝을 이루지 않는다. 교차가 일어나지 않는다.
중기 I	**중기**
4분염색체가 적도면에 배열한다.	2분염색체가 적도면에 배열한다.
후기 I	**후기**
상동염색체의 쌍이 따로 분리되어 형성된 2분염색체가 양극으로 이동한다.	자매 염색분체가 분리되어 형성된 딸염색체가 양극으로 이동한다.
말기 I	**말기**
2개의 딸세포 형성, 딸세포는 어버이 세포와 다르다.	2개의 딸세포 형성, 딸세포는 어버이 세포와 동일하다.
제2감수분열	**유사분열**
전기 II	**전기**
상동염색체가 짝을 이루지 않는다.	상동염색체가 짝을 이루지 않는다.
중기 II	**중기**
반수체 수의 2분염색체가 적도면에 배열한다.	이배체 수의 2분염색체가 적도면에 배열한다.
후기 II	**후기**
자매 염색분체가 분리되어 형성된 딸염색체가 양극으로 이동한다.	자매 염색분체가 분리되어 형성된 딸염색체가 양극으로 이동한다.
말기 II	**말기**
4개의 반수체 딸세포 형성, 딸세포는 유전적으로 서로 다르며 어버이 세포와도 다르다.	2개의 딸세포 형성, 딸세포는 어버이 세포와 유전적으로 동일하다.

9.4 염색체 수의 이상

염색체 **비분리현상(nondisjunction)**으로 인해 비정상적인 염색체 수를 지닌 개체가 태어날 수 있다. 제1감수분열 과정에서 비분리가 일어나서 상동염색체가 분리되지 않고 한 쪽 딸세포로 모두 전해지면 또 다른 딸세포에서는 해당 상동염색체를 하나도 갖지 못하게 된다. 제2감수분열에서 비분리 현상이 발생하면 자매염색분체가 분리되지 않아 한 쪽 딸세포에는 두 개의 염색체가 포함되는 반면, 다른 딸세포에는 그 염색체가 하나도 포함되지 않는다.

다운증후군

다운증후군(Down syndrome)은 상염색체성 증후군의 예로 21번 염색체를 3개 지니는 사람에게서 나타난다.

성염색체 수의 이상

성염색체의 수가 정상이 아닌 예로는 **터너(Turner) 증후군**(XO)과 **클라인펠터(Klinefelter) 증후군**(XXY)을 들 수 있다.

- **터너 증후군:** XO 핵형을 지니는 사람으로 X 염색체를 하나만 갖는다. X 염색체를 두 개 지니는 정상 여성의 경우 X 염색체 하나는 **바소체(Barr body)**로 불활성화 되기 때문에 이 경우에도 살아가는 데 큰 지장이 없다.
- **클라인펠터 증후군:** 두 개 이상의 X 염색체와 하나의 Y 염색체를 지니는 XXY 남성이다. 여분의 X 염색체는 바소체를 형성한다.

개념 연결하기

감수분열은 유성생식 과정에 일어난다. 감수분열은 생물종 내에서의 유전적 다양성이 나타나는 기초를 제공한다.

- **9.1** 감수분열은 개체가 지니는 염색체의 수를 줄이고 또한 서로 뒤섞어 준다.
- **9.2** 감수분열은 각각 네 개의 단계로 이루어진 분열과정을 두 차례 거친다.
- **9.3** 감수분열은 유전적으로 고유한 네 개의 세포를 만들어낸다는 점에서 유사분열과 다르다.
- **9.4** 감수분열 과정에 실수가 일어나면 염색체 수가 정상이 아닌 아이가 태어날 수 있다.

유성생식에 관한 정보가 더 필요하면 다음 논의를 참조하시오.

10.1절 유전양상에 대한 Mendel의 연구를 감수분열과 연관 지을 수 있다.

14.1절 자연선택의 과정에서 유전적 다양성의 중요성을 알 수 있다.

29.2절 남성과 여성 사이에서 감수분열의 차이점을 더 공부할 수 있다.

혼자 풀어보기

가장 적절한 답을 고르시오.

9.1 감수분열의 기초

1. 유사분열 과정에는 염색체 수가 ______, 감수분열 과정에서는 딸세포의 염색체 수가 ______.

a. 유지되고, 증가한다. **b.** 증가하고, 유지된다.
c. 증가하고, 감소한다. **d.** 유지되고, 감소한다.

2. 사람 세포에는 ____쌍의 성염색체가 들어 있다.

a. 1 **b.** 2
c. 22 **d.** 23

9.2 감수분열의 단계

[3~10] 보기에서 적당한 시기를 고르시오.

보기:

a. 제1감수분열 전기 **b.** 제1감수분열 중기
c. 제1감수분열 후기 **d.** 제1감수분열 말기
e. 제2감수분열 전기 **f.** 제2감수분열 중기
g. 제2감수분열 후기 **h.** 제2감수분열 말기

3. 분열구가 형성되고 반수체 핵이 만들어진다. 각 염색체는 두 개의 염색분체를 포함한다.

4. 4분염색체가 형성되고 교차가 일어난다.

5. 2분염색체가 적도면에 배열한다.

6. 4개의 반수체 딸세포가 형성된다.

7. 상동염색체가 양극으로 이동한다.

8. 자매염색분체가 분리된다.

9. 4분염색체가 적도면에 배열한다.

10. 반수체 핵에서 염색체가 응축된다.

11. 교차란?

a. 비상동염색체 사이의 재조합을 말한다.
b. 자매염색분체 사이의 재조합을 말한다.
c. 4분염색체를 이루는 염색분체 사이에서만 일어난다.
d. 인접한 4분염색체 사이에서 일어난다.

9.3 감수분열과 유사분열의 비교

보기:

a. 유사분열
b. 감수분열
c. 유사분열과 감수분열 모두

12. 서로 다른 유전적 조성을 지닌 딸세포를 생성한다.

13. 반수체 딸세포를 형성한다.

14. 전기, 중기, 후기, 말기로 이루어진다.

9.4 염색체 수의 이상

15. 염색체 비분리현상에 의해 나타날 수 있는 것은?

a. 1염색체성 **b.** 상동염색체성
c. 3염색체성 **d.** a와 c 모두 정답

16. 정상적인 배우자가 다음 어느 배우자와 수정될 때 터너 증후군을 지니는 사람이 생길 수 있는가?

a. 난자형성과정에서 비분리 현상이 나타난 난자
b. 정자형성과정에서 비분리 현상이 나타난 정자
c. a와 b 모두 정답
d. a와 b 모두 오답

과학적으로 생각하기

1. 클라인펠터 증후군이 있는 사람들은 대부분 불임이지만 어떤 사람들은 아이를 가질 수도 있 한다. 클라인펠터 증후군을 보이면서 아이가 있는 사람은 대체로 모자이크형이라는 것이 알려졌다. 모자이크형이란 일부 세포는 정상(46, XY)이지만 또 다른 일부 세포에는 가외의 염색체가 있는(47, XXY) 형태를 말한다. 모자이크형은 어떻게 나타날 수 있을까? 또 어떤 효과를 보일까?

2. 19세기에 의사들은 다운증후군이 대가족의 막내에게서 자주 나타난다는 사실을 알았다. 어떤 의사는 다운증후군이 "어머니의 생식적 피로(maternal reproductive exhaustion)"에 의해 나타나는 것이라고 생각하기도 했다. 산모의 나이와 다운증후군 발생의 상관관계를 합리적으로 설명한다면?

3. 감수분열을 통해 집단의 유전적 다양성을 엄청나게 증가시킬 수 있다는 사실을 알았다. 이는 어떤 면에서 이점이 될까?

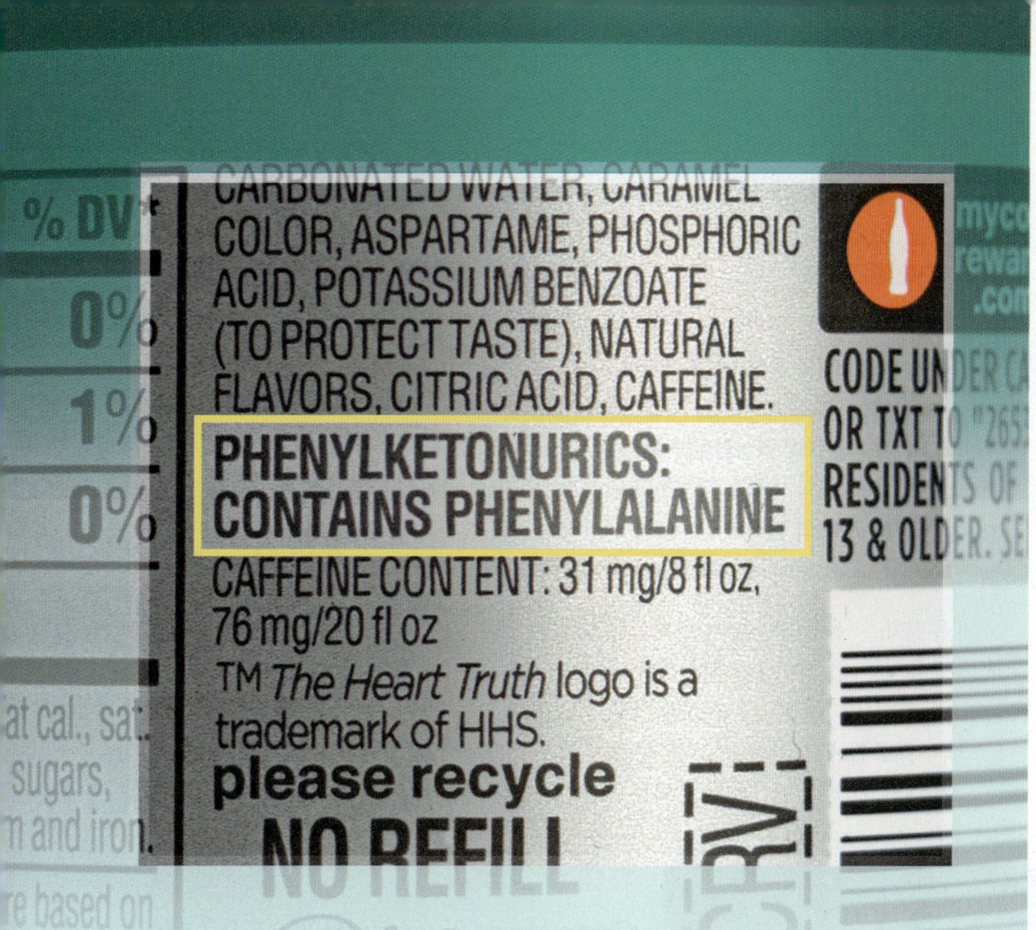

페닐케톤뇨증 환자를 위한 경고문

다이어트 음료의 뒷면에 "페닐케톤뇨증 주의: 페닐알라닌 함유"라는 경고 문구가 쓰여 있는 경우가 있다. 페닐알라닌은 단백질을 함유하는 거의 모든 식품에 들어 있는 아미노산 가운데 하나다. 페닐알라닌은 또한 다이어트 음료에 첨가되는 아스파탐(aspartame)이라는 인공 감미료의 주성분이다. 페닐알라닌은 중요한 영양물질로 대부분의 사람들은 이를 많이 섭취하더라도 아무런 문제가 생기지 않다. 페닐알라닌을 분해하는 효소가 있기 때문이다. 그러나 페닐케톤뇨증을 앓는 사람들은 이 효소를 만들지 못해서 페닐알라닌이 분해되지 않는다. 페닐알라닌이 우리 몸에 과다 축적되면 여러 가지 다양한 신경계 질환이 발생한다. 미국에서는 10,000명 중의 한 명 가량이 페닐케톤뇨증을 앓는 것으로 추정된다.

사람들은 부모로부터 DNA를 물려받는데 DNA에 수록된 정보는 신체가 정상적으로 기능할 수 있도록 하는 단백질의 합성에 영향을 준다. 페닐케톤뇨증과 같은 희귀한 유전질환으로 인해 우리는 사람의 형질이 한 세대에서 다음 세대로 어떻게 전해지는가에 대한 궁금증을 풀 수 있게 되었다. 이 장에서는 감수분열의 과정을 바탕으로 특정한 형질이 대물림 되는 과정을 어떻게 예측할 수 있는지 그리고 어떻게 감수분열 과정에 생성되는 유전적 변이가 때로는 페닐케톤뇨증과 같은 질환을 초래할 수 있는지 등을 살펴볼 것이다.

먼저 Mendel이 설명한 유전양상을 통해 페닐케톤뇨증를 비롯한 사람의 열성형질이 나타나려면 대립유전자 두 개가 모두 기능을 하지 못한다는 사실을 알아볼 것이다. 이 장에서는 또한 특정 유전자와 연관된 사람의 유전질환을 중심으로 쉽게 관찰할 수 있는 유전양상을 살펴보기로 한다.

이 장을 공부하는 동안 다음 질문에 대해 생각해보자.

1. 어버이에게서 물려받은 염색체 조합은 어떻게 신체의 모습과 기능에 영향을 주는가?
2. 페닐케톤뇨증은 어떻게 유전되는가?
3. 배우자를 만들어 내는 확률이나 특정한 형질이 유전될 확률을 예측할 때 감수분열은 어떻게 연관되는가?

10

유전양상

개 요

시작하기 전에

이 장을 시작하기 전에 다음 내용을 다시 살펴보자.

3.2절 단백질과 핵산은 세포 내에서 어떤 기능을 하는가?

8.2절 자매 염색분체란 무엇인가?

9.2절 감수분열을 통해 다양한 유전적 조합을 얻을 수 있는 방법은 무엇인가?

10.1 멘델 법칙

학습 목표

이 절을 학습한 후에는 다음 과제를 수행할 수 있어야 한다.

1. Mendel의 유전법칙을 설명하기.
2. 유전자형과 표현형을 구별하여 설명하기.
3. 우성형질과 열성형질을 구별하기.
4. Mendel의 법칙을 적용하여 단성교배와 양성교배 실험 결과를 해석하기.
5. Mendel의 법칙과 감수분열 사이의 관계를 찾아내어 설명하기.

유전학은 유전양상을 설명하고(사람들은 왜 가까운 친척들과 비슷한 특징을 공유하는지), 한 세대에서 다음 세대의 자손 사이에 존재하는 차이를 해명하고자 한다(왜 사람들은 부모와 다른 형질의 조합을 갖게 되는지). 역사상 거의 모든 문화권에서 관찰 가능한 형질의 유전양상을 설명하고자 시도했다. 이를 이해하는 것은 농업, 축산업, 의학 등 여러 분야의 문제를 해결하는 데 중요하다.

a.

멘델의 실험 과정

Gregor Mendel은 오스트리아의 수도사로 1860년대에 탁월한 실험을 수행하여 이를 바탕으로 유전의 원리를 수립하였다(**그림 10.1***a*). Mendel은 비엔나 대학에서 과학과 수학을 공부했다. 유전에 관한 연구를 수행할 당시 그는 지역 고등학교에서 자연과학 과목을 가르치는 임시 교사로 일하고 있었다. Mendel은 수학에 능통했으므로 통계적 방법을 이용하여 육종 실험을 수행할 수 있었다. 그는 주의 깊게 실험을 계획했으며 여러 동식물을 대상으로 예비 연구를

b.

그림 10.1 정원에서 일하는 멘델.

a. Mendel은 완두를 키우고 보살피면서 실험에 사용하였다. **b.** Mendel은 실험에 이들 일곱 가지의 형질을 선택하여 어버이가 모두 순종인지를 확인하였다. 이들을 교배하였을 때 나타나는 자손은 모두 우성 또는 열성 형질을 나타내었다.

수행했다. Mendel이 실험을 시작할 무렵 동식물 사육사라면 대부분 양친이 동등하게 새로운 개체의 탄생에 기여한다는 사실을 알고 있었다. 그러나 세대를 거듭하면서 가족 구성원 사이에 나타나는 명백한 변이가 어떻게 생기며 이들이 대물림 되는지는 이해하지 못했다. Mendel은 유전학적 모델로 이러한 변이를 설명하였다. Mendel의 모델은 또한 진화론과도 일치한다. 진화론에서는 다양한 형질의 조합을 지닌 개체들이 자연 상태에서 살아가다가, 이들 가운데 생식적으로 가장 성공적인 조합이 다음 세대로 전해질 확률이 높다고 설명한다.

Mendel은 완두를 대상으로 실험을 수행했다. 이는 탁월한 선택이었다. 완두는 재배하기 쉽고 세대기간이 짧다. 완두는 또한 정상적으로는 자가수분(꽃가루가 같은 꽃의 암술에 수정)에 의해 번식하지만 인공적으로 타가수분을 할 수도 있다. 완두에는 여러 가지 품종이 있었고 Mendel은 22가지 품종을 실험에 사용해 보았다. Mendel은 이 가운데 특히 쉽게 확인할 수 있는 차이를 보이는 7개의 변종을 선택했다(그림 10.1*b*). 이들 품종을 자가수분하면 순종을 확보할 수 있다. **순종**(*true-breeding*)이란 자가수분하면 계속 어버이와 동일한 자손이 나타나는 품종을 말한다. 이전의 연구자들과는 달리 Mendel은 콩 모양, 콩 색, 꽃 색 등 비교적 단순하고 쉽게 확인할 수 있으며, 자손들 사이에서 중간 정도의 형질이 나타나지 않는 형질을 대상으로 선택했다. **그림 10.2**는 Mendel의 실험을 보여주고 있다.

Mendel은 개별 형질이 유전되는 과정을 추적하면서 매우 상세하게 기록하였다. Mendel은 그가 잘 알고 있는 확률의 수학적 법칙에 근거하여 실험 결과를 해석하였고, 그 결과 여러 실험 결과에 의해 뒷받침되는 이론을 수립

그림 10.2 완두의 형태와 형질.

a. 완두에서 꽃가루는 수술머리에서 형성되며 씨방에 들어 있는 밑씨에 난세포가 포함되어 있다. **b.** Mendel이 완두를 교배할 때 한 종류의 완두에서 꽃가루를 붓에 묻혀 다른 품종의 완두 암술머리에 옮겨 주었다. 꽃가루가 난세포와 수정하면 밑씨가 완두콩 종자로 발달한다.

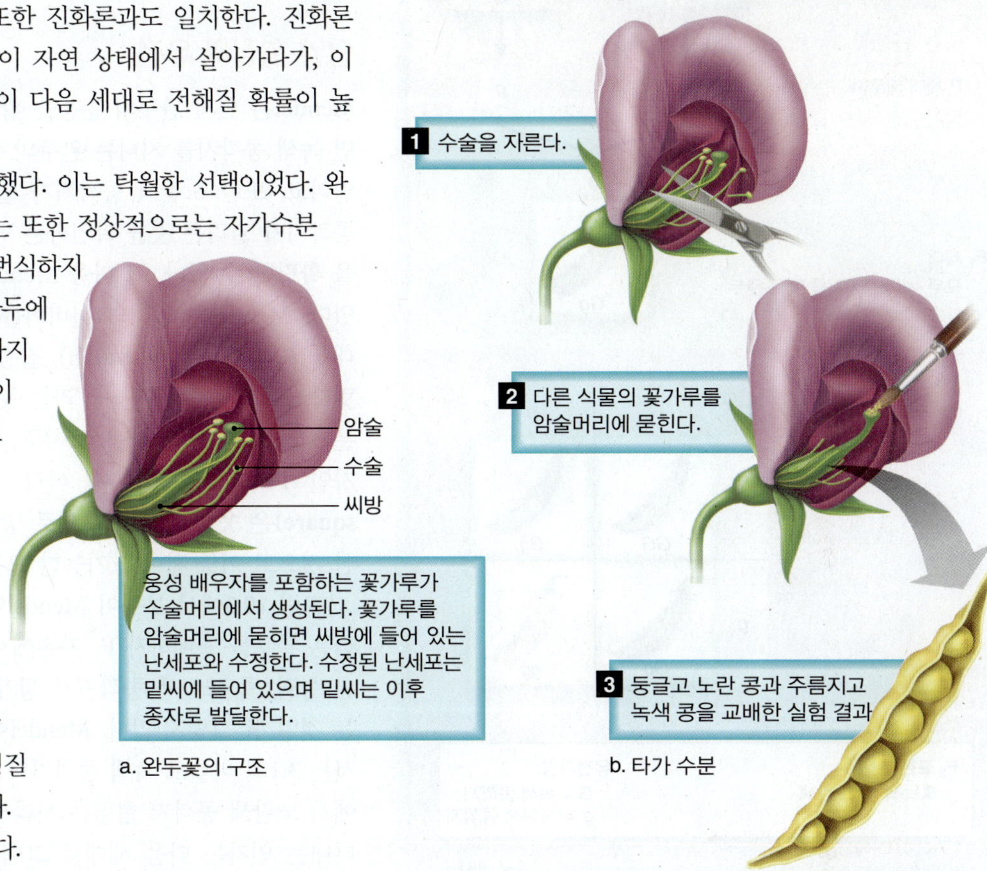

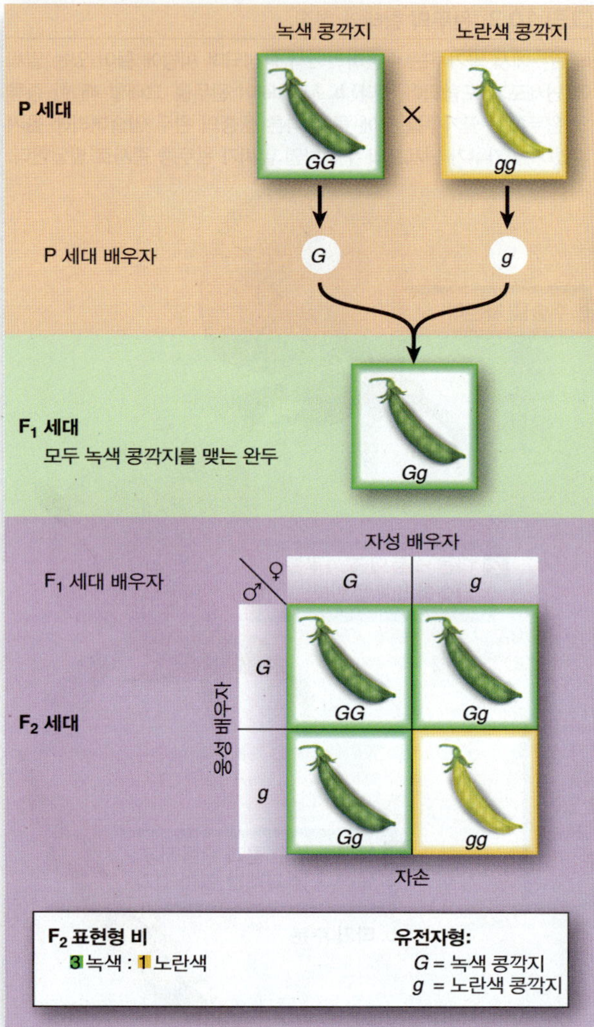

그림 10.3 단성 교배.

P 세대의 어버이 완두는 각기 한 가지 형질, 즉 콩깍지의 색깔만 서로 다르다. F_1 세대의 완두의 콩깍지는 모두 녹색이지만 노란색 인자가 사라진 것은 아니다. 이는 F_2 세대의 완주 1/4 정도에서 노란색 콩깍지가 열리는 것으로 확인된다. F_2 세대에서 나타나는 표현형의 비율이 3:1이라는 점에서 Mendel은 개체에는 각각의 형질을 나타내는, 분리 가능한 두 개의 유전 인자가 들어 있다고 추론하였다.

연관: 과학적 탐구

왜 그렇게 많은 콩을 썼을까?

Mendel이 완두에 대해 강박적으로 집착했던 것은 아니다. 수학자로서 그는 통계적으로 유의미한 결과를 얻기 위해서는 표본 크기가 충분히 커야 한다는 것을 알고 있었다. 완두는 이런 분석에 이상적인 재료다. 콩 하나하나가 개별 접합자이기 때문이다. 초기 실험에서 Mendel은 15,300개의 콩과 1,700개의 콩깍지 모양과 색을 조사했다. 그렇게 해야만 Mendel이 관찰한 3:1의 비율이 무작위로 나타난 결과가 아니라는 사실을 확신할 수 있었기 때문이다.

할 수 있었다. 이 Mendel의 이론을 입자유전설(*particulate theory of inheritance*)이라 불린다. 우리가 현재 유전자라 부르는 것이 작은 입자의 형태로 존재한다는 이론이기 때문이다. 유전 과정은 또한 한 세대에서 다음 세대로 동일한 유전자들이 뒤섞이는 과정을 포함한다.

단일 형질의 유전

Mendel은 먼저 완두의 순종을 확립하는 것에서 실험을 시작하였다. 예를 들면 녹색 콩깍지를 지니는 완두의 순종을 자가수분하면 언제나 녹색 콩깍지가 열리고, 또한 노란색 콩깍지가 열리는 완두를 자가수분하면 언제나 노란색 콩깍지가 열리는 것을 확인하는 방식으로 녹색 콩깍지와 노란색 콩깍지 순종을 확립할 수 있다. 그 다음 Mendel은 이들 순종을 서로 교배하여 잡종을 얻었다. Mendel은 원래의 어버이를 *P* 세대(*P generation*)라 하고, 잡종 제1세대를 F_1 세대(F_1 *generation*), 잡종 제2세대를 F_2 세대(F_2 *generation*)라고 불렀다. (여기서 *F*는 '자식의'라는 뜻을 지닌 '*filial*'에서 유래하였다.) **그림 10.3**은 Mendel의 F_1 교배를 보여주는 푸네트 정방형이다(20세기 초반의 유전학자인 Punnett의 이름에 따라 이렇게 불린다). **푸네트 정방형(Punnett square)**은 웅성 배우자는 세로 방향으로, 자성 배우자는 가로 방향으로 배열한 것으로 이들 사이에 가능한 모든 조합을 정방형 안에서 찾을 수 있다.

그림 10.3에서 보듯이 Mendel이 각기 녹색 콩깍지와 노란색 콩깍지가 열리는 완두를 교배하자 F_1 자손에서는 모두 녹색 콩깍지가 달렸다. 이것이 다른 형질, 즉 노란색 콩깍지가 생기는 형질이 영원히 사라졌다는 것을 의미하는 것일까? 그렇지 않다. Mendel이 F_1 완두를 다시 자가수분하자, F_2 세대에서는 3:1의 비율로 녹색 콩깍지와 노란색 콩깍지가 나타났다. 따라서 F_1 완두에서 노란색 콩깍지 형질은 사라진 것이 아니며, 완두의 콩깍지를 노랗게 나타내는 인자는 다음 세대로 그대로 전해졌다. Mendel은 F_1 완두에서 모두 녹색 콩깍지가 달렸던 이유는 콩깍지가 녹색으로 나타나는 형질이 노란색으로 나타나는 형질에 대해 우성이었기 때문이었음을 인식했다.

Mendel은 수학적인 방법을 사용함으로써 자신의 실험 결과를 당대의 다른 연구자들과 다른 방식으로 해석할 수 있었다. 그는 F_2 세대에서 3:1로 표현형의 비율이 나타날 수 있으려면 다음의 조건이 충족되어야만 한다고 추론하였다. (1) F_1 완두에 두 개의 유전 인자가 따로 분리될 수 있는 형태로 들어 있는데, 그 하나는 우성이고 다른 하나는 열성이다. (2) 배우자가 형성될 때 유전 인자는 분리되고 각 배우자에는 하나의 인자만이 들어 있다. (3) 수정될 때 여러 종류의 배우자가 무작위로 합쳐진다. 이와 같은 세 가지 조건이 충족될 경우에만 F_2 세대에서 노란색 콩깍지를 맺는 완두가 1/4의 비율로 나타날 수 있다.

단성 검정교배

Mendel은 단순한 우성과 열성 형질을 사용한 덕분에 교배의 결과에 대한 자신의 해석을 쉽게 검증할 수 있었다. F_1 완두가 열성 인자를 지니고 있는지 확인하기 위하여, Mendel은 F_1 세대의 녹색 콩깍지를 노란색 콩깍지와 교배하였다. 그는 이 교배에서 완두의 절반에서는 녹색 콩깍지가 열리고 나머지 반에서는 노란색 콩깍지가 열릴 것으로 예상하였다(**그림 10.4*a***). Mendel의 예상은 적중하여 실제로 예상과 같은 결과를 얻었다. 따라서 그가 세웠던 '특정 형질을 나타내는 두 개의 인자는 배우자가 형성될 때 무작위로 분리되고

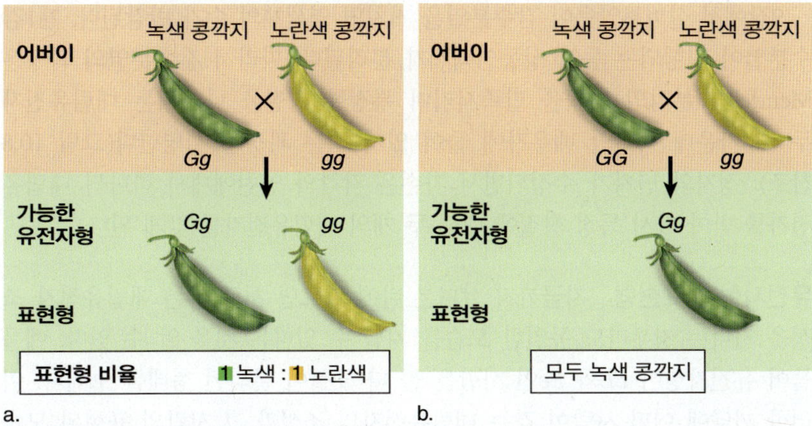

그림 10.4 단성 검정교배.

우성 표현형을 지닌 완두를 열성 표현형을 보이는 완두와 교배하면 우성 표현형 완두의 유전자형을 알 수 있다. **a.** 우성 표현형 완두가 우성 인자를 하나만 지니고 있다면 교배 결과 나타나는 자손의 표현형은 우성:열성=1:1의 비율로 나타난다. **b.** 우성 표현형 완두가 우성 인자를 두 개 지닌다면 교배에서 모두 우성 표현형을 보이는 자손이 나온다.

수정되면서 다시 두 개의 인자가 합쳐진다'라는 가설이 검증된 것이다.

이 실험은 **검정교배(testcross)**의 일례이다. 오늘날에는 이보다 더 상세한 유전분석 방법을 사용하긴 하지만(12장 참조), 여전히 이와 같은 방법은 특정한 형질에서 우성 표현형을 보이는 개체가 두 개의 우성 인자를 지니는지 아니면 우성 인자와 열성 인자를 하나씩 지니는지 확인하는 데 사용된다. 우성 인자는 하나만 있어도 우성 표현형을 나타내기 때문에 표현형으로는 이를 확인할 수 없기 때문이다. 그림 10.4*b*를 보면, 어떤 개체가 두 개의 우성 인자를 지니고 있는 경우 자손에게서는 모두 녹색 콩깍지가 열린다.

단성 교배 실험을 통해서 Mendel은 첫 번째 유전법칙인 **분리의 법칙(law of segregation)**을 이끌어 낼 수 있었으며, 이는 입자유전설을 확고히 하는 이정표가 되었다. 분리의 법칙은 다음과 같이 정리할 수 있다.

- 생명체는 각각의 형질을 나타내는 인자를 두 개씩 가지고 있다.
- 이들 인자는 배우자를 형성할 때 분리된다.
- 각 배우자는 두 개의 인자 가운데 하나만을 무작위로 갖는다.
- 수정이 되면서 각 형질에 대한 인자를 두 개씩 갖는 새로운 개체가 형성된다.

현대 유전학에서 본 분리의 법칙

20세기 초반에 과학자들은 Mendel이 제시한 입자성 유전인자와 염색체가 같은 방식으로 전달된다는 사실을 알았다. 이를 근거로 염색체에 유전정보가 담겨 있을 것이라는 "유전의 염색체설(*chromosomal theory of inheritance*)"이 제시되었다. 이제 우리는 생물의 형질은 대립유전자(유전자의 서로 다른 형태)에 의해 조절되고 대립유전자는 **유전자 좌위(gene locus)**라고 부르는 염색체의 특정한 위치에 놓여 있다는 사실을 알고 있다. **우성 대립유전자(dominant allele)**는 다른 대립유전자인 **열성 대립유전자(recessive allele)**의 발현효과를 억제하여 자신의 표현형을 나타낸다는 의미에서 우성이라 부른다. 우성 대립유전자는 보통 대문자로 표기하고 열성 대립유전자는 소문자로 표기한다. 사람의 귀 모양을 예로 들면(그림 10.8 참조), 분리된 귓불을 나타내는 인자는 *E*, 부착된 귓불 인자는 *e*로 표기한다. 특정한 상동염색체 상에는 짝이 되는 상동염색체와는 다른 형태의 대립유전자를 지닐 수 있다(**그림 10.5**). 개인의 형질은 환경에 의한 영향을 받는 동시에(10.3절 참조) 어버이에게서 물려받은 대립유전자들의 영향을 받는다.

연관: 과학적 탐구

왜 어떤 형질은 우성이고 또 어떤 형질은 열성일까?

유전자에는 특정한 단백질을 만들어내는 데 필요한 정보가 들어 있다. Mendel의 완두콩에서 완두꽃 색을 결정하는 유전자에는 두 가지 변이형, 즉 대립유전자가 존재한다. 우성 대립유전자를 갖는 식물은 보라색 꽃을 피운다. 그러나 열성 대립유전자는 보라색 색소를 만들지 못하는 단백질 변이에 대한 정보를 갖는다. 즉, 색소를 만드는 기능을 잃어버린 대립유전자인 것이다. 그 결과 흰색 꽃이 피게 된다. 우성 대립유전자와 열성 대립유전자를 각각 하나씩 갖는 식물(이형접합자)에서는 우성인 보라색이 열성인 흰색을 가려 보라색 꽃이 핀다. 다음 절에서 보게 되겠지만 모든 우성 대립유전자가 열성 대립유전자의 성질을 완전히 가릴 수 있는 것은 아니다.

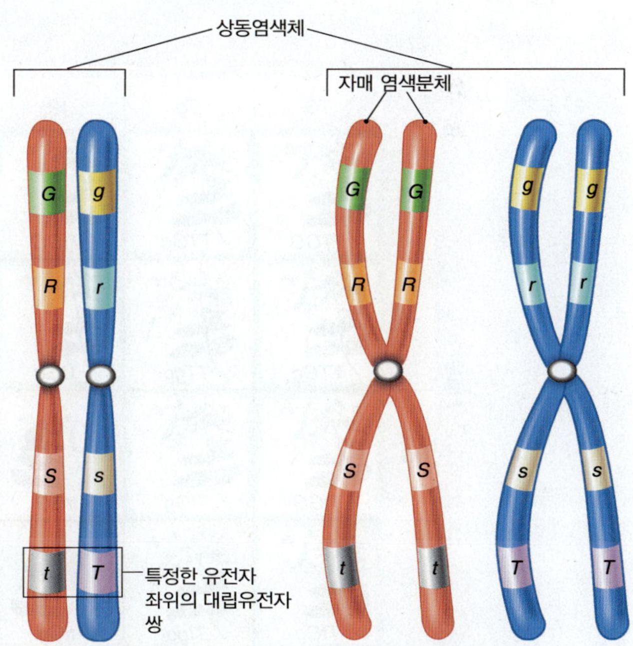

a. 특정한 좌위에는 서로 다른 대립유전자가 존재할 수 있다.

b. 염색체가 복제되어 형성되는 자매 염색분체에는 동일한 대립유전자가 존재한다.

그림 10.5 상동염색체.

a. 알파벳 문자는 대립유전자를 나타낸다. *Gg* 또는 *Tt*와 같은 각 대립유전자의 쌍은 각 상동염색체의 특정한 유전자 좌위에 위치한다. **b.** 자매 염색분체에는 같은 대립유전자가 같은 순서로 들어 있다.

표 10.1 유전자형과 표현형

유전자형	유전자형	표현형
EE	우성 동형접합	분리된 귓불
Ee	이형접합	분리된 귓불
ee	열성 동형접합	부착된 귓불

9장에서 살펴보았듯이 감수분열을 거치면 염색체의 수가 반감된다. 제1감수분열이 진행되는 동안 상동염색체가 분리된다. 따라서 감수분열의 과정은 Mendel의 분리의 법칙을 만족시키며 특정한 형질을 나타내는 대립유전자 두 개 가운데 하나만 배우자에 들어 있게 되는 과정을 설명한다(그림 10.8 참조). 정자와 난자가 수정되면서 자손은 각각의 양친에게서 하나씩 대립유전자를 받아 다시 특정 형질에 대해 두 개의 대립유전자를 갖게 된다.

유전자형과 표현형 지금까지 살펴본 바에 따르면 서로 다른 대립유전자 조성을 지니는 경우라도 동일한 모습을 지닐 수 있다는 것을 알 수 있다. 예를 들어 유전자형이 *EE*와 *Ee*인 사람은 둘 다 귓불이 분리된 형태를 보인다. 이러한 까닭에 어떤 사람이 갖는 대립유전자의 조성과 그 사람의 표현된 모습이 늘 일치하지 않는다는 것을 알아야 한다.

유전자형(genotype)이란 용어는 수정이 될 때 개체가 받는 대립유전자 조성을 말한다. 유전자형은 알파벳 한 글자 또는 짤막하게 형질을 설명하는 문자열로 표기된다. 특정한 개체가 두 개의 동일한 대립유전자를 지니는 경우가 **동형접합(homozygous)**이다. 분리된 귓불을 보이는 우성 동형접합자(*EE*)는 두 개의 우성 대립유전자를 지니고 이 사람에게서 형성되는 모든 배우자는 분리된 귓불 대립유전자(*E*)를 지닌다. 같은 방식으로 열성 동형접합자 어버이(*ee*)에게서 형성된 배우자는 모두 부착된 귓불을 나타내는 대립유전자(*s*)를 지닌다. 따라서 이 둘 사이에서 태어나는 모든 자녀들은 분리된 귓불 대립유전자(*E*) 하나와 부착된 귓불 대립유전자(*e*) 하나씩을 지니는 **이형접합(heterozygous)**이 된다. 이형접합자란 특정 형질에 대해 두 개의 서로 다른 대립유전자를 지니는 개체를 말한다.

표현형(genotype)은 개인에게 나타나는 물리적, 신체적 특징을 말한다. 생명체의 표현형은 대체로 유전자형에 의해 결정된다. 우성 동형접합자(*EE*)와 이형접합자(*Ee*)는 모두 우성 표현형, 즉 분리된 귓불을 지닌다. 반면 열성 동형접합자(*ee*)만이 열성 표현형, 즉 부착된 귓불을 지닌다(**표 10.1**).

두 가지 형질의 유전

Mendel은 이어서 두 가지 형질이 서로 다른 순종을 교배하는 일련의 실험을 수행하였다. 예를 들어 녹색 콩깍지를 갖는 키 큰 완두(*TTGG*)와 노란색 콩깍지를 갖는 키 작은 완두(*ttgg*)를 교배하는 식이다(**그림 10.6**). F_1 자손은 두 가지 형질에서 모두 우성을 나타내었다(키가 큰 녹색 콩깍지). 이전과 마찬가지로 Mendel은 F_1 자손을 자가 수분하였다. F_2 세대에서 Mendel은 두 가지 결과를 예상할 수 있었다.

1. 만약 우성인자들(*T*와 *G*)이 항상 함께 F_1의 배우자에게

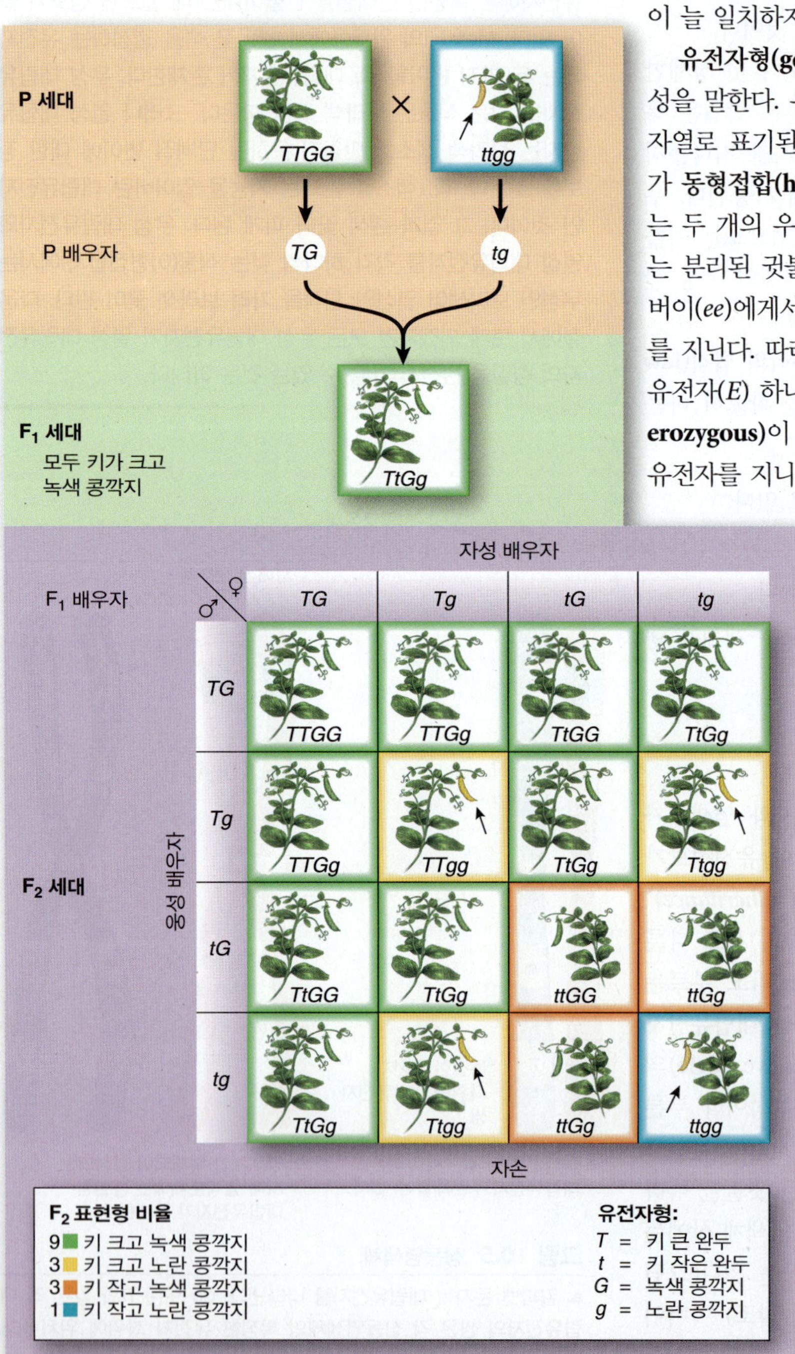

그림 10.6 멘델이 수행한 양성 교배.

P 세대의 완두는 줄기의 길이와 콩깍지의 색 두 가지 형질이 서로 다르다. F_1 세대에서는 우성 표현형만 나타나지만 F_2 세대에서는 네 종류의 표현형이 모두 나타난다. 표현형의 비율이 9:3:3:1로 나타난다는 사실에서 Mendel은 배우자에 두 종류의 인자가 서로 독립적으로 전해진다는 사실을 추론하였다. (화살표는 노란 콩깍지를 나타낸다.)

전해지고 열성 인자들(t와 g) 또한 항상 함께 대물림된다면, F_2 완두에서는 두 가지 종류, 즉 키가 크고 녹색 콩깍지와 키가 작고 노란색 콩깍지만 나타날 것이다.

2. F_1 완두가 배우자를 형성할 때 각각의 인자들이 독립적으로 분리된다면 F_2 완두에서는 다음 4종류의 표현형이 모두 나타날 것이다. 키가 크고 녹색 콩깍지, 키가 크고 노란색 콩깍지, 키 작고 녹색 콩깍지, 키 작고 노란색 콩깍지.

그림 10.6은 Mendel이 F_2 세대에서 4종류의 표현형을 관찰하였음을 보여주고 있다. 이는 두 번째 가설을 뒷받침하는 것이었다. 이 결과는 Mendel의 두 번째 법칙인 **독립의 법칙(law of independent assortment)**으로 알려졌으며, 다음의 내용을 포함한다.

- 각 인자의 쌍은 서로 독립적으로 분리된다.
- 배우자에서는 이들 인자의 모든 조합이 가능하다.

그림 10.6에서 만들어질 수 있는 모든 정자가 모든 난자와 무작위로 수정할 수 있다고 할 때, 두 가지 형질을 이형접합으로 갖는 어버이 사이의 양성잡종교배에서 나타나는 표현형의 비율은 9:3:3:1로 예측된다.

양성 검정교배

노랑초파리(*Drosophila melanogaster*)는 일반 집파리 크기의 1/5 정도밖에 되지 않지만 여러 종류의 돌연변이 형질을 쉽게 확인할 수 있기 때문에 유전학 연구에 널리 사용된다. 야생형(*wild-type*)은 자연 상태에서 가장 흔하게 발견되는 종류를 말한다. 야생형 초파리는 날개가 길고, 몸은 회색이나 날개가 짧고 검은색 몸을 가진 돌연변이 초파리도 발견되었다. 각 형질에 대한 대립유전자는 L = 긴 날개, l = 짧은 날개, G = 회색 몸, g = 검은색 몸으로 표기한다.

양성 검정교배는 어떤 개체가 두 가지 형질에 대해 각각 우성 동형접합자인지 아니면 이형접합자인지를 판별하고자 할 때 사용한다. 긴 날개와 회색 몸을 지니는 초파리를 눈으로 봐서는 유전자형을 결정할 수 없기 때문에 이때 유전자형은 L__ G__와 같은 형태로 표기한다.

양성 검정교배에서는 두 가지 형질에 대해 모두 우성 표현형을 나타내는 개체를 두 가지 형질 모두 열성인 개체와 교배한다. 두 가지 형질 모두 열성 표현형을 지니는 개체는 유전자형을 곧바로 알 수 있다. 예를 들어 긴 날개 회색 몸 초파리를 짧은 날개 검은색 몸 초파리와 교배하는 것이 양성 검정교배다. 이형접합 어버이 초파리($LlGg$)는 네 종류의 서로 다른 배우자를 형성하고 열성 동형접합 어버이 초파리($llgg$)는 단 한 종의 배우자만 형성한다.

어버이:	$LlGg$	×	$llgg$
배우자:	LG, Lg, lG, LG		lg

그림 10.7에 나타나 있듯이, 자손에서는 형성 가능한 모든 종류의 조합이 이루어질 수 있다. 이 그림에서 나타난 1:1:1:1의 표현형 비는 어버이세대의 L__ G__ 초파리가 두 형질 모두에 대해 이형접합임을 나타내고 따라서 유전자형은 $LlGg$가 된다. 이와 같은 개체를 **양성잡종(dihybrid)**이라고 한다. 푸네트 정방형을 사용하여 특정한 표현형을 지니는 자손이 나타날 비율을 예측할 수 있다(그림 10.7). 여기서 긴 날개 회색 몸을 지니는 자손이 나타날

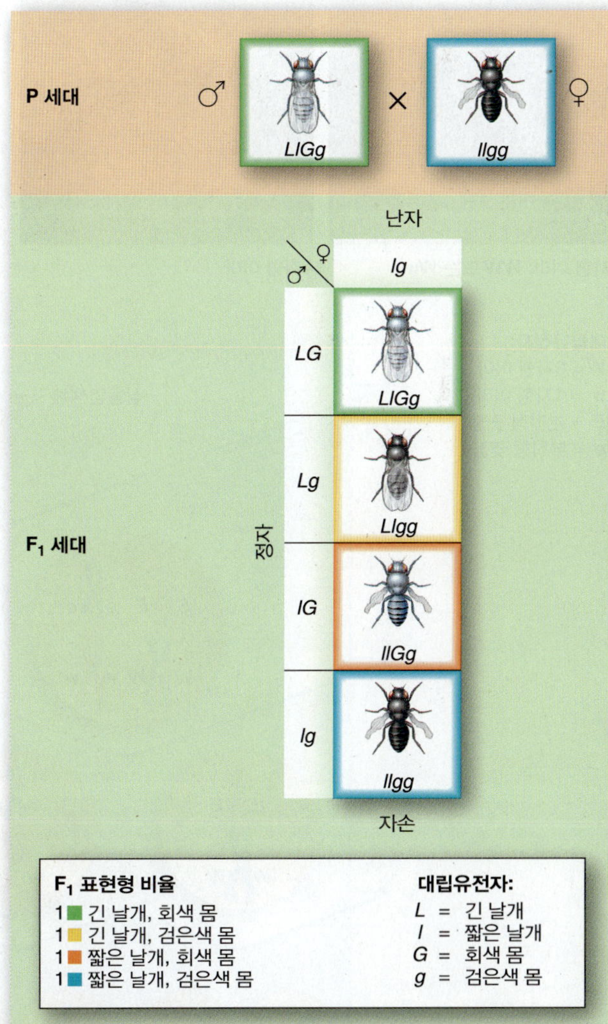

그림 10.7 양성 검정교배.
두 가지 형질 모두 이형접합인 초파리를 두 형질 모두 열성 동형접합인 초파리와 교배하면 자손에게서 1:1:1:1의 표현형 비율이 나타난다.

가능성은 얼마일까? 그 확률은 ¼, 또는 25%이다. 짧은 날개에 회색 몸 초파리가 나타날 가능성 또한 ¼, 또는 25%이다.

그림 10.8 멘델 법칙과 감수분열.

사람 세포에는 23쌍의 상동염색체가 들어 있는데 여기서는 그 가운데 2개만을 나타내었다. 각각의 대립유전자를 포함하고 있는 상동염색체는 배우자가 형성될 때 따로 독립적으로 분리된다. 따라서 서로 다른 대립유전자가 조합될 수 있는 모든 가짓수가 배우자 형성과정에서 조합 가능하다.

우성 | 열성

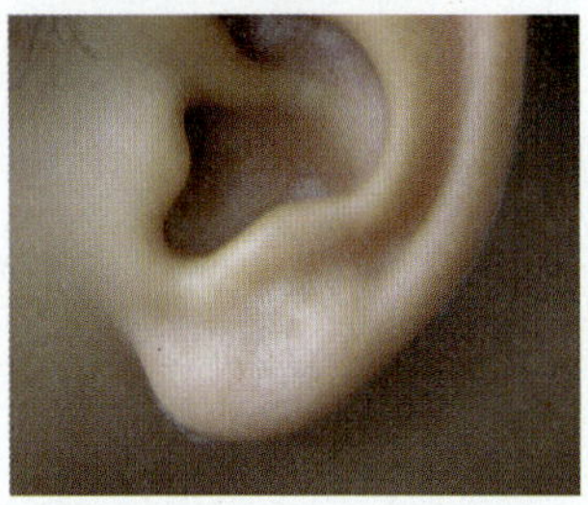

분리형 귓불: *EE* 또는 *Ee*

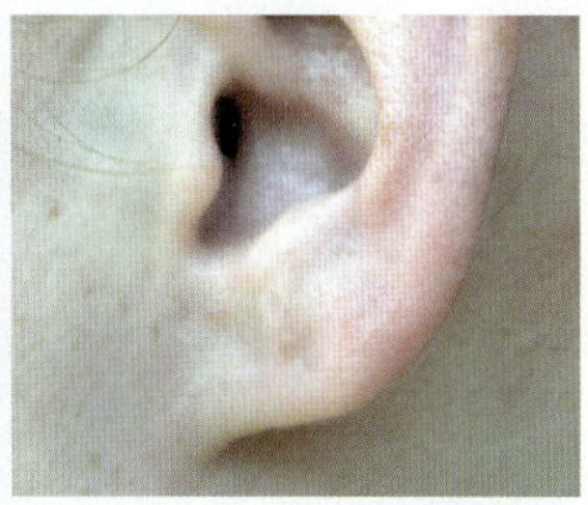

부착형 귓불: *ee*

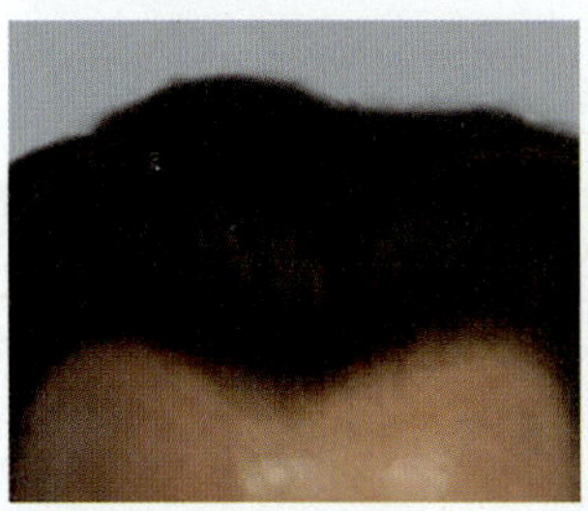

3자형 이마: *WW* 또는 *Ww*

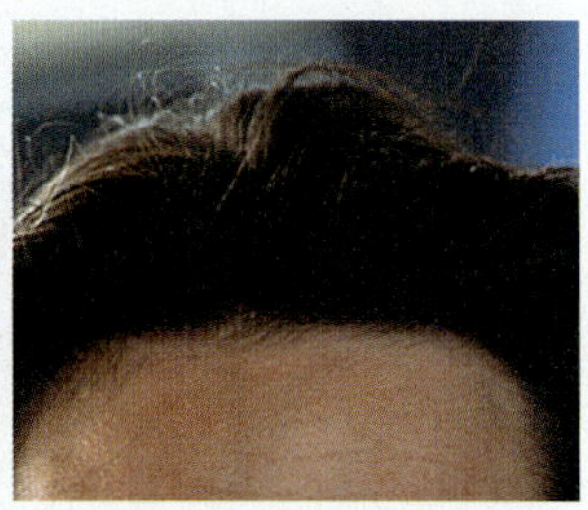

1자형 이마

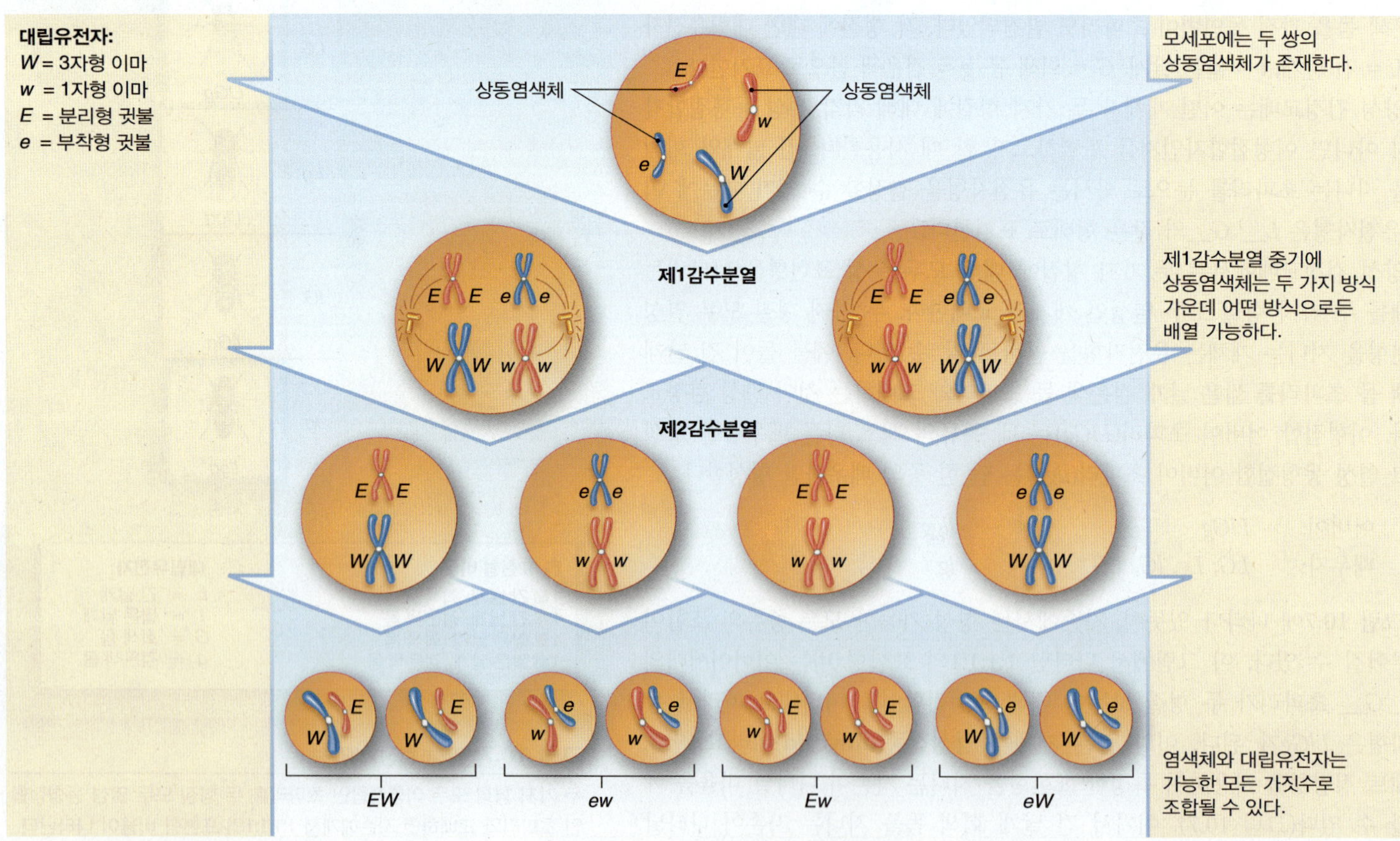

멘델 법칙과 확률

Mendel 연구의 중요성은 관찰되는 형질의 유전양상을 확률로 표현할 수 있다는 점에 있다. 푸네트 정방형을 이용하면 유전 교배의 결과를 계산할 수 있다. 이때, 우리는 몇 가지 사실을 전제로 삼는다. 첫째, 각각의 배우자는 특정 형질에 대해 하나의 대립유전자를 갖는다(분리의 법칙). 둘째, 형성되는 배우자 전체에는 모든 종류의 대립유전자 조합이 다 들어갈 수 있다(독립의 법칙). 셋째, 웅성 배우자와 자성 배우자는 서로 무작위로 합쳐지고, 그 결과 모든 정자와 모든 난자가 서로 수정될 확률은 동일하다. 이러한 조건이 만족되는 경우 확률의 법칙을 사용하여 표현형의 비를 예상할 수 있다. **곱셈법칙**(*rule of multiplication*)에 따르면 두 개 이상의 독립적 사건이 함께 일어날 확률은 그 사건이 개별적으로 일러날 확률의 곱과 같다. 예를 들어 동전을 던져 앞면이 나올 확률은 ½이다. 동전을 두 번 던져 두 번 다 앞면이 나올 확률은 ½ × ½ = ¼이다.

곱셈법칙을 사용하여 그림 10.7의 결과를 예상해 보자. 각 대립유전자 쌍은 독립적으로 분리되므로 이성교배는 단성교배를 따로 두 번 하는 것과 마찬가지다.

Ll ×	*ll*:	*ll* 자손이 나타날 확률	=	½
Gg ×	*gg*:	*gg* 자손이 나타날 확률	=	½

자손의 유전자형이 *llgg*일 확률은

$$\frac{1}{2}\, ll \times \frac{1}{2}\, gg = \frac{1}{4}\, llgg$$

그림 10.7의 자손에서 나타난 다른 유전자형에 대해서도 동일한 결과를 얻을 수 있다.

멘델 법칙과 감수분열

오늘날 우리는 Mendel의 법칙이 감수분열 과정과 관련된다는 사실을 알고 있다. **그림 10.8**에서는 길이가 서로 다른 두 쌍의 상동염색체가 포함된 사람의 세포를 예로 들어 감수분열 과정을 설명하고 있다. 한 쌍의 상동염색체는 길이가 길고 다른 상동염색체의 쌍은 길이가 짧다. (염색체의 색깔은 우리가 어버이 모두에게서 염색체를 물려받은 것을 나타낸다. 한 색은 아버지에게서 또 다른 색은 어머니에게서 물려받은 염색체를 뜻한다.) 상동염색체가 분리되면, 각각의 배우자는 각 상동염색체 쌍 가운데 하나만 갖게 된다. 서로 다른 종류의 상동염색체는 서로에 대해 독립적으로 분리된다. 긴 염색체의 어느 것이 어느 배우자에 들어가는가가 짧은 염색체가 배우자에 분배되는 과정에 전혀 영향을 주지 않는다는 뜻이다. 간단히 말하면 그림 10.8의 배우자는 염색체의 색에 관계없이 각각 하나의 긴 염색체와 짧은 염색체를 갖게 된다는 것이다. 따라서 배우자에는 염색체가 어떤 조합으로든 들어갈 수 있다.

여기서 대립유전자 *E*는 분리형 귓불을, *e*는 부착형 귓불을 나타내며 이들은 각각 한 쌍의 상동염색체 쌍에 존재한다. 대립유전자 *W*는 3자형 이마 모양을, *w*는 1자형 이마를 나타내며 이들은 다른 쌍의 상동염색체에 위치한다. 어느 배우자에 상동염색체의 어느 쪽이 들어가는지는 전혀 관계없으므로 배우자는 *E* 또는 *e* 그리고 *W* 또는 *w* 대립유전자를 어떤 조합으로든 가질 수 있다. 결국 배우자 전체에는 대립유전자의 모든 조합이 포함될 수 있다.

개념 연결하기 10.1

Mendel은 유전의 원리를 수립하였다.

진도 점검하기 10.1

1. Mendel이 실험을 통하여 설명한 유전양상을 요약하시오.
2. 이형접합체를 교배했을 때 그 사이에서 나타나는 표현형과 유전자형의 비율을 비교하시오.
3. 그림 10.6을 참고하여, *TtGg* 유전자형을 지니는 두 개체를 교배하였을 때 녹색 콩깍지를 지니는 키 작은 완두가 자라날 확률을 계산하시오.
4. Mendel의 양성 잡종교배 실험과 감수분열의 연관성을 설명하시오.

10.2 사람에게 적용되는 멘델 법칙

학습 목표

이 절을 학습한 후에는 다음 과제를 수행할 수 있어야 한다.

1. 가계도를 해석하여 유전양상이 상염색체성 우성인지 열성인지 결정하기.
2. 상염색체성 우성 및 상염색체성 열성 가계도의 특징을 나열하기.
3. 일반적인 유전적 이상을 나열하고 각각의 증상과 유전 양상을 기술하기.

사람을 비롯한 여러 개체에서 일부 형질이나 질병은 유전적 요인을 지니며 Mendel의 법칙에 따라 유전된다. 이들 형질은 상염색체 상에 존재하는 한 쌍의 대립유전자에 의해 조절되기도 한다. **상염색체(autosome)**는 성염색체(X 또는 Y)를 제외한 모든 염색체를 말한다. 성염색체와 연관된 유전양상은 10.4절에서 다룬다.

가계도

가계도(pedigree)란 특정한 유전형질과 관련된 집안의 내력을 기호로 나타낸 것이다. 가계도에서 남자는 네모로 여자는 원으로 표시된다. 음영 표시된

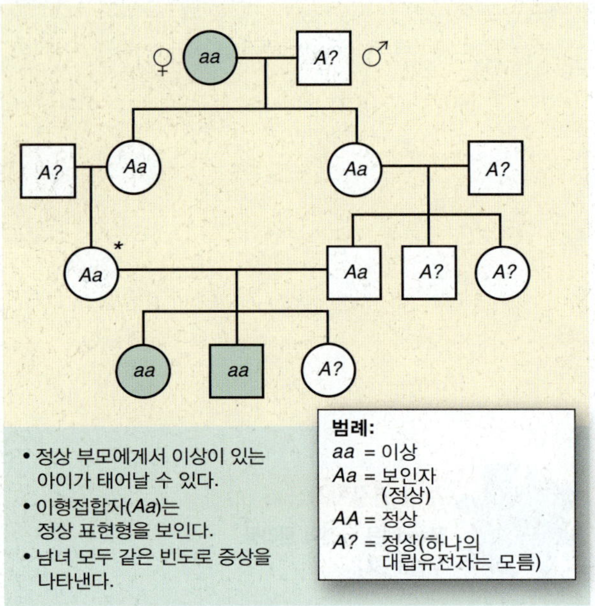

그림 10.9 상염색체성 열성 가계도.

제시된 목록은 상염색체성 열성 질환을 식별할 수 있는 방법이다. 위의 가계도에서 별(*)로 표시한 사람이 이형접합이라는 사실을 어떻게 알 수 있는가? (해답은 부록 A 참조.)

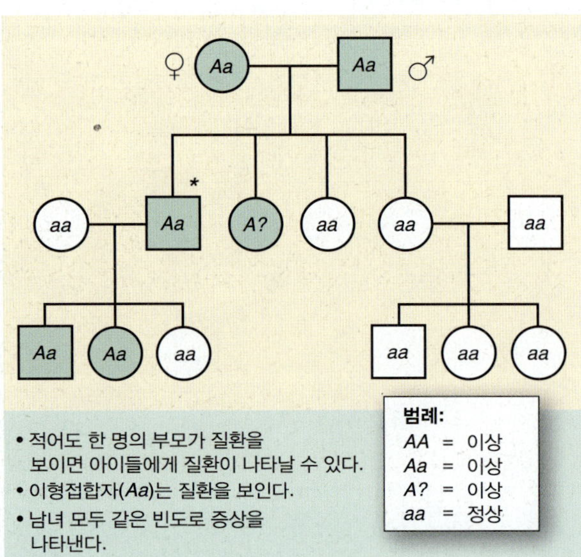

그림 10.10 상염색체성 우성 가계도.

제시된 목록은 상염색체성 우성 질환을 식별할 수 있는 방법이다. 위의 가계도에서 별(*)로 표시된 사람이 이형접합이라는 사실을 어떻게 알 수 있는가? (해답은 부록 A 참조.)

*그림 10.9에 표시된 사람은 질환을 보이지 않지만 아이는 질환에 걸렸다. 그러나 그림 10.10에 표시된 사람은 질환을 앓고 있지만 아이들은 정상임에 주목하시오.

원이나 네모는 해당 유전형질을 나타내는 사람을 표시한다. 네모와 원 사이의 수평선은 혼인 관계를 아래로 내려가는 수직선은 다음 세대의 자손을 나타낸다. 한 명 이상의 아이들이 있는 경우에는 이들을 수평 괄호로 묶어 표시한다. 가계도 분석은 유전상담사에게 유용한 도구이다. 가계도 분석을 통해 유전양상을 확인하면 상담사는 이들 부부 사이에서 태어나는 아이가 비정상적인 표현형을 나타낼 확률을 계산할 수 있다.

상염색체성 유전양상을 보이는 가계도

그림 10.9는 상염색체성 열성 질환을 보이는 가계도이다. 이 경우에는 부모가 둘 다 정상이어도 질환을 갖는 아이가 태어날 수 있다. 이때 부모는 보인자(*carrier*)이기 때문에 유전적 질환을 갖는 아이를 낳을 수 있는 것이다. 가계도 분석을 통해 부모 둘 다 상염색체성 열성 대립유전자를 보인자로 갖는 경우로 판명되면 유전상담사는 부모에게 적절한 유전자 검사를 권하여 이를 확인한다. 만일 부모가 원한다면 산전 유전자 검사를 통해 태아의 유전적 이상을 확인하는 것도 가능하다.

그림 10.9에서는 유전상담사가 상염색체성 열성 유전양상을 확인할 수 있는 방법들이 제시되어 있다. 이 가계도에서 사촌끼리 결혼하여 세 명의 아이를 낳았고 이 가운데 둘에게서 질환이 나타났다는 사실을 주목하라. 가까운 친척 사이에서 열성 형질이 드러날 확률이 더 높다는 사실 외에도, 이 가계도는 또한 표현형이 나타날 확률은 이전의 사건과 관계가 없다는 사실을 보여주고 있다. 즉, 이형접합 부모에게서 각각의 자녀에게 질환이 나타날 확률이 각각 25%라는 것이다. 달리 말하면 이형접합 부모가 네 명의 아이를 낳더라도 각각의 자녀는 모두 25%의 확률로 질병을 나타낼 가능성을 지닌다.

그림 10.10에서는 상염색체성 우성 유전양상을 볼 수 있다. 이 경우에 부모가 모두 이상 증상을 나타내더라도 그 자녀는 정상일 수 있다. 부모가 이형접합이어도 증상을 나타내기 때문이다. 그림 10.10에는 상염색체성 우성 유전양상을 확인할 수 있는 방법들이 제시되어 있다. 이와 같은 가계도에서는 적어도 한 명의 부모가 증상을 보이지 않는 한 아이들은 정상이다. 증상이 없다는 것은 질병을 나타내는 우성 유전자를 지니고 있지 않다는 사실을 보여주는 것이기 때문이다.

주요 유전질환

사람들에게서 대부분의 형질은 여러 유전자와 환경의 상호 작용에 의해 나타나지만(10.4절 참조), 역사적으로 의학유전학은 단일 유전자 변이에 의해 나타나는 질환에 주로 관심을 기울여왔다. 몇몇 상염색체성 유전질환을 이 절에서 소개하기로 한다. 일부는 열성이므로 두 개의 질병 대립유전자를 모두 가져야 증상을 보인다. 반면 우성 질환은 하나의 대립유전자만을 물려받아도 질병이 나타날 수 있다.

메트헤모글로빈혈증

메트헤모글로빈혈증(*methemoglobinemia*)은 비교적 이상 증세가 심하지 않은 상염색체성 열정 질환이다. 이 질환은 헤모글로빈의 또 다른 형태인 메트헤모글로빈이 혈액에 축적되어 나타난다. 메트헤모글로빈의 색은 헤모글로빈처럼 빨갛지 않고 파란빛이 도는 보라색에 가까우므로 이 증상이 나타나면 피부색이 푸르게 변한다(**그림 10.11**).

오랫동안 의문에 싸여 있었던 메트헤모글로빈혈증의 원인은 어느 한 의사의 집요한 노력에 의해 밝혀졌다. 그는 미국 켄터키주의 Fugates 가족의 구성원에 대한 혈액 검사와 가계도 분석을 수행하였다. 그는 정상인에게서 메트헤모글로빈을 헤모글로빈으로 전환시키는 효소(diaphorase)를 검사해서 Fugates 집안에서 질병을 나타내는 사람들에게는 이 효소의 활성이 나타나지 않음을 발견했다. 그 다음 그는 전통적이지 않은 방법으로 그 환자를 치료했다. 메틸렌블루라는 색소를 환자에게 주사한 것이다. 이 색소는 강한 환원제로 전자를 메트헤모글로빈에 전달하여 이를 헤모글로빈으로 전환시킬 수 있었다. 그 결과는 놀라울 만큼 즉각적으로 나타났다. 환자의 피부가 빠르게 붉은 색조로 변한 것이다.

낭포성섬유증

낭포성섬유증(*cystic fibrosis*)은 상염색체성 열성 질환이다. 인류의 모든 집단에서 나타나기는 하지만 미국의 유럽계 백인에게서 가장 흔하게 나타난다. 이들 환자에게서는 원형질막에 존재하는 염소 이온 채널이 작동을 하지 못해 염소 이온(Cl^-)이 막을 통과하지 못한다(**그림 10.12***a*). 정상인의 경우, 염소 이온이 막을 투과하면 소듐 이온(Na^+)과 물이 함께 배출된다. 그러나 낭포성섬유증 환자는 기관지나 이자의 분비관 내막으로 점액질이 충분히 배출되지 못해 허파와 이자의 기능이 정상적으로 이루어지지 못한다. 따라서 환자는 허파의 점액질을 주기적으로 묽혀주는 등의 도움을 받아야 호흡이 가능하며, 잦은 호흡기 감염으로 고생한다(그림 10.12*b*). 또한 이자관이 막혀 소화효소가 소장으로 제대로 분비되지 않기 때문에, 낭포성섬유증 환자는 소화효소를 사과즙과 섞어 식사 전에 섭취한다.

알캅톤뇨증

소변의 색이 검어지는 알캅톤뇨증(*alkaptonuria*)은 상염색체성 열성 유전 양상을 보이는 희귀 유전질환이다. 알캅톤뇨증을 앓는 사람들에게는 3번 염색체에 위치하는 호모젠티스산염 산화효소(*homogentisate oxygenase, HGD*) 유전자의 정상적인 사본이 없다. HGD 효소가 정상으로 작용하면 호모젠티스산염이라는 물질이 분해된다. 이 효소가 없으면 호모젠티스산염이 혈액 내에 축적되고 소변에도 포함된다. 이 성분은 공기에 노출되면 검게 변하기 때문에 소변의 색이 검고 소변에서 독특한 냄새가 난다(**그림 10.13**). 호모젠티스산염은 관절과 결합조직에도 축적되어 조직을 검게 변화시키고 성인에게서 관절염을 일으킨다.

낫꼴적혈구빈혈증

낫꼴적혈구빈혈증(*sickle-cell disease*)은 상염색체성 열성 질환으로 정상적으로는 원반과 같은 적혈구의 모양이 불규칙하게 나타난다(**그림 10.14**). 실제로 많은 수의 적혈구가 낫 모양과 비슷하게 변해 있다. 글로빈 유전자의 단일 염기 치환으로 인해 정상 헤모글로빈과는 아미노산 하나가 달라져서 이런 차이를 보이는 것이다. 비정상 헤모글로빈 분자는 서로 뭉쳐 막대 모양의 불용성 덩어리를 형성하고 이로 인해 적혈구 세포가 낫 모양으로 변하게 된다.

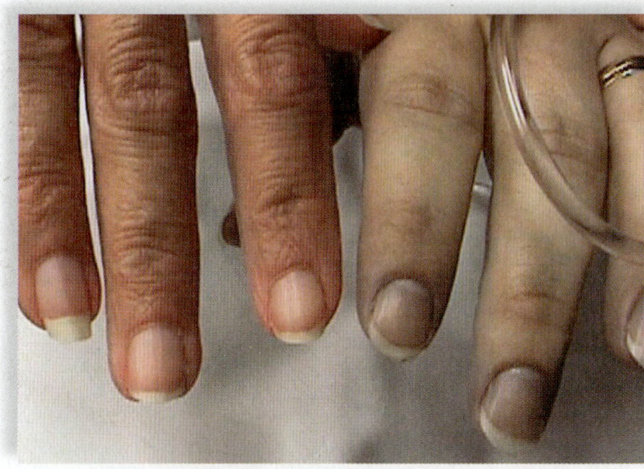

그림 10.11 메트헤모글로빈혈증.

오른쪽에 보이는 여성의 손은 메트헤모글로빈혈증으로 인해 푸른빛이 돈다. 이 질환을 갖는 사람은 다이아포레이스라는 효소가 결핍되어 혈액에서 메트헤모글로빈을 제거하지 못한다.

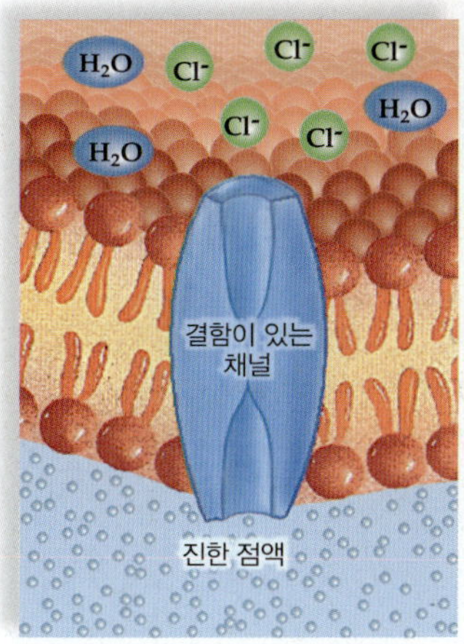

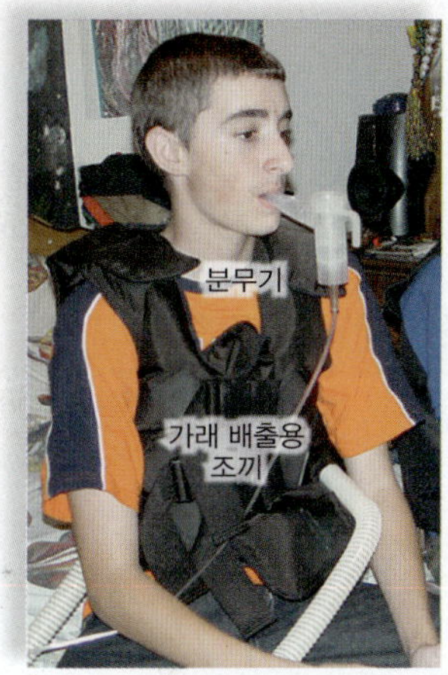

그림 10.12 낭포성섬유증.

a. 낭포성섬유증은 염소 이온의 막 투과를 조절하는 채널 단백질 결함으로 인해 나타난다. **b.** 분무기로 약제를 에어로솔의 형태로 만들어 기관지 통로에 뿌려준다.

그림 10.13 알캅톤뇨증.

알캅톤뇨증은 호모젠티스산염이라는 성분을 대사하지 못해 발병된다. 소변에 호모젠티스산이 과다하게 축적되면 소변이 공기 중에서 검게 변한다.

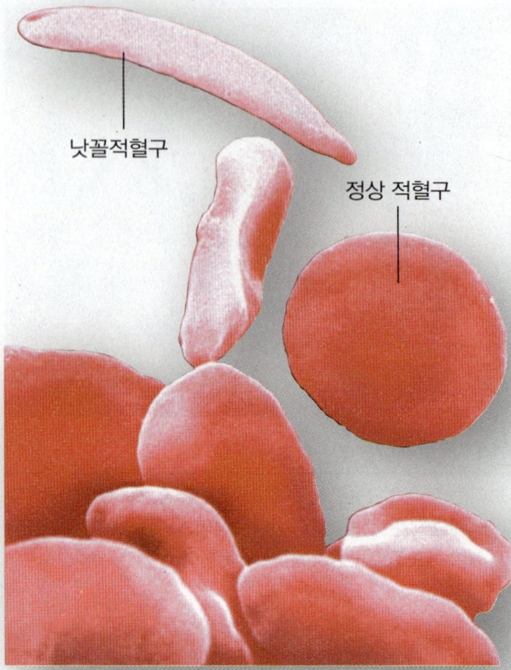

그림 10.14 낫꼴적혈구빈혈증.

낫꼴적혈구빈혈증 환자의 적혈구는 헤모글로빈 분자가 비정상이기 때문에 낫 모양으로 된다.

낫꼴적혈구 세포는 원반 모양의 정상 적혈구에 비해 좁은 모세혈관을 잘 통과하지 못하여 혈관을 막고 결국 파괴시킨다. 따라서 낫꼴적혈구빈혈증 환자는 혈액순환이 잘 되지 않고 빈혈 증세를 보이며 감염에 취약하다. 내출혈은 황달이나 간헐적 복부나 관절 통증, 장기 손상 등의 합병증을 유발한다.

낫꼴적혈구 유전자의 이형접합자는 적혈구 모양이 정상이나 낫꼴적혈구빈혈증 형질을 보인자 형태로 지닌다. 전문가들은 보인자들이 대체로 건강하며 특별히 신체 활동을 제한해야 할 필요는 없다고 말한다. 그러나 보인자들은 때때로 탈수증이나 미약한 산소 결핍증 등의 문제를 보이기도 한다.

불완전뼈형성증

불완전뼈형성증(*osteogenesis imperfecta*)은 상염색체성 우성 유전질환으로 뼈가 약해서 쉽게 부서지는 증상을 보인다. 적어도 9가지 유형의 증상이 알려져 있으며 대부분은 제1형 콜라겐의 합성에 필요한 두 개의 유전자에 돌연변이가 일어나서 발병한다. 제1형 콜라겐은 우리 몸에 가장 많이 들어 있는 단백질이다. 콜라겐은 뼈를 강하고 견고하게 만들고, 신체 조직 대부분에서 기본틀로 작용하는 등 다양한 기능을 한다. 불완전뼈형성증으로 인해 제1형 콜라겐에 결함이 생기면 뼈가 약해져서 부서지기 쉽다. 돌연변이 콜라겐은 정상적인 형태의 제1형 콜라겐과 작용하더라도 구조적인 결함을 나타내기 때문에 불완전뼈형성증은 일반적으로 우성이다. 불완전뼈형성증은 신생아 5,000명 중의 1명 정도로 나타나며 이 빈도는 모든 인종에서 비슷하다. 이 병은 300년 전부터 기록되어 왔다. '뼈없는 이바르(Ivar the Boneless)'라는 별명으로 방패로 가려진 수레에 실린 채 전장에 나갔던 바이킹 족장 Ivar Ragnarsson도 불완전뼈형성증을 앓았던 것으로 생각된다. 대부분의 경우 어린 시절 자주 뼈가 부러져 응급실을 찾으면서 진단을 받는다. 불완전뼈형성증을 앓는 일부 어린이는 공막에 푸른빛이 감돌아 눈의 흰자가 이상하게 보이기도 하며, 피부의 탄성 감소, 치아 약화, 때로는 심장 판막의 비정상 등이 나타나기도 한다. 최근 이 병을 치료할 수 있는 약제가 여러 가지 개발되어 골밀도를 높여 줄 수는 있지만 이들 약물을 장기간 복용해야 하는 어려움이 있다.

헌팅톤병

헌팅톤병(*Huntington disease*)은 우성 신경질환으로 뇌의 신경세포가 점차적으로 퇴화하는 질환이다(**그림 10.15**). 이 병은 헌팅틴(huntingtin)이라고 부르는 단백질 유전자 하나에 돌연변이가 생겨 발생한다. 대부분의 환자들은 중년이 되기까지 정상이어서 아이를 낳은 다음에야 헌팅톤병 진단을 받게 된다. 헌팅톤병 환자의 자녀들은 또한 이 병을 물려받을 수 있다. 아직 효과적인 치료법은 없으며 증상이 나타난 다음 10~15년 사이에 대체로 사망에 이른다.

헌팅톤병과 연관된 유전자는 4번 염색체 상에 위치한다. 해당 유전자의 존재 여부를 알아낼 수 있는 진단법은 개발되었으나 치료방법이 없기 때문에, 발병하기 전에 이 유전자를 진단하려는 사람들은 많지 않다. 헌팅톤병은 특이한 돌연변이에 의해 발생한다는 것이 알려졌다. 유전자에 가외의 코돈이 추가되면서 헌팅틴 단백질에 여러 개의 글루타민 아미노산 잔기가 덧붙여지기 때문이다. 정상적인 헌팅틴 단백질에 10~25개의 글루타민이 있다면 돌연변이 헌팅틴 단백질에는 36개 이상의 글루타민 잔기가

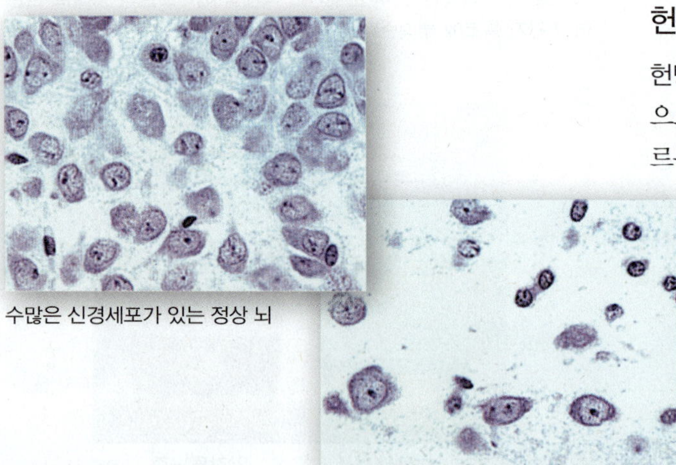

그림 10.15 헌팅톤병.

헌팅톤병은 뇌 속의 신경세포 손실로 인해 정신운동활동의 저해와 정신지체가 나타난다.

연결되어 있다. 이들 가외의 글루타민으로 인해 헌팅틴 단백질의 모양이 바뀌어 신경세포 안에서 커다란 덩어리를 형성한다. 이 덩어리는 다른 단백질을 또 같이 엉키도록 해서 상황을 악화시킨다. 헌팅틴과 같이 뭉쳐지는 단백질 가운데 CBP라고 부르는 단백질은 신경세포의 생존에 필수적이다. 현재 CBP 농도를 높임으로써 헌팅톤병을 이겨내고자 하는 시도가 기대를 모으고 있다.

10.2 개념 연결하기
가계도를 통해 유전질환을 해석할 수 있다.

진도 점검하기 10.2

1. 상염색체성 열성 및 상염색체성 우성 유전양상을 보이는 가계도의 차이점을 요약하시오.
2. 양친 모두 낭포성섬유증과 같은 이상 징후를 보이지 않는 경우에도 그 자녀에게서 질환이 나타날 수 있는 이유를 설명하시오.
3. 상염색체성 열성 및 상염색체성 우성 양상을 보이는 유전적 이상 증상의 예를 한 가지씩 제시하시오.

10.3 멘델 법칙을 넘어서는 유전양상

학습 목표

이 절을 학습한 후에는 다음 과제를 수행할 수 있어야 한다.

1. 불완전 우성과 공우성을 보이는 유전 교배 실험 문제를 풀고 설명하기.
2. 다중유전자 유전과 다면발현의 예를 제시하고 이에 대해 설명하기.
3. 환경이 어떻게 표현형에 영향을 주는지 설명하기.
4. 유전학에서 연관(*linkage*)이라는 용어가 어떻게 쓰이는지 설명하기.

Mendel 이후 대립유전자는 우열의 관계뿐만 아니라 이와 다른 관계를 보이기도 한다는 사실이 알려졌다. 어떤 대립유전자는 우성도 열성도 아닌 반면 또 다른 유전자에는 두 개 이상의 대립유전자가 존재한다. 게다가 일부 형질은 여러 개의 유전자에 의해 영향을 받고 또한 환경의 영향을 받기도 한다. 이로써 유전자형만으로는 개체의 모든 관찰 가능한 형질을 설명할 수 없다는 사실을 확실히 알 수 있다.

불완전우성

불완전우성(incomplete dominance)은 이형접합자가 각각의 동형접합자가 나타내는 표현형의 중간정도를 나타내는 경우를 말한다. 예를 들어 곱슬머리인 사람이 직모인 사람과 결혼하면 반곱슬머리를 갖는 아이가 태어난다. 반곱슬머리인 사람들끼리 결혼하여 아이를 가지면 그 아이들의 머릿결은 곱슬머리, 반곱슬머리, 직모의 형태가 각각 1:2:1의 비율로 나타날 것이라는 예측을 할 수 있다. 우성 대립유전자가 하나만 존재하는 경우에는 두 개 존재하는 경우보다 발현되는 유전자의 산물이 적어 중간 정도의 표현형이 나타나는 것으로 불완전우성 유전 현상을 이해할 수 있다.

사람에게 나타나는 불완전우성의 또 다른 예로 가족성 고콜레스테롤혈증을 들 수 있다. 이 병은 원형질막에 존재하는 LDL-콜레스테롤 수용체 단백질의 수가 다를 때 나타난다. 우리 몸이 혈액에서 콜레스테롤을 제거하는 능력은 수용체의 수에 비례한다. 수용체의 수가 적을수록 혈중 콜레스테롤 농도가 높다(**그림 10.16**). LDL-콜레스테롤 수용체 대립유전자 두 개 모두 돌연변이를 갖는 사람에게는 LDL-콜레스테롤 수용체가 존재하지 않는다. 돌연변이 대립유전자를 하나만 갖는 사람들은 정상인에 비해 절반의 수용체를 지니며 두 개의 대립유전자 모두 정상인 경우에는 정상

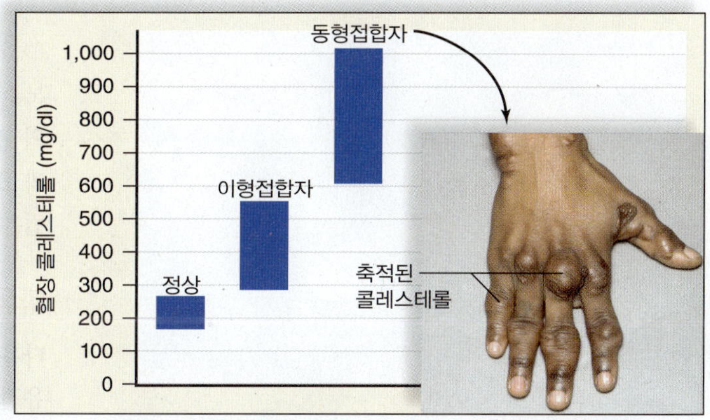

그림 10.16 불완전우성.
불완전우성에서 이형접합자는 두 종류의 동형접합자가 나타내는 표현형의 중간 정도 표현형을 나타낸다. 가족성 고콜레스테롤혈증은 사람에게서 나타나는 불완전우성의 일례이다. 돌연변이 대립유전자를 하나만 갖는 사람들은 혈중 콜레스테롤 농도가 비정상적으로 높으며, 두 개의 대립유전자가 모두 돌연변이형인 사람들은 이보다 훨씬 더 높은 혈중 콜레스테롤 농도를 보인다.

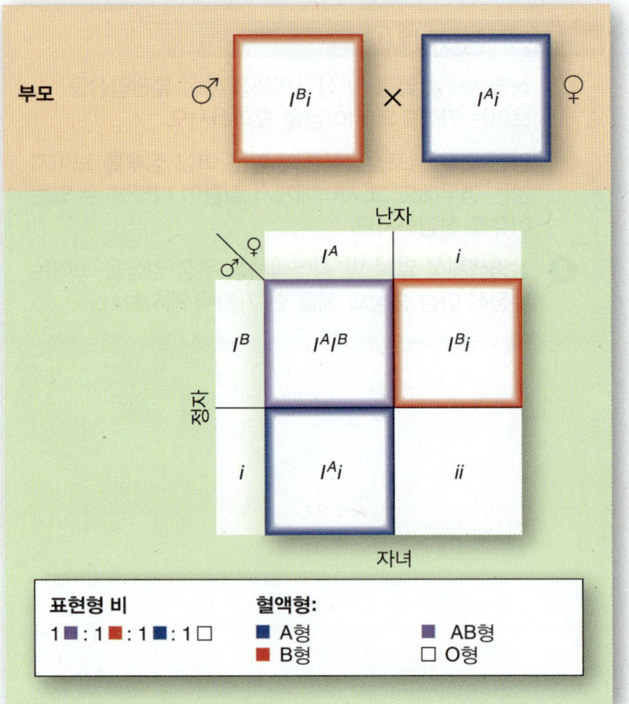

그림 10.17 ABO식 혈액형의 유전.

혈액형이 A형인 사람과 B형인 사람 사이에서는 네 종류 각각의 혈액형을 지닌 자녀가 모두 태어날 수 있다. 부모의 유전자형이 I^Ai와 I^Bi인 경우에만 가능하다. i 대립유전자는 열성이고 I^A와 I^B는 모두 우성이다.

적인 수용체 수를 유지한다. 수용체가 전혀 없는 사람들에게서는 콜레스테롤이 피하조직 등을 비롯한 신체의 여러 곳에 축적된다.

혈중 콜레스테롤 농도가 높으면 심혈관질환이 발병될 가능성이 높아진다. 따라서 수용체가 없는 사람들은 어린 시절에 심혈관질환으로 사망하게 된다. 반수의 수용체를 지니는 사람들 또한 젊은 시절이나 중년 무렵에 사망하는 확률이 높다.

복대립유전자

ABO식 혈액형은 세 종류의 대립유전자에 의해 조절된다. 이들 대립유전자는 적혈구 세포의 표면에 부착되는 특정한 항원의 발현을 관장한다.

I^A = 적혈구 표면에 A 항원 존재
I^B = 적혈구 표면에 B 항원 존재
i = 적혈구 표면에 A 항원 B 항원 모두 없음

한 사람은 세 가지 종류의 대립유전자 가운데 두 개만 지닐 수 있으며, I^A와 I^B 대립유전자는 둘 다 i 대립유전자에 대해 우성이다. 따라서 A형과 B형은 각각 두 가지의 유전자형이 가능하다. A형의 유전자형은 I^AI^A 또는 I^Ai이고 B형의 유전자형은 I^BI^B 또는 I^Bi 이다. O형은 i 대립유전자가 열성이므로 한 종류의 유전자형(ii)만이 가능하다. 그러나 I^A와 I^B가 함께 존재하면 각각의 표현형이 모두 발현된다. 따라서 I^A와 I^B 대립유전자를 함께 지니는 사람은 AB형이 된다. **그림 10.17**은 A형과 B형이 결혼하였을 때 여러 가지 혈액형이 가능한 이유를 설명해 준다.

사람 혈액형의 가능한 표현형과 유전자형은 다음과 같다.

표현형	유전자형
A	I^AI^A, I^Ai
B	I^BI^B, I^Bi
AB	I^AI^B
O	ii

이와 같은 사람의 혈액형 유전은 **공우성(codominance)**의 사례이다. 이는 복수의 대립유전자가 모두 각각 완전한 형태로 발현된다는 점에서 Mendel의 관찰 결과와는 차이를 보인다. AB형인 사람의 적혈구 세포 표면에는 A형과 B형의 당지질이 둘 다 존재한다. 두 개의 서로 다른 대문자는 두 가지 대립유전자 모두 항원을 효율적으로 만들어낸다는 것을 의미한다.

다유전자성 유전

다유전자성(polygenic) 형질은 피부색이나 사람의 키처럼 여러 종류의 대립유전자에 의해 조절되는 형질을 말한다. 각 개체는 이들 대립유전자를 쌍으로 지니며 이들은 여러 염색체에 흩어져서 존재하기도 한다. 우성 대립유전자는 특정한 기능을 하는 단백질 산물을 만들며, 따라서 우성 대립유전자는 표현형에 정량적으로 영향을 미친다. 각 대립유전자들이 미치는 영향력을 서로 더할 수 있다는 말이다. 여러 대립유전자들이 조금씩 부가적인 영향을 미치기 때문에 개체들 사이의 표현형의 차이는 근소하게 조금씩 달라진다. 따라서 특정 형질에 대해 여러 개체들의 표현형 정도를 그래프로 나타내면 종

모양이 된다. 더 많은 종류의 유전자가 관여할수록 표현형의 변이와 분포는 더욱더 완만한 형태가 될 것이다. 이와 더불어 환경적 영향으로 인해 더 많은 중간 정도의 표현형이 나타날 수 있다. 사람의 키를 예로 든다면, 영양 상태의 차이까지 더해지면서 종 모양의 곡선이 형성된다(**그림 10.18**).

피부색은 피부의 멜라닌 세포가 형성하는 색소에 의해 영향을 받는다. 피부색에 영향을 주는 유전자는 무려 100여 개에 이른다. 이처럼 피부색은 수많은 대립유전자 쌍에 의해 조절되기 때문에 광범위한 표현형이 나타난다. 대다수의 사람들은 중간 정도의 피부색을 나타내는 반면, 소수만이 양극단에 속하는 표현형을 보인다.

실제로는 이보다 훨씬 복잡하지만 이를 단순화해서 단지 세 쌍의 대립유전자(*Aa*, *Bb*, *Cc*)에 의해 피부색이 정해진다고 가정하자. 각각의 대문자는 피부에서 색소를 형성하도록 하는 대립유전자를 나타낸다. 피부색이 매우 짙은 사람이 매우 옅은 사람과 결혼하면 중간 피부색을 지닌 아이가 태어난다. 유전자형이 둘 다 *AaBbCc*인 부부 사이에서는 피부색이 매우 짙은 아이에서부터 매우 옅은 아이까지 다 태어날 수 있다. 이와 같은 표현형의 분포는 전형적인 종 모양 곡선을 이룬다. 이는 대부분의 사람들이 중간 형질을 나타내고 양극단의 형질을 보이는 사람은 소수라는 것을 의미한다. 표현형 범위가 종 모양으로 나타난다는 것은 다인자성 형질의 중요한 특징이다(**그림 10.19**).

그러나 피부색은 환경에서 햇빛의 영향을 받기도 한다. 이미 각 유전자형에 따라서 광범위한 표현형의 변이가 나타나고 있다는 사실을 기억하라. 여기에 환경의 요인이 더해지므로 동일한 유전자형을 지닌 사람이라 할지라도 피부색이 달라질 수 있다. 다인자성 형질에 대한 환경의 작용은 다음 절에서 살펴보기로 한다.

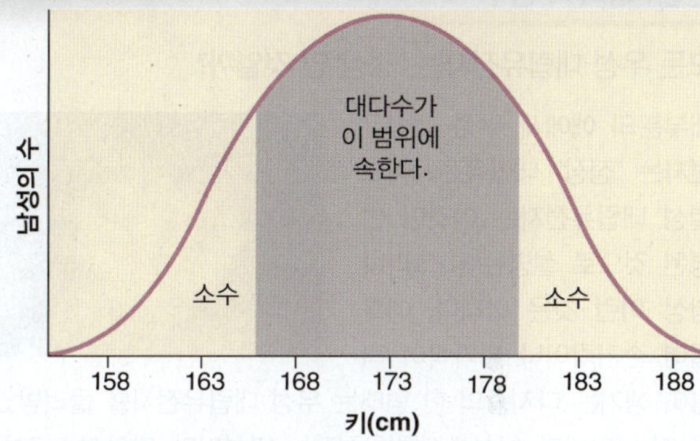

그림 10.18 다유전자성 형질인 사람의 키.

매우 규모가 큰 사람의 집단을 무작위로 추출하여 개개인의 키를 잰 결과는 종 모양의 곡선을 그린다. 여러 개의 유전자가 신장이라는 형질을 조절하기 때문이다. 영양 섭취를 비롯한 환경적 영향 또한 이 표현형에 영향을 준다.

환경의 영향

다인자성 형질(multifactorial traits)은 다유전자성 형질이 환경의 영향을 받는 경우를 말한다. 구개열, 휜발, 선천성 고관절 탈구, 고혈압, 당뇨, 정신분열증이나 심지어는 알레르기와 암에 이르기까지 많은 증상들이 여러 개의 유전자가 함께 작용하는 동시에 환경의 영향을 받아 나타나는 다인자성 형질이다. 유전자와 환경 요인이 각각의 표현형에 상대적으로 어느 정도 영향을 미치는지는 형질에 따라 다르다. 이를 알아내는 것은 중요한 도전이다. 특히 여

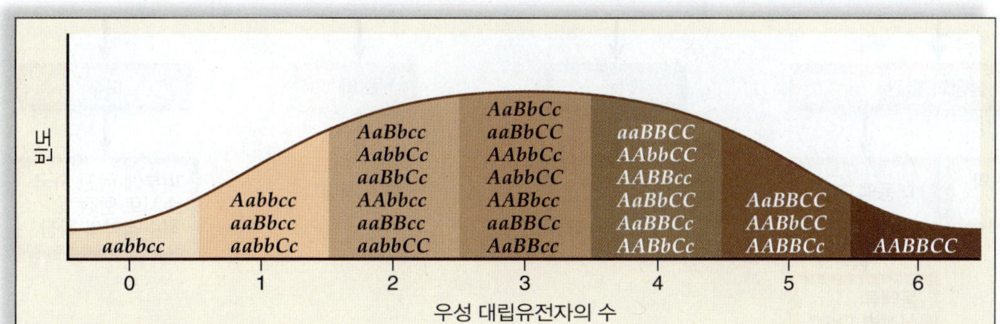

그림 10.19 피부색은 다유전자성 형질이다.

피부색은 여러 쌍의 대립유전자에 의해 조절을 받아 광범위한 표현형을 나타낸다. 대다수의 사람들은 중간 정도의 피부색을 보이는 반면, 소수의 피부색은 양극단에 속한다.

그림 10.20 히말라야토끼의 털색.

귀, 눈, 발 및 꼬리 끝이 검은색으로 표현되는 것은 이 부분이 신체의 중심부보다 체온이 낮기 때문인 것으로 생각된다.

러 개의 유전자가 표현형에 부가적인 효과를 미치는 다유전자성 복합 형질에서 중요한 문제가 된다. 각각의 유전자에 여러 대립유전자가 존재하고 각각의 대립유전자가 환경요인에 조금씩 다른 방식으로 반응한다면, 표현형은 상당히 다양해질 수 있다. 다인자성 형질은 제약회사에서 크게 관심을 갖는 대상이다. 유전적 요인이나 식습관 등의 환경적 요인에 따라 약물에 다른 반응을 보일 수 있기 때문이다.

온도 또한 동식물의 표현형에 큰 영향을 줄 수 있다. 앵초는 32°C 이상에서 자라면 흰꽃을 그리고 24°C 정도에서 자라면 빨간 꽃을 피운다. 샴고양이와 히말라야토끼의 털색은 귀, 코, 발, 꼬리의 색이 다른 부분보다 진하다. 히말라야토끼는 멜라닌 색소를 생성하는 데 관여하는 *ch* 대립유전자를 동형접합으로 지닌다. 실험 결과 이 유전자에서 생성하는 효소는 온도가 낮을 때만 활성을 보여 온도가 낮아 체온이 떨어질 때만 털색이 검어진다(**그림 10.20**). 이 동물을 더 따뜻한 환경에 두면 새로 생성되는 털은 밝은색을 띤다.

사람에게 있어 다인자성 형질에 대한 연구는 유전과 환경에 관한 논쟁을 이해하는 데 큰 도움을 주었다. 많은 학자들이 몇 퍼센트는 유전에 의하여 나타나고(선천적) 몇 퍼센트는 환경에 의해 나타나는지(후천적) 알아내고자 했다. 일란성 쌍생아는 유전자형이 동일하므로 태어나자마자 헤어진 쌍생아에 대한 연구를 통해 대부분 유전적으로 결정되는 특성을 일부 파악할 수 있었다. 일란성 쌍생아는 지적인 재능, 성격적인 특성 및 일생 동안 행복을 느끼는 수준 등이 이란성 쌍생아보다 더 비슷하였다. 생물학자들은 모든 행동적 특성이 일부는 유전되고 또한 이들 유전자가 작동할 때에는 복잡한 환경적 요인과 상호작용함으로써 나타난다고 생각하고 있다.

연관: 과학적 탐구

모든 우성 대립유전자는 "정상"인 것일까?

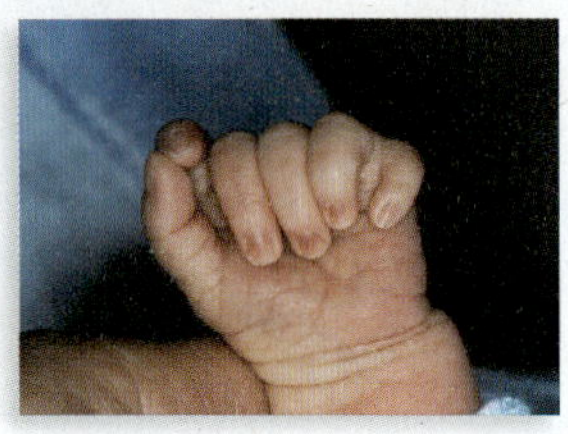

대부분의 예에서 우성 대립유전자는 "정상" 대립유전자이고 열성 대립유전자는 이것이 변형된 것으로 설명된다. 그러나 항상 이런 것은 아니다. 예를 들어 손가락이나 발가락이 더 많이 생기는 다지증의 한 형태는 우성 대립유전자를 물려받았을 때 나타난다. "정상" 대립유전자는 열성이다. 따라서 다지증 대립유전자를 하나라도 지니면 다지증 표현형을 나타낸다. 다지증은 또한 발현되는 정도가 다양한 형질의 예에 속하기도 한다. 같은 대립유전자를 갖는 사람이라도 사람에 따라 손가락이 하나 더 있거나 때로 발가락이 하나 더 있는 경우가 나타난다.

다면발현

다면발현(pleiotropy)은 하나의 유전자가 한 가지 이상의 효과를 나타내는 경우를 말한다. 이런 경우 때로는 증후군(*syndrome*)을 보이기도 한다. 증후군이란 특정한 유전자 돌연변이에 의해 일련의 증상이 동시에 나타나는 것을 말한다. 예를 들어 마르팡증후군(Marfan syndrome)은 팔다리와 손, 발이 비정상적으로 길고 동맥이 약하며 심한 근시가 나타나는 등의 여러 가지 증상을 동반한다(**그림 10.21**). 이런 증상은 모두 결합 조직이 비정상적으로 형성되면서 나타난다. 마르팡증후군은 유전자 하나에 돌

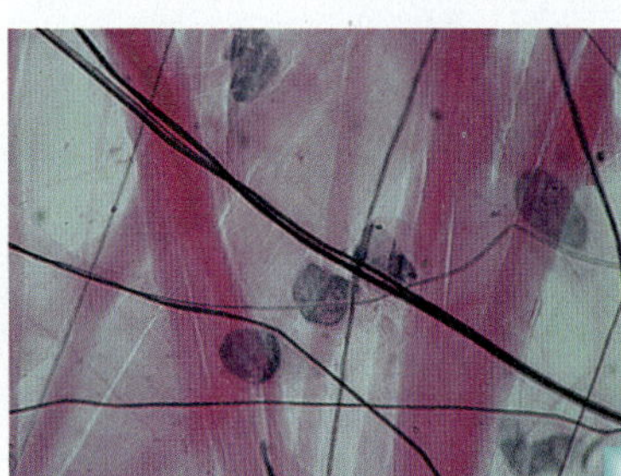

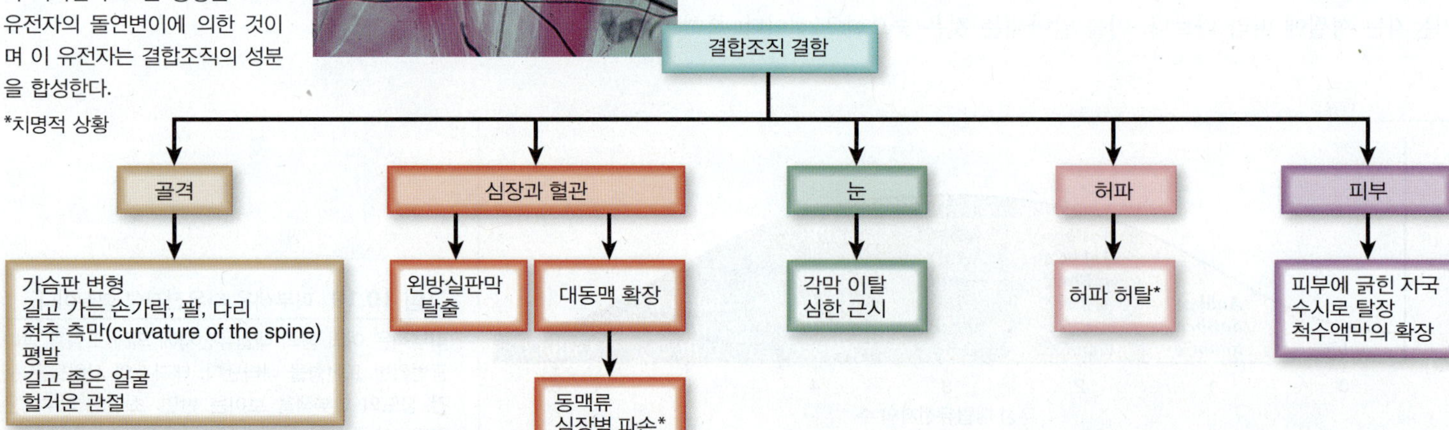

그림 10.21 마르팡증후군, 단일 유전자의 여러 가지 효과.

마르팡증후군을 지니는 사람은 몸 전체의 결합조직에서 결함을 나타낸다. 주로 골격, 심장, 혈관, 눈, 허파, 피부 등에서 주요 변화가 나타난다. 모든 증상은 *FBN1* 유전자의 돌연변이에 의한 것이며 이 유전자는 결합조직의 성분을 합성한다.

*치명적 상황

연변이가 발생하는 경우 발생한다. 15번 염색체에 존재하는 *FBN1* 유전자는 정상적인 경우 피브릴린(fibrillin)이라고 부르는 단백질을 형성한다. 피브릴린은 결합조직의 신축성 섬유를 형성하는 데 필수적인 역할을 한다. 결합조직이 정상적으로 형성되어 구조적인 지지역할을 하지 못하면, 특히 농구나 배구 등의 심한 운동을 하는 사람들의 경우 대동맥이 쉽게 파열될 수 있다. Flo Hyman은 미국 최고의 여자배구 선수였지만 시합 중에 대동맥 파열로 인해 쓰러져 31세에 사망하고 말았다. 이제는 운동 지도자들이 마르팡증후군에 대해 잘 알게 되어 장신의 선수들을 유심히 관찰하고 있다. Chris Weisheit는 마르팡증후군으로 진단받은 다음 "농구 시합 도중에 죽고 싶지 않다"며 선수생활을 일찍 접었다.

낫꼴적혈구빈혈증이나 포르피린증(porphyria)과 같은 많은 종류의 질병이 다면발현의 사례에 속한다. 포르피린증은 헤모글로빈 형성 과정에서 특정한 화학물질이 부족하여 적혈구의 붉은색을 만들지 못한다. 포르피린증은 광민감성, 심한 복부 통증, 붉은색 소변, 팔다리 마비증상 등을 수반한다. 1700년대 후반에서 1800년대 초반 사이의 영국 왕실 가족의 상당수가 이 증상을 지니고 있어 간질성 경련이나 기괴한 행동을 보이거나 혼수상태에 빠지곤 했다. 뱀파이어에 대한 전설은 아마도 특정한 형태의 포르피린증을 앓고 있는 사람의 이야기에서 유래되었을 것이다.

연관

Mendel의 유전에 관한 연구 결과를 알고 나서 유전학자들은 곧 하나의 염색체 상에 여러 종류의 대립유전자가 존재해야 한다는 사실을 인식하기 시작했다. 하나의 염색체에 단 한 두 개의 대립유전자만이 들어 있는 것이 아니라, 한 염색체에는 일련의 대립유전자들이 특정한 순서로 포함되어 있다. 염색체 상에서 각 대립유전자의 위치가 정해져 있으므로 이들 대립유전자의 순서 또한 고정되어 있다. 같은 염색체에 포함되는 모든 대립유전자들은 하나의 **연관군(linkage group)**을 이룬다. 같은 연관군에 속한 대립유전자들은 함께 대물림되는 경향을 보인다. **그림 10.22**는 사람의 19번 염색체 상에 존재하는 연관군을 보여준다.

앞에서 양성 교배를 통해 우리는 서로 다른 대립유전자 쌍들이 독립적으로 대물림된다는 사실을 배웠다(그림 10.6 참조). 이들 대립유전자 쌍은 서로 다른 염색체 상에 존재하는 것으로 가정하였고 따라서 이들 유전자는 서로 연관되어 있지 않은 유전자들이다. 그러나 같은 염색체에 연관되어 있는 대립유전자들은 독립적으로 전달되지 않으며 따라서 전형적인 Mendel의 독립의 법칙을 따르지 않는다. 유전학자들은 동일한 연관군에 속하는 대립유전자들이 다음 세대로 서로 함께 전달되는 비율을 바탕으로 염색체 상의 유전자 지도를 작성할 수 있었다. 이들 지도는 염색체 상에 위치하는 유전자들의 상대적 거리를 나타낸다. 오늘날 염색체의 유전자 지도는 염색체를 이루는 DNA의 뉴클레오타이드 서열을 직접 결정하는 등의 생화학적 방법으로 작성한다.

개념 연결하기

10.3 Mendel의 유전법칙이 수립된 이후 다양한 유전양상이 발견되었다.

그림 10.22 사람의 19번 염색체 상에 연관되어 있는 일부 형질(실제 거리와 다름).

이들 형질은 단일 연관군을 이룬다. 인류유전학에서 유전자의 이름은 유전자의 기능이 아니라 관련된 질병에 따라 명명된다.

진도 점검하기 10.3

1. 불완전 우성을 정의하고 예를 들어 보시오.
2. 공우성을 설명하고 사람 ABO 혈액형에서 나타날 수 있는 유전자형을 모두 나열하시오.
3. 다유전자성, 다인자성, 다면발현을 비교하시오.
4. 유전자 연관은 Mendel의 독립의 법칙을 이해하는 데 어떤 영향을 주는지 설명하시오.

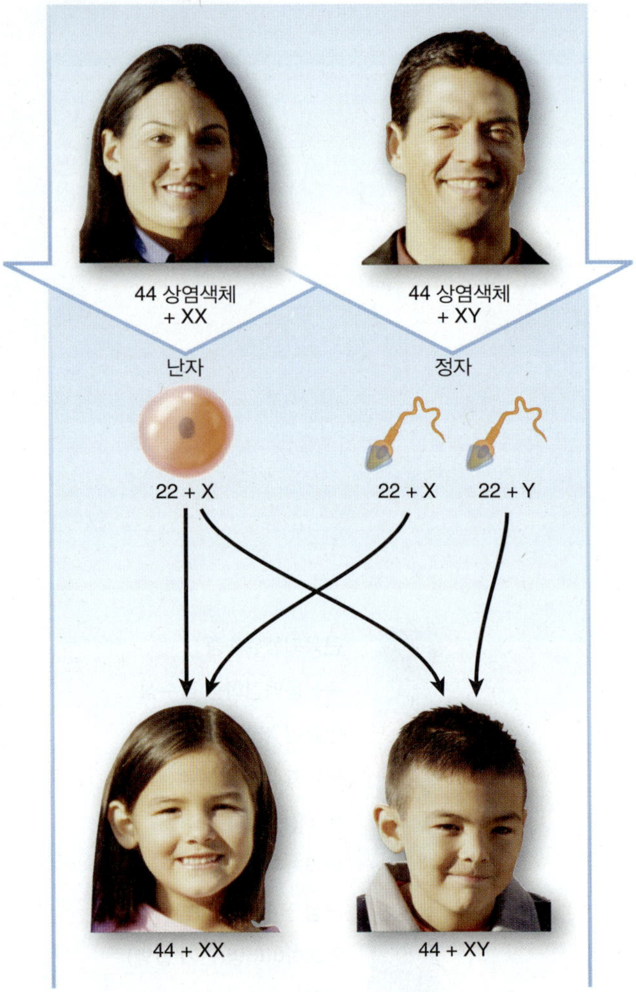

그림 10.23 사람의 성 결정.

정자에는 X 또는 Y 염색체를 하나 지니고 있으므로 정자가 자녀의 성별을 결정한다. Y 염색체를 물려받으면 남자가 된다.

10.4 성 연관 유전

학습 목표

이 절을 학습한 후에는 다음 과제를 수행할 수 있어야 한다.

1. 성 연관 형질의 유전이 성별에 따라 어떤 차이를 보이는지 설명하기.
2. 성 연관 유전을 보이는 유전 교배 실험 문제를 풀고 설명하기.
3. 성 연관 유전양상을 보이는 사람의 형질을 예시하기.

정상적인 남녀는 23쌍의 염색체를 지닌다. 22쌍은 상염색체이고 나머지 1쌍의 염색체는 **성염색체(sex chromosome)**이다. 사람에서 남성은 성염색체 X와 Y 염색체를 지니고, 여성은 두 개의 X 염색체를 지닌다(**그림 10.23**).

길이가 훨씬 짧은 Y 염색체에는 200개가 못되는 유전자가 포함되어 있다. 이들 대부분이 남성과 여성의 성별 차이를 나타내는 데 관여한다. Y 염색체에 있는 유전자 *SRY*는 X 염색체 상에는 존재하지 않는다. *SRY* 유전자가 정상적으로 기능하는 개체는 남자가 된다. *SRY* 유전자가 정상으로 작동하지 않으면 여자가 된다. 여성을 결정하는 유전자는 따로 발견되지 않았다. 따라서 아무런 신호가 발생하지 않으면 자동으로 여성의 형태로 발생이 진행된다.

반면 X 염색체는 상당히 크고 거의 2,000개에 달하는 유전자를 지닌다. 이들 유전자 대부분은 개체의 성 결정과는 전혀 관계가 없다. **X 연관(X-linked)**이란 용어는 관행적으로 X 염색체 상에 존재하는 유전자를 가리킬 때 사용된다. 사람에게 나타나는 X 연관 형질로는 혈우병, 적록색맹 등을 들 수 있다. Y 염색체 상에는 이들 유전자가 존재하지 않기 때문에, X 연관 형질은 독특한 유전양상을 보인다.

성 연관 형질은 아버지에게서 아들로 또는 어머니에게서 따로 유전될 것 같아 보인다. 그러나 항상 그런 것은 아니다. X 연관 형질을 보면 남성은 항상 어머니로부터 X 연관 대립유전자를 받게 된다. 남자는 어머니에게서만 X 염색체를 물려받기 때문이다. X와 Y 염색체는 서로 상동이 아니므로 아버지에게서 물려받은 Y 염색체에는 X 염색체 상에 존재하는 대립유전자가 없다. 대체로 성 연관 유전질환은 열성이다. 따라서 여성은 부모 양쪽 모두에게서 두 개의 대립유전자를 동시에 물려받아야 형질이 표현된다.

성 연관 대립유전자

X 연관 대립유전자는 X 염색체에 어깨글자를 붙인 형태로 표기한다. 예를 들어 X 연관 열성 형질인 적록색맹은 다음과 같이 표기한다.

$$X^B = \text{정상} \quad X^b = \text{색맹}$$

남자와 여자에서 가능한 유전자형 및 표현형은 다음과 같다.

유전자형	표현형
X^BX^B	정상 여성
X^BX^b	정상 표현형의 보인자 여성
X^bX^b	색맹 여성
X^BY	정상 남성
X^bY	색맹 남성

연관: 과학적 탐구

사람의 성 연관 형질로는 어떤 것이 있을까?

사람에게서 가장 널리 알려진 성 연관 형질은 혈우병A다. 이 질병은 혈액응고에 관여하는 유전자 가운데 하나에 생긴 열성 돌연변이로 인해 나타난다. 이 유전자가 X 염색체 상에 위치하기 때문에 어머니에게서 변형된 유전자를 물려받은 아들은 혈우병에 걸리게 된다. 여성은 아버지와 어머니 모두에게서 변형된 유전자를 물려받아야 질병이 나타난다. 혈우병A는 영국, 스페인, 러시아, 독일의 왕가를 수 세기 동안 괴롭혀 온 질병이다.

위에서 두 번째 유전자형은 보인자(*carrier*) 여성이 된다. 이 여성은 정상 시각을 갖지만 색맹 유전자를 전해줄 수 있다. 색맹인 여성은 양친 모두에게서 색맹 대립유전자를 물려받아야하기 때문에 드물게 나타난다. 색맹 대립유전자는 X 염색체 상에 존재하므로 어머니에게서 아들로 전해질 수 있다. 남성은 아버지에게서만 Y 염색체를 물려받는다.

정상 남성과 색맹 유전자를 이형접합으로 지니는 여성이 결혼하는 경우를 살펴보자(**그림 10.24**). 이 부부가 색맹인 딸을 낳을 가능성은 얼마나 될까? 색맹인 아들을 낳을 확률은? 이 부부가 낳는 딸은 모두 정상이다. 딸들은 아버지에게서 정상 X^B 대립유전자를 물려받기 때문이다. 그러나 아들은 어머니에게서 X^B와 X^b 가운데 어느 염색체를 물려받는가에 따라 50%의 확률로 색맹이 될 것이다. Y 염색체에는 해당 대립유전자가 존재하지 않기 때문에 Y 염색체는 색맹의 발현에 영향을 주지 못한다. 그림 10.24에서 성 연관 형질의 표현이 자녀의 성별에 따라 어떻게 달리 나타나는지가 설명되어 있다.

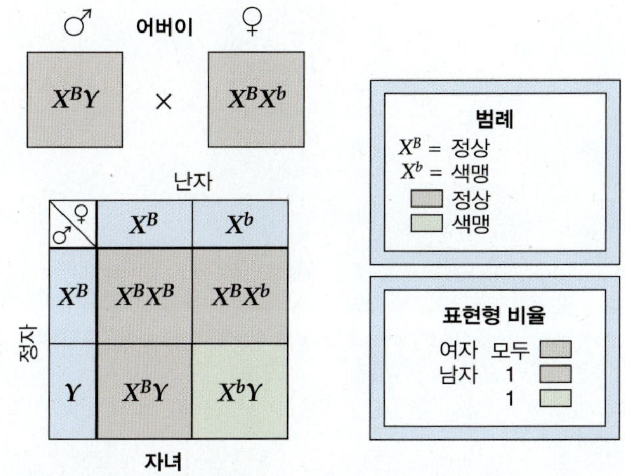

그림 10.24 X 연관 유전.

색맹의 특정 형태는 X 염색체 상에 위치한 유전자와 연관된다. 따라서 성 연관 유전양상을 나타낸다.

성 연관 유전 가계도

그림 10.25에는 성 연관 열성 유전형질을 보이는 가계도가 제시되어 있다. 아들은 X 염색체를 어머니에게서만 물려받으므로 X 연관 열성 형질을 어머니에게서 받는다는 사실을 기억하라. 여자보다 남자에게서 성 연관 유전형질이 많이 나타나는 까닭은 X 염색체 상에 위치하는 열성 대립유전자가 남자에게서는 항상 발현되기 때문이다. Y 염색체 상에는 해당 대립유전자가 존재하지 않는다. 여성의 경우에는 양친 모두에게서 해당 대립유전자를 물려받아야 형질이 발현되며 그러한 여성의 아들은 항상 형질이 발현된다.

남성이 X 연관 열성 형질을 나타내는 경우라면 배우자가 정상이라도 그 딸은 모두 보인자가 된다. 따라서 X 연관 열성 인자는 때로 할아버지에게서 손자에게로 전해지는 것처럼 보이기도 한다. 그림 10.25에 X 연관 열성 형질을 확인할 수 있는 방법이 제시되어 있다.

적은 수이기는 하지만 X 연관 우성 형질도 존재한다. X 연관 우성 형질은 형질이 발현되는 남성의 딸이면 모두 해당 형질을 나타낸다. 여성은 X 연관 우성 대립유전자를 딸과 아들에게 모두 전달할 수 있다. 여성이 이형접합자이고 배우자가 정상이면 어머니에게서 어느 X 염색체를 전달받는가에 따라

그림 10.25 X 연관 열성 가계도.

적록색맹과 같은 X 연관 열성 형질을 확인하는 방법이 제시되어 있다.

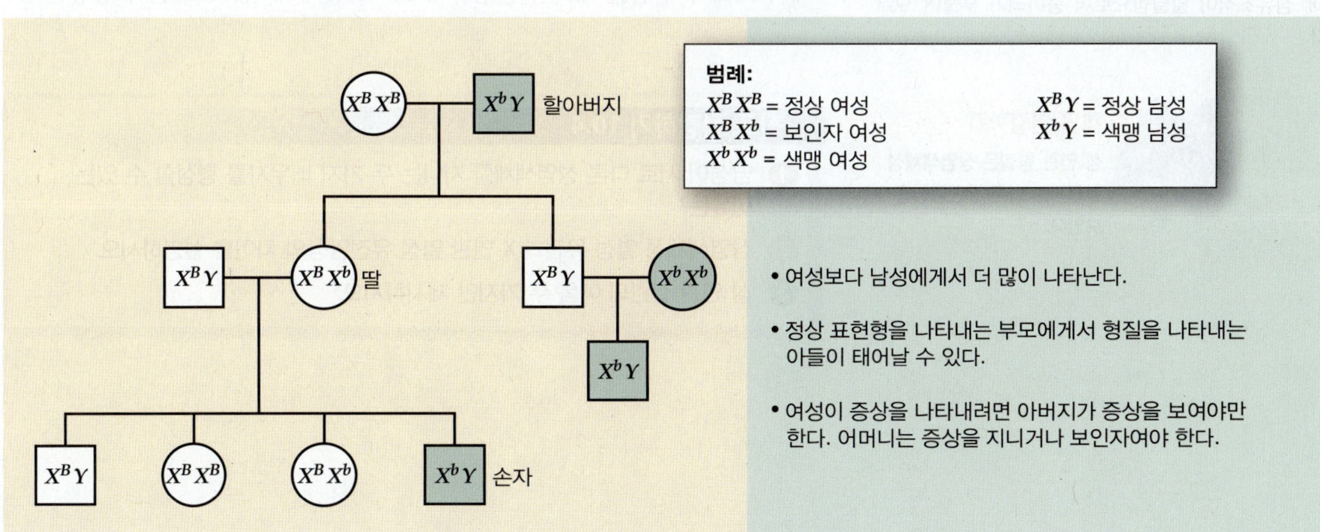

자녀들은 50%의 확률로 X 연관 우성 형질을 물려받는다.

이보다 더 적은 유전질환이 Y 염색체와 연관되어 있다. Y 연관 질환은 남성에게서만 나타나며 아버지에게서 모든 아들에게로 대물림되지만 딸에서는 나타나지 않으므로 *Y* 연관 유전양상은 비교적 쉽게 확인할 수 있다.

X 연관 열성 질환

색맹

색맹(*color blindness*)은 흔하게 나타나는 X 연관 열성 형질이다. 대략 8%의 유럽계 백인 남성이 적록색맹이라고 알려져 있다(그림 10.24 참조). 대부분은 밝은 녹색을 황갈색으로, 올리브색을 다갈색으로 붉은색을 적갈색으로 인식한다. 소수는 녹색계열과 적색계열의 색을 전혀 구별하지 못하고 노랑, 파랑, 검정, 하양, 회색만을 인식한다.

듀셴 근위축증

듀셴 근위축증(*Duchenne muscular dystrophy*)은 X 연관 열성 질환으로 근육이 점차적으로 줄어드는 병이다. 디스트로핀(dystrophin)이라고 부르는 단백질이 결핍되어 발병한다. 디스트로핀은 근섬유의 근소포체에서 칼슘이 방출되는 과정을 조절한다. 디스트로핀이 없으면 세포 안으로 칼슘이 새어나와 근섬유를 분해하는 효소의 작용을 촉진한다. 이렇게 손상된 조직을 수선되면서 섬유조직이 만들어지는데(**그림 10.26**), 이것이 더 많은 세포를 사멸시키게 된다.

뒤뚱거리는 걸음걸이, 까치발 걷기, 빈번하게 넘어지고 잘 일어나지 못하는 등의 증상이 아이가 걷기 시작할 무렵부터 나타난다. 근육 약화 증상이 심해지면 휠체어에 의존해야 한다. 대체로 20세 전후가 되면 사망에 이른다. 따라서 증상이 나타난 남성이 아버지가 되는 경우는 매우 드물다. 열성 대립유전자는 보인자 어머니에게서 딸로 전달되면서 인류 집단에 잔존한다.

치료법으로는 미성숙 근육세포를 근육 내부로 주사할 수도 있으며, 100,000개의 세포가 주입될 때마다 근섬유의 30~40%에서 디스트로핀이 생성된다.

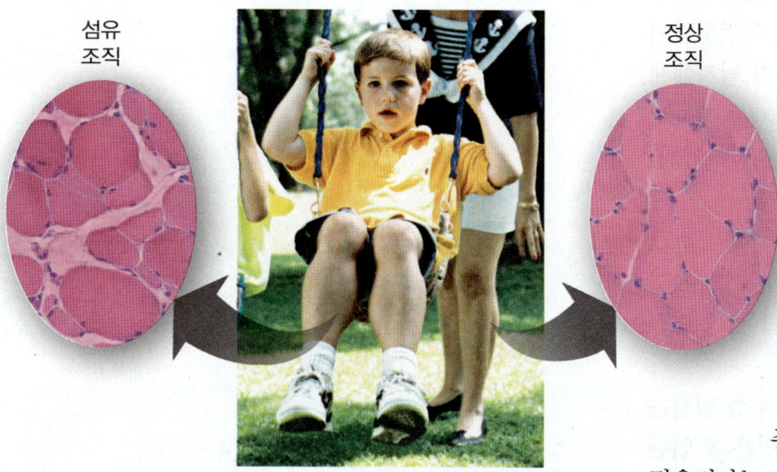

그림 10.26 듀셴 근위축증.

근위축증을 앓는 어린이는 디스트로핀 결핍으로 인해 근육이 위축되면서 그 자리에 섬유조직이 발달함으로써 종아리가 부풀어 오르는 증상을 보인다.

개념 연결하기 10.4

성 연관 형질은 상염색체성 형질과는 다른 유전양상을 보인다.

진도 점검하기 10.4

1. 남성이 서로 다른 성염색체를 지니는 두 가지 배우자를 형성할 수 있는 이유는?
2. 상염색체성 열성 유전과 X 연관 열성 유전양상의 차이를 설명하시오.
3. 성 연관 질환의 예를 두 가지만 제시하시오.

요약

10.1 멘델 법칙

1860년 오스트리아의 수도사 Mendel은 완두교배 실험을 바탕으로 유전현상에 대한 두 가지 법칙을 발견하였다. Mendel의 교배 실험은 **푸네트 정방형(Punnett square)**의 형태로 도시할 수 있다.

분리의 법칙

Mendel의 **분리의 법칙(law of segregation)**은 다음과 같다.

- 생명체는 각각의 형질을 나타내는 인자를 두 개씩 가지고 있다.
- 이들 인자는 배우자를 형성할 때 분리된다.
- 각 배우자는 두 개의 인자 가운데 하나만을 무작위로 갖는다.
- 수정이 되면서 각 형질에 대한 인자를 두 개씩 갖는 새로운 개체가 형성된다.

현대 유전학에서 대립유전자는 같은 유전자의 서로 다른 변이형을 말한다. 각각의 대립유전자는 염색체 상의 특정 위치에 존재한다. **유전자형(genotype)**은 개체의 대립유전자 조성을 말하고 **표현형(phenotype)**은 이들 대립유전자가 나타내는 신체적 특징을 말한다. **우성 대립유전자(dominant allele)**는 **열성 대립유전자(recessive allele)**가 발현되지 못하도록 감추고 자신의 표현형을 발현시킨다. 우성 **동형접합자(homozygote)**는 우성 표현형을 나타낸다(예, *EE* = 분리된 귓불). 열성 동형접합자는 열성 표현형을 나타낸다(예, *ee* = 부착된 귓불). **이형접합자(heterozygote)**는 우성 표현형을 나타낸다(예, *Ee* = 분리된 귓불). **검정교배(test cross)**를 통해 우성 표현형을 나타내는 개체의 유전자형이 동형인지 이형인지 결정할 수 있다.

- 유전자 쌍은 염색체 상에 존재하고 대립유전자는 각각의 상동염색체에 위치한다. 각 유전자는 염색체 상에서 특정한 **좌위(locus)**를 차지한다.

독립의 법칙

두 개의 형질을 교배하는 **양성교배(dihybrid)** 실험을 바탕으로 Mendel은 **독립의 법칙(law of independent)**을 수립하였으며, 이는 다음과 같이 요약할 수 있다.

- 유전인자들의 각 쌍은 다른 쌍과는 관계없이 독립적으로 분리된다.
- 배우자에서 각각의 인자들은 모든 가짓수로 조합될 수 있다.

이를 현재의 유전학적 맥락으로 설명하면,

- 상동염색체 쌍들은 각각 다른 쌍과는 관계없이 독립적으로 분리된다.
- 배우자에서 각각의 염색체들은 모든 가짓수로 조합될 수 있다.
- Mendel의 법칙은 감수분열에서 상동염색체가 배열하여 따로 분리되는 과정과 일치한다.

일반적인 상염색체 유전

푸네트 정방형을 이용하면 모든 종류의 정자가 모든 종류의 난자와 수정하여 형성 가능한 자손의 비율을 예측할 수 있다.

Aa × *Aa* 3:1 표현형 비
Aa × *aa* 1:1 표현형 비
AaBb × *AaBb* 9:3:3:1 표현형 비
AaBb × *aaBb* 1:1:1:1 표현형 비

10.2 사람에게 적용되는 멘델 법칙

사람에게서 나타나는 많은 형질과 질환이 Mendel의 법칙을 따른다. 이들 형질은 종종 **상염색체(autosome)** 상에 존재하는 단일한 대립유전자 쌍에 의해 조절된다.

가계도

가계도(pedigree)는 가족의 구성원에게 나타나는 유전병 이력을 도시한 것이다. 가계도를 작성함으로써 유전상담사는 유전질환이 상염색체성 열성인지 상염색체성 우성인지 판별할 수 있다.

사람의 상염색체성 질환

흔히 나타나는 상염색체성 질환으로 다음과 같은 예를 들 수 있다.

- 메트헤모글로빈혈증(혈액에서 메트헤모글로빈을 제거하지 못함)
- 낭포성섬유증(염소 채널 단백질 결함)
- 알캅톤뇨증(호모젠티스산의 대사 결함)
- 낫꼴적혈구빈혈증(낫 모양의 적혈구 생성)
- 불완전뼈형성증(콜라겐 조직의 결함)
- 헌팅톤병(비정상적인 헌팅틴 단백질)

10.3 멘델 법칙을 넘어서는 유전양상

일부 형질은 대립유전자 사이에 우성과 열성의 관계를 보이지 않는 경우도 있다.

불완전우성

불완전우성(incomplete dominance)에서 이형접합자는 두 개의 동형접합자가 보이는 표현형 사이의 중간 정도 표현형을 나타낸다. 예를 들어 고콜레스테롤혈증에서 이형접합자는 혈중 콜레스테롤의 농도는 우성 동형접합자와 열성 동형접합자의 중간 수준이다.

복대립유전자

복대립유전자에 의한 유전양상은 사람의 ABO 혈액형에서 살펴볼 수 있다. 모든 사람들은 세 가지 가능한 대립유전자, I^A, I^B, i 가운데 두 가지를 지닌다. 이 가운데 I^A와 I^B는 공동으로 표현되므로 **공우성(codominance)**의 예가 된다.

다유전자성 유전

다유전자성(polygenic) 유전에서는 하나의 형질이 여러 개의 유전자에 의해 조절된다. 여러 우성 대립유전자들이 저마다 표현형 효과를 더해 하나의 표현형이 나타난다. 사람의 키와 피부색은 다인자성 유전자형질의 예이다.

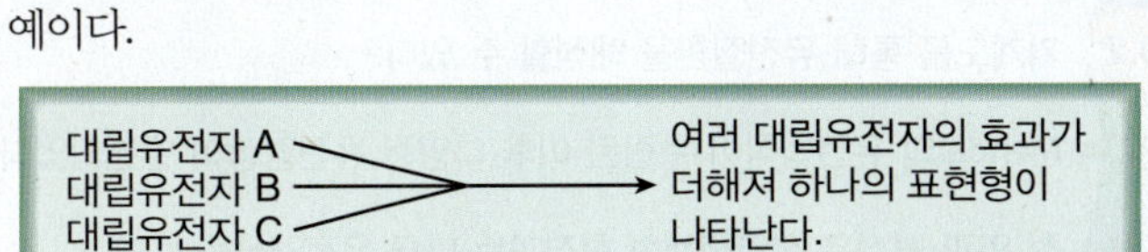

환경과 표현형

많은 표현형은, 특히 다유전자성 표현형은 환경의 영향을 받아 변할 수 있다. 이와 같은 형질을 **다인자성 형질(multifactorial traits)**이라 부른다.

다면발현

다면발현(pleiotropy)에서는 하나의 유전자(한 쌍의 대립유전자)가 신체에 여러 가지 영향을 미친다. 예를 들어 마르팡증후군의 모든 증상은 결합조직의 조성에 결함을 초래하는 단일 유전자의 돌연변이에서 비롯된다.

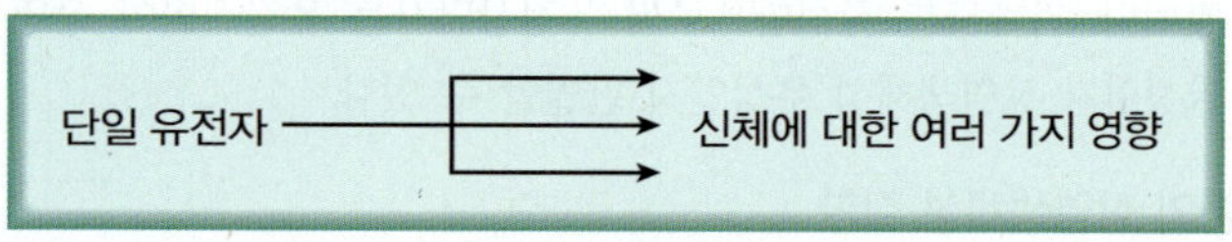

연관

동일한 염색체 상에 존재하는 모든 대립유전자는 대체로 함께 대물림되는 단일 **연관군(linkage group)**을 이룬다.

10.4 성 연관 유전

남성은 서로 다른 성염색체를 지니는 두 종류의 배우자를 생성한다. 한 종류에는 X 염색체가 다른 종류는 Y 염색체가 들어 있다. 따라서 아버지에게서 어떤 염색체를 물려받는가에 따라 자녀의 성별이 정해진다. XX = 여자, XY = 남자.

X 염색체 상에 존재하는 대립유전자를 **X 연관(X-linked)** 유전자라 부른다. Y 연관 대립유전자는 Y 염색체 상에 위치한다. 남자는 XY이므로 남자는 X 연관 열성 대립유전자를 하나만 갖더라도 열성 유전질환이 나타난다.

흔한 X 연관 유전양상

- $X^BX^B \times X^BY$의 경우: 딸은 모두 정상이나 50%는 보인자가 된다. 그러나 아들의 경우는 50%가 색맹이 된다.
- $X^BX^B \times X^bY$의 경우: 모든 자녀가 정상(딸들은 보인자)이다.

사람의 X 연관 유전질환

- 색맹(정상적으로 색을 구별하지 못한다.)
- 듀셴 근위축증(디스트로핀의 결함으로 근육 약화)

개념 연결하기

우리 형질은 부모에게서 물려받은 유전자와 환경요인에 따라 결정된다.

- 10.1 Mendel은 유전 법칙을 수립하였다.
- 10.2 가계도를 통해 유전질환을 해석할 수 있다.
- 10.3 Mendel의 유전법칙이 수립된 이후 다양한 유전양상이 발견되었다.
- 10.4 성 연관 형질은 상염색체성 형질과는 다른 유전양상을 보인다.

유전양상에 관한 정보가 더 필요하면 다음 논의를 참조하시오.

9.1절 사람의 성염색체와 상염색체의 차이.

9.2절 감수분열 과정에서 염색체가 독립적으로 배분되는 방식.

15.2절 낫꼴적혈구빈혈증의 사례를 통해 진화의 자연선택 과정에서 이형접합자가 선택적 이점을 가질 수 있게 된 이유에 대한 탐구.

혼자 풀어보기

10.1 멘델 법칙

1. 검정교배(F_1 × 열성 동형접합자)에서 나타나는 자손의 비율은?
   a. 모두 우성 **b.** 3/4 우성, 1/4 열성
   c. 1/2 우성, 1/2 열성 **d.** 모두 열성
2. 분리의 법칙에 해당되는 설명이 아닌 것은?
   a. 각각의 배우자에는 어버이에 존재하는 두 개의 인자 가운데 하나만 들어 있다.
   b. 배우자가 형성될 때 인자가 나누어진다.
   c. 수정된 이후에 새로 발생되는 개체에는 각 형질에 대해 두 개의 인자가 포함된다.
   d. 각 개체는 각 형질에 대한 하나의 인자를 포함한다.
3. 푸네트 정방형을 활용하여 자손의 비율을 예상할 때 어떤 가정을 하는가?
   a. 각각의 배우자에는 각 유전자에 대해 하나의 대립유전자가 들어 있다.
   b. 배우자에는 대립유전자가 가능한 모든 방법으로 조합될 수 있다.
   c. 웅성과 자성 배우자는 무작위로 합쳐진다.
   d. 모두 정답
4. 다음 푸네트 정방형의 빈칸을 채우시오.

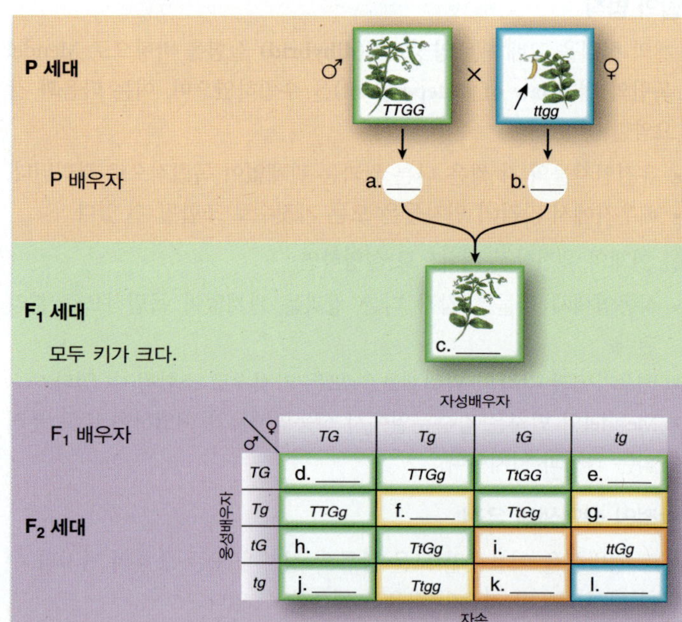

10.2 사람에게 적용되는 멘델 법칙

[5~10] 상염색체성 우성 형질에 해당되면 (a), 상염색체성 열성 형질에 해당하면 (b)로 표기하시오.

5. 증상을 나타내는 자녀의 부모 가운데 적어도 한 사람은 반드시 증상을 보인다.
6. 증상을 나타내는 자녀는 부모는 정상 표현형을 나타낼 수 있다.
7. 부모가 모두 증상을 나타내더라도 정상인 자녀를 낳을 수 있다.
8. 메트헤모글로빈혈증
9. 헌팅톤병
10. 불완전뼈형성증
11. 낭포성섬유증(CF)은 사람에게 나타나는 상염색체성 열성 질환이다. 증상이 없는 두 사람이 결혼하여 CF 증상이 있는 아이를 낳았다면 두 번째 아이가 CF에 걸릴 확률은?
   a. 25%　　b. 50%
   c. 75%　　d. 100%
   e. 알 수 없다.

10.3 멘델 법칙을 넘어서는 유전양상

12. 한 가지 신체적 특징이 두 쌍 이상의 대립유전자에 의해 영향을 받는 경우를 무엇이라 하는가?
   a. 불완전 우성　　b. 공우성
   c. 우성 동형접합　　d. 복대립유전자
   e. 다중유전자 유전
13. 두 종류의 단성 잡종 둥근 호박을 교배하였을 때 자손 세대에서 납작한 호박 ¼: 길쭉한 호박 ½: 둥근호박 ¼의 비율을 얻었다. 길쭉한 호박과 둥근 호박을 교배하면 자손 세대의 표현형비는 어떻게 나타날까?
   a. 모두 길쭉한 호박
   b. 모두 둥근 호박
   c. ¾ 길쭉한 호박: ¼ 둥근 호박
   d. ¾ 둥근 호박: ¼ 길쭉한 호박
   e. ½ 길쭉한 호박: ½ 둥근 호박
14. 혈액형이 AB형인 남자가 아버지가 O형인 A형 여자와 결혼하였다. 자녀에게 가능한 혈액형은?
   a. A형　　b. A형, AB형, B형, O형
   c. AB형　　d. A형, AB형, B형
   e. O형

10.4 성 연관 유전

15. X 연관 열성 형질을 보이는 다음 가계도에서 a~e에 해당하는 구성원의 유전자형을 적으시오. 색맹 표현형이 나타난 사람은 음영으로 표시하였다.

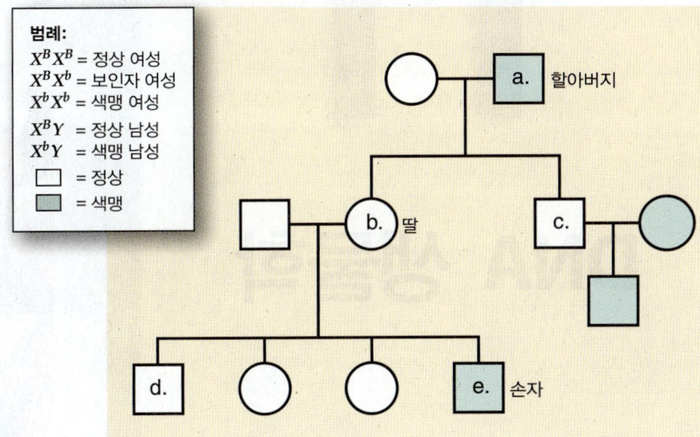

과학적으로 생각하기

1. 여러 개의 유전자 쌍이 상호작용하여 단일 표현형을 나타내는 경우가 있다. 완두에서 꽃의 색소를 만드는 데 유전자 *C*와 *P*가 필요하다. 유전자 *C*는 어떤 물질을 색이 없는 중간 산물로 전환하는 효소를 생성한다. 유전자 *P*는 이 무색의 중간 산물을 보라색 색소인 안토시아닌으로 전환하는 효소를 생성한다. 따라서 완두는 이들 두 유전자 각각에서 적어도 하나의 우성유전자를 지녀야 보라색 꽃을 피운다(*C_P_*). 두 종류의 유전자를 모두 이형접합으로 갖는 완두(*CcPp*)를 자가수분하면 다음 세대의 표현형비는 어떻게 나타날까?
2. 유전학 연구를 위한 모델 생물 가운데 하나인 노랑초파리를 가지고 실험을 한다고 생각하자. 새로 발견된 초파리의 형질이 우성인지 열성인지 결정하고 싶다.
   a. 해당 형질이 우성인지 열성인지를 알 수 있는 교배 실험을 계획하고 그 결과를 예상해 보시오.
   b. 사람보다 초파리를 대상으로 유전학 연구를 수행하는 것이 쉬운 까닭은 무엇인지 설명하시오.
3. 최신 기법을 사용하면 X 염색체를 지니는 정자와 Y 염색체를 지니는 정자를 따로 분리할 수 있다. 이 방법은 예비부모가 자녀의 성별을 선택할 수 있는 기회를 제공한다. 먼저 정자를 DNA 염색 시약으로 염색한다. X 염색체는 Y 염색체보다 조금 더 많은 DNA가 들어 있기 때문에 더 많은 염료와 결합한다. 정자에 레이저를 비추면 X 염색체를 지니는 정자는 Y 염색체를 지니는 정자보다 더 밝게 빛을 낸다.
   a. X 연관 유전질환을 지니는 부부는 이 기술에서 어떤 도움을 받을 수 있을까?
   b. 이와 같은 기술은 어떤 방식으로 오용될 수 있을까?

11

DNA 생물학

개 요

시작하기 전에

이 장을 시작하기 전에 다음 내용을 다시 살펴보자.

3.2절 DNA와 RNA 분자의 일반적인 구조는 무엇인가?

4.3절과 4.4절 원핵생물과 진핵생물의 차이는 무엇인가?

8.1절 DNA 복제의 최종 결과는 무엇인가?

DNA: 생명체의 유전물질

지구상의 모든 생명체는 공통적으로 4종류의 DNA 염기—A, G, C, T—를 가지고 있다. 약 200만 종의 서로 다른 종이 발견되고 명명되었는데, 이들이 전체 생물종 중 아주 일부라는 점을 고려할 때, 무엇으로 인해 종들이 서로 다르게 되는가? 이것은 각 종이 갖고 있는 유전자를 구성하고 있는 DNA 서열이 다르기 때문이다. DNA 서열의 차이가 구름표범, 게, 꽃과 같은 종의 특성을 어떻게 결정하는가? 또 같은 종에서의 차이, 즉 사람의 파란색, 갈색, 적갈색 눈의 차이는 어떻게 결정되는가? 생명체의 다양성은 유전자로부터 단백질로 그리고 관찰 가능한 형질, 다시 말해 유전자형에서 표현형으로의 유전정보의 흐름에 기반하고 있다. 유전자 발현을 통해 단백질을 생산하고 단백질은 매일 매일의 생명기능을 수행한다. 진화의 시간을 따라 돌연변이를 통해 유전자의 DNA 서열이 바뀌면 이 유전자로부터 만들어지는 단백질 또한 변경된다. 단백질이 변경되면 생명체의 모양이 바뀌게 되며, 따라서 지구상에는 다양한 생명체가 존재하게 된다. 이렇게 서로 다른 유전자 조합과 대립유전자들이 세대를 거쳐 유전되고, 생명체들이 수백만 세대 동안 존재해 온 것을 볼 때 현재 다양한 생명체가 존재한다는 것은 그리 놀라운 일이 아니다.

이 장을 공부하는 동안 다음 질문에 대해 생각해보자.

1. DNA 분자 안에 정보가 어떻게 존재하고 있는가?
2. DNA와 RNA의 차이는 무엇인가?
3. DNA에서 단백질로 그리고 형질로 어떻게 유전정보가 전달되는가?

11.1 DNA와 RNA의 구조 및 기능

학습 목표

이 절을 학습한 후에는 다음 과제를 수행할 수 있어야 한다.

1. DNA의 분자 구조를 설명하기.
2. DNA 복제가 일어나는 단계를 열거하기.
3. DNA와 RNA 구조의 유사한 점과 다른 점을 비교하기.
4. 주요 RNA 세 종류와 각각의 기능을 설명하기.

Mendel은 DNA에 관해서는 전혀 아는 바가 없었다. 우리가 현재 유전자라고 하는 Mendel의 인자(factor)가 염색체 상에 존재한다는 결론을 내리기까지는 여러 해가 걸렸다. 과학자들은 단백질이 아니라 DNA가 유전물질이라는 것을 증명하고자 하였다. Alfred Hershey와 Martha Chase는 대장균 같은 세균을 공격하는 바이러스를 실험에 이용하였다(**그림 11.1**). 이 바이러스는 단백질로 구성된 바깥쪽 캡시드(capsid)와 안쪽의 DNA 코어(core)로 이루어져 있다. 방사능이 있는 추적자를 사용하여 단백질이 아니라 DNA가 세균 내부로 들어가서 새로운 바이러스 생성을 명령한다는 것을 보여주었다. 1950년대 초 과학자들은 유전자가 DNA로 구성되어 있고 유전자에 돌연변이가 일어나면 대사작용에 이상이 생긴다는 것을 알았다. 따라서 어떻게든 DNA가 세포를 조절하는 것은 틀림없다.

뉴클레오티드의 화학적 구성 성분인 디옥시리보오스 핵산(deoxyribonucleic acid)으로부터 DNA라는 이름이 유래되었음에도 불구하고 자세한 구조는 그때까지 밝혀져 있지 않았다. DNA 구조를 밝히는 일은 DNA가 어떻게 아래와 같은 일을 할 수 있는지를 이해하기 위한 첫 관문이었다.

- 종의 차이를 설명하기 위해 다양해야 한다.
- 세포가 분열한 다음 DNA를 한 세트씩 가질 수 있도록 복제를 해야 한다.
- 세포를 조절하기 위해 필요한 정보를 보관해야 한다.
- 돌연변이가 일어나서 새로운 종의 진화를 설명할 수 있어야 한다.

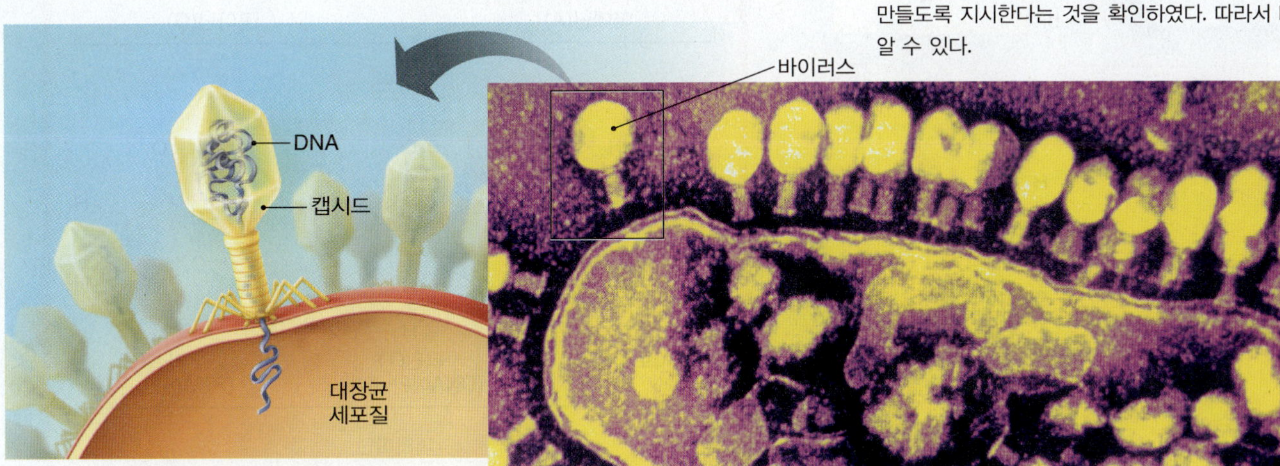

그림 11.1 유전물질로서의 DNA.

Hershey와 Chase의 초기실험은 DNA가 유전물질이라는 것을 보여주었다. 대장균 같은 세균을 공격하는 바이러스를 이용하여, 단백질로 구성된 캡시드와 캡시드 안에 존재하는 DNA 중 어떤 것이 세균 내부로 들어가는지 알아보기 위해 방사능 추적자를 사용하였다. 그 결과 단백질이 아닌 DNA가 세균 안으로 들어가 새로운 바이러스를 만들도록 지시한다는 것을 확인하였다. 따라서 DNA가 유전물질임을 알 수 있다.

DNA 구조

유전자가 DNA로 구성되었다는 것을 확인한 다음 과학자들은 DNA 구조를 밝히기 위해 노력을 기울였다. 누구든 최초로 구조를 밝히는 사람이 노벨상을 탈 것이라고 믿었다. James Watson과 Francis Crick이 DNA 구조를 밝혀내어 노벨상을 받는 과정은 한편의 추리소설을 연상케 한다. 그들은 각각의 단서를 계속 추가하여 이중나선이라는 깜짝 놀랄만한 DNA 구조를 최종적으로 밝혀냈다. Watson과 Crick은 특히 Erwin Chargaff와 Rosalind Frankline의 연구결과로 인해 이같이 성공적인 결과를 얻을 수 있었다.

Chargaff의 법칙

Erwin Chargaff 이전에도, DNA가 질소를 포함하고 있는 염기에 따라 네 종류의 뉴클레오티드를 갖고 있다는 것은 알려져 있었다(**그림 11.2***d*). **아데닌(adenyne, A)**과 **구아닌(guanine, G)** 염기는 2개의 고리를 갖고 있는 퓨린(purine)이며, **티민(thymine, T)**과 **시토신(cytosine, C)** 염기는 1개의 고리로 이루어진 피리미딘(pyrimidine)이다. 1940년대에 새로운 화학기술의 개발과 함께 Chargaff는 여러 생물종에서 DNA의 염기 함유량을 자세하게 분석하고자 했다.

그 당시의 일반적인 생각과는 달리, Chargaff는 생물종마다 뉴클레오티드의 비율이 다르다는 것을 발견하였다. 예를 들어, 사람세포는 31%의 아데닌 염기, 31%의 티민, 19%의 구아닌, 19%의 시토신 염기를 갖고 있었다. Chargaff가 연구한 모든 생물종에서 A는 항상 T의 양과 같았고 G의 양은 C의 양과 같았다. 이런 관계를 *Chargaff*의 법칙(*Chargaff's rules*)이라고 한다.

1. DNA에 존재하는 있는 A, T, G, C의 양은 생물종마다 다르다.

그림 11.2 **DNA와 RNA의 뉴클레오티드.**

a. 모든 뉴클레오티드는 인산과 5-탄당 그리고 시토신(C)처럼 질소를 포함하고 있는 염기로 구성되어 있다. **b.** 인산 구조. **c.** DNA에 존재하는 당은 디옥시리보오스이고 RNA의 당은 리보오스이다. **d.** DNA에 존재하는 염기는 아데닌(A), 구아닌(G), 시토신(C), 티민(T)이며, RNA에 존재하는 염기는 아데닌(A), 구아닌(G), 시토신(C), 우라실(U)이다.

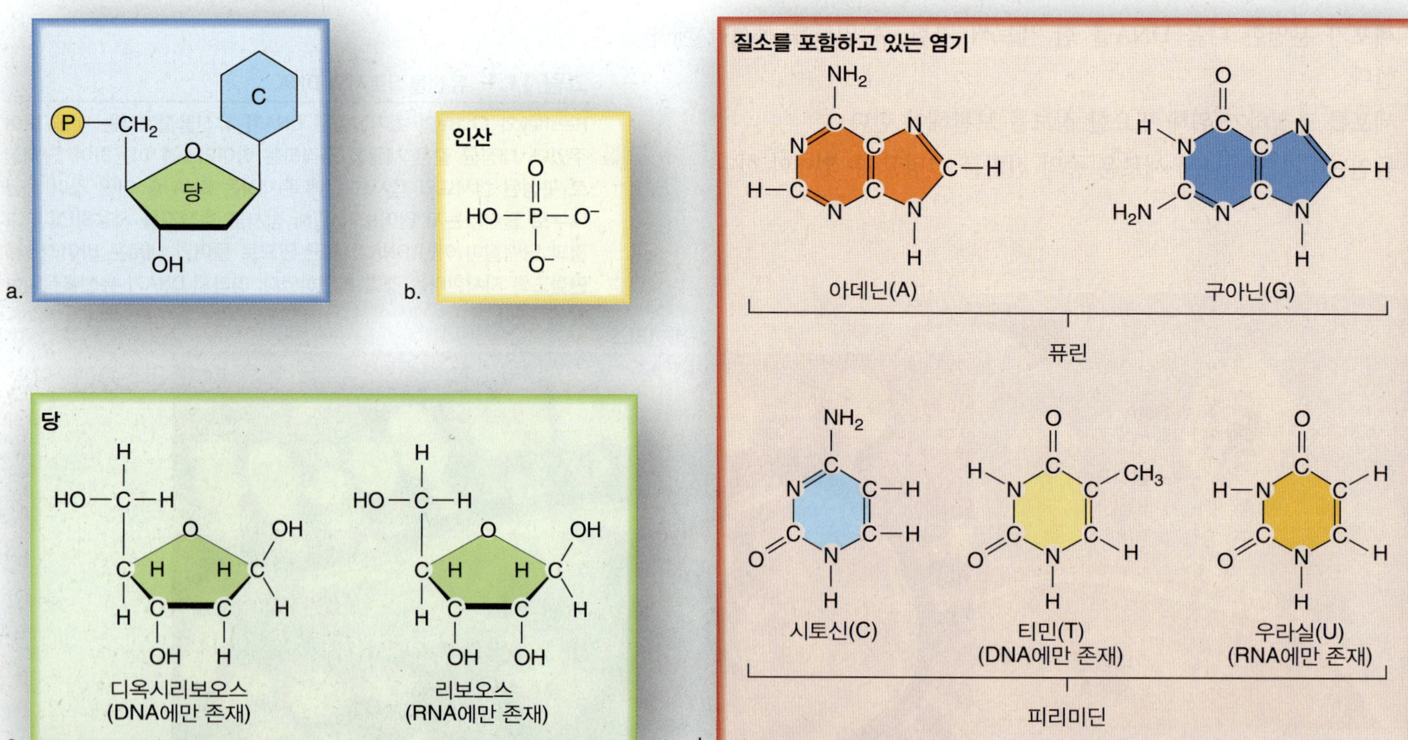

2. 각각의 생물종에서 A의 양은 T와 같고 (A = T), G의 양은 C와 같다(G = C).

Chargaff의 결과로 DNA가 A는 T하고만 짝을 이루고 G는 C하고만 쌍을 이룰 수 있는 안정적인 수단을 갖고 있음을 알 수 있다. 그의 결과는 또 유전물질로서 요구되는 DNA 다양성이 가능하다는 것을 보여주었다. 오늘날 우리가 알고 있는 것처럼, 쌍을 이룬 염기들은 무수한 배열로 존재할 수 있으므로 서열의 다양성은 무수히 많다. 예를 들어, 한 염색체가 1억 4천만 염기쌍으로 이루어져 있다고 하자. 네 종류의 뉴클레오티드 쌍 중 어느 것이든 각 위치에 존재할 수 있으므로 $4^{140,000,000}$개의 뉴클레오티드 쌍 서열이 가능하다.

Frankline의 X-선 회절 자료

Rosalind Frankline은 1950년대 초 런던의 King's College에서 X-선 결정학을 이용하여 DNA 구조를 연구하던 과학자이다(**그림 11.3***a*). 결정체(원자들이 일정한 방식으로 배열된 고체물질)에 X-선을 쪼이면 X-선 광선이 회절된다. 이 회절 패턴을 분석하면 결정체 안에 있는 원자가 어떻게 배열되어 있는지 알 수 있다.

Frankline은 처음에 매우 끈적이는 DNA 농축 용액을 만들었으나 곧 DNA를 섬유로 분리할 수 있다는 것을 알았다. 적절한 조건하에서 이 섬유에 X-선을 쪼이면 회절 패턴을 얻을 수 있었다. X-선 회절 패턴은 DNA가 이중나선이라는 것을 나타낸다. 이 나선 구조는 그림 11.3*b*의 중앙에서 보이는 X자 형의 패턴으로 알 수 있다. 사진의 위와 아래에 있는 진한 부분은 나선의 어떤 부분이 계속해서 반복되고 있다는 것을 의미한다.

a.

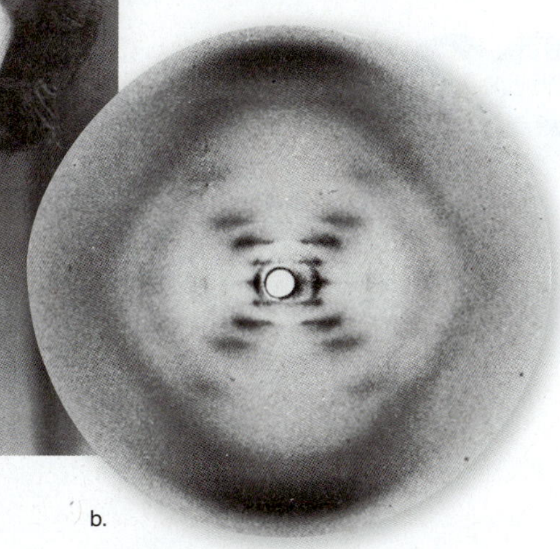

b.

그림 11.3 DNA의 X-선 회절 패턴.

a. Rosalind Frankline은 결정학 기술을 이용하여 DNA에 X-선을 조사하였다. **b.** 회절 패턴은 DNA가 이중나선(중앙의 X자 모양 참조)이며 어떤 구조는 계속 반복되고 있음을 보여준다(위와 아래의 어두운 부분 참조). Watson과 Crick은 이 반복구조가 염기쌍이라고 결론지었다.

Watson과 Crick의 모델

1951년 갓 박사학위를 받은 James Watson은 영국의 Cambridge 대학교에서 연수를 시작하면서 분자 구조를 연구하는 영국인 물리학자 Francis Crick을 만났다. 이들은 함께 DNA 구조를 연구하면서 생물종마다 서로 다른 DNA를 가지며, 복제를 하고, 정보를 보관하며, 또 돌연변이가 일어나는 것을 설명할 수 있는 DNA 모형을 만들기 시작하였다.

이미 알려져 있는 자료에 기초하여, 이들은 다음과 같은 사실을 알고 있었다.

1. DNA는 아데닌(A) 구아닌(G) 시토신(C) 티민(T) 염기를 갖고 있는 네 종류의 뉴클레오티드로 구성된 중합체다.
2. Chargaff의 법칙에 따르면, A의 양은 T와 같고 G의 양은 C와 같다.
3. Frankline의 X-선 회절 사진에 따르면 DNA는 반복되는 패턴을 갖는 이중나선 구조이다.

이 정보를 바탕으로 Watson과 Crick은 철사와 양철을 이용하여 DNA 모형을 제작했다(**그림 11.4**). 이 모형에서 디옥시리보오스 당과 인산 분자들이 서로 연결되어 있으며 비틀린 사다리의 양쪽 측면을 구성하고 있음을 볼 수 있

그림 11.4 Watson과 Crick의 DNA 모형.

DNA 모형 앞에 있는 James Watson(왼쪽)과 Francis Crick.

다. 질소-함유 염기들이 사다리의 발판을 만든다. 이들은 사다리의 안쪽으로 돌출하여 반대편 가닥에 있는 염기와 수소결합을 한다. 사실, A와 T, 그리고 G와 C의 **상보적 염기쌍 형성(complementary base pairing)**에 의해 일정한 폭의 발판이 만들어지며, 이것은 X-선 회절 자료에 의해 밝혀졌다.

DNA는 이중나선 형태로 자신을 휘감고 있는 이중가닥 분자이다(**그림 11.5**). 두 가닥은 역평행을 이루어 반대 방향으로 주행하며, 이것은 디옥시리보오스의 탄소원자에 번호를 표시한 그림 11.5*a*에서 잘 볼 수 있다. 5′ 탄소에는 인산기(Ⓟ)가 붙어 있고, 3′ 탄소에는 —OH기(분홍색 동그라미로 표시)가 붙어 있다. 나아가 이중나선(그림 11.5*b*)의 두 가닥 모두 5′ 말단에는 Ⓟ가 노출되어 있고, 3′ 말단에는 —OH기가 노출되어 있다.

DNA의 이중나선 모형은 염기쌍이 어떤 순서로든 존재할 수 있다는 것을 보여주며, 이것은 생물종의 유전적 다양성을 위해 필요하다. 이 모형은 또 상보염기쌍 형성이 DNA 복제 과정 중 중요한 역할을 할 수 있음을 암시한다. Watson과 Crick은 1953년 *Nature*에 발표한 논문에서 다음과 같이 밝혔다. "우리가 제안한 특이적 쌍 짓기는 유전물질로서 요구되는 복제 방법을 바로 제시했으며 우리는 이것을 금방 알 수 있었다."

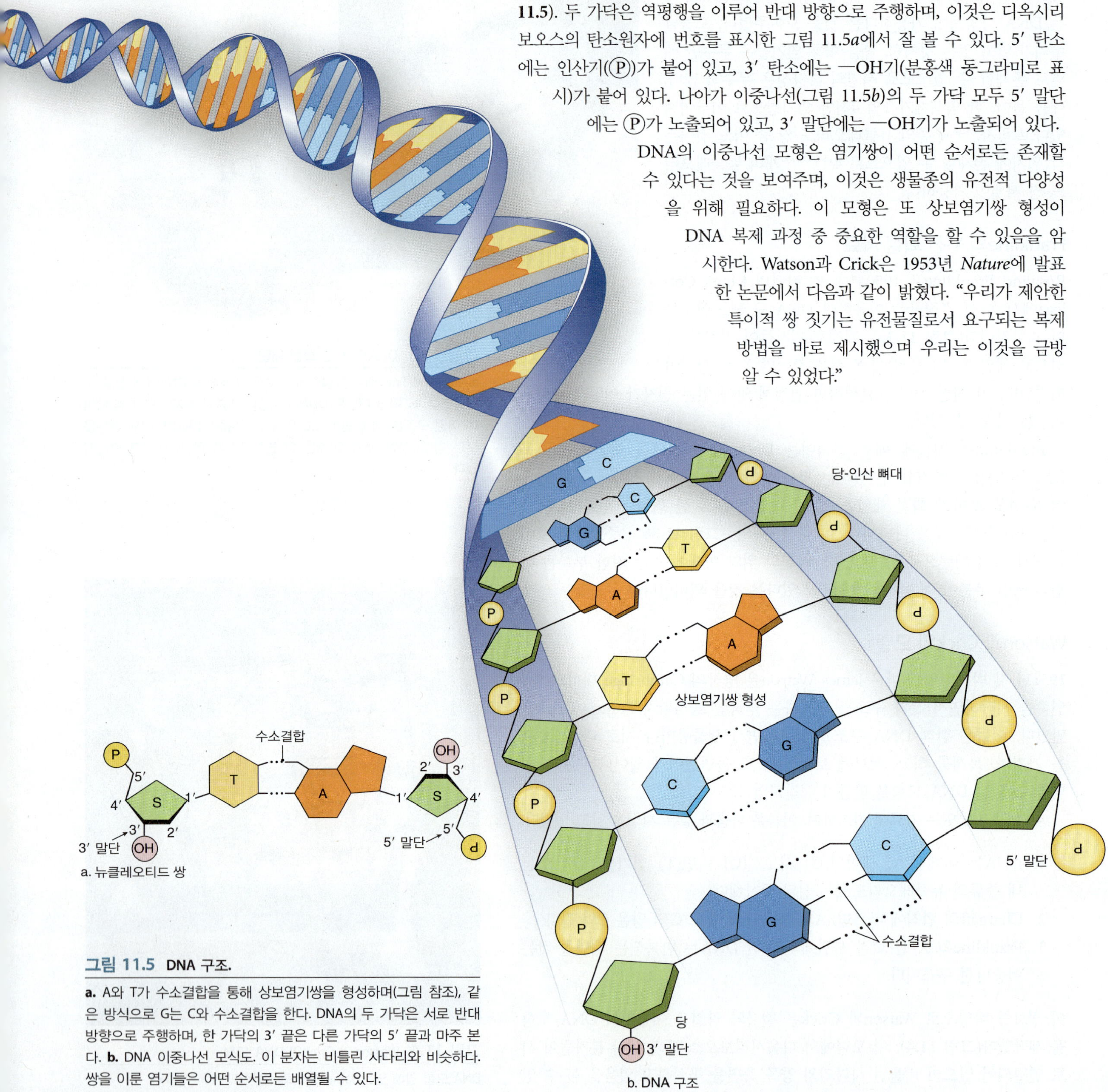

그림 11.5 DNA 구조.

a. A와 T가 수소결합을 통해 상보염기쌍을 형성하며(그림 참조), 같은 방식으로 G는 C와 수소결합을 한다. DNA의 두 가닥은 서로 반대 방향으로 주행하며, 한 가닥의 3′ 끝은 다른 가닥의 5′ 끝과 마주 본다. **b.** DNA 이중나선 모식도. 이 분자는 비틀린 사다리와 비슷하다. 쌍을 이룬 염기들은 어떤 순서로든 배열될 수 있다.

DNA 복제

생물이 성장하거나 조직의 재생을 위해 세포가 분열한다. 새로 만들어진 세포들은 기능을 수행하기 위해 정확한 DNA를 물려받아야 한다. DNA 분자를 복사하는 과정을 **DNA 복제(DNA replication)**라고 한다. DNA 복제는 세포주기 중 S기에 일어난다(그림 8.3 참조).

DNA 복제 과정 중 수소결합으로 연결되어 있던 두 개의 가닥이 분리되고, 부모 분자에 있던 가닥은 각각 딸 분자의 새로운 가닥을 만들기 위한 **주형(template)**으로 작용한다(**그림 11.6**). DNA 복제는 예전 가닥 2개 중 1개가 딸 분자에 존재하므로 **반보존적(semiconservative)**이다.

복제를 시작하려면 DNA 이중나선이 풀리고 단일가닥으로 분리되어야 한다. 이를 위해 뉴클레오티드 사이의 수소결합이 깨어져야 하고, 그 다음 헬리케이즈(helicase)라고 하는 효소에 의해 나선구조가 풀려야 한다. 이 시점에서 새로운 뉴클레오티드가 부모가닥인 주형에 첨가된다. 핵 안에서 뉴클레오티드가 단일가닥으로 된 부모가닥과 염기쌍을 형성한다. 새 가닥은 **DNA 중합효소(DNA polymerase)**라는 효소 복합체에 의해 만들어진다. DNA 중합효소는 딸 가닥을 5′ → 3′ 방향으로 합성한다(그림 11.6 참조). 당-인산 뼈대에 있는 틈은 **DNA 연결효소(DNA ligase)**가 연결한다.

그림 11.6에서 부모 분자(원래의 이중나선)의 뼈대는 파란색으로 표시했다. 복제 후, 두 딸 분자는 각각 초록색 뼈대(새로 만들어진 가닥)와 파란색 뼈대(예전 가닥)를 갖는다. 딸 DNA 이중나선은 부모 DNA 이중나선과 똑같은 염기쌍 서열을 갖는다. 상보적인 염기쌍 형성을 통해 이런 동일한 서열이 유지된다.

진핵생물에는 한 개의 염색체 위에 복제개시점이 많이 존재하고 있으므로 여러 곳에서 DNA 복제를 시작한다. 각각의 복제개시점에서 복제분기점(replication fork)이 만들어지고 양쪽 방향으로 복제가 진행된다. 각 복제분기점 주변에 "복제기포(replication bubble)"가 만들어지고, 복제기포 안에서 DNA 복제가 일어난다. 복제기포는 다른 기포와 서로 만날 때까지 양 방향으로 전개된다(**그림 11.7**). 진핵생물은 1분당 약 500~5000 염기쌍 씩 비교적 느린 속도로 DNA를 복제하지만, 복제개시점이 많이 있으므로 2배체

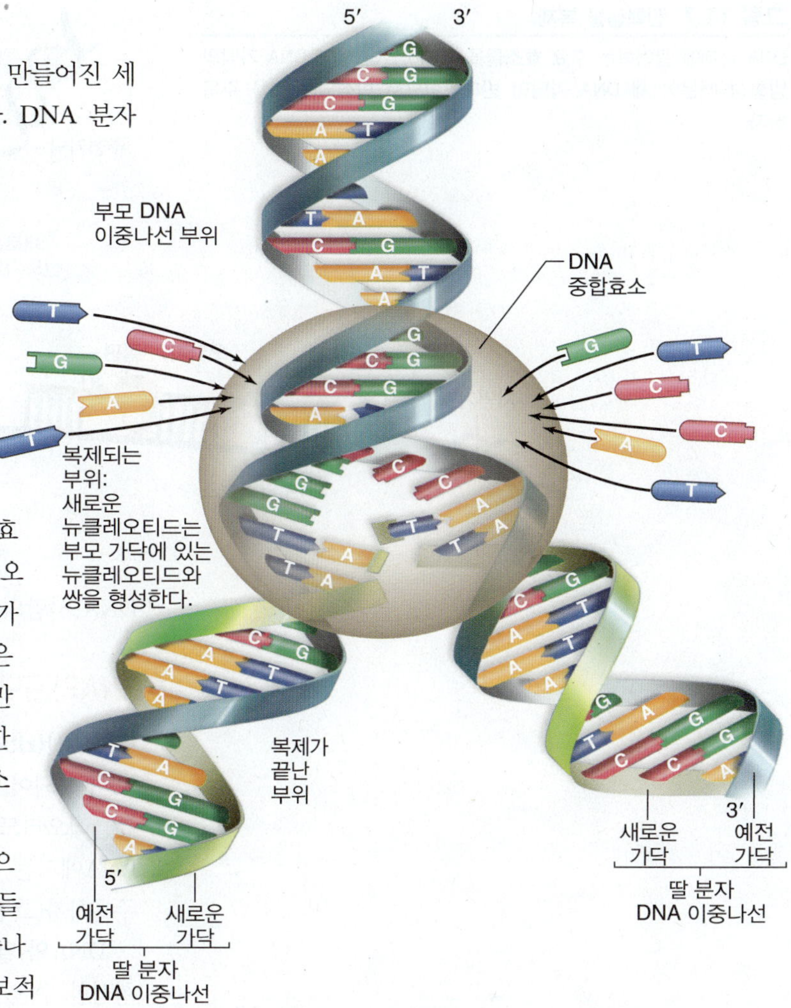

그림 11.6 반보존적 복제.

DNA 분자가 풀린 후 예전 가닥은 각각 새로운 가닥을 만들기 위한 주형으로 작용한다. 복제가 끝나면 똑같은 딸 DNA 분자 2개가 만들어지며, 이것은 원래의 이중나선 DNA와 동일하다.

연관: 과학적 탐구

인체세포에서 DNA를 복제하는 데 걸리는 시간은?

사람의 DNA 중합효소는 초당 약 50 염기를 복제할 수 있다. DNA 중합효소 1개가 인체 DNA를 복제한다면 약 3주가 필요하다. 그러나 여러 개의 중합효소가 유전체의 여러 장소에서 복제를 시작한다. 빠르게 증식하는 세포에서는 30억 염기쌍을 복제하는 데 약 8시간 소요된다.

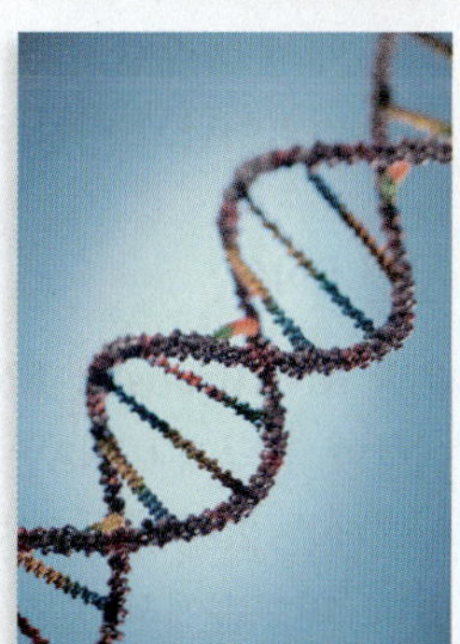

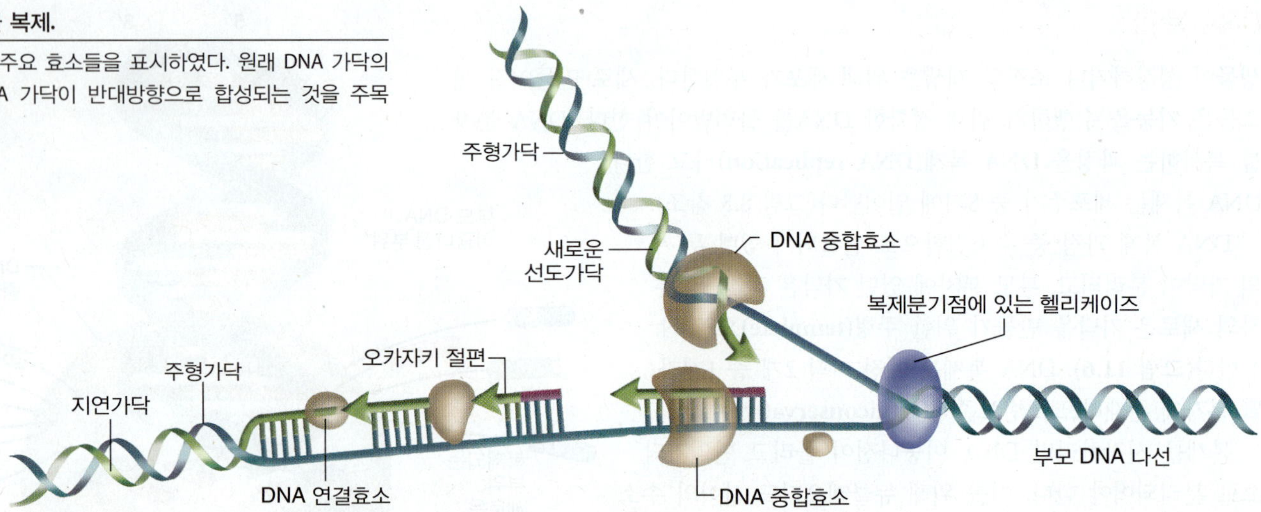

그림 11.7 진핵생물 복제.

DNA 복제에 관여하는 주요 효소들을 표시하였다. 원래 DNA 가닥의 방향성 때문에 새 DNA 가닥이 반대방향으로 합성되는 것을 주목하자.

DNA(사람의 경우 30억 개 이상의 염기쌍)를 몇 시간 안에 복제할 수 있다.

RNA의 구조 및 기능

리보핵산(ribonucleic acid, RNA)은 리보오스 당을 갖고 있는 뉴클레오티드로 구성되어 있으므로 리보핵산이라 한다. RNA 분자를 구성하는 네 종류의 뉴클레오티드는 아데닌(A), **우라실(U)**, 시토신(C) 그리고 구아닌(G)이다. RNA에서는 우라실 염기가 DNA에 있는 티민(T) 염기를 대체하고 있음을 주목하자(**그림 11.8**).

DNA와 달리 RNA는 단일가닥이지만 때로는 거꾸로 접혀서 상보염기쌍을 형성할 수 있다. 두 핵산 분자의 유사점과 차이점을 **표 11.1**에 정리하였다.

일반적으로 RNA는 DNA를 도와 DNA의 유전정보에 따라 단백질이 합성되도록 한다. 세 종류의 주요 RNA가 있으며, 각각 단백질 합성과정 중 특정 기능을 수행한다.

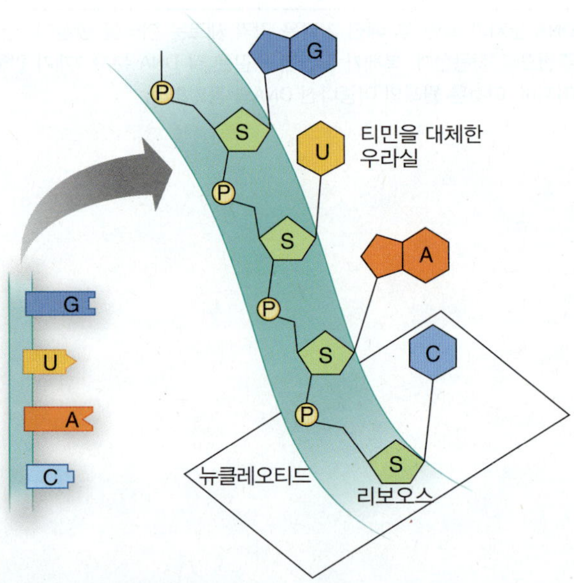

그림 11.8 RNA 구조.

DNA와 마찬가지로 RNA도 뉴클레오티드 중합체이다. RNA 뉴클레오티드는 리보오스 당이 인산 분자와 G, U, A, 또는 C 같은 염기와 결합되어 있다. RNA에서는 우라실(U) 염기가 티민 염기를 대체하고 있음을 주목하자. DNA는 이중가닥이지만 RNA는 단일가닥이다.

전령 RNA

전령 RNA(messenger RNA, mRNA)는 진핵생물의 핵 안에서, 그리고 원핵생물에서는 핵양체(nucleoid) 안에서 만들어진다. 전사라고 하는 과정을 통해 DNA를 주형으로 mRNA가 만들어진다. 어떤 DNA 유전자를 mRNA로 전사할 것인지는 세포 유형에 따라 매우 정교하게 조절되므로 각각의 세포는 자신만의 독특한 기능을 수행할 수 있다. 합성된 mRNA는 핵 안에 존재하는 DNA에서 유래한 유전정보를 세포질 안에 있는 리보솜으로 전달하며, 여기에서 번역이라고 하는 과정을 통해 단백질이 합성된다.

운반 RNA

운반 RNA(transfer RNA, tRNA)도 역시 진핵생물의 핵 안에서 만들어진다. 이름에 걸맞게 tRNA는 세포질에 존재하는 아미노산을 리보솜으로 운반한다. 세포에는 20종류의 아미노산이 존재하며, 아미노산마다 각각 tRNA 분자가 있다. 리보솜에서 번역 과정을 통해 아미노산이 연결되어 폴리펩티드 사슬이 만들어진다.

리보솜 RNA

진핵세포에서 **리보솜 RNA(ribosomal RNA, rRNA)**는 핵 속에 존재하는 인에서 만들어지는데, 여기서도 DNA의 일부가 rRNA 합성을 위한 주형으로 작용한다. 리보솜 RNA는 세포질에서 만들어진 단백질과 결합하여 **리보솜(ribosome)** 소단위를 형성하는데, 1개는 크고 1개는 작다. 각각의 소단위는 특이적인 단백질과 rRNA 복합체로 구성되어 있다. 각 소단위는 핵을 떠나 세포질로 나오며 단백질 합성을 시작할 때 합체된다.

단백질은 리보솜에서 합성되는데, 저배율 전자현미경 사진에서는 작은 알갱이처럼 보인다. 리보솜은 세포질 안에서 자유롭게 떠다니거나 폴리리보솜이라고 하는 무리로 존재하기도 한다. 리보솜은 흔히 소포체의 가장자리에 붙어 있다. 소포체에 붙어 있는 리보솜에서 만들어진 단백질은 일반적으로 소포체가 이용한다. 자유로이 떠 있는 리보솜이나 폴리리보솜에 의해 합성된 단백질은 세포질에서 사용되는데, 단백질은 수송소포에 의해 골지체로 전달되어 변형되며 원형질막으로 운반되어 세포를 떠날 수 있다.

표 11.1 DNA와 RNA의 비교

DNA와 RNA의 유사점	
모두 핵산이다.	
모두 뉴클레오티드로 구성되어 있다.	
모두 당-인산 뼈대를 갖고 있다.	
모두 네 종류의 염기를 갖고 있다.	
DNA와 RNA의 차이점	
DNA	**RNA**
핵에 존재	핵과 세포질에 존재
유전물질	DNA 조력자
당: 디옥시리보오스	당: 리보오스
염기: A, T, C, G	염기: A, U, C, G
이중가닥	단일가닥
전사되어 mRNA, tRNA, rRNA를 만들어냄	mRNA를 번역하여 단백질을 합성함

개념 연결하기 11.1

DNA와 RNA는 기능은 다르지만 구성 성분은 비슷하다.

진도 점검하기 11.1

1. 상보성과 역주행 형태를 고려하면서 DNA 구조를 요약하시오.
2. DNA와 RNA 구조의 유사점과 차이점을 비교하시오.
3. DNA 복제에 사용되는 주요 효소의 기능을 나열하시오.
4. mRNA, rRNA, tRNA의 기능이 어떻게 다른지 설명하시오.

11.2 유전자 발현

학습 목표

이 절을 학습한 후에는 다음 과제를 수행할 수 있어야 한다.

1. 유전자 발현 과정의 단계를 나열하고 각 단계가 일어나는 세포내 위치를 설명하기.
2. 유전암호의 사용목적과 유전암호가 거의 모든 생명체에서 보편적인 이유를 설명하기.
3. 전사과정에서 유전자의 정보가 어떻게 mRNA 분자로 복사되는지 설명하기.
4. mRNA 가공 중 일어나는 세 종류의 변형과 이들의 중요성에 대해 간단히 설명하기.
5. 번역과정에서 핵산이라는 화학언어가 어떻게 단백질로 변환되는지 설명하고, 이 과정이 일어나는 세 가지 단계를 열거하기.

1900년대 초 영국인 의사 Archibald Garrod 경은 가족 구성원들이 종종 동일한 대사질환을 앓고 있는 것을 발견하고, 이들 모두가 대사 경로에서 동일한 기능을 수행하는 효소가 결핍되어 있을 가능성이 높다고 생각하였다. Garrod 경은 이 관계를 설명하기 위해 "선천성 대사질환"이라는 용어를 사용하였다. George Beadle과 Edward Tatum이 1940년 이 가설을 증명하기 위한 방법을 개발하기 전까지 Garrod의 발견은 간과되었다. Beadle과 Tatum은 붉은빵곰팡이를 이용한 일련의 실험을 통해 각각의 돌연변이 곰팡이가 특정 단백질을 만들지 못한다는 것을 발견하였다. 이들은 "한 개의 유전자가 한 개의 효소를 만들도록 지시한다(1 유전자-1 효소)"고 제안하였다. 오늘날 우리는 유전자가 효소뿐만 아니라 세포 내에 존재하는 모든 종류의 단백질을 만드는 데 관여한다는 사실을 알고 있다. 따라서 이들의 발견은 "1 유전자-1 폴리펩티드"로 수정되었다.

DNA로부터 RNA를 거쳐 단백질까지

유전자가 단백질을 특정한다는 것을 아는 것과 어떻게 하여 그렇게 되는가를 설명하는 것은 별개의 문제이다. 분자유전학—Watson과 Crick이 DNA 구조를 발견한 1950년대에 시작됨—은 어떻게 유전자가 특정 종류의 단백질을 만드는 것을 조절하는지에 대해 정확하게 설명할 수 있다. 진핵생물에서 DNA는 핵 안에 존재하지만, RNA는 핵과 세포질 모두에서 발견되고 단백질은 세포질에서 합성된다. 이것은 DNA에 있는 유전정보가 단백질 합성에 활발히 관여하고 있는 mRNA로 전달되어야만 한다는 것을 의미한다. **분자생물학의 중심원리**(*Central dogma of molecular biology*)는 유전정보가 DNA에서 RNA로, 그리고 RNA에서 단백질로 전달된다는 것을 설명한다(**그림 11.9**).

유전자 산물—유전자가 지정한 단백질—이 세포 안에서 기능을 수행하면 유전자가 발현된 것이다. 유전자를 발현하기 위해서는 전사와 번역이라고 하는 두 과정이 필요하다. 진핵생물에서 전사는 핵 안에서 일어나고 번역은 세포질에서 일어난다. **전사(transcription)** 과정 중 DNA의 일부가 mRNA를 만들기 위한 주형으로 작용한다. **번역(translation)** 과정 동안 mRNA에 있는 염기서열(주형 DNA 서열과 상보적임)이 폴리펩티드에 존재하는 아미노산 서열을 결정한다. 실제로는 DNA에 존재하는 염기서열이 mRNA를 통해 단백질에 있는 아미노산 서열을 결정하는 것이다. 단백질 합성 과정 중 tRNA는 아미노산을 리보솜으로 운반한다. 서로 다른 단백질은 아미노산 서열이 다르며, 단백질은 세포의 구조와 기능을 결정하고 결국 그 개체의 표현형을 결정한다.

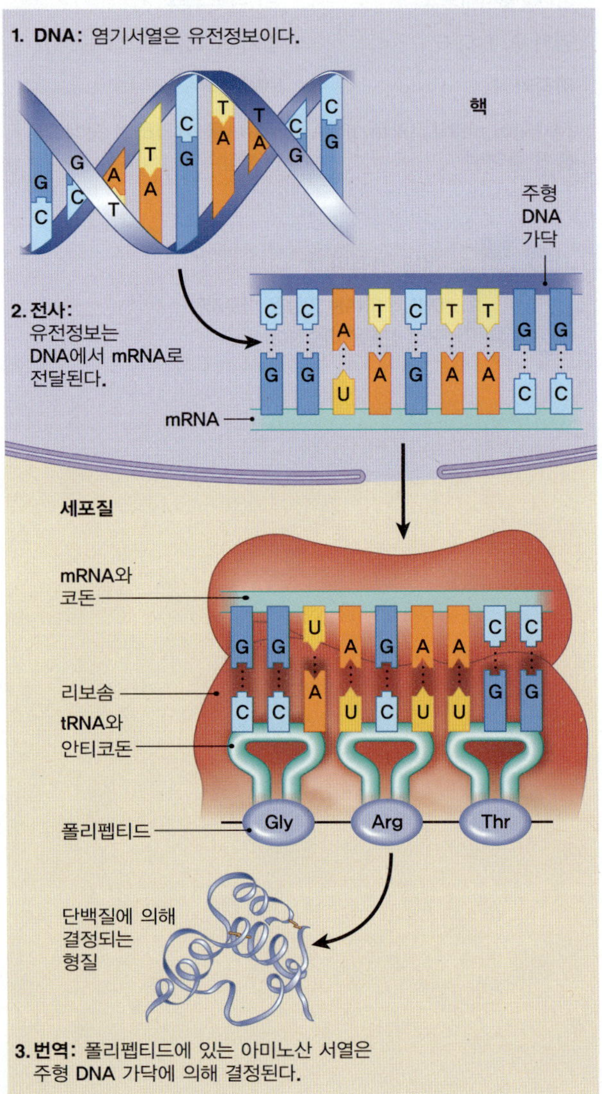

그림 11.9 유전정보의 흐름.

1. 유전정보(유전자)는 특정 염기서열로 구성되어 있다. 2. 핵 안에서 전사과정을 통해 유전정보를 mRNA 분자로 전달한다. mRNA는 세포질에 있는 리보솜으로 이동한다. 3. 리보솜에서 유전정보는 특정 아미노산 서열을 갖는 단백질로 번역된다. 이 단백질의 활성 및 비활성에 따라 표현형질이 정상인지 또는 비정상인지 결정된다.

유전암호

DNA와 RNA에 존재하는 정보는 화학 언어이며, DNA와 RNA에 의해 결정되는 단백질에 있는 언어와는 다르다. 세포는 유전암호를 사용하여 하나의 언어를 다른 언어로 번역한다.

그렇지만 RNA에 존재하는 4종류의 염기(A, C, G, U)만으로 어떻게 단백질에서 발견되는 20종류의 아미노산을 암호화할 수 있을까? 만일 암호가 글자 1개로 이루어진 경우(염기 1개가 아미노산 1개를 지정)라면 오직 4개의 아미노산만 번역될 것이다. 또한 글자 2개로 이루어진 경우(염기 2개의 조합으로 아미노산 1개를 지정)라 해도 여전히 20개의 아미노산을 모두 암호화하기에는 부족하다. 그러나 글자 3개로 구성된 암호(염기 3개의 조합으로 아미노산 1개를 지정)라면 4개의 염기로도 64종류의 암호를 만들어낼 수 있으며, 이것은 20개의 아미노산을 암호화하기 위해 필요한 수보다 훨씬 많다. mRNA 분자에 있는 3글자(뉴클레오티드) 단위를 **코돈(codon)**이라고 하며, 각각 1개의 아미노산을 암호화한다(**그림 11.10**). 64개의 코돈 중 61개는 특정 아미노산을 지정하며, 나머지 3개는 폴리펩티드 합성을 종결하라는 신호인 종결 코돈이다. 메티오닌 아미노산을 지정하는 코돈은 번역의 시작을 알리는 신호인 개시코돈으로도 이용된다. 대부분의 아미노산은 코돈을 1개 이

첫 번째 염기	두 번째 염기: U	C	A	G	세 번째 염기
U	UUU, UUC – 페닐알라닌(Phe) UUA, UUG – 류신(Leu)	UCU, UCC, UCA, UCG – 세린(Ser)	UAU, UAC – 티로신(Tyr) UAA 종결 UAG 종결	UGU, UGC – 시스테인(Cys) UGA 종결 UGG 트립토판(Trp)	U C A G
C	CUU, CUC, CUA, CUG – 류신(Leu)	CCU, CCC, CCA, CCG – 프롤린(Pro)	CAU, CAC – 히스티딘(His) CAA, CAG – 글루타민(Gln)	CGU, CGC, CGA, CGG – 아르기닌(Arg)	U C A G
A	AUU, AUC, AUA – 이소류신(Ile) AUG 메티오닌(Met) (개시)	ACU, ACC, ACA, ACG – 트레오닌(Thr)	AAU, AAC – 아스파라긴(Asn) AAA, AAG – 리신(Lys)	AGU, AGC – 세린(Ser) AGA, AGG – 아르기닌(Arg)	U C A G
G	GUU, GUC, GUA, GUG – 발린(Val)	GCU, GCC, GCA, GCG – 알라닌(Ala)	GAU, GAC – 아스파르트산(Asp) GAA, GAG – 글루탐산(Glu)	GGU, GGC, GGA, GGG – 글리신(Gly)	U C A G

그림 11.10 전령 RNA(mRNA) 코돈.

이 표에서 각각의 코돈이 3글자로 구성되어 있음을 주목하자. 예를 들어 첫 번째 염기가 C이고 두 번째 염기가 A인 네모 칸을 보자. 세 번째 염기로는 U, C, A, 또는 G가 올 수 있다. CAU와 CAC는 히스티딘을 지정하는 코돈이고, CAA와 CAG는 글루타민을 지정하는 코돈이다.

상 갖고 있으며, 이로 인해 단백질의 아미노산 서열이 바뀔 경우 해로울 수도 있는 돌연변이를 피할 수 있다.

유전암호를 해독하는 일은 간단한 문제가 아니었다. 과학자들은 세균 리보솜과 아미노산 혼합물이 포함된 용액에 합성 RNA를 첨가하는 일련의 실험을 수행하였다. mRNA에 존재하는 염기서열과 합성된 폴리펩티드 서열을 비교하여 암호를 해독할 수 있었다. 예를 들면, 구아닌 서열이 반복된 (GGG′GGG′ ...) mRNA는 글리신 아미노산만으로 이루어진 폴리펩티드로 변환되며, 따라서 GGG 코돈이 단백질에서 글리신 아미노산을 지정한다고 결론지을 수 있다.

유전암호는 모든 생물종에서 거의 공통적이다. 이는 진화적 측면에서 볼 때 이 암호가 지구상에 나타난 거의 최초의 생명체까지 거슬러 올라가며, 따라서 모든 생물이 서로 연관되어 있다는 것을 암시한다.

연관: 과학적 탐구

다른 유전암호를 사용하는 생명체는 어떤 종류인가?

거의 대부분의 생명체는 그림 11.10에 표시한 유전암호를 사용하지만, 몇몇 예외가 있다. 흥미롭게도 미토콘드리아에서는 종결코돈인 UGA가 트립토판 아미노산을 암호화하고 AUA는 류신이 아닌 메티오닌을 암호화한다. 식물의 엽록체에서도 유사한 변이가 있다. 그러나 이런 예외는 아주 미미하므로, 유전암호는 보편적("universal")이라고 간주한다.

전사(Transcription)

전사과정 동안 DNA 일부와 상보적인 서열을 갖는 RNA 가닥 하나가 만들어진다. 전사에 의해 3종류의 RNA가 만들어지는데, 여기서는 mRNA를 만드는 전사를 중심으로 설명할 것이다.

mRNA 합성 **RNA 중합효소(RNA polymerase)**가 **프로모터(promoter)**와 단단히 결합하면 전사가 시작된다. 프로모터는 특별한 뉴클레오티드 서열로 이루어진 DNA 부위이며 유전자의 시작위치를 표시한다. RNA 중합효소는 상보염기쌍 형성이 일어날 수 있도록 프로모터 바로 앞에 위치한 DNA 나선을 푼다. 그 다음 RNA 중합효소는 주형 DNA와 상보적인 RNA 뉴클레오티드를 새로이 첨가하며 궁극적으로 mRNA 분자를 만든다(**그림 11.11**). 이

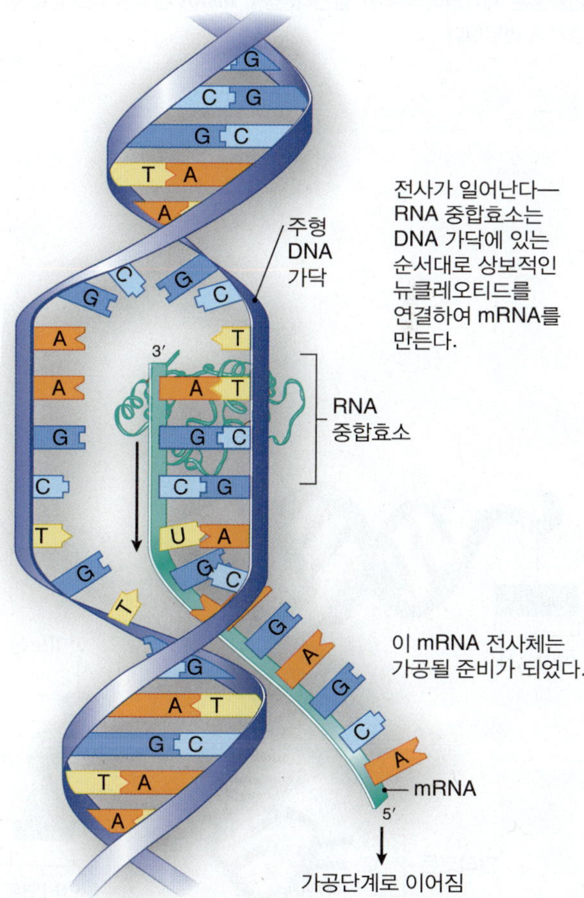

그림 11.11 mRNA를 만드는 전사.

전사과정 중 DNA 주형으로부터 상보적인 RNA가 만들어진다. RNA 중합효소가 결합하는 부위에서 DNA 일부가 지퍼처럼 풀린다. 주형 DNA 가닥에 있는 염기서열이 지시하는 순서대로 상보염기가 결합하여 mRNA 등의 RNA 가닥이 만들어진다.

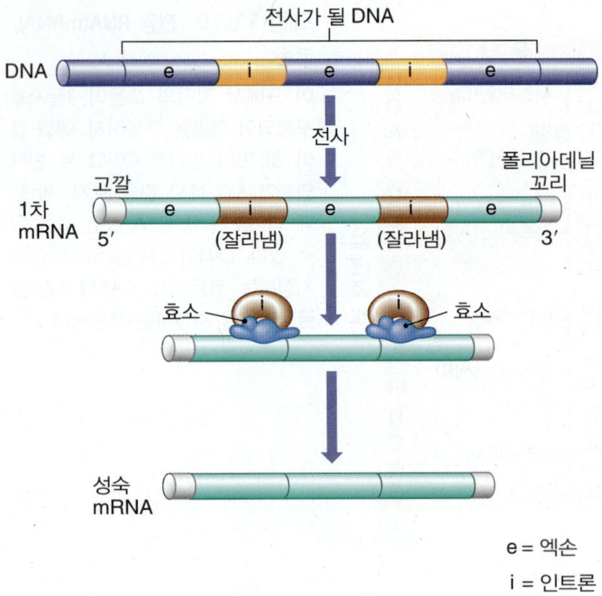

그림 11.12 mRNA 가공.

DNA로부터 엑손과 인트론이 모두 전사되어 1차 mRNA가 만들어진다. "고깔"과 "폴리아데닐 꼬리"가 1차 mRNA 전사물 끝에 추가되고, 인트론은 제거되어 엑손만 남는다. 성숙 mRNA 분자는 세포질로 이동하여 번역된다.

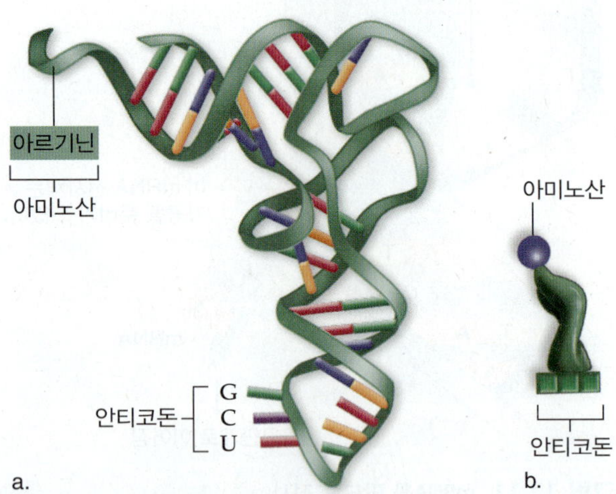

그림 11.13 tRNA 구조 및 기능.

a. tRNA는 단일가닥이지만 부분적으로 접혀 있으며, 한쪽 끝은 아미노산과 결합하고 다른 쪽 끝에는 안티코돈이 있다. 안티코돈은 코돈과 상보적이다. **b.** 이 책에서는 앞으로 tRNA를 이렇게 표시한다.

mRNA 전사체(mRNA transcript)는 주형 DNA 가닥에 있는 염기서열과 상보적인 염기서열을 갖게 된다. 전사가 완료된 mRNA는 핵에서 가공된 후 세포질로 이동한다.

mRNA 가공 새로 합성된 1차 *mRNA*(*primary mRNA*)는 가공되어야 적절하게 이용될 수 있다. 이 가공은 진핵세포의 핵 안에서 일어나며, 고깔형성(capping), 폴리아데닐 꼬리(poly-A tail) 달기, 이어맞추기(splicing)의 세 단계로 이루어진다(**그림 11.12**). 가공이 끝난 mRNA는 성숙 *mRNA*(*mature mRNA*) 분자라고 한다.

1차 mRNA의 첫 번째 뉴클레오티드에는 구아닌 뉴클레오티드가 변형된 고깔이 추가된다. 3′ 말단에는 일련의 아데노신 뉴클레오티드로 구성된 폴리아데닐 꼬리가 추가된다. 이러한 변형으로 인해 mRNA가 안정하게 되며, 고깔과 꼬리가 있는 mRNA만 세포에서 활성을 유지한다.

사람에 존재하는 대부분의 유전자에는 단백질로 번역되지 않는 DNA 단편이 삽입되어 있다. 이 단편은 유전자 사이에 끼어 있으므로 인트론(*intron*)이라고 한다. 유전자의 다른 부위는 엑손(*exon*)이라 하며, 단백질로 발현이 되는 부위이다. 이어맞추기 과정을 통해 1차 mRNA에서 인트론이 제거되고 엑손끼리 연결된다. 그 결과 엑손만으로 이어진 성숙 mRNA가 만들어진다. 오늘날 과학자들은 인트론에 존재하는 서열이 "잡동사니(junk)"가 아니라 많은 경우 유전자의 발현을 조절하는 기능을 수행한다고 믿고 있다.

일반적으로 가공을 통해 유전자의 모든 엑손이 연결된다. 그러나 어떤 경우에는 세포가 모든 엑손을 사용하는 것이 아니라 특정 엑손만 사용하여 성숙 RNA 전사물을 만든다. 이 결과 세포마다 다른 단백질 산물이 만들어진다. 이것을 선택적 *mRNA* 이어맞추기(*alternative mRNA splicing*)라고 하며 이를 통해 하나의 유전자로부터 만들어질 수 있는 단백질의 종류가 증가한다.

가공된 mRNA 가닥은 핵에서 세포질로 이동하여 번역된다.

번역: 개요

번역은 유전자 발현의 두 번째 단계이며, 단백질(폴리펩티드)을 합성한다. 번역을 위해 몇 종류의 효소와 mRNA, 그리고 또 다른 종류의 RNA인 운반 RNA(tRNA)와 리보솜 RNA(rRNA)가 필요하다.

운반 RNA는 아미노산을 리보솜으로 운반한다 tRNA는 단일가닥으로 이루어진 핵산이며, 스스로 역방향으로 접혀 상보염기쌍을 형성하여 **그림 11.13**과 같이 클로버 잎과 같은 모양을 이룬다. 단백질에 존재하는 20종류의 아미노산 각각에 대한 tRNA 분자가 적어도 한 개는 있다. tRNA 분자의 한쪽 끝에는 아미노산이 결합하고, 반대쪽 끝에는 mRNA의 특정 코돈에 상보적인 염기 3개로 구성된 **안티코돈(anticodon)**이 있다.

번역 과정 중 mRNA에 존재하는 코돈의 순서에 따라 리보솜에서 tRNA가 결합하는 순서가 결정된다. tRNA-아미노산 복합체가 리보솜에 도착하면 안티코돈은 mRNA에 존재하는 코돈과 염기쌍을 형성한다. 예를 들어 코돈이 ACC인 경우, 안티코돈 서열은 무엇이고 tRNA 분자에 결합되어 있는 아미노산은 무엇일까? 이것은 그림 11.10에서 알 수 있다.

코돈(mRNA)	안티코돈(tRNA)	아미노산(단백질)
ACC	UGG	트레오닌

번역이 끝나면 단백질은 DNA가 지시한 순서에 따른 아미노산 서열을 갖는다. 이것이 바로 유전정보이다. DNA는 유전정보를 저장하고 세포분열을 통해 각각의 세포로 이 정보를 전달하며, 다음 세대로 전달된다. DNA에 있는 염기서열은 세포에 존재하는 단백질을 만들고, 이 단백질들에 의해 각 세포의 기능이 결정된다.

리보솜 RNA는 리보솜에 존재한다 리보솜은 번역이 일어나는 작은 구조체이다. 리보솜은 많은 단백질과 여러 개의 리보솜 RNA(rRNA)로 구성되어 있다. 진핵세포에서는 rRNA가 핵에 있는 인에서 만들어지며, 세포질에서 합성된 단백질들과 결합하여 2개의 리보솜 소단위(큰 소단위 1개와 작은 소단위 1개)를 형성한다. 이들 소단위는 세포질로 이동하고 단백질 합성이 시작될 때 합쳐져 리보솜이 된다.

리보솜에는 mRNA 결합부위, 그리고 동시에 2개의 tRNA 분자가 결합하는 부위가 있다(그림 11.14). 이들 결합부위는 tRNA 안티코돈과 mRNA 코돈 사이의 상보염기쌍 형성을 촉진한다. P자리는 펩티드(*p*eptide)와 결합된 tRNA 결합부위이며, A자리는 아미노산(*a*mino acid)과 결합된 tRNA가 새로 들어와 결합하는 부위이다. E자리는 리보솜에서 떠나는(*e*xiting) tRNA 분자의 결합부위이다.

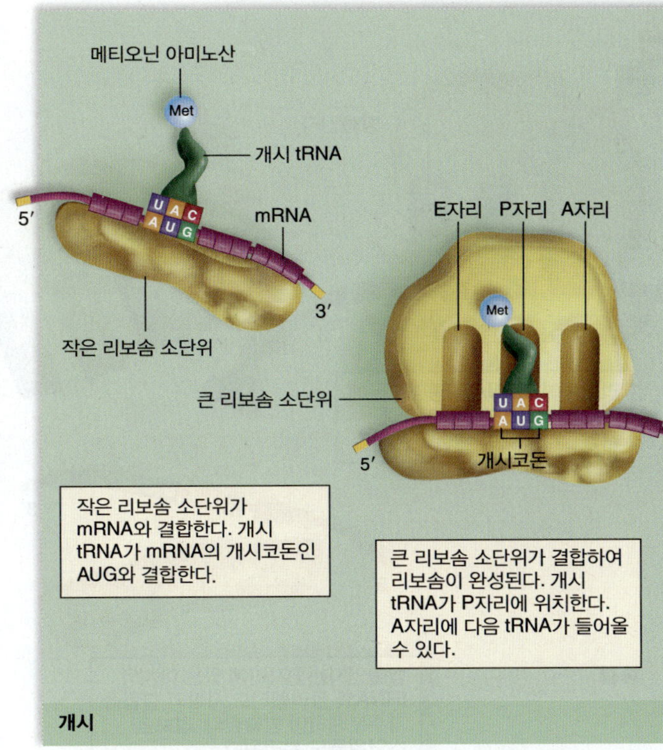

그림 11.14 개시.

단백질 합성에 필요한 요소들이 집결하여 조립된다.

번역은 세 단계를 거친다

폴리펩티드는 개시, 신장, 종결의 세 단계를 거쳐 합성된다. 단계마다 효소가 필요하며, 처음 두 단계는 에너지가 필요하다.

개시 번역에 필요한 모든 구성 요소들이 집결한다(**그림 11.14**).

- 작은 리보솜 소단위가 mRNA의 개시코돈(AUG) 근처에 결합한다.
- 메티오닌이 결합된 개시 tRNA의 안티코돈이 이 코돈과 쌍을 형성한다.
- 큰 리보솜 소단위가 작은 소단위와 결합한다.

신장주기 이 단계에서 한 번에 아미노산 1개씩 폴리펩티드 사슬이 길어진다(**그림 11.15**).

그림 11.15 신장.

P 자리에 이미 폴리펩티드가 있음을 주목하자. 한 번에 아미노산 1개씩 자라나는 펩티드 사슬에 추가되면서 폴리펩티드가 합성된다.

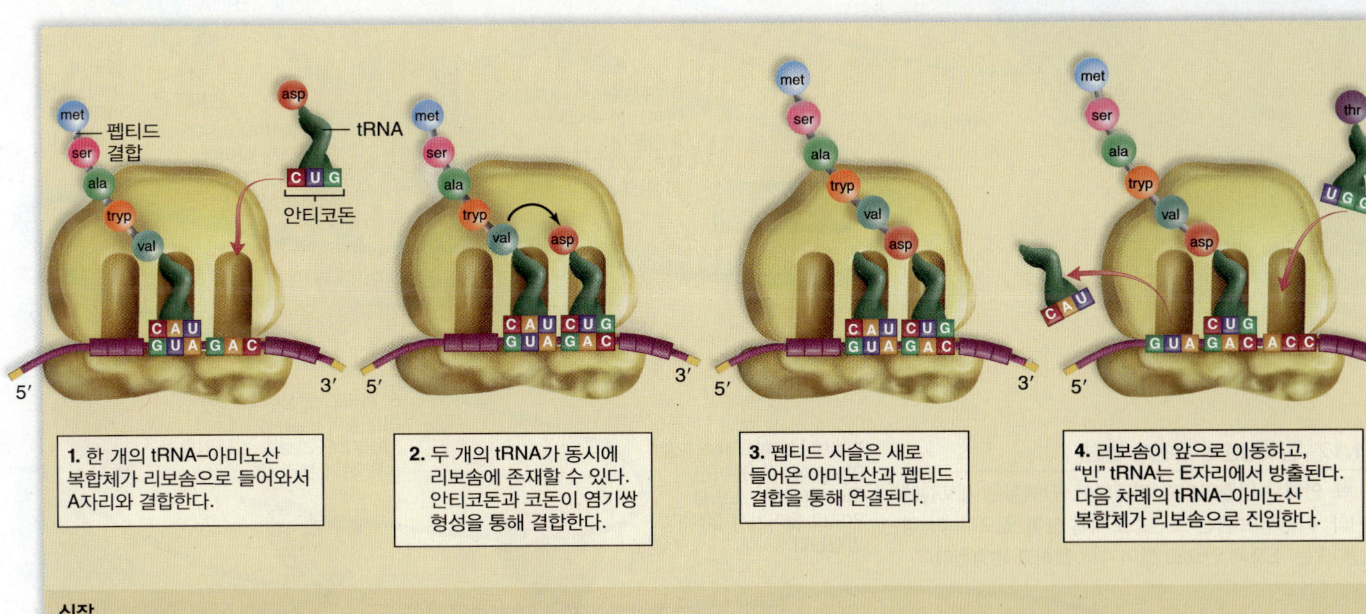

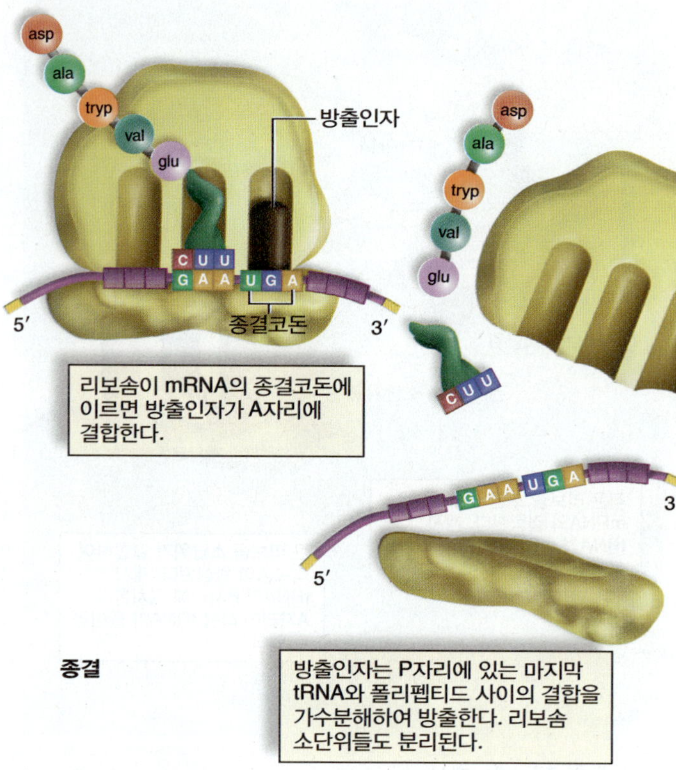

그림 11.16 종결.

합성이 완료된 폴리펩티드 사슬은 방출되고, 번역에 사용된 구성요소들이 분리된다.

- P자리에 있는 tRNA에는 자라나는 펩티드 사슬이 붙어 있다.
- 이 tRNA의 펩티드는 A자리에 있는 tRNA-아미노산 복합체로 전달된다. P자리에 있는 tRNA가 E자리로 이동한다.
- **자리이동(translocation)**을 통해 A자리의 tRNA-펩티드 복합체는 P자리로 이동하고, E자리의 빈(펩티드와 결합하지 않은) tRNA는 리보솜을 떠나며, A자리의 코돈에 해당하는 다음 tRNA-아미노산 복합체가 A자리에 들어올 수 있다.

새로운 tRNA의 상보염기쌍 형성, 자라나는 펩티드 사슬의 전달, 그리고 자리이동으로 이루어진 신장 주기는 빠른 속도로 반복된다. 리보솜을 떠난 tRNA는 재활용되며, 세포질에서 아미노산과 새로 결합하여 리보솜으로 돌아갈 수 있다.

종결 종결코돈(그림 11.10 참조)이 리보솜의 A자리에 들어오면 단백질 합성이 종결되며, 폴리펩티드, 그리고 단백질 합성을 위해 합체되었던 구성요소들이 분리된다(**그림 11.16**).

- **방출인자(release factor)**라고 부르는 단백질이 종결코돈과 결합하고 마지막 tRNA에 결합되어 있는 폴리펩티드를 잘라낸다.
- mRNA, 리보솜, tRNA 분자들은 다음 번역 과정에서 다시 사용될 수 있다.

유전자 발현 복습

유전자는 DNA로 구성되어 있으며, 단백질을 암호화한다. 유전자가 발현되면 단백질 산물이 만들어진다. **그림 11.17**은 진핵세포의 핵에서 진행되는 전

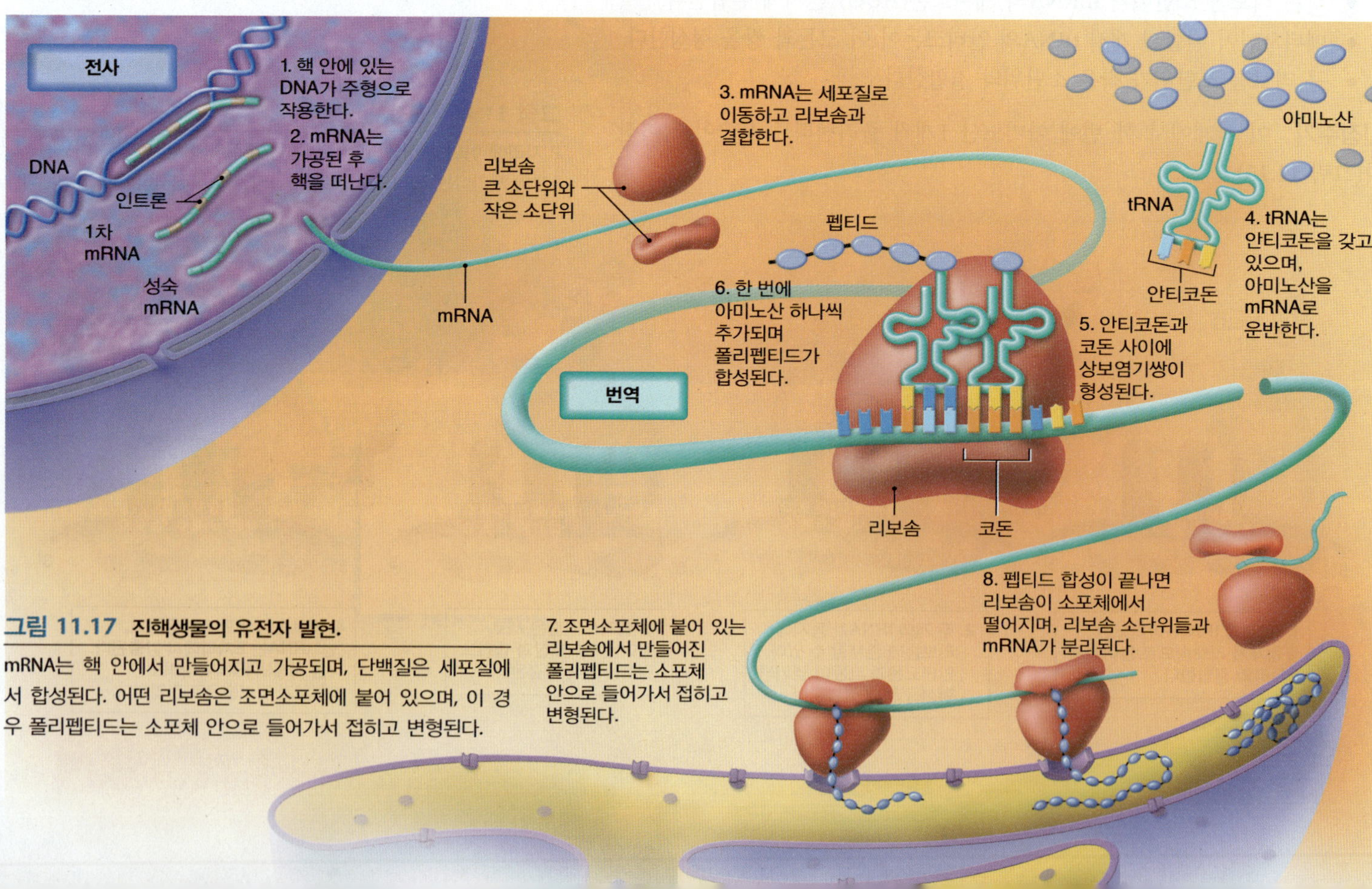

그림 11.17 진핵생물의 유전자 발현.

mRNA는 핵 안에서 만들어지고 가공되며, 단백질은 세포질에서 합성된다. 어떤 리보솜은 조면소포체에 붙어 있으며, 이 경우 폴리펩티드는 소포체 안으로 들어가서 접히고 변형된다.

사와 mRNA 가공, 그리고 세포질에서 단백질이 합성되는 번역 과정을 요약한 것이다. 세포가 동일한 단백질을 동시에 많이 생산할 수 있음에 주목하자. 리보솜 하나가 mRNA의 개시부위를 번역하고 이동하면 다른 리보솜이 그 mRNA와 결합하며, 이런 방식으로 **폴리리보솜(polyribosome)**이라고 하는 복합체가 형성된다(그림 11.17의 #7 참조).

리보솜은 세포질에 자유롭게 떠 있거나, 또는 조면소포체에 붙어 있다. 조면소포체에 붙어 있는 경우 폴리펩티드가 소포체 내부로 들어가서 가공을 통해 당이 추가된다. 이 단백질은 수송소포에 의해 세포의 다른 곳으로 운반된다. 골지체로 운반된 단백질은 더욱 가공되고 소낭에 포장된 후 세포 밖으로 수송되거나 원형질 막 안에 삽입된다. 단백질은 세포 안에서 효소부터 구조에 이르는 수많은 기능을 수행하며, 세포 밖에서도 기능을 수행한다. 이것이 모두 합쳐져서 세포, 조직, 기관, 개체의 구조와 기능으로 나타난다.

11.2 **개념 연결하기**

유전자 발현에는 DNA 분자와 RNA 분자가 모두 관여한다.

진도 점검하기 11.2

1. 생물학의 중심원리(central dogma)를 단계별로 요약하시오.
2. 번역과정에서 세 종류의 RNA가 어떤 기능을 하는지 자세히 설명하시오.
3. 전사와 번역이 일어나는 장소와 이 과정에 관여하는 주요 분자들을 설명하시오.

11.3 유전자 조절

학습 목표

이 절을 학습한 후에는 다음 과제를 수행할 수 있어야 한다.

1. 원핵생물에서 *lac* 오페론의 작동 방식을 설명하기.
2. 진핵생물에서 유전자 발현을 조절하는 여러 단계를 열거하기.
3. 진정염색질과 이질염색질을 구별하기.
4. 진핵생물의 유전자 조절에서 전사인자의 기능에 대해 설명하기.

유전자 발현의 조절 단계

우리 몸은 구조와 기능이 서로 다른 수많은 종류의 세포로 구성되어 있다. 각 세포는 자신만의 단백질 조합을 갖고 있기 때문에 다른 종류의 세포와는 다르다. 신경, 근육, 샘세포, 혈액세포처럼 특화된 기능을 수행하는 세포는 특정 유전자만을 발현한다.

발현되는 유전자 중 일부는 포도당 대사 같이 세포가 공통적으로 필요한 기능을 수행하며, 이들을 항존유전자(housekeeping gene)라고 한다. 그러나 어떤 유전자들은 세포가 특성화되도록 한다. 다시 말해서 세포 내에서 유전자 발현이 조절되고, 이러한 조절로 인해 세포가 특성화된다(**그림 11.18**). 원핵생물의 단순한 유전자 발현 조절 방식부터 살펴보자.

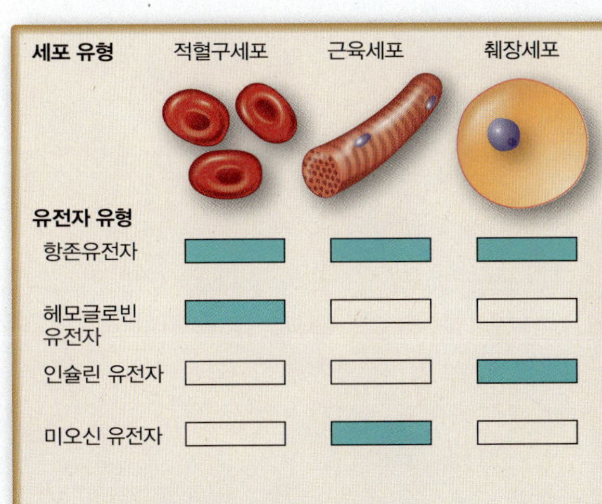

그림 11.18 특성화된 세포의 유전자 발현.

신체의 세포마다 완전한 유전자 세트를 갖고 있다. 항존유전자는 모든 세포에서 발현되지만, 그 외의 유전자들은 세포의 기능에 따라 제한된다.

원핵생물의 유전자발현

대장균(*Escherichia coli*)은 사람의 대장에서 서식하며, 우리가 섭취하는 음식에 따라 재빨리 필요한 효소를 생산한다. 우리가 우유를 마시면 대장균은 즉시 젖당 대사에 필요한 세 종류의 효소를 만들기 시작한다. 세 효소 모두 하나의 **프로모터(promoter)**에 의해 조절된다. 프로모터는 RNA 중합효소가 결합하는 짧은 DNA 서열이다. 프랑스 미생물학자인 François Jacob과 Jacques Monod는 이 유전자 무리와, 이들의 전사를 조절하는 DNA 서열을 통칭하

그림 11.19 *lac* **오페론.**

a. 조절유전자는 억제인자를 암호화한다. 억제인자는 작동유전자(operator)와 결합하여 RNA 중합효소가 프로모터와 결합하지 못하도록 방해한다. 따라서 젖당 대사에 관여하는 유전자들이 전사되지 않는다. **b.** 젖당이 존재하면 억제인자가 젖당과 결합한다. 이로 인해 억제인자의 형태가 변형되어 작동유전자와 결합하지 못한다. 이제 RNA 중합효소가 프로모터와 결합하고 젖당 대사 유전자들이 발현된다.

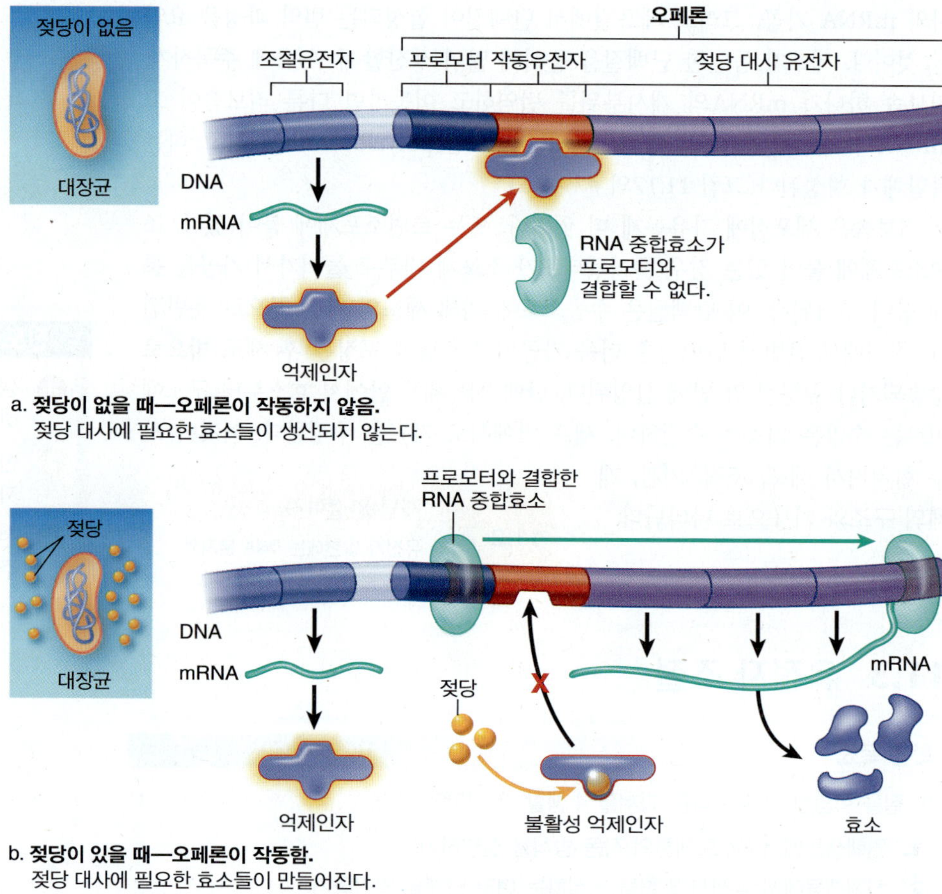

여 **오페론(operon)**이라고 명명했다. 이들은 유전자의 발현이 어떻게 조절되지를 처음으로 밝혔으며, 특히 젖당 대사에서 *lac* 오페론이 어떻게 조절되는지를 밝힌 공로를 인정받아 1961년에 노벨상을 받았다(**그림 11.19**). Jacob과 Monod는 오페론 외부에 있는 **조절유전자(regulatory gene)**에 의해 암호화되는 **억제인자(repressor)** 단백질이 *lac* 오페론에서 프로모터 옆에 있는 작동유전자(*operator*)와 결합하고 있다고 제안하였다. 억제인자가 작동유전자와 결합하면 RNA 중합효소가 프로모터와 결합할 수 없기 때문에 젖당 대사유전자들의 전사가 일어나지 못한다. 일반적인 경우에는 젖당이 존재하지 않기 때문에 *lac* 오페론은 보통 이런 방식으로 억제되어 있다(그림 11.19*a*).

젖당이 존재할 때에는 어떻게 하여 오페론이 작동될까? 젖당이 억제인자와 결합하여 억제인자의 형태를 변형시킨다. 변형된 억제인자는 작동유전자와 결합할 수 없으므로 RNA 중합효소가 프로모터와 결합할 수 있다. 따라서 젖당 대사에 필요한 유전자들이 전사된다(그림 11.9*b*). 선호되는 당인 포도당이 없고 젖당만 존재한다면, CAP(그림 11.19에는 표시하지 않았음)이라고 하는 단백질이 RNA 중합효소와 프로모터의 결합을 도와준다. 이로써 젖당 대사에 관여하는 효소가 필요할 때 전사가 확실하게 이루어지도록 한다.

아미노산 합성을 조절하는 세균 오페론들은 대개 작동 상태로 존재한다. 예를 들어 *trp* 오페론의 경우, 조절유전자에 의해 암호화된 억제인자는 작동유전자와 결합하지 못한다. 따라서 트립토판 아미노산 생산에 필요한 유전자들이 발현된다. 트립토판이 존재하면 억제인자와 결합하여 그 형태를 변형시킨다. 이로 인해 억제인자가 작동유전자와 결합하게 된다. 그 결과 오페론의 작동이 멈춘다.

진핵생물의 유전자 발현

세균은 프로모터 한 개가 전사단위를 구성하고 있는 유전자 여러 개를 조절하는 반면, 진핵생물은 유전자마다 RNA 중합효소가 결합하는 프로모터를 갖고 있다. 세균은 거의 전사조절에 의존하여 유전자 발현을 조절하지만, 진핵생물은 여러 가지 방법을 이용한다. 즉, 유전자를 발현할 것인지 여부, 발현되는 속도, 발현되는 기간 등을 조절한다.

유전자 발현 조절 기작 중 일부는 핵에서 일어나고 또 일부는 세포질에서 일어난다(**그림 11.20**). 핵에서는 염색질 응축, DNA 전사, mRNA 가공을 통해 특정 세포유형에서 어떤 유전자를 발현할 것인지를 결정한다.

세포질에서는 리보솜에서 mRNA가 폴리펩티드로 바로 번역되거나 지연될 수 있다. mRNA는 또 세포질에 오랫동안 존재하거나 바로 분해되기도 하며, 이것은 단백질도 마찬가지다. 이러한 유전자 발현 조절 기작들에 의해 유전자 산물의 양과 활성상태 지속 기간이 조절된다.

염색질 응축 진핵생물은 유전자 발현 조절의 한 방법으로 염색질 응축을 사용한다. 염색질이 단단하게 응축되어 있을수록 내부의 유전자가 발현되기 어렵다. **이질염색질(heterochromatin)**이라고 하는 짙게 염색되는 부위는 단단하게 응축된 불활성 염색질이다. 극단적인 예는 포유류 암컷에서 발견되는 바소체(*Barr body*)이다. 암컷은 핵막 안쪽 가장자리에 진하게 염색되는 작은 압축된 염색질 덩어리가 붙어 있다. 이 구조는 활동하지 않는 불활성 X 염색체다.

바소체가 유전자 산물을 생산하지 않는 불활성 X 염색체인 것을 어떻게 알 수 있는가? 어떤 여성의 세포 중 50%는 한 X 염색체가 활성형이고 나머지 50%는 다른 X 염색체가 활성형이라고 가정하자. 이형접합인 여성의 몸은 유전적으로 다른 세포들의 "조각"이 모자이크를 이루고 있는 것은 아닐까? 이런 현상이 실제로 일어난다. 예를 들어 X-연관 열성 안구백색증에 대한 이형접합자인 여성은 눈 뒤쪽에 색소가 있는 세포와 없는 세포들이 짜깁기되어 있다. 또한 땀샘 유전자에 대해 이형접합인 여성은 땀샘이 없는 피부세포 조각이 짜깁기되어 있다. 삼색얼룩고양이(calico cat) 암컷 또한 세포 내 X 염색체 불활성화에 따른 차이를 극명하게 보여주는 사례이다(**그림 11.21**).

연관: 과학적 탐구

X-염색체 불활성화는 왜 일어나는가?

X 염색체에는 1,600개 이상의 유전자가 있는데, 대부분은 성과 전혀 관련되어 있지 않다. 따라서 포유류와 사람의 경우 여성은 X 염색체가 2개이므로 남성에 비해 2배나 많은 유전자 산물(단백질)을 만들게 된다. 단백질이 너무 많으면 여러 대사경로에 부정적인 영향을 주므로 생산되는 단백질의 양을 조절하기 위해 X 염색체 중 1개만 제외하고는 모두 불활성화된다. 대부분의 여성은 바소체가 1개이다. 그러나 XXX 여성의 세포에는 바소체가 2개이며, 클라인펠터증후군(XXY) 남성의 세포에는 남성임에도 불구하고 1개의 바소체가 있다.

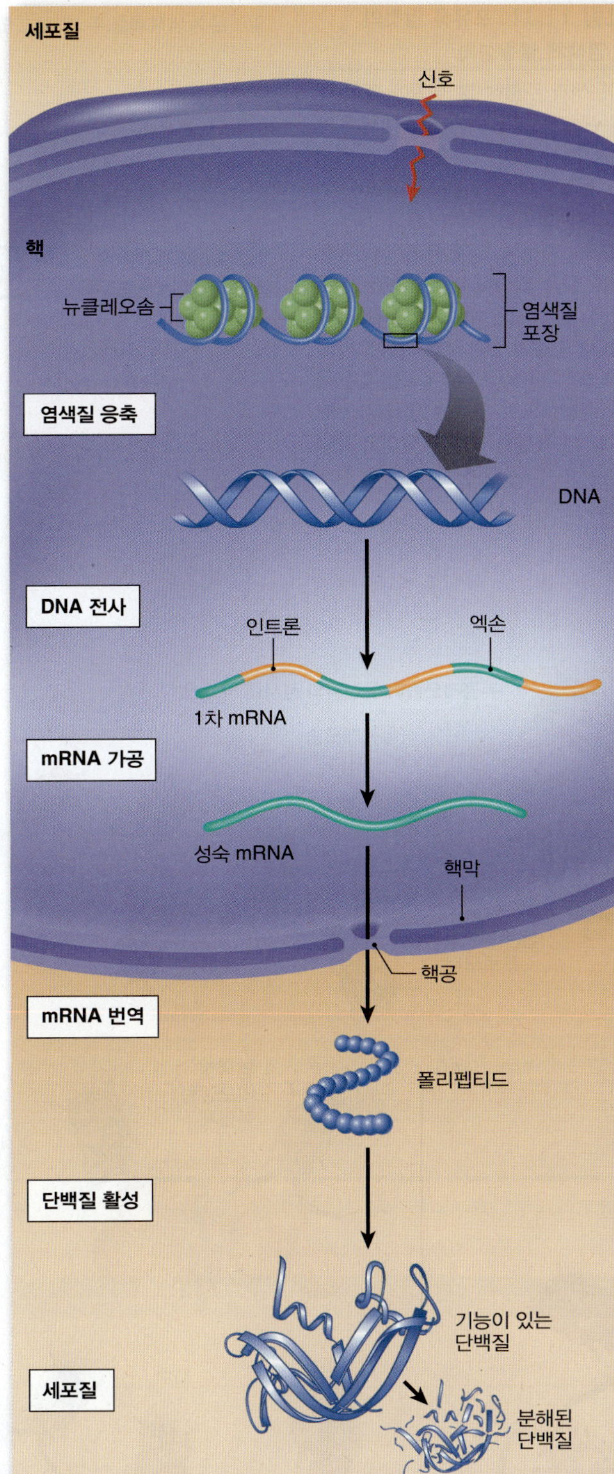

그림 11.20 진핵세포에서의 유전자 발현 조절.
진핵세포에서는 여러 단계에서 유전자 발현을 조절한다. 또 성장인자와 같은 외부 신호(빨간색 화살표)가 유전자 발현을 조절하기도 한다.

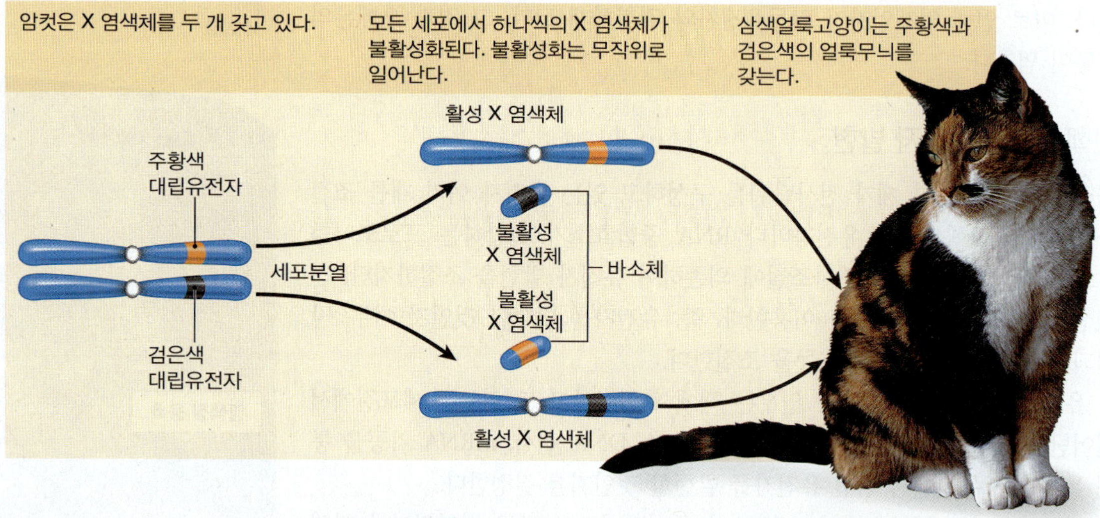

그림 11.21 포유류 암컷의 X 염색체 불활성화.

검은색과 주황색 털 색깔에 대한 대립유전자는 고양이의 X 염색체 위에 존재한다. 암컷 고양이에서 X 염색체 불활성화가 무작위로 일어난다. 따라서 이형접합자의 경우 50%의 세포는 검은색 털에 대한 대립유전자를 갖고 있으며 나머지 50%는 주황색 털에 대한 대립유전자를 갖고 있다. 그 결과 삼색얼룩고양이(calico cat 또는 tortoiseshell cat)는 검은색과 주황색으로 구성된 얼룩무늬 패턴의 털 색깔을 갖는다. 캘리코 고양이는 또 다른 유전자 때문에 흰색 털도 갖게 된다.

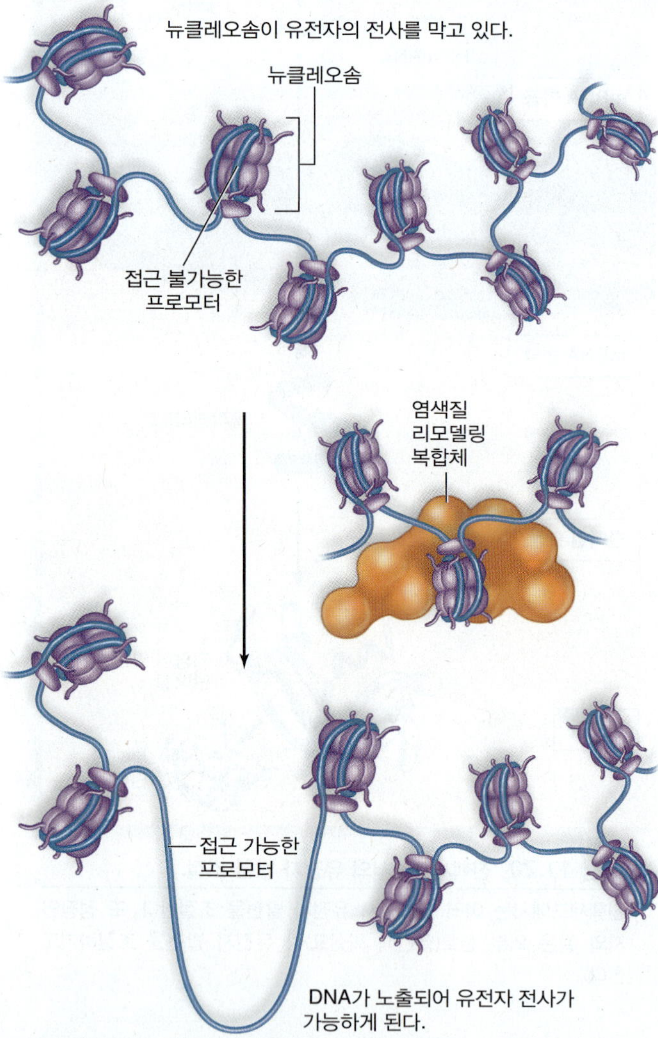

그림 11.22 히스톤 전위.

진핵생물에서 염색질 리모델링 복합체가 뉴클레오솜의 히스톤을 옆으로 밀어내면 전사를 시작할 수 있다.

이질염색질이 풀리면 느슨하게 포장되어 활성형 유전자를 포함한 **진정염색질(euchromatin)**이 된다. 진핵생물의 뉴클레오솜(*nucleosome*)은 히스톤 분자 그룹 하나를 감싸고 있는 DNA이다(8장 참조). DNA가 전사될 때 염색질 리모델링 복합체는 뉴클레오솜에서 히스톤을 옆으로 밀어내어 전사가 시작될 수 있도록 한다(**그림 11.22**). 다시 말해 진정염색질이라 해도 전사가 시작되려면 그 전에 변형이 더 일어나야 한다. 히스톤이 존재하면 RNA 중합효소가 DNA로 접근하는 것이 제한된다. 따라서 히스톤이 방해하지 않아야 진정염색질이 유전적으로 활성화된다. 이런 상태가 된 후에라야 비로소 진핵세포에서 유전자가 발현될 수 있다.

DNA 전사 진핵생물의 전사는 원칙적으로는 세균과 동일하나 더 많은 조절단백질이 관여한다. 조절단백질이 많으면 조절을 더 잘 할 수 있으나 오작동의 기회 또한 많아진다.

진핵생물에서 **전사인자(transcription factors)**는 RNA 중합효소와 프로모터의 결합을 도와주는 DNA 결합단백질이다. 각 경우마다 여러 전사인자가 필요하며, 하나라도 없으면 전사는 일어날 수 없다. 모든 전사인자가 복합체를 형성하여 DNA 이중가닥이 벌어지도록 도와주고 RNA 중합효소의 위치를 잡아주어 전사가 시작될 수 있도록 한다. 같은 전사인자들이 다른 조합을 이루어 서로 다른 프로모터에서 계속 사용된다. 따라서 전사인자 하나가 기능을 제대로 하지 못하면 그 결과는 세포에 매우 치명적일 것이라고 쉽게 예상할 수 있다. 유전병인 헌팅턴무도병은 전사인자 하나의 결함에서 비롯된 심한 정신운동성 질환이다.

진핵생물의 전사활성화인자(*transcription activator*)는 전사를 획기적으로 촉진하는 DNA 결합단백질이다. 이들은 **인핸서(enhancer)**라고 하는 DNA 부위와 결합하며, 프로모터에서 상당히 멀리 떨어져 있을 수 있다. DNA의 헤어핀 고리 구조로 인해 인핸서와 결합한 전사활성화인자가 전사인자복합체에 가까이 다가와 접촉할 수 있다(**그림 11.23**).

전사활성화인자 하나가 유전자 발현에 막대한 영향을 미칠 수 있다. 예를 들어, MyoD라는 DNA 결합단백질은 그 자체로서 여러 척추동물에서 섬유아세포가 근육세포로 되도록 하는 여러 유전자를 활성화시킬 수 있다. Ey라고 하는 또 다른 DNA 결합단백질은 초파리에서 한 종류의 세포 유형이 아니라 여러 종류로 구성된 완전한 눈의 형성에 관여한다(**그림 11.24**).

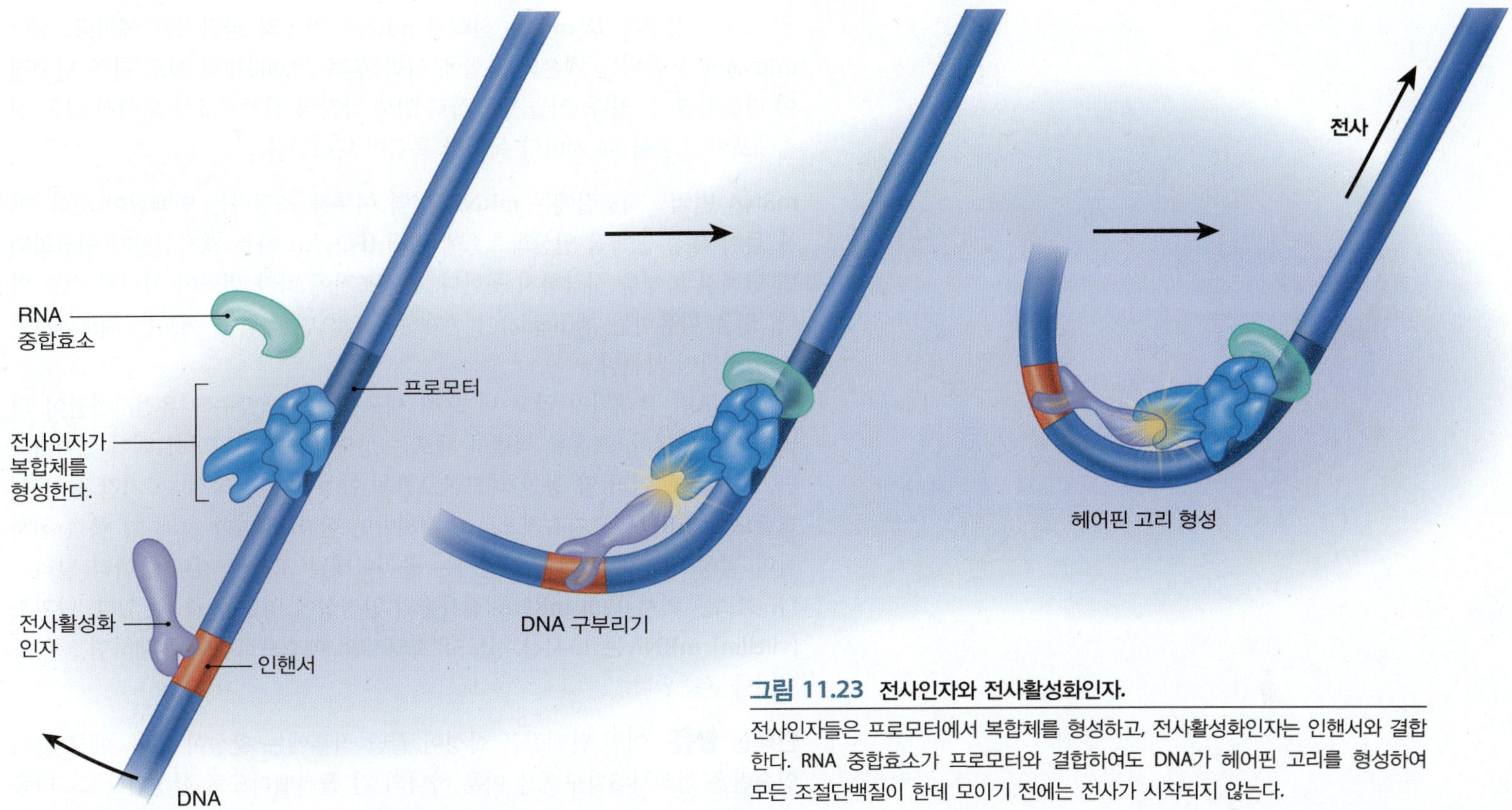

그림 11.23 전사인자와 전사활성화인자.

전사인자들은 프로모터에서 복합체를 형성하고, 전사활성화인자는 인핸서와 결합한다. RNA 중합효소가 프로모터와 결합하여도 DNA가 헤어핀 고리를 형성하여 모든 조절단백질이 한데 모이기 전에는 전사가 시작되지 않는다.

mRNA 가공 전사를 마친 다음 mRNA는 세포질로 이동하기 전에 핵 안에서 인트론 제거와 엑손 이어맞추기가 일어난다. **선택적 mRNA 가공(alternative mRNA processing)**을 통해 어떤 엑손들로 성숙 mRNA를 형성하는가에 따라 동일한 1차 mRNA에서 서로 다른 단백질을 생산할 수 있다(**그림 11.25**).

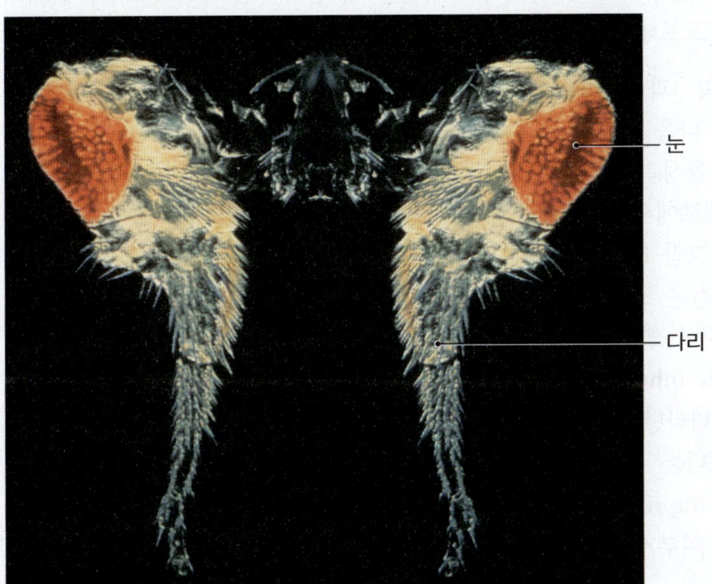

그림 11.24 *Ey* 유전자.

초파리에서 장차 다리가 될 전구세포에서 *Ey* 유전자를 발현시키면 다리에서 눈의 발생이 시작된다.

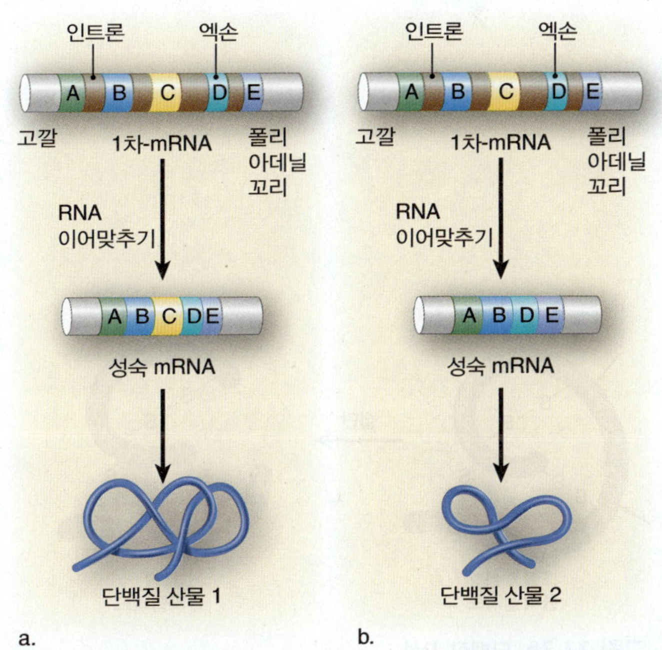

그림 11.25 mRNA 전사물의 가공.

두 세포에서 1차 mRNA가 다르게 가공되므로 서로 다른 단백질(a와 b)이 만들어진다.

초파리 유전자 *DScam*은 선택적 mRNA 가공의 극단적인 예이다. 성숙 mRNA에 포함되는 엑손의 조합에 따라 무려 38,000개의 서로 다른 단백질이 만들어질 수 있다. 이들 단백질로 인해 각각의 신경세포가 뇌에서 다른 신경세포와 소통할 때 저마다 독특한 특성이 나타난다.

mRNA 번역 세포질에는 mRNA 번역 여부를 조절하는 단백질이 있다. 예를 들어 특정 단백질 인산화효소에 의해 IF-2라고 하는 개시인자가 인산화되면 단백질 합성을 시작하지 못한다. 환경조건에 따라 번역이 지연될 수도 있다. 철을 함유하는 헴(heme)이 존재하지 않으면 적혈구 세포는 헤모글로빈을 합성하지 않는다.

mRNA가 분해되지 않고 더 오래 세포질에 존재할수록 유전자산물이 더 많이 만들어진다. 포유류 적혈구 세포는 성숙과정을 거치면서 핵이 없어지지만 그 후로도 여러 달 동안 헤모글로빈을 합성한다. 따라서 이 기간 동안 헤모글로빈 mRNA가 지속적으로 존재해야만 한다. 얼마나 오래 이 특정 전사물이 활성 상태로 존재할 것인가는 폴리아데닐 꼬리의 길이에 따라 달라진다. 호르몬 역시 특정 mRNA 전사물의 안정성에 영향을 줄 수 있다. 난황소(vitellin) mRNA는 15시간 정도 유지되지만, 에스트로겐이 존재하면 3주 동안이나 존속된다.

단백질 활성 어떤 단백질은 합성이 끝난 직후에는 활성이 없다. 예를 들어 인슐린은 접혀서 3차구조를 이룬 하나의 긴 폴리펩티드로 합성된다. 그 다음 효소가 이 분자의 중간쯤에서 약 30개의 아미노산을 제거한다. 남은 두 개의 폴리펩티드 사슬은 이황화(S—S)결합으로 연결되며, 이것이 활성 인슐린 분자이다(**그림 11.26**). 이런 방법은 필요할 때까지 단백질의 활성화를 지연시킬 수 있다.

대부분의 단백질은 세포 안에서 분해되거나 파괴되므로 수명이 짧다. 사이클린(cyclin)이라는 세포주기를 조절하는 단백질이 더 이상 필요하지 않으면 프로테아솜(*proteasome*)이라고 하는 거대 단백질분해효소 복합체에 의해 분해된다. 프로테아솜은 다른 단백질도 분해한다.

후성유전학 과학자들은 특히 세포 수준에서 이루어지는 유전자 조절의 어떤 변화가 다음 세대로 유전될 수도 있다는 것을 인식하기 시작하였다. 예를 들어 X-불활성화(그림 11.21 참조)의 불활성 패턴이 세포분열을 통해 유전된다. XX 세포에서 첫째 세포의 불활성 염색체는 모든 딸세포에서 동일하다. 이것으로 그림 11.21에 있는 고양이 털 색깔의 조각무늬를 설명할 수 있다. 즉, 모든 검은 조각은 주황색 대립유전자가 불활성화되었기 때문에 검은색 대립유전자만 발현되는 세포 하나로부터 유전된 것이다. 이것은 **후성유전(epigenetic inheritance)**의 한 예이다. 즉, 염색체 상의 뉴클레오티드 서열이 변화하여 나타난 결과가 아니라, 유전자 발현의 변화가 유전된 것이다. 후성유전으로 다른 생리학적 과정도 설명할 수 있다. 예를 들어 유전체 각인(genomic imprinting)은 부모 중 누구에게서 물려받았는지에 따라 대립유전자의 발현 여부가 결정되는 현상이다.

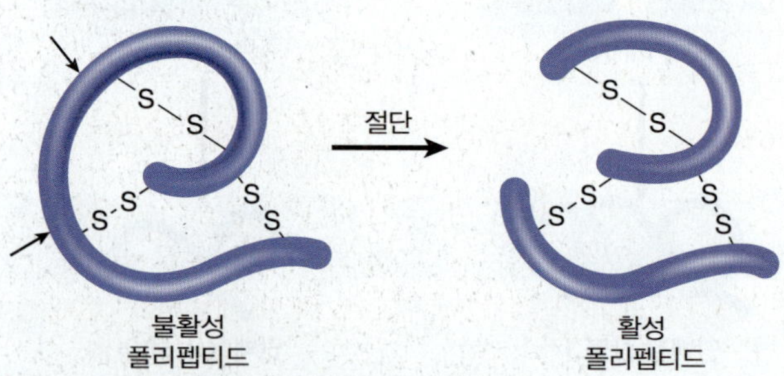

그림 11.26 단백질 활성.

인슐린 단백질은 초기에 만들어진 폴리펩티드의 일부가 효소에 의해 제거되기 전까지는 활성이 없다. 잘리고 남은 폴리펩티드 사슬 2개는 두 곳에서 형성되는 이황화(S—S)결합을 통해 서로 연결된다.

진핵생물의 세포간 신호

다세포생물에서 세포는 끊임없이 화학신호를 내보내 다른 세포에 영향을 준다. 이들 신호를 통해 동물의 발생과정 중에는 장차 세포가 수행하게 될 역할

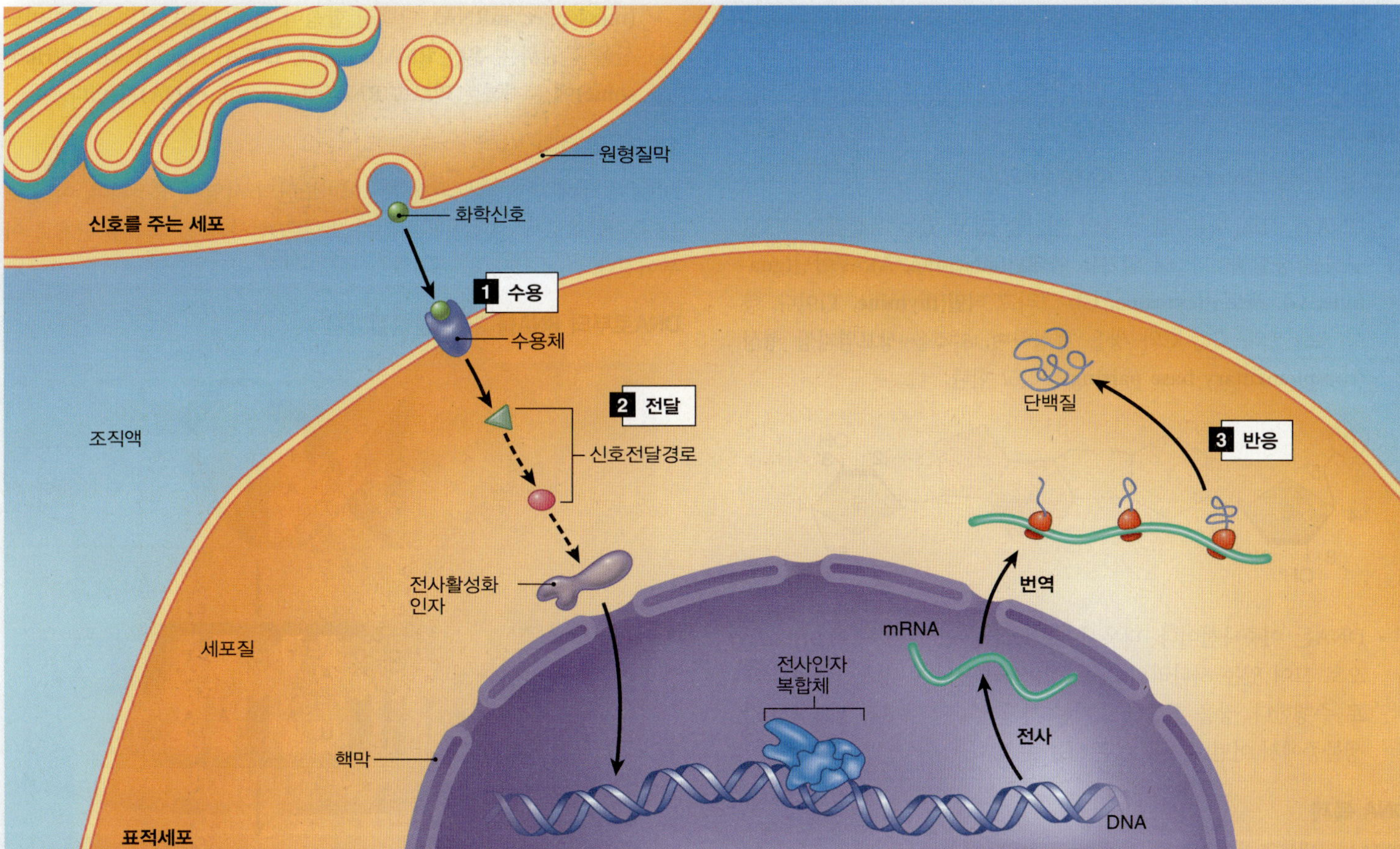

그림 11.27 세포신호전달.

1 수용: 특정 수용체단백질이 화학 신호를 받는다. **2** 전달: 신호전달경로의 마지막 단계에서 전사활성화인자가 자극을 받는다. 이 인자는 특정 유전자 전사를 증폭한다. **3** 반응: mRNA 전사물을 번역하여 단백질을 만든다. 신호에 대한 반응 결과는 단백질 산물이다.

이 특성화되며, 나중에는 성장과 매 순간의 기능이 조화를 이룰 수 있다. 식물세포 역시 서로 신호를 주고받으며 태양광과 같은 환경 자극에 대한 반응을 조절한다.

일반적으로 화학신호가 표적세포의 원형질막에 있는 수용체단백질과 결합하면 **세포신호전달(cell-signaling)**이 이루어진다. 이 신호는 수용체단백질이 **신호전달경로(signal transduction pathway)**를 이루는 일련의 반응을 시작하도록 한다. 이 경로의 최종 산물(신호가 아님)은 세포 대사에 직접적인 영향을 준다. 예를 들어 조절단백질이 특정 유전자를 발현하도록 하여야만 성장이 가능해진다.

신호를 주는 세포에서 분비된 화학신호는 신호를 받는 세포의 원형질막에 있는 특정 수용체와 결합한다(**그림 11.27**). 이 결합에 의해 신호전달 경로를 이루는 일련의 반응이 활성화된다. 가장 마지막 반응에 의해 전사활성화인자가 활성화되어 특정 유전자의 전사를 증폭시킨다. 전사는 mRNA 번역으로 이어져 단백질 산물을 만들고, 이 경우에는 세포주기를 자극하여 세포가 성장한다.

신호전달경로에서 기능하는 단백질인 Ras는 여러 유전자의 전사를 유도하며, 이 중 일부는 세포주기를 촉진한다. Ras는 보통 불활성 상태로 존재하지만 성장인자(growth factor) 신호를 받으면 활성화된다. Ras가 늘 활성상태라면 세포분열이 끊임없이 일어나므로 암이 유발된다.

개념 연결하기 11.3
세포는 여러 가지 방법으로 유전자 발현을 조절한다.

진도 점검하기 11.3

1. 원핵생물과 진핵생물의 유전자 발현을 비교하시오.
2. 진핵생물이 유전자발현을 조절하는 단계를 자세히 설명하시오.
3. 전사인자가 어떻게 유전자 발현을 세밀하게 조절하는지 설명하시오.

요약

11.1 DNA와 RNA의 구조 및 기능

DNA 구조

DNA는 유전물질이며 다음의 구조를 갖는다.

- DNA는 서로 다른 네 종류의 염기를 갖고 있는 뉴클레오티드로 구성된 중합체이다. 이 염기는 **아데닌(adaenine, A)**, **구아닌(guanine, G)**, **시토신(cytosine, C)**, 그리고 **티민(thymine, T)**이다. 항상 A는 T와, G는 C와 쌍을 형성하며, 이것을 **상보염기쌍 형성(complementary base pairing)**이라고 한다.

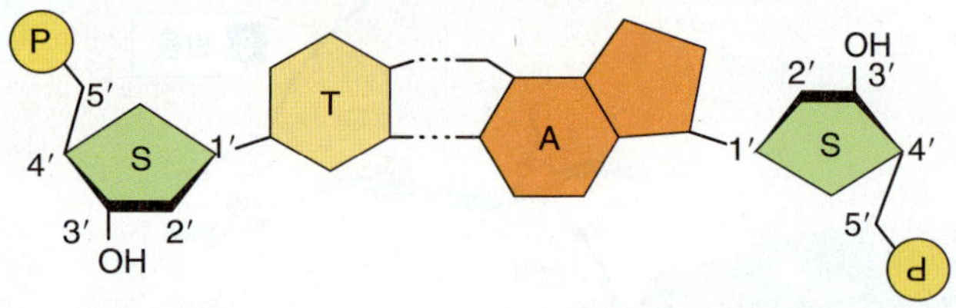

- DNA는 이중나선이다. 디옥시리보오스 당-인산 분자는 나선 모양으로 꼬여 있는 사다리의 양쪽 가장자리가 되며 서로 반대 방향으로 주행한다. 쌍을 형성한 염기는 사다리의 발판이다. 염기쌍은 각 생물종에서 어떤 순서로든 존재할 수 있다.

DNA 복제

DNA는 세포주기의 S기에 복제된다. **DNA 복제 과정(DNA replication)** 중 예전 가닥이 각각 **주형(template)**으로 작용하여 새로운 가닥을 만든다. 따라서 이 과정을 **반보존적(semiconservative)**이라고 한다. 상보적인 염기쌍 형성으로 인해 이들 이중나선 분자는 모두 동일하다.

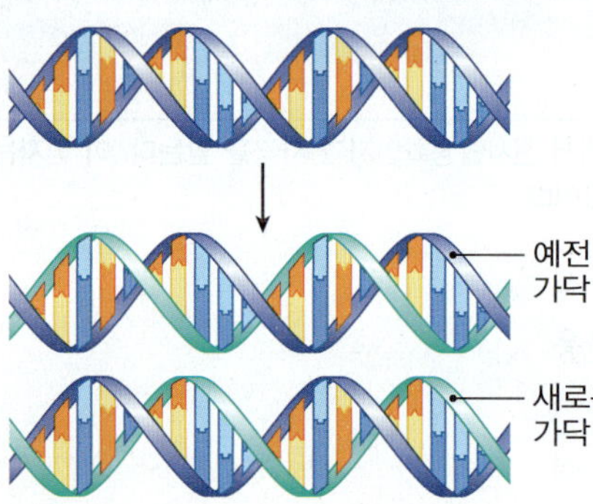

DNA 복제는 다음과 같은 여러 효소를 필요로 한다.

- 헬리케이즈(helicase)—이중나선을 풀어낸다.
- DNA 중합효소—새로운 DNA 가닥을 합성한다.
- DNA 연결효소—DNA 가닥의 당-인산 뼈대에서 끊긴 부위를 연결한다.

RNA의 구조 및 기능

리보핵산(ribonucleic acid, RNA)은 다음과 같은 특징을 갖는다.

- 진핵세포의 핵과 세포질 안에 존재한다.
- 리보오스 당과 아데닌(A), **우라실(uracile, U)**, 시토신(C), 구아닌(G) 염기를 포함한다.
- 단일가닥이다.
- 세 종류가 있다. DNA 메시지를 리보솜으로 전달하는 **전령 RNA (messenger, mRNA)**, 단백질 합성이 일어나는 리보솜으로 아미노산을 운반하는 **운반 RNA(transfer, tRNA)**, 그리고 **리보솜(ribosome)**에 존재하는 **리보솜 RNA(ribosomal, rRNA)**가 있다.

11.2 유전자 발현

DNA에 의해 단백질에 존재하는 아미노산의 서열이 결정되며, 이 정보는 유전암호로서 존재한다. 유전자 발현은 전사와 번역의 두 단계로 이루어진다.

DNA로부터 RNA를 거쳐 단백질까지

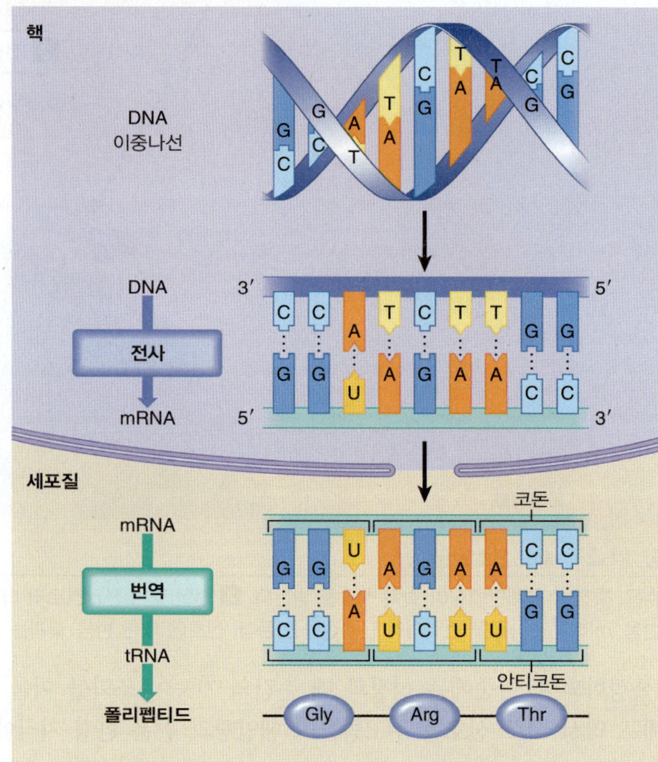

전사: **전사(transcription)** 과정 중 RNA 중합효소가 유전자의 시작 부위에 있는 조절지역인 프로모터와 결합한다. RNA 중합효소는 티민을 우라실로 대체하면서 유전자 서열과 상보적인 mRNA 사본을 만든다. 이것을 **mRNA 전사물(mRNA transcript)**이라고 한다.

진핵생물에서는 전사 후 mRNA가 가공된다. 가공은 (1) 한쪽 말단에 모자 씌우기, (2) 다른 쪽 말단에 폴리아데닐 꼬리 달기, (3) 인트론을 제거하고 엑손만 남기기를 통해 이루어진다. 성숙 mRNA는 이제 단백질 합성에 이용될 수 있다.

번역: **번역(translation)**은 세 종류의 RNA를 필요로 한다.

mRNA는 코돈을 포함하고 있다. 종결을 의미하는 코돈을 제외하면, 3개의 염기로 이루어진 모든 코돈이 특정 아미노산을 암호화한다.

tRNA는 아미노산을 리보솜으로 운반한다. 이 분자의 한쪽 끝은 아미노산과 결합하고 다른 쪽 끝은 **코돈**과 쌍을 형성하는 3개의 염기로 이루어진 **안티코돈**이다. 각각의 tRNA는 단백질에 존재하는 20종류의 아미노산 중 한 종류하고만 결합한다.

rRNA는 리보솜을 구성한다. 리보솜의 P자리에는 펩티드가 결합된

tRNA가 결합하고 A자리에는 아미노산이 결합된 tRNA가 결합한다. E자리는 아미노산을 전달하고 난 tRNA가 방출되는 부위이다.

번역은 세 단계로 이루어진다

번역은 개시, 신장주기, 그리고 종결의 세 단계로 이루어진다.

개시: 번역을 시작할 때 크고 작은 리보솜 소단위들, mRNA, 그리고 tRNA-메티오닌 복합체가 개시코돈에 집결한다.

신장주기: 신장주기는 다음의 과정으로 구성된다. tRNA가 A자리로 들어온다. P자리에 있는 tRNA에 결합된 아미노산과 A자리에 있는 tRNA에 결합된 아미노산 사이에서 펩티드 결합이 이루어진다. 리보솜이 자리이동(translocation)을 하면 P자리의 tRNA가 E자리로 이동한 후 방출되며, A자리의 tRNA가 P자리로 이동한다. 이제 A자리의 새로운 코돈은 다음 차례의 tRNA-아미노산을 맞이할 수 있다.

종결: mRNA의 종결코돈에 이르면 방출인자가 결합하고, 리보솜이 분리되며, mRNA는 떨어져 나가고, 폴리펩티드가 방출된다.

11.3 유전자 조절

유전자 발현의 조절 단계

세포의 특수화는 유전자의 존재 유무가 아니라 유전자의 활성 여부에 기인한다.

원핵생물은 전사단계에서 유전자 발현을 조절한다.

- *lac* 오페론의 경우, **조절유전자(regulatory gene)**가 생산한 단백질인 억제인자가 대개 작동유전자와 결합하고 있다. 따라서 RNA 중합효소가 **프로모터(promoter)**와 결합할 수 없어서 **오페론(operon)**이 꺼진 상태가 된다. 젖당이 존재하면 **억제인자(repressor)**가 젖당과 결합한다. 이제 RNA 중합효소가 프로모터와 결합하여 젖당 대사에 관여하는 유전자들을 전사한다.
- *trp* 오페론에서는 억제인자가 불활성 상태이므로 유전자가 전사된다. 트립토판이 존재하면 억제인자가 활성화되고, RNA 중합효소가 프로모터와 결합하지 못한다.

진핵생물은 여러 단계에서 유전자 발현을 조절한다.

- 염색질 응축—**이질염색질(heterochromatin)**이 **진정염색질(euchromatine)**로 전환되어 유전자가 발현할 수 있다.
- DNA 전사—프로모터에 존재하는 **전사인자(transcription factors)**와 **인핸서(enhancer)**와 결합한 전사활성화인자가 만나 전사를 촉진한다.
- mRNA 가공—**선택적 mRNA 가공(altaernative mRNA processing)**을 통해 성숙 mRNA에 포함되는 엑손의 종류가 달라지며, 이에 따라 서로 다른 단백질이 만들어진다.
- RNA 번역—다양한 인자가 mRNA의 수명과 번역횟수에 영향을 준다.
- 단백질 활성—단백질의 활성화에는 추가 단계가 필요할 수도 있다. 단백질이 분해되는 시기 역시 조절될 수 있다.
- X 염색체 불활성화의 경우처럼 **후성유전(epigenetic inheritance)**은 유전자 발현 조절이 유전되는 형태이다.

진핵세포는 **세포신호전달(cell-signaling)**을 통해 이웃세포와 끊임없이 소통한다.

- 원형질막에 있는 수용체 단백질이 신호를 받는다.
- 효소반응인 **신호전달경로(signal transduction pathway)**를 통해 세포의 행동이 바뀐다. 예를 들어 이 경로를 통해 자극을 받으면 전사활성화인자가 특정 유전자의 전사를 자극한다.

개념 연결하기

DNA와 RNA는 모든 생명체의 유전물질이다. 과학자들은 생명체에서 다른 형질을 발현하기 위해 DNA를 조작하는 방법을 발견하였다.

11.1 DNA와 RNA는 기능은 다르지만 구성 성분은 비슷하다.

11.2 유전자 발현에는 DNA 분자와 RNA 분자가 모두 관여한다.

11.3 세포는 여러 가지 방법으로 유전자 발현을 조절한다.

DNA에 관한 정보가 더 필요하면 다음 논의를 참조하시오.

3.2절 DNA와 RNA 분자의 구조에 대해 설명하기.

13.3절 DNA에 대한 이해와 생명공학의 상관성에 관해 탐구하기.

16.3절 DNA 서열에 기초를 두고 진화의 상관관계를 탐구하는 계통분류학을 이해하기.

혼자 풀어보기

가장 적절한 답을 고르시오.

11.1 DNA와 RNA의 구조 및 기능

1. 다음의 DNA 분자 그림에서 각 부분에 알맞은 용어를 쓰시오.

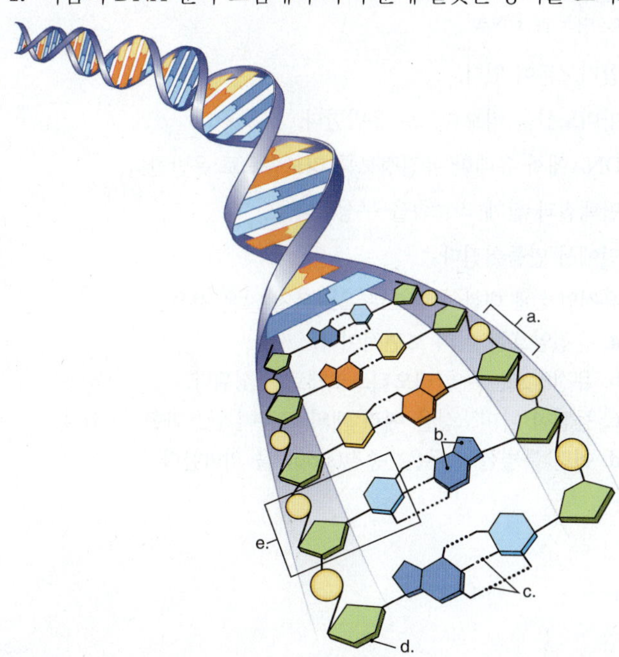

2. Chargaff의 법칙에 의하면, DNA 내에서 A, T, G, C의 양은
   a. 종마다 다르며, A의 양은 T와 같고 G의 양은 C와 같다.
   b. 종마다 다르며, A의 양은 G와 같고 T의 양은 C와 같다.
   c. 모든 종에서 같으며, A의 양은 T와 같고 G의 양은 C와 같다.
   d. 모든 종에서 같으며, A의 양은 G와 같고 T의 양은 C와 같다.
3. X-선 회절 분석의 결과로서 최초의 DNA 사진을 얻은 사람은?
   a. Hershey와 Chase b. Watson과 Crick
   c. Chargaff d. Frankline

11.2 유전자 발현

4. DNA 복제를 반보존적이라고 하는 이유는?
   a. 새로 만들어진 DNA 분자가 각각 새로운 가닥과 예전 가닥을 1개씩 갖고 있기 때문에
   b. 새로 만들어진 DNA 분자 중 하나가 2개의 예전 가닥을 갖고 있기 때문에
   c. 새로 만들어진 DNA가 2개의 새 가닥을 갖고 있기 때문에
   d. 새로 만들어진 DNA 분자 중 하나가 새로운 가닥과 예전 가닥을 1개씩 갖고 있기 때문에
5. 다음 중 진핵생물 DNA 복제의 특징이 아닌 것은?
   a. 복제기포가 양 방향으로 전개된다.
   b. 예전 가닥을 주형으로 사용하여 새 가닥을 만든다.
   c. 상보염기쌍 형성으로 인해 새로운 가닥에 추가될 뉴클레오티드가 결정된다.
   d. 염색체마다 1개의 복제 개시점을 갖고 있다.

[6~10] 보기에 제시된 단어를 사용하여 답하시오. 답은 여러 번 나올 수 있다.

보기:

a. 전령 RNA
b. 운반 RNA
c. 리보솜 RNA

6. 안티코돈이 있다.
7. 아미노산을 리보솜으로 운반한다.
8. DNA에서 유래한 유전정보를 리보솜으로 운반한다.
9. 단백질과 함께 리보솜을 구성한다.
10. 인에서 만들어진다.
11. 유전암호에 대한 설명으로 올바르지 않은 것은?
   a. 유전암호는 거의 보편적이다.
   b. 유전암호는 뉴클레오티드 2개로 구성된다.
   c. 동일한 아미노산을 여러 개의 코돈이 암호화할 수 있다.
   d. 어떤 특별한 코돈은 “종결(stop)”을 의미한다.
12. 전사는 ____________를 생산하며, 번역은 ____________(을)를 생산한다.
   a. DNA, RNA b. RNA, 폴리펩티드
   c. 폴리펩티드, RNA d. RNA, DNA

11.3 유전자 조절

13. 진핵생물에서 볼 수 있는 유전자 발현 조절 기작이 아닌 것은?
   a. 선택적 mRNA 가공
   b. 리보솜 합성 속도
   c. mRNA의 수명
   d. 염색질 응축
14. 하나의 mRNA에서 여러 개의 단백질을 만들어내는 방법은?
   a. 염색질 응축 b. 전사 조절
   c. 후성유전학 d. 선택적 mRNA 가공
15. 한 세대에서 다음 세대로 유전되는 유전자 조절의 한 가지 형태는?
   a. 염색질 응축 b. 후성 유전
   c. 선택적 mRNA 가공 d. 멘델 유전

과학적으로 생각하기

1. 1930년대에 세균을 이용한 실험에서 무독성(감염성이 없는) 균주를 열처리한 독성균주와 접촉시키면 무독성 균주가 독성균주로 바뀔 수 있다는 것을 알았다. 이 현상을 어떻게 설명할 수 있을까?
2. 후성유전학이 새로운 약품 개발에 어떻게 이용될 수 있을까?
3. 태양계에서 생명체를 찾으려는 시도가 진행되고 있다. 생명체 또는 생명체의 초기 형태가 발견된다면, 과학자들은 이들의 유전정보를 잘 이해하는 것을 1차 목표로 삼게 될 것이다.
   a. 효과적인 유전정보체계를 이루는 분자로서 갖추어야 할 기본적인 요구조건은 무엇일까?
   b. 이들 새 생명체의 유전정보가 우리의 것과 매우 유사하다고 가정하자. 이것이 우리의 DNA에 대해 의미하는 것은 무엇일까? 매우 다른 경우라면, 무엇을 의미하는 것일까?

12 생명공학과 유전체학

생명공학 시대

생명공학은 제품을 생산하거나 세균, 식물, 동물의 특성을 개선하기 위해 살아 있는 생명체 및 그 생명현상을 응용하는 학문이다. 예를 들어, 생명공학자들은 석유와 같은 화석 연료에 덜 의존하는 방법을 적극적으로 조사하고 있다. 그들은 어떤 세균이 자신의 세포 안에 생분해성 플라스틱 같은 과립을 생산하는 것을 발견하였다. 이 유전자를 위의 그림에 있는 옥수수 같은 식물에 삽입함으로써 언젠가는 생분해성 플라스틱을 값싸게 대량 생산할 수 있을 것이다.

생명공학은 또 생명공학자와 의과학자가 생명체의 유전형을 변경시키고 이에 따라 표현형도 변형시키는 것이 가능하도록 할 것이다. 예를 들어, 질병에 저항력이 있는 작물뿐만 아니라 기후 변화에 따른 극한의 날씨(가뭄과 더위)에도 잘 견디는 유전자 변형 작물 또한 만들 수 있다. 언젠가는 농사를 짓기에 너무 덥거나 건조한 지역에서 플라스틱을 생산하는 옥수수를 재배하는 날이 올 수도 있을 것이다.

하지만 많은 사람들은 유전자변형 생명체(genetically modified organisms, GMOs)가 환경을 손상시키고 이들 생명체로부터 생산된 식품이 인간에게 해로울 수도 있을 거라고 염려한다. 다른 윤리적인 문제 또한 대두된다. 예를 들어, 어둠 속에서 빛을 내는 유전자를 고양이에게 도입하는 것이 윤리적인가? 인간 유전체를 어느 정도까지만 개선해야 윤리적인가? 이 장에서는 이러한 기술 및 연구영역의 일부를 다루며 여러분이 더 나은 결정을 내릴 수 있도록 정보를 제공할 것이다.

이 장을 공부하는 동안 다음 질문에 대해 생각해보자.

1. 세균 유전자를 식물에 도입하기 위해 어떤 방법을 이용하는가?
2. 유전자 변형과 형질전환 생명체 사이의 차이는 무엇인가?
3. 생명공학에서 응용할 후보물질 탐색에 유전체학 연구가 어떤 역할을 하는가?

개 요

시작하기 전에

이 장을 시작하기 전에 다음 내용을 다시 살펴보자.

3.2절 세포에서 단백질과 핵산의 기능은 무엇인가?

11.1절 DNA 분자의 기본구조는 무엇인가?

11.1절 세포의 DNA는 어떻게 복제되는가?

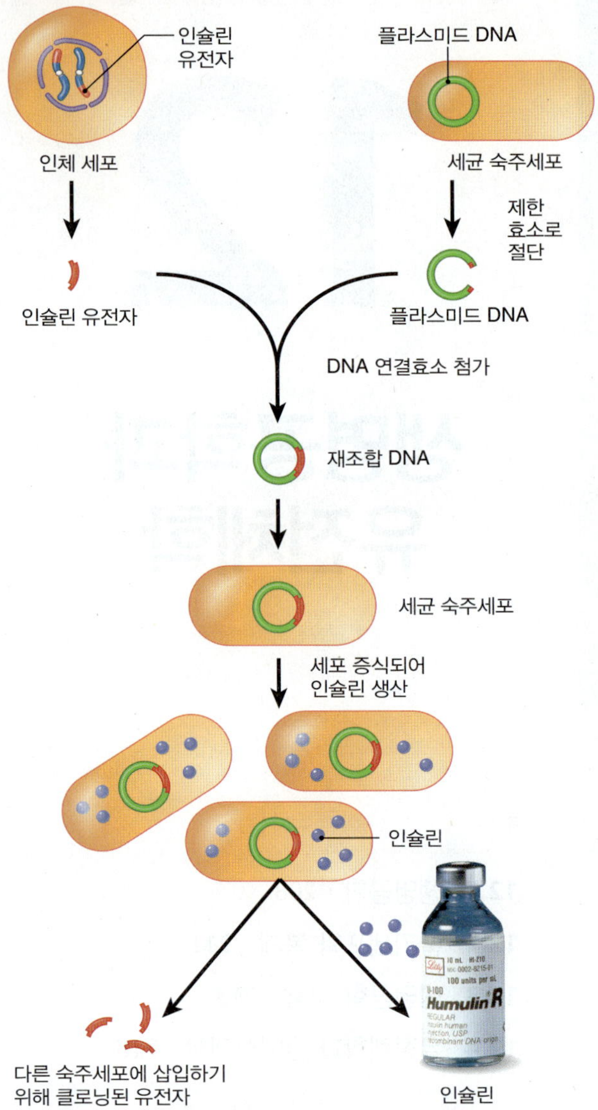

그림 12.1 재조합 DNA 기술.

인슐린 생산은 재조합 DNA 기술이 인류에게 어떻게 도움을 주는가에 대한 예이다. 사람 DNA를 플라스미드 DNA에 삽입한 후 숙주인 세균세포에 도입한다. 세균세포가 증식하면 플라스미드가 복제되며, 이에 따라 사람 유전자가 클로닝된다. 이 유전자를 분리하여 다른 실험에 이용할 수도 있고, 세균 숙주세포가 인슐린 단백질을 생산하도록 할 수도 있다.

12.1 생명공학

학습 목표

이 절을 학습한 후에는 다음 과제를 수행할 수 있어야 한다.

1. 재조합 DNA 분자를 만드는 데 관여하는 단계에 대해 기술하기.
2. 중합효소연쇄반응(polymerase chain reaction, PCR)의 목적에 대해 설명하기.
3. DNA 지문법이 신원 확인에 어떻게 이용될 수 있는지 설명하기.

생명공학(biotechnology)이란 사람이 원하는 물질을 얻거나 생산하기 위해 생물 시스템을 이용하는 것을 말한다. 오늘날 생명공학 제품을 만들기 위해 세균, 식물, 그리고 동물의 유전자 조작이 가능하다. 과학자들은 세포 안에서 DNA가 어떻게 작동하는지를 알게 되었고, 이를 통해 유전자 조작이 가능하게 되었다. 유전자를 클론할(동일한 복제품을 만들) 수 있으며 다양한 용도로 이 유전자를 사용할 수 있다. **유전공학(genetic engineering)** 기술을 통해 클론된 유전자를 생명체의 유전체 안에 삽입할 수 있으며, 이런 생명체를 **형질전환 생명체(transgenic organism)**라고 한다(12.3절 참조). 유전암호(genetic code)는 거의 모든 생명체에서 동일하므로 그 어떤 생명체에서 클론해낸 유전자라도 세균이나 식물, 동물에게 전달하는 것이 가능하다.

재조합 DNA 기술

재조합 DNA(recombinant DNA, rDNA)는 둘 이상의 서로 다른 출처에서 유래한 DNA를 갖고 있다(**그림 12.1**). rDNA를 만들기 위해서는 외래 DNA를 운반할 수 있는 DNA 조각인 **벡터(vector)**가 필요하다. 가장 일반적인 벡터는 세균에서 발견된 작고 둥근 고리 모양의 DNA인 플라스미드(*plasmid*)이다.

외래 유전자를 플라스미드 DNA에 삽입하기 위해 두 종류의 효소가 필요하다. (1) **제한효소(restriction enzyme)**는 DNA의 특정 부위를 절단하고(예, 제한효소 *EcoRI*은 DNA의 GAATTC 염기서열을 절단함), (2) DNA 연결효소(DNA ligase)는 외래 DNA를 절단된 플라스미드 DNA와 연결한다.

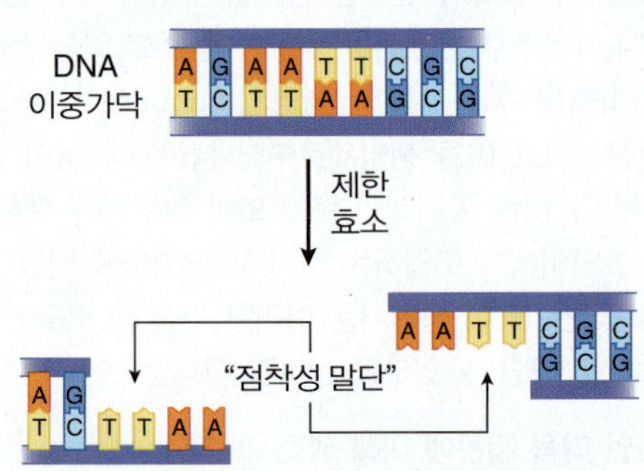

플라스미드를 *EcoRI*으로 절단하면 틈이 만들어지고, 동일한 제한효소의 절단으로 만들어진 외래 DNA 조각은 양끝에 상보 염기서열을 갖고 있어 플라스미드 틈 안에 삽입할 수 있다. 이 두 DNA 분자의 양쪽 끝에서 단일가닥 형태로 밖으로 돌출된 염기들을 "점착성 말단(sticky end)"이라고 하는데, 이것은 외래 DNA 조각과 상보 염기쌍 형성을 통해 결합할 수 있다. 점착성 말단은 벡터 DNA 안으로 외래 DNA 삽입을 촉진하며, 이것은 퍼즐조각을 서로 맞추는 방법과 매우 유사하다.

DNA 복제과정 중 이중나선에 있는 틈새를 연결하는 DNA 연결효소가 외래 DNA 조각과 플라스미드를 연결한다. 분자생물학자들은 종종 재조합 DNA를 세균에 삽입하는데, 세균 세포에 특별한 처리를 하여 투과성을 높이면 세균은 재조합 플라스미드를 쉽게 획득한다. 그 후 세균이 플라스미드를 복제하면 유전자를 클론해낼 수 있다. 클론된 유전자는 다방면으로 이용된다. 과학자들은 **유전자 조작(genetically modified)**된 세균이 클론된 유전자를 발현하게 유도하여 단백질을 얻을 수 있다. 또는 클론된 유전자를 세균으로부터 대량 얻은 후 옥수수 같은 다른 생명체에 도입하여 형질전환생명체를 만들 수 있다.

중합효소연쇄반응

중합효소연쇄반응(polymerase chain reaction, PCR)은 시험관 안에서 몇 시간 안에 수십억 개 이상의 DNA 복사본을 만들 수 있다. PCR은 매우 특이적이며 목적 DNA 서열(대개 수백 개의 염기)을 증폭(복사)한다. PCR은 DNA 복제를 수행하는 DNA 중합효소와 새로운 DNA 가닥을 만들기 위한 뉴클레오티드의 공급을 필요로 한다. PCR은 35~40회 반복되는 세 가지 기본 단계로 이루어진다(**그림 12.2**). (1) DNA를 열처리하여 단일가닥으로 만드는 95°C의 변성 단계, (2) 뉴클레오티드 프라이머가 단일가닥 DNA와 결합하도록 50~60°C의 복원(annealing) 단계, 그리고 (3) DNA 중합효소가 단일 DNA 가닥에 상보적인 염기를 첨가하여 DNA 이중가닥을 만드는 72°C의 신장 단계.

PCR은 이 반응이 지속되는 한 DNA 복제가 일어나는 방식과 매우 유사한 방법으로 목적 DNA가 반복해서 복제되는 연쇄반응이다. 그림 12.2에서는 새로운 DNA 가닥과 예전 가닥을 다른 색으로 구별하였다. 복제주기마다 DNA 양이 두 배로 늘어나는 점에 주목하자. 따라서 DNA 1분자로 시작한다고 가정하면 1주기 후에는 2분자, 2주기 후에는 4분자, 3주기 후에는 8분

그림 12.2 중합효소연쇄반응.

중합효소연쇄반응(PCR)은 수많은 DNA 복사본을 만들어낸다. 이 복사본 DNA를 이용하여 재조합 DNA 연구를 수행할 수 있다.

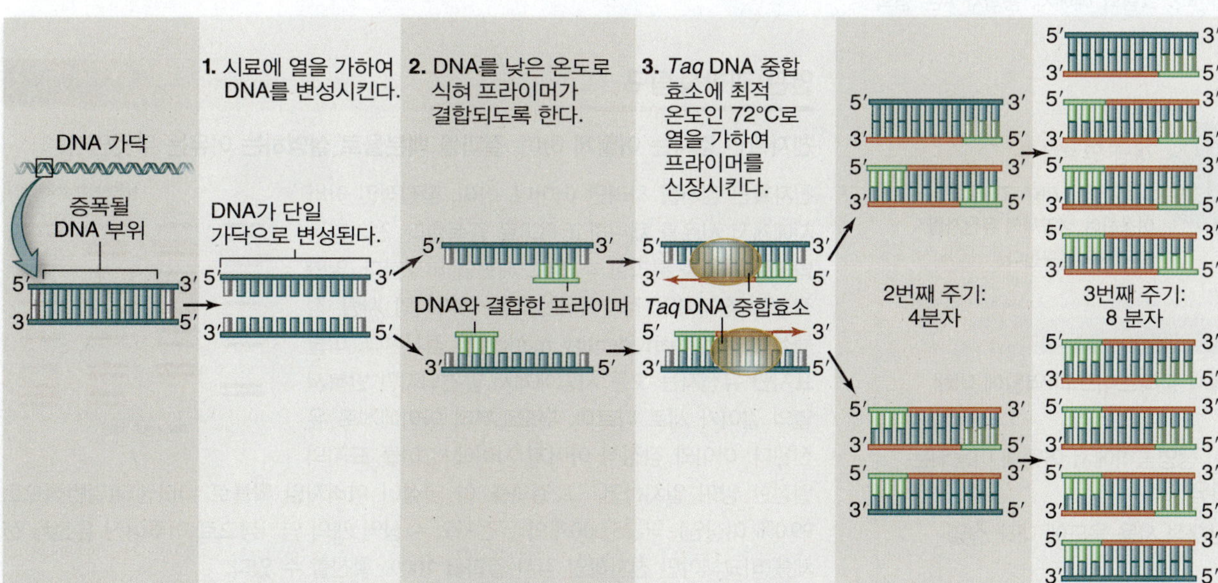

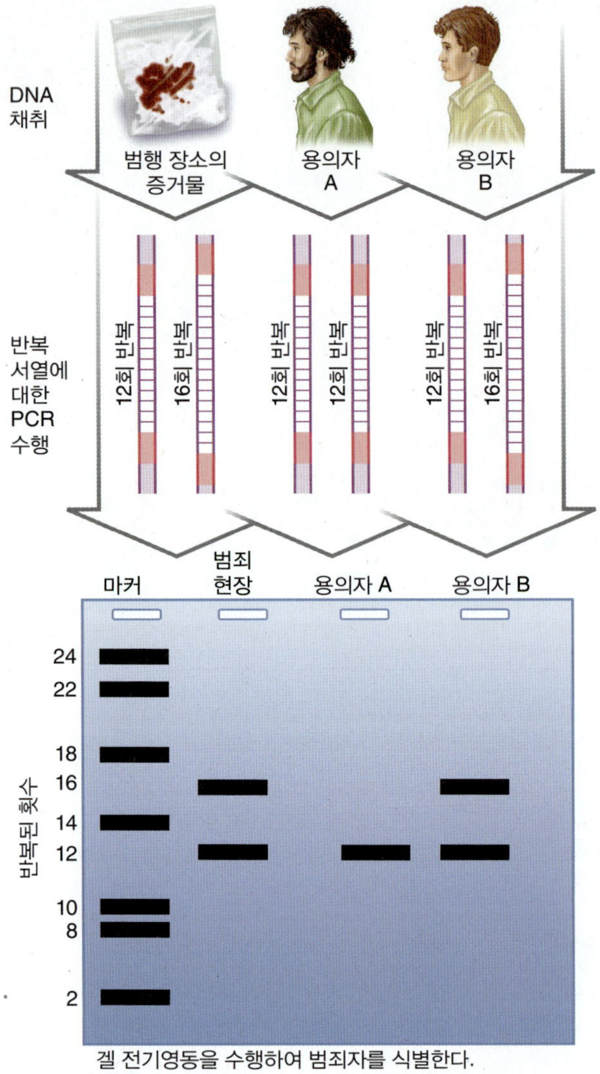

그림 12.3 DNA 지문감식.

DNA 지문감식을 하려면 PCR을 이용하여 특정 DNA 부위를 증폭하고, 증폭된 DNA의 길이를 분석한다. 길이의 차이를 이용하여 사망한 사람이나 범죄용의자를 식별한다. 그림의 예에서, 용의자 A는 혐의가 없음을 알 수 있다.

자의 복사본이 만들어진다. 이 기술은 1985년에 Kary Banks Mullis가 처음으로 개발하였으며, 지금은 거의 모든 실험실에서 PCR 자동화기계를 사용하고 있다. 뜨거운 온천에서 서식하는 세균인 *Thermus aquaticus*에서 내열성 DNA 중합효소가 추출된 후 자동화가 가능해졌다. 이 효소는 이중가닥 DNA를 변성시키는 높은 열에서도 안정하다. 따라서 효소를 더 추가하기 위해 복제를 중단할 필요가 없다. PCR은 매우 적은 양의 DNA로도 가능하며, 따라서 범죄 현장이나 미라의 뇌에서 얻은 아주 적은 샘플로도 DNA 염기서열을 알아낼 수 있다.

DNA 지문감식

중합효소연쇄반응을 통해 DNA의 단편을 신속하게 식별할 수 있으며, 이것은 지문으로 사람을 식별하는 것과 매우 유사하다. **DNA 지문감식(DNA fingerprinting)**은 ATCATCATCATC처럼 2~5개의 염기가 반복되어 있는 DNA 비번역 부위를 이용한다. 사람마다 이런 서열이 반복된 횟수가 다르다. 그러나 이러한 차이를 어떻게 확인할 수 있을까? PCR을 이용하여 반복된 부위 전체를 증폭한다. 반복된 횟수가 많을수록 증폭된 DNA의 길이가 길다. **그림 12.3**처럼 반복된 횟수가 다른 이형접합인 경우 두 개의 상동염색체에서 유래한 DNA가 따로 증폭된다. PCR로 얻은 증폭된 DNA를 겔 전기영동으로 크기에 따라 분리한다. 이 기술은 젤리 같은 물질에서 전기를 이용하여 DNA를 크기에 따라 분리시키는 것이며, DNA 길이가 짧을수록 더 멀리 이동한다.

DNA 지문감식은 여러 용도로 사용된다. 의학적으로는 바이러스 감염이나 암 유발 소지가 있는 돌연변이 유전자를 확인할 수 있다. 법의학적으로는 범죄용의자 식별에 이용하기도 하는데, PCR로 DNA를 증폭하므로 예를 들어 정자 1개에서 얻은 DNA 지문으로도 강간 용의자를 식별하는 데 충분하다. 또한 아이의 부모를 식별하거나 자연재해로 사망한 사람의 유해를 식별하는 용도로도 사용된다. 미래에는 우리의 삶을 더욱 풍요롭게 하고 건강을 증진시키는 재조합 DNA 기술이 더 많이 적용될 것이라는 점에는 의심의 여지가 없다.

개념 연결하기 12.1

과학자들은 DNA 기술을 이용하여 생명체의 유전자를 복사하고 연구한다.

진도 점검하기 12.1

1. 재조합 DNA 기술에서 플라스미드의 역할에 대해 설명하시오.
2. 중합효소연쇄반응이 생명공학에서 어떻게 이용되는지에 대해 요약하시오.
3. DNA 지문감식의 잠재적 사용 용도에 대해 설명하시오.

연관: 과학적 탐구

친자확인 검사는 어떻게 하며, 결과를 백분율로 설명하는 이유는 무엇인가?

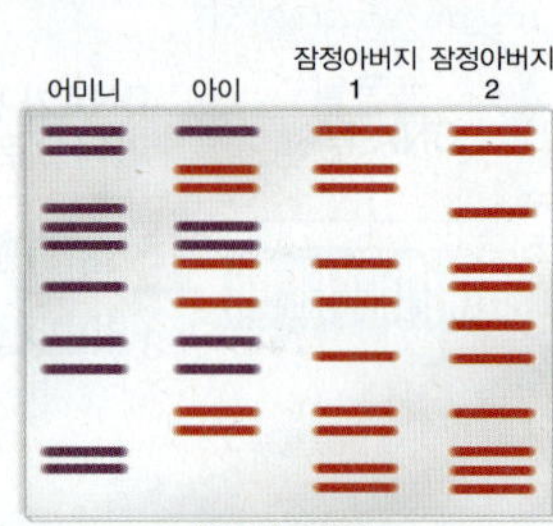

친자확인 검사를 하려면 어머니, 아이, 잠정적인 아버지에게서 시료를 채취하고 PCR로 증폭한다. 전기영동법으로 시료를 분리한 후 밴드 패턴을 비교한다. 일반적으로 친자확인 검사에서는 13~16가지의 사람 정체성 표지(human identity marker)를 검사한다. 이들 표지인 유전자는 모든 사람에게서 발견되지만 반복서열의 길이가 서로 다르며, 부모로부터 아이에게로 유전된다. 아이와 잠정적 아버지 사이에서 이들 표지의 일정한 양이 일치하면, 그 결과를 이 남성이 아버지일 확률로 나타낸다(일반적으로 99.0% 이상임). 약 25,000개의 유전자와 수십억 개의 염기쌍으로 이루어진 유전체 전체를 비교해야만 친자확인 검사 결과를 100% 확신할 수 있다.

12.2 줄기세포와 복제

학습 목표

이 절을 학습한 후에는 다음 과제를 수행할 수 있어야 한다.

1. 생식용 복제와 치료용 복제의 차이를 구별하기.
2. 배아줄기세포와 성체줄기세포의 차이를 구별하기.

이 절에서는 초기 접합자가 어떻게 수조 개나 되는 수많은 특성화된 세포로 구성된 하나의 개체로 만들어지는가를 비롯하여 생명과학의 몇몇 흥미로운 분야를 탐구하기 위해 사용되는 생명공학 기술에 대해 알아볼 것이다.

세포주기와 DNA 복제로 인해 우리 몸의 모든 세포가 유전자를 한 세트씩 받게 된다. 이것은 모든 세포가 하나의 완전한 개체로 될 수 있는 잠재능력을 갖고 있다는 것을 의미한다. 줄기세포와 같은 일부 세포는 다른 유형의 세포를 형성할 수 있는 능력을 갖고 있지만, 다른 대부분의 세포는 분화하거나 특화되어 근육세포와 같은 특정 유형의 세포가 된다. 발생과정 중 특정한 시기에 특정 그룹의 유전자가 발현되므로 특성화가 이루어진다. 특성화로 인해 세포의 운명이 어떻게 달라지는지에 대해 이해하는 최선의 방법은 생식복제와 치료용복제 과정을 살펴보는 것이다.

생식복제와 치료용복제

생식복제(reproductive cloning)의 목적은 원래의 개체와 완전히 동일한 개체를 얻는 것이다. 식물의 복제는 일상화되었으며 현대 농업의 발전에 상당히 기여하고 있다. 1950년대 이후 양서류와 같은 몇 가지 동물의 복제가 진행되고 있다. 그러나 한때는 핵-제거 난자(enucleated egg; 핵을 제거한 난자)에 성체세포의 핵을 넣어주더라도 성체세포의 핵이 다시 발생을 시작하는 것은 어려웠기 때문에 성체 포유류의 복제는 불가능한 것으로 여겨졌다.

1997년 3월, 스코틀랜드의 과학자들은 양(Dorset sheep)을 복제하여 Dolly라고 명명하였다고 발표했다. 그들이 사용한 방법은 이전의 모든 다른 시도와 무엇이 달랐을까? 이들 역시 핵-제거 난자에 성체의 핵을 넣어주었지만, 이 핵을 공여할 세포는 굶겼다. 굶기면 세포가 분열을 중지하고 휴지기(세포주기의 G_0기) 상태로 된다. G_0기의 핵은 발생을 개시하는 세포질 신호를 받아들일 수 있는 상태이기 때문에 이러한 상태로 만들어줄 필요가 있는 것이다(**그림 12.4**).

연관: 건강

사람의 질병 치료에 줄기세포를 이용하고 있는가?

백혈병은 골수에 있는 줄기세포가 기능이 손상된 혈액세포를 대량 생산하여 나타나는 암의 일종이며, 1960년대 이후 이 병의 치료에 줄기세포가 사용되고 있다. 환자의 줄기세포를 방사선이나 화학요법으로 파괴한 후, 기증자에게서 얻은 건강한 줄기세포를 환자의 골수에 이식한다. 제2형 당뇨병, 자가면역질환, 심장질환, 몇 종류의 실명 같은 다양한 질병을 줄기세포로 치료할 수 있다.

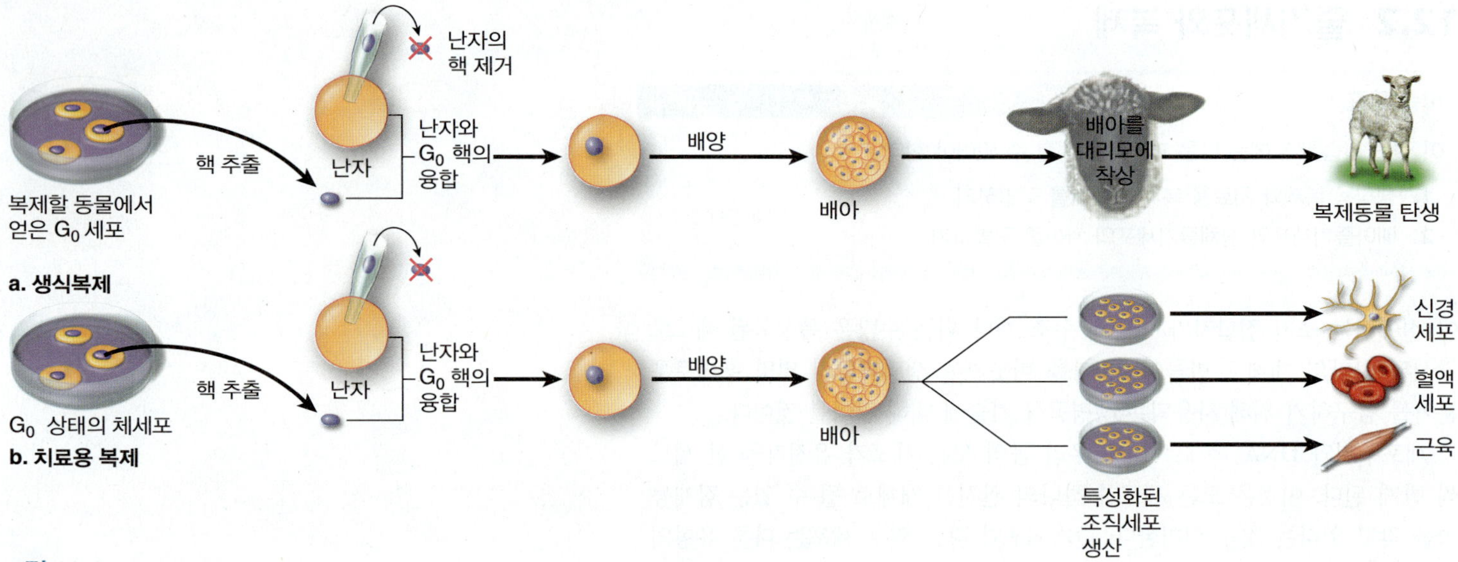

그림 12.4 두 종류의 복제.

a. 생식복제의 목적은 2배체(2n) 핵을 기증한 개체와 유전적으로 동일한 개체를 얻는 것이다. 핵-제거 난자에 2n 핵을 넣는다. 몇 번의 세포분열 후 배아를 대리모에 이식하고 태어나게 한다. **b.** 치료용복제의 목적은 특수화된 조직 세포를 생산하는 것이다. 2n 핵을 핵-제거 난자에 넣는다. 몇 번의 세포분열 후에 배아세포(배아줄기세포라고 함)를 분리하여 특수화된 세포로 분화하도록 처리한다.

지금은 바람직한 유전 형질을 지닌 가축을 복제하고, 심지어 멸종 위기에 있는 희귀동물까지도 일상적으로 복제할 수 있다.

현재 미국에서는 사람을 복제하는 실험에는 연방자금을 사용할 수 없다. 복제과학이 발전하였지만 아직도 많은 문제가 존재한다. (1) Dolly의 경우 247번의 시도 끝에 성공을 이루었다. (2) 복제동물의 기대 수명은 복제되지 않은 경우와 다를 것이라는 우려가 있다. 복제동물 중 일부는 비정상적인 노화 증상을 보였다. Dolly의 경우 폐암과 수족관절염을 앓았으며, 2003년에 독극물 주사로 안락사되었다. Dolly는 같은 종의 양에 비해 수명이 절반에 그쳤다.

연관: 건강

복제동물에서 얻은 식품은 영양가가 높을까?

2008년에 미국식품의약국(FDA)은 포괄적인 연구를 통해 소, 염소, 돼지 등의 복제동물에서 얻은 고기와 우유는 복제되지 않은 동물에서 얻은 제품과 영양가가 동등하다고 보고하였다. 흔히 복제된 생명체와 여러 종에서 유래한 유전자를 지닌 "형질전환" 생명체를 혼동한다. 형질전환의 경우는 안정성 평가를 위한 과학적인 연구가 여전히 진행 중이지만, 복제동물의 경우는 그들의 부모와 다르지 않다. 복제동물의 고기와 우유는 비복제동물의 것과 영양가가 동일하다.

치료용복제(therapeutic cloning)에서 얻고자 하는 것은 개체가 아니라 다양한 종류의 성숙한 세포이다. 치료용복제의 목적은 (1) 세포의 특성화가 어떻게 일어나는지 이해하고 (2) 당뇨병, 척수손상, 파킨슨병 등의 질환 치료에 사용할 수 있는 세포와 조직을 제공하는 것이다.

치료용복제 방법은 여러 가지가 있다. 가장 흔히 사용하는 방법은 **배아줄기세포(embryonic stem cell)**를 분리한 후 특수처리를 하여, 적혈구나 근육세포, 신경세포 등 특정 유형의 세포로 분화시키는 것이다(그림 12.4*b*). 배아줄기세포는 개체의 모든 세포유형으로 분화될 수 있는 잠재능력이 있으므로 **전체형성능(totipotent)** 세포라고 한다. 언젠가는 전체형성능 줄기세포로부터 모든 조직과 기관을 만들 수 있게 될 것이다. 만일 이 배아를 계속 발달하도록 한다면 하나의 개체로 될 수 있다. 따라서 이런 종류의 치료용복제는 윤리적인 문제를 안고 있다.

치료용복제의 또 다른 방법은 성인의 여러 장기에서 발견되는 **성체줄기세포(adult stem cell)**를 사용하는 것이다. 성체줄기세포는 이미 특성화가 진행되었기 때문에 개체를 이루는 모든 종류의 세포를 만들어낼 수 없으며, **다분화능(multipotent)** 세포라고 부른다. 예를 들어 피부에는 끊임없이 분열하여 새로운 피부 세포를 만들어내는 줄기세포가 있는 반면, 골수에는 새로운 혈액 세포를 생성하는 줄기세포가 있다. 현재 성체줄기세포가 특성화되어 분화될 수 있는 세포의 종류는 제한되어 있다. 그렇지만 과학자들은 피부의 성체줄기세포에 단 4개의 유전자를 첨가함으로써 배아줄기세포와 유사하게 만들 수 있었다. 과학자들은 논란이 많은 배아줄기세포 대신에 성체줄기세포를 질병 치료에 이용하고자 성체줄기세포의 유전자 발현을 조절하는 방법을 연구하고 있다.

12.2 **개념 연결하기**
여러 종류의 복제에 다양한 종류의 줄기세포가 관여한다.

진도 점검하기 12.2

1. 생식복제와 치료용복제의 차이를 설명하시오.
2. 생식복제 과정을 간단히 설명하시오.
3. 치료용복제 과정을 간단히 설명하시오.

12.3 생명공학 제품

학습 목표

이 절을 학습한 후에는 다음 과제를 수행할 수 있어야 한다.

1. 형질전환(*transgenic*)이란 용어에 대해 정의하기.
2. 형질전환 세균, 형질전환 동물, 형질전환 식물의 사용 목록 만들기.

오늘날 우리는 세균이나 식물 및 동물을 유전적으로 조작하여 생명공학 제품을 생산할 수 있다. 외래 유전자가 삽입되어 유전자가 변형된 생명체를 **형질전환 생명체(transgenic organisms)**라고 부른다.

형질전환 세균

재조합 DNA 기술을 이용하여 형질전환 세균을 만들고, 거대한 생물반응기에서 배양한다(**그림 12.5*a***). 유전자 산물은 배지에서 수집한다. 현재 세균에서 생산된 상품으로 인슐린, 혈액응고인자 VIII, 사람 성장호르몬, t-PA (tissue plasminogen activator), B형 간염바이러스 백신 등이 있다. 이 밖에도 형질전환 세균은 다양하게 사용된다. 식물의 건강상태 개선에 이용되기도 한다. 예를 들어, 일반적으로 식물에 서식하며 얼음 결정 형성을 촉진하는 세균을 변형시켜 서리에 내성을 지닌 딸기나 오렌지 같은 작물이 개발되었다.

특정 물질을 분해하는 능력이 있는 세균을 선별하고, 유전공학을 이용하여 이 능력을 강화할 수 있다. 예를 들어 기름을 분해하여 섭취하는 세균의 유전자를 변형함으로써 기름 유출로 오염된 해변을 더 잘 청소할 수 있다(그림. 12.5*b*). 나아가 이 세균에 "자살" 유전자를 삽입하여 청소업무가 끝난 후에는 스스로 소멸하도록 한다.

a.

b.

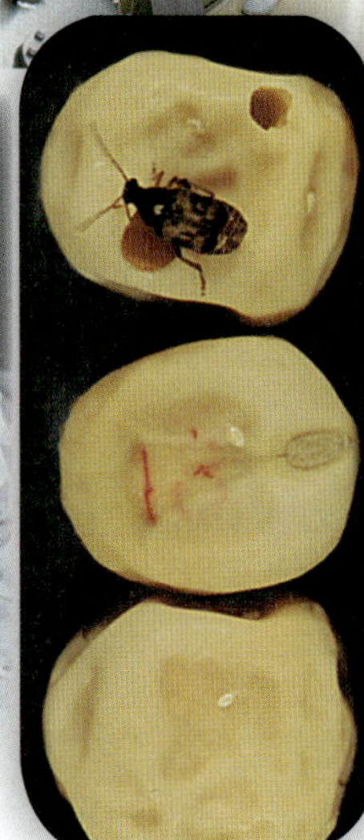

c.

d.

e.

그림 12.5 형질전환 생물의 예.

a. 형질전환 세균을 이용하여 의약품을 생산하며, **(b)** 오염된 환경을 정화한다. **c.** 형질전환 식물을 이용하면 해충 피해를 줄일 수 있다. 아래쪽 두 개의 콩은 해충 억제자 유전자로 형질전환된 식물의 것이다. **d.** 형질전환 옥수수는 제초제에 내성을 지니므로 수확량이 늘어날 수 있다. **e.** 성장 호르몬 유전자가 도입된 형질전환 동물은 훨씬 크고 빠르게 증식할 수 있다.

형질전환 식물

널리 사용하는 제초제나 해충에 내성을 지니도록 유전자를 조작한 옥수수, 감자, 콩, 목화가 개발되어 있다(그림. 12.5*c,d*). 어떤 옥수수와 목화는 해충과 제초제 모두에 강하다. 2011년 기준으로 미국에서 생산된 콩의 94%와 옥수수의 80%가 유전자 조작되었다. 작물은 광범위 제초제에 내성을 지니고 있지만 잡초는 그렇지 않다면, 제초제를 사용하여 잡초만 제거할 수 있다. 제초제 내성 작물을 경작하면 잡초를 쉽게 제거할 수 있으며, 경작지와 토양 침식을 최소화할 수 있다. Dupont사가 개발한 Herculex 옥수수는 다양한 해충에 내성을 지닐 뿐만 아니라 줄기가 단단하여 비바람도 잘 견딘다.

농업이나 식품의 품질 면에서 형질이 개선된 농작물이 바람직하다. 염분에 내성을 지닌 토마토가 이미 개발되었다. 과학자들은 액포 막을 관통하여 나트륨이온(Na^+)을 수송하는 단백질의 유전자를 찾아내었다. 나트륨이온을 액포 안에 격리시키면 식물의 물질대사를 방해하지 못한다. 이 유전자를 클로닝한 후, 이 통로 단백질을 대량생산하도록 식물의 유전자를 조작하였다. 이렇게 조작된 식물은 염도가 높은 물에서도 잘 자란다. 오늘날, 관개한 땅의 약 50%는 염류 효과로 인해 작물 생산이 제한되고 있다. 염분에 내성을 지닌 작물을 경작하면 이런 지역에서도 수확량을 늘릴 수 있을 것이다. 2050년경에는 세계 인구가 거의 두 배로 증가할 것으로 예상된다. 염분-내성, 가뭄-내성, 냉해-내성 작물은 인류에게 충분한 식량을 제공하는 데 도움이 될 것이다.

식품의 품질 향상에도 진전을 이루었다. 불포화 지방산인 올레산을 주로 생산하는 콩이 개발되어 인류의 건강을 향상시킬 수 있다. 식물의 생산성을 높이도록 유전자를 조작한 사례도 있다. 식물의 잎을 변형시켜 물은 덜 증발되고 이산화탄소는 더 많이 흡수하도록 할 수 있다. 이런 종류의 조작은 가뭄이 잦은 기후나 평균기온이 높은 기후 등에서도 다양한 작물이 성공적으로 성장할 수 있도록 한다. 또한 단일 유전자 조작을 통해 식물에서 사람 호르몬, 응고인자, 항체, 백신 등의 다양한 산물을 생산할 수도 있다.

형질전환 동물

동물의 난자에 유전자를 삽입하는 기술이 개발되었다(그림 12.5*e*). 예를 들어 여러 동물의 난자에 소의 성장호르몬 유전자(bovine growth hormone, BGH)를 도입하였으며, 이 방법으로 체구가 큰 물고기, 소, 돼지, 토끼 그리고 양이 만들어졌다. 사람에게 이식할 장기를 제공하기 위한 형질전환 돼지를 만들 수 있으며, 이종장기이식(*xenotransplantation*)을 통해 돼지의 장기를 사람에게 이식할 수 있다.

여러 회사가 형질전환 가축을 이용하여 의약품을 생산하는 유전자 약농(gene pharming)을 추진하고 있다. 치료와 진단용 단백질 유전자를 동물의 DNA에 삽입하고 그 동물의 우유에서 단백질을 얻는다. 이런 방법으로 과학자들은 낭포성섬유증, 암, 혈액질환 등의 치료를 위한 약품 생산 가능성을 검토하고 있다.

사람의 질병을 연구하기 위한 생쥐 모델 또한 개발되었다. 낭포성섬유증을 일으키는 대립유전자를 클론하여 생쥐의 배아줄기세포에 삽입한다. 이때 낭포성섬유증 동형접합체인 생쥐 배아를 얻을 수 있으며, 이 배아는 사람의 낭포성섬유증과 유사한 표현형을 보이는 돌연변이 생쥐로 발달한다. 이 생쥐를 이용하여 낭포성섬유증 치료를 위한 새로운 약물을 시험할 수 있다. 하나의 예로서 암을 유발하는 유전자를 지니고 있는 종양생쥐(OncoMouse)가 있다.

진도 점검하기 12.3

1. 형질전환(transgenic) 생명체와 유전자 조작된 생명체의 차이를 설명하시오.
2. 형질전환 세균을 사용할 수 있는 사례를 나열하시오.
3. 기아나 기후 변화 같은 문제의 극복에 형질전환 식물과 형질전환 동물이 어떻게 이용될 수 있는지 요약하시오.

개념 연결하기 12.3
생명공학 산물에는 인류에게 유익한 형질전환 생명체도 포함된다.

12.4 유전체학과 단백질체학

학습 목표

이 절을 학습한 후에는 다음 과제를 수행할 수 있어야 한다.

1. 유전체학 연구로 응용이 가능한 것에 대해 설명하기.
2. 유전체 비교연구를 통해 할 수 있는 일에 대해 설명하기.
3. 단백질체학과 생물정보학이 사용되는 다양한 분야를 설명하기.

지난 세기 동안 과학자들은 DNA 구조를 발견하였으며, DNA가 어떻게 복제되고 단백질이 어떻게 만들어지는지를 밝혀냈다. 21세기의 유전학은 모든 유전자, 그리고 유전자와 유전자 사이에 있는 **유전자간 부위 DNA(intergenic DNA)**로 이루어진 **유전체(genome)**를 연구하는 **유전체학(genomics)**을 연구한다. 지금은 인간 염색체가 갖고 있는 모든 염기서열이 알려져 있다. 우리의 DNA는 최소한 32억 개의 염기쌍과 약 25,000개의 유전자로 이루어져 있다. 이보다 더 큰 유전체를 갖고 있는 생명체도 많다. 단백질을 암호화하는 유전자는 전체 유전체의 3~5%에 불과하지만, 다른 부위 역시 중요하다. "불용(junk)" DNA라고 여겼던 유전자간 부위의 비암호화 서열 역시 유전자 조절에 관여하는 짧은 RNA 분자 생성에서 중요한 역할을 한다. 이들 유전자간 부위가 진화적으로 중요하며 종의 진화에 중요한 단서를 제공할 수도 있다.

그림 12.6 **DNA 염기서열 변이.**

a. 유전자 3개(A, B, C 유전자)와 유전자 간 부위 2개를 포함하는 DNA 부위는 개인에 따라 다를 수 있다. **b.** 돌연변이에 의해 유전자의 염기서열 변이가 초래될 수 있다. 이로 인해 이 유전자가 지정하는 단백질의 아미노산 서열이 달라질 수 있다. **c.** 유전자간 부위에 돌연변이가 일어나면 단백질의 아미노산 서열이 바뀌지 않는 변이가 나타날 수 있다. **d.** 염기서열의 변이에 더해 유전자의 사본 수효도 달라질 수 있다. 그림에서 유전자 B의 사본이 두 개인 것을 주목하자.

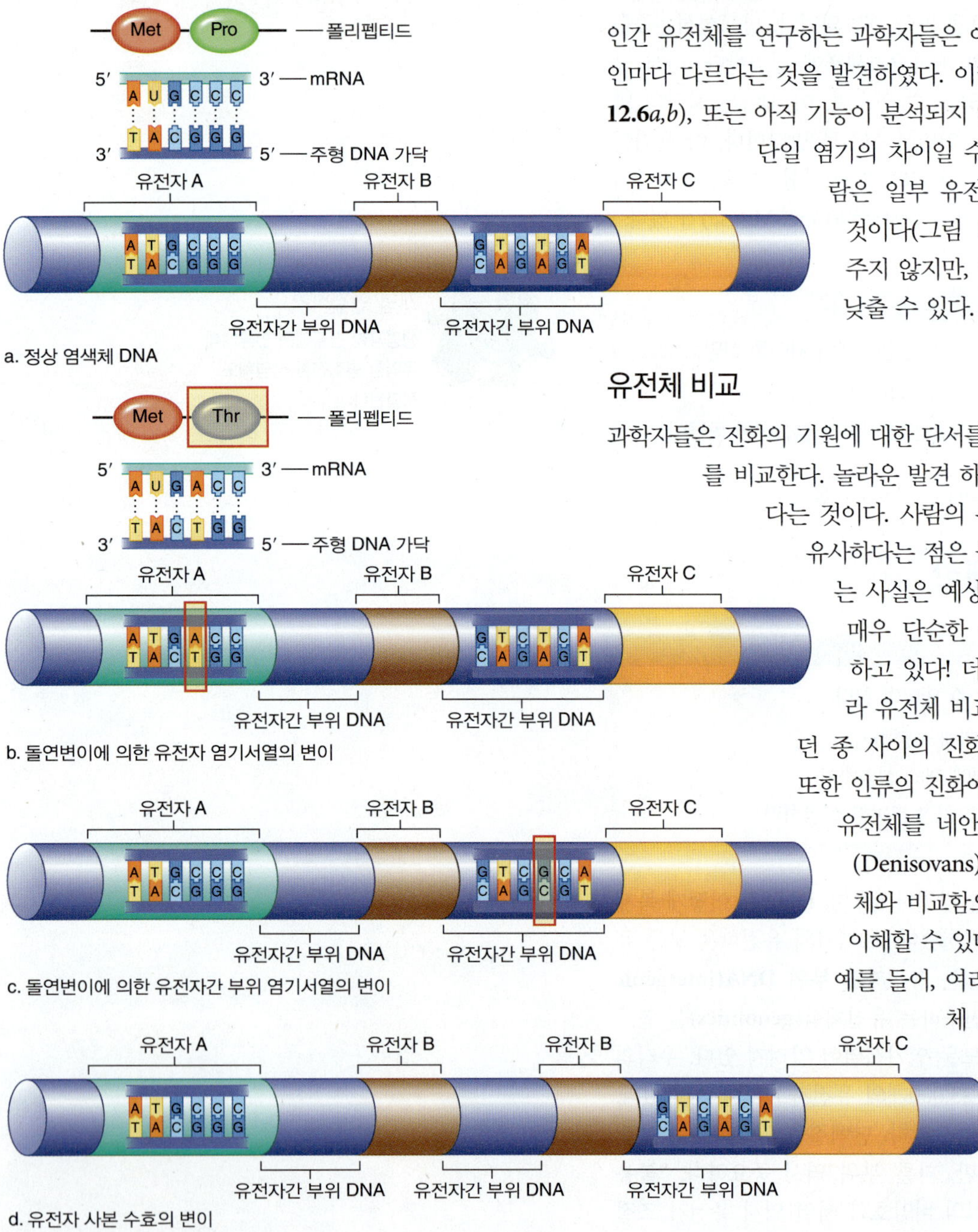

인간유전체 염기서열 결정

인간유전체연구사업이 2003년 종료되었다. 인간유전체를 이루는 32억 개의 염기쌍 서열을 결정한 이 사업은 13년이 걸렸으며, 세계 각국의 대학과 민간 연구소가 참여하였다. 이것은 DNA 서열을 결정하는 혁신적인 기술이 빠르게 개발되었기에 가능하였다. 13년이란 기간 동안 DNA 염기서열분석기는 지속적으로 개선되었으며, 현대식 자동화 염기서열분석기는 24시간 안에 최대 1억 2천 개의 염기서열을 결정하고 분석할 수 있다.

염기서열의 변이

인간 유전체를 연구하는 과학자들은 여러 위치에 있는 작은 DNA 부위가 개인마다 다르다는 것을 발견하였다. 이러한 변이는 하나의 유전자이거나(**그림 12.6***a*,*b*), 또는 아직 기능이 분석되지 않은 유전자간 부위에 있는(그림 12.6*c*) 단일 염기의 차이일 수도 있다. 놀라운 발견 하나는 어떤 사람은 일부 유전자의 복사본을 추가로 가지고 있다는 것이다(그림 12.6*d*)! 이러한 차이는 대부분 영향을 주지 않지만, 일부는 질병에 대한 감수성을 높이거나 낮출 수 있다.

유전체 비교

과학자들은 진화의 기원에 대한 단서를 얻기 위해 사람과 다른 종들의 유전체를 비교한다. 놀라운 발견 하나는 모든 척추동물의 유전체가 유사하다는 것이다. 사람의 유전자가 침팬지의 유전자와 90% 이상 유사하다는 점은 놀랍지 않았으나, 생쥐와도 85%나 같다는 사실은 예상 밖이었다. 뿐만 아니라 세균을 비롯한 매우 단순한 생명체들과도 상당수의 유전자를 공유하고 있다! 더 많은 종의 유전체 서열이 결정됨에 따라 유전체 비교를 통해 이전에는 상상조차 하지 못했던 종 사이의 진화관계가 밝혀질 것이다. 이러한 연구는 또한 인류의 진화에 대한 통찰력도 제공한다. 현생 인류의 유전체를 네안데르탈인(Neandertals)이나 데니소바인(Denisovans) 등의 최근 친척들(19장 참조)의 유전체와 비교함으로써 인류가 진화해온 과정을 더욱 잘 이해할 수 있다.

예를 들어, 여러 연구에서 사람 유전체와 침팬지 염색체 22번을 비교하였다. 염기서열이 다른 유전자들 중에서 적절한 언어 발달에 필요한 유전자 한 개, 청력 발달에 관한 것 몇 개, 그리고 후각 발달에 관한 것 몇 개 등은 특히 흥미롭다(**그림 12.7**). 언어능력 발달에 필요한 유전자는 인류 진화에서 중요한 역할을 했을 것으로 생각된다. 최근의 유전체 연구에 따르면 100만 년 전부터 600만 년 전 사이에 이루어진 유전자간 부위 서열의 변이로 인해 뇌가 음성을 처리하는 방식이 근본적으로 바뀐 것으로 추정된다. 청력의 변화로 인해 사람들 간의 소통을 위해 언어 사용이 촉진되었다고 생각할 수도 있다. 후각 유전자의 변화는 약간 의문이 있으나, 식습관이나 성 선택에 영향을 주었을 것으로 생각된다. 연구된 서로 다른 유전자의 상당수가 비정상일 경우 사람에게서 질병을 유발한다는 점은 놀라운 일이다. 유전체를 비교하는 것은 사람 질병과 관련된 유전자를 찾아내는 한 가지 방법일 것이다.

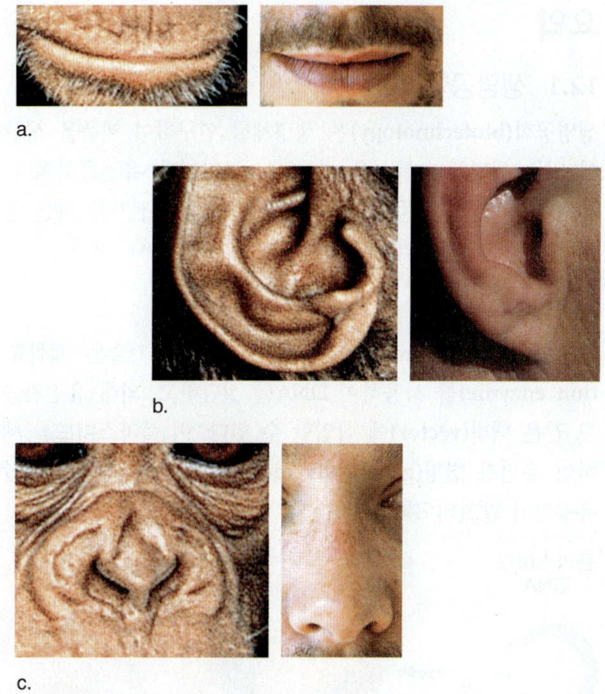

그림 12.7 사람과 침팬지의 유전체 비교.

사람과 침팬지의 유전체를 비교함으로써 (**a**) 언어능력, (**b**) 청력, 그리고 (**c**) 후각에 관여하는 유전자들을 발견하였다.

단백질체학과 생물정보학

인간 유전체 서열은 약 25,000개의 유전자로 이루어져 있으며, 선택적 mRNA 이어맞추기를 통해 100,000개 이상의 서로 다른 단백질로 번역될 것으로 추정된다. 이들 단백질을 통틀어 **단백질체(proteome)**라고 한다. **단백질체학(proteomics)**은 이들 세포내 단백질의 구조와 기능을 탐구하고 이들이 어떻게 상호작용을 하여 형질을 드러내는지에 대해 연구한다. 약품은 대개 단백질의 작용에 영향을 주는 단백질이거나 작은 분자이다. 따라서 단백질체학은 질병치료를 위한 신약 개발에 매우 중요하다.

단백질의 구조는 기능과 연관되어 있으므로 컴퓨터를 이용한 단백질의 3차원 영상 모델링은 단백질체학에서 매우 중요하다. 이 모델을 이용하여 어떤 분자가 효과적인 약물이 될 수 있을 것인지 여부를 예측할 수 있다. 예를 들어, 어떤 화합물이 효소의 활성화 부위와 결합하지만 생성물로 전환되지는 않는다면, 이 물질은 효소를 억제하는 효과적인 약물이 될 수 있다.

생물정보학(bioinformatics)은 유전체와 단백질체를 연구하기 위해 컴퓨터 기술을 응용한 것이다. 유전체학과 단백질체학은 가공되지 않은 1차 자료를 생산하며, 이 자료에서 의미를 지닌 패턴을 발견하려면 컴퓨터 분석이 필요하다. 생물정보학을 통해 개인의 유전체 구성과 이에 따른 유전질환 사이의 인과관계를 밝혀낼 수 있을 것이다.

인간 유전체의 절반 이상은 유전자가 없거나 알려진 기능이 없는 서열로 이루어져 있다. 생물정보학을 통해 어떠한 서열 변화도 그 변화에 따른 표현형의 변화와 관련하여 그 부위의 기능을 밝힐 수 있으며, 또는 일부 서열이 한때 단백질을 지정하였지만 이제는 그 단백질이 더 이상 필요하지 않아 기능을 잃게 된 진화의 유물임을 밝힐 수도 있다. 이러한 목표를 이루려면 새로운 컴퓨터 도구가 필요할 것이다.

진도 점검하기 12.4

1. 유전체학 연구의 목적을 설명하시오.
2. 서로 다른 생명체의 유전체를 비교하는 것이 왜 중요한지 이유를 설명하시오.
3. 단백질체학이 의학 연구에 중요한 이유를 요약하시오.

개념 연결하기 12.4

유전체학, 단백질체학 및 생물정보학을 통해 진화 관계를 이해할 수 있다.

요약

12.1 생명공학

생명공학(biotechnology)은 생명체를 연구하여 제품을 생산하거나 살아 있는 생명체의 특성을 개선하는 분야이다. 유전공학이나 어떤 종의 유전자 구조 변경 등이 포함된다. 한 종의 유전자를 다른 종에 도입한 경우를 형질전환이라고 한다.

재조합 DNA 기술

재조합 DNA(recombinant DNA, rDNA) 기술은 **제한효소(restriction enzyme)**를 사용하여 DNA를 절단하고, 외래 유전자를 플라스미드 같은 **벡터(vector)**에 삽입할 수 있다. 이 플라스미드를 세균에 도입하여 **유전자 변형(genetically modified)** 생명체를 얻고, 삽입된 외래 유전자가 발현되도록 한다.

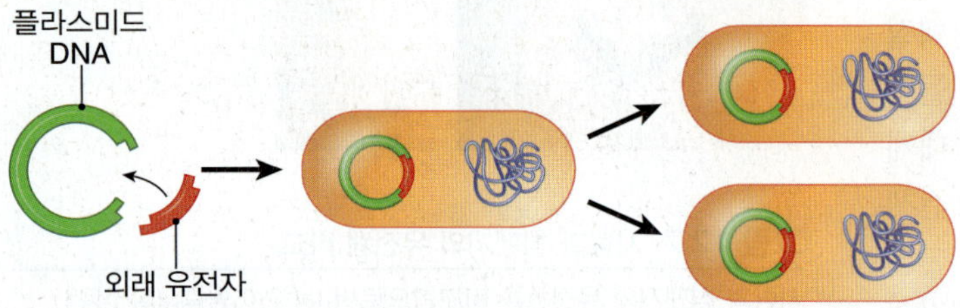

중합효소연쇄반응

중합효소연쇄반응(polymerase chain reaction)은 시험관 안에서 수행하며 흔히 재조합 DNA 기술과 함께 사용된다. 열을 가해 DNA 이중 가닥을 분리한다. 표적 DNA 양 끝에 프라이머를 결합한 후, 열-내성 DNA 중합효소를 이용하여 표적 DNA를 복제한다. 이 과정을 반복하여 수백만 개의 복사본을 얻는다.

DNA 지문감식

DNA 지문감식(fingerprinting)을 통해 친척이나 유해, 또는 범죄자의 신원을 확인한다. 필요한 경우 PCR을 수행한 다음, 제한효소로 DNA 시료를 절단하고 겔 전기영동으로 분리하면 개인마다 고유한 DNA 패턴이 나타난다.

12.2 줄기세포와 복제

줄기세포를 연구하면 유전자 발현이 한 개체의 조직 형성으로 이어지는 원리를 이해할 수 있다. **배아줄기세포(embryonic stem cell)**는 **전체형성능(totipotent)**을 지닌다. 이들은 개체가 갖고 있는 모든 유형의 세포를 만들 수 있는 잠재력을 갖고 있다. **성체줄기세포(adult stem cell)**는 **다분화능(multipotent)**을 지닌다. 이들은 특성화가 일부 진행되었으며, 따라서 이들이 만들어낼 수 있는 세포의 유형은 제한적이다.

생식복제와 치료용복제

유전자 발현에 대한 이해를 바탕으로 하여 유전적으로 동일한 세포와 개체를 복제(클로닝)하거나 생산하는 일이 가능해졌다. **생식복제(reproductive cloning)**의 최종 목표는 원래의 개체와 유전적으로 동일한 개체를 얻는 것이다. 생식복제에서는 초기 배아를 대리모에 이식하여 개체가 태어나도록 한다. **치료용복제(therapeutic cloning)**는 배아세포를 분리한 후 특정 물질로 처리하여 특성화된 조직을 얻은 후, 질병 치료에 사용한다. 다른 방법으로는 성체줄기세포를 특수 처리하여 분화된 조직을 얻을 수도 있다.

12.3 생명공학 제품

재조합 DNA 기술을 사용하여 염분-내성 식물처럼 개량된 생명체를 얻을 수 있다. 유전자가 변형된 **형질전환 생명체(transgenic organism)**의 DNA에는 외래 유전자가 삽입되어 있으며, 따라서 의약품 같은 제품을 생산할 수 있다.

12.4 유전체학과 단백질체학

유전체학(genomics)은 어떤 종의 **유전체(genome)**—유전자와 **유전자 간 부위 DNA(intergenic DNA)**의 총합—를 연구하는 학문이며, 유전체를 비교하기도 한다. **단백질체학(proteomics)**은 어떤 종이 생산하는 모든 단백질에 관해 연구하는 학문이다. 이들 단백질 모두를 총칭하여 **단백질체(proteome)**라고 한다. **생물정보학(bioinformatics)**은 단백질체와 유전체의 구조와 기능을 분석하기 위해 컴퓨터 기술을 응용한다.

개념 연결하기

생명공학 연구는 DNA의 구조와 기능에 대한 이해를 바탕으로 한다. 생명공학 기술을 이용하여 어떤 종의 유전적 조성을 개선하거나 변화시킬 수 있다.

12.1 과학자들은 DNA 기술을 이용하여 생명체의 유전자를 복사하고 연구한다.

12.2 여러 종류의 복제에 다양한 종류의 줄기세포가 관여한다.

12.3 생명공학 산물에는 인류에게 유익한 형질전환 생명체도 포함된다.

12.4 유전체학, 단백질체학 및 생물정보학을 통해 진화 관계를 이해할 수 있다.

DNA의 과학과 기술에 대한 정보가 더 필요하면 다음 논의를 참조하시오.

11.2절 DNA의 정보가 어떻게 기능성 단백질로 가공되는지에 대해 설명하기.

11.3절 유전정보를 조절하는 방법에 대해 탐구하기.

13.4절 사람의 질병 치료에 유전자치료가 어떻게 이용될 수 있는지에 대해 조사하기.

혼자 풀어보기

가장 적절한 답을 고르시오.

12.1 생명공학

1. 재조합 DNA 연구에 사용하기 위해 DNA 단편을 대량 복제하는 기술은 무엇인가?

a. 제한효소 **b.** DNA 염기서열 결정법
c. DNA 지문감식 **d.** 중합효소연쇄반응

2. DNA의 특정 서열을 절단할 수 있는 효소는?

a. DNA 연결효소 **b.** 헬리케이즈(helicase)
c. DNA 중합효소 **d.** 제한효소

3. DNA 지문감식은 개체의 ________에 포함되어 있는 정보를 사용한다.

a. 단백질
b. 유전자간 부위 DNA(intergenic DNA)
c. 유전자
d. 리보솜

12.2 줄기세포와 복제

4. 생식복제는 치료용복제와 그 목적이 다르다. 생식복제의 목적은 다음 중 어느 것인가?

a. 의료용 특정 세포유형 생산
b. 원래의 개체와 유전적으로 동일한 개체 생산
c. 원래의 개체와 유전적으로 다른 개체 생산
d. 의료 이식용 조직이나 장기 생산

5. 성체줄기세포를 이용하여 치료용 복제를 할 때 가장 큰 난제는?

a. 적절한 세포유형을 찾는 것
b. 충분한 조직을 얻는 것
c. 유전자의 발현을 조절하는 것
d. 배지에서 세포를 배양하는 것

6. 성체줄기세포는________이고, 배아줄기세포는______이다.

a. 전체형성능, 전체형성능 **b.** 전체형성능, 다분화능
c. 다분화능, 전체형성능 **d.** 다분화능, 다분화능

12.3 생명공학 제품

7. 어떤 과학자가 가뭄-내성 식물 종에서 얻은 유전자를 다른 식물 종에 삽입하였다. 이것은 무엇에 관한 사례인가?

a. 벡터 **b.** 중합효소연쇄반응
c. 생물정보학 **d.** 형질전환 생명체

8. 어떤 종의 기능 수행 능력을 향상시킬 수 있는 공정은?

a. 생물정보학 **b.** 유전공학
c. 단백질체학 **d.** 클로닝(복제)

12.4 유전체학과 단백질체학

9. 유전체를 분석하기 위해 컴퓨터 기술을 응용하는 것은?

a. 생명공학 **b.** 생물유전체학
c. 생물정보학 **d.** 생체공학

10. 세포 안에 존재하는 모든 단백질을 총칭하여 무엇이라고 하는가?

a. 유전체 **b.** 유전자간 부위 DNA
c. 단백질체 **d.** 염색체

과학적으로 생각하기

1970년대 이후 생명공학의 발전은 의학과 특정 질병의 치료 및 관리에 큰 영향을 주었다. 서로 다른 두 생명체의 DNA를 결합시키는 능력을 갖추게 되었고, 이로 인해 우리 몸에 필요한 물질을 생산하는 수단이 마련되었다. 또한 특정 유전자가 결핍된 환자에게 제대로 작동하는 유전자를 삽입할 수 있게 되었다. 생명공학이 발달함에 따라 윤리적인 문제도 제기되고 있다. 다음 질문에 답하면서 두 가지 측면 모두에 대해 생각해 보자.

1. 다른 생명체에서 분리한 산물보다 사람의 재조합 DNA 산물을 이용하는 것의 장점은 무엇일까? (예를 들어, 소나 돼지에서 분리한 인슐린보다 사람의 재조합 인슐린을 사용하는 것의 장점은 무엇일까?)

2. 재조합 DNA 산물을 사용하는 것의 단점은 무엇일까? (힌트: 그 산물이 만들어지고 정제되는 방식에 대해 생각해 볼 수 있다.)

3. 성장호르몬이 부족한 어린이와 성인에서 재조합 인체성장호르몬을 사용한다. 언제 사용하는 것이 적절할까? 호르몬 사용이 부적절한 경우는 언제일까?

4. 의사는 호르몬 처치가 효과적이었다는 것을 어떻게 알 수 있는가? 이 질문에 답하기 위해서는 어떤 정보가 더 필요할까?

13

유전상담

개 요

시작하기 전에

이 장을 시작하기 전에 다음 내용을 다시 살펴보자.

9.4절 염색체 비분리가 어떻게 염색체 수의 변화를 초래하는가?

10.1절 유전양상을 분석하는 데 확률이 어떻게 사용되는가?

12.1절 DNA를 연구하는 데 제한효소와 중합효소 연쇄반응을 어떻게 이용하는가?

21번 염색체의 삼염색체성: 다운증후군

다운증후군은 유전질환이며, 400,000명 이상의 미국인이 다운증후군 환자이다. 21번 염색체가 한 개 더 있으면 삼염색체성인 다운증후군이 된다. 21번-삼염색체성은 사람에서 가장 흔한 염색체 이상이며, 서구 문화권에서 서서히 증가하고 있다. 1983년부터 2003년 사이에 다운증후군 환자 수가 24.2% 증가하였다. 다운증후군 환자들은 유사한 특징을 갖고 있다. 눈이 비스듬히 올라가 있고 근력이 저하되어 있으며, 손바닥의 복판에 일자로 가로지른 손금이 있고, 심장질환의 위험이 높다. 어느 정도의 지적 장애는 있지만 지능(IQs)은 대부분 가볍거나 중간 정도의 장애 범위에 있다.

이러한 건강상의 문제에도 불구하고 다운증후군 환자의 예상수명은 1983년 25세에서 오늘날에는 60세 이상으로 최근 몇 년 동안 상당히 증가하였다. 이것은 과학자들이 세포에서 여분의 염색체 운명이 어떻게 되며, 나아가 여분의 복사본이 있을 때 다운증후군 증상에 관여하는 특정 유전자가 무엇인지를 확인하였기 때문에 가능하였다.

이 장에서는 돌연변이의 원인을 조사하고, 돌연변이를 검사하는 방법에 대해 살펴볼 것이다.

이 장을 공부하는 동안 다음 질문에 대해 생각해보자.

1. 염색체의 수효가 변하게 되는 원인은 무엇인가?
2. 다운증후군 증상의 유전적 기반은 무엇인가?
3. 태어나기 전에 어떻게 염색체 수효를 검사할 수 있는가?

13.1 유전자와 유전자 돌연변이

학습 목표

이 절을 학습한 후에는 다음 과제를 수행할 수 있어야 한다.

1. 돌연변이가 어떻게 유전자 변이를 초래하는지에 대해 설명하기.
2. 전이인자(transposon)가 어떻게 돌연변이를 유발할 수 있는지에 대해 설명하기.
3. 점돌연변이와 번역틀이동 돌연변이를 구별하기.

11장에서 **유전자(gene)**는 단백질 산물을 암호화하는 DNA 염기서열이라는 개념에 대해 소개하였다. 유전자 안에 있는 정보는 조금씩 다를 수 있으며, 이러한 변이를 대립유전자(*allele*)라고 한다. 앞서 10장에서 사람 대립유전자의 몇 가지 예(예, 붙은 귓불과 붙지 않은 귓불)에 대해 알아보았다. 그러나 많은 대립유전자가 약물에 대한 민감도와 같이 쉽게 관찰할 수 없는 단백질 내의 변이를 암호화한다. 대립유전자는 어떻게 형성되는가? 대립유전자는 유전자의 뉴클레오티드 서열이 변화된 **돌연변이(mutation)**의 결과로 만들어진다. 돌연변이가 항상 나쁜 것은 아니다. 돌연변이로 인해 유리한 기능을 지닌 완전히 새로운 유전자 산물이 생성되어 다양성이 높아질 수 있다. 그러나 낭포성섬유증(10장 참조)과 낫모양 적혈구 빈혈증(23장 참조) 같은 질병의 예처럼 돌연변이의 결과는 부정적일 수도 있다.

유전자 돌연변이의 원인

유전자 돌연변이는 DNA 복제과정 중의 실수나 전이인자, 또는 환경에 존재하는 돌연변이 유발물질 등의 여러 가지 요인에 의해 유발된다. DNA 복제과정 중의 실수에 따른 돌연변이는 매우 드물다. 대부분의 진핵세포에서는 세포분열 때 1억분의 1의 빈도로 나타난다. 이처럼 돌연변이 빈도가 낮은 이유는 복제를 수행하는 DNA 중합효소가 교정(proofreading)을 통해 새로 만든 DNA 가닥을 예전 사슬과 대조하여 잘못 짝지은 염기쌍을 찾아내어 바로잡기 때문이다. **전이인자(transposon)**는 염색체 안에서, 또는 다른 염색체로 이동할 수 있는 놀라운 능력을 갖고 있는 특이한 DNA 서열이다(**그림 13.1**). 이들의 이동으로 인해 종종 유전자가 제 기능을 잃게 된다. "뛰어다니는 유전자(*jumping genes*)"라고 부르기도 하는 전이인자는 세균, 식물, 초파리, 사람에서 발견되었으며, 모든 다른 생명체에서도 존재할 것으로 추정된다.

돌연변이 유발원(mutagen)은 돌연변이를 유발하는 환경 요인이다. 방사능, X-선, 자외선 등의 에너지 방사, 그리고 살충제, 담배연기의 화합물 등과 같은 화학적 돌연변이 유발원은 DNA를 절단하거나 화학적 변화를 유발할 수 있다. 돌연변이 유발원에 의해 생식세포에서 돌연변이가 유발되면 자손도

그림 13.1 전이인자에 의해 유전자 돌연변이가 유발될 수 있다.

a. 옥수수의 보라색-암호 유전자는 보통 보라색 색소를 암호화한다. **b.** 보라색-암호 유전자 속에 전이인자가 끼어들었다. 돌연변이된 이 유전자는 보라색 색소를 암호화하지 못하며, 따라서 옥수수 알갱이는 흰색으로 된다. **c.** 전이인자의 활동으로 인해 다양한 색과 패턴이 나타난 인디안 옥수수.

영향을 받을 수 있다. 생식세포가 아닌 신체세포에서 돌연변이가 일어나면 암이 발생할 수 있다. 그러나 *DNA* 수선효소(*DNA repair enzymes*)가 항상 비정상 부분을 감시하고 수선하므로, 전체적인 돌연변이 확률은 낮다.

돌연변이의 종류와 효과

돌연변이의 효과는 매우 다양하다. 돌연변이의 심각성 정도는 대개 영향을 받은 것이 한 개나 여러 개의 코돈인지, 또는 유전자 전체인지에 따라 달라진다. 일반적으로 우리는 돌연변이가 일어나면 제대로 기능을 수행하지 못하는 단백질로 인해 유전병이나 암이 유발된다고 알고 있다. 그러나 많은 돌연변이는 단백질의 기능에 아무 영향을 주지 않거나 관찰할 수 있을 정도의 효과를 보이지 않으므로 탐지되지 않으며, 이것을 침묵돌연변이(silent mutation)라고 한다(**그림 13.2**).

점 돌연변이(point mutation)는 DNA 뉴클레오티드 한 개가 달라진 돌연변이이며, 이 변이의 결과는 변이가 일어난 염기에 따라 다르다. 염기서열 한 개의 변이로 인해 유전자의 그 위치에서 아미노산이 바뀔 수 있다. 예를 들어, 혈액에서 산소를 운반하는 분자인 헤모글로빈에서 점 돌연변이가 일어나 글루탐산이 발린으로 대체된다(그림 13.2). 이로 인해 헤모글로빈 단백질의 구조가 변화된다. 이 비정상 헤모글로빈은 세포 안에 쌓여서 낫 모양이 되도록 하며, 그 결과 낫모양 적혈구 빈혈증이 나타난다.

DNA 서열에 여분의 뉴클레오티드가 추가되거나 제거되면 **번역틀이동 돌연변이(frameshift mutation)**가 일어난다. 이 경우는 점 돌연변이보다 훨씬 심각하다. 특정 시작지점부터 코돈을 읽어나가기 때문에, 이후의 코돈은 모두 영향을 받게 된다. 예를 들어 THE CAT ATE THE RAT(고양이가 쥐를 먹었다)라는 문장에서 C가 제거되면 "읽는 틀(reading frame)"이 바뀌어 THE ATA TET HER AT로 되고, 그 의미를 알 수 없게 된다. 마찬가지로 유전자에서 번역틀이동 돌연변이가 일어나면 더 이상 의미가 없어져 기능이 없는 단백질이 만들어진다(그림 13.2). 전이인자의 이동으로 인해 번역틀이동 돌연변이가 초래될 수 있다.

개념 연결하기 13.1
돌연변이 유발원, 복제과정 중의 실수, 전이인자에 의해 돌연변이가 유발될 수 있다.

진도 점검하기 13.1

1. 돌연변이가 대립유전자와 어떻게 관련되어 있는지 설명하시오.
2. 전이인자가 어떻게 돌연변이를 유발하는지 요약하시오.
3. 점 돌연변이는 침묵될 수 있지만, 번역틀이동 돌연변이에서는 그런 사례가 드문 이유를 설명하시오.

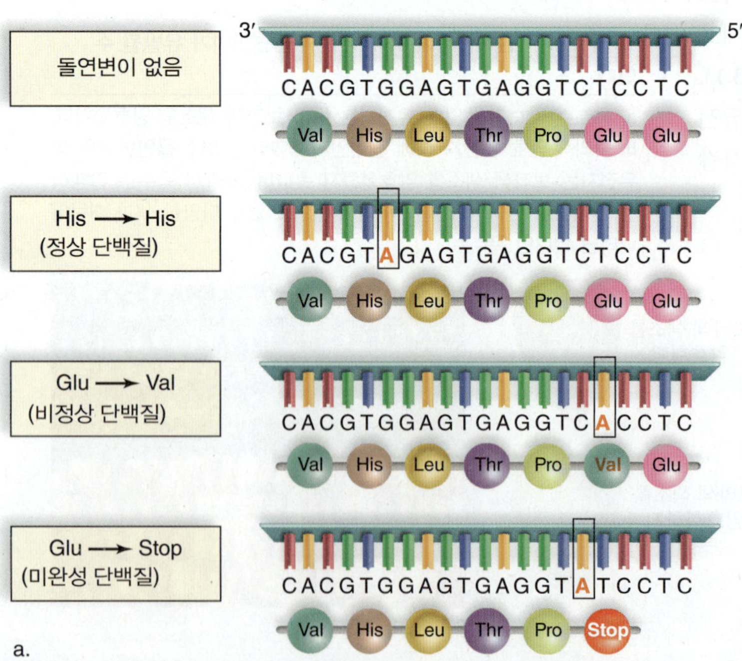

a.

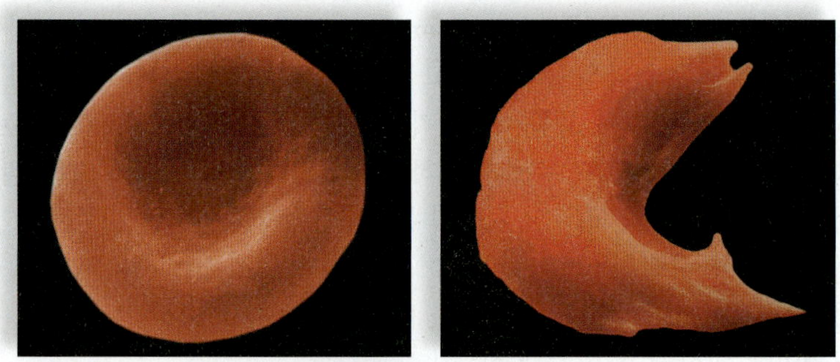
b. 정상 적혈구 ×7,000 c. 낫모양 적혈구 ×7,000

그림 13.2 점 돌연변이의 여러 효과.

a. 위: 정상 헤모글로빈의 염기서열. 다음: 이 변이는 침묵돌연변이이며, 아무 효과가 없다. 다음: 점 돌연변이로 인해 이 DNA는 글루탐산 대신 발린을 암호화한다. 이로 인해 정상 적혈구(**b**)가 낫모양(**c**)으로 변한다. 다음: 번역틀이동 돌연변이(C가 빠진 것을 주목하자)로 인해 암호가 종결코드로 바뀌어 단백질이 미완성 상태로 된다.

13.2 염색체 돌연변이

학습 목표

이 절을 학습한 후에는 다음 과제를 수행할 수 있어야 한다.

1. 염색체 결실과 중복에 대해 설명하기.
2. 전좌와 역위의 결과를 설명하기.
3. 사람 염색체 돌연변이의 예를 열거하기.

지금까지는 유전자 수준에서 일어나는 돌연변이의 결과에 대해 알아보았다. 세포 안에서는 염색체의 수나 구조를 변화시키는 염색체 비분리나 염색체 돌연변이 또한 일어날 수 있다.

사람에서는 다운증후군, 터너증후군, 그리고 클라인펠터증후군 같이 몇 예에서만 염색체 수의 변이가 관찰된다. 이러한 변이는 일반적으로 감수분열 동안 염색체 비분리 현상에 의해 나타난다(9.4절 참조). 염색체 구조의 변이나 염색체 돌연변이는 훨씬 더 일반적이다. 염색체 구조의 변화로 발생하는 증후군은 염색체가 절단되고 이들이 제대로 재결합되지 못하기 때문에 나타난다. 방사선, 특정 유기화합물, 바이러스 등의 다양한 환경 요인에 의해 염색체가 절단된다. 일반적으로 염색체가 절단되면 각 단편이 재결합하여 동일한 유전자 서열을 유지한다. 그러나 이것이 실패하면 결실, 중복, 전좌, 역위 같은 여러 유형의 돌연변이가 일어난다. 염색체 돌연변이는 감수분열 중에 일어날 수 있으며, 비정상 염색체를 물려받은 자손에서 증후군이 나타날 수 있다.

연관: 과학적 탐구

핵형에서 여러 색깔의 밴드가 나타내는 것은 무엇인가?

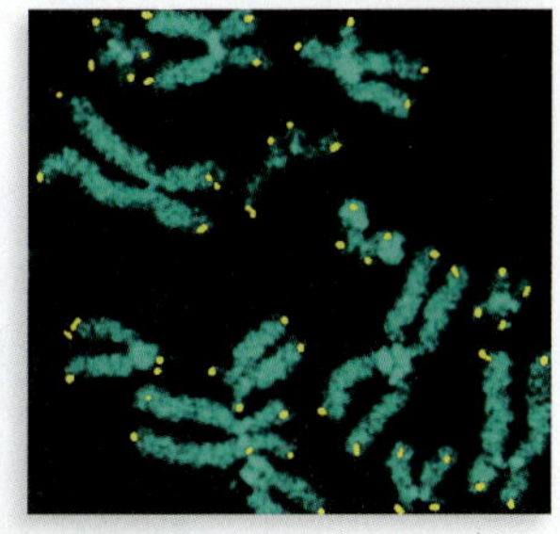

핵형 사진에서 보이는 밴드의 색(그림 13.7 참조)은 염색체의 자연적인 색이 아니다. 짧은 DNA 단편에 **형광제자리면역조직화학법**(*fluorescent immunohistochemistry in situ hybridization, FISH*)을 이용하여 형광표지자로 표지한다. 이들 DNA 단편은 염색체의 상보적인 서열과 결합한다. 특정한 파장의 빛을 비춰주면 표지자마다 다른 색의 빛을 방출한다. 이 방법을 통해 상담사들은 염색체를 쉽게 식별할 수 있다. 또한 특정 유전자에 대한 DNA 표지자 조각을 개발할 수 있으며(사진 참조), 이를 통해 염색체 상에서 특정 유전자의 위치를 식별할 수 있다.

결실과 중복

염색체가 한 번 절단되어 말단 단편을 잃어버리거나 한 염색체에서 두 곳이 동시에 절단되어 내부 조각을 잃어버리면 **결실(deletion)**이 일어난다. 부모 중 한 쪽에서 정상 염색체를 물려받고 다른 쪽에서 결실된 염색체를 물려받은 경우, 특정 형질에 대한 대립유전자가 쌍을 이루지 못하므로 증후군이 나타날 수 있다.

7번 염색체 말단부위의 짧은 단편이 결실되면 윌리엄스증후군이 나타난다(**그림 13.3**). 이 증후군의 어린이는 코가 들려 있으며 입과 귀가 크고 턱이 작다. 이들은 학업능력은 저조하지만 언어와 음악적 능력은 뛰어나다. 엘라스틴 단백질 생산을 관장하는 유전자가 결실되었기 때문에 심혈관계의 건강이 매우 나쁘고 피부가 일찍 노화한다. 또한 이들은 매우 친절하지만 규율적인 생활을 필요로 하며, 그 이유는 아마도 뇌에서 활성을 보여야 하는 단백질이 없기 때문일 것으로 생각된다.

5번 염색체의 말단부위가 결실되

그림 13.3 결실.

a. 7번 염색체의 말단부위가 결실되면 윌리엄스증후군이 된다. **b.** 이 어린이들은 친척 사이가 아니지만 외모와 건강 상태가 유사하며 윌리엄스증후군 특유의 행동장애를 보인다.

그림 13.4 중복.

a. 15번 염색체의 일부가 역위로 중복되면 역위중복15증후군(inv dup 15 syndrome)이 된다. **b.** 이 증후군의 어린이는 근력이 약하고 자폐 증세를 보인다.

면 고양이울음증후군(cri du chat, 또는 cat's cry syndrome)이 된다. 이 증후군 환자는 머리가 작고 정신박약과 비정상 얼굴의 특성을 보인다. 성문과 후두가 비정상적으로 발달하기 때문에 어린아이의 울음소리가 고양이 울음소리와 유사하게 되며, 이것이 이 증후군의 가장 큰 특징이다.

염색체의 일부가 반복되어 있는 **중복(duplication)**의 경우, 특정 형질에 대해서는 3개 이상의 대립유전자가 존재하게 된다. 15번 염색체에서 역위중복이 일어난다고 알려져 있다. 역위(*inversion*)는 유전자 일부가 정상과는 반대 방향으로 결합된 것을 의미한다. 이 경우 **역위중복15증후군**(*inv dup 15 syndrome*)이라고 하며, 이런 아이들은 근력이 약하고 정신지체와 발작 증세를 보인다. 또한 척추가 굽어 있으며, 언어능력이 저하되고 눈을 잘 마주치지 않는 등의 자폐 증세를 보인다(**그림 13.4**).

전좌

두 개의 비상동염색체 사이에서 염색체의 일부가 교환된 것을 **전좌(translocation)**라고 한다. 전좌가 일어난 두 염색체를 모두 가지고 있는 사람은 전체 유전물질의 양이 정상과 같으므로 정상이다. 그러나 염색체 교환에 의해 대립유전자가 절단되거나 두 유전자가 합쳐지면 이상이 나타날 수 있다. 전좌된 염색체를 한 개만 물려받은 사람은 특정 대립유전자의 사본 1개와 다른 대립유전자의 사본 3개를 갖게 된다. 자연유산이 잦고 가족이 여러 증후군을 갖고 있으면 유전자 상담사는 전좌를 의심한다. 특별한 현미경 기술을 통해 전좌가 일어났는지 여부를 알 수 있다.

다운증후군 환자의 5%는 이전 세대에서 일어난 21번과 14번 염색체 사이의 전좌 때문이다. 이 두 염색체가 모두 유전되면 이 사람은 정상이다. 그러나 다음 세대에서는 정상 21번 염색체 두 개와 21번 염색체 일부를 포함하고 있는 비정상 14번 염색체를 물려받을 수도 있다. 이런 경우의 다운증후군은 부모의 나이와는 상관없으며, 부계나 모계 가족에게서 전달받는 경향이 있다.

알라길증후군은 2번과 20번 염색체 사이에서 전좌가 일어난 경우이다(**그림 13.5**). 이 증후군 환자는 보통 20번 염색체에 결실이 있으며, 눈과 내부 장기가 비정상이다. 알라길증후군의 증상은 가벼운 것부터 심각한 것까지 다양하며, 자신이 이 증후군 환자라는 사실을 모를 수도 있다. 또한 전좌로 인해 특정 암을 비롯한 여러 질병이 유발될 수 있다. 1970년대에 새로운 염색

연관: 건강

다운증후군을 유발하는 유전자는 무엇인가?

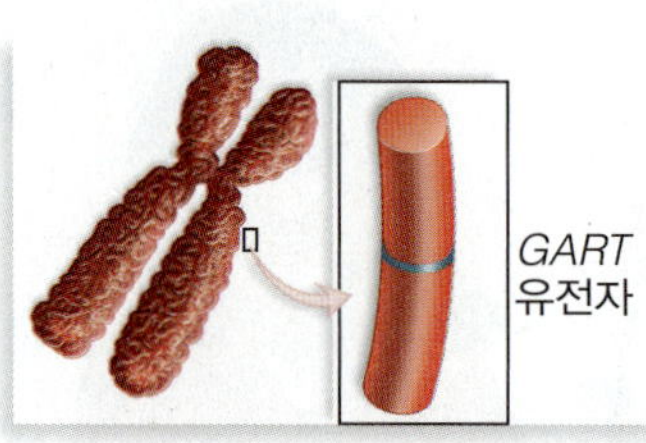

전좌에 의해 다운증후군을 물려받은 사람의 경우 21번 염색체의 일부만을 갖고 있기 때문에, 21번 염색체 중 어떤 유전자들이 다운증후군 증상에 관여하는지 확인할 수 있다. 중요한 유전자 중 하나는 퓨린 뉴클레오티드 합성에 관여하는 *GART* 유전자이다. 여분의 *GART* 유전자는 다운증후군 환자에서 나타나는 정신지체 증상의 주요 요인일 것으로 추정된다. 확인된 또 다른 유전자는 결합조직을 구성하는 요소 중 하나인 콜라겐 유전자(*COL6A1*)이다. 이 유전자의 복사본이 너무 많으면 다운증후군에서 흔히 나타나는 심장결함이 유발된다.

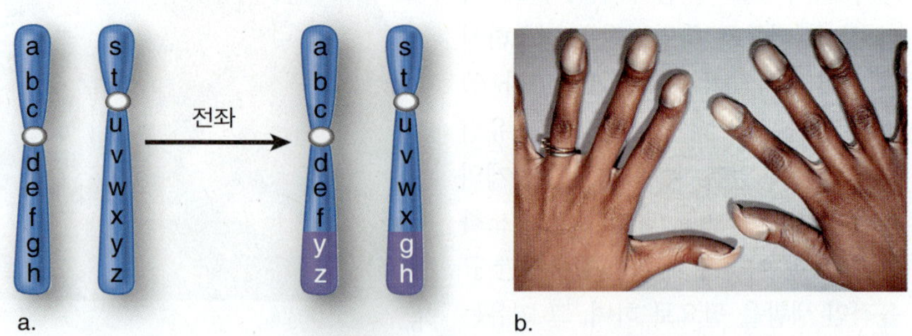

그림 13.5 전좌.

a. 2번과 20번 염색체의 일부가 교환될 때, **(b)** 전좌로 인해 20번 염색체에 있는 한 대립유전자가 파괴되면 독특한 신체 특성을 보이는 알라길증후군이 나타난다.

기법을 이용하여 22번 염색체의 일부가 9번 염색체로 전좌되어 만성 골수성 백혈병으로 이어진 것을 확인하였다. 전좌된 이 염색체를 필라델피아 염색체라고 한다.

역위

염색체의 일부분이 180도 회전하면 **역위(inversion)**가 된다. 동일한 유전자가 존재하기 때문에 아무 문제가 없을 것으로 생각할 수도 있으나, 뒤집힌 대립유전자가 유전자의 발현 조절을 방해하여 유전자 활성을 변화시킬 수 있다.

역위는 대개 문제를 일으키지는 않지만, 유성 생식의 감수분열 과정에서 비정상적인 염색체 생성이 증가될 수 있다. 역위된 염색체와 정상 상동염색체 사이에서 교차가 일어나면 중복과 결실을 모두 지닌 재조합 염색체가 만들어진다. 그 이유는 역위가 일어난 염색체가 고리 모양을 이루어야만 두 상동염색체가 정렬할 수 있기 때문이다(**그림 13.6**).

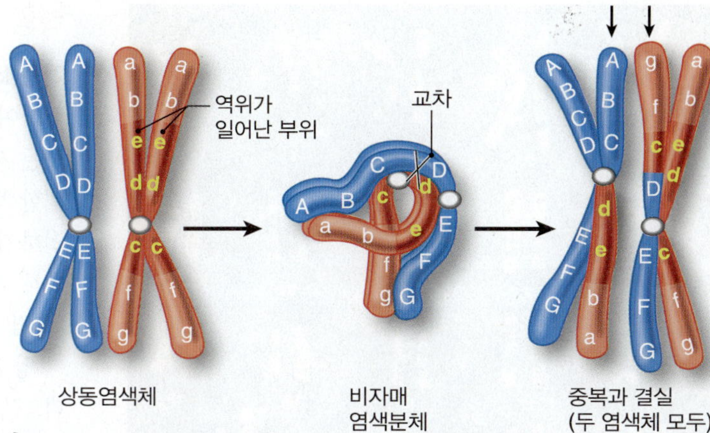

그림 13.6 역위.

(왼쪽) 한 상동염색체의 자매염색분체 일부가 역위되어 있다. 붉은 염색체에서는 *cde* 대신 *edc*로 존재한다. (가운데) 비자매염색분체는 역위된 서열이 고리를 형성해야만 정렬될 수 있다. 교차 후 중복과 결실이 일어날 수 있다. (오른쪽) 왼쪽 화살표가 가리키는 비자매염색분체에는 *AB*와 *ab* 대립유전자는 있지만 *fg*나 *FG* 유전자는 없다. 오른쪽 화살표가 가리키는 비자매염색분체에는 *gf*와 *GF* 대립유전자는 있지만 *AB*나 *ab* 대립유전자는 없다.

진도 점검하기 13.2

1. 한 염색체의 결실이 어떻게 자신의 상동염색체에서 중복을 유발할 수 있는지 설명하시오.
2. 전좌와 역위가 어떻게 의료문제를 일으킬 수 있는지 요약하시오.
3. 고양이울음증후군과 알라길증후군을 유발하는 염색체 돌연변이 유형을 설명하시오.

13.2 개념 연결하기

염색체 구조의 다양한 변화로 인해 돌연변이가 유발될 수 있다.

13.3 유전병 검사

학습 목표

이 절을 학습한 후에는 다음 과제를 수행할 수 있어야 한다.

1. 유전상담에서 핵형의 역할에 대해 설명하기.
2. 유전적 표지와 DNA 미세배열을 유전병 진단에 이용하는 원리를 요약하기.
3. 특정 유전병을 검사하는 DNA 검사, 태아 검사, 배아 검사 방법을 구별하기.

많은 예비부모들은 비정상적인 염색체의 유전이나 돌연변이 유전자로 인해 많은 질병이 유발된다는 것을 알게 되었다. 따라서 **유전상담(genetic counseling)**을 원하는 사례가 늘고 있다. 여러 주요 병원에서 유전상담이 가능하며, 이를 통해 한 가계에서 유전되는 유전병에 대한 위험 정도를 알 수 있다. 예를 들어 유산을 몇 번 경험한 경우이거나, 친척 중 여러 명이 특정 질병에 시달리고 있는 경우, 또는 유전적 결함이 있는 아이를 이미 낳은 경우에 이 부부는 상담을 권유받는다. 상담사는 유전되는 양상과 특정 유전자 이상에 따른 의학적 결과를 이해하도록 돕고, 이들이 결정을 내릴 수 있도록 도와준다.

다양한 질병이 염색체의 수나 구조가 비정상이기 때문에 나타난다. 어떤 임산부가 태어날 자신의 아기가 염색체 이상을 나타낼 가능성에 대해 걱정한다면 상담사는 태아 염색체의 핵형 분석을 추천할 수 있다.

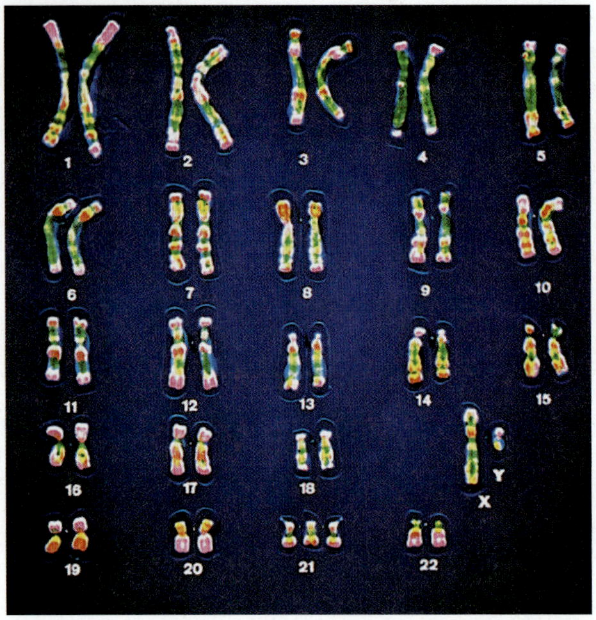

그림 13.7 핵형 분석.
핵형을 분석하면 염색체 돌연변이가 드러날 수 있다. 이 그림의 경우, 태어날 아기는 다운증후군(21번 삼염색체성) 환자가 될 것이다.

핵형 분석

핵형(karyotype)은 염색체를 크기와 모양, 그리고 염색체 띠 유형에 따라 정렬하여 시각적으로 표시한 것이다. 핵이 없는 적혈구를 제외하면, 몸에 있는 모든 세포를 이용해 염색체 핵형을 분석할 수 있다. 성인의 경우 혈액에서 분리한 백혈구세포를 이용하는 것이 가장 쉽다. 태아에서도 질병 가능성을 확인하기 위해 염색체를 검사하며, 이때 양수천자나 융모막 융모 시료채취를 통해 세포를 얻는다. 다운증후군 환자의 핵형에는 21번 염색체가 3개 있다(**그림 13.7**, 9장 참조).

양수천자(amniocentesis)는 임산부의 자궁에서 양수 시료를 얻는 방법이다. 긴 바늘을 배와 자궁벽을 통과시켜 넣고 태아세포를 포함하고 있는 양수를 조금 추출한다(**그림 13.8*a***). 이어 양수검사를 하고, 세포를 배양하여 핵형을 분석한다. 염색체 핵형 검사는 4주까지 지연될 수 있으므로 세포를 배양하여 세포 수를 늘린다.

이 검사를 수행할 것인지 여부는 혈액 검사와 산모의 나이를 고려하여 결정한다. 양수천자로 인해 자연유산의 위험도가 0.3% 증가하므로 의사는 의학적으로 안전할 때에만 이 방법을 사용한다. 일반적으로 임신 후 14주에서 17주가 되기 전에는 양수천자를 하지 않는다.

융모막 융모 시료채취(chorionic villi sampling, CVS)는 태반이 발달할 위치에 있는 융모막 세포를 얻는 방법이다. 이 방법은 임신 5주에도 수행할 수 있다. 질을 통해 자궁으로 가늘고 긴 흡입 튜브를 삽입한다(그림 13.8*b*). 자궁 내용물을 촬영할 수 있는 초음파를 이용해 이 튜브를 자궁 내벽과 융모막 융모 사이에 놓은 후 융모막 세포 시료를 흡입하여 얻는다. 이 세포는 배양할 필요가 없으며 바로 핵형 분석에 사용할 수 있다. 양수는 채취하지 않았으므로 양수검사는 불가능하다. 또 CVS는 자연유산을 초래할 가능성이 0.8%로 0.3%인 양수천자보다 위험하다. CVS의 장점은 양수검사에 비해 이른 시기에 핵형을 분석할 수 있다는 것이다.

채취한 세포는 배양액 안에서 자극을 주어 분열하도록 한다. 이후 화학물질을 처리하여 염색체가 가장 고밀도로 응축된 상태인 체세포분열 중기에 멈

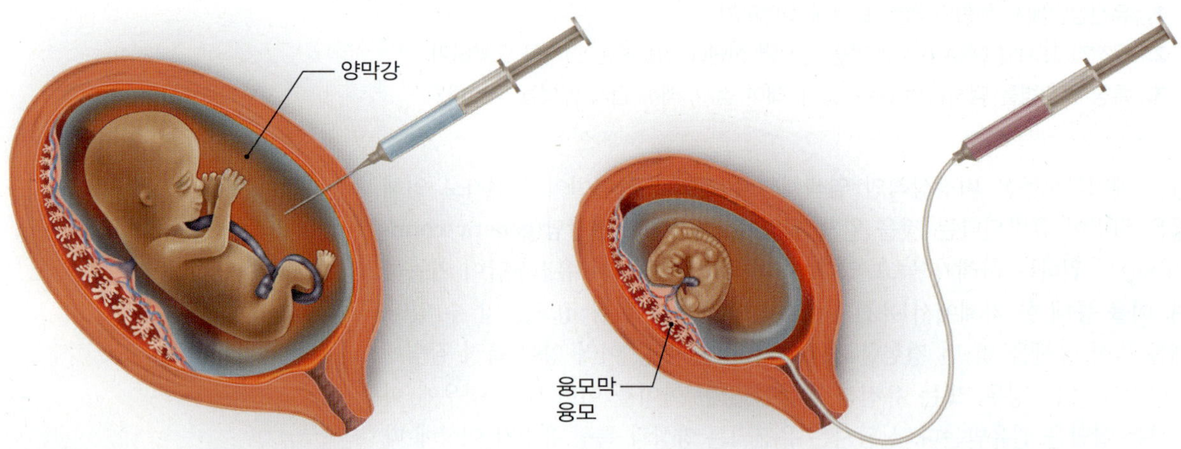

a. 양수천자 방법은 긴 바늘을 이용하여 양막강에서 태아세포를 포함하고 있는 양수를 얻는다.

b. 융모막 융모 시료채취 방법은 흡입튜브 사용하여 장차 태반으로 발달할 융모막에서 세포를 얻는다.

그림 13.8 염색체 돌연변이 검사.
태아 염색체의 수나 구조에 변이가 있는지 검사하기 위해 양수천자(**a**)나 융모막 융모 시료채취(**b**) 방법으로 태아세포를 추출한다.

추게 한다. 세포를 죽인 후 현미경 슬라이드 위에 펼쳐놓고 건조시킨다. 전통적인 핵형 분석법은 슬라이드를 염색한 다음 사진을 찍는다. 염색을 한 염색체는 진하거나 연하게 염색된 다양한 두께의 밴드 패턴을 보이며, 염색체의 크기 및 형태와 함께 이 패턴을 이용하면 염색체 쌍을 쉽게 배열할 수 있다. 오늘날에는 형광염료를 사용하며, 컴퓨터를 이용하여 염색체 쌍을 배열한다.

유전 상담사는 유전자 검사를 통해 태어날 아이에게서 그 가족의 유전병이 발병할 확률을 설명해줄 수 있다. 이미 임신한 상태라면 태어날 아이가 질병을 가질 것인지 궁금해 할 것이다. 아직 임신하지 않은 상태라면 임신 전에 배아를 검사할지 난자를 검사할지를 선택할 수 있다.

어떤 유전병인가에 따라 검사하는 종류가 다르다. 어떤 경우에는 특정 단백질을 검사하며, 돌연변이 유전자를 검사하는 경우도 있다.

단백질 검사

어떤 유전자 돌연변이는 효소 활성의 결핍을 초래하여 질병이 유발된다. 예를 들어 청색증(methemoglobinemia, 메트헤모글로빈혈증)의 경우 혈액에서 다이아포레이즈(diaphorase) 효소의 양을 검사하며, 이 결과로부터 동형접합 정상인지, 보인자인지, 아니면 청색증 환자인지 여부를 판단한다. 부모가 보인자라면 각각의 자식이 청색증에 걸릴 확률은 25%이다. 이 정보를 통해 예비부모는 배아나 난자 검사를 수행할 것인지 여부를 선택할 수 있다.

DNA 검사

DNA 검사는 두 가지 방법이 가능하다. 즉, 유전적 표지에 대한 검사법과 DNA 탐침을 이용하는 방법이 있다.

유전적 표지

비정상 대립유전자로 인해 나타나는 DNA의 차이를 이용해 유전적 표지를 검사한다. 예를 들어 유전자 염기서열이 비정상인 낫모양 적혈구 형질이나 헌팅턴무도병 환자에 대해 생각해보자. 이 비정상 염기서열이 **유전적 표지(genetic marker)**가 된다. 특정 유전적 표지의 존재는 DNA 염기서열 순서 결정(sequencing)을 통해 탐지할 수 있다. 다른 방법으로는 DNA의 특정 염기서열을 절단하는 제한효소를 사용할 수 있다(12장 참조). 제한효소에 의해 만들어진 DNA 단편은 정상인과 돌연변이(이형접합자 또는 동형접합자)에서 서로 다를 것이다(**그림 13.9**).

유전자 프로필 분석

쉽고 저렴하게 DNA를 검사할 수 있는 새로운 기술이 개발되었다. 지금은 수천 종류의 질병-관련 돌연변이 대립유전자를 **DNA 미세배열(DNA microarray**; 수많은 DNA 시료—여기에서는 돌연변이 대립유전자—를 배열한 작은 실리콘 칩)에 집적시킬 수 있다(**그림 13.10**). 검사하고자 하는 개인의 DNA를 형광염료로 표지한 후 미세배열 칩에 첨가한다. 이 DNA가 칩에 있는 어떤 돌연변이 대립유전자와 결합한다면 미세배열 칩의 그 위치에서 형광이 나타나게 된다. 이것은 이 사람이 현재 특정 질병을 갖고 있거나 장차 발병할 위험이 있다는 것을 의미한다. 모든 돌연변이를 포함하여 한 개인의 유

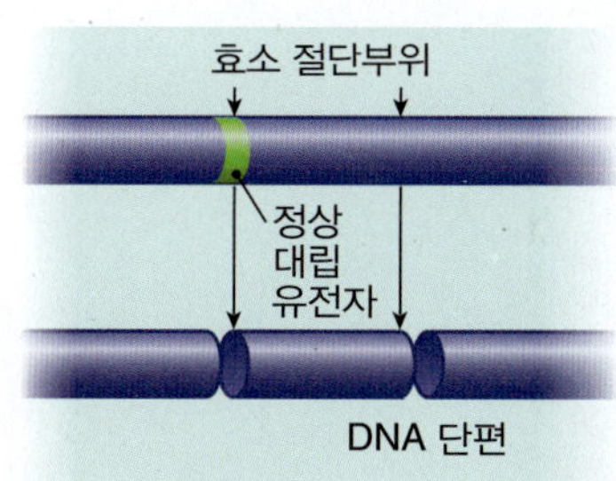

a. 정상 절단 패턴

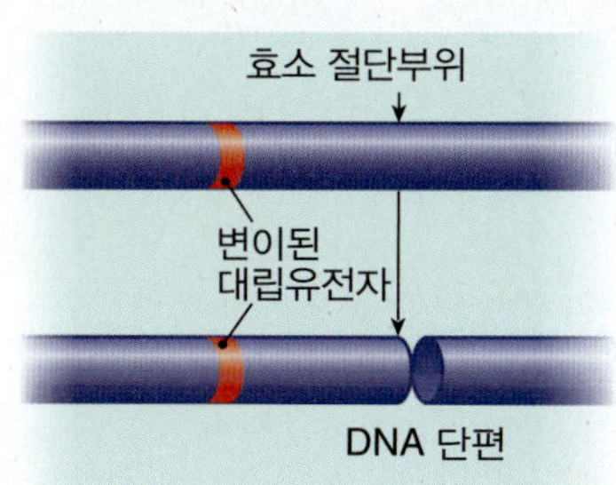

b. 유전적 결함 절단 패턴

그림 13.9 유전적 표지를 이용한 유전자 돌연변이 검사.

a. 정상인의 DNA에는 특정 제한효소 절단부위가 있다. **b.** 이 DNA는 절단부위 중 하나가 없으며, 이로써 이 사람의 유전자에 돌연변이가 일어났음을 알 수 있다. 이형접합자인 경우, DNA 중 절반은 이 절단부위가 있고 나머지 절반은 없다. (돌연변이로 인해 절단부위가 새로 만들어지는 경우도 있다.)

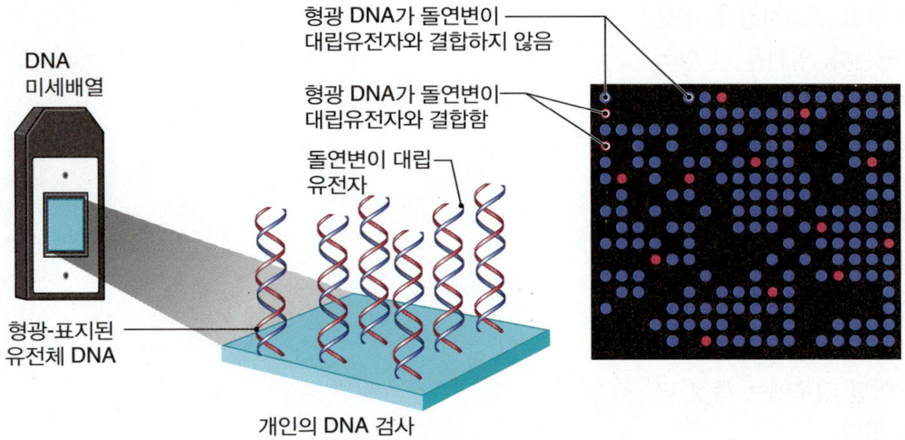

그림 13.10 DNA 미세배열을 이용한 돌연변이 유전자 검사.

이 DNA 미세배열 칩에는 수많은 질병-관련 돌연변이 대립유전자가 포함되어 있다. 어떤 사람의 유전체 DNA를 형광으로 표지한 다음 미세배열 칩에 첨가한다. 형광이 나타난 지점은 개인이 현재 그 유전질환을 갖고 있거나 나중에 발병할 위험이 있다는 것을 의미한다.

전자형 전체를 통틀어 유전자 프로필(genetic profile)이라고 한다.

유전자 상담사의 도움을 받으면 각자 자신의 유전자 프로필을 알 수 있다. 어떤 사람은 대립유전자 한 개 때문에 현재 유전병을 앓고 있거나 앞으로 발병할 것이라는 것을 알 수도 있다. 그러나 여러 유전자가 관여하는 다인자(polygenic) 형질이 더 흔하며, 이런 경우에는 유전자 프로필을 통해 어떤 질병의 위험도가 높을 것인지 낮을 것인지에 대해 추정할 수 있다. 위험도에 대한 정보를 바탕으로 질병을 감시하는 프로그램을 고안하거나 생활방식을 바꾸게 하여 위험도를 낮출 수 있다. 예를 들어 어떤 사람이 대장암 환자에서 일반적인 돌연변이를 갖고 있다고 가정해 보자. 이 사람은 매년 대장내시경 검사를 하는 것이 바람직할 것이다. 그러면 비정상적인 성장을 조기에 발견하여 대장암이 발생하기 전에 제거할 수 있을 것이다.

연관: 건강

편의점(over-the-counter, OTC)식 유전자 검사는 정확한가?

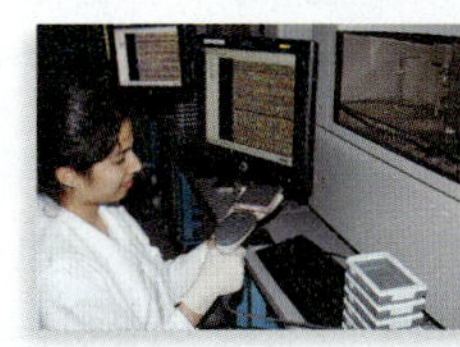

DNA 기술이 발달하여 DNA 미세배열 칩을 저렴하게 조립할 수 있으며, 현재 몇 회사가 OTC 유전자 검사를 제공한다. 미국식품의약국(FDA)은 OTC 유전자 검사를 규제하지는 않으나, 이 검사를 통해 얻은 정보가 정확한지에 대한 우려가 있다. 또 일부 사람들은 검사 결과가 보험이나 직장을 구할 때 차별적인 요소로 사용될 수 있을 것이라고 염려한다. 유전자 검사는 환자의 모든 권리에 대해 논의한 다음에 허가받은 실험실에서 수행하는 것이 바람직하다.

태아검사

이미 임신한 상태라면 초음파를 이용해 태아의 기형 여부를 알 수 있으며 또 태아 DNA를 추출하여 유전병 검사를 할 수 있다.

초음파

의사는 초음파 사진을 통해 태아의 외형을 평가한다. 초음파 탐침을 이용해 임산부의 복부를 스캔하고 변환기를 통해 고주파의 음파를 비디오 스크린 영상으로 전환한다. 이 영상을 통해 자궁 안에 있는 태아를 볼 수 있다. 초음파를 이용해 태아의 나이와 크기, 그리고 다둥이 여부 등을 알 수 있다. 또한 다운증후군, 에드워드증후군(18번 삼염색체성), 파투아증후군(13번 삼염색체성) 같은 몇 가지 염색체 이상은 발생과정 중 태아의 형태 이상을 초래하여 임신 20주 정도면 초음파로 검사할 수 있다. 따라서 이 시기에는 규칙적인 초음파 검사를 하는 것이 태아를 건강하게 돌보는 데 필수적이다.

이분척추증(spina bifida; 척추갈림증이라고도 함) 등의 다양한 결함도 초음파를 이용해 진단할 수 있다. 임신 첫 달 동안 척추가 제대로 닫히지 않으면 이분척추증이 된다. 이 경우 의사는 출생 24시간 이내에 신생아의 척추를 닫아주는 수술을 한다.

태아세포 검사

태아세포를 검사하여 다양한 유전병 여부를 확인할 수 있다. 만일 태아가 불치병을 갖고 있는 경우 부모는 유산을 고려할 수도 있을 것이다.

앞서 설명한 것처럼 양수천자법이나 융모막 융모 시료채취법으로 태아세포를 얻는다. 또한 모체의 혈액에서도 태아세포를 얻을 수 있다. 임신 9주에 이르면 세포분류기를 이용하여 모체혈액에서 적은 수의 태아세포를 얻을 수 있다. 성숙한 적혈구세포는 핵이 없지만, 미성숙 적혈구세포는 핵을 갖고 있으며 수명이 짧다. 따라서 모체의 혈액에서 얻은 핵이 있는 태아 적혈구세포는 임신에서 유래한 것임을 알 수 있다.

태아세포의 수는 모체 혈액세포에 비해 1/70,000 정도로 매우 적으므로 PCR을 이용해 태아의 DNA를 증폭한다. 이 방법은 태아에게 안전하다.

배아와 난자 검사

체외수정(*in vitro* fertilization, IVF)은 실험실의 시험관 안에서 이루어진다(29장 참조). 의사는 예비 어머니에게서 얻은 난자와 예비 아버지에게서 얻은 정자를 같은 용기에 넣어 수정시킨다. 체외수정 이후에 이제는 일상적으로 배아를 검사한다. 또한 체외수정을 실행하기 전에 난자를 검사하여 유전병 여부를 확인하는 것도 가능하다. 어느 경우든 정상 배아만 자궁에 이식하여 발생이 진행되도록 한다.

배아 검사

예비부모가 모두 특정 유전병의 보인자라면 이들은 이 유전병에 걸리지 않은 아기가 태어날 것을 보장받기를 원할 것이다. 배아 검사는 이것을 보장할 수 있다.

체외수정 후 접합자(수정란)가 분열한다. 6-세포 또는 8-세포 배아 상태에서 정상 발달에는 영향을 주지 않으면서 세포 하나를 꺼내 검사할 수 있다(**그림 13.11**). 검사 결과 유전병에 대해 음성반응을 보인 배아만 자궁에서 발생을 지속하도록 한다.

지금까지 세계적으로 수천 명의 어린이가 배아 검사를 통해 가족력인 유전병의 대립유전자 없이 태어났다. 미래에는 유전병에 대해 양성반응을 보인 배아도 유전자치료법을 이용해 치료할 수 있을 것이며, 이들 역시 정상적으로 살아갈 수 있을 것이다.

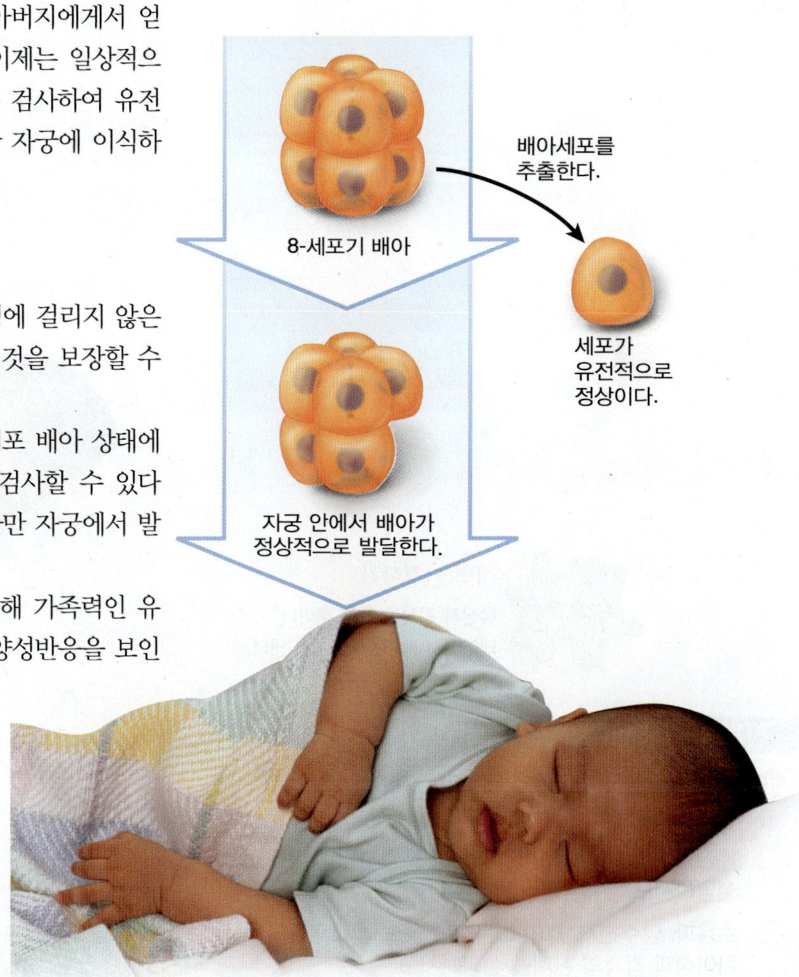

그림 13.11 배아 검사.

8-세포기 배아에서 얻은 세포 한 개를 이용해 유전자를 진단한다. 이 세포가 유전병이 없는 것으로 판명되면 7-세포로 이루어진 배아를 자궁에 이식하며, 이후 정상 아기로 발달할 것이다.

난자 검사

남성은 감수분열 후 정자세포를 4개 생산하지만, 여성의 경우 난자 한 개와 기능이 없는 극체를 적어도 두 개 만들어낸다. 극체는 세포질이 거의 없지만, 반수체 염색체를 갖고 있으므로 유전자 검사에 유용하게 사용할 수 있다. 여성이 열성 유전병의 이형접합자라면 극체 중 반은 돌연변이 대립유전자를 가지고, 이 경우 난자는 정상 대립유전자를 갖는다. 따라서 돌연변이 대립유전자 검사 결과 극체가 양성을 보이면 난자는 정상 대립유전자일 가능성이 높다

그림 13.12 난자 검사.

난자에서 추출한 극체를 이용하여 유전자를 진단한다. 난자에 유전적 결함이 없다면 체외수정시킨 후, 배아를 자궁에 이식하여 발생하도록 한다.

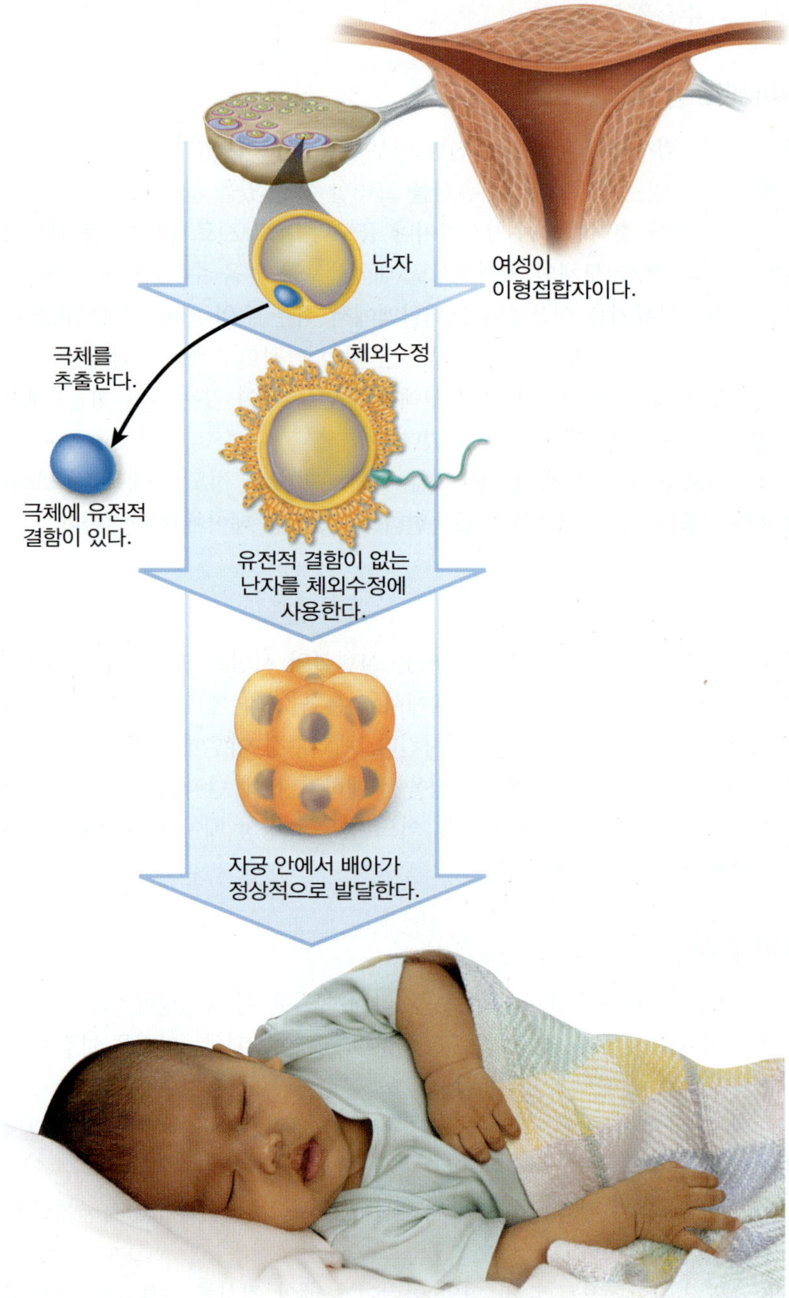

개념 연결하기 13.3
유전자 검사를 통해 배아나 태아에서 돌연변이를 찾아낸다.

진도 점검하기 13.3

1. 핵형을 분석하여 어떻게 태아의 잠재적 문제를 예측할 수 있는지 요약하시오.
2. 유전병에 대한 단백질 검사와 DNA 검사의 차이를 설명하시오.
3. 초음파, 양수천자, 그리고 융모막 융모 시료채취의 차이점과 각각의 한계를 설명하시오.
4. 유전병 검사에 염기서열 변이를 어떻게 이용할 수 있는지 추론하시오.

(**그림 13.12**). 검사 결과 정상인 난자만 체외수정에 사용한다. 만일 정자가 이 돌연변이를 갖고 있다 하더라도 접합자는 최소한 이형접합자가 될 것이므로 표현형이 정상일 것이다.

미래에 유전자치료가 일상화된다면 체외수정을 시행하기 전에 부모가 원하는 바에 따라 형질을 조절하는 유전자를 난자에 삽입하여 음악적 재능이나 운동 능력이 뛰어난 아이를 얻을 수도 있을 것이다. 그렇지만 우생학(*eugenics*)이라고 하는 이런 방식의 유전자 조작은 많은 윤리적 문제를 내포하고 있다.

13.4 유전자치료

학습 목표

이 절을 학습한 후에는 다음 과제를 수행할 수 있어야 한다.

1. 체외 유전자치료와 체내 유전자치료의 차이 및 각 치료 방법을 간략하게 설명하기.
2. 유전자치료를 위해 정상유전자를 세포에 전달하는 방법에 대해 설명하기.
3. 유전자 요법으로 치료하고 있는 사람 질병을 열거하기.

질병을 치료하기 위해 사람 세포에 유전물질을 삽입하는 것을 **유전자치료(gene therapy)**라고 한다. 환자에게 정상 유전자를 주입하여 결함 유전자를 교정하거나, 유전자를 이용하여 심혈관질환이나 암 등의 질병을 치료한다. 유전자치료는 **체내(in vivo)**에서 수행하거나 **체외(ex vivo)**에서 수행한다. 정상 유전자를 세포 안으로 전달하기 위해서는 유전적으로 안전하게 변형한 바이러스를 사용하며(**그림 13.13**), 또한 정상 유전자를 감싸도록 특별히 제작한 미세한 지질주머니인 리포솜을 사용할 수도 있다. 한편으로는 유전자를 신체의 특정 부위에 직접 주입하기도 한다. 이 절에서는 체외 유전자치료(신체에서 분리한 세포에 유전자를 삽입한 다음 이 세포를 신체로 돌려보냄)와 체내 유전자치료(유전자를 신체에 직접 전달함)의 예를 살펴볼 것이다.

체외 유전자치료

중증복합면역부전증인 어린이는 아데노신탈아미노효소(adenosine deaminase, ADA)가 결여되어 있어 항체를 만드는 세포가 성숙하지 못한다. 이 병의 유전자치료를 위해 혈액에서 골수 줄기세포를 추출하여 정상 ADA 유전자를 지닌 바이러스를 감염시킨 후, 환자에게 넣어준다. 골수 줄기세포는 분열하여 이 유전자를 지닌 세포를 많이 만들어내므로 유전자치료에 흔히 사용된다. 이렇게 치료한 환자는 혈액에서 ADA 효소 활성이 높아지며 면역기능이 현저하게 향상된다.

체외 유전자치료는 가족성 콜레스테롤혈증 치료에도 사용된다. 이 유전병은 높은 혈장 콜레스테롤 수치 때문에 젊은 나이에도 치명적인 심장병에 걸릴 수 있다. 외과 수술로 잘라낸 간의 일부를 콜레스테롤 수용체의 정상 유전자를 지닌 레트로바이러스에 감염시킨 후 환자에게 돌려보낸다. 이 방법을 통해 혈장 콜레스테롤 수치가 낮아진 사례가 보고되어 있다.

몇 가지 암에 대해서 체외 유전자치료법이 시도되고 있다. 한 가지 방법은 암 환자로부터 면역계 세포를 얻은 후 유전자를 조작하여 세포 표면에 종양항원이 나타나게 한다. 이들 세포를 환자에게 돌려주면, 면역계를 자극하여 종양세포를 죽이도록 한다.

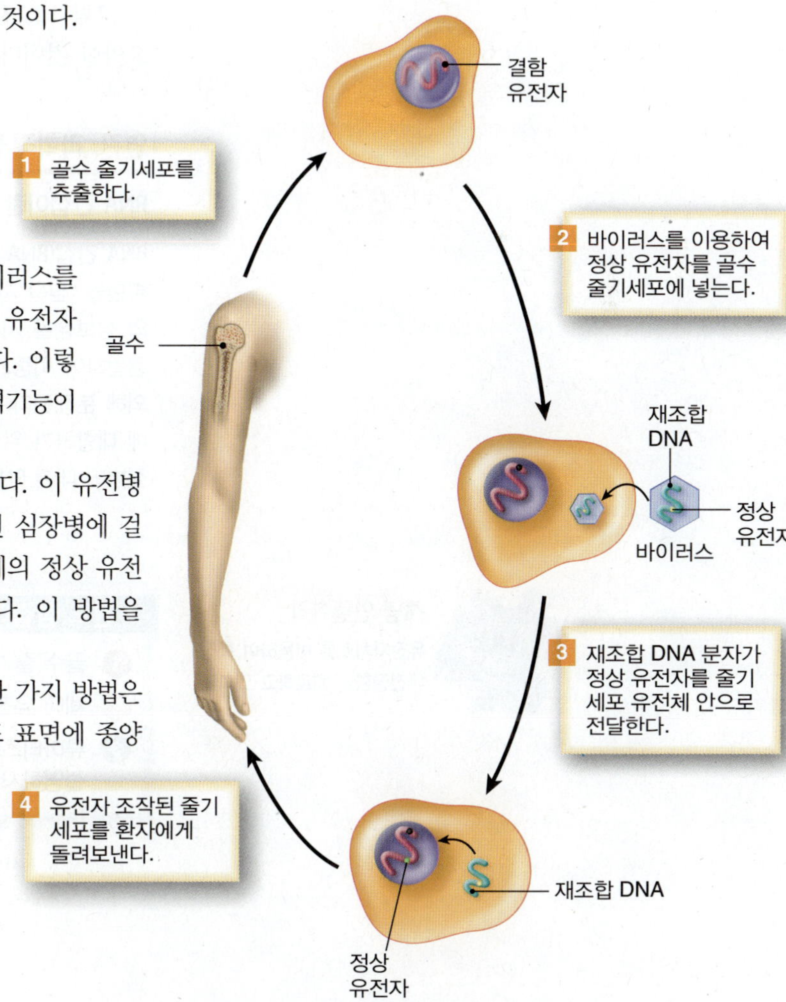

그림 13.13 사람의 체외 유전자치료.

신체에서 골수 줄기세포를 얻는다. 이 세포의 유전체에 바이러스를 이용하여 정상 유전자를 삽입한 다음 신체로 돌려보낸다.

체내 유전자치료

대부분의 낭포성섬유증 환자는 염소이온이 막을 통과하는 데 필요한 막관통 운반체의 조절자 유전자가 결여되어 있다. 낭포성섬유증을 치료하기 위해 필요한 유전자를 코에 분무하거나, 또는 아데노바이러스나 리포솜(지질단백질을 용액에 넣으면 저절로 형성되는 미세한 소포)을 사용하여 하부호흡기로 전달한다. 과학자들은 유전자를 더 효과적으로 흡수할 수 있도록 개선하기 위해 노력하고 있으며, 세 가지 전달방법을 조합하면 성공 확률을 높일 수 있을 것이라고 예측하고 있다.

관상순환장애 치료에도 유전자가 이용된다. 혈관내피성장인자(vascular endothelial growth factor, VEGF)가 새로운 혈관이 자라도록 한다고 알려져 있다. 이 VEGF 유전자를 직접, 또는 바이러스에 넣은 상태로 심장에 주입하여 관상혈관이 자라도록 자극한다. 이렇게 치료받은 환자는 가슴통증이 완화되었으며 더 오래 달릴 수 있었다.

류마티스관절염은 자신의 관절조직을 파괴하는 자가면역질환이며, 최근 들어 체내 유전자치료법이 적용되고 있다. 환자의 관절에 항염증유전자를 지닌 아데노바이러스를 주입한다. 주입된 유전자가 관절부위의 염증을 감소시키고 환자의 통증과 고통을 완화시킨다. 임상시험은 희망적이며, 동물 연구에서도 유전자치료를 통해 관절염을 치료할 수 있는 가능성이 확인되었다.

그림 13.14는 다양한 질병의 치료에 사용되고 있는 유전자치료의 사례를 요약한 것이다.

연관: 과학적 탐구

RNA 간섭이란 무엇인가?

RNA 간섭(RNA interference, RNAi)은 작은 RNA 조각을 이용하여 특정 대립유전자의 발현을 "침묵"시키는 실험기법이다. 이들 RNA 서열은 관심 유전자에서 전사된 mRNA와 상보성을 지니도록 설계한 것이다. 상보적 RNA 서열은 세포 안에서 표적 RNA와 결합하여 이중가닥의 RNA분자를 만든다. 이들 이중가닥 RNA 분자는 일련의 효소에 의해 분해된다. RNAi는 선충류에서 처음 발견되었으며, 진핵생물에서 특정 바이러스에 대항하기 위한 수단으로 진화된 것으로 보인다. 현재 암이나 간염 등의 여러 사람 질병에 대한 RNAi 치료법을 개발하는 연구가 진행되고 있다.

개념 연결하기 13.4

유전자치료를 이용하여 특정 유전질환을 치료하고 있다.

진도 점검하기 13.4

1. 골수 줄기세포가 체외 유전자치료에서 선호되는 이유를 설명하시오.
2. 체내 유전자치료 방법에서 유전자를 세포로 전달하는 방법을 열거하시오.
3. 류마티스관절염 같은 질병 치료에 체내 유전자치료법이 어떻게 이용되는지 설명하시오.

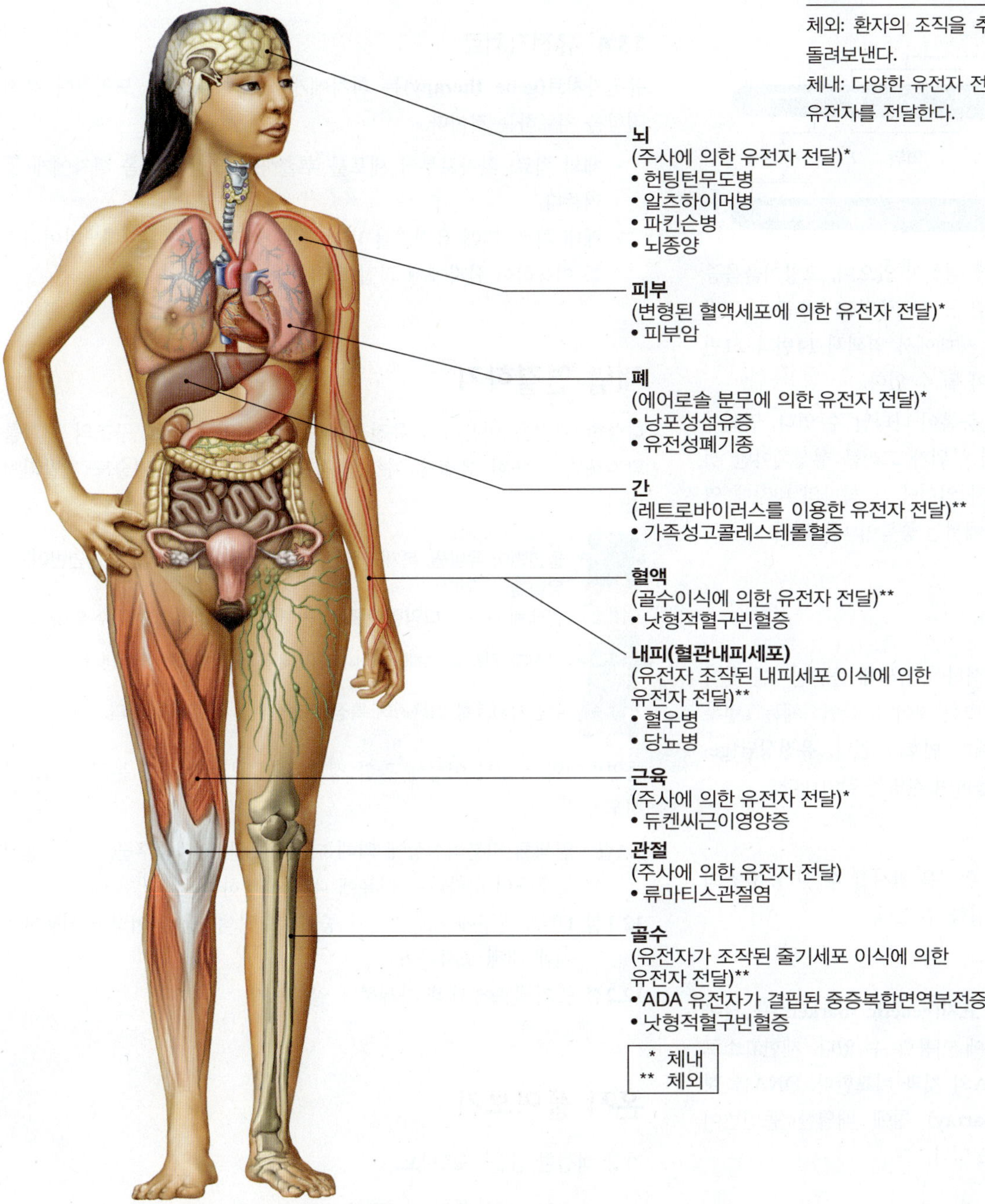

그림 13.14 체외 및 체내 체세포 유전자치료 부위.

체외: 환자의 조직을 추출하여 유전적으로 변형시킨 다음 환자에게 돌려보낸다.

체내: 다양한 유전자 전달 방법을 통해 목적부위(뇌, 허파 등)로 정상 유전자를 전달한다.

요약

13.1 유전자와 유전자 돌연변이

돌연변이는 DNA 염기서열이 변화된 것이다. 변화를 나타내지 않는 돌연변이도 있지만, 어떤 변이는 유전자의 조절이나 단백질의 아미노산 서열에 변화를 초래한다. 돌연변이를 유발하는 요인은 다음과 같다.

- **전이인자(transposon):** 유전체 내에서 이동이 가능하며, 가끔 유전자의 기능을 교란시키는 작은 DNA 서열.
- **돌연변이 유발원(mutagen):** 화학물질이나 방사선 같이 돌연변이를 유발하는 환경요인.

유전자 수준에서 일어나는 두 가지 유형의 돌연변이:

- **점 돌연변이(point mutation):** DNA 뉴클레오티드 한 개의 변화. 아무 영향이 없는 침묵인 경우도 있으며, 단백질의 구조를 변화시킬 수도 있다.
- **번역틀이동 돌연변이(frameshift mutation):** 뉴클레오티드가 삽입되거나 또는 제거되어 유전자 정보를 읽는 틀이 바뀐다.

13.2 염색체 돌연변이

염색체 돌연변이는 염색체의 수나 구조가 변한 것이다. 감수분열 동안 염색체 비분리가 일어나서 염색체 수가 비정상적으로 된다. 염색체 구조 변화에는 **결실(deletion)**, **중복(duplication)**, **전좌(translocation)**, 그리고 역위(**inversion**)가 있다.

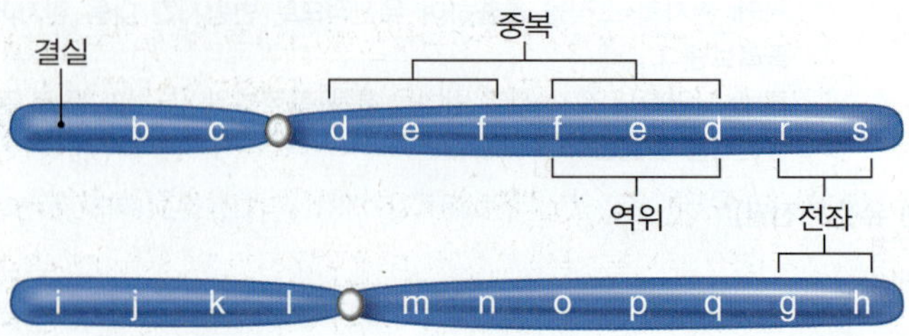

윌리엄스증후군은 7번 염색체 중 하나에 결실이 있으며, 고양이울음증후군은 5번 염색체 중 하나에 결실이 있다. 역위중복15증후군은 15번 염색체에서 역위중복이 나타난다. 이전 세대에서 염색체 14번과 21번 사이의 전좌가 일어난 경우 다운증후군이 될 수 있다.

역위가 일어난 염색체에서는 결실과 중복이 나타날 수 있다. 염색체 접합(synapsis) 과정에서 역위된 염색체 부위가 고리를 형성해야만 정상 상동염색체와 정렬될 수 있다. 교차가 일어난 후 하나의 비자매 염색분체에서는 염색체 결실이, 다른 하나에서는 중복이 나타난다.

13.3 유전병 검사

핵형 분석

상담사는 개인의 **핵형(karyotype)**을 분석하여 염색체 돌연변이를 찾아낼 수 있다. 핵형은 염색체를 쌍으로 정렬한 것이며, 상염색체는 1번부터 22번까지 번호를 부여하고 성염색체는 번호가 없다. **유전상담(genetic counseling)**은 다양한 기술을 이용하여 질병을 찾아낸다.

단백질 검사

혈액이나 조직 시료를 이용하여 효소의 활성을 검사할 수 있다. 효소의 활성이 나타나지 않는다면 유전병을 의심할 수 있다.

DNA 검사

염기서열 순서결정을 이용하여 **유전적 표지(genetic markers)**를 찾아낼 수 있다. 제한효소 역시 DNA 절단에 이용할 수 있다. 제한효소로 절단된 DNA의 단편 패턴을 정상 DNA의 것과 비교한다. DNA를 형광 표지한 후 **DNA 미세배열(microarray)** 칩에 배열한 돌연변이 DNA와 결합하는지 여부를 검사할 수도 있다.

태아검사

초음파를 이용하여 돌연변이 대립유전자를 물려받아 유발되는 이분척추증 같이 특정 염색체 이상에 의해 나타나는 질병을 검사할 수 있다. **양수천자(amniocentesis)**나 **융모막 융모 시료채취(chorionic villus sampling)**를 이용하거나 모체 혈액에서 태아세포를 얻을 수 있다.

배아 및 난자 검사

체외수정 후 배아를 검사할 수 있다. 8-세포기 배아로부터 세포 하나를 추출한다. 이 세포가 유전적으로 건강하면 나머지 배아를 자궁에 이식한 후 발생과정을 거쳐 태어나도록 한다. 먼저 극체를 검사한 후 체외수정을 할 수 있다. 여성이 이형접합자인 경우, 극체에 유전 결함이 나타난다면 난자에는 결함이 없다. 따라서 이 난자를 수정시킨 다음 배아를 자궁에 이식한다.

13.4 유전자치료

유전자치료(gene therapy)는 환자에게 외래 유전자를 도입하여 유전 결함을 치료하는 것이다.

- **체외 치료:** 환자로부터 세포를 추출하여 교정한 다음 환자에게 돌려준다.
- **체내 치료:** 외래 유전자를 비강 분무, 리포솜, 또는 아데노바이러스를 이용하여 환자에게 직접 도입한다.

개념 연결하기

다양한 기술을 이용하여 유전자의 돌연변이와 염색체 구조의 변화를 탐지해낸다. 또한 유전자 이상을 검사하고 치료하는 기술도 개발되어 있다.

13.1 돌연변이 유발원, 복제과정 중의 실수, 전이인자에 의해 돌연변이가 유발될 수 있다.

13.2 염색체 구조의 다양한 변화로 인해 돌연변이가 유발될 수 있다.

13.3 유전자 검사를 통해 배아나 태아에서 돌연변이를 찾아낸다.

13.4 유전자치료를 이용하여 특정 유전질환을 치료하고 있다.

돌연변이와 유전자 이상에 관한 정보를 더 보려면 다음 논의를 참조하시오.

9.4절 염색체 비분리현상에 의해 다운증후군, 터너증후군, 클라인펠터증후군이 나타나는 이유에 대해 설명하기.

12.1절 DNA 연구에 제한효소와 중합효소연쇄반응을 어떻게 이용하는지에 대해 조사하기.

12.2절 줄기세포에 대해 자세하게 알아보기.

혼자 풀어보기

가장 적절한 답을 고르시오.

13.1 유전자와 유전자 돌연변이

[1~4] 보기에서 해당하는 항목을 고르시오.

보기:

a. 전이인자(transposon)
b. 점 돌연변이
c. 번역틀이동 돌연변이

1. 유전자 내의 정보를 올바르지 않은 순서로 읽도록 하는 원인
2. 침묵인 경우도 있음
3. 유전체 내에서 이동하는 DNA 서열
4. DNA 뉴클레오티드 한 개의 변이를 일으키는 원인

13.2 염색체 돌연변이

5. 염색체의 구조의 변화에 의해 유발된 질병이 아닌 것은?
   - a. 고양이울음증후군
   - b. 역위중복15증후군
   - c. 클라인펠터 증후군
   - d. 알라길증후군

6. 염색체에 존재하는 유전물질의 양이 동일하게 유지되는 경우는 무엇인가?
   - a. 역위
   - b. 중복
   - c. 결실
   - d. 모두 옳음.

13.3 유전병 검사

7. 핵형 분석을 통해 검사할 수 있는 것은?
   - a. 점 돌연변이
   - b. 특정 유전적 표지
   - c. 염색체 수의 변이
   - d. 전이인자의 위치

8. 유전적 표지 검사에 DNA 미세배열을 사용하면 유리한 이유는?
   - a. 제한효소 절단부위가 추가되거나 없어진 것을 검사하므로
   - b. 수많은 돌연변이를 한 번에 검사할 수 있으므로
   - c. 이형접합체인 사람과 동형접합체인 사람을 구별할 수 있는 유일한 방법이므로
   - d. PCR을 사용하여 DNA를 증폭할 필요가 없으므로

13.4 유전자치료

9. 체외 유전자치료에 관해 옳은 것은?
   - a. 신체의 세포에 유전자를 전달한다.
   - b. 유전자 전달 수단으로는 오직 리포솜만 사용한다.
   - c. 치료하기 전에 신체에서 세포를 추출한다.
   - d. 모두 옳음.

10. 신체 세포에 유전자를 직접 전달하는 수단으로 사용할 수 있는 벡터는 어느 것인가?
   - a. 전이인자
   - b. 바이러스
   - c. 양수천자
   - d. 돌연변이 유발원

과학적으로 생각하기

1. 10장에서 공부한 바와 같이, 어떤 사람은 특정 유전자를 여분으로 더 갖고 있다. 최근에 몇 가지 유전병이 특정 유전자가 여분으로 더 있음으로 인하여 유발된다는 사실이 밝혀졌다. 여분의 유전자는 어떻게 하여 해로울 수 있을까? 당신은 여분의 유전자가 해롭지 않은 예를 생각할 수 있는가?

2. 유전자치료에서 유전자 전달 수단으로 아데노바이러스를 사용하는 것은 한때 문제가 있는 것으로 여겨졌다. 최근에 "bubble boy disease"라고도 부르는 X-연관 중증복합면역부전증인 유아 10명에게 아데노바이러스를 사용하여 유전자치료를 시도하였다. 도입한 유전자가 발현되고 어린이들의 면역체계가 복원되었기 때문에 이 시도는 성공한 것으로 보였으나, 유감스럽게도 두 명에게서 백혈병이 발병되었다. 유전자치료를 받은 환자에서 백혈병이 유발된 것을 어떻게 설명할 수 있을까?

3. 유전 상담사들은 어떤 질병들이 불리함에도 불구하고 개체군 내에서 유지되고 있다는 사실을 깨달았다. 이들은 왜 진화과정에서 사라지지 않는 것일까? 유전자 풀에 이들 유전자가 남아 있는 것이 유리한 이유를 생각할 수 있는가?

14 다윈과 진화

개 요

시작하기 전에

이 장을 시작하기 전에 다음 내용을 다시 살펴보자.

1.2절 왜 진화가 생물학의 핵심 개념인가?

9.1절 대립유전자란 무엇인가?

9.2절 생식분열은 어떻게 다양성을 증가시키는가?

진화의 중요성

메티실린 내성 황색포도상구균(MRSA)은 여러 종류의 항생제에 내성을 나타내기 때문에 치명적일 수 있는 흔한 세균의 한 종류이다. 때로는 건강한 사람의 피부나 코 속에서 세균이 발견되지만 황색포도상구균은 긁히거나 베이거나 벌어져 있는 상처에서 감염을 일으킨다. 최근까지 심각한 황색포도상구균 감염은 주로 병원에서 발견되어왔다. 그러나 교도소, 학교, 특히 체육관이나 탈의실에서도 발견될 수 있다.

항생제의 이용과 남용은 황색포도상구균과 같은 저항성을 갖는 세균의 진화를 초래하였다. 비록 진화라는 것이 오랜 시간에 걸쳐 일어나는 것으로 생각하는 경향이 있지만, 인간 활동은 진화 과정을 매우 빠르게 가속화시킬 수 있다. 실제로 항생제 메티실린에 대한 저항성의 진화는 단 1년 안에 일어났다.

몇몇 과학자들은 항생제에 대한 저항성을 진화시킨 세균인 "슈퍼버그"가 최근에 생겨난 질병인 H1N1 플루나 AIDS보다 훨씬 더 인류의 건강을 위협할 것이라 생각한다. 진화생물학에 대한 이해가 슈퍼버그를 다루는 인류의 행동을 변화시키는 데 도움을 주고 있다는 것은 희소식이다. 예를 들어, 어떤 환자가 세균에 감염된 것이 확실하지 않다면 의사는 더 이상 항생제를 처방하지 않는다. 항생제 내성은 왜 사람들의 일상생활에서 진화가 중요한지를 보여주는 예이다.

이 장에서는 진화가 일어나고 있다는 증거와 진화과정이 어떻게 진행되는지에 대해서 알아보기로 한다.

이 장을 공부하는 동안 다음 질문에 대해 생각해보자.

1. 어떻게 자연선택이 항생제 내성의 진화에 역할을 담당하는가?
2. 황색포도상구균은 어떤 종류의 적응을 나타내는가?

14.1 다윈의 진화론

학습 목표

이 절을 학습한 후에는 다음 과제를 수행할 수 있어야 한다.

1. Cuvier, Lamarck, Wallace가 진화적 변화에 대한 연구에 이바지 한 점을 요약하기.
2. 화석과 지리학에 대한 Darwin의 연구가 자연선택 이론의 발전에 미친 영향을 설명하기.
3. 자연선택 이론의 단계를 서술하기.
4. 자연선택과 인공선택을 비교 설명하기.

Charles Darwin은 1831년, 22세의 나이로 영국 해군함 비글호에 자연학자의 자격으로 승선하여 세계일주 여행을 떠났다(**그림 14.1**). Darwin은 이미 자연학자로서 자격을 갖추고 있었다. 그는 열정적으로 자연을 관찰하고 탐구하였으며, 오랜 기간 동안 곤충을 수집해왔다. 그는 예민한 천성 때문에 의학을 그만두고 대신에 캠브리지 신학대학으로 갔다. 그러나 그는 자연에 큰 관심을 가지고 여러 생물학과 지질학 강의를 들었다. Darwin은 캠브리지 대학에서 지질학 현장조사를 하며 1831년 여름을 보냈고, 그러던 중 비글호의 선장으로부터 배의 자연학자로 추천을 받게 되었다. 항해는 2년으로 계획되었으나 5년이나 걸렸다. 항해를 하면서 Darwin은 영국 본토에서 보았던 것과는 매우 다른 많은 종류의 생물들을 접하고 수집하였다.

Darwin의 주된 임무는 이국땅에 있는 식량과 물 같은 자연자원의 정보를 수집하는 일이었다. 여정이 끝날 무렵, Darwin은 관찰을 통해 생명체가 환경에 대한 변화에 반응하여 오랜 시간에 걸쳐 진화하는 과정을 마침내 체계화하였다.

그림 14.1 HMS 비글호의 항해.

이 지도는 HMS 비글호의 여행 경로를 보여준다. Darwin은 남미대륙의 동쪽 해안을 따라 여행하면서 아프리카의 타조를 닮은 리아(rhea)라는 새를 발견하였다. 갈라파고스 군도에 사는 바다이구아나는 지구상 다른 어디에서도 발견되지 않는 갈라파고스의 고유종이다. 이구아나는 큰 발톱을 이용하여 바위에 붙어서 뭉툭한 주둥이로 해초를 뜯어먹으며 산다.

Charles Darwin

HMS 비글호

Darwin 이전

Darwin 시대 이전의 대부분의 사람들은 완전히 다른 세계관을 가지고 있었다. 지구는 불과 수천 년 전에 신에 의해 창조되었으며 창조된 모든 생명체는 변하지 않고 고정되어 있다고 믿었다. 그러나 모든 종은 환경에 적합하도록 창조되었다는 것을 보여주기 원했던 많은 연구원들조차도 생명체의 구조를 연구하며 그것을 분류하는 것에 흥미를 가졌다. 탐험가와 수집가들은 세계를 돌아다니면서 현존하는 생물종과 화석을 수집하고 분류하였다. **화석(fossils)**이란 주로 지층 속에서 발견되는 옛날에 살았던 생물의 흔적이나 잔해이다. 지층(*strata*)이란 퇴적물질이나 암석이 단계적으로 쌓인 구조를 말한다(**그림 14.2**). 과학자들은 지층이 형성된 시기를 통해 생물종이 살았던 시대를 추정하고 지층의 특성으로 그 당시 그 지역의 환경을 알아낸다. 예를 들어, 약 9천만 년 전 뱀이 엉덩이뼈와 뒷다리를 가지고 있음을 보여주는 화석은 현재의 뱀의 조상이 육지 환경에서 진화하였음을 나타낸다.

노출된 지층

그림 14.2 암석에 있는 지층.

침식작용에 의해 화석을 포함한 암석이나 침전물 층인 지층이 노출된다. 오래된 화석일수록 아래 지층에 있다.

19세기 초의 뛰어난 동물학자인 Georges Cuvier는 화석을 연구하는 고생물학(*paleontology*)의 기초를 세웠다. Cuvier는 큰 어려움에 봉착하였다. 그는 종은 시간이 지나도 변화하지 않는다는 종의 불변성을 믿었는데, 지층은 명확하게 시간의 흐름에 따라 연속적인 다른 생물상을 보여주었다. 이를 설명하기 위해서 그는 새로운 지층이 나타날 때마다 대규모의 멸종을 일으키는 천변지이설(*catastrophism*)이라는 가설을 제안하였다. 재앙 이후, 그 지역에는 주변 지역에서부터 이주해 온 생물들이 번식하였다. 이것은 새로운 지층에서 새로운 화석의 출현을 설명하였다. 모든 이러한 재앙의 결과로 시간이 흐름에 따라 변화가 생겼다. 천변지이설 주창자들인 Cuvier의 추종자들 중 일부는 세계적 재앙이 일어난 이후에 새로운 생물상이 신에 의해서 창조되었다고 주장하기도 하였다.

Cuvier와는 달리 또 다른 생물학자인 Jean-Baptistede Lamarck는 진화가 일어나며, 환경에 대한 적응이 생물 다양성의 원인이라는 가설을 제시하였다. 지층에서 생명상의 연속성에 대해 연구를 한 이후, Lamarck는 복잡한 구조의 생명체는 보다 단순한 생명체로부터 이어져 내려온 것이라고 생각하였다. 그는 생명체의 환경에 대한 적응과정을 설명하기 위하여, 획득형질의 유전(*inheritance of acquired characteristics*)이라는 가설을 주장하였다. 이 가설에 따르면, 어떤 구조를 사용하는가 또는 사용하지 않는가에 따라 유전 가능한 형질이 변한다. 하나의 대표적인 예가 기린의 목이다. Lamarck의 가설에 따르면, 기린은 나무의 높은 곳에 다다르기 위하여 목을 계속 길게 빼었기 때문에 기린의 긴 목이 시간이 흐르면서 발달하였고 다음 세대로 유전되었다는 것이다(그림 14.9 참조). 그러나 획득형질의 유전은 시간의 흐름에 따라 종 내에서 변화를 일으키는 주된 기작이 아니다. 만일 이것이 사실이라면 우리가 일생을 통해 습득하는 지식이 다음 세대로 전해져야 할 것이다. 그러나 최근 과학자들에 의해 획득형질이 다음 세대로 전해질 수 있는 조건이 밝혀졌다. 예를 들어 후생 유전(*epigenetic inheritance*)의 경우에는 핵산의 변화나 돌연변이 없이 발생한 유전자 발현의 변화가 한 세대에서 다음 세대로 전해질 수 있다(13장 참조). 이 경우는 비교적 드물고 단지 특정 유전자의 유전에만 관여한다.

Darwin의 생각은 Lamarck와 비슷했다. 예를 들어 Darwin은 모든 살아 있는 생명체는 하나의 공통조상으로부터 유래했기 때문에 몇몇 형질을 공유한다고 생각했다. 이러한 생각에 대한 가장 잘못된 해석은 인간이 원숭이의 후손이라는 것이다. 우리와 우리의 사촌이 조상을 거슬러 올라가면 동일한 할아버지를 갖는 것처럼 인간과 원숭이가 공통조상을 가진다고 생각하는 것은 잘못이다. Lamarck와 달리 Darwin은 관찰을 통해 생물종은 의지가 아닌 자연선택(natural selection)에 의해서 환경에 맞추어졌다고 결론을 내렸다. 그는 자연선택의 과정을 통해 다른 종이 나타난 것이라고 여겼다(그림 14.9 참조).

Darwin의 결론

Darwin은 모든 생물이 공통조상으로부터 유래하였으며, 다양한 환경에 적응하면서 다른 종으로 진화하였다고 결론을 내렸다. 화석과 지질학, 그리고 생물지리학적 연구가 그의 결론을 뒷받침한다. **생물지리학(biogeography)**이란 지구상의 생물분포를 연구하는 학문이다.

지질학과 화석에 대한 Darwin의 연구

Darwin은 비글호를 타고 항해하는 동안 Charles Lyell이 저술한 지질학 원론이라는 책을 읽었다. 이 책은 이전의 믿음과는 달리 지구는 천천히 그러나 끊임없이 침식과 융기를 반복한다는 증거를 제시하였다. 기후에 의해 침식되고, 이로 인해 토사와 암석 파편이 강과 바다로 씻겨나가 침전된다. 이러한 침전물이 쌓여서 지층을 이룬다(**그림 14.3***a*). 때로는 화석이 들어 있는 지층이 오랜 시간에 걸쳐 해저로부터 지상으로 융기한다. 오랜 시간에 걸친 느린 자연 과정이 지질학적인 변화를 설명할 수 있다. Lyell은 지구의 지형이 동일한 속도로 천천히 변한

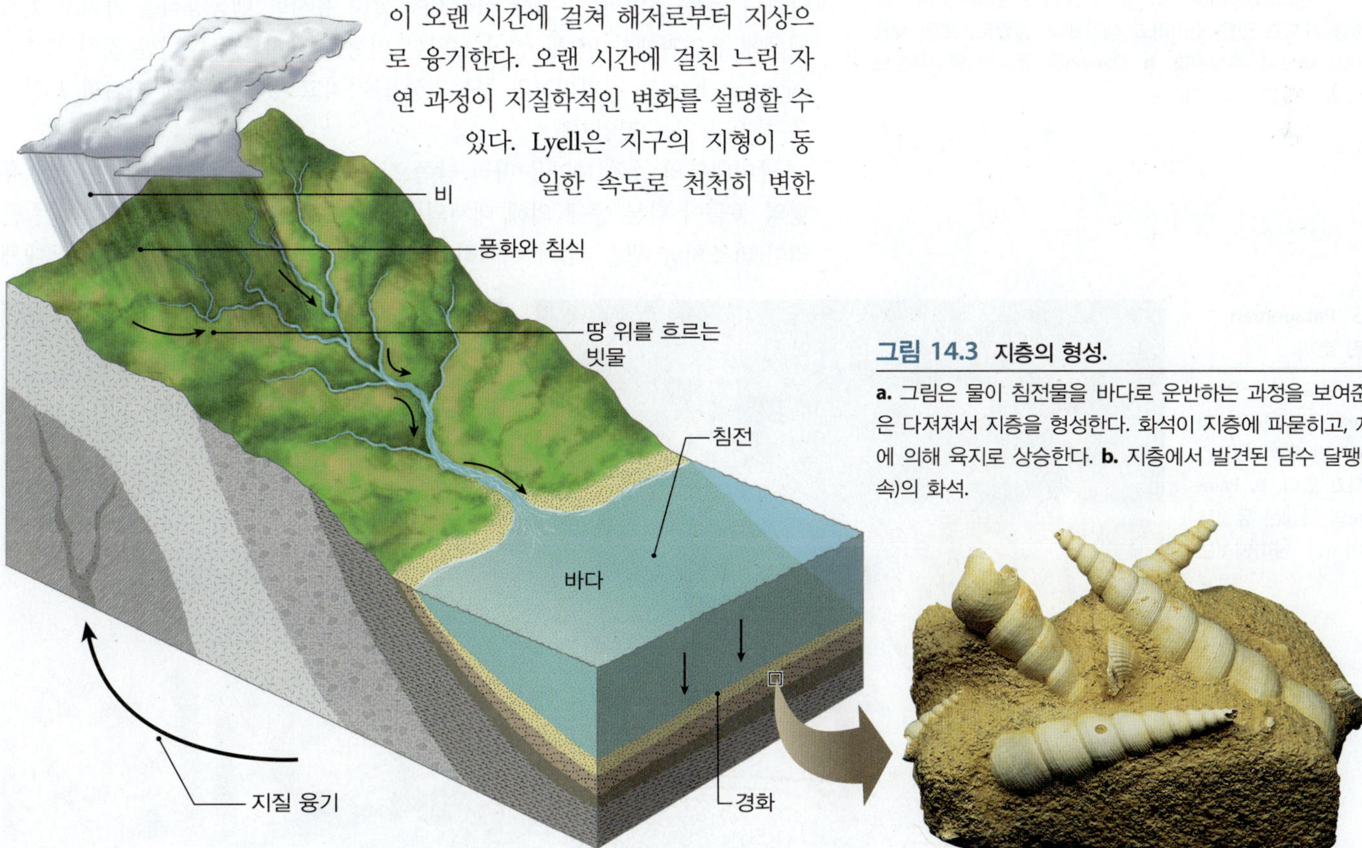

그림 14.3 지층의 형성.

a. 그림은 물이 침전물을 바다로 운반하는 과정을 보여준다. 침전물은 다져져서 지층을 형성한다. 화석이 지층에 파묻히고, 지각의 융기에 의해 육지로 상승한다. **b.** 지층에서 발견된 담수 달팽이(*Turritella* 속)의 화석.

a. 글립토돈트
(*Glyptodon*)

b. 땅나무늘보
(*Mylodon*)

그림 14.4 Darwin이 발견한 화석.

Darwin은 남미를 탐험하는 동안 멸종된 포유동물의 화석을 발견하였다. **a.** 커다란 아르마딜로와 유사한 글립토돈트(*Glyptodont*)는 화석상에서만 발견된다. Darwin은 이 멸종동물이 현존하는 아마딜로와 친족관계를 가지고 있을 것이라고 생각했다. 글립토돈트의 체중은 무려 2,000 kg으로 추산된다. **b.** Darwin은 멸종된 땅나무늘보(*Mylodon*)의 화석도 발견하였다.

다는 동일과정설(*uniformitarianism*)이라는 가설을 제시하였다. 비록 동일과정설은 거절되어 왔지만, 현대 지질학자들은 느리지만 지속적인 지질학적 변화에 대한 가설을 확실히 입증한다. Darwin 역시 지구의 거대한 변화는 매우 느린 속도로 진행되며 따라서 지구가 상당히 오래전에 만들어졌다고 확신했다.

Darwin은 여행을 하는 과정에서 거대한 지형의 변화를 직접 목격하였다. 지금의 아르헨티나를 탐험하면서 해안을 따라서 긴 거리에 걸쳐 해변이 위로 상승한 것을 보았다. 그는 칠레에서 지진 때문에 지각이 수 미터 올라가 바다 조개의 껍질이 해수면 위쪽 육지에 남아 있는 것을 목격하였다. Darwin은 웅장한 안데스 산의 높은 벼랑에서 조개껍질을 발견한 후, 지구는 느린 지질학적인 변화를 겪는다는 것을 확신했다. Darwin은 지질학적인 관찰을 하는 동안에도 현대 생물종과는 다소 다른 화석 표본을 수집했다(**그림 14.4**). Darwin은 지구가 오래되었음에 틀림이 없다는 가정을 받아들인 후, 변화를 가진 후손이 나타나기 위해서는 충분한 시간이 필요하다고 생각하기 시작했다. 현존하는 생물이 화석기록을 통해서만 알 수 있는 멸종된 조상으로부터 유래될 수 있다. 종은 고정된 것이 아니라 시간의 흐름에 따라 변화하는 것처럼 보였다.

생물지리학에 대한 Darwin의 연구

Darwin은 남미대륙의 동물과 영국에서 관찰했던 동물을 비교하였다. 예를 들어, 남미 초원에서는 토끼 대신 Patagonian hare를 발견했다. Patagonian hare는 긴 다리와 긴 귀 그리고 기니피그의 얼굴 모양을 한 설치류이다(**그림 14.5***a*). Patagonian hare와 토끼는 수렴진화의 결과로 비슷한 환경에 적응하다보니 닮은 것일까? 유사한 서식지에 살며 유사한 행동양식을 가지고 있기 때문에 유연관계가 먼 두 종이 동일한 외형을 가지도록 수렴한 것인가? Patagonian hare는 기니피그와 공통조상을 가지고 있기 때문에 기니피그 얼굴을 가지고 있는 것인가?

남미대륙의 동쪽 해안을 따라 남쪽으로 항해하던 중 Darwin은 비슷한 유형의 종들이 다른 종에 의해 대체되는 것을 보았다. 예를 들어 북쪽에는 큰 리아(타조처럼 생긴 새)가 서식하고 있었으나 남쪽에서는 작은 리아로 대체

그림 14.5 Patagonian hare와 유럽 토끼.

a. 남미에서 살고 있는 Patagonian hare의 얼굴은 기니피그와 비슷하지만 토끼처럼 긴 다리를 가지고 있다. **b.** Patagonian hare의 특징은 유럽토끼와 유사하지만 남미에서는 찾기 힘들다.

a. Patagonian hare

b. 유럽 토끼

되었다. 그러므로 Darwin은 유사한 친척 종들이 고도 변화에 따른 환경 변화에 의해서 변할 수 있다고 추론하였다. 갈라파고스 군도에서 이에 대한 확실한 증거를 확보하였다. 갈라파고스 군도는 남미대륙의 서해상에서 965 km 떨어진 곳에 위치한 화산섬으로 이루어져 있다. 이 섬들은 남미 본토와 너무 멀리 떨어져서 육지 동물이나 식물이 서식할 수 없을 것 같지만, 실제 생명체들이 존재하고 있었다. 이곳에서 관찰된 동, 식물은 Darwin이 남미본토에서 관찰한 종과는 약간의 차이가 있었고, 더욱이 중요한 점은 독특한 환경에 따라서 군도의 섬마다 생명체의 모습이 각기 달랐다는 것이다. 이 섬들에 서식하는 종들은 어디에서부터 왔으며, 어떻게 각 섬에는 다른 종들이 존재하게 된 것일까?

피리새(핀치) 갈라파고스 군도의 피리새는 남미대륙의 피리새와 비슷해 보였으나, 사실상 많은 차이점이 있었다(**그림 14.6**). 현재, 땅에서 서식하는 피리새의 부리는 섭식하는 식물의 열매 크기에 따라 크기가 다르다. 또한 선인장을 섭식하는 피리새는 선인장 꽃 안에 있는 꿀에 접근할 수 있도록 뾰족한 부리를 가지고 있다. 가장 특이한 유형은 딱따구리처럼 생긴 피리새이다. 딱따구리는 나무의 껍질을 뚫을 수 있는 긴 부리와 나무 안에 있는 벌레를 꺼낼 수 있는 긴 혀를 가지고 있다. 그러나 갈라파고스의 딱따구리 모양의 피리새는 긴 부리는 가지고 있지만 긴 혀는 없다. 대신에 이 피리새는 나뭇가지나 선인장 가시를 부리로 물고 나무 틈의 벌레를 잡아낸다. 벌레가 나오면 이 도구들을 버리고 부리로 벌레를 잡는다.

시간이 흐른 뒤, Darwin은 그가 관찰했던 모든 다양한 종의 피리새들이 한 종류의 본토 피리새의 후손이라고 추정하였다. 다시 말하면 본토 피리새가 갈라파고스 군도의 피리새들의 공통 조상일 수 있다고 생각하였다. 새로운 종의 형성인 **종분화(speciation)**는 고립된 새 군집이 독립적으로 진화하였기 때문인가? 각 고립된 군집 내에서 일어난 변화들이 축적되어 현재의 종들이 생긴 것인가?

연관: 과학적 탐구

19세기 이후에 Darwin의 피리새에게 무슨 일이 일어난 것인가?

갈라파고스 군도의 피리새는 진화과정에 대한 많은 정보를 제공해 주었다. 1973년부터 Peter와 Rosemary Grant가 이끄는 연구팀은 갈라파고스의 Daphne Major 섬에서 사는 땅피리새에 관한 연구를 30년간 하였다. Grant는 19,000여 마리의 새를 자세히 조사하고 관찰하여 환경 변화에 따른 생물종의 진화적 변화를 자세히 기록하였다. 상세한 연구 내용은 Jonathan Weiner가 지은 '피리새의 부리: 우리 시대의 진화 이야기'라는 책에 실려 있다. 이 책은 퓰리처상을 수상하였다.

a. 땅피리새

b. 딱따구리 피리새

c. 선인장 피리새

그림 14.6 갈라파고스의 피리새.

현존하는 13종의 피리새는 각기 특별한 생활방식에 적응된 부리를 가지고 있다. **a.** 땅피리새의 큰 부리는 씨를 깨먹을 수 있다. **b.** 딱따구리 피리새의 부리는 구멍이나 틈새에 있는 벌레를 잡아먹기에 적합하다. **c.** 길고 약간 굽은 부리와 갈라진 혀는 선인장 꽃의 꿀을 섭취하기에 적합하다.

그림 14.7 바다달팽이(*Liguus fascitus*) 껍질의 변이.

다윈에게 달팽이의 이러한 변이는 중요했다. 이러한 변이는 자연선택을 통해 환경에 적응하기 위해서 필수적이었다.

그림 14.8 변이가 적응을 초래할 수 있다.

브라질 우림에 사는 alligator bug는 포식자에 저항하는 적응을 가지고 있다. 이 곤충은 자신의 몸 색깔과 모습을 주변 환경과 비슷하게 하여 숨는다. 그러나 만일 포식자에게 발견되면, 작은 악어를 닮은 가짜 머리로 포식자를 위협한다. 만일 포식자가 놀래지 않으면 갑자기 뒷날개에 있는 가짜 눈꼴무늬를 드러낸다.

거북이 갈라파고스 군도에는 나름대로 독특한 유형의 거북이가 서식하고 있었다. Darwin은 이같은 현상이 각 섬의 식물과 관련이 있을 것이라고 생각했다. 식자원이 충분하지 않은 건조한 섬에는 주로 긴 목 거북이가 살았는데, 긴 목은 큰 선인장에 다다르기 이로웠다. 먹을 것이 풍부한 비교적 다습한 섬에서는 짧은 목 거북이가 발견되었다. 남미 본토와 동일한 공통조상에서부터 다른 형태가 생겨나고, 각각이 주어진 환경에 적응한 것인가? **적응(adaptation)**은 한 생명체가 어떤 환경에 적합하도록 만드는 특징이다. 적응이 이루어지기까지는 종종 여러 세대가 걸린다.

자연선택과 적응

Darwin은 적응이 오랜 시간에 걸쳐 진행된다는 것을 깨닫고 적응이 일어나는 기작에 대해 생각하기 시작했다. 마침내 그는 **자연선택(natural selection)**이라는 과정을 제안하였다. 자연선택은 환경에 잘 적응한 개체가 진화하도록 하는 과정이다. 자연선택은 다음의 과정을 필요로 한다.

1. 한 개체군의 구성원들은 유전 가능한 변이를 가지고 있다(**그림 14.7**).
2. 개체군은 환경이 수용할 수 있는 것보다 더 많은 자손을 생산한다.
3. 이로운 형질을 지닌 개체는 그 형질을 가지고 있지 않은 개체보다 더 오래 생존하여 더 많은 생식활동을 한다.
4. 시간이 지남에 따라 이로운 형질을 가진 개체의 비율이 증가하고, 그 개체군은 주어진 환경에 적응한다.

자연선택은 단지 돌연변이와 같은 유전적 변화에 의해 만들어진 변이만을 이용하기 때문에 앞으로의 방향성이나 예측이 불가능하다. 생명체가 살고 있는 환경이 끊임없이 변하기 때문에 자연선택은 진행 중이다. 기존의 종이 변화하는 환경에 더 이상 적응하지 못할 경우 그 종이 완전히 사라지는 멸종이 일어날 수 있다.

생명체의 형질은 다양하다

Darwin은 군집을 이루는 개체마다 구조적, 물리적, 행동적 특징이 다르다는 것을 강조했다. Darwin 이전에는, 생명체의 변이는 불완전함에서 비롯되기 때문에 그리 중요하지 않은 것으로 여겼다. 그러나 이와 반대로, Darwin은 변이가 자연선택 과정에서 필수적이라고 믿었다. Darwin은 변이는 무작위로 일어나며, 우연적이며 특별한 목적 없이 일어난다고 생각했다.

오늘날 우리는 유전자가 환경과 함께 생명체의 표현형을 결정짓는다는 것을 알고 있다. 각 개체가 물려받은 유전자는 감수분열과정에서의 염색체 분리와 수정에 기반을 둔다. 새로운 대립유전자는 개체의 DNA 상에서 일어난 유전 가능한 돌연변이 때문이다. 이러한 돌연변이는 생명체에 이롭기보다는 해로운 경우가 더 많다. 그러나 때로는 돌연변이가 개체에게 이로움을 주기도 한다. 위장을 통한 변화가 그 예다(**그림 14.8**). 이러한 유형의 변이는 환경에 잘 적응하도록 하여 세대를 거쳐 전해진다.

생명체는 생존을 위해 투쟁한다

Darwin과 같은 시대를 살았던 사회경제학자 Thomas Malthus는 인간의 생식능력에 대해서 강조했다. 그는 인구가 식량 공급보다 더 빠르게 증가하는 경향을 보이기 때문에 죽음과 기근은 불가피하다고 주장했다. Darwin은 이러한 개념을 모든 생물에 적용했고, 자원의 양은 집단의 모든 구성원이 생존하기에 충분하지 않다는 것을 깨달았다. Darwin은 하나의 예로 코끼리의 생식능력을 계산해 보았고, 1쌍의 코끼리가 불과 750년 후에는 무려 1,900만 마리로 번식할 것이라는 결론을 내렸다! 명백히 이 많은 코끼리들을 먹여 살리기에는 자원의 양은 턱없이 부족하다. 각 세대는 부모 세대와 동일한 생식능력을 지니기 때문에 항상 생존을 위한 경쟁이 있기 마련이고, 단지 집단의 일부 구성원만이 살아남아 생식을 하게 된다.

생명체의 적응도는 다르다

적응도(fitness)는 집단의 다른 구성원들에 대한 한 개체의 상대적인 생식적 성공을 의미한다. 적응도는 집단의 다른 구성원과의 사이에서 태어난 생식 가능한 생존한 자손의 수를 비교함으로써 결정된다. 가장 적합한 개체는 불공평하게 많은 자원을 취득하고 이 자원을 이용하여 더 많은 생존 가능한 자손을 생산한다. 개체마다 해부학적, 생리학적 차이가 있으며 지역적 환경에 대한 도전이 다르기 때문에 집단마다 적응도가 다르다. 예를 들어 용암류에서 사는 서부 방울뱀 중에는 검은색이 가장 적응도가 높다. 사막지대에서 사는 방울뱀은 전형적으로 갈색 반점을 가진 밝은색이 가장 적합하다. 환경과 유사한 색깔을 이용하여 더욱 쉽게 숨어서 먹잇감을 사냥할 수 있고, 또 그들을 잡아먹는 포식자를 피해서 더욱 쉽게 숨을 수 있다. 따라서 더 오래 생존하여 더 많은 자손을 생산한다.

Darwin은 사람이 **인위선택(artificial selection)**을 할 때, 특정 형질을 가진 동물을 선택하여 교배시키고 번식시킨다는 점에 주목했다. 예를 들어 선사시대의 인간은 늑대 중에서 그들이 원하는 변이를 찾아냈고, 교배를 위해 특정 개체를 선택하였다. 동일한 과정이 여러 차례 반복되어 늑대 조상으로부터 오늘날의 많은 다양한 개들이 유래되었다. 유사한 방식으로 많은 다양한 채소가 하나의 공통조상을 갖는다. 배추, 방울양배추 그리고 콜라비는 하나의 공통조상인 *Brassica oleracea*에서 비롯되었다.

자연에서는, 환경과의 상호작용에 의해 집단의 어떤 개체가 다른 개체보다 더 많이 생식 활동을 할 수 있는지가 결정된다. 인위선택과는 달리 자연선택의 결과는 미리 예측할 수 없다. 자연선택은 집단 내의 특정 구성원이 변이를 갖게 되고 다른 구성원보다 오래 살아남아 생식활동을 하기 때문에 일어난다. 예를 들어 굽이 있는 동물의 달리기 속도를 증가시킨 변이는 포식동물로부터 쉽게 도망갈 수 있고 더 오래 생존할 수 있도록 한다. 사막 식물의 경우에는 수분 손실을 감소시킨 변이가 이롭다. 그러므로 이러한 형질을 가진 개체는 더 높은 적응도를 가질 것이다. **그림 14.9**는 Lamarck와 Darwin의 견해를 비교한 것이다.

생명체는 적응한다

적응이 진화하기 위해서는 수 세대가 걸린다. 특정 환경에 사는 혈연관계가 없는 생명체가 유사한 형질을 보일 때 우리는 적응을 떠올린다. 예를 들어 바다소(manatee), 펭귄, 그리고 거북이는 모두 물속에서 헤엄치는 데 도움이 되는 지느러미 발을 갖고 있다. 이는 수렴진화의 한 예이다. 적응은 또한 왜 생명체가 자신의 섭식자로부터 도망갈 수 있고(그림 14.8 참조) 자신만의 생

그림 14.9 진화의 과정.

그림은 Jean-Baptiste Lamarck가 제안한 획득형질과 Charles Darwin이 제안한 자연선택을 비교한 것이다. 오직 자연선택만이 결과에 의해 입증되었다.

연관: 과학적 탐구

동물에서 인위선택의 사례가 있는가?

근대 농업에 통용되는 대부분의 동물은 수천 년에 걸쳐 사람이 인위선택을 한 결과이다. 그러나 동물 중에서 가장 좋은 인위선택의 예는 아마도 현대 개일 것이다. 송곳니 DNA 분석을 통해 개(*Canis familiaris*)가 회색늑대(*Canis lapus*)의 후손임이 밝혀졌다. 가축화와 바람직한 형질에 대한 지속적인 선택은 130,000년 전부터 지속되어 왔다. 개의 인위선택은 지금도 계속되어 현재 150가지 이상의 품종이 있다.

활방식을 가지는지를 설명해준다(**그림 14.10**). 자연선택에 의해 맞추어진 형질은 대물림되면서 다음 세대에서는 더욱더 많이 나타난다. 자연선택 외에도 다른 진화 과정이 있다(15장 참조). 하지만 오직 자연선택만이 환경에 대한 적응을 유발한다.

Darwin과 Wallace

1836년에 HMS 비글호가 영국으로 돌아온 후, Darwin은 '종의 기원에 관하여'라는 책을 출간하기 위해 20년을 기다렸다. 그동안 그는 과학적 방법을 통해 오늘날의 다양한 생명상은 하나의 공통조상으로부터 유래하였으며, 자연선택은 종 변화와 새로운 종의 출현을 야기하는 과정이라는 그의 이론을 뒷받침하였다. Darwin은 Alfred Russel Wallace(1823~1913)가 세운 유사한 가설을 읽은 후에 자극을 받아 그의 저서를 출간하게 되었다.

영국의 자연학자 Wallace도 Darwin처럼 국내외의 많은 생물표본을 수집했다. 그는 수년에 걸쳐 아마존과 말레이군도를 탐험하였다. 말레이군도의 각 섬들을 면밀히 조사한 후, 아시아에서 발견되는 생물이 있는 서쪽 구역과 호주에서 발견되는 생물이 있는 동쪽 구역으로 나누었다. 군도를 이루는 섬을 두 그룹으로 나누는 경계선을 Wallace 경계선(Wallace's Line)이라고 부른다(**그림 14.11**). Wallace 경계선에는 좁고 깊은 해협이 있다. 지난 5,000만 년 동안 이 해협은 해수면이 낮아져서 섬들을 잇는 지협이 생겼을 때에도 없어지지 않고 계속되었다. 그러므로 해협은 두 개의 섬 그룹 사이에서 생명체의 분산을 위한 장벽으로서 역할을 계속 해 온 것으로 생각된다.

탐험을 하면서 Wallace는 "새로운 종의 출현을 조절하는 법칙에 관하여"라는 에세이를 썼다. 이 에세이에서 그는 "모든 종은 이미 존재하던 매우 가까운 유사 종과 공간적으로 그리고 시기적으로 일치한다"고 주장하였다. 1년 뒤, 인구 증가에 대한 Malthus의 조약을 읽은 후, Wallace는 "적자생존"이라

그림 14.10 **흡혈박쥐의 적응.**

중남미의 열대우림에 서식하는 흡혈박쥐는 야행성 날짐승이다. 박쥐의 큰 귀와 음파탐지 능력은 어둠 속에서 적응된 먹이를 찾는 수단이다. 박쥐는 두 개의 날카로운 앞니로 먹이동물을 물고 draculin이라는 혈액 응고 방지제가 들어 있는 침을 집어넣는다. 그리고 흐르는 피를 빨아먹는다. 박쥐의 앞다리는 날개로 변형되었으며, 뒷다리는 나뭇가지 등의 물체를 쥐는데 사용된다.

그림 14.11 Wallace 경계선 (Wallace line).

남태평양에 위치한 Wallace 경계선은 생물종의 생물지리적 분포를 설명하는 최초의 시도 중 하나이다.

는 생각을 품었다. 그는 즉시 진화적 변화를 일으키는 요인으로 자연선택을 제안하는 에세이를 완성하였고, Darwin에게 우송하여 자문을 구하였다. Darwin은 정신이 멍하였다. 이것이 바로 그가 구상을 했지만 감히 발표하지 못했던 가설이었다. Darwin은 그의 친구이자 동료인 Charles Lyell에게 "Wallace의 생각이 내 생각과 너무나 흡사해서 Wallace가 사용한 용어를 내 책의 머리말로 내놓았다"라고 말하였다.

Darwin은 Wallace에게 즉시 논문을 발표하라고 이야기하였다. 정작 자기 자신은 아직 발표할 내용이 없다고 생각한 것이다. 그러나 Darwin이 자연선택 과정의 근거가 될 수 있는 많은 자료를 갖고 있다는 것을 알고 있던 Lyell을 포함한 다수의 동료들은 저명한 린네학회(Linnean Society)에 Darwin과 Wallace의 공동발표를 제안했다. 1858년 7월 1일, Darwin은 '종의 기원(*On the Origin of Species*)'이라는 초록을 제출하였고 이것은 1859년에 출간되었다. Wallace가 작성한 부분의 제목은 "근원적 유형과 완전히 동떨어진 다양화 경향"이었다. 이 전문적인 설명은 모든 생물종은 공통된 기원을 가지며 자연선택에 의해 갈라진다는 것을 알려주었다.

14.1 **개념 연결하기**

Darwin과 Wallace는 자연선택 이론을 형성하기 위해 많은 과학적 증거를 사용하였다.

진도 점검하기 14.1

1. 진화적 변화에 대한 Cuvier와 Lamark의 관점을 요약하시오.
2. 자연선택의 과정과 획득형질의 유전의 차이를 설명하시오.
3. 어떻게 자연선택이 적응을 이끌 수 있는지 설명하시오.
4. 만일 유전자 풀에 다양성과 변이가 없다면 오랜 시간에 걸쳐 하나의 개체군 내에 어떤 일이 발생할지 예측해보시오.

14.2 진화적 변화의 증거

학습 목표

이 절을 학습한 후에는 다음 과제를 수행할 수 있어야 한다.

1. 화석기록, 생물지리학, 비교해부학, 발생학, 생화학이 어떻게 공통조상 가설을 뒷받침하는지 설명하기.

자연선택과 변형혈통(descent with modification) 이론을 포함하는 진화론에 따르면 모든 생명체는 하나의 공통된 조상을 갖는다. 그러나 자연선택 과정에 의해 주어진 환경에 적응해왔다. 가설은 독립적인 다른 연구원들이 수집한 다양한 증거에 의해서 검증될 때에만 과학적 이론이 된다. Darwin이 자연선택에 의해 종은 시간이 지남에 따라서 변화한다고 제안한 지 150년 이상이 지났다. 그 이후에 수많은 과학적 연구가 그의 이론을 뒷받침하였다. (1) 종은 시간이 지남에 따라 변화한다. (2) 종은 공통조상을 갖는다. (3) 종은 자연선택 과정을 통해 환경에 적응한다.

진화론은 생물학 내의 다양한 분야에서 그토록 많은 다양한 관찰들을 설명할 수 있기 때문에 생물학에서 통합적인 원리로 여겨진다. 미생물에서부터 생태계에 대한 연구에 이르기까지 진화론은 생물학자들이 생명체의 복잡한 특성을 이해하는 데 도움을 준다. 이번에는 진화적 변화가 일어나고 있다는 증거를 살펴볼 것이다. 예외적인 생화학적인 결과를 통해 Darwin은 이 증거의 대부분을 이해하고 그의 생각을 체계화하였다.

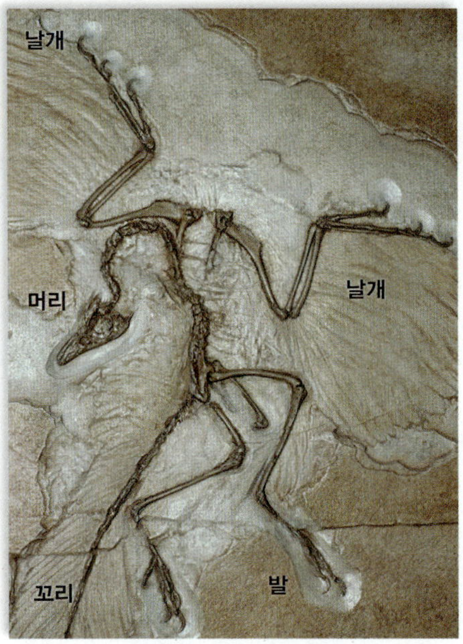

a.

b.

그림 14.12 조상새(*Archaeopteryx*)의 재현.

화석기록(**a**)에 의하면 조상새는 깃털로 덮여 있고 파충류와 비슷한 꼬리가 있었던 것으로 알려졌다. **b**는 화가에 의해 재현된 모습이다. (그림의 붉은 표시는 파충류의 특징을, 초록 표시는 날짐승의 특징을 나타낸다)

화석상의 증거

암석층에 갇힌 화석은 생물의 역사를 말해주는 **화석기록(fossil record)**이다. 화석기록에서 가장 눈에 띄는 특징은 단순함에서부터 복잡함으로의 생명상의 연속성이다. 때로는 이러한 패턴이 정반대로 나타나는데, 이는 진화가 단일방향성이 아님을 보여준다. 특히 화석이 각 집단 간의 과도기적 연결(*transitional link*) 역할을 하는 것은 흥미롭다. Darwin 시대에서도 과학자들은 *Archaeopteryx* 화석에 대해 알고 있었다. 이 화석은 파충류처럼 긴 치아와 마디로 이루어진 꼬리를 가지고 있지만 깃털과 날개도 가지고 있다(**그림 14.12**).

2004년, 어떤 고생물학자 팀이 어류와 네발 동물 사이의 중간 형태인 "fishapod"라는 별명을 가진 *Tiktaalik roseae*의 화석화된 유적을 발견하였다. *Tiktaalik* 화석은 3억 7,500만 년 전의 것으로 추정되며 이 시기에 어류에서 네발 동물로의 전이가 일어났음을 나타낸다. 중간 화석을 통해 예상할 수 있는 것처럼 *Tiktaalik*은 어류의 모양과 네발 동물의 모양이 섞여 있어서 어류를 닮은 조상으로부터 네발 동물로 진화하는 과정을 보여준다(**그림 14.13**). 예를 들어 *Tiktaalik*은 어류를 닮은 아가미와 지느러미를 갖고 있다. 그러나 앞쪽 가슴지느러미는 예외적으로 네발 동물의 손목뼈(혹은 다리)의 기원을 가지고 있다. 어류와 달리 *Tiktaalik*은 편평한 머리와 유연한 목을 지녔으며 악어처럼 머리 위쪽에 눈이 있고 허파를 가지고 있었음을 암시하는 맞물려진 갈비뼈를 갖고 있다. 이러한 중간 모습은 *Tiktaalik*이 낮은 강바닥을 밀치면서 물표면 위를 볼 수 있었음을 나타낸다. 이 모습은 서식지인 강에서 유용했을 것이다.

2006년, 9,000만 년 전 뱀 화석이 발견되었다. 이 화석에서는 뱀에서는 볼 수 없는 특징인 엉덩이뼈와 뒷다리가 있었다. 비단뱀과 같은 몇몇 뱀은 뒷다리의 흔적은 가지고 있지만 이 화석에 있는 엉덩이뼈는 가지고 있지 않다. 모든 도마뱀은 엉덩이뼈와 다리를 가지고 있기 때문에 이 화석은 도마뱀과 뱀 사이의 중간 화석 역할을 한다.

화석기록을 통해서 육상에 살고 있는 발굽이 갈라진 조상으로부터 고래가 진화했음을 이해할 수 있다(**그림 14.14**). 화석상에 나타난 *Amnulocetus* 고래는 육지에서는 걷고 물속에서는 수영을 할 수 있는 양서류처럼 보인다. 한편 *Rodhocetus* 고래의 퇴화된 뒷발은 헤엄을 치는 데 큰 도움이 되지 않았으며, 현대의 고래처럼 꼬리의 상하운동을 이용하여 수영을 한 것으로 보인다.

생물지리학적 증거

생물지리학(biogeography)이란 지구상 생명체의 분포를 연구하는 학문이다. 이러한 생물분포상은 서로 진화적으로 연관되어 있으며, 한 장소에서 진화하여 각기 도달 가능한 장소로 이동했다는 가설과 일치한다. 따라서 지리적으로 분리된 대륙이나 섬, 그리고 바다 등에서는 서로 다른 동, 식물상이 관찰될 수 있다. 앞에서 언급한 바와 같이 Darwin은 서식이 가능한 환경임에도 불구하고 남미대륙에는 토끼가 없다는 사실에 주목하였다. 이 점에 대해 Darwin은 토끼는 어떠한 다른 곳에서 진화했는데, 남미대륙으로 이동할 수 있는 수단이 없었기 때문에 남미에는 토끼가 존재하지 않는다고 결론을 내렸다.

그림 14.13 네발 동물의 진화.

*Tiktaalik roseae*는 어류의 모습과 네발 동물의 모습을 모두 지니고 있다. *Tiktaalik* 화석은 이전 집단이 가지고 있던 모습이 변화하여 새로운 집단으로 진화한 것임을 입증한다. 어류에서 네발 동물로의 전이처럼 하나에서 다른 하나로의 진화적 전이는 점진적이다. 적응되어 완전한 기능을 수행하는 중간단계의 형태가 존재한다.

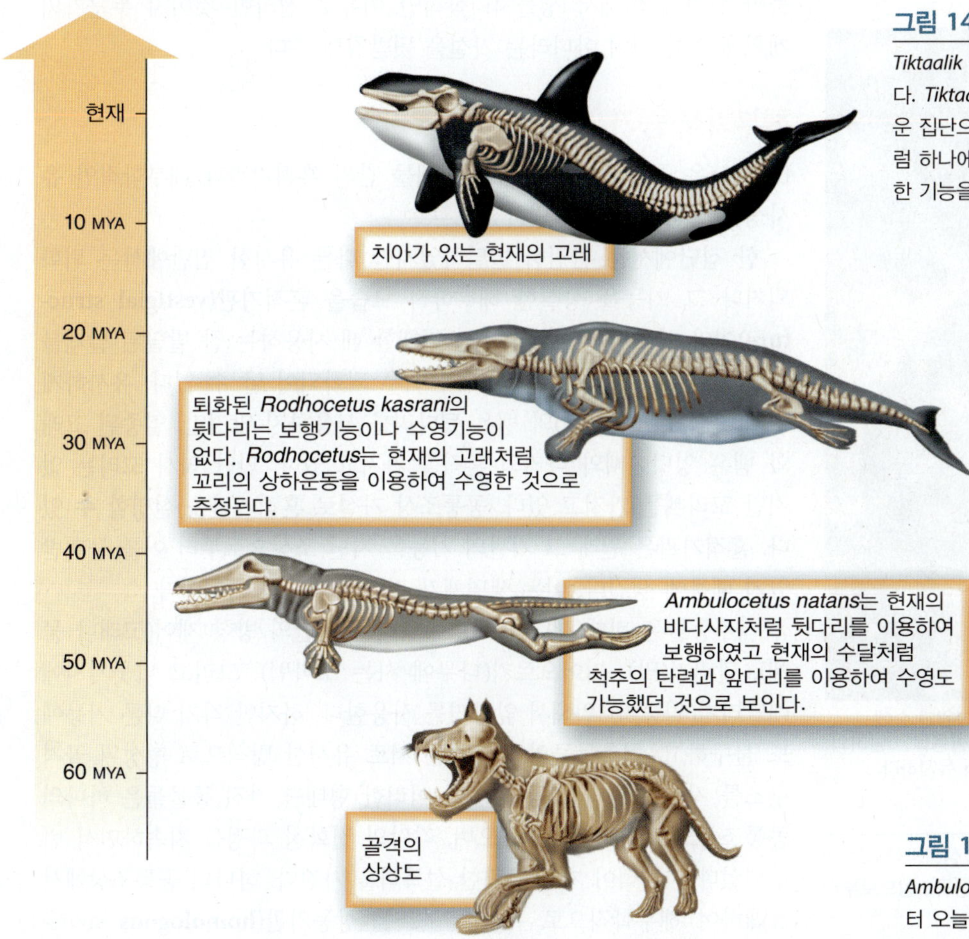

그림 14.14 고래의 진화.

*Ambulocetus*와 *Rodhocetus* 화석의 발견은 멸종된 육상동물에서부터 오늘날 바다에 살고 있는 포유동물로의 진화과정을 연결시킨다.

또 하나의 예로, 선인장과 유포비아(*Euphorbia*)는 덥고 건조한 사막에 적응한 식물인데, 이들은 모두 다즙성이고 가시가 있는 현화 식물이다. 왜 선인장은 미국 사막에서만, 그리고 *Euphorbia*는 아프리카 사막에서만 서식하며, 언제부터 이들은 각기 다른 대륙에서 살게 되었을까? 각 대륙의 환경이 유사하기 때문에 비슷하게 적응하며 진화한 것으로 보인다.

비슷한 해역에 위치한 다수의 섬들은 같은 기후와 토양조건에도 불구하고 각기 특유한 동식물의 서식지이다. 왜 갈라파고스 군도에서 볼 수 있는 피리새와 하와이 섬에 있는 피리새의 일종인 꿀먹이새를 남미대륙에서는 찾아볼 수 없을까? 하나의 조상 피리새가 다른 섬으로 이주하였다는 설명은 타당하다. 이후에 지리적 고립으로 인하여 하나의 조상 피리새가 각각 다른 종으로 분화한 것으로 해석된다.

또한 오래전에는 남미대륙, 남극대륙 그리고 호주대륙이 붙어 있었는데(그림 16.14 참조), 이 기간 동안에 캥거루 같은 유대포유류(marsupial)와 태반포유류가 생겼다. 그러나 현재에는 유대포유류는 오직 호주에서만 그리고 태반포유류는 남미에서만 서식한다. 왜 대다수의 유대포유류는 호주에만 있을까(**그림 14.15**)? 유대포유류가 생겨난 후, 호주가 남미대륙에서부터 떨어져 나왔고 유대포유류는 태반포유류와의 경쟁이 없어지면서 매우 다양한 형태로 진화하였다. 미국에서는 태반포유류가 유대포유동물과의 경쟁에서 성공하여 단지 주머니쥐만이 서식한다. 태반포유류와 유대포유류는 서로의 모습을 닮은 경우가 꽤 많다. 유대류인 웜바트와 마모트, 그리고 유대류인 태즈매니아늑대와 북미의 늑대가 이러한 예이다. 이는 특정 대륙에 있는 식물과 동물이 환경에 의해서 생물지리학적인 이유로 진화한 것이지 누군가의 계획에 의한 것이 아니라는 가설을 뒷받침해 준다.

슈가글라이더, *Petaurus breviceps*는 나무에서 산다.
태반동물인 날다람쥐와 유사하다.

호주의 웜바트인 *Vombatus*는 야행성이고 땅굴에서 산다.
태반동물인 마멋과 유사하다.

캥거루, *Macropus*는 평원과 숲에 사는 초식동물이다. 태반동물인 남미의 파타고니아 기니피그와 유사하다.

그림 14.15 호주의 유대포유류.

호주에서 발견되는 유대포유류(marsupial)는 각기 나름대로의 생활방식으로 적응하였다. 이들은 약 6억 년 전에 호주대륙에 정착한 하나의 공통조상으로부터 유래된 것으로 보인다.

해부학적 증거

Darwin은 공통조상 가설로 생명체들 간의 흔적기관과 해부학적인 유사성을 설득력 있게 설명하였다.

한 집단에서는 완전히 발달하였지만 다른 유사한 집단에서는 퇴화되거나 그 기능을 상실한 해부학적 모습을 **흔적기관(vestigial structure)**이라 한다. 예를 들어 새는 비행할 때 사용하는 잘 발달된 날개를 갖고 있다. 그러나 타조는 날개가 매우 퇴화되어 날 수 없다. 유사하게 고래(그림 14.14 참조)와 뱀은 뒷다리를 사용하지 않지만, 멸종된 고래와 뱀은 엉덩이뼈와 다리의 흔적을 가지고 있다. 인간 역시 꼬리는 없지만 꼬리뼈를 가지고 있다. 공통조상 가설로 흔적기관을 설명할 수 있다. 흔적기관은 원래 그 기관의 기능을 지닌 조상으로부터 이를 물려받았기 때문에 생긴다. 이는 생명체가 진화한 역사적 자취이다.

척추동물은 비행(새나 박쥐), 수영하는 동안의 방향 제어(고래나 물개), 달리기(말), 기어오르기(나무에 사는 도마뱀), 그리고 나뭇가지에 매달리기(원숭이) 위해서 앞다리를 사용한다. 하지만 각기 다른 기능에도 불구하고, 척추동물의 앞다리는 서로 유사한 방식으로 형성된 골격 구조를 지니고 있다(**그림 14.16**). 이러한 형태를 가진 동물들은 하나의 공통조상으로부터 유래되었으며, 각각의 진화적 과정을 지속하면서 변형되었다는 해석이 가장 유력한 설득력을 가진다. 하나의 공통조상에서 유래하여 해부학적으로 유사한 구조를 **상동기관(homologous struc-**

연관: 과학적 탐구

사람이 가지고 있는 또 다른 흔적기관으로는 무엇이 있을까?

사람의 신체에는 진화상으로 과거에서 유래한 많은 흔적기관이 있다. 모낭을 둘러싸고 있는 작은 근육인 입모근이 그 예이다. 스트레스를 받으면 이 근육은 털을 곧추세우는데, 작은 동물의 경우에는 포식자로부터 벗어나려는 방어기작으로 작용하지만, 사람의 경우에는 어떤 기능도 하지 못한다. 대부분의 사람이 평생 가지고 있는 사랑니도 흔적기관이다.

ture)이라고 부른다. 반면에 같은 기능을 가지고 있지만 공통조상에서 유래하지 않아 구조적으로 다른 기관을 **상사기관(analogous structure)**이라고 한다. 새의 날개와 곤충의 날개는 상사기관이다.

척추동물의 상동성은 배아발생에도 적용된다(**그림 14.17**). 모든 척추동물들은 발생과정 중에 항문 후 꼬리를 가지고 있으며, 연골 막대에 의해 지지된 인두낭이 나타난다. 이러한 인두낭은 어류와 양서류 애벌레에서는 아가미로 발달한다. 인간의 경우에는 첫 번째 쌍의 인두낭은 중이강과 이관(귓속의 구조물들)으로 발달하고, 두 번째 쌍은 편도선으로, 세 번째와 네 번째 쌍들은 갑상선과 부갑상선으로 발달한다. 왜 지상의 척추동물에서는 원래의 기능을 상실한 인두낭과 같은 기관이 발생하였다가 변형되는 것일까? 하나의 공통조상에게서 이미 존재했던 구조가 변형됨에 의해 이러한 구조가 생겼다는 것이 가장 그럴듯한 설명이다.

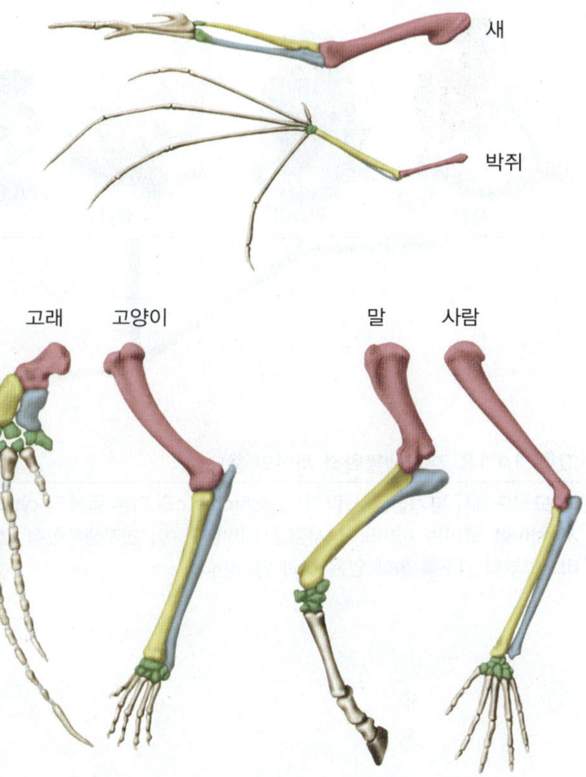

그림 14.16 구조적 유사성의 중요성.
비록 척추동물마다 앞다리의 미세구조는 다르지만 이들의 기본구조와 위치(색으로 나타냄)는 유사하다. 해부학적 구조의 유사성은 동일한 공통조상에 대한 증거이다.

분자생물학적 증거

모든 생명체는 DNA(deoxyribonucleic acid)와 ATP(adenosine triphosphate), 그리고 동일하거나 매우 유사한 효소와 같은 동일한 기본적인 생물학적 분자를 사용한다. 게다가 생명체는 동일한 3 염기조 유전암호와 동일한 20개의 아미노산을 이용하여 단백질을 만든다. 지금은 많은 생명체의 유전체

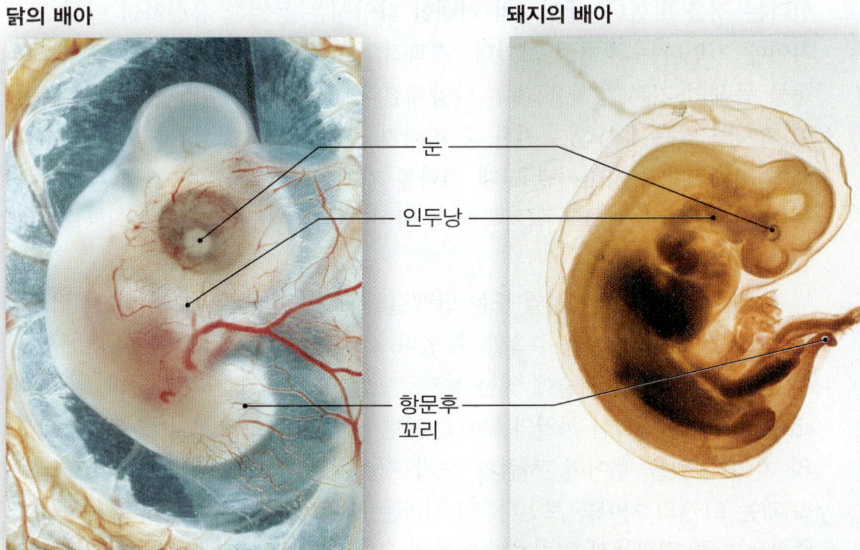

그림 14.17 발생적 유사성의 중요성.
동일한 발생 단계에 있는 닭의 배아와 돼지의 배아에서는 여러 가지의 유사성을 찾아볼 수 있다. 이러한 유사성은 닭과 돼지가 하나의 공통조상에서 유래하였음을 보여준다.

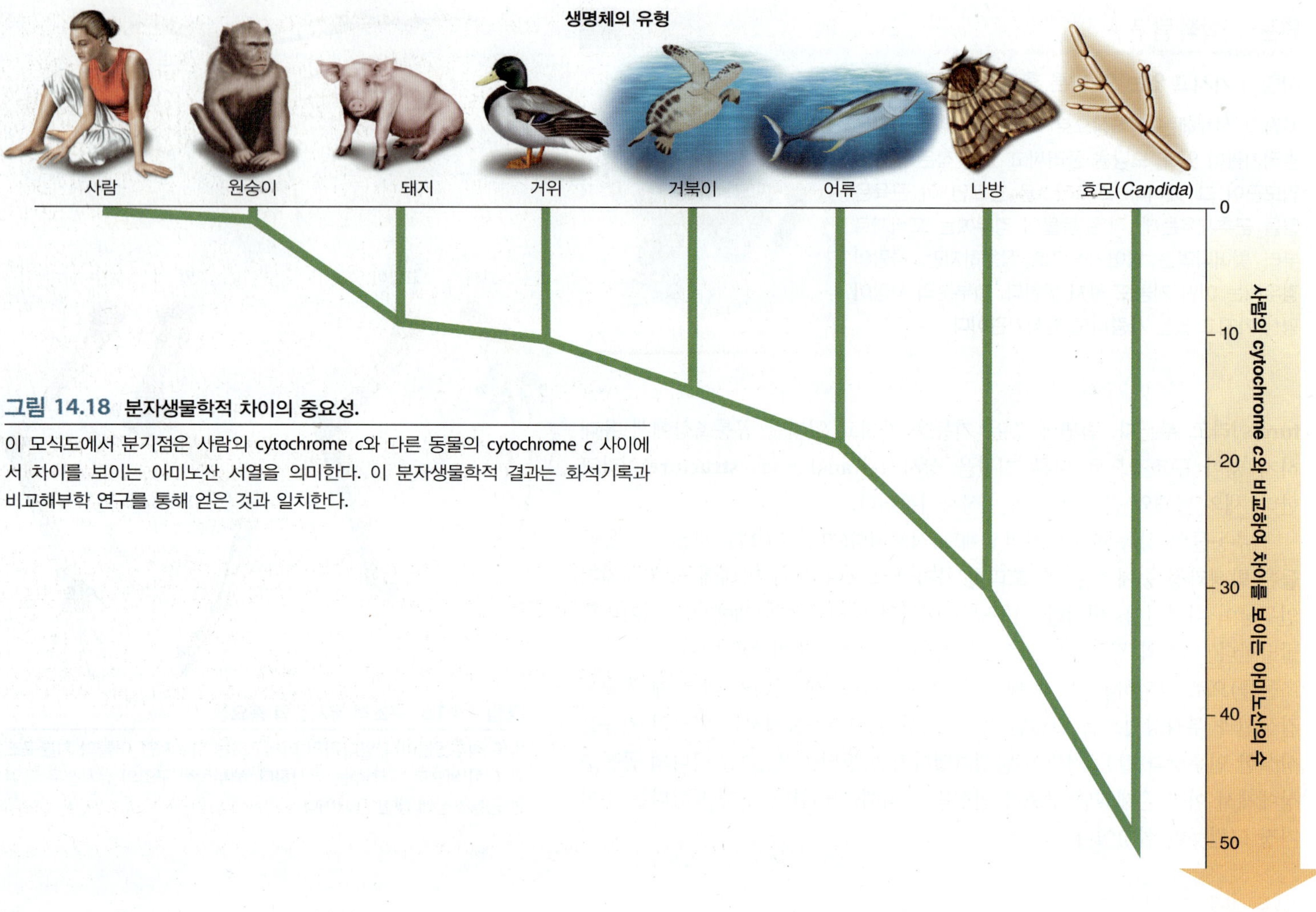

그림 14.18 분자생물학적 차이의 중요성.
이 모식도에서 분기점은 사람의 cytochrome *c*와 다른 동물의 cytochrome *c* 사이에서 차이를 보이는 아미노산 서열을 의미한다. 이 분자생물학적 결과는 화석기록과 비교해부학 연구를 통해 얻은 것과 일치한다.

를 이루는 DNA 염기서열이 알려졌다. 그리고 인간이 매우 단순한 생명체와 많은 유전자를 공유한다는 것이 명백해졌다.

흥미롭게도 진화 발생 생물학자들이 *Hox* 유전자라고 부르는 발생단계에 작용하는 많은 유전자가 애벌레에서부터 사람에 이르기까지 공통으로 존재한다는 것을 밝혔다. 생명체의 거대한 다양성은 동일한 유전자의 단지 작은 차이에 기인하는 것처럼 보인다. 결과적으로 유전자의 작은 차이로 인해서 동물 몸체의 기본 형식은 매우 다양해졌다. 예를 들어 절지동물과 척추동물이 가지고 있는 유사한 유전자 중 하나가 등배구조를 결정한다. 비록 유전자의 염기배열은 유사하지만 반대 결과를 가져온다. 초파리나 가재 같은 절지동물의 신경삭은 배쪽에 위치하지만, 닭이나 사람 같은 척추동물의 신경삭은 등쪽에 위치한다.

유전자의 DNA 염기서열 또는 단백질의 아미노산 서열에서의 유사 정도를 조사해 보면 공통조상을 추측할 수 있다. Cytochrome *c*는 **그림 14.18**에서 볼 수 있듯이 전자전달 사슬에 있는 분자로 모든 생명체가 가지고 있다. 이 cytochrome *c*의 아미노산 서열의 차이를 보면 사람과 원숭이 사이에는 단지 한 개의 차이가 있을 뿐이며, 사람과 오리 사이에는 불과 11개, 효모균(*Candida* 속)과는 51개의 차이를 보인다. 이 결과는 생명체 간의 해부학적 유사성을 입증하는 다른 결과들과 일치하며 이들의 유연관계와 관련성을 갖는다.

14.2 개념 연결하기
화석기록, 비교해부학, 분자생물학적 증거는 공통조상 가설을 입증한다.

진도 점검하기 14.2

1. 갈라파고스 군도의 피리새에 대한 생물지리학적인 정보가 어떻게 진화론을 지지할 수 있는지 설명하시오.
2. 어떻게 흔적기관이 진화론을 지지할 수 있는지 설명하시오.
3. 상동기관과 상사기관을 비교하시오.

요약

14.1 다윈의 진화론

Charles Darwin은 시간이 지남에 따라 어떻게 종이 변하는지를 설명하는 자연선택 이론을 발전시킨 것으로 인정받는다.

Darwin 이전

Darwin 이전의 사람들은 지구는 오래되지 않았고, 생물종은 변하지 않으며 변이는 불완전하다고 믿었고, 관찰을 통해 이를 입증하였다.

- 화석학자 Cuvier는 종은 변하지 않는다고 믿었다. 그는 화석기록에서 나타났다가 사라진 종을 관찰하였는데 천재지변에 의해서 일어난 것이라고 믿었다.
- 동물학자 Lamarck는 환경에 따라서 적응과 진화가 일어난다는 가설을 세웠다. 그는 후천적으로 획득된 형질이 유전된다고 믿었다. 예를 들어 기린이 나무의 열매를 먹기 위해서 목을 길게 늘였고, 이러한 변화가 다음 세대로 유전된다고 믿었다.

Darwin의 결론

지질학과 **화석(fossil)**의 증거에 근거한 Darwin의 결론은 다음과 같다.

- 지구의 역사는 매우 길며, 그 오랜 시간 동안 생명체는 진화한다.
- 생명체는 화석기록을 통해서만 알 수 있는 이미 멸종된 생명체로부터 유래한다.

생물지리학(biogeography) 증거에 근거한 Darwin의 결론은 다음과 같다.

- 생명체는 자신의 서식지에서 진화한다. 예를 들면, 남미에서는 Patagonian hare가, 영국에서는 토끼가 진화하였다.
- 생명체는 환경에 적응한다. 이는 왜 갈라파고스 군도에 다양한 피리새와 거북이가 존재하는지 설명해준다.

자연선택과 적응

Darwin에 의하면, **자연선택(natural selection)**과 **적응(adaptation)**의 결과로 생명체는 이전에 살았던 세대보다 그 지역 환경에 더 적합하게 된다. 이러한 적응은 그 종의 생식적 성공을 향상시켜 **적응도(fitness)**를 높인다.

	관찰	결과	결론
1	a. 생명체 사이에 변이가 있다.	b. 환경에 대한 새로운 적응이 일어난다.	다음 세대에서 개체들은 환경에 더 잘 적응하게 된다.
2	a. 생명체는 생존경쟁을 한다.	b. 생존 가능한 것보다 더 많은 생명체가 존재한다.	
3	a. 생명체마다 적응도가 다르다.	b. 환경에 가장 잘 적응한 개체가 생존하여 생식한다.	

시간이 흐름에 따라 이러한 적응의 결과로 **종분화(speciation)**가 일어난다. Darwin은 **인위선택(artificial selection)**을 예로 들어 자연선택 과정을 설명하였다.

Darwin과 Wallace

자연학자 Alfred Russel Wallace도 Darwin처럼 남반구에 있는 다른 대륙을 여행하였다. 그도 역시 공통조상의 증거를 수집하였고, Malthus의 이론에 기초하여 적응(자연선택)이라는 Darwin과 동일한 결론에 도달하였다. Darwin의 저서 "종의 기원"은 이러한 이론을 집대성하였다.

14.2 진화적 변화의 증거

과학이론은 많은 증거에 의해서 검증되고, 진화론은 다음과 같은 여러 과학적 증거에 의하여 뒷받침된다.

- **화석기록(fossil record)**은 일반적으로 생명체의 역사를 반영하며 특정 집단의 후손을 추적하는 것을 가능하게 한다. 과도기적인 화석은 시간의 흐름에 따른 생명체의 변화를 기록하는 데 중요한 역할을 한다.
- 생물지리학은 지구에서 생명체의 분포를 보여주며, 생명체가 현재 서식하는 장소에서 진화했음을 보여준다.
- 해부학과 발생학은 생명체가 공통조상에서 유래했음을 보여준다.
  - **흔적기관(vestigial structure)**은 기능을 하지 않고 남아 있는 구조이다.
  - **상동기관(homologous structure)**은 유사한 구조를 가지며 공통조상에서 유래했음을 나타낸다.
  - **상사기관(analogous structure)**은 유사하지만 다른 진화적 기원을 갖는 구조이다.
- 분자적 증거는 생화학적 분자(DNA, 단백질)의 차이점을 비교하여 유연관계를 나타낸다.

개념 연결하기

Darwin의 연구는 근대의 진화에 대한 생각을 형성하는 데 기여했다. 인간을 포함한 지구상의 모든 생명체는 진화 과정에 따라 공통조상을 가지고 있다.

14.1 Darwin과 Wallace는 자연선택 이론을 형성하기 위해 많은 과학적 증거를 사용하였다.

14.2 화석기록, 비교해부학, 분자생물학적 증거는 공통조상 가설을 입증한다.

Darwin과 진화에 관한 정보가 더 필요하면 다음 논의를 참조하시오.

9.2절 유성생식과 감수분열에 의해 종 다양성이 증가되는 이유.

15.2절 개체군이 시간이 흐름에 따라 진화하는 이유.

19.6절 인간 진화를 뒷받침하는 화석 증거에 대한 분석.

혼자 풀어보기

가장 적절한 답을 고르시오.

14.1 다윈의 진화론

1. 획득형질이 유전될 수 있다고 생각한 사람은 누구인가?

a. Darwin　　b. Lamark
c. Wallace　　d. Sedgwick
e. Cuvier

2. 다음 중 자연선택에 대한 예로 올바르지 않은 것은?
   a. 살충제에 노출된 곤충 집단이 화학물질에 대한 저항성을 갖게 된다.
   b. 수분 매개자를 유혹하기 위해 향기를 만드는 식물은 더 많은 자손을 생산한다.
   c. 더 잘 달리는 토끼는 포식자를 잘 피할 수 있다.
   d. 한 그루의 나무에서도 그늘에서 자라는 잎은 양지쪽에 있는 잎보다 더 크다.
3. 자연선택은 다음 중 어떤 결과를 가져오는 과정인가?
   a. 유전적 변이
   b. 환경에 대한 적응
   c. 표현형의 변화
   d. 개체군 안에 있는 구성원 사이의 경쟁
4. 지구의 역사가 오래되었다는 Lyell의 결론이 Darwin에게 도움이 된 이유는 무엇인가?
   a. 오래된 지구는 그렇지 않은 지구보다 더 많은 화석을 가지고 있다.
   b. 진화가 천천히 진행되기에 충분한 시간이 있었다.
   c. 하나의 종이 다른 대륙으로 퍼져나가기 위해 충분한 시간이 있었다.
   d. 위의 진술 모두 옳다.
5. 한 형질에 대한 새로운 대립인자는 ________에 의해 생긴다.
   a. 돌연변이　　b. 유성 생식
   c. 종의 요구도　　d. 감수분열

14.2 진화적 변화의 증거

6. 개체간의 DNA 염기서열의 차이는
   a. 유연관계가 얼마나 깊은가를 나타낸다.
   b. 진화가 일어남을 나타낸다.
   c. 왜 표현형이 다른지를 설명한다.
   d. 당연한 것이다.
   e. 위의 진술 모두 옳다.
7. 화석기록이 공통조상에 대한 직접적인 증거를 제시하는 이유는 무엇인가?
   a. 시간이 흐름에 따라 화석의 형태가 변함을 보여주기 때문이다.
   b. 때로는 공통조상을 발견할 수 있기 때문이다.
   c. 특정 그룹의 조상을 추적할 수 있기 때문이다.
   d. 살아 있는 생명체의 생물학적 역사를 추적할 수 있기 때문이다.
   e. 위의 진술 모두 옳다.
8. 상동기관이 존재하는 이유는 무엇인가?
   a. 공통조상이 존재했음이 분명하기 때문이다.
   b. 상사기관 또한 존재하기 때문이다.
   c. 골격은 유사하게 사용되어야 하기 때문이다.
   d. 위의 진술 모두 옳다.

[9~12] 진술에 해당하는 진화의 증거를 보기에서 고르시오. 보기의 항목은 여러 번 사용될 수 있다.

보기:
a. 생물지리학적 증거　　b. 해부학적 증거
c. 생화학적 증거

9. 유전암호는 모든 생명체에서 동일하다.
10. 인간의 무릎 뼈와 척추는 네발 동물을 지탱했던 구조에서 유래한 것이다.
11. 남미 대륙에서는 비록 환경은 적합하지만 토끼가 살지 않는다.
12. 인간 헤모글로빈의 아미노산 서열은 쥐보다는 붉은털원숭이와 더 유사하다.
13. 전이적 연결고리를 제공하는 화석을 통해 과학자들이 할 수 있는 것은?
    a. 어떻게 선사 동물이 서로 상호작용을 하였는지 알 수 있다.
    b. 새로운 동물 그룹이 출현한 순서를 추정할 수 있다.
    c. 기후 변화와 진화적 추세와의 상관관계를 알 수 있다.
    d. 왜 진화적 변화가 일어나는지 알 수 있다.
14. 척추동물에서 돌고래의 지느러미 발과 참치의 지느러미는
    a. 상동기관이다.　　b. 동일한 구조이다.
    c. 상사기관이다.　　d. 상호적인 구조이다.

과학적으로 생각하기

1. 사람의 맹장은 대장이 부풀어 오른 흔적으로 다른 포유류에 있는 막창자(caecum)와 상동이다. 막창자는 일반적으로 사람의 맹장보다 크며, 식물의 주성분인 섬유소의 소화를 도와주는 세균이 서식한다. 어떻게 맹장을 통해 사람이 다른 동물들과 공통조상을 가진다는 것을 알 수 있는가? 그리고 인류의 식습관 역사에 대해 무엇을 말해주는가?
2. 유전학자는 생명체 간의 DNA 염기서열을 비교하고 그 결과를 통해 유전자의 진화속도를 결정한다. 유전자마다 진화속도가 다르다. 한 개체군이 환경에 적응할 때 어떤 유전자는 다른 유전자에 비해 더 빠른 속도로 진화하는 이유를 설명하시오.
3. Darwin과 Wallace는 섬에 살고 있는 생명체들을 관찰하고 자연선택이 생물학적 진화의 수단이라고 결론을 내렸다. 하와이와 그 인근 섬에는 적어도 50여 종의 꿀먹이새가 서식하지만 이들은 육지 어느 곳에서도 서식하지 않는다. 모든 장소와 모든 종에서 자연선택은 일어난다. 섬의 어떤 특징 때문에 자연선택의 결과가 이리도 명백한 것일까?

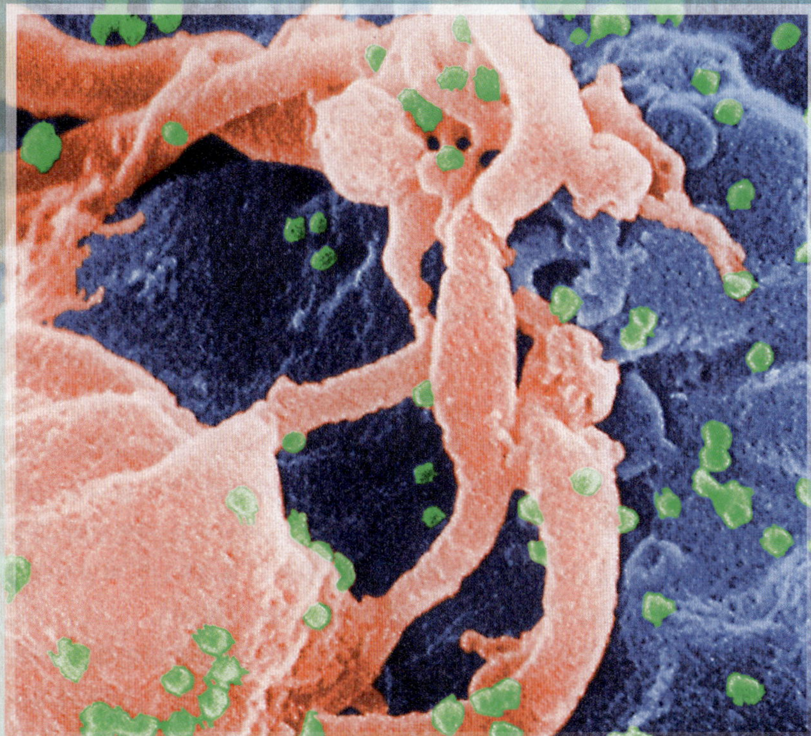

15 작은 규모의 진화

진화와 HIV

1983년 두 개의 다른 연구팀이 인간면역결핍바이러스(HIV)라는 새로운 바이러스를 발견하였다. 이 바이러스는 환자의 면역체계를 억제한다. HIV는 결국 후천성 면역결핍증이라는 AIDS를 일으킨다. 만일 HIV/AIDS에 대한 어떤 치료도 받지 않는다면 사망률은 거의 100%이다. 바이러스 유전자의 돌연변이로 인해 새로운 형태의 HIV가 나타난다. 감염된 사람의 체내에는 수십 종류의 다른 HIV가 존재한다. HIV의 많은 변이 때문에 사람의 면역체계는 쉽게 HIV를 인식하지 못하고 저항해서 싸우기 어렵게 된다. 최근에 HIV가 어떻게 진화하고 있는지 밝혀짐으로써 HIV/AIDS에 대한 약물 요법이 진보하였다.

이번 장에서는 소진화와 어떻게 유전자 풀이 시간이 흐름에 따라 변하는지를 다룰 것이다. 어떻게 개체군이 진화하는가를 이해한다면, 인류는 살충제에 저항성을 나타내는 농해충과 싸우고 지구의 생물다양성을 보존하며 HIV/AIDS와 같은 질병을 치료할 수 있을 것이다.

이 장을 공부하는 동안 다음 질문에 대해 생각해보자.

1. 유전자, 개체군, 진화 사이의 연관성은 무엇인가?
2. 어떻게 한 개체군이 진화하고 있음을 밝힐 수 있는가?
3. 개체군과 관련하여, 어떻게 자연선택이 유전적 다양성을 만드는가?

개 요

시작하기 전에

이 장을 시작하기 전에 다음 내용을 다시 살펴보자.

1.2절 진화가 생물학의 중요한 개념으로 다루어지는 이유는 무엇인가?

9.3절 유성생식과 감수분열로 인해 집단 내에서 다양성이 증가되는 이유는 무엇인가?

14.1절 자연선택은 어떻게 하여 진화적 변화 기작으로 작용하는가?

15.1 자연선택

학습 목표

이 절을 학습한 후에는 다음 과제를 수행할 수 있어야 한다.

1. 세 가지 유형의 자연선택—방향성 선택, 안정화 선택, 분단성 선택—을 설명하기.
2. 어떻게 이형접합체가 한 집단 내에서 변이를 유지할 수 있는지 설명하고, 이형접합체의 이로운 점을 요약하기.

자연선택(natural selection)이라는 과정을 통해 개체군은 생물적 환경과 비생물적 환경에 적응한다. 생물적 환경에서 생명체는 경쟁, 섭식 그리고 기생을 통해 자원을 얻는다. 비생물적 환경은 기온과 강수량과 같은 날씨를 포함한다. Darwin은 종은 시간이 지나면서 진화한다고 확신했고 자연선택 과정을 통해 환경에 적응한다고 제안하였다(14장 참조). **표 15.1**은 자연선택에 대한 Darwin의 가설과 근대 유전학이 일치하는 점을 보여준다.

자연선택의 결과 가장 적응도가 높은 개체가 개체군 내에 만연하고, 이와 같은 방식으로 개체군은 시간이 지남에 따라 변화한다. 가장 적합한 개체는 다른 개체보다 더 오래 생식활동을 한다. 가장 적합한 개체는 환경에 가장 잘 적응한 개체인 것이다.

표 15.1 자연선택

자연선택에 의한 진화는 다음을 필요로 한다.
1. 변이. 집단 구성원들이 서로 다르다.
2. 유전. 이러한 차이의 대부분이 다음 세대로 전해지는 유전적 변이이다.
3. 성공적 생식 정도. 환경에 잘 적응한 개체는 생식활동을 더 활발하게 하고, 이렇게 태어난 자손들이 다음 세대에서 더 높은 구성비를 이룰 것이다.

선택의 유형

자연선택에 관여하는 형질의 대부분은 다른 유전자 자리에 위치한 하나 이상의 대립유전자에 의해서 조절되는 다유전자성(*polygenic*)을 나타낸다(10.3절 참조). 이 형질은 다양한 표현형을 나타내며, 발현 빈도는 종 모양의 곡선을 나타낸다(**그림 15.1**).

어떠한 형질도 세 가지 유형의 자연선택—방향성 선택, 안정화 선택, 분단성 선택—으로 설명할 수 있다.

방향성 선택

방향성 선택(directional selection)은 어느 한 쪽 끝의 극단적인 표현형이 선호될 때 일어나며, 이 경우 분포 곡선은 그 방향으로 움직인다. 이러한 이동은 한 개체군이 변화하는 환경에 적응할 때 일어난다.

항생제와 살충제에 대한 저항성이 방향성 선택의 가장 좋은 예이다. 항생

그림 15.1 다년생 꽃의 집단.

동일한 꽃을 피우는 식물 집단에서도 꽃잎의 색에는 연속적인 변이가 있기 때문에 다양한 표현형이 존재한다. 흰색 또는 노란색 꽃잎과 같은 극단적인 표현형을 나타내는 개체는 소수이고 대부분은 중간 표현형인 분홍색을 나타낸다. 표현형의 분포곡선은 꽃 집단의 사진 위쪽에 있는 그래프처럼 종 모양을 그린다.

제와 살충제의 광범위한 사용으로 세균과 곤충이 이 화학물질에 대한 저항성을 갖게 된다. 항생제가 투입되면 대부분의 세균은 죽지만, 일부 유전적으로 항생제 내성을 지닌 세균은 살아남는다. 이렇게 살아남은 세균은 다음 세대에 항생제 내성 유전자를 대물림한다. 이렇게 하여 항생제 내성을 지닌 세균 개체가 증가하게 된다. 폐결핵을 일으키는 세균 중 약물에 저항성을 갖는 균주가 전 세계적으로 인류의 건강에 큰 위협이 되고 있다.

방향성 선택의 또 다른 예는 간과 적혈구 세포를 감염시켜 병을 일으키는 말라리아에 대한 인간의 투쟁이다. *Anapheles*속의 모기는 사람에서 사람으로 *Plasmodium*이라는 원생동물을 옮겨 질병을 일으킨다. 1960년대 초, 세계 보건 관계자들은 말라리아가 조만간 박멸될 것으로 예상했다. 클로로퀴닌이라는 신약이 *Plasmodium*에 매우 효과적이었으며, 살충제 DDT는 모기떼를 감소시켰다. 그러나 1960년대 중반에 들어서 *Plasmodium*은 클로로퀴닌에 대해 내성을 보이기 시작했다. 설상가상으로 DDT에 내성을 지닌 모기떼까지 출몰했다. 일부 클로로퀴닌 내성을 지닌 기생동물과 DDT 내성을 지닌 모기가 살아남아 재번식을 하였고, 분포곡선은 저항성을 갖는 기생충의 방향으로 이동하였다.

점차 커진 말(*Equus*속)의 몸집도 방향성 선택의 한 예로, 이 경우는 숲에서 초지로의 환경 변화와 밀접한 관련이 있다(**그림 15.2**). 그럼에도 불구하고 우리가 앞에서 논의한 것처럼 말의 진화가 일직선형으로 진행되어온 것은 아니다. 왜냐하면 양 극단의 대분은 멸종되기 때문이다.

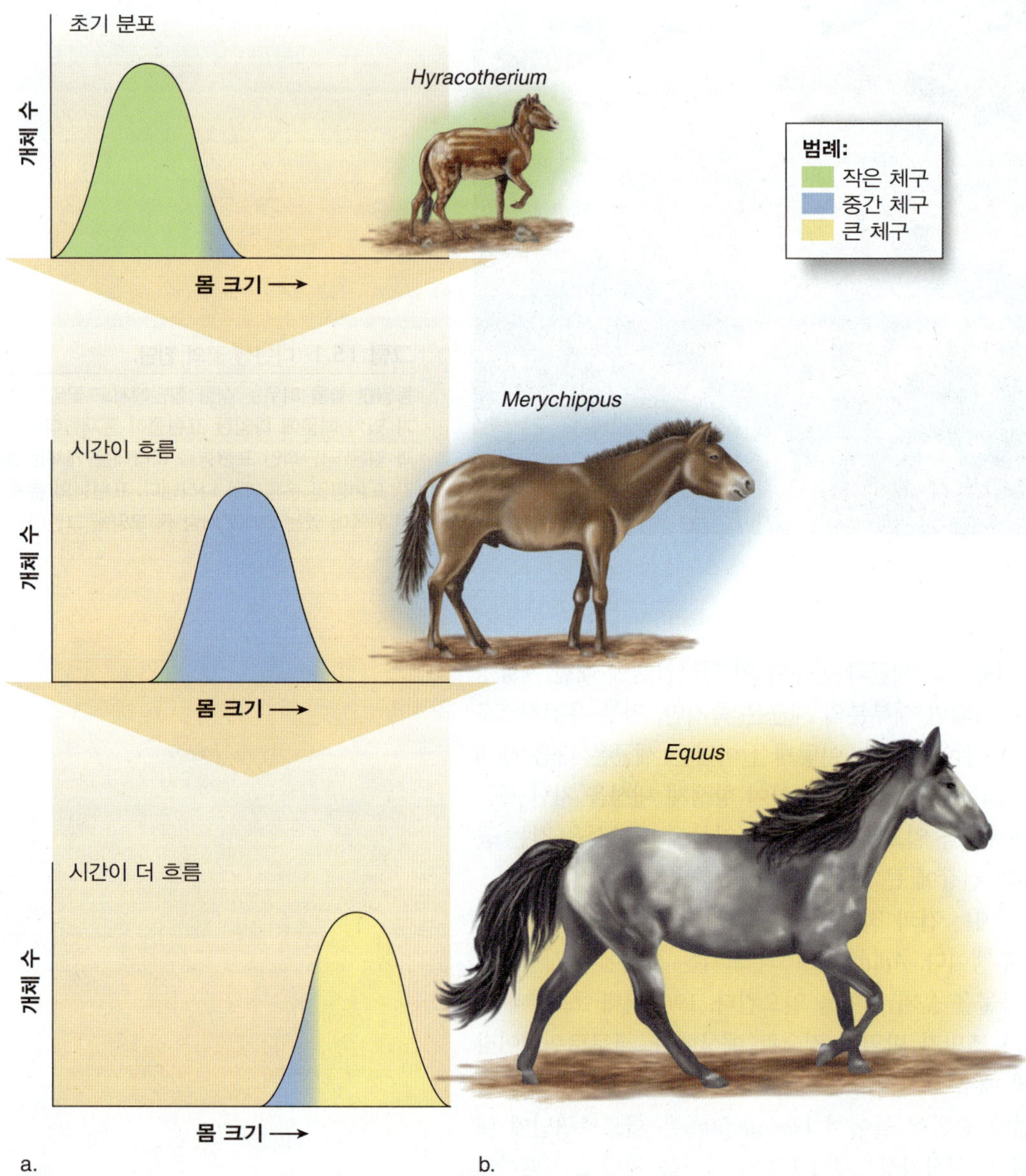

그림 15.2 **방향성 선택.**

a. 자연선택이 어느 한 쪽의 극단 형을 선호하여 분포곡선이 그 방향으로 이동한다. **b.** 현재의 말 조상인 *Equus*는 개 정도의 크기를 가진 동물인 *Hyracotherium*에서 진화하였다. 이 작은 동물은 나무 사이에 숨어 살면서 낮은 치관으로 나뭇잎을 뜯어먹고 살았다. 이들의 서식처가 숲에서 초지로 바뀌면서 *Equus*의 조상은 자연선택의 힘에 의해 강인한 체력, 지능, 주행속도, 그리고 식물을 분쇄할 수 있는 치아를 갖게 되었다. 더 큰 동물은 힘이 더 세고 더 잘 싸웠다. 커진 두개골로 인하여 감각 과정이 발달하였으며, 길어진 다리와 더 잘 발달된 말굽 덕택에 적을 잘 피할 수 있게 되었고, 튼튼한 치아 덕택에 효과적으로 풀을 먹을 수 있게 되었다. 이러한 특징을 가진 동물이 더 많은 자손을 생산할 수 있었다.

안정성 선택

안정성 선택(stabilizing selection)은 환경이 중간 형질의 표현형을 선호할 때 일어난다. 안정성 선택에 의해 극단적 형질은 도태되고, 평균에 가까운 개체가 선호된다. 평균적인 개체가 환경에 가장 잘 적응하기 때문에 이러한 선택이 가장 흔한 유형의 선택이다.

예를 들어 스위스찌르레기(*Sturnus vulgaris*) 암컷은 한 번에 네 개에서 다섯 개의 알을 낳는데, 이 경우에 새끼들의 생존율이 가장 높다(**그림 15.3**). 난황의 생산과 같은 생리적 특징과 암컷의 교배기간 같은 행동적 특징을 결정하는 유전자가 한 번에 생산하는 알의 수효를 결정하는 데 관여한다.

분단성 선택

분단성 선택(disruptive selection)에서는 중간 표현형보다는 두 개 이상의 극단적인 표현형들이 선호된다. 따라서 분단성 선택은 한 종의 집단 내에서 다른 모습을 만드는 다형질성을 선호한다. 예를 들어, 영국의 육지달팽이(*Cepaea nemoralis*)는 들판과 같은 하층식생 지역과 숲속에서 서식한다. 하층식생 지역에서 개똥지빠귀는 밝은 줄무늬가 없는 검은 달팽이를 잡아먹는다. 반면에 숲 속의 개똥지빠귀는 주로 밝은 줄무늬가 있는 달팽이를 섭식한다. 따라서 이 개체군에는 두 가지의 완전히 다른 표현형이 각각의 환경에 적응하여 생존한다(**그림 15.4**).

그림 15.3 안정화 선택.

안정화 선택은 자연선택이 양 극단보다 중간 표현형을 선호할 때 일어난다. 그 예로 네 개나 다섯 개의 알을 낳는 스위스찌르레기의 경우 더 적거나 많은 알을 낳는 경우보다 새끼들이 가장 높은 생존율을 보인다.

그림 15.4 분단성 선택.

a. 분단성 선택에서는 줄무늬가 있거나 없는 양쪽의 극단적인 표현형이 선호된다. **b.** 영국의 육지달팽이에는 두 가지의 다른 표현형이 있으며, 이들 각각은 다른 서식지에 적응하였다.

연관: 과학적 탐구

사람의 경우 안정화 선택의 사례는 무엇이 있을까?

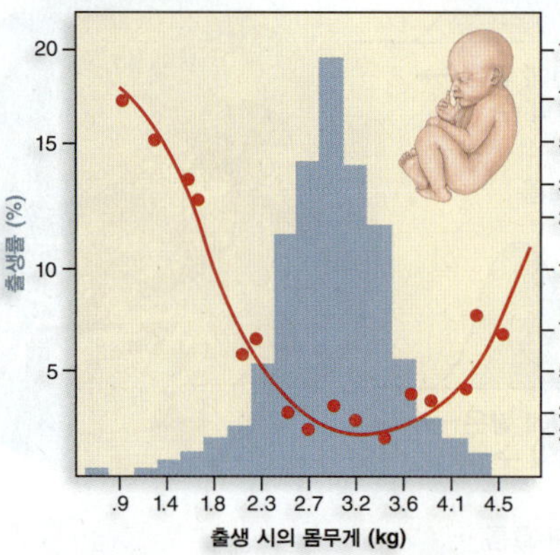

사람의 경우 안정화 선택에 대한 가장 좋은 예는 출생 시의 몸무게일 것이다. 20세기 중반 미국과 영국의 연구조사에 따르면 출생시 체중이 2.8~3.6kg인 신생아의 생존율이 가장 높았다. 흥미롭게도 저체중으로 태어난 조숙아에 대한 의료 치료가 좋아지고 과체중 신생아를 출산하기 위해 제왕절개가 많아짐으로 인해 안정화 선택의 효과가 미약해졌다.

성 선택

성 선택(sexual selection)은 수컷과 암컷에서 나타나는 교배 능력을 증가시키는 적응적 변화를 말한다. 각각의 성은 성 선택에 있어서 다른 전략을 가진다. 암컷은 소수의 알을 낳기 때문에 수컷을 선택할 때 신중하게 고려한다. 그러나 수컷은 끊임없이 많은 양의 정자를 생산할 수 있기 때문에 많은 자손을 만들 수 있다. 따라서 수컷은 종종 가능한 많은 암컷을 수정시키기 위해서 경쟁한다. 그러므로 수컷의 성 선택은 하나의 암컷을 두고 다른 수컷들과 경쟁하기 위한 능력을 증대시킨다. 반면에 암컷의 성 선택은 생존 가능한 자손을 생산할 수 있는 최적의 **적응도(fitness)**를 지닌 하나의 수컷을 선택하도록 한다. 수컷은 종종 색깔이나 화려한 짝짓기 의식에 의해 자신의 적응도를 드러낸다(**그림 15.5**). 최적의 적응도를 가진 수컷을 선택함으로써 암컷은 자신의 형질이 다음 세대로 전해질 확률을 증가시킨다. 이 때문에 성 선택은 자연선택의 한 가지 형태로 생각된다.

적응은 완전한 것이 아니다

자연선택을 통해 항상 생명체가 환경에 완벽하게 적응하는 것은 아니다. 왜 아닌가? 첫째, 진화는 우연에서 출발한 것이 아니라는 것을 인식하는 것이 중요하다. 단지 주변에 이용 가능한 재료만을 가지고 케이크를 만들 수밖에 없는 상황처럼 진화는 이용 가능한 변이에 제한을 받는다. 각각의 종은 자신의 진화 역사에 기반을 두고 있다. 이는 자연선택에 영향을 미치는 변이의 양을 제한한다. 예를 들어, 무게가 가벼운 티타늄 뼈가 새에게는 이롭지만 진화적 역사의 결과로 인해 새의 뼈는 칼슘과 다른 미네랄로 이루어져 있다. 둘째, 하나의 생물종에서 적응이 진화하는 것처럼 환경 또한 변한다. 특정 시기, 특정 환경에서 적응은 생명체에게 유익하다. 그런데 환경이 변화하면 특정 적응이 주는 유익함이 감소한다. 불가피한 절충으로 인해 대부분의 경우 불완전하다는 사실을 알아야 한다. 인간의 성공은 능수능란한 손 때문이다. 그러나 척추동물의 척추는 원래 직립을 위해 진화한 것이 아니기 때문에 손상받기 쉽다. 진화한 모습은 대가를 지불할 만한 이득이 있다. 예를 들어, 손이 자유롭게 되어 생긴 이점은 직립 자세로 인한 척추 손상의 위험이라는 대가를 치를만한 가치가 있다.

변이의 유지

집단에는 항상 유전자형의 변이(variation)가 존재한다. 한정된 변이를 가진 집단은 변화하는 새로운 환경에 적응하지 못하고 멸종할 수 있기 때문에 변이를 유지하는 것은 이롭다. 자연선택에 의해 변이가 없어짐에도 불구하고 어떻게 집단의 변이가 유지되는 것일까?

그림 15.5 성 선택.

일부 종에서 나타나는 수컷의 정교한 색채는 높은 적응도를 보여주는 성 선택의 한 형태이다.

첫째, 변이를 증진시키는 힘이 작용하기 때문이다. 돌연변이는 계속 새로운 대립인자를 만들어내며, 재조합과 독립 유전에 의해 감수분열 과정 동안 대립인자가 섞이고, 수정을 통해 유전자 풀에서 새로운 대립인자의 조합이 일어난다. 둘째, 유전자 확산이 두 종 사이에서 일어나기도 한다(15.2 참조). 소규모이고 동형접합 유전형들로 구성된 집단에 새로운 대립유전자를 제공하여 집단 내의 변이를 유발한다. 마지막으로 자연선택은 특정 표현형을 선호하지만 다른 유형도 여전히 남겨둔다. 심지어 분리선택은 한 집단 내에서 다형성을 야기한다. 이배체 생물은 이형접합에 의해 열성형질을 유지하기 때문에 변이를 유지할 수 있다.

이형접합체의 유리한 점

오직 표현된(표현형 차이가 나타나도록 한) 대립인자만이 자연선택의 대상이다. 이배체 생물에서 이형접합은 유전자 풀에서 제거될 수도 있는 열성 대립인자를 보호한다. 이형접합체는 집단 내에 남아서 그 열성 표현형을 유지시킨다. 이 열성 표현형이 변화하는 환경에 더 잘 적응할 가능성도 있다. 자연선택이 여러 가지 표현형을 동시에 선호하는 경우도 있는데, 이것을 평형 다형성(*ballanced polymorphism*)이라고 한다. 낫세포 적혈구빈혈증은 평형 다형성의 한 예이다.

낫세포 적혈구빈혈증 낫세포 적혈구빈혈증을 가진 사람은 Hb^SHb^S(Hb = 헤모글로빈, 적혈구에서 산소를 운반하는 단백질, S = 낫세포) 유전자형을 지니며 출혈이나 장기파손 등으로 어린 나이에 사망한다. 이형접합 유전자형(Hb^AHb^S; A = 정상)을 가진 사람은 저산소의 환경에서만 적혈구가 낫 모양으로 변하기 때문에 조금 형편이 낫다. 일반적으로 정상 유전자형(Hb^AHb^A)을 가진 사람이 가장 적합하다.

아프리카에서 낫세포 적혈구빈혈증의 분포를 연구하던 유전학자들은 아프리카 대륙 내에 말라리아가 만연한 지역에서는 그렇지 않은 지역보다 열성 대립유전자의 빈도(20~40%)가 높다는 사실을 발견했다(**그림 15.6**). 말라리아와 낫세포 적혈구빈혈증 사이에는 어떠한 관계가 있는 것인가? 말라리아는 정상 동형접합 유전자형(Hb^AHb^A)의 적혈구세포에서 살면서 적혈구를 파괴하는 기생 동물에 의해 생기는 질병이다. 그런데 이 기생 동물은 이형접합 유전자형(Hb^AHb^S)을 지닌 개체의 적혈구 안에서는 살지 못한다. 감염되면 적혈구가 낫 모양으로 변하고, 이 적혈구는 칼륨 성분이 부족하기 때문에 말라리아 병원체는 죽는다. 따라서 말라리아가 만연한 환경에서는 이형접합 개체가 더 유리하다. 3가지 가능한 유전자형의 효과를 **표 15.2**에 요약하였다.

그림 15.6 낫세포 적혈구빈혈증.

붉은색 지역은 아프리카, 중동, 남유럽, 남아시아 지역에서 1920년대에 말라리아가 만연했던 곳이다. 파란색 지역은 낫세포 적혈구빈혈증이 많이 보고되는 지역이다. 이들 두 분포(보라색)가 겹치는 것은 인과 관련을 의미한다.

표 15.2 이형접합체가 지닌 장점의 예

유전형	표현형	결과
Hb^AHb^A	정상	말라리아 감염으로 죽는다.
Hb^AHb^S	낫세포 적혈구빈혈증 보인자	두 경우로부터 모두 안전하므로 생존한다.
Hb^SHb^S	낫세포 적혈구빈혈증	낫세포 적혈구빈혈증으로 죽는다.

15.1 **개념 연결하기**

자연선택으로 인해 개체군이 자신의 환경조건에 적응하게 된다.

진도 점검하기 15.1

1. 방향성 선택과 안정성 선택을 비교하시오.
2. 분단성 선택의 효과를 설명하시오.
3. 한 집단 내에서 유전적 변이를 유지하도록 하는 힘을 나열하시오.
4. 말라리아가 만연한 지역에서 사는 집단의 경우 낫세포 적혈구빈혈증 환자가 많은 이유를 설명하시오.

15.2 소진화

학습 목표

이 절을 학습한 후에는 다음 과제를 수행할 수 있어야 한다.

1. 한 세대에서 다음 세대로 유전되는 과정에서 대립유전자 빈도가 변할 때 어떻게 소진화가 일어나는지 설명하기.
2. Hardy-Weinberg 법칙이 대립유전자 빈도의 관점에서 진화하지 않는 개체군을 어떻게 서술하는지 증거를 들어 설명하기.
3. 어떻게 돌연변이, 유전자 흐름, 무작위적 교배, 유전적 부동 그리고 자연선택이 집단 내에서의 대립인자 빈도를 변화시키는지 설명하기.

개체가 진화한다는 생각은 잘못된 것이다. 진화가 일어남에 따라 한 집단 내에서 유전자의 변화와 표현형의 변화가 일어난다. **개체군(population)**이란 동시대의 어떤 정해진 장소 내에 같이 살고 있으며 서로 생식활동을 하는 같은 종에 속한 개체들의 무리를 말한다. **소진화(microevolution)**는 세대를 거쳐 개체군 내에서 일어나는 작지만 측정할 수 있는 유전적 변화를 의미한다.

Darwin은 개체군의 구성원들 사이에서의 변이를 강조하였으나, 그러한 변이가 어떻게 일어나는지, 또 어떻게 전해지는지에 대해서는 규명하지 못했다. 오늘날 많은 동, 식물의 DNA 염기서열 분석에 의해 유성생식을 하는 생물의 유전자에는 많은 대립유전자들이 있다는 것이 밝혀졌다. 유성생식을 통해 대립유전자들은 다양한 유전자형으로 재조합되어 다양한 표현형을 가진 새로운 개체들의 집단을 이룬다(10장 참조). 비록 유성생식에 의해 유전자형과 표현형이 다양해지지만 그 자체로는 진화를 유발할 수 없다. 소진화는 여러 가지 다른 환경적 요인에 의해 영향을 받는다.

유전적 개념에서의 진화

1930년대가 되어서야 생물학자들은 유전학적 원리를 개체군에 적용시키고 언제 진화가 일어나고 얼마나 많은 집단이 변화했는지를 알 수 있는 방법을 발전시킬 수 있었다.

집단유전학(population genetics)에서, 개체군 내의 모든 구성원이 가지고 있는 모든 대립유전자의 총 집합체를 그 개체군의 **유전자 풀(gene pool)**이라고 한다. 한 개체군의 유전자 풀은 주로 유전자형과 대립유전자의 빈도로 묘사된다. 유전자 빈도는 한 개체군 내에서의 특정 유전자—예를 들어 동형접합인 우성 개체—가 나타날 확률이다. 대립유전자 빈도는 얼마나 많은 특정 대립유전자가 한 개체군의 유전자 풀을 대변하는지를 나타낸다. 흰색과 검은색의 후추나방을 예로 들어보자(**그림 15.7**). 후추나방의 색이 한 세트의 대립유전자에 의해 조절된다고 가정하고 다음과 같이 표시해보자.

$$D = \text{검은색} \quad d = \text{밝은색}$$

게다가 오염 물질에 의해 나무가 어두운 색으로 변하기 이전의 영국에서는 단지 4%(0.04)의 나방만이 우성 동형접합체(*DD*)였으며, 32%(0.32)는 이형접합체(*Dd*), 64%(0.64)는 열성 동형접합체(*dd*)였다. 이러한 유전자형 빈도로부터 개체군 내의 유전자 빈도를 계산할 수 있다.

연관: 과학적 탐구

왜 개체는 진화하지 않을까?

진화란 시간의 흐름에 따른 개체군의 유전적 변화를 의미한다. 사람의 경우 개개인이 새로운 언어나 기타연주를 배우는 것처럼 새로운 기술과 능력을 개발시킴에도 불구하고 유전물질은 변하지 않는다. 이러한 새로운 능력은 다음 세대로 전달되지 않으며 개체군의 유전적 조성도 변화시키지 않는다.

그림 15.7 산업흑화 현상과 소진화.

후추나방(*Biston betularia*) 색깔은 유전자 풀에 두 개의 대립유전자를 가진다. **a.** 영국에서 공해가 심해지기 이전에는 밝은색 표현형이 개체군 내에 더 많은 빈도로 존재했다. 밝은색의 나무 줄기 위에서 밝은색 나방은 포식 동물의 눈에 잘 띄지 않았기 때문이다. **b.** 나무 줄기가 공해에 의하여 검게 변하자 검은색 표현형의 빈도가 더 증가하였다. 자연선택에 의한 유전자 풀의 빈도가 변함에 따라서 소진화가 일어났다.

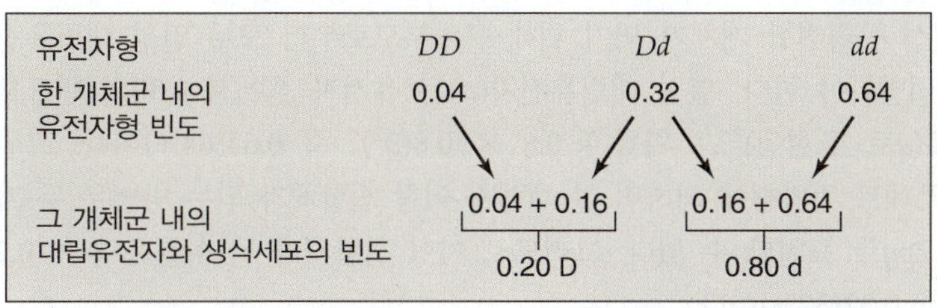

이 개체군에서 유전자 풀에 있는 *D* 대립유전자(검은색)의 빈도는 20%(0.20)이고 *d* 대립유전자(밝은색)의 빈도는 80%(0.8)이다. 그러므로 이 개체군에서 만들어지는 생식세포(정자와 난자) 중에서 *D* 대립유전자를 가질 확률은 20%이고 *d* 대립유전자를 가질 확률은 80%(0.8)이다. 집단 내의 정자와 난자들 사이에 무작위 수정이 일어난다고 가정(모든 생식세포의 수정성공 확률이 동일하다는 가정)하면, 다음 세대의 유전자형 빈도는 푸네트 정방형(Punnett square)을 사용하여 계산할 수 있다(**그림 15.8**). 예를 들어, 우성 동형접합체(*DD*) 나방을 만들기 위해서는 부모 모두가 *D* 대립유전자를 제공해야 한다. 이 대립유전자는 유전자 풀에서 단지 20%만 존재하므로 수컷이 *D* 대립유전자를 제공할 확률이 20%(0.20)이고 암컷이 *D* 대립유전자를 제공할 확률이 20%(0.20)이다. 이러한 경우가 일어날 확률은 0.20 × 0.20, 즉 0.04(4%)이다. 그러므로 만일 나방이 무작위로 짝짓기를 한다면 다음 세대의 4%만이 우성 동형접합체(*DD*)가 될 것이다.

개체들의 교배를 나타내는 푸네트 정방형(한 가지 형질이나 두 가지 형질의 경우; 10장 참조)과 그림 15.8 사이에는 중요한 차이점이 있다. 그림 15.8에서는 다음 세대의 유전자형 빈도를 결정하기 위해 개체군 내의 생식세포 빈도를 사용한다. 다시 말해서 우성 동형접합체 나방(*DD*)은 여전히 개체군의 0.04, 이형접합체 나방(*Dd*)은 0.32, 그리고 열성 동형접합체 나방(*dd*)은 0.64이다. 이 놀라운 결과에서

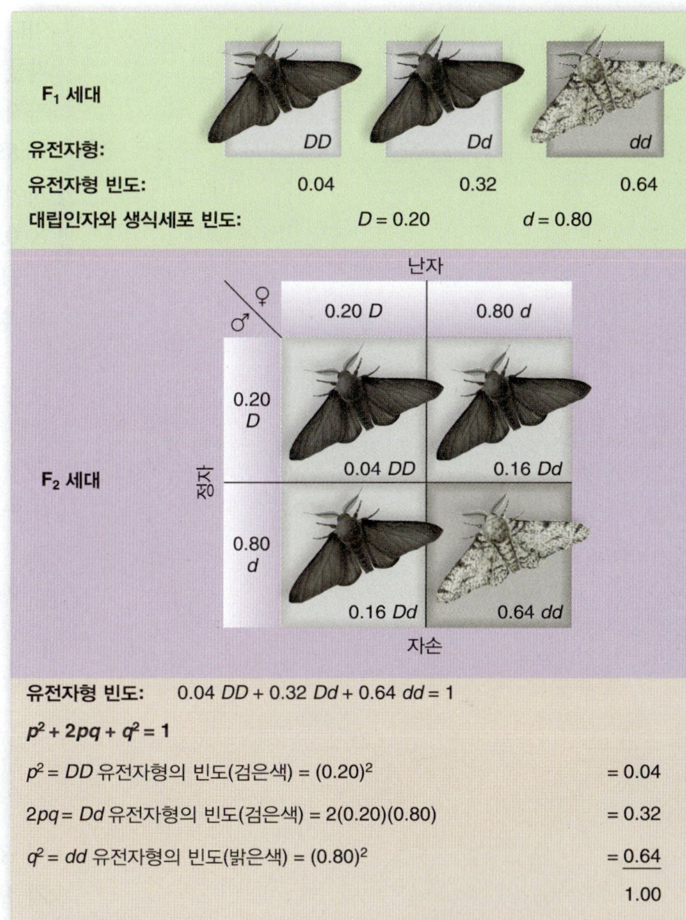

그림 15.8 개체군 내에서 유전자형 빈도와 표현형 빈도의 관계.

개체군 내에서 생식세포의 빈도를 이용하여 다음 세대의 유전자형 빈도를 계산하기 위해 푸네트 정방형을 적용할 수 있다. 유성생식만으로는 유전자형과 표현형을 변화시키지 않는다는 것을 알 수 있다.

유성생식 한 가지만으로는 유전자형과 대립유전자 빈도의 변화가 일어나지 않는다는 중요한 사실을 알 수 있다. 또한 우성 대립유전자라고 해도 다음 세대에서 그 빈도가 증가하는 것이 아니다. 우성이라는 성질이 특정 대립유전자가 보편적인 대립유전자로 되도록 하지는 않는다.

유전자 풀의 대립유전자 빈도는 세대를 거치면서 그림 15.8과 같이 평형에 도달하는 것처럼 보인다. 이러한 사실은 영국의 수학자 G. H. Hardy와 독일의 물리학자 W. Weinberg에 의한 개별적인 연구를 통해 1908년에 밝혀졌다. Hardy와 Weinberg는 개체군 내에서의 유전자형과 대립유전자 빈도를 계산하기 위해 이항방정식을 이용하였다(그림 15.8). 이 공식에서,

p = 우성 대립유전자의 빈도(나방의 경우 D 대립유전자)
q = 열성 대립유전자의 빈도(나방의 경우 d 대립유전자)

Hardy-Weinberg 원리에서 유전자형 빈도는 평형을 이루며, 다음과 같이 표시할 수 있다.

$$p^2 + 2pq + q^2 = 1$$

후추나방의 예에서 이 방정식을 살펴보자(그림 15.8). 검은색 대립유전자(D)는 우성 대립유전자로 개체군의 20%(0.20)이다. 그러므로 $p = 0.20$, 그리고 부모 모두가 이 대립유전자를 제공할 확률은 $p \times p$ (p^2), 즉 0.04(4%)이다. 열성 동형접합 개체가 되기 위해서는 부모로부터 모두 열성 대립유전자를 물려받아야 한다. 열성 대립유전자(d)는 유전자 풀에서 0.80의 빈도를 가지므로(q로 표현됨) 그 확률은 $0.8 \times 0.8(q^2)$, 즉 0.64(64%)이다. 그림 15.8의 푸네트 정방형에 의하면 한 개체가 이형 접합체가 되는 방법은 두 가지이며, $2pq$로 표현할 수 있다. 그러므로 이형 접합체가 될 확률은 $2 \times 0.2 \times 0.8$, 즉 0.32(32%)이다.

Hardy와 Weinberg 원리의 수학적 관계는 다음의 다섯 가지 조건을 충족할 경우 유성생식을 하는 개체군의 다음 세대에서도 여전히 적용할 수 있다.

1. 집단 내에 돌연변이(mutation)가 일어나지 않는다: 대립유전자에 변화가 일어나지 않거나 한 방향으로의 변화가 다른 방향으로의 변화에 의해 상쇄된다.
2. 집단 사이에 유전자 흐름이 없다: 개체군 내로 또는 밖으로의 대립유전자의 이동이 없다.
3. 교배가 무작위로 일어난다: 유전자형이나 표현형에 따라서가 아니라 우연에 의해 교배한다.
4. 유전적 부동이 일어나지 않는다: 개체군의 규모가 매우 크고, 우연에 의한 대립유전자 빈도의 변화는 미미하다.
5. 선택: 자연선택이 일어나지 않거나 또는 특정 대립유전자나 대립유전자의 조합을 다른 것보다 선호하지 않는다.

이 조건들은 거의 충족되지 않기 때문에 한 개체군의 유전자 풀의 대립유전자 빈도와 유전자형은 세대를 거쳐 변화한다. 그러므로 소진화가 일어나고 변화의 정도도 측정가능하다. Hardy-Weinberg 원리는 어떤 요인이 진화를 일으키는지 알려주기 때문에 중요하다. 소진화는 개체군의 유전자 풀에서 유전자형 빈도가 Hardy-Weinberg 평형으로부터 벗어난 정도를 이해함으로써 알 수 있다.

유전자형 빈도는 자연선택에 영향을 받기 때문에 표현형 빈도의 변화를 초래한다. 공해로 인해 검은색 표현형의 빈도가 증가하는 **산업흑화현상**(*industrial melanism*)이 하나의 예이다. 단지 나방 개체군의 36%만이 검은색을 나타내었다(우성 동형접합체와 이형접합체). 이유가 무엇일까? 산업혁명이 일어나기 전에는 어두운 색깔의 나방이 밝은 나무에서 휴식을 취하면 새의 눈에 띄어서 잡아먹혔다. 그러나 산업혁명이 일어나면서 나무의 외피가 검게 변하면서 밝은 체색의 나방이 섭식동물의 눈에 쉽게 띄어 잡아먹혔다(그림 15.7*b*). 나방을 잡아먹는 새가 선택요인으로 작용하여 소진화가 일어났다. 1950년대 중반에는 전체 집단의 80% 이상이 흑색나방이었다. 이 예는 자연선택이 짧은 시간 내에 일어날 수 있고, 소진화가 일어나는 것처럼 유전자 풀 빈도가 변한다는 것을 알려준다.

소진화를 일으키는 요인들

대립유전자의 평형을 위한 요인에서 벗어나는 조건은 진화적 변화를 일으킨다. 그러므로 다음의 다섯 가지 조건이 Hardy-Weinberg 평형상태를 깨뜨리는 요인이다. 유전자 돌연변이, 유전자 흐름, 무작위적인 교배, 유전적 부동, 그리고 자연선택(15.1절 참조).

유전자 돌연변이

영원한 유전자의 변화를 의미하는 **돌연변이(mutation)**는 진화적 변화를 위한 기본 재료이다. 돌연변이가 없다면 자연선택이 작용할 수 있는 개체군의 구성원들에게 새로운 변이가 없다. 그러나 돌연변이 확률은 매우 낮아서 십만 번 세포분열을 할 때 하나의 돌연변이가 일어난다. 게다가 많은 돌연변이는 중립적인데(**그림 15.9**), 이는 자연선택에 의해 호의적으로도 또는 비호의적으로도 선택되지 않음을 의미한다. 원핵생물은 무성생식을 하기 때문에 돌연변이가 변이를 만드는 데 중요하다. 표현형에 차이를 일으키는 돌연변이는 환경에 의해 검증된다. 그러나 유성생식을 하는 개체의 경우 돌연변이가 만일 열성이라면 표현형에 영향을 미치지 않는다.

변화하는 환경에서는, 표현형에 차이를 가져와 심지어 해로운 것처럼 보이는 돌연변이가 적응적 변이의 근원이 될 수 있다. 예를 들어, 물벼룩 *Daphnia*은 일반적으로 20°C 물에서 서식한다. 그러나 돌연변이에 의하여 25°C에서 30°C 사이의 물에서 서식하는 물벼룩도 있다. 이러한 돌연변이의 적응적 가치는 환경조건에 의해서 결정된다.

유전자 흐름

유전자 흐름(gene flow)이란 개체군 간의 생식가능 개체들의 이동에 따른 대립유전자의 이동을 말하며, **유전자 이동**(*gene migration*)이라고도 한다. 유전자 흐름은 다른 집단에서 돌연변이에 의해 만들어진 새로운 대립유전자를 도입함으로써 한 집단 내의 변이를 초래한다. 개체의 이동에 따른 지속적인 유전자 흐름은 집단 유전자 풀을 유사하게 만들고 개체군 사이의 대립유전자 빈도의 상이성을 감소시키기도 한다. 따라서 개체군 사이의 유전자 흐름은 종 분화를 지연시키기도 한다. 이러한 유전자 흐름 때문에 **그림 15.10**의 뱀 개체군은 동일한 종 내에서의 다른 집단인 아종이다. 다소 독특한 특징들에

그림 15.9 주근깨.

우성 대립인자 때문에 주근깨가 생긴다. 그런데 주근깨가 모든 사람에게서 나타나지 않는 이유는 무엇일까? Hardy-Weinberg 원리에 의하면 유성생식을 하는 생명체는 스스로 대립인자 빈도를 변화시키지 않기 때문에 우성 유전자라고 해서 반드시 다음 세대에서 그 빈도가 증가하는 것은 아니다.

그림 15.10 유전자 흐름.

이 쥐뱀들은 서로 다른 집단이다. 집단 사이의 유연관계가 깊기 때문에 상호 교배가 가능하여 각 집단 사이의 유전자 흐름이 일어난다. 이러한 유전자 흐름은 집단의 유전자 풀을 유사하게 하며, 이 집단들은 *Pantherophis obsoleta*의 아종으로 분류된다. 아종의 학명은 삼명법을 따른다.

도 불구하고, 개체군 사이의 유전적 유사성이 크기 때문에 *Pantherophis obsaleta* 아종은 쉽사리 상호교배가 가능하다.

작위적 교배

한 개체가 유전자형이나 표현형에 상관없이 우연히 만난 개체와 교배하면 무작위교배가 이루어진다. 그렇지만 근친교배는 **작위적 교배(nonrandom mating)**의 한 예이다. 근친교배에 의해서 대립유전자 빈도가 변하지는 않지만, 동형접합 개체는 동형접합 생식세포만을 생산하기 때문에 점차적으로 동형접합 유전자형의 빈도를 증가시킨다.

동류교배(assortative mating)란 어느 한 개체가 자신과 비슷한 특징의 표현형을 가진 상대와 교배함을 말한다. 인간의 경우 문화적 차이 때문에 자신이 속한 그룹 내에서 배우자를 선택하고자 한다. 동류교배에 의해 집단은 두 개의 표현형 집단으로 나뉘고, 그 두 소집단 사이의 유전자 교류는 감소한다. 어느 특정한 형질을 결정하는 유전자 자리에 대하여 동형접합 유전자 빈도를 증가시키고 이형접합 유전자 빈도를 감소시킨다.

성 선택(sexual selection)은 배우자를 획득할 기회를 증가시키는 특징을 선호하며 이로 인해 작위적 교배를 촉진시킨다. 대부분의 종에서 수컷은 암컷을 두고 경쟁을 하며, 암컷을 매혹시키는 표현형을 가진 수컷은 교배 기회가 많으며, 높은 적응도를 갖는다.

유전적 부동

유전적 부동(genetic drift)이란 우연한 기회에 유전자 풀 안의 대립유전자의 빈도가 변하는 것을 말한다. 이러한 유형의 진화는 대립유전자 빈도가 시간의 흐름에 따라 우연히 변할 수 있기 때문에 유전적 부동이라 한다. 개체군의 구성원이 죽거나, 더 오래 살아남거나 또는 서로 생식활동을 하기 때문에 규모가 증가하기도 하고 감소하기도 한다. 비록 유전적 부동은 대규모 집단과 소규모 집단 모두에서 일어날 수 있지만 유전적 부동의 파급효과는 대규모 집단에서는 미미하나 소규모 집단에서는 크게 나타난다. 하나의 큰 가방에 1,000개의 초록색 공과 1,000개의 파란색 공이 들어 있는데, 여기에서 10%(200개)의 공을 임의로 꺼낸다고 가정하자. 이렇게 개체 수가 많은 집단에서는 100개의 초록색 공과 100개의 파란색 공, 혹은 적어도 이와 비슷한 비율로 공을 꺼낼 것으로 예상할 수 있다. 하지만 또 하나의 다른 가방 안에 10개의 초록색 공과 10개의 파란색 공이 들어 있는데, 여기에서도 10%(2개)의 공을 꺼낸다고 가정해보자. 2개 모두 초록색 공이거나 또는 2개 모두 파란색 공 또는 각각 하나씩 일 수도 있다.

개체군이 작으면 하나의 유전자형이 다음 세대에서도 나타날 확률이 낮다. 어느 소규모 개구리 집단에서 어느 형질을 지닌 개체가 다음 세대로 그 형질을 전승시키는 데 실패했다고 가정하자. 이 경우 다음 세대 집단에서는 대립유전자의 빈도가 달라진다(**그림 15.11**). 유전적 부동에 의해 하나 또는 그 이상의 대립유전자가 유실되면 이 유전자가 위치했던 유전자 좌위에는 다른 대립유전자가 자리를 잡게 된다.

107개의 초파리 집단을 배양병 속에서 사육하며 갈색 눈 형질에 대해 연구하는 실험을 수행하였다. 각각의 병에 암수 각각 8마리의 이형접합 초파리를 배양하였다. 열성 동형접합이나 우성 동형접합의 초파리는 포함되지 않았다. 이들의 새끼 중에서 다시 암수 각각 8마리씩 골라서 배양하였다. 이렇게 하기를 19세대에 걸쳐서 반복했다. 19번째 세대에 이르러서는 집단의 25%가 열성 동형접합이고 또 다른 25%가 갈색 눈 색깔을 나타내는 유전자를 우성 동형접합으로 갖고 있었다.

유전적 부동은 우연에 따른 과정이므로 모든 개체군에서 동일한 결과를 가져오지 않는다. 캘리포니아에는 다른 개체군으로 이루어진 많은 삼나무 숲이 있다. 같은 숲 안에 있는 수목 표현형은 서로 유사하지만 다른 숲의 수목 표현형과는 확연한 차이가 있다. 어떤 숲의 수목은 일괄적으로 길게 쭉 뻗었지만 다른 숲의 수목은 피라미드형이다. 어떤 숲의 목피는 거칠지만 다른 숲의 목피는 매끈하다. 나뭇잎의 색깔도 회색, 밝은 녹색, 혹은 청색이고, 솔방울의 크기도 제각각이다. 이 숲들은 모두 비슷한 환경에 처해 있기 때문에 환경과 표현형 사이의 상관관계가 없어 보인다. 이렇게 삼나무 집단마다의 다양한 표현형은 유전적 부동 때문이라는 가설을 세워볼 수 있다.

병목효과 지진이나 화재 같은 자연재해나 남획 그리고 서식처 파괴로 인해 생물종이 거의 멸종되기도 한다. 이러한 경우 대부분의 개체들이 갑자기 좁아진 병목을 통과하기 위해서 기다리다가 몰살해버리고 극히 소수의 개체들만 살아남게 된다(**그림 15.12**). 이러한 **병목효과(bottleneck effect)**는 대다수의 유전자형이 다음 세대로 형질이 대물림 되는 것을 차단한다.

치타에게서 발견되는 극단적인 유전적 유사성은 이러한 병목효과에 기인한 것으로 판단된다. 47개의 효소를 분석한 바에 의하면 다른 유형의 고양이에서는 몇몇 다른 형태의 효소가 존재하지만 모든 치타 개체들은 완전히 동일한 형태의 효소를 가지고 있었다. 이는 유전적 부동에 의해 어떤 대립유전자가 유실되었음을 의미한다. 치타 집단의 유전적 병목효과의 원인은 정확히 규명되지 않았다. 치타는 19세기에 가축을 보호하고자 하는 사람들에 의해서 또는 약 4,000년 전 이집트인들에 의해 행해진 남획이나 수만 년 전 대량 학

그림 15.11 유전적 부동.

유전적 부동이란 집단 내의 대립유전자 빈도가 우연한 기회에 변하는 것을 말한다. 다음 세대의 유전자 풀에서의 대립유전자 빈도가 부모 세대에서의 유전자 풀에서의 대립유전자 빈도와 다르다.

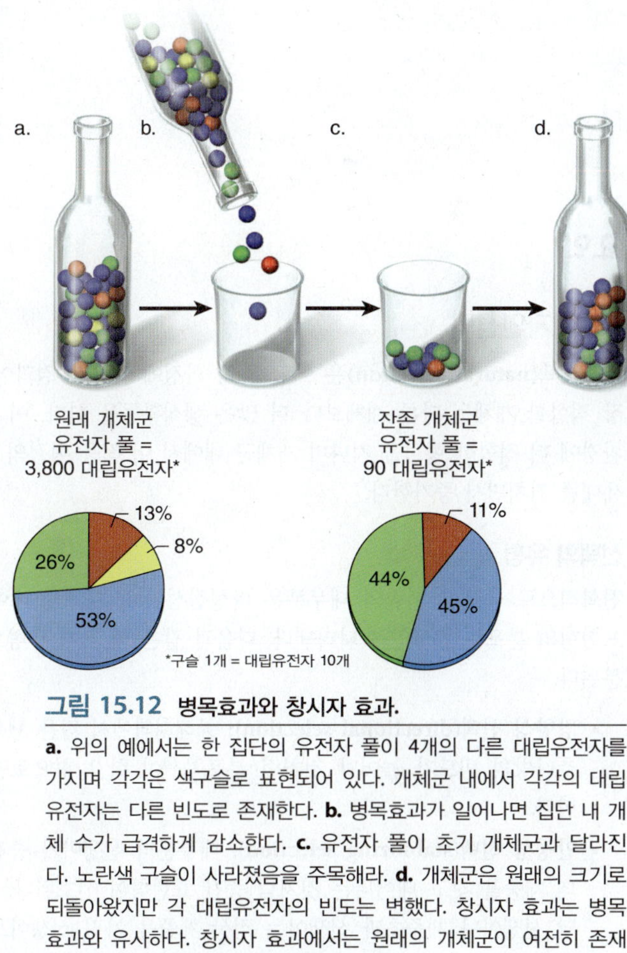

그림 15.12 병목효과와 창시자 효과.

a. 위의 예에서는 한 집단의 유전자 풀이 4개의 다른 대립유전자를 가지며 각각은 색구슬로 표현되어 있다. 개체군 내에서 각각의 대립유전자는 다른 빈도로 존재한다. **b.** 병목효과가 일어나면 집단 내 개체 수가 급격하게 감소한다. **c.** 유전자 풀이 초기 개체군과 달라진다. 노란색 구슬이 사라졌음을 주목해라. **d.** 개체군은 원래의 크기로 되돌아왔지만 각 대립유전자의 빈도는 변했다. 창시자 효과는 병목효과와 유사하다. 창시자 효과에서는 원래의 개체군이 여전히 존재한다는 사실만 병목효과와 다르다.

살 때문에 몰살된 것으로 추측된다. 오늘날의 치타들은 병목효과 후 심한 근친교배로 인해 심각한 불임증상을 보이고 있다.

창시자효과 개체군으로부터 한 집단이 분리 독립하였을 경우 매우 드문 대립유전자나 그 대립유전자의 조합이 높은 빈도로 나타나는 유전자 부동의 경우를 **창시자효과(founder effect)**라고 한다. 새로운 집단을 창시한 개체는 원래 있던 개체군이 가진 유전적 다양성 중에서 단지 일부만 가지고 있다. 초기 창시자가 가진 대립유전자는 우연에 의해서만 전달된 것이다. 미국 펜실베이니아 랑카스터에 집단 거주하는 아만족(Amish)은 독일에서 이주한 소수의 창시자다. 현재의 아만인 14명당 1명이 왜소증(단지 팔과 다리의 길이만 짧다)과 다지증(손가락 개수가 많다)을 유발하는 대립유전자를 가지고 있다. 일반적인 집단에서는 1,000명 중 1명만이 이 대립유전자를 지니고 있다.

15.2 개념 연결하기

다양한 요인에 의해 개체군의 소진화가 일어난다.

진도 점검하기 15.2

1. 유전자 풀이란 용어를 정의하고 한 개체군 안에서 대립인자 빈도와 어떤 관계가 있는지 설명하시오.
2. Hardy-Weinberg 평형을 설명하고, 또 소진화가 일어날 때 이 평형에 어떤 일이 일어나는지 설명하시오.
3. 소진화를 일으킬 수 있는 다섯 가지 조건을 나열하시오.
3. 진화의 관점에서 돌연변이의 중요성을 서술하시오.
5. 어떻게 유전자 흐름과 작위적 교배에 의해 소진화가 일어나는지 설명하시오.
6. 유전적 부동의 결과와 유전적 부동이 작은 소집단에 일어나기 쉬운 이유를 설명하시오.

요약

15.1 자연선택

자연선택(natural selection)은 어떤 종이 환경에 적응한 결과이다. 가장 적합한 개체는 다른 개체보다 더 많은 생식활동을 한다. 이 개체는 환경에 더 적합한 형질을 지니며 개체군 내에서 이 적응 형질의 빈도는 세대를 거치면서 증가한다.

선택의 유형

진화적으로 중요한 형질의 대부분은 다형질성이고, 개체군 내에서 그 표현형의 분포는 종모양을 나타낸다. 다음과 같은 세 가지 유형으로 구분된다.

- **방향성 선택(directional selection):** 공해지역에서 검은 체색의 후추나방의 빈도가 늘어난 것처럼 분포곡선이 한 방향으로만 이동한다.
- **안정성 선택(stabilizing selection):** 대부분의 신생아가 중간 정도의 체중을 갖고 태어나는 것처럼 중간 표현형이 선호된다. 체중미달 신생아나 체중초과 신생아는 정상 체중을 가진 신생아보다 적합하지 않다.
- **분단성 선택(disruptive selection):** 넓은 지역에서 지역에 따른 다른 선택으로 영국 달팽이의 표현형이 분리된 것처럼 분포 곡선이 극단적인 두 가지로 나뉜다.

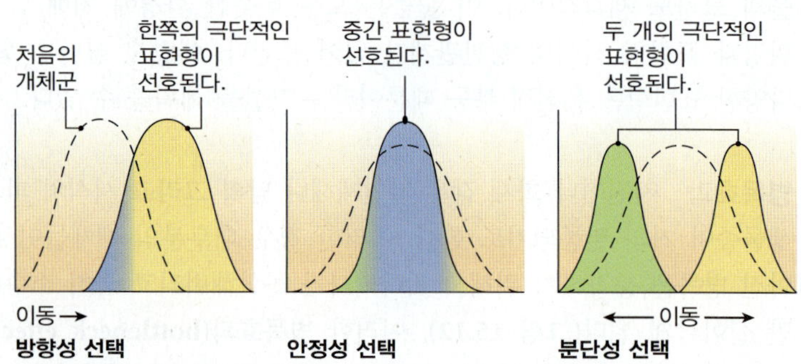

성 선택

성 선택(sexual selection)은 수컷과 암컷 사이에 차이가 있다. 성 선택은 가장 **적응도(fitness)**가 높아 생존 가능한 자손을 생산할 수 있는 능력이 가장 큰 배우자를 선택하는 것이다.

적응은 완전한 것이 아니다

진화란 어떤 변이가 존재하는지에 따라 다르기 때문에 적응은 완전한 것이 아니다. 단지 특정 유형의 변이만 이용할 수 있기 때문에 동일한 결과를 가져오는 경향이 있다. 그 결과는 종종 이익과 희생으로 상쇄된다. 성 선택은 적응과는 무관한 생식적 유리함과 관련되어 있다.

변이의 유지

지속적인 자연선택에도 불구하고 변이는 다음과 같은 이유로 유지된다.

- 돌연변이와 유전자 재조합은 계속해서 일어나며 개체군 간의 유전자 흐름으로 인해 새로운 대립유전자가 유입된다. 자연선택이 덜 선호되는 표현형을 제거하지 못할 수 있다.
- 유성생식을 하는 이배수성 생명체에서, 이형접합체는 빈도가 낮은 열성 대립유전자를 보관하는 역할을 한다. 낫세포 적혈구빈혈증의 경우, 이형접합체는 말라리아가 만연한 지역에서 보다 적합하다. 그러므로 두 가지 동형접합체가 개체군에서 유지된다.

15.2 소진화

소진화(microevolution)는 시간이 흐름에 따라 개체군 내에서 작은 변화가 일어나는 과정이다. 소진화에 대한 연구는 종종 집단유전학으로 언급된다.

유전적 개념에서의 진화

소진화는 여러 요소를 포함한다.

- 개체군이 가지고 있는 다양한 유전자의 총집합을 **유전자 풀(gene pool)**이라고 한다.
- 유전자 풀의 대립유전자 빈도가 세대를 거듭해도 집단 내 유전자 빈도의 변화가 일어나지 않는 상태가 Hardy-Weinberg 평형이다. 특정 조건이 충족될 때에만 평형에 이른다.
- 조건은 다음과 같다. (1) 돌연변이가 일어나지 않는다. (2) 유전자 흐름이 없다. (3) 무작위로 교배가 일어난다. (4) 유전적 부동이 일어나지 않는다. (5) 자연선택이 일어나지 않는다. 하지만 이러한 5가지 조건을 모두 충족시킬 수 있는 경우는 매우 드물기 때문에 유전자 풀의 빈도는 변할 수밖에 없다.
- 유전자 풀의 구성이 바뀌면 소진화가 진행되었음을 뜻한다. Hardy-Weinberg 평형에서 벗어났다는 것은 진화가 일어났으며 변화의 정도를 측정할 수 있음을 알려준다.

소진화를 일으키는 요인들

소진화는 다음의 다섯 가지 요인에 의해서 유발된다.

- **돌연변이(mutation)**는 변이의 근본적인 요인이다. 환경에 변화가 있을 때에만 일부 유전자의 변이는 진화적 중요성을 지닌다. 각 유전자 자리에 여러 대립유전자가 존재하며 단일염기다형성(SNPs)이 존재할 때 유전적 다양성은 증가한다.
- **유전자 흐름(gene flow)**은 생식 가능한 개체가 다른 집단으로 이동하거나(동물의 경우), 생식세포 또는 씨앗이 다른 집단으로 옮겨질 때(식물의 경우) 일어난다.
- **작위적 교배(nonrandom mating)**는 가까운 친족 간의 교배(근친교배)나 동류교배를 통해서 이루어진다. **성 선택(sexual selection)**은 배우자의 선택을 증가시키는 특징이 선호되는 현상을 말한다.
- **유전적 부동(genetic drift)**은 대립유전자의 빈도가 우연히 변할 때 일어난다. 유전적 부동은 유전자 풀에서 대립유전자 빈도를 변화시키는 **병목효과(bottleneck effect)**나 **창시자 효과(founder effect)**에 의해 나타난다.
- 자연선택(15.1절 참조)

개념 연결하기

개체군은 시간이 지남에 따라 자연선택에 의해 변한다. 소진화에 의해 항생제에 저항성을 갖는 세균과 같이 개체군 내에서의 새로운 변이가 나타난다.

15.1 자연선택으로 인해 개체군이 자신의 환경조건에 적응하게 된다.

15.2 다양한 요인에 의해 개체군의 소진화가 일어난다.

작은 규모로 진화에 영향을 주는 요인에 관한 정보가 더 필요하면 다음 논의를 참조하시오.

1.2절 생명과학 학습에서 진화와 자연선택의 중요성에 대한 정보.
14.1절 오랜 시간에 걸친 진화에 있어서 자연선택의 역할에 대한 설명.
16.1절 종분화와 대진화 과정에 대한 설명.

혼자 풀어보기

가장 적절한 답을 고르시오.

15.1 자연선택

[1~5] 질문에 대한 가장 적합한 선택의 유형을 고르시오. 보기의 항목은 여러 번 사용될 수 있다.

보기:

a. 성 선택
b. 안정화 선택
c. 방향성 선택
d. 분단성 선택

1. 가장 평범한 표현형에 반한 선택
2. 배우자의 적응도에 바탕을 둔 선택
3. 극단의 표현형에 대한 선호
4. 중간 표현형에 대한 선호
5. 항생제나 살충제에 대한 저항성과 같은 경우

15.2 소진화

6. 어떤 집단이 48 *AA*, 54 *Aa*, 22 *aa* 개체들로 이루어져 있다. *A* 대립인자의 빈도는?

a. 0.60 **b.** 0.40
c. 0.62 **d.** 0.42
e. 0.58

7. 다음 중 Hardy-Weinberg 원리의 이항방정식은 무엇인가?
   a. $2p^2 + 2pq + 2q^2$
   b. $p^2 + pq + q^2$
   c. $2p^2 + pq + 2q^2$
   d. $p^2 + 2pq + q^2$
8. 가장 잘 적응한 개체의 자손은 다음 세대에서 대다수를 차지할 것으로 생각된다. 가장 타당한 설명은?
   a. 돌연변이와 작위적 교배
   b. 유전자 흐름과 유전적 부동
   c. 돌연변이와 자연선택
   d. 돌연변이와 유전적 부동
9. 200년 전, 27개의 가족으로 이루어진 Dunker라는 생식 가능한 고립된 종파가 독일에서 미국으로 이주하였다. 이 집단의 혈액형 대립유전자 빈도는 일반적인 미국 집단과는 확연히 다르다. 이는 다음 중 어떤 경우에 해당하는가?
   a. 부정적인 동류교배
   b. 자연선택
   c. 창시자 효과
   d. 병목 현상
   e. 유전자 흐름
10. 개체군이 작을 때 일어날 확률이 가장 큰 것은?
   a. 유전자 흐름
   b. 유전적 부동
   c. 자연선택
   d. 돌연변이
   e. 성 선택
11. 낫세포 적혈구빈혈증을 나타내는 대립유전자가 말라리아가 만연한 지역에서 유지되는 이유는 무엇인가?
   a. 기생동물에 저항성을 나타내는 대립유전자 때문
   b. 유전자 흐름이 해당 지역에서 많이 일어나기 때문
   c. 분단성 선택 때문
   d. 유전적 부동이 무작위로 대립유전자를 선택하기 때문

과학적으로 생각하기

1. 한 농부가 새로운 살충제를 사용한다. 제조사의 지시대로 살충제를 사용하였더니 농작물의 약 15%가 곤충에 해를 입었다. 다른 지역의 농부는 세 차례 가능한 많은 살충제를 처리하였고, 농작물의 약 3%만 곤충에 해를 입었다. 각 농부는 5년 동안 이와 동일하게 하였다. 5년 뒤, 첫 번째 농부는 여전히 농작물의 15%가 곤충에 해를 입은 반면, 두 번째 농부는 약 40%가 해를 입었다.
   a. 이 경우 자연선택이 어떻게 작용하는지 설명하시오.
   b. 이 개체군에서 일어나고 있는 선택에 대해 설명하시오.
   c. 어떤 개체군이 여전히 평형상태에 있는가? 이를 어떻게 알 수 있을까?
2. 수컷에게서 두 가지 형태의 깃털 표현형이 존재하는 들꿩 집단이 있다. 하나는 상대적으로 어두워서 그늘에서 눈에 잘 띄지 않지만 다른 하나는 상대적으로 밝은색이어서 포식자에게 쉽게 발각된다. 암컷은 모두 어두운 깃털을 가지고 있다. 암컷과 두 가지 다른 깃털을 가진 수컷 사이의 교배를 관찰하여 다음과 같은 결과를 얻었다.

   어두운 깃털을 가진 수컷과 교배: 13
   밝은 깃털을 가진 수컷과 교배: 32
   a. 암컷이 밝은 깃털을 가진 수컷을 선호하는 이유를 설명할 수 있는 가설을 제시하시오.
   b. 밝은 깃털을 선택한 것에 대한 이로운 점을 설명하시오.
   c. 제시한 가설을 입증할 수 있는 실험을 계획하시오.

보르네오섬의 신종: 미니 개구리(micro-frog)

2007년, 신종 미니 개구리인 *Microhyla nepenthicola*가 보르네오 섬의 삼림에서 발견되었다. 길이 12 mm 정도인 이 개구리는 짝짓기를 한 뒤, 숲의 바닥에서 서식하는 낭상엽 식물(pitcher plant)인 *Nepenthes ampullaria*에 알을 낳는다. 낭상엽 식물이 모아둔 물속에서 올챙이가 성체 개구리로 발달한다. 오랫동안 *M. nepenthicola*는 다른 종의 어린 개체로 여겨졌는데, 자세한 관찰을 통해서 이 미니 개구리가 낭상엽 식물의 왁스 성분의 매끄러운 벽을 오를 수 있는 일련의 독특한 특성을 가지고 있음이 밝혀졌다. *M. nepenthicola*의 기원은 이들이 둥지를 짓고 영양을 얻는 식물인 *N. ampullaria*와 맺은 긴밀한 관계에서 비롯된다.

이 장에서는 소진화에서 한 걸음 더 나아가서 시간이 지남에 따라 어떻게 집단에 새로운 종으로 분화할 만큼 충분히 큰 차이가 축적되는지 알아보고자 한다. 종의 기원은 지구상 모든 생명체의 다양성의 기원을 이해하는 데 아주 중요하다.

이 장을 공부하는 동안 다음 질문에 대해 생각해보자.

1. 과학자들은 하나의 생명체가 새로운 종인지 아닌지를 어떻게 결정하는가?
2. 어떤 과정이 새로운 종의 진화를 유도하는가? 이것은 집단의 진화를 유도하는 과정과 다른가?
3. 시간이 지남에 따른 종의 발생 및 멸종에 대해 화석기록이 알려줄 수 있는 것은 무엇인가?

16

큰 규모의 진화

개 요

시작하기 전에

이 장을 시작하기 전에 다음 내용을 다시 살펴보자.

14.2절 화석기록과 비교해부학 연구가 진화적 변화를 이해하는 데 어떤 역할을 하는가?

15.1절 자연선택이 진화적 변화의 기작으로서 어떻게 작동하는가?

15.2절 소진화란 무엇인가?

16.1 종분화와 대진화

학습 목표

이 절을 학습한 후에는 다음 과제를 수행할 수 있어야 한다.

1. 생물학적인 종의 정의를 이해하며 이 정의의 한계를 기술하기.
2. 접합전 격리 기작 및 접합후 격리 기작을 구분하고 각각의 예를 제시하기.
3. 이소 종분화와 동소 종분화를 구분하고, 각 방법이 어떻게 새로운 종 발생을 초래하는지 설명하기.
4. 적응방산에 의해 어떻게 새로운 종이 발생할 수 있는지 설명하기.

15장에서는 짧은 시간 동안 한 집단에서의 작은 변화인 소진화 과정을 다루었다. 이 장에서는 매우 긴 시간 동안 한 집단에서의 변화인 **대진화(macroevolution)**라고 부르는 과정에 집중하고자 한다. 지구에서 생명의 역사는 대진화의 일부이다. 대진화는 한 종이 둘 또는 그 이상의 종으로 나뉘는 **종분화(speciation)**를 필요로 한다. 앞으로 볼 수 있듯이 종분화는 유전자 풀의 변화 및 두 집단의 격리에 기인한다. 이 모든 것은 소진화의 원리에 기반을 두고 있다.

종이 생겨나면 환경에 적응하면서 진화한다. 시간이 지나면 새로운 종들은 다시 종분화를 거쳐서 더 많은 종을 만들거나 멸종한다. 지구상에서 생명의 역사는 화석기록(**그림 16.1***a*) 및 우리의 유전정보(그림 16.1*b*)에 기록된 것처럼 소진화, 대진화 및 종분화 과정에 대한 기록이다.

a.

b.

종의 정의

종의 기원을 고려하기 전에 우선 종에 대해 정의를 내릴 필요가 있다. 외형이 항상 두 종을 구분하는 좋은 방법은 아니다. 다른 종에 속하는 구성원들이 상당히 유사하게 보이기도 하고, 반면에 같은 종의 구성원들이 다양한 외형을 갖기도 한다. 많은 정의가 제안되었지만 **생물학적 종 개념(biological species concept)**은 종을 정의하기 위해서 외형에 의존하지 않은 검증 가능한 방법을 제시한다. 한 종의 구성원들은 서로 교배할 수 있고, 공통의 유전자 풀을 가지며 각 종은 생식적으로 모든 다른 종들과 격리되어 있다. 예를 들면, **그림 16.2**의 딱새들은 자연 상태에서는 서로 교배하지 않으므로 다른 종의 구성원들이다.

그림 16.1 생명의 역사.

생명의 역사는 (**a**) 화석과 (**b**) 모든 생명체의 DNA에 기록되어 있다.

생물학적 종의 개념에 따르면, 유전자 흐름은 같은 종의 집단 사이에서는 일어나지만 서로 다른 종의 집단 사이에서는 일어나지 않는다. 아메리카 꽃단풍(red maple)과 사탕단풍(sugar maple)은 미국 동부 지역의 매우 광범위한 범위에 걸쳐 발견되며, 각 종은 많은 집단으로 구성되어 있다. 그러나 각 종의 집단에 속하는 구성원들은 자연 상태에서는 거의 교배하지 않는다. 따라서 이 두 종류의 식물은 별개의 종이다. 반대로 인류는 신체적 외형이 확실히 다른 많은 집단을 포함한다(**그림 16.3**). 그러나 모든 인류는 서로 생식 가능한 자손을 생산할 수 있으므로 하나의 종에 속한다.

생물학적 종의 개념은 유용하지만 그래도 한계를 가지고 있다. 예를 들어 이는 유성생식을 하는 생명체에만 적용되며 무성생식을 하는 생명체에는 적용되지 않는다. 또 유성생식을 하는 생명체 역시 우리가 생각하는 것처럼 항상 생식적으로 격리되어 있는 것은 아니다. 북미찌르레기(oriole)는 북미 대륙의 서부 지역에서도 서식하며 동부 지역에서도 서식한다. 그러나 미토콘드리아 DNA 분석 결과 유전적으로 매우 거리가 먼 이 두 종은 북미 대륙의 중간에서 만나면 교배하기도 한다.

생물학적 정의 외에도 종에 대한 다른 정의가 있다. 이 중 일부는 종 사이의 진화적인 유연관계를 근거로 한다. 이 장의 후반부에서 보겠지만(16.3절), 종은 속(genus)의 하위 분류 범주이다. 같은 속의 종들은 최근의 공통조상을 공유한다. **공통조상(common ancestor)**은 두 개 이상의 서로 다른 그룹에 대한 하나의 조상이다. 예를 들면, 당신 아버지의 어머니(할머니)는 당신과 당신 형제자매들

Acadian flycatcher,
아카디안딱새
(*Empidonax virescens*)

Traill's flycatcher,
숲길딱새
(*E. traillii*)

Least flycatcher,
작은딱새
(*E. minimus*)

그림 16.2 딱새(flycatcher).

이 세 종의 딱새는 외형은 거의 같지만, 서로 생식하지 못하므로 다른 종이다. 종마다 고유한 노래를 지니며, 짝짓는 시기 동안 서식하는 장소도 다르다.

a. b.

그림 16.3 사람 개체군.

(**a**) 동아프리카의 Maasai와 (**b**) 파나마의 산블라스제도에서 사는 Kuna 인디언은 모두 *Homo sapiens*의 구성원이다. 왜냐하면 이들 사이에서 생식력을 갖춘 자손이 태어날 수 있기 때문이다.

연관: 과학적 탐구

유성생식을 하지 않는 생명체는 어떻게 별개의 종으로 판별할 수 있는가?

많은 생명체가 유성생식을 하지 않거나 매우 드물게 유성생식을 한다. 예를 들면, 어떤 이끼 종은 200~300년 만에 한 번씩 유성생식을 한다! 무성생식을 하는 두 생명체 집단이 별개의 종인지 아닌지를 결정하기 위해서 과학자들은 DNA 분석, 형태 연구 및 자세한 생태 관찰을 통해 두 집단이 자연적으로 생식하는지를 판단한다. 종종 과학자들은 연구를 통해 새로운 정보를 얻으면 기존의 종 분류를 다시 검토해야 한다.

그리고 부계 사촌들의 공통조상이다. 같은 속 안에 있는 종들 그리고 유연관계가 가까운 속들에 속한 종들의 유연관계를 연구함으로써, 과학자들은 시간이 지남에 따라 종이 어떻게 진화했는지를 더 잘 이해할 수 있게 되었다.

생식적 장벽

앞에서 언급했듯이, 두 종이 분리되기 위해서는 이들은 생식적으로 격리되어야 한다. 이는 두 종 사이에서 유전자 흐름이 발생하지 않음을 의미한다. 생식적 장벽은 성공적인 생식을 방해하는 격리 기작이다(**그림 16.4**). 진화에서 생식은 생식력이 있는 자손을 생산할 때만이 성공적이라고 간주된다.

접합전 격리 기작(prezygotic isolating mechanism)은 접합자 형성 이전에 발생하는 격리 기작이다. 대부분 이로 인해 생식적 시도가 방해되며, 교배가 시도되더라도 수정이 성공적으로 일어나지 않는다. 서식지 격리, 시간적 격리, 행동적 격리, 기계적 격리 및 배우자 격리는 특정 유전자형이 한 집단의 유전자 풀에 공헌하는 것을 막는다.

서식지 격리(*habitat isolation*). 두 종이 서로 다른 서식지를 점유하면, 심지어 같은 지리적 범위 안에 있더라도 이들은 잘 만나지 않으며 생식을 시도하지도 않는다. 이것이 그림 16.2의 딱새들이 서로 교미하지 않고 아메리카 꽃단풍과 설탕단풍이 서로 꽃가루를 교환하지 않는 이유 중 하나이다. 열대 우림에서 많은 동물 종들은 특정 높이의 캐노피에 제한되어 있기 때문에 유사한 종들로부터 격리되어 있다.

시간적 격리(*temporal isolation*). 두 종이 같이 지역에 서식할 수 있지만, 1년 중 서로 다른 시기에 생식활동을 하기 때문에 이들은 서로 교미를 시도하지 않는다. 예를 들면, *Reticulitermes hageni*와 *R. virginicus*는 흰개미(termite)의 서로 다른 두 종이다. 전자는 3월에서 5월에 걸쳐 교미비행을 하지만 후자는 가을 및 겨울에 교미한다.

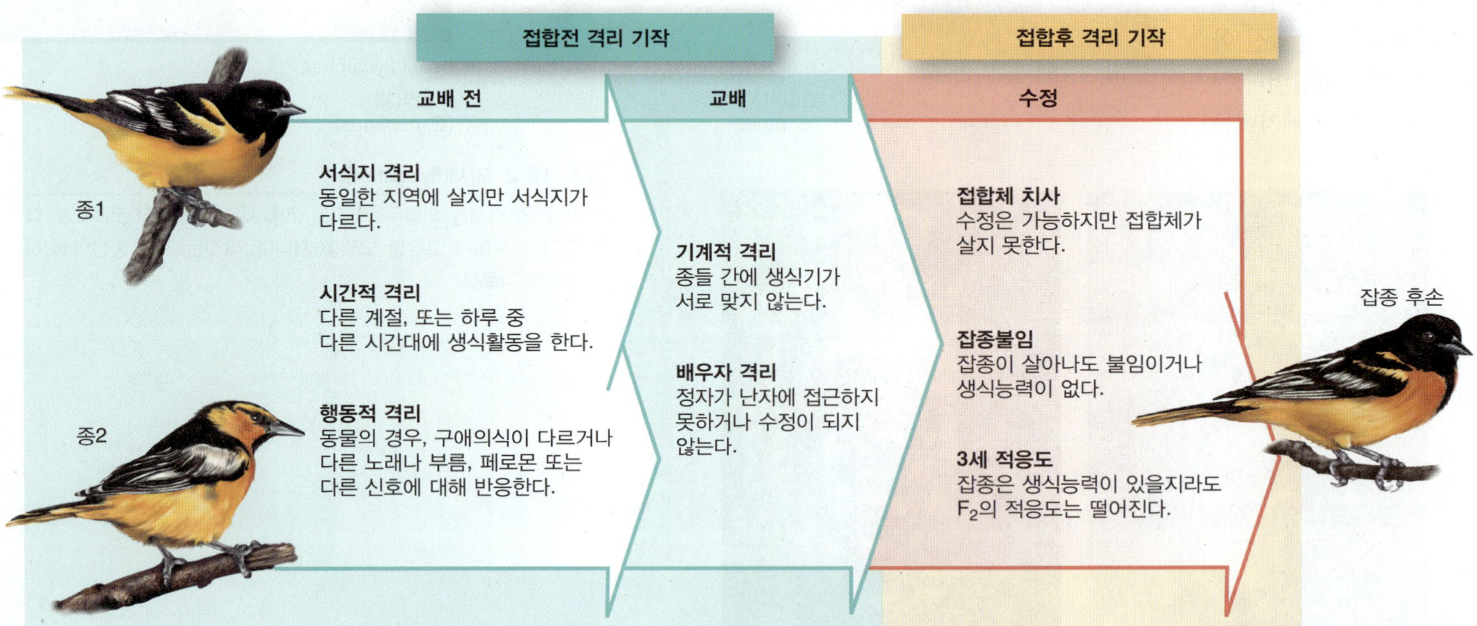

그림 16.4 생식적 장벽.

접합전 격리 기작은 교배 자체를 못하게 막거나 교배는 하더라도 성공적으로 수정이 되지 못하게 한다(두 종의 꾀꼬리가 이 예에 해당한다). 접합전 격리 기작이 성공하더라도 접합체가 만들어지지 못한다. 접합후 격리 기작은 잡종 후손의 생식을 불가능하게 한다(즉, 잡종 꾀꼬리가 태어나더라도 성공적으로 새끼를 낳을 수 없다).

행동적 격리(*behavioral isolation*). 많은 동물 종들은 수컷과 암컷이 서로를 인식할 수 있는 구애 양식을 가지고 있다(**그림 16.5**). 암컷 개똥벌레는 수컷의 섬광 패턴을 통해 같은 종의 수컷을 인식한다. 유사하게 암컷 귀뚜라미 역시 수컷의 울음소리를 통해 같은 종의 수컷을 인식한다. 많은 수컷은 페로몬이라 부르는 화학적 신호를 알아챔으로써 같은 종의 암컷을 인식한다. 예를 들어 암컷 매미나방은 복부에 있는 분비샘을 통해 신호를 분비한다. 이 신호는 바람을 타고 수컷의 안테나에 있는 수용체에 감지된다.

기계적 격리(*mechanical isolation*). 동물의 생식기 또는 식물의 꽃 구조가 서로 맞지 않으면, 생식은 일어날 수 없다. 꽃가루가 특정 꽃가루 매개자에 접근하지 못하면 식물에서의 교차 수정은 일어나지 않는다. 많은 곤충의 암수는 서로 짝을 이루지 못하는 생식기를 가지고 있어서 교미가 불가능하게 하는 특징을 가지고 있다. 예를 들어 수컷 잠자리는 같은 종의 암컷에만 적합한 교미기관을 가지고 있다.

배우자 격리(*gamete isolation*). 서로 다른 종의 배우자는 만나더라도 융합되지 못하므로 접합자가 되지 못한다. 동물의 경우, 한 종의 정자는 다른 종의 생식관에서 생존할 수 없거나 난자는 오직 같은 종의 정자에 대한 수용체만을 가진다. 또한 꽃의 종류에 따라 특정 꽃가루만이 발아하여 성공적으로 난자에 도달할 수 있다.

그림 16.5 접합전 격리 기작.

Galapagos 제도에 사는 푸른발부비는 구애행동으로 동종의 암수를 식별한다. 수컷은 자신의 발을 들어 올려서 밝은 청색을 보이는 구애행동을 한다.

접합후 격리 기작(postzygotic isolating mechanism)은 접합자의 형성 이후에 발생하는 격리 기작이다. 대부분의 경우, 이로 인해 비록 생식 시도가 성공하더라도 잡종 자손(서로 다른 두 종의 생식을 통한 산물)은 발생하지 못하거나 새끼를 낳을 수 없게 된다.

접합자 사멸(*zygote mortality*). 잡종 접합자가 살지 못하는 경우도 있다. 서로 다른 두 개의 염색체 세트를 가진 접합자가 적절한 체세포분열을 진행하는 데 실패하기도 한다. 또는 발달 중인 배아가 모계 및 부계 유전자의 서로 상반되는 지시를 받게 되면 더 이상 생존할 수 없다.

잡종 불임(*hybrid sterility*). 잡종 접합자는 불임 성체로 발달하기도 한다. 잘 알려진 것처럼 말과 당나귀 사이의 교배는 노새를 만드는데, 노새는 보통 불임이 되어 생식이 불가능하다(**그림 16.6**). 잡종의 불임은 일반적으로 감수분열에 문제가 생겨 살아 있는 배우자를 형성하지 못한다. 양배추와 무의 교배는 배우자를 형성할 수 없는 자손을 생산하는데, 대부분의 경우 양배추와 무 염색체가 감수분열 과정에서 일직선으로 정렬하지 못하기 때문이다.

잡종 제2세대의 적합성(F_2 *fitness*). 잡종은 생식을 할 수 있을지라도 그 자손은 생식을 할 수 없다. 몇몇 경우에 노새는 생식이 가능하지만 그 자손은 생식이 불가능하다.

그림 16.6 접합후 격리 기작.

노새는 말과 당나귀의 잡종이다. 부모로부터 물려받은 염색체의 수가 일치하지 않기 때문에 불임이다.

종분화 모델

DNA의 비교를 통해 남미의 이구아나가 갈라파고스군도(남미 서쪽에 위치)에서 서식하는 바다이구아나와 히스파니올라제도(하이티와 도미니카 공화국을 포함하는 카리브해의 섬)에서 서식하는 코뿔소이구아나의 공통조상일 것이라고 추정할 수 있다. 그렇다면 어떻게 이런 일이 생겼을까? 초록이구아나는 유능한 수영가로 우연히 몇몇 개체가 이 섬들에 이주할 수 있었을 것이다. 그곳

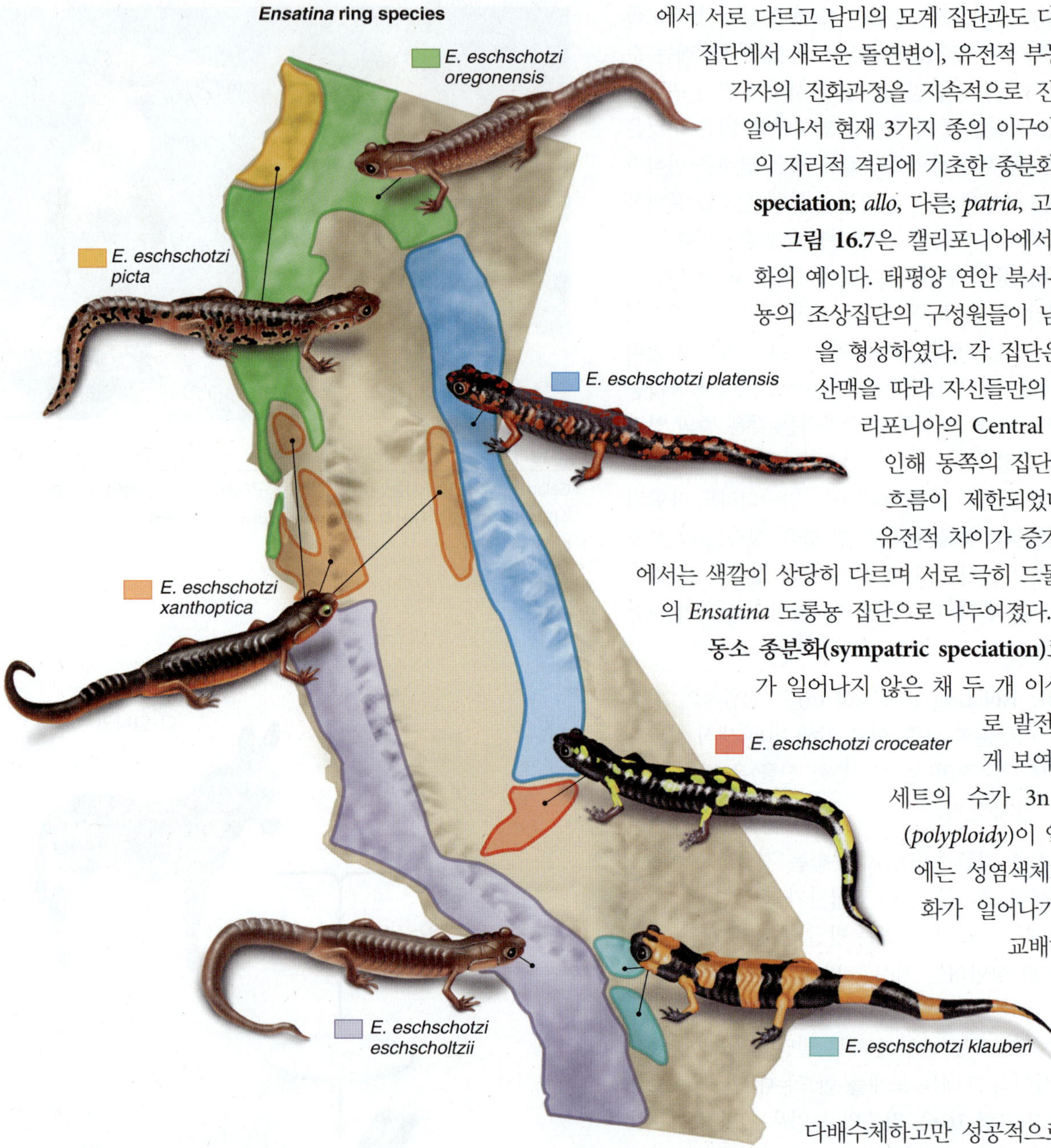

그림 16.7 이소 종분화.

캘리포니아의 Central Valley는 동일한 북부 조상집단으로부터 유래한 집단들을 나누고 있는데, 이것이 이소 종분화의 예이다. 동부집단과 서부집단 사이의 접촉이 제한되었고 이로 인해 유전적 변화가 생겼다. 캘리포니아 남쪽에 서식하는 두 집단은 서로 생식활동을 할 수 없으며 아종으로 정해졌다.

에서 서로 다르고 남미의 모계 집단과도 다른 집단을 형성했을 것이다. 각 집단에서 새로운 돌연변이, 유전적 부동 및 자연선택이 발생함에 따라 각자의 진화과정을 지속적으로 진행하였다. 결국 생식적 격리가 일어나서 현재 3가지 종의 이구아나가 존재한다. 이와 같은 집단의 지리적 격리에 기초한 종분화 모델을 **이소 종분화(allopatric speciation**; *allo*, 다른; *patria*, 고향)라고 부른다.

그림 16.7은 캘리포니아에서 집중적으로 연구된 이소 종분화의 예이다. 태평양 연안 북서부에서 서식하던 *Ensatina* 도롱뇽의 조상집단의 구성원들이 남쪽으로 이동하여 다양한 집단을 형성하였다. 각 집단은 연안의 산 및 시에라 네바다 산맥을 따라 자신들만의 선택적 압력에 노출되었다. 캘리포니아의 Central Valley에 의해 형성된 장벽으로 인해 동쪽의 집단과 서쪽의 집단 사이에 유전자 흐름이 제한되었다. 북쪽에서 남쪽으로 갈수록 유전적 차이가 증가하였다. 결국 남부 캘리포니아에서는 색깔이 상당히 다르며 서로 극히 드물게만 교배하는 상이한 두 유형의 *Ensatina* 도롱뇽 집단으로 나누어졌다.

동소 종분화(sympatric speciation)로 인해 한 집단이 지리적 격리가 일어나지 않은 채 두 개 이상의 생식적으로 격리된 그룹으로 발전한다. 이런 형태의 종분화를 쉽게 보여주는 좋은 예 중 하나는 염색체 세트의 수가 3n 이상으로 증가하는 다배수성(*polyploidy*)이 일어나는 식물이다. 동물의 경우에는 성염색체가 있기 때문에 다배수성 종분화가 일어나기 어렵다. 식물에서는 두 종이 교배하면 염색체 수가 배가(doubling)될 수 있다. 이러한 다배수체 식물은 후접합 격리 기작에 의해 생식적으로 격리된다. 다른 유사한 다배수체하고만 성공적으로 번식할 수 있으며 부모와 역교배하면 불임이 된다. 그래서 결국 두 개의 종이 아닌 세

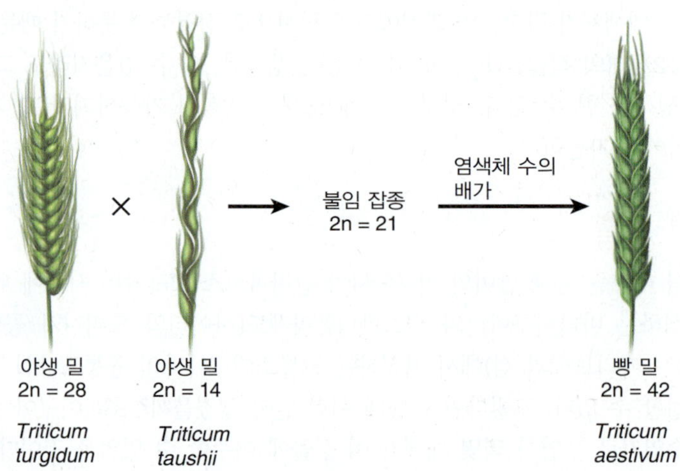

그림 16.8 동소 종분화.

동소 종분화의 예에서, 오래전 두 집단의 야생 밀이 교배를 하였다. 그 잡종 자손은 불임이다. 그러나 염색체가 2배가 되면 생식이 가능해진다. 이러한 밀이 오늘날의 밀이다.

개의 종이 만들어진다. **그림 16.8**은 오늘날의 빵밀(bread wheat)의 조상이 각각 28개와 14개의 염색체를 가졌음을 보여준다. 21개의 염색체를 가진 잡종은 불임이다. 그러나 염색체 배가에 의해 42개의 염색체를 가지게 된 다배수체 빵밀은 감수분열에서 염색체들이 정렬할 수 있기 때문에 생식이 가능하다.

적응방사

적응방사를 통한 종분화의 뚜렷한 예는 갈라파고스군도에서 서식하는 피리새에서 볼 수 있다. 이들은 Darwin이 그 중요성을 처음으로 인식한 진화가 작동하는 예이기 때문에 흔히 Darwin의 피리새라고 부르기도 한다. **적응방사(adaptive radiation)** 과정에서 하나의 조상 종으로부터 많은 새로운 종이 진화한다. 갈라파고스군도에서 서식하는 많은 종의 피리새들은 본토에서 유래한 한 종류의 조상 피리새의 후손일 것으로 추정된다(**그림 16.9**). 서로 다른 섬에 사는 집단들은 집단마다 창시자효과를 포함하는 유전적 부동, 유전자 돌연변이 및 자연선택 과정을 겪게 되었다. 자연선택으로 인해 각 집단은 개별 섬의 특정 서식지에 적응하게 되었다. 시간이 흐른 뒤, 다양한 집단들은 유전적으로 달라져서 우연히 같은 섬에 있게 되어도 교배하지 않으며, 결국 다른 종이 되었다. 피리새는 구애과정에서 같은 종 구성원을 인식하기 위해서 부리 모양을 이용한다는 증거가 있다. 다른 모양의 부리를 가진 구혼자를 거절하는 것은 행동적 전접합 격리 기작이다.

이와 유사하게 하와이 섬에서 서식하는 다양한 꿀먹이새는 약 500만 년 전 아시아나 북미에서 이주한 공통의 골드피리새를 닮은 조상의 후손이다. 오늘날 꿀먹이새의 부리는 씨, 과일, 꽃, 곤충 등 다양한 먹이를 먹는 데 적합한 다양한 크기와 모양을 가지고 있다(그림 1.7 참조).

연관: 과학적 탐구

동물에서도 다배수성인 종의 사례가 있는가?

일반적으로 다배수성(polyploidy)은 식물에 비해 동물에서는 드물다. 그러나 다배수성 곤충과 물고기의 예가 있으며, 양서류 특히 도롱뇽의 경우에 빈번하게 나타난다. 1999년에 아르헨티나에서 다배수성인 쥐의 종(*Typanoctomys barrerae*)이 보고되었지만, 나중에 유전자 분석에 의해 반박되었다. 대부분의 유전학자들은 포유류의 경우, 성염색체의 역할이 뚜렷하고 상염색체와 성염색체 수의 균형으로 인해 다배수성이 가능하지 않다고 믿고 있다.

16.1 개념 연결하기

종분화는 두 집단 사이에서 유전자 흐름의 차단으로 인해 발생한다.

진도 점검하기 16.1

1. 어떻게 하나의 종을 규정하기 위해 생물학적 종 개념이 사용되는지 설명하시오.
2. 생물학적 종 개념의 한계를 서술하시오.
3. 생식적 장벽을 접합전 장벽과 접합후 장벽으로 나누어 구별하고 각각의 예를 제시하시오.
4. 이소 종분화와 동소 종분화를 비교, 대조하시오. 그리고 각각의 예를 제시하시오.
5. 적응방사와 Darwin의 피리새의 연관성을 설명하시오.

그림 16.9 다윈의 피리새.

다윈이 갈라파고스제도에서 발견한 피리새는 다른 형태의 먹이를 모으고 먹는 과정에 따라서 적응하였다. 나무에 사는 피리새의 부리는 곤충이나 때로는 식물을 먹기에 알맞게 적응되었다. 땅에 사는 피리새의 부리는 선인장이나 다양한 크기의 씨앗을 먹기 좋도록 진화되었다.

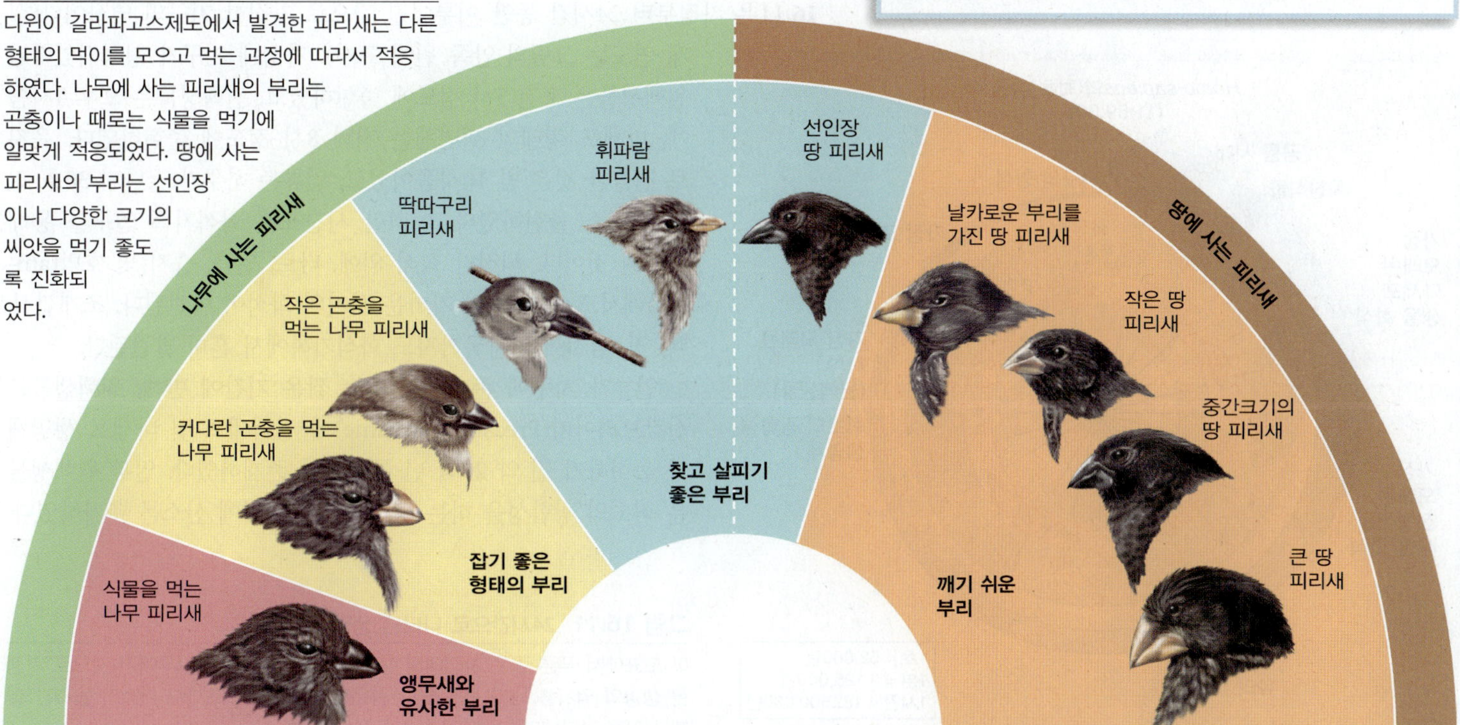

그림 16.10 화석.

a. 24억 5,000만 년 전, 암석에 묻혀서 형성된 고사리 잎의 화석. **b.** 송진 속에 보존된 각다귀(4,000만 년 전으로 추정). **c.** 곤충을 잡아먹고 살았던 포유동물과 같은 대부분의 화석은 단단한 신체 부분의 잔해이다. 연약한 부분은 부식되었지만 단단한 부분은 부식되지 않았다(4,700만 년 전으로 추정).

16.2 화석기록

학습 목표

이 절을 학습한 후에는 다음 과제를 수행할 수 있어야 한다.

1. 지질학적 연대를 대(era), 기(period), 세(epoch)로 나누는 기준을 설명하기.
2. 점진적 진화 모델과 단속평형 진화 모델을 구분하기.
3. 생명체의 대멸종이 일어났을 수도 있는 몇 가지 방식을 설명하기.

화석기록을 연구하면 지구에서 일어난 종의 발생과 멸종의 역사를 밝혀낼 수 있다(**그림 16.10**). **화석(fossils)**은 과거 생명체의 흔적과 잔재이거나 또는 그 존재에 대한 모든 직접적 증거이다. **고생물학(paleontology)**은 화석기록을 발굴하고 연구하여 종의 역사에 대해 결정하는 과학이다.

지질학적 연대

시간이 지남에 따라 생명체의 형태가 진화하기 때문에 지표의 지층(퇴적암층, 그림 14.2*a* 참조)은 서로 다른 화석을 포함한다. 지층, 그리고 지층에 포함된 화석을 연구함으로써 지질학자는 지질학적 연대를 구성할 수 있게 되었다(**표 16.1**). 지구에서 생명의 역사는 대(era), 기(period) 및 세(epoch)로 나뉜다. 이 연대에는 각 시간대에서 공통적으로 발견되는 화석 형태에 대한 기술이 포함되어 있다. 지질학적 연대에서 신생대(Cenozoic era) 기간만이 세로 나누어진다는 것에 주목해야 한다. 이것은 초기에 진화한 생명체보다 영장류 및 현화식물의 진화에 더 많은 관심을 보이고 있음을 의미한다. 현대 문명에 지질학적인 하나의 세가 할당되었지만, 인류는 생명의 역사에서 겨우 0.04% 정도만을 차지할 뿐이다.

지질학적 연대를 하루에 빗대어 보면 그 광대함을 쉽게 볼 수 있다. **그림 16.11**은 자정부터 24시간 동안 이루어진 것으로 가정한 지구의 역사이다(실제 연도는 그림의 안쪽 원에 표시). 자정에 지구가 형성되었다면 원핵생물은 오전 5시 정도에 출현하였고, 진핵생물은 오후 4시쯤에, 다세포 형태의 생명체는 저녁 8시 정도에 출현하였다. 육지로 진출한 것은 밤 10시쯤이었고, 인류는 하루가 끝나기 30초 전에 비로소 출현하였다. 이러한 시간표는 화석기록 연구를 통해 완성된 것이다. 퇴적암 화석 외에, 타르, 얼음, 습지 및 호박(amber)에서도 현재와 더 가까운 시기의 화석이 발견된다. 조개껍질, 뼈, 잎, 심지어 발자국까지도 화석기록에서 흔히 발견된다.

인류가 지구에 존재하고 있는 짧은 기간에 반해, 원핵생물은 선캄브리아기(Precambrian time)에 진핵세포 및 다세포 생명체가 출현하기 전 약 20억 년 동안이나 존재하였다. 일부 원핵생물은 최초의 광합성을 하는 생명체이며 대기에 산소를 추가하였다.

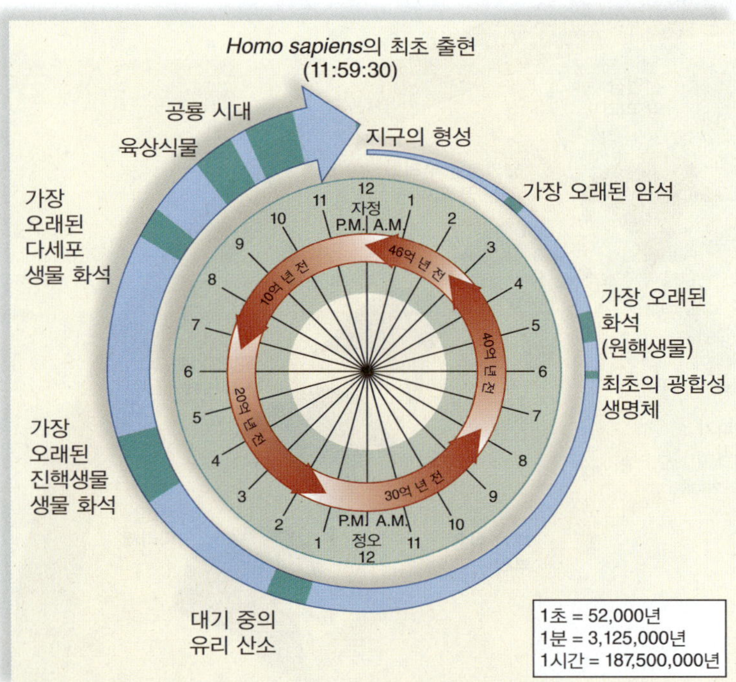

그림 16.11 24시간으로 나타낸 생명의 역사.

이 도표에서 푸른 링은 자정에서 출발하여 24시간 동안 이루어진 것으로 가정한 생명의 역사를 나타낸다. 빨간 링은 약 46억 년으로까지 거슬러 올라간 실제 시간을 나타낸다.

표 16.1 지질학적 연대: 주요 지질학적 연대 분류와 주요 진화 사건 요약

대	기	세	백만 년	식물과 동물
신생대		현세	0.01～0	인류 문명 시대. 생태계 파괴로 인해 멸종이 가속화됨. 
				포유류의 대량 멸종
	4기	최신세	1.8～0.01	현대 인류 출현; 현대 식물 번성과 다양화. 
		선신세	5.3～1.8	최초의 유인원 출현; 현대 속씨식물 번성. 
		중신세	23.0～5.3	유인원-유사 포유동물, 초식 포유동물과 곤충 번성; 초지 확장과 숲 축소. 
		점신세	33.9～23.0	원숭이-유사 영장류 출현; 현대 속씨식물 출현; 
	3기	시신세	55.8～33.9	모든 목 수준의 현대 포유류 출현; 아열대 우림 번성. 
		효신세	65.5～55.8	영장류. 초식동물, 육식동물, 곤충섭식동물 분화; 속씨식물 다양화. 
				대멸종: 공룡, 대부분의 파충류, 전체 종의 50% 멸종
중생대	백악기		145～65.5	태반포유류 출현, 현대 곤충류 출현; 속씨식물 확장. 침엽수 존속. 
	쥐라기		199～145	공룡 번성; 새와 속씨식물 출현. 
				대멸종: 산호와 이끼를 포함한 전체 종의 48% 멸종
	삼첩기		251～199	최초의 포유동물과 공룡 출현; 침엽수림과 소철나무 숲 번성; 산호와 연체동물 번성. 
				대멸종("Great Dying"): 육상종과 해양종 전체의 83% 멸종
고생대	이첩기		299～251	파충류 다양화; 양서류 감소; 겉씨식물의 다양회. 
	석탄기		359～299	양서류 다양화; 파충류 출현; 그리고 곤충류 다양화. 거대한 석탄 형성 숲의 시대. 
				대멸종: 해안 해양동물종의 50% 이상과 산호 멸종
	데본기		416～359	유악어류의 다양화; 곤충과 양서류 출현; 무종자 관속식물 다양화. 종자식물 출현. 
	실루리아기		443～416	최초 유악어류와 무종자 관속식물 출현. 
				대멸종: 해양종의 57% 이상 멸종
	오르도비스기		488～443	무척추동물의 번성 및 다양화; 무악어류(최초의 척추동물) 출현; 무관속 육상식물 출현. 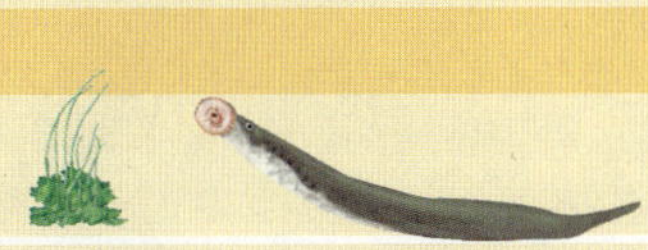
	캄브리아기		542～488	골격을 갖춘 해양 무척추동물의 우점과 육상 진출; 해조류 번성. 
선캄브리아 시대			630	태고의 연체 무척추동물 화석.
			1,000	원생생물의 진화와 다양화. 
			2,100	태고의 진핵생물 화석.
			2,500	지구 대기에 산소 축적.
			3,500	태고의 생명체 화석(원핵생물). 
			4,570	지구 생성.

연관: 과학적 탐구

버제스 셰일은 무엇인가?

버제스 셰일(Burgess Shale)은 버제스 산길 근처의 캐나다 록키산맥에 있는 암반층의 이름이다. 약 5억 2,500만 년 전에 이 지역은 해안가를 따라 있었다. 지진으로 인한 산사태 때문에 얕은 연안수에서 살던 해양생물 대부분이 거의 한꺼번에 묻힌 것으로 보인다. 대부분의 다른 화석층과는 달리 버제스 셰일에는 캠브리아 대폭발 시기에 나타난 생명체뿐만 아니라 벌레나 해삼과 같은 부드러운 껍질을 지닌 생명체의 잔재가 포함되어 있다. 캠브리아 대폭발은 약 5억 4,500만 년 전에 해양생물의 다양화가 급격하게 이루어진 시기이다. 6만 종이 넘는 독특한 화석이 버제스 셰일에서 발견되었으며(삽입 그림의 삼엽충 화석도 포함), 이로 인해 이 화석층은 해양 생명체의 초기 진화 연구를 위한 매우 가치가 높은 자산 중 하나가 되었다.

산소가 생김으로써 선캄브리아기 동안에 진핵세포 및 다세포 생명체가 폭발적으로 진화하였다. 캄브리아기 폭발(Cambrian explosion)이라고도 부르는 이 기간 동안 모든 주요 동물군이 진화하였다. 선캄브리아기의 화석기록은 빈약하지만 캄브리아기에 대한 화석기록은 풍부하다. 이처럼 화석 수가 증가한 것은 무척추동물의 외골격이 진화했기 때문이다. 아마도 산소의 흡수를 방해하는 이러한 골격은 산소가 풍부해지기 전까지는 진화할 수 없었을 것이다. 외골격은 아마도 포식에 대한 방어수단이었을 것이다.

육지에서 생명의 기원은 또 다른 흥미로운 주제이다. 고생대(Paleozoic era) 기간에 식물이 동물보다 먼저 육지에 출현하였다. 비관다발식물이 관다발식물보다 앞서며, 솔방울을 가진 식물(겉씨식물)이 꽃을 피우는 식물(속씨식물)보다 앞선다. 척추동물 중에서 물고기는 수생이지만 양서류는 육지로 진출하였다. 공룡과 새를 포함하는 파충류는 포유류와 함께 양막동물 조상을 공유한다. 지구에서 생명의 역사 기간 동안 한 번의 거대한 포유류 멸종을 비롯한 다섯 번의 대멸종이 있었음에도 불구하고 종의 수는 현재까지 계속해서 증가하고 있다.

종분화의 속도

Darwin은 진화적인 변화는 점진적으로 일어난다는 이론을 제시하였다. 즉, 그는 진화의 속도를 설명하기 위해서 **점진진화 모델(*gradualistic model*)**을 지지하였다. 종분화는 집단이 격리된 후 각 그룹이 천천히 자신의 진화과정을 진행함에 따라 발생하는 것 같다. 점진진화 모델은 **그림 16.12*a***의 **진화계통수(evolutionary tree)** 형태로 종의 진화 역사를 보여준다. 이 그림에서 하나의 조상 종이 깃털 색이 점진적으로 변하면서 2개의 다른 종으로 나뉘는

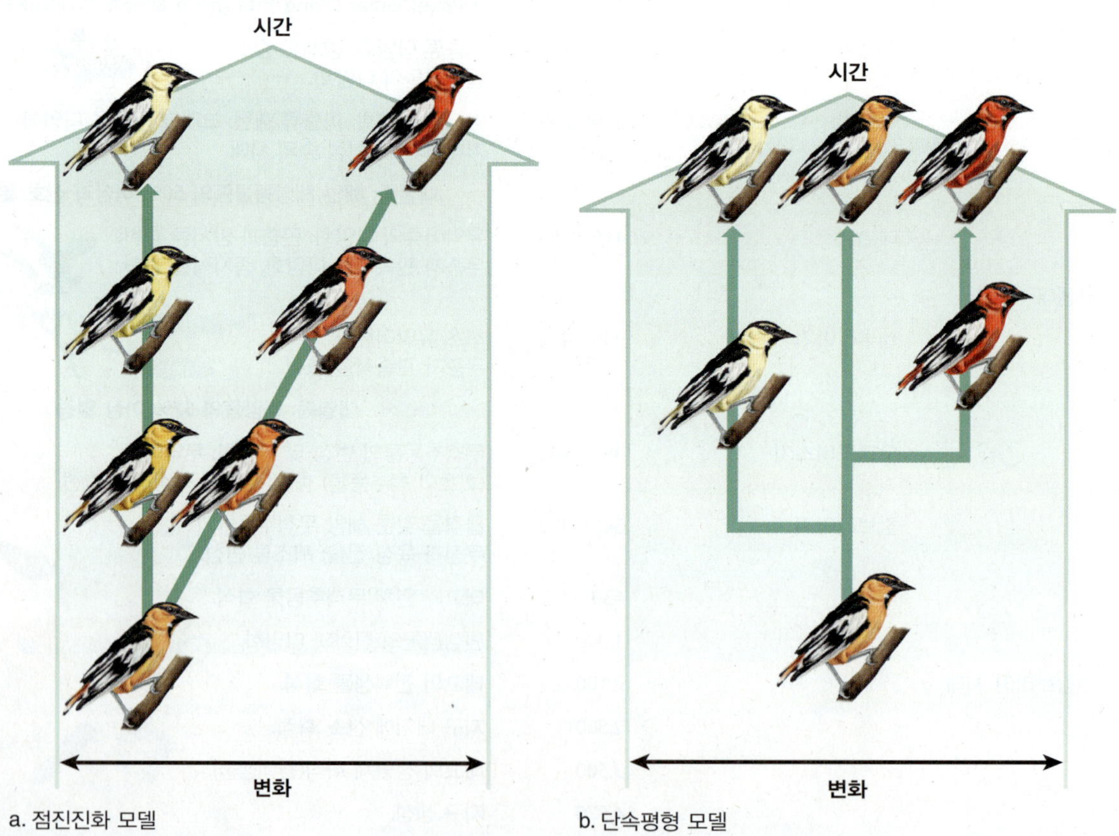

그림 16.12 진화의 속도.

a. 점진진화 모델에 의하면 새로운 종은 조상 종으로부터 아주 천천히 진화한다. **b.** 단속평형 모델에 의하면 새로운 종은 갑자기 출현한 후 멸종할 때까지 변하지 않는다.

것에 주목하자. 종 사이에는 상당히 많은 과도기 연결고리가 있기 때문에, 점진진화 모델로는 종분화가 일어난 시기를 정확하게 알기 어렵다(14.2절 참조). 간혹 과도기 연결고리를 발견함으로써 특정 종의 진화를 추적할 수 있는 경우도 있다.

그러나 화석기록에 따르면 종은 일반적으로 매우 갑자기 출현하고, 멸종되기 전까지 거의 표현형이 변화하지 않는다. 따라서 고생물학자들은 진화의 속도를 설명하기 위해서 단속평형 모델(*punctuated equilibrium model*)을 제시하였다. 이 모델은 평형(무변화)의 시기가 종분화에 의해 단속되는 것을 보여준다. 그림 16.12*b*는 고생물학자들이 시간에 따른 진화의 역사를 나타낼 때 선호하는 유형의 그림이다. 이 모델에 의하면 과도기 연결고리는 쉽게 화석으로 만들어지지 않아서 잘 발견되지 않는다. 종분화는 아마도 한 지역에서 고립된 하나의 아집단(subpopulation)에서만 일어나는 것 같다. 이 새로운 아집단이 커져서 기존의 종을 대체해야만 비로소 화석기록에 나타나게 된다.

지질학적 연대는 수백만 년이라는 시간 단위로 측정되기 때문에 화석기록에서 신종이 "갑자기" 출현하였다는 것은 실제로는 그 기간이 수천 년이 될 수도 있다. 따라서 이 두 모델 사이의 차이는 미묘하다고 할 수 있다.

종의 대멸종

연구자들이 지적하였듯이 대부분의 종들은 오직 제한된 기간(수백만 년이라는 시간 단위에서) 동안만 존재한 후, 죽어 없어진다(멸종된다). **대멸종(mass extinction)**은 비교적 짧은 기간 내에 많은 종, 또는 분류학상 상위 분류군이 사라지는 것이다. 표 16.1의 지질학적 연대에서 오르도비스기(Ordovician period), 데본기(Devonian period), 페름기(Permian period), 트라이아스기(Triassic period) 및 백악기(Cretaceous period)의 끝 무렵에 다섯 번의 대멸종이 발생했음을 알 수 있다. 또 홍적세(Pleistocene epoch) 말에도 한 차례의 중요한 포유류 멸종이 있었다. 대멸종에는 많은 요인이 기여하지만, 두 가지 종류의 사건(대륙 이동과 운석 충돌)이 특히 중요하다.

대륙 이동(*continental drift*)으로 인해 여러 차례 멸종이 일어났다. 몇몇

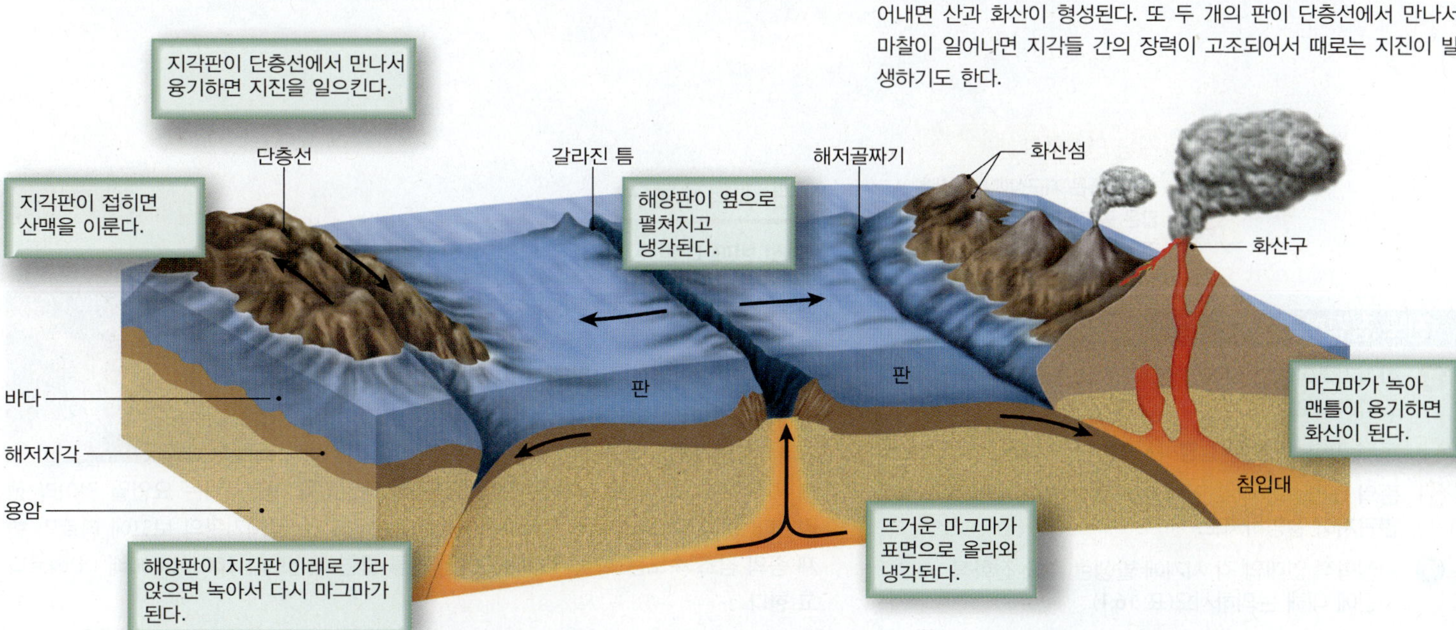

그림 16.13 판 구조론.

지구의 표면은 유동적인 마그마 위를 떠다니는 몇 개의 지질 구조판으로 나누어져 있다. 해양 바닥의 갈라진 틈에서 마그마가 솟아오르고 냉각할 때 두 개의 지각 판은 점차적으로 분리되고 지각의 크기가 늘어난다. 침입대에서 하나의 판이 다른 지각을 밑에서 위로 밀어내면 산과 화산이 형성된다. 또 두 개의 판이 단층선에서 만나서 마찰이 일어나면 지각들 간의 장력이 고조되어서 때로는 지진이 발생하기도 한다.

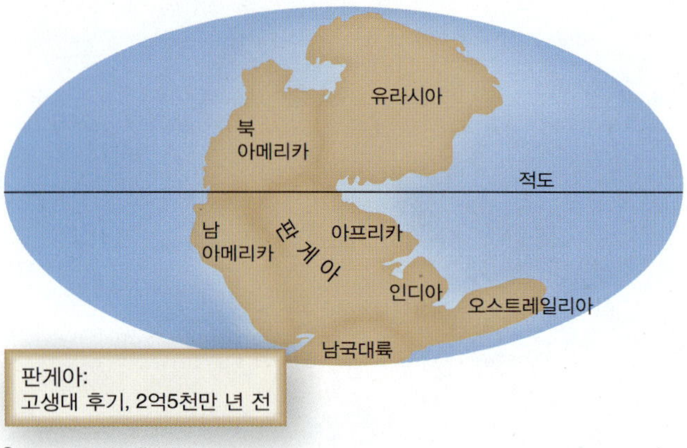

a.

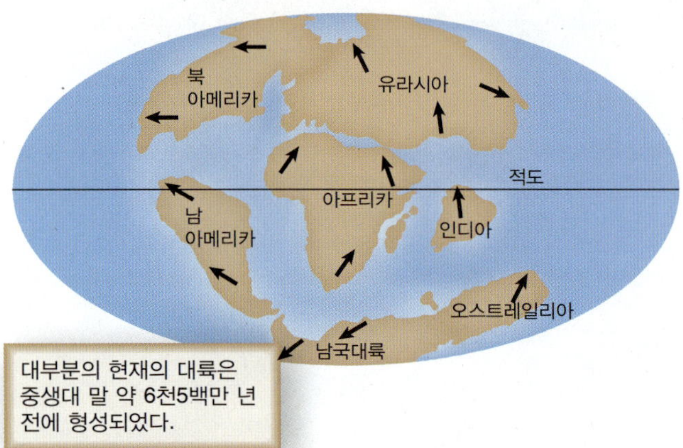

b.

그림 16.14 **대륙의 이동.**

a. 약 2억5천만 년 전, 모든 대륙은 판게아(Pangea)라는 하나의 초대륙으로 합쳐져 있었다. **b.** 약 6천5백만 년 전, 대륙들이 분리되기 시작했다. 대륙의 분리는 아직도 계속되고 있다. 북미와 유럽대륙은 매년 2 cm씩 벌어지고 있다.

대륙의 해안선은 서로 거울상이다. 예를 들어 아프리카 서부 해안선은 남미 동부 해안선과 잘 들어맞는다. 또 한때 대륙이 서로 맞닿아 있던 많은 지역에서 동일한 지질학적 구조가 발견된다. 예를 들어 하나의 산맥이 남미, 남극, 그리고 호주를 관통했다. 그러나 대륙들이 이동해서 멀어졌기 때문에 산맥이 더 이상 이어져 있지 않다. **판구조론**(*plate tectonics*)으로 대륙이 이동하는 이유를 설명할 수 있다. 판구조론은 지각이 마치 널빤지 조각처럼 나누어져서 뜨거운 맨틀 층 위를 떠다닌다고 하는 지질학의 한 이론이다(**그림 16.13**). 대륙과 해양분지는 이 단단한 판의 일부이며, 컨베이어 벨트처럼 움직인다.

서식지의 상실은 중대한 멸종 원인이며, 대륙 이동에 의해 광범위한 서식지 변화가 일어날 수 있다. 페름기 대멸종이 일어난 시기인 2억5천만 년 전에는 지구의 모든 대륙이 하나로 모여서 판게아(Pangaea)라는 하나의 초대륙(supercontinent)을 이루었다(**그림 16.14***a*). 이로 인해 바람의 양상과 해류가 달라졌으며, 특히 얕은 바다 서식지가 상당량 사라져 극적인 환경 변화가 초래되었다. 바다가 합쳐지고 많은 종이 살던 해안선의 양이 급격하게 감소됨에 따라 해양 생명체들은 큰 어려움을 겪게 되었다. 일부 대륙이 극지방에서 분리되어 해안선이 늘어나고 난류가 되돌아오기 전까지는 종 다양성이 회복되지 못했다(그림 16.14*b*). 해안가에 비해 더 건조하고 변덕스러운 기후가 나타나는 내륙의 면적이 증가함에 따라 육상 생명체 또한 영향을 받게 되었다. 극지에서 거대한 빙하가 발달하여 바다의 물이 줄어 염도가 높아지고, 한때 열대였던 지역의 기온도 낮아졌다.

대멸종을 초래한 또 다른 사건은 운석이 지구에 충돌한 것이다. 큰 운석이 지구를 강타한 충격은 전세계에서 원자폭탄이 폭발한 결과와 유사했을 것이다. 버섯 모양의 먼지구름이 대기를 덮어 햇빛을 차단하고 식물을 얼어 죽게 하였다. 이런 사건으로 인해 공룡이 종말을 맞은 백악기 멸종이 일어난 것으로 추정된다. 백악기의 진흙은 비정상적으로 이리듐을 많이 함유하고 있다. 이리듐은 지각에서는 드물지만 운석에서는 흔한 원소이다. 이리듐과 인접한 지층에서는 그을음 층이 발견되었고, 유카탄 반도의 카리브해-멕시코만 지역에서는 운석에 의해 형성된 것으로 보이는 거대한 분화구가 발견되었다.

16.2 **개념 연결하기**

화석기록은 지구상에서 발생한 많은 종 다양성 역사를 보여 준다.

진도 점검하기 16.2

1. 화석기록이 대진화에 대한 가장 좋은 근거인 이유를 요약하시오.
2. "단속평형 모델"을 설명하시오.
3. 종의 대멸종과 이로 인해 야기될 수 있는 일들을 연관지어 설명하시오.
4. 지질학적 연대의 각 시기에 발생한 주요 진화적 사건에 대해 논의하시오(표 16.1).

연관: 과학적 탐구

"여섯 번째 대멸종 사건"은 무엇인가?

많은 생태학자들은 지구의 여섯 번째 대멸종 사건이 현재 일어나고 있다는 주장을 지지한다. 그러나 앞선 다섯 번의 대멸종과는 달리 여섯 번째 대멸종은 지리학적인 또는 천문학적인 사건 때문에 일어난 것이 아니라 인간의 활동 때문이다. 화석 연료 연소에 의한 세계 기후 변화, 오염, 토지 이용, 멸종 종 등이 대멸종을 야기시키는 요인일 것이라 생각한다. 종의 감소 속도를 정확하게 밝힐 수는 없지만, 국제기관의 보고에 따르면 현재 종의 감소 속도는 화석기록에 기록된 인류 출현 이전보다 100~1,000배 더 빠르다고 한다.

16.3 계통분류학

학습 목표

이 절을 학습한 후에는 다음 과제를 수행할 수 있어야 한다.

1. 린네식 분류의 계층적 수준을 가장 포괄적인 것부터 순서대로 나열하기.
2. 계통수에서 얻을 수 있는 정보가 무엇인지 설명하고 계통수 작성에 사용되는 정보 유형을 제시하기.
3. 상사구조와 상동구조를 구별하기.
4. 분기학은 무엇이며, 분류군 사이의 진화적 유연관계 연구에 어떻게 이용될 수 있는지를 설명하기.
5. 생명체의 세 가지 영역을 제시하고, 각 영역에 속한 생명체의 일반적인 특징을 기술하기.

계통분류학(systematics)을 포함한 모든 분야의 생명과학은 지구상에서 생명의 진화적 역사를 이해하는 것에 역점을 둔다. 계통분류학은 매우 분석적인 학문으로서 한 생명체 그룹의 진화적 역사인 **계통(phylogeny)**을 결정하기 위해서 화석기록, 비교해부학 및 발생학에서 얻은 결과를 조합하며, 특히 오늘날에는 분자 수준의 자료에 많이 의존한다. 생명체는 진화적 유연관계에 대한 현재의 이해를 바탕으로 분류된다. 따라서 분류는 계통분류학의 한 부분이다.

린네식 분류

분류학(taxonomy)은 생명체를 동정하고 명명하며 분류하는 생명과학의 한 분야이다. **분류군(taxon**, *pl.* taxa)은 분류체계에서 특정 수준에 위치하는 한 개체 또는 한 그룹이다. 이명법(binomial system)은 생명체에게 두 부분으로 이루어진 이름을 부여한다. 예를 들어 **그림 16.15**의 식물은 *Cypripedium acaule*로 명명되었다. 이 이름은 이 식물이 *Cypripedium*속에 속하며 종소명(specific epithet)이 *acaule*임을 의미한다. 유의할 점은 학명은 이탤릭체로 표시하며, 속명만 대문자로 시작한다는 것이다. 전체 학명을 이미 제시한 바 있고 종소명과 함께 사용하는 경우라면, 속명을 한 글자로 축약할 수 있다. 즉, 이 식물을 *C. acaule*로 표기할 수도 있다. 대개 이름을 통해 그 생명체에 대해 무엇인가를 알 수 있다. 이 경우 속명인 *Cypripedium*은 꽃의 형태가 실내화 모양이라는 것을 나타내며, 종소명인 *acaule*은 꽃에 별도의 줄기가 없음을 의미한다.

생명체에 학명이 필요한 이유는 무엇인가? 그리고 과학자들이 보통명이 아니라 라틴어를 사용하여 생명체를 기술하는 이유는 무엇인가? 몇 가지 이유가 있다. 첫째, 나라마다 언어가 다르기 때문에 보통명은 나라마다 달라진다. 둘째, 같은 언어를 사용하는 사람들조차도 때로는 같은 생명체를 다른 보통명으로 기술한다. 예를 들면, bowfin, grindle, choupique 및 cypress trout는 모두 *Amia calva*라는 물고기를 지칭하는 보통명이다. 더욱이 서로 다른

그림 16.15 **분류의 계층구조.**

영역은 가장 포괄적인 분류 범주이다. 식물계(Plent Kingdom)는 진핵생물 영역(domain Eukarya)에 속한다. 식물계는 여러 개의 문으로 이루어져 있으며, 각각의 문은 그림에서 보라색 원에 해당한다. 속씨식물문(phylum Anthophyta)은 외떡잎식물강(class Monocotyledon)과 쌍떡잎식물강(class Dicotyledon)으로 구분된다. 외떡잎식물강은 여러 개의 목으로 이루어져 있다. 이처럼 난초목(order Orchidales)은 여러 개의 과로 이루어져 있다. 난초과(family Orchidaceae)에는 여러 개의 속이 있고, *Cyperidium*속(genus)에는 *Cyperidium acaule*와 같은 많은 종이 있다. (이 그림은 간략하게 그린 그림으로, 정확한 개수의 하위 범주를 나타낸 것은 아니다.)

나라에서 같은 보통명이 서로 다른 생명체를 지칭하는 경우도 있다. 예를 들면, 영국의 robin(울새)은 미국의 robin(개똥지빠귀)과 전혀 다르다. 그러나 라틴어는 얼마 전까지 보편적으로 사용되었으며, 대부분 의사나 성직자인 학자들에게 잘 알려져 있는 언어이다. 따라서 전 세계 과학자들이 과학적 이명 체계를 사용한다면 모든 사람이 동일한 생명체를 지칭할 수 있다.

오늘날 분류학자들은 1700년대에 스웨덴 생물학자인 Carl Linnaeus가 창안한 여러 분류의 범주를 사용하여 다양한 유사 수준을 나타낸다. 이 범주는 **종(species)**, **속(genus)**, **과(family)**, **목(order)**, **강(class)**, **문(phylum)**, **계(kingdom)**, **영역(domain)**으로 구성된다. 하나의 속에는 여러 종이 포함되고, 하나의 과에는 여러 속이 포함되며, 이런 식으로 이어진다. 이러한 계층구조에서 상위 범주일수록 더 포괄적이다(그림 16.15). 따라서 같은 영역에 속한 종들은 일반적인 형질만 공유한다. 그러나 같은 속에 속한 종들은 매우 특별한 형질까지도 공유한다.

분류학자들은 종종 상목(superorder), 목(order), 아목(suborder), 하목(infraorder) 같은 추가적인 범주로 각각의 분류 범주를 세분화한다. 이 세부 범주를 통해 각각의 큰 범주 안에서 구별이 가능하다.

계통수

그림 16.16은 생명체를 분류하여 **계통수(phylogenetic tree)**를 작성하는 방법을 보여준다. 계통수는 공통조상에서 이어지는 여러 혈통(lineage)을 나타낸다. 계통수의 아래 쪽에 있는 공통조상은 그 계통수 내의 모든 그룹이 공유하는 형질을 가지고 있다. 예를 들어, 우제류(Artiodactyla)는 모두 발가락 수가 짝수인 발굽을 가지는 특성을 보인다. 한편, 사슴과(Cervidae)는 뿔이 있지만 소과(Bovidae)는 뿔이 없다. 사슴과에서도 붉은사슴의 뿔은 가지가 많지만 순록의 뿔은 손바닥 모양이다. 계통수 내에서 혈통을 따라 공통조상이 달라지면 그 특정 동물군의 형질은 더욱 특유의 형질이 된다. 이처럼 특화 과정이 진행되기 때문에 분류 범주를 바탕으로 계통수를 작성할 수 있다.

그림 16.16 분류와 계통.

한 생명체 집단의 분류와 계통수는 계통발생적 역사를 반영하기 위해 그려진다. 동일한 속(genus)에 속한 종(species)들은 유연관계가 깊다. 같은 과에 속하는 다른 속(genus)에 속한 종들과는 유연관계가 멀다. 이러한 방식으로 목(order), 강(class), 문(phylum), 그리고 계(kingdom)가 분류된다.

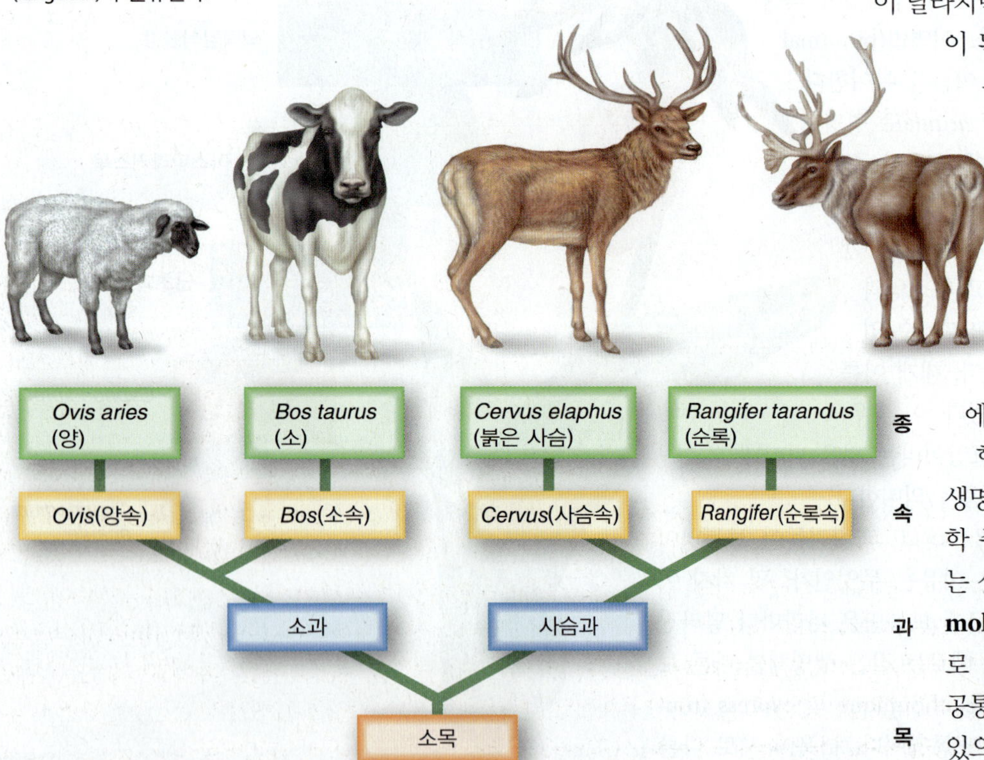

계통의 추적

그림 16.16은 형태학 자료를 이용한 것이지만, 오늘날에는 다양한 자료를 이용하여 종 사이의 진화적 유연관계를 찾아낸다. 계통분류학자들은 화석기록, 형태학 자료와 분자생물학 자료를 조합하여 계통수 내에서 공통조상의 올바른 순서를 결정한다.

형태학 자료는 하나의 공통조상에서 유래한 생명체 사이의 유사성인 상동성을 포함한다. 발생학 증거와 화석자료를 포함하는 비교해부학 자료는 상동성에 대한 정보를 제공한다. **상동구조(homologous structures)**는 공통 후손 사이에서 서로 연관성이 있다. 척추동물의 앞다리는 이들의 공통조상과 동일한 방식으로 조직된 뼈를 가지고 있으므로 상동구조이다(그림 14.16 참조). 비록 말의 발굽은 발가락이 하나만 있고 박쥐의 날개는 긴 손가락이 네 개가 있지만 이들은 상동구조에 해당한다.

수렴진화로 인해 때로는 상동성 여부를 판단하는 데 어려움을 겪게 된다. **수렴진화(convergent evolution)**는 거리가 먼 유연관계의 후손들이 같거나 유사한 형질을 획득하는 것이다. 수렴으로 인해 비슷해지는 것을 **상사성(analogy)**이라고 한다. 곤충의 날개와 박쥐의 날개는 상사구조이다. **상사구조(analogous structures)**는 최근의 공통조상이 다른 그룹에 속하지만 같은 기능을 수행한다(14장 참조). 상사구조는 유사한 환경에 대한 적응으로 인해 나타난다. 선인장과 대극(spurges)은 모두 고온 건조한 환경에 유사하게 적응하였으며, 다육성이고 가시가 있으며 꽃피는 식물이다. 그러나 꽃의 세부구조로 판단하면 이들의 유연관계가 가깝지 않다는 사실을 알 수 있다.

돌연변이로 인해 DNA 염기쌍 서열이 변하면 종분화가 일어날 수 있다. 그러므로 계통분류학자들은 종 사이의 유연관계가 가까울수록 DNA 염기쌍 서열의 변화가 적을 것이라고 가정한다. 분자생물학 결과는 명확하며 수치화할 수 있기 때문에 때로는 설명하기 어려운 해부학적 변이나 수렴으로 인해 불분명해진 유연관계를 파악할 수 있도록 한다. 컴퓨터 소프트웨어가 빠르게 발달하여 뉴클레오티드 염기서열을 빠르고 정확하게 분석할 수 있게 되었다. 또한 인터넷을 통해 비교 연구를 하는 사람은 누구나 이러한 분석 결과를 이용할 수 있다. 나아가 유전체 등의 광대한 자료를 정확하게 이용할 수 있기 때문에 분자계통분류학이 생명체의 유연관계를 연구하는 표준 방법이 되었다.

모든 세포에는 단백질을 합성하는 리보솜이 있다. 리보솜 RNA(rRNA)가 크게 변하면 세포가 기능을 수행하기 어렵기 때문에 rRNA의 유전자는 진화하는 동안 매우 천천히 변하였다. 따라서 rRNA 염기서열을 분석하면 생명체 사이의 유사성을 판단할 수 있는 믿을만한 척도를 얻을 수 있다. 연구자들은 rRNA 염기서열 분석을 통해 모든 생명체를 세 개의 영역으로 나눌 수 있었다.

그림 16.17은 DNA 염기서열의 차이를 분석한 연구에 의해 작성된 계통수이다. 침팬지와 사람 사이의 유연관계가 가깝다는 사실을 알 수 있다. 분자생물학 자료에 따라 작성한 이 유연관계는 침팬지와 사람뿐 아니라 고릴라도

그림 16.17 분자생물학적 자료에 대한 해석.

영장동물들의 유연관계는 유전체 연구에 기반을 두고 있다. 계통수의 각 가지의 길이는 동물들 간의 차이를 보이는 DNA 염기서열의 상대적인 수를 나타낸다. 이 자료들은 한 번의 분지가 일어난 화석 기록에 대한 정보와 함께 계통수에서 또 다른 분지가 언제 일어날 것인지를 알려준다.

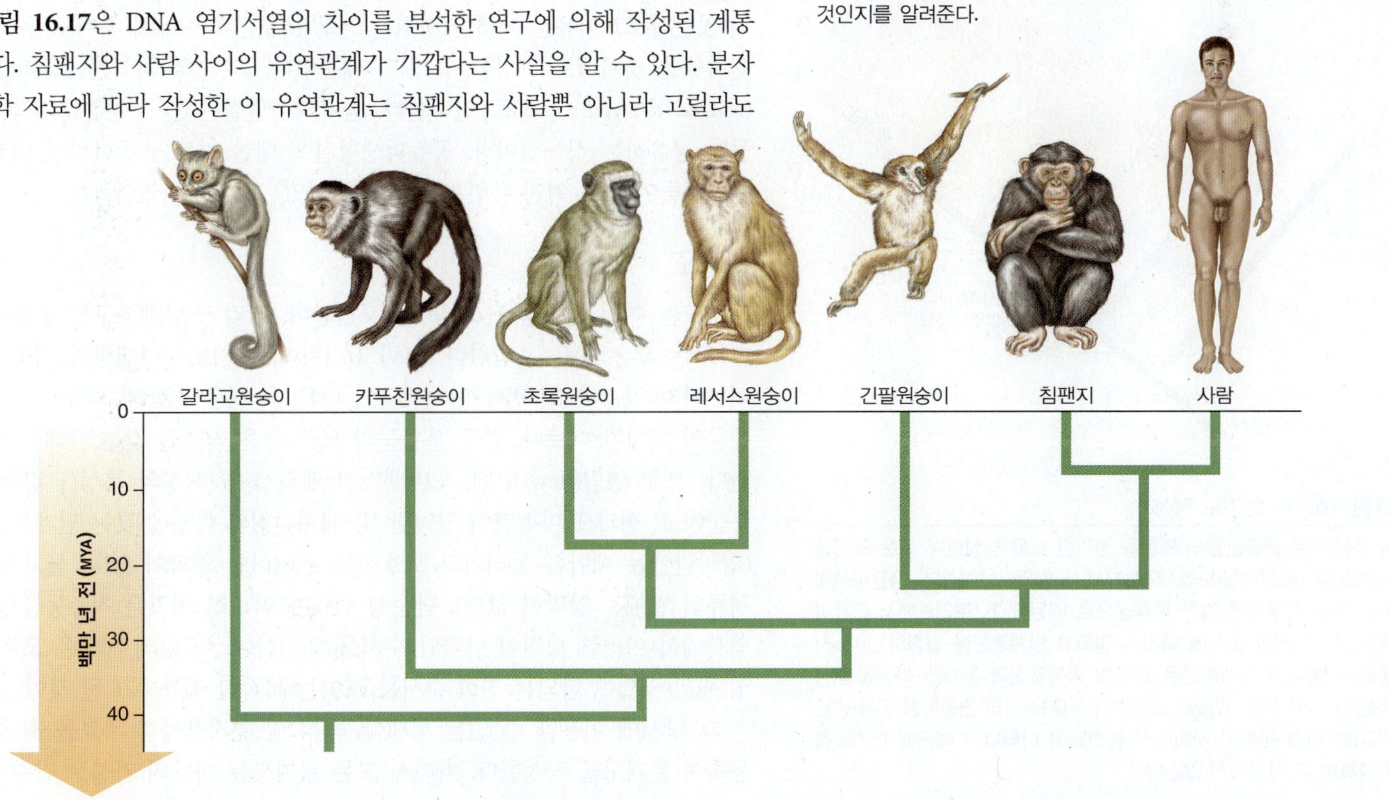

포함하는 Homininae(사람아과)라는 새로운 아과(*subfamily*)를 추가함으로써 최근에 인정받게 되었다. 분자생물학 자료에 따르면 고릴라와 침팬지는 오랑우탄에 비해 사람과 더 가깝다. 아과 분류군 아래에는 흔히 사용되지는 않지만 족(*tribe*)이라는 분류 범주가 있다. 사람과 침팬지는 같은 사람족(Hominini)에 속한다.

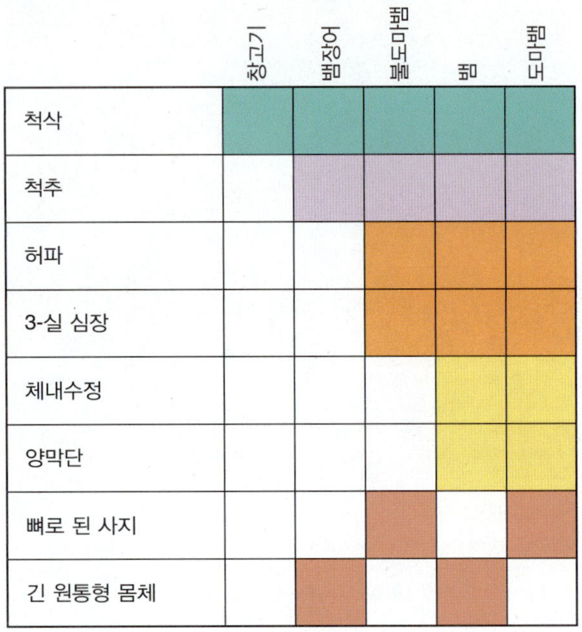

a.

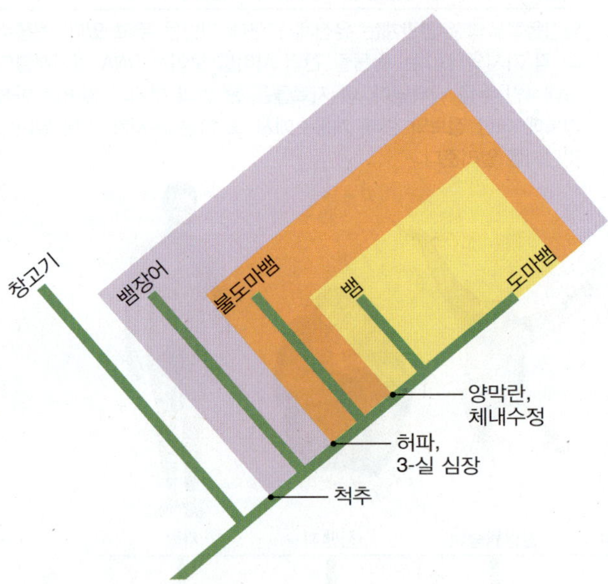

b.

그림 16.18 분기도 작성.

a. 우선 모든 분류군들의 특성을 정리한 표를 작성한다. 표는 조상형질(파랑)과 파생형질(보라, 오렌지색, 노랑)을 보여준다. 공유파생형질을 지닌 생물들은 같은 분류군으로 배정된다. **b.** 분기도에서 공유파생형질은 진화한 순서에 따라 나열되고 단계통군을 결정하는 데 사용된다. 하나의 단계통군은 하나의 공통조상과 동일한 파생형질(상동성)을 지닌 모든 종들을 포함한다. 사지골격과 긴원통형 몸체(밝은 빨강)는 여러 분류군 사이에서 분산되어 나타나기 때문에 분기도를 작성하는 데 사용되지 않는다.

분기학과 분기도

분기학(cladistics)은 유연관계를 결정하기 위해서 공통조상으로부터 물려받은 형질을 이용하여 특정 동물군의 진화 역사를 추적하는 방법이다. 이들 형질을 이용하여 **분기도(cladogram)**라는 계통수를 작성한다. 분기도는 이용 가능한 자료에 근거하여 특정 동물군의 진화 역사를 보여준다.

분기도를 작성하는 첫 번째 단계는 비교할 종들의 형질을 요약한 표를 작성하는 것이다. 적어도 하나, 가능하다면 여러 종을 외부군(*outgroup*)으로 고려해야 한다. 외부군은 내부군(*ingroup*)이라 부르는 연구하고 있는 분류군의 일부가 아니다. **그림 16.18*a***에서 창고기는 내부군 종들과는 달리 척추동물이 아니기 때문에 외부군이다. 외부군과 내부군 모두에게서 발견되는 척삭(notochord)과 같은 형질들은 모두 공유 조상형질(*ancestral trait*)이며, 외부군과 내부군 모두가 공통조상을 가진 것으로 여겨진다. 조상형질은 공유 파생형질이 아니므로 분기도 작성에 사용되지 않는다. 조상형질은 단순히 분기도 작성에 어떤 형질을 사용할 것인지를 결정하는 데 도움을 줄 뿐이다.

분기학자들은 최소의 가정이 가장 확실하다는 단순성 원리(*principle of parsimony*)라는 규칙을 따른다. 추정하는 진화적 변화의 수를 최소화하거나 설명되지 않은 파생형질의 경우는 최대한 배제하고 분기도를 작성한다. 그러므로 그림 16.18에 있는 형질 가운데 여러 종에서 분산되어 나타나는 형질(이 경우, 뼈로 된 사지와 긴 원통형의 몸체)은 분기도를 작성하는 데 사용하지 않는다. 그 이유는 이러한 형질은 연구 분류군 사이에서 적어도 두 차례는 진화했을 것이라고 가정할 수 있기 때문이다. 그 밖의 차이는 공유파생형질(*shared derived traits*)로 간주한다. 공유파생형질은 연구 분류군의 특정 종들만 공유하는 상동성이다. 공유파생형질에 대한 자료를 종합하면 내부군의 구성원들이 서로 어떤 유연관계를 이루고 있는지 알 수 있다.

분기도

분기도는 여러 **단계통군(clade)**을 포함한다. 각각의 단계통군은 공통조상과 그 모든 후손 종을 포함한다. 그림 16.18*b*의 분기도는 3개의 단계통군으로 이루어져 있는데, 첫 번째 단계통군이 다른 두 개를 포함하는 식이므로 단계통군의 크기가 다르다. 연구 분류군의 모든 종은 척추를 갖는 단계통군에 속한다. 오직 영원(newt), 뱀, 도마뱀만이 폐와 3-실 심장의 특성을 갖는 단계통군이고, 뱀과 도마뱀만이 양막란 및 체내수정의 특성을 갖는 단계통군이다(양막란에는 배아를 둘러싸고 보호하는 주머니인 양막이 있다. 물고기와 양서류의 알에는 양막이 없다). 단순성 원리에 따르면 이것은 척추동물의 진화 역사에서 이러한 형질이 나타난 순서를 의미한다. 이 밖의 배열은 모두 단순성 원리에 덜 부합되는 진화 순서를 보이는 복잡한 계통수가 될 것이다.

그 당시에 이용할 수 있는 형태학, 화석 및 분자생물학 자료를 최대한 사용하여 분기도를 작성한다. 따라서 모든 분기도는 하나의 가설로 간주되어야 한다. 작성한 계통수가 진정한 생명체의 진화 역사와 모순이 없는지 검증할 수 있고, 추가되는 자료에 근거하여 수정될 수 있다.

린네식 분류와 분기학

그림 16.19는 린네식 분류를 분기학의 원리에 따라 맞추려고 할 때 발생하는 문제점의 한 예이다. 분기학에 기초한 그림 16.19에서는 새와 악어는 단계통군이며, 최근의 공통조상을 공유하고 있다. 이 조상은 모래주머니를 가지고 있다. 악어와 새의 두개골을 분석하면 이들이 공유하고 있는 다른 파생형질이 나타난다. 새는 비늘로 된 피부를 가지며, 이 특성 또한 다른 파충류들과 공유한다. 그러나 린네식 분류에서는 일반적으로 새를 악어 및 파충류와 다른 고유 분류군으로 나눈다. 이 밖에도 많은 경우에서, 린네식 분류는 계통학적 유연관계에 대한 새로운 이해와 일치하지 않는다. 따라서 일부 분기학자는 국제계통학명명규약(International Code of Phylogenetic Nomenclature, PhyloCode)이라는 다른 분류체계를 제안하였다. 이 규약은 단계통군의 이름을 정하는 네 번째 규칙을 정한 것이다. 다른 생물학자들은 분기학 원리와 일치하도록 린네식 분류를 수정하기를 희망하고 있다.

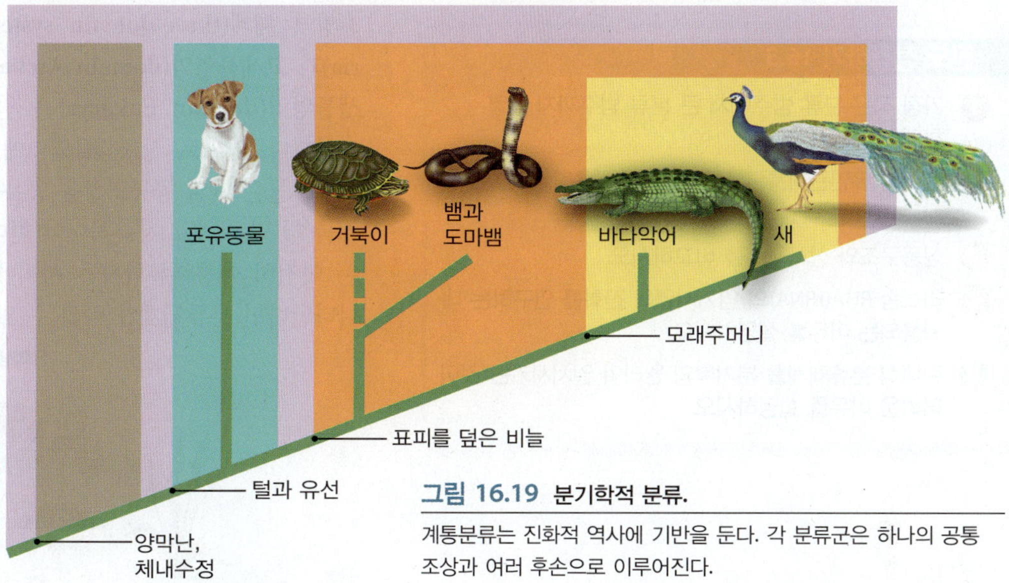

그림 16.19 분기학적 분류.

계통분류는 진화적 역사에 기반을 둔다. 각 분류군은 하나의 공통 조상과 여러 후손으로 이루어진다.

두 가지 주요 문제는 해결되지 않을지도 모른다. (1) 단계통군도 린네식 분류 범주처럼 계층적이다. 그러나 린네식 분류 범주에 비해 더 많은 단계통군이 존재할 수 있기 때문에 단계통군(clade)과 분류군(taxon)을 일치시키기 어렵다. (2) 분류군이 린네식 체계에서는 반드시 동등하지 않다. 예를 들면, 식물계(kingdom Plantae)의 과 분류군(family taxon)이 동물계(kingdom Animalia)의 과 분류군과 동등하지 않을 수도 있다. 이런 문제 때문에 일부 분기학자들은 린네식 체계를 완전히 버릴 것을 추천하기도 한다.

3-영역 체계

분류체계는 시간에 따라 변한다. 역사적으로 대부분의 생물학자는 식물(plants), 동물(animals), 균류(fungi), 원생생물(protists) 및 모네라(monerans) 계로 이루어진 **5-계 체계(five-kingdom system)**의 분류방식을 사용했다. 생명체들을 세포 유형(원핵 또는 진핵), 구성 수준(단세포 또는 다세포) 및 영양 유형에 따라 계에 배치하였다. 5-계 체계에서, 모네라는 세포 구조에 의해 구분되었다. 이들은 원핵세포(막으로 둘러싸인 핵이 없는)이며, 나머지 다른 계에 속한 생명체들은 진핵세포(막으로 싸인 핵을 가진)이다. 모네라계(kingdom Monera)는 화석기록에 의하면 가장 먼저 진화한 모든 원핵생물을 포함한다.

rRNA 유전자의 염기서열을 분석한 결과에 의해 5-계 분류체계와 상충하는 새로운 정보를 얻게 되었다. 분자생물학적 자료 외에도 세포생물학적 자료 역시 원핵생물은 세균(Bacteria)과 고세균(Archaea)의 두 그룹으로 이루어져 있음을 제시하였다. 이들 두 그룹은 근본적으로 너무 달라서 각기 다른

16.3 개념 연결하기

계통분류학은 지구상에서 종의 진화적 역사를 연구하는 과학이다.

영역(domain)에 할당되었다. 영역은 계보다 상위에 있는 분류 범주이다. 세균이 가장 먼저 발생하였고 그 뒤를 고세균이 이었으며, 그 후에 진핵생물이 발생하였다(**그림 16.20**). 고세균과 진핵생물 사이의 유연관계는 고세균과 세균 또는 진핵생물과 세균 사이의 유연관계보다 더 가깝다. 계통분류학자들은 **3-영역 체계(three-domain system)**를 이용하여 **세균영역(domain Bacteria)**과 **고세균영역(domain Archaea)**에 속하게 될 계를 분류하고 있다. **진핵생물영역(domain Eukarya)**은 원생생물계, 동물계, 균계, 그리고 식물계를 포함한다. 앞으로 진핵생물영역에 속한 각각의 계에 대해서 공부할 것이다. 원생생물은 단일 공통조상을 공유하지 않는다. 따라서 일부 학자는 원생생물계를 더 많은 계로 세분하여야 한다고 주장한다. 몇 개로 나누어야 할 것인지는 여전히 계통분류학자들 사이에서 논의되고 있으며, 이는 새로운 자료가 나타난다면 분류체계가 바뀔 수 있다는 것을 시사한다.

진도 점검하기 16.3

1. 가장 작은 분류 범주에서 큰 분류 범주까지 나열하시오.
2. 진화적 유연관계를 결정하기 위해 사용할 수 있는 자료 형태를 나열하시오.
3. 상동구조와 상사구조를 비교하시오.
4. 리보솜 RNA(rRNA)의 염기서열이 진화를 연구하는 데 사용되는 이유를 설명하시오.
5. 린네식 분류체계를 분기학의 원리와 일치시키는 것이 어려운 이유를 설명하시오.

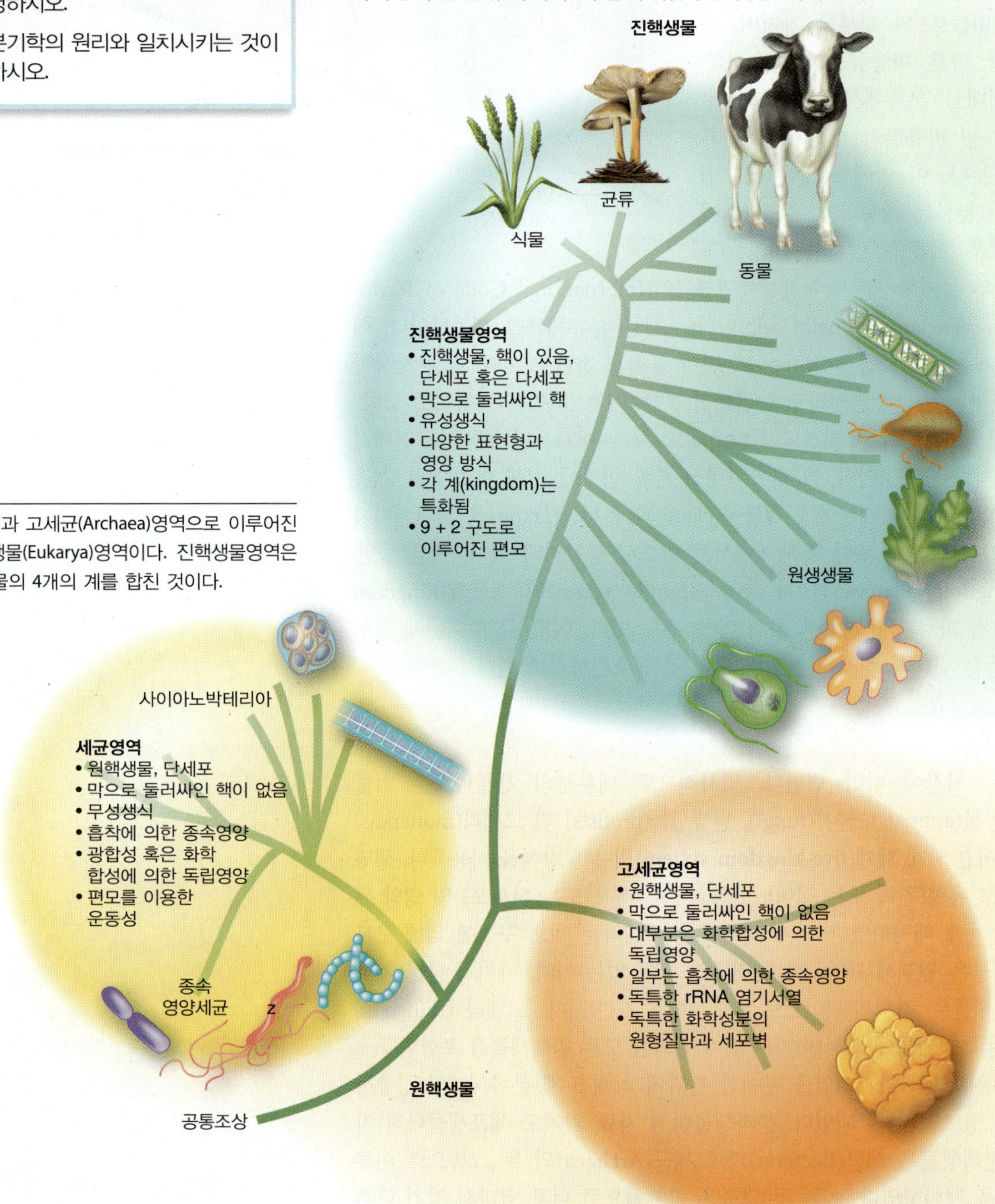

그림 16.20 3-영역 체계.

원핵생물은 세균(Bacteria)영역과 고세균(Archaea)영역으로 이루어진다. 그리고 진핵생물은 진핵생물(Eukarya)영역이다. 진핵생물영역은 원생생물, 균, 동물 그리고 식물의 4개의 계를 합친 것이다.

요약

16.1 종분화와 대진화

대진화(macroevolution)는 지구상에 있는 생명의 역사를 다루기 때문에 대규모의 진화를 의미한다. 대진화는 새로운 종의 기원을 의미하는 **종분화(speciation)**에서 시작된다. 종분화와 종의 멸종이 없었다면 지구의 생명체는 역사를 이룰 수 없었을 것이다.

종의 정의

생물학적 종의 개념(biological species concept)은 다음과 같다.

- 다른 그룹의 구성원 사이에서 생존가능한 생식력이 있는 자손을 생산할 수 있다면 하나의 종으로 인정한다.
- 서로 다른 종이 비슷하게 생긴 경우도 있고, 또 같은 종의 구성원이라도 다른 외형을 가질 수 있으므로 이 개념은 유용하다.
- 이 개념은 한계를 갖는다. 일부 종 사이에서는 잡종이 생길 수 있으며, 오직 유성생식을 하는 생명체에만 적용된다.

생식적 장벽

접합전 및 접합후 장벽에 의해 종들이 서로 생식활동을 할 수 없을 때 종분화가 이루어진다.

- **접합전 격리 기작(prezygotic isolating mechanisms)**은 서식지 격리, 시간적 격리 및 행동적 격리 등이다.
- **접합후 격리 기작(postzygotic isolating mechanisms)**은 생식에 성공했다 하더라도 잡종 자손이 발생하거나 새끼를 낳지 못하도록 억제한다.

종분화 모델

종분화의 두 가지 모델은 이소 종분화와 동소 종분화이다.

- **이소 종분화(allopatric speciation)**는 지리적 장벽에 의해 개체군들의 집단이 분리된다고 주장한다. 격리되어 있는 동안에 접합전 및 접합후 격리 기작이 작동하고, 이로 인해 이들 두 집단이 시간이 흘러 다시 만나더라도 생식에 성공할 수 없게 된다.
- **동소 종분화(sympatric speciation)**에서는 종분화에 지리적 장벽이 필요하지 않다.
- 종분화에 이어 **적응방사(adaptive radiation)**가 이루어져 새로운 종이 독특한 환경의 변화에 적응한다.

16.2 화석기록

지질학적 연대에서 보는 것처럼 화석기록은 생명의 역사를 광범위하게 추적하도록 한다. **고생물학자(paleontologists)**들은 방사능 연대법을 이용하여 **화석(fossils)**의 절대연대를 알아낼 수 있다.

종분화의 속도

- 점진진화 모델: 같은 조상 종에서 두 그룹의 생명체가 나뉜 후 점진적으로 서로 다른 두 개의 종으로 된다.
- 단속평형 모델: 평형기간(무변화)이 비교적 단시간 내에 이루어진 종분화에 의해 중단된다.

대멸종

- 화석기록에 따르면 지구상의 생명의 역사 동안에는 한 차례의 중요한 포유류 멸종을 포함하여 적어도 다섯 차례의 대멸종이 일어났다. 대멸종을 초래한 주요 원인 두 가지는 대륙이동에 따른 서식지 상실과 운석이 지구에 충돌하여 비롯된 재앙이다.

16.3 계통분류학

- **계통분류학(systemics)**은 과거와 현재의 모든 생명체 사이의 진화적 유연관계인 **계통(phylogeny)**을 연구한다. 계통분류학은 화석기록, 상동성, 분자생물학 자료에 의존하여 생명체 사이의 유연관계를 결정한다.
- **분류학(taxonomy)**은 생명체의 동정, 명명 및 분류를 포함한다. 린네식 분류체계에서 모든 생명체는 **분류군(taxon)**에 속하며, **속(genus)**과 특별한 종소명(epithet)을 나타내는 학명으로 명명된다. **종(species)**명은 속과 특별한 종소명의 조합으로 이루어진다. 종은 분자생물학 및 구조적인 유사성뿐 아니라 진화적 유연관계에 따라 **과(family)**, **목(order)**, **강(class)**, **문(phylum)**, **계(kingdom)** 및 **영역(domain)**에 배속된다.
- **계통수(phylogenic trees)**는 한 생명체 그룹의 진화 역사를 보여준다. 계통수는 **상동구조(homologous structures)**와 **상사구조(analogous structures)**를 구별하는 데 도움이 된다. 상동구조는 공통조상과 관련된 것이며, 상사구조는 **수렴진화(convergent evolution)**로 인해 나타난다. 분기학자들은 공유파생형질을 이용하여 분기도를 작성한다. **분기도(cladogram)**에서 **단계통군(clade)**은 공통조상 및 공통조상에서 파생된 모든 종을 포함한다. 단계통군의 종은 모두 공유파생형질을 가진다.
- 린네식 분류는 생명체 분류에 있어서 분기학의 원리와 일치하지 않을 때가 있기 때문에 심각한 비판을 받고 있다.

분류 체계

- **5-계 체계(five-kingdom system)**는 역사적으로 세포 유형, 조직화 수준 및 영양 유형 등의 기준에 기초한다.
- **3-영역 체계(three-domain system)**는 분자생물학 자료를 이용하여 세균, 고세균, 진핵생물의 세 영역으로 진화적 영역을 구분한다.
- **세균영역(domain Bacteria)**과 **고세균영역(domain Archaea)**에는 원핵생물이 포함된다.
- **진핵생물영역(domain Eukarya)**에는 원생생물, 동물, 균류 및 식물이 포함되어 있다.

개념 연결하기

진화가 대규모로 일어나면 신종의 출현으로 이어진다. 화석기록을 통해 지구의 역사에서 종이 어떻게 진화했는지 알 수 있다.

16.1 종분화는 두 집단 사이에서 유전자 흐름의 차단으로 인해 발생한다.

16.2 화석기록은 지구상에서 발생한 많은 종 다양성 역사를 보여준다.

16.3 계통분류학은 지구상에서 종의 진화적 역사를 연구하는 과학이다.

대규모의 진화를 일으키는 요인에 관한 정보가 더 필요하면 다음 논의를 참조하시오.

14.1절 진화적 변이 기작으로서 자연선택이라는 개념이 확립되도록 한 갈라파고스제도의 피리새의 역할.

14.2절 진화적 변이의 증거로 화석기록이 사용되는 이유.

19.1절 동물 진화의 계통수.

혼자 풀어보기

가장 적절한 답을 고르시오.

16.1 종분화와 대진화

1. 생물학적 종은
   a. 다른 종과 항상 다른 외형을 지닌다.
   b. 다른 종과 항상 다른 수의 염색체를 가지고 있다.
   c. 다른 종과 생식적으로 격리되어 있다.
   d. 다른 종과 결코 동일한 생태적 지위(niche)를 공유하지 않는다.

[2~9] 해당하는 격리 기작 유형을 보기에서 골라 표시하시오.

보기:

a. 서식지 격리
b. 시간적 격리
c. 행동적 격리
d. 기계적 격리
e. 배우자 격리
f. 접합자 사멸
g. 잡종 불임
h. F_2의 낮은 적응도

2. 한 종의 암컷은 다른 종의 수컷이 하는 구애 행위를 인식하지 못한다.
3. 한 종은 다른 종과 다른 시기에 생식한다.
4. 두 종이 교배하여 얻은 접합체(zygote)는 언제나 죽는다.
5. 다른 지역에 서식하는 두 종은 서식지가 다르기 때문에 교배하지 않는다.
6. 두 종 사이의 잡종이 만드는 배우자(gamete)는 생존력이 없다.
7. 꽃가루 매개자가 다른 두 종의 식물은 교배하지 않는다.
8. 한 종의 정자가 다른 종의 생식기 내에서 생존할 수 없다.
9. 두 잡종 개체 사이의 자손은 생명력이 빈약하다.
10. 동소 종분화는 아니지만, 이소 종분화에 필요한 것은 무엇인가?
    a. 생식적 격리
    b. 지리적 격리
    c. 수컷과 암컷 사이의 자연적인 차이
    d. 우선 교배
    e. 높은 돌연변이율

16.2 화석기록

11. 화석기록의 장점 중 하나는 무엇인가?
    a. 단단한 몸체 부위가 화석화되기 쉽다.
    b. 화석의 연대를 추정할 수 있다.
    c. 그 자체로 완전함이다.
    d. 한 장소에 모여 있다.
    e. 위의 진술 모두 옳다.
12. 다음 중 대멸종에 관여하지 않은 것은?
    a. 서식지 상실
    b. 대륙이동
    c. 적응방사
    d. 운석 충돌

16.3 계통분류학

13. 다음 중 생명체의 학명은?
    a. *Rosa rugosa*
    b. *Rosa*
    c. *rugosa*
    d. *rugosa rugosa*
    e. a와 d가 옳음.

14. 다음 중 분류학과 관련하여 가장 올바른 진술은?

a. 종은 *Homo sapiens sapiens*처럼 항상 3-부분의 이름을 갖는다.

b. 종은 다른 종과 항상 생식적으로 격리되어 있다.

c. 종은 공통조상 형질을 공유하지만, 자신만의 고유한 파생형질도 가지고 있다.

d. 종은 항상 비슷하게 생긴 것처럼 보인다.

e. c와 d가 옳음.

15. 다음 분기도에 대해 답하시오.

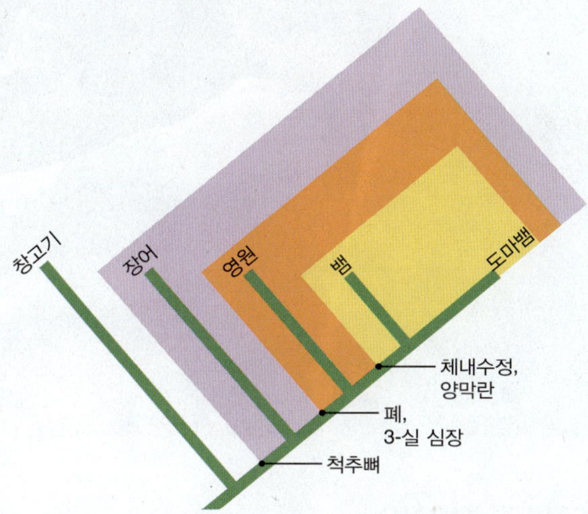

a. 이 분기도에 포함된 단계통군의 수는 몇 개인가? 단계통군은 어떻게 결정한 것인가?

b. 연구대상 분류군에서 모든 동물이 공유하고 있는 특성은 무엇인가? 오직 뱀과 도마뱀만이 공유하는 특성은 무엇인가?

c. 가장 최근의 공통조상을 공유하는 동물들은 무엇인가? 어떻게 알 수 있는가?

과학적으로 생각하기

1. 필요한 만큼의 용어를 사용하여(X 및 Y 축 모두) 제시된 관다발 식물에 대한 계통수를 채우시오.

	양치식물	침엽수	은행나무	외떡잎식물	쌍떡잎식물
관다발조직	x	x	x	x	x
종자 생산		x	x	x	x
겉씨		x	x		
침엽		x			
활엽			x		
속씨				x	x
하나의 떡잎				x	
두 개의 떡잎					x

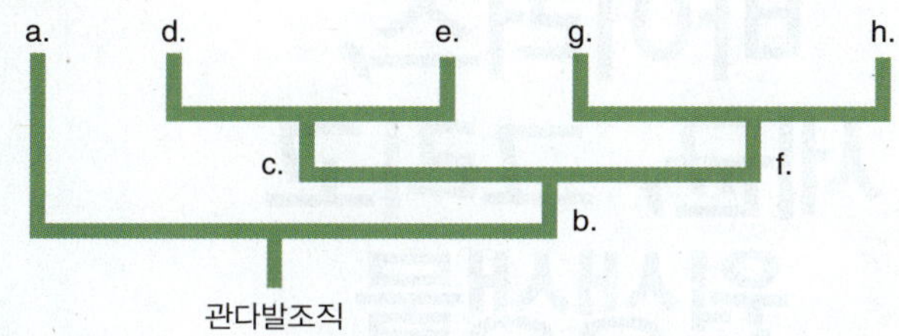

2. 하와이제도는 본토로부터 수천 킬로미터 떨어진 곳에 위치한다. 이 섬들은 해저에서 융기하였으며, 해류나 바람을 타고 유입된 식물과 동물이 서식하였다. 섬마다 고유한 환경을 지니고 있으며, 서식하는 생물들은 저마다 다르게 진화하였다. 결과적으로 이 제도에 서식하는 대부분의 식물과 동물 종은 세상 어디에도 존재하지 않는다.

이에 비해 플로리다 키스제도에는 고유종 또는 토착종이 존재하지 않는다. 이 섬에 서식하는 모든 종은 본토에도 존재한다. 이들 두 제도에서 나타난 서로 다른 종분화 양상에 대해 설명하시오.

3. 진화적 유연관계를 재구성하면 장점이 있다. 예를 들면, 새로 출현한 바이러스는 유연관계가 없는 종보다는 유연관계가 있는 종에게 확산되기 쉽다. 예를 들면 HIV 바이러스는 침팬지로부터 사람에게 확산되었는데, 침팬지는 우리와 DNA 염기서열의 90% 이상을 공유하고 있다. 침팬지는 이 바이러스로 인해 병에 걸리지 않는다. 그러므로 침팬지 면역체계를 연구하면 사람의 AIDS를 치료하는 방법을 개발하는 데 도움이 될 것이다. 그러나 사람과 가깝지 않은 유연관계에 있는 생명체 사이의 진화적 유연관계에 대한 연구는 어떨까?

a. 대중은 모든 유형의 연구를 지원할 용의가 있을까, 아니면 HIV 연구와 같이 즉각적인 의료혜택과 관련된 연구만을 지원하려 할까?

b. 당신은 즉각적인 의료 혜택이 없더라도 우리의 진화적 과거를 이해하는 데 도움을 줄 수 있는 계통분류학 연구를 지원할 용의가 있는가?

17

미생물: 바이러스, 세균, 그리고 원생생물

개 요

시작하기 전에

이 장을 시작하기 전에 다음 내용을 다시 살펴보자.

그림 4.2 바이러스는 세균세포, 동물세포 또는 식물세포보다 얼마나 작을까?

4.3절 원핵세포와 진핵세포 구조의 차이점은 무엇인가?

그림 16.20 원핵생물을 포함하는 생명체의 두 영역은 무엇인가?

조류독감: H5N1과 H7N9

H5N1은 일반적으로 "조류독감"이라고 부른다. 그러나 이 인플루엔자 바이러스는 조류보다 더 많은 생물에 감염한다. 2003년 이후 600명이 넘는 사람들이 H5N1에 감염되었다. H5N1의 사례는 아직 많지 않지만, H5N1에 노출된 개인들 사이에서 60%의 치사율을 보이고 있어 전 세계 보건당국의 관심사가 되고 있다. H5N1이 "조류독감"의 유일한 형태는 아니다. 2013년 H7N9이라고 불리는 조류독감의 새로운 변종이 동남아시아에서 보고되었다. 비록 한동안 조류 개체군에서 존재하였지만 H7N9은 최근에 인간에게까지 감염하기 시작하였다. H5N1과 H7N9 모두 사람에서 사람으로 전파하지는 않았지만, 다른 형태의 바이러스는 쉽게 사람 사이로 퍼져나간다.

이 장에서 우리는 바이러스와 세균 등의 여러 미생물이 사람을 포함하여 식물과 동물에 많은 심각한 질병의 원인이라는 것을 알게 될 것이다. 그 이유는 H5N1 바이러스 같은 미생물이 사람의 면역체계와 효과적인 예방접종 및 치료를 개선할 수 있는 능력보다 훨씬 빠르게 진화하는 능력을 가지고 있기 때문이다. 그러나 모든 미생물이 질병을 유발하지는 않는다. 우리 피부는 180종이 넘는 세균 종의 서식처이고, 우리의 장은 소화를 돕는 세균으로 가득 차 있다. 세균은 유출된 기름을 제거하고, 하수를 처리하며, 유전공학적으로 사람 단백질 생산에도 사용된다. 더구나 미생물은 생태계의 필수적인 구성인자이다. 고세균과 세균은 계통수의 기저에 위치하며, 지구에서 최초의 살아 있는 생명체이기도 하다. 놀랍게도 분자생물학자들은 우리가 세균보다는 고세균과 더 밀접한 관계를 이루고 있다고 얘기한다. 이 장에서는 바이러스와 세균 등의 미생물에 대해서 알아본다.

이 장을 공부하는 동안 다음 질문에 대해 생각해보자.

1. 모든 생명체가 공유하는 특성을 고려할 때, 바이러스는 살아있는 것으로 간주할 수 있을까?
2. 비록 일부가 질병을 일으키기도 하지만, 미생물들은 왜 생명체에게 필수적인 것일까?

17.1 바이러스

학습 목표

이 절을 학습한 후에는 다음 과제를 수행할 수 있어야 한다.

1. 바이러스의 구조를 서술하기.
2. 바이러스의 숙주 특이성을 설명하기.
3. 바이러스의 증식과정을 서술하기.

바이러스(virus)에 대한 연구는 질병, 유전학 그리고 생명체들의 특성을 이해하는데 있어서 많은 기여를 하고 있다. 바이러스는 생명체의 분류에 포함되지 않기 때문에 이러한 기여는 놀라운 것이기도 하다. 생명체는 모두 세포로 이루어져 있는 데 반해 바이러스는 세포로 구성되어 있지 않다. 바이러스는 놀랍도록 작아서 대부분 약 0.2 μm으로 세균 크기의 1/5 정도 된다.

바이러스는 최소한 두 부분으로 구성된다. 즉, 단백질 소단위로 구성된 외부 **캡시드(capsid)**와 DNA 또는 RNA 핵산이 들어있는 내부중심을 가지고 있다. **그림 17.1의** 인플루엔자 바이러스는 숙주세포에 흡착하는데 관련된 돌기(당단백질로 구성)를 가지고 있다. 인플루엔자 바이러스의 경우 두 가지 형태의 돌기가 있으며, 그 구조의 차이에 따라 H5N1과 H7N9으로 명명한다. 어떤 동물 바이러스에서는 캡시드가 당단백질 돌기를 가진 외부 막성 피막에 의해 둘러싸여 있다. 이 피막은 바이러스에 의해 생산된 단백질도 포함되어 있는 숙주의 원형질막 조각이다. 바이러스의 내부는 새로운 바이러스를 생산하는 데 도움이 되는 다양한 효소를 포함할 수 있다. 바이러스 유전체는 DNA 또는 RNA이며, 유전자는 겨우 수백 개에 지나지 않는다. 이에 비해 사람 세포는 25,000개의 유전자를 가지고 있다.

바이러스는 살아있다고 할 수 있을까? 이 질문에 대해 과학적 그리고 철학적인 논의가 이루어져 왔다. 바이러스는 **절대 세포내 기생자**(*obligate intracellular parasites*)이다. 왜냐하면 이들은 살아 있는 세포 내에서만 증식할 수 있기 때문이다. 살아 있는 세포 밖에서 바이러스는 살아 있는 세포와 관계없이 보존될 수 있으며, 심지어 실험실에서 화학적으로 합성될 수 있다. 그렇다 하더라도 바이러스는 세포 내부로 들어간 후 자신을 증식하도록 변이시키고 기능하게 하는 유전체를 가지고 있다.

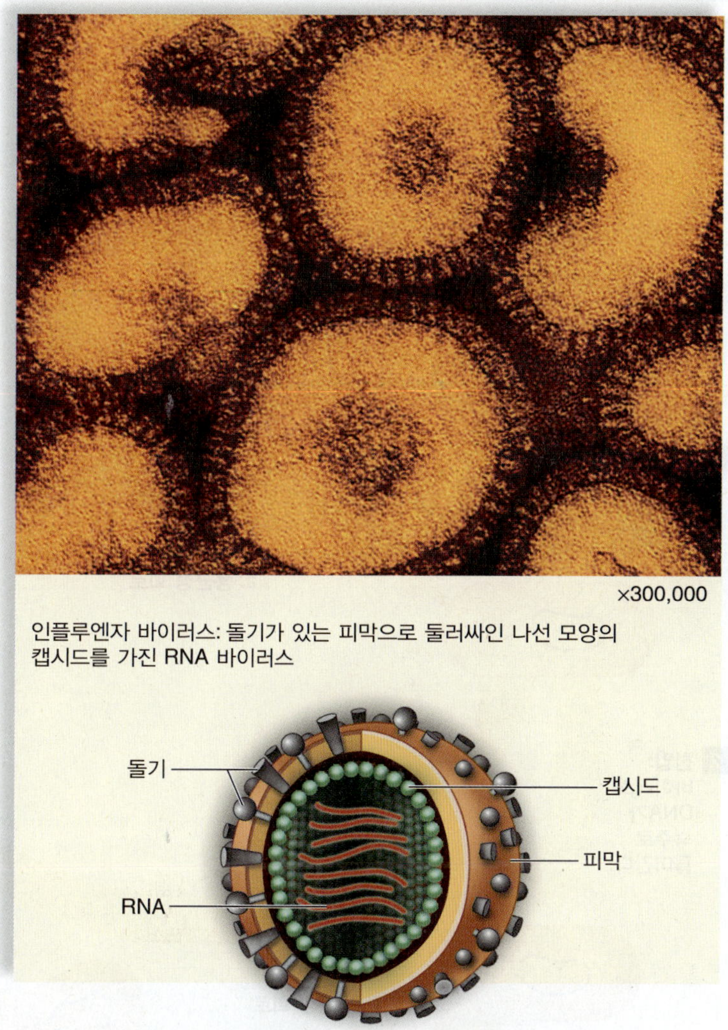

그림 17.1 인플루엔자 바이러스의 구조.

전형적인 바이러스인 인플루엔자 바이러스는 핵산 중심부(이 경우 RNA)와 캡시드라고 부르는 단백질 외피를 가지고 있다. 돌기는 바이러스가 세포로 들어가도록 해주며, 이것의 조성에 따라 인플루엔자 바이러스의 명명이 결정된다.

바이러스의 증식

바이러스는 특정 숙주세포에 특이하게 작용하는데, 이것은 돌기 또는 캡시드의 일부가 숙주세포 바깥 표면에 있는 특정 분자(수용체)와 자물쇠-열쇠 방식으로 흡착하기 때문이다. 바이러스는 흡착할 수 없는 숙주세포에는 감염할 수 없다. 예를 들어 담배 모자이크 바이러스(293쪽 참조)는 사람에게 감염할 수 없는데, 그 이유는 그 캡시드가 사람 세포 표면의 수용체에 붙을 수 없기 때문이다. 숙주세포 내부에서 바이러스 유전체는 숙주세포의 대사기

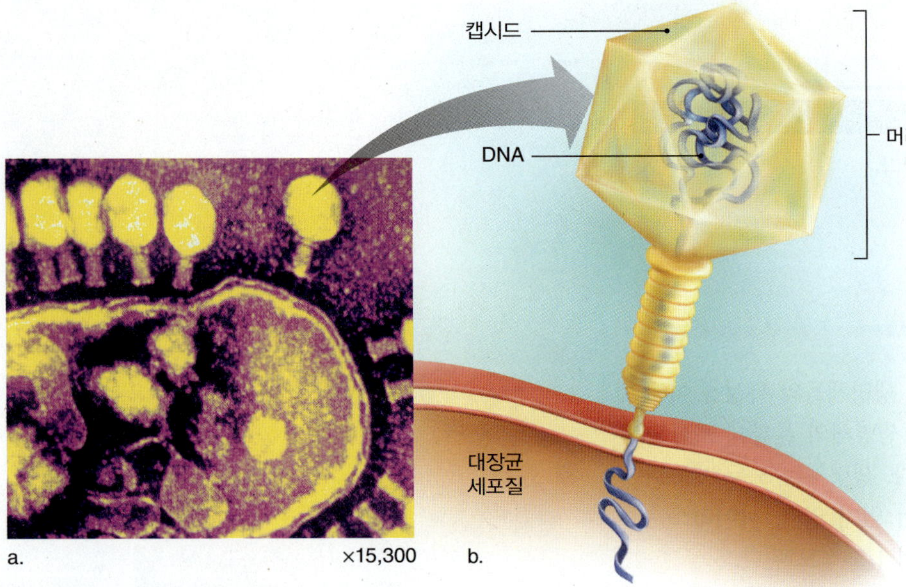

그림 17.2 박테리오파지 람다(λ).

a. 세균에 흡착해 있는 많은 바이러스 입자를 보여주는 현미경 사진. **b.** 대장균(*E. coli*) 등의 세균으로 바이러스 DNA가 들어가는 방법.

구를 점유한다. 대체로 바이러스는 숙주의 효소, 리보솜, 운반 RNA(tRNA) 그리고 ATP를 포함한 대사 기구를 이용하여 증식한다.

박테리오파지의 증식

박테리오파지(bacteriophage)는 간단하게 파지(*phage*)라고도 부르며, 세균에서 증식하는 바이러스이다. 박테리오파지는 여러 방법으로 명명되는데, **그림 17.2**의 바이러스는 람다(lambda, λ)라고 부른다. 람다 파지는 증식할 때 용균성 회로 또는 용원성 회로를 거치게 된다. **용균성 회로(lytic cycle, 그림 17.3*a*)**는 흡착, 침입, 생합성, 성숙, 그리고 방출의 다섯 단계로 구분된다. **1** 흡착(*attachment*) 단계에서 캡시드는 세균 세포벽에 있는 수용체와 결합한다. **2** 침입(*penetration*) 단계에서 바이러스의 효소가 세포벽의 한 부분을 녹인 다음 바이러스 DNA를 세균세포 내로 주입한다. **3** 바이러스는 자신의 증식에 필요하지 않은 숙주의 유전자를 불활성화시킨 다음 바이러스의 구성성분을 생합성(*biosynthesis*)하기 시작한다. 숙주세포의 대사기구는 바이러스 DNA를 복제하고, 다수의 캡시드 단백질 소단위를 생산한다. **4** 성숙(*maturation*) 단계에서 바이러스 DNA와 캡시드가 조립되어 수백 개의 바이러스 입자를 생산한다. 바이러스 유전자로부터 생산된 효소인 리소자임이 세포벽을 파괴하고 **5** 파지 입자를 방출(*release*)한다. 그 결과 세균세포는 죽게 된다.

용원성 회로(lysogenic cycle, 그림 17.3*b*)에서는 감염세균이 파지를 즉시 생산하지 않고, 나중에 생산한다. 그동안 파지는 실제로는 증식하지 않는 잠복(*latent*) 상태이다. 흡착과 침입이 이루어진 후 통합(*integration*)이 일어난다. 즉, 바이러스 DNA는 숙주 DNA를 파괴하지 않은 채 세균 DNA로 끼어

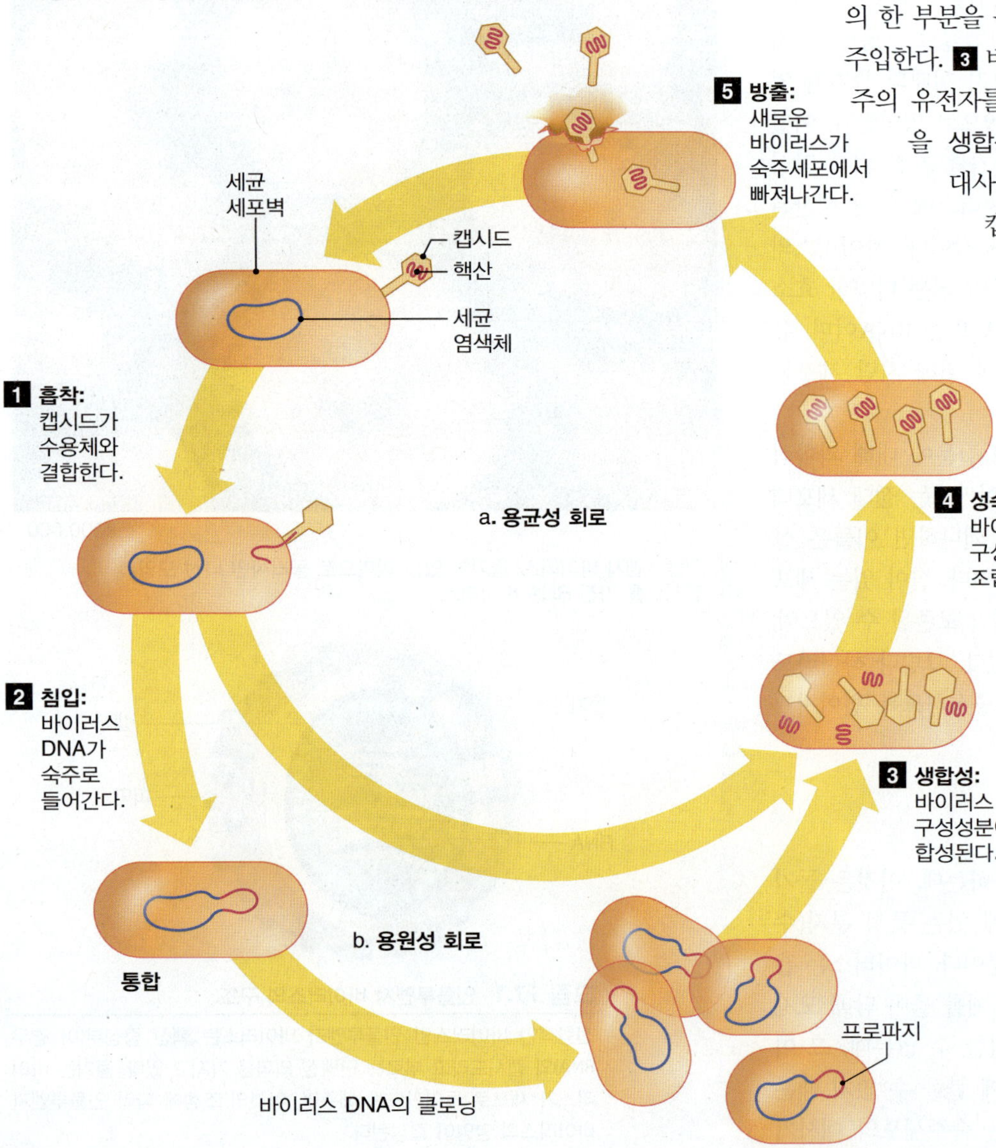

그림 17.3 람다 파지의 용균성 회로와 용원성 회로.

a. 용균성 회로에서는 세포가 용균될 때 바이러스 입자가 방출된다. **b.** 용원성 회로에서는 바이러스 DNA가 숙주 DNA로 통합된다. 용원성 회로는 장차 용균성 회로의 마지막 세 단계로 이어질 수 있다.

들어간다. 잠복해 있는 동안의 바이러스 DNA는 프로파지(*prophage*)라고 부른다. 프로파지는 숙주 DNA를 따라 증식하며, 이렇게 증식된 세포는 용원성 세포라고 부르고, 프로파지의 복사체를 한 개씩 가진다. 프로파지는 자외선 조사와 같은 환경요소에 의해 생합성, 성숙, 방출로 이어지는 용균성 회로로 전환될 수 있다.

식물 바이러스

곡식과 정원용 식물도 바이러스에 감염된다. 식물 바이러스는 손상된 조직을 통해서 들어가며, 식물 세포벽 사이에 뻗어 있는 세포질 가닥인 원형질연락사(*plasmodesmata*)를 통해 식물 전체로 이동한다. 가장 잘 연구된 식물 바이러스는 담배 모자이크 바이러스로, 캡시드에 단 한 종류의 단백질 소단위만 가지고 있는 긴 막대 형태의 바이러스이다(**그림 17.4**). 모든 바이러스가 치명적이지는 않지만, 오랜 시간에 걸쳐 식물을 쇠약하게 만든다.

곤충과 정원손질용 도구 등에 의해 한 식물에서 다른 식물로 수액이 운반될 때에 바이러스도 함께 전염된다. 바이러스 입자는 또한 종자와 화분에 의해서 전염되기도 한다. 불행하게도 어떤 화학물질로도 바이러스 질병을 제어할 수 없다. 지금까지 바이러스 질병을 제어할 수 있는 방법은 증세가 나타난 식물을 죽이거나, 곤충 매개체가 있다면 이를 제어하는 것이었다. 최근에 생명공학이 널리 보급되면서(12장 참조), 식물 사이에 질병에 대한 내성을 갖는 유전자를 전달하는 것이 가능해졌다. 가장 성공적인 예의 하나는 하와이에서 papaya ring spot virus(PRSV)에 저항성이 있는 파파야 식물을 만들어낸 것이다. 이 형질전환 식물체 계통 중 하나가 현재 PRSV에 대해 완벽한 저항성을 보인다.

그림 17.4 감염된 담배 잎.

반점이 있고 일그러진 잎은 식물 바이러스 감염의 전형적인 증상이다.

동물 바이러스

인간을 포함한 동물에 질병을 일으키는 바이러스는 박테리오파지와 유사한 방식으로 증식한다(**그림 17.5**). 그러나 차이점도 있다. 특히, 다 그런 것은 아니지만 몇몇 동물 바이러스는 캡시드 외부에 막성 피막을 가지고 있다. 원형질

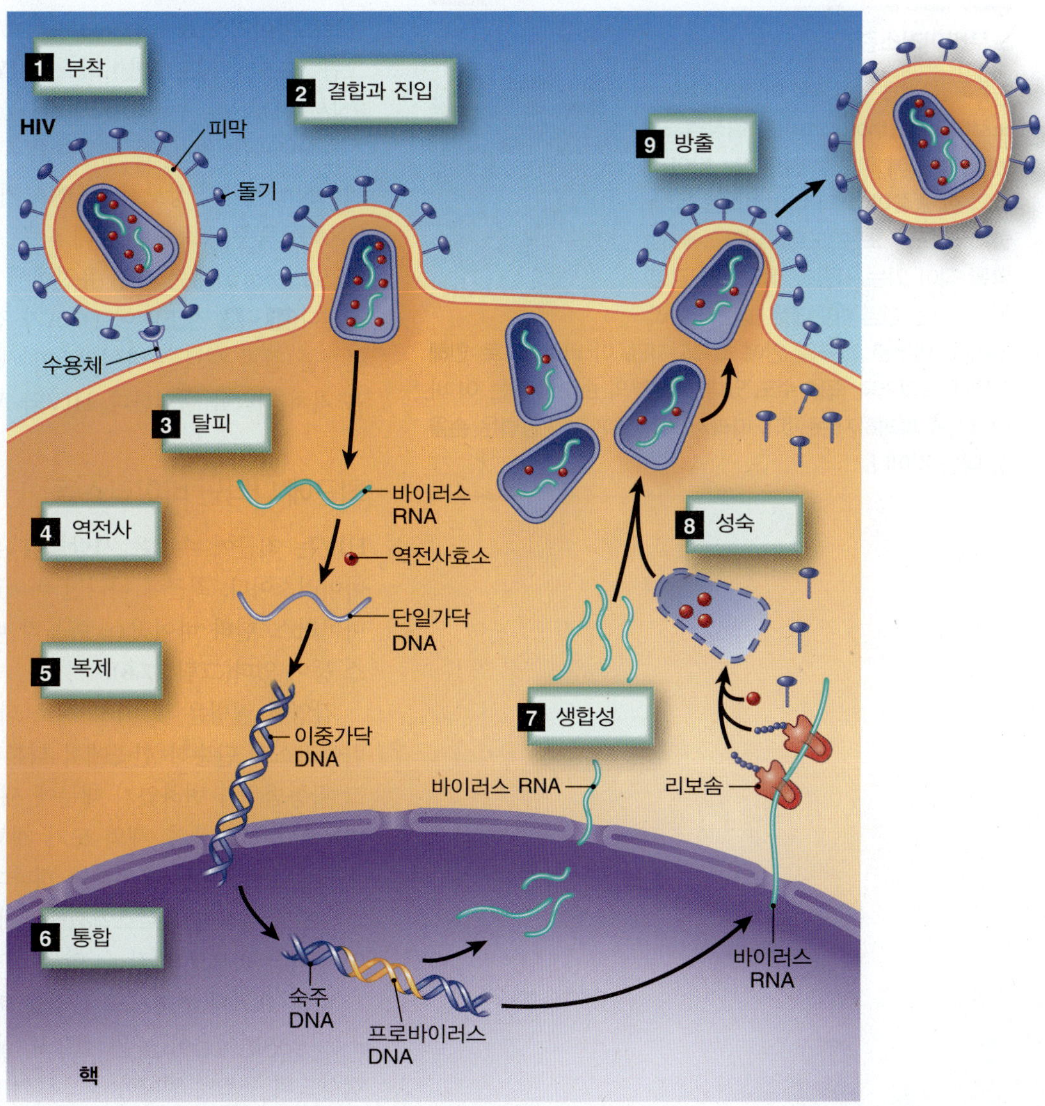

그림 17.5 HIV의 증식.

AIDS를 유발하는 바이러스인 HIV는 상자로 표시한 단계를 거친다. HIV는 RNA 유전체를 가진 레트로바이러스이기 때문에 역전사효소를 이용하여 유전체의 단일가닥 DNA 복사체를 생산한다. 상보적인 가닥이 합성된 후, 이중가닥 바이러스 DNA가 숙주 DNA에 통합된다.

막에 있는 수용체에 부착한 후 피막이 있는 바이러스는 원형질막과 결합하거나 또는 세포내섭취에 의해 세포 안으로 들어간다. 피막 바이러스가 들어간 후 탈피가 일어난다. 즉, 캡시드가 숙주세포 내에 있는 효소에 의해 제거된다(**1**~**3** 참조). DNA든 RNA든 바이러스 유전체가 외피를 벗게 되면 생합성을 비롯한 다른 단계가 진행된다(**7**~**9** 참조). 피막이 없는 동물 바이러스는 박테리오파지와 동일한 방법으로 숙주세포에서 빠져나오는 반면, 피막이 있는 바이러스는 세포로부터 출아한다. 출아하는 동안 바이러스는 숙주 원형질막으로부터 주로 지질과 단백질로 구성된 피막을 얻는다. 바이러스가 숙주세포로 들어갈 수 있도록 해주는 피막의 일부분인 돌기는 바이러스 유전자에 암호화되어 있다.

사람에서 입술 발진을 일으키는 헤르페스 바이러스, 음부포진 바이러스, 수두 등은 오랜 시간 잠복하는 감염의 예들이다. 헤르페스 바이러스는 척수신경절에 머물다가 스트레스나 과도한 광선 등의 자극을 받으면 용균성 회로로 들어간다. AIDS의 원인인 인간 면역결핍 바이러스(human immunodeficiency virus, HIV)는 림프구에서 잠복하면서 서서히 새로운 바이러스를 방출한다.

연관: 건강

노로바이러스란?

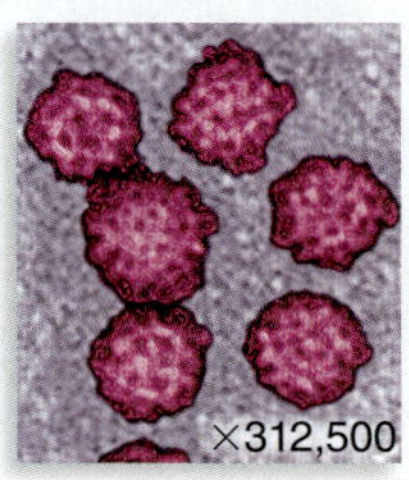
×312,500

"위 독감" 또는 "식중독"이라고 부르는 노로바이러스(norovirus)는 위장염 또는 위와 장에 염증을 일으키는 바이러스의 한 종류이다. 이 바이러스는 음식, 물체의 표면 또는 노로바이러스에 감염된 적이 있는 사람과 접촉하면 감염될 수 있는 전염성이 매우 높은 바이러스이다. 대부분 2~3일 안에 회복되지만, 이 바이러스로 인해 질병에 걸리거나 죽을 수도 있다. 대부분의 손 소독제는 이 바이러스를 파괴하지 못한다. 따라서 가장 효과적인 방법은 손을 잘 닦는 것이다.

레트로바이러스

레트로바이러스(retrovirus)는 DNA 단계를 거치는 RNA 동물 바이러스이다. 그림 17.5는 레트로바이러스 HIV의 증식을 나타낸다. 레트로바이러스는 RNA를 DNA로 전사하는 역전사효소라고 부르는 효소를 가지고 있다. 이 효소는 바이러스 RNA를 주형으로 사용해 하나의 DNA 가닥을 합성하고, 또한 이 DNA 가닥에 상보적인 DNA 가닥도 합성한다. 이렇게 만들어진 이중가닥 DNA는 숙주 효소를 이용해 숙주 유전체에 통합된다. 바이러스 DNA(프로바이러스, *provirus*)는 숙주 유전체에 있으면서 숙주 DNA가 복제될 때 함께 복제된다(**4**~**6** 참조). 이 DNA가 전사될 때 앞서 살펴본 생합성, 성숙, 방출 단계를 걸쳐 새로운 바이러스가 생산된다. HIV는 숙주세포로부터 출아과정을 거쳐 피막을 형성한다. HIV와 AIDS 질병에 대해서는 26장에서 논의한다.

최근에 나타난 바이러스들

HIV는 최근에 수많은 사람들에 감염하여 질병을 유발하는 새롭게 나타난 바이러스이다. 최근에 나타난 바이러스로는 West Nile 뇌염 바이러스, SARS 바이러스, 한타 바이러스, 에볼라 바이러스, 그리고 조류독감(H5N1) 바이러스 등이 있다(**그림 17.6**).

감염성 질병은 몇 가지 서로 다른 경로를 통해 나타난다. 어떤 경우에는 바이러스가 단순히 한곳에서 다른 곳으로 운반된다. West Nile 바이러스는 그 활동범위가 변하였기 때문에 새롭게 나타난 바이러스이다. 이 바이러스는 미국으로 전파된 후 새와 모기 개체군에 분포하고 있다. 중증 급성 호흡기증후군(SARS)은 아시아로부터 캐나다 토론토로 전파된 것이 확실하다. 하루를 방콕에서 시작하고 로스앤젤레스에서 마칠 수 있는 이 세계는 질병이 전례가 없이 빠른 속도로 퍼질 수 있는 그러한 세계이다.

다른 요인에 의해서도 감염성 바이러스가 새롭게 나타날 수 있다. 바이러스는 돌연변이율이 높은 것으로 잘 알려져 있다. 이러한 돌연변이가 돌기나 캡시드의 구조에 영향을 줌으로써 예전에는 특정 동물 종에만 감염하였던 바

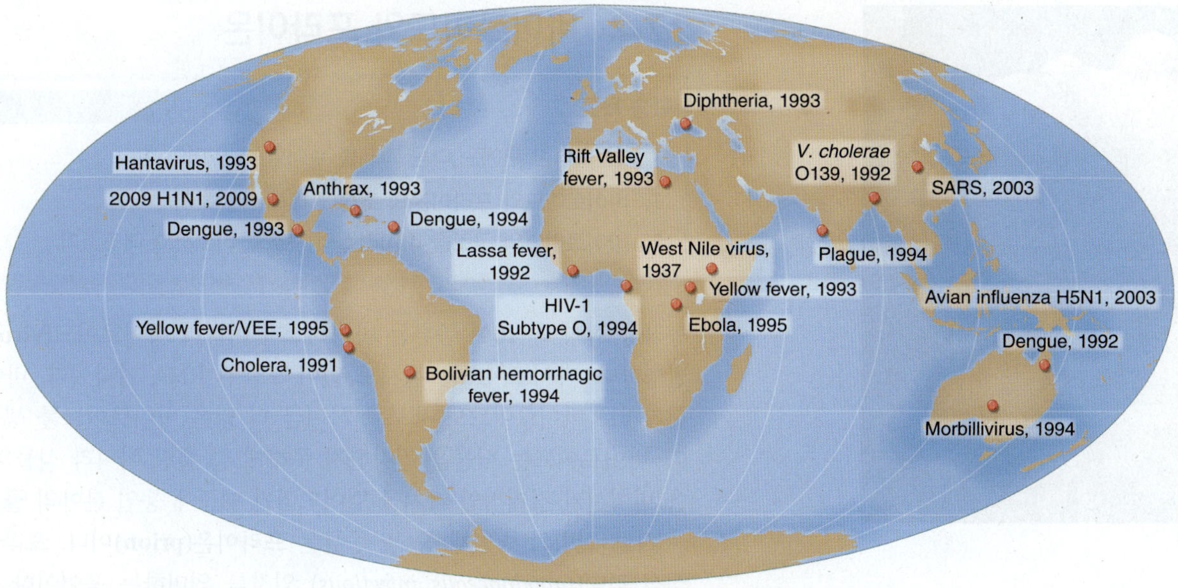

그림 17.6 최근에 나타난 질병들.

최근에 나타난 질병을 처음 발병한 지역에 따라 표시하였다. 이들 질병 유발 요인들은 새로운 독성 요소를 획득하였거나, 또는 어떤 환경 요인에 의해 더 많은 숙주로 확산되었을 것이다.

이러스에 지금은 사람까지 감염할 수 있게 되었다. 예를 들어 AIDS와 에볼라 열병은 한때 원숭이와 침팬지만 감염되던 바이러스에 의해서 유발된다. SARS는 종을 뛰어넘은 돌연변이 바이러스의 또 다른 예이다. SARS 계열 바이러스가 중국에서 식용으로 거래되는 사향고양이(palm civet)에서 분리되었다. 야생오리는 조류독감 바이러스에 대해 저항성을 나타낸다. 이 바이러스는 야생오리에 의해 닭에게 전파될 수 있으며, 따라서 인플루엔자 같은 질병이 사람에게도 전파될 가능성이 높아진다. 바이러스가 새롭게 나타날 수 있는 또 다른 방식은 전파방식의 변화이다. 예를 들면 접촉감염 방식에서 공기감염 방식으로 바뀌는 것이다. 보건당국은 H5N1과 같은 바이러스에서 이런 경우가 발생하여 조류독감 등의 환자가 크게 증가할 것에 대해서 우려하고 있다.

인간 바이러스 질병의 치료제

바이러스는 숙주세포의 대사 기구를 이용해 증식하기 때문에 항바이러스제를 개발하기가 쉽지 않다. 항바이러스 백신을 접종하지 않은 환자라면, 바이러스 증식에 대응할 수 없다. 그러나 몇몇 항바이러스제는 유용하다. 리바비린(ribavirin)과 아시클로비어(acyclovir) 등 대부분의 항바이러스 화합물은 그 구조가 뉴클레오티드와 유사하므로 바이러스 유전체의 합성을 방해할 수 있다. 아시클로비어 계열 화합물은 일반적으로 헤르페스의 창궐을 억제하는 데 사용된다. HIV는 레트로바이러스에 특이하게 작용하는 항바이러스 화합물로 치료할 수 있다. 이미 일반화된 치료제인 AZT(azidothymidine)를 비롯한 여러 치료제는 역전사효소를 억제하며, HIV 단백질 분해효소 억제자는 바이러스 단백질의 성숙에 필요한 효소들을 차단한다.

17.1 개념 연결하기

바이러스는 숙주-특이성을 보이며, 고유한 증식회로를 갖는 것으로 알려져 있다.

진도 점검하기 17.1

1. 바이러스의 구조를 서술하시오.
2. 바이러스가 세포에 감염하는 두 가지 경로를 서술하시오.
3. 바이러스가 특정 유형의 세포에만 감염하는 이유를 설명하시오.

a.

b.

그림 17.7 식물의 바이로이드 질병.

a. 바이로이드는 식물에 감염한다. 예를 들어 감자갈쭉병(potato spindle tuber viroid disease, PSTVd)에 걸린 감자는 길쭉하고 섬유질이 많아진다. **b.** 파푸아뉴기니의 식인종족.

17.2 개념 연결하기

바이로이드와 프라이온은 바이러스와 많이 유사하다.

진도 점검하기 17.2

1. 바이로이드를 바이러스와 대조하시오.
2. 프라이온과 단백질이 어떤 관련이 있는지 설명하시오.
3. 프라이온 질병의 예를 몇 가지 제시하시오.

17.2 바이로이드와 프라이온

학습 목표

이 절을 학습한 후에는 다음 과제를 수행할 수 있어야 한다.

1. 바이로이드와 프라이온의 조성에 대해 서술하기.
2. 바이로이드의 구조를 바이러스의 구조와 비교하고 대조하기.

농작물 질병 중 10여 종류는 바이러스가 아니라 **바이로이드(viroids)**에 의해 발병한다. 바이로이드는 캡시드 없이 노출된 RNA 가닥이다. 바이러스와 마찬가지로 바이로이드도 세포로 하여금 더 많은 바이로이드를 생산하게 만든다. 바이로이드는 식물을 건강하지 못하게 할 뿐만 아니라 식물의 몸체 특성을 변형시켜 경제적인 가치를 떨어뜨리기 때문에 농업 분야의 골칫거리이다.

사람 질병의 병원체 중 몇 종류는 **프라이온(prion)**이다. 프라이온은 단백질성 감염(*proteinaceous infectious*) 입자를 의미하는 용어이다. 프라이온의 발견은 파푸아뉴기니의 고산지대에 사는 원시종족인 Fore 사람들이 죽은 사람의 뇌를 먹는 식인행동에 참가한 후 Kuru(공포에 떠는 것을 의미)라는 질병으로 사망한 사건에서 비롯되었다(**그림 17.7**). 병원체는 바이러스보다 작은 기형 단백질이었다. 정상적인 단백질의 모양이 변화하여 폴리펩티드 사슬의 구조가 달라진 것으로 보인다. 그 결과 치명적인 프라이온 감염과 신경변성 장애가 나타난다.

프라이온은 정상 단백질과 상호작용하여 이들의 모양을 변형시키고, 때로는 스스로 감염인자로 작용하는 것으로 알려져 있다. 그 과정은 양의 스크래피(scrapie)라는 질병에서 가장 잘 연구되었다. 또 다른 프라이온 질병으로는 매우 잘 알려진 광우병, Creutzfeldt-Jakob(CJD)병과 같은 인간 질병, 그리고 몇 종의 동물에서 나타나는 다양한 만성 소모성 증세 등이 있다.

연관: 건강

프라이온이 알츠하이머 질환을 유발하는가?

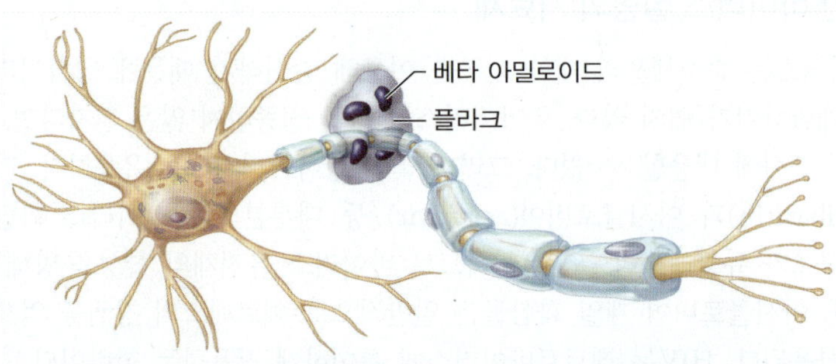

알츠하이머 질환 증세 중 하나는 베타 아밀로이드(beta amyloid)라고 부르는 단백질의 축적이다. 이러한 축적으로 인해 뇌에서 플라크라고 부르는 엉킨 구조가 형성된다. 정상 뇌 세포에서는 어떤 단백질이 베타 아밀로이드 플라크가 형성되지 못하도록 한다. 그러나 어떤 사람에서는 *PrP* 유전자가 돌연변이되어 이 단백질이 기능을 잃고 프라이온으로 되게 한다. 이 돌연변이를 지닌 사람은 베타 아밀로이드가 축적되어 알츠하이머 질환과 관련된 신경세포가 죽게 된다.

17.3 원핵생물

학습 목표

이 절을 학습한 후에는 다음 과제를 수행할 수 있어야 한다.

1. 화학적 진화와 생물학적 진화가 최초의 세포 형성에 어떻게 기여를 했는지 논의하기.
2. 원핵세포의 구조와 증식과정을 설명하기.
3. 세균이 인간과 사회에 어떤 도움을 주는지 설명하기.
4. 세균과 고세균을 구분하기.

지구상에서 최초로 세포를 가진 생명체는 어떤 것일까? 현존하는 생명체에서 가장 원시적인 것은 어떤 것일까? 이러한 질문에 대한 답은 **원핵생물(prokaryotes)**에 대한 연구에서 얻을 수 있다. 원핵세포는 스스로의 유전체를 내포하는 핵을 가지고 있지 않고, 특수한 기능을 수행하는 봉합 구조와 막으로 된 소기관도 가지고 있지 않다. 그러나 구조적으로 단순한 이 단세포 생명체는 더 복잡한 생명체보다 훨씬 큰 대사능력을 가지고 있다. 이들 중 어떤 것은 생존하는데 공기나 유기물을 이용하지 않은 것도 있다. 원핵생물의 두 가지 형태는 세균과 고세균이다. 먼저 세포의 기원을 살펴보고, 원핵생물에서 가장 많이 알려진 세균, 그리고 고세균에 대해서 알아본다.

세포의 기원

19세기까지도 사람들은 원핵생물이 자연적으로 발생할 수 있다고 믿었다. 그러나 1850년 Louis Pasteur는 이미 멸균된 액체배지가 세균이 풍부한 공기에 직접 노출되지 않는 한 세균 생장으로 인해 혼탁해지지 않는다는 것을 보여주었다. 이 시대쯤에 공식화된 세포설은 모든 생명체는 세포로 구성되어 있으며, 세포는 오직 이미 존재하는 세포로부터만 유래한다고 설명하였다. 그렇다면 최초의 세포는 어디에서 유래하였을까? 이 질문에 대해 많은 연구가 진행되어 왔고, 모든 생명체는 세포로 구성되어 있기 때문에 이 연구는 생명의 기원으로까지 연장되었다.

최초의 살아 있는 세포는 원핵생물로, DNA를 가지고 있지만 핵은 가지고 있지 않았다. 화석 상태의 원핵생물이 35억 년 전 바위에서 발견되었는데, 과학자들은 이러한 가장 오래된 화석보다 앞서 몇백만 년 동안 원핵생물이 존재하였을 것이라고 추측하고 있다. 최초의 세포는 단백질과 핵산 같은 생물학적 거대분자로부터 시작되었다. 오늘날 생물학적 거대분자를 만들기 위한 아미노산, 뉴클레오티드 등의 단위체들은 통상적으로 살아 있는 세포에 의해 생산된다. 이것을 생물적 합성(*biotic synthesis*)이라고 한다. 세포로 된 생명체 이전에는 거대분자들이 비생물적 합성(*abiotic synthesis*)에 의해 형성되었을 것이다.

초기 지구의 조건은 오늘날과 많이 달랐다. 초기에는 온도가 매우 높았다. 대기 중에 자유 산소(O_2)는 없었지만 수증기(H_2O), 이산화탄소(CO_2), 질소(N_2) 등이 풍부하였으며, 그 밖에도 수소(H_2), 메탄(CH_4), 암모니아(NH_3), 황화수소(H_2S), 일산화탄소(CO) 등이 미량 포함되어 있었다. 초기 지구가 식어가면서 수증기는 액체 물로 응축되었고, 비가 내리기 시작하여 바다가

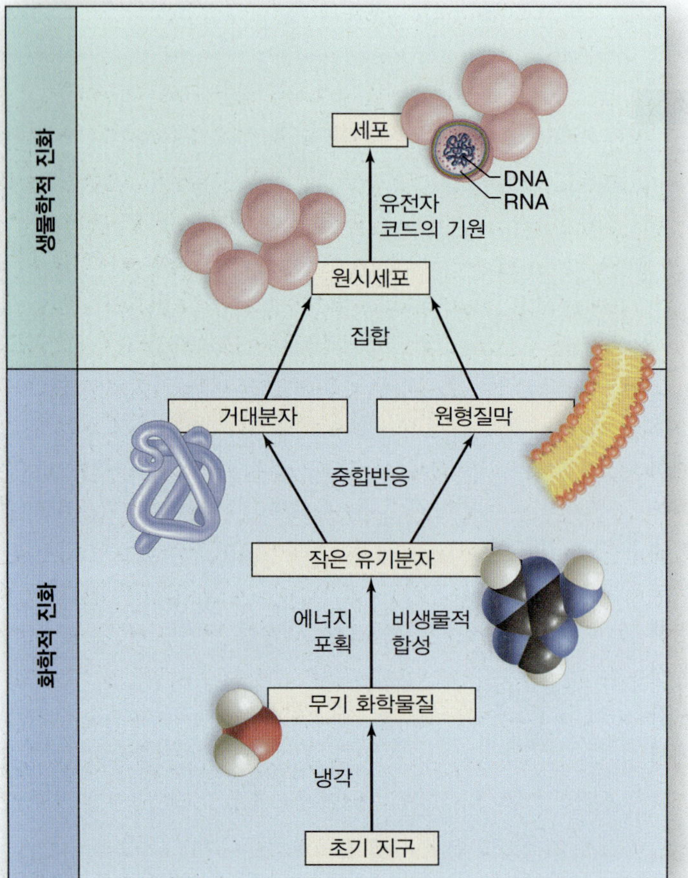

그림 17.8 최초 세포의 기원.

거대분자가 더욱 복잡해지면서 원형질막으로 둘러싸인 자기복제 시스템(DNA → RNA → 단백질)이 되었다. 원시세포는 생물학적 진화를 거쳐 진정한 세포가 되었다.

만들어졌다. 이러한 특별한 조건 하에서 번개, 태양광, 운석 충돌, 화산활동 또는 방사선을 포함한 다양한 원천의 에너지 투입에 의해 화학적 진화과정 또는 유기 단량체의 비생물적 합성이 이루어지게 되었다(**그림 17.8**). 1950년대 Stanley Miller는 이러한 조건을 재현한 유명한 실험을 수행하였다. 그의 실험결과는 이러한 조건에서 아미노산 합성이 가능하다는 것을 보여주었다. 과학자들은 아직도 이러한 최초의 반응이 대기, 심해 또는 태양계 어느 곳에서 일어날 수 있는지에 대해 논란을 벌이고 있지만 최초의 거대분자가 비생물적 합성에 의해 만들어졌다는 점에는 대체로 동의하고 있다.

막으로 형성된 세포와 유사한 구조인 **원시세포(protocell)**는 거대분자가 자기조립된 결과이며, 결국에는 세포를 가진 생명체로 되었다. 실제로 연구자들은 실험실 조건에서 생물학적 거대분자들이 모여 만들어진 세포와 유사한 구조들을 연구하여 왔다. 어떤 구조는 세포와 유사하게 외부층이 있는 물로 채워진 구형이다. 만일 효소들이 구형의 내부에 들어 있다면, 효소들은 세포 대사반응과 같은 화학반응을 촉매할 수 있다.

생명체가 생물학적 진화에서 이루어낸 중요한 발전 한 가지는 물질대사와 구조에 관한 정보를 한 세대에서 다음 세대로 전달할 수 있는 분자로서, 오늘날의 세포에서 DNA가 수행하고 있는 역할이다. 어떤 연구자들은 최초의 유전 분자가 RNA이었을 것이라고 생각하고 있다. 오랜 세월이 지나면서 더욱 안정한 DNA가 유전정보의 장기 저장소로서 RNA를 대체하였고, 오늘날 모든 살아 있는 세포에서 볼 수 있는 자기복제 시스템이 되었다고 추론하고 있다.

세균

세균(bacteria)은 지구상에 가장 다양하면서 널리 퍼져 있는 생명체이다. 수십억 개의 세균이 1 m^2 안의 토양, 물 그리고 공기에 존재한다. 세균은 우리의 피부와 장에도 살고 있다. 비록 지금까지 수만 종의 세균이 밝혀져 있지만, 이것은 지구에 있는 전체 종의 극히 일부분에 해당한다. 예를 들어, 토양에 있는 1% 미만의 세균만 실험실에서 배양되고 있다. 그러나 최근 분자유전학적 기술이 세균 다양성의 범위를 밝히는 데 이용되고 있다.

세균의 일반적인 특성

세균의 구조 세균은 다양한 형태를 가진다. 그러나 대부분의 세균은 구균(cocci), 간균(bacilli), 나선균(spirilla), 그리고 스피로헤타(spirochete)로 나뉜다(**그림 17.9**). 구균과 간균의 중간 모양은 구상간균(coccobacilli)이고, 약간 굽은 간균은 비브리오(vibrio)이다. 많은 세균은 단세포로 자라지만 쌍구균(diplococci)과 쌍간균(diplobacilli)처럼 쌍을 이루기도 하며, 인후염을 일으키는 연쇄상구균(streptococci)과 같이 사슬을 형성하기도 한다. 또한 식중독을 일으키는 포도상구균(staphylococci)과 같이 포도송이를 닮은 것도 있다.

그림 17.10*a*는 세균의 구조를 보여준다. 원핵생물인 세균은 핵을 가지고 있지 않다. 하나의 고리형 이중가닥 DNA가 염색체를 형성하며, **핵양체(nucleoid)**라고 부르는 세포의 일정 부분에 존재한다. 어떤 경우 **플라스미드(plasmid)**라고 부르는 염색체 이외의 DNA 분자가 세균에서 발견되기도 한다.

세균은 리보솜을 가지고 있지만, 미토콘드리아와 엽록체 등의 막으로 된 세포소기관은 가지고 있지 않다. 그러나 어떤 세균은 세포의 기능을 위한 효소를 포함하는 내막을 가진 것도 있다. 이 내막은 진핵세포의 세포소기관들이 하는 것과 동일한 방법으로 세포내 공간을 차지하지는 않는다. 광합성 세균에서의 한 예는 명반응에 필요한 색소를 포함하고 있는 틸라코이드막이다. 운동성 세균은 일반적으로 운동할 때 **편모(flagella)**를 이용하며 결코 섬모를 이용하지 않는다. 세균의 편모는 진핵생물의 편모와 구조가 다르다(그림 17.10*b*). 세균 편모는 나선 모양으로 꼬인 세 가닥의 편모단백질(flagellin)로 구성된 필라멘트로 되어 있다. 이 필라멘트는 기저체에 박혀 있는 갈고리에 삽입되어 있다. 역회전이 가능한 360° 회전으로 세균이 앞뒤로 이동하게 된다.

세균은 셀룰로오스가 아닌 **펩티도글리칸(peptidoglycan)**으로 이루어진 단단한 바깥 세포벽을 가지고 있다. 펩티도글리칸은 아미노산에 의해 연결된 다당류 복합체이다. 이 세포벽은 삼투변화에 의한 파열 또는 와해로부터 세균을 보호한다. 기생세균은 세포벽을 둘러싸고 있는 다당체 협막(capsule)을 이용해 숙주의 방어 기작으로부터 보호된다.

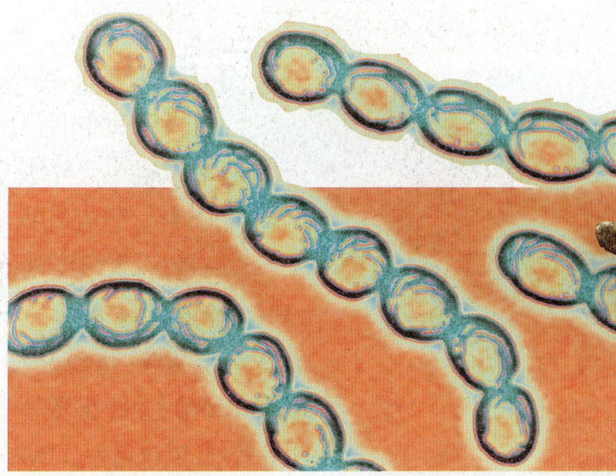

a. 구형의 연쇄상구균 ×8,000

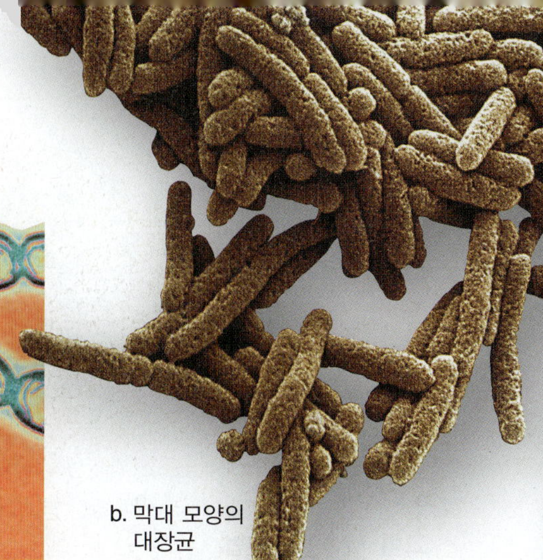

b. 막대 모양의 대장균 ×10,500

c. 스피로헤타, *T. pallidum*

그림 17.9 세균의 형태.

a. 구균이 사슬형태를 이루는 연쇄상구균은 패혈성 인두염을 포함한 수많은 질병을 유발한다. **b.** 인간의 장에 살고 있는 대장균은 막대 모양의 간균이다. **c.** 매독균(*Treponema pallidum*)은 스피로헤타균이다.

세균의 증식 세균(그리고 고세균)은 **이분법(binary fission)**으로 무성생식한다. 하나의 고리형 염색체가 복제된 후 세포가 커지면서 두 개의 복사체가 분리된다. 새로 형성된 원형질막과 세포벽이 각각 하나의 염색체를 가진 새로운 두 개의 세포로 분리된다(**그림 17.11**). 방추사의 형성이 필요한 감수분열은 원핵생물에서 일어나지 않는다. 이분법은 하나의 세포를 두 개로, 두 개의 세포를 네 개로, 네 개의 세포를 여덟 개로 증식시키며, 수십억 개의 세포

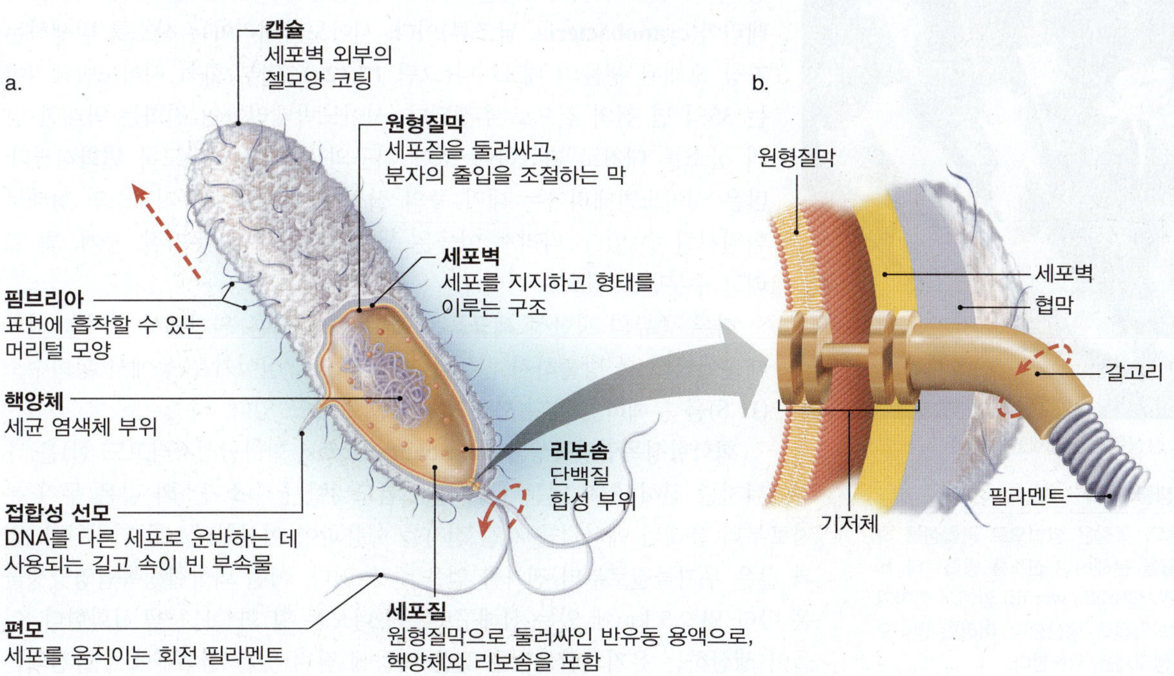

그림 17.10 편모.

a. 원핵세포의 구조.
b. 세균의 편모는 기저체, 갈고리 그리고 필라멘트를 포함한다. 빨간색 화살표는 갈고리와 필라멘트가 360° 회전하는 것을 가리킨다.

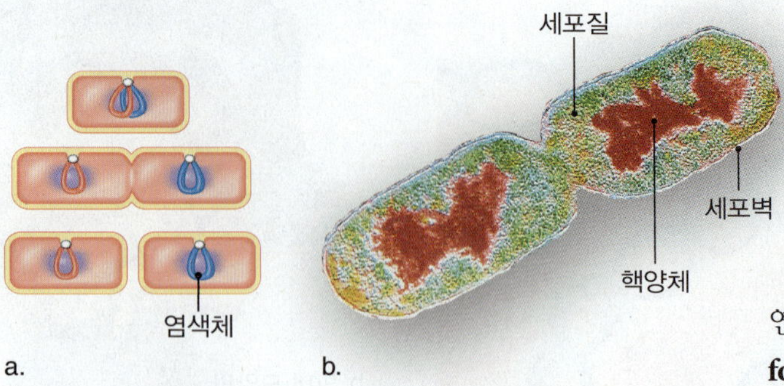

그림 17.11 이분법.

a. 이분법은 동일한 유전정보를 갖는 두 개의 세포를 생산한다. **b.** 하나의 원핵세포가 두 개로 분리된다.

가 생산될 때까지 계속된다.

진핵세포에서는 유성생식의 결과 유전자 재조합이 일어난다. 원핵생물에서 유성생식은 일어나지 않지만, 세 가지 방법의 유전자 재조합이 세균에서 관찰된다. **접합(conjugation)**은 공여세포로부터 수용세포로 DNA를 직접 전달할 때 일어난다. 접합하는 동안 일시적으로 **접합성 선모**(*conjugation pilus*)를 이용해 공여 및 수용세포가 일시적으로 연결된다. 연결되어 있을 때 공여세포는 수용세포로 DNA를 보낸다. **형질전환(transformation)**은 살아 있는 세균이 분비하였거나 또는 죽은 세균에서 방출되어 자유롭게 떠다니는 DNA 조각을 세균이 (주변으로부터) 얻을 때 일어난다. **형질도입(transduction)** 과정에서 박테리오파지는 세균 DNA 일부를 한 개의 세포에서 다른 세포로 운반한다. 항생제에 내성을 나타내는 유전자를 가진 플라스미드는 이 방법들 중 한 가지에 의해 감염성 세균 사이에서 운반될 수 있다.

환경조건이 부적절하면 일부 세균은 **내포자(endospore)**를 형성한다. 세포질의 일부와 하나의 염색체 복사체가 탈수되면서 단단한 보호용 포자 피막에 의해 둘러싸인다. 포자는 사막의 열, 탈수, 끓는 온도, 극지방 빙하, 초자외선 조사와 같은 극심한 환경에서도 생존한다. 또한 포자는 아주 장기간 동안 생존한다. 1,300년 전의 탄저병 포자가 발아하였을 때 이들은 여전히 (가축이나 양에서 발견되는) 심각한 감염을 일으킨다. 캔 음식 내에 들어 있는 내포자의 발아에 의해 유발되는 보툴리눔 식중독이라고 부르는, 치명적이고 흔치 않는 식중독은 위험하다. 포자 형성은 증식 수단이 아니지만 세균을 새로운 장소로 전파시키고 생존하게 해준다.

세균의 영양 원핵세포는 진핵세포보다 대사적으로 더욱 다양하다. 예를 들어 식물은 오직 산소 발생 광합성을 수행할 수 있는 **광독립영양생물(photoautotrophs**, 주로 독립영양생물 또는 광합성자라고 함)이다. 이들은 물의 분해뿐만 아니라 이산화탄소를 환원시키는 데 필요한 전자에 에너지를 주기 위하여 빛에너지를 이용한다. 광합성 세균의 한 예는 **시아노박테리아(cyanobacteria, 남조류)**이다. 시아노박테리아는 산소를 발생하는 가장 오래된 생물의 대표이다(**그림 17.12***a*). 일부 화석 시아노박테리아는 35억 년 전의 것으로 추정된다. 시아노박테리아의 진화는 막대한 양의 산소를 대기로 발산하여 초기 지구의 대기를 놀랍도록 변화시켰다. 많은 시아노박테리아는 대기 중의 질소를 고정하여 유기질소의 형태로 환원시킬 수 있다. 따라서 이들은 생존하는데 오직 무기질, 공기, 빛 그리고 수분만을 필요로 한다.

다른 종류의 광합성 세균들은 물이 아닌 다른 원천에서 전자를 얻기 때문에 산소를 방출하지 않는다. 혐기적으로 살아가는 늪에서 황화수소 (H_2S)를 분해하여 유황(S)을 방출하는 종류도 있다.

화학합성독립영양생물(chemoautotrophs; 화학합성자라고도 함)은 태양에너지를 전혀 쓰지 않는다. 이들은 암모니아나 수소가스와 같은 무기 분자로부터 유래된 에너지를 가진 전자를 이용하여 이산화탄소를 환원한다. 철과 같은 무기물질로부터 전자를 얻을 수도 있다. 어떤 화학합성독립영양생물은 바다 밑 2.5 km에 있는 심해구로부터 나오는 황 화합물들을 산화한다. 이들이 생산하는 유기화합물들은 짙은 어둠에 잠겨 있는 심해구에서 발견되는

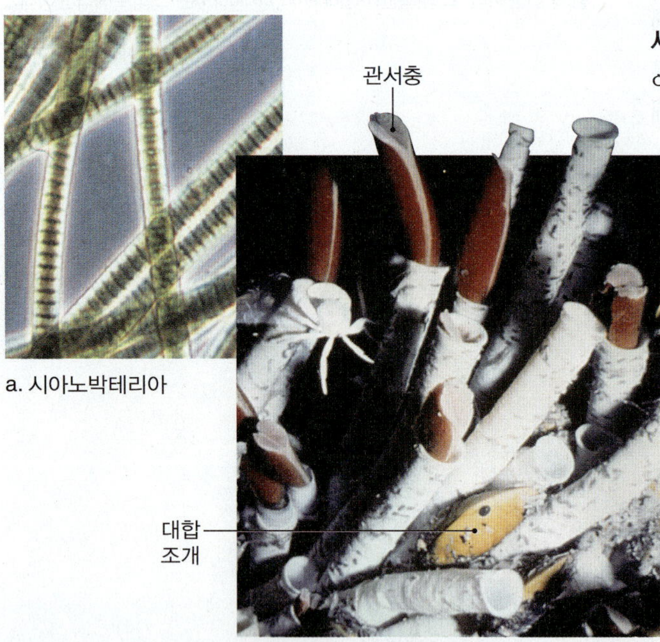

a. 시아노박테리아

b. 화학합성독립영양세균의 숙주

그림 17.12 세균성 독립영양생물.

a. 시아노박테리아(남조류)는 식물과 똑같은 방법으로 광합성을 하는 광독립영양생물이다. 이들은 물을 분해하여 산소를 방출한다. **b.** 어떤 화학합성독립영양세균들은 관서충(tube worms) 안에서 살아가는데, 이곳에서 태양광 없이 유기화합물을 생산한다. 이러한 방식으로 이들은 심해저 열수구에 있는 생태계를 지원한다.

생물군집의 생장을 도와준다(그림 17.12*b*).

대부분의 세균은 **화학종속영양생물(chemoheterotrophs**; 단순히 종속영양생물이라고 함)이다. 동물과 같이, 이들은 유기영양분을 흡수하여 고분자화합물을 합성하기 위한 소단위와 에너지원으로 사용한다. 최초의 세포는 주변 환경의 풍부한 유기분자를 먹이로 하는 화학종속영양생물이었을 것이다. 그 후 영양분 공급이 부족해지고, 스스로 먹이를 만드는 능력이 장점이 되면서 독립영양생물이 출현했을 것이다. 동물과 달리 화학종속영양세균은 **부생영양생물(saprotrophs)**이며, 주변 환경으로 효소를 분비하여 거대 유기분자를 흡수가 가능한 미세 분자로 분해한다. 세균에 의해서 분해될 수 없는 천연 유기물질은 없을 것이다. 세균은 물질의 재순환과 광합성생물들에게 이용될 수 있는 무기분자를 만드는 데 아주 중요한 역할을 수행한다.

종속영양세균은 자유롭게 생활하거나 **공생(symbiotic)**을 한다. 즉, 이들은 (1) 상리공생(서로 간에 이익을 줌), (2) 편리공생(한 쪽은 이익을 얻지만 다른 쪽은 해가 없음), 또는 (3) 기생(한 쪽에는 이익이지만 다른 쪽에는 해가 됨) 관계를 형성한다. 사람의 장에 살고 있는 상리공생 세균은 혈액성분을 생산하는 데 도움이 되는 비타민 K와 B_{12}를 방출한다. 소나 염소의 위장에서, 상리공생 세균은 셀룰로오스를 분해하여 이 동물이 초원에서 먹고 살아갈 수 있도록 도와준다.

편리공생은 하나의 개체군이 두 번째 개체군에 도움이 되는 방향으로 환경을 변화시킬 때 발생한다. 절대혐기성 세균은 우리의 장에서만 생존할 수 있는데, 이는 대장균이 장 내에 있는 산소를 모두 소모해 버리기 때문이다. 기생세균은 303쪽에서 논의할 질병을 일으킨다.

환경과 의학에서 세균의 중요성

환경에 있는 세균 생태계에서 개체군을 유지하려면, 살아 있는 생명체에 이용될 수 있는 화학원소는 결국 재순환되어야 한다. 한정된 양의 원소가 살아 있는 생명체에 이용될 수 있으며, 나머지는 지각에 깊이 매장되어 있거나 사용할 수 없는 형태로 존재한다. 생산자, 소비자 그리고 분해자를 포함해 모든 살아 있는 생명체는 생명을 유지하기 위하여 원소의 순환과정에 관여하고 있다(그림 1.4 참조). 세균은 분해자(*decomposers*)로서 죽은 유기잔재물을 분해하여 생산자에게 무기영양분을 공급한다. 분해자의 역할이 없다면 생명체는 곧 사라지게 된다.

분해과정에서 세균은 탄소와 질소 순환 등의 생물지구화학적 순환에 필요한 반응을 수행한다. 세균이 어떻게 질소순환에 관여하는지 살펴보자(31장 참조). 식물은 대기 중의 질소(N_2)를 고정할 수 없지만, 단백질을 생산하기 위하여 암모니아 또는 질산염이온을 필요로 한다. 토양에 있는 세균은 대기 중의 질소를 고정하거나, 식물이 사용할 수 있는 형태로 질소화합물을 변화시킨다. 또한 상리공생세균은 대두, 클로버 그리고 알팔파의 뿌리혹에서 살아가면서, 대기 중의 질소를 식물이 이용할 수 있는 암모니아로 환원한다(**그림 17.13**). 세균의 역할 없이는 단백질 생산에 쓰이는 질소를 식물이 이용할 수 없고, 식물이나 다른 동물을 먹고 사는 동물 역시 이용할 수 없다.

생물재복구(bioremediation)란 오염물질(*pollutants*)이라고 부르는 유해 화학물질을 포함하고 있는 환경을 생물학적으로 정화하는 것이다. 환경을 정화하기 위해 하수쓰레기를 포함한 여러 물질을 분해하는 초능력의 세균이 이

그림 17.13 콩과식물의 뿌리혹.

일부 자유생활을 하는 세균이 질소고정을 할 수 있지만, 뿌리혹박테리아(*Rhizobium*)속의 세균은 콩과식물의 뿌리에 침입하여 뿌리혹을 형성한다. 여기에서 세균은 대기 중의 질소를 식물들이 이용할 수 있는 유기질소로 전환한다. 그림에 나타난 것은 대두식물의 뿌리에 있는 뿌리혹이다.

a.

b.

그림 17.14 생물재복구.

a. 여러 해 동안 쓰레기를 분해하기 위하여 하수쓰레기 처리 플랜트에 세균이 이용되어왔다.

b. 계속해서 기름 유출 등의 오염물질을 분해하는 세균의 능력이 연구되고, 향상되고 있다.

용된다(**그림 17.14*a***). 사람들은 수천 톤의 난분해성 살충제와 제초제 및 생분해되지 않는 세제 그리고 플라스틱을 환경에 내다버린다. 이러한 형태의 오염물질을 정화하기 위하여 몇 종의 세균이 특별히 개발되고 있다. 어떤 종은 토양 시료에 있는 강력한 제초제(agent orange)를 제거하는 데 사용되어 왔으며, 두 종류 세균의 이중 배양액은 예전에 냉각제와 공업용 광택제로 사용되었던 화학물질인 PCB를 분해하는 데 이용되고 있다. 2010년 멕시코 만의 기름 유출은 수 생태계에 엄청난 위해를 가져왔다. 그 위해는 기름에 들어 있는 탄소-탄소 결합을 파괴할 수 있는 유전적으로 변형된 세균에 의해 감소될 수 있었다. 그러나 이러한 세균의 효율성은 기후 조건과 질소, 인 등의 영양분 이용성에 따라 달라진다.

그림 17.15 음식 제조과정에서의 세균.

세균은 음식을 만드는 데 이용된다. 세균발효는 여러 형태의 치즈에 독특한 맛을 내게 하는 산을 생산한다.

식품과학과 생명공학에서의 세균 아주 다양한 음식이 세균의 작용에 의해 만들어진다(**그림 17.15**). 혐기 조건에서 세균은 발효를 수행하여 여러 종류의 산을 생산한다. 이 가운데 하나인 젖산은 오이를 절이고, 우유를 치즈로 응고시키며, 이들 음식물에 독특한 향을 주는 물질이다. 또 다른 세균발효는 스위스치즈에서 나는 프로피온산과 같은 향을 내는 화합물을 생산한다. 또한 세균발효는 비타민과 항생제 같은 물질을 생산하는 데도 유용하다. 사실 오늘날 알려져 있는 대부분의 항생제는 토양세균에서 발견되었다.

알려진 바와 같이, 유전체와 세균배양에 의해 생산된 물질을 변화시키는 데 생명공학이 이용될 수 있다. 인슐린, 인체 성장호르몬, 항생제 그리고 수많은 인간질병에 대한 백신 등의 의학적으로 중요한 물질을 생산하기 위하여 세균이 유전적으로 변이될 수 있다. 모든 반응을 수행할 수 있는 세균의 본연의 능력은 생명공학 기술을 통해 향상된다.

사람의 세균성 질병 질병을 유발하는 미생물을 **병원균(pathogens)**이라고 한다. 병원균은 (1) 독소를 생산하고, (2) 표면에 흡착할 수 있으며, (3) 때로 기관 또는 세포에 침입할 수 있다.

독소는 작은 유기분자나 작은 단백질 조각 또는 세균이 죽을 때 방출되는 세균 세포벽의 일부이다. 독소는 독성이 있으며 독소를 생산하는 세균은 항상 심각한 질병을 유발한다. 거의 모든 경우에 있어서 미생물의 생장 자체가 질병을 유발하지는 않지만, 이들이 방출하는 독소는 질병을 유발한다. 누군가 녹슨 못을 밟았을 때 손상된 조직 깊숙이 세균이 주입될 수 있다. 손상된 부분에는 정상적인 혈액순환이 일어나지 않아 혐기 상태가 된다. 파상풍을 일으키는 *Clostridium tetani*가 이 조건에서 증식한다. 이 세균은 상처 부위를 벗어나지 않으며, 이들이 생산한 파상풍 독소가 몸 전체로 이동한다. 이 독소는 근육 이완을 방해하여, 모든 근육이 수축되기 때문에 몸이 일그러지게 되고, 결국 질식이 일어난다.

흡착 요인은 어떤 병원균을 특정 세포에 결합하게 해주며, 신체의 어느 기관이나 세포가 병원균의 숙주가 될 것인지를 결정한다. 설사를 유발하는 많은 세균처럼 *Shigella dysenteriae*는 장의 벽에 붙을 수 있으며, 생명에 위협이 되는 쉬가 독소(Shiga toxin)를 생산한다. 또한 조직과 혈류를 타고 병원균이 이동하게 해주는 침입 메커니즘은 국부적으로 존재하는 경우보다 의학적으로 더욱 중요한 질병을 일으킨다. 일반적으로 사람은 *Salmonella*에 의해 유발되는 식중독으로부터 회복된다. 그러나 어떤 *Salmonella* 종은 독소를 인체 세포에 주입할 수 있는 침 모양의 장치 등의 독성 요소를 가지고 있다. 이 요소는 결장의 내면으로 세균들이 침투한 후 여러 곳으로 이동하게 해준다. 이때 생명에 위협적인 질병인 장티푸스 열이 발생한다.

어떤 세균은 설사 등의 급성 질병을 일으키지만, 우리 몸에 있는 어떤 세균은 만성적인 문제를 유발하기도 한다. 과학자들은 천연 미생물총(*natural flora*)이라고 부르는 장에 있는 세균 개체군의 조성이 비만과 심혈관질환 같은 의학적인 조건과 관계가 있다는 것을 인식하기 시작하였다. 이 세균은 우리의 세포를 직접 공격하는 것이 아니고, 우리가 먹는 음식 속 화합물의 대사를 변화시켜 그 부산물에 의해 건강 문제가 발생하게 된다.

항생제는 세균과 관련이 있는 질병을 치료하는 데 사용된다. 그러나 세균도 그 자체가 세포이기 때문에 항생제는 원핵성 세균세포와 우리 몸을 이루는 진핵세포 사이의 차이를 표적으로 하여야 한다. 일반적으로 항생제는 (진핵세포에는 없는) 세균 세포벽이나 세균 단백질 및 DNA 합성과 관련이 있는 원핵성 특이 효소들을 표적으로 한다. 비록 수많은 항생화합물이 세균에 대해서 활성이 있고 널리 쓰이기도 하지만, 사람과 농업에서의 남용은 항생제에 대한 세균의 내성을 점점 높이는 결과를 낳고 있다.

고세균

이미 16장에서 서술한 바와 같이 생명체 계통수는 세 가지 영역, 즉 고세균, 세균 그리고 진핵생물로 구분된다. 많은 **고세균(archae)**과 일부 세균은 극한 환경(온천, 열수구, 염분유역)에서 발견되기 때문에, 이들은 생명체가 나타나자마자 곧 하나의 공통조상으로부터 파생되었을 것이다. 그 후 진핵생물은 고세균의 후손에게서 분리되어 나온 것으로 믿어진다. 고세균과 진핵생물은 (세균에서는 발견되지 않는) 동일한 리보솜 단백질의 일부를 공유하며, 동일

a.

그림 17.16 메탄생성세균의 서식지와 구조.

a. 메탄생성세균이 생존하는 늪지. **b.** 메탄생성세균, *Methanosarcina mazei*.

a.

그림 17.17 호염성 세균의 서식지와 구조.

a. 호염성 세균이 생존하는 유타주의 Great Salt Lake. **b.** 호염성 세균, *Halobacterium salinarium*.

a.

그림 17.18 고온 호산성 세균의 서식지와 구조.

a. 고온 호산성 세균이 살아가는 미국 Yellowstone 국립공원에 있는 온천과 간헐천. **b.** 고온 호산성 세균, *Sulfolobus acidocaldarius*.

한 방식으로 전사를 시작하고, 유사한 형태의 tRNA를 갖는다.

구조

고세균의 원형질막은 고온에서도 기능을 할 수 있게 해주는 특이한 지질을 포함하고 있다. 또한 고세균은 극한 조건에서도 생존이 용이하도록 다양한 세포벽 형태로 진화하였다. 고세균의 세포벽은 세균 세포벽에 포함되어 있는 펩티도글리칸을 가지고 있지 않다. 일부 고세균의 세포벽은 주로 다당류로 구성되어 있으며, 또 다른 종류는 순수한 단백질로만 되어 있고, 아주 일부는 세포벽을 갖지 않는 것도 있다.

고세균의 형태

고세균은 때로 고유한 서식처의 측면에서 논의되곤 한다. **메탄생성세균(methanogens)**은 늪, 습지, 동물의 장관 같은 혐기성 환경에서 발견된다. 동물 장관에서 발견되는 메탄생성세균들은 기생이 아닌 상리공생이나 편리공생으로 존재하기 때문에 이들은 감염성 질병을 유발하지 않는 것으로 알려져 있다. 메탄생성세균은 이산화탄소와 수소 가스(H_2)로부터 메탄(CH_4)을 생산하면서 ATP를 생성하는 화학합성독립영양생물이다(**그림 17.16**). 바이오가스라고도 부르는 메탄은 대기 중으로 방출되어 온실효과와 지구온난화를 일으킨다. 대기에서 발견되는 메탄의 65%가 메탄생성세균에 의해 생산된다.

호염성 세균(halophiles)은 생장하는데 고농도의 염분을 필요로 한다(대체로 12~15%; 해양의 염분도는 약 3.5%임). 이들은 미국 유타주의 Great Salt Lake, 사해, 염전, 고염분 토양 등 매우 고농도의 염분 환경에서 분리되었다(**그림 17.17**). 이들 고세균은 고염분의 환경에서 생존하기 위해 수많은 기작을 발전시켜왔다. 이들은 염소와 나트륨을 세포 밖으로 방출하기 위한 빛에너지를 흡수하기 위해 우리 눈에 있는 로돕신과 관련이 있는 색소를 이용하며, 이 색소는 ATP를 합성하는 색소와도 유사하다.

세 번째 주요 고세균 형태는 **고온 호산성 세균(thermoacidophiles)**이다(**그림 17.18**). 이들은 온천, 간헐천, 심해 열수구, 그리고 화산 근처 등의 매우 뜨겁고, 산성인 환경에서 분리된다. 이들은 황화물을 산화하고, 80°C 이상에서 가장 잘 생존한다. 어떤 것은 105°C에서 생장하기도 한다(물은 100°C에서 끓는다는 것을 기억하라). 황화물의 대사 결과 산성의 황산염이 생성되며, 이 세균들은 pH 1~2에서 가장 잘 생장한다.

개념 연결하기 17.3
원핵생물은 생태계에서 다양한 역할을 수행하는 단세포 생물이다.

진도 점검하기 17.3

1. 환경에서 화학물질로부터 생명체가 어떻게 발생하였는지 요약하시오.
2. 세균세포가 가질 수 있는 세 가지의 일반적인 형태를 제시하고 서술하시오.
3. 세균세포에 변이를 주는 세 가지 방법을 구별하시오.
4. 세균 염색체를 서술하시오. 그리고 이것이 진핵세포의 염색체와 어떻게 다른지 비교하시오.
5. 세균과 고세균을 구별하시오.

17.4 원생생물

학습 목표

이 절을 학습한 후에는 다음 과제를 수행할 수 있어야 한다.

1. 진핵세포의 발생 기원에서 세포내 공생의 역할을 설명하기.
2. 모든 원생생물의 일반적인 특징을 요약하기.
3. 색소를 기반으로 한 조류의 그룹을 제시하기.
4. 운동기관을 기초로 한 원생동물의 그룹을 제시하기.
5. 인간의 건강과 특정 원생동물의 영향을 관련짓기.

원생생물(protists)은 바다를 비롯한 수(물) 환경에서 서식한다. 이들의 형태학적 다양성은 이들의 가장 중요한 특성이다. 단세포 규조류는 실리카로 된 "페트리 접시"로 둘러싸여 있는 반면, 와편모조류는 장갑판을 가지고 있고, 섬모류는 슬리퍼 모양을 하고 있다.

원생생물의 진화

많은 원생생물은 단세포이지만, 모두 핵과 다양한 세포소기관을 가진 진핵생물이다. 진핵세포의 소기관은 세균과 원시 진핵생물 사이에서 밀접한 공생관계로부터 얻어진 것이라는 충분한 증거들이 있다(**그림 17.19**). **세포내 공생설(endosymbiotic theory)**은 미토콘드리아와 엽록체를 둘러싼 이중막의 존재에 의해 뒷받침된다. 또한 이 세포소기관은 비록 완전하지는 않지만 스스로의 유전체를 가지고 있으며, 이들의 리보솜 유전자는 세균에서 기원하고 있다. 미토콘드리아는 어떤 세균과 밀접한 관련이 있는 것으로 보이며, 엽록체도 시아노박테리아와 매우 밀접하다.

원생생물의 다양성을 설명하기 위하여 우리가 상상할 수 있는 것은, 한번 진핵세포가 발생한 후 이 진핵세포가 많은 다른 계통이 나타날 수 있는 기회를 제공하였다는 것이다. 어떤 단세포 원생생물은 다른 진핵세포에서 관찰할 수 없는 세포내 소기관을 가지고 있다. 예를 들어 먹이는 식포에서 소화되며, 과량의 수분은 수축포가 그들의 내용물을 방출할 때 함께 빠져나간다.

또한 원생생물을 통해 분화된 조직을 가지는 다세포생물의 진화에 대한 통찰력을 얻을 수 있을 것이다. 일부 원생생물은 단세포의 군체이며, 일부 세포는 난자와 정자를 생산하기 위해 특수화되어 있다. 다른 종류는 다세포이며, 다양한 목적을 위해 특수화된 조직을 가지고 있다. 아마 다세포생물로 진화하는 과정에서 첫 번째 조직 체제가 두 번째 체제보다 먼저 나타난 것으로 보인다.

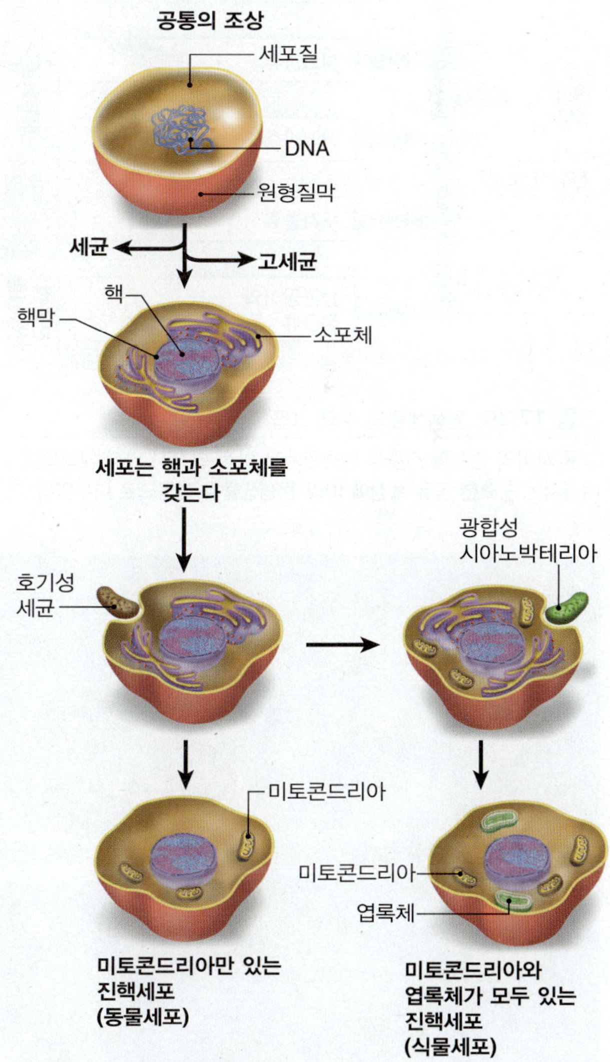

그림 17.19 진핵세포의 진화.

원형질막의 함입이 핵과 그 밖의 세포소기관의 형성을 설명해 준다. 세포내 공생설에 따르면, 미토콘드리아와 엽록체는 크기가 훨씬 큰 진핵세포에 의해 포획된 원핵생물로부터 유래된 것이다.

원생생물의 분류

원생생물 사이의 연관관계를 정의하기 위하여 많은 분류체계가 고안되어 왔다. 원생생물은 다른 진핵생물 그룹에서 볼 수 없는 특성의 중복성 때문에 분류에 어려움이 많다. 전통적으로 원생생물을 에너지와 영양원에 따라 분류하였다. 조류는 (다양한 색소에 의해) 광합성을 하고, 원생동물은 섭취를 하는 종속영양이며, 점균류와 물곰팡이는 흡수를 하는 종속영양이다. 그러나 유전자 서열 정보 등의 새로운 자료로 인해 복잡한 양상이 나타나고 있다. 현재 많이 쓰이고 있는 한 가지 체계에서는 원생생물을 포함한 모든 진핵생물을

표 17.1 진핵성 슈퍼그룹

슈퍼그룹	생물의 형태
Archaeplastids	녹조류, 홍조류, 그리고 육상식물
Chromalveolates	갈조류, 규조류, 섬모류, 포자충류, 그리고 물곰팡이
Excavates	유글레나와 그 밖의 편모충류
Amoebozoans	아메바, 변형체성 및 세포성 점균류
Rhizarians	유공충류와 방산충류
Opisthokonts	동물, 진균(균류) 그리고 일부 편모충류

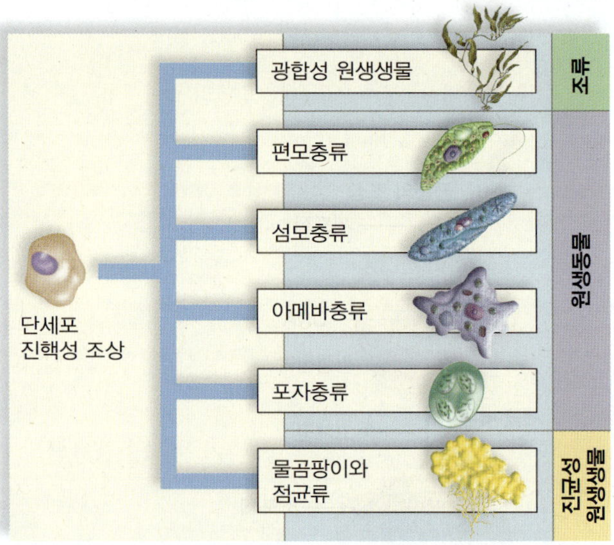

그림 17.20 원생생물의 주요 그룹.

그룹 사이의 정확한 진화적 연관관계가 아직 밝혀져 있지 않으므로, 여기서는 중요한 공유 특성에 따라 원생생물을 그룹으로 나누었다.

영역 단계 바로 아래인 슈퍼그룹 여섯 개로 분류한다. 각각의 슈퍼그룹은 분리된 진화의 계통을 대표한다(**표 17.1**).

원생생물에 대한 이해가 지속적으로 늘어가면서 생물학자들 사이에서 원생생물을 어떻게 분류할 것인지에 대해 점차 합의가 이루어지고 있다. 이 장에서는 원생생물을 광합성(조류)인지 또는 종속영양인지의 기준에 따라 그룹으로 나눌 것이다(**그림 17.20**).

또 다른 원생생물 그룹으로 점균류와 물곰팡이가 있다. 이들은 화학종속영양생물이지만, 점균류는 아메바라고 부르는 원생동물과 동일한 방식으로 먹이를 섭취하는 반면, 물곰팡이는 진균(균류, fungi)과 같은 부생영양자이다.

조류

전통적으로 **조류(algae)**라는 용어는 수중 광합성생물을 의미한다. 한때 식물학자들은 엽록소 *a*를 포함하고 있고, 광합성을 수행하기 때문에 조류를 식물로 분류하였다. 수 환경에서 조류는 물에 퍼져 있는 광합성생물인 식물성플랑크톤의 일부분이다. 이들은 생산자로서 다른 생물의 먹이원이 되고, 주위 환경으로 산소를 방출한다. 육상생태계에서 조류는 토양, 바위 표면 그리고 나무 등에서 발견된다. 조류 중의 한 형태는 조류를 먹이로 삼아 산호초를 만드는 산호충이라고 부르는 동물과 공생관계를 이루며, 어떤 것은 진균과 함께 공생하며 극한 육상 환경에서 살아갈 수 있는 지의류를 이룬다.

녹조류인 *Chlamydomonas*는 조류의 구조를 나타내는 대표적인 모델이다(**그림 17.21**). 조류세포에서 가장 두드러진 소기관은 엽록체이다. 조류 엽록체는 식물 엽록체와 많은 특징을 공유하며, 이 두 그룹은 공통적인 기원을 갖는 것 같다. 예를 들어 광합성 색소는 틸라코이드막에 들어 있다. 조류가 식물과 동일한 방식으로 광합성을 한다는 것은 놀랄 일이 아니다. 피레노이드(pyrenoids)는 전분 저장과 대사에 작용하는 조류에서 발견되는 소기관이다. 액포는 미토콘드리아와 함께 조류에서 관찰된다. 조류는 일반적으로 세포벽

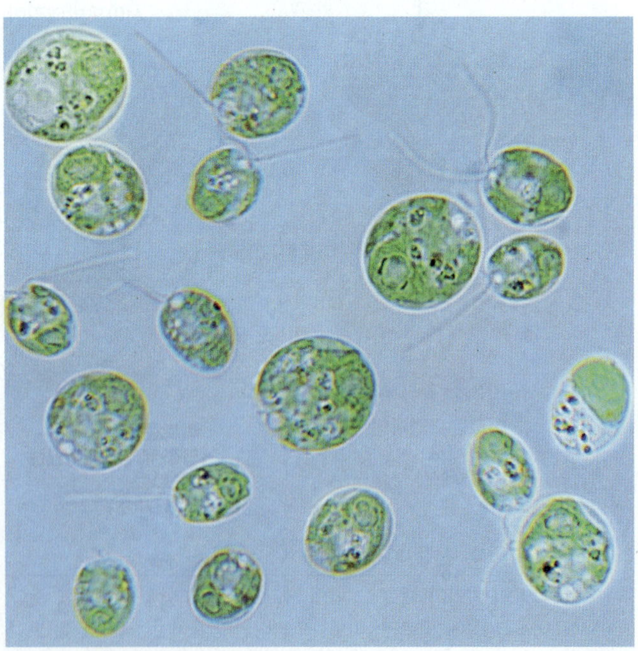

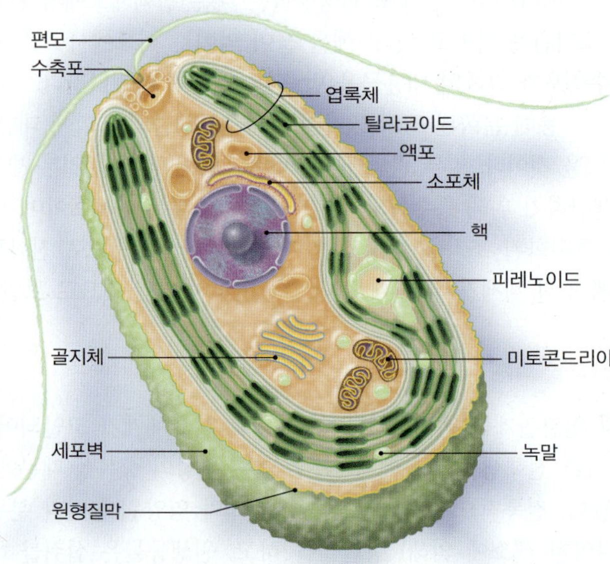

그림 17.21 클라미도모나스.

녹조류인 *Chlamydomonas*는 운동성 조류세포에서 전형적인 세포소기관을 비롯한 여러 구조를 가지고 있다.

을 가지고 있으며, 많은 조류가 생산하는 점액층은 식품 제조과정에 사용된다. 일부 조류는 비운동성이며, 나머지는 편모를 갖고 있다.

조류는 대부분 무성생식 또는 유성생식을 통해 증식할 수 있다. 무성생식은 세균과 같은 이분법에 의해 이루어진다. 일부는 유주포자(zoospore)로 부르는 편모를 가진 포자를 형성하여 증식하지만, 나머지는 단순히 분절을 만들며 각 분절이 딸세포 조류로 된다. 유성생식은 일반적으로 접합자를 형성하기 위해 결합하는 배우자 형성을 필요로 한다.

녹조류, 홍조류, 황갈조류, 그리고 갈조류 등의 조류를 분류하는 하나의 전통적인 방법은 엽록체 안에 들어 있는 색소의 색깔을 기초로 한다(**그림 17.22**). 녹조류는 식물과 가장 밀접하게 관련이 있으며, 이들은 일반적으로 세 가지 종으로 대표된다. 즉, *Chlamydomonas*와 커다랗고 속이 빈 구형 안에 수십에서 수백 개의 세포를 가지고 있는 군체인 *Volvox*, 그리고 엽록체가 녹색의 나선형 리본을 형성하고 있는 사상형 조류인 *Spirogyra* 등이다. 산호 홍조류는 세포벽에 탄산칼슘을 축적하여 산호초를 형성하게 해준다. 황갈조류는 규조류로 대표되며, 실리카로 이루어진 정교한 껍데기를 가진 페트리접시 구조를 가지고 있다. 녹조류, 홍조류 그리고 갈조류는 다세포 해조에 포함된다.

원생동물

단세포 화학종속영양생물인 **원생동물(protozoans)**에 대한 정의는 원생동물이 원천적으로 동물과 분류되는 이유를 설명해준다. 원생동물은 몇 가지 형

그림 17.22 조류의 다양성.

a. 단세포 녹조류, *Acetabularia* **b.** 산호 홍조류, *Bossiella* **c.** 갈조류, *Fucus* **d.** 줄기 모양의 규조류, *Licmorpha* **e.** 내부에 딸세포 군체를 가진 군체형 녹조류, *Volvox* **f.** 접합자를 형성하기 위해 접합을 하고 있는 사상형 녹조류, *Spirogyra* **g.** 장갑판을 가진 와편모조류, *Ceratium* **h.** 갈조류, *Macrocystis* **i.** 갈조류, *Sargassum*

태의 운동기관, 즉 편모, 위족 또는 섬모 등을 갖고 있다. 수 생태계에서 원생동물은 동물성 플랑크톤의 일부분으로, 동물의 먹이원이 되는 부유성 미세 종속영양생물이다. 대부분 자유생활을 하지만, 일부 원생동물은 혈관이나 장에 질병을 일으키는 인체 병원균이다. 여러 사례에서 보듯이, 이들의 복잡한 생활사가 적절한 치료의 개발을 방해한다.

비록 원생동물이 단세포이긴 하지만 이들의 세포 구조는 매우 복잡하다. 다세포 생물의 기관과 관련된 많은 기능이 원생동물에 있는 소기관에서도 수행된다. 일부 원생동물은 하나 이상의 핵을 가지고 있다. 어떤 경우 이 두 핵은 크기와 기능에 있어서 동일하다. 또 다른 원생동물인 짚신벌레(*Paramecium*)는 대핵과 소핵을 가지고 있다(**그림 17.23**). 대핵은 mRNA를 생산하고 대사기능을 관장하며, 소핵은 생식에 중요하다. 원생동물은 항상 이분법에 의해 무성생식을 한다.

원생동물은 종속영양을 하며, 대부분 먹이입자를 섭취하면서 살아간다. 식포는 마치 소화효소와 산이 첨가되는 "위"처럼 작용한다. 분비포는 병원성을 증가시키는 효소를 방출한다. 수축포는 특히 담수에서 삼투조절을 한다.

그림 17.24는 원생동물이 항상 운동한다는 것을 보여준다. 섬모에 의해 운동하기 때문에 명명된 섬모충류(ciliates)는 짚신벌레가 대표적이며, 위족(pseudopods)이라고 부르는 세포질 확장에 의해 움직이는 아메바충류(amoeboids)는 아메바가 대표적이다. 방선충류(radiolarians)와 유공충류(foraminiferans)는 영국 남부 해안 절벽(White Cliffs of Dover)을 포함해 석회암의 형성에 중요한 탄산칼슘의 골격을 이루는 두 가지 해양성 아메바충

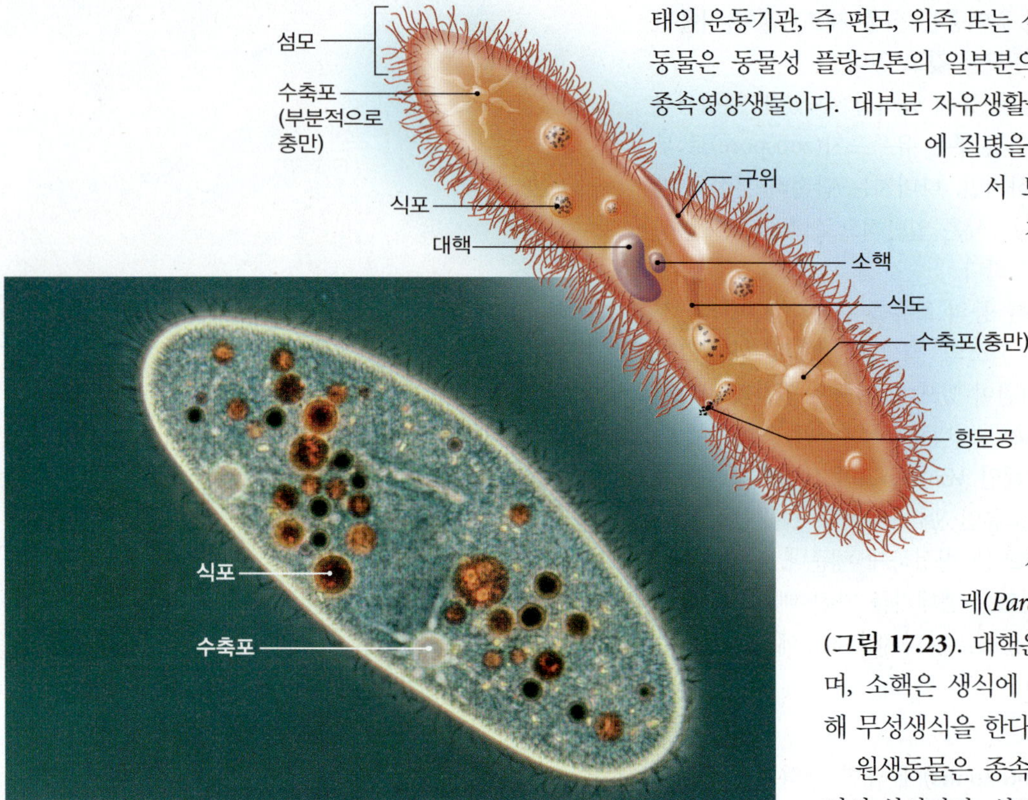

그림 17.23 짚신벌레.

짚신벌레는 섬모충류로서, 섬모에 의해 운동하는 복잡한 원생동물이다.

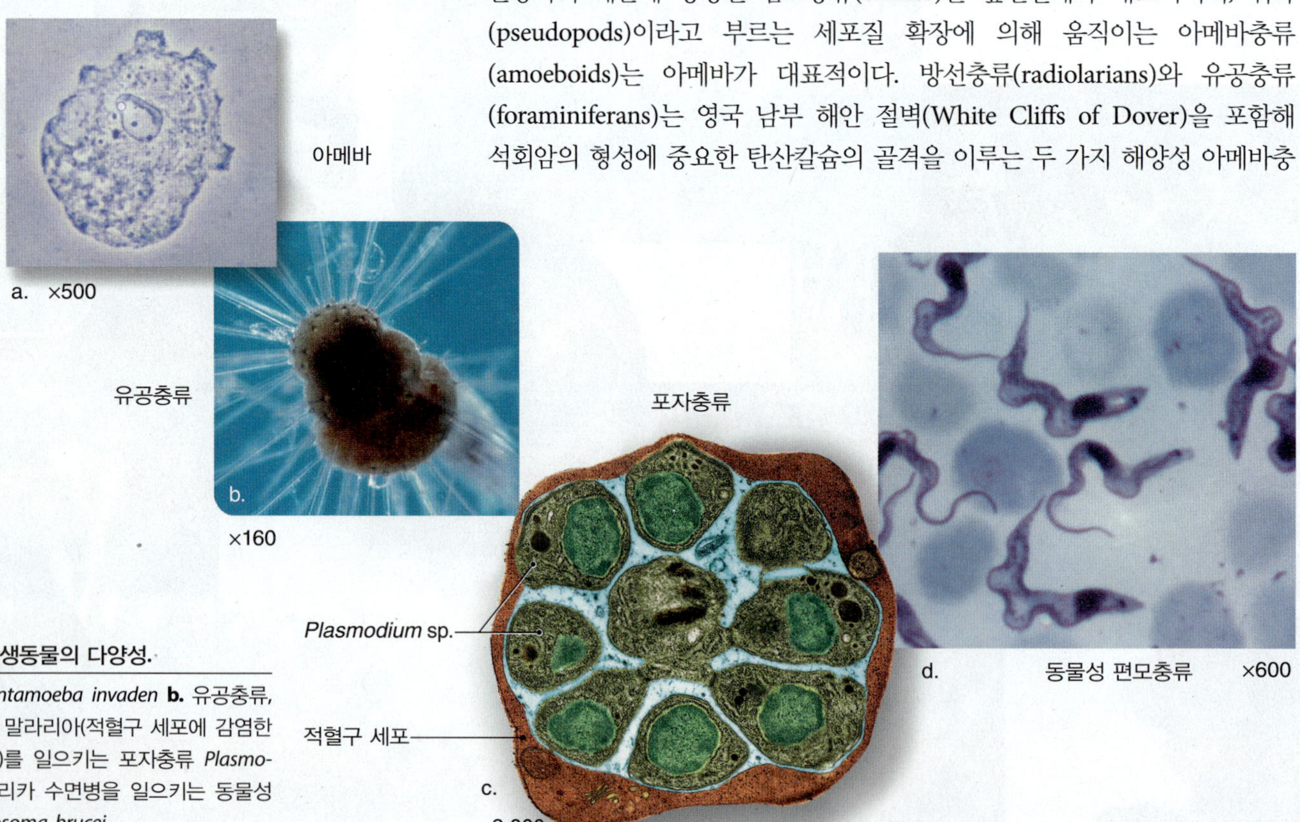

그림 17.24 원생동물의 다양성.

a. 기생 아메바, *Entamoeba invaden* **b.** 유공충류, *Globigerina* sp. **c.** 말라리아(적혈구 세포에 감염한 몇 개가 관찰된다)를 일으키는 포자충류 *Plasmodium* sp. **d.** 아프리카 수면병을 일으키는 동물성 편모충류, *Trypanosoma brucei*

류이다. *Entamoeba histolytica*는 아메바성 설사를 일으킨다. 편모로 이동하는 동물성편모충류(zooflagellates)도 질병을 일으킨다. 이 그룹에 속해 있는 *Trypanosome*은 뇌로 혈액이 순환하는 것을 방해하는 혈액질병인 아프리카 수면병을 일으킨다. 포자를 생산하기 때문에 포자충류(sporozoans)로 불리는 *Apicomplexans*는 비운동성이기 때문에 다른 원생동물과 다르다. 또 하나의 속(屬), 말라리아 열원충(*Plasmodium*)은 가장 널리 퍼져 있으면서도 위험한 원생동물 질병인 말라리아를 일으킨다. 미국 질병통제예방센터(CDC)에 따르면, 매년 전 세계에서 3.5~5억 건의 사례가 발생하고, 100만 명 이상이 감염으로 죽는다고 한다. 말라리아는 모기에 의해 전염된다. 또 다른 원생동물 질병인 톡소플라즈마증(toxoplasmosis)은 일반적으로 고양이에 의해 전염된다.

점균류와 물곰팡이

점균류와 물곰팡이는 모두 화학종속영양생물이지만, 점균류는 아메바로 불리는 원생동물과 동일한 방식으로 먹이를 섭취하고, 물곰팡이는 곰팡이처럼 부생영양을 한다. 숲속에서 **점균류(slime molds)**는 죽은 식물체들을 먹이로 이용하면서 처리한다. 또한 이들은 세균을 먹이로 하기 때문에 세균 개체군의 크기를 조절하기도 한다. 변형체성 점균류는 변형체로 존재하는데, 즉 이배체이면서 다핵을 가지고 있고, 점액 껍질로 둘러싸인 세포질 덩어리이며, 숲속이나 들판에 있는 썩은 식물체들을 식세포 작용으로 섭취한다. 가뭄 등 생장에 적절하지 않은 상황이 되면 변형체들은 많은 포자낭을 생산한다. 포자낭은 건조한 조건에 대해 저항성을 보이는 포자를 생산하는 하나의 생식 구조이다. 적절한 수분이 있는 상태가 되면 포자는 발아하여 편모성 세포 또는 아메바성 세포를 만들어낸다. 최종적으로 이들 중 두 개는 접합자를 형성하기 위해 결합한 후, 먹이를 먹고 자라면서 다시 다핵성 변형질체를 생산하게 된다. **그림 17.25**는 변형체성 점균류의 생활주기를 보여준다.

연관: 건강

편모충증(giardiasis)이란 무엇인가?

편모충증이라고 알려진 장 질병은 *Giardia lamblia*라고 부르는 동물성 편모충류에 의해 유발된다. *Giardia*는 인간, 가축, 사슴, 개 그리고 고양이 등의 다양한 동물의 장에 서식한다. *Giardia*는 토양이나 음식을 통해 감염될 수도 있지만, 주로 감염 동물의 분변에 오염된 식수에 의해 전파된다. 편모충증의 증세는 설사, 위장의 경련, 과도한 가스(헛배부름) 등이다. 대부분의 사람에게 *Giardia* 감염은 3~4주 동안 지속되지만, 이 원생동물은 노인, 유아와 면역계에 손상이 있는 사람에게 합병증을 일으키기도 한다. 이 질병에 효과적인 다른 약들이 있지만, *Giardia*는 진핵생물이기 때문에 항생제는 효과가 없다.

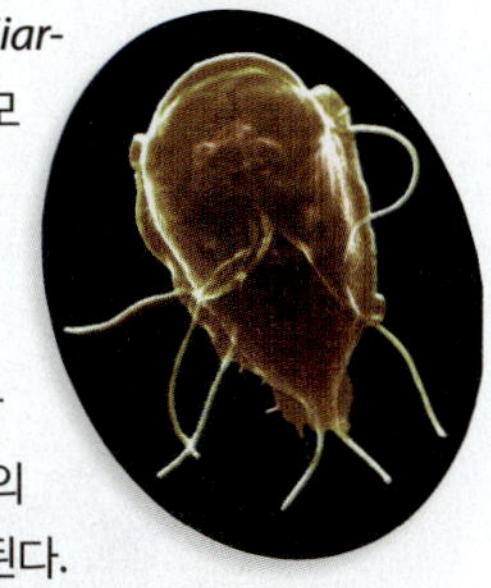

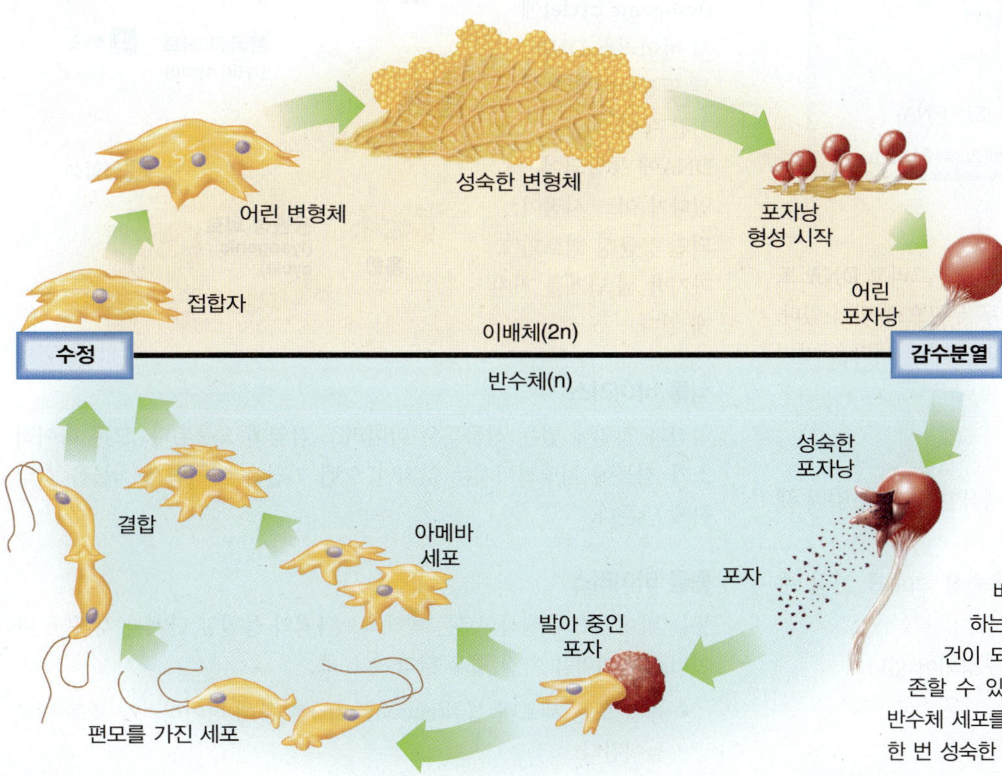

변형질체가 식세포 작용으로 먹이를 먹는다.

포자낭이 포자를 생산한다.

그림 17.25 변형체성 점균류.

적절한 조건이 계속되면 변형체성 점균류는 숲속의 바닥을 기어 다니며, 유기물질을 식세포작용으로 섭취하는 다핵성, 이배체의 변형질체로 존재한다. 부적절한 조건이 되었을 때, 포자낭은 감수분열을 통해 이 기간 동안 생존할 수 있는 구조인 반수체 포자를 형성한다. 포자는 독립적인 반수체 세포를 방출하기 위해 발아한다. 이 세포들이 결합하여 다시 한 번 성숙한 변형체가 될 수 있는 접합자를 생산한다.

물곰팡이(water molds)는 잔재물을 분해하며, 생태계에서 식물과 동물의 중요한 기생자이기도 하다. 19세기 아일랜드에 기근을 일으켰던 감자 마름병은 물곰팡이에 의해 발생하였다. 점균류와 물곰팡이는 한때 진균으로 분류되었지만, 진균과 달리 이들은 생활사의 어느 시점에 편모가 있는 세포를 갖는다. 오직 물곰팡이만이 세포벽을 갖는데, 이 세포벽은 진균 세포벽의 키틴과 달리 셀룰로오스를 포함하고 있다. 점균류와 물곰팡이는 모두 새로운 개체로 될 수 있는 작은 단세포 생식체인 포자를 형성한다. 물곰팡이의 포자는 편모를 가지고 있지만, 점균류의 포자는 바람에 날아다닌다.

비록 여기서 한 그룹으로 묶여 있지만, 점균류와 물곰팡이는 서로 매우 밀접한 관련은 없다. 어떤 전문가들은 물곰팡이는 규조류 및 갈조류와 가까운 반면, 점균류는 아메바와 가깝다고 얘기하고 있다. 실제로 점균류의 영양 세포는 운동성이 있고 아메바성이며, 아메바처럼 식세포작용으로 먹이를 섭취한다.

개념 연결하기

17.4 원핵생물은 지구상의 생물 가운데 가장 다양한 그룹 중의 하나로서 여러 가지 생태학적 역할을 수행한다.

진도 점검하기 17.4

1. 세포내 공생설을 뒷받침하는 미토콘드리아와 엽록체의 특징을 서술하시오.
2. 원생생물의 일반적인 특징을 서술하시오.
3. 조류, 원생동물 그리고 점균류를 비교 및 대조하시오.

요약

17.1 바이러스

바이러스는 비세포성 입자이다.

- 바이러스 입자
  - 캡시드
    - 단백질 소단위
    - 피막(어떤 경우)
  - 내부 핵심
    - 핵산(DNA 또는 RNA)
    - 다양한 단백질, 특히 효소

구조

- 바이러스는 단백질 소단위로 구성된 외부 캡시드, 그리고 DNA 또는 RNA 핵산으로 된 내부 핵심 등 최소한 두 부분으로 되어 있다.
- 동물 바이러스는 외부피막이 없거나 또는 외부 막성 피막을 가지고 있다.

생식

바이러스는 오직 살아 있는 세포의 내부에서만 생식할 수 있는 절대 세포내 기생자이다.

박테리오파지(bacteriophage)는 용균성 또는 용원성 회로를 가질 수 있다.

용균성 회로(lytic cycle)는 다음과 같은 단계로 구성되어 있다.

- **1** 흡착(attachment)
- **2** 침입(penetration)
- **3** 생합성(biosynthesis)
- **4** 성숙(maturation)
- **5** 방출(release)

용원성 회로(lysogenic cycle)에서 바이러스 DNA는 일정하지 않은 기간 동안 세균 DNA에 통합되어 있다가 어느 시점이 되면 용균성 회로의 마지막 세 단계를 거치게 된다.

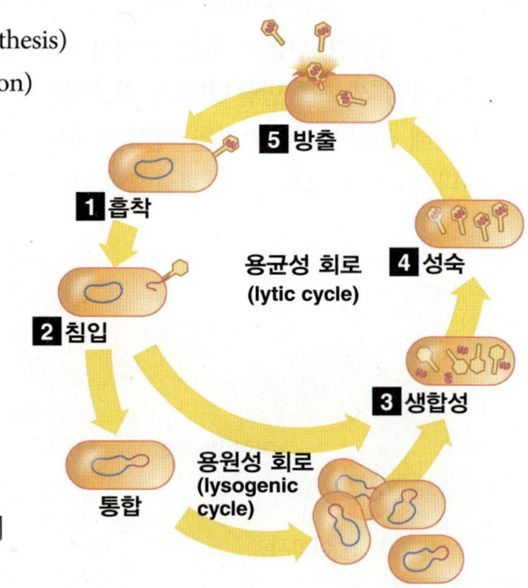

식물 바이러스

곡식과 정원에 있는 식물들은 바이러스 감염에 노출된다. 모든 바이러스가 식물에 치명적이지는 않지만 오랜 기간을 거치면서 식물을 쇠약하게 만든다.

동물 바이러스

동물 바이러스의 생식회로는 박테리오파지와 동일한 단계를 갖지만, 바이러스가 피막을 가질 경우 달라진다. 즉,

- 융합 또는 세포내 섭취(endocytosis)를 통해 바이러스가 세포 내로 들어간다.

- 캡시드로부터 유전체가 빠져나오기 위해 탈피가 요구된다.
- 출아(budding)는 세포로부터 바이러스입자를 방출한다.

AIDS 바이러스인 HIV는 RNA **레트로바이러스(retrovirus)**이다. 이 바이러스는 역전사효소를 가지고 있어 역전사를 수행한다. 역전사는 단일가닥 DNA를 생산하며, 이것이 복제되어 숙주 DNA로 통합될 수 있는 이중 나선구조를 형성한다.

인간 바이러스 질병의 치료제

최근에 나타나는 바이러스는 비교적 인간에게 새롭다. 항바이러스제제는 구조적으로 뉴클레오티드와 유사하며, 바이러스 유전체 합성을 방해한다.

17.2 바이로이드와 프라이온

바이로이드(viroid)는 캡시드에 의해 둘러싸여 있지 않은 노출 RNA 가닥으로 질병을 일으킬 수 있다. **프라이온(prion)**은 변형된 3차 구조를 가진 단백질 분자이다. 프라이온은 자신이 가지고 있는 다른 단백질의 구조를 기형으로 만들어 인간에게는 CJD를, 가축에게는 광우병을 유발한다.

17.3 원핵생물

세균과 고세균은 원핵생물이다. **원핵생물(prokaryotes)**은 핵뿐만 아니라 진핵생물에서 발견되는 세포내 소기관들을 가지고 있지 않다.

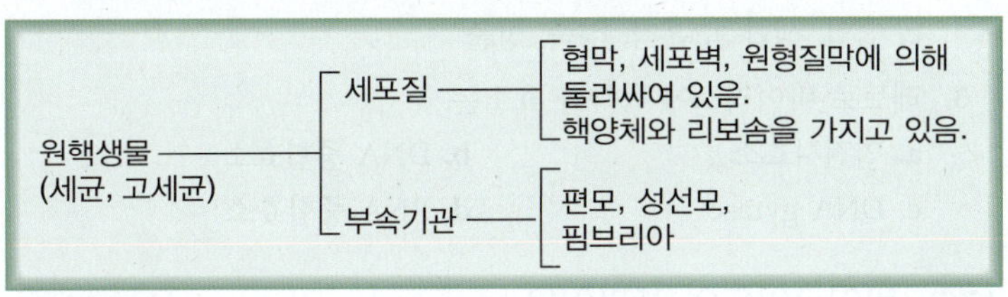

세포의 기원

최초의 세포는 원핵생물이다. 최초의 세포가 출현하기 전, 초기 지구 대기의 독특한 조건에서 자연적으로 생물학적 거대분자가 형성되었다. 과학자들은 실험실 조건에서 생물학적 거대분자들의 집합과 조립을 통해 살아 있지는 않지만 세포와 유사한 구조 또는 원시세포(protocells)가 형성될 수 있다는 것을 보여주었다.

표 17.2 바이러스와 원핵생물의 비교

생명의 특징	바이러스	원핵생물
세포로 구성	아니오	예
대사	아니오	예
자극에 대한 반응	아니오	예
증식	예(살아 있는 세포 안에서만)	예(항상 독립적)
진화	예	예

세균의 일반적인 특징

세균의 구조

- 구조는 간균(bacilli), 구형(cocci), 그리고 나선형(spirilla 또는 spirochetes).
- 하나의 원형 이중가닥 DNA(염색체)가 **핵양체(nucleoid)**에 있다. **플라스미드(plasmid)**는 세포질에 있는 작은 DNA 조각이다.
- **편모(flagella)**는 독특하며, 회전을 통해 세균을 움직이게 해준다.
- 세포벽은 **펩티도글리칸(peptidoglycan)**을 포함하고 있다.

세균의 증식과 생존

- **이분법(binary fission)**으로 무성생식을 한다.
- **접합(conjugation)**, **형질전환(transformation)**, 그리고 **형질도입(transduction)**에 의해 유전자재조합이 일어난다.
- **내포자(endospore)** 형성은 세균이 부적절한 환경에서 생존하게 해준다.

세균의 영양

- 세균은 독립영양을 할 수 있다. **시아노박테리아(cyanobacteria, 남조류)**는 **광독립영양생물(photoautotrophs)**이다. 이들은 식물과 같이 광합성을 한다. **화학합성독립영양생물(chemoautotrophs)**은 자신의 먹이를 생산하기 위한 에너지를 얻기 위하여 수소, 황화수소, 암모니아와 같은 무기화합물을 산화한다. 동물처럼 대부분의 세균은 화학종속영양생물(종속영양생물)이지만, 이들은 부생영양생물(분해자)이기도 하다. 콩과식물 뿌리에 있는 뿌리혹에서 살아가는 상리공생 질소고정 박테리아처럼 많은 종속영양 원핵생물은 **공생(symbiosis)**을 한다.

환경과 의학에서 세균의 중요성

환경에서의 세균

- 분해자로서 세균은 생태계에서 무기영양원의 순환을 유지시킨다.
- 세균이 수행하는 반응을 통해 질소순환이 계속된다.
- 세균은 **생물재복구(bioremediation)**에서 중요한 역할을 수행한다.

식품과학과 생명공학에서의 세균

- 세균발효는 식품을 생산하는 데 있어서 중요하다.
- 유전공학을 통해 세균은 의학적으로 중요한 물질을 생산할 수 있다.

인간에서의 세균성 질병

- 질병을 유발하는 세균성 **병원균(pathogen)**은 (1) 독소를 생산하고, (2) 표면에 흡착할 수 있으며, (3) 때때로 기관이나 세포에 침입할 수 있다.
- 무분별한 항생제 치료는 어떤 항생제에 대해서 세균이 저항성을 보일 수 있다.

고세균

고세균(archaea, 고세균 영역)은 두 번째 형태의 원핵생물이다. 고세균의 특징은 다음과 같다.

- 이들은 세균보다 진핵생물에 더 밀접히 연관되어 있는 것 같다.
- 세균의 세포벽을 형성하는 펩티도글리칸을 고세균은 세포벽에 포함하고 있지 않으며, 세균보다 진핵생물과 더 많은 생화학적 특징을 공유한다.
- 일부는 혐기 상태의 늪(**메탄생성세균, methanogens**), 염분호수(호

염성세균, halophiles), 그리고 유황온천(고온 호산성세균, thermoacidophiles)과 같은 극한환경에서 생존할 수 있는 것으로 알려져 있다.

17.4 원생생물

원생생물의 일반적인 특징

- **원생생물(protists)**은 진핵생물이다. **세포내 공생설(endosymbiotic theory)**은 진핵세포에 있는 미토콘드리아와 엽록체의 존재를 설명해준다. 어떤 원생생물은 분화된 조직을 가지고 있는 다세포이기도 하다.
- 원생생물은 대규모 수중환경에서 생산자(조류) 또는 다른 생물의 먹이원(조류와 원생동물)으로 작용하기 때문에 생태학적으로 매우 중요하다.

조류

- **조류(algae)**는 엽록소를 가지고 있다. 이들은 식물처럼 전분을 저장물질로 축적하며, 세포벽을 가지고 있다.
- 조류는 녹색, 갈색, 황갈색, 또는 적색 등 색소에 따라 분류된다. 대부분이 단세포이지만 녹조류, 홍조류, 갈조류는 다세포 해조를 포함한다.

원생동물

- **원생동물(protozoans)**은 종속영양을 하며, 항상 섬모(짚신벌레), 위족(아메바) 또는 편모(동물성편모충류)를 이용해 운동한다.
- 포자충류(apicomplexans)는 가장 심각한 원생동물 질병인 말라리아를 포함하여 질병을 유발한다.
- 동물성 편모충류(trypanosome)는 아프리카 수면병을 유발하며, *Giardia*는 심각한 설사를 일으킨다.

점균류와 물곰팡이

- **점균류(slime molds)**는 숲속에 있는 분해자이다.
- **물곰팡이(water molds)**는 셀룰로오스 세포벽을 가지고 있어서 진균(fungi)과 구별된다.

개념 연결하기

바이러스, 세균 그리고 원생생물은 일반적으로 미생물이라고 부른다. 비록 일부의 미생물이 질병을 일으키는 것으로 알려져 있지만, 미생물들이 사람에게 주는 이익에 대해서도 많은 연구가 이루어지고 있다.

17.1 바이러스는 숙주-특이성을 보이고, 고유한 증식회로를 갖는 것으로 알려져 있다.

17.2 바이로이드와 프라이온은 바이러스와 많이 유사하다.

17.3 원핵생물은 생태계에서 다양한 역할을 수행하는 단세포생물이다.

17.4 원생생물은 지구상의 생물 가운데 가장 다양한 그룹 중의 하나로서 여러 가지 생태학적 역할을 수행한다.

지구상 미생물의 다양성과 역할에 관한 정보가 더 필요하면 다음 논의를 참조하시오.

1.2절 생명체의 주요 영역에 대한 서술.

26.5절 HIV 바이러스와 AIDS 질환에 대해 많은 정보.

31.2절 세균이 영양원 순환 특히 질소의 순환에 어떻게 관여하는지에 대한 정보.

혼자 풀어보기

가장 적절한 답을 선택하시오.

17.1 바이러스

1. 바이러스가 가지고 있는 것은?
   a. 세포벽 **b.** 원형질막
   c. 핵산 **d.** 세포질
2. 박테리오파지 용균성 회로에서의 다섯 단계는 다음과 같은 순서로 이루어진다.
   a. 침입, 흡착, 방출, 성숙, 생합성
   b. 흡착, 침입, 방출, 생합성, 성숙
   c. 생합성, 흡착, 침입, 성숙, 방출
   d. 흡착, 침입, 생합성, 성숙, 방출
   e. 침입, 생합성, 흡착, 성숙, 방출
3. 레트로 바이러스에 독특한 효소는,
   a. 역전사효소 **b.** DNA 중합효소
   c. DNA gyrase **d.** RNA 중합효소

17.2 바이로이드와 프라이온

4. 바이로이드에 관한 다음 문장 중 틀린 것은?
   a. 이들은 알몸 RNA로 구성되어 있다.
   b. 이들은 식물에 질병을 일으킨다.
   c. 한번 증식하면 이들은 죽는다.
   d. 이들은 감염 세포가 더 많은 바이로이드를 생산하도록 한다.
5. 프라이온 단백질은 어떨 때 질병을 일으키는가?
   a. 크기가 커질 때
   b. 작은 파편으로 쪼개질 때
   c. 정상 단백질의 모양을 변하게 할 때
   d. DNA와 반응할 때

17.3 원핵생물

6. 세균은 아래의 모든 것을 포함하지만 한 가지 예외는?
   a. 리보솜 **b.** DNA
   c. 미토콘드리아 **d.** 세포질
   e. 원형질막

[7~12] 어떤 종류의 생물체가 서술되었는지 결정하시오. 보기에 있는 답은 한 번 이상 사용될 수 있다.

보기:

a. 세균
b. 고세균
c. 세균과 고세균 모두
d. 세균과 고세균 모두 아님.

7. 세포벽에 있는 펩티도글리칸
8. 메탄생성세균
9. 때로 기생성
10. 핵을 포함
11. 원형질막이 지질을 포함
12. 이분법으로 생식

17.4 원생생물

13. 다음 중 어느 것이 잘못 연결되어 있는가?
a. 아메바—위족 **b.** 포자충류—질병 인자
c. 조류—다양한 색 **d.** 점균류—트리파노좀

14. 다음 중 원생생물에 대해 잘못 기술한 것은?
a. 일부 원생생물은 원핵생물이다.
b. 원생동물은 단세포일 수 있다.
c. 조류는 무성 또는 유성생식할 수 있다.
d. 점균류와 물곰팡이는 분해자이다.
e. 원생동물은 종속영양생물이다.

15. 식물과 달리 조류는 다음 중 어느 것을 포함하고 있는가?
a. 엽록체 **b.** 액포
c. 미토콘드리아 **d.** 피레노이드
e. 세포벽

과학적으로 생각하기

1. 아래 진화계통수를 기초로 할 때, 원생생물은 세균과 고세균 중 어느 것과 더 밀접한 관련이 있을까? 이 연관관계를 뒷받침하는 증거는 무엇일까? 바이러스는 왜 계통수에 나타나 있지 않을까?

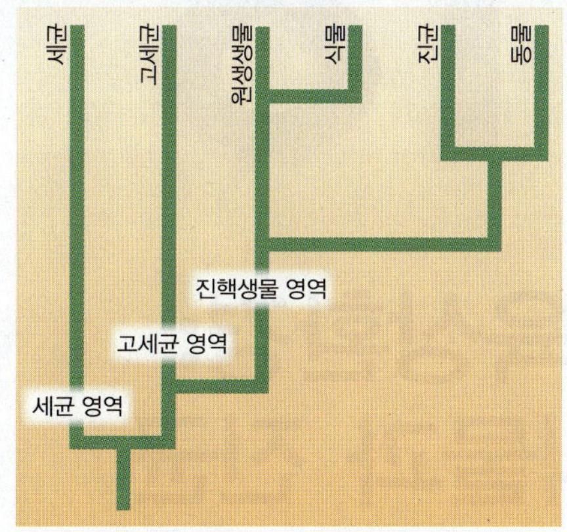

2. 예전 소련과 동유럽에서는, 세균 감염을 치료하기 위한 항생제의 대체 방법으로 박테리오파지 치료법이 오랫동안 사용되어 왔다. 세균 감염을 치료하기 위해 어떠한 방법으로 환자의 몸에 박테리오파지를 주입하는가? 박테리오파지 치료법의 잠재적인 이점과 단점은 무엇인가?

3. 미국식품의약국(FDA)은 의사들이 바이러스 감염을 치료하기 위해 불필요한 항생제 처방을 연간 5천만 건이나 쓰고 있다고 추산하고 있다. 물론 이 항생제들은 바이러스에 대해 효과가 없다. 게다가 이러한 항생제에 세균들이 자주 노출되는 것은 항생제 내성을 갖는 균주들을 엄청나게 늘리는 결과를 초래한다. 내과 의사들이 항생제 처방을 하는 것은 환자들의 요구 때문이다. 더구나 병의 원인을 잘 모른다면, 항생제가 도움이 될 때까지 사용을 보류하는 것보다는 증세에 대해 효과가 없더라도 항생제를 처방하는 것이 안전할지 모른다고 여기는 것 같다. 따라서 FDA는 생산자들로 하여금 항생제 남용에 대한 주의를 항생제에 표시하도록 요구하는 정책을 발동하였다.
a. 이러한 표시 정보가 항생제의 부적절한 사용을 현격히 감소시킬 수 있는, 소비자들에 대한 충분한 교육이 될 수 있을 것이라고 여러분은 생각하는가?
b. 내과의사들은 항생제 내성의 위험에 대해 이미 알고 있지만 어쨌든 처방을 한다. 그 이유는 대개 의사들이 부적절한 처방에 대한 것보다는 항생제를 사용하지 않는 측면에서 죄를 범할 수 있다는 사실 때문인 것 같다. 의사들은 항생제 처방에 대해 더 많은 책임을 져야 할까? 만일 그렇다면 어떻게 해야 하는가?

18

육상환경: 식물과 진균

개 요

시작하기 전에

이 장을 시작하기 전에 다음 내용을 다시 살펴보자.

6.2절 광합성 과정에서 산소를 생산하는 과정은 무엇인가?

9.3절 염색체 수와 관련하여 유사분열과 감수분열의 차이는 무엇인가?

16.3절 식물과 진균이 속한 생물 영역은 무엇인가?

고추와 진균의 진화적 전쟁

식물이 전쟁 중이라고 생각해 본 적이 있는가? 사실 식물은 식물을 먹는 동물(초식동물), 세균, 진균 등과 같이 다양한 생명체와 끊임없이 전쟁을 하고 있다. 이에 대응하여 식물은 자신을 보호하기 위하여 수많은 적응 전략을 발달시켰다. 고추는 캡사이신(capsaicin)이라고 하는 통증 유발 물질을 생산한다. 캡사이신은 포유류의 통증 수용체를 자극하여 "입안이 얼얼한" 느낌을 뇌에 전달한다. 캡사이시노이드(capsaicinoid)는 일부 동물이 고추를 먹지 않도록 하기는 하지만, 이 물질의 실제 대상은 식물의 오래된 적인 진균이다. 진균은 분해자로서 사체를 분해하여 영양분을 토양으로 되돌리는 중요한 생태학적 역할을 한다. 그러나 어떤 진균은 생명체가 죽을 때까지 기다리지 않고 대신에 고추와 같이 살아 있는 생명체를 먹이로 삼는다.

진균이 고추에 침입하려고 공격하면 화학전쟁이 시작된다. 고추는 캡사이신을 생산하여 진균을 물리친다. 환경에 따라 생산되는 캡사이시노이드의 양이 달라진다. 진균은 습한 환경을 선호한다. 따라서 건조한 환경에서는 진균의 공격이 적으므로 덜 매운 고추를 재배할 수 있고, 습한 환경에서는 진균이 번창하고 식물이 최대한으로 항진균 방어를 하기 때문에 더 매운 고추를 재배할 수 있다.

이 장에서는 식물과 진균의 진화와 다양성을 살펴보고, 이들에게서 나타난 진화적 적응을 조사할 것이다.

이 장을 공부하는 동안 다음 질문에 대해 생각해보자.

1. 수중에서 살던 식물이 육상식물로 진화하면서 외형이 어떻게 달라졌는가?
2. 진균이 분해자로서 성공하게 된 몸체의 특징은 무엇인가?

18.1 육상식물의 개관

학습 목표

이 절을 학습한 후에는 다음 과제를 수행할 수 있어야 한다.

1. 녹조류와 육상식물의 유사성과 차이점을 설명하기.
2. 육상식물의 진화에서 중요한 사건 다섯 가지를 제시하기.
3. 식물의 세대교번 생활사를 설명하기.

식물(kingdom Plantae)은 육상 생활에 적응한 다세포성이며 광합성을 하는 진핵생물이다. 육상 환경은 풍부한 빛과 같이 장점이 있기는 하지만, 또한 끊임없이 건조라는 위협에 시달리기도 한다. 가장 중요한 것은 배우자, 접합자, 배 등 모든 생식 단계에서 대기 중의 건조로부터 보호되어야 한다. 세포 내부 환경의 습기를 유지하기 위하여, 육상식물은 직립 상태를 유지하면서도 물을 흡수하여 모든 부분에 전달하여야 한다. 내부 관다발계 진화를 통하여 식물이 어떻게 이러한 문제에 적응하였는지 살펴볼 것이다.

식물의 진화는 물에서 시작되었다. 아마도 육상식물은 5억 년 전에 담수 녹조류에서 진화되었을 것이다. 식물과 녹조류는 모두 (1) 엽록소 *a*와 *b*, 다양한 보조 색소를 함유하며, (2) 여분의 탄수화물을 녹말로 저장하고, (3) 세포벽에 셀룰로오스를 함유하고 있다. DNA와 RNA 염기서열을 비교한 결과, 육상식물은 **차축조(charophyte)**라고 하는 담수 녹조류 군과 가장 밀접한 관계를 이룬다. *Spirogyra*(그림 17.22 참조)도 차축조이지만, 분자생물학자들은 육상식물의 조상이 **그림 18.1**에 제시한 차축조와 더 밀접한 관계를 이룬다고 주장한다. 비록 현대의 차축조와 육상식물의 공통조상은 더 이상 존재하지 않지만, 존재한다면 *Chara*나 *Coleochaete*와 비슷한 특징을 가지고 있을 것이다.

이제 이들 사상 녹조류에 대하여 살펴보자. *Chara*는 일반적으로 쇠뜨기말(stonewort)이라고 부르며, 탄산칼슘 퇴적물로 둘러싸여 있다. 몸체는 가는 필라멘트로 진흙에 고정되어 있는 한 줄의 매우 긴 세포로 이루어져 있다. 윤생 배열의 가지가 있는 절(node)은 주축의 세포 사이에 위치하고 있다. 암수 생식구조는 절에서 생장한다. *Coleochaete*는 팬케이크와 같이 납작하지만 몸체는 길고 가지가 있는 섬유상 세포로 구성되어 있다. 식물 진화에 있어서 가장 중요한 점은 차축조(charophyte)는 접합자를 보호한다는 것이다. 육상식물은 접합자를 보호할 뿐만 아니라 배도 보호하며 양분을 제공한다. 이것이 육상식물과 녹조류를 구분하는 중요한 파생형질이다.

육상식물의 진화를 살펴보기 위하여 다섯 그룹에 대해 설명할 것이다. 이들 그룹은 각각 다섯 가지의 진화사건 중 하나와 연관시킬 수 있는데, 이들 사건은 각각 육상에서 생존할 수 있게 된 주요 적응을 대표한다.

이끼류는 관다발조직이 없는 포복성 식물이어서 물을 수송할 수 없지만, 식물의 몸체가 건조해지지 않도록 보호하고 특수한 구조 내에서 배를 보호한다.

4억 2,000만 년 전에 진화한 석송(lycophytes)은 물과 양분을 뿌리에서 잎으로 수송하는 관다발계를 가진 초창기 식물이다. 관다발조직이 있는 식물은 진정한 뿌리, 줄기, 잎을 가지고 있다. 석송의 잎은 **소형엽(microphylls)**이라고 부르며, 매우 좁다.

고사리류(ferns)는 **대형엽(megaphylls)**이라고 부르는 큰 잎을 가진 잘

그림 18.1 식물의 가까운 조류 친척.

육상식물의 가장 가까운 살아 있는 친척은 차축조(charophyte)라고 알려진 사상 녹조류이다. **a.** 일반적으로 쇠뜨기말(stonewort)이라고 부르는 *Chara*는 탄산칼슘이 풍부한 환경을 좋아하며, 탄산칼슘은 조류의 표면에 축적된다. **b.** *Coleochaete*의 몸체는 납작한 원반 모양이며, 젖은 돌이나 다른 수생식물에 붙어서 산다. 크기는 핀의 머리 정도이며 단일 세포층 두께이다.

알려진 식물이다. 가지와 대형엽이 진화하여 식물은 많은 빛을 받아들일 수 있게 되었고, 광합성을 통한 탄수화물 생산이 증가되었다. 양분을 적절하게 생산하지 못한다면 식물은 키가 클 수가 없다. 그 다음의 진화적 사건은 **종자(seed)**의 진화이다. 종자는 보호막 안에 배와 유기 양분을 함유하고 있다(그림 18.10 참조). 종자는 발아에 적합한 조건이 되기 전까지 배가 건조해지지 않도록 보호하는 매우 견고한 구조로 되어 있다. 겉씨식물(gymnosperms)은 약 3억 6,000만 년 전에 나타난 첫 번째 종자식물이다. 마지막 흥미로운 진화적 사건은 속씨식물(angiosperms)의 생식기관인 **꽃(flower)**의 진화이다. 꽃은 곤충과 같은 수분매개자를 유인하고 종자를 감싼 열매로 된다. 현화식물은 1억 2,000만 년 전과 1억 4,000만 년 전 사이에 진화되었다. **그림 18.2**는 육상식물의 진화적 역사를 추적한 것이며, 다음에 설명할 주요 식물군의 배경이 될 것이다.

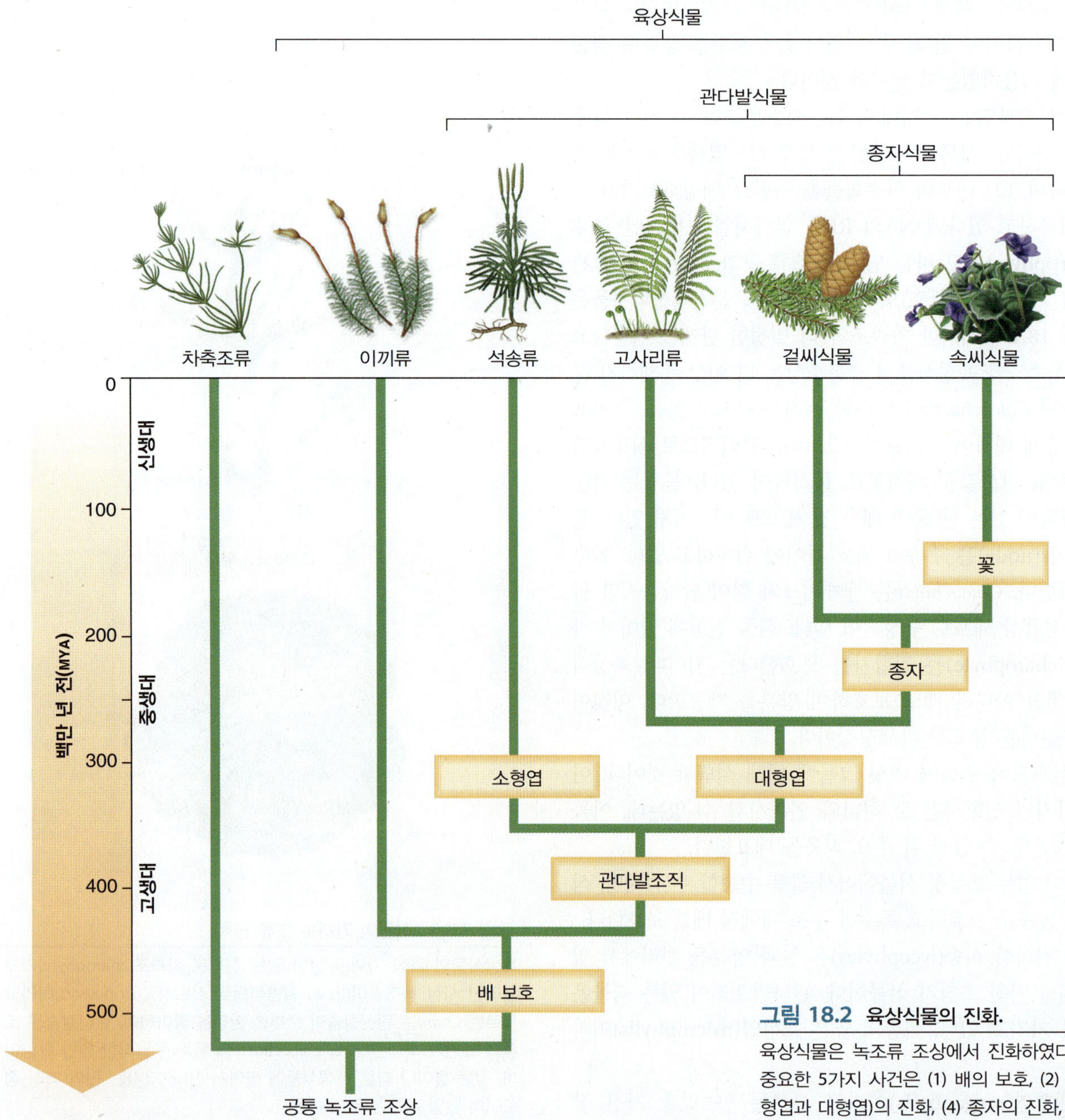

그림 18.2 육상식물의 진화.

육상식물은 녹조류 조상에서 진화하였다. 육상식물의 진화와 관련된 중요한 5가지 사건은 (1) 배의 보호, (2) 관다발조직의 진화, (3) 잎(소형엽과 대형엽)의 진화, (4) 종자의 진화, (5) 꽃의 진화이다.

세대교번

식물의 생활주기는 동물의 생활주기와 매우 다르다. 2배체 생활주기를 나타내는 인간과 다른 동물들(그림 9.2 참조)과 달리, 식물은 2가지 유형으로 존재하는 **세대교번(alternation of generation)**을 겪는다(**그림 18.3**). 한 가지 유형은 2배체(2n)인 포자체이고 다른 유형은 반수체(n)인 배우체이다. **포자체(sporophyte)**라고 부르는 이유는 감수분열로 포자를 생산하기 때문이다. **포자낭(sporangium)**은 **포자(spore)**라고 부르는 반수체 세포를 생산하는 구조이며, 이것이 새로운 개체로 발달한다. 식물의 생활주기에서 포자는 유사분열을 하여 배우체로 발달한다. **배우체(gametophyte)**라고 부르는 이유는 배우자(gametes; 정자와 난자)를 생산해내기 때문이다. 정자와 난자가 융합하여 2배체인 접합자(zygote)를 형성하고, 이것이 유사분열을 거쳐 포자체로 된다.

그림 18.3에서 두 가지 사실을 관찰할 수 있다. 첫째, 식물에서는 감수분열을 통해 반수체 포자가 만들어진다. 이것은 포자체가 2배체 세대이며 포자는 반수체 세대라는 사실과 일치한다. 둘째, 포자가 배우체로 될 때, 그리고 접합자가 포자체로 될 때 유사분열이 일어난다. 이 두 곳에서 유사분열이 일어나야만 두 세대를 이룰 수 있다.

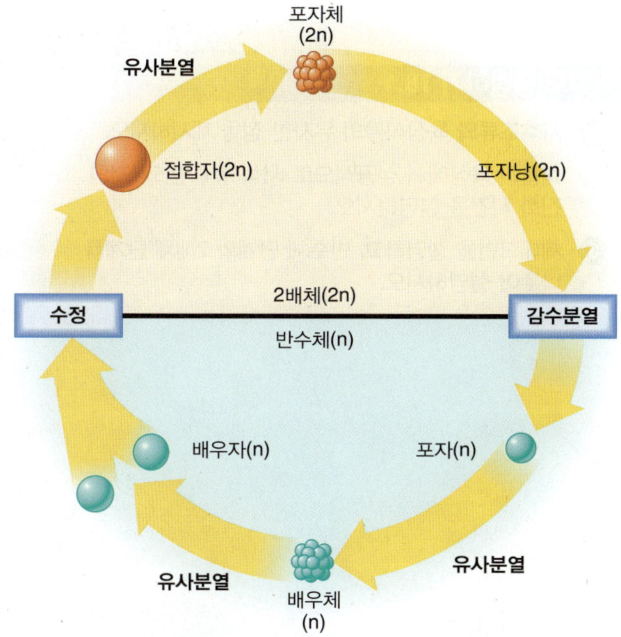

그림 18.3 세대교번.

식물은 포자체(2n) 시기와 배우체(n) 시기가 교대로 나타난다. 우세한 시기는 광합성 능력을 지닌다.

우세한 세대

공원을 걷노라면 나무이끼(tree moss)를 보거나, 또는 발밑에 밟히는 폭신한 이끼(spongy moss)를 느낄 수 있을 것이다. 식물 중 눈으로 뚜렷하게 볼 수 있는 것은 우세한 세대이다. 우세한 세대는 광합성을 수행하는 세대이며, 식물 조직의 생장과 영양을 담당한다. 비관다발식물에서는 배우체가 우세한 세대이고, 관다발식물에서는 포자체가 우세한 세대이다. 식물의 진화 역사에서 **포자체에서만** 관다발조직이 진화하였다. 그러므로 포자체가 우세한 경향은 육상에서의 생존에 대한 적응이다. 포자체가 우세하게 됨에 따라 배우체는 아주 작아지며, 또한 건조한 육상 환경에 가장 잘 적응한 세대인 포자체에 의존하게 된다.

그림 18.4에서 각 세대의 외형을 살펴보자. 이끼류(*bryophtes*)의 경우, 배우체가 포자체보다 훨씬 크다. 석송류와 고사리류에서는 배우체가 작고, 독립적인 구조를 보인다. 이에 비해 솔방울을 맺는 식물(겉씨식물, *gymno-*

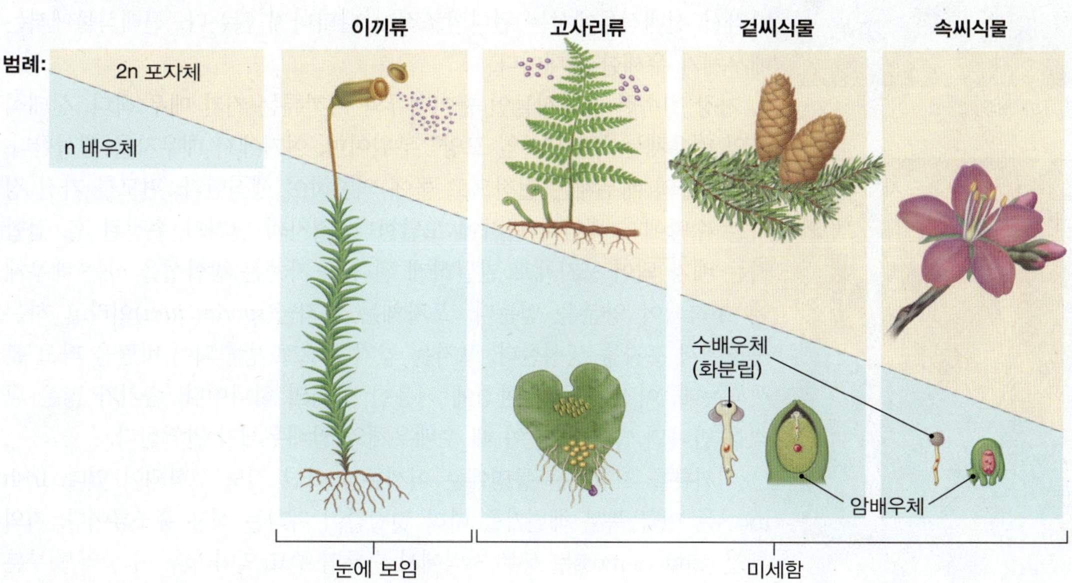

그림 18.4 배우체 크기의 감소.

오늘날의 대표적인 식물에서 진화할수록 배우체 크기가 감소하는 것에 주목하자. 이러한 경향은 식물이 육상생활에 적응하는 과정에서 나타났다.

진도 점검하기 18.1

1. 차축조류와 육상식물의 유사한 점을 제시하시오.
2. 식물이 육상에서 성공적으로 서식하게 한 5가지의 진화 사건을 설명하시오.
3. 세대교번을 설명하고, 반수체 단계와 2배체 단계를 나누어 설명하시오.

sperm)과 현화식물(속씨식물, *angiosperm*)의 암배우체는 매우 작으며 포자체 식물의 몸체 안에 있다. 이로써 암배우체가 건조해지지 않도록 보호한다. 종자식물의 수배우체는 화분립 안에 있다. 화분립은 강한 보호벽을 가지고 있으며 바람, 곤충, 새 등에 의해 운반되어 난자에 도달한다. 종자식물의 생활주기에서, 포자, 배우자, 접합자 모두 육상 환경에서 건조해지지 않도록 보호된다.

18.1 개념 연결하기

육상식물은 육상에서 살 수 있도록 적응한 다세포 진핵생물이다.

18.2 육상식물의 다양성

학습 목표

이 절을 학습한 후에는 다음 과제를 수행할 수 있어야 한다.

1. 여러 육상식물 그룹의 예를 들고 특징을 설명하기.
2. 각 그룹의 육상식물의 생활사와 생식 전략에 대해 설명하기.
3. 식물의 경제적, 생태학적 중요성을 요약하기.

식물은 관다발식물과 비관다발식물로 나눌 수 있다. **비관다발식물(nonvascular plant)**은 확산과 삼투를 통해 물과 영양분이 식물 몸체로 직접 들어간다. 비관다발식물은 젖은 상태로 있어야 하며, 키가 매우 작다. **관다발식물(vascular plant)**은 몸체 전반에 걸쳐 물과 양분의 이동을 촉진하는 "관"을 가지고 있다. 이들 식물은 비관다발식물보다 건조한 환경에서 살며, 크게 자랄 수 있다.

뿔이끼

우산이끼 배우체

이끼

그림 18.5 이끼류.

선태식물은 배우체가 우세한 세대이다. 이들은 키가 작고 젖은 상태를 유지하여야 한다. 서식처는 다양하지만, 나무 등걸, 젖은 바위, 또는 도로 포석의 갈라진 틈에서 쉽게 찾아볼 수 있다.

비관다발식물

우산이끼류(liverworts), 뿔이끼류(hornworts), 이끼류(mosses)는 비관다발식물에 포함된다(**그림 18.5**). 이들을 통틀어 **선태식물(bryophyte)**이라고 한다. 선태식물은 일반적으로 진정한 뿌리, 줄기, 잎이 없다. 정의에 따르면 이들 조직은 모두 잘 발달된 관다발조직이 있어야 하는 것이며, 따라서 선태식물에서는 관다발조직이 나타나지 않는다. 선태식물에서는 배우체가 우세한 세대이다.

가장 친숙한 선태식물인 뿔이끼류와 이끼류는 키가 매우 작다. 선태식물의 배우체는 녹색의 "잎 모양" 부위이며, 여기에서 배우자를 생성한다. 선태식물의 배우체는 전적으로 물에 의존하여 생식한다. 편모를 가진 정자는 수막에서 헤엄쳐 난자에 도달한다. 정자와 난자가 수정된 후, 접합자는 배가 되어 포자체로 발달하게 된다. 포자체는 광합성을 하는 배우체에 부착되어 양분을 얻는다. 포자체는 **포자낭**(*sporangium*)이라고 하는 구조에서 포자를 생성한다. 포자는 공기 중으로 방출되어 바람을 타고 분산되는데, 이것은 육상 환경에 적응한 방식의 하나이다. 습기가 많은 환경을 만나면 발아하며, 이 때 수배우체와 암배우체가 발달한다.

이끼류를 지칭하는 통명에는 이끼류가 아닌 것도 포함되어 있다. Irish moss는 미국 북부 해변가를 따라 깃털같이 자라는 식용 홍조류이다. 지의류인 reindeer moss는 북부 지역에서 순록의 주요 먹이이다. 이 장의 뒷부분에서 설명할 석송(club moss)은 관다발식물이며, 미 대륙 남동부에서 서식하는 나무에 매달려 있는 회색 송이인 Spanish moss는 파인애플과의 현화식물이다.

선태식물의 적응과 이용

관다발조직이 없고 정자가 헤엄쳐야 하기 때문에 선태식물은 대개 신장이 짧다. 이끼류는 남극에서 적도를 거쳐 북극에서도 발견된다. 대부분의 이끼류는 온대지역의 습하고 그늘진 지역을 선호하지만, 사막에서도 생존하고 습지와 강에서도 서식한다. 이들은 숲속에서 종종 땅이나 통나무를 덮고 있는 담요 형태를 형성한다. 건조한 환경에서는 시들고 갈색을 띠어 죽은 것처럼 보이기도 한다. 그러나 비가 오면 바로 초록색을 띠고 대사활동을 재개한다. 이끼류는 현화식물에 비해 돌 벽, 담, 햇볕에 노출된 바위의 그늘진 틈에서 잘 자란다. 선태식물이 바위에 군집을 형성하면 바위가 토양으로 분해되어 선태식물 자신과 다른 생명체의 생장에 이용될 수 있다.

습지처럼 습기가 있고 산성인 토양에서는 특히 *Sphagnum*과 같은 이끼가 죽은 채 쌓여 분해되지 않는 지역이 있다. 이렇게 쌓인 이끼를 초탄(peat moss 또는 bog moss)이라고 하며 연료로 사용할 수 있다. 초탄은 또한 다른 면에서 상업적으로 중요하다. 죽은 세포가 수분을 흡수할 수 있기 때문에 정원에서 토양의 수분 함유력을 증진시키는 용도로 사용된다. 또한 *Sphagnum*은 살균력이 있어서 제1차 세계대전 중에 붕대 대용으로도 사용하였다.

관다발식물

앞으로 살펴볼 나머지 식물은 모두 **관다발식물(vascular plant)**이다. 관다발식물은 진정한 뿌리, 줄기, 잎을 가지고 있다. 뿌리는 토양에서 물을 흡수하고 줄기는 물을 잎까지 수송한다. 잎은 기공을 제외하고는 큐티클로 싸여 있다. 기공은 기체교환이 일어나는 작은 구멍이며, 수분 손실을 조절하도록 개폐가 된다.

관다발조직(vascular tissue)은 물과 미네랄을 뿌리에서 위쪽으로 수송하는 **물관부(xylem)**와 수크로오스를 식물체 내에서 수송하는 **체관부(phloem)**로 구성되어 있다. 물관부에서 통도세포의 벽은 **리그닌(lignin)**으로 강화되어 줄기를 더 강하게 만들고 방수성을 높이며, 또 기생체나 포식자로부터 보호한다. 식물이 큰 키로 자랄 수 있는 것은 오직 튼튼한 세포벽이 있기 때문이다.

비종자 관다발식물

어떤 관다발식물(예를 들면, 석송류와 고사리류)은 비종자식물이며, 다른 두 그룹(겉씨식물과 속씨식물)은 종자식물이다. 비종자 관다발식물에서 우세한 포자체는 바람에 날아가는 포자를 생산하고, 독립적인 배우체는 편모가 있는 정자를 생산하는데, 이 정자는 난자까지 헤엄쳐 가기 위하여 외부의 수분이 필요하다(그림 18.8 참조).

석송류

석송류(lycophytes 또는 *club mosses*)는 관다발조직을 가진 최초의 육상식물 중 하나이다. 진정한 이끼류(선태식물)와 달리, 석송류는 뿌리, 줄기, 잎에 관다발조직이 잘 발달되어 있다(**그림 18.6**).

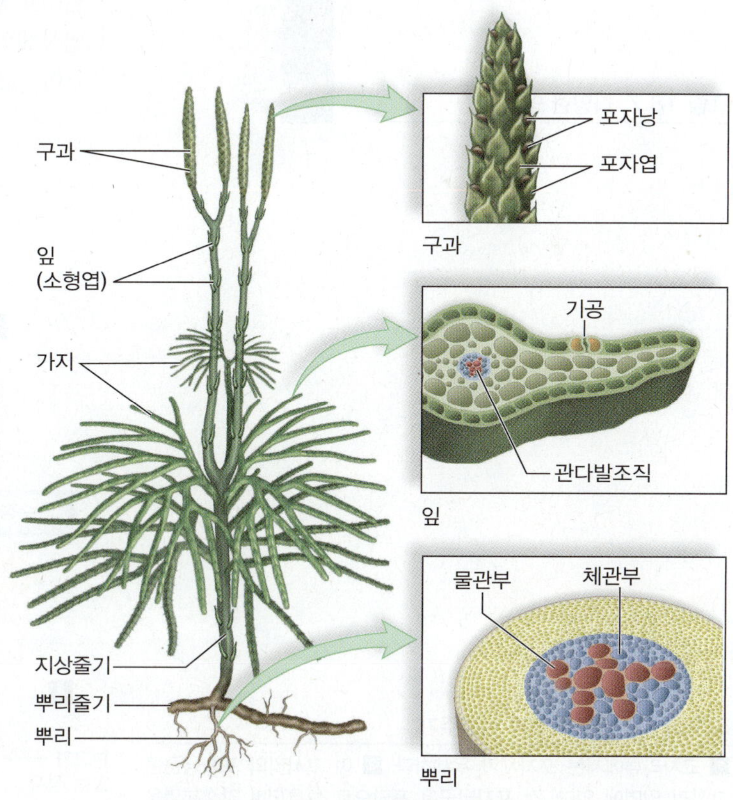

그림 18.6 석송류의 한 유형인 *Lycopodium*속.

*Lycopidium*속과 같은 석송류는 관다발조직이 있으며, 따라서 진정한 뿌리, 줄기, 잎을 가지고 있다. 오른쪽 위, *Lycopodium*속의 포자체에서 원뿔형의 구과가 발달하며, 이곳에 포자낭이 있다. 오른쪽 아래, *Lycopodium*속에서는 뿌리줄기가 발달한다. 뿌리줄기는 땅속의 줄기이다. 이 뿌리줄기를 따라 뿌리가 만들어진다.

그림 18.7 다양한 양치식물.

일반적으로 뿌리줄기(rhizome)라고 하는 다육질의 땅속 수평줄기에서 지상 줄기가 자라난다. 조밀한비늘 모양의 잎이 줄기와 가지를 덮고 있어서 이끼처럼 보인다. 소형엽(*microphylls*)이라고 하는 작은 잎에는 물관부와 체관부로 구성된 단일 잎맥이 있다. 포자낭은 구과(strobili)라고 하는 잎의 정단 집합체에 달려 있으며, 곤봉처럼 보인다. 포자는 석송자 또는 식물성 유황으로 판매되는데, 약재로 사용되거나 또는 불이 잘 붙기 때문에 불꽃놀이에 사용된다. 그림 18.6에서 설명한 석송속(*Lycopodium*)은 온대의 습한 삼림에 흔하며 ground pine이라고 부른다. 이들은 또한 열대와 아열대에도 풍부하다.

고사리류

고사리류(ferns)는 널리 퍼져 있는 매혹적인 식물이다. 석송류와 달리, 고사리류는 가지가 있고 잎맥이 있는 대형엽(*megaphylls*)을 가지고 있다. 대형엽은 면적이 넓어 광합성에 필요한 햇빛을 모으기 좋으며, 잎맥이 있어 물과 미네랄을 잎 조직에 전달한다. 대형엽을 가진 양치식물과 다른 육상식물은 소형엽을 가진 식물보다 더 많은 양분을 생산하여 더 효과적으로 생장하고 생식을 할 수 있다. 양치식물의 대형엽은 **엽상체(frond)**라고 한다. 루모라고사리(leatherleaf fern)의 엽상체는 넓은 모양이고 소엽(leaflet)으로 갈라져 있다. 나무고사리(tree fern)의 엽상체는 1.4 m나 되며, 우뚝 서 있다. 골고사리(hart's tongue fern)의 엽상체는 가죽 끈과 비슷하다(**그림 18.7**). 포자낭은 엽상체의 아랫면에 **포자낭군(sorus**, *pl.* sori)이라고 하는 무리로 존재하며, 포막(*indusia*)이라고 하는 얇은 보호구조로 덮여 있다(**그림 18.8**).

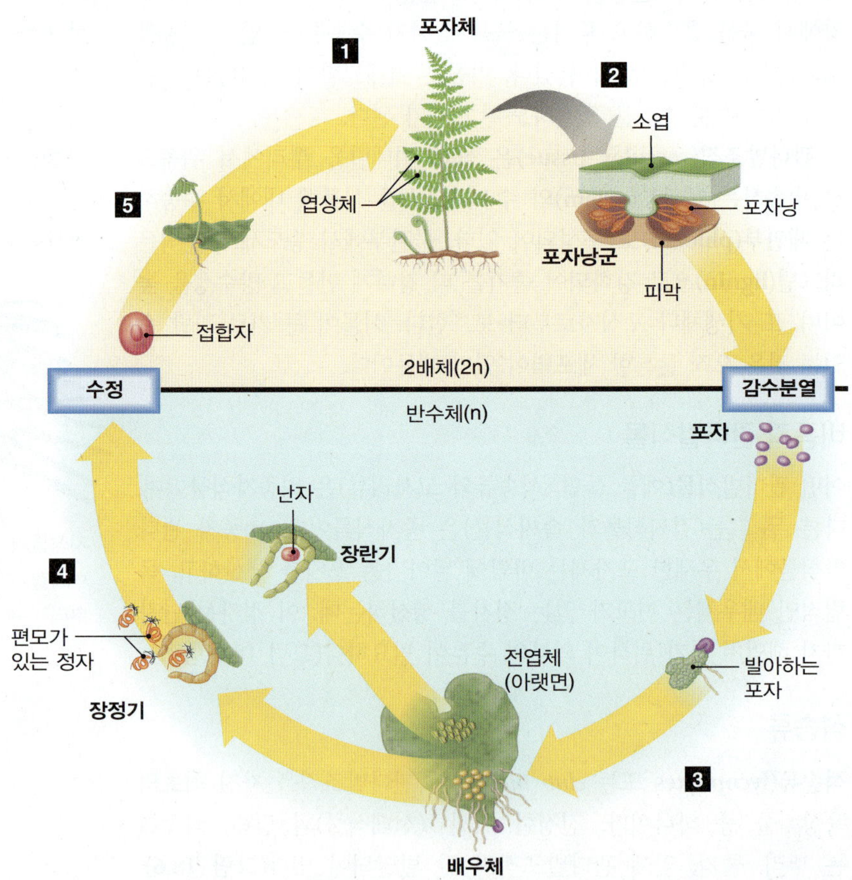

그림 18.8 고사리류의 생활주기.

1 고사리류에서는 포자체가 우세하다. **2** 이 고사리의 포자낭군은 고사리 밑면에 있다. 각 포자낭군은 포막으로 보호되며 감수분열을 통해 포자를 형성하고 방출하는 포자낭이 있다. **3** 포자가 발아하여 전엽체(배우체)로 되는데, 아랫면에 장정기(정자 생산)와 장란기(난자 생산) 구조가 있다. **4** 편모를 가진 정자가 난자까지 헤엄쳐 가야 하므로 물기가 있어야 수정이 일어난다. **5** 접합자가 장란기 안에서 발달하여 결국 어린 포자체가 된다. 어린 포자체가 발달하면서 엽상체가 나타난다.

고사리류의 적응과 이용 대부분의 고사리류는 관다발조직이 없는 수분 의존성 배우체가 포자체와 분리되어 있기 때문에 습한 환경에서 찾아볼 수 있다. 또한 편모가 있는 정자는 외부에 수분이 있어야 난자에게 헤엄쳐 갈 수 있다(그림 18.8). 고사리(bracken fern)와 같은 몇몇 고사리류는 일단 자리를 잡으면 뿌리줄기가 수평으로 토양에서 자라며 새로운 식물을 생산하기 때문에 건조한 지역으로 퍼져 나갈 수 있다.

고사리류는 경제적 가치가 없어 보였지만 이제는 가정과 정원에서 장식용으로 많이 사용된다. 열대 나무고사리의 목재는 썩지 않고 개미에 저항성을 가지고 있기 때문에 건축 재료로 사용된다. 청나래고사리(ostrich fern) 등은 식용으로 사용하며, 북미 레스토랑에서는 특별한 요리로 돌돌 말린 어린 잎(처음 나온 잎)을 사용한다. 또한 의학적인 가치도 있다. 많은 아메리카 원주민은 출산 중에 지혈을 하는 수렴제로 사용한다. 또한 공작고사리(maidenhair fern)는 감기약으로 사용된다.

석탄기 식물

지금까지 설명한 고사리류와 비종자 관다발식물은 석탄기에는 나무만큼 크고 풍부하였다(**그림 18.9**). 당시에는 현재의 북유럽에서 우크라이나, 미국 아팔란치아 산맥에 이르는 지역이 거대한 습지 삼림을 이루고 있었다. 이들 식물은 대부분 죽었지만 완전하게 분해되지 않았다. 대신에 오늘날 채굴하는 석탄이 형성되었다. 그러므로 비종자 관다발식물을 종종 석탄기(*Coal Age*) 식물이라고 한다. (석유도 비슷한 기원을 가지지만, 주로 해양 퇴적암에서 형성되며 동물 사체를 포함한다.)

연관: 건강

쇠뜨기 식이 보조제는 어떤 일을 하는가?

쇠뜨기는 고사리와 관계가 깊은 속새류(*Equisetum*속)에 속한다. 폐결핵과 궤양 등의 질병을 치료하기 위해 쇠뜨기 보조제를 사용한 기록은 고대 로마 시대로 거슬러 올라간다. 어떤 사람은 쇠뜨기 보조제가 골다공증을 예방한다고 주장하지만(쇠뜨기가 실리콘염을 함유하고 있기 때문에), 쇠뜨기의 장기 복용에 대한 연구는 거의 없다. 이유는 알려지지 않았지만 쇠뜨기는 체내에서 일부 비타민 B군을 감소시키며, 다른 약재나 보조제와 작용하기도 한다. 새로운 식이 보조제를 섭취하기 전에 항상 의사와 상담하는 것이 좋다.

그림 18.9 석탄기.
석탄기의 습지삼림에서 자라는 식물로는 나무와 비슷한 석송류(왼쪽)와 속새류(오른쪽), 그리고 고사리와 비슷한 무성한 잎(아래 왼쪽) 등이 있다. 나무가 쓰러진 후, 물에 잠겨 완전히 분해되지 않았다. 침전물이 바위로 되고, 이 압력에 의해 유기물질이 석탄으로 된다. 이 화석 연료는 현대 공업화 사회의 동력이다.

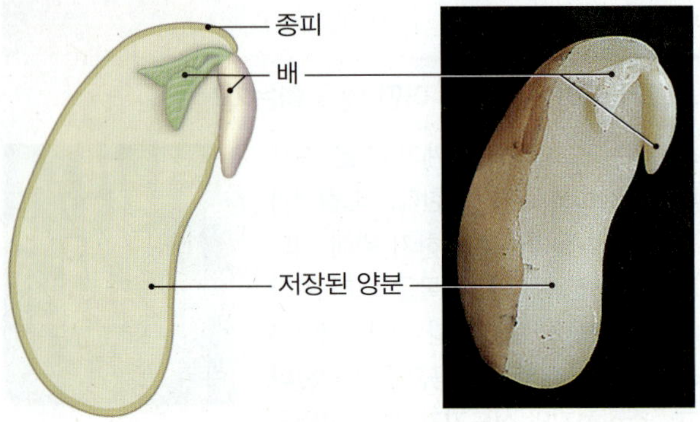

그림 18.10 종자의 구조.

콩 종자의 단면도에서 종피, 배, 저장된 양분을 볼 수 있다.

종자식물

종자식물은 현재 생물권에서 가장 번성한 육상식물이다. 대부분의 나무는 종자식물이다. **그림 18.10**은 종자식물의 주요 부위이다. 종피와 저장된 양분은 포자체 배를 보호하고 생장에 적합한 환경 조건이 갖추어질 때까지 휴면기 동안에 거친 환경에서 살아남을 수 있도록 한다. 종자는 몇백 년 동안이나 휴면상태를 유지할 수 있다. 종자가 발아하면 저장된 양분이 유식물의 생장에 필요한 영양분을 공급한다. 종자식물은 이러한 진화 적응으로 인해 성공을 거두게 되었다. 실제로 지구의 식물 종은 대부분 종자식물이다.

종자식물은 두 가지 유형의 포자를 가지고 있으며, 각각 미세한 암배우체와 수배우체를 생산한다(**그림 18.11**). 수배우체는 **화분립(pollen grain)**이며 정자를 생산한다. 암배우체는 **배주(ovule)**이며 난자를 가지고 있다. 화분립이 암배우체의 생식구조에 내려앉으면 **수분(pollination)**이 이루어진다. 화분립에서 화분관이 자라나고, 이 관을 따라 정자가 난자를 향하여 이동한다. 이것은 육상환경에 대한 중요한 적응이다. 왜냐하면 물이 없어도 정자가 난자를 향해 이동할 수 있기 때문이다. 정자가 난자에 도달하면 **수정(fertilization)**이 일어나 2배체 접합자가 형성된다. 접합자는 궁극적으로 배로 되고 배주는 종자로 된다. 종자가 발아하면 배가 새로운 포자체 세대로 된다. 겉씨식물의 종자는 솔방울의 홈 사이에 "노출되어" 있다. 속씨식물의 종자는 열매의 내부에 "감싸여" 있다.

겉씨식물

겉씨식물(gymnosperm)이라는 용어는 "노출된 종자"라는 의미이다. 겉씨식물에서는 배주와 종자가 솔방울 비늘(변이된 잎)의 표면에 노출되어 있다.

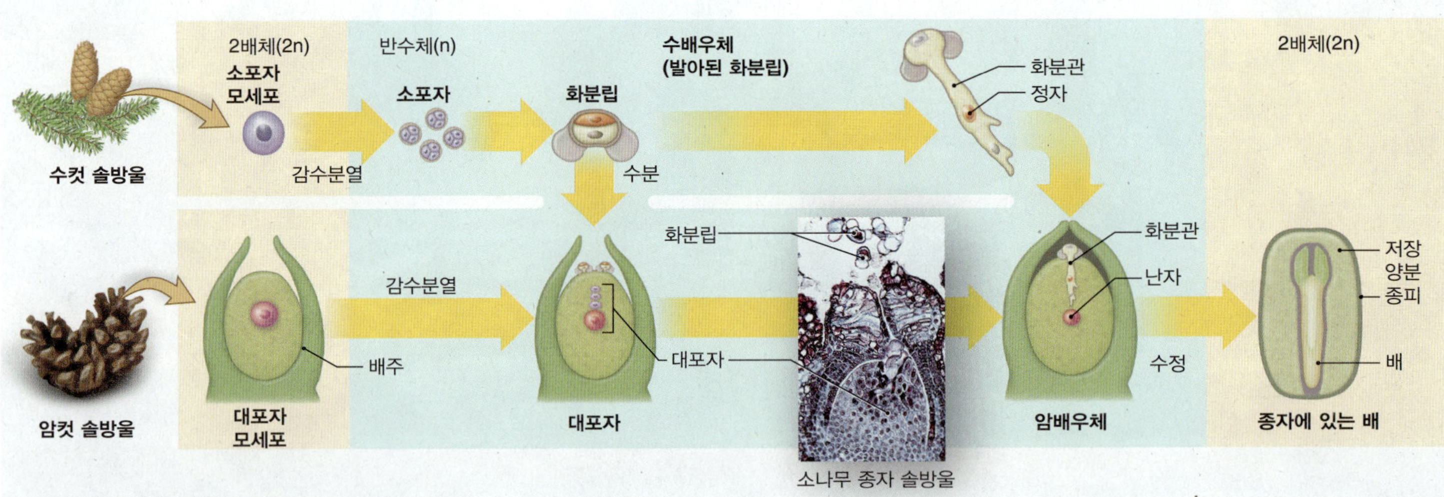

그림 18.11 종자의 생산.

수배우체(위)는 소포자모세포가 감수분열을 하여 소포자를 생산하고, 이들이 각각 화분립으로 되면 발달하기 시작한다. 암배우체(아래)는 배주에서 대포자모세포가 감수분열하여 대포자를 형성하고, 이들 중 단 한 개가 유사분열을 하여 암배우체로 되면 발달하기 시작된다. 수분 과정에서 화분립이 배주의 근처로 운반된다. 화분립이 발아하고 무편모 정자가 화분관을 따라 암배우체에서 생성된 난자로 이동한다. 수정이 일어난 후, 접합자는 배로 되고 배주 안에 있는 조직은 저장 양분으로 되며, 배주의 벽은 종피로 된다.

소철류와 같은 고대 겉씨식물은 석탄기 시대의 습지에서 살았다(**그림 18.12**). 이들 가운데 소나무류가 현재 가장 우세한 그룹이다.

소나무류

소나무, 가문비나무, 전나무, 삼나무, 아메리카 삼나무, 사이프러스, 주목, 노간주나무 등은 **소나무류(conifers)**이다(**그림 18.13**). 소나무류(*conifer*)라는 이름은 **솔방울(cones)**이 있는 나무를 의미하지만, 다른 종류의 겉씨식물도 역시 솔방울을 가지고 있다. 해안가의 아메리카삼나무(*Sequoia sempervirens*)는 캘리포니아 주의 북서부 지역과 오리건 주 남서부 지역이 원산지인 소나무류인데, 거의 100 m나 되는 가장 키가 큰 살아 있는 관다발식물이다. 캘리포니아의 화이트 산맥에서 서식하는 또 다른 소나무류인 브리슬콘소나무(*Pinus longaeva*)는 수명이 매우 길어 4,500년 이상, 거의 4,900년이나 살고 있다.

소나무의 적응과 이용 소나무는 건조한 환경에 잘 적응한다. 예를 들어 온대지역에서는 상록침엽수가 숲을 이루고 있다. 질기고 바늘 모양을 한 잎은 두꺼운 큐티클이 있고 기공이 속에 숨어 있기 때문에 수분을 함유할 수 있다. 이러한 유형의 잎은 표토가 얼어붙어 뿌리에서 물을 충분히 흡수하기 어려운 지역에서도 생존할 수 있도록 한다.

송진은 곤충이나 진균의 공격으로부터 잎과 나무의 다른 부분을 보호한다. 특정 소나무가 분비하는 송진은 상업용으로 쓰인다. 이 송진의 액체성분

그림 18.12 소철류.

소철류는 느리게 자라기 때문에 오늘날 멸종 위협을 받고 있는 오래된 겉씨식물이다. 열대성 기후에서 자라는 전형적인 경관식물이다.

그림 18.13 소나무류.

a. 가장 일반적인 소나무류는 소나무이다. 화분솔방울(수컷)은 종자솔방울(암컷)보다 작고 화분을 대량 생산한다. 화분솔방울은 100만 개 이상의 화분립을 생성한다. 다른 소나무류로는 아름다운 크리스마스 나무인 전나무(**b**)와 과육이 있는 종자솔방울을 가진 노간주나무(**c**) 등이 있다.

그림 18.14 *Amborella trichopoda*.

분자생물학 자료를 분석한 결과 이 식물이 최초의 현화식물과 가장 유연관계가 가까운 것으로 추정된다.

은 테레빈이라고 부르며 페인트 희석제로 사용하고, 고체성분은 현악기에 사용한다. 소나무류의 목재는 건설자재로 널리 사용된다. 목재를 주로 구성하는 물관부 조직에는 현화식물에서 볼 수 있는 단단한 일부 세포 유형이 없다. 그래서 경재라기보다는 연재로 간주한다.

속씨식물

속씨식물(angiosperms; 감싸여 있는 종자를 의미)은 매우 큰 성공한 육상식물 집단으로 약 25만 종이 알려져 있는데, 다른 식물 그룹 모두를 합한 수보다 6배나 더 많다. 속씨식물은 현화식물(꽃이 드러나 보이는 식물)이라고도 부르며, 담수에서 사막, 추운 북극에서 더운 열대에 이르는 모든 서식처에서 살아간다. 크기는 아주 작은 개구리밥에서 35 m가 넘는 유칼리나무까지 다양하다. 대부분의 정원수는 꽃을 피우며, 따라서 속씨식물이다. 추운 기후에서 낙엽이 지는 나무는 현화식물이다. 아열대와 열대 기후에서는 현화식물은 겉씨식물과 함께 1년 내내 잎이 지지 않는다.

최초의 속씨식물 화석기록은 1억 3,500만 년도 되지 않지만, 속씨식물은 그전에 발생하였을 것이다. 간접적인 증거에 따르면 속씨식물의 조상은 1억 6,000만 년 전에 기원한 것으로 추정된다. 속씨식물의 기원을 밝히기 위하여 식물학자들은 DNA 비교를 통해 최초의 속씨식물과 가장 가까운 현존하는 속씨식물을 찾으려 노력하였다. 그 결과 *Amborella trichopoda*가 오늘날 속씨식물 중에서 가장 오랜 혈통을 가진 것으로 보인다(**그림 18.14**). 작은 미황색 꽃을 피우는 이 작은 관목은 오직 남태평양의 뉴칼레도니아 섬에서만 서식하고 있다.

꽃

대부분의 꽃은 서로 외형이 다르더라도 공통적인 특정 부분이 있다. **꽃받침(sepals)**, **꽃잎(petals)**, **수술(stamens)**, **심피(carpels)**라고 하는 꽃 부분이 윤생(원형)을 이루고 있다(**그림 18.15**). 꽃받침은 집합적으로 **악부(calyx)**라고도 하며, 꽃눈이 피기 전에 보호를 한다. 꽃받침은 떨어지거나 꽃잎처럼 채색되기도 한다. 그러나 꽃받침은 대개 초록색이며 제자리에 남아 있다. 꽃잎은 집합적으로 **화관(corolla**, 꽃부리)이라고 하며 크기, 모양, 색채 등이 매우 다양하다. 꽃잎은 특정 수분매개자를 유인한다. 각각의 수술은 **수술대(filament)**라고 하는 자루와 **꽃밥(anther)**으로 구성되어 있다. 꽃밥에서는 화분낭에서 화분이 생성된다. 대부분의 꽃에서 수술은 바람이나 수분매개자에 의해 멀리 옮겨질 수 있는 위치에 있다. 한 개 이상의 심피가 꽃의 중앙에 있다. 심피는 씨방, 암술대, 암술머리의 세 부위로 구성된다. 부풀어 있는 밑부분은 **씨방(ovary)**이며, 1개에서 수백 개에 이르는 배주(ovule)를 함유하고 있다. **암술대(style)**는 **암술머리(stigma)**가 높이 올라가도록 하며, 암술머리는 끈끈하거나 화분립을 받아들일 수 있도록 적응되어 있다. 씨방에 있는 샘에서는 영양분인 과즙을 생산하며, 수분매개자가 여러 꽃을 오가며 이것을 수집하여 영양분으로 삼는다.

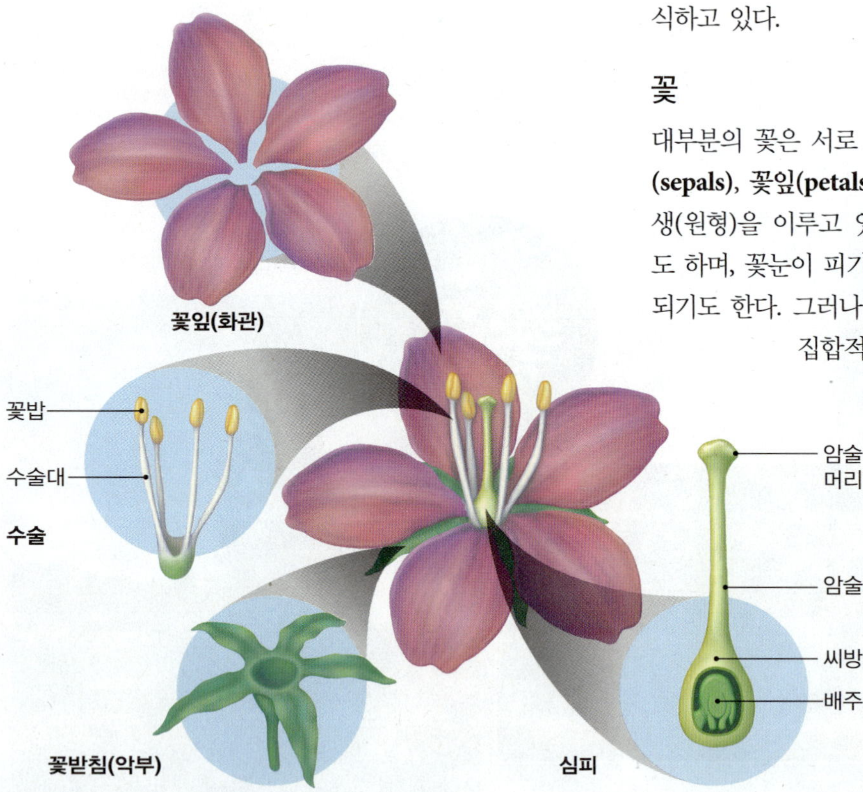

그림 18.15 일반적인 꽃.

꽃은 꽃받침, 꽃잎, 수술, 심피의 네 부분으로 구성되어 있다. 수술은 꽃밥과 수술대로 이루어진다. 심피는 암술머리, 암술대, 씨방으로 구성된다. 씨방에는 배주가 있다.

현화식물의 생활주기

속씨식물의 꽃은 열매로 감싸인 종자를 생산한다. 심피의 씨방 안에 여러 개의 배주가 있으며, 각 배주는 배낭이라고 하는 난자를 생산하는 암배우체를 가지고 있다. 수분이 일어나는 동안에 화분립이 다양한 수단에 의해 수술의 꽃밥에서 심피의 암술머리로 전달되고, 이곳에서 발아된다. **화분관(pollen tube)**은 정자 2개를 배주의 작은 구멍으로 전달한다. **중복수정(double fertilization)**이 일어나는 동안에, 1개의 정자는 난자의 핵과 합쳐져서 2배체(2n)인 접합자를 형성하고, 나머지 정자는 2개의 극핵과 합쳐져서 3배체(3n)인 **배젖(endosperm)**을 형성한다(**그림 18.16**). 속씨식물에서 배젖은 저장 양분이다.

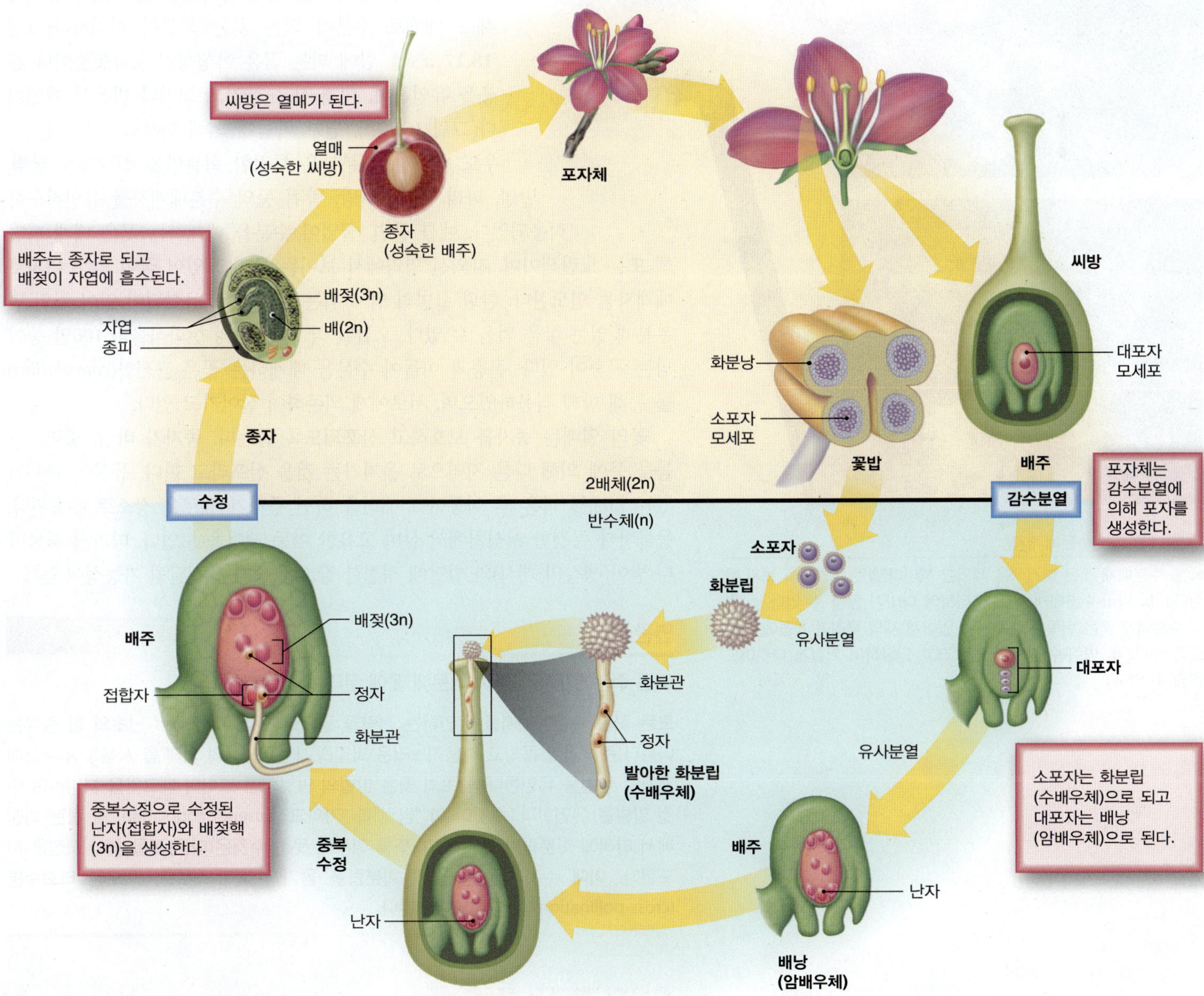

그림 18.16 현화식물의 생활주기.

현화식물은 중복수정을 하여 2배체인 접합자와 3배체인 배젖을 생산한다.

그림 18.17 수분매개자.

a. 벌-수분매개 꽃은 빨간색을 제외한 색이다(벌은 빨간색을 보지 못한다.). **b.** 나비-수분매개 꽃은 넓적하여 나비가 앉을 수 있다. **c.** 벌새-수분매개 꽃은 뒤쪽으로 휘어져 있어서 새의 부리가 과즙에 이르도록 한다. **d.** 박쥐-수분매개 꽃은 크고 단단하며 거칠게 다루어도 견딜 수 있다.

궁극적으로 배주는 포자체 배를 함유하고 있는 종자가 된다. 배젖은 일부 종자에서는 **자엽(cotyledons)**이라고 부르는 종자의 잎에 흡수되며, 어떤 종자에서는 종자가 발아될 때 소화된다. 땅콩의 경우 2개의 반쪽이 자엽이며, 자세히 보면 자엽 사이에 배가 있다. **열매(fruit)**는 씨방에서 유래한 것이며, 꽃의 부속기관일 것이다. 사과와 토마토 같은 열매는 과육으로 종자를 감싸고 있으며, 콩 꼬투리나 도토리 등의 열매는 건조한 덮개로 종자를 감싸고 있다.

속씨식물의 적응과 이용

속씨식물이 유성생식을 성공적으로 마치려면 화분과 종자를 효과적으로 퍼뜨릴 수 있어야 한다. 적응의 결과로 화분과 종자의 다양한 산포 수단이 이루어졌다. 바람을 매개로 하는 풍매화는 대개 화려하지 않지만, 곤충이나 새를 매개로 수분이 되는 꽃은 색상이 화려하다(**그림 18.17** *a*~*c*). 밤에 피는 꽃은 야행성인 포유동물이나 곤충을 유인하며, 대개 향을 풍기고 희거나 밝은색 계열이다(그림 18.17*d*). 일부 바람에 의해 화분을 산포하는 경우도 있지만, 대부분은 특정한 화분만을 전달하는 꿀벌, 말벌, 파리, 나비, 나방, 박쥐 등의 수분매개자를 유인하도록 적응되었다. 예를 들면, 꿀벌이 수분을 매개하는 꽃은 대개 파란색 또는 노란색이며, 자외선 영역에서 보이는 무늬가 있어 꿀이 있는 위치로 매개자를 인도한다. 한편 꿀벌의 입 부위는 긴 관으로 융합되어 있어 꽃의 밑부분에 있는 꿀을 먹을 수 있다. 오늘날 약 25만 종의 현화식물과 100만 종이 넘는 곤충이 있다. 곤충과 이들이 수분을 매개하는 꽃은 공진화(*coevolution*)를 통해 함께 적응하였으며, 서로에게 의존하여 살아가고 있다.

꽃의 열매는 종자를 보호하고 산포되도록 돕는다. 종자가 바람, 중력, 물, 동물 등에 의해 다른 지역으로 옮겨가는 것을 산포라고 한다. 동물이 과육이 있는 열매를 먹은 후 이동하고 배변을 하면 종자가 새로운 장소로 수송된다. 동물마다 특정한 서식처에서 살며 고유한 이동 패턴을 보인다. 따라서 식물마다 발아(생장의 개시)와 발달에 적절한 장소에 종자가 전달될 가능성이 높다.

연관: 환경

모든 수분매개자가 먹이 때문에 꽃에 끌리는 것일까?

모든 꽃은 수분매개자를 유인하는 전략을 필요로 한다. *Orphyrys* 난초의 한 종류는 아름다운 색과 달콤하고 먹음직스러운 과일즙 대신에 "성적 의태"를 사용하여 수분매개자인 말벌을 유인한다. 난초의 꽃은 말벌의 암컷처럼 보이며 페로몬을 분비하여 수컷 말벌을 유인한다. 수컷이 이 "암컷"과 "가짜교접(pseudocopulation)"을 하는 과정에서 머리에 화분립이 붙게 된다. 뜻을 이루지 못한 수컷은 다른 꽃을 찾아 교접을 시도한다. 이때 수컷이 다음 꽃에 화분립을 옮기게 되어 난초가 의도한 타화수분(cross-pollination)이 이루어지게 된다.

식물의 경제적 혜택

식물에서 얻는 중요한 경제적 혜택의 하나는 열매를 식량으로 이용하는 것이

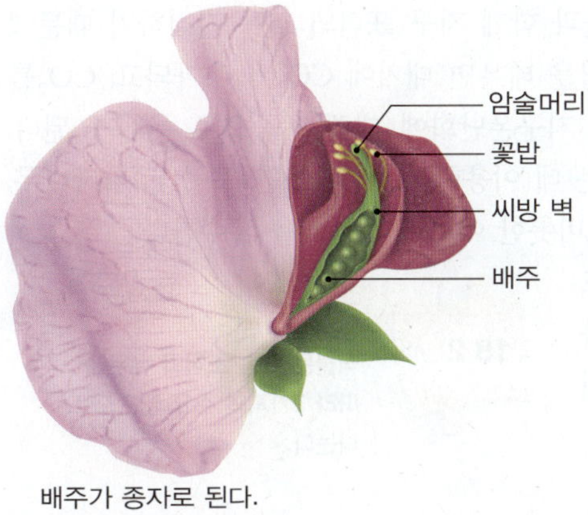

a.

b.

그림 18.18 완두 꽃과 완두 꼬투리의 발달.

식물은 꽃을 피우며 열매를 발달시킨다. **a.** 완두 꽃. **b.** 완두 꼬투리(열매)는 씨방에서 발달한다.

다. 식물학자는 일반인에 비해 "열매(*fruit*)"라는 용어를 광범위하게 사용한다. 사과를 열매로 인식하는 것은 아무 문제가 없을 것이다. 그러나 코코넛 역시 열매이며, 곡물(옥수수, 밀, 벼)과 콩이나 완두 등의 있는 꼬투리도 열매이다(**그림 18.18**). 면은 옷감을 만드는 데 사용하는 종자 털이 있는 종자를 포함하고 있는 목화 열매에서 얻는다.

다른 경제적인 혜택으로는 뿌리, 줄기, 잎에서 얻은 식품과 상업적인 생산품 등이 있다. 카사바와 고구마는 먹는 뿌리이며, 감자는 지하줄기의 괴경이다. 대부분의 가구나 종이는 나무의 목질로 만든다(**그림 18.19**). 또한 식물이 생산한 많은 화학물질은 의약품을 비롯한 다양한 생산물의 50%에 달한다. 암 치료제인 택솔은 주목의 수피에서 생산된 것이다. 오늘날에는 식물을 생명공학 방법으로 조작하여 유용한 물질을 생산해내도록 시도하고 있다.

육상식물의 경제적 혜택은 간접적으로는 수분매개자에 의존된다. 수분이 일어난 식물만 열매를 맺고 산포를 할 수 있다. 최근에 진드기와 살충제의 광범위한 사용으로 인해 벌을 비롯한 수분매개자의 수가 세계적으로 감소하였다. 그 결과 일부 식물은 수분매개자가 사라져 멸종위기에 처해 있다. 우리는 현화식물에 크게 의존하고 있기 때문에 수분매개자를 보호하여야만 한다.

연관: 생태

식충식물은 먹이로 삼으려고 곤충을 포획하는 것일까?

끈끈이주걱과 같은 식충식물을 포함한 모든 식물은 광합성을 통하여 에너지를 획득하는 독립영양생물이다. 그러나 미네랄이 부족한 토양에서 사는 식물은 곤충이나 작은 양서류를 포획할 수 있도록 진화되었다. 이들 식물의 목적은 먹이에서 에너지를 얻는 것이 아니라, 토양에 부족한 미네랄이나 영양분(흔히 질소)을 얻는 것이다. 현재 600종이 넘는 식충식물이 알려져 있다.

식물의 생태학적 혜택

우리는 현화식물 없이 생존할 수 없을 만큼 이들의 생태학적 혜택은 매우 중요하다. 식물은 자신은 물론 생물권의 모든 생명체가 직접이든 간접이든 이용할 수 있는 영양분을 생산한다. 또한 세포호흡을 수행하는 모든 생명체는 식물이 광합성과정에서 생산한 산소를 사용한다.

숲은 물 순환과 탄소 순환에 있어 중요하다. 특히 토양에서 식물을 지지하는 뿌리는 물을 흡수하여 대기로 다시 보낸다. 나무를 비롯한 식물의 이러한 기능이 없다면, 빗물이 흘러넘쳐 홍수가 날 것이다. 식물은 이산화탄소를 흡수하여 대기에 있는 이산화탄소의 양을 감소시

그림 18.19 인류는 나무에서 얻은 생산품을 일상생활에서 사용한다.

진도 점검하기 18.2

1. 비관다발식물과 관다발식물의 차이를 열거하시오.
2. 식물의 생태학적 혜택을 열거하시오.
3. 종자 생산에 대하여 설명하시오.
4. 현화식물의 생활주기를 자세히 설명하시오.
5. 비관다발식물이 물이 없는 곳에 있다면 어떤 일이 일어날지 예상해 보시오.
6. 겉씨식물과 속씨식물이 멸종한다면 일어날 수 있는 잠재적인 생태적 어려움에 대하여 논의하시오.

킨다. 대기의 CO_2는 다른 기체들과 함께 지구 표면의 열을 간직하기 때문에 지구온난화를 초래한다. 열대우림을 태우면 대기에 CO_2가 추가되고, CO_2를 흡수할 나무가 제거되기 때문에 지구온난화에 대해 이중으로 문제가 된다. 일부 식물은 독성물질을 정화하는 데 이용한다. 예를 들면, 포플러, 겨자나무, 뽕나무는 토양에서 납, 우라늄을 비롯한 여러 공해물질을 흡수한다.

또한 식물은 심미적인 가치도 지니고 있다. 거의 모든 사람은 자연 상태의 나무와 꽃을 즐기며 쉬는 것을 좋아한다.

18.2 개념 연결하기

식물은 수송 조직의 유무에 따라 2가지의 주요 집단으로 나눈다.

18.3 진균

학습 목표

이 절을 학습한 후에는 다음 과제를 수행할 수 있어야 한다.

1. 진균의 일반적인 특성을 서술하기.
2. 진균을 동물 및 식물과 비교하고 대조하기.
3. 검은빵곰팡이와 버섯의 생활사를 설명하기.
4. 진균의 경제적, 생태적 중요성을 요약하기.
5. 진균 질병의 예를 제시하기.

진균계(kingdom Fungi)에 속한 생명체가 동물과 식물 중 어느 것과 더 밀접한 유연관계를 이루는가 하는 물음에 대부분 식물을 선택할 것이다. 그러나 이 답은 옳지 않다. 왜냐하면 **진균(균류, fungi)**은 엽록체를 가지고 있지 않고, 광합성을 할 수 없기 때문이다. 또한 진균은 화학종속영양생물이긴 하지만 동물도 아니다. 동물은 먹이를 섭취하지만, 진균은 먹이 속으로 침투하여 주변 환경으로 소화효소를 분비한 후 소화된 물질을 흡수한다. 또한 동물은 움직일 수 있지만, 진균은 운동능력이 없고, 생활사 어느 단계에서도 편모가 나타나지 않는다. 진균의 생활사는 동물 및 식물의 생활사와 다르다. 진균은 무성생식과 유성생식 모두에서 바람에 날리는 포자를 생산한다.

표 18.1은 진균을 식물 및 동물과 비교한 것이다. 진균의 여러 독특한 특징을 살펴보면 비록 진균이 다세포 진핵세포이기는 하지만(단세포 효모 및 호상균류 제외), 그 어떤 다른 진핵세포와도 밀접한 관계가 없다는 것을 알 수 있다. DNA 염기서열 자료를 통해 진균이 식물보다 동물과 더 유연관계

표 18.1 진균은 육상식물 및 동물과 어떻게 다른가?

특징	진균	육상식물	동물
영양	흡수에 의한 화학종속영양	광합성	섭취에 의한 화학종속영양
운동성	대부분 비운동성	비운동성	운동성
몸체	균사체	특수화된 조직/기관	특수화된 조직/기관
성체의 염색체 수	반수체	반수체/이배체	이배체
세포벽	키틴으로 구성	셀룰로오스로 구성	없음
생식	대부분 포자/접합 균사	포자/배우자	배우자

를 보이며, 아마도 편모를 가진 원생생물의 후손일 것이라고 추정할 수 있다.

진균의 일반적인 특징

진균의 주요 진화적 연관관계는 **그림 18.20**과 같다. **그림 18.21**은 진균계(kingdom Fungi)를 대표하는 종들이다. 진균의 구조는 접합균류(zygospore fungi), 자낭균류(sac fungi), 담자균류(club fungi)에서 잘 알려져 있다. 전형적인 진균은 모든 부분이 세포의 얇은 필라멘트인 **균사(hypha)**로 이루어져 있다. 이 균사는 치밀하게 뭉쳐져서 버섯과 같은 복잡한 구조를 형성한다. 그러나 진균의 주요 몸체는 버섯이나 말불버섯 또는 그물버섯이 아니다. 이들은 단지 일시적인 생식구조이다. 진균의 주요 몸체는 **균사체(mycelium)**라고 부르는 균사 덩어리이다(**그림 18.22**). 균사체는 토양, 나무 또는 부패하기 쉬운 음식에 침투할 수 있다. 미시간주에서 발견된 토양 속의 균사체는 무려 154,000 km^2에 이르러, 지구에서 가장 큰 생명체로서 "거대한 진균(The Humongous Fungus)"이라는 이름을 얻었다.

진균세포는 세포벽이 있지만 식물과는 달리 셀룰로오스를 포함하지 않는다. 진균세포의 세포벽은 다른 다당류로 구성되는데, 이 다당류는 포도당 단량체에 아미노 그룹이 포함되어 있으며(아미노 당), 키틴이라는 중합체를 형성한다. 이 중합체는 곤충 및 가재와 게 등 절지동물 외골격의 주성분이기도 하다. 많은 유형의 진균은 격벽(*septum*)에 의해 균사의 세포가 나누어져 있

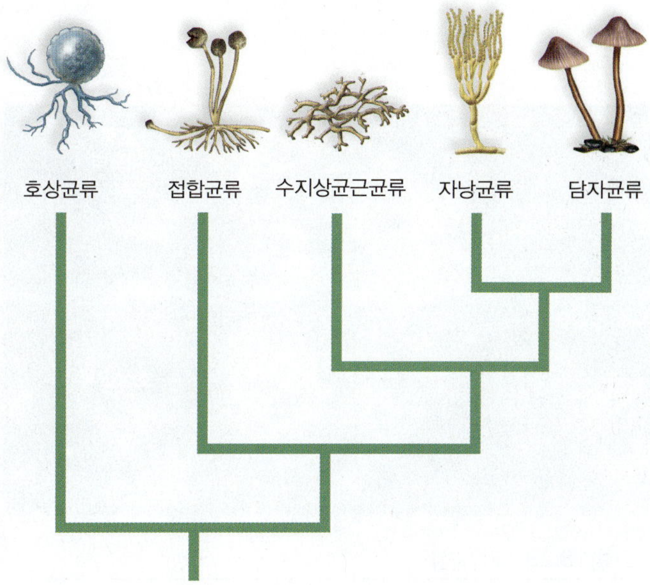

그림 18.20 진균의 주요 진화적 연관관계.
수지상균근균류는 식물과 균근 관계를 이루는 종들로 구성되어 있다.

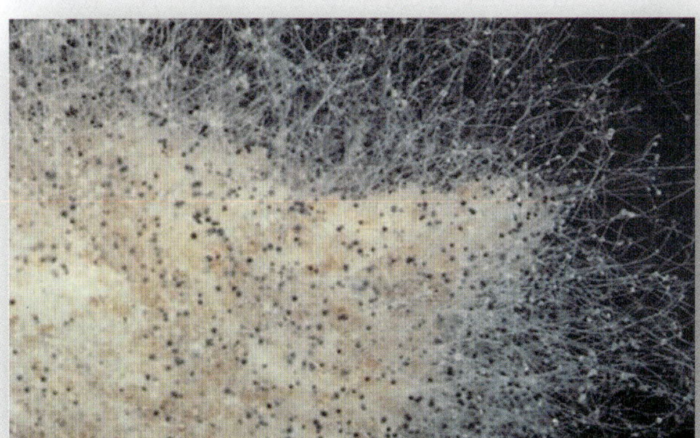

a.

b.

c.

그림 18.21 진균의 다양성.
a. 접합균류인 빵곰팡이. **b.** 자낭균류인 식용 그물버섯. **c.** 담자균류인 양송이 버섯.

a.

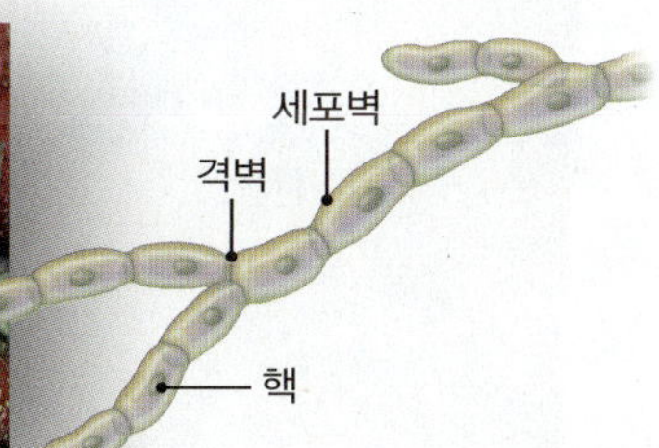

b.

그림 18.22 진균의 몸체.
a. 흰색 진균 덩어리는 균사체라고 부른다. **b.** 하나의 균사체는 많은 가닥으로 이루어지며, 각 가닥은 균사라고 부른다.

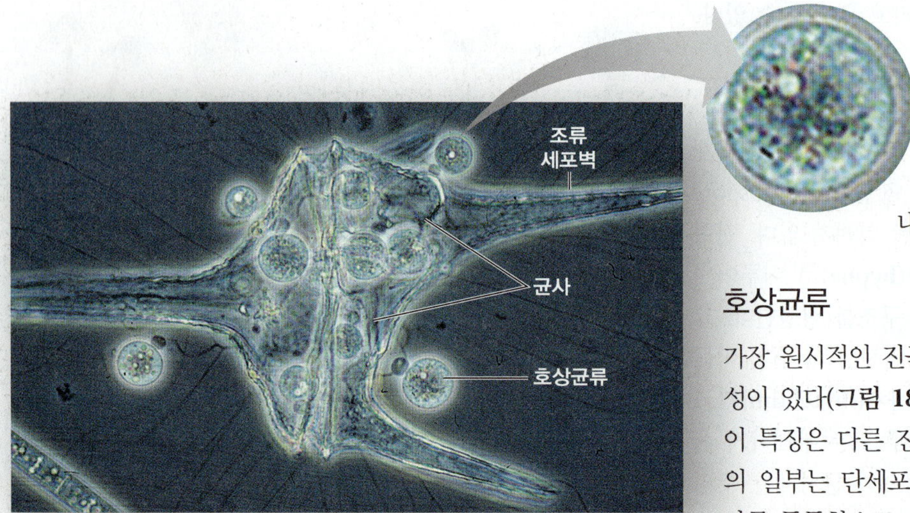

그림18.23 호상균류.

호상균류인 *Chytriomyces hyalinus*가 단세포 조류인 와편모조류를 공격하고 있다.

다. 격벽에는 구멍이 있어서 균사 세포 사이로 세포질이 통과할 수 있다. 균사로 인해 균사체의 표면적이 넓어져 영양분을 쉽게 흡수할 수 있다. 균사는 말단부위가 자라나서 먹이원을 향해 뻗어나가며, 균사체의 균사가 영양분을 흡수하여 생장 중인 말단 쪽으로 영양분을 보내준다.

호상균류

가장 원시적인 진균인 호상균류(chytrids)는 진균류 가운데 유일하게 운동성이 있다(**그림 18.23**). 호상균류의 포자와 배우자는 모두 편모가 있는데, 이 특징은 다른 진균의 경우 진화의 어느 단계에서 소실되었다. 호상균류의 일부는 단세포이지만, 격벽이 없는 균사를 형성하는 종류도 있다. 또 다른 독특함으로 호상균류를 구별할 수 있다. 즉, 일부 진균은 녹색식물이나 일부 조류의 생활사와 매우 유사한 세대교번을 하며, 이것은 진균에서는 매우 이례적인 것이다. 일부 진균은 식물이나 동물에 기생하여 살기도 하지만, 대부분은 물과 토양에서 서식한다.

접합균류—검은빵곰팡이

다세포 생물은 특수화된 세포에 의해 구별된다. 접합균류의 한 형태인 검은빵곰팡이는 진균 균사가 여러 가지 목적으로 특수화된 것을 보여준다(**그림 18.24**). 이 진균의 수평균사는 빵의 표면에 존재하지만 다른 균사는 빵 내부로 들어가 자라면서 균사체를 형성하고 소화를 한다. 또 어떤 것들은 포자낭(sporangium)을 갖고 있는 줄기를 형성한다.

그림 18.24의 중심과 하단은 두 가지 다른 교배형 균사체를 보여준다. 무성생식 동안 각 균사체는 포자를 만드는 포자낭을 생산한다. 포자는 환경의 자극에 대해 저항성을 가지고 있으며, 많은 수가 만들어진다. 진균 포자는 바람에 날려 퍼지는데, 이 특징은 육상에 살고 있는 비운동성 생물체들의 아주 중요

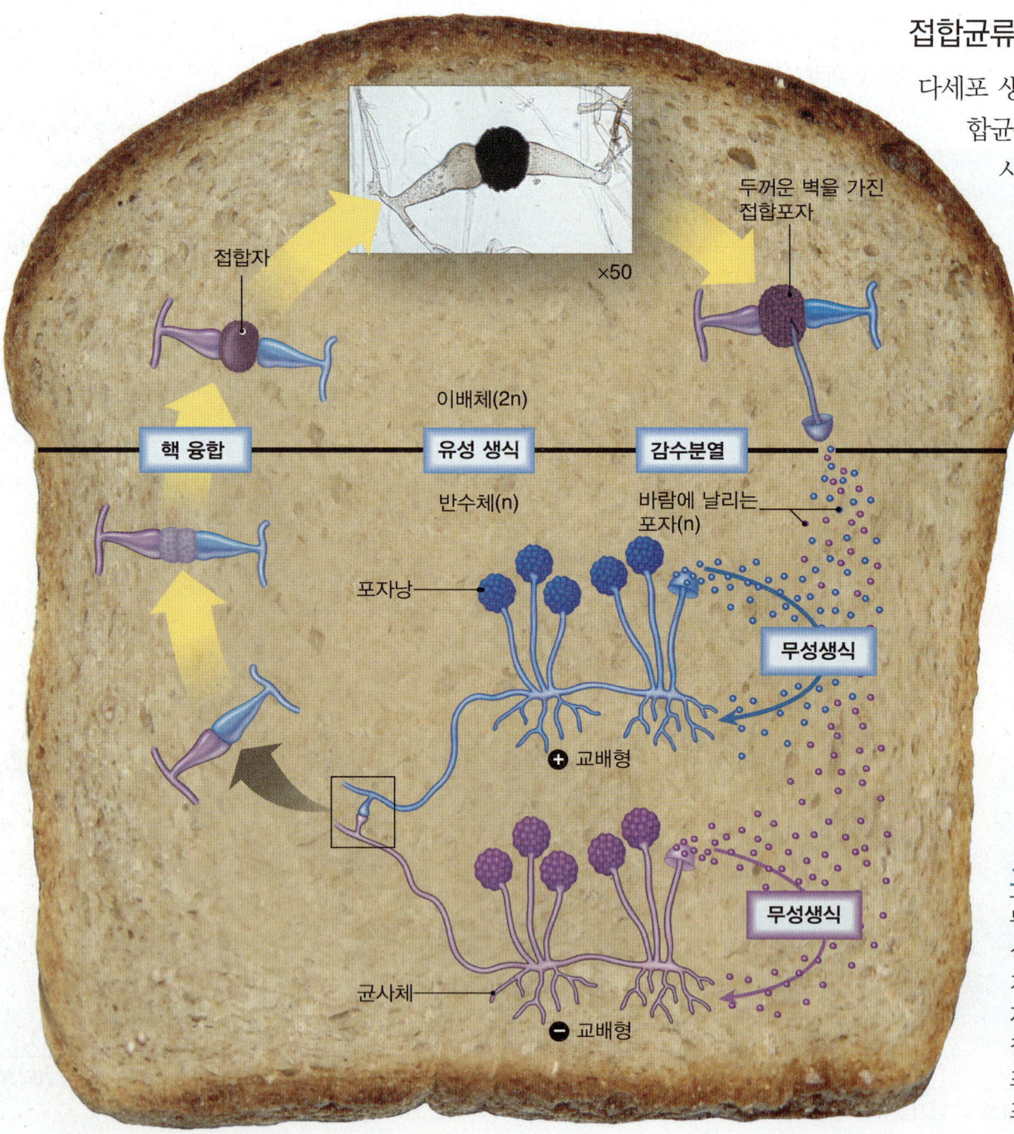

그림 18.24 검은빵곰팡이의 생활사.

무성생식 동안 포자낭은 무성포자를 생산한다. 유성생식 동안 두 균사의 말단이 결합하며, 이때 두 개의 핵도 결합하여 접합자를 형성하는데, 이 접합자는 두꺼운 저항성 벽(접합포자)으로 발달한다. 적절한 자연환경이 되었을 때 접합 포자는 발아하며, 포자낭 안에서 감수분열이 일어나 바람에 날리는 포자를 생산한다.

한 장점이기도 하다. 포자는 수분이 있는 환경을 접하게 되면 발생 단계를 거치지 않고 새로운 균사체로 발아한다.

진균에서 유성생식은 다른 교배형(항상 +와 −로 표시함) 균사의 접합으로 일어난다. 검은빵곰팡이에서 +와 − 균사의 말단이 서로 결합하여 핵이 융합되고, 두꺼운 벽을 가진 접합포자가 만들어진다. 접합포자는 발아하기 전에 일정한 기간 동안 휴면상태를 거치면서 포자낭을 생산한다. 포자낭 안에서 감수분열이 일어난 후 두 교배형의 포자를 생산한다. 공기의 흐름에 따라 퍼지는 포자는 새로운 균사체를 형성한다. 진균에서 접합자만이 이배체이고, 생활사의 다른 단계에서는 반수체로 존재하며, 이것이 동물과 다른 점이다.

담자균류와 자낭균류—" 버섯"

버섯(*mushroom*)이라는 일반적인 용어는 자실체(*fruiting body*)라고 부르는 진균 몸체의 한 부분을 표현하는 데 사용된다. 대부분의 버섯은 담자균류에 속하며(그림 18.20 참조), 그물버섯(그림 18.21*b* 참조) 등의 두세 종류만 자낭균류에 속한다. 자실체의 기능은 포자를 생산하는 것이다. 버섯에서 +와 − 균사의 말단이 결합할 때, 반수체 핵은 즉시 결합하지 않는다. 대신에 소위 이핵(두 개의 핵) 균사가 줄기와 고깔로 구성된 버섯을 형성한다. 담자(basidium)라고 부르는 곤봉모양의 구조체가 고깔 밑에 있는 주름으로부터 뻗어 나와 있다(**그림 18.25*a***). 담자 안에서 핵의 결합과 감수분열이 일어난 후 바람에 날리는 포자가 생산된다. 버섯의 각 고깔은 수만 개의 포자를 생산한다.

토양에서 균사체는 영양분을 흡수하고, 테를 형성한다. 그러므로 날씨가 따뜻하고, 수분이 풍부하면 균사체는 잔디 위에 버섯의 둥그런 테를 만들어낸다. 한때 사람들은 이 테가 지난밤 요정들이 모여서 손을 잡고 춤을 추었던 것이라고 믿었다(그림 18.25*b*).

진균의 생태학적 이익

대부분의 진균은 토양에 있는 식물, 동물 그리고 미생물의 잔재물을 분해하는 **부생영양생물(saprotrophs)**이다. 진균효소는 식물의 목질부분에 있는 셀룰로오스와 리그닌도 분해할 수 있다. 이것이 진균이 죽은 나무 위에서 생장할 수 있는 이유이다. 이 점은 종이 펄프에 많이 들어 있는 리그닌을 제거하는 데 진균을 이용할 수 있다는 것을 의미한다. 보통 리그닌은 펄프로부터 추출하기가 어려운데, 일단 제거되면 리그닌은 더 이상 오염물질이 아니다.

또 다른 분해자인 세균과 함께 진균은 토양에 무기영양원을 돌려줌으로써 환경에서 필수불가결한 역할을 수행한다. 음식쓰레기나 정원의 쓰레기를 퇴비화할 때 세균과 진균 활성의 장점을 이용할 수 있다. 정원사가 퇴비더미를 만들고 분해가 잘 이루어질 수 있는 좋은 조건을 제공하면, 훌륭한 비료가 될 수 있는 검고 푸석푸석한 물질이 만들어진다. 분해가 이루어

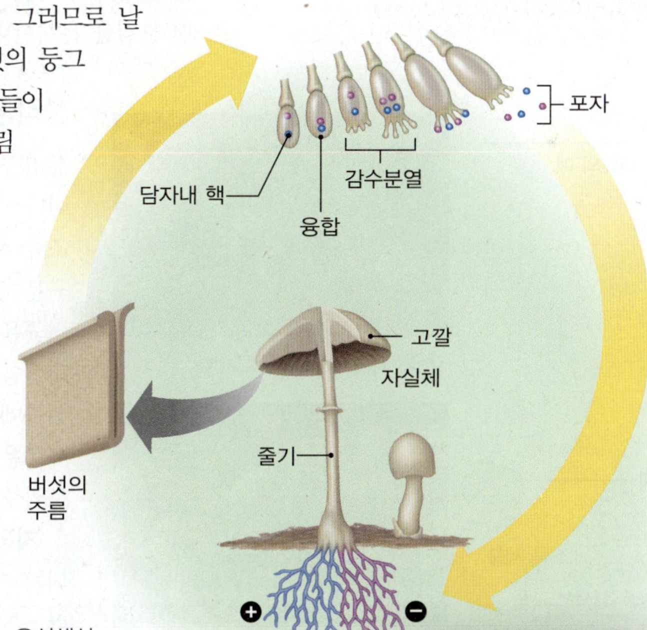

a. 유성생식

b.

그림 18.25 담자균류는 유성생식을 통해 버섯을 생산한다.

a. 담자균류에서 +와 − 균사 말단의 결합은 버섯(자실체)을 형성하는 균사를 만들어 낸다. 버섯의 주름에 붙어 있는 곤봉모양의 구조(담자)에서 핵이 결합하고, 감수분열이 일어나 포자가 생산된다. **b.** 버섯의 둥그런 테는 요정의 테라고 부른다.

그림 18.26 육식성 진균.

느타리버섯과 같은 선반모양의 진균은 셀룰로오스와 리그닌을 소화할 수 있기 때문에 나무 위에서 자란다. 만일 이 곰팡이가 선충류를 마주치게 되면, 이 진균은 선충류를 움직이지 못하게 한 후 잡아먹는다. 선충류는 이 진균의 질소원이다.

지는 동안에는 좋지 않은 냄새가 나기도 하지만, 최종 만들어진 퇴비는 영양분이 풍부하고 수분이 적절한 토양 냄새가 난다.

어떤 진균은 죽은 유기 잔재물을 먹는 것과 유사하게 이들이 만나는 동물을 먹이로 이용하기도 한다. 예를 들어, 느타리버섯은 자신의 먹이인 선충류를 마취시키는 물질을 분해한다(**그림 18.26**). 선충류가 움직이지 못하게 되면 진균균사가 몸체로 침입하여 소화한 후 영양분을 흡수한다. 또 다른 진균은 선충류와 다른 작은 동물을 잡아먹기 전에 이들에게 덫을 놓거나 또는 어떤 물질을 분사한다. 이 동물들은 진균의 질소원으로 이용된다.

그림 18.27 지의류.

a. 지의류의 형태. **b.** 지의류의 예.

상리공생관계

상리공생관계는 두 개의 서로 다른 종이 함께 살며, 서로 돕는 것이다. **지의류(lichens)**는 특정한 진균과 시아노박테리아 또는 녹조류 사이에서 상리공생관계에 있다(**그림 18.27**). 지의류에서 진균은 광합성을 하는 파트너에게 수분과 무기질을 공급해 준다. 진균은 바위와 나무로부터 이러한 무기질을 얻어내기 위하여 유기산을 이용한다. 한편 광합성 파트너는 자당 등의 유기물질을 진균에게 공급한다. 전체적으로 지의류는 유기물질을 생산하고 새로운 토양을 만들어 식물들이 토양에 뿌리를 내릴 수 있도록 도와주기 때문에 생태학적으로 중요하다.

지의류는 세 가지 형태가 있다. 즉, 바위나 나무껍질에서 발견되는 단단한 각상 지의류와 관목상 지의류 및 엽상 지의류가 있다. 종류와 관계없이 지의류의 몸체는 세 개의 층을 가지고 있다. 진균 균사는 얇고 표면이 울퉁불퉁한 상층부와 느슨하게 포개져 있는 하층부를 형성한다. 이 층들은 중간층에 있는 광합성 세포들을 보호한다. 광합성 세포를 관통해 있거나 또는 둘러싸고 있는 특수한 진균 균사는 균사체의 나머지 부분으로 영양분을 운반해 준다. 진균은 광합성자에게 무기물질과 수분을 제공할 뿐만 아니라 포식과 건조로부터 보호해주기도 한다. 지의류는 균사와 조류 세포를 포함하고 있는 분절을 방출하여 무성생식한다. 초기에 진균과 조류 사이의 관계는 기생-숙주의 상호관계이었던 것 같다.

이러한 가정을 어떻게 테스트를 하여야 할 것인가에 대해서는 아직 논란이 있지만, 진화과정 동안 이러한 상호관계는 확실히 서로에게 도움이 되었다.

균근 진균(mycorrhizal fungi)은 대부분의 식물뿌리와 상리공생관계를 형성하며, 특히 무기영양분이 결핍되어 있는 건조하거나 척박한 땅에서 식물들이 잘 생장하도록 도와준다(**그림 18.28**). 진균 균사는 식물이 물과 영양분을 흡수하는 토양의 표면적을 크게 넓혀 준다. 광산 혹은 화학 오염물질에 의해 해를 입은 토양을 복원할 때 균근 진균이 식물이 자랄 수 있도록 도와주는 것은 매우 유익한 것으로 알려져 있다.

균근 진균은 뿌리의 바깥쪽에 살거나 뿌리세포 사이로 들어가기도 하고, 뿌리세포 안으로 침입하기도 한다. 수지상균근균류(*Arbuscular mycorrhizal (AM) fungi*)(그림 18.20 참조)는 텁수룩한 균사 덩어리로 뿌리세포를 침입하며, 관다발 식물 80%와 연관되어 있다. 결과적으로 진균과 식물세포는 서로 영양분을 교환한다. 진균은 식물에게 물과 무기질을 공급하고 식물은 진균에게 유기탄소를 제공한다. 진균과 식물뿌리 사이의 관계는 아주 오래되었으며, 따라서 진균이 식물들을 건조한 토양에서도 살아갈 수 있도록 도와준다는 사실을 초기 식물화석에서 발견할 수 있다. 일반 사람들에게 균근 진균은 친숙하지 않지만, 떡갈나무와 너도밤나무 숲에서 살아가는 균근 진균의 자실체인 송로버섯을 좋아하는 사람들이 있다. 미식가에게 송로버섯은 진미로 여겨진다.

그림 18.28 균근을 보여주는 식물뿌리.

균근 진균은 수분과 영양분의 흡수를 위해 표면적을 넓혀준다.

진균의 경제적 이익

진균은 약품과 다양한 형태의 음식을 생산하게 해준다(**그림 18.29**). 곰팡이인 *Penicillium*은 실린(cillin)계 항생제계열 최초의 항생제인 페니실린의 근원이다. 실린계 항생제는 수백만 명의 생명을 구해왔다.

효모(단세포 진균)발효는 빵, 맥주, 포도주 그리고 음료수를 만드는 데 이용된다. 발효과정에서 효모 세포는 빵이 익으면서 가스 포켓이 유지되도록 밀가루를 부풀어 오르게 해주는 이산화탄소를 생산한다. 에탄올은 효모발효의 또 다른 생산물이며, 알코올 음료를 생산하는 데 이용된다. 또 다른 형태의 발효는 다양한 치즈를 생산하고, 대두를 이용해 간장을 생산하기도 한다. 그 밖의 관심을 끄는 상업적 응용은 캔디의 중심부분을 부드럽게 하는 데 진균을 이용하는 것이다.

음식으로서의 진균

미국에서 버섯의 소비는 지속적으로 증가하여 왔다. 오늘날 전문시장에서 수십 가지의 버섯을 쉽게 볼 수 있다. 버섯은 수프, 샐러드, 오믈렛 그리고 볶음요리 등에 맛과 씹히는 느낌을 더해줄 뿐만 아니라, 높은 영양가와 많은 비타민을 함유하고 있는 저칼로리의 훌륭한 고기 대용품이다. 전 세계적으로 수천 가지의 버섯이 있지만, 양송이 버섯인 *Agaricus bisporus*가 미국시장을 점유하고 있다. 그러나 최근에는 갈색 변종의 판매가 인기를 끌고 있으며, 버섯산업에서 가장 빨리 성장하는 것 중의 하나이다. Portabella는 버섯 시장에서 한층 냄새가 좋

그림 18.29 진균의 상업적 중요성.

다양한 형태의 버섯 등 맛있는 음식은 진균이며, 우리가 좋아하는 음식을 생산하는 데 진균을 넣기도 한다. 아목시실린 등의 일부 항생제는 진균으로부터 유래한 것이다.

연관: 건강

모든 진균을 먹을 수 있을까?

아니다. 단지 몇 종만을 먹을 수 있다. 매년 많은 사람들이 독버섯을 먹었다가 중독되거나, 일부는 사망한다. 가장 일반적인 독버섯은 광대버섯 또는 *Amanita phalloides*이다. 이 버섯에 들어 있는 독소는 간과 신장에 해를 주며, 이 버섯을 먹은 사람 대부분이 2~3주 안에 사망한다. 세포 수준에서, 광대버섯의 독소는 전사과정을 억제하여 세포를 죽게 만드는 폴리펩티드이다. 광대버섯의 색깔과 모양은 많은 식용버섯과 유사하여 중독을 야기한다.

그림 18.30 식물의 진균성 질병.

a. 복숭아 잎마름병균은 잎을 공격한다. **b.** 옥수수 깜부기균은 옥수수 낟알을 공격한다. **c.** 삼-사과녹병균은 삼나무를 공격한 이후(사진) 사과나무를 공격한다.

a. b. c.

은 *A. bisporus*의 갈색종에 붙여진 상품명이다. 이 버섯은 갈색인데, 그 이유는 갈색 포자를 가진 성숙된 주름이 노출되도록 벌려져 있기 때문이다. 반면 crimini는 같은 갈색이지만 수확되기 전까지 벌려지지 않는다. 표고버섯과 느타리버섯 등의 비 아가리쿠스 변종들은 지난 수십 년 동안 천천히 인기를 얻어왔다. 표고버섯은 콜레스테롤 수치를 낮추고, 항암과 항바이러스 특성을 지니고 있어 인기가 있다.

질병을 유발하는 생물체로서의 진균

진균은 식물과 사람을 포함한 동물들에게 질병을 유발한다.

진균과 식물 질병

기공이나 상처부위를 통해 식물로 감염하는 진균성 병원균은 농부들에게 큰 관심거리이다. 매년 심각한 정도의 곡식 감소가 진균성 질병에 기인한다. 전 세계 벼 곡식의 약 삼분의 일이 벼 동고병에 의해 파괴된다. 옥수수 깜부기균은 미국 중서부 지방에서 아주 골칫거리이다. 다양한 녹병균이 곡식을 공격하며, 잎마름병은 열매 나무의 질병이다(**그림 18.30**).

녹병균의 생활사는 특이하게 복잡하다. 녹병균은 스스로의 생활사를 완전히 마무리하기 위해 두 개의 서로 다른 식물 숙주 종을 필요로 한다. 밀의 검은 줄기 녹병균은 대체 숙주로 매자나무를 사용한다. 밀이 자라는 지역에서 매자나무를 제거함으로써 이 녹병균을 제어할 수 있다. 진균성 병원균을 제어하기 위해 살진균제를 정기적으로 곡식에 살포한다. 밀 녹병균은 새로운 저항성이 있는 밀을 생산하여 제어할 수 있다.

진균과 동물 질병

이미 잘 알려져 있는 바와 같이, 어떤 버섯은 독성이 있다. 곡식에서 자라는 맥각균은 사람들이 오염된 빵을 먹었을 때 맥각중독증을 일으킨다. 맥각중독증은 히스테리, 환각 그리고 때로 사망에 이르게 하는 특징이 있다.

사상균병은 진균에 의해 유발된다. 사상균병은 세 가지 레벨의 침입을 한다. 피부 사상균병은 오직 표피에만 영향을 미치며, 피하 사상균병은 피부층 아래 부분까지 영향을 미치고, 전신 사상균병은 혈액을 통해 이동하면서 몸 전체에 영향을 준다. 많은 진균증이 주변 환경으로부터 전염된다. 백선은 토양에서, 장미 원예사병은 가시에서, 시카고질병은 낡은 건물에서 유래한다. AIDS 환자에서 볼 수 있는 기회성 진균 감염은 항상 우리 몸에 존재하는 진균에 의해 발생하는데, 만일 면역기능이 약해지게 되면 질병이 발생한다.

효모 *Candida albicans*는 가장 다양한 진균 감염을 야기한다. 항생제 치료가 세균 군집을 죽이게 되면 캔디다가 증식하여 질병이 발생한다. 일반적으로 여성에게 있

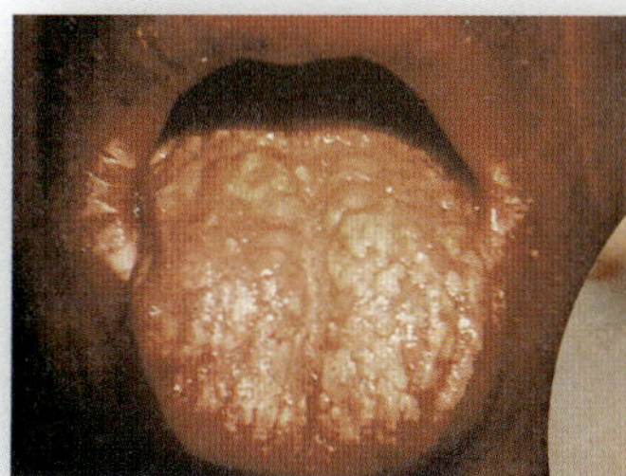

a.

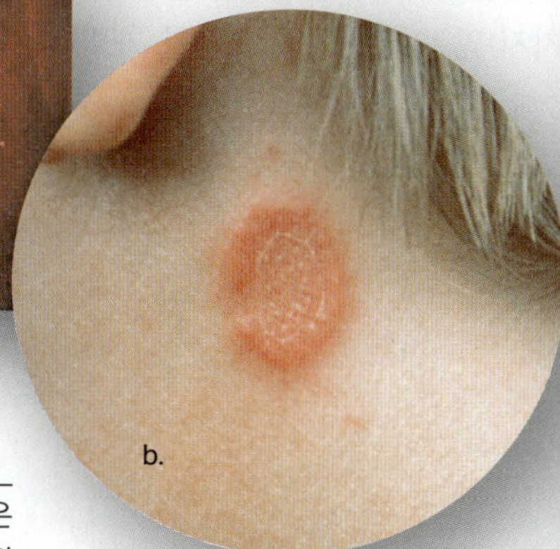

b.

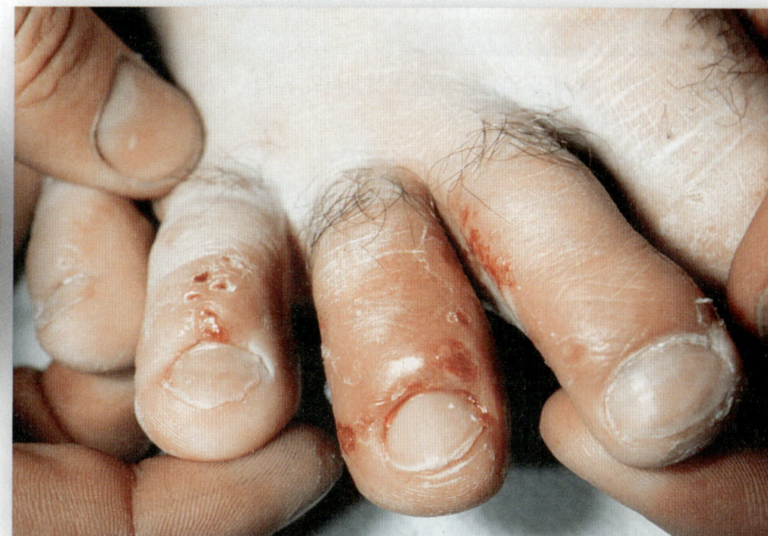

c.

그림 18.31 **인간 진균성 질병.**

a. 아구창 또는 구강 캔디다증은 혀에 하얀 반점이 형성되는 특징이 있다.
b. 백선과 **(c)** 무좀은 *Tinea* 종에 의해 유발된다.

는 질 캔디다 감염을 "효모감염"이라고 부른다. 아구창은 신생아와 AIDS 환자에게 공통적으로 나타나는 구강 캔디다 감염이다(**그림 18.31***a*). 면역기능이 손상된 사람에서 캔디다는 몸 전체로 이동하여 심장, 뇌, 그리고 다른 기관에 손상을 입힐 수 있는 전신 감염을 일으킨다.

백선은 대부분 *Tinea*속의 진균에 의해 유발되는 질병 중의 하나이다. 백선은 피부로 침투하지 않는 표피감염이다. 진균 콜로니는 피부 바깥쪽에서 자라면서 염증의 테를 형성한다. 손상부위의 중심부터 상처가 치유되며, 이 치유된 피부 주위에 빨간 테가 형성되어 손상부위가 특징적인 모양을 나타낸다(그림 18.31*b*). 무좀은 발가락 사이에 있는 피부에 가려움증을 일으키고, 껍질이 벗겨지게 하는 티네아의 한 형태이다(그림 18.31*c*).

그림 18.32 **동면 중인 갈색박쥐의 주둥이 부분에 진균이 생장하고 있는 것이 보인다.**

*Batrachochytrium dendrobatidis*는 전 세계에 걸쳐 개구리에 항아리곰팡이병(chytridiomycosis)이라고 부르는 피부 감염을 일으키는 기생 호상균류이다. 이 질병은 남아프리카에서 유래된 것으로 생각된다. 1930년대 아프리카 발톱 개구리가 포획되어 애완동물과 의약 그리고 연구용 등으로 사용되면서 이 질병이 퍼져 나가기 시작했다. 이 병은 최근 들어 호주 및 중남미에서 개구리 개체군을 치사시켜왔다.

북미 동부에서 발견되는 박쥐는 최근 들어 *Geomyces destructans*, 즉 하얀 코 증세를 일으키는 사상성 진균에 의해 공격을 받고 있다(**그림 18.32**). 겨울에 동면을 하는 동굴 박쥐는 천천히 대사를 하고, 지방 축적에 의존해 살아간다. 진균은 이들의 코와 날개에서 생장하면서 박쥐를 괴롭히고 결국 잠에서 깨운다. 괴롭힘을 당한 박쥐는 동굴 밖으로 날아가 결국 굶어죽게 된다. 최근까지 670만 마리가 이 질병으로 죽었으며, 미국 어류와 야생동식물 보호국(Fish and Wildlife Service)의 노력으로 이 진균을 제어하면서 북미 박쥐를 구하게 되었다.

진도 점검하기 18.3

1. 검은빵곰팡이에서의 유성생식을 버섯에서의 유성생식과 비교하시오.
2. 환경에서 진균의 역할을 서술하시오.
3. 지의류를 형성하는 생명체를 제시하고, 광합성 파트너와 진균 파트너가 각각 무엇을 공급하는지 서술하시오.
4. 인간과 동물들에게 영향을 주는 진균성 질병 세 가지 예를 제시하고 서술하시오.

진균은 진핵생물이며, 세균보다 동물과 밀접한 관련이 있기 때문에, 인간에게 해를 미치지 않는 진균성 항생제를 개발하는 것은 매우 어렵다. 따라서 과학자들은 동물과 진균 사이에서 발견할 수 있는 생화학적 차이점을 이용하고 있다.

개념 연결하기 18.3
진균은 분해자이며, 생태학과 의학적으로 중요하다.

요약

18.1 육상식물의 개관

식물(kingdom Plantae)은 다세포인 담수 녹조류로부터 약 5억 년 전에 진화한 것으로 추정된다. 조류가 수중생활에 적응한 반면, 식물은 육상생물에 적응하였다.

- **차축조(charophytes)**라고 알려진 담수 녹조류가 육상식물과 현존하는 가장 가까운 연관종으로 생각된다. 차축조는 육상생활에 도움이 되는 몇 가지 특징을 가지고 있다.
- 식물의 진화과정에서 나타난 육상생활에 적응하는데 관련된 다섯 가지의 중요한 사건은 (1) 배의 보호, (2) 관다발조직, (3) 잎, (4) 종자, 그리고 (5) 꽃의 진화이다.

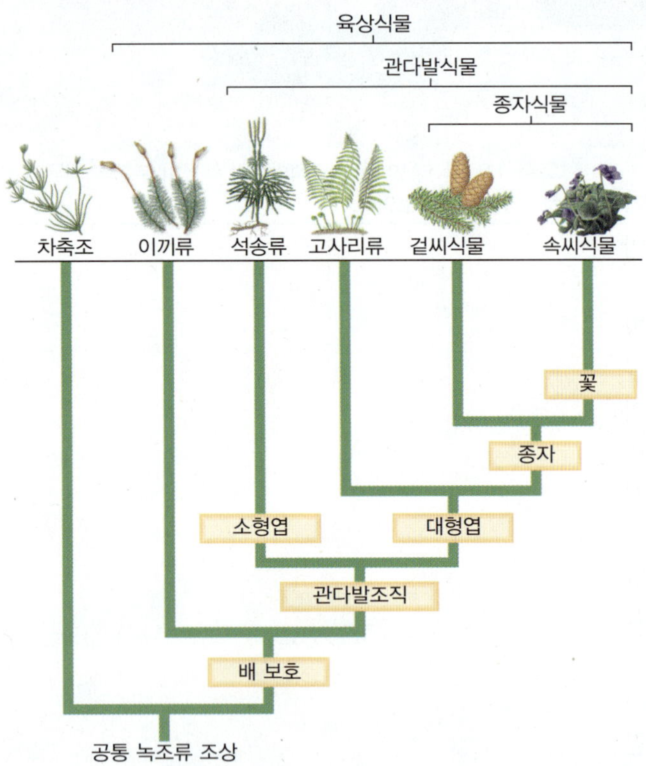

식물은 독특한 생활 주기를 가지고 있다

육상식물은 **세대교번(alteration of generations)** 생활주기를 가지고 있다. 식물의 각 유형은 **포자체(sporophyte, 2n)**, **배우체(gametophyte, n)**의 두 형태로 존재한다.

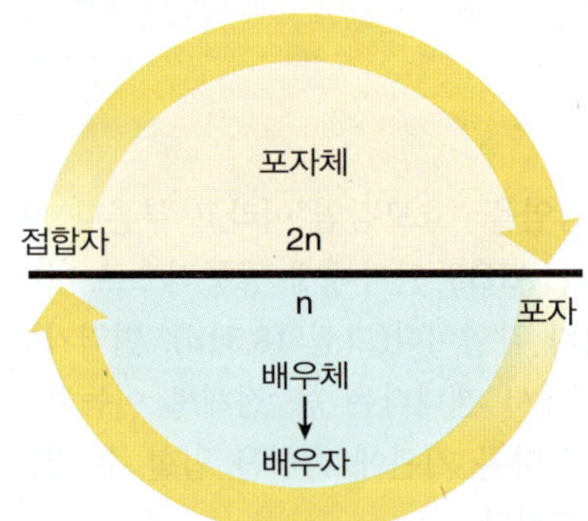

18.2 육상식물의 다양성

일부 식물은 비관다발식물이다

선태식물(bryophyte)은 이끼류처럼 **관다발조직(vascular tissue)**이 없는 키 작은 식물이다. 이 식물은 습지에서 살아야만 하며, 그래야 정자가 편모를 이용하여 난자에게 헤엄쳐 갈 수 있다. 배우체(gametophyte)가 우세한 세대이다. 포자는 바람에 날려 이동한다.

대부분의 식물은 관다발식물이다

관다발식물에서는 포자체(sporophyte)가 우세한 세대이다. 관다발식물은 두 가지 통도조직을 가지고 있다. **물관부(xylem)**는 물과 미네랄을 수송하고 **체관부(phloem)**는 유기양분과 호르몬을 수송하도록 특수화되었다. 따라서 관다발식물은 진정한 뿌리, 줄기, 잎을 가지고 있으며, 물, 미네랄, 양분, 호르몬을 더 효과적으로 수송할 수 있기 때문에 더 크게 자랄 수 있다.

- **석송류(lycophytes)**는 **소형엽(microphylls)**이라고 하는 좁은 잎을 가지고 있다.
- **고사리류(ferns)**는 종자가 없으며, 대형엽이라고 하는 잎맥이 발달한 큰 잎을 가지고 있다. **대형엽(megaphylls)**은 광합성을 위한 표면적이 넓다. 고사리류는 바람에 날려가는 포자를 생산

하고, 여전히 정자가 난자에게로 헤엄쳐 가는데 필요한 물이 있어야 한다.

대부분의 관다발식물은 종자가 있다

종자(seed)를 만드는 식물은 건조한 환경으로부터 보호되는 생식구조를 가지고 있다. 종자식물은 수배우체와 암배우체를 가진다. 배우체는 크기가 작아졌다. 암배우체는 **배주(ovule)** 안에 있으며, 수배우체는 성숙한 **화분립(pollen grain)**이다. 수정된 배주는 종자가 되며, 종자는 포자체 배, 저장양분, 종피로 이루어진다.

- **겉씨식물(gymnosperm)**은 솔방울을 가진 식물이며 소나무가 대표적이다. 열매에 감싸여 있지 않은 "노출된" 종자를 가지고 있다.
- **속씨식물(angiosperm)**은 현화식물이다. 속씨식물의 생식기관은 **꽃(flower)**이다. 화분은 꽃밥 내부에 있는 화분낭에서 만들어진다. 화분은 바람에 의해 운반되거나, 새, 곤충, 박쥐 등에 의해 다른 꽃으로 옮겨진다. **씨방(ovary)**에서 수정된 배주는 종자가 되고, 씨방은 **열매(fruit)**가 된다. 이처럼 속씨식물은 "감싸인 종자"를 가지고 있다.

18.3 진균

진균(균류, Fungi)계는 편모성 호상균류, 단세포 효모, 그리고 다세포 곰팡이와 버섯을 포함한다.

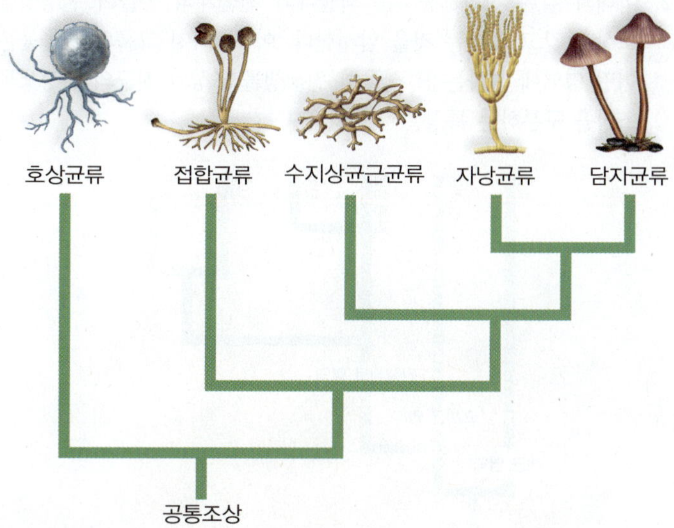

진균의 일반적인 특징

진균의 몸체는 **균사(hyphae)**라고 부르는 얇은 필라멘트 세포로 이루어져 있으며, 이 균사는 **균사체(mycelium)**라고 부르는 균사 덩어리를 형성한다. 세포벽은 키틴을 포함한다. 진균은 무성생식과 유성생식을 통해 바람에 날리는 포자를 생산한다. 일부 진균은 포자의 분산을 위해 자실체(버섯)를 가지고 있다.

환경에서의 진균

- 진균은 세포외 소화를 하는 **부생영양자(saprotrophs)**이다. 진균은 분해자로써 생물권에서 생태학적 순환을 유지시킨다.
- **지의류(lichens)**는 진균과 시아노박테리아 또는 녹조류가 상리공생 관계를 이룬 집합체이며, 척박한 토양 또는 바위에 있는 일차 생물군집이다.
- **균근 곰팡이(mycorrhizal fungi)**는 식물의 뿌리 위 또는 내부에 살면서 식물이 무기질과 수분을 흡수하는 것을 도와준다.
- 진균은 그 자체가 음식으로 이용되기도 하지만, 음식과 의약품을 생산하는 데 이용됨으로써 경제적 이익을 창출할 수 있다.
- 진균은 질병을 유발할 수 있다. 식물의 진균성 병원균에는 벼와 밀 등의 경제적으로 매우 중요한 곡식에 피해를 주는 마름병균, 깜부기균 그리고 녹병균이 포함된다. 진균에 의해 유발되는 동물 질병에는 아구창, 백선, 항아리곰팡이병(chytridiomycosis) 그리고 하얀 코 증세 등이 포함된다.

개념 연결하기

식물과 진균의 진화 역사는 독립되어 있지만, 이들은 여러 세대에 걸친 공진화를 통해 서로 이익이 되거나 해로운 관계를 형성하였다. 식물과 진균 모두 지구의 생명에게 중요하다.

18.1 육상식물은 육상에서 살 수 있도록 적응한 다세포 진핵생물이다.

18.2 식물은 수송 조직의 유무에 따라 2가지의 주요 집단으로 나눈다.

18.3 진균은 분해자이며 생태학과 의학적으로 중요하다.

육상식물과 진균의 다양성과 역할에 관한 정보가 더 필요하면 다음 논의를 참조하시오.

표 16.1 식물을 포함한 생물체의 진화에서 나타난 주요 사건에 대한 요약.

16.3절 진핵생물 영역에서 진균과 동식물 사이에 어떠한 관련이 있는지에 대한 설명.

31.1절 생태 공동체에서 식물의 역할에 대한 개관.

혼자 풀어보기

가장 적절한 답을 고르시오

18.1 육상식물의 개관

1. 다음 중 육상생활에 대한 식물의 적응이 아닌 것은?
a. 광합성을 수행함
b. 씨방조직 내에서 배를 보호함
c. 꽃의 발달
d. 관다발조직의 존재
e. 종자 생산

2. 차축조(charophyte)는
a. 담수 녹조류이다.
b. 관다발조직이 없다.
c. 육상식물의 가장 가까운 살아 있는 연관종이다.
d. 접합자가 보호구조 내에 감싸여 있다.
e. 모두 옳음.

3. 세대교번 생활 주기가 나타내는 것은?
   a. 식물은 모두 반수체이다. b. 식물은 모두 2배체이다.
   c. 식물은 생활사의 일부를 반수체 또는 2배체로서 보낸다.
   d. 모두 옳지 않음.

18.2 육상식물의 다양성

[4~8] 설명에 적합한 식물을 보기에서 고르시오. 보기의 항목은 한 번만 사용하시오.

보기:
a. 선태류 b. 석송류
c. 고사리류 d. 겉씨식물
e. 속씨식물

4. 배우체가 우세한 세대이며 키 작은 식물
5. 소형엽 형태의 진정한 잎
6. 열매에 감싸인 종자
7. 노출된 종자를 가진 솔방울
8. 바람에 날려가는 포자, 헤엄치는 정자, 대형엽

9. 다음 그림에서 꽃의 각 부분을 쓰시오.

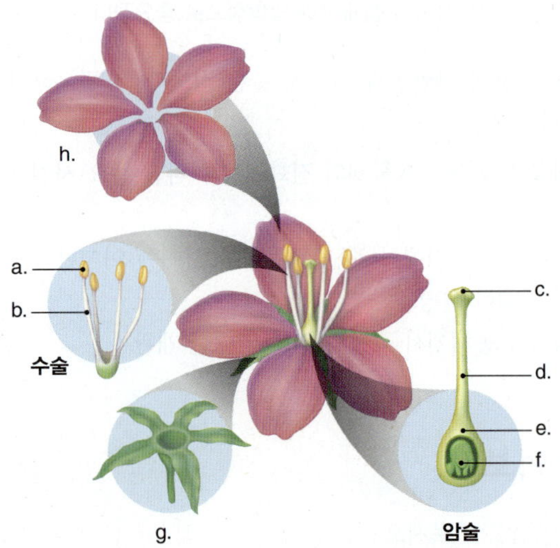

10. 꽃은
   a. 포자를 포획한다. b. 수분매개자를 유인한다.
   c. 종자를 보호한다. d. 광합성을 증가시킨다.
11. 다음 중 열매로 분화되는 것은?
   a. 화관 b. 씨방
   c. 배주 d. 약부
12. 종자가 보호하는 것은?
   a. 배 b. 배주
   c. 씨방 d. 화분립

18.3 진균

13. 진균은 대부분 죽은 유기물질을 분해하는 생태적 역할을 수행한다. 이러한 진균을 무엇이라고 부르는가?
   a. 병원균 b. 육식동물
   c. 부생영양자 d. 광합성자
14. 진균에 관한 아래 설명 중 옳지 않은 것은?
   a. 대부분의 진균은 다세포이다.
   b. 진균의 세포벽은 셀룰로오스로 구성되어 있다.
   c. 진균은 비운동성이다.
   d. 진균은 섭취하기 전에 먹이를 소화한다.
15. 균사체는?
   a. 진균의 필라멘트 덩어리이다.
   b. 편모성 포자와 접합자를 가진 진균의 일종이다.
   c. 전형적인 진균의 주요 몸체이다.
   d. 진균과 녹조 또는 시아노세균 사이의 상리공생 관계이다.
   e. a와 c가 맞다.

과학적으로 생각하기

1. 노지에 옮겨 심은 소나무 묘목은 흔히 생장이 매우 느리다. 그러나 원래 서식하던 지역의 토양도 함께 옮겨 심으면 빠르게 생장한다. 묘목과 원래 토양을 함께 옮겨 심는 것이 왜 중요한가?
2. 아래와 같은 진화계통수는 식물계와 진균계의 종들이 원생생물 조상을 갖고 있다는 것을 암시한다. 이 세 가지 그룹의 생물들은 어떤 영역에 속하는가? 식물의 원생생물 조상과 진균의 원생생물 조상을 구분하는 특징은 무엇인가?

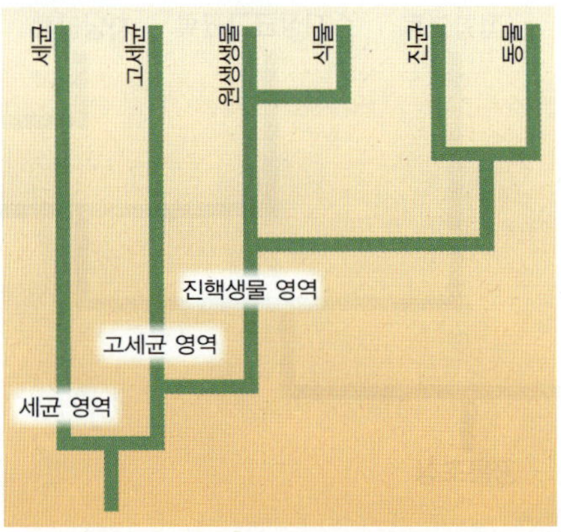

3. 미국 서남부에서 서식하는 브리슬콘소나무는 지구에서 가장 오래된 나무의 하나이다. 1964년에 한 대학원생이 이 나무의 중심부를 채취하여 나이를 측정하였다. 한 나무는 4,000년 이상 된 것으로 밝혀졌다. 이 대학원생이 사용하던 나무 중심부를 파내는 도구가 망가지자, 미국 산림청은 대학원생이 나무를 베어내어 나이를 정확하게 측정하도록 허락하였다. 이 나무의 나이는 4,862살로, 지구에서 가장 오래된 생명체인 것으로 판명되었다.

   나무를 베도록 허가를 받았다는 점을 고려할 때, 이 학생의 행동은 과학적이나 도덕적으로 잘못된 것일까?

   이 브리슬콘소나무처럼 독특한 나무를 보호하는 것은 누구의 책임일까?

세상에서 가장 작은 척추동물

약 58,000종의 척추동물(등뼈가 있는 동물)이 과학계에 알려져 있다. 척추동물은 해양 환경에서 약 5억 년 전에 처음으로 진화했다. 이 첫 조상으로부터 마침내 어류, 양서류, 파충류(조류 포함) 및 포유류(인류 포함)가 생겨났다. 많은 척추동물은 잘 알려져 있는 반면, 아직 발견되지 않아 동정되지 않은 척추동물도 18,000종에 이를 것으로 추정된다.

과학자들은 최근 몇 년 사이에 뉴기니에서 두 종류의 개구리를 발견하였다. 그 중 하나인 *Paedophryne amanuensis*는 크기가 평균 7.7 mm이며 세계에서 가장 작은 척추동물로 여겨진다. 이 아주 작은 개구리는 주로 열대지방의 나뭇잎 더미에서 서식하며 독특한 생태학적 지위를 가진다. 이러한 적응은 아주 작은 개구리들 사이의 공통적인 특징으로 보이는데, 서식하는 환경에서 새로운 먹이를 찾아낼 수 있게 해준다. 또한 체형이 작기 때문에 암컷이 산란하는 알의 수도 단 2개에 그친다. 이러한 특성이 *P. amanuensis*에게 어떤 이점을 주는지는 아직 밝혀져 있지 않다.

한편으로는 척추동물 및 무척추동물(등뼈가 없는 동물)의 새로운 종이 꾸준히 발견되지만, 다른 한편으로는 두 동물군 모두 멸종 위기를 겪고 있다. 실제로, 알려진 포유류의 약 20%, 조류의 12%, 양서류의 33%가 멸종 위협을 받고 있다. 많은 척추동물의 미래가 이들을 보호하기 위한 우리의 능력에 달려 있다. 그러나 이러한 실망스러운 소식 속에서도 희망의 빛은 있다. 위기에 처한 서식처를 보존하기 위한 대규모의 협력 활동은 이들 지역에서 사는 광범위한 종을 보호하는 데 도움이 될 수 있으며, 이것은 생물다양성을 보호하기 위하여 인류가 함께 할 수 있는 일의 한 가지 예이다.

이 장을 공부하는 동안 다음 질문에 대해 생각해보자.

1. 모든 동물의 공통적인 특징은 무엇인가?
2. 척추동물과 무척추동물의 주요 차이점은 무엇인가?

19

물과 육지: 동물

개 요

시작하기 전에

이 장을 시작하기 전에 다음 내용을 다시 살펴보자.

14.2절 상동구조와 상사구조의 차이점은 무엇인가?

표 16.1 최초의 동물은 지구 연대기의 어느 시기에 출현하였는가? 최초의 육상 척추동물은 언제 출현하였는가?

16.3절 동물은 생물의 어느 영역(domain)에 속하는가?

19.1 동물의 진화

학습 목표

이 절을 학습한 후에는 다음 과제를 수행할 수 있어야 한다.

1. 동물이 다른 생물군과 어떻게 다른지 설명하기.
2. 동물의 진화과정 중 일어난 주요 사건을 제시하기.
3. 선구동물과 후구동물을 구별하는 특징을 열거하기.

동물은 원생생물, 식물 및 진균(균류, 곰팡이)과 함께 진핵생물 영역의 일원이다. 식물과 진균처럼 동물도 다세포성 진핵생물이지만, 광합성을 통해 양분을 얻는 식물과는 달리 동물은 화학종속영양생물이며 영양분을 반드시 외부 공급원에서 얻어야 한다. 진균도 마찬가지이나 진균은 먹이를 체외에서 소화시켜 분해된 물질을 흡수한다. 동물은 먹이를 섭취하여 체내에서 소화시킨다.

동물은 보통 유성생식을 하며 일반적으로 수정된 2배체 난자에서 생명이 시작된다. 이러한 출발점으로부터 동물은 특수화된 조직을 갖는 개체가 되기 위하여 일련의 발생 단계를 거치는데, 이러한 조직은 보통 특수한 기능을 수행하는 기관(organ) 내에 존재한다. 특히 두 종류의 조직인 근육과 신경이 동물의 특색을 이룬다. 근육과 신경조직이 있기 때문에 동물은 운동성을 가지며 매우 다양한 움직임을 나타낸다. 이러한 조직의 진화로 인해 동물은 활발하게 먹이를 찾거나 다른 생명체를 포식할 수 있다. 또한 조직적인 움직임은 동물이 짝, 은신처 및 적절한 기후를 찾을 수 있게 해준다. 이러한 행동으로 인해 매우 다양한 동물이 나타났다. 모든 동물은 하나의 조상에서 진화된 것이다.

대부분의 동물은 성체가 되기 전에 복잡한 발생과정을 거친다. **그림 19.1**

그림 19.1 동물.

대부분의 동물은 수정란으로서 삶을 시작한다. 난자는 발생과정을 통해 특수화된 조직을 갖는 다세포 생물체가 된다. 동물은 외부의 먹이원에 의존하여 삶의 과정을 수행한다. 아래 일련의 사진에서 고등한 동물인 개구리의 발생과 변태과정을 볼 수 있다.

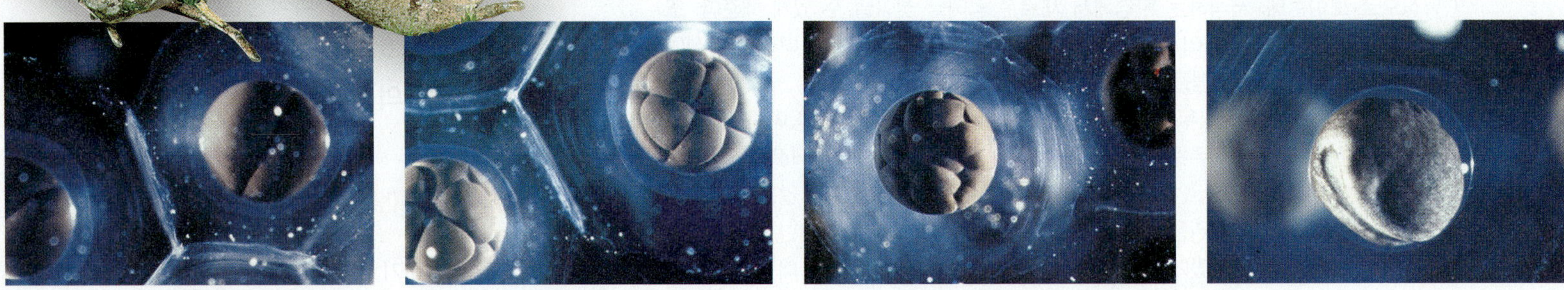

발생 단계: 접합자에서 배(embryo)까지

변태 단계: 부화에서 올챙이까지

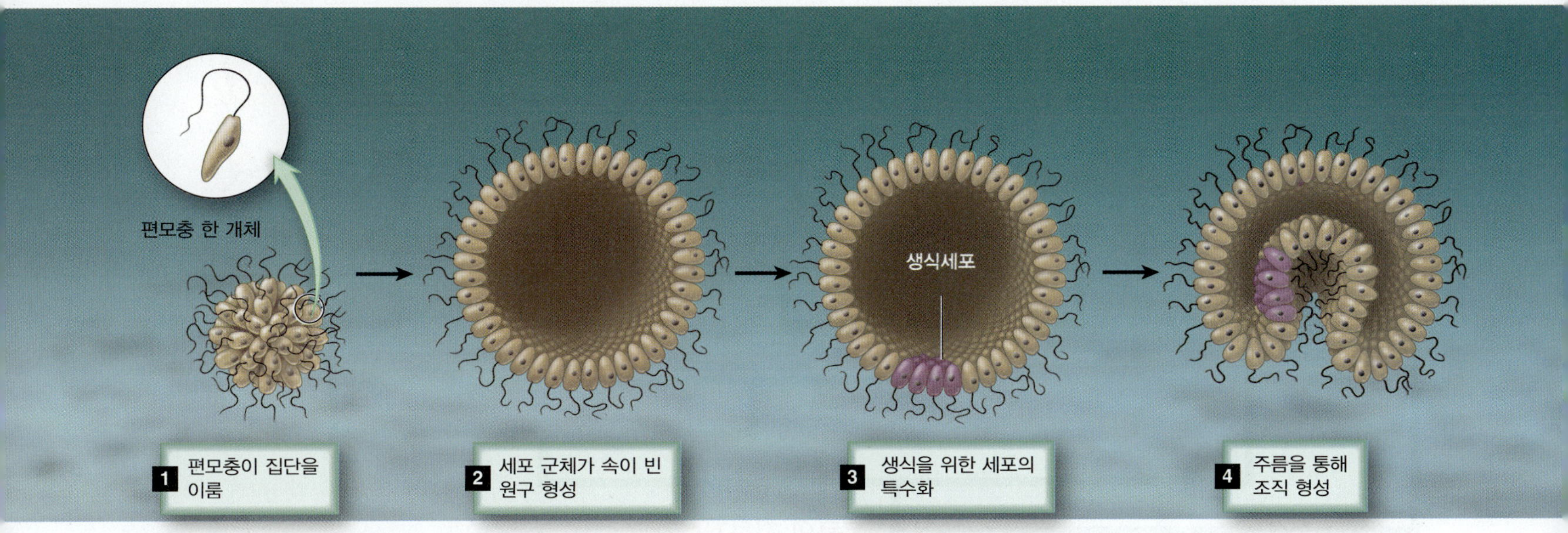

그림 19.2 편모충 군체 가설.
이 가설은 원생생물의 군체에서 어떻게 최초 동물의 특수화된 구조의 특성이 형성될 수 있었는지를 설명한다.

에서 개구리를 예로 들어서 동물의 발생과정을 나타내었다. 개구리는 수많은 배 발생 단계를 거친 후, 헤엄칠 수 있도록 해주는 근육과 신경계를 포함한 특수화된 기관을 가진 유생(올챙이)이 된다. 유생은 성체와는 다른 서식지에서 다른 먹이를 섭식하며 살아가는 미성숙 단계이다. **변태**(***metamorphosis***)라고 하는 몸의 변화를 통해 수영만 할 줄 아는 유생이 수영과 도약을 할 수 있으며 성적으로 성숙한 개구리 성체로 변한다. 물속에서 사는 올챙이는 플랑크톤을 먹고 살며, 육상에서 사는 성체 개구리는 곤충과 벌레를 섭식한다. 체구가 큰 아프리카 황소개구리는 다른 개구리, 작은 어류, 파충류 및 포유류 등 거의 모든 것을 먹을 수 있다.

동물의 조상

18장에서 식물과 차축조류(charophyte)가 아마도 녹조류 조상을 공유할 것이라는 증거에 대해 논의하였다. 대부분의 과학자는 동물 역시 원생생물 중 특히 원생동물로부터 진화하였다는 데 동의한다. **편모충 군체 가설**(***colonial flagellate hypothesis***)은 동물이 속이 빈 원구형의 편모충 세포 군집을 닮은 조상에게서 유래되었다고 설명한다. **그림 19.2**는 이 진화과정이 어떻게 몇 개의 편모를 가진 세포 집단에서 시작되었는지를 보여준다. 이들로부터 출발하여 더 많은 세포들이 속이 빈 원구를 형성하였을 것이다. 군체 내의 각 세포는 생식과 같은 특별한 기능을 수행하기 위하여 특수화되었을 것이다. 일부 세포들이 속이 빈 원구 안으로 겹쳐 들어감으로써 두 종류의 조직층이 생겨났을 것이다. 오늘날의 동물 발생과정에서도 이러한 방식으로 조직층이 만들어진다. 원생생물 중에서 깃편모충(choanoflagellates; 깃을 가진 편모충)이 최후의 단세포성 동물 조상과 가장 유사하며, 분자생물학 자료에 따르면 깃편모충이 동물과 가장 가까운 현존하는 원생생물이다. 깃편모충은 단세포이며 직경은 3~10 μm이고, 30~40개의 미세융모로 이루어진 깃으로 둘러싸인 편모를 갖는다(**그림 19.3**).

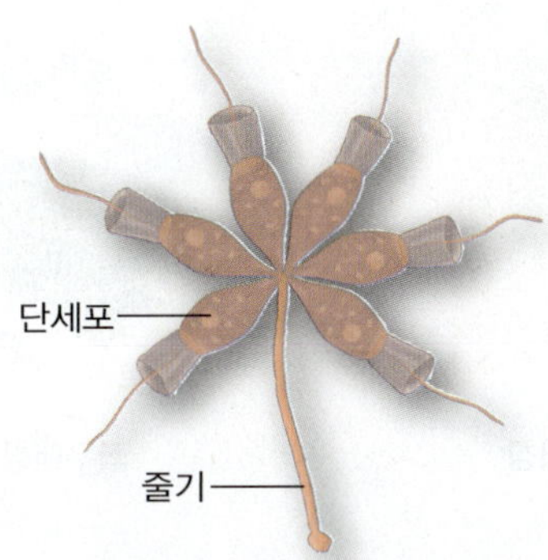

그림 19.3 깃편모충류.
깃편모충(choanoflagellate)은 동물과 가장 가까운 원생동물이며, 마지막 단세포성 조상과 닮았을 것이다. 그림과 같이 군체를 이루고 사는 일부 깃편모충에서는 세포군이 줄기를 이용해서 바닥표면에 부착되어 있다.

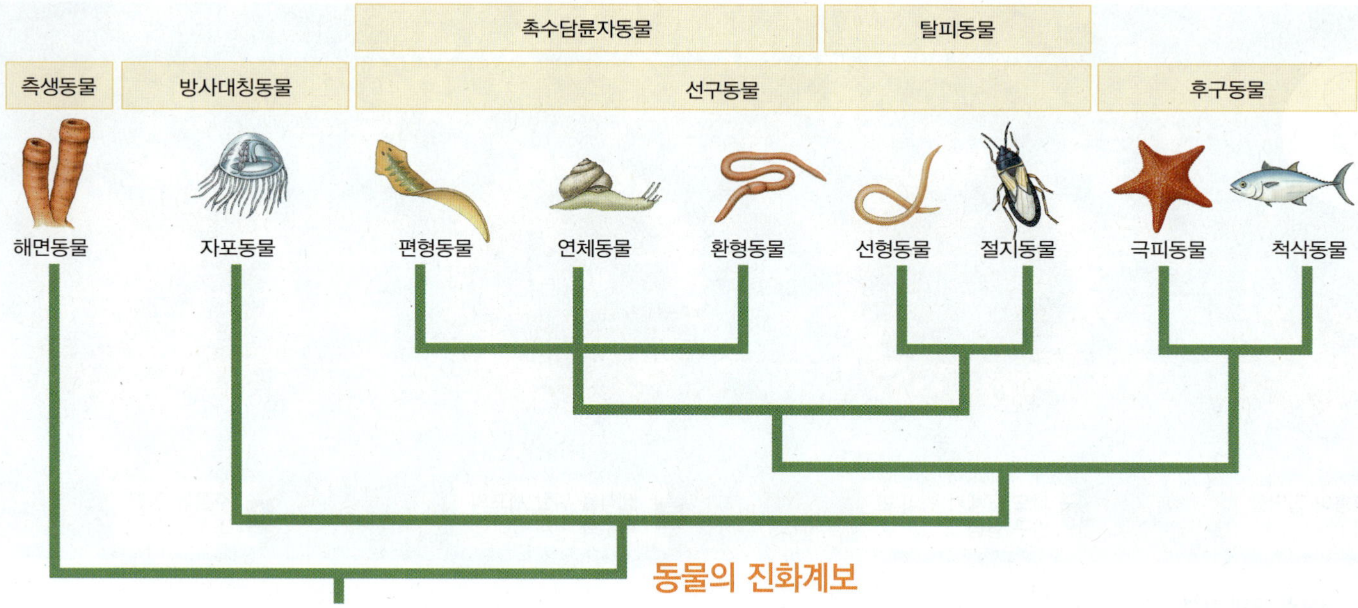

그림 19.4 **동물 진화계보에 대한 현대적 시각.**

이 도식은 발생생물학 연구와 DNA, RNA 및 단백질의 유사성에 대한 분자생물학 연구에 기초한 동물의 상호관계이다.

동물의 진화계보

동물계는 현재 35개의 문(phylum)으로 구성된다. 동물의 대부분은 **무척추동물(invertebrates)**이다. 무척추동물은 뼈나 연골로 된 내골격 또는 외골격이 없다. 무척추동물이 먼저 진화하였고 **척추동물(vertebrates**; 내골격을 갖는 동물)보다 숫자가 훨씬 많다. 초기 동물은 단순한 무척추동물이었기 때문에 동물의 초기 진화에 관한 화석자료가 빈약하다. 그러나 계통분류학자들은 주로 분자생물학, 발생학 및 해부학 자료를 근거로 동물의 진화 역사(**그림 19.4**)에 대한 비교적 완벽한 기록을 만들어낼 수 있었다. 분자생물학적 비교가 주된 역할을 하였는데, 그 이유는 연관 정도가 높은 생명체일수록 공통인 DNA 염기서열을 더 많이 가지기 때문이다. 유전체학과 단백질체학(12.4절 참조)의 발전으로 인해 동물군을 구분하는 능력이 매우 향상되었다.

진화의 경향

동물마다 생물학적 구성이 서로 다르다. 해면동물은 모든 동물처럼 다세포성(*multicellular*)이지만 진정한 조직이 없다. 따라서 해면동물은 세포 수준의 구성을 보인다. 이러한 특성 때문에 해면동물은 측생동물로 분류된다. 측생동물(parazoans)이란 "동물의 옆"이란 의미로 진화계보에서 "진정한 동물"이라는 의미를 지닌 진정후생동물(eumetazoans)의 옆자리라는 위치를 나타내는 용어이다. 히드라(*Hydra*)와 같은 자포동물은 진정후생동물이다. 이들은 진정한 조직을 갖는데, 이 조직은 배(embryo) 시기에 2개의 배엽에서 형성된 것이다. 다른 모든 진정후생동물의 배는 3배엽(외배엽, 중배엽, 내배엽)을 갖는다. **배엽(germ layer)**이란 용어는 물의 체내에서 모든 조직과 기관을 형성하는 세포를 가리키는 것이다.

동물에 따라 대칭성이 다르다. 대다수의 해면동물은 특별히 대칭성이 없어서 비대칭적이다. 자포동물에서 볼 수 있는 **방사대칭(radial symmetry)**은 동물이 바퀴처럼 둥글게 생겼다는 뜻이다. 어떤 방향으로든 동물을 길이로 절단했을 때 2개의 서로 마주보는 모습을 보인다(**그림 19.5*a***). 편형동물에서 볼 수 있는 **좌우대칭(bilateral symmetry)**은 동물이 정확하게 좌우 반쪽씩을 갖는다는 것이다. 동물의 정중앙을 길이로 절단할 경우에만 거울에 비친 모양이 나타날 것이다(그림 19.5*b*). 동물이 진화하는 동안 좌우대칭으로 되

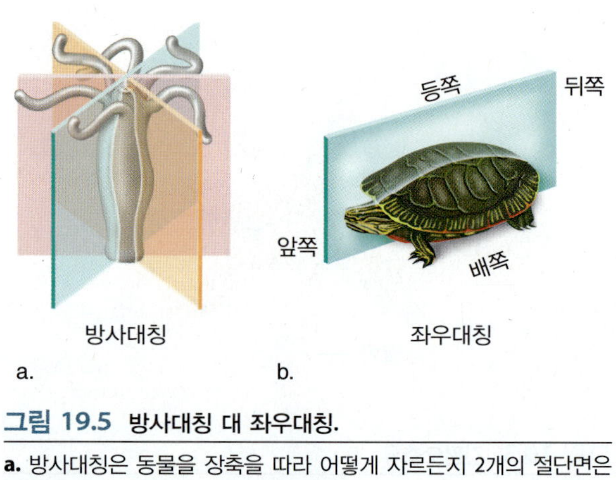

그림 19.5 **방사대칭 대 좌우대칭.**

a. 방사대칭은 동물을 장축을 따라 어떻게 자르든지 2개의 절단면은 거울에 비친 모습과 같다. 방사대칭동물은 한 곳에 머무르는 경향이 있으며 모든 방향으로 뻗어 나와 먹이를 얻는다. **b.** 좌우대칭은 동물의 정중앙에서 잘랐을 때에만 단면이 거울에 비친 모습을 보인다. 좌우대칭동물은 먹이를 쫓아 활발하게 움직이는 경향이 있다.

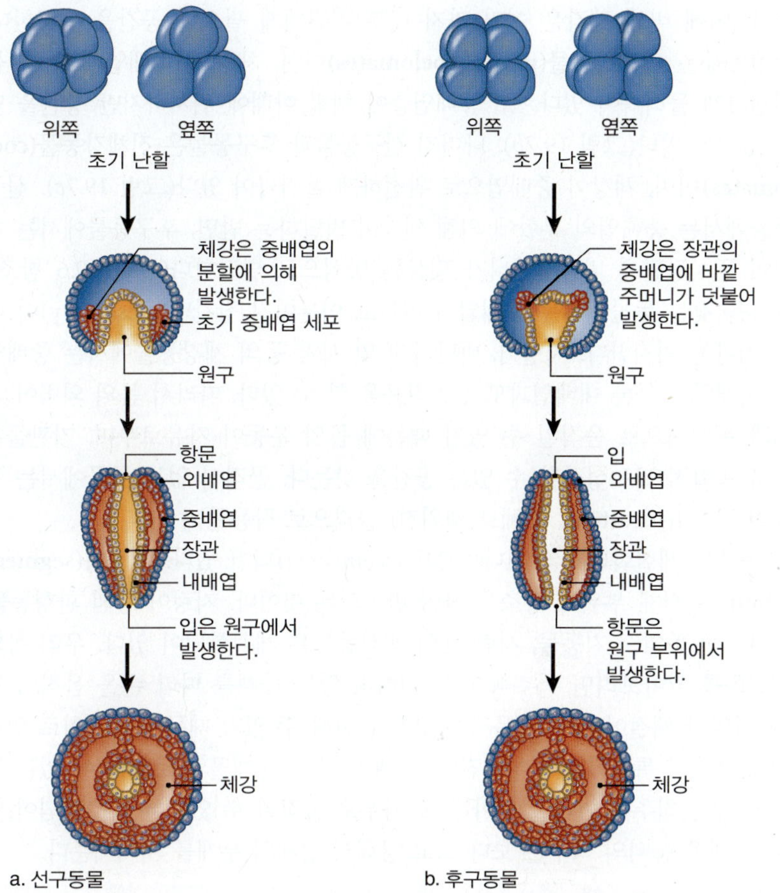

그림 19.6 선구동물과 후구동물의 발생.

a. 선구동물은 배가 처음 형성될 때 나선형 세포분열이 나타나며 원구(blastopore)가 나중에 입으로 된다. 나아가 체강이 있다면, 이것은 중배엽의 분할에 의하여 형성된 것이다. **b.** 후구동물은 배가 처음 형성될 때 방사상 세포분열이 나타나며 원구가 항문으로 된다. 또한 원시 장에 바깥주머니가 덧붙어서 체강이 형성된다.

려는 경향은 **두화(cephalization)**를 수반하였는데, 두화란 동물의 앞쪽 끝에 뇌와 특수감각기관이 위치하는 것을 말한다. 그래서 좌우대칭은 신경계와 감각기관의 복합성이 증가되는 진화 경향에 있어서 중요한 선봉이었다. 좌우대칭 모양은 더욱 활발한 생활상을 통해 새로운 방법으로 주변 자원을 탐색할 수 있도록 함으로써 동물 진화에 한 획을 그었다.

또한 동물들은 초기 배시기의 발생 양상으로 구분되기도 한다. **그림 19.6**에서 배를 형성하는 세포분열이 **선구동물(protostome**; 편형동물, 선형동물, 연체동물, 환형동물 및 절지동물)과 **후구동물(deuterostome**; 극피동물과 척삭동물)에서 다르다는 것을 볼 수 있다. 선구동물과 후구동물 모두 최초에 생기는 배의 구멍을 원구(blastopore)라고 한다. 이 원구는 선구동물에서는 입이 되고 후구동물에서는 항문이 된다. 이들의 명칭은 이러한 특징에 따른 것이다. 입은 선구동물(protostome; *proto*, before)에서는 첫 번째 구멍이고, 후구동물(deuterostome; *deutero*, second)에서는 두 번째 구멍이다.

분자생물학 및 발생학 자료에 따르면 선구동물은 후구동물보다는 자신들끼리 더욱 밀접한 관계를 맺고 있음을 추정할 수 있다. 선구동물은 촉수담륜자동물군(lophotrochozoa)과 탈피동물군(ecdysozoa)의 두 아군(subgroup)으로 나뉜다(그림 19.4 참조). 두 아군의 차이는 성장하는 방식에서 비롯된다. 촉수담륜자동물(편형동물, 연체동물, 환형동물)은 기존의 몸체가 커지는 방식으로 성장하는 반면, 탈피동물(선형동물과 절지동물)은 탈피를 통해서 성장한다. 선구동물은 또한 **체강(coelom**; body cavity)의 유무에 따라 차이가 있다. 일부 선구동물은 편형동물처럼 체강이 없는 **무체강동물(acoelomates)**이다(**그림 19.7*a***). 무체강동물은 중배엽으로 채워져 있어서 빈 공간이

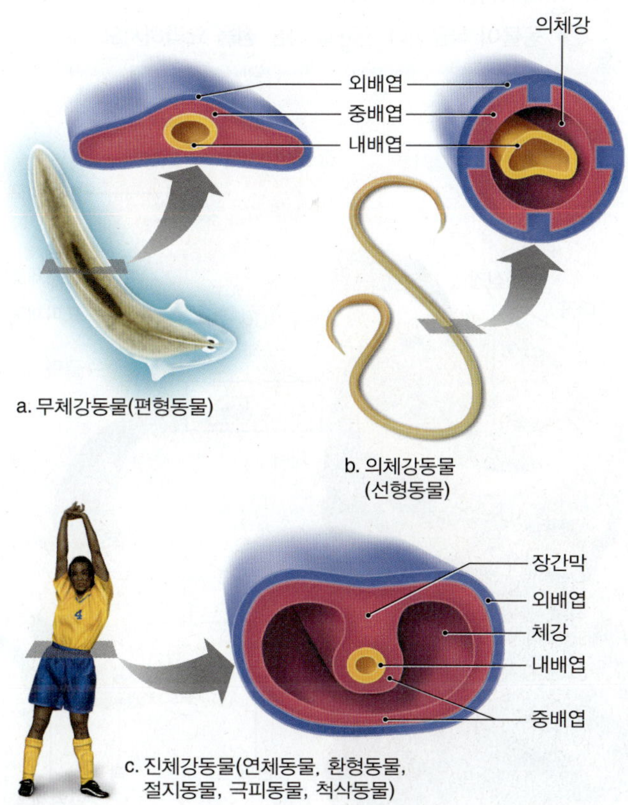

그림 19.7 체강의 종류.

a. 편형동물은 체강이 없는 무체강동물이며, 중배엽이 외배엽과 내배엽 사이의 공간을 채운다. **b.** 선형동물은 체강을 갖는 의체강동물이며, 중배엽이 외배엽과 연결되어 있지만 내배엽과는 연결되어 있지 않다. **c.** 기타 동물들은 진체강동물이며, 중배엽이 체강 전체를 덮고 있다.

없다. 이에 비해 체강은 여러 가지 내부 기관에게 필요한 공간을 제공한다. 선형동물은 **의체강동물(pseudocoelomates)**이며, 체강이 중배엽에 의해 불완전하게 둘러싸여 있다. 즉, 중배엽층이 체벽 아래에 위치하지만 장관을 덮고 있지는 않다(그림 19.7*b*). 나머지 선구동물과 후구동물은 **진체강동물(coelomates)**이며, 체강이 중배엽으로 완전하게 둘러싸여 있다(그림 19.7*c*). 선구동물에서는 중배엽의 분할에 의해 체강이 발달하는 반면, 후구동물에서는 체강이 원시장관에 바깥주머니가 덧붙는 방식으로 발달한다(그림 19.6 참조). 체강을 갖는 동물에서는 중배엽의 띠들로 이루어진 장간막(mesentery)이 내부 기관을 지지한다. 지렁이, 바닷가재 및 사람 등의 체강동물에서는 중배엽이 외배엽은 물론 내배엽과도 상호작용을 할 수 있다. 따라서 몸의 외벽이 기관과 독립적으로 움직일 수 있기 때문에 몸의 운동이 자유로우며, 기관들은 더욱 복합적으로 성장할 수 있는 공간을 갖는다. 골격이 없는 동물에서는 체강이 정수(hydrostatic, 액체로 채워진) 골격으로 작용할 수 있다.

동물은 체절화되지 않거나 체절화(*segmented*)되어 있다. **체절화(segmentation)**는 신체 부위가 장축을 따라 반복되는 것이다. 지렁이 등의 환형동물, 바닷가재 등의 절지동물, 사람 등의 척삭동물은 체절화되어 있다. 우리 몸의 체절화를 알아보려면 척추뼈가 쭉 이어져 있는 등뼈를 따라 손을 움직여 보자. 다양한 체절이 특수한 목적에 맞게 분화될 수 있기 때문에 체절화로 인해 신체 부위의 특수화가 이루어진다. 등뼈의 경우, 두개골 바로 아래에 있는 두 개의 작은 척추는 머리를 위아래 및 좌우로 움직일 수 있도록 특수화되어 있다. 아래쪽 등뼈의 척추는 보다 크고 강해서 상체의 무게를 지지해준다.

개념 연결하기 19.1

모든 동물은 비슷한 특징을 가지고 있으며, 이들의 조상을 거슬러 추적하면 단세포 원생생물에 이르게 된다.

진도 점검하기 19.1

1. 동물 진화의 주요 사건을 요약하시오.
2. 선구동물과 후구동물에서 배 형성을 위한 세포분열의 차이점을 비교하시오.
3. 동물이 식물이나 진균과 다른 점을 요약하시오.

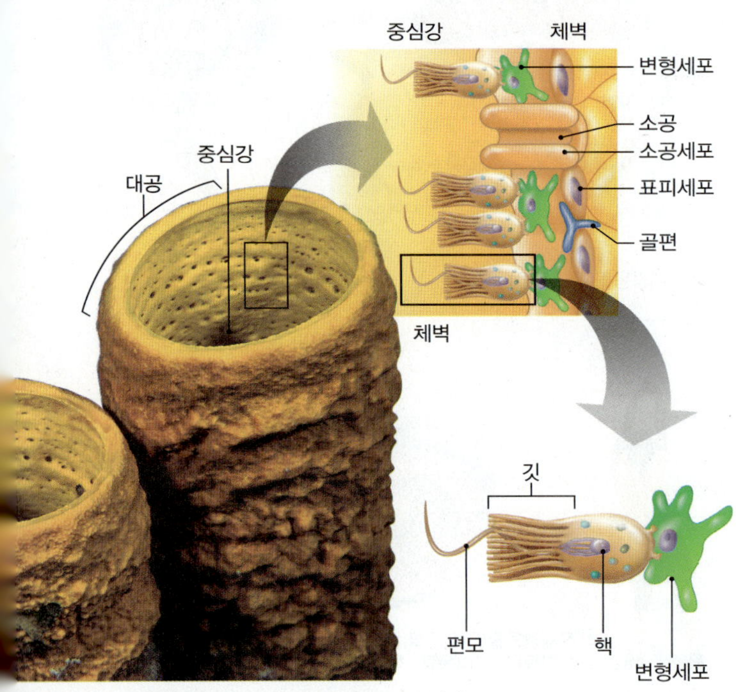

그림 19.8 해면동물의 구조.

소공을 통해 해면동물로 들어온 물은 대공으로 배출되기 전까지 깃세포를 지나며 순환한다. 깃세포는 깃의 미세융모 안에 있는 편모인 부속지에 포획된 작은 입자를 소화시킨다. 변형세포(amoeboid cell)가 세포 사이에서 영양분을 운반한다.

19.2 해면동물과 자포동물: 초기 동물

학습 목표

이 절을 학습한 후에는 다음 과제를 수행할 수 있어야 한다.

1. 해면동물과 자포동물에서 일어나는 진화 경향을 서술하기.
2. 측생동물과 진정후생동물을 구분하고 각각의 예를 제시하기.

이 절에서는 무척추동물의 처음 두 분류군인 해면동물과 자포동물에 대해 설명한다. 이 두 분류군은 모두 단순한 동물로 분류되지만, 이들의 조직화 수준은 서로 매우 다르다.

해면동물: 다세포성

해면동물(sponges; phylum Porifera)은 많은 구멍이 관통하는 주머니 모양의 체형을 가진다(**그림 19.8**). 해면은 수서동물로 대부분 크기, 모양 및 색깔이 아주 다양한 해양성동물이다. 해면은 다세포성이지만 기관을 이루는 조직이 없으며, 세포 수준의 조직화(*celluar level of organization*)를 이룬다. 분자생물학 자료에 따라 해면동물을 측생동물(Parazoans)로 간주하며, 측생동물은 동물 진화계보의 맨 아래에 위치한다.

해면동물의 체벽은 깃세포(*collar cell*, choanocyte)라고 부르는 편모를 가진 세포가 내부에 배열되어 있다(그림 19.8). 편모의 움직임이 물의 흐름을 일으키고, 물은 구멍(소공)에서 중심강으로 들어가 몸의 위쪽 구멍인 대공으로 나간다. 길이가 단지 10 cm 정도인 단순한 해면류일지라도 하루에 100 리터 이상의 물을 여과한다. 해면류는 압착도구를 이용하여 물에서 먹이를 여과하는 고착성 여과섭식자이다. 이 경우에 체벽의 소공과 미세융모가 깃세포의 깃을 이룬다. 미세융모 사이를 지나는 미세한 먹이 입자는 깃세포가 삼킨 후 식포 내에 포획된 먹이를 소화시킨다.

해면동물은 무성생식과 유성생식이 모두 가능하다. 무성생식은 단편화 또는 출아법(*budding*)에 의해 이루어진다. 출아하는 동안 자그마한 돌기가 나타나고 완전한 개체가 형성될 때까지 점점 커진다. 출아법에 의해 해면동물의 군체가 생성되며, 이 군체는 매우 커질 수 있다. 유성생식을 하는 동안에 난자와 정자가 중심강으로 배출되고, 접합자는 편모를 가진 유생으로 발달한다. 이 유생은 새로운 장소로 헤엄쳐 갈 수 있다. 해면동물의 세포들을 기계적으로 분리하면, 이들은 완전하고 제 기능을 하는 개체로 재조합된다. 많은 특수화 정도가 낮은 생명체와 마찬가지로 해면동물 역시 재생 능력을 가지거나 또는 작은 한 부분에서 전체로 성장할 수 있다.

일부 해면동물은 1~6개의 축을 가진 작은 바늘처럼 생긴 골편(*spicule*)으로 구성된 내골격을 갖는다. 대부분의 해면동물은 콜라겐의 변형된 형태인 해면질(spongin) 섬유를 가진다. 목욕용 수세미는 살아 있는 조직이 모두 제거된 마른 해면질 골격이다. 그러나 오늘날 판매되는 "스펀지"는 대개 화학 합성물이다.

자포동물: 진정 조직

자포동물(cnidarians; phylum Cnidaria)은 무척추동물의 조상 그룹이며, 화석기록이 풍부하다. 자포동물은 방사대칭이며, 자세포(cnidocyte)라고 부르는 특수화된 쏘는 세포를 가진 촉수가 둥글게 배열되어 먹이를 포획한다(**그림 19.9**). 각각의 자세포는 **자포(nematocyst)**라는 캡슐을 가지며, 이 캡슐 안에 길고 나선형으로 꼬인 속이 빈 실(thread)이 있다. 자세포의 방아쇠를 건드리면 자포가 발사된다. 어떤 자포는 단순하게 먹이나 포식자를 잡기만 하지만, 어떤 자포는 침이 있어서 먹이를 잡아 마비성 독소를 주입한 후 위수강으로 보낸다. 자포동물은 담수종도 약간 있지만 대부분 바다에서 서식한다.

발생하는 동안 자포동물은 2개의 배아층(외배엽과 내배엽)을 갖는다. 성체가 된 자포동물은 조직 수준의 조직화(*tissue level of organization*)를 이룬다. 따라서 자포동물은 최초의 진정후생동물(eumetazoans)로 분류된다. 자포동물에는 폴립형(polyp)과 해파리형(medusa)의 두 가지 기본 체형이 있다. 폴립형의 입은 바닥에서 위쪽을 향하고 있는 반면, 해파리형의 입은 아래쪽을 향한다. 해파리형은 젤리와 같은 물질로 채워져 있어서 흔히 "해파리(jellyfish)"라고 부른다. 폴립형은 관 모양이며 일반적으로 바위에 붙어 있다(그림 19.9).

다른 해양 동물과 마찬가지로 자포동물도 의약품 원료, 특히 염증에 대응하는 약제로 이용된다.

19.2 개념 연결하기

해면동물과 자포동물은 동물의 초기 형태를 보인다.

연관: 생태학

산호초가 사라지는 원인은 무엇인가?

산호초는 생물다양성의 중심지역(많은 종이 발견되는 지역)이라는 것이 널리 인정되고 있다. 그러나 과학자들은 지난 몇십 년 사이에 전 세계 산호초의 25%가 사라졌고, 추가로 33%가 위험하다고 추산한다. 그 원인은 무엇일까? 파괴적인 어업, 해안가 토지 관리의 부실로 인한 오염과 침전물, 해안가 맹그로브 숲의 제거가 주요 요인이다. 또한 지구 기후변화와 연관되어 해양 수온이 상승하고 이에 따라 산호초가 사멸되어 "산호초 백화" 현상이 나타난다.

a. 히드라

b. 말미잘

c. 고깔해파리

d. 돌산호

그림 19.9 자포동물.

히드라(**a**)와 말미잘(**b**)은 독립적인 폴립이며, 찌르는 세포가 가득한 촉수를 이용하여 먹이를 잡는다. **c.** 고깔해파리(*Physalia physalis*)는 폴립형과 해파리형의 개체들이 모여 하나의 군체를 이룬 것이다. 폴립 중의 하나는 기체로 채워진 부양체이며 나머지 폴립은 먹이 섭취에 알맞게 특수화되어 있다. **d.** 산호의 탄산칼슘 골격이 산호초를 형성한다.

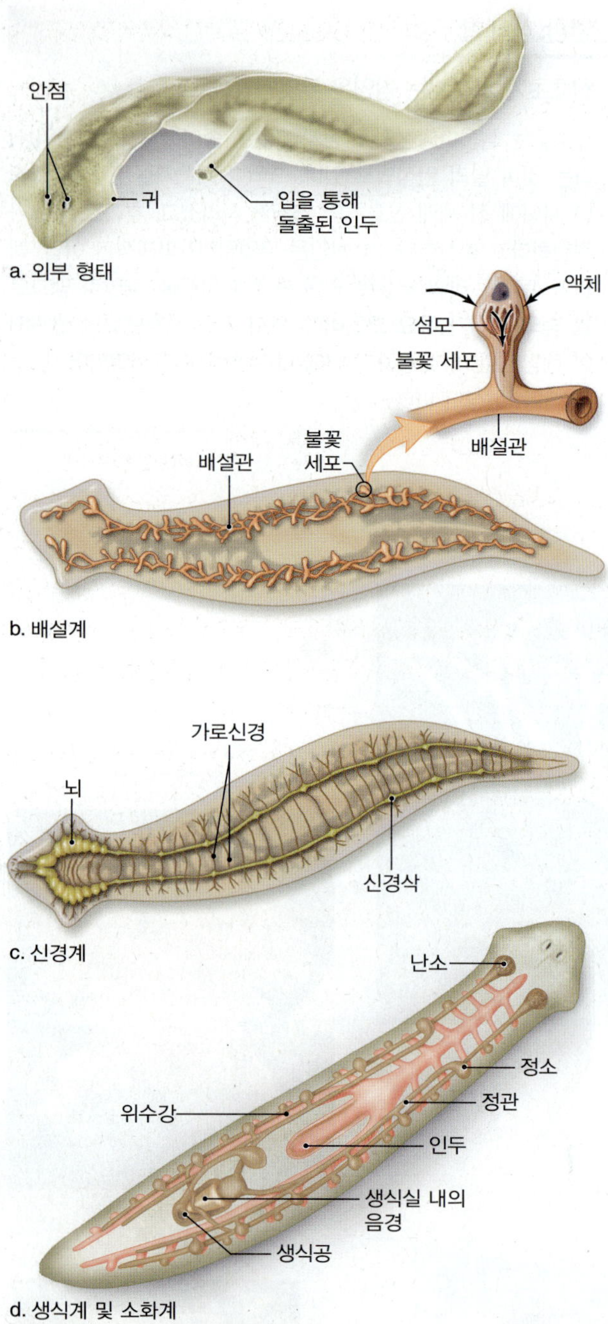

그림 19.10 플라나리아의 형태.

a. 편형동물은 좌우대칭이며 안점이 있는 머리 부위가 있다. **b.** 배설계의 불꽃세포 부위를 자세하게 묘사하였다. **c.** 신경계는 사다리처럼 보인다. **d.** 생식계(갈색)는 암컷과 수컷 기관이 모두 있으며, 소화계(분홍색)는 개구부가 하나이다. (a)처럼 인두를 돌출시켜 먹이를 흡입한 후 위수강으로 보낸다.

진도 점검하기 19.2

1. 해면동물과 자포동물에서 볼 수 있는 주요 진화 경향을 열거하시오.
2. 해면동물과 자포동물의 체형과 발생을 비교하고 대비하시오.
3. 동물계에서 해면동물과 자포동물의 위치를 서술하시오.

19.3 편형동물, 연체동물 및 환형동물: 촉수담륜자동물

학습 목표

이 절을 학습한 후에는 다음 과제를 수행할 수 있어야 한다.

1. 촉수담륜자동물의 뚜렷한 특징을 열거하기.
2. 체형에 근거하여 편형동물, 연체동물 및 환형동물을 구분하기.

편형동물, 연체동물, 환형동물은 모두 촉수담륜자동물(lophotrochozoans)이라고 부르는 선구동물 무리에 속한다. Lophotrochozoan이란 용어 중 *lopho*는 촉수관(lophophore)이라는 촉수 모양의 먹이섭식 구조에서 유래된 것이다. 또 *trocho*는 담륜자(trochophore)라고 부르는 유생기를 의미하는데, 담륜자는 독특한 섬모 띠를 갖는 것이 특징이다. 이 그룹의 모든 종에서 촉수관과 담륜자 유생기가 모두 나타나지는 않지만, 분자생물학 분석은 이들이 모두 진화상 공통조상을 갖는다는 가설을 지지한다. 또한 촉수담륜자동물은 탈피를 하지 않고 몸이 점진적으로 성장한다는 점에서 절지동물이나 선형동물 등의 다른 선구동물과는 구별된다.

편형동물: 좌우대칭

편형동물(flatworms; phylum Platyhelminthes)은 좌우대칭(*bilateral symmetry*)이다. 앞으로 공부할 다른 모든 동물 문(phylum)처럼 이들도 세 층의 배엽을 갖는다. 외배엽과 내배엽에 더하여 중배엽이 있어서 몸 크기가 커지고 복합성이 유도된다. 편형동물은 체강이 없는 무체강동물이다.

플라나리아(planarian)라는 자유 유영 편형동물은 사다리 모양의 신경계를 비롯한 몇 가지 기관계를 갖는다(**그림 19.10**). 가로신경(transverse nerve)이라고 하는 교차연결에 의해 1개의 작은 앞뇌와 2개의 옆신경이 연결된다. 플라나리아에서는 두화(cephalization)가 나타난다. 즉, 뇌 이외에도 "머리" 끝에 빛에 민감한 기관(안점, eye spot)이 있고, 귀 쪽에 화학감지 기관이 있다. 세 가지의 근육층(바깥쪽 돌림근층, 안쪽 세로근육층 및 빗근층)이 있어서 다양한 운동을 할 수 있다. 플라나리아는 섬모를 가진 아래쪽 표피를 이용하여 점액막 위에서 미끄러지듯 움직인다.

플라나리아는 먹이를 감싼 후 점액으로 얽어서 꼼짝하지 못하게 하여 먹이를 포획한다. 그리고 근육성인 인두를 돌출시킨 후 흡입 동작에 의해 먹이를 찢어서 삼킨다. 인두는 세 갈래의 위수강과 연결되고, 위수강에서 소화가 일어난다. 소화관은 불완전하여 개구부가 단 1개만 있다.

플라나리아는 **자웅동체(hermaphrodite)**이다. 즉, 암수 생식기관을 모두 갖는다. 이 동물은 타가수정(cross fertilization)을 한다. 즉, 한 개체의 음경을 다른 개체의 생식공에 삽입한 후 서로 정자를 전달한다. 수정란에서 2~3주 후에 아주 작은 벌레가 부화한다.

기생성 편형동물은 촌충류와 흡충류의 두 개의 강(class)에 속한다. 촌충 성충은 사람을 비롯한 다양한 척추동물의 내부기생충(endoparasite)이다(**그림 19.11*a***). 크기는 수 mm에서 거의 20 m에 이르기까지 다양하다. 촌충은 두절(scolex)이라고 하는 잘 발달된 체전반부를 가지고 있다. 두절에는 숙주의 장벽에 부착하기 위한 갈고리와 흡반이 있다. 두절 아래에는 암수 생식기관을 완전하게 갖춘 편절이라고 하는 생식단위가 연이어져 있다. 수정 후에는 편절 속의 생식기관이 퇴화되고 편절이 성숙란으로 가득 채워진다. 충란, 또는 성숙 편절이 숙주의 분변을 통해 외부로 배출된다.

흡충류는 모두 다양한 척추동물의 내부기생충이다. 흡충류의 앞쪽 끝에는 1개의 구흡반이 있으며, 숙주 부착용 흡반이 최소 1개 이상 있다. 흡충류는 일반적으로 이들이 서식하는 기관에 따라 명명한다. 예를 들어 주혈흡충, 간흡충, 폐흡충이 있다. 성충은 작고(길이 약 2.5 cm), 인간 숙주 내에서 수년간 살 수 있다(그림 19.11*b*). 주혈흡충(*Schistosoma* spp.)은 중동, 아시아, 아프리카에 만연되어 있다. 매년 2억 4,300만 명이 주혈흡충증으로 치료를 필요로 한다.

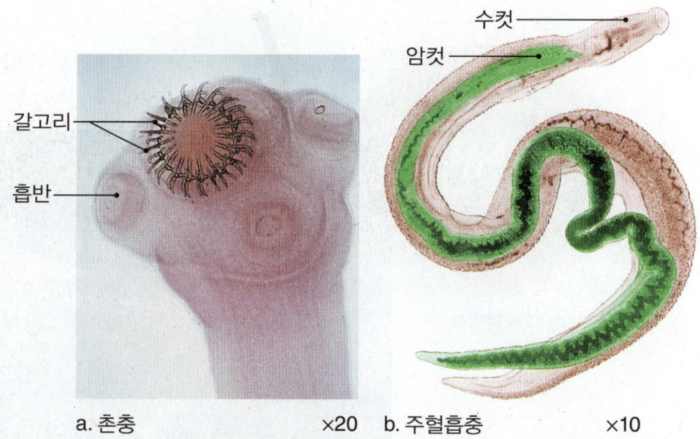

그림 19.11 기생성 편형동물.

a. 촌충은 앞쪽 끝 부분에 갈고리와 흡반이 있어서 장의 벽에 부착할 수 있다. **b.** 주혈흡충은 자웅이체이며, 주혈흡충증을 일으킨다.

연체동물

연체동물(molluscs; phylum Mollusca)은 완전한 소화계를 갖춘 진체강동물이다. 매우 거대하고 다양한 무리이지만, 모든 연체동물의 몸은 최소한 세 부분으로 뚜렷하게 구분된다. (1) 내장낭(*visceral mass*)은 내부 기관이 있는 부드러운 부분이다. (2) 발(*foot*)은 이동에 사용하는 강한 근육성 부분이다. (3) 외투(*mantle*)는 내장낭을 덮는 막성 또는 간혹 근육성 덮개이지만, 완전히 감싸지는 않는다. 또한 외투강(*mantle cavity*)은 두 겹의 외투 사이의 공간이다. 외투는 패각(*shell*)이라고 부르는 외골격을 분비하기도 한다. 또 다른 특징으로 강판이나 혀와 유사한 치설(*radula*)이 흔히 나타난다. 치설은 많은 치아가 열을 지어 형성된 기관이며, 먹이를 얻는 데 이용된다(**그림 19.12**).

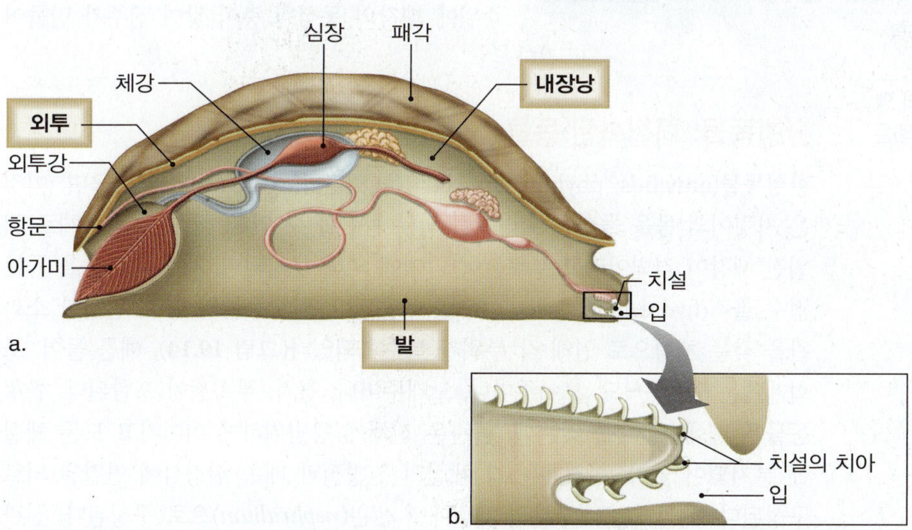

그림 19.12 연체동물의 신체구조.

a. 연체동물의 몸은 근육성 발, 내장낭 및 외투의 세 부분으로 구성된다. **b.** 구강 내에는 뒤쪽으로 기울어진 미세한 치아가 열을 지어 형성된 치설이라는 혀와 유사한 기관이 있다.

복족류(gastropods; '위장에 발이 달린')는 군소류, 소라류, 달팽이류를 포함한다. 배쪽에 납작한 발이 있으며, 발에 분포한 근육을 수축하여 이동한다(**그림 19.13**). 다수의 복족류는 초식성이며, 치설을 이용하여 표면에서 먹이를 긁어낸다. 육식성인 종들은 치설을 이용하여 조개껍질 등의 표면을 뚫는다. 육산 달팽이류는 외투에 혈관이 풍부하게 분포하여 폐의 역할을 한다.

두족류(cephalopods; '머리에 발이 달린')는 문어, 오징어 및 앵무조개를 포함한다. 발이 머리 주위에서 촉수로 진화되었다(그림 19.13). 촉수로 먹이를 붙잡고 강력한 부리와 치설을 이용하여 먹이를 찢는다. 두족류는 잘 발달된 신경계와 고등한 감각기관을 갖는다. 커다란 뇌는 신경절이 유합되어 생긴 것이며, 뇌로부터 나온 신경이 신체 여러 부위로 연결되어 있다. 특별히 커다란 한 쌍의 신경이 외투의 급속한 수축을 조절하여 물의 제트 추진력을 통해 재빨리 이동할 수 있게 해준다. 두족류는 신속하게 이동하며 먹물샘에서 갈색 또는 검은색 색소를 분비하여 적을 피해 달아날 수 있다. 오징어와 문어의 눈은 잘 발달되어 각막, 수정체, 망막 및 홍채가 있으며, 척추동물의 눈과 비슷하다. 문어는 패각이 없으며 오징어는 피부 아래에 숨겨진 패각 잔유물만 남아 있다. 과학적 실험을 통해 특히 문어가 매우 영리하다는 것이 밝혀졌다.

조개, 굴, 가리비, 홍합은 패각이 두 장이므로 **이매패류(bivalve)**라고 한다(그림 19.13). 근육성 발이 패각에서 배쪽으로 돌출되어 있다. 일부 담수 같은 조개류의 경우, 탄산칼슘으로 된 패각에 진주의 모체가 되는 내층이 있다. 조개류는 여과섭식자이다. 먹이 입자와 물이 두 장의 패각 사이에 있는 뒷쪽 개구부인 입수공을 따라 외투강으로 들어간다. 점액 분비를 통해 먹이 입자가 아가미에 부착되면 섬모의 작용으로 이 먹이를 입으로 쓸어 담는다.

연체동물은 식량과 진주의 공급원으로서 경제적으로 일정한 중요성을 갖는다. 조개의 외투와 패각 사이에 끼어든 외부 이물질 주위에 패각의 동심원 층이 쌓여 진주가 만들어진다.

그림 19.13 연체동물의 다양성.

위: 달팽이(왼쪽)와 군소(오른쪽)는 복족류이다. 중앙: 문어(왼쪽)와 앵무조개(오른쪽)는 두족류이다. 아래: 가리비(왼쪽)와 홍합(오른쪽)은 이매패류이다.

환형동물: 체절화된 동물

환형동물(annelids; phylum Annelida)은 체절화(*segmented*)되어 있으며, 이것은 지렁이의 몸을 둘러싼 고리처럼 외부에서 볼 수 있다. 잘 발달된 액체로 채워진 체강이 격벽이라고 부르는 칸막이에 의해 분리되며, 체강은 이동을 돕는 정수 골격(hydrostatic skeleton)으로 이용된다. 환형동물의 경우, 완전한 소화관을 갖는 체형으로 인해 각 부위가 특수화되었다(**그림 19.14**). 예를 들어, 소화계에는 인두, 식도, 모이주머니, 모래주머니, 창자, 부속샘이 포함된다. 환형동물은 폐쇄순환계를 갖는데, 혈관은 신체에 광범위하게 이어지고 모든 체절에 분지되어 있다. 신경계는 각 체절의 신경절과 배쪽 신경삭에 연결된 뇌로 구성된다. 배설계는 대부분의 체절에서 신관(*nephridium*)으로 구성된다. 신관은 노폐물을 모아 체벽에 있는 개구부를 통해 외부로 배설하는 작은 관이다.

대부분의 환형동물은 바다에서 서식하는 다모류(체절마다 많은 강모가 있음)이다. 강모는 부착과 이동을 돕는다. 참갯지렁이는 포식자이다. 인두의 한 부분에서 돌출된 1쌍의 강한 키틴질성 턱을 이용하여 갑각류를 비롯한 작은 동물을 잡아먹는다(**그림 19.15*a***). 참갯지렁이는 눈을 비롯한 감각기관이 있는 머리가 잘 발달되어 포식활동에 활용한다. 다른 다모류로는 깔때기처럼 생긴 부채 모양의 촉수를 가진 고착성인 관갯지렁이가 있다. 섬모의 운동으로 물살을 일으켜 이에 휩쓸린 먹이 입자가 입 쪽으로 오도록 한다(그림 19.15*b*).

빈모류(체절마다 소수의 강모가 있음)에는 지렁이가 포함된다(그림 19.14 참조). 지렁이는 잘 발달된 머리가 없으며, 체벽에 습기를 유지하여 기체교환을 할 수 있도록 적절한 수분을 머금은 토양에 서식한다. 지렁이류는 분해자이다. 이들은 낙엽을 비롯하여 흙과 함께 입으로 흡입할 수 있다면, 살아 있는 것이든 죽은 것이든, 그 어떤 유기물이라도 섭취한다.

거머리류는 강모가 없지만 다른 환형동물과 동일한 체형을 갖는다. 대부분은 담수에서 발견되지만 일부는 해양, 심지어는 육상에서도 관찰된다. 의료용으로 이용되는 거머리는 길이가 20 cm나 되지만, 대개는 이보다 훨씬 짧다. 거머리는 2개의 흡반을 가진다. 입 주위에 작은 흡반(전흡반)이 있으며, 몸 뒤쪽에도 큰 흡반(후흡반)이 있다. 일부 거머리는 자유생활을 하지만, 대부분은 액체 섭취자로서 주둥이나 턱을 이용하여 동물의 체표를 뚫고 강력한 인두를 이용하여 체액을 빨아들인다. 거머리는 혈액의 흐름을 유지할 수 있으며, 타액(침)에 있는 강력한 항응고제인 히루딘을 이용하여 혈액응고를 방지한다. 이 분비물은 의료 분야에서 거머리의 잠재적인 유용성을 더해준다(그림 19.15*c*).

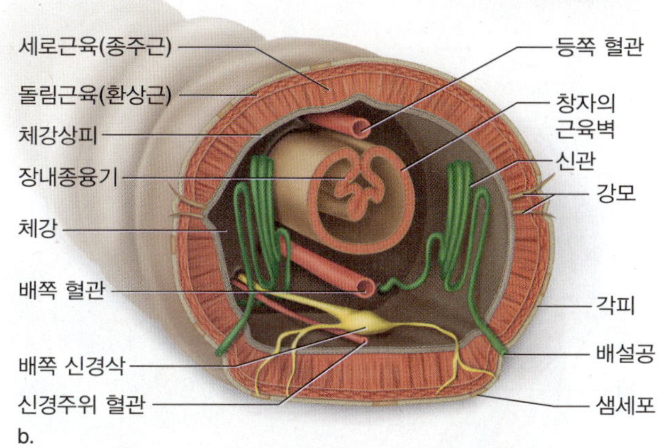

그림 19.14 지렁이의 해부구조.

a. 지렁이 앞 부위의 내부 구조. **b.** 지렁이의 횡단면.

19.3 개념 연결하기

좌우대칭과 두화의 진화로 인해 촉수담륜자동물이 나타났다.

진도 점검하기 19.3

1. 편형동물, 연체동물, 환형동물을 촉수담륜자동물로 분류하는 이유를 설명하시오.
2. 전형적인 편형동물과 환형동물의 체형을 비교하시오.
3. 복족류, 두족류, 이매패류의 차이점을 요약하시오.

a. 참갯지렁이

b. 꽃갯지렁이

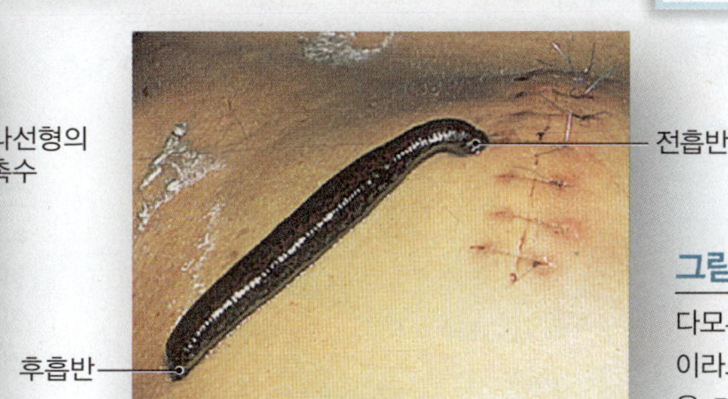

c. 의료용 거머리

그림 19.15 환형동물.

다모류는 참갯지렁이(**a**)처럼 포식성이거나, 크리스마스트리갯지렁이라고도 부르는 꽃갯지렁이(**b**)처럼 관 속에서 서식한다. **c.** 의료용 거머리 역시 환형동물이며, 수술 후 조직에서 혈액을 제거하는 용도로 종종 이용된다.

19.4 선형동물과 절지동물: 탈피동물

학습 목표

이 절을 학습한 후에는 다음 과제를 수행할 수 있어야 한다.

1. 탈피동물로 분류되는 특징을 열거하기.
2. 체형에 의거하여 선형동물과 절지동물을 구분하기.
3. 절지동물의 번성을 설명하기.

앞 절의 촉수담륜자동물과 마찬가지로 탈피동물(ecdysozoans)도 무척추 선구동물이다. 탈피동물이란 명칭은 이 동물들이 개체 성장을 위하여 반드시 벗어버려야 하는 외골격인 각피(cuticle)를 분비한다는 사실에서 유래된 것이다. 이러한 과정을 탈피(molting, 또는 *ecdysis*)라고 한다. 탈피동물은 선형동물과 아주 번성한 절지동물로 구성된다.

선형동물: 의체강동물

선형동물(roundworms; phylum Nematoda)은 비체절성 동물이며, 부드러운 체외벽을 갖는다. 이들은 중배엽에 의해 불완전하게 감싸인 의체강을 갖고 있다(그림 19.7 참조). 액체로 채워진 의체강은 근육 수축을 돕고 유연성을 증가시킨다. 입과 항문이 모두 존재하므로 소화관은 완전하다(**그림 19.16**). 선형동물은 일반적으로 무색이고 길이는 5 cm 이하이다. 바다, 담수 및 토양 등 거의 모든 환경에서 서식하며, 좁은 지역에 수천 마리가 모여 산다. 대부분은 자유생활을 하며 조류(algae), 진균류(fungi), 미세한 동물, 사체 및 식물즙을 섭취하여 농작물에 막대한 피해를 준다. 기생성 선형동물은 모든 종류의 동물과 대부분의 식물에서 혐기성으로 살아간다. 일부 기생성 선형동물은 사람을 감염시킨다.

인체기생충인 회충(*Ascaris lumbricoides*)의 암컷은 번식력이 뛰어나 매일 20만 개 이상의 알을 낳는다. 알은 숙주의 분변과 함께 배출되고 적절한 조건에서는 2주일 내에 유충으로 발육한다. 알은 익히지 않은 채소, 손가락에 묻은 흙 또는 분변물질을 통해 인체로 들어간 후 소장에서 부화한다. 유충은 순환계로 들어가 심장과 폐로 운반된다. 폐에서 기관(trachea)으로 이동한 유충은 삼켜져서 결국 장에 도달한다. 여기에서 성숙한 유충은 장 내용물을 섭취하기 시작한다.

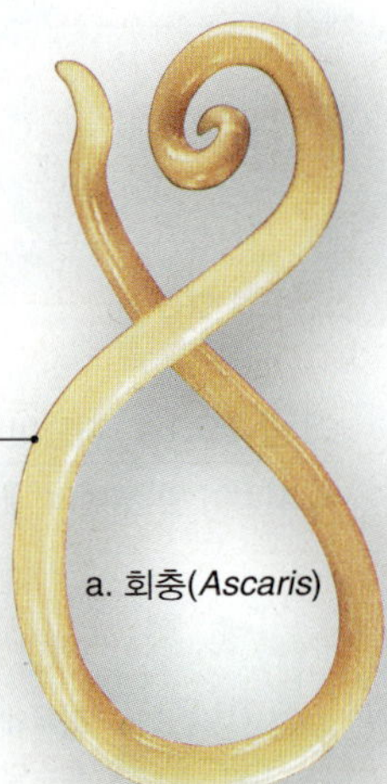

a. 회충(*Ascaris*)

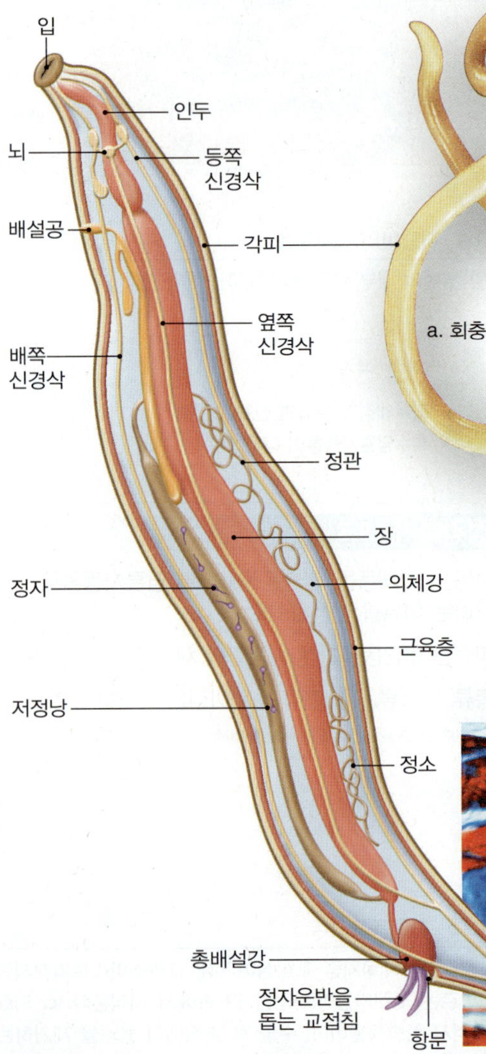

b. 회충 해부도

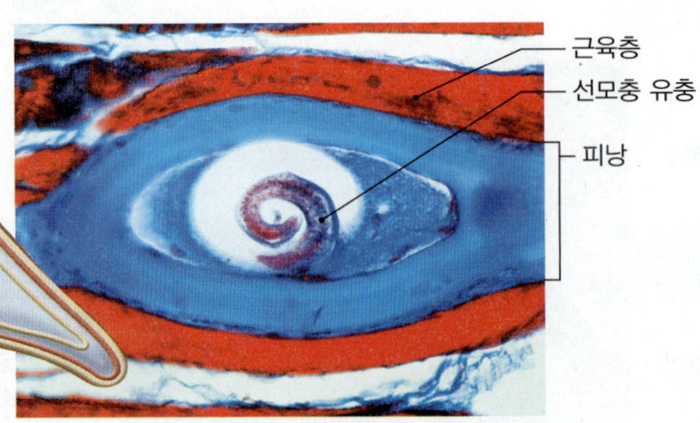

c. 선모충(*Trichinella*) ×124

그림 19.16 선형동물의 해부구조.

a. 선형동물인 회충(*Ascaris*). **b.** 회충과 같은 선형동물은 의체강과 완전한 소화관(입과 항문이 있음)을 가지고 있다. 자웅이체이며, 그림은 수컷이다. **c.** 선형동물인 선모충(*Trichinella*)의 유충이 골격근 섬유를 뚫고 들어가 근섬유로부터 형성된 피초 내에 둥글게 말려 있다.

선모충증(*trichinosis*)은 상당히 심각한 인체감염증이며, 드물게 관찰된다. 선모충 암컷은 숙주의 소장 벽을 파고들어 살아 있는 유충을 낳는다. 유충은 혈류를 따라 골격근으로 이동하여(그림 19.16*c*) 피낭을 형성한다. 성체가 소장을 침범하면 소화계 장애, 피로 및 발열이 생긴다. 유충이 피낭을 형성한 후에는 관절통, 근육통 및 피부 가려움증 등의 증상이 나타난다. 감염된 육류를 먹은 사람이 이 질병에 걸린다.

상피병(*elephantiasis*)은 사상충(filarial worm)이라는 선형동물에 의해 발병한다. 사상충은 모기를 2차 숙주로 이용한다. 성체가 림프관에 서식하기 때문에 림프액의 복귀가 지연되어 감염된 사람의 팔다리가 엄청나게 부어오르며, 심하면 코끼리의 팔다리와 비슷해진다. 모기가 감염환자를 물 때 유충이 새로운 숙주로 운반될 수 있다.

그 밖의 선형동물 감염이 흔하게 나타난다. 아이들은 자주 요충에 감염되며 구충(십이지장충, hookworm)은 전 세계에 분포한다. 구충은 장벽에 부착하여 혈액을 섭취하기 때문에 구충에 감염되면 숙주가 아주 허약해진다. 철저한 위생, 적절한 오물 처리, 육류 조리와 애완동물의 정기적인 구충을 시행하면 대개 기생성 선형동물 감염을 예방할 수 있다.

절지동물: 관절을 가진 부속지

절지동물(arthropods; phylum Arthropoda)은 극도로 다양하다. 지금까지 100만 종 이상이 발견되고 기재되었지만, 일부 전문가는 3,000만 종 이상의 절지동물이 존재할 것이라고 추정한다. 이들 대부분은 곤충이다. 절지동물은 다음 여섯 가지 특징으로 인해 번성할 수 있었다.

1. 관절을 가진 부속지. 기본적으로 근육으로 움직이며 속이 비어 있는 관으로 된 관절을 가진 부속지(jointed appendage)가 이동, 먹이 탐색, 생식 등의 서로 다른 수단에 이용되도록 적응되었다(**그림 19.17**). 이러한 변형은 절지동물이 다양하게 진화하게 된 주원인이다.
2. 외골격. 단단하며 관절로 이루어진 외골격은 기본적으로 **키틴(chitin)**으로 이루어져 있다. 키틴은 강하고 유연한 질소-함유 다당류이다. 외골격은 보호, 건조 방지, 근육 부착 및 이동 등 많은 기능을 갖고 있다. 외골격은 단단하고 팽창성이 없기 때문에 절지동물은 더 크게 성장하기 위해서는 반드시 탈피를 해야 한다.
3. 체절화. 많은 종에서는 신체가 체절(segment)이라는 반복되는 단위로 이루어진다. 체절마다 관절지가 1쌍씩 있다. 나머지 다른 종에서는 체절이 유합되어 머리, 가슴, 배를 이룬다.
4. 잘 발달된 신경계. 절지동물은 뇌와 배쪽 신경삭을 갖는다. 머리에는 겹눈과 홑눈 등 다양한 종류의 감각기관이 있다. 또한 많은 절지동물이 잘 발달된 촉각, 후각, 미각, 균형 및 청각 능력을 갖고 있다. 절지동물은 다양한 복합행동과 의사소통을 할 수 있다.
5. 호흡기관의 다양성. 해산종은 아가미를 이용하며, 육산종은 서폐(book lung, 거미류), 또는 기관(trachea)이라는 공기 관을 갖는다. 기관은 산소를 세포로 직접 운반하는 빠른 길로 작용한다. 순환계는 개방되어 있으며, 등쪽 심장이 신체에 널리 분포하는 다양한 동굴(sinus)로 혈액을 분출한다.

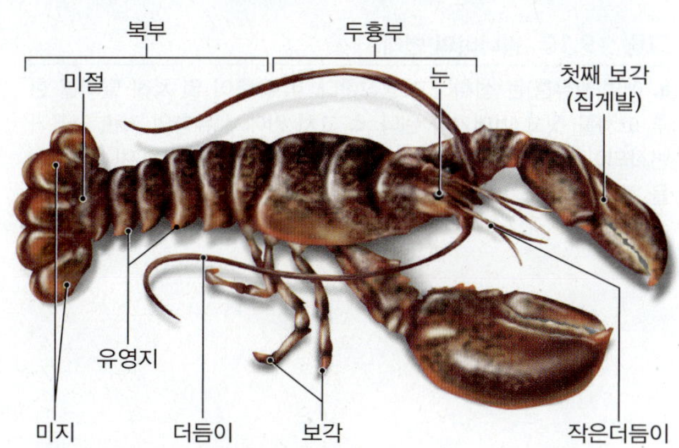

그림 19.17 **절지동물의 체형.**

바닷가재 등의 절지동물은 두흉부의 머리 부위에 다양한 부속지와 가슴 부위에 다섯 쌍의 보각(걷는 다리)을 갖고 있다. 생식과 유영에 사용하는 유영지라고 부르는 부속지는 복부에 붙어 있다. 미지와 미절이 부채 모양의 꼬리를 이룬다.

6. 변태. 많은 절지동물은 유충에서 성충으로 될 때에 형태와 생리적인 변화를 겪게 된다. 변태를 통해 유충이 다른 생활방식을 가지게 된다(**그림 19.18**). 예를 들어, 게의 유생은 플랑크톤 무리와 살면서 플랑크톤을 섭취하는 반면, 게의 성체는 바닥에서 서식하며 살아 있는 먹이를 잡거나 죽은 유기물을 청소한다. 나비와 같은 곤충의 경우, 송충이는 나뭇잎을 먹지만 성충은 즙을 섭취한다.

그림 19.18 왕나비의 변태.

a. 애벌레(유충)는 섭취하고 성장한다. **b.** 유충이 몇 차례 탈피를 한 후 고치를 짓고 번데기가 된다. **c.** 고치 안에서 유충의 기관 구조가 변화되어 성충으로 된다. **d, e.** 나비 성충은 고치에서 빠져나와 생식을 하며, 생활사가 다시 시작된다.

단단하고 두꺼운 외골격에서 명칭이 유래된 **갑각류(crustacean)**는 따개비, 새우, 바닷가재 및 게를 포함하는 대부분 바다에서 사는 절지동물 무리이다(**그림 19.19**). 가재 등의 일부 담수갑각류와 쥐며느리 등의 일부 육상종도 있다. 갑각류의 해부구조는 매우 다양하지만 머리에는 대개 1쌍의 겹눈과 5쌍의 부속지가 있다. 처음 2쌍의 부속지는 각각 더듬이와 작은더듬이라고 부르며, 입 앞쪽에 위치하여 감각기능을 갖는다. 나머지 3쌍은 먹이 섭취에 이용되는 구기(입 부위)이다. 바닷가재의 경우 흉부에 5쌍의 보각(걷는 다리)이 있다. 첫 번째 보각은 집게발이다. 아가미(*gill*)는 보각 위쪽에 위치한다. 머리와 가슴은 두흉부로 유합되어 있으며, 위쪽과 양옆은 체절화되지 않은 갑각으로 덮여 있다. 대부분 근육으로 된 복부 체절에는 작은 페달 모양의 유영지가 있다. 가장 끝의 두 마디에는 미지와 미절이 있으며, 이들이 부채 모양의 꼬리를 이루어 바닷가재를 뒤쪽으로 움직이게 한다(그림 19.17 참조).

갑각류는 먹이사슬에서 핵심적인 역할을 한다. 크릴새우로 알려진 미세 갑각류는 수염고래, 바닷새, 물개 등의 주요 먹이원이다. 일본 등 일부 국가는 식용으로 크릴새우를 포획한다. 요각류와 기타 소형 갑각류는 해양과 수생태계에서 1차 소비자이다. 바닷가재, 게 및 새우의 많은 종이 해산물 산업에 있어서 중요하며, 일부 따개비류는 부두, 방파제 및 선박에 손상을 입히기도 한다.

절지동물 중에서 **거미류(arachnids)**는 거미, 전갈, 진드기(tick), 응애(mite) 및 장님거미 등을 포함한다(**그림 19.20*a***). 거미는 잘록한 허리가 있어서 두흉부와 복부가 분리된다. 대부분의 거미는 먹잇감에 독소를 주입하여, 체외에서 소화시킨 후 위장으로 흡입한다. 거미는 그물 짓기부터 먹이 포획에 이르기까지 모든 목적에 명주실을 이용한다. 거미의 내부기관을 보면 이들이 육상 생활방식에 적응한 것을 알 수 있다. 말피기씨관은 직장샘과 연결되어 이온과 물을 재흡수한 후 비교적 건조한 질소노폐물(요산)을 배설한다. 내부 체벽이 함입되어 서폐(book lung)라는 구조가 형성된다. 서폐는 거미류의 호흡표면이다.

전갈은 가장 오래된 육상 절지동물에 속하고(그림 19.20*b*), 수생환경에서

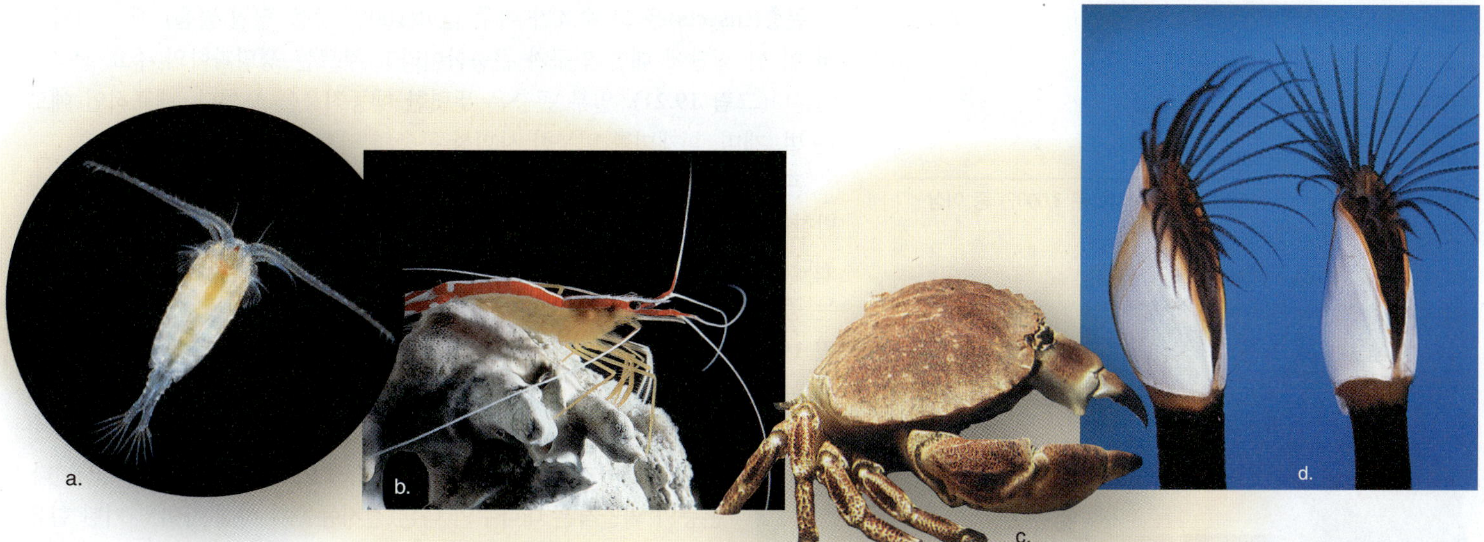

그림 19.19 **갑각류의 다양성.**

a. 요각류는 긴 촉수를 이용하여 떠다니며, 깃털 같은 작은 털으로 여과섭식을 한다. 새우(**b**)와 게(**c**)는 십각류이며, 다섯 쌍의 보각을 갖는다. 새우는 게보다는 가재와 더 닮았다. 게는 복부가 축소되어 있다. 바다 새우는 요각류를 섭식한다. **d.** 거북목따개비는 긴 자루를 이용하여 물체에 부착한다. 따개비는 복부가 없으며 머리도 축소되어 있다. 가슴 부위의 다리를 뻗쳐 여과섭식을 한다. 따개비는 흔히 배, 부표, 전선 등의 인공물체에 붙어서 산다.

벗어난 첫 번째 절지동물의 직계 자손일 수 있다. 오늘날 전갈은 열대, 아열대 및 온대지역에서 전 세계적으로 서식한다. 이들은 야행성이며, 낮에는 대개 통나무나 바위 아래에서 숨어 지낸다. 진드기와 응애는 기생충이다. 진드기는 척추동물의 혈액을 빨아먹으며, 때로는 록키산홍반열이나 라임병과 같은 질병을 전파하기도 한다. 털진드기 유충은 척추동물의 피부에서 피를 빨아먹는다.

투구게가 거미류와 같은 무리에 묶인 이유는 첫 번째 부속지 쌍이 섭식과 방어에 이용되는 집게발 구조로 되어 있기 때문이다. 투구게는 섭식과 감각기관으로 이용하는 다리수염과 4쌍의 보각을 갖고 있다(그림 19.20*c*). 투구게는 의학에서 지대한 관심을 끈다. 투구게의 혈액 세포 추출물은 백신에 세균독소가 없음을 확인하는 목적으로 이용된다. 투구게에서 추출한 여러 화합물의 항생제, 항바이러스제 및 항암제 특성에 대한 연구가 진행되고 있다.

노래기류(그림 19.20*d*)는 대부분의 체절에 2쌍의 다리가 있고 채식성인 반면, 지네류(그림 19.20*e*)는 체절마다 1쌍의 부속지가 있고 육식성이다. 이들의 머리 부속지는 절지동물 중에서 (그뿐 아니라 모든 동물 중에서) 가장 큰 집단인 곤충의 머리 부속지와 유사하다.

그림 19.20 **절지동물의 다양성.**

a. 검정과부거미는 독성이 있으며 거미집을 짓는다. **b.** 전갈은 앞쪽에 커다란 집게발이 있으며, 긴 복부 끝에는 독을 지닌 찌름장치가 있다. **c.** 투구게는 북아메리카 동해안에 흔하게 분포한다. **d.** 노래기류는 대부분의 체절마다 2쌍의 다리가 있다. **e.** 지네류는 거의 모든 체절마다 1쌍의 부속지가 있다.

곤충(insects)은 그 수효가 아주 많고(100만 종을 훨씬 넘음) 매우 다양해서 이 한 집단에 대한 연구가 곤충학이라고 부르는 생명과학의 주요 전공을 이룬다(**그림 19.21**). 일부 곤충은 뚜렷한 행동적응을 보인다. 대표적인 예로는 벌, 개미, 흰개미를 비롯한 사회성 곤충의 사회 체계가 있다.

곤충은 비록 일부가 수생 서식지로 이차적으로 침범해 가기는 하지만, 활발한 육상생활에 적응되어 있다. 몸은 두부, 흉부 및 복부의 세 부분으로 나뉜다. 두부에는 보통 1쌍의 더듬이, 1쌍의 겹눈 및 몇 개의 홑눈이 있다. 구기는 종에 따른 특별한 생활방식에 적응되어 있다. 메뚜기의 구기는 씹는 형(**그림 19.22**)이고, 나비는 꽃에서 즙을 빨아들이는 긴 관을 갖고 있다. 복부에는 대부분의 내부기관이 있다. 흉부에는 3쌍의 다리가 있으며, 날개는 1~2쌍이거나 없다. 날개는 적으로부터 도피하기, 먹잇감 찾기, 짝짓기 및 자손 퍼뜨리기 등의 수단이 되어 곤충의 생존 능력을 증가시킨다. 곤충의 외골격은 대다수의 다른 절지동물에 비해 가볍고 키틴 함유량이 적다. 수컷은 정자를 암컷에게 전달하는 음경을 갖고 있다. 메뚜기의 경우처럼 암컷은 수정란을 낳기 위한 산란관을 가질 수도 있다. 나비와 같은 일부 곤충은 형태가 완전히 변하는 완전변태를 한다(그림 19.18 참조).

개념 연결하기 19.4
탈피동물에는 지구에서 가장 번성한 동물인 절지동물이 포함된다.

진도 점검하기 19.4

1. 앞서 살펴본 동물에서는 볼 수 없었던 회충의 두 가지 형태학적 특징을 서술하시오.
2. 절지동물의 여섯 가지 주요 특징을 나열하시오.
3. 곤충이 지구에서 가장 수효가 많고 다양한 무리인 이유에 대해 논의하시오.

그림 19.21 곤충류의 다양성.
현재 100만 종 이상이 동정되었지만 과학자들은 3,000만 종 이상 존재할 것이라고 추정한다.

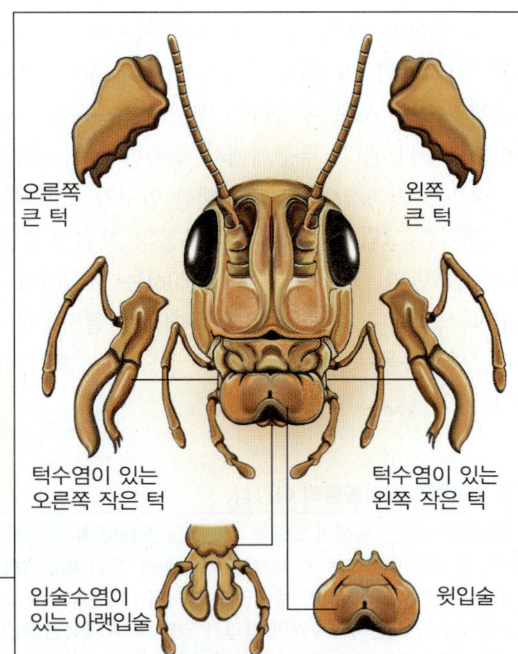

그림 19.22 메뚜기의 구기.
메뚜기의 구기(입 부위)는 씹기에 적합하도록 특수화되어 있다. 곤충의 구기는 종마다 자신의 먹이에 적응되어 있다.

19.5 극피동물과 척삭동물: 후구동물

학습 목표

이 절을 학습한 후에는 다음 과제를 수행할 수 있어야 한다.

1. 극피동물과 척삭동물의 공통적인 특징을 인식하기.
2. 극피동물의 분명한 특징을 기술하기.
3. 무척추 척삭동물과 척추 척삭동물의 분명한 특징을 기술하기.
4. 척추동물 무리인 어류, 양서류, 파충류 및 포유류의 분명한 특징을 기술하기.

동물의 진화계통도에서 제시한 바와 같이(그림 19.4 참조) 후구동물(그림 19.6 참조)에는 극피동물과 척삭동물이 포함된다.

극피동물

극피동물(echinoderms; phylum Echinodermata)에게 사람 등의 척추동물과 연관된 특징이 없다는 점은 놀라운 일일 수 있지만, 모든 무척추동물 중에서 극피동물이 척삭동물과 가장 가까운 유연관계를 갖는다(**그림 19.23**). 하지만 일부 뚜렷한 차이가 있다. 예를 들어 극피동물은 주로 좌우대칭이 아니라 방사대칭이다. 이들의 유생은 자유유영을 하는 여과 섭식자이며 좌우대칭이지만, 변태를 통해 방사대칭인 성체가 된다. 또한 극피동물 성체는 머리, 뇌 또는 체절이 없다. 입 주위에 원형으로 배열된 신경으로 이루어진 신경계는 방사상으로 바깥쪽으로 뻗어 있다. 그렇지만 척삭동물과 마찬가지로 이들 역시 후구동물이다.

a. 바다나리(왼쪽)와 갯고사리(오른쪽)

b. 해삼

c. 거미불가사리

d. 성게(왼쪽)와 연잎성게(오른쪽)

그림 19.23 극피동물의 다양성.

a. 바다나리는 운동성이 없지만 갯고사리는 이동이 가능하다. 이들은 보통 산호나 해면에 붙어 고착생활을 하면서 플랑크톤을 섭취한다. **b.** 해삼의 몸은 입 주위에 있는 섭식용 촉수를 제외하고는 오이를 닮은 긴 가죽처럼 생겼다. **c.** 거미불가사리의 길고 유연한 팔은 중심판에서 방사상으로 뻗어 있다. **d.** 성게와 연잎성게는 가시가 있어서 이동, 방어 및 굴착에 이용한다.

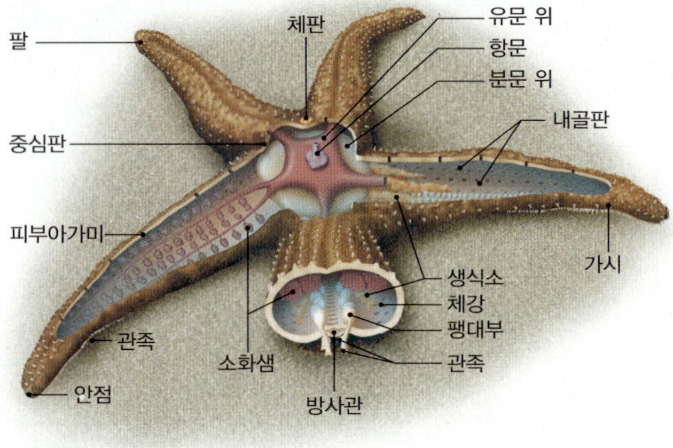

그림 19.24 불가사리의 해부구조.
불가사리를 포함한 대부분의 극피동물은 성체기에는 방사대칭이다.

극피동물은 수관계(water vascular system)에 의존하여 이동한다(**그림 19.24**). 불가사리의 경우, 물이 체판(또는 천공판)을 통해 수관계로 들어간 후, 여러 관족(tube feet) 안으로 분출되어 관족이 확장된다. 관족이 물체 표면에 접촉하면 중앙부가 수축되고, 흡입력이 생겨 관족이 표면에 부착하게 된다. 불가사리는 많은 관족의 확장과 수축을 반복함으로써 천천히 이동한다.

극피동물은 복잡한 호흡계, 배설계 및 순환계가 없으며, 체강 안의 액체와 수관계가 이러한 기능을 수행한다. 예를 들어 기체교환은 피부 아가미와 관족을 통하여 이루어지며, 질소노폐물은 체강액과 체벽을 통해 확산된다.

대부분의 극피동물은 바닷물이나 바닥의 유기물을 다양하게 섭취하지만, 불가사리는 갑각류, 연체동물을 비롯한 무척추동물을 포식한다. 인간의 관점에서 보면 불가사리는 굴과 조개를 잡아먹기 때문에 막대한 경제적 손실을 초래한다. 그러나 불가사리는 여러모로 중요하다. 많은 생태계에서 극피동물은 어류와 해달의 먹이이며, 과학자들은 발생학 연구에 극피동물을 즐겨 사용한다.

척삭동물

척삭동물(chordates; phylum Chordata)은 일생의 어떤 시기에 네 가지 특징을 보인다(**그림 19.25**).

1. **척삭(notochord)**이라고 부르는 **등쪽 지지대**(*dorsal supporting rod*). 척삭은 신경삭 바로 아래에서 몸 뒤쪽으로 분포한다. 척추동물은 연골 또는 뼈로 이루어진 내골격을 갖는데, 발생과정 중 척삭을 대체한 척주(vertebral column)도 이에 포함된다.
2. **등쪽 관상 신경삭**(*dorsal tubular nerve cord*). 관상(*tubular*)이란 신경삭이 액체로 채워진 관을 갖는다는 것을 의미한다. 척추동물에서는 척추뼈(vertebrae)가 신경삭을 보호한다. 따라서 척추뼈가 척추(spine)를 형성하기 때문에 척수(spinal cord)라고 부른다.
3. **인두낭**(*pharyngeal pouch*). 이 구조는 대부분의 척추동물에서 오로지 배 발생기에만 볼 수 있다. 무척추 척삭동물, 어류 및 일부 양서류 유생의 경우 인두낭은 기능적인 아가미로 발달한다. 입과 인두로 들어온 물은 아가미열을 통해 나가며, 아가미궁이 아가미열을 지지해준다. 폐로 호흡하는 육상 척추동물에서는 인두낭이 다양한 목적에 맞게 변형되어 있다. 사람의 경우, 첫 번째 인두낭 쌍이 귀를 이루는 관으로 발달한다. 두 번째 인두낭 쌍은 편도로 발달하며, 3~4번째 인두낭 쌍은 가슴샘과 부갑상샘으로 발달한다.
4. **꼬리**(*tail*). 꼬리가 항문 뒤로 뻗어 있기 때문에 **항문뒤쪽 꼬리**(*postanal tail*)라고 한다.

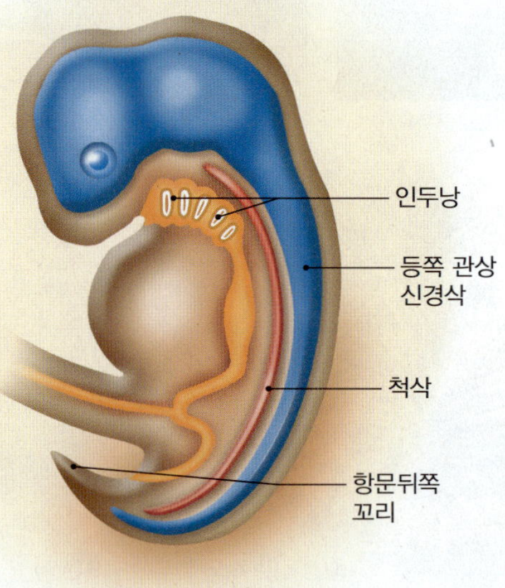

그림 19.25 척삭동물의 네 가지 특징.
피낭류에서 포유류에 이르는 모든 척삭동물은 일생의 어떤 시점에 이러한 특징을 공유한다.

무척추 척삭동물

소수의 무척추 척삭동물에서는 척삭이 척주로 대체되지 않는다. **피낭류 (tunicates)**는 바다 바닥에 서식하며, 성체가 두터운 웅크린 주머니처럼 보이는 피낭(tunic)을 가지므로 그 명칭이 유래되었다. 이들은 위협을 받으면 깔때기 중 하나로 물을 분출하기 때문에 바닷물총이라고 부르기도 한다(**그림**

19.26*a*). 피낭류 유생은 좌우대칭이며 척삭동물의 네 가지 특징을 가지고 있다. 변태를 통해 고착성 성체가 되면 수많은 섬모를 이용하여 물을 인두로 이동시키고 무수한 아가미열로 배출한다. 성체기에도 남아 있는 척삭동물 특징으로는 아가미열이 유일하다.

창고기류(lacelets)는 길이가 수 cm밖에 되지 않는 해산 척삭동물이다. 이들은 양날을 가진 작은 수술용 칼과 같은 작은 창 모양이다(그림 19.26*b*). 창고기류는 대부분의 해안을 따라 얕은 물에서 관찰되며, 대개 입과 아가미 도구만 외부로 드러낸 채 모래나 펄에 묻혀 있다. 이들은 입으로 흘러 들어가 아가미열을 통해 나오는 물을 여과하여 미세한 입자들을 섭취한다. 창고기류는 성체기에도 척삭동물의 네 가지 특징을 유지한다. 나아가 체절도 존재한다. 근육이 체절성으로 배열되어 있고 등쪽 관상 신경삭이 주기적으로 분지를 이루는 사실이 그 증거이다.

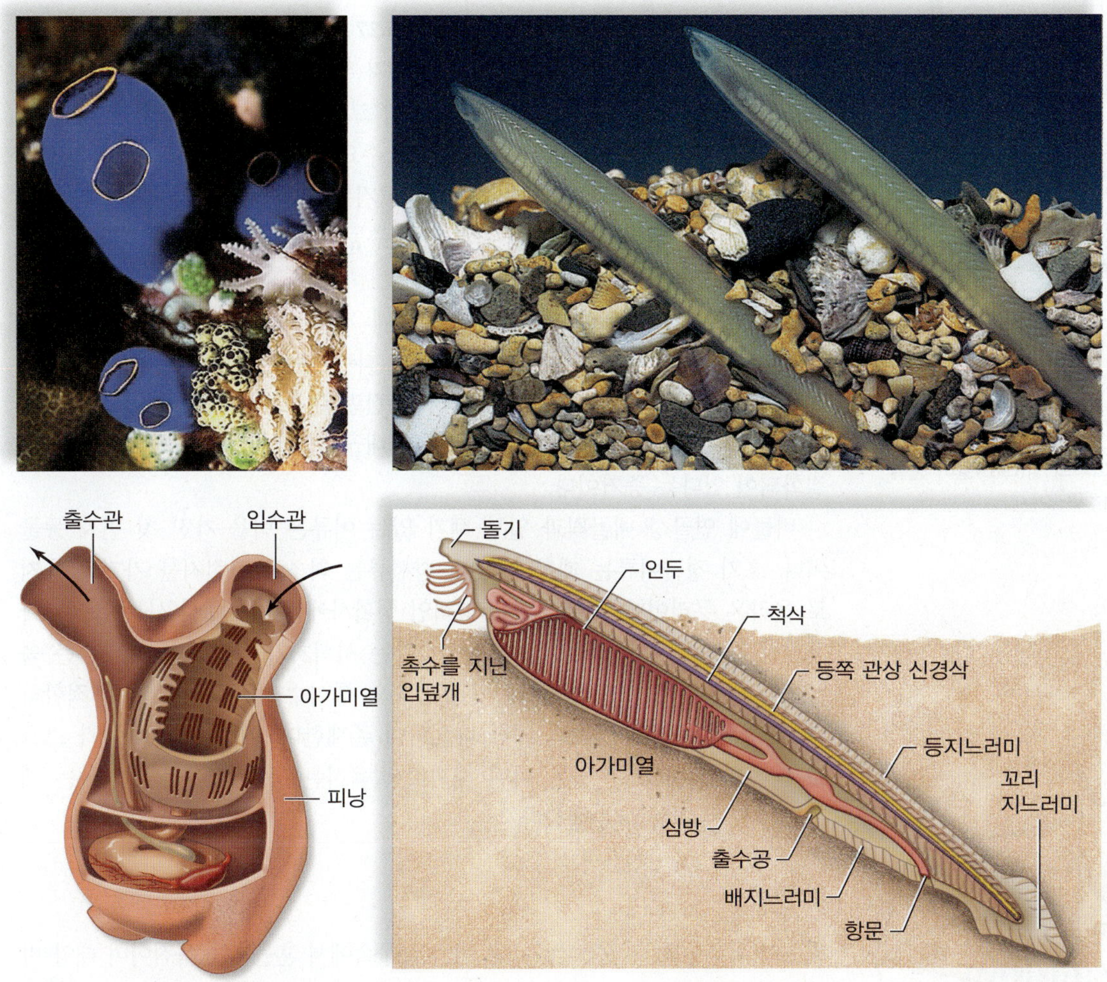

a. b.

그림 19.26 무척추 척삭동물.

a. 피낭류(바다물총)는 수많은 아가미열을 갖는다. 성체기에는 척삭동물의 특징 중 아가미열만이 유일하게 남는다. **b.** 창고기는 성체가 되어도 척삭동물의 네 가지 특징이 모두 남아 있다.

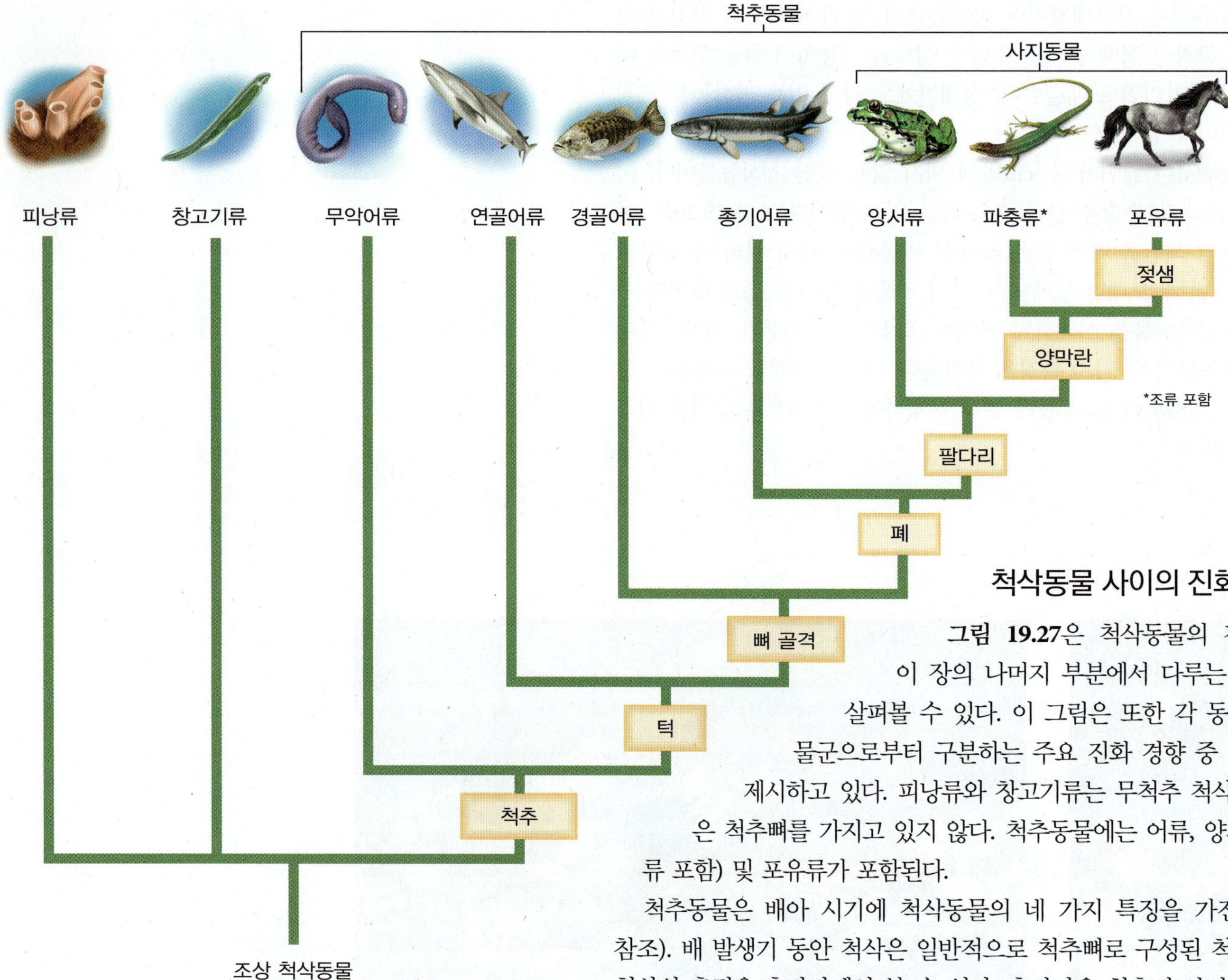

그림 19.27 척삭동물의 진화계통수.

각각의 혁신은 그 혁신이 나타난 분기점 이후의 강(class)들이 공유한다. 예를 들어 경골어류는 뼈 골격, 턱, 척추를 갖는다.

척삭동물 사이의 진화 경향

그림 19.27은 척삭동물의 진화계통수이며, 이 장의 나머지 부분에서 다루는 동물군을 미리 살펴볼 수 있다. 이 그림은 또한 각 동물군을 앞선 동물군으로부터 구분하는 주요 진화 경향 중 최소 한 가지를 제시하고 있다. 피낭류와 창고기류는 무척추 척삭동물이다. 이들은 척추뼈를 가지고 있지 않다. 척추동물에는 어류, 양서류, 파충류(조류 포함) 및 포유류가 포함된다.

척추동물은 배아 시기에 척삭동물의 네 가지 특징을 가진다(그림 19.25 참조). 배 발생기 동안 척삭은 일반적으로 척추뼈로 구성된 척주로 대체된다. 척삭의 흔적은 추간판에서 볼 수 있다. 추간판은 척추뼈 사이에 있는 압축성의 연골판이다. 척주는 유연하지만 강한 내골격의 일부이며, 척추동물이 체절화되어 있다는 증거이다.

비늘에 연골성 내골격과 일부 뼈가 있는 어류는 턱을 가진 첫 번째 동물이다. 초기 경골어류는 폐를 가졌다. 양서류는 최초로 관절지를 가지고 육지로 올라온 무리이다. 양서류의 전형적인 생활사에는 물속에서 사는 유생기가 포함된다(그림 19.1 참조). 그러나 양서류는 서식처가 다양하며, 대다수는 육상에서 번식한다. 파충류, 조류 및 포유류의 생식수단은 육상에 더욱 적합하다. 배 발생기 동안 양막과 기타 배외막이 존재한다. 이 막들은 배아가 스스로 먹이를 섭취할 수 있는 어린 새끼로 발육하는 동안 배아를 지원하는 데 필요한 모든 기능을 수행한다.

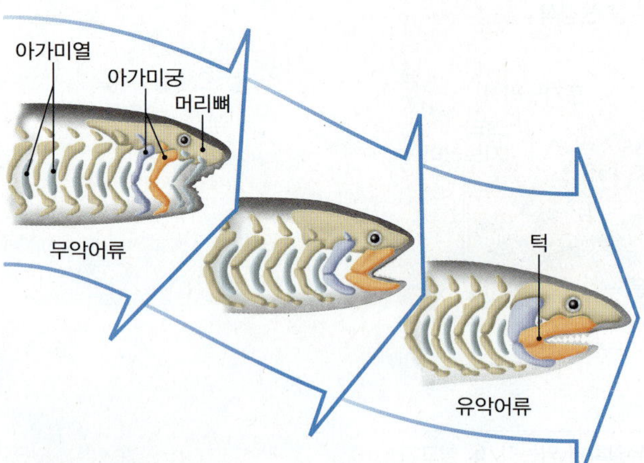

그림 19.28 턱의 진화.

턱은 조상 무악어류의 앞쪽 아가미궁에서 진화되었다.

어류: 최초의 턱과 폐

최초의 척추동물은 무악어류이다. 이들은 물속에서 흔들흔들 움직이며 대양 바닥의 먹이를 흡입하였다. 오늘날 어류에는 무악어류 , 연골어류 및 경골어류 등 3개의 강이 존재한다. 마지막 2개의 강에 속하는 어류는 치아를 가진 머리뼈인 턱을 갖고 있다. 턱은 아가미를 지지하는 구조물인 아가미궁의 첫 번째 쌍이 진화된 것으로 여겨진다(**그림 19.28**). 턱이 있기에 포식생활을 할 수 있다.

현재 살고 있는 **무악어류(jawless fishes)**를 대표하는 종은 원통형이며 길이가 1 m에 이른다. 이들은 부드럽고 비늘이 없는 피부를 가지며 턱이나 지느러미 쌍이 없다. 현존하는 무악어류의 두 가지 무리는 **먹장어류**(*hagfishes*)와 **칠성장어류**(*lampreys*)이다(**그림 19.29*a***). 먹장어는 청소자로서 주로 죽은 물고기를 먹는 반면, 일부 칠성장어는 기생성이다. 기생성 칠성장어는 둥근 입이 빨판 구실을 한다. 다른 물고기에 부착한 후 자신의 순환계로 활용한다. 다른 모든 어류와는 달리 물이 입을 통해 들어와 아가미를 통해 배출되지 않는다. 그 대신 아가미구멍을 통해 물이 드나든다.

연골어류(cartilaginous fishes)로는 상어류(그림 19.29*b*), 가오리류 및 홍어류가 있으며, 경골 대신에 연골 골격을 갖는다. 작은 곱상어는 해부 실험용으로 종종 이용된다. 귀상어는 열대 및 온대 바다에 서식하는 아주 위험한 상어이다. 가장 거대한 상어인 고래상어는 작은 물고기와 해산 무척추동물을 포식하며 사람을 공격하지 않는다. 홍어와 가오리는 편평한 형태이며, 모래에 묻혀 지내면서 홍합과 조개를 포식한다.

상어와 가오리는 잘 발달된 세 가지의 감각을 활용하여 먹잇감을 찾는다. (1) 이들은 물속에서 전류를 감지하는 능력이 있다—동물의 근육 운동에 의해 생성된 것까지도 감지한다. (2) 이들을 비롯하여 모든 종류의 어류가 측선계를 갖는다. 신체의 양 측면을 따라 위치한 관 속에 있는 일련의 세포로 이루어진 측선계는 인근의 어류나 다른 동물이 헤엄칠 때 생기는 압력을 감지한다. (3) 이들은 냄새 감각이 예민하다—뇌에서 이 감각과 연관된 부위는 나머지 부위의 두 배나 된다. 상어는 115리터의 물에 있는 한 방울의 피도 감지해낼 수 있다.

a. 무악어류인 칠성장어

경골어류(bony fishes)는 모든 척추동물 중 수효가 가장 많고 다양하다. 농어, 송어, 연어 및 대구 등 식용 경골어류의 대부분은 **조기어류(ray-finned fishes)**이다(그림 19.29*c*). 균형을 잡고 추진하는 이들의 지느러미는 얇으며 뼈로 이루어진 침에 의해 지지된다. 조기어류의 생활방식은 다양하다. 청어 등의 일부 어류는 여과섭식자이고 송어 등은 기회성 섭식자이며, 그 밖에 피라냐와 바라쿠다 등의 포식성 육식동물도 있다.

b. 연골어류인 황소상어

조기어류는 부양기관으로 작용하는 부레를 가진다. 이들은 부레에 기체를 분비하거나 부레에서 기체를 흡수함으로써 비중을 바꿀 수 있어서 물속에서 위아래로 이동할 수 있다. 조기어류의 유선형 몸체, 지느러미 및 근육 운동은 모두 물속에서 이동하기에 적합하다. 이들의 피부는 경골성 비늘로 덮여 신체를 보호하지만 수분 손실을 막지는 못한다. 조기어류가 호흡할 때 입을 지나 아가미틈새로 물이 이동하여 아가미가 항상 축축하게 유지된다. 물이 아가미 위를 지날 때에 산소는 혈액으로 흡수되고 이산화탄소는 배출된다. 조기어류는 단일순환 순환계를 갖는다. 심장은 단순한 펌프이다. 혈액은 나누어지지 않은 심방과 심실을 포함한 방을 지나 아가미로 간다. 산소가 풍부한 혈액이 아가미에서 신체 부위로 갔다가 심장으로 돌아와 재순환한다.

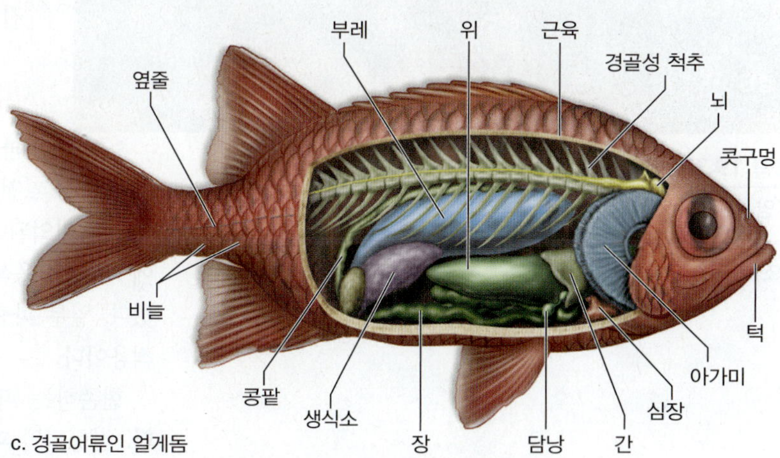

c. 경골어류인 얼게돔

그림 19.29 어류의 다양성.

a. 칠성장어는 무악어류이다. 치아가 있는 구판(oral disk)을 눈여겨 보자. **b.** 상어는 연골어류이다. **c.** 경골어류인 얼개돔의 해부구조.

총기어류(lobe-finned fishes)는 경골어류의 다른 종류이다. 고대 총기어류가 양서류로 진화하였다(**그림 19.30*a***). 이들은 육상에서 이동에 적응할 수 있었던 육질성 부속지뿐만 아니라 대부분 호흡에 이용하는

그림 19.30 양서류의 진화.

a. 양서류와 비교한 총기어류. 앞다리 뼈와 뒷다리 뼈의 위치가 바뀌어 몸을 들어 올리고 지지한다. **b.** 영원(이 그림)과 개구리(그림 19.1 참조)는 현존 양서류이다.

폐(lung)도 가지고 있었다.

양서류: 관절을 갖는 척추성 팔다리

육상 환경에서 사는 방법을 갖춘 최초의 척삭동물은 양서류이다. **양서류(amphibians)**라는 이름은 육상과 물속에서 모두 살 수 있음을 의미하며, 오늘날 개구리, 두꺼비, 영원, 도롱뇽 등이 있다. 양서류는 색채가 다양하다. 일부 밝은 색채를 가진 종은 포식자를 병들게 하거나 죽이는 피부 독소를 지닌다. 일반적으로 이들의 체색이 눈에 잘 띄지 않도록 하여 보호해준다.

관절을 갖는 팔다리(그림 19.30*b*) 이외에도 양서류는 경골어류에서 볼 수 없는 다른 특징을 갖는다. 눈의 수분을 유지하기 위한 눈꺼풀, 소리를 내는 후두, 그리고 음파를 모을 수 있도록 적응된 귀 등이다. 이들의 뇌는 어류의 것보다 크다. 양서류 성체의 폐는 대개 작다. 공기는 콧구멍을 통해 입으로 들어온 후, 입 바닥을 들어 올리면 상대적으로 작은 폐로 들어간다. 부드럽고 습하며 샘 모양의 피부를 통한 기체교환으로 호흡을 보충한다. 양서류의 심장은 단 3개의 방으로 이루어져 있어서, 4개의 방이 있는 포유류와 비교된다. 혼합된 혈액이 신체 모든 부위로 나가며, 일부는 피부로 가서 추가로 산소를 공급받는다.

양서류는 대부분 양서성 생활—물속의 유생기와 육상의 성체기—을 한다(그림 19.1 참조). 변태는 양서류의 뚜렷한 특징이지만, 일부에서는 나타나지 않는다. 일부 도롱뇽과 심지어 일부 개구리도 직접 발생한다. 성체는 생식을 위해 물로 돌아가지 않으며 올챙이 시기도 없다. 양서류에서는 매우 다양한 번식 전략을 관찰할 수 있다. 위-부화(gastric-brooding) 개구리의 경우 암컷이 20개 정도의 수정란을 삼킨 후, 이 알들이 위 속에서 발생한다. 이후 종에 따라 올챙이 또는 새끼 개구리 상태로 토해낸다. 양서류는 생활사의 엄청난 다양성으로 인해 육상 환경에서 성공적으로 군집을 이룰 수 있었다. 그러나 수질 오염과 농약과 같은 인공 화학물질로 인해 세계적으로 양서류 군집이 급격하게 감소되었다. 현재 많은 양서류 종이 멸종위기에 처해 있다.

파충류: 양막란

파충류(reptiles)는 다양하며 2억 4,500만 년 전에서 6,600만 년 전 사이에 가장 번성하였다. 파충류에 포함되는 공룡은 거대한 체구로 기억된다. *Brachiosaurus*는 초식성이며, 길이는 약 23 m, 키는 약 17 m에 이른다. 육식성인 *Tyrannosaurus rex*는 뒷다리로 일어섰을 때의 키가 5 m였다. 일부 파충류가 두발로 일어선 것이 조류에서 날개가 진화하게 된 사전적응이다.

현존하는 파충류는 거북, 악어, 뱀, 도마뱀 및 새(나중에 논의)를 포함한다. 전형적인 파충류의 몸은 단단한 각질성 비늘로 덮여 탈수와 포식자로부터 보호해준다(**그림 19.31**). 파충류는 보호성 흉곽으로 둘러싸인 잘 발달된 폐를 갖는다. 대부분의 파충류 심장은 3개의 방으로 이루어져 있으며, 3번째 방은 종격에 의해 불완전하게 나누어져 있다. 이 때문에 산소가 풍부한 혈액과 산소가 적은 혈액이 여기에서 부분적으로 혼합된다.

파충류의 가장 뛰어난 적응은 육상생활에 적합한 생식 수단을 가진다는 점이다. 수컷의 음경은 암컷에게 정자를 직접 전달한다. 체내에서 수정이 이루어지고 암컷은 단단하고 질기며, 유연한 껍질을 가진 알을 낳는다. **양막란**(*amniotic egg*, **그림 19.32**)으로 인해 육상에서 발생이 가능하며, 발생기간 중 수중환경으로 돌아갈 필요가 없어졌다. 양막란은 발생 중인 배아에 대기의 산소, 영양분 및 수분을 제공하며, 배아가 건조해지거나 손상되지 않도록 보호한다. 이러한 일은 융모막 등의 배외막이 있어서 가능하다.

어류, 양서류 및 파충류(조류 제외)는 외온성이다. **외온성(ectothermic)**은 체온이 외부 환경의 온도에 따라 변하는 것을 의미한다. 외부 온도가 차가우면 내부 체온도 떨어지고, 외부 온도가 높으면 내부 체온도 상승한다. 대부분의 파충류는 체온을 올려야 할 때에는 몸을 태양에 노출시키고, 체온을 낮춰야 할 때에는 그늘에 숨어서 체온을 조절한다.

그림 19.31 파충류의 각질성 피부.

파충류의 비늘, 포유류의 피부와 털에 있는 케라틴 단백질은 육상 환경에서 수분 손실을 방지하는 데 도움이 된다.

깃털을 가진 파충류: 조류

조류(birds)는 악어와 공통조상을 가지며, 척추뼈로 된 꼬리, 발톱을 가진 발, 비늘 등의 특성으로 미루어 이들이 실제 파충류라는 것을 알 수 있다. 아마 닭다리에 있는 비늘을 본 적이 있을 것이다. 또한 새의 깃털(*feather*)은 실제로 파충류의 비늘이 변형된 것이다. 그러나 조류는 파충류의 혁질성 알보다는 단단한 껍질을 가진 양막란을 낳는다. 조류의 정확한 역사에 대해서는 아직도 논쟁 중이다. 그러나 최근에 중국 등의 지역에서 깃털이 있는 파충류가 발견되었다. 이 사실은 조류가 두발로 걷는 공룡과 아주 밀접하며, 조류를 파충류로 분류해야 한다는 것을 의미한다.

조류의 거의 모든 해부학적 특성은 비행 능력과 연관되어 있다(**그림 19.33**). 앞다리는 날개로 변형되었다. 매우 가벼운 뼈는 속이 비고 기강(air cavity)이 형성되어 있다. 각질성 부리는 치아가 있는

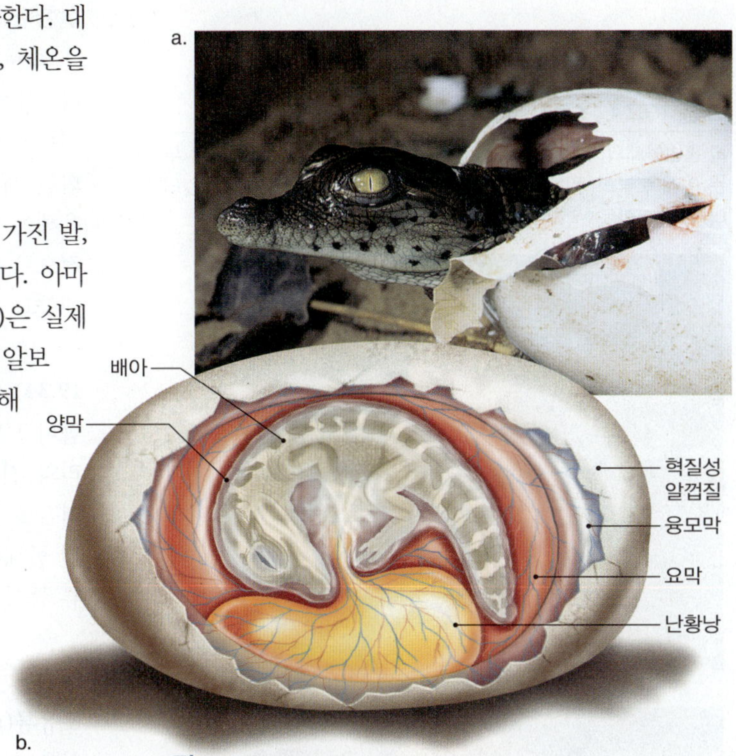

그림 19.32 양막란.

a. 새끼 미국악어가 알 껍질을 깨고 부화되고 있다. 이 껍질은 조류의 알과 같이 부서지지 않고 질기면서 유연하다. **b.** 알의 내부에서 배아가 배외막으로 감싸여 있다. 융모막은 기체 교환을 돕고, 난황낭은 양분을 공급하며, 요막은 노폐물을 저장하고, 양막 안에는 건조 방지와 보호 기능을 하는 액체가 들어 있다.

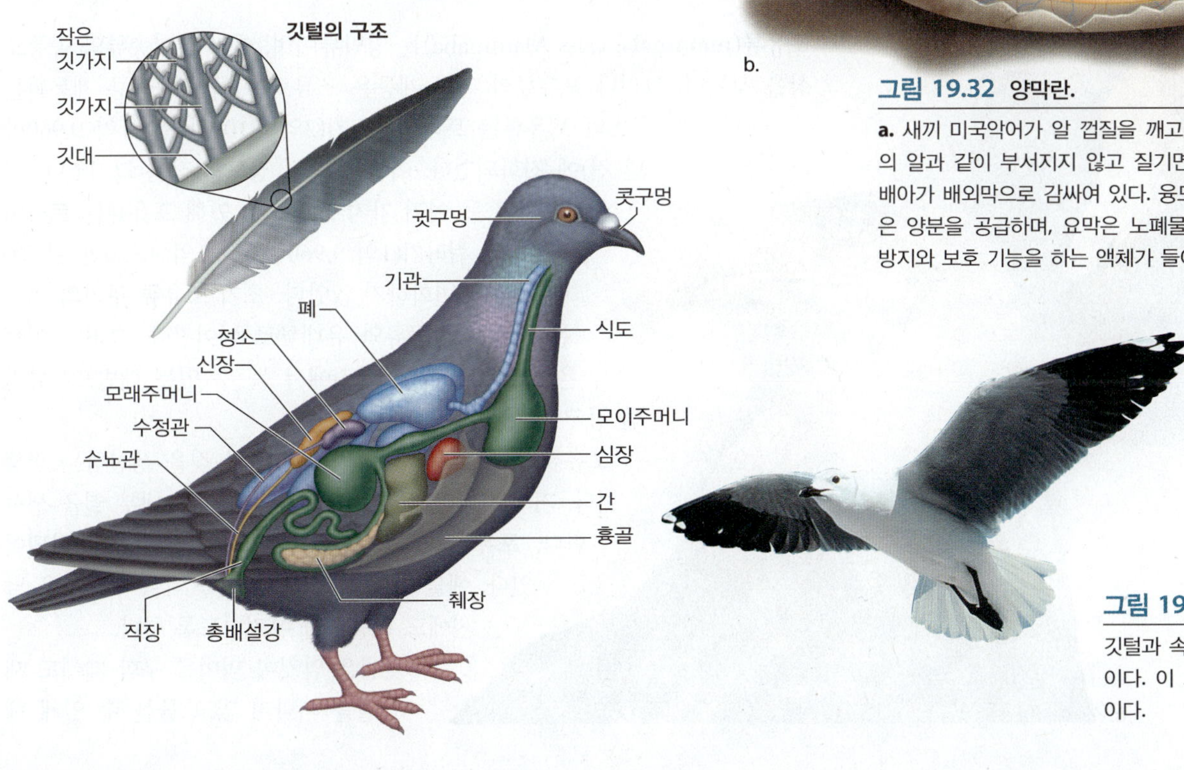

그림 19.33 비행에 잘 적응된 조류.

깃털과 속이 빈 뼈는 조류의 중요한 적응이다. 이 그림은 전형적인 새의 해부구조이다.

털이 대체된 것이고, 가느다란 목으로 머리를 둥글고 아담한 몸통과 연결한다. 나뭇잎 모양의 폐는 앞쪽과 뒤쪽의 기낭(air sac)을 형성하므로 호흡의 효율성이 높다. 이들 기낭으로 인해 공기가 폐의 한 방향으로 이동하고, 기체가 지속적으로 호흡조직에서 교환될 수 있다. 기낭의 또 다른 장점은 체중을 가볍게 하여 비행에 도움을 준다는 것이다.

조류의 심장은 4개의 방으로 나누어져 있어서 산소가 풍부한 혈액과 산소가 적은 혈액이 완전히 격리된다. 조류는 **내온성(endothermic)**이며, 내부에서 열을 생산한다. 내온동물은 대사 열을 이용하여 내부 온도를 일정하게 유지할 수 있으며, 이것은 효율적인 신경계, 호흡계 및 순환계와 관련되어 있다. 또한 깃털로 단열도 가능하다. 조류는 방광이 없고, 요산을 반건조 상태로 배설한다.

조류는 예리한 시력과 잘 발달된 뇌를 갖는다. 이들의 근육 반사는 뛰어나다. 이러한 적응은 비행에 적합한 것이다. 뇌의 확장된 부위는 본능 행동과 연관된 부위로 보인다. 흔히 짝짓기 전에 의례적인 구애행동을 한다. 새로 부화한 새끼 새들은 둥지를 떠나 스스로 먹이를 구할 수 있기까지는 부모가 양육해야 한다. 주목할 만한 조류의 행동은 많은 종들이 아주 먼 거리를 계절적으로 이주하는 것이다. 새들은 날이 맑으나 흐리거나, 낮이거나 밤이거나, 태양과 별 및 심지어는 지구 자기장도 이용하여 길을 찾는다.

전통적으로 조류의 분류는 특히 부리와 발의 형태를 기준으로 하며(**그림 19.34**), 서식처와 행동도 일부 고려하였다. 조류의 다양한 목(order)으로는 톱니 모양의 부리와 날카로운 발톱을 가진 맹금류, 길고 가느다란 탐색용 부리와 긴 기둥 같은 다리를 가진 물떼새류, 날카로운 끌처럼 생긴 부리와 움켜잡을 수 있는 발을 가진 딱따구리류, 물갈퀴가 있는 발과 넓은 부리를 가진 물새류, 지느러미로 변형된 날개를 가진 펭귄류, 걸터앉는 발을 가진 명금류 등이 있다. 현재는 유전학을 이용하여 조류 사이의 유연관계를 결정한다.

그림 19.34 조류의 부리.

a. 홍방울새의 부리는 견고한 씨앗을 부술 수 있다. **b.** 홍학의 부리는 아래쪽 부리 주변에 있는 강모를 이용하여 물에서 먹이를 걸러낸다. **c.** 대머리독수리의 부리는 먹이를 찢을 수 있다.

a.

b.

c.

포유류: 털과 젖샘

포유류(mammals; class Mammalia)는 양막류이며, 따라서 파충류와 공통조상을 갖는다. 그러나 포유류의 진화 계통은 조류로 이어진 파충류 계통과는 다르다. 최초의 포유류는 트라이아스기(2억 5,100만 년~1억 9,960만 년 전)에 진화되었다. 이들은 생쥐 정도의 작은 크기였다. 공룡의 번성 등 여러 가지 요인으로 인해 포유류는 트라이아스기와 쥐라기(1억 9,960만 년~1억 4,550만 년 전)에는 거의 변화하지 않았다. 초기 포유류 무리의 일부는 아직도 단공류와 유대류로 이어진다. 그러나 이들은 모두 대부분의 환경에서 볼 수 있는 태반포유류만큼 풍부하지 않다.

포유류의 주요 특징 두 가지는 털과 젖을 생산하는 젖샘이다. 거의 모든 포유류는 내온동물이어서 내부 열을 생산한다. 포유류의 적응은 대부분 체온 조절과 관련되어 있다. 예를 들어 털은 열 손실을 막아주어 추운 날씨에도 활동성을 유지하도록 한다.

젖샘은 암컷이 먹이를 구할 때에도 새끼 곁을 떠나지 않고 돌볼 수 있게 해준다. 또한 양육을 통해 능력이 없는 어린 새끼를 확실하게 돌볼 수 있도록 어미와 새끼 사이의 유대가 형성된다. 대부분의 포유류 새끼는 암컷 생식계의 일부분인 자궁 내에서 일정기간 발달한 후 태어난다. 체내 발생으로 인해 암컷은 새끼가 성숙하는 동안에도 새끼를 보호하면서 활발하게 이동할 수 있다.

단공류(monotremes)는 포유류이지만, 조류처럼 총배설강(*cloaca*)을 갖는다. 총배설강은 분변, 배설 노폐물 및 생식세포가 배출되기 전에 공동으로 머무는 장소로 이용되는 소화관의 끝부분이다. 이들은 또한 껍질이 단단한 양막란을 낳는다. 호주에서 서식하는 가시개미핥기와 오리너구리가 대표적이다. 오리너구리 암컷은 땅 구덩이에 알을 낳은 후 품는다. 부화된 새끼는 어미의 복부에 있는 젖샘에서 스며나오는 젖을 핥아 먹는다. 가시개미핥기(**그림 19.35*a***)는 복부 쪽에 부푼 젖샘과 종주근에 의해 형성된 주머니가 있다. 이 주머니 속에서 부화된 새끼는 약 53일간 이곳에 머문다. 그 후에는 구덩이에 머무르고, 어미가 주기적으로 방문해서 수유를 한다.

유대류(marsupials)의 새끼는 암컷의 체내에서 발생을 하지만 아주 미숙한 상태로 태어난다. 갓 태어난 새끼는 어미의 복부에 있는 주머니로 기어 올라간다. 주머니 속에서 젖꼭지에 매달려 계속 발달한다. 흔히 젖꼭지 수효보다 많은 새끼가 태어난다.

버지니아주머니쥐(그림 19.35*b*)는 멕시코 북부의 유일한 유대류이다. 그러나 호주에서는 유대류가 경쟁 없이 수백만 년 동안 적응방산을 해왔다. 따라서 오늘날 유대포유류는 주로 호주에서 발견되며, 중앙아메리카와 남아메리카에서도 일부 관찰된다. 초식성 유대류 중에서 코알라(그림 19.35*c*)는 나무에 올라 나뭇잎을 먹으며, 캥거루는 풀을 뜯는다. 현재 멸종된 것으로 알려진 태즈마니아늑대(또는 호랑이)는 콜리견(collie dog)과 비슷한 크기의 육식성 유대류이다.

a.

b.

c.

그림 19.35 **단공류와 유대류.**

a. 가시개미핥기는 호주에서 사는 단공류이다. **b.** 주머니쥐는 미국에 서식하는 유일한 유대류이다. 버지니아주머니쥐는 다양한 서식지에서 관찰된다. **c.** 코알라는 나무에서 서식하는 호주산 유대류이다.

a. b. c. d.

그림 19.36 태반포유류.

태반포유류는 다양한 방식의 생활에 적응되어 있다. **a.** 사슴은 숲에서 사는 초식동물이다. **b.** 사자는 아프리카 평원에서 사는 육식동물이다. **c.** 원숭이는 대개 열대 숲에서 서식한다. **d.** 고래는 바다에서 사는 태반포유류이다.

현존하는 포유류의 거의 대다수는 **태반포유류(placental mammals)**이다(**그림 19.36**). 이들은 암컷 자궁 안에서 체내 발생을 할 수 있도록 양막란(그림 19.32 참조)의 배외막이 변형되었다. 태반의 태아쪽 부위에는 융모막이, 산모쪽 부위에는 자궁벽의 일부분이 기여한다. 태반에서 태아와 산모의 혈액 사이에 영양분, 산소 및 노폐물이 교환된다.

포유류는 육상 생활에 적응되어 있고 다리가 있어서 더욱 신속하게 이동할 수 있다. 포유류의 특성은 활동적인 생활에 맞추어져 있음이 명백하다. 뇌가 잘 발달하였고, 폐는 흉곽의 작용뿐만 아니라 횡격막(흉강과 복강을 구분하는 가로로 놓인 근육)의 수축으로도 팽창하며, 심장은 4개의 방으로 이루어져 있다. 체내 온도는 일정하며, 털은 신체의 단열에 기여한다.

포유류의 뇌는 대뇌반구의 확장에 의해 팽대되어 있다. 대뇌반구는 뇌의 나머지 부위를 조절한다. 뇌는 출생할 때까지도 완전히 발달되어 있지 않으며, 어린 새끼들은 부모에 의존하는 시기 동안에 스스로를 돌보기 위한 학습을 한다.

포유류는 먹이 취득방법과 이동 방식에 따라 구별할 수 있다. 예를 들어, 박쥐는 손가락으로 지지되는 막으로 된 날개를 가지며, 말은 발굽이 있는 긴 다리를 가지고, 고래는 노 모양의 앞다리를 갖는다. 포유류 치아의 특정한 모양과 크기는 이들이 초식성인지, 육식성인지, 또는 잡식성(고기와 식물 모두 섭취)인지 여부와 관련되어 있다. 예를 들어 생쥐는 계속 자라는 앞니를 가지고 있고, 말은 맷돌 같은 긴 어금니를 가지며, 개는 긴 송곳니를 가지고 있다.

19.5 개념 연결하기

모든 척삭동물은 등쪽 척삭을 포함한 여러 특징을 공유한다.

진도 점검하기 19.5

1. 극피동물의 고유한 특성을 열거하시오.
2. 포유류의 진화적 계통을 상세하게 설명하시오.
3. 연골어류와 경골어류의 구조를 비교하시오.
4. 척삭동물의 진화계통수에서 강(class)들이 공유하는 혁신을 요약하시오.
5. 양서류의 특별한 특성을 이들의 육상생활 적응과 연관지어 설명하시오.
6. 포유류의 다양성이 나타나게 된 이유에 대해 논의하시오.

19.6 인류의 진화

학습 목표

이 절을 학습한 후에는 다음 과제를 수행할 수 있어야 한다.

1. 영장류의 진화계통수가 어떻게 구성되어 있는지 설명하기.
2. 호미닌들의 진화 경향을 기술하기.
3. 현대 인류의 진화에 대한 교체모델 가설을 요약하기.

그림 19.37의 진화계통수에서 모든 영장류가 하나의 공통조상을 공유하며 세월이 가면서 인류 **계통(lineage)**에서 다른 종류의 영장류가 갈라져 나온 것을 볼 수 있다. **원원류(prosimians)**에는 여우원숭이, 안경원숭이, 로리스원숭이가 속한다. **진원류(anthropoids)**에는 원숭이류(monkeys), 유인원류(apes) 및 인류(humans)가 속한다. **호미니드(hominid, 사람류)**에는 유인원류(아프리카 및 아시아), 침팬지류, 인류, 멸종된 인류 근연종이 포함된다. **호미닌(hominin)**은 인류인 *Homo sapiens*, 그리고 인류와 아주 유사한 조상종을 의미하는 용어이다.

그림 19.37 **영장류의 계통수.**

영장류는 나무뒤쥐와 유사한 하나의 조상에서 유래되었다. 이 조상의 후손들은 새로운 생활방식에 적응하고, 짧아진 주둥이와 발톱을 대체한 손톱 등의 형질을 발전시켰다. 진화의 주요 줄기에서 각각의 영장류가 분기된 시점은 화석기록을 통해 밝혀졌다. 각각의 분기점에는 공통조상이 있다. 예를 들어 호미니드(인류와 아프리카유인원류)의 공통조상은 700만 년 전에, 진원류의 공통조상은 약 4,500만 년 전에 존재하였다.

영장류는 나무 위 생활에 적응되어 있다. 영장류의 팔다리는 움직일 수 있으며, 손가락과 발가락은 각각 다섯 개씩이다. 많은 영장류의 엄지발가락과 엄지손가락은 모두 마주보고 있다. 즉, 엄지발가락과 엄지손가락이 각각 다른 발가락이나 손가락에 닿을 수 있다(인간은 마주보는 엄지발가락은 없다. 그렇지만 엄지손가락은 마주보고 있어서 강력하고 정교하게 붙잡을 수 있다). 영장류는 마주보는 엄지손가락을 이용하여 과일 등의 먹이를 쉽게 잡아 입으로 옮길 수 있다. 또한 발톱이 손톱으로 대체되었기 때문에 이동할 때에 자유롭게 나뭇가지를 잡고 놓을 수 있다.

영장류에서는 크고 복합적인 뇌를 향하는 진화경향이 나타난다. 원원류의 뇌가 가장 작고 현대 인간의 뇌가 가장 크다. 인간의 경우 대뇌피질이 많은 연합영역을 가지며 매우 확장되어 전체적으로 주름져 있다. 영장류의 진화과정에서 뇌의 후각 영역은 작아졌으며, 시각 영역은 커지고 정교해졌다. 또한 손과 엄지손가락에서 받은 정보를 조작하고 수행하는 일에 뇌의 점점 더 많은 부분이 관여하게 되었다. 그 결과 인간의 경우, 손과 눈의 협력이 잘 이루어진다.

인류계통의 후손에서 분기된 최초의 영장류는 원원류이며, 마지막으로 분기된 집단은 아프리카유인원류라는 점을 주목하여 보자. 또한 진화계통수를 보면 인류와 가장 가까운 무리는 아프리카유인원류이다. 인류 진화와 관련하여 가장 큰 오해는 다윈을 비롯한 학자들이 인류가 유인원류로부터 진화하였다고 주장한 것이다. 그러나 실제에 있어서 인류와 유인원류는 유인원류와 유사한 공통조상을 가진다. 현재의 유인원류는 인류의 친척이며, 우리와 같은 시대에 살고 있다. 따라서 우리가 친척인 유인원류로부터 진화될 수는 없다. 현재 제시된 가설에 따르면 아프리카유인원류와 인류의 마지막 공통조상은 약 700만 년 전에 살았다.

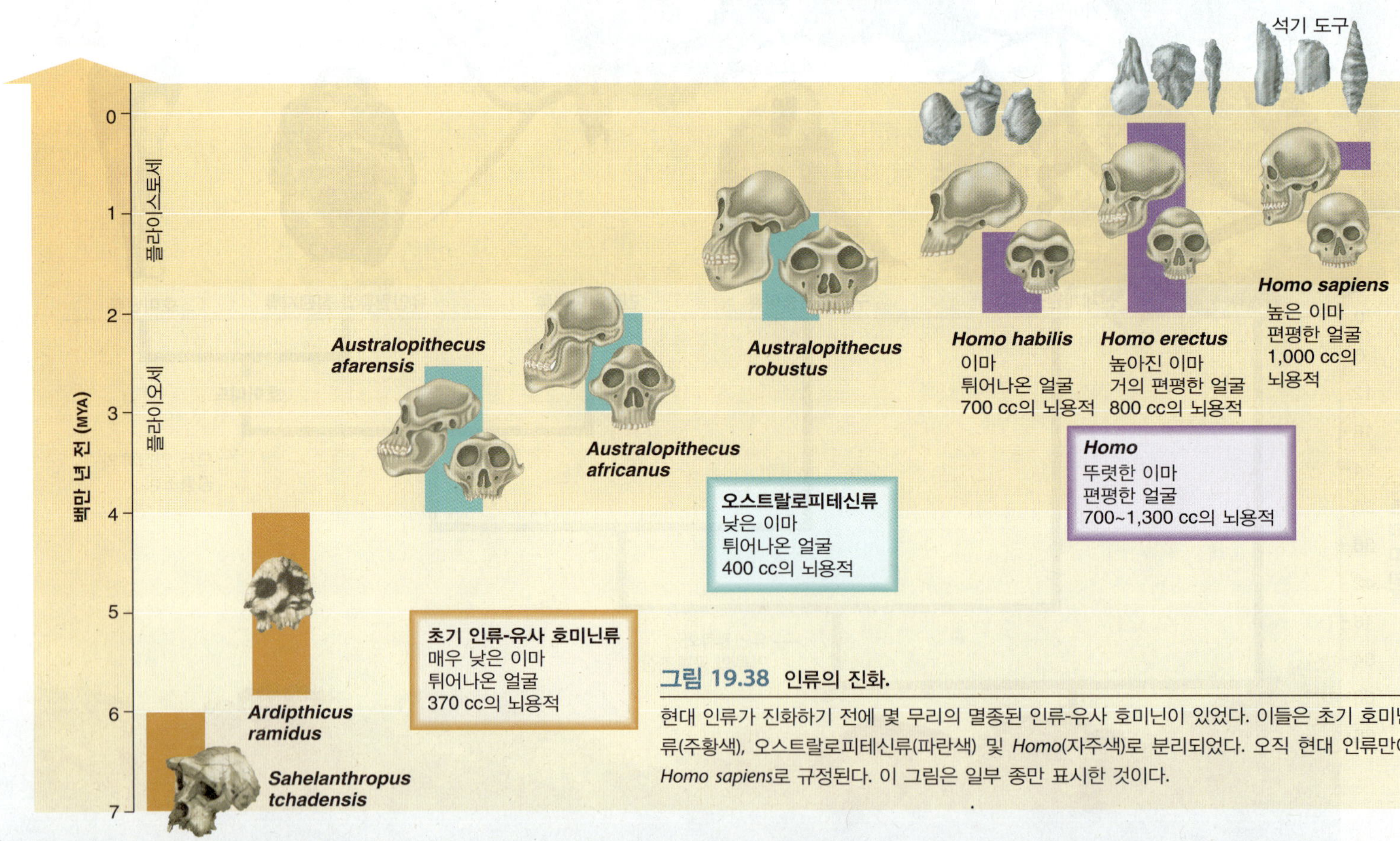

그림 19.38 인류의 진화.

현대 인류가 진화하기 전에 몇 무리의 멸종된 인류-유사 호미닌이 있었다. 이들은 초기 호미닌류(주황색), 오스트랄로피테신류(파란색) 및 *Homo*(자주색)로 분리되었다. 오직 현대 인류만이 *Homo sapiens*로 규정된다. 이 그림은 일부 종만 표시한 것이다.

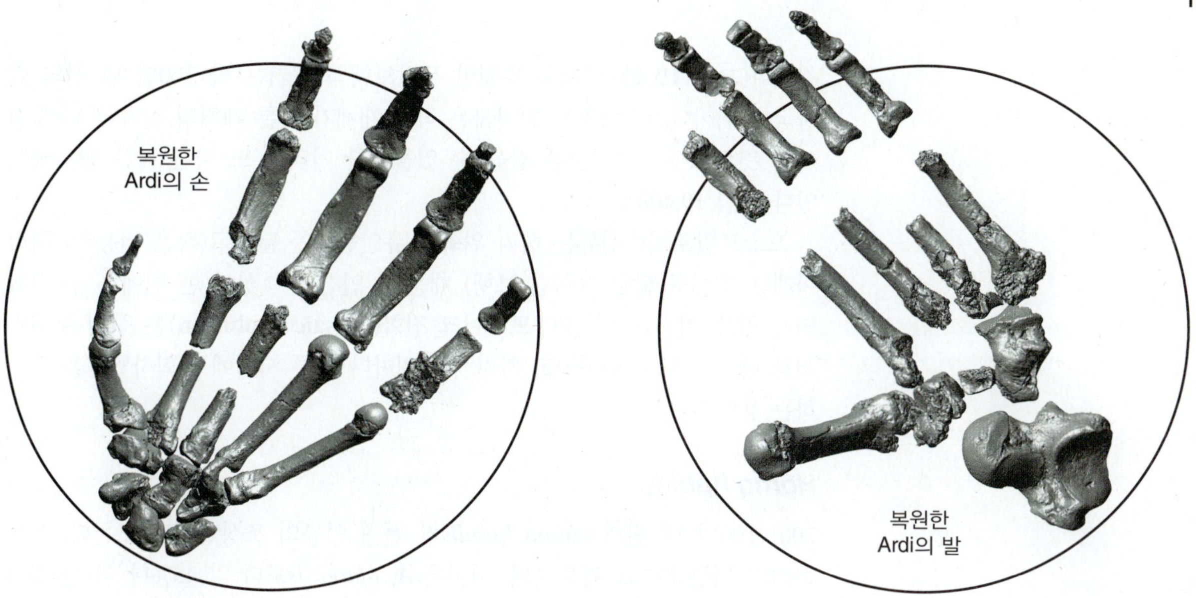

그림 19.39 아르디피테신류.

Ardipithicus ramidus("Ardi")의 남아 있는 화석을 복원하면 이 종이 나무와 땅에서 모두 생활할 수 있도록 적응되었다는 것을 알 수 있다.

인류-유사 호미닌류의 진화

그림 19.38의 화석은 모두 인류-유사 호미닌이다. 이 그림에서 여러 종류의 호미닌이 살았던 시기, 그리고 얼굴 모양과 뇌용적을 비교해 볼 수 있다. 그렇지만 어떤 화석이 **두발보행(bipedalism)**이라고 부르는 특성인 일어서서 두 발로 걷기에 적합한 해부 구조를 가지고 있기만 하면 인류-유사 호미닌으로 분류한다. 그림 19.38의 막대는 화석기록상 한 종이 출현하여 멸종될 때까지 존속한 기간을 나타낸다.

초기 인류-유사 호미닌류

그림 19.38에서 초기 호미닌류는 주황색으로 표시하였다. 과학자들은 유인원류 계통과 인류 계통이 갈라진 것으로 보이는 시기의 화석을 몇 가지 발견하였다. 그 중의 하나인 *Sahelanthropus tchadensis*는 두개골 화석만 발견되었으며 700만 년 전 것으로 보인다. 두개골이 비록 유인원류와 많이 닮았지만 두개골 뒤쪽에서 척추와 연결되는 구멍의 위치로 보아 두발보행을 했을 것으로 추정된다. 또한 유인원류에 비해 송곳니가 작고 치아의 상아질 층이 두껍다.

초기 호미닌의 한 종류인 *Ardipithecus ramidus*는 450만 년 전의 아르디피테신류(ardipithecines)의 대표종이며, 이 종의 화석을 통상적으로 "Ardi"라고 부른다. 이 화석을 복원한 결과(**그림 19.39**) 이 종이 두발보행을 했으며 어떤 개체는 키가 122 cm나 되었을 것으로 보인다. 치아 크기는 초기 유인원류와 후기 호미닌류의 중간 정도이다. 최근에 400만 년 전의 화석에서 *A. ramidus*와 오스트랄로피테신류(australopithecines) 사이의 직접적인 연관성을 확인하였다.

오스트랄로피테신류

약 400만 년 전에 아프리카에서 진화하고 다양화한 호미닌의 한 무리인 **오스트랄로피테신류(australopithecine)**의 하나가 인류의 직접적인 조상일 가능성이 있다. 20여 년 전에 Donald Johanson 연구팀이 *Australopithecus afarensis*라고 부르는 호미니드의 화석을 250개 가까이 발굴하였다. 이제는 유명해진 318만 년 전의 여성 골격은 발견 당시 붙인 Lucy라는 이름으로 세상에 널리 알려져 있다. Lucy는 뇌가 매우 작았지만(400 cc), 똑바로 서서 두 발로

a.

b.

그림 19.40 ***Australopithecus afarensis*.**

a. 세인트루이스 동물원에 전시되어 있는 복원된 Lucy. **b.** 이 발자국은 약 370만 년 전에 폭발한 화산의 화산재에 화석으로 남은 것이다. 이중 흔적을 남긴 큰 발자국 옆에서 작은 사람이 3번째 발자국을 남기며 걸었다(어린이의 손을 잡은 여성이 남성의 발자국 위로 걸었을 것이다). 이 화석에서 *A. afarensis*가 두 발로 걸었을 것이라고 추정할 수 있다.

걸었다(**그림 19.40*a***). 더욱 뚜렷한 두발보행의 증거는 약 370만 년 전의 발자국 자취이다. 이중인 큰 발자국은 작은 개체가 다른 개체의 발자국 위로 걸어간 것으로 보이며, 손을 잡을 수 있을만한 거리에 또 다른 작은 발자국이 있다(그림 19.40*b*).

오스트랄로피테신류는 허리 위쪽은 유인원류를 닮았고(작은 뇌용적) 허리 아래는 인류를 닮았기(직립 보행) 때문에, 인간의 특성이 한 번에 모두 진화되지 않은 것으로 보인다. **모자이크 진화(mosaic evolution)**는 신체 부위가 서로 다른 속도로 변화하고 따라서 부위마다 다른 시기에 변화하였음을 의미하는 용어이다.

Homo habilis

200~190만 년 전의 ***Homo habilis***가 현대 인류의 조상일지도 모른다. 이들 화석의 뇌는 775 cc 정도이며, 이것은 *A. afarensis*보다 약 45%나 더 큰 것이다. 어금니는 그 어떤 오스트랄로피테신류의 것보다 작다. 따라서 이들 초기 *Homo*는 잡식성이어서 식물성 물질 외에 고기도 먹었을 것으로 여겨진다. *H. habilis* 주거지에서 발견된 뼈에 있는 베인 흔적으로 미루어 이들이 뼈에서 살을 발라내기 위해 도구를 사용하였음을 알 수 있다.

"손재주가 좋은 사람"이라는 뜻의 *H. habilis*가 만든 석기 도구는 조잡한 편이다. 이들은 짐승의 가죽을 벗기고 힘줄을 잘라내고 뼈에서 살을 쉽게 발라내기 위해 깨진 바위의 날카로운 조각을 사용하였을 것이다.

*H. habilis*의 두개골에서 말하기와 관련된 뇌 영역이 확장되었음을 알 수 있다. 말하는 능력으로 인해 협동적인 사냥이 가능하였을 것이라고 추정할 수 있다. 이 무리의 구성원 중 일부는 식물 채집자였을 것이며, 만일 그렇다면 사냥꾼과 채집자가 한데 모여서 음식을 나누어 먹었을 가능성이 높다. 이러한 방식으로 사회와 문화가 시작될 수 있었을 것이다. **문화(culture)**는 인간의 행동과 생산(기술과 예술)을 아우르며, 말하고 지식을 전달하는 능력을 필요로 한다. 더 나아가 *H. habilis*는 문화의 장점을 누릴 수 있었고, 이로 인해 오스트랄로피테신류의 멸종이 촉진되었을 것이라고도 추정할 수 있다.

Homo erectus

Homo erectus와 관련된 화석은 아프리카, 아시아 및 유럽에서 발견되며, 190만 년 전에서 30만 년 전의 것으로 추정된다. *H. erectus*라고 부르는 화석은 모두 비슷하게 생겼지만, 이 무리를 몇 가지 다른 종으로 구분할 만한 충분한 차이가 나타난다. *H. habilis*에 비해 *H. erectus*는 뇌(약 1,000 cc)가 크고 얼굴이 납작하다. 거의 완전한 10세 소년의 골격으로 미루어 볼 때 *H. erectus*는 이제까지 살펴본 호미닌류보다 훨씬 키가 크다. 남자는 키가 1.8 m였고, 여자는 1.55 m였다. 이들 호미닌은 현대 인류처럼 일어서서 아마도 성큼성큼 걸었을 것이다. 튼튼하고 강한 근육을 가진 골격은 여전히 오스트랄로피테신의 일부 특성을 유지하고 있다. 그러나 산도(birth canal)의 크기로 미루어 영아가 미숙한 상태로 태어나 긴 양육기간이 필요했을 것으로 추정된다.

*H. erectus*는 아프리카에서 최초로 출현하여 아시아와 유럽으로 이주한 것으로 믿어진다. 전에는 이주가 약 100만 년 전에 이루어졌다고 생각하였다. 그렇지만 최근에 Java와 Georgia 공화국에서 발견된 *H. erectus* 화석은 각각 190만 년 전과 160만 년 전 것으로 확인되었다. 따라서 아프리카에서

연관: 과학적 탐구

"호빗"이란 무엇인가?

2004년에 우리 인류 혈통의 새로운 하나인 *Homo floresiensis*가 인도네시아의 플로레스섬에서 발견되었다. 이들은 키가 1 m 이내로 아주 작기 때문에 "호빗(hobbit)"이라고 부르기도 한다. *H. floresiensis*는 뇌가 아주 작지만 석기 도구를 사용한 것으로 보인다. 대부분의 과학자는 *H. floresiensis*가 *H. sapiens*보다는 *H. erectus*와 더 가깝다고 믿는다. 흥미롭게도 일부 연대측정 결과는 *H. floresiensis*가 불과 15,000년 전에 플로레스 지역을 차지하였을 것으로 나타난다. 만일 그렇다면 그리 멀지않은 과거에 *H. sapiens*와 상호작용을 했을 것으로 보인다.

일어난 *H. erectus*의 진화 시기는 지금껏 알려진 것보다 더 과거로 올라간다. 어떠한 경우든 이들의 대규모 집단 이동은 인류 역사상 최초이며 이 종의 지능과 신체적 능력을 입증하는 것이다.

*H. erectus*는 불을 사용한 최초의 호미닌이었고, 초기 *Homo* 종들에 비해 발전된 도구를 만들었다. 호미닌은 잘라내고 긁는데 사용한 것으로 보이는 돌조각은 물론이고, 눈물방울 모양의 무거운 도끼와 칼을 사용하였다. 일부 연구자들은 *H. erectus*가 동일한 장소에 사냥감을 반복하여 가져오는 체계적인 사냥꾼이라고 믿는다. 연구자들은 한 장소에서 4만 개 이상의 뼈와 2,647개의 석기를 발견하였다. 이러한 장소는 "거주지 기반"이 되어, 사회적인 상호 활동이 이루어지고 아이들이 학습할 시간이 늘어날 수 있었을 것이다. 아마도 언어가 발달하고 우리의 것과 매우 닮은 문화가 발전하였을 것이다.

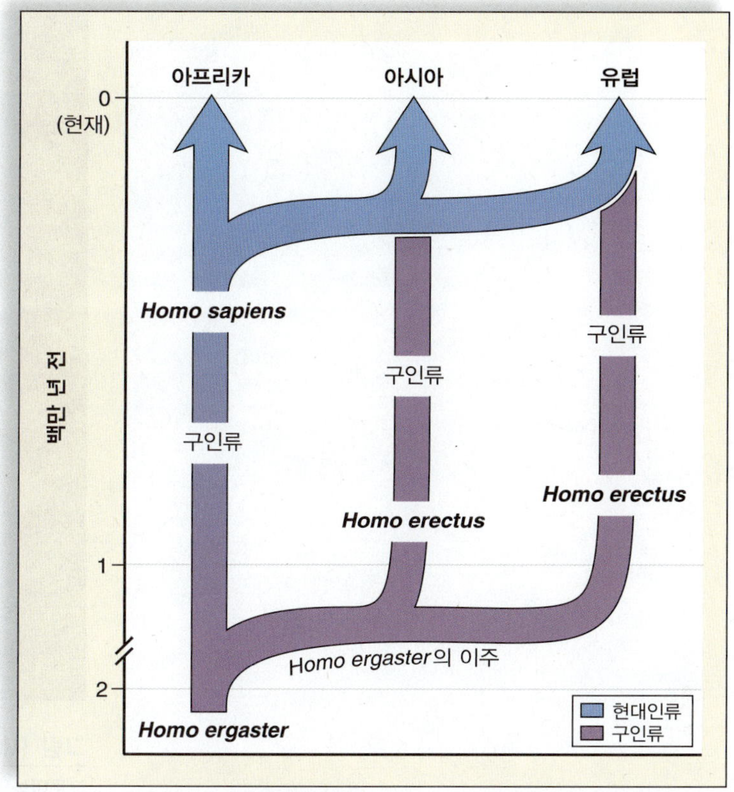

그림 19.41 **대체모델.**

대체모델을 이용하여 인류의 지역적 분포 양상을 설명한다.

현대 인류의 진화

구인류(archaic) 또는 초기 인류-유사 호미닌류에서 비롯된 현대 인류의 진화에 대해 가장 널리 받아들여지는 가설은 **대체모델(replacement model)**, 또는 "아프리카 기원(out-of-Africa) 설"이다(**그림 19.41**). 이 가설은 현대인류가 오로지 아프리카에서만 구인류로부터 진화하였고, 그 이후 아시아와 유럽으로 이주하여 약 10만 년 전에 구인류 종을 대체하였다는 것이다. 그러나 이 가설조차 새롭게 얻은 네안데르탈인과 데니소바인의 유전체 정보에 의해 도전받고 있다.

네안데르탈인

네안데르탈인(Neandertals; *H. neandertalensis*)은 20만 년 전의 네안데르탈인 골격이 처음 발견된 독일 네안데르 계곡의 명칭을 따서 붙여진 이름이다. 네안데르탈인은 눈 위 뼈가 엄청 융기되었으며 코, 턱 및 치아가 앞으로 튀어나왔다. 이들의 이마는 낮고 비스듬하며, 아래턱에는 턱 끝 부위가 없다. 새로 발견된 화석에서 이들의 치골이 우리 것보다 길었음을 알 수 있다.

대체모델에 따르면 네안데르탈인은 마침내 현대인류로 대체되었다. 그러나 이러한 전통적인 관점은 2010년에 완료된 네안데르탈인 유전체 연구에 의해 흔들리고 있다. 이 연구 결과는 네안데르탈인이 *Homo sapiens*와 서로 교배를 했을 뿐만 아니라 비아프리카 *Homo sapiens* 유전체의 1~4%는 네안데르탈인 유전체의 잔유물이라는 것이다. 일부 과학자는 네안데르탈인이 독립된 종이 아니라 단순히 *H. sapiens*의 한 인종이며, 나중에 더 큰 집단에 흡수되었다고 주장한다. 현재 이러한 유사성을 설명하기 위한 여러 가지 가설에 대해 연구가 수행되고 있다.

생리학적으로 보면 네안데르탈인의 뇌(1,400 cc)는 평균적으로 *H. sapiens*의 뇌(대부분의 현대인류는 1,360 cc)보다 약간 크다. 네안데르탈인은 강한 근육질(특히 어깨와 목)이었다. 팔다리의 뼈는 현대인류에 비해 짧고 굵었다. 현대인류보다 큰 뇌는 과도한 근육계를 조절하는 데 필요했을 것이라는 가설이 가능하다. 네안데르탈인은 마지막 빙하기 동안 유럽과 아시아에 살았다. 건장한 신체가 열을 보존하는 데 도움이 되었을 것이다.

네안데르탈인의 문화가 진보하였을 것이라는 증거가 있다. 대부분은 동굴

그림 19.42 크로마뇽인.

크로마뇽인은 최초의 *Homo sapiens*로 간주된다. 이들의 도구 제작 능력, 그리고 예술적 재능을 포함한 여러 문화적 특성은 믿기 어려울 정도이다.

속에서 생활했지만, 개활지에서 살던 사람은 아마도 집을 지었을 것이다. 이들은 창날을 포함한 다양한 석기도구를 제작하여 사냥에 사용하였다. 긁는 도구와 칼은 조리 과정에 도움이 되었을 것이다. 이들은 틀림없이 곰, 매머드, 코뿔소, 순록 등 같은 시대에 살았던 동물을 훌륭하게 사냥하였을 것이다. 이들은 불을 사용하고 조절할 수 있었다. 불은 고기를 조리하고 온기를 유지하는 데 도움이 되었을 것이다. 이들은 시신을 꽃과 도구와 함께 매장하였으며, 종교를 가지고 있었을 것이다. 이들은 죽은 뒤의 삶을 믿었을지도 모른다. 만일 그렇다면 이들은 상징적으로 생각할 수 있는 능력을 갖추고 있었다는 것이다.

데니소바인

2008년에 시베리아 남부의 데니소바 동굴에서 손가락 뼛조각이 하나 발견되었다. 처음에 과학자들은 아마도 *Homo erectus*와 연관된 초기 *Homo* 중 한 종의 유물일 것이라고 생각했었다. 그러나 미토콘드리아 DNA 연구를 통해 이 화석이 네안데르탈인과 거의 같은 시기인 약 100만 년 전에 살았던 종의 것이라는 사실이 밝혀졌다. 이러한 연구 결과로 **데니소바인(Denisovans)**과 네안데르탈인은 공통조상을 공유하지만 아마도 지리적 위치 때문에 서로 교배하지는 않았을 것이라고 추정할 수 있다. 그러나 흥미로운 것은 Oceania 지역(New Guinea와 인근 섬들)의 *Homo sapiens*가 데니소바인과 약 5%의 유전체를 공유한다는 사실이다. 데니소바인의 유전체가 다른 무리의 *Homo sapiens*에서 발견되었다는 증거는 아직 없다. 이 사실을 네안데르탈인 자료와 함께 분석하면 현대 *Homo sapiens*가 단순하게 구인류를 대체한 것이 아

연관: 과학적 탐구

_Homo sapiens_는 네안데르탈인과 얼마나 가까운가?

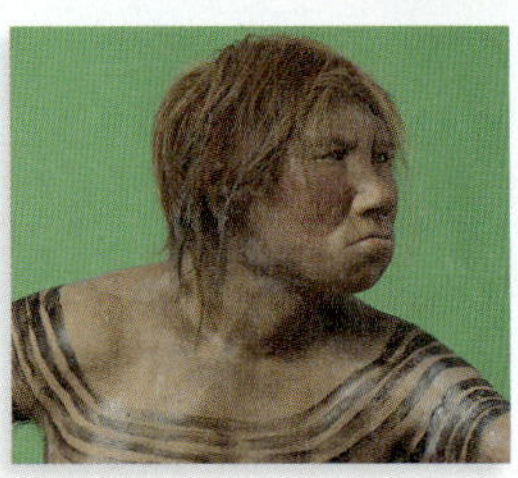

유전학자들은 2010년에 처음으로 네안데르탈인의 유전체 염기서열 분석을 완료하였다. 이 연구 결과, 네안데르탈인과 *Homo sapiens*에 대한 몇 가지 매우 흥미로운 사실이 밝혀졌다. 첫째, 이들 두 종이 예상보다 유전적으로 훨씬 유사하였다. 초기 분석 결과에 따르면 네안데르탈인과 *sapiens*가 분리된 이후에 *Homo sapiens*에서 100개 남짓한 유전자에서만 진화의 증거가 나타났고, 따라서 네안데르탈인은 우리의 가장 가까운 사촌 중 하나이다. 둘째, 일부 연구에 따르면 네안데르탈인과 *H. sapiens*가 서로 교배하였을 것이라는 증거가 있다. 이러한 사실은 아직도 연구 중이지만, 거의 14,000년 동안 이 두 종이 중동과 유럽에서 살았던 지역이 겹친다는 것이 알려져 있다. 네안데르탈인과 *H. sapiens* 사이의 유사성을 밝히기 위한 연구가 계속되고 있지만, 이러한 유전적 유사성 때문에 많은 학자는 이들이 종간교배가 가능했을 것이라고 믿고 있다.

니라 아마도 교배를 통해 동화시켰을 것이라고 추정할 수 있다. 과학자들은 데니소바인의 의미를 이제 막 풀어나가기 시작했다.

크로마뇽인

크로마뇽인(Cro-Magnons)은 *H. sapiens*로 지정된 가장 오래된 화석이다. 크로마뇽인은 프랑스의 화석 발견지점에서 붙여진 이름이며, 완전히 현대 인간의 모습을 가지고 있었다. 이들은 목재 손잡이에 돌 조각을 끼워 만든 복합 도구 등의 진보된 도구를 만들었다. 이들은 아마 최초로 칼과 비슷한 날을 만들었고, 창을 던져서 먼 거리의 동물을 잡았을 것이다. 이들은 매우 뛰어난 사냥꾼이었기 때문에 일부 학자는 이들로 인해 플라이스토세 후기 동안 자이언트땅나무늘보, 매머드, 검치호(칼 모양의 송곳니를 지닌 호랑이) 및 자이언트황소와 같은 많은 대형 동물이 멸종되었을 것이라고 믿는다.

크로마뇽인은 협동해서 사냥을 했고 아마도 최초로 언어를 가진 집단이었을 것이다. 이들은 작은 집단을 이루어 살면서 여자가 아이들과 집에 남아 먹잇감을 수집하고 조리하는 동안 남자는 낮에 사냥을 했을 것으로 믿어진다. 아마도 여자는 유지 관리 임무도 수행했을 것이다. 크로마뇽인의 문화는 예술을 포함한다. 이들은 순록 뼈와 뿔로 작은 조각상을 만들었다. 이들은 또한 동물의 아름다운 그림을 그렸는데, 이들 중 일부는 스페인과 프랑스의 동굴 벽에 남아 있다(**그림 19.42**).

개념 연결하기

19.6 인간은 영장류 조상에서 진화하였다. 인류의 번성은 두발보행과 뇌 용적 증가의 결과이다.

진도 점검하기 19.6

1. 호미닌과 유인원을 구별하시오.
2. 인간의 진화에 있어서 두발보행과 뇌 크기의 중요성을 설명하시오.
3. 현대 인간의 진화를 설명하는 대체모델의 내용을 요약하시오.

요약

19.1 동물의 진화

동물은 운동성이 있고 먹이를 섭취하는 다세포성 종속영양생물이다.

동물의 조상

깃편모충은 최후의 단세포성 동물 조상과 가장 닮은 원생생물이다. 편모를 가진 세포 군집은 함입을 통해 조직을 형성하는 다세포성 동물로 이어졌다.

동물의 진화계보

동물의 진화계보는 주로 분자생물학 및 발생학 자료에 근거한다.

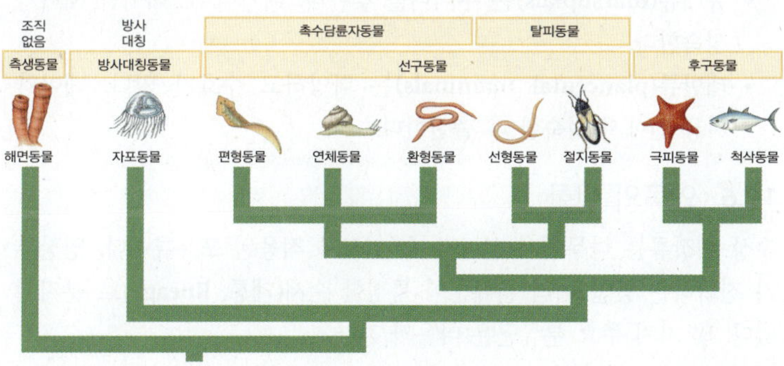

동물의 대다수는 **무척추동물(invertebrates**; 등뼈가 없음)이다. 인간 등의 일부 동물은 **척추동물(vertebrates**; 등뼈가 있음)이다.

진화의 경향

동물의 진화에는 몇 가지 중요한 경향이 있다.

- 진정후생동물의 경우 다세포성이 **배아층(germ layers**; 외배엽, 중배엽, 내배엽)의 형성으로 이어졌다.
- **방사대칭(radial symmetry)**은 **좌우대칭(bilateral symmetry)** 이전에 생겨났다. 좌우대칭은 두화(머리 형성)로 이어졌다.
- 좌우대칭 동물은 **선구동물(protostome)** 발생이나 **후구동물(deuterostome)** 발생을 겪는다. 선구동물의 경우 배아의 첫 구멍(원구)이 입으로 된다. 후구동물에서는 배아의 두 번째 구멍이 입으로 된다.
- 동물은 체강의 구조에 따라 추가적으로 **체강동물(coelomates)**, **의체강동물(pseudocoelomates)** 또는 **무체강동물(acoelomates)**로 구별할 수 있다.
- 일부 체강동물에서는 **체절화(segmentation**; 몸의 일부가 반복됨)가 나타난다.

19.2 해면동물과 자포동물: 초기 동물

해면동물(sponges)은 다세포성(조직은 없음)이며 다양한 대칭을 이룬다. **자포동물(cnidarians)**은 두 개의 조직층을 가지며, 방사대칭이고, 주머니 모양의 소화강을 지니며, 쏘는 세포와 **자포(nematocyst)**를 갖는다.

19.3 편형동물, 연체동물 및 환형동물: 촉수담륜자동물

촉수담륜자동물의 특징은 섭식 구조와 유생 발생이다. 이들은 탈피에 의하지 않고 점진적으로 덩치를 키운다.

편형동물

편형동물(flatworms; 플라나리아)은 외배엽, 내배엽 및 중배엽을 갖지만 체강은 없다. 이들은 좌우대칭이며 주머니 모양의 소화강을 갖는다.

대부분이 **자웅동체(hermaphrodite)**이다.

연체동물

연체동물(molluscs)의 몸은 특징적으로 내장낭, 외투 및 발을 갖는다.

- **복족류(gastropods):** 이 분류군을 대표하는 달팽이는 편평한 발, 하나의 조각으로 된 패각, 그리고 기체교환을 하는 외투강을 갖는다.
- **두족류(cephalopods):** 문어와 오징어는 뚜렷한 두화를 보이며, 제트 추진력으로 빠르게 이동하고 폐쇄혈관계를 갖는다.
- **이매패류(bivalves):** 조개와 같은 이매패류는 도끼 모양의 발과 두 개로 이루어진 패각을 가지며, 여과섭식자이다.

환형동물: 체절화된 동물

환형동물(annelids)은 체절화된 벌레이다. 체절화는 몸 안팎 모두에서 관찰된다.

- 다모류는 많은 강모를 가진다. 갯지렁이는 머리 부위가 뚜렷한 포식성 해산동물이다.
- 지렁이류는 토양 내의 먹이를 섭취하며 청소를 하는 빈모류이며 뚜렷한 머리 부위가 없다.
- 거머리류는 피를 빠는 환형동물이다.

19.4 선형동물과 절지동물: 탈피동물

탈피동물은 외골격 또는 각피를 탈피하여 덩치가 커지는 무척추 선구동물이다.

선형동물

선형동물(roundworms)은 의체강과 완전한 소화관을 갖는다.

절지동물: 관절을 가진 부속지

절지동물(arthropods)은 가장 다양하고 수효가 많은 동물이다. 이들의 번성은 주로 유연한 외골격(**키틴**으로 구성)과 특수화된 신체 부위에 기인한다.

- **갑각류(crustaceans)**는 겹눈, 안테나 및 구기가 있는 머리를 갖고 있다. 다섯 쌍의 걷는 발이 있다.
- **거미류(arachnids)**는 거미, 전갈, 진드기, 응애, 장님거미 및 투구게를 포함한다. 거미류는 육상에 서식하며, 명주실을 뽑아내어 먹이 포획 등 여러 목적에 사용한다.
- **곤충류(insects)**는 흉부에 세 쌍의 다리가 있다. 곤충은 비행을 위한 날개와 같이 육상생활에 대한 적응 도구를 갖는다.

19.5 극피동물과 척삭동물: 후구동물

극피동물

극피동물(echinoderms)은 유생기와는 달리 성체가 되면 방사대칭으로 되며, 내골격 가시를 가지고 있다. 불가사리와 같은 전형적인 극피동물은 작은 피부 아가미, 분지를 지닌 중앙 신경환 및 이동을 위한 수관계를 갖는다.

척삭동물

척삭동물(chordates)은 생활사 중 어떤 시기에 등쪽 관모양 신경삭인 **척삭(notochord)**, 인두주머니 및 꼬리를 갖는다.

- **무척추 척삭동물: 피낭류(tunicates)** 성체는 아기미열을 제외한 척삭동물의 특징을 가지고 있지 않지만 **창고기(lancelets)** 성체는 네 가지 척삭동물의 특징을 가지며 체절화가 뚜렷하다.
- **척추 척삭동물:** 척추 척삭동물에는 어류, 양서류, 파충류(조류 포함) 및 포유류가 있다.

어류

최초의 척추동물인 **무악어류(jawless fishes**; 먹장어와 칠성장어)는 턱과 비늘이 없다.

- **연골어류(cartilaginous fishes)**는 상어와 가오리로 대표되며, 턱과 연골성 골격을 갖는다.
- **경골어류(bony fishes)**는 턱과 경골성 스파이크가 지지하는 비늘이 있다. **조기어류(ray-finned fishes)**와 **총기어류(lobe-finned fishes)**가 있으며, 일부 총기어류는 **폐(lung)**를 갖는다.

양서류

개구리, 두꺼비, 영원, 도롱뇽과 같은 **양서류(amphibians)**는 고대 총기어류에서 진화되었고 두 쌍의 관절이 있는 척추성 다리를 가지고 있다. 개구리는 대개 물로 돌아가 산란을 하고 변태를 통해 육상생활을 하는 성체로 된다.

파충류

뱀, 도마뱀, 거북, 악어 및 새와 같은 **파충류(reptiles)**는 껍질이 있는 알을 낳는다. 알에는 양막 등의 배외막이 있어서 육상에서 부화할 수 있다. **조류(birds)**는 깃털을 가진 파충류이다. 깃털은 일정한 체온을 유지하는 데 도움이 된다. 이들은 비행에 적응되어 있다. 뼈는 비고 기강이 있으며, 폐는 단방향 환기가 가능한 기낭이 있고, 잘 발달된 감각기관을 갖는다. 조류를 제외한 모든 파충류는 **외온성(ectothermic)**이다. 조류는 **내온성(endothermic)**이다.

포유류

포유류(mammals)는 털과 젖샘이 있는 양막류이다. 털로 체온을 일정하게 유지하고 젖으로 새끼를 양육한다.

- **단공류(monotremes)**는 알을 낳는다.
- **유대류(marsupials)**는 주머니를 갖는다. 여기서 갓 태어난 새끼가 성숙한다.
- **태반류(plancental mammals)**는 다양하고 수효가 많다. 태아가 자궁 안에서 성숙한 후 출산한다.

19.6 인류의 진화

수상 영장류는 나무에서 살아갈 수 있도록 적응된 포유류이다. 영장류가 진화하는 동안 여러 분류군이 특정한 순서(**계통, lineage**)로 분지되었다. 몇 가지 주요 분류군은 다음과 같다.

- 원원류 — 여우원숭이와 안경원숭이
- 진원류 — 원숭이류, 유인원류 및 인류
- 호미니드류 — 유인원류, 침팬지류 및 인류
- 호미닌류 — 인류, 인류와 유사한 직계 조상; **두발보행(bipedalism)**을 함

인류-유사 호미닌류의 진화

인류는 아프리카에서 진화되었다. 이곳에서 700만 년 전의 초기 호미닌류 몇 종류의 유물을 관찰할 수 있다. 호미닌류는 다음과 같은 혁신에 의해 진화하였다.

두발보행 가장 유명한 **오스트랄로피테신류(australopithecines)**는 "Lucy"(318만 년 전)이다. 뇌는 작지만 두 발로 걸었다. 오스트랄로피테신류는 신체 부위의 **모자이크 진화(mosaic evolution)**를 보인다.

도구 사용 약 200만 년 전에 살았던 ***Homo habilis***는 도구를 제작한 것이 확실하고 최초로 **문화(culture)**를 가졌을 것이다.

뇌용적 증가 뇌용적은 1,000 cc이며, 성큼성큼 걸었던 ***Home erectus***는 최초로 아프리카 밖으로 이주하였다.

현대 인류의 진화

대체모델(replacement model)은 현대 인류가 아프리카에서 기원하였으며, 유럽과 아시아로 이주한 뒤에 그곳에 있던 **네안데르탈인(Neandertals)**과 아마도 **데니소바인(Denisovans)**을 포함한 다른 *Homo* 종을 대체하였다고 설명한다.

크로마뇽인(Cro-Magnons)은 *Homo sapiens*로 간주되는 최초의 호미니드이다. 미토콘드리아 DNA 분석 결과는 대체모델을 지지한다.

개념 연결하기

동물의 진화는 해면동물에서 인간에 이르는 모든 동물의 진화를 추적할 수 있는 일련의 경향을 따른다.

- 19.1 모든 동물은 비슷한 특징을 가지고 있으며, 이들의 조상을 거슬러 추적하면 단세포 원생생물에 이르게 된다.
- 19.2 해면동물과 자포동물은 동물의 초기 형태를 보인다.
- 19.3 좌우대칭과 두화의 진화로 인해 촉수담륜자동물이 나타났다.
- 19.4 탈피동물에는 지구에서 가장 번성한 동물인 절지동물이 포함된다.
- 19.5 모든 척삭동물은 등쪽 척삭을 포함한 여러 특징을 공유한다.
- 19.6 인간은 영장류 조상에서 진화하였다. 인류의 번성은 두발보행과 뇌 용적 증가의 결과이다.

동물의 진화와 다양성에 관한 정보가 더 필요하면 다음 논의를 참조하시오.

14.2절 시간이 지남에 따른 진화적인 변화를 지지하는 화석기록의 이용.
표 16.1 생명이 진화하는 동안의 지질학적 시대 얼개.
16.3절 진화적 유연관계를 연구하는 계통분류학.

혼자 풀어보기

질문에 가장 적합한 답을 고르시오

19.1 동물의 진화

1. 다음 원생생물 중 동물의 조상이라고 가정되는 것은?
   a. 녹조류 **b.** 깃편모충
   c. 아메바성 원생생물 **d.** 점균류
2. 다음 중 체강동물의 특징이 아닌 것은?
   a. 방사대칭 **b.** 3개의 배엽
   c. 완전한 소화관 **d.** 기관 수준의 조직화
3. 방사대칭의 진화가 가능하도록 한 것은?
   a. 다세포성 **b.** 배엽
   c. 척삭 **d.** 두화

19.2 해면동물과 자포동물: 초기 동물

4. 해면동물은 어디에 속하는가?
   a. 진정후생동물 **b.** 측생동물
   c. 원생생물 **d.** 척추동물
5. 자포동물이 조직 수준의 구성을 보이는 것은 무엇을 가지고 있기 때문인가?
   a. 외배엽과 내배엽 **b.** 외배엽
   c. 외배엽과 중배엽 **d.** 내배엽과 중배엽
   e. 중배엽

19.3 편형동물, 연체동물 및 환형동물: 촉수담륜자동물

6. 환형동물의 특징은?
   a. 체절화된 몸 **b.** 무체강
   c. 주머니형 체형 **d.** 방사대칭
7. 환형동물, 연체동물, 환형동물의 공통적인 특징은?
   a. 모두 좌우대칭이다.
   b. 모두 무체강동물이다.
   c. 모두 측생동물이다.
   d. 모두 척추동물이다.
8. 복족류와 두족류는 어디에 속하는가?
   a. 연체동물 **b.** 환형동물
   c. 편형동물 **d.** 절지동물

19.4 선형동물과 절지동물: 탈피동물

9. 다음 중 곤충의 특징이 아닌 것은?
   a. 겹눈 **b.** 8개의 다리
   c. 안테나 **d.** 외골격
   e. 관절이 있는 다리
10. 상피병과 선모충증을 일으키는 동물은?
   a. 진드기 **b.** 거미
   c. 곤충 **d.** 선형동물

19.5 극피동물과 척삭동물: 후구동물

11. 다음 중 포유류의 특징이 아닌 것은?
 a. 털
 b. 젖을 생산하는 샘
 c. 외온성
 d. 4개의 방으로 나누어진 심장
 e. 폐의 확장을 돕는 횡격막

12. 경골어류와 달리 양서류가 가지고 있는 것은?
 a. 귀 **b.** 턱
 c. 순환계 **d.** 심장

13. 포유류를 구분하는 근거는 무엇인가?
 a. 몸 크기와 털의 형태
 b. 생식 방법
 c. 팔다리 수효와 새끼 보살피기
 d. 젖샘의 수효와 새끼의 수효

19.6 인류의 진화

14. 호미닌류에서 진화한 최초의 인류-유사 특징은?
 a. 큰 뇌 **b.** 큰 턱
 c. 날씬한 몸 **d.** 두발보행

15. 다음 중 호미니드가 아닌 진원류는?
 a. 인류 **b.** 긴팔원숭이
 c. 오랑우탄 **d.** 침팬지
 e. 고릴라

16. 다음 중 현대 인류의 진화에 있어서 대체모델이 지지하는 것은?
 a. 두발보행의 진화
 b. 뇌 크기의 진화
 c. 지구 전체에 퍼져 있는 현대 인류의 분포
 d. 문화의 발달

과학적으로 생각하기

1. 최근에 16만 년 전으로 추정되는 3개의 *Homo sapiens* 두개골 화석이 동아프리카에서 발견되었다. 이들 두개골은 아프리카와 이스라엘에서 발견한 10만 년 전의 *H. sapiens* 두개골과 에티오피아에서 발견한 50만 년 전의 고대 *H. sapiens* 두개골 사이의 간격을 메워준다. 대체모델(아프리카 기원설) 지지자들은 가장 최근의 이 무리들을 통해 600만 년 전에 생긴 인류 조상의 번성에 대한 기록에 의해 그들의 입지가 강화되었다고 주장한다. 이러한 발견이 대체모델이 올바른지를 증명하는가? 만일 그렇지 않다면 다지역 연속가설을 지지하기 위하여 어떤 화석 증거가 발견되어야 하는가?

2. 이 장에서 다룬 방사대칭(자포동물, 대부분의 극피동물 성체)인 동물을 생각해보자. 이들은 좌우대칭 동물과 생활습성이 어떻게 다른가? 이들의 체형은 이들의 생활습성을 어떻게 보완하는가?

식충식물은 척박한 환경에 적응하였다.

벌레잡이통풀(pitcher plant)은 식물에 필요한 영양분인 인과 질소가 부족한 지역에서 자라는 특이한 식물이다. 이들이 살아가는 비밀은 무엇일까? 벌레잡이통풀은 필요한 영양분을 얻기 위하여 동물, 특히 곤충을 먹는다. 즉, 이 식물은 식충식물이다.

벌레잡이통풀이라는 이름은 잎 모양이 주전자와 비슷하여 지어진 것이다. 주전자 모양의 잎은 향기가 나고 밝은색이며, 꿀을 제공하여 곤충을 유인한다. 잎의 꼭대기 가장자리에 내려앉은 곤충은 미끄러운 물질과 아래를 향하고 있는 털로 인하여 통 속으로 떨어진다. 식물은 잎에서 액체를 분비하여 곤충을 소화한 후 영양분을 흡수한다. 이 식물의 잎은 곤충을 유인하는데 적합한 형태이지만, 쥐와 같이 큰 동물이 종종 통 속에서 발견되기도 한다. 벌레잡이통풀은 독특한 적응 방식으로 다른 식물이 거의 살지 못하는 척박한 환경에서도 자랄 수 있다.

어떤 동물은 벌레잡이통풀이 분비하는 액체를 이용하기도 한다. 모기나 파리의 유충이 벌레잡이통풀의 내부에서 안전하게 발생한다고 알려져 있다.

벌레잡이통풀과 같은 식충식물은 식물 세계에서 매우 진기한 식물이다. 그렇지만 지구에는 가장 큰 식물인 삼나무처럼 진기한 식물이 많이 있다. 이 장에서는 현화식물에 대하여 이들의 기관과 구조, 이들이 필요로 하는 영양분, 그리고 이들이 식물조직 사이에서 영양분을 전달하는 방법을 설명한다.

이 장을 공부하는 동안 다음 질문에 대해 생각해보자.

1. 식물의 기관은 각각 식물의 삶에 어떻게 기여하는가?
2. 식물이 필요로 하는 영양분은 무엇이며, 이들 영양분을 어떻게 환경에서 얻는가?
3. 영양분은 식물체에서 어떻게 분배되는가?

5부 식물의 구조와 기능

20 식물의 해부구조와 생장

개 요

시작하기 전에

이 장을 시작하기 전에 다음 내용을 다시 살펴보자.

5.4절 확산과 삼투가 세포 사이의 수분과 용질의 수송에 어떻게 영향을 주는가?

6.1절 광합성의 재료와 산물은 무엇인가?

18.1절 육상환경에 대한 식물의 주요 적응은 무엇인가?

그림 20.1 분열조직의 세포분열.

분열조직 세포는 새로 발달하는 부위에 존재한다. 분열조직 세포는 분열하여 결국 표피조직, 기본조직, 관다발조직 등의 특수화된 식물 조직으로 분화된다.

20.1 식물의 세포와 조직

학습 목표

이 절을 학습한 후에는 다음 과제를 수행할 수 있어야 한다.

1. 식물의 특수화된 조직의 세 가지 유형을 쓰고 이들의 기능을 설명하기.
2. 식물의 표피조직에서 나타날 수 있는 변형에 대하여 설명하기.
3. 기본조직의 세 가지 유형을 쓰고 이들의 구조와 기능을 비교하기.
4. 관다발조직이 물과 영양분을 운반하기 위하여 조직화된 방식에 대해 설명하기.

식물은 동물과 유사한 생물학적 조직화 수준을 가지고 있다(그림 1.1 참조). 동물과 마찬가지로 세포(*cell*)가 기본 단위이며, 조직(*tissue*)은 특정 기능을 수행하는 특수화된 세포로 구성되어 있다. 기관(*organ*)은 여러 조직으로 구성된 구조이다.

식물의 배가 처음으로 발달하기 시작할 때, 그 첫 번째 세포를 분열조직 세포라고 한다(**그림 20.1**). 분열조직 세포들이 조직화되어 **분열조직(meristem tissue)**을 이루고, 살아가는 내내 식물이 생장하도록 한다. 심지어 5,000살이나 된 나무도 여전히 생장한다! 초기의 분열조직은 식물체의 가장 위와 가장 아래에 존재한다. 끝 부위에 존재하기 때문에 이들을 **정단분열조직(apical meristem)**이라고 한다. 정단분열조직은 발달하여 세 가지 유형의 특수화된 조직으로 분화한다.

1. **표피조직(epidermal tissue)**은 식물 외부의 보호 외피를 형성한다.
2. **기본조직(ground tissue)**은 식물의 내부를 채우고, 특정한 기관이 기능을 수행하도록 한다.
3. **관다발조직(vascular tissue)**은 물과 양분을 수송하고 지지한다.

식물은 위-아래로 생장할 뿐만 아니라 부피 생장도 할 수 있다. **관다발형성층(vascular cambium)**은 또 다른 유형의 분열조직이며, 2기생장(*secondary growth*)이라고 하는 새로운 관다발조직을 형성한다. 2기생장에 의해 식물체의 둘레가 증가된다.

연관: 과학적 탐구

종이는 어떻게 만드는가?

대부분의 종이는 나무의 셀룰로오스 섬유로 만들어진다. 셀룰로오스는 식물 세포벽의 구성성분이다(3장 참조). 나무를 벌목한 후에 껍질을 벗기고 작은 조각으로 잘라 표면적을 증가시킨다. 그러나 셀룰로오스를 추출하기 전에, 리그닌과 수지를 제거해야 한다. 셀룰로오스 섬유에서 리그닌과 수지를 분리하려면 기계적으로 처리하거나 수증기와 황이 함유된 화합물을 함께 처리한다. 다음 단계에서 이산화염소(chlorine dioxide)가 함유된 표백제로 리그닌과 수지를 제거하며, 이때 섬유가 하얗게 탈색된다. 마지막 단계에서 섬유를 건조시킨 후 두루마리 형태로 만들어 상업적 용도로 사용한다.

표피조직

마치 피부처럼, 식물 전체는 방어벽으로 작용하는 치밀한 **표피(epidermis)** 층으로 덮여 있다. 대기에 노출되는 표피세포의 벽은 **큐티클(cuticle)**로 덮여 있어 수분 손실을 최소화한다. 큐티클은 질병을 일으킬 수 있는 세균 등의 침입을 막아주기도 있다. 표피세포는 다른 유형의 세포로 변화될 수도 있다. **뿌리털(root hair)**은 표피세포가 길고 가늘게 돌출된 것이며, 물이나 미네랄을 흡수하는 뿌리의 표면적을 증가시킨다(**그림 20.2***a*). 잎에 있는 표피는 흔히 **기공(stomata,** *sing.* stoma)을 가지고 있다. 기공은 두 개의 공변세포로 둘러싸인 작은 구멍이다(그림 20.2*b*). 기공이 열리면 기체교환과 수분 손실이 일어난다. 모상체(*trichome*)는 표피세포의 한 유형이며, 식물체 표면을 꺼칠하게 만들어 곤충이 잎이나 줄기를 먹는 것을 꺼리도록 한다(그림 20.2*c*).

나무 몸통줄기의 표피는 수피(bark)의 일부분인 코르크로 대체되었다(그림 20.2*d*). 코르크형성층(*cork cambium*)에서 새로운 코르크세포가 만들어진다. 새로운 코르크세포가 성숙하면 부피가 다소 증가하고, 세포벽 외부는 지질의 일종인 수베린(*suberin*)이 둘러싼다. 이로 인해 코르크세포는 물이 스며들지 못하게 되며 화학적 활성도 잃는다. 이들 죽은 세포가 식물체를 보호하고 곰팡이, 세균, 동물의 공격에 대하여 저항성을 가지게 한다.

기본조직

기본조직은 잎, 줄기, 뿌리의 내부 대부분을 형성한다. 기본조직에는 세 가지 유형의 세포가 있다(**그림 20.3**). **유조직**(*parenchyma*) 세포는 특수화 정도가 가장 낮은 세포 유형이고 식물체의 모든 기관에서 발견된다. 엽록체가 있어서 광합성을 수행하기도 하며 백색체가 있어서 광합성 산물을 저장하기도 한다. **후각조직**(*collenchyma*) 세포는 세포 모서리의 형태가 불규칙하며 세포벽이 두터운 점을 제외하면 유조직 세포와 비슷하다. 후각조직 세포는 종종 표피 바로 아래에서 다발을 형성하여 식물체의 미성숙한 부위를 유연하게 지지한다. 셀러리 잎의 줄기는 주로 후각조직 세포로 구성된 것이다. **후벽조직**(*sclerenchyma*) 세포는 두꺼운 2차 세포벽을 가지는데, **리그닌**(*lignin*)이 함유되어 있어 세포벽이 단단하게 된다. 만일 세포벽을 콘크리트에 비유한다면 셀룰로오스 원섬유는 철근 역할을 하며, 리그닌은 시멘트 역할을 하는 것이다. 대부분의 후벽조직 세포는 죽은 상태이며 식물체의 성숙한 부위를 지지한다. 땅콩의 단단한 껍질은 후벽조직으로 이루어진 것이다. 후벽조직으로 구성된 긴 섬유는 여러 가지 목적으로 사용된다. 예를 들면, 목화와 아마의 섬유는 옷감을 짜고, 대마의 섬유는 튼튼한 밧줄을 만드는 데 사용한다.

관다발조직

관다발조직은 뿌리에서 줄기와 잎으로, 그리고 반대 방향으로도 뻗어 있다. 뿌리에서는 관다발조직이 중심주 내에 위치한다. 줄기에서는 관다발 내에서, 잎에서는 잎맥 내에서 볼 수 있다. 두 가지 유형의 관다발조직이 있으며, 서로 기능이 다르다. **물관부(xylem)**는 물과 미네랄을 뿌리에서 잎으로 수송한다. **체관부(phloem)**는 수크로오스 형태인 당과 호르몬과 같은 유기화합물을 잎에서 뿌리로 수송한다.

물관부에는 두 종류의 통도세포인 **물관요소(vessel element)**와 **헛물관(tracheid)**이 포함된다(**그림 20.4*a***). 이들 모두 속이 비어 있고 죽은 세포이지만, 물관요소가 더 크고 천공된 격벽이 있으며 이어진 수송관을 형성하여 물과 미네랄을 수송한다. 헛물관의 격벽과 측벽에는 벽공(pit)이 있어서 헛물관

그림 20.2 표피조직의 변형.

a. 뿌리 표피에는 뿌리털이 있어서 수분 흡수를 돕는다. **b.** 잎 표피에는 기체교환을 위한 기공이 있다. **c.** 모상체는 잎이나 줄기의 털 같은 돌출부분이며 초식동물로부터 식물을 보호한다. **d.** 수피의 일부분인 코르크는 오래된 목본성 줄기를 대체한다.

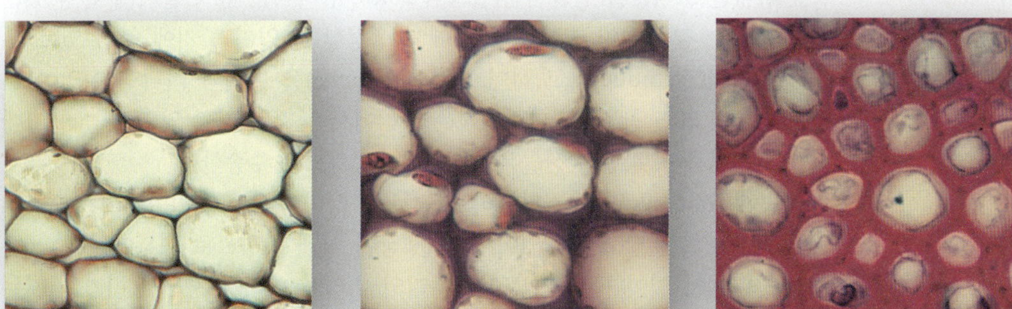

×100 a. 유조직 세포 ×340 b. 후각조직 세포 ×340 c. 후벽조직 세포

그림 20.3 기본조직 세포.

a. 유조직 세포는 특수화 정도가 가장 낮은 세포이다. **b.** 후각조직 세포의 세포벽은 유조직 세포보다 두껍고 불규칙하다. **c.** 후벽조직의 세포는 세포벽이 매우 두꺼우며, 죽은 세포이다. 오직 튼튼하게 지지하는 기능만 있다.

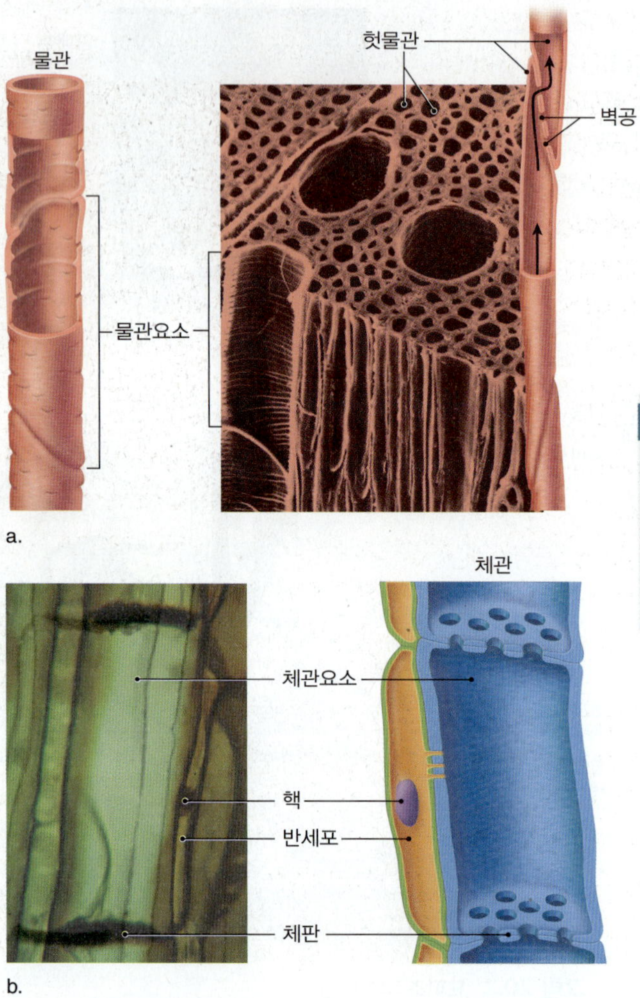

그림 20.4 관다발조직.

a. 물관부 관다발조직의 광학현미경 사진. 그림은 물관(왼쪽, 물관요소로 구성됨)과 헛물관(오른쪽)이다. **b.** 체관부 관다발조직의 광학현미경 사진. 그림은 체관이며, 각 체관요소에는 반세포가 있다.

사이에서 물이 원활하게 이동할 수 있다.

체관부의 통도세포는 **체관요소(sieve-tube members)**이며, 말단 세포벽에 수많은 구멍이 있다. 이 구멍들을 통칭하여 체판(*sieve plate*)이라고 한다. 체판요소는 연속적인 체관을 형성한다(그림 20.4*b*). 체관요소에는 세포질은 있지만 핵은 없다. 각각의 체관요소에는 **반세포(companion cell)**가 있다. 반세포는 핵을 지니고 있으며, 체관부의 수송 기능에 관여한다.

> **20.1 개념 연결하기**
> 식물은 독특한 조직을 만들어내는 특수화된 세포를 가지고 있다.

진도 점검하기 20.1

1. 식물의 세 가지 유형의 조직과 이들 조직을 만들어내는 세포, 그리고 이들 각각의 기능을 열거하시오.
2. 체관부와 물관부의 기능을 비교하시오.
3. 식물에게 표피가 없다면 어떤 일이 일어날 수 있는지에 대해 논의하시오.

20.2 식물의 기관

학습 목표

이 절을 학습한 후에는 다음 과제를 수행할 수 있어야 한다.

1. 1기생장은 무엇이며, 1기생장이 어디에서 일어나는지에 대해 설명하기.
2. 근계와 슈트계를 설명하기.
3. 단자엽식물과 진정쌍자엽식물의 종자, 뿌리, 잎, 꽃을 비교하여 설명하기.

최초의 식물은 단순하고 진정한 잎, 줄기, 뿌리가 없었다(18장 참조). 식물에 관다발조직이 나타나고 물에서 육지로 이동하면서 건조한 환경에서 적합한 기관들이 발달되었다. 모든 관다발식물이 영양기관을 가지고 있지만, 이 장에서는 현화식물(속씨식물)에서 공통적인 기관에 초점을 맞춘다.

선인장이든 사과나무든 모든 현화식물은 슈트계와 근계를 가지고 있다(**그림 20.5**). **슈트계(shoot system)**는 줄기, 잎, 꽃, 열매로 구성되며, 뿌리 위쪽의 모든 부위를 총칭한다. 줄기는 잎을 지지하고, 뿌리와 잎 사이에서 물질을 수송하며 새로운 조직을 만들어낸다. 줄기 끝에 있는 끝눈(정아, *terminal bud*)에는 정단분열조직이 있어서 1기생장(*primary growth*) 동안에 새로운 잎과 다른 조직들을 만들어낸다(**그림 20.6**). 곁가지는 잎이 줄기에 붙어 있는 곳에 있는 곁눈(측아, *lateral bud*)에서 생장한다. 잎이 줄기에 붙어 있는 부위를 **마디(절, node)**라고 하며, 절간(*internode*)은 마디와 마디 사이의 부위이다(그림 20.5 참조). 관다발조직은 뿌리에서 줄기를 거쳐 잎으로 물과 미네랄을 운반하며, 광합성 산물은 대개 반대 방향으로 수송한다.

근계(root system)는 단순히 뿌리로 구성되어 있다. 근단(뿌리 끝, *root tip*)에도 정단분열조직이 있어서 1기생장이 아래 방향으로 이루어진다. 끝눈과 근단에서 일어나는 1기생장은 우리의 머리와 다리가 자라서 키가 커지는 것에 비유할 수 있다. 궁극적으로 잎, 줄기, 뿌리의 세 가지 영양기관으로 인해 식물이 살아가고 생장한다. 꽃과 열매는 생식기관이며, 21장에서 논의한다.

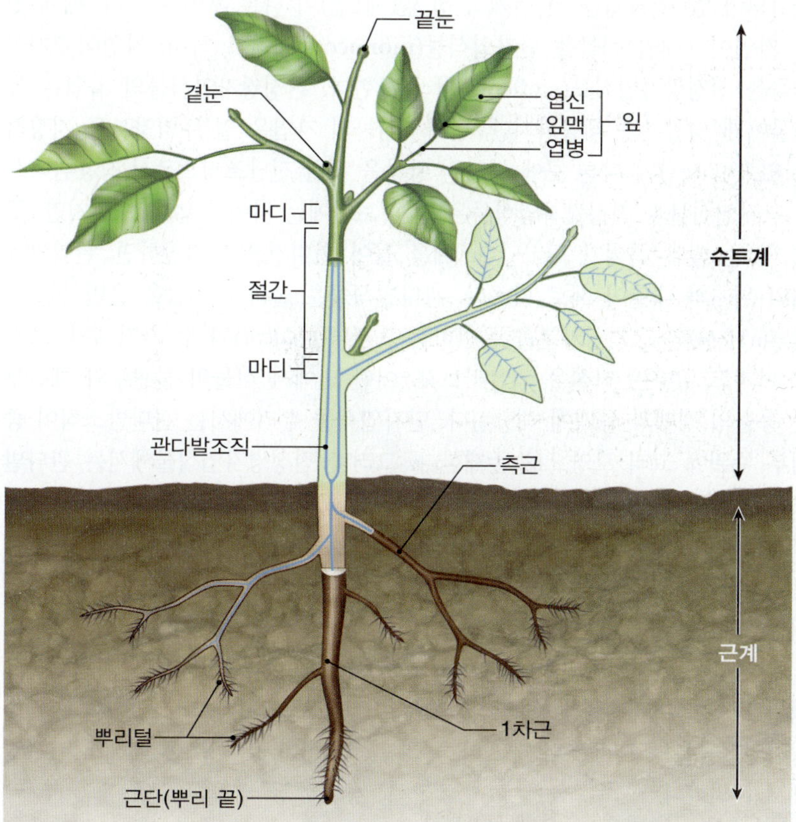

그림 20.5 식물의 생장하는 몸체.

식물은 땅속으로 자라는 근계, 그리고 줄기와 잎으로 구성된 슈트계로 이루어진다. 끝눈과 근단에서 일어나는 세포분열에 의해 1기생장이라고 부르는 길이 생장이 이루어진다.

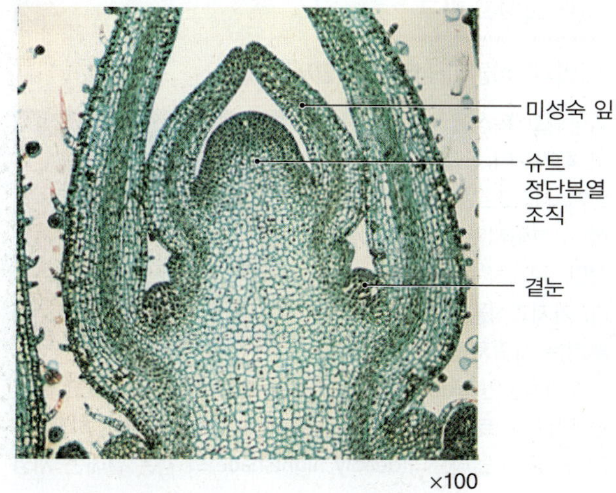

그림 20.6 끝눈.

끝눈에는 정단분열조직이 있으며, 1기생장 동안에 새로운 잎과 다른 조직들을 만들어낸다. 곁가지는 곁눈에서 자라난다.

단자엽식물과 진정쌍자엽식물의 비교

현화식물의 유형에 따라 식물 기관들이 배열된 양상이 달라진다. **그림 20.7**은 현화식물을 두 그룹으로 나눈 방식을 나타낸 것이다. 두 그룹 사이에서 나타나는 차이 중의 하나는 종자에 존재하는 배 잎인 **자엽(cotyledon,** 떡잎)과

그림 20.7 현화식물은 단자엽식물이거나 진정쌍자엽식물이다.

자엽의 수, 뿌리와 줄기, 잎의 관다발조직 배열, 꽃 부분의 수 등의 다섯 가지 특징을 비교하여 단자엽식물과 진정쌍자엽식물을 구별한다.

연관: 과학적 탐구

"마법의" 식물이 정말 존재할까?

괴상하고 독성을 지닌 식물들이 해리포터나 헝거게임 등의 인기 시리즈로 인하여 유명해졌다. 그렇지만 이러한 식물이 정말 존재하는 것일까? 그렇다! 가지과식물인 Mandrake의 뿌리는 사람처럼 생겼으며, 미나리과식물인 giant hogweed 잎은 피부에 통증이 심한 물집을 만든다. 토란과식물인 cuckoopint는 혀를 부풀게 하고, 가지과식물인 벨라도나(deadly nightshade)의 검은 열매는 치명적이다.

진도 점검하기 20.2

1. 발달 중인 식물에서 정단분열조직이 있는 곳을 설명하시오.
2. 자엽은 무엇인지 정의하고, 그 기능을 설명하시오.
3. 단자엽식물과 진정쌍자엽식물의 관다발조직 체계에 대한 주요 차이를 설명하시오.

관련되어 있다. 자엽은 첫 번째 진정 잎(제1엽)이 나온 후에 시든다. 배에 있는 자엽이 1개인 식물을 **단자엽식물(monocots)**이라고 하며, 자엽이 2개인 식물을 **진정쌍자엽식물(eudicots)**이라고 한다. 진정쌍자엽식물의 자엽은 유식물에게 영양분을 제공하지만, 단자엽식물의 자엽은 일부 영양분을 저장하고 있으며 어딘가 다른 곳에 저장된 양분을 위한 전달조직으로서 작용한다.

단자엽식물과 진정쌍자엽식물은 얼핏 보기에는 차이가 없어 보이지만, 구조에서는 많은 차이가 나타난다. 예를 들어 현미경으로 관찰하면, 관다발조직의 위치와 배열이 서로 다르다. 관다발식물은 물과 미네랄을 운반하는 물관부(*xylem*)와 유기영양분을 운반하는 체관부(*phloem*)의 두 가지 수송 조직을 가지고 있다는 사실을 되살려보자. 어떤 면에서 식물의 물관부와 체관부는 동물의 정맥과 동맥에 해당된다. 단자엽식물 뿌리에서는 관다발조직이 중심부 주위에 고리 모양으로 존재한다. 그러나 진정쌍자엽식물에서는 관다발조직이 중앙에 위치하고 있다. 물관부가 별 모양을 형성하고 체관부는 별의 날개 사이에 있다. 줄기에서는 관다발조직이 **관다발(vascular bundle)**을 이룬다. 줄기의 관다발은 단자엽식물에서는 흩어져 있으며, 진정쌍자엽식물에서는 고리 형태를 이룬다.

잎에서는 관다발조직이 잎맥(*leaf vein*)을 형성한다. 잎맥은 단자엽식물에서는 평행한 반면, 진정쌍자엽식물에서는 그물 형태이다. 단자엽식물과 진정쌍자엽식물은 꽃의 구조에서도 다른 특성을 보이며, 이 차이에 대해서는 21장에서 논의한다.

진정쌍자엽식물이 더 큰 집단이며, 수선화에서 참나무에 이르는 가장 친숙한 현화식물이 여기에 포함된다. 단자엽식물에는 초본류, 백합, 난, 야자나무 등이 포함된다. 우리의 가장 중요한 식량자원은 벼, 밀, 옥수수와 같은 단자엽식물이다.

20.2 개념 연결하기

식물 조직이 결합하여 영양 기관을 형성한다.

20.3 잎, 줄기, 뿌리의 구조

학습 목표

이 절을 학습한 후에는 다음 과제를 수행할 수 있어야 한다.

1. 전형적인 진정쌍자엽식물 잎의 구조를 설명하기.
2. 목본식물과 비목본식물의 줄기를 비교하기.
3. 목본 진정쌍자엽식물 줄기의 2기생장 과정을 설명하고 춘재와 하재를 비교하기.
4. 진정쌍자엽식물 근단의 구조를 이루는 세 지역에 대해 설명하기.

잎

잎(leaf)은 광합성을 하는 주요 기관이며, 빛에너지와 이산화탄소, 물 등의 공급을 필요로 한다. 넓고 얇은 잎은 빛에너지와 이산화탄소를 얻는 표면적을 최대화 한다. 잎은 근계로부터 관다발조직을 통하여 물을 공급받는다. 낙엽수(*deciduous plant*)는 건기나 겨울이 시작될 무렵에 잎이 떨어진다. 반면에 상록수(*evergreen*)는 일 년 내내 잎이 지지 않고 붙어 있다.

그림 20.8은 잎의 일반적인 구조이다. 잎의 넓은 부분을 엽신(*blade*)이라

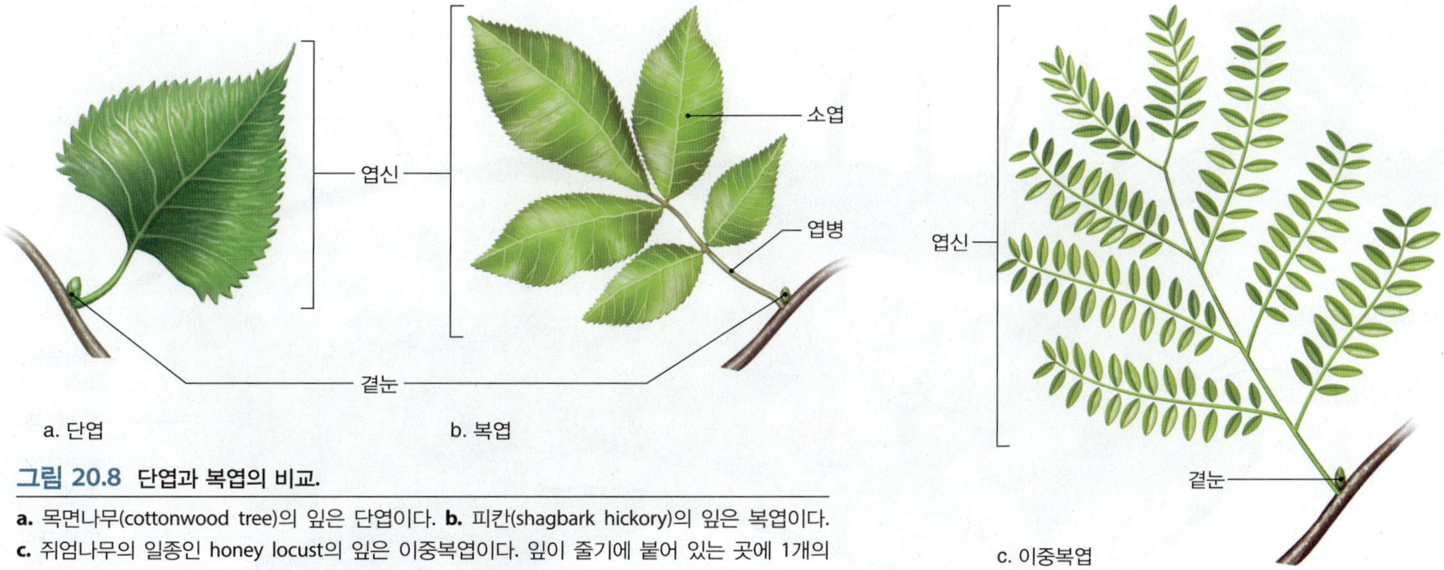

그림 20.8 단엽과 복엽의 비교.

a. 목면나무(cottonwood tree)의 잎은 단엽이다. **b.** 피칸(shagbark hickory)의 잎은 복엽이다. **c.** 쥐엄나무의 일종인 honey locust의 잎은 이중복엽이다. 잎이 줄기에 붙어 있는 곳에 1개의 곁눈이 있다.

고 한다. 엽병(*petiole*)은 줄기에 엽신이 붙어 있는 자루이다. 엽신은 목면나무(cottonwood tree)처럼 분할되지 않은 단엽(*simple*)이거나(그림 20.8*a*), 가래나무의 일종인 피칸(shagbark hickory)이나 쥐엄나무의 일종인 honey locust처럼 분할된 복엽(*compound*)으로 이루어진다(그림 20.8*b,c*). 줄기와 엽병이 만나는 곳에 있는 곁눈의 위치를 주목하자.

그림 20.9는 전형적인 진정쌍자엽식물의 단면도이다. 가장 바깥쪽에 큐티클이 있어 수분 손실을 막는다. 다음으로는 표피층이 위쪽과 아래쪽에 모두 있다. 아래 표피에는 기공이 있어서 기체를 교환할 수 있다. 잎의 내부는 **엽육조직(mesophyll)**으로 구성되어 있으며, 여기에서 광합성을 수행한다. 엽육조직에 이어져 있는 관다발조직은 물과 미네랄을 잎으로 수송하고 광합성 산물인 당은 잎에서 내보낸다. 엽육조직은 두 지역으로 나뉜다. 책상엽육조직(*palisade mesophyll*)은 세포가 꽉 차 있어서 빛을 흡수하는 표면적이 증가된다. 해면엽육조직(*spongy mesophyll*)은 불규칙한 세포로 구성되어 있으며 세포 사이에 통기간극이 있다. 해면엽육조직은 세포가 느슨하게 배열되어 기체를 교환하고 수분이 빠져나가는 표면적이 증가된다. 물관부를 통하여 잎에 공급된 물은 해면엽육조직에서 증발하여 기공을 통하여 배출된다.

잎은 광합성 이외에도 여러 기능을 가지고 있다(**그림 20.10**). 잎은 다른 물체에 식물이 부착되도록 하는 덩굴손(그림 20.10*a*)이나, 곤충을 포획하는 용도(그림 20.10*b*)로 변형되기도 한다. 선인장 잎은 바늘처럼 변형되어 수분 손실을 감소시키고 동물로부터 보호한다(그림 20.10*c*).

줄기

한 손에는 데이지 꽃다발을 들고, 다른 손은 나무에 기대고 있다면 여러분은 두 종류의 서로 다른 **줄기(stem)**를 만지고 있는 것이다. 데이지는 비목본 줄기이고 나무는 목본 줄기이다.

비목본 줄기

오직 1기생장만 하는 줄기는 비목본 줄기(nonwoody stem)이다. 비목본 줄기

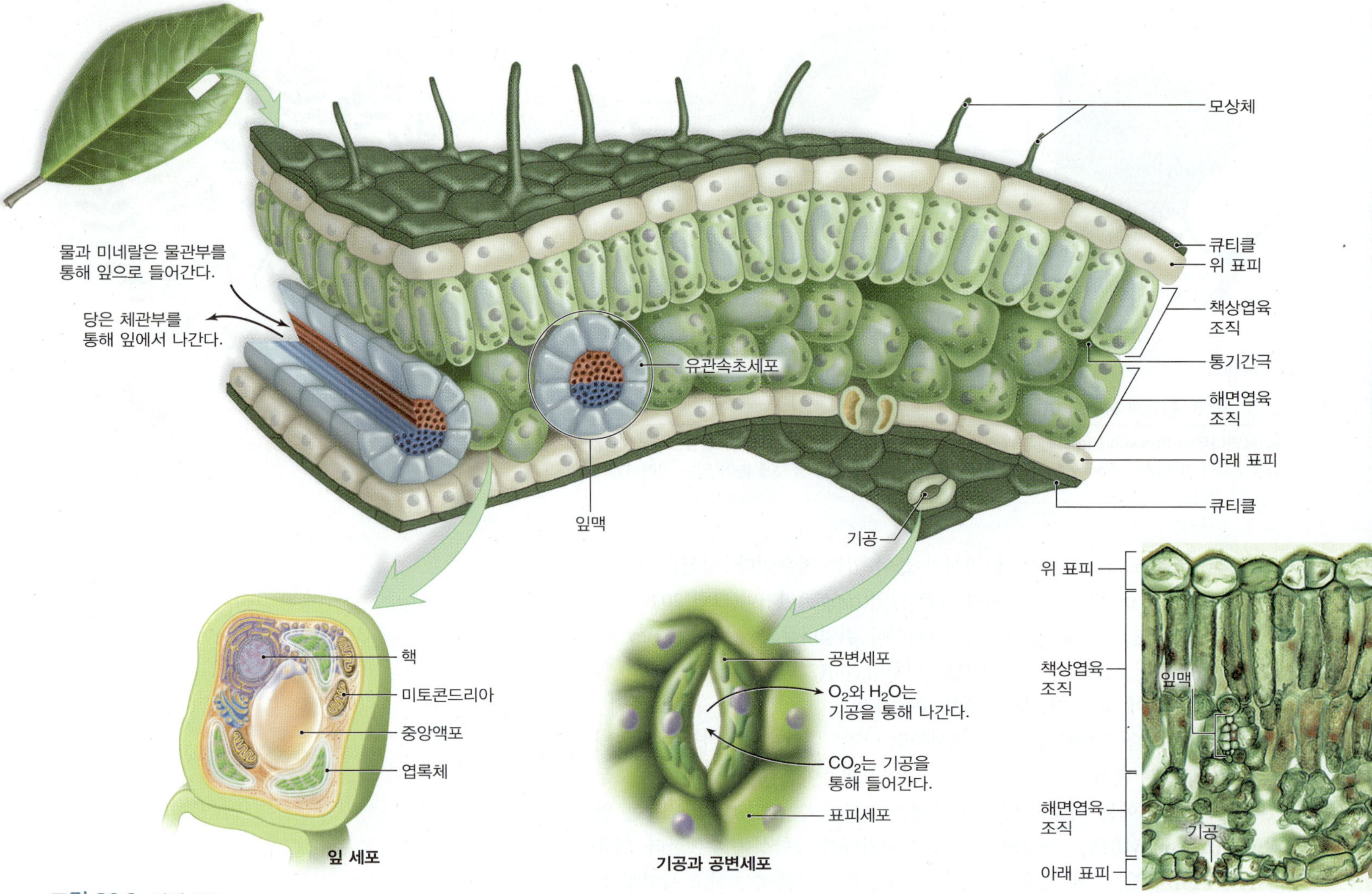

그림 20.9 잎의 구조.

광합성은 엽육조직에서 일어난다. 잎은 큐티클로 덮인 표피세포로 감싸여 있다. 물과 용질은 잎맥을 통하여 식물 전체를 이동한다. 잎맥에는 물관부와 체관부가 있다. 기공은 표피에 있는 구멍이며, 기체가 교환된다.

그림 20.10 잎과 줄기의 다양성.

a. 오이의 덩굴손은 물체에 부착할 수 있도록 잎이 변형된 것이다. **b.** 파리지옥의 잎은 곤충을 잡는 덫으로 변형되었다. 이 파리처럼 붙잡힌 곤충을 소화한 후 영양분을 흡수한다. **c.** 선인장의 잎은 바늘로 변형되어 초식동물로부터 다육질 줄기를 보호한다. 선인장은 다육질 줄기를 사용하여 양분을 생산하고 물을 저장한다. **d.** 감자는 실제로는 괴경이라고 부르는 지하줄기이며, 양분을 저장한다.

를 가지고 있는 백일초나 데이지 등의 식물을 초본(*herbaceous*)식물이라고 한다. 잎과 마찬가지로 초본식물 줄기의 가장 바깥 조직은 표피이며, 왁스성분의 큐티클로 덮여 있어 수분 손실을 막는다. 진정쌍자엽식물 줄기의 표피 아래에는 유조직 세포가 좁은 띠 모양을 이룬 **피층(cortex)**이 있다. 피층은 녹색이며 광합성을 수행한다. 중앙에 있는 기본조직을 **속(pith)**이라고 부른다. 단자엽식물 줄기에는 체계적인 피층이나 속이 없다.

초본식물 줄기는 물관부와 체관부가 있는 관다발을 가지고 있다. 각 관다발에서 물관부는 줄기의 안쪽에 있으며, 체관부는 줄기의 바깥쪽에 있다. 초본 진정쌍자엽식물 줄기의 관다발은 고리 형태로 배열되어 속과 피층을 분리한다. 초본 단자엽식물 줄기의 관다발은 줄기 전체에 흩어져 있으며 "원숭이 얼굴" 형태로 보인다. **그림 20.11**은 초본 진정쌍자엽식물과 단자엽식물을

그림 20.11 비목본(초본) 줄기.

a. 진정쌍자엽 줄기에서는 관다발이 속이라고 부르는 기본조직 주위에 고리 형태로 배열되어 있다. **b.** 단자엽식물에서는 관다발이 기본조직 내에 흩어져 있다.

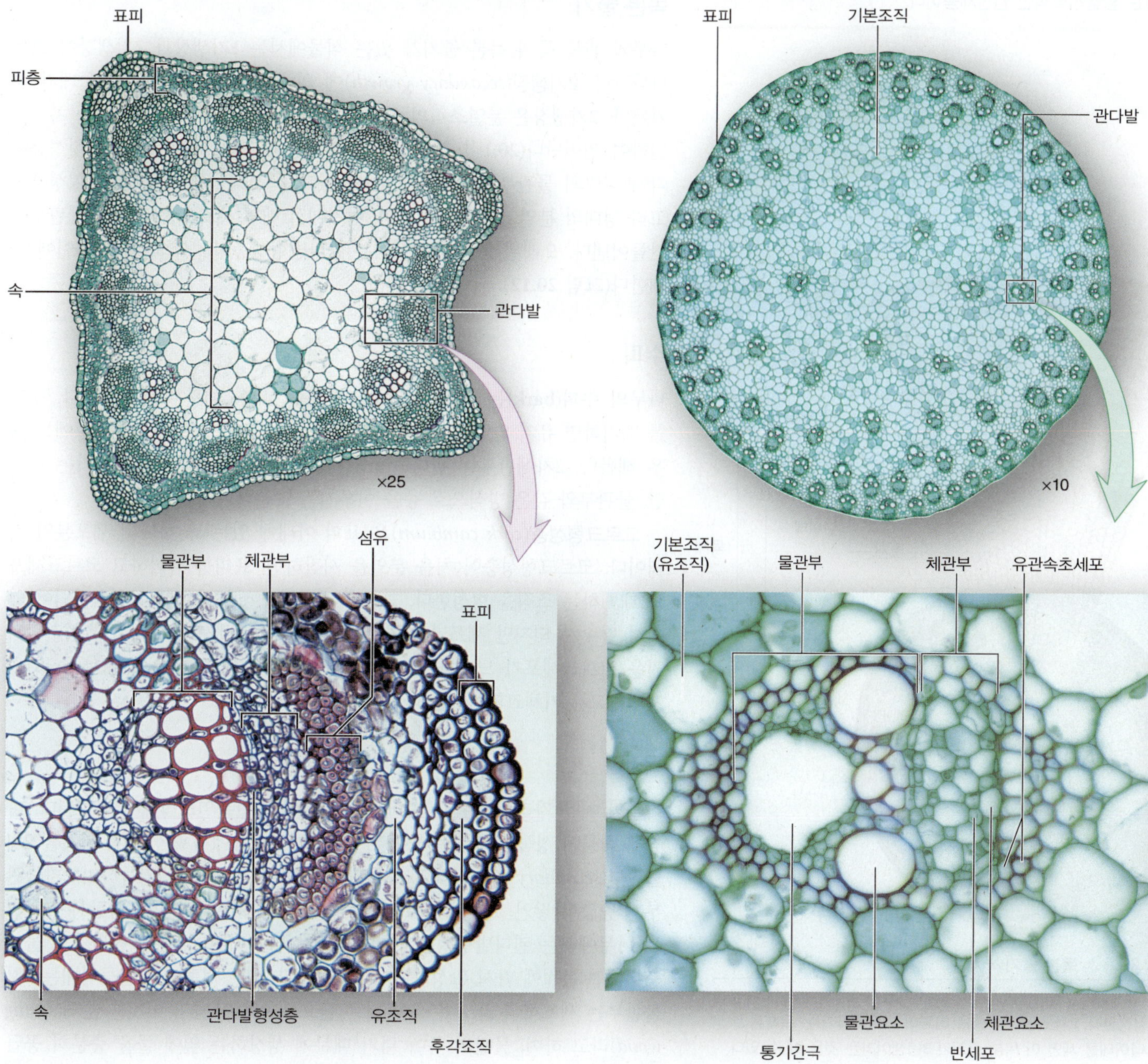

a. 진정쌍자엽식물 줄기: 고리 형태로 배열된 관다발

b. 단자엽식물 줄기: 흩어져 있는 관다발

연관: 환경

코르크 병마개는 어떤 나무를 이용하여 만드는가?

전통적으로 와인 병의 코르크 마개는 거의 스페인과 포르투갈에 있는 코르크나무(*Quercus suber*)로만 만든다. 코르크는 나무의 나이가 20년 정도가 되어야 채취할 수 있다. 그 후에는 9년마다 1~2인치 두께의 코르크를 나무에 해를 주지 않고 채취할 수 있다. 나무 한 그루당 16 kg 정도 얻을 수 있으며, 코르크나무는 약 150년 동안 코르크를 생산한다. 나무가 피해를 입지 않기 때문에 코르크는 환경친화적인 임산제품이다.

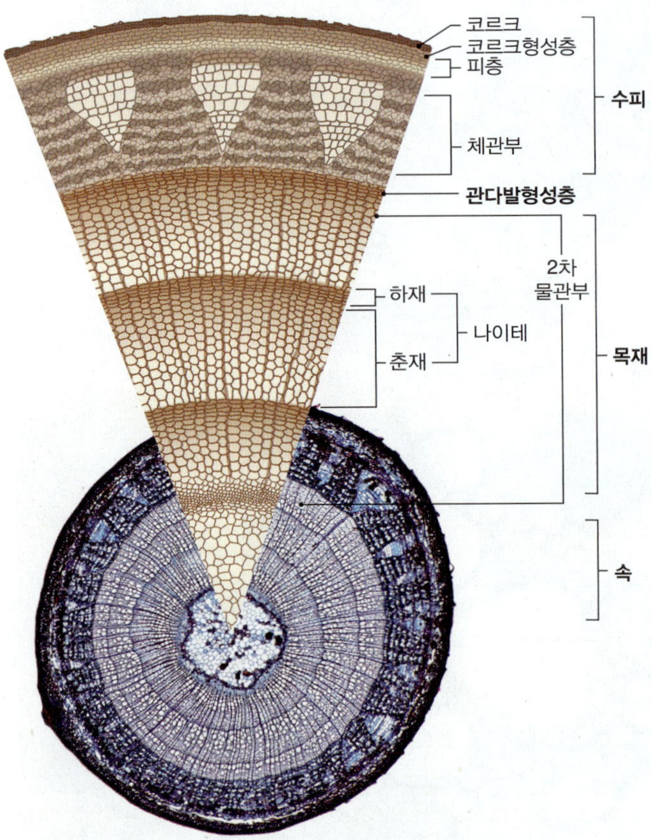

그림 20.12 목본 줄기의 체제.

목본 줄기에서는 관다발형성층이 매년 새로운 2차체관부와 2차물관부를 형성한다. 2차물관부는 층을 이루어 나이테가 있는 목재를 형성한다. 나이테를 세면 이 목본 줄기가 3년생이라는 것을 알 수 있다.

비교한 것이다.

짚 위에 무거운 물체를 놓았다고 상상해보자. 짚은 무게로 인해 휘어지고 찌그러질 것이다. 체관요소, 헛물관, 리그닌으로 강화된 후벽세포에 의해 내부 강도가 높아지기 때문에 줄기는 생장하는 동안에 부러지지 않는다. 해바라기의 초본 줄기는 2 kg이 넘는 꽃을 지탱할 수 있다!

줄기는 이외에도 여러 기능을 할 수도 있다. 선인장에서는 줄기가 광합성을 하는 주요 기관이며 수분을 저장한다(그림 20.10*c*). 감자식물의 괴경은 지하줄기의 양분을 저장한 부위이다(그림 20.10*d*). 다년생 식물(*perennial plants*)은 괴경과 근경 등의 다양화된 지하줄기에서 매년 다시 생장할 수 있는데, 이 모든 지하줄기는 새로운 슈트계를 만들어낼 수 있는 마디를 가지고 있다.

목본 줄기

나무와 관목 등의 목본 줄기가 있는 식물에서는 1기생장과 2기생장이 모두 나타난다. 2기생장(*secondary growth*)에 의해 줄기, 가지, 뿌리의 둘레가 증가된다. 2기생장은 분열조직의 하나인 관다발형성층의 위치와 활성의 차이로 인하여 일어난다(20.1절 참조). 초본 진정쌍자엽식물에서는 관다발형성층이 각 관다발의 물관부와 체관부 사이에 있다. 목본식물에서는 관다발형성층이 고리 형태의 분열조직을 형성하며, 여기에서 매년 새로운 물관부와 체관부를 만들어낸다. 오래된 목본 줄기에서는 관다발형성층이 수피와 목재 사이에 존재한다(**그림 20.12**).

수피

나무의 **수피(bark)**는 코르크, 코르크형성층, 피층, 체관부로 구성된다. 수피를 제거하면 유기 영양분을 운반하는 체관부가 제거되기 때문에 나무에는 매우 해롭다. 2차체관부는 관다발형성층에서 매년 새롭게 만들어지기는 하지만, 물관부와 같은 방식으로 층을 이루지는 않는다.

코르크형성층(*cork cambium*)은 표피 아래에 있는 또 하나의 세포분열 지역이다. 코르크형성층이 처음 분열을 시작하면, 표피를 파괴하고 코르크세포로 대체하는 조직을 형성한다. 코르크세포(*cork cell*)는 수베린이 침적되어 있어서 방수가 되지만 세포가 죽게 된다. 목본 줄기에서는 수베린이 침적되지 않은 코르크세포가 느슨하게 배열되어 주머니 모양을 이룬 피목(*lenticels*)을 제외하고는 기체교환이 일어나지 않는다.

목재

식물이 처음 자라기 시작할 때에는 물관부가 정단분열조직에서 형성된다. 나중에 식물이 성숙된 후에는 물관부가 관다발형성층에서 형성되며, 이것을 2차물관부(*secondary xylem*)라고 부른다. **목재(wood)**는 해를 거듭하며 2차물관부가 층층이 쌓인 것이며, 이로 인해 나무의 둘레가 굵어진다. 생장시기가 있는 나무에서는 관다발형성층이 겨울철에는 휴면하며, 기온이 올라가고 물이 풍부해진 봄철에 다시 활성화된다. 봄철에 관다발형성층에서 만들어내는 2차물관부는 세포벽이 얇으며 폭이 넓은 관으로 이루어진다. 이것을 춘재(*spring wood*)라고 하며, 물관의 폭이 넓기 때문에 생장하는 잎에 물을 충분히 공급한다. 여름철이 되면 물이 적어지며, 하재(*summer wood*)라고 부르는 이 시기의 목재에서는 물관의 비율이 낮아진다. 나무가 크게 자라려면 튼튼해야 하며, 따라서 하재에는 벽이 두꺼운 헛물관이 많이 포함되어 있다. 생장시기가 끝나 관다발형성층이 다시 휴면에 들어가기 직전이 되면 특히 두꺼운 2차 세포벽을 지닌 굵은 섬유만 발달할 수 있다. 춘재와 하재를 더하면 한 해 동안 생장한 부분이 되며, 이것을 **나이테(annual ring)**라고 한다(그림 20. 12). 나이테를 세어 나무의 나이를 알 수 있다. 연륜연대학자(dendrochronologists)는 나이테를 연구하여 나무의 나이를 판단하는 과학자이다. 나이테를 연구하면 과거의 물 이용 상황과 산불에 대한 단서를 얻을 수 있으며, 나아가 지구 기후 변화에 대해 예측할 수 있다.

목재는 매우 유용하며 용도가 다양한 물질이다. 목재는 건축과 가구 제작에 사용되며, 난방이나 조리는 물론 종이와 화학물질, 약품의 제조 등 다양한 용도로 이용된다. 목재에서 얻은 수지로는 테레빈(turpentine)과 송진가루(rosin)를 만든다.

뿌리

식물의 근계는 토양에서 수분과 미네랄을 흡수하며, 토양에 식물을 고정한다. 경험적으로 근계는 최소한 슈트계와 같은 크기와 규모를 가지고 있다. 그러므로 사과나무는 옥수수보다 더 큰 근계를 가지고 있다. 또한 근계의 규모는 환경에 따라 다르다. 옥수수의 뿌리는 2.5 m 정도 깊이이지만, 사막에서 서식하는 콩과식물인 메스키트(mesquite)나무의 뿌리는 20 m까지 내려간다.

뿌리(root)는 원통형이며 표면은 점성이 있다. 이로 인해 토양을 뚫고 자라면서 모든 방향에서 수분을 흡수할 수 있다. 근단 근처의 특수한 지역에는 **뿌리털(root hair)**이 잘 발달하여 뿌리의 물 흡수능력이 크게 높아진다. 뿌리털은 그 수가 매우 많아 뿌리의 흡수 면적을 엄청나게 증가시킨다. 한 그루의 호밀(rye)의 뿌리털 세포는 무려 140억 개로 추정된다. 뿌리털 세포는 끊임없이 대체되므로 이 호밀 식물은 매일 1억 개나 되는 뿌리털 세포를 새로 만든다. 식물을 옮겨 심을 때 뽑으면 바람직하지 않다는 것을 알고 있을 것이다. 그 이유는 작은 측근과 뿌리털이 찢겨져 떨어지기 때문이다. 식물을 옮겨 심을 때에는 뿌리털과 측근이 가능한 한 완전한 상태로 남아 있도록 뿌리 주변의 흙과 함께 옮기면 성공할 가능성이 높다.

뿌리의 생장대

단자엽과 진정쌍자엽식물 모두 동일한 생장대를 가지고 있다. **그림 20.13**은 1기생장이 일어나는 시기의 진정쌍자엽식물 뿌리의 종단면이며, 다양한 분화 단계의 세포를 볼 수 있다. 뿌리의 정단분열조직에는 활발하게 분열하는 세포가 있으며 뿌리골무(*root cap*)로 감싸여 있다. 뿌리골무는 점성 물질로 덮여 있어서 거친 토양에서 아래로 자랄 수 있으며, 정단분열조직을 보호한다. 정단분열조직의 분열하는 세포는 세포분열대에서 볼 수 있다. 세포가 많이 만들어짐에 따라, 오래된 세포는 신장대로 밀려가서 특수화되어 세포가 신장된다. 성숙대에는 완전히 분화된 세포가 있으며, 많은 표피세포가 뿌리털을 가지고 있다.

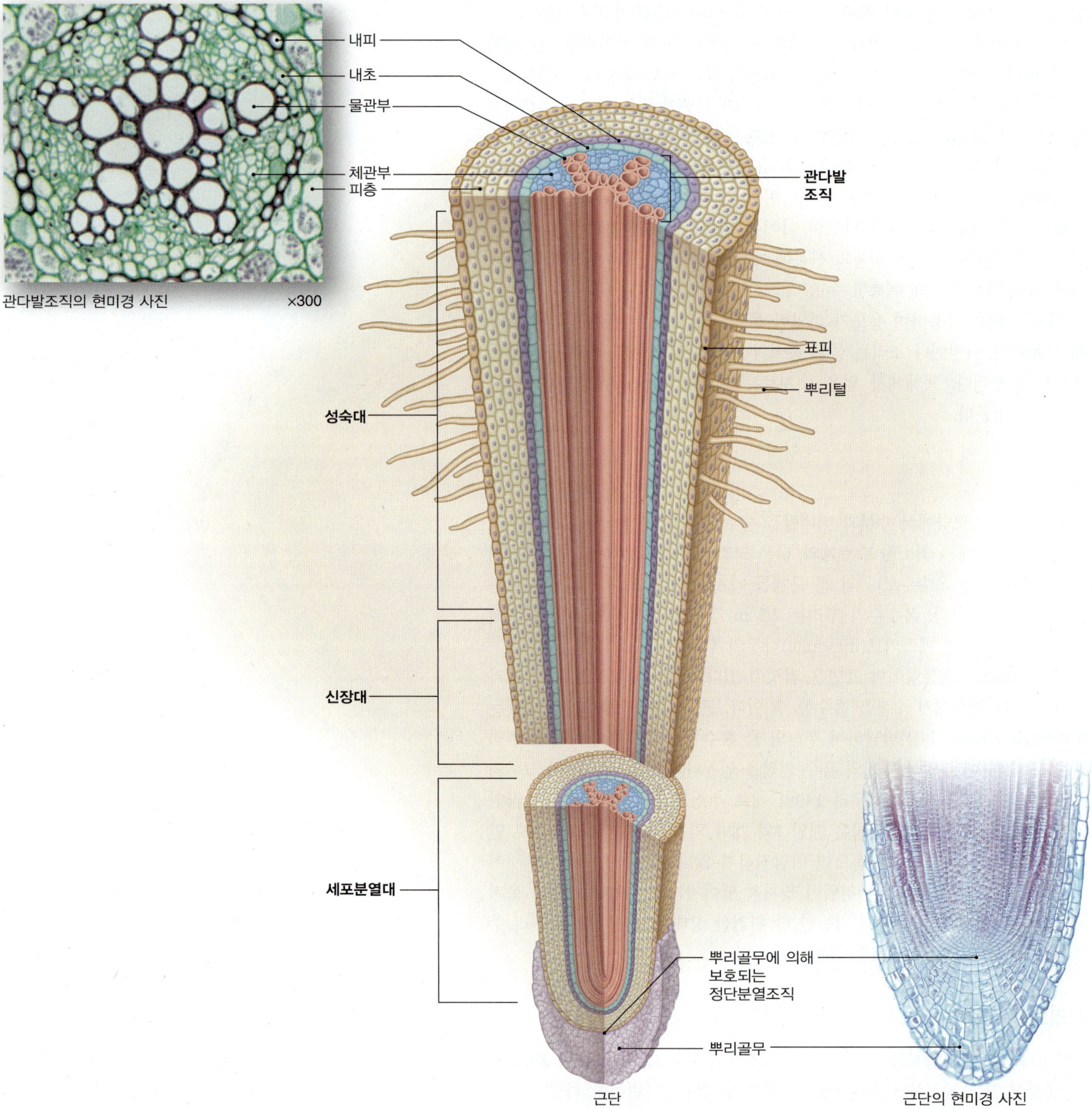

그림 20.13 진정쌍자엽식물의 근단.

근단은 세 지역으로 나누어지며 뿌리의 종단면에서 가장 잘 볼 수 있다. 진정쌍자엽식물의 물관부는 별 모양을 이루며, 체관부는 이 별의 팔 사이에 있다. 물과 미네랄이 물관부로 들어가려면 내피의 세포질을 통과하여야 한다. 내피세포는 물관부로 가는 미네랄의 흐름을 조절한다.

뿌리의 조직

뿌리에는 다섯 가지 조직이 있다.

1. **관다발조직(vascular tissue)** 단자엽식물과 진정쌍자엽식물의 뿌리 모두 물관부와 체관부를 포함하고 있는 유관속주(*vascular cylinder*)가 있지만 그 배열 방식이 다르다. 진정쌍자엽식물 뿌리(그림 20.13)의 물관부는 여러 개의 물관부 팔이 동일한 중심에서 방사형으로 퍼져 있기 때문에 별 모양으로 보인다. 체관부는 물관부의 팔 사이에 나누어져 있다. 단자엽식물 뿌리(**그림 20.14**)의 유관속주는 물관부와 체관부가 번갈아 나타나며, 속(pith)을 둘러싸고 있다. 속은 저장장소 역할을 한다.
2. **내피(endodermis)** 내피는 잘 정돈된 한 층의 직사각형 세포이다. 두 면을 제외하고는 한 층의 불투과성 물질이 덮여 있어서 물과 미네랄이 내피세포를 통과하도록 한다. 이러한 방식으로 내피는 뿌리의 관다발조직으로 가는 물과 미네랄의 유입을 조절한다.
3. **내초(pericycle)** 내초는 내피 아래의 첫 번째 세포층이다. 분열능력이 있어 측근이 발달한다.
4. **피층(cortex)** 크고 세포벽이 얇은 유조직세포가 뿌리의 피층을 구성한다. 이들 세포에는 녹말 입자가 있으며, 피층은 양분을 저장할 수 있다.
5. **표피(epidermis)** 뿌리의 외층을 형성하는 표피는 한 층의 세포벽이 얇은 직사각형 세포로 이루어진다. 성숙대에 있는 많은 표피세포는 뿌리털을 가지고 있다.

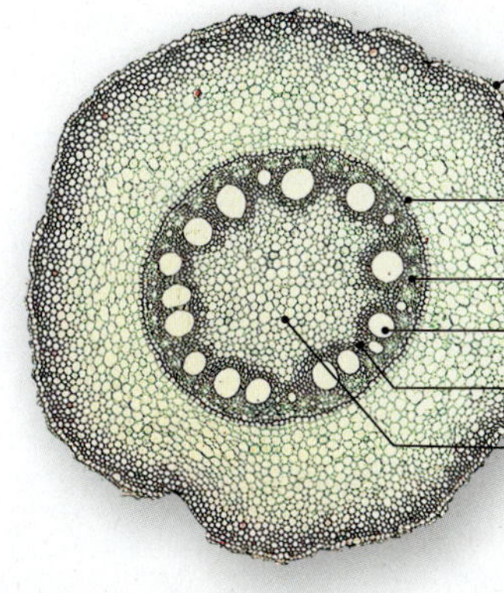

그림 20.14 단자엽식물의 뿌리.

단자엽식물의 뿌리에서는 동일한 지역과 조직이 존재하지만, 물관부와 체관부가 중앙에 있는 속을 둘러싸는 고리를 형성한다.

줄기, 잎과 마찬가지로 뿌리도 다양하다. 당근은 1개의 주근(main taproot)을 가지고 있으며, 이곳에 광합성 산물을 저장한다(**그림 20.15*a***). 초본류의 수염뿌리(fibrous root)는 토양에 잘 부착하며(그림 20.15*b*), 옥수수는 줄기에서 자라나온 지주뿌리(prop root)를 이용하여 잘 지지할 수 있다(그림 20.15*c*).

진도 점검하기 20.3

1. 잎의 구조가 어떻게 광합성에 도움이 되는지 설명하시오.
2. 목재와 수피의 구성성분을 열거하시오.
3. 진정쌍자엽식물 뿌리에 있는 조직의 기능을 열거하시오.

20.3 개념 연결하기
뿌리, 줄기, 잎이 함께 작용하여 식물의 기능을 수행한다.

a. 주근 b. 수염뿌리계 c. 지주뿌리

그림 20.15 뿌리의 다양성.

a. 주근은 한 개의 원뿌리를 가지고 있다. **b.** 수염뿌리는 원뿌리 없이 수많은 가느다란 뿌리를 가지고 있다. **c.** 지주뿌리는 지지하기 위하여 형성되었다.

20.4 식물의 영양

학습 목표

이 절을 학습한 후에는 다음 과제를 수행할 수 있어야 한다.

1. 다량영양소와 미량영양소를 비교하고 식물이 필요로 하는 다량영양소와 미량영양소를 열거하기.
2. 농부가 윤작을 하는 이유를 설명하기.
3. 토양에서 미네랄을 얻기 위한 뿌리의 적응에 대해 설명하기.

식물은 오직 무기영양분만 필요로 하며 이로부터 식물체를 구성하는 모든 유기화합물을 만들어내기 때문에 식물 영양은 우리에게 놀라운 일이다. 물론 식물은 탄소, 수소, 산소를 필요로 하며, 이들은 이산화탄소와 물에서 얻는다. 그러나 그 밖에 미네랄도 있어야 하며, 이들은 환경에서 얻는다. 만일 식물이 어떤 원소가 없이는 살 수 없다면, 그 원소를 필수영양소라고 한다. 필수영양소는 식물 조직에 있는 상대적인 농도에 따라 다량영양소(*macronutrients*)와 미량영양소(*micronutrients*)로 나뉜다. 아래의 모식도는 다량영양소와 미량영양소에 해당하는 원소를 나타낸 것이다.

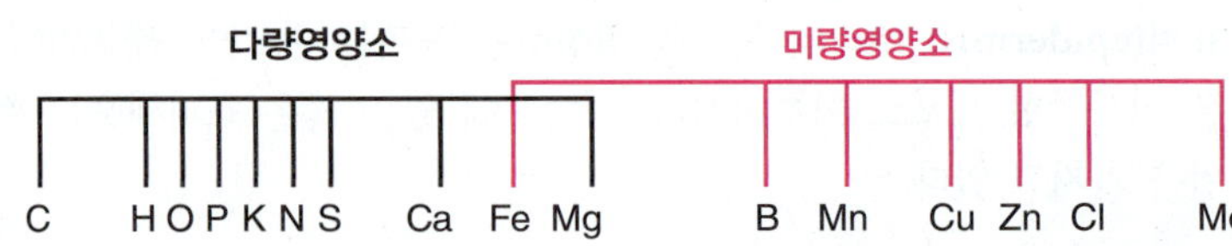

철(Fe)은 식물에 따라 미량영양소일 수도 있고 다량영양소일 수도 있다. 모든 원소가 식물세포에서 중요한 역할을 하지만, 다량영양소가 결핍되면 더욱 큰 손상이 나타난다. 예를 들면, 질소는 단백질 합성에 필수적이다. 앞에서 살펴본 식충식물은 습지 토양에 질소가 결핍되어 있기 때문에 곤충을 포획하는 방향으로 진화하였다. 전통적인 농업은 토양의 질소를 고갈시키므로, 많은 농부가 윤작을 하여 토양을 건강하게 유지한다. **그림 20.16**에서 다량영양소인 질소 공급이 충분하지 않을 때 식물의 생장에 나타나는 영향을 볼 수 있다.

a. 질소가 결핍된 용액 완전한 영양용액

b.

그림 20.16 질소결핍증.

a. 질소가 결핍된 배양액에서는 해바라기가 잘 자라지 못한다. **b.** 윤작을 하는 밭. 한 종류의 작물은 대상작물이고, 다른 종류의 작물은 뿌리혹이 있는 콩과식물이다. 콩과식물이 질소를 토양으로 돌려보내 대상작물의 생장을 돕는다.

미량영양소는 흔히 다양한 대사경로에 있는 효소의 조효소이다. 조효소(*cofactor*)는 효소가 정확하게 기능할 수 있도록 하는 원소이다. 토양에서 미네랄을 얻는 식물의 능력을 사람에게 이용하는 것은 흥미로운 일이다. 예를 들면, 세포에게 산소를 운반하는 일을 돕는 철을 식물에서 얻는다. 구리와 아연 등의 미네랄도 우리 몸에 있는 효소의 조효소이며, 식물을 섭취하여 얻는다.

미네랄을 흡수하기 위한 뿌리의 적응

미네랄은 근계를 통하여 식물로 들어오는데, 식물은 두 가지의 상리공생관계를 통해 도움을 받는다. 공기에는 질소(N_2)가 78%나 있지만, 식물은 이것을 직접 사용하지 못한다. 대부분의 식물은 토양의 세균에게 의존하여 질소를 고정(*fix*)한다. 즉, 세균이 대기의 질소(N_2)를 질산염(NO_3^-)이나 암모니아(NH_4^+)로 바꾸고, 식물은 이들을 흡수하여 사용한다. 완두 등의 콩과식물의 뿌리에는 대기의 질소를 흡수한 후 유기물질로 전환하기에 적합한 형태로 환원시킬 수 있는 세균이 군집을 이루고 있다(**그림 20.17*a***). 이 세균은 **뿌리혹(root nodule)**에서 살며, 식물은 세균에게 탄수화물을 공급하고 세균은 식물에게 질소 화합물을 제공한다.

또 다른 공생관계는 **균근 진균(mycorrhizal fungi)**과 거의 모든 식물 뿌리 사이에서 이루어진다(그림 20.17*b*). 진균의 균사는 수분을 흡수하는 표면적을 증가시키고 유기물질을 분해하여 식물이 사용할 수 있는 무기영양분을 내놓는다. 한편, 뿌리는 진균에게 당과 아미노산을 제공한다. 식물은 균근 진균에 크게 의존한다. 예를 들면, 아주 작고 양분의 양도 매우 적은 난 종자는 균근 진균이 자신의 세포에 침투하기 전에는 발아하지 않는다.

연관: 과학적 탐구

비료 포대에 있는 숫자는 어떤 의미일까?

비료 포대에는 3개의 숫자가 있다(예, 20-20-20). 이것은 NPK 비율이라고 부르며, 비료에 포함된 질소(N), 인(P), 포타슘(K)의 양을 나타낸다. 이들은 모두 식물의 생장에 중요한 다량원소이다. 질소는 식물의 영양 생장을 촉진하며, 인은 건강한 뿌리계를 유지하는 데 필요하다. 포타슘은 식물의 전반적인 건강에 관여하며 광합성을 하는 엽록소 분자의 형성에 필요하다. 각 영양분의 적정한 양은 식물의 유형에 따라 다르다. 따라서 큰 숫자가 늘 더 좋은 비료를 의미하는 것은 아니다.

진도 점검하기 20.4

1. 다량영양소와 미량영양소의 차이를 설명하시오.
2. 식물 생장에 필요한 다량원소를 열거하시오.
3. 진균과 공생관계를 이루지 않은 식물에서는 어떤 일이 일어날 수 있는지 논의하시오.

개념 연결하기 20.4

다량영양소와 미량영양소 모두 식물의 근계를 통하여 흡수된다.

a. b.

그림 20.17 미네랄을 흡수하기 위한 뿌리의 적응.

a. 질소고정세균은 특히 콩과식물의 뿌리에 있는 혹 안에서 산다. **b.** 균근 진균이 있다면(오른쪽)은 없는 경우(왼쪽)보다 식물이 잘 자란다.

20.5 영양물질의 수송

학습 목표

이 절을 학습한 후에는 다음 과제를 수행할 수 있어야 한다.

1. 뿌리에서 잎으로 이어지는 물관부 조직 내의 물 흐름에 대한 응집-장력 모델을 설명하기.
2. 증산을 정의하고 기공의 개폐가 어떻게 이 과정을 조절하는지 설명하기.
3. 공급부에서 수용부로 이어지는 체관부 조직 내의 양분 이동에 대한 압류 모델을 설명하기.

물관부 내의 물 수송

오랫동안 사람들은 식물, 특히 키가 큰 식물이 중력에 역행하여 어떻게 뿌리에서 잎으로 물을 끌어 올리는지 궁금해 하였다. 물과 미네랄은 **응집-장력모델(cohesion-tension model)**이라는 기작에 의해 물관부를 따라 위로 올라간다. 이 모델을 이해하려면 토양부터 살펴보아야 한다. 삼투 개념을 기억해보자. 물은 그 농도가 높은 토양에서 농도가 낮은 뿌리털로 이동할 것이다(**그림 20.18**). 뿌리에 들어온 물에 의해 뿌리압이 만들어진다. 뿌리압은 물이 위로 이동하는 데 도움이 되기는 하지만, 거의 충분하지 않다.

증산(transpiration)은 물이 중력을 거슬러 위로 이동할 수 있는 이유를 설명하는 현상이다. 나무 꼭대기에서 일어나는 일에 초점을 맞추어보자(그림 20.18). 물 분자는 해면엽육조직에서 나와 기공을 통하여 대기로 빠져나간다. 물 분자 1개가 아니라 물 분자들이 사슬을 이루어 빠져나가는 것이 핵심이다. 빨대로 물을 마시는 것을 생각해보자. 물을 마시면 빨대에 압력이 생기고 물 분자 사슬이 위로 끌려 올라온다. 물 분자는 극성이며 서로 수소결합을 이루어 "붙어" 있다. 물이 사슬을 이루어 연결될 수 있는 힘을 응집력(*cohesion*)이라고 하고, 빨대의 내부에 붙는 힘을 부착력(*adhesion*)이라고 한다(그림 2.10 참조).

식물의 잎에서 물이 증발되면 물 분자 사슬을 끌어올리는 장력(*tension*)이 만들어진다. 증산은 증발로 인해 위에서 물기둥을 끊임없이 잡아당긴다. 물 분자 사이의 응집력과 물관부 내부에 대한 부착력이 이 과정을 촉진한다. 증산이 일어남에 따라 물기둥이 먼저 잎 내부에서, 그 다음에는 줄기에서, 마침내 뿌리에서 끌어올려진다.

식물은 증산을 통하여 놀랄 만큼 많은 양의 물을 잃는다. 뿌리가 흡수한 물의 90% 이상을 잎에서 잃는다. 옥수수

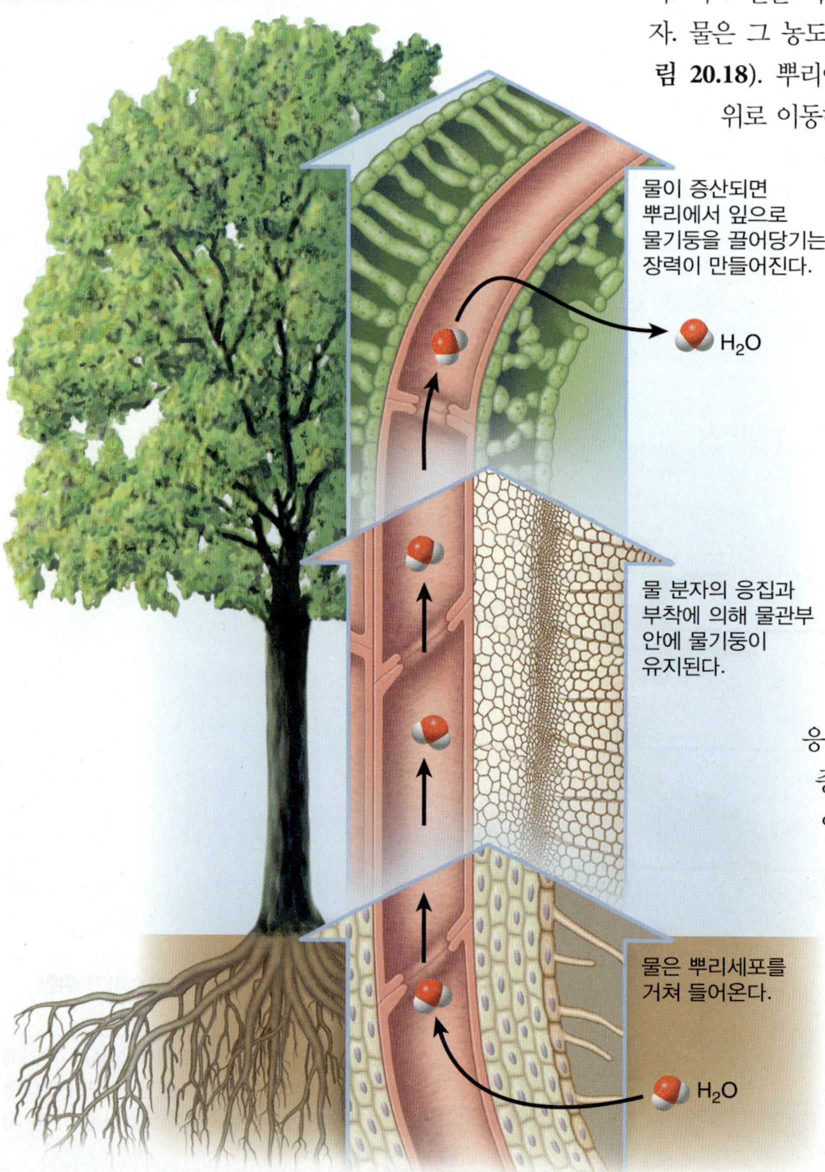

그림 20.18 물관부 수송에 대한 응집-장력 모델.

물은 큰 나무의 꼭대기까지 어떻게 올라갈 수 있을까? 물관은 뿌리에서 잎에 이르는 물이 가득 차 있는 수송관이다. 잎의 해면엽육조직에서 통기간극으로 물이 증발되면, 물 분자 사이의 응집력과 물 분자와 물관 벽 사이의 부착력에 의해 물기둥이 위쪽으로 끌려 올라간다.

한 그루가 생육기간 동안에 증산을 통하여 잃는 물의 양은 135~200리터에 이른다.

기공의 개폐

물이 가득 찬 식물세포는 부풀어 오른다(그림 5.13 참조). 팽압(*turgor pressure*)은 부풀도록 하는 물의 힘이다. 기공은 공변세포 내의 팽압이 변화함에 따라 열리고 닫힌다(**그림 20.19**). 물이 공변세포로 들어가면 팽압이 형성되고 공변세포가 "바나나" 모양으로 된다. 이로 인해 세포가 활처럼 휘어져 구멍(기공)이 열리게 된다. 물이 공변세포에서 나가면 팽압이 사라져 구멍이 닫히게 된다.

증산이 일어나려면 기공이 열려있어야 한다. 그러나 식물이 물 부족으로 인한 스트레스 상태에 놓이면 기공이 닫히며, 대기에서 이산화탄소를 받아들일 수 없게 되어 광합성이 멈춘다.

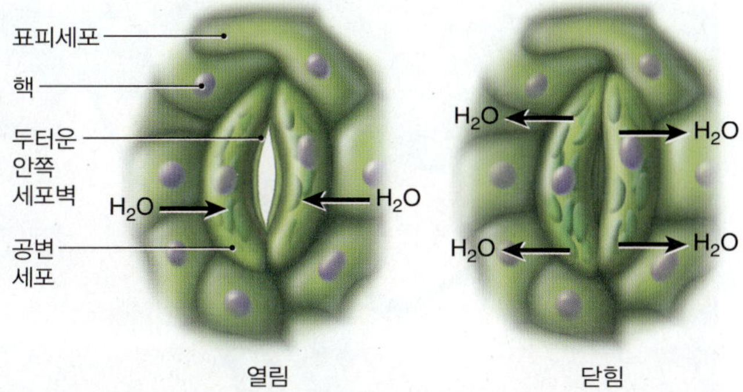

그림 20.19 기공의 개폐.

물이 공변세포로 들어와 팽압이 증가하면 기공이 열린다. 공변세포에서 물이 빠져나가고 팽압이 사라지면 기공이 닫힌다.

체관부 내의 당 수송

식물은 당을 형성하고 저장하여야만 발달 중인 뿌리, 꽃, 열매 등에 당을 제공할 수 있다. 당을 형성하고 저장하는 곳은 공급원(*source*)이고, 당이 사용되는 곳은 수용부(*sink*)이다. 공급원에서 수용부으로 당이 수송되는 과정은 **압류모델(pressure-flow model)**로 설명할 수 있다(**그림 20.20**).

광합성을 하는 잎은 당을 만들고 공급원이 된다. 이 당은 엽육조직 세포에서 체관부의 체관으로 능동적으로 수송된다. 물관부와 마찬가지로 체관부도 식물 전체에 이어져 있는 연속적인 "수송관"이다. 체관 내의 높은 당 농도로 인해 삼투에 의해 물이 유입된다. 물이 유입됨에 따라 압력이 증가하며, 공급원의 당(수크로오스) 용액은 뿌리 등의 압력이 낮은 수용부로 이동하게 된다.

뿌리에 도달한 당은 체관에서 뿌리 세포로 능동적으로 수송되고, 세포호흡을 비롯한 대사과정에서 사용된다. 뿌리 세포의 당 농도가 높기 때문에 삼투에 의해 물이 뿌리 세포로 유입된다. 이 물은 나중에 물관부 조직에 의해 공급원 부위로 이동하게 된다.

일반적으로는 잎이 공급원이지만 당근, 비트, 감자 등의 변형된 뿌리와 줄기도 겨울이나 휴면기에 필요한 당을 공급하는 공급원의 예이다.

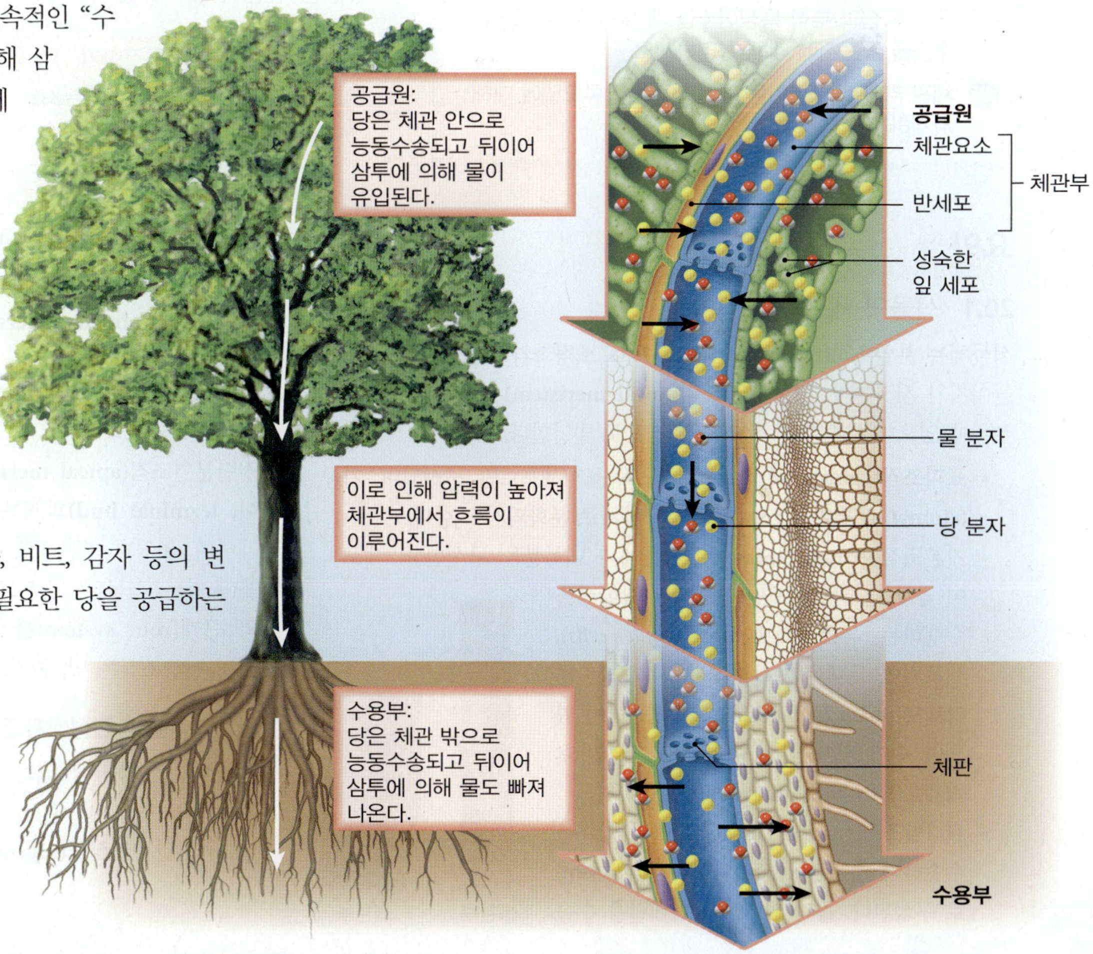

그림 20.20 체관 수송의 압류모델.

공급원에 있는 체관요소로 당과 물이 들어간다. 이로 인해 압력이 높아져 체관부 내용물이 흐르게 된다. 체관요소는 공급원에서 수용부로 연속적인 관을 형성하며, 수용부에서는 당과 물이 체관요소에서 빠져나간다.

a. 식물 줄기에서 먹이를 먹는 진딧물

b. 일부 개미는 진딧물을 보호하며 대신 감로를 얻는다.

그림 20.21 진딧물은 체관부에서 수크로오스를 얻는다.

진딧물은 탐침(stylet)이라고 하는 의료용 바늘 모양의 입 부위를 이용하여 체관부에서 수크로오스를 빨아먹을 수 있다. **a.** 여분의 수크로오스는 진딧물의 몸을 통과한 후 감로 방울로 나타난다. **b.** 진딧물 농장을 지키며 감로를 마시는 개미.

체관부 내의 높은 수크로오스 압력으로 인해 진딧물과 일부 개미 사이에서 흥미로운 상리공생 관계가 나타난다. 진딧물은 주사바늘과 같은 입 부위를 지닌 작은 곤충이다. 이 입 부위로 줄기를 뚫고 체관에 찔러 넣을 수 있다(**그림 20.21**). 압력이 높은 수크로오스 용액은 진딧물의 소화관을 빠르게 통과하여 꽁무니에 감로라고 하는 방울이 맺히게 된다. 개미는 진딧물을 자극하여 감로를 만들어내도록 한 후 마신다. 이러한 "진딧물 농장"은 개미 집단에 필요한 당을 제공하고 개미는 진딧물을 포식자로부터 보호한다.

20.5 개념 연결하기

물관부와 체관부는 식물 전체에 영양분을 수송한다.

진도 점검하기 20.5

1. 물의 수송에서 증산의 역할에 대해 설명하시오.
2. 물의 응집과 부착 특성이 어떻게 물관부에서 물의 수송을 돕는지에 대해 설명하시오.
3. 체관부에서 당의 이동을 설명하는 압류모델에 대해 자세하게 설명하시오.

요약

20.1 식물의 세포와 조직

식물체는 **분열조직(meristem tissue)**으로 조직화되는 분열세포에서 만들어지기 시작한다. **정단분열조직(apical meristem)**은 생장 중인 정단 부위에 있으며 특수화된 세 가지 조직으로 발달한다.

- **표피조직(epidermal tissue)**은 오직 표피세포로만 구성되며, **기공(stomata)**, **뿌리털(root hair)**, 모상체로 분화되기도 한다.
- **기본조직(ground tissue)**은 식물체의 대부분을 구성한다. 세포벽이 얇고 엽록체를 지닌 경우에는 광합성을 수행하는 유조직세포(*parenchyma cells*), 세포벽이 두꺼우며 유연하게 지지하는 후각세포(*collenchyma cells*), 2차세포벽이 있으며 속이 비어 있는 죽은 지지세포인 후벽세포(*sclerenchyma cells*)가 포함된다.
- **관다발조직(vascular tissue)**은 물과 양분을 수송하며, **물관부(xylem)**와 **체관부(phloem)**로 구성된다. 물관부는 물과 미네랄을 수송하며, **물관요소(vessel elements)**와 **헛물관(tracheid)**으로 구성된 물관을 가지고 있다. 체관부는 유기영양분을 수송하며, **체관요소(sieve-tube members)**와 **반세포(companion cell)**로 구성된 체관을 가지고 있다.

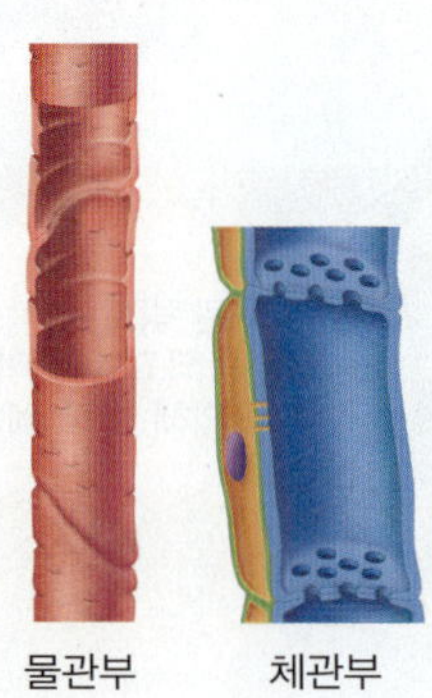

20.2 식물의 기관

정단분열조직(apical meristem)은 끝눈(정아, **terminal bud**)과 근단(뿌리 끝)에 존재하며, 조직과 기관으로 분화한다. 현화식물(꽃피는 식물)은 **슈트계(shoot system)**와 **근계(root system)**를 가지고 있다. 세 가지 영양조직은 잎, 줄기, 뿌리이다.

단자엽식물과 진정쌍자엽식물의 비교

현화식물은 종자에 있는 **자엽(떡잎, cotyledon)**의 수효, 잎, 줄기, 뿌리의 관다발조직 배열 방식, 꽃 부위의 수효에 따라 **단자엽식물(monocot)**과 **진정쌍자엽식물(eudicot)**로 나눈다.

단자엽식물의 꽃

진정쌍자엽식물의 꽃

20.3 잎, 줄기, 뿌리의 구조

잎

잎(leaves)은 광합성을 수행하지만 다른 목적으로 변형되기도 한다. 잎에는 표피를 덮고 있는 **큐티클(cuticle)**이 있으며, 주로 하표피에 기공이 있다. 기공을 통하여 수증기와 산소가 나가고 이산화탄소가 들어온다. **엽육조직(mesophyll)**은 책상엽육조직과 해면엽육조직으로 구분되며, 잎의 몸체를 형성하고 광합성을 수행한다.

줄기

줄기(stem)는 잎을 지지하고 물질을 뿌리와 잎으로 전달하고, 새로운 조직을 만들어낸다. 줄기는 비목본이거나 목본이다.

- 비목본(초본) 진정쌍자엽식물은 표피, **피층(cortex)** 조직, 고리 형태의 관다발, **속(pith)**을 가지고 있다. 단자엽식물의 줄기는 관다발이 흩어져 있고 피층과 속이 뚜렷하지 않다.
- 목본 줄기에서는 **관다발형성층(vascular cambium)**에서 매년 새로운 물관부와 체관부를 만들어내기 때문에 2기생장이 이루어진다. 목본 식물에서는 코르크가 표피를 대체한다. 목본 줄기는 코르크, 코르크형성층, 피층, 체관부를 포함하는 **수피(bark)**를 가지고 있다. **목재(wood)**에는 물관부의 **나이테(annual ring)**가 있다.

뿌리

뿌리(root)는 식물을 고정하고 물과 미네랄을 흡수하며 광합성 산물을 저장한다.

- 단자엽식물과 진정쌍자엽식물의 근단은 뿌리골무가 보호되며 뿌리 정단분열조직을 포함하는 세포분열대(*zone of cell division*), 세포가 신장되고 분화되는 신장대(*zone of elongation*), 뿌리털이 있는 성숙대(*zone of maturation*)의 세 지역으로 나뉜다.
- 성숙대에 있는 단자엽과 진정쌍자엽의 뿌리는 다음 조직들을 포함하고 있다. 진정쌍자엽식물 뿌리의 **관다발조직(vascular tissue)**에서는 물관부가 별 모양을 이루고, 체관부는 물관부의 팔 사이에 배열되어 있다. 단자엽식물의 뿌리에서는 물관부와 체관부가 번갈아 배열된 관다발조직이 고리 형태로 중앙부의 속(pith)을 둘러싸고 있다. **내피(endodermis)**는 관다발조직으로 들어오는 미네랄의 유입을 조절한다. **내초(pericycle)**에는 분열할 수 있어 측근을 형성하는 세포가 있다. **피층(cortex)**은 양분을 저장하는 유조직세포로 이루어지며, **표피(epidermis)**는 바깥층을 형성하며 뿌리털이 있을 수도 있다.

20.4 식물의 영양

식물은 무기 양분만으로 식물체를 이루는 모든 유기 화합물을 만들어낸다. 일부 양분은 필수 영양소이며, 다량영양소이거나 미량영양소이다. 일부 뿌리에서는 미네랄 흡수를 위한 적응이 나타난다. **뿌리혹(root nodule)**에서는 세균이 질소를 고정하여 식물이 사용할 수 있는 형태로 만들어낸다. 대부분의 뿌리는 **균근 진균(mycorrhizal fungi)**으로 인해 물과 미네랄의 흡수 면적이 증가된다.

20.5 영양물질의 수송

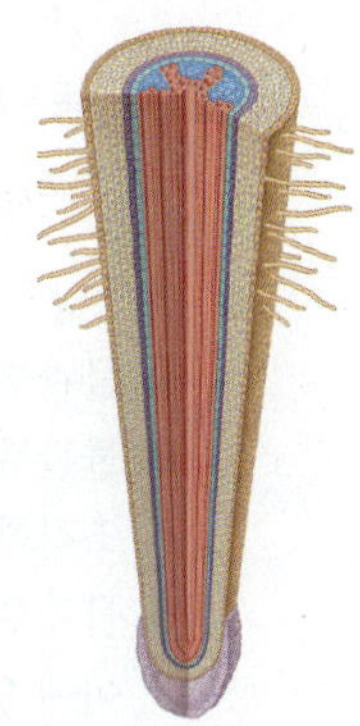

- 물관부 수송의 **응집-장력 모델(cohesion-tension model)**에 따르면 **증산(transpiration**; 기공을 통한 해면엽육조직의 물 증발)에 의해 장력이 만들어지고, 이에 따라 물관부에서 물이 위로 끌려 올라간다. 이러한 일이 가능한 것은 물 분자의 응집과 부착 성질로 인해 물관부에서 물기둥이 형성되기 때문이다.
- 체관부 수송의 **압류모델(pressure-flow model)**에 따르면 당이 공급원에서 체관부로 능동수송되면 뒤이어 삼투에 의해 물이 유입된다. 결과적으로 압력이 증가하여 물과 당이 수용부로 이동한다.

개념 연결하기

식물체 역시 복잡하게 조직화되어 있다. 식물은 다양하게 적응하여 다양한 환경에서 살고 있다.

- **20.1** 식물은 독특한 조직을 만들어내는 특수화된 세포를 가지고 있다.
- **20.2** 식물 조직이 결합하여 영양기관을 형성한다.
- **20.3** 뿌리, 줄기, 잎이 함께 작용하여 식물의 기능을 수행한다.
- **20.4** 다량영양소와 미량영양소 모두 식물의 근계를 통하여 흡수된다.
- **20.5** 물관부와 체관부는 식물 전체에 영양분을 수송한다.

식물의 해부구조와 생장에 관한 정보가 더 필요하면 다음 논의를 참조하시오.

5.4절 삼투압에 대한 물과 용질 농도의 효과.
18.1절 육상 생활에 성공하도록 한 현화식물의 적응.
18.2절 식물계의 진화.

혼자 풀어보기

가장 적절한 답을 고르시오.

20.1 식물의 세포와 조직

1. 1기생장이 일어나는 곳이며, 세포분열이 활발한 지역은?
   a. 절간　b. 정단분열조직
   c. 뿌리혹　d. 코르크형성층
   e. 관다발형성층
2. 견과류의 겉껍질과 같이 단단한 물질을 구성하는 죽은 세포는?
   a. 관다발조직　b. 후각조직세포
   c. 후벽조직세포　d. 유조직세포
   e. 표피조직
3. 표피에서 유래한 세포 유형이 아닌 것은?
   a. 뿌리털　b. 모상체
   c. 공변세포(기공)　d. 체관요소

20.2 식물의 기관

4. 다음 그림에서 각 부분의 명칭을 쓰시오.
5. 진정쌍자엽 줄기와 구별되는 단자엽식물 줄기의 특징은?
   a. 물관부와 체관부가 고리 형태로 속을 둘러싼다.
   b. 물관부와 체관부가 줄기 전체에 다발을 이루어 흩어져 있다.
   c. 조직화된 피층과 속이 있다.
   d. 물관부는 중앙부에 별 모양을 형성하며, 체관부는 별의 팔 사이에 있다.
   e. 표피가 왁스성분의 큐티클로 덮여 있지 않다.

20.3 잎, 줄기, 뿌리의 구조

6. 잎의 주요 기능은?
   a. 물 수송　b. 식물체 무게 지지
   c. 당 수송　d. 햇빛 흡수
7. 2기생장 동안에 나무에서 체관부와 물관부를 추가로 형성하는 곳은?
   a. 정단분열조직　b. 관다발형성층
   c. 내초　d. 코르크형성층
8. 뿌리골무와 정단분열조직을 포함하고 있는 뿌리의 지역은?
   a. 성숙대　b. 신장대
   c. 세포분열대　d. 모두 정답

20.4 식물의 영양

9. 질소는 식물이 많은 양이 필요로 하기 때문에 __________의 예이다.
   a. 유기 분자　b. 미량영양소
   c. 다량영양소　d. 결핍
10. 뿌리혹이 중요한 이유는?
   a. 균근 진균의 성장을 촉진하기 때문에
   b. 광범위한 측근 생장의 지역에 해당되기 때문에
   c. 질소고정세균을 지니고 있기 때문에
   d. 식물 근계에 산소를 추가로 공급하기 때문에

20.5 영양물질의 수송

11. 증산으로 인하여 물은
   a. 잎 표면에서 직접 증발한다.
   b. 잎맥에서 줄기를 통하여 뿌리로 흘러간다.
   c. 기공을 통하여 나가며 잎맥에서 잎으로 물을 끌어당긴다.
   d. 잎맥의 물관부로 나간 후 삼투에 의해 체관부로 들어간다.
14. 압류모델에 따르면 당은 체관부로 능동적으로 수송되고,
   a. 물관부로 들어가고, 증산으로 인해 잎 쪽으로 이동한다.
   b. 압력이 형성되어 물이 뿌리로 이동하게 된다.
   c. 기공을 통하여 잎 밖으로 수송된다.
   d. 삼투에 의해 물이 따라 들어와 압력이 만들어져 당이 함께 이동하게 된다.

과학적으로 생각하기

1. 과학자들은 콩과식물의 뿌리가 뿌리혹을 형성할 수 있는 질소고정세균 주위에서 자라고 있는 것을 관찰하였다. 뿌리가 어떻게 이들 세균을 인식하는지에 대해 논의하시오(그림 20.17 참조).
2. *Welwitschia*속 식물은 아프리카의 사막에서 살고 있다. 연평균 강수량은 2.5 cm에 지나지 않지만, 밤마다 안개가 나타난다. 이 식물이 밤에 기공을 열도록 적응한 이유는 무엇인가? 안개는 어떻게 하여 이 식물이 생존할 수 있도록 하였는가?
3. 2012년에 발생한 산불로 캘리포니아의 광활한 지역이 완전히 파괴되자 산불 방지에 대한 논쟁이 활발하게 진행되었다. 많은 사람이 국유림에서 노숙림(old-growth forests)의 벌목이 제한되어 있다고 주장하며 국유림을 허술하게 관리하기 때문에 산불이 많이 발생하는 것이라고 비난하였다. 이들은 벌목을 하면 발화성 덤불을 치우고 산림을 솎아내어 불이 쉽게 퍼지지 않도록 한다고 주장하였다. 그러나 많은 환경론자들은 회의적이다. 산림을 솎아내면 많은 멸종위기종의 중요한 서식지를 훼손할 뿐만 아니라 햇빛이 더 많이 들어와 산림 바닥에 있는 유기물질을 건조시켜 산불이 더 잘 일어날 수 있다고 지적한다. 많은 사람들은 제안된 벌목으로는 단순히 목재 산업을 부흥시킬 뿐이라고 생각한다. 엄청난 손상을 주는 산불로 인한 생명과 재산의 손실을 고려할 때, 연방정부는 국유림의 벌목을 허용하여야 할까? 그럴 경우 문제가 더 악화되기만 하는 것은 아닐까?

21

식물의 반응과 생식

바나나—열매 세계의 노새

슈퍼마켓에서 판매하는 바나나는 불임이다. 즉, 종자가 없으므로 더 재배하려 해도 심을 것이 없다. 현재 우리가 먹고 있는 달콤하지만 불임인 바나나는 1800년대 중반에 두 종류의 야생 바나나를 교접하여 만들어진 것이다. 종자가 없는데 농부는 어떻게 바나나를 재배할 수 있을까? 답은 무성생식, 조직배양, 유전공학 기술을 이용하는 것이다.

농부는 흔히 무성생식을 사용한다. 단순하게 바나나의 줄기나 뿌리를 잘라 땅에 심는 것이다. 그 결과 원래 식물체와 동일한 식물체가 자라나지만, 원래 식물의 병이 전달될 수 있다.

새로운 무병 바나나를 만들기 위하여 많은 농장은 조직배양을 시도하였다. 병균이 자라지 못하는 정단분열조직만 잘라내어 양분과 생장호르몬이 담겨 있는 배양접시에 옮긴 후, 새로운 식물체가 형성되면 밭에 옮겨 심는다. 그러나 이들 무병 식물은 종종 곰팡이와 곤충에게 공격당한다. 이들 해충은 바나나 농장 전체를 황폐화시킬 수 있으며, 1950년대에는 곰팡이에 의해 카리브와 중앙아메리카의 바나나 농장이 모두 궤멸되었다.

질병 저항성 바나나를 재배하는 다른 기술은 유전자를 변형한 식물체를 개발하는 것이다. 과학자들은 벼의 항곰팡이 유전자를 바나나 식물에 삽입하였다. 이렇게 변형된 바나나 식물은 감염에 대해 더욱 잘 견딜 수 있다.

이 장에서는 식물의 유성생식과 무성생식의 방법에 대해 살펴본다.

이 장을 공부하는 동안 다음 질문에 대해 생각해보자.

1. 무성생식에서 유전공학은 어떻게 이용되는가?
2. 식물에서 무성생식과 유성생식의 장점과 단점은 무엇인가?

개 요

시작하기 전에

이 장을 시작하기 전에 다음 내용을 다시 살펴보자.

그림 11.27 신호전달경로는 정보를 어떻게 전달하는가?

그림 18.16 현화식물의 포자체 시기와 배우체 시기는 어떻게 다른가?

20.2절 정단분열조직과 끝눈(정아)은 무엇인가?

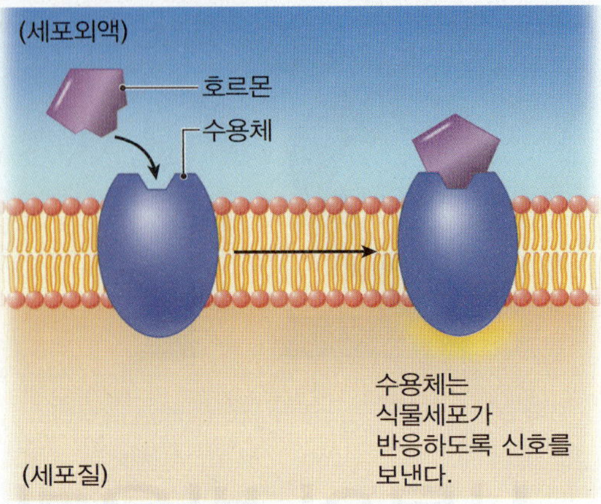

그림 21.1 식물호르몬.

호르몬은 햇빛, 수분 손실, 온도 등의 환경 자극에 의해 생성된 화학 신호이다. 호르몬은 수용체 단백질과 결합하여 특정 세포나 조직에서 반응을 유도한다.

21.1 식물호르몬

학습 목표

이 절을 학습한 후에는 다음 과제를 수행할 수 있어야 한다.

1. 다섯 종류의 식물호르몬이 식물생장에 미치는 효과를 간단하게 설명하기.
2. 정단우성을 정의하고 이에 대한 옥신의 효과를 설명하기.
3. 씨없는 포도 산업에서 지베렐린이 어떻게 이용되는지에 대해 설명하기.
4. 노화를 정의하고 시토키닌이 노화를 어떻게 방지하는지 설명하기.
5. 휴면과 기공 닫힘 현상에서 앱시스산의 역할을 설명하기.
6. 열매 숙성과 탈리에 대한 에틸렌의 효과를 설명하기.

동물은 환경 자극(위험, 먹이 등)에 반응하여 이동(*moving*)을 통해 자극에게 다가가거나 멀어진다. 그러나 식물은 환경 자극(빛, 물 등)에 반응하여 생장(*growing*)을 통해 자극에게 다가가거나 멀어진다. 이러한 생장 반응의 대부분은 세포 수준에서 이루어지며, 호르몬에 의해 조정된다. 식물 **호르몬(hormone)**은 식물체가 만들어내는 작은 유기분자이며, 세포와 조직 사이에서 화학적 신호로 작용한다. 대부분의 호르몬은 수용체 단백질과 결합하는 신호이다(**그림 21.1**). 수용체 단백질은 호르몬과 결합되면 세포에게 신호를 보내 자극에 반응하도록 한다. 현재 옥신, 지베렐린, 시토키닌, 앱시스산, 에틸렌의 다섯 가지 식물호르몬이 알려져 있다.

옥신

1세기 이전에, **옥신(auxin)**이라고 알려진 유기물질이 첫 번째 식물호르몬으로 발견되었다. 식물세포에는 세포벽이 있으며, 식물세포가 생장하려면 세포벽이 느슨해져야 한다. 옥신은 세포벽을 느슨하게 하여 생장이 일어나도록 한다.

옥신은 광원을 향해 줄기가 구부러지는 **굴광성(phototropism)**에 관여한다(**그림 21.2**). 식물이 한 면에서만 빛을 받으면, 옥신은 그늘진 부위로 이동한다. 그늘진 면에 있는 세포는 길게 신장하여 줄기가 빛을 향하여(*toward*) 굽어지게 된다. 그늘진 면에서는 일련의 사건에 의해 세포가 신장된다.

1. 옥신이 단백질 수용체와 결합한다.
2. 수소이온(H^+)이 세포 밖으로 능동수송된다(ATP가 필요함).
3. H^+의 농도가 증가되면 산성 환경이 만들어진다.
4. 산은 세포벽을 느슨하게 하는 다른 효소들을 작동시킨다.

그림 21.2 식물호르몬인 옥신의 작용 방식.

a. 그늘진 면의 식물세포는 신장되며, 이로 인해 줄기가 빛을 향해 굽는다. **b.** 옥신(붉은 점)이 수용체에 결합하고 수소이온(H^+)이 세포질 밖으로 능동수송되면 신장이 일어난다. 세포벽 부위의 산도가 높아지면 효소가 활성화되어 세포벽이 약해지고, 물이 세포 안으로 들어오게 된다. 이로 인해 세포가 신장된다.

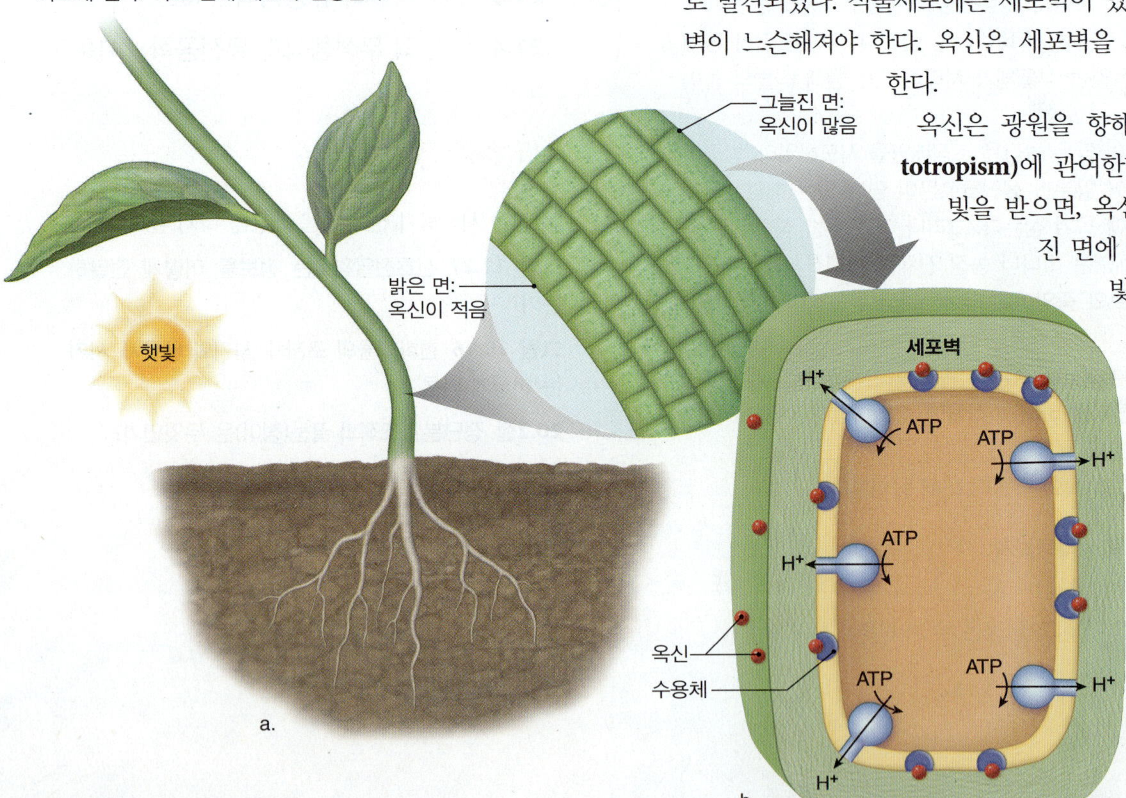

5. 세포의 생장과 신장이 일어난다.

옥신은 **정단우성(apical dominance)**이라는 현상에도 관여한다(**그림 21.3**). 숙련된 정원사는 잔가지가 많은 식물을 만들려면 끝눈을 제거해야 한다는 사실을 알고 있다. 끝눈의 정단분열조직에서 생성된 옥신은 아래로 수송되어 곁눈의 생장을 억제한다. 가지치기로 줄기 정단을 제거하면 정단우성이 사라진다. 그러면 곁눈이 생장하여 관목과 같은 형태로 된다. 잘린 정단 줄기에 옥신을 처리하면 정단우성이 다시 나타난다.

옥신은 상업적으로 많이 사용된다. 옥신은 뿌리 형성을 자극하고 열매의 생장을 촉진한다. 잔디 제초제는 진정쌍자엽 잡초는 죽이지만 단자엽 잔디는 죽이지 않는 합성 옥신이다. 에이전트 오렌지는 강력한 합성 옥신이며, 베트남 전쟁에서 고엽제 용도로 매우 높은 농도로 사용되었다. 이 물질은 발암물질이며 많은 지역 주민들에게 상해를 입혔다.

지베렐린

지베렐린(gibberellins)은 1926년에 "바보 같은 유식물 병"이라는 벼의 곰팡이 질병을 조사하던 일본의 한 과학자가 발견하였다. 이 병에 걸린 식물은 줄기가 너무 빨리 신장하여 지탱하지 못하고 쓰러진다. 식물에 감염된 곰팡이는 지베렐린이라는 화학물질을 과도하게 생성한다. 지베렐린이라는 이름은 이 진균인 *Gibberella fujikuroi*에서 유래하였다. 1956년에 이르러서야 현재 **지베렐린산(*gibberellic acid*)**이라고 알려진 지베렐린이 진균이 아닌 현화식물에서 정제되었다. 현재 약 70가지의 지베렐린이 알려져 있다. 이 중에서 가장 일반적인 것은 GA_3(아래 숫자로 다른 지베렐린과 구별한다)이다. 어린 잎, 뿌리, 배, 종자, 열매에서 천연 지베렐린을 만들어낸다.

지베렐린은 세포의 신장을 유발하는 생장-촉진 호르몬이다. 지베렐린을 식물의 외부에 처리하였을 때 가장 뚜렷하게 나타나는 효과는 절(마디) 사이의 줄기 신장이다(**그림 21.4*a***). 지베렐린은 난쟁이 식물이 자라도록 하며, 양배추가 2 m 이상 자라게 하고 난쟁이강낭콩(bush bean)이 덩굴제비콩(pole bean)만큼 자라게 한다.

지베렐린은 사과, 체리, 사탕수수 등 작물의 생장과 다양성을 촉진하며,

그림 21.3 정단우성.

a. 식물이 끝눈을 유지하고 있으면 곁눈 생장이 억제된다. **b.** 끝눈이 제거되면 곁가지가 발달하고 식물은 관목 형태로 자란다.

그림 21.4 지베렐린의 효과.

a. 오른쪽 식물은 지베렐린을 처리하였고, 왼쪽 식물은 처리하지 않았다. 지베렐린은 종종 경제적으로 중요한 식물의 줄기 신장을 촉진하기 위하여 사용된다. **b.** 지베렐린을 처리한 포도(오른쪽)와 처리하지 않은 포도(왼쪽). 처리한 경우 열매줄기가 더 길고 열매가 크다.

a.

b.

상업적으로 많이 사용된다. 주목할 만한 예는 미국에서 포도 생산에 사용하는 것이다. 상업적인 포도는 유전적으로 씨가 맺지 않도록 변형한 품종인데, 이들은 원래 작은 송이에 작은 열매를 만들던 것이다. 종자는 열매 생장에 필요한 지베렐린을 생산하는 원천이다. 그러나 외부에서 GA_3를 처리하면 종자의 역할을 대신하며, 또한 열매 줄기가 길어져 성긴 송이가 만들어지고 열매 크기가 증가된다(그림 21.4*b*). 양조산업에서 맥주는 보리 낟알(종자)에 있는 전분을 분해하여 생산된다. 맥주 생산에 사용되는 보리 낟알은 생장이 멈춘 휴면 상태이다. 지베렐린은 휴면을 타파하여 주로 말토오스인 발효가능한 당을 만들어내며, 이것을 효모가 발효시켜 에탄올을 생산한다.

시토키닌

시토키닌(cytokinin)은 1940년대에 식물의 조직과 기관을 배양용기에서 키우는 과정에서 발견되었다. 코코넛 밀크(액체 배젖)와 효모 추출물을 배양액에 첨가하면 세포분열이 일어난다는 사실이 알려졌다. 당시에는 효과를 나타내는 물질을 분리하지 못하였지만, 통칭하여 시토키닌이라고 불렀다. 그 이유는 *cytokinesis*가 세포질분열을 의미하기 때문이다. 천연 시토키닌은 1967년에 이르러서야 옥수수(*Zea*)의 낟알에서 정제되었고, 따라서 이것을 제아틴(zeatin)이라고 불렀다.

시토키닌은 세포분열을 촉진하여 식물생장에 영향을 준다. 시토키닌은 분열조직, 어린 잎, 근단, 종자와 열매에서 발견된다. 식물이 생장할 때에는 늘 시토키닌이 관여되어 있다.

시토키닌의 다른 효과

시토키닌은 또한 식물기관의 **노화(senescence)**를 억제한다. 잎과 같은 식물기관 내에서 시토키닌의 수준이 감소하면 생장이 느려지거나 멈춘다. 그러면 큰 분자가 분해되어 다른 부위로 수송되고 잎은 본연의 색을 잃게 된다. 노화는 식물의 생장에 필수적인 부분이다. 예를 들면 어떤 식물은 크게 자라면서 아래에 있는 잎이 탈락된다.

식물의 기관 형성도 시토키닌의 영향을 받는다. 예를 들면 과학자들은 시토키닌에 대한 옥신의 비율과 배양액의 산성도에 따라 식물 조직이 미분화 세포덩어리인 캘러스(*callus*, 그림 21.23*a* 참조)로 될 것인지, 아니면 뿌리나 슈트, 잎, 또는 꽃으로 분화될 것인지 여부가 결정된다는 것을 잘 알고 있다. 몇 가지 연구는 올리고사카린(세포벽에서 떨어져 나온 화학물질)이 분화를 효과적으로 유도한다고 주장한다. 아마도 옥신과 시토키닌에 대응하는 수용체 단백질이 효소를 활성화시켜 세포벽에서 올리고사카린이 떨어져 나오도록 하는 것으로 보인다.

앱시스산

환경 조건이 좋지 않다면 식물은 스스로를 보호해야 한다. **앱시스산(abscisic acid)**은 종자와 눈의 휴면을 개시하고 유지하며, 기공이 닫히도록 하기 때문에 스트레스 호르몬이라고 부르기도 한다. 식물이 (비록 당시의 조건이 생장에 적합하더라도) 생장을 멈추고 불리한 조건에 대비하여 준비할 때 휴면이 시작된다. 예를 들면, 가을철에 앱시스산이 잎에서 영양눈(*vegetative bud*)

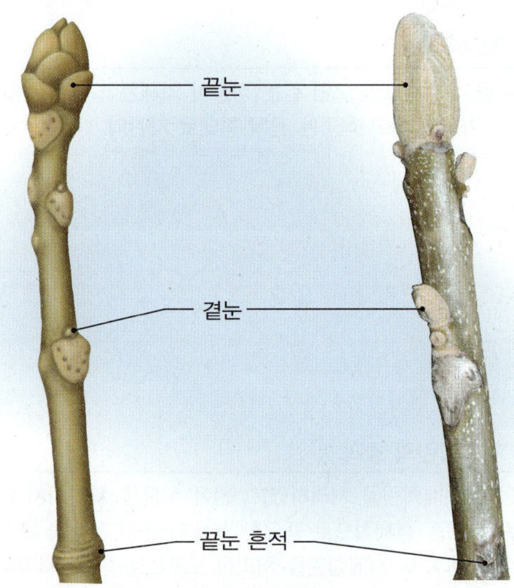

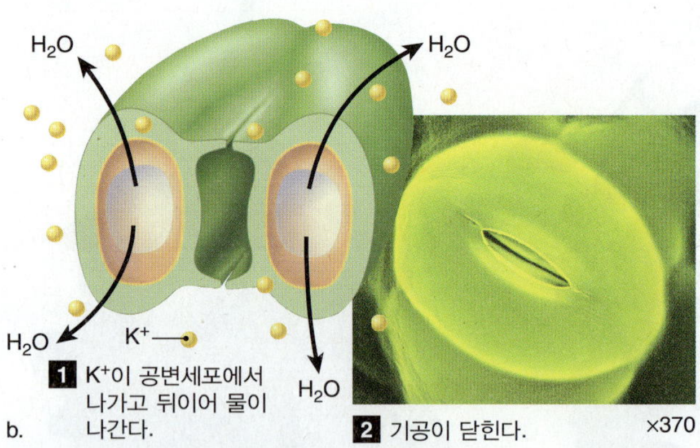

그림 21.5 앱시스산의 영향.

a. 앱시스산은 겨울눈 형성을 촉진하며(왼쪽), 앱시스산이 감소하면 눈의 휴면이 깨진다(오른쪽). **b.** 또한 앱시스산은 포타슘이온(K^+)이 공변세포 밖으로 나가도록 영향을 주어 기공이 닫히도록 한다.

으로 이동하고, 이후에 영양눈이 겨울눈(*winter bud*)으로 전환되는 것으로 보인다. 겨울눈은 두껍고 단단한 비늘로 덮여 있다(**그림 21.5*a***). 앱시스산 수준이 감소하고 지베렐린 수준이 증가하면 종자와 눈의 휴면이 깨지는 것으로 보인다. 그러면 종자는 발아되고 눈에서는 잎이 발달한다.

앱시스산은 식물이 수분 스트레스를 받으면 기공이 닫히도록 한다(그림 21.5*b*). 밝혀지지 않은 방법에 의해 앱시스산은 포타슘이온(K^+)이 공변세포에서 나가도록 한다. 따라서 공변세포가 물을 잃게 되고, 기공이 닫힌다.

앱시스산은 한때 잎, 열매, 꽃 등이 떨어지는 **탈리(abscission)**에 관여한다고 알려졌다. 그러나 비록 외부에서 처리한 앱시스산이 탈리를 촉진하기는 하지만, 이 호르몬은 탈리 과정에 영향을 주지 않는 것으로 보인다. 그 대신에 또 다른 호르몬인 에틸렌이 탈리에 관여하는 것으로 추정된다.

에틸렌

에틸렌(ethylene)은 대기 중에서 자유롭게 이동할 수 있는 기체이며, 열매 성숙과 탈리에 관여한다. 에틸렌은 셀룰로오스분해효소(cellulase) 등의 효소를 자극하여 잎, 열매, 꽃을 떨어뜨린다(**그림 21.6*a,b***). 이 효소는 식물 세포벽에 있는 셀룰로오스를 가수분해하여 그 부위를 약하게 만든다.

1900년대 초에는 오렌지 열매를 등유난로가 있는 방에 두었다가 판매하는 것이 일반적이었다. 나중에야 과학자들은 등유의 불완전연소 산물인 에틸렌이 과일을 숙성시킨다는 것을 알게 되었다. 에틸렌은 기체이기 때문에 거리를 두고도 작용할 수 있으며, 흔히 채소가게에 배달하기 직전에 열매를 숙성시키기 위해 사용되었다(그림 21.6*c*). 한 바구니의 숙성된 사과는 비록 다른 컨테이너에 실려 있어도 모든 바나나를 숙성되도록 할 수 있다. 물리적으로 손상되거나 감염이 된 식물은 상처 부위에서 에틸렌을 방출한다. 이것이 썩은 사과 하나로 인해 전체 바구니가 썩는 이유이다.

표 21.1은 다섯 가지 식물호르몬의 기능을 요약한 것이다.

a. 탈리가 일어나지 않음

b. 탈리가 일어남

c.

그림 21.6 에틸렌의 기능.

a. 정상적으로는 서양호랑가시나무 가지를 일주일 동안 유리병 안에 놓아두어도 탈리가 일어나지 않는다. **b.** 그러나 에틸렌을 생성하는 숙성된 사과를 병 안에 함께 놓으면 탈리가 일어난다. **c.** 에틸렌은 수확한 토마토를 숙성시키는 용도로 사용된다.

진도 점검하기 21.1

1. 다섯 가지 식물호르몬의 목록을 작성하시오.
2. 다섯 가지 식물호르몬의 주요 작용을 설명하시오.
3. 모든 식물호르몬이 식물 생장에 일부 효과를 보이지만, 이들이 서로 다른 부위에서 발견되는 이유에 대해 토의하시오.

21.1 개념 연결하기

식물은 호르몬을 이용하여 생장과 발달을 조절한다.

표 21.1 주요 식물호르몬의 기능

호르몬	기능	식물에서 생성되거나 발견되는 곳
옥신	정단우성 유지; 굴광성과 굴중성에 관여; 조직배양에서 뿌리의 생장 촉진; 잎의 탈리와 열매의 낙과 방지	정단분열조직, 미성숙 잎
지베렐린	마디 사이의 줄기 신장 촉진; 종자와 눈의 휴면 타파 및 종자의 발아에 영향을 줌	정단분열조직, 미성숙 잎, 종자
시토키닌	세포분열 촉진; 노화 방지; 옥신과 함께 뿌리, 줄기, 잎, 꽃대로 분화하도록 촉진함	뿌리정단분열조직
앱시스산	종자와 눈의 휴면 개시와 유지; 겨울눈의 형성 촉진; 기공의 닫힘 촉진	배젖, 뿌리, 엽록체가 있는 조직
에틸렌	잎, 열매, 꽃의 탈리 촉진; 열매의 숙성 촉진	식물의 노화 부분 및 숙성된 과일, 정단분열조직과 줄기의 마디

21.2 식물의 반응

학습 목표

이 절을 학습한 후에는 다음 과제를 수행할 수 있어야 한다.

1. 굴성을 정의하고 식물에서 일반적인 세 가지 굴성의 예를 제시하기.
2. 유식물이 음성과 양성 굴중성에 의해 어떻게 그리고 왜 영향을 받는지 설명하기.
3. 피토크롬이 현화식물의 광주기에 어떻게 영향을 미치는지 설명하기.

a.

b.

그림 21.7 굴광성과 굴촉성.

a. 줄기는 빛을 향하여 구부러지는 굴광성을 나타낸다. 이 반응은 줄기의 그늘진 면에 옥신이 축적되기 때문에 나타난다. **b.** 서양담쟁이 덩굴은 굴촉성을 이용하여 나무 둥치를 기어오른다.

식물의 반응은 빛, 낮 길이, 중력, 접촉과 같은 환경 자극에 의해 많은 영향을 받는다. 환경 신호에 반응할 수 있기 때문에 특정한 환경에서 식물과 종의 생존 가능성이 높아진다.

환경 신호에 대한 식물의 반응은 빛에 의해 기공이 열리는 것과 같이 빠르거나 또는 계절에 따라 꽃을 피우는 것과 같이 시간이 걸릴 수도 있다. 이러한 다양성에도 불구하고 환경 신호에 대한 대부분의 식물 반응은 생장과 분화에 기인하며, 여기에는 부분적으로 특정 호르몬이 관여한다.

굴성

방향성이 있는 자극에 대해 다가가거나 또는 멀어지는 식물 생장을 **굴성(tropism)**이라고 한다. 차등생장으로 인해 기관의 한 측면이 다른 측면보다 더 빠르게 자라게 되며, 그 결과 자극 쪽으로 향하거나 또는 멀어지면서 굽는다. 자극을 향한 생장은 양성 굴성이라고 하며, 자극에서 멀어지는 생장을 음성 굴성이라고 한다. 세 가지 굴성은 반응을 일으키는 자극에 따라 명명되었다.

굴광성	빛 자극에 반응하는 생장
굴중성	중력에 반응하는 생장
굴촉성	접촉에 반응하는 생장

굴광성(phototropism)은 빛을 향하여 식물이 한 방향으로 생장하는 것이다 옥신이 식물의 그늘진 측면으로 이동하고 세포 신장을 통해 줄기와 잎이 햇빛 쪽으로 구부러지도록 한다(**그림 21.7*a***). **굴촉성(thigmotropism)**은 다른 식물, 동물, 암석, 바람과 같은 접촉에 반응하는 것이다. 서양담쟁이 덩굴과 같이 기어오르는 덩굴은 바위나 나무 둥치 또는 그 밖의 지지대와 접촉하여 생장한다(그림 21.7*b*). 굴촉성이 나타나게 된 적응으로 인해 이들 식물은 지지하는 줄기 조직을 만드는 일에 에너지를 쓰는 대신에 빛을 향해 잎이 생장하도록 하는 일에 에너지를 쓸 수 있다.

굴중성(gravitropism)은 식물 생장에 대한 중력의 효과로 나타난다. 종자가 발아할 때, 배의 슈트는 중력을 거슬러(*against*) 위쪽으로 향하는 음성 굴중성을 나타낸다. 어린 줄기의 아랫면에 옥신 농도가 증가되어 윗면보다 생장이 잘 일어나므로 위쪽으로 생장하게 된다. 배의 뿌리는 중력 방향을 따라 아래쪽의 토양 속으로 생장하는 양성 굴중성을 나타낸다(**그림 21.8*a***). 뿌리 세포는 녹말체(*amyloplast*)라고 하는 소기관이 있기 때문에 아래 방향을 인지한다. 테니스 공에 구슬을 몇 개 넣었다고 가정해보자. 공을 어떻게 움직이든지 상관없이 구슬은 항상 아래쪽으로 내려갈 것이다. 녹말체도 이와 같이 방으로 나누어지며 방마다 배주를 가지고 있다. 일반적으로 심피는 배주를 많이 가지고 있어서 종자의 수효가 많아지게 된다.

모든 꽃이 꽃받침, 꽃잎, 수술, 심피를 모두 가지고 있는 것은 아니다. 모두 갖추고 있는 것은 완전화(갖춘꽃, *complete flower*), 그렇지 않은 것은 불완전화(안갖춘꽃, *incomplete flower*)라고 한다. 꽃받침이나 꽃잎이 없더라도 수술과 심피를 모두 가지고 있는 꽃은 양성화(완성화, *bisexual flower*)라고 한다. 단성화 중에서 수술만 있으면 수꽃, 심피만 있으면 암꽃이라고 한다. 한 개체에 수꽃과 암꽃이 모두 있는 식물은 자웅동주(암수한몸, *monoecious*) 종이라고 한다(**그림 21.14**). 그러나 수꽃과 암꽃이 각각 다른 개체에 있는 식물은 자웅이주(암수딴몸, *dioecious*) 종이다. 서양가시나무는 자웅이주 식물이다. 따라서 빨간 열매를 원한다면, 암꽃을 가진 나무와 수꽃을 가진 나무가 모두 있어야 한다.

그림 21.14 ***Jatropha*는 자웅동주 식물이다.**

성숙한 *Jatropha*는 한 식물체에 암꽃(왼쪽)과 수꽃(오른쪽)이 모두 있는 자웅동주 식물이다.

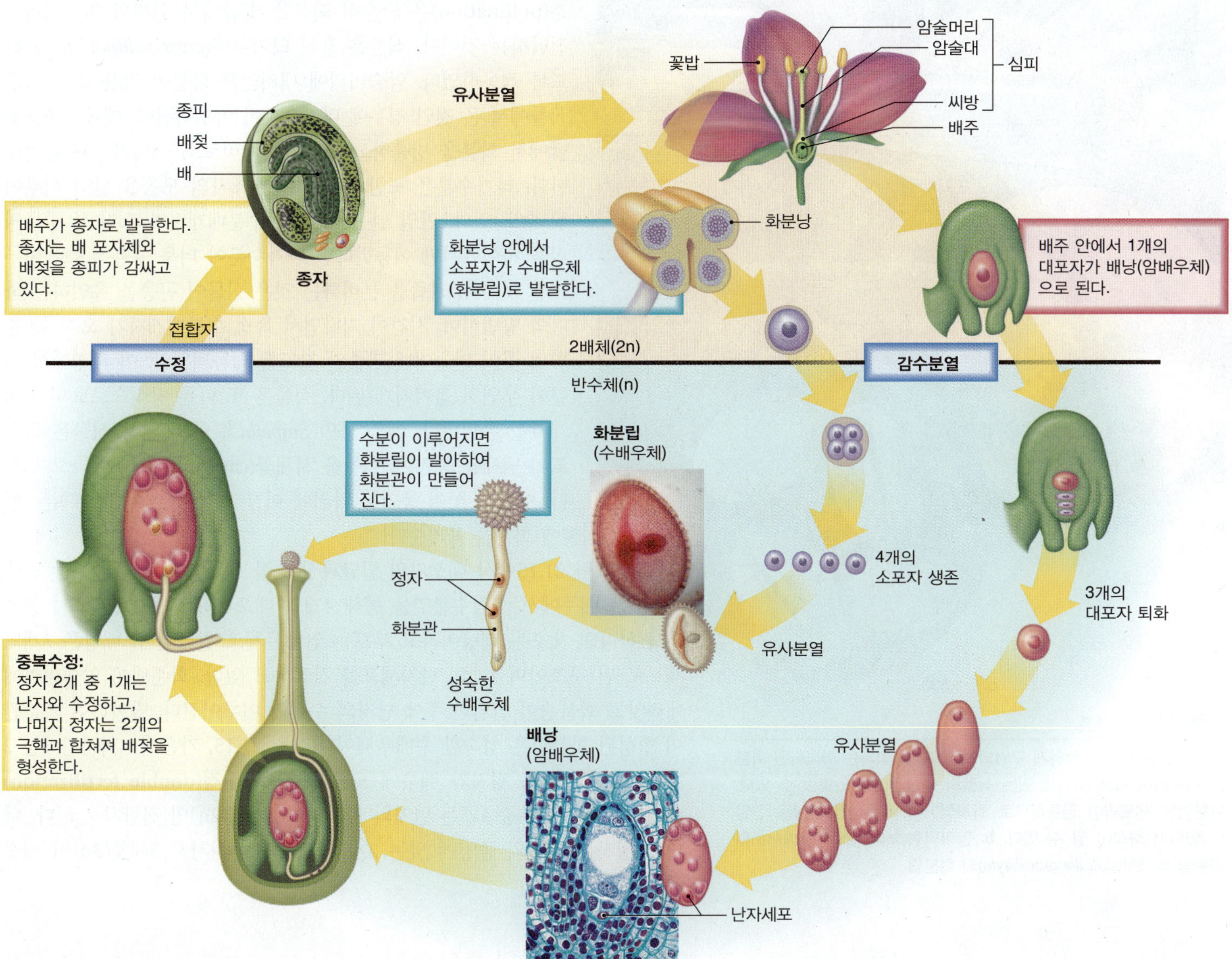

그림 21.15 **현화식물의 생활주기.**

소포자가 발달하여 정자를 간직한 화분관으로 되며, 대포자가 발달하여 난자를 간직한 암배우체로 된다. 화분관에 있던 정자 중 1개는 난자와 수정하여 접합자를 만들고, 나머지 정자는 2개의 다른 암배우체 세포와 수정하여 배젖으로 되는 중복수정이 일어난다. 이제 배주가 종자로 된다.

그림 21.16 화분.

a. 화분립은 매우 뚜렷하게 구별되므로 고생물학자는 화석화된 화분을 사용하여 특정 지역에 있는 식물의 출현연대를 판별할 수 있다. 화분립은 세포벽이 튼튼하므로 화학적이나 기계적인 손상을 견딜 수 있어서 화석이 될 수 있다. **b.** 양미역취(*Solidago canadensis*)의 화분립. **c.** 갯버들(*Salix gracilistyla*)의 화분립.

포자에서 수정까지

이제 우리는 현화식물 생활주기에 대하여 어느 정도 알게 되었으며, 지금부터는 더욱 자세히 살펴보자. 기억하겠지만, 종자식물의 포자체는 두 종류의 포자를 생성한다. 소포자는 수배우체인 화분립으로 되고, 대포자는 암배우체인 **배낭(embryo sac)**으로 된다. 현화식물의 생활주기에서 이러한 일이 언제 그리고 어떻게 일어나는가?

소포자는 수술의 꽃밥 내에서 화분립으로 발달한다(**그림 21.15**). **화분립(pollen grain)**은 처음에는 2개의 세포로 이루어져 있다. 이 가운데 큰 세포는 화분관을 형성한다. 작은 세포는 분열하여 바로 또는 나중에 2개의 정자로 된다. 이것이 수술을 꽃의 "웅성" 부위라고 하는 이유이다.

화분립의 형태는 식물마다 뚜렷하게 다르다(**그림 21.16**). **수분(pollination)**은 단순히 화분을 꽃밥에서 심피의 암술머리로 전달하는 것이다. 식물은 흔히 타가수분(*cross-pollination*)을 하도록 적응하였다. 암술머리에 내려앉은 화분이 같은 종의 다른 식물에서 온 것인 경우에 타가수분이 이루어진다. 예를 들면, 꽃밥에서 화분을 방출하고 난 뒤라야 비로소 심피가 성숙하기도 한다. 타가수분은 또한 동물 수분매개자의 도움을 받아 이루어질 수도 있다. 만일 벌 등의 같은 수분매개자가 오직 한 종류의 식물 사이에서만 이동한다면 타가수분이 더욱 효율적으로 이루어질 것이다. 과즙을 분비하는 것은 식물이 곤충을 유인하는 하나의 방법이며, 시간이 지나면서 특정 수분매개자가 오직 한 종류의 꽃이 만들어낸 과즙만 찾도록 적응되었다. 이 과정에서 화분이 우연히 옮겨지게 된다. 식물은 또 다른 방식으로도 수분매개자를 유인한다. 예를 들면 *Stapeila*속 등의 일부 식물은 썩은 고기 냄새를 풍기며, 이들을 시체꽃(carrion flower)이라고 부른다. 이들의 꽃이 풍기는 악취에 이끌려 찾아온 파리가 다른 "썩은" 식물에 화분을 옮겨준다!

그림 21.15에서 대포자의 발달과정도 볼 수 있다. 암술의 씨방 안에 있는 배주에서는 감수분열을 통해 4개의 대포자가 만들어진다. 이 중에서 하나의 세포는 배낭이라고 부르는 암배우체로 발달한다. 배낭은 7개의 세포로 된 구조이며 1개의 난자세포를 간직하고 있다. 화분립이 암술머리에 내려앉고 화분관이 발달한 후에 난자의 수정이 이루어진다. 발아하여 화분관이 형성된 화분립은 성숙한 수배우체이다(그림 21.15, 가운데). 화분관에는 2개의 정자가 있다. 정자가 배주에 도달하면 **중복수정(double fertilization)**이 일어난다. 정자 중 1개는 난자와 합쳐져서 2배체(2n)인 접합자로 된다. 나머지 정자는 배낭의 중앙에 있는 2개의 극핵과 합쳐져서 3배체(3n)인 배젖세포를 형성한다.

진정쌍자엽식물의 종자 발달

이제 종자의 세 부위인 종피, 배, 배젖에 대하여 설명한다. 종피(*seed coat*)는 보호층으로 배주의 벽이 발달한 것이다. 앞서 살펴본 바와 같이, 중복수정에 의해 접합자와 배젖 핵이 만들어지며, 이들이 세포분열을 거쳐 다세포 배(*embryo*)와 종자의 저장 양분인 다세포 **배젖(endosperm)**으로 된다.

그림 21.17은 종자의 발달 단계이다. 조직이 분화되어 분열조직이 있는 정단(슈트 끝)과 근단(뿌리 끝)이 발달한다.

종자 발달 과정에서 **자엽(cotyledons**, 배의 잎)이 발달 중인 배젖을 흡수하여 커지며 다육질로 된다(그림 21.17*f*). 자엽에 저장된 양분은 배가 생장을 재개할 때 사용된다. 첫 번째 본엽(*true leaf*)이 자라나 일하기 시작하면 자엽이 시든다. 완두콩은 자엽이 크고 배젖이 없는 전형적인 진정쌍자엽식물의 좋은 예이다(그림 21.20 참조).

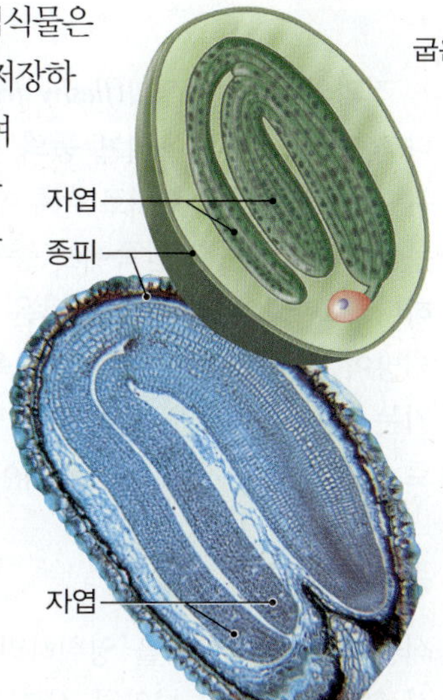

그림 21.17 진정쌍자엽식물의 종자 발달.

접합자(**a**)에서 시작한 발달과정은 배가 발달함에 따라 (**b**)~(**e**)의 단계를 거쳐 종자(**f**)에서 끝난다.

단자엽식물과 진정쌍자엽식물의 비교

진정쌍자엽식물은 자엽이 2개인 반면, 단자엽식물은 단 1개만 있다. 단자엽식물의 자엽은 양분을 저장하고 있으며, 또한 배젖에서 영양물질을 흡수하여 배에게 전달한다. 다시 말해, 단자엽식물 종자에는 배젖이 남아 있다. 진정쌍자엽식물의 자엽은 대개 장차 배가 사용할 모든 양분을 저장하고 있다. 따라서 두 자엽이 배젖의 양분을 모두 흡수하였기 때문에 배젖이 나타나지 않는다.

옥수수는 단자엽식물이다. 따라서 옥수수 낟알에는 1개의 자엽과 배젖이 있다(그림 21.21 참조).

열매의 종류와 종자 산포

현화식물의 종자는 **열매(fruit)**에 감싸여 있다(**그림 21.18**). 종자는 배주에서 발달하고 열매는 씨방이나 때로는 꽃의 다른 부위에서 발달한다. 엄밀히 말하면 오이, 토마토, 꼬투리째 먹는 완두콩 등 시장에서 파는 상품은 종자를 가지고 있으므로 채소가 아니라 열매이다. 채소(*vegetable*)는 셀러리(줄기), 양상추(잎), 당근(뿌리)처럼 종자를 가지고 있지 않은 먹을 수 있는 식물체의 한 부분이다.

열매는 매우 다양하다. 건과(*dry fruit*)는 일반적으로 색이 수수하고 씨방벽이 얇고 건조하며, 양분은 주로 종자에 저장되어 있다. 밀, 옥수수, 벼 등의 영과(낟알)는 열매가 종자처럼 보인다. 호두, 피칸 등의 견과류는 두꺼운 외벽으로 1개의 종자를 감싸고 있다. 완두 등의 콩과식물의 열매에는 여러 개의 종자가 있으며, 갈라지면 종자가 방출된다.

그림 21.18 열매의 예.

호두와 완두의 열매는 건과이다. 복숭아와 사과의 열매는 육질과이다. 식물학자는 씨방, 그리고 꽃의 다른 일부분에서 유래한 것은 모두 열매로 간주한다.

건과와 달리 육질과(*fleshy fruit*)는 과즙이 많고 색이 밝아 동물을 유인한다. 복숭아, 체리, 올리브 등의 핵과는 "돌같이 딱딱한 과일"이다. 열매로 되는 씨방 벽은 세 부위로 이루어진다. 외과피는 껍질이 되고, 중과피는 육질 부분이 된다. 가장 안쪽에서 종자를 감싸고 있는 내과피는 마치 돌처럼 단단하다. 토마토 등의 장과는 많은 종자를 가진다. 이과(*pome*)인 사과는 건조한 씨방이 종자를 감싸고 있으며, 육질 부분은 꽃의 화탁에서 유래한 것이다. 딸기는 매우 흥미로운 열매이다. 딸기의 육질은 화탁에서 유래한 것이고, 종자로 보이는 것은 실제로는 건과이다.

a. 호랑가시나무 b. 우엉 c. 민들레 d. 단풍나무

그림 21.19 종자의 산포 방법.

많은 식물이 종자를 어버이 식물로부터 멀리 퍼뜨리기에 적합하게 적응하였다. **a.** 호랑가시나무의 종자는 이 흉내지빠귀 새에 의해 멀리 운반될 것이다. **b.** 우엉 열매는 가시가 있어서 지나가는 동물의 털에 붙는다. **c.** 민들레와 **(d)** 단풍나무의 열매는 바람에 의해 먼 거리로 운반되도록 적응하였다.

종자의 산포

식물이 성공적인 삶을 영위하려면 종자를 어버이 식물에서 멀리 이동하도록 산포하여야 한다. 다양한 산포 방식이 잘 알려져 있다. 새와 포유류는 종종 열매를 먹는데, 열매 속의 종자는 이들의 소화관을 통과한 후 배변되는 과정에서 어버이 식물에게서 멀리 이동된다(**그림 21.19*a***). 다람쥐 등은 종자와 열매를 모아서 멀리 떨어진 곳에 묻어두지만 종종 묻어둔 장소를 잊어버리며, 이로 인해 종자가 멀리 이동된다. 일부 식물에서는 독특한 산포 방식이 진화되었다. 도꼬마리, 우엉 등의 열매는 갈고리나 바늘이 있어서 동물의 털에 붙어 멀리 이동된다(그림 21.19*b*). 바람으로 종자를 산포하는 식물도 있다. 깃털이나 날개는 이러한 유형의 산포에 적합한 적응이다. 민들레 열매에 붙어 있는 많은 털은 낙하산 역할을 하여 산포를 돕는다(그림 21.19*c*). 단풍나무의 열매는 종자가 2개이며, 날개가 있어서 10 km나 날아갈 수 있다고 알려져 있다(그림 21.19*d*). 그 밖에도 봉선화의 종자 꼬투리는 성숙하면 부풀어 오른다. 이 부푼 꼬투리는 지나가던 동물이 건드리면 터져서 성숙한 종자를 멀리 튕겨 보낸다.

연관: 건강

용도가 다양한 코코넛

코코넛은 큰 견과류이며 내부에 있는 하얀 우유 같은 물질은 배젖이다. 우리는 이 견과류를 식품, 기름, 껍질의 섬유 등 다용도로 사용하고 있다. 전해질과 섞은 코코넛 물은 에너지 음료로 판매되며, 코코넛 오일은 유제품을 사용하지 않고 버터와 같은 효과를 얻고자 하는 요리사가 선호한다. 필리핀과 파푸아 뉴기니에서는 코코넛 오일 혼합액을 배, 트럭, 자동차 연료로도 사용한다.

종자의 발아

산포된 이후에 모든 조건이 맞는다면 종자가 **발아(germinate)**되며, 생장을 통해 유식물이 자라난다. 생장을 유지하는 데 필요한 물, 온도, 산소 등이 적당해야만 발아가 일어난다. 사막에서는 습도가 적절해질 때까지 발아하지 않는다. 이러한 요구조건으로 인해 가장 적당한 생육기가 되기 전에는 종자가 발아하지 않도록 할 수 있다. 어떤 종자는 일정 기간 휴면하지 않으면 발아하지 않는다. 종자의 휴면은 생장에 적당한 조건이라 해도 생장이 일어나지 않는 기간이다. 온대지역에서는 흔히 종자가 일정 기간 추운 날씨에 노출되어야만 휴면이 타파된다. 육질과(예: 사과, 배, 오렌지, 토마토)는 억제제를 함유하며, 이들이 씻겨서 제거되기 전에는 발아되지 않는다. 또한 세균이나 심지어 불도 종피에 작용하여 물이 침투할 수 있도록 한다. 물을 흡수하면 종피가 터지고 발아가 일어나게 된다.

진정쌍자엽식물과 단자엽식물의 발아

콩 종자에서 자엽 2개를 분리해내면, 미성숙 잎이 있는 기본적인 식물을 볼 수 있다. 진정쌍자엽식물이 토양을 뚫고 올라올 때, 슈트는 갈고리 모양을 이루어 미성숙 잎을 보호한다. 자엽은 본엽이 광합성을 시작하면 시든다(**그림 21.20**). 단자엽식물인 옥수수의 낟알은 실제로는 열매이며, 따라서 껍질은 열매와 종피가 합쳐진 것이다(**그림 21.21**). 내부에는 한 개의 자엽이 있으며, 또한 미성숙 잎과 미성숙 뿌리가 초(sheath)에 의해 싸여 있다. 단자엽식물에서 처음으로 나오는 잎은 초엽(first leaf)이라고 한다. 유식물이 자라기 시작하면 초가 제거되고 미성숙 잎이 옥수수의 본엽으로 된다.

21.3 개념 연결하기

현화식물은 유성생식을 통해 성공적인 삶을 영위하고 있다.

진도 점검하기 21.3

1. 꽃의 구조를 설명하시오.
2. 현화식물의 생활주기를 자세히 설명하시오.
3. 종자의 중요성과 종자 산포의 중요성을 논의하시오.

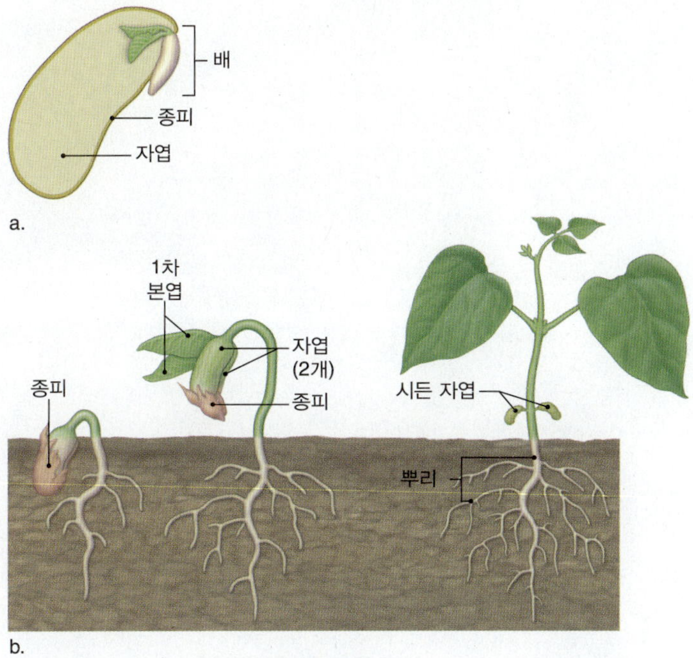

그림 21.20 진정쌍자엽식물인 완두.

a. 종자의 구조. **b.** 유식물의 발아와 발달. 두 개의 자엽이 있고 잎맥은 그물맥이다.

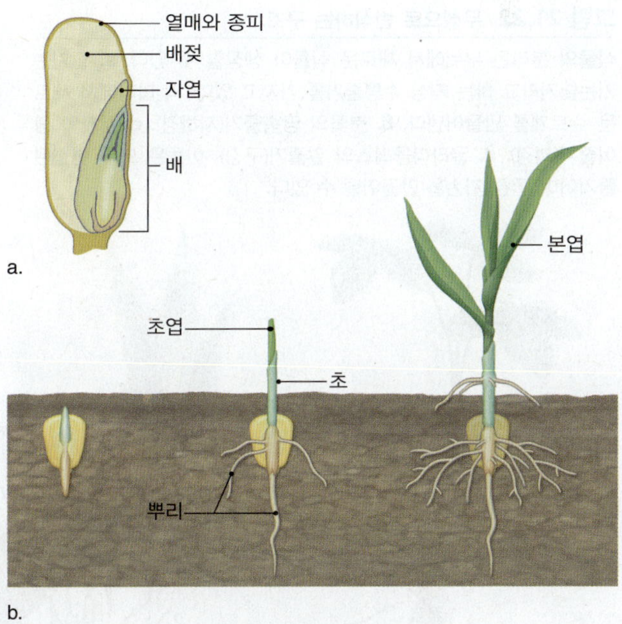

그림 21.21 단자엽식물인 옥수수.

a. 옥수수 낟알의 구조. **b.** 유식물의 발아와 발달. 한 개의 자엽이 있고 잎맥은 평행맥이다.

21.4 식물의 무성생식과 유전공학

학습 목표

이 절을 학습한 후에는 다음 과제를 수행할 수 있어야 한다.

1. 현화식물의 무성생식 방법을 열거하고 관련된 구조에 대해 설명하기.
2. 조직배양을 통한 식물의 번식을 설명하고 이 방법을 이용하는 이유를 설명하기.
3. 형질전환 식물의 혜택과 우려에 대해 논의하기.
4. 제약산업에서 식물 유전공학을 이용하는 방식에 대해 설명하기.

무성생식에서는 부모 중 하나만 있으며, 자손은 모두 클론이다. 유전적으로 동일한 개체를 **클론(clone)**이라고 한다. 클론 식물은 생육방식과 외형을 분명하게 알 수 있기 때문에 식물 판매자는 이들을 선호한다.

정원 식물의 번식

정원에 튤립, 붓꽃, 또는 글라디올러스 화단을 만들고자 할 때, 종자를 심는 대신 비늘잎줄기(인엽경, bulb)나 땅속줄기(지하경, rhizome), 또는 알줄기(구경, corm)를 심어 무성으로 번식시키는 경우가 많이 있다(**그림 21.22**). 그리고 감자식물의 먹는 부분은 실제로는 덩이줄기(괴경, tuber)라고 부르는 변형된 줄기이며, 각각의 "눈"은 새로운 식물체로 될 수 있는 싹이다. 이들 구조는 모두 다육질인 땅속 양분저장 조직이고 봄에 발아하는 싹을 가지고 있다. 딸기에서 볼 수 있는 기는줄기(포복경, stolon)는 수평으로 자라는 줄기이며, 역시 새로운 클론 식물을 만들어낼 수 있다.

조직배양에 의한 식물의 번식

대부분의 무성 번식에서 나타나는 주요 단점은 병원균도 함께 번식한다는 것이다. 식물 병원균으로는 바이러스, 세균, 진균 등이 있으며, 이들에 감염된 부모 식물로부터 만들어진 클론도 역시 감염되어 있을 것이다. 그러나 조직배양을 통하여 멸균된 시험관 내에서 감염되지 않은 식물체에서 클론을 만들어낸다면 감염되지 않은 상태로 유지할 수 있다. 따라서 지금부터 **조직배양**

그림 21.22 무성으로 번식하는 구조.

식물의 분리된 부위에서 새로운 식물이 생장할 수 있다. **a.** 딸기는 기는줄기라고 하는 지상 수평줄기를 가지고 있다. 각 마디에서 새로운 슈트계를 만들어낸다. **b.** 붓꽃의 땅속줄기(지하경). **c.** 감자의 덩이줄기(괴경). **d.** 글라디올러스의 알줄기(구경). 이들은 모두 변형된 줄기이며, 클론 자손을 만들어낼 수 있다.

(tissue culture)은 단순하게 멸균 조건의 실험실에서 수행된 식물 번식을 의미한다.

동물의 경우에는 세포를 분리하여 시험관에서 배양해도 완전한 동물을 만들어 낼 수 없다. 그렇지만 식물에서는 세포 하나를 분리하여 배양하면 완전한 새로운 식물체로 생장할 수 있다. 하나의 식물세포가 완전한 식물로 자라날 수 있는 이러한 능력을 개체형성능(*totipotency*)이라고 하며, 식물 조직배양이 성공할 수 있는 이유이다.

조직배양 기술은 다양하지만, 대부분 부모식물의 분열조직에서 분리한 세포에서 시작된다. 분열조직 세포를 멸균한 플라스크나 시험관, 또는 배양접시 내의 젤리 같은 물질 위에서 배양한다. 이 물질은 배지(medium)라고 부르며, 생장 호르몬과 비타민, 다량영양소, 미량영양소가 포함되어 있어서 분열하는 세포에 지지대 역할을 하면서 양분과 수분을 공급한다. 초기에는 캘러스(*callus*)라고 부르는 미분화 세포 덩어리가 형성된다(**그림 21.23***a*). 이후에 양분과 호르몬을 더 첨가해주면 기관 형성이 이루어져 완전한 소식물로 자라난다(그림 21.23*b*,*c*). 이들 소식물은 멸균 용기에 넣어 운반한 후 화분이나 밭에 옮겨 심을 수 있다(그림 21.23*d*).

조직배양은 슈퍼마켓에서 판매하는 많은 종류의 열매와 채소를 증식하는 중요한 기술이다. 이 장의 여는 글에서 소개한 바와 같이 바나나는 종자를 만들지 못하는 불임 열매이다. 상업적으로 중요한 이 열매를 공급하는 유일한 방법은 조직배양을 하는 것이다. 아스파라거스는 자웅이주식물이며, 상품으로 이용하는 줄기는 모두 수컷이다. 암컷 줄기는 꽃을 피우고 식용으로는 적합하지 않다. 따라서 조직배양 기술은 무병 수컷 아스파라거스를 생산하는 효과적인 방법이 된다.

많은 식물원이나 대학교에서 식물을 보존하기 위하여 조직배양을 하고 있다. 아틀란타식물원은 토종 난과 백합을 번식하는 조직배양 실험실을 보유하고 있다. 여기에서 번식한 식물을 지역 종묘장과 공유함으로써 수집가들이 이들 식물을 채취하는 사례가 감소하여 야생에서 보존할 수 있게 되었다. 또한 희귀종을 조직배양하여 지역이나 세계 각지의 원래 서식지에 다시 심음으로써 야생에서 개체군 수를 증가시킬 수도 있다(**그림 21.24**).

그림 21.24 조직배양은 식물 보존에 도움이 된다.

*Cypripedium*속 식물인 Kentucky ladyslipper orchid(복주머니난의 일종)는 희귀종이며, 조직배양 실험실에서 증식한 후 원래 서식지에 다시 심어 보존한다.

a. b. c. d.

그림 21.23 조직배양.

a. 분열조직을 멸균 배지에서 배양하면 캘러스라고 하는 미분화 덩어리가 발달한다. **b.** 캘러스에서 배가 잎과 뿌리 등의 기관으로 발달한다. **c.** 배가 소식물로 발달한다. **d.** 소식물은 저장할 수 있으며 멸균 용기에 넣어 운반한 후 토양에 심어 키우면 성숙한 식물로 자란다.

그림 21.25 식물의 형질전환.

a. 유용한 유전자가 삽입된 *Agrobacterium tumefaciens*가 식물세포에 침투하여 식물을 형질전환시킬 수 있다. **b.** 식물 형질전환에 사용하는 유전자 총.

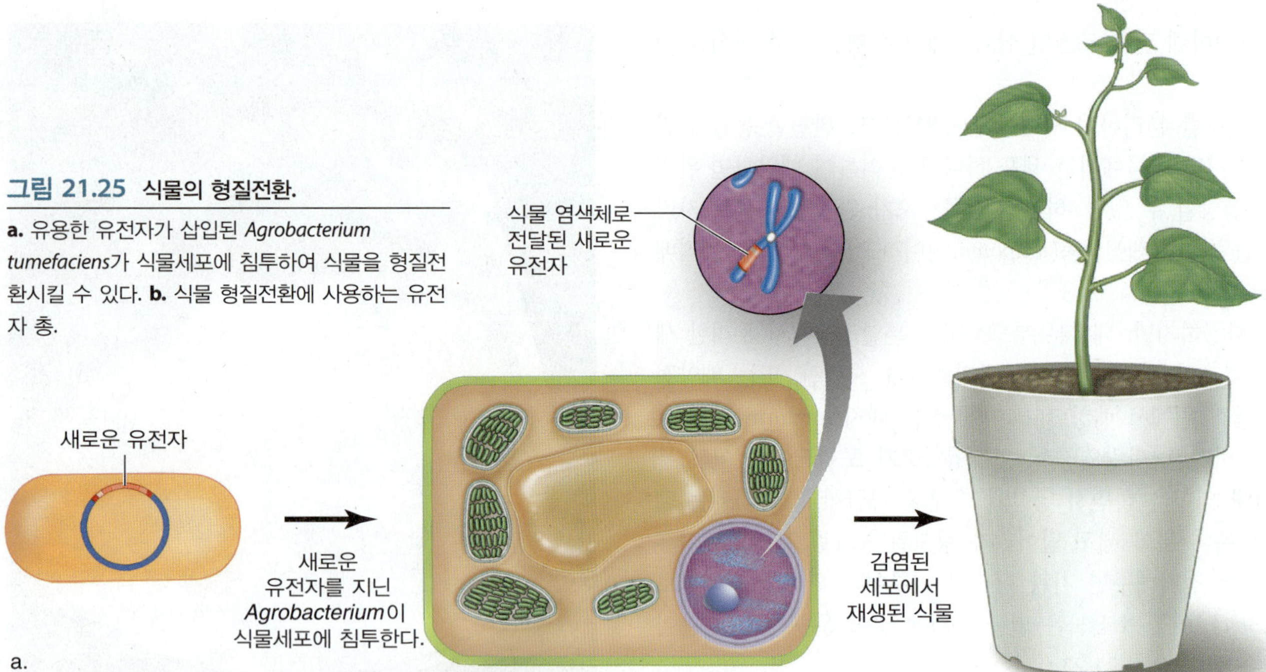

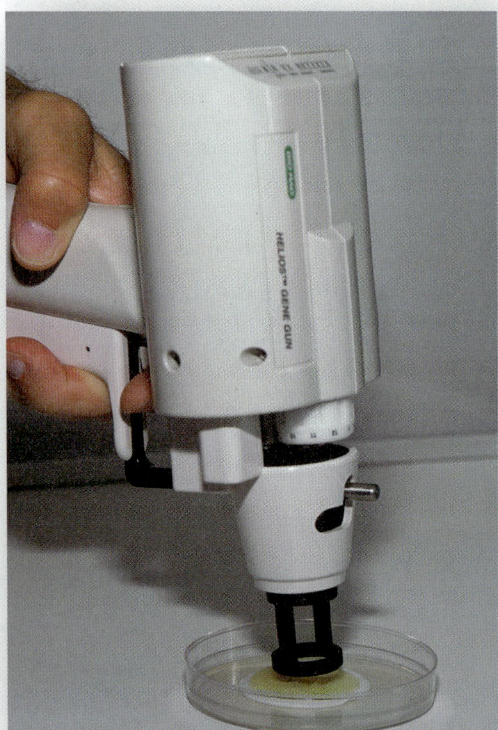

b.

완전한 식물체가 아니라 식물체가 생산하는 물질만 원할 때에는 **세포현탁배양**(*cell suspension culture*)이라는 기술을 사용한다. 빠르게 생장하는 캘러스를 작은 조각으로 잘라 액체 영양배지에서 흔들어주면서 배양하면 한 개의 세포나 작은 세포 덩어리가 분리되어 현탁을 형성한다. 그 후에 이 세포들이 자라면서 생산해낸 물질을 현탁액에서 추출할 수 있다. 예를 들면, 세포현탁배양을 통해 *Cinchona*속 식물인 기나나무(quinine tree)에서는 말라리아 치료제인 퀴닌을 생산하고, *Digitalis*속 식물인 디기탈리스(*D. lanata*)에서는 심장병 치료제인 디기톡신을 생산한다.

식물의 유전공학

최소 10,000년 이전에, 인류는 수렵과 채취 생활방식에서 농경 생활방식으로 전환하였다. 음식과 옷감에 가장 적합한 작물을 얻기 위하여 식물을 선택하고 잡종화시켰다. 멘델 유전학에서 **잡종화**(*hybridization*)는 다양한 품종의 식물을 교배하여 바람직한 형질을 갖춘 식물을 만들어내는 일을 의미한다. 이러한 농사법은 작은 규모의 집단이 먹고살기에 충분하였다.

오늘날에는 인구가 많이 늘었다. 따라서 충분한 음식과 옷감을 제공하기 위해 유전공학을 통하여 식물체를 변형할 수 있는 과학기술에 의존하고 있다. DNA 염기서열을 대규모로 분석하는 기술이 개발되고 분자유전학이 발전함에 따라 유전자의 작동 원리에 대한 이해가 높아졌으며, 이로 인해 원하는 형질을 얻기 위해 식물 DNA에 외래유전자를 정확하게 삽입하는 방법이 개발되었다. DNA가 어떤 방식에 의해서든 변형된 식물체를 **형질전환식물**(*transgenic plant*) 또는 **유전자변형(genetically modified, GM) 식물**이라고 한다. 일반적으로는 유전자가 변형된 생명체를 유전자변형생명체(GMO)라고 부른다.

그림 21.25는 유전공학을 수행하는 두 가지 방식이다. 이 부모 식물은 바람직한 형질을 지니고 있지 않으며, 다른 생명체에서 분리해낸 유전자를 사

용하여 이 부모 식물을 변형시킨다. 일반적인 형질전환(*transformation*) 기술은 천연 유전공학자인 *Agrobacterium tumefaciens*에 의존하여 이루어진다. 이 세균은 식물세포에 침투한 후 자신의 플라스미드에 있는 DNA를 식물체의 염색체에 삽입한다. 또 다른 기술에서는 입자총을 사용하여 식물세포에 DNA를 쏘아 형질전환이 이루어지도록 한다(그림 21.25*b*). 이후 새로운 형질을 지닌 형질전환 세포를 골라 소식물로 자라도록 배양한다. 목적에 따라 GM 식물을 조직배양하여 클론을 얻거나 유성생식을 통해 종자를 생산할 수도 있다.

GM 식물은 흔히 농업-관련 형질, 식량품질-관련 형질, 의학-관련 형질을 개선하는 유전자로 변형된다(**표 21.2**). 주목할만한 GM 식물은 Bt 옥수수이다. 과거에 옥수수는 조명충나방 애벌레에게 시달렸다. 이 애벌레를 방제하려고 밭에 살포한 살충제는 값도 비싸고 환경에 나쁜 영향을 준다. 토양 세균인 *Bacillus thuringiensis*에서 분리한 Bt 유전자는 조명충나방 애벌레를 죽이는 단백질을 만들어낸다. 이 Bt 유전자를 옥수수 염색체에 삽입하여 애벌레에게 저항성을 보이는 옥수수식물을 얻었다. 현재 미국에서 재배하는 옥수수 작물의 65%는 Bt 옥수수이다. Bt 감자와 Bt 목화 등의 다른 GM 작물 역시 이 유전자를 지니고 있다(**그림 21.26**).

최근에는 황금쌀을 생산하는 GM 작물이 개발되었다. 이 벼는 수선화와 세균의 유전자로 변형되어 베타-카로틴(프로비타민 A)을 생산해낸다. 세계보건기구(WHO)는 전 세계에서 1억 4천만~2억 5천만 명의 미취학 아동이 비타민 A 결핍을 겪고 있는 것으로 추정하고 있는데, 특히 쌀을 주식으로 삼는 개발도상국에서 심각하다. 음식으로 섭취한 프로비타민 A는 체내에서 비타민 A로 전환되어 결핍증상을 완화시킨다.

GM 식물이 야생식물과 교차-잡종을 하여 제초제 저항성인 "슈퍼잡초"를 만들어낼 가능성과 GM 화분립이 수분매개자에 미칠 효과에 대해 환경 분야에서는 크게 우려하고 있다. 가장 큰 사회적 우려는 사람과 가축이 소비하는 GM 식물과 관련되어 있으며, GM 작물로 제조된 모든 식품은 식품내용 표

표 21.2 GM 식물

농업 형질 개선
제초제 저항성: 밀, 벼, 사탕무, 카놀라
염 내성: 곡물, 벼, 사탕수수, 카놀라
가뭄 내성: 곡물, 벼, 사탕수수
냉해 내성: 곡물, 벼, 사탕수수
생산성 향상: 곡물, 벼, 옥수수, 면화
질병 방어: 밀, 옥수수, 감자, 면화
식품품질 형질 개선
지방산/기름 함량: 옥수수, 콩
단백질/탄수화물 함량: 곡물, 감자, 콩, 벼, 옥수수
아미노산 함량: 옥수수, 콩
비타민 A 함량 : 벼
의학적 혜택
백신 생산: 옥수수, 콩, 토마토
항체 생산: 담배

a.

b.

그림 21.26 유전자 변형 Bt 식물.

a. 조명충나방 애벌레(작은 사진)에 저항성을 보이도록 유전자를 변형한 Bt 옥수수 식물. **b.** 면화 밭에서 일반 면화와 유전자 변형 Bt 면화의 비교.

그림 21.27 GM 식품내용 표지에 대한 논쟁.
유전자변형 생물체로 만든 식품에 식품회사가 알리지 않아도 된다는 법에 반대하고 있다.

지에 이 사실을 알리도록 하는 법안이 제정되었다(**그림 21.27**). 현재 새로운 GM 작물을 개발하려면 전에 엄격한 분석과 조사를 거쳐야 승인받을 수 있다. 그렇지만 미국과학진흥회(American Association for the Advancement of Science, AAAS)는 2012년에 지난 25년간의 GM 작물 관련 연구를 검토한 후, 작물을 개선하는 유전공학은 안전하며 식품내용 표지는 소비자에게 잘못된 경고일 뿐이라는 성명서를 발표한 바 있다.

의약품

유전공학으로 인해 식물체에서 생산하는 의약품을 개발하는 연구의 새로운 물결이 일었다. 식물은 항원, 항체, 호르몬, 치료용 단백질을 생산해낼 수 있다. 식물체를 이용하여 의약품을 생산하면 비용을 줄이고, 단백질 생산량을 늘리며, 동물이나 인간의 병원균에 감염될 위험을 줄일 수 있다는 장점이 있다. 충치를 예방하는 항체를 생산하는 담배식물이 개발 중에 있다. 가축에게는 이미 사용이 승인된 림프종 암에 대한 식물-생산 항체를 사람에게도 사용할 수 있도록 개발하고 있다. 항체 생산 이외에도 식물은 혈액응고 방지제, 성장 호르몬, 대용혈액, 콜라겐 대체물, 항미생물제 등의 "만들기 힘든" 단백질을 제조하는 데 탁월하다.

연관: 건강

형질전환 작물은 유기농 작물인가?

미국농무부(USDA)에 따르면 유기농 작물은 살충제, 방사선 조사, 호르몬, 항생제, 생명공학 등을 이용하지 않고 생산한 것이다. 그러므로 형질전환작물은 인공적인 기술을 사용한 제품이기 때문에 유기농 작물로 판매할 수 없다.

개념 연결하기

21.4 과학자는 식물의 무성생식을 활용하여 조직배양을 통해 식물체의 클론을 얻는다.

진도 점검하기 21.4

1. 무성생식에 관여하는 식물의 구조를 열거하시오.
2. 식물조직배양을 사용하는 예를 세 가지 제시하시오.
3. 유전자변형 식물의 장점과 단점을 요약하시오.

요약

21.1 식물호르몬

식물호르몬은 세포 내에서 생리적인 변화를 유도한다. 식물호르몬은 다음과 같이 5개의 그룹으로 나눈다.

- **옥신**: 생장 패턴에 영향을 주고 **정단우성(apical dominance)**과 **굴광성(phototropism)**을 일으킴
- **지베렐린**: 줄기 신장 촉진과 종자 휴면 타파
- **시토키닌**: 세포분열 촉진, 잎의 노화 방지, 식물조직의 분화에 영향
- **앱시스산**: 종자와 눈의 휴면 개시와 유지, 기공의 닫힘
- **에틸렌**: 잎, 열매, 꽃의 **탈리(abscission)**, 그리고 열매의 성숙

21.2 식물의 반응

환경의 신호는 식물의 생장과 발달에 중요한 역할을 한다.

굴성

굴성(tropism)은 단일 방향 자극으로 향하거나(양성) 또는 멀어지는(음성) 생장 반응이다.

굴광성:	빛에 대한 반응
굴중성:	중력에 대한 반응
굴촉성:	접촉에 대한 반응

옥신은 슈트가 음성 **굴중성(gravitropism)**을 나타내도록 하고, 녹말체는 뿌리가 양성 굴중성을 나타내도록 한다. 그 밖의 굴성으로는 빛을

향해 생장하는 **굴광성(phototropism)**과 물체에 접촉한 방향으로 생장하는 **굴촉성(thigmotropism)**이 있다.

광주기성

개화는 **광주기(photoperiod)**라고 하는 계절적 변화에 대한 반응이다.

- 단일(장야)식물은 밤의 길이가 임계길이보다 길 때 개화한다.
- 장일(단야)식물은 밤의 길이가 임계길이보다 짧을 때 개화한다.

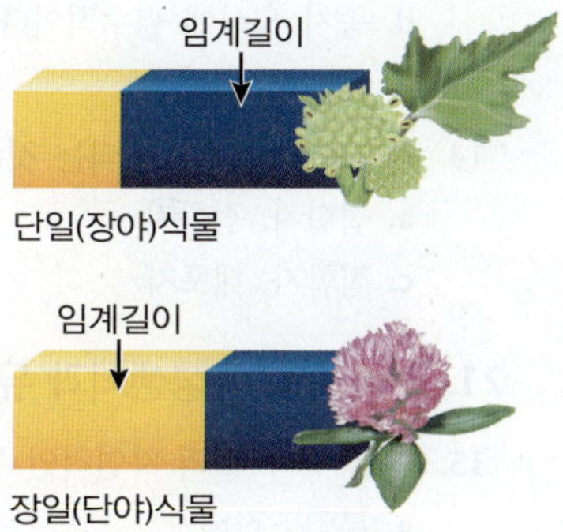

피토크롬(phytochrome)은 빛에 반응하는 식물 색소이다. 식물세포에서 피토크롬은 개화를 일으키고 식물체 사이의 거리에 영향을 준다.

21.3 현화식물의 유성생식

현화식물의 생활주기는 육상 생활에 적응한 것이다.

- 현화식물은 **포자체(sporophyte)**와 **배우체(gametophyte)**가 뚜렷하게 구분되는 **세대교번(alternation-of-generation)** 생활주기를 가지고 있다.
- **화분립(pollen grain)**은 수배우체이다. 수분은 수배우체와 암배우체가 합쳐지는 것이다.
- 꽃의 배주에 있는 배낭은 암배우체이다.
- **중복수정(double fertilization)**을 통해 접합자와 **배젖(endosperm)**이 만들어진다.

진정쌍자엽식물의 종자 발달

접합자는 일련의 단계를 거쳐 배(embryo)로 된다. 진정쌍자엽식물의 배는 자엽이 두 개이며, 배젖은 자엽에 흡수된다. 단자엽식물의 배는 자엽이 한 개이며 배젖이 있다. 배와 저장된 양분 외에도 종자는 종피를 가지고 있다.

진정쌍자엽식물의 종자

단자엽식물의 종자

열매의 종류와 종자 산포

열매(fruit)는 성숙하여 숙성된 씨방이며, 다른 **꽃(flower)** 부위로 구성될 수도 있다. 일부 열매는 건과(견과류, 콩과)이며 일부는 육질과(사과, 복숭아)이다. 일반적으로 열매는 종자의 산포를 돕는다. 산포가 일어난 후 종자가 **발아(germinate)**한다.

21.4 식물의 무성생식과 유전공학

정원 식물의 번식

많은 현화식물은 무성적으로 생식을 한다.

- 비늘잎줄기(인엽경), 알줄기(구경), 땅속줄기(지하경), 덩이줄기(괴경)는 육질성의 변형된 줄기 또는 잎이며, 새로운 식물체로 발달한다.
- 기는줄기(포복경)는 땅 위에서 수평으로 자라는 줄기이며, 새로운 식물체로 발달한다.

조직배양에 의한 식물의 번식

조직배양(tissue culture)을 활용하여 과일과 채소의 클론식물을 생산하는 것은 이제 상업적인 사업이다. 식물세포의 조직배양을 통해 의학이나 상업적으로 중요한 화합물을 생산해낼 수 있다.

식물의 유전공학

유전공학을 통해 농업이나 식품으로서 개선된 형질을 지닌 **유전자변형(genetically modified, GM)** 식물을 생산하며, 그 예로는 Bt 옥수수와 황금쌀이 있다. 식물체 역시 인간이 사용할 수 있는 화학물질을 생산해 내도록 변형시킬 수 있다.

개념 연결하기

비록 신경계가 없지만 식물은 여러 자극에 반응한다. 식물의 번식에 대해 이해하면 식량 생산을 증진시킬 수 있을 것이다.

- 21.1 식물은 호르몬을 이용하여 생장과 발달을 조절한다.
- 21.2 식물은 환경의 자극에 반응한다.
- 21.3 현화식물은 유성생식을 통해 성공적인 삶을 영위하고 있다.
- 21.4 과학자는 식물의 무성생식을 활용하여 조직배양을 통해 식물체의 클론을 얻는다.

식물 반응과 번식에 관한 정보가 더 필요하면 다음 논의를 참조하시오.

4.4절 일반적인 식물세포에 대한 설명.
그림 18.15 꽃의 구조에 대한 설명.
그림 20.7 단자엽식물과 진정쌍자엽식물의 부가적인 차이에 대한 설명.

혼자 풀어보기

가장 적절한 답을 고르시오.

21.1 식물호르몬

[1~8] 각 현상과 관계가 있는 호르몬을 보기에서 고르시오. 각 정답은 한 번 이상 사용할 수 있다.

보기:

a. 옥신
b. 지베렐린
c. 시토키닌
d. 앱시스산
e. 에틸렌

1. 종자와 눈의 휴면을 개시하고 유지한다.

2. 뿌리 발달을 촉진한다.

3. 대기를 통하여 식물과 식물 사이에서 이동할 수 있다.

4. 줄기에서 굴광성을 일으킨다.

5. 정단우성에 관여한다.

6. 잎, 열매, 꽃의 탈리를 촉진한다.

7. 종자와 눈의 휴면을 타파하는 데 필요하다.

8. 노화를 억제한다.

21.2 식물의 반응

9. 굴성의 정의로 옳은 것은?
a. 방향성이 있는 자극에 대한 생장 반응
b. 호르몬에 대한 식물 반응
c. 식물이 조밀하게 있을 때 호르몬 반응
d. 식물호르몬에 의한 잎의 탈리

10. 뿌리세포가 양성 굴중성을 나타내도록 도와주는 것은?
a. 뿌리세포에 있는 옥신
b. 뿌리세포에 있는 녹말체
c. 햇빛에 노출되는 것
d. 뿌리 근처에 있는 물질

11. 피토크롬은
a. 빛에서 적색광과 근적외광을 인식할 수 있다.
b. 식물의 광주기에 영향을 미친다.
c. 이웃한 식물과 근접한 정도를 인지하도록 한다.
d. 모두 옳음.

21.3 현화식물의 유성생식

12. 암술머리와 암술의 관계는 꽃밥과 무엇의 관계와 같을까?
a. 꽃받침 **b.** 수술
c. 씨방 **d.** 암술대

13. 대포자와 소포자가 유사한 점은 이들이 모두
a. 2배수 염색체를 가지고 있다.
b. 배낭으로 된다.
c. 배우자를 생산하는 배우체가 된다.
d. 종자 생산에 필수적이다.
e. c와 d가 옳음.

14. 중복수정으로 형성되는 것은?
a. 접합자, 접합자 **b.** 접합자, 화분립
c. 접합자, 대포자 **d.** 접합자, 배젖

21.4 식물의 무성생식과 유전공학

15. 다음 중 식물의 자연적인 무성생식 방법은?
a. 분열조직배양
b. 기는줄기나 땅속줄기에서 영양적 번식
c. *Agrobacterium*에 감염됨
d. 세포현탁배양

16. 식물조직배양은 무엇의 장점을 활용하는가?
a. 굴광성
b. 굴중성
c. 덩이줄기로부터 무성생식
d. 개체형성능

17. 식물생명공학이 이루어낼 수 있는 것은?
a. 작물 생산성 증가
b. 질병 저항성 식물
c. 인간 질병의 치료
d. 영양성분이 풍부한 작물
e. 모두 옳음

과학적으로 생각하기

1. 매년 11월 말에 원예업자들은 관상식물인 포인세티아를 트럭에 실어 전국의 가게로 보낸다. 이때 식물체마다 플라스틱 케이스로 따로 포장한다. 만일 운반이나 저장 기간이 길어져 케이스 내에 오랫동안 머무르게 되면 잎이 말리고 결국 떨어진다. 어떤 식물호르몬이 이 반응을 일으켰다고 생각하는가? 플라스틱 케이스가 어떻게 이 반응에 영향을 주었다고 생각하는가?

2. 미나리아재비속인 Snow buttercup(*Ranunculus adoneus*)은 알프스 지방에서 살며 태양을 따라가는 꽃을 피운다. 꽃은 매개자를 유인하고 수정된 배주의 생장을 높이기 위하여 아침에는 햇빛의 온기를 흡수하도록 동쪽으로 향하고 있다. 꽃은 계속 태양을 향하여 휘면서 하루 종일 태양을 따라간다. 태양 추적의 원인이 줄기인지 아니면 꽃인지 어떻게 판단할 것인가? 줄기가 원인이라고 판단하였다고 가정한다면 줄기의 어떤 부분이 태양을 추적하였는지 어떻게 판단하겠는가?

3. Witchweed는 매년 아프리카의 곡물 40%에 피해를 입히는 기생성 잡초이다. 이 식물은 숙주식물(곡물)과 밀접한 관계에 있어서 제초제로 선택적으로 제거하기가 어렵다. 한 가지 조절 전략은 제초제 저항성 유전자조작 작물을 만드는 것이다. 그러면 제초제는 작물에 해를 주지 않고 잡초를 죽일 것이다. 이 잡초 문제를 해결하는 방안으로 제초제 저항성 수수(sorghum)를 개발하였다. 그러나 과학자들은 제초제 저항성 유전자가 화분을 통하여 수수의 근연종인 존슨그래스로 전파될 수 있으며, 미국에서 심각한 문제가 되었다는 것을 알았다. 만일 제초제로 존슨그래스를 더 이상 효과적으로 통제할 수 없다면 농장주들은 새로운 도전에 직면할 것이다. 결과적으로 제초제 저항성 수수를 개발하는 노력은 중지되었다. 당신은 아프리카의 농장주들이 witchweed를 통제하면서 제초제 저항성이 있는 수수를 키워야 한다고 생각하는가? 아니면 제초제 저항성 유전자가 존슨그래스로 도입되는 위험을 피하기 위하여 제초제 저항성 수수의 생산을 세계적으로 금지해야 한다고 생각하는가?

22

생명체의 구성과 항상성

개 요

시작하기 전에

이 장을 시작하기 전에 다음 내용을 다시 살펴보자.

1.1절 조직과 기관은 어느 생물학적 구성 단계에 해당하는가?

4.2절 원형질막에서 단백질의 기능은 무엇인가?

4.5절 어떤 형태의 연접이 세포를 연결시켜 조직을 형성하는가?

생명과학 관점으로 본 Lady Gaga의 공연

Lady Gaga로 더욱 잘 알려진 Stephanie Joanne Angelina Germanotta는 무대에서 공연을 할 때 끊임없이 움직인다. 그녀는 노래를 하거나 또는 춤을 추면서, 어떻게 신체가 매우 복잡한 연기를 수행하는지를 보여준다. 그녀의 신경계는 호흡률을 모니터하고, 노래의 가사와 박자를 기억해내는 등 다양한 임무를 조직화해야 한다. 이것은 그녀의 눈과 귀를 통해 유입되는 자극에 의해 영향을 받는다. 동시에 그녀의 뇌는 균형을 유지하도록 해 줄 뿐만 아니라 무대 위에서 어떻게 움직일지에 대해 근육에 명령을 내려 무대 위의 다른 댄서들과 상호작용할 수 있도록 한다.

물론 생명과학 관점에서 보면 스포츠를 하고, 집을 짓고, 수술을 하고 또는 운전을 하는 것과 같은 대부분의 육체 활동을 수행할 때 위와 유사한 것을 관찰할 수 있다. 심지어는 조용히 앉아 있거나 책을 읽는 동안에도 당신의 신체는 엄청난 활동을 수행하고 있다. 근육과 뼈는 당신이 똑바로 서 있을 수 있도록 해준다. 호흡계와 순환계는 산소를 조직으로 운반하고 노폐물을 제거한다. 소화계는 이러한 활동을 하기 위해 필요한 양분을 제공하고, 면역계는 해로운 미생물로부터 보호해준다. 이러한 활동들은 신경계와 내분비계에 의해 조화를 이룬다. 심지어는 자고 있는 동안에도 신체의 모든 기관계가 일을 한다.

이 장을 공부하는 동안 다음 질문에 대해 생각해보자.

1. 신체의 주요 기관계는 어떤 조직으로 이루어져 있는가?
2. 각 기관에서 발견되는 조직의 종류는 기관의 기능과 어떤 연관성을 가지는가?
3. 신체의 내부 조건을 유지하는 데 있어서 피드백 작용은 어떤 역할을 하는가?

22.1 신체의 구성

학습 목표

이 절을 학습한 후에는 다음 과제를 수행할 수 있어야 한다.

1. 신체의 구성 단계를 복잡성이 증가하는 순서로 나열하기.
2. 상피조직이 무엇인지 서술하고 그 기능 설명하기.
3. 결합조직의 주된 특징 서술하기.
4. 세 가지 유형의 근육조직을 비교하고 차이점 설명하기.
5. 신경조직의 기능 서술하기.

4장에서 식물세포와 동물세포의 일반적인 구조와 기능을 공부하였다. 이번 장에서는 동물세포의 구조를 바탕으로, 다른 종류의 수백만 개의 개별 세포들이 어떻게 모여 하나의 개체를 이루는지 알아볼 것이다. 동일한 구조와 기능을 수행하는 세포들이 **조직(tissue)**을 이룬다. 한 **기관(organ)**에는 여러 종류의 조직들이 들어 있다. 이들은 전체적인 기관의 작용을 위해 서로 협력하며 기능을 수행한다. 다시 말해서 한 기관의 구조와 기능은 그 안에 들어 있는 조직들에 의해 좌우된다. 따라서 기관이 아니라 조직을 신체의 구조와 기능의 단위라고 말한다. 하나의 기관계는 다수의 기관들을 포함하며, 기관들은 서로 협력하여 생명체의 특정 생리적 기능을 수행한다.

한 가지 예를 들어보자(**그림 22.1**). 사람의 몸에서 배설계의 목적은 혈액으로부터 노폐물을 제거하고, 이 노폐물부터 오줌을 만들어 체외로 배출하는 것이다. 배설계는 여러 기관—콩팥, 수뇨관, 방광, 요도—으로 이루어져 있으며, 각각의 기관들은 이 과정에서 특별한 기능을 수행한다. 콩팥은 여러 다양한 조직으로 구성된다. 특히 상피조직은 노폐물을 거르는 일을 하는 세포로 이루어져 있다. 이 세포들은 혈액을 여과시켜 노폐물을 제거하고 오줌을 만들어 수뇨관으로 보낸다. 수뇨관을 이루는 조직은 관과 유사한 구조를 이루며 오줌을 신장으로부터 방광으로 보낸다. 방광도 역시 다양한 형태의 조직으로 구성되며, 오줌이 가득 차면 확장 또는 팽창한다. 마지막으로 요도는 수뇨관처럼 원통형 구조를 이루는 조직으로 이루어져 있으며, 오줌이 방광으로부터 체외로 배출되도록 한다. 대사 노폐물을 생산, 저장, 제거하는 배설계의 기능들은 기관계를 이루는 기관에 의해 좌우되며, 기관들은 다시 이들 기관을 구성하는 조직에, 조직은 조직을 구성하는 세포에 의해 좌우된다.

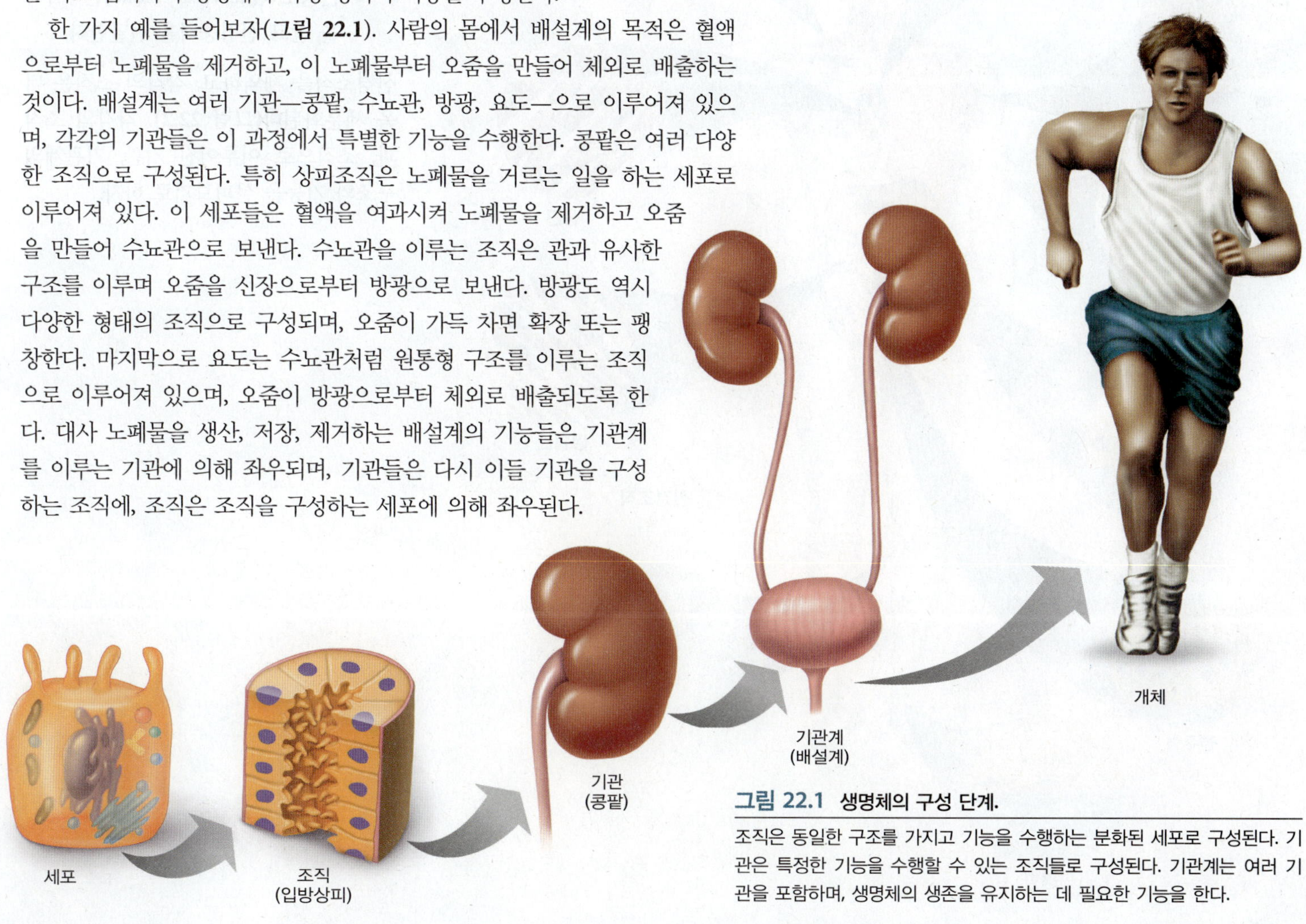

그림 22.1 생명체의 구성 단계.

조직은 동일한 구조를 가지고 기능을 수행하는 분화된 세포로 구성된다. 기관은 특정한 기능을 수행할 수 있는 조직들로 구성된다. 기관계는 여러 기관을 포함하며, 생명체의 생존을 유지하는 데 필요한 기능을 한다.

세포, 조직, 기관의 구조는 직접적으로 기능을 돕는다. 생물학에서 유명한 "구조는 기능에 적합하다"라는 말은 기관의 구조는 기능을 알려준다는 것을 의미한다(기관을 이루는 조직이나 세포의 경우도 마찬가지이다). 예를 들어 소장은 소화관으로부터 영양분을 흡수하는 기능을 한다. 소장 세포의 표면적이 넓을수록 더 많은 양분을 흡수할 수 있다. 몇몇 소장 세포는 미세융모(세포막이 확장되어 작은 손가락 형태로 뻗어나간 형태)로 덮여 있어 세포의 표면적을 증가시킴으로써, 세포의 크기를 늘리지 않고서도 흡수가 잘 일어나도록 한다. 골격 근육세포들은 수축 섬유가 근 수축시 서로 엇갈려 지나가도록 배열되어 있다. 만일 그렇지 않다면 근육이 수축할 때 섬유들은 구부러지고 휘어질 것이다. 이러한 구조로 인해 근섬유가 닳거나 찢어지지 않은 채 근육조직이 수축할 수 있다.

다양한 유형의 동물세포로부터, 조직을 크게 네 종류로 구분할 수 있다.

- 상피조직(상피, *epithelial tissue*)은 신체 표면이나 체강을 덮는다.
- 결합조직(*connective tissue*)은 신체 부분을 결합하고 지지한다.
- 근육조직(*muscular tissue*)은 신체와 신체의 부분을 움직인다.
- 신경조직(*nervous tissue*)은 자극을 받고 신경충격을 전달한다.

신경조직을 제외하고, 각각의 조직은 더욱 세분화된다(**그림 22.2**). 각각의 조직과, 조직으로 이루어진 기관, 기관계의 구조와 기능을 살펴보기로 하자.

그림 22.2 조직의 종류.

조직의 종류는 상피조직(분홍), 결합조직(파랑), 근육조직(갈색), 신경조직(노랑)의 네 가지이다.

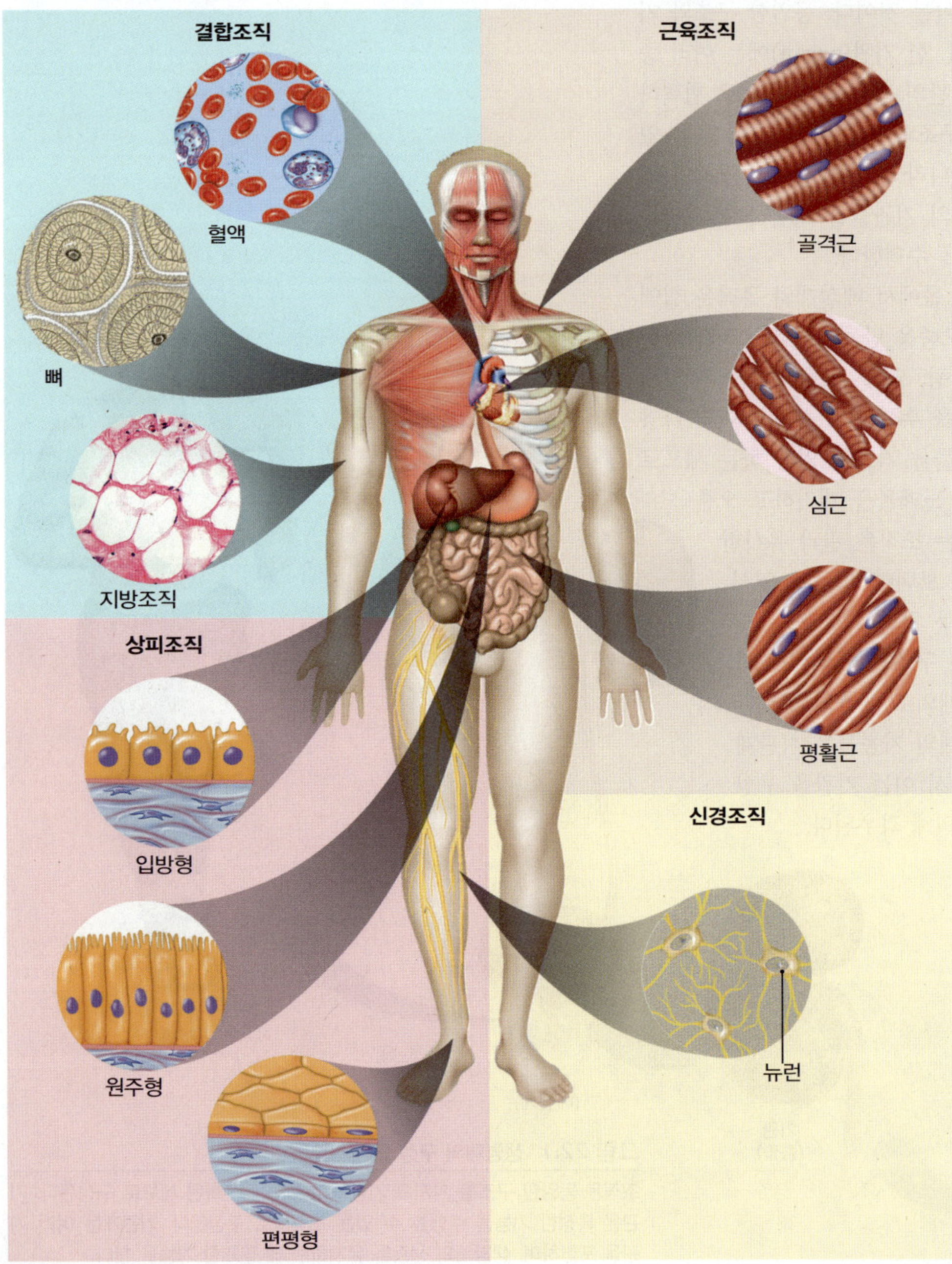

상피조직은 보호 역할을 한다

상피(*epithelium*)라고도 부르는 **상피조직(epithelial tissue)**은 많은 기관의 바깥과 안쪽을 이루며 신체의 표면을 덮고 있다. 그러므로 소화관, 폐 또는 생식관으로 물질이 들어오거나 신체 밖으로 나가기 위해서는 상피조직을 가로질러야 한다. 상피세포는 서로 밀착하여 있으나 일반적으로 한 층으로 되어 있다. 상피는 보호 기능을 수행하므로 어떤 물질이 조직 아래에 도달하기 위해서는 상피세포를 통과해야만 한다.

상피세포의 모양은 다양하다(**그림 22.3**). 혈관과 폐에서 기체를 교환하는 부분을 덮고 있는 편평상피(*squamous epithelium*)는 얇은 납작한 세포들로 구성된다. 표피에 해당하는 피부의 바깥부분은 다층편평상피이며 힘과 방수력을 제공해주는 케라틴에 의해 강화되어 있다(**그림 22.4**). 피부의 다층편평

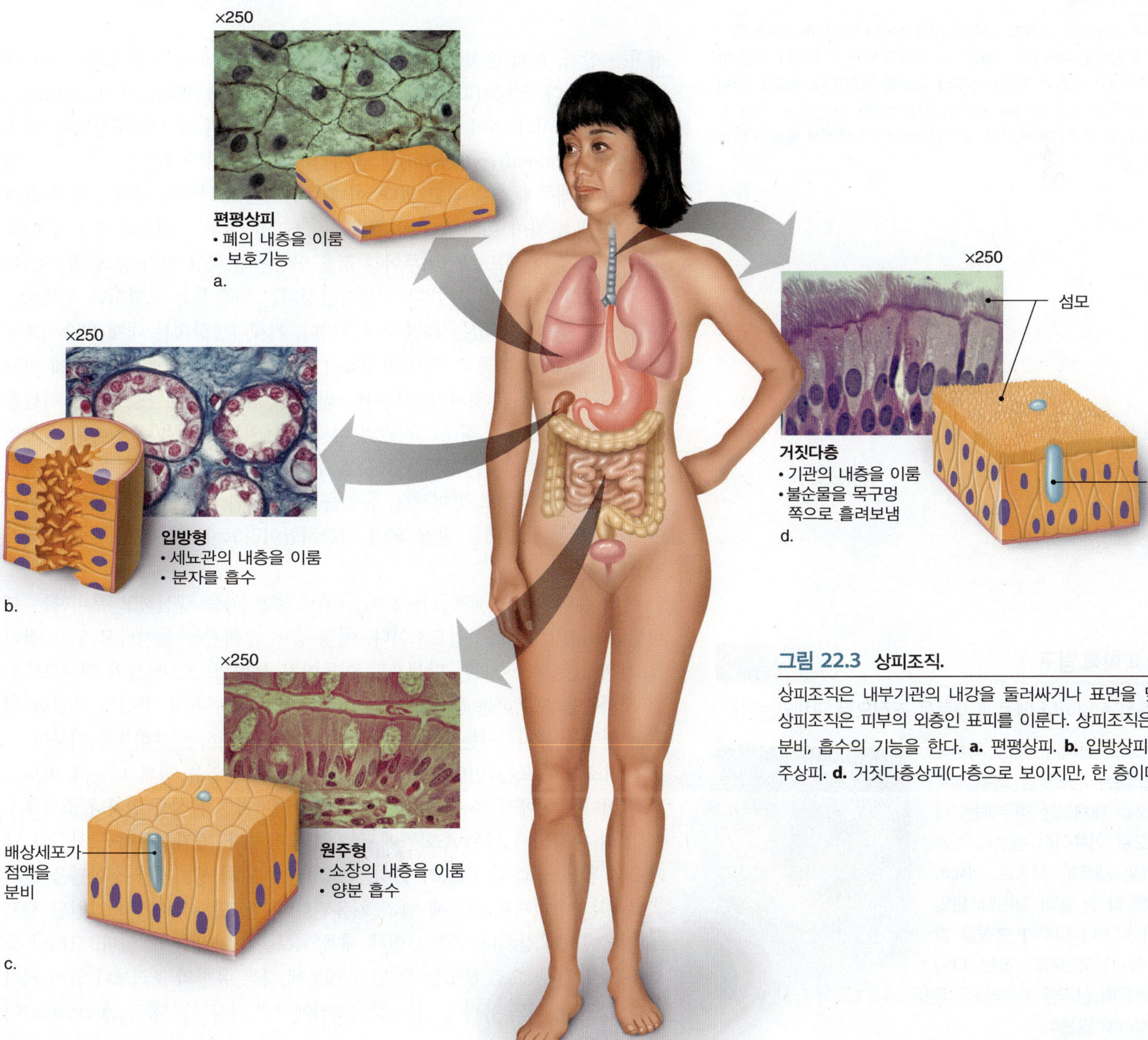

그림 22.3 상피조직.

상피조직은 내부기관의 내강을 둘러싸거나 표면을 덮는다. 상피조직은 피부의 외층인 표피를 이룬다. 상피조직은 보호, 분비, 흡수의 기능을 한다. **a.** 편평상피. **b.** 입방상피. **c.** 원주상피. **d.** 거짓다층상피(다층으로 보이지만, 한 층이다).

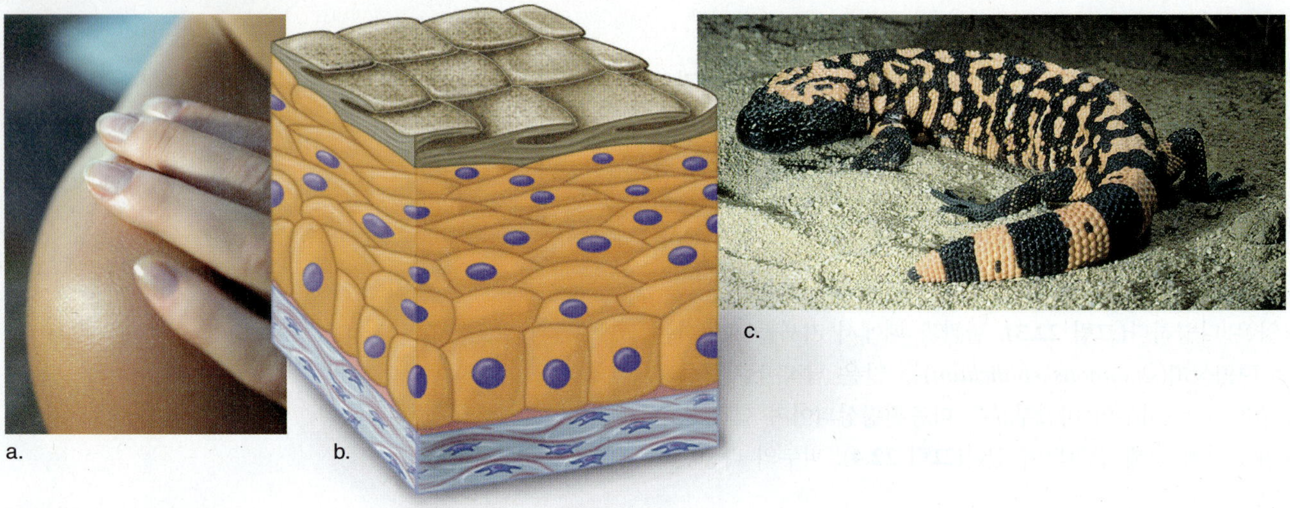

그림 22.4 피부.

a. 표피라고 부르는 피부의 외층은 다층 상피조직이다(**b**). 여러 층의 치밀하게 결합된 세포들은 케라틴 단백질에 의해 강화되어 수분 방출을 억제하고 병원균 침입으로부터 피부를 보호한다. 새로운 상피세포는 안쪽 층에서 생기며, 바깥층에서 떨어져 나간다. **c.** 독이 있는 큰 도마뱀과 같은 파충류의 표피는 케라틴이 굳어서 돌출된 비늘로 되어 있다.

상피는 상처, 체액 손실 그리고 병원체(바이러스와 세균)의 침입으로부터 신체를 보호한다. 입방상피(*cuboidal epithelium*)는 신장 세뇨관의 내강(lumen)을 이루며 높이와 폭이 거의 동일한 정육면체 모양의 세포로 구성되어 있다. 원주상피(*columnal epithelium*)는 직사각형의 기둥이나 원주를 닮은 세포이며 보통 아래쪽에 핵을 갖고 있다. 이 원주상피는 소화관의 내강을 따라 발견된다. 형태적 차이 이외에도 상피세포는 조직을 이루는 세포의 층수에 따라 나뉜다. 한 층의 세포로만 이루어진 것을 단층이라 하고 여러 층의 세포로 이루어진 것을 다층이라고 한다. 거짓다층상피는 다층처럼 보이지만 실제로는 한 층으로 구성되어 있는 특별한 유형이다. 거짓다층상피는 대개 원주세포에서 볼 수 있으며, 세포의 핵이 아래쪽이 아니라 세포 안의 다양한 곳에 위치하기 때문에 다층인 것처럼 보인다(그림 22.3 참조). 거짓다층상피는 기관을 둘러싼다(그림 22.3*d* 참조). 기관의 점액질은 외부 물질을 포획하고 섬모의 상향 운동을 통해 외부 물질을 목구멍 뒤쪽으로 이동시킨다. 이후 외부 물질은 삼켜지거나 밖으로 뱉어진다. 흡연을 하게 되면 점액 생성과 분비가 변하여 섬모 활동이 방해를 받게 되어 기관지염이라고 부르는 만성염증 상태가 발생한다.

여러 유형의 상피세포들은 분비물(주로 호르몬)을 생산하고 분비하는 **분비샘(gland)**의 주요 구성요소이다. 예를 들어 소화관을 둘러싸고 있는 점액을 분비하는 배상세포는 단세포로 이루어진 분비샘으로 산성의 위산으로부터 소화관을 보호하는 점액을 생산한다(그림 22.3*c* 참조). 췌장의 특별한 세포는 혈당을 유지시키는 역할을 하는 호르몬을 분비하는 분비샘을 이룬다.

상피조직 세포는 빈번하고 빠른 속도로 세포분열을 하기 때문에 마모가 잘 일어나는 곳에서 볼 수 있다. 이러한 특징은 거친 음식물 입자나 소화효소에 의해 손상되기 쉬운 소화관에서 특히 유용하다. 감자칩처럼 모서리가 날카로운 것을 삼킬 때 식도가 긁히는 상처가 빈번히 생기지만 소화관을 둘러싸고 있는 상피세포 덕분에 빨리 치유된다. 간세포는 상피에서 기원된 세포로 이루어져서 상처나 수술로 인해 제거된 부분을 재생할 수 있다. 그러나 상피조직은 계속적으로 분열할 수 있기 때문에 다른 유형의 조직보다 암이 되기 쉽다. 소화관, 폐와 유방에 있는 상피조직에서의 암을 악성종양(carcinoma)이라고 부른다.

연관: 과학적 탐구

상피조직은 얼마나 빠르게 새로운 조직으로 교체되는가?

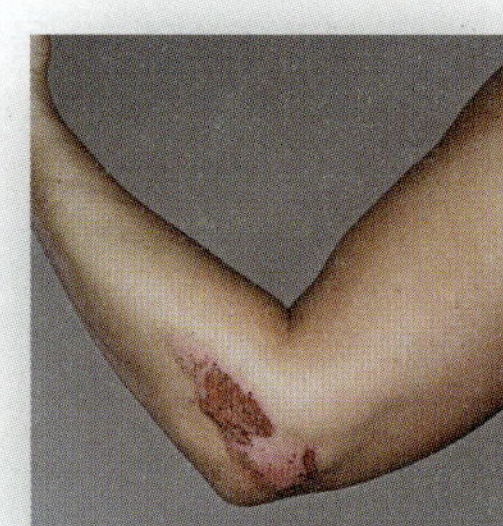

일반적으로 상처가 없는 피부에 있는 오래된 세포들을 모두 새로운 세포로 대체하는 경우에는, 다섯 층으로 이루어진 피부의 가장 위쪽까지 새로운 세포로 대체하기 위해 약 한 달이 걸린다. 만일 상처가 있거나 피부가 손상을 받으면 상피성장인자와 같은 다양한 호르몬이 상처를 치유하는 과정을 가속화하여 단지 1~2주밖에 걸리지 않는다.

결합조직은 연결하고 지지하는 역할을 한다

많은 종류의 **결합조직(connective tissue, 그림 22.5)**은 기관을 연결하고 지지하며 보호하는 역할을 한다. 결합조직 세포는 고체 상태부터 반액체, 액체에 이르는 다양한 비세포성 물질인 **기질(matrix)**에 따라 구분된다. 기질은 보통 섬유, 특히 콜라겐성 섬유를 갖는다. 주로 구조적 지지 역할을 하는 콜라겐은 결합조직하면 떠오르는 신체의 가장 흔한 단백질이다 .

성긴 섬유성 결합조직과 이외의 관련된 결합조직

성긴 섬유성 결합조직(*loose fibrous connective tissue*)을 먼저 살펴보고, 다른 종류와 비교해 보기로 한다(그림 22.2 참조). 성긴 섬유성 결합조직은 상피 아래에 위치하며 성긴 섬유성 결합조직을 기관을 이루는 다른 조직들과 연결시킨다. 그리고 근육, 혈관, 신경 등 수많은 내부 기관을 감싸는 보호막을 형성한다. 이 조직의 세포를 섬유아세포(*fibroblast*)라고 부른다. 섬유아세포는 콜라겐 섬유와 탄력성 섬유가 들어 있는 기질을 생산하여 긴장 시 팽창하고 이완 시 원래의 형태로 회복되도록 해준다. 폐벽과 동맥벽에 있는 성긴 섬유성 결합조직은 이 기관들이 팽창하였다가 원래의 형태로 되돌아갈 수 있는 탄력성을 제공한다.

지방조직은 성긴 결합조직의 한 종류로, 섬유아세포는 부풀어 올라 지방을 저장하고 제한된 기질을 가진다. 지방조직은 피부 아래나 심장과 콩팥 등의 기관 주위에 있으며, 완충역할을 하여 기관을 보호하고 장기적인 에너지 저장 역할을 담당한다.

치밀 섬유성 결합조직(*dense fibrous connective tissue*)은 성긴 섬유성 결합조직에 비해 조밀하게 배열된 콜라겐 섬유를 더 많이 함유한다. 이런 종류의 조직은 성긴 결합조직보다 더 많은 특

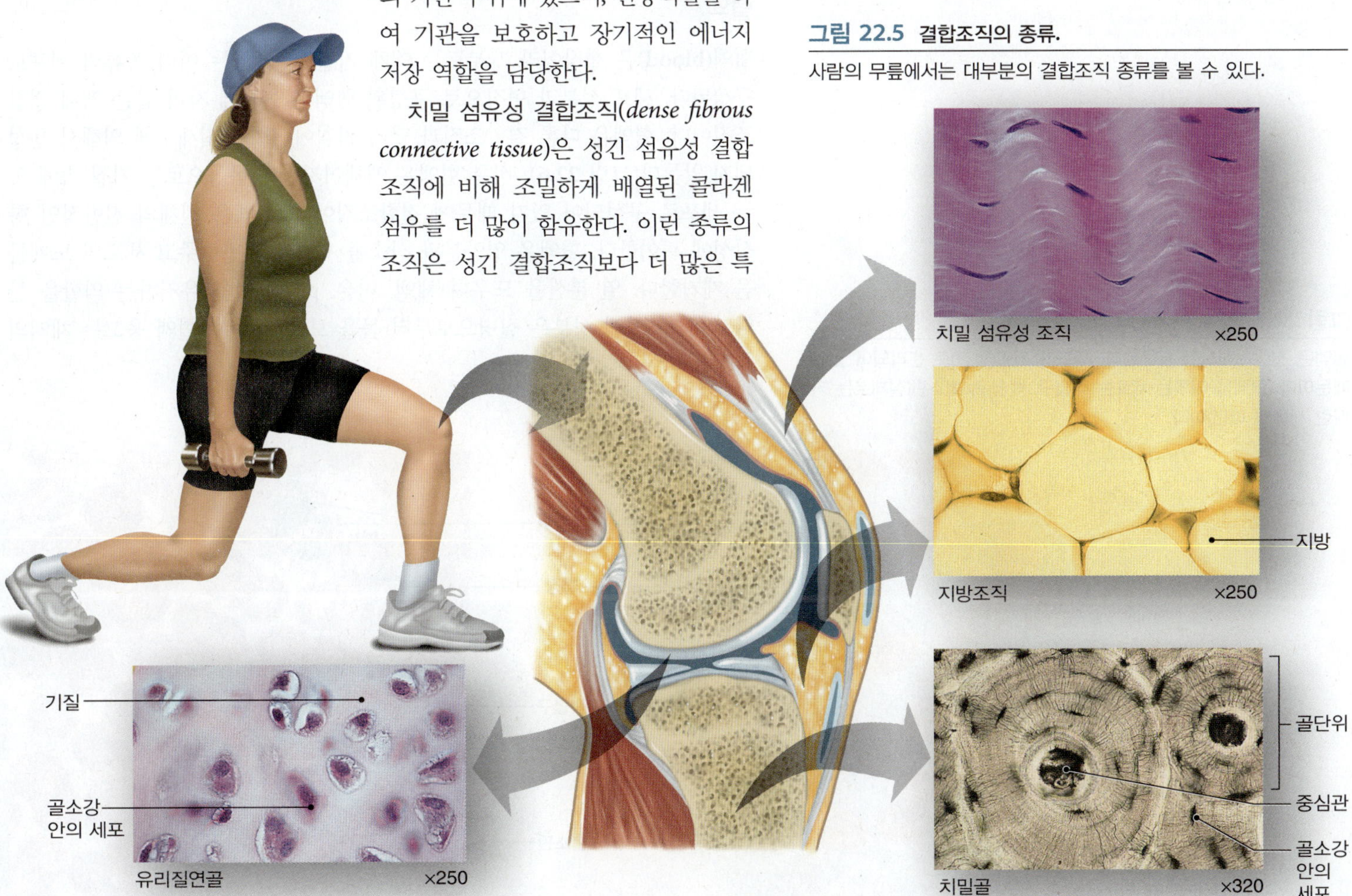

그림 22.5 결합조직의 종류.
사람의 무릎에서는 대부분의 결합조직 종류를 볼 수 있다.

화된 기능을 갖고 있다. 예를 들어 조밀한 섬유성 결합조직은 근육과 뼈를 연결하는 **힘줄(tendon)**, 그리고 관절에서 뼈와 뼈를 연결하는 **인대(ligament)**에서 발견된다.

연골(cartilage)에 있는 세포들은 반고체성이지만 유연한 기질에 의해서 분리된 골소강(*lacunae*)이라고 부르는 작은 공간 안에 놓여 있다. 가장 일반적인 연골인 유리질연골(*hyaline cartilage*)은 매우 섬세한 콜라겐 섬유로 이루어져 있다(그림 22.5). 기질은 염색을 하지 않았을 때에는 백색의 반투명한 모습이다. 유리질연골은 코와 장골 및 갈비뼈 끝에서 볼 수 있고, 호흡기 통로 벽에서 고리 모양을 하고 있다. 태아의 골격 역시 이런 종류의 연골로 만들어져 산도를 통과하기 쉽다. 대부분의 태아의 연골은 뼈로 대체된다. 상어와 같은 연골어류는 일생 동안 연골성 골격을 갖는다.

뼈(bone)는 가장 튼튼한 결합조직이다(그림 22.5). 뼈는 콜라겐 섬유 주변에 축적된 매우 단단한 무기염(대표적으로 칼슘염)의 기질로 이루어져 있다. 무기염은 뼈를 튼튼하게 해주고 단백질 섬유는 콘크리트를 강화시키는 강철봉처럼 탄력과 강도를 제공한다. 치밀골(*compact bone*)은 사람의 가장 일반적인 뼈로, 골단위라고 부르는 원추형 구조물 단위로 구성된다. 각 골단위의 중앙관은 단단한 기질로 둘러싸여 있다. 뼈 세포들은 기질로 구성된 동심원층 사이의 골소강에 들어 있다. 중앙관 내부의 혈관이 뼈가 재생하는 데 필요한 영양분을 운반한다.

혈액

혈액(blood)은 혈장이라고 부르는 액체 기질 속에 있는 여러 종류의 세포로 구성된다. 세포 성분과 혈장으로 구성된 혈액은 혈관에 자리 잡은 액체 결합조직이다. 혈액은 다른 결합조직과 달리 기질이 결합조직세포에 의해서 생성되지 않는다(**그림 22.6**). 비록 혈액은 액체이지만 명목상으로는 기질 속에 있는 세포로 구성되어 있기 때문에 결합조직이다. 혈액은 신체의 전반적인 항상성에 관여한다. 혈액은 영양분과 산소를 세포에 운반해주고 세포의 노폐물을 제거한다. 열 분산을 도우며 체액, 이온, pH 균형을 유지하는 역할을 한다. 다양한 혈액 성분은 질병으로부터 몸을 보호해 주며, 혈액 응고는 체액의 손실을 막아준다.

그림 22.6 혈액, 액체조직.

혈액은 결합조직으로 분류된다. 세포가 기질(혈장)로 분리되어 있기 때문이다. 혈액을 이루는 세포는 적혈구, 백혈구, 혈소판(실제로는 커다란 세포의 파편)이다.

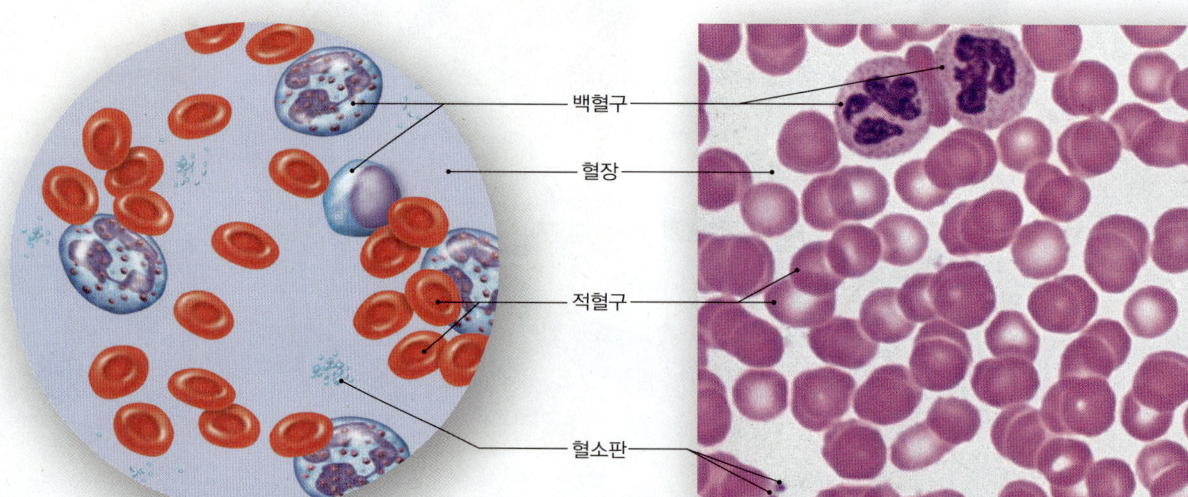

혈액은 세 종류의 세포—적혈구, 백혈구, 혈소판—를 포함한다. **적혈구(red blood cell)**는 핵이 없는 작은 오목한 원반 모양의 세포이다. 적색 색소 헤모글로빈 때문에 세포뿐만 아니라 혈액이 적색으로 보인다. 헤모글로빈이 산소와 결합함으로써 적혈구는 신체를 이루는 세포에 산소를 운반한다.

백혈구(white blood cell)는 적혈구보다 크고, 핵이 있으며, 염색하지 않으면 투명하게 보인다. 백혈구는 주로 두 가지 방식으로 병원균에 대항한다. (1) 일부 백혈구는 대식세포로 병원체를 잡아먹는다. (2) 일부 백혈구는 이물질과 결합하여 무력화시키는 항체나 분자들을 생산한다.

혈소판(platelet)은 혈액의 또 다른 성분이지만, 완전한 세포가 아니라 골수에만 존재하는 거대세포의 조각이다. 혈소판은 혈관에 상처가 생기면 플러그(plug)를 형성하여 혈관을 봉인하고, 손상된 조직에서는 혈액응고 과정을 도와주는 분자를 방출한다.

근육조직은 신체를 움직이게 한다

근육조직은 신경조직과 함께 동물이 움직일 수 있게 한다. **근육조직(muscular tissue)**은 액틴과 미오신 섬유라고 부르는 수축단백질로 이루어지며, 이들의 상호작용에 의해 근육이 움직인다. 척추동물의 근육에는 골격근, 심근, 평활근의 세 종류가 있다.

골격근(skeletal muscle)은 수의근이며, 힘줄에 의해서 골격 뼈에 연결되어 있다. 이 근육이 수축하면 뼈가 움직인다. 골격근의 수축은 자발적 통제 상태이며 다른 종류의 근육보다 더 빨리 작동한다. 근섬유라고 부르는 골격근 세포는 원추형이며 매우 길게 뻗어 때로는 근육 길이만큼 길 때도 있다(**그림 22.7*a***). 이 근섬유는 발생 중에 몇 개의 세포들이 융합되어 다수의 핵을 갖는 한 개의 섬유를 만든다. 핵은 원형질막 바로 안쪽의 세포 가장자리에 위치한다. 근섬유는 밝고 어두운 밴드가 교대로 나타나 가로무늬를 만든다. 이 밴드는 세포 내부의 액틴 필라멘트와 마이오신 필라멘트의 배열 때문에 만들어진다.

심근(cardiac muscle)은 단지 심장 벽에서만 볼 수 있다. 심근이 수축하면 혈액이 공급되고 심장 박동이 생긴다. 골격근처럼 심근은 가로무늬가 있지만 심장의 수축은 자율박동이며 불수의적이다(그림 22.7*b*). 심근 세포는 중앙에 한 개의 핵을 갖는다는 점에서 골격근 세포와 다르다. 심근 세포들은 갈라지고 외관상으로는 서로 결합되어 있다. 심장은 하나의 커다란 세포다발을 이룬 것처럼 보인다. 실제로 심근 세포들은

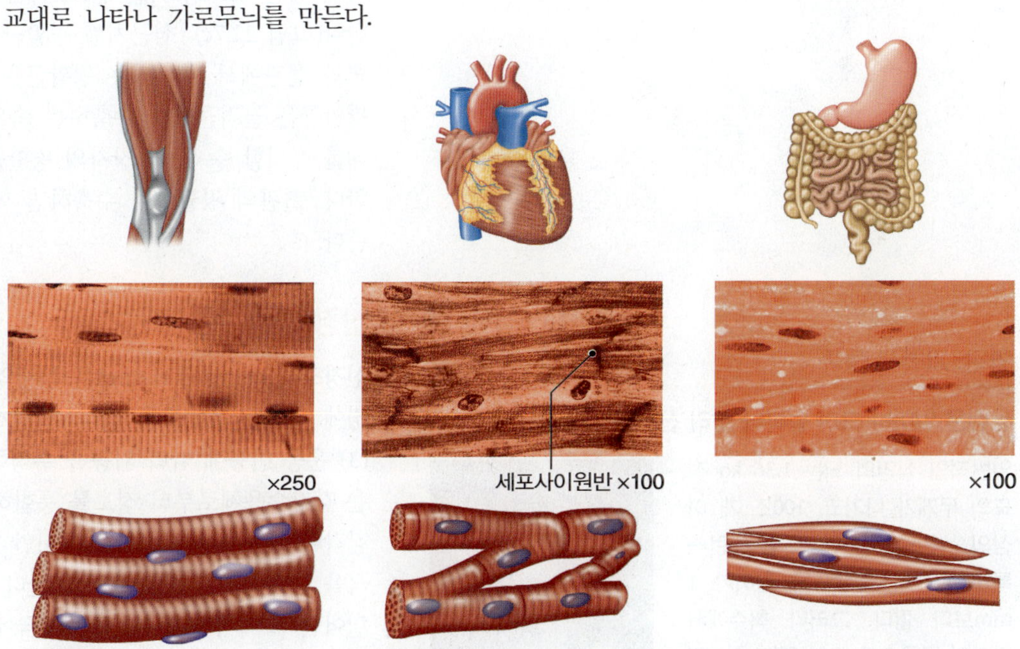

a. **골격근**
- 가로무늬, 관상이며 여러 개의 핵을 가진 근섬유로 구성됨
- 주로 골격에 붙어 있음
- 수의근

b. **심근**
- 가로무늬가 있고, 가지를 뻗으며, 한 개의 핵을 가진 근섬유로 구성됨
- 심장 벽을 이룸
- 불수의근

c. **평활근**
- 방추형, 가로무늬가 없고 단일 핵의 근섬유로 구성됨
- 내부 장기의 벽을 이룸
- 불수의근

그림 22.7 근육조직의 종류.

근육조직의 종류는 세 가지이다. **a.** 골격근, **b.** 심근, **c.** 평활근.

그림 22.8 신경조직.

뉴런은 슈반세포와 같은 신경아교세포에 의해 둘러싸여 있다. 슈반세포는 축삭을 둘러싸서 미엘린 수초를 형성한다.

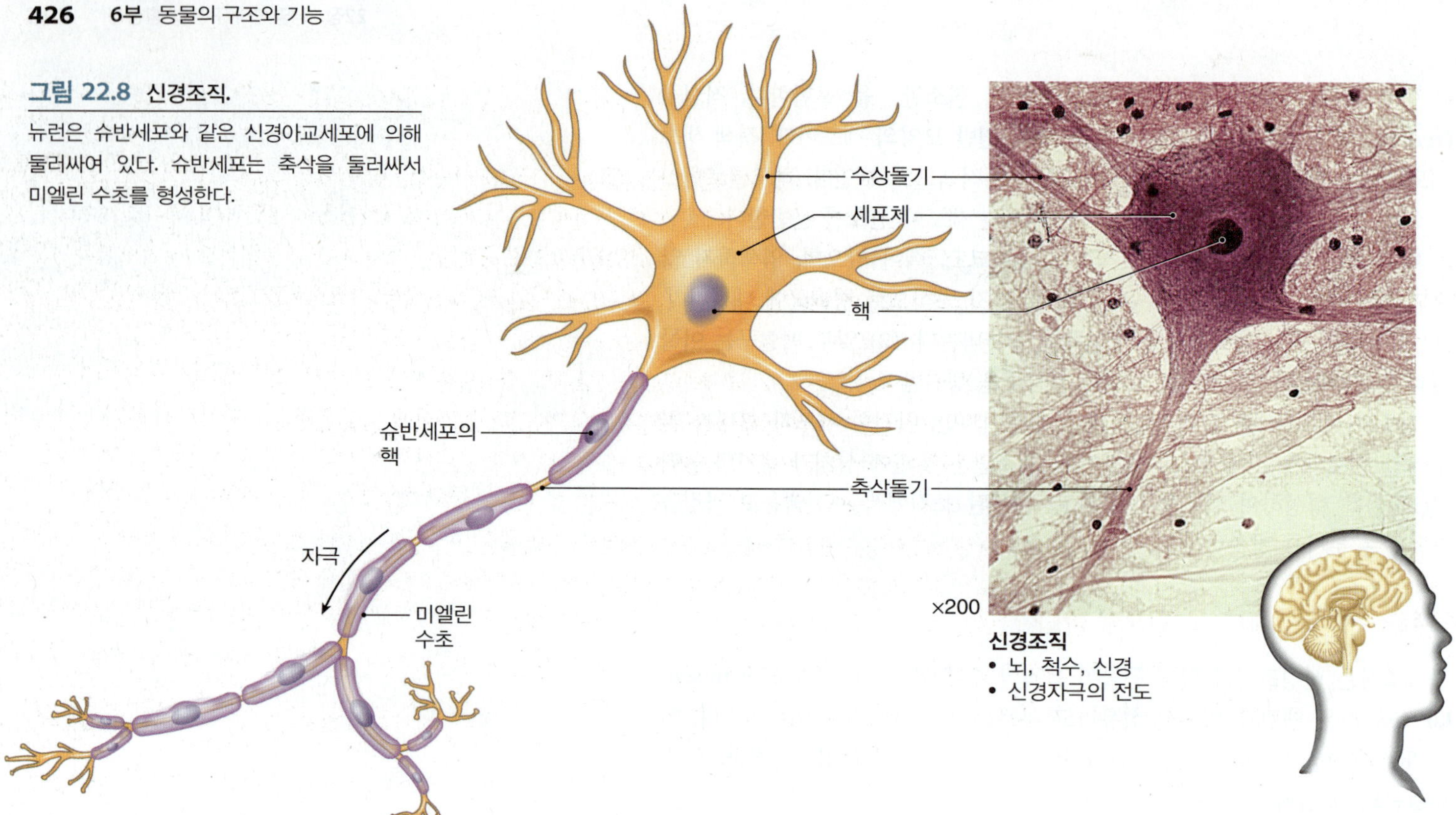

신경조직
- 뇌, 척수, 신경
- 신경자극의 전도

분리되어 개별적이지만 세포사이원반(intercalated disk)을 통해 서로 연결되어 있다. 세포사이원반은 세포와 세포 사이의 접힌 원형질막이 수축자극을 인접 세포에 전달하는 부위이다.

평활근(smooth muscle)이라는 이름은 세포에 가로무늬가 없기 때문에 붙여졌다. 방추 모양의 세포들이 층을 이루는데, 한 세포의 두꺼운 중간 부위가 인접한 세포의 가는 끝 부위에 닿아 있다. 따라서 핵이 불규칙한 배열을 한다(그림 22.7*c*). 심근처럼 평활근은 불수의근이다. 장, 위, 기타 내장기관의 벽과 혈관에서 발견되는 평활근은 내장근(*visceral muscle*)이라고도 부른다. 평활근은 골격근보다 수축하는 속도는 느리지만 더 오랜 시간 동안 수축 상태를 유지할 수 있다. 창자의 평활근이 수축하면 음식물이 내강을 통해 이동한다. 혈관의 평활근이 수축하면 혈관이 수축하여 혈압을 높이는 데 도움을 준다.

신경조직은 정보를 전달한다

신경조직(nervous tissue)은 신체의 모든 부분을 조직화하고 외부와 내부 환경에 대해 반응하도록 한다. 신경계는 (1) 감각 수용, (2) 자료 통합 그리고 (3) 운동 반응에 따라 기능을 수행한다. 신경은 피부에 있는 통증수용체와 같은 감각수용체로부터 정보를 통합하는 척수와 뇌로 자극을 전도한다. 그러나 감각이라는 현상은 단지 뇌에서만 일어난다. 신경은 척수와 뇌로부터 신경자극을 근육과 분비샘으로 전도한다. 이에 반응하여 근육이 수축하고 분비가 일어난다. 이처럼 내부, 외부 자극에 대한 통합된 반응이 일어난다.

신경세포를 **뉴런(neuron)**이라고 부른다. 모든 뉴런은 수상돌기, 세포체, 축삭의 세 부분으로 구성된다(**그림 22.8**). 수상돌기(*dendrite*)는 세포체로 신호를 전도하는 신경세포체의 돌기 부분이다. 세포체(*cell body*)에는 뉴런의 핵과 고농도의 세포질이 있다. 축삭(*axon*)은 신경세포체에서 세포로 신경 자

연관: 과학적 탐구

뉴런은 얼마나 크며 얼마나 빨리 신호를 주고받는가?

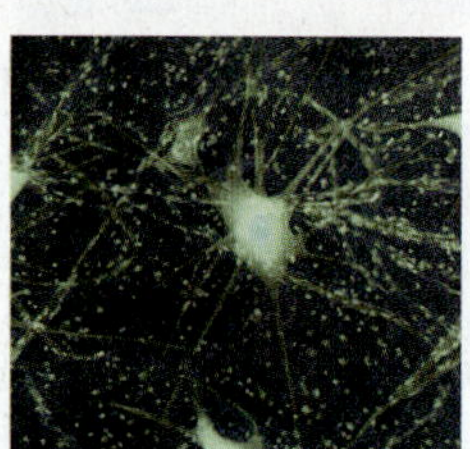

일반적인 성인의 뇌는 1.36 kg 정도의 무게가 나가고, 100조 개 이상의 뉴런을 가진다. 몇몇 뉴런—특히 뉴런의 축삭—은 길이가 1 mm보다 짧다. 그러나 척수에서 다리의 근육으로 뻗어 있는 축삭의 경우는 1 m 이상이다. 뉴런에서 신호가 전달되는 속도도 다양하다. 1초당 0.5 m 정도로 느리기도 하고 1초당 120 m 정도로 빠르기도 하다—431 km/h.

극을 전도하는 돌기이다. 뇌와 척수는 많은 신경세포로 구성되며 **신경(nerve)**은 축삭 다발만으로 이루어진다. 이러한 신경세포의 수상돌기와 세포체는 척추 신경의 경우 척수에, 뇌신경의 경우 뇌에 위치한다.

신경조직은 신경 이외에도 신경을 지지하고 양분을 제공하는 **신경아교세포(neuroglia)**를 포함한다. 신경아교세포는 뉴런보다 9:1 정도로 많으며, 뇌 용량의 반 이상을 차지한다. 신경아교세포의 일차 기능은 뉴런의 지지 기능이지만, 최근 들어 얼마나 많이 신경아교세포가 직접적으로 뇌 기능에 기여하는지를 알아보는 연구가 진행 중이다. 슈반세포는 신경아교세포의 일종으로 긴 신경섬유를 둘러싸서 축삭을 보호해주는 미엘린 수초를 형성하는데, 마치 집의 외벽에 있는 전열체와 유사하다.

개념 연결하기 22.1
동물의 신체는 여러 단계로 조직화되어 있다.

진도 점검하기 22.1

1. 기관과 조직의 차이를 설명하시오.
2. 네 가지의 기본조직을 나열하고 각각의 특징을 서술하시오.
3. 상피조직이 특정 신체 부분에서만 존재하는 이유를 설명하시오.
4. 결합조직이 신체에서 필요한 이유를 설명하시오.
5. 세 가지 유형의 근육조직을 서술하고 각각의 예를 제시하시오.
6. 어떻게 신경조직이 정보전달에 관여하는지 설명하시오.

22.2 기관과 기관계

학습 목표

이 절을 학습한 후에는 다음 과제를 수행할 수 있어야 한다.

1. 각 기관계를 수송, 신체 유지, 조절, 감각 수용과 운동 반응 또는 생식에 따라 구분하기.
2. 각 기관계의 일반적인 기능 나열하기.

기관은 많은 조직으로 이루어지며, 기관의 구조와 기능은 그것을 구성하는 조직과 관련이 있다. 하나의 기관은 많은 유형의 조직으로 구성되기 때문에 하나의 조직만으로는 어떤 기능도 수행할 수 없다. 예를 들어 방광의 기능은 오줌을 저장하고 편리할 때 방출하는 것이다. 그러나 이 기능은 방광을 구성하는 개개의 조직에 의존한다. 방광을 둘러싸고 있는 상피는 확장함으로써 오줌의 저장을 도와주고, 오줌이 신체의 다른 부분으로 누출되는 것을 방지한다. 방광의 근육은 오줌을 전방의 요도 쪽으로 내보내서 신체 밖으로 제거하는 역할을 한다. 이와 마찬가지로 기관계의 기능은 기관계를 이루는 기관에 따라 다르다. 콩팥은 오줌을 생성하고, 방광은 오줌을 저장하며, 여러 종류의 배설관이 콩팥에서 방광(수뇨관)까지 이동시키고 요도를 통해 신체 밖으로 배출한다.

신체의 기관계를 여기에서는 (1) 체액의 운반, (2) 신체의 유지, (3) 조절계, (4) 감각 수용과 운동 반응, (5) 생식으로 나누어 보기로 한다. 이들 모든 기관계는 내부 환경을 어느 정도 일정하게 유지하는 항상성에 기여하는 기능을 한다(그림 22.3 참조).

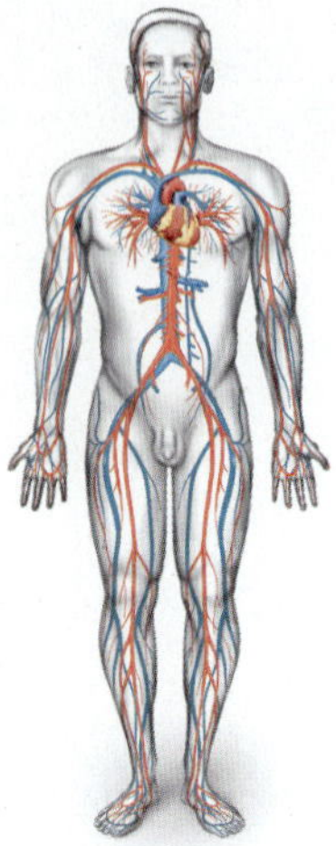

그림 22.9 신체의 수송계.

심혈관계와 림프계는 수송기능에 관여한다. 림프계는 질병으로부터 신체를 방어하는 역할도 한다.

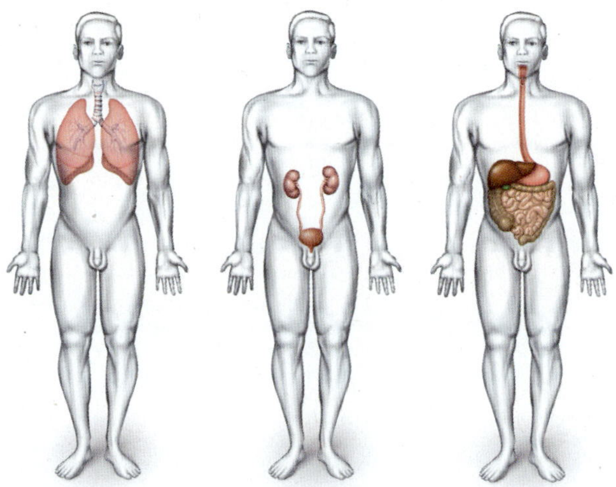

그림 22.10 신체의 유지계.

호흡계, 배설계, 소화계는 내부 환경을 일정하게 유지시켜 준다.

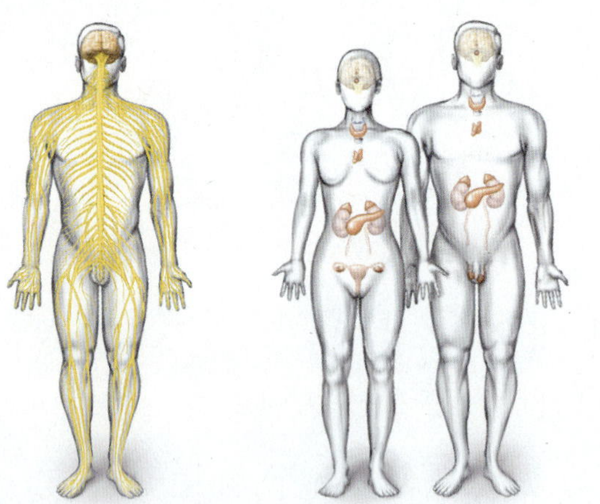

그림 22.11 신체의 조절계.

신경계와 내분비계는 그 밖의 다른 계를 통합하고 조절한다.

운반

심혈관계(cardiovascular system, 그림 22.9*a*)는 혈액, 심장, 그리고 혈액을 온몸으로 운반하는 혈관으로 구성된다. 신체의 세포는 **조직액**(*tissue fluid*) 또는 간질액(*interstitial fluid*)이라고 하는 액체로 둘러싸여 있다. 혈액은 세포를 위한 영양분과 산소를 조직액으로 운반하고, 세포에 의해 배출된 노폐물을 조직액으로부터 제거한다. **림프계(lymphatic system,** 그림 22.9*b*)는 림프관, 림프, 림프절, 그 밖의 림프기관으로 구성된다. 림프관은 소화계로부터 지방을 흡수하고, 여분의 조직액을 수집하여 심혈관계의 혈액으로 되돌려 보낸다.

심혈관계와 림프계는 질병에 대항하여 방어하는 역할도 한다. 흉선, 비장과 함께 혈액과 림프에 있는 특정 혈구세포들은 특히 질병으로부터 신체를 보호해주는 **면역계(immune system)**의 일부분이다.

신체의 유지

호흡계, 배설계, 소화계는 혈액으로 물질을 공급하거나 혈액으로부터 물질을 제거한다. 혈액 성분이 일정하게 유지되면 조직액의 성분도 일정하다.

호흡계(respiratory system, 그림 22.10*a*)는 폐와 기관, 그리고 폐로부터 기체를 가져오고 폐로 기체를 보내는 데 관여하는 그 밖의 구조로 구성된다. 호흡계는 온몸으로 산소를 운반하며, 신체에서 이산화탄소를 받아 폐를 통해 내보낸다. 그리고 호흡계는 혈액과 가스를 교환한다.

배설계(urinary system, 그림 22.10*b*)는 콩팥과 방광, 그리고 오줌을 운반하는 구조를 포함한다. 혈액으로부터 노폐물을 제거하고 체액의 양과 혈액의 화학적 성분의 조절을 돕는다.

소화계(digestive system, 그림 22.10*c*)는 소화관을 따라 각종 기관과 치아, 침샘, 간, 췌장 등의 부속기관으로 구성된다. 소화계는 음식물을 섭취하고 소화하여 영양 분자를 혈액으로 보낸다.

조절

신경계(nervous system, 그림 22.11*a*)는 뇌, 척수, 신경으로 구성된다. 신경은 수용체로부터 신경 자극을 뇌와 척수로 전달한다. 또한 뇌와 척수로부터의 신경 자극을 근육과 분비샘으로 전달하여 내부와 외부 자극에 반응할 수 있도록 한다. 감각수용체와 감각기관은 보통 신경계의 일부분으로 간주된다.

내분비계(endocrine system, 그림 22.11*b*)는 갑상샘이나 부신과 같은 호르몬 분비샘으로 구성된다. 내분비계는 신체를 이루는 부분들 사이에서 전달자 역할을 하는 화학물질과 호르몬을 분비한다. 신경계와 내분비계는 함께 협력하여 다른 기관계의 기능을 조절한다. 신경계는 매우 빠른 반응을 보이는 반면, 내분비계에 의해 방출된 호르몬에 대한 반응은 지속적인 경향이 있다. 또한 내분비계는 남녀 생식기관이 적절한 기능을 유지하는 것을 돕는다.

감각 수용과 운동 반응

피부계(integumentary system, 그림 22.12*a*)는 피부와 피부의 부속 구조로 구성된다. 피부, 그리고 눈, 코와 같은 기관의 감각수용체는 외부 자극에 반응하고 신경섬유를 경유하여 뇌와 척수로 정보를 전달한다. 이 정보들에 의해서 뇌가 자극에 대해 반응을 일으킨다.

골격계(skeletal system, 그림 22.12*b*)와 **근육계(muscular system, 그림 22.12*c*)**는 신체의 각 기관이 운동 반응의 결과로써 움직일 수 있게 한다. 골격은 골격근의 부착 장소가 된다. 근육계의 근수축에 의해 신체 각 부분이 움직인다.

피부계와 함께 골격계, 근육계는 신체를 보호하고 지지한다. 골격계는 골격의 뼈로 구성되며 신체의 각 부분을 보호한다. 예를 들어 두개골은 뇌를 보호하며, 흉곽은 심장과 폐를 보호한다. 피부는 외부와 신체의 조직 사이의 장벽 역할을 한다.

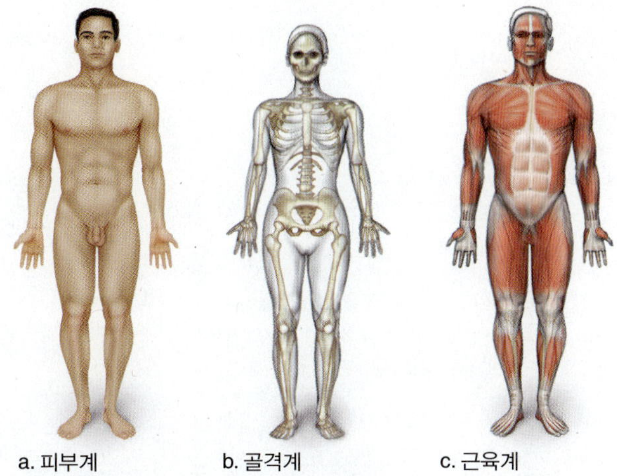

그림 22.12 감각 입력과 운동 반응.

피부(피부계)에 있는 감각 수용체와 감각기관은 자극에 대한 반응이 일어나도록 조절계, 골격계와 근육계로 정보를 전달한다.

생식

생식계(reproductive system, 그림 22.13)는 남녀의 기관이 다르다. 남성 생식계는 정소와 분비샘 그리고 정액을 음경으로 운반하는 정관과 같은 다양한 관으로 구성된다. 정소는 정자라고 부르는 성세포를 생산한다. 여성 생식계는 난소, 난관, 자궁, 질 그리고 외부생식기로 구성된다. 난소는 난자라고 부르는 성세포를 생산한다. 정자가 난자와 수정하면 자손이 생긴다.

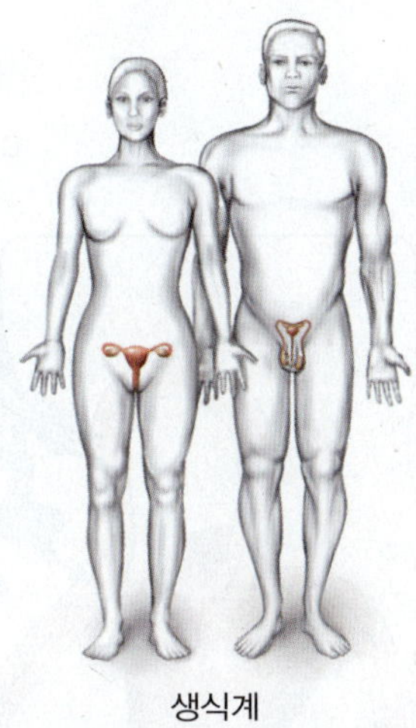

그림 22.13 생식계.

남자와 여자의 생식기관은 다르다. 생식계는 종의 영속성을 가능하게 해준다.

22.2 개념 연결하기

기관계는 신체에서 특정 기능을 수행한다.

진도 점검하기 22.2

1. 기관과 기관계를 구분하시오.
2. 신경계와 내분비계의 공통된 기능을 서술하시오.
3. 수송, 감각 수용과 같이 수행하는 기능에 따라 기관계를 분류하시오.

22.3 항상성

학습 목표

이 절을 학습한 후에는 다음 과제를 수행할 수 있어야 한다.

1. 항상성의 중요성에 대해 설명하기.
2. 음성되먹임 기작을 이용하여 체온조절에 대해 설명하기.

항상성을 이야기할 때 고려해야 할 두 가지 종류의 환경이 있다: 신체 외부의 모든 것을 포함하는 외부 환경과 세포, 조직, 조직액, 기관을 포함하는 내부 환경이 있다. 세포는 조직액이라는 액체 환경에서 살고 있다. 조직액은 양분과 기체를 혈액과 교환하며 항상 새롭게 유지된다. 그러므로 혈액과 조직액은 신체의 내부 환경을 이룬다. 조직액의 양과 성분은 혈액성분이 정상 수준에 머물러 있는 한 비교적 일정하게 유지된다. "비교적 일정하다"는 것은 혈액과 조직액이 정상 범위 내에 머물러 있다는 의미이다. 정상 수준에서 내부 환경을 일정하게 유지하는 것을 **항상성(homeostasis)**이라고 한다.

항상성 덕분에 외부 환경이 급변하더라도 내부 환경은 좁은 범위 내에서만 변한다. 예를 들어 외부 환경의 온도가 낮거나 높더라도 체온은 37°C 정도에서 유지된다. 산성 음식을 먹을지라도 혈액의 pH는 약 7.4로 유지되며, 사탕을 먹더라도 혈당은 약 0.1%를 유지한다.

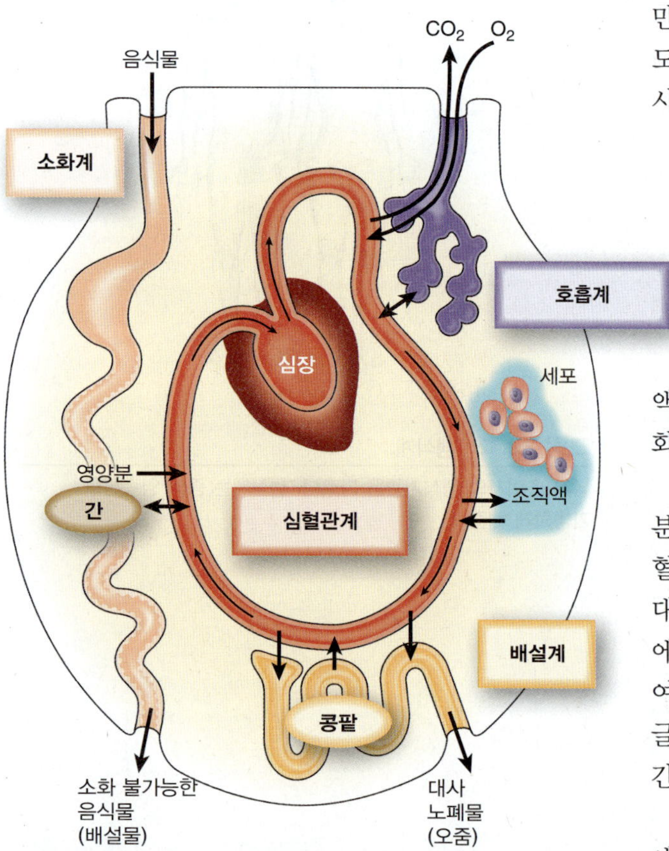

그림 22.14 중요 기관계와 항상성.

신체를 이루는 기관계는 내부 환경과 상호작용하고, 또 외부 환경과도 상호작용한다. 이러한 상호작용에 의해 조직액의 구성성분이 변할 수 있다. 예를 들어 호흡계는 외부 환경과, 그리고 혈액과 기체를 교환한다. 소화계는 음식물을 섭취하고 영양분을 혈액으로 보내며, 배설계는 혈액에서 생긴 대사노폐물을 제거하고 방출한다. 호흡계에서 혈액은 영양분과 산소를 이산화탄소와 다른 조직액의 노폐물과 교환한다. 따라서 조직액의 구성성분은 정상 범위 안에 유지된다.

기관계와 항상성

신체의 모든 기관계는 항상성을 유지하는 데 기여한다(**그림 22.14**). 심혈관계는 물질교환이 일어나는 모세혈관으로 혈액을 보내고 받는다. 적혈구는 산소 운반과 이산화탄소 배출에 관여한다. 백혈구는 감염에 대항하며, 혈소판은 혈액 응고 과정에 참여한다. 림프모세관은 과잉의 조직액을 모아서 림프관을 경유하여 심혈관계로 돌려보낸다. 림프절은 림프를 정화시키고 병원균이 없는 상태를 만든다.

소화계는 음식물을 섭취하여 소화시킴으로써 영양분을 공급하고, 이 영양분은 혈액 속으로 들어가서 신체의 세포들에 의해 계속 이용된다. 호흡계는 혈액에 산소를 공급하고 혈액으로부터 이산화탄소를 제거한다. 콩팥은 물질대사 노폐물을 제거할 뿐 아니라 혈액량, 염분 농도, pH 등을 조절하기 때문에 항상성에 있어서 매우 중요하다. 간은 혈당을 조절한다. 식사 후에 간은 여분의 당을 글리코겐 형태로 저장함으로써 혈액으로부터 제거한다. 이후에 글리코겐은 포도당으로 분해되고, 세포들에 의해 소모된 포도당을 대체한다. 간은 단백질 대사의 질소 함유 최종 산물인 요소를 만든다.

신경계와 내분비계는 함께 작용하여 신체의 다른 계를 조절한다. 신경계에서 감각 수용체는 신경자극을 뇌의 조절중추로 보내며, 뇌에서는 자극을 근육과 분비샘과 같은 효과기로 보내어 활성화시킨다. 근육은 즉각적인 변화를 나타낸다. 내분비샘은 서서히 지속되는 변화를 일으키는 호르몬을 분비하여 내부 환경을 비교적 일정하게 유지시켜 준다.

음성되먹임

음성되먹임(negative feedback)은 신체의 내부 환경을 일정하게 유지시키는 주요 항상성 기작이다. 음성되먹임 기작은 적어도 두 가지 구성요소(감응기와 조절중추)로 이루어진다(**그림 22.15**). 감응기는 내부 환경의 변화(자극)를 감지하고, 조절중추는 상태를 다시 정상으로 복귀시키는 일을 한다. 그러면 감응기는 더 이상 작동하지 않는다. 다시 말해서 음성되먹임 기작에 의해서 반응결과는 원래의 자극을 감소시킨다.

간단한 예를 들어보자. 췌장이 혈액의 포도당 수치가 너무 높다는 것을 감지하면 인슐린을 분비하여 세포로 하여금 포도당을 섭취하게 한다. 그러면 혈당 수치가 정상으로 돌아오고 췌장은 더 이상 인슐린을 분비하도록 하는 자극을 받지 않는다.

내부 환경이 그 한계 범위를 초과하여 되먹임 조절이 보상될 수 없을 때 질병이 발생한다. 예를 들어 췌장이 인슐린을 생산하지 못하면 혈당 수치가 위험하게 높아지고, 건강이 심각하게 나빠지는데 이를 진성당뇨병이라고 한다. 그러므로 항상성 기작에 관한 연구는 의학적으로 중요하다.

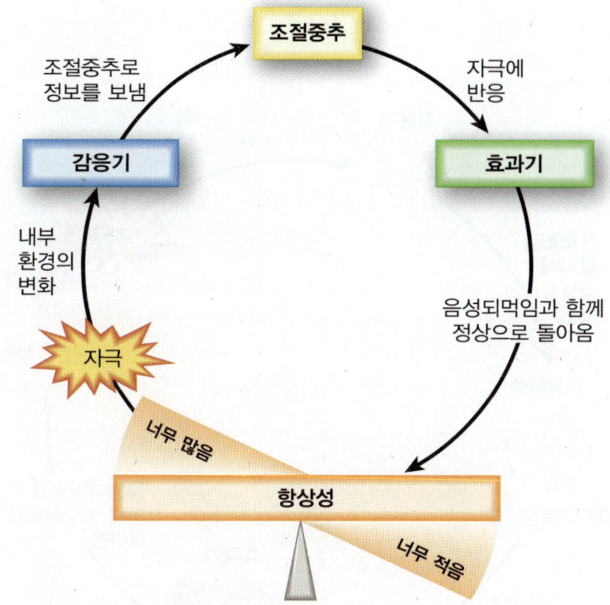

그림 22.15 음성되먹임 기작.

음성되먹임 기작의 기본요소가 작용하는 방식의 모식도.

기계적인 예

조금 더 복잡한 음성되먹임의 작동 원리를 설명할 때 흔히 가정용 난방장치를 예로 든다(**그림 22.16**). 자동온도조절장치를 20°C에 맞추었다고 하자. 이 온도가 설정점(*set point*)이 된다. 온도조절장치에는 실내온도가 이 설정점보다 높거나 낮은지 감지하는 감응기 역할을 하는 온도계가 설치되어 있다. 또한 조절 장치가 있어서 실내가 더우면 난방이 꺼지고 추우면 켜진다. 난방이 꺼지면 실내는 약간 서늘해지고, 켜지면 실내는 다시 약간 따뜻해진다. 다시 말해서 음성되먹임 기작에 의해서 정상 설정점보다 약간 낮거나 높은 오르내림이 생긴다.

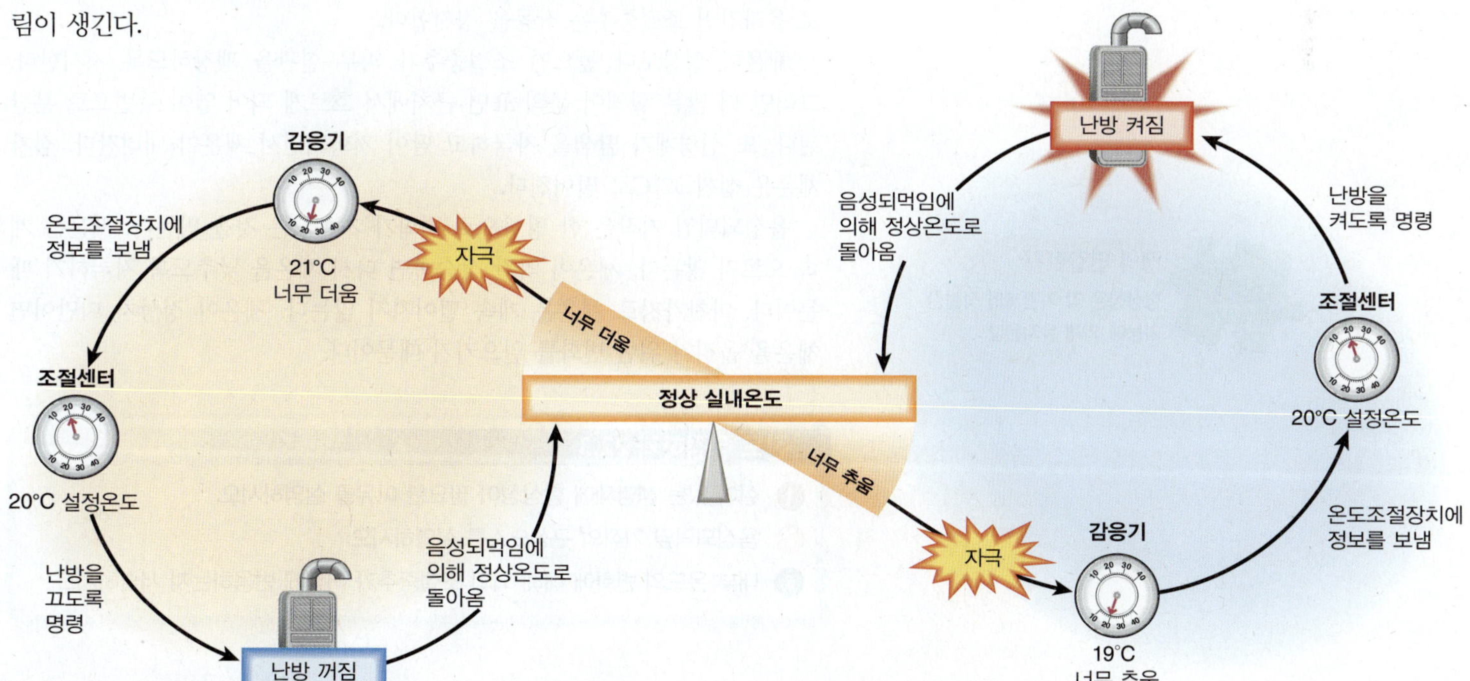

그림 22.16 실내온도 조절.

방이 너무 더울 때 방의 온도가 정상으로 돌아오는 방식의 모식도. 반대로 방이 너무 추우면, 난방기가 켜지고 온도가 다시 정상으로 돌아온다.

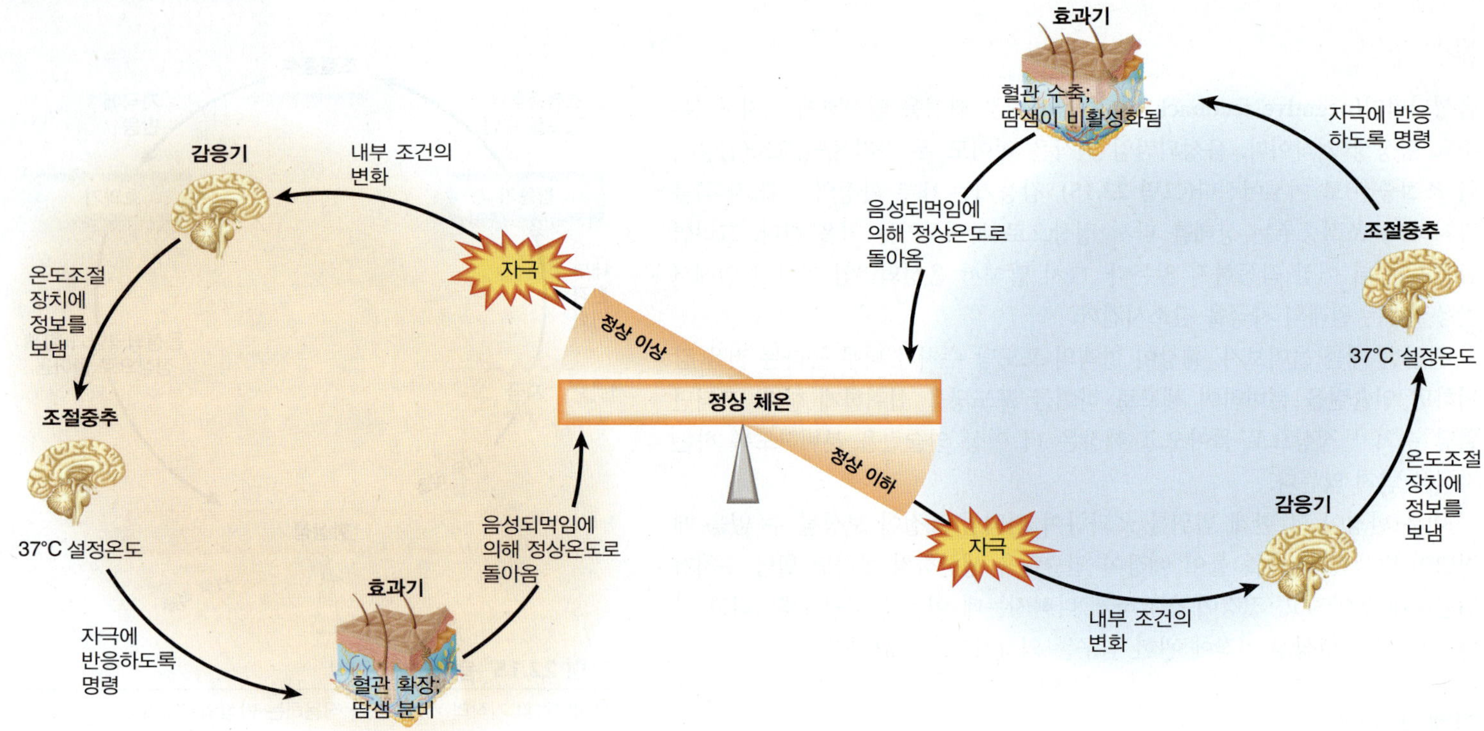

그림 22.17 체온 조절.

음성되먹임 기작에 의해 정상체온이 유지되는 방식의 모식도.

사람의 예: 체온 조절

체온에 대한 온도조절장치는 시상하부라고 부르는 뇌의 일부분에 위치해 있다. 체온이 정상 아래로 내려가면 조절중추는 신경자극을 통해 피부의 혈관을 수축시킨다(**그림 22.17**). 이로 인해 열이 보존된다. 만일 체온이 더 낮게 떨어지면 조절중추는 골격근에 신경자극을 보내 근육이 떨리게 만든다. 근육이 떨리면 열이 발생되어 점차 체온이 37°C로 올라간다. 체온이 정상 수준으로 올라가면 조절중추는 작동을 정지한다.

체온이 정상보다 높으면 조절중추가 피부 혈관을 팽창하도록 지시한다. 그러면 더 많은 혈액이 몸의 표면 근처에서 흐르게 되어 열이 주변으로 분산된다. 또 신경계가 땀샘을 자극하고 땀이 기화되면서 체온이 내려간다. 점차 체온은 섭씨 37°C로 떨어진다.

음성되먹임 기작은 한 방향으로 변화가 지속되는 것을 막는다. 체온은 계속 오르지 않는다. 체온이 약간 상승하면 다시 체온을 낮추도록 자극하기 때문이다. 마찬가지로 체온은 계속 떨어지지 않는다. 체온이 정상치 미만이면 체온을 올리기 위한 변화를 일으키기 때문이다.

22.3 개념 연결하기

항상성은 각 기관계의 적절한 기능에 의해 유지된다.

진도 점검하기 22.3

1. 살아 있는 생명체에 항상성이 필요한 이유를 설명하시오.
2. 음성되먹임 기작의 구성요소를 설명하시오.
3. 내부 온도의 변화에 대해 뇌의 조절중추가 어떻게 반응하는지 서술하시오.

요약

22.1 신체의 구성

동물의 구성 단계

세포 → 조직 → 기관 → 기관계 → 생명체

척추동물의 네 가지 종류의 조직

상피조직	결합조직	근육조직	신경조직

상피조직은 보호 역할을 한다

상피조직(epithelial tissue)은 신체의 표면을 덮고 체강을 둘러싼다.

- 상피조직의 형태는 편평형, 입방형, 원주형이다.
- 상피세포는 관이나 혈액으로 물질을 분비하는 **분비샘(gland)**을 형성한다.

결합조직은 연결하고 지지하는 역할을 한다

결합조직(connective tissue)의 세포는 콜라겐 섬유와 같은 섬유를 함유하는 기질에 따라 구분된다. 네 종류가 있다:

- 성긴 섬유성 결합조직, 지방조직을 포함함
- 치밀 섬유성 결합조직(힘줄과 인대)
- **연골(cartilage)**과 **뼈(bone)**: 연골의 기질은 뼈보다 더욱 신축성 있음
- **혈액(blood)**: 기질은 혈장이라고 부르는 액체. 세포 분획에는 **적혈구(red blood cell)**, **백혈구(white blood cell)**, **혈소판(platelet)**이 있다.

근육조직은 신체를 움직이게 한다

근육조직(muscular tissue)은 골격근, 심근, 평활근의 세 종류이다.

- **골격근(skeletal muscle**; 뼈에 부착)과 **심근(cardiac muscle**; 심장벽 형성)은 가로무늬근이다.
- 심근(심장의 벽)과 **평활근(smooth muscle**; 내부 장기의 벽)은 불수의근이다.

신경조직은 정보를 전달한다

- 신경조직은 뉴런과 여러 종류의 신경아교세포로 구성된다. 이들은 종종 신경을 이룬다.
- 각 뉴런은 수상돌기, 세포체, 축삭을 갖는다. 축삭은 신경자극을 전달한다.

22.2 기관과 기관계

기관은 기관계를 구성한다. **표 22.1**은 기관계에 대해 요약한 것이다.

표 22.1 기관계

수송	감각
심혈관계(cardiovascular system) (심장과 혈관) 림프계(lymphtaic system) (림프관)	**피부계(integumentary system)** (피부)
유지	**운동**
소화계(digestive system) (예: 위와 장) **호흡계(respiratory system)** (호흡관과 폐) **배설계(urinary system)** (방광과 콩팥)	**골격계(skeletal system)** (뼈와 연골) **근육계(muscular system)** (근육)
조절	**생식**
신경계(nervous system) (뇌, 척수, 신경) **내분비계(endocrine system)** (분비샘—예: 갑상샘과 부신)	**생식계(reproductive system)** (정관과 남성의 정소, 난관과 여성의 난소)

22.3 항상성

항상성(homeostasis)은 내부 환경이 비교적 일정한 것을 의미한다. 내부 환경은 혈액과 조직액으로 구성된다. 혈액과 함께 영양분과 노폐물을 교환하기 때문에 조직액은 항상 일정한 상태에 있다.

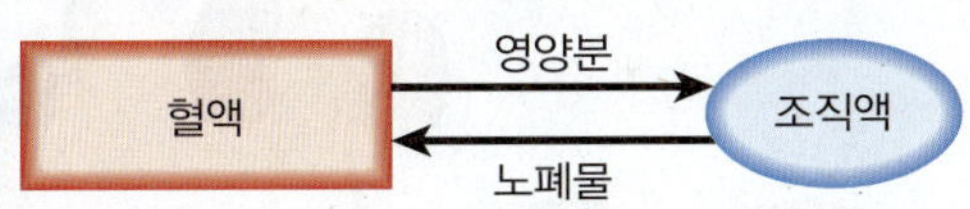

기관계와 항상성

모든 기관계는 조직액과 혈액이 비교적 일정한 상태를 유지하도록 한다.

- 심혈관계는 세포에 영양분을 운반하고 세포로부터 노폐물을 운반한다.
- 림프계는 과잉 조직액을 흡수하고 면역기능을 한다.
- 소화계는 음식물을 섭취하고 영양분을 혈액에 공급한다.
- 호흡계는 외부 환경과 혈액 사이에서 기체 교환을 수행한다.
- 배설계(콩팥)는 대사노폐물을 제거하고 혈액의 pH와 염분 농도를 조절한다.
- 신경계와 내분비계는 다른 기관계를 조절한다.

음성되먹임

음성되먹임(negative feedback) 기작은 내부 환경을 비교적 안정되게 유지한다. 감응기가 어떤 설정점보다 높거나 낮은 변화를 감지하면 조절중추는 다시 정상으로 복귀시키고 반응을 멈춘다.

개념 연결하기

조직은 함께 작용하여 기관을 이루고, 기관은 기관계를 형성한다. 이것들은 모두 항상성을 유지시켜 준다.

22.1 동물의 신체는 여러 단계로 조직화되어 있다.

22.2 기관계는 신체에서 특정 기능을 수행한다.

22.3 항상성은 각 기관계의 적절한 기능에 의해 유지된다.

신체가 어떻게 항상성을 유지하는지에 대한 정보가 더 필요하면 다음 논의를 참조하시오.

23.3절 결합조직의 한 예인 혈액의 기능

24장 호흡계, 배설계, 소화계의 구조와 기능

27.2절 신체의 내부 환경을 조절하는 시상하부의 역할

혼자 풀어보기

가장 적절한 답을 고르시오.

22.1 신체의 구성

1. 다음 그림에서 생물학적 구성단계를 표시하시오.

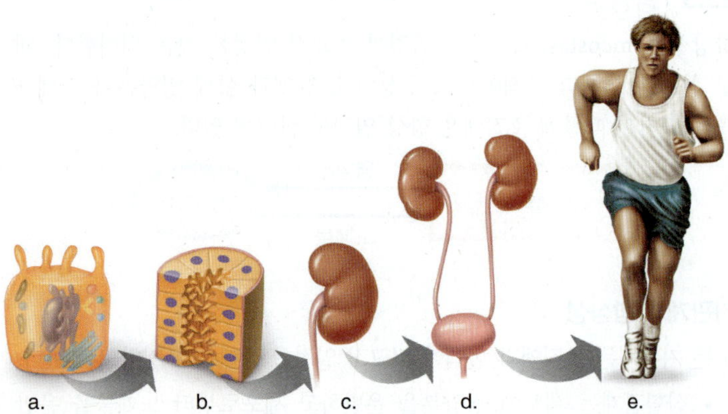

[2~6] 보기에서 알맞은 답을 고르시오. 답은 두 번 이상 사용될 수 있다.

보기:

a. 상피조직 b. 결합조직
c. 근육조직 d. 신경조직

2. 기질에 의해 분리된 세포들을 가진다.
3. 보호하는 역할을 한다.
4. 기관을 둘러싸거나 신체 표면을 덮는다.
5. 동물이 환경에 반응할 수 있도록 한다.
6. 액틴과 마이오신 필라멘트를 가진다.

7. 다음 그림에서 신경의 각 부분을 표시하시오.

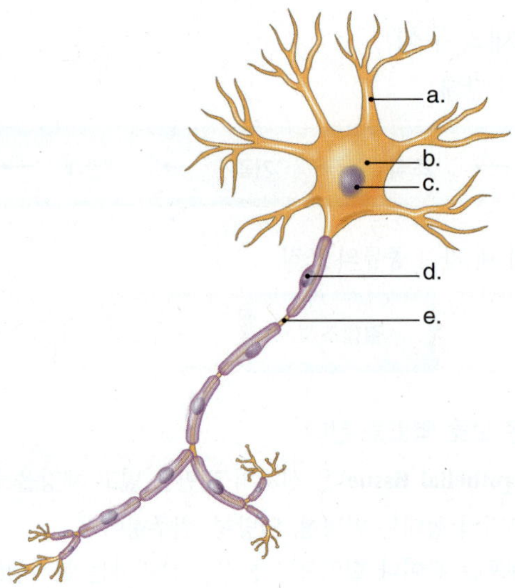

8. 혈액은 ________을 가지고 있으므로 _______조직이다.
   a. 밀착연접, 결합 b. 밀착연접, 상피
   c. 기질, 근육 d. 기질, 결합

22.2 기관과 기관계

9. 골격계의 기능은 무엇인가?
   a. 혈구 생산 b. 운동
   c. 미네랄 저장 d. 모두 옳음
10. 호르몬을 생산하는 것은 어느 기관계인가?
    a. 신경계 b. 배설계
    c. 골격계 d. 내분비계
11. 신체에서 정보를 처리하는 역할을 수행하는 기관계는 무엇인가?
    a. 내분비계 b. 골격계
    c. 신경계 d. 림프계

22.3 항상성

12. 조직액의 주요 기능은 무엇인가?
    a. 세포에 영양분과 산소를 제공하고 노폐물을 제거한다.
    b. 세포를 따뜻하게 유지한다.
    c. 세포들이 서로 접촉하지 않도록 막는다.
    d. 세포들이 서로 미끄러지게 하여 유연성을 제공한다.
13. 다음 중 항상성의 예는 무엇인가?
    a. 근육조직은 수축을 위해 특화되어 있다.
    b. 정상체온은 항상 약 37°C이다.
    c. 백혈구보다 적혈구가 더 많다.
    d. 눈에 있는 수용체는 빛을 감지한다.
14. 다음의 기관계 중 항상성에 기여하는 것은?
    a. 소화계, 배설계 b. 호흡계, 신경계
    c. 신경계, 내분비계 d. 면역계, 심장혈관계
    e. 모두 옳음.

15. 항상성은 특정 값 근처에서 내부 환경을 유지시킨다.
 a. 옳음
 b. 틀림

과학적으로 생각하기

1. 근육퇴행위축 환자들은 때때로 심장병을 일으킨다. 그러나 이런 환자들의 심장병은 치료 선택이 효과적인 시점을 지난 다음에야 감지되곤 한다. 새로운 연구에 따르면 근육퇴행위축과 심장병 사이의 관련성이 뚜렷하기 때문에 근육퇴행위축 환자는 심장병에 대한 검진을 조기에 해야만 치료를 시작할 수 있다. 근육퇴행위축과 심장병 사이에 어떤 관계가 있다고 생각하는가?

2. 신체 내부 환경의 항상성이 생존에 중요하다면 왜 우리는 내부 환경과 불균형을 이루는 외부 환경과 상호작용을 하는가? 내부 환경과 외부 환경 사이의 상호작용 없이도 생존이 가능할까? 만일 상호작용이 일어나지 않는다면 어떤 일이 발생할 것인지 예를 들어보시오.

3. 모든 동물이 기관계나 기관을 가지고 있는 것은 아니다. 신체에서 특정 기능을 수행하기 위해서 특정 조직, 기관, 기관계를 가지는 것의 이로운 점은 무엇인가? 다시 말해서 어떤 선택적 압력이 더욱 복잡한 생명체의 진화를 이끌었는가?

23

수송계

개 요

시작하기 전에

이 장을 시작하기 전에 다음 내용을 다시 살펴보자.

22.1절 왜 혈액은 결합조직에 해당하는가?

22.2절 심혈관계의 일반적인 기능은 무엇인가?.

22.3절 심혈관계는 항상성을 유지하는 데 어떤 역할을 하는가?

치명적인 질병

2008년 6월 13일, NBC의 TV 프로그램인 *Meet the Press*를 오랫동안 진행해온 Tim Russert가 사무실에서 쓰러졌다. 동료들이 911을 불렀고 4분 후 응급구조대가 도착했다. 58세의 Russert의 심장은 멈췄고, 심폐소생술과 세 차례의 전기충격을 시행했지만 소용이 없었다. 쓰러진 지 한 시간도 안 되어서 많은 존경을 받던 TV 유명인이자 저널리스트였던 Russert는 지방병원에서 사망선고를 받았다.

심장과 혈관으로 구성된 심혈관계는 조직으로 산소와 양분을 운반하고 조직으로부터 노폐물을 운반한다. 심장마비나 뇌졸중과 같은 심혈관질환은 선진국에서 죽음의 주요 원인이다. 미국에서 살고 있는 사람의 1/3은 심장병으로 죽을 확률이 있고, 혈관에 영향을 미치는 다른 요인들까지 모두 고려한다면 심혈관질환을 일으킬 확률은 50% 이상이다.

다행히도 심혈관질환의 위험을 줄일 수 있는 방법이 있다. 건강한 식습관과 규칙적인 운동, 금연은 심장을 건강하게 만드는 데 효과적이다. 심혈관질환을 치료할 수 있는 새로운 기술도 개발되고 있다. 그러나 가장 이상적인 것은 심혈관질환을 예방하는 것이다. 심혈관질환 예방을 위해 가장 먼저 해야 할 일은 심혈관계가 왜 우리 생명에 필수적인지를 이해하는 것이다.

이 장을 공부하는 동안 다음 질문에 대해 생각해보자.

1. 심장의 기능이 멈출 경우, 죽음의 직접적 원인은 무엇인가?
2. 혈액의 많은 기능 중에서 생명 유지에 가장 중요한 것은 무엇인가?
3. 심혈관질환을 일으키는 주요 이유는 무엇인가? 그리고 어떻게 예방할 수 있는가?

23.1 개방순환계와 폐쇄순환계

학습 목표

이 절을 학습한 후에는 다음 과제를 수행할 수 있어야 한다.

1. 순환계가 없는 생명체는 어떻게 외부환경과 물질을 교환하는지 서술하기.
2. 개방순환계와 폐쇄순환계를 비교하고 각각의 예 제시하기.
3. 어류, 양서류, 조류 그리고 포유류의 순환계 비교하기.
4. 폐순환계와 체순환계의 차이점 요약하기.

대부분의 동물은 세포로 산소와 양분을 보내고 세포로부터 이산화탄소와 노폐물을 운반하기 위한 순환계를 가진다. 일부 동물의 체제는 순환계가 필요 없다 (**그림 23.1**). 히드라의 세포는 외부 층의 일부이거나 위수강을 둘러싸고 있다. 두 경우 모두 각 세포는 물에 노출되어 독립적으로 기체를 교환하고 노폐물을 제거한다. 위수강을 둘러싼 세포들은 소화작용을 수행하도록 특수화되어 있다. 이 세포들은 확산을 통해 영양 분자를 다른 세포로 전달한다. 플라나리아의 경우 3엽의 위수강이 작고 평평한 몸 전체에 가지를 치고 있다. 어떤 세포도 이 소화관 가지에서 멀리 떨어져 있지 않기 때문에 영양분의 세포 간 확산이 가능하다. 마찬가지로 확산은 세포의 호흡과 배설에서도 일어난다.

선충류나 극피동물과 같은 일부 동물들은 체강 내부에서 일어나는 유체 이동에 힘입어 기체, 양분, 노폐물을 순환시킨다.

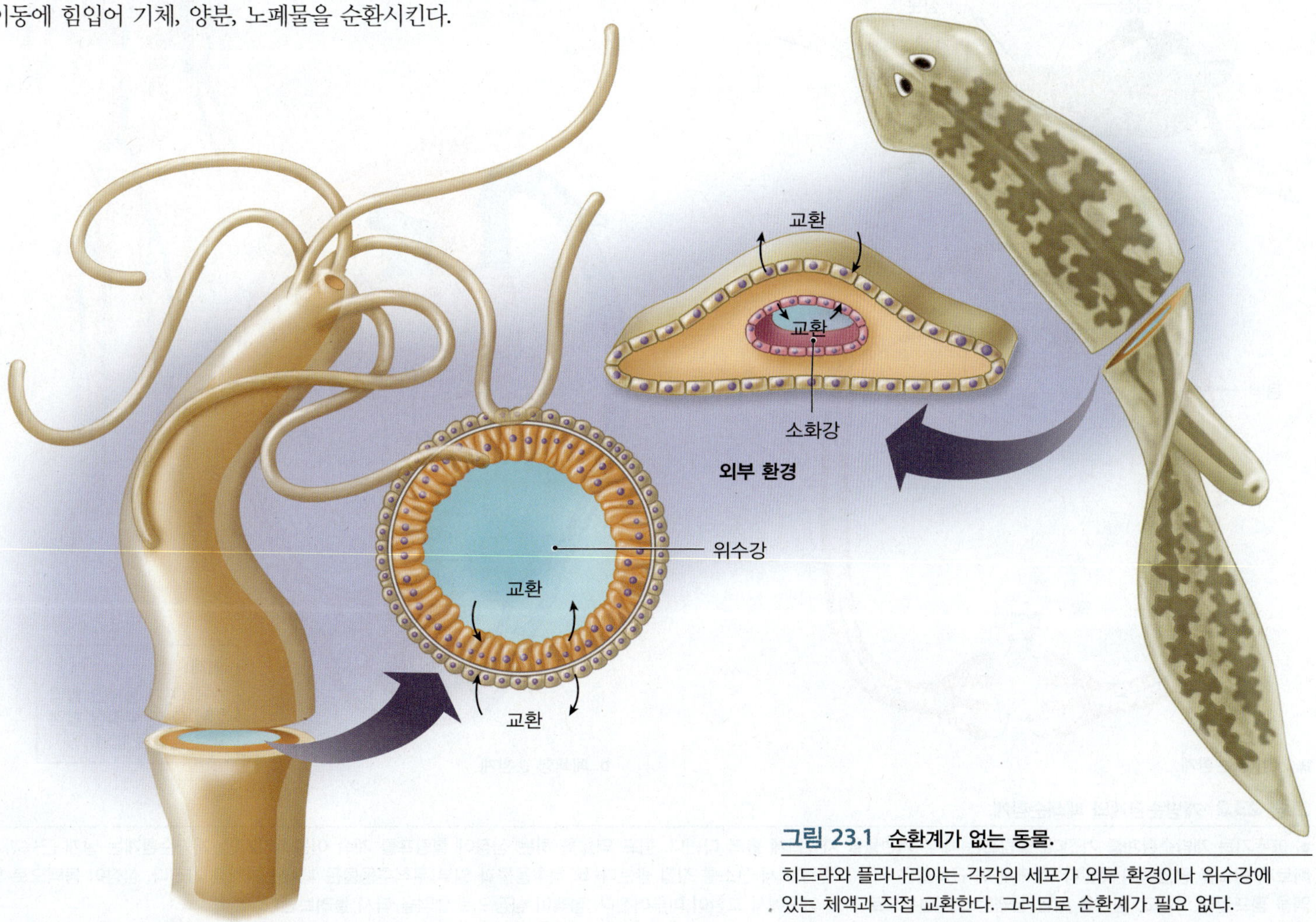

그림 23.1 순환계가 없는 동물.

히드라와 플라나리아는 각각의 세포가 외부 환경이나 위수강에 있는 체액과 직접 교환한다. 그러므로 순환계가 필요 없다.

개방순환계

더욱 복잡한 동물들은 **심장(heart)**을 펌프질하여 액체를 혈관으로 이동시키는 순환계를 가지고 있다. 메뚜기는 **개방순환계(open circulatory system)**를 가지고 있는 무척추동물의 한 예이다(**그림 23.2*a***). 개방순환계에서는 혈액이 혈관에 항상 갇혀 있지는 않다. 관 모양의 심장이 혈림프액(혈액과 조직액의 혼합)을 서로 연결된 체강으로 펌프질한다. **혈액낭(hemocoel)**이나 **부비강(sinuses)**에는 동물의 기관이 포함되어 있다. 최종적으로 혈림프액은 심장으로 되돌아온다. 심장이 수축하면 심문이라고 부르는 구멍이 닫히고, 심장이 이완되면 혈림프액이 심문을 통해 다시 심장으로 빨려 들어간다. 메뚜기의 혈림프액은 헤모글로빈과 같은 산소와 결합하여 산소를 운반하는 호흡 색소가 없기 때문에 무색이다. 산소는 세포로 운반되고 이산화탄소는 몸 전체에서 발견되는 기관이라고 부르는 공기관을 통해 세포에서부터 제거된다. 기관은 호흡 기체를 능률적으로 운반하고 전달하는 기능을 수행하면서 동시에 수분 손실을 억제한다.

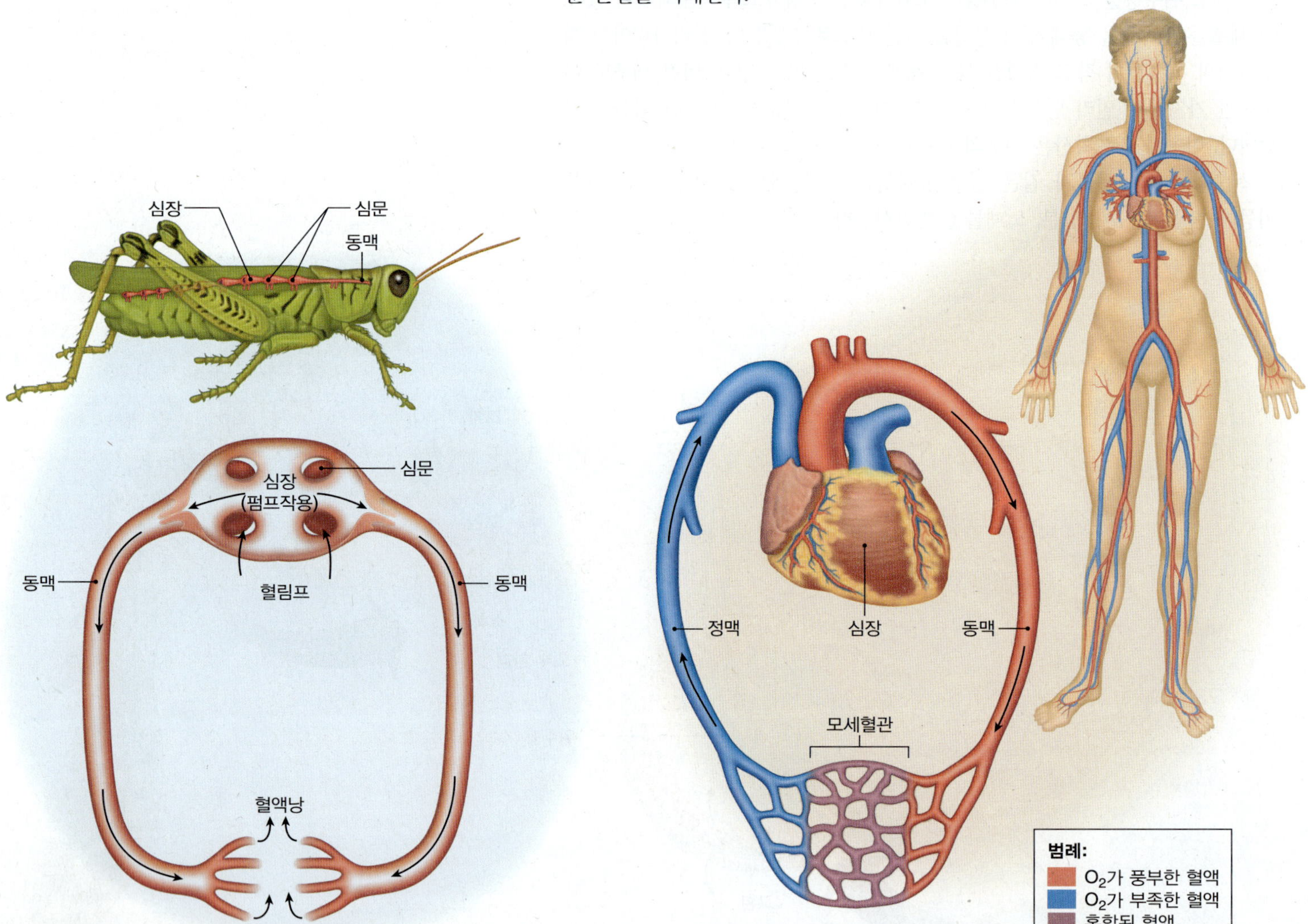

a. 개방형 순환계

b. 폐쇄형 순환계

그림 23.2 개방순환계와 폐쇄순환계.

a. 메뚜기는 개방순환계를 가진다. 혈림프는 내부 기관들을 자유롭게 흘러 다닌다. 펌프 역할을 하는 심장이 혈림프를 계속 이동시키지만, 개방순환계는 날개 근육까지 빠르게 산소를 공급하지 못한다. 그래서 이 근육들은 기관(호흡관)에서 산소를 직접 받는다. **b.** 척추동물과 일부 무척추동물은 폐쇄순환계를 가진다. 심장이 동맥으로 혈액을 펌프질해 보내고, 심장을 떠난 혈액은 모세혈관으로 가고 이곳에서 교환이 이루어진다. 정맥이 심장으로 혈액을 다시 돌려보낸다.

폐쇄순환계

모든 척추동물과 일부 무척추동물은 **폐쇄순환계(closed circulatory system)** 를 가지고 있다(그림 23.2*b*). 폐쇄순환계는 강인한 근육의 심장과 혈관으로 구성되어 있어서 **심혈관계(cardiovascular system)** 로 더 잘 알려져 있다. 폐쇄순환계에서는 혈액이 항상 혈관 안에 존재한다. 사람의 심장은 심방이라고 부르는 혈액을 받는 두 개의 방과 심실이라고 부르는 혈액을 내보내는 두 개의 방을 가지고 있다. 혈관은 세 종류가 있다. 동맥은 심장에서 피를 내보내고, 모세혈관은 조직액과 물질을 교환하며, 정맥은 혈액을 심장으로 복귀시킨다. 혈액은 항상 이들 혈관 안에 들어 있고, 상처가 생긴 경우가 아니라면 절대로 몸 안에서 자유롭게 돌아다니지 못한다.

모세혈관을 통해 혈액이 이동하는 동안에 혈압으로 인해 혈액에서 일정량의 물이 조직액으로 배출된다. 이 조직액의 일부는 직접 모세혈관으로 되돌아오기도 하고, 또는 림프관을 통해 심혈관계로 되돌아가기도 한다. 이처럼 림프관을 통해 심혈관계로 돌아오는 액체를 림프라고 부른다. 림프계의 기능은 23.2절에서 다룬다.

척추동물 순환경로의 비교

척추동물에는 두 종류의 순환경로가 있다. 어류의 경우 혈액은 몸 전체를 단일순환경로를 따라 순환한다. 심장에는 한 개의 심방과 한 개의 심실이 있다(**그림 23.3*a***). 심실의 펌프작용으로 압력을 받은 혈액은 아가미로 이동하고 여기에서 기체교환이 이루어진다. 아가미를 통과한 혈액은 압력이 감소되고 흘러간다. 이 단일순환은 아가미 모세혈관이 O_2가 부족한 피를 받고 전신모세혈관이 O_2가 풍부한 혈액을 받는다는 점에서 장점을 가진다.

육지에 서식하면서 진화적으로 적응한 결과, 다른 척추동물들은 이중순환경로를 가지고 있다. 심장은 **체순환회로(systemic circuit)** 를 통해 혈액을 조직으로 보내고, **폐순환회로(pulmonary circuit)** 를 통해서는 폐로 보낸다. 이러한 이중 펌프작용은 폐로 공기 호흡하는 육상동물에서 나타난다.

양서류의 경우 심장은 두 개의 심방과 하나의 심실을 가지고 있어서(그림 23.3*b*), O_2가 풍부한 혈액과 O_2가 부족한 혈액이 일부 섞인다. 심실에 부분적인 격막이 있어 혈액이 덜 섞인다는 점을 제외하고는 대부분의 파충류에서도 이 점은 동일하다. 파충류인 악어의 심장과 모든 조류와 포유동물의 심장은 좌우로 반씩 분리되어 있다(그림 23.3*c*). 우심실은 혈액을 폐로 보내고, 우심실보다 조금 큰 좌심실은 혈액을 몸 구석구석에 전달한다. 이런 구조로 인해 폐순환과 체순환 모두에게 적절한 혈압을 제공할 수 있다.

23.1 개념 연결하기
개방순환계와 폐쇄순환계 모두 외부 환경과 물질을 교환한다.

진도 점검하기 23.1

1. 개방순환계와 폐쇄순환계를 비교, 대조하시오.
2. 폐순환계와 체순환계의 목적을 설명하시오.
3. 어류의 순환계와 다른 척추동물의 순환계의 차이점을 요약하시오.

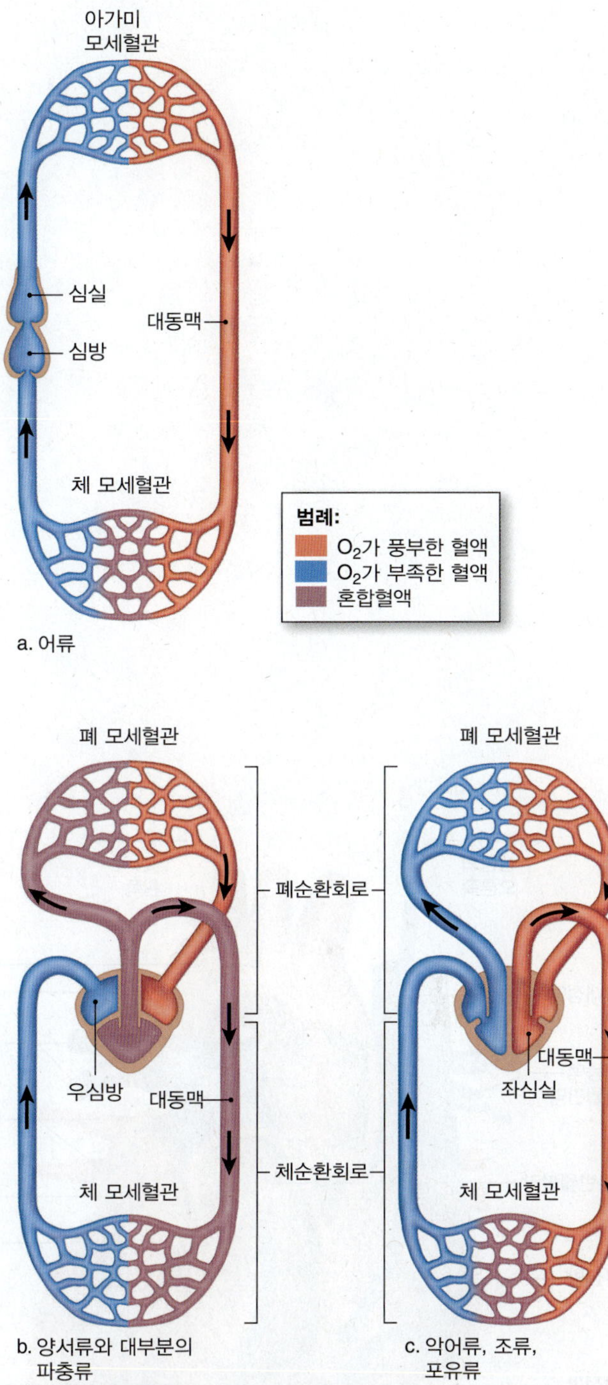

그림 23.3 척추동물의 순환회로 비교.

a. 어류에서는 혈액이 단일순환경로로 움직인다. 어류의 심장은 한 개의 심방과 한 개의 심실을 가지고 있고 심실은 아가미 쪽으로 혈액을 펌프질해 보낸다. 아가미에서 기체교환이 이루어진다. 심장의 펌프질로 생성된 혈압은 혈액이 아가미의 모세혈관을 통과한 후 감소한다. **b.** 양서류와 대부분의 파충류는 이중순환경로를 갖추고 있다. 심장은 폐와 몸, 두 곳으로 모두 혈액을 보낸다. 심실이 하나이기 때문에, O_2가 풍부한 혈액과 O_2가 부족한 혈액이 혼합되기도 한다. **c.** 악어류(파충류)와 조류, 포유류에서 폐순환과 체순환은 완전히 분리되어 있다. 심장의 오른쪽은 혈액을 폐로 전달하고, 왼쪽은 몸 전체로 전달한다.

23.2 인체에서의 수송

학습 목표

이 절을 학습한 후에는 다음 과제를 수행할 수 있어야 한다.

1. 사람 심장의 해부학적 구조 설명하기.
2. 심장, 폐순환회로, 체순환회로를 따라 혈액이 이동하는 흐름을 기술하기.
3. 심장주기, 그리고 이와 관련된 전기적 활성 서술하기.
4. 혈관의 종류 설명하기.
5. 체내의 순환과정에서 림프계의 역할 설명하기.
6. 모세혈관의 안으로, 그리고 모세혈관에서 밖으로 물질을 이동시키는 힘에 대해 설명하기.

사람의 심혈관계는 다른 척추동물과 마찬가지로 심장이 혈액을 혈관으로 보내면 혈액이 모세혈관으로 운반되고, 그곳에서 교환이 이루어진다. 폐에서는 이산화탄소와 산소가 교환되고, 조직에서는 영양분과 산소가 이산화탄소와 다른 노폐물과 교환된다. 폐와 조직 내부에서 일어나는 이러한 교환은 매우 중요하기 때문에 심장이 박동을 멈추면 사망하게 된다.

사람의 심장

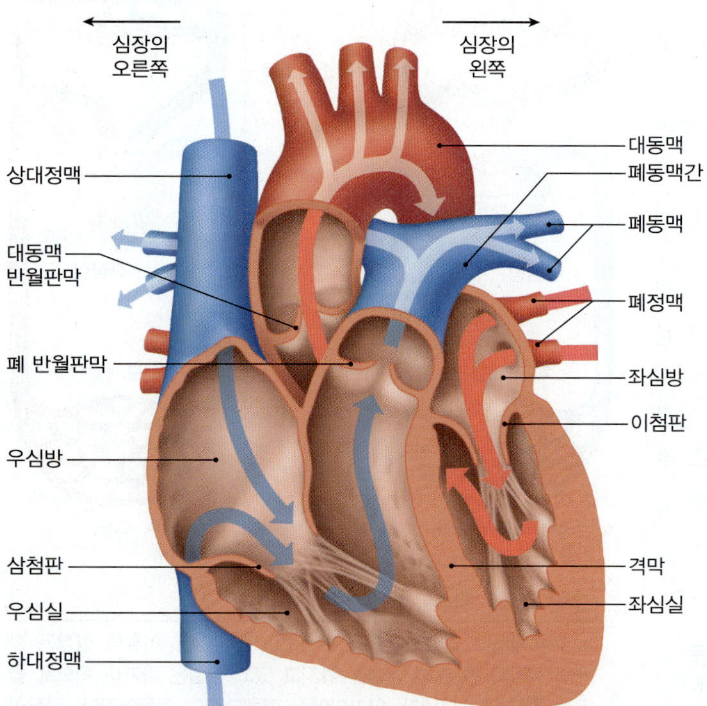

그림 23.4 심장의 해부학적 구조와 심장을 지나는 혈액의 경로.

심장의 오른쪽은 O_2가 부족한 혈액을 받아서 폐로 펌프질해 보내기 때문에 파란색으로 표시하였다. 왼쪽은 O_2가 풍부한 혈액을 받아서 조직으로 보낸다. "오른쪽"과 "왼쪽"이라는 표현은 그림에서 보이는 위치가 아니라, 실제 신체에 있는 위치를 의미한다.

사람의 심장은 이중 펌프이다. 심장의 우측은 O_2가 부족한 혈액을 폐로 보내고, 좌측은 O_2가 풍부한 혈액을 조직으로 보낸다(**그림 23.4**). 심장을 이중 펌프라고 하는 것은 **격막(septum)**에 의해 우측과 좌측이 분리되어 있기 때문이다. 이 격막은 완벽해서 O_2가 부족한 혈액이 O_2가 풍부한 혈액과 섞이지 않도록 차단하는 역할도 한다.

심장의 좌우에는 각각 두 개의 방이 있다. 위쪽의 벽이 얇은 방을 **심방(atrium)**이라고 하며, 혈액을 받는 역할을 한다. 아래의 벽이 두꺼운 **심실(ventricle)**에서 혈액을 심장에서 내보낸다.

심방과 심실 사이에, 그리고 심실과 그와 연결된 혈관 사이에 판막이 있다. 이 판막이 혈액이 통과한 후에 닫히기 때문에 혈액은 항상 정해진 방향으로만 흐른다. 심방과 심실 사이의 판막을 **방실판막(atrioventricular valve)**이라고 부르고, 심실과 심실에 연결된 혈관 사이의 판막은 막의 끝이 반달 모양이므로 **반월판막(semilunar valve)**이라고 부른다.

다음은 심장을 통해 혈액이 흐르는 경로이다. 조직의 O_2가 부족한 혈액은 **대정맥(venae cavae)**을 통해 심장의 우심방으로 들어온다. 혈액이 방실판막(또는 삼첨판)을 통과하면, 우심실은 혈액을 폐 반월판막(*pulmonary semiluminar valve*)을 지나 폐동맥간과 폐로 혈액을 운반하는 **폐동맥(pulmonary artery)**으로 보낸다. **폐정맥(pulmonary vein)**은 O_2가 풍부한 혈액을 좌심방으로 보낸다. 이 혈액은 왼쪽 방실판막(또는 이첨판)을 통과한다. 그리고 좌심실은 혈액을 대동맥 반월판막(*aortic semilunar valve*)을 지나 **대동맥(aorta)**으로 보내고, 대동맥은 다시 혈액을 조직으로 전달한다.

정맥에는 O_2가 부족한 혈액이 있고 동맥에는 O_2가 풍부한 혈액이 있다고

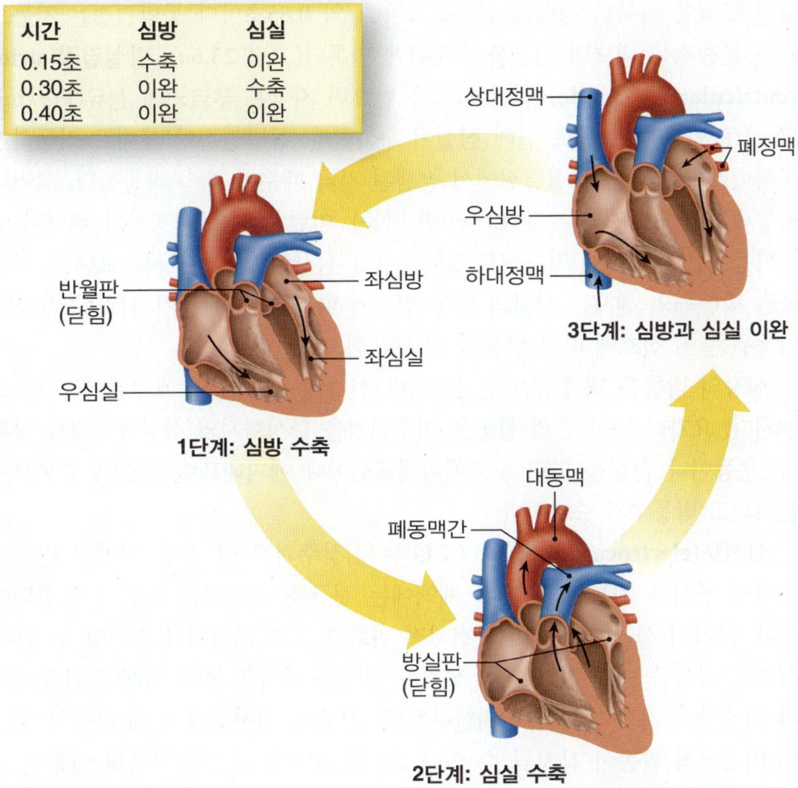

그림 23.5 심장박동.

심장박동은 여러 과정의 반복이다. 1단계: 심방이 수축하고 심실로 혈액을 보낸다. 2단계: 심실이 수축하고 혈액이 연결된 동맥으로 이동한다. 3단계: 심방과 심실이 모두 이완되고 심장에 혈액이 들어와 가득 찬다.

생각하지만 이는 옳지 않다. 폐동맥과 폐정맥의 경우에는 정반대이다. 그러므로 그림 23.4과 같이 폐동맥은 파란색이고 폐정맥은 적색이다. **동맥(artery)**은 심장에서 혈액이 나가는 혈관이고, **정맥(vein)**은 심장으로 혈액이 들어오는 혈관이라는 것이 정확한 정의이다.

심장 박동

우리가 심장박동 또는 **심장주기(cardiac cycle)**라고 부르는 심장의 펌프작용은 다음과 같은 일련의 과정으로 구성된다. 먼저 심방이 수축하고, 다음에 심실들이 수축하고, 이어 심방과 심실은 휴식을 한다. **그림 23.5**는 심장박동의 과정이며, 수축을 뜻하는 **수축기(systole)**와 휴식을 뜻하는 **이완기(diastole)**라는 용어를 사용한다. 심장박동이 일어날 때, 들리는 두근두근 하는 소리(미국에서는 럽-덥 럽-덥이라고 한다)는 심장판막이 닫힐 때 나는 소리이다. 방실판막이 닫힐 때 길고 낮은 두근거림(럽)이 발생하고, 반월판막이 닫힐 때에는 짧고 날카로운 두근거리는 소리(덥)가 들린다. **맥박(pulse)**이란 대동맥이 확장하고 뒤따라 심실이 수축할 때 동맥혈관의 벽을 따라 퍼지는 파동 효과이다. 한 번의 심실 수축기에 한 번의 맥박이 있기 때문에 맥박수는 심장박동율을 결정할 때 사용할 수 있다. 정상적인 성인의 심장박동수는 분당 60~100회 사이로 차이가 있지만, 보통 분당 70회 정도 박동한다.

심장의 박동은 **동방결절(sinoatrial(SA) node)**이라고 부르는 내재적인 박동원을 가지고 있기 때문에 규칙적이다. 심방 벽의 두 군데에 위치한 심장의

연관: 건강

심장잡음이란 무엇인가?

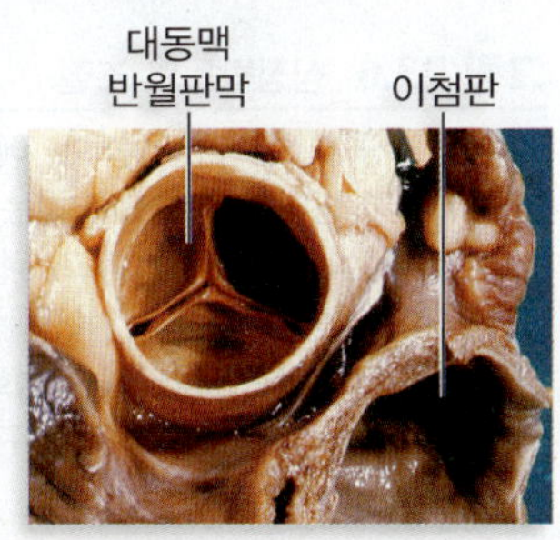

기계의 밸브처럼 때로는 심장 판막이 새는 경우가 있다. 판막이 불완전하여 꽉 닫히지 않으면 혈액이 역류한다. 심장잡음(heart murmur)은 종종 방실판막이 닫힌 후에도 동맥으로 혈액이 흘러들어가기 때문에 생긴다. 고혈압, 심장병, 류마티스성 고열과 같은 다양한 원인이 있다. 류마티스성 고열은 세균성 감염이며, 목에서 시작하여 온몸으로 퍼진다. 세균이 판막을 비롯한 다양한 기관을 공격한다. 손상이 심한 경우에는 인공판막이나 돼지의 심장에서 추출한 판막으로 이식수술을 받아야 한다.

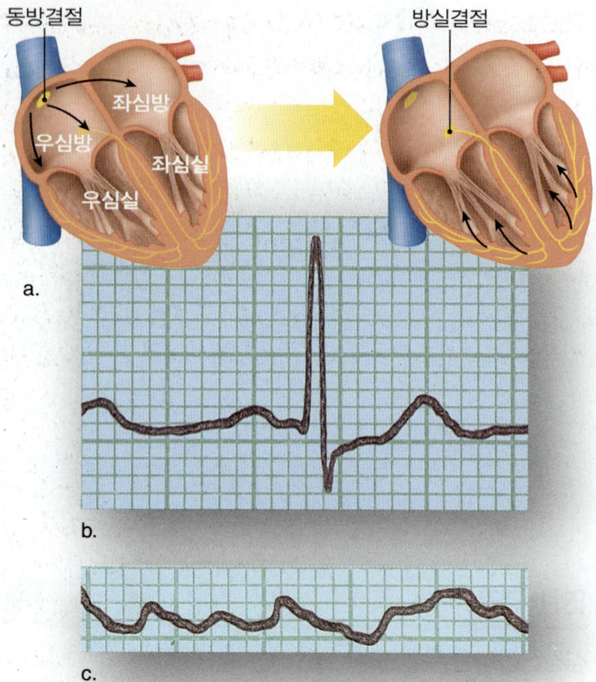

그림 23.6 심장박동의 조절.

a. 심장이 규칙적으로 박동하는 이유는 동방결절(심장박동원이라고 부름)에서 심방이 수축하도록 하는 자극을 자동으로 보내기 때문이다. 방실결절이 이 자극을 받고, 뒤이어 심실이 수축된다. **b.** 심전도는 심장이 박동할 때마다 일어나는 전기적 변화를 기록한 것이다. 큰 스파이크 파형은 심실의 활성화와 관련되어 있다. **c.** 심실세동(ventricular fibrillation)의 경우 불규칙한 심전도가 나타난다.

결절 조직은 독특한 형태의 심근조직이다. 약 0.85초마다 동방결절은 자동으로 흥분충격을 내보내 심방을 수축하게 만든다(**그림 23.6*a***). **방실결절(atrioventricular(AV) node)**이 이 자극을 받으면 자극은 푸르키녜 섬유(*Purkinje fiber*)로 넘어가고, 이로 인해 심실이 수축한다. 동방결절이 제대로 작동하지 못하더라도 심실은 방실결절에서 발생된 자극 때문에 계속 박동한다. 그러나 박동속도는 느려진다(분당 40~60번 박동). 이런 상태를 시정하기 위해서 인공박동원을 이식하여 자동으로 0.85초마다 심장에 전기 자극을 보낸다. 자동조절 박동원의 센서는 사람의 활동 정도에 따라 다양한 전기 신호를 만들고, 박동원은 이 신호에 따라 반응의 정도를 변화시킨다.

심장의 박동은 내재적인 현상이지만 신경계 및 다양한 호르몬에 의해 조절된다. 요가나 명상 등의 활동은 미주신경을 활성화시켜 심장박동수를 낮춘다. 운동이나 근심을 하면 노르에피네프린이나 에피네프린과 같은 호르몬이 분비되고 박동수가 증가한다.

심전도(electrocardiogram, ECG)는 심장주기 동안 심장 벽에서 발생한 전기적 변화를 기록한 것이다. 체액에는 전류를 전도하는 이온이 포함되어 있다. 따라서 심근에서 일어난 전기적 변화를 피부 표면에서 감지할 수 있다. 심전도 검사를 받을 때 피부에 설치한 전극은 전선을 통해 기계에 연결되고, 이 기계가 전기적 변화를 감지한다(그림 23.6*b*). 심전도를 통해 다양한 종류의 비정상적 활동이 감지될 수 있다. 그 중 하나가 바로 부정맥의 일종인 심실세동인데, 이것은 심실의 수축이 제대로 조절되지 못하기 때문에 일어난다(그림 23.6*c*). 심실세동은 부상이나 약물의 과다복용으로 발생할 수 있기 때문에 매우 흥미롭다. 겉으로는 건강해 보이는 사람들이 갑작스럽게 심장사하는 가장 흔한 원인이 바로 이것이다. 세동 상태를 없애려면 세동제거기(심장박동을 정상화시키기 위해 전기 충격을 가하는 데 쓰는 의료 장비)를 사용하여 단시간에 강력한 전류를 흘려보내야 한다. 그러면 동방결절이 조정된 박동을 다시 설정할 수 있게 된다. 현재는 공항이나 대학 캠퍼스와 같은 공공장소에 세동제거기 설치를 늘려 쉽게 사용할 수 있도록 하고 있다.

혈관

동맥은 혈액을 심장 밖으로 운반한다. 심장이 수축하면 혈액이 압력을 받아 동맥으로 흘러간다. 즉, **혈압(blood pressure)**에 의해 동맥에서 혈액이 흐른다. 동맥은 평활근과 탄력성 섬유로 구성된 잘 발달한 중간층을 가지고 있어서 정맥보다 훨씬 두꺼운 벽을 가지고 있다. 탄력섬유층 덕분에 동맥은 팽창하여 심장이 박동할 때마다 갑작스럽게 증가한 혈액이 유입될 수 있도록 한다. 평활근은 혈관 벽을 튼튼하게 하고 지나친 팽창을 억제한다(**그림 23.7*a***).

동맥은 갈라져서 육안으로 겨우 볼 수 있는 작은 동맥인 **소동맥(arteriole)**을 형성한다. 직경은 신체의 필요에 따라 신경계에 의해 조절된다. 소동맥이 팽창하면 더 많은 혈액이 흐르고, 수축하면 적게 흐른다. 소동맥이 수축하면 혈압이 상승할 수도 있다. 소동맥은 갈라져서 **모세혈관(capillary)**을 이룬다. 모세혈관은 매우 좁고 미세한 관이며, 이 혈관의 벽은 내피라고도 부르는 상피로만 구성되어 있다(그림 23.7*b*). 모세혈관은 보통 너무 좁아 적혈구세포들이 일렬로 통과하면서 혈관의 얇은 벽을 통해 영양분과 노폐물 분자를 교환한다. 상호 연결된 수많은 모세혈관인 모세혈관계(capillary bed)는 널리 분포되어 있어서 모든 세포는 모세혈관으로부터 1 mm 거리 이내에 있다. 모

그림 23.7 혈관.

a. 동맥은 탄력성 섬유와 평활근으로 이루어진 두꺼운 중간층이 있는 잘 발달된 벽을 가지고 있다. **b.** 모세혈관의 벽은 세포 한 개의 두께인 상피로 구성된다. **c.** 정맥은 중간층이 동맥만큼 두껍지 않기 때문에 벽이 약하다.

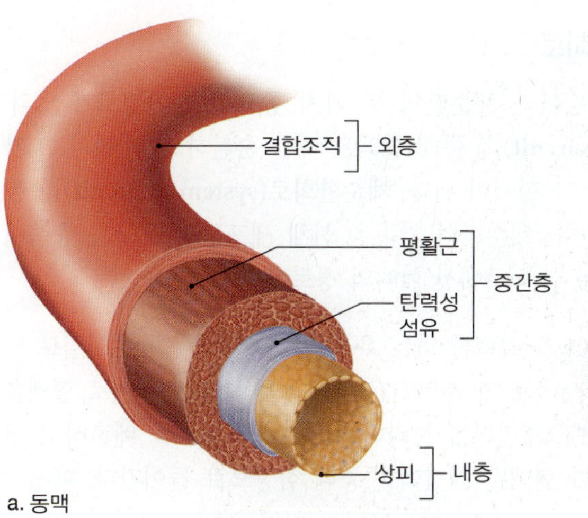

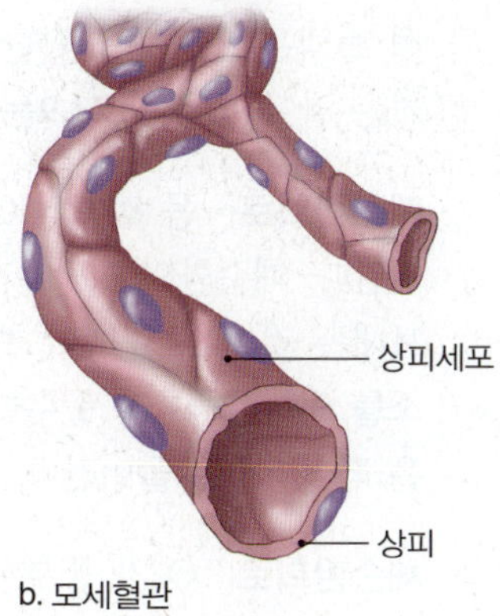

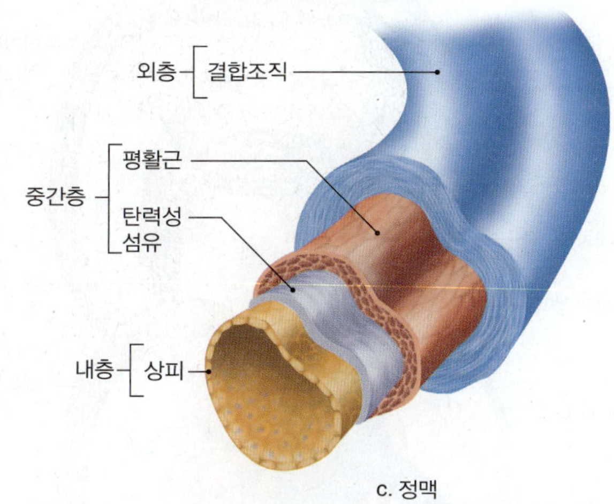

세혈관은 너무 많아서 혈압이 낮고 혈액의 흐름 속도는 느리다. 혈액이 모세혈관을 따라 느리게 이동하기 때문에 혈액과 조직액 사이에서 물질교환이 효과적으로 일어난다. 모세혈관계 입구에는 모세혈관 전 괄약근이라는 근육 띠가 있어서 모세혈관으로 유입되는 혈액의 양을 조절한다. 근육이 움직이면, 괄약근이 이완하고 근육의 모세혈관계가 열린다. 또 음식을 먹고 나면 소화관의 모세혈관계가 열린다. 이외에는 혈액은 동맥에서 정맥으로 이동한다(그림 23.9*b* 참조).

소정맥(venule)은 모세혈관계로부터 혈액을 모아 합친 후 정맥으로 보낸다. 정맥은 심장으로 혈액을 되돌린다. 혈액이 정맥에 도달할 즈음에는 혈압이 크게 떨어진다. 정맥의 벽은 동맥보다 훨씬 얇고 직경이 크다(그림 23.7*c*). 골격근의 수축작용이 정맥을 누르면 혈액이 판막을 통과하게 된다(**그림 23.8**). 정맥 안의 판막은 심장을 향하여 열리고, 판막을 닫아 혈액의 역류를 막는다. 숨을 들이쉬면 가슴이 팽창하여 흉부 압력이 떨어지고 복부 압력은 증가한다. 혈액은 압력이 낮은 방향으로 흘러가기 때문에 이러한 작용은 정맥혈이 심장으로 되돌아가는 데 도움을 준다.

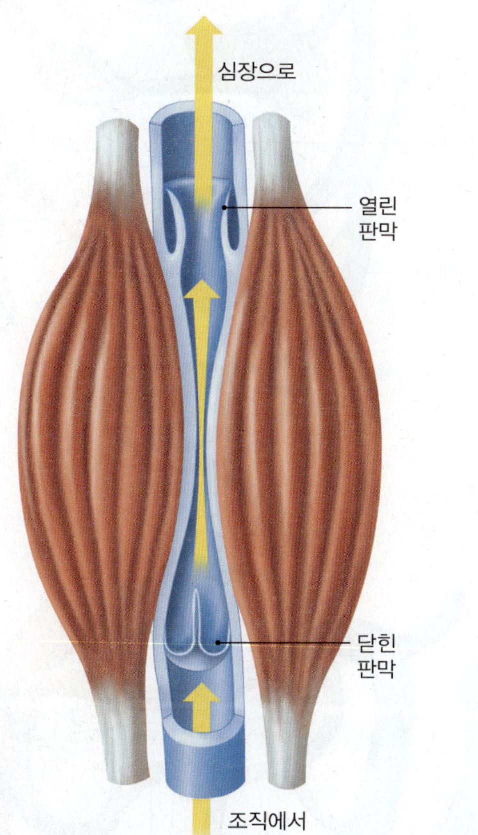

그림 23.8 정맥 내에서 혈액의 이동.

정맥에는 심장 쪽을 향하고 있는 판막이 있다. 골격근에 의해 정맥의 벽에 가해지는 압력에 의해 정맥 안의 혈압이 높아지고 판막이 열리게 된다. 근육이 이완되면 중력에 의해 혈액이 아래로 이동하는데, 판막이 닫혀 혈액의 역류가 방지된다.

연관: 건강

정맥류성 정맥이란 무엇인가?

정맥은 얇은 벽으로 이루어진 관으로 정맥 판막에 의해 여러 갈래로 나누어져 있다. 다리 정맥에 혈액이 지나치게 가득 차면 과도하게 늘어나게 된다. 예를 들어 오랫동안 한 장소에 서 있으면 다리의 정맥은 적절하게 혈액을 흘려보내지 못하여 혈액이 다리 정맥에 모이게 된다. 정맥이 팽창함에 따라 정맥의 판막도 팽창하며 기능을 상실한다. 이러한 기작에 의해 정맥이 불룩 튀어나와 피부 표면에서도 보인다. 치질은 직장(rectum)에 있는 정맥류성 정맥이다. 비만, 늘 앉아서 지내는 생활, 여성, 유전적 소인 그리고 노화 등이 정맥류성 정맥의 위험요인이다.

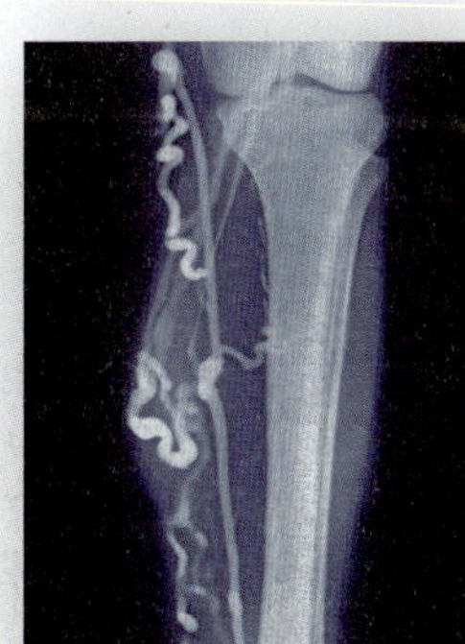

폐순환회로와 체순환회로

사람의 심혈관계에는 폐순환과 체순환의 두 가지 중요한 순환경로가 있다. **폐순환회로(pulmonary circuit)**를 통해 혈액은 폐를 순환하고, 폐에서 O_2가 부족한 혈액은 O_2가 풍부한 혈액이 된다. **체순환회로(systemic circuit)**를 통해 혈액은 온몸을 순환한다. 체순환의 기능은 신체 세포들의 요구를 충족시키는 일이다. **그림 23.9**는 두 회로에서 혈액의 경로이다.

폐순환회로 몸 전체의 O_2가 부족한 피는 우심방으로 모였다가 우심실로 넘어간다. 폐순환의 시작은 우심실이 폐동맥간과 폐동맥을 통해서 폐로 혈액을 보내는 것이다. 혈액이 폐모세혈관을 통과하면서 이산화탄소를 배출하고 산소를 얻는다. O_2가 풍부한 혈액은 폐정맥을 통해 심장으로 들어간다. 폐정맥은 좌심방으로 들어간다.

체순환회로 O_2가 풍부한 혈액이 폐에서 좌심방으로 들어가고 좌심실로 넘어간다. 체순환은 좌심실이 혈액을 대동맥으로 보낼 때 시작한다. 대동맥에서부터 갈라져 나온 동맥은 혈액을 몸의 모든 부위와 기관으로 운반하고, 거기에서 혈액은 모세혈관을 통해 정맥으로 모인다. 정맥은 대정맥으로 모이며, 대정맥은 O_2가 부족한 혈액을 우심방으로 돌려보낸다. 체순환에서 동맥은 O_2가 풍부한 혈액이 있어서 밝은 적색을 띠고, 정맥은 O_2가 부족한 혈액이 있어서 탁한 적색으로 보이며 피부를 통해 보면 파랗게 보인다.

문맥계(portal system)는 모세혈관에서 시작하여 모세혈관에서 끝난다. 예를 들어 간문맥은 장에서 간으로 혈액을 이동시킨다. 항상성 기관인 간은 장에서 흡수한 물질을 변형시키고 혈액의 정상적인 조성을 감시한다. 간정맥(그림 24.27 참조)은 간과 하대정맥을 연결한다.

림프계

림프계(lympatic system)는 림프관과 다양한 림프기관으로 구성된다. 림프계는 많은 기능을 담당한다. 이번 장에서는 과도한 조직액을 받아들여 어깨에 있는 심혈관 정맥인 쇄골하정맥으로 돌려보내는 림프관에 대해 다룬다(**그림 23.10**). 또 림프관은 소화관에서 지방단백질 형태로 지방을 취하여 정맥으로 돌려보내기도 한다. **그림 23.11**은 림프관이 심혈관계에서 하는 역할을 요약한 것이다. 림프계가 면역체계와 협동하여 질병으로부터 신체를 방어하

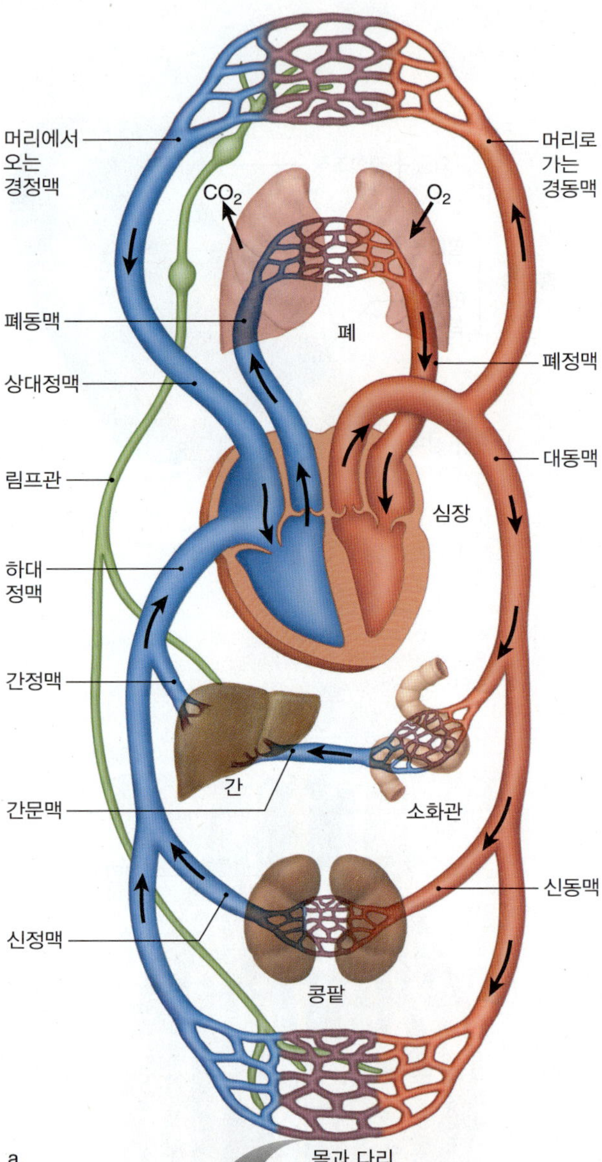

a.

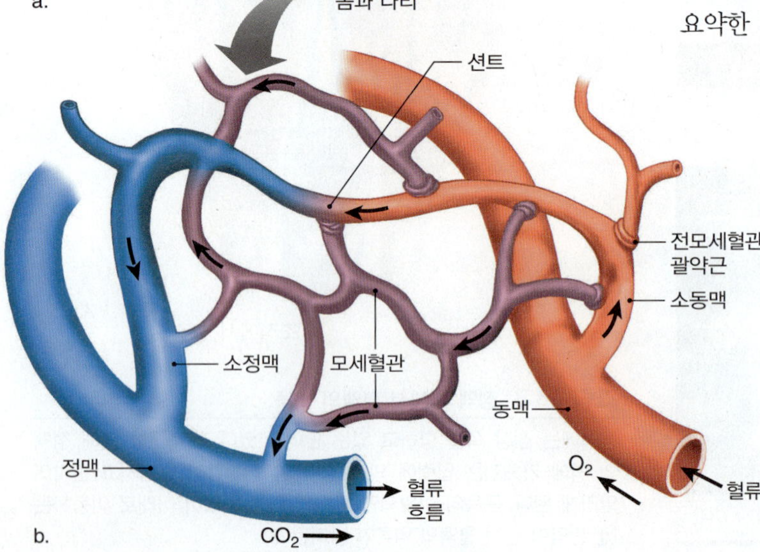

b.

그림 23.9 혈액의 경로.

a. 심혈관계의 개관. 폐순환회로를 통해 심장의 오른쪽에서 왼쪽으로 이동하는 혈액은 반드시 폐혈관을 거친다. 체순환회로를 통해 소화관에서 우심방으로 이동하는 혈액은 반드시 간문맥, 간정맥, 그리고 하대정맥을 거친다. **b.** 동맥에서 정맥으로 가는 혈액은 반드시 모세혈관계를 거치며, 이때 혈액과 조직액 사이에서 교환이 이루어진다. 전모세혈관 괄약근에 의해 모세혈관계가 닫히면, 혈액이 션트(shunt; 동맥과 정맥이 직접 연결된 단락)라고 부르는 혈관을 통해 이동한다.

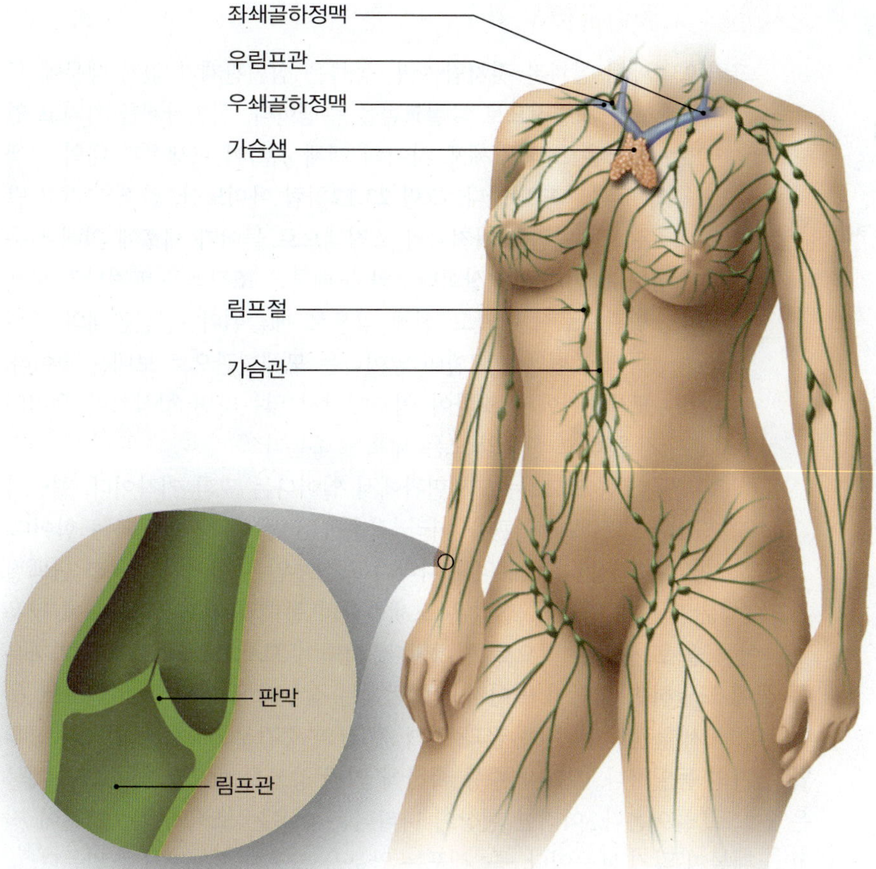

그림 23.10 림프관.

림프관은 조직 내의 과도한 체액을 심장혈관계로 돌려보낸다. 확대된 그림에서 정맥과 마찬가지로 림프관에도 역류를 막아주는 판막이 있다는 것을 알 수 있다. 림프절은 림프액을 여과하여 불순물을 제거한다.

는 것은 26장에서 살펴볼 것이다.

림프관은 매우 광범위하다. 신체의 거의 모든 곳에 림프 모세혈관이 잘 발달되어 있다. 대형 림프관의 구조는 판막이 있다는 점에서 심혈관 정맥의 구조와 유사하다. 또 림프관 내부에서 림프액은 골격근 수축에 따라 이동한다. 근육이 수축하면 림프액은 닫히는 판막 사이로 나오고 닫힌 판막 덕분에 림프액의 역류는 일어나지 않는다.

림프계는 림프 모세혈관에서 시작하는 단일방향 체계이다. 림프 모세혈관은 혈액 모세혈관에서 확산되어 다시 흡수되지 않은 액체를 흡수한다. 림프관으로 들어간 조직액을 **림프액(lymph)**이라고 부른다. 림프 모세혈관들이 모여 더 커다란 림프관을 형성하고 흉관이나 우측 림프관 중 하나로 진입하기 전에 합해진다. 흉관은 우측 림프관보다 훨씬 크고, 하지, 복부, 왼팔, 머리와 목의 좌측을 담당한다. 우측 림프관은 오른팔과 머리와 목의 우측을 담당한다. 림프관은 쇄골하정맥으로 들어간다.

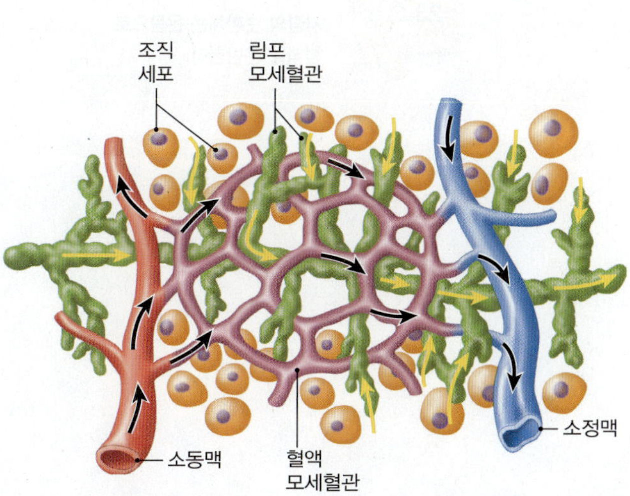

그림 23.11 림프 모세혈관계.

림프 모세혈관계는 혈액모세혈관계 가까이에 위치한다. 검은 화살표는 혈액의 흐름을 보여준다. 노란 화살표는 림프모세관이 과도한 조직액을 흡수하여 때 림프액이 형성되는 것을 보여준다.

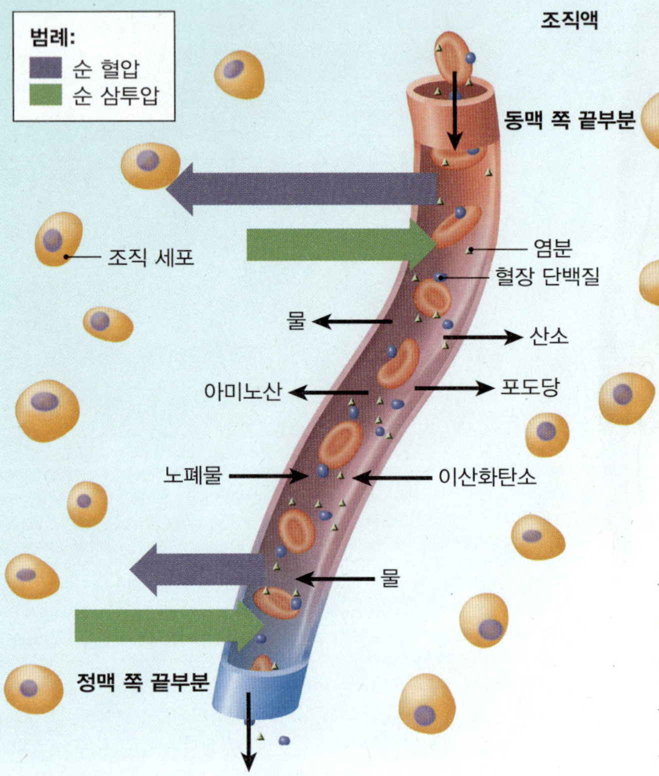

그림 23.12 **모세혈관의 교환.**

모세혈관의 동맥 쪽 끝부위(위)에서는 혈압이 삼투압보다 높다. 따라서 혈류에서 물이 빠져나간다. 중앙부위에서는 산소와 이산화탄소를 포함한 분자들이 농도 차이를 따라 이동한다. 모세혈관의 정맥 쪽 끝부위(아래)에서는 삼투압이 혈압보다 높다. 따라서 물이 혈관 안으로 들어온다. 적혈구와 혈장단백질들은 너무 커서 모세혈관을 빠져나올 수 없다.

모세혈관의 물질교환

그림 23.1에서 살펴본 것처럼 어떤 동물은 심혈관계가 없기 때문에 모든 세포가 개별적으로 물질교환을 수행한다. 심혈관계를 가지고 있는 동물은 조직액(세포 사이의 액체성분)이 모세혈관 내의 혈액과 교환을 담당한다. **그림 23.12**처럼 아미노산, 산소 그리고 당은 모세혈관을 빠져나와 조직액으로 들어가 세포에 의해 사용된다. 반대로 이산화탄소와 노폐물은 조직액을 빠져나와 모세혈관으로 들어가고 신체 밖으로 배출된다. 심혈관계의 주된 목적은 혈액을 교환이 일어나는 모세혈관으로 보내는 것이다. 모세혈관에서 교환이 이루어지지 않는다면 항상성이 유지되지 못하고 신체의 모든 세포는 죽는다.

그림 23.12는 모세혈관에서 일어나는 교환 기작이다. 혈압과 삼투압은 모세혈관을 따라 작용하는 두 가지 반대되는 힘이다. 혈압은 심장 박동에 의해 나타나고 삼투압은 혈액의 염분과 단백질 성분 때문에 생긴다. 혈압은 모세혈관의 동맥과 가까운 쪽 끝에 작용하여 물을 모세혈관 밖으로 밀어낸다. 혈액이 모세혈관의 정맥과 가까운 쪽 끝에 도달하면 혈압이 떨어지고 이번에는 삼투압에 의해 물이 안으로 들어온다. 모세혈관의 동맥 쪽 끝과 정맥 쪽 끝의 중간부분에서는 혈압과 삼투압이 거의 동일하다. 그래서 수동 확산에 의해 양분은 밖으로 나가고 노폐물은 안으로 들어온다. 이러한 현상이 나타나는 이유는 조직액에는 양분이 적고 노폐물이 많기 때문이다. 즉, 세포는 양분을 사용하고 노폐물을 만든다.

모세혈관에서 물의 교환이 동일하지 않아서 그 결과 조직액이 과다하게 된다. 과도한 조직액은 림프 모세혈관에 의해 수집되어 림프액이 된다(그림 23.11 참조). 림프액은 단백질 성분이 적다는 것을 제외하면 혈장 성분과 거의 동일하다. 주 림프관이 어깨 부근에 있는 쇄골하정맥으로 이어져 림프액이 심혈관계로 되돌아간다(그림 23.10 참조).

양분과 노폐물 이외에도 혈액은 온몸으로 열을 분산시킨다. 덥다고 느낄 때 피부에 있는 많은 모세혈관이 열리고 얼굴이 붉어진다. 이 과정에서 과다한 열이 제거된다. 춥다고 느낄 때 피부의 모세혈관이 닫히고 열이 보존된다.

23.2 개념 연결하기

사람의 순환계는 온몸으로 혈액을 운반한다.

진도 점검하기 23.2

1. 심장이 박동할 때 일어나는 일들을 설명하시오.
2. 각 혈관의 기능을 설명하고 어떻게 모세혈관이 기체교환에 사용되는지 자세히 서술하시오.
3. 순환계에서 혈액의 흐름을 사람의 우심방에서 출발하여 설명하시오.

23.3 혈액: 수송 수단

학습 목표

이 절을 학습한 후에는 다음 과제를 수행할 수 있어야 한다.

1. 혈액의 기능 나열하기.
2. 혈장과 세포성 요소 비교하기.
3. 혈구의 종류와 기능을 자세히 설명하기.
4. 혈액이 응고되는 과정을 간단히 설명하기.
5. 공통적인 심혈관질환의 원인 요약하기.

포유동물의 **혈액(blood)**은 항상성 유지에 도움을 준다. 혈액은 다양한 기능을 한다.

1. 모세혈관으로 물질을 운반하고 모세혈관에서 조직액과의 교환이 이루어진다.
2. 질병을 일으키는 바이러스나 박테리아 등의 병원체의 침입으로부터 신체를 방어한다.
3. 체온 조절을 돕는다.
4. 혈액을 응고시켜 생명에 위협이 되는 혈액 손실을 막아준다.

사람의 혈액은 크게 혈장이라고 하는 액체와 다양한 세포와 혈소판으로 이루어진 세포성 구성요소들로 구성된다(**그림 23.13**).

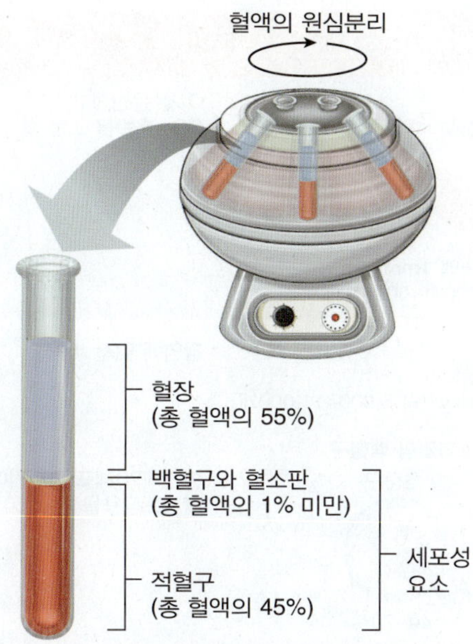

그림 23.13 혈액의 구성성분.

혈액을 원심분리하여 침전시키면 혈액이 혈장과 세포성 요소로 이루어져 있음을 분명하게 알 수 있다.

혈장

혈장(plasma)은 주로 물(90~92%)과 단백질(7~8%)로 구성되어 있으나 영양분, 노폐물, 염분 등의 수많은 종류의 분자도 소량 함유하고 있다. 염분과 단백질은 혈액의 완충역할에 관여하여 혈액을 약염기에 해당하는 pH 7.4 수준으로 유지한다. 또 혈액의 삼투압을 유지하여 수분이 저절로 모세혈관 혈액으로 들어가게 만든다. 여러 혈장 단백질들이 혈액의 응고에 관여하며 또 다른 혈장 단백질들은 혈액으로 거대한 유기분자들을 운반하기도 한다. 가장 풍부한 혈장 단백질인 알부민은 헤모글로빈의 분해산물과 빌리루빈을 운반한다. 지방단백질은 콜레스테롤을 운반한다.

세포성 요소

세포성 요소(formed element)는 적혈구, 백혈구, 혈소판이다. 이 중에서 **적혈구(red blood cell)**는 산소를 운반한다. 적혈구는 작고 양쪽이 오목한 디스크 모양이며, 완전히 성숙한 적혈구는 핵이 없으며 호흡 색소인 헤모글로빈을 가지고 있다. 혈액 한 방울 속에는 약 600만 개의 적혈구가 존재하고, 하나의 적혈구에는 약 2억 5,000만 개의 헤모글로빈 분자가 있다. **헤모글로빈(hemoglobin)**에는 철이 들어 있고, 이 철은 산소와 느슨하게 결합하여 산소를 운반한다. 적혈구가 부족하거나 헤모글로빈이 충분하지 않으면 빈혈이 되어 피곤하고 지친 기분이 들게 된다. 고도가 올라가 산소량이 줄어들면 적혈구 생성이 촉진된다. 고도가 높은 곳에서 생활하고 활동하는 사람은 더 많은 수의 적혈구가 발달된다.

연관: 건강

혈액도핑이란 무엇인가?

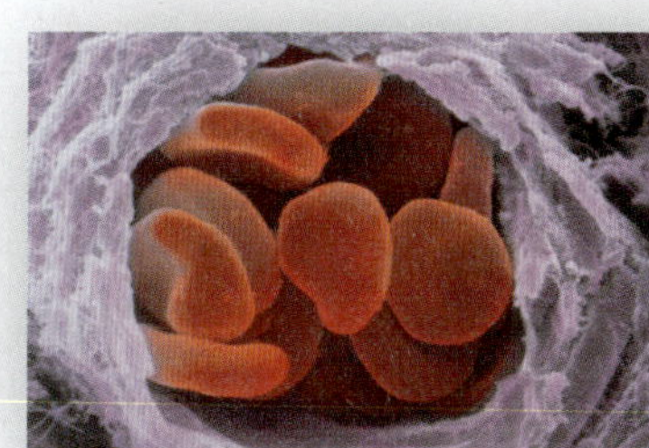

혈액도핑이란 산소를 보다 효과적으로 운반하고 피로를 감소시킴으로써 운동선수에게 경쟁우위를 줄 수 있도록 하기 위해서 적혈구(RBC)의 공급을 증가시키는 방법이다. 혈액도핑을 수행하기 위해서 운동선수들은 시합 몇 달 전에 적혈구 생성소(EPO) 주사를 맞는다. 이는 혈액 내의 RBC 수를 증가시킬 것이다. 몇 달이 지난 후, 일정량의 혈액을 취해 원심분리를 통해 RBC를 농축시킨다. 이 농축된 RBC를 시합 직전에 재주입한다. 혈액도핑은 위험하며 불법적인 행위이다. 1990년대에 여러 사이클 선수들이 심부전으로 사망했는데, 혈액에 세포가 너무 많아 심장이 펌프질을 하지 못한 것으로 생각된다.

세포성 요소	기능
적혈구 (erythrocytes) 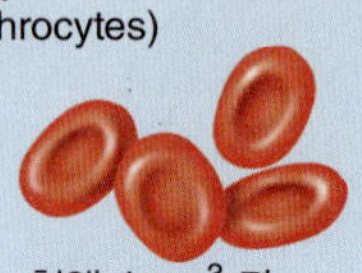 혈액 1mm^3 당 400만~600만 개	O_2를 운반하고 CO_2 운반을 도움
백혈구* (leukocytes) 혈액 1 mm^3 당 5,000~11,000개	감염에 맞서 싸움
과립형 백혈구	
호중구 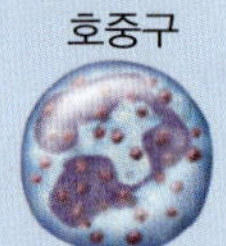 40~70%	병원체와 세포 찌꺼기에 대한 식세포작용을 함
호산성백혈구 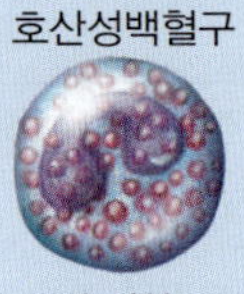 1~4%	과립의 내용물을 이용하여 벌레 같은 큰 병원체를 소화시키고 염증반응을 완화함
호염기성백혈구  0~1%	손상된 조직으로 혈액이 이동하도록 하여 염증반응을 함
비과립형 백혈구	
림프구 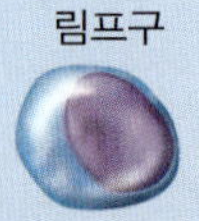 20~45%	특이적 면역을 담당함; B 세포는 항체를 생성하며, T 세포는 암세포나 바이러스에 감염된 세포를 파괴함
단핵구 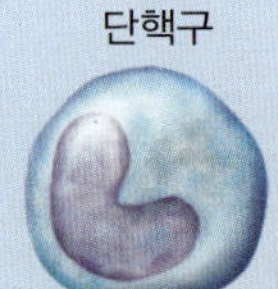 4~8%	대식세포가 되어 병원체와 세포 찌꺼기에 대한 식세포작용을 함
혈소판 (thrombocytes)  혈액 1 mm^{3}당 150,000~300,000개	혈액응고에 관여함

*Wright 염색액으로 염색한 모습

그림 23.14 세포성 요소.
백혈구는 매우 다양하며, 모두 감염에 맞서는 방어작용에 관여한다.

적혈구는 두개골, 갈비뼈, 척추, 장골의 끝 등 다수의 뼈 내부에서 계속 만들어진다. **적혈구 생성소**(*erythropoietin, EPO*)는 적혈구 생성을 자극한다. 콩팥은 간에서 만들어진 전구물질과 반응하여 적혈구 생성 호르몬을 내보낸다. 약으로 구입할 수 있는 적혈구 생성소는 빈혈환자에게는 유익하지만, 일부 운동선수들이 기록 향상을 위해 남용하기도 한다.

적혈구는 골수에서 혈액 속으로 들어가기 전에 자체 핵을 잃고 헤모글로빈 합성을 시작한다. 적혈구는 약 120일 동안 생존 후 주로 간과 지라에서 파괴되고, 거대한 대식세포에 의해 먹힌다. 적혈구가 파괴될 때 헤모글로빈이 방출된다. 이때 철은 회수되어 적색 골수로 되돌아가 재활용된다. 헴 등의 다른 분자들은 화학적으로 분해되고 담즙에 있는 담즙색소 형태로 간에서 배설된다. 이러한 담즙색소에 의해 배설물의 색이 달라진다.

백혈구(white blood cell)는 감염에 저항하는 것을 도와준다. 백혈구는 적혈구와 달리 더 크고 핵이 있지만, 헤모글로빈이 부족하고 염색을 하지 않으면 투명하게 보인다. **그림 23.14**는 다양한 형태의 백혈구이다. 일반적으로 백혈구는 염색되는 과립이 없는 경우 연한 청색으로 보인다. 혈액 한 방울 속에는 5,000~11,000개의 백혈구가 존재한다. 성장인자는 백혈구의 생산을 증대시키는 역할을 하며, AIDS 환자처럼 면역력이 떨어진 사람들에게 도움이 된다.

적혈구는 혈액 속에만 한정되어 있는데 반하여, 백혈구는 모세혈관 벽의 세포 사이를 비집고 들어갈 수 있다. 따라서 조직액과 림프, 림프관 등에서 발견된다. 감염이 되면 백혈구의 숫자가 크게 증가한다. 대다수의 백혈구는 병원체와 싸우는 동안 파괴되기 때문에 백혈구 수명은 불과 며칠에 불과하다. 병원체와 싸우지 않는 백혈구는 몇 달 또는 몇 년씩 살아남기도 한다.

상처를 입어 미생물이 몸 안에 들어오면 상처 부위가 붓고, 붉은색을 띠고, 열이 나며, 통증이 생기는 염증반응(*inflammatory response*)이 나타난다. 손상된 조직은 모세혈관을 팽창시키는 키닌과 모세혈관의 투과성을 증대시키는 히스타민을 방출한다. 아메바 모양을 한 **호중구(neutrophil)**라고 부르는 백혈구는 모세혈관 벽을 비집고 나와 조직액 안으로 들어가서 외부 물질을 식균작용을 통해 먹어 치운다. **단핵구(monocyte)**라고 부르는 백혈구는 생성된 뒤 **대식세포(macrophage)**로 변형되는데, 이 세포는 거대한 식균 세포로서 백혈구 성장인자를 방출하고, 따라서 백혈구 숫자가 폭발적으로 증가한다. 두껍고 노란 액체인 고름에는 감염에 대항하여 싸우다 죽은 다량의 백혈구가 들어 있다.

또 다른 종류의 백혈구인 **림프구(lymphocyte)** 역시 병원균과의 전쟁에서 중요한 역할을 한다. T 세포라고 부르는 림프구는 바이러스에 감염된 세포들을 공격한다. B 세포라고 부르는 림프구는 **항체(antibody)**를 만든다. 항체는 자기 몸에 속하지 않은 외부 물질인 **항원(antigen)**에 대항하여 신체를 보호한다. 항원은 대체로 단백질이지만 때로는 다당류인 경우도 있다. 항원은 기생충의 외피 또는 기생충의 독소 안에 존재한다. 항체가 항원과 결합하면 그 복합체가 대식세포의 먹이가 된다. 다량의 B 세포가 모두 특정 감염에 대항하기 위해 필요한 항체를 만들어내면 면역작용이 활발하게 일어난다. 면역반응에서 림프구의 역할은 26장에서 자세히 다룬다.

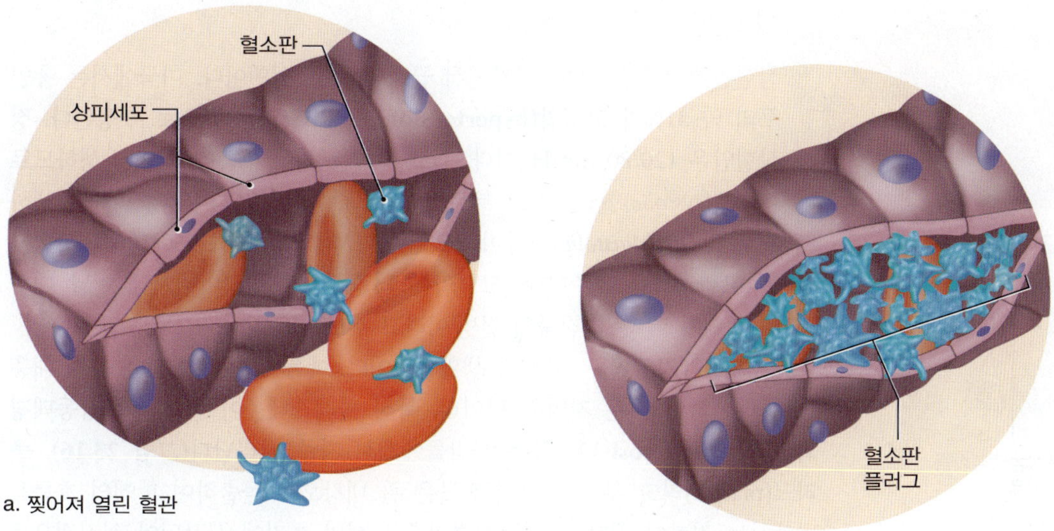

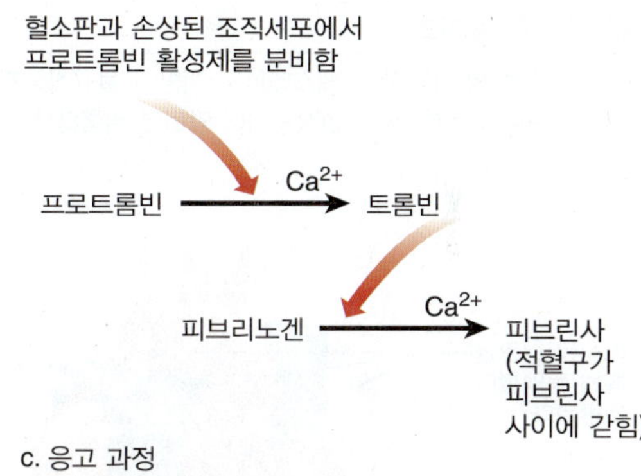

혈소판과 혈액응고

혈소판(platelet, or thrombocyte)은 적색 골수 안에 있는 거대핵세포(megakaryocite)라고 부르는 거대한 세포의 파편조각이다. 혈소판은 매일 2천억 개씩 만들어지며, 혈액 한 방울마다 150,000~300,000개가 들어 있다.

혈소판은 혈액응고에 관여한다. 혈액에는 혈액응고 형성에 참여하는 적어도 12개의 응고인자가 존재한다. 혈우병(*hemophilia*)은 간에서 응고인자 중 하나를 만들지 못하는 유전적인 혈액응고 장애이다. 혈우병 환자는 살짝 부딪히는 부상만으로도 관절에 출혈이 발생할 수 있어 관절 퇴행으로 발전한다. 근육에 출혈이 발생하면 신경파괴와 근육 위축이 발생할 수 있다. 혈우병으로 인한 가장 빈번한 사망 원인은 뇌출혈이다.

혈액응고에 관여하는 두 가지 단백질인 프로트롬빈(*prothrombin*)과 피브리노겐(*fibrinogen*)은 간에서 만들어져 혈액 안에 저장된다. 녹색식물에서 발견되고 장내세균에 의해 만들어지는 비타민 K는 프로트롬빈 생성에 필수적이다. 식생활에 비타민 K가 부족한 경우 출혈성 질환으로 발전할 수 있다.

혈액응고는 일련의 과정을 거쳐 일어난다(**그림 23.15*a*~*c***). 혈관이 손상되면 혈소판이 상처 부위에 모여 일시적으로 누출을 막아주는 플러그(plug)를 형성한다. 혈소판과 손상된 조직들은 프로트롬빈을 트롬빈(*thrombin*)으로 전환시키는 프로트롬빈 활성제라고 부르는 혈액응고인자를 방출한다. 이 반응에 칼슘 이온(Ca^{2+})이 필요하다. 트롬빈은 각 피브리노겐 분자에서 나온 두 개의 짧은 아미노산 연결을 돕는 효소 역할을 한다. 이렇게 활성화된 파편들은 양끝이 연결되어 긴 피브린사(*fibrin thread*)를 형성한다. 피브린사는 혈관의 파괴된 부위에서 혈소판 플러그들을 에워싸 혈전(clot) 구조를 형성한다. 적혈구도 피브린사 안에 포획되어 혈전은 빨갛게 보인다(그림 23.15*d*). 응고 반응이 일어난 뒤 혈소판이 감소하면서 혈전은 더 작아진다. 혈청이라고 부르는 액이 혈전에서 흘러나온다. 피브린 응고물은 단지 일시적으로 존재한다. 혈관이 수선되면 즉시 플라스민이라는 효소가 피브린 그물망 구조를 붕괴시키고 혈장의 유동성을 복원시킨다.

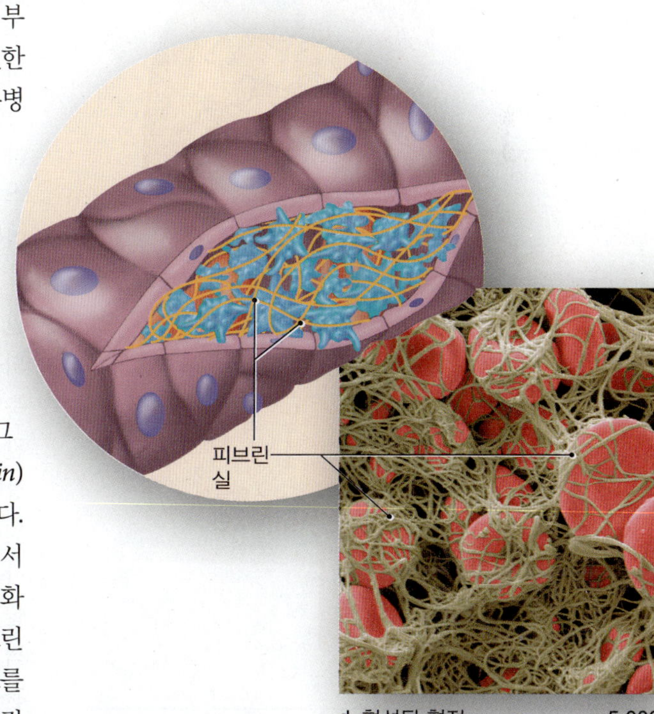

그림 23.15 혈액응고.

a. 모세혈관이 손상되면, 혈액이 새어 나간다. **b.** 혈소판이 응집되어 혈소판 플러그를 형성하여 새는 곳을 임시로 봉합한다. **c.** 혈소판과 손상된 조직 세포에서 활성제를 분비하여 혈액 응고로 이어지는 일련의 반응이 활성화되며, (**d**) 혈액이 응고된다.

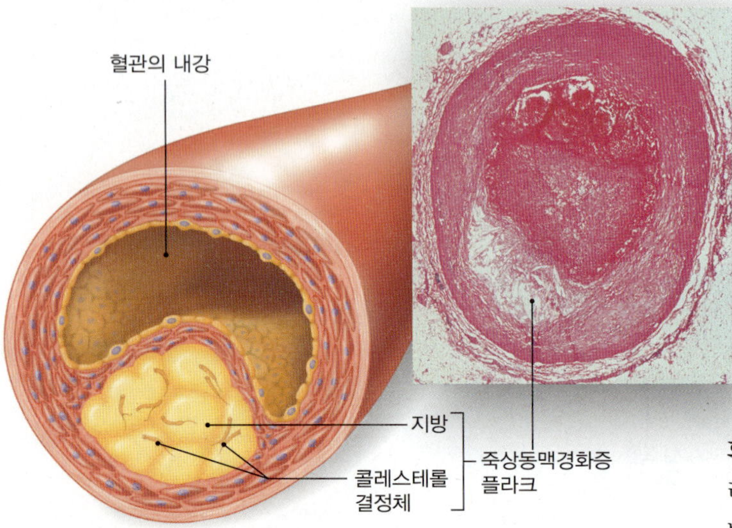

그림 23.16 **플라크.**

플라크는 동맥 벽 내부에 콜레스테롤과 지방이 불규칙하게 축적된 것이며, 혈관을 막는다. 특히 관상동맥이 막히면 위험하다.

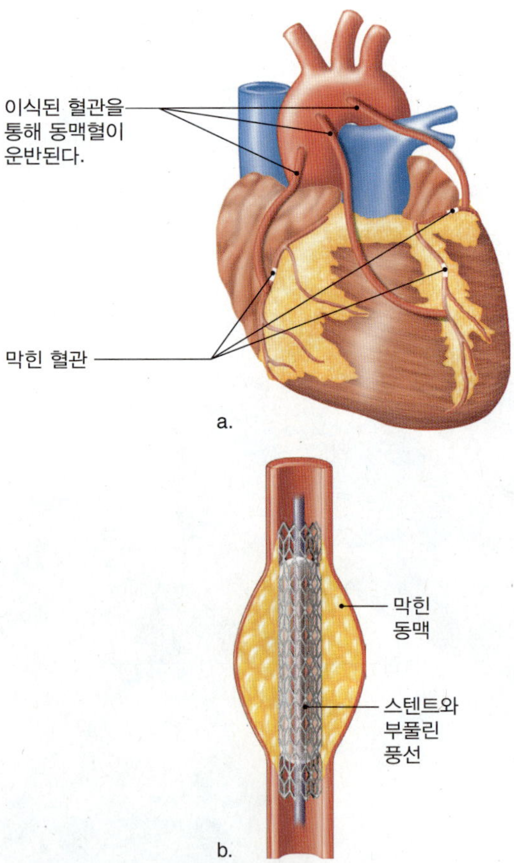

그림 23.17 **막힌 관상동맥의 치료.**

관상동맥 우회법이나, 스텐트 삽입법 등의 많은 심장수술이 로봇을 이용한 수술기법을 이용하여 이루어진다. **a.** 관상동맥 우회법은 혈관(보통 다리의 정맥)을 심장에 연결해 혈액이 막힌 부분을 우회하여 이동할 수 있도록 한다. **b.** 스텐트 삽입법은 카테터를 이용하여 확장될 수 있는 원통 모양의 금속 그물을 관상동맥 안에 넣는다. 이어서 풍선을 부풀리면 스텐트가 확장되어 막힌 동맥이 열리게 된다.

심혈관계 질환

심혈관계 질환은 서양 국가에서 급사의 주요 원인이다. 미국에서는 총인구의 약 31%가 **고혈압(hypertension)**을 앓고 있는 것으로 추정된다. 정상혈압은 120/80 mmHg이다. 최고 수치는 심실 수축에 의해 발생하므로 수축기(*systolic*)혈압이라고 부르고, 최저 수치는 심실 이완에 의해 발생하므로 확장기(*diastolic*)혈압이라고 부른다. 혈압 수치가 160/100을 상회하면 고혈압으로 간주한다. 고혈압은 뇌졸중이나 심장마비가 일어날 때까지 감지가 어려워 '침묵의 질병'이라고 부르기도 한다.

고혈압의 원인은 유전과 생활습관이다. 예를 들어 고혈압은 동맥 내층 아래에 부드러운 지방질 덩어리, 특히 콜레스테롤이 축적된 **죽상동맥경화증(atherosclerosis)**이 있는 사람들에게서 자주 나타난다(**그림 23.16**). 플라크(plaque)라고 부르는 이 침전물은 관 내강으로 돌출하여 혈액의 흐름을 방해하는 경향이 있다. 죽상동맥경화증은 성인 초기에 시작되어 점진적으로 중년까지 발달하지만, 증세는 50세 이상이 될 때까지 나타나지 않을 수도 있다. 죽상동맥경화증의 발병과 발달을 예방하기 위해 미국심장위원회를 비롯한 기관들은 포화지방과 콜레스테롤이 적고 과일과 야채가 풍부한 식단을 권장한다. 흡연, 알코올, 약물 남용, 중독, 비만, 운동 부족 등이 죽상동맥경화증의 원인이 된다.

플라크는 덩어리를 형성하여 비정상적인 동맥 벽을 만든다. 이 덩어리가 비유동적으로 남아 있을 때 그것을 혈전(*thrombus*)이라고 부른다. 그러나 이 덩어리가 떨어져 혈액과 함께 이동하면 색전(*embolus*)이라고 부른다. 혈전색전증(*thromboembolism*)을 치료하지 않으면 심각한 건강상의 문제가 발생할 수 있다. **뇌졸중(stroke)**이라고 부르는 심혈관 질병은 때때로 작은 뇌 소동맥이 터지거나 색전으로 막혔을 때에 발생한다. 산소 부족으로 인해 뇌 일부가 죽어 반신불수나 사망으로 이어질 수 있다. 손이나 안면의 마비, 말하기가 곤란한 증세, 한 쪽 눈 시력의 일시적 마비 등에 의해 뇌졸중을 사전에 감지할 수 있는 경우도 있다. 관상동맥이 혈전색전증으로 완전히 막히면 심장마비가 일어날 수 있다.

관상동맥은 대동맥에서 나온 O_2가 풍부한 혈액을 심장 벽에 있는 모세혈관으로 보내고, 심장정맥은 모세혈관에서 온 O_2가 부족한 혈액을 우심실로 되돌려 보낸다. 관상동맥이 심혈관계 질병으로 인하여 좁아진 경우 흔히 좌측 팔에 방산통이 동반되는 가슴통증인 협심증을 가장 먼저 겪게 될 것이다. 관상동맥이 완전히 막히면 심근의 일부가 산소 결핍으로 죽는다. 이것이 **심장마비(heart attack)**이다. 이런 막힌 곳을 시정하거나 혈액 흐름을 촉진하기 위해 두 가지 외과적 처치가 빈번하게 시행되고 있다. 심장동맥우회수술은 다른 신체 부분의 혈관 일부를 대동맥에서 관상동맥으로 봉합하여 막힌 부위를 우회하도록 하는 방법이다(**그림 23.17*a***). 이렇게 하면 혈액이 다시 정상적으로 대동맥에서 심장의 벽으로 흐르게 된다. 풍선혈관성형술은 플라스틱관을 동맥을 통해 막힌 곳에 삽입하고, 관 끝에 달린 풍선을 팽창시켜 막힌 곳을 뚫는다. 혈관을 계속 열린 상태로 유지하기 위해 흔히 스텐트를 사용한다(그림 23.17*b*).

> **23.3** 개념 연결하기
> 혈액은 항상성을 유지하는 데 필수적이다.

진도 점검하기 23.3

1. 혈액의 주요 구성성분들의 기능을 서술하시오.
2. 여러 종류의 백혈구를 비교, 대조하시오.
3. 심혈관계 질환과 가능한 치료 방법에 대해 자세히 설명하시오.

요약

23.1 개방순환계와 폐쇄순환계

- 어떤 무척추동물들은 수송계가 없이 몸을 구성하는 각 세포가 분자를 외부 환경과 교환한다.
- 어떤 무척추동물들은 **심장(heart)**을 사용하는 수송계로 혈액을 운반한다.
- **개방순환계(open circulatory system)**에서 **혈액낭(hemocoel)**이라는 액체는 혈관 안에 있는 것이 아니라 **부비강(sinuses)**이라는 곳에 위치한다.
- **폐쇄순환계(closed circulatory system)**인 **심혈관계(cardiovascular system)**에서는 혈액이 혈관 안에 머무른다.

척추동물의 순환경로 비교

- 어류는 한 개씩의 심방과 심실을 갖춘 심장으로 혈액을 아가미로만 보내는 단일순환경로를 가진다.
- 다른 척추동물의 심혈관계는 혈액을 폐로 이동시키는 **폐순환(pulmonary circuit)**과 혈액을 조직으로 이동시키는 **체순환(systemic circuit)**으로 구성된다. 양서류는 두 개의 심방과 하나의 심실을 가진다. 악어와 조류, 사람을 포함한 포유동물은 두 개씩의 심방과 심실을 갖춘 심장을 가지고 있으며, 여기에서 O_2가 풍부한 혈액과 O_2가 부족한 혈액은 항상 분리되어 있다.

23.2 인체에서의 수송

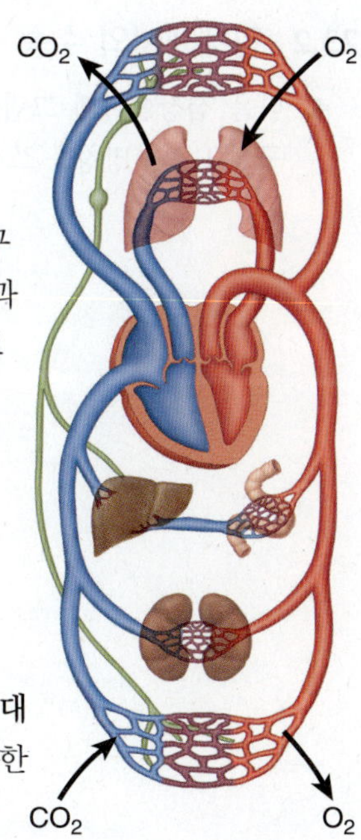

심혈관계는 심장과 혈관으로 구성된다.

사람의 심장

심장은 **격막(septum)**에 의해 좌와 우로 구분되며, 각각 혈액을 받는 **심방(atrium)**과 혈액을 내보내는 **심실(ventricle)**을 갖추고 있다. **방실판막(atrioventricular valve)**과 **반달판막(semilunar valve)**은 혈액이 정해진 방향으로만 이동하도록 한다. **동맥(artery)**은 심장 밖으로 혈액을 내보내고 **정맥(vein)**은 심장 쪽으로 혈액을 이동시킨다.

- **심장의 우측:** 우심방은 조직으로부터 **대정맥(vena cavae)**을 통해 O_2가 부족한 혈액을 받는다. 심실은 이 혈액을 **폐동맥(pulmonary artery)**을 통해 폐로 보낸다.
- **심장의 좌측:** 좌심방은 **폐정맥(pulmonary vein)**을 통해 폐로부터 O_2가 풍부한 혈액을 받는다. 심실은 이 혈액을 **대동맥(aorta)**을 통해 조직으로 보낸다.
- **심장박동:** 심장박동은 **심장주기(cardiac cycle)**라고도 하며, 일련의 **수축기(systole)**와 **이완기(diastole)**로 이루어진다. 먼저 심방이 수축하고 그 후 심실이 수축한다. 두근거리는 심장소리(럽-덥)는 판막이 닫힐 때 나는 소리이다. **맥박(pulse)**은 혈관으로 혈액이 이동하면서 생긴다.
- **동방결절:** **동방결절(sinoatrial node, SA node,** 박동원)은 두 개의 심방을 수축시킨다. 동방결절은 방실결절을 자극하기도 한다.
- **방실결절:** **방실결절(atrioventricular node, AV node)**은 두 개의 심실을 수축시킨다.
- **심전도(electrocardiogram, ECG)**를 이용하여 동방결절과 방실결절의 활동을 측정한다.

혈관

두꺼운 벽을 갖춘 동맥은 심장에서 **소동맥(arteriole)**으로 혈액을 보내고, 소동맥은 혈액을 다시 상피세포로만 구성된 벽을 가진 **모세혈관(capillary)**으로 보낸다. **소정맥(venule)**은 모세혈관에서 혈액을 받고 합쳐져 동맥보다 얇은 벽을 가진 **정맥(vein)**이 된다.

- 동맥에서 혈액의 흐름은 심장박동으로 생긴 혈압으로 인해 이루어진다.
- 정맥에서 혈액의 흐름은 주로 골격근의 수축에 의해 이루어진다. 정맥에는 역류를 방지하기 위한 판막이 있다.

혈액의 두 가지 순환 방식

- 폐순환에서는 혈액이 폐로 가고 폐에서 나온다.
- 체순환에서는 혈액이 신체 조직을 따라 이동한다. **문맥계(portal system)**는 모세혈관에서 시작하여 모세혈관에서 끝난다.

림프계

림프계(lymphatic system)는 림프관과 림프기관들로 구성된 단일방향 순환이다. 림프관은 소화관에서 지방을 받고 모세혈관에서 과다한 조직액(림프)을 받아, 어깨 아래에 있는 심혈관 정맥인 쇄골하정맥으로 운반한다.

모세혈관의 물질교환

조직에 있는 모세혈관에서의 교환을 통해 내부 환경이 일정하게 유지된다. 혈액이 모세혈관에 도달하면,

- 물이 혈압에 의해 동맥 쪽 끝에서 밖으로 이동한다.
- 물이 삼투압에 의해 정맥 쪽 끝에서 안으로 이동한다.
- 동맥과 정맥 사이에 있는 모세혈관에서 양분은 밖으로 확산되어 나가고 물은 확산해서 안으로 들어온다.
- 주변의 림프 모세혈관은 과다한 조직액을 유입하고 심혈관 정맥으로 조직액을 되돌린다.

23.3 혈액: 수송 수단

혈액(blood)은 혈장과 세포성 요소의 두 가지 주요 요소를 가진다.

혈장

혈장(plasma)은 대부분 물(90~92%)과 단백질(7~8%)이지만 영양분, 노폐물, 염분 등도 함유한다.

- 단백질과 염분은 혈액의 완충역할을 하고 혈액의 삼투압을 유지한다.
- 단백질은 또한 혈액응고나 분자수송과 같은 특수한 기능을 가지고 있다.

세포성 요소

- **세포성 요소(formed elements)**는 적혈구, 백혈구, 혈소판으로 구성된다.
- 적혈구에는 **헤모글로빈(hemoglobin)**이 들어 있고 산소를 운반하는 역할을 수행한다.
- 백혈구는 병원균에 대항하여 방어한다.

호중구(neutrophil), **단핵구(monocyte)** 그리고 **대식세포(macrophage)**는 식균세포이다.

- 림프구는 질병에 대한 특정 면역력 향상에 관여한다. B 세포는 **항체(antibody)**를 생산하여 **항원(antigen)**에 대응한다. T 세포는 감염된 세포를 공격한다. 호중구와 단핵구는 식균작용을 하며, 특히 염증반응에 관여한다.
- **혈소판(platelet)**과 혈장 단백질(프로트롬빈과 피브리노겐)은 혈액 응고에 관여한다.

심혈관계 질환

고혈압(hypertension)과 **죽상동맥경화증(athersclerosis)**에 의해 **심장마비(heart attack)**와 **뇌졸중(stroke)**이 일어날 수 있다. 심장을 튼튼하게 하는 식사를 하고, 정기적으로 운동을 하고, 적당한 체중을 유지하고, 금연을 하면 이를 예방할 수 있다.

개념 연결하기

심혈관계는 신체의 세포로 산소와 양분을 운송하는 데에 필수적이며, 적절한 기능을 유지하기 위하여 조절되고 있다.

23.1 개방순환계와 폐쇄순환계 모두 외부 환경과 물질을 교환한다.

23.2 사람의 순환계는 온몸으로 혈액을 운반한다.

23.3 혈액은 항상성을 유지하는 데 필수적이다.

순환계의 기능에 대한 정보가 더 필요하면 다음 논의를 참조하시오.

19.1절 동물 진화의 주요 경향성.

24.3절 소장에서 간으로 혈액과 양분을 운반하는 간문맥계.

26.2절 혈액 구성성분이 염증 반응에 관여하는 방식.

혼자 풀어보기

가장 적절한 답을 고르시오.

23.1 개방순환계와 폐쇄순환계

1. 개방순환계를 가진 곤충에서 산소는 무엇에 의해 세포로 전달되는가?
   a. 혈액 **b.** 혈림프
   c. 호흡관 **d.** 모세혈관
2. 혈액을 조직으로 보내고 조직에서 받는 순환회로는 무엇인가?
   a. 체순환회로 **b.** 폐순환회로
   c. 관상순환회로 **d.** 심방순환회로
3. 다음 중 폐순환계를 지니고 있지 않은 것은?
   a. 양서류 **b.** 파충류
   c. 포유류 **d.** 어류

23.2 인체에서의 수송

4. 다음 심장혈관계 그림에서 각 구성요소의 명칭을 쓰시오.

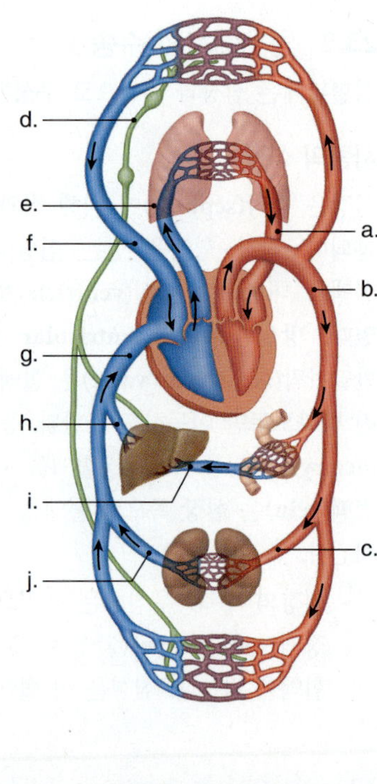

5. 다음 중 옳은 것은?
   a. 동맥은 심장 밖으로 혈액을 나르고, 정맥은 심장으로 혈액을 운반한다.
   b. 동맥은 심장으로 혈액을 운반하고, 정맥은 심장 밖으로 혈액을 나른다.
   c. 동맥은 O_2가 풍부한 혈액을 운반하고, 정맥은 O_2가 부족한 혈액을 운반한다.
   d. 동맥은 O_2가 부족한 혈액을 운반하고, 정맥은 O_2가 풍부한 혈액을 운반한다.
6. 다음의 심장 그림에서 각 부위의 명칭을 쓰시오.

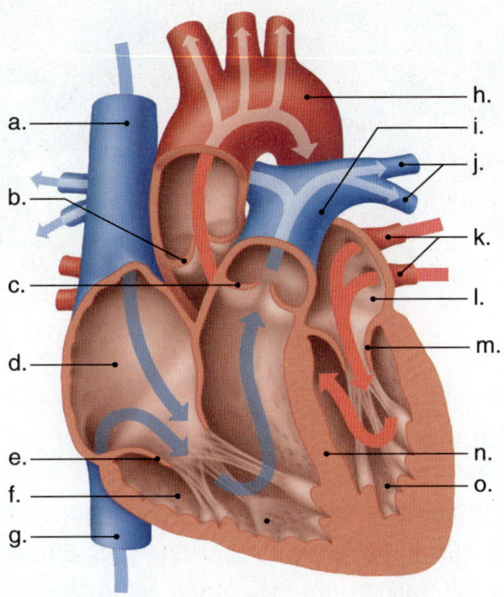

7. 다음 중 심장주기의 사건을 올바른 순서로 배열한 것은?
   a. 심방의 수축, 휴지기, 심실의 수축
   b. 심실의 수축, 휴지기, 심방의 수축
   c. 심방의 수축, 심실의 수축, 휴지기
   d. 심실의 수축, 심방의 수축, 휴지기
8. 심전도가 측정하는 것은?
   a. 뇌와 심장의 화학적 신호
   b. 뇌와 심장에서 일어나는 전기적 활동
   c. 심장의 화학적 신호
   d. 심장 벽의 전기적 변화
9. 모세혈관에서 물이 정맥 쪽 끝부분으로 들어가는 이유는?
   a. 혈압보다 높은 삼투압 때문이다.
   b. 삼투압 기울기 때문이다.
   c. 정맥 쪽의 혈압이 더 높기 때문이다.
   d. 동맥 쪽의 혈압이 더 높기 때문이다.
   e. 정맥 쪽의 적혈구 농도가 더 높기 때문이다.
10. 림프는 무엇으로부터 형성되는가?
   a. 손상된 조직　　b. 적혈구
   c. 과다한 조직액　　d. 백혈구

23.3 혈액: 수송 수단

11. 다음 중 잘못 짝지은 것은?
   a. 백혈구—감염에 대항
   b. 적혈구—혈액응고
   c. 혈장—물, 영양분, 노폐물
   d. 적혈구—헤모글로빈
   e. 혈소판—혈액응고
12. 혈장은
   a. 대부분 단백질로 이루어져 있다.
   b. pH 12 정도이다.
   c. 혈액의 액체성분이다.
   d. 10% 정도는 물이다.
13. 림프구가 감소되면 무엇과 관련된 문제가 나타나게 될 것인가?
   a. 응고　　b. 면역
   c. 산소 운반　　d. 모두 옳음
14. 혈관에 플라크가 축적되는 특성을 보이는 상태는 무엇인가?
   a. 고혈압　　b. 죽상동맥경화증
   c. 뇌졸중　　d. 심장마비
15. 다음 중 혈액응고와 관련이 없는 것은 무엇인가?
   a. 칼슘 이온　　b. 림프구
   c. 혈소판　　d. 프로트롬빈과 피브리노겐

과학적으로 생각하기

1. 당신의 심장이 1분에 70번씩 뛰고, 1분마다 심장이 5.25리터의 혈액을 온몸으로 내보낸다고 가정해보자. 현재의 나이를 기준으로 지금까지 심장은 몇 회 박동했는가? 그리고 심장은 얼마나 많은 혈액을 펌프작용을 통해 내보냈는가?
2. 네 개의 방을 가진 심장의 진화가 조류나 포유류가 온혈동물(내온동물)로 생활하는 데 결정적인 역할을 하는 이유를 설명하시오.
3. 높은 고도에서 훈련한 운동선수가 얻는 이점을 생리학적으로 설명하시오.
4. 심장혈관계는 구조가 기능과 밀접한 관련을 갖는다는 개념을 설명하기에 훌륭한 예이다. 혈관마다 특별한 역할을 가진다. 각 혈관의 물리적 특징은 기능을 수행하는 데 중요하다. 좌심실과 우심실의 벽에 있는 근육은 두께가 다르다. 기관의 구조가 손상되거나 동맥에 죽상동맥경화가 일어나는 것처럼 변형이 일어나면, 기관은 역할을 다하지 못하게 된다. 혈압과 같은 항상성도 영향을 받는다. 식이요법과 생활습관을 바꾸면 심장혈관계 손상을 막을 수 있다.
   a. 고혈압은 장기간으로 볼 때, 심장에 어떤 영향을 주는가? 다른 기관계에는 어떤 영향을 주는가?
   b. 고혈압과 동맥경화가 동시에 일어나면 특히 위험한 이유는 무엇인가?

24

유지관리계

개 요

시작하기 전에

이 장을 시작하기 전에 다음 내용을 다시 살펴보자.

5.4절 막을 통한 기체 확산에 영향을 주는 것은 무엇인가?

22.1절 조직의 4가지 유형은 무엇이며, 각각의 일반적인 기능은 무엇인가?

22.3절 음성피드백은 항상성 유지에 어떻게 도움이 되는가?

호흡이 곤란할 때

천식은 기도가 수축하고 염증이 생겨 호흡곤란을 일으키는 질병이다. 증세는 쌕쌕거리거나 숨이 짧고, 기침을 자주 하며(주로 밤에). 특히 운동할 때 몸이 매우 지치거나 힘이 없다고 느낀다. 미국에서 3,400만 명이 넘는 아이와 성인이 천식을 앓고 있으며, 점점 증가하고 있다. 전문가들은 이에 대한 다양한 설명을 내놓고 있다. 한 가지 가설은 우리가 어릴 때 흔한 세균이나 바이러스 및 기생충에 충분하게 노출되지 않는다는 점에서 "지나치게 청결"한 것이 아닌가 하는 것이다. 그 결과 면역계는 우리가 흡입한 해롭지 않은 물질에도 반응할 수 있다. 유해한 형태의 대기 오염물이 많이 있지만, 디젤 엔진에서 고농도로 만들어지는 아주 작은 "초미세" 먼지(직경 0.1 μm 미만)에 대한 우려가 높아지고 있다. 이 먼지들은 상기도의 정상적인 방어벽을 통과하여 폐 깊숙이 들어가 치명적인 영향을 준다.

최근에 천식 연구에 대한 비약적 성과가 이루어졌다. 환경요인에 더해 천식 감수성을 높이는 많은 유전자가 밝혀졌다. 예를 들어, 5번 염색체에 있는 한 벌의 유전자는 천식과 연관되어 있으며 체내 염증반응과도 연계되어 있다(26장). 염증은 기도를 수축시키고 폐로 가는 액체의 흐름을 증가시킨다. 또한 17번 염색체에 있는 유전자가 변이되면 특히 호흡기 바이러스에 노출된 사람의 천식 감수성이 높아진다. 아직은 천식을 치료할 수 없지만, 이들 유전자의 규명이 천식 환자들에게 희망을 갖게 한다.

이 장을 공부하는 동안 다음 질문에 대해 생각해보자.

1. 기도가 좁아지고 부풀어 오르면 호흡량에 어떤 영향을 주는가?
2. 천식은 신체의 다른 기관계에 간접적으로 어떤 영향을 주는가?

24.1 호흡계

학습 목표

이 절을 학습한 후에는 다음 과제를 수행할 수 있어야 한다.

1. 동물 호흡의 3가지 주요 단계를 나열하기.
2. 상기도와 하기도의 구성요소를 나열하기.
3. 흡기와 호기를 비교하기.
4. 사람, 곤충, 어류의 호흡과정의 차이를 비교하기.
5. 산소와 이산화탄소가 혈액을 통해 전달되는 방법에 대해 설명하기.

우리 몸의 세포는 조직액에 잠겨 있다. 세포는 조직액과 교환을 통해 산소와 영양분을 얻고 이산화탄소와 기타 노폐물을 제거한다. 또한 조직액은 혈액과도 동일한 교환을 한다. 호흡계, 비뇨계 및 소화계가 외부환경과 교환하기 때문에 혈액은 언제나 신선한 상태를 유지할 수 있다. 오직 이 방식에 의해서만 혈액이 노폐물을 제거하고 세포에 필요한 산소와 영양분을 공급받을 수 있다. **그림 24.1**은 혈액이 호흡계인 폐에서 이산화탄소를 버리고 산소를 받는 것을 나타낸다. 이산화탄소는 호기 때 체외로 배출되고, 흡기 때 얻은 산소가 신체의 세포로 운반된다. 이런 방식으로 환기라고도 하는 **호흡(respiration)**이 항상성에 기여한다. 육상척추동물(사람 포함)의 호흡에는 다음 과정이 필요하다.

1. 숨쉬기: 흡기(폐로 공기가 들어옴)와 호기(폐에서 공기가 배출됨)
2. 폐 내부에서 공기와 혈액 사이의 외부 기체교환
3. 혈액과 조직액 사이의 내부 기체교환 및 체세포와 조직액 사이의 기체교환

동물의 특정 기체교환 표면이나 기체가 세포로 전달되는 방식과 상관없이 결국 산소는 미토콘드리아로 들어가고 이곳에서 호기성 세포호흡이 일어난다. 산소가 체세포로 운반되지 못하면 ATP가 생성되지 않아 생명체는 죽게 된다. 세포에서 배출된 노폐물인 이산화탄소는 세포호흡의 부산물이다.

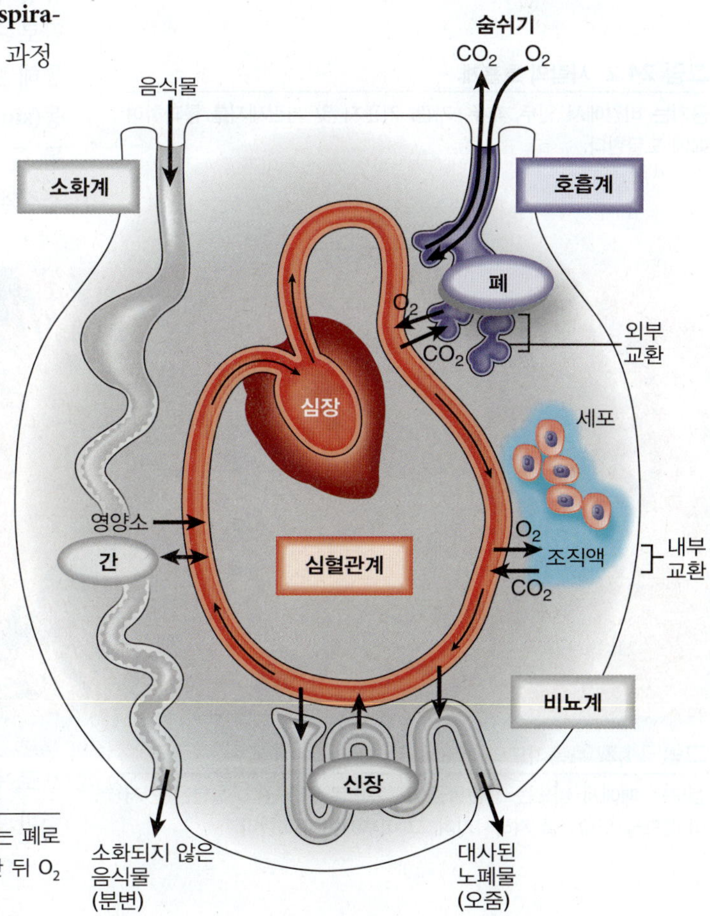

그림 24.1 내부 환경을 일정하게 유지하기.

호흡계의 기능은 기체교환이다. CO_2가 풍부한 혈액이 폐모세혈관으로 들어간 뒤 CO_2는 폐로 확산되고 기도를 통해 체외로 배출된다. O_2가 풍부한 공기가 기도를 통해 폐로 들어간 뒤 O_2가 폐모세혈관의 혈액으로 확산된다.

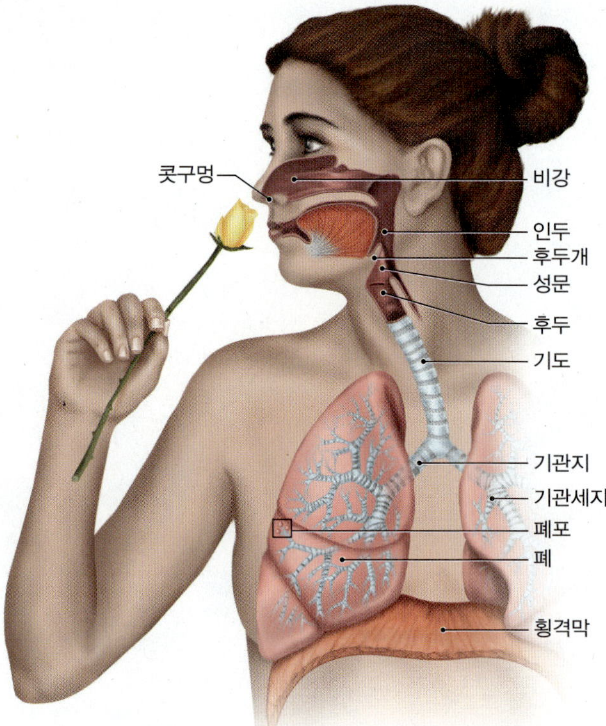

그림 24.2 사람의 호흡계.

공기는 비강에서 인두, 후두, 기관, 기관지 및 기관세지를 통과하여 폐에 도달한다.

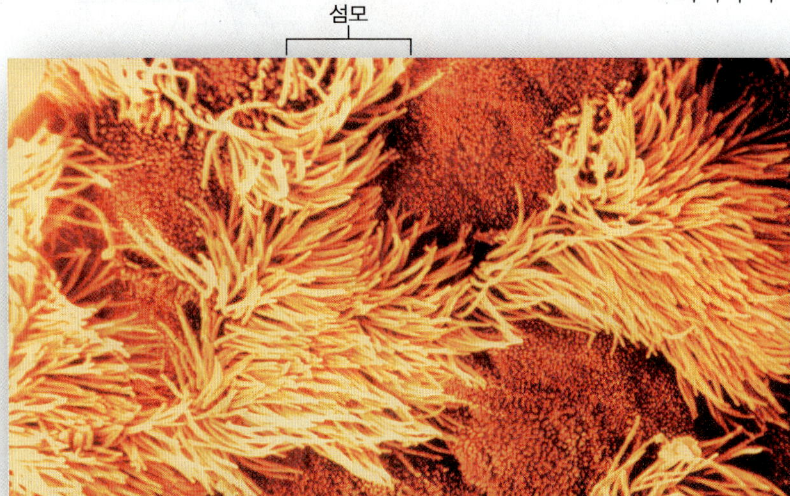

그림 24.3 호흡기도의 섬모세포.

섬모는 폐에서 나오는 불순물을 목 쪽으로 끌어낸다. 흡연은 먼저 이 섬모들의 활성을 저하시키며, 그 이후에는 파괴한다.

사람의 기도

사람의 호흡계는 **폐(lung, 허파)**로 끊임없이 들어오고 나가는 공기를 전도하는 모든 구조를 포함한다(**그림 24.2**). 공기는 기도를 통과하면서 여과되어 불순물이 제거되고 따뜻해지며, 습기를 머금게 된다. 폐에 도달한 공기는 체온과 비슷해지고 습기가 포화된다. 코에서는 코털과 섬모가 걸러내는 작용을 한다. 기도에서는 섬모가 위쪽으로 물결치듯 움직이면서(**그림 24.3**) 점액 및 목으로 넘어온 먼지 등의 공기 속 입자들을 목으로 보내어 삼키거나 뱉어낼 수 있도록 한다. 흡연은 섬모의 활동을 저하시키고 결국은 파괴하며, 따라서 폐에 파편과 매연이 차게 된다. 이것이 다양한 폐질환으로 가는 첫 번째 단계이다.

공기가 기도 밖으로 나갈 때는 냉각되며 습기를 잃는다. 공기가 냉각되면서 공기 중의 습기가 기도 내벽에 쌓이며, 이러한 응축현상으로 인해 콧물이 흐를 수도 있다. 하지만 공기는 여전히 많은 습기를 머금고 있기 때문에 추운 날 숨을 내쉬면 콧김이 만들어진다.

상기도

상기도는 비강, 인두 및 후두로 구성된다(그림 24.2 참조). 코는 호흡계에서 유일하게 외부에 노출된 부분이다. 코에 있는 **비강(nasal cavity)**은 뼈와 연골로 구성된 격벽으로 나누어진 좁은 관이다. 눈에서 분비된 눈물이 누관을 통해 비강으로 들어간다. 이런 이유로 울면 콧물을 흘리게 된다. 비강은 **부비동(sinus)**과 연결되어 있다. 공기가 차 있는 공간인 부비동은 두개골의 무게를 줄이고 소리를 울리게 하는 방이다. 부비동과 연결된 관에 염증이 생기면 조직액이 축적되어 두통이 나타날 수 있다. 비강은 구개(입천장)에 의해 구강과 분리되어 있다. 구개는 두 부분으로 이루어져 있다. 앞쪽은 단단한 뼈가 지탱하는 경구개이고 뒤쪽은 연조직과 근육으로 구성된 연구개이다.

인두(pharynx)는 깔때기 모양의 통로이며, 비강과 입을 **후두(larynx)**나 성대에 연결한다. 편도는 입과 인두의 접합 부위에서 고리 형태의 보호용 림프조직을 형성한다. 편도에 염증이 생겨 비대해지면 편도선염(*tonsillitis*)이 발생한다. 편도선염이 자주 발생하고 편도선 비대로 인해 호흡이 곤란해지면 편도선절제술(tonsillectomy)을 통해 편도선을 제거할 수 있다. 인두에서 공기 통로와 음식물 통로가 교차하며, 공기 통로인 후두가 음식물 통로인 식도의 앞쪽에 있다. 이러한 배열은 음식물이 어쩌다 기도로 들어갈 경우 숨이 막힐 위험이 있어서 비효율적으로 보이지만, 코가 막힐 경우 입으로 숨을 쉴 수 있는 장점이 있다. 게다가 기체교환이 훨씬 많이 필요한 격렬한 운동을 할 때는 공기를 더 많이 받아들일 수 있다. 음식물을 삼킬 때는 탄력연골 덮개인 후두개(epiglottis)가 후두 입구인 성문(glottis)을 덮어서 음식물로 인한 질식을 막아준다.

인두를 지난 공기는 **성문(glottis)**을 지난다. 후두는 연골 복합체로 형성되어 항상 열려 있으며, 연골중 하나가 후두융기(Adam's apple)를 형성한다. 점막으로 싸여 있는 성문 끝에는 **성대(vocal cord)**가 있다. 이 유연한 밴드 모양의 결합조직이 후두에서 성문을 통해 공기가 빠져나갈 때 진동하여 소리를 만든다. **후두염**(*laryngitis*)은 후두의 감염증이며, 목이 쉬어 소리를 제대로 내지 못하게 된다.

하기도

하기도는 기관, 기관지 및 기관세지로 구성된 호흡가지(respiratory tree)이다(그림 24.2 참조). **기관(trachea)**은 후두와 기관지를 연결하는 관이다. 목 뒤쪽에서는 기관이 완전히 붙지 않은 일련의 C자형의 연골성 고리들로 연결되어 있다. 이러한 배열로 인해 기관 바로 뒤쪽에 있는 식도를 따라 음식물이 지나갈 때 연골성 고리가 식도의 외부 조직에 손상을 주지 않는다. 기도는 두 개의 **기관지(bronchi)**로 갈라져 좌우측 폐로 들어간다. 기관지의 감염을 **기관지염**(*bronchitis*)이라고 한다. 기관지염이 심해지면 마른기침이 점액과 가래를 동반하는 심한 기침으로 바뀌게 된다. 흡연자의 심한 기침은 기관지염을 앓고 있거나 기도가 자극을 받았음을 나타낸다. 담배를 끊으면 이러한 증세가 사라지고 기도는 다시 건강해진다. 만성 기관지염은 흡연으로 인해 폐기종이나 폐암으로 가는 두 번째 단계이다. 폐암은 흔히 기관지에서 시작되어 폐로 퍼질 수 있다.

기관지는 계속 갈라져 많은 수의 **기관세지(bronchiole)**가 된다. 두 개의 기관지는 기관과 구조적으로 비슷하지만, 거듭하여 갈라지면서 벽이 점점 더 얇아지고 연골성 고리는 사라지며 평활근의 양이 증가한다. 천식(*asthma*) 환자는 기관세지의 평활근이 수축하여 쌕쌕거리는 특징을 보인다(24장 여는 글 참조). 각각의 기관세지는 수많은 작은 공기주머니인 **폐포(alveoli**, sing., alveolus)에 이어져 있으며, 이것이 폐를 구성한다(그림 24.8 참조).

곤충의 호흡 사람은 기관이 한 개지만 곤충은 여러 개이며, 키틴질 고리로 지탱되는 작은 공기 관이 몸 전체에 갈라져 있다(**그림 24.4**). 기관계(tracheal system)는 곤충의 체벽에 뚫려 있는 기문(spiracle)에서 시작되고 매우 가늘고 체액이 가득 찬 세관(tubule)에서 끝난다. 세관은 세포막이 구불구불해서 미토콘드리아가 가까이 놓일 수 있다. 환기는 공기의 유입을 도와주는 기낭의 도움을 받는다. 모든 세포가 기체교환 장소에서 가까운 곳에 있으므로 혈류로 산소를 운반하지 않으며 산소를 운반하는 색소도 필요하지 않다.

연관: 건강

감기에 걸리면 왜 콧물이 나오는가?

코 내부를 덮고 있는 점액층의 기능 중 하나는 폐로 들어가는 공기를 점액을 이용하여 따뜻하게 만드는 것이다. 코의 내부 조직에는 혈관이 많이 분포되어 있으며, 점액과 함께 혈액순환이 코 속의 찬 공기를 덥혀서 폐에 도달할 때에는 체온과 비슷하게 만들어준다. 이로 인해 체내 온도를 심하게 변화시키지 않아서 항상성에 나쁜 영향을 주지 않도록 한다.

그림 24.4 곤충의 기관.
곤충의 몸 전체에 공기관이 퍼져 있어 산소를 세포로 공급한다. 공기는 기문을 통해 기관으로 들어간다. 이곳에서 공기는 작은 관을 따라 세포로 이동하여 기체교환이 일어난다. **a.** 기관의 구성. **b.** 기관벽이 띠 모양의 키틴질로 견고하게 만들어진 것을 보여주는 현미경 사진.

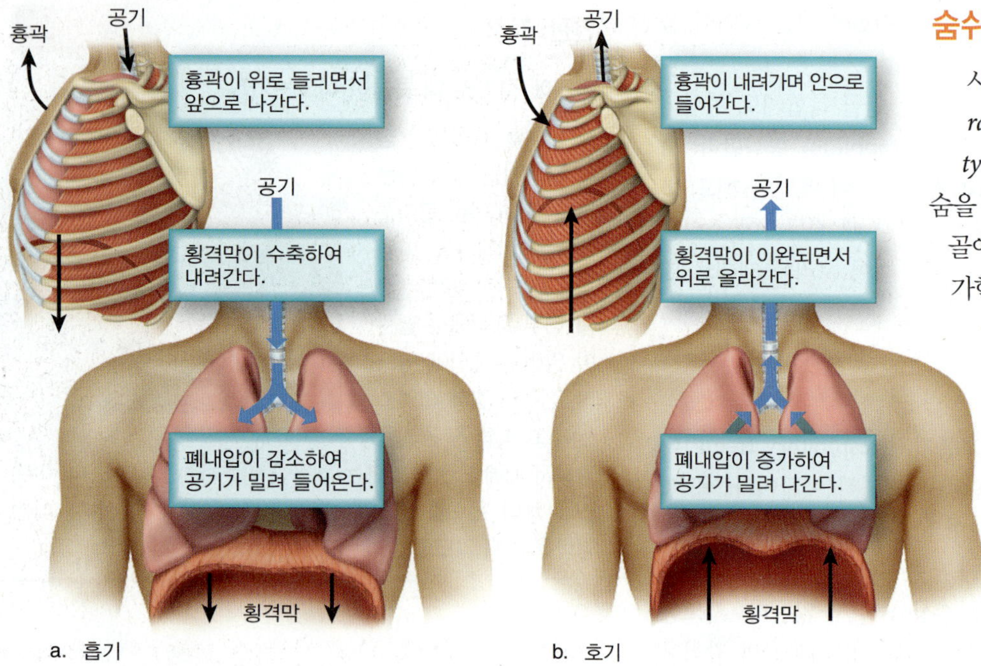

그림 24.5 **흡기와 호기의 비교.**

a. 흡기 중에는 흉강과 폐가 팽창하여 공기가 빨려 들어온다. **b.** 호기 중에는 흉강과 폐가 원래의 위치와 압력으로 되돌아가 공기가 밖으로 밀려나간다.

숨쉬기

사람의 **횡격막(diaphragm)**은 위쪽의 흉강(*thoracic cavity*)과 아래쪽의 복강(*abdominal cavity*)을 나누는 근육성 막으로 구성된 칸막이다. 숨을 쉴 때 근육이 수축하여 횡격막이 내려가고 늑골이 올라가며, 이에 따라 흉강과 폐의 부피가 증가한다(**그림 24.5**). 이로 인해 흉강과 폐에 음압이 발생하여 공기가 폐로 들어오게 되며, 이 과정을 **흡기(inspiration)**라고 한다. 폐가 이미 열려 있기 때문에 공기가 들어오는 것이며, 공기가 폐를 열리게 하는 것이 아니라는 사실이 매우 중요하다. 늑골과 횡격막의 근육이 이완하면 폐가 원래대로 돌아가 폐의 압력이 증가하여 공기가 빠져나가며, 이 과정을 **호기(expiration)**라고 한다.

포유동물과 대부분의 파충류는 공기가 같은 경로로 들어오고 나가기 때문에 산소 농도가 낮은 일부 공기가 폐 속에 항상 남아 있게 된다. 이와는 달리 조류(새)는 단방향 환기 기작을 이용한다(**그림 24.6**). 흡입된 공기는 기관을 통해 폐를 지나쳐 복기낭(abdominal air sac)으로 들어가며, 그 후 폐를 거쳐 흉기낭(thoracic air sac)으로 들어간다. 조류의 경우 신선한 공기는 폐에서 사용된 공기와 절대 섞이지 않으며, 따라서 기체교환 효율이 매우 높다.

사람의 경우, 혈중 수소 이온(H^+)과 이산화탄소(CO_2)의 농도 증가는 호흡률을 증가시키는 중요한 자극이다. 대동맥, 동맥 및 총경동맥 벽에는 **대동맥소체(aortic body)**와 **경동맥소체(carotid body)**라는 화학수용기가 있어서 혈액의 화학성분을 감지한다. 이들 수용기는 H^+과 CO_2 농도 변화에는 매우 민감하지만 낮은 산소 농도에는 민감하지 않다. 호흡의 필요성은 혈액 속 산소 부족이 아니라 CO_2의 증가에 의해 나타나는 것이다. H^+과 CO_2 농도가 증가하면 이 정보가 화학수용기에서 뇌의 **호흡중추**(*breathing center*)로 전달되어 호흡률이 높아진다(**그림 24.7**). 호흡중추는 또한 산소의 양을 비롯하여 혈액 내 화학성분에 직접 반응하기도 한다.

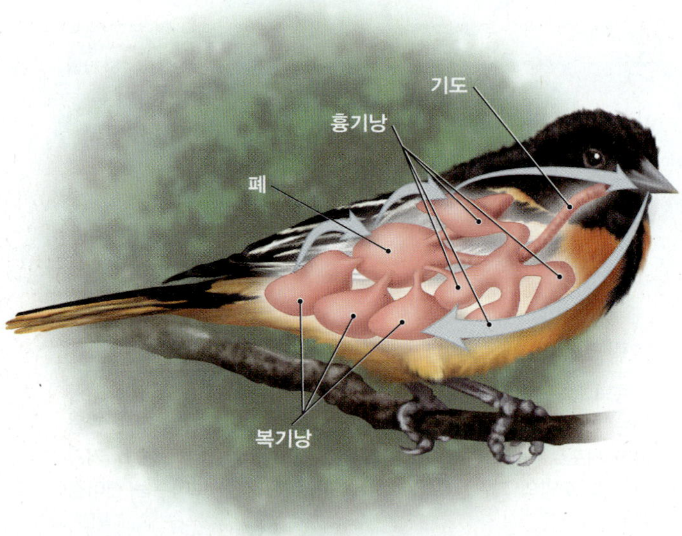

그림 24.6 **조류의 호흡.**

조류에서는 공기의 흐름 경로가 사람의 것과 다르다. 숨을 들이쉴 때 (1) 공기 대부분은 복기낭으로 들어간 뒤 (2) 폐로 들어간다. 숨을 내쉴 때는 (3) 공기가 폐를 거쳐 흉기낭으로 이동한 후 (4) 배출된다. 이러한 공기의 단방향 흐름으로 인해 숨을 쉴 때마다 훨씬 많은 신선한 공기가 폐 속에 있게 되며, 따라서 더 많은 산소를 받아들일 수 있다.

폐와 외부의 기체교환

사람과 포유류의 폐는 양서류나 파충류에 비해 훨씬 정교하게 분지되어 있다. 개구리나 도롱뇽은 축축한 피부를 가지고 있어서 폐 이외에 체표면도 기체교환에 이용한다. 사람 폐의 총 표면적은 폐포가 있어서 피부 표면적의 최소 50배에 이를 것으로 추정된다.

폐포(**그림 24.8**)도 자신을 둘러싸고 있는 모세혈관처럼 편평상피세포로 구성된다. 폐포와 모세혈관 사이의 기체교환은 확산에 의해서만 이루어진다. 폐정맥에 풍부한 CO_2는 폐모세혈관에서 폐포로, 폐에 풍부한 산소는 폐포에서 폐모세혈관으로 확산된다. 확산이 일어나려면 기체교환 면적이 클 뿐만 아니라, 촉촉하며 얇아야 한다. 폐포는 물의 표면장력을 낮춰주는 계면활성제 역할을 하는 지질단백질의 막으로 덮여 있어서 호기 때 폐포가 들러붙지 않도록 한다. 일부 신생아, 특히 미성숙아의 경우 이 막이 없을 수 있지만, 계면활성제 대체 치료법으로 치료할 수 있다.

폐모세혈관 내의 혈액량은 매우 적으며, 적혈구는 좁은 벽에 의해 압력을 받는다. 폐포 상피와 모세혈관 상피는 아주 근접해 있으며, 이 두 상피를 합쳐 호흡막(*respiratory membrane*)이라고 한다. 적혈구 속 헤모글로빈이 혈액으로 확산되는 산소와 신속하게 결합한다.

폐기종(*emphysema*)은 많은 폐포의 벽이 파괴된 심각한 상황이며, 이로 인해 기체교환을 하는 표면적이 현저하게 줄어든다. 폐기종을 앓는 사람은 세포호흡에 필요한 산소를 충분히 전달할 수 없으므로, 에너지 수준이 매우 저하된다. 폐기종 초기에는 산소 보충제를 이용하여 산소 공급을 증가시킬 수 있지만, 대개는 되돌리기 어려우며 치명적이다.

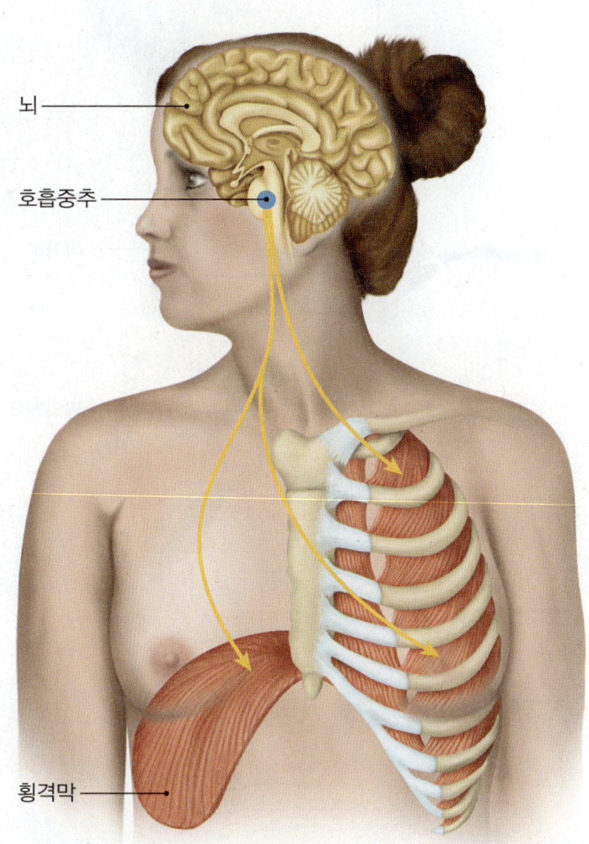

그림 24.7 **신경에 의한 호흡률의 조절.**

뇌가 늑간근과 횡격막의 수축을 통제하여 호흡률을 조절한다. 호흡률이 높아지면 혈액에서 CO_2가 제거됨에 따라 H^+ 농도가 낮아지고, 혈액의 pH가 정상으로 돌아온다.

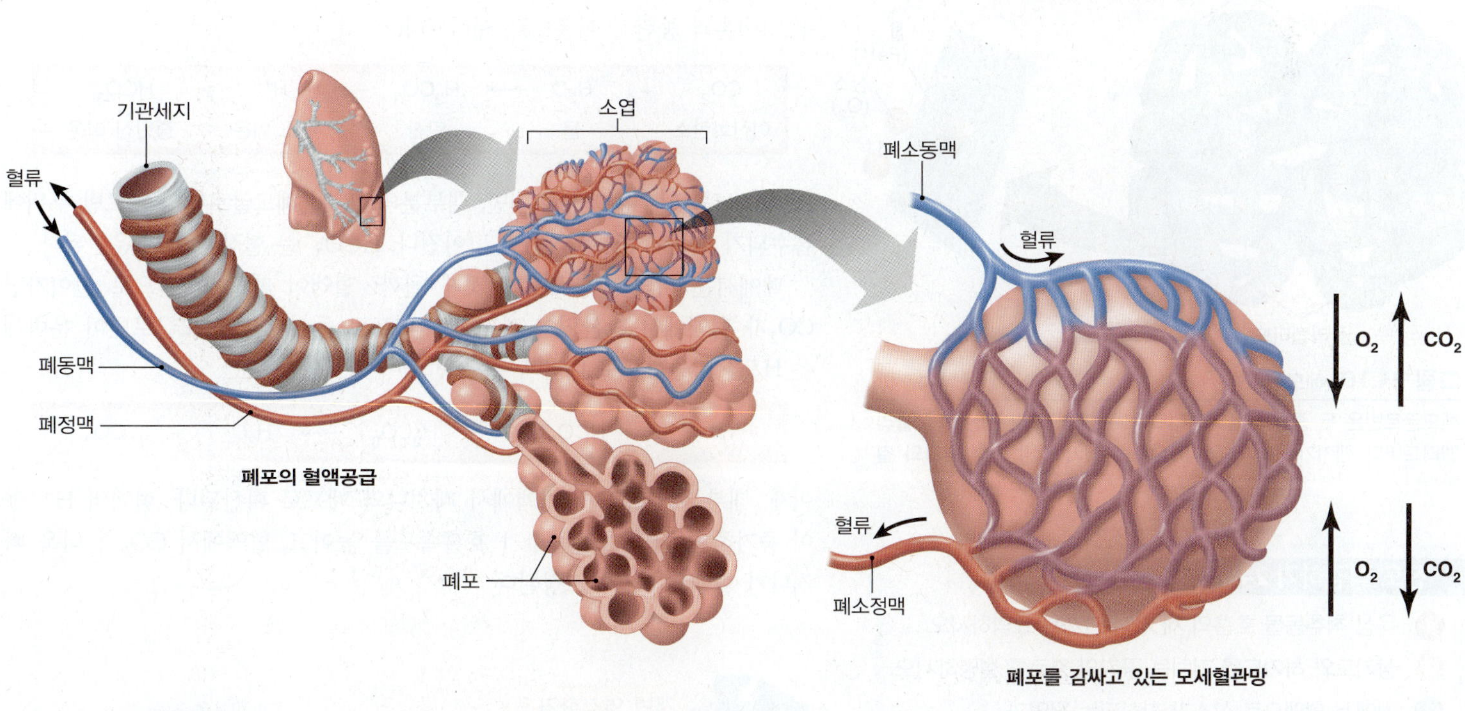

그림 24.8 **폐의 기체교환.**

기관세지는 폐포에 연결되며, 각 폐포의 대부분은 모세혈관망이 감싸고 있다. 폐동맥과 폐소동맥은 산소가 부족한 피(파란색)를 운반하고, 폐소정맥과 폐정맥은 산소가 풍부한 피(붉은색)를 운반한다.

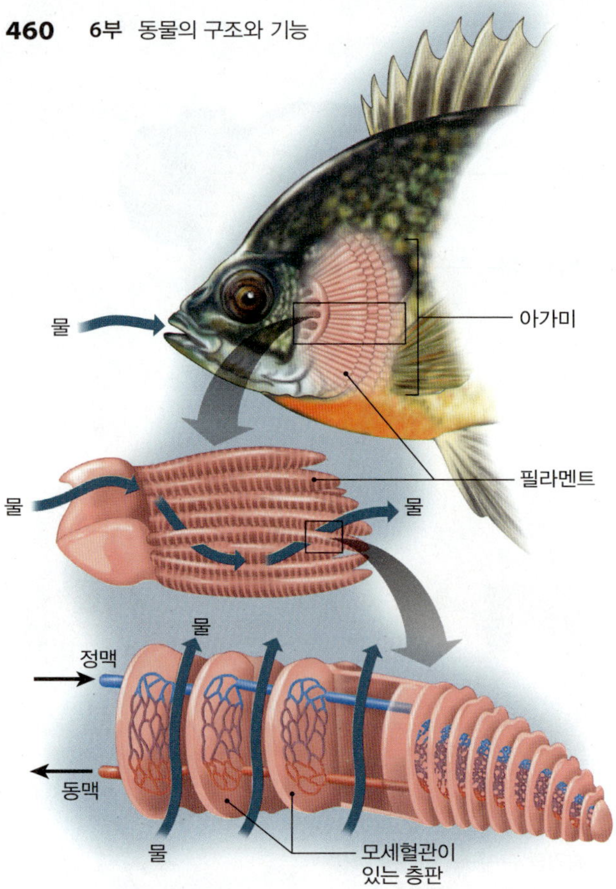

그림 24.9 경골어류의 아가미.

아가미의 구조. 층판 내부의 모세혈관과 층판 사이를 흐르는 물 사이에서 기체가 교환된다.

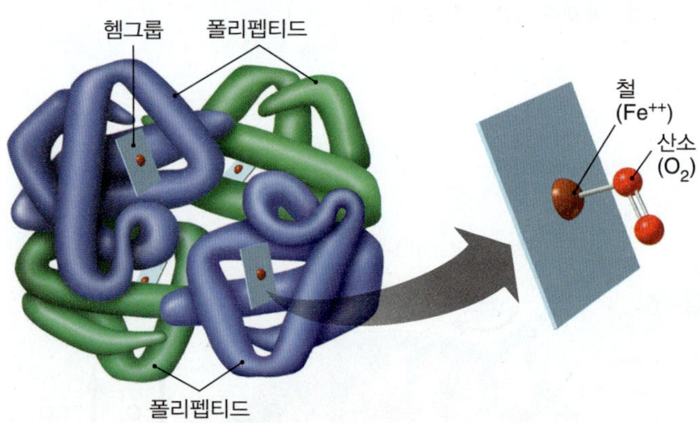

그림 24.10 헤모글로빈.

헤모글로빈은 두 종류의 폴리펩티드가 두 개씩 모여 구성되며, 폴리펩티드마다 헴기가 하나씩 있다. 산소는 헴기 중앙의 철 원자와 결합한다.

진도 점검하기 24.1

1. 육상 척추동물 호흡의 세 가지 단계를 요약하시오.
2. 상기도와 하기도를 거치는 공기의 경로를 설명하시오.
3. 폐에서 혈액으로 산소가 확산되는 원인과 이산화탄소가 혈액으로 들어갔을 때 일어나는 일을 설명하시오.

어류의 아가미

육상 척추동물의 폐와는 달리, 어류와 기타 수생동물은 아가미를 호흡기관으로 사용한다(**그림 24.9**). 어류의 경우 물이 입으로 들어가 아가미를 거쳐 인두로 빠져나간다. 아가미 모세혈관 내 혈액은 아가미를 거치는 물의 흐름과 반대방향으로 흐르며, 따라서 혈액은 언제나 산소가 풍부한 물에 노출된다. 물에 용해된 산소의 80~90%가 아가미 혈액으로 흡수된다.

기체의 수송과 내부교환

산소는 적혈구 속의 헤모글로빈 분자에 의해 신체의 조직으로 운반된다(23장 참조). 만일 헤모글로빈이 없다면, 산소 분자가 폐에서 발끝까지 이동하는 데 약 3년이나 걸릴 것이다. 헤모글로빈 분자는 α사슬 2개와 β사슬 2개로 모두 4개의 폴리펩티드 사슬로 이루어져 있다. 각 사슬은 철(iron)이 포함된 **헴(heme)**기를 둘러싸고 있다. 실제로 산소와 결합하여 조직으로 산소를 운반하는 것은 철이다(**그림 24.10**). 적혈구마다 약 2억 5000만 개의 헤모글로빈이 있기 때문에 적혈구 한 분자가 최소한 10억 개의 산소 분자를 나를 수 있다. 헤모글로빈은 주로 내부교환 동안 조직에서 산소를 내놓는데 이는 조직액이 항상 혈액보다 산소 농도가 낮기 때문이다. 세포가 산소를 사용하여 세포호흡을 수행하기 때문에 이러한 차이가 나타나는 것이다. 헤모글로빈에서 산소가 해리되는 또 다른 이유는 조직의 온도가 높고 pH가 낮기 때문이며, 이런 환경조건 역시 세포호흡에 의해 생겨난다. 세포호흡 과정에서 열과 CO_2가 부산물로서 방출된다.

이산화탄소는 내부교환 중에 혈액으로 들어가는데 이는 조직액의 CO_2 농도가 항상 높기 때문이다. 대부분의 CO_2는 **중탄산 이온(bicarbonate ion, HCO_3^-)**의 형태로 전달된다. 먼저 CO_2가 물과 결합하여 탄산을 형성한 뒤 수소 이온과 중탄산 이온으로 해리된다.

CO_2	+	H_2O	⟶	H_2CO_3	⟶	H^+	+	HCO_3^-
이산화탄소		물		탄산		수소 이온		중탄산 이온

H^+은 pH를 낮추는 원인이지만, 대부분의 H^+이 헤모글로빈의 글로빈 부위에 흡수되기 때문에 pH는 약간만 낮아진다. HCO_3^-는 혈장에 의해 운반된다.

폐에서는 위의 반응식이 어떻게 될까? 혈액이 폐모세혈관으로 들어가면 CO_2가 혈액에서 확산되어 빠져나와 폐포로 들어간다. 헤모글로빈이 운반해 온 H^+을 방출하므로 다음과 같은 반응이 일어난다.

$$H^+ + HCO_3^- \longrightarrow H_2CO_3 \longrightarrow H_2O + CO_2$$

이제, 대부분의 CO_2가 혈액에서 빠져나와 폐포로 확산된다. 혈액의 H^+ 양이 증가하면 뇌의 호흡중추가 호흡속도를 높이고, 혈액에서 CO_2가 더욱 빠져나가 혈액의 pH가 조정된다.

개념 연결하기 24.1
호흡계는 대기와 체세포 사이에서 기체를 교환한다.

24.2 비뇨계와 배설

학습 목표

이 절을 학습한 후에는 다음 과제를 수행할 수 있어야 한다.

1. 항상성 유지에 비뇨계가 어떻게 관여하는지 설명하기.
2. 신장과 네프론의 해부학적 구조를 설명하기.
3. 오줌형성에 관련된 3가지 과정을 설명하기.
4. 곤충과 포유류의 배설작용의 차이점을 비교하기.
5. 신장질환의 원인과 치료를 설명하기.

사람을 포함한 척추동물에서 **신장(kidney)**은 항상성에 중요한 역할을 한다. 신장은 혈액에서 질소노폐물을 걸러내고 체내의 물-염 균형을 조절한다(**그림 24.11**). 또한 포유류에서는 혈액의 pH 조절을 돕는다. 신장의 기능은 다음의 3가지로 요약할 수 있다.

1. 요소와 요산 등의 질소노폐물 배출
2. 혈액의 물-염 균형 유지
3. 혈액의 산-염기 균형 유지

사람의 신장은 강낭콩 모양의 적갈색 기관이며 크기는 주먹만 하다. 횡격막 바로 밑 척추의 양쪽에 위치하며, 흉곽 하부에 의해 부분적으로 보호된다. 신장에서 생성된 **오줌(urine)**은 비뇨계의 여러 기관을 거쳐 몸 밖으로 배출된다. 신장에는 **수뇨관(ureter)**이 연결되어 있어서 오줌을 **방광(urinary bladder)**으로 보내 저장하고, **요도(urethra)**를 통해 배출한다(**그림 24.12*a***).

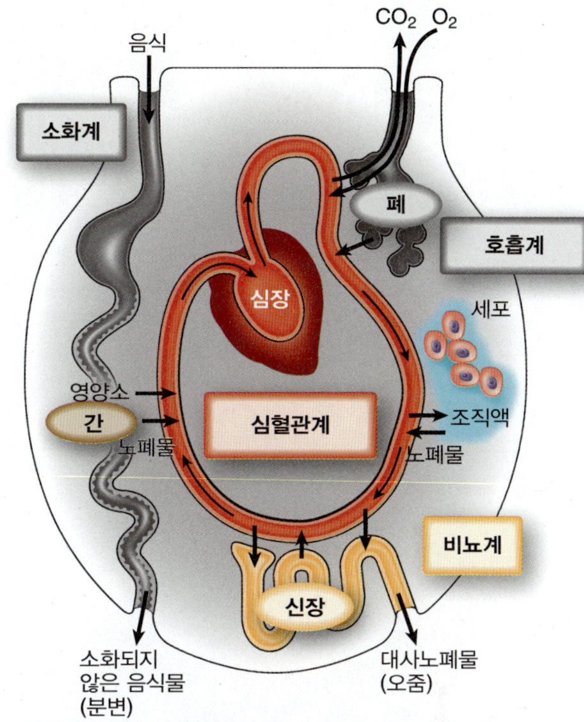

그림 24.11 내부 환경을 일정하게 유지하기.

신장에서 배설작용의 세 가지 기능은 요소(간에서 생성)와 기타 질소노폐물 배출, 물-염 균형 유지 및 pH 유지이다.

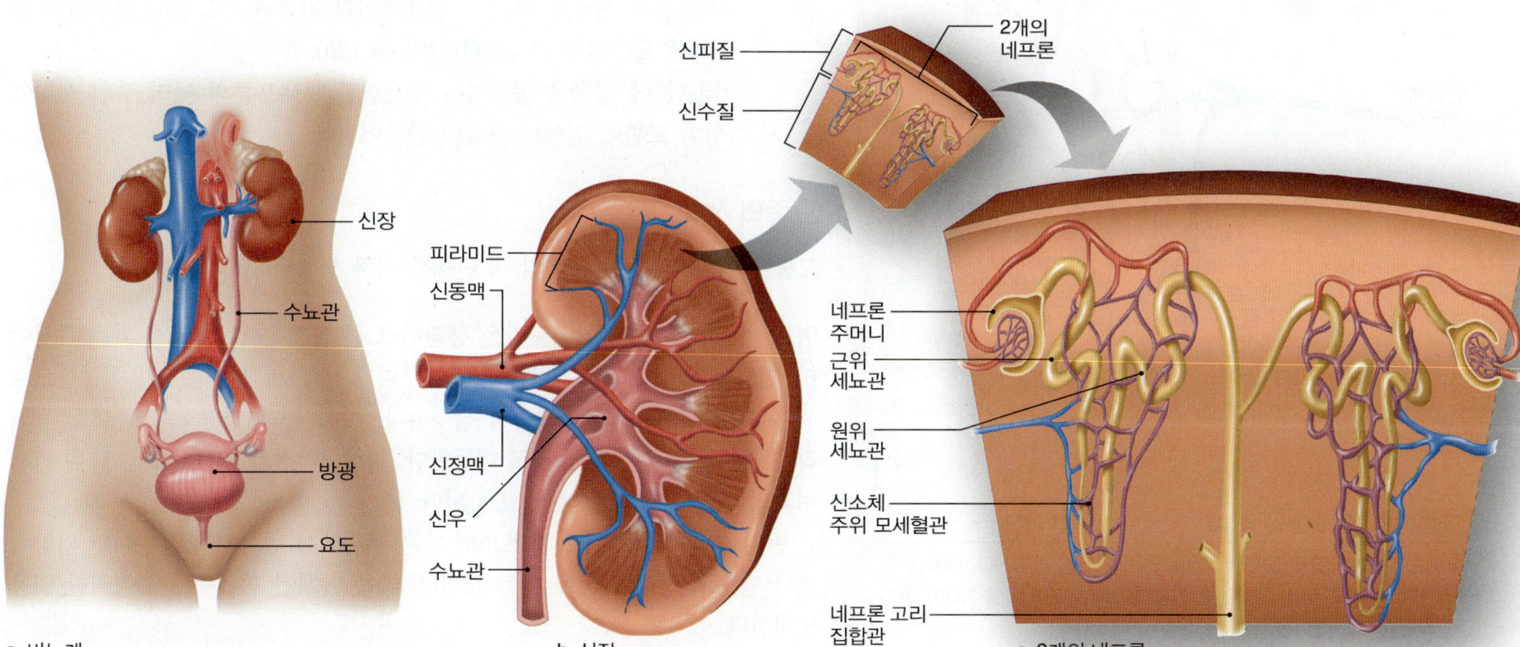

그림 24.12 사람의 비뇨계.

a. 사람의 비뇨계는 오줌을 생성하고, 저장하며, 배출한다. **b.** 신장은 세 부위로 이루어지며, (**c**) 100만 개 정도의 네프론과 연관되어 있다. 신장의 일은 네프론이 수행한다.

요도는 남자의 경우 음경을 지나며, 여자의 경우 질 개구부 앞에서 열린다. 여자는 비뇨계와 생식계가 연결되어 있지 않다. 그러나 남자는 연결되어 있기 때문에 사정할 때에 정자가 요도를 통해 이동한다.

양서류, 조류, 파충류 및 일부 어류에서 방광은 소화관, 뇨관, 생식관이 통합된 배출구인 총배설강으로 이어져 있다.

신장

신장을 종단면으로 자르면 3가지 중요한 부위를 구별할 수 있다(그림 24.12*b*). 신장의 바깥쪽 부위인 신피질(*renal cortex*)은 다소 과립 형태로 보인다. 신피질 안쪽의 신수질(*renal medulla*)은 원뿔 모양의 신추체(renal pyramid)로 구성된다. 신장의 가장 안쪽 부분은 신우(*renal pelvis*)라고 하는 속이 빈 공간이다. 신우에 모인 오줌은 수뇨관을 통해 방광으로 운반된다. 현미경으로 관찰하면, 신장은 **네프론(신단위, nephron)**이라고 하는 100만 개 정도의 작은 세관으로 구성되어 있다(그림 24.12*c*). 네프론에서 오줌이 생성된다.

네프론

네프론은 여러 부위로 구성된다(**그림 24.13**). 네프론의 막혀 있는 말단부위는 스스로 말려서 **사구체주머니(glomerular capsule)**를 형성한다. 이 부위에서 혈액이 여과된다. 주머니의 안쪽 층은 특수화된 세포로 구성되어 분자가 쉽게 통과할 수 있다. 사구체주머니에서 뻗어 나온 관은 **기부감긴세뇨관(근위세뇨관, proximal convoluted tubule)**이며, 미토콘드리아가 많고 미세융모가 조밀한 세포들로 이루어져 있다. 이 관은 하행지와 상행지로 이루어진 **헨레고리(Henle's loop; 네프론고리, nephrone loop)**를 거쳐 **말부감긴세뇨관(원위세뇨관, distal convoluted tubule)**과 연결된다. 몇 개의 말부감긴세뇨관이 하나의 **집합관(collecting duct)**으로 들어가며, 집합관이 오줌을 신우로 보낸다. 헨레고리와 집합관으로 인해 신수질의 신추체에 줄무늬가 나타난다(그림 24.12*b*).

네프론에 혈액을 공급하는 모세혈관과 네프론의 여러 부위 사이에서 다양한 교환이 일어나 오줌이 만들어진다.

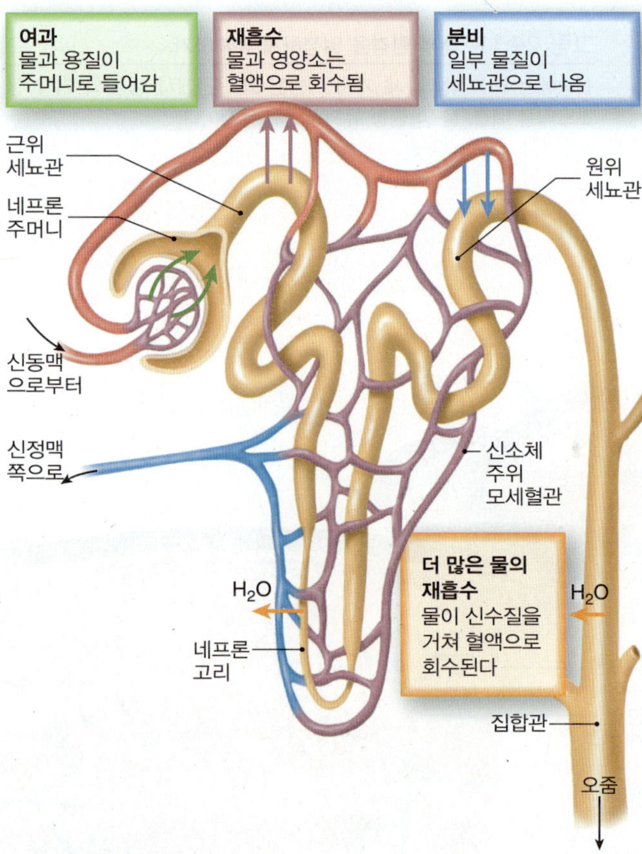

그림 24.13 오줌의 생성.

오줌은 여과, 재흡수 및 분비의 세 단계를 거쳐 생성된다. 네프론 전체, 특히 헨레고리와 집합관에서 혈액으로 수분이 재흡수되어 고장액의 오줌이 만들어진다.

오줌의 생성

오줌은 여과, 재흡수, 분비의 세 단계를 거쳐 생성된다(그림 24.13).

여과 여과란 작은 물질은 막을 통과하고 큰 물질은 남아 있게 되는 과정이다. 혈압에 의해 모세혈관에서 사구체주머니 내부로 작은 분자가 이동함으로써 **여과(filtration)**되어 오줌이 생성된다. 이때 물과 영양소, 염, 요소 등의 작은 분자들은 주머니 내부로 이동한다. 혈장단백질과 혈구세포는 너무 커서 여과되지 않고 혈액에 남아 있게 된다.

만일 여과액의 성분이 네프론의 다른 부위에서 변화되지 않는다면 영양실조나 탈수로 인해 사망에 이를 것이다. 다음 단계인 재흡수에서 이러한 일을 방지한다.

물질의 재흡수 **재흡수(reabsorption)**는 기부감긴세뇨관에서 혈액으로 물질이 이동하는 것이다. 포도당과 아미노산 등의 영양소도 혈액으로 회수된다. 이러한 과정은 포도당 같은 일부 분자가 수동적은 물론 능동적으로도 재흡수되기 때문에 선택적인 과정이다. 기부감긴세뇨관의 세포들은 미세융모가 많이 있어서 표면적이 넓고, 미토콘드리아가 많이 있어서 능동수송에 필요한 에너지를 공급한다. 그러나 여과액에 포도당 운반체보다 포도당이 더 많으면 포도당이 오줌으로 나오게 된다. 오줌 속에 포도당이 섞여 나오는 것은 당뇨(*diabetes mellitus*) 증세이며, 때로는 호르몬인 인슐린의 결핍으로 생긴다.

나트륨 이온(Na^+) 또한 능동적으로 신소체 주위 모세혈관으로 들어가고, 그 후 염소 이온(Cl^-)이 수동적으로 따라 들어간다. 이로 인해 물이 삼투에 의해 세뇨관에서 혈액으로 이동한다. 기부감긴세뇨관의 상피세포막에는 아쿠아포린이라는 단백질 통로가 있어서 물을 빠르게 재흡수하도록 한다. 전체적으로 염과 수분의 약 60~70%가 기부감긴세뇨관에서 재흡수된다.

사람의 물질대사 결과로 생성되는 요소를 비롯한 질소노폐물의 일부는 수동적으로 흡수되지만, 대부분은 여과액에 남아 있게 된다.

분비 **분비(secretion)**는 여과와는 다른 방식에 의해 물질이 네프론으로 이동하는 것이다. 분비는 특히 말부감긴세뇨관과 연관되어 있다. 요산, 수소 이온, 암모니아 및 페니실린 등의 물질은 분비작용에 의해 제거된다. 분비과정은 네프론에서 여과되지 않은 매우 해로운 물질을 제거하도록 돕는다.

물-염의 균형과 pH 조절 모든 동물은 내부환경의 물-염의 항상성과 pH 항상성을 유지하는 몇 가지 수단을 가지고 있다. 사람에서는 긴 헨레고리가 고장액인 오줌을 분비하도록 한다(**그림 24.13**). 헨레고리의 상행지에서 염과 요소를 신수질로 펌프하고, 물이 삼투압에 의해 헨레고리의 하행지와 집합관에서 빠져나간다. 신장의 물-염 재흡수 조절에 적어도 3가지 호르몬이 관여한다(**27장 참조**). 커피는 이들 호르몬 중 하나를 방해하므로 이뇨제(*diuretic*)에 해당된다. 이뇨제는 더 많은 양의 오줌을 만들어내는 물질이다.

사람의 신장은 또한 혈액의 pH 조절도 돕는다. 혈액의 중탄산 이온(HCO_3^-) 완충계와 호흡률의 조절(그림 24.10 참조)은 모두 몸에서 CO_2 배출을 돕고 혈액의 pH를 유지하도록 한다. 이러한 기작만큼이나 도움이 되는 것은 오직 신장만이 광범위한 산성과 염기성 물질을 배출할 수 있다는 사실이다. 신장은 완충/호흡률 기작에 비해 느리게 작용하지만, pH에 대한 효과는 훨씬 더 강력하다. 간단히 말하면, 신장이 혈액의 정상 pH를 유지하는 데 필요한 만큼 HCO_3^-을 재흡수하고 H^+을 배출한다고 볼 수 있다(**그림 24.14**). 혈액이 산성이라면 H^+은 배출되고 HCO_3^-은 재흡수된 것이다. 만일 혈액이 염기성이라면 H^+은 배출되지 않고 HCO_3^-이 재흡수되지 않은 것이다. 오줌이 대개 산성인 것은 체내에서 H^+이 과도하게 만들어지고 배출되기 때문이다. 암모니아(NH_3)는 오줌에서 이들 H^+을 완충시키는 수단이다($NH_3 + H^+ \rightarrow NH_4^+$). 암모니아는 세뇨관 세포에서 아미노산이 분해되어

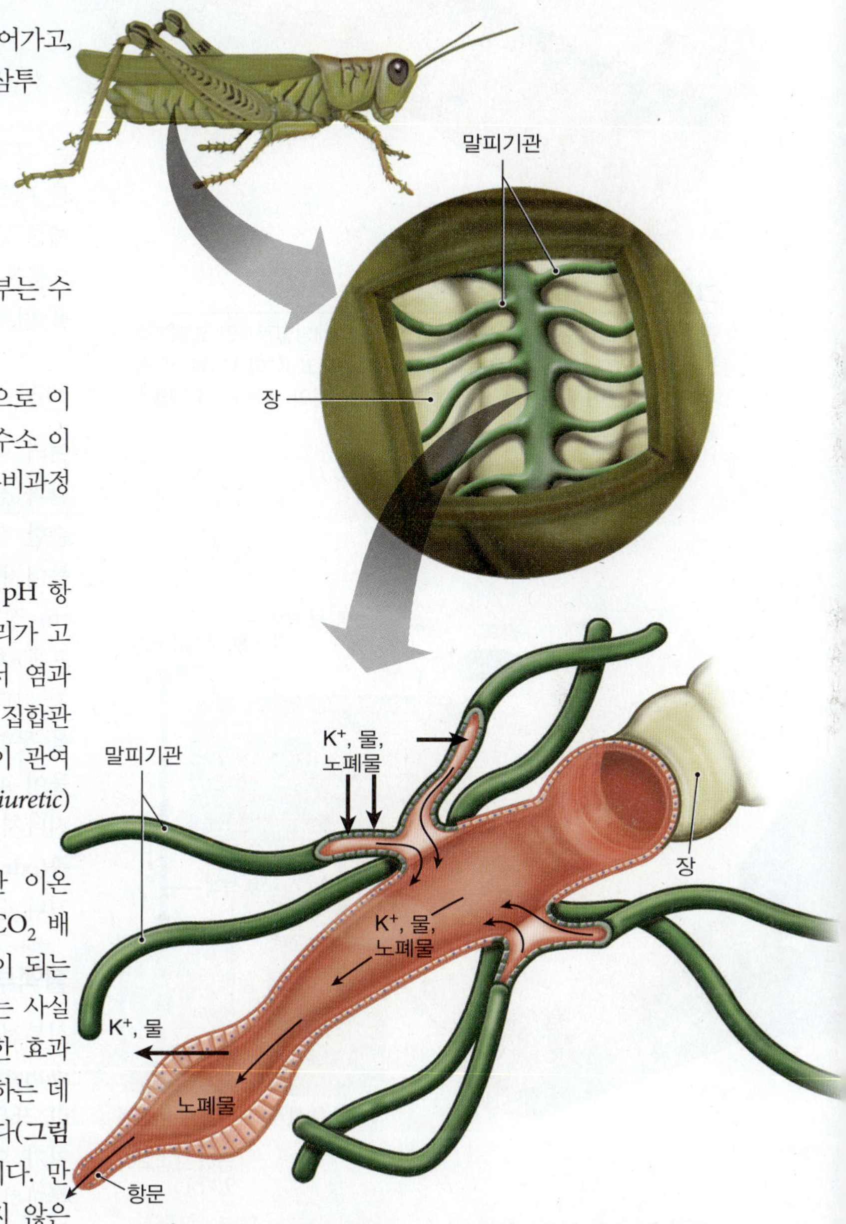

그림 24.14 산-염기 균형.

신장에서 중탄산 이온(HCO_3^-)이 재흡수되고 수소 이온(H^+)이 배출되면, 혈액이 산성이 된다. 이 두 과정이 모두 억제되면 염기성 혈액이 된다.

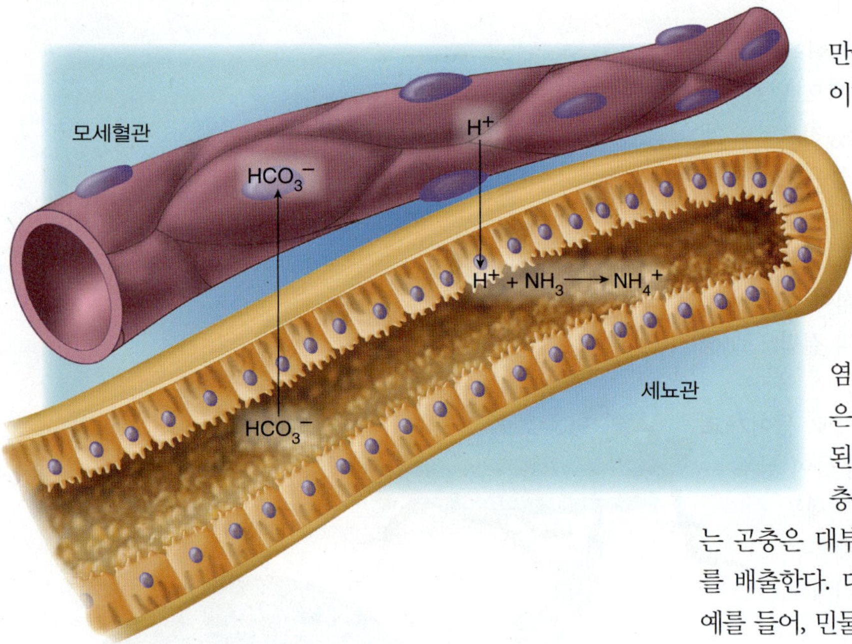

그림 24.15 말피기관.

곤충의 말피기관은 장에 연결되어 있으며, 개방혈관계인 혈림프에 둘러싸여 있다. 이 관 안으로 노폐물이 확산되고 K^+이 분비되면, 삼투에 의해 물이 들어온다. 직장 벽에서 많은 양의 물과 K^+이 재흡수된다.

만들어진다. 인산염은 오줌에서 H^+을 완충시키는 또 다른 수단이다.

곤충과 어류의 조절 곤충은 **말피기관(Malpighian tubules)**이라고 하는 길고 가는 관으로 구성된 독특한 배설계를 가지며 이것은 장에 연결되어 있다(**그림 24.15**). 요산은 최초의 질소노폐물로서, 주변의 혈림프에서 말피기관으로 흘러 들어오며, 물은 칼륨 이온(K^+)이 능동수송되면서 형성되는 염 농도기울기를 따라 들어오게 된다. 물과 다른 유용한 물질들은 직장에서 재흡수되지만, 요산은 항문을 통해 몸 밖으로 배출된다. 물속에 사는 곤충이나 수분이 많이 포함된 먹이를 먹는 곤충은 수분을 거의 재흡수하지 않는다. 하지만 건조한 환경에 사는 곤충은 대부분의 수분을 흡수하여, 건조하고 반고체 상태인 요산 덩어리를 배출한다. 대부분의 동물은 혈액 속의 물과 염의 농도를 조절할 수 있다. 예를 들어, 민물고기는 소화관과 아가미에서 염을 흡수하여 많은 양의 희석된 오줌을 만들어낸다. 바닷물고기는 염분이 많은 물을 먹지만 아가미에서 이온을 펌프질해 내보내고 적은 양의 농축된 오줌을 만들어낸다.

신장 기능의 이상

여러 종류의 질병, 특히 당뇨와 고혈압 및 유전 요인에 의해 진행성 신장질환과 신부전이 나타날 수 있다. 요로감염, 전립샘 비대, pH 불균형 또는 단순한 칼륨 과다섭취로도 신장결석이 생길 수 있다. 신장결석은 신우에서 만들어지며 대개 모르는 사이에 오줌으로 빠져나간다. 만일 결석의 크기가 수 cm 정도로 커져 신우나 요도를 막으면 역압이 생겨 네프론이 파괴된다. 네프론 손상의 초기 증상 중 하나는 오줌에서 알부민, 백혈구, 심지어 적혈구까지 나타나는 것이다. 만일 손상이 심하여 네프론의 2/3 이상이 제대로 작용을 못한다면, 요소와 다른 노폐물들이 혈액에 축적된다. 혈액 속의 질소노폐물이 항상성에 영향을 주기는 하지만, 더 우려되는 부분은 물과 염이 체내에 지나치게 존재하게 되는 것이다. 이 경우 신체조직에 조직액이 축적되는 **부종(edema)**이 나타날 수 있다. 체액의 이온 조성이 균형을 잃으면 의식을 잃거나 심지어 심장마비가 올 수도 있다.

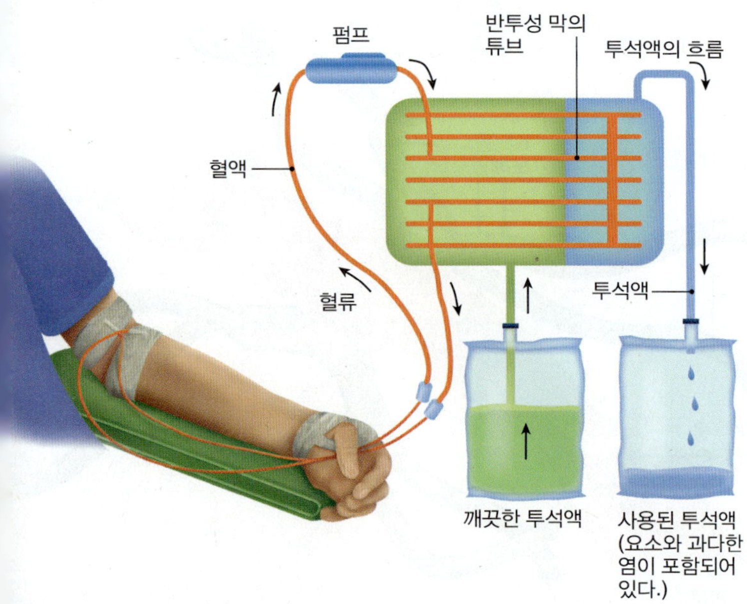

그림 24.16 인공신장기.

투석용 튜브에 환자의 혈액을 펌프하면서 이 튜브를 투석액에 노출시킨다. 미리 맞추어 놓은 농도기울기로 인해 노폐물이 혈액에서 용액으로 빠져나간다. 이러한 방식으로 혈액을 깨끗하게 하고, 물-염 균형과 산-염기 균형도 맞출 수 있다.

혈액투석과 신장 이식

신부전 환자는 인공신장기 또는 복막투석(*continuous ambulatory peritoneal dialysis*)을 이용하여 혈액투석(*hemodialysis*)을 할 수 있다. **투석(dialysis)**이란 작은 분자만 통과할 수 있는 구멍이 있는 반투과성 막을 통해 용해된 분자가 확산되는 것이다. 인공신장기는 환자의 혈액이 반투과성 막의 튜브를 통과하며 투석액(dialysate)과 접촉하도록 한다(**그림 24.16**). 혈액 속의 농도가 높은 물질은 투석액으로 확산되며, 투석액 내의 농도가 높은 물질은 혈액으로 확산된다. 투석액은 계속 재공급하여 알맞은 농도 차이를 유지해준다. 이런 방식으로 인공 신장을 이용하여 노폐물이나 독성물질, 약물을 포함한 물질을 혈액에서 제거하며, 혈액에 어떤 물질을 넣어줄 수도 있다. 예를 들어, 혈액이 산성이라면 HCO_3^-을 넣어준다. 혈액투석을 하는 3~6시간 동안 50~250 g의 요소를 제거할 수 있으며, 이것은 같은 시간 동안 신장에서 배출되는 양보다 훨씬 많다. 그러므로 환자는 일주일에 두 번 정도만 이 처치를 받으면 된다.

복막투석에서는 복강의 상피인 복막이 투석막 역할을 한다. 복강에 영구적으로 이식한 플라스틱 관에 일시적으로 연결한 주머니로부터 깨끗한 투석액을 복강으로 직접 투여한다. 투석액은 중력에 의해 복강으로 흘러 들어간다. 복강 벽의 혈관에 있던 노폐물과 염 분자들은 투석액 쪽으로 이동한다. 4~8시간 후에 이 용액을 중력에 의해 복강에서 주머니로 회수하여 버린다. 인공신장기에 비해 복막투석은 투석을 하는 동안에도 정상적으로 활동할 수 있다는 장점이 있다.

신부전 환자는 신장이식수술을 통해 공여자의 정상 신장을 이식받을 수도 있다. 사람은 신장이 한쪽만 기능을 해도 충분하다. 그러나 모든 장기이식에서는 거부반응이 나타날 수 있다. 따라서 가장 가까운 가족의 신장을 이식하여야 성공확률이 높다. 이 경우 현재 1년간 생존율은 98%이며, 5년간 생존율은 91%이다. 미래에는 돼지의 신장이나 실험실에서 만든 신장을 이식할 가능성도 있다.

진도 점검하기 24.2

1. 신장의 세 가지 기능을 설명하시오.
2. 네프론의 부위 각각의 기능을 설명하시오.
3. 오줌 형성의 3단계를 요약하시오.
4. 항상성에 대한 물-염의 평형과 pH의 중요성을 요약하시오..

24.2 개념 연결하기

비뇨계는 질소노폐물을 배출하고 신체의 물-염 균형과 산-염기 균형을 조절한다.

연관: 건강

신장이식을 할 때 기능부전 신장을 제거하는가?

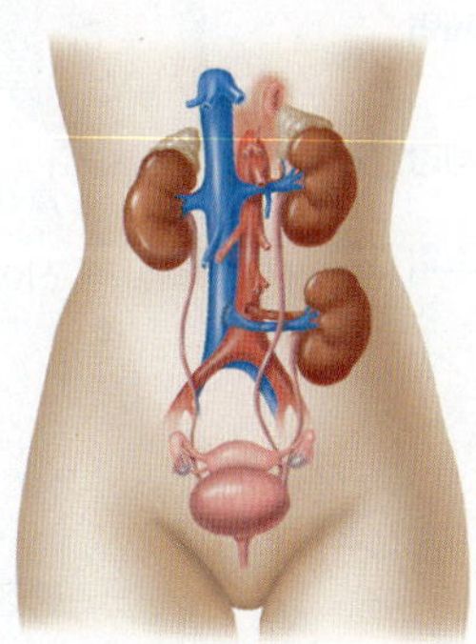

보통은 제거하지 않는다. 신장이식을 할 때에 공여자의 신장은 대개 하복부에 놓이며, 이곳은 원래 있는 2개의 신장 중 하나의 아래쪽이다. 공여자 신장의 혈관은 환자의 동맥과 정맥에 연결하며, 요도는 환자의 방광에 연결한다. 대개는 환자의 기능을 잃은 신장을 그대로 남겨둔다. 그 이유는 네프론에서 혈액을 여과하여 오줌을 생성하는 기능은 잃었어도, 신체 기능에 필요한 여러 물질을 여전히 만들어낼 수 있기 때문이다. 심각한 감염이나 암 또는 다낭포성신장질환인 경우에는 기능을 잃은 신장을 제거한다.

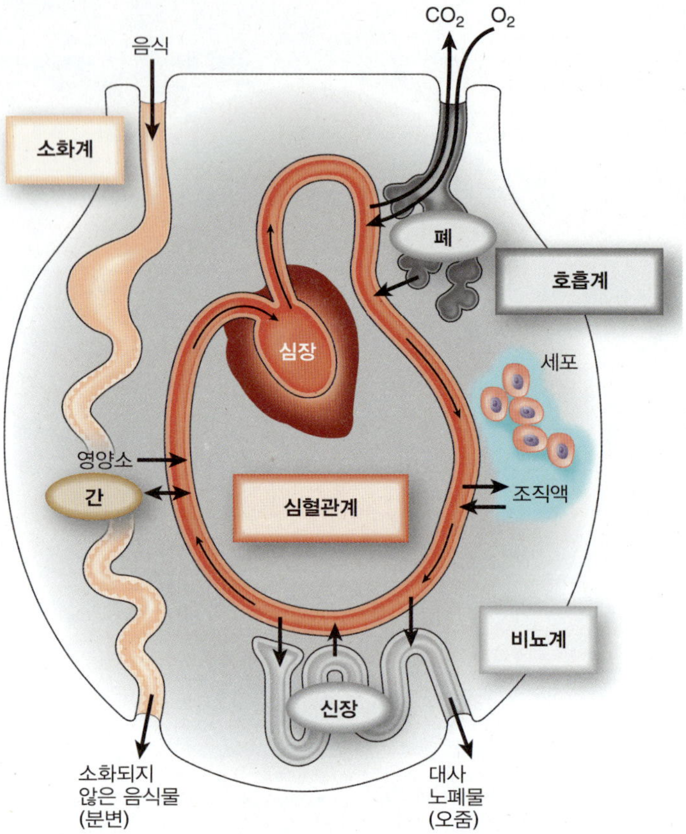

그림 24.17 내부 환경을 일정하게 유지하기.

소화계는 음식물을 받아들여 영양분자로 소화하여 혈류로 보낸다. 혈액은 영양소를 조직으로 수송하여 조직액과 교환한다.

24.3 소화계

학습 목표

이 절을 학습한 후에는 다음 과제를 수행할 수 있어야 한다.

1. 완전소화계와 불완전소화계의 차이를 구분하기.
2. 소화계의 기관 각각의 기능을 정리하기.
3. 소화계의 부속기관 각각의 기능을 설명하기.
4. 소화관에서 특정 영양소(예: 탄수화물)의 소화와 흡수를 자세히 설명하기.

소화는 세포들의 기능에 필요한 영양소를 제공하여 항상성에 기여한다. 소화관은 다음 기능을 수행한다(**그림 24.17**).

1. 음식물을 섭취한다.
2. 세포막을 통과할 수 있는 정도의 작은 분자로 음식물을 분해한다.
3. 영양 분자를 흡수한다.
4. 소화되지 않은 찌꺼기를 제거한다.

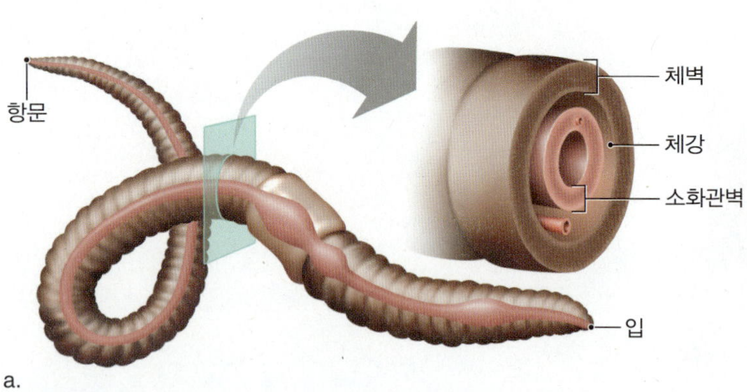

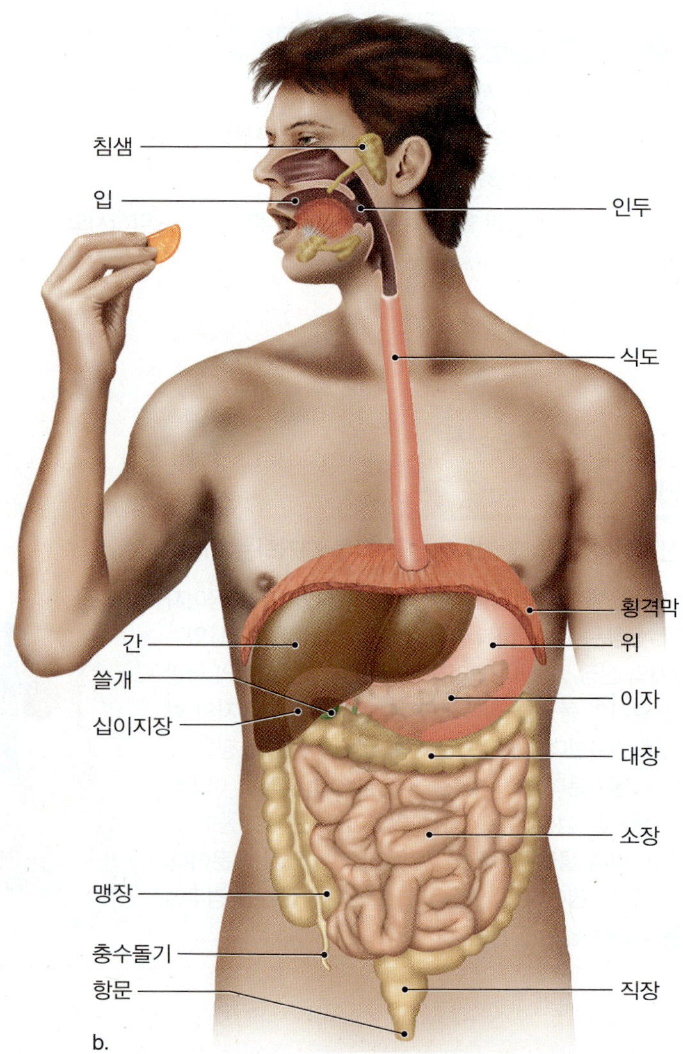

그림 24.18 완전소화계.

지렁이(**a**)와 사람(**b**)은 완전소화계를 가진다. 이 체계는 소화관을 따라가며 특수화된 기관과 연결되어 있다.

완전소화계와 불완전소화계

히드라와 플라나리아(19장 참조)는 불완전소화계를 가지고 있다. 이 체계에서는 하나의 구멍이 입구와 출구의 역할을 모두 한다. 지렁이 같은 대부분의 다른 동물은 완전소화계를 가진다. 완전한 소화관은 관 속에 관이 있는 체계를 이룬다(**그림 24.18***a*). 내부 관(소화관)에 입구(입)와 출구(항문)가 모두 있다. 내부 관은 **체강(coelom)**에 의해 외부 관(체벽)과 분리되어 있다. 체강 내에는 소화를 도와주는 특수화된 기관들이 있다. 사람의 소화관(**그림 24.18***b*)은 지렁이의 소화관과 매우 다르게 보일 수도 있지만 상당 부분 비슷하다.

지렁이와 사람을 포함하여 모든 동물의 음식물 소화는 세포외과정이다. 소화관 벽에 있는 소화샘이나 주변의 부속샘에서 생성된 소화효소가 소화관으로 들어간다. 음식물은 부속샘 내에서는 전혀 발견되지 않으며 오직 소화관 내부에만 존재한다.

소화관

사람과 척추동물 대부분의 소화관은 입, 식도, 위, 소장 및 대장으로 구성된다(**그림 24.18***b*).

입

사람의 소화계는 **입(mouth)**에서 시작되는데, 음식물을 씹어 잘게 부수는 기계적인 소화과정이 시작된다. 조류(새)를 제외한 많은 척추동물은 치아를 가지고 있다. 조류는 치아가 없어서 모래주머니(gizzard) 안에서 작은 모래와 뒤섞어 먹이를 잘게 부순다. 포유류의 치열은 먹이와 상관성을 지닌다(**그림 24.19**). **육식동물(carnivore)**은 고기를 먹는데, 고기에는 세포벽이 없으므로 소화하기가 쉽다. **초식동물(herbivore)**은 식물성 물질을 먹는데, 세포벽을 분해하기 위해 많이 씹어야 하며 그 밖에도 여러 과정이 필요하다. **잡식동물(omnivore)**에 해당하는 사람은 고기와 식물성 물질을 모두 먹는다. 사람의 앞니 4개(위와 아래 2개씩)는 끝이 날카로운 끌 모양이며, 물어서 절단할 수 있다. 앞니의 양쪽에는 날카롭고 뾰족한 송곳니가 있으며, 먹이를 찢는 용도로 사용한다. 작은어금니와 어금니는 먹이를 갈고 부순다. 사람의 경우 앞부분의 치아는 육식동물과 같고, 뒷부분의 것은 초식동물과 같다고 볼 수 있다.

음식물에는 탄수화물, 단백질, 핵산 및 지질 분자로 이루어진 세포가 포함되어 있다. 소화효소는 이들 큰 분자를 작은 분자로 분해한다. 입에 있는 3쌍의 **침샘(salivary gland)**에서 침을 분비하여 화학적 소화과

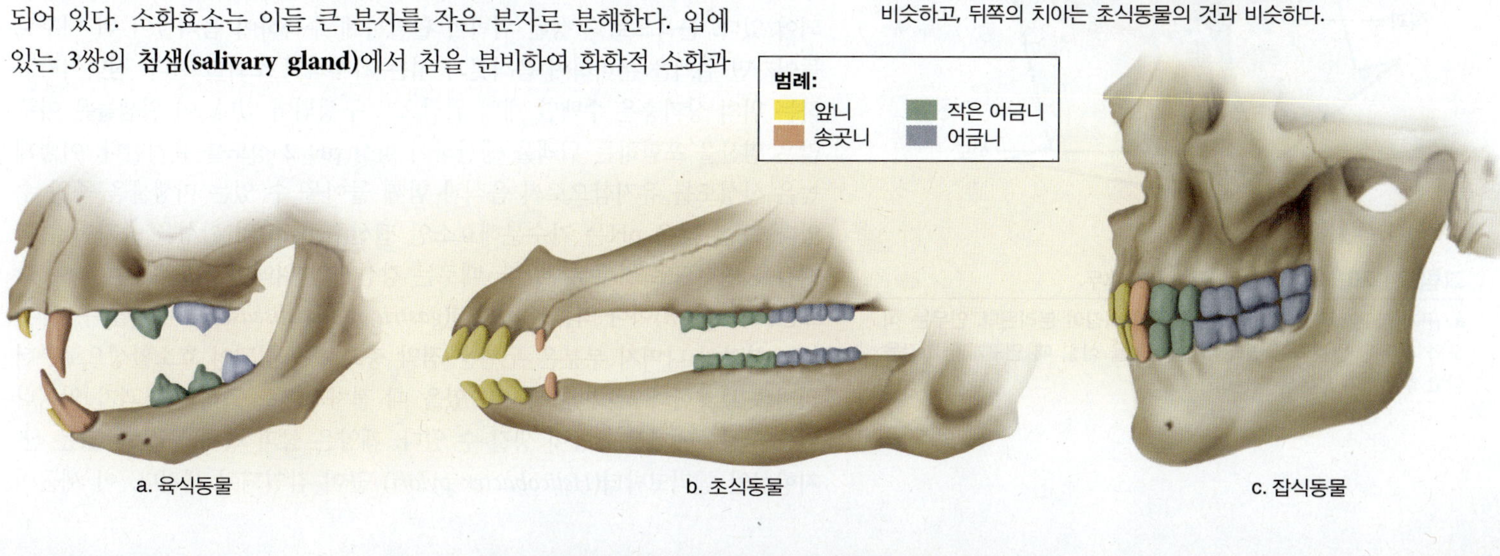

그림 24.19 포유류의 치열.

a. 육식동물은 먹잇감을 죽이는 용도의 큰 송곳니, 뼈를 긁어내는 짧은 앞니와 찢기에 알맞은 뾰족한 어금니가 있다. **b.** 초식동물은 식물을 자르는 용도의 날카로운 앞니와 먹이를 갈기에 알맞은 넓적한 어금니와 작은 어금니가 있다. **c.** 잡식동물의 앞니는 육식동물의 것과 비슷하고, 뒤쪽의 치아는 초식동물의 것과 비슷하다.

정이 시작된다. 이들 소화효소의 하나인 **침 아밀라제(salivary amylase)**는 탄수화물인 녹말을 이당류인 맥아당으로 분해한다. 음식물은 입 안에서 혀의 근육운동(기계적 소화)에 의해 침과 섞여(화학적 소화) **식괴(bolus)**라는 덩어리로 된 후 삼키게 된다.

삼키기

사람의 소화관과 호흡관은 **인두(pharynx)**에서 만난 후 갈라진다(**그림 24.20** *a*). 음식물을 삼킬 때에는 입천장의 뒤쪽 부위에 있는 연구개가 위로 올라가 비강을 닫아준다(그림 24.20*b*). **후두개(epiglottis)**라고 하는 덮개 조직이 후두 쪽으로 열려 있는 성문을 덮는다. 일반적으로 식괴는 공기 통로가 차단되므로 인두를 통해 식도로 들어가게 된다. 그러나 불행하게도 모두들 음식물이 '잘못 넘어가는' 불쾌한 경험을 했을 것이다. 그 잘못 넘어간 통로는 비강이나 기도이다. 기도로 잘못 넘어간 경우 기침을 해서 음식물을 강제로 기도 밖으로 꺼내어 인두로 되돌린다.

식도(esophagus)는 근육성의 관상 구조로서, 음식물을 횡격막 아래에 있는 위로 보낸다. 음식물이 식도로 들어오면 연동운동이 시작된다. **연동운동(peristalsis)**은 평활근의 율동적인 수축운동이며, 관상 구조(소화관)를 따라 내용물을 이동시킨다.

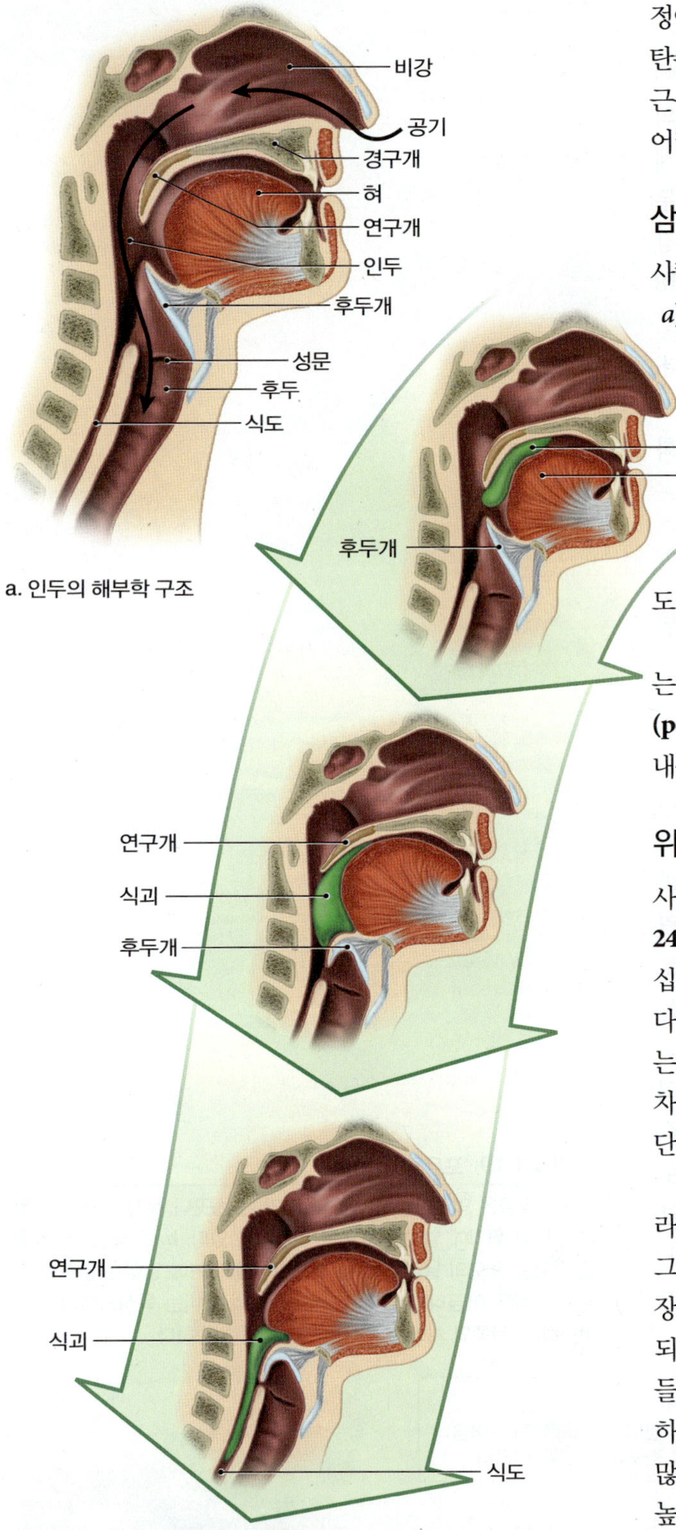

a. 인두의 해부학 구조

b. 삼키기

그림 24.20 사람의 입, 인두, 식도, 후두.

a. 구개(경구개와 연구개)에 의해 입과 비강이 분리된다. 인두는 식도와 후두에 연결되어 있다. **b.** 음식물을 삼킬 때 연구개가 비강을 닫고 후두개가 후두를 닫는다.

위

사람의 **위(stomach)**는 두꺼운 벽으로 구성된 J자 모양의 기관으로(**그림 24.21**), 간 밑의 복강 왼쪽 편에 위치한다. 위쪽은 식도와 아래쪽은 소장의 십이지장과 연결되어 있다. 위와 식도가 연결되는 부위에 유문괄약근이 있다. 괄약근은 관을 둘러싸고 수축이나 이완으로 개폐를 조절한다. 위의 길이는 음식물이 들어 있는 것과 관계없이 25 cm 정도이지만, 직경은 음식물이 차 있는 정도에 따라 달라진다. 위는 식도에서 음식물을 받아들여 저장하고, 단백질의 소화를 시작하며 소장으로 음식물을 보낸다.

위벽은 깊게 주름지어 있으며, 이 주름은 1 L 정도의 용량이 채워지면 사라진다. 그러므로 사람들은 주기적으로 계속해서 많은 양을 먹을 수 있으며, 그 이외의 시간은 다른 활동을 하는데 보낼 수 있다. 하지만 위는 단순한 저장기관 그 이상이다. 위벽은 종주근, 환상근, 사선근 등 3층의 근육으로 구성되어 있다. 근육으로 구성된 위벽이 활발하게 수축하여 음식물이 위 내부로 들어가면 위액을 분비하여 음식물과 섞는 기계적인 소화를 한다. 점막이라고 하는 위의 상피층은 수백만 개의 위샘으로 구성되어 있다. 이 위샘들은 아주 많은 염산을 포함하는 위액을 생산하여 항상 pH 2 정도를 유지한다. 이렇게 높은 산성도를 유지함으로써 음식과 함께 들어올 수 있는 미생물을 죽일 수 있다. 또한 낮은 pH는 가수분해효소인 **펩신(pepsin)**의 활성을 증가시켜 단백질을 펩티드로 가수분해한다. 때로는 강산성인 위액이 식도로 역류하여 속쓰림(*heartburn*)이나 역류성 식도염(*gastric reflux disease*)을 유발할 수 있다.

소화관의 나머지 부분은 두꺼운 점막 층으로 구성되어 효소활성으로부터 위벽을 보호한다. 위벽에 상처가 있을 때 점차적으로 조직의 파괴가 일어나 일부 사람들에게서 궤양이 생길 수 있다. 궤양은 상피 벽에 붙을 수 있는 산-저항성인 헬리코박터(*Helicobacter pylori*) 균이 감염되어 생긴다. 이 세균이 어디에 붙든지 그 벽에서는 점액 생성이 멈추게 되고 그 부위가 소화작용에 노출되어 궤양으로 발전한다.

알코올이나 기타 음료는 위에서 흡수되지만 음식물 분자는 그렇지 않다. 연동운동(peristalsis)이란 다른 소화관에서와 마찬가지로 위를 따라 음식물을 밀어 넣는 과정이다(그림 24.21*b*). 위의 아랫부분에는 유문괄약근에 의해 조절되는 좁은 통로가 있다. 음식물은 걸쭉한 스프 형태의 유미즙으로 위를 지난다. 유문괄약근이 이완될 때마다 소장이 열리면서 소량의 유미즙이 이동해 간다.

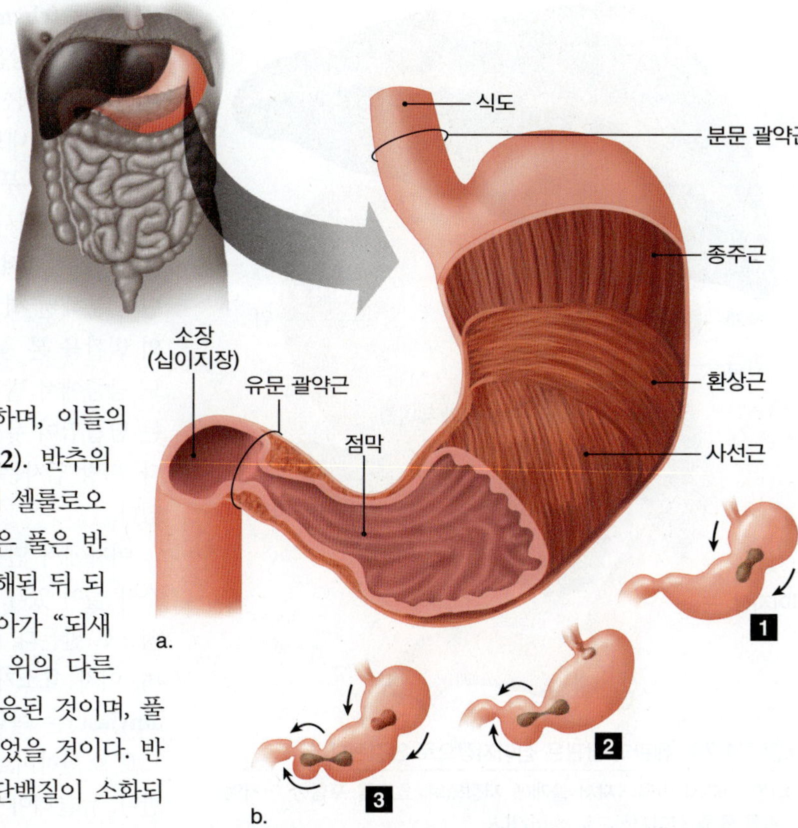

그림 24.21 사람 위의 해부학 구조.

a. 위는 음식물이 채워지면 따라서 팽창하는 두꺼운 벽을 가지고 있다. 벽에는 세 가지 근육층이 있어서 위액과 음식물을 휘저어 잘 섞이게 한다. 위벽의 점막층에서 점액을 분비하고, 위샘에서 위액을 분비하여 단백질 소화를 활성화시킨다. **b.** 율동적인 수축작용인 연동운동이 소화관을 따라 일어난다.

반추동물 소, 양, 염소, 사슴, 물소 등을 반추동물이라고 하며, 이들의 위 중 하나인 반추위에서 그 이름을 따온 것이다(**그림 24.22**). 반추위 속에는 세균과 원생동물이 공생하고 있어서 포유류와는 달리 셀룰로오스를 소화할 수 있는 효소를 만들어낸다. 초식동물이 뜯어먹은 풀은 반추위로 들어가며, 이곳에서 미생물이 분비한 효소에 의해 분해된 뒤 되새김용 작은 덩어리로 된다. 이 덩어리는 다시 입으로 되돌아가 "되새김질"을 한다. 이후 반추위를 거쳐 되새김질을 다시 하거나 위의 다른 방으로 이동하게 된다. 반추위는 섬유소가 풍부한 먹이에 적응된 것이며, 풀을 먹고사는 많은 동물들 사이의 경쟁에 의해 진화가 촉진되었을 것이다. 반추동물 위의 마지막 방은 사람의 위와 비슷하며, 이곳에서 단백질이 소화되어 펩티드로 전환된다.

소장

사람의 음식물 처리과정은 생각보다 훨씬 복잡하다. 입에서 음식물을 씹고 효소인 침 아밀라아제로 녹말을 맥아당으로 분해한다. 또한 단백질은 위에서 펩신에 의해 펩티드로 분해되어 소화되기 시작한다. 여기까지 소화된 내용물

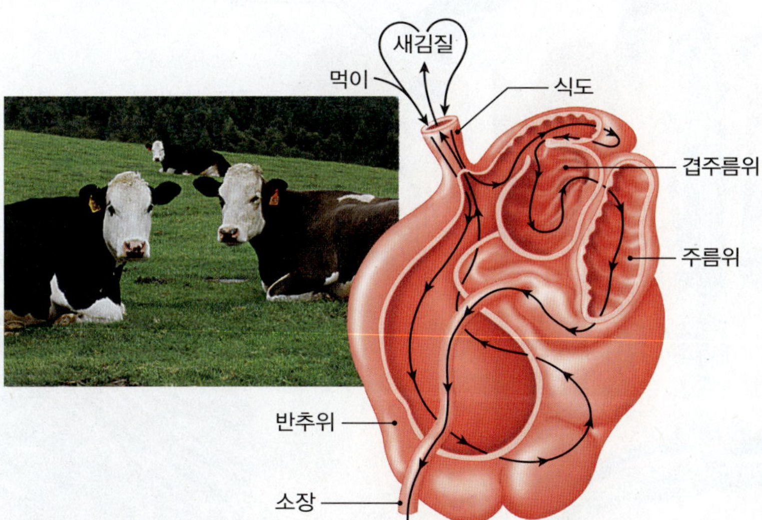

그림 24.22 반추동물의 위.

반추동물은 풀을 먹는다. 풀은 질긴 셀룰로오스 벽이 있는 세포로 구성된다. 반추동물 위의 첫 번째 방을 반추위라고 하며, 공생하는 세균과 원생동물이 분비하는 효소를 이용하여 셀룰로오스를 소화시킬 수 있다. 먹이는 처음에 반추위로 들어가 되새김용 덩어리가 되고, 입으로 되돌아가 여유롭게 되새김질된다. 그 후, 반추위로 돌아가 두 번째 되새김질을 하거나 진짜 위로 이동된다.

연관: 과학적 탐구

배가 고플 때 위에서 소리가 나는 이유는 무엇일까?

복명(*borborygmi*)은 위에서 나는 꾸르륵거리는 소리를 뜻하는 의학용어이다. 실제로는 소화과정에서 소화액과 기체들이 섞일 때 위 벽이 서로 짓눌려서 나는 소리이다. 위가 빈 상태에서는 위 벽에서 위액이 튕겨 나오는 소리가 난다. 위가 비면 뇌의 "기아 중추"가 소화과정을 시작하도록 위에 신호를 보내는데, 때로는 복명과 식욕에 대한 신호전달이 일어나도록 한다.

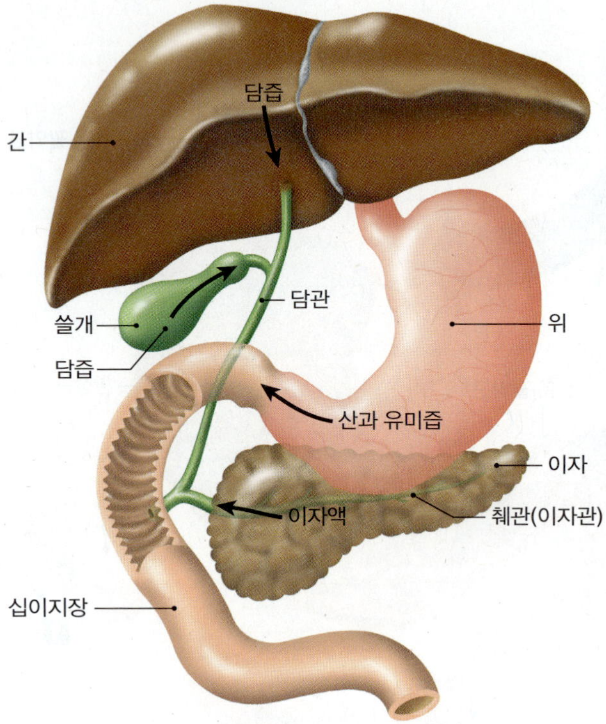

그림 24.23 췌관과 담관은 십이지장으로 연결된다.

담즙은 간에서 만들어져서 쓸개에 저장되며, 효소를 포함한 이자액은 관을 통해 십이지장으로 들어간다.

을 **유미즙(chyme)**이라고 한다. 유미즙은 위에서 **소장(small intestine)**으로 보내진다. 소장은 긴 관이며 다음의 두 가지 기능을 한다. (1) 탄수화물 중합체, 단백질, 핵산 및 지방이 포함된 유미즙의 모든 분자를 소화하고, (2) 영양소 분자를 체내로 흡수한다.

소장의 첫 부분은 십이지장이다. 두 가지 중요한 부속샘인 **이자(pancreas)**와 **간(liver)**에서 관을 통해 십이지장으로 분비물을 보낸다(**그림 24.23**). **담즙(bile)**은 간에서 생산되어 **쓸개(gall bladder)**에 저장된다. 담즙은 헤모글로빈이 분해된 색소가 포함되어 있어서 녹색으로 보인다. 이 녹색은 멍든 부위의 빛깔을 본 적이 있는 사람에게는 익숙할 것이다. 멍든 조직의 헤모글로빈도 담즙에서 발견되는 것과 동일한 유형의 색소로 분해된다. 또한 담즙에 있는 담즙염이 **유화작용(emulsification)**에 의하여 지방을 지방 입자로 분해한다. 지방 입자는 물과 섞여서 표면적이 넓어지므로 효소에 의해 잘 소화될 수 있다.

이자에서 만들어내는 이자액 속에는 탄산수소나트륨($NaHCO_3$)과 소화효소가 들어 있다. 탄산수소나트륨은 유미즙을 중화하고 소장의 pH를 약알칼리성으로 만든다. 높은 pH는 소장 내벽이 펩신에 의해 소화되지 않도록 보호하며, 이자 효소가 적절한 활성을 보이도록 한다. **이자 아밀라아제(pancreatic amylase)**는 녹말을 맥아당으로 소화하고, **트립신(trypsin)**은 단백질을 펩티드로 소화하며, **리파아제(lipase)**는 지방 입자를 글리세롤과 지방산으로 소화한다. **뉴클레아제(nuclease)**는 핵산을 뉴클레오티드로 소화한다.

소장에는 이 밖에도 많은 효소가 있다. 소장의 벽에는 손가락 모양으로 돌출된 **융모(villi)**가 있다(**그림 24.24*b***). 융모의 상피세포에서 장의 효소를 만들어내며, 이 효소들은 상피세포에 붙은 채로 남아 있다. 이들 효소가 펩티드

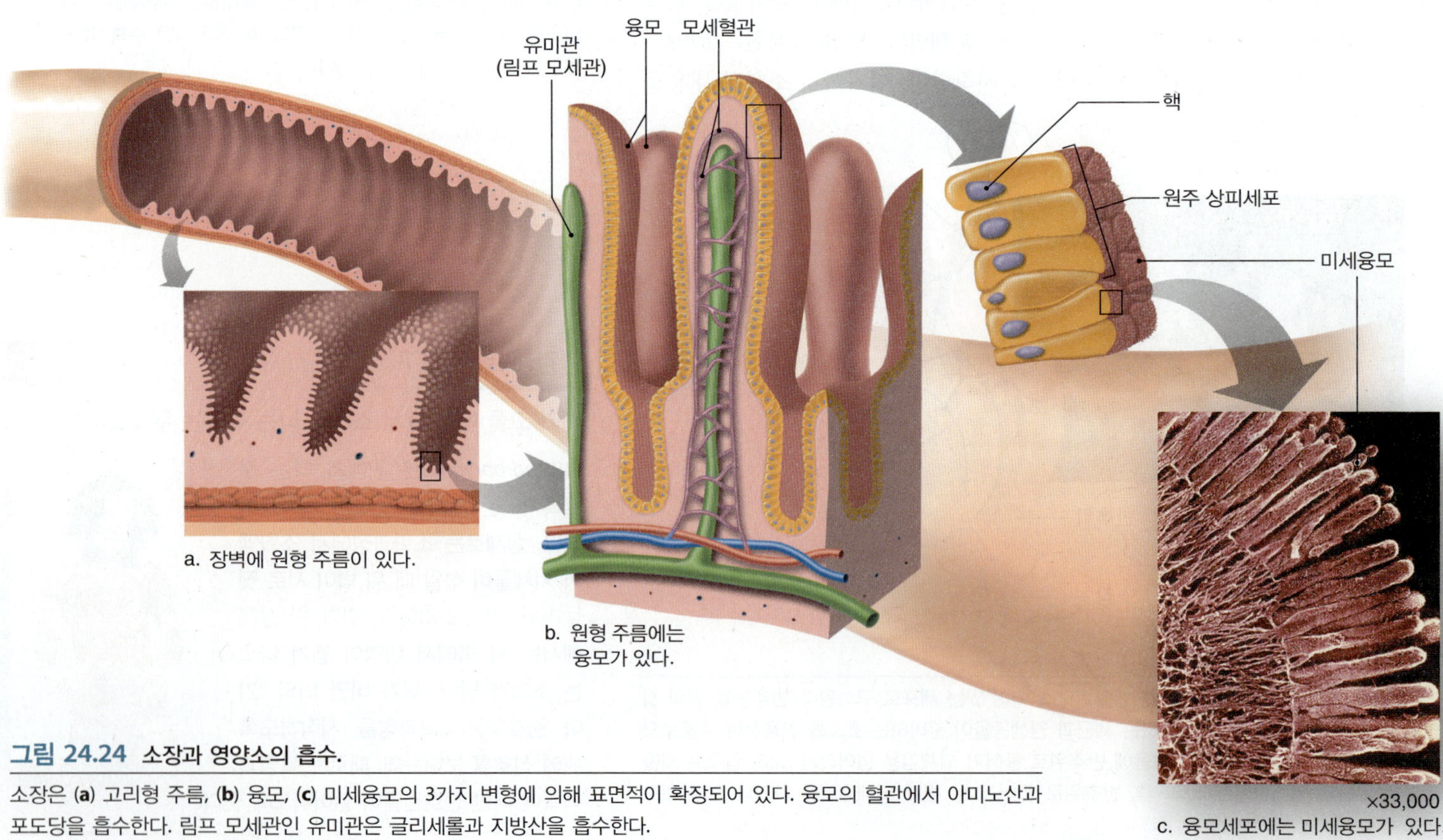

그림 24.24 소장과 영양소의 흡수.

소장은 (**a**) 고리형 주름, (**b**) 융모, (**c**) 미세융모의 3가지 변형에 의해 표면적이 확장되어 있다. 융모의 혈관에서 아미노산과 포도당을 흡수한다. 림프 모세관인 유미관은 글리세롤과 지방산을 흡수한다.

와 당의 소화를 마무리한다. 단백질 소화의 첫 단계에서 만들어진 펩티드는 펩티다아제에 의해 아미노산으로 소화된다. 전분 소화의 첫 단계에서 만들어진 맥아당은 말타아제에 의해 포도당으로 소화된다. 이 밖의 이당류들도 특정 효소에 의해 분해되어 단당류로 소화된다.

최종적으로 이들 작은 영양분자는 혈류를 통해 체내로 흡수될 수 있다. 신체의 세포는 이들 분자를 에너지 자원과 거대분자를 만드는 기초 성분으로 이용한다.

그림 24.25 **육식동물과 반추동물의 소화관 비교.**

육식동물(**a**)은 반추동물(**b**)보다 소화관의 길이가 훨씬 짧다. 그 이유는 단백질이 식물성 물질보다 쉽게 소화되기 때문이다.

융모에 의한 흡수작용 소장 벽은 테니스 코트 면적과 거의 비슷한 매우 넓은 표면적을 가지고 있어 영양분자를 흡수하는 데 적합하다. 첫째, 소장의 점막층은 고리형 주름으로 인해 거의 물결 모양으로 보인다(그림 24.24*a*). 둘째, 고리형 주름 표면에는 융모가 있다. 마지막으로, 융모 표면의 세포에는 **미세융모(microvilli)**라고 하는 매우 작은 돌기가 있다(그림 24.24*c*). 만일 사람의 소장이 단순히 매끄러운 관 형태라면, 그 길이가 500~600 m나 되어야 적절한 흡수 표면적을 갖출 수 있을 것이다. 육식동물은 초식동물에 비해 소화관이 훨씬 짧다. 그 이유는 육류는 식물성 물질보다 쉽게 소화시킬 수 있기 때문이다(**그림 24.25**).

소장의 융모에서 작은 영양분자가 체내로 흡수된다. 모든 융모에는 모세혈관과 **암죽관(lacteal)**이라고 하는 림프관이 광범위하게 분포되어 있다. 23장에서 설명한 바와 같이 림프관은 심혈관계에 부속되어 있으며, 림프액을 심혈관 정맥으로 운반한다. 당과 아미노산은 융모의 모세혈관으로 들어가 간문맥을 거쳐 간으로 이동된다. 이와는 달리 글리세롤과 지방산(지방의 소화물)은 융모의 상피세포로 들어간 후 재결합하여 지방단백질 입자로 만들어진 뒤 암죽관으로 들어간다. 거의 모든 영양분자가 흡수될 때까지 흡수작용은 지속된다. 흡수는 확산에 의하기도 하지만, 세포에너지를 소비하는 능동수송에 의해서도 일어난다. 림프관은 림프를 심혈관 정맥으로 운반한다. 결국, 혈류는 소화계에서 흡수된 영양소를 신체의 모든 세포로 운반한다.

대장

창자(*bowel*)는 전문적으로 위와 항문 사이의 소화관 부위를 의미한다. 하지만 때로는 대장만을 지칭하기도 한다. **대장(large intestine)**은 수분, 염 및 일부 비타민을 흡수한다. 또한 소화되지 않은 물질들이 항문으로 배출될 때까지 저장하는 곳이다. 대장은 소장보다 짧으며, 길이가 아니라 직경이 커서 붙여진 이름이다. 대장에는 소장 말단과 연결된 부위에 막힌 주머니인 맹장이 있으며, 여기에 **충수돌기(appendix)**라는 림프조직이 있는 작은 돌기가 붙어 있다. 사람의 경우 충수돌기는 아마도 유익한 균의 저장소로 작용하여 감염에 대항하는 역할을 하는 것으로 보인다. **맹장염**(*appendicitis*)은 충수돌기가 감염된 상태이며, 체액이 가득 차서 터질 수도 있다. 만일 감염된 충수돌기를 제거하지 않으면 터져서 대개 복막이 심각하게 감염되는 복막염이 생

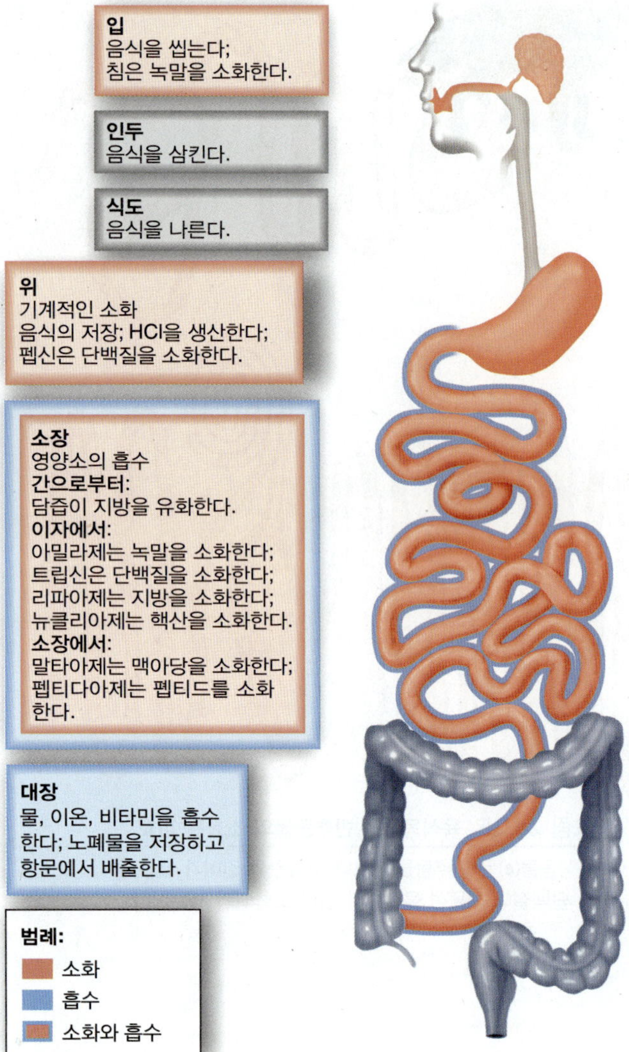

그림 24.26 **소화기관과 각각의 기능.**

음식물이 영양분자로 분해되어 체내로 흡수되는 과정의 개관.

길 수도 있다.

대장에는 거대한 세균 집단이 서식하고 있으며, 특히 대장균(*Escherichia coli*)이 많다. 세균은 소화되지 않은 물질을 분해하고, 비타민 K를 포함한 일부 비타민을 만들어낸다. 비타민 K는 혈액응고에 필요하다. 소화된 찌꺼기(분변)는 **항문(anus)**을 통해 몸 밖으로 배출된다. 분변은 약 75%의 물과 고형물질로 이루어진다. 고형물질의 약 1/3은 장내 세균이며, 나머지는 소화되지 않은 식물성 물질(섬유소), 지방, 노폐물(담즙색소 등), 무기물, 점액 및 장내벽의 죽은 세포들이다. 섬유소는 분변의 부피를 늘려 변이 규칙적으로 잘 제거되도록 하며 **변비**(*constipation*)를 방지한다.

매일 음식과 음료를 통해 1.5 L 정도의 물이 소화관으로 들어온다. 여기에다 매일 8.5 L 정도의 물이 소화샘에서 분비된 다양한 물질과 함께 소화관으로 들어온다. 이들 물의 약 95%는 소장에서 흡수되고 나머지의 대부분은 대장에서 흡수된다. 만일 물이 충분하게 재흡수 되지 않으면 **설사(diarrhea)**가 생기며, 특히 어린이의 경우 심각한 탈수와 이온 손실을 겪게 될 수 있다.

대장의 세포는 음식물 속의 화학물질에 긴 시간 동안 노출되기 때문에, 점막에서 자라나는 작은 돌기인 **폴립(polyp)**이 발달되기 쉽다. 폴립은 양성이든 악성이든 외과수술로 적출할 수 있다.

그림 24.26은 소화과정을 요약한 것이다.

부속기관

이자와 간은 이, 침샘 및 쓸개와 함께 소화에 참여하는 주요 부속기관이다.

이자

이자(pancreas; 그림 24.23 참조)는 내분비샘과 외분비샘의 기능을 모두 갖고 있다. **내분비샘(endocrine gland)**은 생산한 물질을 관을 통하지 않고 혈액에 직접 분비한다. 이자가 호르몬인 **인슐린(insulin)**과 **글루카곤(glucagon)**을 생산하여 혈류로 분비할 때는 내분비샘으로 작용한다. 이 호르몬들은 혈당조절에 관여한다(27.2절 참조). **외분비샘(exocrine gland)**은 관을 통해 분비된다. 이자가 이자액(473쪽 "소화효소" 참조)을 생산하여 췌관(이자관)을 통해 십이지장으로 분비할 때는 외분비샘으로 작용한다.

간

간은 다음과 같은 많은 기능을 수행한다.

1. 혈액의 독성물질을 제거하거나 대사하여 해독한다.
2. 알부민과 피브리노겐 등의 혈장 단백질을 생성한다.
3. 수명이 다 된 적혈구를 파괴하고 헤모글로빈을 분해하여 담즙 성분(빌리루빈과 빌리베르딘)으로 전환시킨다.
4. 담즙을 생성한다. 담즙은 쓸개에 저장되었다가 소장으로 가서 지방을 유화시킨다.
5. 식사와 식사 사이에 포도당을 글리코겐으로 저장하거나 글리코겐을 포도당으로 분해하여 혈액의 포도당 농도를 일정하게 유지한다.
6. 아미노산과 암모니아로부터 요소를 생성한다.

대장과 소장 등에 분포한 혈관이 합쳐져서 간문맥을 형성하며 간으로 유입된다(**그림 24.27**). 간은 간문맥 속의 과다한 포도당을 글리코겐으로 저장함으로써 약 0.1%의 혈당 농도를 유지한다. 식사와 식사 사이에 글리코겐이 포도당으로 분해되며, 포도당은 간정맥으로 들어간다. 식물성인 전분처럼 글리코겐도 포도당 분자로 구성되어 있어서 때로는 동물성 전분이라고도 한다. 만일 글리코겐과 포도당이 모두 소진되면 간은 아미노산을 포도당 분자로 전환한다.

아미노산은 아미노기 형태로 질소를 포함하고 있지만, 포도당은 탄소, 산소 및 수소만으로 이루어진다. 그러므로 아미노산을 포도당 분자로 전환하려면 그 전에 아미노산에서 아미노기를 제거하는 탈아미노반응이 일어나야만 한다. 복잡한 대사과정을 거쳐 간은 아미노기를 요소로 전환하며, 요소는 사람이 만들어내는 가장 일반적인 유형의 질소 노폐물이다. 간에서 만들어진 요소는 혈류를 타고 신장으로 전달되어 배출된다.

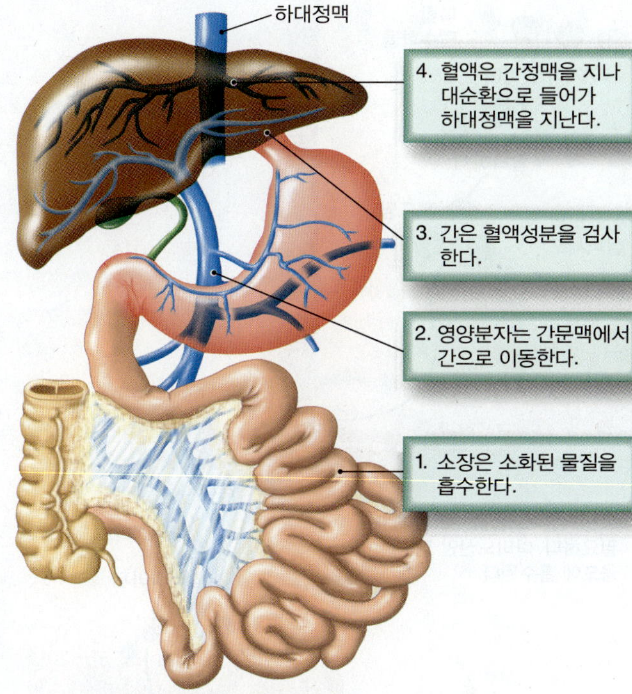

그림 24.27 간문맥계.
소화계에서 소화된 물질은 간문맥을 통해 간으로 흡수되며, 간에서 가공된 후 간정맥으로 들어간다.

간질환 황달(*jaundice*) 환자의 피부는 노란색을 띠게 되는데, 이것은 혈액 내에 담즙 색소가 비정상적으로 많기 때문이다. 용혈성 황달은 적혈구가 비정상적으로 대량 분해되는 경우이며, 폐쇄성 황달은 담관이 막히거나 간세포가 손상된 경우이다.

황달은 또한 간에 바이러스가 감염된 간염(*hepatitis*)의 결과로도 생길 수 있다. A형 간염은 오염된 음식에 의해 가장 흔히 발병한다. B형과 C형 간염은 수혈과 신장투석, 소독되지 않은 주사바늘에 의해 흔히 전파된다. 이러한 세 가지 유형의 간염은 성관계에 의해서도 전파될 수 있다.

만성 간질환인 간경변(*cirrhosis*)은 처음에는 지방간이 되며, 이후에 간 조직이 비활성인 섬유성 상처조직으로 대체된다. 흔히 알코올 중독자에게서 간경변이 나타나는데, 과다한 알코올로 인해 간이 분해해야 하는 부담이 크기 때문인 것으로 보인다.

소화효소

요리할 때 냄새를 맡으면 입안에 침이 고이는가? 심지어 음식을 생각만 해도 때로는 신경계가 소화액을 분비하도록 명령을 내린다. 이러한 소화액의 분비는 또한 몇 가지 펩티드 호르몬의 영향도 받는데, 이들 호르몬은 짧은 아미노산 서열로 구성되어 있다. 단백질이 풍부한 식사를 하면, 위벽에서 펩티드 호르몬을 만들어 혈류로 보내며, 이로 인해 더 많은 위액을 분비하게 된다. 소장 내에 단백질과 지방이 있으면, 소장 벽에서 또 다른 펩티드 호르몬이 생산되어 담즙과 이자액을 분비하도록 자극한다. 이러한 방식으로 소화기관은 스스로 필요에 따라 조절된다.

소화액에 있는 여러 가지 소화효소가 탄수화물, 단백질, 핵산, 지방 그리고 음식물의 중요한 성분들을 분해한다. 전분은 다당류이며 입에서 소화가 시작된다. 침샘에서 분비하는 침은 중성 pH이며, 전분에 작용하는 최초의 효소인 침 아밀라아제를 포함하고 있다.

$$\text{전분} + H_2O \xrightarrow{\text{침 아밀라아제}} \text{맥아당}$$

이당류인 맥아당은 장에서 흡수되지 않는다. 맥아당은 소장에서 추가로 소화되어 포도당으로 바뀐 뒤에 흡수된다.

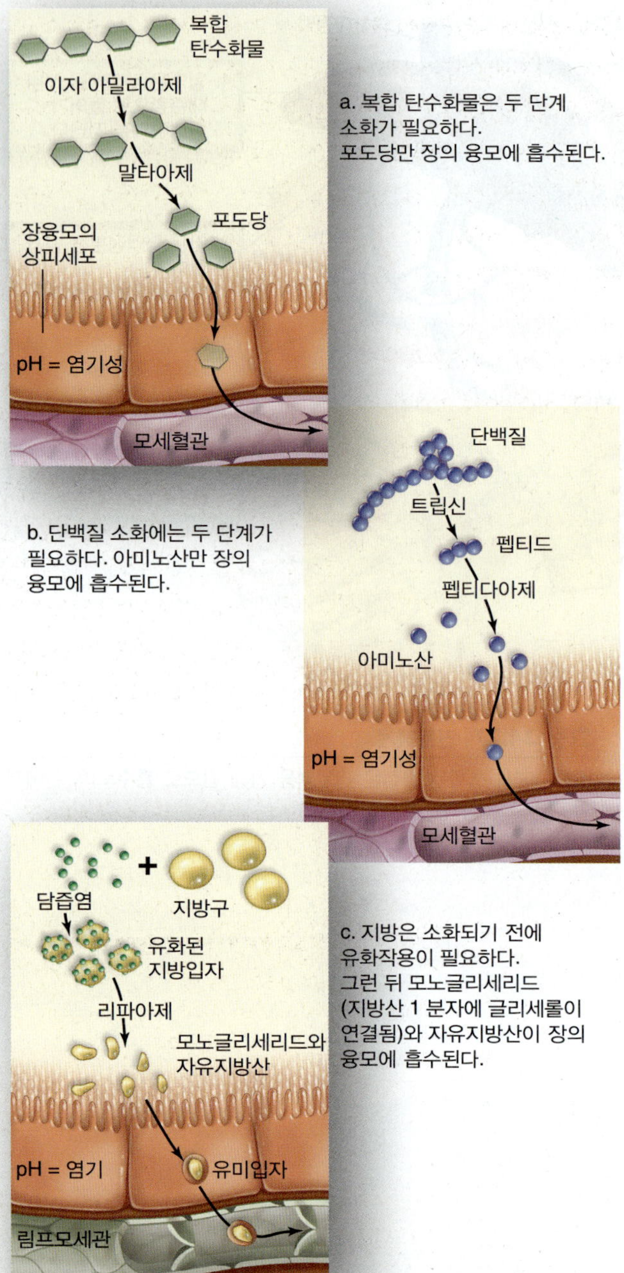

그림 24.28 **소장에서 영양소의 소화와 흡수.**

(**a**) 탄수화물, (**b**) 단백질, (**c**) 지방 소화과정의 요약.

단백질 소화는 위에서 시작된다. 위샘에서 분비된 위액은 염산(HCl)을 포함하고 있어서 pH 2 정도로 매우 강한 산성이다. 위액에 있는 펩신이 단백질에 작용하여 펩티드로 분해한다.

펩신
단백질 + H_2O ⟶ 펩티드

펩티드는 대부분 너무 커서 장 내벽으로 흡수될 수 없지만, 나중에 소장에서 아미노산으로 분해된다.

전분, 단백질, 지방 및 핵산은 모두 소장에서 효소에 의해 분해된다(**그림 24.28**). 십이지장으로 분비되는 이자액은 탄산수소나트륨($NaHCO_3$)을 포함하고 있어서 염기성 pH이다. 이자의 분비효소 중 하나인 이자 아밀라아제는 전분을 소화시킨다(그림 24.28*a*).

이자 아밀라아제
전분 + H_2O ⟶ 맥아당

또 다른 이자 효소인 트립신은 단백질을 소화시킨다(그림 24.28*b*).

트립신
단백질 + H_2O ⟶ 펩티드

소장에서 생산되는 말타아제는 전분을 포도당으로, 펩티다아제는 단백질을 아미노산으로 분해하여 소화를 마무리한다. 포도당과 아미노산은 작은 분자들이므로 융모세포를 통과하여 혈액으로 들어간다(그림 24.28*a*,*b*).

이당류인 맥아당은 전분 소화의 첫 단계에서 만들어지며 말타아제에 의해 포도당으로 분해된다.

말타아제
맥아당 + H_2O ⟶ 포도당 + 포도당

그 밖의 이당류도 소장에서 자신의 효소에 의해 분해된다. 이 효소들 중 어느 하나라도 없다면 질병이 생길 수 있다.

단백질 소화의 첫 단계에서 만들어지는 펩티드는 펩티다아제에 의해 아미노산으로 분해된다.

펩티다아제
펩티드 + H_2O ⟶ 아미노산

이자의 세 번째 효소인 리파아제는 담즙에 의해 유화된 지방 입자를 지방 분자로 분해한다.

리파아제
지방 입자 + H_2O ⟶ 글리세롤 + 3 지방산

특히, 리파아제 소화의 최종산물은 모노글리세리드(글리세롤 + 1 지방산)와 지방산이다. 이들은 융모세포로 들어간 후 유미미립(chylomicron)이라고 하는 지질단백질 입자를 형성하여 유미관으로 들어간다(그림 24.28*c*).

진도 점검하기 24.3

1. 소화관의 기능을 설명하시오.
2. 연동운동을 설명하고, 이 기능이 소화에 필요한 이유를 설명하시오.
3. 소장과 대장의 해부학적인 구조와 기능을 비교하시오.
4. 십이지장과 간, 이자 사이의 상관관계를 설명하시오.
5. 소화효소인 침 아밀라아제, 펩신, 트립신, 펩티다아제, 리파아제의 작용을 설명하시오.

개념 연결하기

24.3 소화계는 체세포에 영양분을 공급한다.

요약

24.1 호흡계

호흡(respiration)은 (1) 숨쉬기, (2) 기체의 외부교환, (3) 기체의 내부교환 등 세 단계를 포함한다.

호흡계

사람 호흡계의 주요 구성 요소는 두 가지로 나눌 수 있다.

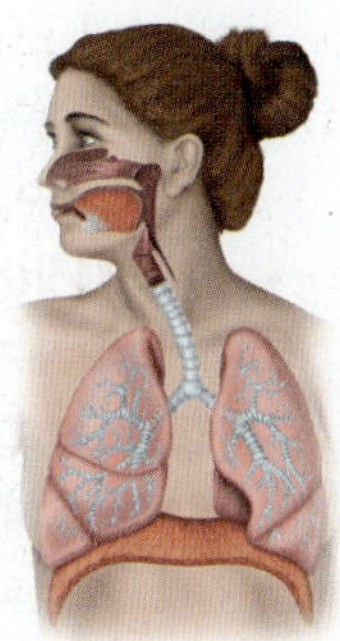

- 상기도는 **비강(nasal cavity)**과 **부비동(sinuse)**을 포함한 코, **인두(pharynx)**, 성대를 포함한 **후두(larynx)**로 구성된다. **성문(glottis)**과 **후두개(epiglottis)**는 호흡계와 소화계의 경계를 이룬다.
- 하기도는 **기관(trachea)**, **기관지(bronchi)**, **기관세지(bronchiole)**, 폐로 구성된다. **폐(lung)**에는 모세혈관망에 둘러싸인 공기 주머니인 **폐포(alveoli)**가 많이 있다. 폐의 아랫부분은 흉강과 복강을 나누는 근육성 막인 횡격막과 접하고 있다.

숨쉬기

- **흡기(inspiration):** 흡기 중에 **횡격막(diaphragm)**은 내려가고 흉곽은 위로 올라가며 앞으로 튀어 나온다. 폐가 팽창하여 공기가 밀려들어온다.
- **호기(expiration):** 호기 중에 횡격막이 이완하여 위로 올라간다. 흉곽은 아래로 내려가며 안으로 들어간다. 폐 속의 압력이 증가하여 공기가 폐에서 밀려나간다.
- **호흡 조절:** CO_2와 수소 이온(H^+) 농도가 호흡률을 조절하는 자극으로 작용한다. **대동맥소체(aortic body)**와 **경동맥소체(carotid body)**는 뇌에 있는 호흡중추로 정보를 보내어 호흡률을 조절하는 화학수용기이다.

폐와 외부의 기체교환

- 폐포는 폐모세혈관으로 둘러싸여 있다.
- 각 기체의 농도기울기로 인해 CO_2는 혈액에서 폐포로, O_2는 폐포에서 혈액으로 확산된다.

기체의 수송과 내부교환

세포호흡에 필요한 산소는 다음 이동경로를 따른다.

- 헤모글로빈의 철 부위(**heme**)에 의한 수송
- 확산에 의해 혈액에서 조직으로 들어감
- 세포호흡으로 조직이 따뜻해지고 산성이 됨에 따라 모세혈관의 헤모글로빈에서 일어나는 산소의 해리

세포호흡 결과로 생긴 이산화탄소는 다음 이동 경로를 따른다.

- 확산에 의해 혈액으로 들어감
- 적혈구로 들어가거나 물과 결합하여 탄산을 형성함
- 탄산이 분해되어 수소 이온(H^+)과 **중탄산 이온**(HCO_3^-)을 생성

CO_2	+	H_2O	→	H_2CO_3	→	H^+	+	HCO_3^-
이산화탄소		물		탄산		수소 이온		중탄산 이온

중탄산 이온은 혈장에 의해 이동된다. H^+은 헤모글로빈의 글로빈과 결합한다.

- 폐에서는 H^+이 중탄산 이온과 결합하여 탄산을 형성하며, 후에 물과 CO_2로 분해된다.

$$H^+ + HCO_3^- \longrightarrow H_2CO_3 \longrightarrow H_2O + CO_2$$

24.2 비뇨계와 배설

신장의 기능은 다음과 같다.

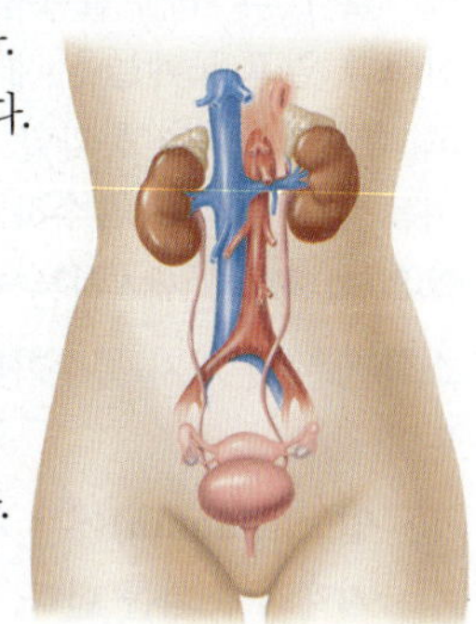

- 요소와 요산 등의 질소노폐물을 배출한다.
- 혈액의 정상적인 물-염의 균형을 유지한다.
- 혈액의 산-염기 균형을 유지한다.

비뇨계는 다음과 같은 부위로 구성된다.

- **신장(kidney):** **오줌(urine)**을 생성한다.
- **수뇨관(ureter):** 오줌을 방광으로 보낸다.
- **방광(urinary bladder):** 오줌을 저장한다.
- **요도(urethra):** 오줌을 외부로 내보낸다.

신장

신장은 신피질, 신수질, 신우의 세 부분으로 나눈다. 현미경 수준에서는

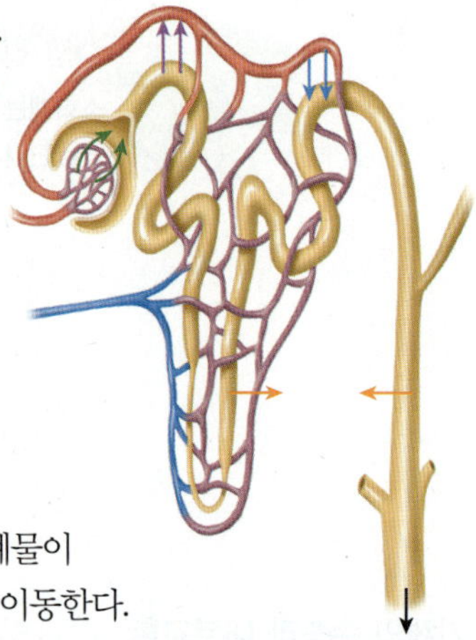

네프론(nephron)으로 구성되어 있다. 네프론은 **네프론 주머니(glomerular capsule)**, **기부감긴세뇨관(proximal convoluted tubule)**, **헨레고리(Henle's loop)**, **말부감긴세뇨관(distal convoluted tubule)** 및 **집합관(collecting duct)**으로 이루어진다.

오줌은 세 단계를 거쳐 생성된다.

- **여과(filtration):** 물, 영양소, 노폐물이 혈액에서 네프론 주머니 안으로 이동한다.
- **재흡수(reabsorption):** 염, 물, 영양소는 기부감긴세뇨관에서 재흡수된다.
- **분비(secretion):** 어떤 물질(수소 이온 등)은 혈액에서 말부감긴세뇨관 안으로 수송된다.

물-염 균형과 pH의 조절 신장은 물-염의 농도와 혈액의 pH를 조절함으로써 항상성에 중요한 역할을 한다. 물의 재흡수과정과 고장액의 오줌 생성 과정에서는 용질의 농도기울기가 형성되고, 이에 따라 헨레고리의 하행지와 집합관로부터 물을 혈관으로 끌어들인다. 신장은 필요에 따라 HCO_3^-를 흡수하거나 H^+를 배출하여 혈액의 pH를 7.4 정도로 유지한다. 암모니아는 오줌 속의 H^+를 완충시킨다. 곤충의 말피기관, 그리고 민물어류와 바다어류의 특수기관은 동물이 삼투압을 조절하는 또 다른 예이다.

신장 기능의 이상

당뇨, 신장결석, 신장감염 등의 다양한 임상조건에 의해 신부전이 유발될 수 있다. 신부전은 체내 조직액이 축적되는 **부종(edema)**을 일으킬 수 있다. 신부전은 신장 기계를 이용한 **투석(dialysis)**이나 신장이식을 통해 치료할 수 있다.

24.3 소화계

소화계는 호흡계, 비뇨계와 함께 외부환경과 혈액 사이에서 교환을 하며, 이를 통해 영양소와 산소가 포함된 혈액을 공급하고 노폐물 분자를 제거한다. 그 후에 혈액과 조직액 사이의 교환을 통해 세포가 영양분과 산소를 얻고 노폐물을 제거한다. 소화계의 기능은 (1) 음식물을 섭취하고, (2) 세포막을 통과할 수 있는 작은 분자로 음식물을 분해하며, (3) 이들 영양 분자를 흡수하고, (4) 소화되지 않은 찌꺼기를 제거하는 것이다.

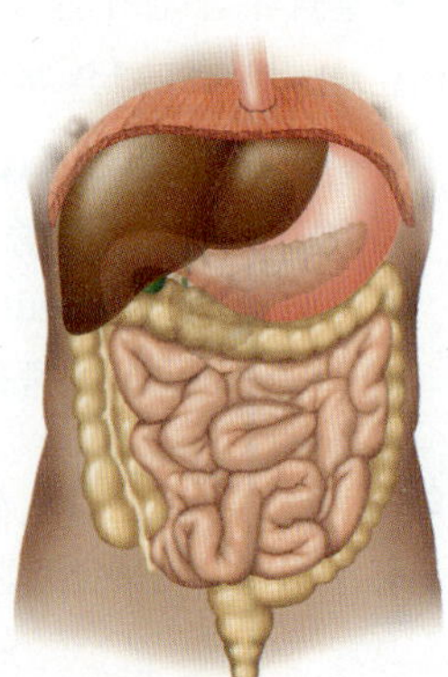

소화관은 몇 가지 특수화된 부분으로 구성된다.

- **입:** **입(mouth)**에는 치아가 있어서 기계적 소화를 한다. **초식동물(herbivore)**, **육식동물(carnivore)** 및 **잡식동물(omnivore)**의 치아는 자신의 먹이에 적응되어 있다.
- **침샘(salivary gland)**은 전분을 소화하는 **침 아밀라아제(salivary amylase)**가 포함된 침을 분비하며, 혀는 **식괴(bolus)**를 만들어 삼킬 수 있도록 한다.
- 인두: 공기 통로와 음식물 통로는 인두에서 교차한다. 음식을 삼킬 때에는 기도가 연구개와 후두개에 의해 닫힌다. **연동운동(peristalsis)**이 시작된다.
- **위:** **위(stomach)**는 산성 위액과 음식물을 휘저어 섞는 기계적 소화를 이용하여 **유미즙(chyme)**을 만든다. 위액에는 단백질을 소화하는 효소인 **펩신(pepsin)**이 들어 있다.
- **소장:** **쓸개(gall bladder)**로부터 **담즙(bile)**이 **소장(small intestine)**의 일부인 십이지장으로 들어온다. 간에서 생성된 담즙은 지방을 **유화(emulsification)**시킨다. 또한 **이자(pancreas)**로부터 이자액이 소장으로 들어온다. 이자액에는 **트립신(trypsin**; 단백질 소화), **리파아제(lipase**; 지방 소화), **뉴클레아제(nuclease**; 핵산 소화) 및 **이자 아밀라아제(pancreatic amylase**; 전분 소화)가 포함되어 있다. 소장에서는 효소에 의해 음식물이 융모와 **미세융모(microvilli)**를 통과할 수 있는 작은 분자로 분해되어 소화가 마무리된다. 아미노산과 포도당은 모세혈관으로 들어간다. 글리세롤과 지방산은 지방단백질로 재결합된 뒤 **유미관(lacteal)**이라고 하는 림프관으로 들어간다.
- **대장:** **대장(large intestine)**은 소화되고 남은 찌꺼기가 **항문(anus)**을 통해 제거되기 전까지 저장되는 곳이다. **충수돌기(appendix)**는 대장을 보호하는 것으로 보인다. 대장에서는 물, 염, 일부 비타민이 흡수된다. 대장에서 물을 잘 흡수하지 못하면 **설사(diarrhea)**가 생긴다. 수분과 섬유소를 섭취하면 변비 예방에 도움이 된다. **폴립(polyp)**이라고 하는 작은 돌기가 대장에 흔히 자라난다.

부속기관

이자와 간은 주요 부속기관이다.

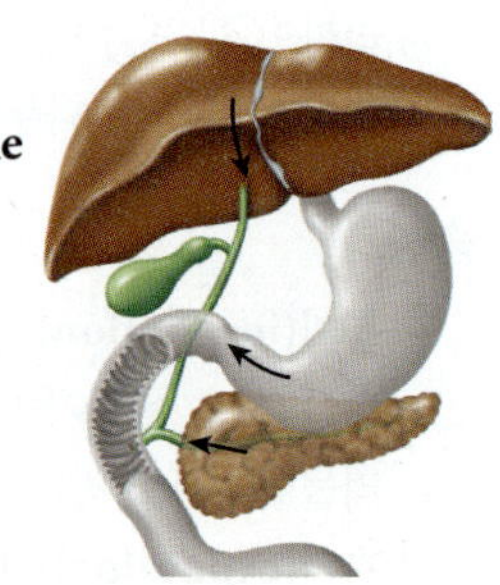

- **이자:** **이자(pancreas)**는 **외분비샘(exocrine gland)**으로서 이자액을 생산하며, **내분비샘(endocrine gland)**으로서 호르몬인 **인슐린(insulin)**과 **글루카곤(glucagon)**을 생산한다.
- 간: **간(liver)**은 담즙을 생산하여 쓸개에 저장한다.
- 쓸개와 침샘도 부속기관이다.

개념 연결하기

유지계는 신체의 적절한 기능을 유지하는 중요한 역할을 한다. 유지계는 신체에 양분을 공급하고 노폐물을 체외로 제거한다.

24.1 호흡계는 대기와 체세포 사이에서 기체를 교환한다.

24.2 비뇨계는 질소노폐물을 배출하고 신체의 물-염 균형과 산-염기 균형을 조절한다.

24.3 소화계는 체세포에 영양분을 공급한다.

유지계의 기능에 관한 정보가 더 필요하면 다음 논의를 참조하시오.

5.4절 막을 통한 확산속도를 결정하는 요소들에 대한 설명.

22.3절 신체가 항상성을 유지하는 방식에 대한 요약.

25.2절 영양소의 종류 별로 필요한 식품에 대한 조사.

혼자 풀어보기

가장 적절한 답을 고르시오.

24.1 호흡계

1. 다음 그림에서 사람 호흡계를 구성하는 부위의 명칭을 쓰시오.

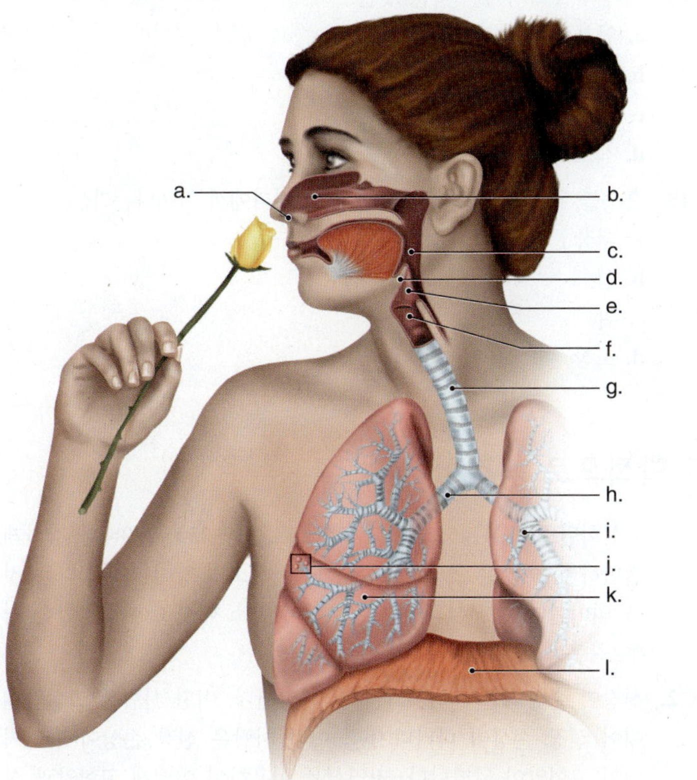

2. 기체교환은 기관세지의 작은 주머니인 ___________에서 일어난다.

a. 폐포 **b.** 기도
c. 편도 **d.** 네프론

3. 후두는

a. 사람 호흡계에서 기체를 교환하는 부위이다.
b. 기도와 기관지 사이에 있다.
c. 음식을 삼킬 때 호흡관으로 들어가지 못하도록 하는 납작한 연골이다.
d. 성대이다.

4. 이산화탄소가 심혈관계에서 주로 이동하는 방식은 무엇인가?

a. 중탄산 이온의 형태로
b. 헤모글로빈의 헴 분자에 결합한 형태로
c. 이산화탄소 기체 형태로
d. 요산으로

24.2 비뇨계와 배설

5. 다음 그림에서 사람 비뇨계를 구성하는 부위의 명칭을 쓰시오.

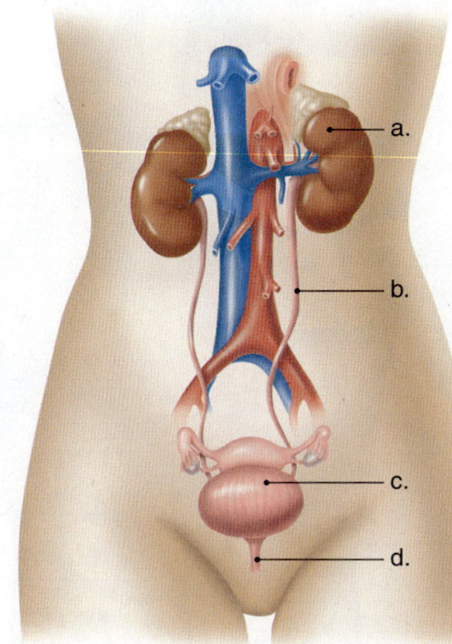

[6~9] 신장의 구성요소에 대한 설명에 해당하는 것을 보기에서 고르시오.

보기:

a. 네프론 주머니
b. 기부감긴세뇨관
c. 헨레고리
d. 말부감긴세뇨관

6. 이곳에서 염을 신수질로 펌프하고, 물이 삼투에 의해 뒤따라 이동한다.

7. 요산은 이곳에서 분비되어 제거된다.

8. 이곳에 있는 미세융모가 포도당 같은 분자들을 재흡수한다.

9. 여과가 일어난다.

10. 비뇨계는 우리 몸의 무엇을 조절하는데 관여하는가?

a. 수분 농도 **b.** 염 농도
c. 혈액의 pH **d.** 모두 옳음

24.3 소화계

11. 다음 그림에서 사람 소화계를 구성하는 부위의 명칭을 쓰시오.

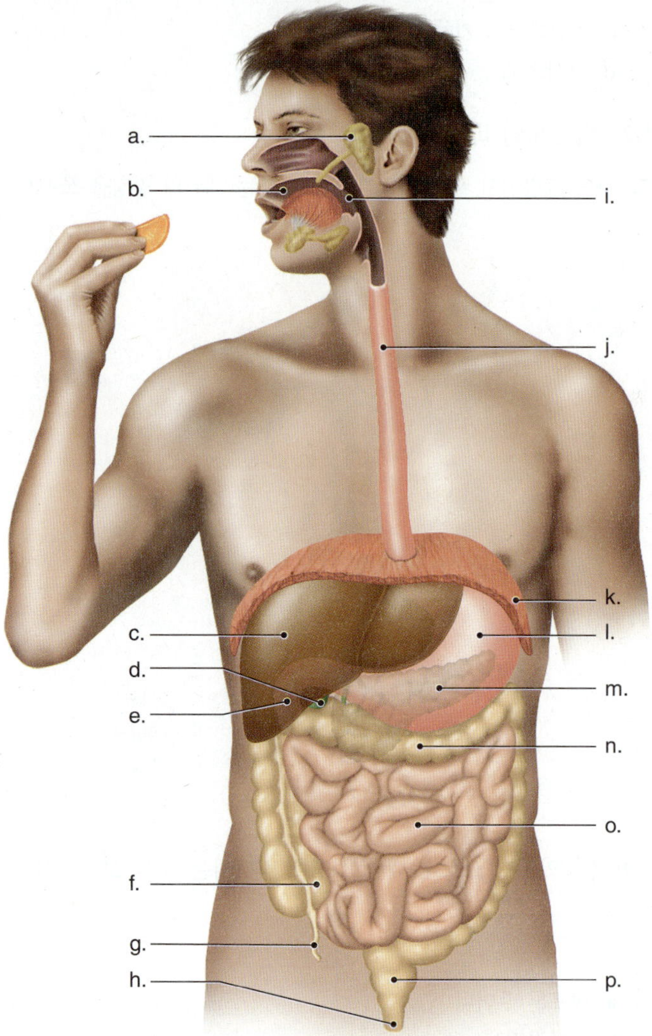

12. 펩신은
- **a.** 소장에서 단백질을 분해한다.
- **b.** 위에서 단백질을 분해한다.
- **c.** 침에 있다.
- **d.** 위에서 지방을 분해한다.

13. 간의 기능이 아닌 것은?
- **a.** 혈액의 독성물질을 제거한다.
- **b.** 소화액을 분비한다.
- **c.** 알부민을 생산한다.
- **d.** 포도당을 저장한다.
- **e.** 담즙을 생산한다.

14. 기계적 소화가 일어나는 곳은?
- **a.** 입과 위
- **b.** 대장과 소장
- **c.** 간과 소장
- **d.** 식도와 소장

15. 흡수를 위한 영양소의 분해는 주로 어디에서 일어나는가?
- **a.** 대장
- **b.** 입
- **c.** 위
- **d.** 소장

과학적으로 생각하기

1. 일산화탄소(CO)는 산소보다 헤모글로빈에 230~270배나 강하게 결합하며, 이것은 조직으로 운반되는 산소의 양이 적어진다는 것을 의미한다. 대부분의 헤모글로빈이 산소 대신 CO에 결합한 경우, 죽음에 이르게 하는 요인은 무엇일까?

2. 신장이 손상되면 흔히 고혈압이 나타난다. 어떤 사람은 고혈압에 이어 신장 손상이 나타나지만, 어떤 사람은 신장 손상이 원인이 되어 고혈압이 나타난다. 저염식을 이용하여 어떻게 고혈압과 신장 손상 중 어느 것이 먼저인지를 판단할 수 있을까?

3. 메뚜기는 대부분의 다른 곤충과 마찬가지로 육상생활에 적응되어 있다. 메뚜기의 호흡계와 비뇨계에서 찾아볼 수 있는 적응은 무엇인가?

25

사람의 영양

트랜스지방과 건강

지금은 심혈관계의 건강 문제가 고지방 및 고콜레스테롤 음식 때문이라고 알려져 있다. 나아가 모든 음식 포장지의 영양성분표에 포화지방 함량을 표기하도록 되어 있고, 많은 소비자들이 영양 표시를 확인하여 포화지방 섭취를 피할 수 있을 정도로 현명해졌다. **트랜스지방**(*trans fat*)에 대해 알아보자. 트랜스지방은 우유와 육류에 천연으로 소량 존재하지만, 대량의 트랜스지방은 가공된 식품에서 얻는다. 트랜스지방은 액체 상태의 불포화 지방에 수소를 추가하여 만든다. 이 과정을 수소화 과정이라고 하며, 액상 지방이 고체인 포화지방과 비슷하게 된다. 그렇다면 식품제조업자들은 천연 포화지방을 쓰면 될 것을 왜 이렇게 번거로운 절차를 거쳐 트랜스지방을 만들까? 역사적으로 보면, 식품업계는 가공식품의 보존 기간을 늘릴 뿐 아니라 향과 질감도 높일 수 있어서 트랜스지방을 첨가하였다.

그러나 이제는 트랜스지방이 포화지방보다 심혈관계 건강에 더 나쁘다는 사실이 알려졌다. 2006년, 미국식품의약국(FDA)은 트랜스지방의 함량을 포장지에 반드시 기재하도록 규정하였다. 지금은 많은 식품제조사가 트랜스지방 함량이 높은 식품의 트랜스지방 함량을 낮추고는 있으나 소비자들은 아직도 트랜스지방 함량을 알아보기 위해 영양성분표를 확인해야 할 것이다.

이 장에서는 건강에 도움이 되고 균형 잡힌 식단의 구성과 건강에 해로운 식품을 섭취했을 때의 결과 등에 대해서 배우게 될 것이다.

이 장을 공부하는 동안 다음 질문에 대해 생각해보자.

1. 우리는 왜 식단에서 포화지방과 트랜스지방을 제한해야 하는가?
2. 영양성분표에 영양소가 어떻게 표기되어 있는가?
3. 식단에서 지방에 대한 일반적인 지침사항은 무엇인가?

개 요

시작하기 전에

이 장을 시작하기 전에 다음 내용을 다시 살펴보자.

2.2절 모든 생명체에 중요한 영양소가 되도록 하는 물의 특성은 무엇인가?

3.2절 세포에서 탄수화물, 지질, 단백질의 역할은 무엇인가?

7.1절 유기호흡은 포도당 같은 유기분자의 에너지를 어떻게 방출하는가?

그림 25.1 건강한 식단.

올바른 음식을 선택하면 더욱 건강해진다.

25.1 영양

학습 목표

이 절을 학습한 후에는 다음 과제를 수행할 수 있어야 한다.

1. 대량영양소, 미량영양소 및 필수영양소의 차이를 구분하기.
2. 정크푸드(*junk food*)보다 **텅빈열량식품**(*empty-calorie food*)이 더 적절한 용어인 이유를 설명하기.

면역계의 방어 작용, 근육과 뼈에서 나오는 힘, 매끄러운 혈액의 순환 등 모든 신체 기능은 적절한 영양에 의존한다(**그림 25.1**). **영양소(nutrient)**는 신체 내에서 생리적인 기능을 수행하는 식품의 구성성분이다. 영양소는 에너지를 공급하고 세포구조에 필요한 물질을 제공하여 성장과 발달을 촉진하며, 세포대사를 조절한다. 영양소는 또한 항상성에도 관여한다. 예를 들어, 영양소는 체액의 균형과 혈액의 pH를 적절히 유지하도록 한다. 영양이 부족해도 인체는 어느 정도까지 버틸 수 있지만 결국 여러 형태의 영양결핍증(*deficiency disorder*)이 드러나기 시작한다. 예를 들어, 비타민 C는 조직을 지지해주는 단백질인 콜라겐을 합성하고 유지하는 데 필요하다. 인체에 비타민 C가 부족하면 콜라겐이 약화되어 모세혈관이 쉽게 파열된다. 잇몸에서 특히 양치질을 할 때 피가 나며, 살짝만 눌러도 피부에 멍든 자국이 생길 수 있다. 다시 말해서, 비타민 C 부족의 초기 신호는 잇몸 출혈과 쉽게 멍이 드는 피부라고 할 수 있다(**그림 25.2**).

영양에 대해 공부함으로써 우리는 식단을 개선하여 더 장수하고, 활동적이며 생산적인 삶을 즐길 가능성이 커진다. 역으로 말하면, 매년 미국에서 사망하는 사람의 10명 중 7명은 잘못된 식습관과 운동부족이 원인이라 할 수 있다. 이러한 생활양식으로 인한 사망은 곧 예방이 가능한 사망의 주원인인 흡연을 앞지를 수도 있다. 나쁜 식단과 좋은 식단의 차이를 공부하면 균형 잡힌 영양소를 공급하는 식품을 선택할 기회를 우리 모두가 누릴 수 있다.

a. b.

그림 25.2 비타민 결핍증.

a. 작은 점 출혈(피부에 붉은 점으로 보이는 작은 상처)은 비타민 C 결핍의 초기 증세이다. **b.** 잇몸 출혈도 비타민 C 결핍의 또 다른 초기 증세이다.

영양소 소개

식이(diet)는 어떤 사람이 천성적으로 선택하는 음식으로 이루어져 있다. 여러 가지 요소, 이를테면 문화 및 인종적 배경, 경제적 상황, 환경적 조건, 심리 상태 등은 우리가 무엇을 먹는가에 영향을 미친다. **균형식단(*balanced diet*)**은 몸이 건강하게 기능을 발휘하는데 필요한 모든 영양소를 적절한 비율로 공급해 준다.

영양소는 탄수화물, 지질, 단백질, 미네랄(무기질), 비타민, 물의 6가지이다. **필수영양소(essential nutrient)**는 체내에서 생성되지 않거나, 필요한 만큼 충분하게 만들어지지 않기 때문에 반드시 음식을 통해 얻어야 한다. 예를 들어, 아미노산은 단백질 합성에 필요하고 이들 중 일부는 몸에서 생성되지 않으므로 음식을 통해 필수아미노산을 공급받아야 한다. 비타민 C를 포함한 대부분의 비타민과 모든 미네랄도 필수영양소에 해당된다.

우리 몸에 매일 필요로 하는 양을 기준으로 영양소를 분류하기도 한다. 탄수화물, 지질, 단백질을 **대량영양소(macronutrient)**라고 하는데, 몸이 이들 영양소를 상당히 많이 필요로 하기 때문이다. 비타민과 미네랄은 소량으로도 충분하기 때문에 **미량영양소(micronutrient)**라고 한다. 우리가 필요로 하는 만큼 에너지를 공급해 주는 것은 미량영양소가 아니라 대량영양소이다. 비타민이나 미네랄 보충제를 먹으면 마치 에너지가 늘어날 것처럼 광고하는 경우도 있지만, 인체는 비타민이나 미네랄 대사를 통해 에너지를 만들어내지 못한다. 물도 에너지를 만들어 내지 못한다. 따라서 채소나 과일처럼 수분함량이 높은 식품은 보통 수분함량이 적고 대량영양소가 많은 식품보다 에너지 섭취량이 적다.

음식물은 거의 모두 여러 영양소의 혼합물이다. 예를 들어, 빵 한 조각은 탄수화물 50%, 물 35%, 단백질 10%, 지질 4% 정도가 포함되어 있다. 비타민과 미네랄은 빵의 영양 성분 중 1% 미만을 차지하고 있다(**그림 25.3**). 인체가 필요로 하는 모든 필수영양소를 단 한 가지로 충족시킬 수 있는 천연식품은 없다.

소위 "나쁜" 식품, 또는 "정크푸드(junk food)"도 많은 사람들이 믿는 것과는 달리 영양학적 가치를 지니고 있다. 어떤 식품에 물, 당분 또는 지방이 들어있다면 영양학적 가치를 지닌 것이다. 그러나 설탕으로 단맛을 낸 음료나 과자, 페스트리 등은 비타민과 미네랄 함량에 비해 지방이나 당의 함량이 많다. 따라서 이러한 식품은 정크푸드보다 **텅빈열량식품(*empty-calorie food*)**이라고 하는 것이 더 적절하다. 이런 식품이 너무 많이 포함된 식단은 당연히 비타민과 미네랄이 부족하다.

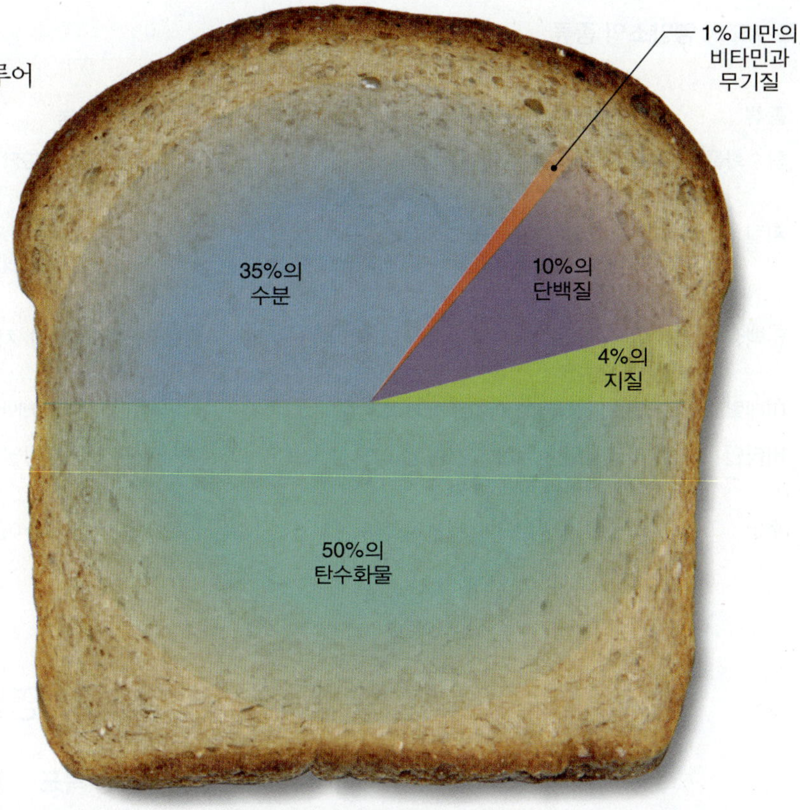

그림 25.3 빵 한 조각의 영양 조성.
대부분의 식품은 영양분이 혼합되어 있다.

진도 점검하기 25.1

1. 대량영양소와 미량영양소의 예를 나열하시오.
2. "정크푸드(*junk food*)"라는 표현이 부적절할 수도 있는 이유를 설명하시오.
3. 필수영양소를 음식을 통해서 얻어야 하는 이유를 설명하시오.

개념 연결하기 25.1
신체의 기능을 제대로 발휘하려면 적절한 영양소가 필요하다.

표 25.1 영양소의 종류

종류	주식품원	주요 생리 기능	대량영양소 또는 미량 영양소
탄수화물	과일, 채소, 시리얼과 곡물류	에너지를 위한 포도당 대사; 섬유소는 대변의 부피를 증가시키므로 변비 방지	대량영양소
지질	기름, 마아가린, 샐러드드레싱, 육류, 생선, 가금류, 견과류, 튀긴 음식, 전지유로 만든 유제품	트리글리세리드는 대사되어 에너지를 내고, 단열작용과 장기보호를 위해 저장됨. 콜레스테롤은 일부 호르몬, 담즙, 비타민 D를 만드는 데 이용됨.	대량영양소
단백질	육류, 생선, 가금류, 달걀, 견과류, 말린 콩과 콩류, 완두콩, 시리얼, 우유, 치즈, 요구르트	단백질은 조직생성, 치유, 유지 등에 필요함; 효소와 일부 호르몬 합성; 항체 생성	대량영양소
미네랄	채소나 식품에 광범위하게 포함됨	에너지대사 조절, 체액균형 유지와 일부 구조, 효소, 호르몬 생성	미량영양소
비타민	식품에 광범위하게 포함됨; 식물성 식품은 항산화제의 좋은 공급원	대사와 생리적인 발달 조절	미량영양소
수분	식품에 광범위하게 포함됨; 음료	많은 화학반응에 관여, 체온조절, 관절의 윤활작용, 세포와 체내의 물질수송에 필요	(해당 없음)

25.2 영양소의 종류

학습 목표

이 절을 학습한 후에는 다음 과제를 수행할 수 있어야 한다.

1. 탄수화물 식품원을 나열하기.
2. 식품에 있는 섬유소의 중요성을 설명하기.
3. 지질의 유형과 그 식품원을 나열하기.
4. 단백질 식품원을 나열하기.
5. 다량 미네랄과 미량 미네랄의 체내 역할을 요약하기.
6. 비타민이라는 용어를 정의하고 필수비타민을 나열하기.
7. 물의 섭취가 왜 중요한지 설명하기.

각각의 영양소는 대개 인체 내에서 여러 가지 기능을 하고, 다양한 식품에서 공급될 수 있다(**표 25.1**).

탄수화물

탄수화물(carbohydrate)은 설탕, 녹말, 섬유소 같은 식품에 들어 있다. 과일, 채소, 우유, 꿀은 당을 공급하는 자연 식품이다. 포도당과 과당은 단당류이며 젖당(유당)과 설탕은 이당류이다. 모든 당분은 몸으로 흡수된 뒤 포도당으로 전환되어 혈액을 통해 세포로 운반된다. 포도당은 세포가 직접 사용할 수 있는 에너지이다.

식물은 포도당을 녹말 상태로, 동물은 글리코겐 상태로 저장한다. 녹말의 좋은 공급원으로는 콩, 완두콩, 곡류, 감자 등이 있다. 녹말은 소화관에서 분해되어 포도당으로 되며, 남는 포도당은 글리코겐 형태로 저장된다. 물론 다른 동물도 포도당을 간이나 근육조직(육류) 속에 글리코겐 형태로 저장하지만, 이 동물을 식품으로 먹으면 글리코겐도 사라진다. 그러므로 당을 포함하고 있는 꿀과 우유를 제외하고는 동물성 식품에는 탄수화물이 들어 있지 않다.

섬유소

섬유소(fiber)에는 식물에서 유래한 여러 가지 소화되지 않는 탄수화물이 들어 있다. 섬유소가 풍부한 식품으로 콩, 완두콩, 견과류, 과일, 채소 등이 있다. 전곡류에도 섬유소가 많이 들어 있으며, 따라서 정제된 곡식보다 영양소가 풍부하다. 정제 혹은 도정 과정에서 섬유소뿐만 아니라 비타민과 미네랄도 제거되어 결국 녹말만 주로 남는다. 예를 들어, 통밀가루로 만든 빵 한 조각에는 3 g의 섬유소가 들어있으나 정제된 밀가루로 만든 빵 한 조각에는 섬유소가 1 g도 되지 않는다.

엄밀히 말하면 섬유소는 혈액 속으로 들어갈 수 있을 만큼 작은 분자로 소화되지 않기 때문에 사람에게 영양소가 되지 못한다. 그러나 물에 녹지 않는 섬유소는 대변의 양을 늘려 대장의 운동을 촉진하고 변비를 막아준다. 물에 녹는 섬유소는 소장에서 담즙산 및 콜레스테롤과 결합하므로 소화되지 않는다. 이렇게 해서 섬유소가 많은 식품은 심장병을 예방해줄 수 있다. 일반적으로 미국인은 섬유소를 매일 15 g밖에 먹지 않는다. 그러나 일일권장량은 여성의 경우 25 g, 남성의 경우 38 g이다. 섬유소 섭취량을 늘리려면 전곡류를 먹고 신선한 과일과 생채소를 간식으로 하며, 견과류와 콩을 식사 때 곁들인다(**그림 25.4**).

그림 25.4 섬유소가 풍부한 식품.

식물은 좋은 탄수화물 공급원이다. 정제되지 않은 식물은 섬유소도 제공한다.

연관: 건강

혈당지수란 무엇인가?

혈당지수(glycemic index, GI)란 식품이 혈당치에 어떻게 영향을 주는지를 나타내는 지표이다. GI는 포도당을 기준치(100)로 사용한다. 일반적으로 복합 탄수화물이 많이 포함된 식품은 단순 탄수화물이 포함된 식품보다 혈당지수가 낮다. 예를 들어, 렌틸콩과 강낭콩의 GI는 29인 반면, 과자류 대부분은 80이다. 원래는 당뇨환자에 맞는 식단을 짜기 위해 고안된 것이지만, 식단에 복합 탄수화물을 늘리는데 관심이 있는 사람에게는 누구에게나 유용하다.

탄수화물이 해로울 수 있는가?

만일 당신이나 아는 사람이 Atkins 또는 South Beach diet 등의 상업적인 다이어트 방법으로 체중을 줄였다면, 아마 여러분은 "탄수화물"이 건강에 좋지 않으므로 피해야 한다고 생각할 수도 있다. 그러나 영양학자들은 필요한 에너지의 대부분을 탄수화물에서 얻어야 한다고 말한다. 미국인들이 바람직한 형태의 탄수화물을 먹지 않는다는 증거가 많다. 어떤 나라에서는, 전통식품의 경우 60~70%가 섬유소를 많이 포함한 탄수화물이며, 이 나라 사람들은 미국인을 괴롭히는 질병의 발병률이 낮다.

비만(obesity)은 2형 당뇨(*type 2 diabetes*) 및 심혈관질환(*cardiovascular disease*)과 연관되어 있다(25.3절 참조). 일부 영양학자는 정제된 탄수화물과 옥수수 녹말로 가공한 과당 감미료가 많이 들어 있는 식품을 대량 섭취하는 것이 미국에서 비만이 만연하는 원인이라고 보기도 한다. 이들은 비타민과 미네랄은 없고 당만 공급하는 텅빈열량식품이다. **표 25.2**는 식품의 당을 어떻게 줄일 수 있는지를 보여준다. 일부 영양학자들은 어떤 식품으로든 너무

표 25.2 식품의 당분 섭취를 줄이는 방법

1. 사탕, 음료수, 아이스크림, 패스트리 같은 단것을 적게 먹는다.
2. 신선한 과일을 먹고, 통조림 과일은 시럽이 적은 것을 먹는다.
3. 설탕—백설탕, 갈색 설탕, 흑설탕—사용량을 줄이고, 꿀과 시럽도 줄인다.
4. 달게 만든 아침식사용 시리얼을 피한다.
5. 젤리, 잼, 저장식품을 적게 먹는다.
6. 대용주스가 아닌 생과일주스를 마신다.
7. 요리할 때 설탕 대신 계피 같은 향신료를 사용하여 맛을 낸다.
8. 홍차나 커피에 설탕을 넣지 않는다.
9. 혈당지수가 낮은 식품을 고른다.

표 25.3 특정 지질을 줄이는 방법

포화지방의 섭취를 줄이려면
1. 단백질 공급원으로서 가금류, 생선이나 말린콩과 강낭콩을 선택한다.
2. 가금류는 요리 전에 껍질을 벗기고 붉은 살 사이의 지방을 제거한 후, 선반에 올려놓아 지방이 빠져나가도록 한다.
3. 튀기는 것보다 불에 굽거나 끓이고 열로 익힌다.
4. 버터, 크림, 트랜스지방, 쇼트닝, 열대식품 기름(코코넛유와 팜유)* 등의 섭취를 제한한다.
5. 버터, 마가린, 소스 대신 허브나 향신료를 사용하여 채소에 간을 한다. 샐러드드레싱 대신 레몬주스를 이용한다.
6. 전지유 대신 탈지유를 마시고, 요리할 때나 빵을 구울 때도 탈지유를 사용한다.
콜레스테롤 섭취를 줄이려면
1. 치즈, 달걀노른자, 간 및 특정 해산물(새우와 바닷가재) 대신 흰살 생선과 가금류를 먹는다.
2. 요리할 때나 먹을 때에도 달걀노른자 대신 흰자를 사용한다.
3. 식품에 용해성 섬유소를 포함시킨다. 귀리껍질, 오트밀, 콩류, 옥수수 및 사과, 감귤류, 크랜베리 같은 과일류에는 용해성 섬유가 많다.

*코코넛유와 팜유는 식물에서 얻지만, 거의 포화지방이다.

연관: 건강

"0% 트랜스지방"이라는 식품표시는 정말 그 제품에 트랜스지방이 없다는 것을 의미할까?

영양성분

1회 분량: 1컵(228g)
총 2회분량

1회 분량당 함량	
260 칼로리 중 지방 칼로리 120	
	% 1일 권장량 비율*
전체 지방 13g	20%
포화지방 5g	25%
트랜스지방 *0g*	0%
콜레스테롤 30mg	10%
소듐 660mg	28%
탄수화물 31g	10%
식이섬유 0g	0%
당류 5g	
단백질 5g	

미국식품의약국(FDA)에서 2006년도에 식품표시에 트랜스지방 정보를 표시하도록 요구하자, 많은 식품회사가 "트랜스지방 0"인 제품이라고 선전하는 라벨을 만들었다. 이 영양성분표에는 지방 항목에 트랜스지방 0 g으로 표시되어 있다. 하지만 자세히 살펴보면 이 식품에 소량의 트랜스지방이 포함되어 있는 것이 드러난다. "부분적으로 수소화된 기름"이란 목록이 있다면, 트랜스지방이 일부 포함되어 있다는 것이다. 트랜스지방이 0.5 g 이상 들어 있을 때만 지방성분에 표시하도록 되어 있다. 미국심장학회는 트랜스지방을 하루 전체 칼로리의 1% 이내로 제한할 것을 권고한다. 불행히도 "숨겨진" 트랜스지방을 통해 1일 권장량을 넘길 수도 있다.

많은 에너지원을 섭취하면 결국 체지방이 늘어나고 비만이 될 위험성이 커지며, 이와 관련된 질병이 증가할 것이라고 지적한다. 도넛, 케이크, 파이, 과자 등 여러 식품에는 정제된 탄수화물과 지방이 많이 들어 있기 때문에 미국에서 질병처럼 만연하는 비만의 원인이 탄수화물 때문인지 지방 때문인지 분명히 판단하기 어렵다.

많은 사람들이 어린이가 설탕을 먹은 후 활동과잉이 된다고 잘못 믿고 있다. 여기에는 아무런 과학적 근거가 없다. 왜냐하면 설탕은 소장에서 포도당과 과당으로 분해되며, 이 두 가지 당 성분은 혈류로 흡수된다. 이로 인해 갑자기 혈당치가 높아지기는 하지만 오래 지속되지는 않는다. 과다한 포도당과 과당은 간으로 들어가며, 과당은 포도당으로 전환된다. 앞서 설명했듯이 간은 여분의 포도당을 글리코겐 형태로 저장하며, 글리코겐은 필요할 때 분해되어 혈당치를 적절히 유지해준다.

지질

탄수화물과 마찬가지로 **트리글리세리드(triglyceride**; 지방과 기름)는 세포에 에너지를 공급하지만 **지방(fat)**은 장기적인 용도로 저장된다. 피부 바로 밑에 축적된 지방을 피하지방(*subcutaneous fat*)이라고 하는데, 날이 추울 때 열을 잃지 않도록 한다. 체내에 깊이 축적된 지방은 장기가 상해를 입지 않도록 보호한다.

일반적으로 영양학자들은 포화지방보다 불포화지방 섭취를 권장한다(그림 3.12 참조). 두 가지 불포화지방산인 알파-리놀렌산과 리놀레산은 필수지방산(*essential dietary fatty acid*)이다. 이 두 가지가 결핍되면 성장이 지연되거나 피부에 문제가 생길 수 있다. 이들은 지방이 많은 물고기나 카놀라유 또는 콩기름 같은 식물성 기름에서 얻을 수 있다.

버터, 고기, 전지 우유, 치즈 같은 동물성 식품에는 포화지방이 들어 있다. 식물성 기름에는 불포화지방이 들어 있다. 기름은 종류마다 일정한 비율의 단일 불포화지방산 및 다중 불포화지방산을 가지고 있다(그림 3.13 참조).

지질의 일종인 **콜레스테롤(cholesterol)**은 하루에 필요로 하는 양을 충족할 만큼 충분히 몸에서 합성된다. 세포는 콜레스테롤을 이용하여 담즙, 스테로이드 호르몬 및 비타민 D 같은 여러 가지 화합물을 만들어낸다. 콜레스테롤은 원형질막의 주요 구성성분이기도 하다. 식물성 식품에는 콜레스테롤이 없다. 치즈, 달걀노른자, 간 및 일부 해산물(새우 및 바닷가재) 같은 동물성 식품만 콜레스테롤이 풍부하다.

지질이 해로울 수 있는가?

혈중 콜레스테롤 농도가 높아지면 미국에서 사망원인 1위인 심혈관계 질환의 위험성도 증가한다. 콜레스테롤과 포화지방이 많은 식단은 심혈관계 질환의 위험을 높인다(25.3절 참조). 통계수치에 따르면 트랜스지방이 포화지방보다 건강에 더 나쁜 것으로 생각된다. 트랜스지방은 불포화된 기름에 수소를 첨가하여 가공식품용으로 고체 지방을 만드는 과정에서 생성된다. 트랜스지방산은 혈액에서 콜레스테롤을 제거하는 원형질막 수용체의 기능을 떨어뜨리기도 한다. 트랜스지방산은 과자나 크래커 등의 포장식품, 감자튀김 등의 튀김식품, 전자레인지용 팝콘 등의 포장식품, 식물성 쇼트닝과 마가린에 함유되어 있다. **표 25.3**은 식단에서 해로운 지질을 줄일 수 있는 방법을 알려준다.

단백질

식품의 **단백질(protein)**은 아미노산으로 소화되며, 이들 아미노산을 이용하여 세포가 수백 가지의 단백질을 합성한다. 20종류의 아미노산 중 9종류는 반드시 식품을 통해 섭취해야 하는 필수아미노산(*essential amino acid*)이다. 식품에 필수아미노산이 부족하면 어린이가 성장하지 못한다. 달걀, 유제품, 육류, 가금류, 기타 동물성 식품 대부분은 아홉 가지의 필수아미노산을 모두 포함하고 있으며, "완전한", 또는 "질 좋은" 단백질원이다.

식물성 식품은 단위 무게당 단백질이 동물성 식품보다 적으며, 일반적으로 필수아미노산이 하나 이상 빠져 있다. 그러므로 대부분의 식물성 식품은 "불완전한", 또는 "질 낮은" 단백질원이다. 그러나 채식주의자가 동물성 단백질에 의존할 필요는 없다. 채식주의자도 곡류, 콩류, 견과류를 다양하게 조합하면 단백질 수요를 충족할 수 있다. 또한 두부, 두유 등 콩 가공식품도 완벽한 단백질원이다. 약간의 계획만으로도 균형을 이룬 채식주의 식단을 차릴 수 있다.

단백질이 해로울 수 있는가?

영양학자들은 단백질이 칼로리의 대부분을 차지해서는 안 된다고 말한다. 평균적으로 미국인은 스스로 필요한 단백질의 두 배 정도를 섭취하며, 어떤 사람은 에너지원으로 탄수화물 대신 단백질 섭취를 권장하는 식이요법을 한다. 또한 보디빌더나 역도선수 같은 운동선수도 아미노산이나 단백질 보충제를 식사에 추가해 섭취하기도 한다. 이들은 이러한 보충제가 근육량을 늘려줄 것이라고 생각하기 때문이다. 그러나 남아도는 아미노산이 반드시 근육조직으로 전환되는 것은 아니다. 단백질을 에너지원으로 사용할 때에는 간에서 탈아미노반응(*deamination*)을 통해 단백질의 질소를 제거한 후 요소로 전환시켜 소변으로 배출한다. 요소 배출에는 물이 필요하므로 운동을 하거나 땀을 흘릴 경우 탈수증상이 나타날 수 있다. 또한 고단백 식사로 인해 소변을 통한 칼슘 손실이 늘어날 수 있고 신장 결석 생성이 증가할 수 있다. 더구나 고단백 식품은 지방 함량이 높은 경우가 많다.

미네랄

생화학 작용의 조절, 체액 균형의 유지, 신체 일부의 구조와 화합물의 형성 등 수많은 생리적 기능에는 약 20가지의 **미네랄(mineral)**이 필요하다. **다량 미네랄(major mineral)**은 **미량 미네랄(minor mineral)**에 비해 더 많이 필요하다. 각각의 다량 미네랄은 하루에 100 mg 이상 식사에 포함되어야 하고, 미량 미네랄은 하루에 100 mg 미만이 필요하다. **표 25.4**는 다량 미네랄과 미량 미네랄의 예이다. 미네랄의 기능과 식품공급원, 너무 적거나 너무 많이 섭취했을 때 건강에 미치는 영향을 요약하였다.

어떤 사람(특히 여성)은 식품을 통해 철, 칼슘, 마그네슘, 아연을 충분히 섭취하지 못한다. 성인 여성이 매월 규칙적으로 생리를 하는 경우 성인 남성보다 더 많은 철을 필요로 한다(여성 18 mg, 남성 10 mg). 식품에 철이 부족하면 적혈구 수가 줄어들며, 이로 인해 빈혈(*anemia*) 증세가 나타난다. 한편 많은 사람이 골다공증(*osteophorosis*)에 대처하기 위해 의사의 처방에 따라 칼슘 보충제를 먹는다. 골다공증은 퇴행성 질환(**그림 25.5**)의 하나이며, 미국에서 고령 남성의 1/4, 고령 여성의 1/2에게서 나타나는 것으로 추산된다.

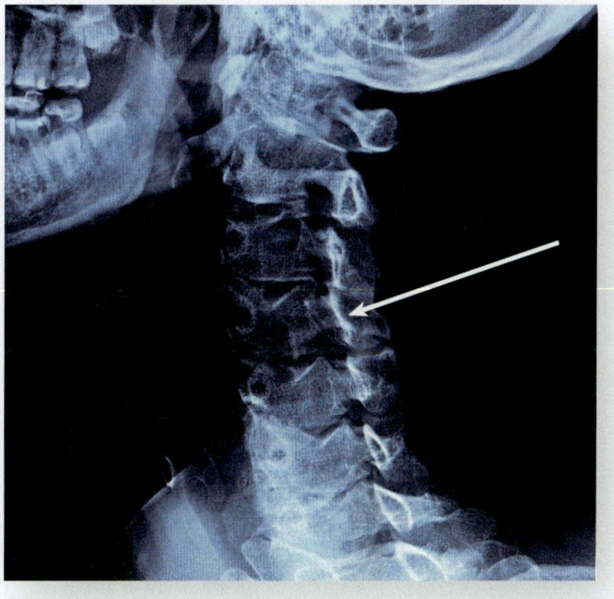

그림 25.5 골다공증 환자의 X-선 사진.

뼈의 굵기와 강도를 약화시키는 골다공증으로 인해 생긴 뼈의 골절.

표 25.4 미네랄

미네랄	기능	식품공급원	증상: 부족증세	증상: 과잉증세
주요 미네랄				
칼슘(Ca^{2+})	뼈와 이를 튼튼히 함; 신경전도, 근육수축	유제품, 녹황색엽채	어린이 발육장애, 성인 골밀도 저하	신장 결석; 철과 아연 흡수장애
인산(PO_4^{3-})	뼈와 연조직의 생장; 인지질, ATP 및 핵산의 구성성분	육류, 유제품, 해바라기씨, 식품첨가물	허약체질, 정신집중 저하, 뼈와 관절의 통증	혈액과 뼈의 칼슘농도 저하
칼륨(K^+)	신경전도, 근육수축	많은 과일과 채소, 쌀겨	마비, 부정맥, 심한 경우 사망	구토, 심장마비, 사망
소듐(Na^+)	신경전도, pH와 수분균형	식염	무기력, 근육경련, 식욕부진	고혈압, 칼슘 소실
염소(Cl_2)	수분균형	식염	거의 없음	구토, 탈수
마그네슘(Mg^{2+})	신경과 근육수축에 필요한 다양한 효소의 일부, 단백질 합성	전곡류, 녹황색엽채	근육경련, 부정맥, 경련, 집중력 저하, 성격변화	설사
황(S^{2-})	일부 아미노산 및 비타민의 구성성분	육류, 콩류, 전곡류	거의 없음	거의 없음
미량 미네랄				
아연(Zn^{2+})	단백질 합성, 상처치유, 태아의 발달과 생장, 면역기능	육류, 콩류, 전곡류	상처치유 지연, 야맹증, 설사, 정신혼미	빈혈, 설사, 구토, 신기능 장애, 비정상 콜레스테롤 농도
철(Fe^{2+})	헤모글로빈 합성	전곡류, 육류, 자두주스	육체 및 정신 지체	철 중독 질환, 장기기능부전, 심한 경우 사망
구리(Cu^{2+})	철 대사, 여러 항산화 효소의 구성성분	육류, 견과류, 콩류	빈혈, 어린이 발육장애	배설되지 않으면 내부 장기 손상
요오드(I^-)	갑상샘호르몬 합성	요오드화 식염, 해산물	갑상샘호르몬 결핍	갑상샘 기능 저하, 불안
셀레늄(SeO_4^{2-})	항산화효소의 일부	해산물, 육류, 달걀	혈관 허탈, 암으로 발전 가능	모발과 손발톱이 부서짐, 피부 변색

연관: 건강

식품 속의 소듐은 대부분 어디에서 유래하는가?

사람들의 믿음과는 달리 식품 속의 소듐(Na^+) 대부분은 식사할 때 음식에 넣은 소금이 아니라 가공된 식품이나 조미료에서 유래한 것이다. 소듐은 음식이나 조미료를 보존하고, 또한 맛을 내는 용도로 사용된다. 하지만 때로는 소듐이 너무 많이 사용된다. 간장 1티스푼에는 약 1,000 mg의 소듐이 들어 있으며, 가공된 토마토소스 반 컵에는 보통 400 mg의 소듐이 들어 있다. nutritiondata.com 등의 웹사이트에서 하루에 섭취한 소듐의 양을 확인할 수 있다.

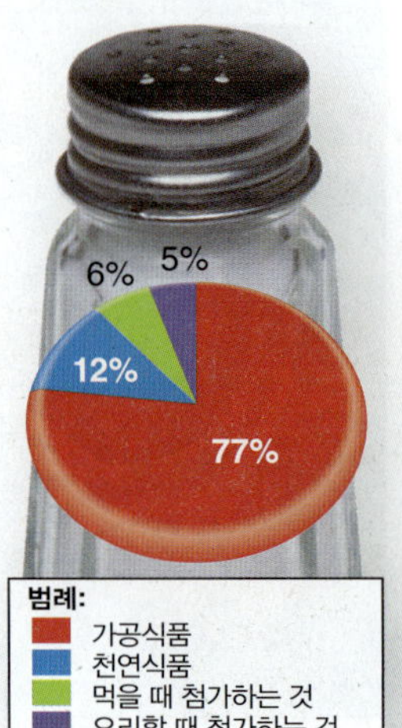

사람들이 지나치게 많이 섭취하는 미네랄은 소듐이다. 소듐의 1일 권장량은 2,300 mg(고혈압인 경우 1,500 mg)인데, 미국인들은 보통 4,000~4,700 mg을 섭취한다. 미국심장학회는 소듐 섭취를 하루에 1,500 mg 이하로 줄일 것을 추천한다. **표 25.5**는 식단에서 소듐을 줄이도록 하는 권고안이다.

비타민

비타민(vitamine)은 여러 가지 대사활성을 조절하는 유기물질(탄수화물, 지

표 25.5 소듐 섭취 줄이기

소듐 섭취를 줄이려면
1. 소금 대신 향신료를 이용하여 음식의 맛을 낸다.
2. 식사 중 음식에 소금을 거의 넣지 말고, 조리할 때에도 조금만 넣는다.
3. 크래커, 프레즐, 감자칩, 견과류, 팝콘은 소금이 첨가되지 않은 것을 먹는다.
4. 핫도그, 햄, 베이컨, 인스턴트 가공육, 훈제연어, 정어리 및 멸치 등을 피한다.
5. 가공치즈, 통조림 수프나 탈수된 수프를 피한다.
6. 피클이나 올리브 같은 염장식품을 피한다.
7. 영양성분표를 읽고 고염분 제품을 피한다.

방 및 아미노산을 포함한 단백질 제외)이다. **표 25.6**과 **표 25.7**은 주요 비타민의 기능 및 식품원의 목록이다.

비타민은 건강을 현저하게 증진시키고, 노화를 예방하며, 관절염이나 암과 같은 질병을 치료할 수 있다고 많은 사람들이 생각하지만, 비타민이 "놀라운 약"이라는 과학적인 증거는 없다.

하지만 비타민 C, E 및 A는 자유라디칼에 대해 우리 몸을 방어해 주는 것으로 알려져 있으며, 그래서 이들을 **항산화제(antioxidant)**라고 한다. 특히 과일과 채소에 풍부하기 때문에 매일 4컵 반 정도의 과일과 채소를 먹어야 할 것이다. 이 목적을 달성하기 위해서는 녹색채소샐러드, 날것 또는 조리된

표 25.6 수용성 비타민

			증세요인	
비타민	**기능**	**식품공급원**	**부족증세**	**과잉증세**
비타민 C	항산화제; 콜라겐 형성에 필요; 혈관, 뼈, 치아 건강 유지	감귤류, 녹색엽채, 토마토, 감자, 양배추	괴혈병, 상처치유 지연, 감염에 취약	통풍, 신장결석, 설사, 구리 함량 감소
티아민(비타민 B_1)	세포호흡에 필요한 조효소의 일부; 신경계 작용 증진	전곡류 시리얼, 콩류, 해바라기씨, 견과류	각기병, 근육약화, 심장비대	일부 비타민의 흡수 방해
리보플라빈(비타민 B_2)	FAD 같은 조효소의 구성성분; 단백질과 지방의 산화를 포함한 세포호흡을 도움	견과류, 유제품, 전곡류 시리얼, 가금류, 녹황색엽채	피부병, 눈이 침침함, 성장장애	알려지지 않음
나이아신(니코틴산)	조효소 NAD와 NADP의 일부분; 단백질과 지방의 산화를 포함한 세포호흡에 필요	땅콩, 가금류, 전곡류 시리얼, 녹황색엽채, 콩	펠라그라, 설사, 정신지체	혈당과 요산 증가, 혈관확장
폴라신(엽산)	헤모글로빈 생성과 DNA 형성에 필요한 조효소	짙은 녹색엽채, 견과류, 콩류, 전곡류 시리얼	거대적아구성 빈혈, 척추이분증	비타민 B_{12} 결핍증처럼 보임
비타민 B_6	호르몬과 헤모글로빈 합성에 필요한 조효소; CNS 조절	전곡류 시리얼, 바나나, 콩류, 가금류, 견과류, 녹황색엽채	드물게 경련, 구토, 지루증, 근육약화 등	불면증, 신경 장애
판토텐산	탄수화물과 지질 산화에 필요한 조효소 A의 일부; 호르몬과 일부 신경전달물질 생성을 도움	견과류, 콩류, 짙은 녹색채소, 가금류, 과일, 우유	드물게 식욕상실, 우울증, 감각저하 등	알려지지 않음
비타민 B_{12}	코발트-함유 복합 화합물; 핵산과 수초 합성에 필요한 조효소의 일부	유제류, 어류, 가금류, 달걀, 강화된 시리얼	악성빈혈	알려지지 않음
바이오틴	아미노산과 지방산 대사에 필요한 조효소	식품 일반, 특히 달걀	피부발진, 메스꺼움, 피로	알려지지 않음

표 25.7 지용성 비타민

			증세요인	
비타민	**기능**	**식품공급원**	**부족증세**	**과잉증세**
비타민 A	정상시력, 면역기능 및 세포생장에 필요한 항산화제	귤, 짙은 녹색 과일 및 채소, 우유, 시리얼	야맹증, 면역기능 약화	메스꺼움, 두통, 뼈 골절, 털 빠짐
비타민 D	뼈와 치아의 발생과 유지에 필요한 스테로이드 종류	비타민 D가 강화된 우유, 생선 간유	구루병, 뼈의 칼슘용출 및 약화	연조직의 석회화, 설사, 신장손상
비타민 E	비타민 A와 다중 불포화지방산의 산화를 막는 항산화제	녹황색엽채, 과일, 식물성 기름, 견과류, 전곡류 빵 및 시리얼	알려지지 않음	설사, 메스꺼움, 두통, 피로감, 근육약화
비타민 K	혈액응고 활성물질 합성에 필요	녹황색엽채, 양배추, 콜리플라워	멍이 잘 들고 출혈이 쉽게 일어남	항응고제 기능을 억제할 수 있음

채소, 전통적인 사과와 오렌지를 포함한 과일주스 및 기타 신선식품을 소비해야 한다.

비타민 부족은 사람에게서 질병이나 심지어는 사망도 초래할 수 있다. 비록 미국에서 많은 식품에 비타민이 풍부하거나 강화되어 있긴 하지만 일부 개인, 특히 노인, 어린이, 알코올 중독자, 저소득층 사람은 일반적으로 품질이 낮은 식품을 선택하기 때문에 여전히 비타민 부족의 위험에 처해 있다. 예를 들면, 피부세포에는 정상적으로 자외선에 노출되면 비타민 D로 전환되는 콜레스테롤 분자의 전구체가 있다. 하지만 비타민 D가 부족하면 구루병이라는 상태가 되어, 뼈의 미네랄화가 손상되어 다리가 휘게 된다. 오늘날 대부분의 우유는 비타민 D가 강화되어 있어 구루병의 발병을 막는 데 도움이 된다. 또 다른 사례인 비타민 C 부족은 그림 25.2에서 그 효과를 볼 수 있다. 알코올을 많이 섭취하면, 비타민 섭취가 적당한 경우에도 비타민 결핍이 나타날 수 있다. 그 이유는 알코올이 엽산, 비타민 B_{12} 및 비타민 A 같은 특정 비타민의 흡수를 방해하고, 비타민 C를 비롯한 일부 비타민의 배출을 증가시키기 때문이다.

물

성인 몸의 약 60%는 물로 구성되어 있다. 물은 여러 화학작용에 참여한다. 또한 수분이 많은 체액은 관절의 윤활작용을 하며, 영양소를 전달하고, 체온 유지에 도움이 된다. 음료, 수프, 과일 및 채소는 물의 공급원이며, 대부분의 고형 식품도 수분을 일부 포함하고 있다. 우리가 섭취해야 하는 수분의 총량(음료 및 음식에서 섭취하는 물)은 신체활동 정도, 식이 및 환경조건에 따라 달라진다. 평균적으로 남자는 하루 약 3.5 L, 여자는 2.5 L의 물을 섭취해야 한다. 갈증은 건강한 사람이 수분 필요성을 만족하고 탈수상태에 놓이지 않도록 하는 좋은 신호이다. 물을 너무 많이 마셔도 문제가 생길 수 있다. 수분중독(저나트륨혈증, *hyponatrimia*)은 과다한 수분섭취로 인해 혈액의 전해질(대개 소듐과 칼륨) 균형이 깨진 경우이다. 이 경우 부정맥을 일으킬 수 있으며, 사망에 이를 수도 있다.

25.2 개념 연결하기

균형을 이룬 식단은 6종류의 영양소가 고르게 포함된 것이다.

진도 점검하기 25.2

1. 영양소의 종류와 예를 드시오.
2. 탄수화물, 지질, 단백질 각각에 대해 한 가지만 집중 섭취할 경우 건강에 어떤 결과가 나타날 수 있는지 설명하시오.
3. 비타민, 미네랄 및 수분 부족과 연관된 잠재적인 건강 문제를 요약하시오.

25.3 영양과 건강

학습 목표

이 절을 학습한 후에는 다음 과제를 수행할 수 있어야 한다.

1. 체질량지수를 측정하여 건강한 체중에 해당하는지 판단하기.
2. 에너지 섭취와 소비 사이의 균형에 대해 논의하기.
3. 비만과 관련된 질병에 대해 설명하기.
4. 섭식장애의 예를 들고 설명하기.

현대인의 많은 심각한 질환이 과다한 체지방을 초래하는 식품과 관련이 있다. 미국에서는 과체중이거나 비만인 사람의 수가 상당한 비율을 보인다. 미국 성인의 거의 2/3가 지나친 체지방을 지니고 있다.

지나친 체지방은 2형 당뇨, 심혈관질환 및 특정 암의 위험을 증가시킨다. 미국에서는 이런 질환들이 장애나 사망을 초래하는 주요 원인이다. 따라서 자신의 키에 합당한 체중을 유지하는 것이 중요하다.

체질량지수

의료인은 **체질량지수(body max index, BMI)**를 이용하여 과체중이나 비만 여부를 결정한다. 대체로 키는 유전적으로 결정되지만, 체중은 다른 인자, 특히 식단과 생활방식의 영향을 받는다. BMI는 체중과 키 사이의 관계식이다. BMI를 계산하는 방법은 다음과 같다.

$$\frac{\text{체중(파운드)} \times 703.1}{\text{키}^2\text{(인치)}}$$

예: 키 63인치이고 체중 133파운드인 여성의 BMI는 23.56이다.

$$\frac{133 \times 703.1}{63^2} = \frac{93512.3}{3969} = 23.56 \text{ (BMI)}$$

저체중 BMI	<	18.5
건강한 BMI	=	18.5~24.9
과체중 BMI	=	25.0~29.9
비만 BMI	=	30.0~39.9
병적인 비만 BMI	=	40.0 이상

에너지 섭취와 소비

유전적이나 장내 세균의 종류와 같은 생리적인 요인이 과체중이 되도록 하는 인자로 알려져 있지만, 에너지(칼로리)를 소모하는 것보다 음식으로 더 많이 섭취하지 않으면 살이 찔 수 없다.

에너지 섭취 식품의 에너지 값은 킬로칼로리(kcal)[1]로 표시한다. 킬로칼로리는 물 1 L의 온도를 1°C 올리는 데 필요한 양이다.

음식에 포함된 탄수화물, 지방, 단백질 및 알코올의 양을 안다면 음식의 칼로리 값을 추정할 수 있다. 탄수화물이나 단백질은 1 g당 4 kcal, 지방은 1 g당 9 kcal를 공급한다. 알코올은 비록 영양소가 아니지만 식품으로 간주되며, 1 g당 7 kcal이다. 따라서 어떤 식품에 탄수화물 30 g, 지방 9 g, 단백질 5 g이 포함되어 있다면, 이 식품은 221 kcal를 공급한다.

탄수화물	30 g	×	4 kcal	=	120 kcal
지방	9 g	×	9 kcal	=	81 kcal
단백질	5 g	×	4 kcal	=	20 kcal
총량	....				221 kcal

연관: 과학 탐구

음식의 칼로리 값은 어떻게 측정하는가?

과학자들은 봄베열량계를 이용하여 식품의 칼로리 값을 측정한다. 식품 일부를 열량계 내부의 연소실에 넣고 태운다. 식품이 연소되면서 연소실 주변의 물 온도가 상승한다. 이 수온의 변화를 측정하여 식품의 칼로리 값을 계산한다.

[1]영양학자는 *Calorie*를, 과학자는 *kcal*라는 용어를 선호한다.

그림 25.6 신체활동에 필요한 에너지 측정하기.

앉아서 일하는 직업(**a**)은 육체를 쓰는 직업(**b**)보다 에너지를 덜 소비한다. **c.** 과학자들은 산소 흡입량과 이산화탄소 배출량을 측정하여 특정 신체활동에 필요한 kcal를 판정한다.

에너지 소비 우리 몸은 주로 (1) 대사기능, (2) 신체활동, (3) 소화, 흡수 및 음식의 양분 분해과정에서 에너지를 소모한다. 과학자들은 활동 중의 산소 섭취량과 이산화탄소 배출량을 측정하여 특정 신체활동에 대한 에너지 소모량을 평가하기도 한다(**그림 25.6**).

하루에 필요한 에너지 요구량은 다음 방식으로 측정한다.

1단계. 대사기능을 위해 하루에 필요한 kcal: 남자는 체중(kg)에 1.0을 곱하고, 여자는 체중(kg)에 0.9를 곱한다. 이 수에 24를 곱한다.

예: 체중 59 kg의 여성인 순이가 하루에 사용하는 칼로리는 다음 단계를 거쳐 계산할 수 있다.

0.9 kcal × 59 kg × 24시간 = 약 1,274 kcal/일

2단계. 신체활동을 위해 하루에 필요한 kcal: 다음 요소 중 해당하는 것 하나를 선택하여 곱한다.

앉아 있는 상태(신체활동이 거의 없음) = 0.20~0.40
가벼운 운동(매일 걷는 정도) = 0.55~0.65
중간 정도(매일 활발하게 하는 운동) = 0.70~0.75
심한 정도(육체노동/지구력 훈련) = 0.80~1.20

이 수치를 1단계에서 얻은 kcal 값에 곱한다.

예: 순이가 매일 가벼운 운동을 한다면, 신체활동에 이용된 칼로리는 0.55 × 1,274 kcal = 701 kcal이다.

3단계. 소화, 흡수 및 영양소 처리에 필요한 kcal:

예: 순이의 경우, 1,274 kcal에 701 kcal를 더하여 계산한 필요한 총에너지는 1,975 kcal이다.

이 수치에 0.1을 곱하여 얻은 값을 1단계와 2단계에서 얻은 kcal에 더하여 하루에 필요한 총에너지를 계산한다.

예: 순이의 경우, 1,975 kcal에 0.1을 곱하여 얻은 값(197.5)을 1,975 kcal에 더하면 하루에 필요한 총 에너지는 2,172 kcal이다.

따라서 순이가 매일 약 2,172 kcal를 꾸준히 소모하고 가벼운 신체활동을 한다면, 자신의 체중을 약 59 kg으로 유지하게 될 것이다.

연관: 건강

10,000보 프로그램이란 무엇인가?

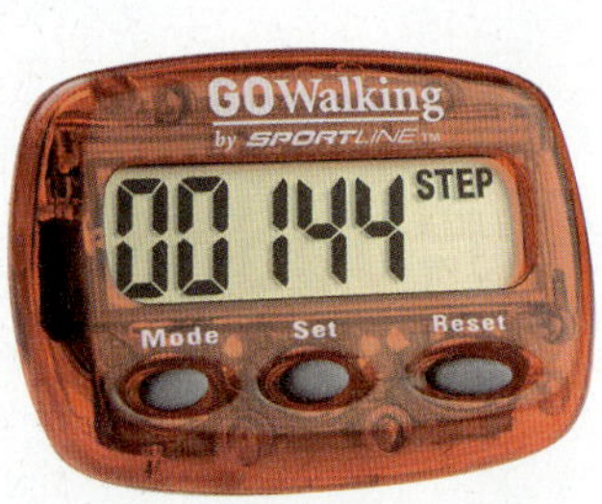

연구에 따르면 매일 10,000걸음 이상 걷는 것이 체중 유지와 건강에 필요하다고 한다. 이것은 권장되고 있는 하루 30분 운동과 거의 비슷하다. 운동을 시작하기 전에 만보계가 필요하다. 당신은 아마도 하루에 1만보 걷기의 목표에 도달하기 위해 걷는 거리를 늘려갈 필요가 있음을 알게 될 것이다. 걸음 수를 늘릴 수 있는 쉬운 방법이 여럿 있다. 사무실이나 가게에서 약간 떨어진 곳에 주차를 하고 걷는다. 엘리베이터 대신 계단을 이용하고, 식사 후에 산책을 한다. 체중 감량이 목표라면, 매일 12,000~15,000보를 걸어야 체중을 줄일 수 있다.

건강한 체중 유지하기

적절한 수준의 체중을 유지하려면 하루에 섭취하는 kcal(먹는 것)가 소비하는 kcal(대사 + 신체활동 + 영양소 처리)를 넘지 않아야 한다. 많은 사람은 비율이 같지 않아서 필요량보다 더 많은 칼로리를 섭취한다. 여분의 에너지는 지방으로 전환되어 지방조직(*adipose tissue*)에 저장되며, 이로 인해 체중이 늘어난다. 과체중인 사람이 체중을 줄이려면 칼로리 섭취를 낮추고, 신체활동을 하여 칼로리 소모를 증가시킬 필요가 있다. 그렇게 해야만 신체는 저장된 지방을 대사하여 체중이 줄게 된다. **그림 25.7**은 칼로리 섭취와 소모의 상관관계에 따른 체중의 변화를 나타낸 것이다.

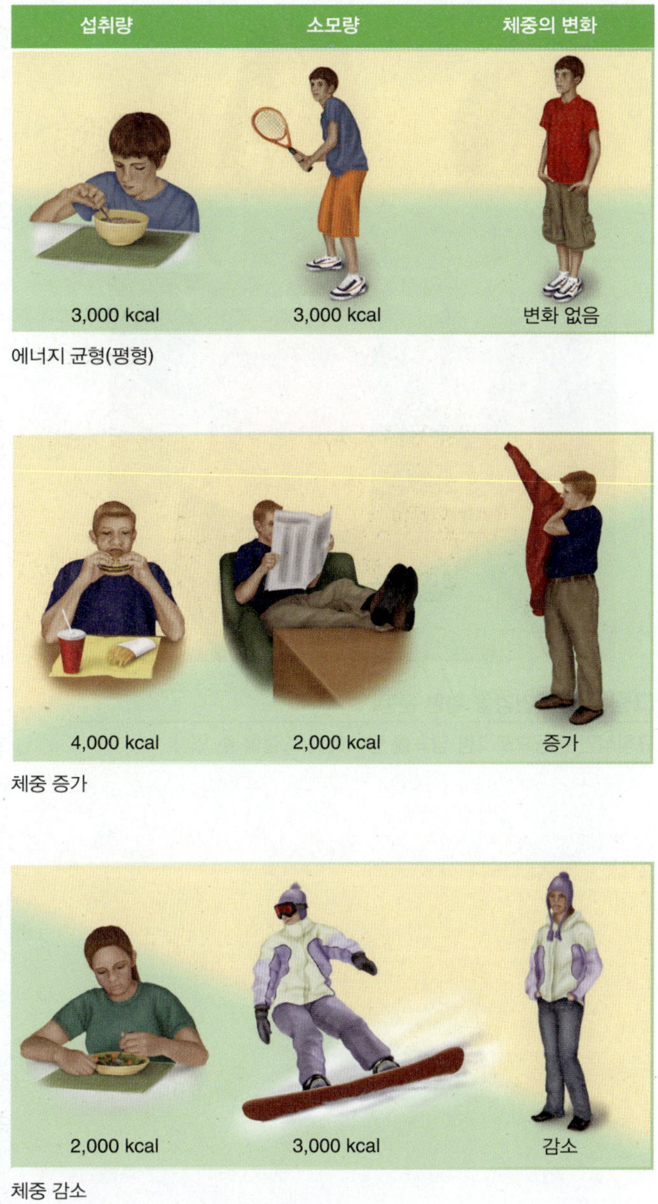

그림 25.7 체중은 어떻게 변하는가?
음식물 섭취, 에너지 사용 및 체중변화 사이의 관계를 볼 수 있다.

다이어트 유행하는 체중감량식은 고단백질, 저탄수화물, 고섬유질, 심지어 양배추 수프 다이어트까지 변천하고 있다. 유행 다이어트를 하면 과체중인 사람은 흔히 처음 2~3주 동안에 빠르게 체중이 감소한다. 그 이유는 평상시보다 칼로리를 적게 섭취하므로 필요한 에너지를 얻기 위해 체지방을 대사하기 때문이다. 하지만 대부분의 경우 다이어트를 하는 사람은 좋아하는 지질과 당이 많이 포함된 음식을 피하고 똑같은 음식을 먹는 것에 싫증을 느끼게 된다. 체중조절을 하던 사람 대부분은 다이어트를 끝낸 후 빠졌던 체중이 다시 늘어나면, 흔히 좌절감을 느끼고 감량된 체중 유지에 실패한 자신에 대해 화가 나게 된다.

체중감량을 빠르게 그리고 쉽게 할 수 있는 방법은 없다. 일반적인 유행 다이어트는 영양학적으로 불균형 상태이며, 오랜 기간 끝까지 지속하기 어렵다. 체중을 줄이거나 유지하려면 신체활동을 늘리거나 식사량을 줄이는 등 생활방식을 지속적으로 변화시켜야 한다. 행동을 바꾸면 과체중인 사람이 1주일에 250~900 g 정도의 적당한 비율로 안전하게 체중을 줄일 수 있다. 일단 체중이 조절되었다면 요령 있는 식사를 통해 꾸준하게 유지하여야 한다.

연관: 건강

구석기 다이어트란 무엇인가?

구석기 다이어트(caveman diet, 또는 paleolithic diet)의 바탕을 이루는 사실은 인류가 음식을 섭취하는 방식에 신체가 아직 진화적으로 적응되지 않았기 때문에 당뇨나 심혈관질환 같은 현대의 영양 문제가 나타난다는 것이다. 구석기 다이어트 지지자들은 견과류, 육류, 조개류, 채소류, 장과류 등 구석기 시대에 흔했던 식단이 이들 질환을 줄여줄 것이라고 주장한다. 반면, 구석기 다이어트 회의론자들은 이러한 식단으로 특정 질환의 위험을 줄일 수는 있지만, 건강한 식단에 중요한 저지방 유제품, 곡류 및 콩류 등 중요한 음식이 부족하다고 주장한다. 어떤 경우든, 식단에는 영양소가 적은 음식은 배제하고 건강에 도움이 되는 음식으로 채워야 한다. 새로운 형태의 다이어트를 시작하기 전에 의사와 상담하는 것이 좋다.

그림 25.8 **건강을 위한 운동.**
규칙적인 운동으로 2형 당뇨를 방지하고 조절할 수 있다.

질병은 비만과 연관되어 있다

비만인 사람에게서는 흔히 2형 당뇨와 심혈관질환이 나타난다.

2형 당뇨

27장에서 논의한 바와 같이, 당뇨는 1형 당뇨와 2형 당뇨의 두 가지 형태가 있다. 1형 당뇨의 경우 췌장에서 인슐린이 생성되지 않아 환자는 매일 인슐린 주사를 맞아야 한다.

1형 당뇨와는 달리, 2형 당뇨 환자인 어린이나 더 흔히 나타나는 성인의 경우 비만, 인슐린의 생산 장애 및 인슐린 저항성을 보인다. 정상적으로, 인슐린이 있으면 체세포가 포도당을 받아들여 대사를 하게 된다. 하지만 인슐린 저항성인 사람의 체세포는 인슐린이 있어도 포도당을 받아들이지 못한다. 따라서 혈중 포도당 수치가 높아지고, 소변에서 포도당이 검출된다.

2형 당뇨는 산업화 국가에서 급격히 증가하고 있다. 2형 당뇨는 비만인 사람에서 흔하게 나타나므로 식이요인에 의해 2형 당뇨로 발전한다고 일반적으로 받아들이고 있다. 나아가 2형 당뇨 환자의 경우 건강한 식단, 신체 활동량 증가, 체중 감량에 의해 인슐린이 적절하게 작용하는 능력이 향상되는 것으로 알려졌다(**그림 25.8**). 어떻게 식단이 2형 당뇨로 발전하도록 할 수 있는가? 사탕이나 아이스크림 같은 식품의 단순 당은, 흰 빵이나 감자의 녹말이 소화된 당과 마찬가지로, 혈류로 즉시 흡수된다. 혈당수치가 급격히 오르면 췌장은 인슐린을 다량 만들어내어 정상수치로 조절한다. 만성적으로 높은 인슐린 수준을 유지하면 인슐린 저항성, 지방 축적량 증가, 혈중 지방산 수치 증가로 이어진다. 이 상태로 여러 해가 지나면 체세포가 인슐린 저항성이 되어 2형 당뇨가 나타날 수 있다. 더욱이 고지방산 수치로 인해 심혈관질환의 위험이 증가될 수 있다.

2형 당뇨를 조절하는 노력은 매우 중요한 일이다. 1형이든 2형이든 모든 당뇨가 눈을 멀게 하거나, 신장질환과 심혈관질환의 위험을 지니고 있기 때문이다.

심혈관질환

고혈압, 심장마비 및 뇌졸중 등의 심혈관질환은 미국에서 사망의 주원인이다. 심혈관질환은 포화지방과 콜레스테롤이 엉킨 플라크에 의해 동맥이 막히기 때문에 일어난다. 콜레스테롤은 두 종류의 지질단백질인 저밀도 지질단백질(LDL)과 고밀도 지질단백질(HDL)에 의해 혈액으로 운반된다. LDL(low-density lipoprotein)은 간에서 세포로 콜레스테롤을 운반하기 때문에 "나쁜" 지질단백질이라고 하며, HDL(high-density lipoprotein)은 세포에서 간으로 콜레스테롤을 운반하여 담즙으로 전환되게 하므로 "좋은" 지질단백질이라고 한다.

트랜스지방을 포함하여 포화지방은 LDL 콜레스테롤 수준을 높이는 경향이 있는 반면, 불포화지방은 LDL 콜레스테롤 수준을 낮춘다. 소고기, 낙농제품, 코코넛기름은 포화지방이 풍부하다. 수소를 부분적으로 첨가한 기름을 포함하는 음식(식물성 쇼트닝과 고체 마가린)은 트랜스지방 공급원이다. 올리브유과 카놀라유, 견과류, 한랭어류(청어, 정어리, 참치, 연어 등)의 불포화 지방산은 LDL 콜레스테롤 수준을 낮추는 경향이 있다. 더욱이 한랭어류는 다중불포화지방산, 특히 오메가-3 불포화지방산(*omega-3 unsaturated fatty acids*)을 가지고 있어서 심혈관질환의 위험을 줄일 수 있다. 그러나 생선기름 보충제를 통해 오메가-3 지방산을 섭취하는 것은 의사의 허락 없이는 권장하지 않는다. 그 이유는 이들 지방산을 너무 많이 섭취할 경우 혈액응고 장애가 일어날 수 있기 때문이다.

미국심장학회는 총 콜레스테롤 1일 섭취량을 300 mg으로 제한한다. 달걀은 영양이 매우 풍부하지만, 노른자에는 약 210 mg의 콜레스테롤이 있다. 건강한 사람은 대부분 매주 2개 정도의 달걀을 먹어도 혈중 콜레스테롤 수준이 증가하지 않는다. 대체로 식품의 콜레스테롤보다는 식품의 포화지방과 트랜스지방이 LDL 콜레스테롤 수준을 더 높인다.

내과의사는 혈중 지질 수준이 정상인지 여부를 판단할 수 있다. 만일 어떤 사람의 콜레스테롤과 트리글리세리드의 수치가 높아졌다면, 식사의 지방 함량을 조절하고 과도한 체지방을 줄이고 규칙적인 운동을 통해 이 수치를 낮출 수 있다. 생활습관을 바꾸어도 혈중 지질 수준이 심혈관질환의 위험을 줄일 수 있을 정도로 떨어지지 않는다면, 약물치료가 필요할 수도 있다.

섭식장애

섭식장애가 있는 사람들은 자신의 체형에 불만을 갖고 있다. 사회적, 문화적, 감정적, 그리고 생물학적 요인 모두에 의해 섭식장애가 나타난다. 이러한 심각한 상태로 인해 영양실조, 발달장애 및 사망에 이를 수도 있다. 섭식장애는 초기에 인지하고 치료하는 것이 매우 중요하다. 치료는 대개 심리적인 상담과 항우울증 약물치료 등으로 이루어진다.

거식증(anorexia nervosa)은 살이 찐다는 비이성적인 두려움이 특징인 심각한 심리적 질환이며, 건강한 체중을 유지하는 데 필요한 음식 섭취를 거부한다(**그림 25.9*a***). 스스로 굶는 식이제한은 종종 폭식을 동반할 수 있으며, 폭식 이후 체중 증가를 피하기 위해 소화관을 비우거나 격렬한 신체활동 등의 행동이 뒤따른다. 폭식은 대개 대량의 고열량 식품을 먹는 형태로 이루어지고, 스스로 구토를 유도하거나 하제를 남용하여 소화관을 비운다. 거식증으로 고통받는 사람의 90%는 젊은 여성이다. 10대 소녀에서는 200명 중 1명 비율로 나타나는 것으로 알려져 있다.

과식증(bulimia nervosa)인 사람도 폭식을 하며, 폭식 뒤 체중증가를 피하기 위해 소화관을 비운다(그림 25.9*b*). 반복되는 폭식-비움 행동이 하루에도 몇 번씩 나타날 수 있다. 과식증이 있는 사람은 때로는 체중이 정상이거나 폭식과 소화관 비움 행동을 감추기 때문에 식별하기 어려울 수 있다. 여성이 남성보다 과식증으로 쉽게 발전한다. 젊은 여성의 4%가 이러한 현상으로 고통받고 있다.

이 밖에도 비정상적인 섭식행동으로는 폭식증이나 근육추형이 있다. 많은 비만인이 **폭식증(binge-eating disorder)**을 겪는데, 이 경우 과식 후에 소화관 비우기는 하지 않는다. 스트레스, 불안, 분노 및 절망 등이 음식을 폭식하는 자극이 될 수 있다. **근육추형(muscle dysmorphia)**으로 고통받는 사람은 자신의 몸이 잘 발달되지 않았다고 생각한다. 이러한 상태에서는 바디빌딩을 하거나 다이어트에 몰두하며 몸을 만드는 일이 수반된다. 매일 체육관에서 근육강화 기구를 이용해 운동을 하며 많은 시간을 보낼 수도 있다. 거식증이나 폭식증과는 달리 근육추형은 여성보다 남성에게서 더 많이 나타난다.

a.

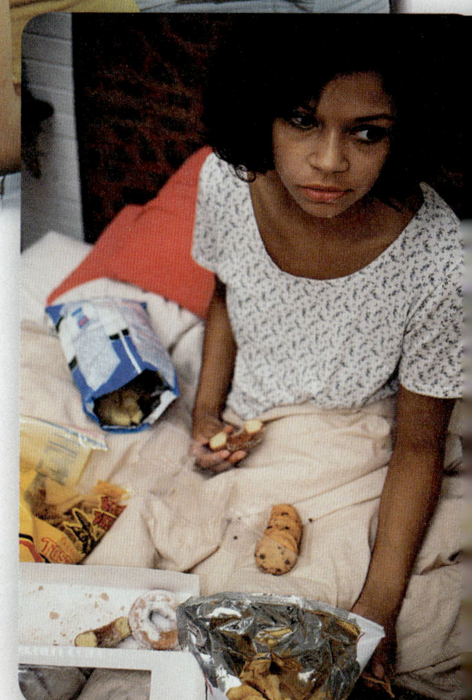

b.

그림 25.9 섭식장애.

a. 거식증 환자는 지신의 체형을 불만족스러워 하고, 말랐음에도 불구하고 자신은 뚱뚱하고 쪘다고 생각한다. **b.** 과식증 환자는 과식한 후 먹은 음식을 구토 등을 통해 배출해낸다.

25.3

개념 연결하기

과다한 에너지 섭취는 비만과 연관된 질병을 일으킬 수 있다.

진도 점검하기 25.3

1. 하루에 필요한 칼로리를 결정하는데 요구되는 3가지 형태를 자세히 설명하시오.
2. 비만과 관련된 2~3가지 질환을 설명하시오.
3. 개인적인 하루의 에너지 섭취와 소비를 이해하는 것이 왜 중요한지 설명하시오.

25.4 영양가 있는 식사를 계획하는 방법

학습 목표

이 절을 학습한 후에는 다음 과제를 수행할 수 있어야 한다.

1. 나의 식단에 대한 목표를 설명하기.
2. 식품 포장에 표기된 영양성분표를 판단하기.
3. 식품보충제의 가치에 대해 의논하기.
4. 건강한 식단의 구성요소를 요약하기.

영양가 있는 음식과 간식을 계획하는 데에는 영양 권장량에 대한 다양한 정보를 기초로 매일의 식단을 선택하는 것도 포함된다. 하루의 음식 섭취도 영양소의 적절한 균형이 이루어져야 하며, 각각의 영양소가 너무 많거나 너무 적어도 좋지 않다. 식품 지침을 활용하면 식단을 계획하는데 도움이 된다. 나아가 식품포장지에 표시된 영양성분표를 읽으면 건강한 영양공급원을 선택하는데 도움이 된다.

식이요법 지침: ChooseMyPlate.gov

미국농무부는 마이플레이트(Myplate)라는 새로운 지침을 개발하였다(**그림 25.10**). 과거의 음식안내 피라미드를 사람들이 쉽게 이해할 수 있도록 시각적 표현 방식으로 바꾸었다. 당신이 칼로리를 식품들에 어떻게 분배하여 얻어야 할 것인지 판단하는 데 이용될 수 있다. MyPlate는 매일 소비해야 할 각 식품군의 비율을 강조한다.

나아가 미국농무부는 웹사이트(ChooseMyPlate.gov)를 통해 매일 먹어야 하는 각 식품군의 최소 권장량을 제공하고 있다. 이 사이트는 또한 대화방식의 구성요소인 슈퍼트래커(SuperTracker)를 통해 스스로 식단을 추적하고 체중과 신체활동의 목표를 설정하도록 한다. 이런 판단을 돕기 위해, 미국농무부는 또한 매일의 식사계획과 예산에 맞추어 건강하게 먹는 방법에 대한 정보를 제공해주고 있다.

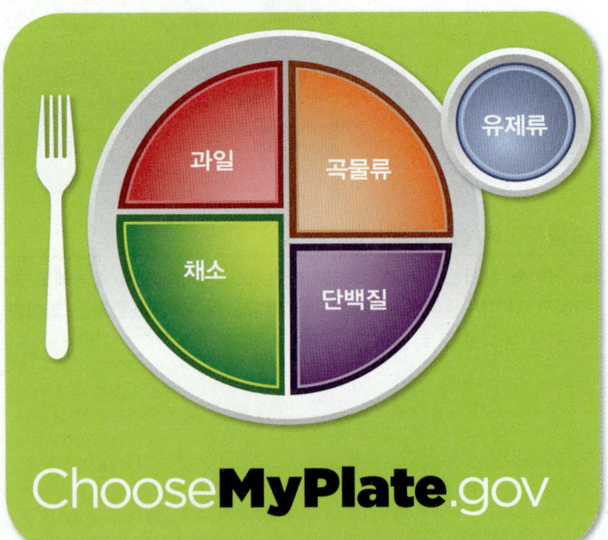

그림 25.10 마이플레이트 식품 지침.

미국농무부는 더 나은 건강에 대한 지침으로서 음식접시를 시각적으로 표현하였다. 접시에서 각 식품군이 차지하는 크기의 차이로 식품별로 구성되어야 하는 비율을 나타내었다. 건강을 지키려면 매일 정확한 비율로 섭취할 필요가 있는 식품들을 5가지 색으로 표시하였다.

영양성분표 이해하기

그림 25.11에 제시한 영양성분표는 제품에 대한 특정 식단 정보와 그 제품에 포함된 영양소에 대한 일반적인 정보를 제공한다.

1회 제공량 1회 제공량은 그 제품에 대한 일반적인 1회 섭취량에 근거한 것이다. 같은 종류의 제품에 대한 칼로리와 다른 자료를 비교하려면, 각 제품

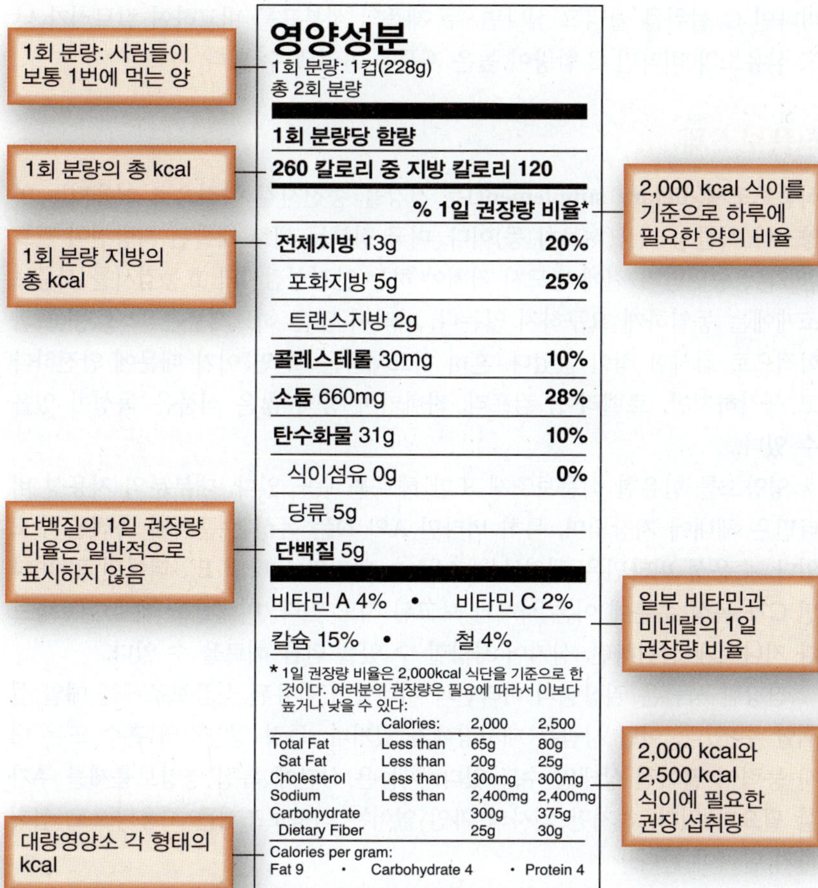

그림 25.11 영양 성분표.

영양성분표는 그 식품의 1회제공량에 포함된 영양소와 기타 물질에 대한 정보를 제공한다.

의 1회제공량이 동일한지를 확인해야 한다.

칼로리 총칼로리는 1회제공량에 근거한다. 분명한 것은, 제공량의 2배를 먹는다면 칼로리도 2배 섭취한다는 것이다.

영양성분표 아래 부분에는 지방, 탄수화물, 단백질 1 g당 칼로리가 있다. 이 정보를 이용하여 각 영양소의 제공량에 해당하는 칼로리를 계산할 수 있다. 모든 영양소의 총합은 성분표 맨 위에 있는 칼로리와 같아야 한다.

1일권장량 비율 1일권장량 비율(2,000 kcal 식이에 필요한 총량의 %)은 영양성분표 아래 부분에 주어진 정보와 이 제품에 대한 특정 정보를 비교함으로써 계산할 수 있다. 예를 들어, 그림 25.11의 식품은 지방함량이 13 g이며, 총 1일권장량은 65 g 미만이다. 따라서 13/65는 20%이다. 이러한 1일권장량 비율 값은 하루에 2,000 kcal보다 많거나 적게 필요한 사람에게는 적용할 수 없다.

단백질의 1일권장량 비율은 일반적으로 표시하지 않는데, 그 이유는 제조사가 식품에 포함된 단백질의 품질을 조사하는 데 비용이 너무 많이 들기 때문이다. 또한 당분에 대한 지수가 없기 때문에 당분이 아닌 탄수화물의 1일 권장량 비율로 표시한다.

영양성분표를 이용하는 방법 제공량이 같다면 영양성분표를 이용하여 같은 종류의 두 제품을 비교할 수 있다. 예를 들어 칼로리를 줄이고 섬유소와 비타민 C 섭취를 늘리고 싶다면, 두 제품의 성분표를 비교하여 칼로리가 낮고 섬유소와 비타민 C 함량이 높은 제품을 가려낼 수 있다.

연관: 건강

녹차를 마시면 건강에 어떠한 도움이 될까?

모든 종류의 차는 *Camellia sinensis*라는 중국과 인도 원산인 식물에서 유래된 것이다. 녹차는 이 식물의 잎을 쪄서 만든다. 일반적으로 녹차는 찻잎을 발효시켜 만든 홍차보다 카페인 함량이 적다. 연구 결과에 따르면 녹차는 우리 몸에 매우 긍정적인 효과를 지니고 있다. 녹차에 들어 있는 항산화제(플라보노이드)는 특정 암을 억제하고, 혈관에 플라크가 생기지 않도록 하며, 혈중 콜레스테롤 수준을 개선하는 데 도움을 준다. 하지만 대부분의 영양학자는 여전히 녹차 보조제에 대해 우려하고 있으며, 매일 마시는 소다수를 녹차 한 잔으로 바꾸는 정도를 권장한다.

식품보조제

식품보조제(dietary supplement)는 건강을 증진시킬 목적으로 이용되는 영양소나 식물성 제품(허브차 등)이다. 미국 정부는 새로 개발된 처방전이 필요한 약이 승인받기 전에 반드시 거쳐야 하는 안전성검사와 효능검사를 식품보조제에는 동일하게 요구하지 않는다. 따라서 많은 허브제품은 그 효능을 과학적으로 검사한 적이 없었다. 흔히 허브제품은 "천연"이기 때문에 안전하다고 생각하지만, 로벨리아, 컴프리, 카바카바 등의 많은 식품은 독성이 있을 수 있다.

영양소를 함유한 식품보조제 또한 해로울 수도 있다. 대부분의 지용성 비타민은 체내에 저장되며, 특히 비타민 A와 D는 독성 수준까지 축적될 수도 있다. 수용성 비타민은 체외로 배출될 수 있지만 비타민 E_6, 티아민 및 비타민 C가 독성 수준에 이른 사례가 보고된 적도 있다. 미네랄도 체내 필요량보다 지나치게 섭취하면, 심지어 사망할 수 있을 만큼 해로울 수 있다.

건강한 사람은 권장량의 비타민과 미네랄이 함유된 식품보조제를 매일 섭취할 수 있다. 어떤 사람은 대사장애가 있거나, 특정 영양소의 흡수 또는 대사 능력이 떨어진 상태일 수도 있다. 이들은 식단에 특정 영양보충제를 추가할 필요가 있다. 하지만 의사의 확인 없이는 식품보조제를 고용량으로 섭취하지 말아야 한다.

핵심

대부분의 영양학자가 동의하는 건강한 식단은 다음과 같다.

- 포화지방, 트랜스지방 및 콜레스테롤 함량이 낮은 적당한 양의 지방을 함유한 것(표 25.3 참조).
- 전곡류 식품, 채소 및 콩류(강낭콩과 완두) 등 복합탄수화물과 섬유소를 풍부하게 함유한 것.
- 녹말과 설탕 등의 정제된 탄수화물 함량이 낮은 것(표 25.2 참조).
- 소금과 소듐 함량이 낮은 것(표 25.5 참조).
- 주로 가금류, 어류 및 식물성 식품을 통해 적절한 양의 단백질을 함유한 것.
- 꼭 필요한 양의 알코올을 함유한 것.
- 적절한 미네랄과 비타민을 함유하되, 의문스러운 식품첨가물과 식품보조제는 피한다.

개념 연결하기

25.4 영양가 있는 식사를 계획하는 것은 건강한 식단에 중요하다.

진도 점검하기 25.4

1. 균형 잡힌 식사의 중요성을 설명하시오.
2. 마이플레이트(MyPlate) 사이트에서 제공하는 정보를 요약하시오.
3. 영양성분표의 증요성과 그 곳에 제공된 정보를 설명하시오.

요약

25.1 영양

영양소는 체내에서 다양한 생리적인 기능을 수행한다. 건강한 식단은 더 오래 활동적으로 살 수 있도록 한다.

영양소

균형을 이룬 **식단(diet)**은 건강에 필요한 **영양소(nutrient)**를 적절한 비율로 공급해 준다.

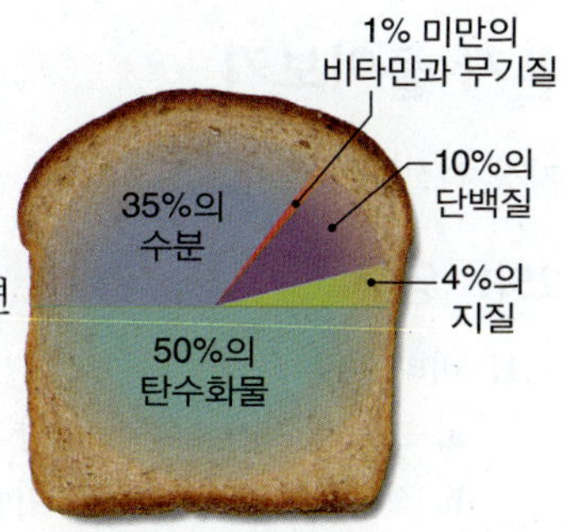

필수영양소(essential nutrient)는 식품을 통해 공급되어야 하며, 아니면 결핍증이 초래된다. **대량영양소(macronutrient**; 탄수화물 지질, 단백질)는 에너지를 공급한다. **미량영양소(micronutrient**; 비타민과 미네랄)와 물은 에너지를 공급하지 않는다.

25.2 영양소의 종류

6대 영양소는 탄수화물, 지질, 단백질, 미네랄, 비타민, 그리고 물이다. 이들의 기능과 식품원은 다음과 같다.

탄수화물(대량영양소)

- 설탕이나 녹말 형태의 **탄수화물(carbohydrates)**은 세포에 에너지를 공급한다. 포도당은 신체가 에너지로 직접 이용하는 단당류이다.
- 탄수화물(carbohydrate)의 공급원은 과일, 채소, 시리얼, 기타 곡물류이다.
- **섬유소(fiber)**는 식물에서 유래한 소화되지 않는 탄수화물이다. 식품의 섬유소는 변비를 방지하고, 심혈관질환, 당뇨 및 대장암을 막을 수 있다. 섬유소, 비타민 및 미네랄이 제거된 정제당을 다량 함유한 식품은 **비만(obesity)**을 초래할 수 있다.

지질(대량영양소)

- **트리글리세리드(triglyceride**, 지방과 기름)는 에너지를 공급하고, **지방(fat)**으로 저장되어 내장기관을 단열하고 보호한다. 알파-리놀렌산과 리놀레산은 필수지방산이다.
- **콜레스테롤(cholesterol)**은 원형질막에 이용되며, 담즙, 스테로이드 호르몬 및 비타민 D를 만드는 데 이용된다. 콜레스테롤의 유일한 식품원은 동물성 식품이다. 혈중 콜레스테롤 수준이 높아지면 심혈관질환을 일으킬 수 있다.
- 지질 공급원은 기름, 지방, 전지유 낙농제품, 육류, 어류, 가금류, 견과류 등이다.
- 포화지방, 트랜스지방 및 콜레스테롤을 많이 섭취하면 건강에 해롭다.

단백질(대량영양소)

- 신체는 20가지의 아미노산을 이용해서 수백 가지의 **단백질(protein)**을 합성한다. 9가지 아미노산은 필수아미노산이다. 대부분의 동물성 식품은 9가지 필수아미노산을 모두 함유한 완전단백질이다.
- 단백질원은 육류, 생선, 가금류, 달걀, 땅콩, 콩류, 치즈 등이다.
- 건강한 채식 식단은 다양한 식물성 단백질로 구성된다.
- 단백질의 과다섭취는 많은 양의 요소 배출로 인해 신장에 부담을 주고 신장결석이 생길 수 있어 해로울 수 있다.

미네랄(미량영양소)

- 미네랄은 대사를 조절하고 신체의 구조와 성분 구성에 관여한다.
- 약 20종의 미네랄은 대부분의 식품에서 얻을 수 있으며, 이는 몸에 필요하다. 미네랄은 **다량미네랄(major mineral**; 매일 100 mg 이상 필요)과 **미량미네랄(trace mineral**; 매일 100 mg 미만 필요)로 구분된다.
- 칼슘 부족은 골다공증을 유발할 수 있으며, 소듐 과다는 건강에 문제를 일으킬 수 있다.

비타민(미량영양소)

- 대부분의 식품에서 얻을 수 있는 **비타민(vitamin)**은 대사와 생리작용을 조절한다. 비타민 C, E, A는 **항산화제(antitoxidant)**로도 작용한다.
- 어떤 비타민이든 부족하게 되면 특정 질병이 나타날 수 있다.

물

- 물은 화학반응에 참여하고, 관절을 부드럽게 해주며, 영양소를 운반하고, 체온조절을 돕는다.
- 물을 너무 적게 마시면 탈수증이 나타나고 너무 많이 마시면 저나트륨혈증이 생긴다.

25.3 영양과 건강

체지방이 과다하면 2형 당뇨, 심혈관질환, 특정 암의 위험이 높아진다.

체질량지수

의학자들은 **체질량지수(body mass index, BMI)**를 이용하여 정상체중, 과체중, 비만 여부를 판단한다.

에너지 섭취와 소모

- 에너지 섭취: 매일 얻는 열량(kcal)은 먹은 음식물에 있는 탄수화물, 지방, 단백질의 무게(g)에 따라 달라진다.
- 에너지 소비: 매일 쓰는 열량(kcal)은 대사기능, 신체활동, 소화, 흡수 및 영양소 가공과정에 필요한 양에 따라 달라진다.

건강한 체중을 유지하는 법

- 건강한 체중을 유지하려면 섭취한 칼로리가 소비한 칼로리를 넘지 않아야 한다. 체중을 줄이려면 칼로리 섭취량을 줄이고 신체활동을 늘린다.
- 일시적으로 유행하는 식이요법은 영양학적으로 균형을 이루지 못하며 오랫동안 지속하기 어렵다.

비만과 관련된 질환

- 2형 당뇨: 건강한 식단, 활발한 신체활동, 체중 감량으로 2형 당뇨

에서 인슐린의 기능을 개선할 수 있다.

- 심혈관질환: 포화지방과 트랜스지방은 혈중 LDL 콜레스테롤 수치를 높인다. 심혈관질환의 위험을 줄이려면 콜레스테롤 섭취를 제한하고 불포화, 다중불포화, 오메가-3 지방산이 포함된 식사로 콜레스테롤 수치를 줄여야 한다.

섭식장애

섭식장애를 겪는 사람은 자신의 체형에 불만족을 느낀다. **거식증(anorexia nervosa)**과 **과식증(bulimia nervosa)**은 영양실조와 사망까지 초래할 수 있는 심각한 정신질환이다. 그 밖의 질환으로 **폭식증(binge-eating disorder)**과 근육추형(*muscle dysmorphia*)이 있다.

25.4 영양가 있는 식사를 계획하는 방법

영양가 있는 식사와 간식을 계획하는 방법은 몸을 건강하게 하고 정보가 있는 식품을 선택하는 것도 포함된다.

식이요법 지침: ChooseMyPlate.gov

미국농무부의 ChooseMyPlate.gov 프로그램은 식품 속 에너지 영양소의 종류별 비율에 대한 지침을 제공한다. 이 프로그램은 체중 증가를 피하려면 운동이 필요하다고 강조한다.

영양성분표 이해하기

포장식품의 영양성분표 정보는 식품의 영양성분, 특히 1회제공량과 총칼로리 및 1일권장량 비율을 비교할 때 유용하다.

식품보조제

식품보조제(dietary supplement)는 건강 증진을 위해 먹는 영양소나 식물성 제품이다. 권장량의 영양소를 종합비타민과 미네랄 보충제로 매일 먹을 수는 있지만, 식물성 보충제나 영양보충제를 남용하면 해로울 수도 있다.

개념 연결하기

균형을 이룬 건강한 식단의 구성요소를 알면 영양가 있는 식사를 계획할 수 있다. 건강에 좋지 않은 식단이 초래하는 결과를 이해하면 더욱 활동적이고 생산적인 삶을 살 수 있다.

25.1 신체의 기능을 제대로 발휘하려면 적절한 영양소가 필요하다.

25.2 균형을 이룬 식단은 6종류의 영양소가 고르게 포함된 것이다.

25.3 과다한 에너지 섭취는 비만과 연관된 질병을 일으킬 수 있다.

25.4 영양가 있는 식사를 계획하는 것은 건강한 식단에 중요하다.

사람의 영양에 관한 정보가 더 필요하면 다음 논의를 참조하시오.

3.2절 세포 내 탄수화물, 지질, 단백질의 구조와 기능에 대한 설명.

7.1절 호기성 호흡에서 탄수화물 등 대량영양소의 에너지가 어떻게 방출되는가에 대한 개관.

23.3절 심혈관질환의 원인에 대한 추가 정보 제공.

혼자 풀어보기

가장 적절한 답을 고르시오.

25.1 영양

1. 비타민은
   - **a.** 크기가 작기 때문에 미량 영양소로 간주한다.
   - **b.** 적은 양만 필요하므로 미량 영양소로 간주한다.
   - **c.** 크기가 크기 때문에 대량 영양소로 간주한다.
   - **d.** 많은 양이 필요하므로 대량 영양소로 간주한다.
2. 생리적인 기능을 제공하는 음식의 구성요소인 것은?
   - **a.** 거대분자 **b.** 영양소
   - **c.** 칼로리 **d.** 화학물질
3. 식품을 통해 섭취해야 하는 아미노산을 필수아미노산이라고 한다. 필수아미노산이 아닌 아미노산은?
   - **a.** 체내에서 생성된다.
   - **b.** 가끔씩만 필요하다.
   - **c.** 필요할 때까지 체내에 저장된다.
   - **d.** 식품보충제로 섭취할 수 있다.

25.2 영양소의 종류

[4~9] 해당하는 영양소를 보기에서 고르시오. 보기는 중복하여 사용될 수 있다.

보기:

- **a.** 탄수화물 **b.** 지질
- **c.** 단백질 **d.** 미네랄
- **e.** 비타민 **f.** 물

4. 세포에서 직접 에너지원으로 선호된다.
5. 체중의 대부분을 차지한다.
6. 필수지방산인 알파-리놀렌산과 리놀레산을 포함한다.
7. 항산화제를 포함한다.
8. 콜레스테롤은 이것의 한 종류이다.
9. 칼슘, 인산 및 칼륨을 포함한다.

10. 비타민은?
   a. 식단에 필요한 무기화합물이다.
   b. 신체 조직을 구성하는 기본 단위로 체내에 다량 존재한다.
   c. 대사작용을 조절하는 유기화합물이며, 체내에 낮은 농도로 존재한다.
   d. 모두 인체에서 합성이 가능하다.

25.3 영양과 건강

11. 체질량지수(BMI)란?
   a. 과체중 여부를 판단하는 체중과 키의 관계식
   b. 키가 정상인지 여부를 결정하는 나이와 키의 관계식
   c. 과체중이면 비교적 수치가 낮음
   d. 저체중이면 비교적 수치가 높음
12. 신체가 혈당 수치를 조절하지 못하는 것을 무엇이라고 하는가?
   a. 고혈압
   b. 암
   c. 심혈관질환
   d. 당뇨

25.4 영양가 있는 식사를 계획하는 방법

13. 아침식사용 시리얼 두 가지를 비교하고 있는데, 하나는 1회 제공량당 칼로리가 더 낮다. 어느 것이 체중을 더 줄일 수 있는지 판단하기에 앞서 무엇을 조사해야 하는가?
   a. 각각에 포함된 비타민의 비율
   b. 각각에 포함된 단백질의 무게(g)
   c. 각각에 포함된 당분의 무게(g)
   d. 제시된 1회 제공량
   e. 시리얼 상자의 크기
14. 당분의 1일 권장량 비율은 영양성분표에 표시되어 있지 않다. 그 이유는?
   a. 당분은 영양소가 아니다.
   b. 당분의 칼로리 수치를 결정하기가 너무 어렵다.
   c. 탄수화물의 권장량 비율은 나타나 있지만 당분의 경우는 없다.
   d. 제품마다 당분의 품질이 다르다.
15. 영양성분표에 표시된 1일 권장량 비율에 대해 올바른 설명은?
   a. 개인의 식단에 대한 정확한 수치를 제공한다.
   b. 하루 식사량 2,000칼로리를 기준으로 한다.
   c. 영양성분표에 모든 영양소를 제공한다.
   d. 1회 제공량을 참작한다.

과학적으로 생각하기

1. 미국에서 비만이 만연하는 이유 중 하나는 지난 20년 동안 1회 제공량이 현저하게 증가했기 때문이다. 예를 들어, 20년 전에는 전형적인 소다는 6.5온스였지만, 지금은 20온스를 평균으로 간주한다. 프렌치프라이 1회제공량은 과거에는 2.6온스였지만 지금은 최소 6온스나 된다. 베이글도 크기가 두 배로 되었다. 아래의 표를 채워 현재 1회 제공량의 칼로리 가치를 판단하고, 비교하시오.

	소다(과거): 6.5온스	소다(현재): 20온스	칼로리 증가량
지방(g)	0	______	
탄수화물(g)	21	______	
단백질(g)	0	______	
총칼로리	______	______	______
	프렌치프라이 (과거): 2.6온스	**프렌치프라이 (현재): 6온스**	**칼로리 증가량**
지방(g)	11	______	
탄수화물(g)	28	______	
단백질(g)	3	______	
총 칼로리	______	______	______
	베이글(과거): 3온스	**베이글(현재): 6온스**	**칼로리 증가량**
지방(g)	0.5	______	
탄수화물(g)	40.00	______	
단백질(g)	6.0	______	
총 칼로리	______	______	______

2. 비만대사 수술(bariatric surgery)은 위의 크기를 축소시켜 음식이 소장 부위로 우회하도록 하는 의료 수술이다. 이 수술은 비만인 사람이 여러 방식으로도 체중감량에 실패하여 체중으로 인해 건강이 위태로울 때 시행한다. 이 수술에는 많은 위험이 따르지만, 체중을 현저히 줄이고 궁극적으로 건강 전반을 향상시킬 수 있도록 도와준다. 소화계(24장 참조)와 영양에 대한 이해를 바탕으로, 이 수술의 결과로 나타날 수 있는 일부 영양결핍의 목록을 제시하시오.
3. 어떤 사람들은 미국에서 만연하는 비만에 대해 식음료 제조사들이 현혹시키는 광고를 하였기 때문에 최소한 일부라도 책임을 져야 한다고 믿는다. 예를 들어, 식음료 회사는 광고를 통해 제공량만 보여주어 과도한 소비를 조장하고, 건강에 좋지 않은 일부 대체제품도 균형을 이룬 식사와 동등한 것처럼 믿도록 한다. 이러한 광고는 또한 아이들이 당분이 범벅된 시리얼과 과당 음료수를 갈망하도록 만든다. 당신은 제품의 실제 영양성분을 알리도록 광고를 바꿔야 한다는 주장에 대해 어떻게 생각하는가? 이러한 계획의 실행을 방해하는 장애는 무엇일까?

26

질병에 대한 방어

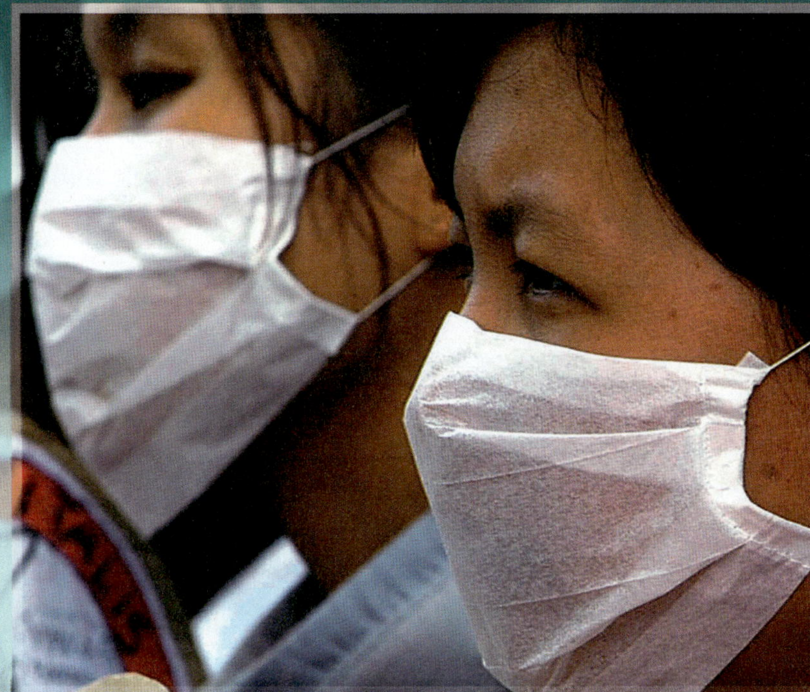

개 요

시작하기 전에

이 장을 시작하기 전에 다음 내용을 다시 살펴보자.

17.1절 바이러스의 일반적인 구조는 무엇인가?

22.2절 우리 몸에서 면역계의 기능은 무엇인가?

23.2절 순환의 측면에서 림프계의 기능은 무엇인가?

인류와 감염성 질병

중증급성호흡기질환(SARS), 조류 독감, H1N1 독감바이러스와 같은 감염성 질환의 유행은 근대의 주된 특징이다. 그러나 사실 유행성 질병은 문자 시대의 가장 초기부터 기록되기 시작했다. 두창(천연두)의 유행은 1만 년 전 나일강 유역의 기록에 나타난다. 말라리아는 4천 년 전 중국의 기록에 남아 있다. 중국 사람들은 개똥쑥으로 말라리아를 치료했으며 이것은 지금도 말라리아 치료약의 재료로 쓰인다. 중세 유럽에서는 흑사병으로 인해 인구가 거의 10분의 1로 줄어들었다. 흑사병의 전파와 이에 대한 사람들의 반응은 유럽의 역사의 향방을 결정하는 주요 원인이었다.

비교적 최근에 이르러 인류는 백신을 이용하여 감염병에 대항하기 시작했다. 최초의 백신은 중국에서 기원전 200년경에 개발했던 것으로 전해진다. 1796년 두창 백신이 서구에 소개되자 두창바이러스로 인한 사망률은 급격히 낮아졌다. 1977년 인류는 공식적으로 두창의 박멸을 천명하였다. 1885년 공수병 백신이 개발된 이래, 디프테리아, 장티푸스, 파상풍, 소아마비 백신의 개발이 이어졌다. 그 결과 유아 사망률은 급격히 줄어들었고 일상적으로 백신을 접종하는 나라에서는 계속 낮은 상태를 유지하고 있다.

감염성 질병으로 인한 사망률은 1940년대에 이르러 항생제가 개발되면서 더욱 급격하게 감소했다. 백신과 항생제를 사용하면서 과학자들은 다른 병원체 또한 박멸할 수 있거나 적어도 감염성 질병으로 인한 고통을 크게 낮출 수 있을 것으로 기대했다. 그러나 감염성 질병은 여전히 많은 사람을 죽음에 이르게 하는 원인으로 남아 있다. 세계보건기구(World Health Organization, WHO)에 따르면 전체 사망원인 가운데 54%는 감염성 질병으로 인한 것이라고 한다. 하기도 감염, HIV/AIDS, 설사병, 말라리아, 결핵은 현재 감염성 질병으로 인한 사망의 주원인이다.

이 장을 공부하는 동안 다음 질문에 대해 생각해보자.

1. 새로운 병원체에 처음 노출되었을 때 우리 몸은 어떻게 반응하는가?
2. 항체와 항생제는 어떻게 다른가?

26.1 면역계 개요

학습 목표

이 절을 학습한 후에는 다음 과제를 수행할 수 있어야 한다.

1. 신체 면역계의 기능에 대해 설명하기.
2. 면역계의 기관과 조직을 나열하고 각각의 기능에 대해 설명하기.

면역계(immune system)는 감염이나 암에 대항하여 우리의 건강을 유지하는 데 중요한 작용을 한다. 면역계는 적색골수, 흉선(가슴샘), 림프절, 지라와 같은 림프기관을 포함한다(**그림 26.1**). 인두에 위치한 **편도(tonsil)**, 그리고 대장의 한 쪽에 붙어 있는 **충수돌기(appendix)** 또한 면역세포가 모여 있는 면역계의 일부다.

면역기관

면역기관마다 면역반응에서 특정 기능을 수행하며, 백혈구의 일종인 림프구를 다수 포함한다.

적색골수

어린 시절 대부분의 뼈는 적색골수를 지닌다. 성인이 되면 머리뼈, 가슴뼈, 갈비뼈, 빗장뼈, 골반뼈, 등골뼈, 그리고 위팔뼈와 넓적다리뼈에서 몸통에 가까운 쪽에 적색골수가 남아 있다. **적색골수(red bone marrow)**는 모든 종류의 혈액세포를 생성하지만, 이 장에서는 면역반응에 관여하는 세포에 대해서만 살펴보기로 한다(**표 26.1**).

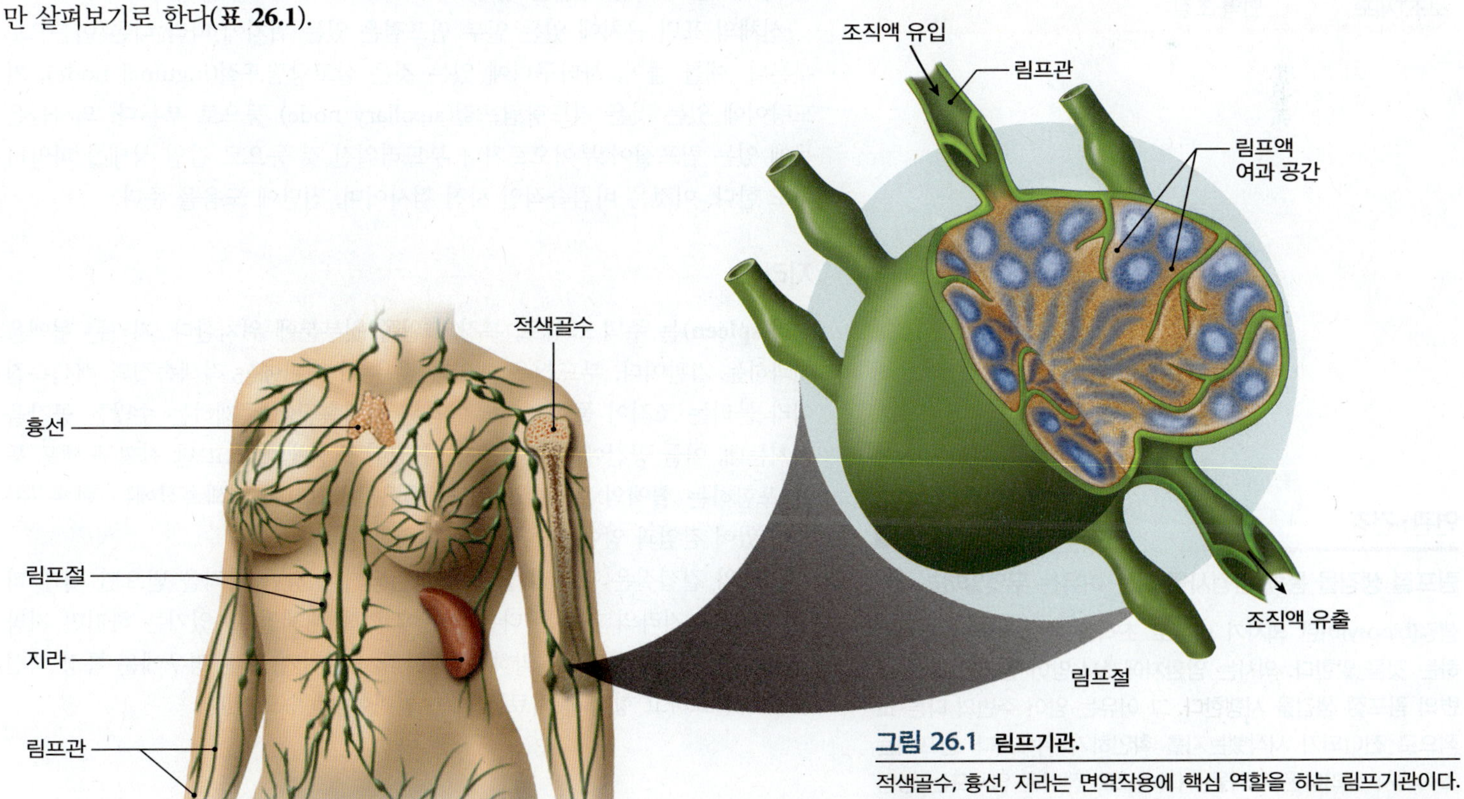

그림 26.1 림프기관.

적색골수, 흉선, 지라는 면역작용에 핵심 역할을 하는 림프기관이다. 백혈구를 비롯한 면역세포는 이들 기관이나 림프관의 림프액에 존재한다.

표 26.1 면역세포

세포	기능
대식세포	식세포작용을 통해 병원체 제거, 염증반응과 특이적 면역 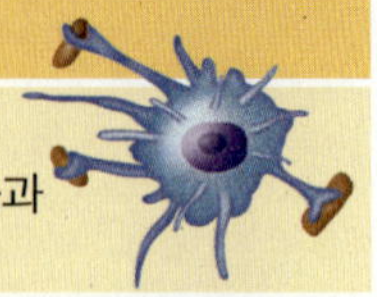
비만세포	히스타민을 방출하여 손상 조직에 혈류 증가, 염증반응 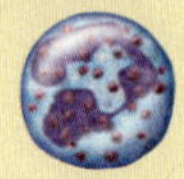
호중구	식세포작용을 통한 병원체 제거, 염증반응
자연살해세포	직접 접촉을 통한 바이러스 감염세포 및 암세포 제거 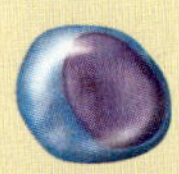
림프구	특이적 면역 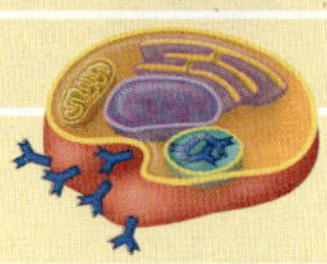
B 세포	형질세포와 기억세포 생성
형질세포	특이적 항체 생성
기억세포	오래 생존하며, 장차 새로운 B세포와 T세포를 생성할 수 있는 세포
T세포	면역반응 조절, 세포독성 T세포와 보조T세포 생성 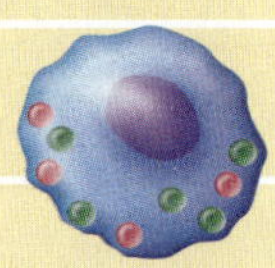
세포독성T세포	바이러스 감염세포 및 암세포 제거
보조T세포	면역 조절

림프구는 흔히 **B세포(B cell)**라고 부르는 **B림프구(B lymphocyte)**와 **T세포(T cell)**라고 하는 **T림프구(T lymphocyte)**로 구분한다. 림프구에 대해서는 뒤에서 자세히 살펴보기로 한다. 골수는 B세포가 생성되고 또한 성숙되는 곳이다. T세포는 흉선에서 성숙된다. B세포는 항체를 생성하고, T세포는 항원을 지니는 세포를 직접 제거한다.

흉선

흉선(thymus)은 두 조각으로 이루어진 연한 조직으로 크기가 계속 변한다. 대체로 어린 시절에는 좀 더 큰 편이고 성인이 되면서 크기가 줄어든다. 흉선에서 T세포가 성숙한다. 미성숙 T세포는 골수에서 생성되어 혈류를 타고 흉선으로 이동하여 기능을 지니는 성숙한 T세포로 분화한다. 이들 T세포는 성숙하면서 결정적인 시험을 통과해야 생존할 수 있다. 만약 조금이라도 자신의 세포에 반응하는 경우라면 세포자살이 유도된다. 자기 세포에는 반응하지 않고 외부의 세포만 공격할 수 있는 T세포만이 흉선을 떠나 림프관과 림프기관으로 이동한다.

림프절

림프절(lymph node)은 림프관을 따라 존재하는 작은 타원형 구조이다(그림 26.1). 림프절은 림프액을 여과하여 병원체와 항원을 제거한다. 림프액은 림프절을 통과하는 동안 림프절 내부의 빈 공간을 채우고 있는 **대식세포(macrophage)**가 식세포작용을 하여 병원체를 제거함으로써 병원체를 여과한다(그림 26.4*a* 참조). 림프절에는 또한 림프구가 많이 있어서 감염체와 암세포를 제거하는 중요한 역할을 한다.

신체의 표면 근처에 있는 일부 림프절은 있는 위치에 따라 다른 이름으로 부른다. 예를 들어, 사타구니에 있는 것은 샅고랑림프절(inguinal node), 겨드랑이에 있는 것은 겨드랑림프절(auxillary node) 등으로 부른다. 의사들은 목에 있는 림프절이 부어오르거나 부드러워진 것 등으로 감염 상태를 파악하기도 한다. 이것은 비침습적인 사전 검사이며, 진단에 도움을 준다.

지라

지라(spleen)는 주먹 크기로, 복강의 왼쪽 윗부분에 위치한다. 지라는 혈액을 여과하는 기관이다. 부드러운 해면과 같은 이 기관에는 적색속질과 백색속질이라 불리는 조직이 들어 있다. 혈액은 적색속질에 존재하는 수많은 공간을 거치는데, 이들 공간에는 백혈구가 차 있어 병원체와 쓰고 난 적혈구 세포 등을 포함하는 혈액의 여러 고형 노폐물을 여과한다. 백색속질에는 림프구가 들어 있어 감염과 암에 적극적으로 대항한다.

지라의 겉껍질은 비교적 얇아서 감염되거나 강한 타격을 받으면 쉽게 터질 수 있다. 지라의 기능은 다른 기관에 의해 대체될 수 있기는 하지만 지라가 없으면 감염에 좀 더 취약해진다. 따라서 지라가 없는 경우에는 특정 백신 접종이 필요하고 항생제 치료를 계속 받아야 할 수도 있다.

연관: 건강

림프절 생검을 통해 암검사를 하는 이유는 무엇일까?

생검(biopsy)이란 의사가 바늘로 조직을 떼어내 추가 검사를 하는 것을 말한다. 의사는 암환자에게서 암이 발생한 조직 주변의 림프절 생검을 시행한다. 그 이유는 암이 주변의 다른 조직으로 전이되기 시작했는지를 확인하기 위해서다. 림프계는 조직에서 흘러나온 체액을 여과하므로 전이된 암세포는 종양 근처의 림프절에서 처음으로 확인될 수 있다.

면역계의 세포

면역계는 림프기관과 림프조직의 네트워크일 뿐만 아니라 매우 다양한 종류의 세포를 포함한다(표 26.1). 이들 세포는 면역계에서 자신의 세포(자기)와 병원체 세포(비자기)를 구별해낼 수 있다. 병원체는 항원의 존재를 통해 확인된다. **항원(antigen)**은 면역계의 작용을 촉진하는 분자를 말하며 대체로 병원체의 단백질이나 탄수화물이 항원으로 작용한다. 자기와 비자기를 구별함으로써 면역계의 세포는 우리 몸에 면역력을 제공한다. **면역력(immunity)**은 외부의 물질, 병원체, 암세포를 제거하는 우리 몸의 능력을 말한다. 비특이적 면역은 병원체를 무차별적으로 제거하는 데 반해 특이적(적응적) 면역은 특정한 항원이 존재하는 경우에만 제거한다.

개념 연결하기 26.1

면역계는 특수한 기관, 조직, 세포로 구성된다.

진도 점검하기 26.1

1. 면역계의 기능을 설명하시오.
2. 면역기관의 이름과 각각의 기능을 나열하시오.
3. 항원과 면역 사이의 관계를 설명하시오.

26.2 비특이적 방어와 선천면역

학습 목표

이 절을 학습한 후에는 다음 과제를 수행할 수 있어야 한다.

1. 병원체가 우리 몸에 진입하는 것을 막아주는 장벽에 대해 설명하기.
2. 염증반응을 요약하기.
3. 보체와 자연살해세포가 비특이적 면역 과정에서 수행하는 기능을 설명하기.

우리 몸에는 **선천면역(innate immunity)** 기능이 있어 여러 종류의 비특이적 방어를 수행한다. 이는 대부분의 감염에 대항하는 첫 번째 방어 수단이다. 비특이적 방어는 병원체가 우리 몸에 들어오는 것을 막는 진입 장벽, 염증반응, 보체계, 자연살해세포 등에 의해 이루어진다.

병원체의 진입 장벽

피부, 그리고 호흡기, 소화기, 생식기, 비뇨기의 관을 둘러싼 점막은 병원체의 진입을 막는 기계적 장벽이다. 피부기름샘에서 분비되는 분비물에는 피부의 특정 세균을 약화시키거나 죽이는 화학물질이 포함되어 있다(**그림 26.2**). 상기도관을 둘러싸고 있는 섬모세포는 분비된 점액에 포함된 입자들을 목 안으로 보내어 이를 삼키거나 뱉을 수 있게 한다. 위산의 낮은 pH는 많은 종류의 세균 성장을 저해하거나 사멸시킨다. 대장이나 질을 비롯한 그 밖의 기관에는 정상적으로 여러 종류의 세균이 서식하고 있어 병원균이 자리 잡지 못하도록 막아준다.

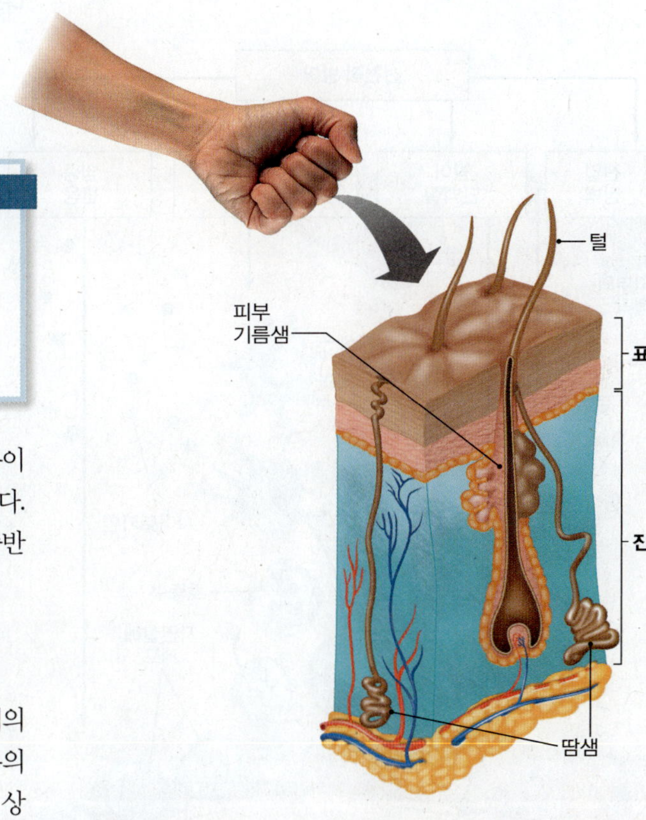

그림 26.2 피부.

표피세포는 피부의 바깥층으로 갈수록 딱딱해지면서 사멸한다. 이렇게 죽은 바깥층의 세포는 병원체의 침입을 막는 보호벽으로 작용한다. 피부의 땀샘과 기름샘은 세균의 서식을 억제할 수 있도록 산성을 띤다.

연관: 건강

항히스타민제는 어떻게 작용하는가?

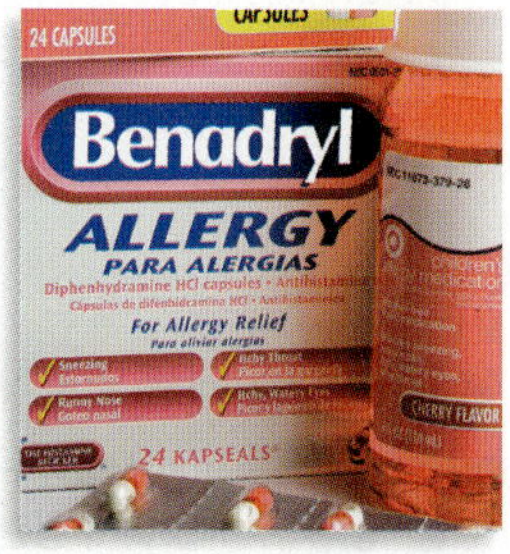

비만세포에서 방출된 히스타민은 다른 세포의 수용체에 결합한다. 이것이 신호로 작용하여 근처에 있는 모세혈관의 혈관 벽이 느슨해져서 더 많은 체액이 혈관에서 조직으로 들어온다. 이는 마치 콧물이나 눈물이 나는 것과 같은 증상이라 볼 수 있다. 항히스타민제는 세포의 수용체를 차단하여 히스타민이 더 이상 결합하지 못하게 한다. 알레르기 증상을 완화시키기 위해서는 알레르기 항원에 노출되기 전에 항히스타민제를 복용하는 것이 가장 효과적이다.

염증반응

염증반응(inflammatory response)은 병원체의 침입을 막는 두 번째 장벽이다. 염증반응은 호중구와 대식세포가 몸 안으로 들어온 병원체를 둘러싸서 식세포작용으로 제거하는 과정을 중심으로 진행된다. 이때 여러 종류의 방어 단백질이 관여한다. 염증이 생기면 대개 발적, 발열, 부종, 통증의 네 가지 전형적인 증상이 나타난다(**그림 26.3**).

염증반응의 네 가지 증상은 손상 부위에서 모세혈관의 변화로 인해 나타나며, 모두 신체를 보호한다. **히스타민(histamine)**을 비롯한 화학적 매개물이 손상된 세포와 **비만세포(mast cell)**에서 방출되어 모세혈관을 확장시키고 혈관벽의 투과성을 높인다. 많은 양의 혈류가 확장된 모세혈관을 통해 유입되면서 피부가 붉어지고 국소적으로 열이 발생한다. 혈류가 증가하면서 손상된 지역으로 백혈구가 다량으로 유입된다. 혈관벽의 투과성이 높아져서 혈액과 혈액응고인자를 포함한 단백질들이 혈액에서 조직으로 방출된다. 상처 주변에 딱지가 만들어지면서 더 이상 피가 나지 않게 한다. 상처 주변으로 유입된 과량의 혈액이 신경세포 말단을 압박하여 부종과 함께 통증을 야기한다. 이 과정을 통해 백혈구 또한 상처 주변에 유입된다. 백혈구는 혈류에서 빠져나와 주변 조직으로 침출된다. 가장 먼저 **호중구(neutrophil)**가 활발하게 손상된 조직, 사멸된 세포, 세균 따위를 마주치는 대로 식세포작용으로 제거한다. 손상된 부위로 몰려든 많은 호중구는 대개 감염이 주변으로 퍼지지 않도록 막아준다. 호중구가 다량으로 사멸한 것이 누르스름하게 보이는 고름이다.

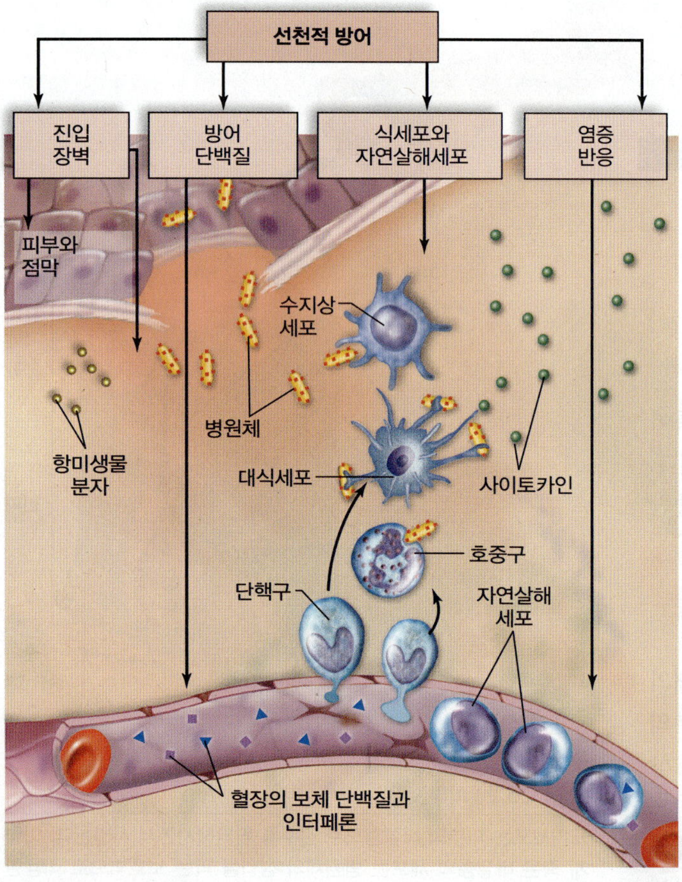

그림 26.3 염증반응.

피부에 상처가 나면 즉시 염증반응이 일어난다. 혈류가 증가하면서 상처 부위가 붉게 변하고 열이 난다. 백혈구의 일종인 비만세포가 히스타민과 같은 화학물질을 방출하면 모세혈관 벽의 투과력이 높아져서 상처 부위가 붓고 통증이 난다. 호중구와 대식세포가 상처 부위의 세균을 식세포작용으로 제거한다.

손상이 심각하지 않은 경우 염증반응은 짧게 끝나고 치료 과정이 재빨리 감염 부위를 정상 상태로 되돌린다. 부근의 세포에서는 혈관 생성을 촉진하는 화학물질을 분비하고 새로운 세포가 손상된 부위를 채운다. 반면 호중구의 작용으로 감당이 되지 않는 상태가 되면 호중구는 사이토카인이라는 화학물질을 분비해서 증강을 요청한다. 사이토카인은 더 많은 백혈구를 상처 부위로 불러들이는데, 여기에는 단핵구가 포함된다. 단핵구는 혈액에 존재하는 수명이 긴 면역세포로, 조직에서 호중구보다 강력한 식세포작용을 하는 **대식세포(macrophage)**로 분화된다. 대식세포는 또한 림프구를 자극해서 특이적 면역반응이 일어나도록 촉진한다.

염증은 우리 몸에서 자연적으로 일어나는 자극이나 손상에 대응하는 반응이며, 중요한 기능을 한다. 일단 치유과정이 시작되면 염증반응은 빠르게 사라진다. 그러나 자극이나 감염이 완전히 사라지지 않는 경우에는 만성 염증이 몇 주에서 몇 달 동안, 심지어는 몇 년에 이르기까지 진행되는 경우도 있다. 염증반응에 작용하는 화학물질은 침입자를 제거할 뿐만 아니라 때로는 우리 몸에 총체적인 손상을 입히기도 한다. 염증이 지속되면 아스피린이나 이부프로펜 또는 코르티손과 같은 항염증제를 써서 이들 화학물질의 영향을 최소화할 수 있다.

보체계

보체계(complement system)는 간단히 **보체(complement)**라고 부르기도 하는데 이는 알파벳 C에 숫자가 덧붙은 형태로 명명된 여러 혈장 단백질로 이루어져 있다. 보체 단백질은 특정한 면역반응을 보조하여 도와준다는 뜻에서 이런 이름을 얻었다. 예를 들어 어떤 보체 단백질은 비만세포에 결합하여 히스타민 방출을 촉진함으로써 염증반응을 증강시킨다. 또 다른 보체 단백질은 상처 부위에 식세포를 불러들인다. 일부 보체 단백질은 항체가 결합된 병원체의 표면을 둘러싸서 호중구나 대식세포에 의한 식세포작용이 일어나기 쉽게 도와준다(**그림 26.4*a***). 또 다른 보체 단백질은 막공격 복합체를 형성해서 미생물의 표면에 구멍을 뚫는다(그림 26.4*b*). 보체가 뚫어놓은 구멍으로 체액과 염분이 들어가 병원체를 터뜨린다.

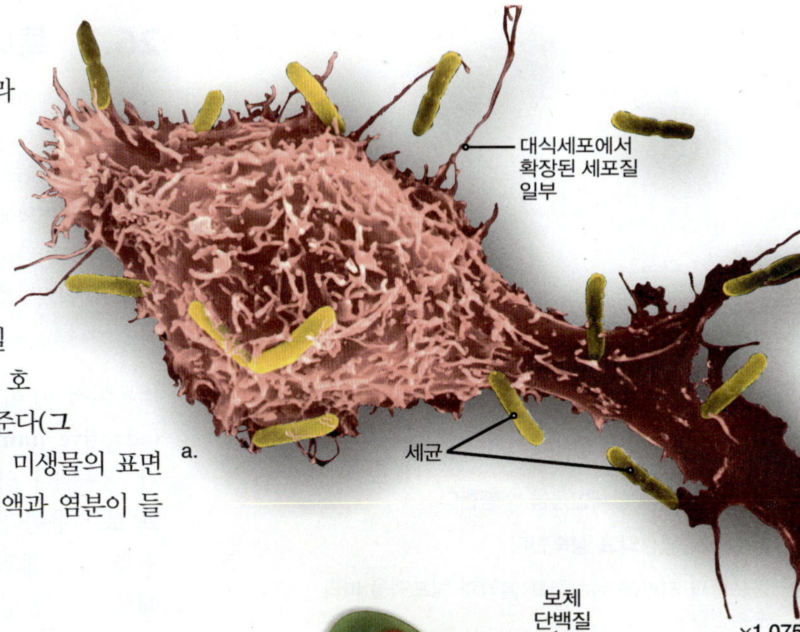

자연살해세포

자연살해세포(natural killer cell, NK cell)는 세포질 내에 과립이 많은 큰 림프구이며, 바이러스에 감염된 세포나 종양(암)세포를 직접 세포와 세포 사이의 접촉을 통해 사멸시킨다(표 26.1).

무엇이 NK세포를 자극해서 세포를 공격하고 살해하도록 하는가? 우리 몸의 세포는 보통 NK세포 표면에 존재하는 수용체와 결합하는 "자기" 단백질을 표면에 지닌다. 바이러스에 감염된 세포와 암세포에서는 때때로 변형이 일어나 이들 자기 단백질을 생성하는 능력을 잃어버린다. NK세포는 자기 단백질을 지니지 않은 세포를 만나면, T세포와 동일한 방법으로 이들 세포를 사멸시킨다(그림 26.8 참조).

NK세포는 특이적으로 반응하지 않는다. 즉, 특정한 항원에 노출되더라도 그 수가 증가하지 않으며 예전에 접촉했던 항원을 기억하지도 못한다.

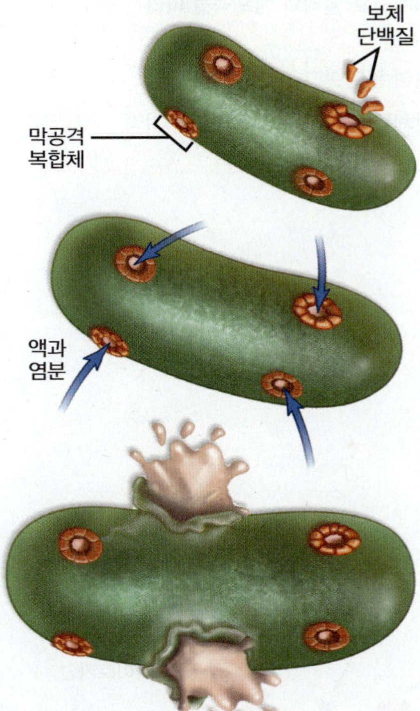

그림 26.4 **병원체 제거 방법.**

a. 우리 몸의 청소부인 대식세포가 병원체를 삼켜 리소좀에서 분해한다. **b.** 여러 보체 단백질이 함께 병원체 표면에서 막 공격 복합체를 형성한다. 체액과 염분이 들어가면 병원체가 부풀어 터진다.

연관: 건강

열이 나는 것은 늘 해로운 것일까?

대부분의 사람은 열이 나기 시작하면 약국에서 해열제를 구입한다. 그러나 많은 경우 약국에서 처방전 없이 사는 일반 의약품은 득보다 실이 많다. 의료 전문가들은 이제 미열은 면역계에 도움을 주는 것으로 간주한다. 몸에서 열이 나면 높아진 체온이 대사율을 높이는 반면, 세균과 바이러스의 증식 속도는 떨어뜨린다. 미열은 또한 인터페론이라는 화학물질의 방출을 촉진하여 감염이 퍼지는 것을 막아준다. 물론 고열이 나거나 며칠 이상 열이 지속되면 반드시 의사를 찾아야 한다.

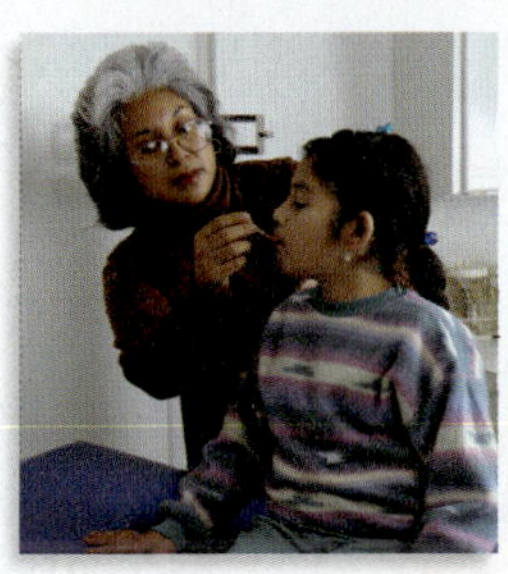

진도 점검하기 26.2

1. 병원체를 방어하는 신체의 물리적 장벽을 나열하시오.
2. 염증반응을 단계별로 요약하시오.
3. 보체계와 자연살해세포가 비특이적 면역반응에 속하는 이유를 설명하시오.

개념 연결하기

26.2 비특이적 방어는 병원체에 대한 1차 방어선이다.

26.3 특이적 방어와 적응면역

학습 목표

이 절을 학습한 후에는 다음 과제를 수행할 수 있어야 한다.

1. 적응면역에서 림프구의 기능을 설명하기.
2. 항체반응과 세포반응의 차이를 구별하기.
3. 이식거부를 일으키는 면역계 인자를 설명하기.

비특이적 방어가 감염을 억제하는데 실패하면 특이적 방어인 **적응면역(adaptive immunity)**이 작동한다. 특이적 방어는 항원에 반응한다. 항원이란 병원체나 암세포의 성분이다. 항원은 몸 안에 병원체가 존재한다는 "지표"로 작용한다. 면역계가 그 지표를 감지하면 적응면역이 활발하게 해당 항원을 지닌 세포를 찾아 나선다. 이것은 세균이나 바이러스인 경우도 있지만 때로는 이들 병원체에 감염된 우리 자신의 세포가 될 수도 있다. 우리 몸이 특정한 항원을 지니는 세포를 파괴할 수 있다면 우리는 이를 이에 면역력이 생긴 것이라 한다. 우리 면역계는 보통 우리 자신의 세포 표면에 있는 단백질에는 반응하지 않으므로 면역계는 자기와 비자기를 구별할 수 있어야 한다. 이 방법이 확보되어야 면역계가 항상성을 유지하는 데 도움이 될 수 있다.

림프구는 항원을 인식할 수 있다. 림프구에는 특정한 항원과 결합할 수 있는 형태의 특수한 막수용체 단백질을 지니고 있기 때문에다. 사람이 살아가는 동안 수없이 많은 항원과 마주치기 때문에 이를 방어하기 위해서는 엄청나게 다양한 림프구가 필요하다. 놀랍게도 림프구가 성숙하는 과정에서 일생 동안 만날 가능성이 있는 그 어떤 항원에도 반응할 수 있는 적어도 하나 이상의 림프구 종이 만들어질 수 있는 다양화가 이루어진다.

면역은 대개 일정 기간 이상 지속된다. 예를 들어 홍역에 한 차례 걸렸다 회복되면 다시는 홍역에 걸리지 않는다. 면역은 주로 B세포와 T세포의 작용에 의한다. B세포는 골수에서 성숙되고 T세포는 흉선에서 성숙된다. B세포는 형질세포로 분화하여 항체를 생성한다(**표 26.2**). 여기서 만들어진 항체는 혈액이나 림프액 등의 체액으로 분비된다. 반면 T세포는 항체를 생성하지 않는다. 일부 T세포는 면역반응을 조절하고 또 다른 T세포는 직접 항원을 지닌 세포를 공격한다(표 26.1 참조).

표 26.2 B세포의 특징

• 병원체에 대한 항체반응을 수행한다.
• 골수에서 생성되고 성숙한다.
• 림프절과 지라에 위치하고 혈액과 림프액을 따라 순환한다.
• 항원을 직접 인식하여 분열한다.
• 세포분열을 통해 항체를 분비하는 형질세포와 기억 B세포를 생성한다.

B세포와 항체반응

하나의 B세포는 단 하나의 특수한 항원에만 결합한다. 항원은 표면에 존재하는 **B세포 수용체(B-cell receptor, BCR)**에 결합한다. 일부 B세포는 평생 아무 일을 하지 않은 채 지낸다. 해당 세포에 존재하는 B세포 수용체가 인식하는 항체와 만나지 못하면 아무 일도 일어날 수 없기 때문이다. 그러나 항원이 특정 B세포 수용체와 결합하면 해당 B세포가 활성화된다. 활성화된 B세포는 분열하여 수많은 형질세포와 기억B세포를 생성한다(**그림 26.5**). 이 과정을 **클론선택모델(clonal selection model)**이라고 한다. 이렇게 부르는 이유는 특정 항원이 어느 B세포를 활성화할지 선택하여 해당 세포를 분열하도록 하고 수많은 클론을 생성하도록 유도하기 때문이다. 활성화된 B세포는 분열하여 사

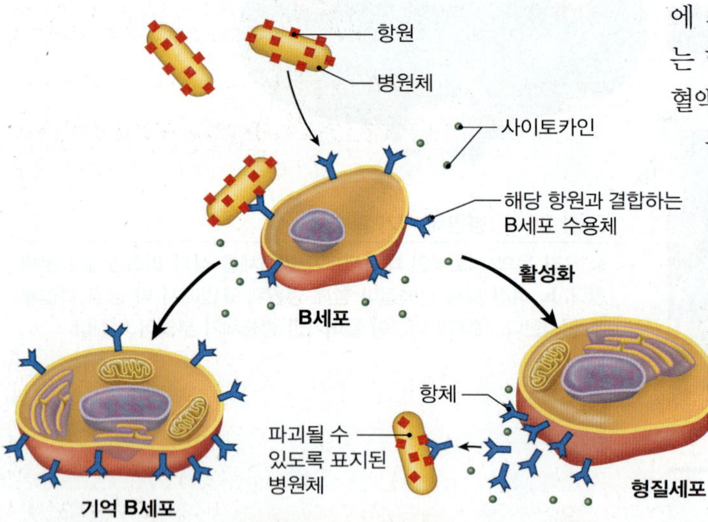

그림 26.5 B세포와 항체반응.

항원이 B세포 수용체에 결합하면 B세포가 분열하여 형질세포와 기억 B세포를 형성한다. 형질세포는 항체를 생성하지만 결국 사라진다. 기억B세포는 체내에 남아 훗날 필요한 때가 되면 동일한 항체를 만들어낼 수 있다.

이토카인의 자극에 따라 형질세포로 분화한다. 이 신호는 염증반응에 관여하는 세포를 비롯한 비특이적 방어과정에서 방출된다. 형질세포는 보통의 B세포보다 크고 소포체가 발달하여 특정 항원에 특이적인 항체를 대량으로 분비한다. 형질세포에서 생성된 항체는 혈액과 림프액으로 분비되며, 이들은 활성화된 B세포에 존재하는 B세포 수용체와 같은 형태이다.

기억B세포는 오랫동안 생존할 수 있기 때문에 장기 면역이 가능하다. 만일 동일한 항원이 또다시 우리 몸속에 들어오면 기억B세포가 재빨리 분열하여 형질세포로 분화하고, 이들이 해당 항원에 결합하는 항체를 분비하게 된다.

일단 감염의 위험이 제거되면 새로운 형질세포의 발생이 중단되고 남아 있는 형질세포는 세포자살을 한다. 세포자살(apoptosis)은 일련의 세포 내 변화과정에 의해 세포의 사멸과 파괴로 이어지는 프로그램된 세포 사멸과정이다(그림 8.10 참조).

항체의 기능

항체(antibody)는 특정 항원에 결합할 수 있는 면역글로불린 단백질이다(**그림 26.6**). 항원-항체 반응은 몇 가지 형태로 이루어지지만, 대개 항체에 결합한 항원 복합체가 형성된다. 이와 같은 항원-항체 복합체는 때로는 면역복합체라고 부르기도 하며, 항원을 제거하는 표지가 된다(그림 26.5 참조). 항원-항체 복합체는 호중구나 대식세포의 식세포작용에 의해 제거되거나 보체를 활성화시킨다. 보체는 해당 병원체의 식세포작용을 더욱 촉진한다.

ABO 혈액형 ABO식 혈액형을 통해 항체의 특이성을 잘 이해할 수 있다(A, B, AB 또는 O형). ABO식 혈액형에서 A와 B는 적혈구에 존재하는 항원을 나타낸다. O형은 적혈구 표면에 A형 항원도 B형 항원도 지니지 않는다. 혈액형에 따라 적혈구 표면 항원에 대해 서로 다른 항체를 지니고 있다(**표 26.3**). 예를 들면 O형 혈액은 항A 및 항B 항체를 모두 지닌다. 따라서 O형인 사람에게 A형이나 B형 혈액을 수혈할 수 없다. 이 경우에는 수혈받는 사람의 혈장에 존재하는 항체가 수혈하는 혈액의 혈구와 복합체를 형성하여 혈액이 응고되기 때문이다. 적혈구가 서로 뭉쳐 **응고(agglutination)**되면 혈액의 흐름을 막고 적혈구 세포가 터지게 된다. 반면 O형 혈액은 어떤 혈액형을 갖는 사람에게나 수혈할 수 있다. O형 적혈구에는 A형 항원과 B형 항원이 모두 존재하지 않기 때문이다.

ABO 혈액형을 바탕으로 누가 누구에게 수혈할 수 있는지를 결정할 수는 있다. 그러나 이밖에도 다른 종류의 적혈구 항원이 존재하므로 수혈할 때에는 공여자의 혈액이 수용자의 혈액과 응고반응을 일으키지 않는 것을 확인하는 것이 가장 안전한 방법이다.

T세포와 세포반응

T세포가 흉선을 떠날 때는 B세포와 마찬가지로 세포마다 독특한 **T세포 수용체(T-cell receptor, TCR)**를 지닌다. 그러나 B세포와 달리 T세포는 다른 단백질의 도움을 받아야 항원에 결합할 수 있다. T세포는 대식세포와 같은 **항원제시세포(antigen-presenting cell, APC)**에 의해 항원이 제시되어야 비로소 항원을 인식한다. 대식세포가 병원체를 삼켜서 파괴시키고 나면 항원제시세포가

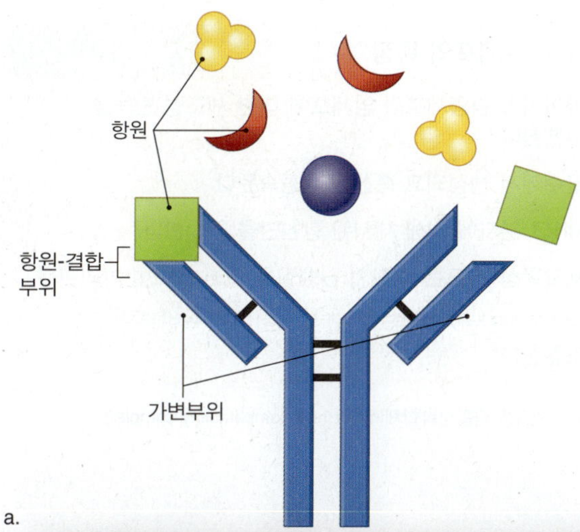

a.

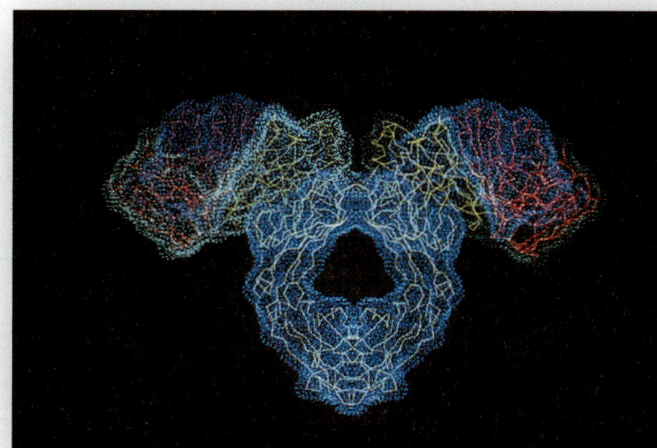

b.

그림 26.6 항체가 특이적인 이유.

a. 사람은 일생 동안 형태가 다양한 수백만 종류의 서로 다른 항원과 마주친다. 항체 분자의 항원-결합자리 말단에 두 개의 가변부위가 존재한다. 가변부위의 형태는 매우 다르기 때문에 항체마다 특정 항원하고만 결합할 수 있다. **b.** 항체 분자의 컴퓨터 모델. 두 곁가지에 항원이 결합한다.

표 26.3 혈액형

혈액형	적혈구 세포 표면 항원	혈장 내의 항체	수혈 가능한 공여자
A	A	항B	A, O
B	B	항A	B, O
AB	A, B	항A, 항B 둘다 없음	A, B, AB, O
O	—	항A, 항B	O

표 26.4 T세포의 특징

• 바이러스 감염세포와 암세포에 대한 세포성 반응을 수행한다.
• 골수에서 생성되고 흉선에서 성숙된다.
• MHC* 분자에 의해 제시된 항원만을 인식한다.
• 세포독성T세포는 비자기 단백질을 지닌 세포를 파괴한다.
• 보조T세포는 사이토카인을 분비하여 면역반응을 조절한다.

*MHC = 주조직적합성복합체(major histocompatability complex)

그림 26.7 T세포의 활성화.

T세포가 활성화되기 위해서는 주로 대식세포와 같은 항원제시세포가 MHC 단백질과 함께 항원을 T세포에게 제시해야만 한다. 각각의 T세포에는 특이적인 수용체가 존재하며, 이 T세포 수용체가 MHC II + 항원 복합체에 결합하면 분열이 활성화되고 더 많은 T세포를 생성한다. 이 그림의 경우에는 MHC II를 인식하는 보조T세포가 만들어진다. 보조T세포는 사이토카인을 생성하여 방출한다.

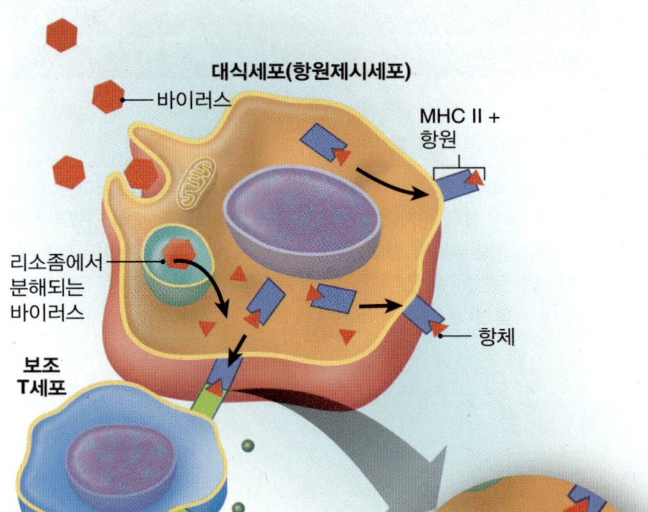

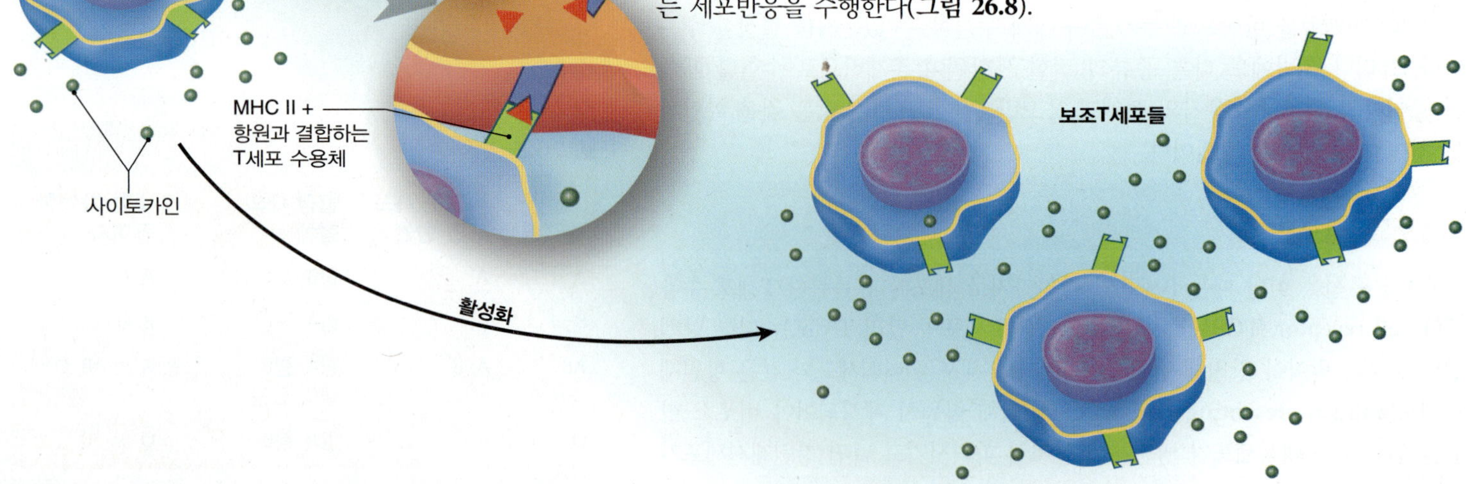

된다. 항원제시세포가 된 대식세포는 T세포가 모여 있는 림프절이나 지라로 이동한다. 대식세포가 바이러스를 식세포작용으로 잡아먹으면 바이러스는 리소좀에서 소화된다. 이때 바이러스에서 나온 항원은 **주조직적합성복합체(major histocompatibility complex, MHC)**와 결합한다. MHC 단백질은 면역세포가 자기 세포를 인식하는데 주요 역할을 한다. 항원이 MHC 단백질과 결합하여 이룬 복합체는 세포 표면으로 이동하며, 이곳에서 MHC + 항원 복합체가 T세포에 제시된다. 원형질막에 존재하는 자기 단백질의 중요성은 조직 특이성을 나타내는 데 중요한 작용을 하고, 이로 인해 다른 사람의 조직을 이식하는 게 어렵다는 사실을 알게 되면서 그 중요성이 부각되기 시작했다.

T세포는 **보조T세포(helper T cell, T_H cell)**와 **세포독성T세포(cytotoxic T cell, T_C cell)**로 나뉜다(**표 26.4**). 각각의 종류는 항원 조각이 MHC 분자와 결합한 복합체를 인식하는 T세포 수용체를 지닌다. 이들 두 종류의 차이점은 T_H세포는 항원제시세포 표면에 존재하는 MHC II 분자가 항원과 결합하여 항원을 제시할 때만 항원을 인식하지만, T_C세포는 MHC I 분자가 항원과 결합하고 있는 세포를 인식한다는 것이다. **그림 26.7**에서 항원은 붉은색 세모꼴로 나타내었으며, 항원과 결합한 T_H세포는 이 특정 MHC II + 항원 복합체와 결합할 수 있는 특이적 T세포 수용체를 가지고 있다. 이제 T_H세포가 활성화되며, 분열하여 더 많은 T_H세포를 만들어낸다.

감염증세가 사라지면 면역반응도 약해지고 활성화된 T세포는 세포자살 과정을 겪게 된다. 세포자살은 면역계에 존재하는 세포수를 조절하여 항상성을 유지하는 데 기여한다. 세포자살이 정상적으로 일어나지 않으면 림프종이나 백혈병과 같은 T세포 암이 생길 수 있다. 또한 흉선에서 성숙하는 동안에 자신의 세포를 파괴할 가능성이 있는 T세포는 모두 세포자살을 통해 제거된다.

세포독성T세포와 보조T세포의 기능

세포독성T세포(T_C세포)는 비정상 세포와 직접 접촉하여 이를 제거한다. 이들 세포에는 퍼포린(perforin)이나 그랜자임(granzyme)이라는 효소가 있는 소포들이 존재한다. 자신이 인식할 수 있는 항원을 제시하는 바이러스 감염세포나 종양세포와 결합한 T_C세포는 퍼포린 분자를 방출하여 상대 세포의 원형질막에 구멍을 낸 후 이 구멍을 통해 그랜자임을 전달한다. 이로 인해 비정상 세포의 세포자살이 유도된다. 퍼포린과 그랜자임을 방출한 T_C세포는 다음 표적세포로 이동한다. T_C세포는 바이러스 감염세포나 암세포에 대항하는 세포반응을 수행한다(**그림 26.8**).

그림 26.8 세포독성 T세포와 세포성 반응.

a. 세포독성T세포가 바이러스 감염세포 또는 암세포 등의 표적세포를 공격하고 있는 주사전자현미경 사진. **b.** 세포독성T세포는 MHC I + 항원이 제시된 세포는 무엇이든 공격한다. 먼저 소포에서 퍼포린이 방출되어 표적세포에 구멍을 뚫는다. 이어서 소포에서 그랜자임 효소가 방출되어 표적세포의 세포자살을 유도한다.

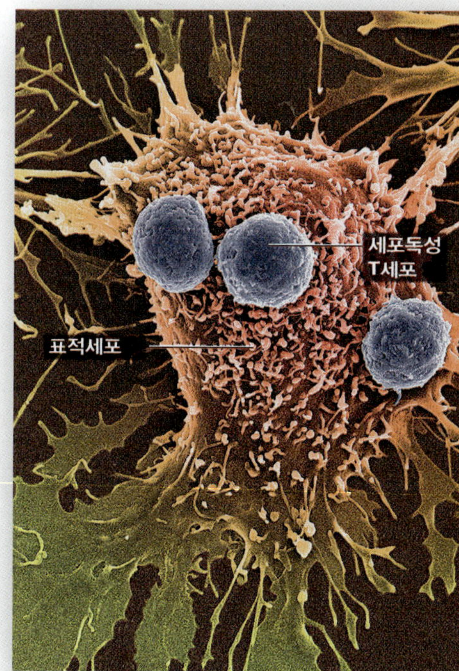

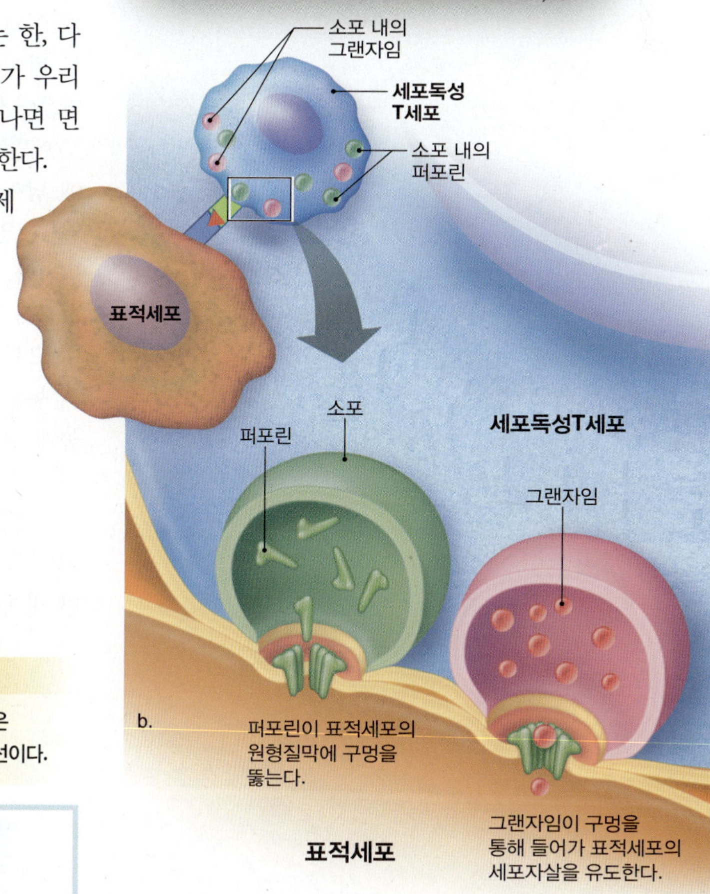

보조T세포(T_H세포)는 특히 B세포와 T_C세포를 자극하는 사이토카인을 분비함으로써 면역반응을 조절한다. 자극을 받아 증식한 T세포에는 B세포와 유사하게 여러 해 동안 생존할 수 있는 기억T세포가 포함되어 이전에 처리한 적이 있는 항원에 다시 노출되었을 때 면역반응을 빠르게 진행할 수 있다. AIDS를 일으키는 바이러스인 HIV는 T_H세포를 비롯한 면역계의 세포에 감염되기 때문에 면역반응을 비활성화시킨다. 따라서 HIV에 감염된 사람은 기회성 감염에 취약해진다. 감염된 대식세포는 HIV를 간직하는 저장고 역할을 하게 된다. AIDS에 대해서는 26.5절에서 논의한다.

조직 거부반응

피부, 심장, 신장과 같은 특정 기관은 조직 거부반응이 일어나지 않는 한, 다른 사람에게 쉽게 이식될 수 있다. 거부반응은 세포독성T세포와 항체가 우리 몸에 들어온 외부 조직을 파괴하기 때문에 생긴다. 거부반응이 일어나면 면역계는 자기와 비자기를 엄밀하게 구별하여 비자기 조직을 제거하려 한다.

기관 거부반응은 이식되는 기관은 주의 깊게 선택하고 면역억제제를 투약함으로써 조절할 수 있다. 기관이식을 받는 사람과 주는 사람의 MHC 단백질이 동일한 유형일 때 이식이 가장 잘 된다. 유형이 서로 다르면 이식되는 기관이 T세포에게 항원으로 작용한다. 몇 가지 면역억제제는 사이토카인에 의한 T세포의 반응을 억제한다. 사이토카인이 작용하지 않으면 모든 종류의 면역반응이 약화된다.

26.3 개념 연결하기

특이적 방어인 적응면역은 병원체에 대한 2차 방어선이다.

진도 점검하기 26.3

1. 적응면역에서 항체의 기능을 설명하시오.
2. B세포와 T세포의 유사점과 차이점을 비교하시오.
3. 항체반응과 세포성 반응을 구별하고 각각의 반응에 관여하는 세포의 종류를 나열하시오.
4. MHC 표지가 어떻게 "자기" 조직 인식에 데 연관되는지, 그리고 조직거부 반응에서 MHC 분자의 역할은 무엇인지 설명하시오.

26.4 면역접종

학습 목표

이 절을 학습한 후에는 다음 과제를 수행할 수 있어야 한다.

1. 백신이 어떻게 질병에 대한 면역력을 제공하는지 요약하기.
2. 능동면역과 수동면역을 구별하기.

한 번 감염이 되고 나면 그 병원체에 다시 감염되었을 때 면역력이 나타날 수 있다. 면역력을 획득하는 질병의 예로는 어린 시절에 주로 앓는 홍역과 볼거리를 들 수 있다. 불행히도 성적으로 전염되는 질병은 오랜 기간에 걸쳐 면역이 유지되는 것이 거의 없다. 만약 오랫동안 면역력이 유지된다면 그 질병에 대한 백신이 이미 존재하거나 개발할 수 있을 것이다. **백신(vaccine)**은 일반적으로는 질병을 일으키지는 않으면서 면역계가 이에 반응하게 하는 물질이다. 전통적으로 병원체 자체 또는 병원체를 가공하여 더 이상 독성이 나타나지 않게(따라서 질병을 일으키지 않게) 처리하여 백신으로 사용하였다. 최근에는 유전자 변형 세균을 이용해서 병원체의 단백질을 대량생산할 수 있으며 이렇게 만들어진 단백질이 백신으로 사용되기도 한다. 이와 같은 방법으로 바이러스에 의한 B형 간염백신과 원생동물이 일으키는 말라리아 백신이 만들어지고 있다.

예방접종은 **능동면역(active immunity)**을 촉진한다. 백신 투여 후에 혈장에 남아 있는 항체의 양을 측정함으로써 능동면역 반응이 나타나는 정도를 알 수 있다. 이를 항체 역가라 한다. 처음으로 백신을 맞으면 1차 반응이 일어난다. 며칠 동안은 항체가 나타나지 않지만 항체 농도는 이후 천천히 증가하다가 항체가 항원과 결합하거나 단순히 분해됨에 따라 점차적으로 낮아진다(**그림 26.9**). 두 번째로 백신을 추가 접종하면 2차 반응이 나타난다. 항체의 농도는 이전보다 훨씬 더 빠르고 높은 수준으로 상승한다. 항체의 역가가 높게 나타남으로써 같은 질병을 일으키는 항원에 다시 노출되었을 때 또 다시 그 병에 걸리지 않도록 막을 수 있다.

능동면역은 더 낮은 항원의 농도에도 반응할 수 있는 기억 B세포와 또한 어느 정도는 기억 T세포의 존재에 기인한다. 능동면역은 대개 오래 지속되지만 몇 년이 지나면 추가 접종을 해야 하는 경우도 있다.

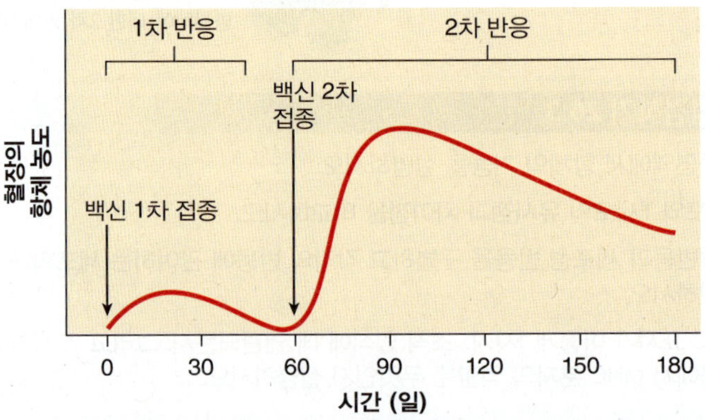

그림 26.9 예방접종에 의한 능동면역.

면역력을 가지려면 보통 두 번 이상의 접종이 필요하다. 백신을 처음으로 맞으면 최소한의 1차 반응이 나타난다. 그러나 2차 추가 접종 후에 나타나는 2차 반응에서는 대체로 혈장에 존재하는 항체의 양이 엄청나게 증가한다.

연관: 건강

MMR 백신은 자폐증을 일으키는가?

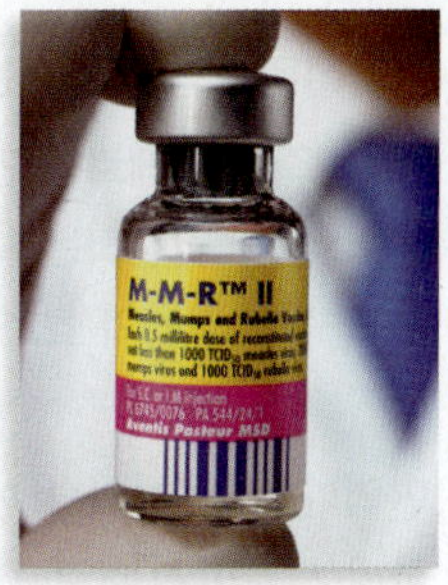

여러 차례의 대규모 연구에도 불구하고 홍역, 볼거리, 풍진 예방을 위한 MMR(measles, mump, rubella) 백신에 포함된 보존료인 티메로살(thimerosal)과 자폐증 아동의 증가와는 아무런 연관성을 찾지 못했다. 아직 자폐증의 원인이 확인되지는 않았지만, 백신이나 티메로살이 자폐증을 일으키는 원인은 아니라는 것이다. 보통 12~15개월 유아에게 MMR 일차 백신 접종이 이루어지는데, 이때가 바로 자폐증 아동이 처음으로 그 증세를 보이는 시기와 겹치는 것에서 오해가 비롯되었다. 대부분의 자폐증 전문가들은 자폐증의 원인 요인은 이 시기 이전에 이미 존재했고, MMR 백신접종의 시기와 자폐증 발병 진단 시기가 우연히 겹친 것뿐이라 생각한다. 미국 의학한림원과 전미자폐증연구연합에서 지원한 연구를 비롯한 몇몇 대규모 연구에서 MMR 백신접종과 자폐증 위험률 사이에는 아무런 연관이 없다는 사실이 밝혀졌다. 대부분의 소아과 의사들은 홍역이나 풍진의 위협이 확인되지 않은 자폐증 위험보다 훨씬 심각하다는 것에 의견이 일치한다.

대개는 우리 몸에서 직접 자신의 항체를 만들어내지만 따로 항체(면역글로불린)를 마련해서 주입해도 질병에 대항할 수 있다. 이들 항체는 그 사람의 혈장 세포가 생산한 것이 아니므로 이렇게 얻는 면역력을 **수동면역(passive immunity)**이라고 한다. 수동면역은 일시적으로 효과가 있을 뿐이다. 예를 들어 신생아는 일부 질병에 대해 수동면역을 갖는데 이는 모체의 혈액에서 태반을 통해 전달된 항체가 존재하기 때문이다. 그러나 이들 항체는 곧 사라져서 몇 달이 지나면 감염에 더 취약해진다. 모유에도 항체가 있기 때문에 모유 수유는 신생아가 모체로부터 자연적으로 얻는 수동면역 기간을 연장해 준다.

수동면역이 오래 지속되지는 않지만 이를 이용하여 환자가 예기치 않게 감염성 질병에 노출되는 것을 막아줄 수 있다. 대개 환자는 해당 질병에서 회복된 사람에게서 항체로 작용하는 혈액 성분인 감마글로불린 주사를 맞는다. 예전에는 말에게 면역반응을 일으킨 다음 면역이 된 말에서 감마글로불린을 취하여 디프테리아, 보툴리누스 식중독, 파상풍 등의 질병에 대한 항체를 제공받았다. 불행히도 이들 항체 주사를 맞은 환자의 절반가량은 면역계가 면역 단백질을 포함하는 혈청을 외래의 것으로 인식함으로써 병을 앓기도 했다. 이와 같은 상태를 혈청병이라 한다.

개념 연결하기

26.4 백신은 다양한 병원체에 대항하는 면역력을 높이는 물질이다.

진도 점검하기 26.4

1. 백신이라는 용어를 정의하시오.
2. 면역력을 얻는데 두 차례의 백신 접종이 유용한 이유를 설명하시오.
3. 능동면역과 수동면역을 구별하고 각각의 작용이 어떻게 일어나는지 설명하시오.

26.5 면역계 이상

학습 목표

이 절을 학습한 후에는 다음 과제를 수행할 수 있어야 한다.

1. 즉각 알레르기 반응과 지연 알레르기 반응을 구별하여 설명하기.
2. 흔히 발생하는 자가면역질환을 나열하고 각각의 원인을 설명하기.
3. HIV 감염의 효과와 가능한 치료방법을 요약하기.

면역계는 자기와 비자기를 구별하는 방식으로 우리 몸을 질병으로부터 보호한다. 그러나 때로 면역계가 우리에게 해를 끼치기도 한다. 알레르기 반응이나 자가면역질환을 일으키는 경우가 이에 속한다.

알레르기

알레르기(allergy)는 꽃가루나 음식 또는 동물의 털과 같이 보통 면역반응을 일으키지 않는 환경요인에 나타내는 과민반응을 말한다. 이런 반응을 일으키는 항원을 **알레르기항원(allergen)**이라 하며 대체로 여러 가지 불편한 증상을 유발한다(**그림 26.10**). 알레르기 반응은 T세포와 대식세포가 분비하는 사이토카인에 의해 조절된다.

즉각 알레르기 반응(*immediate allergic response*)은 조직에 존재하는 비만세포의 원형질막에 부착된 수용체에 의해 야기된다. 알레르기항원이 비만세포의 수용체에 결합하면 비만세포는 히스타민을 비롯한 그 밖의 물질을 분비하여 알레르기 증상을 일으킨다.

즉각 알레르기 반응은 항원과 접촉한 지 몇 초 안에 나타날 수도 있다. 증상은 다양하게 나타나지만 심한 경우에는 생명을 위협할 정도로 급격하게 혈압이 떨어져서 나타나는 심각한 증상인 아나필락시스 쇼크가 나타나기도 한다.

문제를 일으키는 알레르기항원을 주입하는 주사를 통해 때로 알레르기 반응을 막을 수 있다. 알레르기항원을 주입하면 형질세포에서 방출되는 대량의 항체를 우리 몸이 쌓아둘 수 있기 때문에 도움이 되는 것으로 생각된다. 환경으로부터 알레르기항원이 유입되더라도 비만세포 막에 존재하는 수용체에 도달하기 전에 미리 만들어진 항체가 항원과 결합하기 때문이다.

지연 알레르기 반응(*delayed allergic response*)은 우리 몸에서 알레르기항원과 접하는 곳에 있는 기억T세포에 의해 시작되는 것으로 추정된다. 지연 알레르기 반응을 이용한 전형적인 사례가 피부 결핵검사 반응이다. 검사 결과가 양성이면 항원이 주입된 조직은 붉게 변하고 단단해진다. 이는 이 사람이 이전에 결핵균에 감염된 적이 있다는 것을 나타낸다. 독담쟁이덩굴, 보석, 화장품 따위에 알레르기가 있는 사람에게서 나타나는 접촉성 피부염 또한 지연 알레르기 반응의 일종이다.

그림 26.10 알레르기.
꽃가루 알레르기가 있으면, 눈물, 부비동두통, 점액 분비의 증가, 호흡곤란, 재채기 등의 증상이 나타난다.

자가면역질환

세포독성T세포 또는 항체가 자기 자신의 세포를 항원으로 오인하여 공격할 때 **자가면역질환(autoimmune disease)**이 나타난다. 자가면역질환의 정확한 원인은 알려지지 않았다. 그러나 이 질환은 감염되었다가 회복한 사람에게서 나타나곤 한다.

다음과 같은 자가면역질환이 알려져 있다. 중증근육무력증(*myasthenia gravis*)은 신경근육 이음부가 정상적으로 기능하지 않아 근육이 위축되는 증상을 보인다. 다발경화증(*multiple sclerosis*)은 신경섬유의 수초가 퇴화하여 다양한 신경근육 질환을 초래한다. 전신홍반루프스(*systemic lupus erythematosus*) 환자는 사망하기 전에 신장 손상에 따른 다양한 증세를 보인다. 류마티스관절염(*rheumatoid arthritis*)은 관절에 이상이 나타난다(**그림 26.11**). 류마티스열과 1형 당뇨병 또한 자가면역질환으로 생각되고 있다. 그러나 아직 이들 자가면역질환에 대한 치료법은 없으며, 약물을 이용하여 질병의 증상을 조절할 수는 있다.

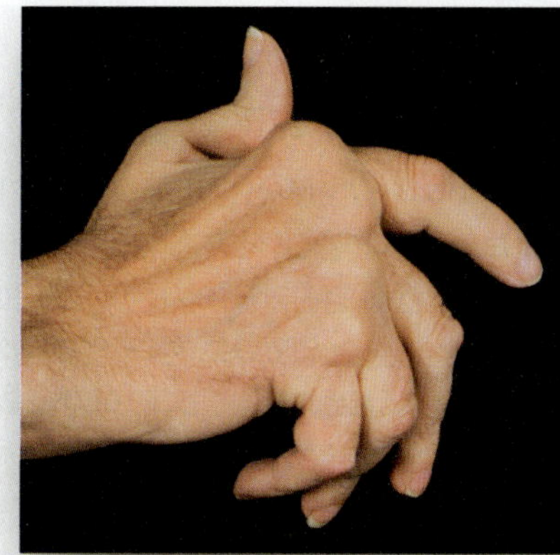

그림 26.11 류마티스관절염.

류마티스관절염은 관절의 반복되는 염증에 의해 나타난다. 보체 단백질, T세포 및 B세포 모두 관절 퇴화과정에 관여하며, 결국 관절을 움직이지 못하는 상태가 된다.

AIDS

후천성면역결핍증(acquired immunodeficiency syndrome, AIDS) 환자의 증상을 이해하는 과정에서 건강한 면역계의 작용에 대해 새로운 사실을 알 수 있었다. AIDS에 걸린 면역계는 우리 몸에 일상적으로 침입하는 바이러스, 진균, 세균의 감염에 대항하지 못한다. **인간면역결핍바이러스(human immunodeficiency virus, HIV)**가 AIDS를 일으키는 원인이며, 보조T세포에서 증식하면서 이를 파괴한다(17장 참조). 몇 년 동안은 우리 몸이 적정수의 T세포를 유지할 수 있지만, 결국 바이러스가 이 상태를 압도하게 된다. 약물치료를 받지 않는다면 T세포의 수가 수천 개에서 수백 개 수준으로 줄어들어 종국에는 면역계가 더 이상 작동하지 못하게 된다(**그림 26.12**). AIDS의 증상은 체중감소, 만성 발열, 기침, 설사, 림프샘 비대, 가쁜 호흡 따위에서 시작되어 희귀병으로 진행된다. 고양이에게서 발견되는 호흡기 질환인 폐포자충폐렴(*Pneumocystis pneumonia*)이나 희귀한 종류의 암인 카포시육종(*Kaposi sarcoma*)이 중증 AIDS 환자에게서 자주 나타난다. 이러한 상태에 이르면 급격한 속도로 거의 확실하게 죽음을 맞게 된다.

HIV는 감염자로부터 질이나 항문 성교, 구강/항문 접촉 등의 성적인 접촉에 의해 전염된다. 정맥주사를 사용하는 사람들 사이에서 바늘을 같이 쓰는 것 또한 감염률을 매우 높이는 행위다. 출산 과정에 직접 노출되거나 출산 후의 모유 수유과정에서 HIV에 감염된 모체에게서 아기에게 전염되기도 한다. 2010년 기준으로 전세계에서 대략 3,400만 명이 HIV에 감염된 것으로 추정되고 있다. 이 가운데 7,300명은 새로 감염된 사람이며 매일 5,000명에 달하는 환자가 사망하는 것으로 집계되었다. 미국에서는 여전히 남성과 남성 사이의 성적 접촉에 의해 감염되는 경우가 가장 많기는 하지만, 남녀 사이의 성적 접촉이나 정맥주사 사용자에게서 새로운 환자 발생률이 점점 더 높아지는 추세이다.

치료법이 개선되면서 HIV 감염에 따른 심각한 증세가 완화되고 환자의 수명이 길어졌다. 감염 직후에 약물치료를 빨리 시작할수록 HIV가 면역계를 파괴하지 않도록 막을 기회가 높아진다. AIDS 약제는 계속 복용해야만 한다. 불행히도 치료에 사용되는 약제에 내성을 지닌 바이러스가 나타나

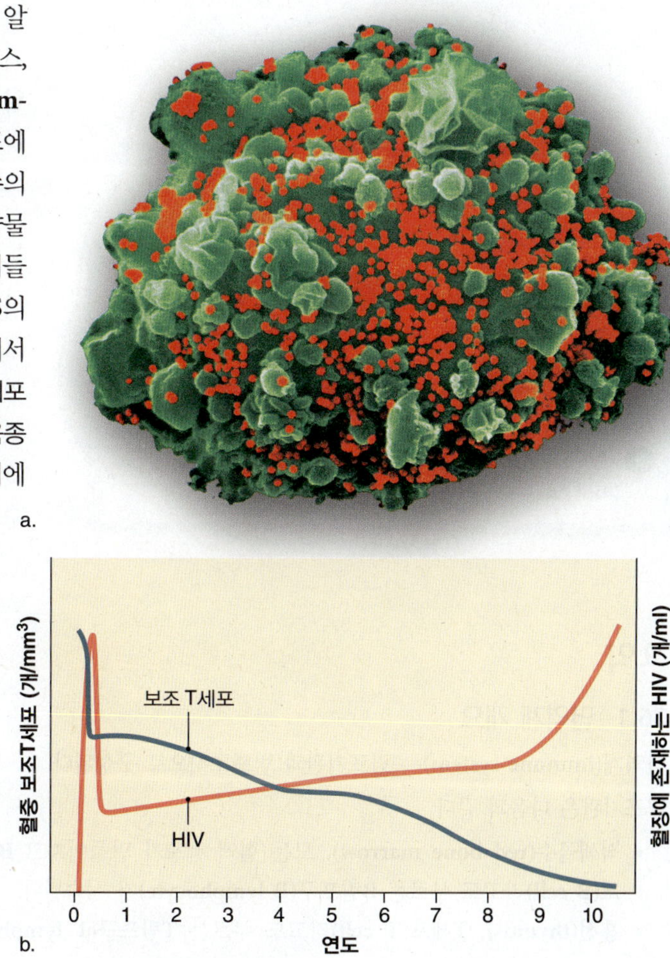

그림 26.12 HIV 감염.

a. HIV는 T세포와 대식세포를 공격한다. **b.** 우리 몸은 초기에는 보조T세포를 충분히 생성하여 HIV 감염을 제어하지만, 곧 보조T세포의 수가 줄어들어 HIV 감염증상이 나타난다.

연관: 건강

AIDS에서 완치된 사람이 있는가?

2013년 모체에서 HIV에 감염된 신생아가 최초로 "기능적으로 완치"되었다고 보고되었다. 출산 직후 항바이러스 약제를 투여하였고 24개월 후의 건강 검진에서 의사는 아기 몸에서 바이러스의 흔적을 전혀 찾을 수 없었다고 한다. 몇몇 환자들은 골수이식을 통해 HIV를 치료할 수 있었다. 이런 사례가 HIV/AIDS 치료약을 개발할 수 있다는 희망을 갖게 하지만, 현재 3,400만으로 추정되는 환자를 이러한 방법으로 치료한다는 것은 현실성이 없다. 그러나 면역계를 증강시킴으로써 더 효과적으로 체내에 들어온 HIV 바이러스를 탐지하고 파괴할 수 있는 방법이나 감염된 세포에서 HIV 바이러스를 제거할 수 있는 방법을 찾기 위한 연구가 지금도 계속되고 있다.

곤 하기 때문이다. 임부가 출생 전에 약을 복용하고 제왕절개에 의해 출산을 한다면 모체에서 신생아에게 전파되는 경우를 줄일 수 있다.

백신 개발은 어려움이 많지만, AIDS 백신에 대한 검사가 진행 중이다. 몇 년 이내에 진척이 이루어질 것으로 기대된다. 백신이 동물실험을 거치고 나면 일반에게 판매, 투약되기 전에 몇 차례의 임상시험을 거쳐야만 한다.

1상 및 2상 임상시험에서는 적은 수의 HIV 비감염 자원자를 대상으로 1~2년 정도 백신을 검사한다. 가장 효과적인 백신은 3상 시험으로 넘어간다. 3상 시험에서는 3~4년 정도 수천 명의 HIV 비감염자를 대상으로 백신을 검증한다. 2003~2009년 사이에 태국에서 16,000명의 지원자를 대상으로 HIV 백신 RV 144에 대한 3상 시험이 시행되었다. 현재 이 결과를 분석 중이며, 이 백신은 HIV 감염률을 32% 정도 줄여주는 것으로 보고되었다. 이는 효과적인 AIDS 백신으로 간주하기에는 낮은 수치이다. 그럼에도 불구하고 과학자들은 AIDS 백신의 개발에 대해 낙관적이다. RV 144 백신의 성공과 원숭이 연구에서 효과적인 백신을 찾아내는 등 그간의 연구에서 가시적인 성과가 보이기 시작했기 때문이다. 그러나 가장 강력한 희망은 우리 신체가 감염을 억제하는 능력을 갖추고 있다는 것이다. 면역계는 신체의 HIV 바이러스 감염수치를 낮추는 능력이 있으며, 면역력은 미국 HIV 감염자의 60% 정도에서 평균 10년 정도 AIDS의 발병을 지연시키는 효과가 있다. 연구에 따르면 소수의 사람은 이 바이러스에 여러 번 노출된 후에도 여전히 HIV에 감염되지 않으며, 또한 일부 HIV 감염자는 감염 후 15년 이상 건강한 면역계를 유지한다. 따라서 과학자들은 우리 몸이 감염에 대항하는 능력을 활용하여 이를 증강시키는 방법으로 HIV 감염을 처리할 수 있을 것이라는 희망을 갖게 되었다.

HIV 감염은 예방할 수 있다. 감염을 예방하는 방법으로는 (1) 성관계를 자제하거나 HIV에 감염되지 않은 한 사람과의 관계를 오래 지속하기, (2) 정맥주사를 사용하는 사람은 감염률이 높으므로 주사 바늘 사용에 유의하기, (3) 직장 내부는 점막이 얇아서 감염된 T세포가 쉽게 몸 안으로 들어갈 수 있으므로 항문성교를 피하기, (4) 상대가 지난 5년 동안 HIV에 감염된 적이 없다는 사실을 알 수 없는 경우라면 성행위 때 항상 라텍스 콘돔을 사용하기, (5) 전파 수단이 되는 구강성교를 피하기, (6) 자신의 행동을 충분히 제어할 수 있도록 술이나 약물의 사용을 자제하기 등을 제안하고 있다.

26.5 개념 연결하기

알레르기 반응과 자가면역 질환은 면역계의 적절하지 않은 반응에 의해 나타난다.

진도 점검하기 26.5

1. 알레르기와 알레르기항원의 관계를 설명하시오.
2. 즉각 알레르기 반응과 지연 알레르기 반응을 구별하여 설명하시오.
3. AIDS 환자가 병원체에 대항할 수 없는 이유를 설명하시오.

요약

26.1 면역계 개요

면역계(immune system)는 림프기관과 림프조직으로 구성된다.

림프기관은 다음과 같다.

- **적색골수(red bone marrow)**, 모든 혈액 세포가 만들어지고 **B세포(B cell)**라고도 부르는 **B림프구(B lymphocyte)**가 성숙된다.
- **흉선(thymus)**, **T세포(T cell)**라고도 부르는 **T림프구(T lymphocyte)**가 성숙된다.
- **림프절(lymph node)**, 림프액의 불순물이 **대식세포(macrophage)**에 의해 제거된다.
- **지라(spleen)**, 혈액에서 병원체와 고형노폐물이 제거된다.
- **편도(tonsil)**와 **충수돌기(appendix)**, 림프조직이 모여 있다.

림프계의 세포는 우리 몸에 들어온 **항원(antigen)**에 반응한다. 우리 몸에서는 면역계가 항원에 반응해서 병원체에 대한 **면역(immunity)**이 생긴다.

26.2 비특이적 방어와 선천면역

면역반응에는 비특이적인 방어와 특이적 방어기전이 있다. 비특이적 방어, 또는 **선천면역(innate immunity)**에는 다음이 포함된다.

- 진입 장벽(피부 등)
- **염증반응(inflammatory response)**은 **비만세포(mast cell)**가 **히스타민(histamine)**을 방출하여 모세혈관 투과성을 높인다. 그 결과 발적, 발열, 부종, 통증이 나타나고, **호중구(neutrophil)**와 **대식세**

포(macrophage)가 조직액으로 유입되어 병원체를 식세포작용으로 제거한다.

- **보체계(complement system)**는 여러 가지 작용을 한다. 그 중 하나는 즉시 세균을 공격해서 표면에 구멍을 뚫는 작용이다. 이를 통해 물과 염분이 들어가서 세균세포가 부풀어 터진다.
- **자연살해세포(natural killer cell)**는 자기와 비자기 단백질을 구별하며, 바이러스에 감염된 세포가 세포자살을 하도록 유도한다.

26.3 특이적 방어와 적응면역

특이적 방어, 또는 **적응면역(adaptive immunity)**에서는 B림프구(B세포)와 T림프구(T세포)가 작용한다.

B세포와 항체반응

B세포 수용체(B-cell receptor, BCR)는 B세포의 유형마다 다르며, 특정 항원에 특이적으로 결합한다. 항원이 B세포 수용체에 결합한 B세포는 분열하여 형질세포와 기억 B세포를 생성하며, 이 과정을 **클론선택 모델(clonal selection model)**이라고 한다.

- 형질세포는 항체를 분비하며, 결국은 세포자살을 하게 된다. 형질세포는 항원에 대한 항체반응을 일으킨다.

활성 B세포 → 형질세포 → 항체 생성
활성 B세포 → 기억B세포 → 장기 면역

- 기억 B세포는 신체에 남아 있으며, 후에 동일한 항원이 유입되면 **항체(antibody)**를 형성한다.

T세포와 세포반응

T세포는 감염에 대항하는 세포반응을 일으킨다. 각각의 **T세포 수용체(T-cell receptor, TCR)**는 특정한 항원을 특이적으로 인식한다. T세포가 항원을 안식하려면 **항원제시세포(antigen-presenting cell)**에 의해 항원이 제시되어야 한다. 주로 대식세포가 항원을 제시하며, 이때 **주조직적합성복합체(major histocompatability complex, MHC)**가 함께 작용한다.

세포독성T세포(MHC I + 항원 복합체에 의해 활성화) → 바이러스 감염세포 제거
보조T세포(MHC II + 항원 복합체에 의해 활성화) → 면역반응 조절

- **세포독성T세포(cytotoxic T cells)**는 바이러스 감염세포나 암세포를 직접 접촉하여 사멸시킨다. 이들 세포에 세포독성T세포가 인식할 수 있는 항체가 MHC I 분자에 의해 제시되기 때문이다. 항원을 제시하는 세포를 인식하면 먼저 퍼포린이 분비되어 이들 세포에 구멍을 내고, 그 다음 그랜자임을 분비하여 세포자살을 유도한다.
- **보조T세포(helper T cells)**는 사이토카인을 생성하여 다른 면역세포를 자극한다.

26.4 면역접종

감염이 된 이후, 또는 백신을 접종한 이후에 면역력이 생긴다.

- **백신(vaccine)**은 특정 감염에 대해 **능동면역(active immunity)**을 유발한다. 두 차례 이상 접종이 필요할 때도 있다. 두 번째 추가 접종에서 항체의 역가가 훨씬 높게 나타나기 때문이다.

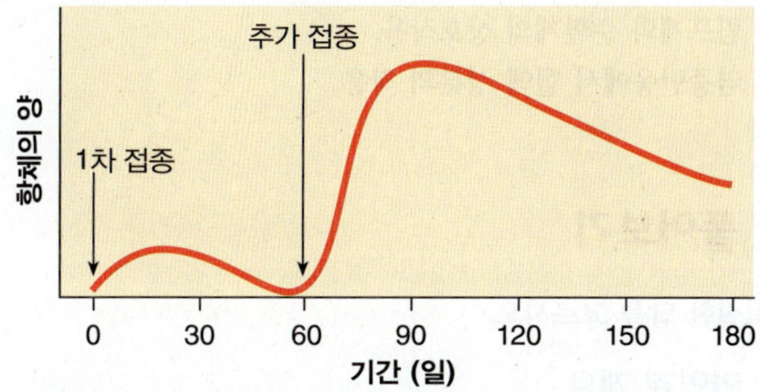

- **수동면역(passive immunity)**이 지속되는 시간은 비교적 짧다. 능동면역처럼 백신을 접종받은 사람이 스스로 항체를 만들어내는 것이 아니라, 만들어진 항체가 직접 투입되기 때문이다.

26.5 면역계 이상

알레르기

알레르기(allergy) 또는 알레르기 반응은 다양한 물질에 노출된 후 즉시, 또는 일정 시간이 지난 후에 반응이 나타날 수 있다. 아나필락시스 쇼크는 즉각적인 알레르기 반응이며, 위험하다.

자가면역질환

류마티스관절염, 다발성경화증, 1형 당뇨병 등의 자가면역질환은 면역계가 자신의 조직을 공격하여 발생한다.

AIDS

인간면역결핍바이러스(human immunodeficiency virus, HIV)는 보조T세포에서 증식하며, 이를 파괴시킨다. 치료를 하지 않으면 T세포의 수가 줄어 **후천성면역결핍증(acquired immunodeficiency syndrome, AIDS)**이 나타나고 결국에는 건강한 사람과 달리 감염에 취약하여 사망에 이른다. 성적인 접촉이나 정맥주사 바늘을 공유함으로써 AIDS가 전파된다. 복합약물요법으로 HIV에 감염된 일부 환자의 생명을 연장시킬 수 있다. 지금까지 백신 연구는 제한적인 성공에 그치고 있다. 그러나 AIDS는 행동수칙을 잘 지킴으로써 예방할 수 있다.

개념 연결하기

우리 신체의 면역계는 감염에 대항하여 놀랄만큼 다양한 층위의 방어작용을 수행한다. 예방접종이나 항체를 직접 투입하는 등의 방법으로 감염성 질병에 대항하는 방어작용을 보강할 수 있다.

26.1 면역계는 특수한 기관, 조직, 세포로 구성된다.

26.2 비특이적 방어는 병원체에 대항하는 1차 방어선이다.

26.3 특이적 방어인 적응면역은 병원체에 대한 2차 방어선이다.

26.4 백신은 다양한 병원체에 대항하는 면역력을 높이는 물질이다.

26.5 알레르기 반응과 자가면역질환은 면역계의 적절하지 않은 반응에 의해 나타난다.

면역계의 기능에 대한 정보가 더 필요하면 다음 논의를 참조하시오.

그림 17.5 HIV 감염의 단계.

23.2절 림프계와 순환계의 상호작용.

23.3절 염증반응에서 혈액 성분의 작용.

혼자 풀어보기

가장 적절한 답을 고르시오.

26.1 면역계 개요

[1~5] 설명에 해당하는 림프기관을 보기에서 찾아 쓰시오. 답은 여러 개이거나 없을 수도 있다.

보기:

a. 적색골수 **b.** 흉선(가슴샘)
c. 림프절 **d.** 지라
e. 충수돌기

1. 줄기세포를 만들어낸다.
2. 등쪽을 제외한 모든 신체 내강에 위치한다.
3. 림프구를 만들어낸다.
4. T세포가 성숙하는 곳이다.
5. 림프조직이 대장에 부착되어 있는 부위다.

26.2 비특이적 방어와 선천면역

6. 병원체 진입장벽으로 작용하지 않는 것은?
   a. 피부 기름샘의 분비
   b. 위의 산성 pH
   c. 상기도관의 섬모
   d. 소화관의 비병원성 세균
   e. 입 안의 침
7. 염증반응이 진행되는 동안 일어나는 일은?
   a. T세포가 손상부위로 이동한다.
   b. 모세혈관이 수축된다.
   c. 히스타민이 생성된다.
   d. 모세혈관의 투과성이 낮아진다.
   e. 복수의 답이 존재한다.
8. 보체계는?
   a. 비특이적인 방어기전이다.
   b. 염증반응에 관여한다.
   c. 혈장에 존재하는 일련의 단백질이다.
   d. 세균을 파괴하는 역할을 한다.
   e. 모두 정답

26.3 특이적 방어와 적응면역

9. 다음 중 T세포의 특징에 해당하는 것은?
   a. 골수에서 성숙된다.
   b. 흉선에서 성숙된다.
   c. a와 b 모두 정답
   d. a와 b 모두 오답
10. 항체와 항원의 결합에 대해 옳은 것은?
   a. 항체의 특수한 부위에서만 결합한다.
   b. 항체의 다양한 부위에서 결합한다.
   c. 대식세포가 존재할 때만 결합한다.
   d. a와 c가 정답
11. 항원제시세포는?
   a. T세포에 항원을 제시한다.
   b. 항체를 분비한다.
   c. 사람의 세포마다 자신의 것이라는 표시를 한다.
   d. 사이토카인만 분비한다.
12. 다음 중 감염에 대응하는 특이적 방어에 관여하는 세포는?
   a. 비만세포 **b.** 대식세포
   c. 호중구 **d.** 자연살해세포
   e. B세포

26.4 면역접종

13. 백신 접종은 다음 중 무엇과 연계되는가?
   a. 능동면역 **b.** 장기면역
   c. 수동면역 **d.** a와 b가 정답
14. 수동면역은?
   a. 영구적이다.
   b. 면역글로불린을 접종했을 때 나타날 수 있다.
   c. 기억B세포의 작용이 필요하다.
   d. 백신접종으로 유도될 수 있다.

26.5 면역계 이상

15. AIDS를 일으키는 바이러스는?
   a. SIV **b.** HSV
   c. HPV **d.** AIDS
   e. HIV
16. 세포독성T세포가 자신의 세포를 공격할 때 나타나는 상태는?
   a. 알레르기 반응 **b.** 자가면역질환
   c. 수동면역 **d.** 능동면역
17. 알레르기항원은?
   a. 대부분의 사람에게서 면역반응을 일으킨다.
   b. 자신에게 알레르기 반응을 나타내는 사람에게 항원으로 작용한다.
   c. 비만세포의 히스타민 생성을 감소시킨다.
   d. 환경에는 대체로 드물게 존재하는 분자이다.

18. 다음 중 자가면역질환에 해당되지 않는 것은?
    a. 다발경화증
    b. 중증근육무력증
    c. 접촉성 피부염
    d. 전신홍반루푸스
    e. 류마티스관절염

과학적으로 생각하기

1. 한때 지금보다 편도절제술이 성행했던 적이 있었다. 편도(tonsil)는 왜 그렇게 쉽게 감염되는 것처럼 보일까? 감염증상이 처음 나타날 때 편도를 제거하지 않아야 하는 이유는 무엇일까?
2. 면역억제제를 발견하기 전에는 한 사람에게서 다른 사람으로 기관을 이식하는 것이 불가능했다. 이제 사이클로스포린(cyclosporin)과 같은 약제를 사용하게 됨으로써 거부반응 없이 기관을 이식할 수 있게 되었다. 이식환자는 평생 면역억제제를 복용해야 한다. 면역억제제를 장기간 사용할 때 나타날 수 있는 잠재적인 위험은 무엇일까?
3. AIDS는 적절한 의료처치를 받지 않으면 치명적이지만 치료를 받으면 단순한 만성질환에 그칠 수 있다. 제약회사는 보통 AIDS 치료약에 비싼 가격을 책정한다. 미국인과 미국 보험회사는 이 가격을 감당할 수 있다. 그러나 AIDS가 널리 퍼져 있는 아프리카 등지의 여러 나라에서는 이와 같이 비싼 약품을 사용할 수 없다.
    a. 제약회사는 손실을 보더라도 AIDS 약품을 낮은 가격에 공급해야 하는 의무가 있을까?
    b. 정부가 특허법을 무시하고 자국민이 구입 가능한 수준으로 약품을 공급하는 것은 옳은 일일까?

27

조절계

개 요

시작하기 전에

이 장을 시작하기 전에 다음 내용을 다시 살펴보자.

5.4절 능동수송은 분자와 이온을 어떻게 농도에 역행해서 이동시키는가?

19.1절 동물 진화의 주요 흐름은 무엇인가?

22.3절 항상성을 유지시키는 데 있어 음성되먹임의 역할은 무엇인가?

다발성경화증(MS)

다발성경화증(multiple sclerosis, MS)은 몸을 구성하는 조절계, 특히 신경계의 조절에 영향을 주는 질병이다. MS에 걸리면 제일 먼저 팔과 다리가 약해지거나 얼얼한 느낌이 있으며, 피곤을 자주 느끼고 조정능력이 없어지고, 시력이 약해지는 등의 증상을 보인다. 병이 진행함에 따라 언어구사와 시력에 문제가 심해지며, 몸의 떨림으로 인해 통합조정된 움직임을 하기 어렵고 손발에 감각이 없어진다. MS는 수초에 생기는 염증질환이다. 수초는 절연물질이 전선을 둘러싸고 있듯이 신경세포의 일부를 둘러싼다. 수초가 상하면 신경은 더 이상 자극을 정상적으로 전달할 수 없다. 이유는 알 수 없지만 MS는 뇌의 다른 부분으로 확산되기 전에 시신경을 제일 먼저 공격한다. 대부분의 과학자들은 면역체계가 수초를 잘못 공격함으로 인해 MS가 발병하는 것으로 생각한다.

미국에서는 약 40만 명에 달하는 사람들이 MS를 앓고 있으며, 젊은이에게 가장 흔한 신경계 질환이다. 첫 번째 증상은 통상 20세와 40세 사이에 나타난다. 전염성이 없고 생명에 치명적이지도, 유전되지도 않지만 유전적 요소가 MS 감염성과 연관이 있다는 보고가 있다. 신경계를 공격하는 다른 많은 질병과 마찬가지로 한 번 걸리면 완치되지 않으므로 병에 걸린 사람은 남은 삶을 위하여 자신의 건강을 잘 관리하여야 한다. 그러나 다행히도 이 질병에 걸린 사람 중 약 45%는 상태가 그리 심각하지 않으며, 병의 증상도 약으로 잘 조절된다.

이 장을 공부하는 동안 다음 질문에 대해 생각해보자.

1. 수초의 기능은 무엇인가?
2. 수초가 손상되면 영향을 받는 신경 과정의 종류는 무엇인가?
3. MS는 왜 다양한 증상을 보이는가?

27.1 신경계

학습 목표

이 절을 학습한 후에는 다음 과제를 수행할 수 있어야 한다.

1. 뉴런의 구조와 기능에 대해 기술하기.
2. 신경신호의 발생과 전파 방법에 대해 설명하기.
3. 화학시냅스의 구조와 기능에 대해 기술하기.
4. 남용되는 약물의 예를 들고 이들 약물이 신경에 어떻게 영향을 주는지 설명하기.
5. 중추신경계와 말초신경계의 구조와 기능에 대해 기술하기.
6. 체성신경계과 자율신경계를 비교하기. 또한 자율신경계의 교감신경과 부교감신경을 비교하기.

신경계와 내분비계는 서로 협조관계를 유지하면서 몸에 있는 다른 기관들의 작용을 조절한다. 두 조절계 모두 항상성을 위협하는 변화에 반응할 때 화학신호를 이용하지만 이들의 신호 전달 방법은 서로 다르다(**그림 27.1**). **신경계(nervous system)**는 신경섬유를 통해 골격근과 평활근 같은 표적기관으로 신호를 직접 내보내며, 근육은 방출된 화학신호에 대해 적절한 반응을 일으킨다.

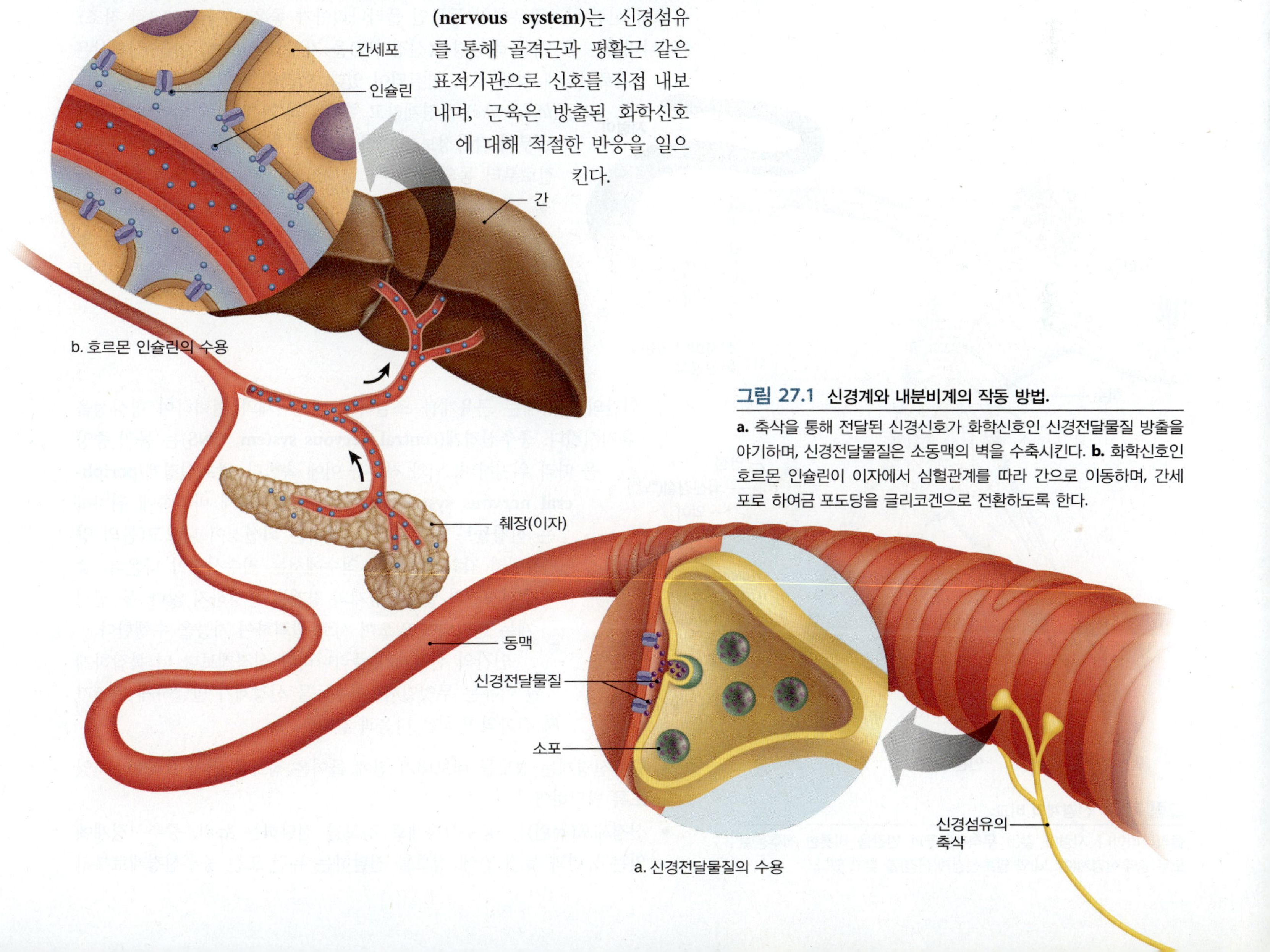

그림 27.1 신경계와 내분비계의 작동 방법.

a. 축삭을 통해 전달된 신경신호가 화학신호인 신경전달물질 방출을 야기하며, 신경전달물질은 소동맥의 벽을 수축시킨다. **b.** 화학신호인 호르몬 인슐린이 이자에서 심혈관계를 따라 간으로 이동하며, 간세포로 하여금 포도당을 글리코겐으로 전환하도록 한다.

내분비계(endocrine system)는 심혈관계의 혈관을 통해 간과 같은 표적기관으로 정보를 내보내며, 정보전달 매개체로 호르몬을 이용한다. 호르몬이 혈류를 따라 표적기관으로 이동해서 표적세포의 물질대사를 바꾸기까지 시간이 걸리므로 내분비계의 작용은 느리다. 그러나 이 반응은 지속적이며, 세포의 물질대사는 최소한 일정 기간 동일한 상태로 유지된다.

이제 인간의 신경계에 대해 먼저 알아보고 이를 다른 동물의 신경계와 비교해보자.

신경계의 예

생물 대부분이 환경의 여러 요인에 반응하는 다양한 메커니즘을 가지고 있지만 신경계는 동물에만 있다. 대부분의 동물(측생동물 제외—19.1절 참조)은 신경계를 이용해 환경의 자극을 감지하고 자극에 대해 통합반응을 수행한다. 예를 들어, 동물은 먹이를 따라서 혹은 포식자를 피해서 이동을 할 때 신경계를 이용하여 필요한 특정 화학신호를 감지한다. 동물의 신경계에는 여러 종류가 있지만 신경계는 모두 감각정보를 받아들인 후 이를 처리하여 통합반응을 일으킨다.

초기 신경계는 좌우대칭 동물인 플라나리아가 좋은 예이다(19.3절 참조). 플라나리아는 두 개의 측신경삭(신경다발)을 가지고 있으며, 이들 신경삭은 가로신경에 의해 서로 연결되어 있다. 이러한 배열의 신경계를 사다리형(*ladderlike*) 신경계라고 한다. "뇌"가 안점과 외이의 감각세포로부터 감각정보를 받아, 좌우의 측신경삭을 통해 대뇌신경절로부터 몸의 뒷부분으로 자극을 전달하며 좌우 측신경삭을 연결하는 가로신경이 양쪽을 조화롭게 움직이도록 한다. 플라나리아의 신경계는 지렁이와 같은 무척추동물 및 사람을 비롯한 척추동물에서 볼 수 있는 중추신경계와 말초신경계의 전형이다(**그림 27.2**).

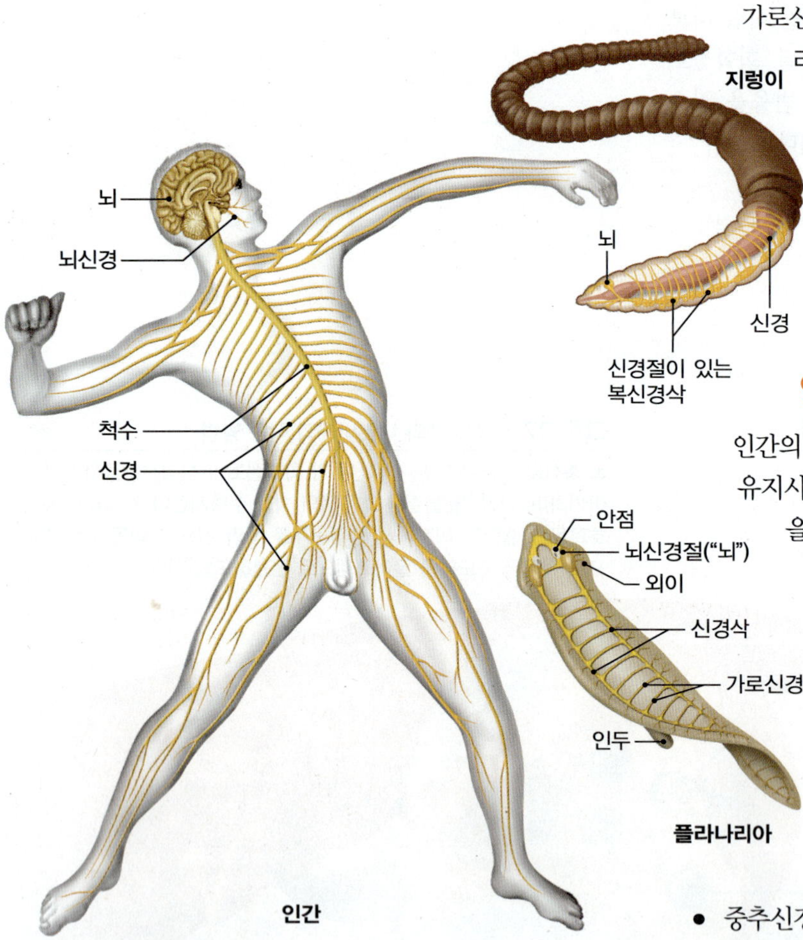

그림 27.2 신경계의 비교.

플라나리아나 지렁이 같은 무척추동물과 인간을 비롯한 척추동물 모두 중추신경계(예: 뇌)와 말초신경계(신경)를 갖고 있다.

인간의 신경계

인간의 신경계는 근육계를 조절하고 내분비계와 협력하여 항상성을 유지시킨다. **중추신경계(central nervous system, CNS)**는 몸의 중앙을 따라 위치하며, 뇌와 척수가 이에 속한다. **말초신경계(peripheral nervous system, PNS)**는 중추신경계 바깥쪽에 위치하는 신경들로 구성된다. 뇌에서는 뇌신경이 나오고(몸의 양쪽에서 각각 하나씩), 척수에서는 척수신경이 나온다. 중추신경계와 말초신경계의 경계는 분명하지 않다. 두 신경계는 연결되어 있으며 서로 협력하여 기능을 수행한다.

인간의 신경계가 플라나리아 신경계보다 더 복잡하게 된 이유는 무엇일까? 척추동물 신경계가 발달하게 된 5가지 진화의 방향은 다음과 같다:

- 중추신경계는 정보를 내보내기 전에 들어온 정보를 먼저 요약할 수 있도록 발달하였다.
- 신경세포(뉴런)는 중추신경계로 정보를 전달하는 뉴런, 중추신경계에 있는 뉴런과 뉴런 간에 정보를 전달하는 뉴런 또는 중추신경계로부터

정보를 내보내는 뉴런으로 제각기 특수화되었다.

- 뇌는 몸의 여러 기관으로부터 정보를 받고 이들 기관의 활동을 지시하는 중추로 진화하였다.
- 중추신경계는 말초신경에 의해 몸의 모든 부분에 연결된다. 따라서 중추신경계는 외부와 내부 자극에 반응할 수 있게 되었다.
- 인간의 눈이나 귀처럼 복잡한 감각기관은 외부 환경의 변화를 감지할 수 있도록 만들어졌다.

이 장에서는 인간 신경계의 처음 네 가지 측면에 대해 설명하고, 감각신경이 정보를 받아들이고 근육이 반응하는 과정은 28장에서 살펴본다.

뉴런

신경세포인 **뉴런(neuron)**은 본연의 기능을 수행하기에 적합한 구조를 갖고 있다. **세포체(cell body)**에는 세포로서의 기능을 위한 핵과 세포소기관이 있으며, 감각기나 다른 뉴런으로부터 신호를 받기 위해 짧은 **수상돌기(dendrite)**들이 사방으로 뻗어 있다. 이들 신호는 축삭을 통해 전달되는 신경신호를 일으킨다. 신경섬유인 축삭(axon)은 수상돌기보다 길며 신경신호를 전달하는 뉴런의 한 부분이다. 축삭은 척수 끝에서부터 발끝으로 또는 발끝에서 척수 끝으로 뻗어 있기 때문에 정보전달이 어느 방향으로도 가능하다. 축삭은 세포막으로 이루어진 흰색의 **미엘린초(myelin sheath)**로 둘러싸여 있으며, **랑비에결절(nodes of Ranvier)**로 불리는 부위는 수초가 없다. 신경은 미엘린초로 인해 흰색을 띠고 반짝인다.

신경계에는 세 종류의 뉴런이 있으며 이들의 구조와 기능은 각기 다르다(그림 27.3).

1. 신경계는 감각뉴런을 통해 감각정보를 받아들인다. **감각뉴런(sensory neuron)**은 감각수용기로부터 신경신호를 받아 중추신경계로 전달한다. 감각수용기는 감각뉴런의 축삭 끝부분으로 수용기에 따라 통증수용기만큼 간단한 구조도 있고 눈이나 귀처럼 매우 복잡한 구조도 있다. 감각수용기가 중추신경계로부터 멀리 떨어져 있는 경우에는 감각뉴런의 축삭이 상당히 길다.
2. 신경계는 정보를 받아 통합하는 기능이 있다. 즉, 중추신경계는 몸 전체로부터 받은 모든 정보를 통합한다. **연합뉴런(interneuron)**은 중추신경계 내에 있으며 중추신경계의 여러 부분에서 신경신호를 받아들인다. 일부 연합뉴런은 감각뉴런과 운동뉴런 사이에 있으며, 다른 일부는 척수 사이에 또는 뇌와 척수 사이에 있다. 연합뉴런은 또한 뇌에서 사고력과 기억력, 언어 능력을 처리하는 복잡한 경로를 형성한다.
3. 신경계는 운동자극을 발생시킨다. **운동뉴런(motor neuron)**은 중추신경계로부터 근육이나 샘으로 신경신호를 전달하며, 근섬유가 수축하게 하거나 샘으로 하여금 물질을 분비하게 한다.

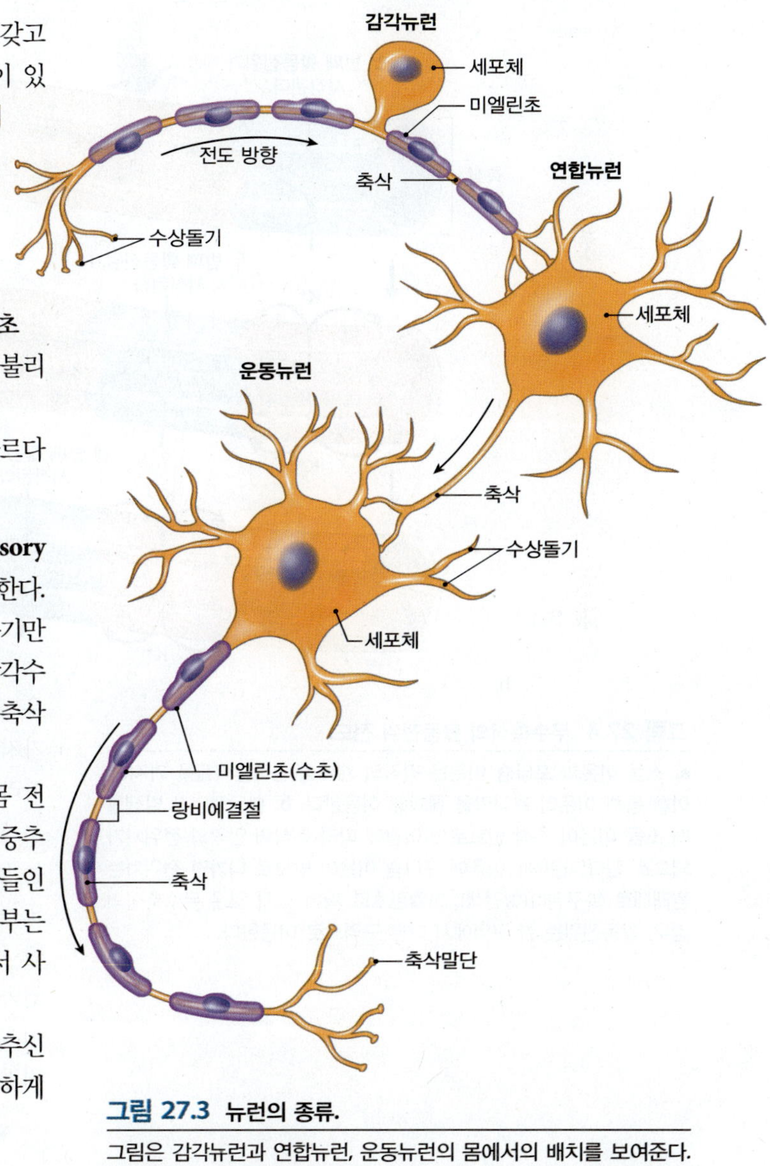

그림 27.3 뉴런의 종류.

그림은 감각뉴런과 연합뉴런, 운동뉴런의 몸에서의 배치를 보여준다. 오로지 축삭만 신경신호를 전달하며, 감각뉴런에서는 세포체로부터 축삭이 양쪽으로 뻗어 나와 있으며, 이 축삭의 한 쪽 끝에 있는 수상돌기가 자극을 받아들이고, 축삭의 다른 끝은 중추신경계로 자극을 전달한다. 운동뉴런과 연합뉴런의 경우는 축삭이 세포체로부터 한쪽 방향으로 뻗어 나와 있다. 감각뉴런과 운동뉴런의 축삭은 미엘린초로 덮여 있다. 또한 길이가 긴 축삭은 모두 미엘린초로 싸여 있다.

신경신호

세포내 다른 처리 과정과 마찬가지로 신경신호 또한 농도기울기에 의해 발생한다. 뉴런의 농도기울기는 소듐 이온(Na^+)을 축삭 밖으로 내보내고 포타슘 이온(K^+)은 안쪽으로 이동시키는 소듐-포타슘 펌프에 의해 유지된다. 축삭

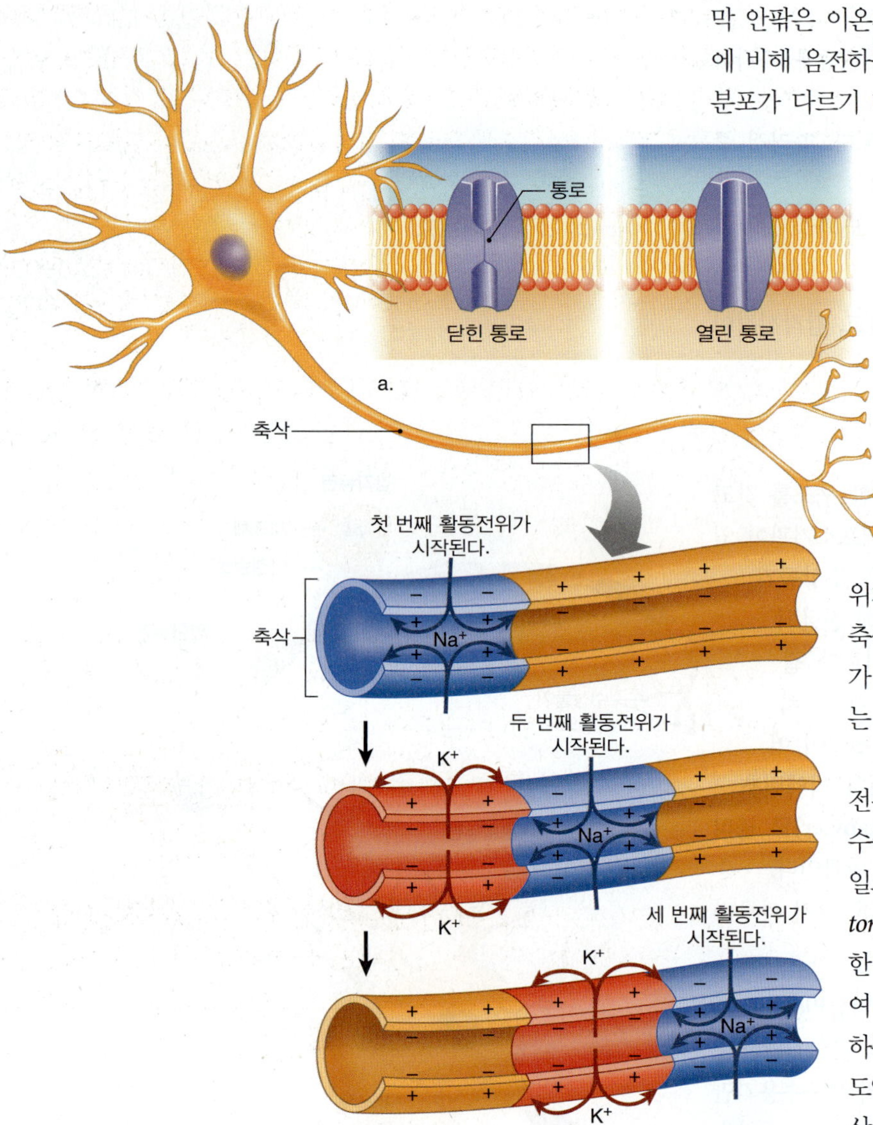

그림 27.4 무수축삭의 활동전위 전도.

a. 소듐 이온과 포타슘 이온은 각각의 개폐성 통로단백질을 가지며, 이를 통해 이온이 축삭막을 통과해 이동한다. **b.** 활동전위가 발생할 때 소듐 이온이 축삭 안으로 들어감에 따라 축삭의 안팎의 전위차가 역으로 된다(파란색). 이후에 포타슘 이온이 밖으로 나가면 전위차는 원래대로 복구된다(빨간색). 미엘린초로 싸여 있지 않은 무수축삭의 경우, 활동전위는 한 구역에서 다른 구역으로 이동한다.

막 안팎은 이온의 농도차 이외에도 전하차가 생긴다. 축삭의 안쪽은 바깥쪽에 비해 음전하를 띤다. 이러한 전하의 차이는 주로 막 안팎의 Na^+와 K^+의 분포가 다르기 때문에 생긴다. 축삭막 안팎의 전하 차이는 신경신호 발생에 매우 중요한 역할을 하며, 이를 **활동전위(action potential)**라고 한다. 신경신호는 빠르고 지속기간이 짧으며 스스로 전도된다. **그림 27.4**는 활성전위가 어떻게 작용하는지 보여준다. 신경신호의 작동에는 축삭막에 있는 두 가지 종류의 개폐성 통로단백질이 관여한다. 항상 열려 있어 이온이 끊임없이 막을 통과해 이동하는 통로단백질과는 달리, 개폐성 통로단백질은 다른 뉴런으로부터 오는 신호를 비롯한 자극에 반응하여 열리고 닫히고 한다. 두 가지 개폐성 통로단백질 중 하나는 소듐 이온이 막을 통과하게 하고 다른 단백질은 포타슘 이온이 막을 통과해 이동하게 한다. 축삭이 신경신호를 전도함에 따라 Na^+ 통로가 특정 위치에서 열리며 소듐 이온이 축삭 밖에서 안쪽으로 이동하여 축삭 내부가 양전하를 띠게 된다. Na^+ 통로가 닫히고 K^+ 통로가 열리면 포타슘 이온이 축삭 안에서 밖으로 이동하므로 내부는 다시 음전하를 띠게 된다.

그림 27.4에 보는 바와 같은 무수축삭에서는 한 지점의 활동전위가 축삭막의 인접부위를 자극하여 활동전위를 일으킨다. 유수축삭에서는 랑비에결절의 활동전위가 다음 결절에 활동전위를 일으킨다(**그림 27.5**). 이러한 유형의 전도 방식을 도약전도(*saltatory conduction*)라고 하며 다른 전도방식보다 훨씬 빠르다. 최대한 빨리 긴 보도를 달리고 있다고 상상해보자. 몇 번 도약을 하여 동일한 복도의 끝에 도달할 수 있다면 달리는 것보다 도약을 하는 것이 동일한 거리를 더 빨리 갈 수 있다. 이와 마찬가지로 도약전도는 신경신호가 빠른 속도로 전도되게 한다. 얇은 무수축삭의 경우 신경신호는 1.0 m/초의 속도로 이동한다. 그러나 두꺼운 유수축삭은 도약전도를 하므로 전도속도가 100 m/초 이상에 달한다. 두 가지 축삭 모두에서 활동전위는 스스로 전도하며, 각각의 활동전위가 축삭을 따라 또 다른 활동전위를 발생시킨다.

신경신호(활동전위)의 전도는 축삭이 자극을 전도하거나 또는 전도하지 않는 양자택일 방식을 따르며 이를 실무율(all-or-none)이라고 한다. 자극의 강도는 주어진 시간 내에 얼마나 많은 신경신호가 발생하는가에 따라 결정된다. 한 건의 자극으로 적은 수의 이온들만 교환되기 때문에 축삭은 신경신호를 연속적으로 전도한다. 자극이 축삭의 한 부분을 지나가자마자 그 부분은 자극이 더 이상 전도되지 않는 짧은 불응기가 된다. 불응기에는 소듐 통로가 열리지 않으며 신경신호가 한 방향으로만 진행할 뿐 거꾸로는 진행하지 않는다.

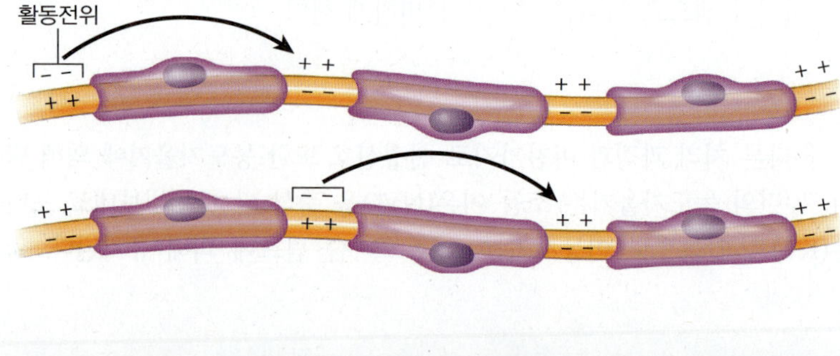

그림 27.5 유수축삭의 신경신호 전도.

유수축삭의 경우, 미엘린초에 있는 틈새인 랑비에결절에서만 활동전위가 발생한다. 이로 인해 무수축삭보다 전도가 훨씬 빠르다. 사람에 있는 길이가 긴 축삭은 모두 유수축삭이다.

시냅스

각 축삭에는 축삭말단이 많이 있다. 중추신경계에서는 한 뉴런의 축삭말단이 다른 뉴런의 수상돌기(세포체)에 매우 근접해 있는데, 이처럼 근접해 있는 부위를 **시냅스(synapse)**라고 한다. 이때 시냅스를 사이에 둔 두 뉴런 중 앞의 세포를 시냅스전 세포(*presynaptic cell*), 나중 세포를 시냅스후 세포(*postsynaptic cell*)라 한다. 말초신경계에서 시냅스후 세포가 근육세포일 경우, 이 연결부위를 신경근육연접이라고 한다. 시냅스에는 작은 틈새인 **시냅스틈(synaptic cleft)**이 있다. 그렇다면 어떻게 이 틈을 가로질러 시냅스후 신경이나 근육세포를 자극할 수 있을까? 신경신호 자체는 시냅스틈을 통과할 수 없다. 그 대신 시냅스소포에 저장되어 있는 화학신호인 **신경전달물질(neurotransmitter)**이 시냅스틈을 가로질러 자극을 전달한다. 축삭을 따라 이동하는 신경신호가 축삭말단에 도달하면 시냅스소포가 시냅스틈으로 신경전달물질을 방출한다. 신경전달물질은 확산에 의해 틈새를 지나 시냅스후 세포에 있는 수용체 단백질에 결합한다(**그림 27.6**).

시냅스후 세포가 자극에 대해 흥분을 할지 억제를 할지는 신경전달물질이나 수용체의 종류에 따라 따른다. 지금까지 최소 25가지의 신경전달물질이 밝혀졌지만 작용메커니즘이 잘 알려진 것은 아세틸콜린(acetylcholine, ACh)과 노르에피네프린(norepinephrine, NE), 세로토닌(serotonin), 그리고 감마-아미노부티르산(gamma-aminobutyric acid, GABA)뿐이다.

신경전달물질이 시냅스틈으로 방출되어 반응이 시작되면 이 신경전달물질은 시냅스틈에서 제거된다. 일부 시냅스에서는 시냅스후 세포가 신경전달물질을 신속하게 비활성화시키는 효소를 생산하며, 그 예로는 아세틸콜린을 분해하는 효소인 아세틸콜린에스터라제(acetylcholinesterase, AChE)가 있다. 또한 시냅스전 세포가 신경전달물질을 재흡수하여 신경전달물질을 제거하는 시냅스도 있다. 예를 들면 노르에피네프린은 시냅스전 세포의 축삭말단에서 재흡수된다. 시냅스로부터 신경전달물질이 신속하게 제거되면 시냅스후 세포가 지속적으로 흥분되거나 억제되는 것을 피할 수 있다.

뉴런에는 하나의 세포체와 다수의 수상돌기가 있고 세포체와 수상돌기 모두 다른 뉴런들과 시냅스를 형성할 수 있으므로, 뉴런 하나당 통상 1,000~10,000개의 시냅스가 있게 된다. 따라서 뉴런은 신호를 받아들이는 쪽에 있게 된다. 흥분성 신경전달물질은 뉴런에서 활동전위가 일어날 수 있도록 전위의 변화를 만들어내며, 억제성 신경전달물질은 뉴런에서 활동전위를 진정시킬 수 있도록 전위 변화를 일으킨다. 뉴런들은 흥분신호와 억제신호를 합하는 작업인 **통합(integration)**을 한다. 만약 흥분신호를 더 많이 받으면(서로 다른 시냅스로부터 혹은 하나의 시냅스로부터 빠른 속도로) 축삭이 신경신호를 전도한다. 반면에 억제와 흥분신호를 동시에 받으면 이 두 신호의 통합에 의해 축삭이 자극을 전도하지 않게 될 수도 있다.

약물 남용

신경계에 영향을 주는 대부분의 약물은 신경전달물질의 작용을 방해하거나 촉진시킴으로써 영향을 준다. 약물은 신경전달물질의 방출을 촉진 또는 억제하고, 신경전달물질의 작용을 모방하거나 신경전달물질의 수용체를 차단하고, 또는 시냅스틈에서 신경전달물질의 제거를 방해하는 등 다양한 방식으로 작용한다. **흥분제**(*stimulant*)는 중추신경계의 활동을 증가시키는 약물이고,

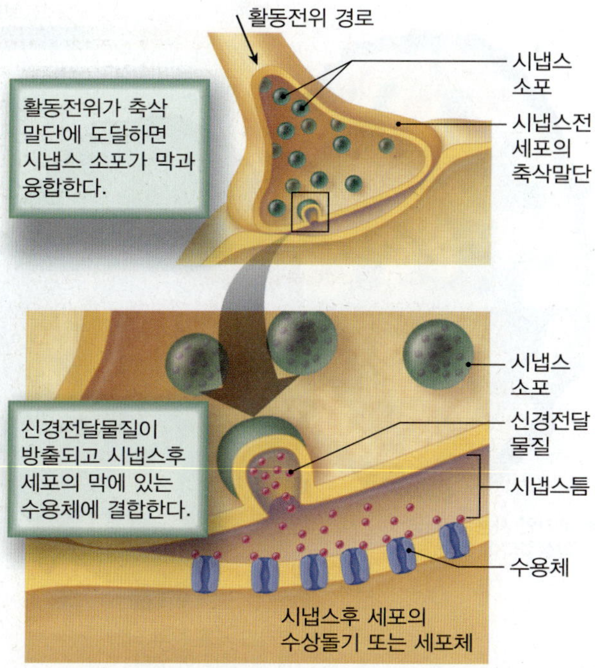

그림 27.6 시냅스의 구조와 기능.

하나의 뉴런(시냅스전 세포)에서 다른 뉴런(시냅스후 세포)으로 이어지는 신경신호의 전달은 시냅스전 세포에서 방출된 신경전달물질이 확산하여 시냅스틈을 지나 시냅스후 세포의 원형질막에 있는 수용체와 결합함으로써 이루어진다. 하나의 축삭은 한 종류의 신경전달물질만 방출한다(빨간색 공으로 표시).

연관: 건강

약물은 어떻게 우울과 화를 조절할까?

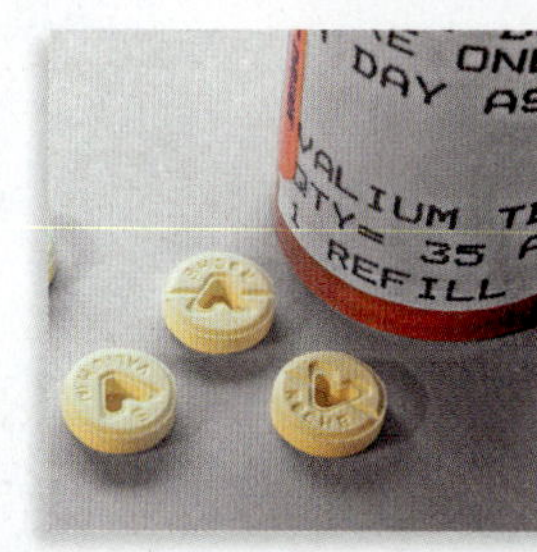

통상적으로 행동을 조절하는 약들은 시냅스에 있는 신경전달물질의 양을 조절한다. 예를 들어 자낙스(Xanax)와 발륨(Valium)은 감마-아미노부티르산의 양을 조절하여 공황발작과 분노를 조절한다. 노르에피네프린과 세로토닌 수치의 감소는 우울과 연관이 있다. 따라서 프로작(Prozac)과 팍실(Paxil), 심발타(Cymbalta)와 같은 약물은 노르에피네프린 또는 세로토닌의 재흡수를 막아 시냅스에 축적되게 함으로써 우울증을 완화시킨다. 노르에피네프린과 세로토닌 양이 증가하면 시냅스후 세포가 화학신호를 지속적으로 받게 되므로 항우울 효과가 나타난다.

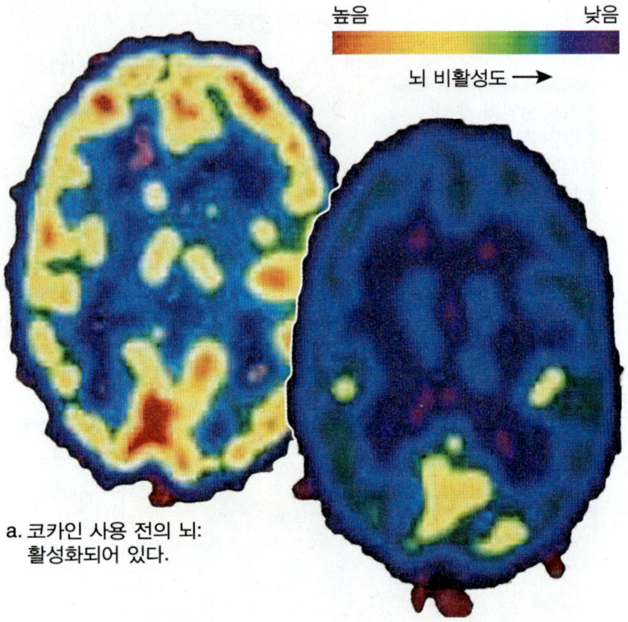

a. 코카인 사용 전의 뇌: 활성화되어 있다.

b. 코카인 사용 후의 뇌: 덜 활성화되어 있다.

그림 27.7 코카인이 뇌에 미치는 영향.

뇌의 양전자단층촬영(PET) 사진. 뇌의 정상적인 활성(**a**)이 코카인 사용자(**b**)에서는 감소된다.

진정제(*depressant*)는 활동을 감소시키는 약물이다. 뇌에 있는 신경전달물질인 도파민은 감정 조절과 연관이 있다. 약물의존과 정신질환을 치료하기 위해 개발된 신약들 대다수가 도파민의 방출과 수용, 분해에 영향을 준다.

약물 남용은 해로운 약물을 과용할 때 뚜렷이 나타난다. 약물을 남용하는 사람은 의도한 양보다 더 많은 양을 복용하는 경향이 있어서 정신적, 신체적으로 약물에 의존하기 쉽다. 신체적 의존을 "중독"이라고 하며, 중독이 되면 동일한 효과를 얻기 위해 더 많은 양의 약물을 필요로 하게 되고 약물 사용을 중지하면 금단효과가 나타난다.

코카인

코카인(cocaine)은 관목인 코카나무(*Erythroxylon coca*) 잎에서 추출한 알칼로이드이며, 분말형태 혹은 더 강력한 추출물인 크랙(crack)으로 판매되고 있다. 코카인은 도파민이 시냅스에서 흡수되는 것을 방해하기 때문에 코카인을 흡입하면 시냅스에 도파민이 오랫동안 남게 되어 시냅스후 세포가 지속적으로 자극된다. 그 결과 사용자는 "환각성 흥분"을 경험하게 되며, 에피네프린과 유사한 도파민의 효과로 인해 환각성 흥분 이후 몇 분 동안 각성상태가 이어진다.

코카인에 대한 탐닉은 며칠간 지속될 수 있으며 그 이후 무기력 상태를 겪게 된다. 탐닉기간 동안 사용자는 과잉행동을 보이며, 식욕이나 수면욕은 없지만 성욕은 증가한다. 무기력 기간에는 피로감을 느끼고 우울하며 예민하다. 또한 기억력과 집중력이 저하되고 성욕도 없어진다.

코카인은 심각한 신체적 의존성을 야기한다. 코카인을 지속적으로 사용하면 시냅스후 뉴런이 도파민에 둔감하게 된다. 이로 인해 사용자는 금단현상을 겪게 되며 더 강력한 코카인을 갈망하게 된다. 이러한 상태는 사용자가 심각한 약물 의존성을 보인다는 것을 뜻한다.

코카인의 과다사용은 발작과 심장마비, 호흡정지를 초래할 수 있으며, 장기간의 남용은 뇌손상을 일으킬 수 있다(**그림 27.7**). 중독자에게서 태어난 아기에서도 금단증상이 나타나며 신경학적, 발생학적 문제가 있을 수 있다.

메스암페타민

메스암페타민(methamphetamine, 필로폰)은 암페타민에 메틸기를 첨가하여 만든 합성약물이다. 미국에서는 9백만 명에 달하는 사람이 적어도 평생에 한 번은 메스암페타민을 사용한 것으로 조사되었으며, 이 중 청소년이 약 25%를 차지한다. 메틸기 첨가는 매우 간단하여 소규모 자가실험실에서 암페타민을 가지고 만들기도 한다. 메스암페타민은 분말(speed)과 결정("crystal meth," "glass," 또는 "ice") 형태가 있다. 결정 상태의 메스암페타민을 담배처럼 피우면 메스암페타민 분말을 흡입하는 것만큼이나 효과가 즉각적이고 빠르다. 담배처럼 피울 경우 효과가 4~8시간 정도 지속된다. 메스암페타민의 구조는 도파민 구조와 유사하며 자극 효과는 코카인과 비슷하다. 피로감을 없애고 각성효과가 있으며 일시적으로 기분을 좋게 한다. 초기 환각성 흥분 후에는 심한 동요상태가 뒤따르며, 난폭한 행동을 보이기도 한다. 만성적으로 이 약물을 사용하는 사람은 암페타민 정신병(amphetamine psychosis)을 갖게 되어 과대망상, 환청과 환시 및 자아도취, 성급함, 난폭하고 별난 행동 등을 보인다. 약물에 대한 내성과 의존성, 중독성이 있으며 고열과 경련이 생기고 사망에 이를 수도 있다.

마리화나

인도대마(*Cannabis sativa*)의 꽃 상단부와 잎, 줄기는 9-tetrahydrocannabinol(THC)이 풍부한 수지로 덮여있다. 대마초(*cannabis*)와 마리화나(*marijuana*)라는 명칭은 식물과 THC에서 유래하였다. 마리화나는 주로 "조인트(joint)"라고 부르는 담배 형태로 사용한다.

마리화나는 만족감을 느끼게 하는 신경전달물질인 아난다마이드의 수용체에 결합한다는 것이 최근에 밝혀졌다. 마리화나를 이따금씩 사용하는 사람은 시각과 판단의 변화와 더불어 약간의 도취감을 느끼며, 그 결과 시공간이 왜곡되고 언어구사능력 저하를 비롯한 운동의 협응부조화가 발생한다. 마리화나를 과다 사용하는 사람은 환각, 불안감, 우울증, 피해망상증 같은 정신병 징후를 보일 수 있다. 마리화나를 규칙적으로 사용하였던 사람은 약물에 대한 갈망이 강렬하여 사용을 중지하기가 매우 어렵다.

중추신경계

파충류(악어), 조류(거위), 포유류(말과 인간)와 같은 척추동물의 뇌 구조를 비교하면 **그림 27.8**과 같다. 뇌를 전뇌, 중뇌, 후뇌로 나누면 인간의 경우 전뇌가 가장 눈에 띈다. 포유류의 전뇌는 감각 정보를 최종적으로 저장하는 변화된 기능도 갖고 있다. 이로 인해 전뇌에서 전체 신경계의 정보를 대부분 통합한 후 샘과 근육으로 운동 명령을 보내게 된다. 인간의 경우 **척수**

연관: 건강

의료용 마리화나의 용도

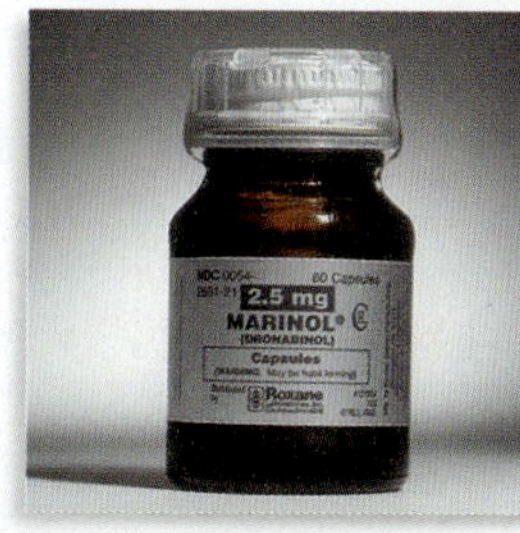

연구진은 마리화나의 활성 성분인 THC가 지닌 잠재적 의료용 이용가치에 대해 계속 연구하고 있다. 초기 연구에 따르면 THC는 진통제 혹은 통증을 경감시키는 작용을 한다. 따라서 AIDS 말기 환자나 척수손상 환자처럼 통증이 극심한 환자에게 처방을 하곤 한다. 그러나 잠재적 가치를 지닌 것은 마리화나의 활성성분인 THC뿐이며, 마리화나의 연기에는 담배연기보다 발암물질이 50~70% 이상 더 많이 들어 있다. 마리화나를 피우는 것은 담배를 피우는 것보다 건강에 더 나쁘며, 마리화나를 사용한 후 심장마비가 발생할 가능성은 거의 5배 정도 증가한다.

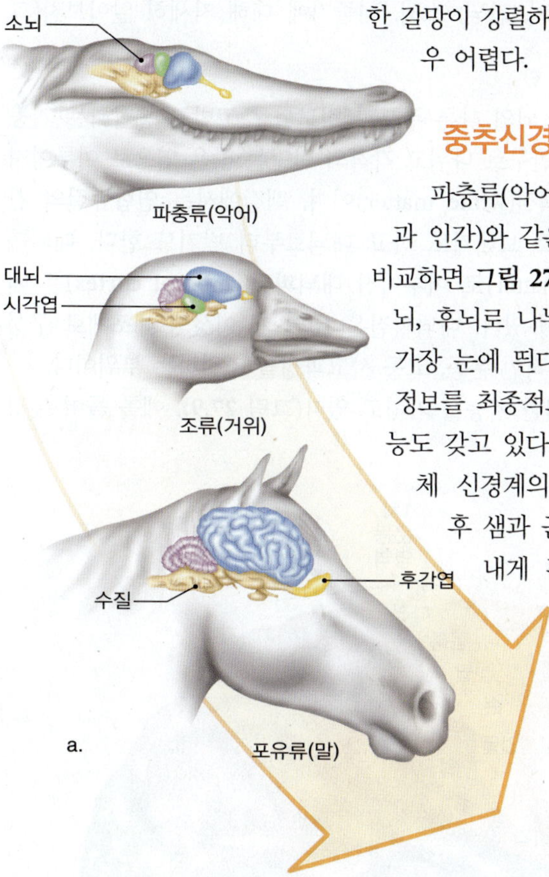

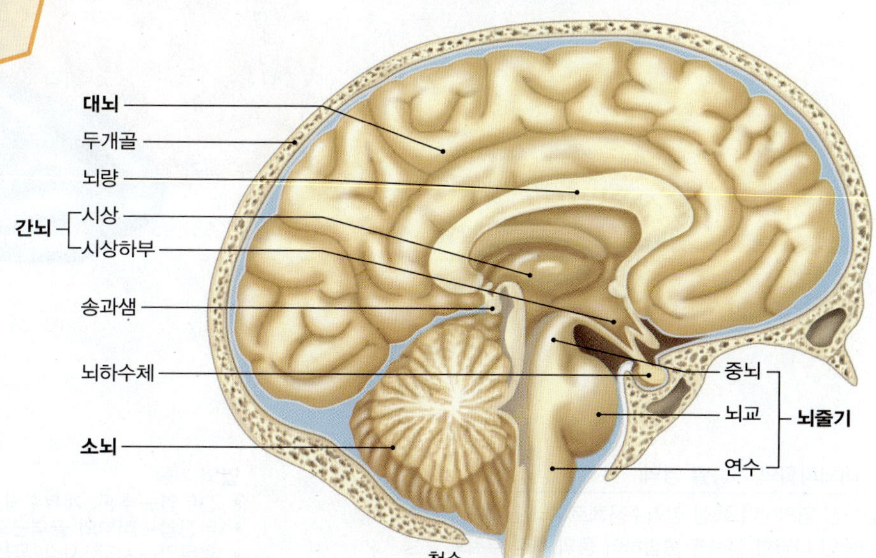

그림 27.8 척추동물의 뇌.

a. 척추동물의 뇌를 비교해보면 고등한 동물일수록 전뇌가 크고 복잡하다. **b.** 인간의 뇌.

(spinal cord)가 뇌와 말초신경계의 일부인 척수신경 사이에서 정보를 전달한다. 척수신경은 척수에서 나와 머리와 얼굴을 제외한 몸 전체의 피부, 샘, 근육으로 정보를 보내고 받는다. 척수에 있는 길이가 긴 연합뉴런의 유수섬유는 신경섬유 다발형태인 **신경관(tract)**을 형성하여 정보를 전달한다. 신경관은 척수와 뇌를 연결하며, 한 부위에서 교차하기 때문에 왼쪽 뇌는 몸의 오른쪽을 조절하고 오른쪽 뇌는 몸의 왼쪽을 조절한다. 또한 척수는 태어날 때부터 몸의 보호와 생존을 위해 본능적으로 가지고 있는 반사작용과 관련이 있다(530쪽 참조). 반사는 출생시점에도 있으며 의식적 사고를 필요로 하지 않는다.

뇌

뇌(brain)를 구성하는 대뇌, 간뇌, 소뇌, 뇌줄기에 대해 자세히 알아보자(그림 27.8*b*).

대뇌 **대뇌(cerebrum)**는 뇌의 다른 부분과 정보를 주고받고 통합하는 기능이 있다. 대뇌는 두 개의 반구로 나뉘고 각각의 반구는 많은 엽으로 이루어져 있다. 대뇌의 대부분은 백질(white matter)이며, 백질에서는 연합뉴런의 긴 축삭이 신경신호를 대뇌로 보내기도 하고 대뇌로부터 받기도 한다. 대뇌를 싸고 있는 회백질(gray matter)로 이루어진 **대뇌피질(cerebral cortex)**은 매우 복잡한 뇌 회로로 되어 있다. 대뇌피질은 10억 개 이상의 세포체로 구성되어 있으며, 감각과 자발적인 운동, 고등 사고과정을 조절하는 부위이다.

대뇌의 각 영역은 특별한 기능을 가지고 있다(**그림 27.9**). 예를 들어 두정

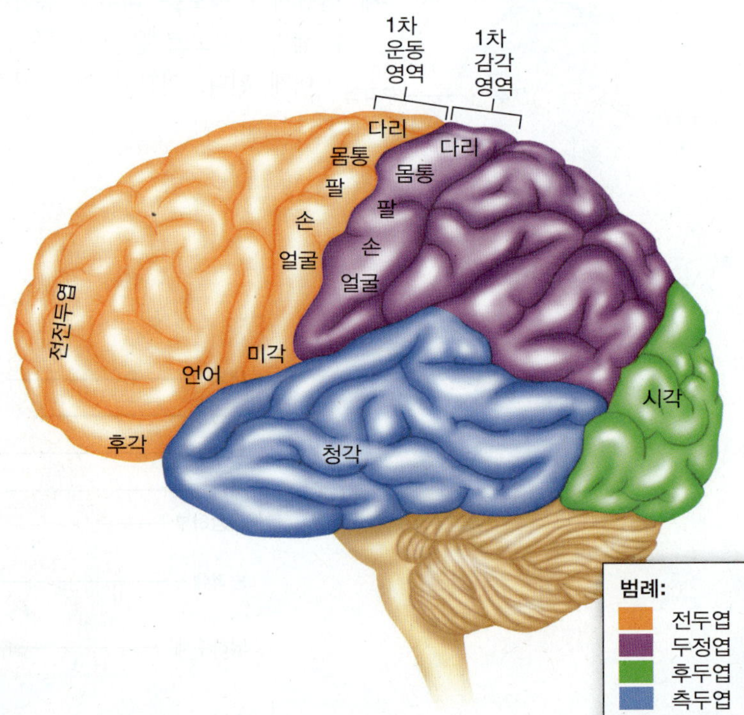

그림 27.9 **대뇌피질의 기능별 영역.**

대뇌피질은 정해진 영역마다 특정 감각수용체로부터 감각자극을 받아들이며, 받아들인 다양한 정보를 통합하여 몸의 특정 부위로 운동명령을 보낸다.

엽의 기능
- 전두엽—추론, 계획수립, 언어, 운동, 감정, 문제해결
- 두정엽—피부와 골격근으로부터 받아들인 감각자극의 통합, 언어 이해력
- 후두엽—시각, 시각자극의 인지
- 측두엽—청각, 청각자극의 인지

엽에 위치한 **1차감각영역(primary sensory area)**은 피부와 골격근, 관절로부터 정보를 받으며 두정엽 내에 몸의 각 부분에 해당하는 영역이 정해져 있다. 반면에 **1차운동영역(primary motor area)**은 두정엽 중에서 전두엽과 두정엽을 나누는 작은 틈과 인접한 부위에 위치한다. 1차운동영역은 골격근으로 자발적 명령을 보내며, 1차운동영역 부위마다 몸 어느 부위의 근육을 조절하는지 정해져 있다.

대뇌피질의 엽에는 시각, 청각, 후각 등을 수용하는 감각수용체로부터 정보를 받는 특수화된 부위가 있으며, 통합과정이 일어나는 연합영역(*association area*)도 있다. 전두엽에 있는 연합영역인 **전전두엽(prefrontal area)**은 다른 연합영역으로부터 정보를 받아들인 뒤 이 정보를 추론하여 어떤 행동을 할지 계획한다. 이 영역에서의 통합과정으로 인해 인간은 인간 고유의 능력인 비판적 사고와 조직적인 행동을 할 수 있다.

간뇌 **간뇌(diencephalon)**는 대뇌 바로 밑에 위치하며 시상하부와 시상을 포함한다(그림 27.8*b* 참조). **시상하부(hypothalamus)**는 배고픔, 수면, 목마름, 체온, 수분균형 등을 조절하여 항상성을 유지시키는 통합 중추이다. 시상하부는 뇌하수체를 조절함으로써 신경계와 내분비계를 연결해주는 역할을 한다. **시상(thalamus)**은 후각을 제외한 모든 감각자극을 받아들이는 중추이며, 눈과 귀, 피부로부터 오는 정보는 척수로부터 뇌신경과 신경관을 통해 시상에 도달한다. 시상하부는 이들 정보를 통합하여 대뇌의 적절한 영역으로 보내며, 대뇌를 자극시켜 운동 기능뿐만 아니라 기억이나 감정과 같은 고등 정신기능을 수행하게 한다.

간뇌에는 또한 호르몬 멜라토닌(melatonin)을 분비하는 송과샘이 있다. 멜라토닌은 밤에 잘 때 분비되기 때문에 멜라토닌에 대한 관심이 증가하고 있는 추세이며, 계절성 정서장애, 시차문제, 불면증 등의 치료에 효과가 있다.

소뇌 **소뇌(cerebellum)**는 두 부분으로 되어 있으며, 이들 부분은 좁은 중앙 분리대로 연결되어 있다. 각 부위는 주로 백질로 이루어져 있으며 세로 단면은 나뭇가지와 같은 모양을 하고 있고 백질의 겉은 복잡하게 접힌 얇은 회백질 층이 덮고 있다(그림 27.8*b* 참조).

소뇌는 눈, 귀, 관절, 골격근으로부터 몸 각 부분의 현재 위치에 관한 감각정보를 받으며, 대뇌피질로부터는 이들 각 부분이 있어야 할 위치를 지정해주는 운동정보를 받는다. 소뇌는 이러한 정보를 통합하여 뇌줄기를 통해 골격근으로 운동자극을 보낸다. 이러한 방식으로 소뇌는 자세와 균형을 유지하며 아울러 모든 근육들이 협조하여 원활하면서도 조정된 자발적 움직임을 만들어 내게 한다. 소뇌는 또한 피아노를 연주하거나 야구공을 치는 것과 같은 새로운 움직임 기술을 배울 수 있도록 돕는다.

뇌줄기 중뇌와 뇌교, 연수가 있는 **뇌줄기(brain stem)**는 뇌의 나머지 부분과 척수를 연결한다(그림 27.8*b* 참조). 또한 뇌줄기에는 척수에서 뇌 중심으로, 그리고 뇌 중심에서 척수로 오르내리는 신경관이 있다. **중뇌(midbrain)**에는 시각과 청각 반사중추가 있어 놀람반사와 같은 반응을 조절한다. 놀람반사는 갑자기 큰 소음이 날 때 소리의 근원지를 알기 위해 자동적으로 머리를 돌릴 때와 같은 상황에서 발생한다. **연수(medulla oblongata)**는 심장박동과 호흡, 혈관수축(혈압), 구토와 기침, 재채기, 딸꾹질, 삼키기 등을 조절하는 반사중추이다. 또한 연수는 신체 내부 여러 기관의 조절을 도우며 호흡 조절에 필수적이다. **뇌교(pons)**는 연수를 중뇌와 연결하며 호흡조절에 관여한다.

변연계

변연계(limbic system)는 간뇌와 대뇌의 일부분을 포함하는 복잡한 망상조직으로서, 고등 정신기능과 원초적 감정을 하나로 융합한다(**그림 27.10**). 이로 인해 성행위나 먹기와 같은 행동으로부터 쾌감을 얻으며, 정신적으로 스트레스를 받으면 혈압이 상승하게 된다.

변연계에는 해마(hippocampus)와 편도체(amygdala)가 있으며, 이 두 구조는 학습과 기억에 꼭 필요하다. 바다에 사는 말처럼 생긴 해마는 전전두엽이 감각연합영역에 저장된 과거의 경험을 잘 인식할 수 있도록 뇌의 후두엽 깊숙이 위치하고 있다. 편도체는 이러한 경험들로 하여금 감정적인 의미를 갖도록 한다. 전두엽과 변연계는 서로 연결되어 있기 때문에 이성이 감정적인 행동을 막아준다.

그림 27.10 변연계.

변연계에는 간뇌와 대뇌의 일부가 포함된다. 변연계는 추론과 같은 고등 정신기능을 공포, 쾌락 등의 본능적인 감정과 융합한다. 먹기는 대부분의 사람들에게 즐거움을 주는 행동이다.

학습과 기억 **기억(memory)**은 생각을 마음에 담거나, 또는 바로 어제 학습한 단어부터 어릴 때 겪은 감정적 경험에 이르는 과거에 일어난 사건을 회상하는 능력이다. 학습은 과거의 기억을 유지하고 다시 활용할 때 이루어진다.

전두엽의 전전두엽 영역은 전화번호를 일시적으로 기억하는 것과 같은 단기기억을 필요로 할 때 활성화된다. 일부 전화번호는 장기기억이 된다. 예를 들어 암기하고 있는 전화번호를, 전화번호와 연관된 사람과 장소에 대해 생각하지 않고서도 기억해낼 수 있는지 생각해보자. 대부분의 경우 그렇지 못하다. 그 이유는 장기기억은 의미적 기억(*semantic memory*; 숫자, 단어 등)과 일화적 기억(*episodic memory*; 사람, 사건 및 연관성)이 합해져 이루어지기 때문이다. 기술 기억(*skill memory*)은 일화적 기억과 독립적으로 존재하는 기억 형태로서 자전거 타기나 아이스하키와 같은 운동 활동을 수행하게 하는 기억이다. **알츠하이머병(Alzheimer disease)** 환자는 점진적으로 기억을 상실하는데, 최근에 일어난 사건에 대한 기억이 없다가 심해지면 일상적 활동에 필요한 기억도 못하게 되며 결국엔 누워서 생활을 하게 된다. 알츠하이머 환자는 뇌, 특히 해마와 편도체의 뉴런에 비정상적인 조직이 생긴다. 근래 알츠하이머병 치료방법을 알아내기 위해 많은 연구가 진행 중이다.

우리가 오래된 어떤 것을 기억할 때에는 뇌의 어느 부분이 작동할까? 장기기억은 대뇌피질의 감각연합 영역 곳곳에 작은 조각으로 흩어져 저장되며, 해마는 우리가 삼촌이나 여름방학과 같은 기억을 할 때 대뇌피질에 저장된 정보들을 전두엽의 전전두엽 영역이 사용할 수 있도록 모두 모아준다. 왜 일부 기억들은 우리에게 감정을 느끼게 할까? 편도체는 시상과 피질 감각영역으로부터 받은 감각정보로부터 위험이 있는지를 알게 하고 두려움을 느끼게 한다.

말초신경계

말초신경계(peripheral nervous system, PNS)는 감각정보를 중추신경계로 보내고 운동명령을 몸의 조직으로 보내는 역할을 한다. 이들 정보 중 일부는 감각기관에 있는 감각뉴런으로부터 오며(28장 참조), 그 외 다른 정보는 몸의 조직에 있는 감각뉴런으로부터 온다.

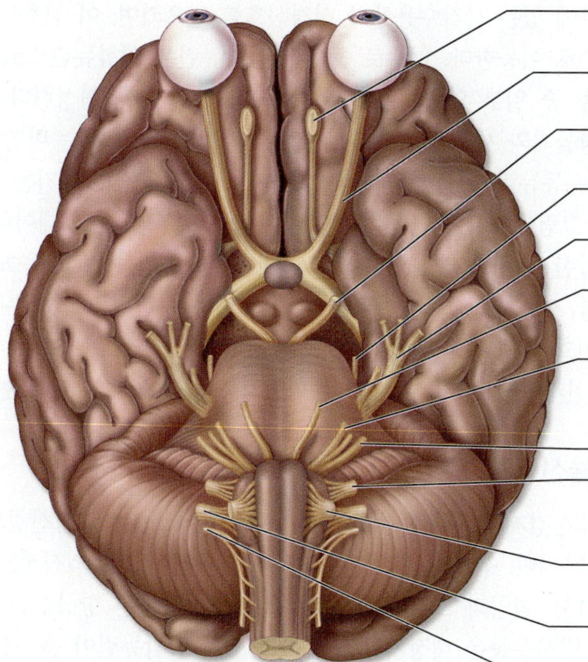

그림 27.11 뇌신경.

뇌신경은 주로 머리 부위와 감각신호를 주고받는다. 뇌신경 중에서 미주신경(10번)과 척수부속신경(11번)은 예외이다. 척수신경(그림에 표시하지 않음)은 몸의 나머지 다른 부분과 감각신호를 주고받는다.

말초신경계는 중추신경계 바깥쪽에 위치하며 축삭다발인 **신경(nerve)**으로 이루어져 있다. 뉴런의 세포체는 중추신경계(뇌와 척수) 또는 **신경절(ganglion)**에 있다. 신경절은 말초신경계에 있는 세포체들의 집합이다. 인간은 뇌와 연결된 12쌍의 **뇌신경(cranial nerve)**을 가지고 있다(**그림 27.11**). 뇌신경은 주로 머리, 목, 얼굴과 연관되어 있으나, 뇌신경 중에서 미주신경은 인두와 후두뿐 아니라 대부분의 내부기관과도 연관되어 있다.

인간은 또한 31쌍의 **척수신경(spinal nerve)**을 가지고 있으며, 각각의 척수신경은 다수의 감각축삭과 운동축삭을 갖고 있다. 감각수용체로부터 척수신경으로 자극을 전달하는 감각뉴런의 축삭은 척수신경의 배근에 있으며, 감각뉴런의 세포체는 배근신경절(*dorsal root ganglion*)에 위치한다. 척수신경의 복근에는 척수로부터 골격근 등으로 자극을 전달하는 운동뉴런의 축삭이 있다. 척수신경마다 신경이 위치한 몸의 정해진 부분을 조절한다.

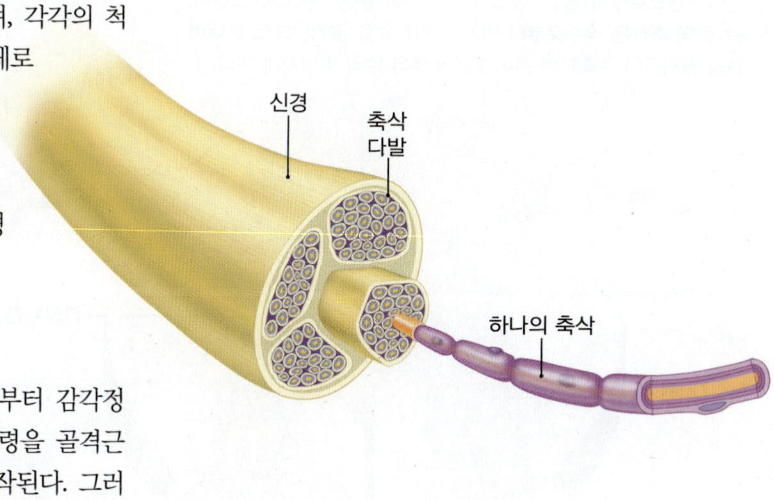

체성신경계

말초신경계의 **체성신경계(somatic system)**는 외부감각수용체로부터 감각정보를 받아 중추신경계로 보내고 중추신경계로부터 받은 운동명령을 골격근으로 보내는 신경이다. 골격근의 의식적 조절은 항상 뇌에서 시작된다. 그러나 자극에 대한 무의식적인 반응인 **반사(reflex)**는 뇌 또는 척수만으로 일어난다. 우리는 반사 작용을 통해 생각을 하지 않아도 날아오는 물체가 있으면 눈을 감고, 날카로운 핀을 보면 손을 멀리하게 된다.

그림 27.12는 척수의 반사경로 모식도이다. 날카로운 핀이 손에 닿으면 피부에 있는 감각수용체가 신경신호를 일으키며, 이 신호는 감각축삭을 따라 척수로 이동한다. 척수로 들어간 감각뉴런은 연합뉴런으로 정보를 전달하며, 이들 중 일부 연합뉴런은 운동뉴런과 시냅스를 형성한다. 운동뉴런의 짧은 수상돌기와 세포체는 척수에 위치하지만 축삭은 척수 바깥에 있다. 신경신호가 운동뉴런의 축삭을 통해 효과기로 전달되면 효과기는 신호에 반응을 하며, 그림에서처럼 근육이 수축하여 핀으로부터 손을 떼어내게 된다. 그 밖에 다양한 반응도 일어날 수 있다. 예를 들어, 핀을 보고 움츠리거나 아파서 소리를 지르기도 한다. 이러한 일련의 반응은 관련된 연합뉴런 일부가 뇌로 신경신호를 보내기 때문이다. 또한 감각기관은 뇌로 정보를 보내 우리의 행동을 인지하게 한다. 뇌는 자극을 인지하고 이에 대해 다른 반응들을 지시한다.

자율신경계

말초신경계의 **자율신경계(autonomic system)**는 교감신경계와 부교감신경계로 나뉘며, 샘과 심근, 민무늬근을 자율적이고 무의식적으로 조절한다(**그림 27.13**). 혈압과 호흡수 조절과 같은 반사운동은 항상성 유지에 특히 중요하다. 반사운동은 내장기관과 접하고 있는 감각뉴런이 중추신경계로 정보를 보낼 때 시작하고, 자율신경계 내의 운동뉴런이 정보를 받으면 마무리된다.

부교감신경계(parasympathetic division)는 미주신경을 포함한 소수의 뇌신경과 척수의 끝부분에서 나온 축삭들을 포함한다. 내부관리계(housekeeper division)라고 부르기도 하는 부교감신경계는 편안한 상태와 연관된 내부반응을 촉진시킨다. 예를 들어, 부교감신경은 동공을 수축시키고 음식의 소화를 촉진하며 심장박동을 느리게 한다. 부교감신경이 사용하는 신경전달물질은 아세틸콜린이다.

그림 27.12 척수반사경로를 보여주는 반사궁.

핀으로 찌르는 자극을 주면 피부의 감각수용체가 신경신호를 발생하며, 이 신호는 감각축삭을 통해 척수로 전달된다. 척수의 연합뉴런은 감각뉴런으로부터 받은 정보를 통합하여 운동뉴런으로 보낸다. 운동뉴런의 축삭은 척수로부터 받은 신경신호를 골격근으로 보내며 그 결과 골격근이 수축하여 손이 핀으로부터 멀리 떨어지게 된다.

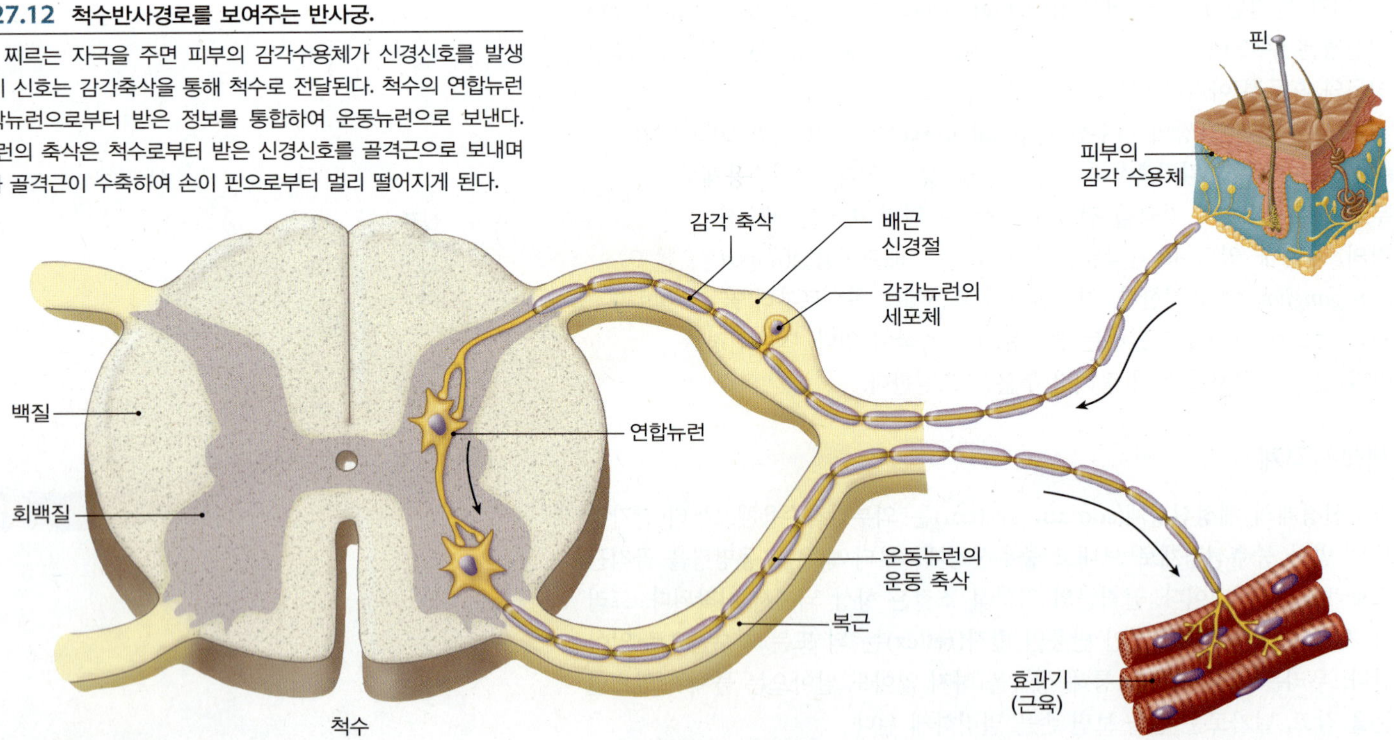

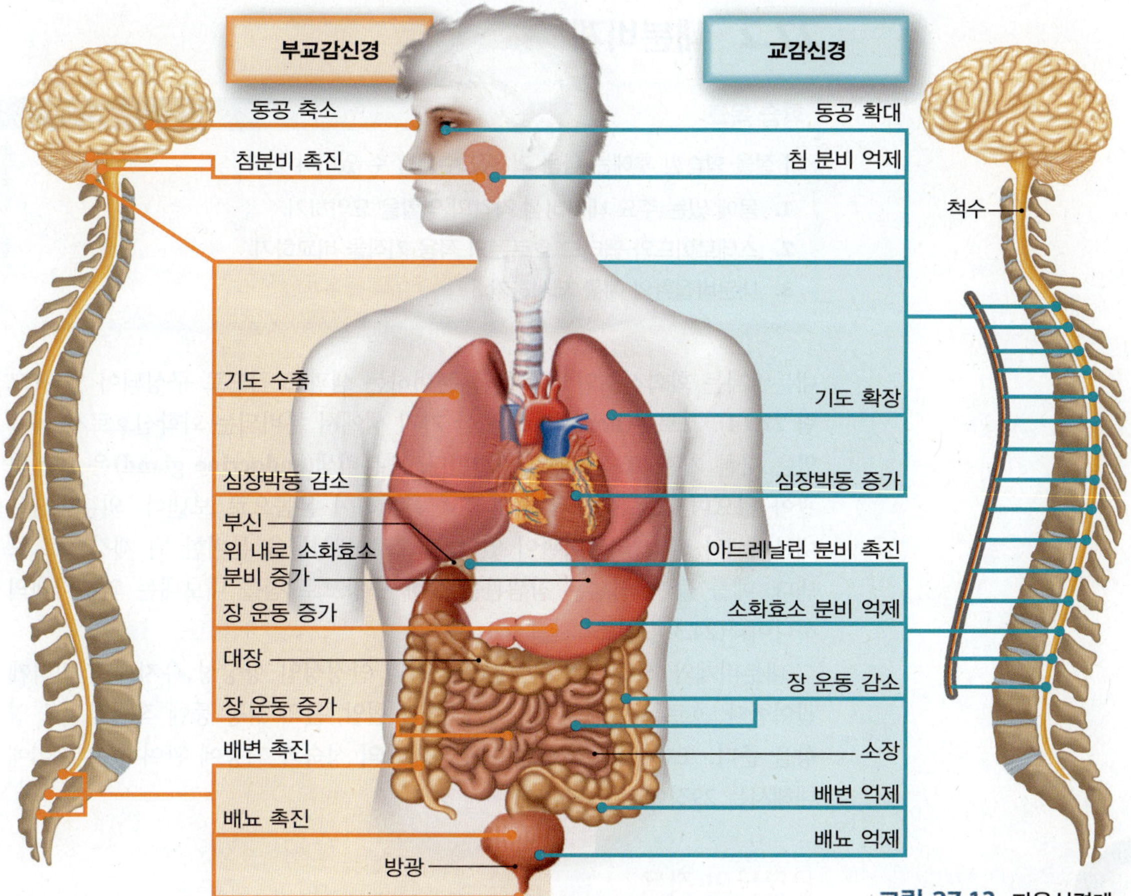

그림 27.13 자율신경계.

교감신경계와 부교감신경계의 운동축삭은 동일한 기관으로 가지만 서로 반대의 효과를 보이는 길항작용을 한다. 부교감신경계는 편안함을 느끼게 하며, 교감신경계는 스트레스를 받거나 위협을 느끼는 상황일 때 활성화된다.

교감신경계(sympathetic division)는 척수의 일부로부터 나온다. 교감신경계는 위급한 상황에 있을 때 특히 중요하며 "격투 또는 도주" 반응과 연관이 있다. 적에 대항하거나 위험에서 벗어나고자 하는 경우 근육은 포도당과 산소 공급을 필요로 한다. 예를 들어 공격을 당하고 있는 경우, 교감신경은 심장박동을 촉진시키고 기도를 팽창시키는 반면, 당장 필요하지 않은 소화관 기능은 억제한다. 교감신경계는 신경전달물질로 노르에피네프린을 사용한다. 노르에피네프린은 부신수질에서 분비되는 에피네프린(아드레날린)과 구조가 비슷하다.

진도 점검하기 27.1

1. 세 가지 주요 뉴런의 종류와 기능을 열거하시오.
2. 뉴런의 구조적 요소 각각의 기능을 설명하시오.
3. 활동전위가 발생하는 단계를 설명하시오.
4. 신호가 시냅스틈을 통과하여 전달되는 방식에 대해 설명하시오.
5. 중추신경계 구조 각각의 기능을 설명하시오.
6. 반사작용 중에 일어나는 사건을 요약하시오.
7. 자율신경계의 부교감신경계를 "내부관리계"라고 부르는 이유를 설명하시오.

개념 연결하기

27.1 신경계는 신경신호와 화학신호를 이용하여 몸의 기능을 조절한다.

27.2 내분비계

학습 목표

이 절을 학습한 후에는 다음 과제를 수행할 수 있어야 한다.

1. 몸에 있는 주요 내분비샘 각각의 역할을 요약하기.
2. 스테로이드와 펩티드 호르몬의 작용 기작을 비교하기.
3. 내분비질환의 예를 제시하기.

내분비계는 화학신호인 호르몬을 분비하는 샘과 조직으로 구성되어 있다(**그림 27.14**). **호르몬(hormone)**은 한 가지 샘에서 분비되는 화학신호로서 몸에 있는 다른 기관, 조직, 샘을 조절한다. **내분비샘(endocrine gland)**은 내분비관이 없으며 호르몬을 직접 혈류로 분비하여 온몸으로 보낸다. 외분비샘은 내분비샘과 달리 외분비관이 있어, 관으로 생성물을 분비한 뒤 체강으로 보낸다. 예를 들면, 침샘은 침샘관을 통해 구강으로 침을 내보내는 외분비샘의 하나이다(24.3절 참조).

내분비계와 신경계는 몸 내부 환경의 안정성인 항상성 유지에 긴밀하게 관여한다. 호르몬은 혈액의 구성 물질과 혈압, 몸의 성장 등에 직접적으로 영향을 준다. 또한 어떤 호르몬은 생식기관의 성숙과 기능에 관여하는데, 이에 대해서는 29장에서 논의한다.

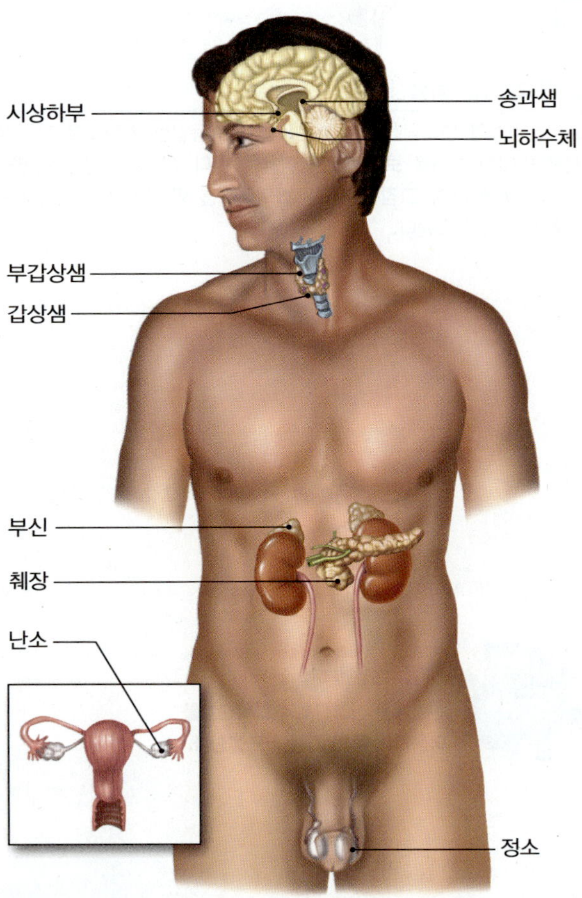

그림 27.14 내분비계.

몸에 있는 주요 내분비샘의 위치. 송과샘과 생식기(난소와 정소)에 있는 내분비샘의 기능에 대해서는 27.1절과 29.2절에서 각각 설명한다.

호르몬의 작용

호르몬에 반응하는 세포는 호르몬과 결합하는 단백질 수용체를 가지고 있다. 호르몬은 이들 세포의 물질대사에 변화를 일으키며, 변화되는 유형은 호르몬의 화학구조에 따라 다르다. **스테로이드 호르몬(steroid hormone)**은 지질이므로 원형질막을 통과할 수 있다. 호르몬-수용체 복합체가 세포의 DNA에 결합하여 유전자가 발현되며, 그 결과 효소 등의 단백질이 생성된다. 효소는 표적세포의 기능에 변화를 일으킬 수 있다(**그림 27.15*a***). 스테로이드 호르몬은 몸에 있는 어떠한 세포의 원형질막도 통과할 수 있으므로 개체 수준에서 일어나야 할 변화를 조절하는 데 사용된다. 예를 들어, 스테로이드 호르몬인 테스토스테론은 주로 남성의 성징 발달에 관여하는 성호르몬이다.

펩티드 호르몬(peptide hormone)은 펩티드와 단백질, 당단백질, 변형된 아미노산을 성분으로 하는 호르몬이다. 펩티드 호르몬은 원형질막을 통과할 수 없으므로 원형질막에 있는 수용체 단백질에 결합한다(그림 27.15*b*). 펩티드 호르몬을 "일차 전달자"라고 하는데, 그 이유는 신호전달경로가 세포의 물질대사를 변화시키는 "이차 전달자"로 이어지기 때문이다. 이차 전달자는 효소경로를 작동시키며, 효소경로는 경로 상에 있는 각 효소가 차례로 그다음 효소를 활성화시키기 때문에 효소연쇄반응이라고도 한다. 효소는 반복해서 일을 하므로 하나의 효소연쇄반응에 있는 각 단계는 더 많은 반응을 일으킨다. 즉, 하나의 펩티드 호르몬 분자의 결합으로 인해 천 배 이상의 반응이 일어나게 된다. 펩티드 호르몬은 수용체와 상호작용하기 때문에 특정 세포 유형만 표적으로 할 수 있다. 예를 들어, 펩티드 호르몬인 인슐린의 경우 인슐린 수용체가 지방세포에 비해 근육세포의 표면에 더 많으므로 지방세포보다는 근육세포에서 효과를 보인다.

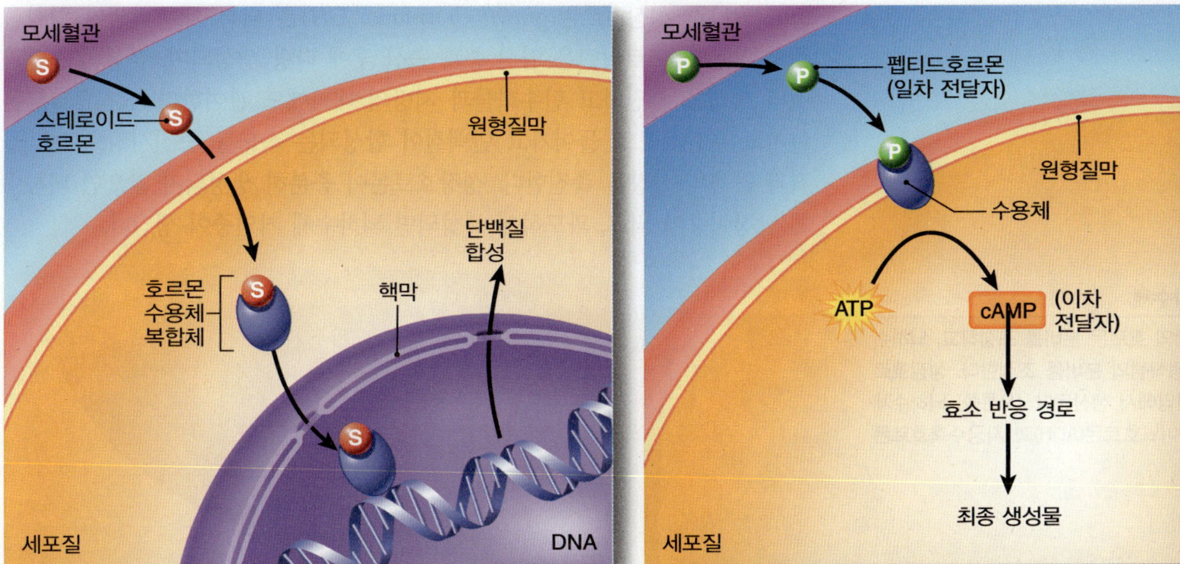

a. 스테로이드 호르몬의 작용

b. 펩티드 호르몬의 작용

그림 27.15 호르몬 작용 방법.

a. 스테로이드 호르몬(S)은 세포로 들어갈 수 있는 화학신호이다. 이 신호가 세포로 들어오면 단백질 합성을 위한 세포내 작용을 활성화 시켜 필요한 물질을 합성한다. **b.** 펩티드 호르몬(P)은 원형질막에서 받아들이는 "일차 전달자"이다. 일차 전달자의 수용과 신호전달과정의 활성화가 "이차 전달자"로 이어지며, 이로 인해 세포의 물질대사에 변화가 생긴다.

시상하부와 뇌하수체

뇌의 한 부분인 시상하부(그림 27.8*b* 참조)는 심장박동이나 체온과 같은 몸의 내부환경을 조절한다. 내부환경이 비정상이면 시상하부는 자율신경계를 조절하는 뇌중추가 위치한 연수에 신호를 보내 정상이 되도록 한다. 또한 시상하부는 호르몬을 분비하는 특별한 뉴런을 포함하는 내분비계의 하나로서, 줄기모양의 구조에 의해 뇌와 연결되어 있는 작은 샘인 **뇌하수체(pituitary gland)**의 호르몬 분비를 조절한다. 뇌하수체는 뇌하수체 전엽과 후엽으로 나뉘며, 이 둘은 뚜렷이 구분된다.

뇌하수체 전엽

시상하부는 시상하부방출호르몬(*hypothalamic-releasing hormone*)을 통해 **뇌하수체 전엽(anterior pituitary)**을 조절하며, 시상하부방출호르몬의 대다수는 다른 분비샘의 작용을 자극한다(**그림 27.16**).

1. 갑상샘자극호르몬(*thyroid-stimulating hormone, TSH*)은 갑상샘을 자극하여 트리요오드티로닌(T_3)과 티록신(T_4)을 생성하도록 한다.
2. 부신피질자극호르몬(*adrenocorticotropic hormone, ACTH*)은 부신피질을 자극하여 당질코르티코이드를 생성하도록 한다.
3. 생식샘자극호르몬(*gonadotropic hormones; FSH*와 *LH*)은 생식소(정소와 난소)를 자극하여 배우자와 성호르몬을 생성하게 한다. 생식샘자극호르몬으로는 여포자극호르몬(FSH)과 황체형성호르몬(LH)이 있다.

이들 호르몬은 3단 조절방식을 따르며, 음성되먹임 기작을 이용한다(**그림 27.17**). 예를 들어, 시상하부에서 분비된 갑상샘방출호르몬(thyroid-releasing hormone, TRH)은 뇌하수체 전엽을 자극해 갑상샘자극호르몬(TSH)을 생성하게 하고, TSH는 갑상샘을 자극하여 갑상샘호르몬인 T_3와 T_4를 생성하게 한다. T_3와 T_4는 음성되먹임 기작을 통해 TRH와 TSH의 방출을 억제한다.

뇌하수체 전엽에서 생산되는 또 다른 두 가지 호르몬, 즉 프로락틴(*prolac-*

연관: 건강

임산부의 출산 예정일이 지났을 때 무엇으로 분만을 유도하는가?

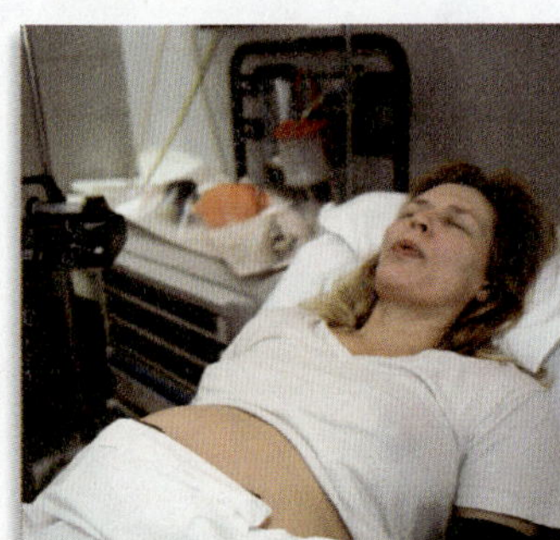

임산부에게 아기가 나오는 출산경로를 준비시키기 위한 약을 투여한 뒤, 합성 옥시토신인 피토신(pitocin)을 이용해 분만을 유도한다. 수축이 강할수록 분만 속도가 빨라지기 때문에 분만 중에 수축을 증가시키기 위해 피토신을 사용하기도 한다. 예를 들어, 임산부의 자궁이 잘 수축하지 못하거나 출산 중에 산모와 아기의 건강이 위험할 경우에 사용한다. 피토신은 분만 후 자궁 수축은 지속시키되 출산으로 인한 출혈은 최소화하기 위해 통상적으로 사용되지만 자궁의 과도한 수축을 초래할 수 있으므로 사용을 주의 깊게 지켜보아야 한다. 지나치게 수축되면 자궁이 찢어질 수 있으며, 태아로 가는 혈액공급이 줄어들어 태아가 위험해질 수 있다. 피토신 사용시 출산시간은 줄지만 산모의 통증은 더 심할 수 있으므로, 가능하면 더 부드럽고 자연스러운 방법으로 분만 유도와 수축 강화를 유도하는 것이 바람직하다.

tin, PRL)과 성장호르몬(*growth hormone, GH*)은 다른 내분비샘에 영향을 주지 않는다. 프로락틴은 임신 중과 출산 후에 다량 생성되며, 젖샘의 발달과 젖의 생성을 촉진하고 탄수화물과 지방의 대사에도 관여한다. 성장호르몬은 아미노산이 세포로 들어가고 단백질이 합성되는 속도를 증진시킴으로써 골격과 근육의 성장을 촉진한다. 성장호르몬이 충분히 생성되지 않으면 뇌하수체 난장이증이 되고, 과도하게 생성되면 뇌하수체 거인증이 생긴다.

그림 27.16 시상하부와 뇌하수체.

(왼쪽) 시상하부는 뇌하수체 전엽의 호르몬 분비를 조절하고, 뇌하수체 전엽은 갑상샘과 부신피질, 생식샘의 분비를 조절한다. 성장호르몬과 프로락틴 역시 뇌하수체 전엽에서 생산된다. (오른쪽) 뇌하수체 후엽은 시상하부에서 생성된 항이뇨호르몬(ADH)과 자궁수축호르몬(옥시토신)을 저장하고 분비한다.

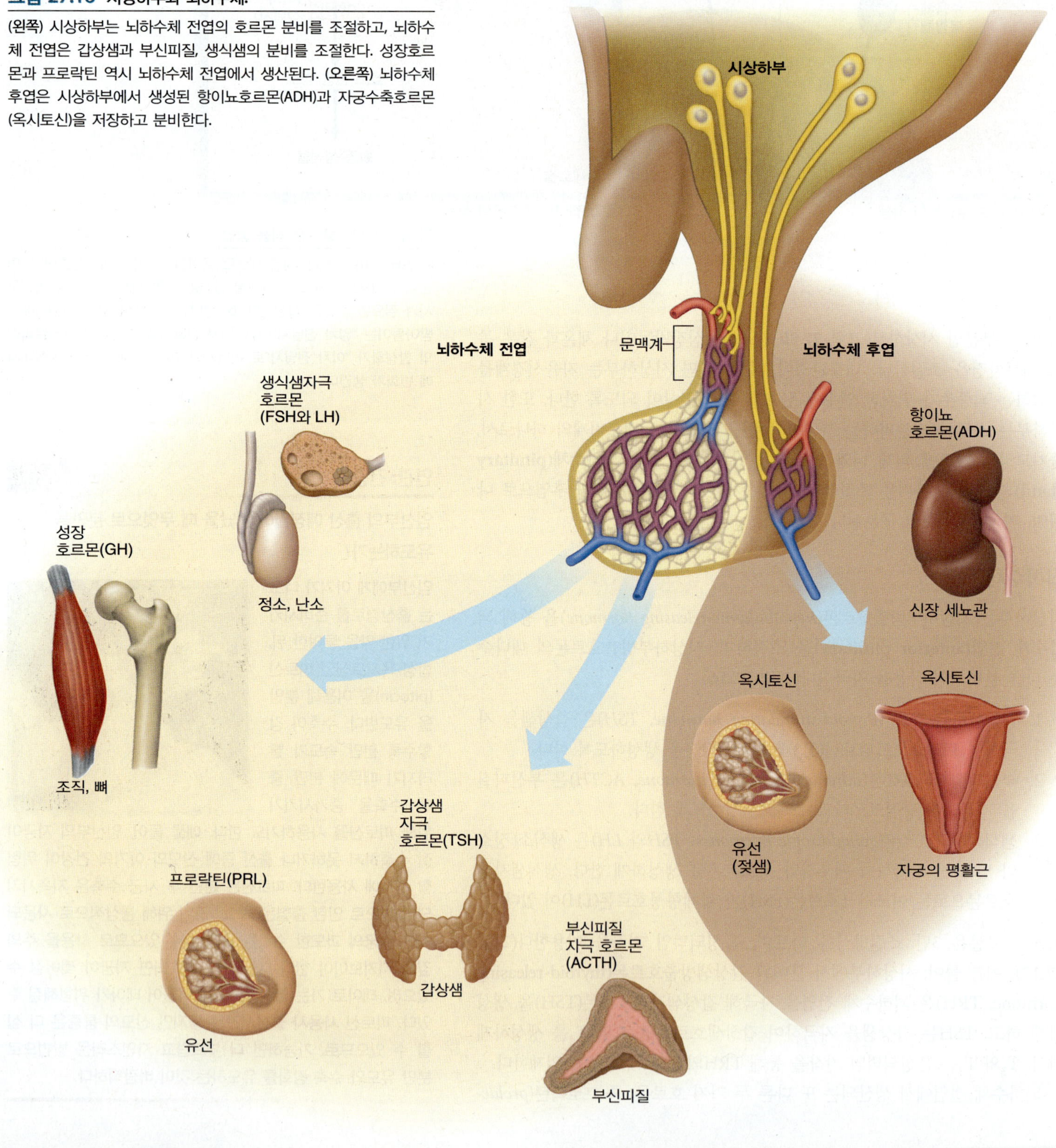

뇌하수체 후엽

시상하부는 항이뇨호르몬(*antidiuretic hormone, ADH*)과 자궁수축호르몬인 옥시토신(*oxytocin*)을 생성한다(그림 27.16 참조). 시상하부 분비 뉴런의 축삭은 **뇌하수체 후엽(posterior pituitary)**까지 연장되며, 시상하부에서 분비된 이들 호르몬은 축삭을 따라 이동하여 축삭 말단에 저장된다. 시상하부에서 혈액의 농도가 너무 높다고 판단하면 뇌하수체 후엽에서 ADH를 방출한다. 신장에 도달한 ADH는 물이 재흡수되도록 한다. 혈액이 희석되어 농도가 낮아지면 ADH는 더 이상 방출되지 않는다. 이 과정은 호르몬의 효과(혈액 농도 희석)에 따라 호르몬 방출이 억제되므로 음성되먹임에 의한 조절 방식의 예가 된다. 음성되먹임을 통해 항상성을 유지할 수 있다(22장 참조).

옥시토신은 분만시 자궁 수축과 아기에게 수유할 때 젖내림이 잘 일어나게 한다.

갑상샘과 부갑상샘

목에 위치한 크기가 큰 **갑상샘(thyroid gland)**은 요오드 원자가 3개 있는 트리요오드티로닌(T_3)과 요오드 원자가 4개 있는 티록신(T_4) 등 두 가지 호르몬을 생성한다. 이들 호르몬을 생성하려면 요오드가 필요하므로 갑상샘 내의 요오드 농도는 혈액 속 요오드 농도보다 25배 정도 더 높다. 요오드 섭취가 부족하면 갑상샘은 갑상샘 호르몬을 생성할 수 없다. 갑상샘이 뇌하수체 전엽으로부터 지속적인 자극을 받으면 비대해져 **단순갑상샘종(simple goiter)**이 된다(**그림 27.18*a***). 그러나 조리시에 요오드가 첨가된 소금을 사용하면 단순갑상샘종은 쉽게 예방할 수 있다.

갑상샘 호르몬은 대사율을 증가시킨다. 이 호르몬은 특정한 단일 표적 기관만을 대상으로 작용하는 것이 아니라 몸을 구성하는 모든 세포의 물질대사율을 촉진시킨다. 이로 인해 더 많은 포도당이 분해되고, 더 많은 에너지가 사용된다.

갑상샘 호르몬이 과잉분비되는 갑상샘항진증(Graves disease)의 경우, 갑상샘이 과도하게 활성화되고 눈이 튀어나오는 **안구돌출증(exophthalmos)**이 발생한다(그림 27.18*b*). 눈이 튀어나오는 이유는 안와조직과 눈을 움직이는 근육이 부풀기 때문이다. 갑상샘항진증 환자는 대개 지나치게 활동적이고 신경과민이며 화를 잘 내고 불면증으로 고생한다. 방사선 요오드로 갑상샘 일

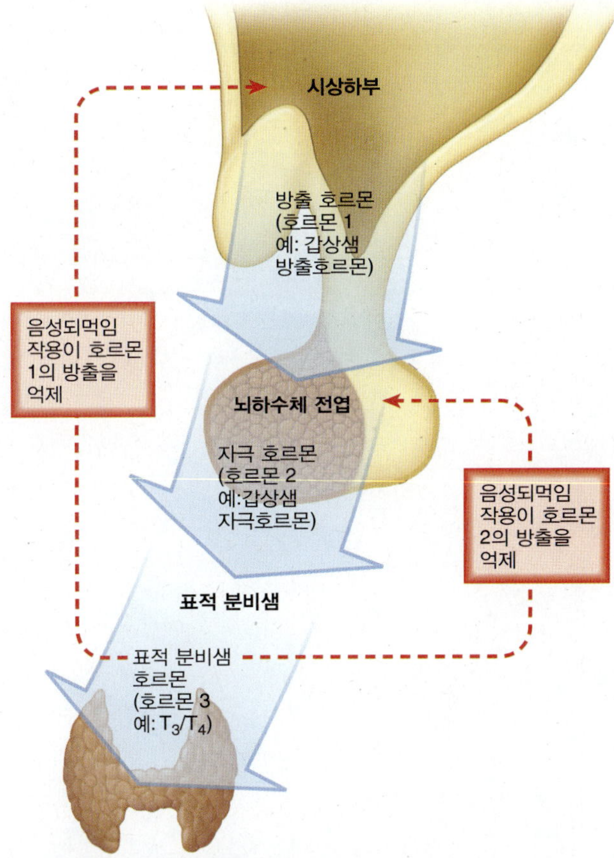

그림 27.17 음성되먹임 억제.

부신피질과 생식샘뿐만 아니라, 갑상샘에서 분비되는 호르몬은 되먹임을 통해 뇌하수체 전엽과 시상하부 방출호르몬을 억제하여 혈액 내 호르몬 수치를 일정하게 유지한다.

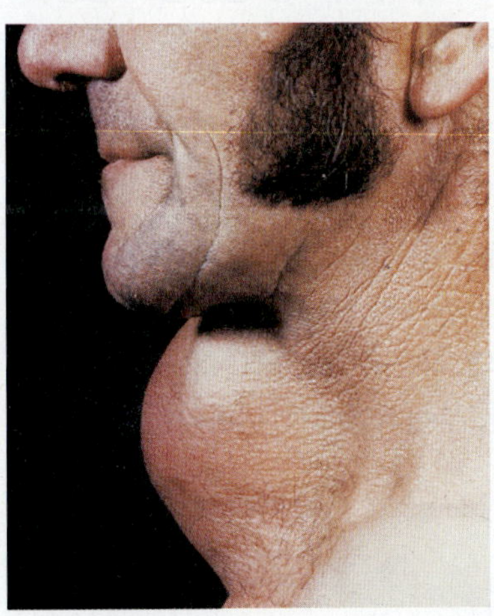

a.

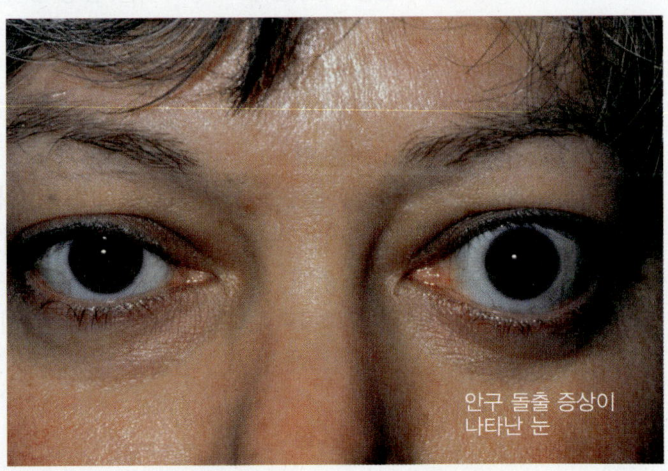

b.

그림 27.18 갑상샘의 상태.

a. 단순갑상샘종. 갑상샘 비대는 요오드 섭취가 너무 적어 발생한다.
b. 안구돌출증. 갑상샘항진증으로 인해 갑상샘이 비대해지면 눈이 튀어나오는 안구돌출증이 발생한다. 이 환자는 왼쪽 눈만 영향을 받은 경우이다.

부를 파괴하거나 제거하면 상태를 호전시킬 수 있다.

칼슘 조절

갑상샘은 또한 혈액내 칼슘 농도를 조절하는 호르몬인 **칼시토닌(calcitonin)**을 생성한다. 칼슘(Ca^{2+})은 신경전달과 근육수축에 중요한 역할을 하며 혈액 응고에도 필요하다. 칼시토닌은 뼈를 파괴하는 세포인 파골세포의 활성과 수를 일시적으로 감소시켜 더 많은 칼슘이 뼈에 축적되게 한다. 혈액내 칼슘 농도가 정상으로 되면 음성되먹임에 의해 갑상샘의 칼시토닌 방출이 억제된다. 그러나 칼슘 농도가 낮으면 부갑상샘을 자극하여 **부갑상샘호르몬(parathyroid hormone, PTH)** 방출을 촉진한다. 부갑상샘은 갑상샘의 뒷면에 파묻혀 있다. 이처럼 **부갑상샘(parathyroid gland)**은 크기와 있는 위치로 인해 갑상샘을 제거하는 수술 때 실수로 함께 제거되기도 했다.

부갑상샘호르몬은 뼈에서 파골세포의 활성과 칼슘의 방출을 촉진한다. 또한 신장에서는 칼슘이 재흡수되도록 하며 비타민 D를 활성화시킨다. 활성화된 비타민 D는 작은창자에서 칼슘이 재흡수되도록 한다. 이로 인해 혈액내 칼슘농도가 정상범위 내에 도달하면 부갑상샘은 더 이상 부갑상샘호르몬을 분비하지 않는다.

부갑상샘호르몬 생산이 불충분하면 혈액내 칼슘농도가 심각한 수준으로 낮아져 **근육경련(tetany)**을 일으키게 된다. 근육경련 시에는 지속적인 근육 수축으로 인해 몸이 떨리는 현상이 나타난다. 그 이유는 신경이 과도하게 흥분되고 그 결과 신경자극이 휴지기 없이 자발적으로 일어나기 때문이다.

부신

두 개의 **부신(adrenal gland)**은 신장의 제일 윗부분에 위치한다. 각각의 부신은 안쪽 부분인 **부신수질(adrenal medulla)**과 바깥쪽의 **부신피질(adrenal cortex)**로 이루어져 있으며, 뇌하수체 전엽과 후엽처럼 부신수질과 피질도 서로 기능적으로 연결되어 있지 않다.

시상하부는 부신수질과 피질의 활성을 모두 조절한다. 시상하부에서 발생한 신경자극은 뇌줄기, 척수, 교감신경섬유를 거쳐 부신수질로 전달되어 부신수질 호르몬이 분비되도록 한다. 시상하부는 ACTH-방출호르몬을 통해 뇌하수체 전엽의 부신피질자극호르몬(ACTH) 분비를 조절하며, ACTH는 부신피질을 자극한다. 시상하부는 감정적, 신체적 외상과 과도한 운동을 포함한 모든 종류의 스트레스에 반응하여 부신수질과 피질을 모두 자극함으로써 스트레스에 대처하게 한다.

부신수질

부신수질에서 분비되는 에피네프린(아드레날린)과 노르에피네프린(노르아드레날린)은 우리가 위급한 상황에 대처할 때 필요한 몸의 변화를 빠르게 일으킨다. 이때 이들 두 호르몬은 교감신경계의 작용을 보완해준다. 에피네프린과 노르에피네프린의 효과는 단기간이지만, 부신피질에서 분비되는 호르몬은 스트레스에 장기간 반응한다.

부신피질

부신피질에서 생성되는 호르몬의 두 가지 주요 유형은 알도스테론(*aldoste-*

rone)과 같은 **미네랄코르티코이드(mineralocorticoid)**, 그리고 코르티솔(*cortisol*)과 같은 **당질코르티코이드(glucocorticoid)**이다. 알도스테론은 신장에 작용하여 염분과 수분의 균형을 조절함으로써 혈액량과 혈압을 상승시킨다. 코르티솔은 탄수화물, 단백질, 지방의 물질대사를 조절하여 혈액속 포도당 농도를 증가시키며, 항염증제로도 작용한다. 부신피질은 또한 여성과 남성에서 소량이긴 하지만 여성호르몬과 남성호르몬을 모두 분비한다.

부신피질호르몬 분비가 너무 적어 호르몬 수치가 낮으면 **애디슨병(Addison disease)**이 발생한다(**그림 27.19**). 부신피질을 자극하기 위해 부신피질자극호르몬(ACTH)이 많이 분비되면 ACTH가 축적된다. 과도한 양의 ACTH는 멜라닌 생성을 촉진하므로 피부가 갈색화될 수 있다. 코르티솔이 없으면 스트레스를 받는 상황이 되어도 포도당을 충분히 확보하지 못하게 된다. 따라서 사소한 감염조차도 생명을 앗아갈 수 있다. 알도스테론이 결핍되면 신장에서 염분과 물이 재흡수되지 못하므로 저혈압과 심각한 탈수증을 초래하게 된다. 애디슨병을 치료하지 않고 방치하면 치명적이 될 수 있다.

부신피질호르몬이 과잉 분비되어 농도가 높아지면 **쿠싱증후군(Cushing syndrome)**이 발생한다. 코르티솔이 너무 많으면 근육단백질이 분해되고 피하지방이 복부에 축적되면서 당뇨병 증상으로 진행하게 되며, 팔과 다리는 정상 상태를 유지하지만 몸통은 뚱뚱해진다. 알도스테론이 과도하게 분비되어 신장에서 염분과 물이 지나치게 재흡수되면 혈액의 알칼리화와 고혈압이 유발되며 얼굴이 달덩이처럼 붓게 된다. 부신 남성호르몬이 과도하게 분비되면 여성이 남성화될 수 있다.

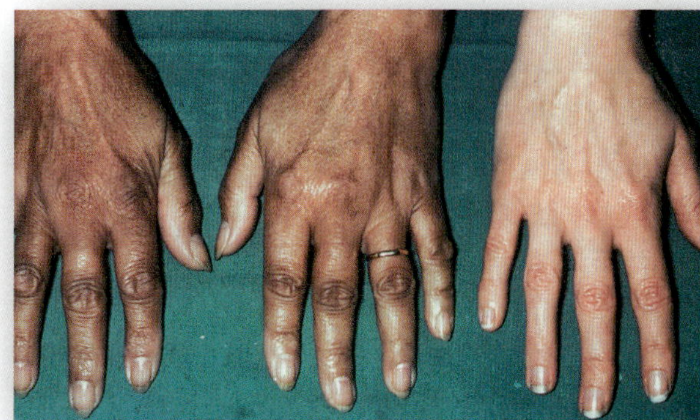

그림 27.19 애디슨병.

애디슨병의 특징은 피부의 갈색화이며, 특히 피부색이 옅은 환자에게서 두드러진다. 애디슨병 환자와 정상인의 손을 비교하면 색이 뚜렷하게 다르다.

췌장(이자)

췌장(pancreas, 이자)은 외분비성 조직과 내분비성 조직으로 구성되어 있다. 외분비성 조직은 소화액을 만들어 분비하며, 분비된 소화액은 관을 따라 작은창자로 이동한다. 내분비성 조직은 **췌장도(pancreatic islets, 랑게르한스섬)**라고 하며, 인슐린(*insulin*)과 글루카곤(*glucagon*)을 생산하여 혈액으로 직접 분비한다(**그림 27.20**).

인슐린은 주로 식사후 혈당농도가 높을 때 분비되며, 특히 간세포와 근육세포, 지방조직 세포들로 하여금 포도당을 흡수하도록 한다. 간과 근육세포에서는 포도당이 글리코겐으로 저장된다. 근육세포에서는 포도당이 ATP 생성에 필요한 에너지를 공급하여 단백질 대사와 근육수축을 일으키며, 지방세포에서는 포도당이 분해되어 생성된 글리세롤과 아세틸기를 지방을 만드는 데 사용한다. 이렇게 함으로써 인슐린은 혈당농도를 낮춘다.

글루카곤은 대개 혈당농도가 낮은 시간대인 식사와 식사 사이에 분비된다. 글루카곤의 주 표적조직은 간과 지방조직이다. 글루카곤은 간을 자극하여 글리코겐을 포도당으로 분해해 포도당 생성을 촉진한다. 또한 포도당보다 지방과 단백질을 에너지원으로 사용하도록 함으로써 혈액으로 포도당의 분비를 증가시켜 혈당농도를 높여준다.

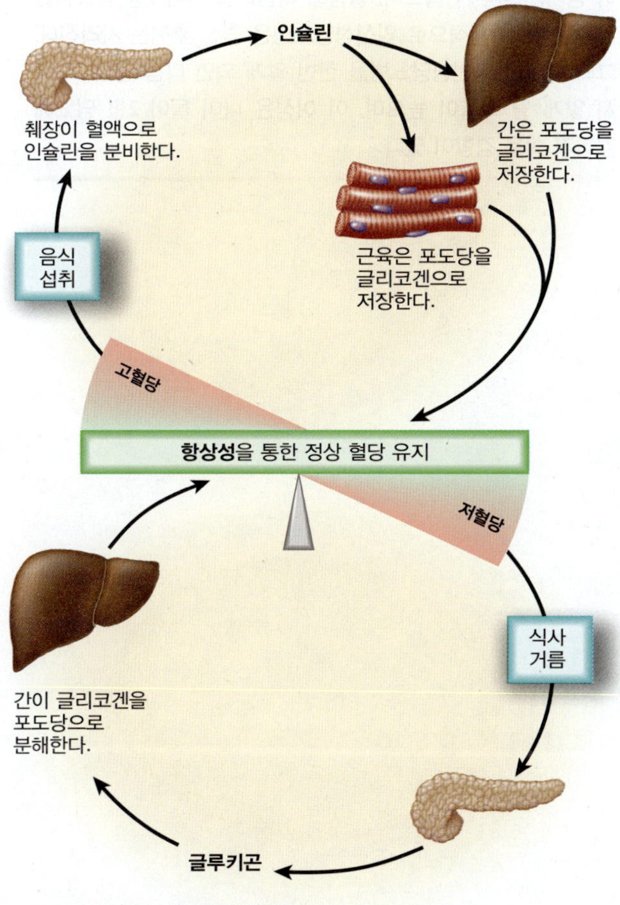

그림 27.20 혈당농도 조절.

인슐린은 혈당농도가 낮아지면 더 이상 분비되지 않는 음성되먹임 작용에 의해 조절된다. 인슐린의 길항작용을 하는 글루카곤은 혈당농도를 높인다. 이처럼 인슐린과 글루카곤은 서로 협력하여 혈당농도를 일정하게 유지시켜준다.

당뇨병

당뇨병(diabetes mellitus)은 몸의 세포가 포도당을 흡수하지 않거나 포도당 물질대사를 하지 않는 흔한 호르몬성 질환이다. 그 결과 세포는 혈액 내에 포도당이 많이 있음에도 불구하고 포도당을 이용하지 못하게 된다. 혈당농도가

연관: 건강

임신성당뇨병이란 무엇이며, 발생 원인은 무엇인가?

임신 전에는 당뇨증상이 없었던 여성이 임신 중 혈당이 높아지는 경우를 임신성당뇨병이라고 한다. 임신성당뇨병은 소수의 임산부에서 나타나며, 인슐린 농도가 정상임에도 불구하고 세포가 인슐린에 정상적으로 반응하지 않는 인슐린저항성으로 인해 발생한다. 임신성당뇨병과 인슐린저항성은 대개 임신 후반부에 발생한다. 많은 경우 임신성당뇨병은 계획된 식단과 운동을 통해 조절할 수 있지만, 인슐린 주사가 필요한 경우도 있다. 만약 적절하게 처치하지 않으면 모체의 포도당이 태반을 통해 이동하여 태아의 혈당을 높이게 된다. 태아가 가진 여분의 에너지는 지방으로 저장되어 거대아 또는 "뚱뚱한" 아기가 된다. 큰 아기를 출산하는 것은 아기와 산모 모두에게 위험하며, 따라서 종종 제왕절개를 한다. 이와 같은 아기는 출산 후 합병증이 생기는 경우가 많으며, 성장해 비만이 되거나 2형 당뇨병을 앓게 된다. 통상적으로 임신성당뇨병은 출산 후에는 사라진다. 그러나 일단 임신성당뇨병을 한번 앓게 되면 다음 임신 때 다시 앓게 될 확률이 높으며, 이 여성은 나이 들어 2형 당뇨에 걸리기 쉬운 경향이 있다.

높아지면 물이 포도당과 함께 소변으로 배출되기 때문에 당뇨병 환자는 심한 갈증을 느끼게 된다.

당뇨병에는 1형 당뇨(인슐린 의존성 당뇨병)와 2형 당뇨(인슐린 비의존성 당뇨병)가 있다. 1형 당뇨는 췌장에서 인슐린을 생성하지 못해 발생하며, 발병 원인은 바이러스와 같은 환경요인에 의해 세포독성 T세포가 인슐린을 만드는 췌장도를 파괴하기 때문이다. 따라서 1형 당뇨에서는 단백질과 지방을 분해하여 에너지원으로 사용하는데, 지방의 대사는 산독증(산성혈액)을 유발하여 혼수상태나 사망을 초래할 수 있다. 따라서 1형 당뇨 환자는 매일 인슐린 주사를 맞아야 한다. 인슐린 주사를 통해 당뇨병 증상을 완화시킬 수는 있지만 불편함이 따른다. 그 이유는 인슐린을 너무 많이 주입하거나 규칙적으로 식사를 하지 못하면 혈액내 포도당 농도가 낮아지는 저혈당증이 나타날 수 있기 때문이다. 저혈당증으로 인해 발한, 창백한 피부, 얕은 호흡, 불안감 등의 증상이 나타난다. 뇌는 지속적인 포도당 공급을 필요로 하므로 포도당이 부족하면 인사불성이 될 수도 있다. 저혈당증 치료는 매우 간단하여 증세

표 27.1 내분비계 호르몬과 작용 효과

호르몬	몸에 대한 효과
시상하부와 뇌하수체 후엽	
방출호르몬과 억제호르몬	뇌하수체 전엽 조절
항이뇨호르몬(ADH)	뇌하수체 후엽에서 방출되며, 신장이 물을 흡수하도록 함
자궁수축호르몬(oxytocin)	뇌하수체 후엽에서 방출되며, 자궁이 수축하도록 함
뇌하수체 전엽	
생식샘자극호르몬	생식샘 자극
갑상샘자극호르몬(TSH)	갑상샘 자극
부신피질자극호르몬(ACTH)	부신피질 자극
프로락틴	젖을 생산하도록 함
성장호르몬(GH)	세포분열, 단백질 합성, 뼈 성장
갑상샘	
티록신(T_4)과 트리요오드티로닌(T_3)	대사율을 높임
칼시토닌	혈액의 칼슘 농도를 낮춤
부갑상샘	
부갑상샘호르몬(PTH)	혈액의 칼슘 농도를 높임
부신수질	
에피네프린과 노르에피네프린	위기 상황에 대한 반응
부신피질	
미네랄코르티코이드(알도스테론)	신장이 Na^+을 재흡수하게 함
당질코르티코이드(코르티솔)	혈당 농도를 높임
췌장	
인슐린	세포가 포도당을 흡수하고, 간에서 글리코겐이 합성되게 함
글루카곤	간에서 글리코겐이 분해되게 함

가 나타나면 즉시 각설탕이나 과일 주스를 섭취하면 된다.

미국에서는 현재 약 2,600만 명이 당뇨병을 앓고 있으며, 이중 대다수는 2형 당뇨이다. 2형 당뇨는 나이를 불문하고 비만이면서 비활동적인 사람에게서 발생한다(25장 참조). 이 유형은 췌장이 인슐린을 생산하지만 간과 근육세포가 인슐린에 반응하지 않아 발생하는 인슐린 저항성 당뇨병이다. 2형 당뇨를 치료하지 않으면 1형 당뇨만큼 심각한 결과를 초래할 수 있다. 두 가지 유형의 당뇨 환자 모두 실명, 신장 질환, 순환계 장애가 발생하기 쉽다. 저지방과 저당 식품을 섭취하고 규칙적으로 운동하면 당뇨병을 예방하거나 적어도 2형 당뇨는 조절할 수 있다.

표 27.1은 내분비계의 주요 기관과 샘, 그리고 이들이 분비하는 호르몬과 몸에 작용하는 효과를 요약한 것이다.

진도 점검하기 27.2

1. 스테로이드 호르몬과 펩티드 호르몬이 세포에서 어떻게 물질대사 변화를 유도하는지 설명하시오.
2. 시상하부와 뇌하수체가 어떻게 내분비계를 조절하는지 설명하시오.
3. 음성되먹임 기작이 내분비계 작용에 어떻게 관여하는지 요약하시오.
4. 각 내분비샘의 역할을 간략히 설명하시오.
5. 당뇨병은 내분비계가 제대로 작동하지 않음을 대표적으로 보여준다. 그 이유를 설명하시오.

27.2 개념 연결하기

내분비계는 호르몬을 이용하여 신체의 기능을 조절한다.

요약

27.1 신경계

신경계(nervous system)와 **내분비계(endocrine system)**는 같이 협력하여 신체 다른 부위의 활동을 조절한다. 신경계는 **중추신경계(central nervous system, CNS)**와 **말초신경계(peripheral nervous system, PNS)**로 구성되어 있다.

신경

- **뉴런(neuron)**은 **세포체(cell body)**와 **축삭(axon)**, **수상돌기(dendrites)**로 이루어져 있으며, 축삭만이 신경자극을 전달한다. 축삭은 **미엘린초(myelin sheath)**로 덮여 있을 수 있으며, **랑비에결절(nodes of Ranvier)**이라고 부르는 수초가 없는 부위도 있다.
- 유형: 신경자극을 받아 중추신경계로 보내는 **감각뉴런(sensory neuron)**, 중추신경계 뉴런 간에 신경자극을 전달하는 **연합뉴런(interneuron)**, 중추신경계로부터 신경자극을 내보내는 **운동뉴런(motor neuron)**이 있다.

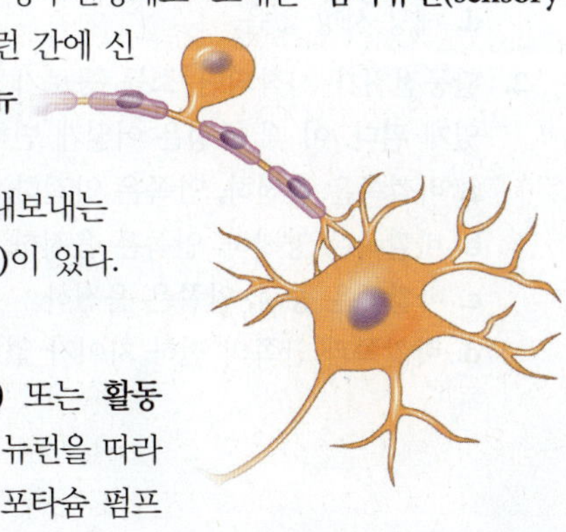

신경신호

- **신경신호(nerve impulse)** 또는 **활동전위(action potential)**는 뉴런을 따라 정보를 이동시킨다. 소듐-포타슘 펌프는 Na^+을 축삭 밖으로 이동시키고 K^+은 안으로 이동시킨다. 축삭의 안쪽은 음전하를 띠고 바깥쪽은 양전하를 띤다.
- 신경전달 중에 Na^+이 축삭 안으로 이동하여 전하가 역전되며, 뒤이어 K^+이 축삭 밖으로 이동하면 이전 상태로 회복된다.
- 유수축삭에서는 신경자극이 결절에서 결절로 건너뛰기 때문에 신경자극의 전도속도가 무수축삭보다 훨씬 빠르다.

시냅스

- **시냅스(synapse)**는 축삭말단과 다음 뉴런 사이(중추신경계), 또는 축삭말단과 근육세포 사이(말초신경계)의 매우 근접한 간격을 이루는 부위이다.
- 신경신호는 **신경전달물질(neurotransmitter**; 흥분성 또는 억제성)이 시냅스틈으로 방출되게 한다. 정보의 **통합(integration)**은 시냅스틈에서 일어난다.
- 신경전달물질은 **시냅스틈(synaptic cleft)**에서 신속하게 제거된다.
- 많은 약물이 신경전달물질의 작용에 영향을 준다.

중추신경계

중추신경계는 뇌와 척수로 구성된다. 뇌와 척수는 연합뉴런으로 이루어진 신경관으로 연결되어 있다.

뇌

- 대뇌는 감각, 추리, 학습과 기억, 언어 등의 기능에 관여한다. **대뇌피질(cerebral cortex)**의 두정엽에는 몸의 각 부위에서 오는 감각

정보를 받는 **1차감각영역(primary sensory area)**이 있고, 전두엽에는 골격근으로 운동명령을 보내는 **1차운동영역(primary motor area)**이 있다. **전전두엽(prefrontal area)**과 같은 연합영역은 통합기능을 한다.

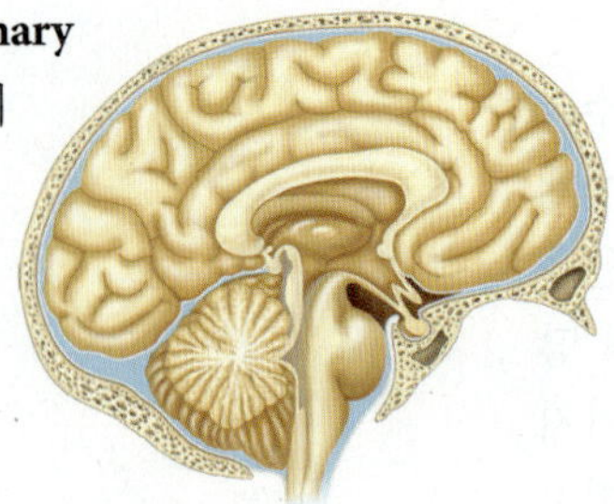

- 간뇌의 **시상하부(hypothalamus)**는 항상성 조절에 도움을 주며, **시상(thalamus)**은 감각자극을 받아 대뇌로 보내도록 분화된 부위이다.
- **대뇌(cerebellum)**는 주로 골격근육 수축을 통합 조정한다.
- **뇌줄기(brain stem)**에 있는 **연수(medulla oblongata)**는 호흡과 심장박동 같은 생명유지에 중요한 중추이며, 내부기관을 조절한다. 중뇌에는 시각과 청각영역이 있으며, **뇌교(pons)**는 호흡을 조절한다.

변연계

변연계(limbic system)는 고등 기능을 전체로 통합한다. 해마와 편도체는 학습과 **기억(memory)**에 관여하며 **알츠하이머병(Alzheimer disease)**과 관련되어 있는 듯하다.

말초신경계

말초신경계는 감각뉴런을 중추신경계와 연결하며, 신경절로 구성된 신경을 갖고 있다. 신경에는 뇌신경, 척수신경이 있으며 말초신경계는 체성신경계와 자율신경계로 나뉜다.

- **체성신경계(somatic system)**: **반사궁(reflex**; 자동반응)은 감각수용기, 감각뉴런, 척수의 연합뉴런, 그리고 운동뉴런으로 이루어져 있다.
- **자율신경계(automomic system)**: **교감신경계(sympathetic division)**는 스트레스를 받을 때 활성화되고, **부교감신경(parasympathetic division)**은 편안한 상태일 때 활성화된다. 모두 동일한 내부기관을 조절한다.

27.2 내분비계

내분비샘(endocrine gland)은 혈액으로 **호르몬(hormone)**을 분비하여 호르몬이 표적기관이나 조직으로 가게 한다. 호르몬은 **스테로이드 호르몬(steroid hormone)** 또는 **펩티드 호르몬(peptide hormone)**으로 분류된다.

주요 기관과 분비샘

주요 분비샘에서 분비되는 호르몬의 기능은 표 27.1에 정리하였다.

- 시상하부와 뇌하수체: 몸의 내부 환경을 조절한다. 시상하부는 내분비샘과 신경계를 연결한다. 뇌하수체는 **뇌하수체 전엽(anterior pituitary)**과 **뇌하수체 후엽(posterior pituitary)**으로 되어 있으며, 음성되먹임 메커니즘을 통해 다른 내분비샘을 조절하는 호르몬을 방출한다.
- 갑상샘과 부갑상샘: **갑상샘(thyroid gland)**은 물질대사를 조절한다. 갑상샘 기능항진 또는 갑상샘 기능저하는 단순갑상샘종 또는 안구돌출갑상샘종을 초래할 수 있다. 갑상샘과 **부갑상샘(parathyroid glands)**은 칼슘 항상성과 관련이 있으며, 부갑상샘 호르몬 생산이 불충분하면 **근육경련(tetany)**을 일으키게 된다.
- 부신: 부신은 **부신피질(adrenal cortex)**과 **부신수질(adrenal medulla)**로 이루어져 있다. 부신피질의 호르몬 분비에 이상이 있을 경우 **애디슨병(Addison disease)**과 **쿠싱증후군(Cushing syndrome)**이 발생할 수 있다.
- 췌장: 췌장은 외분비샘과 내분비샘을 모두 가지고 있다. **췌장도(pancreatic islets)**의 내분비 세포에서 분비하는 인슐린과 글루카곤은 모두 포도당 항상성에 관여한다. **당뇨병(diabetes mellitus)**은 포도당 항상성을 유지하지 못하여 생기는 질병이다

개념 연결하기

신경계는 몸의 다른 기관과 기관계의 기능을 조절한다. 내분비계는 신체의 내부 환경을 조절하며 신경계에 의해 통제된다.

27.1 신경계는 신경신호와 화학신호를 이용하여 몸의 기능을 조절한다.

27.2 내분비계는 호르몬을 이용하여 신체의 기능을 조절한다.

신경계와 내분비계의 기능에 관한 정보가 더 필요하면 다음 논의를 참조하시오.

22.3절 음성되먹임 기작을 통한 항상성 유지 방법에 대한 탐구.
24.1절 뇌의 호흡중추에서 호흡을 조절하는 방식에 대한 탐구.
28.1절 감각계로부터 중추신경계로 자극이 전달되는 과정에 대한 탐구.

혼자 풀어보기

27.1 신경계

1. 자율신경계의 교감신경은
a. 심장박동과 소화활동을 증가시킨다.
b. 심장박동과 소화활동을 감소시킨다.
c. 동공을 수축시킨다.
d. 해당 사항 없음.

2. 활동전위가 시작되면 소듐 통로가 열려 Na^+이 막을 통과할 수 있게 된다. 이 때 극성은 어떻게 변하는가?
a. 바깥쪽은 음전하, 안쪽은 양전하.
b. 바깥쪽은 양전하, 안쪽은 음전하.
c. 바깥쪽은 중성, 안쪽은 음전하.
d. 바깥쪽과 안쪽의 전하 차이가 없다.

3. 시냅스를 통한 신경신호의 전도는 다음 중 어느 것에 의해 이루어지는가?
   a. Na^+과 K^+의 이동.
   b. 수상돌기에 의한 신경전달물질의 방출.
   c. 축삭에 의한 신경전달물질의 방출.
   d. 세포체에 의한 신경전달물질의 방출.
   e. 모두 해당함.
4. 자율신경계는 무엇으로 이루어져 있는가?
   a. 중추신경계와 말초신경계.
   b. 체성신경계와 골격계.
   c. 원심성신경계와 구심성신경계.
   d. 교감신경계와 부교감신경계.
5. 변연계는
   a. 대뇌엽의 일부와 간뇌로 구성된다.
   b. 기쁨, 분노, 두려움 등의 깊은 감성을 주관한다.
   c. 기억 저장에 필요하다.
   d. 언어 능력과는 직접적 연관이 없다.
   e. 모두 해당함.
6. 다음 중 심장박동과 호흡, 혈압을 조절하는 뇌 부위는?
   a. 대뇌 b. 간뇌
   c. 소뇌 d. 뇌줄기

27.2 내분비계

7. 내분비계가 신경계와 다른 사항은?
   a. 소통 수단으로서 화학신호를 사용한다.
   b. 평형유지를 돕는다.
   c. 표적기관으로 정보를 보낸다.
   d. 세포의 물질대사를 변화시킨다.
8. 다음 중 부신수질과 부신피질에 해당하는 사항은?
   a. 모두 내분비샘이다.
   b. 모두 같은 기관에 있다.
   c. 모두 스트레스에 대한 반응에 관여한다.
   d. 위의 보기 모두 해당한다.
9. 부갑상샘호르몬(PTH)은 혈중 칼슘 농도를 _________, 칼시토닌은 _________.
   a. 증가시키고, 변화시키지 않는다.
   b. 증가시키고, 감소시킨다.
   c. 감소시키고, 감소시킨다.
   d. 감소시키고, 증가시킨다.
   e. 변화시키지 않고, 증가시킨다.
10. 바이러스가 1형 당뇨를 유발하는 방식은 무엇인가?
   a. 췌장세포에서 유전자발현을 방해한다.
   b. T 세포가 췌장도를 파괴한다.
   c. 인슐린을 분해한다.
   d. 췌장도에서 인슐린이 분비되지 못하게 한다.
11. 다음 중 신경계와 내분비계를 연결하는 역할을 하는 것은?
   a. 부갑상샘 b. 시상하부
   c. 소뇌 d. 췌장
12. 쿠싱증후군과 애디슨병은 다음 중 어느 부위와 연관이 있는가?
   a. 갑상샘 b. 부신
   c. 췌장 d. 뇌하수체 전엽

과학적으로 생각하기

1. 최근 연구 결과에 의하면 파킨슨병은 말초신경계의 교감신경이 손상되었기 때문인 것으로 나타났다. 발살바 호흡법(Valsalva maneuver)라고 부르는 교감신경 기능 검사는 환자로 하여금 숨을 들이마신 뒤 내쉬지 않고 참도록 한다. 신경계가 정상적으로 기능한다면 혈관을 수축시켜 심장에서 나가는 혈액이 감소하는 것을 보완해줄 것이다. 그렇다면 파킨슨병 환자는 발살바 호흡법에 어떻게 반응할 것이라고 생각되는가? 이것을 파킨슨병 환자의 보편적인 상태인 기립성 저혈압(갑자기 일어설 때 어지럽거나 졸도하게 되는 현상)과 어떻게 연관지을 수 있는가?
2. 연구진들은 2형 당뇨가 지난 몇십 년 동안에 급격하게 증가한 원인을 찾기 위해 노력하고 있다. 좌식 생활방식과 나쁜 식습관이 당뇨 발병을 증가시키는 큰 요인임에 틀림없다. 그러나 일부 연구진에 의해 어린 시절의 예방접종과 1형 당뇨 사이에 연관이 있다는 것이 밝혀졌다. 최근에 대규모 예방접종을 시행한 나라의 역학조사 자료를 보면 1형 당뇨가 증가하고 있는 것으로 나타났다. 예방접종과 당뇨병 사이에 어떤 연관이 있는 것일까?
3. 인도네시아의 보르네오섬과 수마트라섬에 사는 오랑우탄에 대한 연구 결과를 보면 먹이가 부족한 보르네오 지역에 서식하는 오랑우탄 종의 뇌가 먹이가 풍부한 수마트라에 사는 오랑우탄 종의 뇌에 비해 크기가 작다는 것을 알게 되었다. 이러한 결과로 미루어 오랑우탄의 진화에 있어 뇌의 크기와 섭식 사이에 어떠한 관계가 있는지 알 수 있는가?
4. 미국 식품의약국(FDA)은 "작은 키"를 치료하기 위해 사람성장호르몬(hGH)을 사용하는 것을 승인하였다. 이러한 결정은 작은 키가 합법적으로 치료받아야 할 의학적 상태라는 것을 의미한다. 그러나 엄밀히 말해 이와 같은 성장호르몬 처치는 질병을 치료하기 위한 것이 아니라, 단지 키가 작다는 사실 외에는 건강한 사람의 외모를 변화시키는 행위이다. FDA의 결정을 지지하는 사람들은 키가 작은 사람에게 hGH을 투여하는 것은 키가 큰 사람들에 맞춰 만들어진 세상에서 그들도 정상적으로 삶을 영위할 수 있게 해줄 것이라고 주장한다. 반면에 반대하는 사람들은 이러한 조치는 추후 더 똑똑하게 하거나 더 빠르게 만들어주는 등의 처치가 더 많아지게 되는 위험한 상황으로 이끌 수 있다고 주장한다. 당신은 "작은 키 치료"에 hGH를 사용하는 것에 대해 어떻게 생각하는가?

5. 노후에 사람성장호르몬(hGH)을 투여하면 노화억제 효능이 있다는 광고가 많이 나오고 있다. hGH 수치는 나이가 들어감에 따라 자연적으로 감소하며, 나이가 많은 성인에게 hGH를 투여하면 근육량이 늘고 체지방은 감소한다는 증거가 있다. 그러나 hGH를 투여하는 방법은 주사가 유일하다. 수많은 웹사이트에서 과대 광고하는 알약 형태의 hGH는 효과가 없다. hGH 주사는 의사의 처방으로만 가능하며 비용도 비싸서 1개월에 약 1,000달러나 소요된다. 더욱이 hGH 요법은 혈당 상승, 부종, 관절 통증 등의 부작용이 있을 수 있다. 그럼에도 불구하고 노화현상을 지연시키거나 피하고 싶은 사람들뿐만 아니라 수행능력을 향상시키고자 하는 운동선수들이 이 호르몬에 많은 관심을 가지고 있다. 우리는 노화로 인한 육체적 쇠퇴를 받아들여야 하는가, 아니면 hGH를 이용해서라도 젊은 모습을 유지하기 위해 노력해야 하는가?

28

감각 입력과 운동 출력

개 요

시작하기 전에

이 장을 시작하기 전에 다음 내용을 다시 살펴보자.

그림 5.4 ATP 회로는 어떠한 단계로 이루어져 있는가?

그림 6.4 색채는 빛의 파장과 어떻게 연관되어 있는가?

27.1절 감각입력 통합과 운동출력 생성에 관여하는 뇌의 영역은 어디인가?

100미터 달리기 세계기록 보유자

2012년 하계 올림픽에서 Usain Bolt가 9초63의 100미터 달리기 올림픽 기록을 수립하였다. 그러나 이것은 그의 개인 최고기록이 아니었다. Usain은 2009년 Berlin에서 9초58의 세계기록을 수립하였다. Usain이 이러한 경이로운 속도로 달릴 때, 그의 뇌는 눈과 귀, 내부 감각수용기(감각입력)에서 들어오는 감각을 통합 조정하여 골격과 근육계(운동출력)가 최대의 능력을 발휘하도록 한다. Usain과 마찬가지로 우리는 모두 매일 걷거나 운동하거나 또는 컴퓨터 작업을 하면서 이런 기능을 수행한다.

이러한 감각, 골격계, 근육계는 모두 항상성에 기여한다. 감각은 주변 환경에 대한 정보를 얻도록 한다. 골격은 신체의 외형을 만들고 내부 장기를 보호하기도 하지만, 무기 칼슘의 저장소이며 혈액세포를 만드는 곳이기도 하다. 골격은 또한 중력의 힘을 견디도록 한다. 골격근은 신체를 움직일 수 있도록 하며, 열을 생성하여 체온을 유지하도록 한다. 이 장에서는 감각이 뇌에 어떻게 정보를 제공하는지, 골격계와 근육계가 신체의 이동과 지지에 어떻게 관여하는지에 대해 살펴본다.

이 장을 공부하는 동안 다음 질문에 대해 생각해보자.

1. 감각은 뇌에 어떻게 정보를 제공하는가?
2. 신경계는 어떻게 근육계를 특이적으로 조절하는가?
3. 근육계와 골격계는 어떻게 하여 움직이도록 하는가?

28.1 감각

학습 목표

이 절을 학습한 후에는 다음 과제를 수행할 수 있어야 한다.

1. 사람의 맛과 냄새 감각이 어떻게 작용하는지에 대해 요약하기.
2. 사람 귀의 구조와 기능에 대해 설명하기.
3. 회전평형과 중력평형 사이의 차이와 각각에 관여하는 기관에 대해 설명하기.
4. 사람 눈의 구조와 기능에 대해 설명하기.
5. 피부수용기와 자기수용기에 대해 설명하기.

살아 있는 모든 것은 자극에 반응한다. 자극은 외부 환경이나 내부 환경에 대해 우리에게 알려주는 환경신호이다. 21장에서 식물이 빛 등의 외부 자극에 대해 흔히 생장패턴을 변화시켜 반응한다는 사실을 공부하였다. 동물의 반응은 흔히 운동으로 나타난다. 고등동물은 정보를 중추신경계(뇌와 척수)에 전달하기 위해 감각수용기에 의존하며, 중추신경계는 감각 입력을 통합하여 운동반응으로 나타낸다(**그림 28.1**). 근육계와 골격계가 어떻게 운동반응에 관여하는지에 대해서는 28.2절에서 논의한다.

감각기관은 일반적으로 한 종류의 자극을 받도록 특수화되어 있다. 눈은 빛에 반응하고, 귀는 음파에 반응하며, 압력수용기는 압력에, 그리고 화학수용기는 화학분자에 반응한다. 감각수용기는 자극을 신경충격으로 바꾸어 대뇌피질의 특정 부위로 보낸다. 눈에서 오는 신경충격은 시각영역으로, 귀에서 오는 신경충격은 청각영역으로 전달된다. 감각수용기 역시 신경충격을 발생시키기 전에 신호를 종합하는 **통합(integration)** 과정을 수행한다. 한 가지 유형의 통합은 자극에 대한 반응이 감소되는 **감각적응(sensory adaptation)**이다. 누구나 방에 처음 들어갔을 때 맡은 냄새를 나중에는 느끼지 못하게 되는 경험이 있을 것이다. 감각적응에 의해 감각수용기가 뇌로 보내는 신경충격의 양이 감소되며, 이로 인해 자극의 인지가 감소된다. 그러나 궁극적으로 감각과 인지를 담당하는 것은 감각수용기가 아니라 뇌이며, 뇌의 각 부위는 신경충격을 오직 한 가지 방식으로만 해석한다. 예를 들어, 눈의 광수용기가 우연히 빛이 아닌 압력에 의해 자극을 받은 경우, 뇌는 "별"이나 다른 시각적 형태를 본 것처럼 느끼게 한다.

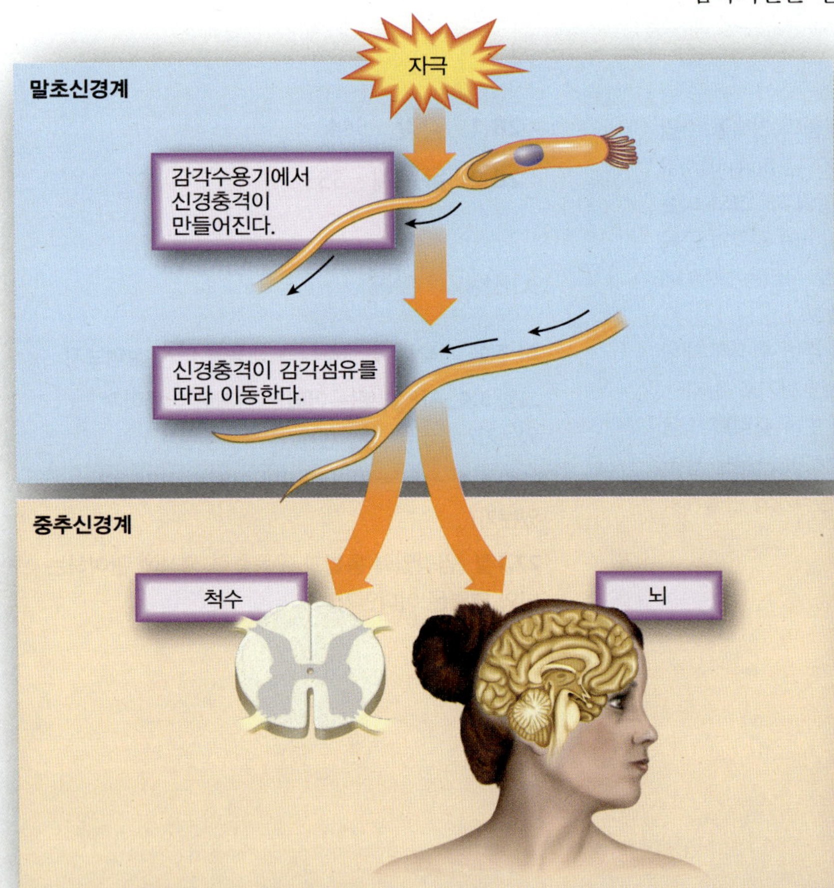

그림 28.1 감각 입력.

자극을 감지한 뒤, 말초신경계에서 감각수용기가 신경충격을 개시한다. 이들 충격은 외적환경과 내적환경에 대한 정보를 중추신경계로 보낸다. 중추신경계는 들어오는 모든 정보를 통합하고 자극에 대한 운동반응을 개시한다.

화학적 감각

감각수용기의 기본적인 기능은 동물이 안전을 유지하고, 먹이를 찾으며 짝짓기 상대를 만나도록 도와주는 것이다. **화학수용기(chemoreceptor)**는 환경에서 화학물질을 감지할 수 있게 해주며, 아마도 가장 원시적인 감각일 것이다. 화학수용기는 동물에서 매우 광범위하게 나타난다. 예를 들어, 플라나리아(편형동물)는 화학수용기가 몸 전체에 분포되어 있지만, 머리 양쪽의 귓바퀴에 집중되어 있다. 수컷 나방은 성-유인을 위한 수용기가 안테나에 있다. 수컷 누에나방의 안테나에 있는 수용기는 매우 민감하여 40,000개의 수용기 단백질 중에서 단 40개만 활성화되어도 암컷이 분비한 화학물질에 대응할 수 있다(**그림 28.2***a*). 이외에도 집파리 같은 곤충은 화학수용기가 발에 많이 분포되어 있어서, 입 대신 발로 맛을 느낀다. 포유류의 경우 미각수용기는 입에 있으며 후각수용기는 코에 있다.

맛과 냄새

사람의 경우 혀에 분포되어 있는 미뢰(*taste buds*)에 미각수용기 세포가 있으며 코에는 후각수용기 세포가 있다(그림 28.2*b,c*). 화학물질에 대한 수용기 단백질은 미각수용기 세포의 미세융모와 후각수용기 세포의 섬모에 위치한다. 분자들이 이들 수용기 단백질과 결합하면 감각신경섬유에서 신경충격이 발생하여 뇌로 전달된다. 이 충격이 고유의 피질영역에 도달하면 각각 맛과 냄새로 판단하게 된다.

맛은 쓴맛, 신맛, 짠맛, 단맛, 감칠맛의 최소한 다섯 가지 기본 형태가 있다. 일반 조미료인 글루탐산모노나트륨(monosodium glutamate, MSG) 같은 특정 아미노산이 풍부한 식품이거나 특유의 향을 지닌 치즈, 육수, 일부 해산물 등이 감칠맛을 낸다. 각각의 기본 맛에 대한 미뢰는 혀 전체에 분포하지만 특정 부위에 집중되어 있기도 하다. 한 종류의 음식이 여러 유형의 미뢰를 자극할 수 있다. 이런 방식으로 미뢰의 반응에 의해 다양한 범위의 맛을 느낄 수 있다. 뇌는 들어오는 감각충격의 전반적인 패턴을 살피고 맛 정보의 "가중 평균치"를 인식된 맛으로 받아들인다. 이와 비슷하게 냄새 역시 많은 종류의 분자들이 수용기 단백질을 특징적으로 조합하여 활성화시킨다. 이러한 복잡한 정보가 대뇌피질로 전달되면 우리는 장미(또는 양파) 냄새를 맡고 있다고 느낀다.

맛과 냄새에 대한 감각은 우리의 생리적 필요에 따라 진화하였다. 과일 등의 영양이 풍부한 식품은 우리가 선호하는 맛을 지니고 있다. 식품을 조리하는 냄새는 소화액을 분비하도록 하는 반사작용을 일으킨다. 그러나 구역질이 나거나 역겨운 물질은 구토반사를 일으키기도 한다. 냄새는 생존에 더욱 중요하다. 연기 등의 위험과 연관된 냄새는 투쟁-또는-도피 반사를 일으킬 수 있으며, 불쾌한 냄새로 인해 재채기를 하거나 숨이 막힐 수도 있다.

당신은 특정 향기로 인해 어떤 사람이나 장소가 생생하게 기억나는 경험을 한 적이 있는가? 어떤 사람의 향기로 인해 누군가가 기억날 수도 있으며, 회양목 냄새를 맡으면 할아버지 농장이 떠오를 수도 있다. 후구(olfactory bulb)는 변연계의 감정과 기억중추에 직접 연결되어 있다. 피실험자에게 그림을 보는 동안 오렌지 냄새를 맡게 한 후 나중에 그 그림에 대해서 물었더니, 그림을 기억할 뿐만 아니라 그 그림에 대해 아주 깊은 감동을 느꼈다고 하는 연구 결과가 있다.

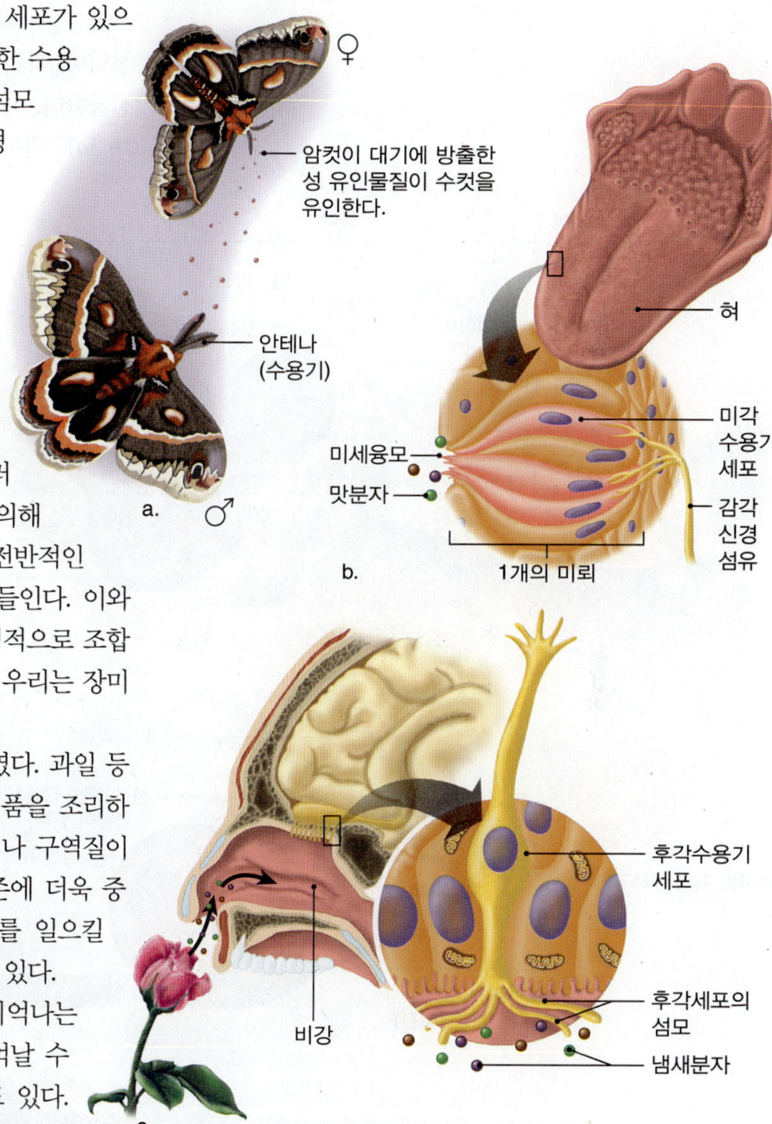

그림 28.2 화학수용기.

화학수용기는 동물계에서 일반적으로 나타난다. **a.** 수컷 나방의 안테나에는 암컷이 분비한 성 유인물질에 반응하는 수용기 단백질이 있다. **b.** 사람은 미각수용기 세포의 미세융모에 맛에 대한 수용기 단백질이 있으며, (**c**) 후각수용기 세포의 섬모에 있는 냄새에 대한 수용기 단백질.

청각과 균형

사람의 귀는 청각과 균형(평형감각)의 두 가지 감각기능을 가진다. 이들 두 기능에 필요한 감각수용기는 부동섬모(stereocilia)라고 하는 긴 미세융모가 있는 **털세포**(*hair cell*)로 구성된다. 이 미세융모는 미각세포의 것과는 달리 기계적인 자극에 매우 민감하여, 이를 **기계수용기(mechanoreceptor)**라고 한다.

균형과 청각에 대한 감각수용기가 비슷하고, 이들이 같은 기관에 존재한다는 것은 이들 사이에 진화적인 연관성이 있음을 나타낸다. 실제로, 포유류 귀의 감각기관은 어류의 감각기관 중 한 유형에서 진화되었을 것이다.

청각

대부분의 무척추동물은 소리를 듣지 못한다. 곤충을 포함한 일부 절지동물은 소리수용기가 있지만 매우 단순하다. 곤충의 귀는 한 쌍의 공기주머니로 구성되며, 각각의 주머니는 고막에 둘러싸여 있어 소리의 진동을 감각수용기로 전달한다. 사람의 귀에도 고막이 있지만, 외이와 중이 사이에 존재한다(**그림 28.3***a*). 외이는 음파를 모아서 고막을 약하게 진동시킨다. 중이에는 이소골

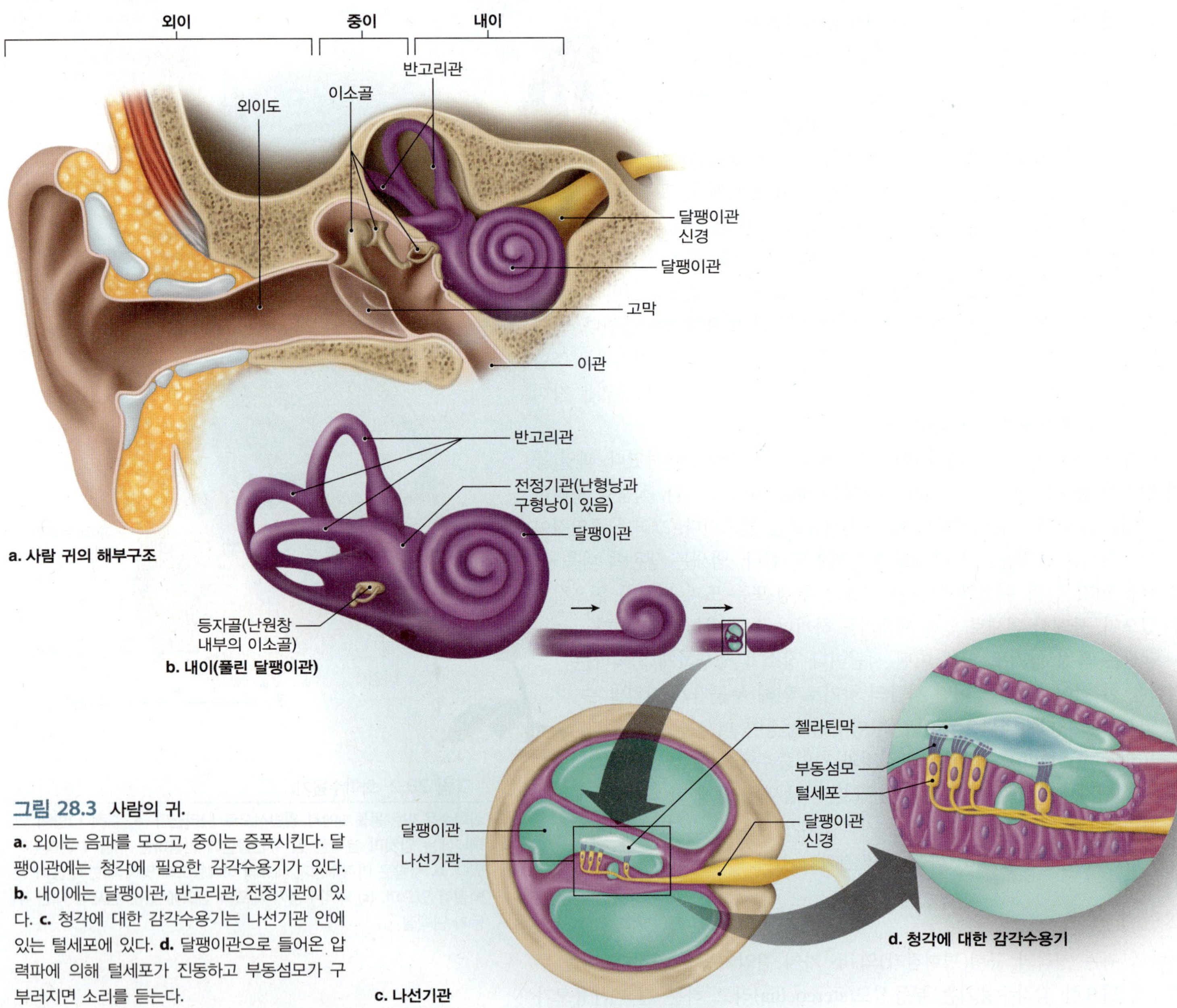

그림 28.3 사람의 귀.

a. 외이는 음파를 모으고, 중이는 증폭시킨다. 달팽이관에는 청각에 필요한 감각수용기가 있다. **b.** 내이에는 달팽이관, 반고리관, 전정기관이 있다. **c.** 청각에 대한 감각수용기는 나선기관 안에 있는 털세포에 있다. **d.** 달팽이관으로 들어온 압력파에 의해 털세포가 진동하고 부동섬모가 구부러지면 소리를 듣는다.

(ossicles)이라는 세 개의 작은 뼈가 있으며, 진동이 이들 뼈를 거쳐 전달되면서 20배 정도 증폭된다. 이소골의 마지막 뼈인 등자골(stapes)이 난원창의 막을 때려 진동시키며, 이러한 방식으로 압력이 내이의 청각 부위인 달팽이관 속의 림프액으로 전달된다(그림 28.3*b*). 달팽이관(*cochlea*)이라는 용어는 "달팽이 껍질"을 의미한다. 특히 청각을 담당한 감각수용기가 달팽이관의 통로에 위치한다. 이 수용기는 털세포이며, 이 세포의 부동섬모는 젤라틴 막으로 싸여 있다. 이 부분을 모두 합하여 나선기관(*spiral organ*) 또는 코르티 기관(*organ of Corti*)이라고 한다(그림 28.3*c,d*).

음파를 모아서 증폭시키는 외이와 중이는 공기로 가득 차 있다. 외이도는 중이 속의 압력을 완화시킨다. 그렇지만 내이는 액체로 차 있어서 액체의 압력파가 나선기관을 자극한다. 등자골이 난원창의 막을 때리면 압력파에 의해 털세포가 위 아래로 움직이고, 젤라틴 막에 묻혀 있는 털세포의 부동섬모가 구부러진다. 나선기관의 털세포는 달팽이관신경(cochlea nerve)과 시냅스를 이루고 있어서, 부동섬모가 구부러지면 달팽이관신경에서 신경충격이 만들어져 뇌간(brain stem)으로 전달된다. 이 충격이 대뇌피질의 청각영역에 도달하면 소리로 인식된다.

나선기관의 각 부분은 서로 다른 음파 빈도수(음의 높낮이, *pitch*)에 민감하다. 나선기관의 끝부분은 금관악기인 튜바 등의 낮은 음에 반응하며, 나선기관의 시작부분은 종소리나 호각소리 같은 높은 음에 반응한다. 나선기관을 길게 따라가며 각 부위에서 나오는 신경섬유는 뇌의 조금씩 다른 영역으로 이어진다. 우리가 느끼는 음의 높낮이 감각은 나선기관의 진동하는 부위와 자극을 받는 뇌의 영역이 어느 곳인가에 따라 달라진다.

소리의 음량(*volume*)은 음파를 확대하는 기능이다. 큰 소리는 나선기관을 크게 진동시키며, 그 결과 증가된 자극을 뇌가 음량으로 해석한다. 뇌는 자극된 털세포의 분포에 따라 소리의 음색(*tone*)을 인식하는 것으로 보인다.

청력상실 특히 어릴 때 중이가 쉽게 감염되어 난청으로 이어질 수 있다. 요즘에는 이런 유형의 청력상실을 방지하기 위해 흔히 어린이의 고막에 튜브를 삽입하여 중이에서 액체를 배출시킨다. 이소골의 운동성은 나이가 들면서 점차 둔화된다. 난원창 부위의 뼈가 자라서 등자골의 운동성을 잃는 이경화증(otosclerosis)의 경우, 움직일 수 있는 인공등자골을 이식하는 것이 유일한 치료방법이다.

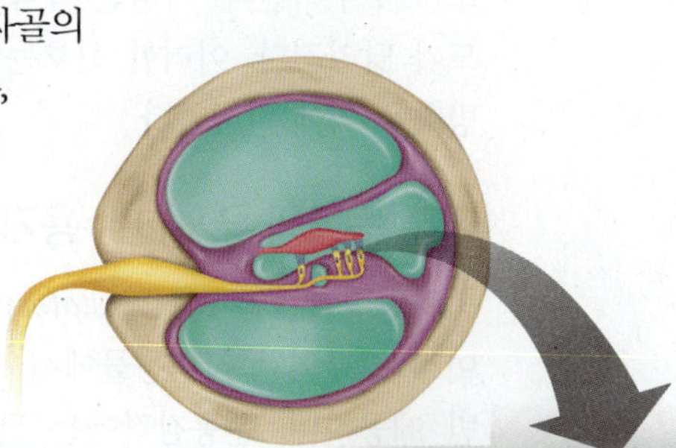

중이에 손상을 입어 생기는 난청을 전도성난청(*conduction deafness*)이라고 하며, 나선기관의 손상으로 인해 생기는 난청을 신경성난청(*nerve deafness*)이라 한다. 현대사회에서 소음공해는 아주 흔하며, 도시의 교통소음에 의해서도 털세포의 부동섬모가 손상될 수 있다(**그림 28.4**). 시끄러운 록 콘서트에 자주 가거나, 큰 음량으로 이어폰을 이용하

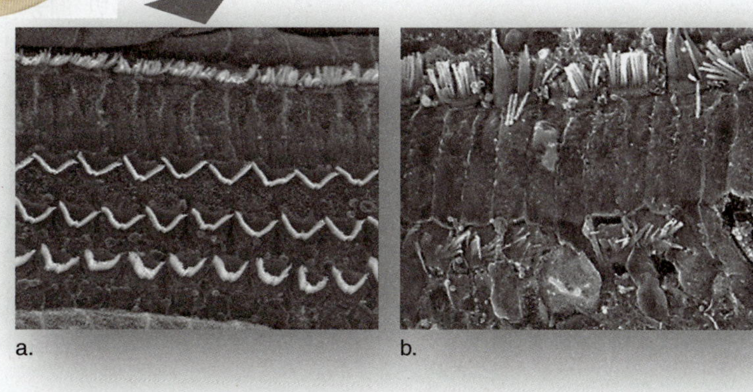

a. b.

그림 28.4 청력에 대한 소음의 효과.

a. 기니피그의 나선기관에 있는 정상 털세포. **b.** 헤비메탈 록 콘서트 정도의 소음에 24시간 노출됐을 때 손상된 나선기관. 손상된 세포는 재생될 수 없으므로 영구적으로 난청이 된다.

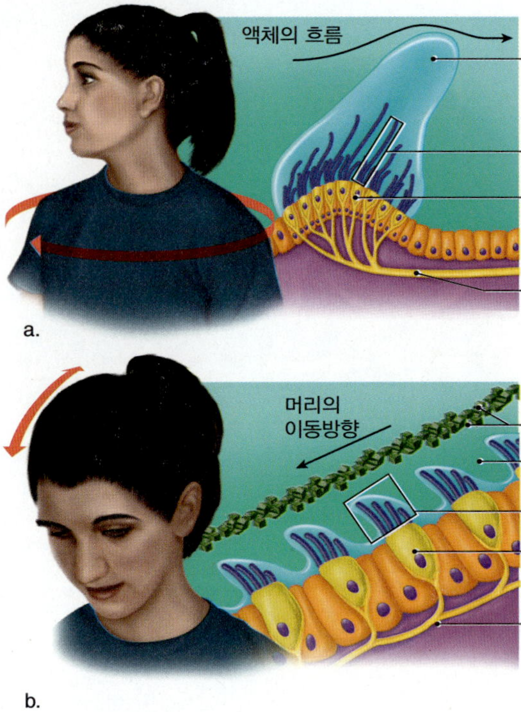

그림 28.5 사람의 평형감각.

a. 회전평형에 대한 감각수용기. 머리를 회전하면 젤라틴 막이 움직여 부동섬모가 구부러진다.
b. 중력평형에 대한 감각수용기. 머리를 숙이면 이석이 움직이고, 이에 따라 젤라틴막이 아래로 쳐지면서 부동섬모가 구부러진다.

여도 청각이 손상될 수 있다. 이런 위험의 첫 징후는 귀에 뭔가 '가득 찬' 느낌이 있거나, 소리가 잘 들리지 않거나, 이명(귀에서 종소리가 남) 등에 의한 일시적인 난청이 올 수 있다. 만일 소음에 노출되는 것을 피할 수 없다면 특별히 고안된 소음감소용 귀마개를 사용할 수 있다. 이러한 귀마개는 압축할 수 있는 스펀지 같은 물질로 만들며 수영할 때 착용하는 것과는 다르므로 바꿔서 사용하면 안 된다. 마지막으로, 일부 약이 청력에 손상을 줄 수 있다는 것을 알아야 한다. 시스플라틴 같은 항암제나 스트렙토마이신 같은 항생제를 복용하는 사람은 특히 큰 소음으로부터 귀를 보호해야 한다.

균형

사람은 회전과 중력의 두 가지 균형(평형) 감각을 가지고 있어서 머리의 중력에 대한 직선운동뿐 아니라 회전운동(각운동)도 감지할 수 있다.

회전평형(rotational equilibrium)에는 반고리관이 관여한다(그림 28.3*b* 참조). 고리관 각각의 기저부에는 젤라틴 막으로 감싸인 부동섬모를 가진 털세포가 있다(**그림 28.5*a***). 반고리관은 3개이며, 각각 다른 공간방향으로 향하는 머리의 움직임에 반응한다. 반고리관 내부의 액체가 흘러서 젤라틴 막의 위치를 변화시키면 털세포의 부동섬모가 구부러지고, 중추신경계로 전달되는 충격의 패턴이 변화된다. 이러한 신호는 대개 시각의 보조를 받으며, 머리가 어떻게 움직이는지 뇌에 알려준다. 현기증(*vertigo*)이란 어지러움과 돌고 있는 느낌이다. 빠르게 돌다가 갑자기 멈추면 현기증이 일어날 수 있다. 이러한 경우 반고리관에 있는 부동섬모가 갑자기 자극을 받아서 방이 계속 도는 것처럼 느끼게 된다.

중력평형(gravitational equilibrium)은 중력에 대한 머리 위치와 관련이 있다. 이 감각은 내이에 있는 두 종류의 막으로 싸인 주머니인 난형낭(*utricle*)과 구형낭(*saccule*)에 의해 생긴다(그림 28.3*b* 참조). 이들 두 주머니 역시 젤라틴 막 내부의 부동섬모를 가진 털세포가 있다(그림 28.5*b*). 이 젤라틴 막 속에 이석(otoliths)이라고 하는 탄산칼슘($CaCO_3$) 알갱이가 있다. 머리를 앞뒤 또는 위아래로 움직이면 이석이 움직여 막이 이동하므로 털세포의 부동섬모가 구부러진다. 이러한 움직임으로 인해 중추신경계로 가는 신경충격의 빈도가 달라진다. 이러한 신호는 대개 시각의 보조를 받으며, 머리가 움직이는 방향을 뇌에 알려준다.

다른 동물의 유사한 수용기

중력평형기관인 평형낭(*statocysts*)은 자포동물, 연체동물, 갑각류를 포함하여 여러 종류의 무척추동물에서 발견된다. 이 기관은 머리의 위치에 대한 정보만 제공하며, 운동감각에는 관여하지 않는다(**그림 28.6*a***). 머리가 움직임을 멈추면 평형석(이석, statolith)이라고 하는 작은 입자가 가장 가까이에 있는 털세포의 섬모를 자극하고, 이 섬모가 충격을 발생시켜 머리의 위치를 알려준다.

어류의 측선(*lateral line*)계는 사람의 내이와 비슷한 감각기관을 사용한다(그림 28.6*b*). 경골어류의 측선계는 밖으로 열려 있는 관 속에 위치한 감각기관으로 구성된다. 짐작하는 바와 같이, 이 감각기관도 젤라틴이 감싸고 있는 섬모를 지닌 털세포가 모여 있는 것이다. 물의 흐름이나 주변 물체에서 나오는 압력파에 의해 막과 털세포의 섬모가 구부러지며, 털세포에서 신경충격이

그림 28.6 동물의 감각수용기.

a. 무척추동물은 평형낭을 이용하여 위치를 판단한다. 평형석(이석)이 움직임을 멈추면 가장 가까이 있는 털세포의 섬모가 자극을 받아 머리의 위치정보를 알려준다. **b.** 물고기의 측선은 청각이나 균형을 위한 것이 아니며, 다른 물고기의 위치를 알아내기 위한 것으로 보인다.

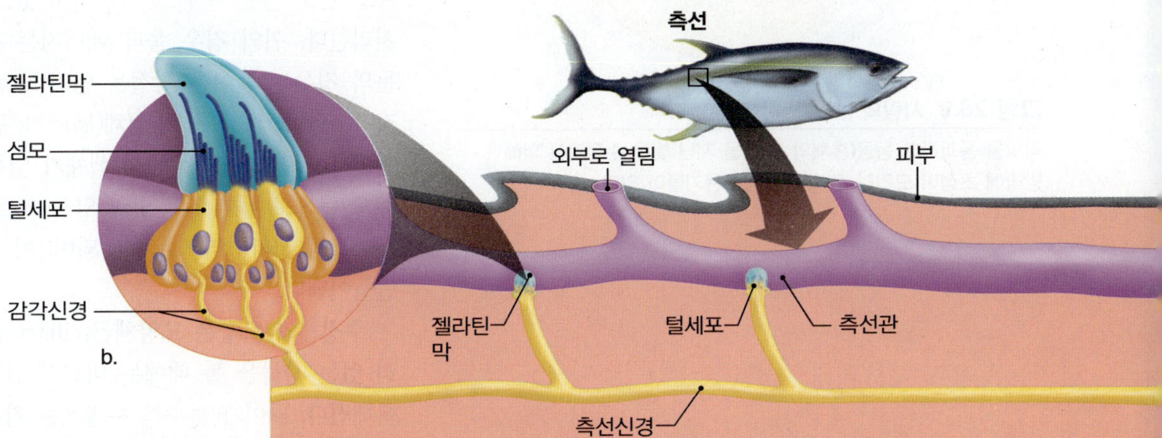

발생하여 뇌로 전달된다. 어류는 이러한 신호를 청각이나 평형감각을 위해서 이용하는 것이 아니며, 포식자나 먹이, 짝짓기 대상 등 다른 물고기를 찾아내는 데 이용한다.

시각

빛에 민감한 감각수용기를 **광수용기(photoreceptor)**라고 한다. 플라나리아의 안점은 단지 빛의 방향만을 감지할 수 있다. 다른 광수용기는 실제 영상을 형성한다. 영상을 형성하는 눈은 물체와 떨어져 있는 거리 등 물체에 대한 정보를 제공한다. 이처럼 상세한 정보는 동물에게 매우 가치가 높은 것이다.

무척추동물 중에서 절지동물은 많은 독립적인 시각단위로 구성된 겹눈(*compound eye*)을 가지고 있으며, 시각단위마다 광선을 광수용기에 초점을 맞추는 수정체를 갖고 있다(**그림 28.7*a***). 자극을 받은 모든 시각단위에서 만들어낸 영상은 엉성하다. 그 이유는 겹눈의 크기가 작아서 시각단위의 수효가 28,000개 정도로 제한되기 때문이다.

사람을 포함한 척추동물과 오징어, 문어 등 일부 연체동물은 카메라형 눈(*camera-type eye*)을 가진다(그림 28.7*b*). 빛을 광수용기에 한 개의 수정체로 초점을 맞추는데, 광수용기는 수백만 개나 되고 망막에 조밀하게 연결되어 있다. 연체동물과 척추동물은 별로 유연관계가 없기 때문에 카메라형 눈은 각각 독립적으로 진화된 것이다.

곤충은 색채를 볼 수 있지만, 사람에 비해 좁은 범위의 전자기스펙트럼을 사용한다. 그러나 곤충은 자외선 중 가장 긴 파장(UV-A) 영역을 볼 수 있으며, 이로 인해 특히 자외선 영역에서 보이는 독특한 패턴을 지닌 꽃의 생식기관을 민감하게 볼 수 있다. 일부 어류

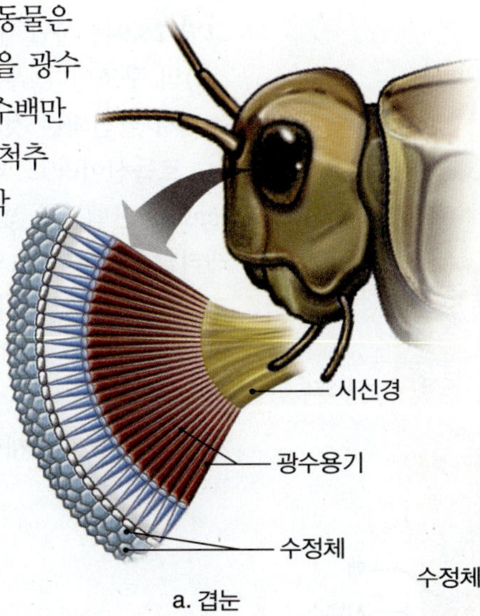

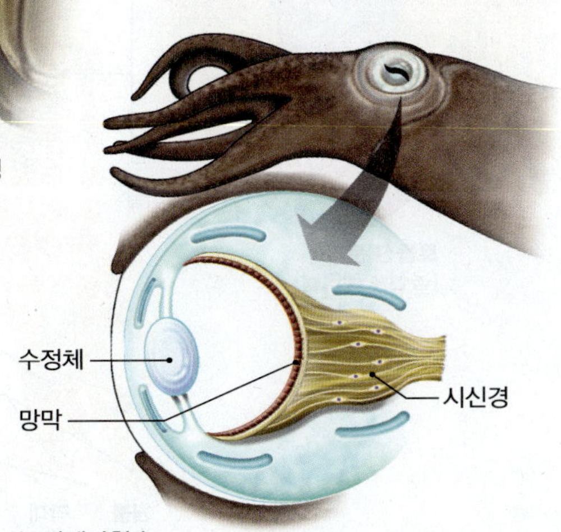

b. 카메라형 눈

그림 28.7 눈.

a. 겹눈은 여러 개의 시각단위로 이루어진다. 각 시각단위마다 수정체가 있어서 빛을 광수용기 세포에 초점을 맞춘다. **b.** 카메라형 눈은 수정체가 하나이며, 광수용기가 많이 있는 망막에 빛의 초점을 맞춘다.

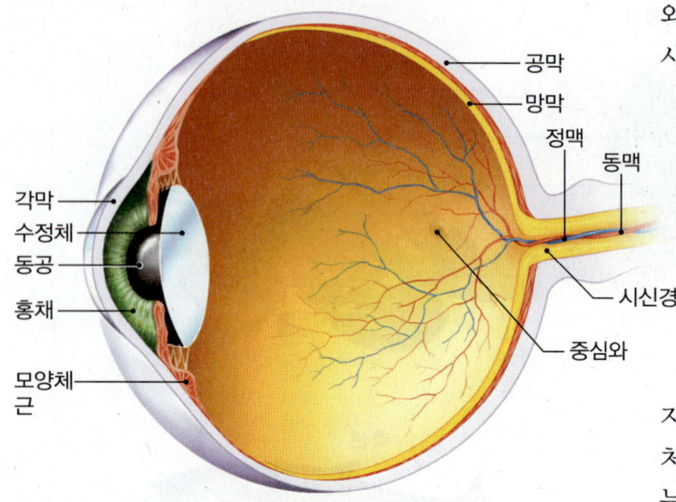

그림 28.8 **사람의 눈.**

각막을 통과하고 동공(홍채의 구멍)을 지난 빛은 수정체에 의해 망막에 초점이 모인다. 망막에는 광수용기들이 있다.

와 대부분의 파충류도 색채를 보는 것으로 보이지만, 포유류 중에서도 오직 사람과 영장류만 광범위한 색채시각을 가지고 있다. 이것은 낮 동안 활동하는 습성에 대한 적응으로 보이며, 이러한 특성이 소수의 포유류에서만 나타나는 이유이다.

사람의 눈

앞을 똑바로 쳐다볼 때 우리의 두 눈은 각각 동일한 사물을 약간씩 다른 각도로 본다. 이러한 약간의 차이로 인해 양안시(*binocular vision*)가 가능하여 3차원 영상을 인지하고 상의 깊이를 감지할 수 있다. 귀와 마찬가지로 눈도 많은 부위로 이루어져 있으며, 대부분 감각수용기에 대한 자극을 처리한다. 귀의 경우 음파 에너지는 감각수용기에 도달하기 전에 증폭된다. 눈의 경우는 들어온 광선을 망막(*retina*)에 있는 광수용기에 초점을 맞춘다. 각막(*cornea*)과 특히 수정체(*lens*)가 광선을 광수용기에 초점을 맞추는데 관여한다(**그림 28.8**). 눈에서 색채가 있는 부위인 홍채(*iris*)는 동공(*pupil*)을 통해서 눈으로 들어오는 빛의 양을 조절한다. 망막에서 발생된 신경충격이 대뇌피질의 시각영역으로 전달되며, 이 정보를 바탕으로 뇌에서 사물의 영상을 만들어낸다.

수정체의 모양은 모양체근(ciliary muscle)에 의해 조절된다. 수정체는 멀리 있는 사물을 볼 때에는 비교적 납작하지만, 가까운 사물을 볼 때에는 볼록해진다. 나이가 들수록 수정체는 가까운 사물을 감지하는 능력이 떨어지게 되어 중년이 되면 책을 읽을 때 안경을 필요로 한다. 노화나 햇빛에 과도한 노출로 인해 백내장(cataract)이 될 수 있다. 이것은 수정체가 불투명해져서 광선이 통과하지 못하는 질환이다. 현재로서는 수술만이 백내장을 치료하는 유일한 방법이다.

눈의 광수용기

그림 28.9는 사람 눈에 있는 광수용기인 막대세포(*rod cell*)와 원뿔세포(*cone cell*)의 구조이다. 두 종류의 광수용기 모두 동물계 전반에 걸쳐 모든 유형의 눈에서 발견되는 것과 비슷한 시각색소를 가진다. 막대세포에 있는 시각색소는 로돕신이라고 하는 진한 보라색 색소이다. 로돕신(*rodopsin*)은 옵신(*opsin*) 단백질과 빛을 흡수하는 레티날(*retinal*)로 구성된 복잡한 분자이며, 레티날은 비타민 A의 유도체이다. 막대세포가 빛을 흡수하면 로돕신은 옵신과 레티날로 분리되며, 단계적 연쇄반응을 거쳐 신경충격 발생으로 이어진다. 막대세포는 빛에 매우 민감하여 야간시각에 적합하다. (홍당무에는 비타민 A가 풍부하며, 실제로 야간시각을 개선할 수 있다.) 막대세포는 망막 전체에 풍부하게 존재한다. 따라서 주변 시야와 움직임 감지 능력도 제공한다.

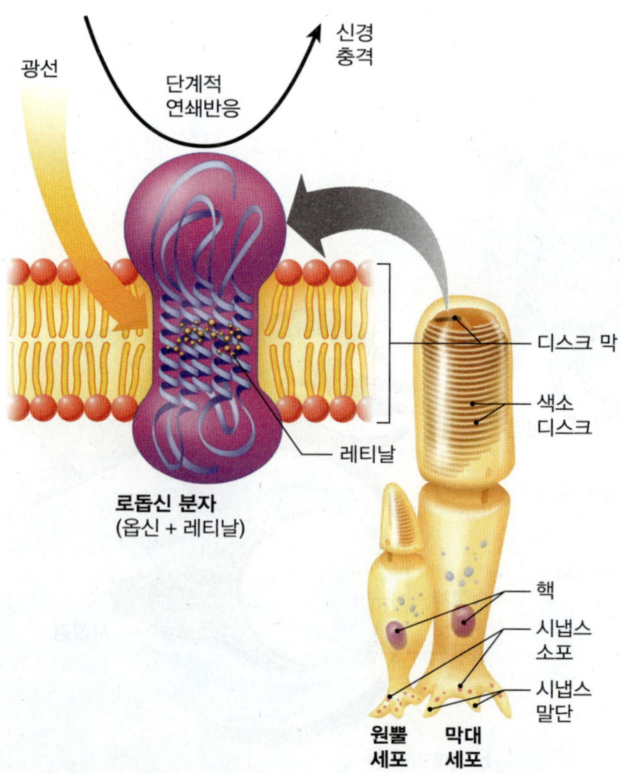

그림 28.9 **눈의 광수용기.**

막대세포는 각각의 디스크 막에 옵신 단백질과 레티날 색소를 포함한 복합 분자인 로돕신이 있다. 로돕신이 빛에너지를 흡수하면 분리되어 옵신이 떨어져 나오고, 단계적 연쇄반응이 시작되어 신경충격이 만들어진다.

그림 28.10 망막.

망막은 막대세포와 원뿔세포의 층, 중간세포 층, 신경절세포 층의 세 층으로 이루어진다. 층 사이의 시냅스에서 신호의 통합이 일어나며 전기충격이 여러 과정을 거친 후 뇌로 전달된다.

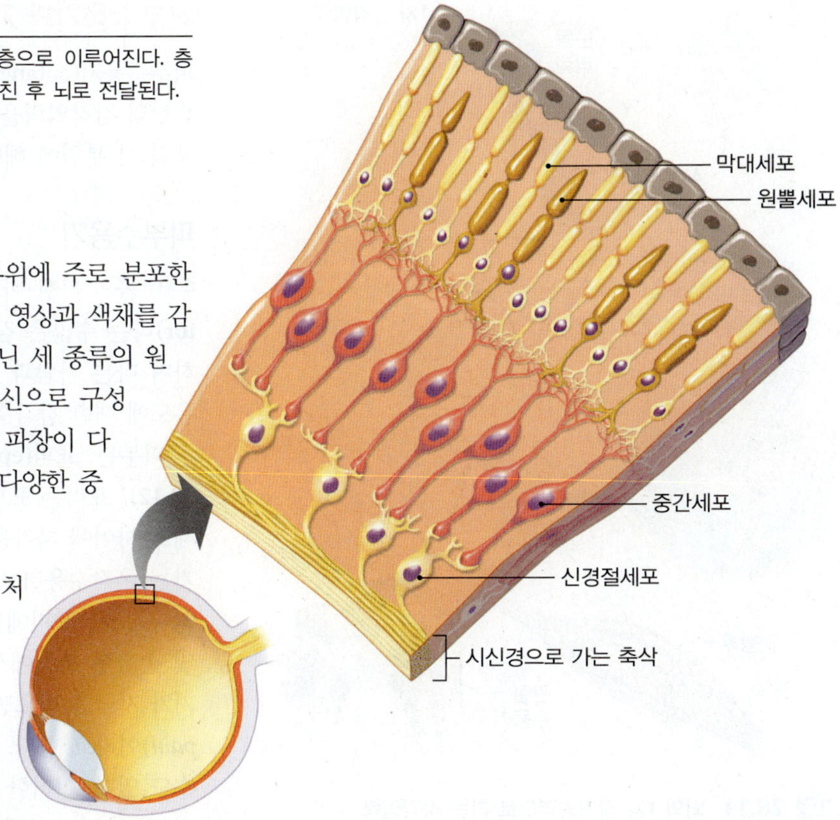

반면, 원뿔세포는 망막의 중심와(*fovea*)라고 하는 한 부위에 주로 분포한다. 원뿔세포는 밝은 빛에 의해 활성화되며, 사물의 자세한 영상과 색채를 감지하도록 한다. 색채시각은 B(청), G(녹), R(적) 색소를 지닌 세 종류의 원뿔세포에 의해 이루어진다. 이들 색소는 모두 레티날과 옵신으로 구성되지만, 색소마다 옵신의 구조가 조금씩 달라서 흡수하는 파장이 다르다. 원뿔세포들이 다양한 조합을 이루어 자극됨에 따라 다양한 중간색이 나타나는 것으로 보인다.

망막 망막은 세 개의 세포층으로 구성되어 있으며, 빛은 처음 두 층을 통과해야 광수용기에 도달한다(**그림 28.10**). 중간층의 중간세포들은 광수용기에서 온 시각정보를 처리하여 신경절세포로 전달한다. 신경절세포는 시신경을 형성하는 축삭을 가지고 있다. 원뿔세포와 막대세포의 민감도는 신경절세포에 얼마나 직접 연결되어 있느냐에 따라 영향을 받는다. 수백 개의 막대세포로부터 온 정보가 하나의 신경절세포에 집중되어 전달될 수는 있지만, 원뿔세포에서는 집중되는 경우가 거의 없다. 신호가 망막의 층들을 통과할 때 통합작용이 일어난다. 통합작용을 거쳐 정보에 대해 전반적인 대비와 품질을 개선하여 뇌로 보내고, 이 정보를 이용하여 사물의 상이 만들어진다.

시신경이 망막에서 빠져나가는 부위에는 막대세포와 원뿔세포가 없다. 따라서 이 영역에서는 시각이 형성되지 않는다. 이 현상을 확인하려면 종이의 한가운데에 아주 작은 점을 하나 찍어보자. 왼쪽 눈을 감고 앞을 똑바로 보는 상태에서 오른손을 이용하여 종이를 천천히 오른쪽 눈 가까이 움직여 보자. 한 순간 점이 사라질 것이다. 이 지점이 바로 맹점(*blind spot*)이다.

어둠 속에서 보기

일부 야행성 동물은 시각에 의존하지만, 어떤 동물은 어둠 속에서 길을 찾는 데 음파탐지기를 이용한다. 어두운 공간에서 날아다니는 박쥐는 잠수함처럼 음파탐지기를 갖고 있어 장애물을 쉽게 피할 수 있다. 먹이를 찾을 때는 초음파(사람의 가청범위를 벗어난 음역)를 발산하여 먹이에 부딪쳐 돌아오도록 한다. 박쥐는 메아리가 되돌아오는 시간으로 먹이가 떨어져 있는 거리를 알아낼 수 있다.

박쥐에서 영감을 얻은 초음파 지팡이는 시각장애인들이 주변을 감지하는 데 완벽하게 도움을 주고 있다. 이 지팡이 역시 초음파를 방사하고 주변 물체에서 돌아오는 메아리를 잡아낸다. 지팡이 손잡이에 달린 버튼은 부드럽게 진동하여 사용자가 낮은 천장을 피하거나 또는 길을 가로막은 장애물을 옆으로 피할 수 있도록 한다. 빠르고 강한 신호는 장애물이 매우 가까이 있다는 의미이다.

연관: 건강

라식수술이란 무엇인가?

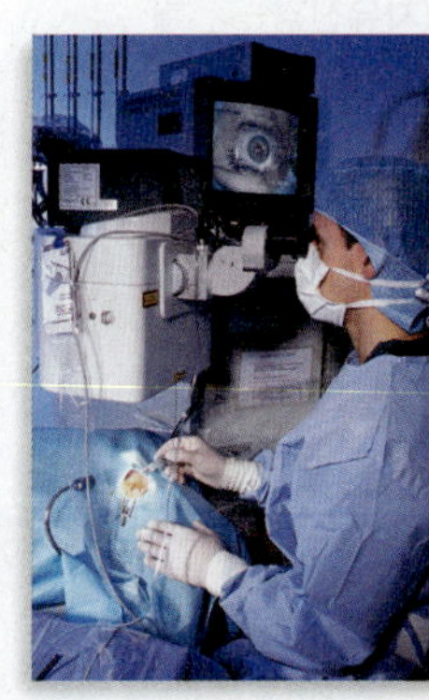

라식(*laser in-situ keratomileusis*, LASIK)은 레이저를 이용하여 빠르고 통증없이 영구적으로 각막의 모양을 바꾸어주는 것이다. 라식수술은 각막 앞부분의 일부 절편(결막)을 분리하여 뒤로 젖힌 뒤, 각막에서 미세한 양의 조직을 절삭한다. 레이저를 조사할 때마다 소량의 각막이 제거되어 각막의 굴절이 편평해지거나 증가하게 된다. 이 과정이 끝나면 각막절편을 덮어주어 스스로 회복되도록 한다. 라식수술 다음날부터 시력이 향상되지만 정상회복까지는 2~3개월이 걸린다. 대부분의 환자들은 1.0에 가까운 시력을 갖게 되지만, 시력이 향상되는 정도는 수술 전 시력이 얼마나 좋았는지에 따라 차이가 있다.

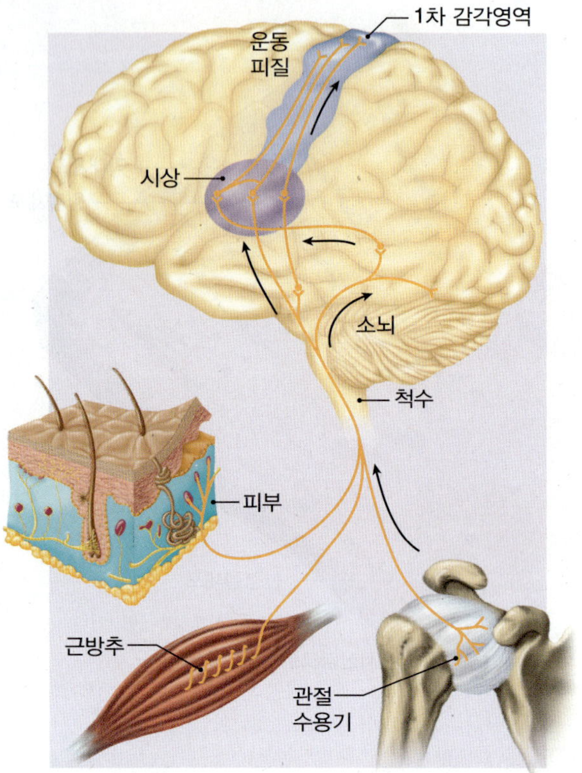

그림 28.11 뇌의 1차 감각영역으로 가는 감각입력.

피부, 근육 및 관절에 있는 감각수용기는 신경충격을 중추신경계로 보낸다. 이 신호가 대뇌피질의 1차 감각영역에 도달하면 감각과 인식이 이루어진다. 운동반응은 대뇌가 관여하지 않아도 척수와 소뇌에 의해서 시작될 수도 있다.

피부수용기와 자기수용기

피부수용기(cutaneous receptor)와 자기수용기(proprioceptor)는 피부, 근육, 관절의 감각입력을 대뇌피질의 1차 감각영역으로 전달한다. 대뇌피질에는 신체의 각 부위에 해당하는 영역들이 존재한다(**그림 28.11**).

피부수용기

우리 몸의 가장 바깥을 감싸고 있는 피부에는 **피부수용기(cutaneous receptor)**라는 수많은 감각수용기가 있으며, 환경의 변화에 대응하고 위험을 인식하며 다른 사람과 의사소통할 때에 도움을 준다. 피부에는 접촉, 압력, 통증, 온도에 대한 감각수용기가 있다.

피부는 표피(epidermis)와 진피(dermis)의 두 부분으로 구성된다(**그림 28.12**). 표피는 표면으로 올라가면서 케라틴화되는 세포들로 구성된다. 이들 세포 사이에 차가움이나 따뜻함에 반응하는 자유 신경종말이 있다. 냉각수용기는 온각수용기보다 훨씬 많지만 둘 사이의 구조적인 차이는 알려져 있지 않다. 또한 표피에는 **통각수용기(nociceptors)**가 있어서 극심한 온도나 압력 및 손상된 조직에서 분비된 화학물질을 감지한다. 때로는 내부 장기의 수용기가 자극을 받으면 피부에서 통증을 느낄 때가 있다. 이것을 관련통(*referred pain*)이라고 한다. 예를 들어, 심장에서 온 통증은 왼쪽 어깨와 팔에서 느낄 수도 있다. 이러한 효과는 내장기관의 통각수용기에서 온 신경충격이 피부에서 온 충격도 수용하는 척수와 뉴런의 시냅스로 전달되는 경우에 나타나는 것으로 보인다.

진피에는 압력과 접촉에 대한 감각수용기가 있다(그림 28.12). 파치니소체는 양파 모양의 압력수용기이며 진피 안쪽에 위치한다. 그 외에도 몇 가지 피부수용기가 접촉을 감지한다. 뿌리털망(root hair plexus)이라고 하는 자유 신경종말은 모낭의 바닥부분을 감고 있어서, 머리카락을 만지면 신경충격을 발생한다. 촉각수용기는 손가락 끝, 손바닥, 입술, 혀, 젖꼭지, 음경, 음핵 등의 성적 자극에 필수적인 신체 부위에 집중되어 있다.

자기수용기

자기수용기(proprioceptors; 자신의 자극에 감응하는 말초신경)는 중력의 힘이 골격과 근육에 항상 작용을 하더라도 몸이 균형과 자세를 유지할 수 있도록 도와준다. **근방추(*muscle spindle*)**는 결합조직막 속에 들어 있는 몇 개의 근육세포를 감싸고 있는 감각신경 말단으로 구성된다. **골지힘줄(Golgi tendon)** 기관을 비롯한 그 밖의 감각수용기는 관절에 위치한다. 자기수용기에서 온 신경충격의 신속성은 이들이 분포한 기관이 늘어나는 정도에 비례한다. 운동반응이 자기수용기에 인접한 근섬유의 수축을 일으킨다.

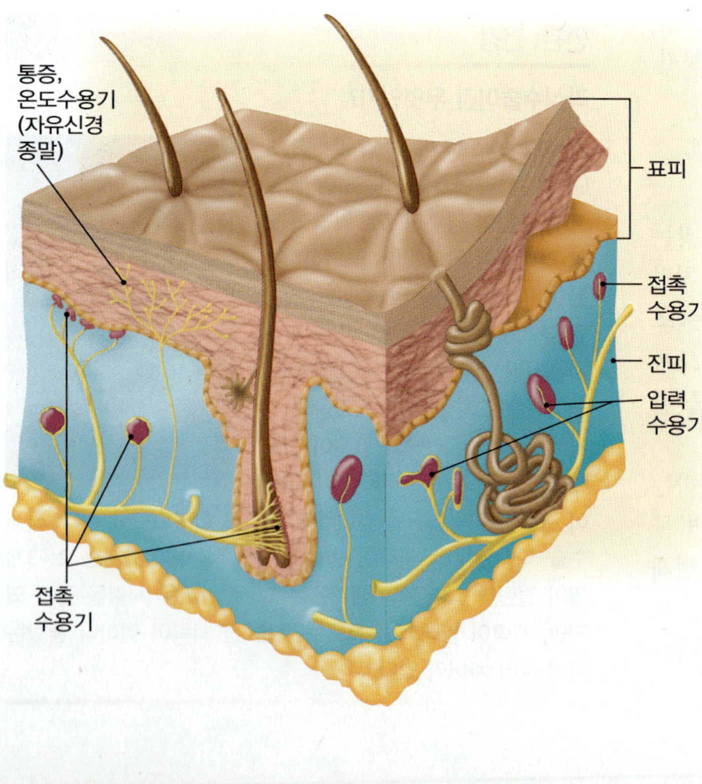

그림 28.12 피부수용기.

피부에는 많은 수용기가 있다. 표피에 있는 자유 신경종말(노란색)은 통증, 온도를 감지한다. 다양한 접촉과 압력에 대한 수용기(빨간색)는 진피층에 있다.

연관: 건강

아스피린은 어떻게 작용하는가?

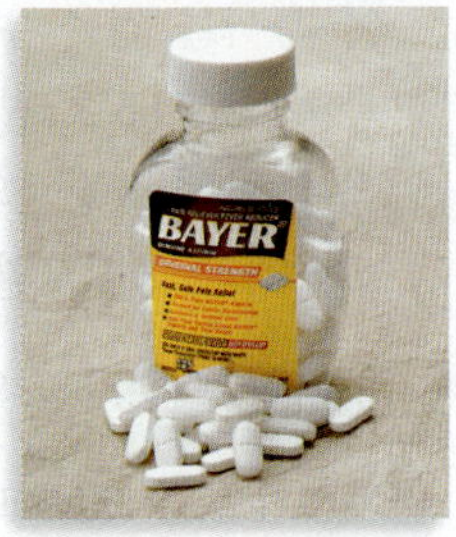

아스피린은 아세틸살리실산염이라는 화학물질로 만들어진다. 손상된 조직은 지방산의 한 유형인 프로스타글란딘을 다량으로 만들어낸다. 프로스타글란딘은 통각수용기에 조직이 손상된 신호로 작용하여 뇌가 통증을 인식하도록 한다. 프로스타글란딘은 세포에서 COX라는 효소에 의해 만들어진다. 아세틸살리신산염은 이 효소의 작용을 감소시켜 프로스타글란딘의 생성량과 통증을 줄인다.

개념 연결하기

감각은 환경의 다양한 자극을 감지한다. 신경계의 운동 출력을 통해 자극에 적절하게 대응할 수 있다.

진도 점검하기 28.1

1. 화학수용기, 기계수용기, 광수용기, 피부수용기, 통각수용기 및 자기수용기가 각각 자극을 감지하는 방식에 대해 요약하시오.
2. 피부의 감각기가 신체에 감각정보를 제공하는 방식을 설명하시오.
3. 눈과 귀에서 얻는 감각정보의 유형에 대해 요약하시오.

28.2 운동계

학습 목표

이 절을 학습한 후에는 다음 과제를 수행할 수 있어야 한다.

1. 골격계와 근육계의 기능을 요약하기.
2. 내골격, 외골격 및 수성골격의 차이를 비교하고 각각의 예를 제시하기.
3. 긴뼈의 구조를 설명하기.
4. 근섬유의 구조와 기능을 설명하고, 근수축과정을 요약하기.
5. 사람 관절의 유형을 나열하고 예를 들어 설명하기.

동물의 **근육계(muscular system)**와 **골격계(skeletal system)**는 모두 일부 자극에 대한 신경계의 운동 반응에 포함된다. 이들의 기능은 많은 부분에서 겹치므로, 근골격계(*musculoskeletal system*)라고 부르기도 한다. 사람의 경우, 근골격계의 기능은 다음과 같다.

골격근과 뼈 모두 몸을 지탱하고 몸의 각 부분을 움직일 수 있도록 한다.

골격근과 뼈 모두 내부기관을 보호한다. 골격근은 뼈에 패드처럼 덧대어져 심장과 폐, 뇌 및 척수를 보호한다.

그림 28.13 골격의 유형.

a. 절지동물은 외골격을 가지며, 성장하면서 탈피하여야 한다. **b.** 벌레들은 수성골격을 가지며, 근육이 수축하면 액체로 가득 찬 내강을 압박한다.

근육과 뼈는 다른 기관계통의 기능을 도와준다. 흉곽운동 없이는 호흡을 할 수 없다. 턱에는 치아가 있어 소화를 돕는다. 골격근이 턱을 움직이게 하여 음식을 씹을 수 있도록 한다. 평활근은 음식물이 소화관으로 이동하도록 한다(24.3절 참조). 적골수는 산소를 나르는 적혈구를 공급하고, 심장벽에 있는 심장근의 펌프작용으로 혈액을 조직으로 이동시키며, 이곳에서 조직액과 물질교환이 일어난다.

이러한 공통된 기능 외에도 근육과 뼈는 각각의 기능을 더 가지고 있다.

골격근 수축은 정맥과 림프관내 혈액의 이동을 도와준다(23.2절 참조). 림프가 심혈관계로 되돌아가지 못하고 혈액이 심장으로 되돌아오지 않으면 순환이 지속될 수 없다.

골격근은 체온을 일정하게 유지하도록 도와준다(22.3절 참조). 골격근이 수축하면 ATP가 분해되고, 이때 열이 방출된다.

뼈는 지방과 칼슘을 저장한다. 지방은 황골수에 저장되며(그림 28.15 참조), 뼈의 세포외기질에는 칼슘이 들어 있다. 칼슘이온은 근육수축과 신경전도에 중요한 역할을 한다.

골격의 유형

척추동물의 **내골격(endoskeleton)**은 절지동물의 **외골격(exoskeleton)**과 서로 대비될 수 있다. 두 골격 모두 관절이 있어서 두 그룹에 해당하는 동물들이 모두 육상에서 성공적으로 살아갈 수 있도록 도와준다. 사람의 내골격은 뼈로 구성되며, 이것은 살아 있는 물질이며 성장할 수 있다. 내골격 역시 내장기관을 보호하지만, 외골격과는 달리 동물이 성장하면서 함께 자라기 때문에 내부장기에 필요한 공간을 제한하지는 않는다. 내골격을 둘러싼 연조직이 내골격을 보호하며, 연조직은 손상되어도 골격 자체보다 쉽게 재생될 수 있다.

절지동물의 외골격은 강하고 유연성이 있으며, 질소성분 다당류인 키틴으로 구성된다. 외골격은 마모를 막아줄 뿐만 아니라 적으로부터 보호해주며 몸이 건조해지는 것도 막아준다. 절지동물의 외골격은 근육의 수축을 도와주기는 하지만, 동물이 자랄 때 함께 자라지 않는다. 따라서 절지동물은 외골격이 너무 작아지면 스스로 제거하기 위해 탈피를 한다(**그림 28.13*a***). 이러한 과정에서 포식자에게 공격받기가 쉽다.

동물계에는 또 다른 형태의 골격이 있다. 벌레 종류는 딱딱한 골격이 없으며, 액체로 가득 찬 내강이 **수성골격(hydrostatic skeleton)**처럼 작용할 수 있다(그림 28.13*b*). 수성골격은 근육의 수축을 도와주고 저항력을 제공하여 동물이 움직일 수 있게 한다. 비슷한 예로, 정원용 고무호스는 물이 가득 차면 단단해지며, 물이 가득 찬 풍선은 한 쪽 끝을 눌렀을 때 모양이 변한다는 것을 생각해 보자. 마찬가지로 수성골격을 가진 동물도 모양을 변화시키며 자유롭게 이동할 수 있다.

사람의 골격

사람의 골격을 이루는 206개의 뼈는 몸통골격과 사지골격으로 배열되어 있다.

몸통골격

몸통골격(axial skeleton)에 해당하는 뼈들은 신체의 중앙 부위에 있다(**그림 28.14**의 푸른색 음영 부분). 두개골(*skull*)은 머리뼈(*cranium*)로 구성되며 뇌와 얼굴뼈를 보호한다. 얼굴뼈 중 가장 튀어나온 부분은 위아래 턱뼈, 광대뼈 및 코뼈이다. 등뼈(*vertebral column*, 척주 또는 척추)는 두개골부터 엉치뼈(*sacrum*, 천골)까지 뻗어 있다. 척주는 추간원판(*intervertebral disk*)이라고 하는 섬유연골대로 분리되어 있는 일련의 척추뼈(vertebra)로 구성된다. 원판(disk)은 우연히 빠져나오거나 파괴될 수도 있다. 손상을 입은 원판은 척수신경에 압력을 가해 통증을 유발한다. 이 경우 원판의 제거가 필요할 수도 있다.

갈비뼈(*rib*, 늑골)와 복장뼈(*sternum*, 흉골)로 구성된 가슴우리(*rib cage*, 흉곽)는 골격이 어떻게 보호되며 동시에 유연성을 가질 수 있는지를 보여준다. 자동차 사고는 복장뼈 골절의 가장 흔한 원인이다. 복장뼈가 골절된 사람은 대개 심장의 손상 여부를 검사한다. 가슴우리는 심장과 폐를 보호하지만 숨을 쉴 때는 움직인다.

사지골격

사지골격(appendicular skeleton)은 두 개의 이음뼈로 구성되어 팔과 다리에 연결된다(그림 28.14의 비음영 부분). 가슴이음뼈(*pectoral girdle*, 흉대)와 위팔은 특히 유연성이 있다. 다리이음뼈(*pelvic girdle*, 골반대 또는 요대)와 다리는 특히 힘이 강하다. 다리이음뼈는 내장기관도 보호한다.

빗장뼈(*clavicle*, 쇄골)와 어깨뼈(*scapula*, 견갑골)는 가슴이음뼈를 구성한다. 미식축구 선수들이 착용하는 어깨보호대는 빗장뼈의 골절을 일으킬 수 있는 직접적인 타격을 완충시키기 위해 고안한 것이다. 팔의 위팔뼈(*humerus*, 상완골)는 어깨뼈하고만 관절을 이룬다. 힘줄과 인대가 회전근개(*rotator cuff*)를 형성하여 관절을 안정하게 한다. 팔의 회전운동을 너무 강하게 하면 회전근개가 손상될 수 있다. 노뼈(*radius*, 요골)와 자뼈(*ulna*, 척골)는 비틀기 운동을 수월하게 해준다. 유연성이 있는 손은 손목뼈, 손바닥뼈, 손가락뼈로 구성된다.

다리이음뼈는 오목한 그릇 모양을 형성하는 두 개의 큰 볼기뼈(*coxal bone*, 관골)가 있으며, 가장 길고 강한 뼈인 넙다리뼈(*femurs*, 대퇴골)와 관절을 이룬다. 넙다리뼈의 강도는 이들 많은 뼈가 상반신 무게를 지탱하도록 해준다. 무릎뼈(*patella*, 슬개골)는 무릎을 보호한다. 다리는 정강이뼈(*tibia*, 경골)와 종아리뼈(*fibula*, 비골)로 구성된다. 발에는 발목뼈, 발허리뼈, 발가락뼈가 있다.

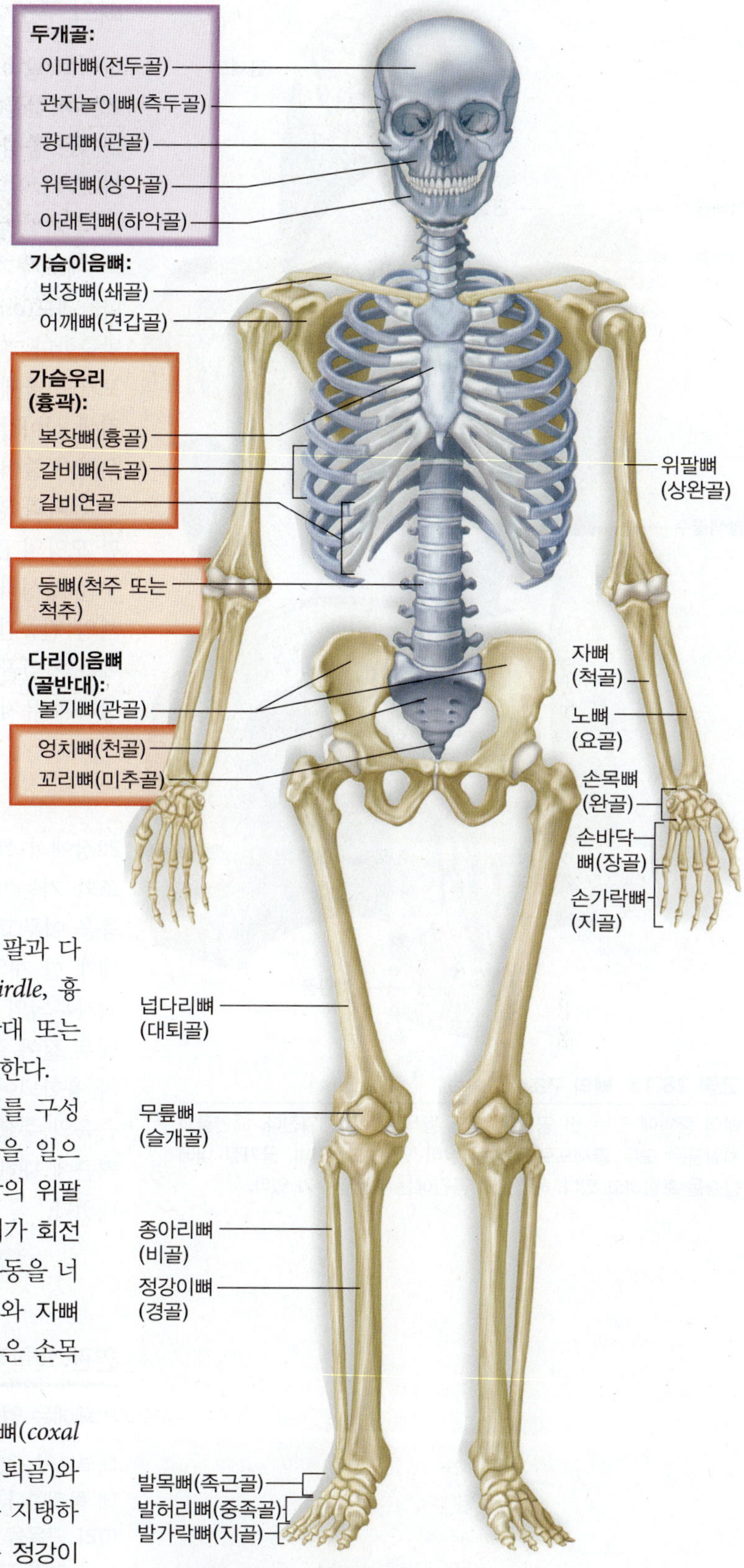

그림 28.14 사람의 골격.

몸통골격(푸른색 음영 부위)의 뼈들은 신체의 중앙부위에 있다. 사지골격(비음영 부위)의 뼈들은 이음뼈와 사지에서 발견된다. 일부 뼈의 표지는 생략하였다.

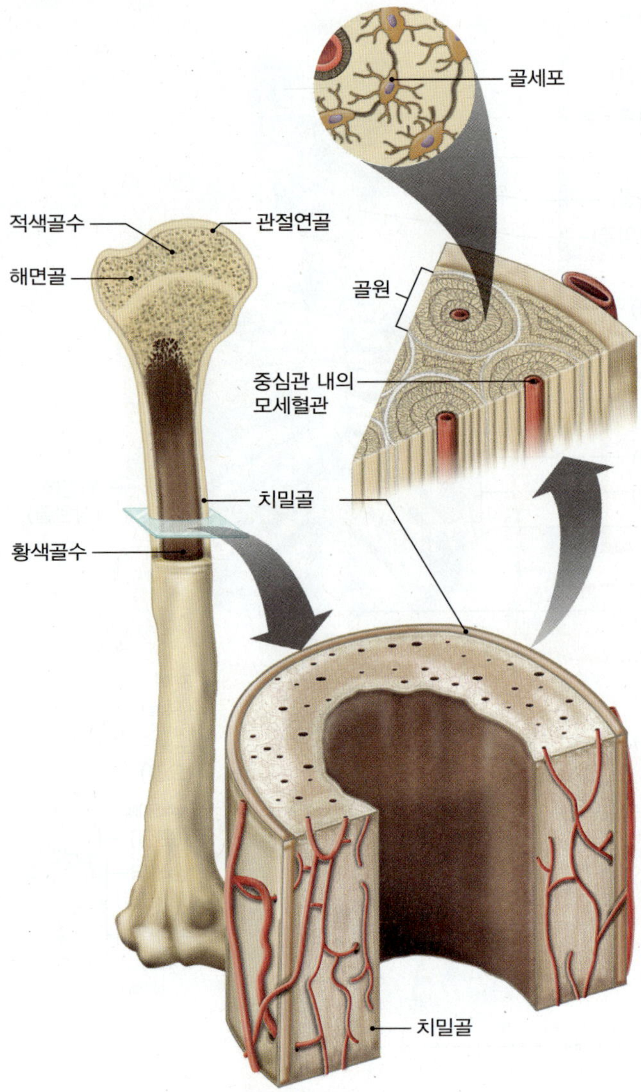

그림 28.15 뼈의 구조.

뼈의 중앙에 있는 빈 공간은 대개 황색골수로 채워진다. 해면골과 치밀골은 모두 골세포로 구성된 살아 있는 조직이며, 골기질 내에 칼슘을 포함하고 있다. 해면골의 공간에는 적색골수가 있다.

뼈의 구조

긴뼈(long bone)를 절개하면 치밀골로 감싸인 빈 공간이 나타난다(**그림 28.15**). **치밀골(compact bone)**에는 **골원**(*osteons*, 하버스계)이 많이 있으며, 이곳에는 중심관 주변에 동심원으로 배열된 작은 공간 속에 **골세포(osteocytes)**가 들어 있다. 골세포들은 세포외기질과 분리되어 있으며, 세포외기질은 주로 무기질인 칼슘염과 인산염으로 구성되어 있다. 이밖에도 뼈에는 두 유형의 세포가 항시 작용하고 있다. **조골세포**(*osteoblast*)는 뼈 성분을 축적하며, **파골세포**(*osteoclast*)는 골기질을 분해하는 효소를 분비하고 칼슘을 혈류로 방출한다. 뼈가 약해 쉽게 부러지는 **골다공증(osteoporosis)** 환자는 파골세포가 조골세포보다 일을 더 많이 하는 경우이다. 특히 젊고 활동량이 많은 시절에 식이칼슘을 많이 섭취하면 뼈가 치밀해져서 이후에도 골다공증이 생길 우려가 줄어든다.

긴뼈의 양 말단에는 해면골이 있다. **해면골(spongy bone)**은 막대 모양과 판 모양의 많은 뼈들이 불규칙하게 흩어져 있다. 뼈 사이의 공간은 보통 적혈구를 생성하는 특수 조직인 적색골수(red bone marrow)로 채워져 있다. 긴뼈의 빈공간은 황색골수로 채워지며, 지방이 저장되어 있다. 해면골의 바깥에는 치밀골의 얇은 막과 유리질연골(hyaline cartilage) 층이 있어 관절을 건강하게 유지하는 데 중요한 역할을 한다.

골격근의 구조와 생리

22장에서 살펴본 바와 같이 세 종류의 근육(평활근, 심장근, 골격근)은 그 구조와 기능이 서로 다르다(그림 22.7 참조). 평활근은 긴 방추형태의 세포가 층을 이루고 있으며, 세포마다 한 개의 핵이 있다. 심근세포는 줄무늬가 있고 대개 한 개의 핵이 있다. 심근조직은 서로 연결되어 가지를 친 세포사슬들이 격자무늬의 망을 이룬다. 근육섬유라고 하는 골격근세포도 줄무늬가 있으며, 매우 길어 골격근의 길이를 이룬다. 골격근섬유는 발생 중에 여러 개의 세포가 융합되어 하나의 긴 다핵세포를 이루어 형성된다. 골격근은 신체에 있는 근육의 주요 유형이며, 신경계의 수의적 통제를 따른다. 따라서 앞으로는 골격근에 대해 주로 논의할 것이다. **그림 28.16**에 주요 골격근의 일부를 나타내었다.

연관: 과학적 탐구

인체에는 얼마나 많은 근육이 있을까?

대부분의 전문가는 인체에 600개 이상의 근육이 있다는 데 동의한다. 근육의 수가 명확하지 않은 이유는 사람에 따라 근육을 한 덩어리로 합쳐서 하나의 명칭으로 부르거나 각각 구분하는 경우도 있기 때문이다. 가장 작은 근육은 중이에 있는 1.27 mm 길이의 등자골근이다. 가장 긴 근육은 엉덩이에서 무릎까지 이어진 넙다리빗근(봉공근)이며, 질량이 가장 큰 근육은 엉덩이의 대부분을 구성하는 큰볼기근(대둔근)이다.

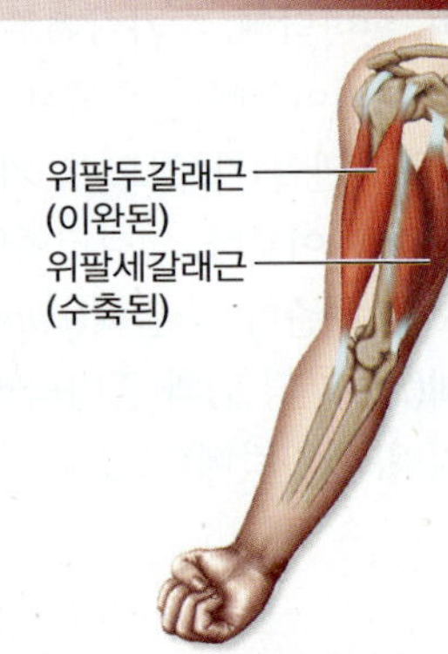

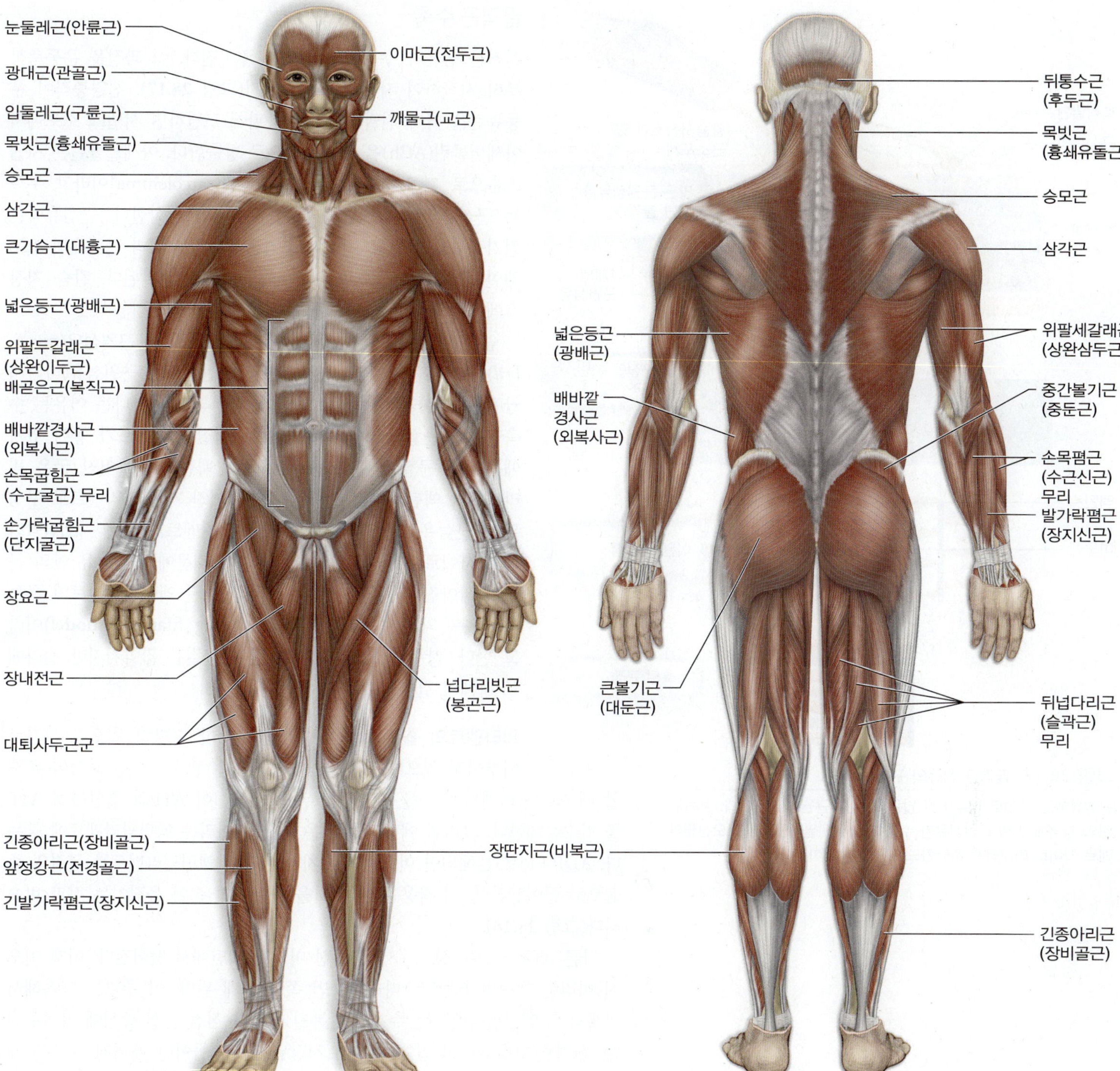

그림 28.16 사람의 주요 골격근.

신체 표면 가까이에 있는 주요 근육의 (**a**) 전면도와 (**b**) 후면도.

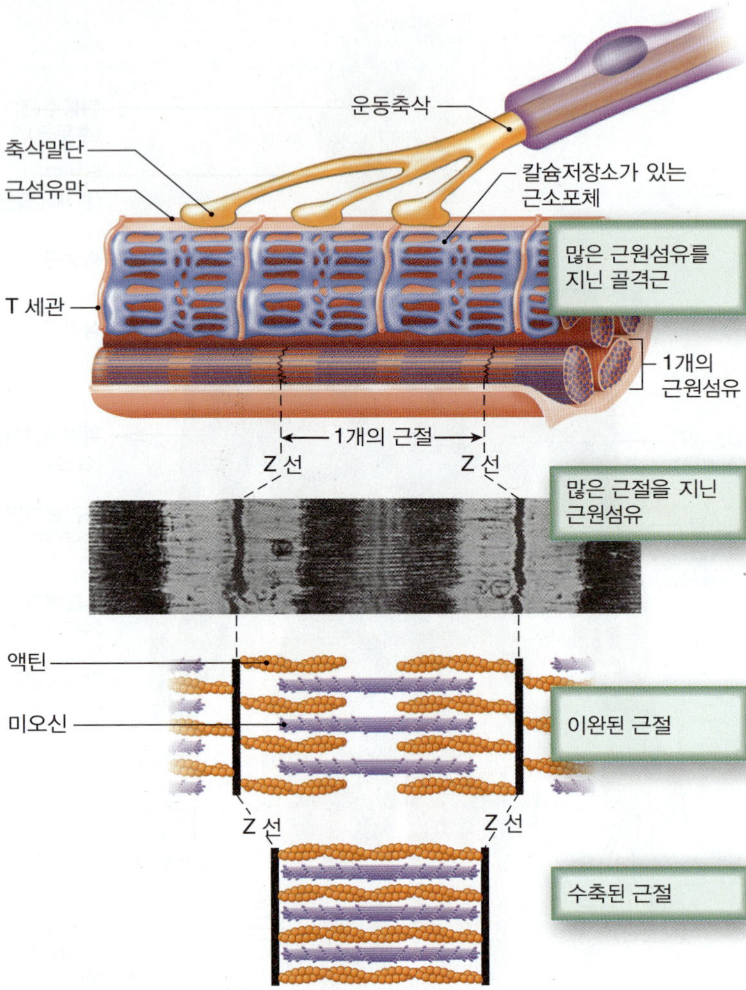

그림 28.17 골격근 섬유의 구조와 기능.

근섬유에는 근절로 나누어진 많은 수축성 근원섬유가 있다. 운동뉴런의 자극에 의해 근원섬유가 수축하면, 액틴필라멘트가 미오신필라멘트 사이로 미끄러져 지나가므로 근절이 짧아진다.

골격근 수축

골격근 섬유가 수축하면 길이가 짧아진다. 이 과정을 운동축삭부터 시작하여 자세하게 살펴보자(**그림 28.17**). 신경충격이 운동뉴런을 따라 전달되어 신경종판에 도달하면 시냅스 소포에서 아세틸콜린(ACh)을 시냅스틈으로 방출한다. 아세틸콜린은 시냅스틈으로 빠르게 확산되어 근섬유막(sarcolemma)이라고 부르는 근섬유의 원형질막에 있는 수용기와 결합한다. 근섬유막은 전기충격을 발생시키며, 이 충격은 T세관을 따라 근섬유의 소포체인 **근소포체**(*sarcoplasmic reticulum*)로 전달된다. 칼슘 저장소에서 칼슘이 방출되면 근섬유가 수축하게 된다.

근섬유의 수축부위는 평행한 실모양의 많은 **근원섬유**(*myofibril*)이다(그림 28.17). 전자현미경 사진에서는 근원섬유(따라서 골격근 섬유)가 줄무늬로 보인다. 줄무늬가 나타나는 이유는 수축단위인 **근절(sarcomere)** 안에 단백질 필라멘트가 놓여 있기 때문이다. 근절은 **미오신(myosin)** 단백질로 만들어진 굵은 필라멘트와 **액틴(actin)** 단백질로 만들어진 가는 필라멘트로 구성된다. 근섬유가 수축하면 가는 액틴필라멘트가 굵은 미오신필라멘트 사이로 미끄러져 서로 근접하기 때문에 근원섬유 안의 근절이 짧아진다. 미오신필라멘트와 연관된 액틴필라멘트의 운동을 근수축의 **활주필라멘트 모델(sliding filament model)**이라고 한다. 활주과정이 일어나는 중에 근절은 짧아지지만 필라멘트 자체의 길이는 변하지 않는다.

필라멘트의 활주 굵은 필라멘트는 한 다발의 미오신 분자로 이루어져 있으며, 각각의 둥근 머리는 칼슘 이온(Ca^{2+})이 존재할 때 액틴필라멘트에 붙을 수 있다. 우선, 미오신이 ATP와 결합하여 ATP를 가수분해한다. 그러면 에너지를 얻은 미오신 머리는 액틴필라멘트에 붙는다. ADP+Pi로 분해되면 미오신의 위치가 바뀌어 액틴필라멘트를 근절의 중심으로 끌어당긴다. 이 작용은 마치 팔을 구부리면 손이 움직이는 것과 비슷하다(**그림 28.18**).

다른 ATP가 있는 상태에서, 미오신 머리가 액틴에서 떨어진다. 이제 미오신 머리는 액틴필라멘트를 따라 더 먼 쪽에 붙게 된다. 이 주기는 계속해서 반복되며, 액틴필라멘트는 주기가 반복될 때마다 점점 근절 중심에 가까워진다. 신경충격이 끝나고 칼슘 이온이 저장위치로 되돌아갈 때까지 수축은 계속된다. 근소포체 막에 있는 능동수송에 관여하는 단백질이 칼슘 이온을 펌프 작용에 의해 칼슘 저장소로 되돌려 보내며 근육은 이완된다. 사람이나 동물이 죽으면, ATP 생성이 멈춘다. ATP가 없으면, 미오신 머리는 액틴에서 떨어질 수 없고 칼슘을 근소포체로 다시 되돌려 놓을 수도 없다. 그 결과 근육이 수축된 상태에 머물게 되며 이 현상을 사후강직(*rigor mortis*)이라고 한다.

연관: 과학적 탐구

법의학자는 사망시점을 측정하는데 사후강직을 어떻게 활용하는가?

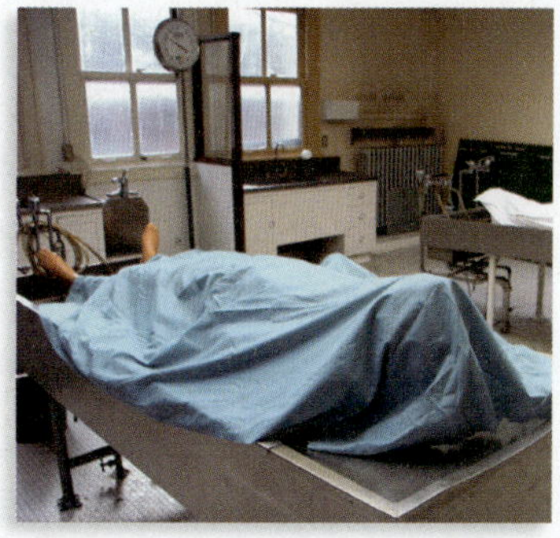

체온과 사후강직의 유무가 사망시점을 측정하는 데 도움이 된다. 예를 들어 사망 후 3시간 이내의 몸은 체온이 여전히 37°C로 따뜻하고 사후강직이 없다. 약 3시간 이후부터 정상 체온보다 낮아지고 사후강직이 나타나기 시작한다. 최소한 8시간이 지난 사체는 완전한 사후강직이 나타나고 체온도 주변온도와 같아진다. 법의병리학자들은 체온이 주위환경과 같고 사후강직 흔적이 더 이상 나타나지 않으면 사람이 죽은 후 24시간이 지난 것으로 판단한다.

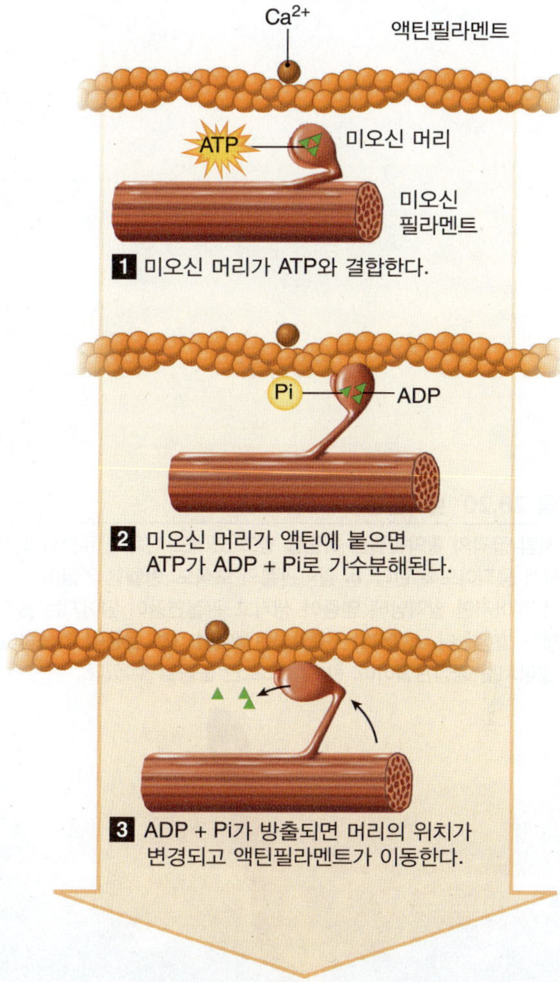

그림 28.18 근육이 수축하면 짧아지는 이유.

칼슘이 존재하면 1~3의 연속적인 작용이 시작되며, 이로 인해 미오신 머리가 액틴필라멘트에 붙어 근절의 중심 쪽으로 끌어당긴다. 다른 ATP 분자가 결합하면 미오신 머리가 안정 상태로 되돌아간다. 그런 뒤에 1~3의 연속과정이 반복되는데, 이때에는 미오신 머리가 액틴필라멘트의 더 먼 쪽에 결합한다.

관절 부위에서 뼈를 움직이게 하는 골격근

관절은 두개골처럼 움직이지 않거나, 척추골처럼 약간 움직이거나, 또는 무릎이나 엉덩이의 활막관절처럼 자유롭게 움직이는 세 종류로 나뉜다. **활막관절(synovial joint)**의 경우, **인대(ligament)**가 두 개의 뼈를 연결하여 힘과 지지력을 제공하고 윤활기능을 하는 활액이 차 있는 캡슐을 형성한다. 우아하고 민첩한 발레리나에서 공격적이고 기술적인 축구선수에 이르기까지, 모든 움직임은 힘줄에 의해 근육이 뼈에 부착되어 가동관절을 구성하고 있기 때문에 가능하다. 근육은 수축하면 짧아지므로 길항작용을 하는 쌍을 이루어 작동하여야 한다. 만일 길항작용을 하는 한 쌍의 근육 중 하나가 관절을 구부려 팔이 올라가도록 하면 나머지 다른 근육이 관절을 늘려서 팔이 똑바로 펴지도록 한다. **그림 28.19**는 팔꿉 관절에서 팔이 움직이는 원리를 보여준다.

그림 28.20*b*는 자유롭게 움직일 수 있는 활막관절의 해부 구조이다. 활막관절에는 활액으로 채워진 관절강 외에도 반월형 연골과 활액낭이라는 부속 구조가 있음을 주목하자. 반월형 연골(meniscus, *pl.* menisci)은 뼈 사이에 있는 C자 형태의 유리질(hyaline) 연골이며, 안정성을 부여하고 충격을 흡수한다. 활액낭(bursa, *pl.* bursae)은 액체가 차 있는 주머니이며, 노출된 뼈와 겹쳐진 근육 사이 또는 피부와 힘줄 사이의 마찰을 완화시켜준다.

엉덩이와 어깨에 있는 **구와식관절(ball-and-socket joint, 절구관절)**은 모든 방향과 회전까지도 가능하게 하는 활막관절이다(그림 28.20*c*). 팔꿈치와 무릎 관절은 **경첩관절(hinge joint)**이라고 하는 활막관절이며, 경첩이 달린 문처럼 한 방향으로만 움직일 수 있다(그림 28.20*d*).

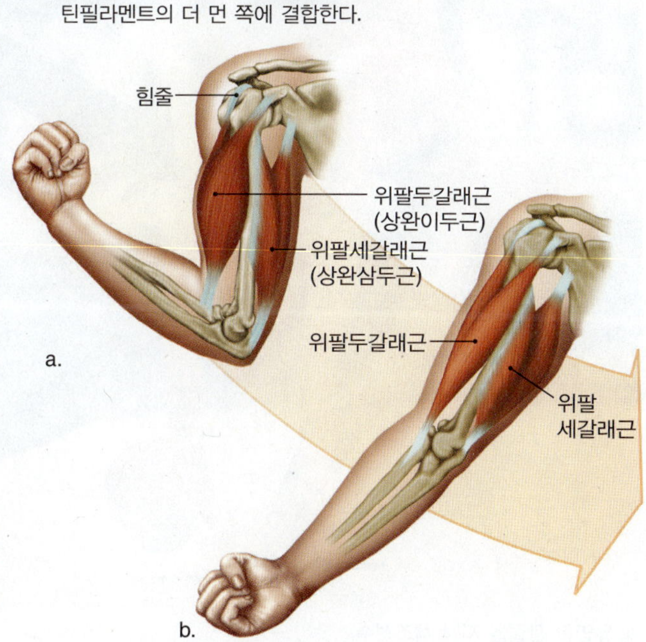

그림 28.19 근육의 작용.

근육이 수축하면 길이가 짧아진다. 따라서 근육은 오직 끌어당길 수만 있고 밀 수는 없다. 이로 인해 근육은 길항작용을 하는 쌍을 이루어 작용하게 된다. 쌍을 이룬 두 근육은 각각 반대 방향으로 뼈를 당긴다. 예를 들어 (**a**) 위팔두갈래근(상완이두근)이 수축하면 위팔이 구부러져 올라가며, (**b**) 위팔세갈래근(상완삼두근)이 수축하면 위팔이 펼쳐져 내려간다.

관절 질환 인대와 힘줄이 관절에서 너무 늘어나면 염좌(*sprain*)가 발생한다. 예를 들어, 발목을 너무 크게 꺾으면 발목이 삘 수 있다. 관절을 너무 많이 사용하면 활액낭에 염증이 생기는 활액낭염(*bursitis*)이 생길 수 있다. 테니스 엘보우도 일종의 활액낭염이다. 가장 흔한 무릎 상해는 연골 파열이다. 반월형 연골의 파편조각이 관절운동을 방해할 수 있기 때문에 의사들은 이 조각을 제거할 것을 권장한다. 현재는 관절경 수술로 연골파편을 제거하거나, 인대 또는 연골의 치료가 가능해졌다. 작은 수정체와 광원이 달려 있는 작은 기구를 관절에 삽입한다. 그 후 액체를 채워 관절을 부풀리고 관절 구조를 관찰한다. 모니터를 통해 수술팀 전원이 수술과정을 볼 수 있다. 관절경 수술은 무릎을 길게 절개하는 외과 수술에 비해 상처가 훨씬 덜하다. 관절경의 장점은 절개부위가 작고 치유가 빠르며, 회복이 빠르고 상흔이 적게 남는다는 것이다. 관절경 수술 환자는 외래환자에게도 흔히 시행하며, 수술 당일에 집으로 돌아올 수 있다.

그림 28.20 활막관절.

a. 사람 골격의 활막관절은 하중을 받고 있어도 신체가 유연하고 정확하게 움직이도록 한다. **b.** 활막관절의 모식도. 반월형 연골이나 인대가 찢어지면 활액낭에 염증이 생기고 관절연골이 떨어지는 등의 문제가 발생한다. **c.** 어깨는 구와식관절이며, 3축 운동이 가능하다. **d.** 팔꿈치는 경첩관절이며, 한 방향으로만 운동할 수 있다.

a. 유연한 관절을 지닌 체조선수

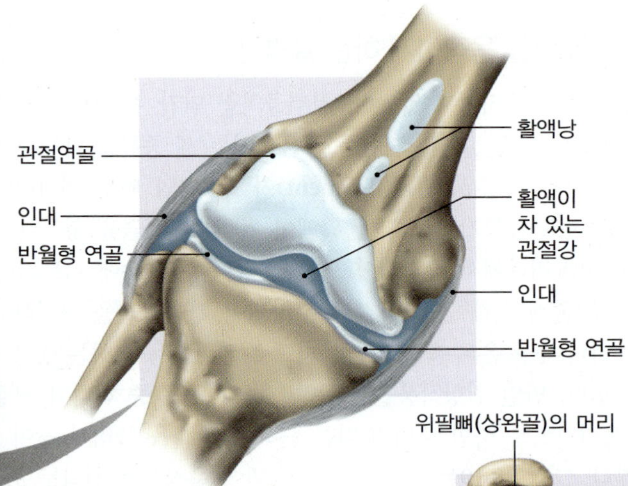

b. 활막관절의 모식도

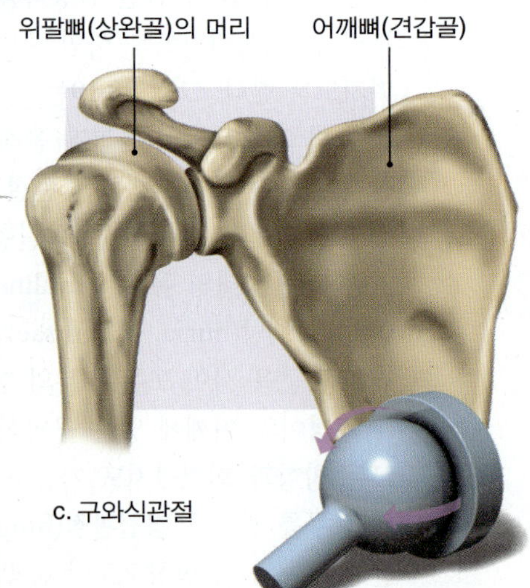

c. 구와식관절

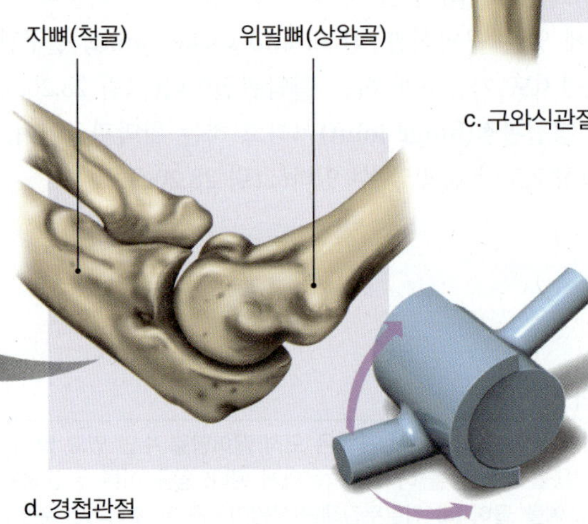

d. 경첩관절

26장에서 설명한 류머티스성 관절염보다는 골관절염(osteoarthritis, 퇴행성관절염)이 더욱 흔하게 나타난다. 골관절염은 과도한 사용에 의해 관절이 노후화되어 나타난다. 지속적인 압축과 마모에 의해 관절연골이 손상되며, 결국 물러지고 깨지며 특정부위가 닳아 없어지기도 한다. 이 병이 진행됨에 따라 노출된 뼈가 두꺼워지고 뼈의 끝부분에 돌기가 형성되어 움직일 수 없게 된다. 체중을 줄이면 관절염을 완화할 수 있다. 체중을 약 1.5 kg 줄이면 엉덩이나 무릎 관절에서 5~8 kg의 하중을 줄일 수 있다. 체계적인 운동 프로그램으로 근육량을 늘리면 관절을 안정시킨다. 자전거 타기나 수영 같은 관절에 무리가 덜 가는 활동이 가장 좋다.

현재는 손상된 관절을 인공관절로 대체하는 것이 가능해졌다. 어떤 사람들은 인공관절을 대신하는 대체요법으로 글루코사민-콘드로이틴 보충제의 효과를 보기도 한다. 아미노당인 글루코사민은 관절의 형성과 재생을 촉진하는 것으로 보인다. 탄수화물인 콘드로이틴은 연골의 구성성분이며, 보습과 탄성을 높이고 연골을 파괴하는 효소를 억제시키는 것으로 알려졌다. 두 성분 모두 우리 몸에서 천연적으로 생산된다.

운동 체계적인 운동 프로그램을 활용하면 많은 장점을 누릴 수 있다. 운동은 근육을 강화하고 지구력과 유연성을 증가시킨다. 또한 심폐기능을 증진시키고 혈중 콜레스테롤 수치를 낮출 수 있다. 운동을 하면 여러 종류의 암 발생도 줄일 수 있다. 운동은 조골세포의 활성을 증가시켜 골다공증을 예방한다. 운동은 체중 증가를 방지하는데, 이것은 대사활성을 증가시킬 뿐만 아니라, 근육량을 증가시켜 체지방이 거의 축적되지 않기 때문이다. 운동은 심지어 우울증을 줄이고 기분을 좋게 만든다.

28.2 개념 연결하기
근골격계는 신체 부위의 움직임이 가능하도록 한다.

진도 점검하기 28.2

1. 근육계와 골격계의 역할을 요약하시오.
2. 근육의 세 가지 유형을 제시하고 각각의 기능을 설명하시오.
3. 몸통골격과 사지골격의 위치를 설명하시오.
4. 긴 뼈의 구조가 어떻게 그 기능에 적절하게 작용하는지 설명하시오.
5. 근육이 수축할 때 짧아지는 이유를 설명하시오.

요약

28.1 감각

살아 있는 모든 생명체는 자극에 대해 반응한다. 동물의 경우 자극을 받으면 감각뉴런에서 신경충격이 만들어진다. 이들 신호는 흔히 **통합(integration)**과 **감각적응(sensory adaptation)**을 거친 후 뇌로 보내진다. 뇌에서 이 정보를 처리한 후 운동반응이 시작된다.

자극 ⟶ 신경충격 ⟶ 중추신경계 ⟶ 운동반응

화학적 감각

화학적 수용(chemoreception)은 동물에서 보편적으로 나타나며, 따라서 가장 원시적인 감각이라 할 수 있다. 사람의 미뢰와 후각 수용기는 **화학수용기(chemoreceptor)**이다.

- 미뢰에는 음식물의 화학물질과 결합하는 수용체 단백질이 있는 미세융모가 있다.
- 후각수용기 세포에는 냄새분자와 결합하는 수용체 단백질이 있는 섬모가 있다.

청각과 균형

청각에 대한 감각수용기는 압력파에 반응하는 부동섬모가 있는 **기계적 수용기(mechanoreceptor**, 털세포)이다.

- 털세포(hair cell)는 외이를 통해 들어와 중이의 이소골에 의해 증폭된 자극에 반응한다.
- 털세포는 달팽이관에 위치한 나선기관에 있다. 나선기관이 신경충격을 발생하여 뇌로 전달한다.

균형(평형)을 담당하는 감각수용기 역시 부동섬모가 있는 털세포이다.

- 반고리관 기저부에 있는 털세포는 **회전평형(rotational equilibrium)**을 담당한다.
- 난형낭과 구형낭의 털세포는 **중력평형(gravitational equilibrium)**을 담당한다.

시각

동물의 시각은 빛을 탐지하는 **광수용기(photoreceptor)**를 활용한다. 사람의 광수용기는

- 각막과 수정체를 통해 초점을 이룬 빛에 반응한다.
- 막대세포와 원뿔세포의 두 가지로 구성된다. 막대세포에 있는 로

돕신은 옵신과 레티날로 분리된다.

- 망막에 있는 다음 세포층과 정보를 교환한다. 신경충격은 망막의 세 층에서 통합된 후 뇌로 전달된다.

피부수용기와 자기수용기

이 수용기들은 뇌의 1차 감각영역과 소통한다. **피부수용기(cutaneous receptor)**는 뜨거움, 차가움, 접촉, 압력을 감지하며, **자기수용기(proprioceptor)**와 **골지힘줄(Golgi tendon)**은 늘어남을 감지한다. **통각수용기(nociceptor)**는 통증을 감지한다.

28.2 운동계

골격계(skeletal system)와 **근육계(muscular system)**는 중추신경계의 지시에 따른 움직임에 관여한다. 근육과 뼈는 함께

- 몸을 지탱하고 신체 부위를 움직이게 한다.
- 내장기관을 보호한다.
- 다른 기관계의 기능을 도와준다.

또한

- 골격근의 수축은 심혈관계의 정맥과 림프관에서 혈액 이동을 도와준다.
- 골격근은 열을 만들어 몸을 따뜻하게 한다.
- 뼈는 혈구세포의 생성장소일 뿐 아니라 칼슘과 인산염의 저장소이다.
- 동물의 골격에는 몇 가지 유형이 있다.
  - 내골격: 사람의 골격
  - 외골격: 곤충의 골격
  - 수성골격: 액체로 차 있는 내강. 지렁이

사람의 골격

사람의 골격은 두 부분으로 구분된다.

- **몸통골격(axial skeleton)**은 두개골, 척주, 흉골 및 갈비뼈로 구성된다.
- **사지골격(appendicular skeleton)**은 지지대와 부속지로 구성된다.

뼈에는

- 칼슘 저장소인 **치밀골(compact bone)**과 적색골수가 있는 **해면골(spongy bone),**
- 지방 저장소인 강소(cavity),
- **골세포(osteocyte)**가 포함되어 있다.

골다공증(osteoporosis)은 뼈에 칼슘이 부족해서 나타나는 질환이다.

근육

근육의 유형은 평활근, 심장근, 골격근의 세 가지이다.

- 평활근은 얇은 판 모양의 층을 형성하는 방추형 세포로 구성된다.
- 심장근은 그물망을 형성하는 줄무늬 세포로 구성된다.
- 골격근은 줄무늬가 있는 원통형 세포(섬유)이며, 근육의 길이를 이룬다.

골격근세포에서는

- 근원섬유(myofiril), **미오신(myosin)** 필라멘트, **액틴(actin)** 필라멘트가 **근절(sarcomere)** 안에 배열되어 있다.
- 미오신필라멘트가 액틴필라멘트를 끌어당기고, 근절이 짧아진다. 이것을 활주필라멘트 모델이라고 한다.

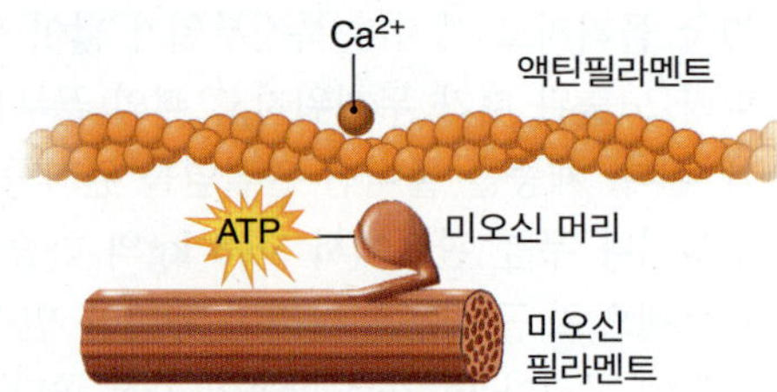

- 필라멘트의 이동에는 ATP가 필요하다.

골격근은

- 관절에서 뼈가 움직이도록 한다.
- 길항작용을 하는 쌍을 이루어 작용한다.

활막관절(synovial joint)에서는

- 인대(ligament)가 뼈를 이어준다.
- **구와식관절(ball-and-socket joint)**은 모든 방향으로 움직인다.
- **경첩관절(hinge joint)**은 한 방향으로만 움직인다.

개념 연결하기

감각 구조는 다양한 환경의 자극을 감지한다. 신경계의 운동 출력을 통해 자극에 적절하게 대응할 수 있다.

28.1 감각은 환경의 다양한 자극을 감지한다. 신경계의 운동 출력을 통해 자극에 적절하게 대응할 수 있다.

28.2 근골격계는 신체 부위의 움직임이 가능하도록 한다.

감각 입력과 운동 출력에 관한 정보가 더 필요하면 다음 논의를 참조하시오.

22.3절 감각 입력, 음성되먹임 기작, 항상성의 상관관계에 대한 설명.

27.1절 감각뉴런이 연합뉴런(interneuron)에 정보를 전달하여 통합하도록 하는 방법에 대한 설명.

27.1절 신경근육 연접의 시냅스에서 일어나는 일련의 사건에 대한 설명.

혼자 풀어보기

가장 적절한 답을 고르시오.

28.1 감각

1. 사람의 눈은 무엇에 의하여 초점을 맞추는가?
   - **a.** 수정체의 두께를 변화시켜서
   - **b.** 수정체의 형태를 변화시켜서
   - **c.** 동공을 열거나 닫아서
   - **d.** 수정체를 회전시켜서

2. 눈으로 들어오는 빛의 양을 조절하는 눈의 부위는 무엇인가?
   a. 각막　　b. 동공
   c. 수정체　　d. 중심와
   e. 망막

[3~7] 문제에 해당하는 감각수용기의 유형을 보기에서 고르시오. 보기의 항목은 여러 번 사용될 수 있음.

보기:
a. 자기수용기　　b. 화학수용기
c. 기계수용기　　d. 통각수용기
e. 광수용기

3. 통증을 감지함
4. 빛의 파장에 반응함
5. 소리를 듣는 감각에 관여함
6. 맛을 보고 냄새를 맡는 감각에 관여함
7. 신체의 자세를 유지하도록 함
8. 다음 그림에서 귀의 각 부위에 해당하는 명칭을 쓰시오.

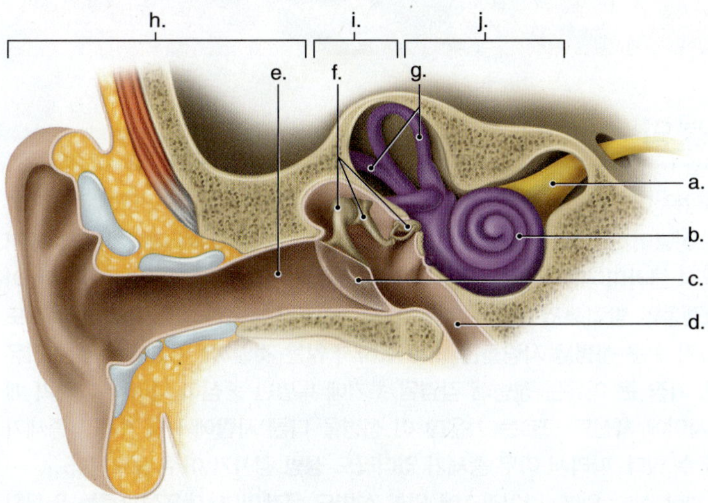

9. 다음 그림에서 눈의 각 부위에 해당하는 명칭을 쓰시오.

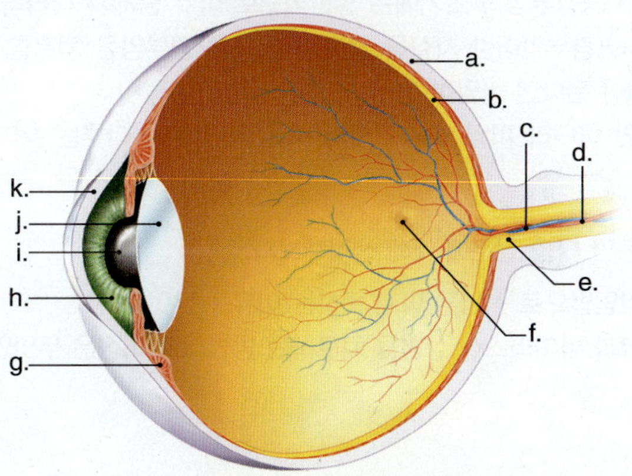

28.2 운동계

10. 근절의 굵은 필라멘트는 주로 무엇으로 구성되어 있는가?
    a. 칼슘　　b. 액틴
    c. 미오신　　d. 로돕신
    e. b와 c가 정답
11. 다음 중 자유롭게 움직이고 액체가 차 있는 관절은?
    a. 활막관절　　b. 자기수용(proprioceptive)관절
    c. 골지관절　　d. 이석관절
    e. 수성관절
12. 골격근 섬유에서 수축하는 부위는?
    a. 근원섬유　　b. 가는 섬유
    c. 굵은 섬유　　d. 근소포체
13. 뼈조직을 축적하는 세포 유형은?
    a. 골세포　　b. 파골세포
    c. 조골세포　　d. 모두 옳지 않음
14. 골격근 수축의 기본단위를 무엇이라고 부르는가?
    a. 파골세포　　b. 미오신필라멘트
    c. 근절　　d. 인대
15. 사람에서 발견되는 골격의 유형은?
    a. 내골격　　b. 외골격
    c. 수성골격

과학적으로 생각하기

1. 시각상실을 일으키는 두 가지 원인은 노화에 따른 황반변성과 당뇨성 망막병증이다. 두 경우 모두 망막에 비정상적으로 많은 혈관이 발달하는 혈관신생이 특징이다. 혈관신생으로 인해 시각이 손상되는 이유는 무엇이라고 생각하는가? 암 연구과정에서 이 같은 안질환에 대한 새로운 치료방법이 개발되었다. 시각상실과 암을 유발하는 원인 사이에 상관성이 있다고 보는가?
2. 인간 유전체를 연구하는 학자들은 쓴맛을 내는 물질에 대한 수용기를 암호화하는 80개 정도의 유전자군을 찾아내었다. 이들 유전자는 혀의 미각수용기 세포에서 만들어지는 단백질을 암호화한다. 일반적으로 혀의 세포 각각에서는 여러 유형의 미각수용기가 발현된다. 그러나 후각의 경우 세포마다 1,000개의 후각수용기 유전자 중 단 1개만 발현되며, 서로 다른 세포에서 서로 다른 유전자가 발현된다. 이런 차이가 서로 다른 화학물질에 대해 맛을 보는 능력과 냄새를 맡는 능력에 어떠한 영향을 주었다고 생각하는가? 맛과 냄새에 대해 감지하는 시스템이 서로 다른 유전자 발현 양상으로 진화하게 된 이유는 무엇일까?

29

생식과 배아 발생

개 요

시작하기 전에

이 장을 시작하기 전에 다음 내용을 다시 살펴보자.

그림 9.2 사람의 생활사에서 체세포분열, 감수분열의 역할은 무엇인가?

9.1절 정자형성과정, 난자형성과정의 차이점은 무엇인가?

27.2절 뇌하수체에서 생성되는 호르몬 중 사람의 생식과 관련된 것은 무엇인가?

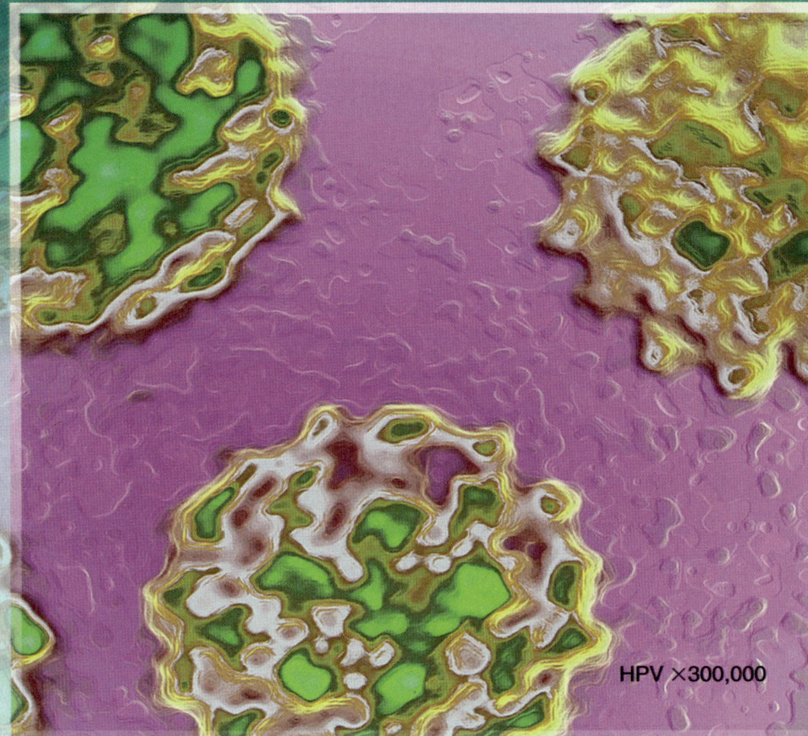

성병과 불임

대부분의 사람은 어떻게 성병에 걸리는지 알고 있다. 하지만 성병을 어떻게 치료해야 하는지 또는 성병이 오랜 기간 방치되면 어떤 결과를 초래하는지에 대해서는 잘 알지 못한다. 세균성 클라미디아나 임질 같은 성병은 매우 쉽게 치료할 수 있다. 하지만 이 성병들을 오랫동안 방치해서 제대로 치료하지 않으면 영구적인 불임을 초래할 수도 있다. 치료하기 쉬운 성병을 사람들은 왜 치료하지 않는 것일까? 여기에는 많은 이유가 있겠지만, 가장 큰 이유는 성병에 감염된 초기에 특별한 증상이 나타나지 않기 때문이다. 그 사이에 자신도 모르는 가운데 이 성병을 다른 사람에게 옮기거나 증세가 더 심각해질 수 있다. 따라서 아무 증세가 없더라도 성병 검사가 아주 중요하다.

세균에 의한 성병 외에, 바이러스에 의한 성병도 문제이며, 대표적으로는 인체면역결핍바이러스(HIV)나 인체유두종바이러스(HPV)가 있다. HPV(위 그림)는 자궁경부암의 주요 원인이다. 자궁경부암의 초기에는 일반적으로 아무 증세가 나타나지 않지만, 정기검진을 통해 자궁경부암이란 사실을 알게 된다. 자궁경부암을 치료할 때 자궁경부와 자궁을 제거해야 된다면 불임이 될 수 있다.

생식은 성병뿐만 아니라 피임, 생식기술 및 사람의 발생을 다루는 흥미로운 주제이다.

이 장을 공부하는 동안 다음 질문에 대해 생각해보자.

1. 대부분의 피임법으로 성병을 막지 못하는 이유는 무엇인가?
2. 세균성 성병과 바이러스성 성병을 치료하는 방법의 차이점은 무엇인가?

29.1 동물의 생식

학습 목표

이 절을 학습한 후에는 다음 과제를 수행할 수 있어야 한다.

1. 동물의 무성생식과 유성생식의 차이점을 구별하기.
2. 동물의 육상생식과 수중생식에 필요한 적응과정에 대해 설명하기.

동물은 대개 유성생식을 하지만, 일부는 무성생식을 할 수 있다. **무성생식(asexual reproduction)**에서는 부모 중 하나만 있고, 그 자손은 일반적으로 부모와 유전적으로 동일하다. 반면에, **유성생식(sexual reproduction)**에서는 부모가 둘이다. 유성생식에서는 부모의 유전물질이 섞이므로 일반적으로 그 자손은 유전적으로 부모 모두와 다르다.

무성생식과 유성생식

무성생식의 예로 자포동물(Cnidarian)의 하나인 히드라(hydra)가 있다(19장 참조). 히드라는 출아법으로 번식한다. 새로운 개체는 모체의 돌출부인 싹(bud)에서 발생한다(**그림 29.1**). 대부분의 편형동물은 둘로 나누어진 후 각각의 부분이 재생되어 새로운 개체가 만들어진다. 이러한 방식은 해면동물과 극피동물에서도 볼 수 있다. 불가사리는 여러 조각으로 나누어도 죽지 않으며, 잘린 조각에 입에 해당하는 구판(oral disk)이 포함되어 있다면 또 다른 불가사리로 성장하게 된다.

단성생식(parthenogenesis)은 유성생식의 변형된 한 방식이며, 수정되지 않은 난자가 완전한 개체로 발달한다. 꿀벌 집단의 여왕벌은 난자를 수정시킬 수도 있고, 수정되지 않은 알을 낳을 수도 있다. 수정된 난자는 이배체 암컷(일벌)이 되고, 수정되지 않은 난자는 반수체 수컷(수펄)이 된다. 이러한 단성생식은 상어를 포함한 일부 어류, 그리고 양서류와 파충류의 여러 종에서도 볼 수 있다.

유성생식의 경우, 일반적으로 **생식소(gonad)**라는 특별한 기관에서 배우자를 생산한다. 생식소는 정자를 생산하는 **정소(testis)**와 난자를 생산하는 **난소(ovary)**이다. 유성생식 동안, 암컷의 난자와 수컷의 정자가 합쳐져 **접합자(zygote**; 수정된 난자)가 된다. **암수한몸(hermaphrodite)**인 지렁이(수컷과 암컷의 생식기관을 모두 가지고 있음) 사이에서도 교차수정(서로에게 암수의 역할을 함)이 일어난다. 아주 특이한 경우도 있다. 놀래기과에 속하는 어떤 물고기는 수컷이 여러 암컷과 무리를 이룬다. 만약에 수컷이 죽으면 가장 큰 암컷이 수컷이 된다.

그림 29.1 무성생식.

성체 히드라에서 새로운 히드라가 출아된다. 이것은 무성생식의 한 종류로, 하나의 히드라(위)에서 출아되어 이제 두 히드라(아래)가 존재한다.

그림 29.2 수중생식.

물속에서 생식하는 경우, 알이나 배아가 건조되지 않는다. 암수 개구리가 교미하고 있다. 암 개구리는 물속에 배우자(생식세포)를 배출하여 수정이 이루어지도록 한다. 알에는 난황이 있어서 배아가 스스로 먹이를 섭취할 수 있는 유생이 될 때까지 영양분을 공급해준다.

육상생식과 수중생식의 비교

많은 수중동물은 몸 밖인 물속에서 정자와 난자가 결합하는 체외수정을 한다(**그림 29.2**). 많은 수중동물은 수정이 이루어진 후 유충단계(larval stage; 먹이섭취 능력이 미숙한 단계)를 거쳐 어느 정도 성장기를 지나 성체가 된다.

체내수정은 **교미(copulation)**라는 방법을 통해 정자와 난자가 쉽게 결합하는 것이다. 일부 수중동물은 교미기관을 가지고 있다. 바닷가재와 왕새우는 변형된 유영지(swimmerets)를 가지고 있다. 육상동물의 경우, 수컷은 음경을 이용해 암컷의 질 안에 정자를 넣는다(**그림 29.3**). 그러나 모든 육상동물이 교미기관을 갖고 있는 것은 아니다. 예를 들어 새들은 음경이나 질이 없으며, 대신 총배설강(cloaca; 소화계, 배설계, 생식계에서 오는 물질이 모두 모이는 방)이 있다. 수컷과 암컷이 서로 총배설강을 접촉하여 정자를 전달한다.

체내수정이 이루어진 후에 수정란을 낳거나 새끼를 낳는다. 알을 낳는 동물을 난생(*oviparous*)이라고 하며, 알이 몸에서 배출된 후 부화된다. 파충류와 특히 조류는 영양물질이 풍부한 난황을 포함한 알을 낳는 난생동물이다. 두꺼운 껍질로 감싸인 알 속에서 새끼의 발생이 완전하게 이루어진다. 배외막(*extraembryonic membranes*)이라고 하는 특별한 막이 있어서 배아를 보호하며, 건조되지 않도록 한다. 껍질이 있는 알은 수중생식에서 벗어나 육상환경에서 살 수 있도록 진화한 중요한 적응이다(19장 참조).

특히 조류는 자신의 알을 돌보며, 부화된 새끼가 스스로 날아다니며 먹이를 구할 수 있을 때까지 돌본다. 많은 호르몬과 신경계 조절작용에 의해 "부모 새"의 생식행동이 이루어진다. 이와는 다른 방식으로 행동하는 동물도 있다. 이들은 알을 낳고 돌보는 대신에 체내에서 알을 부화시킨 후, 자신처럼 행동할 수 있는 완전히 발달한 새끼를 낳는다. 이런 방식을 난태생(*ovoviviparous*)이라고 한다. 연체동물인 굴은 외투강 안에 알을 보관하며, 척추동물인 해마는 알이 발생하는 장소인 육아낭을 가지고 있다. 살무사를 비롯한 몇 종류의 뱀도 알이 부화될 때까지 체내에 품은 후 어린 새끼를 배출한다.

마지막으로, 대부분의 포유류는 어린 새끼를 낳는 태생(*viviparous*)이다. 이들은 새끼가 태어난 후 성장에 필요한 영양분을 어미가 공급해준다. 태생은 아직 태어나지 않은 새끼를 돌보는 궁극적인 방법이다. 어떻게 하여 일부 포유류에서 태생이 진화하였을까? 오리너구리와 바늘두더쥐 등의 일부 포유류는 알을 낳는다. 이에 비해 유대류는 거의 성숙되지 않은 상태에서 태어나며, 육아낭에서 젖을 빨며 발생과정을 이어간다. **태반(placenta)**은 부분적으로 융모막(chorion)에서 유래한 복합 구조물이다. 융모막은 껍질이 있는 알에서 처음으로 나타났으며, 배아를 둘러싸는 가장 바깥쪽

그림 29.3 육상생식.

육상에서 생식하는 동물은 자신의 배우자(생식세포)와 배아가 건조되지 않도록 보호해야 한다. 수컷이 음경을 이용하여 암컷에게 정자를 전달하고 있다. 여기서 생성된 배아(또는 태아)는 암컷의 체내에서 독립적인 생활이 가능할 때까지 발달과정을 거친다.

막이다. 태반이 진화함에 따라 발달 중인 새끼와 모체가 내부적으로 물질을 교환할 수 있게 되었다.

연관: 과학적 탐구

태생포유류의 임신기간은 어느 정도인가?

수태부터 출산에 이르기까지, 자궁 내에서 발달하는 기간인 임신기간은 종에 따라 매우 다르다. 일부 포유동물의 평균 임신기간은 다음과 같다. 햄스터 16일, 생쥐 21일, 다람쥐 44일, 돼지 114일, 곰 220일, 사람 270일, 기린 425일, 범고래 500일, 인도코끼리 624일.

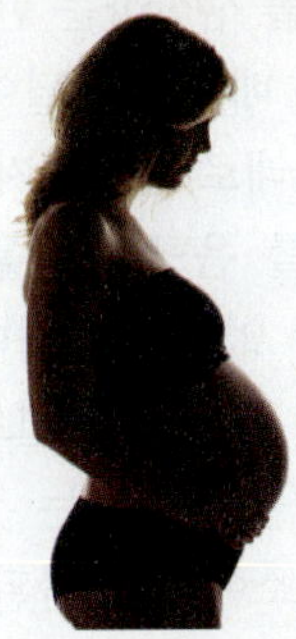

진도 점검하기 29.1

1. 유성생식과 무성생식의 차이점을 요약하시오.
2. 수중생식과 육상생식의 장점과 단점을 기술하시오.
3. 난생, 난태생, 태생의 차이점을 설명하시오.

개념 연결하기 29.1
동물의 생식방법은 유성생식과 무성생식 형태로 진화하였다.

29.2 사람의 생식

학습 목표

이 절을 학습한 후에는 다음 과제를 수행할 수 있어야 한다.

1. 남성과 여성의 생식계의 구조 및 기능을 설명하기.
2. 남성과 여성의 생식계를 조절하는 호르몬의 역할에 대해 설명하기.
3. 피임방법 및 피임도구의 작용기작 및 효과를 설명하기.
4. 남성과 여성의 불임원인을 살펴보기.
5. 임신을 도와주는 여러 기술에 대해 설명하기.
6. 성병을 일으키는 원인을 살펴보기.

사람의 생식계는 생식소 및 부수기관의 두 가지 요소로 구성되어 있다. (1) 생식소(정소, 난소)는 배우자(정자, 난자)와 성호르몬을 생산한다. (2) 부수기관은 배우자를 운반하며, 여성의 경우 배아 또는 태아의 거처이다.

남성 생식계

남성의 생식기관은 정소(testis, *pl.* testes), 부정소(epididymis, *pl.* epididymides), 정관(vas deferens, *pl.* vasa deferentia), 그리고 요도(urethra)로 이루어져 있다(**그림 29.4*a***). 남성의 요도는 비뇨계와 생식계의 기능을 갖는다. 정자를 생산하는 한 쌍의 정소는 음낭 안에 있다. 정소는 복강 안에서 발달하지만, 배아의 발달이 진행되면 음낭으로 내려간다. 만약 태어난 아기의 정소가 아래로 내려가지 않은 경우, 호르몬 치료를 하지 않거나 외과 수술을 통해 정소를 음낭으로 옮겨주지 않으면 불임이 된다. **불임(sterility)**은 자식을 낳을 수 없는 상태이다. 체온에서는 정상적인 정자 생산이 억제되기 때문에 약간 낮은 온도가 필요하다. 따라서 정소가 체외에 있는 음낭으로 내려오지 못하면 불임이 되는 것이다.

정소에서 생산된 정자는 정소의 바로 옆에 있는 부정소(*epididymis*)에서 성숙된다. 이러한 성숙과정은 난자를 향해 운동하기 위해 필요한 것으로 보인다. 성숙한 정자는 근육 수축에 의해 정관(*vas deferens*)으로 들어간다. 정관절제술(vasectomy)은 정관을 절단하거나 묶어서 정자가 이동하지 못하도록 하는 피임방법이다(표 29.1 참조). 정자는 부정소와 정관 모두에 저장된다. 남성이 성적 자극을 받으면, 정자가 사정관을 거쳐 음경 안에 있는 요도로 들어간다.

음경(penis)은 음낭의 앞에 달려 있는 원통 모양의 기관이다. 음경에는 팽창할 수 있는 혈관이 있는 해면질의 발기조직이 있다(그림 29.4*b*). 성적 자극을 받으면 신경의 반사작용에 의해 음경의 동맥혈 흐름이 증가된다. 이렇게 증가된 혈류가 발기조직의 혈관을 채우고, 그 결과로 평소에는 늘어져 있던 음경이 단단해지고 커진다. 이러한 변화를 발기라고 부른다. 음경이 발기되지 않는 상태를 발기부전(*erectile dysfunction, ED*)이라고 한다. 비아그라, 레비트라, 시알리스 같은 약물은 음경에 혈류를 증가시켜 성적으로 흥분되었을

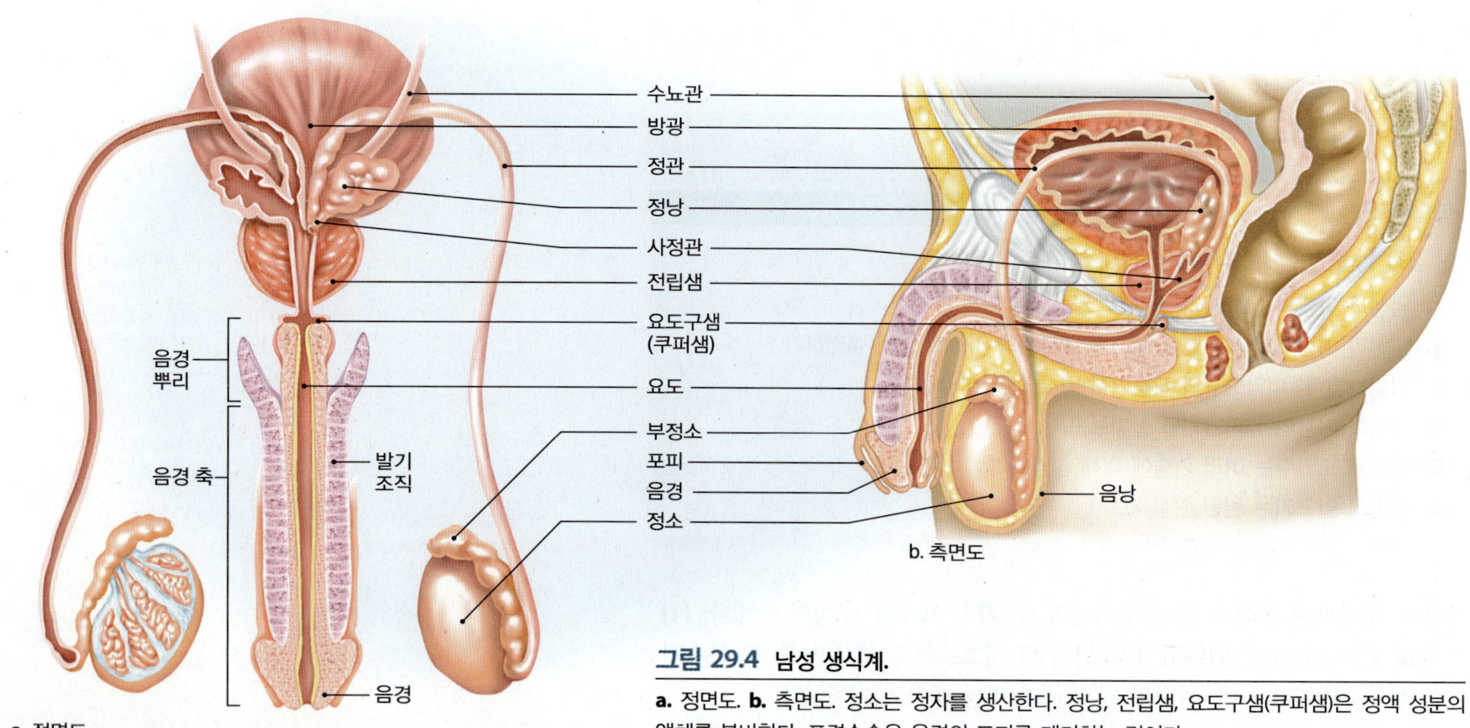

그림 29.4 남성 생식계.

a. 정면도. **b.** 측면도. 정소는 정자를 생산한다. 정낭, 전립샘, 요도구샘(쿠퍼샘)은 정액 성분의 액체를 분비한다. 포경수술은 음경의 포피를 제거하는 것이다.

때 발기상태를 유지하도록 한다.

정액(semen)은 정자와 세 가지 분비샘에서 분비한 액체로 이루어진 흰색의 진한 액체이다. 분비샘은 정낭, 전립샘, 그리고 요도구샘(쿠퍼샘)이다. 정낭(*seminal vesicles*)은 방광의 기저부에 놓여 있다. 각각의 정낭이 정관과 연결되어 형성된 사정관이, 요도로 연결된다. 정자가 정관에서 사정관으로 이동할 때, 정낭에서 정자가 사용할 영양분을 포함한 진한 점성 액체를 분비한다. 방광 바로 아래에 있는 전립샘(*prostate gland*)은 유백색의 알칼리성 액체를 분비한다. 이 액체는 정자의 운동을 활발하게 해주고 소변으로 인한 요도의 산성도를 중화시키는 것으로 보인다. 노인이 되면 전립샘이 비대해질 수 있으며, 이렇게 되면 요도를 압박해 소변보기가 불편해질 수 있다. 전립샘암은 남성에게서 흔하게 나타난다. 전립샘 약간 아래쪽 요도의 양옆에 하나씩 있는 한 쌍의 작은 분비샘은 요도구샘(*bulbourethral glands*), 또는 쿠퍼샘(Cowper's gland)이라고 하며, 윤활유 역할을 하는 점성 액체를 분비한다. 요도는 또한 방광에서 나온 소변도 운반한다(그림 29.4 참조).

성적 자극이 절정에 도달하면, 발기에 이어서 사정(ejaculation)을 한다. 사정의 첫 단계는 누정(emission)이라고 한다. 이 단계에서는 척수가 보낸 신경 자극을 받은 부정소와 정관이 수축하고, 이로 인해 정자가 사정관으로 들어간다. 이때 정낭, 전립샘, 요도구샘에서 분비물을 방출한다.

사정의 두 번째 단계는 배출(expulsion)이라고 한다. 이 단계에서는 음경의 기부에서 근육이 주기적으로 수축하고, 요도구가 열려 정액이 분출된다. 발기는 일정한 시간 동안만 지속되며, 음경은 원래대로 늘어진 상태로 돌아간다. 남성은 사정 후에는 자극을 주어도 발기가 되지 않는 불응기를 겪는다. 음경에서 정액을 분출하는 수축작용은 남성 **오르가즘(orgasm)**의 한 부분이며, 이것은 성적 자극의 절정에서 일어나는 생리적, 심리학적 만족감이다.

정소

정소(testis)는 소엽이라고 부르는 구획들로 이루어져 있고, 소엽마다 단단하게 꼬인 구조인 세정관(*seminiferous tubules*)이 1~3개씩 있다(**그림 29.5*a*,*b***). 세정관의 횡단면을 현미경으로 관찰하면, 정자형성과정 중에 있는 세포가 가득 차 있는 것을 볼 수 있다. 정자형성과정 동안 감수분열을 통해 이배체(2n)에서 반수체(n)로 염색체의 수가 감소한다. 또한 세정관 내부에는 세르톨리 세포(*Sertoli cells*)도 존재하는데, 이 세포들은 정자의 생성을 지원하며, 영양분을 공급하고 정자의 생성을 조절한다. 정자(그림 29.5*c*)는 머리, 중편, 꼬리의 세 부분으로 구분할 수 있다. 머리는 핵을 지니고 있으며 첨체로 감싸여져 있다. 첨체에 있는 소화효소를 이용하여 정자가 난자의 바깥 막을 뚫고 들어갈 수 있다. 꼬리는 정자가 난자를 향해 이동하도록 하는 편모이며, 중편에는 에너지를 생산하는 미토콘드리아가 있다.

일반적으로 남성의 사정액에는 1 ml당 약 4,000만 개의 정자가 있어서 수정이 확실하게 일어날 수 있도록 한다. 그러나 100개 남짓한 정자만 난자 근처에 도달할 수 있으며, 정상적으로는 단 하나만 난자 내로 들어간다.

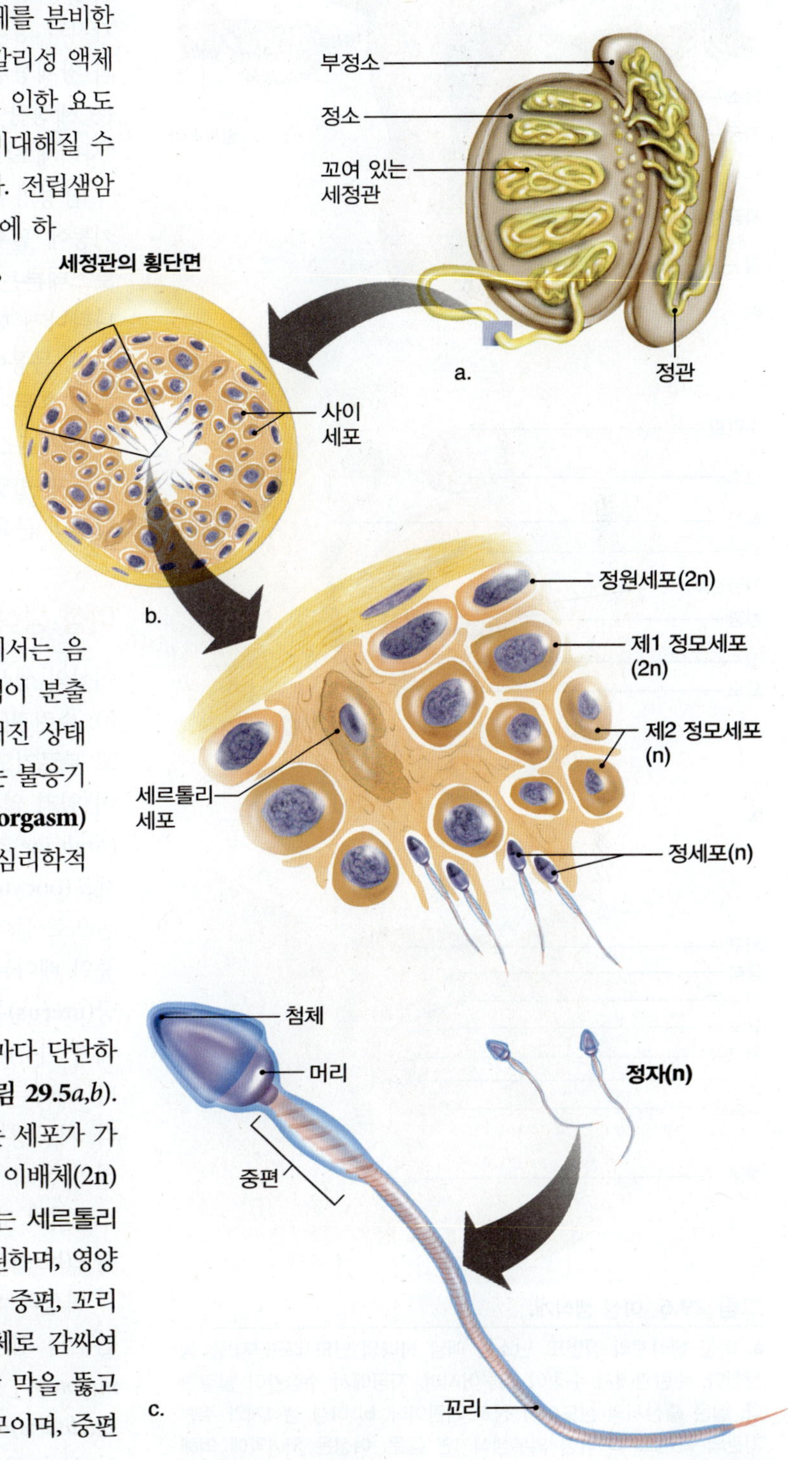

그림 29.5 세정관.

a. 정소에는 정자를 생산하는 세정관이 있다. **b.** 세정관의 횡단면. 정자형성과정에서 염색체의 수가 반으로 줄어든다. **c.** 정자는 머리, 중편, 꼬리로 구성된다. 핵을 지니고 있는 머리는 첨체가 감싸고 있다.

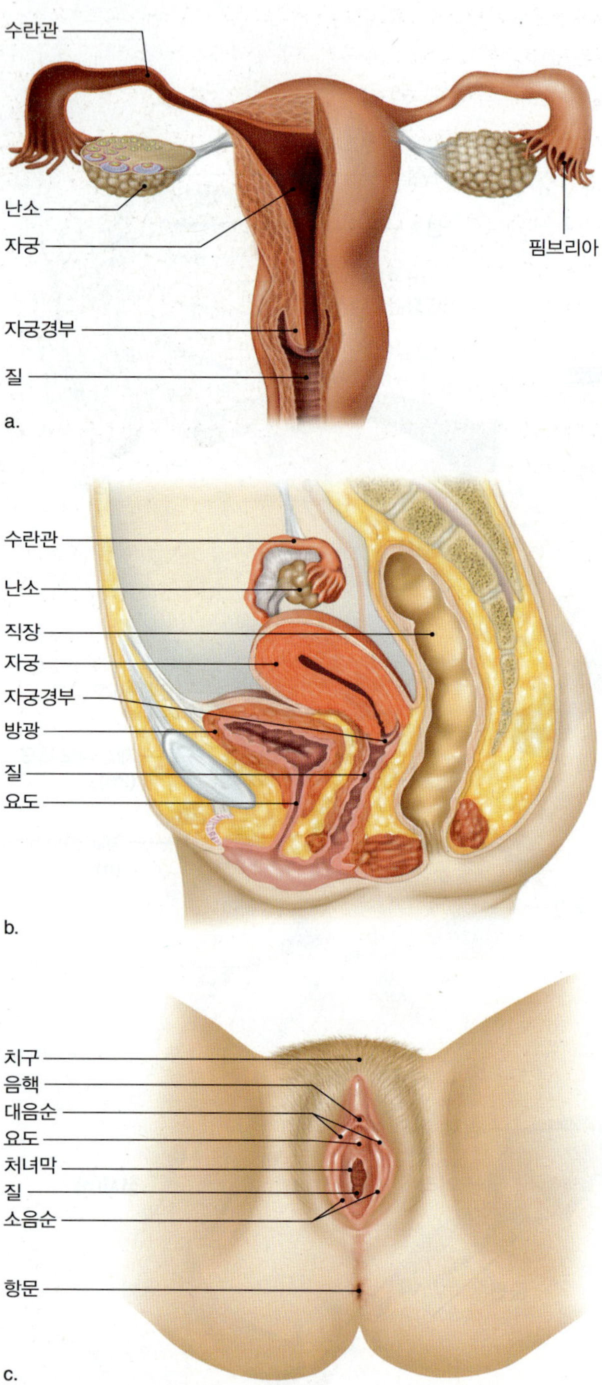

그림 29.6 여성 생식계.

a. 여성 생식계의 정면도. 난소는 매달 하나의 난모세포(난자)를 생산한다. 수란관에서 수정이 이루어지며, 자궁에서 수정란이 발달한다. 질은 출산시의 산도이자 성교 기관이다. **b.** 여성 생식계와 주변 기관의 측면도. **c.** 여성 외부생식기인 음문. 여성은 처녀막에 의해 질 입구가 부분적으로 막혀 있는 상태로 태어난다. 처녀막은 성교 등의 신체활동에 의해 파열된다.

남성의 호르몬 조절

시상하부에서 분비된 "생식샘자극호르몬-방출호르몬"(gonadotropin-releasing hormone, GnRH)"이 뇌하수체 전엽을 자극하여 "생식샘자극호르몬(gonadotropic hormone, 또는 gonatotropin)"을 생산하도록 한다. 따라서 시상하부가 정소의 성적 기능을 궁극적으로 조절한다. 남성과 여성 모두, 두 가지의 생식샘자극호르몬-여포자극호르몬(follicle-stimulating hormone, FSH)과 황체형성호르몬(luteinizing hormone, LH)을 생성한다. 남성의 경우 FSH는 세정관에서 정자형성을 촉진하고, LH는 세정관 사이에 산재되어 있는 "사이세포(interstitial cells)"의 테스토스테론 생성을 조절한다.

남성의 주요 성호르몬인 **테스토스테론(testosterone)**은 성 기관의 발달 및 기능에 필수적일 뿐만 아니라, 정자의 성숙과정에도 필수적이다. 또한 테스토스테론은 성적성숙기에 도달하는 **사춘기(puberty)**에 남성의 2차 성징이 나타나게 한다. 그 결과, 일반적으로 남성은 여성보다 키가 크고, 어깨가 넓으며, 몸통에 비해 상대적으로 다리가 길다. 또한 남성은 여성에 비해 성대가 길고 후두가 크기 때문에 목소리가 굵다.

테스토스테론은 남성의 얼굴과 가슴, 때로는 등과 같은 부위에 털이 두드러지게 발달하도록 한다. 또한 이마가 넓어지는 남성형 대머리의 원인이며, 남성의 근육을 강하게 발달시킨다.

여성 생식계

여성의 생식계는 난소, 수란관, 자궁, 그리고 질로 이루어져 있다(**그림 29.6*a*, *b***). 수란관(*uterine tubes*)은 난관(oviduct) 또는 나팔관(fallopian tubes)이라고 부르기도 하며, 난소부터 자궁까지 뻗어 있다. 그러나 수란관은 난소에 붙어 있지 않으며, 난소 위에는 굽이치는 손가락 모양의 돌기구조인 핌브리아(*fimbriae*)가 있다. 배란과정에서 난소에서 빠져나온 미성숙 난자세포인 난모세포(oocyte)는, 핌브리아와 수란관 내측면에 있는 섬모의 운동에 의해 수란관으로 들어간다. 수정은 대개 수란관 내의 1/3 지점에서 이루어지며, 발달 중인 배아는 섬모의 운동과 근육 수축에 의해 천천히 자궁으로 이동한다. **자궁(uterus)**은 벽이 두꺼운 근육성 기관으로, 거꾸로 놓은 서양배와 크기와 형태가 비슷하다. 자궁의 폭이 좁은 아래쪽 끝 부분을 **자궁경부(cervix)**라고 한다. 배아는 **자궁내막(endometrium)**에 착상된 후 나머지 발생과정을 완료한다. 자궁경부는 작은 구멍을 통해 질 통로와 연결되어 있다. **질(vagina)**은 여성의 몸의 종단축에서 45도 정도 뒤로 기울어져 있다. 질의 점액성 내벽은 주름지어 있어 팽창할 수 있다. 이러한 팽창 능력으로 인해 태아를 출산하는 산도(birth canal)가 되며, 음경이 질 내로 들어오는 성교를 용이하게 한다.

여성의 외부 생식기관을 음문(*vulva*)이라고 한다(그림 29.6*c*). 요도와 질 입구의 양옆에 치구(*mons pubis*)와 소음순(*labia minora*), 대음순(*labia majora*)이 있다. 소음순의 위쪽 연결지점에는, 남성의 음경과 상동기관인 음핵(*clitoris*)이 있다. 음핵은 발기성 조직이며, 완두콩 모양의 귀두에 의해 덮여 있다. 음핵에는 많은 감각 수용체가 있어 성적으로 민감하다. 대부분의 여성은 처녀막(hymen)이라는 얇은 막을 가지고 태어난다. 이 막은 질 입구를 부분적으로 막고 있으며 특별한 기능은 없다. 처녀막은 성교나 피임기구 삽입, 또는 운동 등의 신체활동에 의해 파열된다.

난소

미분화 생식세포인 난원세포(oogonium)는 난소(ovary) 내에서 상피에 둘러싸인 난모세포로 발달한다(**그림 29.7**). 이것을 1차**여포(follicle)**라고 부른다. 여성은 태어날 때 200만 개 정도의 1차여포를 가지고 있으나, 사춘기가 되면 30만~40만 개로 감소한다. 이 중에서 400개 정도의 1차여포만이 성숙하여 제2난모세포가 발달한다. 성숙한 여포가 난소 표면에서 부풀어 터지면 여포 내에 있던 제2난모세포가 방출된다. 성숙한 여포에서 제2난모세포가 방출되는 것을 **배란(ovulation)**이라고 한다. 난자형성과정은 제2난모세포가 정자와 수정되면 완료된다. 배란 후 난모세포를 방출한 여포는 **황체**(*corpus luteum*)로 발달하여 난소에 머무른다. 황체는 수정과 임신이 이루어지지 않으면, 약 10일 뒤에 퇴화하기 시작한다.

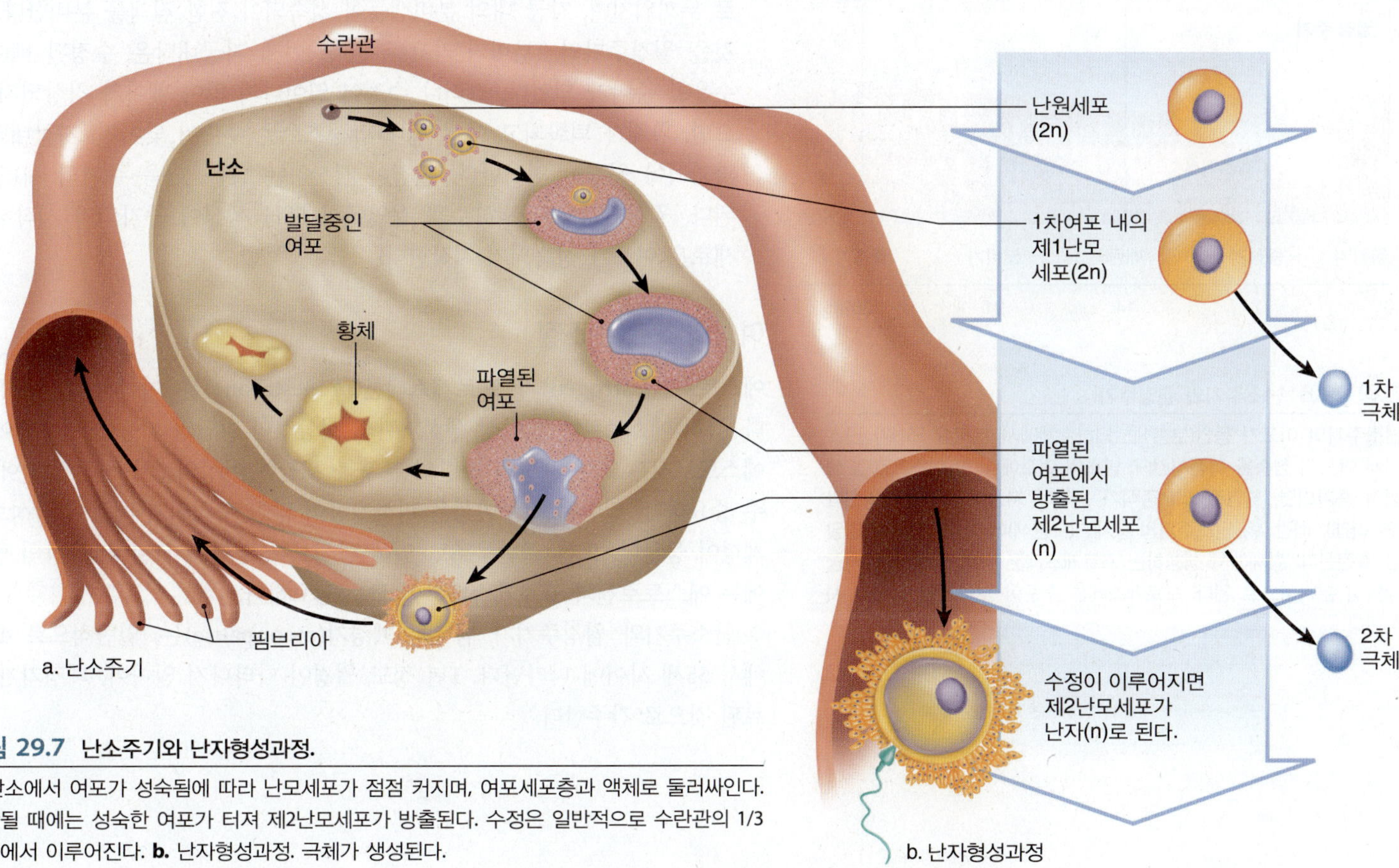

그림 29.7 난소주기와 난자형성과정.

a. 난소에서 여포가 성숙됨에 따라 난모세포가 점점 커지며, 여포세포층과 액체로 둘러싸인다. 배란될 때에는 성숙한 여포가 터져 제2난모세포가 방출된다. 수정은 일반적으로 수란관의 1/3 지점에서 이루어진다. **b.** 난자형성과정. 극체가 생성된다.

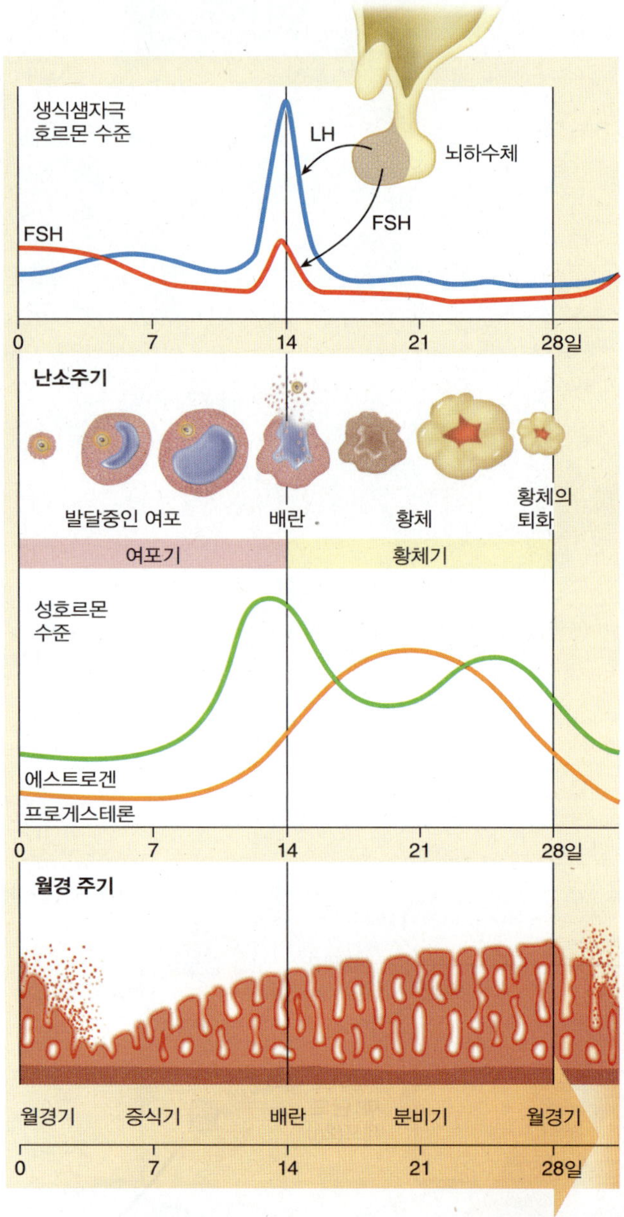

그림 29.8 난소주기와 월경주기.

난소주기의 여포기 동안(분홍색), 뇌하수체에서 분비된 FSH가 난소에서 여포의 성숙을 촉진시킨다. 난소의 여포에 의한 에스트로겐 생성이 증가되면, 월경주기의 증식기 동안에 자궁내막이 두터워진다(맨 아래). 배란 후, 난소주기의 황체기(노란색)에 LH가 황체의 발달을 촉진한다. 황체에서 생성하는 프로게스테론 양이 많아지면, 자궁내막이 분비성으로 된다. 프로게스테론 수준이 낮아지면 월경이 시작된다.

난소주기는, 뇌하수체 전엽에서 분비되는 생식샘자극호르몬인 FSH와 LH에 의해 조절된다(**그림 29.8**). 난소주기의 전반부인 **여포기(follicular phase)** 동안(그림 29.8의 분홍색), FSH는 에스트로겐을 분비하는 여포의 발달을 촉진한다. 혈액 내 에스트로겐 수치가 증가하면, 되먹임 기작에 의해 FSH 분비가 조절되고, 배란이 일어난다. 배란은 여포기의 끝을 의미한다. 난소주기의 후반부인 **황체기(luteal phase)** 동안(그림 29.8의 노란색) LH는, 주로 프로게스테론을 분비하는 황체의 발달을 촉진한다. 혈액 내의 프로게스테론 수치가 증가하면, 되먹임 기작에 의해 LH 분비가 조절되며, 만약에 수정이 이루어지지 않으면, 황체는 퇴화하기 시작한다. 황체기가 끝나면, 월경이 일어난다.

여성의 성호르몬인 에스트로겐과 프로게스테론이 자궁내막에 영향을 주어, **월경주기(menstrual cycle)**라고 하는 연속적인 변화가 이루어진다(그림 29.8의 아래). 임신하지 않은 여성의 28일 월경주기는 다음과 같이 구분한다.

1~5일, 여성의 성호르몬 수준이 낮아져, 자궁내막이 붕괴되고 혈관이 파열된다. **월경**(또는 월경분비물, **mense**)이라고 부르는 혈액, 점액 및 붕괴된 자궁내막들이, **월경기간(menstruation)** 동안 질 밖으로 흘러나온다.

6~13일, 난소의 여포에 의해 에스트로겐의 생산이 증가되어, 자궁내막이 두꺼워지면서 여러 관과 분비샘이 생성된다. 이것을 월경주기의 증식기라고 부른다.

14일, 28일 주기에서, 일반적으로 14일째 날에 배란이 이루어진다.

15~28일, 황체에 의해 프로게스테론의 생산이 증가되어, 자궁내막이 두 배로 두꺼워지며, 자궁 내의 분비샘들이 성숙되어 진한 점액을 분비한다. 이것을 월경주기의 "분비기"라고 부른다. 이제 자궁내막은 수정된 배아를 수용할 준비가 되었다. 그러나 수정이 일어나지 않아 배아가 착상되지 않으면, 황체가 퇴화되고 여성 체내의 성호르몬 수준이 낮아져, 자궁내막이 파괴되어 월경이 일어난다. 월경이 시작하는 날은, 다음 주기의 제1일이 된다. 월경기간에도 뇌하수체 전엽에서 FSH 생산이 증가되기 시작하여, 새로운 여포가 성숙되기 시작한다.

여성의 호르몬 조절

에스트로겐(estrogen)과 **프로게스테론(progesterone)**은 여성의 성호르몬이다. 특히 에스트로겐은 여성 생식기관의 정상적인 발달과 기능에 필수적이다. 에스트로겐은 또한 체모와 지방의 분포를 포함한 여성의 2차 성징 발달에 아주 중요하다. 일반적으로 여성은 피하지방이 많이 축적되기 때문에 남성보다 체형이 둥글다. 또한 골반구조로 인해 남성보다 엉덩이가 넓다. 유방의 발달에는 에스트로겐과 프로게스테론이 모두 필요하다.

난소주기와 월경주기가 멈추는 **폐경기(menopause)**는, 일반적으로 45세에서 55세 사이에 나타난다. 1년 정도 월경이 나타나지 않아야, 폐경기가 완료된 것으로 간주한다.

생식의 조절

표 29.1은 여러 가지 피임방법과 이들의 효율성에 대해 정리한 것이다. **그림 29.9**는 몇 가지 피임 기구이다. 성교를 하지 않는 **금욕(abstinence)**은 가장 확실한 피임법이며, 성병을 피할 수 있는 장점도 있다. **피임약(birth control pill)**을 이용하는 **경구피임법(oral contraception)**은, 매일 에스트로겐과 프로게스테론의 복합물을 복용한다. 이들 호르몬은 뇌하수체의 FSH와 LH 생산을 차단하여 난소에서 여포가 발달하지 못하게 한다. 따라서 배란이 일어나지 않고, 임신이 되지 않는다. 피임약은 두통, 일시적 시력저하, 가슴이나 복부 통증, 다리 부종 등의 부작용이 가능하기 때문에, 정기적으로 의사의 진찰을 받아야 한다.

피임용 임플란트(contraceptive implant)는, 난소주기를 방해하는 합성 프로게스테론을 이용하여 배란을 막는다. 초기 임플란트는, 6개월 동안 천천히 약물을 방출하는 형태인 서방형 캡슐을 여성의 상완부 피부 아래에 이식하였다. 최근에 개발된 것은 그 효과가 3년 정도 지속된다.

피임용 주사(contraceptive injection)는 프로게스테론만을 주사하거나, 에스트로겐과 프로게스테론을 혼합하여 주사하는 방법이다. 주사한 약물의 효과가 지속되는 기간은, 몇 주에서 몇 달까지로 다양하다.

연관: 건강

호르몬 대체요법이란 무엇인가?

호르몬 대체요법(hormone replacement therapy, HRT)은 보통 폐경기 이후에 시행한다. 폐경기 동안에는 호르몬 양의 변화가 크기 때문에, 얼굴이 화끈거리거나, 감정이 수시로 변하거나, 잠을 잘 못자거나, 복부에 지방이 쌓이거나, 머리카락이 얇아지는 등의 문제가 발생한다. 이러한 증상은 HRT로 완화시킬 수 있다. HRT는 장점과 단점을 지닌다. 폐경기 이후 HRT를 통해 뼈의 손실을 방지하고, 직장암이나 심장병의 발병 가능성을 줄일 수 있다. 그러나 어떤 환자에서는, HRT로 인해 심장발작이나 혈전 생성 가능성이 높아질 수도 있다. HRT를 받고 있는 여성은 6개월마다 의사의 진단을 받아야 한다.

표 29.1 일반적인 피임법

명칭	사용 방법	효율*	명칭	사용 방법	효율*
금욕	성교를 자제함	100%	피임막	성교 전, 질에 라텍스 캡을 삽입하여 자궁 경부를 막는다.	젤리와 같이 쓸 경우 90%
불임수술 정관절제술 수란관결찰	 정관을 잘라내고 묶음 수란관을 잘라내고 묶음	거의 100%	경부 캡	자궁경부를 막는다.	거의 85%
에스트로겐/프로게스테론 혼합제제(경구약, 주사제, 또는 질 안에 넣는 링 및 패치로 사용)	경구약: 매일 복용 주사와 링: 한 달간 지속 패치: 매주 교체	약 100%	남성용 콘돔	발기된 음경에 라텍스 덮개를 씌운다.	약 85%
			여성용 콘돔	폴리우레탄 막을 질 안에 삽입한다.	약 85%
프로게스테론 (튜브 임플란트와 주사제로만 사용)	임플란트: 3년 지속 주사: 3주 지속	약 95%	성교 중절	사정하기 전에 음경을 빼낸다.	약 75%
			젤리, 크림, 거품	성교 전에 피임용 살정제 제품을 삽입한다.	약 75%
자궁내 피임기구	프로게스테론을 포함한 기구이며 10년간 지속	90% 이상	자연스러운 가족 계획	배란시기를 판단하여 성교를 피한다.	약 70%
질 스펀지	살정제가 들어 있는 스펀지를 질 내에 삽입	약 90%	질 세척	성교 후 질을 씻는다.	70% 이하

*성적으로 활발한 여성이 이 방법으로 피임을 했을 때, 1년간 임신되지 않을 확률.

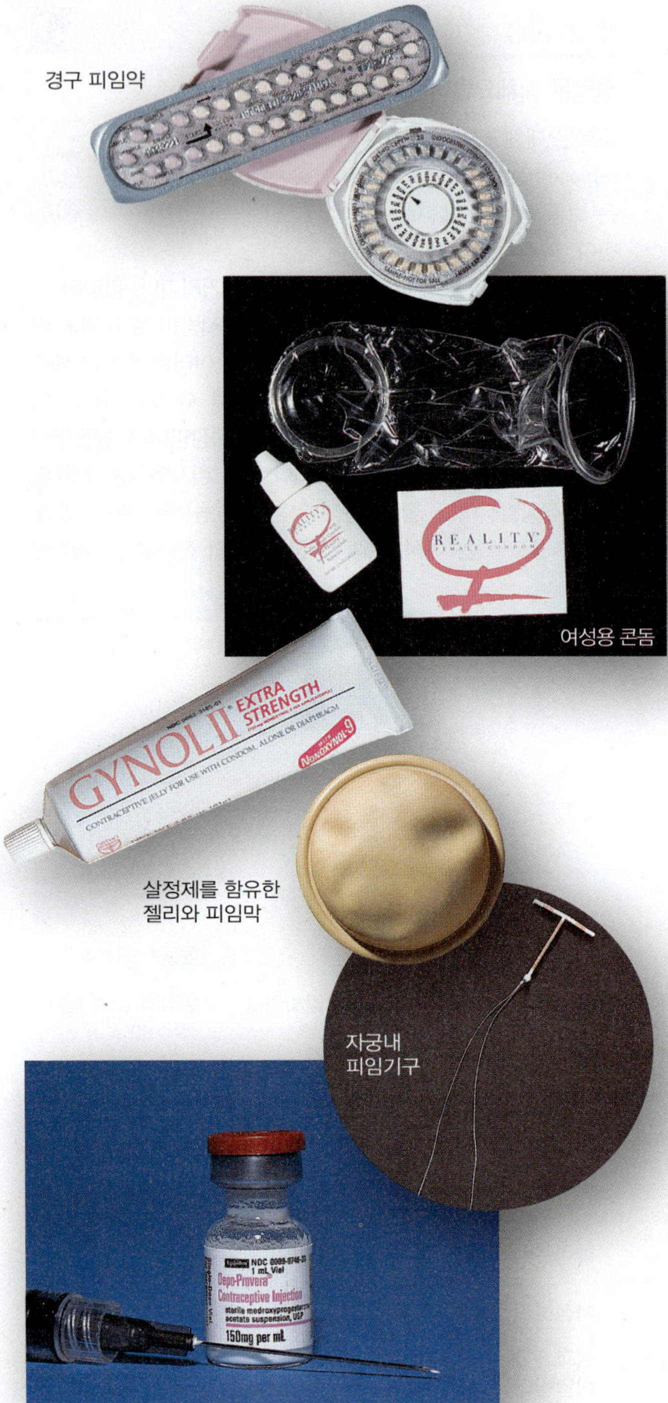

그림 29.9 **피임 도구.**

널리 쓰이는 피임도구의 예.

콘돔(condom)처럼 정자와 난자를 물리적으로 차단하는 피임방법은 성병을 예방할 수 있기 때문에, 이에 대한 관심이 높아지고 있다. 여성용 콘돔(*female condom*)은 자궁경부에 맞춘 링이 달린 큰 폴리우레탄 튜브이며, 질 안에 넣어 자궁경부를 막아 정자가 들어가지 못하게 한다. 남성용 콘돔(*male condom*)은 발기한 음경에 맞춘 라텍스 재질의 덮개이다. 사정된 정액은 콘돔 안에 갇혀서 질 내로 들어가지 못한다. 이때 살정제도 함께 사용하면, 콘돔만 사용하는 것보다 훨씬 효과적이다. **피임막(diaphragm)**은 의사의 도움을 받아 질 안에 삽입해 자궁경부를 막는 장치로, 성교 직전에 질 안에 삽입할 수 있다. 피임막은 살정제가 들어 있는 젤이나 크림과 함께 사용해야 하며, 성관계 후 에도 적어도 6시간은 질 내에 그대로 두어야 한다. **자궁경부캡(cervical cap)**은 미니 피임막이다.

자궁내 피임기구(intrauterine device, IUD)는 의사의 도움을 받아 자궁 안에 삽입하여 고정시키는 작은 플라스틱 조각이다. IUD는 자궁과 수란관의 환경을 변화시켜 수정이 이루어지지 않도록 하며, 만일 수정이 되었다 해도 착상하지 못하도록 한다.

피임용 백신(contraceptive vaccine)은 현재 개발 중에 있다. 예를 들어, 배아의 착상을 유지시키는 호르몬인 "사람융모성생식샘자극호르몬(human chorionic gonadotropin, hCG)"을 무력화하는 백신이 제한적인 임상실험에서 효과를 보였다. hCG는 정상상태에서는 신체에 존재하지 않으므로 자가면역반응은 일어나지 않지만, 시간이 지나면 효과가 사라진다. 여성들을 위해 정자 자체를 무력화시키는 안전한 백신도 개발할 수 있을 것으로 기대되고 있다.

응급피임(emergency contraception)은, 피임하지 않은 상태에서 원하지 않은 성관계를 했을 때, 임신을 방지할 수 있는 피임법이다. 예를 들어, Preven Emergency Contraceptive Kit는 4개의 합성 프로게스테론 알약으로 구성되어 있다. 성관계 후 72시간 이내에 먼저 두 개를 복용하고, 이어서 12시간 후에 나머지 두 개를 복용한다. 이 약은 정상적인 월경주기를 방해하고, 자궁내막에 배아가 착상되지 못하도록 방해한다. 이 약은 임신을 예방하는 데 약 85%의 효과가 있다.

현재 국내에서 시판되고 있는 응급피임약은 여러 종류가 있는데, "노레보원", "포스티노"는 72시간(3일) 안에 복용하면 되고, "엘라원"은 120시간(5일) 이내에 복용하면 된다. 현재 남성을 위한 피임용 호르몬제도 개발되고 있다. 테스토스테론이나 프로게스테론을 적절한 수준으로 투여함으로써 정자 생산을 억제하도록 하는 연구가 진행되고 있다.

불임

생식의 조절은 임신 예방뿐만 아니라, 불임을 치료하는 것도 의미한다. **불임(infertility)**은, 일반적으로 어떤 부부가 결혼한 후 피임을 하지 않은 상태에서 1년이 지나도록 임신되지 않는 것이다. 미국의 경우, 여섯 부부 중 한 부부가 불임을 겪는 것으로 추정된다. 불임의 원인은 남성에게 문제가 있는 경우가 40%, 여성에게 문제가 있는 경우가 40%, 그리고 모두에게 문제가 있는 경우가 20% 정도로 추정된다.

남성 불임의 원인은 대개 정자의 수가 적거나 비정상적인 정자의 비율이 높기 때문이며, 이런 현상은 외부환경의 영향을 받아 나타난다. 흡연과 음주를 하며 앉은 생활방식을 지닌 남성은, 불임이 될 가능성이 높다. 하루의 대부분을 컴퓨터나 TV 앞에 앉아 있거나 운전석에 앉은 채 생활하면, 정소의 온도가 높아져 정자를 적절하게 생산할 수 없게 된다.

여성의 경우, 체중의 급격한 증가가 불임의 중요한 원인이다. 체중이 정상일 경우에, 지방세포에서 렙틴(leptin)이라는 호르몬을 생산한다. 렙틴은 시상하부를 자극하여 생식샘자극호르몬방출호르몬(GnRH)을 방출하도록 하며, 이로 인해 난소에서 여포가 형성되기 시작한다. 그러나 과체중일 경우에는 렙틴이 잘 분비되지 않고, 그 결과 난소 내의 여포들은 작고 기능을 제대로 수행하지 못하며, 배란이 되지 않는다. 가임기 여성의 10% 정도는, 인슐린을 정상적으로 이용하지 못하여 초래된 내분비계 이상증세를 보인다. 이 경우 난소에 수많은 액체로 채워진 작은 주머니(cyst)가 있지만, 기능을 지닌 여포들이 만들어지지 않은 상태이므로, 낭성 난소증후군(*polycystic ovary syndrome, PCOS*)이라고 부르며, 배란이 일어나지 않는다. PCOS 여성은 대개 제2형 당뇨병으로 진행되기 때문에, 인슐린에 정상적으로 반응하지 못한다. 여성 불임 원인으로는 그 밖에도 골반내 염증질환(*pelvic inflammatory disease*; 578쪽 참조)에 의한 수란관 막힘과, 자궁이 아닌 다른 장소, 특히 수란관에서 자궁조직이 자라는 자궁내막증(*endometriosis*)을 들 수 있다.

의학기술이 발달하여 일부 불임문제를 해결할 수 있다. 예를 들어 여성에게 배란촉진제나 생식샘자극호르몬을 투여함으로써, 난소를 자극하여 배란을 유발하는 방법 등이 있다. 이러한 호르몬 요법은 여러 개의 난자가 배란되어 다둥이를 낳을 확률이 높아진다고 알려져 있다.

통상적인 방식으로 수정이 이루어지지 않는다면, 양자를 입양할 수도 있다. 또는 다음 절에 소개한 보조생식기술을 활용할 수도 있다.

임신을 도와주는 보조생식 기술

보조생식기술은 임신 기회를 높여주는 기술이다. 일반적으로 정소 또는 난소에서 정자 또는 난자를 추출한 후, 병원 시설에서 인공으로 수정시킨다.

기증자에 의한 인공수정(AID) 이 인공수정 기술은, 의사가 추출한 정자를 여성의 질 안으로 주입하여 수정이 일어나게 하는 것이다. 이 기술은 배우자(혹은 남편)의 정자 수가 적은 경우에, 특히 유용하다. 인공수정을 위해서는 충분한 수의 정자가 필요하므로, 일정 기간 동안 정자를 모아야 하기 때문이다. 그러나 많은 경우에, 낯선 사람이 기증한 정자로 수정을 시도하기도 한다.

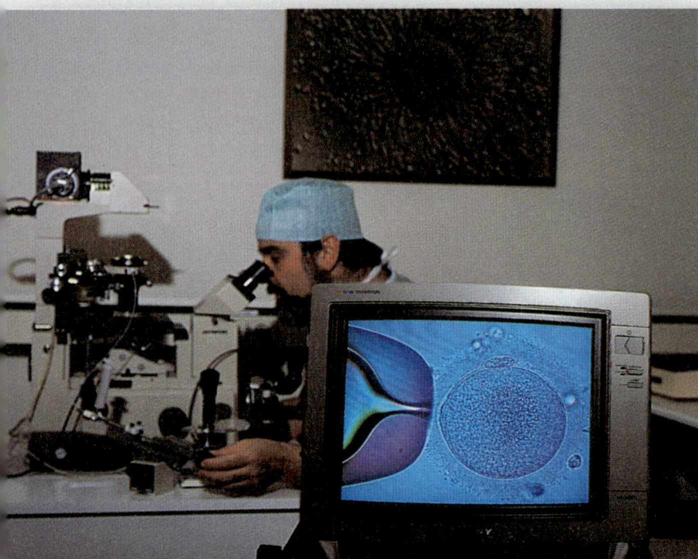

그림 29.10 세포내 정자 주입(ICSI).

텔레비전 스크린과 연결된 현미경을 이용해 세포 내에 정자를 주입한다. 난자 왼쪽에 있는 피펫으로 난자가 움직이지 않도록 고정한 후 아주 얇은 특수한 바늘을 이용해 정자를 주입하여 수정이 일어나게 한다.

시험관 수정(in vitro fertilization, IVF)과 세포내 정자 주입(intra-cytoplasmic sperm injection, ICSI) 이 기술은 여성의 몸 밖에서 인공적으로 정자, 난자를 수정시키는 것이다(**그림 29.10**). 배란촉진제를 투여한 후 초음파 기계를 이용하여 난소 내에서 미성숙 난자를 지닌 여포를 찾아낼 수 있다. 이후 배란촉진제 투여를 멈추고 바늘로 미성숙 난자를 추출한다. IVF에서는 이 미성숙 난자를 시험관 안에서 성숙시킨 후, 농축된 정자를 첨가한다. ICSI에서는 하나의 난자에 한 개의 정자를 주입하는데, 이런 경우는 보통 남성에게 심각한 불임 문제가 있는 경우이다. 수정시킨 후 2~4일이 경과한 후, 이 배아를 월경주기의 분비기 상태인 여성의 자궁으로 옮겨 착상시킨다. 필요하다면 이 인공 수정된 배아에 대해 유전병 검사를 실시하여, 유전질환이 없는 것을 선택하여 착상시킨다.

만약에 한 번에 여러 개의 배아가 착상된다면, 다둥이가 태어나게 된다. 여분의 배아가 남아 있다면 냉동시킨 후 다른 부부에게 기부하거나, 연구용으로 쓸 수도 있다.

배우자 수란관내 수송(gamete intrafallopian transfer, GIFT) 배우자(gamete)는 성 세포인 정자와 난자를 의미하는 용어이다. GIFT는 시험관 수정의 낮은 성공률(15~20%)을 해결하기 위해 고안되었다. 이 방법은 IVF와 유사하며, 다만 추출한 정자와 난자를 섞은 후 즉시 여성의 수란관에 넣어 수정을 유도하는 것만 다르다. 이 방법은 난자를 추출하고 다시 넣는 과정이 동시에 이루어지므로, 여성에게는 한 번에 진행된다는 장점이 있다. 상황에 따라서는 난자를 실험실에서 수정시킨 후 수정란을 수란관에 넣는 경우도 있다.

성병

금욕은 성병의 확산을 막는 최선의 방법이다. 콘돔을 사용해도 성병을 어느 정도 예방할 수 있다. 바이러스에 의해 생기는 성병 중, 현재 AIDS나 생식기 포진은 어느 정도는 치료가 가능하지만, 완치는 불가능하다. 세균에 의해 걸리는 성병(예: 클라미디아, 임질, 매독 등)은 항생물질로 쉽게 치료할 수 있다.

바이러스성 성병

후천성면역결핍증후군(acquired immunodeficiency syndrome, AIDS)은 **인체면역결핍바이러스(human immunodeficiency virus, HIV)**에 의해 생기는 성병이다. HIV는 "보조T세포"라고 알려진 림프구를 공격한다(17장과 26장 참조). 보조T세포는 항체를 생산하는 B 림프구의 활성을 촉진한다. HIV에 감염되면 보조T세포의 수가 감소되며, 따라서 다른 질병에 쉽게 감염된다(**그림 29.11**). AIDS는 범주 A, B, C라는 3단계의 감염과정을 거친다.

범주 A 단계는 치료받지 않는 사람에게서 약 1년 정도 지속된다. 감염자는 보인자이며, 자신은 증세를 보이지 않지만 다른 사람에게 전염시킬 수 있다. 감염 후 즉시, 그리고 혈액 검사가 양성을 보이기도 전에, 이미 혈액 내에 감염성 바이러스가 많이 존재하여 다른 사람에게 옮길 수 있다. 혈액 검사 결과 양성으로 판명된 후에도, 보조T세포를 충분히 생산하여 혈액 1 mm^3당 500개 이상(정상인은 800개 정도임)으로 유지할 수 있다면, 이 감염자는 건강하게 살 수 있다. 여러 약물을 적절하게 조합하여 치료하면, AIDS 환자를 A 단계에 무기한 머무르도록 할 수 있다.

범주 B 단계는 6~8년 정도 지속되며, 보조T세포의 수는 500~200개/mm^3이다. 림프절이 붓고, 체중 감소와 식은 땀, 피로, 발열, 그리고 설사를 겪을 수 있다. 아구창(thrush, "구강 칸디다증"이라고도 함; 혀와 입가에 흰 염증이 생기는 병)과 포진 등의 질병이 추가로 발병한다.

마지막으로, 범주 C 단계로 진행되면 보조T세포의 수는 200개/mm^3 이하로 감소하며, 완전한 AIDS 특성이 드러난다. 신경계의 이상증세가 나타나고, 특이한 형태의 폐렴이나 피부암 같은 "기회성 질병(opportunistic disease)"이 나타난다. 기회성 질병은 몸의 면역체계가 아주 미약해지면 발생하는 병이다. AIDS 환자는 집중치료를 받지 않으면, 감염 후 약 7년에서 9년 후에는 사망한다.

인체유두종바이러스(human papillomavirus, HPV)에 현재 수천만 명이 감염되어 있으며, 100종이 넘는 유형의 HPV가 알려져 있다. 대부분은 사마귀를 형성하며, 30여 종류는 생식기 사마귀를 일으킨다. 생식기 사마귀는 남성의 음경과 포피, 여성의 외음부나 질, 자궁경부에 형성될 수 있다. 이 사마귀가 자궁경부에만 있다면, 겉으로 드러나는 증상이 없을 수도 있다. 아이가 태어날 때 질을 통해 나오면서 HPV에 감염될 수 있다.

10여 종류의 HPV는 자궁경부암을 일으킬 수 있다. 이들은 세포분열 주기에서 "브레이크" 역할을 수행하는 p53 단백질의 활성을 억제하는 단백질을 생산한다(9장 참조). 어떤 세포에서 p53이 활성을 잃으면, 이 세포는 통제를 벗어나 멋대로 자라는 암세포의 특성을 보이게 된다. 자궁경부암은 Pap 검사를 통해서 조기진단이 가능하다. 이 검사법은 자궁경부에서 세포 몇 개를 떼어내 현미경으로 검사하는 것이다. 만약에 세포들이 암세포처럼 보이면, 자궁을 제거하는 수술을 고려해 볼 수 있다. 남성의 경우에는 HPV로 인해 음경이나 항문 등에 암이 발생할 수 있다. 2008년에 수행한 어떤 연구에 의하면, 미국 남성의 경우에 HPV는 흡연과 비슷한 정도로 입이나 목에 암이 발생하도록 한다. 이것은 아마도 구강성교 기회가 증가하였기 때문인 것으로 보인다.

현재 HPV 감염의 치료 방법은 없으나, 사마귀는 외과적 수술, 동결, 산성액 처리, 레이저 소각 등에 의해 효과적으로 치료할 수 있다. 그러나 때로는 치료 후에도 바이러스가 전염될 수 있다. 따라서 일단 생식기 사마귀 진단을 받았다면, 금욕하거나 콘돔을 사용하여 전염을 피하는 것이 좋다.

2006년 6월에 미국식품의약국(FDA)은 Gardasil이라는 HPV 백신을 승인하였다. 이 백신은 자궁경부암의 약 70%에서 원인이 되는 두 종류를 포함하여 미국에서 일반적인 네 종류의 주요 HPV에 대해 효과를 보인다. 이 백신은 이미 감염된 사람에게는 효과가 없기 때문에, 아직 성적으로 성숙하지 않은 어린 시기에 미리 접종하여 면역력을 키우는 것이 바람직하다. 보건복지부는 만 11~12세의 소녀에게 백신을 6개월 간격으로 두 차례 접종할 것을 권장하고 있다. 또한 9~15세 사이에 예방접종하면, 그 이후에 접종하였을 때보다 면역반응이 더 높게 나타난다고 알려져 있다. FDA는 2009년에는 남성용 Gardasil도 승인하였다. 남성의 경우 이 백신을 접종하면, HPV 감염에 의한 생식기 사마귀 발병을 예방할 수 있다.

생식기 포진(genital herpes)은 생식기에 통증을 일으키는 물집이 생기는 병이다. 물집이 터지면, 고통스러운 궤양이 생기며, 치료에는 적어도 5일에서 몇 주가 걸리기도 한다. 물집은 발열, 배뇨시 통증을 동반하고, 사타구니의

AIDS 환자인 Tom Moran, 1987년 7월

1988년 1월 초

1988년 1월 말

그림 29. 11 AIDS의 진행과정.

이 사람은 사망에 이르기 전에 AIDS의 모든 단계를 거쳤다. 우리는 성병에 걸리지 않도록 조심해야만 한다. 한 종류의 성병에 걸린다면, 또 다른 성병에 쉽게 걸릴 수 있게 된다.

연관: 건강

성병 예방을 위해서 지켜야 할 일

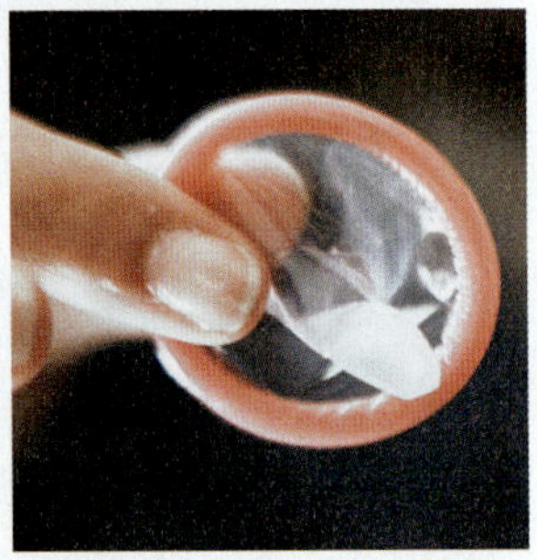

1. 금욕하거나, 성병에 감염되지 않은 한 명의 상대와 1 대 1의 관계를 맺을 것.
2. 섹스 상대를 여러 명 두지 않도록 하고, 섹스 상대가 여러 명인 사람과는 관계하지 말 것.
3. 정맥주사로 약을 투여하는 사람은 피할 것. 이들은 AIDS나 B형 간염 위험이 높다.
4. 항문성교를 피하라. HIV는 직장 벽을 통해서 쉽게 감염될 수 있다.
5. 지난 5년간 성병 경험이 있는 사람과 관계할 때에는 항상 콘돔을 사용할 것.
6. 구강성교를 피할 것. AIDS를 비롯한 여러 성병에 쉽게 감염될 수 있다.
7. 약물을 주사하는 습관을 버릴 것. 꼭 필요하다면 항상 멸균된 깨끗한 바늘을 사용할 것.

림프절이 붓는다. 여성의 경우는 상당한 고름이 나온다. 궤양이 치료된 후에도 잠복기에 들어가 발병 빈도가 낮고 증세가 약하기는 하지만 언제라도 재발할 수 있다. 발열, 스트레스, 월경 등에 의해 재발된다고 알려져 있다.

간염(hepatitis)은 간에 감염된 질병이며, 이로 인해 간 기능 저하, 간암, 나아가 목숨을 잃을 수도 있다. 몇 종류의 간염이 있으며, 일부는 성관계를 통해서 감염될 수 있다. A형 간염은 대개 오염된 물을 통해 감염되지만, 구강이나 항문의 접촉을 통한 성관계로도 감염될 수 있다. B형 간염은 AIDS와 동일한 방식으로 전파되지만, 감염력은 더 높다. 다행히 B형 간염은 백신을 접종하면 예방할 수 있다. C형 간염은 감염자의 혈액을 통해 전염된다.

세균성 성병

클라미디아(chlamydia)는 생식기관의 아랫부분이 세균에 의해 감염되는 성병이며, 특히 여성에게선 증상이 없거나, 약하다. 남성은 감염 후 8~21일 사이에 배뇨 시 약한 작열감을 느끼며, 점액성의 소변을 보게 된다. 여성은 요로감염의 증세와 아울러 질에서 고름이 나올 수 있다. 클라미디아는 자궁경부에 궤양을 일으키기도 하는데, 이로 인해 AIDS 감염 확률이 높아진다. 만약 클라미디아 감염을 잘못 진단하거나, 적절하게 치료하지 않으면 자궁경부에서 수란관까지 감염이 확산되어 **골반내 염증질환(pelvic inflammatory disease, PID)**으로 진행될 수 있다. 이 질환은 아주 고통스러우며, 수란관을 차단하여 불임을 유발할 수 있다.

임질(gonorrhea)은 배뇨 시 통증을 유발하고, 요도에서 녹-황색 고름을 생성하기 때문에 여성보다 남성에게서 진단이 더 쉽다. 이 병은 잠복기를 거쳐 골반내 염증질환(PID)을 유발하며, 남성에서는 정관에 염증을 일으키고, 여성의 경우엔 수란관에 영향을 준다. 손상된 정관과 수란관이 회복되는 과정에서 새로 형성된 흉터 조직에 의해 막히면 불임에 이를 수 있다.

매독(syphilis)은 3단계에 걸쳐 발생되며, 각 단계 사이에는 잠복기가 존재한다. 마지막 3기에 접어들면, 심장혈관계나 신경계에 영향을 준다. 감염된 사람은 정신능력이 저하되고, 장님이나 절름발이가 될 수 있으며, 광기를 드러내기도 한다. 고무종(gummas; 매독 3기에 나타나는 고무 같은 상태의 심각한 궤양)이 피부 또는 내부기관에 형성될 수 있다. 매독균은 태반을 통과할 수 있어, 태아의 기형 또는 유산의 원인이 된다. 매독은 혈액 검사로 쉽게 진단할 수 있다.

그 밖의 원인에 의한 성병

여성은 원생동물인 편모충(*Trichomonas vaginalis*)이나, 효모 칸디다균(*Candida albicans*)에 의한 감염증인 질염(*vaginitis*)에 걸릴 수 있다. **질 편모충증(trichomoniasis)**은 흔히 성관계를 통해 감염되는데, 대개 무증상인 남성이 감염원이 된다. 그러나 *Candida albicans* 균은 여성의 질 내에서 쉽게 발견되며, 특정 상황에서는 빠르게 증식한다. 예를 들어, 피임약을 먹는 여성은 이 균에 쉽게 감염된다. 또한 항생제를 남용하면 질 내에서 세균의 균형이 무너져, 이 효모균이 대량으로 증식한다.

29.2 개념 연결하기

의학 기술로 사람의 생식을 조절하는 데 도움을 줄 수 있다.

진도 점검하기 29.2

1. 정자의 생성 및 사정에 관련된 구조를 설명하시오.
2. 남성 생식계에서 테스토스테론, LH, FSH의 기능을 요약하시오.
3. 난소에서 배란과정을 설명하시오.
4. 월경주기의 과정을 설명하시오.
5. 불임치료에 사용되는 기술을 요약하시오.
6. 성병을 전파되는 방식(바이러스성, 세균성, 그 밖의 원인)에 따라 분류하시오.

29.3 사람의 배아 발생

학습 목표

이 절을 학습한 후에는 다음 과제를 수행할 수 있어야 한다.

1. 수정, 배아 발생, 태아 발생 및 출산과정을 설명하기.
2. 배아 발생의 단계를 구분하고, 낭배 형성과 신경배 형성과정의 중요성을 설명하기.
3. 태반의 구조와 기능에 대해 설명하기.

배아 발생(embryonic development)은 수정되는 순간부터 완전한 성체가 완성될 때까지 일어나는 모든 과정을 아우른다. 사람을 비롯한 포유동물은 다른 모든 동물과 발생과정이 유사하지만, 배외막이 있다는 점에서 다르다. 발생 중인 포유동물의 배아(태반동물의 태아도 포함), 그리고 파충류나 조류의 배아는 배외막이 있어서, 배아가 보호되고 영양분을 공급받는다. 배외막이 무엇이며, 포유류에서 어떤 역할을 하는지에 대해 **그림 29.12**에 요약하였다.

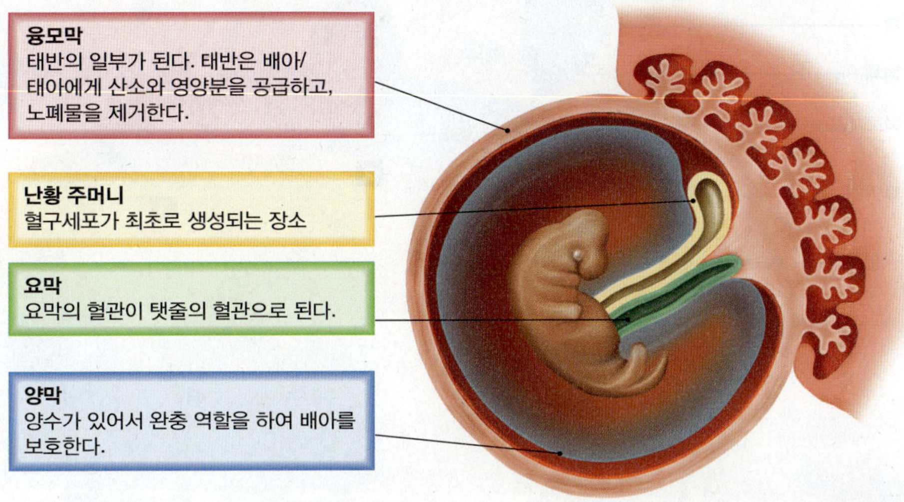

그림 29.12 배외막.

육상생식을 하는 동물과 마찬가지로, 사람은 이들 배외막에 의존하여, 배아(나중에는 태아)를 보호하고 영양분을 공급한다.

수정

수정(fertilization)은 정자와 제2난모세포의 상호작용을 필요로 하며, 그 결과로 접합자(zygote)가 만들어진다(**그림 29.13**). 제2난모세포의 원형질막은, 투명대(*zona pellucida*)라는 세포외물질에 의해 둘러싸여 있다. 투명대는 다시 몇 층의 부착성 여포세포로 둘러싸여 있다.

수정되는 동안, 정자는 여포세포를 통과하여 이동하고, 첨체 안의 효소가 세포외배출 작용에 의해 방출되어 투명대를 분해하여 길을 만든다. 한 개의 정자가 제2난모세포의 원형질막에 결합하여 융합된 후, 그 핵이 난자로 들어간다. 제2난모세포가 제2감수분열을 완료해야 난자가 형성된다. 최종적으로, 반수체 난자와 정자의 핵이 융합된다. 단 한 개의 정자만 한 개의 난자를 수정시켜야 하며, 만약 여러 개의 정자가 들어오면, 이 접합자는 염색체가 너무 많아서 생존할 수 없다. 일반적으로 투명대가 변화되어, 다른 정자가 추가로 결합하고 침투하는 다정자수정을 방지한다.

초기 배아의 발달

발생의 첫 두 달은, 배아 발달기이다. 수정된 배아는 수란관에서 약 6일 정도 발생한 후, 자궁내막에 착상된다(**그림 29.14**). 발생의 첫 단계에서 배아는 다세포로 된다. 접합자 세포는 수정이 이루어진 후 성장하지는 않은 채, 세포분열만 하는 **난할(cleavage)** 과정을 거친다. DNA 복제와 유사분열이 반복되면서 세포들이 점점 작아진다. 난할에서 주목할 점은, 오직 세포의 수만 증가한다는 것이다. 이때 난자의 세포질의 원래 부피는 변하지 않는다. 난할을 거친 세포들은 단단히 밀착되어 **상실배(morula)**라고 하는 세포덩어리를 형성한다.

연관: 과학적 탐구

여성을 "제대로 발달하지 못한 성(default sex)"이라고 생각할 수 있는 이유는 무엇인가?

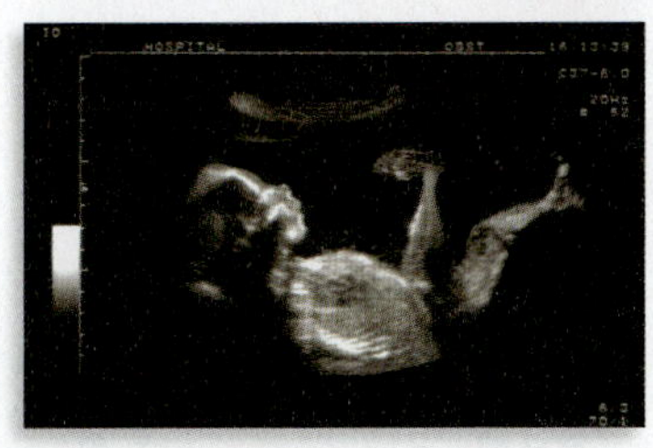

*default sex*라는 용어는 태아에서 Y 염색체의 존재 유무와 관련이 있다. 남성의 Y 염색체에는 "성 결정 지역 *Y*(*sex determining region Y, SRY*)"라고 하는 유전자가 존재한다. 이 *SRY* 유전자가 있어야 남성이 되고, 여성은 이 유전자가 없어서 여성이 된다. 태아 발생 초기에(아직 남성, 여성이 구분 안된 시기에), Y 유전자에서 만들어지는 한 단백질은, 정소의 "세르톨리세포"로 하여금 "뮐러리안 억제물질(Müllerian inhibiting substance, MIS)"을 분비하게 한다. 이 물질은 다시 정소의 "레이디히세포"로 하여금 테스토스테론을 분비하도록 하는데, 테스토스테론은 남성의 성 기관(정관, 부정소, 음경 등)의 발달을 촉진한다. 이런 *SRY* 유전자 및 여러 호르몬들의 "**단계적 연쇄작용 효과**(*cascade effect*)"로 인해, 태아가 남성으로 발달하는 것이다. 흥미롭게도 여성은 *SRY* 유전자 및 이런 "*cascade effect*"가 없어서, 아직 미분화한 초기 생식기관에서 여성의 성 기관(자궁, 수란관, 난소 등)이 형성되기 시작한다. 다시 말해서, 일부 과학자들은, 여성은 "생물학적 성결정과정"에서 제대로 발달하지 못했다고 보기 때문에 "*default sex*"라고 말하는 것이다.

default의 원래 뜻: 부도, 채무불이행 등이다.

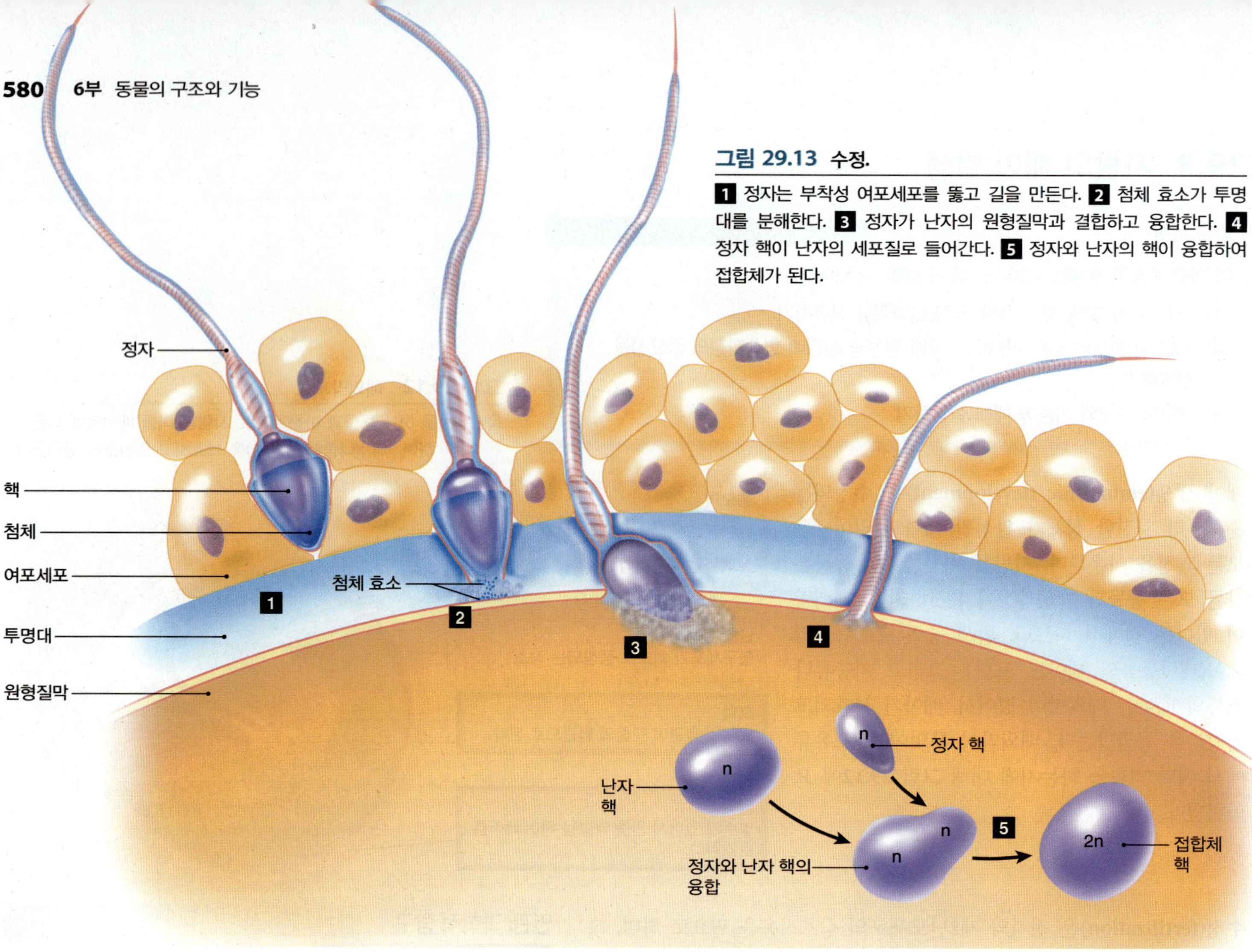

그림 29.13 수정.

1 정자는 부착성 여포세포를 뚫고 길을 만든다. **2** 첨체 효소가 투명대를 분해한다. **3** 정자가 난자의 원형질막과 결합하고 융합한다. **4** 정자 핵이 난자의 세포질로 들어간다. **5** 정자와 난자의 핵이 융합하여 접합체가 된다.

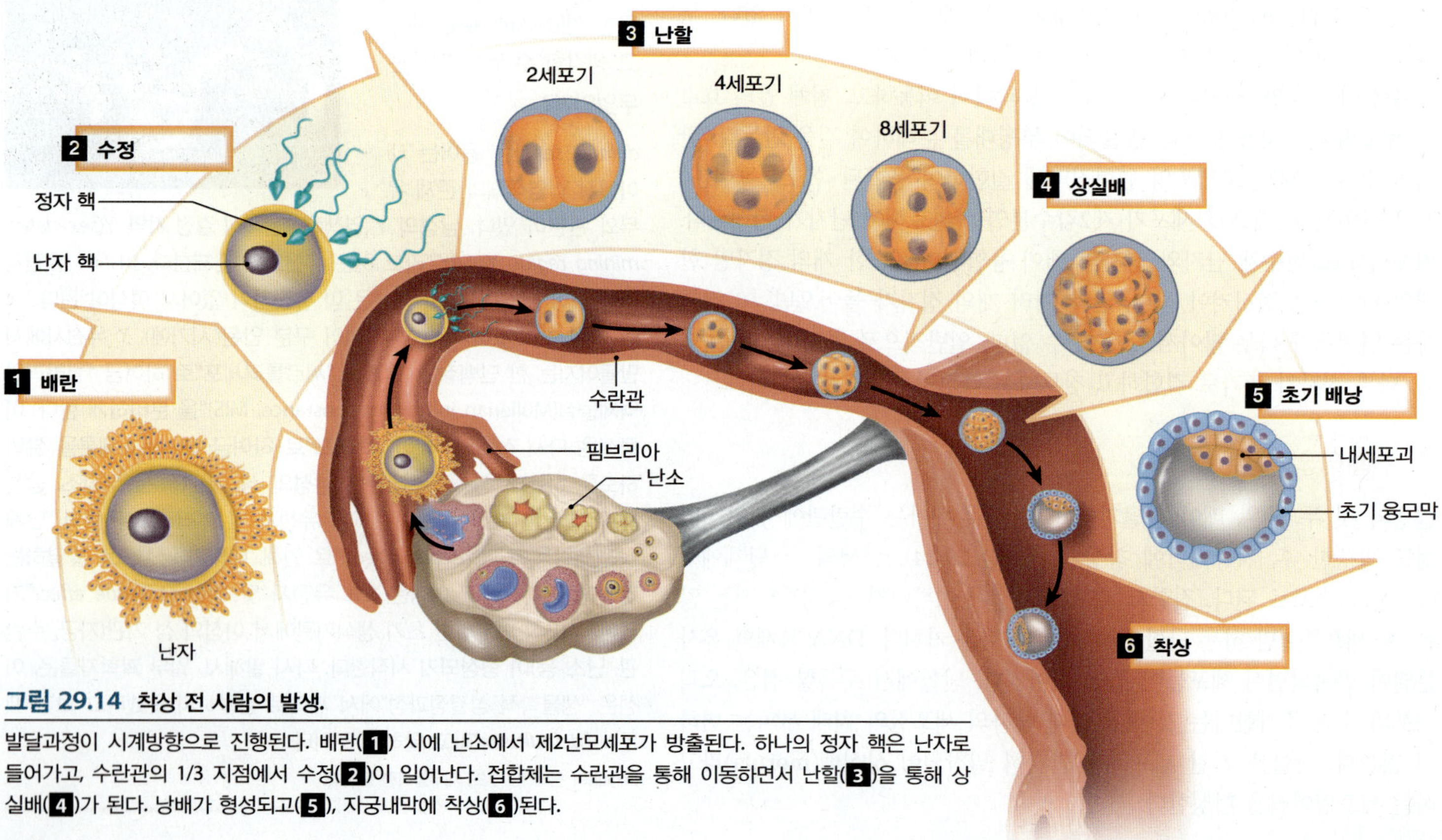

그림 29.14 착상 전 사람의 발생.

발달과정이 시계방향으로 진행된다. 배란(**1**) 시에 난소에서 제2난모세포가 방출된다. 하나의 정자 핵은 난자로 들어가고, 수란관의 1/3 지점에서 수정(**2**)이 일어난다. 접합체는 수란관을 통해 이동하면서 난할(**3**)을 통해 상실배(**4**)가 된다. 낭배가 형성되고(**5**), 자궁내막에 착상(**6**)된다.

상실배의 세포들은 분열을 계속하지만, 세포 덩어리 중심지역으로 액체를 분비한다. 그 결과 **배낭(blastocyst)**이라는 속이 빈 세포덩어리가 만들어진다. 배낭은 액체로 차 있는 포배강(blastocoel)이라고 하는 공간을 둘러싸고 있다. 내부의 세포덩어리(내세포괴)가 배아로 발달된다. 바깥의 층은 융모막으로 되며, 이 배외막이 나중에 태반의 발달에 기여한다. 배아가 스스로 자궁내막에 착상하면 태반이 형성되기 시작하고, 사람융모성생식샘자극호르몬(hCG)을 방출한다. 이 호르몬은 임신검사의 기초가 되며, 황체의 퇴화를 막고 유지시킨다. 황체는 임신되지 않은 경우에는, 난소 내부에서 퇴화된다. 자궁내막은 hCG에 의해 유지되지만, 태반에서 에스트로겐과 프로게스테론이 분비되면 이들이 hCG를 대신하여 자궁내막을 유지한다. 배란과 월경은 임신기간 동안에는 일어나지 않는다.

후기 배아의 발달

낭배 형성

발생 3주째에는 원조(primitive streak)라고 부르는 긴 틈이 나타난다. 원조에서 세포들이 함입되기 시작하여 세 개의 세포층이 만들어지면 **낭배기(gastrula stage)**가 시작된다(**그림 29.15*a***). 이때 양막(*amnion*)이라고 하는 배아(나중에는 태아)를 감싸는 배외막도 뚜렷해진다. 양막은 갑작스런 충격과 움직임으로부터 보호해주는 양수로 채워져 있다. 양수는 태아의 움직임을 자유롭게 하며, 비교적 일정한 온도를 유지하도록 하고, 건조되지 않도록 하여 폐의 발달을 돕는다.

낭배 형성(gastrulation)은 나중에 성체 기관으로 발달할 세 개의 세포층이 완성되면 끝난다. 바깥층은 **외배엽(ectoderm)**, 안쪽층은 **내배엽(endoderm)**, 중간층은 **중배엽(mesoderm)**이라고 한다. 외배엽, 중배엽, 내배엽을 배아의 **배엽층(germ layers)**이라고 한다. 동물의 기관은 이들 세 개의 배엽층에서 발달된다(**그림 29.16**).

신경배 형성

첫 번째로 형성되는 기관은 중추신경계이다(그림 29.15*b*). 동물의 중심에 있는 세로축을 따라서 새롭게 형성된 중배엽 세포들은, 등 부분에서 지지대 역할을 하는 **척삭(notochord)**을 형성한다. 중추신경계는 척삭 바로 위에 위치한 중앙부위의 외배엽에서 발달한다. **신경배 형성(neurulation)** 동안, 신경판

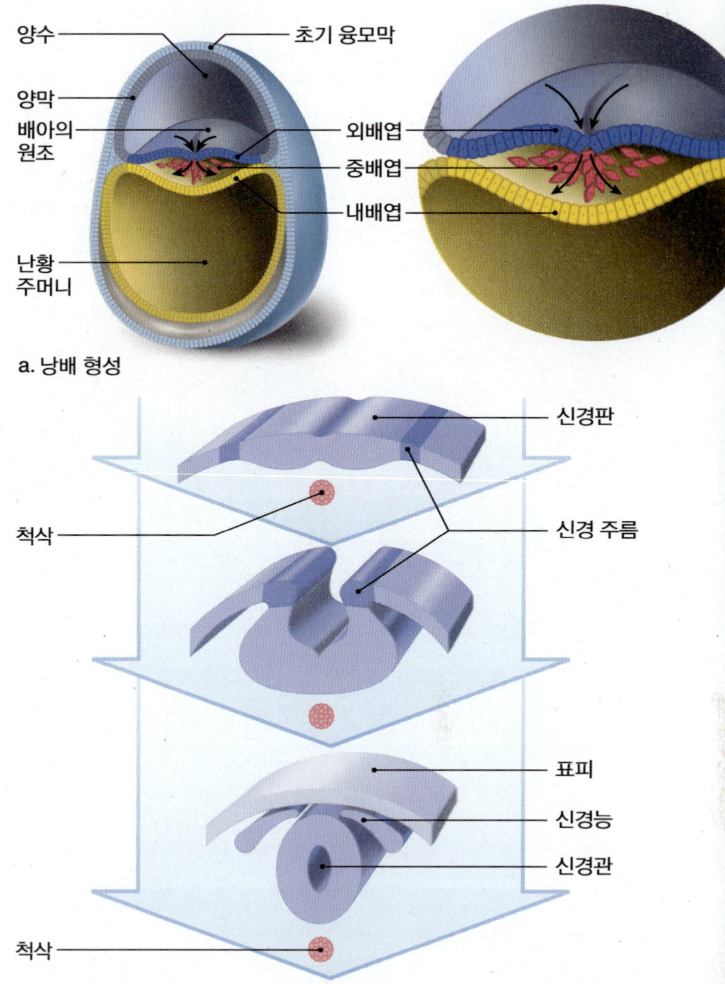

그림 29.15 낭배 형성 및 신경배 형성.

a. 낭배 형성은 세포들이 이동하여 세 개의 배엽(외배엽, 중배엽, 내배엽)을 형성하는 것이다. **b.** 신경배 형성 동안, 중추신경계로 되는 신경관이 척삭 바로 위에 발달한다. 나중에 척삭은 척주(vertebral column)로 대체된다. 신경능(neural crest)에는, 신경관 형성에 참여하지 않은 외배엽 세포들이 있다. 이 외배엽세포들은 자율신경계를 비롯한 여러 다양한 구조로 발달한다.

배아의 배엽층	척추동물 성체의 구조
외배엽 (바깥 층)	신경계; 피부의 표피; 구강과 직장의 상피조직
중배엽 (중간 층)	근골격계; 피부의 진피; 심장혈관계; 비뇨계; 생식계; 호흡계와 소화계의 바깥 층
내배엽 (안쪽 층)	소화계와 호흡계의 상피조직 내층 및 소화계, 호흡계와 관련된 분비샘들; 방광의 상피조직 내층

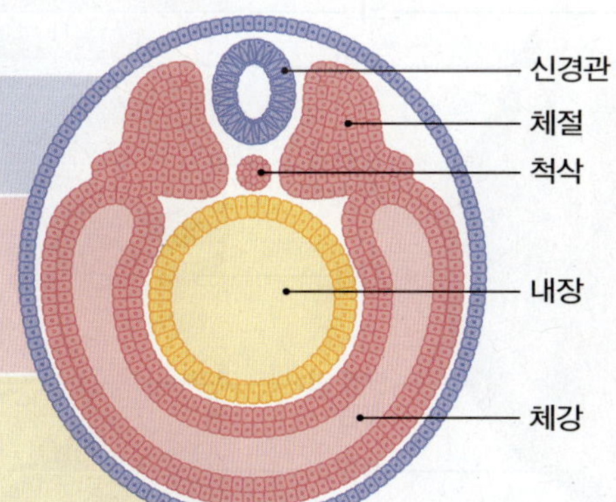

그림 29.16 배엽층.

각 배엽층에서 신체의 특별한 구조가 발달된다.

(*neural plate*)이 배아의 등쪽 표면을 따라 나타난다. 이어 신경 주름(neural fold)이 신경구(neural groove)의 양옆에 발달하며, 신경 주름이 서로 융합하여 신경관(*neural tube*)으로 된다. 신경관의 앞 부위는 뇌로 발달하고, 뒤 부위는 척수로 된다. 이러한 신경관의 발생은 하나의 조직이나 기관이 다른 조직이나 기관의 발생에 영향을 주는 **분화유도(induction)**의 한 예이다. 분화를 유도하는 조직에서 분비한 어떤 화학물질이, 유도될 조직의 유전자들을 활성화시켜 분화유도가 일어난다.

척삭 형성에 기여하지 않은 중앙부위의 중배엽 세포들은, 이제 두 개의 긴 조직덩어리로 된다. 이들이 덩어리로 나뉘어 체절이 형성되고, 이 체절들이 척삭을 따라 양쪽에 연이어 배열된다. 체절은 척추로 발달되며, 또한 중추골격과 연계된 근육들로 발달된다. 척추와 몸통의 근육이 순차적으로 배열되어 있는 사실에서, 척삭동물이 체절동물이라는 것을 알 수 있다. 체절의 측면에서 중배엽 세포들이 분할되어, 체강의 중배엽성 내층을 형성한다. 나아가 신경관이 외배엽에서 떨어져 나온 경계면에서, 신경능이라는 세포 띠가 발달한다. 이들 세포는 다양한 장소로 이동하여 피부와 근육을 형성하며, 또한 부신수질과 말초신경계의 신경절(ganglia)을 형성한다.

발생 3주째가 지나면, 수십 개의 체절이 뚜렷해지고, 혈관과 소화관이 발달하기 시작한다. 이때 배아의 길이는 약 2 mm이다.

이어지는 기관 형성

5주째의 사람 배아는 지아(肢芽, limb bud)라고 부르는 작은 돌기를 갖는다(**그림 29.17**). 나중에 지아에서 팔과 다리가 발달하고, 손과 발이 나타난다. 5주째에는 배아의 머리가 커지고, 감각기관이 더욱 뚜렷해져서 이제 눈, 귀, 코의 모습도 알아볼 수 있게 된다.

체병(body stalk)이라고 하는 중배엽 세포에서 발달된 탯줄에 의해, 배아의 꼬리 부분과 양막이 연결된다. 체병 안에 있는 4번째 배외막인 요막(allantois)

그림 29.17 **사람의 배아.**

발생 5주째의 사람 배아의 모습.

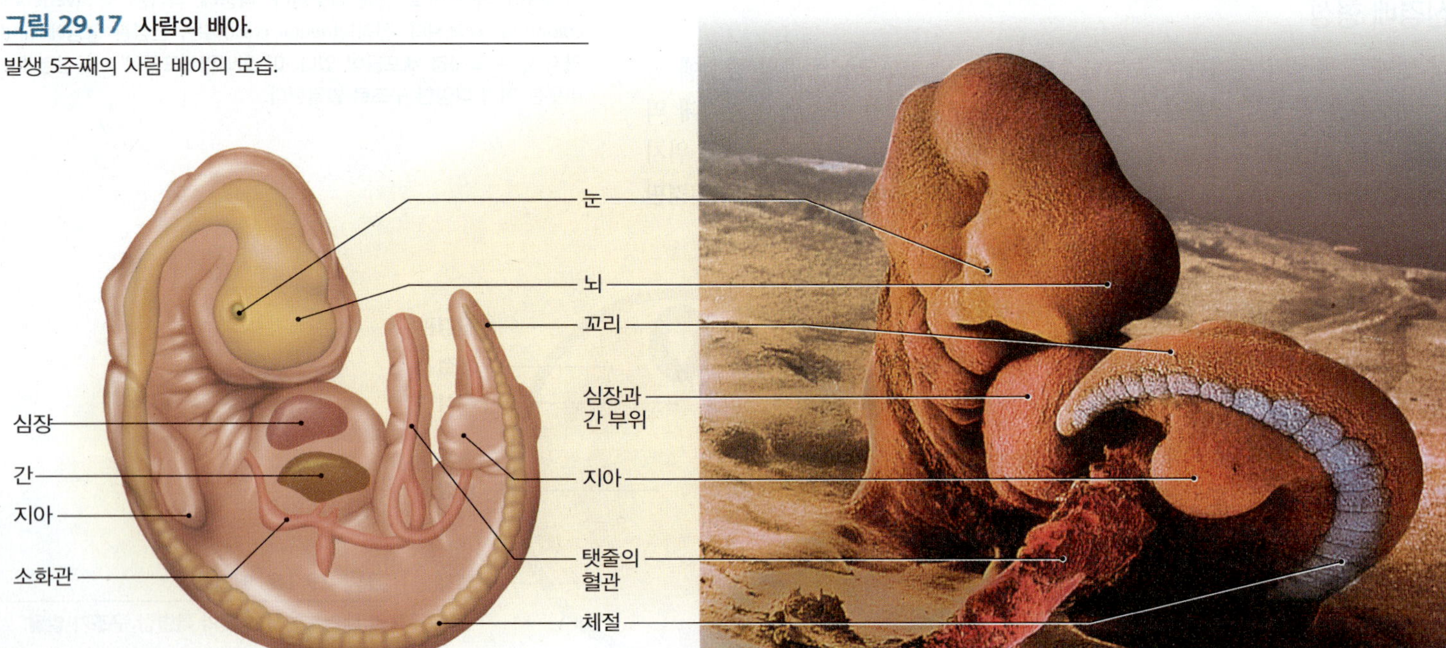

의 혈관이 탯줄의 혈관으로 된다. 체병이 앞쪽으로 수축되면서 머리와 꼬리가 들려 올라간다. 이 과정이 완료되면 완전한 **탯줄(umbilical cord)**이 만들어져서 발달 중인 배아와 태반 사이를 연결한다(**그림 29.18**).

배아의 외형에서 주목할 만한 변화는, 발생 6주째에서 8주째 기간에 일어난다. 이 시기의 배아는 쉽게 식별할 수 있는 사람의 외모를 갖춘다. 뇌의 발달과 함께 목 부위도 발달하여, 머리를 뚜렷하게 구분할 수 있게 된다. 신경계는 충분하게 발달되어 접촉하면 깜짝 놀라는 등의 반사 작용도 가능하다. 이 시기가 끝날 무렵의 배아는 모든 기관계가 제자리를 잡은 상태지만, 길이는 약 38 mm이고 무게는 아스피린 알약 정도이다.

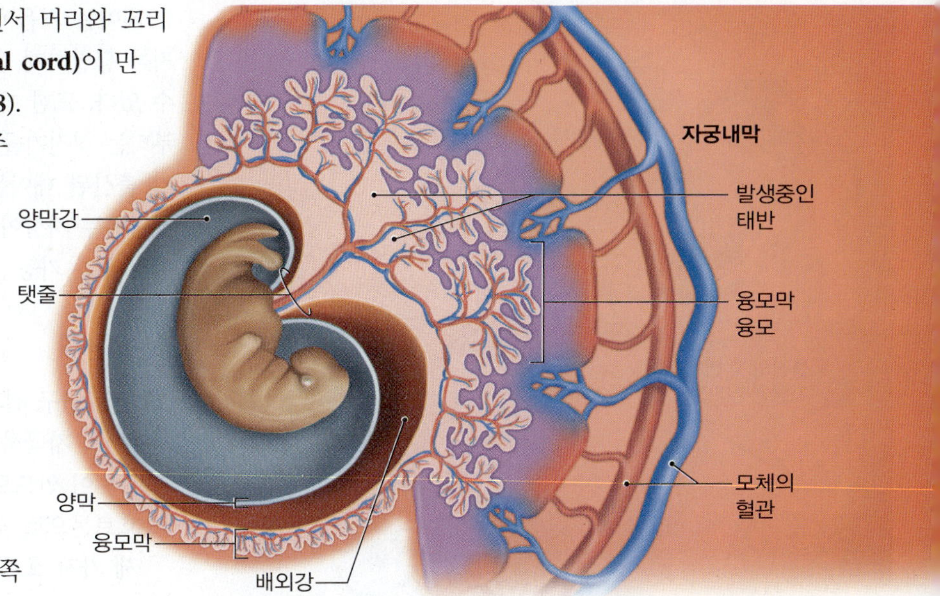

그림 29.18 태반.

탯줄의 혈관은 태반으로 이어져 있다. 태반에서는 태아의 혈액과 모체의 혈액 사이에서 물질교환이 일어난다.

태반

태반은 태아쪽 면은 가장 바깥쪽 배외막인 융모막에서, 모체쪽 면은 자궁조직에서 발달한다. 융모막에는 **융모막 융모**(*chorionic villi*)라는 나무처럼 생긴 돌기가 있다(그림 29.18). 융모막 융모는 모체의 혈액에 의해 둘러싸여 있지만, 모체와 태아의 혈액은 절대 섞이지 않는다. 교환이 언제나 융모의 벽을 통과하여 일어나기 때문이다. 태반을 통해 이산화탄소와 다른 노폐물들은 태아쪽 면에서 모체쪽 면으로 이동하고, 영양분과 산소는 모체쪽 면에서 태아쪽 면으로 이동한다. 탯줄은 태반과 태아를 이어준다. 그러나 유해한 화학물질도 태반을 통해 이동할 수 있다. 이것은 다양한 구조가 처음으로 만들어지는 배아 시기에는 특히 중요한 문제이다. 신체의 기관이나 부위마다 어떤 물질로 인해 정상 발달과정이 변화될 수 있는 민감한 시기가 있다. 예를 들어, 여성이 임신 27~40일 사이에 진정제인 탈리도마이드(thalidomide)를 복용하면, 신생아의 사지가 기형이 될 가능성이 있다. 그러나 40일 이후에는 이 약을 복용하여도 사지가 정상적으로 발달한다.

태아 발달과 출산

태아 발달기(3~9개월)에는 태아의 크기가 급격하게 커지고(**그림 29.19**), 체중이 약 28 g에서 3 kg까지 늘어나 600배 정도 증가한다. 이때 태아의 길이는 약 50 cm까지 성장한다. 생식기는 3개월부터 식별이 가능하므로, 태아의 성별을 구별할 수 있다.

3개월이 지나면 머리카락, 눈썹, 그리고 속눈썹이 형성되어 얼굴과 머리가 완성되고, 또한 손톱과 발톱이 만들어져 손과 발이 완성된다. 그 후 5~7개월 사이에는 솜털이 사지와 몸 전체에 돋아나지만, 나중에 사라진다. 이 시기에는 피부가 너무 빨리 성장하므로, 주름져 있어서 태아가 늙은 것처럼 보인다. 태지(胎脂, vernix caseosa)라고 부르는 거의 치즈 같은 왁스 물질이 주름진 피부를 양수로부터 보호한다.

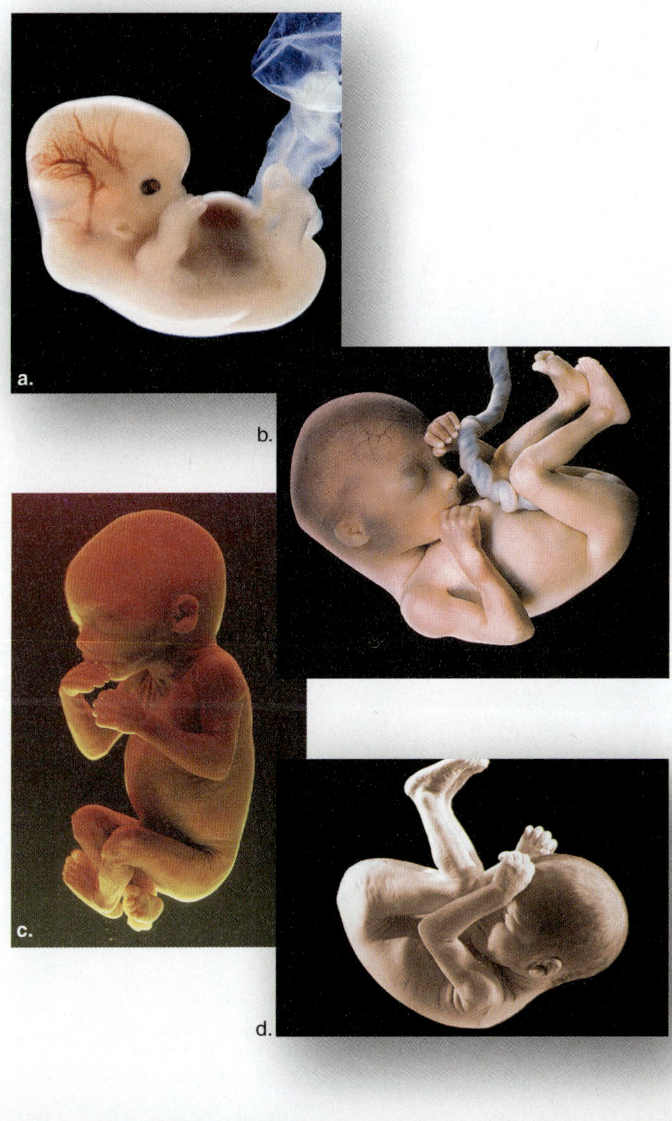

그림 29.19 태아의 발달.

(**a**) 6주, (**b**) 12~16주, (**c**) 20~28주, (**d**) 28주째의 사람 태아.

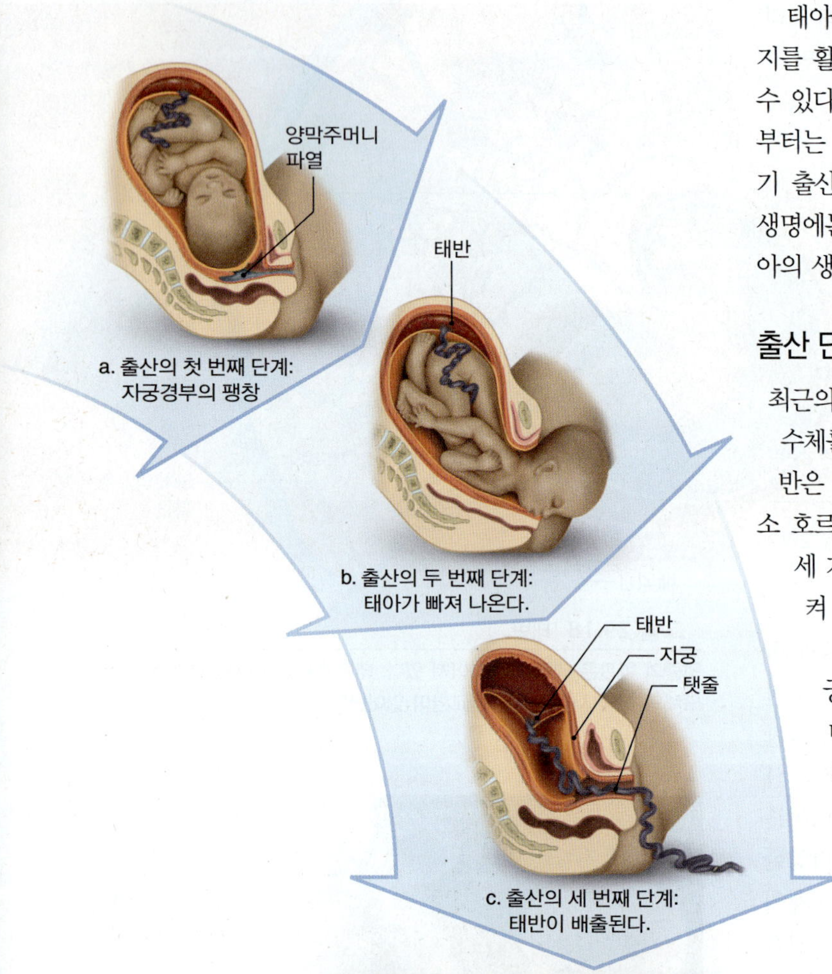

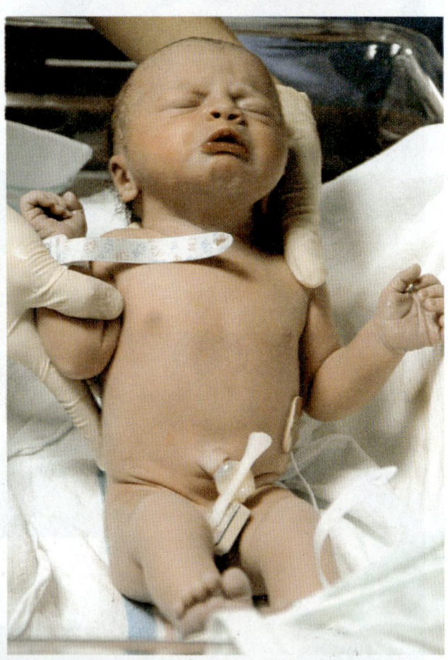
d.

그림 29.20 출산(분만)의 3단계.

a. 자궁경부의 확장. **b.** 태아의 출산. **c.** 태반 배출. **d.** 40주째의 신생아.

태아는 처음에는 사지를 구부린 채 머리를 끄덕일 뿐이지만, 나중에는 사지를 활발하게 움직일 수 있다. 산모는 약 4개월부터 이러한 움직임을 느낄 수 있다. 또한 태아의 다른 기관들도 기능하기 시작한다. 예를 들어, 10주째부터는 청진기를 통해서 태아의 심장박동 소리를 들을 수 있다. 22주째에 조기 출산된 태아는 폐가 성숙되지 않아 산소를 충분하게 얻을 수는 없지만, 생명에는 지장이 없다. 출산하기 전 한 두 달 사이에 몸무게가 증가하여, 태아의 생존 가능성이 높아진다.

출산 단계

최근의 연구 결과에 의하면, 태아의 뇌가 충분히 성숙되면, 시상하부가 뇌하수체를 자극하여 부신피질에서 안드로겐을 혈액 내로 분비하도록 한다. 태반은 이 안드로겐을 에스트로겐의 선구물질로 이용한다. 에스트로겐은 국소 호르몬으로 작용하는 옥시토신과 프로스타글라딘의 생성을 촉진한다. 이 세 가지 호르몬(에스트로겐, 옥시토신, 프로스타글라딘)이, 자궁을 수축시켜 태아를 몸 밖으로 밀어내도록 한다.

출산 과정(분만)은 세 단계를 거친다(**그림 29.20**). 첫 단계에서는 자궁경부가 아기의 머리와 몸통이 지나갈 수 있을 정도로 확장되며, 이때 양막이 파열된다. 두 번째 단계에서는 아기가 태어나고, 탯줄이 잘려진다. 마지막 단계에서는 태반이 배출된다.

개념 연결하기
29.3 사람의 발생은 난자가 수정되면서 시작된다.

진도 점검하기 29.3

1. 상실배(morula)가 어떻게 만들어지는지 설명하시오.
2. 낭배 형성 동안 배엽층 형성의 중요성을 설명하시오.
3. 분화유도가 일어나는 과정을 설명하시오.
4. 배아의 발달과 태아의 발달을 비교하시오.
5. 발생과정 중 태반의 역할을 설명하시오.

요약

29.1 동물의 생식

무성생식(asexual reproduction)은 독신으로서 자신과 유전적으로 똑같은 자손을 생산하며, **유성생식(sexual reproduction)**은 양친이 모두 관여해서 부모와 다른 유전적 배경을 가진 자손이 태어나는 것이다. **단위생식(parthenogenesis)**은 수정되지 않은 난자가 새로운 개체로 발달하는 것이다.

유성생식

- 동물은 생식세포를 만들어내는 **생식소(gonads)**인 **정소(testis)**와 **난소(ovary)**를 갖고 있다. 대부분의 동물은 암수가 나뉘어 있다. 그러나 한 개체의 체내에 암컷과 수컷의 성 기관이 모두 존재하는 **암수한몸(hermaphrodite)**인 동물도 있다. **교미(copulation)**는 자손을 낳기 위한 암수의 성 결합이다.
- 물속에서 생식을 하는 동물은 물속으로 배우자를 방출하여, 물속에서 수정과 발생이 이루어진다. 육지에서 생식을 하는 동물은 배우자와 배아가 건조되지 않도록 보호한다. 예를 들어 파충류와 포유동물은 배외막을 가지고 있다. 일부 포유동물의 **태반(placenta)**은 배외막의 예이다.

29.2 사람의 생식

남성 생식계

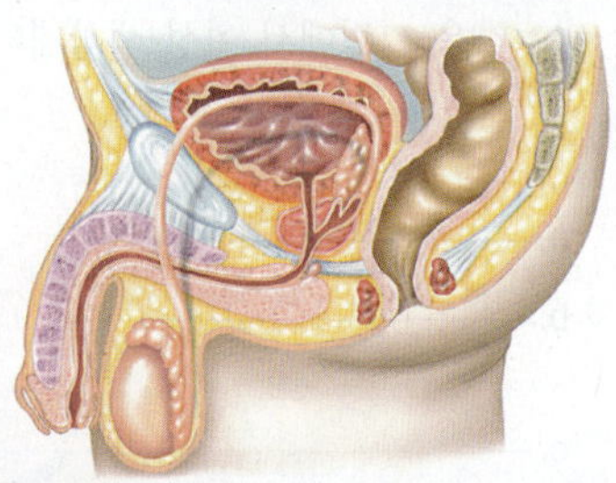

- 정자는 정소에서 생성되고 부정소에서 성숙된 후, 부정소와 정관에 저장된다.
- 정자는 정낭, 전립샘, 요도구샘에서 생산된 정액과 함께 음경에 있는 요도를 통해 사정된다.
- **불임(sterility)**은 자손을 낳을 능력이 없는 상태이다.
- 정자형성과정은 정소의 세정관에서 이루어진다. 세정관은 사이세포에서 테스토스테론도 생성한다.
- **테스토스테론(testosterone)**은 **사춘기(puberty)** 때에 성 기관을 성숙하게 하고 남성의 제2차 성징이 나타나도록 한다.

여성 생식계

- 난모세포는 난소에서 만들어지고 수란관을 따라 자궁으로 이동한다. **자궁(uterus)**은 **자궁경부(cervix)**에서 질과 연결되어 있다. 여성의 생식기 외부에는 음핵, 대음순, 소음순, 질구가 있다.
- 배란은 여포로부터 제2난모세포가 방출되는 것이다. 여포는 제2난모세포를 방출한 후 황체가 된다. 여포, 그리고 황체는 에스트로겐과 프로게스테론을 분비한다.

여포기(follicular phase)와 **황체기(luteal phase)**로 이루어진 난소주기와 **월경주기(menstrual cycle)**는 28일간 지속되며, 다음과 같은 일이 일어난다.

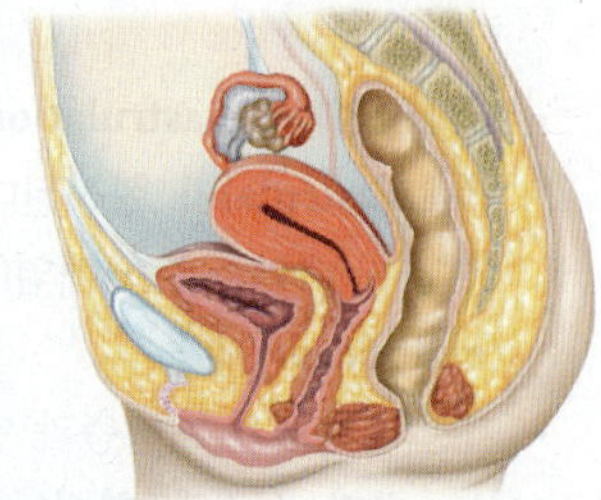

- 1~13일: **월경(menstruation)**이 5일 동안 진행된다. 뇌하수체 전엽에서는 FSH가 생성되고, 여포에서는 에스트로겐이 생성된다. 에스트로겐은 자궁내막을 두꺼워지도록 한다.
- 14일: 배란이 이루어진다.
- 15~28일: 뇌하수체 전엽에서 분비되는 LH가 황체에서 프로게스테론을 생성하도록 한다. 프로게스테론으로 인해 자궁내막이 분비성으로 된다.

에스트로겐(estrogen)과 **프로게스테론(progesterone)**은 사춘기 때 성 기관을 성숙하게 하고, 여성의 제2차 성징이 나타나도록 한다. **폐경(menopause)**이 되면 난소주기와 월경주기가 종료된다.

생식의 조절

피임을 원할 때에는 여러 피임방법 및 피임도구를 사용할 수 있다. 가장 확실한 방법은 금욕이다. 그 밖에 경구용 피임약, 피임용 삽입기구, 피임용 주사, 콘돔, 자궁내 기구, 피임용 백신, 응급피임약 등도 이용된다.

불임

불임은 1년 동안 피임하지 않은 채 성관계를 하여도 아이를 낳을 수 없는 상태이다. 불임은 생식 보조기술을 사용하여 치료할 수 있다.

성병

성병으로는 다음과 같은 것이 있다.

- **후천성면역결핍증후군(acquired immunodeficiency syndrome, AIDS)**은 **인체면역결핍바이러스(human immunodeficiency virus, HIV)**에 의해 전염되며, 면역체계를 파괴한다.
- **생식기 포진(genital herpes)**은 쉽게 재발된다.
- **인체유두종바이러스(human papillomavirus, HPV)**는 생식기 사마귀(genital warts)와 자궁경부암을 유발할 수 있다.
- **간염(Hepatitis)**. 특히 A형과 B형.
- **클라미디아(chlamydia)**와 **임질(gonorrhea)**은 **골반내염증질환(pelvic inflammatory disease, PID)**을 일으킨다.
- **매독(syphilis)**은 치료하지 않으면 심장혈관계와 신경계에 심각한 문제가 생길 수 있다.
- **질 편모충증(Trichomoniasis)**은 어떤 원생동물이 원인이다.

29.3 사람의 배아 발생

발생(development)은 **수정(fertilization)**부터 시작하여, 성체(즉, 사람)가 완성될 때까지의 모든 과정이다.

수정

정자의 첨체에서 분비되는 효소가 난자의 투명대를 분해하여 정자가 지나가는 길을 만든다. 난자 안으로 들어간 정자의 핵이 난자의 핵과 융합된다.

초기 배아의 발달(1~2개월)

- 수란관에서 세포분열에 의해 **난할(cleavage)**이 일어나며, **상실배(morula)**와 **배낭(blastocyst)**이 형성된다. 배낭이 자궁내막에 착상

한다.

- **낭배형성과정(gastrulation)**을 통해 포배강으로 세포가 함입되어 **낭배(gastrula)**가 형성된다. 이 낭배가 **배엽층(germ layers)**을 형성한다. 배엽층은 **외배엽(ectoderm)**, **중배엽(mesoderm)**, **내배엽(endoderm)**이다.
- 기관의 형성은 배엽층과 연관되어 있다. 기관의 발생은 **척삭(notochord)**과 **신경관 형성(neurulation)**으로 시작된다. **분화유도(induction)**는 배아의 발달기 동안 지속적으로 기관의 형성에 관여한다.
- 태반에서 기체와 영양물질의 교환이 일어난다. **탯줄(umbilical cord)** 내의 혈관은 배아/태아의 심장혈관계가 확장된 것이며 태반과 혈액을 주고받는다.

태아의 발달과 출생(3~9개월)

- 태아의 발달기 동안 기관계가 더욱 정교해지고 태아의 무게가 증가한다.
- 분만은 경부의 팽창, 아기의 출산, 태반의 배출의 세 단계로 이루어진다.

개념 연결하기

동물의 생식방법은 무성생식이거나 유성생식이다. 사람은 유성생식을 하며, 발생과정을 거친다.

29.1 동물의 생식방법은 유성생식과 무성생식 형태로 진화하였다.

29.2 의학 기술로 사람의 생식을 조절하는 데 도움을 줄 수 있다.

29.3 사람의 발생은 난자가 수정되면서 시작된다.

생식계와 발생에 관한 정보가 더 필요하면 다음 논의를 참조하시오.

9.1절 정자형성과정과 난자형성과정에 대한 설명.

27.2절 기관계의 화학적 조절자로서 호르몬의 역할에 대한 설명.

혼자 풀어보기

가장 적절한 답을 고르시오.

29.1 동물의 생식

1. 단위생식은
a. 배엽층이 형성되는 과정이다.
b. 척삭 형성에 관여한다.
c. 정자의 형성이다.
d. 수정되지 않은 난자의 발생이다.

2. 유성생식에 대한 설명으로 옳지 않은 것은?
a. 양친이 모두 관여한다.
b. 자손은 부모와 똑같은 유전적 구성을 갖는다.
c. 생식소에서 난자와 정자를 만든다.
d. 교미를 통해 암수의 난자와 정자가 합해진다.

29.2 사람의 생식

3. 다음 그림에서 남성 생식계의 부위에 해당하는 명칭을 쓰시오.

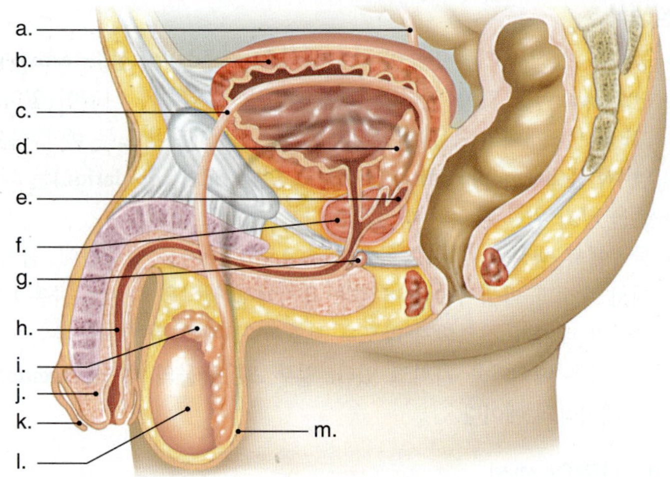

4. 다음 그림에서 여성 생식계의 부위에 해당하는 명칭을 쓰시오.

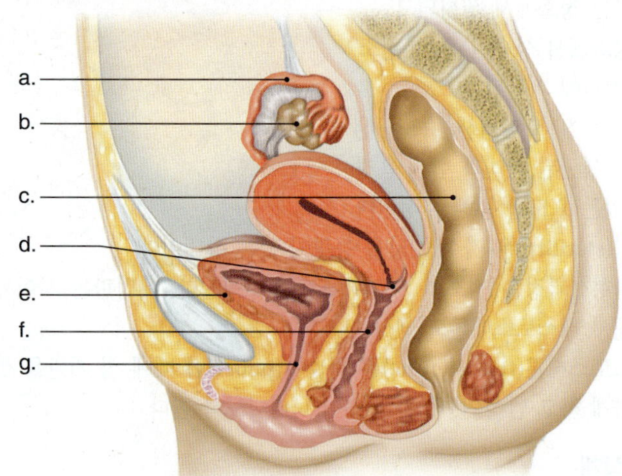

5. 정자형성과정에서 생성된 세포들의 특징은?
a. 이배체이고 서로 유전자가 동일하다.
b. 이배체이고 서로 유전자가 다르다.
c. 반수체이고 서로 유전자가 동일하다.
d. 반수체이고 서로 유전자가 다르다.

6. 다음 중 간염을 일으키는 것은?
   a. 세균　b. 진균류(곰팡이)
   c. 원생동물　d. 바이러스
7. 수집한 정자를 의사가 여성의 질에 넣어주는 생식보조기술은?
   a. 체외수정(IVF)
   b. 기증자에 의한 인공수정(AID)
   c. 배우자 수란관 내 수송(GIFT)
   d. 세포질 내 정자 주입(ICSI)
8. HPV에 의해 생기는 성병은?
   a. 생식기 사마귀　b. AIDS
   c. 포진　d. 간염

29.3. 사람의 배아 발생

9. 어떤 조직이나 기관이 다른 조직이나 기관의 발생에 영향을 미치는 과정은?
   a. 분화유도　b. 수정
   c. 신경배 형성　d. 난할
   e. 낭배 형성

[10~13] 배아 발생과정 중 일어나는 현상에 해당되는 용어를 아래 보기에서 고르시오.

보기:
a. 난할　b. 낭배 형성
c. 신경배 형성　d. 기관 형성

10. 척삭이 형성된다.
11. 접합자가 크기는 증가하지 않은 채 분열한다.
12. 외배엽과 내배엽이 형성된다.
13. 자극에 대한 반응 같은 반사반응이 발달한다.

과학적으로 생각하기

1. 격렬하게 운동하는 여성 운동선수들은 종종 월경을 하지 않는다. 그 중요한 이유는 체내 지방이 일정 수준 이하로 감소하기 때문인 것으로 보인다. 체내 지방과 생식주기의 상관성을 진화의 시각에서 설명하시오.
2. 여성은 일반적으로 45~55살에 폐경기를 겪는다. 대부분의 다른 동물은 수컷과 암컷 모두 일생 동안 생식능력을 유지한다. 사람의 경우 여성이 삶의 중간에 생식능력을 잃게 되는 이유는 무엇이라고 생각하는가?
3. 태아의 유전적 이상을 확인하는 산전진단법의 하나로서 융모막 융모에서 세포를 채취해 분석하는 방법이 있다. 이것이 가능한 이유는 무엇일까?
4. 집에서도 쉽게 여성의 소변에서 hCG 호르몬의 존재 여부를 살펴서 임신 여부를 확인해 볼 수 있다. 이 호르몬은 어디서 만들어진 것인가? 임신한 여성의 소변에서 hCG가 발견되는 이유는 무엇일까?
5. 수십 년 전에 비해 현재 남성들의 평균 정자 수가 적다. 그 이유는 아직 밝혀져 있지 않다. 과학적으로 검증 가능한 가설을 제시하려면 어떤 자료가 있어야 도움이 될 수 있을까?

30 생태학과 개체군

개 요

시작하기 전에

이 장을 시작하기 전에 다음 내용을 다시 살펴보자.

1.1절 생태계와 생물권은 어떤 상관관계가 있는가?

16.2절 과거에 발생한 대멸종의 원인은 무엇이었는가?

세계 인구의 증가

현재 세계의 인구는 급격히 증가하는 추세로서 2050년에는 90억~110억 명에 도달할 것으로 보인다. 인구 증가는 주로 후진국에서 일어난다. 인구증가를 억제하기 위해 인구문제 전문가들은 "선순환 구조"의 가족계획을 개발해왔는데, 이는 가족계획을 통해 여성을 더 건강하게 하고 그 결과 더 건강한 아기를 가질 수 있게 하는 순환구조를 형성하는 것이다. 과거에는 아기의 생존율이 낮아 다산을 하였지만, 현재는 헬스케어의 증가와 더불어 더 이상 다산을 할 필요가 없게 되었다. 또한 여성의 교육 기회가 많아지고 있으며, 교육을 많이 받은 여성들은 임신을 미루고 여성의 권리를 도모하고 있다. 남성과 동동한 권리를 가진 여성들은 아기를 더 적게 낳은 경향이 있다.

최근 들어 일부 후진 국가들은 경제적인 문제로 인해 가족계획 프로그램을 축소하고 있는 상황이다. 그러나 선진국들은 후진국들이 프로그램 공급을 지속적으로 시행할 수 있도록 지원하고 있지 않다.

한편 선진국들은 후진국에 비해 자원을 많이 소비하고 쓰레기도 훨씬 많이 배출한다. 따라서 생태학자들은 이처럼 많은 인구가 지구의 한정된 자원에 미칠 현재와 미래의 영향에 대해 우려를 표명하고 있다.

이 장을 공부하는 동안 다음 질문에 대해 생각해보자.

1. 후진국의 인구성장은 선진국에 어떠한 영향을 주는가?
2. 선진국은 후진국의 가족계획을 지원해주어야 하는가?
3. 인구 증가는 지구상의 다른 종들에 어떠한 방식으로 영향을 주는가?

30.1 생태학의 범위

학습 목표

이 절을 학습한 후에는 다음 과제를 수행할 수 있어야 한다.

1. 생물구성 단계를 열거하고 기술하기.
2. 생태학과 환경과학의 상관관계를 설명하기.

생태학(ecology)은 생물 간의 상호작용뿐만 아니라 생물과 물리적 환경과의 상호작용을 과학적으로 연구하는 학문이다. 생태학은 유전학과 더불어 오늘날 일반대중이 가장 관심을 갖는 생명과학 분야이다. 생태학을 연구함으로써 현재 그리고 미래의 모든 종이 생존하는데 핵심이 되는 정보를 얻을 수 있다. 다시 말해 생태학은 우리가 어떤 차를 운전하는 것이 바람직한지에서부터 우리 마을에 있는 숲을 보전하려면 어떻게 하는 것이 좋은지 등에 대해 올바른 결정을 하게 해준다. 아울러 현재의 생태학적인 결정은 우리의 삶뿐만 아니라 후대 자손들의 삶에도 영향을 줄 것이다.

생태학은 생물구성의 여러 단계에서 수행된다(**그림 30.1**). 일부 생태학자들은 **개체(organism)** 차원에서 연구하며 이 경우 특정 환경에 대한 개체의 적응에 중점을 둔다. 흰동가리(crownfish)의 어떠한 특징이 이들로 하여금 산호초에서 살아가게 하는지 연구하는 것을 예로 들 수 있다.

동일 시간대 정해진 장소에 사는 개체들의 무리를 **개체군(population)**이라 한다. 개체군 차원의 연구에서는 생태학자들이 시간에 따른 개체군 크기의 변화를 조사한다. 예를 들어, 개체군 생태학자들은 현재 주어진 장소에 사는 흰동가리의 수와 20년 전 동일 장소에 살던 흰동가리 수를 비교한다.

군집(community)은 주어진 장소에 있는 다양한 개체군들의 모임이다. 산호초의 경우, 어류와 갑각류, 산호, 조류 등등 수많은 개체군들이 있다. 군집 차원에서 연구하는 생태학자들은 군집들 간의 상호작용이 군집들이 살아가는 데 어떠한 영향을 미치는지를 조사한다. 예를 들어, 군집 생태학자들은 산호초에 조류 개체군이 감소하면 그곳에 사는 갑각류와 어류 개체군에 어떠한 영향이 있는지와 같은 연구를 한다.

생태계(ecosystem)는 살아 있는 개체들로 구성된 군집과 이들이 살고 있는 물리적 환경으로 이루어져 있다. 물리적 환경이 군집에 미치는 영향의 한 예로 물에 떠 있는 입자들이 산호초에 살고 있는 조류에 도달하는 햇빛의 양을 감소시키는 것을 들 수 있다. 조류는 태양에너지가 없으면 다른 개체군들이 필요로 하는 유기양분을 생산할 수 없다.

마지막으로 **생물권(biosphere)**은 지표면과 공기, 물, 땅 그리고 이곳들에 사는 모든 생명체를 총칭한다. 생태학자들은 산호초 내에서의 많은 구성단계에 대한 정보를 얻음으로써 산호초가 생물다양성과 생물권의 역동성에 어떻게 기여하는지 이해할 수 있게 된다.

그림 30.1 구성단계.

생태학은 개체와 개체군, 군집 그리고 생태계에 대한 연구를 포함한다.

a. b.

그림 30.2 산불 영향에 관한 연구.

옐로우스톤 국립공원의 침엽수림(로지폴소나무숲)에서처럼 숲에서는 산불이 자연적으로 발생한다. **a.** 불이난 지 얼마 되지 않은 숲. **b.** 산불 발생 후 여러 해가 지난 숲의 모습.

생물학의 한 분야인 생태학

생태학은 주변 환경에 있는 생물들을 관찰하고 기술하는 **자연사(natural history)**의 한 부분으로 시작하였다. 그러나 현대생태학은 실험을 포함하는 학문이다. 생태학의 주목표는 생태계 내에서의 상호작용에 기반한 개체군들의 분포와 개체들의 수를 예측하기 위한 모형을 개발하는 것이다. 이를 위해 생태학자들은 여러 가설들을 검증한다. 예를 들어서 침엽수림 생태계에 산불이 어떠한 영향을 주는지 알기 위해 이에 대한 가설을 세우고 검증을 하며(**그림 30.2**), 가설을 검증하기 위해 산불이 나기 전과 산불 이후의 군집 특성을 비교한다. 궁극적으로 생태학자들은 생물권내에 있는 생태계의 분포와 빈도에 관한 모형을 개발하고자 한다.

생태학과 환경과학

환경과학(environmental science)은 인간의 실질적인 관심에 생태학 원리를 적용하는 분야이다. 생태학 원리는 인간이 생존하려면 왜 제대로 작동하는 생물권이 필요한지, 그리고 70억이 넘는 인구와 이들의 과다한 자원 소비가 왜 생물권에 위협적인지 이해하는 데 도움을 준다.

보존생물학(*conservation biology*)은 생물다양성을 연구함으로써 야생생물을 비롯한 자연자원을 보존하고 현세대와 다음 세대에 혜택을 주려는 생태학 분야이다. 보존생물학은 인간이 생활을 영위하기 위해 의존하는 생물권이 기능을 갖추려면 야생종들이 꼭 필요하다는 것을 보여준다.

30.1 **개념 연결하기**
생태학은 생태계 구성 단계의 여러 차원에서 연구한다.

진도 점검하기 30.1

1. 생물구성 단계를 개체에서 시작하여 열거하시오.
2. 생태계와 군집을 구별하여 설명하시오.
3. 환경과학자가 생태학자이기도 한 이유를 설명하시오.

30.2 사람 개체군

학습 목표

이 절을 학습한 후에는 다음 과제를 수행할 수 있어야 한다.

1. 출생률과 사망률, 연간 인구 증가율의 상관관계를 이해하기.
2. 인구성장과 관련해 선진국과 후진국의 차이를 설명하기.
3. 선진국과 후진국이 환경에 어떠한 영향을 주는지 비교하기.

인구는 세계 전역에 분포되어 있지만 그 분포는 대체적으로 편중된 양상을 보인다. 세계 인구의 56%가 아시아에 살고 있으며 아시아 인구의 대부분은 중국과 인도에 분포한다. 몽골의 경우 인구밀도는 km^2 당 0.25명에 불과한 반면에 방글라데시는 km^2 당 1,000명이 넘는다. 또한 모든 대륙에서 인구는 해안을 따라 가장 많이 분포한다.

현재의 인구증가

21세기 대부분 기간 동안 세계 인구는 비교적 천천히 증가하였지만, 생식 연령에 도달하는 사람들이 많아짐에 따라 증가율이 상승하기 시작하였다. 1800년대의 산업혁명은 식품과 기계의 생산량 증가와 사망률 감소를 초래하였다. 따라서 산업혁명 당시의 인구는 가파르게 상승하였으며, 그 여파로 인해 현재 인구는 빠른 성장을 하고 있다(**그림 30.3**).

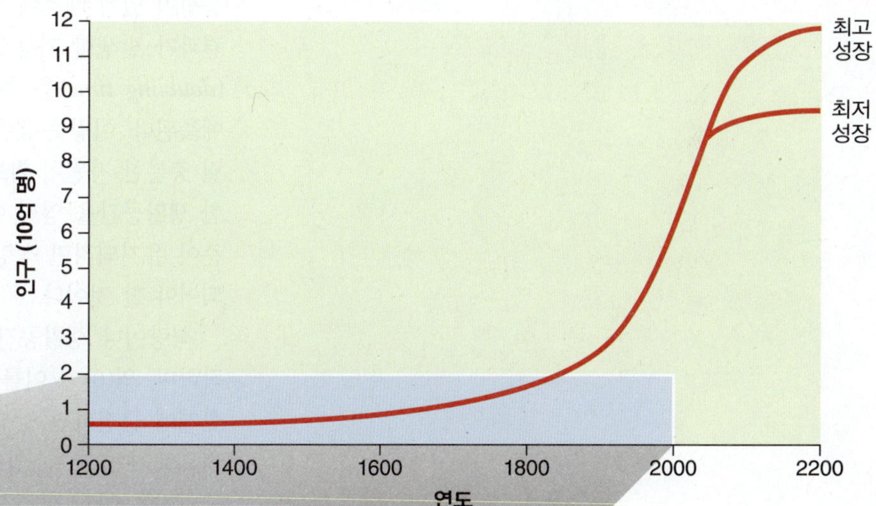

그림 30.3 인구증가.

세계 인구는 계속 증가하여 2050년경에는 미래 증가율에 따라 적게는 90억에서 많게는 110억 사이가 될 것으로 예측된다. 성장 곡선을 자세히 살펴보면 1300년대 흑사병이 만연하던 시기와 1800년대 산업혁명 시기, 그리고 과학과 의학이 진보한 1900년대에 인구증가율에 큰 변화가 있었음을 알 수 있다.

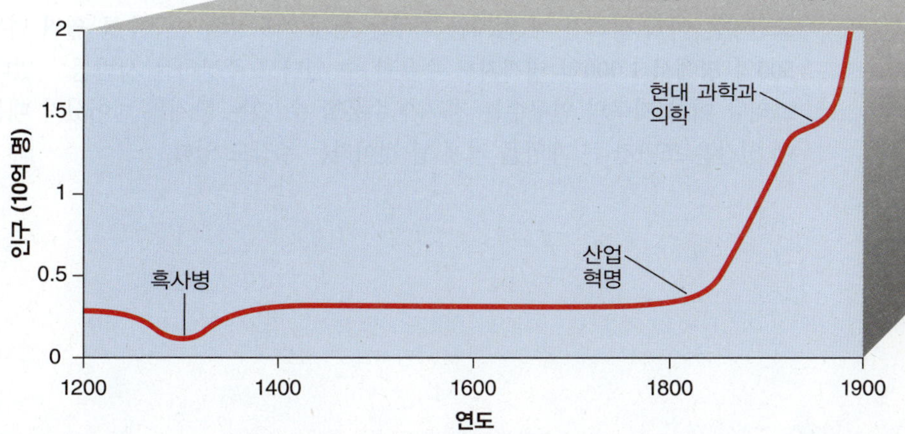

자연계에 있는 다른 개체군들과 마찬가지로 인구의 연간 상승률은 해마다 출생하는 사람 수와 사망하는 사람 수의 차이에 의해 결정된다. 예를 들어 현재 전 세계 인구의 연간 출생률은 대략 1,000명당 19.14명이고, 사망률은 1,000명당 약 7.99명이다. 따라서 현재의 인구 증가율은 다음과 같이 계산한다.

$$(19.14 - 7.99)/1,000 = (11.15)/1,000 = 1.11\%$$

연관: 건강

나라들 간의 출생률과 사망률 차이

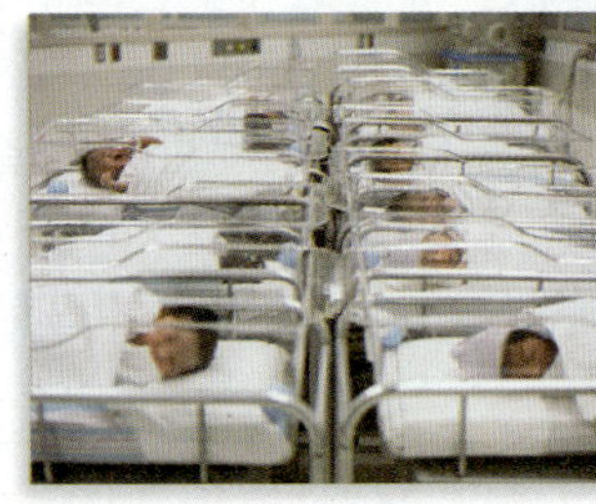

2012년도 가장 높은 출생률을 보인 국가는 니제르(50.06%)였으며 우간다(47.38%), 말리(45.15%)가 그 뒤를 이었다. 반면 모나코는 출생률이 6.85%로 가장 낮았다. 사망률은 남아프리카공화국(17.23%)이 가장 높았고, 카타르(1.55%)가 가장 낮았다. 증가율의 경우, 2012년도 가장 빠른 연간 증가율을 보인 국가는 카타르(4.93%)였으며, 쿡 제도(−3.14%)와 요르단(−0.97%)을 비롯한 일부 국가는 증가율이 감소하였다. 한편 미국의 경우 2012년도의 출생률은 13.68%이고 사망률이 8.39%이므로 연간 증가율은 0.90%이다.

미래의 인구증가

인구증가율이 높으면 자원이 인구를 먹여 살릴 수 있는 공급률을 초과할 가능성이 있기 때문에 미래 인구증가율은 큰 우려가 되고 있다. 이러한 끔찍한 결과가 발생할 가능성은 인구가 2배로 늘어나는데 걸리는 시간인 배가시간(*doubling time*)을 추정하면 알 수 있다. 인구의 배가시간은 대략 54년으로 예측된다. 이렇듯 짧은 기간에 인구가 대폭 늘어나면 이들 인구를 다 먹여 살릴 충분한 자원이 확보되어야 한다. 이미 지구상에는 깨끗한 물과 식량, 적절한 생활공간을 얻기 어려운 지역이 있으며, 54년 후에도 지금과 같은 생활수준이 유지되려면 식량과 물, 에너지 등을 비롯한 모든 자원들이 2배로 증가되어야 할 것이다.

식량이나 생활공간과 같은 자원이 부족해지면 인구증가율이 감소하기 시작하며, 영(0)에 이를 때까지 지속적으로 감소한다. 감소추세는 환경의 수용한계에 근접하면 안정화되는데, **수용한계(carrying capacity)**란 환경이 지속적으로 수용할 수 있는 개체수이다. 지구의 인구에 대한 수용한계가 어느 정도인지는 아직 밝혀진 바 없지만 지구는 현재 지구상의 인구수를 훨씬 넘는 500억 명에서 1,000억 명까지도 수용할 수 있다고 주장하는 사람들도 있다. 그러나 이미 지구의 인구수는 지구가 수용할 수 있는 한계를 넘어섰기 때문에 인간은 조만간 큰 재앙을 겪게 될 것이라는 주장도 있다.

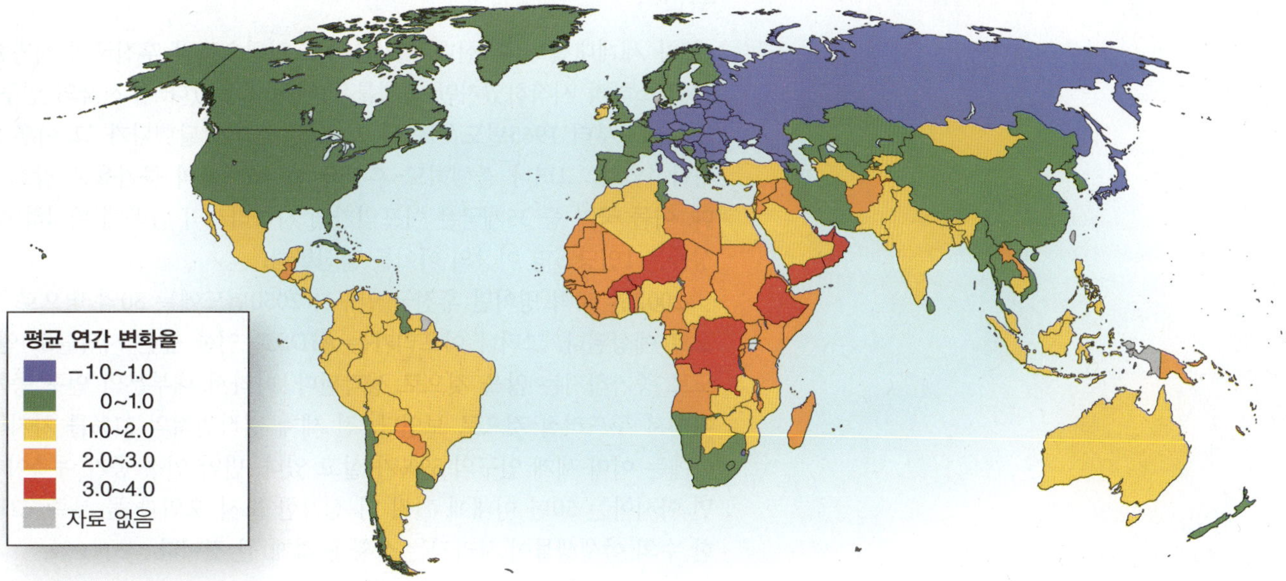

그림 30.4 세계의 인구증가율.

인구증가율은 아프리카와 중동 지역이 가장 높고 유럽이 가장 낮다.

선진국과 후진국

인구증가율이 세계 각국의 나라들마다 모두 동일하지는 않다(**그림 30.4**). 따라서 미래 인구증가와 관련한 문제는 복잡하다. 국가들은 선진국과 후진국으로 나뉜다(**그림 30.5**). **선진국(more-developed countries, MDCs)**은 북미와 유럽 국가들을 포함하며 인구증가율이 높지 않고 생활수준이 상당히 높다. **후진국(less developed countries, LDCs)**은 라틴 아메리카와 아시아, 아프리카를 포함하며 인구증가율이 매우 높고 대다수의 사람들이 가난한 삶을 살고 있다.

선진국

인구증가율이 낮은 선진국도 한때 증가율이 높은 적이 있었다. 선진국 인구는 1850년부터 1950년 사이에 두 배로 늘어났는데 이는 현대 의학의 발달과 사회경제 상황의 개선, 그리고 사망률의 감소에 기인한다. 사망률 감소 직후 출생률 감소가 뒤따랐으며 이로 인해 선진국 인구는 1950년 이후에는 완만하게 증가하였다. 이처럼 출생률 감소가 사망률 감소를 뒤따르는 현상을 인구학적 전환(*demographic transition*)이라고 한다.

선진국의 전반적인 인구증가율은 현재 약 0.2%이지만 일부 국가는 인구가 전혀 증가하고 있지 않거나 감소하는 추세를 보인다. 선진국은 2002년도부터 2050년도 사이에 인구가 5,200만 명 증가할 것으로 예상하지만, 현재처럼 완만한 속도로 증가하면 전체 인구수는 12억 명 정도를 유지할 것으로 보인다. 그러나 미국은 다른 선진국들과는 달리 인구가 계속 증가하고 있다. 미국의 인구증가율은 0.90%이다. 이처럼 미국의 인구증가율이 높은 이유는 매년 미국으로 이민하는 사람들의 수가 많고 생식연령층 여성의 수가 상당히 많기 때문이다. 따라서 미국은 앞으로도 당분간은 인구증가율이 감소하지 않을 것으로 보인다.

a.

b.

그림 30.5 선진국과 후진국.

(a) 선진국 사람들. 생활수준이 높으며 세계 인구증가율에 거의 영향을 주지 않는다. **(b)** 후진국 사람들. 생활수준이 낮으며 세계 인구증가율에 큰 영향을 준다.

후진국

제2차 세계대전 이후 현대 의약품이 도입됨으로써 후진국의 사망률은 급격히 감소하기 시작하였지만 출생률은 여전히 높았다. 후진국의 인구증가율은 1960년도부터 1965년도 사이에 2.5%로 정점에 달했다가 그 이후 1.5%까지 하락하였다. 그러나 불행히도 후진국 중 46개국의 증가율은 감소하지 않았다. 이들 국가 중 35개국은 아프리카의 사하라사막 남쪽에 위치하며, 이곳 여성들은 1인당 5명 이상의 아이를 출산한다.

2002년 50억 명이던 후진국 인구가 2050년도에는 80억 명으로 상승할 것으로 예상된다. 그러나 아프리카는 AIDS로 인한 높은 사망률로 인해 이 정도로 증가하지는 않을 것으로 생각된다. 따라서 대부분의 인구 증가는 아시아에서 두드러질 것으로 보인다. 전 세계 경작면적의 31%를 차지하는 아시아에는 이미 세계 인구의 59%가 살고 있다. 만약 인구 증가 예측이 현실화되면 아시아는 50년 이내에 훨씬 더 심각한 도시 오염과 물 부족, 그리고 상당한 수의 야생생물이 사라지는 상황을 겪게 될 것이다.

연령구조 비교

연령구조는 3개의 그룹, 즉 생식연령 이전, 생식연령, 생식연령 이후로 나뉜다(**그림 30.6**). 대다수 선진국의 연령구조는 안정화되어 있기 때문에 각 연령군마다 인구수가 거의 동일하다. 따라서 선진국의 경우 한 쌍의 남녀가 두 명의 아이를 낳는다면 인구는 증가하지 않으며, 한 명의 아이를 낳거나 아예 아이를 낳지 않을 경우 인구는 천천히 감소할 것이다. 한 쌍의 남녀가 단 두 명의 아이만 낳으면 자식이 이들 남녀를 대체하는 효과이므로 이를 **대체생식(replacement reproduction)**이라고 한다. 그러나 실제로는 사망률로 인해 대체생식률은 한 쌍의 남녀당 두 명의 아이보다 약간 더 높다. 반면에 후진국 연령구조는 생식연령이전 그룹이 가장 많은 피라미드 모습을 보인다. 따라서 후진국 인구는 대체생식이 이루어진다 해도 계속해서 증가할 것이다. 대체생식이 지속되면 인구가 증가하지 않아 후진국 인구증가가 멈출 것으로 보이지

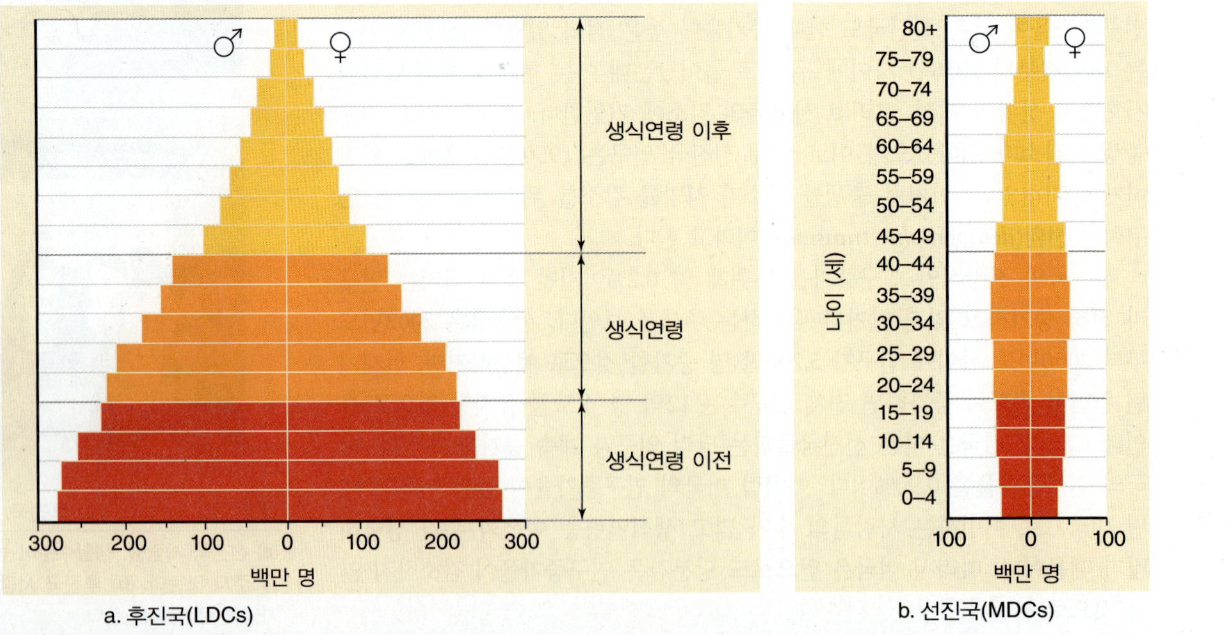

그림 30.6 **연령구조.**
a. 후진국 인구는 연령분산으로 인해 빠르게 증가할 것이다.
b. 선진국은 안정화를 보인다.

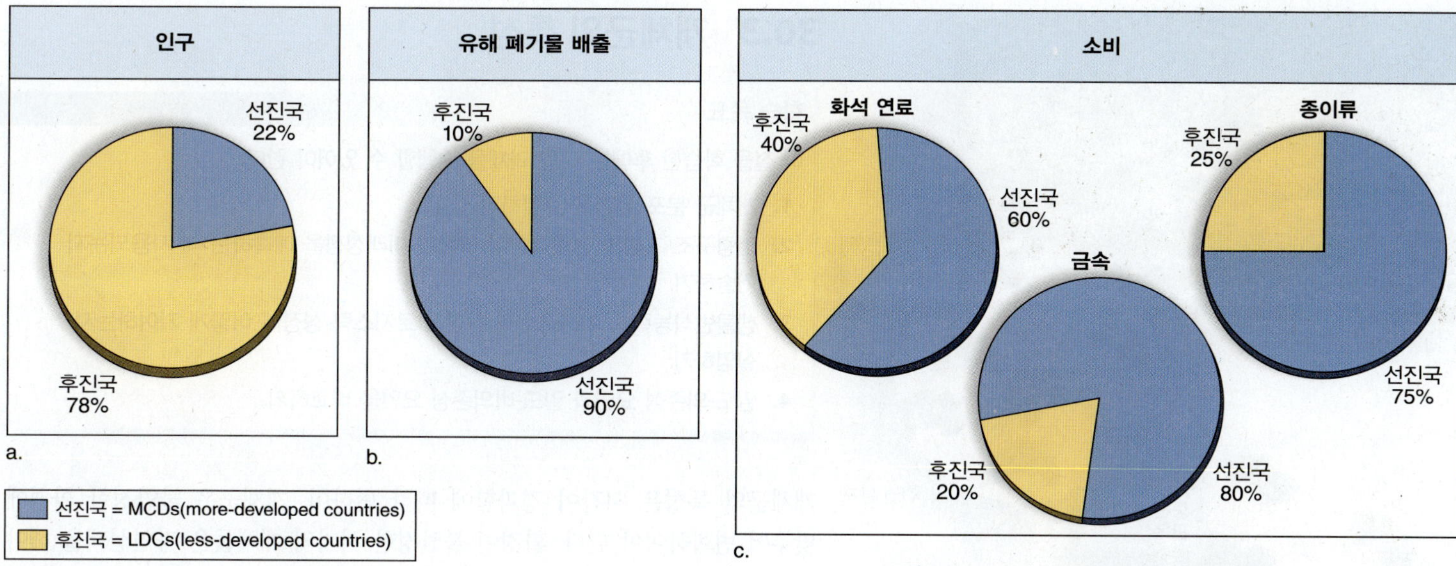

그림 30.7 선진국과 후진국의 환경영향.

a. 선진국의 총인구수는 후진국 총인구수보다 훨씬 적다. 선진국은 세계인구의 22%, 그리고 후진국은 78%를 차지한다. **b.** 선진국은 세계 유해 노폐물의 대부분인 90%를 배출하며 후진국은 10%를 배출한다. **c.** 유해 폐기물 배출은 화석연료, 금속, 종이와 같은 자원의 소비와 밀접한 연관이 있다. 화석연료는 선진국이 60%, 후진국이 40%를 소비하며 금속은 선진국이 80%, 후진국이 20%, 그리고 종이는 선진국이 75%, 후진국이 25%를 소비한다.

만 생식연령기에 진입하는 젊은 여성의 수가 생식연령기를 이탈하는 나이든 여성수보다 많으면 대체생식이 일어나도 후진국 인구는 계속 증가할 것이다. 연령구조에 대해서는 30.3절에서 자세히 살펴본다.

인구증가와 환경에 대한 영향

인구증가는 각국의 사회구조뿐만 아니라 지구의 자원과 생물권 전체에 막대한 압박을 준다. 후진국은 인구가 빠르게 증가하고 있기 때문에 인구증가가 환경 파괴의 주원인으로 생각된다. 그러나 선진국은 인구증가율이 낮음에도 후진국에 비해 훨씬 더 많은 자원을 소비하므로 인구증가보다는 과도한 소비가 환경파괴의 주원인일 것으로 생각된다.

환경영향

인구가 환경에 미치는 환경영향(environmental impact, E.I.)은 인구수뿐만 아니라 인구 한 사람당 자원소비량과 공해발생량으로 측정한다. 이를 공식으로 표시하면 다음과 같다.

환경영향 = 전체 인구수 × 한 사람당 자원소비량
= 소비된 단위 자원당 공해발생량

위의 공식에 따르면 환경은 두 가지 요인, 즉 인구수와 자원소비량에 영향을 받는다. 후진국에서는 과잉 인구가 확실한 환경영향 요인이며, 선진국에서는 사람 1인당 자원소비량이 높으므로 자원소비량이 더 확실한 환경요인으로 작용한다. 예를 들어 미국 일반 가정의 1인당 에너지소비량은 인도에서 20명이 배출하는 양에 해당한다. 따라서 선진국 생활수준으로 유지할 수 있는 인구수는 매우 제한적일 수밖에 없다는 사실을 간과하지 말아야 한다.

선진국과 후진국의 환경영향을 비교하여 **그림 30.7**에 나타내었다. 선진국 인구는 전세계 인구의 약 25%에 불과하지만 선진국이 배출하는 유해한 폐기물의 양은 세계 전체 배출량의 90%를 차지한다. 이는 선진국이 화석연료와 금속, 종이 등과 같은 자원을 많이 소비하기 때문이다.

30.2 개념 연결하기
생태학자들에 의하면 인구는 기하급수적으로 증가하고 있다.

진도 점검하기 30.2

1. 출생률이 20.5%이고 사망률이 9.8%일 경우 연간 인구증가율은 얼마인가?
2. 선진국과 후진국의 특징을 예를 들어 비교하시오.
3. 대체생식이 의미하는 바를 설명하시오.
4. 선진국과 후진국이 환경에 주는 영향을 비교하시오.

그림 30.8 개체군에서의 분포 양상.

a. 사막에 사는 성숙한 관목. **b.** 집결분포를 보이는 사막의 어리고 작은 관목. **c.** 무작위로 분포하고 있는 중간 크기의 관목. **d.** 균일한 분포를 보이는 크기가 큰 관목.

30.3 개체군의 특성

학습 목표

이 절을 학습한 후에는 다음 과제를 수행할 수 있어야 한다.

1. 개체군 분포 유형을 구별하기.
2. 연령구조 그림과 생존곡선이 어떻게 미래성장을 예측하는 데 사용되는지 기술하기.
3. 생물번식능력이 기하급수적 성장과 로지스틱 성장에 어떻게 기여하는지 설명하기.
4. 밀도-의존성 요인과 밀도-비의존성 요인을 비교하기.

개체군의 특성은 시간이 경과함에 따라 변하며, 개체군은 불안정한 환경에 맞추어 변화하여야 한다. 환경이 불안정한 시기의 개체들은 자연선택을 해야만 하는 압박을 받는다. 환경에 잘 적응한 개체들은 적응을 잘 하지 못하는 개체들보다 더 많은 자손들을 남긴다. 따라서 개체군들이 새로운 환경에 적응하게 되면 개체수가 증가하게 된다. 생태학자가 관찰하고 기술하는 특정 개체군의 특성은 특정 시간과 장소에서 관찰되는 일시적인 것이다.

분포와 밀도

자원(resource)이란 개체가 살아가는 데 필요한 환경 구성요소로서 빛, 물, 공간, 배우자, 먹이 등이 이에 해당한다. 자원의 공급여부는 주어진 영역에 있는 개체들의 공간 분포에 영향을 준다. 개체의 분포 양상은 **집결분포(clumped)**, **무작위분포(random)**, **균일분포(uniform distribution)** 유형으로 구분된다. 사막에 서식하는 관목은 식물이 자람에 따라 분포 양상이 집결 유형에서 무작위나 균일분포 유형으로 바뀌는데 이러한 변화는 지하자원 확보를 위해 서로 경쟁하기 때문이라는 것이 연구를 통해 밝혀졌다(**그림 30.8**).

한 지역에 국한된 사막이나 숲 혹은 연못에 사는 개체들이 아니라 종 서식범위에 있는 개체들의 분포에 대해 생각해보자. **서식범위(range)**는 지구에서 종이 발견되는 장소이다. 서식범위 내에 있는 모든 종구성원들은 개체군을 이루며, 개체군 구성원들은 필요한 자원을 확보할 수 있는 지역에 위치하므로 서식범위로 모두 집결하게 된다.

개체군 밀도(population density)는 단위면적 또는 단위체적당 개체들의 수이다. 자원이 풍부한 지역이 자원이 부족한 지역보다 높은 개체군 밀도를 보인다. 그러나 자원 이외의 다른 요인들 또한 개체군 밀도를 결정한다. 개체군 밀도는 개체의 체구가 크면 클수록 감소하는 것이 일반적이지만, 나무의 경우는 어린 묘목이 성장한 나무에 비해 훨씬 높은 개체군 밀도를 보인다. 따라서 개체군 밀도의 결정에는 한 가지 이상의 요인들이 작용함을 알 수 있다.

개체군의 성장

592쪽에서 언급하였듯이 개체군 증가율은 개체군 내에서 매년 새로 태어난 개체수와 사망한 개체수에 따라 결정된다. 출생수가 사망수보다 많으면 개체군은 성장한다. 예를 들어서 개체수가 1,000인 개체군에서 연간 출생수가 30이고 사망수가 10이라면, 이 개체군의 연간증가율은 2%이다.

연관: 환경

인구 밀도가 가장 높은 곳과 가장 낮은 곳은 어디인가?

2012년 인구통계학 자료에 의하면 인구밀도가 가장 높은 지역은 km^2 당 36,356명인 유럽의 모나코이다. 인구밀도가 가징 낮은 나라는 밀도가 거의 0에 가까운 그린란드이며, 그 다음은 km^2당 약 2명이 사는 몽골과 서사하라이다.

a. 인구 증가 b. 인구 감소 c. 안정된 인구

그림 30.9 연령구조.

개체군의 전형적인 연령구조에는 (**a**) 증가형, (**b**) 감소형, (**c**) 안정형이 있다. 각 연령대마다 개체수가 서로 달라 뚜렷한 연령구조 형태가 만들어진다. 각 구조 형태에서 왼쪽 절반은 수컷, 그리고 오른쪽 절반은 암컷을 나타낸다.

한편 사망수가 출생수를 초과하면 증가율이 마이너스이므로 개체군 크기가 감소한다.

개체군통계와 개체군 성장

개체군의 성장률은 자원의 공급 여부와 개체군의 특성에 관한 **개체군통계(demographics)**에 의해 영향을 받는다. 모든 개체군에 해당하는 흥미로운 개체군 통계 특성은 개체군의 **연령구조(age structure)**이다. 개체군 연령구조는 막대그림으로 나타내며, 나이에 따라 생식연령 이전(*prereproductive*), 생식연령(*reproductive*), 생식연령 이후(*postreproductive*)로 나눈다. 생식연령 이전과 생식연령의 개체 수가 생식연령 이후 개체수를 초과하면 출생률이 사망률보다 높다(**그림 30.9***a*). 이와 반대로 생식연령 이후 개체수가 생식연령대 이전이나 생식연령대 개체수를 초과하면 사망률이 출생률보다 높으므로 개체군을 구성하는 개체의 수는 감소한다(그림 30.9*b*). 생식연령 이전과 생식연령, 생식연령 이후 개체들의 수가 동일하고 출생률이 사망률과 같으면 개체군의 개체수는 변화하지 않고 유지된다(그림 30.9*c*).

생태학자들은 또한 개체군의 **생존율(survivorship)** 양상에 대해서도 연구를 한다. 예를 들어, 개체군 구성원이 어린 나이에 사망할 경우 생식연령대 개체수는 감소하게 된다. 생존율은 주어진 연령에서 생존하고 있는 개체수를 나열한 생명표에 기초하여 산정한다. 생명표를 얻는 가장 최선의 방법은 같은 시기에 출생한 대다수의 개체들을 확인하여 그들이 출생한 시점부터 사망할 때까지 기록하는 것이다.

산양의 나이는 뿔에 있는 나이테의 수를 세어서 추정한다. **그림 30.10***a*는 나이테가 1년에 하나씩 생긴다는 가정 하에, 사망한 양의 두개골을 수집하고 뿔의 나이테 수를 확인하여 만든 산양의 생명표이다. 상대적 수명기간 100까지에 대해, 출생개체 1,000마리당 생존한 개체의 수를 조사하면 **생존곡선(*survivorship curve*)**을 그릴 수 있다(그림 30.10*b*). 생존곡선의 유형은 종마다 다르며, 그 중 3가지 유형이 보편적이다. 유형 I은 산양과 인간처럼 나이가 들어서까지 생존하고 질병으로 인해 사망이 증가하는 경우에 해당하는 형태이다. 유형 II 생존곡선은 생애 전반에 걸쳐 동일한 사망률을 보이며, 유형 III 생존곡선은 유년기 사망률이 높아 소수의 개체만 생애 끝까지 생존하는 경우이다.

나이(년)	태어난 해의 생존수		기간 동안의 사망수
0~1	1,000	1,000~199	199
1~2	801	801~12	12
2~3	789		13
3~4	776		12
4~5	764		30
5~6	734		46
6~7	688	등등	48
7~8	640		69
8~9	571		132
9~10	439		187
10~11	252		156
11~12	96		90
12~13	6		3
13~14	3		3
14~15	0		

a.

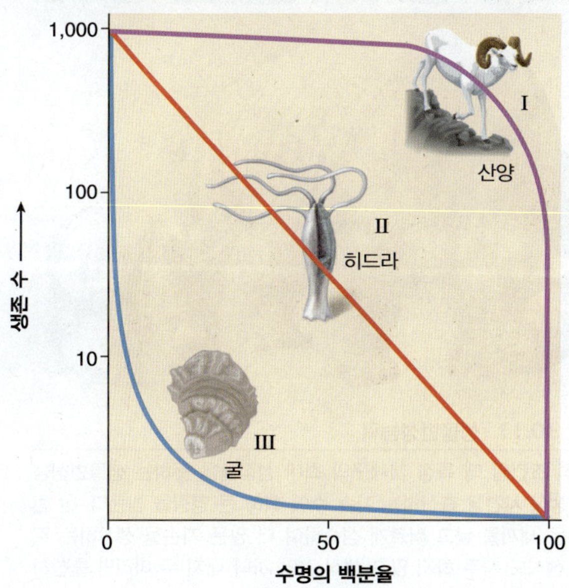

b.

그림 30.10 생명표와 생존곡선.

a. 산양의 생명표. **b.** 3가지 유형의 생존곡선. 산양을 비롯한 유형 I에서는 대부분의 개체들이 나이가 들어 늙어 죽을 때까지 산다. 유형 II에 속하는 히드라와 같은 개체들은 생애 전반에 걸쳐 사망률이 일정하다. 유형 III에 속하는 굴은 대부분이 유년기에 많이 죽기 때문에 아주 일부만 살아남아 성체가 된다.

생물번성능력 한 개체군 크기의 증가율은 그 개체군의 생물번성능력에 달려 있다. **생물번성능력(biotic potential)**은 자원이 무한정 공급된다고 가정할 때 그 개체군이 가질 수 있는 최대한의 출생 개체수이다(**그림 30.11**). 개체군의 생물번성능력은 다음과 같은 개체군통계학적 특성에 의해 결정된다.

1. 자원의 확보
2. 생식 건당 생산되는 자손의 수
3. 생식 가능 연령까지 생존할 가능성
4. 개체당 생식 사건의 빈도
5. 생식 시작 연령

개체군성장 유형

개체군성장 유형에는 기하급수적 성장과 로지스틱 성장이 있으며 이러한 성장 유형은 (1) 종의 생물번성능력과 (2) 자원의 공급 여부에 영향을 받는다.

기하급수적 성장

한 지역에 특정 곤충 개체군이 창궐하고 있다면 이 곤충 개체군은 **기하급수적 성장(지수성장, exponential growth)**을 하고 있는 것으로 예측된다. 기하급수적 성장은 **그림 30.12**에서 보듯이 영어 알파벳 J자 모양의 성장곡선을 보이는데, 이러한 성장곡선은 일정기간 이자를 축적하여 원금에 가산시킨 후 이것을 새로운 원금으로 계산하여 더 많은 이자를 지급하는 은행의 복리이자 방식과 동일하다. 만약 곤충 개체군의 초기 개체수가 2,000마리이고 월 증가율이 20%이라면 한 달 후에는 2,400마리가 되고, 두 달 후엔 2,880마리, 그리고 석세 달 후엔 3,456마리로 늘어날 것이다.

J자 모양의 곡선은 두 기간으로 이루어져 있다.

잠복기(*lag phase*): 개체군 구성 개체수가 적어 성장이 더딘 기간.
기하급수적 성장기(*exponential growth phase*): 성장이 가속화되는 기간.

자원이 충분이 공급되는 한 기하급수적 성장은 계속되지만, 자원을 필요로 하는 개체군 구성 개체수가 최대치에 이르면 자원을 얻기 위한 경쟁이 늘어나게 된다.

그림 30.11 생물번성능력.
이상적 조건일 때 특정 개체군의 최대 성장률을 뜻하는 생물번성능력은 생식 사건당 출산하는 자손 수에 의해 큰 영향을 받는다. 한 번에 많은 새끼를 낳고 빠르게 성숙하여 더 많은 자손을 생산하는 쥐(**a**)는 생식도 자주 하지 않고 생식 건당 하나 내지 두 마리만 출산하는 코뿔소(**b**)보다 생물번성능력이 훨씬 크다.

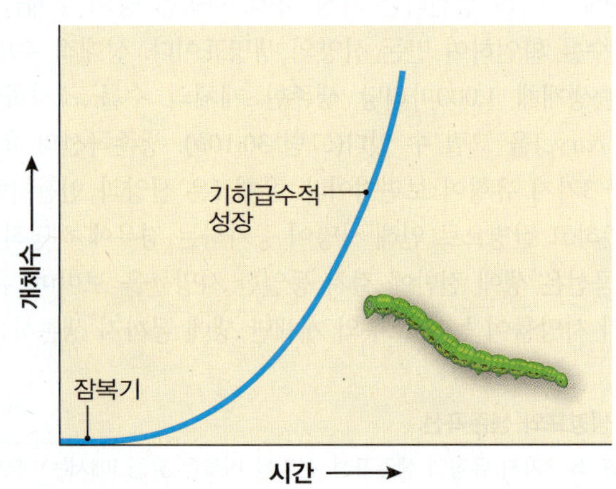

그림 30.12 기하급수적 성장.
기하급수적 성장은 성장률이 증가하는 J자 모양의 성장곡선을 그린다.

로지스틱 성장

자원이 감소함에 따라 개체군 성장이 안정화되면 **로지스틱 성장(logistic growth)**을 하게 된다. 로지스틱 성장의 경우, 성장곡선은 알파벳 S자 모양을 보인다(**그림 30.13**).

S자 모양의 곡선은 4개의 기간으로 나누어진다.

잠복기(*lag phase*): 개체군 구성 개체수가 적어 성장이 더딘 기간.
기하급수적 성장기(*exponential growth phase*): 생물번성능력으로 인해 성장이 가속화되는 시기(그림 30.11 참조).
성장감속기(*deceleration phase*): 개체들이 자원 확보를 위해 서로 경쟁함으로 인해 개체군 성장률이 감소하는 기간.
안정평형기(*stable equilibrium phase*): 출생률과 사망률이 거의 동일하여 개체수가 증가하지 않거나 아주 조금 증가하는 기간.

안정평형기는 환경의 수용한계에 도달한 상태이다. 환경수용한계는 일정하지 않고 변화한다. 예를 들어 큰 섬은 작은 섬에 비해 둥지를 틀 공간이 많으므로 더 많은 수의 펭귄을 수용할 수 있다.

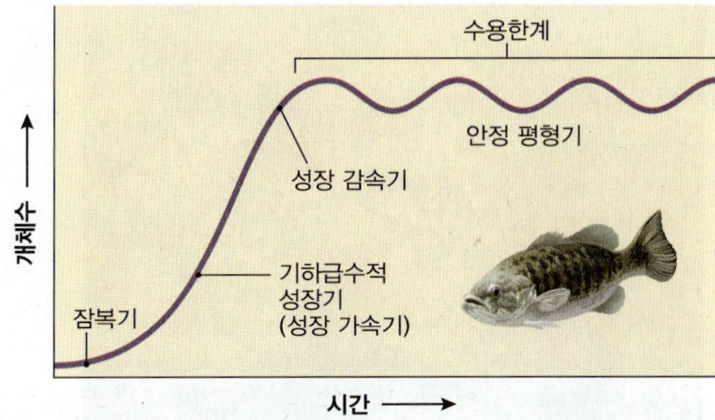

그림 30.13 로지스틱 성장.

로지스틱 성장에서는 개체군의 개체수가 수용한계에 근접하게 되면 개체들 간에 자원 확보를 위한 경쟁이 증가하기 때문에 S자 모양의 성장곡선을 그린다.

성장이론의 적용 로지스틱 성장에 관한 지식을 실제 적용해보자. 기하급수적 성장은 개체군 크기가 수용한계보다 훨씬 적을 때에만 일어난다. 따라서 만약 사람이 어류를 지속적인 식량공급원으로 사용하고자 한다면, 해당 어류의 원활한 공급을 위해서 이 어류의 번성능력이 최대이고 출생률이 가장 높은 기하급수적 성장기에 있을 때의 개체군 크기를 유지시키는 것이 좋다. 어류를 남획하면 어류 개체군의 성장이 잠복기로 접어들게 되며, 다시 기하급수적 성장기로 회복하는데 수년이 걸릴 수도 있다(**그림 30.14**). 그러나 해충의 경우, 해충을 박멸하고자 한다면 개체군의 크기보다는 환경수용한계를 감소시키는 것이 해충의 성장을 제한하는 가장 좋은 방법이다. 단순히 개체군 크기만을 줄이면 해충이 다시 기하급수적 성장을 재개하므로 해충은 박멸되지 않는다. 따라서 농부들은 해충 박멸을 위해 경작지에 한 종류의 농작물보다는 서로 다른 작물들을 한 줄씩 번갈아 재배함으로써 해충의 수용한계를 줄인다.

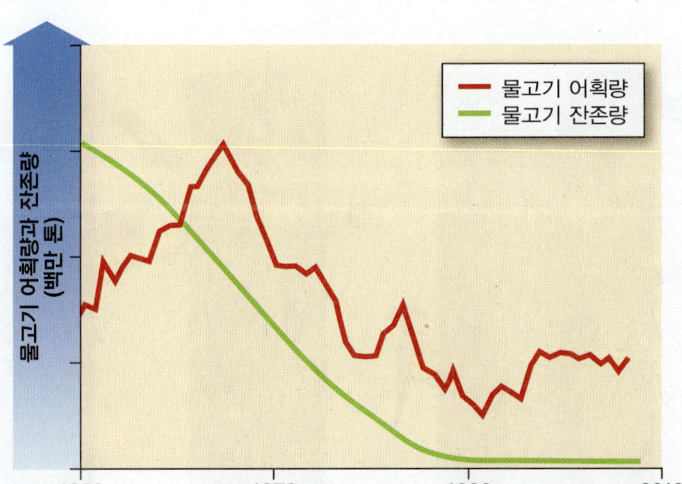

그림 30.14 지속가능한 개체군 밀도.

1950년도와 1960년도 사이에 물고기 어획량이 증가하여 물고기 자원이 감소되었다. 그럼에도 불구하고 계속되는 남획으로 인해 개체군 성장이 정체기에 머무르고 있다. 따라서 물고기 개체군이 기하급수적 성장단계로 진입하도록 하려면 어획량을 줄여야 한다.

a. 저밀도 쥐 개체군

b. 고밀도 쥐 개체군

그림 30.15 밀도-비의존성 효과.

날씨나 자연재해와 같은 밀도-비의존성 요인에 의한 개체군성장은 개체군 밀도의 영향을 받지 않는다. 홍수가 밀려드는 길목에 살고 있는 들쥐 개체군은 (**a**) 저밀도인 경우 홍수에 의해 5마리 중 3마리가 죽어 60%의 사망률을 보였고, (**b**) 고밀도일 때는 같은 정도의 홍수에 의해 20마리 중 12마리가 죽어 저밀도 개체군에서와 동일하게 60%의 사망률을 보였다.

개체군성장 조절 요인

생태학자들은 이미 오래전에 환경은 생물적 요소와 비생물적 요소를 모두 가지고 있으며, 이들 요소가 개체군 크기를 조절하는 데 있어 중요한 역할을 한다는 것을 알았다.

밀도-비의존성 요인

날씨나 자연재해와 같은 비생물적 요인은 전형적인 **밀도-비의존성 요인(density-independent factor)**으로서 개체군 크기를 급격하게 감소시킬 수 있다. 그러나 밀도-비의존성 요인은 이들 요인에 의한 효과가 개체군을 구성하는 개체 수에 의해 영향을 받지 않기 때문에 그 자체만으로는 개체군 크기를 조절하지 못한다. 다시 말해 개체군 크기가 증가해도 효과의 강도는 증가하지 않는다. 예를 들어 개체군이 홍수의 피해를 입은 경우, 사망하는 개체수는 개체군 밀도와 무관하다. 즉, 밀도가 높은 개체군에서에서의 개체 사망률이 밀도가 낮은 개체군에서의 개체 사망률보다 반드시 높지 않다. 개체수가 5마리이고 그 중 3마리가 물에 빠져 죽은 쥐 개체군의 경우 사망률은 60%이며(**그림 30.15*a***), 개체군 수가 20마리이고 이 중 12마리가 물에 빠져 죽은 개체군 경우도 사망률은 똑같이 60%이다(그림 30.15*b*).

밀도-의존성 요인

생물요인은 개체군의 밀도에 영향을 받는 **밀도-의존성 요인(density-dependent factor)**이다. 생물요인에 의해 영향을 받는 개체군의 비율은 개체군의 밀도가 증가할수록 커진다. 개체들 간의 경쟁, 섭식, 기생이 생물 요인에 속한다. 개체군들 간의 이러한 상호작용들은 군집의 조성과 다양성에 영향을 주므로 이들에 대해서는 31장에서 다루기로 한다.

경쟁 **경쟁(competition)**은 동일종의 개체들이 한정되어 있는 햇빛이나 먹이, 삶의 공간과 같은 자원을 서로 확보하고자 함으로써 발생한다. 모든 개체들이 자원을 얻을 수 있는 것이 아니므로 경쟁에서 밀려난 개체는 생존이나 생식 등의 기회를 박탈당할 수 있다.

예를 들어, 어느 딱따구리 개체군의 개체들이 둥지를 짓기 위한 장소를 확보하기 위해 경쟁을 한다고 가정해보자. 딱따구리 쌍들은 새끼들을 기르기

그림 30.16 밀도-의존성 효과—경쟁.

경쟁의 영향은 개체군 밀도에 정비례한다. **a.** 밀도가 낮을 때는 개체군을 구성하는 모든 개체가 자원을 얻을 수 있다. **b.** 밀도가 높으면 개체군 구성 개체들 간에 필요한 자원을 확보하기 위한 경쟁이 불가피하다.

a. 저밀도 새 개체군

b. 고밀도 새 개체군

위해 나무의 구멍에 둥지를 만들므로 나무 구멍의 수가 교배하는 딱따구리 쌍의 수와 같거나 더 많으면 모든 새들이 둥지에 알을 낳고 새끼들을 기를 수 있다(**그림 30.16*a***). 그러나 만약 나무 구멍의 수가 교배하는 쌍보다 적으면 딱따구리 쌍들 간에 경쟁이 불가피하다(그림 30.16*b*). 따라서 구멍을 확보하지 못한 쌍들은 개체수 증가에 기여하지 못하게 된다.

미국 알래스카주의 세인트 폴 섬에 사는 순록은 먹이 경쟁의 잘 알려진 예이다. 순록 개체수가 과도하게 증가하자 자원 소비가 급증하였고 이로 인해 결국 순록들은 먹을 것이 부족해져 개체수가 급감하였다.

서로 다른 연령군 간의 적절한 자원분배는 먹이 경쟁을 줄이는 방법이 된다. 나비의 경우를 보더라도 유충일 때는 잎을 갉아먹지만 성충은 이와 완전히 다른 먹이인 꽃의 꿀을 먹고 산다. 이처럼 성충 나비는 유충과의 먹이 경쟁을 피한다.

포식 **포식(predation)**은 한 개체(포식자, predator)가 다른 개체(피식자, prey)를 섭취하는 현상을 말한다. 넓은 의미의 포식은 사자와 같은 동물이 얼룩말을 잡아먹는 행동뿐 만아니라 고래가 바닷물로부터 크릴새우를 걸러먹는 것, 그리고 사슴이 나무나 관목을 뜯어먹는 행위도 포함한다.

포식 효과는 피식자의 개체군 밀도와 정비례한다. 그 이유는 개체군 밀도가 높아 피식자 개체수가 많으면 포식자가 피식자를 찾아먹기가 수월하기 때문이다. 예를 들어 들판에 서식하고 있는 들쥐에 대해 생각해보자(**그림 30.17**). 쥐들은 매의 공격을 피하기 위해 숨을 구멍이 필요하다. 만약 쥐가 102마리 있고 구멍은 100개밖에 없다면 두 마리는 들판에 남게 된다. 이 경우 매가 들판에 있는 두 마리의 쥐를 찾아내기란 쉽지 않을 것이며, 두 마리 모두 잡아먹히지 않는다면 포식률은 0/2 = 0%가 된다. 그러나 쥐가 200마리 있고 구멍은 똑같이 100개 있다면 매가 구멍을 차지하지 못해 들판에 노출된 100마리의 쥐를 찾기는 쉽다. 이들 쥐 중 절반인 50마리가 매에 의해 포식된다면 포식률은 50/100 = 50%가 된다. 따라서 먹을 수 있는 피식자의 밀도가 높아지면 이를 잡아먹는 개체군의 비율도 높아진다.

그림 30.17 **밀도-의존성 효과—포식.**

개체군에 대한 포식의 영향은 개체군 밀도에 정비례한다. **a.** 개체군의 밀도가 낮은 경우 포식자가 피식자를 찾아내기 어렵다. 따라서 포식에 의한 피식자의 사망률은 0/2, 즉 0%이다. **b.** 개체군 밀도가 높은 경우는 포식자가 피식자를 찾아낼 가능성이 커지며, 그 결과 포식에 의한 피식자의 사망률은 50/100, 즉 50%로 높아진다.

a. b.

진도 점검하기 30.3

1. 연령구조 그림이 어떻게 미래 개체군 증가를 예측하는데 사용될 수 있는지 설명하시오.
2. 생존곡선 유형 I을 갖는 종과 유형 III의 생존곡선을 갖는 종의 생식 전략이 어떻게 다른지 설명하시오.
3. 기하급수적 성장곡선과 로지스틱 성장곡선을 비교하시오.
4. 특정 개체군이 생물번성능력에 도달할 수 있는지를 결정짓는 개체군통계학적 특성을 열거하시오.
5. 개체군 증가를 조절하는 밀도-비의존성 요인과 밀도-의존성 요인을 열거하시오.

포식자와 피식자 개체군의 증감 주기 일부 포식자와 피식자 개체군의 개체수는 일정하게 유지되지 않고 증가와 감소를 반복한다. **그림 30.18**은 눈신토끼와 작은 고양이 일종인 캐나다 스라소니 개체군 사이에서 볼 수 있는 개체군 증감 주기이다. 눈신토끼는 북아메리카의 침엽수림에서 관목과 작은 나무의 잔가지를 먹고사는 사는 초식동물이다. 이들에 관해 연구한 학자들은 스라소니가 토끼를 잡아먹어 토끼 개체수가 감소하게 되며, 이로 인해 결국 먹을 것이 없어진 스라소니 개체수가 감소하게 된다고 생각했다. 따라서 토끼 개체수가 다시 회복되면 스라소니 개체수도 회복하게 되며, 이러한 패턴의 주기를 급증-급감 주기(boom-bust cycle)라고 한다. 그러나 일부 생물학자는 눈신토끼 개체수의 감소는 저성장과 번식률 감소를 동반하며, 결국 이러한 이유로 인해 먹이부족 현상이 나타난다는 것을 알게 되었다. 들판에서 수행한 설험에서, 포식자인 스라소니가 토끼 개체군에 접근하지 못하는 경우에도 토끼 개체군의 크기는 여전히 토끼 개체군이 먹을 수 있는 먹이 여부에 따라 변동하는 것이 관찰되었다. 그림 30.18의 주기 패턴은 토끼-먹이 주기와 포식자-토끼 주기를 합하여 그린 것이다.

30.3 개념 연결하기
개체군 증가는 군집과 생태계 구조에 영향을 준다.

그림 30.18 스라소니와 눈신발토끼의 포식자-피식자 주기.

약 100년 동안에 걸친 눈신발토끼와 스라소니 개체수를 보면 개체군 밀도가 10년 주기로 변화하는 것을 알 수 있다. 피식자인 눈신발토끼 개체군은 포식자인 스라소니 개체군보다 1년 혹은 그 이전에 이미 정점에 도달한다.

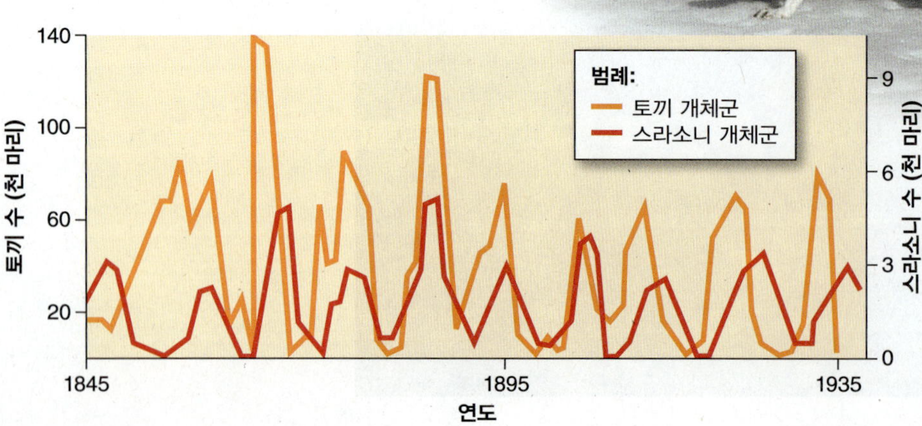

30.4 생활사 유형과 멸종

학습 목표

이 절을 학습한 후에는 다음 과제를 수행할 수 있어야 한다.

1. 기회종과 평형종을 구분하기.
2. 종의 멸종을 초래하는 요인에 대해 설명하기.

생활사(life history)는 지금까지 논의한 여러 특성들로 구성된다. 하루살이 유충부터 사람에 이르는 많은 유형의 개체군에 대해 연구한 결과 생태학자들은 기본적이면서 대조적인 두 가지 유형의 생활사(기회적 생활사와 평형적 생활사)를 발견하였다.

기회종(opportunistic species)은 대체적으로 기하급수적 성장을 한다. 이들 개체는 체구가 작고 일찍 성숙하며 수명이 짧다. 또한 자손을 많이 생산하지만 부모가 새끼들을 잘 돌보지 않는다(**그림 30.19*a***). 개체군 크기는 주로 밀도-비의존성 요인들에 의해 조절되며, 이때 개체군의 크기는 개체군을 위협하는 사건으로부터 살아남을 정도로 충분히 크다. 이들 개체군은 분산력(dispersal capacity)이 크며, 대부분의 곤충과 잡초가 좋은 예이다.

평형종(equilibrium species)은 로지스틱 성장을 하며, 개체군 크기가 수용한계에 근접하거나 혹은 정점에서 유지된다(그림 30.19*b*). 자원이 부족하여 개체들이 서로 경쟁하므로, 환경에 가장 적합한 표현형을 지닌 개체가 가장 많은 자손을 남기게 된다. 이들은 자신의 성장과 생존, 그리고 적은 수의 자손들이 성장하고 생존하는 데 에너지를 할애한다. 따라서 평형종에 해당하는 개체의 체구는 꽤 크고 천천히 성숙하며 수명이 길다. 평형종의 성장은 주로 밀도-의존성 요인에 의해 조절되며, 다양한 종류의 조류와 포유류가 이에 속한다.

멸종

멸종(extinction)은 종 또는 그 상위의 생물분류군이 완전히 사라지는 현상을 말한다. 그림 30.19에 있는 민들레와 산고릴라 중 어느 종의 멸종 가능성이 더 높을까? 민들레는 성숙이 빠를 뿐만 아니라 한 번에 많은 종자를 생산하고 종자가 바람에 멀리 퍼져나가므로 산고릴라보다 훨씬 쉽게 멸종위기를 이겨낼 수 있다.

지리적 서식범위의 크기, 서식지의 허용한계, 개체군의 크기와 같은 3가지 요인은 평형종이 멸종위험에 놓여 있는지 여부를 결정하는 데 도움이 된다. **그림 30.20**에서는 이러한 3가지 요소에 입각하여 14가지의 평형종을 서로 비교하였다. 산고릴라의 경우는 지리적 서식범위가 한정되어 있고 살 수 있는 서식지가 제한적이며 개체군의 크기도 작다. 이러한 특성들로 인해 산고릴라는 멸종위험 가능성이 크다. 종의 멸종 가능성은 해당 종을 고릴라와 비교하였을 때 한 가지 관점에서 유사한지 두 가지가 유사한지, 또는 세 가지가 유사한지에

a.

b.

그림 30.19 생활사 유형.

민들레(**a**)는 기회종이고, 산고릴라(**b**)는 평형종이다.

그림 30.20 멸종위기 가능성.

멸종위기 가능성은 지리적 서식범위와 서식지, 그리고 개체군 크기와 밀접하다. X의 수가 많을수록 멸종될 가능성이 높음을 의미한다.

따라 더 커진다. 이러한 개체군 연구는 보존학자들뿐만 아니라 생물권의 생물다양성을 보존하려고 노력하는 사람들에게 유익하다.

진도 점검하기 30.4

1. 기회종과 평형종을 비교하시오.
2. 멸종이란 무엇인가?
3. 평형적 개체군이 멸종위기에 있는지 판단할 수 있는 5가지 요인을 쓰시오.

개념 연결하기 30.4

종의 생활사 유형을 알면 멸종을 예측하는 데 도움이 된다.

연관: 환경

인간은 멸종 속도에 어떠한 영향을 주고 있는가?

많은 보존학자에 의하면 우리는 현재 백악기 말기(6,500만 년 전) 이후로 가장 심각한 대멸종 위기에 있으며(표 16.1 참조), 인간의 활동(인구증가와 자원의 사용)과 지구의 기후 변화가 이러한 "6차 대멸종"의 주원인이 될 것으로 보인다. 멸종은 늘 일어나는 현상으로 통상 연간 1~5종이 멸종된다. 그러나 현재의 멸종률은 이보다 100~1,000배 정도 더 높다. 일부 자료에 의하면 영장류와 조류, 양서류를 비롯한 지구상에 있는 모든 종들 중 38% 정도가 21세기가 끝나기 전에 멸종할 가능성이 있는 것으로 생각된다.

요약

30.1 생태학의 범위

생태학(ecology)은 생물 간의 상호작용과 생물과 환경 간의 상호작용을 연구하는 학문이다. 생태학자들은 다음과 같은 생물 구성 단계에 대해 연구한다.

- 개체, 개체군, 군집, 생태계, 생물권

환경과학자들과 보존학자들은 자신들의 업무에 생태학 원리를 이용한다.

30.2 사람 개체군

사람 개체군은 집결분포 양상(대규모와 소규모 모두에서)을 보이며 빠르게 성장하고 있다.

미래의 인구증가

현재의 인구증가율이 계속되면 앞으로 35년이면 인구수가 현재 인구의 두 배가 될 것으로 추정된다. 인구가 크게 증가하면 자원에 대한 수요가 늘므로 필요자원이 고갈되어 성장이 감소하게 되며, 결과적으로 인구는 수용한계에서 안정화된다.

- **선진국(more-developed countries, MDCs)** 선진국의 인구증가율은 약 0.1%이다. 2002년도 선진국 전체 인구는 12억 정도인데 2050년까지는 계속해서 12억을 유지할 것으로 보인다.
- **후진국(less-developed countries, LDCs)** 후진국의 인구증가율은 약 1.6%이다. 2002년도 후진국의 전체인구는 약 50억이지만 2050년에는 80억에 달할 것으로 예측된다.

연령구조 비교

사람의 연령구조는 생식연령 이전, 생식연령, 생식연령 이후의 연령대로 구분된다. 선진국의 인구는 세 가지 연령대에 균등하게 분포하여 안정화되어 있다. 후진국의 인구는 생식연령 이전 연령대에 인구가 집중되어 계속하여 증가할 것으로 예측된다. **대체생식(replacement reproduction)**은 한 쌍의 남녀가 단 두 명의 아이를 출산하는 것이다.

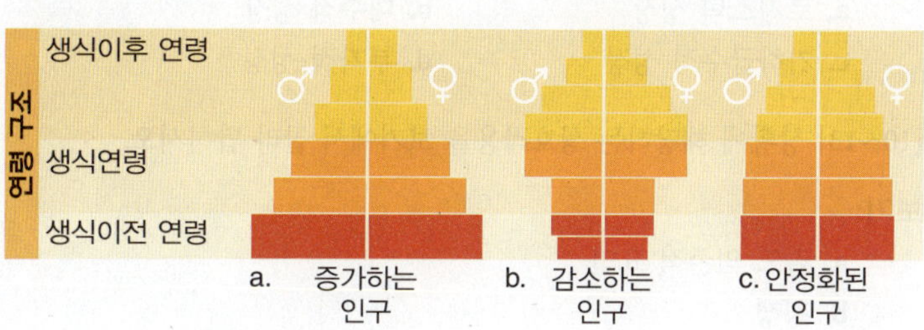

인구증가와 환경에 대한 영향

두 가지 유형의 환경영향이 발생할 수 있다. 후진국은 인구증가로 인해 생물권에 스트레스를 가하며, 선진국은 자원소비와 폐기물 배출로 스트레스를 준다.

30.3 개체군의 특성

집결분포(clumped distribution)와 **무작위분포(random distribution)**, **균일분포(uniform distribution)**와 같은 분포양상과 개체군 밀도는 자원의 공급 여부에 달려 있다. 이러한 요인들은 종(species)이 사용하게 될 **서식범위(range)**를 결정한다. 단위면적당 개체의 수는 자원이 풍부한 지역이 자원이 한정된 지역보다 더 많다. 개체군 성장은 연간 출생률과 사망률에 근거해 계산한다. 개체군 성장은 다음 요인에 의해 결정된다.

- 자원 공급 여부
- **개체군통계(demographics)**[**연령구조(age structure)**, **생존율(survivorship)**, **생물번성능력(biotic potential)**]—가능한 가장 높은 증가율)

개체군성장 유형

개체군성장 유형에는 기하급수적 성장과 로지스틱 성장이 있다.

- **기하급수적 성장(exponential growth)**은 J자 모양의 곡선을 그린다. 성장속도가 느린 잠복기와 성장이 가속되는 기하급수적 성장기로 이루어진다.
- **로지스틱 성장(logistic growth)**은 S자 모양의 곡선을 그린다. 성장이 느린 잠복기와 성장이 가속되는 기하급수적 성장기, 성장이 느려지는 성장감속기와 성장이 거의 없는 안정평형기로 이루어진다.

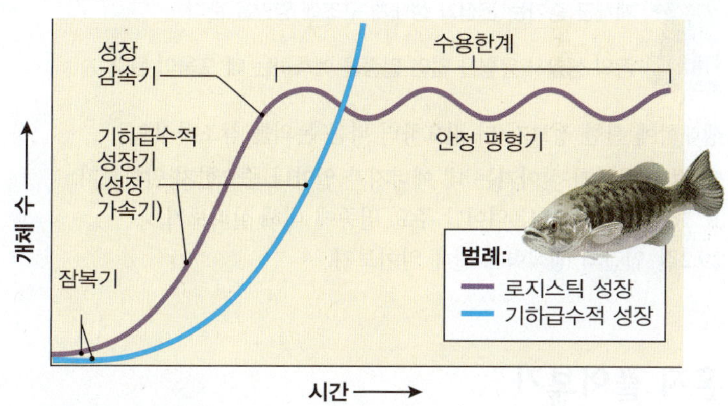

개체군성장 조절 요인

개체군의 성장은 밀도-의존성 요인과 밀도-비의존성 요인에 의해 조절된다.

- **밀도-비의존성 요인(density-dependent factors)**은 날씨나 자연재해와 같은 비생물적 요인들로서, 이들에 의한 효과는 개체군의 밀도와 무관하다.
- **밀도-의존성 요인(density-independent factors)**은 경쟁이나 포식과 같은 생물적 요인들로서, 이들의 효과는 개체군의 밀도에 영향을 받는다.

30.4 생활사 유형과 멸종

개체군의 생활사는 기회적 생활사와 평형적 생활사로 구분된다.

- **기회적 생활사 개체군(opportunistic population)**은 수명이 짧고 빨리 성숙한다. 많은 자손을 생산하지만 자손을 거의 돌보지 않는다. 또한 개체 분산력이 크고 기하급수적(지수적) 성장을 한다.
- **평형적 생활사 개체군(equilibrium population)**은 수명이 길고 성숙이 느리다. 자손을 매우 적게 생산하지만 정성으로 양육하며 로지스틱 성장을 한다.

멸종

멸종(extinction)은 종 혹은 그 이상의 분류군이 완전히 사라지는 현상이다. 기회적 생활사 개체군은 평형적 생활사 개체군보다 멸종 위험이 적다. 평형종의 멸종위험은 지리적 서식범위, 서식지 허용한계, 개체군의 크기에 의해 결정된다.

개념 연결하기

생태학은 개체와 환경과의 관계뿐만 아니라 개체들 간의 상호 작용에 대해 연구하는 학문이다. 생태학자들은 개체뿐만 아니라 개체군, 군집, 생태계, 생물권 등을 포함하여 여러 가지 생물 구성 단계에 대해 연구한다. 생태계로부터 얻은 지식을 통해 지구상의 모든 종들에 대해 이해할 수 있다.

30.1 생태학은 생태계 구성 단계의 여러 차원에서 연구한다.

30.2 생태학자들에 의하면 인구는 가하급수적으로 증가하고 있다.

30.3 개체군 증가는 군집과 생태계 구조에 영향을 준다.

30.4 종의 생활사 유형을 알면 멸종을 예측하는 데 도움이 된다.

생태학에 관한 정보가 더 필요하면 다음 논의를 참조하시오.

5.1절 생물체가 살아가는 데 에너지가 얼마나 중요한지 알아보기.

표 16.1 생명 역사상 일어난 주요 멸종에 대해 살펴보기.

29.2절 인간의 생식력에 관해 알아보기.

혼자 풀어보기

질문에 가장 적절한 답을 고르시오.

30.1 생태학의 범위

1. 생물과 무생물 요소를 모두 포함하는 생태학 연구 수준은?

a. 개체 **b.** 개체군
c. 군집 **d.** 생태계
e. 모두 해당

2. 생물구성 단계 중에서 자연선택에 의해 진화하는 단계는?

a. 개체 **b.** 개체군
c. 군집 **d.** 생태계
e. 생물권

30.2 사람 개체군

3. 사망률 감소에 이은 출생률 감소가 일어나는 국가는

a. 선진국 **b.** 후진국
c. 선진국과 후진국 **d.** 선진국, 후진국 모두 아님

4. 개체수가 500인 개체군에서 연간 출생률이 10이고 사망률은 5인 경우의 성장률은?

a. 5% **b.** −5%
c. 1% **d.** −1%

5. 만약 사람의 출생률이 연간 1.5%(1,000명에 15명씩 감소)이고 사망률은 0.9%(1,000명당 9명 사망)로 일정하게 유지된다면 성장률은?

a. 9% **b.** 6%
c. 10% **d.** 0.6%
e. 15%

30.3 개체군 특성

6. 개체군의 최대 성장률을 무엇이라고 하는가?

a. 수용한계 **b.** 생물번성능력
c. 성장곡선 **d.** 대체율

7. 어떤 개체군이 호수의 물가를 따라서만 살고 있다면 이 개체군은 어떠한 유형의 공간분포를 보이는가?

a. 변동성 분포 **b.** 집결분포
c. 무작위분포 **d.** 균일분포

8. 다음 연령구조 그림에서 인구가 안정적인지 또는 증가하거나 감소할 것인지를 적으시오.

a. ______________ b. ______________ c. ______________

9. S자 모양 성장곡선이 의미하는 것은?

a. 로지스틱 성장 **b.** 대수적 성장
c. 기하급수적 성장 **d.** 부가적 성장

[10~13] 상황에 해당하는 상호작용을 보기에서 골라 답하시오.

보기:

a. 밀도-의존적 요인
b. 경쟁
c. 포식
d. 포식자-피식자 순환

10. 심한 가뭄으로 인해 가젤 무리의 먹이 공급원이 파괴되었다.

11. 야생 고양이 개체군의 크기는 쥐 개체군에 따라서 개체군 크기가 증가하면 증가하고, 쥐 개체군 크기가 감소 추세로 들어서면 이에 맞추어 감소한다.

12. 몸이 날쌘 코요테는 토끼를 잡아먹고 살며 번식을 잘한다. 그러나 날렵하지 못한 코요테는 질 좋은 먹이를 얻지 못하므로 몸이 부실해 번식을 잘 하지 못한다.
13. 사슴은 어린 참나무가 듬성듬성하게 자라고 있는 숲보다는 어린 묘목들이 밀집되어 자라고 있는 숲에서 먹이를 잘 먹고 산다.

30.4 생활사 유형과 멸종

14. 평형생활사 유형의 개체에서 볼 수 있는 특징은?
    a. 수명이 길다
    b. 체구가 작다
    c. 자손 수가 많다
    d. 빠르게 성숙한다.
    e. 자손을 잘 돌보지 않는다.
15. 다음 중 기회적 생활사 유형에 맞는 특징이 아닌 것은?
    a. 자손수가 많다.
    b. 자손을 거의 또는 전혀 돌보지 않는다.
    c. 수명이 길다.
    d. 개체의 체구가 작다.
    e. 빠르게 성숙한다.

과학적으로 생각하기

1. 사망률이 1,000명당 6명이고, 출생률은 1,000명당 17명인 스리랑카의 인구성장률을 계산하여라. 인구가 두 배로 되는 배가시간을 계산하는 공식은 $t = 0.69/r$이다. 공식에서 t는 배가시간이고 r은 성장률이다.
   스리랑카의 경우, 인구가 두 배가 되는데 걸리는 햇수인 배가시간을 계산하여라. 이때 성장률을 퍼센트(예: 2.1%)가 아닌 소수(예: 0.021)로 바꾸어야 한다. 만약 출생률이 1,000명당 10으로 감소하면 배가시간은 얼마인가?
2. 민들레 개체군은 기하급수적 성장을 하며 일주일이면 크기가 두 배가 된다. 따라서 단 하나의 민들레가 20주가 지나면 들판 전체를 꽉 채우게 된다. 그렇다면 들판 1/4을 채우는데 얼마나 걸리며, 들판의 반을 채우는 데는 얼마나 걸릴지 예측하여라.
3. 개체군이 그림 15.3에 있는 것과 같은 안정화 선택(stabilizing selection) 과정을 겪고 있음을 보여주기 위해서는 어떠한 유형의 자료를 수집하여야 하는가?
4. 위험 요인을 많이 가진 종은 그렇지 않은 종들보다 멸종될 가능성이 크다. 예를 들어 대왕판다처럼 혈통이 독특한 종은 멸종 위험이 상당히 높다.
   a. 종 보호를 위해 사용해야 할 제한된 자원을 다른 동물보다 멸종 위험이 더 큰 종들에 집중해서 우선적으로 사용하는 것이 더 바람직한 정책일까?
   b. 멸종 위험이 큰 종은 진화 과정 중에 잘 적응하지 못한 종이므로 이들 종을 과도하게 보호할 필요가 없다는 주장에 대해서 어떻게 생각하는가?

31

군집과 생태계

개 요

시작하기 전에

이 장을 시작하기 전에 다음 내용을 다시 살펴보자.

1.1절 생태계에서 생산자, 소비자, 분해자의 역할은 무엇인가?

6.1절 광합성 생물은 어떻게 CO_2를 물과 당으로 전환시키는가?

30.2절 인구의 증가는 환경에 어떤 영향을 주는가?

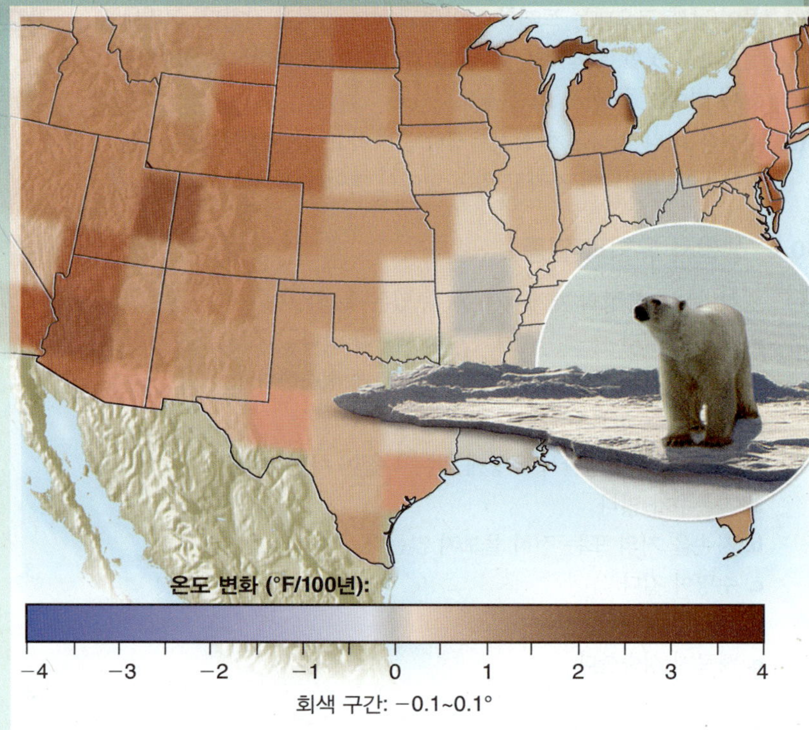

세계 기후 변화

전 세계의 과학자들은 평균 기온변화와 강수 패턴, 해수 수면 높이, 온실가스 농도 등의 측정 결과를 토대로 기후 변화가 일어나고 있음을 보여주고 있다.

2000년부터 2009년까지는 기록상 가장 더웠던 시기로 미대륙의 약 30~40%가 가뭄을 겪었다. 2012년에는 1887년, 1995년, 2010년, 그리고 2011년과 마찬가지로 기록상 세 번째로 강력한 허리케인이 있었다.

지구 전체 바다 표면의 온도 상승으로 인해 해수면이 10년에 평균 2.5 cm 정도 상승하고 있다. 기후 모델에 의하면 100년 후에는 해수면이 90~120 cm 정도 상승하고 해안가는 심한 폭풍과 해일을 겪게 될 것으로 예측된다.

2009년 11월, 세계 187개국은 2012년까지 온실가스 배출을 평균 5.2% 감축하기로 합의한 교토의정서를 비준하였다. 미국은 1990년도 전 세계 온실가스 배출량 중 약 36.1%를 배출하였고 1인당 배출량도 세계에서 가장 많다. 그럼에도 불구하고 이 협약을 인준하지 않았다. 미국이 배출하는 온실가스의 대부분은 발전설비와 운송수단이 차지한다.

기후 변화 방지를 위한 2009 코펜하겐 회담은 장기적인 이행 계획에 대한 합의 없이 종결되었다. 그러나 다행히도 기후 변화에 관한 2010 칸쿤 정상회담이 합의안 도출에 도움을 주었다. 컨퍼런스의 주요 관심사는 온실가스 배출 감소가 매우 어려운 결정이긴 하지만 감축이 지연되면 될수록 이로 인한 위험은 더욱 커지게 되므로, 미래를 위해 온실가스 배출 감소를 위한 노력을 지속적으로 해야 한다는 것이다.

이 장을 공부하는 동안 다음 질문에 대해 생각해보자.

1. 기후는 군집과 생태계에 어떻게 영향을 주는가?
2. 온실가스와 탄소순환은 어떠한 연관이 있는가?

31.1 군집 생태학

학습 목표

이 절을 학습한 후에는 다음 과제를 수행할 수 있어야 한다.

1. 군집과 공진화의 차이를 예를 들어 설명하기.
2. 종 풍요도와 종 다양성의 차이를 구분하기.
3. 1차천이와 2차천이를 구분하여 설명하기.
4. 종의 지위가 군집 내 종들 간의 상호관계 유형에 어떻게 영향을 주는지 예를 들어 설명하기.

군집(community)이란 동일한 환경에서 상호작용하는 서로 다른 여러 개체군들의 집합이다. 예를 들어 죽은 통나무 안이나 위에는 다양한 식물과 균류(진균, fungi), 벌레, 곤충들이 서로 상호작용하며 살면서 군집을 형성한다. 균류는 통나무를 분해하여 통나무 위에 사는 지렁이와 곤충들에게 먹이를 공급한다. 이 곤충들은 서로 잡아먹고 먹히기도 한다. 만약 숲속을 날아다니는 새가 통나무 안팎에 사는 곤충과 벌레들을 잡아먹는다면 새는 더 넓은 숲 군집의 구성원으로 간주된다.

군집은 크기가 다양하고 경계가 불명확하여 하나의 군집이 어디서 시작하고 어디에서 끝나는지 결정하기 어렵다. 동일 군집 내에 있는 종들 간의 연관관계와 상호작용은 **공진화(coevolution)**의 산물이며, 공진화로 인해 하나의 종에 있는 진화적 변화가 생기면 다른 종에 진화적 변화를 일으킨다. **그림 31.1**에서 꽃피는 속씨식물과 이들의 수분 매개동물이 어떻게 공진화하였는

그림 31.1 공진화.

꽃과 수분 매개동물은 서로에게 적합하도록 공진화하였다. **a.** 벌새에 의해 수분되는 꽃은 빨간색인데, 그 이유는 벌새가 빨간색을 볼 수 있으므로 꽃으로 쉽게 유인할 수 있기 때문이다. 꽃잎 또한 수술이 새의 머리에 잘 닿을 수 있도록 굽어져 있다. **b.** 꽃이 새에게 주는 보상이 항상 먹이는 아니다. 그림의 난초는 암컷 말벌과 생김새가 비슷하며 암컷 페로몬과 동일한 냄새를 풍긴다. 수컷벌이 여러 꽃들과 교배를 시도하려 하는 과정에서 꽃가루가 운반된다. **c.** 야행성인 박쥐는 밤에도 잘 보이는 흰색이나 밝은색 꽃의 수분을 매개한다. 박쥐를 유인하는 꽃들은 박쥐와 유사한 냄새를 풍기며, 박쥐가 꿀이나 꽃가루를 혀로 핥아먹기 위해 머리를 꽃 속에 넣어도 무게를 견딜 만큼 꽃이 크고 튼튼하다.

지를 볼 수 있다. 호주에 사는 난초인 *Chiloglottis trapeziformis*는 생김새가 말벌의 몸통과 비슷하며 암컷 말벌의 페로몬과 유사한 냄새를 풍겨 수컷 말벌을 꽃으로 유인한다. 수컷 말벌이 교배하고자 꽃으로 접근하면 꽃가루가 몸에 묻어 다른 난초로 옮겨진다(그림 31.1*b*). 난초는 바람이나 다른 곤충에 의해 수분되지 않고 온전히 말벌에 의해서만 수분된다.

각 군집 내의 종들은 환경 조건에 적합하도록 적응한다. **생태계(ecosystem)**는 군집 내의 모든 생물과 이들 생물이 상호작용하는 물리적 환경으로 이루어진다. 생태계의 물리적 환경이 바뀌면 군집을 구성하는 종과 이 종들 간의 상호작용도 바뀐다. 생물이 적응하지 못할 정도로 환경이 너무 급격히 변화하면 적응하지 못한 생물은 멸종이 될 수 있다.

급격한 환경 변화는 적응에 필요한 고도의 기술을 가지고 있는 인간에게도 해가 된다. 때때로 한 지역의 경제는 수중 혹은 육상 생태계를 구성하는 종과 밀접한 연관이 있다. 따라서 생물다양성에 부정적 영향을 주는 인간활동은 그 지역 경제에 부정적 영향을 줄 수 있다. 인간 활동이 우리에게 미치는 영향을 잘 이해하기 위해서는 군집 및 생태계 생태학에 대한 지식 습득이 필요하다.

군집의 구성과 다양성

군집은 종의 구성과 다양성에 따라 특징지어진다. 군집의 **종 풍요도(species richness)**는 군집에 얼마나 다양한 종들이 있는가를 말하며, **다양성(diversity)**은 종 풍요도와 종의 분포, 두 가지를 모두 포함한 의미이다.

종의 구성

그림 31.2에서 보듯이 침엽수림과 열대우림의 종 구성은 완전히 다르다. 침엽수림에는 잎이 좁은 상록수가 많은 반면 열대우림에는 잎이 넓은 나무들이 많다. 두 숲은 서식하는 동식물의 종의 종류와 수도 다르다. 생태학자들은 두 군집의 종 구성이 다를 뿐만 아니라 열대우림이 침엽수림보다 종 풍요도가 크다는 것을 밝혔다.

그림 31.2 군집의 종 구성.
군집마다 종 구성이 서로 다르다. 따라서 침엽수림(**a**)과 열대우림(**b**)에는 서로 다른 동식물 종이 산다.

a. b.

종 다양성

군집 다양성 개념은 종 풍요도뿐만 아니라 주어진 공간 내에 있는 개체들의 분포와 수까지 포함한다. 예를 들어 A 숲의 한 낙엽수림에 76그루의 포플러나무와 1그루의 느릅나무가 있다고 가정해 보자. 우리가 그 숲속을 걷고 있다면 느릅나무는 빈도가 낮기 때문에 발견하지 못할 수 있다. 그러나 포플러나무가 36그루 있고 느릅나무가 41그루 있는 숲 B에서는 두 종류 나무가 모두 발견되므로 수종이 더 다양한 것처럼 생각이 된다. 실제로 두 숲은 동일한 종 풍요도를 가지고 있음에도 숲 B의 종 다양성이 더 큰 것으로 간주된다. 종 풍요도가 크고 군집내 종의 분포가 균일할수록 다양성이 더 커진다.

생태 천이

군집의 종 구성과 다양성은 시간이 흐르면서 변한다. 그러나 변화의 속도가 느려서 눈에 띨만한 변화가 생기는 데는 수십 년이 걸린다. 군집의 변화는 주로 빙하, 화산폭발, 번개에 의한 산불, 태풍, 돌풍, 홍수와 같은 자연적인 힘에 의해 교란되어 발생한다. 군집은 또한 벌목, 도로 건설, 퇴적, 농사와 같은 인간 활동으로 인해 발생하기도 한다. 군집이 순차적으로 변화는 과정을 **생태천이(ecological succession)**라고 한다.

천이의 원인과 천이 양상을 설명하기 위해 생태학자들은 여러 가지 모형을 개발하였다. 모형의 하나인 기후 천이 모형(climax-pattern model)에 의하면 군집이 속한 지역의 기후에 의해서 동일한 특성을 갖는 박테리아, 곰팡이, 식물, 동물종들이 **극상군집(climax community)**을 형성하게 된다(**그림 31.3**). 예를 들면 한대지역에는 침엽수림, 온대지역에는 활엽수림, 그리고 열대기후 지역에는 열대우림 군집이 발달한다. 그러나 군집의 종 구성과 다양성은 기후가 유지되어도 같은 상태로 유지되는 것이 아니라 교란 요인에 의해 계속해서 변화한다.

a.

b.

그림 31.3 극상군집.

천이는 항상 동일한 극상군집으로 정착될까? 온대활엽수림(**a**)은 강우량이 풍부한 지역에서만 형성되고 사막(**b**)은 강우량이 최소인 지역에서만 형성된다. 그러나 이 지역으로 다른 개체들이 언제든지 이주하여 올 수 있으므로 해당 군집이 항상 동일한 동식물 종으로 구성되지는 않는다.

두 가지 유형의 천이

생태 천이는 1차천이와 2차천이로 구분된다(**그림 31.4**). **1차천이(primary succession)**는 토양층이 형성되지 않은 장소에서 시작된다. 예를 들어, 화산폭발 후 굳은 용암과 빙하의 퇴각으로 인해 벗겨나간 기반암이 1차천이를 진행하게 된다. **2차천이(secondary succession)**는 더 이상 농사를 짓지 않는 농경지처럼 이미 토양층이 있는 지역에서 시작한다. 1차와 2차천이와 더불어 시간이 경과함에 따라 종의 변화가 나타난다. 균류와 양치식물의 포자가 제일 먼저 자라며, 그 이후 무관속식물의 종자, 그리고 겉씨식물과 속씨식물의 종자가 바람과 물 또는 주변의 동물에 의해 운반되어 천이가 진행된

그림 31.4 1차천이와 2차천이.

1차천이는 암석밖에 없는 지역에서 시작하며, 2차천이는 자연적 혹은 인위적 교란 후에 남아 있는 토양으로부터 시작된다.

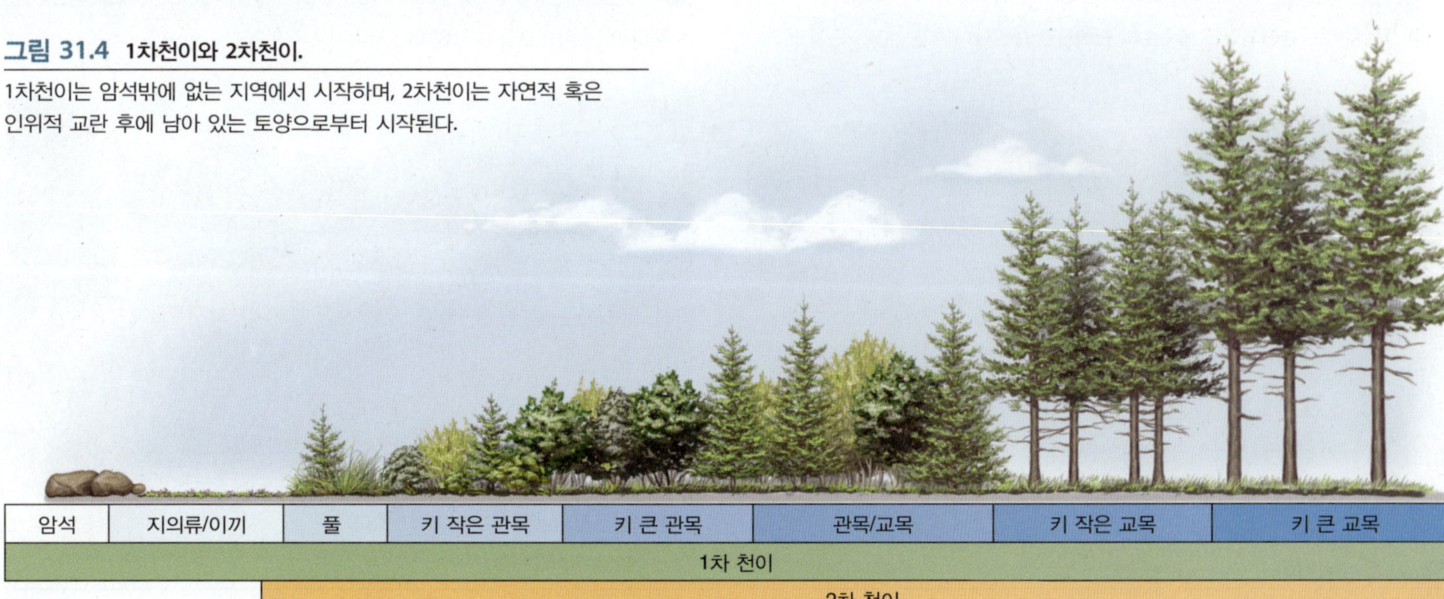

다(**그림 31.5**; 그림 31.4 참조).

1차천이 또는 2차천이가 일어나고 있는 지역에 가장 먼저 나타나는 종을 기회적 선구종(opportunistic pioneer species)이라고 한다. 이들은 키가 작고 수명이 짧으며 성숙이 빠르고 생식 1회당 생산하는 자손의 수가 많다. 제일 먼저 도착하는 선구종은 지의류나 이끼와 같은 광합성 생물이다. 지의류는 균류와 조류(algae)가 함께 어울려 살아가는 무리이다. 지의류의 균류는 같이 사는 조류뿐만 아니라 선구 식물을 위해 바위나 용암을 분해하여 사용 가능한 무기영양물로 만든다. 균류의 균근(18장 참조)도 무기양분을 흡수하여 식물에게 전달하므로 척박한 토양에서 식물이 잘 자라게 한다. 선구 식물이 정착하면 이를 먹는 곤충을 비롯한 초식동물이 이주하고, 뒤이어 이들 초식동물을 먹는 육식동물이 선구군집을 형성한다. 시간이 지나면서 군집의 구성 종이 변해 평형적 생활사를 갖는 종이 정착한다. 사슴, 늑대, 곰 등이 평형적 생활사를 갖는 종에 속하며, 이들은 체구가 크고 수명이 길며 성숙이 느리고 생식 사건당 생산하는 개체의 수가 매우 적다.

군집 내의 상호작용

먹이를 위해 경쟁하는 것과 같은 군집 구성종들 간의 상호작용으로 인해 군집 내의 종들은 역동적인 상호관계를 형성하고 있다. **표 31.1**은 종들 간의 상호관계 유형을 보여주며, +, − 부호는 이러한 상호작용이 연관된 종들의 풍

a. 천이 1년차에는 경작되었던 옥수수의 잔해들만 보인다.

b. 2년차에는 야생풀들이 침입하여 자라기 시작한다.

c. 5년차에는 풀들이 크게 자라고 있고 사초도 보인다.

d. 천이 20년 후에는 노간주 나무가 성장해 있었으며, 블랙베리와 더불어 자작나무 및 단풍나무가 자라고 있다.

그림 31.5 2차천이.

미국 펜실베이니아 주에 위치한 경작지에서 발생한 2차천이 과정의 사진. **(a)** 천이 1년차, **(b)** 천이 2년차, **(c)** 5년차, **(d)** 20년 후.

요도에 어떠한 영향을 주는지 나타낸다. 제한된 자원으로 인한 두 종 간의 **경쟁(competition)**은 두 종 모두의 풍요도에 부정적 영향을 준다. **포식(predation)**은 포식자 생물이 피식자인 다른 동물을 잡아먹는 현상이다(그림 30.18 참조). **기생(parasitism)**의 경우도 한 생물이 상대 생물인 숙주로부터 양분을 얻지만 포식의 경우와는 달리 숙주생물을 죽이지 않는다. **편리공생(commensalism)**은 한 생물이 상대생물로부터 이익을 얻지만 상대생물은 이익도 손해도 없는 관계를 말한다. 편리공생은 주로 한 생물이 다른 생물에게 살 곳을 제공하거나 이동을 도와준다. **상리공생(mutualism)**은 상호작용을 통해 양쪽 생물이 모두 이익을 얻는 관계이다.

표 31.1 종의 상호작용

상호작용	상호작용 결과
경쟁(− −)	양쪽 종 모두의 풍요도 감소
포식(+ −)	포식 생물의 풍요도 증가, 피식 생물의 풍요도 감소
기생(+ −)	기생생물의 풍요도 증가, 숙주의 풍요도 감소
편리공생(+ 0)	한 쪽 종의 풍요도 증가, 다른 쪽 종의 풍요도에는 변화 없음
상리공생(+ +)	양쪽 종 모두의 풍요도 증가

생태적 지위

군집 내의 모든 종들은 종마다 군집에서 차지하는 공간적 그리고 기능적 위치가 있다. 종들은 군집 내의 특정 지역에 서식하는데, 땅속, 나무, 얕은 물속처럼 생물이 사는 공간적 위치를 **서식지(habitat)**라고 한다. 종들은 또한 광합성 생물, 포식자, 피식자, 기생생물, 분해자처럼 군집 내에서 수행하는 기능적 역할이 다르다. **생태적 지위(ecological niche)**는 군집에서의 종의 역할과 서식지, 종들 간의 상호작용을 모두 포함하며, 개체들이 에너지와 양분을 얻거나 생존에 요구되는 생물과 무생물 자원 모두를 총망라한다. 예를 들어 곤충의 한 종류인 송장헤엄치개의 서식지는 연못이나 호수이며, 이곳에서 다른 곤충을 먹고 산다(**그림 31.6**). 연못과 호수에는 송장헤엄치개가 자신의 포식자인 물고기나 새로부터 숨을 수 있는 수초가 있어야 한다. 연못물은 송장헤엄치개가 먹이를 쉽게 찾을 수 있도록 충분히 맑아야 하며 수온도 적절한 기초대사량을 유지시켜줄 만큼 따뜻해야 한다. 한 군집 내에 있는 종들의 모든 지위를 기술하고 측정하는 것은 어렵기 때문에 생태학자들은 **그림 31.7**에 있는 새들 경우에서 보듯이 종의 지위 중에서 특정 측면에 중점을 두고 연구한다.

그림 31.6 송장헤엄치개의 생태적 지위.

송장헤엄치개는 자신들이 먹을 곤충이 서식하고 또한 포식자의 공격을 피해 몸을 숨길 수 있는 따뜻하면서도 깨끗한 연못물을 필요로 한다.

그림 31.7 섭금류(wading birds)의 먹이에 따른 생태적 지위.

홍학은 깊은 물에서 먹이를 여과하여 섭취하고 오리는 얕은 물에 몸을 거꾸로 하여 머리를 박고 먹이를 찾는다. 되부리장다리물떼새는 물을 걸러내며 먹이를 찾지만 검은머리물떼새와 물떼새는 얕은 물에서 먹이를 얻기 위해 짧은 다리를 갖는 등 몸을 환경에 적응시켰다.

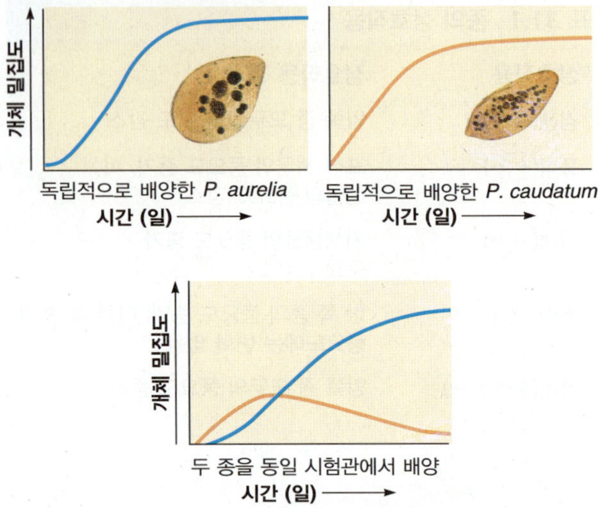

그림 31.8 **짚신벌레 실험을 통한 살펴본 경쟁배타원리.**

경쟁배타원리란 서로 다른 두 개의 종이 동시에 동일한 생태적 지위를 차지하지 않는 현상이다. 짚신벌레 두 개의 종, *Paramecium caudatum*과 *Paramecium aurelia*를 따로 배양하면 두 개체군 모두 S-곡선을 그리며 성장을 하지만 두 종을 동일 시험관에서 같이 배양하면 *P. aurelia*가 *P. caudatum*를 배제시킨다.

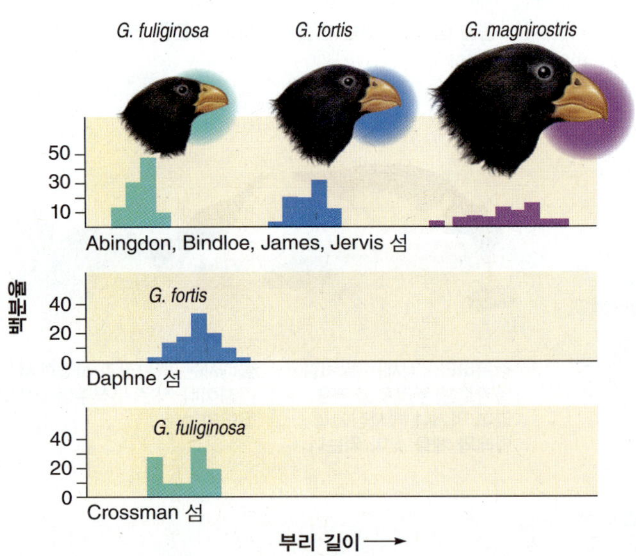

그림 31.9 **갈라파고스 섬 피리새들의 형질대치.**

서로 다른 종의 피리새 *Geospiza fuliginosa*와 *G. fortis*, *G. magnirostris*가 같은 섬에 사는 경우, 새들은 제각기 작은 씨앗, 중간 크기, 큰 씨앗을 먹기에 적절한 크기의 부리를 가졌다. 그러나 *G. fortis*와 *G. fuliginosa*가 서로 다른 섬에 살 경우, 두 새 모두 중간 크기의 부리를 가졌으며 다양한 크기의 씨앗을 모두 먹었다. 형질대치는 자원분배가 일어났다는 것을 입증한다.

경쟁

종들은 자원과 햇빛, 공간, 영양분 확보를 위해 경쟁하기 때문에 이에 따라 종들의 생태적 지위가 정해지고 군집 구조가 형성된다. 서로 다른 두 개의 종이 동시에 동일한 생태적 지위를 차지하지 못하는 현상을 **경쟁배타원리(competitive exclusion principle)**라 하며 실험을 통해 입증되었다. 1930년대 G.F. Gause는 하나의 시험관에 한정된 양의 박테리아를 넣고 이를 먹고사는 두 가지 종의 짚신벌레(*Paramecium*)를 배양하였다. 짚신벌레를 서로 다른 시험관에서 배양하면 두 종이 다 생존하였지만, 두 종을 같은 시험관에서 배양하면 *Paramecium aurelia* 종만 살아남았다(**그림 31.8**). *P. aurelia*가 *P. caudatum*보다 더 많은 먹이를 획득하여 성장률이 높았기 때문이다. 결과적으로 먹이를 확보하지 못한 *P. caudatum* 개체들은 경쟁에서 도태되어 사멸하였다.

생태적 지위의 전문화 자원에 대한 경쟁이 항상 종의 멸종을 일으키지는 않는다. 군집 내의 많은 종들이 자원분배나 자원공유를 통해 같이 공존하기도 한다. 다른 종의 짚신벌레를 이용한 실험에서 Gause는 두 가지 종을 동일 시험관에서 배양할지라도 한 종은 시험관의 바닥에 있는 박테리아를 먹이로 하고 다른 종은 배양액에 떠있는 박테리아를 먹고사는 경우, 두 종의 짚신벌레가 모두 생존 가능하다는 것을 알아냈다. 이는 두 종이 **자원분배(resource partitioning)**를 통해 경쟁을 피함으로써 생태적 지위의 전문화를 유도하였기 때문이다. 다시 말해 하나의 생태적 지위가 습식행동의 차이로 인해 둘로 나누어진 것이다.

갈라파고스 섬에는 3가지 서로 다른 종의 피리새가 살지만 부리의 크기가 서로 달라 종마다 크기가 다른 씨앗을 먹고 산다(**그림 31.9**). 그러나 핀치새들을 서로 다른 섬에 살게 하면 3가지 종 모두 중간 크기의 동일한 부리 형태를 갖게 되며, 먹이도 다양한 크기의 씨앗을 골고루 먹고 산다. 이와 같은 **형질대치(character displacement)**는 경쟁과 자원분배가 일어났음을 보여준다.

여러 종이 같이 공존하게 하는 생태적 지위 전문화는 매우 미묘하게 진행된다. 북아메리카 숲에 사는 딱새 종들은 모두 몸의 크기가 거의 같고, 가문비나무에 사는 애벌레를 먹고 산다. Robert MacArthur는 각각의 딱새 종이 먹이를 얻는 장소를 알아내기 위해 새들이 가문비나무의 서로 다른 위치에 머무르는 시간을 기록하였다. MacArthur는 새들이 생존에 필요한 먹이를 확보하기 위해 종마다 각각 같은 나무의 서로 다른 부위를 이용함으로써 더욱 전문화된 생태적 지위를 갖는다는 것을 알아냈다. 또 다른 예로, 3가지 서로 다른 종들의 새(제비, 칼새, 흰털발제비)가 모두 날아다니는 곤충과 거미를 먹고 살며, 심지어는 이 새들이 섞여 무리를 지어 다니지만 종마다 다른 곳에 둥지를 틀고 일년 중 서로 조금 다른 시기에 이주함으로써 생태적 지위를 달리하여 살아간다.

상리공생

상리공생(mutualism)은 상호관계에 있는 양쪽 생물 모두가 이익을 얻는 공생관계로, 군집 구조 형성에 있어 경쟁만큼 중요하다. 앞에서 설명한 식물과 수분매개동물의 관계가 편리공생의 좋은 예이다. 이러한 관계는 초식동물이 꽃가루를 즐겨 먹음으로 인해 시작한 것으로 보인다. 식물은 수분매개동물에게 꿀을 제공하고, 동시에 이들 동물에 의해 꽃가루가 수분된다. 시간이 경과하면서 수분매개동물의 입 구조는 특정 식물종의 꿀을 채집하기 좋은 형태로 변하였으며, 해당 식물은 꽃가루 이동을 위해 수분매개동물에 의존하게 되었다. 지의류를 구성하는 균류가 바위로부터 무기양분을 확보해 같이 사는 조류에게 전달하므로 지의류가 암석 위에서 자랄 수 있다. 대신에 조류는 광합성을 하여 얻은 유기물질을 자신뿐만 아니라 공생관계에 있는 균류에 제공한다.

아메리카대륙 열대지역에 사는 개미는 특정 식물과 편리공생관계를 형성하고 있다. 소뿔아카시아 나무(bullhorn acacia tree)는 *Pseudomyrmex ferruginea*라는 개미의 한 종류에게 서식처를 제공한다(**그림 31. 10**). 다른 아카시아 수종과는 달리 소뿔아카시아는 속이 빈 팽창한 가시들을 가지고 있으며, 이 가시 속에 개미가 산란을 하고 이곳에서 유충이 성장한다. 아카시아는 개미에게 살아갈 장소뿐만 아니라 먹이도 제공한다. 개미는 잎의 기저부에서 분비되는 당을 먹고 잎의 끝에 있는 벨티안체(Beltian body)라 하는 작은 결절에 함유된 지방과 단백질을 먹고 산다. 대신에 개미는 초식동물이 소뿔아카시아를 먹지 못하도록 방해한다. 개미를 죽이면 아카시아 나무도 죽는 실험 결과에서 보듯이 개미는 나무의 생존에 매우 중요하다.

상리공생으로 인해 종들 간의 복잡한 관계망이 형성되며, 이러한 관계는 군집에 매우 중요하다. 예를 들어 미국 서부에 서식하는 흰목피소나무(whitebark pine)의 가지와 솔방울은 아래로 처져 있지 않고 하늘을 향해 있어 솔방울이 열릴 때 씨앗이 땅으로 떨어지지 않는다. 산갈가마귀(Clark's nutcracker)라고 하는 새는 이 소나무의 씨앗을 먹고 땅에 저장하며(**그림 31.11**), 회색곰은 땅에 묻힌 씨앗을 찾아 먹는다. 결국 산갈가마귀와 회색곰

그림 31.10 상리공생.

소뿔아카시아 나무는 상호공생 관계에 있는 개미에게 양분을 공급하도록 적응하였다. **a.** 아카시아의 가시는 속이 비어 있으며 이 속에 개미들이 산다. **b.** 잎의 기저부에는 당성분이 많으며, 개미들은 이로부터 양분을 얻는다. **c.** 잎의 끝에는 벨티안체가 있으며, 개미 유충은 이를 섭식하여 성장하는 데 필요한 양분을 얻는다.

그림 31.11 종의 상호의존.

(a) 산갈가마귀는 흰목피소나무 솔방울에 있는 씨앗을 먹고 산다. 산갈가마귀는 땅속에 씨앗을 저장하는데, **(b)** 회색곰이 이 씨앗을 찾아 먹는다. 이로 인해 소나무 씨앗이 산갈가마귀와 회색곰에 의해 널리 퍼지게 된다.

연관: 과학적 탐구

사람은 다른 생명체들과 상호공생관계를 형성하는가?

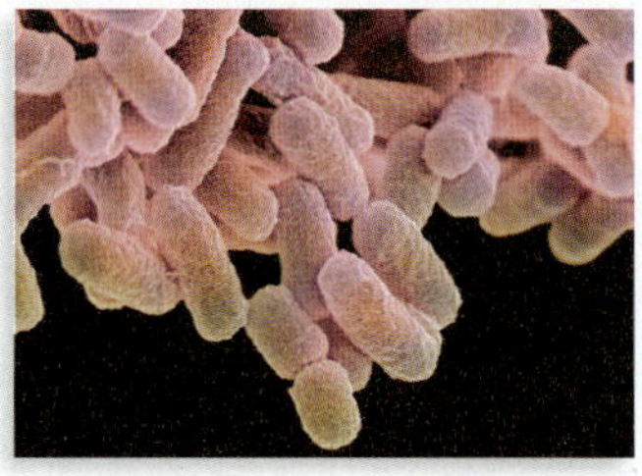

대장에 사는 대장균(*Escherichia coli*)은 사람이 다른 종과 갖는 가장 좋은 상리공생 관계를 보여준다. 장에 문제를 일으켜 평판이 좋지 않은 일부 대장균 균주도 있지만 대부분의 균주는 장에 이롭다. 대장균은 사람에게서 쾌적한 환경과 먹이를 제공받고 비타민 K를 생산하며 섬유소가 당으로 분해되는 것을 돕는다.

은 흰목피소나무가 씨앗을 퍼뜨리는데 매우 중요한 역할을 한다. 흰목피소나무의 씨앗은 씨껍질(종피)이 불에 타야만 발아한다. 산불이 발생하지 않도록 하면 흰목피소나무의 개체수가 감소하며, 이에 따라 산갈가마귀와 회색곰의 수도 감소한다. 그러나 번개로 인해 산불이 발생하거나 불을 지르면 흰목피소나무 개체수가 증가하며, 산갈가마귀와 회색곰 개체수도 증가한다.

군집의 안정성

천이에 대해 살펴보며 확인하였듯이 군집은 그다지 안정적이지 않다. 그러나 일부 군집은 군집을 안정화시키는 한 가지 종을 가지고 있으며, 이 종은 군집의 특성과 상호관계망을 유지시키는 중요한 역할을 한다. 이러한 종을 **지표종(keystone species)**이라 하며, 생태계의 대다수 종들이 지표종에 의존한다. 지표라는 이름은 아치 구조물에서 다른 돌들을 지지하여 형태가 유지되도록 하는 중심에 있는 돌과 같은 역할을 한다는 의미에서 붙여진 것이다.

지표종이라 해서 군집 내에서 차지하는 개체수가 가장 많지는 않다. 그러나 지표종의 멸종은 다른 종의 멸종을 유발하고 생물다양성을 감소시킨다. 예를 들어, 열대우림지역의 지표종으로 알려져 있는 박쥐는 수분매개동물로서 열대나무의 씨앗 확산에 기여한다. 따라서 박쥐가 전멸하거나 보금자리가 파괴되면 많은 열대우림 수종들이 번식을 하지 못한다. 회색곰은 미국 북서부와 캐나다 생태계의 지표종이며, 이 곰이 한 번 배설할 때마다 약 7,000개의 씨앗이 배출되어 퍼진다. 회색곰은 또한 사슴처럼 체구가 작은 초식동물의 새끼를 잡아먹음으로써 개체군의 수를 조절한다.

바다수달은 해조 숲(kelp forest) 생태계의 지표종이다. 대형 갈조류로 이루어진 해조 숲은 다양한 개체들에게 살 장소를 제공한다. 해조 숲은 해안에서 조금 떨어진 곳에 위치함으로써 해안가 생태계가 파도에 의해 손상되는 것을 방지한다. 바다수달은 성게를 잡아먹어 성게 개체수를 일정하게 유지한다. 그렇지 않으면 성게가 해조를 먹어치워 해조 숲과 그곳에 사는 많은 종들의 수가 심각하게 줄어들게 될 것이다. 어부들은 수달이 상업적 가치가 큰 연체동물인 전복을 잡아먹으므로 수달을 탐탁히 여기지 않는다. 그러나 실제로는 수달 덕분에 해조 숲이 존재할 수 있고, 그로 인해 전복을 비롯한 많은 생명체들이 살 수 있다는 것을 많은 사람들이 인식하지 못하고 있다.

a.

b.

그림 31.12 **외래종.**

미국 중서부 지역의 생물 군집들을 멸종시킨 외래종, 아시아 잉어(**a**)와 호리비단벌레(**b**).

토착종과 외래종

특정 군집으로 진화하여 한 지역에만 존재하는 고유한 생물종을 **토착종(native species)**이라 한다. 예를 들어 단풍나무는 미국 버몬트 주와 동부 대다수 주에서 자란다. 그러나 특정 군집에 **외래종(exotic species)**이 도입되면 군집 내 종들 간의 정상적인 상호관계가 무너진다. 외래종 개체군은 토착종보다 경쟁력이 강하거나 또는 천적이나 질병에 의해 통제받지 않으므로 기하급수적으로 성장하게 된다. 특히 섬에 사는 토착종의 경우 외래종과 경쟁하여 이기기 매우 어렵다. 캐나다로부터 하와이로 도입된 질소고정박테리아와 공생관계에 있는 은매화(myrtle tree)가 좋은 예이다. 질소고정박테리아는 대기의 질소를 고정하여 은매화가 사용할 수 있는 형태로 만들어주므로 은매화가 질소가 부족한 하와이 섬의 화산토에 정착하여 살 수 있다. 이렇듯 은매화가 정착하여 번식하게 되면 하와이 토착종이 화산토에서 정상적으로 천이하는 것을 방해한다.

외래종은 육지에 사는 군집 생태계도 파괴한다. 미시시피 강으로 아시아 잉어(Asian carp)가 도입된 후 미국중서부 지역으로 빠르게 확산되자, 이로 인해 토종 물고기들 개체수가 감소하였다(**그림 31.12***a*). 또한 2002년에는 호리비단벌레(emerald ash borer)가 아시아로부터 미국으로 도입되었는데 그 이후 19개 주로 퍼지면서 물푸레나무(ash tree) 대부분을 전멸시켰다(그림 31.12*b*). 갈라파고스 제도로 도입된 흑쥐는 큰거북의 개체수를 감소시켰으며, 염소와 야생돼지는 섬의 식생을 숲에서 초지로 바꾸어 놓고 선인장을 멸종시켰다. 미국으로 들어온 집시나방, 얼룩홍합, 밤나무곰팡이, 불개미, 아프리카 살인벌은 토착종을 멸종시킨 외래종으로 유명하다. 또한 불개미와 아프리카 살인벌은 사람을 공격하여 끔찍한 결과를 초래하였다.

31.1 개념 연결하기
군집의 상호작용은 복잡하고 역동적이다.

진도 점검하기 31.1

1. 공진화를 예를 들어 설명하시오.
2. 종 풍요도와 종 다양성을 비교 설명하시오.
3. 1차천이와 2차천이를 비교하시오.
4. 개체의 생태적 지위를 결정하는 군집 내 종들 간의 5가지 상호관계 유형을 열거하시오.

그림 31.13 생산자.
광독립영양생물인 녹색식물과 조류.

31.2 생태계 생태학

학습 목표

이 절을 학습한 후에는 다음 과제를 수행할 수 있어야 한다.

1. 생태계에서의 독립영양생물과 종속영양생물의 역할을 설명하기.
2. 에너지와 화학물질이 생태계와 어떻게 상호작용하는지 비교하기.
3. 서로 다른 영양단계와 생태피라미드의 형성에 대해 설명하기.
4. 생물지화학 순환이 무엇인지 간략히 요약하고 인간 활동이 각각의 순환에 주는 영향에 대해 설명하기.

군집 생태학은 종과 종의 상호관계만 고려한다. 따라서 생태계는 군집보다 더 넓은 범주이다. 생태계 생태학에서는 물리적 환경과의 관계도 연구한다. 예를 들어 생물이 어떻게 먹이를 확보하는가는 생태학적 지위의 주요 관점이다. 독립영양생물은 당연히 물리적 환경과 상호작용하며, 종속영양생물 또한 마찬가지로 상호작용한다.

독립영양생물

독립영양생물(autotrophs)은 무기영양분(CO_2와 무기질)과 외부의 에너지만을 이용해 자신과 군집내 다른 생명체가 사용할 유기양분을 만든다. 독립영양생물은 먹이를 생산하므로 **생산자(producer)**라고도 부른다. **광독립영양생물**(*photoautotroph*)은 생물권이 필요로 하는 대부분의 유기양분을 생산하는 광합성생물이다(**그림 31.13**). 조류(algae)는 모두 엽록소를 가지고 있으며 담수와 해수 서식지에서 광합성을 한다. 물에서 부유하면서 광합성을 하는 조류를 식물성플랑크톤이라 한다. 녹색식물은 육지에서 광합성을 담당하는 주된 광합성생물이며, 광합성하는 모든 생명체는 O_2를 대기로 방출한다.

세균 중 일부는 화학독립영양생물(*chemoautotroph*)로서 암모니아, 아질산염, 황화물과 같은 무기물질을 산화시켜 얻은 에너지를 이용해 유기물질을 합성한다. 화학독립영양생물은 일부 동굴과 심해 열수구에서 발견된다.

종속영양생물

종속영양생물(heterotrophs)은 생산자가 만들어놓은 유기양분을 소비하며 대기로 CO_2를 방출한다. 종속영양생물은 먹이를 소비하므로 **소비자(consumer)**라고도 부른다. 초식동물은 조류나 식물을 직접 섭취한다(**그림 31.14*a***). 물에서는 동물성플랑크톤이 **초식동물(herbivores)**로 작용하며, 육지에서는 대다수 곤충들이 이와 동일한 역할을 한다. **육식동물(carnivores)**은 다른 동물을 먹는 동물로서 애벌레를 먹는 사마귀나 물고기를 잡아먹는 물수리 등이 이에 속한다(그림 31.14*b*). 소비자는 먹는 먹이에 따라 1차소비자(애벌레), 2차소비자(사마귀), 3차소비자(물수리)로 구분되며, 3차소비자를 최상위 포식자라고 부르기도 한다. **잡식동물(omnivores)**은 식물과 동물을 모두 섭식하는 동물로서 사람이 이에 속한다.

a. 초식동물

b. 육식동물

그림 31.14 소비자.
a. 초식동물인 애벌레와 기린. **b.** 육식동물인 사마귀와 물수리.

분해자(decomposer)는 죽은 유기물질을 분해하여 CO_2와 무기질과 같은 무기영양분을 방출하며, 종속영양박테리와 균류(곰팡이와 버섯)가 이에 속한다(**그림 31.15**). 방출된 무기영양분은 식물에 의해 다시 흡수되어 순환하므

연관: 환경

해저에 있는 화학합성생물은 어떻게 먹이를 합성하는가?

해저에 있는 화학합성생물은 햇빛 대신에 화학에너지를 이용해 먹이를 만든다. 해저에 있는 화산에서는 열수구라 불리는 틈을 통해 황화수소 기체가 방출된다. (황화수소는 썩은 달걀에서 나는 불쾌한 냄새를 가진 가스이다.) 일부 화학합성생물은 황화수소를 분해하여 얻은 에너지를 이용해 탄소원자를 연결해 포도당을 합성한다. 화학합성생물이 만든 포도당은 거대관벌레(giant tube worms), 아귀, 대왕조개와 같은 많은 생물이 살아가는 데 사용된다.

그림 31.15 분해자.

분해자인 버섯과 박테리아.

로 분해자는 생태계에 매우 가치 있는 일을 수행하는 것이다. 분해자가 없다면 식물은 무기질을 얻기 위해 무기질을 천천히 방출하는 암석에 의존해야 할 것이다. **퇴적물(detritus)**은 죽은 생물의 잔해, 그리고 부패를 돕는 박테리아와 균류로 이루어져 있다. 꽃갯지렁이는 바다에 떠 있는 퇴적물을 먹는 반면, 조개는 해저에 있는 퇴적물을 사용한다. 지렁이와 딱정벌레, 흰개미, 구더기는 토양의 퇴적물을 먹고 산다.

에너지 흐름과 물질의 순환

생태계를 구성하는 생물에 의해 에너지는 흐르고 물질은 순환된다. 생태계를 통한 에너지 흐름은 생산자가 태양에너지를 흡수하면서 시작하고, 물질 순환은 생산자가 물리적 환경으로부터 무기양분을 흡수하면서 시작한다(**그림 31.16**). 생산자는 광합성을 통해 태양에너지와 무기양분을 탄수화물과 같은 유기양분으로 전환한다. 생산자에 의해 합성된 유기양분은 생산자 자신과 생태계를 구성하는 종속영양생물을 위한 에너지로 사용된다. 식물에 유기양분으로 저장된 에너지는 초식동물이 식물을 먹음으로써 초식동물로 이동되고, 초식동물에 저장된 에너지는 육식동물이 초식동물을 섭식함에 따라 육식동물로 이동한다. 이처럼 유기양분에 저장된 에너지는 생태계 구성 생물을 따라 흘러가며, 최종적으로 에너지는 열의 형태로 주변 환경으로 방출된다. 따라서 생태계를 구성하는 생물 대부분은 지속적인 태양에너지 공급 없이는 살아갈 수 없다.

생산자에 의해 만들어진 유기양분은 이 중 일부분만 소비자로 이동되고 일부는 생산자 자신의 세포호흡을 위한 연료로 사용된다. 이와 마찬가지로 초식동물처럼 낮은 단계의 소비자에 의해 섭취된 양분은 육식동물과 같은 더 높은 단계의 소비자로 이동한다. **그림 31.17**에서 보듯이 초식동물이 먹은 양분 중 일부는 대변으로 배설되고 대사 노폐물은 오줌으로 배출된다. 동화에너지 중의 대부분은 세포호흡을 통해 화학에너지인 ATP로 전환되고 일부는 열로 손실된다. 따라서 나머지 에너지만이 체중 증가나 자손 증식에 쓰이며, 이는 육식동물의 먹이 자원이 된다.

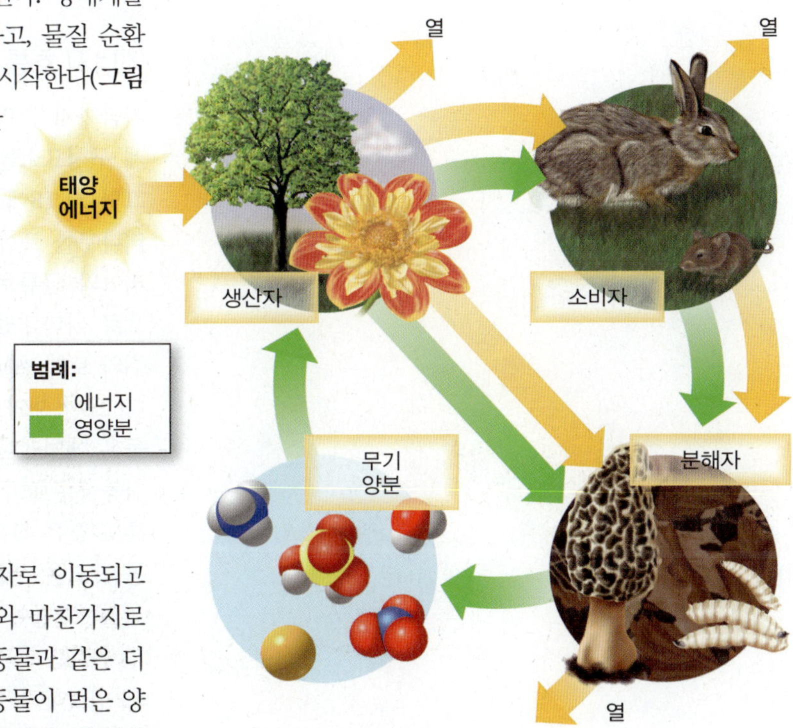

그림 31.16 물질순환과 에너지 흐름.

생태계 내에서 물질은 순환하지만 에너지는 흐른다. 에너지가 생태계 한 요소로부터 다른 요소로 되풀이하여 이동함에 따라 태양에너지로부터 나온 화학에너지가 열로써 발산된다.

그림 31.17 에너지 균형.

초식생물에 의하여 섭취된 양분과 에너지 중 10% 정도만 육식동물로 전달된다. 에너지 중 많은 부분이 퇴적물섭식자로 이동하고 또한 세포호흡에도 사용된다.

초식동물이 배출한 배설물과 생물체의 사체는 분해자에 의해 사용가능한 유기양분으로 사용되므로 배설되거나 생물체가 죽었다고 해서 유기양분이 생태계로 손실되어 없어지는 것은 아니다. 분해자는 유기양분을 다시 무기물로 전환시켜 토양이나 대기로 방출한다. 대기나 토양의 무기물이 생산자에 의해 다시 흡수되면 생태계에서의 물질순환이 완료된다.

에너지 흐름

지금까지 논의한 온대활엽수림에 대한 원리를 적용하여 생태학자들은 생태계 구성요소들 간의 에너지 흐름 관계를 **먹이그물(food web)**로 나타내었다. **그림 31.18**에서 녹색 화살표는 **초식먹이그물(grazing food web)**로서, 도토리나무를 포함한 식물에서부터 에너지가 이동하기 시작함을 보여준다. 박테리아와 균류로부터 시작하는 **퇴적먹이그물(detrital food web)**은 오렌지색으로 나타내었다. 초식먹이그물에서 애벌레와 초식곤충은 나뭇잎을 먹지만, 쥐와 토끼, 사슴을 비롯한 초식동물은 땅이나 땅 가까이 있는 먹이를 먹고 산다. 또한 새와 다람쥐, 쥐는 나무의 열매와 견과를 먹고 산다. 그러나 이 동물들은 애벌레나 곤충들을 잡아먹으므로 잡식동물에 해당한다. 초식동물과 잡식동물은 모두 육식동물의 먹이가 된다. 퇴적먹이그물에서는 박테리아나 균류와 같은 작은 분해자가 큰 생물의 먹이가 된다. 이들 중 땃쥐(shrew)와 도롱뇽 같은 생물들은 더 상위 단계 동물의 먹이가 되므로 퇴적먹이그물과 초식먹이그물이 합쳐져 연결된다.

우리는 유기물질과 에너지의 대부분이 나무의 지상부위에 저장되어 있다고 생각하지만, 반드시 그렇지는 않다. 온대활엽수림의 경우, 땅속의 나무뿌리와 더불어 숲의 바닥에 놓여 있거나 토양과 섞여 있는 유기물질이 나무의 잎과 가지, 줄기에 저장된 에너지의 두 배가 넘는다. 따라서 숲에서는 유기물질과 에너지가 초식먹이그물보다는 퇴적먹이그물 경로를 통해 저장 혹은 이동한다.

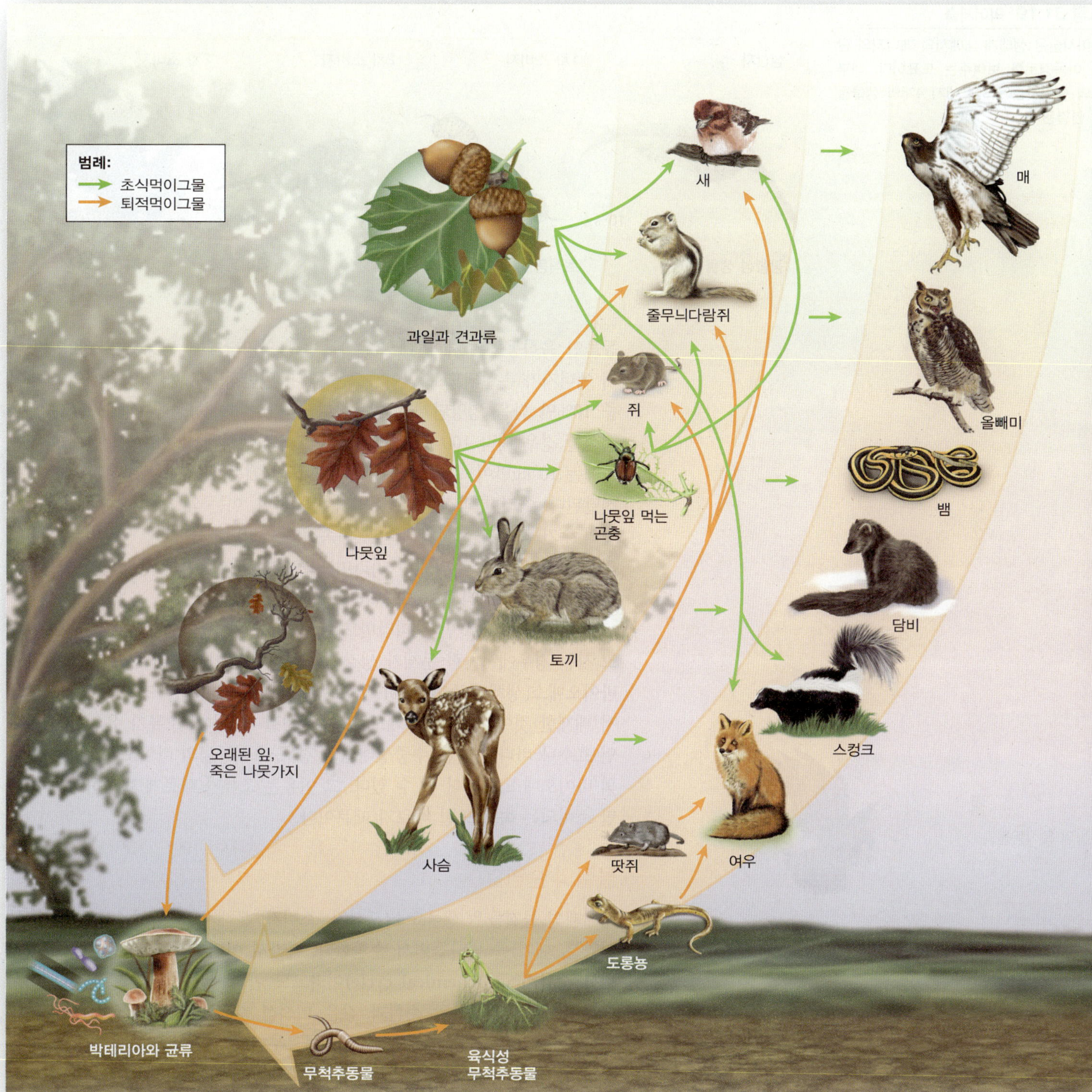

그림 31.18 **먹이그물.**
초식먹이그물과 퇴적먹이그물은 서로 연결되어 있다.

영양단계와 생태피라미드 그림 31.19에서 생태계 구성 종들의 배열을 보면 생물들이 먹이 관계 혹은 누가 누구를 먹는가에 따라 서로 직선으로 연결되어 있음을 알 수 있다. 에너지 흐름의 단일 경로를 **먹이사슬(food chain)**이라고 한다(**그림 31.19**). **영양단계(trophic level)**는 먹이그물 또는 먹이사슬 내에서 일어나는 섭식영양의 단계이다. 초식먹이그물(그림 31.18 참조)의 경우, 가장 왼쪽에 있는 나무가 생산자(첫 번째 영양단계)이고 오른쪽으로 가면서 첫 번째 소비자인 초식동물은 두 번째 영양단계에 해당하며, 그 다음 섭식

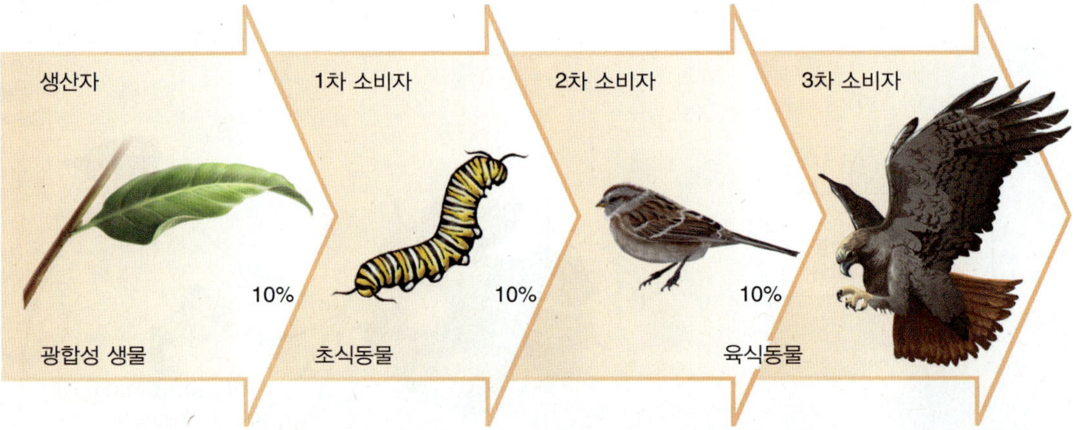

그림 31.19 먹이사슬.

먹이사슬은 생태계 내에서의 에너지의 단일 이동경로를 보여주는 도표이다. 대부분의 먹이사슬은 3개 내지 4개의 생물들이 연결된다.

동물인 육식동물은 세 번째 혹은 네 번째 영양단계에 해당한다. 영양단계에서 에너지가 손실되므로 먹이사슬은 짧다. 일반적으로 한 영양단계의 에너지 중 10%만 다음 영양단계로 이동한다. 따라서 초식동물이 식물을 1,000 kg 섭식할 경우 대략 100 kg만 초식동물의 조직생성에 쓰이고, 첫 번째 육식동물에는 10 kg만이, 그리고 두 번째 육식동물에는 1 kg에 해당하는 에너지만 전달된다. 이러한 과정을 10% 법칙이라 하며, 이는 왜 먹이사슬에서 육식동물의 수가 적은지를 설명해준다. 연속적인 영양단계들 간에 전달되는 에너지의 양을 그림으로 나타내면 피라미드 모양이 되며, 이를 **생태피라미드(ecological pyramid)**라고 한다(**그림 31.20**).

개체수를 토대로 만든 피라미드는, 여러 초식동물이 한 그루의 나무를 먹고 사는 경우에서처럼 문제가 생길 수 있다. 생물 개체수에 무게를 곱한 값인 **바이오매스**(생체량, **biomass**)를 이용해 만든 피라미드는 크기를 결정요인에서 배제한 것이다. 이 경우에도 모순이 생길 수 있다. 조류가 유일한 생산자인 호수나 바다와 같은 수중생태계의 경우, 초식동물의 바이오매스가 생산자의 바이오매스보다 더 클 수 있다. 그 이유는 조류가 빠르게 번식하기는 하지만 소비되는 속도 또한 빠르기 때문이다.

그림 31.20 생태피라미드.

생태피라미드는 영양단계가 높아짐에 따라 이동하는 양분과 에너지를 보여준다.

물질의 순환

생태계의 물질들은 생물요소(생산자, 소비자, 분해자)와 무생물요소(암석, 무기양분, 대기)를 넘나들면서 순환한다. 따라서 이러한 물질의 순환을 **생물지화학 순환(biogeochemical cycle)**이라고도 한다. 생물지화학 순환은 퇴적성 혹은 기체성이다. 인의 순환과 같은 **퇴적성 순환**(*sedimentary cycle*)에서는 화학물질이 식물의 뿌리에 의해 퇴적물로부터 흡수되어 먹이사슬을 통해 이동하며, 최종적으로 분해자에 의해 분해되어 토양으로 되돌아간다. 질소와 탄소 같은 기체의 **기체성 순환**(*gaseous cycle*)에서는 해당 기체들이 대기로 되돌아가거나 대기로부터 기체 상태로 회수된다.

원소의 물질순환은 생물군집뿐만 아니라 **저장고(reservoir)**와 교환소(exchange pool)를 포함한다(**그림 31.21**). 저장고는 통상적으로 생물이 사용할 수 없는 형태로 존재하는 물질 공급원이다. 예를 들어 대부분의 탄소는 해저 퇴적물에 탄산칼슘으로 존재한다. 교환소는 생물체가 얻을 수 있는 형태의 물질 공급원이다. 광합성 생물은 광합성에 필요한 이산화탄소를 대기로부터 얻으므로 대기가 교환소에 해당한다. **생물군집**(*biotic community*)은 독립영양생물과 종속영양생물로 구성되어 있다. 채굴이나 화석연료의 연소와 같

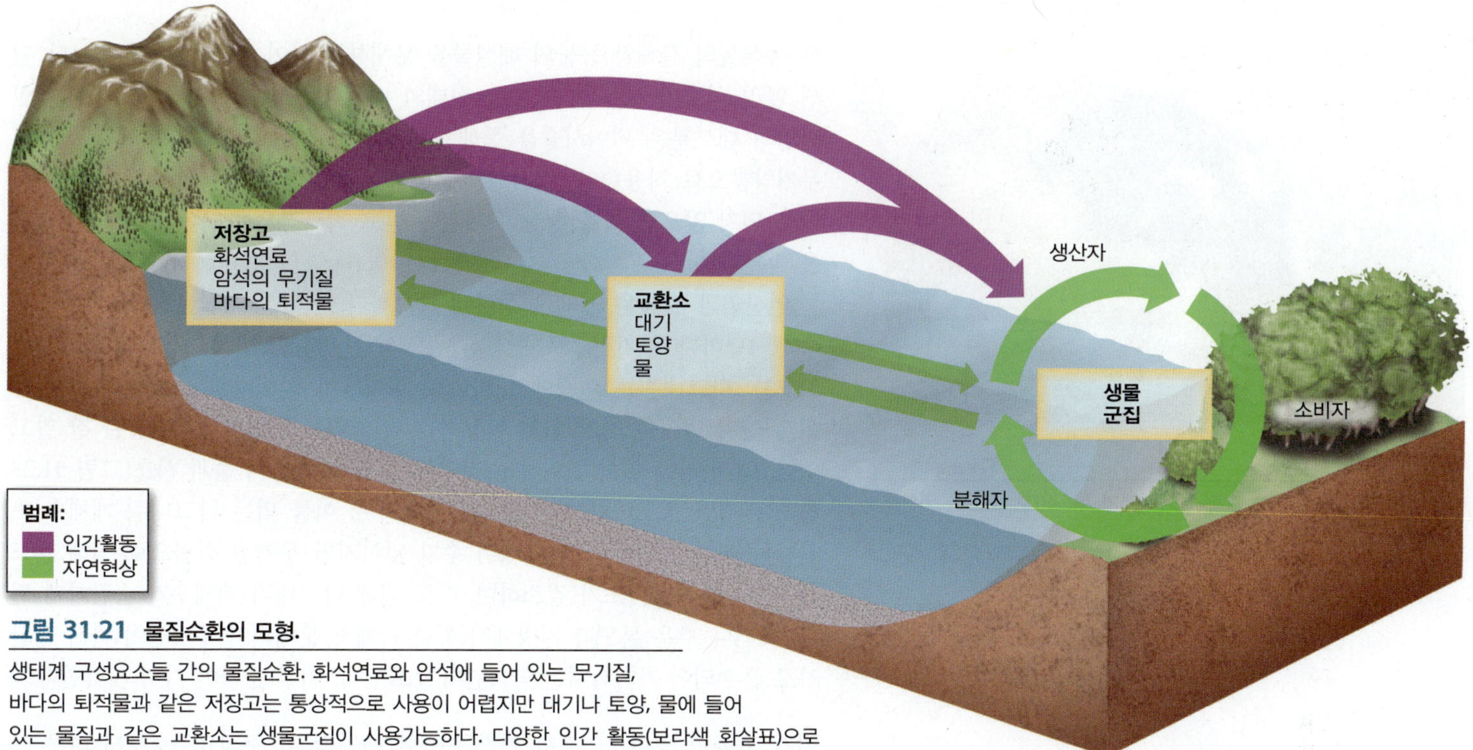

그림 31.21 물질순환의 모형.

생태계 구성요소들 간의 물질순환. 화석연료와 암석에 들어 있는 무기질, 바다의 퇴적물과 같은 저장고는 통상적으로 사용이 어렵지만 대기나 토양, 물에 들어 있는 물질과 같은 교환소는 생물군집이 사용가능하다. 다양한 인간 활동(보라색 화살표)으로 인해 저장고의 물질이 이동되어 생물군집이 이용하게 되며 그 결과 오염이 발생한다.

은 인간 활동으로 인해 저장고에 있는 물질이 점점 줄어들고 있으며 생태계 내에서 순환되는 양은 많아지고 있다. 그 결과 생태계의 물리적 환경은 과도한 물질을 포함하게 되고, 이로 인해 종의 구성과 생물권 군집의 다양성이 변하게 된다.

인의 순환

육상에서는 균류가 매우 천천히 암석을 풍화시켜 토양에 PO_4^{2-}과 HPO_4^{2-} 상태로 방출하며, 이중 일부를 육상식물이 흡수한다 (**그림 31.22**). 풍화로 인해 사용가능한 형태로 된 인산염은 수중생태계로도 흘러들어가 조류에 의해 흡수되며, 흡수되지 않은 인산염은 바다 밑으로 가라앉아 퇴적된다. 퇴적암 속의 인산염은 지각이 융기되어 지상으로 노출, 풍화되어야 생산자에 의해 흡수되어 다시 순환한다.

생산자는 인지질과 ATP 그리고 DNA와 RNA 합성에 필요한 뉴클레오티드 등을 만드는 데 인산염을 이용한다. 동물은 생산자를 먹음으로써 치아와 뼈, 껍질을 만드는데 필요한 인산염을 확보한다. 죽

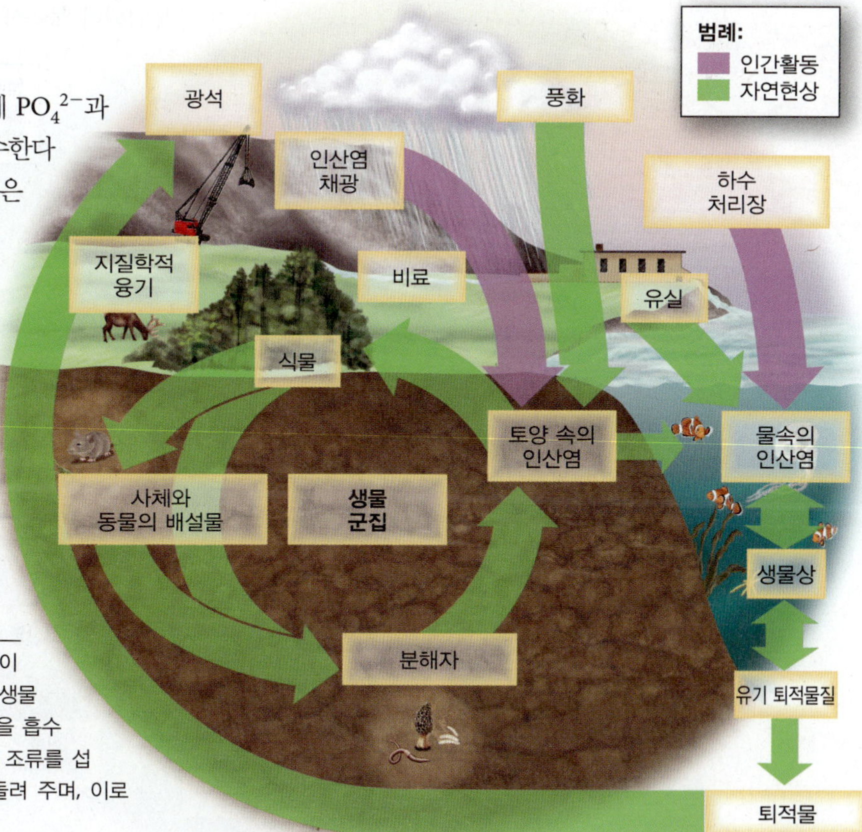

그림 31.22 인 순환.

인은 생물지화학 순환을 한다. 인산염이 바다로 흘러들어가 퇴적암이 된다. 수천 혹은 수 만년 후 해저가 융기하고, 인산염이 풍화되어 생물이 이용 가능한 형태가 된다. 육지의 식물과 물속의 조류가 인산염을 흡수함으로써 인산염이 군집 내에서 순환을 시작한다. 동물이 식물이나 조류를 섭취하여 인산염을 얻는다. 분해자는 식물이나 조류에 인산염을 되돌려 주며, 이로 인해 군집 내에서 인의 순환이 계속된다.

그림 31.23 **나그네쥐.**

나그네쥐 개체군의 크기는 북극 생태계의 무기양분 순환에 영향을 준다.

은 동식물의 잔해와 동물의 배설물을 분해하는 것이 풍화에 의한 것보다 훨씬 빨리 식물이 사용할 수 있는 형태의 인산염을 방출한다. 이용 가능한 인산염의 대부분은 먹이사슬을 통해 이동하므로 인산염은 생태계에 제한적인 무기양분으로 작용한다. 다시 말해, 인산염의 양이 제한적이어서 공급이 제대로 되지 않으면 식물 생장이 제한을 받고 결과적으로 1차순생산력도 영향을 받는다.

인산염과 칼슘은 개체군 성장에 중요하다. 이러한 사실은 나그네쥐 개체수가 4년마다 주기적으로 변화하는 양상을 관찰함으로써 증명되었다(**그림 31.23**). 나그네쥐는 벼랑에서 바다로 뛰어들어 익사하기도 하는데, 사실은 이 쥐들이 먹이를 찾기 위해 이동하는 것이라는 것을 생태학자들은 잘 알고 있다. 왜 이러한 일이 일어나는 것일까? 툰드라 지방의 풀과 사초(그림 31.28 참조)는 4년 정도마다 무기질이 풍부해지며, 이를 먹는 나그네쥐 개체수 또한 급증하기 시작한다. 나그네쥐 수가 많아지면 무기질 결핍으로 인해 툰드라 지방의 풀과 사초가 감소하며, 이로 인해 나그네쥐 개체수가 급감하게 된다. 그러나 추운 툰드라 지방에서 동물 사체가 분해되어 무기질이 다시 생산자로 흡수되어 가기까지는 약 4년이 소요된다. 이후 순환이 다시 시작한다.

인간 활동의 영향 일정한 기간 동안에 환경의 한 구성요소로부터 다른 구성요소로 이동하는 영양물질의 양을 **이동률(transfer rate)**이라고 하며, 인간의 활동은 이동률을 교란시켜 군집의 역동성에 영향을 줄 수 있다. 예를 들어 우리는 인광석을 채굴하여 비료나 동물사료 첨가제, 비누를 만든다. 인광석인 광석은 약하긴 하지만 방사능을 띠고 있어 인산염 채굴은 광부는 물론 모든 생물들의 건강에 좋지 않다. 가축 축사에서 나오는 노폐물과 잔디 및 농경지에 살포하는 비료, 생활하수 등에 들어있는 인산염은 근처의 호수나 강으로 유입되어 물속에 양분의 양이 늘어나는 과영양화 또는 **부영양화(eutrophication)** 현상을 일으킨다. 부영양화는 조류(algae) 개체수를 급증시켜 녹조현상을 초래하며, 조류가 죽어 분해되면서 물속의 용존 산소를 소진해버리므로 물고기가 폐사된다. 1970년대 중반, 미국에 있는 이리 호수는 부영양화로 인해 죽음의 호수가 되었다. 그러나 생활하수 방류와 가정용 세제 사용 규제를 통해 과거의 청정함을 되찾을 수 있었다.

그림 31.24 **질소순환.**

질소순환은 여러 종류의 토양 박테리아에 의해 유지되는 질소기체의 생물지화학 순환이다.

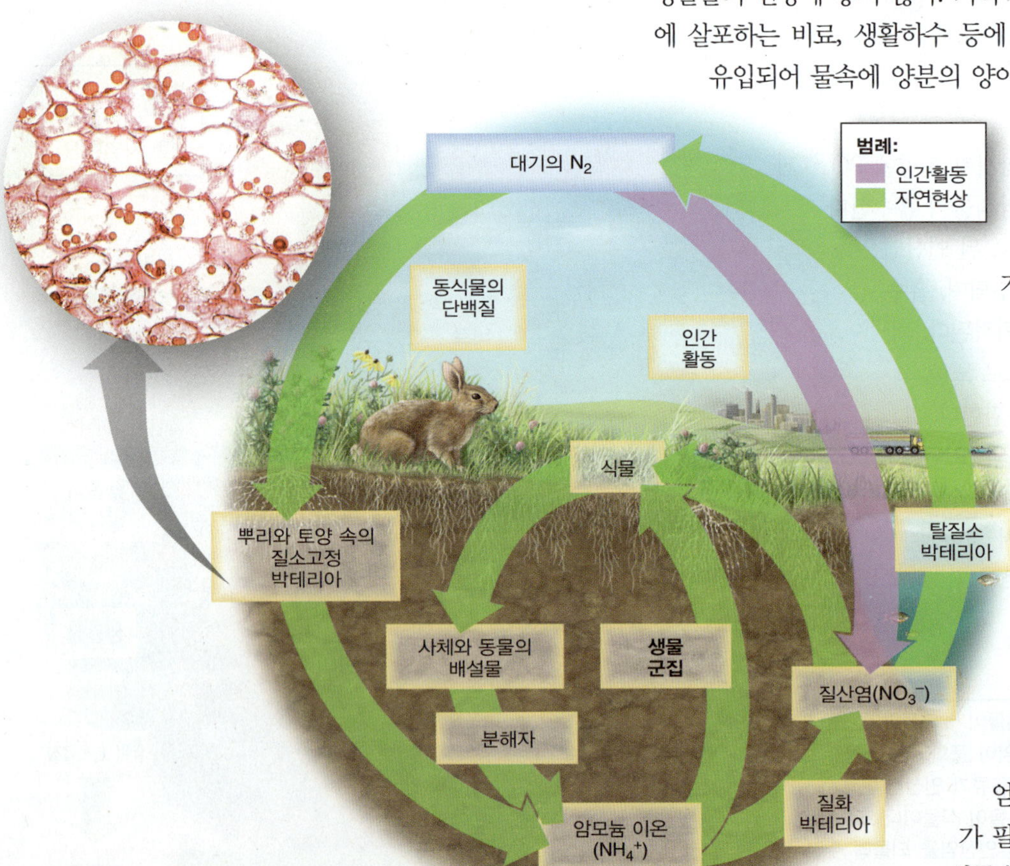

질소 순환

질소는 대기에 질소가스(N_2) 형태로 존재하며, 대기의 약 78%를 차지한다. 식물은 질소기체를 이용할 수 없기 때문에 식물이 사용가능한 형태로 만들어 주는 다양한 박테리아에 의존하여 질소를 얻는다. 질소 또한 인과 마찬가지로 생산자가 필요로 하는 제한적인 무기양분이다.

식물은 토양으로부터 암모늄 이온(NH_4^+)과 질산염(NO_3^-)을 흡수하여 아미노산과 핵산을 만드는 데 사용한다. 질소기체는 질소고정과 질화작용에 의해 NH_4^+와 NO_3^-로 각각 전환된다(**그림 31.24**). 질소고정(*nitrogen fixation*)은 질소기체를 암모늄 이온으로 전환시키는 과정이다. 물에 사는 시아노박테리아 중 일부와 토양의 질소고정박테리아는 질소를 고정한다. 완두와 콩, 알파파 등의 뿌리혹에도 질소고정박테리아들이 살며, 숙주식물이 사용가능한 질소 함유 유기화합물을 만든다.

질화작용(*nitrification*)은 질산염을 만드는 과정이다. 토양의 암모늄 이온은 토양의 질화박테리아에 의해 두 단계에 거쳐 질산염으로 전환된다. 먼저 아질산 생성 박테리아가 암모늄 이온을 아질산염(NO_2^-)으로 전환하고, 질산염 생성 박테리아가 아질산염을 질산염으로 전환한다. 그림 31.24의 질소 순환에서 보듯이 생물군집의 소순환은 질소기체에 의존하지 않는다.

탈질소작용(*denitrification*)은 질산염을 질소기체로 전환하는 과정으로 생성된 질소기체는 대기로 진입한다. 탈질소박테리아는 호수나 늪지, 강하구의 진흙에 사는 혐기성의 화학독립영양생물로서, 자신의 대사활동의 일부로 탈질소작용을 한다. 질소 순환에서 탈질소작용과 질소고정은 서로 균형을 이루고 있었지만 인간이 질소비료를 만들기 시작하면서 균형이 깨지게 되었다.

그림 31.25 뿌리혹.

완두와 같은 콩과식물의 뿌리혹에 사는 박테리아는 공기 중의 질소를 식물이 단백질을 만드는 데 이용 가능한 형태로 전환한다.

인간 활동의 영향 인간의 질소 비료 생산은 질소 순환에서 이동률을 변화시킨다. 실제로 인간이 인위적으로 하는 질소고정 비율은 자연적인 고정비율의 거의 두 배에 달한다. 비료 속의 질산염은 인산염과 마찬가지로 농경지로부터 수중생태계로 이동하여 부영양화를 초래한다. 인간에 의한 삼림파괴 또한 질소가 지하수로 유실되도록 하여 나무가 재성장하는 것을 어렵게 한다. 오늘날 농업지역의 지하수는 과도한 양의 질산염을 포함하고 있다. 고농도의 질산염은 혈액 내의 산소수치를 낮게 한다. 따라서 질산염이 많이 들어 있는 물을 마시는 생후 6개월 이하의 유아는 심각한 질병을 앓게 되며 치료받지 못하면 사망에 이를 수 있다.

높은 질소고정률을 갖는 토양박테리아를 유전공학적으로 만들면 비료사용을 줄일 수 있을 것이다. 또한 농부들로 하여금 토양에 질소 함량을 증가시키는 다양한 식물들을 재배하도록 권장하는 것이 바람직하다(**그림 31.25**). 콩과식물과 겨울밀을 번갈아 경작하면 몇 년 후엔 비료를 준 것보다 수확량이 더 좋다는 연구 결과가 있다.

탄소 순환

탄소 순환에서 육상과 수중생태계의 생물들은 대기와 이산화탄소를 교환한다(**그림 31.26**). 육상의 식물들은 대기로부터 이산화탄소를 취해 광합성을 통해 유기양분으로 고정한다. 이렇게 고정된 유기양분은 독립영양생물과 종속영양생물의 에너지 공급원으로 이용된다. 이들 탄소 중 일부는 생물이 호흡을 할 때 세포호흡의 노폐물인 이산화

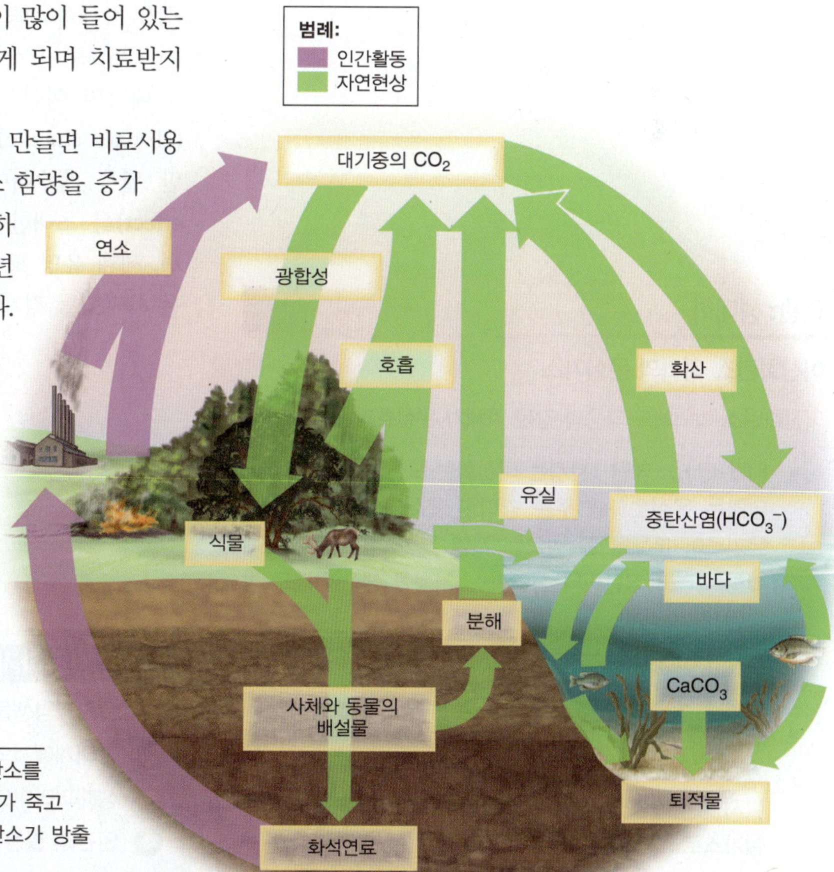

그림 31.26 탄소의 순환.

탄소 순환은 기체성 생물지화학 순환이다. 생산자는 대기로부터 이산화탄소를 취해 유기분자를 만들며, 이 유기분자를 모든 생물이 먹고 산다. 생물체가 죽고 분해되지 않으면 화석연료가 되며 이러한 화석연료를 연소하면 이산화탄소가 방출되어 환경오염을 초래한다.

탄소 형태로 대기로 되돌아간다.

수중생태계에서 대기와의 이산화탄소 교환은 간접적이다. 대기의 이산화탄소는 물과 결합하여 중탄산염(HCO_3^-)이 된다. 중탄산염은 조류가 자신들과 종속영양생물이 사용할 먹이를 생산하는 데 필요로 하는 탄소의 공급원이다. 수중생물이 호흡을 할 때 방출되는 이산화탄소 또한 중탄산염이 된다. 물속에 있는 중탄산염의 양은 공기 중의 이산화탄소 양과 대등하다.

살아 있는 생물과 죽은 생물 모두 탄소를 함유하며, 탄소 순환에 관여하는 저장고 중의 하나로 작용한다. 생물 구성요소, 특히 나무에 수십억 톤의 유기탄소가 함유되어 있으며, 토양에 있는 동식물의 잔해에도 많은 탄소가 존재한다. 만약 동식물의 사체가 분해되지 않고 남아 있으면 엄청나게 느린 물리적 과정에 의해 석탄이나 기름, 천연가스와 같은 **화석(fossil fuel)**으로 바뀐다. 화석연료의 대부분은 약 3억~3억6천만 년 전인 중생대 카본기에 엄청나게 많은 양의 유기물이 분해되지 않고 묻혀 만들어졌다. 탄소의 또 다른 저장고는 석회암과 조개껍질에 축적된 탄산칼슘($CaCO_3$)이다. 해양생물의 대부분은 생물체가 죽은 한참 후에도 오랫동안 침전물로 남아 있는 탄산칼슘 성분의 조개껍질을 가지고 있다. 이러한 침전물은 시간이 흘러감에 따라 지질학적 힘에 의해 석회암으로 변화된다.

인간 활동의 영향 광합성과 세포호흡을 통한 이산화탄소의 이동률은 거의 동일하다. 그러나 대기로부터 제거되는 이산화탄소의 양보다 대기에 쌓이는 이산화탄소의 양이 더 많은데, 이는 주로 화석연료의 연소와 농지 및 목초를 만들기 위한 삼림 파괴 때문이다. 바다는 CO_2 방출보다 흡수를 더 많이 해왔는데 만약 바다가 이러한 작용을 잘 하지 못하고, 화석연료 소비와 삼림파괴가 지속적으로 일어나면 대기의 CO_2 농도는 현재의 0.36%에서 2100년에는 0.75%로 증가할 것으로 예측된다.

대기의 이산화탄소를 비롯한 여러 기체들의 농도가 증가하면 **기후변화(climate change)**가 일어난다. 이들 기체는 태양광은 그대로 통과하게 하지만 열을 흡수하여 지구로 다시 반사시키는 현상인 **온실효과(greenhouse effect)**를 초래한다. 이로 인해 북극과 남극의 빙하가 녹아 해수면이 상승하면, 세계 유명 도시들은 홍수로 피해를 입고 미국 중서부를 비롯한 내륙지역은 사막화를 겪게 될 것이다.

연관: 환경

바다를 산성화시키는 요인은 무엇인가?

대기로의 과도한 CO_2의 방출은 바닷물의 산성도를 변화시켰다. 바다는 대기 CO_2의 약 25%를 흡수한다. 따라서 대기의 CO_2 농도가 높아지면 바다의 CO_2 농도 또한 높아져 바닷물의 산성화를 초래한다. 바닷물이 산성화되면 해양 생물은 껍질을 만들고 유지하는 데 필요한 무기질을 얻지 못하게 된다. 또한 바다의 산성화는 조개나 산호와 같은 생물에게는 극심한 스트레스가 되어 이들 종을 멸종시킬 가능성도 있다. 바닷물의 산성화가 해양생물의 먹이사슬에 미치게 될 악영향으로 인해 바다의 산성화는 주요 관심사가 되고 있다.

연관: 생태학

이산화탄소 이외의 온실가스

이산화탄소 이외에도 다음과 같은 기체가 온실효과를 초래한다.

- 메탄(CH_4). 메탄 1분자는 이산화탄소 한 분자의 21배에 달하는 온실효과를 주는 강력한 온실가스이다. 메탄은 유기물이 분해될 때 나오는 자연 부산물이지만 쓰레기 매립 그리고 석탄이나 천연가스, 기름을 생산할 때도 방출된다.
- 산화질소(N_2O). 산화질소는 화석연료의 연소와 다양한 산업 활동의 부산물로 발생한다.
- 수소화불화탄소(HFC). 수소화불화탄소는 원래 대기 상층권의 오존층 파괴물질 수치를 줄이기 위해 만든 물질이지만 극소량만 있어도 강력한 온실효과를 보이는 온실가스로 작용한다.

31.2 개념 연결하기

독립영양생물은 지구의 모든 생태계의 기본이다.

진도 점검하기 31.2

1. 독립영양생물과 종속영양생물의 에너지 획득 방법을 비교하시오.
2. 생태계에서의 에너지 흐름과 화학물질 순환의 차이를 설명하시오.
3. 생태피라미드와 먹이사슬을 비교하시오.
4. 인간의 활동이 물질의 생물지화학 순환에 어떠한 영향을 주는지 설명하시오.

31.3 주요 생태계의 생태학

학습 목표

이 절을 학습한 후에는 다음 과제를 수행할 수 있어야 한다.

1. 생물권을 구성하는 생태계의 두 가지 주요 유형을 열거하기.
2. 육상 생태계의 주요 유형을 열거하기.
3. 일차생산성을 설명하고 수중과 육상생태계와의 연관성을 기술하기.

생물권(biosphere)은 지구상의 모든 생태계를 총망라하는 생물구성의 최상위 단계이다. **수중생태계(aquatic ecosystem)**는 담수로 구성된 담수생태계와 해수로 구성된 해양생태계(**그림 31.27**)로 구분된다. 해양생태계인 바다는 지구 표면의 70%를 차지한다. 담수생태계에는 호수나 연못과 같은 고인 물 생태계와 강이나 개울과 같은 흐르는 물 생태계가 있다. 생물다양성이 풍부한 해양생태계는 해안가를 따라 위치한다. 산호초는 해안에서 떨어진 곳에 발달하며, 강과 바다가 만나는 곳에는 하구가 위치한다.

그림 31.27 주요 수중 생태계.

수중 생태계는 바다처럼 염도가 있는 물로 이루어진 해수생태계(**a**)와 강처럼 담수를 갖는 담수생태계(**b**)로 나뉜다. 해양생태계에는 산호초(**c**)와 하구(**d**)가 포함된다.

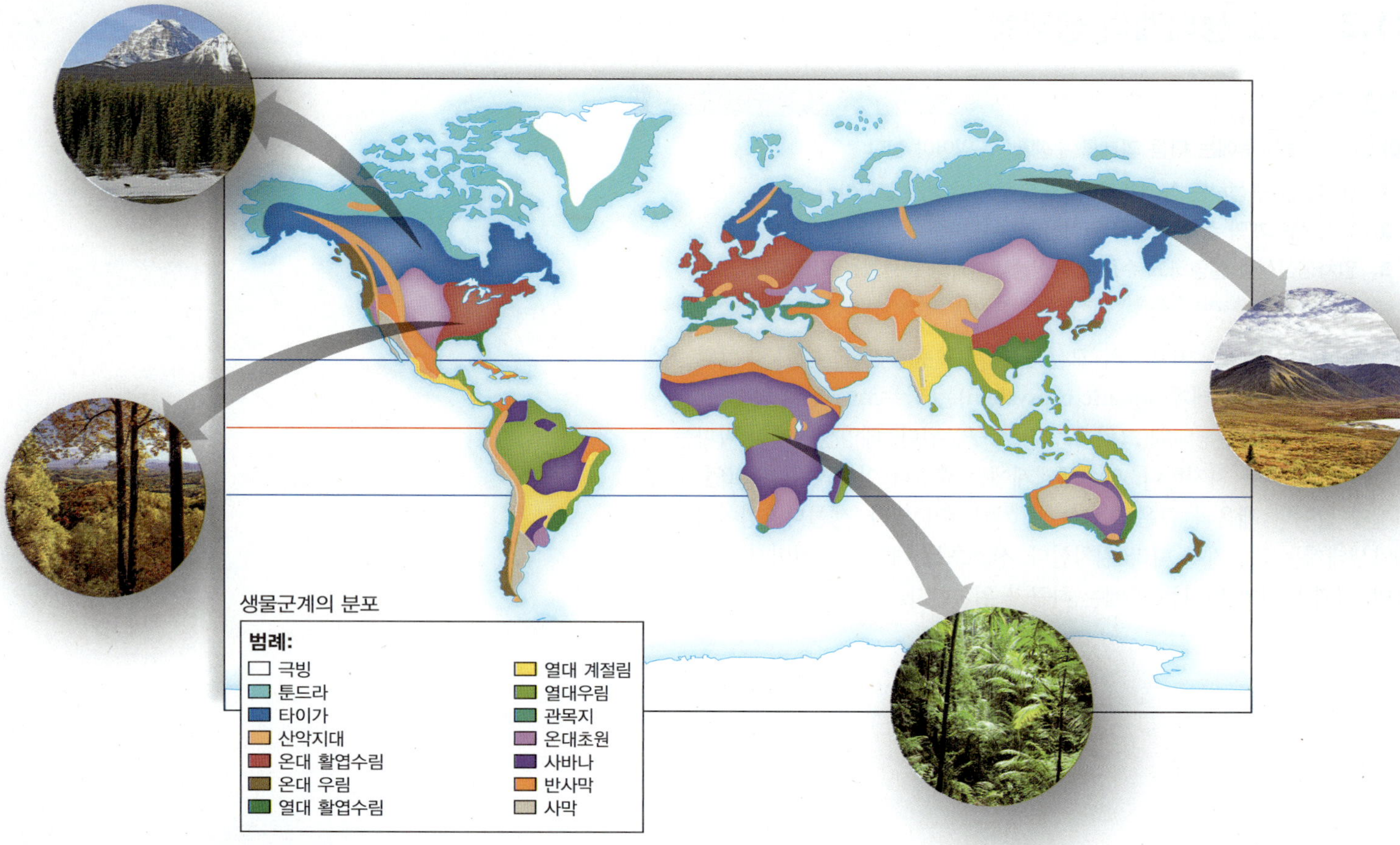

그림 31.28 **주요 육상생태계.**

툰드라는 최북단에 위치한 육상생태계로 육상생태계 중에서 평균 기온이 가장 낮으며 강수량도 그리 많지 않다. 침엽수림인 타이가도 평균 기온이 낮지만 강수량은 툰드라보다 많다. 온대 활엽수림은 기후가 온화하고 강수량이 풍부하지는 않지만 나무들이 자라기에 충분하다. 열대 우림은 주로 적도 근처에 위치하며, 평균 기온이 매우 높고 육상생태계 중에서 강수량이 가장 많다.

육상생태계(terrestrial ecosystem)에는 생물군계(*biome*)라고 부르는 여러 가지 유형이 있다(**그림 31.28**). 생물군계는 온도와 강수량에 의해 결정되며 지역의 기후에 적응한 군집을 포함한다. 최북단의 생물군계는 툰드라로서 연중 내내 영구동토층이 존속하고 큰 식물이 뿌리를 내리지 못한다. 타이가 지대는 매우 추운 북부 침엽수림이다. 북극의 경계인 툰드라 지역 역시 몹시 춥고 겨울이 길며 성장기간은 짧다. 온대초원은 온대 활엽수림(겨울에 잎이 떨어지는 나무)보다 강수량이 적으며 나무가 없는 사막지역보다 겨울이 길다. 사바나는 기온이 높고 건기와 우기가 반복되는 열대 초원지역이다. 열대우림은 적도지역으로서 평균 기온이 높고 생물군계 중 강수량이 가장 많다. 열대우림 지역에는 크고 넓은 잎을 가진 상록수가 많이 서식한다.

일차생산력

생태계는 **일차생산력(primary productivity)**에 근거하여 비교하기도 한다. 일차생산력이란 생산자가 일정한 시간 동안에 포획한 에너지를 유기양분으로 고정시키는 속도를 말한다. 일차생산력은 온도와 습도, 토양의 특성에 영향을 받으며 생태계 내 종의 조성에 관여한다. 육상생태계에서는 일반적으로

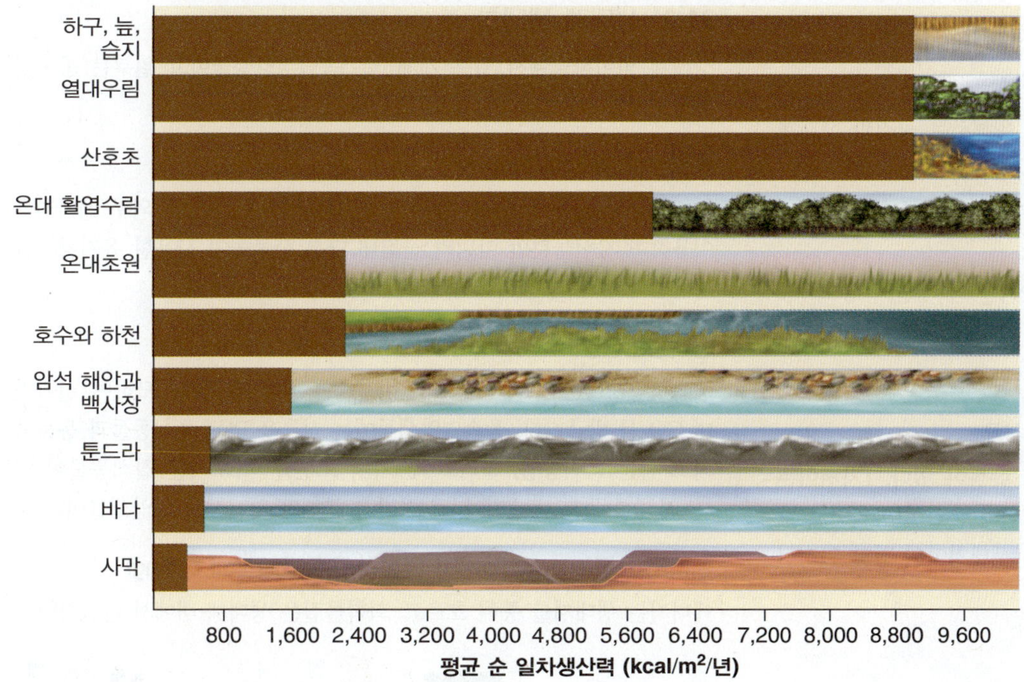

그림 31.29 일차생산력.

생태학자들은 생산자가 태양에너지를 화학에너지로 전환시켜 고정하는 속도인 일차생산력에 따라 생태계를 비교한다.

위도가 높은 툰드라 지역과 사막의 일차생산력이 가장 낮고, 적도에 가까운 열대우림 지역이 가장 높다(**그림 31.29**). 열대우림의 높은 생산력은 소비자들을 위한 다양한 생물학적 지위와 풍부한 먹이를 제공해준다. 열대우림지역은 육상생태계 중에서 종의 수와 다양성이 가장 크기 때문에 보존생물학자들은 열대우림지역의 생물군계를 최대한 보존하려고 한다.

수생생태계의 일차생산력은 사용가능한 무기양분이 얼마나 있는가에 달려 있다. 하구와 늪, 그리고 습지는 유기양분이 풍부하고 유기물을 무기물로 전환시키는 분해자도 많다. 하구와 늪, 습지는 다양한 생물종, 특히 발달 초기 단계의 생물들이 바다로 가기 전에 성장하는 보금자리이기도 하다. 따라서 해안지역의 보존은 매우 필요하다. 먼 바다에는 무기양분이 많지 않기 때문에 생산력이 사막과 툰드라의 중간 정도에 불과하다. 열대 해안지역 가까운 산호초대는 따뜻하고 조류와 파도가 양분을 운반해주며 햇빛이 해저까지 투과하기 때문에 생물종이 놀라울 정도로 풍부하다. 따라서 산호초대를 바다의 열대우림이라고도 한다.

연관: 환경

하구란 무엇일까?

하구는 강에서 온 민물과 바닷물이 만나는 장소이다. 하구는 바닷물과 민물이 섞이기 때문에 염분 농도가 광범위하여 "기수역(brackish water)"이라고 한다. 하구는 생산력이 가장 높은 지역에 속한다. 새우나 조개를 비롯한 다양한 먹이가 풍부할 뿐만 아니라 질소와 인의 물질 순환에 중요한 역할을 한다. 또한 하구는 손상되기 쉬운 생태계이기 때문에 오염이나 2010년 루이지애나 바타리아만 기름 유출사고 때와 같은 기름유출, 그리고 인간 활동이 하구의 생산력을 감소시킬 수 있다.

개념 연결하기 31.3
수중생태계와 육상생태계는 서로 연관되어 있다.

진도 점검하기 31.3

1. 생물권의 두 가지 주요 생태계를 설명하시오.
2. 지구 육상생태계의 종류를 열거하시오.
3. 해양보다 습지의 일차생산성이 더 높은 이유를 설명하시오.

요약

31.1 군집 생태학

인간 활동이 환경에 미치는 영향을 이해하기 위해서는 군집과 생태계 생태학에 관한 지식이 필요하다.

- **군집(community)** 정해진 장소에서 상호작용하는 서로 다른 종들로 구성된 개체군들의 집합이다.
- **생태계(ecosystem)** 상호작용하는 생물들과 이들 생물이 상호작용하는 물리적 환경을 합한 개념

생태천이

암석 → 지의류/이끼 → 초본류 → 관목 → 목본류

생태천이(ecological succession)에는 두 가지 유형이 있다. 1차천이는 바위에서부터 시작하며, 2차천이는 교란으로 인해 군집이 파괴되고 토양이 이미 형성되어 있는 장소에서 시작한다. 생태천이의 결과 안정된 극상군집이 형성된다.

군집 내의 상호작용

군집 내의 종들은 다음과 같은 유형의 상호작용을 한다:

- **경쟁(competition)** 생물들은 햇빛이나 공간, 양분과 같은 자원 확보를 위해 서로 경쟁을 하며, 이로 인해 경쟁적 배제, 자원분배, 형질대치가 일어난다.
- **포식(predation)** 포식자가 피식자를 먹는다.
- **기생(parasitism)** 기생생물은 숙주생물로부터 양분을 얻어 살아가지만 숙주를 죽이지는 않는다.
- **편리공생(commensalism)** 상호관계에 있는 생물들의 한쪽 생물은 다른 쪽 생물로부터 이득을 취하고 다른 쪽 생물은 이득도 해도 없는 관계이다.
- **상리공생(mutualism)** 상호관계에 있는 양쪽 생물 모두 이득을 얻는 관계이다.

생태적 지위(ecological niche)

종의 생태적 지위는 군집 내에서 해당 종이 하는 역할과 서식지, 그리고 다른 종과의 상호작용에 의해 결정된다.

지표종(keystone species)

군집 내에서 지표종들 간의 상호작용은 군집과 종들이 함께 공존하게 해준다. 하나의 지표종이 제거되면 다른 종이 멸종하게 되며 이로 인해 생물다양성이 감소된다. 회색곰은 지표종의 좋은 예이다.

토착종(native)과 외래종(exotic species)

토착종은 특정 지역 내에 존재하는 고유종으로서 다른 도움 없이 번성한다. 외래종은 다른 곳으로부터 도입된 종으로 해당 지역 내 토착종들 간의 균형 및 상호작용을 파괴한다.

31.2 생태계 생태학

생태계 먹이사슬에서 일부 개체군은 독립영양생물이고 일부는 종속영양생물이다.

독립영양생물(autotrophs)

독립영양생물은 생산자로서, 무기양분(CO_2와 무기질)과 외부 에너지를 이용하여 자신들뿐만 아니라 군집내 다른 생물들이 사용할 유기양분을 생산한다. 조류와 시아노박테리아, 식물이 이에 속한다.

종속영양생물(heterotrophs)

종속영양생물은 소비자이다. 소비자들은 유기양분을 소모하여 살아가며 CO_2를 방출한다. 종속영양생물에는 식물을 먹는 초식동물과 동물을 먹고 사는 육식동물, 그리고 두 가지 모두를 먹고 사는 잡식동물이 있다. 분해를 돕는 박테리아, 균류 같은 분해자 역시 종속영양생물이다.

에너지 흐름(energy flow)과 물질의 순환(chemical cycling)

에너지는 생태계를 통해 흐르고, 화학물질은 생태계 내에서 순환한다.

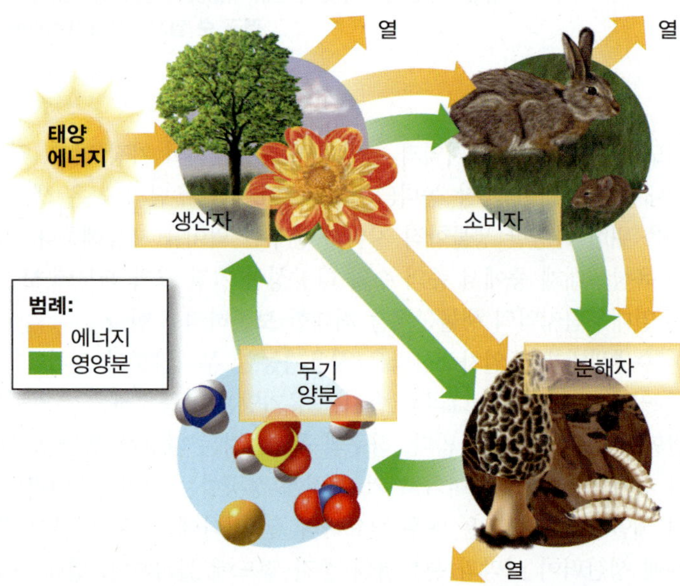

- **먹이그물(food web)과 먹이사슬(food chain)** 생태계 내에서 에너지는 먹이사슬과 퇴적먹이그물, 그리고 초식먹이그물을 통해 흐른다.
- **영양단계(tropical level)** 영양단계는 먹이그물이나 사슬 내에서 잡아먹고 잡아먹히는 섭식의 단계이다.
- **생태피라미드(ecological pyramid)** 영양단계에서 유실되는 에너지의 양을 보여준다.

한 영양단계가 가진 에너지 중 약 10%만 다음 영양단계로 전달된다. 최상위 육식동물이 마지막 영양단계이며, 에너지의 양이 가장 적다.

생물지화학 순환(biogeochemical cycle)

생태계 내에서 물질은 인의 순환, 질소 순환, 탄소 순환과 같은 생물지화학 순환을 통해 순환한다. 인간의 활동은 이러한 순환물질의 이동률을 현저하게 변화시킨다.

31.3 주요 생태계의 생태학

생물권은 지구의 주요 생태계를 모두 포함한다.

수중생태계(aquatic ecosystem)

수중생태계는 담수생태계(강, 개울, 호수, 연못)와 해양생태계(바다, 산호초, 염습지)로 나뉜다.

육상생태계(terrestrial ecosystem)

육상생태계는 생물군계라고 하며, 다음과 같이 구분한다.

- 툰드라
- 타이가(한대 침엽수림)
- 온대 활엽수림
- 열대초원(사바나)
- 온대초원(프레리)
- 사막
- 열대우림

일차생산력(primary productivity)

일차생산력은 생산자가 주어진 시간 동안에 태양에너지를 화학에너지로 전환시키는 속도이다. 생태계에 있는 종의 수는 일차생산력과 정비례한다.

개념 연결하기

군집이란 주어진 지역 내에 있는 모든 종의 집합이다. 에너지 흐름과 물질 순환은 수중과 육상생태계를 안정화시키는 데 반드시 필요하다.

31.1 군집의 상호작용은 복잡하고 역동적이다.

31.2 독립영양생물은 지구의 모든 생태계의 기초이다.

31.3 수중생태계와 육상생태계는 서로 연관되어 있다.

군집과 상태계의 기능에 관한 정보가 더 필요하면 다음 논의를 참조하시오.

6.3절 생산자가 탄수화물을 합성하는 방식을 알아보기.

14.1절 종의 공진화를 일으키는 진화과정에 있어서 변이와 적응의 역할에 대해 설명하기.

32.2절 수중과 육상 생태계에 있는 생물다양성이 직간접적으로 주는 혜택에 대해 살펴보기.

혼자 풀어보기

가장 적절한 답을 고르시오.

31.1 군집 생태학

1. 다양성이 증가하면
   a. 종 풍요도가 증가하고 종 분포는 균등하게 된다.
   b. 종 풍요도가 감소하고 종 분포는 균등하게 된다.
   c. 종 풍요도가 증가하고 종 분포는 덜 균등하게 된다.
   d. 종 풍요도가 감소하고 종 분포는 덜 균등하게 된다.

[2~6] 주어진 상황과 맞는 상호관계의 유형을 보기에서 고르시오.

보기:

a. 경쟁
b. 포식
c. 기생
d. 편리공생
e. 상호공생

2. 알팔파는 뿌리혹박테리아인 *Rhizobium*에서 고정된 질소를 얻고 *Rhizobium*은 식물에서 탄수화물을 얻는다.
3. 동일 지역에 사는 여우와 코요테 모두 토끼를 먹이로 하지만, 토끼의 수가 제한되어 있어 공급이 원활하지 않다.
4. 선형동물은 고양이의 소화관 안에서 살면서 번식한다.
5. 곰팡이가 선충을 먹이로 포획한다.
6. 나무 꼭대기에서 사는 난초는 꼭대기에 서식함으로써 햇빛을 잘 받을 수 있고 수분매개체에도 접근이 용이하지만 나무에는 해를 주지 않는다.
7. 경쟁배제 원칙에 의하면,
   a. 특정한 먹이에 대해, 한 종이 다른 종보다 언제나 더 경쟁력이 있다.
   b. 경쟁은 동일 먹이를 사용하는 종들을 배제시킨다.
   c. 두 개의 서로 다른 종이 동 시간대에 동일한 생태적 지위를 공유할 수 없다.
   d. 경쟁은 종의 생식능력을 제한한다.

31.2 생태계 생태학

8. 아래의 물질 순환과 영양 흐름 그림에서 빈칸을 채우시오.

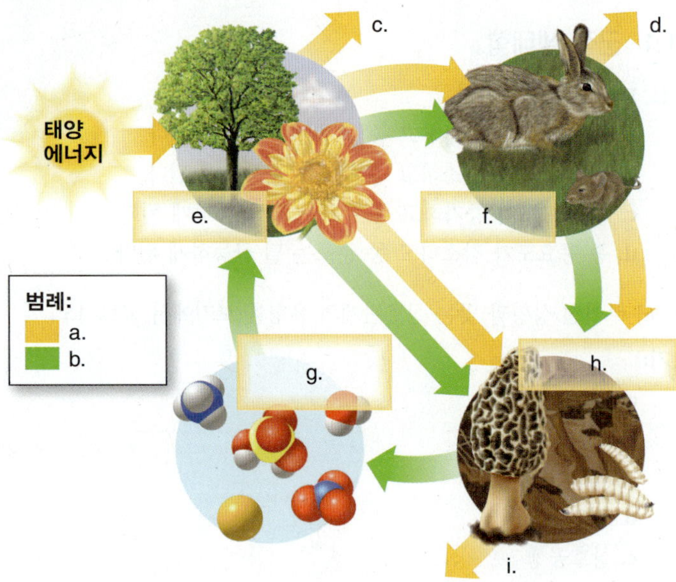

9. 생태피라미드는 다양한 영양단계에 있는 다음 중 어느 양을 나타내는가?
   a. 먹기 **b.** 개체
   c. 에너지 **d.** 양분
   e. b와 c 모두

10. 다음 중 초식먹이사슬을 나타내는 것은?
   a. 잎 → 퇴적물섭식자 → 사슴 → 올빼미
   b. 새 → 쥐 → 뱀
   c. 견과 → 잎을 먹는 곤충 → 다람쥐 → 매
   d. 잎 → 잎을 먹는 곤충 → 쥐 → 뱀

11. 다음 그림에서 해당하는 생태피라미드의 구성요소를 적으시오.

12. 생태계는 다음 중 군집이 포함하지 않는 어떤 요인을 포함하는가?
   a. 구성 생물들 간의 에너지 이동
   b. 물리적 환경과의 상호관계
   c. 복잡한 먹이그물 **d.** 초식과 육식동물

31.3 주요 생태계의 생태학

13. 다음 중 평균 기온이 낮고 강수량이 보통이며, 침엽수림이 특징인 생물군계는?
   a. 타이가 **b.** 사바나
   c. 툰드라 **d.** 열대우림
   e. 온대림

14. 다음 생물군계 중 일차생산력이 가장 낮은 곳은?
   a. 툰드라 **b.** 호수
   c. 모래사장 **d.** 초원
   e. 온대림

과학적으로 생각하기

1. 공진화의 가장 놀라운 예는 곤충과 꽃이다. 초기 속씨식물은 많은 양의 꽃가루를 생산하였으며, 이들 꽃가루는 바람에 의해 수분되었다. 밑씨는 부분적으로 노출되었고 지나쳐가는 꽃가루를 잡기 위해 달짝지근한 액체방울 상태의 당을 분비하였다. 오늘날 우리가 꽃과 꽃의 수분 매개체 간의 관계에서 볼 수 있는 공진화가 일어날 수 있었던 사건들을 설명하시오.

2. 바다수달은 태평양 연안의 해조 숲을 유지하는 데 중요한 역할을 한다. 수달은 성게 개체수를 유지함으로써 성게가 해조 숲을 모두 먹어치우지 못하게 한다. 만약 해조 숲이 심각하게 줄어들면 그로 인해 다른 종들의 개체수도 감소하게 된다. 태평양 연안을 따라 바다수달 개체수가 감소할 경우 발생하게 될 먹이사슬 변화를 제시하시오.

3. 얼룩홍합과 바다칠성장어와 같은 대다수 외래종은 많은 문제점을 가지고 있기 때문에 사람들은 이러한 개체수를 통제하고자 한다. 그러나 일부 외래종의 경우는 박멸계획에 많은 저항이 있다. 예를 들어 날 수 있는 새 중 세계에서 가장 큰 새의 하나인 혹고니(mute swan)는 아름답고 우아하여 존재 자체만으로도 감명을 준다. 그러나 혹고니는 매우 공격적이고 텃세가 심하다. 혹고니는 19세기에 관상용으로 아시아와 유럽에서 미국으로 도입되었지만 지금은 미국에 완전히 정착하였다. 혹고니는 다량의 수중식물을 소비하여 토종 새들을 서식처로부터 내쫓았다.

   미국어류및야생동식물보호국(U.S. Fish and Wildlife Service)은 토종 새 개체군을 보호하기 위해 메릴랜드주에서 혹고니 통제 프로그램을 시작하였다. 메릴랜드주의 혹고니 개체수를 제한하기 위한 시도는 혹고니의 아름다움을 계속 보고자 하는 시민들의 반대에 부닥쳐 어려움을 겪고 있다. 당신은 외래종이라도 사람들이 바라는 목적에 적합하다면, 토종이라고 해서 반드시 보호해야 할 필요는 없다고 생각하는가? 아니면 어떠한 일이 있어도 토종은 보호해야 한다고 생각하는가?

32

생물권에 대한 인간 활동의 영향

Emiquon 범람원 복원

Emiquon은 한때 미시시피강의 주 지류를 이루는 일리노이 하천계 중에서 가장 중요하였다. Emiquon은 배수로 인해 형성된 습지와 호수를 포함하며 그 넓이는 거의 60 km^2에 달한다. Emiquon에는 다양한 동식물들이 풍부하여 10,000년 넘게 인간의 문명화를 도왔다.

1900년대 초반, 일리노이 하천계는 미국내 하천 생태계 중에서 경제적으로 매우 중요한 생태계 중 하나였다. 21세기 전반에 걸쳐 현대 문화는 이들 문화가 요구하는 방향에 더 적합하게끔 강물의 흐름을 변경시켰다. 원래 범람천 수량의 반 이상이 농업용수로 사용되었다. 농업으로 인해 한때 그 지역에서 번성하던 토착종을 옥수수와 콩이 대체하였다. 강에 건설한 운하는 배가 운항하기에 적합하도록 변화되었다. 계절 홍수가 줄어들자 범람천에 쌓이던 영양물질도 감소하기 시작했다.

Emiquon에 있는 범람천의 복구 작업은 일리노이강을 보존하려는 미국자연보호협회의 중점 사업이다. 40명이 넘는 과학자와 관리자가 범람천과 일리노이강 복원을 위한 지침을 제공하였다. 사업이 완료되면 예전과 마찬가지로 계절에 따른 강의 범람이 다시 시작될 것이다. 강과 범람천 중간 지대가 복원되면 주걱철갑상어나 동갈치와 같은 수생생물들이 찾아오게 될 것이다. 국가와 지방의 다양한 단체들은 범람원이 복원될 경우에 얻게 될 경제적 이득에 대해 조사할 뿐만 아니라 군집 다양성을 결정하는 데에도 관여하고 있다. Emiquon 사례에서 얻은 지식은 세계 도처에서 수행되는 대규모의 범람천-강 복원사업이 잘 수행되도록 지침을 제공할 것이다.

이 장을 공부하는 동안 다음 질문에 대해 생각해보자.

1. 범람천에 있는 영양분을 변화시키면 하천 생태계의 생물다양성에 어떠한 영향을 주게 되는가?
2. 과학자는 복원계획이 성공적인지 아닌지 어떠한 방식으로 결정하여야 할 것인가?

개 요

시작하기 전에

이 장을 시작하기 전에 다음 내용을 다시 살펴보자.

12.3절 형질전환생물이란 무엇인가?

30.2절 선진국의 환경 영향을 후진국의 환경영향과 어떻게 비교할 것인가?

31.2절 생태피라미드에서 하위 단계의 에너지 중 어느 정도가 상위 단계로 전달되는가?

32.1 보존생물학

학습 목표

이 절을 학습한 후에는 다음 과제를 수행할 수 있어야 한다.

1. 보존생물학의 역할을 생물다양성과 연관하여 설명하기.
2. 보존생물학을 지원하는 생명과학의 하위분야를 인식하기.

지구에 사는 생명체의 다양성을 이해하려면 생명체 전체의 수보다는 종에 대해 더 자세히 알 필요가 있다. **보존생물학(conservation biology)**은 미래 세대를 위해 천연자원을 보존하는 데 중점을 두는 학문이다. 보존생물학은 새로운 과학 개념을 개발하여 이를 우리의 삶에 적용하고자 하는 학문으로서, 인간이 지구의 생물다양성을 잘 사용할 수 있도록 지속적으로 관리하는 데 목적을 둔다. 보존생물학 개념은 생명과학의 여러 하위분야들이 서로 융합하여 만들어진다.

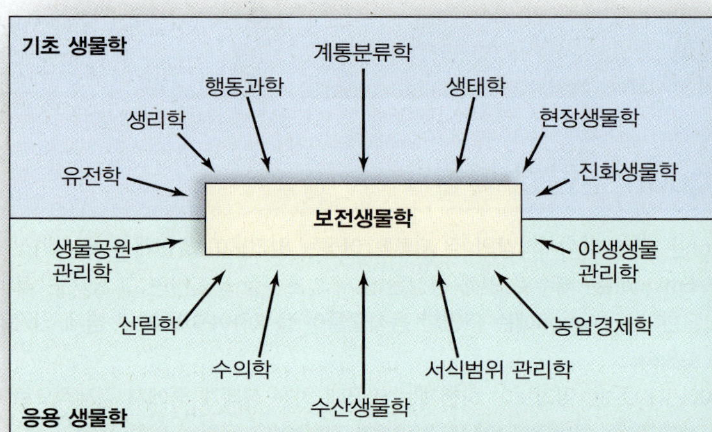

보존생물학은 다음과 같은 윤리적인 원칙을 지지하기 때문에 생명과학 분야 중에서도 독특한 분야이다. (1) 생물다양성은 지구에 유익하므로 인간에게도 유익하다. (2) 멸종은 바람직하지 않다. (3) 생태계 내에서의 상호작용은 생물다양성을 지지하며 인간에게 유익하다. (4) 생물다양성은 진화의 결과이며 인간에게 큰 가치가 있다.

보존생물학은 종종 멸종위기에 대비한 통제로 간주된다. 앞으로 20~50년 내에 지구에 있는 생물 중 대략 10~20%는 멸종할 것이다. 따라서 우리 모두 생물다양성의 중요성과 가치를 깨닫고, 아울러 종이 멸종하지 않게 하려면 개개인이 어떻게 행동해야 하는지 알게 하는 것이 매우 중요하다.

개념 연결하기 32.1

보존생물학은 인간이 요구하는 것과 지구에 있는 다른 종들이 요구하는 것과의 균형을 찾으려 한다.

진도 점검하기 32.1

1. 다양한 학문 분야가 보존생물학을 어떻게 지지하는지 기술하시오.
2. 멸종으로 인해 발생할 결과에 대해 설명하시오.
3. 보존생물학이 지지하는 원칙들을 열거하시오.

32.2 생물다양성

학습 목표

이 절을 학습한 후에는 다음 과제를 수행할 수 있어야 한다.

1. 생물다양성을 간략히 정의하고 생물다양성을 위협하는 요인을 간략하게 열거하기.
2. 생물다양성으로 얻게 되는 직접적인 혜택을 열거하고 인간에게 어떻게 도움이 되는지 설명하기.
3. 생물다양성으로 얻게 될 간접적인 혜택을 열거하고 경제적인 이점을 간략히 기술하기.

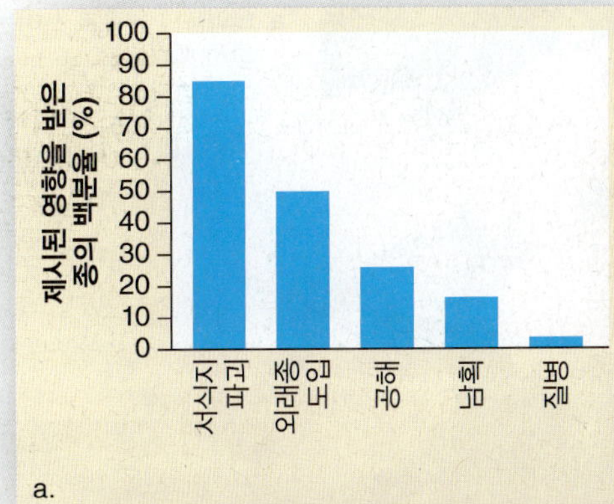

그림 32.1 서식지 파괴.

a. 동식물을 멸종 위험에 처하게 하는 원인에 대해 미국에서 실시한 조사에 의하면 서식지 파괴가 가장 큰 위험요인이다. **b.** 캐나다스라소니는 서식지 파괴와 벌목을 통한 과도한 개발로 인해 멸종 위협을 받고 있다.

생물다양성(biodiversity)이란 지구에 살고 있는 생명체의 다양성을 의미하며, 서로 다른 종의 수로 표현된다. 현재 우리는 생물다양성 위기에 처해 있으며, 인간의 활동으로 인해 가까운 시일 내에 멸종(종의 소실)이 일어날 것으로 예상된다. 미국어류및야생동식물보호국에 의하면, 2012년도 미국에서 멸종위기에 있는 생물은 동물이 448개 종, 그리고 식물종이 667개에 달한다. 이들 종의 멸종은 대부분(85%)이 서식지 파괴에 의한 것으로 나타났으며(**그림 32.1*a***), 서식지 파괴는 주로 도시 확장과 연관이 있다. 생물다양성 위기를 초래하는 다른 요인으로는 외래종 도입(50%), 수질과 대기의 오염(24%), 그리고 천연자원의 과도한 개발(17%)이 있다. 많은 경우, 멸종위기의 종들은 여러 요인에 의해 복합적으로 위협을 받는다. 예를 들어 미 북부의 숲에 살고 있는 캐나다스라소니(*Lynx canadensis*, **그림 32.1*b***)는 우거진 숲에 사는 희귀종으로, 최근 들어 멸종위협을 받고 있는 종으로 분류되었다. 그 이유는 이 동물들이 서식하고 있는 지역의 나무들을 벌목하였을 뿐만 아니라 스키나 스노우모빌 등을 위해 도로를 만듦으로써 서식지가 파괴되었기 때문이다.

생물다양성은 지구에 골고루 분포하지 않으며, 육상, 담수, 해수에 상관없이 열대지방이 가장 크고 북쪽으로 갈수록 감소한다. 종이 가장 밀집된 지역을 **생물다양성 고밀도지역(biodiversity hotspot)**이라고 한다(**그림 32.2**). 고밀도지역에는 고등식물 종의 50% 이상과 모든 육상동물 종의 42% 정도가 살고 있지만, 면적은 지구 전체 육지 면적의 2.4%에 불과하다. 따라서 많은 종을 보존하고자 한다면 고밀도지역을 먼저 보호하여야 한다.

보존생물학은 수천 종의 동식물이 멸종되어 가는 것을 방지하려고 노력한

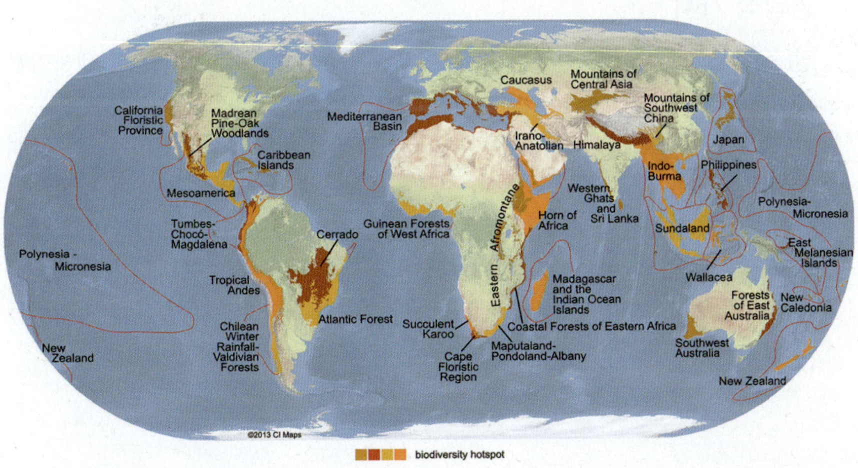

그림 32.2 생물다양성 고밀도지역.

고밀도지역은 지구 전체 면적의 단 2.4%에 불과하지만, 식물은 전체 종의 50% 이상, 그리고 동물은 34개 지역에 전체 육상 척추동물의 42%가 밀집하여 분포한다.

a. 의약품의 원료로 쓰이는 로지 페리윙클

b. 의학 연구에 주요하게 쓰이는 아홉띠아르마딜로

그림 32.3 **생물다양성의 의학적 가치.**

로지 페리윙클(**a**)과 아홉띠아르마딜로(**b**)를 비롯한 많은 야생동식물은 질병 치료를 위한 의약품 원료로 사용된다.

다. 이를 위해서는 사람들로 하여금 생물다양성이 직간접적으로 엄청난 가치를 지닌 자원이라는 것을 인식하도록 할 필요가 있다.

생물다양성의 직접적 가치

생명체는 인간에게 유익한 의약품과 먹거리, 그 외 다른 생산품으로 사용된다. 따라서 생물다양성은 직접적 가치가 있다.

의학적 가치

미국 내에서 처방되고 있는 대부분의 약품은 생물체로부터 얻은 것이다. 마다가스카르의 로지 페리윙클은 유용한 의약품의 원료가 되는 열대식물의 아주 좋은 예이다(**그림 32.3***a*). 이 식물이 지닌 강력한 화학물질은 두 가지 유형의 암인 백혈병과 호지킨병(Hodgkin's disease) 치료에 사용된다. 이 약으로 인해 소아백혈병 환자의 생존율은 10%에서 90%로 상승하였으며, 호지킨병도 완치 가능하게 되었다. 생명의 가치를 돈으로 환산할 수는 없지만, 돈으로 계산할 경우 자원의 가치를 더 쉽게 이해할 수 있다. 연구진은 과거의 성공률을 바탕으로 열대우림지역의 생물을 이용해 수백 가지 종류의 약품이 더 개발될 수 있으며, 이들의 경제적 가치가 1,470억 달러에 달할 것으로 추정한다.

성병을 비롯한 여러 질병 치료에 없어서는 안 되는 주요 약품인 항생제 페니실린은 곰팡이에서 추출되었고, 테트라사이클린과 스트렙토마이신은 박테리아로부터 얻었다.

한센병은 아직까지 치료할 수 있는 약이 개발되지 못했는데, 그 이유는 한센병을 유발하는 박테리아가 실험실에서는 배양되지 않기 때문이다. 그러나 특이하게도 아홉띠아르마딜로에서는 배양이 가능하다는 사실이 연구진에 의해 밝혀졌다(**그림 32.3***b*). 이들 박테리아를 충분히 얻을 수 있게 되면 한센병 치료방법을 찾을 수 있을 것이다. 투구게의 혈액에 들어 있는 LAL(limulus amoebocyte lysate)이라는 물질은 심박조율기나 외과용 이식조직, 의족과 같은 의학보조장치 등이 박테리아로 오염되지 않도록 소독하는 데 사용된다. 연간 약 25만 마리의 투구게에서 혈액을 채취하고 있으며, 혈액을 채취한 후 투구게는 건강한 상태로 바다로 되돌려 보낸다.

농업적 가치

밀, 옥수수, 벼와 같은 작물은 모두 야생식물로부터 유래한 것으로, 생산량을 증대하기 위해 변형된 작물이다. 세계적으로 생산량이 많고 유전적으로 유사한 품종을 재배하는 경향이 있다. 아프리카에서 바이러스 감염으로 인해 벼농사를 망쳤을 때, 연구진들은 수천 가지의 야생 볍씨를 재배하여 이로부터 바이러스 내성유전자를 갖고 있는 야생종을 찾아내었으며, 이 야생벼를 생산량이 많은 품종의 벼와 교배시켜 생산량도 많고 바이러스에 내성도 있는 품종을 만들었다. 만약 바이러스에 내성이 있는 벼가 발견되기 전에 야생벼들이 멸종되었다면 아프리카에서는 벼 재배가 불가능해졌을 것이다.

많은 경우 화학 살충제보다 천적과 기생을 이용한 생물학적 해충구제가 더 바람직하다(**그림 32.4**). 벼멸구가 살충제에 대해 내성을 보이자 살충제 대신 벼멸구의 천적을 사용하기 시작했으며, 이것의 경제적 가치는 10억 달러를 웃도는 것으로 나타났다. 이와 유사하게 페루의 카네트강 계곡(Cañete Valley)에서는 목화의 해충인 목화진딧물이 살충제 내성을 보여 살충제로는 더 이상 박멸되지 않게 되었다. 따라서 연구진은 목화진딧물 박멸에 살충제보다 훨씬 더 효과적인 천적을 찾아냈다.

대부분의 현화식물은 벌, 말벌, 나비, 풍뎅이, 새, 박쥐와 같은 동물들에 의해 수분된다. 꿀벌은 집에서도 키워왔으며, 미국에서는 매년 약 100억 달러에 상당하는 농작물의 꽃가루가 벌에 의해 수분된다. 그러나 단 한 종에 의존하여 수분하는 경우, 예상하지 못한 위험을 맞을 수도 있다. 실제로 미국에서는 진드기에 의해 상업적으로 키우던 꿀벌 개체의 약 20%가 죽어 혼란을 겪은 사건이 일어나기도 하였다. 그렇다면 진드기에 저항성을 지닌 벌을 어디에서 구할 수 있을까? 당연히 야생에서 구해야 한다. 미국 농업의 경우, 야생 수분매개체의 경제적 가치는 연간 41억 달러에서 67억 달러에 달할 것으로 추정된다.

무당벌레는 해충을 잡아먹는 생물학적 살충제이다.

긴코박쥐는 농작물을 비롯한 여러 식물의 수분매개체이다.

소비재로서의 가치

인간은 농작물을 재배하고 가축을 기르며, 나무를 키우는 등의 일을 성공적으로 해왔다. 그러나 자연환경은 시중에서는 팔지 않는 야생과일과 채소, 가죽, 섬유, 밀랍, 해초를 포함한 많은 산물을 제공해준다. 사람들 중 일부는 자연환경으로부터 육류를 직접 얻기도 한다. 예를 들어 말레이시아 동부의 사라와크 주에서 사냥꾼에 의해 포획되는 멧돼지는 식품으로서의 경제적 가치가 4천만 달러에 달한다.

사람들은 여전히 나무를 벌목하여 목재로 쓰고 있지만, 연구진들은 다양한 종이 서식하고 있는 페루 아마존 지역에 있는 숲을 목재 생산보다는 열대과일과 고무 생산에 이용할 경우 경제적 가치가 훨씬 크다고 제시하였다. 과일과 고무 생산에 필요한 라텍스는 나무가 살아 있는 한 계속 생산되어 판매할 수 있지만 나무를 베어내면 더 이상 생산되지 않는다.

바다에 사는 많은 종이 우리의 식량으로 사용된다.

고무나무는 숲이 파괴되지 않는 한 거의 무한정으로 고무를 생산해낸다.

그림 32.4 야생생물의 농업적 가치와 소비재적 가치.

야생생물을 수확하여 식량으로 사용한다.

그림 32.5 생태계의 간접적 가치.
숲과 산호초 등은 다양한 간접적 가치를 제공한다.

생물다양성의 간접적 가치

모든 야생종은 자신이 속해 있는 생태계에서 중요한 역할을 한다. 따라서 야생종을 보존하고자 한다면 종을 개별적으로 보존하는 것보다 생태계 전체를 보존하는 것이 더 유리하다. 생태계는 돈으로 환산할 수 없는 많은 간접적인 혜택을 준다. 이러한 혜택은 광범위하며 눈에 쉽게 보이는 것이 아니므로 간접적 가치라고 칭한다(**그림 32.5**).

생물지화학 순환

생태계에서 에너지는 흐르고 물질은 순환한다(31장 참조). 생태계 내의 다양한 생명체는 물, 탄소, 질소, 인을 비롯한 물질의 생물지화학 순환에 기여한다. 인간은 물을 얻고 대기에서 이산화탄소를 제거하며 토양에서 질소를 획득하고 인산염을 공급받기 위해 이러한 순환에 의존한다. 인간의 활동은 생물지화학 순환을 교란시킨다. 아직까지는 어떠한 기술로도 생물지화학 순환을 인위적으로 재현할 수 없다.

폐기물 처리

분해자는 유기물로 된 사체와 폐기물을 무기양분으로 분해하며, 이 무기양분은 생태계 내의 생산자에 의해 사용된다. 분해자의 이러한 기능은 매년 인간이 버리는 수백만 톤의 폐기물을 처리함으로써 인간을 도와준다. 분해자가 없다면, 지구는 온통 폐기물로 덮이게 될 것이다. 하수처리장을 건설하여 처리할 수는 있지만 비용이 많이 들고 폐기물을 무기양분으로 완벽하게 분해할 수 있는 시설은 얼마 되지 않는다. 따라서 부분적으로 처리한 오수를 식물과 나무에 주고 토양박테리아로 하여금 오염물질을 처리하도록 하는 것이 비용도 절감되고 더 효율적이다.

생물군집은 중금속과 살충제 같은 오염물질을 분해하고 비활성화시킬 수 있다. 캐나다의 습지는 물을 정화시키고 오염물질을 흡수하기 때문에 연간 1만 km^2당 5만 달러에 달하는 경제적 가치가 있는 것으로 알려져 있다.

민물의 공급

육상 생물 중 소금기 있는 물에서 살 수 있는 생물은 거의 없다. 따라서 이러한 생물들은 민물(담수)을 필요로 한다. 육상생태계에는 물의 순환을 통해 민물이 끊임없이 공급된다. 인간은 마시고 농작물에 물을 주는 것을 비롯해 수많은 곳에 민물을 이용한다. 강이나 호수와 같은 민물생태계는 물고기를 비롯한 많은 먹을거리를 제공하여 준다.

다른 원자재와는 달리 민물을 대체할 수 있는 물질은 없다. 바닷물의 염분을 제거하여 민물로 만들 수는 있지만, 이러한 담수화 비용은 자연적인 물의 순환을 통해 민물을 얻는 데 드는 비용에 비해 최소 4배에서 많게는 8배 정도 더 소요된다.

숲을 비롯한 자연 생태계는 물을 빨아들인 후에 조절된 속도로 다시 방출하는 "스펀지 효과"를 발휘한다. 비가 내리면 식물의 잎과 낙엽이 충격을 줄여주며 토양은 빗물을 천천히 흡수한다. 특히 생명체들에 의해 토양으로 공기가 통하게 되면 토양은 물을 더 잘 흡수한다. 숲의 물 보유능력은 홍수가 일어날 가능성과 피해 정도를 줄여준다. 매사추세츠 보스턴 외곽에 위치한 습지의 경제적 가치는 단순히 홍수방지 기능만 고려해도 헥타르당 연간 72,000달러에 달하는 것으로 추정된다. 숲은 비가 멈춘 후에는 흡수한 물을 수일 혹은 수주에 걸쳐 천천히 방출한다. 서아프리카 커피농장에 있는 강과 숲을 관통하는 강의 물 보유능력을 비교해보면 숲을 지나는 강이 건기 중반에는 물을 두 배나 더 방출하고 건기가 끝날 무렵에는 다섯 배 많은 물을 방출한다. 이처럼 숲은 놀라운 물 보유능력을 지니고 있다.

토양침식 방지

잘 보존된 육상생태계는 토양을 보존하고 토양침식을 방지한다. 생태계의 중요성은 삼림파괴 후 뚜렷하게 관찰된다. 파키스탄의 타르벨라 댐은 세계에서 가장 큰 댐인데, 안타깝게도 이 댐은 물 저장능력이 매년 12억 m^3 정도의 예상보다 빠른 추세로 줄고 있다. 그 원인은 상류에 위치한 삼림을 벌채하여 유실된 흙이 댐 뒤에 계속 쌓이기 때문이다. 필리핀은 한때 연간 1억 달러 이상의 굴과 홍합, 대합, 새조개 등을 수출하는 국가였다. 그러나 현재는 삼림파괴로 인해 강을 따라 흙이 밀려와 해양생물의 서식지였던 곳이 맹그로브(mangrove; 열대의 해변·하구에 밀생하는 삼림성 수목) 생태계로 변하였다. 결국 상류의 삼림파괴로 인해 필리핀의 대부분 해안 생태계는 더 이상 과거만큼 풍부한 해산물을 제공하지 못하게 된 것이다.

기후의 조절

나무는 더운 여름에 그늘을 제공하므로 선풍기나 에어컨의 사용을 줄여준다. 범위를 넓혀보면, 숲은 이산화탄소와 온실가스를 흡수함으로써 기후를 조절한다. 나무의 잎은 광합성을 할 때 이산화탄소를 이용하며, 이산화탄소는 나무의 목질부(wood)에 저장된다. 나무를 연소하면 탄소는 더 이상 자연적인 분해과정에 의해 토양으로 방출되지 않게 된다. 결과적으로 전 세계의 숲이 축소되면, 나무가 대기에서 제거하는 이산화탄소의 양이 줄어들게 된다. 또한 삼림을 파괴하면 미래의 나무들이 사용할 토양의 영양분이 제거되므로 숲은 원상태로 회복되지 못한다.

그림 32.6 생태관광.

고래관찰 관광을 통해 워싱턴주 해안가를 따라 흰줄박이 돌고래가 헤엄치는 광경을 만끽할 수 있다.

생태관광

거의 모든 사람들은 자연생태계의 아름다움을 만끽할 수 있는 여행을 원한다(**그림 32.6**). 미국에서만 해도 거의 1억 명의 사람이 자연명소에서 휴가를 즐기며, 이들이 입장료와 교통, 숙박, 식음료에 소비하는 경비는 연간 50억 달러에 달한다. 이들 여행자 대다수는 낚시, 보트 승선, 등산, 고래나 새와 같은 야생동물 관찰 등의 활동을 원하고, 일부는 단순히 자연환경의 아름다움을 즐기고 싶어 한다. 따라서 일부 후진국들은 자국의 생태관광산업을 개발할 경우 경제적 가치가 충분히 있을 것으로 내다보고 있다.

32.2 개념 연결하기

지구의 생물다양성은 인간에게 엄청난 가치를 제공하고 있지만, 현재 스트레스를 받고 있다.

진도 점검하기 32.2

1. 생물다양성의 직·간접적인 가치를 간략히 열거하시오.
2. 생물다양성이 현대 의약과 농업에 어떠한 영향을 주는지 설명하시오.
3. 생물다양성 보존이 물과 땅, 식량, 에너지 자원의 과도한 개발과 연관된 문제를 어떻게 감소시키는지 설명하시오.

32.3 자원과 환경의 영향

학습 목표

이 절을 학습한 후에는 다음 과제를 수행할 수 있어야 한다.

1. 인간이 땅과 물자원에 어떠한 영향을 주는지 기술하기.
2. 현대적인 농업 방식이 환경에 주는 영향을 기술하고 "녹색혁명"이 이러한 영향을 어떻게 경감할 수 있는지 설명하기.
3. 화석연료의 사용과 오염물질 생산이 환경에 어떠한 영향을 주는지 설명하기.

인간은 기본적인 욕구를 충족하기 위해 자원을 사용한다. 토지와 물, 식량, 에너지, 광물 등이 가장 많이 사용되는 자원이다(**그림 32.7**).

자원에는 재생 가능한 것과 재생 불가능한 자원이 있다. **재생불능자원(nonrenewable resource)**은 공급이 제한적이다. 예를 들어 토지와 화석연료, 광물은 양이 한정되어 있기 때문에 고갈될 가능성이 있다. 더 좋은 방법으로 추출하고 효율적으로 사용할 경우 공급기간을 더 늘릴 수 있지만, 궁극적으로 이러한 자원은 고갈될 것이다. **재생가능자원(renewable resource)**은 공급에 제한이 없는 자원으로서 물과 태양에너지를 비롯한 특정 형태의 에너지 또는 식량을 위한 동식물자원이 이에 속한다. 이들 자원은 재생이 가능하기는 하나 과소비를 하지 말아야 한다. 대부분의 생물종은 개체수가 어느 한도에 미치지 못하면 회복 또는 유지되지 못한다. 이것은 한때 미국서부 지역을 누볐던 버팔로가 무분별한 포획으로 인해 사라진 것에서 잘 알 수 있다.

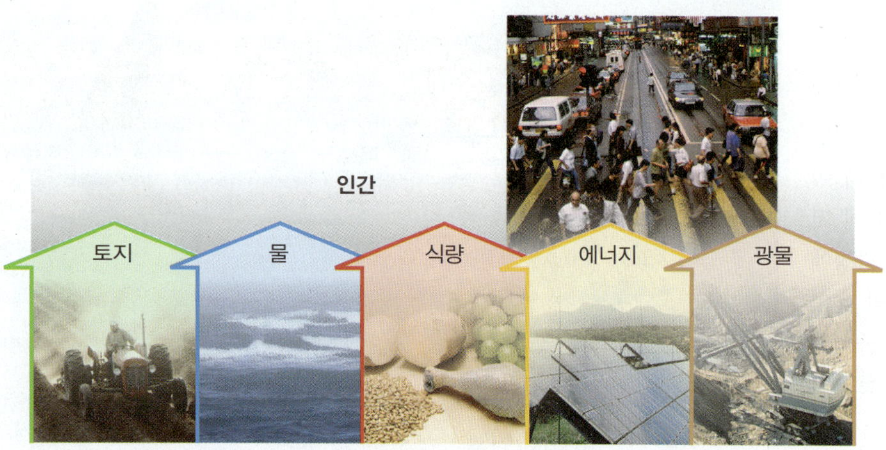

그림 32.7 자원.

인간은 본연의 욕구충족과 생활을 영위하기 위해 토지와 물, 식량, 에너지, 광물을 필요로 한다.

자원을 소비하다 보면 불행히도 부작용이 나타난다. **오염(pollution)**이란 환경이 바람직하지 않은 방향으로 변하는 것으로, 인간 활동이 환경에 악영향을 주기 때문에 발생한다. 인간이 환경에 끼치는 영향은 인구수와 자원 소비량에 비례한다. 인구가 증가하면 할수록 자원은 더욱 더 필요하게 되며 자원소비 증가로 인해 오염의 양도 증가한다. 7명이 바다에 폐기물을 버린다면 별것 아니지만 70억 명이 폐기물을 버린다면 바다는 깨끗할 수가 없게 된다. 현대에는 광물과 에너지자원 소비가 인구증가보다 더 빨리 증가하고 있다. 선진국 사람들은 다른 나라 사람들에 비해 불균형적으로 광물과 자원 소비를 많이 한다.

토지

사람은 살아갈 물리적 공간이 필요하다. 현재의 세계 인구밀도는 극지방과 산악지대, 밀림, 사막 등 모든 토지를 포함해 km^2당 32명이 넘는다. 토지는 거주 목적뿐만 하니라 농경, 발전소, 제조공장, 고속도로, 병원, 학교 등을 포함해 다양한 용도로도 필요하다.

해안과 인간의 거주

세계 인구의 40% 이상이 해안선으로부터 100 km 이내에 거주하고 있으며 이 수는 매년 증가추세다. 미국의 경우는 인구의 반 이상이 해안선(오대호 포함)에서 80 km 이내에 살고 있다. 해안가에서 거주하면 해변 침식과 해양생물의 서식지 파괴를 가속화하므로 환경에 부정적 영향을 준다.

해변침식 세계 전체의 해변 중 대략 70%가 침식되고 있다. **그림 32.8*a***는 미국에서 해변침식 문제가 얼마나 심각한가를 보여준다. 마지막 빙하시대가 끝나고 기후가 온난해진 이후로 지난 12,000년 동안 해수면이 계속 상승하였으며, 그 결과 파도와 조수, 바람의 위력이 더 세졌다.

인간의 여러 활동은 더 많은 물을 바다로 흘러가게 하며, 이로 인해 해수면 상승과 해변침식이 심해지고 있다. 예를 들어 인간 활동은 미국남부와 북부의 습지를 비롯한 해안가 습지를 더욱 침식시켰다. 습지가 주는 다양한 혜택에 대해 인식하게 되면서 지난 40년간 미국에서는 습지의 보존과 회복에 대한 관심이 증가하고 있다. 하지만 불행히도 남미에서 진행 중에 있는 파라나 강 직선화 사업은 세계에서 가장 큰 습지의 물이 줄어들게 하므로 환경을 크게 훼손시킬 것으로 보인다. 해안 습지를 보존하려는 이유는 이들 습지가 물고기와 그 외 다수의 해양생물이 알을 낳는 장소로 쓰이고, 태풍으로 인한 파도를 약화시켜 해안을 보호하며 아울러 대다수 새들을 비롯한 특정 육상생물의 서식지로도 작용하기 때문이다.

그림 32.8 해변 침식.

a. 미국내 대부분의 해안이 침식되고 있다. **b.** 따라서 해안가에 사는 사람들은 결국 집을 잃게 될 것이다.

인간은 방파제나 제방과 같은 인공구조물을 건설함으로써 해안을 안정화시키려고 한다. 방파제의 한쪽은 조류가 느려질 뿐만 아니라 모래가 갇혀 쌓이게 된다. 그러나 다른 쪽은 침식이 점점 심해진다. 제방 또한 파도가 제방 앞쪽과 옆쪽의 모래를 제거하기 때문에 침식을 증가시킨다. 침식 진행을 막기 위해서는 모래를 채워 보충해주는 것이 좋은 해결 방안이지만 비용이 많이 들고 동식물 개체군을 교란시킬 수 있다. 미국의 해안가는 쌓이는 퇴적물보다 유실되는 퇴적물이 40% 더 많은데 그 이유는 댐 건설로 인해 퇴적물이 해안가로 도달하지 못하기 때문이다.

해안 오염 호수나 강, 하천 등에 버려진 독성 물질은 결국 해안으로 되돌아오기 때문에 해안은 오염되기가 매우 쉽다. 바다의 기름 유출 또한 해를 준다.

반건조지역과 인간의 거주

지구 전체 육지의 40%는 이미 사막화되었으며, 앞으로 적절히 관리하지 않으면 사막에 인접한 지역 또한 사막화가 될 위험에 처해 있다. **사막화(desertifi-**

그림 32.9 사막화.

사막화가 전 세계적으로 일어나고 있으며, 이로 인해 인간이 서식할 수 있는 토지가 줄어들고 있다.

cation)란 반건조지역이 사막으로 변하는 현상을 일컫는다(**그림 32.9**).

사막화는 대개의 경우 인간이 동물로 하여금 토양의 풀을 과도하게 뜯어먹도록 하여 발생한다. 동물에 의해 식물이 훼손되면 토양이 더 이상 빗물을 저장하지 못하게 되어 그대로 흘러가 버린다. 결국 남아 있는 식물이 빗물을 사용하지 못하게 된다. 그나마 남아 있는 식물들도 연료나 동물의 사료로 사용하면 이 지역은 더 이상 농사를 지을 수 없는 사막이 된다. 살던 지역이 사막화되면 사람들이 다른 곳으로 이주하여 동일한 과정을 반복하므로 사막화가 더욱 진행된다. 현재 전 세계 목축지의 75%가 사막화될 위험에 처한 것으로 추정된다. 2002년~2003년 사이에 발생한 에티오피아 기근은 인간과 가축이 더 이상 살 수 없을 정도로 토지가 황폐화되었기 때문이다.

열대우림과 인간의 거주

인간은 살 곳을 마련하기 위해, 토지를 뒤덮었던 나무를 베어 삼림을 파괴시키는 **벌채(deforestation)**를 오랫동안 해왔다(**그림 32.10**). 그러나 아마존지역을 비롯해 열대우림에 도로가 건설되자 삼림파괴에 대한 우려의 목소리가 커지고 있다. 이 지역의 토지 역시 사막화될 수 있다. 열대지역은 토양층이 얇고 토양에 양분이 별로 없으며, 대부분의 양분은 나무나 다른 식물들에 고정되어 있다. 따라서 나무를 베어내고 토지를 농업이나 목축에 사용하면 토지가 척박해져서 사막화된다.

벌채는 또한 생물다양성 상실을 초래하고 대기의 이산화탄소 양을 증가시킨다. 실제로 열대우림 파괴로 인해 인간에게 유익한 많은 종들이 멸종하였으며, 이산화탄소를 흡수해 저장하였던 나무들이 벌목되어 대기의 이산화탄소 양이 증가하였다.

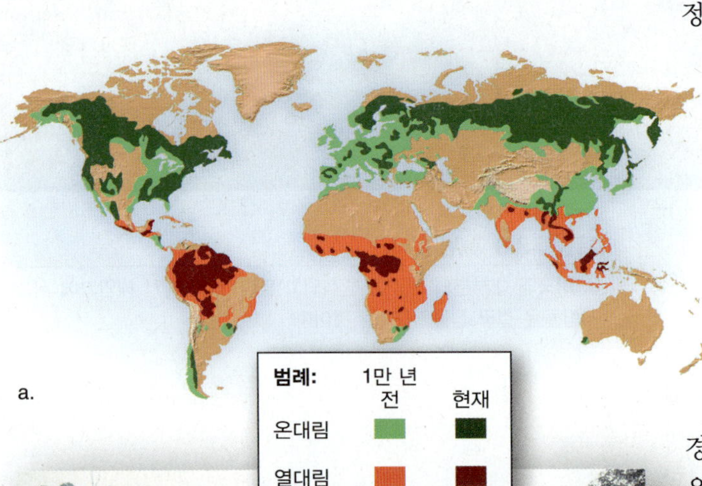

a.

b.

그림 32.10 벌채.

a. 농사와 벌목, 도시화로 인해 전 세계 숲의 거의 절반이 파괴되었다. **b.** 열대우림지역의 토양은 장기적인 농사에 적합하지 않다.

수자원

인간이 살아가려면 당연히 마실 물이 확보되어야 하나, 실질적으로 대부분의 민물은 농업과 산업에 이용되고 있다(**그림 32.11***a,b*). 미국의 경우 민물(담수)의 대략 39%가 농업용수로 사용된다. 최근의 물 수요 급증은 산업활동과 물을 다량 필요로 하는 관개집중 농업이 증가하였기 때문이다. 현재 관개집중 농업을 통해 공급되는 작물은 전체 작물의 약 40%를 차지한다. 선진국에서는 마시고 요리하는 데 사용하기보다는 목욕이나 수세식 변소, 잔디와 정원관리 등에 더 많은 물이 소비된다. 물 부족 지역에서는 이미 마실 물조차 확보가 어려운 상황일 수 있으며, 만약 확보한다 하더라도 깨끗한 물이 아닐 것이다.

물 공급의 증가

인간이 필요로 하는 물의 양은 재생가능한 공급량을 초과하며, 이는 어느 한 지역에만 국한된 현상이 아니다. 그림 32.9에서 보듯이 전 세계 육지의 약 40%는 이미 사막화되었을 뿐만 아니라 사막 인근도 반건조지대이다. 인구증가에 따른 물 부족을 해결하기 위해서는 댐을 건설하고 대수층의 지하수를 끌어올려 민물 공급을 증가하여야 한다.

댐 세계 전역에 있는 45,000개의 대형 댐이 전체 강수량의 14%를 저장하며 농업용수의 40%를 공급하고, 65개국에서는 필요한 전력의 50% 이상을 공급한다. 일부 강의 댐은 규모가 매우 커서 강물이 과거에 흘렀던 양만큼 흐르지 않는다. 중국의 황하강이 바다에 도달하지 못하고 미국 콜로라도강이 캘리포니아만에 도달하지 못하는 경우가 허다하며, 심지어 리오그란데강은 멕시코 걸프만과 합류하기 전에 강물이 메말라 버리기까지 한다. 세계에서 가장 긴 강과 세 번째 긴 강인 이집트의 나일강과 인도의 갠지스 강조차도 과도한 개발로 인해 일 년 중 바다까지 흘러가지 못할 때가 많다.

댐은 다음과 같은 여러 가지 문제점을 안고 있다. (1) 댐 뒤의 저수지 물이 증발하거나 지하에 스며들어 유실된다. 때로는 이렇게 유실되는 물의 양이 이용할 수 있도록 만든 양과 맞먹기도 한다! (2) 저수지에서뿐만 아니라 흘러가는 동안에도 물이 증발하여 염분이 높아지므로 사용하기 어려운 상태가 될 수 있다. (3) 퇴적물이 쌓여 저장할 수 있는 물의 양이 적어지므로 댐이 물을 저장하는 역할을 더 이상 못하게 된다. (4) 댐 아래쪽으로는 물의 양이 줄어들어 야생생물에 부정적 영향을 준다.

대수층 민물 수요를 충족하기 위해서는 지표면 아래에 있는 천연의 물 저장고인 **대수층(aquifer)**으로부터 엄청난 물을 끌어올려야 한다. 대수층은 한해 강수량의 1,000배에 달하는 물을 저장하고 있다. 대수층 속의 물은 오랜 기간에 걸쳐 내린 빗물이 축적된 것이다. 지난 50년 동안 지하수 고갈은 세계 곳곳에서 문제가 되어왔다. 미국 사우스다코타 주에서 텍사스 주 북부까지 길게 뻗어 있는 고원 대수층의 물도 농업과 가정용수로 사용하여 많이 줄었다. 인도에서만 보더라도 지하수를 퍼 올리기 위해 사용되는 펌프의 수가 1950년대에는 10만 대에 불과하였지만 오늘날엔 사용되는 수만 해도 2천만 개 이상으로 늘었다.

환경에 미치는 영향 과다한 지하수 채취는 **지반침하(subsidence)**를 유발한다. 캘리포니아 주의 산호아킨 계곡에서는 13,000 km^2 이상에 달하는 면적이 침하하였으며 가장 심한 곳은 9 m 넘게 내려앉았다! 인도의 구자르트 지역은 지하수면이 7 m 정도 하강하였다. 지반이 침하하면 운하와 건물, 지하에 매립된 여러 관들이 훼손되며, 지하의 물을 빼내면 물이 더 이상 지지해주지 못하므로 싱크홀이 생긴다.

해수 침투(saltwater intrusion)는 지하수 고갈로 인해 발생한다. 개울과 대수층에서부터 물이 충분히 흐르면 해수가 유입되지 않는다. 그러나 물이 유실되면 지하수면이 낮아져 해수가 거꾸로 개울이나 대수층으로 유입될 수 있다. 해수 침투로 인해 해안가를 따라서 민물의 공급량이 감소된다.

연관: 환경

우리가 먹을 음식을 만드는 데 얼마나 많은 물이 필요할까?

한 사람이 한 끼 먹을 양상추를 키우려면 약 22.7리터의 물이 필요하다. 228 ml 우유 한 잔을 얻으려면 185리터의 물이 필요하며, 이것은 소가 마시는 물뿐만 아니라 소가 먹을 먹이를 재배하는 데 필요한 물, 그리고 우유를 생산하는 데 소요되는 물을 포함한 것이다. 스테이크 1인분을 얻기 위해서는 1만 리터가 넘는 엄청난 물이 필요하다.

a. 민물의 대부분은 농업에 사용된다.

b. 산업용수로 사용되는 물의 양은 농업용수의 절반 정도이다.

c. 가정에서 사용되는 물의 양은 산업용수의 절반 정도이다.

그림 32.11 물의 용도.

a. 농업에서는 물을 주로 관개용으로 사용한다. **b.** 산업체에서는 다양한 용도로 사용한다. **c.** 사람은 음용, 목욕, 수세식화장실, 정원관리 등에 이용한다.

a. 가뭄 내성식물

b. 물방울 관개

그림 32.12 물 절약 방안.

a. 가뭄에 내성이 있는 농작물 및 정원수 등을 재배하면 물을 많이 주지 않아도 되므로 물을 절약할 수 있다. **b.** 물방울관개(drip irrigation, 점적관개) 농법을 이용하면 물을 주식물의 뿌리에 직접 므로 소량의 물로도 식물이 필요로 하는 물을 충족시킬 수 있다.

물 보존

2025년에는 세계 인구의 75%가 심각한 물 부족에 시달릴 것으로 보인다. 따라서 물 공급을 증대시킬 수 있는 여러 방안이 제시되었다. 물방울관개 농법을 이용하면 농작물에 직접 물을 주므로 전통적인 방법에 비해 50% 정도의 물을 절약할 수 있다(**그림 32.12*b***). 물방울관개 농법은 1960년도에 개발되었지만 이 방법이 사용되고 있는 농경지는 전체의 1%도 되지 않는다. 그 이유는 대부분의 정부가 일반관개를 적극적으로 지원하므로 농부들이 물방울관개 농법을 비롯한 물 절약 농법에 투자하지 않기 때문이다. 가뭄 내성이나 염분 내성 작물을 재배하면 농사에 필요한 물의 양을 줄일 수 있다. 물을 재활용하고 보존방안을 채택하면 산업체의 물 수요를 50% 이상 줄일 수 있다.

식량

1950년도에는 세계 인구가 25억 명이었지만 식량은 1인당 하루 2,000칼로리도 공급하기 어려울 정도로 부족하였다. 그러나 현재는 세계인구가 70억 명이나 되어도 1인당 하루 2,500칼로리 이상을 공급할 수 있다. 일반적으로 식량은 농작물 재배, 가축 사육, 어획을 통해 얻는다. 그러나 식량을 증산하는 현대 농업은 다음과 같은 몇 가지 문제점을 안고 있다.

1. 유전적으로 다양하지 않은 식물 재배. 대다수의 농부는 단일 품종의 농작물을 재배한다. 유전적 다양성이 적을 경우, 한 가지 종류의 해충이나 질병이 재배하고 있는 모든 작물에 영향을 줄 수 있다. 이러한 상황은 질병 내성 유전자 변형생물은 고려하지 않은 것이다.
2. 비료와 살충제, 제초제의 과다 사용. 비료는 생산될 때에 많은 에너지가 소비되며, 수질을 오염시킨다. 살충제는 해충뿐만 아니라 토양 속의 유익한 생물도 죽이므로 토양을 척박하게 한다. 일부 살충제와 제초제는 암을 유발한다.
3. 관개용수의 과도한 사용. 대수층에서 지하수를 과다 채취하여 농업용수로 사용하면 미래에는 물 저장량이 줄어 물을 확보하는 데 엄청난 비용이 소요될 것이다.
4. 에너지의 과다 소비. 대수층에서 물을 채취할 때 양수 펌프를 이용하고, 씨를 뿌리고 수확할 때 그리고 비료나 살충제, 제초제 살포 시에 큰 농기계를 사용한다. 따라서 현대 농법은 화석에너지를 식품에너지로 전환시키는 것이라 할 수 있다.

그림 32.13은 현대적 농사기술의 폐해를 최소화하는 방법의 사례이다.

토양 유실과 토질의 저하

세계적으로 농경이나 축산에 필요한 토지의 품질이 저하되고 있다. 토양의 가장 윗부분인 표토는 유기물이 매우 풍부하여 잔디나 작물이 잘 자란다. 노출된 토양에 물과 바람이 작용하면 토양침식이 발생하고 표토가 유실된다. 이로 인해 방목지가 사막화되고 농토는 생산성이 감소한다.

미국과 캐나다는 대형 농기계로 농사를 손쉽게 짓기 위해 동일한 농작물을 일렬로 재배하며, 이로 인해 세계에서 토양침식률이 매우 높은 나라가 되었다. 유실되는 영양분을 보존하면 비료 구매에 소요되는 연간 200억 달러를 절약할 수 있다. 침식되어 발생한 퇴적물의 대부분은 호수나 하천으로 흘러들어가 수중생태계의 부영양화를 초래하므로 수중생물의 생존력을 감소시킨다.

거의 모든 물에는 염분이 녹아 있으며, 염분은 식물이 물을 흡수하거나 물이 증발한 후에도 그대로 남아 있다. 서부 농경지의 25~35%는 관개로 인해 발생한 염분이 쌓여 **염화(salinization)** 현상이 일어난 것으로 생각된다. 염화 토지는 농작물 재배에 부적합하다.

녹색 혁명

약 50년 전에 과학자들은 열대 밀과 벼 품종을 개량하였다. 개발된 새 품종을 보급하자 생산량이 엄청 증가하였는데, 이를 "녹색혁명"이라고 한다. 이러한 식물들은 급속한 세계 인구 증가에 보조를 맞추어 식량 공급에 기여를 하였다. 대부분의 녹색혁명 식물은 많은 수확량을 얻기 위해 대량의 비료와 물, 살충제를 필요로 하므로 이들을 "고반응군"이라고 한다. 다시 말해 녹색혁명 작물은 현대 농업기술과 거의 같은 수준의 보조금을 필요로 하며 마찬가지의 생태 문제를 안고 있다.

유전공학 유전공학을 이용하면 새로운 특성을 지닌 형질전환식물을 만들 수 있으며, 이들 중에 해충과 제초제에 내성을 지닌 형질전환식물이 있다. 제초제 내성 식물을 심으면 잡초를 쉽게 제거할 수 있으며 밭갈이를 줄여 토양 침식을 최소화할 수 있다. 이밖에도 염분, 가뭄, 추위에 내성을 지닌 작물도 만들 수 있다. 또한 사람에게 필요한 단백질, 비타민, 무기질을 더 많이 공급하는 품질이 향상된 작물을 만들고자 노력 중이다. 따라서 유전공학을 이용한 신품종 개발을 제2의 녹색혁명이라고 한다. 그렇지만 유전자변형 작물이 환경과 인간의 건강에 나쁜 영향을 줄 수 있다고 우려하여 이들 작물의 이용에 대해 반대하는 의견도 있다.

축산업

밀, 쌀, 옥수수처럼 단백질 함량은 적고 탄수화물이 많은 곡물만 섭취하면 영양실조에 걸릴 수 있다. 단백질 결핍으로 인한 콰시오르코르(kwashiorkor)는 유아와 1~3세 어린이에게서 많이 발생하는 후진국형 영양실조이며, 동생을 본 아이가 더 이상 젖을 먹지 못할 때 주로 발생한다. 콰시오르코르 영양실조 어린이는 무기력하고 신경질적이며 하복부가 팽만하고 정신지체를 보일 가능성이 있다.

선진국에서는 대부분의 사람이 단백질을 필요 이상으로 섭취하는 경향이 있다. 미국은 경작지의 2/3 정도가 가축 사육을 위한 먹이 재배에 이용된다. 이것은 작물생산에 사용되는 화석연료와 비료, 물, 제초제, 살충제의 대부분이 결국 가축 사육에 쓰인다는 것을 의미한다. 소는 일반적으로 실외 목축지역에서 약 4개월간 키운 후 실내의 비좁은 사육장으로 옮겨 사육하며, 이때 곡물과 함께 성장호르몬과 항체를 투여한다. 대부분의 돼지와 닭은 내내 비좁은 우리 안에서 사육된다(**그림 32.14**).

a. 다품종재배

b. 밭갈이 없이 지형의 굴곡을 따라 작물을 재배하는 영농법

c. 생물학적 해충구제

그림 32.13 보존방법.

a. 다품종재배(복합경작)는 한 가지 해충에 의해 모든 재배작물이 죽게 될 가능성을 낮춰주고 잡초를 제거하기 위해 제초제를 사용할 필요성을 낮춰 줄여준다. 이 밭은 옥수수와 알팔파를 한 열씩 교대로 심은 것이다. 알팔파는 토양에 질소를 보충하므로 비료 대체효과가 있다. **b.** 밭을 갈지 않고 지형 굴곡을 따라 작물을 재배하면 물이 덜 유실되므로 표토층을 보존할 수 있다. **c.** 천적을 이용하면 살충제를 대체할 수 있다. 무당벌레가 농작물의 진딧물을 잡아먹고 있다.

그림 32.14 비좁은 우리에서 사육하는 가축.

좁은 우리에 갇혀 서로 부대끼는 돼지들.

b. 예인망 어업

a. 세계 어획량

c. 가두리양식

그림 32.15 어업.

a. 최근 세계의 어획량이 감소하고 있다. **b.** 그 이유는 현대 어업기술로 인해 어종이 남획되고 있기 때문이다. **c.** 가두리양식을 이용하면 바다에 대한 의존도를 줄일 수 있다.

미국에서는 가축이 대부분의 농작물을 소비하기 때문에 농작물 재배에 따른 오염은 가축사육과 밀접한 관계가 있다. 화석연료 에너지는 제초제와 살충제의 제조나 농작물 재배뿐만 아니라 가축의 먹이 생산에도 필요하다. 선진국의 축산업은 매우 에너지 집약적이다. 또한 가축의 노폐물 처리에 다량의 물이 소비되며, 이 물이 인근의 강과 바다로 흘러들어가 심각한 수질 오염을 일으킨다. 동물의 분뇨는 사람의 경우와 동일한 규제를 받지 않는다.

이러한 이유로 인해, 먹이사슬이 상위 단계로 감에 따라 에너지가 감소하는 생태피라미드 개념을 다시 돌아볼 필요가 있다(그림 31.20 참조). 이에 따르면 식물이 지닌 에너지 10칼로리마다 단 1칼로리 정도만 초식동물의 조직을 만드는 데 쓰인다. 따라서 육식보다 채식을 하면 10배나 더 많은 사람이 먹고 살 수 있다.

어업

2000년도부터 어업은 세계적으로 하향국면을 보이고 있다(**그림 32.15*a***). 1970년부터 1990년도 사이 어업 전용 대형 어선의 수는 120만 척으로 두 배 가까이 늘었으며, 미국의 경우도 선박건조에 대한 연방정부의 융자로 인해 어선 수가 대폭 증가하였다. 최신 어선은 수중음파탐지기와 수심측정기를 탑재하고 있으며, 이전에 작업하였던 지리정보가 컴퓨터에 입력되어 있기 때문에 원하는 장소에서 어업을 할 수 있다. 헬리콥터와 비행기, 심지어는 인공위성까지 동원되어 어업활동을 돕는다. 이로 인해 미국에서는 북대서양황새치의 어획량이 1980년부터 1990년 사이에 70%나 감소하였으며, 황새치의 평균 무게도 52.2 kg에서 27.2 kg으로 줄었다. 대서양참다랑어 역시 무분별하게 남획되어서 멸종위기에 처하게 될 것으로 예측된다.

어업활동을 위해 일부 어선이 사용하는 커다란 그물에 많은 수의 해양생물이 의도치 않게 걸려들어 죽거나 버려진다. 따라서 현대 어업은 생물다양성에 악영향을 끼친다(그림 32.15*b*). 세계의 새우 어획량은 연간 180만 톤이지만 이 과정에서 매년 950만 톤에 달하는 다른 바다동물들이 포획되고 버려진다. 야생생물에 대한 어업의 악영향은 가두리양식을 통해 참치와 새우 등의 수산자원을 얻게 됨으로써 감소하고 있다(그림 32.15*c*). 실제로 미국에서는 필요한 새우의 90%를 양식을 통해 얻고 있다.

에너지 자원

세계 에너지는 원자력에서 약 6%, 그리고 화석연료에서 81%를 공급받는다. 그러나 이 두 가지 자원은 모두 유한하고 재생 불가능하다. 한때는 원자력발전이 세계가 필요로 하는 에너지의 대부분을 공급할 것으로 보였지만, 실제로는 다음과 같은 두 가지 이유로 인해 기대를 충족하지 못하였다. 첫째는 1986년 러시아 체르노빌에서 발생한 원자력발전소의 방사능 누출사고와 같은 원자력발전의 안전성에 대한 우려가 있으며, 둘째는 원자력발전소에서 나오는 방사능폐기물이 수천 년 동안이나 환경에 위험을 주는 물질로 남게 되고 아직 이들 폐기물을 안전하게 처리할 수 있는 방법이 없기 때문이다.

석유와 천연가스, 석탄은 생명체가 수천 년 전에 죽어 압력을 받아 형성된 **화석연료(fossil fuel)**이다(31장 참조). 선진국은 후진국에 비해 인구수가 훨씬 적지만, 두 배 이상의 화석연료를 소비한다. 선진국 국민이 하루 동안에 소비하는 에너지의 양은 후진국 국민의 연간 소비량과 거의 동일하다.

화석연료 중에서 석유는 연소 시에 황 성분을 많이 배출하는 석탄에 비해 청정한 연료이다. 이 때문에 미국은 석탄 매장량이 많음에도 불구하고 석유를 수입하여 연료로 사용한다. 그러나 석유 역시 그 정도가 덜하기는 해도 오염물질을 대기로 방출하기 때문에 환경문제를 일으킨다.

화석연료와 지구의 기후변화

현재 대기의 이산화탄소 함량은 0.03%이다. 1850년도 대기의 CO_2 농도는 280 ppm 정도였으나 지금은 400 ppm이 넘는다. 이산화탄소의 이와 같은 증가는 화석연료를 연소하고 숲을 파괴하여 농지나 목초지를 만들었기 때문이다. 인간의 활동은 이산화탄소뿐만 아니라 다른 기체도 방출한다. 예를 들어 유전과 가스전, 논, 그리고 소를 비롯한 다양한 생명체가 방출하는 메탄가스의 양은 매년 1%씩 증가하고 있다. 이러한 기체들은 온실의 유리가 온실로부터 빠져나가려는 열을 차단하듯이, 태양의 복사에너지는 통과시키는 반면, 적외선 열이 다시 대기권 밖으로 나가는 것은 차단하여 지구 대기의 기온이 높아지게 하므로 **온실가스(greenhouse gas)**라고 한다.

전 세계에서 얻은 자료에 의하면 지구대기의 온실가스 농도는 계속해서 상승하고 있으며, 이 자료를 이용해 만든 컴퓨터 모델에 따르면 지구의 기온 또한 지구에 사는 생명체가 이전에는 한 번도 경험해보지 못한 정도까지 상승할 것으로 예측된다. 산업혁명 이후 지구의 온도는 약 0.6°C 상승하였다. 컴퓨터 모델로 가능한 모든 변수를 다 고려할 수는 없지만, 온실가스가 현재와 같은 속도로 계속해서 배출된다면 지구의 온도는 2060년도까지 1.5~4.5°C 상승할 것으로 예상된다(**그림 32.16**).

지구온난화로 인해 바닷물 온도가 상승하면 극지방의 온도가 다른 지역보다 더 가파르게 상승하게 된다. 극지방의 온도가 상승하면 빙하가 녹을 뿐만 아니라 물 분자가 팽창하므로 바다 수면이 상승한다. 또한 많은 물이 대기로 증발하며, 해안가에는 강수량이 증가하지만 내륙은 더 건조해진다. 따라서 가뭄으로 인해 농업 수확량이 감소하고 나무가 말라 죽는다. 중국과 방글라데시, 인도 등의 저지대에 위치한 농경지는 침수될 위험이 크며, 미국은 뉴욕, 보스턴, 마이애미 등의 해안도시가 물에 잠겨 바다로 사라지지 않도록 큰 비용을 지출하여야 할 것이다.

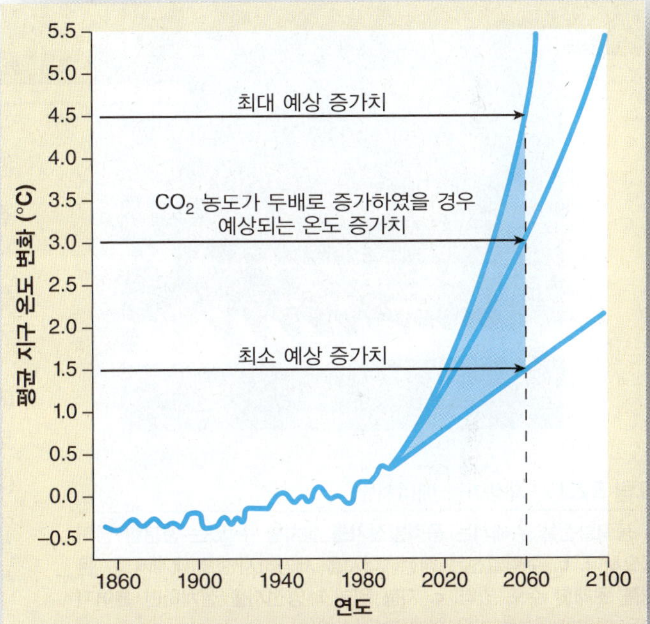

a.

b.

그림 32.16 지구온난화.

a. 지구 평균 기온은 대기 중 온실가스 증가로 인해 상승할 것으로 예상되며, 지구온난화는 전 세계 생물다양성에 심각한 영향을 줄 것이다. **b.** 온도가 불과 몇 도만 상승하여도 산호초가 "표백"되어 산호초생태계가 파괴된다. 바닷물이 따뜻해지면 육지가 줄어들고, 산호초는 북쪽으로 이동한다.

a.

b.

c.

그림 32.17 재생가능 에너지원.

a. 풍력발전을 위해서는 풍력발전기를 설치할 수 있는 충분한 땅이 필요하다. **b.** 수력발전은 청정에너지를 제공하지만 생태계에 큰 문제를 초래할 수도 있다. **c.** 지붕 위에 태양전지를 설치하면 흩어져 있는 태양에너지를 더욱 쉽게 모을 수 있다.

재생가능 에너지원

재생가능 에너지에는 풍력, 수력, 지열, 태양에너지 등이 있다(**그림 32.17**).

풍력 풍력은 미래의 주력 에너지원이 될 것으로 기대된다. 바람의 힘을 이용하여 전기를 만들어 사용하고 남은 전기를 다른 지역 전기회사에 판매하면 지역 간의 불균등한 에너지 생산 문제를 해결할 수 있다.

수력 수력발전소는 물이 높은 곳에서 낮은 곳으로 떨어질 때 발생하는 에너지를 전기에너지로 전환한다. 미국에서는 수력이 미국 내에서 생산되는 전체 전력의 약 6%를 차지하며, 이는 미국에서 사용되는 전체 재생가능 에너지의 67%에 해당한다. 최근 수력발전의 대부분은 대형 댐 건설로 인한 것이며, 이러한 대형 댐은 환경에 해로운 영향을 준다. 이를 위한 해결 방안은 댐 하나당 생산 전력량은 작지만 대형 댐에 비해 환경에 영향을 적게 주는 친환경적인 소형 댐을 건설하는 것이다.

지열 우라늄, 토륨, 라듐, 플루토늄과 같은 원소는 지표면 밑에서 방사능 붕괴를 하며 이때 나오는 에너지로 인해 주변의 암석이 수백 °C 이상으로 가열된다. 뜨거워진 암석이 지하수나 호수와 접촉을 하면 이들을 데워 막대한 양의 수증기와 높은 온도의 물을 만든다. 이 수증기를 지상으로 끌어올려 건물 난방이나 전기를 만드는 터빈 발전기에 공급할 수 있다. 미국 캘리포니아 주에서는 세계에서 가장 큰 지열발전소 단지를 건설하려는 Geysers 프로젝트가 수행 중이다.

에너지와 태양열-수소 혁명 태양에너지는 흩어져 있는 상태의 에너지이므로 다른 형태의 에너지에 비해 경쟁력을 갖추려면 (1) 모을 수 있어야 하고 (2) 다른 형태로 변환될 수 있어야 하며 (3) 저장할 수 있어야 한다. 태양열을 이용하는 난방에는 소극적인 방법과 적극적인 방법이 있다. 소극적인 태양열 난방은 창이 태양을 향하고 하고, 건축물이 잘 단열되어 있으며 열을 물탱크나 돌, 벽돌 또는 다른 적절한 재료에 저장할 수 있을 때 가장 효과가 크다.

태양전지(solar cell)의 경우, 전자를 방출하는 반도체가 전자를 받아들이는 반도체와 접합되어 전류를 생산하는 것이다. 예를 들어, 태양전지를 건물 지붕에 설치하면 전기를 생산할 수 있으며, 생산된 전기는 건물 안에서 사용하거나 전력회사에 판매할 수 있다.

과학자들은 태양에너지를 이용하여 물을 전기분해하고 이로부터 수소를 추출하는 기술을 향상시키고 있다. 수소는 청정 연소 연료로써, 연소될 때 물을 생산한다. 현재, 일반적인 자동차는 가솔린을 연소하는 내부엔진을 갖고 있지만 자동차 회사에서는 수소를 이용한 연료전지로부터 동력을 얻는 자동차를 만드는 것을 시도하고 있다(**그림 32.18**). 최근에는 가솔린 엔진과 연료전지를 같이 혼용하는 하이브리드 차량도 시판 중이며, 밴쿠버와 시카고에서는 연료전지를 이용한 버스가 운행 중이다.

태양열-수소 혁명이 주는 장점은 다음 두 가지로 정리할 수 있다. (1) 세계 각국은 더 이상 석유에 의존하지 않아도 되며, (2) 산성비와 스모그 같은 환경문제가 줄어들 것이다.

광물자원

광물(mineral)은 지각에 존재하는 재생불능 자원으로, 채굴하여 사용한다. 재생불능 자원으로는 화석연료, 모래나 자갈, 인산염과 같은 비금속과 알루미늄, 구리, 납, 금과 같은 금속광물이 있다.

재생불능 자원은 고갈되기 마련이며 궁극적으로는 공급이 중단될 것이다. 따라서 자원 사용을 줄이고 금속을 재활용하며 새로운 매장 자원을 찾는다면 화석연료의 공급기간을 더 늘릴 수 있다.

미국에서는 광물을 채취하기 위해 대형기계를 이용해 산 윗부분을 밀어 없애기도 한다(**그림 32.19**). 이로 인해 숲이 사라지고, 독성 폐기물이 빗물에 씻겨내려 근처의 하천과 강으로 흘러 들어간다. 현재 미국 연방법은 채굴 후에는 몇 년이 걸리더라고 땅을 원상태로 복구하도록 규정하고 있다.

그림 32.18 태양에너지를 이용한 수소연료 생산.

a. 수소연료를 사용하는 버스. **b.** 수소연료와 기존의 화석연료를 혼용하는 하이브리드 자동차. 수소연료를 사용하면 화석연료에 대한 의존도와 공해를 줄일 수 있다.

기타 공해유발 자원

합성 유기화합물과 폐기물에 의한 공해 또한 환경문제를 초래한다.

합성 유기화합물

플라스틱과 살충제, 제초제, 화장품, 코팅제, 용매, 방부제를 비롯한 많은 제품 생산에 중요한 합성 유기화합물은 금속과 더불어 인간을 비롯한 생명체의 건강을 심각하게 해치기 때문에 생태학적으로 큰 우려를 낳고 있다.

일부 수소를 할로겐(염소, 브롬, 불소)으로 대체하여 생성된 할로겐화탄화수소 또한 합성 유기화합물에 포함된다. 할로겐화탄화수소의 일종인 **프레온가스(chlorofluorocarbon, CFC)**는 수소를 염소와 불소로 치환한 물질로 지구대기 성층권에 있는 오존층을 파괴한다. 오존층은 태양으로부터 방사되는 강력한 자외선을 차단하여 지구상의 육상생물을 보호해주는 역할을 한다. 대부분의 선진국에서는 더 이상의 CFCs 생산을 법으로 금지하였다. 대신에 염소를 포함하지 않는 수소화불화탄소가 냉매를 비롯한 제품 생산에 사용될 전망이다. 오존층은 2050년까지는 회복이 될 것으로 보인다. 그러나 회복될 때까지는 피부암 발생이 많을 것으로 예상된다.

그 밖의 다른 합성 유기화합물도 지구의 모든 생명체에게 직접적으로 심각한 해를 준다. 살충제의 유해성에 대해서는 1962년 발행된 R. Carson의 저서 '침묵의 봄(*Silent Spring*)'에 자세히 기술되어 있다.

폐기물

매년 수십억 톤 이상의 고체 폐기물이 육지와 호수나 바다에 버려진다. 고체 폐기물은 눈으로 확인가능하며, 이들 폐기물 중의 일부는 인간의 건강에 심각한 해를 끼친다.

산업폐기물 산업폐기물은 제품을 생산하거나 광물 채굴 중에 발생한다. 1970년대에 제정된 연방대기보호법과 수질보호법은 맹독성 산업폐기물을 대기로 방출하거나 하천이나 강으로 흘려보내는 것을 금지하고 있다. 이러한 규제로 인하여 미국의 산업체들은 산업폐기물을 규제대상이 아닌 매립지에 폐기하였다. 그러나 산업폐기물의 매립이 제대로 관리되지 않아 더 심각한

그림 32.19 최신장비를 이용한 광업.

그림의 광물 채굴 장비는 그 크기가 20층짜리 건물과 비슷하다. 이러한 장비를 이용하면 석탄이나 금속광물 채굴을 위해 한 번에 엄청난 양의 흙과 암석을 제거할 수 있다.

그림 32.20 생물농축.

DDT와 같은 독성물질(점으로 표시)이 일단 몸으로 들어오면 대부분 몸속에 축적되며 몸 밖으로 배출되는 양(화살표)은 극히 적다. 축적된 독성물질의 농도는 먹이사슬의 상위단계로 가면서 더 높아진다.

연관: 건강

메틸수은은 어떤 물질이며 건강에 해로운 이유는 무엇일까?

메틸수은은 메틸기(CH_3)가 결합된 수은의 한 형태이다. 메틸수은은 결합되어 있는 메틸기로 인하여 몸속에 축적되며 먹이사슬의 상위 단계로 가면서 더 농축되고, 석탄을 연소하거나 특정 금속을 채굴할 때 또는 의료 폐기물을 소각할 때 환경으로 방출된다. 메틸수은은 강력한 신경독소이며 또한 면역계 활동을 억제한다. 이러한 이유로 인해 미국식품의약국(FDA)과 미국환경보호청(EPA)은 임신여성과 어린아이들은 상어, 황새치, 옥돔, 삼치 등을 먹지 말고, 참치 섭취는 일주일에 179g 이하로 제한할 것을 권고하고 있다. 또한 미국 대부분의 주는 수은으로 오염된 물에서 잡은 물고기를 먹지 않도록 강력히 경고한다. 더 자세한 정보는 미국환경보호청 웹사이트(www.epa.gov/waterscience/fish)에서 얻을 수 있다.

수질 오염을 초래하고 암을 비롯한 질병을 일으켰다. 특히 1950년부터 1975년까지 미국에서는 약 50억 톤의 맹독성 화학물질이 무단 방출되었다. 이는 미국 국민의 큰 분노와 항의를 불러일으켜서 급기야는 미국환경보호청(EPA)을 설립하고 오염물질을 배출하는 기업 등에 환경 정화 비용을 부담시키는 법인 슈퍼펀드(superfund)법을 제정하는 등 미국 내에서의 산업폐기물 처리에 대해 강력하게 규제하기에 이르렀다.

앞서 설명한 바와 같이 산업폐기물 중에서 가장 흔한 성분은 중금속(예: 납, 비소, 카드뮴, 크롬)과 유기화합물(예: 트리클로로에틸렌, 톨루엔, 벤젠, PCB, 클로로포름)이다. 이들 중 일부는 살충제, 제초제, 플라스틱, 방부제 그리고 의약품 등에 사용되며, 화학 분자구조가 사람의 호르몬과 비슷하여 내분비계 교란물질로 작용하고 생식을 방해한다. 이들 물질의 환경 내 농도는 사람의 혈액 속 농도보다 1,000배 이상 높다.

이와 같은 중금속과 유기화합물은 자연에서 분해자에 의해 분해가 되지 않는다. 이들 화학물질이 몸속에 들어올 경우 분해되지 않으므로 몸에 축적되고, 먹이사슬의 상위단계로 올라감에 따라 체내 농도가 더욱 높아지게 된다. 이러한 현상을 **생물농축(biological magnification)**이라고 한다(**그림 32.20**). 생물농축으로 인한 영향은 육상생태계보다는 먹이사슬이 더 복잡한 수중생태계에서 쉽게 찾아볼 수 있다. 육식을 하는 사람은 이러한 육상 및 수중생태계 먹이사슬의 꼭대기에 위치한다. 이러한 이유로 인하여 일부 지역에서는 사람의 모유에서 DDT나 PCB 같은 폴리염화탄화수소들이 상당량 발견되기도 한다.

때로는 산업 폐기물들이 심하게 오염된 강의 삼각주나 강어귀 진흙에 쌓여 환경문제를 일으키기도 한다. 선진국에서는 이러한 산업공해 문제에 대해 해결방안을 논의하고 있지만, 후진국에서는 공해 문제보다는 산업 발전에 주력하고 있는 실정이다.

생활하수 처리되지 않은 생활하수로 인해 호수와 강에서 산소고갈 현상이 나타날 수 있다. 생활하수는 식물의 비료로 사용되며 부영양화를 일으킬 수 있다. 먼저 조류(algae)가 번성한다. 이후 수중의 양분을 모두 소비한 조류는 죽게 된다. 죽은 조류를 분해하는 과정에서 물속의 용존산소가 대량 소모되므로 결국 수중생물의 집단폐사가 일어나게 된다. 또한 분뇨에서는 콜레라와 장티푸스, 이질 등을 일으키는 병원성 미생물이 검출되기도 한다. 따라서 하수처리시설이 없는 후진국에서는 생활하수로 인한 질병으로 매년 많은 어린이가 사망한다. 생활하수 처리장에서는 세균을 이용하여 유기물을 질산염이나 인산염과 같은 무기물로 분해한다.

32.3 **개념 연결하기**
자원의 과소비는 기후변화를 초래한다.

진도 점검하기 32.3

1. 재생가능 자원과 재생불능 자원의 차이를 설명하시오.
2. 삼림파괴와 사막화의 원인을 설명하고 이와 연관된 환경문제의 예를 각각 하나씩 제시하시오.
3. 현대적 농사기법이 환경에 미치는 악영향을 나열하시오.
4. "녹색혁명"의 영향을 간단히 설명하시오.
5. 지구온난화의 영향에 대해 설명하시오.
6. 재생가능 에너지 중 네 가지 종류를 열거하고, 각각의 에너지가 갖는 한계점에 대해 설명하시오.

32.4 지속가능한 사회

학습 목표

이 절을 학습한 후에는 다음 과제를 수행할 수 있어야 한다.

1. 인간 사회가 현 상태로는 지속가능할 수 없는 이유를 설명하기.
2. 농촌사회를 지속가능하게 할 수 있는 활동을 나열하기.
3. 도시사회를 지속가능하게 할 수 있는 활동을 나열하기.

지속가능한 사회(sustainable society)는 생물다양성을 보존하는 한 얻을 수 있는 동일한 재화와 서비스를 우리의 후손에게도 변함없이 제공할 수 있는 사회를 말한다.

현재 사회

다음은 현재 인간사회가 지속가능하지 않음을 보여주는 증거들이다(**그림 32.21*a***).

- 토지의 상당부분, 따라서 자연 생태계의 대부분이 인간의 거주와 생활을 위한 목적(집과 농사, 공장 등)으로 사용되고 있다.
- 농업에 재생불능에너지인 화석연료와 비료, 살충제가 다량 사용되며 이로 인해 오염이 발생한다. 농업용수로 사용되는 물의 양이 가정용수보다 많아 물 부족을 초래할 수 있다.
- 미국에서 생산되는 농산물의 절반 이상은 가축사료로 쓰인다. 10% 법칙에 따르면 1 kg의 육류를 생산하려면 10 kg 곡물이 필요하다. 따라서 선진국의 과다한 육류 소비는 생태학적 측면에서 비효율적이다. 또한 가축 배설물을 비롯하여 가축 사육으로 인해 배출되는 생활하수가

a. 현재의 인간사회

b. 지속가능한 사회

그림 32.21 **현재의 사회와 지속가능한 사회의 비교.**
a. 현재의 사회는 에너지와 자원을 과다 소비하고, 다량의 폐기물과 열을 방출하며 물질의 재활용이 적은 것이 특징이다(흰색 화살표). **b.** 지속가능한 사회는 재생가능한 에너지원만을 사용하며 열과 폐기물, 생산물품을 최대한 재활용함으로써 자원의 낭비를 최소화한다(파란색 화살표).

수질을 오염시킨다.

- 물은 재생가능 자원이지만 사용가능한 물의 양은 줄고 있다.
- 현대 사회에서는 화석연료 에너지를 주로 사용한다. 화석에너지의 사용은 산성비와 스모그를 유발하며, 생태계로 여러 가지 오염물질을 방출한다.
- 광물은 재생불능 자원이며, 광물 채굴 및 가공과 사용과정에서 환경오염을 일으킨다.

지속가능 사회의 특성

자연생태계는 지속가능한 사회의 건설을 위한 실마리를 제공한다. 자연생태계의 특징은 재생가능한 자원인 태양에너지를 이용하고 다양한 개체군을 통해 물질이 순환하며, 이들 양분과 에너지가 다시 생산자로 되돌아온다는 것이다. 지속가능한 사회를 건설하기 위해서는 재생가능한 에너지를 적극 활용하고 물자를 재활용해야 한다(그림 32.21*b*). 이러한 원칙은 농촌과 도시지역 모두에 적용가능하다.

농촌의 지속가능성

농촌에서는 보존에 주력하여야 한다. 숲이나 초원과 같은 육상생태계와 해수와 담수를 포함한 수중생태계 등 모든 생태계가 보존되어야 한다. 아울러 농경지와 과수원뿐만 아니라 재생자원을 공급해주는 지역들 또한 보존하여야 한다.

남아 있는 상토를 보존하기 위해 가능한 모든 조치를 취하고 그 지역에 산야초를 옮겨 심을 필요가 있다. 산야초는 토양을 안정화시키고 토양에 양분을 만들어준다. 나무를 심으면 바람을 막고 토양이 침식되는 것을 방지할 수 있다. 아울러 현재 당면한 생태학적인 문제를 해결해줄 수 있는 창의적인 해결방안이 절실히 필요하다.

다음은 농촌지역을 보다 지속가능하게 할 수 있는 방안들이다:

- 환금작물(cash crop)을 심은 후 해당 작물 사이사이에, 또는 환금작물을 수확한 뒤 다른 작물을 심기 전에 **피복작물**(*cover crop*; 주로 콩과식물과 잔디의 혼합)을 심어 토양을 안정화시켜 준다.
- **다품종재배**(*polyculture farming*, 그림 32.13*a* 참조)를 통해 다양한 종류의 식물을 심고, 다양한 농사기법을 활용하여 토양 속의 유기물질을 증가시킨다.
- 혼합비료를 사용하고, 유기농법 또는 자가재생 방법으로 농사를 지어 토양에 양분을 보충하여 준다.
- 저속 혹은 세류관개를 하고 지형굴곡을 따라 작물을 재배하여 물을 절약한다(그림 32.13*b* 참조).
- 마름병, 녹병, 해충피해 염분, 가뭄, 잡초에 내성이 있는 **재배품종**(*cultivar*)을 많이 심는다.
- 서식지 파괴는 줄이고 수확량은 증가시키는 지식에 의존하는 **정밀농업**(*precision farming*) 기술을 이용한다.
- **종합해충관리**(*integrated pest management*)를 통해 유익한 곤충은 잘

자라게 하고, 해충은 통제하여 감소시키도록 한다(그림 32.13*c* 참조).

- 전통적인 작물에 너무 의존하지 않도록 다양한 종의 식물을 심는다.
- 많은 생산물과 다양한 기능을 제공할 뿐만 아니라 바람도 막아주는 등의 다목적 나무(*multipurpose tree*)를 심는다(**그림 32.22**). 고무나무는 고무를 제공하며, 타구아야자나무 열매(식물성 상아)는 상아의 대체 물질로 사용된다.
- 습지를 잘 유지하고 복구한다. 특히 허리케인이나 지진해일이 빈번한 지역은 더욱 철저한 관리가 필요하다. 폭풍으로부터 평야도 보호해야 한다. 습지를 보존하면 가치있는 많은 물고기들의 산란 장소를 보호할 수 있다.
- 풍력이나 수력, 태양에너지와 같은 재생가능 에너지를 사용한다.
- 지역에서 생산된 생산품을 구매하는 등 지역의 농부와 어부를 지원하도록 한다.

그림 32.22 농촌의 지속가능성.

나무는 다목적으로 활용된다. 나무를 심으면 바람을 막고 토양침식을 막으며, 나아가 과일과 열매를 얻을 수 있다.

도시의 지속가능성

점점 더 많은 사람들이 도시로 이주하고 있다. 다음은 도시를 과하게 확장하지 않고 지속가능하게 할 수 있는 방안들이다.

- 효율적으로 이동할 수 있는 에너지 효율적인 운송수단을 만든다.
- 태양 또는 지열로 건물 난방을 하고 해수를 이용하는 공조시설로 냉방을 한다. 또한 열을 보존하는 방법으로 건물의 온도를 조절하도록 한다.
- 녹화지붕(옥상정원; *green roof*)을 이용하여 건물의 지붕 위에 잔디나 허브, 채소 등을 심으면 온도 조절에 도움이 되며 먹거리를 얻을 수 있다. 또한 빗물의 유실을 줄일 수 있으며 미관상도 좋다(**그림 32.23**).
- 빗물 유실 방지와 인공 습지보호를 위해 침사지(토사 트랩)를 설치하는 등 빗물 관리를 효율적으로 한다. 도로나 주차장, 보도 등의 포장재로 구멍이 있는 재료를 사용하면 빗물이 흡수되어 유실 방지가 되고, 아울러 열이 덜 반사되므로 온도 상승을 막을 수 있다.

그림 32.23 도시의 지속가능성.

녹화지붕(옥상정원)은 생태학적으로 좋으며 시각적으로도 아름답다.

연관: 환경

에너지와 물을 절약하고 기후변화와 같은 환경문제를 해결하기 위해 할 수 있는 것은 무엇일까?

다음은 우리가 쉽게 할 수 있는 사항들이다.

- 가정에 있는 전구를 LED 전구로 교체한다. LED 전구는 형광전구에 비해 전력소모량이 매우 적다.
- 걷거나 자전거를 타고, 자동차 같이 타기를 하며 가능하면 대중교통수단을 이용한다. 이렇게 하면 비용도 많이 절약할 수 있다.
- 장을 보거나 쇼핑을 할 때 비닐봉지 대신 헝겊 가방을 사용한다. 비닐봉지는 분해되는데 10~20년이 소요되며, 이를 야생동물이 먹이로 착각하고 먹을 경우 위험에 빠진다.
- 양치질을 할 때 수도를 잠가 물 낭비를 막고, 마시던 물이 남았으면 버리지 말고 식물에 준다. 기후가 건조한 곳에서는 물을 자주 주지 않아도 되는 식물을 심도록 한다.

- 잔디 대신에, 벌과 나비를 유인하고 물과 비료는 적게 필요로 하는 토착종을 심도록 한다.
- 해당 도시에 적합한 녹지대(*green belt*)를 조성하며, 보도와 자전거도로를 충분히 만들도록 한다.
- 새로운 구역을 개발하기 전에 구도심을 활성화시킨다.
- 벽이나 지면 가까이 비추는 조명 설비를 사용하고, 조용한 모터를 만들어 소음을 줄인다.
- 사무기기 등을 재활용하여 지속가능성을 향상시키며, 목재보다는 유지관리 비용이 적게 드는 건축자재를 사용하도록 한다.

32.4 개념 연결하기

지속가능한 사회를 만들기 위해 할 수 있는 방안들이 많이 있다.

진도 점검하기 32.4

1. 지속가능한 사회의 특징을 나열하시오.
2. 농촌의 지속가능성을 증가시키는 단계를 간략히 기술하시오.
3. 도시의 지속가능성을 증가시키는 단계를 간략히 기술하시오.

요약

32.1 보존생물학

보존생물학은 미래세대를 위해 지구의 천연자원을 보존하는데 중점을 두는 과학 분야이다.

32.2 생물다양성

생물다양성이란 지구에 살고 있는 다양한 생물들을 말한다. 생물다양성의 대부분은 소수의 생물다양성 고밀도 지역에 집중되어 있다. 생물다양성은 직접적 가치와 간접적 가치를 지니고 있다.

생물다양성의 직접적 가치

생물다양성의 직접적 가치는 다음과 같다:

- 의학적 가치(생명체에서 의약품을 얻음)
- 농업적 가치(야생식물에서 곡물을 얻음)
- 생물학적 해충구제와 수분매개체
- 소비재로서의 가치(음식으로 사용)

생물다양성의 간접적 가치

생태계의 생물다양성은 다음과 같은 도움을 준다.

- 생물지화학 순환(물, 탄소, 질소, 인 등)
- 폐기물 처리(분해자의 분해 작용 및 물을 정화하고 오염물질을 흡수하는 특정 군집의 능력에 의해)
- 물의 생물지화학 순환을 통한 민물 공급
- 생태계에서 자연적으로 발생하는 토양침식 방지
- 기후조절(식물에 의한 이산화탄소 흡수)
- 생태관광(아름다운 생태를 즐김)

32.3 자원과 환경의 영향

인간은 다섯 가지 자원을 최대한으로 이용한다.

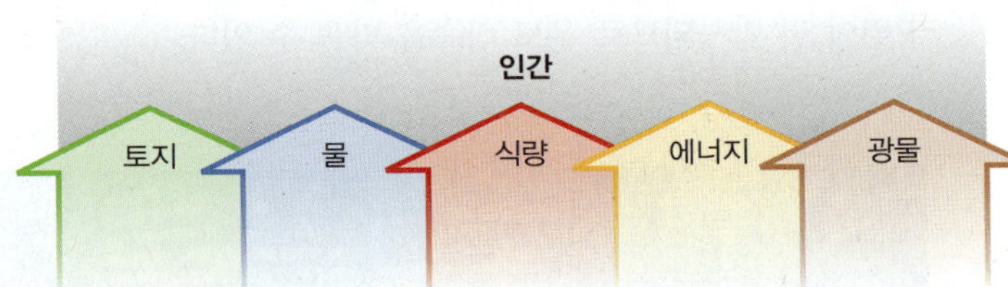

자원에는 재생가능 자원과 재생불능 자원이 있으며, **재생불능 자원(nonrenewable resources)**은 공급에 제한이 있는 자원으로

- 토지
- 화석연료
- 광물

이 여기에 속한다.

재생가능 자원(renewable resources)은 공급에 제한이 없는 자원으로

- 물
- 태양에너지
- 식량

이 여기에 속한다.

토지

거주와 농사, 광물채굴 등의 인간 활동으로 인해 토양침식, **공해(pollution)**, **사막화(desertification)**, **벌채(deforestation)**, 생물다양성 상실이 초래된다.

수자원

민물의 대부분은 산업과 농업에 쓰인다. 댐을 만들거나 **대수층(aquifer)**에서 물을 끌어올림으로써 물 공급량을 증가시킬 수 있다. 대수층의 물이 고갈되면 **지반침하(subsidence)**와 싱크홀이 발생할 수 있고 **해수침투(saltwater intrusion)**가 일어날 수 있다. 농지 관개에 많은 물이 사용되며, 이로 인해 **염화(salinization)**가 발생한다. 물 보존 방법을 적절히 이용하면 산업의 물 소비량을 절반으로 줄일 수 있다.

식량

식량은 농작물 재배와 가축 사육, 어업 활동을 통해 얻는다.

- 현대 기술을 이용하여 농사를 지으면 식량을 증산할 수 있다. 그러나 일부 농사기법은 토지를 척박하게 하고 물을 오염시키며 화석연료를 과도하게 사용한다.
- 형질전환식물을 개발하면 식량을 증산할 수 있으며, 화학비료와 약품의 사용은 줄일 수 있다.
- 현재의 가축 사육방법은 수질 오염을 일으키고 화석연료를 과도하게 사용한다.
- 어선 수의 증가와 장비의 발달로 인해 어획고가 급증하였으며, 그 결과 수산자원이 급격히 감소하였다.

에너지 자원

에너지의 대부분은 재생불능 자원인 **화석연료(fossil fuel)**를 연소하여 얻는다. 화석연료의 연소는 공해를 유발하고 대기로 **온실가스(greenhouse gases)**를 방출하며 지구온난화 등의 환경문제를 유발한다. 풍력, 수력, 지열은 재생가능 에너지원에 속한다. **태양전지(photovoltaic 또는 solar cell)**를 이용하면 태양에너지를 에너지원으로 사용할 수 있다.

광물자원

광물은 재생불능 자원이며 모래와 자갈, 인산염 등의 비금속, 그리고 철, 구리, 아연 등의 금속자원으로 구분된다. 광물을 채취하는 광산지역의 생태계는 침식과 동식물의 유실 그리고 독성물질 방출로 인한 수질 오염 등으로 인하여 훼손된다. 일부 금속은 인체에 매우 해롭다. 광물채굴로 인해 파괴된 땅을 원상태로 복원하려면 엄청난 시일이 걸린다.

합성유기화합물

프레온가스(chlorofluorocarbon, CFC)와 같은 화합물은 지구대기 성층권의 오존층을 파괴한다. 성층권의 오존층이 파괴되면 인간을 포함한 지구생물의 건강을 해치게 된다.

폐기물

제대로 처리되지 않은 생활하수와 산업폐기물은 토양과 수질을 오염시킨다. 일부 산업폐기물은 생체 내에서 분해되지 않기 때문에 생태계 먹이사슬을 따라 상위단계로 가면서 그 농도가 더 높아진다. 이러한 현상을 **생물농축(biological magnification)**이라고 한다.

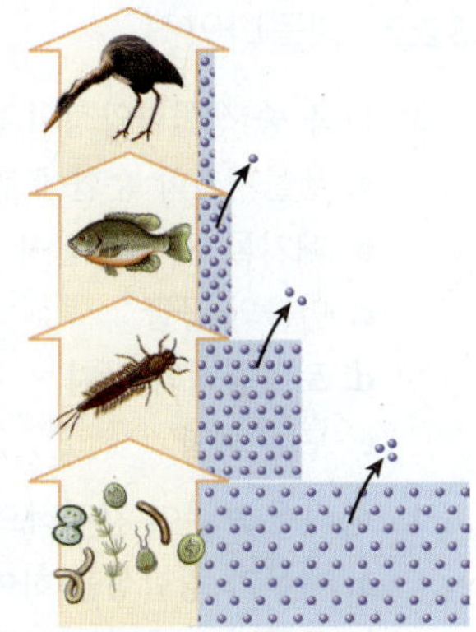

32.4 지속가능한 사회

지속가능한 사회(sustainable society)는 세대가 바뀌어도 변함없이 인간 생활에 필요한 상품과 서비스를 제공하고, 생물다양성을 보존할 수 있는 사회를 말한다. 지속가능한 사회는 재생가능 에너지원만을 사용하고자 하며 열과 폐기물을 비롯해 모든 물자를 재활용한다.

개념 연결하기

인간의 활동은 지구의 천연자원에 엄청난 스트레스를 준다. 인간에 의해 발생한 기후변화는 지구의 생물다양성을 감소시킬 것이다. 그러나 사람들이 자신들의 행동에 변화를 보인다면 지속가능한 사회가 될 수 있다.

- **32.1** 보존생물학은 인간이 요구하는 것과 지구에 있는 다른 종들이 요구하는 것과의 균형을 찾으려 한다.
- **32.2** 지구의 생물다양성은 인간에게 엄청난 가치를 제공하고 있지만, 현재 스트레스를 받고 있다.
- **32.3** 자원의 과소비는 기후변화를 초래한다.
- **32.4** 지속가능한 사회를 만들기 위해 할 수 있는 방안들이 많이 있다.

인간이 생물권에 주는 영향에 관한 정보가 더 필요하면 다음 논의를 참조하시오.

18.2절 현화식물의 진화에 수분매개체가 중요한 이유에 대한 설명.
30.2절 인구증가가 환경에 미치는 영향에 대한 탐구.
31.2절 탄소 순환과 지구온난화의 관계에 대한 설명.

혼자 풀어보기

가장 적절한 답을 고르시오.

32.1 보존생물학

1. 다음 중 보존생물학을 지지하는 생물학 분야는?

a. 생태학　　**b.** 임학(forestry)
c. 유전학　　**d.** 진화학
e. 모두 해당함

2. 보존생물학의 주목표는?

a. 현재와 미래세대를 위해 천연자원을 보존
b. 농산물 생산의 증대
c. 인간의 사망률 감소
d. 인간에게 경제적 가치가 있는 종을 찾아냄
e. 모두 해당

32.2 생물다양성

3. 다음 중 생물다양성의 간접적 가치에 해당하는 것은?
   a. 생물지화학 순환에 관여
   b. 폐기물 처리에 관여
   c. 민물의 공급
   d. 토양침식의 방지
   e. 모두 해당
4. 생태계 보존이 간접적으로 민물을 공급할 수 있는 이유는?
   a. 나무가 광합성을 하여 물을 생성하기 때문
   b. 동물이 배출하는 노폐물은 물이 주성분이므로
   c. 숲이 물을 흡수하고 천천히 방출하므로
   d. 생태계가 환경으로 물을 방출하는 박테리아의 성장을 도우므로
   e. 식물이 나뭇잎에 수분을 저장하므로

32.3 자원과 환경의 영향

5. 사막화가 일어나는 원인은?
   a. 사막이 자연적으로 확장되기 때문
   b. 인간이 동물들로 하여금 지나치게 풀을 뜯어 먹게 하여
   c. 사막동물이 인접한 지역을 돌아다니며 먹이를 찾아 먹기 때문
   d. 물은 제한적인데 이 물을 인간이 근처 사막에 있는 물을 필요로 하는 생물에게 공급하기 때문
6. 열대우림 지역에 있는 토양은 영양분이 적다. 그 이유는?
   a. 열대우림은 다른 지역에 비해 비가 많이 오기 때문
   b. 모래가 많기 때문
   c. 질소고정 박테리아가 없기 때문
   d. 영양분이 식물에 갇혀 있기 때문
7. 세계적으로 민물이 가장 많이 사용되는 용도는?
   a. 음용
   b. 산업 활동
   c. 농작물 관개
   d. 조리
   e. 목욕
8. 제대로 처리되지 않은 생활하수를 호수와 강으로 버림으로 인해 발생하는 주된 부정적 영향은?
   a. 산소 부족
   b. 탄소 축적
   c. 빛이 물속으로 잘 들어가지 못함
   d. 크기가 작은 물고기 개체수의 증가
9. 다음 중 민물 보존에 도움이 되는 것은?
   a. 해수침투
   b. 가뭄 저항성 작물
   c. 관개 증가
   d. 대수층에 갇힌 물을 이용
10. 첫 번째 녹색혁명은 다음 중 어느 것을 개발하였기 때문인가?
    a. 다수확성 밀과 쌀 품종 개발
    b. 효과가 큰 관개시스템
    c. 형질전환농작물
    d. 동물사료용 작물

32.4 지속가능한 사회

11. 지속가능한 사회를 만들기 위해서는 아래 그림을 어떻게 바꾸어야 하는가?

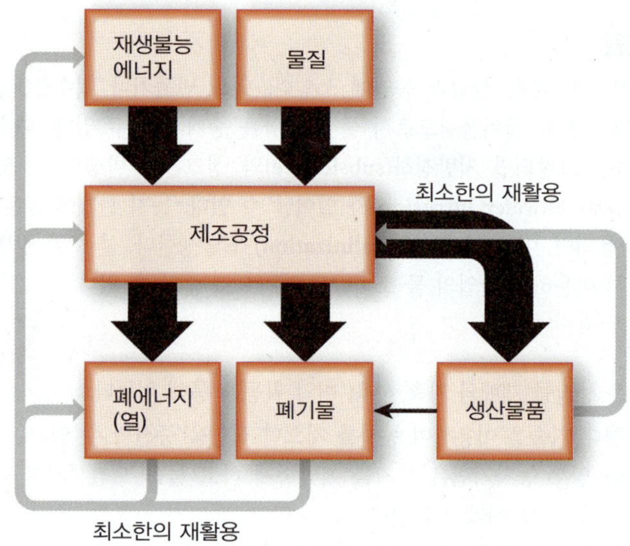

12. 다음 보기 중 도시와 농촌지역을 보다 지속가능하게 만드는 데 도움이 되는 것은?
    a. 다목적의 나무를 심는다.
    b. 물을 절약할 수 있는 저속관개 방법을 이용한다.
    c. 태양에너지를 더 많이 이용하도록 한다.
    d. 식물을 이용해 녹화지붕(옥상정원)을 만든다.

과학적으로 생각하기

1. 1993년 미국어류및야생동식물보호국은 습지 서식지를 복원하고 보호하기 위해 Emiquon 국립야생생물보호지구를 설치하였으며, 일리노이강과 스푼강의 합류지점을 원래 상태의 범람원으로 복원하려는 계획을 수립하였다. 이 계획을 위해 수백 에이커에 달하는 농지가 범람하게 되었다. 이들 두 강의 합류지점이 범람할 경우 생기는 긍정적인 환경영향과 부정적 영향은 무엇인가? 이러한 프로젝트로 인해 일리노이 중부지역에 사는 주민이 받게 될 직접적인 혜택과 간접적 혜택은 무엇인가?
2. 생명체에게서 많은 종류의 약을 추출하고 있다. 따라서 생물종의 멸종은 약품의 원료를 상실한 것과 마찬가지이다. 그러나 어느 종이 가치있는 의약품을 제공할지 당장 알아내기 어려우므로 종을 보존하기 위해서 어떤 관점에 근거해 생물종의 보호기준을 정해야 할지 결정하기 어렵다. 만약 당신이 의학적 가치가 있는 식물을 선별해야 한다면 어느 요소를 가장 중요한 기준으로 하겠는가?
3. 생명체는 환경에 잘 적응한다. 그럼에도 불구하고 기후변화는 어떻게 열대지역에 살던 포유류를 멸종하게 하였을까?

부록 A 해답

1장

진도 점검하기

(1.1) 1. 생명의 기본 특성은 다음과 같다. 생명체는 조직화되어 있고, 물질과 에너지를 필요로 하며, 내부 환경조건을 유지하고, 자극에 반응하며, 생식과 발생을 할 수 있고, 자신의 환경에 적응할 수 있다. **2.** 생물학적 조직수준을 낮은 수준부터 순서대로 나열하면 다음과 같다. 작은 분자, 큰 분자, 세포, 조직, 기관, 기관계, 완전한 개체. **3.** 에너지 흐름과 화학순환은 생명체 내부와 생태계 내에서 이루어진다. 각각의 세포 또는 개체는 에너지와 영양분이 포함된 물질을 섭취하여야 한다. 생산자는 광합성에 의해 에너지를 흡수하고 식품을 생산한다. 이들 식품의 화학물질은 먹이사슬을 따라 순환하며, 생명체가 죽으면 퇴적되거나 방출되어 다시 생산자가 이용할 수 있게 된다. 에너지는 태양에서 시작되어 식물과 동물을 통해 흐르며, 마침내 열의 형태로서 대기에 흩어진다. **(1.2) 1.** 종, 속, 과, 목, 강, 문, 계, 영역. **2.** 자연선택은 개체군이 자신의 환경에서 비롯되는 선택압력에 적응하는 과정이다. 시간이 흐르면 자신의 환경에 잘 적응할 수 있는 적응력을 갖춘 개체들은 살아남아 더 많은 자손을 낳는다. 자연선택은 항생제 저항성 세균에서 볼 수 있는 것과 같은 개체군 변화를 설명하는 중요한 생명과학 개념이다. **3.** 변화되며 이어지는 혈통이라는 개념은 공통조상에게서 각자 특정한 환경조건에 적응한 서로 다른 종이 나타난다는 것을 의미한다. 공통조상과 다양성은 모두 진화 연구에 중요한 개념이다. **(1.3) 1.** 환경을 관찰하는 것이 과학적 방법의 첫 단계이다. 관찰한 사실에 대해 기존의 지식을 바탕으로 가설을 제시하는 것이 그 다음이다. 다음으로는 가설을 기초로 한 실험을 통해 검증할 수 있는 예측을 제시하는 것이다. 실험을 통해 얻은 결과는 가설에 부합하거나 그렇지 않을 수 있다. 추가로 실험하거나 자료를 분석하여 결론을 맺는다. 궁극적으로 실험을 통해 반복하여 확인되면 과학 이론이 될 수 있다. **2.** 실험 설계에 대조군을 포함해야 실험 변인으로 가설을 설명할 수 있는지 판단할 수 있다. **3.** 실험 결과를 출판하면 다른 연구자에게서 가설, 예측, 실험 설계, 그리고 자료에 대해 비판적인 검증을 받을 수 있다. **(1.4) 1.** 과학은 지식을 얻는 체계적인 방식이다. 기술은 과학적 지식을 사람에게 유용하도록 적용하는 것이다. **2.** 생명윤리는 윤리학의 한 갈래이며, 생명공학의 발전과 그 파급효과에 관심을 기울인다. 이것은 전 세계의 복지에 영향을 준다. **3.** 생태계에 대한 인류의 영향력으로 인해 생태계 훼손, 새로운 질병, 기후 변화가 가속되고 있다. 생물다양성이 감소되고 있으며, 이로 인해 모든 종이 위협받고 있다.

혼자 풀어보기

1. c; **2.** b; **3.** c; **4.** d; **5.** b; **6.** c; **7.** b; **8.** b; **9.** c; **10.** b; **11.** d; **12.** d

과학적으로 생각하기

1. 고세균영역에서 진핵생물영역이 갈라져 나왔다. 원생생물계에서 식물, 동물, 균류가 갈라져 나왔다. **2.** 콧물에는 항균성 물질이 있다. 눈물 역시 항균 물질을 지니고 있다. **3.** 위약을 투여한 대조군에서 얻은 결과가 실험군의 결과와 동일하다면 그 가설은 옳지 않은 것이다. 검증한 실험 변인으로는 관찰한 사실을 설명하지 못한다. 이것을 검증하려면 가설을 수정하여야 하며 다른 변인을 검증하기 위한 실험을 수행하여야 한다.

2장

진도 점검하기

(2.1) 1. 양성자(+)와 중성자(중성)로 이루어진 핵주위를 전자(−)껍질이 둘러싸고 있다. **2.** 동위원소는 중성자의 수효가 다른 동일한 원소이다. 이들은 양성자의 수효는 같지만 질량은 서로 다르다. 방사성 동위원소는 불안정하여 방사선을 방출한다. PET 검사나 암세포를 죽이는 용도로 사용할 수 있다. **3.** 모두 화학결합의 유형이다. 공유결합은 전자쌍을 공유하고, 이온결합은 하나의 원자가 다른 원자에게 전자 1개를 넘겨준다. **4.** 어떤 원자가 2개 이상의 껍질을 가지고 있다면, 가장 바깥 껍질(원자가 껍질)은 전자 8개가 있을 때 가장 안정하게 된다. 원자가 껍질이 완전하지 않으면 반응성이 나타난다. **5.** 반응물은 반응에 참여하는 분자이다. 생성물은 반응에서 형성된 분자이다. **(2.2) 1.** 물 분자는 극성이다. 한 분자의 양성 수소 원자가 다른 분자의 음성 산소 원자에 이끌린다. 이로 인해 수소결합이 형성된다. 물의 성질은 극성으로 인한 수소결합 형성과 관련되어 있다. **2.** 물은 독특한 성질을 지닌다. 물은 용매이며, 응집성과 부착성을 지닌다. 표면장력이 높고 열용량도 크다. 또한 얼음보다 밀도가 낮다. **3.** 물은 극성 분자이며 수소결합을 형성할 수 있기 때문에 물의 특별한 성질이 비롯된다. **(2.3) 1.** 용액에서 산은 수소 이온을 내놓아 수소 이온 농도를 높인다. 염기는 수소 이온을 흡수하고 수산화 이온을 내놓는다. 염기성 용액은 수소 이온 농도가 낮다. **2.** pH 척도는 어떤 용액의 수소 이온의 수를 나타낸다. pH 값이 7보다 낮으면 산성이고, 7보다 높으면 염기성이다. **3.** 체액에 있는 완충액은 과도한 수소 이온이나 수산화 이온을 흡수하여 pH 변화에 대응한다.

혼자 풀어보기

1. a; **2.** c; **3.** c; **4.** a; **5.** b; **6.** a; **7.** b; **8.** c; **9.** b; **10.** c; **11.** c; **12.** a

과학적으로 생각하기

1. 수소결합에 의한 표면장력에 의해 물의 표면이 매끄럽게 유지된다. 당신 피부에 묻어 있는 물방울은 물의 부착성에 기인한 것이다. 물은 열용량이 크기 때문에 이 물방울이 증발하면 피부가 시원해진다. 물의 증발에 의해 상당한 체열을 잃는다. **2.** 실리콘은 껍질을 추가로 하나 더 가지고 있다. 따라서 탄소에 비해 크기 때문에 다양한 분자를 구성하기 어렵다. **3.** 제산제의 화학성분은 위액의 과도한 수소 이온을 흡수하는 완충제로 작용한다. **4.** 산성강하물에 있는 여러 가지 산에 의해 생태계 물 환경의 pH가 변화될 수 있다. 이로 인해 환경이 항상성을 유지하는 과정이 훼손될 수 있다.

3장

진도 점검하기

(3.1) 1. 유기분자는 탄소와 수소를 가진다. 이들은 세포와 개체를 구성하는 분자이다. **2.** 탄소는 크기가 작고 네 가지의 결합을 이룰 수 있다. C—C 결합은 안정하다. **3.** 유기분자의 기능기에 의해 분자의 반응성과 화학적 성질이 결정된다. **(3.2) 1.** 단당류—포도당; 이당류—말토오스; 다당류—글리코겐. 녹말은 에너지 저장에 이용되는 다당류이다. 셀룰로오스는 세포의 구조를 이루는 다당류이다. **2.** 지방과 기름—에너지원인 올리브기름; 인지질—원형질막의 주요 성분; 스테로이드—원형질막의 성분이며 성호르몬의 전구체인 콜레스테롤. **3.** 구조단백질은 세포를 지지하며, 효소는 대사과정의 촉매 역할을 한다. 원형질막에는 통로단백질과 수송단백질이 있다. 항체는 방어 기능을 하는 단백질이다. 일부 호르몬은 조절 기능을 한다. **4.** 1차구조—아미노산 서열; 2차구조—알파 나선과 병풍 구조; 3차구조—구형 형태; 4차구조—1개 이상의 폴리펩티드. **5.** 핵산은 뉴클레오티드의 중합체이다. 뉴클레오티드는 인산기, 5-탄소 당, 질소-함유 염기로 이루어진다. **6.** DNA는 어떤 폴리펩티드의 아미노산 서열을 결정하는 정보를 간직하고 있다.

혼자 풀어보기

1. c; **2.** d; **3.** b; **4.** b; **5.** a; **6.** a; **7.** a; **8.** a; **9.** c; **10.** b; **11.** d; **12.** b; **13.** d; **14.** c; **15.** a; **16.** a; **17.** c; **18.** d

과학적으로 생각하기

1. a. 불포화지방산의 이중결합에 의해 사슬이 구부러진다. 식물이 저온에 노출되면 리놀렌산의 수준이 증가한다. **b.** 버터(포화지방)는 고체로 되지만, 카놀라기름은 액체 상태를 유지한다. 불포화지방산의 경

우 사슬이 구부러져서 밀착될 수 없으므로 액체 상태를 유지할 수 있다. **c.** 저온-내성 식물의 원형질막에 있는 지방산은 대개 불포화되어 있다. 그러나 저온에 취약한 식물의 경우는 포화 정도가 높아서 저온에서 굳는 경향을 보인다. 따라서 열대식물 등 저온에 취약한 식물은 저온에서 흔히 상해를 입는다. **2.** 단백질이 정확하게 기능을 하려면 형태가 정확하여야 한다. 이 경우에, 극성 *R*기를 지닌 아미노산은 단백질 내의 다른 극성 *R*기를 지닌 아미노산과 반응하게 되어 효소의 형태가 변형되고 기능을 잃게 된 것이다. **3.** 시간이 지남에 따라 아미노산 서열이 바뀌게 되는 DNA 돌연변이가 일어난다. 두 종이 갈라진 이후 시간이 오래 지날수록 돌연변이가 일어날 기회가 많아진다. 두 종 사이의 단백질 아미노산 서열의 차이를 측정하면 이들이 갈라진 시기를 가늠할 수 있다.

4장

진도 점검하기

(4.1) 1. 세포는 대개 매우 작기 때문에 맨눈으로는 볼 수 없다. 현미경을 이용하면 관찰할 수 있다. **2.** 개구리 난자—광학현미경; 동물세포—광학 또는 전자현미경; 아미노산—전자현미경; 엽록체—광학 또는 전자현미경; 식물세포—광학 또는 전자현미경. **3.** 기체와 영양분, 노폐물을 적절하게 교환하려면 충분한 세포 표면적이 필요하다. **(4.2) 1.** 콜레스테롤 분자와 단백질이 묻혀 있는 인지질 이중층. **2.** 인지질 이중층에 묻혀 있는 단백질이 모자이크 형태를 이루며, 전체 이중층은 반유동성이므로 분자들이 이동할 수 있다. **3.** 통로—일부 단백질의 통로; 수송—이온과 분자의 통로; 세포인식—자신과 외래 세포를 구별; 수용체—신호분자와 결합; 효소—대사반응에 참여; 연접—세포 사이의 세포연접 형성. **(4.3) 1.** 원형질막, 반유동성인 세포질, 유전물질(DNA). **2.** 원핵세포의 DNA는 세포질의 핵양체라는 지역에 있다. 진핵세포는 막으로 감싸인 핵에 DNA가 있다. **3.** 핵양체—원핵세포의 DNA가 있는 세포질 지역; 세포벽—세포를 지지하여 형태 유지; 리보솜—단백질 합성; 편모—필라멘트를 회전시켜 세포가 전진하도록 함. **(4.4) 1.** 핵: 핵막—핵과 세포질을 나누는 인지질 이중막; 핵공—세포와 세포질 사이에 물질이 교류하는 핵막의 구멍; 염색질—유전물질이 들어 있는 DNA와 단백질의 그물망; 리보솜: 핵에서 나온 RNA의 정보를 이용하여 단백질을 합성하는 복합체이며, 작은 소단위와 큰 소단위로 구성됨. **2.** 핵막—DNA를 간직함; 조면소포체—리보솜이 있으며, 단백질을 세포의 다른 부위로 보내는 수송소포를 형성함; 활면소포체—조직 특이적 지질을 합성함; 골지장치—소포체에서 전달된 수송소포를 받아 내부의 분자를 변형시킨 후 수송소포로 재포장하여 내보내는 정거장 기능을 함. 내보내는 수송소포로는 분자를 소화시키는 리소좀 등이 있다. **3.** 수축포는 과도한 물을 제거한다. 소화액포는 영양분을 분해한다. 식물의 저장액포는 물, 당, 염, 색소, 또는 독성 물질을 저장할 수 있다. 동물의 지방세포는 지질을 저장한다. 액포가 없다면 세포는 물과 이온의 균형을 조절할 수 없으며, 일부 물질을 분해하거나 저장하지 못할 것이다. **4.** 엽록체에는 탄수화물을 합성하는 데 쓰이는 햇빛에너지를 포획하는 색소가 있다. 미토콘드리아는 탄수화물을 분해하여 ATP를 합성한다. 엽록체가 더 크며, 식물과 조류(algae)에서 발견된다. 미토콘드리아는 더 작고, 모든 진핵세포에 있다. 이들 모두 이중막을 지닌다. **5.** 세포골격 단백질은 세포의 형태를 유지하며, 운동단백질과 함께 움직임을 만들어낸다. 세포골격은 미세소관, 중간섬유, 액틴필라멘트로 이루어진다. 운동단백질인 미오신은 액틴필라멘트와 상호작용하여 아메바 운동과 근육 수축을 일으킨다. 운동단백질인 키네신과 디네인은 미세소관을 따라 소포를 수송한다. **(4.5) 1.** 세포벽은 세포 구조를 강화시키고 형태를 유지한다. **2.** 세포외기질은 세포 외부에 있는 그물망이며, 세포가 생성한 섬유성 단백질과 다당류로 이루어진다. 콜라겐과 탄성섬유는 기질에 공통으로 있는 단백질이며, 그 조성과 단단한 정도는 매우 다양하다. **3.** 부착연접은 내부 원형질 판들이 세포간 섬유에 의해 연결되어 형성된다. 이들은 세포를 붙잡아주는 단단하고 유연한 구조이다. 밀착연접은 원형질막 단백질들이 다른 세포의 것들과 결합하여 세포 사이의 장벽을 이룬 것이다. 간극연접은 두 세포 사이에서 같은 유형의 막 통로가 연결된 것이다. 이 통로를 통해 작은 분자가 세포 사이에서 통과할 수 있으며, 세포의 강도를 높이기도 한다.

혼자 풀어보기

1. a; **2.** b; **3.** b; **4.** d; **5.** d; **6.** c; **7.** a; **8. a.** 소포; **b.** 중심립; **c.** 미토콘드리아; **d.** 조면소포체; **e.** 활면소포체; **f.** 리소좀; **g.** 골지장치; **h.** 핵; **9.** a; **10.** c; **11.** c; **12.** a; **13.** c; **14.** d; **15.** e

과학적으로 생각하기

1. a. 영양사는 긴-사슬 지방산이 포함되지 않은 식단을 제안할 것이다. **b.** 리소좀과 퍼옥시솜은 세포내 물질을 분해하는 효소를 가지고 있는 단일막 소기관이라는 점에서 유사하다. **2.** 세포는 미토콘드리아가 없으면 호기성 호흡을 통해 ATP를 합성할 수 없으며, 그 대신에 해당과정에 의존해야 한다. *Giardia*는 아마도 해당과정을 통해 ATP를 생산하는 능력이 높을 것이다. **3.** 외부 경계를 한정하지 못한다면 세포와 그 환경 사이에 차이를 이룰 수 없을 것이다. 원형질막은 세포의 외부 환경과 경계를 나누어 일부 교류를 하면서도 다른 환경을 지닐 수 있도록 한다.

5장

진도 점검하기

(5.1) 1. 퍼텐셜에너지는 저장된 에너지이며, 운동에너지는 활동에너지이다. 당겨진 화살은 퍼텐셜에너지이다. 화살이 시위를 떠나면 운동에너지로 전환된다. **2.** 제1법칙—에너지는 생성되거나 파괴될 수 없지만, 다른 형태로 전환될 수는 있다. 제2법칙—에너지는 유용한 에너지의 손실 없이는 다른 형태로 전환될 수 없다. **3.** 세포는 수많은 에너지-요구 과정과 반응을 수행하여 자신의 조직화 수준을 유지한다. 그 동안 우주의 엔트로피는 증가된다. **(5.2) 1.** ATP는 세포호흡 과정에서 생성된다. ATP는 불안정하므로 저장할 수 없다. **2.** 짝반응은 에너지-요구 반응이 에너지-방출 반응에 의해 수행될 수 있도록 두 반응이 연계된 것이다. 이때 에너지-방출 반응은 대개 ATP 분해반응이다. ATP는 반응물을 활성화시키거나, 또는 그 형태를 변화시킨다. **3.** 태양에서 온 에너지는 지구의 모든 생명체를 통해 흐른다. 이러한 흐름을 통해 분자에서 개체를 거쳐 생태계에 이르는 생물학적 조직 수준을 유지한다. **(5.3) 1.** 경로의 반응 각각에서 생성물이 만들어지며, 이것은 다시 다른 여러 경로에서 사용될 수 있다. 또한 대사경로의 반응들에 의해 에너지의 사용이나 생성이 점진적으로 이루어질 수 있다. **2.** 효소의 활성부위 형태가 살짝 변형되면 기질이 활성부위에 더욱 쉽게 들어맞게 된다. **3.** 되먹임 억제를 통해 생성물의 양이 적고 더 많은 생성물이 필요할 때에만 효소가 활성을 지니도록 할 수 있다. **(5.4) 1.** 모든 물질이 고농도 지역에서 저농도 지역으로 이동하며, 에너지를 필요로 하지 않는다. **2.** 저장액 환경에서는 세포가 물을 얻는다. 등장액 환경에서는 물을 얻지도 잃지도 않는다. 고장액 환경에서는 세포가 물을 잃는다. **3.** 능동수송은 분자나 이온을 막을 통과하여 수송한다. 이를 통해 농도기울기를 거슬러 분자를 흡수한다. 예를 들어 신경 전도에서 볼 수 있는 NaCl의 능동수송이 있다. **4.** 외포작용은 물질을 세포 밖으로 내보내며, 내포작용은 안으로 들여온다. 식세포작용은 음식물 등의 큰 물질을, 음세포작용은 액체와 작은 입자를 세포 안으로 들여온다. 수용체-매개 내포작용은 분자와 그 수용체를 감싸는 소포를 형성한다.

혼자 풀어보기

1. d; **2.** b; **3.** b; **4.** d; **5.** d; **6.** c; **7.** c; **8.** b; **9.** a; **10.** d; **11.** c; **12.** b; **13.** e; **14.** d; **15.** c

과학적으로 생각하기

1. 짝반응에서 ATP 대신에 GTP를 에너지원으로 사용하면 세포가 이들 반응에 필요한 에너지 풀을 분리하여 유지할 수 있게 된다. 예를 들어 단백질 합성에 GTP를 이용한다면, 에너지 수준(ATP 풀)이 낮은 경우에도 단백질을 계속 합성할 수 있다. 또한 GTP는 크렙스회로에서 직접 생성되기 때문에, 세포에서 대부분의 ATP를 생성하는 산화적 인산화과정이 차단된 경우에도 여전히 단백질을 합성할 수 있다. **2.** 정상적인 통로단백질은 염소 이온이 세포 밖으로 나가도록 한다. 염소 이온이 나가면 삼투작용에 의해 물이 따라 나가서 세포의 바깥 표면이 젖어 있는 수화 상태를 유지하게 된다. 결함이 있는 낭포성섬유종의 경우에는 염소 이온 통로가 닫혀서 염소 이온이 세포 밖으로 나가지 못하며, 물이 세포 내부에 남는다. 따라서 세포 바깥 표면이 진한 점액으로 덮이게 된다. **3.** 고세균의 원형질막 조성은 세균과 진핵생물의 것과 달라서 열에 잘 파괴되지 않는다. 더욱이 고세균의 효소는 고온에서도 변형되지 않고 기능을 수행하도록 진화되었다.

6장

진도 점검하기

(6.1) 1. 엽록체의 스트로마는 이중막으로 감싸여 있으며 액체가 채워진 공간이다. 스트로마 내부에 있는

막으로 감싸인 납작한 주머니를 틸라코이드라고 한다. 틸라코이드가 겹쳐 쌓인 것을 그라나라고 한다. **2.** 햇빛에너지 + H_2O + CO_2 → (CH_2O) + O_2 **3.** 환원—어떤 분자가 전자(e^-)와 수소 이온(H^+)을 얻은 경우; 산화—어떤 분자가 전자(e^-)와 수소 이온(H^+)을 잃은 경우. **(6.2) 1.** 식물의 색소복합체 안에는 엽록소 *a*와 *b* 이외에 보조색소도 있다. 이로 인해 더욱 넓은 파장 범위의 햇빛에너지를 모을 수 있다. **2.** 광계 II에서 물이 분해되면 전자가 나온다. 이 전자는 광계 II에서 전자전달사슬을 거쳐 광계 I로 이동한다. 광계 I에서 나온 전자는 $NADP^+$로 전달되어 NADPH가 형성된다. **3.** 산화반응에서 분자에서 제거된 전자와 수소 이온은 환원반응에서 분자에 추가될 수 있다. **(6.3) 1.** 캘빈회로는 명반응에서 온 에너지를 사용하여 CO_2를 환원시켜 고정하고 RuBP를 재생성한다. 이때 글리세르알데히드-3-인산이 만들어지며, 이것을 이용하여 식물체가 포도당을 만든다. **2.** 캘빈회로에서 사용되는 ATP와 NADPH는 명반응에서 만들어진다. **3.** 식물체는 G3P를 이용하여 지질, 포도당, 수크로오스, 녹말과 셀룰로오스 등 필요한 모든 분자를 만들어낼 수 있다. **(6.4) 1.** 밀 등의 C_3 식물은 이산화탄소를 엽육세포에서 직접 캘빈회로로 받아들이며, 처음으로 만들어지는 분자는 C_3 분자이다. 옥수수 등의 C_4 식물은 엽육세포에서 이산화탄소가 고정되어 C_4 분자로 된다. 이 C_4 분자는 유관속초세포로 이동한 후 이산화탄소를 내놓아 캘빈회로에서 고정되도록 한다. **2.** C_4 식물에서는 엽육세포는 이산화탄소에 노출되지만, 캘빈회로가 수행되는 유관속초세포는 이산화탄소에 노출되지 않는다. **3.** CAM 식물은 물을 더욱 잘 보존할 수 있으며, 덥고 건조한 지역에서 서식한다.

혼자 풀어보기

1. c; **2.** a; **3.** d; **4.** a; **5.** a; **6.** d; **7.** b; **8.** d; **9.** c; **10.** b; **11.** c

과학적으로 생각하기

1. 조류(alga)는 엽록소가 광합성에 사용할 수 있는 햇빛에너지를 흡수하는 곳은 어디든 산소를 생성한다. 세균은 산소가 생성되어 세포호흡에 이용할 수 있는 곳은 어디든 모여 있게 된다. **2.** 광합성과 보는 일 모두 가시광선 영역에 적응되어 있다. 이 영역은 가장 풍부하게 얻을 수 있는 고에너지원이다. **3.** 햇빛에너지를 흡수하는 표면적이 상대적으로 크다. **4.** 기온이 높아지면 C_3 식물은 북미 지역에서 살아가기 어려워지고, C_4 식물이 유리해진다. **5.** 지구온난화의 영향으로 인해 C_4 식물인 잡초가 번성하고 있다. 셀룰로오스를 분해하는 기술을 개선할 수 있다면 초본류의 셀룰로오스, 목재 폐기물, 농작물 찌꺼기 등과 함께 이들 잡초의 셀룰로오스를 탄수화물 공급원으로 사용하여 에탄올을 생산할 수 있을 것이다.

7장

진도 점검하기

(7.1) 1. 세포의 활동에 필요한 ATP 형태의 에너지를 세포호흡을 통해 얻는다. **2.** 세포호흡 과정에서 포도당은 CO_2로 산화되고, O_2는 환원되어 H_2O로 되며, 에너지가 생성된다. 이것은 광합성 과정의 역방향 반응이다. **3.** 해당과정—세포질에서 포도당을 2분자의 피루브산염으로 분해한다. 예비반응—미토콘드리아 기질에서 피루브산염이 2-탄소 아세틸기로 분해되며, 이것을 CoA가 운반한다. CO_2와 NADH가 생성된다. 크렙스회로—미토콘드리아 기질에서 분자들이 산화된다. NADH와 $FADH_2$가 생성되고 CO_2가 방출된다. 전자전달사슬—미토콘드리아 크리스타에서 전자가 일련의 운반분자에 의해 수송된다. NADH와 $FADH_2$가 전자를 내놓고 에너지가 ATP 형태로 저장된다. O_2가 전자를 받아 H_2O로 된다. **(7.2) 1.** 해당과정은 세포호흡의 첫 단계이며, 세포질에서 수행되고 산소를 필요로 하지 않는다. 호기성 호흡의 경우, 해당과정에서 생성된 피루브산염이 크렙스회로로 들어간다. 크렙스회로와 전자전달사슬이 미토콘드리아에서 수행된다. 전자전달사슬은 산소를 필요로 한다. **2.** 에너지-투자 단계에서는 ATP가 분해되어 기질을 활성화시키는 인산기를 제공한다. 에너지-수확 단계에서는 NADH와 ATP가 생성된다. **3.** 포도당 분자마다 2 ATP를 얻는다. **(7.3) 1.** 발효과정은 산소를 필요로 하지 않으며, 미토콘드리아 외부에서 수행된다. 해당과정에 뒤이어 피루브산염이 NADH에 의해 환원되어 젖산염 또는 에탄올과 CO_2로 된다. 세포호흡은 산소를 필요로 하며, 미토콘드리아 내부에서 수행된다. ATP를 훨씬 많이 얻을 수 있다. **2.** 젖산 발효과정에서 피루브산염이 NADH에 의해 환원되며, 이때 생성된 NAD^+가 해당과정으로 되돌아가 H^+를 추가로 받아올 수 있다. 따라서 해당과정을 계속 수행하면서 약간의 ATP를 얻을 수 있게 된다. **3.** 사람에서는 젖산염이, 효모에서는 에탄올과 이산화탄소가 만들어진다. **(7.4) 1.** 예비반응에서는 크렙스회로로 들어갈 수 있는 기질 분자가 생산된다. 크렙스회로에서는 CO_2, NADH, $FADH_2$, ATP가 기질 수준에서 생성된다. 전자전달사슬에서는 일련의 운반자를 따라 이동하는 전자에서 포획한 에너지로 ATP를 생성한다. **2.** 산소는 전자전달사슬의 최종 전자수용체이다. 전자를 받아 환원되어 물을 형성한다. **3.** 예비반응—피루브산염이 산화되고 CO_2가 방출된다. NAD^+가 H^+를 받아들여 NADH로 된다. C_2인 아세틸기가 만들어져 CoA와 결합한다. 크렙스회로—아세틸기가 산화되고 CO_2가 방출된다. NAD^+와 FAD가 H^+를 받아들여 NADH와 $FADH_2$로 된다. ATP가 기질 수준에서 생성된다. 전자전달사슬—전자가 일련의 운반자를 따라 이동한다. NADH와 $FADH_2$가 전자를 제공하며, 에너지를 포획하여 ATP를 생성한다. O_2가 환원되어 물이 만들어진다. **(7.5) 1.** 포도당 1분자마다 해당과정에서 2 ATP, 크렙스회로에서 2 ATP, 전자전달사슬에서 최대 34 ATP 등, 총 38 ATP가 생성된다. 어떤 세포는 대사과정의 차이로 인해 이보다 적은 ATP를 만든다. **2.** 지방 또는 기름 분자는 3개의 긴-사슬 지방산과 1개의 글리세롤로 이루어진다. 3개의 지방산을 분해하면 포도당 분자에 비해 더 많은 아세틸-CoA를 얻을 수 있다. 따라서 포도당보다 지방에서 더 많은 ATP를 얻게 된다. **3.** 아미노산에서 아미노기를 제거하여 요소로 전환시켜 배출한다. 나머지 탄수화물 뼈대는 피루브산염이나 아세틸-CoA로 전환되거나, 또는 크렙스회로를 통해 세포호흡 경로에 들어갈 수 있다.

혼자 풀어보기

1. a; **2.** c; **3.** a; **4.** c; **5.** b; **6.** b; **7.** a; **8.** b; **9.** c; **10.** b; **11.** c; **12.** c; **13.** c; **14.** c; **15.** d

과학적으로 생각하기

1. 말론산염은 크렙스회로의 한 효소반응에서 생성되어 그 다음 효소의 기질이 된다. 되먹임 기작으로 인해 말론산염이 지나치게 많으면 자신을 생성하는 효소를 억제하고 따라서 크렙스회로가 멈추게 된다. **2.** 나이가 들면 미토콘드리아의 기능이 낮아져 지방을 빠르게 분해하지 못하게 된다. 이로 인해 지방이 세포에 축적된다. 지방과 기름은 아세틸-CoA로 되어 세포호흡 경로에서 이용되기 때문에 에너지를 생성하는 크렙스회로 기질이 풍부하게 되어 포도당이 필요하지 않게 된다. 세포가 이미 충분한 에너지를 지니고 있기 때문에 인슐린 신호를 무시하여 포도당을 흡수하지 않게 된다. 이처럼 지방산이 축적되면 인슐린 저항성이 나타나게 된다. **3.** 미토콘드리아와 일부 원핵세포는 형태와 기능이 유사하다. 미토콘드리아는 또한 내막에 함입 부위가 있다는 점에서 독립적인 원핵세포와 비슷하다. 원핵생물의 막과 유사한 미토콘드리아의 내막은 대사경로가 있는 장소이다. **4.** 사람은 전자전달사슬이 수행되지 않으면 살 수 없다. 우리가 대사적으로 필요로 하는 ATP 양은 해당과정과 크렙스회로만으로는 충족시킬 수 없다.

8장

진도 점검하기

(8.1) 1. 단세포 생물에서 세포분열은 번식 수단이기도 하다. 다세포 생물은 단일 세포에서 다세포로 발생하기 위해 세포 증식이 필요하다. 성숙한 개체는 소모된 세포를 보충하고 손상을 회복시키기 위해서 지속적으로 세포를 증식하고 재생한다. **2.** 세포는 분열하기 전에 염색체를 배가시켜 두 개의 자매염색분체를 형성한다. 각각의 자매염색분체는 동원체에서 서로 붙어 있으며, 이렇게 서로 부착되어 있는 염색분체는 서로 동일하다. **3.** 염색질은 히스톤을 감싸면서 뉴클레오솜을 이룬다. 히스톤과 뉴클레오솜은 염색질을 응축시켜 핵 안에 들어갈 수 있도록 한다. **(8.2) 1.** 세포주기는 세포가 둘로 분열되는 과정에 순차대로 나타나는 일련의 단계를 말한다. 세포주기의 각 단계에는 검문지점이 존재하여 전 과정이 정확하게 이루어질 수 있도록 조절한다. **2.** 간기의 세포는 세포의 정상 기능을 수행한다. G_1기에서는 세포소기관이 증식된다. S기에서는 DNA가 복제되고 G_2기에 이르면 세포가 성장하고 세포 분열에 필요한 단백질이 합성된다. **3.** 전기—염색체가 응축되면서 두 개의 자매염색분체가 형성된다. 중기—염색체가 적도면에 배열된다. 후기—자매염색분체가 서로 떨어져 양 극으로 이동하여 딸 염색체가 형성된다. 말기—방추사가 사라지고 핵막이 딸 염색체 주위를 둘러싸며 형성된다. **4.** 동물세포에서는 두 개의 딸세포가 분리될 때까지 딸세포의 핵 사이에 분열구가 형성된다. 식물세포에서는 단단한 세포벽으로 인해 이와 같은 형태의 세포질 분열이 불가능하다. 그 대신 두 개의 딸세포

사이에 새로운 원형질막과 세포벽을 형성하는 방식으로 식물세포의 세포질분열이 진행된다. **(8.3) 1.** 검문지점은 세포주기가 다음 단계로 넘어가기 전에 완전하게 각 단계가 정확하게 완료될 수 있도록 조절한다. **2.** 내외부의 신호는 세포주기의 검문지점을 조절하는 분자를 말한다. 내부 신호는 G_1에서 S기 및 G_2에서 M기로의 전이를 조절한다. 외부 신호는 세포를 자극해서 세포 주기가 진행하도록 한다. **3.** 세포자살을 통해 세포 사멸의 균형이 제대로 조절되지 않으면 세포 주기가 정상적으로 진행되지 않는다. 그렇게 되면 정상적인 세포 수준이 유지되지 않는다. **(8.4) 1.** 원발암유전자는 세포주기를 촉진하고 세포자살을 억제하는 단백질을 부호화한다. 종양 억제 유전자는 세포주기를 억제하고 세포사멸을 촉진하는 단백질을 부호화한다. 이들 유전자에 돌연변이가 발생하면 세포가 비정상적으로 성장한다. **2.** 텔로미어 길이가 짧아지면 세포가 분열할 수 있는 횟수가 줄어든다. 텔로미어가 짧아지지 않는다면 세포는 무한정 복제될 수도 있다. 전좌 등으로 염색체의 일부가 재배열되면 세포주기를 조절하는 유전자가 파괴될 수 있다. 이와 같은 과정을 통해 암이 발생하기도 한다. **3.** *RB* 유전자는 종양 억제유전자로 이 유전자에 돌연변이가 망막세포종이라는 암 발생을 유도한다. 두 개의 대립유전자에 모두 돌연변이가 일어나면 암이 생성된다. *RET* 유전자는 원발암유전자로 이 유전자에 돌연변이가 일어나면 갑상샘암이 발생된다. 이는 상염색체성 우성으로 단 하나의 대립유전자에 돌연변이가 일어나도 암발생률이 높아진다. **(8.5) 1.** 암세포는 분화하지 않고, 비정상적인 핵을 지니며, 세포자살이 일어나지 않고 종양을 형성하고, 전이되며, 혈관신생을 촉진한다. **2.** 암을 치료하는 방법으로는 외과 수술에 의한 종양의 제거, 방사선 요법, 화학요법, 호르몬 요법, 혈관신생의 억제 등이 이용된다. **3.** 금연, 햇빛 노출 피하기, 음주 절제, 건강한 체중을 유지하고 적절한 영양 섭취를 가능하게 하는 식습관 등의 생활 방식으로 암 발생의 위험을 낮출 수 있다.

혼자 풀어보기

1. b; **2.** a; **3.** d; **4.** a; **5.** c; **6.** b; **7. a.** G_1; **b.** S; **c.** G_2; **d.** 전기; **e.** 중기; **f.** 후기; **g.** 말기; **h.** 세포질분열; **8.** a; **9.** d; **10.** c; **11.** b; **12.** a; **13.** b; **14.** c; **15.** a; **16.** a; **17.** d

과학적으로 생각하기

1. a. 암은 살아가면서 세포에 여러 개의 돌연변이가 축적되면서 발생된다. 암의 종류에 따라 발생 시기가 다른 까닭은 어떤 종류의 암은 더 많은 수의 돌연변이가 일어나야 발병하기 때문이다. 더 많은 돌연변이를 필요로 하는 암은 더 오랜 시간이 지난 후에 나타날 확률이 높다. **1.b.** 후쿠시마 지역에 사는 사람들에게서 시간에 따라 나타나는 암의 종류를 조사한다. 이 결과를 방사능에 노출되지 않은 비슷한 집단과 비교하여 가설을 검증할 수 있다. 연구가 진행되는 동안 두 집단이 방사능 노출 외에 다른 발암 요인의 차이가 나타나지 않도록 주의해야 한다. **2.** 핵 바깥에 위치하는 동원체에서 생성되는 방추사가 핵 안에 존재하는 자매염색분체에 결합해야 세포분열이 일어나는 동안 염색체가 양극으로 이동할 수 있다. 따라서 핵막이 존재하면 방추사(미세소관)는 염색분체에 결합해서 이들을 분리할 수 없다. 세포질에 존재하는 디네인이라는 분자 모터 단백질이 핵막을 잘게 조각내어 미세소관 주변에서 제거하는 것으로 생각된다. 핵막이 조각나면 핵막의 형태가 사라지고 세포질 단백질이 핵 내부로 흘러들어간다. 세포질 단백질의 유입은 염색체를 응축시키고 성상체 형성을 촉진한다. 핵막이 제거되는 과정은 핵이 분열되는 동안의 염색체 변화와 연계되어 있다. **3.** 검문지점이 있어서 세포주기가 끝나는 지점에 염색체 함량이 정상으로 유지된다. 염색체 함량이 비정상이면 세포 사멸이 일어나거나 암 세포가 형성된다. **4. a.** BPA와 유사한 호르몬이 세포분열을 촉진하는 외부의 신호로 작용한다. **4. b.** BPA는 호르몬과 유사한 방식으로 작용하므로 매우 적은 양의 BPA 분자만 존재해도 필요한 신호전달 경로를 촉진할 수 있다. 또한 신호전달 경로는 일단 시작되면 그 과정이 증폭된다.

9장

진도 점검하기

(9.1) 1. 감수분열은 핵분열의 일종이다. 감수분열 과정에 염색체의 수는 절반으로 줄어들고 염색체가 재배열되면서 유전적으로 서로 다른 배우자가 형성된다. 이를 통해 고유한 유전적 조성을 가진 다양한 배우자가 만들어질 수 있어서, 유전적 다양성이 높아진다. **2.** 성인이 되면 감수분열을 해서 배우자를 생성한다. 반수체 정자는 반수체 난자와 수정하여 이배체 접합자를 이룬다. 이렇게 형성된 이배체 접합자가 분열하면서 성체가 발생된다. **3.** 염색체는 상동염색체라 불리는 염색체 쌍으로 존재한다. 상동염색체의 각 한 쪽은 아버지 또는 어머니에게서 물려받는다. 상동염색체 각각은 같은 종류의 유전자를 지니지만 서로 다른 형질을 나타낼 수 있다. 세포주기 동안 각각의 상동염색체는 복제되어 서로 동일한 두 개의 자매염색분체를 형성한다. **4.** 상동염색체의 비자매염색분체 사이에서 교차가 일어나면 염색체상에 존재하는 대립유전자들이 뒤섞인다. 각각의 부모에게서 물려받은 염색체의 대립유전자들이 뒤섞이면서 고유한 대립유전자 조성을 갖는 염색체들이 딸세포로 전해진다. 이 과정에서 진화의 기초가 되는 유전적 변이가 생성된다. **(9.2) 1.** 제1감수분열 전기에 비자매염색분체 사이에서 교차가 일어난다. 제1감수분열 중기에 4분염색체가 적도판에 배열하며 이때 각각의 상동염색체는 서로 다른 양극을 향한다. 적도판에 상동염색체가 배열될 때 각각의 상동염색체가 부계인지 모계인지는 상관없다. 따라서 이 과정에서도 배우자의 유전적 다양성이 높아진다. **2.** 제1감수분열 중기에는 4분염색체(각각 2개의 염색분체를 지니는 2개의 상동염색체)가 적도판에 배열된다. 반면 제2감수분열 중기에는 2분염색체(2개의 자매염색분체를 지니는 염색체 하나)가 적도판에 배열된다. **3.** 제1감수분열 중기에서부터 염색체 수는 반으로 줄어들기 시작하며 이때 유전정보는 이미 뒤섞여 있는 상태다. 제2감수분열 중기는 염색체 수가 반수체로 줄어든 것을 제외하고는 유사분열의 중기와 동일하다. **(9.3) 1.** 유사분열은 2개의 딸세포를 형성하나 감수분열은 4개의 딸세포를 생성한다. **2.** 유사분열은 이배체 딸세포를 생성하지만 감수분열에서 생성되는 딸세포는 반수체다. **3.** 제1감수분열이 일어나는 동안 시냅스가 형성되고 이때 교차가 일어난 다음 상동염색체가 각각의 딸핵으로 분리된다. 이때 각각의 상동염색체가 아버지에게서 온 것인지 어머니에게서 온 것인지는 관계없이 나뉜다. 그 결과 유전적으로 서로 다른 딸핵이 형성되고 딸핵의 염색세 수는 절반으로 줄어든다. 제2감수분열은 염색체 수가 반수체인 것만을 제외하면 유사분열과 같은 방식으로 진행된다. 유사분열에서 형성되는 딸세포는 모세포와 동일하다. **(9.4) 1.** 제1감수분열이나 제2감수분열이 일어나는 동안 상동염색체가 분리되지 않으면(염색체 비분리), 배우자 그리고 그 결과 접합자의 염색체 수가 비정상이 된다. **2.** 염색체가 하나 모자라는 경우는 1염색체성이 된다. 가외의 염색체를 하나 더 갖는 경우를 3염색체성이라 한다. **3.** X 또는 Y 염색체에 이상이 있는 경우는 성염색체 이상이라 한다. 상염색체 이상은 성염색체를 제외한 22쌍의 염색체 어느 곳에서나 발생할 수 있다. 성염색체 수 이상을 지니는 신생아는 상염색체 수의 이상을 지니는 아기에 비해 생존할 가능성이 높다.

혼자 풀어보기

1. d; **2.** a; **3.** d; **4.** a; **5.** f; **6.** h; **7.** c; **8.** g; **9.** b; **10.** e; **11.** c; **12.** b; **13.** b; **14.** c; **15.** d; **16.** c

과학적으로 생각하기

1. (46, XY/47, XXY)와 같은 모자이크형은 특히 발생 매우 초기에 유사분열 과정에서 비분리현상이 일어나면 나타날 수 있다. 모자이크형 클라인펠터 증후군에서 정상 (46, XY) 배아세포가 정소를 형성하면 생식능력을 가질 수 있다. **2.** 다운 증후군의 증가와 산모 연령 증가 사이의 관계를 설명할 수 있는 가설은 다음과 같다. (2) 나이든 여성은 난모세포가 감수분열 상태에서 더 오래 멈춰 있기 때문에 난모세포가 비분리현상을 일으킬 수 있는 돌연변이원에 노출될 가능성이 높아진다. (2) 비분리현상이 나타난 난모세포는 성숙하는 데 시간이 오래 걸리기 때문에 나이든 여성에게서 더 많이 방출된다. (3) 여성의 나이가 많아지면 에스트로겐의 농도(난모세포의 발생 과정에서 감수분열 속도를 조절한다)가 낮아져서 감수분열 속도를 낮춘다. 이로 인해 나이든 여성에게서 비분리현상이 더 많이 나타날 수 있다. **3.** 집단 내에서 유전적 변이가 많아지면 환경의 변화에 더 빨리 적응할 수 있다. 예를 들어 새로운 병원체에 갑작스럽게 노출된 집단을 생각할 때, 이 집단에서 적어도 몇 명이라도 이 병원체에 의한 감염에서 살아남을 수 있다면 그 집단은 계속 살아남을 수 있을 것이다.

10장

진도 점검하기

(10.1) 1. 멘델의 실험은 가족 사이에서 형질이 어떻게 대물림되며 또한 한 세대에서 나타나는 변이가 다음 세대에 어떻게 전달되는지 설명해준다. **2.** 한 가지 형질에 대해 이형접합(*Tt*)인 두 개체 사이에서 태어

나는 자손에게서는 세 종류의 서로 다른 유전형, *TT*, *Tt*, *tt*가 1:2:1의 비율로 나타날 것이다. 우성동형접합자(*TT*)와 이형접합자(*Tt*)의 표현형이 같다면 표현형의 비율은 3:1이 될 것이다. **3.** 자손 가운데 3/16 (18.75%)이 키가 작고 녹색 콩깍지를 지닐 것이다. **4.** 멘델이 실험한 개체의 유전형질은 상동염색체에 의해 전달된다. 상동염색체 하나는 모계의, 다른 하나는 부계의 형질을 지닌다. 두 가지 형질을 고려하면 두 개의 서로 다른 상동염색체를 살펴봐야 한다. 감수분열이 일어날 때 각각의 상동염색체들에서 상동의 쌍은 서로 독립적으로 양극으로 분리되어 부계와 모계 염색체의 구분 없이 무작위적으로 배우자의 핵에 포함된다. 배우자에는 염색체의 모든 조합이 들어갈 수 있다. 이는 멘델이 완두의 양성잡종 교배에서 관찰했던 사실과 일치한다. **(10.2) 1.** 상염색체 열성 가계도(그림 10.9)를 보면 질병을 지닌 아이가 건강한 부모에게서 태어날 수 있다. 이형접합자는 정상 표현형을 나타내며 남녀 모두에게서 같은 빈도로 나타난다. 별표로 표시된 사람은 이형접합자로 질병을 지닌 아이를 가진 사실로 이를 알 수 있다. 상염색체성 우성 가계도(그림 10.10)에서는 증상을 가진 아이 부모는 적어도 한 명이 같은 증상을 보인다. 이형접합자에게서 증상이 나타나고 남녀 모두에게서 같은 빈도로 나타난다. **2.** 낭성 섬유종을 비롯한 상염색체성 열성 질환에서는 정상 표현형을 가진 사람이 이형접합(우성 대립인자 하나와 열성 대립인자 하나를 지님)일 수 있다. 부모는 각각 열성 대립유전자를 지니는 배우자를 생성할 수 있고 이들이 서로 합쳐지면 질병을 나타내는 자손이 태어나게 된다. **3.** 알캅톤뇨증은 상염색체성 열성 질환으로 이를 앓는 사람은 호모젠티스산 산화효소 유전자의 기능이 없다. 이들은 호모젠티스산을 분해하지 못한다. 불완전골생성증은 상염색체성 우성 질환으로 이 환자에게는 두 개의 유전자 중 하나에 돌연변이가 일어나서 제1형 콜라겐이 정상적으로 형성되지 않는다. 그 결과 뼈가 부서지기 쉽고 약해진다. **(10.3) 1.** 불완전 우성은 이형접합자가 양쪽 동형접합자 사이의 중간 표현형을 나타낸다. 분홍색 분꽃이 여기 속한다. **2.** 공우성은 각각의 대립형질이 완전히 발현될 때 나타난다. 혈액형에서 가능한 유전형은 다음과 같다. I^AI^A, I^Ai, I^BI^B, I^Bi, ii, I^AI^B. **3.** 다유전자성 형질은 서로 다른 염색체 상에 존재하는 여러 종류의 대립유전자 쌍에 의해 영향을 받는다. 우성 대립유전자들은 서로 부가적인 영향을 미쳐 표현형 빈도가 종모양을 이룬다. 다인자성 형질은 해당 형질에 영향을 미치는 여러 종류의 유전자 조절을 받는 동시에 다양한 정도로 환경의 영향을 받는다. 다면발현은 한 유전자가 한 가지 이상의 효과를 나타내는 경우를 말한다. **4.** 여러 개의 유전자가 동일한 염색체 상에 위치하면 한꺼번에 대물림된다. 양성교배의 대전제는 두 종류의 유전자가 서로 다른 염색체 상에 존재하면 서로 독립적으로 유전된다는 것이다. **(10.4) 1.** 남성의 핵형은 XY이므로 일부 정자에는 X 염색체가 또 다른 정자에는 Y 염색체가 포함된다. **2.** X-연관 열성유전(그림 10.25)은 여자보다 남자에게서 증상이 더 많이 나타난다. 정상 표현형을 지닌 부모에게서 증상을 가진 아들이 태어날 수 있는 반면, 증상을 지닌 딸은 아버지가 증상을 갖고 어머니가 증상을 갖거나 보인자인 경우에만 태어난다. 상염색체성 열성 유전에서는 남녀 모두 동일한 빈도로 증상을 보이며, 이형접합자는 정상 표현형을 나타내고, 정상 표현형을 지닌 부모에게서 증상을 가진 자녀가 태어날 수 있다. **3.** 색맹과 듀센근위축증은 성 연관 질환이다.

혼자 풀어보기

1. c; **2.** d; **3.** d; **4. a.** *TG*; **b.** *tg*; **c.** *TtGg*; **d.** *TTGG*; **e.** *TtGg*; **f.** *TTgg*; **g.** *Ttgg*; **h.** *TtGG*; **i.** *ttGG*; **j.** *TtGg*; **k.** *ttGg*; **l.** *ttgg*; **5.** a; **6.** b; c a; **8.** b; **9.** a; **10.** a; **11.** a; **12.** e; **13.** e; **14.** d; **15. a.** X^bY; **b.** X^BX^b; **c.** X^BY; **d.** X^BY; **e.** X^bY

과학적으로 생각하기

1. a. 교배(*CcPp* × *CcPp*)를 통해서는 9/16 보라색(*C_P_*) 및 7/16 흰색 자손(*C_pp*, *ccP_*, *ccpp*)이 태어난다. **2. a.** 순종을 확보한 다음, 해당 형질을 나타내는 순종과 대립형질을 나타내는 순종을 교배한다. 이 교배에서 해당 형질을 나타내는 자손이 태어나지 않으면 그 형질은 열성이다. 만일 이 교배에서 모든 자손이 해당 형질을 나타내면 그 형질은 우성이다. **b.** 초파리는 자손을 많이 낳고, 세대시간이 짧으며, 비교적 낮은 비용으로 배양할 수 있고, 인간을 대상으로 하는 연구에 비해 윤리적인 문제가 덜 야기된다. **3. a.** 이 기술을 사용하여 딸을 선택하여 낳는 것이 가능하기 때문에 X 연관 열성 유전질환이 나타날 확률을 낮출 수 있다. **b.** 부모가 사회문화적 선호에 기대어 자녀의 성을 선별적으로 선택함으로써 집단의 남녀 균형이 깨질 수 있다.

11장

진도 점검하기

(11.1) 1. DNA는 디옥시리보오스당과 인산, 그리고 질소를 포함하고 있는 시토신, 티민, 아데닌, 구아닌, 염기로 구성된 일련의 뉴클레오티드를 포함한다. 뉴클레오티드 두 가닥은 서로 반대방향으로 배열되어 있으며 시토신은 구아닌과 아데닌은 티민과 수소결합을 하며 나선으로 휘어 있다. **2.** DNA는 디옥시리보오스당을 RNA는 리보오스당을 포함하고 있다. DNA는 티민 염기를 RNA는 우라실 염기를 갖고 있다. DNA는 이중가닥이고 RNA는 단일가닥이다. **3.** 헬리케이즈(helicase)는 나선 구조를 푼다; DNA 중합효소는 5′에서 3′ 방향으로 성장하고 있는 새로운 가닥에 뉴클레오티드를 첨가한다; DNA 연결효소(ligase)는 디옥시리보오스 인산 골격에 있는 틈을 연결한다. **4.** mRNA는 핵 안의 DNA에 존재하는 유전정보를 세포질에 존재하는 리보솜으로 운반한다; rRNA는 세포질에 있는 단백질과 결합하여 리보솜을 형성하며 여기서 단백질이 합성된다; tRNA는 리보솜에서 성장하고 있는 폴리펩티드에 아미노산을 전달한다. **(11.2) 1.** 유전정보는 DNA에서 RNA를 거쳐 단백질로 전달된다. DNA는 mRNA로 전사되고, mRNA는 핵에서 세포질로 이동하며 세포질에서 단백질로 번역된다. **2.** 전사를 통해 mRNA 가닥이 만들어지며, rRNA는 리보솜 단위체로 구성되며 여기에 mRNA 가닥이 붙는다. 그리고 tRNA 분자는 번역복합체로 아미노산을 가져온다. **3.** 핵 안에서 전사과정을 통해 DNA의 일부와 상보적인 RNA가 만들어진다. mRNA는 가공된 다음 세포질로 이동하고, 거기서 리보솜 소단위체와 결합한다. 리보솜 RNA와 단백질로 이루어진 리보솜은 소단위체와 대단위체로 구성되어 있다. 이것이 번역의 시작이다. 리보솜 대단위체가 소단위체와 합류하고 안티코돈을 갖고 있는 tRNA-아미노산 복합체가 mRNA의 코돈과 결합한다. 성장하고 있는 폴리펩티드에 아미노산이 첨가된다. **(11.3) 1.** 원핵생물에서는 프로모터 하나가 여러 유전자로 구성된 단위체를 조절한다. 진핵생물은 유전자마다 프로모터를 하나씩 갖고 있다. 원핵생물은 대부분 전사를 조절하면서 유전자 발현을 조절한다. 진핵생물은 발현의 속도를 조절하거나 발현되어 있는 기간을 조절하는 등 유전자 발현을 조절할 수 있는 방법을 많이 갖고 있다. **2.** 진핵생물은 핵에서 염색질 응축이나 전사조절 혹은 mRNA 가공 등으로 유전자 발현을 조절할 수 있다. 세포질에서는 mRNA의 번역을 지체할 수 있으며, mRNA 수명을 바꿀 수 있고 단백질의 수명을 조절할 수도 있다. **3.** 진핵생물은 전사인자를 많이 갖고 있으며 이들은 복합체를 형성하여 DNA와 결합하여 DNA 가닥의 분리를 돕고 RNA 중합효소가 위치를 잡는 것을 촉진한다. 함께 작용하는 전사인자가 많이 있으므로 전사의 고차원적인 조절이 가능하다.

혼자 풀어보기

1. a. 당-인산뼈대(sugar-phosphate backbone); **b.** 염기(base); **c.** 수소결합(hydrogen bonds); **d.** 당(sugar); **e.** 뉴클레오티드(nucleotide); **2.** a; **3.** d; **4.** a; **5.** d; **6.** b; **7.** b; **8.** a; **9.** c; **10.** c; **11.** b; **12.** b; **13.** b; **14.** d; **15.** b

과학적으로 생각하기

1. 열을 처리하여 죽인 독성 균주의 DNA가 독성 유전자를 포함하고 있다. 살아 있는 무독성 세균이 이 DNA 일부를 획득하여 독성균주가 되었다. **2.** 유전이 되면서 유전자 조절 효과를 가진 약물을 개발할 수 있다. 한 번만 약물을 주면 이 약물효과가 다음 세대로 전달될 수 있다. **3. a.** 효과적인 유전정보체계를 위해 기본적으로 요구되는 것들은 다음과 같다; 유전정보는 보관될 수 있어야 하며 유전될 수 있어야 한다; 보관된 정보는 발현할 수 있어야 한다; 변이를 포함하고 있어 진화가 가능해야 한다; 세포 내부에 포장될 수 있어야 한다. **b.** 만일 유전정보가 DNA와 매우 유사하다면 DNA가 유일하며 보편적이라는 것을 의미한다. 만일 유전정보가 다른 유형의 분자에 담겨 있다면 다른 보관 분자가 가능하다는 것을 의미한다.

12장

진도 점검하기

(12.1) 1. 세균 플라스미드는 원형구조의 부속 DNA로 외래 DNA를 운반하는 벡터로 이용한다. **2.** 보통 수백 염기쌍 정도 되는 특정 DNA 서열을 많이 복제하기 위해 PCR을 수행한다. **3.** 세균이나 바이러스가 일으키는 감염의 출처를 밝히기 위해, 혹은 범죄현장과 연루된 사람이나 아이의 부모 혹은 정체불명의 시

체를 식별하기 위해 DNA 지문감식을 한다. 또 질병의 위험도가 증가될 수 있는 돌연변이를 검출하기 위해서 사용할 수도 있다. **(12.2) 1.** 생식복제의 목적은 개체와 똑같은 복제생물을 만드는 것이다. 치료용 복제의 목적은 세포분화를 연구하거나 질병을 치료하기 위한 세포를 제공하기 위해 세포 조직을 만드는 것이다. **2.** 생식복제에서는 복제하고자 하는 생물의 세포로부터 세포주기 중 휴지기(G_0)에 있는 이배체 핵을 분리한다. 이 핵을 자신의 핵이 제거된 난자에 주입한다. 이배체 난자를 배양하여 배아를 만들며 이것을 대리모의 자궁에 이식하여 태어나게 한다. **3.** 치료용 복제에서는 세포주기 중 휴지기(G_0)에 있는 체세포에서 이배체 핵을 분리하고 자신의 핵이 제거된 난자와 융합시킨다. 이배체 난자를 배양하여 배아를 만들며, 그 다음 특정 조건에서 배양하여 특정 세포 유형을 만든다. **(12.3) 1.** 형질전환생물은 외래 유전자를 자신 안에 갖고 있다. 유전적으로 변형된 생물은 재조합 DNA 기술을 이용하여 자신의 유전물질이 변형되었다. **2.** 인슐린이나 혈액응고인자 VIII, 인간 성장호르몬, tissue plasminogen activator, B형 간염 백신을 생산하기 위해 형질전환세균을 만들어 사용한다. 딸기에서 얼음 결정이 만들어지는 것을 줄이기 위해 서리내성 세균을 만들었다. 자연계에 존재하는 기름 분해 세균은 더 효율적으로 작동하도록 조작하였다. **3.** 제초제에 강한 형질전환 식물은 제초제 사용을 줄이며 수확량을 증가시켰다. 유전자변형 식용작물은 높은 영양 물질을 함유할 뿐만 아니라 더 건강한 지방을 갖도록 개발되었다. 소 성장 호르몬 유전자를 갖는 형질전환 동물은 더 크게 성장하여 더 많은 고기를 제공한다. 이러한 변화는 식량 생산을 증대시킨다. 높은 농도의 염분에 살 수 있는 식물과 CO_2를 더 섭취하고 물을 덜 소실하는 잎을 갖는 식물이 개발되었다. 이들은 기후조건 변화에 적응한다. **(12.4) 1.** 유전체 연구의 목적은 어떤 유전자들이 존재하는지, 유전자산물과 이들의 기능, 그리고 유전체에 존재하는 유전자간 인터제닉(intergenic) DNA의 기능을 이해하는 것이다. **2.** 다른 동물의 유전체를 비교함으로써 이들의 차이점과 유사점을 구별할 수 있다. 이것은 진화역사에 대한 정보를 제공한다. 인간 유전체와 다른 가까운 종의 유전체를 비교함으로써 인류가 어떻게 진화해 왔는지 알 수 있다. **3.** 단백질체학은 신약 개발에 중요하다. 단백질의 구조와 기능을 알고 그들이 어떻게 상호 작용을 하는지 검사하는 것은 약물 분자가 그들을 어떻게 바꿀 것인지에 대한 식견을 제공하기 때문이다.

혼자 풀어보기

1. d; **2.** d; **3.** b; **4.** b; **5.** c; **6.** c; **7.** d; **8.** b; **9.** c; **10.** c

과학적으로 생각하기

1. 인간재조합 인슐린은 사람 인슐린과 완전히 동일하다. 소나 돼지의 인슐린은 사람 인슐린과 약간 다르다. 사람 재조합 인슐린을 사용하면 재조합 분자에 대한 항체반응을 피할 수 있을 것이다. **2.** 유전자가 조작되었거나 외래물질이 도입되어 생산된 산물이면 어떤 것이든 잠재적 위험이 도사리고 있으며 그 산물을 획득하는 개체에서 뜻하지 않은 반응이 일어날 수도 있다. **3.** 어린이가 정상범위에서 성장을 촉진하도록 인간재조합 성장호르몬을 사용하는 것은 적절하다. 전적으로 경쟁에서 유리하도록 혹은 미용적 이유로 사용하는 것은 부적절하다. **4.** 의사는 환자가 정상적으로 성장하고 있는지 그 외 대사 불균형이나 다른 부작용이 발생하지는 않았는지 확인하면서 환자의 발달과정을 추적한다.

13장

진도 점검하기

(13.1) 1. 돌연변이는 유전자의 DNA에 있는 뉴클레오티드 서열을 변화시킨다. 유전자는 대립유전자 위에 존재한다. **2.** 전이인자가 이동하면 유전자 안에 DNA 서열이 삽입될 수 있으며 따라서 뉴클레오티드 서열이 변형된다. 이 결과 돌연변이가 되어 유전자를 파괴한다. **3.** 점돌연변이에서 변경된 단일 염기가 암호화하고 있는 아미노산을 바꾸기도 하고 안 바꾸기도 한다. 이것이 단백질의 기능을 바꾸거나 안 바꾸기도 한다. 틀이동돌연변이는 그 아래의 모든 코돈을 변경시켜 단백질이 기능을 못하도록 한다. **(13.2) 1.** 부등교차(unequal crossing-over)에 의해 결실과 중복이 일어난다. 한 염색체에서 결실된 부분이 다른 염색체에 삽입된다. **2.** 전좌를 가진 염색체가 상속되어 특정 대립유전자 1개와 다른 대립유전자 3개를 가질 수 있다. DNA의 일부가 역위로 놓이면 유전자의 발현이 방해되어 유전자 활성이 바뀔 수 있다. 따라서 이런 염색체 변이로 질병이 유발될 수 있다. **3.** 고양이울음 증후군은 결실 돌연변이 때문이며, 5번 염색체 말단이 소실되었다. 아라길 증후군은 염색체 2번과 20번 사이의 전좌 때문이다. **(13.3) 1.** 핵형 결정을 통해 질병을 의미하는 염색체의 비정상적인 숫자와 모양을 검사할 수 있다. **2.** 혈액 내에 있는 특정 단백질의 존재 유무로 유전병을 알 수 있다. 유전자가 변형되었거나 발현을 하지 않으면 이 단백질이 없다. 또 정상 상태에서는 없어야 하는 단백질이 존재할 수도 있다. DNA 검사로 대립유전자에 변이가 있는 환자 DNA의 염기서열을 결정할 수 있으며 이런 변이가 질병을 유발할 수 있다. **3.** 초음파 영상은 의사가 태아의 유전체가 아니라 태아의 형태를 판단하는 데 도움을 준다. 양수천자는 긴 바늘을 이용하여 태아세포를 포함하고 있는 양수를 빼낸다. 이 방법은 임신 14~17주 사이에 수행할 수 있으며 자동 유산 위험도는 0.3%이다. 융모막 융모시료는 흡입관을 사용하여 얻는데 태반이 발달할 장소에 있는 융모막으로부터 세포를 얻는다. 이 방법은 임신 5주에 수행할 수 있으며 자연유산의 위험도는 0.8%이다. **4.** 유전자 염기서열의 변화를 확인하여 질병의 유전자 마커로 사용할 수 있다. 유전적 표지는 유전자 프로필이나 마이크로어레이를 이용하여 검사할 수 있으며, 또 겔 전기영동법을 사용하여 DNA의 제한효소 절단 산물을 분석함으로써 검사할 수 있다. **(13.4) 1.** 골수줄기 세포는 유전자가 도입된 후에도 분열하여 이 변이를 갖고 있는 세포를 생산할 수 있으므로 선호된다. **2.** 유전자는 코에 분사하여 전달하거나 특정 기관에 직접 주입하여 전달할 수 있다. 세포나 기관에 유전자를 전달하기 위해 리포솜이나 아데노바이러스를 사용하기도 한다. **3.** 류마티스 관절염과 관련된 통증을 완화시키기 위해 항염증 유전자를 포함하고 있는 아데노바이러스를 아픈 관절에 주입한다.

혼자 풀어보기

1. c; **2.** b; **3.** a; **4.** b; **5.** c; **6.** a; **7.** c; **8.** b; **9.** c; **10.** b.

과학적으로 생각하기

1. 여러 경우에 있어 유전자 양이 질병을 유발할 수 있다. 예를 들어 어떤 유전병은 돌연변이 대립유전자 한 개가 표현형을 변경시키기에 충분하므로 우성이라고 배웠다. 이 경우 돌연변이 대립유전자가 정상 대립유전자가 갖고 있지 않은 또 다른 기능을 가질 수 있으며 이로써 질병이 유발된다. 비슷하게 유전자가 3개 혹은 4개 존재하면 너무 많은 단백질이 만들어지고, 많이 만들어진 효소가 해롭다면 질병이 유발될 것이다. 예를 들어 rRNA 유전자 같은 일부 유전자들은 이미 여러 카피로 존재한다. 이 경우는 여러 개를 갖는 것이 문제를 일으키지는 않을 것으로 예상된다. **2.** 아데노바이러스가 아마도 원발암유전자나 종양억제유전자 같은 세포주기 조절 유전자 안에 혹은 그 근처에 삽입되었을 것이다. 이 경우 유전자가 파괴되어 불활성화되었을 것이다. 사실, *LMO-2*라고 하는 원발암유전자 근처에 바이러스가 삽입된 것이 보고되었다. **3.** 질병이 동형접합 열성일 때 열성 대립유전자는 항상 집단의 일부에 숨겨진 채 남아 있을 수 있다. 두 이형접합 보인자가 결혼해야만 자손이 질병을 얻을 기회가 생긴다. 때로는 열성 형질이 진화에 유리할 수도 있다. 예를 들어 낫모양적혈구빈혈증 보인자는 말라리아에 더 강하다.

14장

진도 점검하기

(14.1) 1. Cuvier는 고생물학의 기초를 세웠다. 그는 종은 시간이 지나도 변하지 않는다고 생각했다. 대신에 대재앙에 의해 대규모의 멸종이 일어난다고 생각했다. 재앙 이후, 그 지역에 새로운 개체군이 생겼고, 이것이 새로운 지층에서 새로운 화석의 출현을 설명하였다. Lamark는 동물이 환경에 적응하고 이러한 변화가 자손에게 전달된다고 제안했다. 이는 획득형질의 유전을 의미하며 시간의 흐름에 따른 변화를 설명하였다. **2.** 획득형질의 유전이라는 이론에 따르면, 한 개체는 환경에 반응하여 변하고 다음 세대로 유전 가능한 새로운 특성을 획득한다. 자연선택 과정에 따라 환경에 잘 적응한 개체는 살아남고 그렇지 못한 개체는 사라진다. **3.** 가장 잘 적응한 개체는 살아남아서 생식활동을 하기 때문에, 어떤 환경에서 살아남도록 하는 형질에 대한 자연선택은 적응으로 이끈다. **4.** 유전자 풀의 다양성과 변이가 없다면 개체들은 변화하는 환경에 적응하지 못하기 때문에 만일 환경이 변한다면 종은 사라질 것이다. **(14.2) 1.** 피리새는 공통 조상이 독특한 환경에 적응하는 과정에서 다른 종으로 분화됨을 보여준다. 이 경우에, 섬마다의 환경이 다르므로 그 섬에 도착한 피리새에게 적응을 위해 다른 압력이 가해졌다. **2.** 흔적기관은 현존하는 생명체

들이 과거부터 공통조상을 가지고 있었음을 보여준다. 오늘날 이 기관들은 쓸모없지만 과거에는 유용했다. **3.** 상동구조는 공통조상을 나타내는 해부학적인 유사성을 가진다. 상사구조는 공통 기능을 가지지만 공통조상의 증거로 작용하지는 못한다.

혼자 풀어보기

1. b; **2.** d; **3.** b; **4.** b; **5.** a; **6.** e; **7.** e; **8.** a; **9.** c; **10.** b; **11.** a; **12.** c; **13.** b; **14.** c

과학적으로 생각하기

1. 사람과 다른 동물들이 어떤 구조를 가진 공통조상을 공유하면 공통된 구조를 가지기도 한다. 이러한 구조는 사람의 식생활에 관한 역사에 대한 정보를 제공한다. 과거에 사람은 지금보다 식물을 더 많이 먹었음을 시사한다. **2.** 유전자들은 개체의 생존을 위한 중요성과 기능에 따라 진화적 제약과 압력 정도가 다르다. **3.** 섬의 개체군들이 본토의 개체군들로부터 격리되고 환경이 다르기 때문이다.

15장

진도 점검하기

(15.1) 1. 방향성 선택은 한 쪽 끝의 극단적인 표현형이 선호될 때 일어난다. 안정성 선택은 중간 형질의 표현형이 선호될 때 일어난다. **2.** 분단성 선택에서는 중간 표현형이 배제된다. 결국 개체군에는 두 가지의 완전히 다른 표현형이 생존한다. **3.** 돌연변이, 재조합, 독립 유전, 유전자 흐름, 분단성 선택과 이배성 **4.** 말라리아가 만연한 지역에서는 말라리아를 보다 성공적으로 이겨낼 수 있는 이형접합체가 선택되기 때문에 이 지역에서 사는 집단의 경우 낫세포 적혈구빈혈증이 더 높은 빈도로 발생한다. **(15.2) 1.** 모든 구성원이 가지고 있는 유전자 자리에서의 다양한 대립유전자들이 한 개체군의 유전자풀을 구성한다. **2.** Hardy-Winberg 원리는 다섯 가지 조건이 충족된다면 한 유전자 풀에서 유전자형 빈도의 평형이 유성생식을 하는 개체군의 다음 세대에서도 여전히 적용한다는 것을 말한다. 소진화는 개체군의 유전자 풀에서 유전자형 빈도가 Hardy-Winberg 평형으로부터 벗어난 정도를 이해함으로써 알 수 있다. **3.** 돌연변이, 유전자 흐름, 작위적 교배, 유전적 부동 그리고 자연 선택 **4.** 돌연변이는 진화를 일으키는 유전적 다양성을 제공한다. **5.** 유전자 흐름은 개체군 간의 대립유전자의 이동이다. 이로 인해 소진화가 일어난다. 작위적 교배는 유전자형이나 표현형에 따른 개체들의 교배이다. 이로 인해 개체군 내에서 동형접합 비율이 증가하고 소진화가 일어난다. **6.** 유전적 부동을 통해 우연한 기회에 시간이 흐름에 따라 유전자 풀 안의 대립유전자의 빈도가 변한다. 개체군이 작으면 드문 유전자형이 다음 세대에 전달될 가능성은 더욱 크다. 결과적으로 이러한 유전자형은 감소하기도 하고 증가하기도 한다.

혼자 풀어보기

1. d; **2.** a; **3.** c; **4.** b; **5.** c; **6.** a; **7.** d; **8.** c; **9.** c; **10.** b; **11.** a

과학적으로 생각하기

1. a. 두 번째 농부는 많은 양의 살충제를 세 차례 사용함으로써 살충제에 저항성을 나타내는 곤충을 발생시켰고 이 곤충들이 5년에 걸쳐 선택되어졌다. **b.** 저항성을 나태내는 곤충은 극단적인 표현형을 나타낸다. 이는 방향성 선택의 한 예이다. **c.** 첫 번째 농부의 밭에 있는 곤충 집단은 평형상태이다. 손실률이 일정하게 유지되는 것은 동일한 수의 저항성 곤충이 존재함을 나타내기 때문이다. **2. a.** 암컷은 밝은색 깃털을 가진 수컷이 보다 적합하다고 여기기 때문에 선택한다. 이는 성 선택의 한 예이다. **b.** 밝은 깃털의 수컷을 선택함으로써 암컷은 생식 성공도가 높은 밝은 깃털의 자손을 갖게 된다. 이는 작위적 교배이다. **c.** 자연적인 환경에서 어두운 깃털의 암컷과 밝은 깃털의 수컷을 교배시키고 자손의 생식적 성공을 측정한다. 이를 어두운 깃털의 암컷과 어두운 깃털의 수컷을 교배시킨 뒤 자손의 생식적 성공과 비교한다.

16장

진도 점검하기

(16.1) 1. 생물학적 종은 서로 교배할 수 있고 공통의 유전자 풀을 가지며 생식적으로 다른 종들과 격리된 개체들의 모임을 말한다. 이는 외형에 의존하지 않은 검증 가능한 개념이다. **2.** 생물학적 종 개념은 무성생식을 하는 개체에는 적용되지 못한다. 게다가 생식적 격리가 불완전하여 종들 간에 교배가 일어나기도 한다. **3.** 접합전 격리 기작은 접합자 형성을 막는다. 서식지 격리, 시간적 격리, 행동적 격리, 기계적 격리, 배우자 격리가 그 예이다. 접합후 격리 기작은 접합자의 형성은 허락하지만 접합자가 죽거나 불임 자손을 생산하다. 접합자 사멸, 잡종 불임, 잡종 제2세대의 적합성이 그 예이다. **4.** 이소 종분화는 지리적 격리에 의해 유전자 흐름이 차단될 때 일어난다. 캘리포니아의 *Ensatina* 도롱뇽은 Central Valley에 의해 격리되고 동쪽 집단과 서쪽 집단 사이에 유전자 흐름이 제한된다. 남부 캘리포니아에서는 극히 드물게만 교배하는 상이한 두 유형이 존재한다. 동소 종분화는 지리적 격리가 일어나지 않은 채 생식적으로 격리된 그룹을 만든다. 밀의 다배수성으로 인해 빵밀의 생식적 격리가 일어났다. **5.** 갈라파고스군도에서 서식하는 많은 종의 피리새들은 본토의 한 종류의 조상 피리새의 후손일 것으로 추정된다. 각각의 새로운 종은 서식하는 독특한 환경에 따라 진화했다. **(16.2) 1.** 화석기록은 단단하고 내구성이 있는 비교적 완전한 증거로 시기를 추정할 수 있다. 화석기록은 오랜 시간에 걸친 진화적 변화를 보여준다. **2.** 단속평형 모델은 진화에서 어떤 변화도 없던 시기 중간에 매우 급작스러운 빠른 종분화가 일어난다고 이야기한다. **3.** 대륙이동, 서식지 상실 그리고 운석의 지구 충돌에 의해 대멸종이 일어난다. **4.** 선캄브리아기 동안에 지구가 형성되었다. 고생대 기간에 유악어류가 다양해지고 무종자 관속식물이 출현했다. 중생대 기간에 최초의 포유동물과 공룡이 출현하였다. 신생대 기간에 최초의 인류가 출현하였다. **(16.3) 1.** 종, 속, 과, 목, 강, 문, 계, 영역 **2.** 화석기록, 해부학적 유사성, 분자생물학적 자료가 사용된다. **3.** 상동구조는 공통조상에서부터 유래하기 때문에 해부학적으로 유사하다. 상사구조는 공통조상이 다른 그룹에 속하지만 같은 기능을 수행한다. **4.** rRNA 분자는 단백질 합성을 수행하는 리보솜에서 흔히 발견되므로 rRNA 염기서열은 오랜 시간에 걸쳐 거의 변하지 않았다. rRNA 서열의 유사점과 차이점은 진화적 유연관계를 결정하기 위해 사용된다. **5.** 때때로 린네식 분류는 동일한 파생형질을 가지고 있더라도 공통조상과 그들의 후손을 같은 그룹에 배치하는데 실패하기도 한다.

혼자 풀어보기

1. c; **2.** c; **3.** b; **4.** f; **5.** a; **6.** g; **7.** d; **8.** e; **9.** h; **10.** b; **11.** e; **12.** c; **13.** a; **14.** c; **15. a.** 3가지 다른 색깔; **b.** 척추, 양막란 그리고 체내수정; **c.** 뱀과 도마뱀, 대부분의 파생형질을 공유하기 때문이다.

과학적으로 생각하기

1. a. 양치식물: **b.** 종자 생산: **c.** 겉씨: **d.** 솔방울, 침엽: **e.** 은행나무, 활엽: **f.** 속씨: **g.** 하나의 떡잎: **h.** 두 개의 떡잎 **2.** 하와이제도에 있는 종들은 본토와 멀고 섬들 사이에도 거리가 멀어 격리된다. 수 세대를 지나면서 본토와는 다른 환경에 적응하게 된다. 플로리다 키스제도는 본토와 또 섬들과도 거리가 가까워 이동이 가능하다. 따라서 격리되지 않기 때문에 종분화가 일어나지 않는다. **3. a.** 사람은 상당 부분의 유전체를 다른 생명체와 공유하기 때문에 모든 단계의 계통분류학에 대한 기본적인 연구는 세상을 구성하는 인간과 다른 생명체들에 대한 유용한 정보를 제공해 줄 수 있다. **b.** 만일 어떤 나라가 구성원의 요구를 만족시키면서도 기본적인 계통분류학 연구를 지원하기에 충분한 재정 능력을 가지고 있다면, 그러한 연구는 잠재적인 이득을 가지고 있으므로 우선권을 가져야 한다.

17장

진도 점검하기

(17.1) 1. 바이러스는 단백질 소단위의 외부 캡시드와 DNA 또는 RNA의 내부 핵심으로 구성된 비세포성 구조체이다. **2.** 바이러스는 세포에 감염한 후 복제를 하면서 자신과 동일한 복사체를 생산한다. 또 다른 방식으로, 세포에 감염한 후 잠복기에 들어간 바이러스는 휴면 상태를 유지하면서 차후에 복제할 준비를 한다. **3.** 세포에 감염하기 위해 바이러스는 세포 표면에 있는 특정한 수용체 단백질에 결합하는 특정한 캡시드 단백질을 가지고 있어야 한다. **(17.2) 1.** 바이로이드는 캡시드 단백질을 가지고 있지 않은 노출된 RNA로 구성되어 있다. 바이러스는 DNA 또는 RNA의 내부 핵심과 단백질 소단위의 캡시드를 가지고 있다. **2.** 프라이온은 정상 단백질과 상호작용해서 그 형태를 변형시키는 기형 단백질이다. 이로 인해 신경이 파괴되는 치명적인 감염이 나타난다. **3.** Kuru는 신경변성을 유도하여 치명적인 감염을 유발하는 프라이온 질환이다. 광우병, 양을 공격하는 스크래피병, Creutzfelt-Jakob 질병은 모두 신경변성 장애를 일으킨다. **(17.3) 1.** 거대분자가 자기 조립되어 분자와 주변 사이에 만들어진 울타리에 의해 둘러싸이게 되었다. 이 울타리는 세포-유사 구조의 내부와 외부를 결정한다. 세포-유사 구조의 내부에서 세포 대사반응들

이 진화되어왔다. **2.** 구균(구형), 간균(막대형), 그리고 나선균 또는 스피로헤타(나선형). **3.** 접합—세포에서 세포로 DNA가 전달; 형질전환—환경에서 세포로 DNA가 전달; 형질도입—바이러스를 이용해 DNA가 전달 **4.** 세균은 핵양체 부위에 고리형 이중가닥 DNA로 된 염색체를 가지고 있다. 진핵세포의 염색체는 매우 꼬여져 핵 안에 들어 있는 선형 이중가닥 DNA로 되어 있다. **5.** 고세균의 원형질막과 세포벽은 극한 환경에서 생존할 수 있는 고유의 구조로 되어 있다. 이들은 또한 특이한 대사 특성을 가지고 있다. 이러한 특징 때문에 고세균은 세균과 경쟁하지 않는다. **(17.4) 1.** 미토콘드리아와 엽록체는 모두 이중막과 별개의 유전체를 가지고 있다. **2.** 원생생물은 하나의 핵과 다양한 세포소기관을 갖는 진핵생물이며, 대부분 단세포로 되어 있다. 이들은 서로 다른 다세포 생물의 공통조상을 대표하는 다양한 그룹이다. **3.** 조류는 식물과 같이 광독립영양생물, 즉 생산자이다. 원생동물은 항상 운동하는 단세포 종속영양생물이다. 이들은 자유롭게 살아가는 수중 생물로, 많은 동물의 병원균으로 작용하기도 한다. 점균류는 종속영양생물로 대부분 분해자이며, 많은 종이 세균을 잡아먹는다.

혼자 풀어보기

1. c; **2.** d; **3.** a; **4.** c; **5.** c; **6.** c; **7.** a; **8.** b; **9.** a; **10.** d; **11.** c; **12.** c; **13.** d; **14.** a; **15.** d

과학적으로 생각하기

1. 원생생물은 진핵생물영역에 속하며, 세균보다 고세균에 좀 더 가깝다. 고세균과 진핵생물은 세균이 갖고 있지 않은 공통의 리보솜 단백질들을 갖고 있다. 이들은 동일한 방식으로 전사를 시작하고, 유사한 운반 RNA를 갖고 있다. 바이러스는 계통수에 나타나 있지 않은데, 그 이유는 이들이 비세포성이고 생명체의 세 영역 어디에도 속하지 않는다고 여겨지기 때문이다. **2.** 박테리오파지는 환자의 몸 안에 있는 세균에 감염해서 세균을 죽일 수 있는 용균성 회로를 시작할 수 있다. 가장 중요한 이점은 항생제가 작용하지 않는 항생제 내성 세균의 감염을 제어할 수 있는 능력이다. 중요한 결점은 박테리오파지 감염에 대해 세균이 저항하도록 진화한다는 것이다. **3. a.** 인쇄된 표시에 있는 FDA 권고보다 내과의사에게 상환비율에 근거한 인센티브를 주는 것이 내과의사들의 행위를 변화시키는 데 훨씬 효과적이다. **b.** 항생제 사용을 억제하는 의무를 나타내는 법안은 변화되어야 한다. 만일 내과의사가 항생제 처방을 하지 않아 소송당하는 것으로부터 보호된다면, 이들은 자신들이 쓰는 처방에 대해 좀 더 신중해질 것이다.

18장

진도 점검하기

(18.1) 1. 차축조와 식물은 엽록소 *a*와 *b*와 보조 색소를 가지고 있으며 전분으로 탄수화물을 저장하고, 세포벽이 있으며, 접합체를 보호하고 영양분을 제공하는 구조를 형성한다; **2.** (1) 배의 보호; (2) 관다발조직의 진화; (3) 잎(대형엽과 소형엽)의 진화; (4) 종자의 진화; (5) 꽃의 진화. **3.** 감수분열은 이배체 포자낭에서 반수체 포자를 생산하고 유사분열을 하여 배우자를 형성한다. 수정이 일어나고, 배우자는 포자체로 발달하는 2배체 접합체가 된다. **(18.2) 1.** 비관다발식물은 관다발식물과 똑같은 진정한 뿌리, 줄기, 혹은 잎을 가지고 있지 않다; **2.** 식물은 대기에 산소를 공급할 뿐만 아니라 생태계에서 생물체의 먹이, 은신처, 서식처 등을 제공한다. 숲은 물과 이산화탄소 순환에 중요하다; **3.** 수분이 일어난 후, 화분립은 발아를 하고 비편모성 정자는 화분관을 따라 암배우체가 생산한 난자로 이동한다. 수정이 일어난 후, 접합체는 포자체 배가 되고 배주 내에 있는 조직은 저장 양분이 되고 배주는 종자가 된다; **4.** 포자체는 감수분열을 하여 포자를 생산한다. 소포자는 화분립이 되고 대포자는 배낭이 된다; 중복수정은 수정된 난자와 3n의 배유핵을 생산한다; 배주는 종자가 되고 배젖은 자엽이 흡수한다; 씨방은 열매가 된다; **5.** 비관다발식물은 광합성을 위하여 물을 얻을 뿐만 아니라(뿌리가 없어 토양에서 얻을 수가 없기 때문에) 생식을 위하여 수분이 많은 지역이 필요하다; **6.** 겉씨식물과 속씨식물이 없다면, 식량, 화합물, 의약품, 건축재료 등을 얻을 수가 없어 인류가 생존하는데 경제적 어려움과 도전이 되었을 것이다. **(18.3) 1.** 검은빵곰팡이는 유성생식에 의해 포자낭에서 포자가 생산된다. 버섯은 주름에 붙어 있는 곤봉모양의 구조체에서 유성생식을 통해 포자를 생산한다. **2.** 진균은 토양에 있는 식물, 동물, 미생물의 분해자로 작용하는 부생영양생물이다. 이들은 무기영양분을 토양으로 돌려보내 식물에 유용하도록 해준다. **3.** 지의류는 진균과 시아노박테리아 또는 녹조류로 구성되어 있다. 진균은 수분과 미네랄을 공급해주고 몸체를 보호해주며, 광합성자들은 유기 영양분을 제공해준다. **4.** 구강 칸디다 감염증—칸디다는 구강과 혀에 감염하여 고통스런 물집을 만든다. 이 병은 항생제를 사용한 후 또는 면역억제 상태에서 발생한다; 백선—중심부로부터 바깥쪽으로 자라면서 염증의 테가 만들어지도록 해주는 *Tinea*속 진균에 의해 유발된 피부 감염; 하얀 코 증세—진균 *Geomyces destructans*에 의해 유발된 동면하는 박쥐에서의 감염. 이 질병은 박쥐를 깨어나게 하여 저장되어 있던 지방을 사용하게 함으로써 굶어죽게 한다.

혼자 풀어보기

1. a; **2.** e; **3.** c; **4.** a; **5.** b; **6.** e; **7.** d; **8.** c; **9. a.** 꽃밥; **b.** 수술대; **c.** 암술머리; **d.** 암술대; **e.** 씨방; **f.** 배주; **g.** 꽃잎(화관); **h.** 꽃받침(악부); **10.** b; **11.** b; **12.** a; **13.** c; **14.** b; **15.** e

과학적으로 생각하기

1. 본래 토양에는 균근 진균이 있으며, 이들은 식물뿌리와 공생 관계에 있고 식물의 생장을 촉진한다. **2.** 원생생물, 식물, 곰팡이 모두 진핵생물 영역에 속한다. 식물의 원생생물 조상은 특정 녹조류와 비슷하며 광합성을 수행하기 위하여 엽록소 *a*와 *b* 그리고 보조색소를 가지고 있고 전분으로 탄수화물을 저장하고 세포벽에 셀룰로오스가 있으며 세대교번 생활 주기를 사용한다. 진균의 원생생물 조상은 다른 진균 그룹이 진화하면서 특징이 소실되고 편모성 배우자와 포자를 가지고 있는 현재의 chytrid와 비슷하다. 세포벽은 키틴이 포함되어 있는데 이는 현재의 진균과 chytrid의 특징이다. 긴균 조상은 몇몇 chytrid와 같이 세대교번 생활주기를 가지고 있었을 것이다.

진도 점검하기

(18.3) 1. 검은빵곰팡이는 유성생식에 의해 포자낭에서 포자를 생산한다. 버섯은 주름에 붙어있는 곤봉모양의 구조체에서 유성생식을 통해 포자를 생산한다. **2.** 진균은 토양에 있는 식물, 동물, 미생물의 분해자로 작용하는 부생영양생물이다. 이들은 무기영양분을 토양으로 돌려보내 식물에게 유용하도록 해준다. **3.** 지의류는 진균과 시아노박테리아 또는 녹조류로 구성되어 있다. 진균은 수분과 미네랄을 공급해주고 몸체를 보호해주며, 광합성자들은 유기 영양분을 제공해준다. **4.** 구강 캔디다 감염증—캔디다는 구강과 혀에 감염하여 고통스런 물집을 만든다. 이 병은 항생제를 사용한 후 또는 면역억제 상태에서 발생한다; 백선—중심부로부터 바깥쪽으로 자라면서 염증의 테가 만들어지도록 해주는 Tinea속 진균에 의해 유발된 피부 감염; 하얀 코 증세—진균 *Geomyces destructans*에 의해 유발된 동면하는 박쥐에서의 감염. 이 질병은 박쥐를 깨어나게 하여 저장되어 있던 지방을 사용하게 함으로써 굶어죽게 한다.

19장

진도 점검하기

(19.1) 1. 대칭의 차이점—좌우대칭과 방사대칭; 두화—뇌의 위치와 특수화된 감각기관; 체절화—몸의 길이로 신체 부위가 반복. **2.** 선구동물은 배아가 처음 형성될 때 나선할을 하고, 원구가 입이 되는 것이 특징이다. 체강이 있을 경우 중배엽이 갈라져서 생긴다. 후구동물은 배아가 처음 형성될 때 방사할을 하며 원구는 항문이 된다. 원시장의 돌출부는 체강을 형성한다. **3.** 동물은 소화계를 이용하여 음식을 소화시키는 화학타가영양체이다. 동물은 이배체성 수정란을 생산하기 위하여 유성생식을 하며 수정란은 복잡한 발생단계의 순서를 밟는다. 근육과 신경과 같은 특수화된 조직은 이동할 수 있는 능력을 제공한다. 대신에 식물은 광합성을 할 수 있지만 이동할 수 없고 진균류는 먹이를 체외에서 소화시켜 영양분을 흡수한다. **(19.2) 1.** 해면동물과 자포동물은 모두 다세포동물이다. 해면동물은 진정한 조직이 없는 세포 수준의 구성을 하고 있으며 몸의 대칭성도 없다. 자포동물은 두 개의 배아층(외배엽과 내배엽)을 가진 조직 수준의 몸 구성을 하고 있으며 방사대칭이다. **2.** 둘 다 무척추동물이다. 해면동물은 많은 구멍으로 된 주머니 모양의 체형을 갖는다. 물이 소공을 통해 들어와 대공으로 가기 전까지 깃세포를 통과한다. 자포동물은 방사대칭 무척추동물이며 폴립이나 해파리 체형 시기에서 자세포를 보유한 촉수를 갖는다. **3.** 해면동물은 조직화된 조직이 없으며 세포수준의 체구성을 갖는다. 이들은 동물 진화수의 맨 아래에 있는 측생동물이다. 자포동물은 방사대칭이며 두 개의 배아층을 가지며 조직 수준의 체구성을 가지고 있다. 이들은 최초의 진정후생동물이다. **(19.3) 1.** 이들 이름의 *lopho* 부분은 촉수관(lophophore)이라고 부르는 촉수 모양의 섭취구조에서 유래되었다. 이름의 *tropho* 부분은 독특한 섬모띠가 특징인 담륜자(trochophore)

라고 하는 유생기에서 따온 것이다. 편형동물, 연체동물 및 환형동물은 이러한 구조를 가진 공통의 진화적인 조상을 갖는다. **2.** 편형동물은 좌우대칭이며 무체강동물이다. 환형동물은 체절화되어 있고 체강을 갖는다. **3.** 복족류에 있어서 발은 배쪽으로 편평하며, 두족류에서는 발이 두부 주위의 촉수로 진화되었고, 이매패류에서는 근육성 발이 두 개의 조개껍질로부터 배쪽으로 돌출되었다. **(19.4) 1.** 선형동물은 무생물성 큐티클을 분비하며 탈피를 한다. **2.** (1) 관절을 가진 부속지; (2) 외골격; (3) 체절화; (4) 잘 발달된 신경계; (5) 다양한 호흡기관; (6) 변태를 통하여 줄어든 경쟁. **3.** 곤충은 대단히 다른 서식처에서 살아갈 수 있도록 형태적 및 행동적으로 놀랄만한 적응을 보이기 때문에 지구상에서 매우 다양하다. **(19.5) 1.** 극피동물은 성체기에 방사대칭을 하며 이동을 위한 관족을 가진 수관계를 가지고 있다. **2.** 포유동물은 양막류이며 파충류와 조상을 공유한다. **3.** 연골어류는 연골로 된 골격을 갖는다. 어류의 골격은 뼈로 되어 있다. **4.** 척삭동물은 등쪽 지지대, 등쪽 관상 신경삭, 인두낭 및 꼬리를 갖는다. **5.** 양서류는 성체기에 관절화된 사지, 눈을 촉촉하게 유지시켜주기 위한 눈꺼풀, 음파를 잡는 귀, 소리를 내는 인두 및 폐를 갖는다. 이러한 적응이 육상에서 살아갈 수 있도록 도와준다. **6.** 포유동물은 여러 다른 환경에서 살아갈 수 있도록 해주는 다양한 적응을 보인다. **(19.6) 1.** 진원류는 원숭이, 유인원 및 인류를 포함하는 반면, 호미닌은 오직 *Homo sapiens* 한 종과 인간과 매우 유사한 조상종을 의미한다. 2. 영장류에서 진화 경향은 뇌가 보다 커지고 복잡해지는 방향을 보인다. 일어서고 두발보행의 발전은 호미닌의 분류 근거가 된다. **3.** 대체모델은 현대 인류가 아프리카에서 구인류로부터 진화되었다는 것을 제시한다. 그 후에 이 현대 인류는 아시아와 유럽으로 이주해갔고 여기서 기존에 존재하던 구인류 종을 대체하였다.

혼자 풀어보기

1. b; **2.** a; **3.** d; **4.** b; **5.** a; **6.** a; **7.** a; **8.** a; **9.** b; **10.** d; **11.** c; **12.** a; **13.** b; **14.** d; **15.** b; **16.** c

과학적으로 생각하기

1. 최근의 발견은 아프리카에서 구인류로부터 현대인류로 일정한 혈통이 존재하였다는 견해를 지지한다. 그러나 이러한 혈통이 오직 아프리카에만 존재하였다는 것은 증명되지 않았다. 아시아와 유럽에서의 유사한 화석의 발견은 다지역연속가설을 지지해준다. **2.** 고착성 동물은 이들의 먹이가 모든 방향으로부터 오기 때문에 방사대칭 경향을 보인다. 몸 앞과 뒷부분을 가질 필요가 없다. 주변 환경으로 이동하는 동물들은 앞 부위에 감각기관을 갖고 있으며 좌우 대칭이다. 이것은 동물이 주변 환경에서 이동할 때 환경을 감지하고 반응하는 것을 가능하게 해준다.

20장

진도 점검하기

(20.1) 1. 표피 조직은 조밀하게 모여 있는 한 층의 표피로 되어 있다. 식물의 외부 보호막을 제공한다. 뿌리털, 공변세포, 코르크세포는 표피세포가 특수화된 것이다. 기본조직은 3가지 유형의 세포로 구성된다. 유조직세포는 종종 엽록체를 가지고 있어 광합성을 수행하거나 액포에 광합성 산물을 저장한다. 특정기관의 기능을 수행하도록 도와준다. 후각조직세포는 불규칙한 모서리와 더 두꺼운 세포벽을 가지고 있다. 잎, 줄기, 뿌리의 내부를 형성하며 미성숙부위에서 유연성 있는 지지를 한다. 후벽조직세포는 두꺼운 2차벽을 가지고 있으며 죽어 있고 리그닌을 가지고 있다. 성숙한 부위를 지지한다. 관다발조직은 체관부와 물관부 세포로 구성되어 있다. 물관부는 물관 요소와 헛물관을 가지고 있으며 체관부는 체관요소와 체판으로 구성되어 있다. 두 세포 유형은 식물을 지지할 뿐만 아니라 물과 영양분 수송을 도와준다. **2.** 물관부는 뿌리에서 잎으로 물과 미네랄을 수송한다. 체관부는 식물 전체에 유기화합물을 수송한다. **3.** 표피조직이 없다면 식물은 물의 손실을 막는 보호층, 뿌리털, 공변세포 혹은 코르크가 없을 것이다. **(20.2) 1.** 정단분열조직은 줄기 끝에 있는 끝눈이나 뿌리 끝에 있다. **2.** 자엽은 종자에 존재하는 배엽이다. 1개 자엽이 있는 단자엽에서 자엽은 영양분을 저장하고 수송조직으로 작용한다. 2개의 자엽이 있는 진정쌍자엽에서 자엽은 발달 중인 유식물을 위한 양분을 제공한다. **3.** 단자엽의 뿌리에서 관다발조직은 중앙에 고리로 배열되어 있다. 진정쌍자엽에서 관다발조직은 중앙에 있다. 물관부는 별 모양을 형성하고 체관부는 별의 꼭지점 사이에 있다. 단자엽의 줄기에서 관다발은 흩어져 있지만 진정쌍자엽에서는 바깥쪽 가까이에 고리로 배열되어 있다. **(20.3) 1.** 잎은 기체교환을 위한 기공과 영양분을 운반할 잎맥을 가지고 있다. 엽육세포는 기체교환과 수분 소실을 위한 많은 양의 표면적을 가지고 있다. **2.** 목재는 관다발형성층에 의해 형성된 2차물관부이다. 수피는 코르크, 코르크 형성층, 피층, 체관부로 구성되어 있다. **3.** 진정쌍자엽 뿌리의 관다발조직은 물과 미네랄을 수송하며 중앙에 별 모양으로 배열된 물관부를 가지고 있고 영양분을 운반하는 체관부는 별의 팔 사이에 있다. 내피는 한 층을 형성하며 물과 미네랄이 내피 세포를 통과한다. 내초는 내피 안에 있는 한 층의 세포이며 계속 분열하여 측근을 형성한다. 뿌리의 피층은 전분을 저장하고 양분 저장 기능을 한다. 표피는 뿌리의 외부층을 형성하고 성숙대는 뿌리털을 가질 수도 있다. **(20.4) 1.** 식물을 위한 필수영양소는 상대적 농도에 따라 다량영양소와 미량영양소로 구분된다. **2.** 다량영양소는 C, H, O, P, K, N, S, Ca, Fe, Mg이다. **3.** 공생하는 진균류 없이 식물은 필수적인 무기 양분을 쉽게 얻을 수 없다. **(20.5) 1.** 잎에서 물이 증발하는 증산은 뿌리에서 식물 전체를 통해 물관부로 물이 이동하도록 한다. **2.** 연속적인 물기둥은 물의 응집력과 부착력 때문에 물관부에 존재한다. 연속적인 물기둥이 없다면 증산은 뿌리에서 잎까지 물을 끌어당길 수가 없다. **3.** 당은 공급원에서 체관부로 수송된다. 물이 삼투에 의해 흐를 때 압력이 형성되어 체관부 수액이 공급지로 흐르고 이곳에서 당은 체관부에서 수송된다.

혼자 풀어보기

1. b; **2.** c; **3.** d; **4. a.** 끝눈; **b.** 엽신(잎); **c.** 측아; **d.** 절(마디); **e.** 슈트계; **f.** 관다발조직; **g.** 뿌리계; **5.** b; **6.** d; **7.** b; **8.** c; **9.** c; **10.** c; **11.** c; **12.** d;

과학적으로 생각하기

1. 질소고정세균의 표면에는 식물이 인식할 수 있는 독특한 인식 단백질이 있다. **2.** 밤에 기공이 열릴 때 안개 속에서 살아남기 위하여 CO_2와 물은 잎으로 이동할 수 있다. **3.** 산불은 숲 생태계에서 자연적으로 일어나며 만일 삶과 재산에 위협적이 아니라면 산불은 일어나야 한다. 벌목을 통한 인간의 간섭은 화재와 생장 사이의 균형을 깨는 것이다. 인간의 생명과 재산 손실을 피하기 위하여 숲 안이나 옆에 집 짓는 것을 조절하여야 한다. 또한 수도와 전기와 같이 생활에 필요한 서비스를 제공하는 시스템은 화재에 잘 견디도록 만들어야 한다. 국유림의 간벌을 허용하는 것 보다는 화재에 대비하는 계획을 세우는 것이 더 적절한 전략이다.

21장

진도 점검하기

(21.1) 1. 옥신, 지베렐린, 시토키닌, 앱시스산, 에틸렌; **2.** 옥신—식물 생장과 발달; 지베렐린—세포 신장; 시토키닌—식물생장에 영향을 주고 노화 방지; 앱시스산—기공 닫힘; 에틸렌—잎, 열매, 꽃이 떨어지는 것 촉진; **3.** 가장 효과적인 지역에서 식물이 발견된다. **(21.2) 1.** 굴광성에서 양성 굴성은 식물이 자극인 빛을 향하여 생장을 한다. 굴촉성은 동물, 바람, 돌 등과 같은 것이 식물에 접촉할 때 일어나는 반응이다. 굴중성은 중력에 반응하는 것이다. 슈트계 중력과 반대로 위로 향하여 생장하는 음성 굴중성을 나타내고 뿌리는 중력과 같이 아래로 자라는 양성 굴중성을 나타낸다. **2.** 단일식물은 밤의 길이가 임계길이보다 길 때 개화를 한다. 장일식물은 밤의 길이가 임계길이보다 짧을 때 개화를 한다. **3.** 낮에 적색광이 근적외광보다 더 많다. 적색 파장에 노출된 비활성 피토크롬은 활성화 형태로 전환된다. 저녁에 근적외광이 더 많아 활성형 피토크롬은 비활성형태로 전환된다. 이것이 식물이 밤 길이의 주기를 측정하는 기작이다. **(21.3) 1.** 꽃받침은 꽃잎을 보호한다; 꽃잎은 수분매개자를 유인한다; 수술은 꽃밥과 수술대로 이루어져 있으며 "수컷"이다; 심피는 암술머리, 암술대, 씨방, 배주로 구성되어 있으며 "암컷"이다. **2.** 반수체 미소포자와 대포자가 수정이 일어난 후 종자는 유사분열을 하여 이배체 포자체는 감수분열을 하여 반수체 미소포자와 대포자를 생산하도록 발달한다; **3.** 종자 구조는 배우자에게 양분을 제공하고 건조를 막아야 하기 때문에 중요하다. 이러한 특징은 종자가 광범위하게 산포하고 살아 있도록 한다. **(21.4) 1.** 구근, 뿌리줄기, 구경, 괴경이나 기는줄기에 있는 싹; **2.** 살균 배양에서 상업적인 작물의 산포; 야생에서 얻을 수 있는 식물의 보존; 희귀종을 야생으로 보내는 산포. **3.** 장점—GMPs는 고농도의 염, 가뭄, 추위에 더 잘 견딜 수 있다; 영양학적으로 향상된 품질을 가질 수 있다; 인간에게 의학적으로 중요한 산물을 만들기 위하여 변형될 수 있다; 단점—인간은 아마도 GMPs에 알레르기가 있을 수 있으며 GMPs는 또한 환경에 해로울 수 있다.

혼자 풀어보기

1. d; **2.** a; **3.** e; **4.** a; **5.** a; **6.** e; **7.** b; **8.** c; **9.** a; **10.** b; **11.** d; **12.** b; **13.** e; **14.** d; **15.** b; **16.** d; **17.** e

과학적으로 생각하기

1. 식물이 장거리로 운반될 때, 스트레스로 에틸렌을 생산한다. 에틸렌은 운반 컨테이너 안에 축적되고 잎의 탈리가 촉진된다. 플라스틱 케이스는 식물에 에틸렌 축적을 촉진하고 탈리 반응을 증폭시킨다. **2.** 줄기에서 꽃을 잘라 꽃이나 줄기가 계속 굴일성(heliotropism)을 나타내는지 보고 결정할 수 있다. 만일 그렇다면 꽃보다는 줄기가 원인일 것이다. 줄기의 다른 부분을 그늘지게 하고 어느 지역이 반응을 막는지 결정하여 줄기의 어느 부분이 원인인지를 알 수 있다. **3.** 존슨그래스에 의한 제초제 저항의 습득 문제가 해결될 때 까지, 제초제 저항성이 있는 수수의 생산은 금지되어야 한다. 그러나 그 동안에 아프리카의 농부가 농사를 지을 때에 농부들의 수익을 보장하기 위하여 유해한 잡초인 witchweed를 조절하는 새로운 방법이 제공되어야 한다.

22장

진도 점검하기

(22.1) 1. 조직은 동일한 구조와 기능을 가진 세포들로 이루어진다. 하나의 기관은 여러 종류의 조직으로 구성되는데 전체적인 기관의 작용을 위해 서로 협력한다. **2.** 상피—신체의 표면과 체강을 둘러쌈; 결합—기관을 연결하고 지지; 근육—움직임; 신경—자극 수용과 신경자극 전도 **3.** 상피조직은 신체와 기관을 둘러싸서 장벽을 형성하기 때문에 많은 손상을 이겨내고 빈번한 세포분열을 통해 스스로 수선하고 대체할 수 있다. **4.** 결합조직은 기관을 연결하여 특정 구조를 이루고 지탱하고 물리적 손상으로부터 보호하는 역할을 한다. **5.** 이두박근과 같은 골격근은 줄무늬가 있으며 뼈에 부착하여 자발적 통제 하에서 뼈를 움직인다. 심근은 심장 벽에서 볼 수 있다. 심근은 가로무늬가 있고, 가지를 뻗으며 한 개의 핵을 가진 근섬유로 구성되며 불수의근이다. 평활근은 소화기와 내부 장기의 벽을 이룬다. 평활근은 방추형이고 단일핵의 근섬유로 구성되며 불수의근이다. **6.** 신경은 감각수용체로부터 척수와 뇌로 정보를 전달하고, 척수와 뇌에서 정보가 통합되다. 신경은 근육과 분비샘으로 신경자극을 전도하여 수축과 분비를 일으킨다. 외부와 내부 환경에 대한 정보가 신경조직에 의해 통합된다. **(22.2) 1.** 기관계는 기관으로 구성되며 기관계의 기능은 그것을 구성하는 기관에 달려 있다. **2.** 신경계와 내분비계는 함께 작용하여 다른 기관계의 기능을 조절한다. **3.** 심혈관계—양분과 기체 수송 및 노폐물 제거; 림프계와 면역계—과다 체액 수집과 질병으로부터 보호; 호흡계—혈액을 통한 기체 교환; 배설계—혈액으로부터 노폐물 제거; 소화계—음식물을 혈액내로 유입 가능한 양분 분자로 소화; 신경계—자극 수용과 신경자극 전도; 내분비계—호르몬 분비; 근육계—움직임; 생식계- 생식세포 생산. **(22.3) 1.** 항상성은 다양한 외부 환경 변화에도 불구하고 내부 환경을 일정하게 유지하기 위해 필요하다. **2.** 감응기는 내부 환경의 변화를 감지하고 조절중추와 정보에 대해 소통하고, 조절중추는 상태를 다시 정상으로 복귀시키는 일을 개시한다. 그러면 감응기는 더 이상 작동하지 않는다. **3.** 체온이 내려가면 조절중추는 피부혈관을 수축시킨다. 만일 체온이 더 내려가면 몸을 떨어 열을 발생시킨다. 체온이 상승하면 피부혈관이 확장되고 땀샘이 활성화된다.

혼자 풀어보기

1. a. 세포; **b.** 조직; **c.** 기관; **d.** 기관계; **e.** 개체; **2.** b; **3.** a, b; **4.** a; **5.** c, d; **6.** c; **7. a.** 수상돌기; **b.** 세포체; **c.** 핵; **d.** 슈반세포의 핵; **e.** 축삭; **8.** d; **9.** d; **10.** d; **11.** c; **12.** a; **13.** b; **14.** c; **15.** a

과학적으로 생각하기

1. 비록 심장이 골격근이 아니라 심근으로 이루어져 있지만, 이 두 근육조직은 연관성을 가지고 있기 때문에 두 근육조직 모두 유사한 방식으로 기능이 저하된다. **2.** 생명체는 성장과 생식을 위한 에너지와 양분을 얻기 위해 외부 환경과 상호작용을 해야만 한다. 배우자를 찾는 과정에서 내부 환경이 악화될 것을 두려워하여 외부 환경과 상호작용을 하지 않는다면 생명체라고 규정지을 수 있는 기능의 대부분을 상실할 것이다. 식물은 광합성을 위한 태양에너지를 받을 수 없다. 우리는 음식물을 통해 양분을 얻을 수 없으며 포식자로부터의 위험을 감지할 수 없을 것이다. **3.** 특정 조직, 기관, 기관계를 가짐으로써 기능이 분리되어 보다 전문적이고 효율적이라는 이점이 있다. 더 큰 적응도를 가진 생명체가 선택되어 왔다. 큰 회사가 기능을 수행하기 위해 전문화된 부서를 이용하는 것처럼 큰 동물은 하나의 기관계 내에서 협업하는 특화된 기관들을 이용하여 다른 기관계를 보완한다.

23장

진도 점검하기

(23.1) 1. 둘 다 액체를 순환시키기 위해 심장을 사용한다. 개방순환계는 혈림프액을 체강으로 개방되어 열려진 관과 통로로 펌프질한다. 혈림프액은 다시 심장으로 되돌아온다. 폐쇄순환계는 닫힌 관으로 혈액을 펌프질한다. 혈액은 심장 밖으로 나갔다가 다시 들어온다. **2.** 폐순환회로는 폐로 혈액을 순환시키고 체순환회로는 조직으로 혈액을 순환시킨다. **3.** 어류에서 혈액은 하나의 심방과 하나의 심실을 가지고 있는 심장을 통한 단일순환경로로 이동한다. 이 순환에서 혈액은 기체교환이 일어나는 아가미의 모세혈관으로 이동한다. 포유류의 경우 체순환회로와 폐순환회로가 완전히 분리되어 있다. 심장은 두 회로가 조화롭게 펌프질할 수 있도록 기능한다. **(23.2) 1.** 1단계(심방 수축): 심방이 수축하고 심실로 혈액을 보낸다. 2단계(심실 수축): 심실이 수축하고 혈액이 연결된 동맥으로 이동한다. 3단계(심방과 심실 이완): 심방과 심실이 모두 이완되고 심장에 혈액이 들어와 가득 찬다. **2.** 동맥은 평활근과 탄력성 섬유로 구성된 잘 발달된 중간층을 가지고 있어 벽이 두꺼워서 심장이 수축할 때 생기는 박동 압력에 반응하여 수축과 팽창이 가능하다. 모세혈관은 단지 하나의 세포만큼의 두께를 가진 상피로 이루어져 있기 때문에 확산을 통해 혈액과 기체교환이 가능하다. 정맥은 동맥보다 더욱 얇고 덜 탄력적인 벽을 가지고 있으며 상대적으로 낮은 압력 하에서 심장으로 혈액을 되돌려 보낸다. **3.** 혈액은 우심방에서 우심실로 흐르고 폐순환회로를 따라 폐로 들어간다. 혈액은 폐모세혈관에서 산소를 얻고 폐정맥을 따라 심장의 좌심방으로 들어간다. 좌심방이 수축하면 혈액은 좌심실로 이동하고 대동맥을 통해 뇌와 몸 전체로 이동하며 모세혈관을 흐르면서 조직으로 산소를 실어 나른다. 정맥은 모세혈관으로부터 혈액을 받고 대정맥을 통해 우심방으로 혈액을 돌려보낸다. **(23.3) 1.** 혈액의 액체 성분인 혈장은 염분과 단백질을 함유하여 혈액의 완충역할을 하고 혈액의 삼투압을 유지시킨다. 몇몇 혈장 단백질은 혈액이동과 유기분자 수송에 관여한다. 양분은 혈장으로 유입된다. 적혈구는 조직으로 산소를 운반한다. 백혈구는 감염으로부터 신체를 방어하는 기능을 하는 세포이다. 혈소판은 혈액응고에 관여한다. **2.** 모두 면역반응에 관여한다. 과립형 백혈구: 호중구는 병원체와 세포 찌꺼기에 대한 식세포작용을 한다. 호산성백혈구는 과립의 내용물을 이용하여 벌레같은 큰 병원체를 소화시키고 염증반응을 완화시킨다. 호염기성백혈구는 염증반응 동안 손상된 조직으로 혈액이 이동하도록 한다. 비과립형 백혈구: 림프구는 특이적 면역을 담당한다. B 세포는 항체를 생산한다. T 세포는 암세포와 바이러스에 감염된 세포를 파괴한다. 단핵구는 대식세포가 되어 병원체와 세포 찌꺼기에 대한 식세포작용을 한다. **3.** 고혈압은 명상이나 식이조절 또는 운동으로 치료가 가능하다. 죽상동맥경화증은 동맥 내층 아래에 부드러운 지방질 덩어리가 축적된 것이다. 명상, 수술, 식이조절, 운동으로 치료할 수 있다.

혼자 풀어보기

1. c; **2.** a; **3.** d; **4. a.** 폐정맥; **b.** 대동맥; **c.** 콩팥동맥; **d.** 림프관; **e.** 폐정맥; **f.** 상대정맥; **g.** 하대정맥; **h.** 간정맥; **i.** 간문맥; **j.** 콩팥정맥; **5.** a; **6. a.** 상대정맥; **b.** 대동맥 반월판막; **c.** 폐 반월판막; **d.** 우심방; **e.** 삼첨판; **f.** 우심실; **g.** 하대정맥; **h.** 대동맥; **i.** 폐동맥간; **j.** 폐동맥; **k.** 폐정맥; **l.** 좌심방; **m.** 이첨판; **n.** 좌심실; **7.** c; **8.** d; **9.** a; **10.** c; **11.** b; **12.** c; **13.** b; **14.** b; **15.** b

과학적으로 생각하기

1. 20번째의 생일까지(20년 × 365일/년 × 24시간/하루 × 60분/시간) 1.05 × 10^7분 동안 살면서 심장은 7.4 × 10^8번 박동하였다. 그동안 5.5 × 10^7리터의 혈액을 펌프작용을 통해 내보낸 것이다. **2.** 네 개의 방을 가진 심장은 O_2가 부족한 혈액과 O_2가 풍부한 혈액을 분리시킨다. 이로 인해 다량의 산소가 세포로 전달되고 최대 에너지가 생산된다. 네 개의 방을 가진 심장 덕분에 온혈동물은 신진대사를 활발하게 수행할 수 있다. **3.** 높은 고도에서 산소가 부족하면 적혈구와 헤모글로빈 생성을 촉진한다. 운동선수가 이러한 효과를 가져올 만큼 오랫동안 높은 고도에서 훈련하면 혈액의 산소 운반능이 상승한다. 높은 고도에서 훈련하는 것을 멈춘 후 몇 달 동안 이 효과는 고도가 낮은 곳에서도 지속된다. 산소가 더 많아

지면 근수축 동안 유산소 호흡을 통해 더 많은 에너지를 생산할 수 있다. **4. a.** 오랜 기간의 고혈압은 동맥을 손상시키고 플라크 형성 가능성을 증가시킨다. 심장은 혈액을 운반하기 위해 더 강하게 작동해야 한다. 혈압이 높아지면 콩팥과 망막에 분포한 모세혈관이 유독 쉽게 손상을 받는다. **b.** 죽상동맥경화증으로 생긴 플라크는 혈류의 흐름을 막고 고혈압과 함께 심장을 더욱 압박한다. 플라크는 동맥을 좁고 단단하게 만들어 동맥을 통해 혈액, 산소, 양분의 이동을 감소시킨다. 만일 관상동맥이 좁아져 막히면 심근은 더 이상 기능을 수행하지 못하고 심장마비로 죽게 된다.

24장

진도 점검하기

(24.1) 1. 숨쉬기는 폐로 공기가 들어오고(흡기) 나가는(호기) 움직임이다. 기체의 외부교환은 공기와 폐 내부의 혈액 사이에서 일어난다. 기체의 내부교환은 혈액과 조직액 사이 그리고 체세포와 조직액 사이에서 일어난다. **2.** 상기도에서는 공기가 코로 들어가 비강에서 인두를 지나 후두로 들어간다. 이곳에서 공기는 기도가 시작하는 더 안쪽의 호흡관으로 이동한 뒤 기관지, 기관세지 마침내 폐포에 도달한다. **3.** 산소는 농도 경사에 의해 농도가 높은 폐에서 농도가 낮은 혈액으로 이동한다. 조직에서 나온 이산화탄소가 혈액으로 들어가 물과 결합하여 탄산을 형성한 뒤, 중탄산 이온과 H^+으로 해리된다. H^+이 헤모글로빈의 글로빈 부위에 결합하고 중탄산 이온은 혈장에 의해 운반된다. **(24.2) 1.** 신장의 기능은 다음과 같다: 질소 노폐물을 배출하고, 혈액의 물-염의 균형을 유지하며 혈액의 산-염기 균형을 유지한다. **2.** 네프론은 여과 기능을 하는 네프론 주머니와 근위세뇨관, 재흡수 기능을 하는 헨레고리, 그리고 분비기능을 하는 원위세뇨관으로 구성된다. **3.** 여과 중에 물, 영양소, 염 및 요소 등의 작은 분자는 혈액에서 혈압차에 의해 네프론 주머니로 이동한다. 재흡수 중에 포도당, 아미노산 및 기타 영양소는 근위세뇨관에서 모세혈관으로 능동수송에 의해 이동한다. 염과 물은 능동수송, 삼투, 단백질 채널의 조합으로 재흡수된다. 분비 중에는 요산, 수소 이온, 암모니아, 페니실린 등의 물질이 모세혈관에서 원위 세뇨관으로 여과가 아닌 다른 방법으로 이동된다. **4.** 물-염의 평형과 pH 균형은 혈액량과 조성을 유지하고, 순환 및 적절한 기체와 노폐물의 교환을 유지하기 위해 항상성에 중요하다. **(24.3) 1.** 음식물의 섭취와 분해, 영양소의 흡수, 소화 안 된 물질의 제거 **2.** 연동운동은 물질이 소화관을 따라 이동하는 평활근의 리듬 있는 수축운동이다. **3.** 소장은 음식물의 소화와 흡수를 도와준다. 소장은 효소를 만들어서 음식물을 작은 분자로 완전히 분해하여 융모를 거쳐 흡수되도록 한다. 소장벽에는 주름진 형태로 구성된 융모가 있으며, 융모 표면의 세포에는 원형질막으로 구성된 미세융모가 있다. 소장은 비교적 길며 관이 좁다. 대장에서는 소화가 일어나지 않지만, 소화되고 남은 물질이 제거될 때까지 저장되는 곳이다. 대장은 또한 물, 염 및 일부 비타민을 흡수한다. 대장에는 미세융모와 융모가 없다. 대장의 길이는 소장보다 짧지만 직경은 더 크다. **4.** 간에서는 담즙을 분비하고 이자는 소화액을 십이지장으로 내보낸다. 이 물질들은 영양소의 소화와 흡수작용에 이용된다. **5.** 침 아밀라아제는 녹말을 맥아당으로 분해한다. 펩신은 위에서 단백질을 펩티드로 분해한다. 췌장에서 생산되는 트립신은 십이지장에서 단백질을 펩티드로 분해한다. 소장에서 생산되는 펩티다아제는 펩티드를 아미노산으로 분해한다. 리파아제는 췌장에서 만들어져서 소장에서 작용하며, 지방을 글리세롤과 지방산으로 분해한다.

혼자 풀어보기

1. a. 콧구멍; **b.** 비강; **c.** 인두; **d.** 후두개; **e.** 성문; **f.** 후두; **g.** 기도; **h.** 기관지; **i.** 기관세지; **j.** 폐포; **k.** 폐; **l.** 횡격막; **2.** a; **3.** d; **4.** a; **5. a.** 신장; **b.** 수뇨관; **c.** 방광; **d.** 요도; **6.** c; **7.** d; **8.** b; **9.** a; **10.** d; **11. a.** 침샘; **b.**입; **c.** 간; **d.** 담낭(쓸개); **e.** 십이지장; **f.** 맹장; **g.** 충수돌기; **h.** 항문; **i.** 인두; **j.** 식도; **k.** 횡격막; **l.** 위; **m.** 이자; **n.** 대장; **o.** 소장; **p.** 직장; **12.** b; **13.** b; **14.** a; **15.** d

과학적으로 생각하기

1. CO가 헤모글로빈에 결합하여 조직이 산소를 받아들이지 못하므로 사망원인은 질식 때문이다. **2.** 저염식을 하여 고혈압이 낮아졌다면 그것은 고혈압이 신장의 손상을 일으킨 원인이 된다. 만일 저염식으로 혈압을 낮추지 못했다면 그것은 신장으로 인해 고혈압이 생긴 것으로 보인다. **3.** 메뚜기는 공기 관으로 구성된 기관계가 있어서 기체교환을 한다. 메뚜기의 외골격은 공기나 물을 막아준다. 메뚜기는 물이 별로 필요하지 않은 요산의 형태로 노폐물을 배출하며, 말피기관은 대부분의 물을 체내로 흡수하여 육지에서 탈수가 되는 것을 막아준다.

25장

진도 점검하기

(25.1) 1. 많은 양이 필요하며 에너지를 공급하는 대량영양소에는 탄수화물, 지질, 단백질이 포함된다. 소량영양소는 소량이 필요하며 에너지를 공급하지 않는다. 소량영양소에는 비타민 D와 칼슘 같은 비타민과 미네랄이 포함된다. **2.** 정크푸드는 당과 지방의 함량이 비타민과 미네랄 함량과 비율이 맞지는 않지만, 영양소는 포함하고 있다. 이를 열량만 높은 식품이라고 한다. **3.** 필수영양소는 체내에서 생성되지 않거나, 몸에서 필요한 만큼 충분한 양이 만들어지지 않기 때문에 반드시 음식을 통해 얻어야 한다. **(25.2) 1.** 탄수화물, 지질, 단백질, 미네랄, 비타민, 물, 탄수화물에는 당과 녹말이 포함되어 있다. 지질에는 기름과 지방이 있다. 단백질은 20가지 아미노산으로 구성된다. 미네랄에는 칼슘과 철이, 비타민에는 비타민 C와 비타민 D가 포함되어 있다. **2.** 탄수화물을 너무 많이 섭취하면 2형 당뇨와 관련된 비만이나 심혈관 질환이 생길 수 있다. 지질을 너무 많이 섭취하면 지질 수치가 올라가서 비만은 물론 심혈관 질환에 걸릴 위험이 증가한다. 단백질을 너무 많이 섭취하면 소변으로 칼슘배출이 증가하며 신장결석과 비만이 생길 수 있다. **3.** 비타민과 미네랄이 없으면 적당한 단백질 합성과 기능뿐 아니라 내장기관의 발달과 기능을 할 수 없다. 수분이 충분하지 않으면 체내 화학작용, 관절의 윤활작용, 양분의 수송 및 체온조절이 원활하지 않다. **(25.3) 1.** 하루에 필요한 칼로리는 대사기능, 신체활동 및 소화, 흡수 및 음식의 처리과정에 근거를 두고 있다. **2.** 심혈관 질환은 지질 수치의 불균형과 플라크 형성으로 인한 것이며, 2형 당뇨는 인슐린 저항력으로 나타나는 것이다. **3.** 사람마다 대사, 활동, 에너지 필요량이 다르므로 당신의 하루 에너지 필요량은 섭취하는 음식과 에너지 소비와의 균형을 이해하는 것이 중요하다. **(25.4) 1.** 신체에서 에너지를 내는 데 필요한 양과 필요한 영양소를 제공하기 위해서 균형 잡힌 식사가 필요하다. **2.** 마이플레이트 검색엔진은 하루에 소모해야 하는 5가지 식품군(과일, 채소, 곡물류, 단백질 및 유제류)의 적절한 비율을 보여준다. 이 검색엔진은 웹사이트인 CooseMyPlate.gov로 연결되어 각 식품군의 자세한 정보를 제공하며, 식이 권장에 따른 지침을 알려준다. **3.** 영양성분표에는 1회 제공량, 용기 내 제공량, 1회 제공 칼로리, 지방의 칼로리, 지방의 1일 권장량 비율, 콜레스테롤, 나트륨, 탄수화물, 단백질 총량, 일부 비타민과 미네랄의 1일 권장량 비율을 나타낸다. 이외에도 각 종류의 대량영양소에 대한 kcal/g뿐 아니라 권장하는 식품 형태의 섭취량도 제시한다.

혼자 풀어보기

1. b; **2.** b; **3.** a; **4.** a; **5.** f; **6.** b; **7.** e; **8.** b; **9.** d; **10.** c; **11.** a; **12.** d; **13.** d; **14.** c; **15.** b

과학적으로 생각하기

1. 다음 표 참조.

	소다 (과거) 6.5온스	소다 (현재) 20온스	칼로리 증가량
지방(g)	0	0	
탄수화물(g)	21	65	
단백질(g)	0	0	
총 칼로리	84	258	174
	프렌치 프라이 (과거) 2.6온스	**프렌치 프라이 (현재) 6온스**	**칼로리 증가량**
지방(g)	11	25	
탄수화물(g)	28	65	
단백질(g)	3	7	
총 칼로리	223	513	290
	베이글 (과거) 3온스	**베이글 (현재) 6온스**	**칼로리 증가량**
지방(g)	0.5	1	
탄수화물(g)	40	80	
단백질(g)	6	12	
총 칼로리	188.5	377	188.5

2. 비만대사 수술은 신체 구조를 바꿔주므로 위와 장의 기능도 바뀌게 된다. 이로 인해 소화장애나 영양소의 흡수장애를 초래할 수도 있다. 소장에서의 아미

노산 흡수뿐 아니라 위에서 시작하여 소장에서 끝나는 단백질 소화에도 영향을 줄 수 있다. 철, 비타민 B_{12}, 엽산 및 칼슘의 이용과 흡수가 비만대사 수술 이후에 바뀔 수도 있다. **3.** 건강에 좋지 않은 식품을 아이들에게 판매하는 데 초점을 맞춘 판매 전략은 담배 제품과 주류에 대한 광고가 어떻게 법과 규정에 따라야 하는지와 비슷하게 규제해야 한다. 하지만, 식품은 소모되어야 하고 당장 평가되는 것이 아니며, 사람들이 생리적인, 정신적인 투자를 식품에 엄청나게 하며, 판매 전략이 애매하게 파고들며, 도전적인 판매자들에 대해 수없이 많은 장애가 존재하기 때문에 규제가 쉽지는 않다. 광고에는 이 제품이 무엇을 포함하고 있고, 어떻게 사용해야 하는지를 소비자에게 알려주는 교육적인 구성요소를 포함하고 있어야 한다. 특히 아이들이 판매 전략에 민감하기 때문에 아이들 시장은 제한적으로 접근해야 한다.

26장

진도 점검하기

(26.1) 1. 면역계는 감염에 대처하고 암세포를 파괴함으로써 건강을 유지하는 기능을 한다. **2.** 적색 골수는 모든 종류의 혈구세포를 생성한다. 흉선은 T림프구가 성숙하는 과정을 돕고 흉선에서 T림프구는 자기 자신의 세포와 외부 이물질 사이를 구별할 수 있는 능력을 갖춘다. 림프절은 대식세포를 보유하여 림프계에서 병원체나 항원을 제거한다. **3.** 항원은 당단백질 분자로 세포, 바이러스, 분자 등을 인식한다. 항원은 면역계를 활성화시켜 외부 물질, 병원체, 암세포 등을 제거한다. **(26.2) 1.** 기름샘을 지니는 피부세포나 호흡기, 소화기, 생식기, 수뇨관 등의 표면을 이루는 섬모세포를 포함하는 점막 등은 우리 몸의 물리적 장벽으로 작용한다. 위액의 산성은 세균을 비활성화시킨다. 대장이나 질에서는 정상적으로 서식하는 세균과 곰팡이 등이 병원균의 성장을 경쟁적으로 억제한다. **2.** 손상된 세포와 비만세포에서는 모세혈관이 팽창하고 투과력이 높아지게 하는 화학물질을 방출한다. 이 물질은 더 많은 혈액이 손상된 부위로 이끌어 상처난 조직으로 더 많은 체액이 스며들도록 한다. 호중구와 대식세포는 상처 부위로 이동하여 병원체를 식작용으로 제거한다. **3.** 보체 단백질은 비만세포에 결합하여 히스타민을 방출하도록 한다. 손상 부위에서 식작용을 활성화하며, 이미 항체가 뒤덮여 있는 병원체에 거푸 결합하여 식작용이 확실하게 일어나도록 한다. 또한 막공격복합체를 형성하여 미생물의 표현에 구멍을 뚫는다. 이와 같은 일련의 작용은 다른 형태의 면역계를 "보조하는" 역할을 하며 특정 병원체에 특이적인 형태로 반응이 일어나는 것은 아니다. NK 세포는 바이러스에 감염된 세포와 암세포를 사멸시키는데 이 또한 특이적인 면역반응은 아니다. NK 세포는 자기 단백질을 만들어내는 능력을 상실한 세포에 결합한다. 이런 반응이 일어난 후에도 NK 세포의 숫자가 늘어나지는 않고 과거에 결합했던 항원을 기억하지도 못한다. **(26.3) 1.** 형질세포가 만들어내는 항체는 특정한 항원에 결합한다. 이와 같은 항체-항원 복합체는 항원이 파괴될 수 있도록 표지하는 역할을 한다. 한 사람의 면역계는 특정 항원을 인식해서 이에 적응하는 능력을 지닌다. **2.** B세포는 골수에서 생성되어 성숙한다. 이들은 형질세포로 분화하여 항체를 생산한다. 항체-항원 복합체는 호중구나 대식세포에 의해 식작용된다. T세포는 골수에서 생성되어 흉선에서 성숙한다. 세포독성 T세포는 바이러스 감염 세포나 암 세포를 파괴하는 반면, 보조 T세포는 면역 기능을 조절한다. **3.** 항체반응은 B세포에서 생성하는 항체라 불리는 단백질이 병원체를 공격하는 과정을 말한다. 세포성 면역반응은 T세포 자체가 병원체를 제거하는 작용을 한다. **4.** MHC 표지는 일란성 쌍생아 사이를 제외하고는 사람마다 고유하다. MHC 표지를 통해 면역계는 "자기" 세포를 "비자기" 세포와 구별한다. MHC 표지가 서로 다른 경우 조직거부반응일 일어날 수 있다. **(26.4) 1.** 백신은 미생물 개체 또는 개체의 일부를 포함하며, 이를 사람에게 주입하였을 때 면역계를 활성화시켜 해당 바이러스나 미생물에 대한 면역 반응이 지속될 수 있도록 한다. **2.** 때로는 백신을 2차 접종해야 할 때가 있는데, 이를 통해 혈장의 항체 농도가 병원체에 충분히 대응할 수 있는 효과적인 농도가 확보된다. **3.** 능동면역은 면역계가 병원체에 노출되었을 때 형질세포가 분화되어 항체를 생성하는 반응을 포함한다. 이때 일부 세포는 기억세포로 분화하여 장기 면역이 가능하도록 한다. 수동면역은 병원체에 대한 항체를 따로 준비하여 해당 개체가 생성하지 못한 항체를 주입하여 면역력을 제공하는 방법이다. **(26.5) 1.** 알레르기는 알레르겐이라 불리는 항원에 대해 매우 민감하게 반응이 나타나는 것을 말한다. **2.** 급성 알레르기 반응은 알레르겐에 노출되자마자 수초 이내에 반응이 나타난다. 이는 비만세포에서 방출되는 화학물질에 의해 야기된다. 지연성 알레르기 반응은 반응이 나타나기까지 더 긴 시간이 필요한데 이는 아마 기억 T세포의 작용으로 시작되기 때문이 것으로 추정된다. **3.** AIDS 환자는 HIV 바이러스가 보조 T세포에서 서식하며 이를 파괴하기 때문에 면역계의 작용을 저해한다. 보조 T세포는 모든 다른 면역 제포들이 활성을 나타내는 데 도움을 준다.

혼자 풀어보기

1. a; **2.** c; **3.** a; **4.** b; **5.** e; **6.** d; **7.** c; **8.** e; **9.** b; **10.** a; **11.** a; **12.** e; **13.** d; **14.** b; **15.** e; **16.** b; **17.** b; **18.** c

과학적으로 생각하기

1. 편도는 림프조직으로 이루어져 있으며 병원체가 소화계나 호흡계로 들어가지 못하도록 막아준다. 이와 같은 위치와 기능으로 인해 편도는 자주 세균에 감염된다. 신체의 정상적인 방어작용을 통해서 또는 복용한 약의 도움을 통해서 편도 감염은 대체로 회복된다. 건강한 상태라면 편도는 또 다시 우리 몸이 감염에 대응할 수 있도록 돕는다. 만일 편도가 만성적으로 감염되어 이다면 더 이상 기능을 할 수 없고 이런 경우라면 제거되어야 한다. **2.** 면역억제제는 이식된 조직에 대한 신체의 면역기능 뿐만아니라 외부로부터 감염된 세포에 대한 면역기능도 약화시킨다. 따라서 면역억제제가 우리 몸이 감염에 대항하는 능력을 전반적으로 약화시키기 때문에 이식 환자는 모든 종류의 감염에 더욱 취약해진다. **3. a.** 제약회사는 개발 제품의 가격을 공정하게 결정하여 소비자를 착취하지 않아야 할 의무가 있다. 그러나 이들은 또한 연구를 수행하고 새로운 의약품을 개발하는 등의 작업을 지원해야 한다. 그럼에도 불구하고 제약회사에서는 주주나 임원들에게 과도한 이윤을 확보하지 않아야 한다. **b.** 특허법이 존중되는 것이 모두를 위한 최선의 길이다. 특허법은 기업 활동과 새로운 제품 개발에 대한 인센티브를 제공한다. 그러나 공격적인 기업 정책으로 인해 사람의 생명이 위협받는 지경에 이른다면 정부가 개입하여 제약회사를 통제할 필요가 있다.

27장

진도 점검하기

(27.1) 1. 감각신경은 감각수용기로부터 받은 신경신호를 중추신경계로 전달하며, 연합뉴런은 중추신경계의 여러 부위들 간에 신경신호를 전달한다. 운동뉴런은 중추신경계로부터 받은 신경신호를 근육이나 샘으로 전달한다. **2.** 세포체에는 핵과 세포소기관이 있다. 수상돌기는 감각기와 다른 뉴런으로부터 신호를 받는다. 축삭은 하나의 긴 돌출부로서 신경신호를 전달한다. **3.** 먼저, Na^+ 통로가 열려 Na^+이 축삭 바깥쪽에서 안쪽으로 이동하므로 축삭 내부가 양전하를 띠게 된다. 둘째, K^+이 축삭 안에서 밖으로 이동하여 축삭 내부가 다시 음전하를 띠게 된다. **4.** 신경신호가 축삭말단에 도달하면 시냅스소포가 시냅스틈으로 신경전달물질을 방출한다. 신경전달물질은 시냅스틈을 지나 시냅스후 세포의 막에 있는 수용체 단백질과 결합한다. **5.** 중추신경계는 뇌(대뇌, 간뇌, 소뇌, 뇌줄기)와 척수로 되어 있다. 뇌는 감각 정보를 받아 통합한 후 샘과 근육으로 운동 지침을 보낸다. 척수는 뇌와 척수신경 사이에서 신경신호를 전달한다. **6.** 감각자극이 신경신호를 발생하면 이 신호가 감각뉴런의 축삭을 따라 척수로 이동한다. 신호는 많은 연합뉴런으로 전달되며, 연합뉴런 중 일부는 운동뉴런과 시냅스를 이룬다. 신경신호가 운동뉴런의 축삭을 따라 주어진 자극에 대해 반응을 하는 효과기로 전달된다. 그 외 다른 연합뉴런은 신경신호를 뇌로 보내 자극을 감지하게 된다. **7.** 부교감신경은 동공수축, 소화촉진, 느린 심장박동과 같은 편안한 상태의 내부반응을 유지시킴으로써 신체 내부의 질서를 바로잡는다. **(27.2) 1.** 스테로이드 호르몬은 세포로 들어간 뒤 핵으로 이동해 세포의 활성을 변화시키는 단백질을 생성하는 유전자를 자극한다. 펩티드호르몬은 원형질막에 있는 수용체 단백질에 결합하며, 이 결합은 세포의 물질대사에 영향을 주는 이차 전달자가 발생하도록 하는 신호전달경로를 유도한다. **2.** 뇌의 일부분인 시상하부는 신체의 내부 환경에 관한 감각정보를 받아들이며 항상성 유지를 위해 자율신경계와 상호 소통한다. 또한 시상하부에는 뇌하수체의 호르몬 분비를 조절하는 호르몬분비 뉴런도 있다. **3.** 음성되먹임 기작은 호르몬을 통해 생성물의 수치를 조절한다. 생성물의 수치가 정상에서 벗어날 경우 호르몬의 수치는 호르몬의 양이 과도하게 많든지 적든지 간에 상관없이 생성물의 수치가 정상으로 되돌아갈 때까지 변한다. **4.** 시상하부는 뇌하수체의 호르몬 방출과 억제를 조절한

다. 뇌하수체 전엽은 생식샘자극호르몬, 갑상샘자극호르몬(TSH), 부신피질자극호르몬(ACTH), 프로락틴, 성장호르몬(GH)을 분비한다. 뇌하수체 후엽은 항이뇨호르몬(ADH)과 옥시토신을 분비한다. 갑상샘은 트리요오드티로닌(T_3)과 티록신(T_4), 칼시토닌 그리고 부갑상샘은 부갑상샘호르몬(PTH)을 분비한다. 부신수질은 에피네프린과 노르에피네프린을 분비하고, 부신피질은 알도스테론과 코르티솔을 분비한다. 이자에서는 인슐린과 글루카곤이 분비된다. **5.** 당뇨병은 인슐린이 없어서 또는 세포가 인슐린에 반응을 할 수 없어서 생기기도 하다. 제1형 당뇨를 가진 사람들은 인슐린을 생성하지 못한다. 제2형 당뇨는 인슐린을 생성하지만 세포가 인슐린에 정상적으로 반응하지 않아 발생한다.

혼자 풀어보기

1. d; **2.** a; **3.** c; **4.** d; **5.** e; **6.** d; **7.** a; **8.** d; **9.** b; **10.** b; **11.** b; **12.** b

과학적으로 생각하기

1. 파킨슨 환자는 혈관이 정상적으로 수축되지 않으므로 혈압이 천천히 감소한다. 교감신경계의 기능이 상실되면 혈압이 잘 조절되지 않으므로 일어설 때 혈압이 급격히 변화하여 기립성 저혈압이 나타나게 된다. **2.** 제1형 당뇨는 바이러스와 같은 환경 요인으로 인해 T 세포가 췌장도를 파괴함으로써 나타난다고 믿어진다. 아마도 예방접종 백신이 이러한 요인으로 작용하여 자가면역 반응을 일으킬 가능성이 있을 것으로 생각된다. **3** 뇌는 에너지를 많이 소모하는 기관으로 하루 섭취 열량의 상당 부분을 사용한다. 보르네오처럼 식량이 부족한 환경에서는 에너지를 보존하기 위해 뇌의 크기를 줄이는 방향으로 선택적 압력이 작용했을 것이다. 반면 식량이 충분한 수마트라와 같은 환경에 사는 오랑우탄은 신경조직이 사용할 에너지를 충분히 얻을 수 있기 때문에 큰 뇌를 갖게 되었을 것이다. **4.** 키가 심각하게 작은 사람은 여러 면에서 일을 수행하는데 제한을 받는다. 따라서 이런 사람에게는 사람성장호르몬(hGH)을 투여할 수 있다고 본다. 그러나 '작은 키'에 대한 명확한 한계가 정해져야 한다. 미국식품의약국(FDA)은 키에 대해 어느 정도가 정상적인 범주에 속하며, 어떤 경우 사람성장호르몬을 투여하도록 허용할지 결정해야 할 것이다. 이러한 규정이 없으면 성장호르몬이 잘못 사용될 가능성이 있다고 생각된다. **5.** 사람은 누구나 죽음을 피하고 수행능력을 향상시키고 싶은 마음을 갖고 있다. 그러나 hGH를 사용하면 부작용이 너무 많고 비용이 많이 든다, 또한 운동선수에게는 반도핑 규정에 해당하는 약물로 간주되어야 한다. 사람은 자신의 운명을 통제하고픈 유혹을 받기는 하지만, 자연스레 겪어야 할 것을 피하려고 hGH를 사용하는 것보다는 노화를 자연스러운 삶의 일부로 받아들이는 것이 좋다고 생각된다.

28장

진도 점검하기

(28.1) 1. 화학수용기는 맛과 냄새를 통해 화학물질을 감지한다. 기계수용기는 청각 및 평형에 관련된 기계적 신호를 감지한다. 광수용기는 시각과 관련된 빛을 감지한다. 피부수용기는 접촉, 통증, 온도 및 압력을 감지한다. 자기수용기는 관절, 근육, 뼈의 위치 변화를 감지한다. **2.** 피부에 분포한 감지기는 감각입력을 대뇌피질의 1차 감각영역으로 보낸다. 표피의 자유신경종말에서는 통증뿐 아니라 차가움, 뜨거움에도 반응한다. 진피에는 파치니 소체와 뿌리털망이라고 하는 압력과 접촉에 대한 감각수용기가 있다. **3.** 눈은 빛에 매우 민감한 감각 수용기이다. 이들 광수용기는 빛의 양과 빛이 들어오는 방향, 3차원적 형태 및 색으로 해석된 파장을 감지한다. 사람의 귀는 중력과 관련된 신체의 위치뿐 아니라 소리의 압력파도 감지한다. **(28.2) 1.** 뼈와 근육은 몸을 지지하며, 몸의 일부를 움직이게 하고, 내부 장기를 보호하며, 각 계통이 기능을 하도록 도와준다. **2.** 평활근은 불수의적이고 내장기관과 혈관벽에 분포한다. 심장근은 불수의적이며 심장벽을 구성한다. 골격근은 수의적이며 골격을 움직이는 데 사용된다. **3.** 몸통골격은 두개골, 척주, 늑골, 흉골로 구성되며 신체의 중앙 부위에 있다. 사지골격은 어깨이음뼈, 가슴이음뼈로 구성되며 팔과 다리에 연결된다. **4.** 긴뼈의 중심 부분은 치밀골로 감싸인 빈 공간이 있다. 이 구조는 우리 몸에 유연성뿐 아니라 강도를 제공하고, 근육 수축으로 뼈에 전달되는 압력을 견디게 한다. 해면골 속에 있는 적색골수는 긴뼈의 말단에 위치하는데 혈구세포를 만들어 내는 곳이다. 관절연골은 뼈 표면의 끝부분에 위치하며 관절에서 다른 뼈와의 운동을 가능하게 한다. **5.** 미오신 분자의 둥근 머리가 액틴필라멘트에 붙어서 근절의 중심으로 끌어당긴다. ATP가 미오신 머리에서 방출되면서 액틴필라멘트를 따라 새로운 위치에 다시 붙는다. 그 결과 근육의 수축이 일어나거나 근섬유의 길이가 짧아진다.

혼자 풀어보기

1. b; **2.** b; **3.** d; **4.** e; **5.** c; **6.** b; **7.** a; **8. a.**달팽이관 신경; **b.** 달팽이관; **c.** 고막; **d.** 이관; **e.** 외이도; **f.** 이소골; **g.** 반고리관; **h.** 외이; **i.** 중이; **j.** 내이; **9. a.** 공막; **b.** 망막; **c.** 정맥; **d.** 동맥; **e.** 시신경; **f.** 중심와; **g.** 모양체근; **h.** 홍체; **i.** 동공; **j.** 수정체; **k.** 각막; **10.** c; **11.** a; **12.** a; **13.** c; **14.** c; **15.** a

과학적으로 생각하기

1. 혈관은 눈 뒤쪽에 있는 망막으로 빛의 전달을 방해하여 결국 뇌로 보내는 신호에 장애가 일어난다. 암과 눈질환 모두 혈관신생과 관련이 있다. 암의 발생을 치료하는 항혈관신생약은 현재 이러한 안질환의 치료에도 연구 중이다. **2.** 후각계는 우리가 서로 다른 많은 냄새를 인식하고 구별할 수 있게 한다. 따라서 우리는 담배연기 같은 위험한 냄새와 꽃향기 같은 해롭지 않은 냄새의 차이를 감지할 수 있다. 반면, 천연으로 존재하는 독은 쓴맛이 나므로, 쓴맛의 차이를 구별하는 것보다는 쓴맛을 감지할 수 있는 것이 더 중요하다. 따라서 사람은 쓴맛을 내는 성분의 차이를 식별할 수는 없어도 미각에 의해 쓴맛이 나는 것은 확인할 수 있도록 진화하였다.

29장

진도 점검하기

(29.1) 1. 무성생식은 모친만 생식에 관여하며, 모든 자손은 모친과 유전적으로 동일하다. 유성생식은 두 부모(암과 수)가 함께 생식에 관여하며, 자손은 다양하게 조합된 부모의 유전자를 물려받는다. **2.** 물속에서 번식하는 동물은 알과 배아가 건조하지 않도록 보호할 필요는 없지만, 그 대신 다른 동물로부터 접합자를 파괴되지 않도록 하여야 한다. 뭍에서 번식하는 동물은 배아의 발달을 위한 안정적인 환경을 제공하면서 접합자나 배아가 건조되지 않도록 보호해야만 한다. **3.** 알을 낳는 동물은 난생이라고 한다. 알이 부화할 때까지 체내에 품고 있는 동물은 난태생이라고 한다. 살아 있는 어린 새끼를 낳는 동물은 태생이라고 한다. **(29. 2) 1.** 정자는 정소의 세정관에서 생산되고, 부정소에서 성숙되며, 정관으로 이동된 후 음경을 통해서 배출된다. **2.** 테스토스테론은 남성의 주요 성호르몬이며, 남성 성 기관들의 정상적인 발달과 기능에 필수적이다. 이 호르몬은 정자의 성숙과 남성의 2차성징을 유지하는 데 필요하다. FSH는 세정관에서 정자형성을 촉진한다. LH는 사이세포의 테스토스테론 생산을 조절한다. **3.** 난소주기의 여포기 동안에, 뇌하수체 전엽에서 분비되는 FSH는 난소에서 여포의 성숙을 촉진한다. 난소의 여포는 많은 양의 에스트로겐을 분비하며, 이 에스트로겐은 되먹임 기작으로 FSH 분비를 조절해서 배란하게 한다. **4.** 배란 후와 난소주기의 황체기 동안에, LH는 한 개의 황체 발달을 촉진한다. 이 황체는 많은 양의 프로게스테론을 생산하며, 이 호르몬에 의해 자궁내막이 분비성으로 된다. 프로게스테론 생산이 아주 적어지면 배란이 시작된다. 여포기 동안에 FSH는 난소의 여포 발달을 촉진하며, 이 여포에서 에스트로겐을 분비한다. 이로 인해 자궁내막이 두꺼워진다. **5.** 기부자에 의한 인공수정—의사가 기부자의 정자를 여성의 질 속에 넣는다. 시험관 수정—미성숙 난자를 채취해 몸 밖에서 배양한다. 난자가 성숙되면, 농축된 정자를 난자에 주입한다. 며칠 후, 발달한 배아를 자궁으로 옮긴다. 세포질내 정자 주입—몸 밖에서 한 개의 정자를 난자에 주입한다. 배아를 배양한 후 자궁으로 옮긴다. 접합자 수란관내 이동—난자와 정자를 섞은 후 즉시 자궁에 넣는다. **6.** 세균성 성병으로는 클라미디아, 임질, 매독 등이 있다. 바이러스성 성병으로는 AIDS, 생식기 사마귀, 생식기 포진과 간염 등이 있다. 질 편모충증은 기생성 원생동물이 원인이다. **(29.3) 1.** 접합자가 크기는 증가하지 않은 채로 분열을 거듭해 상실배라고 하는 단단한 공 모양의 세포덩어리를 형성한다. **2.** 배엽층이 형성되면 분화가 일어나게 된다. 그 이유는 3개의 배엽층이 각각 특정한 구조와 기관으로 분화하기 때문이다. **3.** 한 조직이 어떤 화학물질을 방출해서 다른 조직의 유전자들을 활성화시킴으로써 그 조직의 발달에 영향을 준다. **4.** 배아의 발달은 0~2개월 사이에 일어나며, 이때 기관계가 형성된다. 태아의 발달은 3~9개월 사이에 이루어지며, 태아의 크기의 증가가 이루어진다. **5.** 태반은 태아쪽 면과 모체쪽 면이 있으며, 발달과정 동안 이 둘 사이에서 물질교환이 이루어진다. 이산화탄소와 노폐물은 태아쪽에서 모체

쪽으로 이동하고, 영양분과 산소는 모체쪽에서 태아쪽으로 이동한다. 모체의 혈액과 태아의 혈액은 서로 섞이지 않는다.

혼자 풀어보기

1. d; **2.** b; **3. a.** 수뇨관; **b.** 방광; **c.** 정관; **d.** 정낭; **e.** 사정관; **f.** 전립샘; **g.** 요도구선; **h.** 요도; **i.** 부정소; **j.** 음경; **k.** 포피; **l.** 정소; **m.** 음낭; **4. a.** 수란관; **b.** 난소; **c.** 직장; **d.** 자궁경부; **e.** 방광; **f.** 질; **g.** 요도; **5.** d; **6.** d; **7.** b; **8.** a; **9.** a; **10.** c; **11.** a; **12.** b; **13.** d

과학적으로 생각하기

1. 태아는 모체로부터 고도의 영양분을 취한다. 체지방이 적은 산모는 임신기간이나 오랜 수유기간 동안 영양분 부족으로 쇠약해질 수 있다. 이런 산모는 건강한 아기를 출산하기가 어려울 뿐더러 본인 스스로도 생존하기 어렵다. 체지방이 너무 적을 때에는 생식주기를 멈추면 생식에 적절한 몸 상태가 될 때까지 생존할 가능성이 높아진다. **2.** 하나의 가정은, 여성의 폐경이 사람의 진화과정에서 초기에 시작되었다는 것이다. 여성은 자식과 손주를 돌보는 일에 전념하여 다음 세대의 생존 가능성을 높일 수 있다. 이를 통해 여성은 자신의 유전자를 후대에게 전달하는 가장 좋은 기회를 얻게 되어 자신의 적응도를 높일 수 있게 되었을 것이다. 그러나 남성은 여성에 비해 자식을 돌보는 일에 전념하지 않기 때문에 만년에 정자형성과정을 멈추도록 진화한다 하여도 적응도가 높아지지 않을 것이다. **3.** 융모막 융모는 그 수가 매우 많으며, 발달하는 태반에 널리 퍼져 있다. 이들 융모를 약간 제거하여도 태아에 해로운 영향을 주지 않는다고 알려져 있다. **4.** hCG 호르몬은 태반이 형성되기 시작하면 태반에서 분비가 된다. 이 호르몬은 태반에서 에스트로겐과 프로게스테론이 충분하게 만들어질 때까지 자궁내막을 유지시켜 준다. 이 호르몬은 혈액으로 수송되며 신장에 의해 제거되어 소변으로 빠져나간다. **5.** 검증 가능한 가설을 제시하려면 정자의 수효뿐만 아니라, 나이, 주거지, 식습관, 음주습관, 흡연습관, 수면패턴, 의복, 그리고 주위 환경조건 등에 대한 정보가 있어야 유용할 것이다.

30장

진도 점검하기

(30.1) 1. 개체, 개체군, 군집, 생태계, 생물권. **2.** 생태계는 물리적 환경뿐만 아니라 살아 있는 개체들의 군집으로 이루어져 있다. 군집은 특정 장소에 있는 다양한 개체군들의 모임이다. **3.** 환경과학자가 생태학에서 다루는 생물다양성과 보존생물학에 대해서 연구하기 때문이다. **(30.2) 1.** (20.5—9.8)/1,000) × 100 = 1.07%; **2.** 유럽, 북미를 비롯한 선진국은 인구증가율이 적절하고 생활수준이 높다. 라틴 아메리카와 아시아, 아프리카 지역과 같은 후진국은 인구 증가율이 빠르며 대부분의 사람들이 빈곤 속에 살고 있다. **3.** 생식에 의해 개체군의 수가 증가하지 않으면 개체군내에서 대체생식이 일어난다. 대체생식률이 한 쌍의 부부당 두 명의 자식보다 약간 더 클 때에도 사망률로 인해 대체생식이 일어난다. **4.** 선진국은 사람들의 자원 소비성향이 커서 가용 자원을 남용한다. 반면 후진국에서는 인구수가 많아 가용 자원이 많이 소모된다. **(30.3) 1.** 연령구조 그림은 각 연령대에 있는 사람들의 수를 연속적으로 쌓아 놓은 것이다. 생식연령 이후의 개체수에 비해 생식연령과 생식연령 이전의 개체수가 더 많으면 개체수가 증가한다. 생식을 하게 될 또는 할 수 있는 개체수가 적으면 개체수가 안정화 되거나 감소하게 된다. **2.** 생존곡선 유형 I 개체군은 적은 수의 자손을 낳고 자손의 대부분이 생식 가능 시기까지 산다. 유형 III 개체군은 자손을 많이 낳으며 자손의 대부분이 생식 이전에 죽는다. 유형 II 개체군은 모든 연령대의 사망률이 동일하다. **3.** 기하급수적 성장곡선과 로지스틱 성장곡선 둘 다 시간에 대한 개체수를 나타낸 것이다. 기하급수적 성장곡선은 J자 모양의 곡선을 만들고 자원이 무제한일 때 발생한다. 로지스틱 성장은 S자 모양의 곡선을 보이며, 자원이 한정적일 때 발생하며 기하급수적 성장 이후에 일어난다. **4.** 생식 건당 자손의 수; 생식 가능 연령까지 생존할 가능성; 개체당 생식의 빈도; 생식 시작 연령. **5.** 비의존성—기후와 자연 재해; 의존성—경쟁, 포식, 기생. **(30.4) 1.** 기회종은 기하급수적 성장을 보이며 밀도-비의존성 효과에 의해 조절된다. 평형종은 로지스틱 성장을 보이며 수용한계에 가깝다. **2.** 멸종은 종 또는 그 상위 분류군이 완전히 사라지는 현상이다. **3.** 성숙 시기; 낳은 자손의 수; 지리적 서식범위의 크기; 서식지의 허용한계; 지역내 개체군의 크기.

혼자 풀어보기

1. d; **2.** b; **3.** a; **4.** c; **5.** d; **6.** b; **7.** b; **8. a.** 증가; **b.** 감소; **c.** 안정; **9.** a; **10.** a; **11.** d; **12.** b; **13.** c; **14.** a; **15.** c

과학적으로 생각하기

1. 인구 증가율 = 1.1%; 배가시간 = 63.7년; 출생률이 감소할 경우 172.5년. **2.** 민들레의 배가 시간은 1주일이다. 따라서 19주째에 들판의 반이 민들레였으며, 들판의 1/4을 민들레를 채운 시점은 18주째였다. **3.** 생존하고 있는 개체의 수와 변수. 그림 15.3에서의 변수는 클러치 크기이다. **4. a.** 멸종 위험 가능성이 가장 많은 종들은 진화가 일어나는 과정을 잘 이겨내지 못하는 종이므로 특별히 더 보호해야 할 필요까지는 없다고 주장할 수 있다. 그러나 보호 입장을 주장하는 사람들은 특정 종의 존재에 더 가치를 둘 수도 있다고 생각한다. 종종 팬다처럼 귀여운 얼굴을 가진 커다란 동물들이 그런 종에 해당한다. **b.** 어떤 종이 진화의 성공적인 결과물인지 결정하는 것은 주관적이므로 부정확할 수밖에 없다. 좀 더 조심스러운 접근 방법은 멸종 위험에 처한 종들을 동등하게 취급하고, 그 종들에게 제한된 자원을 분배하는 것이다

31장

진도 점검하기

(31.1) 1. 꽃과 수분 매개동물은 서로에게 적합하도록 공진화하였다. 벌새는 자신들이 볼 수 있는 빨간색의 그리고 꽃잎이 구부러져 있어 수술이 새의 머리에 잘 닿을 수 있도록 굽어져 있는 꽃을 수분한다. **2.** 종 풍요도는 군집을 이루고 있는 종들의 목록이며, 종 다양성은 종 풍요도와 종의 분포, 두 가지를 모두 포함한다. **3.** 1차 천이는 토양층이 아직 형성되지 않은 곳에서 일어나며, 2차 천이는 토양층이 존재하는 곳에서 일어난다. **4.** 경쟁, 포식, 기생, 공생, 상리공생 **(31.2) 1.** 독립영양생물은 무기양분만을 섭취하고 외부로부터 에너지를 얻는다. 외부 에너지원은 주로 태양이다. 종속영양생물은 미리 만들어진 유기양분을 소비함으로써 에너지를 얻는다. **2.** 에너지는 열로 손실될 때까지 살아 있는 생물을 통해 태양에서 지구로 흘러간다. 물질은 생물요소와 무생물요소를 넘나들면서 환경 전반에 걸쳐 순환한다. **3.** 먹이사슬은 하나의 생태계에서 일어나는 에너지 흐름의 단일 경로이며, 생태피라미드는 영양단계들 간의 전체 에너지 흐름을 보여준다. **4.** 인—광산 채굴, 비료, 동물 사료 보충제, 세제, 동물의 노폐물 및 하수 배출이 범람, 부영양화, 녹조현상을 일으킨다. 질소—비료 제조는 범람을 일으키며, 삼림 벌채는 지하수로 질소가 유실되게 한다. 질산염으로의 지하수 오염은 건강 문제를 유발한다; 탄소—화석연료의 연소로 인해 과도한 양의 CO_2가 대기로 방출되며, 산림파괴는 탄소고정을 감소시킨다. **(31.3) 1.** 생물권에는 수중생태계와 육상생태계가 있다. 수중생태계는 담수 및 해양생태계를 포함하며, 육상생태계는 온도와 강수량에 따라 여러 가지 주요 유형으로 나누어진다. **2.** 툰드라, 타이가, 산악 지대, 온대림, 열대우림, 관목지, 온대초원, 사바나, 반사막, 사막림(desert forest), 사막. **3.** 바다보다 습지에 영양분과 분해자가 더 많기 때문이다.

혼자 풀어보기

1. a; **2.** e; **3.** a; **4.** c; **5.** b; **6.** d; **7.** c; **8. a.** 에너지; **b.** 영양분; **c.** 열; **d.** 열; **e.** 생산자; **f.** 소비자; **g.** 무기영양분; **h.** 분해자; **i.** 열; **9.** e; **10.** d; **11. a.** 최상위 육식동물; **b.** 육식동물; **c.** 초식동물; **d.** 생산자; **12.** b; **13.** e; **14.** a

과학적으로 생각하기

1. 쉽게 접근할 수 있는 꽃에서 가장 많은 먹이를 얻을 수 있게끔 적응한 곤충이 더 잘 번식한다. 수분매개 곤충을 유인하도록 가장 잘 적응한 꽃이 자손을 더 많이 생산하며, 마찬가지로 가장 많은 먹이를 얻는 곤충이 그렇지 못한 곤충보다 더 많은 자손을 생산한다. 이 과정은 세대에 걸쳐 계속되며 적응의 공진화로 이어진다. **2.** 수달 개체수가 감소한다; 서식지 파괴로 인해 해조 숲에 서식하는 성게 개체수가 감소하거나 사라진다; 생산자와 소비자의 수가 적기 때문에 해조 숲의 생산성이 감소한다; 적은 양의 먹이가 생산되고 먹이사슬이 약화된다; 물질순환이 감소한다. **3.** 수중 환경의 종 풍요도와 다양성을 보존하려면 토착종을 보호할 필요가 있다. 만약 흑고니 통제 프로그램에 대한 반대가 환경에 있는 군집의 건강을 염려해서가 아니라 단지 인간이 아름다운 것을 즐기고자 하는 데 있다면 흑조가 토착 조류를 대체하게 하지 말아야 한다고 생각한다.

32장

진도 점검하기

(32.1) 1. 보존생물학은 천연자원을 보존하는 데 중점을 두고 있기 때문에 유전학, 생리학, 행동 과학, 생태학, 현장생물학 및 진화생물학을 비롯한 기초 생물학의 여러 하위분야를 다룬다. 또한 생물공원 관리학, 산림학, 수의학, 수산생물학, 서식범위 관리학, 농업경제학 및 야생생물 관리학과 같은 응용 생물학 분야도 보존생물학에 사용된다. **2.** 종이 멸종하면 세계적으로 다양성이 감소한다. 그 결과 인간이 현재와 미래에 서로 다른 많은 생물로부터 얻게 될 혜택이 줄어들게 된다. **3.** 생물다양성은 지구에 유익하다. 따라서 인간에게도 유익하다. 멸종은 바람직하지 않다. 생태계 내에서의 상호작용은 생물다양성을 지지하며 인간에게 유익하다. 생물다양성은 진화의 결과이며 인간에게 큰 가치가 있다. **(32.2) 1.** 직접적인 가치는 의약품의 개발, 농업 관리, 인간이 사용하는 소비재를 포함한다. 간접적 가치는 생물지화학 순환, 폐기물 처리 기작, 담수 공급, 토양침식 방지, 기후 조절 및 생태 관광에의 기여를 포함한다. **2.** 대부분의 현대 의약품은 생물에서 유래한다. 따라서 더 풍부한 생물다양성이 존재한다면 더 많은 의약품이 개발될 가능성이 커진다. 농업에서도 생물 다양성은 다양한 기후에서 살 수 있고 초식동물의 피해를 잘 견딜 수 있는 농작물 품종을 개발할 수 있게 한다. **3.** 생물다양성은 선택을 할 수 있는 유연성을 제공한다. 만약 어떠한 자원이 고갈되게 되면, 그 자원이 물이든 토지, 음식 또는 에너지이든지 간에 다른 자원으로 대체될 수 있다. **(32.3) 1.** 태양에너지, 풍력, 지열과 같은 재생가능 자원은 공급에 제한이 없다. 더 많은 자원이 사용가능할 수 있을 것이다. 토지, 화석연료, 광물은 재생불능 자원으로 공급이 제한적이다. 따라서 고갈될 수 있다. **2.** 삼림파괴는 인간이 나무를 벌목할 때 그리고 농경지를 만들기 위해 숲을 없애거나 숲에 정착할 때 발생한다. 얇은 토양층은 농업에 적합하지 않아 농사짓기를 빠르게 포기하게 된다. 토양침식과 범람이 발생하게 된다. 사막화는 인간이 과도한 방목을 허용함으로 인해 반건조한 땅이 사막으로 전환되어 발생한다. 식생이 없어지면 범람이 늘게 되고 지하수가 고갈되며 최종적으로 사막화된다. **3.** 관개는 지하수를 고갈시킨다. 단일품종재배는 생물다양성을 감소시킨다. 비료, 제초제, 살충제를 사용하면 수원으로 흘러들어간다. 현대적 농사기법은 과도한 양의 연료를 사용한다. 또한 토지를 들판으로 전환시켜 서식지가 파괴되게 한다. 현대적 농업기법은 형질전환생물(GMO)에 의존한다. **4.** 녹색혁명은 새로운 품종의 작물을 도입함으로써 농작물 수확량을 증가시켜 세계의 식량 공급을 증가시키는 데 기여했다. 기하급수적으로 증가하는 인구와 보조를 맞추기 위해서는 식량 공급을 늘릴 필요가 있다. 그러나 새로운 품종은 환경에 부정적인 영향을 주는 비료, 살충제, 물을 많이 필요로 한다. **5.** 지구 평균 기온이 상승함에 따라 육지와 해양의 온도가 상승하여 생물다양성에 영향을 미치게 된다. 고온으로 인해 빙하가 녹고 물이 팽창하여 해수면이 상승할 것이다. 이로 인해 해안 지역이 침수될 것이다. 물의 증발이 많아져 해안선을 따라 강수량이 증가하므로 취약 지역이 범람하게 된다. 동시에 대륙 내륙은 더욱 건조해져 가뭄을 겪게 되고 농업 생산성이 감소할 것이다. **6.** 풍력: 많은 풍차가 건설되어야 하는데 이는 조류의 생존과 동물 서식지에 영향을 준다. 많은 사람이 풍차를 미학적이지 않다고 생각한다. 수력: 댐과 수력 발전소가 건설되어야 한다. 큰 댐은 강과 하천에 부정적인 영향을 주고 이주하는 물고기에게 해를 끼친다. 지열에너지: 지열에너지를 모으고 분배하는 데 많은 비용이 소요된다. 태양에너지: 태양에너지를 변환하고 저장할 수 있는 태양에너지 포획 장치를 구축하는 데 상당히 많은 비용이 든다. **(32.4) 1.** 재생 가능한 에너지원을 사용하고, 열 및 폐기물을 재사용하며 최대한 재순환시킨다. **2.** 피복작물을 심고 다품종재배를 시행하며 토양에 양분을 보충해준다. 물을 절약하고 재배품종을 많이 심으며 정밀농업 기술을 사용하도록 한다. 또한 종합해충관리를 이용하고 다양한 종의 식물과 다목적 나무를 심으며, 습지를 유지 및 복원하도록 한다. 재생가능 에너지를 사용하고 지역에서 생산된 것을 구매한다. **3.** 에너지 효율적인 운송수단을 구축하고 녹화지붕과 녹지대를 만들도록 한다. 건물 난방에 태양에너지나 지열을 사용하고 빗물 관리체계를 개선하며, 토착종을 심도록 한다. 또한 새로운 구역을 개발하기 전에 구도심을 활성화하고 조명방법을 바꾸며 소음을 줄이고 지속 가능한 건축 관행을 장려한다.

혼자 풀어보기

1. e; **2.** a; **3.** e; **4.** c; **5.** b; **6.** d; **7.** c; **8.** a; **9.** b; **10.** a; **11.** 재생불능 자원보다는 재생가능 자원을 사용, 최대한의 재활용, 폐기물의 재활용; **12.** c

과학적으로 생각하기

1. 긍정적인 환경영향으로는 계절적 범람과 양분 축적이 증가하여 동식물의 다양성이 증가하는 것 등이 있다. 환경에 대한 부정적인 영향은 경제적 영향을 잘못 산정하는 것과 침입종의 도입 가능성 등이다. 주민에 대한 직접적인 혜택은 주민들이 복구되기 이전의 범람원에서 농사를 짓고 거주함으로써 받았던 경제적, 개인적 위협으로부터 해방되게 되는 것이다. 간접적인 혜택은 Emiquon Refuge가 제공하는 다양성으로부터 얻게 되는 혜택을 포함한다. **2.** 얼마나 희귀한 종인가, 해당 종을 보존하는 것이 얼마나 어려운가, 보존하는 비용이 어느 정도인가 등을 고려해 의학적 가치가 있는 식물을 선별한다. 사람을 위한 의약품으로의 잠재적 혜택이 있는가. **3.** 포유류의 내부 온도는 정상 범위 내에 있어야 하는데 정상 범위는 상당히 좁다. 만약 외부 온도가 항상성 기작이 작동하기에 너무 높으면 포유류의 내부 온도가 정상 범위 이상으로 올라가 죽게 된다.

부록 B 원소의 주기율표와 미터법

원소의 주기율표

원자번호 · 원자량 · 원자기호: 1 H hydrogen 1

상태	예
고체	C
액체	Hg
기체	H
알려지지 않음	Rf

- 준금속
- 비금속: 기타 비금속, 할로겐, 비활성기체
- 금속: 알칼리금속, 알칼리토금속, 란탄족, 악티늄족, 전이 금속, 전이후 금속

Ia족	IIa	IIIb	IVb	Vb	VIb	VIIb	VIIIb	VIIIb	VIIIb	Ib	IIb	IIIa	IVa	Va	VIa	VIIa	VIIIa
1 H hydrogen 1																	2 He helium 4
3 Li lithium 7	4 Be berylium 9											5 B boron 11	6 C carbon 12	7 N nitrogen 14	8 O oxygen 16	9 F fluorine 19	10 Ne neon 20
11 Na sodium 23	12 Mg magnesium 24											13 Al aluminum 27	14 Si silicon 28	15 P phosphorus 31	16 S sulfur 32	17 Cl chlorine 35	18 Ar argon 40
19 K potassium 39	20 Ca calcium 40	21 Sc scandium 45	22 Ti titanium 48	23 V vanadium 51	24 Cr chromium 52	25 Mn manganese 55	26 Fe iron 56	27 Co cobalt 59	28 Ni nickel 59	29 Cu copper 64	30 Zn zinc 65	31 Ga gallium 70	32 Ge germanium 73	33 As arsenic 75	34 Se selenium 79	35 Br bromine 80	36 Kr krypton 84
37 Rb rubidium 85	38 Sr strontium 88	39 Y yttrium 89	40 Zr zirconium 91	41 Nb niobium 93	42 Mo molybdium 96	43 Tc technetium 98	44 Ru ruthenium 101	45 Rh rhodium 101	46 Pd palladium 106	47 Ag silver 108	48 Cd cadmium 112	49 In indium 115	50 Sn tin 119	51 Sb antimony 122	52 Te tellurium 128	53 I iodine 127	54 Xe xenon 131
55 Cs cesium 133	56 Ba barium 137	57 La lanthanum 139	72 Hf hafnium 178	73 Ta tantalum 181	74 W tungsten 184	75 Re rhenium 186	76 Os osmium 190	77 Ir iridium 192	78 Pt platinum 195	79 Au gold 197	80 Hg mercury 201	81 Tl thalium 204	82 Pb lead 207	83 Bi bismuth 209	84 Po polonium 210	85 At astatine 210	86 Rn radon 222
87 Fr francium 223	88 Ra radium 226	89 Ac actinium 227	104 Rf rutherfordium 261	105 Db dubnium 260	106 Sg seaborgium 263	107 Bh bohrium 261	108 Hs hassium 265	109 Mt meitnerium 266	110 Ds darmstadtium 281	111 Rg Roentgenium 272	112 Cn Copernicum 285	113 Uut Ununtrium 284	114 Fi Flerovium 289	115 Uup Ununpentium 288	116 Lv Livermorium 293	117 Uus Ununseptum 294	118 Uuo Ununoctium 294

58 Ce cerium 140	59 Pr praseodymium 141	60 Nd neodymium 144	61 Pm promethium 147	62 Sm samarium 150	63 Eu europium 152	64 Gd gadolinium 157	65 Tb terbium 159	66 Dy dysprosium 163	67 Ho holmium 165	68 Er erbium 167	69 Tm thulium 169	70 Yb ytterbium 173	71 Lu lutetium 175
90 Th thorium 232	91 Pa protactinium 231	92 U uranium 238	93 Np neptunium 237	94 Pu plutonium 242	95 Am americium 243	96 Cm curium 247	97 Bk berkelium 247	98 Cf californium 249	99 Es einsteinium 254	100 Fm fermium 253	101 Md mendelevium 256	102 No nobelium 254	103 Lr lawrencium 257

미터법

단위와 약어	미터법 표기	영미식 단위와 미터법의 환산
길이		
나노미터(nm)	= 10^{-9} m(10^{-3} μm)	
마이크로미터(μm)	= 10^{-6} m(10^{-3} mm)	
밀리미터(mm)	= 0.001(10^{-3}) m	
센티미터(cm)	= 0.01(10^{-2}) m	1인치 = 2.54 cm 1피트 = 30.5 cm
미터(m)	= 100(10^{2}) cm = 1,000 mm	1피트 = 0.30 m 1야드 = 0.91 m
킬로미터(km)	= 1,000(10^{3}) m	1마일 = 1.6 km
무게(질량)		
나노그램(ng)	= 10^{-9} g	
마이크로그램(μg)	= 10^{-6} g	
밀리그램(mg)	= 10^{-3} g	
그램(g)	= 1,000 mg	1온스 = 28.3 g 1파운드 = 454 g
킬로그램(kg)	= 1,000(10^{3}) g	= 0.45 kg
미터톤(t)	= 1,000 kg	1톤 = 0.91 t
부피		
마이크로리터(μl)	= 10^{-6} l(10^{-3} ml)	
밀리리터(ml)	= 10^{-3} l = 1 cm^3(cc) = 1,000 mm^3	1티스푼 = 5 ml 1액량온스= 30 ml
리터(L)	= 1,000 ml	1파인트 = 0.47 l 1쿼트 = 0.95 l 1갤런 = 3.79 l
킬로리터(kl)	= 1,000 l	

°C	°F	
100	212	표준 온도와 압력 조건에서 물이 끓는 온도
71	160	우유의 순간 살균에 사용하는 온도
57	134	미국 Death Valley에서 1913년 7월 10일에 기록된 최고 온도
41	105.8	여름철 마라톤 선수의 평균 체온
37	98.6	사람의 체온
13.7	56.66	이 온도에서도 사람이 생존 가능하다.
0	32.0	표준 온도와 압력 조건에서 물이 어는 온도

온도 단위

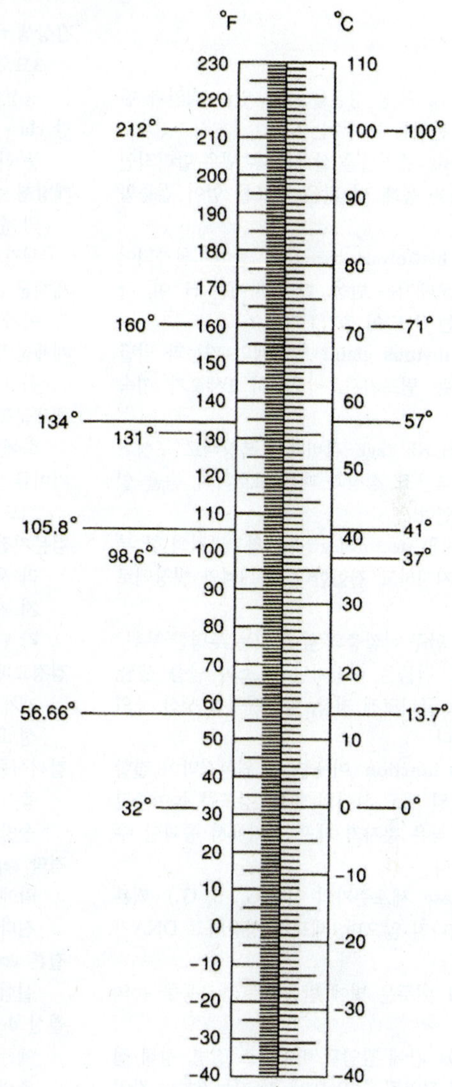

온도 환산 공식:

$$°C = \frac{(°F-32)}{1.8}$$

$$°F = 1.8(°C) + 32$$

용어해설

가

가계도 pedigree 특정 형질을 갖고 있는 개인과 친척 사이의 관계를 보여주는 도표.

가설 hypothesis 증거들을 살펴본 후 세운 합리적인 추정. 실험을 통해 더 많은 자료를 얻어 검증할 수 있다.

가수분해반응 hydrolysis reaction 물이 첨가되어 화합물이 쪼개지는 반응. 한 분자에는 H^+이, 다른 분자에는 OH^-이 추가된다.

가슴샘(흉선) thymus gland 면역계의 기능과 발달에 관여하는 림프기관. 이곳에서 T세포가 성숙된다.

가슴우리(흉곽) rib cage 갈비뼈와 복장뼈로 구성된 유연한 골격구조. 심장과 폐를 보호하며, 숨을 쉴 때에 움직인다.

가슴이음뼈(흉대) pectoral girdle 척추골격의 한 부위. 팔을 지지하고 결합한다. 어깨뼈와 빗장뼈로 구성된다.

각막 cornea 안구 바깥층의 앞에 있는 투명한 부위.

간 liver 크고 검붉은 내장기관. 요소와 담즙 생산, 혈액 해독, 글리코겐 저장, 혈장단백질 생산 등의 기능을 한다.

간극연접 gap junction 이웃한 두 원형질막이 결합하여 형성된 세포 사이의 연접. 강도를 높여주고 이온, 당, 작은 분자가 세포 사이에서 통과할 수 있도록 한다.

간기 interphase 세포주기의 시기(G_1, S, G_2). 핵분열이 일어나지 않으며, 세포가 성장하고 DNA가 합성된다.

간상세포 rod 어두운 빛에 반응하는 척추동물 눈의 광수용기.

간염 hepatitis 간에 감염된 바이러스 질병. 성적 접촉을 통해 전염될 수 있으며, 간 기능저하나 간암으로 이어질 수 있다.

갈조류 brown algae 크산토필 색소를 풍부하게 지닌 해양 광합성 원생생물.

감각뉴런 sensory neuron 감각수용기가 자극을 받은 후 신경자극을 중추신경계로 전도하는 신경세포.

감각적응 sensory adaptation 감각자극에 대한 반응이 감소하는 현상. 대개 자극에 지나치게 노출되면 나타난다.

감수분열, 제1감수분열, 제2감수분열 meiosis, meiosis I, meiosis II 유성생식과정의 핵분열 유형. 딸세포가 다양한 조합의 반수체수를 지니게 되는 과정.

갑각류 crustacean 절지동물의 한 무리. 새우, 게, 가재, 바닷가재 등이 있다.

갑상샘 thyroid gland 목에 있는 큰 분비샘. 티록신, 3요오드티로닌, 칼시토닌 등의 중요한 호르몬을 생성한다.

강 class 분류학자가 종을 분류할 때 사용하는 범주 중 하나. 목의 바로 위 단계이다.

개방형 순환계 open circulatory system 메뚜기 등의 순환계. 튜브 형태의 심장이 혈림프를 채널과 체강으로 보낸다.

개체군 population 같은 시기에 같은 지역에서 살아가는 같은 종의 서로 교배할 수 있는 집단.

개체군 밀도 population density 특정 서식처에서 서식하는 개체의 단위면적 또는 단위부피 당 수효.

개체군통계 demographics 사람 개체군의 특성과 변화에 대한 연구.

거미류 arachnid 절지동물의 한 무리. 거미, 전갈, 참진드기가 있다.

검문지점 checkpoint 세포주기에서 내부 신호에 따라 세포주기가 중지되거나 진행될 수 있는 몇 가지 지점. 다음 단계로 진행되기 전에 세포주기의 각 단계가 완료되었는지 여부를 확인한다.

검정교배 testcross 우성 표현형 개체와 열성 표현형 개체 사이의 교배. 자손의 표현형 비율을 통해 우성 표현형 개체의 유전자형을 판별할 수 있다.

겉씨식물 gymnosperm 목본 종자식물의 한 유형. 종자가 열매에 감싸여 있지 않으며, 소나무류처럼 솔방울에서 맺힌다.

격막 septum 두 지역을 나누는 칸막이. 심장은 격막에 의해 오른쪽 부분과 왼쪽 부분이 나누어진다.

결론 conclusion 결과가 가정을 지지하는지 여부를 실험을 통해 확인한 후 정리한 진술.

결실 deletion 염색체의 말단이 잘려 나가거나 동시에 두 곳이 잘려 내부 조각이 결실되는 염색체 구조의 변화. 종종 고양이울음증후군 등의 비정상적인 증후군을 초래한다.

결합조직 connective tissue 구조를 한데 묶고, 지지하고 보호하며, 공간을 채우고, 지방을 저장하며, 혈구세포를 형성하는 동물의 조직.

경골어류 bony fishes 연골성 골격이 아닌 경골을 갖는 어류.

경동맥 소체 carotid body 경동맥 분지에 있는 구조. 혈액 내 수소 이온과 이산화탄소 농도에 민감한 화학수용기가 있다.

경쟁 competition 제한된 동일한 자원을 필요로 하는 생명체들 사이의 상호작용. 서로에게 해롭다.

경쟁배타원리 competitive exclusion principle 두 종이 동일한 생태적 지위를 차지하지 못한다는 이론.

경첩관절 hinge joint 오직 한 방향으로만 움직일 수 있는 활막관절(팔꿉관절, 무릎관절).

계 kingdom 분류학자가 종들을 구분할 때 이용하는 분류범주의 하나. 문의 상위 단계.

계통 phylogeny 어떤 생명체 집단의 진화적 역사.

계통수 phylogenetic tree 여러 생명체 집단 사이의 공통조상과 계통을 표시한 도표.

계통학 systematics 생명체를 분류하기 위한 다양성에 관한 연구 분야. 진화 상관관계를 분석한다.

고사리 fern 큰 엽상체를 가진 식물군. 유성생식주기에서 독립적인 배우체는 편모를 지닌 정자를 생성하고 관다발 포자체는 바람에 날리는 포자를 생성한다.

고생물학 paleontology 화석을 연구하여 생명의 역사를 탐구하는 학문 분야.

고세균 archaea 고세균영역에 속한 원핵생물. 늪지, 고염환경, 해수열수구 등의 독특한 서식처에서 살아간다.

고세균영역 domain Archaea 생명의 세 영역 중 하나. 흔히 극한환경에서 서식하며 고유의 유전학, 생화학, 생리학 특성을 지닌 원핵세포가 포함된다. 고세균(*archaea*)이라고 부르기도 한다.

고온호산성세균 thermoacidophile 온천이나 열수구 근처 등 고온의 산성 수생 서식처에서 살고 있는 고세균.

고장액 hypertonic solution 세포의 원형질보다 용질 농도가 높은 (물이 적은) 용액. 삼투현상에 의해 세포가 물을 잃는다.

고혈압 hypertension 상승된 혈압. 특히 이완압이 높다.

곤충 insect 절지동물의 한 종류. 머리에 안테나, 겹눈, 홑눈이 있다. 가슴에 3쌍의 다리가 있으며, 흔히 날개가 있다. 배에는 내부 장기가 있다.

골격계 skeletal system 뼈, 연골, 인대로 이루어진 체계. 근육계와 함께 신체를 보호하고, 움직임을 지지한다.

골격근 skeletal muscle 골격근으로 구성된 가로무늬의 수의근 조직. 횡문근이라고도 부른다.

골다공증 osteoporosis 뼈에서 칼슘이 대체되는 속도보다 빠르게 방출되어 뼈가 쉽게 부러지는 상태.

골반염증질환 pelvic inflammatory disease(PID) 정관이나 수란관 내 임질, 클라미디아의 잠복성 감염.

골세포 osteocyte 칼슘을 포함한 세포외기질에 묻혀 있는 가지를 친 뼈세포.

골원 osteon 하버스계. 중심관을 둘러싼 뼈세포가 들어있는 원통형의 단위.

골지힘줄 Golgi tendon 골격근이 힘줄에 삽입된 부위에 있는 자기수용기. 힘줄의 장력 변화에 민감하다.

골지장치 Golgi apparatus 소낭과 소포로 이루어진 소기관. 분자를 가공하고 포장하여 세포 내에 배치하거나 세포 밖으로 내보낸다.

곱셈법칙 rule of multiplication 두 번 이상의 독립적인 사건이 동시에 일어날 가능성은 각각 따로 일어날 가능성을 곱한 것과 같다는 법칙.

공생관계 symbiotic 두 종이 동일한 방법으로 함께 살아가는 관계. 상대에 대해 이익을 줄 수도, 중립일 수도, 해가 될 수도 있다.

공우성 codominance 이형접합자에서 두 대립유전자가 모두 동등하게 발현되는 유전 양상.

공유결합 covalent bond 원자들이 한 쌍 이상의 전자를 공유하는 화학결합.

공진화 coevolution 하나의 종이 다른 종에게 선택 압력을 주는 연합 진화과정.

공통조상 common ancestor 최소 두 가지의 혈통이 공유하는 조상.

공해 pollution 생명체의 삶과 건강에 나쁜 영향을 주는 모든 환경의 변화.

과 family 분류학자들이 종을 나눌 때 사용하는 분류단계의 하나. 속 단계의 바로 위 분류군.

과학적 이론 scientific theory 광범위한 관찰과 실험, 자료에 의해 지지되는 개념.

관다발식물 vascular plant 관다발조직(물관부와 체관부)이 있는 식물. 비종자 관다발식물(고사리류)과 종자식물(겉씨식물과 속씨식물)을 포함한다.

관다발조직 vascular tissue 체관부와 물관부로 구성된 식물의 수송조직.

관찰 observation 과학적 사고방법의 한 단계. 결론을 내리기 전에 필요한 자료를 수집한다.

광계 photosystem 햇빛에너지를 흡수하고 고에너지 전자를 내놓는 광합성 단위. 색소체 복합체와 전자수용체로 구성된다. 광계 I과 광계 II가 있다.

광수용기 photoreceptor 빛의 자극에 반응하는 감각수용기.

광주기 photoperiod 생명체의 생리와 행동에 영향을 주는 상대적인 낮과 밤의 길이.

광합성 photosynthesis 엽록체 안에서 일어나는 과정. 엽록소를 이용하여 햇빛에너지를 포획하고, 이산화탄소를 탄수화물로 환원시킨다.

광합성독립영양생물 photoautotroph 이산화탄소를 탄소원으로 사용하고 햇빛을 에너지원으로 이용하여 유기분자를 합성할 수 있는 생명체.

교감신경계 sympathetic division 자율신경계의 한 영역. 스트레스 상황에서 활성을 가진다. 신경전달물질은 노르에피네프린이다.

교미 copulation 암컷과 수컷의 성교.

교차 crossing-over 감수분열 동안 4분염색체의 비자매염색분체 일부가 교환되는 현상.

구아닌 guanine(G) DNA와 RNA를 구성하는 뉴클레오티드의 질소-함유 염기 중 하나. 시토신과 쌍을 이룬다.

구와관절(절구공이 관절) ball-and socket joint 엉덩이와 어깨에 있는 활액관절. 모든 방향으로 운동할 수 있다.

군집 community 같은 환경에서 서로 관계를 맺고 상호작용하는 개체군들의 모임.

굴광성 phototropism 식물 줄기가 빛에 반응하여 보이는 생장. 줄기는 양성 굴광성을 보인다.

굴성 tropism 식물에서 방향이 있는 자극을 향하거나 멀어지는 생장 반응.

굴중성 gravitropism 지구의 중력에 대한 뿌리와 줄기의 생장 반응. 뿌리는 양성 굴중성 반응을, 줄기는 음성 굴중성 반응을 보인다.

굴촉성 thigmotropism 어떤 물체와 접촉한 방향으로 자라는 식물의 생장 유형.

귀납적 사고 inductive reasoning 가설을 세우기 위한 특별한 관찰과 논리적 추론 과정.

균근 진균 mycorrhizal fungi 유관속식물의 뿌리와 상리공생 관계를 이룬 진균.

균류(진균) fungus(pl., fungi) 부식분해자. 몸체는 균사라고 부르는 필라멘트로 구성되어 있고 균사체라고 하는 덩어리를 이룬다.

균사 hyphae 진균 영양몸체의 필라멘트.

균사체 mycelium 진균의 영양세포 몸체를 구성하는 균사 필라멘트가 엉켜 있는 덩어리.

균일분포 uniform 한 개체군 내 개체의 공간분포 양상의 하나. 개체들이 전 지역에 고르게 흩어져 있다.

그라나 granum(pl., grana) 엽록체 안에 엽록소-함유 틸라코이드가 쌓여 있는 부위.

극상군집 climax community 천이가 끝난 후 형성된 군집.

극성 polar 전자가 불균등하게 공유된 원자 사이의 결합.

극피동물 echinoderm 불가사리, 성게, 연잎성게 등의 해산 동물. 방사대칭과 수관계가 특징이다.

근육경련 tetany 칼슘 불균형에 따른 골격근의 불수의적 수축으로 인한 심한 움찔수축.

근육계 muscular system 체내의 운동과 사지의 운동을 만들어내며, 주 구성요소는 골격근, 평활근, 심장근이다.

근육조직 muscular tissue 짧아지고 길어져서 움직임을 만들어내는 섬유로 구성된 동물조직의 한 종류.

근육추형 muscle dysmorphia 자신의 육체가 덜 발달되었다고 생각하여 육체미와 식이요법에 몰두하는 정신상태. 여성보다 남성에게 더 많이 나타난다.

근절 sarcomere 근원섬유 속에 선으로 배열된 수많은 동일한 단위 중 하나. 근절이 수축하면 근육이 수축된다.

글루카곤 glucagon 췌장에서 분비되는 호르몬. 간에서 글리코겐을 분해하여 혈당을 높여준다.

글리세롤 glycerol 수산기(—OH) 3개가 결합한 3-탄소 탄수화물. 지방과 기름의 구성성분.

글리코겐 glycogen 동물의 저장 다당류. 포도당 분자가 사슬처럼 이어져 있으며 많은 가지가 있다.

금욕 abstinence 성적 교접을 하지 않는 피임방법.

기공 stoma(pl., stomata) 잎 표피의 아래쪽에 있는 두 공변세포 사이의 작은 구멍. 기체가 통과한다.

기관 organ 같은 기능을 수행하는 두 가지 이상 다른 조직의 조합.

기관계 organ system 함께 일하는 관련된 기관들 무리.

기관세지 branchiole 육상척추동물의 기관지에서 폐포로 공기를 보내는 작은 관.

기관지 bronchus(pl., bronchi) 육상척추동물의 기관에서 폐로 들어가는 갈라진 부분.

기능기 functional group 유기분자의 탄소골격에 결합한 특수한 원자단. 반응에 참여하고 예측할 수 있는 방식으로 행동한다.

기도 trachea(pl., tracheae) 네발 척추동물의 후두와 기관지 사이에 있는 공기 통로.

기름 oil 대개 식물에서 유래한 트리글리세리드. 글리세롤과 지방산 3개로 이루어진다. 지방산의 탄화수소 사슬에 불포화 결합이 많이 있어서 액체 상태이다.

기본조직 ground tissue 식물의 대부분을 차지하는 조직. 저장, 기초대사, 지지 기능을 하는 유조직, 후각조직, 후벽조직으로 구성된다.

기부감긴세뇨관 proximal convoluted tubule 근위세뇨관. 네프론 주머니에 연결된 부위. 여과액의 재흡수가 일어난다.

기술 technology 과학 지식을 실용적 목적으로 적용하는 것.

기억 memory 과거의 감각과 인식에 대한 정보를 저장하고 되살리는 뇌의 능력. 학습에 필수적이다.

기질 matrix 결합조직에서 세포 사이의 공간, 또는 소기관 내부를 채우고 있는 반액체성 물질.

기질 substrate 효소에 의해 조절되는 반응의 반응물질.

기하급수적 성장(지수성장) exponential growth 어떤 개체군이 은행의 복리이자와 같은 방식으로 증가하는 성장 패턴.

기회종 opportunistic species 기하급수적 성장을 하는 개체군. 구성원은 크기가 작고 빠르게 성숙하며, 수명이 짧다. 자손 수가 많으며, 거의 돌보지 않는다. 예: 민들레.

기후변화 climate change 특정 지역의 기후 조건을 변화시키고 있는 사람과 관련된 활동에 대한 일반적 용어.

꽃 flower 현화식물의 생식기관. 여러 종류의 변이된 잎이 동심원으로 배열되어 화탁이라는 변이된 줄기에 붙어 있다.

꽃받침 sepal 꽃의 가장 바깥 부위에 있는 잎과 같은 덮개 조직. 대개 초록색이다.

꽃밥 anther 현화식물의 수술에서 화분을 지니고 있는 부분.

꽃잎 petal 꽃받침 바로 안의 꽃 부위. 흔히 화려한 색으로 수분매개자를 유인한다.

나

나이테 annual ring 한 생육기 동안에 생성되는 목본층(2기 물관부).

난소/씨방 ovary 난자를 생성하고 여성 성호르몬을 생성하는 여성 생식샘. 현화식물에서 열매로 발달하는 암술의 배주가 있는 부풀은 부분.

난자형성과정 oogenesis 감수분열과 성숙과정을 거치면서 난자가 형성되는 과정.

난할 cleavage 세포질 양이 늘어나거나 확장되지 않은 채 일어나는 세포 분열. 동물 발생 첫 단계에서 일어난다.

낫꼴적혈구빈혈증 sickle cell disease 적혈구 세포가 낫 모양으로 좁고 휘어져 모세혈관을 통과하지 못하고 파괴되는 유전병. 악성빈혈을 초래한다.

낭배 gastrula 동물 발생과정에서 (부분적으로는) 함입에 의해 배엽층들이 만들어지는 시기.

낭배 형성 gastrulation 포배로부터 낭배가 형성되는 과정. 세포층들이 함입되어 모자 모양의 구조를 형성한다.

낭포성섬유증 cystic fibrosis 유아와 어린이에서 보편적인 상염색체 열성 질환. 광범위한 외분비샘 장애가 나타난다.

내강 lumen 관상 기관의 빈 공간.

내골격 endoskeleton 척추동물의 경우와 같은 보호성 내부 골격.

내막계 endomembrane system 세포에서 수송에 관여하는 막성 구조의 총합.

내배엽 endoderm 동물 배의 가장 내부에 형성되는 주 조직층. 이곳에서 소화관 관련 구조들이 만들어진다.

내분비계 endocrine system 신체활동을 조절하는 기관계. 화학적 신호로서 호르몬을 혈류로 분비한다.

내분비샘 endocrine gland 호르몬을 혈액으로 분비하는 관이 없는 기관.

내생포자 endospore 세포 내에 형성되는 포자. 일부 세균이 형성한다.

내온성동물 endotherm 스스로 내부 열을 만들어내는 동물.

내초 pericycle 뿌리의 관다발조직을 둘러싸고 있는 세포층. 측근을 형성한다.

내포작용 endocytosis 식세포작용이나 음세포작용에 의해 환경에서 세포로 물질이 들어오는 과정. 수용체-매개 내포작용도 있다.

내피 endodermis 피층과 관다발 사이의 경계를 형성하는 뿌리의 내부 조직.

네안데르탈인 Neandertal 마지막 빙하기에 유럽과 중동에서 살았던 튼튼한 체구의 후기 *Homo*. 큰 동물을 사냥하였으며 문화가 발달한 증거를 남겼다.

네프론 nephron 여과, 재흡수, 분비에 의해 혈액 조성을 조절하는 신장의 미세 단위.

네프론주머니 nephron capsule 네프론이 시작되는 부위인 컵 모양의 구조.

노르에피네프린 norepinephrine 자율신경계의 교감신경계에 있는 신경절후 섬유의 신경전달물질. 또한 부신수질에서 생성되는 호르몬.

노뼈(요골) radius 두껍고 짧은 상완골. 상완이 쉽게 비틀기 운동을 하도록 한다.

노화 senescence 식물 또는 식물의 부위가 나이가 들며 쇠퇴하고 결국 죽는 일련의 모든 과정.

녹말 starch 식물의 저장 다당류. 포도당 분자들이 일렬로 결합하며, 곁가지는 거의 없다.

녹조류 green algae 엽록소 *a*와 *b*를 가지고 있으며, 식물과 유사한 생화학적 특징을 보이는 다양한 무리의 광합성 원생생물.

뇌 brain 중추신경계의 주요 기관. 신호통합이 주로 일어나는 곳.

뇌줄기 brain stem 연수, 뇌교, 중뇌로 구성된 포유류 뇌의 한 부분.

뇌교 pons 중뇌와 연수 사이에 있는 뇌줄기의 부위. 호흡을 조절한다.

뇌신경 cranial nerve 뇌에서 나오는 신경.

뇌졸중 stroke 뇌에 있는 소동맥이 터지거나 혈전에 의해 소동맥이 막혀서 나타나는 뇌혈관 장애.

뇌하수체 pituitary gland 시상하부 바로 아래에 있는 작은 분비샘. 전엽과 후엽으로 구성되며 모두 호르몬을 생성한다.

뇌하수체 전엽 anterior pituitary 시상하부에 의해 조절되는 뇌하수체의 한 부분. 여섯 종류의 호르몬을 생성하며, 일부는 다른 내분비샘을 조절한다.

뇌하수체 후엽 posterior pituitary 뇌하수체의 한 부위. 시상하부에서 생성된 옥시토신과 항이뇨호르몬을 저장하고 분비한다.

뉴런 neuron 수상돌기, 신경세포체, 축삭돌기의 세 부분으로 이루어진 신경세포.

뉴클레아제 nuclease 핵산 분해의 촉매작용을 하는 효소.

뉴클레오솜 nucleosome 진핵세포의 핵 안에서 DNA가 8분자의 히스톤 단백질을 휘감은 구조적 단위. 구슬 목걸이와 같은 모양을 이룬다.

뉴클레오티드 nucleotide DNA와 RNA의 단량체. 5-탄소 당에 결합한 질소 염기와 인산기로 이루어진다.

능동면역 active immunity 미생물이나 백신에 대한 면역계의 반응으로 이루어지는 질병에 대한 저항성.

능동수송 active transport 원형질막 수송단백질을 이용하여 분자나 이온을 저농도 지역에서 고농도 지역으로 이동시킨다. 평형을 거스르며 에너지를 필요로 한다.

다

다당류 polysaccharide 당 단량체로 이루어진 중합체. 다당류인 녹말과 글리코겐은 포도당 단량체의 중합체이다.

다량 미네랄 major mineral 대사활성을 조절하고 건강을 유지하기 위해 매일 섭취해야 하는 필수 무기 영양물질. 칼슘, 포타슘, 인산, 소듐, 염소, 마그네슘, 황 등이다.

다리이음뼈(요대) pelvic girdle 척추골격의 한 부위. 다리가 연결된다. 볼기뼈.

다면발현 pleiotropy 하나의 유전자에 의해 개체의 여러 표현형 특성이 영향을 받는 유전 양상.

다분화능 multipotent 제한된 세포 유형으로 발달할 수 있는 잠재력을 갖춘 줄기세포의 특성.

다세포 multicellular 많은 세포들로 구성된 생명체. 대개 조직화된 조직, 기관, 기관계를 갖는다.

다양성 diversity 한 군집 내에 있는 특정 종의 양. 종 풍요도와 종 분포를 모두 포함한다.

다운증후군 Down syndrome 21번 삼염색체성. 21번 염색체를 3개 지닌 사람은 다양한 정도의 정신지체, 작은 키, 눈꺼풀 접힘, 짧고 굵은 손가락, 독특한 손금 등의 증상을 보인다.

다유전자성 polygenic 하나의 표현형 발현에 2개 이상의 유전자가 기여하는 현상.

다유전자성 유전 polygenic inheritance 하나의 형질이 여러 개의 대립유전자 쌍에 의해 조절되는 유전 양상. 각 우성 대립유전자는 부가되는 방식으로 표현형에 기여한다.

다육식물유기산대사 Crassulacean acid metabolism (CAM) 밤에는 이산화탄소를 고정하여 C_4 분자를 생성하고, 낮에는 캘빈회로에 이산화탄소를 내놓는다.

다인자성 형질 multifactorial trait 환경의 영향을 받아 여러 유전자에 의해 조절되는 형질. 표현형은 각각의 우성 대립유전자가 부가되는 방식으로 발현된다.

다지역기원설 multiregional continuity hypothesis 현대인이 아시아, 아프리카 및 유럽 등 최소 세 지역에서 독립적으로 기원하였다는 가설.

단계통군 clade 하나의 공통조상과 그 모든 자손을 포함한 생명체의 무리. 자신만의 특정한 파생형질을 지닌다.

단공류 monotreme 알을 낳는 포유류. 예: 오리너구리, 가시개미핥기.

단당류 monosaccharide 단순당. 가수분해로 분해할 수 없는 탄수화물. 예: 포도당.

단량체 monomer 중합체의 소단위인 작은 분자. 포도당은 녹말의 단량체이다.

단백질 protein 하나 이상의 폴리펩티드로 구성된 분자. 아미노산으로 소화되어 세포내 단백질 합성에 이용되는 식품의 대량영양소.

단백질체 proteome 유전자들이 번역되어 만들어진 모든 단백질 집합체.

단백질체학 proteomics 단백질의 구조와 기능, 그리고 상호작용에 관해 연구하는 학문 분야.

단순갑상샘종 simple goiter 갑상샘이 비대해지고 티록신 생산량이 적은 상태.

단위생식 parthenogenesis 한 개의 난자가 수정과정 없이 스스로 완전한 생명체로 발달하는 현상.

단일식물/장야식물 short-day plant/long-night plant 임계 길이보다 낮이 짧고 밤이 길면 개화하는 식물. 예: 도꼬마리, 포인세티아, 국화.

단핵구 monocyte 과립백혈구의 한 종류. 특히 대식세포로 변한 후 식세포로 작용한다.

당뇨병 diabetes mellitus 인슐린을 생성하지 못하고 세포가 포도당을 흡수하지 못해 발생한다. 혈당 수준이 높고 오줌에 당이 섞여 나오는 특성이 있다.

대뇌피질 cerebral cortex 대뇌 반구의 바깥 층. 감각정보를 받고 운동을 조절한다.

대동맥 aorta 인체의 심장에서 조직으로 혈액을 수송하는 주요 체동맥.

대동맥소체 aortic body 대동맥 벽에 있는 구조. 혈액의 수소 이온과 이산화탄소 농도를 측정하는 화학수용기가 있다.

대량멸종 mass extinction 수백만 년 이하의 짧은 기간에 많은 종이 사라지는 대규모의 멸종.

대량영양소 macronutrient 식물과 사람이 대량으로 필요로 하는 필수원소. 식물의 생장에는 질소, 칼슘, 황이 필요하다. 사람은 에너지로서 탄수화물, 지질, 단백질을 필요로 한다.

대립유전자 allele 한 유전자의 대체 유형. 상동염색체의 동일한 좌위에 있다.

대사 metabolism 성장과 수선하는 과정에서 일어나는 세포의 모든 화학적 반응.

대사경로 metabolic pathway 특정한 반응물로 시작하고 최종산물로 마무리되는 일련의 연계된 반응들.

대수층 aquifer 지하수를 담고 있는 암석층. 상당한 양의 물을 흘려보내 우물이나 샘을 이룬다.

대식세포 macrophage 척추동물의 큰 식세포. 단핵구에서 유래하며, 미생물과 찌꺼기를 처리한다.

대장 large intestine 척추동물에서 소장 다음에 이어진 소화관 부위. 사람의 경우 맹장, 직장, 항문으로 구성된다.

대정맥 vena cava(pl, venae cavae) 네발동물에서 심장의 우심방으로 혈액을 돌려보내는 큰 체순환 정맥. 상대정맥과 하대정맥이 있다.

대조군 control group 실험의 모든 단계를 수행하지만, 시험하고자 하는 실험 변인은 제외된 샘플. 실험의 결과를 확인하는 기준.

대진화 macroevolution 새로운 종의 탄생 등, 대규모로 일어나는 진화적 변화.

대체모델 replacement model 현대인류는 오직 아프리카에서 기원하였으며, 약 10만 년 전에 아시아와 유럽으로 이주하여 그곳의 *Homo*를 대체하였다는 주장. 아프리카 기원설이라고도 한다.

대체생식 replacement reproduction 한 개인이 다음 세대의 자손 단 1명만으로 대체되는 개체군의 변화 양상.

대포자 megaspore 종자식물이 만들어내는 두 가지 포자 중의 하나. 자성배우체(배낭)로 발달한다.

대형엽 megaphyll 복잡한 그물망을 이룬 잎맥이 있는 큰 잎.

데니소바인 Denisovan 새롭게 발견된 초기 *Homo* 속의 한 무리. 약 100만 년 전 현재의 시베리아 지역에서 살았다.

독립영양생물 autotroph 에너지를 포획하여 무기영양에서 유기분자를 합성할 수 있는 생명체.

독립의 법칙 law of independent assortment 감수분열 과정에서 연관되어 있지 않은 유전자의 대립유전자들이 서로 독립적으로 나누어진다. 따라서 가능한 모든 대립유전자 조합이 배우자에서 나타날 수 있게 된다.

돌연변이 mutation 복제 실수나 돌연변이유발원 등의 외부 요인에 의해 유전자의 DNA 염기서열에 나타난 변화. 이로 인해 유전자 풀의 다양성이 이루어질 수 있다.

돌연변이유발원 mutagen 방사선이나 화학물 등의 DNA에 돌연변이를 유발하는 요인.

동 sinus 개방순환계에서 혈림프가 흐르고 조직을 적셔주는 빈 공간. 또한 비강에서 공기로 채워진 공간.

동공 pupil 척추동물 눈의 홍채 중앙에 있는 구멍.

동맥 artery 심장에서 혈액을 내보내는 혈관.

동물 animal 동물계에 속하는 종속영양 다세포생물.

동물성편모충류 zooflagellate 편모를 이용하여 이동하는 비광합성 원생생물. 전형적인 동물성편모충류는 공생관계를 이루지만, 일부는 기생하기도 한다.

동방결절 SA(sinoatrial) node 박동원. 신경근 조직의 작은 부위. 박동을 개시한다.

동소 종분화 sympatric speciation 지리적으로 겹쳐진 개체군에서 새로운 종이 출현하는 현상.

동원체 centromere 두 자매염색분체가 연결된 염색체의 잘록한 부위.

동위원소 isotope 원자번호는 같지만 중성자 수효가 다르기 때문에 질량수가 다른 원자.

동형접합 homozygous 특정 형질에 대한 두 대립유전자가 동일한 접합체.

되먹임 억제 feedback inhibition 대사경로를 조절하는 기작. 경로가 억제되어 생산물이 더 이상 만들어지지 않을 때까지는 생산물의 농도가 일정한 범위로 유지된다.

두개골 skull 머리뼈와 얼굴뼈로 구성된 보호성 골격구조.

두발보행 bipedalism 두 발로 서서 걷는 것.

두족류 cephalopod 머리 부위에 변형된 발이 발생된 연체동물의 한 무리. 오징어, 갑오징어, 낙지 및 앵무조개를 포함한다.

두화 cephalization 몸의 앞쪽에 뇌와 감각 수용체를 가진 뚜렷한 머리를 가지는 것.

듀켄씨근이영양증 Duchenne muscular dystrophy 어깨와 골반에 이상이 있는 만성 진행성 질환. 어릴 때부터 시작된다. 근육이 점진적으로 약해지며 발을 넓게 벌리고 비틀거리는 걸음걸이가 특징이다. X-연관 질환으로 주로 남성에서 나타난다. 대부분 호흡곤란과 심장마비로 성인이 되기 전에 사망한다.

등장액 isotonic solution 원형질과 용질 농도가 동일한 용액. 삼투현상에 의해 세포가 물을 얻지도 잃지도 않는다.

디옥시리보오스 deoxyribose DNA의 5-탄당. 리보오스에 비해 수산기(—OH)가 하나 적다.

라

랑비에결절 node of Ranvier 말초신경계에서 긴 축삭을 싸고 있는 미엘린초에 있는 틈새.

레트로바이러스 retrovirus RNA를 주형으로 DNA를 전사하는 역전사효소를 가지고 있는 RNA 바이러스.

로돕신 rhodopsin 간상세포와 원뿔세포에서 색소와 옵신 단백질을 지닌 빛을 흡수하는 분자.

리그닌 lignin 식물의 세포벽을 단단하게 하는 화합물.

리보솜 ribosome 원형질에서 단백질 합성이 일어나는 곳. RNA와 단백질로 구성된다.

리보솜RNA ribosomal RNA(rRNA) 전령 RNA를 번역하여 단백질을 생산하는 리보솜에 있는 RNA.

리보오스 ribose RNA에 있는 5-탄당.

리소좀 lysosome 거대분자를 소화하는 가수분해효소를 지닌 소포.

리파아제 lipase 췌장에서 분비되는 지방 소화효소.

림프 lymph 림프관을 통해 운반되는 조직액에서 유래한 액체.

림프관 lymphatic vessel 림프를 순환계로 운반하는 림프계의 수송관.

림프구 lymphocyte 특이적 방어를 담당하는 특수화된 백혈구. T림프구와 B림프구의 두 종류이다.

림프기관 lymphatic organ 림프계에서 림프관을 제외한 림프절, 편도, 비장, 가슴샘, 골수 등의 나머지 기관.

림프절 lymph node 림프관을 따라 존재하는 림프조직.

마

마르판증후군 Marfan syndrome 선천성 결합조직 이상. 사지 등의 말단이 기형적으로 길다.

말기 telophase 유사분열에서 딸 염색체가 양극으로 이동하는 시기.

말단소체 telomere 염색체의 말단부에 있는 반복되는 긴 DNA 서열. 마개와 같이 염색체 말단을 보호하고 다른 염색체와 융합되지 않도록 한다.

말부감긴세뇨관 distal convoluted tubule 원위세뇨관이라고도 한다. 집합관과 연결된 네프론의 마지막 부위. 세뇨관의 분비에 관여한다.

말초신경계 peripheral nervous system(PNS) 중추신경계 외부의 신경과 신경절.

말타아제 maltase 소장에서 생성되는 효소. 말토오스를 두 분자의 포도당으로 분해한다.

말피기관 Malpighian tubule 곤충 후장의 앞쪽 끝 부근에 있는 실 모양의 배설관.

망막 retina 광수용기인 간상세포와 원뿔세포가 있는 척추동물 안구의 가장 안쪽 층.

매독 syphilis 세균성 성병. 세 단계로 발전하며, 사이에 잠복기가 있다. 시력을 잃을 수 있으며, 태아의 기형이나 유산을 초래한다. 심혈관계와 신경계에 영향을 준다.

맥박 pulse 심실 수축 후 대동맥의 팽창에 따른 동맥벽의 진동.

맹점 blind spot 망막에 시신경이 이어진 부위. 간상세포나 원뿔세포가 없다.

머리뼈 cranium 뇌를 보호하는 두개골 부위.

먹이그물 food web 생태계에서 먹이사슬이 얽히고 설킨 복잡한 양상.

먹이사슬 food chain 생태계에서 한 개체군이 다른 개체군을 섭식하는 순서. 이를 통해 퇴적물섭식자(퇴적물 먹이사슬)나 생산자(초식 먹이사슬)로부터 최종 소비자로 이어지는 에너지 흐름을 알 수 있다.

메탄생성세균 methanogen 고세균의 한 종류. 늪처럼 산소가 없는 서식처에서 생존하면서 메탄가스를 방출한다.

메트헤모글로빈혈증 methemoglobinemia 혈액에 메트헤모글로빈이 축적되어 나타난 질병. 피부가

청-보라색으로 변한다.

면역 immunity 병원체를 비롯한 외래 물질과 세포에 맞서 신체가 자신을 보호하는 능력.

면역계 immune system 외래 생명체와 물질은 물론 종양세포에 맞서 신체를 보호하는 세포와 기관.

멸종 extinction 어떤 종이나 그 상위 분류군이 완전히 사라지는 현상.

명반응 light reaction 햇빛에너지를 포획하는 광합성의 한 부분. 엽록체의 틸라코이드막에서 일어나며, ATP와 NADPH를 생성한다.

모델 model 직접 연구하기 전에 미리 개념적인 이해를 돕는 시뮬레이션 과정. 특정 과정이 어떻게 일어날 수 있는지를 설명하는 가설.

모세혈관 capillary 매우 미세한 혈관. 기체와 물질들이 모세혈관 벽을 통과하여 혈액과 조직액 사이에서 교환된다.

모자이크 진화 mosaic evolution 사람의 특성이 동일한 속도로 진화되지 않았다는 개념. 예를 들어 초기 호미니드의 신체 부위 중 일부는 다른 부위에 비해 더욱 인류와 닮은 특성을 보인다.

목 order 분류학자가 종을 분류할 때 사용하는 분류범주의 하나. 과의 위 단계.

목재 wood 목본식물에서 1년 단위로 만들어지는 2기물관부. 나이테가 된다.

무성생식 asexual reproduction 두 개체를 필요로 하지 않는 번식 방식. 예: 세균의 이분법.

무악어류 jawless fishes 턱이 없는 물고기 종류. 먹장어와 칠성장어 등이 있다.

무작위분포 random 개체군 내에서 개체의 공간 분포 유형. 어떤 지역 내의 어느 곳에서든 생존할 수 있는 기회가 동등하다.

무척추동물 invertebrates 연골이나 뼈로 이루어진 등뼈가 없는 동물.

무체강동물 acoelomate 편형동물처럼 체강이 없는 동물.

문 phylum 분류학자가 종을 분류할 때 사용하는 분류범주의 하나. 강의 위 단계.

문맥계 portal system 모세혈관에서 시작해서 모세혈관에서 끝나는 혈류의 경로. 예: 소장과 간 사이의 문맥.

문화 culture 인간 행동의 총체적인 양상. 기술과 예술을 포함하며 말하기와 지식전달의 능력에 좌우된다.

물관부 xylem 식물체의 위쪽으로 물과 미네랄을 수송하는 관다발조직. 물관요소와 헛물관을 포함한다.

물관요소 vessel element 서로 연결되어 물관부의 주요 수송관을 형성한 세포.

물점균류 water mold 셀룰로오스로 이루어진 세포벽이 있는 필라멘트형 생명체. 대부분 죽은 담수생물을 분해하는 전형적인 분해자이지만, 수생생물이나 육상생물에 기생하기도 한다.

물질 matter 공간을 차지하고 질량을 가지는 모든 것.

미네랄 mineral 하나 이상의 원소를 지닌 천연 무기물. 특정 미네랄은 식품에 반드시 필요하다. 재생-불가능 자원이다.

미량미네랄 trace mineral 필수 무기영양물질. 아연, 철, 구리, 요드, 셀레늄 등이 있으며, 대사활성을 조절하고 건강을 유지하려면 매일 섭취해야 한다.

미세소관 microtubule 빈 중심 핵을 둘러싸는 튜불린 단백질로 이루어진 작은 원통형 소기관. 원형질, 중심립, 섬모와 편모에 존재한다.

미세융모 microvillus(pl., microvilli) 융모의 상피세포에서 돌출된 원통형 돌기. 세포 표면적을 증가시킨다.

미소포자 microspore 종자식물이 만들어내는 두 가지 포자 중의 하나. 웅성배우체(화분립)로 발달한다.

미엘린 수초 myelin sheath 단단하게 꼬인 세포의 막에서 유래한 흰색의 지방성 물질. 신경섬유를 감싼다.

미오신 myosin 근절에서 굵은 필라멘트를 구성하는 근육 단백질. 액틴을 당겨서 근절이 짧아지게 하여 근 수축을 일으킨다.

미토콘드리아 mitochondrion 세포호흡 과정을 통해 ATP를 생성하는 막으로 감싸인 소기관.

밀도-비의존성 요인 density-independent factor 산불이나 홍수 등의 비생물적 요인. 개체군 밀도와 무관하게 개체군 크기에 영향을 준다.

밀도-의존성 요인 density-dependent factor 질병이나 경쟁 등의 생물요인. 개체군 밀도에 따라 개체군 크기에 영향을 준다.

밀착연접 tight junction 세포 사이의 연접. 이웃한 원형질막의 단백질이 결합해 불투과성 장벽을 형성한다.

바

바소체 Barr body 포유류 암컷의 핵에 있는 진하게 염색되는 응축된 비활성 X 염색체. M. Barr가 발견하였다.

바이러스 virus 외부 캡시드와 내부의 핵산으로 구성된 비세포성 기생인자.

바이로이드 viroid 캡시드가 없으며, 바이러스보다 훨씬 작은 감염성 RNA 가닥.

박테리오파지 bacteriophage 세균에 감염하는 바이러스.

반보존적 semiconservative 각각 부모가닥 1개와 새로운 가닥 1개로 이루어진 2개의 이중나선 DNA 분자가 만들어지는 DNA 복제.

반사 reflex 자극에 대해 자동으로 일어나는 비자발적인 반응.

반세포 companion cell 식물의 체관에서 양분 수송을 돕는 세포 유형.

반수체수 haploid(*n*) number 상동염색체를 하나씩만 지니는 세포의 염색체 수.

반월연골 meniscus 활막관절에서 뼈들의 표면을 분리해주는 연골성의 쐐기.

반월판 semilunar valve 심실과 심실에 연결된 혈관들 사이에 있는 반달 형태의 판막.

반응물 reactant 반응에 참여하는 물질.

발생/발달 development 수정에서 시작되어 성체를 형성하는 과정.

발아 germinate 특히 휴면기가 끝난 후 종자, 포자, 접합체의 생장 개시.

발암유전자 oncogene 암을 유발하는 유전자.

발효 fermentation 포도당을 혐기적으로 분해하여 2 ATP를 만들어내며, 최종산물은 알코올과 젖산이다.

방광 urinary bladder 오줌이 저장되는 기관.

방사대칭 radial symmetry 바퀴의 살처럼 중심 축 둘레에 비슷한 구조가 배열된 체형.

방산충류 radiolarian 탄산칼슘 뼈대를 가지고 있는 해양 아메바성 원생동물. 대부분 석회암을 형성한다.

방실결절 AV(atrioventricular) node 동방결절(SA node)에서 받은 신호를 심실 벽으로 전달하는 신경근육 조직의 작은 부위.

방실판 atrioventricular valve 심방과 심실 사이에 있는 심장 판막.

방추체 spindle 핵이 분열하는 동안 염색체를 이동시키는 미세소관 구조.

방출인자 release factor 리보솜의 A자리에 있는 mRNA 코돈과 결합하는 단백질 복합체. 전사가 종결되도록 한다.

방향성 선택 directional selection 개체군 분포에서 한 쪽의 극단적 표현형이 선호되는 자연선택의 결과. 한 가지 유형만 뚜렷이 존재한다.

배낭 blastocyst 동물 배 발생의 초기 단계. 액체로 채워진 공 모양의 세포 덩어리로 이루어진다.

배낭 embryo sac 현화식물의 자성배우체.

배란 ovulation 난소에서 2차 난자가 방출되면서 여포가 터지는 현상. 수정이 이루어지면 2차 난자가 난자로 된다.

배아줄기세포 embryonic stem cell 배에서 얻은 미분화 세포. 근육, 신경, 또는 적혈구 등의 특정 세포 유형으로 발달시킬 수 있다.

배엽층 germ layer 척추동물 배의 주 조직층. 외배엽, 중배엽, 내배엽.

배외막 extraembryonic membranes 배의 한 부분은 아니지만 발생과정에서 배의 꾸준한 존속과 건강 유지에 필수적인 막.

배우자 gamete 반수체 생식세포. 난자 또는 정자.

배우체 gametophyte 식물의 세대교번 중 반수체 세대. 배우자를 만들어낸다. 배우자가 융합하여 이배체 접합체를 형성한다.

배유 endosperm 현화식물의 배낭에서 정자의 핵과 극핵이 융합하여 유래된 영양분 저장 조직.

배주 ovule 종자식물에서 자성 배우체를 포함한 구조. 종자로 발달할 수 있다.

백신 vaccine 질병은 유발하지 않으며 능동면역을 촉진하도록 만들어진 항원.

백혈구 white blood cell 외래 물질이나 외래 생명체의 침입에 대해 신체를 보호한다. 몇 가지 종류가 있으며 각각 기능이 다르다.

번역 translation 리보솜에서 mRNA의 코돈 서열에 따라 특정 아미노산 서열로 구성된 폴리펩티드를 만드는 과정.

벌채 deforestation 숲에서 나무를 베어 숲의 크기를 줄이는 일.

법칙 law 자연세계의 기본 기능을 설명하는 보편적 원리.

벡터 vector 외래 DNA와 결합하는 DNA. 가장 일반적인 벡터는 플라스미드이다.

변성 denatured 효소의 정상 형태를 잃어 기능을 나타내지 못하는 상태. 적정 pH와 온도 범위를 벗어나면 일어난다.

변연계 limbic system 사람의 다양한 뇌 중추가 기능적으로 연합한 것. 편도체와 해마가 포함된다. 학습과 기억, 다양한 감정을 조절한다.

병목효과 bottleneck effect 한 개체군이 대부분 번식하지 못하게 되어 다양성이 감소하게 되는 진화적 사건. 이로 인해 유전적 부동(*genetic drift*)의 영향력이 증가된다.

병원체 pathogen 바이러스, 기생성 세균, 진균, 동물 등의 질병을 유발하는 인자.

보인자 carrier 이상을 보이지 않지만 열성 유전병에 대한 대립유전자 하나를 전달할 수 있는 이형접합 개체.

보조T세포 helper T cell 모든 종류의 면역세포를 자극하는 시토카인을 분비하는 세포.

보존생물학 conservation biology 생물다양성 보존을 연구하는 분야.

보체계 complement system 병원체의 침입에 맞서 비특이적 방어 기작을 형성하는 혈장 내의 여러 단백질. 항원-항체 반응을 돕는다.

복족류 gastropod 넓고 편평한 발로 기어 다니는 연체동물. 예: 달팽이와 민달팽이.

볼기뼈(관골) coxal bones 골반과 대퇴골이 있는 관절을 구성하는 2개의 큰 뼈.

부갑상샘 parathyroid gland 갑상샘의 뒤 표면에 묻혀있는 분비샘. 부갑상샘호르몬을 생성한다.

부갑상샘호르몬 parathyroid hormone(PTH) 네 개의 부갑상샘에서 분비되는 호르몬. 혈액내 칼슘 농도를 높이고 인산 농도를 낮춘다.

부교감신경계 parasympathetic division 자율신경계의 한 부분. 정상 조건에서 활성을 보이며, 아세틸콜린을 신경전달물질로 이용한다.

부생영양생물 saprotroph 소화효소를 분비한 후 분해된 영양분을 원형질막을 통해 흡수하는 생명체. 토양에 있는 식물, 동물, 미생물의 잔존물을 분해하는 진균과 세균.

부신 adrenal gland 신장의 위에 있는 분비샘. 부신수질(*adrenal meddulla*)은 에피네프린과 노르에피네프린 호르몬을, 부신피질(*adrenal cortex*)은 당질코르티코이드와 미네랄코르티코이드 호르몬을 생산한다.

부신수질 adrenal medulla 부신의 내부 부위. 에피네프린과 노르에피네프린 호르몬을 분비한다.

부신피질 adrenal cortex 부신에 있으며 당질코르티코이드와 미네랄코르티코이드 호르몬을 생성한다.

부영양화 eutrophication 호수나 강에 식물성 플라크톤이 사용하는 무기 영양물질이 풍부하게 되는 현상. 흔히 인간 활동에 의한 과영양화로 인해 세균이 지나치게 성장하여 산소가 고갈된다.

부종 edema 세포사이공간에 조직액이 채워져 부어오른 것.

부착연접 adhesive junction 이웃한 두 세포의 원형질막이 세포간 섬유에 의해 접촉하지는 않은 채 단추 모양으로 비후된 곳에서 연결되어 있는 세포 사이의 연접.

분기도 cladogram 생명체들의 진화역사를 표시한 계통수.

분기학 cladistics 파생형질을 이용하여 단계통군을 결정하고 분기도를 작성하는 계통학의 한 범주.

분류군 taxon(pl., taxa) 특정 분류 범주에 속하는 생명체 무리.

분류학 taxonomy 생명체를 식별하고, 묘사하고, 이름을 짓는 생명과학의 한 분야.

분리의 법칙 law of segregation 감수분열 과정에서 대립유전자들이 서로 분리되어 배우자에 하나씩 들어간다. 배우자가 각각의 대립유전자를 물려받을 확률은 동일하다.

분비 secretion 분비샘이거나 분비샘의 일부인 세포가 외포작용으로 물질을 방출하는 것. 비뇨계에서 특정 분자가 혈액에서 네프론의 말부세뇨관으로 이동하여 오줌의 성분이 된다.

분열간기 interkinesis 제1감수분열과 제2감수분열 사이의 시기. DNA가 복제되지 않는다.

분열조직 meristem tissue 식물의 활발하게 생장하는 지역에 있는 미분화 배 조직.

분자 molecule 동일 원소의 원자가 2개 이상 결합한 화합물. 또한 화합물의 특성을 유지하는 최소한의 부분.

분해자 decomposer 대개 세균이나 균류가 해당되며, 유기물질을 무기물질로 분해하여 환경에서 재순환될 수 있도록 한다.

분화유도 induction 다른 조직의 발달에 영향을 주는 화합물 또는 조직의 능력.

불완전우성 incomplete dominance 자손이 중간 표현형을 보이는 유전양상. 붉은꽃 식물과 흰꽃 식물을 교배하여 얻은 식물의 꽃은 분홍색이 된다.

불임 infertility 자손을 얻는 능력이 없음.

불임 sterility 자손을 얻는 능력이 없음.

불포화지방산 unsaturated fatty acid 탄화수소 사슬의 탄소 사이에 하나 이상의 이중결합이 있는 지방산 분자. 가질 수 있는 최대의 수보다 적은 수소를 가진다.

비강 nasal cavity 콧속에 있는 두 개의 통로. 격막으로 분리되어 있다.

비관다발식물 nonvascular plant 관다발 조직이 없는 이끼 등, 습지에서 살거나 또는 건조한 지역에서 생존할 수 있도록 적응한 선태식물.

비뇨계 urinary system 신장과 요도로 구성된 기관계. 신체의 질소노폐물을 제거하고, 혈액의 물과 염분 균형을 조절한다.

비만 obesity 지방조직이 과도한 상태. 바람직한 체중보다 20% 이상 초과한 상태.

비만세포 mast cell 알레르기 반응에서 히스타민을 분비하는 결합조직 세포.

비분리 nondisjunction 제1감수분열에서는 상동염색체가, 제2감수분열에서는 딸 염색체가 분리되지 못하는 현상.

비자매염색분체 nonsister chromatid 네 개의 염색분체로 구성된 4분염색체. 상동인 염색분체만 자매염색분체이고, 그 밖의 것은 비자매염색분체이다.

비장 spleen 복부의 왼쪽 윗부분에 있는 큰 분비샘 림프기관. 혈액을 저장하고 정화한다.

비타민 vitamin 식품을 통해 반드시 섭취해야 하며 소량만 필요한 물질. 흔히 조효소의 일부이다.

뼈 bone 단백질 섬유와 대개 칼슘염류인 무기 염류의 단단한 기질로 이루어진 결합조직.

뿌리계 root system 주근과 모든 측근을 포함한 흡수 조직.

뿌리털 root hair 뿌리 표피세포의 돌기. 물과 미네랄의 흡수 표면적을 넓힌다.

뿌리혹 root nodule 질소고정 박테리아가 들어 있는 뿌리 구조.

사

사구체주머니 glomerular capsule 네프론이 시작되는 부위인 컵 모양의 구조.

사막화 desertification 한때 비옥한 지역이 표면침식과 황폐화에 의해 사막화 주기가 개시되며 토양, 기후, 식생이 장기에 걸쳐 변화된다.

사이클린 cyclin 세포주기가 수행될 때 주기적으로 양이 달라지는 단백질. 세포주기를 촉진하는 인산화효소들과 결합하여 활성화시킨다.

사이토카인 cytokine 면역계의 세포가 분비하는 화학신호. 다른 세포를 자극하여 다양한 기능을 수행하도록 한다.

사지골격 appendicular skeleton 부속기관, 상지대, 하지대를 구성하는 척추골 부위.

사춘기 puberty 2차 성징이 나타나는 시기. 여성은 월경이 시작되고 남성은 정자가 만들어진다.

산 acid 용액의 수소 이온 농도를 높이고 pH를 낮추는 분자.

산화 oxidation 원자나 분자가 1개 이상의 전자를 잃은 상태. 일반적으로 수소 원자를 잃은 상태를 통칭한다.

산화환원반응 redox reaction 한 분자는 전자를 잃고(산화), 다른 분자는 전자를 얻는(환원) 반응.

삼투현상 osmosis 선택적 투과막을 통한 물의 확산.

상동기관 homologous structure 하나의 공통조상에서 유래하였기 때문에 서로 다른 생명체에서 나타나는 유사한 해부구조.

상동염색체 homologous chromosome(homologue) 제1감수분열 전기 동안 형성되는 접합에서 서로 붙어 있는 비슷한 형태의 염색체 쌍.

상리공생 mutualism 두 종 모두 성장과 생식에서 이익을 얻는 공생관계.

상보 염기쌍 형성 complementary base pairing DNA에서 특정 퓨린(A, G)과 특정 피리미딘(T, C) 사이에 형성되는 수소결합.

상사 analogy 수렴진화의 결과로 유사해진 특성.

상사기관 analogous structure 조상과 해부구조가 다르지만 유사한 기능을 지닌 구조.

상실배 morula 동물 발생과정의 포배 전 단계에서 난할에 의해 만들어진 세포덩어리.

상염색체 autosome 성염색체를 제외한 모든 염색체.

상염색체 형질 autosomal trait 상염색체에 있는 유전자에 의해 결정되는 특성 또는 형질.

상피조직 epithelial tissue 속이 빈 기관의 내부와 표면을 덮는 조직.

색맹 color blindness 색을 인식하는 세 종류의 원뿔세포 중 한 개 이상의 결함.

샘 gland 어떤 물질을 생산하도록 특수화된 상피세포의 무리.

생명공학 biotechnology 자연적인 생명계를 이용하여 인류에게 유용한 결과를 얻는 유전공학 및 관련 기술.

생명과학 biology 생명에 관한 과학적인 학문.

생명윤리학 bioethics 생명공학의 발전과 성취 결과를 우려하는 윤리학의 한 갈래.

생명체 organism 살아 있는 개체.

생물 농축 biological magnification 먹이그물의 상위 단계로 갈수록 생명체 체내에 더 많은 물질이 축적되는 과정.

생물권 biosphere 지구 표면의 대기, 육지, 물 등 생명체가 서식하는 영역.

생물다양성 biodiversity 종의 총 수, 이들 유전자의 변이성, 그리고 이들이 서식하는 군집들.

생물다양성 고밀도지역 biodiversity hotspot 종들이 평균 이상의 밀도로 분포하는 생태계. 산호초와 우림 등이 있다.

생물번성능력 biotic potential 이상적인 조건에서 나타나는 개체군의 최대 성장률.

생물재복구 bioremediation 미생물을 이용하여 유출된 기름 등의 오염물질을 분해하여 환경을 정화하는 것.

생물정보학 bioinformatics 컴퓨터를 이용해 유전체 등의 분자 자료를 연구하는 학문.

생물지리학 biogeography 지리학적인 생명체의 분포에 대한 연구.

생물지화학 순환 biogeochemical cycle 이산화탄소와 질소 등의 원소가 순환하는 경로. 교환소, 저장고, 생물군집이 관여한다.

생물체량 biomass 하나 또는 그 이상의 생명체들의 무게.

생물학적 분자 biological molecule 세포 내의 유기분자. 탄수화물, 지질, 단백질, 핵산.

생물학적 종 개념 biological species concept 살아 있는 자손을 생산할 수 있는 능력에 기초한 종의 정의.

생산물 product 화학반응 결과 형성된 물질.

생산자 producer 초식 먹이사슬의 첫머리에 있는 광합성 생명체. 자신의 먹이를 스스로 만들어낸다. 예: 육상 녹색시물과 수생 조류.

생식 reproduce 같은 종의 새로운 개체를 생성하는 것.

생식계 reproductive system 자손 번식에 특수화된 남성 또는 여성의 기관계.

생식기 사마귀 genital warts 인유두종바이러스에 의한 성병. 자궁경부암과 음경종양을 유발하는 가장 일반적인 성병.

생식기 포진 genital herpes 생식기에 통증이 있는 물집이 잡히는 바이러스성 성병.

생식복제 reproductive cloning 원래의 개체와 유전적으로 동일한 개체를 복제하는 과정.

생식소 gonads 배우자를 만드는 기관. 난소는 난자를, 정소는 정자를 만든다.

생존 survivorship 동연령군의 새로 태어난 개체가 특정 연령대까지 생존할 확률.

생태계 ecosystem 상호작용하는 생명체 군집과 이들의 무생명 환경을 합한 개념. 에너지의 흐름과 무기영양물질이 순환하는 특성이 있다.

생태적 지위 ecological niche 한 생명체가 서식처, 다른 생명체와 상호작용 등 자신의 군집에서 수행하는 역할.

생태천이 ecological succession 어떤 지역에서 교란 이후에 나타나는 점진적인 군집의 변화(2차천이), 또는 새로운 토양의 형성(1차천이).

생태피라미드 ecological pyramid 생산자에서 최종 소비자 개체군에 이르는 먹이그물에서 각 영양단계의 생체량, 개체수, 또는 에너지 양에 기초하여 표시한 도표.

생태학 ecology 생명체 사이의, 또는 생명체와 물리화학적 환경 사이의 상호작용을 연구하는 학문.

생활사 life cycle 개체가 성장하고 발달하고 유지하며 생식하는 과정이 유전적으로 프로그램되어 반복적으로 나타나는 양상.

서식범위 range 어떤 종이 발견될 수 있는 지구의 장소.

서식지 habitat 어떤 생명체가 생존하고 생식하면서 살아가는 장소.

석송 lycophyte 소형엽이 있으며, 뿌리와 줄기, 잎에 잘 발달된 관다발조직이 있는 무종자 식물.

선구동물 protostome 배아의 처음 개구부(원구)가 입으로 되는 진체강동물의 무리.

선진국 more-developed country(MDC) 산업화된 나라. 대개 인구성장이 느리며, 질 좋은 삶을 누린다.

선천면역 innate immunity 면역계의 기능. 비특이적 방식으로 병원체에 맞서 신체를 보호한다.

선태식물 bryophyte 이끼류, 유산이끼, 뿔이끼 등의 무관속식물. 관다발이 없으며 습지에서 서식한다.

선택적 mRNA 가공 alternative mRNA processing 엑손을 연결하는 방식을 달리 하여 동일한 유전자로부터 여러 단백질을 만들어낸다.

선형동물 roundworm 원통형 신체의 무척추동물. 큐티클로 덮여 있으며, 탈피한다. 또한 완전환 소화관과 의체강을 갖는다. 일부는 물과 토양에서 자유생활을 하며, 대개 기생생활을 한다.

설사 diarrhea 지나치게 자주 수분이 많은 분변의 배출.

섬모 cilium(pl., cilia) 원형질막에서 돌출된 짧은 머리카락 모양의 돌기. 대개 그 수가 많다.

섬모충류 ciliate 복잡한 구조의 단세포 원생생물. 섬모로 운동하고, 식포에서 먹이를 소화시킨다.

섬유소 fiber 실과 같은 구조. 또는 소화되지 않는 식물성 물질.

성 염색체 sex chromosome 성별을 결정하는 염색체. 여자는 2개의 X 염색체를, 남자는 X와 Y 염색체를 각각 1개씩 지닌다.

성대 vocal cord 사람의 후두 안에 있는 주름진 조직. 성대가 진동하면 소리가 만들어진다.

성문 glottis 후두에 있는 공기가 들어가는 구멍.

성-연관 형질 sex-linked trait X 또는 Y 염색체에 있는 유전자에 의해 결정되는 특성 또는 형질.

성장인자 growth factor 자신의 수용체를 가지며, 유사분열과 세포의 분화를 조절하는 화학신호. 태아 발생, 조직의 유지와 수선, 조혈과정에 매우 중요하다. 때로는 암의 기여인자이다.

성장호르몬 growth hormone(GH) 뇌하수체 전엽에서 분비되는 물질. 세포분열과 단백질 합성, 뼈의 성장을 촉진함으로써 개체의 크기를 조절한다.

성체줄기세포 adult stem cell 성체에서 발견되는 세포이며, 다른 세포유형으로 분화될 수 있다.

세균 bacteria 세균영역에 속한 원핵생물. 지구에서 가장 다양하며 널리 분포한다.

세균영역 domain Bacteria 생명의 세 영역 중 하나. 고세균과는 특성이 다른 원핵세포가 포함된다.

세대교번 alternation of generation 전형적인 식물의 생활사. 이배체인 포자체와 반수체인 배우체가 교대로 나타난다.

세로토닌 serotonin 중추신경계에서 작용하는 신경전달물질. 기분, 수면, 감성, 식욕에 영향을 준다.

세정맥 venule 모세혈관에서 정맥으로 혈액을 운반하는 혈관.

세포골격 cytoskeleton 세포의 내부 골조. 미세소관, 액틴 필라멘트, 중간 필라멘트로 이루어진다.

세포내 공생설 endosymbiotic theory 진핵세포의 소기관이 원핵생물을 식세포작용으로 포획한 결과 진화하였다는 이론.

세포독성T세포 cytotoxic T cell 외부항원을 지닌 세포를 공격하고 죽이는 T세포.

세포벽 cell wall 식물, 원생생물, 진균, 또는 세균 세포를 감싸고 세포의 형태와 굳기를 유지하는 구조.

세포설 cell theory 모든 생명체는 세포로 이루어져 있다는 생명과학의 중요한 이론. 세포는 스스로 생식할 수 있으며, 오직 이미 존재하는 세포로부터만 생길 수 있다.

세포성 요소 formed element 혈액의 성분. 세포(적혈구와 백혈구 세포)이거나 최소한 세포에서 유래한 것(혈소판)이다.

세포소기관 organelle 원형질에 있는 작은 구조. 막에 감싸이기도 하며, 특수한 구조와 기능을 가진다.

세포신호전달 cell-signaling 세포가 다른 세포와 소통하고 주변 환경의 변화를 감지하는 과정.

세포외기질 extracellular matrix 다당류와 단백질의 그물조직. 동물세포를 지지하고 행동에 영향을 준다.

세포주기 cell cycle 진핵세포에서 세포의 생장과 핵분열이 진행되는 반복적인 과정. G_1, S, G_2, M기로 이루어진다.

세포질분열 cytokinesis 유사분열과 감수분열 이후에 이루어지는 세포질의 분열.

세포체 cell body 뉴런의 한 부분. 핵이 있으며, 여기에서 수상돌기와 축삭이 뻗어 나온다.

세포판 cell plate 식물세포가 분열할 때 새로운 세포막과 세포벽이 생성되는 위치에 나타나는 구조.

세포호흡 cellular respiration 탄수화물과 지방산, 아미노산을 분해할 때 나오는 에너지를 이용하여 ATP를 생성하는 대사반응.

셀룰로오스 cellulose 식물의 세포벽에 있는 주요한 복합 탄수화물인 다당류.

소나무류 conifer 소나무, 히말라야삼나무, 전나무 등의 솔방울이 있는 겉씨식물의 한 종류.

소뇌 cerebellum 골격근의 움직임을 조절하는 육상 척추동물 뇌의 한 부분.

소동맥 arteriole 동맥에서 모세혈관으로 혈액을 운반하는 혈관.

소듐-포타슘 펌프 sodium-potassium pump 원형질막에 있는 운반 단백질. 동물세포에서 소듐 이온은 밖으로, 포타슘 이온은 안으로 이동시킨다. 신경과 근육세포에서 중요하다.

소량영양소 micronutrient 식물과 사람이 소량만 필요로 하는 필수영양소. 식물의 생장에는 붕소, 구리, 아연이 필요하다. 사람은 대사와 생리적인 발달을 조절하는 데 비타민과 미네랄이 필요하다.

소비자 consumer 먹이사슬에서 다른 생명체를 먹고사는 생명체. 1차소비자는 식물을 먹고, 2차소비자는 동물을 먹는다.

소수성 hydrophobic 물과 반응하지 않는 분자. 비극성이다.

소장 small intestine 척추동물에서 대장으로 이어지는 소화관 부위. 십이지장, 공장, 회장으로 구성되며, 대부분의 소화와 흡수가 이루어진다.

소진화 microevolution 세대가 지남에 따라 이루어지는 소규모의 진화적 변화. 한 개체군 내의 대립유전자 빈도의 변화.

소포 vesicle 막으로 감싸인 작은 주머니. 세포 안에서 물질을 저장한다.

소포체 endoplasmic reticulum(ER) 원형질에 있는 막성 소낭과 채널로 이루어진 소기관. 흔히 리보솜이 붙어 있다.

소형엽 microphylls 작고 좁은 잎. 잎맥은 하나이며 갈라져 있지 않다.

소화계 digestive system 입, 식도, 위, 소장, 대장으로 이루어진 기관계. 음식물을 영양분자로 소화시킨다. 치아, 혀, 침샘, 간, 쓸개, 췌장 등이 연관되어 있다.

속 genus 분류학자가 종을 분류할 때 사용하는 분류범주의 하나. 진화과정에서 가장 가까운 종들을 포함한다.

속 pith 줄기와 뿌리의 중앙에 있는 유조직.

속씨식물 angiosperm 현화식물. 종자가 열매 안에 있다.

솔방울 cone 소나무류에서 화분(웅성배우체)이나 종자(자성배우체)를 간직하고 있는 구조. 일부 무종자 관다발식물의 포자낭을 간직한 구조도 의미한다.

수뇨관 ureter 신장에서 방광으로 오줌을 전달하는 관상구조.

수동면역 passive immunity 질병에 민감한 개체에게 항체를 주입하여 얻은 면역.

수렴진화 convergent evolution 환경에 적응한 결과로 인해 유연관계가 먼 집단에서 구조의 유사성이 나타난다.

수분 pollination 겉씨식물에서는 화분솔방울에서 종자솔방울로 화분이 전달되는 것. 속씨식물에서는 화분이 꽃밥에서 암술머리로 전달되는 것.

수상돌기 dendrite 신호를 세포체 쪽으로 보내는 뉴런의 부위.

수성골격 hydrostatic skeleton 액체가 차 있는 신체의 부위. 근육 수축을 지지하여 움직이도록 한다. 자포동물, 편형동물, 환형동물, 절지동물에서 볼 수 있다.

수소결합 hydrogen bond 한 분자의 약한 양성 수소 원자와 다른 분자의 약한 음성 원자 사이에서 이루어진 약한 화학결합.

수송소포 transport vesicles 막으로 된 작은 주머니. 내막계 소기관 사이에서 생산물을 운반하고, 세포질로 가지 않도록 한다.

수술 stamen 현화식물에서 화사와 꽃밥으로 이루어진 꽃의 한 부위. 꽃밥에는 화분낭이 있으며, 이곳에서 화분을 생산한다.

수술대 filament 식물에서 수술의 신장된 긴 자루.

수용체-매개 내포작용 receptor-mediated endocytosis 원형질막에 있는 특수한 수용체 단백질에 결합한 분자를 액포를 형성하여 세포 안으로 들여오는 선택적 흡수.

수용한계 carrying capacity 주어진 환경조건에서 지속적으로 유지될 수 있는 특정 종의 최대 개체수.

수정 fertilization 정자의 핵과 난자의 핵의 결합. 이 접합자가 새로운 개체로 발달한다.

수정체 lens 척추동물 눈에서 홍채 뒤에 있는 투명한 막-유사 구조. 초점을 맞춘다.

수중생태계 aquatic ecosystem 민물생태계(강, 시내, 호수, 연못) 또는 짠물생태계(바다, 산호초, 염습지).

수축기 systole 심장주기 동안에 심장이 수축하는 시기.

수피 bark 코르크, 코르크 형성층, 체관부로 구성된 나무의 겉 부분.

슈트계 shoot system 줄기, 잎, 꽃으로 구성된 식물의 지상부위.

스테로이드 steroid 탄소고리 네 개로 이루어진 복합체인 지질 분자의 한 종류. 콜레스테롤, 에스트로겐, 프로게스테론, 그리고 테스토스테론이 있다.

스테로이드호르몬 steroid hormone 동일한 네 개의 탄소 고리 복합체로 이루어진 호르몬 종류. 그러나 탄소 고리의 곁사슬은 서로 다르다.

스트로마 stroma 엽록체에 있는 액체 성분. 광합성 과정에서 탄수화물을 합성하는 효소들이 있다.

시냅스 synapse 뉴런 사이의 연접. 축삭 막과 시냅스 틈, 수상돌기로 이루어진다.

시냅스 틈 synapse cleft 시냅스 막 사이의 작은 틈.

시냅시스 synapsis 제1감수분열 전기에 상동 염색체가 쌍을 이루는 과정.

시상 thalamus 척추동물 간뇌의 한 부위. 선별된 감각정보를 대뇌로 보낸다.

시상하부 hypothalamus 척추동물 뇌의 한 부위. 심장 박동률과 체온, 수분균형 등의 신체 내부 환경을 조절한다.

시상하부방출호르몬 hypothalamic-releasing hormone 시상하부에서 생성되는 호르몬의 하나. 뇌하수체 전엽 호르몬 분비를 자극한다.

시아노박테리아 cyanobacteria 남조류. 엽록소를 가지고 있고 산소를 방출하는 광합성 세균.

시토신 cytosine(C) DNA와 RNA를 구성하는 뉴클레오티드에 있는 네 종류의 질소-함유 염기 중 하나. 구아닌과 쌍을 형성한다.

시토키닌 cytokinin 세포분열을 촉진하는 식물호르몬. 식물 배에서 기관이 발달하는 동안 흔히 옥신과 함께 작용한다.

식괴 bolus 씹은 후 침과 섞인 음식 덩어리.

식단 diet 어떤 사람의 선호하는 식품들. 균형 잡힌 식단은 건강한 몸을 유지하기에 적절한 비율로 모든 영양소를 포함한다.

식도 esophagus 삼킨 음식물을 인두에서 위로 이동시키는 근육질의 관.

식물 plant 다세포이며 광합성을 하는 식물계에 속한 생명체.

식세포작용 phagocytosis 아메바성 세포가 세포내 액포를 형성함으로써 큰 물질을 삼키는 과정.

식품보조제 dietary supplement 건강을 증진시키는 영양소나 식물성 제품(허브차, 단백질 보충제). 안전성과 유효성에 대한 검사가 처방 약과 동일한 수준으로 시행되지 않는다.

신경 nerve 중추신경계의 외부에 있는 긴 축삭돌기들의 다발.

신경계 nervous system 신체의 기관계를 조절하는 뇌, 척수, 연관된 신경들로 이루어진 기관계.

신경관 tract 중추신경계에 있는 유수축삭의 다발.

신경배 형성 neurulation 동물의 배에서 중추신경계의 발달과정.

신경성 거식증 anorexia nervosa 체중증가에 대한 병적인 두려움으로 인한 섭식 장애.

신경성 과식증 bulimia nervosa 폭식 후에 구토나 약제를 이용하여 소화관을 비우는 행동을 동반하는 섭식장애.

신경성 난청 nerve deafness 나선기관이 손상되어 생긴 난청.

신경아교세포 neuroglia 비전도성의 신경세포. 뉴런과 밀접한 관계를 맺고 지지한다.

신경전달물질 neurotransmitter 축삭말단에 저장되어 있는 화학물질. 시냅스를 통해 신경자극을 전달한다.

신경절 ganglion 대개 중추신경계 외부에 있는 뉴런 세포체의 집합체.

신경조직 nervous tissue 신호를 전달하는 신경세포(뉴런)와 뉴런을 지지, 보호하고 영양분을 공급하는 신경아교세포를 포함하는 조직.

신경충격 nerve impulse 축삭막을 가로지르는 전기화학적 변화; 활동전위.

신장 kidney 척추동물 비뇨계의 기관. 혈액의 화학조성을 조절하고 노폐물인 오줌을 생성한다.

신호전달경로 signal transduction pathway 성장인

자가 결합한 후 세포내 목표물을 활성 또는 억제하는 일련의 반응.

실 ventricle 장기 속의 빈 공간. 예를 들어 심실과 뇌실이 있다.

실험 experiment 어떤 가설을 검증하기 위한 자료를 얻는 일련의 과정.

실험 설계 experimental design 어떤 가설을 검증하기 위해 고안한 인위적인 상황.

실험군 test group 통제된 실험에서 실험변인을 적용하는 집단.

실험변인 experimental variable 과학적 실험에서, 신중하게 변화시킨 실험조건.

심근 cardiac muscle 심장에서만 발견되는 줄무늬가 있는 불수의 근육조직.

심방 atrium(pl., atria) 심실 위에 있는 심장의 위쪽 방.

심장 heart 수축을 통해 혈액이 신체를 순환하도록 하는 근육 기관.

심장마비 heart attack 심근경색. 관상동맥의 혈액순환이 이루어지지 않아서 심근에 생긴 손상.

심장주기 cardiac cycle 심장의 모든 방에 대한 수축기와 이완기의 완전한 한 주기.

심전도 electrocardiogram(ECG) 심장박동과 관련된 전기적 활동의 기록.

심피(암술) carpel 배주가 있는 암술 부위.

심혈관계 cardiovascular system 심장의 펌프작용에 의해 혈관으로 혈액을 전달하는 기관계.

쓸개 gall bladder 간에 붙어 있으며 쓸개즙을 저장하고 농축하는 기관.

쓸개즙 bile 간에서 생성되어 쓸개에 저장된 후, 소장에 분비되어 지방을 유화시킨다.

아

아데노신-3인산 adenosine triphosphate(ATP) 인산기 3개를 지닌 뉴클레오티드. ATP가 ADP+P_i로 분해되면 세포의 에너지-요구 과정에서 사용할 수 있는 에너지가 생성된다.

아데닌 adenine(A) DNA와 RNA를 구성하는 뉴클레오티드의 네 가지 질소-함유 염기 중 하나.

아메바 amoeboid 위족을 이용하여 이동하고 먹이를 섭취하는 세포.

아미노산 amino acid 아미노기와 산으로 이루어진 유기분자; 공유결합을 통해 펩티드 분자를 만든다.

아세틸-CoA acetyl-CoA 조효소 A에 2-탄소 아세틸기가 결합한 분자. 세포호흡 과정에서 아세틸기는 크렙스회로로 들어가 더욱 분해된다.

아세틸콜린 acetylcholine(ACh) 말초신경계와 중추신경계 모두에서 활성인 신경전달물질.

아세틸콜린에스터라아제 acetylcholineesterase (AChE) 시냅스에서 아세틸콜린을 분해하는 효소.

아쿠아포린 aquaporin 물이 단순확산에 의해 통과하는 막 통로.

아폽토시스 apoptosis 세포의 죽음과 파괴로 이어지는 특별한 일련의 세포 사건을 포함하는 예정세포사.

악부 calyx 꽃받침의 집합적 명칭. 꽃에서 가장 바깥에 있는 윤생체.

악성종양 malignant tumor 전이될 수도 있는 침윤성 종양.

안구돌출증 exophthalmos 비정상적인 눈의 돌출. 흔히 갑상샘기능항진증(Grave 병)의 증세로 나타난다.

안면골 facial bone 위턱뼈와 아래턱뼈, 광대뼈, 코뼈를 포함한 중축골격의 뼈.

안정성 선택 stabilizing selection 자연선택의 결과 극단적 표현형이 배제되고 중간 형질의 표현형이 보존된다.

알레르기 allergy 보통은 외래물질로 인식되지 않는 물질에 대한 면역반응.

알레르기항원 allergen 과민반응을 일으킬 수 있는 외래 물질.

알츠하이머병 Alzheimer's disease 정신능력의 일반적인 소실이 나타나는 뇌 질환.

알캅톤뇨증 alkaptonuria 희귀한 상염색체 유전질환. 티로신 대사의 중간산물인 호모겐티스산(homogentisic acid)을 대사하지 못한다.

암 cancer 악성종양. 접촉성 생장억제 기능을 잃고 통제를 벗어난 생장을 하며, 다른 조직을 침범하여 전이될 수 있는 미분화세포.

암발생과정 carcinogenesis 암이 발생되는 과정.

암술대 style 자방과 암술머리 사이에 있는 신장된 중앙 부위.

암술머리 stigma 현화식물에서 화분립이 부착되어 발아하는 암술의 부위. 이후에 수정이 일어날 수 있다.

압류모델 pressure-flow model 체관부 수송에 대한 설명. 체관부로 당이 능동수송된 후 삼투현상에 의해 수액이 공급부에서 수용부로 이동한다.

애디슨병 Addison disease 부신피질호르몬 결핍에 의한 질병. 저혈당, 체중감소, 무력증 등이 나타난다.

액틴 actin 근절에서 얇은 섬유로 구성된 근육단백질. 액틴이 이동하면 근절이 짧아지고 근육이 수축된다.

액틴 필라멘트 actin filament 진핵세포의 액틴으로 구성된 세포골격 필라멘트. 근육세포의 얇은 필라멘트를 이르기도 한다. 액틴 필라멘트는 세포나 세포소기관의 움직임에서 중요한 역할을 한다.

액포 vacuole 막으로 감싸인 주머니로 소포보다 크다. 대개 저장기능을 하며 다양한 물질을 간직할 수 있다. 식물에서는 중앙액포가 세포 내부의 대부분을 차지한다.

앱시스산 abscisic acid 기공이 닫히게 하고 휴면을 개시하거나 유지하는 식물호르몬.

야생형 wild-type 어떤 개체군에서 특정 유전자에 대해 가장 일반적인 대립유전자 또는 표현형.

양서류 amphibian 척추동물 중 하나의 강이며, 개구리, 두꺼비, 영원이 포함된다. 번식은 수중에서 이루어진다.

양성자 proton 핵에 있는 양전하를 띠는 아원자 입자. 1 원자량 단위의 질량을 가진다.

양성잡종 dihybrid 두 가지 형질에 대해 이형접합인 개체. 우성 대립유전자들의 형질이 나타나지만, 열성 대립유전자들도 지니고 있다.

양성종양 benign tumor 이웃세포로 침윤되지 않으며, 원래 발생한 곳에 머무는 암세포.

양수천자 amniocentesis 양수를 추출하여 내부의 태아를 검사하는 방법.

억제인자 repressor 오페론에서 작동유전자와 결합하여 구조유전자의 전사를 억제하는 단백질 분자.

에너지 energy 일을 하고 변화를 일으킬 수 있는 능력. 다양한 형태로 존재한다.

에스트로겐 estrogen 여성의 생식기관과 2차 성징에 관여하는 여성 성호르몬.

에틸렌 ethylene 과일의 숙성과 탈리에 관여하는 식물호르몬.

에피네프린 epinephrine 아드레날린. 스트레스 상황일 때 부신수질에서 분비되는 호르몬.

엔트로피 entropy 무질서 또는 무작위한 정도.

여과 filtration 혈압의 작용에 의해 작은 분자들이 모세혈관에서 네프론 주머니로 이동하는 것.

여포 follicle 동물의 난소에서 난자를 지니고 있는 구조. 난자를 생산하는 곳.

여포기 follicular phase 난소주기의 전반기. 이 시기에 여포가 성숙하고 많은 에스트로겐과 약간의 프로게스테론이 분비된다.

역위 inversion 염색체의 일부가 180도 회전한 염색체 구조의 변이. 이로 인해 유전자 활동에 이상이 초래될 수 있다.

역코돈 anticodon tRNA에 있는 3개의 염기서열. 상보적인 mRNA의 코돈과 결합한다.

연골 cartilage 유연한 단백질성 기질에 묻혀 있는 골소강 안에 세포들이 존재하는 결합조직.

연골어류 cartilaginous fishes 경골성 골격이 아닌 연골을 지닌 척추동물. 예: 상어, 가오리, 홍어.

연관군 linkage group 동일한 염색체에 있으며 함께 유전되는 유전자 무리.

연동운동 peristalsis 식도와 같은 관상구조를 따라 물질을 밀어내는 물결 같은 수축운동.

연령구조 age structure 인구통계학에서 어떤 개체군의 연령군을 표시한 것. 성장하는 개체군의 도표는 피라미드 형태가 된다.

연수 medulla oblongata 척추동물에서 척수와 연결되는 뇌줄기의 부위. 심장박동, 혈압, 호흡 등 중요한 기능을 조절한다.

연체동물 molluscs 체강, 완전한 소화관, 근육성 발, 외투의 특성을 지닌 동물의 문.

연합뉴런 interneuron 중추신경계 부위 사이에서 신호를 전달하는 뉴런.

열 heat 운동에너지의 한 유형. 포획한 태양에너지는 결국 열의 형태로서 환경으로 흩어진다.

열매 fruit 현화식물의 자방과 부속 조직에서 형성된 종자를 감싼 구조.

열성 대립유전자 recessive allele 동형접합 상태에서만 표현형이 나타나는 대립유전자. 우성 대립유전자에 의해 열성 표현형이 드러나지 않는다.

염 salt 이온결합에 의해 형성된 고형물질. 대개 물속에서 각각의 이온으로 해리된다.

염기 base 용액의 수소 이온 농도를 낮추고 pH 값을 높이는 분자.

염색분체 chromatid 어떤 염색체의 단일 DNA. 염색체는 자매염색분체의 쌍을 이룰 수도 있다.

염색질 chromatin 분열중이지 않은 핵에 있는 DNA와 단백질로 이루어진 섬유성 그물조직.

염색체 chromosome DNA와 단백질이 복합체를 이룬 구조. 유전물질을 다음 세대로 전달한다.

염색체 지도 chromosome map 한 염색체에 있는 유전자 좌위 사이의 상대적 거리를 나타낸 지도.

염증반응 inflammatory response 상처에 따른 조직의 반응. 발적, 붓기, 통증, 열을 동반한다.

염화 salinization 미네랄 염분이 토양에 축적되어 식물이 죽는 현상. 건조한 기후일 때에 토양에서 물이 빠져나가 발생한다.

염화불화탄소 chlorofluorocarbons(CFCs) 탄소, 염소, 불소 원자로 이루어진 유기화합물. 프레온가스 등의 CFCs는 대기 상층에 염소 원자를 내놓아 오존층을 파괴한다.

엽록소 chlorophyll 햇빛에너지를 흡수하는 녹색 색소. 조류와 식물의 광합성에서 중요하다. 엽록소 *a*와 엽록소 *b*가 있다.

엽록체 chloroplast 엽록소-함유 틸라코이드를 가지는 조류와 식물에 있는 막으로 둘러싸인 소기관. 여기에서 광합성이 일어난다.

엽병 petiole 식물 잎에서 줄기에 엽신이 붙어 있는 자루.

엽상체 frond 고사리의 잎.

엽신 blade 식물 잎의 넓게 확장된 부분. 홑잎이거나 겹잎일 수도 있다.

엽육조직 mesophyll 책상조직과 해면 엽육조직을 구성하는 잎 내부의 두꺼운 세포층. 대부분의 광합성이 일어나는 장소.

영양 nutrition 미국의학협회 식품영양위원회의 규정에 따르면, "식품과학: 식품 속 영양소와 물질. 이들의 건강과 질병에 관련된 작용, 상관관계, 균형. 그리고 생명체(즉, 신체)가 섭취, 소화, 흡수, 수송, 이용 그리고 배출하는 일련의 과정"이다.

영양단계 trophic level 먹이그물에서 하나 이상의 개체군이 차지하는 섭식영양 지위.

영양소 nutrient 건강에 도움이 되는 식단에 꼭 필요한 식품 속의 화학 물질.

영역 domain 분류학자들이 사용하는 가장 큰 분류 범주. 고세균, 세균, 진핵생물의 세 영역이 있다.

예비반응 preparatory reaction 피루브산을 산화하고 이산화탄소를 내놓는 반응. 아세틸-CoA를 생성하며 해당과정과 크렙스회로를 이어준다.

예측 prediction 과학적 사고방식에서 가설을 설정한 이후의 단계. 실험설계의 바탕이다.

오스트랄로피테신 australopithecine 최초의 일반적 인류로 인식되는 *Australopithecus*속의 몇 가지 종의 하나.

오줌 urine 척추동물 신장의 네프론에서 여과, 재흡수, 분비과정을 거쳐 만들어진 액체 노폐물.

오페론 operon 하나의 단위로 작동하는 구조 및 조절유전자 집단.

옥신 auxin 생장, 특히 세포신장을 조절하는 식물 호르몬. 인돌초산(IAA)이라고도 한다.

온실가스 greenhouse gases 마치 온실처럼 태양광선은 투과시키지만 열을 가두어두는, 대기에 있는 이산화탄소, 메탄, 산화질소물, 수증기, 오존 등의 기체.

온실효과 greenhouse effect 대기에 있는 이산화탄소, 메탄, 산화질소물, 수증기, 오존 등의 기체에 의해 태양열이 지구로 재복사되는 현상.

완충액 buffer 용액의 pH 변화를 줄이는 물질 또는 물질들의 집단. 산성도와 염기성도를 안정시킨다.

외골격 exoskeleton 절지동물의 경우와 같은 보호성 외부 골격.

외떡잎식물(단자엽식물) monocot 하나의 배 잎(떡잎 또는 자엽), 평행한 잎맥, 분산된 관다발, 3배수의 꽃 부위를 가지고 있는 현화식물의 무리.

외래종 exotic species 어떤 군집에 새로 도입된 종(비토착종).

외배엽 ectoderm 동물 배에서 1차 조직층의 가장 바깥층. 신경계와 피부 바깥층이 만들어진다.

외분비샘 exocrine gland 관을 통해 분비하는 샘. 이자액을 십이지장으로 분비할 때의 이자는 외분비샘이다.

외온성 ectothermic 외부 환경의 온도에 따라 체온이 변한다.

외포작용 exocytosis 세포내 소포가 원형질막과 융합하여 소포의 내용물을 세포 밖으로 방출하는 과정.

요도 urethra 방광에서 오줌을 받아 체외로 내보내는 관상구조.

요도구선 bulbourethral glands 전립샘 아래에 있는 한 쌍의 분비샘. 정액에 윤활성 액체를 추가한다.

용균성 회로 lytic cycle 박테리오파지 생활주기의 하나. 바이러스가 세균에 침입하자마자 세균을 장악하여 결국 세균을 파괴한다.

용매 solvent 용질을 녹이는 용액의 액체 성분.

용액 solution 녹아 있는 고체(용질)를 지닌 액체(용매).

용원성 회로 lysogenic cycle 박테리오파지 생활주기의 하나. 바이러스가 자신의 DNA를 세균의 DNA에 삽입한다. 용균성 회로 이전에 일어난다.

용질 solute 용액에서 용매에 녹은 물질.

우라실 uracil(U) RNA에서 티민을 대체하는 피리미딘 염기. 아데닌과 쌍을 형성한다.

우생학 eugenics 원하는 형질을 지닌 자손을 얻기 위해 유전자를 조작하는 기술.

우성 대립유전자 dominant allele 이형접합자에서 표현형으로 나타나는 대립유전자. 열성 대립유전자의 형질을 감추어 드러나지 않도록 한다.

운동뉴런 motor neuron 신경자극을 중추신경계로부터 내보내는 신경세포. 효과기(근육과 분비샘)를 자극하여 활성화시킨다.

운동에너지 kinetic energy 움직임과 연계된 에너지.

운반 RNA transfer RNA(tRNA) 단백질 합성과정 중 리보솜으로 특정 아미노산을 운반하는 RNA의 한 종류. 한쪽 끝은 아미노산과 결합하며, 다른 쪽 끝에는 mRNA 코돈과 결합하는 역코돈이 있다.

웅성배우체 male gametophyte 종자식물에서 정자를 생성하는 배우체. 화분립.

원리 principle 법칙이라고도 함. 대다수의 과학자가 일반적으로 받아들이는 이론.

원발암유전자 proto-oncogene 돌연변이에 의해 발암유전자로 될 수 있는 정상 유전자.

원뿔세포 cone 척추동물의 눈에 있는 광수용기 세포. 밝은 빛에 반응하여 색채를 인식한다.

원생동물 protozoan 편모, 섬모 또는 위족으로 이동하거나, 이동하지 못하는 종속영양 단세포성 원생생물.

원생생물 protist 원생생물계에 속하는 생명체.

원소 element 다른 성질을 가지는 물질로 쪼개질 수 없는 물질. 단 한 유형의 원자로만 구성된다.

원시세포 protocell 외막을 지닌 세포-유사 구조. 진정 세포의 선행 구조로 보인다.

원원류 prosimian 여우원숭이와 안경원숭이가 속한 영장류 무리. 진화된 최초의 영장류와 닮았다.

원자 atom 어떤 원소의 특성을 보이는 그 원소의 가장 작은 입자.

원자가껍질 valence shell 원자의 가장 바깥쪽 에너지 껍질.

원자기호 atomic symbol 어떤 원소의 이름을 1~2개의 글자로 나타낸 것. 예: H는 수소 원자를, Na는 소듐 원자를 나타낸다.

원자량 atomic mass 한 원소에 속한 모든 동위원소의 평균 질량 값.

원자번호 atomic number 한 원자의 핵에 있는 양성자의 수효.

원핵생물 prokaryote 진핵생물의 전형인 막으로 감싸인 핵과 막성 세포소기관이 없는 생명체.

원핵세포 prokaryotic cell 막으로 감싸인 핵과 소기관이 없는 세포. 세균영역과 고세균영역에 속하는 세포 유형.

원형질 cytoplasm 핵(또는 세균의 핵양체)과 원형질막 사이에 있는 세포 내용물.

원형질막 plasma membrane 원형질을 감싼 막. 단백질이 묻혀 있는 인지질 이중층으로 이루어진다. 분자가 세포 안과 밖으로 드나드는 것을 조절한다.

원형질분리 plasmolysis 세포가 물을 잃음으로써 세포 내용물이 수축되는 현상.

원형질연락사 plasmodesmata 식물 세포벽의 구멍을 통해 이웃한 두 세포의 원형질이 연결된 통로.

월경 menstruation 영장류의 자궁 내막에서 조직과 혈액이 정기적으로 배출되는 것.

월경분비물 menses 월경기간에 배출되는 분비물.

월경주기 menstrual cycle 난소주기와 동시에 일어나는 주기. 자궁이 발달하는 배를 받아들일 준비를 한다.

위 stomach 음식물과 위액이 섞여서 유미즙을 만드는 척추동물의 근육성 주머니. 유미즙은 소장으로 들어간다.

위약 placebo 통제된 연구에서 실험군에 적용한 것과 동일해 보이지만 실제로는 약물이 포함되지 않은 처치.

위족 pseudopod 아메바성 원생생물의 세포질 확장. 운동과 먹이 섭취에 사용한다.

유공충류 foraminiferan 원생동물. 탄산칼슘 골격을 지닌 해양 아메바. 많은 종류가 석회암을 형성하며, 영국 도버해협 하얀 절벽이 유명하다.

유기물 organic 항상 탄소와 수소를 가지며, 때로는 산소도 가지는 분자. 유기분자는 생명체와 연계되어 있다.

유대류 marsupial 포유류의 한 무리. 캥거루, 주머니쥐 등이 있으며, 미성숙 새끼를 낳아 육아낭에서 양육한다.

유도적합 모델 induced fit model 효소의 활성부위 형태가 변화하여 활성부위와 기질이 잘 결합하게 된다.

유리질연골 hyaline cartilage 매우 미세한 아교질섬유가 있는 희고 투명한 기질에 의하여 나누어진 골소강에 놓인 세포들로 이루어진 연골.

유미관 lacteal 소장의 융모에 있는 림프관. 지방 흡수를 돕는다.

유미즙 chyme 위에서 소장으로 이동되는 진한 반유동성 액체 상태의 음식물.

유사분열 mitosis 어버이 핵에서 두 개의 딸핵이 만들어지는 과정. 딸핵은 어버이 핵과 동일한 종류와 수의 염색체를 가진다.

유성생식 sexual reproduction 두 개체의 유전물질에 의해 이루어지는 생식 유형. 자손의 유전적 다양성이 증가된다.

유인원 anthropoid 원숭이, 큰원숭이, 인간이 속한 영장류의 한 무리.

유전공학 genetic engineering 의료나 산업 목적으로 이용하기 위해 유전체를 변형하는 방법.

유전상담 genetic counseling 예비부모가 상담을 통해 자신들의 유전자형, 그리고 태어날 아이에게서 유전병이 나타날 가능성에 대해 확인한다.

유전자 gene 염색체에 대립유전자로서 존재하는 유전 단위. 이배체 생명체는 2개의 대립유전자를 부모에게서 하나씩 물려받는다.

유전자 돌연변이 gene mutation 유전자의 염기서열 변이.

유전자 연관 gene linkage 동일 염색체에 있는 여러 유전자들. 함께 유전되는 경향이 있다.

유전자 풀 gene pool 한 개체군의 모든 개체가 가지고 있는 유전자의 총합.

유전자 흐름 gene flow 여러 개체군이 상호교배를 통해 대립유전자를 공유하는 현상.

유전자간 부위 DNA intergenic DNA 염색체의 유전자 사이에 있는 뉴클레오티드 서열.

유전자변형 genetically modified 한 생명체의 유전물질을 변형하는 과정. 대개 재조합 DNA 기술을 활용한다.

유전자치료 gene therapy 새로운 DNA를 유전체에 삽입하여 해로운 돌연변이를 치료하는 방법.

유전자형 genotype 특정 형질을 나타내는 개체의 대립유전자 조성. 흔히 *BB* 또는 *Aa*처럼 알파벳 약자로 표기한다.

유전적 부동 genetic drift 한 개체군의 대립유전자 빈도가 우연히 변화하여 비롯되는 진화기작. 개체군 크기가 작거나 큰 개체군이라 하더라도 적은 수의 개체만 생식하는 경우에 잘 일어난다.

유전적 표지 genetic marker 질병을 의미하는 염색체의 특정위치에 있는 염기서열의 이상.

유전체 genome 세포 또는 생명체에 있는 모든 유전물질의 총합.

유전체학 genomics 유전체에 대한 연구분야.

유조직 parenchyma 거의 분화되지 않은 식물세포로 구성된 식물 조직. 모든 조직에 있다.

유화작용 emulsification 담즙 등의 유화제에 의하여 지방구를 작은 입자로 분해하는 작용.

육상생태계 terrestrial ecosystem 온도와 강수량에 의해 결정되는 생물군계. 툰드라, 타이가, 온대우림, 열대초원(사바나), 온대초원(프레리), 사막, 열대우림.

육식동물 carnivore 동물을 잡아먹는 먹이사슬의 소비자.

융모 villus(pl., villi) 소장 내벽에 있는 작은 손가락 모양의 돌출부위.

융모막 융모 chorionic villi 융모막(태반의 태아쪽 부위)의 나무처럼 생긴 돌출 구조. 태반의 산모쪽 부위로 뻗어 있다.

융모막 융모 검사 chorionic villi sampling(CVS) 융모막 융모 세포를 채취하여 시행하는 산전 검사.

음경 penis 수컷의 교미 기관. 남성의 성교 기관.

음성되먹임 negative feedback 시스템의 결과가 그 시스템의 활동을 억제하는 항상성 반응기작.

음세포작용 pinocytosis 소포를 형성하여 거대분자를 세포 안으로 들여오는 과정.

응고 agglutination 적혈구세포 원형질막의 항원과 혈장의 항체 사이의 반응에 의해 적혈구세포가 덩어리지어 응집되는 것.

응급피임 emergency contraception 성교 이후에 임신을 막을 목적으로 사용하는 피임법.

응집-장력 모델 cohesion-tension model 증산에 의한 장력과 물 분자의 응집력에 의해 물관부에서 물이 위쪽으로 수송된다는 주장.

의체강동물 pseudocoelomate 중배엽으로 불완전하게 둘러싸인 체강이 있는 동물. 예: 회충.

이당류 disaccharide 단당류 두 개로 이루어진 당. 예로는 말토오스가 있다.

이동률 transfer rate 일정 시간 동안 환경의 한 구성요소에서 다른 구성요소로 이동하는 물질의 양.

이매패류 bivalve 두 개의 패각을 갖는 연체동물의 한 종류. 조개, 굴, 가리비 등이 포함된다.

이명법 binomial name 생명체의 과학적 이름. 앞부분은 속을, 뒷부분은 종소명을 의미한다.

이배체 수 diploid($2n$) number 각 염색체가 상동의 쌍을 지니는 세포의 염색체 수.

이분법 binary fission 모세포가 분열하여 두 딸세포로 되는 세균의 무성생식 방식.

이산화탄소 고정 carbon dioxide(CO_2) fixation 이산화탄소가 유기화합물에 결합되는 광합성 반응.

이성질체 isomer 분자식은 같지만 구조가 다른 분자. 따라서 형태도 다르다.

이소 종분화 allopatric speciation 지리적으로 격리된 개체군 사이에서 새로운 종이 나타남.

이온 ion 전하를 띤 입자. 음전하 또는 양전하를 운반한다.

이온결합 ionic bond 이온들이 상반되는 전하에 이끌려 형성된 화학결합.

이완기 diastole 심장주기에서 심방이 이완하는 기간.

이자 pancreas 췌장. 소화효소, 호르몬인 인슐린과 글루카곤을 만들어내는 내장기관.

이자 아밀라아제 pancreatic amylase 녹말을 말토오스로 소화하는 효소.

이질염색질 heterochromatin 매우 치밀하게 포장된 염색질. 전사가 일어날 수 없다.

이형접합 heterozygous 특정 형질에 대한 두 대립유전자가 서로 다른 접합체.

인 nucleolus 핵의 어둡게 염색되는 구체. 리보솜 단위체를 생성한다.

인간면역결핍바이러스 Human Immunodeficiency Virus(HIV) AIDS를 일으키는 바이러스.

인대 ligament 관절에서 뼈와 뼈를 연결하는 치밀한 섬유성 조직의 다발.

인두 pharynx 척추동물에서 섭취한 음식과 공기가 이동하는 공통 통로. 입과 식도 사이에 있다.

인산화효소 kinase 다른 효소에 인산기를 첨가하여 그 효소를 활성화하는 효소.

인슐린 insulin 췌장에서 분비되는 호르몬. 세포가 포도당을 흡수하도록 촉진하고 간과 골격근에서 포도당을 글리코겐으로 전환하도록 촉진하여 혈당을 낮춘다.

인위선택 artificial selection 사육사가 특정 형질을 지닌 개체를 선별하거나 또는 형질을 조합하여 다른 형질의 개체를 생산하는 방식.

인유두종바이러스 human papillomavirus(HPV) 생식기사마귀와 자궁경부암을 일으키는 바이러스.

인지질 phospholipid 원형질막의 인지질 이중층을 이루는 분자. 극성인 친수성 머리에 2개의 비극성인 소수성 꼬리가 결합하고 있다.

임질 gonorrhea 세균성 성병. 생식불능과 불임을 초래할 수 있다.

입 mouth 음식물을 씹어 침과 섞는 소화관의 한 기관.

잎 leaf 식물 줄기의 측면 부속지. 구조가 다양하고 흔히 광합성 세포를 지니고 있다.

자

자가면역질병 autoimmune disease 면역계가 실수로 자기 신체의 조직을 공격하여 생기는 질병.

자궁 uterus 포유동물 암컷의 생식기관. 이 기관을 통해서 난자가 외부 환경으로 나갈 수 있고, 또는 출생 전까지 배가 영양분을 공급받으며 발달한다.

자궁경부 cervix 질로 이어지는 자궁의 좁은 끝부분.

자궁경부캡 cervical cap 라텍스나 고무 성분의 컵 모양인 피임기구. 자궁경부를 막는 미니피임막.

자궁내 피임기구 intrauterine device(IUD) 자궁에 삽입하는 플라스틱 피임기구. 자궁 내의 환경을 바꿔 수정이 일어나지 못하게 한다.

자기수용기 proprioceptor 뇌가 사지의 위치를 판단하도록 하는 감각 수용기.

자료 data(sing., datum) 관찰이나 실험을 통해 수집한 사실 또는 정보.

자매염색분체 sister chromatid DNA 복제 결과 만

들어진 유전적으로 동일한 염색분체. 두 개가 동원체에서 결합되어 있다.

자성배우체 female gametophyte 종자식물에서 난자를 생성하는 배우체. 현화식물의 배낭.

자연사 natural history 기후, 포식, 경쟁, 진화 등의 요인이 생명체에게 주는 영향에 대한 연구. 실험 대신 야외관찰을 활용한다.

자연살해세포(NK 세포) natural killer cell(NK cell) 감염된 세포나 암세포를 터뜨려 죽이는 림프구.

자연선택 natural selection 생식에 가장 적합한 개체가 자연환경에서 선택되는 진화방식. 환경에 적응하게 된다.

자엽 cotyledon 현화식물의 배에 있는 종자 잎. 발달하는 식물이 광합성을 시작할 때까지 영양분을 공급한다.

자웅동체 hermaphrodite 암수 생식기관을 모두 지닌 동물.

자원 resource 생명체가 생존하고 생식하는데 필수적인 물질. 예: 먹이, 물, 주거지 등.

자원분배 resource partitioning 종 사이의 먹이와 생활공간 등의 자원 공급을 할당함으로써 생태적 지위의 수를 늘리는 기작.

자율신경계 autonomic system 내부 기관을 조절하는 말초신경계 부위.

자포 nematocyst 자포동물에서 실 같은 섬유를 갖는 캡슐. 이 섬유를 쏘아서 먹이를 포획한다.

자포동물 cnidarian 두 개의 조직층이 있으며 방사대칭인 폴립형이나 메두사형으로 존재하는 무척추동물.

작위적 교배 nonrandom mating 교배가 무작위로 이루어지지 않고, 유사하거나 상이한 개체의 표현형을 기반으로 이루어지는 교배.

잡식성 omnivore 식물과 동물을 모두 먹는 개체.

잡종화 hybridization 다른 종, 또는 다른 식물 품종 사이의 교배.

장일식물/단야식물 long-day plant/short-night plant 임계 길이보다 낮이 길고 밤이 짧을 때 개화하는 밀, 보리, 클로버, 시금치 등의 식물.

재생가능자원 renewable resources 자연에 의해 대체되거나 재공급되는 자원. 일상적 소비로는 고갈되지 않는다. 예: 햇빛에너지, 식량 자원(삼림과 수산), 일부 생물지화학환.

재생불능자원 nonrenewable resources (인류의 시간단위에서) 미네랄, 화석연료 등 한정된 양으로만 존재하는 물질.

재조합 DNA recombinant DNA(rDNA) 둘 이상의 생명체에서 유래한 유전자를 포함하고 있는 DNA.

재조합 배우자 recombinant gamete 교차가 일어나서 새로운 대립유전자 조합을 지니는 배우자.

재흡수 reabsorption 기부세뇨관에서 네프론 내용물 중 주로 영양분자와 수분이 혈액으로 이동되는 현상.

저장고 reservoir 화학순환에서 생명체가 일반적으로 사용할 수 없는 자원(화석연료, 광석의 미네랄, 해양침전물 등).

저장액 hypotonic solution 세포의 원형질보다 용질 농도가 낮은 (물이 많은) 용액. 삼투현상에 의해 세포가 물을 얻는다.

적응 adaptation 주변 환경에 적합하도록 생명체의 구조, 기능, 또는 행동이 변화되는 현상.

적응도 fitness 한 개체군에서 다른 구성원과 비교한 한 개체의 생식적 성공 정도.

적응면역 adaptive immunity 체내의 특정 항원을 B림프구와 T림프구가 표적화하여 이루어지는 면역. 획득면역 또는 후천면역(acquired immunity)이라고도 한다.

적응방사 adaptive radiation 하나의 공통조상에서 유래한 여러 종이 새로운 생태계나 지리적 환경에서 빠르게 진화하는 과정.

적혈구 red blood cell 헤모글로빈이 있어서 폐나 아가미로부터 산소를 조직에 운반하는 세포.

전기 prophase 유사분열에서 염색질이 응축하여 염색체가 나타나는 단계. 응축된 염색체가 흩어져 있다.

전기음성도 electronegativity 화학결합 내에서 전자를 자신에게로 끌어당기는 원자의 능력.

전령 RNA messenger RNA(mRNA) DNA 주형에서 만들어지는 RNA의 한 종류. 폴리펩티드의 아미노산 서열에 대한 암호정보를 갖고 있다.

전립샘 prostate gland 남성의 방광 아래 요도 주위에 있는 분비샘. 정액에 분비물을 첨가한다.

전사 transcription DNA 가닥을 주형으로 사용하여 mRNA를 만드는 과정.

전사인자 transcription factor 진핵생물에서 RNA 중합효소의 전사 개시에 필요한 단백질.

전이 metastasis 암세포가 처음 발생한 곳에서 신체의 다른 부위로 퍼지는 현상. 암세포의 이동하여 다른 조직을 침입하는 성질로 인해 가능하다.

전이인자 transposon 유전체 내의 한 곳에서 다른 곳으로 무작위로 이동할 수 있는 DNA 서열.

전자 electron 음전기를 띠는 아원자 입자. 원자 핵 주위의 에너지 준위를 따라 이동한다.

전자전달사슬 electron transport chain 에너지 준위가 높은 곳에서 낮은 쪽으로 일련의 전자 운반자에 의한 전자의 이동. 이 때 방출되는 에너지로 ATP를 합성한다.

전전두엽 prefrontal area 전두엽의 연합영역. 다른 연합영역에서 정보를 받아 추론하고 행동을 계획한다.

전좌 translocation 염색체 일부가 다른 비상동 염색체로 이동한 변이. 디온증후군 등의 이상을 유발한다.

전체형성능 totipotent 완전한 개체로 발달할 수 있는 잠재력을 포함하여 생명체의 완전한 유전적 잠재력을 지닌 세포.

절지동물 arthropod 외골격과 관절화된 부속지를 갖는 갑각류와 곤충류 등의 무척추동물.

점균류 slime mold 사체를 분해하여 식세포작용으로 섭취하는 원생생물. 영양세포일 때에는 운동성이 있는 아메바성이다.

점돌연변이 point mutation 뉴클레오티드 1개가 바뀐 유전자 변이. 이 변이의 결과는 다양하다.

접촉성 억제 contact inhibition 세포배양에서 세포 두께의 층을 이루면 세포분열이 멈추는 현상.

접합 conjugation 하나의 세포에서 다른 세포로 유전물질을 운반하는 방식.

접합성 선모 conjugation pili 다른 세균에게 DNA를 전달하는 세균의 관상 구조.

접합자 zygote 두 개의 배우자가 수정하여 형성된 이배체 세포.

접합전 격리기작 prezygotic isolating mechanism 두 종 사이의 교배가 이루어지지 않도록 하는 해부구조나 행동의 차이.

접합후 격리기작 postzygotic isolating mechanism 두 종 사이의 교배가 이루어진 이후에 생식이 성공하지 못하도록 하는 해부구조나 생리현상의 차이.

정낭 seminal vesicle 남성의 방광 기저부위 근처의 정관에 붙어있는 말린 모양의 작은 주머니 구조. 정액에 분비물을 첨가한다.

정단분열조직 apical meristem 관다발식물의 뿌리와 줄기에 있는 세포 집단이며, 1기 생장에 따라 분열하고 신장한다.

정단우세 apical dominance 정아의 영향에 의해 측아의 생장이 억제되는 현상.

정맥 vein 세정맥에서 온 혈액을 심장으로 보내는 혈관.

정소 testis(pl., testes) 정자와 남성 성호르몬을 생산하는 남성 생식소.

정액 semen(seminal fluid) 남성 생식관의 몇 개의 분비샘에서 분비되는 분비물과 정자로 이루어진 하얀색의 걸쭉한 액체.

정자형성과정 spermatogenesis 감수분열과 성숙 과정에 의해 정자가 형성되는 과정.

제한효소 restriction enzyme 바이러스 DNA를 절단하여 바이러스 복제를 막는 세균의 효소. 재조합 DNA를 만들 때 DNA의 특정 위치를 절단하기 위하여 사용한다.

조골세포 osteoblast 뼈를 만드는 세포.

조기어류 ray-finned fishes 경골어류의 한 무리. 지느러미가 얇은 조직망에 연결된 평행하게 배열된 경골성 가시에 의해 지지된다.

조류 algae(sing., alga) 광합성을 수행하는 원생생물의 한 종류. 식물성 플랑크톤은 단세포성이며, 다세포성인 경우는 해초류(seaweed)라고 한다.

조류 bird 깃털과 날개가 있는 내온성 파충류. 비행에 적응되어 있고 단단한 껍질의 알을 낳는다.

조면소포체 rough endoplasmic reticulum(rER) 작은 관과 소포, 소낭으로 이루어진 세포의 막성 복합체. 리보솜이 붙어 있다.

조절유전자 regulatory gene 오페론에서 다른 유전자의 발현을 조절하는 단백질을 암호화하고 있는 유전자.

조직 tissue 공통 기능을 수행하는 비슷한 종류의 세포 무리.

조직배양 tissue culture 실험실에서 액체배지를 이용하여 조직을 인공적으로 자라게 하는 과정.

조직액 tissue fluid 신체 세포들 주위의 액체. 여과와 확산을 통해 모세혈관 밖으로 빠져나온 용해된 물질로 구성된다.

조효소 coenzyme 효소의 활성을 돕는 단백질이 아닌 유기분자.

종 species 체 구성이 유사하며, 서로 교배하여 번식 능력이 있는 자손을 낳을 수 있는 생명체들. 같은 유전자 풀을 공유하는 생명체들. 분류의 가장 낮은 단계.

종 풍요도 species richness 한 군집에 있는 서로 다른 종의 가짓수.

종분화 speciation 자손이 변화되는 진화과정 결과로 새로운 종이 나타나는 사건.

종속영양생물 heterotroph 무기물질에서 유기화합물을 합성하지 못하는 생명체. 따라서 유기 먹이를 먹어야만 한다.

종양 tumor 1개의 돌연변이 세포에서 반복된 세포분열을 통해 유래한 세포 덩어리. 양성종양은 원래 위치에 그대로 있지만, 악성종양은 전이된다.

종양억제유전자 tumor suppressor gene 세포분열을 억제하는 단백질을 암호화하는 유전자. 불활성화되면 종양을 유발할 수 있다.

종자 seed 보호하는 껍질 속에 배와 저장 양분을 가지고 있는 성숙한 배주.

좌우대칭 bilateral symmetry 두 개의 상응하거나 상보적인 반쪽으로 이루어진 체형.

좌위 locus 상동염색체에서 특정 유전자가 있는 위치.

주조직적합성복합체 major histocompatibility complex(MHC) 세포 표면에 있는 단백질. "자기"를 인식하고 항원과 결합하여 T세포에게 제시한다.

주형 template DNA 복제과정 중 상보적인 딸 가닥이 만들어지는 부모 DNA 가닥.

죽상동맥경화증 atherosclerosis 콜레스테롤과 지방산 플라크가 혈관에 쌓여 발생한 심혈관 질환.

줄기 stem 일반적으로 곧게 서 있으며, 잎에서 또는 잎으로 물질을 수송하는 부분.

중기 metaphase 유사분열에서 염색체가 적도판에 배열되는 시기.

중뇌 midbrain 간뇌와 뇌교 사이에 있는 뇌줄기의 부위.

중력평형 gravitational equilibrium 머리와 몸체가 움직이지 않을 때에 균형을 유지하는 것.

중배엽 mesoderm 동물 배의 중간 주 조직층. 근육, 일부 내부 기관, 결합조직층으로 발달한다.

중복 duplication 동일한 염색체에 특정 부위가 여러 번 존재하는 염색체 구조의 변화.

중복수정 double fertilization 현화식물에서 정자핵 1개는 난자핵과 융합하고 또 다른 정자핵이 배낭의 극핵과 융합한다.

중성자 neutron 중성 아원자 입자. 핵에 있으며, 1 원자량 단위의 질량을 가진다.

중심립 centriole 짝을 이루어 존재하는 세포소기관으로 중심체에 있다. 동물의 세포분열 동안 염색체 이동을 위한 방추사 조직을 돕는다.

중심와 fovea 원뿔세포가 밀집된 망막의 부위. 매우 선명한 상이 맺히도록 한다.

중심체 centrosome 세포의 중앙 미세소관조직센터. 동물은 두 개의 중심립을 가진다.

중일식물 day-neutral plant 개화가 낮의 길이와 무관한 식물. 예: 토마토와 오이.

중추신경계 central nervous system(CNS) 뇌와 척수로 구성된 신경계의 한 부분.

중축골격 axial skeleton 수직 축을 지지하는 척추골격의 일부. 두개골, 흉곽, 척추 등이 포함된다.

중탄산 이온 bicarbonate ion 혈액의 완충에 관여하는 이온. 혈류에서 이산화탄소가 이동하는 형태.

중합체 polymer 공유결합을 이룬 단량체들로 이루어진 거대분자. 예: 폴리펩티드는 아미노산이라는 단량체의 중합체이다.

중합효소연쇄반응 polymerase chain reaction(PCR) DNA 중합효소를 이용하여 특정 DNA 조각을 대량으로 복제하는 기술.

증산 transpiration 잎의 기공에서 증발을 통하여 식물체의 물이 대기로 소실되는 것.

증폭자 enhancer 부근에 있는 유전자의 전사를 촉진하는 요소. 전사인자의 결합부위로 작용한다.

지구온난화 global warming 온실가스를 대량으로 만들어내는 인간활동에 의해 지구 기온이 상승하는 현상.

지반침하 subsidence 지표면 일부가 점진적으로 내려앉는 현상.

지방 fat 글리세롤과 지방산으로 이루어진 유기분자. 척추동물의 지방조직에 있다.

지방산 fatty acid 탄화수소 사슬을 가지고 있으며 끝 부분에는 산기(—COOH)가 있는 분자.

지베렐린 gibberellin 줄기 생장을 촉진하는 식물호르몬. 개화와 종자 발아에도 관여한다.

지속가능한 사회 sustainable society 필요한 서비스를 제공하면서 스스로 지속할 수 있는 사회 또는 생태계.

지의류 lichen 진균과 조류의 공생관계. 진균은 무기영양분과 물을 공급하고 조류는 유기영양원을 제공한다.

지질 lipid 비극성 용매에 녹는 유기화합물의 한 종류. 지방과 기름이 있다.

지표종 keystone species 어떤 군집의 구조에 큰 영향을 주는 종.

진정쌍자엽식물 eudicot(eudicotyledon) 현화식물. 자엽이 2장이고, 잎맥은 그물형이며, 관다발은 고리형이다. 꽃 부위는 4 또는 5의 배수로 이루어진다.

진정염색질 euchromatin 느슨하여 전사가 일어날 수 있는 염색질.

진체강동물 coelomates 신체 내부 공간이 진정한 체강으로 발달한 동물.

진핵생물영역 domain Eukarya 생명의 세 영역 중 하나. 진핵세포를 지닌 생명체로 이루어지며, 원생생물계, 균계, 식물계, 동물계로 더욱 나눈다.

진핵세포 eukaryotic cell 막으로 감싸인 핵과 막성 소기관을 가지고 있는 세포 유형. 진핵생물영역의 생명체에서 볼 수 있다.

진화 evolution 공통조상에서 유래한 자손들이 시간 흐름에 따라 겪는 유전적, 표현형적 변화. 이로 인해 생명체들이 환경에 더욱 적합하게 적응된다.

진화계통수 evolutionary tree 생명체 군들의 진화적 역사를 나타낸 도형.

질 vagina 여성의 성 기관. 출산할 때 산도 역할을 한다.

질량수 mass number 원자의 핵에 있는 양성자와 중성자 수효를 합한 원자의 질량.

질편모충증 trichomoniasis 기생성 원생생물인 *Trichomonas vaginalis*에 의해 생기는 성병.

집결분포 clumped 개체군 내 개체의 밀도가 특정 지역에서만 높은 공간 분포 유형.

집단유전학 population genetics 한 개체군 내의 유전자 빈도와 그 변화를 연구하는 분야.

집합관 collecting duct 여러 개의 네프론으로부터 액체를 받아들이는 신장내부 구조. 수분의 재흡수가 일어나는 곳.

짝반응 coupled reaction 동시에 일어나는 반응. 하나는 에너지를 방출하는 발열반응이고, 다른 하나는 에너지를 필요로 하는 흡열반응이다.

차

차축조 charophytes 육상식물과 가장 가까운 연관종으로 보이는 담수 녹조류.

창고기 lancelet 작은 창을 닮은 무척추 척삭동물. 성체기에 척삭동물의 네 가지 특징을 보인다.

창시자효과 founder effect 원래 개체군의 유전적 변이 중 일부만을 지닌 소수의 개체에 의해 새로운 개체군이 만들어져 나타난 효과. 창시자들이 우연에 의해 지닌 대립형질은 원래 개체군과 다른 빈도로 나타난다. 유전적 부동이 하나의 예이다.

척삭 notochord 모든 척삭동물 생활사의 어느 시기에 나타나는 연골처럼 생긴 막대기 모양의 지지 구조. 척추동물에서는 척추로 대체된다.

척삭동물 chordate 생활사 중의 어떤 시기에 등쪽관상신경삭, 척삭, 인두낭 및 항문후꼬리가 나타나는 동물.

척수 spinal cord 척추동물에서 뇌 기저부와 이어져 있고 척주 안에 들어 있는 신경삭.

척수신경 spinal nerve 척수에서 나온 신경.

척주 vertebral column 척수가 들어 있는 척추동물의 내골격 부위. 추간원판에 의해 분리된 많은 척추골로 구성된다.

척추동물 vertebrate 척삭이 척주로 대체된 척삭동물.

체강 coelom 소화관과 체벽 사이에 있는 몸의 공간. 중배엽으로 완전히 둘러싸여 있다.

체관부 phloem 식물에서 유기 용질을 수송하는 관다발 조직. 체관요소와 반세포를 포함한다.

체관요소 sieve-tube member 식물의 체관부 조직에서 서로 연결된 단위체. 영양 수액을 수송한다.

체내 유전자치료 in vivo gene therapy 정상 유전자를 생명체에게 직접 주입하는 유전자 치료법.

체성신경계 somatic system 말초신경계의 한 부분. 골격근을 조절하는 운동뉴런을 가진다.

체세포 somatic cell 감수분열을 하여 난자 또는 정자를 형성하는 생식세포를 제외한 신체를 구성하는 모든 세포.

체순환 systemic circuit 조직과 심장 사이에 이루어지는 혈액의 순환 경로.

체외 유전자치료 ex vivo gene therapy 신체에서 감염된 조직을 제거하고 정상 유전자를 주입한 후 신체로 되돌려주는 유전자치료. 정상 유전자가 분열하여 감염된 유전자를 대체한다.

체절화 segmentation 지렁이에서 볼 수 있듯이 몸의 단위가 반복됨.

체질량지수 body mass index(BMI) 과체중 또는 비만 여부를 판단하는 측정값.

초식동물 herbivore 초식 먹이사슬의 1차 소비자. 식물을 먹는다.

초식먹이그물 grazing food web 생산자 역할을 하는 광합성 생산자 개체군에서 시작되는 얽히고설킨 먹이사슬의 복잡한 양상.

촉진유전자 promoter 오페론에서 전사가 시작되기 전 RNA 중합효소가 결합하는 DNA 서열.

촉진확산 facilitated diffusion 물질을 농도기울기에 따라 세포 안이나 밖으로 운반하는 수동수송. 운반자가 필요하다.

총기어류 lobe-finned fishes 팔다리 모양의 지느러미를 갖는 물고기의 종류.

추간판 intervertebral disc 척주 사이의 연골 패드.

축삭 axon 뉴런의 신장된 부위. 신경충격을 세포체에서 시냅스 쪽으로 전도한다.

출현하는 바이러스 emerging virus AIDS, SARS, 또는 조류독감을 유발하는 바이러스와 같이 새롭거나 또는 갑자기 창궐하는 질병 유발인자.

충수돌기 appendix 사람 대장의 맹장에 달려 있는 돌기부위. 림프조직이 있어서 면역의 일부를 담당한다.

췌장도 pancreatic islets 랑게르한스섬. 이자의 내분비성 조직.

치료용 복제 therapeutic cloning 다양한 유형의 성숙 세포를 만들어내는 복제. 세포 분화를 연구하거나 또는 질병 치료에 필요한 세포와 조직을 공급하는 목적으로 이용한다.

친수성 hydrophilic 물과 반응하는 분자. 물에 녹거나 물 분자와 수소결합을 형성한다.

침 아밀라아제 salivary amylase 사람의 침 속에 들어 있는 효소. 녹말을 말토오스로 소화한다.

침샘 salivary gland 입과 연계되어 있는 분비샘. 침을 분비한다.

카로티노이드 carotenoid 광합성에서 엽록소의 보조색소 역할을 하는 노랑 또는 주황 색소.

칼로리 calorie 물 1 g의 온도를 1°C 높이는 데 필요한 열에너지의 양.

칼시토닌 calcitonin 갑상샘에서 분비되는 호르몬. 혈액내 칼슘 농도를 높인다.

캘빈회로 Calvin cycle 엽록체의 스트로마에서 일어나는 광합성 반응. 명반응의 산물을 이용하여 CO_2를 탄수화물로 환원시킨다.

캡슐 capsule 녹조류와 일부 세균을 감싸고 있는 젤라틴 층.

캡시드 capsid 바이러스의 유전물질을 보호하는 단백질 용기.

카

코돈 codon mRNA의 3-염기 서열. 단백질에 특정 아미노산을 추가하거나 번역과정이 종결되도록 한다.

콘돔 condom 정자와 난자의 수정을 막는 피임도구. 남성용과 여성용이 있다.

콜레스테롤 cholesterol 동물 원형질막에 있는 주요 지질의 하나. 많은 분자의 막 투과성을 낮춘다.

쿠싱증후군 Cushing syndrome 당질 코르티코이드가 과도하게 분비되어 나타나는 질환. 팔과 다리가 가늘고 얼굴이 달처럼 된다. 혈중 포도당과 나트륨 수준이 높아진다.

큐티클 cuticle 식물의 표피를 덮고 있는 왁스층. 수분 손실과 병원체로부터 보호한다.

크렙스회로(구연산회로) Krebs cycle(citric acid cycle) 미토콘드리아에서 일어나는 회로반응. 구연산에서 시작된다. 아세틸기를 분해하여 CO_2, ATP, NADH와 $FADH_2$를 생성한다.

크로마뇽인 Cro-Magnon *Homo sapiens*로 인정하는 최초 화석의 일반명.

크리스타 crista 미토콘드리아 내막이 접혀서 생긴 짧은 손가락 모양의 돌출물.

클라미디아 chlamydia 하부 생식관에 세균이 감염된 성병. 골반감염증을 일으킬 수 있다.

클라인펠터증후군 Klinefelter syndrome XXY 핵형을 지닌 사람의 증상.

클론 clone 어떤 세포나 개체의 복제물. 동일한 유전체를 지닌다.

클론선택모델 clonal selection model 클론 증식을 수행하고 동일한 유형의 수용체를 지닌 림프구를 더 많이 생산하게 될 림프구가 특정 항원에 의해 결정된다는 주장.

키틴 chitin 절지동물의 외골격에 있는 강하지만 유연한 질소-함유 다당류.

킬로칼로리 kilocalorie(Calorie) 음식물의 열량 값. 1,000칼로리.

타

탄수화물 carbohydrate 유기화합물의 한 종류. 단당류, 이당류, 다당류를 포함한다. 식품에 당, 녹말, 섬유소 형태로 들어 있다.

탈리 abscission 식물에서 잎, 과일, 또는 꽃이 떨어지는 현상.

탈수합성반응 dehydration synthesis reaction 물 분자가 빠져나가면서 공유결합이 형성되는 화학반응.

태반 placenta 태반포유류의 발생 과정에서 장막 및 자궁벽에서 만들어지는 기관. 배(또는 태아)가 영양분을 얻고 노폐물을 제거하도록 한다. 임신상태를 유지하는 호르몬을 분비한다.

태반포유류 placental mammal 새끼가 발생하는 동안에 태반이 존재하는 특징을 지닌 포유류.

태양전지 photovoltaic(solar) cell 햇빛에너지를 포획하여 직접 전류로 바꾸는 에너지 전환장치.

탯줄 umbilical cord 태아와 태반 부분을 연결하는 관. 내부에 혈관이 있다.

터너증후군 Turner syndrome X 염색체를 1개만 물려받았을 때 나타나는 여러 증상.

테스토스테론 testosterone 남성의 성-관련 기관과 2차 성징에 관여하는 성 호르몬.

토착종 native species 어떤 지역에서 사람의 도움 없이 자생하는 종.

통각수용기 nociceptor 손상된 조직에서 오는 신호를 감지하는 수용기.

통합 integration 뉴런 또는 뇌의 일부에서 이루어지는 흥분성 신호와 억제성 신호의 종합.

퇴적먹이그물 detrital food web 퇴적물섭식동물에서 시작되는 복잡한 먹이사슬.

퇴적물 detritus 조직과 동물 노폐물 등이 분해되어 만들어진 유기물질.

투석 dialysis 용해된 물질이 확산에 의해 반투과막을 통과하는 이동. 신장환자의 혈액에서 화합물을 제거하는 용도로 이용한다.

트랜스지방 trans fat 불포화지방의 한 유형. 탄소사슬의 이중결합에서 수소 원자가 반대쪽에 놓이므로 일반 불포화지방과 다른 형태를 지닌다.

트리글리세리드 triglyceride 글리세롤과 3개의 지방산으로 구성된 중성지방.

트리파노솜 trypanosome 기생성 동물성편모충류. 사람과 가축에게 수면병 등의 심각한 질병을 일으킨다.

트립신 trypsin 이자에서 분비되는 단백질 분해효소.

틀이동돌연변이 frameshift mutation 염기 1개가 제거되어 번역 "틀"이 바뀐 유전자의 변이. 기능이 없는 단백질이 만들어질 수 있다.

티록신 thyroxin(T_4) 갑상샘에서 분비되는 호르몬. 성장과 발달을 촉진한다. 일반적으로 세포의 대사율을 높인다.

티민 thymine(T) DNA를 구성하는 뉴클레오티드의 네 가지 질소함유 염기 중 하나. 아데닌과 쌍을 이룬다.

틸라코이드 thylakoid 그라나를 이루는 납작한 소낭. 막에 엽록소가 있어 광합성 명반응이 일어난다.

파

파골세포 osteoclast 뼈를 약화시키는 세포.

파충류 reptile 체내 수정, 비늘로 된 피부, 껍질이 있는 알의 특성을 지닌 육상 무척추동물의 한 무리. 예: 뱀, 도마뱀, 거북, 악어. 새도 포함된다.

퍼텐셜에너지 potential energy 위치 또는 공간 배열의 결과로 저장된 에너지.

펩신 pepsin 위샘에서 분비되는 효소. 단백질을 펩티드로 소화시킨다.

펩티도글리칸 peptidoglycan 세균 세포벽에서만 발견되는 독특한 분자.

펩티드 peptide 공유결합으로 연결된 2개 이상의 아미노산.

펩티드결합 peptide bond 두 아미노산을 결합하는 공유결합의 종류.

펩티드호르몬 peptide hormone 단백질과 펩티드, 또는 아미노산에서 유래된 호르몬의 종류.

편도선 tonsils 인두에 있는 림프절. 부분적으로 캡슐에 싸여 있다.

편리공생 commensalism 한 종은 이익을 얻지만 다른 종은 이익도 손해도 없는 공생관계.

편모 flagellum(pl. flagella) 일부 세균과 원생동물, 정자가 이동할 때 이용하는 길고 가는 돌출물.

편형동물 flatworm 플라나리아 등의 무척추동물. 몸이 얇고 세 갈래인 위수강, 사다리형 신경계가 있다.

평형종 equilibrium species 로지스틱 성장을 하며 수용한계에 근접한 개체군 크기를 유지하는 특성의 생활사를 보이는 종. 개체의 체구는 크고 더디게 성숙하며, 수명이 길고, 적은 수의 자손을 양육한다. 곰, 사자 등이 있다.

평활근 smooth muscle 내부 장기의 벽에 있는 가로무늬가 없는 불수의근.

폐 lung 기체를 교환하는 습한 표면이 있는 내부의 호흡기관.

폐경 menopause 여성이 나이가 들어 난소주기 및 월경주기가 끝나는 것.

폐동맥 pulmonary artery 심장에서 폐로 혈액을 운반하는 혈관.

폐동맥간 pulmonary trunk 폐동맥으로 나누어지는 큰 혈관. 심장에서 폐로 혈액을 운반한다.

폐쇄순환계 closed circulatory system 모든 척추동물과 일부 무척추동물의 심혈관계. 근육성 심장과 혈관으로 구성된다.

폐순환 pulmonary circuit 폐와 심장 사이의 순환 경로.

폐정맥 pulmonary vein 폐에서 심장으로 혈액을 운반하는 혈관.

폐포 alveolus(pl., alveoli) 사람 폐의 말단에 있는 아주 작은 포도처럼 생긴 공기주머니.

포도당 glucose 세포호흡 동안 분해되어 에너지원으로 이용되는 6-탄소 당.

포식 predation 한 생명체(포식자)가 다른 생명체(피식자)를 먹이원으로 삼는 상호관계.

포유류 mammal 털과 젖샘의 특징을 지닌 내온성 척추동물.

포자 spore 배우자와는 달리, 다른 세포와 융합하지 않은 채 새로운 개체로 발달할 수 있는 무성생식 세포 또는 휴지기 세포.

포자낭 sporangium 식물 또는 균류의 포자를 생산하는 구조.

포자낭군 sori(sing., sorus) 고사리류 엽상체의 아랫면에 있는 포자낭 덩어리.

포자체 sporophyte 식물의 세대교번 생활주기 중 이배체 세대. 반수체 세대로 발달하는 반수체 포자를 생산한다.

포자충류 sporozoan 운동 수단이 없는 포자-형성 원생생물. 유성생식과 무성생식이 모두 나타나는 복합 생활주기를 가진 전형적인 기생생물.

포화지방산 saturated fatty acid 탄화수소 사슬의 탄소 사이에 이중결합이 없는 지방산 분자. 가능한 최대의 수소가 결합해 있다.

폭식장애 binge-eating disorder 과식에 대한 통제력이 상실된 상태. 구토나 약제를 이용한 소화관 비우기 등의 부적절한 보상행동은 동반하지 않는다.

폴리리보솜 polyribosome 단백질을 합성하는 동안 동일한 mRNA가 동시에 번역되는 곳에 있는 리보솜의 사슬.

폴리펩티드 polypeptide 많은 아미노산이 펩티드결합으로 이어진 중합체.

폴립 polyp 상피층에서 비정상적으로 자라난 작은 돌기.

표면적-부피 비율 surface-area-to-volume ratio 세포의 내부 부피에 대한 외부 표면적의 비율.

표피조직(표피) epidermal tissue(epidermis) 비목본식물의 뿌리, 잎, 줄기를 감싸는 조직.

표현형 phenotype 겉으로 드러난 유전자형. 예: 갈색 눈, 부착형 귓불.

푸네트 정방형 Punnett square 단순한 유전 교배의 예측치를 계산할 때 사용하는 격자.

프라이온 prion 핵산 없이 단백질로만 이루어진 감염성 입자.

프로게스테론 progesterone 여성 성호르몬. 성 기관과 2차성징을 유지하도록 한다.

플라나리아 planarian 사다리꼴 신경계를 갖는 자유생활을 하는 편형동물.

플라스미드 plasmid 세균의 세포질에 있으며, 스스로 복제하는 여분의 고리형 DNA.

플라크 plaque 동맥의 내부에 쌓인 지방, 특히 콜레스테롤의 덩어리.

피낭류 tunicate 원시적인 무척추 척삭동물의 한 종류.

피부계 integumentary system 피부, 그리고 털 등의 다양한 기관으로 구성된 기관계.

피부수용기 cutaneous receptor 피부 진피층에 있는 압력과 접촉을 감지하는 수용기.

피임 백신 contraceptive vaccine 개발 중인 피임 예방백신. 자궁내막에서 배의 착상을 유지하는 hCG 호르몬을 면역반응으로 억제한다.

피임막 diaphragm 자궁경부에 끼우는 연성 고무 또는 라텍스 재질의 컵 모양 피임도구(페서리).

피임약 birth control pill 에스트로겐과 프로게스테론 성분의 먹는 약.

피임용 임플란트 contraceptive implant 합성 프로게스테론을 이용한 피임방법. 난소주기를 방해하여 난자의 배란을 막는다.

피임용 주사제 contraceptive injection 프로게스테론, 또는 에스트로겐과 프로게스테론을 이용한 피임방법. 난소주기를 방해하여 난자의 배란을 막는다.

피층 cortex 식물의 뿌리와 줄기에서 표피와 관다발 사이에 있는 기본조직. 동물에서는 신장 또는 부신의 피질 등 기관의 바깥층을 의미한다.

피토크롬 phytochrome 광주기와 황백화 등의 식물 반응에 관여하는 광가역성 식물 색소.

필수영양소 essential nutrient 건강에 도움이 되는 식품속의 물질. 체내에서 합성하지 못하거나 필요한 만큼 충분히 만들지 못하기 때문에 식품을 통해 공급되어야 한다.

하

항문 anus 소화관의 배출구.

항산화제 antioxidant 비타민 C나 E와 같이 자유라디칼로부터 신체를 보호하는 물질.

항상성 homeostasis 세포나 생명체의 정상적인 내부 환경을 유지하는 자가조절 기작.

항원 antigen 면역계를 자극하여 예를 들어 항체를 생성하도록 하는 외부물질. 대개 단백질이나 다당류이다.

항원표출세포 Antigen Presenting Cell(APC) 면역세포들에게 항원을 제시하여 그 항원에 맞서 신체를 보호하도록 하는 세포.

항체 antibody 항원에 대응하여 만들어지는 단백질. 각 항체는 특정 항원과 결합한다.

해당과정 glycolysis 포도당을 호기적으로 분해하여 2 ATP를 얻으며, 최종산물은 피루브산이다.

해면골 spongy bone 뼈의 얇은 판이 불규칙하고 그물망처럼 배열된 뼈의 유형.

해면동물 sponge 해면동물문에 속한 무척추동물. 구멍을 가진 여과섭식자로 내부 체벽은 깃세포로 덮여 있다.

해수침투 saltwater intrusion 연안지역에서 지하수가 유입되는 것보다 빠르게 빠져나간 민물 대수층에 바닷물이 침투하는 현상.

핵 nucleus 진핵세포의 막으로 감싸인 소기관. 염색체가 있으며 세포의 구조와 기능을 조절한다.

핵막 nuclear envelope 진핵세포에서 핵을 감싼 이중 막. 소포체와 연계되어 있다. 핵과 원형질 사이에서 물질이 드나들 수 있는 구멍이 있다.

핵산 nucleic acid 뉴클레오티드의 중합체. DNA와 RNA 모두 핵산이다.

핵양체 nucleoid 원핵세포에서 DNA가 있는 지역. 핵막으로 감싸여 있지 않다.

핵형 karyotype 유사분열 중기의 염색체를 크기, 모양, 일반적 외형에 따라 짝을 지어 배열한 것.

헌팅턴무도병 Huntington disease 신경계의 퇴행성 유전 질환. 신경근육 장애가 나타난다.

헛물관 tracheid 관다발식물에서 물관에 있는 세포 유형. 끝이 가늘고, 구멍을 통해 물과 미네랄이 이동할 수 있다.

헤모글로빈 hemoglobin 철-함유 호흡색소. 척추동물의 적혈구와 일부 무척추동물의 혈장에 있다.

헨레고리 Henle's loop(nephron loop) 기부세뇨관과 말부세뇨관 사이에 있는 네프론의 부위. 물을 재흡수한다.

헬리케이즈 helicase DNA 복제과정에서 DNA 가닥 사이의 수소결합을 끊는 효소.

헴 heme 헤모글로빈에서 있는 철-함유 분자.

혈관신생과정 angiogenesis 새로운 혈관이 형성되는 과정.

혈소판 platelet 혈액 응고에 필수적인 혈액의 세포 성 요소.

혈압 blood pressure 혈액이 혈관의 내벽을 밀어내는 힘.

혈액 blood 심장에 의해 닫힌 혈관계를 따라 순환하는 액체.

혈액낭 hemocoel 절지동물의 체강. 혈림프와 조직 사이에서 교환이 일어난다.

혈장 plasma 척추동물에서 혈액의 액체 성분. 영양분, 노폐물, 염류, 단백질 등을 포함한다.

혈통 lineage 후손에게 이어지는 진화적인 계열.

형질대치 character displacement 유사한 종들이 서로 고립되어 있을 때보다 같은 군집에 속해 있을 때 더욱 다양한 형질이 나타나게 되는 경향성.

형질도입 transduction 박테리오파지를 이용한 세균 사이의 DNA 교환.

형질전환 transformation 세균이 주변 환경에서 외부 유전물질을 얻는 것.

형질전환생명체 transgenic organism 외래 유전자가 삽입되어 있으며 자유롭게 사는 생명체.

형질전환식물 transgenic plant 유전자변형 식물. DNA 기술에 의해 다른 생명체의 유전자를 지니게 된 식물.

호기(날숨) expiration 양압에 의해 공기가 폐에서 밖으로 이동하는 과정.

호르몬 hormone 생명체의 한 부위에서 생성되어 다른 부위의 활성을 조절하는 화학 신호.

호모 사피엔스 *Homo sapiens* 현대 인류.

호모 에렉투스 *Homo erectus* 불을 사용하였고 아프리카에서 유럽과 아시아로 이주한 초기 *Homo*.

호모 하빌리스 *Homo habilis* 200만~190만 년 전으로 추정되는 초기 *Homo*. 도구를 최초로 사용한 것으로 보인다.

호미니드 hominid 인류와 아프리카유인원류가 속한 과의 명칭.

호미닌 hominin 인류, 그리고 멸종된 인류와 매우 가까운 종을 지칭하는 용어.

호염성생물 halophile 염분농도가 매우 높은 서식지에서 살아가는 고세균의 한 종류.

호중구 neutrophil 백혈구 중 가장 풍부한 과립백혈구. 감염되면 가장 먼저 반응한다.

호흡 respiration 체세포와 환경 사이에서 기체교환을 하는 일련의 과정.

호흡계 respiratory system 산소를 폐로 흡입하고 이산화탄소를 폐 밖으로 배출하는 기관계.

홍조류 red algae 다량의 피코빌린 색소를 가진 해양 광합성 원생생물. 예: 산호초의 산호말 조류.

홍채 iris 동공을 둘러싼 근육성 고리. 이곳을 통과하는 빛을 조절한다.

화관 corolla 집합적 의미의 꽃잎. 대개 눈에 잘 띄는 색채를 지닌 꽃의 윤생체.

화분관 pollen tube 종자식물에서 화분립이 암술머리에 닿은 후 발아하여 형성한 관. 관이 자라면서 암술과 암술대 사이를 지나 배주에 있는 난자에 도달하고, 수정된다.

화분립 pollen grain 미소포자에서 유래하고 웅성배우체로 발달하는 종자식물의 구조.

화석 fossil 지각에 보존되어 있는 어떤 생명체의 증거.

화석기록 fossil record 과거의 잔존물에 새겨진 생명의 역사.

화석연료 fossil fuel 기름, 석탄, 천연가스 등 식물과 동물이 몇 백만 년 동안 열과 압력에 의해 분해되어 만들어진 연료.

화탁 receptacle 꽃대가 붙어 있는 부분.

화학독립영양생물 chemoautotroph 탄소원으로서 이산화탄소를 이용하고 에너지원으로서 황화수소 등의 무기물질을 산화시켜 유기물질을 합성할 수 있는 생명체.

화학수용기 chemoreceptor 주위 환경에서 화학물질을 감지하는 신경계의 수용기.

화학종속영양생물 chemoheterotroph 필요한 유기물질을 스스로 합성할 수 없기 때문에 유기영양분을 먹이에서 얻는 생명체.

화합물 compound 두 가지 이상의 원소들이 일정한 비율로 화학적으로 결합한 물질.

확산 diffusion 고농도 지역에서 저농도 지역으로 이동하는 분자나 이온의 수동수송.

환원 reduction 원자나 분자가 전자를 얻고 동시에 에너지를 저장한 상태. 전자는 수소 이온을 수반한다.

환형동물 annelid 지렁이와 갯지렁이 등의 체절화된 동물.

활동전위 action potential 축삭 막을 가로질러 일어나는 전기화학적 변화. 신경충격.

활막관절 synovial joint 두 뼈 사이에 빈 공간이 있어서 자유롭게 움직일 수 있는 관절.

활면소포체 smooth endoplasmic reticulum(sER) 진핵세포의 작은 관과 소포, 소낭으로 이루어진 복합체. 리보솜이 붙어 있지 않다.

활성부위 active site 효소 분자 중에서 기질이 결합하고 반응이 일어나는 부위.

활성화 에너지 energy of activation(E_a) 분자를 서로 반응시키기 위해 반드시 투입해야 하는 에너지.

활액낭 bursa 액체가 채워진 활막으로 감싸인 주머니 구조. 활막관절에서 볼 수 있다.

활주필라멘트 모델 sliding filament model 근육 수축을 미오신 필라멘트에 대한 액틴 필라멘트의 이동으로 설명하는 제안.

황갈조류 golden-brown algae 정교한 실리카 껍데기가 있는 해양 광합성 원생생물. 규조류로 대표된다.

황체기 luteal phase 난소 주기의 후반부 단계. 황체가 발달하고 많은 프로게스테론과 약간의 에스트로겐이 분비된다.

회전근개 rotator cuff 어깨 관절을 안정하게 하는 힘줄과 인대.

회전평형 rotational equilibrium 머리와 몸이 갑자기 움직이거나 돌 때 균형을 유지하는 것.

횡격막 diaphragm 포유류에서 복강과 흉강을 분리하는 돔 형태의 근육성 막.

효소 enzyme 유기 촉매제. 대개 단백질이며, 특정한 형태로 인해 세포내 반응 속도를 빠르게 한다.

후각세포 collenchyma 불규칙하게 두터워진 세포벽을 가진 세포로 구성된 식물 조직. 줄기와 엽병의 생장을 지지한다.

후구동물 deuterostome 배아의 두번째 개구부가 입으로 되는 진체강동물의 한 무리. 첫번째 개구부인 원구는 항문으로 된다.

후기 anaphase 세포분열에서 딸 염색체가 방추체 극으로 이동하는 단계.

후두 larynx 소리상자. 인두와 기도 사이에 있는 연골성 기관. 사람의 경우 성대가 포함된다.

후두개 epiglottis 음식을 삼킬 때에 성문을 닫고 기도를 막는 구조.

후벽조직 sclerenchyma 세포벽에 리그닌이 많이 침적된 식물 조직. 식물체를 지지한다.

후성유전 epigenetic inheritance 유전자의 암호화 서열과 무관한 수단에 의해 유전정보가 전달되는 유전현상.

후진국 less-developed country(LDC) 산업화가 시작된 나라. 인구가 빠르게 늘고, 대개 가난하다.

후천성면역결핍증 acquired immunodeficiency syndrome(AIDS) 레트로바이러스에 의해 발생하는 질병이며 체액을 통해 전염된다. 면역계 기능이 손상되는 특성을 보인다.

휴면 dormancy 식물에서 생장에 적절해 보이는 조건에서 생장이 정지된 상태.

흡기(들숨) inspiration 음압에 의해 공기가 폐로 이동하는 과정.

히스타민 histamine 혈액의 호염구와 결합조직의 비만세포가 생성하는 물질. 모세혈관을 확장한다.

히스톤 histone 염색체를 포장하는 용도로 사용되는 단백질.

힘줄 tendon 골격근을 뼈에 연결하는 섬유성 결합조직으로 된 끈.

기타

1차 감각영역 primary sensory area 피부와 골격근에서 오는 감각정보를 받아들이는 두정엽의 부위.

1차생산력 primary productivity 주로 광합성생산자가 생산해낸 바이오매스의 양.

1차운동영역 primary motor area 전두엽에서 자발적 명령이 시작되는 부위. 부위마다 신체의 한 부위를 조절한다.

1차천이 primary succession 생태 천이의 한 단계. 새로운 토양이 만들어진다.

2분염색체 dyad 두 개의 자매염색분체로 이루어진 염색체.

2차천이 secondary succession 생태 천이에서 교란이 일어난 지역에서 군집이 점진적으로 대체되는 단계.

3-영역 체계 three-domain system 생명체를 세 가지 영역(세균영역, 고세균영역, 진핵생물영역)으로 나누는 분류체계.

3자암호 triplet code 유전자 발현과정 중 특정 아미노산을 지정하는 3개의 뉴클레오티드 염기로 이루어진 서열.

4분염색체 tetrad 감수분열 동안 연결되어 있는 자매 염색분체를 지닌 상동염색체의 쌍. 2가염색체(bivalent)라고도 한다.

5계 체계 five-kingdom system 분류체계의 하나. 모네라계, 원생생물계, 식물계, 동물계, 균계로 이루어진다.

8전자규칙 octet rule 수소를 제외한 원자는 최외각 껍질에 전자 8개가 찰 때까지 결합을 이루려는 경향을 지닌다는 규칙. 최외각 껍질에 이미 전자 8개를 가지는 원자는 반응하지 않으며 활성이 없다.

ATP 합성효소 ATP synthase *ATP* 합성효소 복합체의 한 부분인 효소. 엽록체와 미토콘드리아에서 ATP를 생성한다.

B 림프구(B세포) B lymphocyte(B cell) 골수에서 성숙되는 림프구. 특정 항원이 자극하면 항체를 생산하는 형질세포로 된다.

B세포 수용체 B-cell receptor(BCR) 항원과 결합하여 B 세포를 자극하는 역할을 하는 B 세포 표면에 위치한 복합체.

C_3 광합성 C_3 photosynthesis 안정한 최초 광합성 산물이 3-탄소 화합물인 광합성 과정.

C_4 광합성 C_4 photosynthesis 이산화탄소를 고정하여 C_4 분자를 생성하고, 이 분자가 캘빈회로에 이산화탄소를 내놓는 방식의 광합성 과정.

DNA 복제 DNA replication 진핵세포의 경우는 유사분열 또는 감수분열이 시작되기 전에, 원핵세포의 경우는 이분법으로 분열하기 전에 새로운 DNA 이중나선이 합성되는 과정.

DNA 연결효소 DNA ligase DNA 단편을 연결하는 효소. 벡터 DNA와 외부 유전자를 연결하여 재조합 DNA를 만들 때 사용한다.

DNA 중합효소 DNA polymerase DNA 복제과정 중 DNA 주형에 상보적인 뉴클레오티드를 결합하는 효소.

DNA 지문감식 DNA fingerprinting 제한효소로 절단된 서로 다른 크기의 DNA 단편을 이용하여 특정 개인을 식별한다.

DNA(디옥시리보핵산) DNA(deoxyribonucleic acid) 디옥시리보오스가 있는 뉴클레오티드 단량체가 공유결합을 하여 형성된 핵산 중합체. 거의 모든 생명체의 유전물질이다.

mRNA 전사물 mRNA transcript DNA 주형에 있는 염기서열의 상보적 복사물.

pH pH 수소이온 농도에 대한 10의 지수 값.

pH 척도 pH scale 용액에 있는 수소 이온 농도의 로그 값을 0~14 범위로 표시한 값.

RNA(리보핵산) RNA(ribonucleic acid) 리보오스를 지닌 뉴클레오티드 단량체가 공유결합을 통해 생성한 핵산. 전령RNA와 리보솜RNA, 운반RNA의 세 가지 형태가 있다.

RNA 중합효소 RNA polymerase 전사과정 중 DNA 주형에 상보적인 RNA 뉴클레오티드를 연결하는 효소.

RuBP 카르복실라제(rubisco) RuBP carboxylase (rubisco) 캘빈회로에서 이산화탄소를 고정(대기의 CO_2를 RuBP에 결합)하는 효소.

T세포 T lymphocyte(T cell) 가슴샘에서 성숙되는 림프구. 네 가지 유형이 있으며, 그중 하나는 항원을 지닌 세포를 완전히 죽인다.

T세포 수용체 T-cell receptor(TCR) T세포 표면에 있는 두 개의 항원결합 펩티드로 구성된 수용체. 많은 당단백질과 연계되어 있다. 항원은 TCR에 대개 MHC와 함께 결합하며, T세포를 활성화시킨다.

X 연관 X-linked X 염색체에 있는 대립유전자. 성적 특성과 무관한 형질을 조절하기도 한다.

찾아보기

ㅎ

기타

C

R

S

T

U

V

W

X

Z